CHEMISCHES ZENTRALBLATT

VOLLSTÄNDIGES REPERTORIUM FÜR ALLE ZWEIGE DER REINEN UND ANGEWANDTEN CHEMIE

1830 gegründet

1897–1945 von der Deutschen Chemischen Gesellschaft fortgeführt

126. JAHRGANG

Im Auftrage der Deutschen Akademie der Wissenschaften zu Berlin, der Chemischen Gesellschaft in der Deutschen Demokratischen Republik, der Akademie der Wissenschaften zu Göttingen und der Gesellschaft Deutscher Chemiker

herausgegeben von

Prof. Dr. Maximilian Pflücke

AUTOREN- UND PATENTREGISTER FÜR DAS JAHR

1955

A–Kooyman

Chefredakteure: Dr. Eugen Klever und Prof. Dr. Maximilian Pflücke

1956

AKADEMIE-VERLAG GMBH · BERLIN

VERLAG CHEMIE, GMBH., WEINHEIM / BERGSTR.

CHEMISCHES ZENTRALBLATT

VOLLSTÄNDIGES REPERTORIUM
FÜR ALLE ZWEIGE DER REINEN UND ANGEWANDTEN CHEMIE

1830 gegründet
1897–1945 von der Deutschen Chemischen Gesellschaft fortgeführt

126. JAHRGANG

Im Auftrage der Deutschen Akademie der Wissenschaften zu Berlin,
der Chemischen Gesellschaft in der Deutschen Demokratischen Republik,
der Akademie der Wissenschaften zu Göttingen
und der Gesellschaft Deutscher Chemiker

herausgegeben von

Prof. Dr. Maximilian Pflücke

AUTOREN- UND PATENTREGISTER FÜR DAS JAHR

1955

A–Kooyman

Chefredakteure: Dr. Eugen Klever und Prof. Dr. Maximilian Pflücke

1956

AKADEMIE-VERLAG GMBH · BERLIN
VERLAG CHEMIE, GMBH., WEINHEIM / BERGSTR.

Herausgeber u. verantwortlich für den Inhalt: Prof. Dr. Maximilian Pflücke, Berlin N 4, Schiffbauerdamm 19, Fernsprecher: 42 55 71. Redaktion: Chefredakteure Dr. Eugen Klever u. Prof. Dr. Maximilian Pflücke. Verlag: Akademie-Verlag GmbH, Berlin W 8, Mohrenstraße 39 (Fernsprecher: 20 03 86, Postscheckkonto Berlin 350 21) u. Verlag Chemie, GmbH, Weinheim/Bergstraße (Fernsprecher: 20 17 u. 2965, Postscheckkonto Frankfurt/M. 1453 14 u. Berlin-West 74 30). Bestell- u. Verlags-Nr.: 1007/126/AR. Satz u. Druck: (III/9/1) Sächsische Zeitung, Verlag u. Druckerei, Dresden N 23, Riesaer Straße 32, 8976. — Veröffentlicht unter der Lizenznummer 202-100/386/56. Printed in Germany.

CHEMISCHES ZENTRALBLATT

VOLLSTÄNDIGES REPERTORIUM
FÜR ALLE ZWEIGE DER REINEN UND ANGEWANDTEN CHEMIE

1830 gegründet
1897–1945 von der Deutschen Chemischen Gesellschaft fortgeführt

126. JAHRGANG

Im Auftrage der Deutschen Akademie der Wissenschaften zu Berlin, der Chemischen Gesellschaft in der Deutschen Demokratischen Republik, der Akademie der Wissenschaften zu Göttingen und der Gesellschaft Deutscher Chemiker

herausgegeben von
Prof. Dr. Maximilian Pflücke

AUTOREN- UND PATENTREGISTER FÜR DAS JAHR

1955

Chefredakteure: Dr. Eugen Klever und Prof. Dr. Maximilian Pflücke

1956

AKADEMIE-VERLAG GMBH · BERLIN
VERLAG CHEMIE, GMBH., WEINHEIM / BERGSTR.

Redaktionsstab des Chemischen Zentralblattes

Seitenzahlen der Hefte

	Seite		Seite		Seite		Seite
Nr. 1—	1	Nr. 14—	3057	Nr. 27—	6201	Nr. 39—	9009
„ 2—	269	„ 15—	3297	„ 28—	6441	„ 40—	9241
„ 3—	501	„ 16—	3545	„ 29—	6673	„ 41—	9485
„ 4—	733	„ 17—	3785	„ 30—	6901	„ 42—	9717
„ 5—	969	„ 18—	4025	„ 31—	7133	„ 43—	9945
„ 6—	1193	„ 19—	4265	„ 32—	7361	„ 44—	10181
„ 7—	1429	„ 20—	4505	„ 33—	7593	„ 45—	10425
„ 8—	1661	„ 21—	4745	„ 34—	7825	„ 46—	10665
„ 9—	1893	„ 22—	4985	„ 35—	8073	„ 47—	10905
„ 10—	2121	„ 23—	5229	„ 36—	8301	„ 48—	11141
„ 11—	2349	„ 24—	5465	„ 37—	8537	„ 49—	11321
„ 12—	2589	„ 25—	5705	„ 38—	8773	„ 50—	11485
„ 13—	2821	„ 26—	5945				

Inhaltsübersicht

Seite

Textteil (einschließlich Zusammenstellungen der Patentrückzitate) ..... 1—11749

Sodann folgen die Register in Sonderpaginierung:

Autorenregister

Register der Patentnummern

Kapitelübersicht

Druckfehlerberichtigungen

Herausgeber u. verantwortlich für den Inhalt: Prof. Dr. Maximilian Pflücke, Berlin N 4, Schiffbauerdamm 19, Fernsprecher: 42 55 71. Redaktion: Chefredakteure Dr. Eugen Klever u. Prof. Dr. Maximilian Pflücke. Verlag: Akademie-Verlag GmbH, Berlin W 8, Mohrenstraße 39 (Fernsprecher: 20 03 86, Postscheckkonto Berlin 350 21) u. Verlag Chemie, GmbH, Weinheim/Bergstraße (Fernsprecher: 20 17 u. 2965, Postscheckkonto Frankfurt/M. 1453 14 u. Berlin-West 74 30). Bestell- u. Verlags-Nr.: 1007/126/AR. Satz u. Druck: (III/9/1) Sächsische Zeitung, Verlag u. Druckerei, Dresden N 23, Riesaer Straße 32, 8976. — Veröffentlicht unter der Lizenznummer 202-100/386/56. Printed in Germany.

Abkürzungen des Chemischen Zentralblattes

A. Alkohol *(nur für Äthylalkohol)*
Abb. Abbildung
absol. absolut
Ae. Äther *(nur für Äthyläther)*
akt. aktiv
alkoh. alkoholisch
allg. allgemein
App. Apparat, Apparatur
asymm. unsymmetrisch
At.-Gew. Atomgewicht
ausg. ausgegeben
AZ. Acetylzahl

bes. besonders, insbesondere
Best. Bestimmung
Bibl. Bibliographie
bin. binär
biol. biologisch
Bldg. Bildung
bzgl. bezüglich
Bzl. Benzol
Bzn. Benzin
bzw. beziehungsweise

ca. zirka
Chlf. Chloroform

d. der, die, das usw. (Artikel)*
D. Dichte (Spezif. Gewicht)
$D.^{20}_{4}$ Spezif. Gew. bei 20°, bez. auf W. von 4°
dad. gek. dadurch gekennzeichnet
Darst. Darstellung
Deriv. Derivat
Dest. Destillation
dest. destilliert, destillieren
DK. Dielektrizitätskonstante

E. Erstarrungspunkt
Eig. Eigenschaft
Einfl. Einfluß
Einw. Einwirkung
EMK. Elektromotorische Kraft
Entw. Entwicklung
EZ. Esterzahl

F. Schmelzpunkt
Fl. Flüssigkeit
fl. flüssig

Geh. Gehalt
gek. gekennzeichnet
gesätt. gesättigt
Ggw. Gegenwart

Herst. Herstellung

inakt. inaktiv

JZ. Jodzahl

Koeff. Koeffizient
Koll. Kolloid
koll. kolloid, kolloidal
Konst. Konstitution
Konz. Konzentration
konz. konzentriert
korr. korrigiert
Kp. Siedepunkt
$Kp._{760}$ Siedepunkt bei 760 mm Druck
krist. kristallisiert
KW-stoff Kohlenwasserstoff

Labor. Laboratorium
lösl. löslich
Lösungsm. Lösungsmittel
Lsg. Lösung

M. Masse
Meth. Methode
Min. Minute
Mitt. Mitteilung
mkr. mikroskopisch
Mol. Molekül
mol. molar, molekular
Mol.-Gew. Molekulargewicht
Mol.-Refr. Molekularrefraktion

n. normal
nachst. nachstehend
Nachw. Nachweis
Nd. Niederschlag

opt.-akt. optisch-aktiv

PAe. Petroläther
pharmakol. pharmakologisch
physiol. physiologisch
Präp. Präparat
prim. primär
Prior. Unionspriorität
Prod. Produkt
‰ Promille
‰ig. promillig
% Prozent
%ig. prozentig

rac. racemisch
Red. Reduktion
red. reduziert

Ref. Referat
Rk. Reaktion

s. siehe
schm. schmelzen(d), schmilzt
sd. sieden(d), siedet
Sek. Sekunde
sek. sekundär
Spektr. Spektrum (aber *Spektren*)
std. stündig
Std. Stunde, Stunden
symm. symmetrisch
Synth. Synthese (aber *Synthesen*)
Syst. System (aber *Systeme*)
SZ. Säurezahl

Temp. Temperatur
tern. ternär
tert. tertiär

u. und
u. a. und andere, unter anderem
u. dgl. und dergleichen
ungesätt. ungesättigt
unlösl. unlöslich
Unters. Untersuchung
usw. und so weiter
UV Ultraviolett

v. von, vom
Verb. Verbindung
verd. verdünnt
Verf. Verfahren
Verh. Verhalten
Vers. Versuch
verschied. verschiedene
Vf. Verfasser
Vgl. Vergleich
vgl. vergleiche
Vol. Volumen
Vork. Vorkommen
Vorr. Vorrichtung
vorst. vorstehend
VZ. Verseifungszahl

W. Wasser
Wrkg. Wirkung
wss. wässerig

z. B. zum Beispiel
Zers. Zersetzung
zers. zersetzen(d), zersetzt
Zus. Zusammensetzung

Durch Verdoppelung des Endbuchstabens wird der Plural ausgedrückt, z. B. Lsgg. Lösungen, Ndd. Niederschläge, Vff. (die) Verfasser.

Bei den Worten chemisch, physikalisch, spezifisch, anorganisch, organisch usw. wird die Endsilbe „isch" fortgelassen.

In den **Registern** wird außerdem noch bei den Worten auf „ung" (ausgenommen Atmung, Streuung, Verdauung), „ich", „ig" und „ion" die Endsilbe fortgelassen sowie bei den Worten auf „keit" und „heit" statt der Endsilbe „k." bzw. „h." gesetzt.

Ausnahmen: Das letzte Wort eines Satzes wird niemals abgekürzt.

Bei Abkürzungen durch Fortlassen einer Endsilbe wird der Plural n i c h t durch Verdoppelung des Endbuchstabens ausgedrückt, wenn dadurch eine Anhäufung von Konsonanten entsteht; also z. B. S p e k t r e n (u. nicht Spektrr.), M i s c h u n g e n bzw. Gemische (u. nicht Mischsch.), S y n t h e s e n (u. nicht Synthth.), S y s t e m e (u. nicht Systst.).

*) Nur in den R e g i s t e r n.

Patent-Abkürzungen

D. B. P.	Deutsches Bundes-Patent
D. P. [DDR]	Deutsches [DDR] Patent
D. R. P.	Deutsches Reichs-Patent
A. P.	Amerikanisches Patent
Aust. P.	Australisches „
Belg. P.	Belgisches „
Can. P.	Canadisches „
Dän. P.	Dänisches „
E. P.	Englisches „
F. P.	Französisches „
Finn. P.	Finnisches „
Holl. P.	Holländisches „
Ind. P.	Indisches „
It. P.	Italienisches „
Jug. P.	Jugoslawisches „
N. P.	Norwegisches „
Oe. P.	Österreichisches „
Poln. P.	Polnisches „
Russ. P.	Russisches „
Schwed. P.	Schwedisches „
Schwz. P.	Schweizer „
Tschech. P.	Tschechoslowakisches „
Ung. P.	Ungarisches „

Autoren-Register 1955

126. Jahrgang

Zum Erscheinen des Autoren- und Patentregisters 1955 des Chemischen Zentralblattes sei bemerkt, daß durch Beifügung von Vorlegeblättern die Möglichkeit gegeben ist, dieses verhältnismäßig umfangreiche Autorenregister in zwei Teilen sich binden zu lassen. Es ist beabsichtigt, im Jahre 1956 die bewährten Halbjahres-Autorenregister wieder einzuführen, um einen schnelleren Zugriff zu den Referaten zu ermöglichen.

Da in der Berichterstattung auf dem Gebiete des Patentwesens der frühere vollständige Umfang jetzt wieder erreicht worden ist, hat sich natürlich auch in den Registern des Chemischen Zentralblattes das Material bei den Namen der chemischen Firmen von Weltruf stark angehäuft. Um die Übersicht und den Zugriff zu speziellen Gebieten zu erleichtern, ist bei den betreffenden Firmen der Registertext wie früher systematisch unterteilt worden. Es handelt sich um folgende Firmen:

American Cyanamid Co.
Badische Anilin- & Soda-Fabrik Akt.-Ges.
E. I. du Pont de Nemours & Co.
Farbenfabriken Bayer Akt.-Ges.
Farbwerke Hoechst Akt.-Ges., vormals Meister Lucius & Brüning
Imperial Chemical Industries Ltd.
Standard Oil Development Co.

Bei diesen Firmen ist die Patentliteratur entsprechend den Kapiteln des Chemischen Zentralblattes angeordnet und innerhalb der Kapitel systematisch unterteilt. Darauf folgt jeweils eine alphabetische Liste der Erfinder und Mitarbeiter.

Etwas anders sind die Firmen

Ciba Akt.-Ges.
und N. V. de Bataafsche Petroleum Mij.

behandelt: hier wurde die Patentliteratur wie bei den oben genannten Firmen unterteilt, soweit die Patente ohne Nennung von Mitarbeitern, Erfindern usw. vorlagen. Im Anschluß folgen die Patente dieser Firmen mit Mitarbeitern, alphabetisch nach deren Namen geordnet.

Diese zweifache Behandlung der Patentliteratur von Industriefirmen ist aus reinen Zweckmäßigkeitsgründen durchgeführt worden, da bei den letztgenannten Firmen der Prozentsatz derjenigen Patente, bei denen die Mitarbeiter besonders aufgeführt sind, verhältnismäßig gering ist.

Die Redaktion und der Verlag sind ständig bemüht, hinsichtlich der Herausgabe der Register die Termine wieder zu erreichen, wie sie früher üblich waren. Sie haben in diesem Bemühen, wie man feststellen wird, im vergangenen Jahr 1955 einen guten Schritt vorwärts getan.

Herrn Günter Schmidt und seinen Mitarbeitern danke ich für die schnelle Bearbeitung des vorliegenden Registers.

Berlin, den 27. März 1955

Prof. Dr. Maximilian Pflücke

Autoren-Register 1955

126. Jahrgang

Patente sind durch einen Stern bezeichnet, die verschiedenen Länder durch ihre Anfangsbuchstaben (A. = Amerikanisches, Aust. = Australisches, Belg. = Belgisches, Can. = Canadisches, D. = Deutsches Reichs-, D. B. = Deutsches... [München], D. [DDR] = Deutsches [DDR], Dän. = Dänisches, E. = Englisches, F. = Französisches, Finn. = Finnisches, Holl. = Holländisches, Ind. = Indisches, It. = Italienisches, Jug. = Jugoslawisches, N. = Norwegisches, Oe. = Oesterreichisches, Schwed. = Schwedisches, Schwz. = Schweizer, Ung. = Ungarisches Patent).

Seitenzahl in [ ] bedeutet ein Buch, [ ]* eine Buchbesprechung.

Arabische Ziffern im Text, welche keine Seitenzahl bedeuten, sind kursiv gedruckt, z. B. *1917*.

Ferner wird eingeordnet: Dänisch: Ø wie ö; Schwedisch: å wie a.

Russische Autorennamen, die nicht unter **Sa, Se, Si** usw. zu finden sind, suche man unter **Ssa, Sse, Ssi** usw., solche, die nicht unter **Sch** stehen, unter **Sh**, solche, die nicht unter **E** stehen, unter **Je** und umgekehrt; dasselbe gilt für **H** und **G**; für **V** wird **W** gesetzt. Nähere Angaben über die Transkription der russischen Autorennamen, die allgemeine Anordnung der Autorennamen und ähnliche Fragen finden sich im Vorwort vom Generalautorenregister X (1940—1944).

Aagaard (L.) s. Titan Co., Inc.
Aalbersberg (W. I.) s. Hoijtink (G. J.).
Aaltio (E.) u. **Roschier (R. H.)**, Chem. Bind. d. Lignins in Aspenholz 9221.
Aalto (E. O.), Verfärb. v. gebleichtem Sulfitzellstoff 9933.
Aamodt (L. C.), **Fletcher (P. C.)**, **Silvey (G.)** u. **Townes (C. H.)**, Spin u. Quadrupolmoment v. ^{75}Se 4518.
Aannerud (S. A.) s. Pyror Ltd.
Aardt (J. H. P. van) s. Powell (R. F.).
Aaremäe (A.) u. **Assarsson (G. O.)**, Trenn. v. Mo u. W durch Sublimat. in HCl-Atmosphäre 11262.
Aarhus Oliefabrik A/S, Neutralisieren oberflächenakt. sulfurierter oder phosphorierter Stoffe 954* E.
Aarne (P.), Haltbark. v. Lebertranpräpp. 4160.
Aarnes (E. D.) s. Svendsen (A. B.).
Aaron (A.) s. Watters (J. I.).
Aarts (A. J. J.) s. Clay (J.).
Aarts (W. H.) u. **Jarvis (R. K.)**, Änder. d. Widerstandes v. Ag–Cu- u. Ag–Au-Legierr. bei plast. Verform. 3800.
Aas (K.) s. Rapaport (S. I.).
Aasness (H.), Best. v. organ. gebundenem J 7048.
Ab (E. A.) u. **Osstrjakow (A. S.)**, Prüf. d. Güte v. Lehmpulver bei d. Ziegelherst. durch trockenes Pressen 10603.
Abad Colomer (L.), Urinveränderr. infolge Behandl. mit Sufonamiden u. Antibioticis 10312.
Abad Manrique (J. B.) s. Perelló Barceló (J. M.).
Abadie (F. A.), Prozentgeh. an N u. damit zusammenhängender Einfl. auf d. Fraktionier., d. Viscositätsmess. u. d. Heterogenität v. Nitrocellulose 8995. — Vgl. d. Holzabbaus durch Bisulfitkoch. u. saure Hydrolyse 10161. — Langdauernde Kochungen v. Holz mit W. 10161.
Abaffy (I.), Talk als Ersatzmaterial für Graphit in d. Schwärze 8249.
Abarbartschuk (I. L.) u. **Kosstitzyna (K. P.)**, Viscosität d. Syst. $TiCl_4$–Br 2371.
Abbate (M. J.) s. Blout (E. R.).
Abbey (A.), α-Aminomonocarbonsäuren 689* E. — Entfern. v. Katalysatoren aus hydrierten Ölen 3532* E. — Feuerfeste Kohleerzeugnisse 6595* E. — Siliciumcarbidkörper 7757* E. — s. Armour & Co.; Carborundum Co.; Comp. Industrial.
— u. **Dow Chemical Co.**, Photogravürplatten- oder -schichten 2066* E.
Abbott (C. F.) s. Fishburn (A. G.).
Abbott (D. A.) u. **Kilgour (R.)**, Komparator für Stoffe mit kleiner magnet. Susceptibilität 746.
Abbott (D. C.) u. **Arcus (C. L.)**, Addit. u. Substitut. mit Bromkation in wss. Lsg. 8588.
Abbott (D. L.), Wuchsstoffe als Fruchtansatz-Lichtungsmittel für Äpfel 3232. — 2.4.5–TP als Fruchtreifungsmittel. 1. Mitt. Apfelsorte „Worcester Pearmain" 3232.
Abbott (J. A.) u. **Bolton (H. C.)**, Einfl. d. Konfigurationswechselwrkg. auf d. theoret. Werte d. Polarisierbark. d. He 2124.
Abbott (J. D.) u. **Parry (H. E.)**, Behandl. d. Sonne-Dysenterie mit Tetracylin. Vgl. mit Phthalylsulfatiazol u. oralem Streptomycin 7966.
Abbott (K. J.), Metallurg. Kontrolle bei d. Herst. v. Gesenkschmiedestücken 10851.

Abbott (L. S.) s. Distillers Co. Ltd.
Abbott Laboratories, Aminsalze v. Steroidhormonschwefelsäureestern 880* E. — γ-Morpholinopropyl-4-n-butoxyphenyläther 3008* Schwz. — Mandelsaures Salz d. β-Diäthylaminoäthylesters d. 3-Phenyl-2-oxybenzoesäure 3686* F. — Bas. Ester 6341* E. — 8-(4′-Amino-n-butylamino)-6-methoxy-4-methylchinolin 7268* E. — Penicillinpräp. 9862* E. — 4(5)-Aryloxymethylimidazole 11426* E.
— u. **Fricke (H. H.),** Stabile wss. Ascorbinsäure-Glycerin-Lsgg. 880* A.
—, **Glidden Co., Schock jr. (R. U.)** u. **Karpel (W. J.),** 17-Brom-20-ketone d. Pregnanreihe 6344* A.
— u. **Hasbrouck (R. B.),** Äthylendiaminsalze v. Cyclopentanopolyhydrophenanthren-3-monosulfaten 2492* A. — Piperazinsalze v. Cyclopentanopolyhydrophenanthren-3-monosulfaten 4651* A.
—, **Kirchmeyer (F. J.)** u. **Moore (E. E.),** Herst. eines Salzes eines N^1-Acyl-p-aminobenzolsulfonimids 6082* Can.
—, **Leffler (M. T.)** u. **Krueger (W. D.),** Antisepticis 3691* A.
—, **Rose (A. F. De), Whitman (A. L.), Grundy (W. E.), Sylvester (J. C.)** u. **Schenck (J. R.),** Herst. u. Gewinn. v. 4-Thiazolidon-2-n-capronsäure 9152* A.
—, **Rundell (J. E.)** u. **Ferry jr. (F. F.),** Arsanilsäure 4935* A.
— u. **Sahyun (M.),** Bas. Alkylester v. Phenylhalogen-o-oxybenzoesäuren 2255* D. B.
—, **Schenck (J. R.)** u. **Clark jr. (Robert K.),** Derivv. d. 6-[Thiazolidon-(4)-yl-(2)]-n-capronsäure 4937* A.
—, **Schock jr. (R. U.)** u. **Tabern (D. L.),** 2.3.5-Trioxybenzoesäure 2727* A.
— u. **Spielman (M. A.),** α-Phenylisobutyrylharnstoff 4644* A.
—, **Spielman (M. A.)** u. **Close (W. J.),** α-Phenylpropylallophanat 9388* A.
— u. **Weston (A. W.),** Bas. Ester 161* D. B. — Quatern. Ammoniumsalze bas. Ester 874* D. B. — 2-Chlor-1-phenylpropan 3733* A. — Arylcycloalkanthiocarbonsäureester 11252* A.
—, **Weston (A. W.)** u. **Brownell (W. B.),** 4-Oxycumarine 6137* A.
—, **Weston (A. W.)** u. **Hamlin jr. (K. E.),** N.N′-disubstituierte Piperazine 9395* A.
—, **Weston (A. W.)** u. **Sommers (A. H.),** N-Benzhydryl-N′-alkylsubstituierte Homopiperazine 9860* A.
—, **Wright (H. B.)** u. **Moore (M. B.),** N-Alkylbenzylaminoäthoxyäthyläther 10808* A.
—, **Zaugg (H. E.), Glenn (H. J.)** u. **Freifelder (M.),** 2.5-Diketopiperazine 11051* A.
Abbozzo (G.) u. **Vichi (F.),** Wirksamk. d. Mono- u. Bis-diäthylamidderivv. d. Bernsteinsäure als Analeptica bei d. Barbitursäurevergift. 6073.
Abdel Dayem Zayed (S. M.) s. Schönberg (A.).
Abdel Ghaffar (M.) s. Abdel Ghaffar (Y.).
Abdel Ghaffar (Y.) u. **Abdel Ghaffar (M.),** Atebrin bei Amöbenleber 7970.
Abd-el Halim (F. M.) s. Bradley (D. C.).
Abd-El-Malek (Y.) u. **Gibson (T.)** [Edinburgh], Bakteriologie d. Milch. 3. Mitt. Corynebakterien d. Milch 7108; 4. Mitt. Gramnegative Stämme in d. Milch 7108.
Abdelnabi (I.) u. **Massey (H. S. W.),** Unelast. Stöße v. Elektronen in He u. d. Townsend'sche Ionisierungskoeff. 515.
Abd El-Wahab (M. F.) s. Barakat (M. Z.).
Abderhalden (G.) s. Abderhalden (R.).
Abderhalden (R.), Antagonist. Bezieh. zwischen Pyridoxin u. d. Pyrimidinkomponente d. Aneurins 6789.
— u. **Abderhalden (G.),** Steroidstoffwechsel v. Lungentuberkulösen 1773.
Abdine (F. H.), Ghalioungui (P.) u. **El Ridi (M. S.),** Zus. d. Amnion-Fl. 6552.
Abdine (H.) s. Flaschka (H.).
Abdou (A. H.), Gleitlinien, Ätzgrübchen u. Korrosionsgrübchen 2377.
Abdulian (D. H.) u. **Sherrod (T. R.),** Atrolactamid: Aufnahme, Verteil. u. Ausscheid. 11420.
Abdumutalow (A.), Rudakow (G.) u. **Tschumatschenko (I.),** Unters. verschied. Formen v. Ammonsalpeter im Hinblick auf Zusammenbacken u. Streubark. unter Bedingungen v. Zentralasien 6596.
Abduraschitowa (M. W.), Phthivazid-Aerogel bei d. Therapie d. Lungentuberkulose 11624.
Abe (G.) s. Kaishio (Y.).
Abe (H.) s. Kumagai (H.); Nozoe (T.).
Abe (K.) u. **Tanaka (Tetsuro),** Keram. Stoffe mit hohen DKK. 6. Mitt. Polarisier. d. $BaTiO_3$-Keramiken 9500.
Abe (M.), Yamano (T.), Kozu (Y.) u. **Kusumoto (M.),** Unterss. über Ergot. 20. Mitt. Isolier. einer in submerser Kultur stärker Agroclavin erzeugenden Mutante 7000.
Abe (Yasuo), Harukawa (T.), Ishikawa (H.), Miki (T.), Sumi (M.) u. **Toga (T.),** Totalsynth. v. Santonin 10524. — Synth. v. α-Santonin 10524.
Abe (Yoshihito) s. Kojima (S.).
Abée (H.) s. Heuner (W.).
Abel (E.), Autoxydat. v. Ferroion 40. — Chemie d. NH_2-Radikals. 2. Mitt. 41. — Vermutl. Struktur d. Autoxydationsvorganges in unbelichtetem wss. Syst.; Mechanismus d. Autoxydat. v. Jodion u. Sulfit 2147. — Chem. Indukt. 2148. — Mutmaßl. Mechanismus d. Oxydat. nitroser Gase in wss. Syst. durch O_2 4057. — Überlegungen zum Syst. H_2O_2, Ferroion, Ferriion 10215. — Selbstzers. v. O_3 in wss. Lsg. 10215. — Metallkatalyse 11530.
Abel (G.) s. Röhm & Haas G. m. b. H.
Abel (H.), Fluorier. mit galvan. Strom 8675.
Abel (H. E.), Kaschierte Textilstoffe 8046* D. B.
Abeles (B.) s. Meiboom (S.).
— u. **Meiboom (S.),** Theorie d. galvanomagnet. Effekte in Ge 5246.
Abelès (F.) u. **Creignou (S.),** Best. d. opt. Parameter eines undurchsicht. Metallblättchens durch goniophotometr. Messungen 4758.
Abelin (I.) u. **Pfister (H.),** Rk. d. Nebenniere auf Kohlenhydratzufuhr 3417.
Abell (D. F.) u. **Knight (W. D.),** Sättigungsverh. einer Gaußschen magnet. Resonanzlinie 1677.
Aberg (B.) s. Veldstra (H.).
Aberg (Bertil) s. Norlander (O.).
A. B. I. Azienda Brevetti Industriali, Zellstoffgewinn. 957* E. — Halbzellstoff 5688* Oe.
Abiko (M.) s. Inouye (K.).
Abitibi Power & Paper Co. Ltd., Rückgewinn. d. Na beim Sulfitzellstoffaufschluß 7114* E.
Abkowitz (S.), Titanium in industry; technology of structural titanium [6845].
Ablitschenkow (I. I.), Verf. zur Unschädlichmach. v. Hg in Laborr. 4667.

Ablondi (F. B.) s. American Cyanamid Co.
Ablowa (W. A.) s. Panssewitsch-Koljada (W. I.).
Abolmassow (G.), Galvan. Verzinn. 7071.
Abosin (J. W.) s. Rossin (S. A.).
Abou-El-Azm (Abd-El-M.), Rk.-Geschwindigk. zwischen a) Siliciumdioxyd, b) Aluminiumoxyd, c) Mullit, d) Zirkonoxyd u. a. Oxyden bei verschied. Tempp. 3708. — Rk.-Geschwindigk. zwischen SiO_2 u. a. Oxyden bei verschied. Tempp. 3. Mitt. Rk.-Geschwindigk. in bin. u. tern. Systemen. Ergänz. zu d. ersten beiden Mitteilungen 7059; 4. Mitt. Einfl. d. Form d. Einbringens d. nichtsilicat. Komponenten auf d. Rk.-Geschwindigk. mit SiO_2 7059; 5. Mitt. Theorie d. Rk.-Geschwindigk. in bin. u. tern. Mischungen 7059.
— u. **Moore (H.)**, Rk.-Geschwindigkk. zwischen SiO_2 u. a. Oxyden bei verschied. Tempp. 1. Mitt. Rk.-Geschwindigk. in bin. Systemen; 2. Mitt. Rk.-Geschwindigk. in tern. Systemen 7059.
Aboul-Ela (M. M.), Physiol. Veränderr. u. Gefrierschäden bei reifendem Mais 8418.
Abragam (A.) u. **Kambe (K.)**, Dipolverbreiter. d. Quadrupolresonanzlinienbreite in d. angelegten Feld Null 273.
— u. **Pound (R. V.)**, Einfl. d. Kernquadrupolmomentes auf d. α-γ-Winkelbezieh. in Radiothorium 7139.
Abraham (B.) s. Schlesinger (H. I.).
Abraham (B. M.) s. Osborne (D. W.).
Abraham (E. P.) s. Lockhart (I. M.); Newton (G. G. F.).
— u. **Newton (G. G. F.)**, Synth. v. D-δ-Amino-δ-carboxyvalerylglycin (einem Abbauprod. v. Cephalosporin N) u. v. DL-δ-Amino-δ-carboxyvaleramid 2178.
—, **Newton (G. G. F.)** u. **Hale (C. W.)**, Reinig. u. Eigg. d. Cephalosporin N, eines neuen Penicillins 848.
Abraham (S.) s. Katz (J.); Taurog (A.).
— u. **Chaikoff (I. L.)**, Markierung v. diabet. Hund aus $^{14}C_{(1)}$- u. $^{14}C_{(2)}$-Bernsteinsäure gebildeter spezif. Glucosekohlenstoffatome 2941.
—, **Putman (E. W.)** u. **Hassid (W. Z.)**, Verteil. d. Radioaktivität in photosynthet. hergestellter ^{14}C-markierter Glucose 2930.
Abraham (S. V.), Besondere Rkk. auf d. Myoticum Floropryl 6333.
Abrahamczik (E.) s. Badische Anilin- & Soda-Fabrik Akt.-Ges.
—, **Petrovicki (H.)** u. **Schaffernak (F.)**, Verarbeit. v. Seren, bes. Molke 3029* D. B.
Abrahams (H. J.), Lavoisiers Vorschläge zur französ. Erzieh. 9485.
Abrahams (S. C.), Mechanismus d. Mol.-Komplexbldg. zwischen aromat. Aminen u. Nitro-KW-stoffen 10953. — s. Calhoun (B. A.).
— u. **Blackmore (W. R.)**, Abschirmvorr. für Röntgenbeugungskameras 530.
— u. **Calhoun (B. A.)**, Tieftemperaturumwandl. in Magnetit 1690.
— u. **Grenville-Wells (H. J.)**, Einkristalladaptor für d. Norelco Großwinkelbeugungsapp. 6467.
— u. **Grison (E.)**, Kirstallstruktur v. Cäsiumhexasulfid 3569.
Abrahamsson (B.) s. Richtzenhain (H.).
Abrahamsson (S.) u. **Sydow (E. v.)**, Änder. d. Elementarkörperdimenss. einer Kristallform v. n. langkett. Carbonsäuren 5987.
Abramo (D.), Terramycin u. akuter hoher Darmverschluß 3908.
Abramo (F.) s. Mecocci (G.).
Abramovitch (H.) s. Masoro (E. J.).
Abramovitch (R. A.), Pikratbldg. in d. Pyridylchinolinreihe 4593.
Abramow (S. A.), Stabile Färb. v. Geweben mit Küpenfarbstoffen 4217. — Färben v. Baumwollfasern mit Küpen- u. S-Farben 8739.
Abramow (W. S.), Rk. v. Aldehyden mit Phosphiten 7195.
— u. **Karp (G. A.)**, Mechanismus d. Arbusowschen Umlagerung. Rk. v. α,β-Dibromdiäthyläther mit Phosphiten 8586.
— u. **Militzkowa (J. A.)**, Einw. halogensubstituierter Äther auf d. Na-Salze v. Bis-[β-alkoxyäthyl]-phosphorigen Säuren 335.
— u. **Pachomowa (A. P.)**, Einw. substituierter Vinyläther u. -ester auf Cyclone 8369.
— u. **Schapschinskaja (L. A.)**, Diensynth. mit Anisylcyclon u. a. Cyclonen 8607.
Abramowa (J. I.) s. Posstowski (I. J.).
Abramowa (M. A.) s. Jegorowa (M. J.).
Abramowicz (W.) u. **Sarnecki (K.)**, Feststell. v. Kriterien für d. Beurteil. d. Eign. v. Sulfitablaugen als Rohstoff für d. Herst. synthet. Gerbstoffe 6665.
Abramowitsch (B. J.) s. Arinuschew (I. W.).
Abramowitsch (S. D.), Gewinn. v. Sojamehl aus Preßkuchen u. Schrot 8052.
Abramowitsch (W. W.), Dauerlager. v. Weinhefekulturen 10875.
Abramowitz (M.) u. **Antosiewicz (H. A.)**, Coulomb-Wellenfunktt. im Übergangsbereich 6901.
— u. **Rabinowitz (P.)**, Berechn. d. Coulomb-Wellenfunktt. längs d. Übergangslinie 6901.
Abramówna (J.) s. Raabe (E.).
Abrams (A.) u. **Davis (T. W.)**, Anwend. v. radioakt. J zur Best. v. Gleichgewichtskonstanten im Syst. Äthylen–Jod–1.2-Dijodäthan 7176.
Abrams (D.) s. Byer (A. J.).
Abrams (J. T.) s. Fitzpatrick (R. J.).
Abrams (S. T.) s. Shell Development Co.
Abramson (E.) u. **Brochet (A.)**, Ausschalt. v. PbO_2 bei d. Mikrobest. v. C u. H 9404.
Abramson (Ernst), Wrkgg. d. p-Nitrobenzoesäureäthylesters auf Ratten 4393.
Abramson (H. A.), Neuropharmacology [9385]. — s. Brown (Ethan A.).
Abresch (K.) s. Thyssen (A.)-Hütte Akt.-Ges.
— u. **Dawirs (R.)**, Best. v. metall. Fe in Schlakken u. Erzen 8458.
Abreu (B. E.), **Richards (Alice B.)**, **Alexander (W. M.)** u. **Weaver (L. C.)**, Cardiovasculäre, brecherregende u. pharmakodynam. Eigg. gewisser Veratrumalkaloide 6334.
Abrignani (F.) s. Mutolo (V.).
— u. **Mutolo (V.)**, In vitro-Inhibit. d. Katalase durch Kochsaft aus Eiereiweiß 2220.
Abrikossow (A. A.), Zustandsgleich. d. H_2 bei hohen Drucken 2368. — s. Landau (L. D.).
Abrisqueta (C.) s. Sierra (F.).
Abrossimowa (R. S.) s. Lebedew (I. A.).
Abruña (F.) s. Lugo López (M. A.).
Abson (J. W.), **Saleh (M. S. E.)** u. **Walker (T. K.)**, δ-Harze d. Hopfen u. Meth. zu ihrer Best. 1160.
Abson (W.) s. Taylor (Denis).
Abu-Nasr (A. M.), **Potts (W. M.)** u. **Holman (R. T.)**, Hochungesätt. Fettsäuren. 2. Mitt.

Fraktionier. über d. Harnstoffeinschlußverbb. 7808.
Abu-Shady (H.) u. **Soine (T. O.)**, Chemie d. Ambrosia maritima L. 1. Mitt. Isolier. u. Charakterisier. d. Ambrosins u. Damsins 6079. — Verss. mit Khellin. 1. Mitt. Darst. v. Desmethylkhellin u. seinen Derivv. 8855.
Abubakirow (N. K.) u. **Junussow (S. J.)**, Unters. d. Delphiniumalkaloide. 6. Mitt. N-Alkylgruppe d. Delsins 1748.
Abul-Fadl (M. A. M.) s. King (E. J.).
Abul-Haj (S. K.) s. Rinehart (J. F.).
Accary (A.), Einfl. d. P auf d. Kirkendall-Smigelskas-Effekt in d. Paar Kupfer–Messing 3813. — Übersättig. d. Leerstellen während d. Diffus. in Messing 11174.
Accascina (F.), Stärke d. organ. Säuren u. Struktureinfl. 1. Mitt. Thermodynam. Dissoziationskonstante d. γ-Ketovaleriansäure 9988.
Accountius (O. E.), **Sisler (H. H.)**, **Shevlin (T. S.)** u. **Bole (G. A.)**, Oxydationsbeständigk. tern. Carbidgemische d. Ti, Si u. B 192.
Accumulatoren-Fabrik Akt.-Ges., Wasserstoffabsorbierende Elektrode 662* F. — Elektrode für alkal. Sammler 895* F., Oe. — Profilierte Hartkautschukware 1156* F. — Herst. eines mikroporösen Hart- oder Weichgummivulkanisates 2745* Oe. — Alkal. Stromsammler 6360* F. — Mikroporöse Kunststoffplatten 6410* F. — Elektroden für alkal. Akkumulatoren 7288* Oe. — Elektroden für Alkaliakkumulatoren 11065* F.
— u. **Ziegner (H.)**, Kontinuierl. Herstellen v. beliebig profilierten Gebilden, bes. Bändern, aus Hartkautschuk 709* D. B.
Accumulatorenfabriek Varta N. V. u. **Schneider (F. A.)**, Herst. v. aus Metallpulver gesinterten Platten für alkal. Akkumulatoren 10344* D. B., A.
Acèra (L. H.) = Hurtado Acera (L.).
Acerbi (G.), Bürette zur Best. d. Härte d. W. 4182.
Achaya (K. T.) s. Harwalkar (V. R.).
Acher (R.) u. **Chauvet (J.)**, Struktur d. Rindervasopressins 2006.
Acherman (W. L.) s. Lane jr. (I. R.).
Acheson (G. H.) s. Brown (Barbara B.).
Acheson (R. M.) u. **Burstall (M. L.)**, Rk. zwischen Acridin u. Acetylendicarbonsäuredimethylester 2903.
—, **Burstall (M. L.)**, **Jefford (C. W.)** u. **Sansom (B. F.)**, Tautomere Acridine 6707.
—, **Hoult (T. G.)** u. **Barnard (K. A.)**, Bromier. v. Acridin 4098.
— u. **Sansom (B. F.)**, Vermeintliche „Carbazoacridine" 1503.
Achijeser (A. I.) u. **Pomerantschuk (I. J.)**, Photonenemiss. beim Einfang eines schnellen Protons durch d. Kern 2823.
— u. **Ssitenko (A. G.)**, Durchgang v. geladenen Teilchen durch ein Elektronenplasma 4761.
Achor (L. B.) u. **Geiling (E. M. K.)**, Wrkg. v. N-Allylnormorphin auf d. Ausscheid. d. mit ^{14}C markierten Morphins bei Mäusen 1321.
Achrem (A. A.), **Prileshajewa (J. N.)** u. **Meschtscherjakow (A. P.)**, N. A. Prileshajew (*1872* bis *1944*) 969.
Achter (M. R.) u. **Smoluchowski (R.)**, Struktur u. Verh. v. Korngrenzen 8328.
Achumow (J. I.) s. Iljinski (W. P.).
— u. **Spiro (N. S.)**, Berechn. d. Aktivitätskoeffizienten d. W. in zweikomponent. Lsgg. 11341.
Achundowa (K. A.) u. **Swinkina (N. W.)**, Verteil. v. Aureomycin u. Synthomycin im Organismus 399.
Acker (D. C.) s. Ashton (G. C.); Jensen (A. H.).
Acker (L.), Darst. u. Eigg. d. Phosphorsäure-[β-chloräthylester]-phenylesterchlorids 5760.
—, **Diemair (W.)** u. **Pfeil (D.)**, Quantitative papierchromatograph. Best. v. Zuckern in Malzextrakten, Stärkesirupen u. ähnl. Erzeugnissen 5921.
— u. **Ernst (G.)**, Quantitative Best. v. Cholin neben Lecithin in pflanzl. Material 7513. — Vork. eines phosphatidspaltenden Ferments in Cerealien 10774.
Acker (R. F.) u. **Lechevalier (H.)**, Für d. Wachstum u. d. Candicidinprodukt. notwend. Ernährungsfaktoren bei Streptomyces griseus *3570* 1767.
Ackerblom (H.) s. Steinmüller (L. & C.) G. m. b. H.
Ackerlind (C. G.) s. Morey (R. E.).
Ackerman (L. V.) u. **Regato (J. A. Del)**, Cancer: diagnosis, treatment and prognosis [608].
Ackermann (A.), Mkr. Formen d. Eisenrostes. 4. Mitt. 10937.
Ackermann (D.), Vork. v. Glykocyamin, Cholin, Lysin, Leucin, Tyrosin u. α-Alanin in d. Meereswurm Nereis virens 9366.
— u. **Janka (R.)**, Konst. u. Synth. d. Anemonins 2913.
Ackermann (F.) s. Ciba Akt.-Ges.
Ackermann (F. W.) s. Vacuumschmelze Akt.-Ges.
Ackermann (H.), Holzwurmvertilgungspaste 2329* Schwz.
Ackermann (L.) s. Szücs (M.).
Ackermann (O.) s. Alder (Kurt).
Ackermann (P.) s. Rheinpreußen Akt.-Ges. für Bergbau und Chemie; Steinkohlenbergwerk „Rheinpreußen".
Ackermann (T.) s. Wicke (E.).
Ackert (J. E.) s. Hansen (M. F.).
Acloque (P.), Therm. Behandl. d. Gläser zwecks Änderung ihrer Eigg., bes. d. Zerbrechlichk. 8706. — Das Problem, Richt. u. Stärke d. Spann. in einem Glas mit ausgeglichener innerer Spann. festzustellen 9646.
Acme Aluminum Alloys, Inc., Al–Mg-Legierr. 2998* E., 4208* E.
Acosta (R. S.) = Suárez Acosta (R.).
Acquista (N.) s. Mann (D. E.); Plyler (E. K.).
— u. **Plyler (E. K.)**, Infrarotmessungen mit einem CsJ-Prisma 7044.
Actis-Dato (A.) u. **Scala (D. A.)**, Enterogastron (Duosan) in d. Therapie d. gastroduodenalen Ulcera 11628.
Acton (F. S.) s. Herman (F.).
Acuña (C.) s. Bonfiglioli (H.).
Adachi (A.) u. **Tomita (Kiyoshi)**, Carbonitrier. mit einem aktivierten Flüssigkeitsbad 5642.
Adae (H.), Erfahrr. in d. dermatolog. Praxis mit „Cellichnol" 9615.
Adair (A.), Drucken v. Formeln in d. organ. Chemie 502.
Adair (D.) s. Douglas (H. W.).
Adair (R. K.), Spin–Bahn-Kopplungsenergie in ^{17}O 7. — Tiefe d. Kernpotentialtrogs 9015. — s. Darden (S. E.); Fields (R. E.).
Ádám (A.) s. Csókás (J.).
Adam (E.), Apyron in d. Zahnheilkunde 6331.
Adam (Georg) s. Bergmann & Simons.

Adam (Günter), Photoelektr. Meth. zur gleichzeit. Best. v. Lebensdauer u. Beweglichk. injizierter Stromträger in Halbleitern 4763. — Gleichzeit. Best. d. Lebensdauer u. Beweglichk. injizierter Ladungsträger mit Hilfe eines bewegl. Lichtflecks 9026.
Adam (G. D.) u. **Standley (K. J.)**, Ferromagnet. Eigg. v. oxydiertem Mn_2Sb 7381.
Adam (H.), Grundlagen d. Vakuumtechnik 5146.
Adam (J.) s. Doležal (J.).
Adam (Jean), **Gosselain (P. A.)** u. **Goldfinger (P.)**, Gesetze d. Addit. u. Substitut. bei Atom-Rkk. v. Halogenen 1708.
Adam (Johannes), Präzisionsröntgenkamera mit einem Durchmesser v. *19* cm 1686. — s. Menzel (H.).
— u. **Rich (J. B.)**, Kristallstrukturen v. WAl_{12}, $MoAl_{12}$ u. (Mn, Cr)Al_{12} 11173.
— u. **Stephenson (J.)**, Bevorzugte Orientier. in gewalztem Uranblech 8331.
Adam jr. (J. N.) s. American Cyanamid Co.
Adam (W.) s. Schmitz (R.).
— u. **Korting (G. W.)**, Freie Aminosäuren im menschl. Seminalplasma u. ihre klin. Bedeut. 10301.
Adam-Gironne (J.), Rk.-Fähigk. v. Brennstoffen gegenüber S. 2. Mitt. Katalyt. Wirksamk. bestimmter anorgan. Verbb. 9978. — s. Guérin (H.).
Adamo (G.) s. Ciusa (W.).
Adams (A. L.) s. Therrien (A. A.).
Adams (B. A.) u. **Holmes (E. L.)**, Kationenaustauscher für d. Behandl. v. Fll. 1152* D. B.
Adams (C. E.) s. Standard Oil Co.
Adams (C. H.) s. Nason (H. K.).
Adams (Clovis H.), Neue u. wirksamere Type v. Pb-halt. ZnO für Hausanstrichfarben 4944.
Adams (C. R.) u. **Milligan (W. O.)**, Elektronenmikrograph. Unterss. am Syst. BeO–In_2O_3 30. — Elektronenbeugungsunterss. im Syst. BeO–In_2O_3 3078.
Adams (C. S.) s. National Cash Register Co.
Adams (D. A. W.), Farbstoffzwischenprodd. 7324. — s. Imperial Chemical Industries Ltd.
— u. **Smith (T. S.)**, Organ. Insekticide u. Fungicide u. ihre Herst. 198.
Adams (D. H.), Mäuseleberkatalase. Antagonist. Wrkg. v. Tumorgewebe auf d. hormonalen Kontrollmechanismus 11594.
Adams (D. N.) s. Harris-Seybold Co.
Adams (E. C.) s. Research Corp.
Adams II (E. N.), Kristallmoment als quantenmechan. Operator 970. — s. Goldberger (M. L.).
Adams (G. A.) s. Colvin (J. R.).
Adams jr. (G. B.) u. **Johnston (H. L.)**, Wärmekapazitäten anorgan. Festkörper bei tiefen Tempp. 11. Mitt. Wärmekapazität v. β-Galliumoxyd v. *15* bis *300°* K 752.
Adams (G. F.) s. Universal Oil Products Co.
Adams (H. H.) s. Pyrene Co. Ltd.
Adams (J. A.) u. **Chupp (C.)**, Blattflohbekämpf. 911.
Adams (J. B.), **Hine (M. G. N.)** u. **Lawson (J. D.)**, Wrkg. v. Magnetinhomogenitäten im stark fokussierenden Synchrotron 7833.
Adams (J. E.) u. **Matelski (R. P.)**, Verteil. schwerer Mineralien u. Bodenentw. in Scott-Schlufflehm 9885.
Adams (J. F.) s. Monsanto Chemical Co.
Adams (J. J.) s. Dow Chemical Co.
Adams jr. (J. P.) s. Larson (Edward).
Adams jr. (J. R.) s. Celanese Corp. of America.
Adams jr. (J. T.) s. Axelson (J. W.).
Adams (James W.) s. United States Rubber Co.
Adams (John W.), Einfaches Mikrospektroskop 3694.
Adams (K. H.) s. Gebhart jr. (H. J.); Ludwig (F. J.); Mississippi Valley Research Laboratories, Inc.
Adams (L. H.) u. **Rowe (F. A.)**, Herst. v. Präpp. für Röntgenstrahlenspektrometer v. Fokussierungstyp 5970.
Adams (M.) s. Ingram (M.) [Rochester].
Adams (Milton), Therm. Leitfähigk. 3. Mitt. Kapselverf. mit einem längl. Sphäroid; Zahlenwerte für Al_2O_3, BeO, MgO, ThO_2 u. ZrO_2 666.
— u. **Loeb (A. L.)**, Therm. Leitfähigk. 2. Mitt. Entw. eines Ausdrucks für d. Wärmeleitfähigk. für d. besonderen Fall gestreckter Sphäroide 438.
Adams (M. A.) s. Levenson (S. M.).
Adams (M. H.) s. Welsh (J. N.).
Adams (P.) s. American Cyanamid Co.
—, **Kaiser (D. W.)**, **Nagy (D. E.)**, **Peters (G. A.)**, **Sperry (R. L.)** u. **Thurston (J. T.)**, Dicyandiamid. 2. Mitt. Darst. u. Hydrolyse v. Acyldicyandiamiden 9304.
Adams (P. B.) s. Williams (J. P.).
Adams (P. D.) s. Jergens (A.) Co.
Adams (P. J.), Ursprung u. Entw. d. Kohle 10892.
Adams (R.) u. **Duuren (B. L. Van)**, Struktur v. Heliotrinsäure 9572. — Usaramoensin, d. Alkaloid in Crotalaria usaramoensis E. G. Baker. Integerrimin aus Crotalaria incana Linn u. Senecionin aus Senecio glabellus D. C.; Stereochem. Beziehh. 9572. — Riddelliin, d. Alkaloid v. Senecio riddellii. 2. Mitt. Struktur v. Riddellinsäure u. Totalstruktur v. Riddelliin 9573.
— u. **Miyano (S.)**, Kondensations-Rkk. v. Picolin-1-oxyden 2421.
— u. **Pachter (I. J.)**, Wrkg. v. Alkali auf Brompyridopyrimidone 10027.
Adams (R. C.), Physikal. Unterss. an Anstrichsystemen, d. auf Gelbkieferholz aufgetragen sind 2308.
Adams (R. K.) s. Du Pont de Nemours (E. I.) & Co.
Adams (R. L.) s. General Electric Co.
Adams (R. M.), **Bernstein (R. B.)** u. **Katz (J. J.)**, Kinetik d. Isotopenaustausch-Rkk. v. F mit Halogenfluoriden 2619.
Adams (R. N.), Potentiometr. Titrationen mit gesteuertem Eingangsstrom 10334.
Adams (S. L.) s. Black (R. A.).
Adams (S. N.) s. Russell (R. S.).
Adams (W. R.), Wachsende Bedeut. d. Hochdruckformens 8481.
Adamsky (R. F.) u. **Wheeler jr. (C. M.)**, Bin. Gefrierpunktsunterss. an Bortribromid mit anorgan. Halogeniden 7155.
Adamson (A. W.), Diffus. u. Selbstdiffus. v. Elektrolyten u. Hydratationseffekte 5489.
— u. **Wilkins (R. G.)**, Austausch- u. Hydratationsverss. mit Thiocyanatkomplexen 10697.

Adamson (C.-A.), Garlind (T.) u. Lagergren (B.), Anwend. v. Isonicotinsäurehydrazid (Isoniazid) bei Tuberkulose. Isoniazidspiegel im Blut. Erworbene Resistenz 1319.
Adamson (D. W.), Synthet. Analgetica 6802. — s. Wellcome Foundation Ltd.
Adamtschik (K. A.), Aktivier. v. Mineralien bei mechan. Zerstör. ihrer Struktur 10837.
Adank (K.) s. Viscontini (M.).
—, Chiavarelli (S.) u. Pirelli (A. M.), Synthet. Sympathicolytica d. Ergotaminreihe. 11. Mitt. 1-Aminotetralin- u. Cyclohexylaminderivv. mit Amin- u. Amidfunktt. 10795.
Adant (M.), Wrkgg. d. intravenösen Injekt. v. Polyvinylpyrrolidon beim n. u. hepatektomierten Hund 5828.
Adassinski (S. A.), Besonderheiten d. Bldg. u. Abkühl. v. Schweißpunkten bei kreuzweiser Verb. v. runden Stäben 5885.
Addelston (A.) s. Sterling Drug, Inc.
Addicott (F. A.) s. Geissman (T. A.).
Addington (M. C.), Winfield (D. L.) u. Phillips (S.), Wrkg. v. Isoniazid auf Erregg. u. Elektroencephalogramme tuberkulöser Patienten 1785.
Addison (C. C.), Kerridge (D. H.) u. Lewis (J.), Fl. Metalle. 1. Mitt. Oberflächenspann. v. fl. Na; Vertikalplattenmeth. 2140.
Addison (W. E.) u. Barrer (R. M.), Sorpt. u. Reaktivität v. N_2O u. NO an kristallinen u. amorphen silicat. Sorbentien 9741.
Addor (R. W.) s. Newman (M. S.).
Adebahr (G.), Spättodesfälle nach CO-Vergift. 8206.
Adel (A.), Absorptionsbandenbreite im Ultrarotspektr. v. atmosphär. CO_2 15. — Absorptionslinienbreite in d. Infrarotspektr. d. Ammoniakmol. 11500.
Adelberg (E. A.), Biosynth. v. Isoleucin aus Threonin 6311.
Adelfang (J. L.) u. Daub (G. H.), Synth. v. 10-Methyl-3.4-benzpyren u. 8.10-Dimethyl-3.4-benzpyren 10502.
Adell (Ö.) s. Brogren (G.).
—, Brogren (G.) u. Haeggblom (L.-E.), Röntgenstrahlbeug. an Quarz 7389.
Adelman (R. L.), Vinyläther–Alkohol-Austausch 9068. — s. Du Pont de Nemours (E. I.) & Co.
Adelson (D. E.) s. N. V. de Bataafsche Petroleum Mij.; Shell Development Co.
Adelsson (S. W.), Ssemenjuk (L. F.) u. Eigensson (A. S.), Dest. v. aus harzreichem Erdöl stammendem Masut 10659.
Adembri (G.) s. Poggi (A. R.).
Aden (A. L.) s. Faire (A. C.).
Ader (M.), Teilchen großer Reichweite, d. v. Po, Th u. U emittiert werden 5237. — Teilchen großer Reichweite aus Poloniumquellen 8080. — Unters. schnell zerfallender akt. Ndd. 11497.
Aderhold (K.), Fermentative Behandl. d. Harnröhrenstrikturen 9841.
Adezati (L.) u. Costa (G.), Zus. d. menschl. Skelettmuskels. Fraktionier. d. Phosphorester 8185.
Adhesive Tapes Ltd. u. Williams (P. L.), Klebband 8771* E.
Adirowitsch (E. I.), Quantenmechanik u. Resonanztheorie 3322.
— u. Kolotilowa (W. G.), Kinetik d. Bldg. u. Relaxat. v. Nichtgleichgewichtsträgern bei d. Bestrahl. eines Halbleiters 8088.
Aditya (S.) s. Mahapatra (P.); Parida (R. N.).
— u. Prasad (B.), Unterss. über d. Verh. v. zwei-einwert. Salzen in wss. Lsg. 3. Mitt. Bleiacetat 10443; 5. Mitt. Cadmiumacetat 10444.
Adkins (H.) u. Gilbert (G.), α-[α'-Äthoxy-β'-phenyläthylidenamino] - β.β - diäthoxypropionsäureäthylester 2875.
Adler (F. P.), Mess. d. Leitfähigk. eines Flammenstrahles 9500.
Adler (I.) u. Axelrod (J. M.), Multiwellenlängen-Fluorescenzspektrometer 5378. — Al-Pulver als Bindemittel bei d. Präparat. v. Proben für Röntgenstrahlenspektrometrie 7506. — Best. v. Th durch Fluorescenzröntgenspektrometrie 9633.
Adler (L.) s. Pomevanz (Y.).
Adler (M.) s. Aronson (S. M.).
Adler (S.) s. Selwood (P. W.).
— u. Selwood (P. W.), Magnet. Eigg. v. Titansesquioxyd 21.
Adler (T. K.) s. Elliott (H. W.).
Adlersberg (D.) s. Boas (E. P.); Colcher (H.).
Adlington (D. G.) s. Anglo-Iranian Oil Co. Ltd.
Adloff (J.-P.), Bldg. d. α-Aktivität einer AcK (^{223}Fr)-Quelle 6907.
Administration-Séquestre des Röchling'sche Eisen- und Stahlwerke G. m. b. H., Werkzeugstahl für Pressen u. Stanzen mit hoher Festigk. u. Zähigk. 4206* F. — Hochwert. gesinterte Metallteile 4691* F. — Erschmelzen v. Stahl im Siemens-Martin-Ofen 7074* F. — Vermeid. einer Verform. v. gehärteten u. angelassenen Stahlteilen während d. Schleifens 9898* F. — Gewinn. v. C- u. S-armem Fe-Pulver aus Fe-Oxyden 10616* F.
Admiral (L.) s. Thijssen (H. A. C.).
Adolf (G.) s. Reichmuth (W.).
Adriaanse (N.) s. Coops (J.).
Adriaens (E. L.) s. Bigwood (E. J.).
— u. Bigwood (E. J.), Unters. d. Aminosäurenzus. d. Baumwollsamenproteins 7238.
Adrian (H. J.) s. Consolidated Water Power & Paper Co.
Adrian (Jan) s. Farbenfabriken Bayer Akt.-Ges.
Adrian (Jean) s. Jacquot (R.).
Adriano (S. M.) s. Baum (G. L.).
Adshead (J. M.) s. Gore (D. N.).
Adshemjan (N. N.), Dynamik d. Redoxpotentials beim Champagnerprozeß 7570.
Adunz (G. T.), Quantitative Best. v. Thiamin mit d. Photometer 6789.
Advance Solvents & Chemical Corp., Organozinn-Verbb. 6864* E.
—, Mack (G. P.), Heights (J.) u. Savarese (F. B.), Stannandiolätherester 1388* D. B.
—, Mack (G. P.) u. Parker (E.), Organ. Sn-Verbb. 4224* D. B., A., E., 7553* A.
—, Mack (G. P.) u. Savarese (F. B.), Organozinn-Verbb. 7083* A.
Aeberli (M.) s. Durand & Huguenin Akt.-Ges.
Aebi (H.), Chem. u. morpholog. Natur d. Stickstoffabgabe v. Gewebsschnitten im Warburg-Vers. 2218. — Kationenmilieu u. Gewebsatmung 10535. — s. Lehmann (F. E.).
Aehnelt (W.) s. Laboratorium für Adsorptionstechnik G. m. b. H.
Aejmelaeus (K.) s. Fredga (A.).
Aelony (D.), Sulfonamide als Weichmacher u. Wachse 4483. — s. General Mills, Inc.

Aeppli (H.) [Bern] u. **Herrmann (U.)**, Allerg. Rk. auf Progesteron 6060.
Aeppli (H.) [Zürich], **Albers-Schönberg (H.)**, **Frauenfelder (H.)** u. **Scherrer (P.)**, Best. d. magnet. Moments eines angeregten Kernes (^{111}Cd) 5234.
Aero-Research Ltd., **Rayner (C. A. A.)** u. **Bird (F.)**, Kerne für d. Metallgießerei 2291* E.
Aero Zipp Fasteners Ltd., Anod. Behandl. v. Metallgegenständen 10374* Schwz.
Aerocem Ltd. u. **Mollo (E.)**, Reinigungsmittel in Stückform 5928* E.
Aerojet-General Corp. u. **Gold (M. H.)**, Trans-Vinylendiisocyanat 2549* A.
Aerosol Corp. of America u. **Dautrebande (L.)**, Inhalationsmittel 5136* A. — Gasreinig. 11268* A.
Aeschlimann (F.), Geometr. Darst. d. Teilchen u. Dreiwellenmeth. 5709. — Funktionsdarst. d. Teilchen 6902.
Aeschlimann (J. A.) s. Hoffmann-La Roche, Inc.
Afanassenko (S. S.), Unstimmigkk. bei Analysen d. Produktionserzeugnisse 8987.
Afanassjew (N. M.) s. Golmow (W. P.).
Afanassjew (S. G.) u. **Golbetz (S. B.)**, Erhöh. d. Widerstandsfähigk. d. Windformen in d. Bessemerkonvertern 2059.
Afanassjew (W. A.) s. Ponomarew (A. A.).
Afanassjewa (J. M.) s. Stepanenko (B. N.).
Affleck (J. H.) s. Hensley (E. B.).
Affsprung (H. E.) s. Gehrke (C. W.).
Aflenzer (F.) s. MacLaurin (D. J.); Wultsch (F.).
Afonskaja (N. S.) u. **Tschernow (N. W.)**, Einfl. d. Natur d. Füllstoffe auf d. elast.-plast. Eigg. d. Leders 4258.
Afrikjan (B. L.), **Marutjan (S. A.)** u. **Ssaakjan (R. G.)**, Formen d. Vorratskohlenhydrate d. Weinrebe 4134.
Afrikjan (W. G.) s. Mndshojan (A. L.).
Afzelius (I. A.) s. Aktiebolaget Separator.
Agababjan (S. M.) u. **Akopjan (J. S.)**, Wirksamk. d. Anwend. v. Mineraldüngemitteln auf Wiesen mit Betonica grandiflora W. 10606.
Agabaljanz (G. G.), Chem.-technolog. Kontrolle bei d. Herst. v. sowjet. Sekt. Russ. [4478].
—, **Kosenko (J. M.)** u. **Mershanian (A. A.)**, Aufnahmefähigk. d. Weines gegenüber CO_2 5201.
Agafonow (I. L.), **Agafonowa (A. L.)** u. **Schtscherbakow (I. G.)**, Komplexbldg. nach d. Meth. d. elektr. Leitfähigk.; Kupferkomplexe im Syst. $CuSO_4$–$Na_4P_2O_7$–H_2O 5737.
—, **Pawlow (N. J.)** u. **Tichomirow (M. N.)**, I. G. Schtscherbakow *(1891—1953)* 10425.
Agafonowa (A. L.) s. Agafonow (I. L.).
— u. **Agafonow (I. L.)**, Temp.-Abhängigk. d. Dissoziationskonstante v. Elektrolyten. 2. Mitt. Erste u. zweite Dissoziationskonstante d. Arsensäure 11510.
Agapkin (I. N.) u. **Jukeliss (I. I.)**, Behandl. v. Hauttuberkulose mit Phthivazid 5837.
Agapowa (O. I.), Einfl. v. Vitamin B_1 auf d. Widerstandsfähigk. d. Zähne gegenüber Caries 142.
Agar (A. W.) s. Page (R. S.).
Agard (J.) u. **Moussu (R.)**, Vork. v. Scheelit im Mineralbestand d. Kupferlagerstätte v. M'Zaita (Gebiet v. Debdou, Ostmarokko) 6477.
Agarewa (L. F.) s. Schachbasjan (T. O.).
Agarwal (R. P.) s. Taimni (I. K.).
Agarwal (R. R.), **Mukerji (S. K.)** u. **Verma (R. N.)**, Böden d. Vindhyan-Hochebene im Mirzapur-Distrikt v. Uttar Pradesh 5630.
— u. **Yadav (J. S. P.)**, Salz- u. Alkaliböden d. ind. Ganges-Alluviums in Uttar-Pradesh 8005.
Agarwala (S. B. D.), Wrkg. v. Benzolhexachlorid auf d. Wachstum v. Zuckerrohr 3656.
Agarwala (S. C.), Bedeut. d. Stickstoffversorg. für d. Molybdänbedarf v. Blumenkohl in Sandkultur 10840. — s. Shrivastava (G. C.).
— u. **Hewitt (E. J.)**, Wrkgg. verschied. Stickstoffquellen auf d. Molybdänbedarf v. Blumenkohlpflanzen in Sandkultur 10606.
—, **Rao (V. K. M.)** u. **Shrivastava (D. L.)**, Enzymat. Hydrolyse v. Glutathion durch Vibrio cholerae 6312.
Agassjan (P. K.), Potentiometr. Best. v. Blei- u. Sulfationen. 1. Mitt. Best. d. Bleiionen 1806.
— u. **Genkina (L. S.)**, Potentiometr. Best. v. Blei- u. Sulfationen. 2. Mitt. Best. d. Sulfationen 4895.
Agawa (T.) s. Komori (Saburo).
Agejewa (A. N.) s. Ssadikowa (N. W.).
Agejewa (N. S.), **Shukow (I. P.)**, **Issakowitsch (M. A.)**, **Ssossedowa (A. L.)** u. **Ssucharewski (J. M.)**, Elektromechan. KU-Meter; App. zur Mess. d. Elastizitätsmoduls u. d. Verluste v. Substanzen mittels Ultraschall 10096.
Agelli (M.) s. Verona (O.).
Ageno (M.), Photofluorescenz u. Scintillatt. 3066. — Energieabhängigk. d. Kernstoßquerschnitte für schnelle Neutronen 4752.
— u. **Querzoli (R.)**, Durch α-Teilchen in Lsgg. angeregte Fluorescenz. 2. Mitt. 1903.
Agens (M. C.) s. Allgemeine Elektricitäts-Gesellschaft; General Electric Co.; International General Electric Co., Inc.
Agethen (K.-H.) s. Industrielackwerke G. m. b. H.
Agett (A. H.) s. Canadian Kodak Co. Ltd.
Agfa Akt.-Ges. für Photofabrikation, Farbkuppler für Rot 731* D. B. — Verbesser. d. Haltbark. v. Entwicklerlsgg. 1424* D. B. — Hochpolymere Körper, d. farbbildende Reste enthalten 2314* D. B. — Photograph. Entwickler 2584* D. B. — Herst. v. Maskenbildern auf Mehrschichtmaterial 2586* D. B. — Farb. Stereobilder 2586* D. B. — Pulverförmige, magnetisierbare Metalloxyde 5869* E. — Symm. u. unsymm. Carbocyanine 6438* D. B. — In d. Kette substituierte Merocyanine 6671* D. B. — Carbocyanine 7591* D. B. — Magnet. Tonaufzeichnungsmittel 8982* E. — Trimethincarbocyaninfarbstoffe 10179* D. B.
—, **Leubner (A.)**, **Knopf (T.)** u. **Weyde (E.)**, Verhinder. d. Vergilb. v. Bildern 497* D. B.
—, **Metzger (T.)** u. **Müller (Erwin)**, Entwicklungsbeschleunig. 1424* D. B.
— u. **Miller (Alfred)**, Silbersalzdiffusionsverf. 8072* D. B.
— u. **Riester (O.)**, Sensibilisatoren 497* D. B. — Sensibilisier. v. Photopapier 6900* D. B.
—, **Riester (O.)** u. **Bauer (F.)**, Methinfarbstoffe 9008* D. B.
—, **Riester (O.)** u. **Kumetat (K.)**, Asymm. Trimethincyanine 11720* D. B.
—, **Schneider (Wilhelm)**, **Fröhlich (A.)** u. **Neugebauer (G.)**, Erzeug. v. Azofarbstoffbildern 499* D. B.

Agfa Akt.-Ges. für Photofabrikation, Schneider (Wilhelm) u. **Ganguin (K.-O.)**, Kopieren v. Tonaufzeichnn. auf Mehrschichtenfarbfilme 1427* D. B.
—, Wahl (O.) u. **Müller (Reinhard)**, Entwicklerzusätze 6670* D. B.
— u. **Weyde (E.)**, Reflexkopien auf transparenter Unterlage 498* D. B. — Kontaktverf. für d. Positivherst. 2584* D. B. — Photomechan. Herst. v. Druckformen 4020* D. B. — Bildverbesser. beim Silbersalz-Diffusionsverf. 9240* D. B.
AGFA Camera-Werk Akt.-Ges., Balgen für Photoapparate 8277* E.
Aggarwal (J. S.), Acajounuß u. -balsam 4709. — s. Gupta (S. C.).
Aggarwal (S. L.) u. **Long (F. A.)**, Copolymerisate aus 2-Vinylpyridin, Methylacrylat u. Dichlorstyrol. Polymerisat. u. Eigg. in Lsg. 8878.
Aginjan (A. A.), Aufnahme v. Ascheelementen durch d. Pflanzen als Funkt. ihres Assimilationsapp. 6779.
Agius (P. J. V. J.) s. Standard Oil Development Co.
Aglitzki (W. A.) s. Okunew (A. I.).
Agnew (N.) u. **Hoffer (A.)**, Veränderr. d. Lysergsäurediäthylamidpsychosen durch Nicotinsäure 11239.
Agnolo (B. D') s. Bovo (G.); Leonardi (P.).
Agosin (M.) u. **Brand (T. v.)**, Kohlenhydratstoffwechsel v. Trypanosoma congolense 10056.
Agostini (C.) s. Tinacci (F.).
Agostino (O. D') s. Beloff-Chain (A.).
Agranoff (B. W.), Brady (R. O.) u. **Colodzin (M.)**, Verschiedenart. Umwandl. v. spezif. markierter Glucose in $^{14}CO_2$ 6539.
Agranowitsch (W. M.), Dispers. d. natürl. opt. Aktivität v. aus nichtakt. Moll. bestehenden Kristallen 9728.
Agre (C. L.) s. Minnesota Mining & Mfg. Co.
Ågren (A.), Chem. Bind. 1. u. 2. Mitt. 9972.
Ågren (G.), Mikrobiol. Aktivität einer Plasmapeptidfrakt. 9358. — Wachstumssteigernde Wrkg. u. Verwend. v. Phosphopepton u. phosphorylierten Aminosäuren bei einigen Arten v. Lactobacillen 10056.
—, Verdier (C. H. De) u. **Glomset (J.)**, P-halt. Proteine d. Zellen. 1. Mitt. Isolier. v. Phosphoserin aus Leberproteinen v. Kalb u. Ratte 3399.
Agresst (M. M.) s. Bene (A. A.).
Agricultural Research Corp. u. **Vogelsang (P.)**, Inkrustier. v. Saatgut 5403* D. B.
Agrupis (F. M.), Wert d. Wasserhyazinthe [Eichhornia crassipes (Mart.) Solms] als Silofutter 242.
Aguilar (M. D.) s. Giral (F.).
Aguilera (N. H.) u. **Jackson (M. L.)**, Entfern. d. Fe-Oxyds aus Böden u. Tonen 1128.
Aguirre (M.). s. Jiménez Díaz (C.).
Aguirre (O.) s. Massieu (G.).
Aguirre (R. M.) = Martínez Aguirre (R.).
Agulhon (M. H.) s. Manufactures de Produits Chimiques du Nord, Établissements Kuhlmann.
Agulnik (M. A.) u. **Malachow (J. A.)**, Antagonist. Wrkg. v. Kokkenmikroben auf d. übrige Mikroflora u. d. Rolle einiger „Aromabildner" während d. Einsalzens 9691.
Agustin Solari (M.) s. Bachmann (A. E.).
Ahbe (H. J.) s. VEB Optik Jenaer Glaswerk Schott & Gen.
Ahearn (A. J.), UV-Durchlässigk. u. Leitungsinhomogenitäten in Diamant bei α-Teilchenbeschuß 7150. — s. Hannay (N. B.).
Ahlbeck (R. A.) s. Pierce (J. B.) Foundation.
Ahlberg (J. E.) s. Davison Chemical Corp.; United States of America; United States Atomic Energy Comission.
Ahlberg (O.), Bekämpfungsverss. gegen Kohlfliegen u. Möhrenfliegen 5159.
Ahlbrecht (A. H.) s. Minnesota Mining & Mfg. Co.
Ahlers (N. H. E.) s. O'Neill (L. A.).
Ahlert (W.) s. Goldschmidt Akt.-Ges.
Ahlfeld (F.), Wolframlagerstätten Spaniens 4784.
Ahlman (K. L.), Eränkö (O.), Karvonen (M. J.), u. **Leppänen (V.)**, Wrkg. v. Wasseraufnahme u. wiederholter oder andauernder Hitzeeinw. auf d. Elektrolytgeh. d. Schweißes 3176.
Ahlmann-Ohlsen (J. U.) u. **Hannibald (J.)**, Poröse, wärmeisolierende Bauelemente 8709* D. B.
Ahlquist (R. P.) s. Remington (J. W.); Sydow (V.).
Ahluwalia (V. K.), Mukerjee (S. K.) u. **Seshadri (T. R.)**, Kernoxydat. v. Flavonen u. verwandten Verbb.; Synth. v. Gardenin 3142.
Ahmad (M. S.) s. Farooq (M. O.).
Ahmad (R.) u. **Weedon (B. C. L.)**, Unterss. in d. Polyenreihe. 49. Mitt. Acetylenalkohole aus Methoxyaceton u. ihre Umwandl. in ungesätt. Aldehyde 114.
Ahmad (T.) u. **Khundkar (M. H.)**, Synth. v. Glycerylborat 10245.
Ahmed (M.-D.) s. Khalique (M. A.).
Ahmed (Z. F.) u. **Fahmy (I. R.)**, Ausbreit. v. Hyoscyamus muticus L. in Ägypten u. sein durchschnittl. Alkaloidgeh. 8441.
Ahnefeld (F. W.), Neopenyl, ein procainfreies Depotpenicillin 2718. — Örtl. Verbrennungsbehandl. mit Suprathricin-Gel 7967.
Ahnlund (K.), Reaktionsenergie v. $^{22}Ne(d, p)$ ^{23}Ne u. d. Atommasse v. ^{23}Ne 975. — Protonengruppen aus d. Deuteronenbeschuß v. ^{20}Ne mit Hilfe d. magnet. Analyse. Übergänge in d. Grundzustand u. d. *1.* angeregten Zustand v. ^{21}Ne 975. — s. Pauli (R.).
Ahrel (P. J. I.), Konzentrieren eines oder mehrerer Bestandteile eines fl. Syst. durch Ausfrieren 181* D. B.
Ahrenfeldt (R. H.), Narkot. Wrkg. v. Hexylresorcin auf zwei europäische Amphibienarten 3429.
Ahrens (A.), Kohlenunters. u. ihre Berechn. (Immediatanalyse) 2814.
Ahrens (C. B. F. W.), Wirksamkeitsprüf. chem. Sputumdesinfektionsmittel. Unterss. über Merpin-D-*40* u. Wofasept „Tbc" 2958.
Ahrens (G. W.) s. Econometal Corp.
Ahrens (L. H.), Lognormale Verteil. d. Elemente (Fundamentalgesetz d. Geochemie u. sein Hilfsgesetz) 46. — Grundgesetz d. Geochemie. 1465. — Häufigk. v. Elementen in magmat. Gesteinen u. Meteoriten 1926. — Quantitative spektrochem. Analyse v. Silicaten: Analysenschema 2035. — Quantitative spectrochemical analysis of silicates [2279]. — Beziehh. zwischen d. Genauigk. d. klass. Methoden d. Gesteinsanalyse u. d. Konz. d. einzelnen Bestandteile 9868. — s. Holyk (W.); Pinson (W. H.).

Ahrens (W.) s. Beiersdorf (R.).
Ahrland (S.) s. Bodforss (S.).
Ahrnbom (L.), Salzgeh. d. Wasserdampfs 4427.
Ahsmann (G.) u. **Kronig (R.)**, Einfl. eines elektr. Feldes auf d. konvektive Wärmeübertrag. in Fll. 3077.
Ahuja (M. L.) s. Brooks (A. G.); Singh (Gurkripal).
Aickin (R. G.) s. N. V. de Bataafsche Petroleum Mij.; Shell Development Co.
Aida (K.) s. Asai (T.).
Aidinjan (R. C.), Zus. d. Asche d. Wiesen-Steppen-Vegetat. in d. Kamennaja-Steppe u. ihr Einfl. auf d. Bldg. v. mineral. Bodenkolloiden 5398. — Umsatz d. Aschenbestandteile zwischen d. Baumflora u. d. Schwarzerdeböden d. Kamennaja-Steppe 5878.
Aigrain (P.), Erschein. d. Gleichricht. u. d. Transistorwrkg. v. Ge 1443. — Theorie d. Verunreinigungsbänder mit willkürl. verteilten Zentren 9731. — Lichtemiss. aus injizierenden Kontakten auf Ge im 2 μ- bis 6 μ-Band 11339.
—, **Dugas (C.)** u. **Germain (J. E.)**, Adsorpt. auf Halbleitern 2364.
Aihara (A.), Unters. d. H-Bind. durch Messung v. Dampfdrucken. 1. Mitt. Dampfdruck v. Acetamid u. N-Methylacetamid 6482.
Aiken (J. K.) s. Geigy Co. Ltd.
Ailloud (J.), **Breton (D.)**, **Ertaud (A.)** u. **Raievski (V.)**, Einfangquerschnitt einiger Elemente für langsame Neutronen (lokale Modulationsmethode) 9722.
Ainbinder (S. B.) u. **Klokowa (E. F.)**, Vorgang d. Verbindungsbldg. bei d. Kaltschweißung v. Metallen 8717.
Ainley (A. D.) s. Imperial Chemical Industries Ltd.
Ainsley (E. J.) s. Oakite Products, Inc.
Ainsworth (C.), Umwandl. v. Carbonsäurehydraziden in Amide mit Raney-Nickel 4564. — s. Jones (R. G.); Lilly (E.) & Co.
— u. **Jones (R. G.)**, 3-Aminoalkyl-1.2.4-triazole 6514.
Ainsworth (J.) u. **Karle (J.)**, Struktur u. innermol. Beweg. bei 1.2-Dichloräthan 2631.
Ainsworth (L.), Diamanteindruckhärte v. Glas in ihrer Bezieh. zu Härte u. Struktur. 1. Mitt. Härteprüf. v. Glas 9171; 2. Mitt. Silicatgläser 11069; 3. Mitt. Struktur d. Borosilicatgläser 11069.
Air Reduction Co., Inc., Lichtbogenschweißen v. Al u. Al-Legierr. in einer Schutzgasatmosphäre 5891* E.
—, **Carpenter (G. B.)** u. **Herman (C. O.)**, Herabsetzen d. Reaktionsfähigk. v. Calciumcarbid 3226* E.
—, **Crego (F. T.)** u. **Fisher (H. R.)**, Entschwefel. u. Entkohl. v. Fe- u. Stahlschmelzen 6841* A.
— u. **Rowlands (Daniel C.)**, 3-Methyl-3-oxy-2-butanil 11252* A.
Airan (J. W.), Aminosäuren im Fingernagel d. Menschen 384. — Zweidimensionale Rundfilterpapierchromatographie 11431.
— u. **Barnabas (J.)**, Organ. Säuren u. Zucker Lycopersicum esculentum 382. — Trenn. d. Malein- u. Malonsäure durch Papierchromatographie 7048.
— u. **Desai (R. M.)**, Aminosäuren in Pithecolobium dulce Benth. u. Adensonia digitata Linn. 8519.
Airan (J. W.) u. **Ghatge (N. D.)**, Albumin u. Globulin aus d. Saatrückstand d. Carillafrucht 4380.
— u. **Kulkarni (D. M.)**, Diaminodinaphthylsulfid 5059.
Airapetowa (R. P.) s. Udowenko (W. W.).
Airey (G. W.) s. Wallbank (A. W.).
Airkem, Inc., Verdunstungsdesinfektionsmittel 1103* E.
Airofiltre (Soc. An.), Entstaub. v. Gasen auf nassem Wege 2269* F.
Airoldi (A.), Dynel u. seine Färbung 3009. — Hochtemp.-Färb. 3971. — Dämpfen beim Drucken mit Red.-Farbstoffen 6625. — Färben d. Kunstfasern 8739.
Airoldi (R.), Best. d. Be als Pyrophosphat 8457. — Trennungen Be–Mg u. Mg–Zn als Phosphat u. Best. als Pyrophosphat 10336.
Airs (R. S.) s. Shell Development Co.
Airscrew Co. and Jigwood Ltd. u. **Lynam (F. C.)**, Konservier. v. Holz 5687* E.
Aisenberg (I.), **Nielson (C.)** u. **Leonard (Fred)**, Best. d. Volumenschrumpfung bei aus Latex gegossenen Elastomerfilmen 3268.
Aisenberg (N. B.), Rolle d. Raumlad. in sphär. Elektronenprojektoren 7377.
Aisenman (B. J.), Merkmale d. Stoffwechsels d. Unterleibstyphusstäbchen. 1. Mitt. Quellen d. N-Nahr. d. Typhusstäbchen 5575.
Aitchison (L.), *1851—1951*; *100* Jahre Metallurgie 1131.
Aitken (E. H.) u. **Preedy (J. R. K.)**, Ggw. v. K als Fehlerquelle bei d. chem. Best. d. Na im Urin 1343.
Aitken (K. L.) s. Farquhar (R. M.).
Aitken (P. B.), Vorr. zur Aufzeichn. v. Radioaktivitätszerfallskurven 7371.
—, **Boxall (H. L.)** u. **Cook (L. G.)**, Vakuumpräzisionsverbrennungscalorimeter 8929.
Aitken (R. G.) s. Canadian Industries Ltd.
Aïtoff, Kombinierte Wrkg. d. verschied. Tuberkulocide mit Isonicotinsäurehydrazid (INH) in vitro 7965.
Aiwasow (B. W.) u. **Wjachirew (D. A.)**, Trenn. v. Gemischen einfachster KW-stoffe nach d. Meth. d. Chromathermographie 888.
Aixinger (I.), Moderne Crack. d. Erdölprodd. 2570.
Aizawa (I.) s. Igarashi (Y.).
Ajasjan (E. O.), Nulladungspotential u. Wirkungsmechanismus d. Inhibitoren d. Säurekorrosion v. Fe 10929.
Ajl (S.) s. Barban (S.).
Ajl (S. J.), Mechanismus d. Acetatoxydat. durch Bakterien. 5. Mitt. Nachw. d. Teilnahme v. Fumarat, Malat u. Oxalacetat bei d. Essigsäureoxydat. v. Escherichia coli 4372. — s. Hersey (D. F.); Wheat (R. W.).
— u. **Wong (D. T. O.)**, Mechanismus d. Acetatoxydat. durch Bakterien. 4. Mitt. Mittels radioakt. Kohlenstoffs untersuchte Acetatoxydat. durch in Ggw. v. Citrat gewachsene Aerobacter aerogenes 4371.
Ajzenberg (F.), **Braams (C. M.)** u. **Buechner (W. W.)**, Neutronen aus d. Protonenbeschuß v. ^{9}Be 506.
— u. **Franzen (W.)**, Neutronen aus d. Protonenbeschuß v. ^{10}B 7830; Dass. v. ^{14}N 8777.
—, **Franzen (W.)** u. **Likely (J. G.)**, Neutronen aus d. Protonenbeschuß v. ^{10}B 2355; Dass. v. ^{14}N 5470.
— u. **Lauritsen (T.)**, Energieniveaus leichter Kerne. 4. Mitt. 2124.

Aka (E. Z.) s. S t r a u m a n i s (M. E.).
Akaba (T.), Odawara (T.) u. **Odawara (H.),** Durchlässigk. v. „Cellopane" für strahlende Energie 4488.
Akabori (S.), Ohno (Ko), Ikenaka (T.), Nagata (A.) u. **Haruna (I.),** Charakterisier. u. quantitative Best. v. carboxylendständ. Aminosäuren in Proteinen 3882.
—, Yamamura (Y.), Okuyama (T.), Ikuta (S.) u. **Izumi (Y.),** Enzymat. Transcarboligat. 7698.
Akačić (B.), Summitates seu Herba Belladonnae 5368. — Belladonnae herba 10321.
Akagi (H.) s. K i k u c h i (T.); S h i m i z u (S.).
Akama (Z.) s. M a s a m u n e (H.).
Akamatsu (T.) s. M a k i (T.).
Akamatu (H.) u. **Matsunaga (Y.),** Diamagnet. Susceptibilitäten u. Anisotropien v. mehrkern. aromat. Verbb. 5749.
Akazawa (T.) s. M a r u o (B.).
Akcasu (A.), Pharmakol. u. toxikolog. Unterss. v. reinem Bzn. 5359. — Kristallformen d. in d. Türkei hergestellten Opiums 5368.
Akeley (D. F.) u. **Gosting (L. J.),** Diffus. v. Mischungen gelöster Stoffe mit Hilfe d. Gouyschen Diffusiometers 1215.
Akeley (E. S.) s. J a c o b s (I.).
Aken (J. S. A. J. M. van) s. D i r e c t i e v a n d e S t a a t s m i j n e n i n L i m b u r g.
Akeroyd (A. I.), Austauschmaterialien in d. Behandl. d. Wässer u. d. wss. Lsgg. 9166.
Akers (J. R.) u. **Gammon (J.),** Bau-Al widersteht d. Korros. in d. Zellstoff- u. Papierindustrie 9221.
Akers (W. W.), Attwell (L. L.) u. **Robinson (J. A.),** Vol.- u. Phasenverh. v. N_2-KW-stoff-Systemen. N_2–Butan-Syst. 8819.
—, Burns (J. F.) u. **Fairchild (W. R.),** Niedertemp.-Phasengleichgewichte. Methan–Propan-Syst. 8819.
—, Kehn (D. M.) u. **Kilgore (C. H.),** Vol.- u. Phasenverh. v. N_2-KW-stoff-Systemen. N_2–n-Heptan-Syst. 8819.
—, Kelley (R. E.) u. **Lipscomb (T. G.),** Niedertemp.-Phasengleichgewichte. CO_2–Propan-Syst. 8819.
Akerson (I. B.) s. G o t t f r i e d (S. P.).
Akiba (T.) u. **Kamijo (K.),** Antibiotica u. morpholog. Veränderr. an Mikroben 615.
Akim (L. J.) u. **Kilkki (W. J.),** Einfl. einer mol. Uneinheitlichk. d. Viscosesulfitcellulose auf ihre Reaktionsfähigk. 718.
Akimenko (M. S.) s. T e r e n t j e w a (N. L.).
Akimow (G. W.) s. K u r t e p o w (M. M.).
— u. Derjagina (O. G.), Struktur d. Metalls u. Korrosionsgeschwindigk. mit Oxydationsdepolarisat. 750.
Akimowa (L. N.) s. G a w r i l o w (N. I.).
— u. Gawrilow (N. I.), Struktur v. Gramicidin C. 2. Mitt. Unters. d. Bldg. v. Gramicidin–Kupferkomplexen 1753. — Mikrostruktur v. Eiweiß. 10. Mitt. Substituierte N-Aminoacylderivv. d. Diketopiperazins 5076; 11. Mitt. Rkk. d. Diacyldiketopiperazine 5076. — Polymere d. Aminosäuren 6730.
Akira (U.) s. H o n g o (T.).
Akischin (P. A.) s. F r o s s t (A. W.).
Akischin (P. A.) [Moskau] s. J u r j e w (J. K.).
Akiyoshi (S.) s. U e n o (K.).
— u. Matsuda (T.), Achtgliedr. Ringverbb. 1. Mitt. Rk. v. Cyclooctatetraen mit Diazoessigsäureäthylester 9089.
—, Okuno (K.) u. **Nagahama (S.),** Synth. v. γ-Chlor-β-methylcrotonsäuremethylester u. seine Reformatski-Rk. 10483.
Akker (J. A. van den) s. S e a r s (G. R.).
Akkerman (A. M.) s. N. V. A m s t e r d a m s c h e C h i n i n e f a b r i e k.
Akkerman (F. H. D.), Herst. v. Latex–Resorcin–Formaldehyd-Mischungen zur Verbesser. d. Haftfähigk. 707.
Akkurt (S.) s. S t a r y (Z.).
Akobjanoff (L.), Genaues Gasmanometer 1801. — Meth. zur schärferen Auflösung v. Spektralkurven 4170. — Metallthioplaste 5439* A.
Akopjan (A. J.), Rk.-Kinetik d. Bldg. v. Dichlorhexadien 5038.
—, Oganessjan (K. T.) u. **Bosstandshjan (R. C.),** Äther aus Dichlorhexadien 3349.
Akopjan (J. S.) s. A g a b a b j a n (S. M.).
Akopjan (K. A.), Chem. Zus. v. Fruchtkernen, d. als Rohstoff für Konditoreiwaren dienen 8281.
Akopow (I. E.), Mechanismus d. hämostat. Wrkg. v. Lagochiluspräpp. 6323. — Einfl. d. Lagochilus-Präpp. auf d. Retrakt. d. Blutgerinnsels 7021. — Spasmolyt. Wrkg. v. Lagochilus-Auszug 9613.
— u. Beljawskaja (J. A.), Einfl. d. Lagochiluspräpp. auf d. Fibrinogen u. Fibrin d. Hundeblutes 11412.
Akopow (J. K.) s. O s s i p o w (O. A.).
— u. Bergman (A. G.), Quatern. reziprokes Syst. aus d. Chloriden u. Sulfaten v. Li, Na u. K. 1. Mitt. 9751.
Akour (A. A.) s. G r i n d l e y (D. N.).
Akowbjan (A. A.), Sotowa (M. J.), Filatowa (A. A.) u. **Tichonow (W. P.),** Ekmonovocillin in d. Behandl. Syphiliskranker 3674.
Akramchodshajew (A. M.) s. B a b a j e w (A. G.).
Akselrod (L. S.) u. **Dilman (W. W.),** Dichte v. Gas–Fl.-Emulss. beim Durchleiten v. Gasen durch Fll. 1344.
Aksnes (G.), Oxoniumsalze 5518. — s. O l s e n (S.).
Aksnes (O.) u. **Foss (O.),** Struktur v. Selendiselenocyanat 8800.
Akssenow (S. I.) u. **Wladimirski (K. W.),** Magnet. Moment v. ^{73}Ge 7829.
Akssinin (J.), Bekämpf. d. Schildwanze 9174.
Aktiebolaget Åkers Styckebruk, Herst. v. rohrförm. Metallgegenständen durch Schleuderguß in warmen Dauerformen mit einem wärmeisolierenden porösen Futter 6839* Finn.
A/B Astra, Apotekarnes Kemiska Fabriker, Aminoacetylanilide 160* E. — Bas. Phenothiazin-10-carbonsäureester 1566* E. — Kontrastmittel 3208* F.
—, Ekstrand (T.) u. **Sjörgren (B. K. F.),** Herst. v. Alkylaminoacylaniliden 4645* Schwed.
—, Löfgren (N. M.) u. **Lundqvist (B. J.),** Alkylaminoacylanilide, d. im Benzolring durch Diäthoxygruppen substituiert sind 9145* Schwed. — Herst. v. Dialkylaminoacyl-(2-tert.-butyl)-aniliden 10570* Schwed.
A/B Berol-Produkter, Grunewald (K. H.) u. **Schönfeldt (N. A.),** Wasch- u. Reinigungsmittel 11117* Schwed.
A/B Bofors, Oxydieren v. organ. Verbb. mit HNO_3 922* Finn., 1374* E. — Oxydat. v. cycl. Verbb. mit Seitenketten zwecks Gewinn. v. Carbonsäuren 3004* Finn. — Erhöh. d. Korrosionsbeständigk. v. rostfreiem Stahl 8960* E. —Physikal. oder chem. Rkk. 9409* E. — Oxydat. v. Ringverbb. mit wenigstens einer zu Carbonsäuren oxydierbaren Seitenkette 11098* Schwz. — Anästhetica 11253* E.

A/B **Bofors** u. **Bengtsson (E. B.)**, Oxydat. v. organ. Verbb. 5898* F.
— u. **Ekenstam (B. T. af)**, Herst. v. p-(N-Methylamino)-phenol 11099* Schwed.
A/B **Celleco** u. **Klinga (I.)**, Kaustifizieren v. Grünlauge in Sulfat- oder Natroncellulosefabriken 5211* Schwed.
— u. **Nordström (O.)**, Abscheiden v. unerwünschten Teilen aus Zellstoffaseraufschlämm. 5211* Schwed.
A/B **Celloplast**, Kontinuierl. Herst. v. schwammart. Schichten 7578* E.
— u. **Lindquist (C. A. J.)**, Folien aus gießbaren Kunstmassen 5434* Schwed.
A/B **Defibrator** u. **Sandberg (N. H.)**, Papiererzeugung 3280* F.
A/B **Enköpings Verkstäder** u. **Brynge (P. G.)**, Befeuchten v. Faserplatten 6596* Schwed.
A/B **Ferrosan**, Amide d. p-Aminosalicylsäure 7731* Dän. — 2.2'.5.5'-Tetraoxydiphenylmethan-3.3'-dicarbonsäure 7979* Schwz. — Diphenylmethanderivv. 7983* Ind. — Derivv. d. Triphenylmethans 8033* F.
— u. **Ekström (K. G.)**, Verhindern d. Entw. v. Mikroorganismen 4918* Schwed.
—, **Hahn (L. A.)** u. **Fekete (J.)**, 2.2'.3.3'.4.4'.6.6'-Oktaoxy-5.5'-dicarboxydiphenylmethan 6083* A. — Kondensationsprodd. aus Trioxybenzoesäuren u. Formaldehyd 8683* A.
— u. **Rosdahl (K.-G.)**, 4-Methylamino-2-oxybenzoesäure 640* A. — Ester d. 4-Aminosalicylsäure 8033* Schwed.
A/B **Gullhögens Bruk** u. **Lindberg (G.)**, Herabsetzen d. Wassergeh. v. Sulfitablauge 1409* Schwed.
A/B **Iföverken** u. **Engström (C. B. A.)**, Asbestfaser-Zement-Platten 7296* Schwed.
A/B **Invex** u. **Knutsson-Hall (F. K.)**, Mehrfach verwendbarer Zündstab 6664* Schwed.
A/B **Kabie**, Chlorophyllpräp. 2553* E.
A/B **Kamyr** u. **Richter (J. C. F. C.)**, Aufschließen v. Faserstoffen 3518* Schwed.
—, **Richter (J. C. F. C.)** u. **Johansen (R. J.)**, Kontinuierl. Aufschließen v. Faserstoffen unter Druck 720* Schwed.
A/B **Kanthal**, Heizwiderstand 2505* F. — Negative thermo-elektr. Legier. 7544* F.
A/B **Kaukas Fabrik** u. **Saelan (T.)**, Säurefestes Bindemittel 10118* Schwed.
A/B **Kemisk-Teknisk Apparatur**, Destillieren v. schwachen Alkohol-Lsgg., bes. v. vergorener Sulfitablauge 1160* Finn. — Katalyt. Oxydat. v. Äthanol zu Acetaldehyd 6132* E. — Acetaldehyd 11095* E.
A/B **Kontrollinstrument** u. **Grusell (E. A.)**, Radierstoff aus kautschukart. Kunstharzen 5672* Schwed.
A/B **Leo**, Herst. v. Fermentinhibitoren 10575* E.
A/B **Pharmacia**, Als Plasmaersatzmittel bestimmte Injektionslsgg. 5374* Oe.
— u. **Wangel (J. A.)**, Thiocarbhydrazinverbb. 6083* D. B.
A/B **Pluria** u. **Karrer (F. W. J.)**, Bleichen u. Färben v. Textilien 8973* Schwed.
A/B **Raméns Patenter**, Eindampfen v. Sulfitablauge 7346* N.
A/B **Recip** u. **Carlsson (S.)**, Spasmolyt. wirksame Aminoverb. 6083* Schwed.
A/B **Robo, Brellochs (W.)** u. **Schäfer (F.)**, Isolierlamellen aus Glasgewebekommutatoren 9165* Schwed.
A/B **Rosenblads Patenter**, Gewinn. v. Alkohol aus Sulfitablauge 3279* Finn. — Eindampfen v. vergorener Sulfitablauge 3279* Finn.
A/B **Rosenblads Patenter** u. **Lockman (C. J.)**, Eindampfen v. Belegg. bildenden Fll. in Entspannungsverdampfern 2502* D. B.
— u. **Tydén (A. E.)**, Chem. Reinigen v. wärmeübertragenden Wänden in Wärmeaustauschern u. dgl. 5618* D. B.
A/B **Separator**, Raffinieren v. fetten Ölen 1406* F. — Kontinuierl. Herst. v. Butter aus saurem Rahm 4235* F. — Abtrennen fester Bestandteile aus Ölen 6164* E. — Klären v. Malzgetränken, wie Bier 8051* E. — Nährhefe 8055* F. — s. Lever Brothers & Unilever Ltd.
— u. **Afzelius (I. A.)**, Kontinuierl. Raffinieren v. fetten Ölen 4485* Schwed.
— u. **Eckers (C. G.)**, Stärke 9926* Schwed.
— u. **Imperial Chemical Industries Ltd.**, Gewinn v. Proteinen für techn. Zwecke 4970* Schwz. — Proteingewinn. 11302* Schwz.
—, **Imperial Chemical Industries Ltd.** u. **Lindgren (H. O.)**, Proteingewinn. 3511* A.
— u. **Zachariassén (S. H. B.)**, Gewinn. v. flüchtigen Stabilisierungsmitteln aus Kautschuklatex 3268* Schwed.
A/B **Separator-Nobel**, Raffinieren v. Mineralölen 2340* F.
— u. **Palmqvist (F. T. E.)**, Entparaffinier. v. Erdölen 4249* A.
A/B **Siefvert & Fornander**, Wachszündhölzer 4503* F.
A/B **Standard Radiofabrik**, Selenelement 10597* Schwed. — s. Standard Elektrizitäts-Gesellschaft Akt.-Ges.
—, **Escoffery (C. A.)** u. **Hawk (W. H.)**, Gleichrichter 2976* Schwed.
— u. **Warner (A. J.)**, Chlorierungsprodd. v. 1.3.3-Trimethyl-1-phenylindan 5700* Schwed.
—, **Warner (A. J.)** u. **Bakst (M.)**, Elektr. Isoliermaterial aus einem Gemisch v. cyclisierten Monoolefinen u. polymerisierten aromat. Vinyl-KW-stoffen 11065* Schwed.
A/B **Statens Skogsindustrier**, Imprägnierte u. gepreßte Faserstoffplatten mit gefärbter Oberfläche 2795* E., 5933* Oe.
—, **Nyström (E. H. B.)** u. **Collin (B. W.)**, Imprägnierte Schlackenwolle 6368* F.
A/B **Stockholms Bryggerier**, Nutzbarmach. d. in W. schwerlösl. Hopfenbitterstoffe 1161* F.
A/B **Svenska Fläktfabriken**, Verhinder. v. Korros. bei Gas- oder Dampfdurchströmungsapparaten 9638* N.
A/B **Tudor**, Elektrode für galvan. Elemente, bes. Bleiakkumulatoren 2505* Finn. — Mikroporöse Trennwand für Akkumulatoren 2505* Finn. — Sammlerseparator 5390* F.
Aktien-Gesellschaft für Bergbau und Hüttenbedarf, Verbesser. v. Metallen mit Notlaufeigg. für Verwendungstempp. über *200°* 1834* F.
Akt.-Ges. Brown, Boveri & Cie., Verstärk. d. photograph. Wrkg. v. Röntgenstrahlen 3781* Schwz.
— u. **Discher (F.)**, Lacke 6630* D. B.
—, **Gaudenzi (A.)** u. **Giger (H.)**, Silicatische, Chromoxyd enthaltende Schutzschicht auf metall., chromhalt. Bauteilen v. Gasturbinen 11448* D. B., A.
Akt.-Ges. A. Hering u. **Kurz (H.)**, Verf. d. Chloreinw. 210* D. B. — Zellstofferzeug. aus Holz, Stroh u. dgl. 6424* E.
Akt.-Ges. Kühnle, Kopp & Kausch, Eindampfen v. Spülbadlsg. d. Kunstharzherst. 1151* Finn. — Konzentrieren v. Lsgg. 6427* F.
— u. **Jetter (A.)**, Dichte Körper aus Graphit 5627* D. B.

Akt.-Ges. Kühnle, Kopp & Kausch u. Wintergerst (E.), Reinhalt. d. Heizflächen v. Dampfkesseln, Verdampfern u. sonstigen Wärmeaustauschern 665* D. B.
Akt.-Ges. für Stickstoffdünger, Acetylengewinn. aus Calciumcarbid u. W. 4453* E.
Akt.-Ges. für Unternehmungen der Eisen- und Stahlindustrie, Harte u. verschleißfeste Formkörper aus Borcarbid 8722* Schwz. — Entkohl. eisenhalt. Werkstoffe 10619* D. B.
— u. **Dawihl (W.),** Gesinterte Schneid- u. Schleifkörper sowie Arbeitsgeräte verschied. Art 2530* D. B.
—, **Dawihl (W.)** u. **Hinnüber (J.),** Gesinterte titancarbidhalt. Hartmetall-Legierr. 208* D. B.
— u. **Fahlenbrach (H.),** Dauermagnete aus Oxydwerkstoffen 6100* D. B. — Herst. v. gesinterten Dauermagneten 10372* D. B.
—, **Fahlenbrach (H.)** u. **Heister (W.),** Oxyd. ferromagnet. Werkstoff 11438* D. B.
— u. **Hinnüber (J.),** Gesinterte Hartmetallziehsteine 9663* D. B. — Stellitbestückte Verschleißteile, bes. Schnitt- u. Stanzwerkzeuge 10856* D. B.
—, **Hinnüber (J.)** u. **Kölbl (F.),** Gesinterte Hartmetallegierr. 10856* D. B.
— u. **Kölbl (F.),** Materialabtragende Bearbeit. v. Hartmetall 9186* D. B.
— u. **Skaupy (F.),** Sintermetallkörper 10617* D. B.
— u. **Walter (F.),** Gußeisen für Gegenstände, d. mit fl. Metallen in Berühr. kommen 1366* D. B.
Akt.-Ges., vorm. E. Vogel, Sprengstoffe 11316* F.
Aktieselskabet Atlas, Verhinder. v. Verlusten an Vitaminen u. Provitaminen in Grünwaren 11707* Dän.
A/S „Chemia“, Wasch- oder Reinigungsmittel mit keimtötender Wrkg. 7575* N.
A/S Dansk Gaerings-Industri, Preßhefe 3270* F.
— u. **Jörgensen (H.),** Preßhefe 8517* Schwz.
A/S de Danske Sukkerfabrikker, Reinigen v. Zuckersäften durch Kalken u. CO_2-Saturat. in 2 Stufen 237* E. — Auslaugen v. festen Substanzen 1629* F.
A/S Ferrosan, Quatern. Ammoniumverbb. 6341* Dän. — Herst. v. Körperfüll-MM., bes. zur Behandl. bei Otosklerose 10569* Dän.
A/S Grindstedvaerket, Sulfanilamid u. Sulfanilyl-4-amino-2.6-dimethylpyrimidin 7976* N.
A/S Niro Atomizer, Gewinn. v. festen Teilchen durch Zerstäub. v. Fll. 1578* Dän.
A/S Sadolin & Holmblad, 2.5-Diacyloxy-2.5-dihydrofurane 2304* Dän.
A/S J. Villadsens Fabriker, Bituminieren v. Gesteinsmaterial 6829* Dän.
Aktieselskapet Ardal Verk, Elektrolyt. Erzeug. v. Al 4449* F.
— u. **Wesenbaerg (H.),** Herst. v. Al durch Schmelzelektrolyse bei niedr. Tempp. 6125* Can.
A/S Cliché, Herst. v. tiefgeätzten Hochdruckplatten 11140* Schwz.
A/S Esab, Umkleidete Schweißelektrode 7775* N.
A/S Fjeldhammer Brug, Imprägnieren v. Faserplatten 8004* N.
A/S Norduco, 2.4.6.2'.4'.6'-Hexanitrodiphenylamin 6436* Dän.
—, **Dijkema (J. H.)** u. **Pluim (J.),** Umsetz. d. Kalisalze hochnitrierter sek. aromat. Amine mit Mineralsäuren 2283* E.
A/S Protan, Herst. v. stabilem Latex 1155* F.
— u. **Kristensen (K.),** Textildruckpasten für Küpenfärberei mit Alginaten als Fertigungsmittel 4219* Schwed.
A/S Rohde, Behandl. v. Fischen u. Fischprodd. 5925* N.
A/S Titania u. **Oppegaard (A. G.),** Magnet. Anreicher. v. Fe-Erzen 7773* Schwed.
Aktivkohle-Union Verwaltungs-G. m. b. H. u. **Garbe (P.),** Wiederbeleb. v. Adsorbentien 10136* D. B.
—, **Herbert (W.), Rüping (H.), Engelhardt (Alfred)** u. **Bratzler (K.),** Gewinn. v. C_2H_4 aus Brennstoffdestillations-, -crack-, -hydriergasen 1179* D. B.
Akün (R.) u. **Schulte (F.),** Gewebsalkaliphosphatase in Gehirn u. Milz bei d. Newcastle-Disease d. Huhnes 9586.
Akulinin (A. I.), Therm. Säurebehandl. v. Erdölbohrlöchern d. Schwarzmeererdöltrustes 8532.
Akulinina (A. A.) u. **Schljachowaja (S. I.),** Qualität v. Druckwalzen 8509.
Akulow (A. I.), Metallurgie d. halbautomat. Schweißung nichtrostender Stähle unter Benutz. siliciumhalt. nichtschmelzender Flußmittel 6611.
Akulow (N. S.), Grundgleichungen d. Theorie d. Kettenprozesse u. Methoden zu ihrer Lösung 2149.
— u. **Krintschik (G. S.),** Mikrowirbelströme bei Verschieb. d. Grenzen zwischen d. Domänen 8317.
— u. **Tscheremuschkina (A. W.),** Theorie d. Hall-Effektes in Ferromagnetika 8790.
Akulowitsch (W. M.) s. P a w l j u t s c h e n k o (M. M.).
Akutagawa (T.), Verbesserte hochwarmfeste Legierr. u. Keramik. Dauerstandfestigkeitsprüf. bei hochwarmfesten Legierr. 9892.
Akutin (M. S.) s. L j u b o m i l o w (W. I.).
Akutsu (J.) s. S h i n o h a r a (K e n - i c h i).
— u. **Sakurai (S.),** Zählcharakteristiken v. neon-, argon- u. chlorgefüllten Geiger-Müller-Zählern 2596.
Alabyschew (A. F.) u. **Lantratow (M. F.),** Unterss. v. Lsgg. geschmolzener Metalle. 1. Mitt. Aktivität v. Zn in Zn–Sn–Sb–Lsgg. 8556.
Aladdin Industries, Inc. u. **Berge (G.),** Magnetkern 5389* A., 11065* F., 11651* F.
— u. **Ulmer (W. W.),** Glühstrümpfe 3939* Can.
Aladjina (A. N.) u. **Ssurikow (M. P.),** Einfl. v. Glutathion auf d. O_2-Defizit u. d. Oxydationskoeff. d. Harns alter Ratten 5351.
Aladshalowa (N. A.), Elektr. Konstanten d. Gehirnrinde 4148.
Alajew (B. S.), Gewinn. v. Extraktölen 3023.
Alamá (J. P.) = P é r e z A l a m á (J.).
Ålander (P.) u. **Fogelberg (B. C.),** Neue Schnellmeth. zur Best. d. Trockengehaltsschwankk. v. Zellstoffballen 3764.
Alanija (W. P.) s. T o p t s c h i j e w (A. W.).
Alaníz (Y. A. L. de L.) = L a g i s q u e t d e L ó p e z A l a n í z (Y. A.).
Alapetite (M.), Anod. Oxydat. v. Reißverschlußteilen aus Al 1602* F.
Alary (P.) s. C a u j o l l e (F.).
Alban (E. K.) s. M e n t (J. D. d e).
Albano (A.), Wrkg. d. Progesterons auf d. Stoffwechsel überlebenden Gewebes v. experimentellen Tumoren 8646. — s. V e s c i a (A.).
Albaugh (R.) s. C l e g g (M. T.).

Albe-Fessard (D.), Buser (P.) u. **Minz (B.)**, Eigentümlichk. d. elektr. Aktivität d. Hirnrinde bei thyreoidektomierten Kaninchen **7479**.
Albenesius (E. L.) s. R o e (A.).
Alberigi-Quaranta (A.) u. **Pancini (E.)**, Zerfall v. μ-Mesonen in C **11142**.
Albers (E.) s. A l b e r s (H.).
Albers (H.) u. **Albers (E.)**, Modellverss. zur asymm. Synth. 1. Mitt. Kinet. Unterss. zur asymm. Synth. v. Mandelsäurenitril mit Hilfe opt.-akt. Katalysatoren **9056**; 2. Mitt. Reaktionsmechanismus d. durch opt.-akt. Basen beschleunigten, asymm. Oxynitrilsynth. **9056**.
Albers (H.) [Oldenburg], Chemotherapeuticis u. Antibioticis bei d. weibl. Genitaltuberkulose **9380**.
Albers (Henry) s. K n o l l A k t. - G e s. C h e m i s c h e F a b r i k e n.
Albers-Schönberg (E.) s. S t e a t i t - M a g n e s i a A k t. - G e s.; S t e a t i t e R e s e a r c h C o r p.
— u. **Eckert (O.)**, Keram. „Rechteck"-Ferrite **7524**.
Albers-Schönberg (H.) s. A e p p l i (H.) [Zürich].
—, **Heer (E.), Gimmi (F.)** u. **Novey (T. B.)**, Richtungskorrelat. in fl. Quellen **1896**.
—, **Heer (E.), Novey (T. B.)** u. **Scherrer (P.)**, Mess. d. Kernquadrupolmoments d. ersten angeregten Zustands d. ^{111}Cd mit Hilfe d. γ-γ-Richtungskorrelat. **9246**.
Alberstadt (N.) s. B u r c h e n a l d (J. H.).
Albert (A.) s. B l a c k b u r n (C. M.).
Albert (Adolf), Best. v. elementarem S in Bzn. durch d. Sommer-Test. Neuere Versuchsergebnisse **2815**.
Albert (Adrien), Affinität v. Isonicotinsäurehydrazid für Metalle **4796**. — Pteridine **6748**. — Affinität v. Terramycin u. Aureomycin zu metall. Kationen **7645**.
— u. **Brown (D. J.)**, Purinunterss. 1. Mitt. Stabilität gegen Säure u. Alkali. Löslichk.; Ionisier.; Vgl. mit Pteridinen **1235**.
— u. **Parsons (A. M.)**, „Absondernde" Mittel in d. Chemotherapie **5119**.
Albert (H.) s. B a d i s c h e A n i l i n - & S o d a - F a b r i k A k t. - G e s.; N a p h t h o l - C h e m i e O f f e n b a c h.
Albert (H. E.), Neue Aminoalkylphenole **1255**. — Rkk. v. 3.4.6-Trialkylphenolen. 3. Mitt. Oxydationsunterss. **2182**. — s. F i r e s t o n e T i r e & R u b b e r C o.
— u. **Sears (W. C.)**, Rkk. v. 3.4.6-Trialkylphenolen. 2. Mitt. Salpetersäurereaktionsprodd. u. ihre Zers. **2181**.
Albert (J.), Möglichk. d. Güteverbesser. v. Kalksandziegeln. Hohle u. hochfeste Kalksandziegel **10837**. — Kalkton- u. ton. Kalksandziegel. Farb. Kalksandfliesen **11071**.
Albert (K.), Mittel gegen Rheuma, Gicht oder Nervenschmerzen **1562*** Oe.
Albert (P. A.), Habitusebene d. β-Phase im α-Ti **9038**.
Albert (R.), Klevin (P.), Fresco (J.), Harley (J.), Harris (W.) u. **Eisenbud (M.)**, Industrielle Hygiene u. medizin. Prüf. einer Th-Fabrik **10080**.
Albert (R. D.) u. **Gaerttner (E. R.)**, Messungen v. Neutroneneinfangresonanzen bei Verwend. eines (n, γ)-Scintillationsdetektors **1433**.
—, **Yeater (M. L.)** u. **Gaerttner (E. R.)**, Neutroneneinfangmessungen mit d. G.E.-Betatron-Geschwindigkeitsselektor **6678**.
Albert (S. N.) u. **Coakley (C. S.)**, Anwend. v. Chlorpromazin zur Verhüt. postnarkot. Erbrechens **9139**.
—, **Rea (E. L.), Duverney (C. A.), Shea (J.)** u. **Fazekas (J. F.)**, Anwend. v. Chloropromazin in d. Behandl. d. akuten Alkoholismus **867**.
Albert (W.), Korrosionsfeste Lackierr. **932*** D. [DDR].
Albert (W. W.), Garrigus (U. S.), Forbes (R. M.) u. **Hale (W. H.)**, Abgewandelte Harnstoffzulagen zu Maissilage für d. Winterfütter. v. Schaflämmern **9372**.
Alberti (C. G.) s. F a r m a c e u t i c i I t a l i a S o c. A n.
—, **Camerino (B.)** u. **Vercellone (A.)**, Synth. d. Chloramphenicols: v. Phenylaminopropandiol zum threo-Nitrophenylaminopropandiol **363**; Acylwanderr. in d. Reihe d. Phenylaminopropandiole **364**.
Alberti (K.) u. **Meyer (Erich)**, Farb- u. Lackbinder **225*** D. B.
Alberti (R.), Deckfäh. Körperfarben **3978*** D. B. — Pigment **7794*** D. B.
— u. **Kump (R.)**, Farbspat **224*** D. B.
Alberto Carranza jr. (F.) s. L u i s C a b r i n i (R.).
Alberto Garcia (L.), Filterpressen u. ihre Technologie **1344**.
Albertson (N. F.) s. W i n t h r o p - S t e a r n s, I n c.
Alberty (J.), Anaphylakt. Rk. d. isolierten Meerschweinchendarmes. 1. Mitt. Allgemeine Beobachtt. **1771**; 2. Mitt. Nachw. d. Freisetz. einer H-Substanz u. deren Beziehh. zur Intensität d. anaphylakt. Rk. **1771**. — Wirkungsmechanismus d. „Antihistaminica" beim anaphylakt. Schock d. Meerschweinchens **6071**. — Histaminantagonist. Wirksamk. einiger Antihistaminica u. v. Atropin. 1. Mitt. Antagonismus am isolierten Meerschweinchendarm **7257**; 2. Mitt. Antagonismus an d. isolierten Meerschweinchenlungen **7257**.
— u. **Schiede (M.)**, Anaphylakt. Rk. d. isolierten Meerschweinchendarmes. 3. Mitt. Vgl. d. antianaphylakt. gegenüber d. histaminantagonist. u. acetylcholinantagonist. Wrkg. v. Atropin u. Tripelennamin **1771**.
Alberty (R. A.), Zeitl. Änder. d. Sedimentationskoeff. während eines Einzelexperiments mit d. Ultrazentrifuge **3807**. — Elektrochem. Eigg. d. Proteine u. Aminosäuren **8402**. — s. D a n i e l s (F.).
Albi Mfg. Co., Juda (W.), Jones (G.) u. **Altman (N.)**, Anionenaustauschharz enthaltendes Feuerschutzmittel **661*** A.
Albinson (E.), Textilien u. Trockenreinig. **6164**.
Albinsson (A.), Einfl. d. Luftfeuchtigk. auf Mahl- u. Separierungsvorgänge bei festen Stoffen **904**. — s. H a n d e l s b o l a g e t, F i r m a S p a n i t b o l a g e t, T o r s t e n s s o n & C o.
Albisetti jr. (C. J.) s. D u P o n t d e N e m o u r s (E. I.) & C o.
Albom (J. J.) s. M e i g s (J. W.).
Albon (N.) u. **Gross (D.)** [Keston], Chromatograph. Best. d. Raffinose in Rohzuckern. Verbesser. d. Technik **2797**.
Albouy (G.) u. **Teillac (J.)**, Innere Konversionsstrahl. d. ^{239}Pu **2357**.
Albow (M. N.), Best. d. Geh. an freiem SiO_2 im Schacht **660**.
Albrecht (A. C.) u. **Simpson (W. T.)**, Angeregter Elektronenzustand d. *2600* Å-Überganges im Bzl. **8339**.

Albrecht (E.) s. VEB Elektrochemisches Kombinat Bitterfeld.
Albrecht (H.) s. Hoffmeister (W.).
Albrecht (Horst) s. Duisburger Kupferhütte.
Albrecht (H. O.) s. Mandeville (C. E.).
— u. **Mandeville (C. E.)**, Energiespeicher. in aktivierten Alkalihalogenidphosphoren 4277. — Luminescenz v. Berylliumoxyd 5479.
Albrecht (Herbert O.), „Knallsteine" aus d. Chesapeake-Bay 4304.
Albrecht jr. (Otto), Analyse eines Cd-Se-Glases 3942.
Albrecht (Otto) [Münchenstein] s. Ciba-Akt.-Ges.; Gesellschaft für Chemische Industrie in Basel.
Albrecht (W.), Herst. u. Verarbeit. v. Baugipsen in England 2277. — Steifemess. an Gipsbrei u. Gipsmörtel 10116.
Albrecht (W. A.), Bessere Proteine wachsen auf besseren Böden 11276.
—, **Blue (W. G.)** u. **Sheldon (V. L.)**, Bodenfruchtbark. u. Aminosäuresynth. d. Pflanzen 8947.
Albright (L. F.), **Galegar (W. C.)** u. **Innes (K. K.)**, Thermodynam. Funktt. d. Chlorfluormethane 3828.
Albright (R. E.), **Heath (D. P.)** u. **Thena (R. H.)**, Flammengeschwindigkeiten fl. KW-Stoffe 6943.
Albright & Wilson Ltd., Naßfeste Überzugsmassen 1169* E. — Dialkylphosphite 7780* E.
— u. **Coates (H.)**, Dialkylarylphosphorsäureester 3251* E.
Albritton jr. (C. C.), **Richards (Arthur)**, **Brokaw (A. L.)** u. **Reinemund (J. A.)**, Geolog. Übersicht d. Pb- u. Zn-Lager im Goodsprings-Distrikt (Yellow Pine), Nevada 8575.
Albritton (E. C.), Standard values in nutrition and metabolism [4392].
Alburger (D. E.), Zerfallsschema v. ^{106}Rh 1898. — Isomerenübergang v. ^{207}Pb als Energiestandard d. β-Spektroskopie 6210.
— u. **Pryce (M. H. L.)**, Isomerie in ^{206}Pb 6448. — Energieniveaus in ^{206}Pb aus d. Zerfall v. ^{206}Bi 11152.
Alburn (H. E.) s. American Home Products Corp.; Wyeth, Inc.
Albus (C. P.) s. General Aniline & Film Corp.
Alcalá (A.) s. Pascual (F.).
Alcántara (A. G.) = Guillamón Alcántara (A.).
Alcantara (C.) s. Polonovski (M.).
Alchasow (D. G.), **Lemberg (I. C.)** u. **Grinberg (A. P.)**, Winkelkorrelat. d. γ-Quanten v. ^{60}Ni, ^{134}Ba, ^{114}Cd u. ^{46}Ti 3303.
Alcides Ohlweiler (O.) u. **Oliveira Meditsch (J.)**, Best. v. Tartrat in Kupfercyanidbädern 11646.
Alcontres (G. S. D'), Dimethylester der 3-Phenyl-Δ^2-isoxazolin-4.5-dicarbonsäure. Physikal.-chem. Messungen u. morpholog. Beobachtt. 10226.
Aldama (E. R.) = Romo Aldama (E.).
Alday Redonnet (T.) Gegenwärt. Pharmakopöen. 5. Mitt. Kommentare zur Brit. Pharmakopöe, *8.* Ausgabe 3434.
Alde Templa (M.), Verwend. v. Koprameh1 für Kunststoffe 10870.
Alder (B. J.) s. Harris (F. E.); Hildebrand (J. H.).
—, **Haycock (E. W.)**, **Hildebrand (J. H.)** u. **Watts (H.)**, PVT-Beziehh. v. fl. Tetrachlorkohlenstoff u. n-Perfluorheptan u. eine Prüf. d. Clausius-Mosotti-Gleich. 1008.
Alder (K.) u. **Winther (A.)**, Theorie d. Coulomb-Anreg. v. Kernen 4510.
Alder (Kurt), Stereochemie d. Diels-Alder-Rk. 11191.
— u. **Ackermann (O.)**, Rk. v. Maleinsäureanhydrid mit Allen 1265.
— u. **Dortmann (H. A.)**, Neue Synth. d. Cyclooctatriens-(1.3.5) 1258. — Ster. Verlauf d. Red. v. Pseudopelletierin. Konfigurat. d. N-Methylgranatoline u. ihrer Nor-Verbb. 2680. — Cyclononatrien-(1.3.5)-(cis.cis-trans) u. seine intracyclische Diensynth. 4340.
— u. **Flock (F. H.)**, Synth. d. 8.9-Dihydroindens aus Dicyclopentadien 4341.
—, **Flock (F. H.)**, **Hausweiler (A.)** u. **Reeber (R.)**, Konst. d. Cyclopentadiencarbonsäure aus Cyclopentadienkalium 2660.
—, **Haydn (J.)**, **Heimbach (K.)**, **Neufang (K.)**, **Hansen (Gisela)** u. **Gerhard (W.)**, Diensynth. 42. Mitt. Diensynth. mit unsymm. Addenden; Darst. einiger 1.2-disubstituierter Diene u. ihre Verwend. zu Diensynthesen 2406.
—, **Heimbach (K.)** u. **Neufang (K.)**, Diensynth. 43. Mitt. Diensynth. mit unsymm. Addenden; Diensynth. mit unsymm. in 2.3-Stell. substituierten Dienen 2409.
—, **Roth (Wolfgang)** u. **Grell (A.)**, Synth. d. stereoisomeren Isosantene. Darst. d. 2.3-Dimethylen-1.4-endomethylencyclohexans u. seine Überführ. in Santen 7426.
— u. **Schmitz (P.)**, Darst. d. Azulene aus Hydrindenen u. Diensynth. d. 3.4-Trimethylennorcaradiens-(2.4) 8371.
— u. **Schumacher (M.)**, Anwend. d. Diensynth. für d. Erforschung v. Naturstoffen 9062.
Alder (M. G.) u. **Leffler (J. E.)**, Rolle d. Lösungsmittels in Radikalzerfalls-Rkk.: Phenylazotriphenylmethan 5517.
Alderman (J. O.) s. Bretscher (M. M.).
Alders (L.), Liquid-liquid extraction. Theory and laboratory experiments [4424].
Aldershoff (W. G.), **Booy (H.)**, **Langedijk (S. L.)**, **Philippi (G. T.)** u. **Waterman (H. I.)**, Mol.-Destillationsapp. mit großer Trennschärfe 1336.
Alderson (D. A.) s. Olin Industries, Inc.
Aldinger (R.), Schmelzen d. Emails 3461. — Emaillieren v. Rändern u. Kanten an Gegenständen aus Stahlblech 9416.
Aldington (J. N.) s. Siemens Electric Lamps & Supplies Ltd.
Aldous (E.) s. Roberts (R. B.).
Aldous (R. A.) s. Loewe (S.).
Aldrich (D. G.) u. **Buchanan (J. R.)**, P-Geh. d. Böden u. ihrer Muttergesteine im südl. Kalifornien 441.
Aldrich (L. T.) s. Tilton (G. R.).
Aldrich (R.) s. Marvin (R. S.).
Aldrich (R. A.) s. Frisch (A. W.).
Aldridge (A. G. V.) s. Fawns (H. T.).
Aldridge (C. L.) s. McElvain (S. M.).
Aldridge (W. N.), Anticholinesterasen. Hemm. v. Cholinesterase durch Organophosphorverbb. u. Umkehr dieser Rk.: Beteiligte Mechanismen 844. — Eigg. v. spezif. Cholinesterase bes. bezügl. d. Hemmungsmechanismus durch Diäthyl-p-nitrophenylthiophosphat (E *605*) u. Analoge 1534.
Aldrovandi (A.) u. **Antonelli (C.)**, Zuckerrübendüng., eine Funkt. d. Düngemittelbedarfs ihrer Kultur 3753.

Aldrovandi (R.) u. **Lorenzi (F. de)**, Volumetr. Best. v. Ba^{2+}, SO_4^{2-} u. organ. S mit Komplexon III 7276.
Alei (E. F.) s. Eermi (E.); Hoffmann (F. de).
Alejo (L. G.) s. Intengan (C. L.).
Alekin (O. A.), Chemie d. natürl. Wässer 9281.
Alelio (G. F. D') s. Allgemeine Electricitäts-Gesellschaft; General Electric Co.; Industrial Rayon Corp.; Koppers Co., Inc.
Alemán Vega (J.) s. Ynfiesta (J. L.).
Alentjew (A. A.) s. Budnikow (P. P.).
Alenzew (M. N.) u. **Tscherepnew (A. A.)**, Abhängigk. d. Absorptions- u. Luminescenzspektren v. ZnS-Cu-Phosphoren v. d. Cu-Konz. 3309.
Alercio (J. S.) u. **Harley (J. H.)**, Auswert. d. α-Teilchenabsorpt. durch Filterpapier 510.
Aleschkina (J. A.), Pharmakologie d. Cymarins 6329.
Aleschko (S.), Best. d. Zeitpunktes für d. Bearbeit. d. Käsebruchs 7572.
Alessio de Carnevale Bonino (R. C. D'), Identifizier. d. Ester d. salpetrigen Säure u. d. Salpetersäure, Unterscheidungs-Rkk. 2957.
Aletti (R.) s. Piontelli (R.).
Alex (M.) s. Lansing (A. J.).
Alexa (G.), **Strub (C.)**, **Simionescu (C.)**, **Iaroşinschi-Drabic (I.)** u. **Maga (C.)**, Prodd. d. Birkenrinde 4257.
—, Strub (C.), **Simionescu (C.)**, **Maga (C.)** u. **Iaroşinschi-Drabic (I.)**, Einheim. Pflanzengerbstoffe. Birkenrinde 4258.
Alexa (M.) s. Gheorghiu (C. V.); Stoicescu-Crivăt (L.).
Alexachina (N. W.), Kohlenhydrat-Phosphor-Umsatz sowie Zus. d. weißen (Brust-) u. d. roten (Bein-) Muskeln d. Hühner 5355.
Alexander (A. E.) s. Stainsby (G.).
Alexander (A. L.) s. Cowling (J. E.).
Alexander (A. P.), **Bourne (P. G.)** u. **Littlehale (D. S.)**, Best. d. Methoxylgruppe in Ggw. v. Borhydriden 9868.
Alexander (B.), **Goldstein (Robert)**, **Rich (L.)**, **Le Bolloc'H (A. G.)**, **Diamond (L. K.)** u. **Borges (W.)**, Angeborene Afibrinogenämie 3900.
Alexander (B. H.) [Boston] s. Balluffi (R. W.).
—, Kuczynski (G. C.) u. **Dawson (M. H.)**, Beziehungen zwischen Diffus. u. viscosem Fluß in Metallen 11174.
Alexander (B. H.) [Ipswich] s. Dawson (M. H.); Levitas (A.).
Alexander (B. H.) [Peoria] s. Sloan (J. W.).
Alexander (C. C.) s. Ferguson (G. R.).
Alexander (D. McE.) s. Giles (J. E.).
Alexander (E.), **Fraenkel (B. S.)**, **Many (A.)** u. **Steinberger (I. T.)**, Integrierendes Photometer für Röntgenintensitätsmessungen 756.
Alexander (E. R.), Opt. Aktivität in Verbb., d. D enthalten. 2. Mitt. 3-Deutero-trans-p-menthan 10961.
Alexander (G. B.), **Heston (W. M.)** u. **Iler (R. K.)**, Löslichk. v. amorphem SiO_2 in W. 3574.
Alexander (G. I.), **Kenny (G. C.)** u. **Davey (G.)**, Knochenmehl als Phosphatzusatz für Milchkühe 2096.
Alexander (G. V.), **Nusbaum (R. E.)** u. **MacDonald (N. S.)**, Sr u. Ca in gemeindl. Wasserversorgg. 1116.
Alexander (H. L.), Reactions with drug therapy [5126].
Alexander (J. T.) s. Nastuk (W. L.).
Alexander (K.) s. United States of America, Secretary of Agriculture.
Alexander (K. M.), Puzzolane. 2. Mitt. Verh. v. Puzzolan-Kalk-Mörteln mit niedr. W.-Zement-Faktor bes. d. Beurteil. d. Rk.-Fähigk. d. Puzzolane 2982.
— u. Vivian (H. E.), Puzzolan. Aktivität d. durch d. Erupt. d. Mount Lamington, Neu-Guinea, erzeugten Asche 1819.
Alexander (L.), Synth. v. röntgenspektrometr. Linienprofilen mit einer Anwend. auf Kristallitgrößenmessungen 4770. — s. Klug (H. P.).
Alexander (L. J.) u. **Schoch (A. G.)**, Erythromycin bei Geschlechtskrankheiten 150.
Alexander (M.) u. **Wilson (P. W.)**, Zücht. v. Azotobacter in großem Maßstab zur Gewinn. v. Enzymen 1765.
Alexander (P.), Aus Keratin gewonnene Fasern v. regeneriertem Protein 2104. — Verbesser. d. Waschechth. v. Färbb. durch chem. Modifizier. v. Wolle 3492. — s. Shell Development Co.; „Shell" Refining & Marketing Co. Ltd.; Wolsey Ltd.
— u. Fox (M.), Polymerisat. u. Depolymerisat. durch Röntgenstrahlen; Einfl. v. Schutzmitteln 2687. — Depolymerisier. v. Polymethacrylsäure durch Röntgenstrahlen 3637. — Rolle d. freien Radikale beim Abbau v. Hochpolymeren durch Ultraschall u. Schnellrühren 7692. — Wirkungsmechanismus v. Strahlenschutzmitteln 10190.
Alexander (P. P.) s. Metal Hydrides, Inc.
Alexander (S.) s. Clarke (J. T.).
Alexander (T.) s. Erdman (K. L.).
Alexander (W. D.), Anwend. v. Mercaptomerin bei schwerem Kreislaufversagen 2248.
Alexander (W. G.) s. McGraw (R.) Colorgraph Co.
Alexander (W. M.) s. Abreu (B. E.).
Alexanderwerk Akt.-Ges., **Mialki (W.)** u. **Liefke (I.)**, Betriebsmäßige Messung d. p_H-Wertes 9219* D. B.
Alexandre (C.) s. Schiller (J.).
Alexandrow (A. A.), Färben u. Zurichten v. Chromhandschuhleder 5226.
Alexandrow (A. G.), **Falalejew (G. D.)** u. **Zupkin (G. N.)**, Formgemisch für d. Herst. v. Radiatoren 4921.
Alexandrow (G. N.), Charakteristik d. Corona unter Übergangsbedingg. 10920.
Alexandrow (N. M.), Penicillintherapie bei Gesichtsphlegmonen 9134.
Alexandrow (N. N.), Subarachnoidale Zufuhr v. Penicillin bei Traumen d. Schädels u. d. Großhirns 1785.
Alexandrow (S. N.) u. **Leuschina (L. I.)**, „Tonische" Rk. alterierter nichtton. Muskeln d. Frosches auf d. Wrkg. d. Acetylcholins 7019.
— u. Pressnow (M. A.), Wrkg. d. Depolymerase d. Desoxyribonucleinsäure auf lebende u. abgetötete Zellen in Gewebekulturen 3886.
Alexandrow (W. A.), App. ohne Gummiverbb. für d. Dest. v. HCl 3924.
Alexandrowa (A.) u. **Glinka (N.)**, Best. d. Zuckergeh. im fl. Hämatogen mit Hilfe d. Saccharimeters 159.
Alexandrowa (J. M.) u. **Motschalow (P. W.)**, Koagulat. v. Polystyrollatex durch Elektrolyte 4119.
Alexandrowa (L. A.) s. Lossikow (B. W.).

Alexandrowa (L. A.) [Stalinabad] s. E p s t e i n (J. A.).
Alexandrowa (L. N.), Natur u. Eigg. d. Rk.-Prodd. v. Huminsäuren u. Humaten mit Sesquioxyden 5398. — Prozesse d. Wechselwrkg. v. Humusstoffen mit d. Mineralteilchen d. Böden 5879.
Alexandrowitsch (J.), Therapeut. Eigg. d. Chloräthylamins 7262.
Alexandrowskaja (W.) s. M o s s o l o w (I. W.).
Alexandru (L.) u. **Rogowin (S.)**, Unters. d. Struktur u. d. Eigg. d. Cellulose u. ihrer Ester. 49. Mitt. Gewinnungsbedingg. u. Eigg. v. Derivv. d. Cellulosexanthogensäure 836; 50. Mitt. Verteil. d. Thiocarbongruppen zwischen d. prim. u. sek. Alkoholgruppen bei Cellulosexanthogenat 837.
Alexanian (C.), Vork. v. Montmorillonit in d. verwitterten Feldspat einiger Granite d. zentralen Frankreichs 8107.
— u. **Sourisse (C.)**, Auftreten sehr großer Netzebenenabstände nach (*001*) in d. organophilen Tonen 2615.
Alexejenko (W. I.), **Mischusstin (I. U.)** u. **Wojutzki (S. S.)**, Gemeinsame Verwend. v. Nitrocellulose mit anderen Hochpolymeren 3156.
Alexejew (A. M.) u. **Starzewa (A. W.)**, Dynamik d. Stoffe d. „Bios"-Gruppe in d. Blättern u. Blütenköpfchen d. roten Klees 2002.
Alexejew (M. W.), Lederersatzstoffe aus Unterlederabfällen 3291.
Alexejew (W.), Qualitative Analyse. Russ. [2972].
Alexejew (W. A.), N-Ernähr. v. Bac. felsineus u. Granulobacter pectinovorum, d. Erregern d. anaeroben Flachsröste 8888.
Alexejewa (A. A.), Ausscheid. v. DDT mit d. Milch d. damit behandelten Kühe u. Einfl. dieser Milch auf d. Entw. v. Ferkeln 7252.
Alexejewa (I. A.) s. P o s s t o w s k i (I. J.).
Alexejewa (J. N.) s. R o d i o n o w (W. M.).
— u. **Meshow (W. D.)**, Struktur d. Copolymeren aus Butadien u. Acrylonitril. Synth. v. Hexantetracarbonsäuren 5560.
Alexejewa (L. D.) s. F e o f i l a k t o w (W. W.).
Alexejewa (M. W.) u. **Buschtujewa (K. A.)**, Best. v. SO_2 u. v. H_2SO_4-Aerosol in d. atmosphär. Luft 9632.
Alexejewski (N. J.), **Prudkowski (G. P.)**, **Kossourow (G. I.)** u. **Filimonow (S. I.)**, Anwend. eines inhomogenen magnet. Feldes zur Erhöh. des Auflösungsvermögens eines Massenspektrometers 10436.
—, **Talrose (W. L.)** u. **Scheljapin (W. N.)**, Existenzbeweis d. CH_5+-Ions durch Auflösung d. Multipletts *17* im Massenspektr. d. Methans 982.
Alexidse (N.), Wichtigste Schädlinge d. Weintraube u. deren Bekämpf. [445].
Alexopoulos (K.) u. **Euthymiou (P.)**, Charakterist. Temp. d. Pt aus Röntgenstrahlenreflexionen 11173.
Alexy (K.) s. W i n n a c k e r (K.).
Alfano (J. E.) u. **Clampit (J.)**, Injekt. v. Hyaluronidase in d. Vorderkammer d. Kaninchenauges 10314.
Alferowa (L. A.) s. R u t o w s k i (B. N.).
Alfert (M.) s. M a z i a (D.).
Alfimow (A. N.) u. **Guljajew (A. P.)**, Wachstumsgeschwindigk. v. Martensitkristallen 6699. — Besonderheiten d. Martensitumwandl., beobachtet mit Hilfe d. metallograph. Analyse 7626.
Alfin-Slater (R. B.) s. S c h o t z (M. C.).
Alföldi (L.) s. I v á n o v i c s (G.).
Alfonso (V. T.) = T o r m o A l f o n s o (V.).
Alfonsus (H.), Dän. Buttererzeug. 3991.
Alford (M. W.) s. B r i t i s h C e l a n e s e L t d.
Alford (W. L.) s. L e i g h t o n (R. B.); N e w m a n (E.).
Alford (W. P.) s. H a m i l t o n (D. R.).
— u. **Hamilton (D. R.)**, Rückstoßspektr. beim β-Zerfall v. ^{19}Ne 8777, 10912.
Alfred (L.) s. H o p k i n s (E. F.).
Alfredsson (B.) s. E n k v i s t (T.); R i c h t z e n h a i n (H.).
Alfrey jr. (T.) s. G r e e n b e r g (S. A.).
— u. **Berdick (M.)**, Unters. d. Querbindd. bei d. Additionspolymerisat. 834.
—, **Bradford (E. B.)**, **Vanderhoff (J. W.)** u. **Oster (G.)**, Opt. Eigg. v. Latices mit einheitl. Teilchengröße 9578.
Alfsen-Blanc (A.) s. T h o m a s (J. A.).
Alfthan (G. v.), Gerät zur Best. d. Festigkeitswerte d. Papierblatts in feuchtem Zustand 7810.
Algadan ved A. Laursen & A. P. Conradsen, I/S, Formmasse 2765* Dän.
Algemeene Kunstvezel Mij. N. V., Glasfasern aus alkalifreiem oder alkaliarmem Glas 256* Oe.
Algemeene Kunstzijde Unie N. V., Verd., Cellulosederivv. enthaltende Lsgg. v. Waschmitteln 1639* F. — Reinigen d. Na-Salzes v. Carboxymethylcellulose 6650* F. — Viscosekunstseide 9475* E.
— u. **Dosier (J. P.)**, Behandeln v. Fäden u. Geweben aus Regeneratcellulose 6655* F.
— u. **Griset jr. (E. J.)**, Einspinnen eines laufenden Kunstseidefadens in ein röhrenförm. Nachbehandlungssyst. 9939* E.
Algeri (E. J.) u. **McBay (A. J.)**, Papierchromatographie v. Stoffwechselprodd. d. Pentobarbitals aus Harn 8695.
Alginate Industries Ltd. u. **McDowell (R. H.)**, Alginatpräp. 7341* A.
Alhéritière (L.) s. U s i n e s d e M e l l e.
Alhtouse (P. M.) s. D u t c h e r (R. A.).
Ali (I.) s. S i r c a r (S. S. G.).
Ali Bux' Saval = B u x ' S a v a l (A.).
Alichanjan (A. I.) s. K a m a l j a n (W.).
— u. **Charitonow (W. M.)**, Best. d. M. v. Höhenstrahlteilchen aus ihrer Ionisationsfähigk. 4986.
—, **Kirillow-Ugrjumow (W.)**, **Schosstakowitsch (N.)** u. **Fedorow (W.)**, Magnet. Massenspektrometer in Verb. mit d. Wilson-Kammer 4986.
—, **Kirillow-Ugrjumow (W.)**, **Schosstakowitsch (N.)**, **Fedorow (W.)** u. **Merson (G.)**, Beobacht. v. Haltepunkten v. schweren Mesonen 4986. — Beobacht. v. Haltepunkten v. Teilchen d. M. *500—600* m_e 4986. — Existenz instabiler geladener Teilchen mit einer d. M. d. Protons übersteigenden M. 4986.
— u. **Waissenberg (A. O.)**, Künstl. Radioaktivität 10.
Alico (J.), Legierungsmerkmale v. Mg 2524.
Alijew (A. A.), **Roslowski (A. I.)** u. **Schaulow (J. C.)**, Normale Flammengeschwindigkk. in Acetylen–Sauerstoff-Gemischen 7638.
Alimarin (I. P.) u. **Petrikowa (M. N.)**, Ultramikrometh. in d. chem. Analyse. 2. Mitt. Trenn. u. Nachw. d. Elemente durch Elektrolyse 1104.

Alimentation Équilibrée u. **Buchy**, Stabilisieren v. sauren Derivv. d. Aminophenole 6341* F.
—, **Chatain (H.)** u. **Fridenson (A.)**, Herst. v. Vitamin A-Acetat 11050* F.
—, **Jonas (J.)** u. **Schoeller (W.)**, N-acylierte Derivv. d. Adrenalins 10093* F.
— u. **Matet (J.)**, Fleischteile enthaltendes Lebensmittel 6162* Schwz. — Hochvakuumdest. 11064* E.
—, **Schoeller (W.)** u. **Jonas (J.)**, O-acylierte Derivv. d. Adrenalins u. deren Salze 10094* F.
—, **Schoeller (W.)**, **Jonas (J.)**, **Chatain (H.)** u. **Vignau (M.)**, N-acylierte Derivv. d. Adrenalins 10094* F.
—, **Schoeller (W.)**, **Jonas (J.)** u. **Marquardt (P.)**, Ester d. Adrenochroms 10093* F.
— u. **Sonntag (G.)**, Löslichmachen v. Ca-Salzen organ. Säuren 7267* F.
— u. **Vignau (M.)**, Malonsäurederivv. 6390* F.
—, **Vignau (M.)** u. **Siemons (J. L.)**, Derivv. d. Methionins 4405* F.
Alinari (E.) u. **Scotton (G. I.)**, Verschied. Verh. v. Ferro-Ferrisalzen als d. physikal. Bodeneigg. beeinflussende Verbb. 1. Mitt. 11451.
Alink (R. J. H.) s. N. V. Philips' Gloeilampenfabrieken.
Aljamowski (I.) s. Osimow.
Aljamowski (N. I.), Best. d. Säure v. torfmoor. u. moor. Böden 11667.
Aljančić (J. Z.), Gewinn. v. Cd aus d. Schlamm, d. bei d. Laugenreinig. d. Litoponerzeug. abfällt 3477.
Alkemade (C. T. J.), Nachw. d. Infrarotstrahl. auf Grund therm. Strahlungsumwandl. 5138.
Alkeroyd (E. I.) s. Permutit Akt.-Ges.
Alkonyi (I.) s. Szabó (D.).
Allais (A.) s. Laboratoires Français de Chimiothérapie.
—, **Bertin (D.)**, **Nominé (G.)** u. **Cérède (J.)**, 1-Acetoxy-3-formylbuten-(2) 4803.
Allan (A. B.) s. King (R. O.).
Allan (D. L.), Unelast. Streuung v. *14* MeV-Neutronen an ^{7}Li 10667.
Allan (G. G.), **Johnston (J. D.)** u. **Spring (F. S.)**, Triterpenresinole u. verwandte Säuren. 29. Mitt. Struktur v. Oxoiso-β-amyradienylacetat 4113.
Allan (G. W.) s. Lawson (J. H.).
Allan (J.) s. British Celanese Ltd.
Allan (J. A. Van), Sulfonier. v. Salicylaniliden u. verwandten Substanzen 4810. — s. Allen (C. F. H.); Eastman Kodak Co.; Reynolds (G. A.).
Allan (J. C.), Tischflotat. zur Beseitig. v. Sulfiden aus Sn-W-Konzentraten in Portugal 7067.
Allan (J. Z.) s. Mužík (F.).
Allan (W. G.) s. Imperial Chemical Industries Ltd.
Allan (Z.), Rk.-Verlauf bei d. Synth. d. Isonitrosoacetanilids 3848.
Allander (C. G.), Adsorptionsvorgang in Adsorbentenschichten mit linearer Adsorptionsisotherme 3081.
Allara (E.), Sekretor. Prozesse in d. endokrinen Drüsen. 5. Mitt. Nucleinsäuren in d. Langerhansschen Inseln 8175. — Nucleinsäuren u. Glykogen in d. menschl. Nebenschilddrüsen 8645.
Allard (C.) s. Lamirande (G. de).
Allard (R. C. L.), Preßmassen 8750* F.
Allas (A.), Warmspritzen v. Lacken 1148. — Ofentrockn. lackierter Holzmöbel 9679.
Allawala (N. A.) u. **Riegelman (S.)**, Wirksamwerden antimikrobieller Agentien in Lsgg. v. oberflächenakt. Substanzen 1326.
Allbright (C. S.) s. Meter (R. A. Van).
Allcock (W.) s. Clifford (C.) & Son Ltd.
Allcroft (R.), Hypomagnesämie beim Rind 9126.
Allegheny Ludlum Steel Corp. u. **Henke (R. H.)**, Nichtrostender austenit. Stahl mit hoher Warmverformbark. 11088* A.
—, **Herres (S. A.)** u. **Redden (T. K.)**, Cr-Ni-Ti-Legierr. 11679* A.
— u. **Klaybor (L. V.)**, Warmarbeitsstahllegier., bes. für Warmpreßformen 6380* A.
—, **Mohling (G.)** u. **Dyrkacz (W. W.)**, Austenit. schmiedbarer Cr-Ni-Ti-Stahl 11283* A.
— u. **Patterson (W. M.)**, Zusatz v. Ti zu nichtrostendem Stahl 2766* A.
— u. **Pitler (R. K.)**, Ti-Legierr. 11679* A.
Allegra (G.), **Niutta (R.)** u. **Giuffrida (G.)**, Unterss. über d. Carotinogenese u. d. Rolle d. Carotine beim Staphylococcus aureus. 1. Mitt. Wrkg. d. Glucose auf d. Farbstoffbldg. beim Staphylococcus aureus (Stamm Oxford) 5341.
Allegret (P.), Individuelle Änderr. d. Proteinausscheid. vor d. Schlüpfen aus d. Puppe bei Galleria mellonella (L.) 2711.
Allegri (A.), **Foresti (M.)** u. **Rizzolini (G. F.)**, Vitamin F in d. Leberregenerat. 1081.
Alleman (C. E.) s. Phillips Petroleum Co.
Allemand (C.) u. **Rossel (J.)**, Elektronenleit. in d. dielektr. Kristallen (Diamant u. Silberhalogenide) 8088.
Allemann (K.) s. Hecker (E.).
Allen (A. H.), Neuzeitl. Ziele in d. Messingherst. 7305.
Allen (A. J.) s. Bender (R. S.).
Allen (A. O.) s. Saldick (J.); Schwarz (H. A.).
Allen (A. W.) s. Schering Corp.
Allen (B.), Anämie bei Mäusen nach Bestrahl. d. exteriorisierten Milz 5357.
Allen (C. Francis) s. American Cyanamid Co.
Allen (C. Freeman) s. Cason (J.).
Allen (C. F. H.) s. Eastman Kodak Co.; Kodak Ltd.
— u. **Allan (J. A. van)**, Ungesätt. makrocycl. Verbb. mit Carbonylbrücke 3134. — Red. gewisser polyarylierter Indenone 10012.
Allen (D. R.), **Peiser (H. S.)** u. **Rait (J. R.)**, Geräte zur Handhabung u. Sicherheitsbehälter für γ-strahlende Isotope für d. industrielle Radiographie 7145.
Allen (E.) u. **Stearns (E. I.)**, Zuverlässigk. photoelektr. Photometrie 2263.
Allen (E. C.), Höhe d. Verluste durch Atombomben 6327.
Allen (E. G.) s. Bovarnick (M. R.).
Allen (E. V.) s. Birkhead (N. C.); Gifford jr. (R. W.).
Allen (F. L.), **Brunton (J. C.)** u. **Suschitzky (H.)**, Heterocycl. F-Verbb. 2. Mitt. Bz-Monofluorindole 8617.
Allen (F. W.), Nucleinsäuren 5333. — s. Bacher (J. E.); Crestfield (A. M.).
Allen (G.), Bandstrukturen v. eindimensionalen Kristallen mit rechteck. Potentialwänden 5001.
— u. **Landauer (R.)**, Energiebandüberlapp. für period. rechtwinkl. Potentialschwellen 745.
Allen jr. (Harry C.), Einfl. d. Nichtstarrh. auf d. Linienstärken v. Schwingungs-Rotations-Übergängen 978.

Allen jr. (Harry C.), Cross (P. C.) u. Wilson (M. K.), Asymm. Rotator. 8. Mitt. Schwefelwasserstoffbande bei *6300* cm^{-1} 281.
— u. **Plyler (E. K.)**, Infrarotspektr. d. H_2S im Gebiet v. *6290* cm^{-1} 5478.
Allen (Herman C.) s. Sayles Finishing Plants, Inc.
Allen (H. P.), Relative Toxizität v. 2.4-Dichlorphenoxyessigsäure u. 2-Methyl-4-chlorphenoxyessigsäure gegenüber Weizen, Hafer u. Gerste 6600.
Allen (J. A.), Druckabhängigk. d. Oxydationsgeschwindigk. d. Cu bei mäßigen Tempp. 999. — Aufgedampfte Metallfilme 8801.
— u. **Mitchell (J. W.)**, Adsorpt. v. Gasen an Cu-Filmen 3081.
Allen (J. A. Van) [Iowa City], Höhenstrahlintensität oberhalb der Atmosphäre in d. Nähe d. geomagnet. Pols 10428. — s. Ellis jr. (R. A.).
Allen (J. B.) u. **Tulloch (J. D.)**, Chromplattierr. im Stahlwerk 2994.
Allen (J. E.) u. **Craggs (J. D.)**, Hochstromfunkenkanäle 9729.
— u. **Thonemann (P. C.)**, Strombegrenz. in d. Niederdruckquecksilberbogen 5959.
Allen (J. M.) s. United States Rubber Co.
Allen (J. S.) s. Maxson (D. R.).
Allen (K. W.), Almqvist (E.), Dewan (J. T.) u. **Pepper (T. P.)**, Zertrümmer. v. ^{6}Li u. ^{7}Li durch *0,24* MeV-Tritonen 10670.
Allen jr. (L.) u. **Hanson (A. O.)**, Photozertrümmer. v. Deuterium durch *95* MeV-Bremsstrahl. 2355.
Allen jr. (L. N.) s. Chemical Construction Corp.
Allen (L. P.) s. Wessman (G. E.).
Allen (M.) u. **Llewelyn (F. W. M.)**, Best. v. S-Kalk-Ndd. auf Blättern 11280. — Best. v. Cu-Ndd. auf einer großen Zahl einzelner Blätter 11280.
Allen (M. B.) u. **Niel (C. B. van)**, Unterss. zum bakteriellen Nitratabbau 5340.
Allen (M. J.), Durch Colchicinbehandl. im Gastrula-Spätstadium bei Rana pipiens ausgelöste anomale Entw. 7933.
Allen (N.), Persistence of BHC, DDT and toxaphene in soil and the tolerances of certain crops to their residues [675].
—, **Hodge (C. R.), Hopkins (A. R.)** u. **Early (J. D.)**, Bekämpfung d. Tabakschädlings Protoparce sexta (Johan.) mit organ. Insekticiden 4679.
Allen (N. P.) u. **Carrington (W. E.)**, Zeitstandverss. an Metallen mit hohem F. 6698.
—, **Rees (W. P.), Hopkins (B. E.)** u. **Tipler (H. R.)**, Zugfestigk. u. Kerbschlagzähigk. sehr reiner Fe–C- u. Fe–C–Mn-Legierr. 5407, 11084.
—, **Schofield (T. H.)** u. **Mellish (B.)**, Konst. d. titanreichen Ti–Fe–O_2-Legierr. 7627.
Allen (O. N.) s. Rennie (D. A.).
— u. **Baldwin (I. L.)**, Beziehh. zwischen Rhizobia u. Leguminosen 9886.
Allen (P. E. M.) s. Benson (S. W.).
Allen (R.) s. Nockolds (S. R.).
Allen (R. B.) u. **Farnsworth (H. E.)**, Diodencharakteristiken v. metall. Punktkontakten beim im Vakuum erwärmten Ge 6458.
—, **Macdonald (B. C.)** u. **Smith (E. E. N.)**, Pechblendelager d. Saint Louis Störung, Beaverlodge Areal, Saskatchewan 3820.
Allen (R. C.) s. Czyzak (S. J.).
Allen (Robert C.), Kugelmessungen v. unelast. Stoßquerschnitten für Neutronen 2353.
Allen (R. R.) u. **Eggenberger (D. N.)**, App. zur automat. Änder. d. Polarität d. Lösungsm. während d. Chromatographierens 6811.
Allen (R. S.) s. Jacobson (N. L.); Olson (R. H.); Smith (Q. T.); Zaletel (J. H.).
Allen (S.) & Sons Ltd., Piperonylsäureester d. Diäthylenglykolmono-n-butyläthers 8013* E.
Allen (S. E.) s. C-O-Two Fire Equipment Co.
Allen (T. C.) s. Monsanto Chemical Co.
Allen (T. L.), Inhibier. d. Styrolpolymerisat. durch O_2 5806.
— u. **Yost (D. M.)**, Gleichgewichte in d. Bldg. d. Molybdän- u. Thoriumjodide aus d. Elementen 2843.
Allen (T. M.) s. White (W. H.).
Allen (V. O.) s. Driver (W. B.) Co.
Allen (W. A.) u. **Rinehart (J. S.)**, Scharfe Photographie eines ultraschnellen Vorganges mit einer Kamera v. General-Radio-Typ 740.
Allen (W. M.) s. Sherman (A. I.).
—, **Sherman (A. I.)** u. **Arneson (A. N.)**, Cervixcarcinom. Bestrahl. d. Parametriums mit radioakt. kolloidem Au 7462.
Allen (W. R.) u. **Kelleher (J. S.)**, Chem. Bekämpf. d. Kleekäfers Sitona cylindricollis „Fahr" (Coleoptera: Curculionidae) 11453.
Allen (W. W.) s. American Chemical Paint Co.
Allen & Hanburys Ltd., Eastland (C. J.), Taylor (E. P.) u. **Collier (H. O. J.)**, Heterocycl. bisquatern. Ammoniumsalze 2490* D. B.
Allenbach (H.) s. Imhausen & Co. G. m. b. H.
Allenby (O. C. W.) s. Canadian Industries Ltd.
Allenby (R. J.), Best. d. Isotopenverhältnisses v. Si in Gesteinen 3580.
Allendorf (H.), Bakteriolog. Unters. mit d. radioakt. Wurzelfüllmasse Radiasept 7972.
Aller (B. V.) s. Hercules Powder Co.
Aller (L. H.), Zus. d. planetar. Nebels NGC *7027* 11333.
Allert (J.), Erfahrr. bei d. Herst. v. Hagebuttensaft aus frischen Hagebutten 10566.
Allerton (F. W.) u. **Ray (A. G.)**, Kompost für d. Landwirtschaft oder d. Gartenbau 8013* E.
Allerton (R.) u. **Overend (W. G.)**, Desoxyzucker. 26. Mitt. Spalt. v. Sulfonsäureestern mit Lithiumaluminiumhydrid 10272.
Alles (F. P.) s. Du Pont de Nemours (E. I.) & Co.
Alles (R.) s. Badische Anilin- & Soda-Fabrik Akt.-Ges.
Alletson (R. W.) s. T. M. M. (Research) Ltd.
Allewaert (J.) s. Verhaeghe (J.).
— u. **Verhaeghe (J.)**, Verbesserte Wilson-Kammer für Messungen d. Streuung v. β-Strahlen 6452.
Alley jr. (R. E.) u. **Schnettler (F. J.)**, Einfl. d. Querschnittflächeninhalts u. d. Drucks auf d. Relaxat. in d. Permeabilität v. toroidalen Proben v. Ferriten 7847.
Allfrey (V. G.) s. Mirsky (A. E.).
Allgemeine Elektricitäts-Gesellschaft, Photozelle 897* D. B. — Hitzebeständ. Isolator 2040* D. B. — Kabelhülle 7749* D. B.
— u. **Agens (M. C.)**, Harzart. Kondensationsprod. 1623* D. B.
— u. **Alelia (G. F. D')**, Phenoplaste 1856* D. B. — Herst. v. Kunst-MM. 2792* D. B. — Konden-

sationsprodd. 3502* D. B. — Hydrolysierte u. acetalisierte Polymerisationsprodd. 8275* D. B.

Allgemeine Elektricitäts-Gesellschaft, Dahl (O.) u. **Schulze (Richard)**, Zn-Legier. für Kabelmäntel 8259* D.

— u. **Dawson jr. (E. S.)**, Isolat. v. Spulen hoher elektr. Festigk. 183* D. B.

—, **Farbenfabriken Bayer Akt.-Ges., Nowak (P.)** u. **Noll (W.)**, Wärmebeständ., elektr. isolierende Pasten 2040* D. B.

—, **Fiedler (E. F.)** u. **Holmberg (G. D.)**, Kunstharze 8980* D. B.

— u. **Gille (G.)**, Großflächige Sekundäremissionselektrode 6590* D.

— u. **Götz (J.)**, Zerstörungsfreie Werkstoffprüf. mittels Ultraschalls 2294* D. B. — Ermittl. v. Fehlerstellen in Werkstücken mittels Ultraschalls 2295* D. B.

— u. **Groebe (F.)**, Harzart., härtbare Kondensationsprodd. 10871* D. B.

— u. **Herbeck (M.)**, Se-Trockengleichrichter 184* D. B.

— u. **Hofmeier (H.)**, Stromunterbrecher mit Lichtbogenlösch. durch Gase u. Dämpfe 7055* D. B.

—, **Koch (Werner)** u. **Brunke (F.)**, Photozelle 7520* D. B.

—, **Kroker (G.)** u. **Nowak (P.)**, Isoliermaterial 1115* D. B.

— u. **Letteron (H. A.)**, Isoliermaterial 2040* D. B. — Lackseide, Lackgewebe, Lackpapier u. dgl. 8278* D. B.

— u. **Meybauer (G.)**, Isoliermasse 2040* D. B.

—, **Meyer (Konrad)** u. **Friedland (H.)**, Elektroden für elektr. Entladungsgefäße, bes. Hochleistungskurzwellenröhren 1581* D. B.

— u. **Navias (L.)**, Vakuumentladungsgefäße 6361* D. B.

—, **Nawo (L.)** u. **Pawlek (F.)**, Elektr. Kochplatten 2040* D. B.

— u. **Nowak (P.)**, Isolierstoffe 2040* D. B. — Isoliermaterial 2041* D. B.

—, **Nowak (P.)** u. **Dietloff (W.)**, Ummantelungen für isolierte Leitungen u. Kabel 2041* D. B.

—, **Nowak (P.)** u. **Grosse (V.)**, Schaltrohr für elektr. Gasschalter mit Lichtbogenlösch. 8230* D.

— u. **Patnode (W. I.)**, Beständ. Gele, d. bei erhöhter Temp. ihren Gelzustand beibehalten 6865* D. B.

— u. **Pettell (F. G.)**, Isoliermaterial 231* D. B.

— u. **Rochow (E. G.)**, Organ. Silicone 8982* D. B.

— u. **Safford (M. M.)**, Isoliermaterial 2040* D. B.

—, **Safford (M. M.)**, **Feagin (R. C.)** u. **Nordlander (B. W.)**, Isoliermaterial 2040* D. B.

— u. **Schuhmann (H.)**, Herst. v. wasserabstoßenden, biegsamen u. dehnbaren Fasern, Fäden, Geweben oder dgl. Flächengebilden 3283* D. B.

—, **Sixtus (K.)** u. **Reck (H.)**, Dauermagnet 2744* D. B.

— u. **Weiss (K.)**, CdS-Photozelle 6821* D. B.

— u. **Wright (J. G. E.)**, Isolier. elektr. Leiter 2040* D. B.

Allgemeine Feuerlöscher Akt.-Ges. in Liqui., **Beythien (R.)** u. **Scherrmann (W.)**, Löschen v. Bränden v. Mg-Legierungsspänen, Mg-Al-Legierungsspänen 660* D. B.

Allgemeine Holzimprägnierung G. m. b. H., Behandl. v. Buchenholz 2563* F.

Allgén (L.-G.), Dielektr. Inkremente u. Disperss. in wss. Lsgg. eines Dextransulfates 2687.

Allgood (H. Y.) s. B u r n e t t (J. A.).

Allgood (R. W.), Herst. v. H_2SO_4 u. fl. SO_2 aus d. Hüttengasen v. Copper Cliff, Ontario 5149.

Allgulander (O.), **Rydholm (S.)** u. **Willberg (S.)**, Kontinuierl. Sulfitkochung 248.

Allied Chemical & Dye Corp., Red. aromat. N-Verbb. 11290* E.

— u. **Anderson (T. F.)**, Stabilisierte wärmehärtbare feste Mischung 7798* A.

— u. **Anderton (B. A.)**, Kalt walzbare Pflaster-M. 2579* A.

— u. **Baker (T. C.)**, Preßkörper v. hoher Schlagzähigk. 9685* A.

—, **Bratton (F. H.)** u. **Weimann (G. M.)**, 1.1-Chlorfluoräthylen 1603* Can.

— u. **Bunnell (R. H.)**, Harzart. Organosiloxanole 6409* A., 6868* A.

—, **Calfee (J. D.)** u. **Miller (C. B.)**, Verbessern d. katalyt. Eigg. v. Aluminiumfluorid 7778* A.

—, **Calfee (J. D.)**, **Miller (C. B.)** u. **Schneider (Harry)**, Herstellen v. wasserfreiem Fluorwasserstoff 9878* A.

—, **Calfee (J. D.)** u. **Smith (Lee B.)**, CCl_2F_2 454* A.

— u. **Coleman (G. A.)**, Mehrnährstoffdüngemittel 6116* A.

—, **Congdon (W. J.)** u. **Großmann (S. W.)**, Herst. v. Cl aus HCl 10835* A.

—, **Congdon (W. J.)** u. **Weston (C. F.)**, Entfernen v. Cl aus Restgasen 10592* A.

—, **Davidson (John B.)** u. **Romatowski (E. J.)**, Mit Äthylenpolyamin modifiziertes Harnstoff–Formaldehyd-Harz 6650* A.

—, **Davidson (John B.)** u. **Santelli (T. R.)**, Leimen v. Papier 7114* A.

— u. **Dearing (W. C.)**, Papier mit erhöhter Naßfestigkeit 6167* A. — Harz mit erhöhter Stabilität in wss. Lsg. zum Naßfestmachen v. Papier 7115* A.

— u. **Donegan (J. W.)**, Aktivkohle 5147* A.

— u. **Dornte (R. W.)**, Entfern. v. H_2SO_4 aus deren Gemischen mit Pyridinmonocarbonsäurebisulfaten 3007* A.

— u. **Eck (J. C.)**, Absorbieren v. Acetylen aus Gasgemischen 965* A. — HCN-Gewinnung 5652* A.

— u. **Erchak (M.)**, Alkylbenzolverbb. 6647* A. Kontinuierl. Herst. v. Wachs aus Äthylen u. einem normalerweise fl. organ. Reaktionsteilnehmer 7576* A.

— u. **Fessler (W. A.)**, Sulfonate 2561* A.

—, **Fleysha (M. H.)** u. **Sievenpiper (F. L.)**, Benzanthron 4700* A.

— u. **Gilbert (E. E.)**, Insekticides Mittel 4439* A.

—, **Gilbert (E. E.)** u. **McGough (C. J.)**, Ester einer Thiophosphorsäure 9425* A.

— u. **Gronich (H. E.)**, Harnstoff–Formaldehyd-Harze als Leim für naßfeste Papiere 5688* A.

—, **Hanna (D. L.)** u. **Strom (B. O.)**, Reinigen v. Chlorbenzolen 6391* A.

—, **Harvey (E. W.)** u. **Frear (G. L.)**, Düngemittel 6116* A.

— u. **Hatcher (D. B.)**, Alicycl. Si-Verbb. 8500* A.

—, **Hatcher (D. B.)** u. **Bunnell (R. H.)**, Chloralkyl- u. Chlorcycloalkylhalogensilane 6850* A.

— u. **Heckel jr. (H. L.)**, Melamin 3970* A.

— u. **Howald (A. M.)**, Hitzehärtbare Polyestermasse 9208* A.

— u. **Joffe (J. D.)**, Alkoholmodifizierte Harnstoff–CH_2O-Harze 2312* A.

—, **Joffe (J. D.)** u. **Beckham (L. J.)**, Oxamid 4211* A.

— u. **Joris (G. G.)**, Aralkylhydroperoxyde 2775* E.

Allied Chemical & Dye Corp., Joris (G. G.) u. **Griffin (W. D.)**, Naphthyldialkylmethanhydroperoxyde 3737* A.
—, **Joseph (R. T.)** u. **Cole (P. J.)**, Benzolmonosulfonsäure 11687* A.
— u. **Lisk (G. F.)**, 1.6-Dioxynaphthalin 3969* A.
— u. **McGraw (W. J.)**, α-Methylen-γ-lactone 2537* A.
— u. **Martin (A. J.)**, Abtrenn. v. Nicotinsäure aus deren schwefelsauren Lsgg. 7556* A.
— u. **Martin (G. E.)**, Erdbodenverfestig. 5702* Can.
— u. **Mayer (P. E.)**, Aktivkohle 5625* A.
— u. **Miller (C. B.)**, Organ. F-Verbb. 2770* A.
—, **Miller (C. B.)** u. **Bratton (F. H.)**, 1.1.1-Trifluoräthan 1836* Can.
—, **Miller (C. B.)** u. **Calfee (J. D.)**, Trichlormonofluoräthylen 6386* A. — F-reiche Verbb. 6846* A.
—, **Miller (C. B.)** u. **Smith (Lee B.)**, F-Verbb. 7778* A.
—, **Nesty (G. A.)** u. **Gronich (H. E.)**, Stabile wss. Lsgg. v. Harnstoff-CH_2O-Kondensationsprodd. für d. Wasserfestmachen v. Papier 2102* A.
— u. **Ogilvie (J.)**, Aminocyclohexylcyclohexansalze v. Farbstoffen 3011* A. — Sulfonierte Anthrachinonnaphthocarbazolfarbstoffe 3259* A.
—, **Olmer (F. J. G.)** u. **Nesty (G. A.)**, Kunstborsten 7583* A.
— u. **Park (R. S.)**, Reinigen u. Stabilisieren v. rohem säurehalt. DDT 3717* Can.
— u. **Plotica (G. K.)**, Färben mit Küpenfarbstoffen 2782* Can.
—, **Porter (F.)** u. **Eck (J. C.)**, Abtrennen v. Kohlensäure aus Gasen 6098* A.
— u. **Rosenberger (F. B.)**, Preßpulver aus Harnstoff-Formaldehyd-Harzen 5195* A.
— u. **Russell III (S. A.)**, Reinigungsmittel 247* A.
— u. **Shultz jr. (A.)**, Alkylarylsulfonate 2561* A.
— u. **Simons (J. K.)**, Harnstoffe 2302* A. — Schnellhärtende Epichlorhydrin-Sulfonamid-Harze 3020* A. — Umschmelzbare Harze 4226* A. — Guanamine. Benzoguanamin 3657* A.
— u. **Sogn (A. W.)**, Red. aromat. N-Verbb. 8032* A., 8969* A.
— u. **Spatz (S. M.)**, Fumarylchlorid 3965* A.
—, **Tiddy (W.)** u. **Cooper (F. D.)**, Aufarbeit. v. Abfall-Laugen zwecks Gewinn. v. Fe-Pulver unter Nebengewinn. v. $(NH_4)_2SO_4$ 3247* A.
—, **Townend (R. V.)** u. **Trout (H. A.)**, Reinigen v. K-halt. Aluminiumsulfatlsgg. 4185* A.
— u. **Weber (E.)**, Färben v. Wolle mit Indigofarbstoffen 4939* A., Can. — Färben mit indigoiden Küpenfarbstoffen 5905* A., Can.
— u. **Weinstock (H. H.)**, Mischpolymerisate 7331* A.
—, **Winstrom (L. O.)** u. **Harris (W. B.)**, Regenerier. v. Nickelsulfid-Tonerde-Katalysatoren 8032* A.
—, **Woolf (C.)** u. **Miller (C. B.)**, Aluminiumfluorid-Katalysatoren 7547* A.
Allied Laboratories, Inc., u. **Craige jr. (A. H.)**, Wurmmittel 6575* A.
— u. **Faith (H. E.)**, Baktericide u. fungicide Mittel 3469* A. — 2.2′-Methylen-bis-(4-chlor-6-nitrophenol) 10569* A.
Allinger (J.) s. C r a m (D. J.).
Allinger (N. L.), Relative Stabilität v. cis- u. trans-Isomeren 8578. — s. C a s o n (J.).
Alliot (G.) s. B o q u i e n (Y.).
Allirot (R.) s. S o c. d'É l e c t r o - C h i m i e, d'É l e c t r o - M é t a l l u r g i e e t d e s A c i é r i e s É l e c t r i q u e s d'U g i n e, S o c. A n.
Allis (W. P.) u. **Brown (S. C.)**, Elektr. Hochfrequenzdurchschlag in Gasen 8311.
— u. **Rose (D. J.)**, Übergang v. d. freien zur ambipolaren Diffus. 9499.
Allison (B. A.) s. S c h e r r e r (V. E.).
Allison (E. B.), Best. d. spezif. Wärmen u. Reaktionswärmen v. Tonmineralien durch therm. Analyse 8944. — s. M u r r a y (P.).
Allison jr. (F.) s. A t k i n s (E.).
Allison (F. E.) s. P i n c k (L. A.).
—, **Kefauver (M.)** u. **Roller (E. M.)**, NH_4-Festleg. in Böden 3943.
Allison (H. W.) s. M o o r e (G e o r g e E.).
— u. **Moore (George E.)**, Diffus. v. W in Ni 5495.
Allison (J. A. C.), **Braunholtz (J. T.)** u. **Mann (F. G.)**, Darst. u. Eigg. d. 1.2.3.4-Tetrahydro-1-methyl-4-oxochinolins 10024.
Allison (J. B.), Diätproteine. Bedeut. für Gesundh. u. Krankh. 3183. — s. C r o s s l e y (M. L.).
—, **Wannemacher jr. (R. W.)** u. **Migliarese (J. F.)**, Nahr. u. Stoffwechsel v. 2-Aminofluoren 8175.
Allison (M.), **Moore (R. W.)**, **Richardson (A. E.)**, **Peterson (D. T.)** u. **Voigt (A. F.)**, Best. d. Mesothoriumgeh. v. Thoriumnitrat 11644.
Allison (R. K.), **Skipper (H. E.)**, **Reid (M. R.)**, **Short (W. A.)** u. **Hogan (G. L.)**, Photosynthet. Rk. 1. Mitt. Assimilat. v. Acetaten durch Nostoc muscorum 2460.
Allison (R. M.) u. **Driver (C. M.)**, Einfl. v. Sorte, Lager. u. Anbaugegend auf d. Vitamin-C-Geh. d. Kartoffel 2799.
Allison (R. S.), Best. kleiner F-Mengen im Glas 3710.
— u. **Turner (W. E. S.)**, Einfl. v. Boroxyd auf d. Geschwindigk. d. Niederschmelzens eines Gemenges u. auf d. Läuter. u. Verfestig. v. handelsübl. Gläsern d. Soda-Kalk-Silicat-Typus 6106.
Allison (S. K.) u. **Casson (H.)**, Scintillationsansprechen v. NaJ(Tl) beim Beschuß mit positiven Ionen v. *60* bis *600* keV Energie 5472, 8781.
— u. **Warshaw (S. D.)**, Durchgang schwerer Teilchen durch Materie 5.
Allmänna Svenska Elektriska Aktiebolaget, Isolierschichten v. elektr. Leitern 3456* Dän. — Isoliermaterial auf Cellulosebasis 9642* E. — Lichtbogenschweißen 9899* F. — Schweißelektrode 10133* F.
—, **Blaus (J.)** u. **Olsen (W.)**, Verhinder. d. Zusammensinterns v. zu Stapeln geschichteten Eisenblechen während d. Glühbehandl. 5891* A.
— u. **Lindström (H.)**, Zusammenlöten v. Metallteilen durch Hochfrequenzerhitzung 7775* Schwed.
— u. **Stålhane (B.)**, Spannungsabhäng. Widerstand 7749* A.
—, **Wallner (W.)** u. **Lindblom (S.)**, Verminder. d. Übergangswiderstandes zwischen Al-Leitern u. Leitern aus anderen Metallen 3220* Schwed.
Allmand (A. J.) s. N a m b i s s a n (I.).
Allmark (M. G.) s. L u (F. C.).
—, **Lu (F. C.)**, **Carmichael (E.)** u. **Lavallee (A.)**, Pharmakol. Beobachtungen über Isoniazid u. Iproniazid 3672.
Allmen (S. v.) s. S a n d o z A k t. - G e s.
Allmendinger (D. F.) s. M i l l e r (V. L.).
Alloiteau (J. J.), Wrkg. kleinster Progesterongaben auf d. durch Hypothalamusläsionen

hervorgerufenen Dauieröstrus bei d. Ratte 9828.
Alloiteau (J. J.) u. **Courvoisier (B.)**, Antiöstrale Wrkg. d. Cortisons bei d. Ratte 4864.
Alloy Research Corp., Austenit. nichtrostender Cr–Ni–Co-Stahl 10129* E.
Allscher (R.) s. Rotta (W.).
Allsopp (C. B.) u. **Fell (H. B.)**, Toxizität eines Rk.-Prod. v. Senfgas mit Serumproteinen 11621.
Allten (A. G.) u. **Payson (P.)**, Einfl. v. Si auf d. Anlassen v. Martensit 6605.
Allum (J. A. E.) u. **Whelan (P. F.)**, Schaumschwimmverf. für minderwert. Kohlen 491.
Allwood (H. I. S.) s. Westcott (C. H.).
Ally (M. S.) s. White (J.).
Allyn (G.), Synthet. Harze für Druckfarben 483.
Alm (F.), Wrkg. v. Essigsäure auf d. Oxydat. d. Ascorbinsäure in Pflanzengeweben. 2. Mitt. Verschied. Gemüse u. Früchte 10052.
Alm (O.) s. Canbäck (T.).
Alm (R. M.) s. Arnold (R. C.); Standard Oil Co.
Almássy (G.), Verwend. v. Morin in d. Mikroanalyse. 1. Mitt. Nachw. v. Titan(IV) mit Morin 8457; 2. Mitt. Nachw. v. Zirkonium(IV) mit Morin 8457; 3. Mitt. Red. v. Morin als orientierende Rk. in d. qualitativen Analyse 8457.
— u. **Péter (Z.)**, Katalyt. Mikrobest. v. Molybdat 10337. — Colorimetr. Best. v. Pyrogallol u. Brenzcatechin 10338.
Almech (J. I.) = Iñiguez Almech (J.).
Almgren (K.), Verss. zur Stabilisier. d. Eierqualität durch Kombinat. verschied. Konservierungsmaßnahmen 3272.
Almond (H.), Best. v. Co-Spuren in Böden. Feldmeth. 1593.
Almond (M.) s. Clegg (J. A.).
Almquist (A. J.), Anwendungsregeln zur Verminder. v. Rückfällen bei d. Best. d. Versorg. mit B-Vitaminen für d. Wachstum 7484.
Almquist (H. J.) u. **Maurer (S.)**, Untersuchungsmeth. für d. Wrkg. d. Erhitzung auf d. Nährwert v. Sojabohnenmehl 1869. — Cholingeh. einiger Futtermittel 3511.
— u. **Merritt (J. B.)**, Bedeut. eines Aminosäuredefizites im Futter für den d. Wachstum hindernden Faktor in d. rohen Sojabohne 1080. — Einfl. d. Rohfasergeh. im Mischfutter auf Gewichtszunahme u. Wirtschaftlichk. d. Futters bei „kleinen weißen Beltsville"-Truthühnern 2096.
Almquist (M. L.) s. Reheis Co., Inc.
Almqvist (E.) s. Allen (K. W.).
—, **Pepper (T. P.)** u. **Lorrain (P.)**, Winkelverteil. d. Rk. ^{7}Li(t, α)^{6}He bei *240* keV Tritonenenergie 11148.
Aloisi (E. J. R.), Carboxymethylcellulose 2100.
Alonso (J. I. F.) = Fernández Alonso (J. I.).
Alow (A. A.) u. **Nikiforow (G. D.)**, Automat. Lichtbogenschweißung v. Al-Legierr. 1600.
Alpa (E. U.) s. Imbriano (A. E.).
Alper (B. J.) s. Lipsky (S. R.).
Alpern (B.) u. **Durif (S.)**, Opt. u. radiokristallograph. Unters. einiger Kokse 4739.
Alperowitsch (I. A.) s. Budnikow (P. P.).
Alpers (B. J.) s. Paddison (R. M.).
Alpers (J. B.), **Robbins (J.)** u. **Rall (J. E.)**, Hydrolyse v. Thyreoglobulin aus Ratten durch thyreoidale Enzyme 7234.
Alpert (D.), Cu-Isolationsfalle für Vakuumsysteme 419. — s. Rogers (W. A.).
Alpert (N. R.) **Root (Walter S.)** u. **Bates (N.)**, Bezieh. zwischen überschüss. Atmungsstoffwechsel u. Verwert. v. intravenös injiziertem racem. u. L(—)Natriumlactat 2713.
Alpert (S.) s. Martin (G. J.).
Alphen (J. van), Gegenwärt. Stand d. Kenntnisse d. Vulkanisationsverlaufs 2091.
Alpher (R. A.), **Follin jr. (J. W.)** u. **Herman (R. C.)**, Physikal. Bedingg. in d. Anfangsstufen d. expandierenden Universums 1200. — Anfangsbedingg. im expandierenden Universum u. d. Elementsynth. 1200.
Alpine Corp. u. **Lawson (H. W.)**, Bodenbelag aus Petroleumrückständen u. Asbest 4981* A.
Alquier (P. L. J.), Verbesser. d. Druckverf. 3280* F.
Alquist (F. N.) s. Dow Chemical Co.
Alrose Chemical Co., **Zussman (H. W.)** u. **Bernstein (R. L.)**, Reinigungsmittel 3760* A.
Alslev (J.), Behandl. d. Koma diabeticum mit Cocarboxylase 10559.
Alsner (F.) s. Brauers (J.), Keramik-Werk.
Alsop (W. G.) s. Colgate-Palmolive-Peet Co.
Alspaugh (T. A.) s. Souther (R. H.).
Alston (M. H.), **Crewe (A. V.)**, **Evans (W. H.)**, **Green (L. L.)** u. **Willmott (J. C.)**, Streuung v. *15,7* MeV-Neutronen an ^{4}He 9952.
Alston (N. R.) u. **Winkel (M. J.)**, Gießen v. Kupferanoden in d. Schmelzhütte in Garfield 5884.
Alston (P. W.) s. Spreckels Sugar Co.
Alstrand (D. V.) s. Hemler (V. H.).
Alström (I.), Wrkg. v. Inosit auf d. Stoffwechselverhältnisse d. P d. Rattenleber 3904. — Wrkgg. d. Digitalisglykosids Digitoxin auf d. Phosphorstoffwechsel v. Herz u. Leber bei Ratten, gemessen mit d. radioakt. Phosphorisotopen ^{32}P 3912.
Alt (A.) s. Monsanto Chemical Co.
Alt (G. H.) u. **Barton (D. H. R.)**, Einw. v. Perphthalsäure auf 5.6-Dihydroergosteryl- u. Ergosterylacetat 2683.
Alt (H. L.) s. Rambach (W. A.).
Alt (J.) s. Denk (G.).
Alt (L. L.), Spektrophotometr. Best. v. Gluconsäure u. deren Salzen 9405. — s. Pearson (R. G.).
Alt (W.) s. I. G. Farbenindustrie Akt.-Ges.
Altenbach (F.), Stromsammler 10107* F.
Altenburg (K.), Kinet. Theorie d. Selbstdiffus. u. d. Viscosität d. Fll. 2611. — Schallgeschwindigk. in Hochpolymeren 3155. — Mol.-kinet. Auffass. d. Fll. 2. Mitt. Zwischenmol. Kräfte u. Molekülbau 3338.
— u. **Dörr (G.)**, Einfl. v. Ultraschall auf d. elektr. Leitfähigk. v. Kupfersulfat- u. Bleinitratlsgg. 2839.
Altenkirch (W.) s. Neseni (R.).
— u. **Otto (E.)**, Beifütter. v. Erntebindegarn aus Glasfasern 1635.
Alter (A. A.) u. **Fomenko (M. W.)**, Nährwert v. Gemüse aus d. Westgebieten d. Ukraine 8052.
Alter (H. W.), **Codding (J. W.)** u. **Jennings (A. S.)**, Kleingerät für kontinuierl. Lösungsmittelextrakt. im Gegenstrom 5608.
Altevogt (R.), Percutane Vergiftungsmöglichk. mit o-Trikresylphosphat durch im Handel befindl. Kunststoffe 870.
Althabegoity (J.) s. Charreire (A.).
Althaus (H. E.) s. Zweifel (H.).

Althoff (H.) u. **Kropp (K.)**, Beeinfluss. d. nephrot. Syndroms durch adrenocorticotropes Hormon (ACTH) u. Thiosemicarbazon (Conteben) 10317.
Althoff (R. L.), Entschwefeln v. Gasen 726* F.
Altier (M. W.) s. Morton (M.).
Altieri (P. L.) s. Kuck (J. A.).
Altman (A. B.) u. **Melaschenko (I. P.)**, Metallkeram. Werkstoffe für elektr. Kontakte 8716.
Altman (D.) s. Wise (H.).
Altman (H.) s. Rubin (T.).
Altman (J.) s. Mathe (G.).
Altman (K. I.) s. Prankerd (T. A. J.).
— u. **Miller (Gerald)**, Stör. d. Tryptophanmetabolismus bei kongenitaler hypoplast. Anämie 862.
Altman (N.) s. Albi Mfg. Co.
Altman (R. L.) s. Benson (S. W.).
Altman (S. J.) s. Wintrobe (M. M.).
Altmann (O.) s. Horn (Z.).
Altmann (S.) s. Coulson (C. A.).
Alton Box Board Co. u. **Hollis (R. F.)**, Herstellen v. Pappe aus Altpapier 7347* A.
Altona (R. E.) s. Hall (T. D.).
— u. **Mentz (N. J.)**, Unkrautbekämpf. in Maisfeldern mit Herbiciden 9650.
Altrogge (L.) u. **Schäfer (W.)**, Präparat. v. Auswuchsgetreide zur Verbesser. der Backfähigk. 10402.
Altroy (F. A. D') u. **Fan (H. Y.)**, Mikrowellendurchlässigk. in p-leitendem Ge 6218.
Altschudshan (A. A.) u. **Frosst (A. W.)**, Kinetik u. Reaktionsmechanismus d. katalyt. Hydrier. v. KW-stoffen. 7. Mitt. Syst. Pd–H als Hydrierungskatalysator 9771; 8. Mitt. Unters. d. festen Syst. Pd–H als Hydrierungskatalysator 9771.
Altschul (A. M.), Wrkg. d. Verarbeitungsbedingg. auf d. Nährwert v. Baumwollsaatmehl für Geflügel 2802.
Altschul (L. H.) s. Berliner (E.).
Altschule (M. D.), **Siegel (E. P.)**, **Goncz (R. M.)** u. **Murnane (J. P.)**, Wrkg. v. Zirbeldrüsenextrakten auf d. Blutglutathionwerte bei psychot. Patienten 8898.
Altschuler (S. A.), Theorie d. paramagnet. Resonanz in Seltenen Erdmetallen 3560.
Altschuler (W. S.) s. Tschernyschew (A. B.).
Altshuler (E.) s. Sampson (J. L.).
Altshuler (S.), Bin. Reorientierungszusammenstoß 1432.
— u. **Carlson (J. F.)**, Zeitabhäng. Variationsprinzip 8540.
Altshuller (A. P.), Isotopeneinfl. auf d. Dipolmomente zweiatom. Moll. 744. — Elektronegativitäten u. einige Elektronenaffinitäten d. Elemente d. Cu-, Zn- u. Ga-Untergruppe 3084. — Bildungswärme v. NH(g) u. Dissoziationsenergie D(NH—H) 3317. — Gitterenergien d. Halogenide d. Kupferuntergruppe u. d. Thallium(I)-halogenide 4771. — Ionisier. v. gasförm. Thallochlorid 8788.
— u. **Rosenblum (L.)**, Dielektr. Eigg. v. Alkylsilanen 8580.
Altvater (G.) s. Budnick (R.).
Altynow (I. P.), Einfl. v. Alkalimetallzusätzen auf d. Oberflächenspann. u. Mikrohärte v. Bi 29.
Aluf (M. A.), Pharmakologie d. Armins 10801.
Aluminium-Industrie Akt.-Ges., Al 1367* F. — Aluminotherm. M. enthaltende Heizpatrone 7775* E. — $AlCl_3$-halt. Salzmisch. 8024* N. — Abtrennen v. gasförm. Metallhalogeniden aus Gasen 8698* It. — Gegenstand aus gesintertem Al 9185* F. — Al-Bleche 10130* Schwz.; Dass. mit nur geringer Neigung zur Zipfelbldg. 10130* E. — Halbharte Al-Bleche 10130* Schwz. — Abscheiden flücht. Metallchloride 10351* F. — Gesinterte Al-Körper 10855* E.
Aluminium-Industrie Akt.-Ges. u. **Grothe (H.)**, Abtrennen v. $AlCl_3$ aus Gasen 2509* E.
— u. **Hurter (H.)**, Gegen Abbrand geschützte negative Graphitelektrode 2039* D.
— u. **Schiltknecht (A.)**, Schmelzschweißverf. für Nichteisenmetalle 11285* D. B.
Aluminium Laboratories Ltd., Abtrenn. C-halt. Materials aus Kohle 7053* N. — Metall., bes. Al-Pigmente 8039* Schwz. — Verbesser. d. Korrosionsbeständigk. v. homogenisierten u. künstl. gealterten Al-Legierr. 11679* Oe.
—, **Hartwick (E. F.)**, **Miners (K. A.)** u. **Phillips (N. W. F.)**, Kontinuierl. oder halbkontinuierl. Reinig. v. C-halt. Material 2274* D. B.
—, **Jack (S. E.)** u. **Walker (C. A.)**, Verhinder. d. Schwimmens v. Al-Pigmenten 3978* F.
— u. **Scheuer (E.)**, Dest. v. Al aus Al-Legierr. 921* A.
— u. **Spooner (R. C.)**, Musterr. auf Al 1602* F.
Aluminium-Walzwerke Singen G. m. b. H. u. **Walter (J.)**, Elektrolytkondensator 10832* D. B.
Aluminum Co. of America, Nachbehandl. eines adsorbierenden Oxydüberzuges auf Al u. seinen Legierr. 1602* Schwz. — Schmiermittel 2113* Schwz. — Lötmittel für Metalle 8723* E. — Erhöhen d. elektr. Leitfähigk. v. Al 9410* F. — Elektr. Leiter aus Al 10130* Schwz. — Mg-Legier. mit mindestens 50 Gewichts-% Mg 11678* Schwz.
— u. **Anderson (William A.)**, Durch Kaltverform. hergestellter Gegenstand aus Al-Legier. 4450* E.
—, **Bobb (R. V.)** u. **Brunger (R. G.)**, Nahtlose Rohre aus Al-Legierr. 5889* A.
— u. **Criner (C. B.)**, Mg-freie Al-Legier. 2998* F.
—, **Dean (W. A.)** u. **Hunsicker (H. Y.)**, Lot aus Al-Hartguß-Legierr. 5174* E.
—, **Dean (W. A.)** u. **Jenuleson (A. M. A.)**, Therm. Behandl. v. Metallgegenständen 6844* Can.
— u. **Fischer (E. F.)**, Oberflächenbehandl. v. Mg u. seinen Legierr. 6844* Can.
— u. **Frary (F. C.)**, Gewinn. v. Ga aus metall. Al 4451* A.
— u. **Hobbs (M. A.)**, Erhöh. d. Zugfestigk., Streckgrenze u. d. Formbildsamk. v. Zn u. Mg enthaltenden Al-Legierr. 7545* A.
—, **Mason (Ralph Bryant)** u. **Cochran (W. C.)**, Imprägnieren v. Oxydüberzügen auf Al 3017* E.
—, **Moore (G. L.)**, **Sicha (W. E.)** u. **Wrege (R. B.)**, Klavier-Gußplatte 7545* A.
— u. **Stroup (P. T.)**, Verbesser. d. elektr. Leitfähigk. v. Al 2998* E. — Löten v. Gegenständen aus Al u Al-Legierr. 11462* A.
—, **Wood (R. T.)** u. **Gantz (M. E.)**, Behandl. v. geschmolzenem Mg u. Mg-Legierr. 8959* Can.
— u. **Zelley (W. G.)**, Galvan. Überzüge auf Al 9187* A.
Alvares Pereira (N.) u. **Fuchez (J.)**, Klin. u. experimentelle Beobachtt. zur Rk. v. Galli Mainini 8186.
Alvarez (E. C. R. de) = Rakunas de Alvarez (E. C.).
Alvarez (E. F.) s. Lora Tamayo (M.).
Alvarez (J. G.) = Gonzalez Alvarez (J.).
Alvarez (L. W.) s. Gow (J. D.).
Alvarez González (F.) s. Fernández Cellini (R.).

Alvarez Querol (M. C.), Manganometr. Mikrotitrat. v. Fe 426.
— u. **Wilson (C. L.)**, Mikroschema für Kationen ohne H_2S 7987.
Alves de Araujo (A.) u. **Biasotto Mano (E.)**, Verwend. d. Fruchtschale d. Orbigniaart Babaçu in d. Kunststoffindustrie 3745.
Alvial C. (G.), Einfl. verschied. Entwicklungsmethoden auf d. Ausbldg. d. Untergrundes v. Kernemulss. 740.
Alving (A. S.) s. Arnold (J.); Coatney (G. R.); Hankey (D. D.); Jones jr. (Ralph); Lorenzo (A. Di); Thaeler jr. (A. D.).
—, **Hankey (D. D.), Coatney (G. R.), Jones jr. (Ralph), Coker (W. G.), Garrison (P. L.)** u. **Donovan (W. N.)**, Korean. Vivax-Malaria. 2. Mitt. Kurative Behandl. mit Pamaquine u. Primaquine 6069.
Alvizouri (M.) u. **Warren (S.)**, Wrkgg. v. DL-Äthionin auf d. Pankreas u. a. Organe 839.
Aly (F. W.) s. Oldershausen (H. F. v.).
Amaha (M.) u. **Sakaguchi (Kin-Ichiro)**, Wrkg. d. in d. Erhitzungsmedien enthaltenen Kohlenhydrate, Proteine u. Bakterienzellen auf d. Hitzeresistenz v. Clostridium sporogenes 7469.
Amaldi (E.), E. Fermi 10425. — Beugungseffekte bei d. Streuung v. Neutronen, Mesonen u. Elektronen an Kernen 11145.
—, **Anderson (C. D.), Blackett (P. M. S.), Fretter (W. B.), Leprince-Ringuet (L.), Peters (B.), Powell (C. F.), Rochester (C. D.), Rossi (B.)**, u. **Thompson (R. W.)**, Symbole für Elementarteilchen 2352.
—, **Baroni (G.), Castagnoli (C.), Cortini (G.), Franzinetti (C.)** u. **Manfredini (A.)**, Mögl. negativer K →π-Mesonenzerfall 11486.
—, **Baroni (G.), Castagnoli (C.), Cortini (G.)** u. **Manfredini (A.)**, Unters. d. τ-Mesonen 10666.
—, **Castagnoli (C.), Gigli (A.)** u. **Sciuti (S.)**, Wechselwrkg. v. Höhenstrahlen mit Materie unter *50* m Wasseräquivalent 9949.
—, **Castagnoli (C.), Sciuti (S.)** u. **Gigli (A.)**, Antikoinzidenzunters. v. Höhenstrahlen in einer Tiefe v. *50* m Wasseräquivalent 2351.
—, **Mezzetti (L.)** u. **Stoppini (G.)**, Longitudinale Entw. v. Luftschauern nach Fermis Theorie d. Mesonenerzeug. 3787.
Amalgamated Limestone Corp. Ltd. u. **Szinger (E.)**, Calcinieren, Brennen oder Sintern v. Mineral, bes. Zementrohmaterial 9882* E.
Amalgamated Wireless (Australasia) Ltd., Gibson (C. S.) u. **Nield (J.)**, Mit Au überzogene Gläser, Linsen 2049* E.
Aman (H.) s. Winnacker (K.).
Amand (P. S.) u. **Pettit (H. B.)**, Unters. v. [OI] 5577 im Nachtlicht 9958.
Amanda Reyes (L.) s. Treviño V. (A.).
Amano (A.) u. **Taylor (H.)**, Zers. v. NH_3 an Ru-, Rh- u. Pd-Katalysatoren auf Al_2O_3 als Träger 1694.
Amat (G.), Im Infrarotlabor. d. P. C. B. verwendete Gitterspektrographen 11057. — s. Grenier-Besson (M.L.).
Amato (F. D'), Cytolog. u. genet. Wrkgg. v. Acridinen 7229.
Amato (V. D') s. Lepetit (S. p. A.).
Amatuzio (D. S.), Weber (L. J.) u. **Nesbitt (S.)**, Bilirubin u. Eiweiß in d. Cerebrospinal-Fl. v. Gelbsuchtpatienten mit schwerem Leberschaden mit u. ohne hepat. Koma 3182.
Ambanelli (G.) s. Buffa (A.).
Amberg (H. R.) s. Rudolfs (W.).
Amberger (A.), Einfl. v. K u. N auf Ferment- u. Kohlenhydrathaushalt v. Grünlandpflanzen 6598. — s. Hofmann (Eduard); Latzko (E.).
— u. **Hofmann (Eduard)**, Wrkg. v. Dicyandiamid auf d. Pflanzenertrag 4189.
Amble (E.) u. **Dailey (B. P.)**, Struktur u. Dipolmoment v. Stickstoffwasserstoffsäure 1672.
Ambler (C. M.) s. Sharples Corp.
Ambler (E.) u. **Hudson (R. P.)**, Messungen an Chromkaliumalaun unterhalb *1*° K 8792.
—, **Hudson (R. P.)** u. **Temmer (G. M.)**, Anisotrope γ-Strahl. aus ausgerichteten ^{141}Ce-Kernen 3791.
— u. **Kurti (N.)**, Filmtransport u. Verh. v. He-Cryostaten unterhalb d. λ-Punktes 11514.
Ambo (E.), Sinterungsvorgang eines Chromziegels in oxydierender Atmosphäre 2511.
Ambrogi (A. de), Sandstrahlen mit metall. Schmirgelmitteln 9431. — Verh. u. Eigg. keram. Prodd. d. Feldspattyps mit porösem Scherben in Bezieh. zur mineralog. u. chem. Zus., granulometr. Beschaffenh. d. Kieselsäure u. therm. Behandl. 11445.
Ambros (D.) s. Lüttringhaus (A.).
Ambrose (A. D.) s. Muir (S.).
Ambrose (A. M.), Christensen (H. E.) u. **Rather (L. J.)**, Toxikolog. u. pharmakol. Unterss. mit Dihydrorotenon 10311.
Ambrose (E. J.) s. Elliott (A.).
Ambrose (H. A.) s. Gulf Research & Development Co.
Ambrose (T. W.) u. **Reiser (C. O.)**, Verluste in Kartoffelstärkefabriken 4474.
Ambrosetti (G.), Was ist d. Chromatographie? 5608.
Ambrosino (C.), Gläserne Mikrowaage 7984.
Ambrosino (G.) s. Anthony (J.-P.).
—, **Houbaut (J.)** u. **Maignan (P.)**, Winkelverteil. d. Vernichtungsquanten d. Elektronen 11144.
Ambrosio (A.) s. Rosenthal (D.).
Ambrosio (L.), Malattie causate da etere di petrolio e da benzina [4401]. — Malattie causate da tricloroetilene [4401].
— u. **Mazza (V.)**, Vgl. d. Lysozyms in Blutserum u. Organen nach experimenteller Vergift. mit Pb, Bzl. oder Mn 5337.
Ambrosioni (P.), Masoni (S.) u. **Zuliani (A.)**, Experimentelle Unterss. in vitro über d. durch Pilze verursachte Stör. d. antibakteriellen Wirksamk. einiger Antibiotica. 1. Mitt. 10543.
Ambrus (C. M.) s. Ambrus (J. L.).
Ambrus (G.) s. Bátori (M.).
Ambrus (J. L.), Ambrus (C. M.), Harrisson (J. W. E.) u. **Cravetz (H.)**, Heterotransplantat. d. Ehrlich-Carcinoms in Bezieh. zur Antikörperbldg. 11594.
Ambs (E.) s. Künzer (W.).
Amdur (I.) u. **Lindsay jr. (W. T.)**, Streuung schneller N_2-Moll. an N_2 9035.
Amdur (M. O.), Toxikolog. Unterss. 2249.
— u. **Silverman (Leslie)**, Direkte, nicht laborgebundene Pb-Best. in Luft 4658.
Amdurska (N. M.), Änder. d. Blutzuckergeh. unter d. Einfl. d. Indicatordosen v. künstl. radioakt. P 5834.
Amelinckx (S.), Theorie u. Beobachtt. über d. Wachstum v. Salolkristallen 297. — Polytypismus v. Kristallen n. Alkohole infolge spiralart. Wachstums 1237. — Wachstumsspiralen auf Kristallen v. langkett. Verbb. 1472. — s. Dekeyser (W.); Votava (E.).

Amelinckx (S.), Grosjean (C. C.) u. **Dekeyser (W.),** Wachstumsspiralen auf durch Ausfällen erhaltenen Goldkristallen 4772.
Amell (A. R.) u. **Teates (T.),** 3-Komponentensyst. Benzaldehyd–W.–Essigsäure 9056.
Amelung (D.) s. H ü b e n e r (H. J.).
Amemiya (T.), Begriff „Kohlechemikalien" 2108.
—, Andô (H.), Ashida (S.), Suzuki (Masaomi) u. **Tsunetomi (E.),** Neuere Arbeitsrichtungen bei d. Trenn. d. Kohlenteerbestandteile 2109.
Amend (P.), Physikal. Verh. d. Körperfette bei Schafen verschied. Alters, objektive Qualitätsbeurteil. v. Schaffleisch 8281.
Amendola (F.), Sulfontherapie d. Augenlepra 8433.
Amendolla (C.) s. S o n d h e i m e r (F.).
—, Rosenkranz (G.) u. **Sondheimer (F.),** Steroide. 52. Mitt. Synth. v. $C_{(6)}$-hydroxylierten Steroidhormonanalogen 5804.
Ament (W. S.) u. **Rado (G. T.),** Elektromagnet. Effekte d. Spinwellenresonanz 5249.
American Aggregate Co. u. **Ryner (A.),** Geformte porige Erzeugnisse 5873* A.
American Bitumuls & Asphalt Co. u. **McCoy (P. E.),** Bitumenemulss. 9708* A.
—, McCoy (P. E.) u. **Neill (C. E.),** Wss. Steinkohlenteeremulss. 3539* A.
— u. **Manzer (D. N.),** Bituminöse Emulss. 7589* A.
American Chemical Paint Co., Unkrautvertilgungsmittel 6373* Oe. — Vorbehandeln v. Metalloberflächen vor d. Aufbringen v. Anstrichen 8975* E. — Verbessern d. Korrosionsbeständigk. v. phosphatierten oder arsenierten Al-Oberflächen 9188* E.
— u. **Allen (W. W.),** Pflanzenwachstum regulierendes Mittel 3234* A.
— u. **Snyder (E.),** Reinigen v. rohem Wollfett 4962* Can.
American Cholesterol Products, Inc. u. **Moolten (S. E.),** Blutgerinnungsverhinderer 10574* A.
American Colloid Co. u. **Clem (A. G.),** Verbesser. d. koll. Eigg. v. „blauem" Bentonit 3461* A.
American Cyanamid Co.,
P h a r m a z i e. D e s i n f e k t i o n : Steriles Verbandspäckchen 3438* F. — Sulfonamide 6084* A. — Heterocycl. Sulfonamide 9145* Schwz. — Sulfonamidopteridine 2491* A. — p-Aminobenzolsulfonylguanidin 3200* Schwz. — Substituierte Äthylendiamine 876* A. — Aminoester v. Trialkylessigsäuren 7728* Can. — Antiepilepticum 4163* A. — Tris-(dialkylaminoalkoxy)-benzole 9145* A. — Tert. Aminoalkohole 4888* E. — Neutrales Ca-4-Aminosalicylathemihydrat 9853* A. — N-Phenyl-2-(p-diäthylaminophenylamino)-1.4-naphthochinonimin 5133* A. — 2-Pyrrolidon-5-carbonsäureamide 7498* A. — 1-Anilinoisochinoline 7499* A. — 2-Amino-4.6-dimethylpyrimidin 164* A. — Substituierte Pyrazine 2256* A. — Tuberkulostat. Mittel 6085* A. — Pyrazin-2-carbonsäureamid-3-carbonsäure 6085* A. — Pyrazin-o-monothiocarbonsäureester 10812* A. — Disubstituierte Piperazine 2728* A. — 1-substituierte 4-Aminopiperazine 7038* A. — 1-substituierte-4-(N-substituierte Amino)-piperazine 7038* A. — 1-substituierte 4-Aminopiperazinderivv. 10573* E. — Thiocarbamylpiperazine 7982* A. — 1-Carbamyl-4-thiazolylpiperazine 7038* A. — 1-Piperazyl-4-methylthioxanthone 7037* A. — Oxybenzolsulfonamidopyrazine u. -chinoxaline 3920* A. — 4-substituierte Chinazolone 9396* D. B. — 5-Aralkylamino-9-dialkylaminobenzo-[a]-phenoxazine 7269* F. — 9-Propylamino-5-arylaminobenzo-[a]-phenoxazinderivv. 416* D. B. — Cholesterylamine 6087* A. — 4.7.22-Ergostatrien-3-on 6574* A. — 3.5.7.9(11).22-Ergostapentaen-3-ol 9860* Schwz. — 7-Androsten-3β.17β-diol 9148* Schwz. — $\Delta^{8(9).14}$-Androstadiene 2492* A. — $\Delta^{7.9}$-Androstadiene 2028* A. — In 17-Stellung substituierte 4.7-Androstadien-3-one 6574* E. — Androstatriene 2493* A. — 4.7.9(11)-Androstatrien-3-one 6345* E. — 4-Pregnen-11β.17α.21-triol-3.20-dion 3441* A. — $\Delta^{5.7}$-Pregnadien-3β-ol-20-onester 2028* A. — 5.7.9.(11)-Pregnatriene 6574* E. — 4(5).7(8).9(11)-Pregnatrien-3.20-dion 4650* Schwz. — $\Delta^{5.7.9}$-Pregnatrien-3β-ol-20-on 167* Schwz. — Vitamin-Präp. 166* Belg., E. — Pteridine 4410* Schwed. — Substituierte Pteridine 1331* Oe., 4410* Can. — Substituierte Pteridinverbb. 4411* Can. — Ca-Salze v. substituierten Pteridinen 6573* Can. — Pteridinderivv. 11051* Can. — Formyltetrahydropteridine 9627* A. — 2-Amino-4-oxy-6-chlormethylpteridin 4411* Can. — Erhöh. d. biol. Wirksamk. v. Tetrahydro-N^{10}-formylpteroinsäure u. v. Tetrahydro-$N^{5}.N^{10}$-di-formylpteroinsäure 11050* Can. — 7-Formyl-1-7.8.9.10-tetrahydropteroyl-l(+)-glutaminsäure 3440* A. — 5.6.7.8-Tetrahydro-10-formyl-pteroylglutaminsäure 166* Schwz. — 5-formyl-5.6.7.8-tetrahydropteroylglutaminsaures Ca 11637* Schwz. — Vitamin B_{12} 1332* Can. — Reinig. v. Vitamin B_{12} enthaltenden wss. Lsgg. 1332* Can., 11426* E. — Reinigen v. Enzymen 11053* A., F. — Reinig. labiler, mit Hämolysin O verunreinigter Enzyme 11053* A. — Streptokinase u. Streptodornase durch Züchten v. Bakterien 6809* D. B., E. — Enzymmischungen aus Gärsubstraten 11053* E. — Erzeug. einer Misch. v. Streptokinase u. Streptodornase 10575* D. B. — Gewinn. v. Streptokinase u. Streptodornase 9628* F. — Reines Na-Penicillin 4411* A. — 2.4-Dimethyl-1.5-benzodiazepinsalz d. Penicillins 2962* A. — Extrakt. v. Aureomycin 10816* E. — Reinig. v. Aureomycin 2963* F. — Aureomycinhalt. Präpp. 2963* A. — Antigene 5374* Can. — Wss. Arzneilösung 4890* A. — Arzneimittel gegen Leukämie 5854* A.
A l l g e m e i n e c h e m i s c h e T e c h n o l o g i e : Entfern. v. ionisierbaren Stoffen aus Fll. durch Behandl. mit Kationenaustauschern u. Anionenaustauschern 1810* Schwed. — Bldg. eines SiO_2–Al_2O_3-Schlammes 5866* Ind. — Katalysatoren 9164* Schwz.
A n o r g a n i s c h e I n d u s t r i e : Aufschluß v. Ti-halt. Schlacken 437* E. — Titansulfat 5868* Holl. — Flotat. v. Glimmer, bes. v. Muskovit, Lepidolit, Biotit u. Vermiculit 11270* A.
A g r i k u l t u r c h e m i e. S c h ä d l i n g s b e k ä m p f u n g : Gewinn. eines Prod., d. ein Alkalicyanamid enthält 675* E.
M e t a l l u r g i e. M e t a l l o g r a p h i e. M e t a l l v e r a r b e i t u n g : Flotat. v. Erzen 8487* Can. — Schaumschwimmaufbereit. v. blei- u. zinksulfidhalt. Mineralien 2527* A. — Selektive Schwimmaufbereit. v. Zn- u. Fe-Sulfiden in Ggw. v. Cu-Sulfiden 919* A. — Schwimmaufbereit. sulfid. Erze, bes. v. Kupfersulfiderzen 3724* E. — Gewinn. v. Ti 1138* F.

Organische Industrie:

Dithiophosphorsäuretriester 8028* A. — Substituierte Amide 2302* D. B. — Geschwefelte Alkylester v. polymerisierten ungesätt. Fettsäuren 11289* Can. — Gesätt. u. ungesätt. Nitrile 7783* D. B. — Halogennitrile u. bzw. oder ungesätt. Nitrile 2772* E. — Acrylnitril 1371* Schwz. — Reinigen v. rohem Acrylonitril 2302* Can. — Stabilisieren v. Acrylonitril 214* F. — Rückgewinn. v. als Lösungsm. verwendeten Dinitrilen 6849* D. B., 7081* E. — Bernsteinsäuredinitril 3964* Can. — Tetrafluorbernsteinsäuremono- u. -diamide 8030* A. — Ionenaustausch v. Lsgg., enthaltend Aldehyd- u./oder Ketoncyanhydrine, bes. Lactonitrile 8497* A. — Harnstoff 7082* A. — S-Alkylcyanpseudothioharnstoffe 7082* A. — Guanidin 5652* A. — Gewinn. v. Guanidinsalzen 3486* F. — In p-Stellung substitutierte Benzolsulfonylbiguanide 6390* Can. — Ungesätt. Carbamate 8733* A. — Cyanamid 6133* E. — Cyanamid mit hohem N_2-Geh. 5178* Can. — N-Halogen-tert.-alkylcyanamide 7082* A. — Amine 10137* A. — Polyätheramine 9194* A. — Gewinn. v. Aminosäuren durch Hydrolyse v. Proteinen 4933* Can. — Benzoylpolyglutaminsäureamide 6133* A. — Dithiophosphorsäureester 6134* A. — Tetraalkylpyrophosphite 1143* A. — Amide 10379* A. — Katalysator für d. Oxydat. v. Naphthalin zu Phthalsäure in d. Dampfphase 10628* E. — Reinig. v. Phthalsäureanhydrid 4456* A. — Phthalidderivv. 3489* A. — 2.4-Dioxybenzoesäure 2304* A. — p-Alkoxysalicylsäure 4935* A. — Acetophenonverbb. 4457* A. — Trenn. aromat. Amine 3251* A. — Substituierte Amide 6136* D. B. — α-Fluor-p-acetophenetid 5899* Can. — Substituierte Amide u. Peptide 9908* Ind. — Diesterphosphitamide v. Aminocarbonsäurederivv. 6851* A. — Organ. Phosphorsäure-Verbb. 3252* Schwz. — S-Oxybenzyldithiophosphorsäure-O.O-diester 7085* A. — N.N'-Diäthylenbenzolthiophosphondiamid 1840* A. — Dichlordiaminostilbendisulfonsäuren 8970* A. — Äthylen-bis-arylbiguanide 7321* A. — Reinig. roher Naphthalinkristalle durch Waschen mit einem heißen Reinigungsmittel 6852* A. — β-Isopropylnaphthalin 4215* D. B. — Oxydationskatalysatoren 7788* F. — α-Fluor-N-1-naphthylacetamid 5900* Can. — Reinigen v. rohen Alkylarylsulfonsäuren 5183* Can. — 1-Aminoanthrachinon 1607* E., 6852* Schwz. — Organ. P-Verbb. 7087* A. — Organ. Phosphorsäurederivv. 6623* A., 11466* A. — 3-[7'-Methoxy-3'-methylphthalidyl]-bernsteinsäure 3737* A. — Polyalkoxybenzoylaminosulfonsäuren 5900* A. — Thiophosphatsuccinimide 6623* A. — Reinigen v. Mercaptothiazolen 5425* A. — Halogenierte Olefinpyridinverbb. 11291* A. — 3.7-Dihalogen-4-oxychinoline 2538* A. — 2-Aminopyridin u. 2-Aminochinolin 1376* A. — 3.6-Dihalogenpyridazine 692* A. — 2-Aminopyrimidin 3738* F. — Dihydrouracile 10384* A. — Substituierte 2-Carbonylpyrazine 6137* A. — Isolier. v. Piperazin 1378* A. — Chinazolone 1610* A. — β-Ketoalkylchinazolone 1609* A. — Phenylisomelamin 7789* Schwz. — Thioammelin 4216* A. — S-halt. Triazine 4701* A. — 2-(o-Oxyaryl)-4.6.-dihalogen-1.3.5-triazine 6624* A. — Aliphat. Cyanursäureester 5902* A.

Färberei.
Organische Farbstoffe:

Färben mit Küpenfarbstoffen bei hohen Tempp. 7558* A. — Färben mit Küpenfarbstoffen bei erhöhter Temp. 8739* D. B. — Emuls. zum Färben u. Bedrucken v. Textilien 1381* A. — Farbstoffzwischenprodd. 8269* A. — Acridone 6626* A. — Azoderivv. d. Carbostyrils 8973* A. — Triazinderivv. 4942* A. — Azofarbstoffe aus 2-Aminothiophen 1847* A. — 2-Acetoacetylaminothiophene 6400* A. — Naphthostyrile 6401* E. — Anthrimide 7091* A. — 2-(2-Oxyphenyl)-4.6-di-(α-anthrachinonylamino)-1.3.5-triazin 6401* Schwz. — Leukoindanthronschwefelsäureester 3494* A. — Farbstoffe d. Benzanthronacridinreihe 698* A. — Braune Triazinküpenfarbstoffe 7793* A. — Triazinanthrimidcarbazolküpenfarbstoffe 9915* A. — Imidomethylderivv. v. Phthalocyaninen 2082* E. — Farbstoff 1614* A., 5664* A.

Farben. Anstriche.
Lacke. Naturharze:

Kontinuierl. Herst. v. Ultramarin 1848* Can. — Säurebeständ. Ultramarin 1149* A. — Klassifizier. v. TiO_2-Pigmenten 1149* A. — TiO_2-Pigmente 1385* A. — Herst. v. Eisenoxydpigment 11693* A. — Organ. Pigmente 3015* Can. — Phthalocyaninpigmente 3015* Schwz., 3262* A., 8040* E. — Suspendiermittel für Anstrichfarben u. Lacke 8506* A. — Überzugsmischungen mit Äthylcellulose 2790* Can.

Plaste (Kunstharze.
Plastische Massen):

Härtende Kunststoffkombinationen 7329* A. — Polymerisations-Verf. 1388* Schwz. — Stabilisieren v. Polyäthylen 10636* A. — Polymerisierbares Gemisch 1622* A. — Verminder. d. statischen Elektrizität v. Formkörpern aus Vinylharzen 704* A. — Mischpolymerisate 2547* A., 3265* Ind. — Mischpolymerisate d. N-Methylolacrylamids 7565* A. — Emulsionspolymerisat. 1622* Can. — Modifiziertes Polyacrylnitril 7565* A. — Gut färbbare Polyacrylnitrile 7330* F. — Nicht nachdunkelnde Acrylnitril enthaltende Polymerisate in Form v. Fäden oder Filmen 10637* Schwz. — Quaternärisieren v. N.N-Dimethyl-p-aminostyrol-Polymeren 2089* A. — Sulfonierte Phenol-CH_2O-Harze in Perlform 4715* A. — Modifizierte Alkydharze 6152* A. — Anilin-Formaldehyd-Harze 3019* A. — Modifizierte wasserlösl. Harnstoff-CH_2O-Harze 936* E., 1392* A. — Harnstoff-CH_2O- u. Melamin-CH_2O-Kondensationsprodd. in gekörnter Form 3020* A. — Modifizierte Aminoplastharze 6866* A. — Verformbare Kunststoffmassen 7098* A. — Modifizierte Melaminharze 8512* A. — Polymerisierbare Gemische d. Rk.-Prod. ungesätt. Guanamine mit Aldehyden u. deren Polymerisate 9459* A. — Plast. MM. aus Polyacrylnitril 10637* A. — Anionenaustauschende Kunstharze in Perlform 7799* A. — Kunstharze mit ionenaustauschenden Eigg. 11298* A. — Mischkondensate 3266* Can. — Kationenaustauscher 11298* A.

Kautschuk. Guttapercha.
Balata:

o.o'-Di-(carbalkoxyamino)-diphenylsulfide 7103* A. — 2-Benzothiazolylsulfenmorpholid 1862* F.

Nahrungs-, Genuß- und Futtermittel: Modifizier. v. Protein 2802* Can.

Fette. Seifen. Wasch- und Reinigungsmittel. Wachse. Bohnermassen usw.: Oberflächenakt. Mittel 4962* Schwz. — Kationoberflächenakt. Stoffe 9932* A.

Holz. Cellulose. Zellstoff. Papier. Papierdruck. Celluloid. Linoleum: Erzeug. v. geleimtem Papier 4966* E. — Leimen v. Papierstoff 958* E. — In Mineralölen dispergierbares Pigment 10163* A., 10412* A.

Textilfasern: Sulfonierte Dihalogendiaminostilbene 9937* A. — Cumarinderivv. 2332* A. — Opt. Aufheller 4240* A. — Acylderivv. v. 4.4'-Diaminostilben-2.2'-disulfonsäure 3523* E. — Opt. Bleichmittel 9474* E. — Beschwerte, nichtfilzende u. krumpffreie Wolle 11308* A. — Verbessern v. Cellulosefasern 6427* F. — Polymerisieren v. Acrylnitril 6657* F. — Synthet. Fasern aus Polymeren u. Copolymeren d. Acrylnitrils 7351* N. — Stabilisieren v. gekräuseltem Polyacrylnitrilfasermaterial 8530* Ind. — Geformte thermoplast. Prodd. 4736* N.

Brennstoffe. Erdöl. Mineralöle: Kieselsäure-Tonerdegelkatalysatoren 7354* F. — Oxydationsschutzmittel für Schmieröle 4008* E. — Dialkyldithiophosphatomethylharnstoffe 5944* A. — Dithiophosphorsäuretriester 5944* A. — Geschwefelte Terpenester v. O.O-Dithiophosphorsäurediestern 4007* A. — Zusätze für Schmieröle 10898* A. — 1.3.5-Triazine 2113* A. — Seife zur Herst. v. Schmierfett 4978* E. — Klär. v. schmierenden, mit festen Teilen verunreinigten Kühlmitteln 966* D. B.

Schieß- und Sprengstoffe. Zündmittel: Stabilisierter Sprengsatz 2579* Can.

Leder. Gerbstoffe: Wasserlösl. Phenol-Formaldehyd-Borax-Kondensationsprodd. 6177* A. — Lichtbeständ. Gerbstoffe 4259* A.

Alphabetische Liste der Mitarbeiter, Erfinder usw.

Ablondi (F. B.), 9628*, 10575*, 11053*.
Adam jr. (J. N.), 10575*.
Adams (P.), 2790*.
Allen (C. Francis), 919*, 2527*.
Amick (C. A.), 11308*.
Anderson (George W.), 6136*, 6851*, 10379*.
Angier (R. B.), 7488*.
Antonucci (R. M.), 3441*.
Arlt jr. (H. G.), 6085*.
Ashley (K. D.), 4978*, 7354*, 8506*.
Baker (B. R.), 1609*, 1610*, 9396*.
Beardsley (A. P.), 1848*.
Beegle (L. C.), 4007*.
Bentz (A. P.), 9853*.
Bergmann (Werner), 1614*, 5665*.
Bernstein (Seymour), 2028*, 2492*, 2493*, 3441*, 6087*, 6345*, 6574*.
Blanchard (J. P.), 1622*.
Blann (W. A.), 1810*.
Blodinger (J.), 1143*.
Booth (R. B.), 919*, 966*, 2527*, 3486*, 8487*.
Boothe (J. H.), 3489*, 3737*, 4410*, 4411*.
Bradley (T. F.), 11289*.
Brockman jr. (J. A.), 6573*, 11050*, 11289*.
Brody (F.), 4942*, 6626*, 8269*.
Buckwalter (N. P.), 4935*.
Carnes (J. J.), 5183*, 9194*.
Carpenter (E. L.), 214*, 1622*, 3964*, 9932*.
Carstensen, 3438*.
Cassaday (J. T.), 5899*, 5900*.
Cauwenberg (W. J.), 11693*.
Christopher (G. L. M.), 10163*, 10412*.
Church (D. H.-H.), 7082*.
Clapp (J. M.), 6084*.
Clapper (T. W.), 1378*.
Clark (L. V.), 2579*.
Clark (M. C.), 4163*.
Conroy (E. A.), 2728*, 7038*, 7982*.
Cook (E. W.), 7085*, 7103*, 11289*.
Cosulich (D. B.), 3440*, 9627*.
Cowen (F. M.), 7783*.
Cresswell (A.), 704*, 10637*.
Crossley (M. L.), 416*, 7269*.
Cunningham (R. W.), 2963*, 4163*.
Curtis (G. W.), 2962*.
Dalalian (H. P.), 10812*.
Davis (Harold S.) [Greenwich], 2302*.
Davis (J. F.), 7329*.
Davis (S. B.), 7499*.
Denton (J. J.), 4888*.
Dixon (J. K.), 6427*, 7783*.
Dreisbach (P. F.), 416*, 7269*.
Dudley (J. R.), 7565*, 11298*.
Durant (W. W.), 1810*.
Ebel (R. H.), 5425*.
Eberhart (D. R.), 3523*.
English (J. P.), 692*, 5133*.
Fahrenbach (M. J.), 2491*, 11051*.
Fang (J. Chen-Shang), 5664*.
Fitzsimmons (W. M.), 919*, 2527*.
Fletcher (J. H.), 6134*.
Fordemwalt (F.), 7558*, 8739*.
Fortenbaugh (R. B.), 3494*.
Frank (S.), 10384*.
Fugate (W. O.), 7788*, 10628*.
Geraci (J.), 4410*.
Gerdsen (W. D.), 3015*.
Giancola (D. J.), 2028*, 6574*.
Gieseke (E. W.), 11270*.
Goldman (L.), 4411*.
Goodemoot (K.), 4456*.
Hall (D. C.), 1385*.
Hardy (W. B.), 3494*, 6624*, 7793*.
Harned (B. K.), 2963*.
Hawkins (S. R.), 6809*.
Hechenbleikner (I.), 7082*.
Hein (D. W.), 4240*, 5900*, 8970*, 9937*.
Heller (M. D.), 3441*, 6574*.
Hill (A. G.), 3251*.
Hill (J. V.), 8487*.
Hoegberg (E. I.), 6134*, 6623*.
Hofmann (C. M.), 416*.
Holm-Hansen (D.), 7321*.
Hook (E. O.), 2113*, 4007*, 4008*, 5944*, 7085*, 7103*, 8028*, 10898*.
Howard (K. L.), 876*.
Hultquist (M. E.), 2491*, 2538*, 3920*.
Jayne jr. (D. W.), 10898*.
Joyce (A. W.), 6624*, 7793*, 9915*.
Kaiser (D. W.), 4216*, 4701*, 5902*, 7082*, 7321*, 8733*, 11298*.
Kienle (R. H.), 1381*, 3015*.
Kilthau (M. K.), 8512*.
Kinstler (R. C.), 1378*, 1862*.
Kropa (E. L.), 1622*, 2089*, 6152*, 7565*, 8030*.
Kruppa (W. J.), 1848*.
Kuh (E.), 1840*, 3738*, 6623*, 7087*, 11466*.
Kurtz (K. K.), 3486*.
Kushner (S.), 3489*, 4457*, 6085*, 6137*, 7037*, 10812*.
Lamanna (S. A.), 11693*.
Lane (W. A.), 8970*, 9937*.
Lawson (J. J.), 9145*.
Lecher (H. Z.), 3523*.
Lento jr. (L. L.), 7082*.
Lindenfelser (R.), 8512*.
Lockhart (M. C.), 166*, 1332*, 11426*.
Long (R. S.), 1847*, 2332*, 4935*, 5900*, 6400*, 8269*.
Lorenzo (S. A. De), 2962*.
Loughran (G. A.), 2113*, 7565*.
Lundberg (L. A.), 7799*.
McCormick (J. R. D.), 1332*, 2963*.
Mackay (J. S.), 10384*.
Malcolm (W. G.), 166*.
Mallison (W. C.), 6657*.
Marcot (G. C.), 11693*.
Marsh (N. H.), 1376*, 5652*.
Mason (S.), 4978*.
Mecco (J. M.), 7558*, 8739*.
Medcalf (E. C.), 3251*, 6849*, 7081*.

Mendelsohn (H.), 2963*.
Michel (G. H.), 1332*, 11426*.
Moos (A. M.), 4933*.
Morash (N.), 966*.
Moss (P. H.), 4008*, 5944*, 7085*, 8028*.
Mowat (J. H.), 6133*.
Muller (S. A.), 1332*, 2963*.
Munro (W. P.), 6624*.
Mutaffis (T. D.), 3262*.
Nagy (D. E.), 4259*, 6177*.
Nalesnyk (S.), 11053*.
Ogilvie (C. B.), 6852*.
Osborne (J. L.), 5178*.
Padbury (J. J.), 1622*, 6427*, 8030*.
Parfentjev (I. A.), 2802*.
Parker (R. P.), 6623*, 7038*, 7087*, 11466*.
Peiker (A. L.), 1381*.
Petisi (J. P.), 3737*.
Pfann (H. F.), 6152*.
Pfleger (K. G.), 7728*.
Pidacks (C.), 10816*.
Price (J. A.), 2547*, 7330*.
Pullman (J. C.), 10636*.
Querry (M. V.), 1609*, 1610*, 9628*.
Riley (F. R.), 8497*.
Ripper (K. E.), 3266*.
Ritter (L.), 2963*, 4890*.
Roblin jr. (R. O.), 6084*.
Roemer (J. J.), 4216*, 4701*.
Rogers (M. M.), 692*.
Roth (Barbara), 4410*, 6573*, 11050*.
Row (Y. S.), 3920*.
Safir (S. R.), 2256*.
Sanborn (W. E.), 7354*.
Sax (K. J.), 2028*, 2493*, 6087*, 6345*, 6574*.
Scalera (M.), 698*, 2304*, 3523*, 7091*, 9915*.
Schaub (R. E.), 9396*.
Schiller (A. M.), 936*, 1392*, 7098*.
Scholz (T. F.), 164*, 2538*.
Schwahl (F. J.), 1149*.
Scrutchfield (P. H.), 3019*.
Sears (C. A.), 2332*.
Seeger (D. R.), 6623*, 7087*, 11466*.
Seruto (J.), 8973*.
Sharpless (G. R.), 5374*.
Shepard (R. L.), 1840*.
Shepherd (Robert G.), 5133*.
Sisco (W. E.), 3251*, 6849*, 7081*.
Smith (G. M.), 164*.
Smith jr. (James M.), 2491*, 11291*.
Smith jr. (V. K.), 6137*.
Starbird (E. E.), 10816*.
Stewart (H. W.), 7038*.
Stirn (F. E.), 3438*.
Suen (T. J.), 936*, 1392*, 6866*, 7098*.
Swain (R. C.), 2790*.
Tanner (C. A.), 1385*.
Tarantino (F.), 10163*, 10412*.
Thelin (J. H.), 4215*.
Thomas (W. M.), 7565*, 9459*.
Thurston (J. T.), 10137*.
Tribit (S. W.), 7788*, 10628*.
Tsang (S. M.), 2304*.
Turner (R. J.), 416*, 9145*, 9853*.
Vingee (R. A.), 7082*.
Vriens (G. N.), 4215*, 6849*, 7081*.
Waller (C. W.), 6133*.
Wallman (H.), 4715*.
Webb (J. S.), 6085*.
Weidenheimer (J. F.), 2963*, 4890*.
Welcher (A. D.), 1143*.
West (B. L.), 9853*.
West (H. J.), 4456*.
Westlake jr. (H. E.), 698*.
Whateley (W. R.), 1149*.
Whiting (S. H.), 1848*.
Wilhousky (V. J.), 3020*.
Williams (J. H.), 6085*.
Willson (S. D.), 7499*.
Winnek (P. S.), 6390*.
Winterbottom (R.), 2963*.
Wolfe (D. M.), 5374*.
Woodberry (N. T.), 6427*.
Young (R. W.), 1143*, 2302*.

American Cystoscope Makers, Inc. u. **Galler (W.)**, Halogenierte Thenoylglycine 8686* A.

American Electro Metal Corp., Hochhitzebeständ. Teile für Gasturbinen u. Strahltriebwerke 8721* E. — Getränkte Formkörper 8722* E. — Herst. v. korrosionsbeständ. Überzügen auf mit Cu getränkten Sinterkörpern aus Fe 10372* E.

— u. **Lewin (G.)**, Elektr. Heizelement 10598* Schwed.

American Electro Metal Corp., Sindeband (S. J.), Stern (G.) u. **Scanlan (J. P.)**, Metallpulver für Sinterzwecke 10855* A.

—, **Stern (G.), Sindeband (S. J.)** u. **Scanlan (J. P.)**, Mit Cr legiertes korrosionsbeständ. Metallpulver 1368* A.

American Home Foods, Inc., Trockenpräp. für Milchgeleespeisen („blanc mange") 1869* E.

American Home Products Corp., Cholinpräp. 11427* E.

— u. **Alburn (H. E.)**, Gewinn. v. Na-Salzen sulfonierter Alginsäuren 7733* A.

—, **Beall (D.)** u. **Grant (G. A.)**, Gewinn. wasserlösl. östrogener Stoffe 10574* A.

—, **Bruce (W. F.)** u. **Blomberg (R. N.)**, Aminoverbb. 875* D. B.

—, **Bruce (W. F.)** u. **Seifter (J.)**, Substituierte Glycinamide 4405* A., 5132* A., 9624* A. — Acylierte Glycinamide 7978* A.

—, **Diamond (J.)** u. **Bruce (W. F.)**, Substituierte Azacycloalkane 11100* A.

—, **Elias (W.)** u. **Merrion (H. J.)**, Penicillinpräp. für Injektt. 644* A.

—, **Gyorgy (P.), Kuhn (R.)** u. **Zilliken (F.)**, Nahrungsmittel für Kleinstkinder 8055* A.

—, **Kuhn (R.)** u. **Haber (F.)**, N-Formyl-d-glucosamin 9397* D. B.

—, **Kuhn (R.)** u. **Zilliken (F.)**, Cu-Verbb. v. Thiosemicarbazonen 7976* A.

— u. **Seifter (J.)**, Analgeticum 7270* A.

—, **Szabo (J. L.), Lieberman (S. V.)** u. **Bruce (W. F.)**, Äthylendiaminderivv. 11099* E.

—, **Tomarelli (R. M.), Hassinen (J. B.), Durbin (G. T.)** u. **Bernhart (F. W.)**, Nahrungsmittel für Kleinstkinder 9468* A.

—, **Tust (H.)** u. **Bogash (R.)**, Gereinigte Hyaluronidase 6575* A.

— u. **Whiting (J. A.)**, Mittel gegen Coccidiose 2030* Can.

American Lava Corp., Thurnauer (H.) u. **Murray (M. A.)**, Keram. Material 6367* A.

American Lecithin Co., Inc., Scharf (A.) u. **Scharf (E.)**, Phosphatidpräpp. 5929* A.

American Machine & Foundry Co., Jurgensen jr. (D. F.) u. **Hungerford (G. P.)**, Tabakgewebe oder -fäden 6877* D. B.

American-Marietta Co., Adhesiv, Resin and Chemical Division u. **Redfern (D. V.)**, Bindemittel aus Phenolaldehydharz 8770* A.

American Marine Paint Co., Pitre (A. S.) u. **Saroyan (J. R.)**, Anstrichmittel 4222* F.

American Metal Co. Ltd., Graves (R. H.) u. **Ednie (J. F.)**, Pb-Legierr. 5170* A.

American Optical Co., Barnes (R. B.) u. **Fraser (W. A.)**, Glas mit wohldefinierter UV-Durchlässigk. 11448* A.

American Patents Corp., Behandeln v. Cellulose u. Kunstfäden 4242* F. — Fäden u. Fasern aus Proteinen oder Cellulosederivv. 7583* Schwz. — Imprägnieren v. Proteinfasern 8292* Ind. — Proteinspinnfasern 9939* Ind.

— u. **Ferretti (Angel)**, Künstl. Fäden oder Fasern aus Proteinen 8766* D. B.

American Smelting and Refining Co. u. **Kary (R. M.)**, Organoarsenverbb. 5402* A.

—, **Lebedeff (Y. E.)** u. **Klein (W. C.)**, Entfernen v. Te aus Sb 9433* A.

—, **Smith jr. (A. A.)** u. **Everhart (J. L.)**, In-Legierr. 11462* A.

American Sterilizer Co. u. **Perkins (J. J.)**, Sterilisat. ärztl., bes. zahnärztl. Instrumente 10577* A.

American Sugar Refining Co. u. **Cantor (S. M.)**, Aconitsäure 4211* A.

American Sugar Refining Co. u. **Wimmer (E. L.)**, Gewinn. v. Dextranen 1631* F. — Fraktionier. v. Dextran 10576* A. — Isolier. v. Dextran aus Fermentations-Fll. 11255* A. — Dextranabbau 11255* A.
American Syntex, Inc., Sondheimer (F.), Rosenkranz (G.) u. **Djerassi (C.)**, In 11-Stell. durch O substituierte gesättigte Steroidsapogenine 9860* A.
American Viscose Corp., Geformte Artikel, bes. Fäden aus orientierten Polyacrylnitrilen 1880* Schwz. — Schrumpfen d. Verpackungsmaterials für Spinnkuchen 6655* E. — Stabile wss. Celluloseätherdisperss. 7577* E.
— u. **Brillhart (W. O.)**, Nicht aneinanderhaftende Cellulosehydratfilme 1875* A.
—, **Chaney (D. W.)** u. **Hoxie (H. M.)**, Naßspinnen v. Polyacrylnitril 4493* E. — Tern. Polymere 5694* A. — Tern. Acrylnitrilpolymere 7351* A.
— u. **Cornwell (R. T. K.)**, Heißsiegelfäh. Verpackungsmaterial 9473* A.
— u. **Dalton (M. R.)**, Polyacrylnitril-Lsgg. 934* F.
— u. **Eisen (J. B.)**, Schlichte bzw. Ausrüstungsmittel für Garne, Gewebe, Filz, Papier oder Reifencord 3036* A.
— u. **Gayler (C. W.)**, Plast. M. 10637* A.
— u. **Higgins jr. (T. J.)**, Wasserlösl. Celluloseäther 6424* A.
— u. **Schappel (J. W.)**, Behandl. v. Celluloselosetextilien 10165* A.
— u. **Schlatter (C.)**, Textilschmälze 9698* A.
— u. **Tasker (C. W.)**, Wasserlösl. Oxalkylcellulosen 3033* A.
—, **Walmsley (L. L.)** u. **Smith (R. S.)**, Färben u. gleichzeit. Stabilisieren v. Textilien 5905* A., E.
—, **Wielicki (E. A.)** u. **Lewis jr. (E.)**, Bis-(3-aminopropyl)-äther 11097* A.
— u. **Yehling jr. (G. C.)**, Verbesser. d. Filtriervermögens v. Viscose 2107* A.
Amerine (M. A.), Einricht. für gelenkte Gärung in Davis 4475. — Fortschritte in d. Önologie 4476.
Amerio (A.), Einw. v. Photonen auf freie Elektronen 10184.
Amero (R. C.), Fullererde, allg. Überblick 3706.
Amerongen (C. van) s. Volger (J.).
Amerongen (G. J. Van), Einfl. v. Füllstoffen auf d. Gasdurchlässigk. v. Kautschuk 938.
Ames (B. N.), Kastenform-Verf. bei d. Herst. v. Gußstücken 8015. — Schalengußformverf. zur Erzeug. v. Gußstücken 11669.
—, **Donner (S. B.)** u. **Kahn (N. A.)**, Metallurgie d. Kokillengußformerei 2059.
Ames (C. T.) s. Ryckman (R. E.).
Ames (D. E.), Bowman (R. E.) u. **Grey (T. F.)**, Synth. v. Carboxybutenolidderivv. 9776.
Ames (D. P.) u. **Sears (P. G.)**, Leitfähigkk. v. K- u. Na-Salzen in Dimethylformamid bei 25° 4765.
Ames (T. R.), Beton (J. L.), Bowers (A.), Halsall (T. G.) u. **Jones (E. R. H.)**, Chemie d. Triterpene u. verwandter Verbb. 23. Mitt. Struktur v. Taraxasterol, Pseudotaraxasterol (Heterolupeol) u. Lupenol-I 10033, 10036.
—, **Davy (G. S.), Halsall (T. G.)** u. **Jones (E. R. H.)**, Chemie d. Triterpene. 12. Mitt. Einw. v. Ameisensäure auf Lupeol 6036.
Amiard (G.) s. Usines Chimiques des Laboratoires Français (U. C. L. A. F.); Velluz (L.).
Amick (C. A.) s. American Cyanamid Co.
Amick jr. (E. H.) s. Standard Oil Development Co.
Amick (J. A.) s. Johnson (E. R.).
Amico (J. J. D') s. Monsanto Chemical Co.
— u. **Harman (M. W.)**, Derivv. v. 2-Mercaptothiazol-4-essigsäure u. Rhodanin 4346.
Amico (J. S. D') s. Kay (J. H.).
Amico (R.), Petrolio e gas naturale [10421].
Amidon (R. W.) s. Miller (M. W.).
Amiel (M. J.), Rodier (G.) u. **Rodier (M. G.)**, Magnet. Unters. v. dispersen Systemen 9733.
Amiel (Y.), Löffler (Alfred) u. **Ginsburg (D.)**, Unterss. in d. alicycl. Reihe. 2. Mitt. Synth. u. Rkk. d. 2-Phenylcyclopenten-(2)-ons 84.
Amiens Établissements Michel & Marchal, Wärme- u. Schallisoliermatten mit guter Biegsamk. u. glatter Oberfläche 9419* F.
Amin (A. H.), Crawford (T. B. B.) u. **Gaddum (J. H.)**, Verteil. v. Substanz P u. 5-Oxytryptamin im Zentralnervensyst. d. Hundes 6788.
Amin (A. M.), Mikrovolumetr. Best. v. Ag u. Cu in Münzen 11645. — s. Flaschka (H.).
Amin (E. S.), Polysaccharide v. Chara (Frischwasseralge). 1. Mitt. Isolier. u. Unters. v. Chara-Cellulose 9815; 2. Mitt. Isolier. u. Unters. der Chara-Hemicellulose 9815.
Amin (G. C.) s. Chaughuley (A. S. U.).
Amin (M. S.), Ilmenitlagerstätte v. Abu Ghalqa, Ägypten 1698.
Amin (N.) s. Fayez (M. A.).
Amirchanow (C. I.), Daibow (A. S.) u. **Shuse (W. P.)**, Änder. d. Wärmeleitfähigk. v. Halbleitern in einem Magnetfeld 10688.
Amistani (B.), Quantitative histochem. Beobachtt. über d. Ribonucleinsäuregeh. verschied. Typen v. Tumoren 7933.
Amith (A.) u. **Meinke (W. W.)**, Radiales Ansprechen typischer Endfenster-Geiger-Müller-Rohre 2829.
Amm-I-Dent, Inc., Zahnpaste 646* E.
Ammann (R.) s. Münzel (K.).
Ammareller (S.) s. Gußstahlwerk Bochumer Verein Akt.-Ges.
— u. **Opel (P.)**, Beschleunig. d. Austenit–Perlit-Umwandl. eines Einsatzstahles mit 2% Cr u. 2% Ni durch Zusatz v. V 8251.
Ammonia Casale (Soc. An.) u. **Jéquier (L.)**, Red. v. Zn-Erz 5170* F. — Kontinuierl. Herst. v. Fe oder Stahl durch Red. v. oxydhalt. Stoffen, v. Hydraten oder Fe-Salzen 7774* F. — Metalle 8720* Schwz.
Ammossow (I. I.) u. **Mussjal (S. A.)**, Reflexionsvermögen als eine d. Hauptbesonderhh. fossiler Kohlen 9476.
Amo (C. G. del) = García del Amo (C.).
Amoignon (J.) s. Debiesse (J.).
Amoore (J. E.), Stereochem. Spezifität menschl. Geruchsreceptoren 393.
Amor (I. A.) = Asensio Amor (I.).
Amore (G. D') s. Ricca (B.).
Amorim (M. F.) u. **Mello (R. F.)**, Zwischennephronnephrosis durch Schlangenbißvergift. beim Menschen. Histopatholog. Unters. 5596.
Amorosa (M.), Guida al laboratorio di analisi qualitativa e quantitativa applicata [4665].
Amos (H.), Threonin-Racemase in Escherichia coli 378.
Amos (J. L.) s. Dow Chemical Co.
Amouch (P.) s. Benhamou (E.).

Amozurratia (J. M.) s. Miranda Brothers Trading Corp.
Amprino (R.), Einbau v. ^{35}S in d. Knorpel 11034.
Amsler (H.), Silberbromidphotozellen 3455.
Amspacher (W. H.) s. Henry (C. L.).
Amsterdam (M.) s. Muldawer (L.).
Amstutz (C.), Verdrängte Fluoritkristalle 1465.
Amstutz (E. D.) s. Jacobson (C. R.); Merrell (W. S.) Co.
Amundsen (I.), Bitumenimprägnierte Dachpappe 8061* N.
Amundsen (L. H.), Organic chemistry; a one-semester course [373].
— u. **Pitts (L. S.),** Chlorier. aliphat. Amine 11370.
Amundsen (P. L.) s. Parker Rust Proof Co.
Amundson (N. R.) s. Smith (N. L.).
Amy (L. M.) s. Heros (M. E.).
An (S. Y. P') = P'An (S. Y.).
Anable (W. E.) s. Banning (L. H.); United States of America.
Anacker (K.) s. Badische Anilin- & Soda-Fabrik Akt.-Ges.
Anaconda Copper Mining Co., Emanuel (W. A.), Sweeney (K. O'N.) u. **Mahoney (John F.),** Elektrolyt. Zn-Gewinn. 5887* A.
Anaconda Wire & Cable Co. u. **Olson (E. H.),** Drahtisolierlacke 5621* A. — Leiterisolier. 9642* A.
Anagnostopoulos (C.) s. Courtois (J. E.).
Anagnostopoulos (C. E.) u. **Fieser (L. F.),** Nitrier. ungesätt. Steroide 11219.
Anand (B. M.), Lebensdauer d. neutralen π-Mesons 10910.
Ananewa (G. W.) s. Toropow (N. A.).
Ananjew (W. P.) s. Ssedletzki (I. D.).
Anantakrishnan (S. V.) s. Soundararajan (S.).
Anantschenko (S. N.) s. Nasarow (I. N.).
Anatol (J.) u. **Torelli (V.),** Darst. v. N.N-Dibenzyl-α-aminosäuren 7189.
Anazi (T.) s. Tanioku (K.).
Anbar (M.) u. **Dostrovsky (I.),** Kinet. Unters. d. Bldg. u. Hydrolyse v. tert.-Butylhypochlorit 5989.
— u. **Ginsburg (D.),** Organ. Hypohalite 9068.
— u. **Taube (H.),** Wechselwrkg. zwischen salpetriger Säure u. H_2O_2 bzw. W. 7164.
Ancel (P.), Chouard (P.), Giroud (A.), Wolff (E.), Martinie-Dubousquet (J.) u. **Rebert (A. F.),** La Tératogénèse, bases chimiques, mécanisme, influence des facteurs toxiques [2219].
Ancey-Moret (M. F.) s. Rocquet (P.).
Anchel (M.), Hervey (A.) u. **Robbins (W. J.),** Antibiot. Substanzen aus Basidiomyceten. 10. Mitt. Fomes juniperinus Schrenk 8182.
Ancienne Maison L. Sanders, Stabilisieren u. Einverleiben v. fettlösl. Vitaminen in Nahrungsmitteln 7340* F.
Anciens Établissements Brissonneau & Lotz, Kühlen u. Reinigen v. Gasen 659* F. — Abscheid. v. Gasen aus Fll. 2503* F.
Anciens Établissements Salvadori & Leperche, Frangialli & Co., K. G. auf Aktien u. **Frangialli (P.),** Diazotypieverf. 6672* D. B.
Ancill (R. J.) s. Yoffey (J. M.).
Andem (M. R.) s. Haley (T. J.).
Ander (P.) s. Ballentine (D. S.).
Anderau (W.), Wandll. in d. Entwicklungstechnik 2347. — s. Ciba Akt.-Ges.; Gesellschaft für Chemische Industrie in Basel.
Anderko (K.) s. Schubert (K.).
— u. **Schubert (K.),** Syst. Cu–Te 11173.
Anders (E.) s. Thomas (B.).
— u. **Feller (K.),** Beziehh. zwischen Kornbeschaffenh. u. Mehlausbeute. Weizenunterss. u. Mahlverss. zur Ermittl. d. Abhängigk. d. Mehlausbeute v. bestimmten Korneigg., bes. d. Ganzkornasche 8052.
Anders (H.), Legierr. nach d. Tränkverf. 204. — Technologie d. chem. Oberflächenbehandl. v. Al 206. — Verwend. d. Chloraminpräpp. 872. — Best. d. wasserdampfflücht. Phenole 3459. — Imprägnier. v. Geweben mit Kunststoffdisperss. 3520. — Darst. v. Maleinsäure aus Phenol 4806. — Prüf. v. Schutzschichten auf Porigkeit 6610. — Korrosionswiderstand v. Al 9432. — Herst v. Präzisionsgußformen mit Äthylsilicatbindern 9654. — Best. d. wasserdampfflücht. Phenole in Schwelwässern 10834. — Wärmebehandl. v. Fe u. Stahl 11673. — Praxis d. Verchromungstechnik 11675.
Andersag (H.) s. Farbenfabriken Bayer Akt.-Ges.; Schenley Industries, Inc.
Andersen (A. A.), Michener (H. D.) u. **Olcott (H. S.),** Wrkg. einiger Antibiotica auf Clostridium botulinum 3409.
Andersen (A. J. C.), Margarine [5685].
Andersen (D. E.) u. **Arnold (R. G.),** Alterungsbeständigk. v. Neoprenlatex 8046.
Andersen (E.) s. McReynolds (A. W.).
Andersen (E. B.) = Buch Andersen (E.).
Andersen (E. K.) s. Jensen (A. T.).
Andersen (E. W.) s. Hougs (W.).
Andersen (G.) s. Thiele (H.).
Andersen (H.) u. **Quaade (F.),** Wrkg. v. L-Amphetamin auf fettleibige Kinder 11243.
Andersen (H. C.) s. Litton (F. B.).
— u. **Belz (L. H.),** Apparate zur Best. d. Verbrennungszeit u. d. Entzündungstemp. v. Metallpulvern 1337.
Andersen (H. M.) s. Zelinski (R. P.).
Andersen (J. R.) s. Clauson-Kaas (N.).
Andersen (J. U. F.) s. Smidth (F. L.) & Co. A/S.
Andersen jr. (M. V.) s. Vaughan (W. R.).
Andersen (S. L.) u. **Matthias (R. H.),** Voraussage d. Aktivität v. Katalysatoren bei Fließbettsystemen 8697.
Andersen (W.), Verteilungschromatographie d. A- u. B-Ketten d. Insulins 2970.
Anderson (A.) u. **Bonner (N. A.),** Austausch-Rk. zwischen Chrom(II)- u. Chrom(III)-Ionen in perchlorsaurer Lsg. 5018.
Anderson (A. F.) s. Colgate-Palmolive-Peet Co.
Anderson jr. (A. G.) s. Dauben jr. (H. J.).
Anderson (A. J.) u. **Maclagan (N. F.),** Isolier. u. Best. v. Mucoproteinen in n. Urin 6552.
Anderson (A. K.) u. **Pritham (G. H.),** Laboratory experiments in physiological chemistry [1780].
Anderson (A. W.) s. Naylor jr. (M. A.).
Anderson (Alfred W.), Toxizitätsprüf. für industrielle Abwässer 1117.
Anderson (B. C.) s. Cope (A. C.).
Anderson (B. G.), Stärke u. Dauer d. Wrkg. v. Trijodthyronin u. Thyroxin bei Ratten u. Mäusen 5108.
Anderson (B. H.) s. Thibault (N. W.).
Anderson (B. W.), Spektroskop u. seine Anwendd. in d. Edelsteinkunde. 4.—7. Mitt. 7273.
— u. **Payne (C. J.),** Spektroskop u. seine Anwendd. in d. Edelsteinkunde. 8. u. 9. Mitt.

Absorptionsspektren 7506; 10. Mitt. Absorptionsspektren 7506; 11. Mitt. Absorpt.- u. Fluorescenzspektr. v. Rubin 7506.
Anderson (C. A.) s. McCormick (M. H.).
Anderson (C. D.) s. Amaldi (E.); Lint (V. A. J. van).
Anderson (C. H.) u. **Beatty (C. D.)**, Spektrograph. Best. v. Na u. K in Kohlenaschen 5695.
Anderson (C. J.) s. Keeler (R. A.).
— u. **Keeler (R. A.)**, Gravimetr. Best. v. Tetramethylphosphonium-Ion. Anwend. v. Hexachloroplatinsäure als Fällungsmittel 5862.
Anderson (C. T.), **Kimball (R. W.)** u. **Cattoir (F. R.)**, Einfl. verschied. Elemente auf d. Warmverformbark. u. d. physikal. Eigg. v. Fe–C-Legierr. 7769.
Anderson (D. E.) s. Peterson (R. W.).
Anderson (Donald E.) s. Wyandotte Chemicals Corp.
Anderson (D. G.), **Stafford (H. A.)**, **Conn (E. E.)** u. **Vennesland (B.)**, Verteil. triphosphopyridinnucleotid-gekoppelter Enzymsysteme mit Red.-Vermögen für Glutathion in höheren Pflanzen 9356.
— u. **Vennesland (B.)**, Vork. v. Di- u. Triphosphopyridinnucleotid in grünen Blättern 850.
Anderson (David H.) s. Pearson (R. G.).
Anderson (Don H.) u. **Smith (Richard G.)**, Stempel zur Präparier. v. Kaliumbromidpreßlingen unter Vakuum 3210.
Anderson (Elaine) s. Swope (G.).
Anderson (Ernest) u. **Blake (B. B.)**, Zus. d. Gummis v. Gleditschia triacanthos L. 2083.
Anderson (Evelyn) s. Rosemberg (E.).
Anderson (E. A.), **Jillson (D. C.)** u. **Dunbar (S. R.)**, Verformungsvorgänge im α-Ti 11524.
Anderson (E. C.) s. Dilla (M. A. Van); Wainwright (W. W.).
Anderson (E. G.) s. Teas (H. J.).
Anderson (E. L.) s. Whalley (W. B.).
— u. **Holliman (F. G.)**, 2-[o-Oxymethylphenyl]-2-phenylpropanol-(1) u. seine Rk. mit HBr 8838.
Anderson (E. O.) s. Morgan (M. E.).
Anderson (E. T.) u. **McCubbin (K.)**, Extrakt. v. granuliertem Baumwollsaatkuchen mit Lösungsm. 9469.
Anderson (E. V.) s. United States Rubber Co.
Anderson (F. E.) s. Hart (J. J. D.).
Anderson (Floyd E.), 2.4.6-Tris-(1-piperidyl)-5-benzylpyrimidin 11637* A. — s. Blicke (F. F.); Nepera Chemical Co., Inc.
Anderson (G. A.) s. United States Rubber Co.
Anderson (G. E.), Sechs-Minuten-Test auf Insulinempfindlichk. 856.
Anderson (G. G. B.) s. Günther (G. G. J.); Lumalampan Aktiebolag.
Anderson (G. T.), Verbesser. d. Weinfiltrat. 7337.
Anderson (G. W.) s. Jacobs (R. L.).
Anderson (G. W.) [Minneapolis] s. Freier (P. S.).
—, **Freier (P. S.)** u. **Naugle (J. E.)**, Zeit- u. Richtungsunters. d. prim. schweren Kerne 10428.
—, **Ney (E. P.)** u. **Thorness (R. B.)**, Plattentransporteur für Kernemulss. 11332.
Anderson (George W.), Synth. eines Arginylpeptids 1021. — s. American Cyanamid Co.
Anderson (Harold C.) s. Hoet (J. J.).
Anderson (Harry C.) s. Socony-Vacuum Oil Co., Inc.
—, **Wiley (J. L.)** u. **Newell (A.)**, Bibliography of the Fischer-Tropsch Synthesis and related processes. *1*: Review and compilation of the literature on the production of synthetic liquid fuels and chemicals by the hydrogenation of carbon monoxide [8070].
Anderson (H. D.) s. Gordon (F. H.).
Anderson (H. E.), **Bisgard (J. D.)** u. **Greene (A. M.)**, Metastat. Lungenchorionepitheliom mit N-Lostbehandl. 1991.
Anderson (Hamilton H.) s. Elliott (H. W.); Entner (N.); Kodama (J. K.).
Anderson (Herbert H.), Rkk. mit Estern, Haliden u. Halogenoiden. 1. Mitt. Bis-[triäthylzinn]-oxyd u. -sulfid 3118. — Methylanilinosilane u. Äthylanilinosilane; Rkk. v. Anilinosilanen 9315. — Rückverteil. in Halogensilanen u. Alkylhalogensilanen; Alkyljodchlorsilane u. Dimethylisocyanatochlorsilan 9546.
— u. **Stanislow (G. M.)**, Äthylsiliciumester u. Umesterungen 1717.
Anderson (H. J.) s. Hurd (C. D.).
Anderson jr. (H. L.) s. Ellis (S.).
Anderson (Harold V.), Chemical calculations [4746].
Anderson (Hugh V.) s. Moffett (R. B.); Newman (M. S.).
—, **Garrett (E. R.)**, **Lincoln jr. (F. H.)**, **Nathan (A. H.)** u. **Hogg (J. A.)**, Darst. u. Rkk. v. Steroid-$\Delta^{17,20}$-enolacetaten 7223.
Anderson (I. G.), **Balfe (M. P.)** u. **Kenyon (J.)**, Alkyl–Sauerstoff-Spalt. in Carbonsäureestern. 9. Mitt. Methyl-[thienyl-(2)]-carbinol 1478.
Anderson (J.) s. Shell Development Co.
Anderson (J. A.) s. Bass (E. J.); Dempster (C. J.); Irvine (G. N.); Meredith (W. O. S.).
Anderson (J. B.) s. Heinz (H. J.) Co.
Anderson (J. D.), **McDonald jr. (C. A.)** u. **Post (R. F.)**, Triplettbldg. in H bei *300* MeV nach einer Totalabsorptionsmeth. 8075.
Anderson jr. (J. F.) s. Brosheer (J. C.); McKnight (D.).
Anderson (J. M.) s. Goldstein (L.).
— u. **Goldstein (L.)**, Phänomene bei kleinen Temp.-Schwankungen um *300°* K im Elektronengas eines Entladungsplasmas. 1. Mitt. Kreuzmodulat. 8786.
Anderson (J. P.) s. Andrews (E. D.).
Anderson (J. R.), **O'Brien (K. G.)** u. **Reuter (F. H.)**, Rk. v. B-Verbb. mit Oxychinonen. Farbtest v. diagnost. Wert 9161.
Anderson (John R.) [Glasgow], Anwend. d. Antiglobulin-Rk. bei Blutflecken zur Best. d. Tiergattung 9406.
Anderson (John R.) [Pittsburgh] s. Koppers Co., Inc.
Anderson (J. R. A.) u. **Garnett (J. L.)**, Reagens für zweiwert. Sn 9156.
Anderson (J. S.), Geochemie d. In 1465.
—, **Edgington (D. N.)**, **Roberts (L. E. J.)** u. **Wait (E.)**, Uranoxyde. 4. Mitt. Syst. UO_2–ThO_2–O 5023.
Anderson (J. T.) s. Fidanza (F.).
Anderson (K.) s. Winckler (J. R.).
Anderson (Kermit) s. Jensen (F. W.).
Anderson (K. A.), Höhenstrahlunterss. mit einem Čerenkov-Detektor bei $\lambda = 10°$ u. $55°$ 5231.

Anderson (L.) u. **Landel (A. M.)**, Synth. d. DL-Bornesits 8140.
— u. **Lardy (H. A.)**, Stereochem. Unterss. in d. Aminodesoxyinositreihe. Mesoinosamin-(2) u. Scylloinosamin 571.
Anderson (L. C.) u. **Steedley jr. (J. W.)**, Absorptionsspektren einiger p-Aminoaryldiazoniumderivv. 3823.
Anderson (L. D.) s. Bacon (O. G.); Reynolds (H. T.).
—, **Jones (L. G.)**, **Reynolds (H. T.)**, **Smith (R. F.)** u. **Swift (J. E.)**, Lygus-Wanzen auf Luzernesaat 11077.
Anderson (M. L.) s. Magnusson (L. B.).
Anderson (N. G.) [Glasgow], **Dawson (I. W.)** u. **Watson (D. H.)**, Wachstumsspiralen auf Kristallen langkett. Verbb. 4313.
Anderson (N. G.) [Oak Ridge], Unterss. an isolierten Zellkomponenten. 5. Mitt. Wrkg. verschied. Lsgg. auf d. Kernmembran isolierter Rattenleberkerne 11593.
Anderson (O. L.) u. **Stuart (D. A.)**, Berechn. d. Aktivierungsenergie d. Ionenleitfähigk. in Silicatgläsern nach klass. Methoden 10115.
Anderson (P. A.) s. Hanson (L. E.).
Anderson (P. A.) [Washington] u. **Evett (A. A.)**, Selbsttätige Aufzeichn. d. Beziehungen: Druck–Fläche, Druck–Zeit u. Fläche–Zeit bei Unters. monomol. Schichten 4415.
Anderson (P. W.), Mathemat. Modell für d. Schwächung v. Spektrallinien durch Austausch oder Beweg. 6912.
—, **Merritt (F. R.)**, **Remeika (J. P.)** u. **Yager (W. A.)**, Magnet. Resonanz in α-Fe_2O_3 6460.
Anderson (R. C.), **Stevenson (R.)** u. **Spring (F. S.)**, Steroide. 2. Mitt. 22.23-Dibrom-$\Delta^{7.9.11}$-ergostadien-3β-ylacetat (Ergosteryl-D-acetat-22.23-dibromid) 3387.
Anderson (Robbin C.) s. Cooley (S. D.); Huffstutler (M. C.); Robertson (W. W.).
Anderson (Robert C.) s. Lee (Cheng-Chun); Welles (J. S.).
Anderson (Ross C.) s. Weisman (W. I.).
Anderson (R. D.) u. **Taylor (H. A.)**, Photolyse v. Cadmiumdimethyl 7182.
Anderson (R. E.) u. **Estee (C. R.)**, Polarograph. Best. v. Reaktionsgeschwindigkk. 3074.
Anderson (R. F.) u. **Hansen (R. D.)**, Sorpt. v. Phenol an Ionenaustauscherharzen 5274.
Anderson (R. H.), Einfl. v. W. auf d. Mechanismus d. Rk. zwischen Aminen u. 3-C-Phenylglycerinaldehyd 780.
Anderson (R. J.) s. Dow Chemical Co.
Anderson (R. L.) s. Hunter (L. P.).
Anderson (R. W.) s. Cood (F. D.); MacGregor (H. I.).
Anderson (S. L.), Luftdurchlässigkeitsmeth. zur Messung d. Feinh. v. Wollfasern 5456. — Geräte für d. Textilprüf. u. Kontrolle 11307.
Anderson (S. P.), Einfaches Werkzeug zum Greifen kleiner Proben 1569.
Anderson (T. A.) s. Appelbaum (E.).
Anderson (T. F.) s. Allied Chemical & Dye Corp.; Libbey-Owens-Ford Glass Co.
Anderson (T. T.) u. **Bolduc (R.)**, Wirbelschichtröstverf. v. Zinkkonzentraten für Kontaktsäure 2273.
Anderson (V. D.) Co., Extrakt. v. Pflanzenölen 8693* F.
Anderson (W.), Gewinn. u. Reinig. d. Kohle auf d. Douglas-Zeche 8531.
Anderson (W. A.) u. **Arnold (J. T.)**, Vers. zur Linienverenger. 2604.
Anderson (William A.) s. Aluminum Co. of America.
Anderson (W. E.) u. **Barker (E. F.)**, Ultrarotes Absorptionsspektr. v. Diboran 513.
Anderson (W. S.) [Columbus] s. Sakai (M.).
Anderson (W. S.) [Urbana] s. Marvel (C. S.).
Anderson jr. (W. T.) s. Hanovia Chemical & Mfg. Co.
Andersson (B.), Verf. zur Prüf. d. Beschaffenh. v. Fußbodenlack 5666.
Andersson (E.), Nebennierenrindensteroide 10065. — Hormonbehandl. v. inoperablem Mammacarcinom mit Knochenmetastasen 10533.
— u. **Petersen (K. B.)**, Behandl. v. Osteoarthritis mit Hydrocorton 3897.
Andersson (G.), Elektromagnet. Trennung v. Splitterprodd. 4753.
—, **Arbman (E.)**, **Bergström (I.)** u. **Wapstra (A. H.)**, Pb- u. Tl-Isotope mit Neutronenmangel. 3. Mitt. Massenzahlen unterhalb *200* 9494.
Andersson (H.), Nachwrkgg. v. Hormonderivv. an Bäumen u. Sträuchern 2281.
Andersson (O.) u. **Bergström (J.)**, Blattbldg. auf d. Papiermaschine in Abhängigk. v. d. Geschwindigk. d. Siebes 7113.
Andersson (R. H.) u. **Samuelson (O.)**, Auflösung v. Cellulose in Kupferäthylendiamin 481.
Andersson (T.) s. Fernlund (U.).
Anderton (B. A.) s. Allied Chemical & Dye Corp.
Anderweireldt (F.) s. Verzele (M.).
Andino jr. (A. M. de) s. Torregrosa (M. V.).
Andjelković (M. B.) s. Golubović (V. B.).
Andô (H.) s. Amemiya (T.).
Ando (J.) s. Nagai (S.).
Ando (K.) s. Takeda Pharmaceutical Industries Ltd.
Andō (T.) u. **Ikeda (Yōnosuke)**, Gewisse Vitamine, die d. Verderben japan. Weins (Saké) fördern 1159.
Andon (R. J. L.), **Cox (J. D.)** u. **Herington (E. F. G.)**, UV-Absorptionsspektren u. Dissoziationskonstanten verschied. Pyridinbasen in wss. Lsg. 1467.
Andosca (J. B.), Wrkgg. v. Pentylentetrazol auf senile Patienten 4155.
Andrade (E. G. de) = Goulart de Andrade (E.).
Andrä (W.), Magnet. Pulvermuster auf Martensit 5003.
André (A. F. S.), **MacPhillamy (H. B.)**, **Nelson (J. A.)**, **Shabica (A. C.)** u. **Scholz (C. R.)**, Direkte Einführ. v. Sauerstoff in d. Steroidgerüst. 1. Mitt. Unterss. über d. Chromsäureanhydridoxydat. v. Dehydroisoandrosteronacetatdibromid 1282.
Andre (C. G.) u. **Huizenga (J. R.)**, Neutronenbindungsenergie in ^{210}Bi 506.
—, **Ramler (W. J.)**, **Rauh (E. G.)**, **Thorn (R. J.)** u. **Huizenga (J. R.)**, Protoneninduzierte Rkk. in Bi 5715.
André (É.) u. **Carbouères (M.)**, Existenz eines Enzyms in d. Samen d. schwarzen Senfs, d. Raps u. d. Rübsens, d. Senföle zerstört 129.
— u. **Delaveau (P.)**, Zus. d. S-halt. Öle d. Samen v. Colza u. Navette 8993.
André (H.), Mercerisieren v. Baumwollgarnen 7579.
André (H. G.), Stromsammler 7519* F. — Ag–Zn-Stromsammler 7519* F., 9643* F. — „Formierung" eines Ag–Zn-Sammlers 8939*

F. — s. Yardney International Corp.
André (M.) s. Standard Française des Pétroles (Soc. An.).
André (N.), Vernicht. d. proteolyt. Flora durch Vitaminmangel 10559.
André (S.) s. Courrier (R.).
Andreae (E.) s. Bell jr. (A. L. L.).
Andreasen (A. H. M.), Best. d. Feinh. industrieller pulverförm. Stoffe nach d. Pipettenmeth. 5618.
Andreatta (C.) u. Forni (I.), Vgl. zwischen Debye-Spektrogrammen v. natürl. humanem Knorpel, entmineralisiertem Knochen u. natürl. Knochen 7946.
— u. Pirani (R.), Strukturanalysen v. metamorphen Gesteinen. 8. Mitt. Gefüge d. Paraschiefer d. Katazone (Val di Peio, Ortlergruppe) 9280. — Mineralien d. Ortlergruppe. 1. Mitt. Aktinolith u. Biotit aus d. Madritschtal 9982.
Andrecovich (M. E.) s. Ruttinger (V.).
Andrega (P. N.) s. Minakow (A. G.).
Andreitschin (R.) s. Nadshakow (G.).
Andrejenko (G. W.), Eigg. d. Thrombotropins 9599.
Andrejew (A. A.) s. Schemjakin (F. M.).
Andrejew (A. I.), Energet. Niveau v. heliumähnl. Atomen 3553.
Andrejew (D. N.), Kettenmechanismus d. Kondensat. v. Siliciumtetrachlorid mit Cyclohexan u. Bzl. bei d. stillen Entlad. 8119. — Kondensat. v. Methyltrichlorsilan unter d. Einw. stiller Entladd. 9780.
Andrejew (J. A.) s. Issaguljanz (G. W.).
—, Klimenok (B. W.) u. Ssacharow (M. M.), Gewinn. v. mit d. Kohlenstoffisotop ^{14}C markiertem Methan 1017.
Andrejew (J. N.) s. Dobytschin (D. P.).
Andrejew (K. P.) u. Anischtschenko (A. K.), DDT u. HCH zur Abweis. v. Insekten 7065.
— u. Zirlin (J. A.), Zus. d. Dampf–Fl.-Gleichgewichts im Syst. Furfurol–Methanol–W. 6247.
Andrejew (L.), Härten v. gußeisernen Walzenoberflächen 1135.
Andrejew (L. N.) s. Krenzel (B. A.).
Andrejew (L. N.) [Moskau] s. Toptschijew (A. W.).
Andrejew (S. N.) s. Domnin (N. A.); Schtschukarew (S. A.).
Andrejew (W. A.), Zähl. d. Thrombocyten im Blut 2499.
Andrejew (W. M.) s. Nasarow (I. N.).
Andrejew (W. W.), Löslichk. v. NH_4VO_3 in wss. NH_4Cl-Lsgg. 9976.
Andrejewa (M. A.) s. Renne (W. T.).
Andrejewa (N. A.), Charakter d. Biosynth. d. Folsäure in Pflanzen 1074. — Neues Deriv. d. Pteroylglutaminsäure, d. „Citrovorumfaktor" 6040.
Andrejewa (N. S.), Röntgenstrukturanalyse antibiot. Stoffe 3390.
Andrén (F.), Beizung v. Flachssamen 4437. — Spritzverss. gegen Kartoffelblattschimmel *1953* 4437. — Spritzverss. gegen Apfelschorf u. Apfelmehltau *1953* 5159. — Spritzverss. gegen Begonienmehltau 7064. — Beizverss. *1950* bis *1951* in Halmsaat 9652. — Orientierende Beizverss. gegen Penicillium an Saatgut 9652.
Andreoni (G.) s. Mulè (F.).
Andres (L.) s. Soc. An. Potasse et Engrais Chimiques.
Andres (R. F.), Korros. im Kessel 11062.
Andrés Sanz (M. P. de), Den Wert d. „Verlustzahl" d. magnet. Blechs beeinflussende Faktoren 519.
Andresen (H.) s. Universum Film Akt.-Ges.
Andress (K. R.) s. Hofmann (H.-J.).
— u. Fischer (Karl) [Erlangen], Kristallstruktur d. Silbersulfimids $Ag_3(NSO_2)_3 \cdot 3\,H_2O$ 1918.
Andrew (A.), Jeppson (M. R.), Mather (R. L.) u. Yockey (H. P.), Kriechen v. Al unter Cyclotronbestrahl. 5016.
Andrew (C. S.) s. Bryan (W. W.).
— u. Bryan (W. W.), Weideunterss. im Küstentiefland d. subtrop. Queensland. 1. Mitt. Einführ. u. vorläuf. Unterss. über Pflanzennährstoffe 10119.
Andrew (J. F.) u. Mrozowski (S.), Photoempfindlichk. aromat. Filme 6941.
Andrew (K. F.) s. Gulbransen (E. A.).
Andrew (R.) u. Kelly (P. D.), Banthine gegen Magensäure 6799.
Andrew (W. D.) u. Milligan (R. T.), Unterschiedl. Mo-Bedarf v. Medicagospecies u. Trifolium mediterraneum L. auf einem rotbraunen Boden zu Wagga, New South Wales 5399.
Andrews (A. C.) s. Mickel (B. L.).
— u. Johnson (H. B.), Leitfähigkeitsunterss. an wss. Lsgg. v. Antihistaminen bei 25° 6942.
Andrews (A. I.) s. Cox (J. E.).
Andrews (D. H.) s. Bodmer (M.).
Andrews (E. B.) u. Barrow (R. F.), UV-Bandensysteme v. CF 7607.
Andrews (E. D.), Wirksamk. d. $CoSO_4$-Düngung zu einem Co-armen Bimskiesboden aus d. Luft 1358.
— u. Anderson (J. P.), Rkk. v. Lämmern mit Co-Defizit auf Co u. Vitamin B_{12} 143.
Andrews (E. F.) s. Bailey (H. P.).
Andrews (E. R.), Campen (M. G. Van) u. Schumann (E. L.), Lokalanästhetica. Aminoester v. Chlorbenzoe- u. Chlorzimtsäuren 4332.
Andrews (F.) s. Wang (H.).
Andrews (F. N.) s. Turman (E. J.).
—, Miles (S. R.) u. Davis (O. S.), Rk. v. Inzuchtküken gegenüber Thiouracil 3664.
Andrews (G. A.) s. Ferguson (J. H.); Root (S. W.).
Andrews (G. C.), Diseases of the skin [5845].
Andrews (H. W.) s. Colgate-Palmolive-Peet Co.
Andrews (J. S.) s. Deane (H. W.).
Andrews (J. T. R.), Titrationsmeth. für d. Gesamtgeh. an Phosphorsäureanhydrid 10584.
Andrews (J. W.) s. United States Steel Corp.
Andrews (K. W.) s. McBriar (E. M.).
Andrews (L. J.), Aromat. Molekülkomplexe v. Elektronendonoracceptortyp 8115.
— u. Hardwicke (J. E.), Therm. Racemisier. v. (—)-Brombernsteinsäuredimethylester 10959.
— u. Keefer (R. M.), Relative Geschwindigkeiten d. Rk. v. Hexamethylbenzol u. Hexaäthylbenzol mit Perbenzoesäure 10957.
Andrews (P.), Ball (D. H.) u. Jones (J. K. N.), Isolier. v. Oligosacchariden aus Gummen u. Schleimen 1289.
—, Hough (L.) u. Jones (J. K. N.), Methylenderivv. v. L-Rhamnose 8162. — Galaktan v. Strychnos nux vomica-Samen 8173.
Andrews (R. D.) u. Tobolsky (A. V.), Viscoelast. Eigg. v. Polyisobutylen. 4. Mitt. Relaxationszeitspektr. u. Berechn. d. Viscosität d. festen Polymerisats 2443.

Andrews (R. V.), Kontinuierl. Bereit. aktivierter Kieselsäure mittels CO_2-Gas 1350.

Andrews (T.) s. Rose, Downs & Thompson Ltd.

Andrianow (A. S.) u. **Katz (M. L.)**, Veränderr. d. Absorptionsspektren v. zinnaktivierten Alkalihalogenidphosphoren unter d. Einw. v. Röntgenstrahlen 2360.

Andrianow (I. O.) s. Masslennikow (A. P.).

Andrianow (K. A.) u. **Gornetz (L. W.)**, Synth. v. Alkyl(Aryl)alkoxysilanen 11196.

—, **Makarowa (L. I.)**, **Wolkowa (L. M.)** u. **Odinetz (W. A.)**, Synth. v. α-Chlormethylalkoxysilanen u. Ersatz d. Halogens durch Äthergruppen 5769.

—, **Mindlin (J. I.)** u. **Lesnow (N. S.)**, Chlorier. v. Dimethyldichlorsilan u. Hexamethyldisiloxan 11196.

— u. **Wolkowa (L. M.)**, Synth. v. Phenylaminomethylalkoxysilanen 4812.

Andrianow (W. S.), Wirksamk. v. granuliertem Superphosphat 9421.

Andrianowa (I. G.), Gewinn. eines Präp. v. Trockenhämoglobin u. mögliche Wege zu dessen Verwend. 11238.

Andrich (K.) s. Deutsche Gold- & Silberscheideanstalt vormals Roessler.

Andrijewski (A. I.) u. **Mischtschenko (M. T.)**, Natur u. Eigg. d. interkristallinen Zwischenschichten v. Kupfer(I)-oxyd 8564. — Kontaktschicht v. Kupfer(I)-oxyd 8565.

Andrisano (R.) u. **Pappalardo (G.)**, Benzofuranreihe. 1. Mitt. UV-Spektren v. Methylbenzofuranen u. Methylcumarilsäuren 9523.

— u. **Tundo (A.)**, UV-Spektren einiger Furyläthylenderivv. 10946.

Andrjuschetschkina (A. W.) u. **Nikolajewa (L. P.)**, Nucleoproteide u. Nucleinsäuren in d. Leber v. an akuter Leberdystrophie Verstorbenen 5589.

Andronikaschwili (E. L.), Fl. He 3316.

Andronow (W. N.) s. Toptschijew (A. W.).

Andronowa (G. P.) s. Russin (N. M.).

Andrup (Erik), Ionenaustauscher im Hinblick auf ihre Anwend. als Heilmittel 872.

Andrup (Ernst), **Lundsteen (I.)** u. **Trolle (B.)**, Geschichte d. Pasteurisierens 6639.

Anelli (A. D'), Cortison bei d. Osteoarthrosis alcaptonurica. Zusammenfass. 5348. — s. Viarengo (G.).

Anellis (A.), **Lubas (J.)** u. **Rayman (M. M.)**, Thermoresistenz einiger Salmonella-Stämme in Vollei 7237.

Anet (F. A. L.), **Chakravarti (D.)**, **Robinson (R.)** u. **Schlittler (E.)**, Ajmalin. 1. Mitt. 7216.

Anfinnikow (M. A.), **Dubinin (G. W.)** u. **Kondratenko (M. L.)**, Bekämpf. v. Eichelschädlingen v. Flugzeug aus in d. Revier Fastowo 5159.

Anfinsen (C. B.) u. **Kielley (W. W.)**, Biol. Oxydatt. 4371.

Ang (Choh-Yi) u. **Wert (C.)**, Eigg. v. N-halt. Nb 7770.

Ang (K. P.) s. Robinson (R. A.).

Angarano (D.) s. Raimondo (F. di).

Angel (C. W.) u. **Ring jr. (F.)**, Durchschleusanlage u. Transportgehäuse für Präpp. in heißen Zellen 6451.

Angel (E. R.), Alkoh. Getränk u. Rückstand aus Molke 3989* E.

Angel (F.), Waldsteinit, ein Na-metasomat., eisenerzdurchstäubter, diabas.-tonschiefer. Metatuffit aus d. Steiermark 8339.

Angel (G.), **Lundén (T.)** u. **Brännland (R.)**, Einfl. v. Verunreinigg. im Elektrolyten auf d. Chloralkalielektrolyse nach d. Hg-Verf. 3. Mitt. Unters. d. Einfl. v. Anionen auf d. Zers.-Geschwindigk. v. Na-Amalgam 4042.

Angel (T.), Martensitbldg. in austenit. nichtrostenden Stählen. Einfl. d. Verform., Temp. u. Zus. 4054.

Angel (T. H.) s. Venesta Ltd.

Angel Morales (M.) s. Erdos (J.).

Angela (G. C.) u. **Angela-Artino (G.)**, Penicillinkombinationspräp.: N.N'-Dibenzyläthylendiamindipenicillin G + Procainpenicillin + Natriumpenicillin 8200.

Angela-Artino (G.) s. Angela (G. C.).

Angela de la Vega (M.) s. Vigón (M. T.).

Angelepoulos (B.) s. Danopoulos (E.).

Angeleri (C.) u. **Ghiringhelli (L.)**, Vermutete antimethämoglobinisierende Wrkg. d. BAL 11621.

Angeli (L. de) s. Vita (D.).

Angelis (G. De) s. Dati (T.).

Angelis (L. De) s. Kuhn (L. P.).

Angelkorte (J. W.) s. Union Carbide & Carbon Corp.

Angell (C. E.) s. Barnes (S. W.); Perry (J. P.).

Angello (S. J.) u. **Ebert (T. E.)**, Neues Minderheits-Ladungsträger-Phänomen in Ge 10923.

Angelo (E. C. F.), Behandlungsverf. zum Aufschluß v. chromhalt. Mineralien, bes. Chromit 5887* F.

Angelo (N. D') s. Argan (P. E.).

Angelo (R. J.) s. Butler (G. B.).

Angelo (S. A. D'), Stoffwechsel d. thyreotropen Hormons in d. Ratte 7244.

Angelow (I. I.) s. Nikitina (J. A.).

Angelow (S.), Pektinpräp. „Bistrin" 8519.

Angenendt (H.), Pflanzl. Wirkstoffe in kosmet. Präpp. 9924.

Angenent (W. J.) u. **Koelle (G. B.)**, Mögl. enzymat. Grundlage für d. verschied. Wrkg. d. Mydriatica auf helle u. dunkle Irides 8888.

Anger (G.), Verhinder. d. capillaren Wander. v. W. im Straßenunterbau 6828.

Anger (H.) s. Schuler (Wilhelm) G. m. b. H., Filtersteinfabrik.

Anger (R.) s. Schmidtmann (M.).

Angevine (D. M.) s. Churchill (D. W.).

Angier (R. P.) s. Hausner (H. H.).

Anglamol Ltd., Schmiermittelzusatz 7588* E.

— u. **Craig (W. G.)**, Asphaltemulss. für Dachpappenimprägnier., wasserdichte Überzüge usw. 10899* E.

Anglaret (P.), Reduzieren v. Estern, Ätholiden, Glyceriden usw. 5648* F. — s. Institut Technique d'Études et de Recherches des Corps Gras.

Angles (R. M.) s. Britton (S. C.).

Anglesio (E.), **Costantini (A.)**, **Poli (G. Dei)** u. **Caldarola (L.)**, Wrkg. d. Cytochroms c auf d. Wiederbeleb. 7935.

Angliker (E.) s. Stoll (A.).

Anglo-Iranian Oil Co. Ltd., Motortreibmittel für Zweitaktmotoren 726* E. — Regenerieren v. Mercaptane enthaltenden Lsgg. kaust. Alkalien 2111* F. — Extraktive Fraktionier. v. KW-stoff-Ölen durch Bldg. v. Harnstoffaddukten 4248* E. — Schmiermittel u. Brennstoffmischung für Zweitaktmotoren 4977* Oe. — Essigsäure 9193* E.

—, **Birch (S. F.)**, **Fidler (F. A.)** u. **Haresnape (J. N.)**, Isomerisat. v. Dialkylbenzolen 2775* D. B.

Anglo-Iranian Oil Co. Ltd., Birch (S. F.), Habeshaw (J.) u. Lowry (R. A.), Reine KW-stoffe 456* D. B.
—, Birch (S. F.) u. Nathan (W. S.), Organ. Sulfoverbb. 3963* F.
—, Catschpole (W. M.) u. Cuddington (K. S.), Gewinn. v. elementarem S aus H_2S 6825* E.
—, Distillers Co. Ltd., McLean (A.) u. Chadwick (E.), Waschmittel für Rohwolle 254* E.
—, Docksey (P.), Porter (F. W. B.) u. Porter (H. T.), Katalyt. Entschwefel. v. Erdöl-KW-stoffen 4249* E.
—, Fidler (F. A.) u. Dean (R. A.), Oberflächenakt. u. germicide Mittel 11427* E.
—, Habeshaw (J.) u. Geach (C. J.), O-halt. organ. Verbb. 5176* E. — Dialdehyde u. ihre Derivv. 5420* F.
—, Habeshaw (J.) u. Rae (R. W.), Organ. O-halt. Verbb. 8028* Belg., E. — Konjugierte Diene 8033* E. — Aldehyde 11094* D. B., Belg., E.
—, Habeshaw (J.) u. Thornes (L. S.), Synthet. Prodd. aus CO, H u. Olefinen 4695* E. — O-halt. organ. Verbb. 5895* F.
—, Howes (D. A.), Tait (T.), Partridge (W. A.), Docksey (P.) u. Birch (S. F.), Flugmotorenkraftstoff 2342* D. B.
—, Hyde (J. W.) u. Porter (F. W. B.), Entfern. v. V u. Na aus Rohöl u. Erdölprodd. 8535* F.
—, McLean (A.), Nathan (W. S.) u. Rayne (T. A.), Abtrennen niedermol. Fettsäuren aus Oxydationsprodd. 2300* E.
—, McLean (A.), Oldham (W. J.) u. Wirth (M. M.), Ester 213* F.
— u. Morris (John E.), Katalysatoren 8768* E.
—, Oldham (W. J.) u. Wirth (M. M.), Oberflächenakt. Substanzen 5684* F.
—, Pethrick (S. R.) u. Adlington (D. G.), Emulgierbare Bitumen 4980* E.
— u. Porter (F. W. B.), Hydrokatalyt. Entschwefel. v. Erdöl-KW-stoffen 6661* F. — Entschwefel. v. Erdöl-KW-stoffen 10896* E.
—, Porter (F. W. B.) u. Haresnape (J. N.), Katalyt. Entschwefel. v. Erdöl-KW-stoffen 9943* E.
—, Porter (F. W. B.) u. Howes (D. A.), Entschwefelungskatalysatoren 8768* E.
—, Porter (F. W. B.) u. Hyde (J. W.), Gewinn. v. Prodd. mit sehr niedr. S-Geh. aus Rohöl 8535* F.
—, Porter (F. W. B.) u. Isitt (J. S.), Entschwefel. v. Rohpetroleum 10169* E.
—, Porter (F. W. B.) u. Northcott (R. P.), Behandl. v. Rohölen 3044* E. — Katalyt. Entschwefel. v. Spalt-Bznn. (Autofining) 4498* A. — Entfern. v. V u. Na aus Erdöl-KW-stoffen 9943* A. — Hydrier. v. Erdölrückständen 9943* E.
—, Porter (F. W. B.), Northcott (R. P.) u. Rowland (John), Katalyt. Entschwefel. v. Erdöl-KW-stoffen 6892* A., E.
—, Porter (F. W. B.) u. Richardson (A. H.), Katalyt. Entschwefel. v. Erdöl-KW-stoffen 11314* E.
—, Porter (F. W. B.) u. Rowland (John), Katalyt. Entschwefel. v. Erdöl-KW-stoffen 4248* E. — Katalyt. Entschwefel. v. höhersd. naphthenhalt. Erdöldestillaten 10418* D. B.
—, Porter (H. T.) u. Lister (A.), Regenerier. v. Katalysatoren 10664* E.
— u. Renshaw (A. K.), Abtrenn. v. Gas aus Rohöl 6175* E.
— u. Thornes (L. S.), Harnstoff in feinverteilter Form für d. Reinig. v. Erdöl 8295* E.
—, Thornes (L. S.), Turner (R.) u. Hyde (J. W.), Behandl. v. ölbeladenen Bleicherden 10897* E.

Anglo-Thai Corp. u. Taylor (N. H.), Kautschukhalt. bituminöse Straßenbaumisch. 1187* E.
Angot (A. M. R. C.), Verstärk. d. Gasionisat. 11317* F.
Angrist (A. A.) s. Isenberg (H. D.); Schatz (A.).
Anguera (J. O.) = Oriol Anguera (J.).
Angus (G.) & Co. Ltd., Balbin (M.) u. Turner (D. G.), Spinnrollenbezüge für Textilmaschinen 10641* E.
Angyal (G.) s. Komját (I.).
Angyal (S. J.), Sulfonamide. 4. Mitt. Rk. N-heterocycl. Amine mit Sulfonylhalogeniden 577.
—, Morris (W. O.) u. Warburton (W. K.), Sulfonamide. 3. Mitt. Disulfonylderivv. v. N-heterocycl. Aminen 577.
— u. Warburton (W. K.), Sulfonamide. 2. Mitt. Struktur u. Tautomerie v. Sulfapyridin, Sulfathiazol u. Sulfanilylbenzamidin 1005.
Aniansson (G.) s. Steiger (N. H.).
Anina (I. O.) u. Wendt (W. P.), Spektralphotometr. Unters. v. aus d. Muskeln verschied. Tiere erhaltenem Myosin u. Actin 10784.
Anischtschenko (A. K.) s. Andrejew (K. P.).
Anish (A. W.) s. General Aniline & Film Corp.
Anissimow (A. A.), Erhöh. d. Geh. an Vitamin C in Futterpflanzenkulturen 10298.
— u. Popowa (O. N.), Einfl. d. Phosphordüng. v. Tomaten auf d. Eigg. d. Samen 3712.
Anissimow (A. N.), Hygien. Bewert. einiger Verff. zur Unschädlichmach. v. Phenolabwässern d. Schieferindustrie 8230.
Anitschkow (M. N.) s. Grigorjew (M. S.).
Anitschkow (S. W.), *30.* Todestag v. N. P. Krawkow 5229.
— u. Belenki (M. L.), Lehrbuch d. Pharmakologie. Russ. [10565].
Anker (H. S.) s. Green (H.).
Anker (L.), Ersatz d. Quecksilberoxycyanidtabletten durch „Desogentabletten" *G 25 268* in d. Armee 4161.
Anker (R. M.), Best. d. Kreatins u. Kreatinins im Urin. Korrekturfaktor für d. Best. v. Ausscheidungswerten v. *24* Std.-Harn. 2972.
Anliker (R.) s. Heusler (K.); Heusser (H.); Roth (M.).
Annaka (S.) s. Miwa (M.).
Annau (E.) s. Rice (C. E.).
Annell (C. S.) s. Stern (T. W.).
Anner (G.) s. Wieland (P.).
Anning (S. T.), Cause and treatment of leg ulcers [5814].
Annis (M.), Bridge (H.), Courant (H.), Olbert (S.) u. Rossi (B.), S-Teilchen 6203.
—, Cheston (W.) u. Primakoff (H.), Statist. Schätz. in d. Physik 2350.
—, Taffara (L.) u. Dequal (B.), Mit S-Teilchen gekoppelte γ-Strahlen 8302.
—, Wilkins (H. C.) u. Miller (J. D.), Wechselwrkg. schneller μ-Mesonen mit Kernen 6902.
Annison (E. F.), Flücht. Fettsäuren d. Schafblutes, bes. d. Ameisensäure 7480.
Anorgana G. m. b. H., Brechen v. Erdölemulss. 1180* Schwz. — Selektive Unkrautbekämpf. in Bohnen-, Linsen- u. Luzernekulturen 6373* Oe. — Selektive Unkrautvernicht. in Beerenobstkulturen 6373* Oe. — Selektive Unkrautbekämpf. in Gladiolen-, Schwertlilien- u. ähnl. Kulturen 6373* Oe. — γ-Fe_2O_3 9645* E.
— u. Brauckmeyer (R.), Torsionsentspannte Woll- u. Mischgarne 4241* D. B.

Anossow (N. N.) u. **Pissarewa (N. A.)**, Phenadonbehandl. v. Kranken mit neuralg. Syndrom verschied. Herkunft 5842.
Anquez (M.), Kälte, ein Faktor zur Stabilisier. v. Fll.; Stabilisier. d. Weines durch Kälte 8279.
Anrep (G. V.), **Barsoum (G. S.)** u. **Schönberg (A.)**, Spasmolyt. Wrkg. v. Flavon 3193.
Ans (J. D') s. Schuster (H.-J.).
— u. **Breckheimer (W.)**, Elektrochemie d. akt. Fe 7849.
—, **Dossow (K.)** u. **Mattner (J.)**, Peroxydderivv. d. Acetaldehyds 1018.
— u. **Eick (H.)**, Unterss. über d. Abbinden hydraul. Hochofenschlacken 10837.
Ansbacher (F.) u. **Landsberg (P. T.)**, Quantenstatistik geschlossener u. offener Systeme 10200.
Ansbacher-Siegle Corp., **Holtzman (H.)** u. **Simon (Eric)**, Chlorierte Cu-Phthalocyanine 6146* A.
Ansell (A.), Poröse Kautschuk-MM. 3504* E.
Ansell (G.) u. **Miller (H.)**, Einfl. v. J auf d. Freisetz. v. Schilddrüsenhormon bei Thyreotoxikose 9125.
Ansell (G. B.) u. **Norman (J. M.)**, Acetalphosphatide v. Gehirngewebe 6548.
— u. **Richter (D.)**, Geh. d. Rattenhirns an freien Aminosäuren 135.
Anselm (W.), Einfl. d. Brennstoffs auf d. Brennen d. Zements 2277.
Anslow (G. A.), Lagen d. Aminosäurereste an einem Cyclolmodell d. Insulins 1988. — Polymertypen u. spezif. Absorptt. im UV durch Amide u. Alkohole mit H-Brücken, mit Anwend. auf d. Problem d. Proteinstruktur 5268.
Anslow (W. K.) s. Glaxo Laboratories Ltd.
Anson (J. H.), **Wright (K. A.)** u. **Trump (J. G.)**, Mittlere Energie v. Elektronen, d. aus Metallen bei d. Einstrahl. energiereicher Elektronen emittiert werden 3557.
Anspon (H. D.) s. General Aniline & Film Corp.
Ansselm (A. I.), Elektronentheorie d. Kristalle 9501.
Anstee (J. R.) u. **White (D. E.)**, Derivv. d. 3-Oxy-4.5-dimethoxybenzoesäure 7655.
Anstett (R. M.) s. Johnston (W. H.).
Ansul (G. R.) s. Sommer (L. H.).
Ansul Chemical Co. u. **Roney (C.)**, Stabilisieren v. Sulfonharzen aus SO_2 u. ungesätt. KW-stoffen 3502* A.
Ant-Wuorinen (O.), Freimach. v. Cellulosecarboxylgruppen durch Elektrodialyse 2562. — Gravimetr. Bestimmungsmeth. v. carbocycl. Säuregruppen in Cellulose 9472.
— u. **Visapää (A.)**, Verbesserte Technik zur Carboxylgruppenbest. in Cellulose 10162.
Antaki (H.), Polarograph. Best. d. Sb-Blutspiegels bei d. Stibophentherapie d. Schistosomiasis 6817.
— u. **Petrow (V.)**, Glykosylbenzimidazole 5066.
Antal (J.) u. **Végh (A.)**, Verwend. quatern. Ammoniumverbb. als Arzneimittel in Ungarn 408.
Antelman (M.), Aus vier Teilen bestehender Dampfdestillationsapp. 3444.
Antes (L. L.) s. Reynolds (D. C.).
Anthöfer (F.) s. Ried (W.).
Anthon (E. W.) u. **Burts (E.)**, Pfirsichsilbermilbe u. ihre Bekämpfung 4917.
Anthony (H. R. C.) s. Ray-O-Vac Co.
Anthony (J.), Erweiter. d. Anwendungsbereiches v. Ti durch Ti-Legierr. 6610.
Anthony (J.-P.) u. **Ambrosino (G.)**, Ansprechen eines Zinksulfidschirms auf α-Strahlungen mit Energien unterhalb 5 MeV 11496.
Anthony (W. L.) s. Beher (W. T.).
Antich Sariol (I.), La salud y las plantas. La virtud curativa de las plantas en la terrapéutica vegetal [5403].
Antik (L. W.) s. Rodionow (W. M.).
Antill (J. E.) s. Richardson (F. D.).
Antioch College, **Bean (M.)**, **Bean (X.)**, **Henderson (A. D.)**, **Morgan (A. E.)**, **Beatty (W.)** u. **Bean (X. L.)**, Gipsformen für d. Metallguß 3245* A.
Antipina (S. A.) s. Masslow (P. G.).
Antles (L. C.), Behandl. v. Blütenstaub (Pollen) 3717* A.
Antlfinger (G. J.) s. Goodrich (B. F.) Co.
Antoine (A.), Relatt. zwischen Proteinen u. Fettstoffen d. Milch 1634.
Anton (H. U.) s. Uters (M.).
Anton (N.), Vakuumdichte Metall/Keramik-, Keramik/Glas-, Metall/Glas- u. Metall/Glimmer-Verbb. durch geschmolzenes Glaspulver 3941.
Anton-Stephens (D.), Anwend. v. Chlorpromazin (Largactil) in d. Psychiatrie 6800.
Antonacci (M.), Best. v. Mineralöl in Ölen für Textilfasern u. allg. in Gemischen verschied. Öle 7581.
Antonelli (C.) s. Aldrovandi (A.).
Antonello (G.), Elektrolyt. Zers. v. Kaliumalaun 1908.
Antóni (J.), Staubzuckerfabrikat. 709.
Antoni (W.) u. **Appel (E.)**, Kennzeichn. niedriger Alkohole C_1 bis C_5 durch d. eutekt. Tempp. ihrer Xanthogenate mit Dicyandiamid 6582.
Antoniani (Carlo) u. **Cerutti (G.)**, Nachw. v. Isovaleriansäure in Ggw. v. Buttersäure u. Capronsäure 6161.
—, **Federico (L.)**, **Valle (T.)** u. **Camoriano (A.)**, Einw. v. Uronsäuren auf d. Löslichk. v. Phosphaten. 1. Mitt. 11276.
Antoniani (Claudio), Besondere Aspekte d. Zymochemie. Acetoinkondensat. 134. — Physikal., chem. u. biol. Behandlungsmethoden d. Weines v. techn. u. hygien. Gesichtspunkt 7105.
—, **Federico (L.)** u. **Serini (G.)**, Bezieh. zwischen Acetoinkondensat. u. Fruchtreif. bei Malus communis 4619.
—, **Federico (L.)**, **Valle (T.)** u. **Farfaletti-Casali (P.)**, Chem. Fruchtbark. v. Waldböden. 4. Mitt. Rhythmus d. Phosphatumsetz. in Waldböden v. Valtournanche 671.
Antonini (F. M.), **Piva (G.)**, **Salvini (L.)** u. **Sordi (A.)**, Lipoproteine ed eparina nel quadro umorale della chemiopatogenesi dell' aterosclerosi [4874].
Antonio Elias (C.) s. Renato Caldas (L.).
Antonio Pinto (J.), Peroxydasemeth. v. Sato u. Sekiya. Anwend. in d. Hämatologie 7935.
Antonjewa (N. M.) s. Baschilow (A. A.).
—, **Baschilow (A. A.)**, **Dshelepow (B. S.)** u. **Orlow (W. I.)**, β-Spektr. v. ^{32}P 5470.
—, **Baschilow (A. A.)**, **Dshelepow (B. S.)** u. **Tscherwinskaja (L. S.)**, β-Spektr. v. ^{186}Re 3304.
Antonow (A. P.) s. Bogdanow (K. A.).
Antonow (W. K.) s. Tschufarow (G. I.).
Antonow-Romanowski (W. W.), Best. d. Absorptionskoeff. v. pulverförm. Phosphoren 3064.
Antonowa (I. A.) u. **Esstulin (I. W.)**, Isomere Übergänge v. $^{115}In^*$, $^{113}In^*$ u. $^{87}Sr^*$ 1898.

Antonowa (L. G.) s. Krassilschtschikow (A. I.).
Antonowskaja (R. J.), Rk. d. Aluminothermie 9486.
Antonucci (R. M.) s. American Cyanamid Co.
Antosiewicz (H. A.) s. Abramowitz (M.).
Antropow (L. I.) u. **Popow (S. J.)**, Einfl. v. Thioharnstoff auf d. elektrolyt. Kristallisat. v. Cu. 1. Mitt. 10683.
Antun (P.), Laumontit v. Serpont 772. — Porphyroblasten v. Calcit im metamorphosierten Devon d. Ardennen 772.
Antweiler (H. J.) u. **Engelhard (H.)**, Vortäusch. v. Unterfraktt. bei d. quantitativen Elektrophorese durch elektroosmot. Störr. 6768.
Antzenberger (P.) u. **Fournet (G.)**, Streuung v. Kleinwinkelröntgenstrahl. durch Cellulose (Ramie) bei verschied. Feuchtigk.-Gehh. 10046.
Anzelewitsch (N. S.) s. Awgusstinik (A. I.).
Anzenberger (J. F.) s. Szmant (H. H.).
Aoki (Y.), Antituberkulöse Wrkg. v. Hydrazinresten tragenden chemotherapeut. Mitteln. 2. Mitt. In vitro-Wirksamk. v. Phenyl-thiocarbazid- u. Benzaldehydthiosemicarbazonderivv. 11601.
Aoma (S.) s. Ogasawara (K.).
Aomine (S.) u. **Higashi (T.)**, Festleg. v. Ammonium in Böden. 6. Mitt. Nitrifizier. v. festgelegtem Ammonium 5398.
Aoyagi (K.) u. **Arita (T.)**, Magnetostriktionsresonator als Hochfrequenzgleichstromunterbrecher u. seine Anwend. als Empfänger für infrarote Strahlen 2495.
Aoyama (K.) s. Takei (T.).
Apel (A.) s. Deutsche Bergin-Akt.-Ges.
Apelgot (S.) u. **Mars (S.)**, Quantitative Best. d. C 8932.
Apffel (C. A.), Cytostat. Wrkg. v. Chinonen u. ihren Derivv.; Hemm. menschl. Tumoren durch Khellin 11229.
A. P. I. P. E. C. (Soc. pour les Applications de Procédés Industriels, Physiques et Chimiques) u. **Mulatier (J. de)**, Rückgewinn. einer einen Körper tränkenden Fl. 3453* D. B.
Apker (L.) s. Taft (E.).
Apley (J.) s. MacMath (I. F.).
Apley (M.) s. Catalin Ltd.
Aplin & Barrett, Sterilisieren d. Verschlüsse v. Lebensmittel oder Getränke enthaltenden Behältern 2802* E.
Apogi (E.) s. Fazio (A. N.).
Apor (D.), Titrimetr. Best. d. Gesamthärte v. W. mit Dinatriumäthylendiamintetraacetat-Lsg. 3937.
Aposstol (A. W.), Eintrocknen v. gepreßtem Kiefernholz 4487.
Appaix (A.) s. Mattei (C.).
Appanna (M.) u. **Maheswariah (B. M.)**, Scelodonta strigicollis (Mots.) u. seine Bekämpf. 11667.
—, Usman (S.) u. **Sastry (K. S. S.)**, Standortwechsel v. Dictyophora pallida (Don.) (Pyrilla perpusilla Walker) in Mysore 5633.
Appanna (T. C.) u. **Devadatta (S. C.)**, Wrkg. d. Garneelenproteins auf d. Knochen reifer Ratten 6064.
Appareils et Évaporateurs Kestner, Wiedergewinn. v. Ammonchlorid 902* F. — Alkalihypochloritlsgg. 8468* F.
Appel (B.), Oxytetracyclin-Polymyxin-B-Salbe bei Hautinfektt. 632.
Appel (E.) s. Antoni (W.).
Appel (J.), Transversale galvanomagnetische Effekte in Halbleitern 2603. — Nachw. d. Halbleitercharakters d. Verbb. CdTe u. In_2Te_3 7378.
Appel (P. & H.) G. m. b. H., **Maier (S.)** u. **Schultheis (W.)**, Monothioglycerin 2072* D. B.
Appel (R.) s. Goehring (M.).
Appel (W.), Schweres sept. Krankheitsbild mit Achromycin geheilt 9610.
— u. Hansen (K. J.), Abfall d. veresterten Fettsäuren u. d. Aminosäuren d. Blutes nach Insulin 7949.
Appelbaum (E.) u. **Anderson (T. A.)**, Behandl. tuberkulöser Meningitis mit Isonicotinsäurehydraziden 11039.
Appelhans (M.), **Kaiser (K.)**, **Waterloh (E.)** u. **Welte (E.)**, Möglichk. einer Behandl. d. Hypertonie mit d. Dihydroalkaloiden d. Mutterkorns (Hydergin) 3912.
Appen (A. A.), Koordinationsstruktur d. Silicatgläser 190. — Klassifikat. d. Komponenten nach ihrem Einfl. auf d. Oberflächenspann. v. Silicatschmelzen 8095. — Zustand u. Eigg. v. Kieselsäure in Silicatgläsern. 1. Mitt. Unterss. d. Beziehh. zwischen d. Eigg. u. Zus. v. Gläsern 10934; Verh. u. Eigg. d. Alkalimetalloxyde in Silicatgläsern. 2. Mitt. Unterss. d. Beziehh. zwischen d. Eigg. u. Zus. v. Gläsern 10934.
—, Schischow (K. A.) u. **Kajalowa (S. S.)**, Oberflächenspann. v. Silicatschmelzen 3318.
Appert (M. B.) s. Titan Co., Inc.
Appleby (J. I.), **Gibson (G.)** [Sheffield], **Norymberski (J. K.)** u. **Stubbs (R. D.)**, Verwend. v. Natriumborhydrid bei d. Best. v. 17-hydroxylierten Corticosteroiden 10065.
Appleby (W. G.) s. Shell Development Co.
Applequist (D. E.) u. **Roberts (J. D.)**, Austausch-Rkk. an d. Verknüpfungsstellen v. Brückenbindd. enthaltenden polycarbocycl. Systemen 9088.
Appleton (H. D.), **La Du jr. (B. N.)**, **Levy (B. B.)**, **Steele (J. M.)** u. **Brodie (B. B.)**, Chem. Meth. zur Best. v. freiem Cholin im Plasma 7281.
Applewhite (R. W.), **Buckley (A. P.)** u. **Nobles (W. L.)**, Wss. Lsgg. v. Phenobarbital 157.
Appleyard (F. N.) u. **Lyons (C. G.)**, Practical pharmaceutical chemistry [2260].
Applications Biologiques, Düngemittel 1594* F.
Appold (H.) s. Siemens-Schuckertwerke Akt.-Ges.
Aprey (L. B.), **Ellinger (F. H.)**, **Fried (S.)** u. **Zachariasen (W. H.)**, Beweis für vierwert. Cm: Röntgendaten v. Cm-Oxyden 6936.
Aprison (M. H.) s. Sears (G. R.).
—, Nathan (P.) u. **Himwich (H. E.)**, Gehirnacetylcholinesteraseaktivitäten bei nach Diisopropylfluorphosphatinjekt. in d. Carotis drei Verhaltungsweisen zeigenden Kaninchen 2696.
Apted (F. I. C.), Behandl. fortgeschrittener Fälle d. rhodes. Schlafkrankh. mit Mel B u. Arsobal 4151.
Aptekar (I. L.) u. **Finkelstein (B. N.)**, Bin. Legierr. 3812.
Aptekar (S. G.), Einfl. d. Verhältnisses v. Proteinen, Fetten u. Kohlenhydraten in d. Kost auf d. Entw. d. Thiaminavitaminose 1778.
Apuchtin (A.) s. Kleinert (T. N.).
A. P. V. Co. Ltd. s. Bibby (I.) & Sons Ltd.

A. P. V. Co. Ltd., Botham (G. H.), Lancaster (J. F.) u. Dawson (D. W. O.), Korrosionsbeständ. austenit. Stahllegier. 7075* F.
— u. **Gregory (S. A.)**, Herst. v. Würze aus Gerstenmalz u. Rohfrucht, wie Mais, Reis usw. 6415* E.
— u. **Hunnikin (C.)**, Kontinuierl. Fraktionier. u. Entwässer. v. sauren Teerbestandteilen 10418* E.
—, **Mett (G. A. D.) u. Hunnikin (C.)**, Wasserdampfdest. 5866* E.
Aquadyne Corp., Erhöh. d. Netzvermögens v. W. 3276* F.
Aquin (E. L. D') s. United States of America.
Arabian (K. G.) s. Shell Development Co.
Aragones (J. J. F. G.) = Guardiola Aragones (J. J. F.).
Aragonès-Puig (D.), Photograph. Zweifarbenbilder 4744* F. — Mehrfarbenkinematographie 8072* F.
Arai (Takehiko), Wünschenswerte Eigg. im Hinblick auf d. Verbesser. v. Brennstoffen für d. Karburier. 11715.
Arai (Tomio) s. Nozoe (T.).
Arajärvi (T.) u. Wallgren (G. R.), Lokale Wrkgg. v. Äther u. a. Narcoticis auf d. Blutgefäße d. Augenbindehaut u. d. roten Blutkörperchen 8904.
Arakawa (K.), Löchertheorie d. Fl. 9262.
Arakawa (M.), Arakawa (Teru) u. Suito (E.), Mess. d. spezif. Oberfläche v. Pulvern nach d. Meth. d. Permeabilität 6926.
Arakawa (Taiji), Paramagnet. Resonanzabsorpt. in Manganfluorosilicat, verdünnt durch Magnesiumionen 9734.
Arakawa (Teru) s. Arakawa (M.).
Araki (S.), „Kathod. Schutz" aus d. Praxis d. Gaswerke 6429.
Aramanowitsch (I. G.) s. Timofejew (D. P.).
Arambulo (A. S.) u. Deardorff (D. L.), Gepreßte Tabletten; Durchschnittsgewicht 408.
—, **Fu (H. S.) u. Deardorff (D. L.)**, Gepreßte Tabletten; Gewichtsänder. 408.
Araschkewitsch (W. M.) s. Koslow (W. N.).
Arase (E.), Goldhaber (G.) u. Goldhaber (S.), Elast. Pion–Deuteron-Streuung 4508.
Arasimavicius (A.) s. Ashley (C. A.).
Arata (H.) s. Yoshida (S.).
Araujo (A. A. de) = Alves de Araujo (A.).
Araújo (J. M.), Wrkg. d. Kernkompressibilität auf d. Kernphotoeffekt 8303.
Arbed Aciéries Réunies de Burbach-Eich-Dudelange S. A. Division Burbach, Berve (H.), Blauel (M.), Klinck (C.) u. Oelsen (W.), Thomas-Stahlerzeug. im Konverter 6842* D. [DDR].
Arber (W.) u. Stähelin (P.), Trenn. d. *1,5* Sek.-^{34}Cl v. isomeren *33* Min.-^{34}Cl 509.
Arbman (E.) s. Andersson (G.).
Arbusow (A. J.), Organ. Derivv. d. Phosphorsäuren 3605.
Arbusow (B. A.), Rotat. v. unregelmäß. Gruppen in Moll. 9286. — s. Poshilzowa (J. A.).
— u. **Frinowskaja (W. A.)**, d-Δ^3-Carendichlorid 11218.
— u. **Issajewa (S. G.)**, Isomerisat. bicycl. Terpenoxyde bei d. Rk. mit Essigsäureanhydrid 10995.
— u. **Katajew (J. G.)**, Umsetz. v. Dien-KW-stoffen mit S u. Se 8375.
Arbusow (B. A.) u. Lugowkin (B. P.), Synth. v. heterocycl. Substituenten enthaltenden Phosphonsäureestern. 2. Mitt. Phosphonsäureäthylester mit O-halt. heterocycl. Substituenten 8844; 3. Mitt. Einw. v. diäthylphosphorigsaurem Na u. Triäthylphosphit auf Halogenderivv. d. Pyridins u. Piperidins 8845.
— u. **Muchamedowa (L. A.)**, Kondensat. v. Campholenaldehyd mit Ketonen u. Estern 7219.
—, **Nikonorow (K. W.), Fedorowa (O. N.), Winokurowa (G. M.) u. Schischowa (S. G.)**, Glykolester d. pyrophosphor. Säure 3619.
— u. **Rispoloshenski (N. I.)**, Ester d. diäthylphosphin. Säure 3843.
— u. **Ssamoilowa (O. D.)**, Einw. v. Alkylhalogeniden auf Ester d. antimonigen u. trithioantimonigen Säure 11561.
— u. **Wiltschinskaja (A. R.)**, Konst. d. Anlagerungsprodd. v. Maleinsäureanhydrid u. α-Naphtochinon an Alloocimen 9085.
— u. **Winogradowa (W. S.)**, Synth. v. Estern einiger β-Ketophosphonsäuren 6960.
— u. **Winokurowa (G. M.)**, Rkk. v. Dichlormethyläthern d. Glykols mit Natriumalkoholaten 3349.
Arbusow (G. I.), Bldg. d. Azomethinfarbstoffe bei d. Farbentw. 11720.
Arbusow (J. A.), Rkk. v. Dien-KW-stoffen mit Nitrosoverbb.; 2-o-Tolyl-3.6-dihydroorthoxazin u. 2-m-Tolyl-3.6-dihydroorthoxazin 6288.
Arbusow (S. J.), Kauchowa (L. A.), Kusnetzow (S. G.) u. Ratschinski (F. J.), Nicotinsäure-β-phenylisopropylamid („Phenatin") 2673.
Arbusow (S. W.) s. Lewenko (P. I.).
— u. **Weretennikow (I. N.)**, Emulgierpaste für Leder 11718.
Arceneaux (G.) u. Roberts (B. S.), Vereinfach. d. gebräuchl. Zuckerausbeuteformeln 2320.
Archambault (J.), Geh. an coliformen Bakterien in pasteurisierten Milchprodd. 11478.
Archangelskaja (M. I.) s. Nowikow (A. S.).
Archangelskaja (N. I.) s. Serebrjakow (A. M.).
Archard (G. D.), Linienwechselwrkg. in Röntgen- u. Elektronenbeugungsaufnahmen 295. — Potentialverteil. in symm. zylindr. Elektronenlinsen 2613. — Einfl. d. endl. Lichtquellen v. Meßinstrumenten auf d. Best. d. Radien v. Elektronenbeugungsringen 6927. — Beim Entwurf v. Anordnungen zur Korrektur v. Elektronenlinsen zu fordernde Eigg. 9508. — Eigg. symm. Schlitz-Elektronenlinsen („Zylinderlinsen") 9743. — Systeme für d. Korrektur d. Öffnungsfehlers in Elektronenlinsen 11167. — s. MacEwan (D. M. C.).
Archarow (W. I.), Präzisier. d. Begriffes „Aktivierungsenergie" u. „Elementarakt" für d. festen Zustand 1218.
—, **Blankowa (J. B.) u. Ssimonowa (M. I.)**, Textur v. Eisenzunder. 6. Mitt. Veränderr. in d. Textur bei Ersatz d. Luft durch eine Atmosphäre mit verringertem O-Druck 9045.
—, **Kolessnikow (G. N.) u. Orlow (A. N.)**, Mögl. Ausweit. d. Versetzungstheorie 5975.
— u. **Mardeschew (S.)**, Eigenart. Wachstumstextur bei d. Reaktionsdiffus. in d. Systemen Se–Cu u. Te–Cu 2850.
Archdale (R. W.) s. Bristol Aeroplane Co. Ltd.
Archer (E. E.), Nasse Verbrennungsmeth. im Halbmikromaßstab zur Best. v. C 6353.

Archer (H. R.) s. Distillers Co. Ltd.
Archer (J. G.) s. Ross (M. H.).
Archer (M. S.), Roebuck (D. S. P.) u. **Whitby (F. J.)**, Magnet. Susceptibilität v. VO_2 520.
Archer (R. K.), „Sequestrene" (E. D. T. A.) als ein Antikoagulans für Pferdeblut 2467.
Archer (S.) s. Sterling Drug, Inc.; Winthrop-Stearns, Inc.
— u. **Suter (C. M.)**, Darst. einiger 1-Alkylamino- u. -Dialkylaminoalkylaminothiaxanthone 10511.
Archer (T. J.), Bimetalldruckplatten 4021* E.
Archer (V. C.) s. Research Products Corp.
Archer (W. L.) s. Campaigne (E.).
Archer-Daniels-Midland Co. u. **Weber (R. O.)**, Bierherst. 8990* A.
Archibald (F. M.), Südafrikan. Bzn. hergestellt aus Erdöl 8293. — s. Standard Oil Development Co.
Archibald (F. R.) s. United States Steel Corp.
Archibald (J. G.) s. Bennett (E.).
Archibald (P. K.) s. McCreach, Taylor & Co. Ltd.
Archibald (W. A.), Feuerfeste Materialien 11669.
Archinard (Paul), Verbesser. d. Lesegutes durch Anwend. v. Wärme u. SO_2 9689.
Archinard (Pierre) s. Pariaud (J. C.).
Archipow (A. S.), Bogatkow (P. I.), Oreschkewitsch (I. W.) u. **Sseredinina (N. W.)**, Reinig. d. Ventilationsluft v. Tetraäthylblei 8700.
Archipowa (S. M.) s. Chrisstoforow (B. S.).
Arciniega (L.) s. Sánchez-Marroquin (A.).
Arcoleo (A.), Herst. d. Furfurylalkohols 10737.
Arcomano (J. P.) s. Bell (A. L. L.).
Arcos (J. C.) s. Étienne (André).
— u. **Miller (J. A.)**, Synth. v. 2-Amino-5-dimethylaminodiphenylamin u. a. Derivv. d. 3.4-Dinitrodimethylanilins 9784.
Arcus (A. A.) s. General Dyestuff Corp.
Arcus (C. L.) s. Abbott (D. C.).
— u. **Coombs (M. M.)**, Substituierte Fluorenole-(9) 2890. — Synth. v. Phenanthridinen durch Rk. v. Fluorenderivv. mit Stickstoffwasserstoff- u. Schwefelsäure 10746.
— u. **Prydal (B. S.)**, Isocyanate. 2. Mitt. Hofmannsche Rk. mit C-Benzoylformamid 4330.
Ard (J. S.), Mahlapp. zur Herst. v. Mikroproben in Pastenform für infrarote Unterss. 882.
Ard (W. B.) s. Fairbank (W. M.).
Ardaschew (B. I.), Mechanismus d. Synth. v. Chinolinen 351. — Synth. v. Chinolinen aus Diäthylidenarylaminen u. aus Dienanilen 8619.
Ardemagni (M.), F.-Bestimmungen mit Kofler-Apparaten 11256.
Ardenne (M.), Messungen d. Leuchtdauer v. angeregten Atomen 7606.
Ardenne (Manfred v.), Herst. sehr feiner Löcher in dünnen, z. B. aus Cellulosederivv. bestehenden, bes. als reine Oberflächenfilter u. Ultrafilter sowie als Träger v. zur Halterung v. Objekten in Elektronenstrahlgeräten dienenden Kollodiumfolien benutzbaren Folien 5622* D. B.
Ardern (D. B.) s. Houdry Process Corp.
— u. **Lassiat (R. C.)**, Beseitig. v. Raffinerieabgasen. Verbrennungskatalysator bei d. Wärmegewinn. aus Verbrennungsgasen 3769.
Ardimanni (A.), Malerfarbe zum Weißen 2311* F.
Ardis (A. E.) s. Goodrich (B. F.) Co.
Ardizio (P.) s. Naves (Y.-R.).
Ardry (R.), Wechselwrkgg. v. Proteinen mit oberflächenakt. Substanzen. 1. Mitt. Assoziatt. v. Albumin u. Detergentien 3882; 2. Mitt. Begrenzte Einw. v. Detergentien auf d. menschl. Serum 3882.
Ardy (C.) u. **Montini (T.)**, Anwend. v. Hexosephosphorsäure bei d. Diabetestherapie 11029.
Aref (M. N. E. D.) = El Din Aref (M. N.).
Arenberg (D. L.), Best. d. elast. Konstanten in Einkristallen, bes. AgCl 9274.
Arend (A. G.), Methylsalicylat 6637.
Arend (H.), Broser-Warminsky (R.) u. **Ruska (E.)**, ZnS-Einkristalle als Leuchtschirme im Elektronenmikroskop 5255.
— u. **Irmler (H.)**, Lichtausbeute v. Leuchtstoffen bei Anreg. mit Elektronenstrahlen v. *5—60* kV Beschleunigungsspann. 3066.
Arend (I.) s. Chomse (H.).
— u. **Griem (W.)**, Veränder. d. Na-, K-, Mg- u. Ca-Geh. d. Muskulatur bei Herztodschweinen 11035.
Arends (J.), Suppositorien u. Suppositorienmassen in Apotheke u. Industrie, auch im Hinblick auf d. DAB. 7 2022. — Suppositoria, Globuli, Bacilli. Beschreib. u. Kritik, auch im Hinblick auf d. DAB. 7 2955.
Arends (W.) s. Kaufmann (H. P.).
Arendt (E. C.) s. Willis (G. C.).
Arens (A. C. H.) s. Meyer (R. O.).
Arens (Hans) s. VEB Filmfabrik Agfa Wolfen.
— u. **Eggert (J.)**, Direkte Positive mit Hilfe d. Sabattiereffektes 9713* D. [DDR].
Arens (Hugo) s. Goldschmidt (T.), Akt.-Ges.
Arens (J. F.) s. Schering Akt.-Ges.
— u. **Tiang (O. S.)**, Bldg. v. 1-Phenyl-4-phenylhydrazonopyrazolon-(5)-carbonsäure-(3)-äthylester aus Diäthylacetylsuccinat u. Benzoldiazoniumchlorid 93.
Areschkina (L. J.) s. Bukin (W. N.).
Aresstenko (A. P.) s. Ssaltschinkin (A. P.).
Arey jr. (W. F.) s. Standard Oil Development Co.
Arfken (G. B.) s. Guernsey (R. L.).
Argall (C. I.) s. Fraser (R. S.).
Argan (P. E.), Angelo (N. D') u. **Gigli (A.)**, Sichtbarmach. ionisierender Teilchen mittels einer Diffusionsnebelkammer 6452.
Argemí Torrella (R.), Metallseifen 7794.
Argersinger jr. (W. J.) s. Wilson (G. E.).
Argo (H. V.) u. **Hemmendinger (A.)**, Rk. $D(T,\alpha)n$ bei *1,5* MeV 5235.
Argonz (J.) s. Castillo (E. B. Del).
Argoud (S.), Unverseifbares d. Palmöles. A. Preßöl. B. Öle aus d. faserigen Bestandteilen d. Ölpalme 8285.
Arias (J. C.), Behandl. d. Colitis ulcerosa gravis mit quart. Ammoniumsalzen 9846.
Ariel (M.) s. Cimerman (C.).
Aries (R. S.) s. Zündel (J. E.).
Ariga (Ken-Ichi) s. Kikuchi (Shin-Ichi).
Arigoni (D.) s. Riniker (B.).
—, **Riniker (B.)** u. **Jeger (O.)**, Steroide u. Sexualhormone. 200. Mitt. Best. d. relativen Konfigurat. v. $C_{(20)}$ bei Steroiden mit d. Konstellationsanalyse 5324.
Arija (S. M.), Morosowa (M. P.), Markewitsch (G. S.) u. **Reichardt (A. A.)**, Unters. d. Syst. $Pt-O_2$. 1. Mitt. 4545.

Arima (A.) u. **Horie (H.)**, Konfigurationsmisch. u. magnet. Moment v. Kernen 11509.
Arimura (S.) s. Kanno (Ichirō).
Arinuschew (I. W.), Abramowitsch (B. J.) u. **Golubew (A. J.)**, Anwend. v. Äthylquecksilberphosphat für d. Bekämpf. v. Schleimbldg. 10651.
Arisstowa (W.) s. Dawidow (R.).
Arita (T.) s. Aoyagi (K.).
Ariyanayagam (D. V.), Phosphat- u. Stickstoffdüng. v. Reis in Süd-Ceylon 909.
Ariyoshi (S.) s. Morimoto (H.).
Arizumi (T.) u. **Esaki (L.)**, Sekundärelektronenemiss. d. ThO_2-Kathode u. d. durch Verdampf. v. d. Kathode hergestellten dünnen Filmes 283. — ThO_2-Kathode 5480. — Leitfähigk. u. Elektronenenergiezustände d. ThO_2-Kathode 5481.
— u. **Imaeda (K.)**, Absorpt. v. N_2 durch aufgedampfte Ba-Filme 4769.
— u. **Narita (Shin-ichiro)**, Schottky-Effekt d. Oxydkathode 745.
Arjona (E.) s. Jiménez Díaz (C.).
Ark (P. A.), Streptomycin gegen Pflanzenkrankh. 3945.
Arkel (A. E. van), Fünfzig Jahre anorgan. Chemie 10460.
—, **Cerych (Z. J.), Mijs (W. J.)** u. **Spitzbergen (U.)**, Tantalsubchlorid 4063.
Arkel (C. G. van), Acidimetr. Titrat. in nichtwss. Medium (organ. Lösungsm.) u. pharmazeut. Anwendd. 11046.
— u. **Meyst (M.)**, Best. v. Cantharidin in Cantharides 7267.
Arkis (J. W.) s. Standard Oil Co.
Arkless (K.) s. Imperial Chemical Industries Ltd.
Arkley (T. A.) s. Johnson (C. M.).
Árkosi (K.) u. **Barna (J.)**, Unterss. v. Teilchengrößen d. Montmorillonite in ungar. Bentoniten 10451.
Arledter (H.) s. Jayme (G.).
Arlt jr. (H. G.) s. American Cyanamid Co.
Armand (M.) s. Fiquet (M.).
Armandary (R.) s. Lauth (R.-F.).
Armandola (P.), Reinig. d. W. 10832. — s. Ceresa (C.).
Armant (D. L.) s. National Lead Co.
Armatys (E. F.) s. Sun Chemical Corp.
Armbrecht (B. H.) s. Rice (L. M.).
Armbruster (R.) s. Gorodetzky (S.).
Armco International Corp., Littmann (M.) u. **Heck (J. E.)**, Erhöh. d. Permeabilität v. orientierten Si-halt. Stahlblechen 6127* E.
Armco Steel Corp. u. **Bloom (F. K.)**, Nichtrostender Stahl mit guter Kaltformbark. 11088* A.
— u. **Carruthers (M. E.)**, Wärmebehandl. v. zunderbeständ. ferrit. stabilen Cr-Stahl mit *20—35%* Cr 6125* A.
— u. **Clarke jr. (W. C.)**, Nichtrostender Cr-Ni-Stahl 9896* A.
— u. **Feild (A. L.)**, Nitrieren v. rostfreiem Stahl 8723* Can.
— u. **Goller (G. N.)**, Ausscheidungshärtungsfäh. austenit. rostfreier Cr–Ni–Al-Stahl 920* A.
— u. **Jennings (P. A.)**, Austenit. rostfreier Stahl v. großer Härte bei hohen Tempp. u. hoher Korrosionsbeständigk. gegen Verbrennungsprodd. verbleiter Kraftstoffe 5644* A., F.
— u. **Loveless (D. L.)**, Schmelzen v. nichtrostendem Cr–Ni-Stahl 9896* A.
— u. **Tanczyn (H.)**, Cr–Ni–Al–Cu-Stahl 9896* A.
Armengau (P.), Cyanose bei Neugeborenen, d. durch Methämoglobinämie infolge v. verabreichtem nitrathalt. Brunnenwasser bedingt war 8205.
Armenio (G.), Laforgia (P. D.) u. **Buonsanto (M.)**, Meth. v. Cosby u. Sumner, modifiziert für d. Nachw. d. Rhodanase in d. Speicheldrüsen 3405.
Armenteros (R.) s. Podolanski (J.).
Armento (W. H.) s. General Aniline & Film Corp.
Armiento (D. F.) s. Carman (C. M.).
Armistead (W. H.) s. Corning Glass Works.
Armitage (C. F.) s. Colloid Chemical Laboratories, Inc.
Armitage (E. R.) s. Low (A. J.).
Armitage (F.), Mischpolymerisat. v. aromat. Monovinylverbb. u. trocknenden oder halbtrocknenden Ölen 6148* A. — Styrol 8744. — s. Berger (Lewis) & Sons Ltd.; Sherwin-Williams Co.
Armour & Co., Gewinn. v. Insulin aus Pankreasdrüsen 2029* F. — Kondensationsprodd. aus Eiweißhydrolysaten u. Fettsäurehalogeniden 7357* N. — Gewinn. v. Katalase aus Blut oder roten Blutkörperchen 8683* F. — Polynitrile 11464* E.
— u. **Abbey (A.)**, Ketocholansäuren 4649* E.
— u. **Bunding (I. M.)**, Reinig. d. adrenocorticotropen Hormons 4168* A.
— u. **Cornwall (E. D.)**, Mischung für Insekticide u. Fungicide 4681* A.
— u. **Gmitter (G. T.)**, Metallkomplexsalze aliphat. Diamine 11428* A.
—, **Hoerr (C. W.), Reck (R. A.)** u. **Harwood (J.)**, Aufarbeiten v. Tallöl 4965* A.
—, **Kaiser (E.)** u. **Svarz (J. J.)**, Cyclopentanophenanthren-6-essigsäuren 1330* E. — Steroid-6-essigsäuren 6574* A. — Isocholesterylmalonsäure 8681* A.
— u. **Keil (H. L.)**, Katalase 11052* E.
— u. **Lolli (A. L.)**, Stabilisieren v. Katalase 11052* A.
— u. **Ness (La V. Van)**, Cholesterin 8681* A.
— u. **Potts (R. H.)**, Aufarbeiten v. Tallöl 4965* A.
—, **Potts (R. H.)** u. **Olson (R. N.)**, Fraktionierte Dest. 9694* E.
—, **Roland jr. (J. F.)** u. **Gross (A. M.)**, Nährlsg. zur Best. d. Wachstumsgeschwindigk. v. Lactobacillus casei 4166* A.
— u. **Sifferd (R. H.)**, Gewinn. v. Desoxycholsäure 2729* A.. — Dehydrocholsäure 8680* A. — Trenn. v. Gallensäuren 8680* A. — Cerebroside 8681* A.
—, **Svarz (J. J.)** u. **Sifferd (R. H.)**, Reine Desoxycholsäure 8680* A.
— u. **Thompson (R. E.)**, Protrahiert wirkende ACTH-Lsg. 4168* A.
—, **Turinski (O.)** u. **Reck (R. A.)**, Monoacylamide 5896* A.
—, **Zeigler (A. H.)** u. **Harris (C. M.)**, Leim- u. Gelatinefolien 267* E.
Armstrong (B.) s. Nolan (W. J.).
Armstrong (C. N.) u. **Lloyd (W. H.)**, Schwere örtl. u. allg. Nebenerscheinn. nach Insulin-Zink-Suspens. u. wasserlösl. Insulin 2231.
Armstrong (D.), Schutzüberzüge auf Al in d. Luftfahrtindustrie 206.
Armstrong (E. B.), Verwend. d. Fabry-Perot-Interferometers zu Temperaturmessungen in d. oberen Atmosphäre 278.
Armstrong (F. A. J.), P u. Si in Seewasser bei Plymouth während d. Jahre *1950—1953* 3582.

Armstrong (F. L.) s. Mahady (S. C. F.).
Armstrong (G. G.) s. Guyton (A. C.).
Armstrong jr. (G. M.) s. Morgan (L. W.).
Armstrong (G. P.) s. Distillers Co. Ltd.; Hercules Powder Co.
—, **Hall (Reginald H.)** u. **Quin (D. C.)**, Autoxydat. v. Isopropylbenzol 321.
Armstrong (H. L.), Therm. Effekte in Punktkontaktgleichrichtern 284, 8554. — s. Hughes (J. V.).
Armstrong (J.) u. **Fenton (A. H.)**, Calamin-Lotion B. P., ein verbessertes Rezept 3915.
— u. **Hyde (G.)**, Histolog. Unters. 1. Mitt. 10824; 2. Mitt. Autoradiographie 10824; 3. Mitt. Ausfriertrockn. 10824.
— u. **Martin (Mary)**, „In vitro"-Beurteil. gebräuchl. Antacida, bes. v. $Al(OH)_3$-Gel u. getrocknetem $Al(OH)_3$-Gel 873.
Armstrong (J. B.), Korrosionsprüfverf. 7352.
Armstrong (J. V.) s. Harper (W. J.).
Armstrong (M. C.) s. Owens-Corning Fiberglass Corp.
Armstrong (R.) s. Wiesner (K.).
Armstrong (Rose) s. Roberts (J. D.).
Armstrong (R. G.) u. **Rotariu (G. J.)**, Fl. Lsg. v. Ga in gelbem P 5498.
Armstrong jr. (S. H.) s. Scatchard (G.).
Armstrong (T. J.) s. Du Pont de Nemours (E. I.) & Co.
Armstrong (T. N.), **Kahn (N. A.)** u. **Thielsch (H.)**, Übergang v. schmiedbaren zum spröden Zustand v. Druckkesselstahl 4923.
Armstrong (W. D.) s. Singer (L.).
Armstrong (W. E.) s. Davis (R. J.) [London].
Armstrong (W. M.), Elektr. Schmelzen v. Fe-Erz 3236.
Armstrong (W. McD.), Fäll. v. Serumproteinen durch verzweigtkettige Paraffinverbb. 11009.
Armstrong Cork Co., Walzenüberzüge für Spinnmaschinen 8744* E. — Textilwalzenbezüge 8986* E.
—, **Breuer (F. W.)** u. **Zentmyer (D. T.)**, Hartes Montanwachs 8058* A.
— u. **Charles (J. E.)**, Synthet. Kautschuk für Textilwalzenbezüge 3503* A.
— u. **Eckert (L. W.)**, Feuerschutzanstrichmittel 1348* A.
— u. **Elliott (C. G.)**, Klebemittel für Fußbodenbelag (Linoleum) 10888* A.
— u. **Gard (G. E.)**, Imprägnier. v. Holz 250* A.
— u. **Garrett (R. A.)**, Bezüge v. Streckwerkwalzen 10639* E.
— u. **Koehn (G. W.)**, Versprühbare Kleblsg. 6437* E.
— u. **McGarvey (A. R.)**, Feuerfestes Isoliermaterial 441* E.
—, **Moore (D. W.)** u. **Searl (A. H.)**, Feuchtigkeitsbeständ. elast. Fliesen für Böden u. Wände 8236* A.
— u. **Ostermayer (W. P.)**, Korkplatten 10888* A.
— u. **Phillips (W. H.)**, Korkmasse 10653* A.
— u. **Stevens (H. L.)**, Mörtelart. Klebmischung 4982* A.
— u. **Turkington (R. D.)**, Thermoelement hoher Empfindlichk. 6589* A.
Arnaki (M.) s. Stary (Z.).
— u. **Stary (Z.)**, Biosynth. d. Carotinoide bei d. Sarcina lutea 5338. — Biosynth. d. Carotinoide 11601.
Arnal (R.), Zünd. elektr. Entladd. im Vakuum 6215.
Arnason (A. P.), Chem. Bekämpf. v. Insektenbefall bei Weidepflanzen 9651. — s. Fredeen (F. J. H.).
Arnaud (P.) s. Heilmann (R.).
Arnborger (K.), **Fors (M.)** u. **Sandell (E.)**, Visuelle Kontrolle u. Ampullenherst. 1793. — Abfüll. v. Ampullen u. ihre Prüf. auf Flimmerfreih. 5368.
— u. **Sandell (E.)**, Perforierte Ampullen zur Herabsetz. d. Ampullenausschusses 10319.
Arndt (F.), **Ergener (L.)** u. **Kutlu (O.)**, Konst. d. 4-Oxycarbostyrils u. seiner Methylderivv. 351. — Py-Dioxyderivv. d. Carbostyrils u. d. sogenannte Homoanthroxansäure 352.
— u. **Severge (T.)**, Darst. v. reinstem Pyridin aus Pyridinbasengemischen 5414.
Arndt (U. W.), Billige Röntgenstrahlendetektoren 1436. — s. Riley (D. P.).
—, **Coates (W. A.)** u. **Crathorn (A. R.)**, Gas-Durchlaufzähler für Röntgenbeug. 6912.
—, **Coates (W. A.)** u. **Riley (D. P.)**, Proportionalzählertechnik zur Mess. d. Röntgenstreuung v. Pulvern, Fasern u. Fll. 1916.
— u. **Riley (D. P.)**, Aufklär. d. Struktur einiger Proteine durch eine Röntgenstrahlenstreumeth. 10765.
Arneson (A. N.) s. Allen (W. M.).
Arnikar (H. J.), Erzeug. d. Joshi-Effekts bei Gleichstromerreg. 8550.
Arnold (A.) u. **Schad (J. S.)**, N-Gleichgewicht bei Hunden, d. mit Casein oder d. mit durch Methionin ergänztem Casein gefüttert wurden 3665.
Arnold (B. H.) u. **Hall (A. N.)**, Wrkg. v. Penicillin u. Streptomycin auf gewisse Arten v. Lactobacillus u. Acetobacter 11602.
Arnold (C. W.) u. **Matsen (F. A.)**, Infrarotspektren d. deuterierten Äthylenoxyds 11358.
Arnold jr. (F. A.) s. Zimmermann (E. R.).
Arnold (G. B.) s. Texaco Development Corp.; Texas Co.
Arnold (H.) u. **Schachtner (H.)**, Synth. d. 1.5-Dimethylazulens 8371.
Arnold (H. R.) s. Du Pont de Nemours (E. I.) & Co.
Arnold (J.) s. Thaeler jr. (A. D.).
—, **Alving (A. S.)**, **Hockwald (R. S.)**, **Clayman (C. B.)**, **Dern (R. J.)**, **Beutler (E.)** u. **Jeffery (G. M.)**, Wrkg. v. laufender u. intermittierender Primaquinetherapie zur Vorbeug. v. Malaria 6329.
Arnold (J. C.), Schmiermittel für Textilmaschinen 8536* E. — s. Ferro Enamel Corp.; Standard Oil Development Co.
Arnold (J. H.) s. Hydrocarbon Research, Inc.
Arnold (J. R.), Energieniveaus in ^{176}Lu u. ^{176}Hf 6448. — s. Guttman (L.).
Arnold (J. S.) s. Sherburne (R. K.).
Arnold (James S.) s. Kisieleski (W. E.).
— u. **Jee (W. S. S.)**, Präparieren v. Knochenschnitten für d. Radioautographie 3700.
—, **Taysum (D. H.)** u. **Jee (W. S. S.)**, App. zur Herst. v. Knochenschnitten 3700.
Arnold (J. T.) s. Anderson (W. A.).
Arnold (L. F.) s. Goodrich (B. F.) Co.
Arnold (L. K.) s. Balloun (S. L.).
Arnold (M.) s. Kuck (J. A.).
Arnold (M. H. M.), Kontinuierl. Alkydharzdarst. 9918. — s. Clarke (H. J.); Imperial Chemical Industries Ltd.; Postans Ltd.
Arnold (M. R.) s. National Cylinder Gas Co.
Arnold (O. M.), Wärmeunempfindl. Nylonfäden u. -Filme 10656* A.

Arnold (P. D.), Verarbeit. u. Behandl. größerer Mengen v. Gefrierbrot 240.
Arnold (P. W.), Verluste v. N_2-Oxydul aus d. Boden 909.
Arnold (R.), Gichtstaub 10803.
Arnold (R. C.) s. Standard Oil Co.
—, Launer (P. J.) u. **Lien (A. P.)**, Identifizier. v. Cyclohexanthiol in „Virgin Naphtha" 5461.
—, Lien (A. P.) u. **Alm (R. M.)**, Einw. v. $LiAlH_4$ auf organ. Disulfide 559.
Arnold (R. G.) s. Andersen (D. E.); Du Pont de Nemours (E. I.) & Co.
Arnold (R. J.) s. Canadian Kodak Co. Ltd.
Arnold (R. T.) s. Fenton (S. W.); Smith, Kline & French Laboratories.
Arnold (S. M.) s. Koonce (S. E.).
Arnold (W.) u. **Krefft (S.)**, Unterss. zur Toxizität d. Zephirols 9848.
Arnold (William) u. **Davidson (J. B.)**, Spektrale Identität d. Fluorescenzstrahl. u. d. verzögert abgestrahlten Lichtintensität bei Chlorella 5344.
Arnold (W. A.) s. Standard Oil Development Co.
Arnold (W. H.), Ballam (J.), Gursky (H.), Hodson (A. L.), Rau (R. R.), Reynolds (G. T.) u. **Treiman (S. B.)**, In einer Doppelnebelkammeranordn. beobachtete instabile Teilchen d. Höhenstrahl. 4986.
Arnold (W. R.), Phillips (J. A.), Sawyer (G. A.), Stovall jr. (E. J.) u. **Tuck (J. L.)**, Querschnitte d. Rkk. D(d,p)T, D(d,n)^{3}He, T(d,n)^{4}He u. ^{3}He(d,p)^{4}He unterhalb *120* keV 1434.
Arnold (Z.) u. **Hejno (K.)**, Synthet. Stoffe mit uteroton. Wrkg. 2. Mitt. Von 3.4-Dimethoxybenzylamin abgeleitete tert. Amine 4829.
Arnold, Hoffmann & Co., Inc., Ney jr. (W. O.), Nummy (W. R.) u. **Barnes (C. E.)**, Polymerisat. v. N-Vinylpyrrolidon 4653* A.
— u. Robinson (C. A.), Guanidin–Formaldehyd-Kondensationsprodd. 2306* A.
Arnolds (B.) s. Braunkohle-Benzin Akt.-Ges.
Arnon (D. I.), Photosynth. außerhalb d. lebenden Zelle 10782. — s. Hageman (R. H.).
Arnould (G.) s. Lejeune (Georges).
Arnould (J.), Herst. feuerfester Zemente u. Betone 1819.
Arnould (Y.) s. Wahl (H.).
Arnoult-Crapotte (R.), Wetterfestes Bindemittel für Wasserfarben 1615* F.
Arnowitt (R.), Hyperfeinstruktur d. H 7138.
— u. Deser (S.), Virtuelle Zustände v. Zwei-Meson-Systemen 6442.
— u. Gasiorowicz (S. G.), Näherungsgleichungen für Meson–Nucleon-Systeme 3299. — Kovariantes Approximationsschema für Greensche Funktt. gekoppelter Felder 8075. — Renormalisier. eines kovarianten Approximationsschemas in d. Feldtheorie 10181. — Wrkg. negativer Energiekomponenten im Zwei-Nucleon-Syst. 10183.
Arnstein (H. R. V.), Funkt. v. Vitamin B_{12} beim tier. Stoffwechsel 11032.
— u. Bentley (R.), Biosynth. v. Kojisäure. 1. Mitt. Bldg. aus $^{14}C_{(1)}$- u. $^{14}C_{(3,4)}$-Glucose u. $^{14}C_{(2)}$-1.3-Dioxyaceton 7008; 2. Mitt. Vork. v. Aldolase u. Triosephosphatisomerase in Aspergillusarten u. ihre Bezieh. zur Kojisäuresynth. 7009; 3. Mitt. Einbau v. kleinen markierten Moll. in Kojisäure 7009.
Arnstein (H. R. V.) u. **Neuberger (A.)**, Wrkg. v. Cobalamin auf d. quantitative Verwert. v. Serin, Glycin u. Formiat für d. Synth. v. Cholin u. d. Methylgruppen v. Methionin 5112. — Synth. v. Glycin u. Serin durch d. Ratte 5112.
Arntzen (C. E.) s. Westinghouse Electric Corp.
Arnwine (B.) s. Campaigne (E.).
Arny (D. C.) s. Leben (C.).
— u. Leben (C.), Dampfwrkg. gewisser Hg-Saatbeizmittel 2517.
Arobiga Akt.-Ges., Plast. bleibende Korrosionsschutz- u. Abdichtungs-MM. auf d. Basis v. Paraffin-KW-stoffen 430* Schwz. — Gewinn. v. Korrosionsschutzmitteln 5146* Schwz.
Aroeste (H.), Homogene Gas-Rkk. u. zeitabhäng. Störungstheorie 1211.
Aron (C.) s. Aron (M.).
—, Marescaux (J.) u. **Petrovitch (A.)**, Quantitative Verhältnisse bei d. Wrkg. v. Follikulin auf d. Uterushorn d. kastrierten Meerschweinchens. Best. d. Konzz. d. unter verschied. physiol. u. experimentellen Bedingungen ausgeschiedenen Östrogene 4138. — Quantitative Verhältnisse bei d. Wrkg. v. Follikulin auf d. Vagina d. kastrierten Meerschweinchens. Unterschiedl. Empfindlichk. d. Uterushorns u. d. Vagina gegenüber d. Östrogen 4138.
Aron (É.) u. **Lecomte (R.)**, Prakt. Anwend. v. ACTH durch kombinierte intramuskuläre Injekt. mit Depotpenicillin 2464.
Aron (J. M. D.), Direkte Mercurier. d. p-Aminobenzoesäure 6622* F.
Aron (M.) s. Firket (H.).
—, Aron (C.), Marescaux (J.) u. **Petrovitch (A.)**, Quantitative Zusammenhänge bei d. Wrkg. d. Hypophysenvorderlappens auf d. Ovar d. Meerschweinchens 1308.
Aroney (M.), Le Fèvre (R. J. W.) u. **Werner (R. L.)**, Infrarotabsorptionscharakteristik v. Diazoniumkationen 9759.
Aronoff (A.), Graham (J. E.) u. **McIntosh (H. W.)**, Vgl. d. Wrkg. v. *3* Testosteronpräpp. auf d. Stoffwechsel 5581.
Aronoff (E.) s. Kaslow (C. E.).
Aronoff (S.), Stoffwechsel in Sojabohnenblättern. 3. Mitt. Die bei kurzzeit. Photosynthese erzeugten organ. Säuren 11022.
Aronofsky (J. S.), Wrkg. d. Gasentweichens auf d. unstet. Gasfluß durch poröse Materialien. 3. Mitt. 755.
—, Stein (N.) u. **Wallick (G. C.)**, Meth., um d. Porosität u. d. unter Berücksichtig. d. Gleit. korrigierte Permeabilität zu bestimmen 8478.
Aronovsky (S. I.) s. Lathrop (E. C.).
— u. Lathrop (E. C.), Mechan.-chem. Aufschluß v. grobfaser. Stoffen für d. Papiererzeug. 1169* Schwz.
Aronowitsch (P. M.) s. Michailow (B. M.).
Arons (A. B.) u. **Kientzler (C. F.)**, Dampfdruck v. Seesalzlsgg. 9504.
Aronson (M. H.), Transistoren 3800.
Aronson (S. M.), Teodoru (C. V.), Adler (M.) u. **Shwartzman (G.)**, Einfl. d. Cortisons auf d. Braunfett v. Hamstern u. Mäusen 4865.
Aronsson (B.) s. Lindqvist (I.).
Aronsson (E. W.) s. Fuks (M. J.).
Arosio (G.), Neues Präanästheticum: Dilaudid-Atropin 2479.
Arpi (R.) s. Rudberg (E.).
Arquette (G. J.) s. Debye (P.); McCune (H. W.).

Arquint (A.) u. **Hauser (A.)**, Therapeut. Mitt. über d. Placentaextrakt Biostimulin Berna 11609.

Arrarte (P. R.) = Rivero Arrarte (P.).

Arreguine (V.) u. **Trecco (D. R. de)**, Mikrochem. Unters. d. Methylenblaus 11649.

Arribas-Jimeno (S.) s. Burriel-Martí (F.).

Arribat (P.), **Barguillet (G.)** u. **Linarès (J.)**, Industrielle Einführ. d. Pressens v. Nitroglycerinpulvern unter Vakuum 8299.

Arrigoni (L.) s. Roth (William).

Arrington (L. R.) u. **Krienke (W. A.)**, Verhinder. d. Oxydationsgeschmackes v. Milch durch Chelate 9467.

Arrott (A.), Meth. zur Mess. d. Magnetisier. u. d. Susceptibilität bei tiefen Tempp. 4764.

Arschinow (W. W.), Best. d. Indicatrixelemente auf d. vereinfachten fünfachs. Fedorowtisch 4063.

Arscott (G. H.) s. Combs (G. F.).

Arshid (F. M.), **Connelly (R. F.)**, **Desai (J. N.)**, **Fulton (R. G.)**, **Giles (C. H.)** u. **Kefalas (J. C.)**, Naturfarbstoffe. 2. Mitt. Konst. d. Metallkomplexe d. Brasil- u. Blauholzfarbstoffe 8737.

—, **Desai (J. N.)**, **Duff (D. J.)**, **Giles (C. H.)**, **Jain (S. K.)** u. **Macneal (I. R.)**, Naturfarbstoffe. 1. Mitt. Adsorpt. v. Brasilholz- u. Blauholzfarbstoffen durch Fasern 8737.

Arssenjew (A. A.), Bas. Gesteine Ostsibiriens 2382.

Artamonova (W. A.) s. Silber (L. A.).

Artamonow (P. A.), Gewinn. v. Δ^2-Hexadecensäure 3602. — Gewinn. v. Δ^2-Dokosensäure u. Unters. ihrer Eigg. 3602.

Artamonowa (J. W.) s. Putilowa (I. N.).

Artelt (H.-W.) s. Starck (H. C.) Akt.-Ges.

Artemjew (N. I.) u. **Kretow (A. J.)**, Beweglichk. d. Halogens in 1-Halogenderivv. d. Anthrachinons. 1. Mitt. 3853.

Artemjewa (N. D.) s. Litwinowa (J. I.).

Arthington (W.) s. Hulm (A. C.).

Arthur (H. R.) u. **Hui (W. H.)**, Unters. d. Ericaceen v. Hong Kong 6526.

Arthur (J. A.) s. Gilfillan (A. E.).

Arthur (J. B.), **Bardsley (W.)**, **Brown (M. A. C. S.)** u. **Gibson (A. F.)**, Ladungsträgerextrakt. in Ge 11506.

Arthur jr. (J. C.) s. Hoffman (Wade H.).

Arthur (J. R.) u. **Raftery (M. M.)**, Langsame Verbrenn. fester Brennstoffe 11714.

Arthur (J. S.) s. Bender (R. S.).

Arthur jr. (P.) s. Du Pont de Nemours (E. I.) & Co.

—, **England (D. C.)**, **Pratt (B. C.)** u. **Whitman (G. M.)**, Addit. v. Cyanwasserstoff an ungesätt. Verbb. 11558.

Arthur (P. T.), Verbrenn. v. Kohle bei hohen Tempp.; Einfl. d. Änder. v. Temp. u. O_2-Konz. auf d. Verbrennungsgeschwindigk. 5938.

Artigas (D. C. M.) = Mestre Artigas (D. C.).

Artigas (F.) s. Vigŭera (J. M.).

Artjuchow (I. K.) u. **Solotow (W. I.)**, Düngemittelanwend. bei Quadratnestaussaat v. Mais 194.

Artman (J. O.) u. **Gordon (J. P.)**, Absorpt. v. Mikrowellen durch O_2 im Millimeterwellenlängenbereich 10676.

Artmann (K.), Unter welchen Bedingungen ist Interferenzdoppelbrech. v. Kathoden- u. Röntgenstrahlen an Kristallen beobachtbar? 8797.

Artsdalen (E. R. Van), Gefrierpunktserniedr. in geschmolzenen Salzen 5252. — s. Dworkin (A. S.); Eckstein (B. H.).

— u. **Yaffe (I. S.)**, Elektr. Leitfähigk. u. D. geschmolzener Salzsysteme 9734.

Artunkal (S.) u. **Önen (K. H.)**, Mykosis fungoides u. seine Behandl. mit Urethan 11629.

Artusio jr. (J. F.), Diäthylätheranalgesie: Detaillierte Beschreib. d. ersten Stadiums d. Äthernarkose beim Menschen 6560.

Arundale (E.) s. Standard Oil Development Co.

— u. **Mikeska (L. A.)**, Olefin–Aldehyd-Kondensat. 7883.

Arup (H.), Angriff v. Zn u. Verzink. 8255.

Arventi (B. I.), Kuppl. d. 2-Oxydiphenylessigsäure mit Benzoldiazoniumchlorid 4336.

Arveson (M. H.) s. Standard Oil Co.

Arvey Corp., 6.7-Epoxyhexachlortetracyclododecen 1130* Schwz. — N-Organomercuriphthalimide 1826* E. — β-6.7-Epoxyhexachlortetracyclododecen 6834* Schwz.

— u. **Ferguson (C. N.)**, Bis-(trichloräthylbenzol)-phosphonat 200* A.

—, **Hyman (J.)**, **Freireich (E.)** u. **Lidov (R. E.)**, Bicycloheptadiene 4935* E., Schwz.

— u. **Kleiman (M.)**, Hexachlorcyclopentadien 1144* A. — N-Organomercurihexachlorendomethylenphthalimide 10846* A.

—, **Kleiman (M.)** u. **Goldman (A.)**, 1-Oxychlorden 3007* A.

—, **Polen (P. B.)**, **Kleiman (M.)** u. **Fechter (H. G.)**, Fungicide Mittel 8712* A.

Arvidsson (U. B.) s. Walker (A. R. P.).

Arvin (J. A.) s. Sherwin-Williams Co.

Arvy (L.) u. **Gabe (M.)**, Histochem. Angaben über d. Verteil. d. Aktivitäten alkal. Phosphatasen in einigen Amphibien 11015.

Arya (B. P.), Behandl. d. Status astmathicus mit Stickstofflost 9612.

Arzaga (V.) s. Intengan (C. L.).

Arzichowskaja (J. W.) s. Rubin (B. A.).

Asaba (T.) s. Hikita (T.).

Asada (T.), **Saito (H.)**, **Sawai (T.)** u. **Matsumoto (S.)**, Erzeug. v. künstl. Regen 10946.

Asadorian (A. A.) s. Dow Chemical Co.

Asaeda (T.) s. Takahashi (N.).

Asaff (A. G.) s. Commonwealth Research Laboratories.

Asahara (T.), **Kuroiwa (S.)** u. **Miyoshi (Yoshiko)**, Beziehh. zwischen d. Viscosität u. d. Verdünn. synthet. Harzlacke. 2. Mitt. Alkydharz-, Harnstoffharz-, Melaminharz- u. Estergummiharzlacke 6404.

Asahi Kasei Kogyo Kabushiki-Kaisha u. **Tsunoda (Y.)**, Kupferoxydammoniakcellulosespinnlsg. 9700* A.

Asai (M.) s. Mizushima (San-ichiro).

—, **Tsuboi (M.)**, **Shimanouchi (Takehiko)** u. **Mizushima (San-ichiro)**, Infrarotspektren v. Polypeptiden u. verwandten Verbb. 1. Mitt. 8814.

Asai (T.), **Aida (K.)** u. **Sugisaki (Z.)**, Oxydative Bakterien. 6. Mitt. Erzeug. v. α-Ketoglutarsäure durch B. megatherium u. B. natto 7007.

Asakura (S.) s. Oosawa (F.).

—, **Imai (N.)** u. **Oosawa (F.)**, Theorie d. mechanochem. Systeme 8096.

Asami (Y.) s. Tanaka (Y. G.).

Asano (E.), Verbesserte hochwarmfeste Legierr. u. Keramik. Warmfeste Stähle auf Fe-Grundlage (Timken Type *16—25—6*) für Gasturbinen 8017.

Asano (S.) s. Hara (N.).

Asao (T.) s. Yamamoto (T.).

Asaoka (H.) u. **Kudo (K.)**, Reyonzellstoff aus Hartholz. 2. Mitt. Pentosan v. Buchenholz 9471.
Asarjan (C. A.), Maßnahmen gegen d. Vergift. v. Pferden durch Teufelszwirn 10079.
Asaro (F.) u. **Perlman (I.)**, α- u. γ-Spektren v. ^{238}Pu 6449.
—, Thompson (S. G.) u. **Perlman (I.)**, α-Spektren v. ^{242}Cm, ^{243}Cm u. ^{244}Cm 4754.
Asarow (K. P.), Regulier. d. Eigg. d. Grundemails für Stahl 191. — Benetz. v. Fe_2O_3 durch Silicatschmelzen 4910. — Regel. d. Eigg. v. Blechgrundemails 11444.
Asarowa (S. A.) s. Saitzewa (N. M.).
Asatjan (W. D.), Cyclooctatrienderivv. 10254.
Asbeck (F.), Sonnenlicht u. Biogenese 4610.
Asbel (M. J.) s. Kaganow (M. I.).
— u. **Kaganow (M. I.)**, Theorie d. anomalen Skineffektes im Magnetfeld 10442.
Asboe-Hansen (G.) s. Engelbreth-Holm (J.).
Asboth (Karl), Formaldehyd 2299* F. — O_3 2747* F. — Synthet. Herst. v. Äthylen aus CO u. H_2 3000* F. — Elektrolyt. Gewinn. v. reinem Ti aus Ti-Salzen 4451* F.
Asbóth (Károlyné) s. Komját (I.).
Asbury (H. C.) s. Phillips Petroleum Co.
Ascah (R. G.) s. Canadian Industries Ltd.
Ascarza (E. S.) = Santos Ascarza (E.).
Asch (G.) s. Taglang (P.).
Asch (H.) s. Bamag Ltd.
Aschaffenburg (R.), Ling (E. R.) u. **Blair (G. W. S.)**, Übersichten über Fortschritte d. Milchwissenschaft. Abt. C. Milchchemie u. -physik 2095.
Aschaffenburger Zellstoffwerke Akt.-Ges., Hefe aus Pentosen enthaltenden Stoffen, bes. Sulfitablaugen 1632* Finn. — Färben v. Lebensmitteln, Süßigkk. u. Verpackungsmaterial 1636* F. — Hefe aus pentosehalt. Substrat 3988* N. — Backhefe in pentosehalt. Substrat 5680* N.
—, Bernhauer (K.) u. **Friedrich (Wilhelm)**, Gewinn. v. Vitamin-B_{12}-Konzentraten 6087* D. B.
— u. **Lagally (P.)**, Vanillin aus Lignin 5181* Schwed.
Aschbel (S. I.), Stolpetzkaja (N. G.) u. **Ssokolowa (W. G.)**, Behandl. v. Virusgrippekranken u. Chemoprophylaxe dieser Erkrank. unter gewerbl. Verhältnissen 133.
Aschenbrand (L. M.) s. Zelikoff (M.).
Aschenbrenner (F. A.), Beim M.I.T.-Cyclotron angewandtes Teilchenselektionsverf. 2127.
Aschenbrenner (M.) s. Badische Anilin- & Soda-Fabrik Akt.-Ges.
Ascher (E.), Hall-Effekt, Widerstand u. spontane Magnetisier. in irreversiblen Legierr. 5963.
Aschkenasy (A.), Einfl. d. Testosterons, d. Thyroxyns u. d. Cortisons auf d. Nahrungsaufnahme, d. Gewichtsabnahme u. d. Zustand d. Organe bei im Proteinmangelzustand befindl. Ratten 3895.
— u. **Dray (F.)**, Wrkg. einiger Hormone auf d. Ausheilung d. Anämie u. d. Leukopenie, d. durch Proteinmangel hervorgerufen wurden 1306. — Wrkg. einiger Hormone auf d. Wiederherst. d. Gewichtes u. auf d. Regenerat. d. Organe nach experimentellem Proteinmangelzustand 1306.
Aschkinasi (M. S.) u. **Karpitskaja (W. J.)**, Photochem. Eigg. metallhalt. Analoga d. Chlorophylls 1056.
Aschmarin (I. P.), Eigg. verkürzender Eiweißstoffe d. Muskeln mit Hilfe eines neuen method. Vorgehens 5588. — s. Wladimirow (G. J.).
Aschner (J. F.), Selbstdiffus. in KCl 8315.
Aschner (T. C.) s. Smith, Kline & French International Co.
Ascik (A. L.), Desoxydat. u. Entgasung legierter Stähle in bas. Lichtbogenöfen 6605.
Ascione (J.) s. Fazio (A. N.).
Ascoli (G.), M. d. Höhenstrahlmesonen auf Bergeshöhen 3.
Asen (S.) u. **Hamner (C. L.)**, Wrkg. v. wachstumsregulierenden Stoffen auf d. Entw. d. Basaltriebe v. Gewächshausrosen 1540.
— u. **Wildon (C. E.)**, Nährstoffbedarf v. auf Torf u. Sand kultivierten Gewächshaus-Chrysanthemen 11276.
Asendorf (E.) s. Deutsche Gold- & Silberscheideanstalt vormals Roessler.
Asenjo (C. F.) s. Goyco (J.).
—, Goyco (J.), Pesquera (S. P. de) u. **Urrutia (G. V. de)**, Puerto-Riconische Öle. 8. Mitt. Charakteristika u. Zus. d. Öle v. Fettüberzug sowie v. Kern d. Anacaguitas-Samen (Sterculia Apetala [Jacq.] Karst) 5206.
Asensio Amor (I.), Röntgenstrahlen in d. Industrie 2496. — Deut. d. Beugungsdiagramme v. „Kristallpulver". Tabelle zur Umrechn. v. Reflexionswinkeln nach Abständen 11520.
Asgian (C.), Anwend. d. Radioaktivität zur Best. d. Alters v. Mineralien 46.
Ash (A. B.) s. Wyandotte Chemicals Corp.
Ash (L.) s. Li (Choh Hao).
Ash (V. I.) s. Maren (T. H.).
Ashar (K. G.), Diketimine u. ihre Derivv. 5293. — s. Weber (A.).
Ashare (R.), Moore (Richard) u. **Ellison (E. H.)**, Verwert. v. Glucose, Fructose u. Invertzucker. Vgl. zwischen Leber- u. Pankreaskrankheiten 9603.
Ashaway Line & Twine Mfg. Co., Saiten für Tennisschläger, Musikinstrumente 11309* Ind.
Ashbel (R.) s. Seligman (A. M.).
Ashburn (H. V.) s. Texas Co.
Ashby (R. H.) s. Niklewski (B. K.).
Ashdown (A.) u. **Hey (D. H.)**, Zwischenkerncyclisier. 4. Mitt. Darst. v. o-Amino-α-benzylzimtsäure 6982.
Ashe Laboratories Ltd., Fl. Haarwaschmittel 2554* E.
— u. **Marmoy (F. B.)**, Haarwaschmittel 4721* E.
Ashenbrucker (H.) s. Jensen (W. N.).
Asher (J.) s. Taylor (J. D.).
Asheshov (I. N.) s. Machlowitz (R. A.).
Ashford (B. O.) s. Pirelli-General Cable Works Ltd.
Ashida (S.) s. Amemiya (T.).
Ashkin (A.), Page (L. A.) u. **Woodward (W. M.)**, Messungen d. Elektron–Elektron- u. d. Positron–Elektron-Streuung 6203.
Ashkin (J.) s. Blaser (J.).
Ashley (C. A.), Arasimavicius (A.) u. **Hass (G. M.)**, Enzymat. Unterss. d. Veränderr. v. Adenosintriphosphat während d. Kontrakt. isolierter Skelettmuskelfibrillen 379.
Ashley (J. E.) s. Koontz (P. G.).
Ashley (J. N.) s. May & Baker Ltd.
Ashley (K. D.) s. American Cyanamid Co.

Ashley (M. G.) u. **Lees (J. F.)**, Colorimetr. Meth. zur Best. kleiner Mengen Procain aus Procain–Benzylpenicillin B. P. in Futtermitteln 1165.
Ashley (R. W.), Einricht. für eine Latexfarbenfabrikat. 5432.
Ashmore (A.) u. **Crewe (A. V.)**, Mehrfachstreuung v. 7,5 MeV-Deuteronen in Metallen 272.*
— u. **Raffle (J. F.)**, Neues Energieniveau in ^{7}Li 1663.
Ashmore (S. A.) u. **Savage (H.)**, Kleine Phenolmengen in Kresylsäure 9870.
Ashton (A. B.), Berechn. d. Windd. eines elektr. Widerstandsofens mit Mo-Draht 7067.
Ashton (F. L.), Verhältniskonstante Meth. zur spektrograph. Analyse nach d. Lundegårdhschen Flammentechnik 884.
Ashton (G. C.) s. Catron (D. V.); Jensen (A. H.); Maddock (H. M.); Quinn (L. Y.).
—, **Kastelic (J.)**, **Acker (D. C.)**, **Jensen (A. H.)**, **Maddock (H. M.)**, **Kline (E. A.)** u. **Catron (D. V.)**, Verschied. Proteingehh. mit u. ohne Zulagen v. Antibioticis für wachsende Mastschweine: Wrkg. auf d. magere Fleisch 9372.
Ashton (T. R.), Cottage-Käse 949.
Ashton (W. H.) s. Johnson & Johnson.
Ashwell (G.) u. **Hickman (J.)**, Bldg. v. Xylulosephosphat aus Ribosephosphat in Milzextrakten 6290. — Wrkg. d. Röntgenbestrahl. auf d. Enzymsysteme d. Mäusemilz 7002.
Ashworth (D. B.), Chemikalien zum Schutze v. Pflanzen u. Früchten 8008.
Ashworth (M. R. F.) u. **Dubois (J. E.)**, Kinetik d. Deketolisierungs-Rk. 9994.
Ashworth (U. S.) u. **Gunthardt (H.)**, Benetzbark. v. Milchpulver 8284.
Asia (G.) s. Johansen (H. A.).
Asinger (F.) s. I. G. Farbenindustrie Akt.-Ges.
— u. **Berg (Otto)**, Isomerisier. d. olefin. Doppelbind. durch Metallcarbonyle 8591.
Asjawtschik (A. W.), Einfl. v. Testosteronpropionat auf d. Wiederherst. einiger Fermentfunktionen in d. Leber, d. bei Eiweißmangel in d. Nahrung gestört wurden 11608.
Askam (V.) u. **Linnell (W. H.)**, 6-Acetylindan-1-carbonsäureäthylester 6507. — Cyclisier. v. substituierten Phenylbernsteinsäuren 9790.
Aske (I. E.) s. Fitzpatrick (K. W.).
— u. **Fitzpatrick (K. W.)**, Duktile Drähte mit hohem elektr. Widerstand 6126* A.
Asker (W.) s. Schönberg (A.).
Askonas (B. A.), **Campbell (P. N.)** u. **Work (T. S.)**, Biosynth. v. Proteinen. 2. Mitt. Synth. v. Milchproteinen durch d. Ziege 4873.
— u. **Humphrey (J. H.)**, Antikörperbldg. in Stücken v. durch Adjuvans hervorgerufenen Impfgranulomen 11026.
Asling (C. W.) s. Nelson (M. M.); Simpson (M. E.).
Asmis (H.) s. Karrer (P.).
—, **Bächli (E.)**, **Giesbrecht (E.)**, **Kebrle (J.)**, **Schmid (H.)** [Zürich] u. **Karrer (P.)**, Curarealkaloide aus Calebassen u. verwandte Verbb. 11. Mitt. Aus Calebassen isolierte quart. Alkaloide 5554.
—, **Bächli (E.)**, **Schmid (H.)** [Zürich] u. **Karrer (P.)**, Curarealkaloide aus Calebassen u. verwandte Verbb. 14. Mitt. Umwandl. v. Calebassen- u. Strychnosalkaloiden unter d. Einw. verd. Säuren 5555.
Asmis (H.), **Schmid (H.)** [Zürich] u. **Karrer (P.)**, Curarealkaloide aus Calebassen u. verwandte Verbb. 13. Mitt. Alkaloide aus einer Strychnos-toxifera-Rinde aus Venezuela 5554.
Asmussen (R. W.), Grundrids af den almene Kemi [3298].
Aso (M.) s. Takaki (H.).
Asolkar (G. V.), Joshi-Effekt in Bzl.-Dampf unter d. Einw. v. Röntgenstrahlen. 1. Mitt. Einfl. d. Anregungspotentials 1469; 2. Mitt. Einfl. d. Intensität u. d. Frequenz 1469.
Asp (E. T.) s. Decker (B. F.).
A. S. P. Chemical Co. Ltd., Pektingewinn. 1869* E. — Stabilisieren v. Böden 11448* F.
—, **Walsh (C. L.)**, **Hawes (W. B.)** u. **Foulger (F.)**, Stabilisier. v. Böden 2055* A.
Aspegren (O.), Entphosphor. v. fl. Roheisen 5168* F.
Aspelund (H.) s. Berggårdh (C.).
Asper jr. (S. P.), Antithyreoid wirkende Mittel bei d. Behandl. d. Hyperthyreosen 8897. — s. Selenkow (H. A.).
Aspergen (B. D.) s. Moffett (R. B.).
Ašperger (S.), Einfl. d. Temp. auf d. Photooxydat. v. Äthylenglykol durch Bichromat 10713.
— u. **Murati (I.)**, Best. v. Hg in d. Luft. Ultramikroanalyt. Best. v. Hg (II)-Ion in Brom- u. Chlorwasser auf Grund seiner katalyt. Wrkg. 1804.
—, **Murati (I.)** u. **Čupahin (I. O.)**, Spektrophotometr. Best. kleiner Mengen v. Quecksilber(II)-ionen in dest. W. 10822.
Asphalt Specialties Co. u. **Dague (H. F.)**, Pumpfäh. Asphaltsuspens. für Straßenbauzwecke 3540* A.
Aspinall (G. O.), Chemie u. chem. Abbau v. Cellulose 1407. — Methyläther d. Hexuronsäuren 10752. — s. Wilkinson (J. F.).
—, **Hirst (E. L.)**, **Percival (E. G. V.)** u. **Williamson (I. R.)**, Mannane d. Elfenbeinnuß (Phytelephas macrocarpa). 1. Mitt. Methylier. v. Mannan A u. Mannan B 1985.
— u. **Telfer (R. G. J.)**, Getreidegummi. 1. Mitt. Methylier. v. Gerstenglucosan 5561.
Asplund (A. J. A.), Papiermasse 5212* F.
Asplund (J.), Klin. Vgl. zwischen viscosen u. wss., wasserlösl. Kontrastmitteln bei d. Hystero-Salpingographie 2242.
Asplund (O.) s. Jones (C. W.).
Asprey (L. B.) s. Nigon (J. P.); United States of America.
—, **Ellinger (F. H.)** u. **Zachariasen (W. H.)**, Darst., Identifizier. u. Kristallstruktur einer fünfwert. Am-Verb., $KAmO_2F_2$ 4063.
Asquini (G.) s. Pavolini (T.).
Assadullin (R.) u. **Schuppe (G. N.)**, Elektronenaustrittsarbeit aus Nickeleinkristallflächen 745.
Assarsson (G. O.) s. Aaremäe (A.).
— u. **Balder (A.)**, Gleichgewichte in d. wss. Systemen v. Ca^{2+}, Sr^{2+}, Na^+ u. Cl^- zwischen *18* u. *114°* 43. — Gleichgewichte zwischen *18* u. *100°* in d. wss., tern. Syst. v. Sr^{2+}, Mg^{2+} u. Cl^- 43. — Gleichgewichte zwischen *18* u. *114°* in d. wss. tern. Syst., Ca^{2+}, Sr^{2+} u. Cl^- enthaltend 5978.
Assayag (P.) u. **Dodé (M.)**, Thermodynam. Unters. d. Überstruktur Pt–Cu, PtCu 8793.
Asscher (M.) s. N. V. Philips' Gloeilampenfabrieken.
Asseff (P. A.) s. Lubrizol Corp.
Asselineau (J.), Bestandteile d. Tuberkelbacillus. 14. Mitt. Unters. d. α-Mycolsäure

aus einem Humanstamm d. Tuberkelbacillus; Darst. v. Dioxymycolansäure, Oxymycolensäure u. Mycoldiensäure 9099.
Asselineau (J.), Ganz (E.) u. Lederer (E.), Chem. Konst. d. α- u. β-Mykolsäure eines virulenten Mycobacterium tuberkulosis-Stammes v. Typ humanus 9362.
Asselmeyer (F.), Einfl. d. Glanzwinkels auf d. Abb. v. Achsenpunkten bei d. Kugelzonenspiegel für monochromat. Röntgenstrahl. 5256.
Assendelet (L. van), Bekämpf. d. Luftverschmutz. in d. Kunstseideindustrie. 2. Mitt. Techn. Einleit. 1644.
Assenmacher (I.) s. Benoit (J.).
Asser (E.) s. Barthel (M.) & Co., Chemische und Mineralölwerke G. m. b. H.
Assmajew (P. G.) u. Muchina (N. N.), Trockn. v. Tabakblättern bei hohen Tempp. 11112.
Association of American Soap & Glycerine Producers, Inc., Puis (R. N. du) u. Wright (H. J.), Filmbildende Alkydharze 6405* A.
Association Institut du Pin, Öle u. Schmiermittel 7355* F.
Assonow (A. D.), Schepeljakowski (K. S.) u. Lankin (P. A.), Schnellzementat. bei Hochfrequenzerhitz. 3722.
Assratjan (S. N.), Einfl. d. Präpp. aus Pflanzen d. Familie d. Asclepiadaceen auf d. Receptoren d. Sinus caroticus 8904.
Assrijew (E. A.), Kopfdüng. d. Weinstockes 10841.
Asstachowa (N. K.) u. Tilitschenko (M. N.), Kondensat. v. Formaldehyd mit Ketonen u. Aldehyden. Synth. v. 5.7-Dimethyl-4.8-diphenylundecadien-(1.10)-diol-(4.8) 3356.
Asstapenko (M. G.), Cortisonbehandl. v. Kranken mit infektiöser (nichtspezif.) Polyarthritis 9831. — s. Nessterow (A. I.).
— **u. Kogan (R. P.),** Tödliche Vergift. durch Atophan 9848.
Asstrejewa (O. M.), Tabellen zur Ermittl. d. mineralog. Zus. v. Klinker u. Schlacke aus d. Ergebnissen d. chem. Analyse. Russ. [4433].
Asta (G. Dall') s. Deutsche Gold- & Silberscheideanstalt vormals Roessler.
Astaldi (G.), Gorini (P.) u. Galdi (G.), Tuberkulosetherapie mit Isonicotinsäurehydrazid 6069.
Astbury (J. P.), S-Teilchen u. χ-Mesonen 972.
—, **Buchanan (J. S.), Chippindale (P.), Millar (D. D.), Newth (J. A.), Page (D. I.), Rytz (A.) u. Sahiar (A. B.),** Mittlere Lebensdauer geladener V-Teilchen 5708.
—, **Buchanan (J. S.), James (G. D.), Millar (D. D.), Newth (J. A.), Page (D. I.), Sahiar (A. B.) u. Rytz (A.),** Neutrales V-Teilchen aus einer Kernwechselwrkg. niedriger Energie 5708.
—, **Chippindale (P.), Millar (D. D.), Newth (J. A.), Page (D. I.), Rytz (A.) u. Sahiar (A. B.),** Zerfall geladener V-Teilchen 9488.
Astbury (W. T.), Röntgenograph. Unterss. v. Nucleinsäuren 11400.
Asteck Callery (E. L. d'), Neuer Initialsprengstoff 3047* F.
Asteroth (H.) s. Kreuziger (H.).
Aston (E. R.), Zahnunters. bei Angestellten aus 5 bleiverarbeitenden Fabriken 6565.
Aston (J. G.) s. Mastrangelo (S. V. R.).
— **u. Moessen (G. W.),** Normaler Kp. v. O_2 nach d. thermodynam. Skala 1679.
Aston (J. G.), Zolki (T. P.) u. Wood (J. L.), Thermodynam. Eigg. u. Konfigurat. v. Trimethylhydrazin. Identifizier. u. Korrektur für eine größere Verunreinig. 10950.
Åstrom (B.) s. Atterling (H.); Bergström (I.).
Astudillo (D.) s. Sanz Sánchez (F.).
Astwood (E. B.) s. Raben (M. S.).
Asunmaa (S.), Elektronenmkr. Unterss. an Faserquerschnitten v. Espensulfitzellstoff 6166.
Aswathanarayana (U.), Südind. radioakt. Minerale. 2. Mitt. Allanit v. Madura 3096. — Verteil. d. Radioaktivität in d. Gesteinen Südindiens. 1. Mitt. Charnockit u. damit zusammen vorkommende Gesteine 5980. — s. Mahadevan (C.).
Atabey (F.), Bedeut. d. 17-Ketosteroide in d. Gynäkologie 11610.
Atack (D.) u. Rice (O. K.), Thermodynamik v. Dampfphasengemischen aus J u. Bzl. mit Anwend. auf d. Geschwindigk. d. Rekombinat. v. J-Atomen 5033. — Grenzflächenspann. u. a. Eigg. d. Syst. Cyclohexan–Anilin in d. Nähe d. krit. Lsg.-Temp. 5986.
Atanasiu (N.), Studium d. Ertragsdepressionen durch N 6112.
Atarow (W. T.) s. Rasumowitsch (M. B.).
Ateliers de Constructions Électriques de Charleroi, Färben u. Drucken mit Ultraschall 460* F. — Gasentladungsleuchtröhre 10830* F.
Ateliers Partiot-Cémentation, Oberflächenwärmebehandl. v. Gegenständen aus Stahl, bes. Sonderstahl 6127* F. — Verbesser. d. Verschleißfestigk. v. Stahlgegenständen 6613* F.
Aten jr. (A. H. W.) s. Heijde (H. B. van der); Hooge (F. N.); Straaten (H. van der); Verkerk (B.).
— **u. Boelhouwer (M.),** γ-Strahlen aus ^{117}Cd 4270.
—, **Coussens (R.), Massart (L.) u. Peeters (G.),** Einbau v. $Na_2{}^{35}SO_4$ u. $Na_2{}^{35}S$ in Milchprotein beim durchströmten Kuheuter 3403.
—, **Greuell (E.) u. Dijk (W. J. van),** Zerfall v. ^{47}Ca 2593.
— **u. Halberstadt (J.),** Erzeug. v. Radioisotopen 5471.
—, **Kooi (J.), Vries (B. de) u. Veenendaal (A. L.),** Zerfall v. ^{47}V u. ^{51}Mn 2593.
—, **Manassen (J.) u. Feyfer (G. D. de),** Isomere v. ^{116}Sb 11492.
— **u. Vries-Hamerling (T. De),** Kurzleb. neutronenarme Isotope v. Rh u. Pd 2594.
—, **Vries-Hamerling (T. De) u. Lindner (L.),** Bldg. u. Strahll. v. ^{67}Ge 2594.
—, **Wijs (H. De) u. Boelhouwer (M.),** Zerfall v. ^{65}Ga 1898.
Athens (J. W.) s. Ingbar (S. H.).
Atherton (E.) u. Cowgill (E.), Entwurf u. Konstrukt. eines Differentialrefraktometers für Messungen an gefärbten Lsgg. 2782.
Atherton (F. R.) s. Roche Products Ltd.
Atkeson (F. W.) s. Bartley (E. E.).
Atkins (E.), Allison jr. (F.), Smith (Mary R.) u. Wood jr. (W. B.), Antipyret. Wrkg. v. Cortison bei pyrogen-induziertem Fieber 10065.
Atkins jr. (E. L.), Bekämpf. v. Xylomyges curialis (Grote) auf Citrus 4438.
Atkins (F.), Kosmetica u. Toilettenartikel 9924.
Atkins (G. R.), Korros. durch weiches W. u. Sättig. mit $CaCO_3$ 891.
Atkins (G. T.) u. Wilson (G. W.), Verf. zur Best. d. Größe d. Destillationseinricht. 2268.

Atkins (K. R.) u. **Edwards (M. H.)**, Ausdehnungskoeff. v. fl. He II 6462.
Atkins (N. M.) s. Eastman Kodak Co.
Atkins (W. R. G.) u. **Poole (H. H.)**, Lichtstreuung in natürl. W. 4758.
Atkinson (A.), Elementary volumetric analysis [8462].
Atkinson (C. M.), **Simpson (J. C. E.)** u. **Taylor (A.)**, Bezieh. v. Cinnolinen u. a. heterocycl. Verbb. zur Chemotherapie d. Trypanosomiasis. 7. Mitt. Zwischenprodd. 10252.
Atkinson (H. J.) s. Bishop (R. F.).
—, **Giles (G. R.)** u. **Desjardins (J. G.)**, Geh. an Spurenelementen im Stalldünger 6596.
Atkinson (I. C.) u. **Murray (R. L.)**, Erziel. optimaler Multiplikationsfaktoren heterogener Reaktoren 5472.
Atkinson (J. C.), **Boucher (R. V.)** u. **Callenbach (E. W.)**, Einfl. v. Terramycin u. Aureomycin auf Wachstum, Veränder. u. Futterausnutz. bei weißen Holland-Putern 2233.
Atkinson (M. R.), **Komzak (A. A.)**, **Parkes (E. A.)** u. **Polya (J. B.)**, Triazole. 5. Mitt. Derivv. v. 3-Amino-1.2.4-triazol 5538.
—, **Parkes (E. A.)** u. **Polya (J. B.)**, Triazole. 4. Mitt. UV-Absorptionsspektren einiger 1.2.4-Triazole 5504.
— u. **Polya (J. B.)**, Triazole. 3. Mitt. Mono- u. Dimethyl(-phenyl)-1.2.4-triazole 2418. — Spalt. v. 1.2.4-Triazolringen 3139.
Atkinson (R. G.), Pharmakopöe d. UdSSR. 8. Ausgabe *1952* 1094.
Atkinson (R. H.) u. **Furman (D. E.)**, Kriechwerte v. Pt-Metallen bei *1382°* F 3952.
Atkinson (R. L.), **Reid (B. L.)**, **Quisenberry (J. H.)** u. **Couch (J. R.)**, Antibiotica, Methionin u. nicht identifizierte Wachstumsfaktoren bei d. Ernähr. v. breitbrüstigen Bronzeputern 7716.
Atkinson (R. O.), **Ockrent (C.)** u. **Simons (C.)**, Synth. v. Aminosäuren 7891.
Atkinson (W. R.) s. Fowler (R. G.).
—, **Fowler (R. G.)** u. **Holden (W. R.)**, Magnetohydrodynam. Fluß in H u. He 4036.
Atlantic Gummed Paper Corp. u. **Warshaw (N.)**, Dehnbares Verstärkungsband 7578* A.
Atlantic Refining Co. u. **Clarke (E. W.)**, Lösungsmittelfraktionier. paraffinhalt. Gemische 4010* A. — Mittel zur Behandl. d. Bodens 8246* A. — Trenn. wachshalt. Gemische in Fraktionen mit höherem u. niederem F. 8536* A., 9707* A.
—, **Griesinger (W. K.)** u. **Engelking (E. H.)**, Lsgg. v. bas. Erdalkalisulfonaten in KW-stoff-Ölen 3044* Can.
— u. **Gzemski (F. C.)**, Verbesser. d. Haftfestigk. v. Bitumina an Gestein 4010* Can.
—, **Higbee (H. B.)** u. **Griesinger (W. K.)**, Mineralöllösl. Erdalkalisulfonate v. Mineralölen 7079* Can.
— u. **Keenan (V. J.)**, Alkylalkanolaminsalze v. alkylierten Arylsulfonsäuren 9694* A.
—, **Keenan (V. J.)** u. **Gozlow (F. J.)**, γ-Alkoxypropylaminsalze v. Alkylarylsulfonsäuren 6165* A.
— u. **Reuter (R.)**, Zusatzmittel für KW-stoff-Schmieröle 3535* Can.
Atlas Mineral Products Co. of Pennsylvania, **Seymour (R. B.)** u. **Desch (R.)**, Säure- u. alkalibeständige Kitte 2974* A.
—, **Seymour (R. B.)** u. **Pascoe (W. R.)**, Nichtkorrodierender Kitt für Eisenrohre 3702* A. — Tonrohrkitt 4179* A.
Atlas Mineral Products Co. of Pennsylvania, **Seymour (R. B.)**, **Steiner (R. H.)** u. **Desch (R.)**, Härtbarer Harzkitt 8463* A.
Atlas Powder Co., Diglykolsäurediester v. Ätheralkoholen 5212* E. — N-substituierte Morpholine 9448* E.
— u. **Barker (G. E.)**, Wasch- u. Reinigungsmittel in Stückform 7575* A.
— u. **Brandner (J. D.)**, β-Phenoxyäthanoldiglykolsäureester 3486* A.
—, **Brandner (J. D.)** u. **Hunter (R. H.)**, Nitrocelluloselacke 8040* E.
— u. **Carey (C. H.)**, Ammoniumnitratsprengstoff 3047* Can.
— u. **Cross (S. T.)**, Stabilisieren v. Überzugsmassen für Zuckerwaren 2558* A. — Herst. wss. Paraffinwachsemulss. 10899* A. — Bitumenemulss. 11136* A.
— u. **Ehrlich (S. D.)**, Pentaerythrittetranitrat 4503* A.
— u. **Farr (J. A.)**, Ammonnitratsprengstoffe 1887* A.
— u. **Griffin (W. C.)**, Schlichte für Kettfäden 487* F. — Lösungsm. für Arzneistoffe 7267* A.
— u. **Harvey (J. L.)**, Cycl. Ketale 6624* D. B. — Fettsäureester cycl. Acetale 10383* A.
—, **Jefferson (G. D.)** u. **Fine III (R. de M.)**, Schmälzmittel für Textilien, bes. Stapelfasern 4242* A.
—, **Jefferson (G. D.)** u. **Riley jr. (A. V.)**, Öllösl., kationakt. antistat. Mittel für Textilien 8291* A.
— u. **Kasehagen (L.)**, Mehrwert. Alkohole 10135* A.
— u. **Kass (Peter)**, Härtbare Polyesterharze 5438* A. — Polymerisationsharze 6152* A.
— u. **Lew (B. W.)**, Glasfasermatten 2569* A. — Überführen v. kristallisierbaren amorphen, viscosen u. wasserunlösl. linearen Polyestern, bes. Äthylenglykolfumarsäurepolyestern, in d. stabile Kristallform 6407* A. — Preßmassen 10639* D. B.
— u. **Lytle (W. C.)**, Ammonnitrat-Sprengstoffe 2579* A. — Wasserwiderstandsfäh. Ammonium-Sprengstoff 6436* Can.
—, **Riley jr. (A. V.)** u. **Fine III (R. de M.)**, Antistat. Textilausrüst. 5215* A.
—, **Riley jr. (A. V.)** u. **Fine III (R. de M.)**, Verhinder. d. elektr. Auflad. v. Textilien 1646* E.
— u. **Taylor (W. J.)**, Sprengstoff 4256* Can. — Sprengstoffgemische 6436* A.
— u. **Young (A. A.)**, Fl. explosives Gemisch aus Nitroglycerin u. *5—50%* nitriertem Äthylenglykolglucosid 2345* A.
Atlas-Werke Akt.-Ges., Kalkgebundene Steine mit Dampfhärt. 10357* Schwz.
— u. **Thiede (H.)**, Ermittl. d. Eigenresonanz v. Werkstücken durch Koppl. mit einem elektroakust. Wandler, bes. zur Feststell. v. Fehlstellen 2295* D. B.
Atoji (M.) s. Watanabe (T.).
— u. **Lipscomb (W. N.)**, Lorentz-Polarisationsfaktoren für Präzessionswinkel v. *10*, *15* u. *21°* 6228. — Röntgenstrahlenstreuung eines behinderten Rotors. 3. Mitt. 8326. — Kristallstruktur v. HF 9746. — Struktur v. SiF_4 11349.
—, **Lipscomb (W. N.)** u. **Wheatley (P. J.)**, Mol.-Struktur v. Diborantetrachlorid, B_2Cl_4 10210.
Atomic Basic Chemicals Corp. u. **Vierling (D. E.)**, Phenothiazinzubereit. 878* A.
Atroschtschenko (W. I.) u. **Ssedaschowa (J. G.)**, Absorptionsgeschwindigk. v. Stickoxyden durch Alkalihydroxydlsgg. durch HNO_3 7291.

Atsch (G.) u. **Straub (F. B.)**, Stoffumsatz ascit. Krebszellen 3884.
Atta (G. R. Van) s. Walter (E. D.).
Atta (R. E. Van) s. Elving (P. J.).
Attal (C.) s. Bernard (Jean); Debré (R.).
Atteberry (R. W.) s. Cobble (J. W.).
Attelen (L.) = Fassina (L.).
Atterling (H.) s. Slätis (H.); Thulin (S.).
—, **Forsling (W.)**, **Holm (Lennart W.)**, **Melander (L.)** u. **Åström (B.)**, Mittels cyclotronbeschleunigter O-Ionen erzeugtes Element *100* 7832.
— u. **Lindström (G.)**, *225* cm-Cyclotron im Nobel-Institut für Physik, Stockholm 5238.
Atterton (D. V.), Wärmeausdehn. u. -zusammenzieh. v. kompakten Stahlgußsanden u. Formüberzügen 2523. — Scheinbare Wärmeleitfähigkk. v. Formsanden bei hohen Tempp. 8949. — s. Hoar (T. P.).
— u. **Edmonds (R. C.)**, Theorie, Wirtschaftlichk. u. prakt. Anwend. v. exothermen Werkstoffen 3236.
Atticks (J. K.) s. United Aircraft Corp.
Attinger (E.), Pathogenese, Frühdiagnose u. Prophylaxe d. chron. CS_2-Vergift. 11249.
Attschabarow (B. A.) u. **Ssabdenowa (S. S.)**, Hämodynam. Veränderr. bei d. Pb-Vergift. 7262.
Attwell (L. L.) s. Akers (W. W.).
Attwood (B. W.), Feucht-Reib-Prüfgerät für d. mineral.-beschichteten Oberflächen 10410. — Prüf. d. Pappenbldg. durch β-Strahlen 10411.
Atwell (H. V.) s. Texas Co.
Atwood (G. E.) s. Duval Sulphur & Potash Co.; International Minerals & Chemical Corp.
— u. **Bourne (D. J.)**, Verfahrensentw. u. Praxis bei d. Potash Division of the Duval Sulphur and Potash Co. 2508.
Atwood (H. G.) u. **Marshall (Jerome F.)**, Gärungsgetränk 9928* A.
Atwood (K.), Hydrier. u. Spalthydrier. 7546.
Atwood (M. T.) s. Bachmann (G. B.).
Aub (J. C.) s. Calhoun (J. A.).
Aubel (E.) s. Szulmajster (J.).
Aubert (M.) u. **Sivolobov (N.)**, Spezif. Wärmen u. Entropie v. KW-stoffen u. v. fl. Kraftstoffen 10893.
Aubertin (E.), **Rosnay (C. D. de)**, **Labadie (P.)** u. **Tavernier (J.)**, Pb-Vergift. nach Aufnahme v. Pb-Lsg. 2722.
Aubertin (F.) u. **Crussard (C.)**, Thermoelektr. Kraft. Unters. v. Gefügeungleichmäßigkk. v. Legierr. 9892.
Aubrey (K. V.), Vork. v. μ-$CaCO_3$ in Kesselstein 10349. — s. Horton (L.).
Aubrey (N. E.) s. Wasserman (H. H.).
Aubry (A.) s. Soc. Nouvelle des Établissements ADT, Soc. An.
Aubry (J.) u. **Turbin (G.)**, Verteil. d. P in d. lothring. Eisenerzen 1927.
Aubry de Puymon (R. d'), Entwässer. v. Substanzen durch Adsorpt. 11268* F.
Auclair (J.-E.), Stimulat. gewisser Bakterien durch rohe Milch 381.
— u. **Portmann (A.)**, Wachstumsfaktor für Lactobacillus lactis, d. im Verlauf d. Autoklavenerhitz. d. Milch entsteht 7236.
Auclair (J. L.) u. **Maltais (J. B.)**, γ-Aminobuttersäure in Extrakten v. Pisum sativum (L.) u. im Honigtau v. Myzus circumflexus (Buck) 9119.
Auclair (J.-M.) s. Vendryes (G.).
—, **Breton (C.)**, **Hubert (P.)**, **Joly (René)** u. **Tachon (J.)**, Vgl. d. Spaltquerschnitte v. ^{233}U u. ^{239}Pu für d. therm. Neutronen 9956.
Audeoud (G.), Gebrauch v. Plexonal forte in d. Neuropsychiatrie 6074.
Audibert (E.), Verbrenn. v. Schlagenden Wettern, Verbrenn. v. Methangemischen 9228.
Audibert (P.), Flotat. d. S-Mineralien 4183.
Audinot (M.) s. Pichat (L.).
Audric (B. N.) u. **Long (J. V. P.)**, Untergrund u. ^{14}C-Nachweisempfindlichk. eines Flüssigkeitsscintillationszählers 8781.
Audrieth (L. F.) s. Gausman (H. W.); Gordon (P. G.); Scott (E. S.); Westwater (J. W.); Zimmer (H.).
— u. **Gordon (P. G.)**, Hydrazinderivv. d. Carbon- u. Thiocarbonsäuren. 5. Mitt. Allophanylhydrazid u. seine Derivv. 8597.
—, **Scott (E. S.)** u. **Kippur (P. S.)**, Hydrazinderivv. d. Carbon- u. Thiocarbonsäuren. 1. Mitt. Darst. u. Eigg. v. Thiocarbohydrazid 2652.
Audsley (A.), **Goss (F. R.)** u. **Pantony (D. A.)**, Beziehungen zwischen Mol-Vol., Refrakt. u. Polarisat. bei Tri-n-alkylmethanen 10951.
Audubert (R.), Mechanismus d. anod. Einw. auf Cu 5006. — Les Ions en solution. Interactions et décharges. T. *1*: Équilibres électrochimiques. T. *2*: Cinétique électrochimique [8092], [9966].
— u. **Bonnemay (M.)**, Verchromen v. Al u. seinen Legierr. 11286* F.
— u. **Busso (R. H.)**, Photogenese u. Mechanismus d. Oxydat. v. Kohle 11530.
Audus (L. J.), Zeitfaktor bei Unterss. d. Wachstumshemm. in isolierten Organabschnitten 3173.
Aue (H.), Kontaktlaxativum bei Kindern u. Jugendlichen 6562.
Auer (L.), Pigment-Disperss. 8271* A. — Pigmentfarbstoffmisch. für d. Textildruck 10631* A.
Auer (P. L.) u. **Murbach (E. W.)**, Diffus. über eine Zwischenschicht 2844.
Auer Akt.-Ges., Halogenierte Phosphate zur Gewinn. v. Leuchtstoffen 3978* F.
Auerbach (B. L.) s. Kulin (S. A.); Underwood (E. E.).
Auerbach (E.), Im Verlauf n. Wundheil. beobachteter Hemmeffekt 7016.
Auerbach (O.), Pathologie d. Tuberkulose bei antibiot. Beeinflussung 8433.
Auerbach (R.), Capillarität d. Atomkerne 3549.
Auerbach (Rudolf), Gasdisperss. u. Gaszerteiler 5386.
Auerbach (S. H.) s. Meneely (G. R.).
Auerbach (V.), Verf. zur Herst. v. HNO_3 aus NH_3 3938. — Verf. zur Extrakt. v. CO_2 aus Feuerungsgas mittels ammoniakal. Lsgg. 10834.
Auergesellschaft Akt.-Ges., Leuchtstoffe für Leuchtschirme für Röntgenstrahlen 662* F. — Halophosphate 2746* Oe.
— u. **Jermolajew (W.)**, Halogenphosphatleuchtstoff 463* D. B.
Aufdermaur (H. J.) s. Ott (A.).
Aufdermaur (M.) u. **Brodhage (H.)**, Wrkg. v. Gewo *339* bei d. experimentellen Meerschweinchentuberkulose 4876.
Aufhammer (G.) u. **Fischbeck (G.)**, Sortendüngungsverss. zu Sommergerste 10120.
—, **Fischbeck (G.)**, **Schuster (K.)** u. **Grünewald (J.)**, Mehrjähr. Düng.- u. Kulturverss. an

Braugerstensorten mit landwirtschaftl. u. brautechn. Auswert. 671.
Aufhammer (G.) u. **Hopfengart (M.)**, Mineralsalzaufnahme durch d. Blätter bei Getreide 2281.
Augestad (I.) u. **Berner (E.)**, Chromatograph. Trenn. v. anomeren Glykosiden. 2. Mitt. Neue kristalline Methylfuranoside d. Galaktose, Arabinose u. Xylose 3624.
Aughey (W. H.) u. **Baum (F. J.)**, Winkelabhäng. Lichtstreuung, ein hochauflösendes, registrierendes Instrument für d. Winkelbereich *0,05* bis *140°* 11256.
Augier (J.), Herst. eines Silicagels, d. an d. Oberfläche u. in d. M. beimpft werden kann 3405.
Augier (R. B.) s. American Cyanamid Co.
Augier de Montgremier (H.), **Grabar (P.)** u. **Croissant (O.)**, Wrkg. d. Ultraschalls auf Suspenss. d. X-Virus d. Kartoffel 4858.
Augstein (A.) s. Harborough Construction Co. Ltd.
Augstein (J.) s. Harborough Construction Co. Ltd.
Auguste (F.) s. Polonsky (J.).
Augustin (R.), Präcipitine für Graspollenproteine 3175.
Augustin (U.), Kunststoffe im Kraftfahrzeugbau 5666.
Augustine (F. B.) s. Socony-Vacuum Oil Co., Inc.
Augustinsson (K.-B.) u. **Grahn (M.)**, Reversible Enzymhemm. durch Tetraäthylpyrophosphat (TEPP) 7004. — Trenn. v. Cholinestern durch Papierchromatographie 9635.
Augustiny (U.) s. Keeser (E.).
Augustyniak (W.) s. McReynolds (A. W.).
Auhagen (H.), **Dittrich (W.)** u. **Höhne (G.)**, Unterss. über die Entsteh. chemoresistenter Varianten bei Escherichia coli 10543.
Aukerman (L. W.), Lichtinduzierte Leitfähigk. in Lsgg. v. Anthracen in n-Hexan 2385.
Auld (J. H.) s. Garrod (R. I.).
Auld (S. J. M.) u. **Davies (H. M.)**, Schmier. v. Kühlmaschinen 9478.
Auld (W. H. R.), Hexokinaseaktivität d. Skelettmuskels bei Diabetes mellitus 6538.
Auleytner (J.), Röntgenunters. einer Gruppe fossiler Gummiarten 10046.
Ault (R. G.) u. **Hudson (E. J.)**, Brauen, Mälzen u. verwandte Verff.; *1953* 943.
Ault (W. C.), Techn. Fette u. Fettsäuren. Geschichte u. technolog. Tendenzen 9468. — s. Morris (S. G.).
Auman (N. P.) u. **Menzel (A. E. O.)**, Protein-N u. Gesamt-N verschied. Nahrungsmittelextrakte 4954.
Aumko Co. u. **Kirby (J. H.)**, Aufarbeiten v. Soapstock 2804* E.
Aumont (R.) s. Romand (J.).
Aumüller (W.) s. Farbwerke Hoechst Akt.-Ges., vormals Meister Lucius & Brüning.
Aunan (W. J.) s. Hanson (L. E.).
Aurand (K.) s. Rajewsky (B.); Reinholz (E.).
— u. **Pauly (H.)**, Beeinfluss. d. Gewebeatmung durch Röntgenstrahlen 9376.
— u. **Schraub (A.)**, Verh. d. Rn u. seiner Folgeprodd. im Organismus bei peroraler Verabreich. 7958.
Auricchio (G.) u. **Vincentiis (M. de)**, Bicarbonatgeh. d. endocellulären Fl. 4143.
Auricchio (S.) s. Pietra (G. Della).
Aurivillius (B.), Struktur v. Bi_2NbO_5F u. v. isomorphen Verbb. 298. — Gemischte Wismutoxyde mit Schichtengittern. 1. Mitt. Strukturtyp d. $CaNb_2Bi_2O_9$ 2144.
Aurivillius (K.), Quecksilber(II)-oxychloride u. Quecksilber(II)-oxyd 1918.
Ausloos (P.) [Louvain] s. Tiggelen (A. Van).
— u. **Tiggelen (A. Van)**, Quantitative Spektralunterss. v. Flammen. 1. Mitt. 10917; 2. Mitt. Flamme v. Acetylen–Luft-Gemischen 10918.
Ausloos (P.) [Ottawa] u. **Steacie (E. W. R.)**, Rkk. v. Methyl- u. Äthylradikalen mit Diäthylketon 6251. — Photochem. Zers. v. Azoäthan 6951.
Auspitzer (O.) s. Brunner Verzinkerei Brüder Bablik.
Auspos (L. A.) s. Du Pont de Nemours (E. I.) & Co.
—, **Burnam (C. W.)**, **Hall (L. A. R.)**, **Hubbard (J. K.)**, **Kirk jr. (William)** [Wilmington], **Schaefgen (J. R.)** u. **Speck (S. B.)**, Aromat. Poly-KW-stoffe. 2. Mitt. Chem. u. physikal. Eigg. d. Polymeren 11399.
—, **Hall (L. A. R.)**, **Hubbard (J. K.)**, **Kirk jr. (William)** [Wilmington], **Schaefgen (J. R.)** u. **Speck (S. B.)**, Aromat. Poly-KW-stoffe. 1. Mitt. Monomer-Rkk. u. Polymerendarst. 11398.
Aust (H.) u. **Futschik (J.)**, Unterss. an Reinigungs- u. Desinfektionsmitteln im Hinblick auf d. neuere Entw. 9691.
Aust (K. T.), **Krill (F. M.)** u. **Morral (F. R.)**, Beobachtt. bei d. Zwillingsbldg. in stranggegossenem Al 2288.
— u. **Morral (F. R.)**, Richtungseigg. v. *2* S–Al 9656.
Auster (F.), Standardisierte Präpp. mit strophanthinähnl. Effekt. Froschdosis–Meerschweincheneinh. 7264.
— u. **Schäfer (Johanna)**, Arzneipflanzen. *4.* Lfg. *9.* Aristolochia clematitis L.; *10.* Hamamelis virginiana L.; *11.* Solanum dulcamara L. [2030].
Austern (N.), Begrenz. d. Rückstoßinnenkerns aus d. *100* MeV-Photoeffekt d. Deuterons 734. — Schätz. d. Wechselwirkungseffektes beim n—p-Einfang 1195.
— u. **Butler (S. T.)**, Coulomb-Effekte beim Deuteronabstreifprozeß 2591.
Austerweil (G. V.), Reinig. v. Industriewässern durch Ionenaustausch 2043* F. — s. Comp. de Produits Chimiques et Électrométallurgiques Alais, Froges et Camargue; Mastagli (P.); Pechiney Comp. de Produits Chimiques Électrométallurgiques; Soc. Commerciale et Industrielle S. A. F.
— u. **Pallaud (R.)**, Wrkg. v. Kationenaustauschern bei Acetalisierr. u. ihren Folge-Rkk. 1941.
Austin (A. E.) u. **Hedden (W. A.)**, Graphitbildungsprozesse in Koks- u. Rußarten 3706.
Austin (A. S. J.) s. British Tricolour Processes Ltd.
Austin (C. R.), Verbesser. d. neuzeitl. hochfesten Gußeisenstücke durch Wärmebehandl. 2760.
Austin (J. C.) u. **Richards (P.)**, Radiographie als Hilfsmittel für heiße Laborr. 11333.
Austin (J. J.), Analyse v. auf Papier u. Pappe aufgetragenem butyliertem Oxyanisol 6880.

Austin (L.) u. **Davies (D. R.)**, Rolle der Hemm. d. Cholinesterasen d. Zentralnervensyst. bei d. Erzeug. v. Lähmungserscheinn. bei Küken 2925.
Austin (L. W.) s. Kaiser Aluminum & Chemical Corp.; Permanente Metals Corp.
Austin (P. R.) s. Du Pont de Nemours (E. I.) & Co.
Austin (R. C.) s. Youngberg (C. T.).
Austin (R. J.), Meehan (W. F.) u. **Stockham (J. D.)**, Biol. Oxydat. v. ölhalt. Abwässern 2273.
Austoni (M.), Cytoautoradiograph. Unterss. über d. Verwert. d. ^{59}Fe seitens d. unreifen Erythroblasten d. Rattenknochenmarkes 10305.
Austria (L.) s. Ynalvez (L. A.).
Austrian (A.) s. Moeschlin (S.).
Auten (R. W.) s. Rohm & Haas Co.
Autenrieth (H.), Graph. u. rechner. Behandl. d. Vorgänge bei d. Gewinn. v. Kalidüngemitteln aus Rohsalzen 2280. — s. Verkaufsgemeinschaft Deutscher Kaliwerke G. m. b. H.
Autenrieth (W.) u. **Rosenmund (K. W.)**, Qualitative chem. Analyse zum Gebrauch in chem. u. pharmazeut. Laboratorien [8936].
Auterhoff (H.), Veratrin u. chem. Konst. seiner Bestandteile 1. Mitt. 2206; Isomere Formen d. Veratrinalkamins 2. Mitt. 2207. — Wissenswertes für d. pharmazeut. Praxis offizineller Apothekenpräpp. 2484.
— u. **Ball (B.)**, Inhaltsstoffe u. Wertbest. v. Aloe-Drogen u. ihren Zubereitungen. 7. Mitt. Anthrachinone 10083. — s. Neuhoff (E. W.).
Auth (W. J.) s. Emmerich (W. S.).
—, **Emmerich (W. S.)** u. **Kurbatov (J. D.)**, Kernspektren v. ^{144}Ce u. ^{144}Pr 7142.
Autler (S. H.) u. **Roat (W. F.)**, Abklingleuchten v. elektrolumineseierenden Phosphoren 2361.
Automatic Electric Laboratories, Inc., Nichtlinearer Widerstand 7287* Belg., E.
Autor (H.), Irgapyrin in d. Augenheilkunde 6073.
Autotype Co. Ltd. u. **Sharp (F. W.)**, Photomechan. Herst. v. Siebdruckschablonen 4020* E.
Auxiliaire (L') des Chemins de Fer et de l'Industrie, Shaw (D.) u. **Vialatout (M.)**, Herst. harzart. Kationenaustauscher 11698.
Auxiliaire de l'Institut Français du Caoutchouc, Hublin (R.) u. **Giger (G.)**, Kautschuksorten gleicher Qualität 4952* F.
Auzac de la Martinie (J. D.) s. Soc. An. Suber.
Avakian (S.) s. Gilman (H.); National Drug Co.
Avanessoff (I.), Preßpulver 7334* F.
Avčin (F.), Dimensionskohärente Einh. d. Temp. 2350.
Avedikian (S. Z.), Preßkörper 3021* A. — Silberreinig.- u. -poliermittel 11680.
Avello (C. V.) = Valcarce Avello (C.).
Avera (F. L.), Stabile Erdnußbutter 5682* A.
Averbach (B. L.) s. Balluffi (R. W.); Conrad II (G. P.); Flanagan (W. F.); Lement (B. S.); McKeeham (M.); Roberts (C. S.); Rudman (P. S.); Seigle (L. L.); Warren (B. E.).
—, **Lorris (S. G.)** u. **Cohen (Morris)**, Einfl. mechan. Spannung auf d. Umwandl. v. Restaustenit in gehärtetem Stahl 6606.
Averell (P. R.) s. Norris (M. V.).
Averill (H. P.) s. United States of America.
Averill (W.) s. Phillips (T. G.).
Averna (V.), Unterss. über d. akt. Kalk d. Ackerbodens 2984. — Vulkan. Erden d. Ätnagebietes. Geoagronom. Umgeb. 5156.
— u. **Porretta (A.)**, Appunti di analisi chimica qualitativa ed esercizi per gli studenti della Facoltà di scienze agrarie [5385].
Avery (C. J.), Kaericher (K. C.) u. **Pool (M. L.)**, Kern-Rkk. in Co u. As 10433.
Avery (D. G.), Opt. Eigg. v. keram. Stoffen 5958.
— u. **Clegg (P. L.)**, Opt. Konstanten eines Ge-Einkristalls 10438.
Avery (H. S.), Wilks (C. R.) u. **Fellows (J. A.)**, Hitzebeständ. Stahlguß mit *21*% Cr u. *9*% Ni 6606.
Avery (S. B.) u. **Clark (L. J.)**, Zementmischung 8472* A.
Avi-Dor (Y.) s. Paul (K. G.).
Avice (C.) s. Bazin (S.).
Avigan (J.) u. **Scholefield (P. G.)**, Fettsäureoxydation. 2. Mitt. Wrkg. v. Alkylthiofettsäuren auf Acethylierungs-Rkk. 7006.
Avignon (P.), Unters. über ^{65}Zn mit d. Proportionalzähler 5714.
Avignon (Y.) s. Morand (M.).
Avy (A.) u. **Raillères (R.)**, Einfache Meßmeth. für Teilchen v. *1* bis *0,1* Mikron 5379.
Awad (F. I.), Siechtum (Kobaltdefizit) bei Lämmern 7247.
Awad (S. A.) s. Issa (I. M.).
Awad (W. I.) s. Marey (A. F.).
Awajewa (S. M.) s. Botwinik (M. M.).
Awakjan (A. A.) s. Grodsenski (D. E.).
Awakjan (N. O.), Zus. v. Bodenlsgg. u. wss. Auszügen aus freigelegten Böden d. Sewan-Sees 3713.
Awakjan (S. N.) s. Lebedinski (W. W.).
Awakjan (S. W.) u. **Laschko (N. F.)**, Kristallisat. v. bin. Eutektiken in tern. Systemen 1688.
Awakjanz (G. M.), Theorie d. Übertragungsgleichungen in starken elektr. Feldern. 1. Mitt. 9731.
Awalischwili (S. D.) u. **Machlina (R. M.)**, Wirksamk. v. sowjetischem Chenopodiumöl 7494.
Awanessowa (A. G.), Behandl. v. an chron. Dysenterie erkrankten Kindern mit einem Gemisch v. Streptomycin u. Ekmolin 4876.
Awapara (J.) s. Jirgensons (B.); Kit (S.).
Awdonin (N. S.) u. **Milowidowa (J. P.)**, Umsetzungen v. granulierten Düngemitteln mit d. Boden 3464.
Awe (W.), Jod-Azid-Rk., ihre Anwend. in d. Arzneimittelprüf. u. d. Deut. d. Rk.-Verlaufs im Sinne d. Elektronentheorie d. Valenz 8210.
— u. **Naujoks (E.)**, „Jodazid-Rk." in d. Analyse v. Arzneimitteln. Vers. zur Deut. d. Rk.-Vorganges im Sinne d. Elektronentheorie d. Valenz 4883.
Awerbuch (A. J.), G. A. Sabudski (*1854—1954*) 8073.
Awerbuch (B. D.) s. Tschufarow (G. I.).
Awerin (J. K.), Einfl. d. Materials u. d. mechan. Oberflächenbehandl. auf d. Wärmeabgabe beim Sieden v. W. 10590.
Awerjanowa (M. W.) s. Glikman (S. A.).
Awetikjan (S. M.) u. **Goldberg (D. O.)**, Einfl. d. Natur d. Bitumens auf d. Gewinn. v. stabilen Bitumen–W.-Emulss. 8293.

Awetissjan (A. A.) u. **Gulanjan (W. M.)**, Einfl. d. α-Naphthylessigsäure auf d. Wachstum u. d. Ernteertrag v. Vicia broilia L. bei Behandl. d. Samen vor d. Aussaat 8240.
Awgusstinik (A. I.) u. **Anzelewitsch (N. S.)**, Elektr. Eigg. fester Lsgg. in d. Systemen ZrO_2–MgO u. ZrO_2–CaO 10944.
— u. **Metreweli (I. A.)**, B- u. Pb-freie Emaillen für Majoliken 438.
—, **Ssetkina (O. N.)** u. **Fedorowa (J. N.)**, Unterss. d. Feinstruktur v. „Porzellan"-Gläsern durch ihre Reflex.- u. Absorptionsspektren im infraroten Spektralgebiet 5958.
Awilow (A. A.) s. Choroschaja (J. S.).
Awilowa (T. P.) s. Mokruschin (S. G.).
Awramenko (L. I.), Rkk. d. freien Hydroxyls 999.
— u. **Kolessnikowa (R. W.)**, Elementar-Rkk. v. atomarem O mit Äthan 1241. — Experimentelle Best. d. elementaren Rk.-Folge v. Atomen u. Radikalen 6934.
Awrinski (P. W.) s. Waschtschenko (K. I.).
Awrunina (B. M.) s. Janowski (W. W.).
Awrutowa (C. S.), **Priwalowa (K. P.)** u. **Chlopin (N. J.)**, Abtrenn. v. geringen Konzz. v. Tetraäthylblei aus d. Luft 650.
Awtonejewa (N. P.) s. Ssergejewa-Alajewa (W. N.).
Awtzyn (A. P.) s. Jermoljewa (S. W.).
Awundshjan (E. S.) s. Kasarjan (W. O.).
Axe (W. N.) s. Phillips Petroleum Co.
Axel (P.) u. **Fox (J. D.)**, Einschluß d. Kernphotoeffektes in ^{90}Zr 4270.
Axelrod (A. R.) s. Vetne (G.).
Axelrod (J.) s. Cooper (J. R.).
—, **Reichenthal (J.)** u. **Brodie (B. B.)**, Mechanismus d. potenzierenden Wrkg. v. β-Diäthylaminoäthyldiphenylpropylacetat 11243.
Axelrod (J. M.) s. Adler (I.).
Axelrod (L. R.), Absorptionsspektren d. Chromogene aus rauchender H_2SO_4 u. Östrogenen u. a. Steroiden 2431.
Axelrod (L. S.) u. **Dilman (W. W.)**, Durchleiten v. Gasen durch Fl. mit kleinen Geschwindigkeiten 7283.
Axelson (J. W.), **Adams jr. (J. T.)**, **Johnson (J. F.)**, **Kwong (J. N. S.)** u. **Piret (E. L.)**, Grundlegende Labor.-Unterss. über d. Vorgang d. Zerkleinerns 3933.
Axelsson (J.) u. **Sundeby (H.)**, Änderr. im p_H-Wert v. Silage, bes. in d. Zeit kurz nach d. Einlegen d. Futters 477.
Axford (A. J.) s. Ilford Ltd.
Axford (D. W. E.) s. Rank (D. H.).
Axler (G.), Behandl. v. Scrotalhämatomen mit Hyaluronidase 4636.
Axley (J. H.) s. El Damaty (H.).
Axon (A.), Rheolog. Unters. über d. Wrkg. d. Bentonits auf erhitzte Emulss. 3683.
Axon (H. J.), Gleichgewichtsverhältnisse bei *460°* in aluminiumreichen Legierr. mit *0—7%* Cu, *0—7%* Mg u. *0,6%* Si 4295. — s. Bagchi (A. P.).
Axtmann (R. C.) u. **Stutheit (J. S.)**, Scintillationszähl. v. Folien aus natürl. U 9249.
Ayala (E. B. de), Weinbereit. 2555* F.
Ayant (Y.), Quadrupolare Verbreiter. v. kernmagnet. Resonanzlinien in Fll. 985. — Zeit T_2 bei kernmagnet. Resonanz in d. Fll. 9733.
— u. **Buyle-Bodin (M.)**, Quadrupolresonanzstrahl. d. p-Dichlorbenzols 8344.
Aybey (R.) u. **Özkarakaya (K.)**, Gefolge v. Chininallergie auftretende thrombopenische Purpura 11623.
Ayengar (P.) s. Sanadi (D. R.).
Ayer (H. E.) s. Tsivoglou (E. C.).
Ayer (W. A.), **Humber (L. G.)** u. **Taylor (W. I.)**, Addit. v. Isopren an 4-Methoxytoluchinon 2889.
Ayerbe (F. R.) = Ramos Ayerbe (F.).
Ayers (G. W.) s. Pure Oil Co.
Ayers (S.) s. Bechmann (R.).
Ayerst (E. M.) u. **Duke (J. R. C.)**, Verfeiner. d. Kristallstruktur v. Oxamid 5988.
Ayerst, McKenna & Harrison Ltd., **Beall (D.)** u. **Grant (G. A.)**, Salze d. β-Östradiol-3-monosulfat 17-alkylsäureesters 3442* Can. — Salze d. β-Östradiol-3-monosulfats 3442* Can.
—, **Beall (D.)**, **Grant (G. A.)** u. **Legault (P. E.)**, Piperazinsalze v. Östrogenen 1101* A.
—, **Cook (A. Stanley)**, **Jewell (J. B.)**, **Souch (J. K.)** u. **Beall (D.)**, Gewinn. v. therapeut. wertvollen wasserlösl. Hormonpräpp. 414* Can.
—, **Deans (S. A. V.)**, **Scarrow (J. A.)** u. **Beall (D.)**, Therapeut. akt. Extrakt aus Pferdeharn 7502* F.
—, **Glen (W. L.)**, **Myers (G. S.)** u. **Papineau-Couture (G.)**, Kreislaufmittel 4643* A.
—, **Grant (G. A.)** u. **Seeman (C. v.)**, Östradiol-3-mono-Na-sulfat 3442* Can.
—, **Hald (J. G.)**, **Gad (I. G.)** u. **Deans (S. A. V.)**, Tetraäthylthiuramdisulfid 7728* A.
—, **Seeman (C. v.)** u. **Grant (G. A.)**, 2.4-Dioxo-3-äthyl-3-(β-äthoxyäthyl)-pyrrolidin 5133* A.
—, **Vindin (S. A.)** u. **Scarrow (J. A.)**, Procain-Penicillin in Kristallform 2962* Can.
Aymonino (P. J.), **Sicre (J. E.)** u. **Schumacher (H. J.)**, Umsetzung zwischen F u. ClO_2, eine homogene, bimol. Rk. 7164.
Aynsley (E. E.), Darst. u. Eigg. v. $TeCl_2$ 306.
— u. **Hetherington (G.)**, Pyridinkomplex d. Selentetrafluorids 4780.
— u. **Watson (R. H.)**, Umsetzung zwischen Te u. Dichlordifluormethan 6953.
Aynsley (L. H.) u. **Hughes (D. L.)**, Neomycin zur Behandl. v. boviner Mastitis 4397.
Ayres (A. U.) s. Sharples Corp.
Ayres (E. C.) s. Phillips Petroleum Co.
Ayres (G. H.) s. Meyer jr. (Albert S.).
— u. **Booth (M. H.)**, Katalyt. Zers. v. Hypochloritlsg. durch Ir-Verbb. 1. Mitt. p_H-Zeit-Bezieh. 6703; 2. Mitt. Kinet. Unterss. 6703.
— u. **Maddin (C. M.)**, Trenn. d. Rh v. Ir; Spektrograph. u. spektralphotometr. Best. 6581.
Ayres (P. J. W.) u. **McIlwain (H.)**, Gewebestoffwechsel. 2. Mitt. Anwend. elektr. Impulse auf isolierte Gewebe in wss. Medien 11596.
Ayres (R. F.), Wichtigste Phosphatierungsverff. u. deren Anwend. 3243.
Ayroud (A. M.) s. Traynard (P.).
Ayscough (P. B.) u. **Emeléus (H. J.)**, Kinetik d. Pyrolyse v. Trimethylarsin, Tris[trifluormethyl]-arsin u. verwandten Verbb. 2871.
Azad (R. N.) s. Vasudeva (R. S.).
Azami (T.) s. Yamaguchi (S.).
Azarnoff (D.) s. Robinson (David W.).
Azaroff (L. V.), Eindimensional-Fourier-Analogrechenmaschine 5732. — Kristallstellungen für Aufnahmen höherer Schichtlinien, Präzessionsmeth. 9508.
Azbe (V. J.), Theorie u. Praxis d. Kalkfabrikat. 12. Mitt. Zug im Drehofen u. sein Einfl. auf d. Ofenkapazität 4912.

Azcona (J. M. L. de) = L ó p e z d e A z c o n a (J. M.).
Azevedo (M. D. de) s. D e o d a t a d e A z e v e d o (M.).
Azienda Nazionale Idrogenazione Combustibili (A. N. I. C.), Entparaffinieren v. Oxydationsprodd. d. Paraffins 7589* F. — Trenn. v. Fettsäuregemischen v. unverseifbaren Substanzen 10376* F.
Azima (H.) u. **Ogle (W.)**, Wrkgg. d. Largactil bei psych. Syndromen 1555.
Aziz (G.) s. S c h ö n b e r g (A.).
Azmatullah (S.) s. V i s w a n a t h a n (A.).
AZO-Kautschuk-Patent-Verwertungs-G. m. b. H. u. **Mels-Colloredo (N. F.)**, Gleitsicherer Kautschuk 472* D. B.
Azuara (J.) s. B l i c k e (F. F.).
Azuma (N.), **Tonami (H.)** u. **Yokota (D.)**, Harzbldg. innerhalb v. Reyon durch Best. d. spezif. Gewichtes 5213.
Azuma (S.) s. H a s e g a w a (K.).
Azuma (T.), Innerer Konversionskoeff. v. ^{137}Ba 1435. — β-Spektr. v. ^{110}Ag 6680.
Azumi (K.) u. **Goldman (J. E.)**, Volumenmagnetostrikt. v. Ni u. seinen Legierr. 4282.
Azumi (T.) s. N o z u (R.).
Azzam (A. M.) s. M a c h u (W.).

B (E. U.) = U r e t a B. (E.).
Baader (T.), Mooney-Viscometer 4471.
Bääk (T.), Elektrochemie v. Silicatschmelzen. 1. Mitt. 6221.
Baake (R.), **Eisenreich (H.)** u. **Schröder (K.)**, Verminder. d. N_2-Aufnahme im Thomaskonverter 3473.
Baalsrud (K. S.), **Holme (D.)**, **Nestvold (M.)**, **Pliva (J.)**, **Sörensen (J. S.)** u. **Sörensen (N. A.)**, Natürl. vorkommende Acetylenverbb. 9. Mitt. Vork. d. Decen-(8 cis)-diin-(4.6)-säuremethylesters ($\alpha.\beta$-Dihydromatricariaesters) u. d. 2 cis. 8 trans-Matricariaesters in d. Natur 10397.
Baar (S.), Quantitative Best. d. Glucose mittels Papierverteilungschromatographie 890. — Colorimetr. Meth. zur Mikrobest. v. Serum-K 11648.
Baaren (H. J. van) s. E r i c k s o n (T. C.).
Baarli (J.) s. B r u s t a d (T.).
Baarson (R. E.) u. **Parks (J. R.)**, Anwend. v. Fettsäuren u. deren Derivv. bei d. Flotat. 1111.
Baastad (F. H.) s. S w a n n j r. (S.).
Baba (A.), Auswählen d. Kokses für d. Gießen 3719.
Baba (K.) s. T a k a k u r a (T.).
Baba (Tatsumi), **Komatsubara (T.)** u. **Mizuguchi (M.)**, Gallensäuren d. Alloreihe. 3. Mitt. Synth. d. $\Delta^{3,5}$-7-Keto-12-oxycholadiensäure u. ihrer Derivv. 1981.
Bāba (Tetsurō) s. S a k u r a i (T o s h i o).
Babad (J.), **Levin (Y.)** u. **Sharon (N.)**, Änder. d. D. v. aufgelöster Trockenmagermilch mit d. Temp. 4956.
Babajan (A. A.) u. **Karapetjan (K. A.)**, Wirksamk. d. mechan. Delinterierungsverf. mit H_2SO_4 gegen Gommose 6833. — Absengen als Verf. zur Befreiung d. Baumwollsamen v. d. Linters u. v. Gommose 8244.
Babajan (A. T.) u. **Gambarjan (N. P.)**, Synth. v. Lepidin u. seiner Analogen mit Substituenten im aromat. Kern 4593.
Babajan (C. P.), **Singer (I. I.)** u. **Marutjan (N. A.)**, Best. d. Anzahl langsamer π- u. μ-Mesonen in d. Höhenstrahl. in verschied. Höhen 4507.
Babajan (W. O.) s. T a t e w o s s j a n (G. T.).
—, Sagoretz (P. A.) u. **Tatewossjan (G. T.)**, Synth. v. KW-stoffen d. 1.2-Benzanthracenreihe 2667.
Babajew (A. G.) u. **Akramchodshajew (A. M.)**, Carbonatgesteine d. Kreide v. Ferghana 1698.
Babajew (A. S.), Natur u. Schicksal d. im Organismus gebildeten Säurederivv. d. Naphthalanerdöls 5359.
Babak (S. F.), **Kondraschow (I. A.)** u. **Kalusstowa (N.)**, Verbb. v. Zinkhalogeniden mit Nicotin 6521.
Babakow (A. A.) u. **Talajewa (G. W.)**, Verwend. v. korrosionsfesten Stählen in d. Industrie d. Viscoseseide 5690.
Babarczy (J.), Weinbauverss. in reinem Basaltstaub 6832.
Babbitt (B. R.) s. M a n g a n e s e C h e m i c a l s C o r p.
Babcock (C. J.) s. S t r o b e l (D. R.).
Babcock (G. M.) s. R e y n o l d s M e t a l s C o.
— u. Rethwisch (F. B.), Einteil. d. Al-Pigmente 5431.
Babcock (J.) s. H u a n g - M i n l o n ; M e r c k & C o., I n c.
Babcock & Wilcox Co., Feuerfeste M. 6109* Schwz.
Babel (H.), Gerbmittel aus Sulfitablauge u. Ligninextrakten 1421* D. B.
Babenko (N. N.), Vers. zur Silier. d. Maisstengel 4726.
Babijan (N. A.) s. M n d s h o j a n (A. L.).
Babijewski (K. K.) s. N i k o l e n k o (L. N.).
Babin, Ernähr. d. Marine u. d. Kolonisten überseeischer Länder. Anreicher. v. Lebensmitteln mit Vitaminen 11703.
Babin (W. A.) u. **Musserski (N. N.)**, Schnellmeth. zur Eiweißbest. in fert. Gerichten u. Rationen 7109.
Babineau (L.-M.) s. P a g é (E.).
Babiskin (J.) s. S t e e l e (M. C.).
— u. Steele (M. C.), Magnet. Abhängigk. d. thermoelektr. Kraft v. Bi bei tiefen Tempp. 2132. — Oscillator. Wärmeleitfähigk. v. Bi in magnet. Feldern bei Tempp. v. fl. He 5007.
Babitsch (M. A.) u. **Plotnikowa (W. A.)**, Natur d. Kristalle, d. sich in Biopräpp. bilden 872.
Babitschew (M. A.) s. C h r u s c h t s c h o w (M. M.).
Babitschew (W. A.), Einfl. v. Novocain u. Dicain auf d. Coronargefäße 154. — Charakteristik d. Resorptionswrkg. v. Novocain, Dicain u. Sowcain 3677. — Einfl. einiger Lokalanästhetica auf d. Herz 5122.
Babko (A. K.), Reduktorbüretten 8686. — Best. d. dreiwert. Fe mit Tetraborat 8931.
— u. Dubowenko (L. I.), Komplexe d. zweiwert. Fe mit Dimethylglyoxim 9981.
— u. Nasartschuk (T. N.), Anwend. gefärbter Reagentien in d. Colorimetrie 4657.
— u. Tananaiko (M. M.), Tern. Komplexe im Syst. Metallion–Pyridin–Salicylat 2378. — Tern. Komplexe im Syst. Kupferion–Pyridin–Salicylat. 2. Mitt. Abhängigk. d. Zus. d. Komplexe v. p_H d. Lsg. 4057.
— u. Wolkowa (A. I.), Gefärbte Peroxydkomplexe d. Ce 8572.
Bablik (H.), Blechoberfläche u. Feuerverzink. 6125.

Bablik (H.), Götzl (F.) u. **Kukaczka (R.)**, Bildungsmechanismus v. Zn-Überzügen während d. Feuerverzink. 2290.
Babo (H. v.), Photograph. Farbstoffbilder 3296* F. — Halogensilberemulss. 6178* Schwz.
Babotschkin (P. N.) s. K a n (G. A.).
Babudieri (B.), Aureomycin 2226.
— u. **Steve-Bocciarelli (D.)**, Anwend. d. Abdrucktechnik auf d. Beobacht. biol. Objekte mit d. Elektronenmikroskop 8797.
Baccaredda (M.) u. **Butta (E.)**, Geschwindigk. d. Ultraschalls im geschmolzenen S 11345.
— u. **Schiavinato (G.)**, Brechungsindices v. Polythenen mit verschied. Verzweigungsgraden 1524.
Baccari (V.) u. **Guerritore (A.)**, Mechanismus d. Transmethylier. 1997.
Bacchetti (T.), Darstellungsverf. v. Methylketonen aus Diazoketonen 3601. — Einw. d. Hydrazins auf d. Cyanhydrin d. Acetonylacetons 7905.
Bacchus (H.), Erhalt. d. 17-Oxycorticosteroide d. Blutes nach Ascorbinsäurebehandl. 2707. — Ascorbinsäure u. Steroidausscheid. im Urin 3415.
— u. **Heiffer (M. H.)**, Corticosteroide u. 17-Ketosteroide im Harn v. adrenalektomierten u. mit Cortison u. Ascorbinsäure behandelten weibl. Ratten 3660.
Baccigotti (E.), Thiosemicarbazone in d. Chemotherapie d. Tuberkulose 11631.
Bach (B. B.), Dawson (J. V.) u. **Smith (L. W. L.)**, Herst. v. ammoniakal. Kupfer(I)-chlorid 6476. — Best. v. O, H u. N in Gußeisen 7740.
Bach jr. (F. L.) s. K u s h n e r (S.).
Bach (U.), Verh. d. alkal. Serumphosphatase bei Frühgeborenen, Rachitikern u. Spasmophilen 126.
Bacharewa (I. F.) s. S t e p u c h o w i t s c h (A. D.).
Bachelet (M.), Cheylan (E.), Douis (M.) u. **Goulette (J. C.)**, Darst. u. Eigg. d. Uranylcarbonate. 2. Mitt. Erdalkaliuranylcarbonate 4544.
Bachem (E.) s. S r e e b n y (L. M.).
Bacher (E.), Messingintoxikat. unter d. Bild d. vegetativen Dysfunkt. 5844.
Bacher (J. E.) u. **Allen (F. W.)**, Anwend. einer Behandl. aufeinanderfolgender Rkk. auf d. saure Hydrolyse d. Ribonucleinsäuren 4609.
— u. **Kauzmann (W.)**, Kinetik d. Ribonucleinsäurehydrolyse 4123.
Bacher (K.), Oberflächenbehandl. v. Metallen 1369* F.
Bacher (R. F.), Keck (J. C.), Peterson (V. Z.), Teasdale (J. G.), Tollestrup (A. V.), Walker (R. L.) u. **Worlock (R. M.)**, Photoerzeug. positiver Mesonen aus H: Ergebnisse 7137.
Bachl (H.), Herst. v. nitrosen Gasen durch Verbrenn. v. NH_3 mit anschließender Absorpt. zu HNO_3 1118* D. B.
Bachman (G. B.), Atwood (M. T.) u. **Pollack (M.)**, Nitrierung. 6. Mitt. Faktoren, die d. Zus. d. Prodd. bei Dampfphasenprozessen beeinflussen 4075.
Bachman (K. C.) u. **Simons (E. L.)**, Molrefraktionen im bin. Syst. Aceton–CCl_4 7169.
Bachmann (A.), Bauplatten 1591* Dän.
Bachmann (A. E.), Agustin Solari (M.) u. **Ruiz Moreno (G.)**, Vernebel. v. 2-[N-Phenyl-N-benzylaminoäthyl]-imidazolin bei Asthmatikern 7968.
—, **Pedace (E. A.)**, Histochem. Unters. über d. Mucopolysaccharide in Meerschweinchenlungen nach durch Pharmaca u. Antigene hervorgerufenem Schock 618.
Bachmann (A. E.) u. **Ruiz Moreno (G.)**, Reticuloendothelialer Ursprung d. „Staub"-Zellen oder alveolaren Makrophagen. 1. Mitt. Auftreten im gefärbten Speichel nach vorangegangener Vernebel. saurer Farben 11594.
Bachmann (D.) s. P o m o s i n - W e r k e G. m. b. H.
Bachmann (E. E. J.) u. **Ballestrino (E.)**, Argentin. Ampullengläser 8441.
Bachmann (G. B.) s. F e u e r (H.).
Bachmann (Helmut), Beeinfluss. d. W.- u. Kochsalzausscheid. beim Diabetes insipidus durch p-[Di-n-butylsulfamyl]-benzoesäure 11247.
Bachmann (Horst) s. L ö h n (H.).
Bachmann (H. G.), Martiterze v. Taberg (Värmland), Schweden 5743. — Bezieh. zwischen geschmolzenem Descloizit u. synthet. Bleiorthovanadat 8328.
Bachmann (J. A.) s. F l e h r & S w a i n.
Bachmann (R.) s. V e r k a u f s g e m e i n s c h a f t D e u t s c h e r K a l i w e r k e G. m. b. H.
Bachmann (W. E.) s. U n i t e d S t a t e s o f A m e r i c a.
— u. **Dreiding (A. S.)**, Epimerisier., Dehydrier. u. Ringöffn. bei Steroiden u. ähnl. Verbb. durch Pd; Stereochemie d. Östrogene 361. — Überführ. v. d-Equilenin in sein 3-Aminoanaloges. Synth. v. d-Desoxyequilenin 362.
Bachofer (C. S.) u. **Pottinger (M. A.)**, Schutzwrkg. eines neutralen Salzes gegen Röntgenbestrahl. v. Bakteriophagen 3650. — Bedeut. hoher Ionenkonzz. für d. Schutz gegen d. Wrkgg. v. Röntgenstrahlen 5342.
Bachrach (W. H.), Rowen (B. R.), Halsted (J. A.), Schapiro (H.), Holmström (W.) u. **Price (P.)**, Krit. Analyse d. Maßstabes zur klin. Best. v. anticholinerg. u. spasmolyt. Heilmitteln in d. Gastroenterologie 3429.
Bachulin (M. D.) u. **Terjajewa (A. I.)**, Agrochem. Merkmale aschereicher Torfarten 11660.
Bachur (N. R.) s. K a p l a n (N. O.).
Bacigalupo (F. A.), Culik (R.), Luecke (R. W.), Thorp jr. (F.) u. **Johnston (R. L.)**, Vitamin-E-Mangel beim Lamm 390.
Bacila (M.) u. **Barron (E. S. G.)**, Wrkg. d. Nebennierenrindenhormone auf d. anaerobe Glykolyse u. d. Hexokinaseaktivität 1296.
Back (R.) u. **Sivertz (C.)**, Photolyse v. 2.2'-Azobis-isobutyronitril 11551.
— u. **Winkler (C. A.)**, Rkk. v. akt. N mit d. Butanen 10474.
Backe-Hansen (K.), Jodometr. Best. d. Ascorbinsäuregeh. in getrockneten Hagebutten 874. — Dicumarol; quantitative Best. 3436.
Backensto (E. B.) s. S o c o n y - V a c u u m O i l C o., I n c.
Backenstoss (G.), Absorpt. homogener Elektronen in Al 7597.
— u. **Gentner (W.)**, Absorptionsmessungen an Sekundärelektronen zur Energiebest. 7597.
Backer (C.) s. H a h n (R. B.).
Backer (H. J.), I. Lifschitz 1429. — Eigg. d. Sulfonylgruppe. 15. Mitt. Aminolyse substituierter 1.1.1-Trisulfone 6266. — s. B o e r (T. J. d e); D i j k s t r a (R.); V r i e s (H. d e).
— u. **Houtman (A. C.)**, Durch Kondensat. v. Dioxyaceton mit 2.4.5-Triamino-6-oxypyrimidin gebildete Pteridine 4102.
Backer (R.) s. H a h n (R. B.).
Backerman (T.) s. H o b b y (G. L.).

Backès (M.), Darst. eines Diaminodiacetamids 3116.

Backhausen (J.), Wasseraufbereit. 6822.

Backhefe G. m. b. H., Gärungsglycerin 8518* D. B. — Backhefe 8758* D. B.

— u. **Schneider (Karl)**, Gleichzeit. Herst. v. Hefe u. Alkohol 6640* A. — Gärungsglycerin unter Sulfitzusatz 6640* A.

Backhouse (A. J.) u. **Bradley (W.)**, Direkte Hydroxylier. v. Pyranthron u. amphi-Isopyranthron 4586.

Backlund (P. S.) s. Union Oil Co. of California.

Backman (M. E.) u. **Morrison (H. L.)**, Messungen d. Rittengerschen Zahl für Glas u. zersetzten Granit 37.

Backmann (R.) u. **Harbers (E.)**, Spezif. Aktivität d. anorgan. Phosphats im Gewebe bei Unterss. mit Radiophosphor 2036.

Backmarck (N. E. G.) s. Telefonaktiebolaget L. M. Ericsson.

Backofen (E. W.) u. **Herber (R. H.)**, Halbwertszeiten v. ^{52}Mn u. ^{54}Mn 9725.

Backström (J. W. v.) u. **Poldervaart (A.)**, Phakolith v. charnockit. Adamellitporphyr bei Keimoes, Cap-Provinz, Südafrika 4064.

Backus (C. F.), Gleitsichere Misch. 6870* A.

Backus (R. C.) u. **Williams (R. C.)**, Zentrifugieren mit im Zentrifugalfeld sich einstellenden Kapseln. Zentrifugieren zur Analyse mittels Rotoren für präparative Zwecke 2733.

Bacon (C. H.) s. Robertson (F. L.).

Bacon (F. R.) s. Raggon (F. C.).

Bacon (G. E.), Molekularstruktur durch Neutronenbeug. 1917. — Neutronenoptik u. Neutronenbeug. 1. Mitt. Grundriß d. physikal. Prinzipien 8325. — Neutron diffraction [9749].

— u. **Pease (R. S.)**, Neutronenbeugungsunters. v. Kaliumdihydrogenphosphat durch Fourier-Synth. 9036.

— u. **Welch (A. J. E.)**, Röntgenograph. Unters. d. spinellart. Mischoxyds $MgFeAlO_4$ 34.

Bacon (J. S. D.) s. Heyworth (R.).

Bacon (O. C.) u. **Smith (J. Edward)**, Wirksamk. v. Waschmitteln: Deut. v. Reflexionskurven 7342.

Bacon (O. G.), **Anderson (L. D.)** u. **Reynolds (H. T.)**, Bekämpfung d. Maisährenwurms Heliothis armigera (Hbn.) in kaliforn. Süßmais 4679.

Bacon (R. C.) s. Rugg (F. M.).

Bacon (R. G. R.) u. **Bott (R. W.)**, Nachw., daß d. Hydroxylier. eine wesentl. Rk. bei d. Persulfatoxydat. organ. Verbb. darstellt 11550.

—, **Grime (R.)** u. **Munro (D. J.)**, Oxydationsunterss. 1. Mitt. Metallkatalysierte Persulfatoxydat. einfacher Phenole 1938.

Bacq (Z. M.), Pharmacodynamie biochimique [156].

— u. **Herve (A.)**, Schutzwrkg. v. NaCN gegen Röntgenstrahlwrkgg. bei Erbswurzeln 8653.

—, **Herve (A.)** u. **Scherber (F.)**, Einfl. v. Mercaptoäthylamin auf d. Leukocytenregenerat. bei Mäusen nach Röntgenbestrahl. 8903.

Bácskai (G.), Korros. v. Pb-Kabelumhüllungen 5387.

— u. **Kovács (K.)**, Verhinder. d. Korros. durch Schichtbldg. v. Al auf Grund d. Differenzeffektes 9432.

Bácskai (R.), Wasserlösl. Polymere. 4. Mitt. Polymerisat. v. N-Vinyl-5-methylpyrrolidon-(2) 10527.

— u. **Barabás (J.)**, Wasserlösl. Polymere. 3. Mitt. Synth. zur Darst. v. Polyvinyllactam 5329.

Bácskai (R.) u. **Halmos (L.)**, Wasserlösl. Polymere. 1. Mitt. Synth. v. N-Vinylbutyramid u. Polyvinylbutyramid 5328; 2. Mitt. Synth. v. N-Vinylpropionamid, N-Vinylacetamid u. d. entsprechenden Polymeren 5328.

Bactericidal Research, Inc., Keimtötende Mittel 881* F.

Baczyńska (K.), Ligningewinn. aus Sulfatablauge 5451.

Badalow (S. T.), Hydrothermaler Anhydrit aus Mittelasien 10223.

Badar (L. J.) u. **Jacobsmeyer (V. P.)**, Elektr. Charakteristika v. polykristallinem B 6474.

Baddar (F. G.), 2-[4'-Methoxyphenyl]-2-methoxyäthanol 4328. — s. Marey (A. F.).

Baddeley (G.), **Chadwick (J.)** u. **Taylor (H. T.)**, Ster. Beziehh. zwischen Ionisier. v. Aralkylchloriden u. Dissoziat. v. Aniliniumionen. 1. Mitt. 321, 2861.

—, **Makar (S. M.)** u. **Ivinson (M. G.)**, Rk. zwischen β-Aroylacrylsäuren u. Aluminiumchlorid 9549.

— u. **Nield (P. G.)**, Dismutat. v. Bis-diphenylmethyläther durch Deuteriumperchlorat 6718.

Baddiley (J.), Nucleinsäuren, Nucleoside u. Nucleotide 4847. — s. National Research Development Corp.

— u. **Mathias (A. P.)**, Coenzym A. 9. Mitt. Synth. v. Pantothenoylcystein, dessen 4'-Phosphat u. verwandte Verbb. als mögliche Vorstufen d. Coenzyms 8394.

Bade (W. L.) u. **Jehle (H.)**, Einführ. in Spinoren 2592.

Badejewa (T. I.) s. Kulberg (L. M.).

Badenhuizen (N. P.), Gequollene Stärkekörner u. osmot. Zellen 4367.

Badenoch (A. W.) s. Dingley (A. G.).

Bader (A. R.) s. Carroll (M. F.); Pittsburgh Plate Glass Co.

Bader (E.) s. Parkyn (B.).

— u. **Parkyn (B.)**, Verbundkörper 9680* E.

Bader (F.), **Ganzhorn (K.)** u. **Dehlinger (U.)**, Ferromagnetismus u. Bandstruktur d. Übergangsmetalle 4040.

Bader (M.), **Wenzel (W. A.)** u. **Whaling (W.)**, Protonen-Bremsquerschnitt v. Li 735.

Badertscher (D. E.) s. Socony-Vacuum Oil Co., Inc.

Badger (G. M.), The structures and reactions of the aromatic compounds [373]. — Addit. v. O_3 an aromat. Bindd. 553. — Aromat. Bind. 11548.

— u. **Pettit (R.)**, Vielkern. heterocycl. Systeme. 7. Mitt. Synthesen unter Benutz. d. Elbs-Rk. 2676.

—, **Rodda (H. J.)** u. **Sasse (W. H. F.)**, Synthet. Anwendd. d. Desulfurierungs-Rk. 1. Mitt. Synth. v. Fettsäuren 4566.

Badger (R. G.), **Chmiel (C. T.)** u. **Schuler (R. H.)**, Identifizier. d. Prodd. d. therm. Austausches zwischen Alkyljodiden u. mol. J mittels d. „Auswasch"-Trägertechnik 7879.

Badger (R. M.) s. Moore (Gordon E.).

Badger (W. L.) u. **Standiford (F. C.)**, Wasserfreies NaOH: Derzeit. Technologie 3938.

Bading (W.) u. **Riedel (H.)**, Erzeug. v. Automatenstahl 7305.

Badische Anilin- & Soda-Fabrik Akt.-Ges.,

Pharmacie. Desinfektion: Çalciumcholincitrat 874* E. — Kondensationsprodd. 4645* D. B. — Bis-quatern. Derivv. v. ω.ω'-Diaminodialkyläthern 4646* D. B. — Salze tert. u. quatern. Äthyleniminbasen 6342* D. B., 7979* F. — Barbitursäure- bzw. Thiobarbitursäurederivv. 7982* D. B. — 7-Gliedr. heterocycl. Verb. 9397* D. B. — 3-Acyloxy-Δ^{16}-allopregnen-20-one 10815* E. — p-Aminosalicylsaure Ca-Doppelsalze 8452* D. B. — Zahnreinigungsmittel 4890* F. — Herst. v. Estern v. Halogenphenolen 10330* D. B.

Allgemeine chemische Technologie:

Dichtungen aus Polyamiden oder Polyurethanen 4902* D. B. — Reinig. v. Ionenaustauschern 4903* D. B. — Zerlegen v. Gemischen v. Stoffen mit verschied. F. durch Zentrifugieren 8937* D. B. — Entfern. v. CO aus olefinhalt. Gasen 9164* D. B. — Hitzebehandl. körn. Feststoffe mit Gasen oder Dämpfen nach d. Wirbelschichtverf., bes. Herst. akt. Kohle 9640* D. B. — Formfeste Katalysatoren oder Adsorptionsmittel 2503* D. B.

Elektrotechnik:

Warnfarben für temperaturgefährdete elektr. Anlagen 1114* D. B. — Poröse Schichten aus Thermoplasten 7287* F. — Unterwasserkabel 432* D. B. — Ferroferrioxyd 8229* E. — Elektroden für Akkumulatoren 9165* E.

Wasser. Abwasser:

Alkalisalze d. Nitrilotriacetsäure 3224* F.

Anorganische Industrie:

Durchführ. v. Hydrierungs-Rkk. 6362* D. B. — Ammonchlorid 7521* D. B. — Ammonbicarbonat 2044* D. B. — Abscheid. v. W. aus stickoxydhalt. Gasen 4183* D. B. — Hydroxylammoniumsalze 5624* D. B. — Hydroxylammoniumsulfat 4908* D. B. — Herst. v. Hydrazin 6104* D. B. — Halogenwasserstofflsgg. 1118* D. B. — Cl 8468* D. B. — Herst. v. HCl aus Wasserstoff u. Chlor unter Flammenbldg. 8233* D. B. — Rösten v. Schwefelkies oder anderen S-halt. Materialien 7522* D. B. — SO_2-halt. Röstgase 189* E. — Gewinn. v. SO_2-reichen Gasen 1586* Schwz., 11268* Belg., Schwz. — Herst. v. SO_2-halt. Gasen durch Abrösten v. Schwefelmineralien u. v. SO_3-halt. Gasen durch katalyt. Oxydat. d. Röstgase 1816* E. — Rösten v. gebrauchter Gasreinigungs-M. u. a. Stoffen, d. elementaren S enthalten 6825* E. — Schwefelsäurekontaktverf. 6164* E. — Natriumhyposulfit 7752* Schwz. — Konvertier. v. CO u. Wasserdampf 8233* D. B. — Betreiben v. Schachtöfen 11268* E. — Magnesiumcarbide 666* D. B. — Aluminiumchlorid 6592* E. — Wasserlösl., hochbas. Aluminiumchlorid 3227* Schwz. — Entfernen v. Fe aus solches enthaltenden Lsgg. 8469* D. B. — Komplexe Salze d. Metallcarbonylwasserstoffsäuren 2510* D. B. — Eisentetracarbonyl 10601* D. B. — Kobaltcarbonylwasserstoff u. seine Verbb. 7752* D. B. — $NiBr_2$ 7753* D. B.

Silicatchemie. Baustoffe:

Leichtbaukörper aus Gips, vorzugsweise Anhydrit 10117* F.

Agrikulturchemie. Schädlingsbekämpfung:

Fl. Dünger 3716* F. — Poly-bis-thiuramdisulfide 1594* D. B. — Pilzvertilgungsmittel 3235* Finn. — Isochromanylessigsäuren u. ihre Derivv. 6604* D. B. — Fungicid u. insekticid wirkendes Mittel 10363* D. B.

Metallurgie. Metallographie. Metallverarbeitung:

Chlorierendes Rösten v. Cu oder Zn oder beide enthaltendem Gut 8022* E. — Aufarbeit. v. Ni-Cu-Stein 7544* F. — Aufarbeiten v. Cu-Ni-Matte 11461* E. — Verf. zum Schutze v. Ta 3482* D. B. — Herst. v. porösen Metallformstücken durch Sintern v. Metallpulvern 4692* F. — Kuppl. oder Bremse mit Magnetpulver 10617* F. — Fe-Pulver 6612* A.

Organische Industrie:

Abtrenn. O-halt., organ. Verbb., bes. mit starkem Assoziationsgrad 4929* D. B. — Kontinuierl. Herst. v. Carbonsäuremethylestern 7547* D. B. — Lösungsm. für chem. Verbb., bes. bei chem. Umsetzungen 11288* D. B. — KW-stoffe 3482* D. B. — Herst. niedrigsd. KW-stoffe aus höhersd. KW-stoffen durch katalyt. Spalt. 9189* D. B. — Dispergieren schwer verteilbarer fester, hochmol. KW-stoffe 7312* D. B. — Umsetz. v. CO mit H_2 zu KW-stoffen 8260* D. B., 8726* D. B. — Katalyt. Umsetz. v. CO mit H zu KW-stoffen 6616* D. B. — Feste Paraffin-KW-stoffe 8027* D. B. — Chlorieren v. KW-stoffen 7078* F. — Cl-KW-stoffe 5415* D. B. — Monochlor-KW-stoffe 4929* D. B. — Aliphat. Dichlor-KW-stoffe 4453* D. B. — 2-Chlorbutan 5175* D. B. — Ungesätt. gasförm. KW-stoffe 5894* D. B., 6386* D. B., 8493* D. B. — Paraffin-Olefin-Gemische 1139* D. B. — Diolefine 3483* D. B. — Perchloräthylen aus Acetylen u. Cl 8728* D. B. — Allylchlorid aus Dichlorpropanen 9190* D. B. — Extrakt. v. Bestandteilen aus Gasgemischen 684* F. — Acetylen 5417* A. — Lösungsm. für Acetylen 6617* F. — Abtrennen v. reinem Acetylen aus Acetylen enthaltenden Gasen 4209* D. B. — Divinyldiacetylene 8728* D. B. — Katalyt. Umsetz. v. CO mit H_2 8729* D. B., 8964* D. B., 9667* D. B. — Herst. dichter Fe-Katalysatoren für d. Umsetz. v. CO mit H_2 8964* D. B. — Alkohole 5894* E., 6387* D. B., 7780* D. B., 8729* D. B. — Aliphat. Alkohole 6618* E. — Prim. Alkohole 455* Schwz. — Reinigen v. techn. Methylalkohol 4695* F. — Isobutylalkohol u. Methylalkohol aus CO u. H_2 3484* F. — Tert. ungesätt. Alkohole 3730* F. — Alkohole u. deren Ester 7779* D. B. — Alkohole d. Acetylenreihe 8729* D. B. — Katalysatoren 6618* D. B. — Polychlorierte Äther 2070* D. B. — Zweiwert. Alkohol 11684* D. B. — 1.4-Glykole 2071* D. B. — $\omega.\omega'$-Dioxydibutyläther u. ihre Ester 2071* D. B. — Mehrwert. Alkohole 2071* D. B. — Gesätt. mehrwert. Alkohole 6619* D. B. — Katalyt. Hydrier. v. Zuckern 2771* F. — Phosphorsäuretri-(2-äthyl-n-hexyl)-ester 2072* D. B. — Sulfonsäuren aliphat. Carbonsäureamide 10859* F. — Herst. d. Na-Salzes d. Sulfoessigsäuredi-2-äthyl-n-hexylamids 10622* Schwz. — Alkalisalze v. Thioätherdicarbonsäuren 3963* D. B. — O-halt. organ. Verbb. 6132* D. B., 3249* E., 5418* E. — Aliphat. Aldehyde 8495* D. B. — Crotonaldehyd 2299* D. B. — Butandiol-(1.4)-acetale als Lösungsmm. 11463* F. — γ-Oxybutyraldehyd 2300* F. — Ketone u. Ketoverbb. 6388* F. — Methylvinylketon 8495* D. B. — Diäthylketon 9193* D. B. — Acetyläthylenoxyd u. Diacetyl 4454* F. — O-halt. organ. Verbb. 2533* D. B., 6620* D. B., 10622* D. B. — O-halt. Verbb. 6132* D. B., 7315* D. B. — Niedrigmol. organ. O-halt. Prodd. 7782* D. B. —

Carbonsäuren 3964* D. B. — Carbonsäuren u. deren funktionelle Derivv. 7080* D. B., 9193* D. B., 11685* D. B. — Carbonsäuren oder deren Ester 5650* D. B., 5896* D. B., 6849* D. B. — Wasserfreie Carbonsäuren, bes. Essigsäure 6620* D. B. — Festes Aluminiumformiat oder -acetat 6389* D. B. — Aluminiumtriformiat 5896* F. — Reinig. v. Dimethylformamid 10623* D. B. — Gewinn. v. Acetonitril aus ketonhalt. Gemischen 7782* D. B. — α.β-Ungesätt. Carbonsäuren u. deren Derivv. 6849* D. B. — ω-Halogencarbonsäuren 7081* D. B. — Dicarbonsäuren 9194* D. B. — Aufarbeit. d. Rückstände v. d. Gewinn. v. Dicarbonsäuren 4697* F. — Aufarbeit. v. Dicarbonsäuregemischen 5178* D. B. — Kontinuierl. Herst. v. Carbonsäureestern 214* D. B. — Schwefelhalt. Dicarbonsäuren oder deren Salze 4210* D. B. — Dicarbonsäuremonoester 6389* D. B. — Reinig. v. Adipinsäuredinitril 4697* D. B., 6621* D. B., 8263* D. B., 10136* D. B., 11687* D. B. — Korksäure 2075* Schwz. — Derivv. d. Butanpentacarbonsäure 2773* F. — Aliphat. oder araliphat. Dicarbonsäuren 5896* F., 6621* F. — Ätherdicarbonsäuren u. deren Salze 4697* D. B. — α-Chlorbutyrolacton 4697* F. — Dialkoxyessigsäureester 11686* D. B. — Ketone, Ketocarbonsäuren u. Ketoalkohole 3486* D. B. — Chlorkohlensäureester u. neutrale Kohlensäureester v. aliphat. ω-chlorierten Alkoholen 2774* F. — Entfern. v. Pb aus Harnstofflsgg. 8733* D. B. — Blausäure 8031* D. B. — Amine 1605* D. B., 10137* D. B. — Lsg.- u. Neutralisierungsmittel für Amine 6133* D. B. — Abtrennen nicht-O-halt. organ. Verbb. 688* D. B. — N-acylierte Aminozucker 2774* D. B. — dl-Methionin u. analoge Verbb. 6850* F. — Orthokieselsäureester 216* D. B. — Alkylier. aromat. KW-stoffe 4934* D., 8735* D. — Hydrochinone 8032* D. B. — Hydrochinon u. seine Substitutionsprodd. 5180* Schwz. — Trichlorbenzole u. Dichlorphenole 3733* F. — Acylierte Sulfamide 2775* F. — O-halt. aromat. Verbb. 2775* D. B. — Derivv. d. Salicylsäure 3251* F. — Sulfonylurethane, -harnstoffe oder Carbonsäureamide 3968* F. — Aromat. N-Monoalkylamine 4935* D. B. — Alkalisalze v. aci-Nitroverbb. 3252* A. — Epoxycyclooctan 7321* D. B. — Spalt. d. bei d. Behandl. v. Oximen cycl. Ketone mit konz. H_2SO_4 erhaltenen schwefelsauren Lactamester 11465* D. B. — Oxime 5183* D. B. — Cycloaliphat. Ketone u. Oxime davon 4700* F. — Ketoxime 3252* D. B., 4700* D. B. — Cyclooctanon 3006* D. B. — Cycloalkan-1.1-dicarbonsäuren 9909* D. B. — S-halt. Verbb. 7555* D. B. — 1-Nitroanthrachinon-3-carbonsäure 2779* F. — Olefinoxyde 5656* F. — β-Chloräthyläthylenoxyd 4458* E. — Polychlorderivv. d. Tetra- u. Dihydrofurans 4459* D. B. — N-Alkyllactame 4459* A. — Kondensationsprodd. 6394* D. B. — Urethane 9199* D. B. — Cycl. Urethane 4937* D. B. — Cycl. N-acylierte Urethane 3970* F. — Isochromane 2538* D. B. — 2-Methyl-5-äthylpyridin 1376* D. B., 4459* D. B. — Verbesser. d. Lagerbeständigk. v. wss. Lsgg. oder Pasten wasserlösl., nichtharzart. Methylolverbb. v. Harnstoffen oder Aminotriazinen 5185* D. B. — Siebengliedr. Heterocyclen 4701* D. B. — Rückgewinn. v. monomerem Lactam aus linearpolymeren Amiden 3738* D. B. — In α-Stell. zur CO-Gruppe d. Lactamrings durch Cl oder Br substituierte Lactame 11466* D. B.

Färberei.

Organische Farbstoffe:

Färben v. Textilien mit wasserunlösl. organ. Farbstoffen 3010* E. — Verf. zum Regeln d. Aufziehvermögens v. substantiven Farbstoffen 5905* D. B. — Färben v. Gebilden aus Superpolyamiden u. -urethanen 3011* D. B. — Erzeug. v. Phthalocyaninfarbstoffen auf Textilien 10630* D. B. — Pigmentdrucke u. Überzüge auf Fasermaterial 1610* D. B. — Pigmentdrucke, Imprägnierr. u. Überzüge auf Fasermaterialien 3973* D. B. — Bedrucken v. gefärbten Geweben aus Celluloseestern oder -äthern, Polyamiden oder Polyurethanen 4704* D. B. — Färben v. Leder 9201* D. B. — Verbesserung d. Abgasechth. v. gefärbten Celluloseestern u. -äthern 7559* D. B. — N-halt. Verbb. 3973* D. B. — Azofarbstoffe 6141* D. B. — Metallhalt. Azofarbstoffe 6399* D. B. — Metallhalt., wasserlösl. Azofarbstoffe 7559* D. B. — o.o'-Dioxyazo- bzw. -azomethinfarbstoffe u. deren Cu-Komplexverbb. 3974* D. B., 4220* D. B. — Cu-halt. Dis- oder Polyazofarbstoffe 8269* D. B. — Metallhalt. Disazofarbstoffe 1382* D. B. — Cu-Komplexverbb. v. o.o'-Dioxyazofarbstoffen 8741* E. — Farbstoffe 8270* D. B. — Feinverteilte Farbstoffe 6628* F. — Küpenfarbstoffe 6401* D. B. — Küpenfarbstoffe d. Anthrachinonreihe 5906* D. B. — Halogenaminoanthrachinon 2081* E. — Farbstoffe d. Perinaphthindandion-(1.3)-Reihe 7560* E. — Mehrkern. sek. u. tert. Amine, bes. Anthrimide 5429* D. B. — Alkylgruppen in cycl. Verbb. 1847* F. — Se-halt. Kondensationsprodd. 1847* D. B. — Farbstoffe 1383* D. B. — Küpensäuren 3256* E. — Umwandl. v. Küpenfarbstoffen in d. entsprechenden Küpensäuren 6629* Schwz. — 3.4-Phthaloylisatosäureanhydrid 6402* D. B. — Farbstoffe d. Phthalocyaninreihe 3495* E., 3496* D. B., 6402* D. B. — Küpenfarbstoffe d. Phthalocyaninreihe 1847* F., 1848* F., 2542* Schwz., 4708* Schwz. — Sulfonier. v. Phthalocyaninen 5908* Schwz. — Halogenmethylphthalocyanine 6403* E. — Kupferphthalocyanine 9450* D. B.

Farben. Anstriche. Lacke. Naturharze:

Pigmentfarbstoffe 2787* D. B., 4222* D. B. — Kondensationsprodd. 10868* D. B. — Trocknende Öle 225* D. B. — Härtbare Lackharze 1616* D. B. — Mischpolymerisate 7563* D. B. — Überzugsmassen 4712* F. — Überzüge aus Polyestern 4712* F. — Umhüllen v. porösen Körpern aus Polystyrol 8744* D. B. — Lacküberzüge 701* Schwz. — Lacke oder deren Aufträge 9452* D. B. — N-halt. Kondensat.-Prodd. 702* D. B. — Kunstharze 701* D. B. — Veredl. d. Oberflächen v. Pappe, Holzfaser-, Holzspan- u. Sperrholzplatten 3744* D. B. — Niedermol. gesätt. Polyäthylene 4712* D. B.

Plaste (Kunstharze. Plastische Massen):

Nicht klebende Überzüge auf Gebilden aus weichmacherhalt. thermoplast. Kunststoffen 2313* D. B. — N-Vinylverbb. aus N-halt. Verbb. u. C_2H_2 702* D. B. — Organ. S-Verbb. 466* D. B. — Formen v. plast. MM. 2791* F. — Polymerisat. v. Verbb. mit einer oder mehreren KW-stoff-Doppelbindd. 2547* D. B. — Polymerisieren anderer ungesätt. organ. Verbb. als asymm. Dichloräthylen 6151* D. B. — Äther d. Tetramethylolglyoxaldiureins 2546* D. B. — Organ. Sauerstoff u. Schwefel enthaltende Verbb. 11470* D. B., D. — Poröse Thermoplaste 6407* F. — Poröse MM. oder Formkörper aus thermoplast. Kunststoffen 4468* D. B. — Fäden, Haare oder Borsten aus Polyvinylchlorid 8274* D. B. — Herst. v. Mischpolymerisaten 2547* D. B., 6151* D. B. — Erhöh. d. Naßfestigk. v. Kunststoffen 228* D. B. — Elast., gegen Strahlen wie Röntgenstrahlen schützende Folien 5437* F. — Harzart. Verbb. 7332* D. B. — Plast. MM. 469* D. B. — Lichtbeständ. Styrolpolymerisate 6151* D. B. — Homogene poröse MM. aus Kunststoffen 7332* D. B. — Mischpolymerisate 11472* D. B. — Härtbares Harz 1152* F. — Härtbare Kunstharze 4948* D. B. — Alkydart. Prodd. 4715* F. — Äther- bzw. Thioätherdicarbonsäuren oder deren Salze 8511* D. B. — O-halt. Kondensationsprodd. 1856* F. — Hochpolymere Kondensationsprodd. 3747* D. B. — Polykondensationsprodd. 705* D. B. — Derivv. d. Monoureins 7566* E. — Urein-Aldehyd-Kondensations-Prodd. 4716* F. — Makromol. Verbb. 3266* F. — N-halt. Kondensationsprodd. 7333* D. B. — N-halt. lineare Kondensationsprodd. 8276* D. B. — Kontinuierl. Polymerisat. v. Lactamen 4226* D. B. — Polymerisationsprodd. aus N-Vinyllactamen 5914* D. B. — Polyamide 706* D. B. — Polyurethane 2794* F., 4469* D. B., 4716* F. — Polyurethane u. deren Derivv. 3747* D. B. — Harze 2793* D. B. — Kunstharze 7566* D. B. — Harzart. Kondensationsprodd. 1625* D. B., 8044* D. B. — Höhermol. Kondensationsprodd. 9921* D. B., 10150* D. B. — Klare, durchsicht. Kunststoffe 7333* D. B. — Alkoxylier. v. thermoplast. Kunststoffen 8277* D. B. — S-halt. Polykondensations-Prodd. 4717* F. — Plast. MM. 8982* D. B. — Als Magnetogrammträger geeignete mehrschicht. Formkörper 5440* D. B. — Herstellen v. Formkörpern v. niedrigem spezif. Gewicht u. mit kompakter Hülle aus thermoplast. Kunststoffen 5670* D. B. — Polykondensationsprodd. 5915* D. B. — Kunstharzmassen 9210* D. B. — Gefärbte plast. MM. 8750* F.

Kautschuk. Guttapercha. Balata:

Harz- oder kautschukart. Stoffe 471* D. B. — Plast. MM. aus öl. Stoffen 11106* D. B. — Isobutylen-Butadien-Mischpolymerisate 471* D. B. — Kontinuierl. Herst. v. Überzügen aus festen elast. Schaumstoffen 5918* D. B.

Ätherische Öle. Parfümerie. Kosmetik:

Riechstoffe 10642* D. B. — Abkömmlinge cycl. Aminocarbonsäuren 1399* D. B. — Polyalkylenglykolderivv. v. aromat. Aminocarbonsäuren 1157* E. — Sonnenschutzsalbe 4230* E. — Kosmet. Präpp. 1399* D. B. — Haarfärbepaste 1865* F.

Zucker. Kohlenhydrate. Stärke:

Gewinn. v. Zucker aus Melasse 237* E., 1630* F. — Zucker 4954* D. B.

Fette. Seifen. Wasch- und Reinigungsmittel. Wachse. Bohnermassen usw.:

Oxydationsprodd. aus KW-stoff-Gemischen 716* D. B. — Organ. S-Verbb. 4487* F. — Organ. H_2SO_4-Abkömmlinge 11118* D. B. — Oberflächenaktive Kondensationsprodd. 2328* F. — Capillarakt. Kondensationsprodd. 955* E. — Oxäthylierungsprodd. aus Gemischen hochmol. Verbb. 9932* E. — Wasch- u. Reinigungsmittel 4730* F. — Wasch-, Netz- u. Dispergiermittel 6421* Schwz. — Harte, elast. Wachse 10884* D. B. — Wachsart. Stoffe 10160* D. B. — Wachsemulss. 247* D. B. — Herst. v. Putzmitteln auf Ölgrundlage 6422* D. B.

Holz. Cellulose. Zellstoff. Papier. Papierdruck. Celluloid. Linoleum:

Veredeln v. Holz 1641* Oe., 5211* E., 5453* Finn., 8288* Schwz. — Herst. v. Formkörpern aus zerkleinertem Holz 6649* Oe. — Veredeln v. Papier 1169* D. B. — Druckfarben für d. Druck mit Kautschukdruckformen 3519* D. B. — Überzugsmassen für Fußböden 11120* F.

Textilfasern:

Monoacylderivv. v. 1.2-Alkylendiaminen 4491* D. B. — Acylierte Polyalkylenpolyamine 5214* D. B. — Chlorameisensäure-aminoalkylestersalze 1412* D. B. — N-halt. Kondensationsprodd. 1171* D. B. — Ester- oder amidart. Kondensationsprodd. 3035* D. B. — Amidart. Kondensationsprodd. 4734* D. B. — Ausrüsten v. Textilien aus Cellulose 1645* F. — Veredeln v. Textilien 1878* F. — Veredeln v. Textilien aus Cellulose 2333* F. — Wasserfestmachen v. Textilien 3524* F. — Unbenetzbare Appreturen, Imprägnierr. u. Färbb. bei Textilien 1645* F. — Pigmentdrucke, Imprägnier. u. Überzüge für Textilien 7582* E. — Verbesser. d. Verteil. v. wss. Disperss. in Geweben 488* F. — Veredelung v. Faserstoffen 6654* D. B. — Faserveredlungsmittel 9700* Schwz. — N-Acylaminomercaptane 7582* E. — Verhinder. d. elektrostat. Auflad. v. Kunstfasern 5215* F. — Quellfestausrüst. v. Fasern aus Cellulosehydrat 3037* D. B. — Imprägnieren v. Cellulosetextilien 6888* D. B. — Wasserabstoßende natürl. oder künstl. Fäden oder Fasern, Garne oder Gewebe 5693* D. B. — Filze u. Tuche 256* D. B. — Fäden, Roßhaar u. Borsten aus Polyvinylchlorid 5216* E. — Fäden, Haare u. Seide für d. Bürstenherst. aus Polyvinylchlorid 8530* F. — Kontinuierl. Herst. v. hochpolymeren Polyamiden 3284* D. B.

Brennstoffe. Erdöl. Mineralöle:

Erzeug. v. Brenn- oder bes. Synthesegasen 7815* D. B. — Vergasen v. Brennstoffen 4496* D. B. — Vergasen v. feinkörn. Brennstoffen 1179* D. B., 3042* D. B. — Vergasen v. feinkörn., grobkörn. oder stück. Brennstoffen 5461* D. B. — Vergasen körniger, bes. feinkörniger Brennstoffe 6430* D. B. — Entgasen u. Vergasen feinkörn. bituminöser Brennstoffe 2816* D. B. — Vergas. fester Brennstoffe in einem Abstichgaserzeuger 6430* D. B. — Aufarbeiten v. Rückständen d. Druckhydrier. 6659* D. B. — Vergasen v. grobkörn. oder stück. Brennstoffen 4974* D. B. — Trenn. v. KW-stoff-Gemischen 6432* F. — Hydrierende Raffinier. v. KW-stoff-Ölen 6891* F. — Spaltverf. 3531* E. — Herst. niedrigsd. KW-stoffe aus höhersd. KW-stoff-Ölen durch katalyt. Spalt. 5697* D. B. — Katalyt. Spalten v. KW-stoffen in einem in wallender Beweg. befindl. Feststoffbett 4002* D. B. — Katalyt. Spalt. v. KW-stoff-Ölen 726* D. B., 9232* D. B. — Raffinierende katalyt. Druckhydrier. v. Mineralölen u. Teeren u. deren Destillations-, Crack- u. Hydriererzeugnissen 9232* D. B. — Durchführ. endothermer Rkk. 8535* D. B. — Raffinierende Hydrier. v. KW-stoffen 8069* D. B. — Druckhydrier., Dehydrier., Reformier. oder Spalt. v. KW-stoffen 5941* D. B. — Spaltende Druckhydrier. v. Schwerölen u. Mittelölen 10898* D. B. — Herst. klopffester Treibstoffe durch Druckhydrier. hochsd. KW-stoff-Öle 4249* D. B. — H-halt. Synthesegas 6432* F. — Katalyt. Rkk. mit C-halt. Stoffen 9943* D. B. — Herst. v. KW-stoffen u. O-halt. KW-stoff-Verbb. aus CO u. H_2 6432* F. — Umsetz. v. CO mit H 10418* D. B. — Umwandl. v. CO-H_2-Gemischen in KW-stoffe 4498* F. — Feste Paraffin-KW-stoffe 4250* F. — Aromatisieren v. nichtaromat. Mittelölen 7355* F. — Reinig. v. Rohbenzol 7817* F. — Motorbetriebsstoff 966* D. B. — Klopffeste Treibstoffe 262* D. B., 1183* D. B. — Umwandl. v. Rohölen oder Rohölrückständen in Öle v. vorwiegend mittlerem Siedebereich 10898* D. B. — Schmieröle 4500* D. B., 6894* D. B., 6895* D. B., 9233* D. — Hochwert. Schmieröle 9233* D. — Hochdruckschmiermittel 11315* D. B. — Gewinn. v. Schmierölen durch Polymerisat. oder Kondensat. 6895* D. B. — Gemische v. Carbonsäureestern d. Pentaerythrits 2576* D. B. — „Detergents" u./oder Inhibitoren für Schmiermittel 6894* D. B. — Schmierölverbesserungsmittel 966* D. B., 4253* D. B., 9482* D. B. — Alkylphenolsulfidester bzw. deren Salze 4253* D. B. — Kondensationserzeugnisse 4253* D. B. — Harzart. Kondensationsprodd. 2577* D. B. — Esterart. Kondensationserzeugnisse 2577* D. B. — Harz- oder kautschukart. Stoffe 263* D. B. — Prüf. v. Schmierölen 8297* D. B. — Schmierstoffzusätze 4253* D. B. — Schneidöle 2577* D. B. — Bohröle u. -fette 3536* D. B. — Schmiermittel 3775* D. B., 4978* D. B., 8069* D. B., 11135* D. B. — Entparaffinieren v. Ölen 8297* D. B.

Leder. Gerbstoffe:
Entfetten v. Häuten u. Fellen 3541* D. B. — Gerbverf. 729* D. B. — Gerben tier. Hautblößen 2582* D. B. — Kondensationsprodd. zum Gerben v. Häuten 4258* F. — Lederfettungsmittel 729* D. B., 7126* D. B. — Behandlungsmittel für Haut u. Leder 9007* D. B. — Grundierungsmittel für d. Oberlederzuricht. 10901* D. B. — Fixieren u. Imprägnieren pflanzl. gegerbter Leder 6666* D. B. — Überziehen v. Leder 9007* E. — Schönen d. Zuricht. v. Leder mit wasserlösl. Deckfarben 9711* D. B.

Leim. Klebstoffe usw.:
Klebstoffe 4012* F.

Alphabetische Liste der Mitarbeiter, Erfinder usw.

Abrahamczik (E.), 4903*, 10623*.
Albert (H.), 7782*.
Alles (R.), 6666*.
Anacker (K.), 5905*.
Aschenbrenner (M.), 729*, 6422*, 7126*, 7312*.
Bähr (H.), 469*, 6659*, 11106*.
Bätz (G.), 2044*.
Bäumler (R.), 6654*.
Balz (O.), 2044*.
Bartholomé (E.), 4209*, 7815*.
Bauer (Erwin), 2071*.
Baumann (Hans), 8269*.
Becke (F.), 10330*.
Behringer (K.), 247*, 3536*.
Beideck (K.), 6888*.
Bergmann (F.), 6612*.
Bestian (H.), 228*.
Bille (H.), 9193*, 10622*.
Bock (W.), 3747*.
Böhm (O.), 5178*.
Bommer (H.), 8031*.
Braun (E.), 214*, 6389*.
Braun (W.), 1847*, 3973*, 5429*, 7555*, 8270*, 11288*.
Bueren (H.), 263*, 471*, 2577*, 7332*.
Cantzler (A.), 1118*, 1139*, 4929*, 5415*.
Christmann (F.), 263*, 469*, 471*, 2577*, 4253*, 4500*, 6894*, 6895*, 7332*, 9482*, 11118*.
Craemer (K.), 1610*, 3973*.
Daniel (Walter), 471*.
Datow (J.), 1171*, 4491*.
Daumiller (G.), 3483*.
Dierichs (H.), 214*, 6389*, 7547*.
Dietrich (W.), 214*, 7547*.
Ditters (G.), 1399*.
Donath (Ernst), 262*, 966*, 1183*, 4249*, 10898*.
Dornheim (O.), 702*.
Drexler (F.), 1114*.
Dürrwächter (W.), 2510*.
Duftschmid (F.), 6616*, 10418*.
Ebel (F.), 5906*, 6401*, 6402*.
Eberhardt (E.), 8485*.
Échard (J.), 7355*.
Eckhardt (Erick), 6394*.
Eckoldt (H.), 8728*.
Ehrmann (K.), 8726*.
Eilbracht (H.), 4712*.
Engel (Hans), 966*, 4253*, 6894*, 6895*, 9482*, 11315*.
Escales (E.), 8982*.
Eyer (C.), 4183*.
Faust (W.), 2547*.
Federkiel (W.), 4704*.
Feiler (P.), 9640*.
Fikentscher (H.), 5914*.
Finck (E.), 10884*.
Finkenhauer (H.), 1383*.
Fischer (Hellmuth), 10630*.
Flesch (W.), 1179*, 2816*, 4002*, 4496*, 4974*, 5461*, 6430*.
Flieg (O.), 1594*, 10363*.
Frankenburger (W.), 7566*.
Free (G.), 262*, 5697*, 7355*, 8069*, 9189*, 10898*.
Friederich (Herbert), 2533*, 3963*, 6620*, 7315*, 8729*.
Friedolsheim (A. v.), 11465*.
Füner (W. v.), 5697*, 5941*, 8069*, 9189*.
Fürhäusser (F.), 11118*.
Gassenmeier (E.), 6342*.
Gerlich (H.), 9452*.
Germann (E.), 10623*.
Giehne (H.), 2299*.
Göhre (O.), 726* 5894*, 5941*, 9232*, 10898*.
Grabowsky (O.), 2546*.
Gräfinger (G.), 4210*, 8511*.
Grünler (S.), 3541*.
Günther (Max), 10623*.
Güterbock (H.), 471*.
Haarer (E.), 4935*.
Häuber (H.), 6132*, 8495*, 9164*, 9233*.
Hagen (G.), 2313*.
Hagen (W.), 6132*, 8495*, 9164*, 9233*.
Hammerschmid (H.), 7566*.
Hamprecht (G.), 666*.
Hartmann (Hans), 6895*.
Haussmann (H.), 4210*, 6654*, 8511*.
Hecht (O.), 701*.
Heintz (K.), 4697*.
Heintzeler (M.), 1605*, 7779*, 10137*, 10601*.
Heinzel (A.), 6362*.
Herold (H.), 6151*.
Herrle (K.), 5914*.
Herzog (J.), 10623*.
Heuck (C.), 6151*.
Hieber (W.), 7752*.
Hill (K.), 8735*.
Himmele (W.), 5896*, 10622*.
Himmler (W.), 8729*.
Hölscher (F.), 1610*.
Hofmann (Gerhard), 9233*.
Hopff (H.), 706*, 2538*, 2774*, 3252*, 4700*, 4712*, 5183*, 6604*, 8452*, 9921*, 10150*, 10868*.
Huchler (O.), 5896*.
Hüber (W.), 8469*.
Hummel (Georg), 9909*, 10884*.
Immendörfer (E.), 729*, 9007*.
Jacqué (H.), 5440*.
Jahrstorfer (M.), 729*, 7126*, 7312*.
Jakob (L.), 3775*, 11135*.
Jockers (K.), 4908*, 5624*.
Kähne (F.), 2582*.

Kaufmann (O.), 3974*.
Keller (Walter), 6401*.
Keunecke (E.), 716*.
Kirsch (A.), 6141*.
Klein (Hans), 6386*, 6894*.
Klemm (R.), 6618*, 9667*.
Kölsch (W.), 5896*, 11685*.
Kolb (Hans), 7782*.
Kosbahn (T.), 5417*.
Kosterhon (K.), 2503*.
Koudela (G.), 2510*.
Krahl (M.), 1383*.
Krauss (K.), 666*.
Krekeler (Hans), 1118*, 1139*, 4453*, 4929*, 5415*, 9190*.
Krekeler (Heinz), 2299*, 3482*, 8468*.
Krieg (O.), 8233*.
Kröper (H.), 4701*, 5650*, 5896*, 6849*, 7080*, 8495*, 10642*.
Krome (H.), 6362*, 8233*.
Krzikalla (H.), 702*, 729*, 1376*, 1382*, 1625*, 2071*, 4459*, 4948*, 6141*, 6399*, 8044*, 9210*, 10363*, 10868*, 11118*.
Kuckertz (H.), 5185*.
Kürzinger (A.), 716*.
Kunzer (W.), 3541*, 8233*.
Kutepow (N. v.), 1605*, 5650*, 5896*, 6132*, 6620*, 6849*, 7779*, 7780*, 9193*, 10137*, 10622*, 11685*.
Laib (H.), 3963*.
Lange (F.), 7559*.
Laudenklos (H.), 3482*.
Lehrer (E.), 4209*, 5417*.
Lemme (H.), 471*, 2577*, 7332*.
Leutner (Rudolf), 1118*, 4453*, 4929*, 5415*, 9190*.
Lidle (H.), 10901*.
Lieseberg (F.), 8274*.
Linckh (E.), 6616*, 9667*.
Linge (H.), 4459*.
Linke (R.), 5175*.
Lintner (J.), 7547*.
Lober (F.), 3526*.
Lorenz (L.), 4209*.
Lühdemann (R.), 7753*.
Lutzmann (Hermann), 4697*.
Magin (A.), 3486*, 8032*.
Maier (K.), 2538*, 4646*, 6604*.
Markert (F.), 8233*.
Meier (Hermann), 225*, 4908*, 5624*.
Merkel (K.), 2071*, 4459*.
Metzger (Hermann), 4978*.
Meuter (W.), 4704*.
Meyer (Ferdinand), 4948*, 9210*.
Michael (W.), 726*, 8260*, 8726*, 9232*, 11118*.
Michelitsch (W.), 8733*.
Morsch (W.), 6620*.
Morschel (H.), 2071*.
Mühlbauer (F.), 9450*.
Müller (Alfred), 6151*.
Müller (Eugen), 2547*, 11472*.
Müller (Joachim), 3011*.
Müller-Cunradi (M.), 1118*, 2299*, 6894*.
Müller-Giemann (K.), 3006*, 7321*.
Münster (W.), 8277*.
Nebe (E.), 5178*.
Neumann (L.), 9201*.
Niemann (Georg), 8263*.
Nienburg (H. J.), 7782*.
Nold (E.), 11118*.
Nonnenmacher (H.), 5894*, 8493*.
Nordt (H.), 2071*.
Oettinger (W.), 5894*, 5941*, 8493*, 10898*.
Ohlinger (H.), 6151*, 7332*.
Ostermayer (H.), 8728*.
Otto (Gerhard), 729*, 2582*, 7126*, 9201*, 9711*, 10901*.
Otto (M.), 471*.
Pfirrmann (T.W.), 225*.
Pfitzner (H.), 3011*, 8269*.
Philippi (A.), 7521*.
Pier (M.), 966*, 4249*, 5697*, 8069*, 9189*, 10898*.
Pilch (K.), 4902*.
Plauth (E.), 8535*.
Plötz (E.), 1171*, 3035*, 4491*, 4734*, 5214*, 8260*.
Pohl (Franz), 8297*.
Quarthal (K.), 2313*.
Rabe (H.), 6895*.
Raichle (L.), 8297*, 9232*, 9943*.
Randebrock (R.), 6402*.
Rasche (W.), 8233*.
Reibnitz (B. v.), 702*, 3536*, 7333*, 9007*.
Renter (L.), 4937*.
Reppe (W.), 702*, 1605*, 2071*, 2510*, 2533*, 2775*, 3006*, 3483*, 3486*, 3963*, 4701*, 5650*, 5914*, 6132*, 6387*, 6620*, 6849*, 7080*, 7321*, 7515*, 7779*, 7982*, 8032*, 8729*, 9193*, 9194*, 10137*, 11685*.
Reuter (L.), 6621*, 10136*, 11687*.
Riedel (H.-J.), 3252*, 4700*, 5183*, 10642*.
Rössig (L.), 2577*, 4978*, 8069*.
Rössler (G.), 3744*, 5185*, 7566*.
Rohland (W.), 2787*, 4222*.
Rohlffs (G.), 4934*, 8735*.
Roser (O.), 3775*.
Ross (H.), 7780*.
Rotter (E.), 4935*.
Rümens (W.), 6888*.
Ruhl (K.), 9909*.
Rupp (W. H.), 6401*.
Sachsse (H.), 5417*.
Saftien (K.), 2072*.
Schäfer (E.), 1399*.
Scharfenberger (A.), 8233*.
Scheller (Henning), 2775*.
Schermer (H.), 5905*.
Scheuermann (H.), 702*, 1616*, 2546*, 2793*, 3744*, 8027*.
Schickh (O. v.), 3252*, 4700*, 5183*.
Schiller (G.), 8729*.
Schlack (P.), 1412*, 3738*, 3747*, 7081*, 8276*.
Schlecht (H.), 3482*, 8468*.
Schlecht (L.), 6612*.
Schlichting (O.), 3006*, 7321*, 7982*.
Schmidt (Willi), 2071*.
Schmidt (Wolfgang), 5918*.
Schmole (G.), 8027*.
Schnabel (R.), 4645*.
Schnegg (R.), 7782*.
Schöller (C.), 1399*, 4645*.
Schoenemann (K.), 2576*.
Scholz (Heinrich), 6133*.
Schowalter (W.), 11118*.
Schütze (M.), 8937*.
Schulz (Alfred), 2071*.
Schulze (Gerhard), 6104*.
Schuster (C.), 4459*, 6141*, 6342*, 11684*, 11709*.
Schwarz (Adolf), 432*.
Schweckendick (W.), 7088*.
Schweizer (A.), 8495*.
Setzer (L.), 3519*, 4222*.
Simon (W.), 966*, 4253*, 6894*, 6895*, 9482*, 9943*.
Sinn (R.), 8937*.
Sommer (W.), 4183*.
Spänig (H.), 2774*, 8482*, 11686*.
Spiecker (W.), 228*.
Stadelmann (S.), 6151*, 7332*, 7563*.
Stadler (Robert), 8495*.
Stastny (F.), 4468*, 5670*, 7332*, 8744*.
Steimmig (A.), 2774*.
Steinbrunn (G.), 10868*, 11466*.
Steinhofer (A.), 3483*.
Steinmeyer (H.), 3519*.
Süssenguth (H.), 1183*.
Taack-Trakranen (F. van), 1625*, 4183*, 4948*, 8044*, 9210*.
Tartter (A.), 3496*, 6402*.
Toepel (T.), 1382*, 7779*, 7780*.
Titzenthaler (E.), 6132*.
Treuge (G.), 5429*, 7555*, 8270*.
Triem (G.), 11686*.
Trieschmann (H.-G.), 4469*, 4697*, 4937*, 6621*, 9199*, 10136*, 11687*.
Trimborn (A.), 2546*.
Trofimow (A.), 6399*.
Uelzmann (H.), 705*, 5915*.
Ufer (H.), 706*, 9921*, 10150*, 10868*.
Vierling (K.), 4954*.
Vlachos (A.), 2546*.
Weber (H.), 214*, 7547*.
Wegerich (A.), 8495*.
Wenderlein (H.), 2071*.
Wenger (F.), 3284*, 4226*.
Wenner (G.), 4469*.
Wenzel (W.), 8729*, 8964*.
Weschky (L.), 1594*.
Westphal (F.), 7982*.
Widmann (H.), 8274*.
Wiest (G.), 6394*.
Wilfinger (H.), 1169*.
Winkler (F.), 1179*, 4496*, 4974*, 5461*, 6616*, 9667*, 10418*.
Wintersberger (K.), 2510*, 4908*, 5624*.
Woerner (A.), 702*, 2546*.
Woldan (E.), 1376*.
Wolf (W.), 8297*.
Wolff (W.), 6394*.
Wolffhardt (E.), 216*.
Ziese (W.), 6389*.
Zorn (H.), 2577*, 4978*, 8069*, 8297*, 9233*.

Badische Anilin- & Soda-Fabrik (I. G. Farbenindustrie Akt.-Ges. „In Auflösung"), Verarbeit. v. rohem Kupferstein 2997* E. — Verarbeit. v. Ni-Cu-Stein 9183* E., F.

Badische Bau- und Kunststoff G. m. b. H., Gemusterte Bauelemente 7756* D. B. — Calciumsulfathalt. M. 10357* D. B.
Badoche (M.), Isomerie d. Semicarbazone d. d-cis-Verbanons [Isoverbanons] 2431. — Isomerie d. Semicarbazone des d-Fenchons 10996.
Badoz (J.), Akust. Doppelbrech. einer Lsg. deformierbarer Moll. 8794.
Badve (M. G.) s. Barnabas (T.).
Badzioch (S.) s. Morgan (B. B.).
Bächli (E.) s. Asmis (H.); Giesbrecht (E.).
Bächtold (H.) s. Pellmont (B.).
Bäck (R.), Entkeimungsfiltrat. v. Bier 9689.
Bäcker (H.), Mittel gegen Nosemaseuche 6088* D. B.
Baecker (P.), Hydrochemie u. Tektonik. Ergebnisse bei Unterss. über d. Beziehh. zwischen Chloridgeh. u. Härte d. Grundwassers u. d. Tektonik eines Gebietes 773.
Bäckström (M.), Beziehh. zwischen Füllvol., Temp. u. Druck v. Behältern für komprimierte Gase 3218.
Bæckström (S.), Vork. größerer Silicateinschlüsse in saurem Martinstahl v. Kugellagerqualität bei verschied. Bearbeitungsstadien 1828.
Baeder (D. H.) s. Seifter (J.).
—, Beckfield (W. J.) u. **Seifter (J.)**, Wrkg. v. Aluminiumhydroxydgelen auf d. experimentell hervorgerufene Hypercholesterinämie u. Atheromatosis bei Junghühnern 5594.
Bäder (E.) s. Bredereck (H.); Deutsche Gold- & Silberscheideanstalt vormals Roessler; Heraeus (W. C.) G. m. b. H.
Bähr (Arno) s. VEB Sächsische Zellwolle.
Bähr (Asko) s. Pepperhoff (W.).
Bähr (G.) s. Hein (F.).
—, Bieling (H.) u. **Thiele (K.-H.)**, Jodometr. As-Best. in arsenorgan. Verbb. mit Zentigramm-Einwaagen 8220.
— u. Zoche (G.), Bleitetrabenzyl u. o-halogensubstituierte Benzylverbb. d. 4- u. „3“-bind. Pb 10010.
Bähr (H.) s. Badische Anilin- & Soda-Fabrik Akt.-Ges.
Baehr (H. D.), Einfl. d. Schwerkraft auf d. krit. Erscheinn. 26. — Rationelle Dampfdruckformel für höhere Drucke, gültig bis zum krit. Punkt 7154. — Temperaturverlauf u. Wärmeverluste beim Anheizen u. Abkühlen dickwand., kugelförm. Behälter. 1. Mitt. Anheizen flüssigkeitsgefüllter Behälter 7995. — Darst. d. Wärmeübergangs bei freier Konvekt. durch Potenzgesetze 7995.
Bähr (J.), Alkali- oder Ammonsulfat 7292* D. B.
Bähr (Karl) s. Boehringer (C. H.) Sohn.
Bähr (Kurt) s. Farbenfabriken Bayer Akt.-Ges.
Bäker (S.) s. Riemschneider (R.).
Baenziger (N. C.) s. Guth (E. D.); Nielsen (J. W.); Sanderson (M. J.).
Baer (E.) u. **Martin (Frank)**, Synth. v. D-α-Lecithin, einer akt. Antigenkomponente bei d. Serumdiagnose d. Syphilis 2684.
— u. Maurukas (J.), Synth. d. enantiomeren α-Lecithine 8399. — Phosphatidylserin 9545. — Diazometholyse v. Glycerophosphatiden. Konfigurationsbest. v. Phosphatidylserinen u. Cephalinen 9545.
Baer (E.), Maurukas (J.) u. **Russell (M.)**, Synth. v. enantiomeren α-Cephalinen 8398.
Baer (H. H.) s. Kuhn (R.).
Baer (J. E.) u. **Lockwood (R. G.)**, Acetylier. u. S-Alkylier. v. Äthylenthioharnstoff 4344.
Baer (M.) s. Monsanto Chemical Co.
Baer (R.) s. Sulzberger (M. B.).
Baer (R. L.) u. **Litt (J. Z.)**, Behandl. v. Otitis externa mit Hydrocortisonsuspens. 1309.
Baer (W.), Wanderungsflächen v. Po–Be-Neutronen in H_2O–Zr-Mischungen 4268.
— u. Bayard (R. T.), Spaltproduktzähler hoher Empfindlichk. 6911.
— u. Swift (O. F.), Gesichtspunkte über d. Bau v. Spaltungszählern 1437.
Baerg (A.) u. **Winkler (C. A.)**, Kinetik d. Ag–Ag-Ion-Austausches 765.
Baerg (A. P.), Neutroneneinfangquerschnitt v. ^{222}Em(Rn) 4992.
Baerlecken (E.) s. Rheinische Röhrenwerke Akt.-Ges.
— u. Hirsch (Walter), Interkristalline Spannungsrißkorros. unlegierter u. niedriglegierter Stähle u. ihre Vermeid. durch Ti- oder Ta–Nb-Zusatz 3243.
Baermann (M.) u. **Dehler (H.)**, Dauermagnetstahl 8958* D. B.
Baerts (F.), Kampagne *1952* 9925.
Baertschi (P.) s. Kuhn (W.).
Baes jr. (C. F.) u. **Kellogg (H. H.)**, Wrkg. v. gelöstem S auf d. Oberflächenspann. v. fl. Cu 8794.
Bässler (K. H.) s. Lang (K.).
Bätz (G.) s. Badische Anilin- & Soda-Fabrik Akt.-Ges.
Baetz (J.), Tablettieren: Neue Maschine u. neues Verf. 6802.
Baetz (J. L. E.), Herst. eines Mittels gegen erhöhten Blutzuckergeh. 4652* F. — Herst. v. Adrenochrom 4652* F.
Bäucker, Bedeut. d. Hartfettes für Vitalade 5203.
Bäumlein (G.) s. Schoeller & Hoesch.
Bäumler (J.) s. Lehmann (F. E.).
Bäumler (R.) s. Badische Anilin- & Soda-Fabrik Akt.-Ges.
Baevsky (M. M.) s. Du Pont de Nemours (E. I.) & Co.
Baeyertz (M.), Craig jr. (W. F.) u. **Sheehan (J. P.)**, Einfl. v. Mo u. handelsübl. P-Gehh. auf d. Zähigk. v. Mn-Stählen mit *0,40%* Kohle 677.
Báez (M. M.) = Martínez Báez (M.).
Baffa (J. J.), Abwasserbeseitig. in einem Stahlwerk. Behandl. d. sanitären Abwässer 3458. — Meßgeräte bei d. Behandl. industriellen Abwassers 6101. — s. Henderson (Angus D.).
Baffoni (G. M.), Wrkg. d. Thyreoidhormons auf d. Mauthnerschen Neuronen. Unterss. an Urodelen 7019.
Bagajew (W. B.), Einfl. d. Bedingg. d. P-Ernähr. auf d. Zus. d. Sojasamen 2003. — Einfl. eines vorübergehenden Ausschlusses v. P aus d. Nahrungsgemisch während d. Blütezeit aus d. Wuchs d. Sojapflanze 2003.
Baganz (H.), 1.2-Dialkoxyäthene. 4. Mitt. Anlager. v. ClJ an 1.2-Dialkoxyäthene 2172. — Darst. v. 1.2-Dichlor-1.2-bis-[β-chloräthoxy]-äthan u. 1-Chlor-1.2-bis-[β-chloräthoxy]-äthen 2651.
—, Hohmann (Wolfgang) u. **Pflug (J.)**, 1.2-Dialkoxyäthene. 3. Mitt. Anlager. v. Cl an 1.2-Dialkoxyäthene 2172.

Baganz (H.) u. Paproth (I.), Darst. v. 2.4-Dimethoxy-2'.4'-diäthoxybenzophenon 5056.
Bagarjatzki (J. A.), Kolonzowa (J. W.) u. Russakowa-Lukowskaja (N. W.), Röntgenograph. Unters. d. Alterung v. Al-Legierr. 2. Mitt. Anwend. d. Röntgenaufnahme bei tiefen Tempp. zur Unters. d. Struktur gealterter Legierr. 1692.
Bagaturow (S. A.), Kursus d. Theorie d. Dest. u. Rektifikat. Russ. [659].
Bagchi (A. P.) u. Axon (H. J.), Art d. Kristallisat. v. $MnAl_6$ 8567.
Bagchi (P.) s. Rao (P. N.); Talukdar (P. B.).
Bagchi (P. N.) s. Saha (N. N.).
Bagchi (S. N.), Absol. Einzelelektrodenpotential 4282. — Starke Elektrolyte in Lsgg. 11510. — s. Hosemann (R.).
Bagdassaraschwili (S. G.), Anwend. v. organ. u. Mineraldüngern im Weinbau [11082].
Bagdassarjan (C. S.), Thermochem. Abweichungen v. d. Additivität u. d. additive Schema v. W. M. Tatewski 4555.
— **u. Miljutinskaja (R. I.),** Photochem. Rkk. v. Kohlenstofftetrachlorid mit Vinylverbb. 7225.
Bagdassarjan (S. S.), Adsorptionsmeth. zur Trenn. v. Gasen in kontinuierl. Systemen 11518.
Baget (J.) s. Soc. des Usines Chimiques Rhône-Poulenc.
Bagg (T. C.) s. Stair (R.).
Bagge (H.), Verss. mit zur Reife bestimmten gelbem Senf. Sorten-, Kultur- u. Düngeverss. *1940—1949* 1592. — s. Larsen (A.).
Baggesgaard Rasmussen (H.), Konst. u. Synth. d. Morphins u. synthet. Analgetica 2725. — Lærebog i organisk kemi for farmaceutiske studerende [11256].
— **u. Hansen (K. P.),** Fundamental organisk kemi. Til brug ved farmacistudiets *1* [1103].
Baggi (G. F.), Faktoren zur Dämpfung d. Hyaluronsäureprodukt. in entzündl. Exsudaten 5592.
— **u. Prodi (G.),** Wrkg. v. Hyaluronsäure auf durch Staphylokokken hervorgerufene Hautverletzungen 11621.
Baggott (E. R.) u. Willcocks (R. G. W.), Trenn. d. Zn v. Cd; Best. v. Zn in Cd-Metall 4420.
Bagguley (D. M. S.) u. Harrick (N. J.), Temperaturabhängigk. d. ferromagnet. Resonanz in koll. Ni 5485.
Baghott (K. G.), Schoonover (W.) u. Quick (J.), Urbarmach. v. Alkaliboden 4435.
Baglioni (T.), Garavaglia (C.), Lado (P.), Perussia (A.) u. Polvani (C.), Analyse d. Verteil. v. Radiophosphor bei d. Maus während d. Gleichgewichtsperiode 8429.
Bagnall (K. W.) u. Eye (R. W. M. D'), Darst. v. Poloniummetall u. Poloniumdioxyd 6235.
— **u. Spragg (W. T.),** Handhab. radioakt. Substanzen. 1. Mitt. 4756; 2. Mitt. 6909.
Bagnulo (R.) s. Cedrangolo (F.).
Bagot (J.) s. Funke (A.).
Bagot (Y.), Tung- u. Abrasinöle 4727.
Bagotzkaja (I. A.), Einfl. v. Anionen auf d. Auflösung v. Hg in Elektrolytlsgg. in Ggw. v. O_2 2840.
Bagotzki (W. S.) s. Frumkin (A. N.).
— **u. Jablokowa (I. J.),** Mechanismus d. katalyt. Zers. v. H_2O_2 an d. Oberfläche v. metall. Hg 2854.
Bagrow (N. A.) s. Michailow (A. N.).
Baguena Candela (J.) s. Tormo Alfonso (V.).
Baguena Candela (R.) s. Tormo Alfonso (V.).
Bahadur (K.), Unters. über d. Wrkg. v. Ca-Ionen auf d. Stoffwechsel d. Dhar-Hefe 2698.
Bahler (M. E.) s. Faith (H. E.); Florestano (H. J.).
Bahlsen (H.), Beeinfluss. v. Nahrungsmitteln durch Korros. an d. Verarbeitungsmaschinen [4959].
Bahner (C. T.) s. MacDonald (E.).
Bahner (K.) u. Miczaika (G. R.), Gerät zur Entzerr. v. Eichkurven lichtelektr. Plattenphotometer 9630.
Bahr (G. F.) u. Moberger (G.), Methylquecksilberchlorid als spezif. Reagens auf eiweißgebundene Sulfhydrylgruppen. Elektronenmkr. Färbb. 2. Mitt. 1343.
Bahr (H.), Rolle d. Ciliaten als Bakterienvernichter im Rahmen d. biol. Reinig. d. Abwassers 435. — s. Popp (L.).
Bahri (H. A.), Sastri (M. K.) u. Ray (S. C.), Antibiotica bei d. Kälberfütter. 6324.
Bahrs (G.) s. Veltman (G.).
Bai (C. R.) s. Chatterjee (S. K.).
Baier (E.) s. Schmidt (Walter).
Baier (H.) s. Deutsche Gold- & Silberscheideanstalt vormals Roessler.
Baier (W.), Kennzeichn. d. Wasserhaushaltes im natürl. gewachsenen Boden mit Hilfe d. Bodenfeuchtefestwerte 7528.
Baier (W. E.) s. Sunkist Growers, Inc.
Baierl (W.), Merfen als Harnantisepticum 7964.
Baijal (J. S.) u. Chandra (R.), Entartetes Gas u. Beweg. eines Teilchens in einem harmon. Feld 2590.
Baikie (A. G.), Fäkale Exkret. v. Urobilinogen bei n. u. bleivergifteten Meerschweinchen 2243.
Bailar jr. (J. C.) s. Busch (D. H.); Callis (C. F.); Das Sarma (B.); Schaap (W. B.).
Bailenger (J.) s. Neuzil (E.).
Bailey (A. E.) s. National Cylinder Gas Co.
Bailey (A. E. W.) s. Dunlop Rubber Co. Ltd.
Bailey (A. R.), A textbook of metallurgy [210]. s. Samuels (L. E.).
— **u. Lowther (W. H.),** α-Messing unter Spann. in Seewasser u. NH_3; Einfl. v. Seewasser auf Spannungskorrosionsbrüche 9182.
—, **Morris (S.) u. Wiesiolek (A. J. K.),** Interkristalline Sprödigk. 677.
— **u. Skevington (H. C.),** Einfl. d. Abkühlungsgeschwindigk. auf d. Härte verschied. Legierr.; Stirnabschreckverss. mit Al-Bronze 8954.
Bailey (A. S.), Organ. Chemie. Alkaloide 7913.
—, **Polgar (N.), Tate (F. E. G.) u. Wilkinson (A.),** Methylsubstituierte $\alpha.\beta$-ungesätt. Säuren. 2. Mitt. 10246.
Bailey (B.), Haworth (R. D.) u. McKenna (J.), Konst. v. Conessin. 7. Mitt. Abbau red. Chinoline u. Indolbasen 8389.
Bailey (C. W.) s. Meter (R. A. Van).
Bailey (D. F.), Schalenformereiverf. 2759.
Bailey (D. L.) s. Sommer (L. H.).
Bailey (D. R.) s. Martin (C. W. G.).
Bailey (E. D.) s. Sittel (K.).
Bailey (E. F.) u. Harris jr. (W. J.), Austenitzers. in niedriggekohlten Ni- u. Mo-halt. Schweißstählen 917. — Austenitbldg. beim

Tempern u. ihre Wrkg. auf mechan. Eigg. 6378. — Einfl. d. Zerfalls v. Restaustenit beim Anlassen auf d. Kerbschlagzähigk. u. d. Ergebnisse d. Zugvers. 6606.
Bailey jr. (E. M.) s. Maren (T. H.).
Bailey (G. C.) s. Heckelsberg (L. F.).
Bailey (G. F.) s. Curl (A. L.); Stitt (F.).
Bailey (G. L.), Veränderr. d. Geh. an fettfreier Trockensubstanz v. Milch. 5. Mitt. Durch Winterfütter. hervorgerufene Veränderr. 11302.
—, Broster (W. H.), Brown (B. B.) u. **Foot (A. S.),** Relativer Futterwert v. zwei nationalen Milchviehfuttermitteln für d. Milchprodukt. 2095.
Bailey (H. C.) u. **Knox (J. H.),** Best. v. Aldehyden in Verbrennungsprodd. 1342.
Bailey (H. P.), Forsythe (J. J.) u. **Andrews (E. F.),** Faktoren, die d. Farbrevers. bei gebleichten Altpapierfaserstoffen bewirken 1168.
Bailey (J. H.) s. Klimek (J. W.).
Bailey (J. M.) s. Whelan (W. J.).
— u. **Whelan (W. J.),** Enzymat. Synth. u. Abbau v. Stärke. 11. Mitt. Isophosphorylase 2923.
Bailey (K.) u. **Bettelheim (F. R.),** Natur d. Fibrinogen-Thrombin-Rkk. 10552.
Bailey (M.), Kristallstruktur d. Hydrochlorids u. Hydrobromids d. Dihydrotriazinmetabolits v. Proguanil 3830.
Bailey (P. S.) s. Frampton (V. L.).
Bailey (R. O.), Inhibitoren für d. Metallbearbeiten 2763.
Bailey (R. W.), Werkstoffeigg. u. industrielle techn. Anwend. v. Gußmetallen 5404. — Zus. d. Komplexes Boden/organ. Substanz in Bimsböden d. Taupo-Aschenregengebietes 8473.
Bailey (S. B.), Gußeisen mit Kugelgraphit 7537.
Bailey (S. D.) s. Burke (M. M.).
—, Horowitz (R. M.) u. **Dinsmore (H. L.),** Gegenstromverteil. v. Colchicin u. Derivv. 11549.
Bailey (S. W.), App. zur Erzeug. verschied. Gasmischungen für einen längeren Zeitraum 882.
Bailey (V. A.), Relativist. Theorie elektromagnet. Ionenwellen 11157.
Bailey jr. (W. A.) s. Shell Development Co.
Bailey (W. J.) u. **Cummins (E. W.),** Cycl. Diene. 3. Mitt. Synth. v. Thiophendioxyd-(1) 1961; 4. Mitt. Dimerisat. v. Thiophendioxyd-(1) 1962; 5. Mitt. Diels-Alder-Rk. v. Thiophendioxyd-(1) 1962.
— u. **Fujiwara (E.),** Acetylene. 1. Mitt. Gemischte Dihalogenide u. Halogenhydrine aus Butindiol 8829.
— u. **Madoff (M.),** Cycl. Diene. 2. Mitt. Synth. v. Pentacen 1961.
—, Rosenberg (J.) u. **Young (L. J.),** Cycl. Diene. 6. Mitt. Synth. substituierter 1.2-Dimethylencyclohexane 1951; 7. Mitt. Chinonaddukte substituierter 1.2-Dimethylencyclohexane 1952.
Bailey (W. T.) s. California Research Corp.
Bailitis (E.), Hagen (C.) u. **Rust (H. H.),** Ablauf v. Teilvorgängen bei d. Magnetostrikt. 1444.
Baillargé (M.) s. Julia (M.).
Bain (G. O.) s. Kowalewski (K.).
Bain (J. A.) s. Wang (R. I. H.).
Bain (L. A.) s. Western Electric Co., Inc.
Bain (W. E. S.), Maphenide in d. Augenheilkunde 7253.
Bainbridge (E. G.) s. Imperial Chemical Industries Ltd.
Bainbridge (R.), Gasführ. u. Staubsamml. bei einem Bleihochofen 8485.
Baines (H.) s. Canadian Kodak Co. Ltd.
Baines (S.), Hawkes (H. A.), Hewitt (C. H.) u. **Jenkins (S. H.),** Protozoen als Indicatoren im Schlammbelebungs-Verf. 1351.
Bains (G. D.) s. Natarajan (C. P.).
Bains (G. S.) s. Rao (G. N. S.); Subrahmanyan (V.).
—, Bhatia (D. S.), Rao (G. N. S.) u. **Subrahmanyan (V.),** Unterss. an Getreideersatzprodd. 2. Mitt. Lagerfähigk. v. Erzeugnissen aus Tapioka- u. Erdnußmischungen 5922.
Bair (E. J.), Cross (P. C.), Dawson (T. L.), Wilson jr. (E. A.) u. **Wise (J. H.),** Kinemat. fokussiertes Konkavgitterspektrometer 884.
Bair (J. K.) s. Willard (H. B.).
Bair (R. K.) s. Sterling Drug, Inc.
Bair (W. G.) s. Pettyjohn (E. S.).
Bairati (A.), Spreadingfaktor u. Mucopolysaccharide im Zentralnervensyst. d. Wirbeltiere 6318.
Baird (J. B.) s. Hudson Engineering Corp.
Baird (J. H.) s. Wold (A.).
Baird (K. M.), Neue Meth. in d. opt. Interferometrie 4170.
Baird (P. D.) s. MacMasters (M. M.).
Baird (R. J.) s. National Sugar Refining Co.
Baird (W.) s. Imperial Chemical Industries Ltd.
Baisse (J.), Extraktionsverf. für Thevetin 6985.
Bajaj (V.) s. Krishnan (P. S.).
Bajewa (A. I.) s. Kedrow-Sichman (O. K.).
Bajewskaja (J. S.) s. Rosenbaum (E. J.).
Bajocchi (E.) u. **Bussinello (E.),** Wrkg. d. Isonicotinsäurehydrazids auf natürl. immunolog. Eigg. d. n. Kaninchens 5361.
Bajusz (S.) s. Széll (T.).
Bak (B.) s. Clauson-Kaas (N.).
—, Bruhn (J.) u. **Rastrup-Andersen (J.),** Stereochemie d. Si 1902. — Best. d. Struktur d. Silylhalogenide durch Ultrahertzwellen 3322.
Bakács-Polgár (E.), Titrimetr. Best. d. Phosphationen mit Magnesiumsulfatmaßlsg. 7508.
Bakalar (A. B.) s. Shell Development Co.
Bakalar (I. D.) s. Buffington (F. S.).
Bakamjian (B.) u. **Thomas (L. H.),** Relativist. Teilchendynamik. 2. Mitt. 1431.
Bake (L. S.), Verwendbark. v. Neoprene-Klebstoffen beeinflussende Faktoren 7356.
Bakélite, Phenol–Aldehyd-Harze 935* F.
Bakelite Corp., Ungesätt. Carbonsäureester 1849* E.
Bakelite G. m. b. H., Süssenguth (O.) u. **Meder (G.),** Kontinuierl. Herst. v. Kunstharzen aus Phenolen oder deren Derivv. u. Aldehyden in wss. Medium 469* D. B.
—, Süssenguth (O.) u. **Zienert (G.),** Harzart., hitzehärtbares Kondensationsprod. 6868* D. B.
Bakelite Ltd., Bennitt (J. H.) u. **Simpson (T. S.),** Polyesterharzmischung 8511* F.
— u. **Ross (J. A.),** Klebstoff 4260* E., 11315* E.
— u. **Simpson (T. S.),** Preßharzmasse 8751* F.
Baker (A.) u. **Brady (N. C.),** Ertrag u. Mineralzus. v. Luzerne u. Sonnenblumen in Ab-

hängigk. v. Grad d. Rk. v. Calciumcarbonat mit 2 sauren Böden 7759.
Baker (A. A.), Wrkg. v. Largactil bei Geisteskrankheiten 10315.
Baker (A. D.), Chem. Bekämpf. v. pflanzenparasit. Nematoden 10121.
Baker (A. H.), Bldg. insekticider u. baktericider Nebel 8713* A.
Baker jr. (A. N.), Quantenmechan. Behandl. d. symm. Wasserstoffbrücke 3098.
Baker (A. R.), B-beladene photograph. Platten als Detektoren für langsame Neutronen 7369.
Baker (B. B.) s. MacNevin (W. M.); Young (A.).
— u. **MacNevin (W. M.)**, Einfl. d. Vorpolarisat. einer Platinanode auf den Strom bei d. Oxydat. v. Fe u. As unter kontrollierten Potentialbedingg. 10444. — Polarisierungseffekt v. Antimon(III)-Spuren bei d. elektrolyt. Oxydat. v. As in saurer Lsg. 10444.
Baker (B. E.) s. Mallinckrodt Chemical Works Ltd.
Baker (B. L.) s. Pliske (E. C.).
Baker (B. R.) s. American Cyanamid Co.
Baker (B. Y.) u. **Lynn (E. V.)**, Unters. d. Samen v. Pachyrrhizus erosus 2022.
Baker (Carleton) s. Swingle (W. W.).
Baker (Curtis) s. Mattson (A. M.).
Baker (C. E.) s. Kuć (J.).
Baker (C. G.), Enzymat. Oxydat. v. D- u. L-α-Oxysäuren 4372.
Baker (C. J.) s. Westcott (C. H.).
Baker (C. L.) s. Philadelphia Quartz Co.
Baker (C. P.) s. Draper (J. E.).
Baker (E.) s. Friedlander (G.); Hudis (J.).
Baker (F. B.) u. **Baker (R. C.)**, Bindemittel für Sandkerne 2765* A.
Baker (F. E.) s. McLean (E. O.).
Baker (F. H.) s. Church (D. C.).
—, **Pope (L. S.)** u. **MacVicar (R.)**, Wrkg. v. Vitamin-A-Vorräten u. Carotinaufnahme durch Rinderkühe auf d. Vitamin-A-Geh. d. Leber u. d. Plasmas ihrer Kälber 7485.
Baker (G.), Ilvait u. Prehnit in mikropegmatit. Diorit, Südost-Papua 3333.
Baker (George L.) s. Seaplant Chemical Corp.
Baker (Graeme L.) u. **Johnson (L. H.)**, Harnstoffnachw. in handelsübl. Viehfutter 2558. — Einfl. v. Anionen auf d. Emiss. d. Ca-Flamme in d. Flammenphotometrie 4660.
Baker (G. O.) s. Jordan (J. V.).
Baker (H. G.) s. Canada Packers Ltd.
Baker (H. R.) s. Zisman (W. A.).
Baker (J. P.), **Lehman (J. J.)**, **Claiborne (H. A.)** u. **Baker (W. S.)**, Anwend. v. Ionenaustauschern zur Kontrolle v. Ödemen u. übermäß. Gewichtszunahme bei Patientinnen vor d. Entbind. 2021.
Baker (J. W.), **Barrett (G. F. C.)** u. **Tweed (W. T.)**, Mechanismus d. aromat. Seitenketten-Rkk., bes. polare Substituenteneffekte. 15. Mitt. Mesomere Effekte v. Elementen d. Sauerstoffgruppe 1239.
— u. **Easty (D. M.)**, Hydrolyt. Zerfall v. Salpetersäureestern. 1. Mitt. Allg. Versuchstechnik. Alkal. Hydrolyse u. neutrale Solvolyse v. Metyhl-, Äthyl-, Isopropyl- u. tert.-Butylnitrat in wss. Alkohol 8118; 2. Mitt. Einfl. v. Struktur- u. Lösungsmitteländerr. auf d. Substitutions- u. Eliminierungs-Rkk., d. bei d. Hydrolyse v. prim., sek. u. tert. Alkylnitraten auftreten 8118.
Baker (J. W.) u. **Neale (A. J.)**, Bedeut. des Ionenaustauschs mit dem Lösungsm. bei kinet. Unterss. 10471.
Baker (K.) s. Lathem (W.).
Baker (L.) s. General Tire & Rubber Co.
Baker (L. C.) s. Lampitt (L. H.).
Baker (L. C. W.), **Foster (G.)**, **Tan (W.)**, **Scholnick (F.)** u. **McCutcheon (T. P.)**, 6-Molybdatoheteropolyanionen, ihre Formeln, Stärke d. freien Säuren u. Strukturbetrachtt. 8105.
Baker (N.) s. Bergmann (O.).
— u. **Bergmann (O.)**, Zerfallsschema d. τ-Mesons 10666.
Baker (Nome) s. Hill (R.); Katz (J.).
—, **Feinberg (H.)** u. **Hill (R.)**, Verwend. eines kombinierten Verbrenn.-Diffus.-Gefäßes bei analyt. Verf.; einfache Naß-Verbrenn.-Meth. für ^{14}C-Routine-Analysen 11059.
—, **Shreeve (W. W.)**, **Shipley (R. A.)**, **Incefy (G. E.)** u. **Miller (Max)**, ^{14}C-Unterss. im Kohlenhydratstoffwechsel. 1. Mitt. Glucoseoxydat. bei gesunden, n. Personen 7955.
Baker (P. S.), **Duncan (F. R.)** u. **Greene (H. B.)**, Darst. d. isotop. Li-Metalls durch thermochem. Red. 4272.
—, **Wells (G. F.)** u. **Rathkamp (W. R.)**, Zelle zur Darst. geringer Mengen Alkalimetall 8081.
Baker (R.), **Govan (D.)** u. **Huffer (J.)**, Hemmende Wrkg. v. Cortison auf Strikturen d. Harntraktes 9368.
—, **Govan (D.)**, **Huffer (J.)** u. **Cason (J.)**, Biol. Titrat. v. Diäthylstilböstrol gegen d. Aktivität v. Prostatakrebs. Wrkg. auf d. Serumaldolase 1760.
—, **Reaven (G.)** u. **Sawyer (J.)**, Wrkg. v. Toluidinblau auf d. metastat. Verkalk. 5108.
Baker (R. C.) s. Baker (F. B.).
Baker (R. F.) u. **Modern (F. W. S.)**, Kontrollierte Fixat. mit Osmiumtetroxyd 2692.
Baker (R. J.) s. Vernetti (J. B.).
Baker (R. W. R.), Flammenphotometr. Best. v. Ca im Serum 9870.
— u. **Pellegrino (C.)**, Trenn. u. Nachw. v. Serumenzymen durch Papierelektrophorese 2452.
Baker (S. B.), Zwei Synthesen v. 1.5;3.6-Dianhydro-2.4-O-methylen-D-glucit; Stabilität d. Methylenacetalbrücke gegen wss. Säure 7416.
Baker (S. J.) s. Mollin (D. L.).
Baker (T. C.) s. Allied Chemical & Dye Corp.
Baker jr. (T. E.), **Blais (N. C.)**, **Hemenway (C. L.)**, **Rojansky (V.)**, **Webster (M. S.)** u. **Werman (M. S.)**, Suche nach Abweichungen d. Höhenstrahlen v. Poissonschen Gesetz bei niedr. Ausschlagszahlen. 1. Mitt. 4085.
Baker (T. T.), Fluorescenzchemie 10920.
Baker (W.), **Boarland (M. P. V.)** u. **McOmie (J. F. W.)**, Darst. u. Rkk. v. Diphenylen 8370.
—, **Godsell (J. A.)**, **McOmie (J. F. W.)** u. **Ulbricht (T. L. V.)**, Struktur u. Konfigurat. d. beiden festen Dimeren v. Isosafrol 9325.
—, **Hemming (R.)** u. **Ollis (W. D.)**, Struktur v. Buddleoflavonolosid (Linarin) u. Buddleoflavonol (Acacetin) 10517.
Baker (W. A.), **Eberall (M. D.)** u. **Cibula (A.)**, Einfl. v. Primärausscheidd. auf d. Korngröße gegossener Mg-Aluminium-Legierr. 1363.
Baker (W. H.) s. Dudley (H. R.).
Baker (W. L.) s. Graham (E. R.).

Baker (W. O.), Raketentreibmittel 4257* A. — s. Bell Telephone Laboratories, Inc.
Baker (W. S.) s. Baker (J. P.).
Baker Castor Oil Co., Seifenhalt. Schmier- u. Anstrichmittel 7588* E.
Baker & Co., Inc., Mehrfachmetalle aus rostfreiem Stahl u. Au-Legierr. 1834* F. — Elektr. Widerstandsdrähte 6382* E. — Lot 9435* F. — Wiedergewinn. v. wertvollen Metallen bei d. Gaskatalyse 9874* N. — s. Du Pont de Nemours (E. I.) & Co.; Hercules Powder Co.
— u. **Streicher (J. S.)**, Metalle u. Metallegierr. mit stabilisiertem Korn 11679* A.
Baker Platinum Ltd., Sinterkörper d. Pt-Gruppe 2529* E.
Bakerspigel (A.), Bodenextraktagar für Candida albicans 380.
Bakey (M. E. de) s. Hardy (E. G.).
Bakhshi (N. N.) s. Parthasarathy (S.).
Bakker (M.), Bekämpf. d. Phomopsiskrankh. in Samenwurzeln 6547.
Bakos (M.), Zusammenhang zwischen d. krit. Vol., d. Molrefrakt. u. d. Parachor 7383. — s. Pászthory (I.).
Bakst (H.) s. Rinzler (S. H.).
Bakst (M.) s. Aktiebolaget Standard Radiofabrik.
Bakulew (A. N.), Konservier. v. Blut u. Blutersatzmitteln in d. UdSSR 4160.
Bal (A. K.) s. Sharma (A. K.).
Balaam (N. B.) s. Twentieth Century Electronics Ltd.
Balaban (I. E.) s. Geigy Co. Ltd.
Balabanow (B. G.), Wrkg. v. granuliertem u. grobkristallinem KCl auf d. Ernteertrag d. Pflanzen u. ihre Qualität 8946.
Balachandran (C. G.), Ultraschallgeschwindigkk. v. bin. Mischungen 778.
Balachowski (S. D.), Rywkina (D. J.) u. **Fedorowa (W. N.)**, Physiol. Wrkg. v. Stoffen, d. man bei d. Oxydat. v. Carotin erhält (Antihistamin- u. Antiacetylcholinaktivität v. Retinen) 147.
—, **Wosskressenskaja (J. W.)** u. **Fedorowa (W. N.)**, Verteil. v. ^{35}S in d. Organen u. Geweben d. n. u. A-avitaminot. Organismus nach Einführ. v. Methionin mit markiertem S in d. Bauchhöhle 8901.
Balachowsky (D.), Katalyt. Herst. v. KW-stoffen aus Mineralölen jegl. Herkunft 9479* F.
Balagna (J. P.) s. Browne (C. I.).
Balakow (W. W.) u. **Smeschkowa (W. A.)**, Widerstand u. Photoleitfähigk. v. Bleisulfidphotowiderständen bei hohen Frequenzen 7149.
Balakrishna (S.), Bevorzugte Orientier. in Gesteinen u. ihre Bezieh. zu ihren physikal. Eigg. 5742. — Anisotropes Verh. v. Gesteinen 7385.
Balakrishnan (S.) s. Baliga (B. R.).
— u. **Rajagopalan (R.)**, Intestinale Thiaminsynth. unter d. Einfl. verschied. Fette 2236.
—, **Rajagopalan (R.)** u. **Sirsi (M.)**, Einfl. d. Verfütter. v. Penicillin auf d. Thiaminsynth. im Darm 142.
Balan (A. G.), Anwend. v. Gemischen organ. u. mineral. Düngemittel in kleinen Mengen 6369.
Balandin (A. A.), Freie Adsorptionsenergie bei d. Dehydrier. u. d. Inhomogenität d. Oberfläche 5262.
— u. **Tolstopjatowa (A. A.)**, Komponenten d. Aktivierungsenergie u. d. Problem d. Katalysatorauswahl 10216.
Balandin (D. A.), Absud d. Shen-Schen-Wurzel 6565.
Balarew (D.), Bau d. Realkristallsysteme u. Probleme d. Mikrochemie 7625.
Balas (W.), **Dempsey (J.)** u. **Rexer (E. F.)**, Oxyddurchsetzte Nickelmatrizenelektrode 5727.
Balaschew (W. S.), Anwend. v. Al-Salzen für d. Ledergerb. 3049.
Balassa (L. L.) s. Hathaway Mfg. Co.
Balassanian (S.) s. Soldati (L. de).
Balassanjan (S. I.), Opt. einachs. Amphibol 6937.
Balasundaram (S.) s. Mohanrao (G. J.).
Balázs (O.), Vergleichende Best. d. Zellsubstanzmenge v. Hefekulturen durch oxydimetr. Titrat. 9928.
Balbi (G.), Glycerin in d. Lackindustrie 9451.
Balbin (M.) s. Angus (G.) & Co. Ltd.
Balboni (G.), Nucleinsäuren in d. Hypophyse nach Thiouracilbehandl. 8881.
Balcells-Gorina (A.) s. Soriano (M.).
Balch (H. E.) s. Kinsell (L. W.).
Balch (H. H.) u. **Spencer (M. T.)**, Phagocytose durch menschl. Leukocyten. 1. Mitt. Effekt v. Fibrin auf d. Phagocytose v. Staphylokokken u. v. entkapselten Pneumokokken durch n. menschl. Leukocyten 8191; 2. Mitt. Verhältnis d. Ernährungsmangels beim Menschen zur Phagocytose 8191.
Balch (R.) s. Horn (W. M. Van).
Baldass (F. v.) s. Rio (Arturo).
Balder (A.) s. Assarsson (G. O.).
Baldeschwieler (E. L.) s. Holowchak (J.).
Baldin (A.) u. **Michailow (W.)**, Zwei Typen v. Ladungssymmetrie 4025.
Baldina (A. I.) u. **Nanassjan (L. N.)**, Behandl. d. Amöbenruhr mit Biomycin 7489.
Baldinger (E.) s. Zbinden (R.).
— u. **Haeberli (Willy)**, Impulsverstärker u. Impulsspektrographen 5377.
Baldini (E.) s. Vaccari (F.).
Baldini (G.), Wrkg. einer Ganzbestrahl. mit hohen Dosen auf d. nach Nebennierenentfern. gesenkten Glutathionspiegel 4874. — Strahlenschutzwrkg. v. Glutathion bei Nebennierenektomierten Tieren. Wirkungsmechanismus d. Glutathions bei d. Erhöh. d. Strahlenresistenz v. Tieren gegenüber ionisierenden Strahlen 8902.
Baldini (J. T.) s. Rosenberg (H. R.).
—, **Roberts (R. E.)** u. **Kirkpatrick (C. M.)**, Futter mit niedrigem Proteingeh. für Baumwachteln 7715.
Baldo (S.), Wrkg. verschied. antibiot. Substanzen auf d. Wachstum u. d. Chromogenese v. B. roseus fluorescens, Typus Ra. 8414. — s. Marchal (J.-G.).
Baldock (R.) s. Sites (J. R.).
Baldoni (B.) s. Corn Products Refining Co.
Balduin (H.) u. **Nowotny (H.)**, Sorptionsunterss. an Bauxiten v. Unterlaussa 11346.
— u. **Wieden (P.)**, Benetz.- u. Rk.-Wärmen an Aktivtonen 4183.
Balduini (M.), Ghia (G.) u. **Ghia (C.)**, Leberschutzwrkg. v. Leberextrakten u. B-Vitaminen 624.
Baldus (H.), Einfl. einer Kathodenzerstäub. im Hochvakuum auf d. Gleichrichtereffekt v. Ge 7844.
Baldwin (A. R.) s. Sniegowski (M. S.).
Baldwin (A. T.), Elektroplattieren vor d. Feuerverzinken zur Erziel. besserer Resultate 5643.

Baldwin (B. G.), Bldg. u. Zers. v. Fayalit ($2 FeO \cdot SiO_2$) 10221.
Baldwin (B. S.) s. Jeffrey (R. E.).
Baldwin (C. L.), Peters (Betty), North (C.) u. **Nash (H. A.)**, Antibiotica erzeugende Bodenbakterien 9359.
Baldwin (F. H.) s. Ethyl Corp.
Baldwin (F. P.) s. Standard Oil Development Co.
Baldwin (G. C.), Elder (F. R.) u. **Westendorp (W. F.)**, Betatronbahnstabilität als eine Funkt. v. n 5238. — Betatronbahnstabilität 9727.
Baldwin (I. L.) s. Allen (O. N.).
Baldwin (J. H.), Elektroden mit schwammigem Cd 6821* A. — s. United States of America.
Baldwin (M. M.) s. Mathieson Chemical Corp.
Baldwin (R. E.), Freed (V. H.) u. **Fang (S. C.)**, Herbicidwrkg.; Absorpt. u. Translokat. v. ^{14}C, angewandt als O-Isopropyl-N-phenylcarbamat bei Avena u. Zea 5880.
Baldwin (R. H.) s. Du Pont de Nemours (E. I.) & Co.
Baldwin (R. R.) u. **Daniel (S. G.)**, Löslichk. v. Gasen in Schmierölen u. Kraftstoffen 2813.
Baldwin (R. R.) [Durham] s. Keener (H. A.).
Baldwin (W. J.) s. Jacobs (C. W. F.); Traub (K.).
Baldwin jr. (W. M.), Verbesser. d. Biegefähigk. v. Ti-Band 678. — s. Brown (J. T.); Morton (P. H.); Weber (E.).
Bale (W. F.) s. Miller (L. L.).
Balenović (B.) s. Kolačny (J.).
Balenović (K.), Bregant (N.), Cerar (D.), Fleš (D.) u. **Jambrešić (J.)**, Aminosäuren. 10. Mitt. Derivv. v. opt. akt. α-Aminoaldehyden 1484.
—, **Jambrešić (J.)** u. **Urbas (B.)**, γ-Aminocrotonsäure. Vinyloge v. α-Aminosäuren. 1. Mitt. 1946.
Balesin (S. A.) s. Kemchadse (W. S.).
— u. **Barannik (W. P.)**, Inhibitoren d. atmosphär. Korros. 6839.
— u. **Parfenow (G. S.)**, Mechanismus d. Auflösung v. Cu in HNO_3 in Ggw. einiger Verzögerer 2852. — Einfl. einiger Verzögerer auf d. Auflösungsgeschwindigk. v. Kohlenstoffstahl in HNO_3 10199.
Balfe (M. P.) s. Anderson (I. G.).
—, **Beaven (G. H.)** u. **Kenyon (J.)**, Alkyl-Sauerstoff-Spalt. in Carbonsäureestern. 6. Mitt. Solvolyt. Rkk. v. Estern opt.-akt. Cyclohexylphenyl-, Methylphenyl- und Methyl-α-naphthylcarbinole 1476.
—, **Dabby (R. E.)** u. **Kenyon (J.)**, Alkyl-Sauerstoff-Spalt. in Carbonsäureestern. 8. Mitt. Ester v. p-Methylmercapto- u. p-Methylsulfonyldiphenylcarbinolen 1477.
—, **Jackman (W. H. F.)** u. **Kenyon (J.)**, Durch Säure katalysierte Racemisier. v. 1-Methylheptylacetat 2163.
—, **Kenyon (J.)** u. **Searle (C. E.)**, Alkyl-Sauerstoff-Spalt. in Carbonsäureestern. 7. Mitt. Hydrolyse v. Methyl-β-naphthylcarbinylhydrogenphthalat 1477.
—, **Kenyon (J.)** u. **Thain (E. M.)**, Alkyl-Sauerstoff-Spalt. in Carbonsäureestern. 10. Mitt. Phthalate v. Bis-[p-methoxyphenyl]-carbinol u. tert. Alkoholen 1478.
Balgley (E.), TME (Trimethyloläthan), ein neuer Polyalkohol für d. Überzugstechnik 3014.
Baliah (V.) u. **Rangarajan (T.)**, Darst. v. Tetrahydro-1.4-thiazin-1.1-dioxyden 2426.
Balicki (M.), Rekristallisat. 8329.
— u. **Leeds (G.)**, Kaltverform.-Weichglüh-Zyklus v. reinem Ag 8020.
Baliga (B. R.), Balakrishnan (S.) u. **Rajagopalan (R.)**, Biol. Wert v. Proteinen, beeinflußt durch Vitamin B_{12} im Futter 5353.
Balinski (W. R.), S im mit Mg behandelten Gußeisen 2991.
Bálint (G.) s. Zöllner (G.).
Bálint (I.), Möglichkk. d. Dolomitverarbeit. in Ungarn 1117.
Balis (M. E.), Levin (D. H.), Brown (G. B.), Elion (G. B.), Vanderwerff (H.) u. **Hitchings (G. H.)**, Verwert einiger Pyrinribosidderivv. durch Lactobacillus casei 2224.
Balivet (G.) s. Calet (C.).
Baljan (C. W.) u. **Schtangejew (A. L.)**, Kondensat. v. Diketen mit aliphat. Ketonen 1716.
Baljuk (S. T.) u. **Fainerman (B. A.)**, Schnellmeth. zur Best. v. SiO_2 u. MgO im Dunit u. in forsterithalt. feuerfesten Materialien 10604.
Baljura (W. I.), Vorscheid. 941.
Balk (R.), Salzstruktur d. Jefferson Island-Salzdoms, Kirchspiele Iberia u. Vermilion, Louisiana 11182.
Balkanski (M.), Einfl. v. Kaliumchloridzusätzen auf d. Überspann. d. Cu in Kupfersulfatlsgg. 5486.
Balkay (B.), Grundprinzipien u. Tatsachen d. Radiogeologie 2856.
Balke (C. W.), Sintereisen 6843* Can.
Balks (R.), Unters. v. Rauchschäden [5882].
Balkwell (W. R.) s. Litz (L. M.).
Ball (A. F.) s. Ginnings (D. C.).
Ball (A. M.) s. United States of America.
Ball (B.) s. Auterhoff (H.).
Ball (C. D.) s. Djang (S. S. T.).
Ball (C. J. P.) s. Magnesium Elektron Ltd.
—, **Jessup (A. C.), Fisher (P. A.), Whitehead (D. J.)** u. **Wilson (J. B.)**, Entw. v. Mg-Zr-Legierr. mit guten Kriech- u. Ermüdungseigg. bei *500—650°* F. 8716.
Ball (C. O.) s. Chemicolloid Laboratories, Inc.
Ball (C. O. T.) s. Furman (R. H.).
Ball (D. H.) s. Andrews (P.).
Ball (F. A.) s. Everest (A. B.).
— u. **Thorneycroft (D. R.)**, Metallichtbogenschweißung v. Gußeisen mit Kugelgraphit 7771.
Ball (F. C.), Dreistoffsyst. als Meth. für d. Glasurkontrolle 9880.
Ball (F. J.) s. West Virginia Pulp & Paper Co.
Ball (F. M.) s. Gearhart (W. M.).
Ball (G. J.), Farbe 3764.
Ball (J.) s. Jackson (D. S.).
Ball (J. S.) s. Kinney jr. (I. W.); Meter (R. A. Van).
— u. **Meter (R. A. Van)**, Best. v. N in Schieferöl u. Petroleum 10660.
Ball (S.) s. Glaxo Laboratories Ltd.
Ball (S. G.), Spiele, Sportartikel, Spielsachen usw. 6869.
Ball (W.), Farboxyde in Emails 4431.
Ball (W. P.) s. Taylor (R. H.).
Ballabio (C. B.) u. **Sala (G.)**, Indikatt. zur lokalen Behandl. d. exsudativen Pleuritis u. Pericarditis mit Hydrocortisonacetat 1544.
Ballam (J.) s. Arnold (W. H.).

Ballam (J.) u. **Lichtenstein** (P. G.), Wechselwrkg. u. Erzeug. v. Höhenstrahlprotonen in C 4987.
Ballanger (R.) s. Darget (R.).
Ballantine jr. (H. T.), **Hueter** (T. F.) u. **Bolt** (R. H.), Verwend. d. Ultraschalles zum Tumornachw. 4849.
Ballard (A. E.), **Stewart** (D. W.), **Kamm** (W. O.) u. **Zuehlke** (C. W.), Photometr. Quecksilberanalyse. Korrektur für organ. Substanzen 2264.
Ballard (A. H.) s. Deutsche Norton-Ges. m. b. H.
Ballard (C. W.), **Isaacs** (J.) u. **Scott** (P. G. W.), Rk. zwischen Chlf. u. Ionenaustauschharz ergibt CO 9742.
—, **Scott** (P. G. W.) u. **Simpson** (J. A.), F.-App. d. Badtyps mit einem elektr. betriebenen Rührer 6346.
Ballard (D. G.) u. **Bamford** (C. H.), Kinetik d. Bldg. v. Polypeptiden aus α-Amino-N-carbonsäureanhydriden 2867.
Ballard (J. W.) s. Firestone Tire & Rubber Co.
Ballard (S. A.) s. Finch (H. de V.); N. V. de Bataafsche Petroleum Mij; Norton (D. G.); Shell Development Co.; Williams (P. H.).
—, **Holm** (R. T.) u. **Williams** (P. H.), 3.6-Dihydro-2.4.6-trimethyl-2H-pyran, ein Prod. d. Dehydratat. v. 2-Methylpentandiol-(2.4) 5306.
Ballard (S. S.), **Combes** (L. S.) u. **McCarthy** (K. A.), Physikal. Eigg. v. kristallinem Cäsiumjodid 5740.
Ballard (W. E.), Metallspritztechnik in d. Anwend. für Oberflächenschutz 4446.
Ballass (J. I.) s. Straumanis (M. E.).
Ballauf (A.) s. Farbenfabriken Bayer Akt.-Ges.
Ballauff (T.), Wissenschaft v. Leben. Geschichte d. Biologie. Bd 1: Vom Altertum bis zur Romantik [6309].
Ballay (M.), Anwend. d. Metalle d. Seltenen Erden in d. Hüttenkunde 7068.
—, **Chavy** (R.) u. **Grilliat** (J.), Unters. einiger Eigg. d. Sphärolitgußeisens 4442.
Ballbé (J. P.) = Palacio Ballbé (J.).
Ballczo (H.) u. **Mondl** (G.), Halogene in Mineralwässern. Anreicher. u. Best. v. Jodiden, Bromiden u. Chloriden 10112.
Balle (G.) s. Farbwerke Hoechst Akt.-Ges., vormals Meister Lucius & Brüning.
Ballentine (D. S.), **Dienes** (G. J.), **Manowitz** (B.), **Ander** (P.) u. **Mesrobian** (R. B.), Abschätz. d. durch ionisierende Strahl. gebildeten Polyäthylenquerbindd. 1524.
Ballentine (R.), Hochleistungsfäh. Destillationsanlage für reines W. 4168.
— u. **Stephens** (D. G.), Biosynth. stabiler Co-Proteine durch Pflanzen 11408.
Ballester (M.), Mechanismen d. Darzens-Kondensat. u. verwandter Kondensatt. 11189.
— u. **Bartlett** (P. D.), Kinetik d. basenkatalysierten Kondensat. v. Benzaldehyd mit Phenacylchlorid 2167.
Ballestero (L. H.) s. Herraiz Ballestero (L.).
Ballestrino (E.) s. Bachmann (E. E. J.).
Ballhause (W.), Verbesser. d. Anfangeisens durch O_2-Anreicher. im Gebläsewind für Kupolofen mit Vorherd. Senk. d. Ausschusses in d. Graugießereien 11280.
Ballhausen (C.) s. Deutsche Edelstahlwerke Akt.-Ges.
Ballhausen (C. J.) s. Bjerrum (J.).
Balli (D.) u. **Sacharowa** (M.), Wechselnde Struktur d. Cu–Ni–Fe-Legierr. 3572. — Struktur u. Eigg. v. Cu–Ni–Fe-Legierr. 3572.
Ballinger (R. A.) u. **March** (N. H.), Erweiterte Thomas-Fermi-Methoden 1894. — Bindungslängen u. Kraftkonstanten v. Methan, Silan u. German 4531.
Ballini (R.), Kernisomerie. Anwend. d. Meth. d. verzögerten Koinzidenzen bei d. Suche u. Unters. metastabiler Zustände kurzer Lebensdauer 5949. — s. Barloutaud (R.).
Ballio (A.), **Dittrich** (S.) u. **Marini-Bettòlo** (G. B.), Konst. d. Aglykons d. Cernuosids, d. gelben Pigmentes aus „Oxalis cernua Thumb" 107.
Ballmer (P.), 2-Amino-6-oxy-8-(d-arabotetraoxybutyl)-pteridin 6342* Schwz.
Ballmer (W.) s. Sandmeier (F.).
Ballou (C. E.), Alkaliempfindl. Glykoside 10752.
— u. **Fischer** (H. O. L.), Methylglykoside d. D-manno-Hexodialdose 8388.
Ballou (E. V.) u. **Winterkorn** (H. F.), Beug. d. Röntgenstrahlen durch d. Ferrichlorid–Anilin-Komplex 2387.
Ballou (J. E.) s. Thompson (R. C.).
Ballou (N. E.) s. Freiling (E. C.).
Balloul (A.), Cours de chimie. T. 2. Chimie organique [6534].
Balloun (S. L.), **Johnson** (Elton L.) u. **Arnold** (L. K.), Laboratoriumsbest. d. Nährwerts v. Sojabohnenmehl 1868.
Balls (A. K.) s. United States of America, Secretary of Agriculture.
Ballschmieter (H.) s. Mehlitz (A.).
Ballufi (R. W.) u. **Alexander** (B. H.) [Boston], Relative Diffusionsgeschwindigkk. v. Zn u. Cu im α-Messing 6609.
—, **Cohen** (Morris) u. **Averbach** (B. L.), Vergüt. v. Cr-Stählen 7539.
— u. **Seigle** (L. L.), Änderr. in d. Dimenss. d. Probekörper während d. Diffus. 2376.
Ballun (A. T.) s. Karabinos (J. V.).
Balmain (J. H.), **Cox** (C. P.), **Folley** (S. J.) u. **McNaught** (M. L.), Biol. Best. v. Insulin in vitro durch ein manometr. Verf. an Schnitten v. Brustdrüsen 9126.
Balme (H. W.) u. **Dormer** (A. E.), Bakteriostat. Mittel bei d. Behandl. d. subakuten bakteriellen Endocarditis 6559.
Balmus (P.) s. Nitulescu (I.); Tudoranu (G.).
Baló (J.) s. Banga (I.).
— u. **Banga** (I.), Elastolyt. Aktivität v. Pankreasextrakten 1535.
Balogh (A.), Tuberkulostat. Behandl. mit d. neuen Antibioticum Viomycin (Viocin) 10559.
Balogh (J.), **Horváth** (J.), **Solti** (M.) u. **Vámos** (R.), Rolle u. Nachw. d. Sulfatred. in Böden 4915.
Balon (W. J.) s. Du Pont de Nemours (E. I.) & Co.
Balsay (I.), Metallurgie d. weichen Gütestähle 6378.
Baltagi (B.) s. Valeanu (L.).
Baltazzi (E.), Synth. v. β-Menaphthylderivv. aus Tetralin 574. — Zwei geometr. Formen d. α-Phenylacetamido-β-piperidinoacrylsäureäthylesters 8342.
— u. **Robinson** (R.), Darst. verschied. Azlactone 3138.

Baltes (J.) s. Kaufmann (H. P.).
Balthis (J. H.) s. Du Pont de Nemours (E. I.) & Co.
Baltzer (H.), Geburtsbeschleunig. durch intravenöse Tokofinal-Cardiazol-Mischspritze u. Erfahrr. mit Tokofinal in d. Geburtseinleit. 136.
— u. **Salewsky (R.)**, Neues intravenöses Kurznarkoticum Thiogenal 5122.
Baltzly (R.), Unsymm. N-substitutierte Piperazine. 4. Mitt. N-Alkylderivv. 1511. — s. Burroughs Wellcome & Co. (USA), Inc.; Ide (W. S.); Russell (P. B.); Wellcome Foundation Ltd.
—, **Blackman (S. W.)** u. **Ide (W. S.)**, Unsymm. N-substituierte Piperazine. 5. Mitt. Piperazinharnstoffe 1512.
—, **Ide (W. S.)** u. **Phillips (A. P.)**, Mechanismus d. Fries-Rk. 10232.
— u. **Kauder (O.)**, Darst. v. sek. Aminen durch d. Wallach-Rk. 8123.
—, **Lorz (E.)**, **Russell (P. B.)** u. **Smith (Frances M.)**, Addit. sek. Amine an α-Benzalketone 5311.
— u. **Russell (P. B.)**, Katalyt. Debenzylier. 4. Mitt. Konkurrierende Hydrogenolyse benzylähnl., an verschied. N-Atome gebundener Gruppen 9537.
Balwit (J. S.) s. Miller (A. A.).
Balygin (I. J.), Entladungsdauer in fl. Isolatoren 744. — Besonderhh. d. elektr. Durchschlags v. stark polaren Fll. 3798.
Balz (D.), Struktur d. K_2NiF_4 4774.
Balz (E. H.) s. Glass Fibers, Inc.
Balz (O.) s. Badische Anilin- & Soda-Fabrik Akt.-Ges.
Balzano (M.), Plastifizierende Eigg. v. Asphalt im Beton 11658.
Balze (F. A. de la), **Bur (G. E.)**, **Irazu (J.)** u. **Mancini (R. E.)**, Morpholog. u. histochem. Veränderr. nach Östrogengaben in d. Testikeln v. Erwachsenen 1307.
Balzer (E.) u. **Werner (K.)**, Ausgleichende Aktivier. d. Pankreaslipasewrkg. im Duodenalinhalt 846. — Für d. Zwecke d. Pankreasfunktionsprüf. verbesserte Meth. zur Best. d. proteolyt. Fermente im Duodenalinhalt 3647. — Eign. v. Pankreaspräpp. für d. Substitut. v. Pankreasfermenten 7255. — Best. d. Pankreaslipase im Duodenalinhalt unter optimalen Wirkungsbedingungen. 1. Mitt. Begründ. u. Entw. d. Meth. 8887; 2. Mitt. Anwend. d. Meth. bei Gesunden u. Kranken. Prüf. d. Ergebnisse durch Fettausnutzungsverss. 8887.
Bamag Ltd., Gewinn. v. Fettalkoholen aus Ölen, Fetten u. Verseifungsprodd. v. Spermacetiöl o. ähnl. Ölen 9694* N.
— u. **Asch (H.)**, Gewinn. v. Fettalkoholen 4961* D. B.
— u. **Bregman (B.)**, Kontinuierl. Verf. zum Hydrieren v. fetten Ölen u. Fettsäuren 9932* E.
— u. **Manning (A. H.)**, Gewinn. v. Ölen, Fetten u. Wachsen durch Extrakt. 5448* E.
Bamag-Meguin Akt.-Ges. u. **Bayerlein (K.)**, Aufsättig. 1179* D. B.
— u. **Berghaus (E. O.)**, Vorelektrode für Elektrolysezellen 9165* D. B., Schwz.
—, **Wendlandt (R.)** u. **Hölemann (P.)**, Herst. v. in HNO_3 gelöstem N_2O_5 1585* D. B.
Bamann (E.), R. Willstätter 8073.
—, **Fischler (F.)** u. **Trapmann (H.)**, Verh. u. Spezifität v. Ce, La, Fe u. Al als Phosphatasemodelle gegenüber physiol. wicht. Phosphorsäureverbb., wie Zuckerphosphorsäuren, Adenylsäuren, Adenosintriphosphorsäure u. a. 5569.
Bamann (E.) u. **Schriever (K.)**, Unterscheid. d. 2.1.4- u. 2.1.6-Oxyaminonaphthalinsulfonsäuren. 6. Mitt. 427.
—, **Zeile (K.)**, **Thies**, **Springer (Rudolf)**, **Kalinich (G.)**, **Kalthoff (F.)** u. **Fuhry (G.)**, Vorschläge zur Gestalt. v. Prüfungsvorschriften über organ. Verbb., d. für d. Aufnahme in d. Nachtrag zum DAB 6 in Frage kommen 6801.
Bambas (L. L.) s. Rebstock (M. C.).
Bamberg (K. K.), Düngung v. Getreidekulturen mit N 7298. — Chem. Sortier. v. Saatkartoffeln 9888. — Veraschung biol. Materialien für d. Best. v. Spurenelementen 10824.
Bambridge (B.) s. Kessel (J. F.).
Bame (J. L.) s. N. V. de Bataafsche Petroleum Mij.
Bame jr. (S. J.), Anregungsfunktt. für d. (n, 2n)-Rkk. in Ge, Sc, As, Tl u. Ni 7367.
Bamford (C. H.) s. Ballard (D. G.); Courtaulds Ltd.
— u. **Jenkins (A. D.)**, Polymerisat. 6. Mitt. Acrylonitril: Verh. v. freien Radikalen in heterogenen Systemen 9346.
Bamford (W. R.) u. **Stevens (T. S.)**, Zers. v. p-Toluolsulfonylhydrazonen durch Alkali 7179.
Bamforth (A. W.), Kristallisationsgebiet 4902, 7996. — s. Power-Gas Corp. Ltd.
Bami (H. L.), Pyrimethamine (Daraprim) u. seine Bewert. 11037.
Bammer (H.) u. **Muralt (A. v.)**, Einfl. v. Succinodinitril auf d. UV-Absorptionsspektr. im Nucleolus u. Cytoplasma motor. Vorderhornzellen v. Kaninchen 8431.
Ban (I.) s. Minesita (T.).
Ban (T. E.) s. Cooke (S. R. B.).
Banasik (O. J.) u. **Harris (R. H.)**, Beziehh. d. Sedimentat. v. Brotkrume zu ihrem Alter 3509.
Banchetti (A.), Appunti di elettrochimica [5250].
Bancie-Grillot (M.) s. Grillot (E.).
Bancroft (J.) & Sons Co. u. **Squier (R. C.)**, Wasserbeständ. Ausrüst. v. Cellulosetextilien 8766* E.
Band (W.), Krit. Fließgeschwindigk. u. Nullentropie v. superfluidem He 5006.
Banda (J. F. G. de la) = García de la Banda (J. F.).
Bandel (F.) s. Sundhoff (D.).
Bandel (H. W.), Stromanstieg während d. Überschlagsverzöger. 982. — Messungen d. Stromes während d. Überschlagsverzöger. in gleichförm. Feldern in Luft 6456. — Corona an Eisspitzen 9961.
Bandel (W.), Verfolg. d. oxydativen Abbaues v. Buchensulfitzellstoffen mittels Kettenlängenverteilungsdiagramm 9221. — Viscositätsverlauf v. Viscosen 11480.
Bandemer (S. L.) s. Evans (R. J.).
Bandtel (K. C.) s. Frank (W. J.); Godfrey (C.).
—, **Frank (W. J.)** u. **Madey (R.)**, Photoerzeugung negativer Pionen aus Deuterium 5713.
—, **Frank (W. J.)**, **Madey (R.)** u. **Moyer (B. J.)**, Vgl. d. Rkk. $^1H(^2H, \pi^+)^3H$ u. $^1H(^2H, \pi^0)^3He$ als eine Prüf. d. Ladungsunabhängigk. 3549.
Bandtel (O.) s. VEB Elektrochemisches Kombinat Bitterfeld.
Bandyopadhayay (D.), Komplexone in d. Chemie 7274. — Dinatriumversenatdihydrat als acidimetr. Urtitersubstanz 8218.
— u. **Ray (P.)**, Colorimetr. Best. v. U(VI) u. u. Fe(III) 9867.

Bane (R. W.), Polarograph. Best. v. Pb in Be 9633.
Banerjea (J. C.) u. **Sen (A.)**, Gehirnerkrankung während Behandl. mit Dihydrostreptomycinsulfat u. p-Aminosalicylsäure 3427.
Banerjea (P. R.) s. Herts Pharmaceuticals Ltd.
Banerjee (B. K.), Röntgenograph. Unters. v. koll. gefärbten Gläsern 10693.
Banerjee (B. N.) s. Ramakrishnan (C.V.).
Banerjee (D. K.) s. Wisconsin Alumni Research Foundation.
—, Chatterjee (S.) u. **Bhattacharya (S. P.)**, Synth. v. 1-Methyl-transdekalon-(2) u. 2.3.4.4a.4b.5.6.7.8.8a.9.10-Dodekahydrophenanthron-(2) 4821.
—, Sengupta (P.) u. **Das Gupta (S. K.)**, Nebenprod. d. Cope-Knoevenagel-Kondensat. v. α-Acetoglutarsäurediäthylester mit Cyanessigsäureäthylester 2165.
Banerjee (J. N.) u. **Lewis (J. J.)**, Pharmakologie d. Alkaloide v. Aspidosperma oblongum A. DC. 2016.
Banerjee (M. K.) u. **Saha (A. K.)**, Formfaktoren beim β-Zerfall 6679.
Banerjee (Sachchidananda) s. Belavady (B.).
— u. **Deb (C.)**, Ausscheid. v. 17-Ketosteroiden im Harn bei Skorbut 619.
—, Rohatgi (K.) u. **Lahiri (S.)**, Pantothensäure, Folsäure, Biotin u. Nicotinsäure in gekeimten Hülsenfrüchten 8184.
Banerjee (Satyaprabhat) u. **Mitra (A.)**, β-Emiss. u. Energieniveaus d. Folgekerne 11147.
Banerjee (Siddheswar) s. Majumdar (A. K.).
Banerjee (S. N.) s. Siddhanta (S. K.).
Banerji (R. B.), Rekombinationskoeff. in d. F-Schichten: ein neuer mögl. Ionisationsprozeß v. N-Moll. 6212.
Banerji (S. N.) s. Senapati (J. M.).
Banes (D.) u. **Carol (J.)**, Unters. v. Digitoxintabletten 5600.
Banes (F. W.) s. Standard Oil Development Co.
Bang (H. O.) s. Harvig (S.).
Banga (I.) s. Baló (J.).
— u. **Baló (J.)**, Unterss. d. Elastolyse v. Elastin u. Kollagen 5337.
Bangdiwala (B. P.) u. **Desai (C. M.)**, Rkk. aromat. Amine mit Acetylurethan in Ggw. verschied. Kondensationsmittel 11374.
Bangert (K.), Chirurg. Erfahrr. mit Novadral u. Depot-Novadral 8202.
Bangert (L.) s. Köster (W.).
Bangle jr. (R.), Peressigsäure-Schiff-Färb. 6770. — Gomoris Paraldehyd-Fuchsin-Färb. 1. Mitt. Physikochem. u. färber. Eigg. d. Farbstoffs 10102.
Bánhegyi (L.), Hartgußwalzen 6377.
Bánhidi (Z. G.) s. Ericson (L.-E.).
—, Sjöström (A. G. M.), Grömmer (S.) u. **Lundin (H.)**, Verh. verschied. Lactobacillen, Verbb. d. Vitamin-B_{12}-Gruppe u. d. Desoxyriboside in d. Zylindertestmeth. für Vitamin B_{12} 1081.
Banholzer (K.) s. Schmid (H.) [Zürich].
—, Campbell (T. W.) u. **Schmid (H.)** [Zürich], Synth. v. Mezcalin, N-Methyl- u. N-Dimethylmezcalin 10992.
Banigan (T. F.) s. Du Pont de Nemours (E. I.) & Co.
Banikiotes (G. C.) s. United States of America.
Banister (P.), Kay (R. H.) u. **Coxon (R. V.)**, Kontinuierl. Gasanalyse zur Kontrolle d. O_2-Therapie bei Kindern 6355.
Bankier (J. D.) s. Shaw (D. M.).
Bankiewicz (C.) s. Wiesner (K.).
—, Henderson (D. R.), Stonner (F. W.), Valenta (Z.) u. **Wiesner (K.)**, Dehydrier. v. Annotinin 9343.
Bankmann (E.) s. Noddack (W.).
Bankoff (G.), The practice of local anaesthesia [5845].
Bankoff (S. G.) s. Emmer (E. J.).
Bankowski (A. I.) s. Belikow (A. S.); Rosstotzki (B. K.).
Bankowski (J. A.) s. Salukajew (L.).
Bankroth (H.), Oberflächenveredl. durch Metalldiffus. 11085.
Banks (A.), Gefrieren u. Kaltlagern v. Heringen 1867.
Banks (A. A.) s. Imperial Chemical Industries Ltd.
Banks (C. V.) s. Ferguson (R. C.); Klingman (D. W.); Margerum (D. W.).
—, Klingman (D. W.) u. **Byrd (C. H.)**, Spektrophotometr. Best. v. Th in schwarzen Sanden 3928.
Banks (E.) s. Brous (J.).
Banks jr. (H. O.) s. Stang jr. (L. G.).
Banks (J.), Absorptiometr. Best. gelösten O_2 664.
Banks (W.) s. Towndrow (R. P.).
Banks (W. H.) s. Coupe (R. R.).
Bann (B.) s. British Oxygen Co. Ltd.
Bann (J. M.) s. O'Donnell (A. E.).
Bannard (R. A. B.), Gilpin (J. R.), Vavasour (G. R.) u. **McKay (A. F.)**, Organ. Phosphorverbb. 2. Mitt. Darst. v. Chlormethanphosphonyldichlorid 10248.
Bannerman (R. C.), Unters. d. Zerfallsschemas v. ^{153}Sm 2126.
Bannerot (R. A.) s. Shell Development Co.
Banning (L. H.), Rolle d. Elektroofens bei d. Verwert. minderwert. Erze v. strateg. wichtigen Metallen 8481. — s. United States of America.
—, Anable (W. E.) u. **Rasmussen (R. T. C.)**, Dreistufiger Kristallisationsvorgang für d. Verwert. v. Western-Ferrophosphor 6608.
Bannister (D. W.), Phillips (C. S. G.) u. **Williams (R. J. P.)**, Adsorptionschromatographie u. fl. Verteil. v. Hochpolymeren 1983.
Bannister (L. W.) s. McElvain (S. M.).
Bannister (R. G.) s. Fuson (R. C.).
Bannon (J. H.) s. Standard Oil Development Co.
Bañoch (Z.) s. Chládek (M.).
Banowitch (M. M.) s. Collens (W. S.).
Bánsági (J.) u. **Predmerszky (T.)**, Luft in Kohlenbergwerken 659. — In Gruben während d. Bohrr. gebildeter Staub 675.
Banta (H. E.) s. Macklin (R. L.).
— u. **Macklin (R. L.)**, Suche nach d. ^{7}Li(n, t)-Rk. 7140.
Banthien (H.) s. Farbwerke Hoechst Akt.-Ges., vormals Meister Lucius & Brüning.
Banton (A. H.), Methoniumverbb. bei Hypertonie 9384.
Bañuelos (M.), Psoriasisbehandl. mit Alkalibromidverbb. 2953.
Banus (M. D.) s. Sullivan (E. A.); United States of America.
—, Bragdon (R. W.) u. **Hinckley (A. A.)**, Kalium-, Rubidium- u. Cäsiumborhydride 4061.

Banus (M. D.), McSharry (J. J.) u. Sullivan (E. A.), Syst. Na–NaH–H_2 bei *500—600°* 10447.
Bányai (É.) s. E r d e y (L.).
Baouman (A.), Feuerführ. in d. Zementdrehöfen. 3. Mitt. Ausstrahl. u. Brenntemp. eines Drehofens 6107; 4. Mitt. Wärmebilanz u. ihre Folgerungen 7294. — Anreicher. u. therm. Behandl. v. Naturphosphaten 6829.
Bappu (M. K. V.), Spektroskop. Unters. v. Amethystquarz in d. ultravioletten u. infraroten Spektralgebieten 4275. — Photoleitfähigk. v. Amethystquarz 10923.
Baptist (N. G.), Aminosäuren im Fingerkorn (Ragi Kurakkan) Eleusine coracana 10402.
Baptista (A. M.), Unters. d. Tropfelektrode. 2. Mitt. Verss. mit dest. W. 10199. — s. P a l a c i o s (J.).
Baque (H. W.) s. H a n d (T.).
Bar (W. P.), Einfl. d. Temp. auf d. Ernteertrag u. d. Eigg. d. Tabaks 7339.
Barabanow (W. F.), Stellerit aus d. Bukukinsk-Vork. 11182.
Barabás (J.) s. B á c s k a i (R.).
Barackman (R. A.), Stand d. chem. Backpulver 5445.
Barag (N.) s. N e m o u r s - A u g u s t e.
Barail (L. C.), Giftigk. v. oberflächenwirksamen Grundstoffen 3030.
Barak (M.) s. C h l o r i d e E l e c t r i c a l S t o r a g e C o. L t d.
Barakat (M. Z.) u. Abd El-Wahab (M. F.), Mikrobest. v. Br oder Cl in N-halogenierten Imiden 4899.
—, Abd El-Wahab (M. F.) u. El-Sadr (M. M.), Rkk. mit N-Bromsuccinimid 9062.
—, Wahba (N.) u. El-Sadr (M. M.), Best. u. Unterscheid. aromat. Amine 3699.
Barakina (N. F.), Änderr. d. Geh. an Ribonucleinsäure in d. Zellen bei künstl. hervorgerufener Regenerat. eines Organs 123. — Verteil. d. Ribonucleinsäure bei d. nach d. Amputat. v. Gliedern schwanzloser Amphibien einsetzenden Regenerat. 5812.
Baral (L. L.) s. D a v i s o n C h e m i c a l C o r p.
Baramboim (N. K.) u. Dolgopolow (K. P.), Schnellverf. zur Kontrolle d. Umesterung v. Ölen 8508.
Baranajew (M. K.), Gilman (I. S.), Kogan (L. M.), Rodionowa (N. P.) u. Lapschina (T. I.), Abscheid. v. Dichloräthan aus seinen wss. Lsgg. 8581.
Baranauckas (C. F.) s. M c B e e (E. T.).
Baranger (E.), Streuung energiereicher Elektronen an schweren Kernen 6677. — s. Y e n n i e (D. R.).
Baranger (M.), Stark-Effekt u. Linienverbreiter. durch Elektronen 1438.
—, Bethe (H. A.) u. Feynman (R. P.), Relativist. Korrektur d. Lamb-Verschieb. 6445.
Baranger (P.) u. Maréchal (R.), Darst. u. Konst. d. Chaulmoograperoxyde 11000.
Barannik (W. P.) s. B a l e s i n (S. A.).
Baranow (L. M.) s. S a l i o p o (M. N.).
Baranow (P. A.) u. Korenkow (D. A.), Neue Formen d. Kalidüngung 3231. — Neue komplexe konz. chlorfreie Dünger 5631.
Baranow (S. N.) s. M a l i n o w s k i (M. S.); U s c h e n k o (N. K.).
Baranow (W. I.) s. B o i t s c h e n k o (J. A.).
Baranowa (N. A.) u. Schur (J. S.), Auftreten d. magnet. Temperaturhysterese in Ferromagnetika bedingende Magnetisierungsprozesse 3070.
Baranowa (N. L.), Kühl. d. Füllmasse d. zweiten Prod. in d. Kristallisationsrührwannen durch Luftanblasen 9215.
Baranowska (I.) s. K u l e s z a (J.).
Baranowskaja (A. W.), Katalaseaktivität in Böden d. Wald- u. Steppenzone 7299.
Baranowski (B.), Hittorf-Effekt in einer bin. Elektrolytlsg. v. Standpunkt d. Thermodynamik irreversibler Prozesse 3803.
Bárány (E. H.) u. Scotchbrook (S.), Einfl. v. Testeshyaluronidase auf d. Durchflußwiderstand d. Vorderkammerwinkels 128.
Bárány (Mihályné) s. K a s s z á n (B.).
Barasch (W.) s. C r i s t o l (S. J.).
Barat (R.), Condette (P.) u. Valayer (M.), Verss. über d. Glutfestigk. 3018.
Barat (S. K.) s. B u r t o n (D.).
Barazzone (J.) u. Lambelet (F.), Todesfälle nach Injekt. v. Thiamin (Vitamin B_1) 10308.
Barb (W. G.), Einfl. nichtendständ. Monomereneinheiten auf d. Reaktivität freier Polymerenradikale 8640.
Barbagallo-Sangiorgi (G.) u. Cajozzo (A.), Durch Verabreich. v. Vitamin B_{12} in erhöhten Dosen hervorgerufene cytochem. Modifikatt. u. d. Elemente d. Knochenmarks in nicht bezwungener perniciöser Anämie. 1. Mitt. Verh. d. Desoxy- u. Ribonucleinsäuren 1080.
Barban (S.), Stoffwechsel d. Treponemata. 1. Mitt. Aminosäurestoffwechsel 10538.
— u. Ajl (S.), Gegenseitige Umwandl. v. Isocitronensäure u. α-Ketoglutarsäure durch Escherichia freundii 7232.
Barbançon (R. E.) u. Sauff (R. C.), Isolierkörper 9419* F.
Barbaras (G. D.) s. D u P o n t d e N e m o u r s (E. I.) & C o.
Barbaro (E.), Laboratoriumsmethoden zur Prüf. v. Desinfektionsmitteln u. Antisepticis 11251.
Barbaro (J. F.) u. Kennidy (E. R.), Quantitative Gram-Rk. 2458.
Barbaron (M.) s. P e s t e i l (P.).
— u. Pesteil (P.), Fluorescenz organ. Einkristalle bei tiefen Tempp. 3. Mitt. Fluoren 2155.
Barbato (L. M.) s. L e f f l e r (J. E.).
Barbe (M.) s. B a r i é t y (M.); K o h l e r (D.).
Barber (C. R.), Handley (R.) u. Herington (E. F. G.), Darst. u. Verwend. v. Zellen für d. Realisier. d. Tripelpunktes v. W. 291.
Barber (D. R.), Jahreszeitl. Veränder. d. Emiss. d. Natrium D-Linie in d. Dämmer. 8083.
Barber (E. M.), Muenger (J. R.) u. Villforth jr. (F. J.), Rotationsviscosimeter für hohe Schergeschwindigkk. 8927.
Barber (F. W.), Burke (C. P.) u. Fram (H.), Millipore-Filtertechnik in d. Milchindustrie 951.
Barber (H. J.) s. M a y & B a k e r L t d.
Barber (R.) s. L a n d (T.).
Barber (R. S.), Braude (R.) u. Mitchell (K. G.), Antibiotica u. endokrine Stimulantien als Wachstumsförderer bei Mastschweinen. 2. Mitt. 5352.
Barber (S. A.) s. F o y (C. D.); W e b b (J. R.).
— u. Marshall (C. E.), Ionisier. v. Böden u. Bodenkolloiden. 2. Mitt. K–Ca-Beziehh. in Tonen d. Montmorillonitgruppe u. in Attapulgit 1125.
Barber (W. A.) s. D e b y e (P.).
—, Debye (P.) u. Eckstein (B. H.), Meth. zur Mol.-Gew.-Best. durch Lichtbrech. im elektr. Feld 3878.

Barber Oil Corp., Reinig. v. Trinidad-Seeasphalt 4255* E.
— u. **Howell (H. C.)**, Reinig. v. Trinidadasphalt 4010* A.
Barbera (R. C.) s. MacDonald (N. S.).
Barberio (J. R.), **Pate (J. W.)**, **Sawyer (P. N.)** u. **Hufnagel (C. A.)**, Wrkgg. v. Cortison auf Aortentransplantate 3178.
Barbezat (S.) s. Trillat (J.-J.); Wiemann (J.).
Barbian (H. A.), Vorbereit. v. Mg-Flächen für d. Anstrich 9202.
Barbie (A.) s. Soc. An. Établissements Bessonneau.
Barbier (A.), Fl.-Behandl. 7291* E. — s. Givaudan (L.) & Cie. Soc. An.
Barbier (A.-M.) u. **Rumpf (P.)**, Dem Emetin vergleichb. Verbb. 1. Mitt. Synth. d. sauren Dioxalats v. 1-[1'.2'.3'.4'-Tetrahydro-6'.7'-dimethoxy-1'-propylisochinolyl-(2')]-4-[1".2".3".4"-tetrahydro-6".7"-dimethoxyisochinolyl-(1")]-butan 1051.
Barbier (G.) s. Trocmé (S.).
— u. **Boischot (P.)**, Fünf Jahre Erfahrr. mit Strohdüng. 1823.
— u. **Chabannes (J.)**, Adsorpt. v. Boraten durch Ton 8473.
— u. **Lesaint (M.)**, Best. v. assimilierbarem Boden- u. Dünger-P_2O_5 durch Isotope 3234.
— u. **Tyszkiewicz (E.)**, Vergrößer. d. Autodiffus. v. Phosphationen im Boden durch Austrockn. 1592.
Barbier (J.), Gasdurchlässigk., Mischungen v. Kautschuk mit anderen Elastomeren 5916. — s. Moreau (H.).
Barbier (J.-C.), Unters. d. Nachwirkungskonstanten über d. ganzen Hysteresebereich 4763.
Barbieri (A. de), Lezioni sulla biochimica delle proteine [5114]. — Biochimica delle proteine [7956]. — Enzyme in Pathologie u. Therapie 9611.
— u. **Scevola (M. E.)**, Quantitative Veränderr. d. Cytochroms c in d. Leber u. im Myocard nach experimenteller Diphtherieintoxikat. 4125.
—, **Scevola (M. E.)** u. **Spialtini (A.)**, Geh. d. Leber u. d. Myocards an Succinodehydrogenase u. Adenosintriphosphatase bei experimenteller Diphtherieintoxikat. 4125.
Barbieri (E.) s. Pittoni (A.).
Barbieri (Ernest), Luftkonditionier. in einem geschlossenen Gefäß, d. leicht verderbl. Lebensmittel zwecks Konservier. enthält 2096* Schwz.
Barbieri (L. L.) s. Poppi (A.).
Barblan (F.), MitinFF, Löslichk. u. Ziehvermögen 4490.
Barboni (J.) s. Duriez (V.).
Barbosa (O.), Sial, Präcambrium u. Granitbldg. 11536.
Barbot-de-Marin (A. W.) s. Kulagin (S. K.).
Barbour (J. P.) s. Dolan (W. W.).
Barbu (E.) s. Gavrilescu (E.).
Barceló (J. M. P.) = Perelló Barceló (J. M.).
Barchewitz (P.), OH-Absorptionsbanden v. Phenol zwischen *1100* u. *1400* cm^{-1} 50. — Experimentelle Anordnungen zur Verwend. mit Prismen- u. Gitterspektrographen 9630. — s. Cassanas (F.).
Barclay (F. R.), **Galbraith (W.)**, **Glover (K. M.)**, **Hall (G. R.)** u. **Whitehouse (W. J.)**, Spontane Spaltungsrate v. ^{240}Pu 9248.
Barclay (G. A.), Dreigezackte Chelatgruppen u. ihre Metallkomplexe 4778.
— u. **Nyholm (R. S.)**, Tritert. Arsin u. seine Metallkomplexe 6945.
Barclay (J. A.) s. Singh (I. D.).
— u. **Ibrahim (M.)**, Faktoren, die d. Ausscheid. v. Na, K u. Cl im Urin beeinflussen 3177.
Barclay (J. T.), Feuersichere Transportbänder 9453.
Barclay (K. S.), **Bourne (E. J.)**, **Stacey (M.)** u. **Webb (M.)**, Strukturunterss. an d. durch Acetobacter acetigenum synthetisierten Cellulose 2446.
Barclay (R. K.) s. Sullivan (R. D.).
—, **Garfinkel (E.)** u. **Stock (C. C.)**, Einfl. v. N-Methylformamid auf d. Einbau v. ^{14}C-Formiat. 1. Mitt. In Nucleinsäuren v. Rattenleber 9583.
Barclay (W. R.) s. Manthei (R. W.).
Bard (C. C.), **Porro (T. J.)** u. **Rees (H. L.)**, Quantitative Infrarotbest. v. Spurenverunreinigg. in Festkörpern mittels d. Technik der fraktionierten Kristallisat.; Best. v. Brenzcatechin u. Resorcin in Hydrochinon 5143.
Bard (R. C.) s. Klausmeier (R. E.); Moss (R. D. De).
Bardeen (J.), Grenzflächeneffekte v. Supraleitern 7615. — Infrarotabsorpt. in Si u. Ge 8548. — Elektron-Schwingungs-Wechselwrkgg. u. Supraleitfähigk. 9732. — s. Brattain (W. H.).
Bardelli (S.), **Monfardini (R.)** u. **Citi (S.)**, Hemmende Wrkg. eines Imidazolinderiv. auf d. durch Noradrenalin hervorgerufenen Kreislauferscheinn. 3432.
Barden (S. E.), Resonanzdämpfung bei d. Injekt. in Betatrons u. Synchrotrons 7833. — Raumladungskräfte bei stark fokussierenden Synchrotrons 9020.
Bardenheuer (P.) u. **Fischer (Anton)**, Verschlacken v. Ti aus Stahlschmelzen im sauren u. bas. Hochfrequenzofen unter verschied. Schlacken 11281.
— u. **Forst (P. von der)**, Gas- u. Oxydgehh. v. Eisenguß aus d. Kupolofen u. ihre Beeinflussung durch d. Schmelzstoffe 7303.
Bardet (R.), Schlichten mit Leinöl 6884.
Bardgett (H.), Verkoken v. Kohlengemischen zur Herst. v. metallurg. Koks 8767.
Bardin (I. P.) u. **Osstrouchow (M. J.)**, Prozesse in d. Rast v. Hochöfen 5638.
Bardin (P. C.), Reinig. u. Vorbehandl. v. Metallflächen für d. Lackier. 2788.
Bardinskaja (M. S.) s. Manskaja (S. M.); Oparin (A. I.).
Bardócz (Á.), Lichtquellen für Spektralanalyse. Ein elektron. gesteuerter Funkenerzeuger 6578.
— u. **Vorsatz (B.)**, Therm. Reinigungsapp. zur Herst. spektralreiner Kohle 9940.
Bardócz (I.), Moderne Härte- u. Warmbehandlungsverff. 679.
Bardolle (J.), Verwend. v. bei niedr. Temp. erzeugten Anlauffarben für d. Unters. d. Rekristallisat. v. Fe 10126. — s. Bénard (J.); Moreau (J.).
— u. **Moreau (J.)**, Neue Meth. zur Bldg. v. Ätzfiguren auf d. Oberfläche v. Fe 3954.
Bardoneschi (R.) s. Velluz (L.).
Bardos (T. J.), **Herr (R. R.)** u. **Enkoji (T.)**, Synth. v. Thymin-verwandten Verbb. 1. Mitt. 5-Mercaptouracil u. S-substituierte Derivv. 5780.
Bardou (Y.) s. Delaunay (A.).
Bardsley (W.) s. Arthur (J. B.).

Barducci (I.), Scheinbarer Elastizitätsmodul poröser Feststoffe 301.
Bardyschew (I. I.), Kolophoniumester 4221.
— u. **Gussakowa (M. W.)**, Zus. v. Terpentin aus d. Harz d. Sachalinfichte (Abies sachalinensis Fr. Schm.) 10867.
—, **Gussakowa (M. W.)**, **Erilane (A. F.)** u. **Meisikowa (A. A.)**, Eigg. v. Rohharzterpentin 4221.
Bareford (C. F.) u. **Kelliher (M. G.)**, Linearer Elektronenbeschleuniger für *15* Millionen Elektronvolt 1899.
Baren (F. A. van) s. Mohr (E. C. J.).
Barendrecht (E.), Elektrochem. Anwendd. in d. analyt. Chemie 3695.
Barendsen (G. W.) s. Dries (H. de).
Barer (R.) u. **Joseph (S.)**, Refraktometrie lebender Zellen. 1. Mitt. Grundlagen 8405.
Baret (C.) u. **Pichat (L.)**, Darst. v. mit akt. Br markiertem Methylbromid 6722. — Mikrosynth. für d. Anwend. v. ^{13}C u. ^{14}C. 1. Mitt. Mikro- u. Semimikroherst. v. organ. Säuren, ausgehend v. Bariumcarbonat 10242.
Bargalló (M.), Terminologie u. Definitt. beim Unterricht in d. Chemie 8074.
Bargellini (G.), Elementi di chimica organica [10048].
— u. **Turi (C. J.)**, Therm. Zers. v. einigen N-Verbb. 1. Mitt. Isatinoxime 9999; 2. Mitt. β-Hydroxylamino-β-phenylpropionsäure 9999.
Bargeton (D.) s. Soc. Générale d'Applications Thérapeutiques „Théraplix".
—, **Krumm-Heller (C.)** u. **Eon (M.)**, Wrkg. v. Morphin auf d. Atemvol. d. intakten Kaninchens 10075.
Barghorn (H.) s. Riechert (W.).
Barguillet (G.) s. Arribat (P.).
Barham (H. N.) s. Sharples Chemicals, Inc.
Bariéty (M.) u. **Kohler (D.)**, Begünstigende Wrkg. d. Parasympathicolytica beim akuten, durch Adrenalin bewirkten Lungenödem d. Kaninchens 9842.
—, **Kohler (D.)** u. **Barbe (M.)**, Doppelte Wrkg. d. Adrenalins auf d. durch Adrenalin allein oder zusammen mit Histamin hervorgerufene Lungenödem d. Kaninchens 7711.
Baril jr. (A.), Quantenausbeute v. p-Diazo-N.N-dimethylanilinzinkchloriddihydrat bei 3660 Å 555.
Barinowa (A. N.) s. Rosstowski (J. N.).
Barkas (W. H.) s. Heckman (H. H.); Wilson (H. W.).
— u. **Hahn (G.)**, Emulsionstabellen 5717.
Barkdoll (A. E.) s. Du Pont de Nemours (E. I.) & Co.
Barke (A.), Mißerfolge d. hormonalen Brunstverhinder. bei Schweinen u. ihre Ursachen 8421.
Barkenbus (C.) u. **Brower (F. M.)**, Zers. v. Tetraphenylthiodiessigsäure u. gewissen ähnl. Verbb. in Pyridinlsg. bei Raumtemp. 7411.
— u. **Wuellner (J. A.)**, Derivv. d. Tetrahydrothiapyrans als mögl. Lokalanästhetica 11212.
Barker (A.) u. **Barker (C. C.)**, 3.6-Disubstituierte Fluorene. 1. Mitt. Versuchte unmittelbare Einführ. einer 6.6'-Methylenbrücke in 3.3'-Diaminodiphenyl u. einige seiner Derivv. 6274.
Barker (B. T. P.), Apfelweinerkrankk. 2. Mitt. Wrkgg. v. Hitzebehandl. v. Apfelweinen auf ihre Anfälligk. gegen Erkrankk. 474.
—, **Nicholas (D. J. D.)** u. **Plant (W.)**, Apfelweinerkrankk. 3. Mitt. Wrkgg. v. Molybdäninjektt. am Baum auf d. Zus. v. Apfelsäften u. ihre Anfälligk. gegen Erkrankk. 474.
Barker (C. C.) s. Barker (A.).
Barker (E. F.) s. Anderson (W. E.).
Barker (G.) s. Templeton (J.) & Co. Ltd.
Barker (G. E.) s. Atlas Powder Co.
Barker (G. R.), **Luthy (N. G.)** u. **Dhar (M. M.)**, Synth. v. Pyrimidinyl-(5)-sulfiden u. -disulfiden 4100.
— u. **Smith (D. C. C.)**, Chemie d. Ribose u. ihrer Derivv. 3. Mitt. Trenn. d. anomeren Methylriboside 2205.
Barker (H. A.), Funkt. d. Liposäure bei Butyribacterium rettgeri 7468. — s. Katz (J.); Lieberman (I.); Radin (N. S.); Rapoport (D. A.); Sacks (L. E.); Stadtman (T. C.); Tomlinson (N.); Wachsman (J. T.).
Barker (J.) u. **Mapson (L. W.)**, Kohlehydrat- u. respirator. Stoffwechsel v. Pflanzengeweben. 5. Mitt. Experimentalunterss. d. CO_2-Bldg. u. d. Veränderr. bezügl. Milchsäure, Saccharose u. bestimmter Ketosäurefraktt. in Kartoffelknollen unter atmosphär. nach anaeroben Bedingg. 9593; 6. Mitt. Analyse d. Beziehh. zwischen d. CO_2-Bldg.-Geschwindigk. u. d. Veränderr. d. Gehh. an Milchsäure, Saccharose u. bestimmten Ketosäurefraktt. in Kartoffelknollen unter atmosphär. nach anaeroben Bedingg. 9593.
Barker (J. A.), Annäherungsmethoden in d. Theorie regulärer Gemische 751. — Gegenseit. Orientier. in Lsgg.; Genauigk. d. quasichem. Näherungsverf. 2378. — Statist. Mechanik v. in Wechselwrkg. stehenden Dipolen 4036. — Mol. Wechselbeziehungen in d. Zellentheorien v. Fll. u. Lsgg. 9972.
—, **Brown (I.)** u. **Smith (F.)**, Thermodynam. Eigg. v. alkoh. Lsgg.; Syst. A.–CCl_4 1910.
— u. **Smith (F.)**, Statist. Thermodynamik assoziierter Lsgg. 2607.
Barker (J. E.) u. **Mott (R. A.)**, Calorimetrie in d. Bombe. 2. Mitt. Best. d. Heizwertes v. fl. Brennstoffen 8067.
Barker (J. P.) s. General Aniline & Film Corp.
Barker (J. R.), **Dobbs (E. R.)** u. **Jones (G. O.)**, Mess. d. Elastizität v. festem Ar durch Ultraschallmethoden 6692.
Barker (K.) u. **Corbett (P. F.)**, Auswirkung einer Kohlen-Hilfsfeuer. auf d. SO_3-Geh. d. Schornsteingase eines mit Kohlen befeuerten Kochers 8994.
Barker (K. H.), Zerfallsprozesse neutraler V-Mesonen 971. — Ausmess. v. Nebelkammerbahnen 8082.
Barker (R. S.) u. **Eyring (H.)**, Näherungsberechnn. v. Integralen, d. in d. Mol.-Quantenmechanik v. nichtlinearen Moll. angewendet werden 7388.
Barker (S. A.), **Bebbington (A.)** u. **Bourne (E. J.)**, Wirkungsmechanismus d. Q-Enzyms v. Polytomella coeca 1995.
—, **Bourne (E. J.)**, **Neely (W. B.)** u. **Whiffen (D. H.)**, Infrarotspektren v. Kohlenhydraten. 5. Mitt. Verwend. v. Kaliumbromidfilmen 11184.
—, **Bourne (E. J.)**, **Peat (S.)** u. **Wilkinson (I. A.)**, Enzymat. Synth. u. d. Abbau v. Stärke. 8. Mitt. Verwend. v. P- u. Q-Enzymgemischen bei d. Synth. v. Polysacchariden v. Stärketyp 2916.
—, **Bourne (E. J.)**, **Stephens (R.)** u. **Whiffen (D. H.)**, Infrarotspektren v. Kohlenhydraten. 2. Mitt. Anomere Konfigurat. einiger Hexa-

u. Pentapyranosen 6242; 3. Mitt. Charakterisier. v. Desoxyverbb. 9806.
Barker (S. A.), Bourne (E. J.) u. **Wilkinson (I. A.)**, Enzymat. Synth. u. d. Abbau v. Stärke. 9. Mitt. Methylier. u. Endgruppenbest. einiger synthet. Polysaccharide 2917.
— u. **Stephens (R.)**, Infrarotspektren v. Kohlenhydraten. 4. Mitt. Charakterisier. v. Furanosederivv. 9806.
Barker (S. B.) s. Bogdanove (E. M.).
Barkholt (H.) s. Spinnstoff-Fabrik Zehlendorf Akt.-Ges.
Barkla (H. M.) u. **Finlayson (D. M.)**, Eigg. v. KH_2PO_4 unterhalb d. Curie-Punktes 3802.
Barkley (F. A.) s. Hart (J. J. D.).
Barkley (J. F.), Verhüt. d. Luftverunreinig. in USA 6099.
Barkley (L. B.), Farrar (M. W.), Knowles (W. S.) u. **Raffelson (H.)**, Totalsynth. v. Steroiden. 3. Mitt. Darst. v. Cortison u. Substanz F 1286. — Synth. v. *dl*-Cortisonacetat 4601.
—, **Farrar (M. W.), Knowles (W. S.), Raffelson (H.)** u. **Thompson (Q. E.)**, Totalsynth. v. Steroiden. 2. Mitt. Wechselbezieh. v. opt. akt. bicycl. Zwischenprodd. mit natürl. Steroiden 1286.
Barković (D.), Anwend. v. Tüpfel-Rkk. in d. Pharmazie 2957.
— u. **Fintić (V.)**, Möglichkk. schneller Wertbest. v. Adrenalinlsgg. 5848.
Barlett (J. K.) s. Skoog (D. A.).
Barley (K. P.), Wrkg. v. Wurzelwachstum u. -zers. auf d. Durchlässigk. eines synthet. sand. Lehms 3464. — Best. makroorgan. Stoffe im Boden 11667.
Barlin (G. B.), Pausacker (K. H.) u. **Riggs (N. V.)**, Oxydatt. mit Phenyljodosoacetat. 3. Mitt. Prim. aromat. Amine in Essigsäure 2163.
— u. **Riggs (N. V.)**, Rk. v. Phenyljodosoacetat mit N-Arylacetamiden 1246.
Barlot (J.), Analyse u. Schwel. v. Schieferligniten v. Vagnas (Ardèche) 2811.
Barloutaud (R.), Ballini (R.) u. **Sartory (M.)**, Schema v. ^{73}As 6448.
— u. **Grjebine (T.)**, Ausbeuteänder. d. Coulomb-Anreg. für d. beiden ersten Rotationsniveaus v. Ta durch Protonen mit Energien zwischen *1,2* u. *4,5* MeV 4512.
— u. **Lévêque (A.)**, Mess. d. Verhältnisses d. Querschnitte d. Anreg. v. Mn u. d. Spalt. v. U bei therm. Neutronen. Neubest. d. Neutronendichtestandards v. Châtillon 6449.
— u. **Sartory (M.)**, Schema v. ^{73}As 6447.
Barlow (A.) u. **Fern (A. S.)**, Färben v. Terylene-Polyester-Faser 7323.
Barlow (F.), Verf. zur Entfern. insekticider Rückstände netzbarer Pulver v. besprühten Oberflächen 11081.
Barlow (G.) s. Swingle (W. W.).
Barlow (J. S.) u. **Manery (J. F.)**, Vgl. d. Meth. d. Flammenphotometrie mit d. chem. Methoden zur Best. d. Kationen in Geweben 8998.
Barlow (R. B.), Introduction to chemical pharmacology [7495].
Barlow (T. E.) s. Eastern Clay Products, Inc.; Heine (R. W.).
Barltrop (J. A.) u. **Taylor (D. A. H.)**, Synth. d. Lysergsäure. 1. Mitt. Indolderivv. 2909; 2. Mitt. 1-Azaphenanthrenderivv. 2910.
Barman (P.) s. Ruzicka (L.).
Barna (J.), Ungar. Bentonit 436. — Bentonit v. Bánd als Bindemittel in d. Gießerei 1597, 2990. — s. Árkosi (K.).
Barna (J.) u. **Juhász (Z.)**, Einfl. d. Bentonitqualität u. d. spezif. Sandoberfläche auf d. Festigkeitswerte d. Bentonit-Sand-Mischungen 8248.
Barnabas (J.) s. Airan (J. W.); Barnabas (T.).
Barnabas (T.), Badve (M. G.) u. **Barnabas (J.)**, Trenn. u. Identifizier. v. Alkalimetallen mit Hilfe d. Papierchromatographie 8456.
Barnabé (N.), Schlichten d. Viscosekunstseide 2331.
Barnabei (O.) s. Tria (E.).
Barnard (A. J.), Theorie d. Kondensat. v. übersätt. Dämpfen in Abwesenh. v. Ionen 3076.
Barnard (D.) u. **Hargrave (K. R.)**, Analyt. Unterss. über d. Rkk. zwischen organ. Peroxyden u. Thioäthern. 2. Mitt. Analyse v. Sulfoxyden 1575; 3. Mitt. Analyse v. Mischungen v. Peroxyden u. Sulfoxyden 1576.
Barnard (D. P.) u. **Eltinge (L.)**, Fl. Kraftstoffe für Turbolader u. Turbinen. Eigg. v. Flugzeug-Turbinenkraftstoffen, d. auf d. Kohlebldg. in d. Brennkammer einwirken 1415.
Barnard (J. A.), Winter (E. R. S.) u. **Briscoe (H. V. A.)**, Austausch-Rkk. fester Oxyde. 4. Mitt. ZnO 1694.
Barnard (K. A.) s. Acheson (R. M.).
Barnard (K. N.), Christie (G. L.) u. **Greenblatt (J. H.)**, Kathod. Schutz v. in Seewasser fahrenden Schiffen mittels Graphitanoden 451.
Barnard (M. L.) u. **Laidler (K. J.)**, Lösungsmitteleffekte im α-Chymotrypsin-Hydrozimtsäureester-Syst. 5513.
Barnard (R. D.) u. **Freeman (M. D.)**, Änder. d. tox. Wrkg. v. Aminopterin durch W.-lösl. Cupridihydroporphyrine (Chloresium) 9378.
Barnard (R. M.) s. Standard Telephones & Cables Ltd.
Barnard (T. H.), Anwend. kontinuierl. Teigführ. in d. Standardbrotherst. 5444.
Barnard (W. S.), Palm (A.), Stam (P. B.), Underwood (D. L.) u. **White jr. (H. J.)**, Wechselwrkg. zwischen Haarfasern u. Alkalibromidlsgg. 7579.
— u. **White jr. (H. J.)**, Quell. v. Menschenhaar u. Viscosereyonmonofil in wss. Lsgg. 6885.
Barnartt (S.), Stromverteil. über einen Zylinder mit halbkugelförm. Enden 4285.
Barnden (R. L.), Evans (R. M.), Hamlet (J. C.), Hems (B. A.), Jansen (A. B. A.), Trevett (M. E.) u. **Webb (G. B.)**, Präparative Anwendd. d. Benzylpenicillinäthoxyameisensäureanhydrides 3153.
Barner (H. D.) u. **Cohen (Seymour S.)**, Indukt. d. Thyminsynth. bei T_2-Infekt. einer Thymin benötigenden Mutante v. Escherichia coli 5576.
— u. **O'Kane (D. J.)**, Acetaldehydoxydat. bei Abwesenh. d. Brenztraubensäure oxydierenden Faktors 9585.
Barnes (A. H.), Elektromagnet. Gleichstrompumpen 4756.
Barnes (B. T.), Geschwindigkeitsverteil. d. Elektronen in d. Hg-Ar-Entlad. 9025.
Barnes (C. A.) s. Peterson (R. W.); Thirion (J.).
—, **Fowler (W. A.), Lauritsen (C. C.)** u. **Peterson (R. W.)**, Unelast. Protonenstreuquerschnitt v. ^{19}F 4988.
Barnes (C. E.) s. Arnold, Hoffman & Co., Inc.; General Aniline & Film Corp.

Barnes (C. S.) u. **Barton (D. H. R.)**, Triterpenoide. 11. Mitt. Stereospezif. Rkk. in d. Lanostadienol (Lanosterin)-Reihe 5795.
—, Barton (D. H. R.), Cole (A. R. H.), Fawcett (J. S.) u. **Thomas (B. R.)**, Triterpenoide. 9. Mitt. Konst. d. Lanostadienols (Lanosterins) 5793.
—, Barton (D. H. R.), Fawcett (J. S.) u. **Thomas (B. R.)**, Triterpenoide. 7. Mitt. Konst. v. Lanostadienol (Lanosterin) 5789; 10. Mitt. Stereochemie d. Lanostadienols (Lanosterins) 5794.
Barnes (D. K.) s. Stanolind Oil & Gas Co.
Barnes (E. B.) s. Cook (E. S.).
Barnes (E. M.) u. **Newton (G. G. F.)**, Brevin, ein durch Bacillus brevis gebildetes Antibioticum 1767.
Barnes (F. H.) s. Chanin (M.).
Barnes (G.), Automat., photograph. Registrierdensitometer 5378.
Barnes (G. H.) s. Sommer (L. H.).
Barnes (J. M.) u. **Denz (F. A.)**, Best. chron. Toxizität 4158.
— u. Duff (J. I.), Acetylcholinbldg. bei Diäthyl-p-nitrophenylphosphat (Paraoxon)-vergifteten Tieren 2014.
Barnes (J. M.) [Michigan], Durch Ultraschallwellen hoher Intensität erzeugte mehrfache Beugungsdiagramme in Glas 8085.
Barnes (R. A.) u. **Beitchman (B. D.)**, Säurekatalysierte Umwandl. v. β-Arylketonen zu Tetrahydroindeno-[1.2:a]-indenen 1960.
Barnes (R. B.) s. American Optical Co.
Barnes (R. F.) s. Fred (M.).
Barnes (R. G.), Bray (P. J.) u. **Ramsey (N. F.)**, Änderr. d. magnet. Rotationsmomente v. H_2 mit d. Rotationsquantenzahl u. d. Isotopenmasse 4764.
Barnes (R. P.), Pinkney (G. E.) u. **Phillips (G. McK.)**, Spektroskop. Strukturbeweis d. Isoxazoline u. ihr Bildungsmechanismus 6241.
Barnes (R. W.), Thiosulfil für chron. Harnleiterinfektt. 2016.
Barnes (S. W.), Angell (C. E.), Perry (J. P.), Miller (D.), Ring (J.) u. **Nelson (D.)**, Vorzeichen d. Phasenverschiebb. für Pion-Proton-Streuung 4987.
Barnes (W. H.), Elementarzelle, Raumgruppe u. indizierte Röntgenbeugungs-Pulverdaten für gewisse Narkotica. 5. Mitt. Papaverin u. Papaverinhydrochlorid 10709. — s. Qurashi (M. M.).
— u. Forsyth (W. J.), Elementarzelle, Raumgruppe u. indizierte Röntgenbeugungs-Pulverdaten für gewisse Narkotica. 1. Mitt. Kodeinmonohydrat, Kodein (wasserfrei), Dihydrokodeinon 10709; 2. Mitt. *dl*-Methadonhydrochlorid, *dl*-Methadonhydrobromid 10709; 3. Mitt. *dl*-α-Prodinhydrochlorid u. *dl*-β-Prodinhydrochlorid 10709; 4. Mitt. Protopin 10709.
— u. Przybylska (M.), Elementarzelle, Raumgruppe u. Röntgenbeugungs-Pulverdaten für d. Alkaloid Lupanolin, $C_{15}H_{24}O_2N_2$, u. für Lupanolinmonohydrat, $C_{15}H_{24}O_2N_2 \cdot H_2O$ 1238. — Elementarzelle, Raumgruppe u. Röntgenbeugungs-Pulverdaten für Lycoctoninmonohydrat, $C_{25}H_{39-41}O_7N \cdot H_2O$ 1472.
Barnett (A. J. G.) u. **Smith (D. K.)** [Aberdeen], Elektrophoret. Beweg. höh. Fettsäuren auf Filterpapier 2159.
Barnett (C. F.) s. Stier (P. M.).
—, Evans (G. E.) u. **Stier (P. M.)**, Charakteristiken eines Elektronenmultipliers beim Nachw. v. positiven Ionen 8701.
Barnett (G.) s. John (A.).
Barnett (G. P.), Unfallverhüt. in Eisen- u. Stahlwerken 8699.
Barnett (H. C.) s. Gibbons (L. C.).
Barnett (M. P.) s. Coulson (C. A.).
Barnett (P. R.), Huleatt (W. P.), Rader (L. F.) u. **Myers (A. T.)**, Spektrograph. Best. v. Verunreinig. v. Gesteinsproben nach Zerkleinern mit Tonerdekeramik 11645.
Barnett (S. J.) u. **Kenny (G. S.)**, Gyromagnet. Verhältnisse v. Fe, Co u. mehreren bin. Legierr. aus Fe, Co u. Ni 5247.
Barnett (W. J.) s. Klingler (L. J.).
Barney (A. L.) s. Du Pont de Nemours (E. I.) & Co.
Barnhart (C. E.), Catron (D. V.) u. **Culbertson (C. C.)**, Wrkg. d. Futters auf d. Geh. ausgewählter Vitamine d. Schweinemilch 2469.
Barnhart (C. S.) u. **Chadwick (L. E.)**, „Fliegenfaktor" bei Unterss. mit Lockstoffen 8185.
Barnhart (G.) s. Du Pont de Nemours (E. I.) & Co.
Barnhart (R. R.) s. Hunter (B. A.).
Barnhart (W. S.) s. Firestone Tire & Rubber Co.
Barnier (J. S.) = Vallernaud (J. S.).
Barnoud (F.), Schleim u. organ. Ablagerr. in Papierstoff- u. Papierfabriken 10161.
Barns (R. W.) s. French Oil Mill Machinery Co.
Barnstead Still and Sterilizer Co., Durant (W. W.) u. **Blann (W. A.)**, Reinigen v. wss. Formaldehydlsgg. 1839* Can.
Barnum (D. W.) s. Dean (R. B.).
— u. Gorin (G.), Katalyt. Aktivität d. Bisulfations bei d. Hydrolyse v. Äthylacetat 8591.
Barnum (E. R.) s. N. V. de Bataafsche Petroleum Mij.
Barnwell (J. L.) s. Watson (R. W.).
Baroccio (A.) s. Tombesi (L.).
Baroch (C. T.) s. Hilliard (R. V).
—, Hilliard (R. V.) u. **Lang (R. S.)**, Alkal. elektrolyt. Zn-Prozeß 749.
Barocka (E.), Kläranlagen u. Industrie 10832.
Baron (A.) s. Comp. Française des Matières Colorantes; Soc. An. de Matières Colorantes et Produits Chimiques Francolor.
Baron (J.), Bedingg. d. Absinkens bei Belast. d. feuerfesten Erzeugnisse. Messungsverss. d. absol. Längenveränderr. d. Prüfkörpers. Temp.-Messungen an verschied. Stellen d. Prüfkörpers 10355.
Baron (J. D.) u. **Watson (G. M.)**, Demonstrat. v. Kompressibilitätsmessungen an verdampften Fll. 10906.
Baron (L. S.), Spiegelman (S.) u. **Quastler (H.)**, Enzymbldg. in geschädigten Zellen 374.
Baron (R. J. B.), Kesselspeisewasser 8704.
Baroni (A.), Gesetzgeb. für d. Atomenergie 6681.
Baroni (G.) s. Amaldi (E.).
—, Borsellino (A.), Scarsi (L.) u. **Vanderhaeghe (G.)**, Analyse d. in Kernemulss. durch Höhenstrahlphotonen erzeugten Elektronenpaare 10909.
—, Castagnoli (C.), Cortini (G.), Franzinetti (C.) u. **Manfredini (A.)**, Analyse eines τ-Mesons, d. in einer auf *26 000* m Höhe exponierten Emuls. beobachtet wurde 1194.

Baroni (G.), Cortini (G.), Milone (A.), Scarsi (L.) u. Vanderhaeghe (G.), Unters. d. weichen Komponente d. Höhenstrahl. am Pic du Midi 11142.
Baroni (V.), Gramazio (V.) u. Magistretti (M.), Bedeut. v. klin. u. experimentellen Beobachtt. während d. Behandl. mit Isonicotinsäurehydrazid 6069.
Baroni (W.) u. Casa (G.), Einfl. v. α-Tocopherol auf d. Grundumsatz 2239.
Baronnier (M.), Gewebe als Träger für photograph. Zwecke 3779* F.
Baroody (E. M.), Unelast. Streuung mittelschneller Elektronen in Alkalimetallen 5469. — Einfl. d. Oberflächenschranke auf d. Sekundärelektronenemiss. v. Metallen 7377.
—, Simons (E. M.) u. Duckworth (W. H.), Einfl. d. Form auf therm. Bruch 10115.
Baroody (N. B.) s. M o s e l e y (V.).
Barozzi (C. P.) s. B e r t o l i n i (A. M.).
Barr (F. S.) s. C h r i s t i a n (A. B.).
—, Carman (P. E.) u. Harris (J. R.), Synergismus u. Antagonismus bei d. Kombinat. v. Antibioticis 3409.
Barr (F. T.) s. S t a n d a r d O i l D e v e l o p m e n t C o.
Barr (J. A.) s. T i l l o t s o n (I. S.).
Barr (L.), p_H in d. Chloralkalielektrolyse nach d. Hg-Zellen-Verf. 10350.
Barr (M.) u. Griffith (I.), Hectorit 1095.
Barr (N. F.) u. King I (C. G.) [New York], Durch Strahl. induzierte Oxydat. d. Fe(II)-Ions 7630.
Barr (T.) s. B r i t i s h H a t & A l l i e d F e l t m a k e r s R e s e a r c h A s s o c i a t i o n; I m p e r i a l C h e m i c a l I n d u s t r i e s L t d.
Barr (T. A.) u. Hurst (G. S.), Schnelle-Neutronen-Dosis in einem großen gewebeäquivalenten Phantom 6793.
Barraclough (C. E.) s. D i s t i l l e r s C o. L t d.
Barraquer Moner (J. I.), Gegenwärt. Technik u. Ergebnisse d. Curareanwend. bei Augenoperatt. 8202.
Barraud (J.), Fadenförm. Antikathoden 2846. — Biokristallographie d. Knochens u. d. Knochenbldg. 1. Mitt. Biokristallographie 4610. — s. R o s e (A.-J.).
— u. Pierrée (C.), Fadenförm. Antikathoden: Anwend. zur Beug. d. Röntgenstrahlen durch Kristalle 2846.
Barreau (P.), Léger (P.), Moreau (J.) u. Prugne (P.), Herst. dünner Formvarfilme als Träger für Metallfolien in d. Kernphysik 9957.
Barreda (P. de la) s. V i l l a s a n t e (J. G.).
Barreiro (G. T.) = T o j o B a r r e i r o (G.).
Barrer (R. M.) s. A d d i s o n (W. E.).
— u. Brook (D. W.), Sorpt. u. Rk.-Vermögen einfacher organ. Moll. in Chabasit 4072.
—, Drake (J.) u. Whittam (T. V.), Sorpt. v. Gasen u. Dämpfen durch Kaliumbenzolsulfonat 5030.
— u. Mackenzie (N.), Sorpt. an Attapulgit. 1. Mitt. Wirksamk. interkristalliner Kanäle 3808.
—, Mackenzie (N.) u. Macleod (D.), Adsorptionsmeth. zur Mess. v. Oberflächengrößen 528. — Sorpt. an Attapulgit. 2. Mitt. Selektivität v. Attapulgit, Sepiolith u. Montmorillonit für n-Paraffine 3808.
— u. Macleod (D.), Einschluß (intercalation) u. Sorpt. durch Montmorillonit 1683.
— u. Raitt (J. S.), Ionenaustausch in Ultramarin 6226.
Barrer (R. M.) u. Riley (D. W.), Einfl. d. Ionenaustausches auf d. interkristalline Sorpt. 8096.
Barrera (H.) s. C a u q u i l (G.).
Barrera (R.) s. C a u q u i l (G.).
Barrera Ramallo (A.) s. B e r m e j o M a r t í n e z (F.).
Barrère (G.), Unters. d. Absorpt. v. Röntgenstrahlen durch ebene Quarzkristalle in d. Nähe d. Braggschen Winkels 10933.
Barret (P.), Kathod. Zerstäub. geschmolzener Salze 9254.
Barrett (A. E.) s. M o r r i s (R. E.).
Barrett (C. S.) s. C o h e n (M. H.); W i l l i a m s (A. J.).
—, Decker (B. F.), Kasper (J. S.), Doig (J. R.), Lipscomb (W. N.), Donnay (G. H.), Norton (J. T.), Donnay (J. D. H.), Rosenqvist (T.), Edmunds (I. G.), Smith (Charles S.), Geisler (A. H.), Straumanis (M. E.), Hall (L. D.), Teitel (R. J.), Karle (I.), Trautz (O. R.), Karle (J.) u. Winston (J. S.), Metalle 10937.
—, Doig (J. R.), Lipscomb (W. N.), Edmunds (I. G.), Mackay (A. L.), Geisler (A. H.), Rosenqvist (T.), Gordon (Paul), Smith (Charles S.), Hall (L. D.), Straumanis (M. E.), Karle (J.), Teitel (R. J.) u. Winston (J. S.), Metalle 10937.
—, Donnay (G. H.), Donnay (J. D. H.), Edmunds (I. G.), Geisler (A. H.), Gordon (Paul), Karle (I.), Karle (J.), Klein (M. J.), Mackay (A. L.), Martius (U.), Rosenqvist (T.), Semchyshen (M.), Smith (Charles S.), Snow (A. I.), Straumanis (M. E.), Teitel (R. J.) u. Winston (J. S.), Metalle 10937.
Barrett (F. L.) u. Stubbs (A. E.), Bleichen v. *1879—1954*. Entw. d. neuzeitl. chem. Behandll. u. Maschinen als Folge neuer Fasern u. wissenschaftl. Überwach. 6651.
Barrett (G. F. C.) s. B a k e r (J. W.).
Barrett (G. R.) s. M o n s a n t o C h e m i c a l C o.
Barrett (J. P.) s. N e w b e r g (A. H.).
Barrett (M. K.), Hansen (W. H.) u. Spilman (B. F.), Natur d. Antigens bei gegen Tumoren hervorgerufener Resistenz 11228.
Barrett (P. A.) s. B u r r o u g h s W e l l c o m e & C o. (U S A), I n c.
Barrett (P. H.), K-Meson u. Hyperonzerfälle 11143.
—, Cocconi (G.) u. Eisenberg (Y.), Suche nach „T-Bahnen" in photograph. Platten 2352.
—, Cocconi (G.), Eisenberg (Y.) u. Greisen (K.), Atmosphär. Temp.-Effekt für Mesonen weit unter d. Erde 10909. — Tagesschwankk. d. Intensität d. Höhenstrahl. weit unter d. Erde 10909.
Barrett (P. T.), Elektr. Abscheid. radioakt. Ionen v. Br, Tc u. In 8779.
Barrett (R. B.), Neuere Entww. in d. Gesundheits-Chemie 8052.
Barrett (R. M.) s. S t r a u s s j r. (J. F.).
Barrett (W. E.) s. P l u m m e r (A. J.).
Barricelli Brahde (L.), Kristallstruktur v. Bis-1.3-dithiacyclopentyl-(2) 9288.
Barrick (E. R.) s. W i s e (M. B.).
Barrick (P. L.) s. D u P o n t d e N e m o u r s (E. I.) & C o.; T u r n e r (J. H.).
Barrie (H.) s. B o l t o n (R.).
Barringer (A. R.), Herst. v. Anschliffen v. Erzen u. Hüttenprodd. mit Hilfe v. Diamantschleifmitteln u. ihre quantitative Unters. nach d. Punktzählmeth. 4655.
Barriol (J.) u. Chapelle (J.), Theorie d. Lichtstreuung durch einen kub. Kristall 1439.

Barriol (J.), Chapelle (J.) u. **Taurel (L.),** Unters. d. Rayleigh-Streuung durch anisotrope Kristalle 8784.
— u. **Nikitine (S.),** Theorie d. Metallmodells mit Verzweigg.; Anwend. auf Naphthalin 3334.
Barrios (L.) = Guillaumet (L.).
Barritt (D. T.) u. **Kennaway (T.),** Entw. neuer Verkokungsverf. u. deren Bezieh. zum Stande d. Technik 257.
Barrnett (R. J.) u. **Seligman (A. M.),** Histochem. Nachw. v. Sulfhydryl- u. Disulfidgruppen im Eiweiß 6306.
Barroclough (R.) s. Kastens (M. L.).
Barron (E. S. G.) = Guzman Barron (E. S.).
Barron (M. C. P. y) = Perezamador y Barron (M. C.).
Barrow (G. M.), Interpretat. d. CH_2-Schwingungsfrequenzen v. n-Paraffinen 2384. — Resonanzenergie v. Graphit 5733.
— u. **Yerger (E. A.),** Säure-Basen-Rkk. in nichtdissoziierenden Lösungsmm., Essigsäure u. Triäthylamin in Kohlenstofftetrachlorid u. Chlf. 3105. — Dimerisat. v. Essigsäure in Kohlenstofftetrachlorid u. Chlf. 3106. — Assoziat. v. Triäthylamin u. Chlf. 3106.
Barrow (J. F.), Baustoff 5873* E.
Barrow (R. F.), Maxima in d. Potentialenergie-Abstandsfunktionen zweiatom. Moll. 4771. — s. Andrews (E. B.); Lagerqvist (A.); Walker (S.).
—, **Drummond (G.)** u. **Zeeman (P. B.),** Rotationsanalyse d. β-Bandensyst. d. NS-Mol. 4274.
—, **Jacquest (J. A. T.)** u. **Thompson (E. W.),** UV-Emissionsspektren d. gasförm. Monofluoride v. Ga u. In 3064.
— u. **Rowlinson (H. C.),** Absorptionsspektr. v. gasförm. Aluminiummonofluorid im Schumann-Gebiet 2360.
Barrows (W. A.), Keram. Hochtemperaturüberzüge für chem. Geräte 5393.
Barrueto (R. B.), Reynolds (M. M. D.), Walker (B. S.) u. **Lemon (H. M.),** Transphosphorylier. als Fehlerquelle bei d. Best. d. sauren Serumphosphatase 8885.
Barry (A. J.) s. Dow Chemical Co.; Dow Corning Corp.
Barry (C. T.), Straton (J.) u. **Sutherland (A. R.),** Kumulierende Wrkg. v. Dekamethoniumjodid 9384.
Barry (E. V.) s. Eisenbud (M.).
—, **Solon (L. R.)** u. **Blatz (H.),** Schätzung d. Ra- u. U-Oberflächenverseuchung 5955.
Barry (J. J.), Auftragschweißung als Teil d. Konstrukt. 3955.
Barry (R. H.) s. Maltbie Laboratories, Inc.
Barry (S. R.) s. Dobyns (B. M.).
Barry (T. W.) s. Johnson (A. I.).
Barry (V. C.), Conalty (M. L.) u. **Gaffney (E. E.),** Von Oxystärke u. a. Polysacchariden abgeleitete Antituberkulosemittel 8906.
—, **McCormick (J. E.)** u. **Mitchell (P. W. D.),** Eigg. v. mit Perjodat oxydierten Polysacchariden. 3. Mitt. Best. v. α-Glykolgruppierr. in einem Polysaccharid 5330; 5. Mitt. Mikrobest. d. Mol.-Gew. v. Zuckerosazonen aus Messungen d. UV-Absorpt. 11216.
Barschall (H. H.), Unterss. mittlerer u. schwerer Kerne mit Neutronen 8774. — s. Okazaki (A.); Walt (M.).
Barsel (N.) s. International Hormones, Inc.
Barsh (M.) s. Clusius (K.); Wilmarth (W. K.).
Barshad (I.), Kationenaustausch in Glimmermineralien. 1. Mitt. Verdrängbark. d. Zwischenschichtkationen v. Vermiculit durch K- u. NH_4-Ionen 3713; 2. Mitt. Verdrängbark. v. NH_4 u. K aus Vermiculit, Biotit u. Montmorillonit 4914.
Barski (G. A.) u. **Seldowitsch (J. B.),** Kinetik d. CO-Verbrenn. 3576.
Barsky (G.) s. Drew (E. F.) & Co., Inc.
Barsky (J.) s. Zeller (E. A.).
Barsoum (G. S.) s. Anrep (G. V.).
Barssow (I. N.), Vitamine d. Milch u. d. Milchprodd. 3025. — Neues bei d. Milchpasteurisier. 3755.
Barssukow (W.), Formen d. Überführ. v. Sn in hydrothermalen Lsgg. 2856.
Bart (I. C.), Oblad (A. G.) u. **Heinemann (H.),** Chemie u. Technologie d. Houdryforming-Verf. 10166.
Barta (L.) u. **Gáthy (E.),** Einfl. d. Glucose-, Fructose- u. Galaktosebelastungen auf d. Stoffwechsel d. kindl. Diabetiker 9598.
Bartaschewitsch (O. A.) s. Breigina (C. S.).
Bartaschow (W. A.) s. Freiman (A. A.).
Bartell (F. E.) s. Donahue (D. J.); Fu (Y.); Ray (B. R.).
—, **Thomas (T. L.)** u. **Fu (Y.),** Thermodynamik d. Adsorpt. v. Lsgg. 4. Mitt. Temperaturabhängigk. d. Adsorpt. 1216.
Bartell (L. S.) s. Brockway (L. O.).
— u. **Brockway (L. O.),** Eichung photograph. Emulss. für Elektronenbeugungsunterss. 11138, 11331.
Bartels (B.) s. Telefunken Gesellschaft für drahtlose Telegraphie m. b. H.
Bartels (E. C.), Myxödem nach Thyreoidektomie bei Gebrauch v. Thyreostaticis zur Operationsvorbereit. 3898.
Bartels (E. D.), Wrkg. d. Nebenschilddrüsenhormons 7479.
Bartels (G.), Intensitätsvariationen d. kosm. Strahl. bei starken atmosphär. Druckänderr. 7595.
Bartels (G. E.) s. Karabinos (J. V.).
Bartels (J.) s. Landolt (H.).
Bartels (M.) s. Chemische Werke Albert.
Bartels (W.) s. Patent-Treuhand-Gesellschaft für elektrische Glühlampen m. b. H.
Bartels-Keith (J. R.), Johnson (A. W.) u. **Langemann (A.),** Synthet. Verss. in d. Cycloheptatrienonreihe. 2. Mitt. 4-Ketocycloheptatriencarbonsäure 799.
Barten (P. G. J.), Fortlaufende Beobacht. d. Rekristallisationsvorganges v. Metallen mit polarisiertem Licht 420.
Bartenew (G. M.), Trockene Reib. v. Gummi 9211. — Rolle des energet. Gliedes in der Zustandsgleich. v. Gummi 9815. — s. Nowikow (A. S.).
— u. **Peregudowa (L. J.),** Einfl. d. Gleitgeschwindigk. bei d. Reib. v. Gummi mit u. ohne Schmiermittel 10152.
—, **Ratner (S. B.), Nowikowa (N. M.)** u. **Konenkow (K. S.),** Unters. v. Gummi auf Kältebeständigk. auf Grund v. Elastizitätsverlusten 6869.
— u. **Rosanowa (W. I.),** Berechn. d. Festigk. v. gehärtetem Glas 9881.

Bartenstein (C.) s. Hieber (W.).
Barter (R.), Diffus. v. alkal. Phosphatase zu charakterist. intracytoplasm. Aktivitätsstellen 9820. — s. Davies (H. G.).
Bàrtfay (J.) u. **Pelc (A.)**, Moderne Aufarbeit. v. Traubentrestern 3988.
Barth (B.) s. Ross (S.).
Barth (E.), Klin. Verss. u. therapeut. Erfahrr. mit Aminopyrin-Butazolidin 10315.
Barth (G.) s. Maier (W.).
Barth (H.) s. Pfeil (E.).
Barth (H. F. W.) s. Beck (Gottfried).
Barth (K.), Kontinuierl. Herst. v. Flammrußen 11269* D. B.
Barth (L.), Anwend. u. Dosier. einiger synthet. Muskelrelaxantien 6798.
Barth (L. G.) u. **Barth (L. J.)**, The energetics of development; a study of metabolism in the frog egg [125].
Barth (L. J.) s. Barth (L. G.).
Barth (R. H.) s. Heyden Chemical Corp.
Barth (T. F. W.), Orogenese u. Geochemie 1465.
Barth (W. J.) u. **Feild (A. L.)**, Einfl. v. Fe auf d. Härte, Biegefähigk. u. d. Schweißen v. Ti-Blechen 9178.
Bartha (E.) s. Boda (F.).
Bartha (L.), Gesamt-N-Geh. im Salz v. Pét 674. — s. Szabó (Z. G.).
Bartha (Z.), Verarbeit. d. synthet. Kautschukarten 1626.
— u. **Kövesi (P.)**, Verbesser. d. Qualitätseigg. v. geschmiedeten Turbinendrehteilen durch Wärmebehandl. 4443.
Barthe (R.), **Paris (J.)**, **Duchemin (M.)** u. **Thomas (F.)**, Bedeut. u. Auswert. d. mit d. Meth. Nicloux-Eudiometrie erhaltenen Kohlenoxydämiewerte. 2. Mitt. Kohlenoxydämie u. exogene Intoxikatt.; Kohlenoxydämie bei Rauchern u. Trinkern 5595; 3. Mitt. Kohlenoxydämie u. exogene Intoxikatt.; Kohlenoxydämie im Verlaufe berufl. Kohlenoxydvergiftt. 8207.
Barthel (J. C.), Schnellnachw. v. naßfestmachenden Harzen in Papier 5210.
Barthel (M.) & Co., Chemische und Mineralölwerke G. m. b. H. u. **Asser (E.)**, Trenn. d. Bestandteile v. Asphaltpechen 1419* E.
Barthel (R.), Schallgeschwindigk. in einigen wss. Lsgg. als Funkt. d. Konz. u. Temp. 10448.
Barthel (W. F.) s. Leon (J.); McCabe (E. T.).
—, **Leon (J.)** u. **Hall (S. A.)**, Insektenabweisende Mittel. 1. Mitt. Ester v. Mandelsäure u. substituierten Mandelsäuren 7894.
Barthelmess (A.), Mutationsauslösung mit Chemikalien 3160.
Barthelt (H.) s. Siemens-Schuckertwerke Akt.-Ges.
Barthenheier (J.) s. Kalle & Co. Akt.-Ges.
Barthez (M. A.) s. Vergnoux (A. M.).
Bartholomaeis (E. De) u. **Nora (V. De)**, Katalyt. Hydrier. organ. Stoffe 1604* A.
Bartholomé (E.), Methoden d. Energiezufuhr für endotherme Gas-Rkk. bei hohen Tempp. 1211. — A. Eucken 11321. — s. Badische Anilin- & Soda-Fabrik Akt.-Ges.
Bartholome (W.) s. Schepers (A.).
Bartholomew (E. T.), **Stewart (W. S.)** u. **Carman (G. E.)**, Physiol. Wrkgg. v. Insekticiden auf Citrusfrüchte u. -blätter 7240.
Bartholomew (G. A.) s. Gove (H. E.); Kinsey (B. B.); Litherland (A. E.).
—, **Brown (F.)**, **Gove (H. E.)**, **Litherland (A. E.)** u. **Paul (E. B.)**, Resonanzen beim Protonenbeschuß v. ^{14}C 3060.
— u. **Kinsey (B. B.)**, Neutroneneinfang-γ-Strahlen v. Sc, V, Mn, Co u. Cu 10672.
Bartholomew (R. M.), **Brown (F.)** u. **Lounsbury (M.)**, Isotopeneffekt d. Cl 5739. — Cl-Isotopeneffekt bei Rkk. v. tert.-Butylchlorid 11551.
Bartholomew (W. V.) s. Hallam (M. J.).
Bartilucci (A.) u. **Foss (N. E.)**, Cyanocobalamin (Vitamin B_{12}). 1. Mitt. Stabilität v. Cyanocobalamin u. Ascorbinsäure in Lsgg. 5129.
Bartleson (J. D.) s. Standard Oil Co.; Standard Oil Development Co.
Bartlett (B. R.), Bleibende Toxizität v. Insekticiden unter Freilandbedingungen gegenüber entomophagen Insekten in Gesellschaft mit Citrus-Schädlingen in Californien 4679.
Bartlett (F. A.) Tree Expert Co., **Board of Trustees of Rhode Island State Colleges**, **Howard (F. L.)**, **Caroselli (N. E.)** u. **Feldman (A. W.)**, Mittel für d. Baumtherapie 5161* A. — Pflanzentherapie 7534* A.
Bartlett (G. R.) u. **Marlow (A. A.)**, Kohlenhydratstoffwechsel d. Erythrocyten. 1. Mitt. Einbau v. ^{14}C-Glucose-Kohlenstoff in Milchsäure, CO_2, Zellpolymere u. Prodd. d. Kohlenhydratstoffwechsels 3181; 2. Mitt. Chromatograph. Isolier. v. Monophosphoglycerat, Diphosphoglycerat u. Adenosintriphosphat u. deren stoffwechselbedingte Aufnahme v. Glucosekohlenstoff 3181.
Bartlett (J. C.) s. Larkin (D.).
Bartlett (J. H.) s. Standard Oil Development Co.
Bartlett (J. K.) u. **Skoog (D. A.)**, Colorimetr. Best. v. elementarem S in KW-stoffen 8692.
Bartlett (M. F.) s. Wiesner (K.).
— u. **Wiesner (K.)**, Synth. v. 3-Aza-1-methyl-7-äthylphenanthren 3862.
Bartlett (M. S.), Abschätz. d. mittleren Lebensdauer aus Vielplatten-Nebelkammerbahnen 8546.
Bartlett (P. D.), Polymerisationskinetik 4606. — s. Ballester (M.); Columbia-Southern Chemical Corp.; Hammond (G. S.); United States of America.
—, **Roha (M.)** u. **Stiles (R. M.)**, 1.3.5-Tri-tert.-butylbenzol u. Derivv. 1718.
— u. **Tate (F. A.)**, Polymerisat. v. Allylverbb. 6. Mitt. Polymerisat. v. Allyl-1-d_2-acetat u. d. Mechanismus ihres Kettenabbruchs 368.
Bartlett (R. G.) u. **Register (U. D.)**, Wrkg. v. Kälte u. Bewegungshinder. auf d. nichtproteingebundenen Sulfhydrylkomponenten in Blut u. Leber 3657.
Bartley (E. E.), **Atkeson (F. W.)**, **Fryer (H. C.)** u. **Fountaine (F. C.)**, Antibiotica bei d. Ernährung v. Milchvieh. 3. Mitt. Wrkgg. verschied. Mengen Aureomycin auf d. Wachstum u. Wohlbefinden v. Kälbern u. ihre Verb. mit Umgebungswechsel 3183.
Bartmann (K.) s. Millberger (H.).
—, **Villnow (J.)** u. **Zander (I.)**, Kann d. experimentelle Meerschweinchentuberkulose durch eine Azorhodanid-H-Depotbehandl. beeinflußt werden? 9840.
Bartmann (W.) s. Wieland (T.).

Bartner (E.) s. Mathieson Chemical Corp.
Bartók (D.) s. Magyarossy (I.).
Bartók (I. A.) s. Gottsegen (G.).
Bartolini-Salimbeni (G.), Elektr. kontrolliertes Vortreiben v. Bohrr. bei d. Erzsuche 9660* F.
Bartolomé (C. de S.) = Santiago Bartolomé (C. de).
Bartolomeo (D.), Zus. v. Speiseeis in Triest 8759.
Barton (B. C.) s. United States Rubber Co.
—, **Smallwood (H. M.)** u. **Ganzhorn (G. H.),** Chemismus bei d. Rußdispers. 2317.
Barton (D. H. R.), Konformationsanalyse substituierter Cyclohexane 5506. — s. Alt (G. H.); Barnes (C. S.).
— u. **Bruun (T.),** Triterpenoide. 6. Mitt. Konst. v. Zeorin 5788.
—, **Bruun (T.)** u. **Lindsey (A. S.),** Konst. d. Caryophyllens 8392.
— u. **Head (A. J.),** Kinetik d. Dehydrochlorier. v. substituierten KW-stoffen. 5. Mitt. Mechanismus d. therm. Zers. v. 2-Chlorpropan u. 1.2-Dichlorpropan 2868.
— u. **Holness (N. J.),** Triterpenoide. 5. Mitt. Relative Konfigurationen in d. Ringen C, D u. E d. β-Amyrin- u. Lupeolgruppe d. Triterpenoide 5785.
—, **Holness (N. J.), Overton (K. H.)** u. **Rosenfelder (W. J.),** Triterpenoide. 8. Mitt. Derivv. d. Siaresinolsäure 5791.
—, **Ives (D. A. J.)** u. **Thomas (B. R.),** Triterpenoide. 17. Mitt. Überführ. v. Lanostadienol (Lanosterin) in 14-Methylcholestan-3β-ol 8634.
— u. **Lindsey (A. S.),** Sesquiterpenoide. 1. Mitt. Beweis für einen neungliedrigen Ring in Caryophyllen 8629.
— u. **Mayo (P. de),** Triterpenoide. 13. Mitt. Phyllanthol als erstes hexacarbocycl. Triterpen 5798; 14. Mitt. Konst. v. Chinovasäure 5798; 15. Mitt. Konst. d. physiol. akt. Triterpenoids Ikterogenin 8631; 16. Mitt. Konst. d. Rehmannsäure 8633.
—, **Mayo (P. de), Warnhoff (E. W.), Jeger (O.)** u. **Perold (G. W.),** Triterpene. 178. Mitt. Triterpenoide. 19. Mitt. Konst. v. Lantaden B 9577.
— u. **Miller (E.),** Konst. u. Stereochemie v. Terrein 8636.
—, **Page (J. E.)** u. **Warnhoff (E. W.),** Triterpenoide. 18. Mitt. Konst. v. Phyllanthol u. Cycloartenol 9576.
— u. **Thomas (B. R.),** Triterpenoide. 12. Mitt. Lanosterinanaloge d. Provitamins D_3 5796.
Barton (G. M.) u. **Gardner (J. A. F.),** Chem. Natur d. Acetonextraktes aus d. westl. roten Ceder 4731.
Barton jr. (H. M.) u. **Brill (R.),** Messungen d. durchschnittlichen Elektronen-D. durch Kleinwinkelröntgenstreuung 5491.
Barton (J. C.), Durchdringende nichtionisierende Komponente d. Höhenstrahl. 5465. — Ost–West-Asymmetrie d. Neutronen mäßiger Energie in d. Höhenstrahl. 11141.
Barton (J. H.) s. Gausman (H. W.).
Barton (M. Q.) s. Yamagata (T.).
— u. **Smith (J. H.),** Protonen–Neutronen-Koinzidenzen bei d. energiereichen Photozertrümmer. v. Li 8543.
Barton-Wright (E. C.), Mikrobiol. Best. v. Aminosäuren 11647.
Bartoš (J.) u. **Gebura (J.),** Herst. v. Tinkturen durch Wirbelextrakt. 1325.
Bartos (Jaroslav) s. Velluz (L.).
Bartošová (L.) s. Turek (B.).
Bartram (T. W.) s. Monsanto Chemical Co.
Bartsch (M.) s. VEB Leichtmetallwerk Rackwitz.
Bartschat (A.) s. Gobrecht (H.).
Bartschi (P. E.) s. Loewe (S.).
Bartu (F.), Siemens-Martin-Ofenanlagen d. amerikan. Stahlindustrie 7068.
Bartunek (R.), Viscosier. v. Cellulose mit verschied. Alkalien 11307.
Bartz (M. H.) u. **Burnham jr. (J. B.),** Heiße Zellen zur Unters. MTR-bestrahlter Proben 10579.
Bartz (Q. R.) s. Parke, Davis & Co.
Barulina (M. W.) s. Kassterina (T. N.).
Barusch (M. R.) s. California Research Corp.
Barut (A. O.), Mechanismus d. Sekundärelektronenemiss. 2835.
Barut (V.), Nichtoxydierende Stähle 10653.
Barvir (A.) u. **Breit (L.),** Kopierfäh. Originalaufzeichnungen 3292* Oe.
Barwinok (M. S.), Temperaturabhängigk. d. Lichtabsorpt. v. Kobalthalogeniden in Methanollsgg. 2360. — Spektralphotometr. Unters. d. Syst. Kobaltperchlorat–Lithiumjodid–Äthylalkohol 2360.
Bary (J.), Phosphatieren v. Metallen 11085. — s. Cournot (J.).
Baryschnikowa (A. N.) s. Titow (A. I.).
— u. **Titow (A. I.),** Mechanismus d. Nitrier. ungesätt. Verbb. 7408.
Barz (G.) s. Telefunken Gesellschaft für drahtlose Telegraphie m. b. H.
Barzen (M.) s. Chemische Werke Rombach G. m. b. H.
Bas (A. I.) u. **Smorodinski (J. A.),** Isotopenspin leichter Kerne 7829. — Wechselwrkg. v. Protonen mit ^{3}H u. angeregte Zustände v. α-Teilchen 9244.
Basak (M. N.), Verh. v. Jutesamen gegen Salzlsgg. während d. Keimungsprozesses 2228.
Basanowa (S. W.), Anwend. v. Promedol bei dyskinet. Obstipationen 3678.
— u. **Klementjew (F. W.),** Anwend. v. Promedol bei d. Ulcuskrankh. 3679.
—, **Klementjew (F. W.)** u. **Kisselewa (K. I.),** Vergleichende Wrkg. v. Atropin, Lidol u. Thiphen bei d. Behandl. v. Kranken mit dyskinet. Obstipat. 154.
Basarić (D.) s. Šljivić (S.).
Basberg (A.), Verluste bei Abgaseindampf. d. Sulfatschwarzlauge 11305.
Baschant (E.), Bedeut. d. PVC-Schaumes u. seine Entwicklungsmöglichkk. 4466.
Baschilow (A. A.) s. Antonjewa (N. M.).
—, **Antonjewa (N. M.), Blinow (M. W.)** u. **Dshelepow (B. S.),** Strahl. v. ^{134}Cs 1898.
—, **Antonjewa (N. M.), Broder (D. L.)** u. **Dshelepow (B. S.),** Strahl. v. ^{65}Zn 3303.
—, **Antonjewa (N. M.), Dshelepow (B. S.)** u. **Dolginzewa (A. I.),** Strahll. v. ^{175}Hf u. ^{181}Hf 3303.
— u. **Bernotass (W. I.),** Berechn. d. Elektronenabbildungen im Ketron 7834.
—, **Dshelepow (B. S.)** u. **Tscherwinskaja (L. S.),** Konversionsspektr. v. RaD 3304. — Radioakt. Zerfall v. ^{140}La 10434.
Baschkirow (A. N.) s. Kagan (J. B.).
Baseggio (G.) s. Nebergall (W. H.).
Bash (S. L.) s. Englis (D. T.).

Bashbeuk-Melikowa (I. G.) s. Ochotin (M. W.).
Bashenowa (L. I.), J. J. Wagner. (Rolle d. russ. Chemiker bei Unters. d. Terpene) 9009.
Bashford (L. A.) s. Courtaulds Ltd.
Bashford (M.) s. Rafelson jr. (M. E.).
Bashford (R. I.) s. Grillot (G. F.).
Bashforth (G. R.), Bas. Siemens-Martin-Ofenprozeß. 1. Mitt. Theoret. Betrachtt. 3472.
Bashkin (S.), Ausbeutekurve v. ^{7}Li(d, p) Li 3302, 8078.
Bashour (J. T.) s. Stauffer Chemical Co.
Bashulin (P. A.) s. Kasanski (B. A.); Landsberg (G. S.).
—, **Koperina (A. W.)**, **Liberman (A. L.)**, **Owodowa (W. A.)** u. **Kasanski (B. A.)**, Opt. Meth. zur Unters. v. KW-stoffen. 7. Mitt. Raman-Spektren einiger Naphthene 6480.
— u. **Peregudow (G. W.)**, Verbesserte Meth. d. mol. Analyse nach d. Raman-Spektren 7985.
Basil (B.), **Ireland (D. M.)**, **Thorn (A. G.)**, **Tomich (E. G.)** u. **Somers (G. Fred)**, Pharmakol. Eigg. v. Benethaminepenicillin 11417.
Basil (J. del S.) = Soto Basil (J. del).
Basile (R.), **Huré (J.)**, **Lévèque (P.)** u. **Schuhl (C.)**, Möglichkk. einer O-Best. durch (γ, n)-Rk. mit einem Betatron 7600.
Basilewitsch (N. I.), Besonderheiten d. Kreislaufes d. Ascheelemente u. d. N in Bodenpflanzenzonen d. UdSSR 11072. — s. Rodin (L. J.).
— u. **Rodin (L. J.)**, Besonderhh. d. kleinen biol. Kreisprozesses in verschied. Zonen d. Bodens u. d. Pflanzenwelt 5630.
Basilewsky (A.) s. Solvay & Cie.
Basińska (H.), Wertigkeiten v. Fe, Mn u. Cr 8337.
Baskett (A. C.) u. **Miller (C. W.)**, Elektronenbestrahl. v. Polythen 5559.
Baskin (A. D.), Nebenwrkgg. bei Pflanzenschutzmitteln. Einfl. v. 2.4-D auf d. Qualität d. Baumwolle nach d. „Alkalizentrifugenwert" 2755.
Baskin (R.) s. Demorest (H. L.).
—, **Demorest (H. L.)** u. **Sandhaus (S.)**, γ-Nachweiswirksamk. zweier Topf-NaJ-Kristalle 9250.
— u. **Winckler (J. R.)**, Relative Ionisier. durch Höhenstrahl-μ-Mesonen in einem Flüssigkeitsscintillator 5231.
Basler (H.), Faserplatten 10653* N.
Basolo (F.) s. Matoush (W. R.).
— u. **Dwyer (Frank P.)**, Dichlor-bis-[2.2'-dipyridyl]-eisen(II) u. Dichlor-bis-[1.10-phenanthrolin]-eisen(II) 4796.
—, **Hayes (J. C.)** u. **Neumann (H. M.)**, Mechanismus d. Racemisier. v. Komplexionen. 1. Mitt. Kinetik d. Dissoziat. u. Racemisier. d. Tris-[1.10-phenanthrolin]-nickel(II) u. Tris-[2.2'-dipyridyl]-nickel(II)-Komplexes 7878.
Bass (A. D.) u. **McArdle (A. H.)**, Einfl. v. Cortison auf d. Nucleoproteine n. u. bösart. Gewebe v. Mäusen 10767.
Bass (A. M.), Fluorescenzunters. an einfachen Bzl.-Derivv. im nahen UV. 2. Mitt. Toluol u. Benzonitril 6478. — s. Benedict (W. S.); Kiess (N. H.).
Bass (E. J.), **Meredith (W. O. S.)** u. **Anderson (J. A.)**, Enzyme, d. Gerstenschleim spalten. 1. Mitt. Isolier. aus Bakterienmaterial 2924; 2. Mitt. Präpp. aus Gerste u. Grünmalz 2924.
Bass (L. W.) s. Wachs (H.).
Bass (W. B.), **Schroeder (L. A.)** u. **Brook (M. J. Vander)**, Bis-[β-(o-methoxyphenyl)-isopropyl]-amin, pharmakol. Unterss. über ein neues Lokalanästheticum 9136.
Bassani (F.) u. **Fumi (F. G.)**, Wechselwrkg. zwischen Gleichgewichtsdefekten in d. Alkalihalogeniden: Bindungsenergie zwischen zweiwert. Verunreinigg. u. Gitterleerstellen im Grundzustand 7389.
Bassereau (G. J. A.) s. Soc. Électro-Métallurgique du Planet.
Basset (A.) s. Tzanck (A.).
Basset (J.) s. Robert (L.).
Basset (J. F. E.), Zünd. v. Explosivstoffen 2579* F.
Basset (L. P.), Gewinn. v. Zn aus seinen Erzen 4690* F. — Herst. poröser Formkörper aus reinem Graphit 5621* D. B. — Sromsammler 11438* F. — Alkal. Sromsammler 11439* F.
Bassett (C. F.), **Harris (Lorin E.)** u. **Wilke (C. F.)**, Wrkg. verschied. Ca-, P- u. Vitamin-D-Spiegel auf d. Knochenwachstum 3423.
Bassett (H. D.) s. Union Carbide & Carbon Corp.
Bassett (H. L.) u. **Thomas (C. R.)**, Bodroux-Rk. 4076.
Bassett (L. G.) s. Wiberley (S. E.).
Bassi (Maria), Wrkg. v. Urinextrakten gebärmutterkrebskranker Frauen auf d. Haut d. Maus 2920. — Wrkg. d. β-Aminoglutarsäure u. d. l-Glutaminsäure (α-Aminoglutarsäure) auf d. Narbenheil. bei Ratten 8205.
Bassi (Mario) u. **Brilli (L.)**, Aplast. Anämie bei einem Fall v. Typhus nach Behandl. mit Chloramphenicol 1087.
Bassilios (H. F.), Unterss. in d. Reihe d. Nitrochlornaphthaline. 1. Mitt. Mononitrier. v. α-Chlornaphthalin, Chlorier. v. α-Nitronaphthalin 4337.
Bassin (M.) s. Ross (S. D.).
Bassin (O. J.) u. **Wilentschik (M. N.)**, Verwend. d. Abgänge v. Magnesiumchlorid-Stärke-Walzen 8300.
Basskakow (J. A.) s. Melnikow (N. N.).
— u. **Melnikow (N. N.)**, Synth. v. mit ^{14}C in d. Carboxylgruppe markierter Naphthylessigsäure u. ihres Methylesters 2171. — Anwend. d. Wilgerodtschen Rk. zur Synth. substituierter Phenyl- u. Naphthylessigsäuren 7661. — Gewinn. d. cycl. Maleinsäurehydrazids u. seiner Derivv. 8384.
Basskowa (K. A.) u. **Gorbatschew (W. M.)**, Absorpt. monoenerget. Positronen u. Elektronen in Cu u. Cd 2823.
Basskowa (S. A.) s. Temnikowa (T. I.).
Basslawskaja (S. S.) u. **Kissljakowa (T. J.)**, Wrkg. v. N u. P auf d. Photosynth. d. Alge Scenedesmus quadricauda 7014.
Bassompierre (A.), Kernquadrupolresonanz v. $B(CH_3)_3$ 4051. — Kernquadrupolresonanz d. CH_2ClCO_2H 8344. — „Self-consistent"-Feld für d. Cyanwasserstoffmol. 8563.
Bastenie (P. A.), **Spehl (P.)**, **Conrad (V.)**, **Verbist (M.)** u. **Franckson (J. R. M.)**, Antidiabet. Wrkg. d. Cortisons in einigen Fällen v. Steroiddiabetes 9831.
Bastian (R.), Temp.-Einfl. bei d. Differentialcolorimetrie. Meßmethodik 1338.
—, **Weberling (R.)** u. **Palilla (F.)**, Spektrophotometr. Best. v. Fe als Fe(III)-Sulfatkomplex. Unters. im UV 1340.
Bastiani (G. de) u. **Granata (L.)**, Einfl. v. Hypophysenextrakten auf d. diabetogene Wrkg. d. Alloxans 9126.
— u. **Sperti (L.)**, Alloxan u. Insulinsekret. 9126.

Bastiansen (O.) u. **Smedvik (L.)**, Elektronenbeugungsunterss. v. F-Derivv. d. Diphenyls 9054.
Bastić (B.), 3.4-Bis-[benzimidazyl-(2)]-pyridin 4347.
Bastick (J.), Adsorptionswärmen v. NH_3, Phosphor- u. Arsenwasserstoff an Aktivkohle 293.
Bastick (M.), Mineral. Verunreinigg. d. Kohle u. ihr Einfl. auf d. Best. d. O 2572. — Unters. d. Oxydat. v. Kohlen bei niederer Temp. 4737.
Bastide (P.) u. **Dastugue (G.)**, Enzymat. Hydrolyse v. Natriumsalicylsulfat durch Körpersäfte u. Gewebe d. Helix pomatia L. 3646.
Bastien (G.) s. Thoreau (J.).
Bastien (P.) s. Mischonsniky (S.).
—, **Dedieu (J.)** u. **Portevin (A.)**, Lage d. Ar'''-Punktes in nichtrostenden Chrom-Nickelstählen u. seine Verschieb. durch Kaltbearbeit. 3814.
— u. **Pokorny (J.)**, Unters. d. bevorzugten Orientier. in stranggepreßtem, gezogenem u. geglühtem Cu 8018.
— u. **Weisz (M.)**, Beziehh. zwischen d. röntgenograph. bestimmten Faserstrukturen v. maschinell hergestellten Hobelspänen u. d. Mechanismus d. Deformat. in d. Schnittfläche d. Metalle 6233.
Bastin (R.), Photosynth. 7239.
Bastin-Scoffier (G.), Unters. d. α-Spektr. v. Ra 3304.
— u. **Sant'ana-Dionisio (J.)**, Energie d. α-Strahlen v. Ra u. einiger Radioelemente d. Ra- u. RdTh-Reihe 3304.
Bastrup-Madsen (P.) s. Hammerberg (P. E.).
Basu (D.), Erzeug. v. π-Mesonen bei Neutron-Proton-Zusammenstößen 270.
Basu (G.) s. Bose (A. N.).
Basu (J. K.) u. **Rege (N. D.)**, Organ. contra anorgan. Dünger 8475.
Basu (R.), Zerfallsenergie bei künstl. Zertrümmer. 10186.
Basu (S.), Freies-Elektronen-Modell für Tropolon 1928. — Elektronegativitätskorrektur für Stickstoff in d. Freie-Elektronen-Netzwerktheorie 3334. — Behandl. d. Orientier. bei d. Substitut. in aromat. Moll. nach d. Freie-Elektronen-Theorie 3591.
—, **Dasgupta (P. C.)** u. **Sircar (A. K.)**, Unterss. an Polyelektrolyten. 2. Mitt. Gummiarabinat 2217.
Bataille (J.) s. Delaville (M.).
Batchelder (F. W. v.) s. Stauss (H. E.).
Batchelder (H. R.) u. **Busche (R. M.)**, Kinetik d. Kohlevergas. 11714.
Batchelor (C. S.) s. Raybestos Co.
Batchelor (R.), Neutronenenergiemessungen mit einem ^{3}He-gefüllten Proportionalzähler 3060.
Bate (G. L.) s. Kulp (J. L.).
—, **Volchok (H. L.)** u. **Kulp (J. L.)**, Zählsyst. für Rn bei niedr. Intensität 11.
Bate (S. C.) s. British Celanese Ltd.
Bate-Smith (E. C.), Gefrieren, Kühlen u. Kaltlager. v. Fleisch. 1. Mitt. Theoret. Betracht. 3754.
Batel (W.), Vorgänge bei d. mechan. Entwässerung 6586.
Bateman (E. W.) s. Waeco Ltd.
Bateman (G. Q.) s. Stoddard (G. E.).
Bateman (J. B.) s. Hartman (R. E.); Hartman (R. S.).
Bateman (J. C.) s. Sedwitz (J.).
Bateman (L.) u. **Hargrave (K. R.)**, Oxydat. v. organ. Sulfiden. 1. Mitt. Wechselwrkg. v. Cyclohexylmethylsulfid mit Hydroperoxyden in Alkoholen 3594; 2. Mitt. Wechselwrkg. v. Cyclohexylmethylsulfid mit Hydroperoxyden in KW-stoffen 3594.
— u. **Hughes (Hilda)**, Therm. Zers. v. Cyclohexenylhydroperoxyd in KW-stoff-Lösungsmm. 10959.
— u. **Morris (A. L.)**, Autoxydat. v. 2.6-Dimethylheptadien-(2.5) 1712.
— u. **Watson (W. F.)**, Modifikatt. d. makromol. Struktur v. Naturkautschuk 5916.
Bates (C. C.), γ-Radiographie für Ölbehälterinstallationen. 1. Mitt. 7145; 2. Mitt. 7145; 3. Mitt. 7145; 4. Mitt. 7145.
Bates (C. J.) s. Goldblith (S. A.).
Bates (D. R.), **Darling (R. T. S.)**, **Hawe (S. C.)** u. **Stewart (A. L.)**, Eigg. d. H_2-Mol.-Ions. 3. Mitt. Oscillatorstärken d. $1s\sigma_g$—$2p\pi_u$-, $2p\sigma_u$—$3d\pi_g$—$3d\pi_u$- u. $2p\pi_g$-Übergänge 3063; 4. Mitt. Oscillatorstärken d. die niedrigsten geraden u. ungeraden σ-Zustände mit höheren σ-Zuständen verbindenden Übergänge 4274.
— u. **Moiseiwitsch (B. L.)**, Unelast. Stöße schwerer Teilchen bei Berücksichtig. d. Kreuzung d. Kurven potentieller Energie. 1. Mitt. Ladungsübertrag. v. H-Atomen auf Be^{2+}-, Si^{2+}- u. Mg^{2+}-Ionen 5722.
—, **Öpik (U.)** u. **Poots (G.)**, Eigg. d. H_2-Mol.-Ions. 2. Mitt. Photoionisat. v. $1s\sigma_g$-, $2s\sigma_g$- u. $3s\sigma_g$-Zuständen 3063.
Bates (D. V.) s. Forster (R. E.).
Bates (H.) s. British Celanese Ltd.
Bates (J. E.) s. General Aniline & Film Corp.
Bates (J. R.) s. Sun Oil Co.
Bates (J. S. W.), Einführen v. Raffinationsmitteln oder Zusätzen in Metallschmelzen 7772* F.
— u. **Tour (S.)**, Patrone zum Behandeln v. Metallschmelzen mit Alkali- oder Erdalkalimetallen 919* A.
Bates (L. F.) u. **Hart (A.)**, Vgl. d. Bitterschen Streifen auf einer Probe v. kornorientiertem Si-Fe mit d. an einem Einkristall erhaltenen 519.
—, **Leach (S. J.)** [Nottingham], **Loasby (R. G.)** u. **Stevens (K. W. H.)**, Magnet. Susceptibilität v. metall. Nd 11509.
Bates (N.) s. Alpert (N. R.).
Bates (R. G.), Electrometric p_H determinations; theory and practice [3701]. — Mess. d. Verdünnungseffektes auf d. p_H-Wert 7382. — s. Pinching (G. D.).
— u. **Canham (R. G.)**, Auflösung d. Dissoziationskonstanten v. d-Weinsäure zwischen *0* u. *50°* 5507.
— u. **Schwarzenbach (G.)**, Best. thermodynam. Aciditätskonstanten 52. — Triäthanolamin als Puffersubstanz 884. — p_H-Werte nichtwss. Lsgg. 8091.
Bates (R. W.) s. Rosemberg (E.).
Bates (T. F.) s. Nagy (B.).
Bates (V.) s. Wang (H.).
Bates Mfg. Co. u. **Renold (A.)**, Schutzgewebe, die d. Anlaufen v. Silberwaren verhindern 11713* A.
Bateson (S.), Struktur v. Glasfäden 3997. — Aufbringen reflektierender Filme aus Al auf Glas durch Aufdampfen 8707.
Bath (H. M.) s. Cutler (M.).

Bather (J.), Herst. v. Toilettenseifen. Schwierigkeiten d. Grundparfümier., Fehler bei d. Fabrikat., Färb. u. Verfärb. 6420.
Bather (J. M.) s. H a m l i n (A. G.).
Bathurst (N. O.), Aminosäuren d. Gräserpollen 6778. — Lösl. N-halt. Inhaltstoffe d. Lupinenknöllchen 6778.
Batlle (E. S.), Medicamenta. Guía teórico-práctica para farmaceuticos y medicos [1569].
Bátori (M.) u. **Ambrus (G.)**, Verwend. v. säurefesten Phenolkunststoffen in d. chem. Industrie 2086.
Batra (H. N.), Biologie u. Bekämpf. v. Dacus diversus (Coquillet) u. Carpomyia vesuviana (Costa) sowie wicht. Mitteill. über andere Fruchtfliegen in Indien 5633.
Batrakow (W. P.), Mechanismus d. Selbstpassivier. v. Metallen in oxydierenden Medien 8557.
Bats (J.) s. C o p p e n e t (M.).
Batson jr. (H. E.) s. F o x (E. J.).
Batta (G.), Unters. d. Beizens 10128.
— u. **Lecoq (H.)**, Spektrometr. Feststell. d. Si-Geh. in Zementen 2513.
—, **Scheepers (L.)** u. **Bousmanne (L.)**, Wiedergewinn. u. Verwert. v. Eisen(II)-sulfat aus Beizrückständen 8232.
—, **Scheepers (L.)**, **Winandy (L.)** u. **Dallemagne (G.)**, Beizen v. Sonderstählen 10368.
Battaglia (A.), Verwend. v. Na-Citrat 6552.
Batteau (J.) u. **Bocquillon (R.)**, Baustoff aus d. Rückständen d. Schieferbrüche 8709* F.
Battelle Development Corp., Entwickler für photoelektr. Bilder 1424* F. — Elektrophotograph. Verf. (Xerographie) 9714* E. — Ti-Legierr. 9897* F. — Elektr. Druckverf. 10888* F.
— u. **Craighead (C. M.)**, Ti–Mn–Fe-Legier. 5412* A.
— u. **Schaffert (R. M.)**, Druckverf. 5932* D. B.
— u. **Walkup (L. E.)**, Entw. v. elektrostat. latenten Bildern 1424* E.
—, **Walkup (L. E.)** u. **Fauser (D. L.)**, Entw. elektr. Ladungsbilder 1192* D. B.
Battelle Memorial Institute, Barren u. Gußstücke aus Ti oder Zr 1368* E.
Batterham (A.) s. B l a n d (D. E.).
Batterman (R. C.) s. G r o s s m a n (A. J.); G u t n e r (L. B.).
—, **Grossman (A. J.)**, **Blackman (A. L.)**, **Brooks (A. M.)** u. **Schwimmer (J.)**, Cholintheophyllinat, ein neues Xanthinpräp. zur wirkungsvollen oralen Behandl. d. Herzdekompensat. 1323.
— u. **Sommer (E. M.)**, Schicksal d. Gentisinsäure beim Menschen unter d. Einfl. v. Alkali u. Säure 628.
Battersby (A.), Genauigk. d. Analysen 9153.
— u. **Robinson (J. C.)**, Spezif. Spalt. v. Peptidbindungen durch chem. Mittel 7190.
Battersby (R. B.) s. P M I n d u s t r i e s, I n c.
Batterton (D. L.) s. H o e k e n g a (M. T.).
Battey (J. F.) s. V i s v a n a t h a n (S.).
— u. **Baum (R. M.)**, Energie d. hochliegenden Acceptorniveaus in mit Cu dotiertem Ge 8316.
Battey (R. S.) s. E a s t m a n K o d a k C o.
Battistessa (M. J.) u. **Pross (H.)**, Best. v. Isonicotinsäurehydrazid 8678.
Batts (H. J.) s. U n i t e d S t a t e s R u b b e r C o.
Battum (C. M. Van) s. S h e l l D e v e l o p m e n t C o.
Batty (A. T.), Schweißen v. Gußstücken 8021.
Batty (I.) s. O a k l e y (C. L.).
Batty (J. W.) s. I m p e r i a l C h e m i c a l I n d u s t r i e s L t d.
Battye (A. E.) s. T o o t a l B r o a d h u r s t L e e C o. L t d.
Battye (T.), **Johnson (R.)** u. **Wilkinson (H. C.)**, Verwend. v. Bromwasser bei d. S-Best. in Kohle oder Koks bei d. Eschka-Verf. 1649.
Batuecaş (T.) u. **Casado (F. L.)**, Experimentelle Unterss. über Gase. 3. Mitt. Abweichungen vom Boyleschen Gesetz u. Litermassen bei *0°* u. zwischen *1* u. 1/3 at d. N_2O-Gases: Atommasse d. Stickstoffs 10446.
Batujew (M. I.), Physikal. Idealismus d. Resonanztheorie d. H-Bind. 11521. — s. K a s a n s k i (B. A.).
— u. **Matwejewa (A. D.)**, Opt. Unters. d. Natur d. Hydroxylgruppe d. prim., sek. u. tert. Alkohole 5270.
—, **Ponomarenko (W. A.)**, **Matwejewa (A. D.)** u. **Petrow (A. D.)**, Physikal. u. chem. Eigg. v. Si-KW-stoffen (Disilylmethan, 1.2-Disilyläthan, Dipropylsilan u. Hexylsilan) 2876.
—, **Schosstakowski (M. F.)**, **Beljajew (W. I.)**, **Matwejewa (A. D.)** u. **Dubrowa (J. W.)**, Unters. d. chem. u. physikal. Eigg. d. Hydroxylgruppen v. Trimethylsilanol 2876.
Baty (J. A.) s. C r e s s e t R e s e a r c h C o r p.
Batz (W.), **Mead (H. W.)** u. **Birchenall (C. E.)**, Diffus. v. Si in Fe 4055.
Batzanow (S. S.), Berechn. d. DD. v. Nitro-Ammoniak-Verbb. d. dreiwert. Co 2841. — s. B o k i (G. B.).
Batzel (R. E.) u. **Coleman (G. H.)**, Querschnitte für d. Bldg. v. ^{22}Na aus mit Protonen beschossenem Al u. Mg 2593.
Batzer (H.), Makromol. Verbb. 378. Mitt. Physikal. Eigg. linearer Polyester. 8. Mitt. Polyester 370. — Leder u. Gerbstoffe. 5. Mitt. Makromol. Theorie d. Gerb. 9710; 6. Mitt. Ultramid 6 A als Absorbens bei der Gerbstoffanalyse nach d. Filterverf. 9710.
— u. **Wiloth (F.)**, Makromol. Verbb. 346. Mitt. Best. d. partiellen Molvol. v. Polyestern in Bzl. 7226.
Baud (C. A.) u. **Fernex (C.)**, Falsche Doppelbrechung 2965.
Baudet (H. P.) s. M e u r s (G. J. v a n).
Baudet (J.) s. B e r t h i e r (G.); P u l l m a n (B.).
Baudet (P.) u. **Cherbuliez (E.)**, Penicillinase. 1. Mitt. Spektrophotometr. Best. d. Penicillinase 1071. — Mikrobest. v. α-Aminosäuren u. einfachen Peptiden mittels ihrer Cu-Komplexsalze 8221.
— u. **Hagemann (G.)**, Reinig. d. Bacillus cereus-Penicillinase 8922.
Baudet (R.) s. C h i u r d o g l u (G.).
Baudissin (F. v.) s. S e e l e m a n n (M.).
Baudler (M.), Metyhlester d. Unterphosphorsäure 307. — P-Verbb. 2. Mitt. Umsetz. v. Dialkylphosphorsäurehalogeniden mit Na 10962. — s. F e h é r (F.).
Baudon (L. A.), Korros. d. Metalle 3956.
Baudouin (M. A.), **Chabrier (P.)** u. **Thuillier (G.)**, Neue Meth. d. Jodier. organ. Verbb. 2644.
Baudrenghien (J.), **Jadot (J.)** u. **Huls (R.)**, Struktur v. Lonchocarpin 1753.
Bauer (A.), Physiol. Krebsschutz 7001.
Bauer (A.) [Heidelberg], Theorie d. Kathodenfalls in Lichtbögen 5722.

Bauer (C. L.), Elektrolyt. Abscheid. dicker Goldniederschläge 3241.
Bauer (D. H.) s. Evans (R. J.).
Bauer (E.) s. Établissements P. Barnier & Cie.; Vallernaud (J. S.).
Bauer (E.) [Wien] s. Nowotny (H.).
Bauer (Ernest) u. **Wu (Ta-You),** Kühl. eines Gases durch Strahl. 7606.
Bauer (Erwin) s. Badische Anilin- & Soda-Fabrik Akt.-Ges.
Bauer (E. C.) s. Gallimore (J. C.).
Bauer (E. O.), Adrenalinwrkg. bei potenzierter Narkose 3431.
Bauer (E. R.) s. Lutz (R. E.).
Bauer (F.) s. Agfa Akt.-Ges. für Photofabrikation; Farbwerke Höchst Akt.-Ges., vormals Meister Lucius & Brüning.
Bauer (G. T.) s. Szigeti (G.).
Bauer (H.), Papierelektrophoret. Darst. d. proteingebundenen Kohlenhydrate u. Lipoide d. Liquors 6063.
Bauer (Hilda), Bleicherde aus Tonen 7753* D. [DDR]. — Behandl. v. Bleicherde 7753* D. [DDR]. — Aktivier. v. Rohbleicherde 7753* D. [DDR]. — Bleicherde aus Rohtonen 7753* D. [DDR].
Bauer (H. F.) s. Lemieux (R. U.).
Bauer (J.) u. **Karl (J.),** Chromatograph. Trenn. d. C_{21}-Steroide, genannt Corticoide 8897.
Bauer (K.) s. Farbenfabriken Bayer Akt.-Ges.; Schenley Industries, Inc.
Bauer (K. H.), Hormone u. Krebs 606.
Bauer (Karl H.), Organ. Analyse [5385].
Bauer (K. M.), Pharmakol. Beeinfluss. d. Blasentonus 867. — Selbstausführbare bakteriolog. Resistenzbest. bei d. Harnwegsinfekt. („Antibiotica-Testbesteck") 4857.
— u. **Wundt (W.),** Blutspiegel u. Ausscheid. bei intramuskulär verabreichtem Terramycin 3190.
Bauer (La V. N.) s. Rohm & Haas Co.
Bauer (Leopold), Trenn. d. Carotinoide u. Chlorophylle mit Hilfe d. Papierchromatographie 9636.
Bauer (Ludwig) s. Buess (C. M.); Stork (G.).
Bauer (R. L.) s. Monsanto Chemical Co.
— u. **Orr (C. P.),** Behandl. v. Regelproblemen an Destillierkolonnen mittels d. McCabe-Thiele-Diagramms 6097.
Bauer (S.), Derivv. d. symm.-Triazinreihe 9095.
Bauer (S. H.) s. Coffin (K. P.); Libowitz (G. G.); Slutsky (L.).
Bauer (S. T.) s. Stopper (H. R.).
Bauer (T. W.) u. **Dorland (R. M.),** Thermodynamik d. Verbrenn. v. Zellstoffablaugen auf Natriumbasis 3277, 6422.
— u. **Johnston (H. L.),** Wärmekapazitäten anorgan. Festkörper bei tiefen Tempp. 15. Mitt. Wärmekapazität u. Entropie v. rotem Hg(II)-oxyd 752.
Bauer (W.), Polymere 4468* F. — s. Röhm & Haas G. m. b. H.
Bauer (Walter) s. Quarton (G. C.).
Bauer (W. H.) s. Gross (J. H.); Ludke (W. O.).
Baugh (H. M.) s. National Cylinder Gas Co.
Baughan (E. C.) s. Twist (D. R.).
Baughman (R. A.), Kann Ti für Bolzen verwendet werden? 4202.
Bauld (W. S.) s. Marrian (G. F.).
Baule (B.), Qualitative Bodenanalyse durch d. Pflanze 7764.
Baulieu (E.) s. Decourt (J.); Jayle (M.-F.).
Baum (A. A.) s. Du Pont de Nemours (E. I.) & Co.
Baum (F. J.) s. Aughey (W. H.).
Baum (G. A.) s. Sommer (L. H.).
Baum (G. L.), Adriano (S. M.) u. **Schwarz (J.),** Einfl. d. Cortisons auf Mäusehistoplasmose 8657.
Baum (H.) s. Jones (H. B.).
Baum (H. A.) u. **Gilbert (G. A.),** Dispergier. d. Kartoffelstärke in Abwesenh. v. Luft. Sauerstoffempfindl. Bindd. in d. Stärke 3157. — Fraktionier. d. Kartoffelstärke in Abwesenh. v. Luft 3157.
Baum (K.), Autogene Verkok., neues Verf. zur gleichzeit. Erzeug. v. billigem Verfahrenskoks u. Wärmeenergie 2336.
Baum (M.) s. Walborsky (H. M.).
Baum (Martin), Camp (R. C.) u. **Salvesen (J. R.),** Gerbstoffanalysenmethoden, Probleme u. Abänderr. 4258.
Baum (R. M.) s. Battey (J. F.).
Baum (W. C.) s. Nesbit (R. M.).
Bauman (R. P.) s. Miller (Foil A.).
Bauman (W. C.) s. Dow Chemical Co.
Baumann (A.) s. Rüttner (J. R.).
Baumann (C. A.), Citrovorumfaktor. Ernährungsaspekte, Zusammenhänge mit Leukämie u. Anämie 11032. — s. Lih (H.); Rumsfeld jr. (H. W.); Waibel (P. E.).
Baumann (F.) s. Farbenfabriken Bayer Akt.-Ges.
Baumann (G.) s. Cüer (P.).
Baumann (G. P.) u. **Smith (M. R.),** Extrakt. v. Isobutylen mit H_2SO_4 1648.
Baumann (H.) u. **Olbertz (M. H.),** Wrkg. städt. Abwässer auf d. Bodenfruchtbark. bei Anwend. übergroßer Abwassermengen 8237.
Baumann (Hans) s. Badische Anilin- & Soda-Fabrik Akt.-Ges.
Baumann (Helmut), Einfl. verschied. Stäube auf Fermente [10775].
Baumann (Helmut) [Karl-Marx-Stadt] s. Deutsches Hydrierwerk Rodleben VEB.
Baumann jr. (H. N.), Bezieh. zwischen α- u. β-Siliciumcarbid 10218.
Baumann (N. P.), Prosser jr. (F. W.) u. **Krone (R. W.),** γ-Resonanzen beim Protonenbeschuß v. ^{23}Na 3302.
Baumann (Robert), Verdünnungswärmen wss. Bernsteinsäurelsgg. in großer Verdünn. 8113.
Baumann (Rolf) u. **Herrmann (R.),** Konz.-Änderr. v. Na, K u. Ca im Blut in Abhängigk. v. d. Temp. 11029.
Baumann (U.) s. Siemens-Schuckertwerke Akt.-Ges.
Baumann (W.) s. Grob (C. A.).
Baumann (Wilhelm), Therapie d. Leberparenchymerkrankk. mit Adenosintriphosphorsäure u. Nebennierenrindenvollextrakten 2248.
Baumberger (J. P.) s. Markus (G.).
Baume (L. J.), F-Forschung in d. USA 8913.
Baumeister (L.) s. Böhm (P.).
Baumel (I. M.), Best. v. 1.2-Propylenglykol in Äthylenglykol 2035.
Baumel (J.), Fassio (É.) u. **Pédoussaut (R.),** Histaminämie u. Gastroduodenalgeschwüre 9842.
Baumgärtel (E.) s. Simon (A.).
Baumgärtel (T.) u. **Zahn (D.),** Einfl. d. Darmflora auf Vitamin B_{12} 4145.

Baumgärtner (G.), Salthion, ein hochkonz. Sulfonamidpräp. in d. Sterilitätsbehandl. 7964.

Baumgarten (F.) s. Maske (H.).

Baumgarten (H. E.) u. **Bower (F. A.)**, Rkk. v. Aminen. 1. Mitt. Neue Umlager. v. N.N-Dichlor-sek.-alkylaminen 4811.

— u. **Brunner (M. R. De)**, Cinnoline. 1. Mitt. Synth. v. 3-Nitro- u. 3-Aminocinnolinen 7446.

—, **Su (H. C.-F.)** u. **Krieger (A. L.)**, Dechlorier. einiger Chlornitropicoline 350.

Baumgarten (K.), Elektrolyte für galvan. Elemente 10344* Ung.

Baumgarten (P. K.) s. Standard Oil Development Co.

— u. **Gerster (J. A.)**, Selektivität u. Löslichk. v. Furfurol bei Extraktionsdestillationen. Einfl. v. organ. Zusätzen 6712.

Baumgarten (W.) s. Merck & Co., Inc.

Baumgartner (F. N.) s. Standard Oil Development Co.

Baumgartner (L. L.) s. Goodrich (B. F.) Co.

Baumgartner (R.), Glas-Entfettungsvermögen v. Wasch- u. Reinigungsmitteln 715.

Baumgartner (W.) s. Schaetti (N.).

— u. **Schaetti (N.)**, Mögl. Form eines infrarotempfindl. Vervielfachers 2602.

Baumhauer (F.) s. Dynamidon-Werk Engelhorn & Co. G. m. b. H.

Baumheier (E.) s. VEB Cirine-Werke.

Bauminger (B. B.), Halbmikromaßanalyt. Schnellbest. v. S in Naturkautschukvulkanisaten 6155.

Baun (R. M. De) u. **Connors (W. M.)**, Bezieh. zwischen d. enzymat. Verdaulichk. v. Molkenpulver in vitro u. d. Proteinausnutz. in vivo 4232.

Baur (H.) s. Kleine (H. O.); Striebel (A.).

Baus (B. V.) s. Winding (C. C.).

Bausch (H.), Physikal.-koll.-chem. Stabilität d. Biere 5201. — Hopfeneinspar. u. Hopfenkochen 8989.

Bausch (S.) s. Heumann (L.) & Co. Chem.-pharm. Fabrik.

Bausch & Lomb Optical Co. u. **Kreidl (N. J.)**, Opt. Borosilicatglas 1122* A.

Bauserman (G. W.), **Prien (C. H.)** u. **Zandstra (T.)**, Best. d. Tempp. in schnell veränderl. Flammen 9505.

Bautz (E.) u. **Marquardt (H.)**, Grana mit Mitochondrienfunkt. in Hefezellen 3166. — Verh. oxydierender Fermente in d. Grana mit Mitochondrienfunkt. d. Hefezellen 3166.

Bava (A. M. C.) u. **Chierici (L.)**, Selenderivv. d. Pyrrols 8375.

Bavay (J.) s. Grenier (J.).

Bavel (T. H. van) s. Shell Development Co.

Baver (L. D.), Radioisotope: Vielseit. Verwendbark. zur Unters. d. Zuckerrohrs 11475.

Bavetta (L. A.) u. **Bernick (S.)**, Lysinmangel u. Zahnstrukturen 10307.

Bavley (A.) s. Harfenist (M.); Knuth (C.); McLamore (W. M.); Pfizer (C.) & Co., Inc.

Bawa (S. S.) s. Paul (R. C.).

Bawina (M. W.) s. Kritzman (M. G.).

— u. **Kritzman (M. G.)**, Aktivitätsveränder. d. proteolyt. Fermente d. Aorta bei experimenteller Atherosklerose 6310.

Bawn (C. E. H.), Lsgg. v. Hochpolymeren. 5. Mitt. Einfl. d. Konz. auf die Viscosität v. verd. Lsgg. 11005.

—, **Douglas (H. W.)**, **Hickling (A.)**, **McDowell (C. A.)** u. **Tompkins (F. C.)**, Lsgg. v. Hochpolymeren 11589.

—, **Freeman (R. F. J.)** u. **Kamaliddin (A. R.)**, Lsgg. v. Hochpolymeren. 2. Mitt. Osmot. Druck v. Polystyrollsgg. 2213; 3. Mitt. Bezieh. zwischen Intrinsicviscosität u. Mol.-Gew. für Polystyrolfraktionen in Benzol, Toluol, Chloroform, Äthylbenzol u. Methyläthylketon 11005.

—, **Grimley (T. B.)** u. **Wajid (M. A.)**, Lsgg. v. Hochpolymeren. 4. Mitt. Intrinsicviscosität u. Mol.-Gew. in Lösungsmittelgemischen 11005.

— u. **Rhodes (T. B.)**, Polymethylen v. hohem Mol.-Gew. 1. Mitt. Kinetik d. durch Kupfersalz katalysierten Zers. v. Diazomethan 8169.

— u. **Wajid (M. A.)**, Thermodynam. Eigg. v. Polystyrollsgg. 5087.

Baxa (J.), A. Herzfeld 2821.

Baxendale (J. H.), **Evans (M. G.)** u. **Leach (S. J.)** [Leeds], Mechanismus d. H-Übertrag. bei Modelldehydrogenasesystemen 1992.

— u. **George (P.)**, Kinetik d. Bldg. u. Dissoziat. d. Eisen(II)-tris-dipyridylions 2852.

— u. **Hardy (H. R.)**, Kinetik u. Gleichgewichte in Lsgg., d. Ferroion, Ferriion sowie einige substituierte Hydrochinone u. Chinone enthalten 7176. — Bildungskonstante v. Durosemichinon 7877.

— u. **Magee (J.)**, Photochem. Oxydat. v. Bzl. in wss. Lsg. durch Ferriion 6252.

Baxter (E. L.) s. Eastman Kodak Co.

Baxter (G. L.), Färben d. neueren Fasern 9448.

Baxter (H.), **Drummond (J. A.)**, **Rose (Bram)**, **Stephens-Newsham (L. G.)** u. **Randall (R. G.)**, Bluthistaminwerte bei Schweinen nach Ganzkörperbestrahll. u. Verbrennungen 393.

Baxter (J. G.) s. Eastman Kodak Co.

Baxter (N.), **Horsford (J.)**, **Wokes (F.)**, **Norris (F. W.)** u. **Fernandes (S. J. G.)**, Cyanocobalamin u. Hydroxocobalamin in Vitamin B_{12}-Injektt. 9851.

Baxter (R. A.) s. Monsanto Chemicals Ltd.

Baxter (S.), **Vodden (H. A.)** u. **Davies (S.)**, Schnellmeth. zur Best. d. therm. Leitfähigk. organ. Fll. zum Gebrauch in Wärmeübergangsrechnn. 7875.

Baxter (S. S.) u. **Horlacher (H. F.)**, Unterwasser-Schlammheiz. in d. Nordostkläranlage v. Philadelphia 2978.

Baxter (W. N.) s. Cope (A. C.).

Baxter Laboratories, Inc., **Nesset (M. M.)** u. **Ginger (L. G.)**, Therapeut. wirksamer Polysaccharidkomplex 6088* E.

Bay (Z.), **Henri (V. P.)** u. **McLernon (F.)**, Obere Grenzen für d. Lebensdauern v. ^{60}Ni 10189.

Bayard (J. H.) s. Foster Wheeler Ltd.

Bayard (R. T.) s. Baer (W.).

— u. **Yntema (J. L.)**, Elast. Streuung v. 1 MeV-Elektronen durch Al u. Au 734. — Elast. Streuung v. Elektronen aus Kernen 6903.

Bayer (E.) s. Bielig (H.-J.).

Bayer (F.), Lsgg. fester Stoffe 1119* F.

Bayer (H.) s. Lynen (F.).

Bayer (I.), Schwefelsaures Atropin oder Atropiniumsulfat 409. — Colorimetr. Best. d. Aktivität v. Enzymen d. Digipurpidasetyps 611. — Ionenaustauschharze 6585. — Präparative Unters. d. ungar. Mutterkorns. 3. Mitt. Cristamin, ein neues, zusammen-

gesetztes Mutterkornalkaloid 10565. — s. Tuzson (P.).
Bayer (L.) s. Schäfer (Harald).
Bayer (O.) s. Badische Anilin- & Soda-Fabrik Akt.-Ges.; Farbenfabriken Bayer Akt.-Ges.
Bayer (R.) s. Metallgesellschaft Akt.-Ges.
Bayerische Stickstoff-Werke Akt.-Ges., Franck (H. H.) u. **Freitag (C.)**, Aschenarme Braunkohle 1178* D.
Bayerl (A.) s. Petersen (I.).
Bayerlein (K.) s. Collin (F. J.) Akt.-Ges. zur Verwertung von Brennstoffen und Metallen.
Bayet (M.), Verschied. Vorgänge d. elektr. Entlad. in d. Gasen 4999.
—, **Delcroix (J.-L.)** u. **Denisse (J.-F.)**, Leitfähigkeitstensor eines elektron. Plasmas bei Vorhandensein eines konstanten Magnetfeldes 8551.
— u. **Guérineau (F.)**, Best. d. Elektronentemp. einer durch Ultrahochfrequenz angeregten Gasentlad. 9960.
Bayles (A.) s. Thompson (P. E.).
Bayless (P. L.) s. Thompson (D. F.).
Bayley (C. H.) s. Rose (G. R. F.); Weatherburn (A. S.).
Bayliss (N. S.), Konjugiert-ungesätt. Verbb. 2. Mitt. Einfache Potentialfunktt., Absorptionsspektren u. Ionisat. v. linearen Polyenen 4547.
— u. **McRae (E. G.)**, Lösungsmitteleffekte in organ. Spektren: Dipolkräfte u. d. Franck-Condon-Prinzip 3583. — Lösungsmitteleffekte in d. Spektren v. Aceton, Crotonaldehyd, Nitromethan u. Nitrobenzol 3583.
— u. **Sullivan (J. V.)**, Vakuumultraviolettabsorptionsspektren v. J u. Br 10918.
Bayliss (R. I. S.), Dempster (W. J.), Round (B. P.) u. **Steinbeck (A. W.)**, Resorptionsweg v. oral zugeführtem Cortison beim Hund 6550.
— u. **Steinbeck (A. W.)**, Salicylate u. d. Plasmaspiegel v. Nebennierensteroiden 2721. — Nebennieren-Rk. auf Corticotropin. Wrkg. v. ACTH auf Plasmawerte d. Nebennierensteroide 6550.
Bayne (S.) u. **Wildy (J.)**, Kristalline 1-O-Methyl-D-fructose 106.
Bažant (V.) s. Kochloefl (K.).
Bazarnik-Raczyńska (Z.) u. **Surewicz (W.)**, Verss. zur Feststell. v. Kriterien für d. Beurteil. d. Eign. v. Cellulosestoffen als Rohstoff für d. Herst. v. pflanzl. Pergamentpapier 5453.
Bazin (R. E.) s. Communications Patents Ltd.
Bazin (S.) u. **Delaunay (A.)**, Beweglichk. d. Polynucleären in vitro. Einfl. v. Lokalanästheticis u. Hypnoticis 8910.
—, **Delaunay (A.)** u. **Avice (C.)**, Intraleukocytäres Glykogen u. seine Veränderr. bei d. Phagocytose 3663.
Bazorgan (G. A.), Irvine jr. (J. W.) u. **Coryell (C. D.)**, Darst. u. Halbwertszeit v. ^{55}Cr 9492.
Bazy (P. J. L.) s. Soc. Nationale des Chemins de Fer Français.
Bazzicalupo (C.) u. **Portella (A.)**, In vitro-Wrkg. einiger Glykole auf Corynebacterium diphtheriae 8413.
B. B. Chemical Co. Ltd., Verstärken bzw. Verbinden v. Vinylharzschichten 4225* E. — Flickmaterial 4982* Schwz.
B. B. Chemical Co. Ltd., Bramley (Albert), Cooper (I. R.), Hardy (A.) u. **Woods (A. D.)**, Schuhsohlenkleb. 4982* E.
—, **Lee (G. R.), Mason (C. E.)** u. **Swire (W. H.)**, Plast. M. 5440* E.
— u. **Seymour (M.)**, Klebestreifen bzw. Ausbesserungsmaterial aus Polyvinylharzfolien 3052* E.
Beach (J. G.) s. Schickner (W. C.).
Beach (L. A.), Theus (R. B.) u. **Faust (W. R.)**, Durchdring. v. γ-Strahl. durch Fe 1432.
Beach (L. K.) s. Standard Oil Development Co.
Beacham (H. W.) s. National Lead Co.
Beachell (H. C.) s. Cerato (C. C.); McBride jr. (J. J.).
Beadle (J. L.), Färben u. Ausrüsten v. Orlon 4939.
Beakley (W. R.), Modifizier. d. thermoelektr. Kraft. Temp.-Charakteristik v. Konstantan-Thermoelementdraht 5855.
Beal (G. D.), Analyt. Chemie im Rückblick u. in d. Vorschau 5855.
Beal (J. M.), Smith (J. L.) u. **Felts (J.)**, Stoffwechsel d. Fructose beim Menschen 1779.
Beal (K. F.) s. Viscing Corp.
Beal (P. F.) s. Upjohn Co.
Beal (R. E.) s. United States of America.
Beale (R. N.), Naheffekte bei d. Erklär. d. Basenstärke v. prim. aromat. Aminen 8580.
— u. **Roe (E. M. F.)**, UV-Absorptionsspektren einiger Stoffwechselprodd. v. Naphthalin, Anthracen u. Phenanthren 6795. — Spektrophotometr. Best. ster. Hinderung bei Stilbenderivv. 11184.
Beall (D.) s. American Home Products Corp.; Ayerst, McKenna & Harrison Ltd.
Beall (F. C.) s. Biehl (J. P.).
Beall (G.) s. Hansen (H. M.); Rousseau jr. (J. E.).
Beall (R. A.) s. Stephens (W. W.).
Beals (C. S.) u. **Oke (J. B.)**, Bezieh. zwischen Entfern. u. Intensität für interstellare Ca- u. Na-Linien 5239.
Beaman (A. G.), Synthesen d. Purins 2424.
Beaman (R. G.), Beziehh. zwischen (scheinbarer) Umwandlungstemp. 2. Ordn. u. F. 11343.
Beament (J. W. L.), Rolle d. Cuticula u. d. Eischalenmembranen beim Eindringen v. Insekticiden 11279.
Beamish (F. E.) s. Currah (J. E.); Hoffman (I.).
Beams (J. W.), Einkristallmetallrotoren 2851. — s. Hildebrand (J. H.).
— u. **Breazeale (J. B.)**, Rührmethoden bei tiefen Tempp. 3924.
—, **Snidow (N.), Robeson (A.)** u. **Dixon (H. M.)**, Interferometer zur Mess. d. Sedimentat. in einer Zentrifuge 11257.
Bean (C. T.) s. Robitschek (P.).
Bean (F. R.) s. Eastman Kodak Co.
Bean (H. S.) u. **Walters (V.)**, Aufbewahren v. Ampullen in Phenollsg. 11632.
Bean (M.) s. College (A.).
Bean (X.) s. College (A.).
Bear (F. E.), Spurenelemente. New Jersey-Böden 1124.
Bear (I. J.) s. Cahn (R. W.).
Beard (A. P.) u. **Crooks (D. D.)**, Red. v. Vanadiumpentoxyd zu metall. V in Kilogrammmengen 9753.
Beard (C. I.) s. Massey (J. T.).

Beard (D.) s. G r e e n (I r v i n g).
Beard (D. B.), Deutung v. Verss. über Kerntempp. 6206.
Beard (F. J.) s. W a n g (H.).
Beard (G.) u. **Wiedenbeck (M. L.)**, Natürl. Radioaktivität v. ^{14}Sm 10434.
Beard (J. W.) s. G r e e n (I r v i n g).
Beard (M. F.) s. P i t n e y (W. R.).
—, Pitney (W. R.) u. **Sanneman (E. H.)**, Vitamin-B_{12}-Konz. im Serum v. Leukämiekranken 3422.
—, Pitney (W. R.), Sanneman (E. H.), Sakol (M. J.) u. **Moorhead (H. H.)**, Konz. v. Vitamin B_{12} im Serum bei akuter Leukämie 4370.
Beardell (A. J), The effect of high hydrostatic pressure on the kinetics of the enzymatic hydrolysis of adenosine triphosphate [5818]. — s. L a i d l e r (K. J.).
Bearden (W. G.) s. W i l s e y (L. E.).
Beardsell (W. A.) s. M o n s a n t o C h e m i c a l C o.
Beardsley (A. P.) s. A m e r i c a n C y a n a m i d C o.
Beardsley (C. L.) s. N e u b e r t (A. M.).
Beardsley (H. P.), Anstriche auf Basis Polyvinylacetatemuls. 9451.
Beardsley (J. H.), Wiedereintrittshohlraum (reentrant cavity) variabler Länge für dielektr. Messungen v. *100—400* MHz 10194.
Beare (J. L.) s. B e a t o n (J. R.).
Bearse (G. E.) s. S a x e n a (H. C.).
Beary (D. F.) s. I n g l e (D. J.).
Beasley (D. M. G.) u. **MacPherson (M. J.)**, Oral verabreichtes Benzathinepenicillin bei Kindern 8908.
Beater (B. E.), Schnelle Feststell. d. Fruchtbarkeitsstatus d. Bodens 8011.
Beaton (G. H.) s. B e a t o n (J. R.).
Beaton (J. M.), Johnston (J. D.), McKean (L. C.) u. **Spring (F. S.)**, Triterpenresinole u. verwandte Säuren. 27. Mitt. $\Delta^{9,11-13,18}$-Oleanadienol u. $\Delta^{9,11-18}$-Oleanadienol. Umwandl. v. β-Amyrin in Germanicol 4110.
Beaton (J. R.), Beare (J. L.), Beaton (G. H), White (J. M.) u. **McHenry (E. W.)**, Grundumsatzgeschwindigk. u. Wrkgg. d. Thiouracilanwend. u. d. Thyreoidektomie bei Kontrollratten u. Ratten mit Vitamin B_6-Mangel 8194.
— u. Goodwin (M. E.), Wrkg. d. Vitamin-B_6-Entzuges auf d. Kohlenhydratstoffwechsel d. Ratte 9835.
Beattie (C. W.) s. S o l t e r (R. L.).
Beattie jr. (H. J.), Elektronenverbb. v. Übergangselementen 6470.
— u. Brissey (R. M.), Eichmeth. für Röntgenfluorescenzspektrometrie 4416.
Beattie (I. R.), Struktur v. Analcim u. seinen Formen mit ausgetauschten Ionen 34. — Elektr. Leitfähigk. v. Analcim sowie d. durch Ionenaustausch gebildeten Formen v. Analcim u. Chabasit 3069. — Elektr. Leitfähigk. partiell ionenausgetauschter Formen d. Analcims 8316.
— u. Mills (O. S.), Kristallograph. Konstanten v. Acetoxynorcafestenolid 10952.
Beattie (J.) s. K n o x (J. F.).
— u. Bell (D. J.), Renale Clearance einiger Fructosane beim Hund 395.
Beattie (J. O.) s. C a s t O p t i c s C o r p.
Beattie (J. R.), Pyrometer zur Mess. d. Tempp. v. Glasoberflächen 9171.
Beattie (J. W.) s. M o o s (W. S.).
Beatty (C. D.) s. A n d e r s o n (C. H.).
Beatty (J. L.) s. D i c k (A. B.) C o.
Beatty (R. H.), Gestrüppbekämpfung. Stand d. chem. Methoden 3714.
Beatty (W.) s. C o l l e g e (A.).
Beaty (E.) u. **Varney (R.)**, Driftgeschwindigkeiten v. Ar-Ionen in Ar bei verschied. Tempp. 4999.
Beaubien (S. J.) s. N. V. d e B a t a a f s c h e P e t r o l e u m M i j.
Beauchamp (D. N.) s. S h e r w i n - W i l l i a m s C o.
Beauchamp Maunsell (E. R.), Poliermittel 5685* E.
Beauchene (R. E.), Mitchell (H. L.), Parrish (D. B.) u. **Silker (R. E.)**, Carotin. Einfl. v. Antioxydantien auf d. Best. in getrocknetem Alfalfamehl 5205.
Beaudet (C.) s. S o c. B e l g e d e l'A z o t e e t d e s P r o d u i t s C h i m i q u e s d u M a r l y (S o c. A n.).
Beaudet (L.) s. B e r n a r d a u d (L.) & C i e.
Beaujard (L.), Collette (G.) u. **Jacqué (L.)**, Verf. zur Unters. v. Rkk. zwischen Gasen u. Festkörpern. Anwend. auf d. Syst. Fe–C–H_2 6576.
Beaulieu (C. de), Bezieh. zwischen d. Röntgenbeugungsaufnahmen u. dem mikrograph. Aussehen eines polygonisierten Al-Kristalls 10938.
—, Talbot (J) u. **Chaudron (G.)**, Polygonisier. v. Al verschied. Reinh. 10696.
Beaulieu (R. D.) s. W h e e l e r j r. (C. H.).
Beaulieu Marconny (A. v.), Steine u. Blöcke aus Quarzgut 5626.
Beaumont (J.) s. S o k o l o f f (B.).
Beauregard (O. C. de) = C o s t a d e B e a u r e g a r d (O.).
Beauvallet (M.) s. H a z a r d (R.).
Beaven (E. W. J.) s. „S h e l l" R e f i n i n g & M a r k e t i n g C o. L t d.
Beaven (G. H.) s. B a l f e (M. P.).
—, Hall (D. M.), Lesslie (M. S.) u. **Turner (E. E.)**, Bezieh. zwischen Konfigurat. u. Konjugat. in Diphenylderivv. 1. Mitt. Enantiomorphie u. UV-Absorptionsspektren einiger Verbb. mit 2.2'-Brücken 6242.
Beavens (E. A.) s. R i c e (R. G.).
Beaver (D. J.) s. M o n s a n t o C h e m i c a l C o.
Beaver (H. O.) s. P o s t (C. B.).
Beaver (P. C.) s. S o d e m a n (W. A.).
Beaver (W. D.), Trevorrow (L. E.), Estill (W. E.), Yates (P. C.) u. **Moore (T. E.)**, Aquo- u. Chloro-Komplexe d. zweiwertigen Co u. Ni in 2-Octanol 4297.
Beavers (E. M.) s. B o c k s t a h l e r (T. E.); K o r o l y (J. E.)
Beazley (H. L.) s. M o y e r (J. H.).
Bebbington (A.) s. B a r k e r (S. A.).
Bebbington (N. B.) s. T h o m a s (S. B.).
Bebenburg (W. v.) s. H e y n s (K.).
Beber (A. J.) s. G o o d r i c h (B. F.) C o.
Becher (A.), Eign. verschied. Fettsäurepolyoxyäthylenkondensationsprodd. als Nähr- u. Wuchsstoffe für Milchsäurebakterien 1765. — Biol. u. hygien. Probleme bei d. Anwend. d. Antibiotica in d. Tierernährung 6064.
Becher (H.), Aristamidgel bei Verbrennungen 6068.
Becher (Hellmut) u. **Hoegen (K.)**, Hyaluronidase für licht- u. elektronenmkr. Präparationsmethoden biol. Objekte 5384.
Becher (H. J.) s. G o u b e a u (J.).
Becher (O.) s. B e r g e r (C.).
Becher (P.), Principles of emulsion technology [7518].

Becherer (G.) u. Fiedler (Heinz) [Halle], Röntgenograph. Unterss. während d. Abbindens v. Gips 8708.
Bechert (K.) u. Gerthsen (C.), Atomphysik. Bd. *3, 4* [12].
Bechlenberg (H.), Neue Prüfverff. u. Prüfgeräte für d. textile Forsch. u. Praxis 253.
Bechli (A. F.), Chem. Struktur u. parasitocide Aktivität. 13. Mitt. Isomere Methoxy-meso-alkylaminoacridine u. ihre Antimalariaeigg. 4348. — Derivv. v. β-Arylaminopropionsäuren 5771.
Bechmann (R.), Kristallelemente für ein quadrat. Prisma aus wasserfreiem Äthylendiamintartrat 6360* Schwed. — Elast. u. piezoelektr. Koeffizienten v. $Li_2SO_4 \cdot H_2O$ 10922.
— **u. Ayers (S.),** Elast. u. piezoelektr. Koeffizienten v. Dikaliumtartrat (DKT) 5244.
Becht (B.) s. Farbenfabriken Bayer Akt.-Ges.
Bechtel (L. D.) s. Croft (G. M.).
Bechtel (W. G.), Meisner (D. F.) u. Bradley (W. B.), Einfl. v. Glutathion auf d. Amylodextrinanteil im Weizenmehl u. auf damit hergestelltes Brot 4723.
Bechtold (M. F.), Polymerisat. u. Eigg. v. durch Ionenaustausch erhaltener verd. wss. Kieselsäure 10217.
Beck (A.) s. VEB Elektrochemisches Kombinat Bitterfeld.
Beck (A. H.), Cutting (A. B.), Brisbane (A. D.) u. King (G.), Diffusionskathode 9501.
Beck (C. W.) u. Burns (J. H.), Callaghanit, ein neues Mineral 6239.
— **u. Givens (D. B.),** Chinoit, ein neues Mineral 3333.
Beck (E. S.) s. Prince (H. N.).
Beck (F.) s. Mahady (S. C. F.).
Beck (F. H.) s. Bomberger (H. B.).
Beck (G.), Quantentheorie d. Emissionsprozesses 6674.
Beck (G.) [Bern], Zeitl. Verlauf d. percuprimetr. Titratt. verschied. Aminosäuren u. Eiweiße 1576. — Percuprimetr. Titratt.; Chemie d. dreiwert. Cu 1576. — Nachw. v. Aminosäuren, Ascorbinsäure u. Zuckern mit Alkalikobalticarbonat u. Chromisalzen 8221.
Beck (Gottfried) u. Barth (H. F. W.), Austral. Goldbergbau in d. Jahren *1851—1951* 4687.
Beck (H.-J.) s. Beck (Dr.) & Co. G. m. b. H.
Beck (H. R.) s. Koppers Co., Inc.
Beck (K.-G.), Best. d. an O gebundenen N in Kohlenoxydationsprodd. 6658.
Beck (K. M.), Calorienarme Stoffe. Starke Zunahme d. Herst. diätet. Lebensmittel 2322.
Beck (L. V.) u. Linkenheimer (W.), Wrkgg. v. Schock u. Kälte auf d. Mäuseleberssulfhydryl 7014.
Beck (L. W.) s. Mattson (F. H.).
Beck (M.) u. Hantos (E.), Spektrophotometr. Best. v. U 7510.
Beck (M. T.), Bezieh. zwischen d. „Isoelektr. Punkt" u. d. Stabilität v. Komplexverbb. 10458. — Aluminiummorin-Rk. 2. Mitt. Colorimetr. Best. v. Fluoridionen 11058. — s. Szabó (Z. G.).
— **u. Ébrey (P.),** Papierchromatographie v. Aminosäuren 11547.
Beck (P. A.), Anlassen v. kaltbearbeiteten Metallen 3573. — Orientier. bei Rekristallisat. u. Kornwachstum 8329. — Härt. u. Erhol. 11673. — s. Das (D. K.); Lutts (A. H.).
Beck (P. W.), Kniebes (D. V.) u. Gunning (H. E.), Rk. v. Cyclohexan mit Hg-6($^3P_1$)-Atomen 62. — Rk. v. Cyclopentan mit Hg-6($^3P_1$)-Atomen 62.
Beck (T. M.) s. Toy (A. D. F.); Walsh (E. N.).
Beck (T. R.) u. Putnam (G. L.), Temperaturunterschiede zwischen Anode u. Elektrolyt. Elektrolyt. O_3-Bldg. 7383.
Beck (W.), Elektrolyt. Prüf. bei Bodenkorrosionsunterss. 7516. — s. Roth (H.).
Beck (W. S.) s. Valentine (W. N.).
Beck Dr. & Co. G. m. b. H., Kunstharzlacke 2084* Oe.
—, **Wiegandt (A.) u. Beck (H.-J.),** Kunstharzlacke, bes. Isolierlacke 7795* D. B.
Beck, Koller & Co. u. Robinson (R. S.), Emulss. für Wasserfarben 1615* E.
Beckberger (La V. H.) s. Sinclair Refining Co.
Becke (F.) s. Badische Anilin- & Soda-Fabrik Akt.-Ges.
Beckel (A. C.) s. United States of America.
Becker (A.), P. Ehrlich u. E. v. Behring zur hundertjähr. Wiederkehr ihrer Geburtstage. 1. Mitt. 1.
Becker (B.) s. Rosen (D. A.).
Becker (C. H.) s. Gross (H. M.).
Becker (D. E.) s. Terrill (S. W.).
— **u. Terrill (S. W.),** Verschied. Kohlenhydrate in einer halbsynthet. Diät für d. wachsende Schwein 389.
—, **Terrill (S. W.), Lassiter (J. W.), Nelson (T. S.) u. Gard (D. I.),** Einfl. d. Antibioticakombinatt. auf d. Wachstum d. Ferkels 2233.
—, **Ullrey (D. E.) u. Terrill (S. W.),** Protein- u. Aminosäurezufuhr für eine optimale Wachstumsrate bei jungen Schweinen 2468.
Becker (E.), Pardun (H.) u. Pezold (H. v.), Prüf. d. Stabilität v. Ölen u. Fetten mit Hilfe d. Swift-Stability-Testes 9220.
Becker (Elisabeth) u. Lutz (Gertrud), Tödliche Vergift. durch Isonicotinsäurehydrazid 9848.
Becker (E. I.) s. Bonagura (A. G.); Gaylord (N. G.); Gunst (H. J.); Mehr (L.); Schachat (R. E.); Schreiber (E. C.); Taber (D.).
Becker (E. J.) s. Western Electric Co., Inc.
Becker (E. L.), Hodler (J. E.) u. Fishman (A. P.), Wrkg. eines Kohlensäureanhydrataseinhibitors (*6063*) auf d. Steiger. d. Arterien-Alveolar-CO_2 beim Menschen 7464.
Becker (E. W.) s. Büssing (K.-H.).
— **u. Bier (K.),** Chem. Isotopentrennverf. als Rektifikationsproblem 276. — Erzeug. eines intensiven, teilweise monochromatisierten H_2-Molekularstrahles mit einer Laval-Düse 11166.
—, **Bier (K.), Scholz (S.) u. Vogell (W.),** Chem. Austauschanlage zur Anreicher. v. ^{13}C 276.
Becker (G.) s. Bode (F.).
Becker (Gottfried) s. Deutsche Edelstahlwerke Akt.-Ges.; Metall-Diffusions-Gesellschaft m. b. H.
Becker (Gustav) s. Thüringisches Kunstfaserwerk „Wilhelm Pieck" Schwarza VEB.
Becker (Heinz), Auftragsschweißen bei Stahlwalzen 2763. — Reparaturschweißung an Hartgußwalzen 2763.
Becker (Helmut) s. Schäfer (Rolf).
Becker (Herbert) s. Jerchel (D.).
Becker (H. J.) s. Pfister III (Karl).
Becker (I. M.) u. Shea (M. C.), Giftigk. v. Phenylbutazone 8910.
Becker (J.) s. Price (B. T.).

Becker (J. A.), Adsorpt. v. W auf W u. Ba auf W mit d. Feldelektronenmikroskop 5245. — s. Bell Telephone Laboratories, Inc.
Becker (J. H.) s. Blunt (R. F.).
Becker (J. J.) u. **Hobstetter (J. N.)**, Orientierungsbeziehungen bei d. Rekristallisat. v. verformten Cu-Einkristallen 8567. — Plast. Verform. v. Cu-Einkristallen 8805.
Becker (K.) u. **Kaiser (F.)**, Wirkungsbereich d. Effortil bei chirurg. Erkrankk. 9614.
Becker (Karl) s. VEB Farbenfabrik Wolfen.
Becker (Kurt) s. Siemens-Schuckertwerke Akt.-Ges.
Becker (K. A.), **Plieth (K.)** u. **Stranski (I. N.)**, Strukturunters. d. monoklinen Arsenikmodifikat. Claudetit II 3323.
Becker (R.) s. Gesellschaft für Linde's Eismaschinen Akt.-Ges.
Becker (R. A.) s. Brown (H. N.).
Becker (R. L.) s. Fields (R. E.); Okazaki (A.).
Becker (S.) u. **Eisner (M.)**, Paramagnet. Resonanzabsorpt. in Diphenylpikrylhydrazil bei niedr. Werten d. aufspaltenden Feldes 5984.
Becker (S. B.) s. Standard Oil Co.
Becker (T. J.) s. Winthrop-Stearns, Inc.
Becker (W.) s. Farbenfabriken Bayer Akt.-Ges.
Becker (W. F.), Hydrocortisonbehandl. bei Ganglien 6061.
Becker (Y.) u. **Guyot (L.)**, Tox. Wurzelausscheidd. in verunkrauteten Böden 8420.
—, **Guyot (L.)** u. **Montegut (J.)**, Phytosoziolog. Fälle d. Problems d. Wurzelausscheidd. 11022.
Beckett (A. H.), **Belthle (F. W.)** u. **Fell (K. R.)**, Akt. Bestandteile d. Himbeerblätter 3682.
— u. **Casy (A. F.)**, Stereochemie gewisser Analgetica 82.
Beckett (L.), Filzersatz, z. B. für Polsterzwecke 10655* E.
Beckett (M. C.) s. Berliner (E.).
Beckey (H. D.), Atom- u. Ionenkonz. isotoper Moll. in d. Gleichstrom-Glimmentlad. u. Anreicher. v. Isotopen in d. Gleichstrom-Bogenentlad. 8087.
Beckfield (W. J.) s. Baeder (D. H.); Seifter (J.).
Beckham (L. J.) s. Allied Chemical & Dye Corp.
Beckman (H.), *1954—55* year book of drug therapy [4641].
Beckman (N. J.) s. Sears (G. R.).
Beckmann (I.) s. Voigt (K. D.).
Beckmann (R.), Verh. d. alkal. Serumphosphatase bei Frühgeborenen 6538. — Muskelstoffwechsel u. Muskelkrankheiten (Vitamin E, Cholin, Inosit) 9130. — s. Fegeler (F.).
— u. **Kuhlmann (F.)**, Bedeut. d. Vitamins E (Tocopherol) für d. Bewegungstütztapp. 3185.
Beckmann (Wilhelm) u. **Noelle (H.)**, Reibbelag 5387* D. B.
Beckmann (Wolfgang), Papierchromatograph. Analyse d. Gallenfarbstoffe im Urin 3451.
Beckum (W. G. Van) s. Weyerhaeuser Timber Co.; Wood Conversion Co.
Beckwith (G. H.) s. Park (P. R.), Inc.
Beckwith (R. S.), Bodenmangan. 1. Mitt. Benutz. v. Dinatriumcalciumversenat für d. Extrakt. v. zweiwert. Mn aus Böden 10360.
Becquerel (P.), Koll., ultramkr. Struktur d. lebenden Cytoplasmas 3160. — Lebensstillstand d. im Vakuum getrockneten Bakterien- u. Schimmelpilzsporen im Bereich d. absol. Nullpunktes. Ausbreit. u. Erhalt. d. Lebens im Weltall 9358.
Becz (J.), Starre Formkörper 10394* Ung.
Bedaux (F. C.), Stomataindex u. Drüsenindex v. Teucrium chamaedrys 6802.
Bedbur (P.) s. Metallgesellschaft Akt.-Ges.
Bede (J. A.), Spritzen v. Farblacken ohne Luft 2083.
Bedenko (W. F.), Technologie d. fünfzehnjähr. Anzapfung d. Kiefer 8505.
Bedford (P. D.), Akute K-Vergift. 869.
Bedford (R. E.) u. **Crooker (A. M.)**, As-Spektren 5240. — Hyperfeinstruktur v. Hg, abgetrennt aus mit Neutronen beschossenem Au 9722.
Bedier (R.) s. François (J.).
Bedo (D. E.) u. **Tomboulian (E. H.)**, L-Absorptionsspektr. v. Si u. SiO_2 2129.
Bedoukian (P. Z.), Aspekte d. Alterns v. Parfüms 1156. — Parfümeriegrundstoffe. Zusammenfassende Unters. d. Entwickl. *1953.* 1. Mitt. Geruch u. seine Warnehm., Blütenöle, Ambra, Irone u. Jonone, makrocycl. Moschuskörper, synthet. Riechstoffe 2552. — Parfümeriestoffe. 1. Mitt. 11300; 2. Mitt. 4472, 11300; 3. Mitt. 11300.
Bedow (J. A.) u. **Ssergijenko (S. R.)**, Parachor v. Sechsringverbb. mit zwei Heteroatomen im Ring 9527.
Bedrinzewa (W. W.), Phytoncidtherapie bei einigen akuten Erkrankk. d. Rachens 4150.
Bedson (S. P.), **Downie (A. W.)**, **MacCallum (F. O.)** u. **Stuart-Harris (C. H.)**, Virus and rickettsial diseases [7705].
Beduneau (H.), Alginsäure u. ihre Ester 7107. — Synthet. Elastomeres 8514.
Bedwell (W. L.) u. **Rowell (S. W.)**, Säuren, Basen u. Salze 7291.
Beears (W. L.) s. Goodrich (B. F.) Co.
Beebe (C. W.) s. United States of America.
—, **Happich (W. F.)**, **Kip (W. S.)** u. **Rogers (J. S.)**, Al-Nachgerb. vegetabil. gegerbter Brandsohlenleder verbessert ihren Gebrauchswert 10176.
—, **Kip (W. S.)**, **Happich (W. F.)** u. **Rogers (J. S.)**, Canaigrewurzelgerbstoff ergibt brauchbares Leder 2581.
Beech (W. F.), Darst. v. aromat. Aldehyden u. Ketonen aus Diazoniumsalzen 4328.
Beech-Nut Packing Co., **Merz (P. L.)**, **Witzel (F.)** u. **Burhans (A. S.)**, Kaugummigrundlage 2097* A.
Beecham (A. F.), L-Pyrrolidoncarbonsäure 1268. — Einw. v. NH_3 u. a. Basen auf L-Glutaminsäure-γ-methyl- u. -γ-äthylester 1269.
Beecham (C. T.), **Peale (A. R.)** u. **Robbins (Robert)**, Stickstofflost u. Röntgenstrahlen in d. Behandl. v. Lungenmetastasen v. Chorioncarcinomen 10768.
Beecham Research Laboratories Ltd., α-Aminosäuren 3487* E. — Gegenstromextrakt. 5653* E. — Methioninhydantoin 6082* E. — Carbonsäureamide 10137* E.
— u. **Holland (D. O.)**, 2-Mercaptothiazolon-(5) 1608* E. — β-Indolyl-α-oximinopropionsäure 8266* E. — Methionin 10625* E.
Beecher (L.) s. Bellamy (L. J.).
Beecher (H. K.) s. Lasagna (L.).
Beeckler (A. F.) s. Halbrook (E. R.).

Beegle (L. C.) s. American Cyanamid Co.
Beegle (R. M.) s. Brewer (W. D.).
Beekman (S. M.) s. Reheis Co., Inc.
Beekmann (P.) s. Gesellschaft für Teerverwertung m. b. H.
Beeman (W. W.) s. Mitchell (G.).
— u. **Neynaber (R. H.)**, Gerät zur Mess. v. sehr kleinen Röntgenstrahlenstreuwirkungsquerschnitten 2142.
Beenakker (J. J. M.) s. Dokoupil (Z.); Meijdenberg (C. J. N. van den).
Beer (A. C.) s. Harman (T. C.); Willardson (R. K.).
—, **Willardson (R. K.)** u. **Middleton (A. E.)**, Entartung in hochreinem InSb 5481.
Beer (E.) u. **Beer (H. B.)**, Reaktivier. v. entladenen Primärelementen 8466* E.
Beer (E. J. de) s. Norton (S.).
Beer (H. B.) s. Beer (E.).
Beer (H. L.), Aufarbeit. kanad. nichtmetall. Erze 4908.
Beer (O.), Lichtelektr. Bilderzeug. 4261* D. B.
Beer (R. J. S.), **Broadhurst (T.)**, **Robertson (Alexander)** u. **Donavik (T.)**, Peroxyde v. Tetrahydrocarbazol u. verwandten Verbb. 5. Mitt. 8-Brom-1.2.3.4-tetrahydrocarbazol 10980.
Beereboom (J. J.), **Djerassi (C.)**, **Ginsburg (D.)** u. **Fieser (L. F.)**, Synth. u. Rkk. v. chlorierten 3-Ketosteroiden 6293.
Béerens (H.) u. **Guillaume (J.)**, Technik zur Sensibilitätsbest. v. Anaerobiern gegenüber Antibioticis mittels d. Plattentestes 3410.
Beers (G. H.), Verarbeit. v. Chromerzen 1833* F.
Beers (Y.) s. Sterzer (F.).
— u. **Weisbaum (S.)**, Ultrahochfrequenzrotationslinie d. HDO 5478.
Beese (N. C.) s. Westinghouse Electric Corp.
Beeskow (H.) s. Schubert (K.).
Beesley (J. A.) s. Clayson (D. H. F.).
Beeson (P. B.) s. Bennett jr. (I. L.).
Beeson (W. M.) s. Henson (J. N.); Jackson (H. D.); Mertz (E. T.).
Beevers (C. A.), Fourier-Streifen mit einem 3°-Intervall 993. — s. Robertson (J. Monteath).
— u. **Lipson (H.)**, Verwend. v. Fourier-Streifen bei d. Berechn. v. Strukturfaktoren 993.
Beevers (H.), Oxydat. v. red. Diphosphopyridinnucleotid durch ein Ascorbinsäuresyst. aus d. Gurke 5572. — Malonsäure als Hemmstoff d. Maiswurzelrespirat. 8409.
Beganskaja (L. S.) s. Nikolajew (B. A.).
Begeman (M. L.), **McBee jr. (F. W.)** u. **Fontana (J. C.)**, Physikal. u. metallurg. Kennzeichen d. punktgeschweißten Ti 10851.
Begemann (F.), Messung d. Th- u. Ra-Geh. v. Gesteinen mit d. Proportionalzähler 4030.
—, **Buser (W.)**, **Gunten (H. R. v.)** u. **Houtermans (F. G.)**, Best. extremer Th/U-Verhältnisse durch Aktivitätsvergleich radioakt. Pb-Isotope 8545.
Beggs (R. K.), Elektr. Kontakte aus Sintermetallen 3953.
Beghian (L. E.) s. Eliot (E. A.).
Begin (J. J.) u. **Thornton (P. A.)**, Rk. v. New Hampshire-Küken, denen Hormone injiziert wurden, auf Ergänz. mit Antibioticis 623.
Begin (L. E.) s. Dow Chemical Co.
Begoon (A.) s. Cristol (S. J.).
Beguin (G.) u. **Fajans (K.)**, Einfl. d. Ladungsverteil. auf d. abstoßenden Kräfte u. d. Kernabstände zwischen Ionen 4051.
Begunowa (R. D.) s. Nilow (W. I.).
Behal (V. G.), Prakt. Anwend. v. Radioisotopen in Gießereien 5882.
Beher (W. T.) s. Foulkes (R. H.).
— u. **Anthony (W. L.)**, Vorbeugende Diät bei Mäusen gegen Cholesterinleberverfett. durch Gaben v. Dihydrocholesterin 4143.
—, **Marfey (S. P.)**, **Anthony (W. L.)** u. **Gaebler (O. H.)**, Antimetabolite. 4. Mitt. Stoffwechsel v. 3-Acetylpyridin in vitro 5359.
Behlen (W.), Echte Wirkstoffnebel zur Obstschädlingsbekämpf. 9423.
Behm (G.), Einfl. d. Rohfaser im Futter auf d. Menge d. Darmverluststickstoffs, nach Verss. an Ratten, Kaninchen u. Schweinen 10307.
Behme (H. W.) s. Dorr Co.
Behne (W.) u. **Müller (Walter)**, Elektronenmkr. Unterss. über d. Morphologie v. Halloysit 7167.
Behnen (G.) s. Chemische Werke Rombach G. m. b. H.
Behnisch (R.) s. Farbenfabriken Bayer Akt.-Ges.; Schenley Industries, Inc.; Winthrop Chemical Co., Inc.
Behnke (E.), Einsatzmöglichkk. ungesätt. Polyesterharze 5910. — s. Weisbart (H.).
Behnke (J.-M.), Selbstherst. v. Papierklebstoffen aus enzymat. abgebauter Rohstärke 1188.
Behr (B.) s. Kemula (W.).
Behr (G.), Hämoglobinbest. u. Zähl. d. roten Blutkörperchen in derselben Blutverdünn. 8460.
Behr (L. C.), Stellungsisomerie v. Azoxybenzolen 3354.
— u. **Brent (J. T.)**, Dimethylfurazan 6516.
Behr-Manning Corp., **Oglesby (N. E.)** u. **Strain (F.)**, Nicht oder schwach gekrümmtes blattförm. Schleifmittel 441* D. B.
— u. **Twombly (M. J. F.)**, Schleifpapier 7296* F.
Behr Negendanck (H. J. v.) u. **Oething (C.)**, Mittel zur Bekämpfung v. tier. Speicherschädlingen 4920* D.
Behrendt (H.) & Co., **Grünfeld (O.)** u. **Behrendt (Hermann)**, Faktis 2319* D. B.
Behrendt (Hermann) s. Behrendt (H.) & Co.
Behrendt (W.), Grundbegriffe d. Farbphotographie. Bessere Farbbilder durch farbige Masken 7358.
Behrens (H.), Rußbldg. u. Radikalgleichgewichte in Flammen 990.
Behrens (H.) [Hannover], Behandl. d. infektiösen Schafmastitis mit Sulfonamiden 1319.
Behrens (Hans) s. Meyer (R. O.).
Behrens (Helmut) u. **Eisenmann (E.)**, Metallcarbonyle. 66. Mitt. CO-Rkk. v. NiS u. COS im wss.-alkal. Medium. 1. Teil 11180; 67. Mitt. 2. Teil 11181.
Behrens (M.) s. Denffer (D. v.).
Behrens (W.), Rasterdiapositive 4019* Oe.
Behrens (W. U.), Zusammenwirken d. Wachstumsfaktoren 4433.
Behring (W. E.), **Jackson (J. M.)**, **Miller jr. (S. C.)** u. **Rense (W. A.)**, Monochromat. Kamera zur Photographie im fernen UV 7738.
Behringer (H.) s. Wiberg (E.).
Behringer (K.) s. Badische Anilin- & Soda-Fabrik Akt.-Ges.
Behringwerke Akt.-Ges., Stabile, hochgereinigte γ-Globulinpräpp. 5374* Oe.
—, **Schultze (H. E.)**, **Schönenberger (M.)** u. **Matheka (H.-D.)**, Herst. stabiler γ-Globulinpräpp. 9628* D. B.

Beideck (K.) s. Badische Anilin- & Soda-Fabrik Akt.-Ges.
Beidler (E. A.) s. Crowley-Republic Steel Corp.; Fansteel Metallurgical Corp.; Republic Steel Corp.
Beier (E.), Entfernen v. Phenolen aus Abwässern v. Kokereien u. ähnl. Anlagen 3999.
Beier (W.) s. Dörner (E.).
Beiersdorf (P.) & Co. Akt.-Ges., Verbandspflaster 5600* N. — Gewinn. eines krist. Digitaliswirkstoffes 6339* D. B.
Beiersdorf (R.) u. **Ahrens (W.)**, Verss. zur Resistenzzücht. v. Bakterien gegen Xanthocillin im Vgl. zu anderen Therapeuticis 2226.
Beierwaltes (W. H.) u. **Bishop (R. C.)**, Ausscheid. v. 17-Ketosteroiden u. d. follikelstimulierenden Hormon d. Hypophyse bei Myxödem vor u. während d. Behandl. mit Thyroxin 7478.
Beigang (F.) s. Brecht (W.).
Beiglböck (W.) u. **Odenthal (F.)**, Kreislaufunterss. mit ^{131}J zur Unters. gefäßwirksamer Mittel 2020.
Beijer (P. H.), Vierhonderdvijftig scheikunde vraagstukken en honderdzestig kwalitatieve vragen [8074].
Beijer (W. A.), **Lasarew (N. W.)**, **Felisstowitsch (G. I.)** u. **Chilow (K. L.)**, Pentoxyl u. seine Anwend. bei Erkrankk., d. mit Leukopenie einhergehen 10788.
Beijers (J. A.), Fall v. schwerer Ricinusvergift. bei Rindvieh 8440.
Beijers (J. D.) s. Scholten (H. H.).
Beil (W.) s. Winnacker (K.).
Beiler (J. M.) s. Martin (G. J.).
Beiler (T. W.) s. Witkop (B.).
Beiless (R. G.) u. **Posstowski (I. J.)**, Chemie d. Naphthacens (Tetracens). 6. Mitt. Chlorier. v. Naphthacen u. Besonderhh. seiner Struktur 6744.
Beilfuss (S.) s. Deutsche Bundesbahn, vertreten durch das Bundesbahn-Zentralamt Minden.
Bein (H. J.) s. Meier (R.); Müller (J. M.); Tripod (J.).
— u. **Meier (R.)**, Schockbekämpf. mit Pendiomid 1556.
Beinert (H.), Unterss. am Fettsäuren oxydierenden Syst. tier. Gewebe. 2. Mitt. β-Ketoacylderivv. v. Coenzym 2454. — s. Cheldelin (V. H.); Crane (F. L.); Sarkar (N. K.); Stansly (P. G.).
Béique (R.) s. Lorrain (P.).
Beirne (C. G.) u. **Beirne (G. A.)**, Mit W. entfernbare Paste 6566.
Beirne (G. A.) s. Beirne (C. G.).
Beischer (D. E.), Radioakt. Monoschichten: Neue Meth. für Oberflächenunterss. 2844.
Beischer (D. E.), Absol. β-Mess. an Tritiummonoschichten 6210.
Beisel (C. G.), **Dean (R. Willard)**, **Kitchel (R. I.)**, **Rowell (K. M.)**, **Nagel (C. N.)** u. **Vaughn (R. H.)**, Ursprung u. Nachw. v. Voges-Proskauer-Rk.-Prodd. im California-Valencia-Orangensaft 10880.
Beiser (A.), Kernemulsionstechnik 4272.
Beitchman (B. D.) s. Barnes (R. A.).
Beitz (R. C.), Schnell arbeitendes Spektralphotometer mit Kathodenstrahlanzeige 5377.
Bejdl (W.), Saure Phosphatase in Haut u. Vagina d. Menschen u. ihre Bedeut. für d. Verhorn. 6773.
Bejdl (W.), **Kraupp (O.)** u. **Pillat (B.)**, Histolog. u. funktionelle Veränderr. d. Leberzellparenchyms nach CCl_4-Vergift. an Ratten 11417.
Beketow (M. B.) s. Ussanowitsch (M. I.).
Beketowski (S. N.), Qualitative Rk. auf Lignin 4423.
Bekina (R. M.) s. Ssewerin (S. J.).
Bekkering (D. H.) u. **Kosten (C. W.)**, Einfache Anordn. zur Messung d. Schallabsorpt. bei niedrigen Frequenzen 7385.
Bekkum (D. W. van) u. **Kassenaar (A.)**, Stoffwechselwrkg. v. Testosteron u. verwandten Verbb. 3. Mitt. Wrkg. auf d. D-Aminosäureoxydaseaktivität 7466.
Beklemischew (N. D.) s. Schnyrewa (J. A.).
—, **Ossipowa (G. P.)**, **Senkowa (N. F.)** u. **Bukeichanowa (S. C.)**, Biomycinbehandl. d. Brucellose 8908.
Bekow (G.), Kristallwachstum 5256.
Béland (C. E.), Keimtötende Reinigungsmittel 4236.
Bélanger (L. F.), Autoradiograph. Sichtbarmach. d. Eintritts u. weiteren Schicksals v. ^{35}S in Knorpel, Knochen u. Dentin junger Ratten, u. d. Wrkg. v. Hyaluronidase in vitro 1763. — Autoradiograph. Ermittl. d. ^{35}S-Synth. in d. Mucus-Randzellen v. Rattenmägen 3903.
—, **Lotz (W. E.)**, **Visek (W. J.)** u. **Comar (C. L.)**, Sichtbarmach. d. n. Wachstums d. Schneidezähne v. Schweinen durch Autoradiographie mit ^{45}Ca u. d. Wrkg. d. Verfütter. v. F 389.
Belart (W.), Toxizität v. Irgapyrin u. Butazolidin 9843.
Belasco (I. J.), Vgl. zwischen Harnstoff u. Proteinmehlen als N-Quellen für Rumen-Mikroorganismen: Ausnutz. d. Harnstoffes u. Verdauung d. Cellulose 7482; Dass.: Produkt. flücht. Fettsäuren 7482.
Belavady (B.) u. **Banerjee (Sachchidananda)**, Wrkg. d. Keimung auf d. P-Geh. ind. Hülsenfrüchte 850. — Cholesterinstoffwechsel in skorbut. Meerschweinchen 5113.
Belawina (N. N.), Autographie v. Geweben u. Organen v. Tieren auf d. Photofilm 7282.
Belcher (E. H.), Scintillationsdetektoren in medizin. u. biol. Forsch. 2. Mitt. 12.
Belcher (R.), Analyse F-halt. organ. Verbb. 426. — Best. v. Cl in Kohle durch nasse Verbrenn. 2814. — Chinolingelb als reversibler Indicator bei Hypochlorit-Arsenit-Titratt. 8217. — Chinolingelb als reversibler Indicator bei bromometr. Titratt. 8217.
— u. **Godbert (A. L.)**, Semi-micro quantitative organic analysis [429].
—, **Macdonald (A. M. G.)** u. **Nutten (A. J.)**, Mikroanalyse F-halt. organ. Verbb. 3. Mitt. Best. v. Cl, Br u. J 2968.
—, **Nutten (A. J.)** u. **Thomas (H.)**, Best. v. K u. Na in Kohlenasche 7277.
—, **Stacey (M.)**, **Sykes (A.)** u. **Tatlow (J. C.)**, Synth. gewisser Trifluormethylchinolinderivv. 3144.
—, **Sykes (A.)** u. **Tatlow (J. C.)**, Trifluormethylsubstituierte Benzimidazole 4345. — Mandelsäure u. halogensubstituierte Mandelsäuren als Reagentien für d. Best. v. Zr 7509. — Analyt. Eigg. v. 8-Oxy-5-, -6- u. -7-trifluormethylchinolin 11259.
— u. **Wilson (C. L.)**, New methods in analytical chemistry [9638].

Belden (B. B.), Vorform. u. Pressen zur Vorform. 6631.
Belenki (B. G.) s. I o f f e (I. S.).
Belenki (L. I.), Spektrophotometr. Unters. v. koll. Farbstofflsgg. 8037. — s. T e r e n t j e w (A. P.).
— u. **Kasanskaja (M. J.)**, Kontrolle d. Küpenfärbens 2781, 4217. — Neues Verf. zur Analyse v. Hydrosulfit 3741.
Belenki (M. L.) s. A n i t s c h k o w (S. W.).
— u. **Witolin (M. A.)**, Pharmakologie u. Toxikologie v. Tubazid (Hydrazid d. Isonicotinsäure) 9609. — Einfl. v. Veratrin auf d. cholinoreaktiven Systeme 9611.
Belenki (S. S.), Bldg. schwerer Teilchen bei Zusammenstößen mit hoher Energie 9488.
Beley u. **Chezeau (R.)**, Analysenresultate v. Bodenproben d. Insel Tubuai 5397.
Belfor (M. G.) s. G u t m a n (L. M.).
Belford (J.) s. W o s k e (H.).
Belgowa (I. N.), Einfl. v. Curare auf d. Muskeltonus d. Vordergliedmaßen d. Froschmännchens 6332. — Einfl. v. Sublimat auf d. cholinerg. Syst. d. Herzens 9377.
Belić-Andrić (N. S.) s. K o n č a r - D j u r d j e v i ć (S.).
Belik (J. W.), Geschichte d. Fermenttheorie d. Blutgerinn. 1893. — s. B e l i t z e r (W. A.).
Belikow (A. S.), **Bankowski (A. I.)** u. **Zarew (M. W.)**, Alkaloid aus Gleditschia triacanthos L. 3150.
Belikow (W. M.) s. R o d i o n o w (W. M.).
Belin (L.) u. **Gauthier (J.)**, Material „Toubille" u. Chemieunterricht 4746.
Belina (T. N.) u. **Krassilschtschikow (A. I.)**, Kinetik d. elektrochem. Redukt. v. Sauerstoff 10928.
Belinfante (F. J.), Positontheorie ohne „Löcher" 4026. — Pionen aus d. Erzeug. v. Baryonen durch Protonen 4508. — Eigentliches Magnetmoment v. Elementarteilchen mit d. Spin *3/2* 7828. — Magnet. Momente v. Neutron u. Proton 7828. — Direkte Prüf. d. Kovarianz v. Guptas unbestimmter Metrik in d. Quantenelektrodynamik 9948.
— u. **Møller (C.)**, Relat. zwischen zeitabhäng. u. stationären Behandlungen v. Stoßprozessen 9490.
Belisario (J. C.), Ätiologie u. moderne Behandl. d. Akne vulgaris 5844.
Belisle (J. J.) s. J o r c z a k (J. S.).
Belitz (H. G.) s. C o m m o n w e a l t h E n g i n e e r i n g C o. o f O h i o.
Belitzer (W. A.) s. P a s s y n s k i (A. G.).
— u. **Belik (J. W.)**, Bldg. u. Polymerisat. d. monomeren Fibrins 10788.
— u. **Demin (W. I.)**, Phosphatase d. Zähne bei Caries 1762.
—, **Nowik (I. O.)** u. **Demin (W. I.)**, Löslichk. v. Zahnschmelz 10301.
Belitzer (W. O.), **Chodorowa (J. L.)** u. **Ziperowitsch (O. S.)**, Best. d. Aktivität der d. Milchgerinn. verursachenden Fermente 9930.
Beljajew (I. M.), Präp. Mercuran zur Bekämpfung v. Schädlingen u. Krankheiten v. Getreidekulturen 4916.
Beljajew (I. N.), Entmisch. in tern. reziproken Systemen 3327. — Austauschzers. im reziproken Syst. aus d. Sulfaten u. Wolframaten d. Li u. Pb 9980.
—, **Chodakow (A. L.)** u. **Scholochowitsch (M. L.)**, Einfl. v. Bariumtitanat auf d. dielektr. Eigg. v. Bleimetaphosphat u. -metaboratgläsern 11503.
Beljajew (I. N.) u. **Doroschenko (A. K.)**, Austauschzers. im reziproken Syst. aus d. Sulfaten u. Molybdaten d. Na u. Ag in Schmelzen 4545.
— u. **Scholochowitsch (M. L.)**, Schmelzbark. d. Syst. $BaCl_2$–$BaCO_3$–$BaTiO_3$ 2380. — Reziprokes Syst. aus d. Chloriden u. Carbonaten d. Na u. Ba 9752.
Beljajew (M. G.) s. W a s s i l j e w (K. M.).
Beljajew (W. I.) s. B a t u j e w (M. I.).
Beljajewa (N. I.) s. T s c h e r n o w (W. A.).
Beljawskaja (J. A.) s. A k o p o w (I. E.).
Beljakow (J. M.), Demonstrat. d. elektr. Leitfähigk. v. Lsgg. 9486.
Beljankin (D. S.), **Lapin (W. W.)** u. **Toropow (N. A.)**, Physikal.-chem. Systeme d. Silicattechnologie [5629].
Beljanski (M.), Fehlen v. Cytochromen u. bestimmten Enzymsystemen bei einer neuen streptomycinresistenten Escherichia coli-Mutante 1302.
Beljers (H. G.), **Kint (L. van der)** u. **Wieringen (J. S. van)**, Overhauser-Effekt in einem freien Radikal 9027.
Belk (J. A.), **Tolansky (S.)** u. **Turnbull (D.)**, Verwend. v. Mehrschichtenfilmen für d. interferometr. Oberflächen-Topographie 7161.
Belkin (N. I.), Fermentative Kennzeichen d. Winterhärte v. Winterweizen im Zusammenhang mit Abhärt. u. Düng. 8884.
Belknap (M. A.) s. K e e g a n (H. J.).
Bell (A.) s. E a s t m a n K o d a k C o.
Bell (A. C.) s. C o l g a t e - P a l m o l i v e - P e e t C o.
Bell (A. L. L.), **Immerman (L. L.)**, **Arcomano (J. P.)**, **Zwanger (J.)** u. **Bello (E. T.)**, Intravenöse Cholangiographie 2241.
Bell jr. (A. L. L.), **Smith (Craig N.)** u. **Andreae (E.)**, Wrkg. d. Kohlensäureanhydratase-blockers *„6063"* (Diamox) auf d. Atmung u. d. Elektrolytstoffwechsel bei Patienten mit respirator. Acidose 10078.
Bell (A. M.) u. **Scott (F. J.)**, Verwitter. als Leitfaden für Erze bei d. Gaspe Copper Mines 9982.
Bell (A. T.) u. **Everist (S. L.)**, Indigofera enneaphylla: Giftpflanze für Pferde (Birdsville disease) 11706.
Bell (C. D.) s. D u P o n t d e N e m o u r s (E. I.) & C o.
Bell (C. E. Z.) = Z o B e l l (C. E.).
Bell (C. F.) s. I r v i n g (H.).
Bell (C. O. R.), Entw. eines neuen Motorprüfverf. zur Unters. d. Korross. in Lagern u. d. verbessernden Wrkg. v. Additives auf Schmieröle 493.
Bell (C. R.) s. S t e i n h a u s (E. A.).
Bell (D. G.), Gruppentheorie u. Kristallgitter 9268.
—, **Hensman (R.)**, **Jenkins (D. P.)** u. **Pincherle (L.)**, Bänderstruktur v. Si 4038.
Bell (D. J.) s. B e a t t i e (J.).
— u. **Dedonder (R.)**, Nochmalige Unters. d. v. Pseudomonas prunicola, Wormald. u. Bacillus subtilis, BG *2 F 1* gebildeten Lävane 6312.
— u. **Edelman (J.)**, Disaccharidsynth. infolge Fructoseübertrag. aus Saccharose durch Hefeinvertase 6521.
— u. **Manners (D. J.)**, Kristalline 2.4-Di-O-methyl-D-glucose 106. — α-1.4-Glucosane. 1. Mitt. Art d. Kettenzwischenbindungen in Glykogenen 11225.
Bell (E. B.) s. V o i c e (E. W.).

Bell (E. E.) s. Burstein (E.); Stroup (R. E.).
Bell (E. P.) s. Soc. Continentale Parker.
Bell (E. R.) s. N. V. de Bataafsche Petroleum Mij.; Shell Development Co.
—, **Rust (F. W.)** u. **Vaughan (W. E.)**, Zerss. v. Di-tert.-alkylperoxyden. 4. Mitt. Zers. v. reinem fl. Peroxyd 5038.
Bell (F.), Halogenier. v. 2-Methoxy-1-acetonaphthalid 5295.
— u. **Gibson (J. A.)**, Rk. v. 2-Benzolsulfonamido-1-bromnaphthalin mit Cl 6970.
Bell (H. B.) s. Livey (D. T.).
—, **Murad (A. B.)** u. **Carter (P. T.)**, Verteil. v. Mn u. O zwischen geschmolzenem Fe u. FeO–MnO—SiO_2-Schlacken 4441.
Bell (J.), Hill (T.), Macdonald (K. A.), Reed (R. I.) u. **Macdonald (A.)** [Glasgow], Katalyt. Deuterier. organ. Verbb. 3. Mitt. Austausch-Rkk. gesätt. aliphat. Carbonsäuren 4801.
—, **Macdonald (K. A.)** u. **Reed (R. I.)**, Katalyt. Deuterier. organ. Verbb. 4. Mitt. Deuterier. v. opt.-akt. Milchsäure 4801.
Bell (James) s. General Electric Co. Ltd.
Bell (J. E.), Bekämpf. v. Binsen in d. Provinz Auckland 2985.
Bell (J. M.), Graham (V. E.), Gibson (D. L.) u. **Lawton (W. C.)**, Steiger. d. Nährwertes v. Molke durch Hefegär. 4. Mitt. Fütterungsverss. mit Mäusen 8054.
Bell (J. V.), Heisler (J.), Tannenbaum (H.) u. **Goldenson (J.)**, Infrarotspektren v. Metallisopropylaten 7868.
Bell (J. W.), Practical textile chemistry [11125].
— u. **Whewell (C. S.)**, Rk. zwischen Wolle u. Nickelammoniumhydroxyd. 2. Mitt. Superkontrakt. v. Wollfasern in Lsgg. v. Nickelammoniumhydroxyd 3034.
Bell (L. G.) s. Lamb (W. G. P.).
Bell (L. N.), Wrkg. v. Kohlensäuregas auf d. Absorpt. v. Strahlungsenergie durch Pflanzenblätter 9365.
Bell (N. A. R.) s. Imperial Chemical Industries Ltd.
Bell (P. R.) s. Lazar (N. H.); Sheline (R. K.).
Bell (R. C.), Edwards (J. O.) u. **Meier (J. W.)**, Einfl. v. metall. Verunreinigg. auf d. Eigg. v. Zinkspritzguß d. Zamak 3-Typus 10615.
Bell (R. C.) [Durham], **Rannie (I.)** u. **Wynne (N. A.)**, Unverträglichkeits-Rkk. nach Procain (Novocain)–Penicillin 5362.
Bell (R. E.), Mess. v. (p, xn)-Querschnitten in Bi 3791.
— u. **Yaffe (L.)**, Suche nach einem möglichen Fehler bei d. gemessenen Halbwertszeit v. ^{198}Au 7143.
Bell (R. G.) s. Ferguson (J. K. W.).
Bell (R. L.) s. Cahn (R. W.).
Bell (R. P.), Acidos y bases. Su comportamiento cuantitativo [8557].
— u. **Brown (A. H.)** [Oxford], Kinetik d. Depolymerisat. v. Paraldehyd in wss. Lsg. 5993.
— u. **George (J. H. B.)**, Unvollständ. Dissoziat. einiger Tl(I)- u. Ca-Salze bei verschied. Tempp. 22.
— u. **Rand (M. H.)**, Unters. d. Gleichgewichte u. d. Kinetik d. Hydratat. v. Aldehyden 10474.
Bell (R. R.), Price (M. A.) u. **Turk (R. D.)**, Toxizität v. Malathion u. Chlorthion bei Hunden u. Katzen 8431.
Bell (T. A.) s. Peterson (W. J.).
Bell (T. D.) s. Jordan (R. M.).
—, **Smith (Walter H.)** u. **Erhart (A. B.)**, Wrkg. v. Stilböstrol auf d. Entw. d. Lammes bei Stallfütterung 2463.
Bell (W. A.), Elektrolyt. Mn-Ndd. 7541. — s. Liddiard (E. A. G.).
—, **Love (L. O.)**, **Normand (C. E.)** u. **Prater (W. K.)**, Elektromagnet. Trenn. v. Pd-, Pt- u. Ru-Isotopen 7368.
Bell (W. C.), Grundlagen u. Praxis d. Eisenhüttenwesens in Europa 2759. — s. Stewards and Lloyds Ltd.
Bell (W. E.) s. Jensen (K. K.).
Bell Telephone Laboratories, Inc., Baker (W. O.) u. **Grisdale (R. O.)**, Therm. dehydrierte Prodd. 8510* A.
—, **Baker (W. O.), Grisdale (R. O.)** u. **Winslow (F. H.)**, Carbonisierte Si-halt. Prodd. 10151* A.
—, **Becker (J. A.)** u. **Christensen (H.)**, Widerstand 6100* A.
— u. **Christensen (H.)**, Heißleiter 6820* A.
—, **Dienel (H. F.)** u. **Teal (G. K.)**, Widerstandsmaterial 10343* A.
—, **Fisher (J. R.)** u. **Teal (G. K.)**, Widerstandskörper 7518* A.
— u. **Greiner (E. S.)**, Kobaltlegier. als Werkstoff für elektr. Widerstände 7543* A.
—, **Grisdale (R. O.), Pfister (A. C.)** u. **Teal (G. K.)**, Widerstand 5389* A.
— u. **Martin (M. L.)**, Wärmebehandl. v. Mikrophonkohle 11064* A.
— u. **Morin (F. J.)**, Halbleitermaterial 6588* A. — Heißleiter 6588* A.
— u. **Ohl (R. S.)**, Teile für Gleichrichter 7998* A.
— u. **Peters (Henry)**, Verbinden v. Polyäthylen mit Kautschuk 2551* A.
— u. **Teal (G. K.)**, Lichtelektr. Widerstandszelle 10831* A.
Bell Telephone Mfg. Co., Soc. An., Harze 11650* Belg.
Bella (D. Della) u. **Galli (G.)**, Normetasympatol u. seine pharmakol. Wrkgg. 11246.
Bella (G. De), Vitamin B_{12} u. Grundumsatz bei d. Ratte 2237. — Einfl. d. Chlorophylls auf d. Grundumsatz bei Ratte u. Mensch 2240.
— u. **Vacca (C.)**, Möglichk., Folsäure in d. Diät heranwachsender Ratten durch verschied. Komponenten d. Desoxyribonucleinsäure zu ersetzen 8192.
Bella (S. Di) s. Euler (H. v.).
Bellamy (L. J.) u. **Beecher (L.)**, Infrarotspektren v. Organophosphorverbb. 3. Mitt. Aliphat. Säuren u. Verb., d. Naturstoffen verwandt sind 6709. — Infrarotspektren v. Chelatverbb. 1. Mitt. Systeme v. Keto–Enol-Typ 7869.
— u. **Branch (R. F.)**, Infrarotspektren v. fluorierten KW-stoffen 5983. — Infrarotspektren v. Chelatverbb. 2. Mitt. Metallchelatverbb. v. β-Diketonen u. v. Salicylaldehyd 7870.
Bellamy (O. H.) s. Kirkwood jr. (C. E.).
Bellefontaine (A.) s. Lech-Chemie Gersthofen.
Bellemans (A.) u. **Colin-Naar (C.)**, Anwend. d. Zellenmodells auf d. statist. Thermodynamik v. r-meren Lsgg. 2. Mitt. 8114.
Beller (F. K.), Wrkg. kleiner Chinindosen auf d. Geburtsverlauf 868. — Ist d. Heparininaktivier. durch ACTH-Präpp. für diese spezifisch? 4138.
Beller (H.) s. General Aniline & Film Corp.

Beller (K.), Komplettier. d. Leistungsfütter. mit Wirkstoffgemischen 8662.
Bellet (E.) s. Gaz de France (Service National).
Bellet (P.) s. Usines Chimiques des Laboratoires Français U. C. L. A. F.
— u. **Jequier (R.)**, Pharmakodynam. Eigg. d. Lupanins 10311.
— u. **Régnier (P.)**, 2-Desmethylcolchicin u. davon abgeleitete Tropaminone 8868.
Bellet (R. J.) s. Ramirez (F.).
Bellet (S.) s. Frank (M. N.); Kramer (L. B.); Lechner (E.).
Belliboni (G.), **Sechi (B.)** u. **Vitale (B.)**, Analyse einiger τ-Mesonen 10666.
Bellière (J.), Eigentümlichkk. d. Tektonik d. Gebiets zwischen Hamoir u. Durbuy 309.
Bellin (J.) s. Gregor (H. P.).
Belling jr. (T. H.) u. **Booth (N. H.)**, Pharmakodynam. Unterss. mit Succinylcholinchlorid beim Pferd 8202.
Bellis (J. M.) s. Day jr. (R. A.).
Bellis (L. de), Quantitative Best. gonadenstimulierender Substanzen im Urin alter Frauen 1542.
Bellis (M. P.) s. Buckles (R. E.).
Bellis (U. de) s. Gruttola (G. di).
Bellmann (H.), Praxisnahe Laboratoriumsunterss. über d. Eindringen v. Fll. in Holz bei d. Kesseldrucktränk. 3515.
Bellmann (R.) s. Herfeld (H.).
Bello (C. T.), Bewert. neuer Medikamente in d. Behandl. d. Hypertens. 3432.
Bello (E. T.) s. Bell (A. L. L.).
Belloc (A.) s. Le-Van-Thoi.
Belloc (M.) s. Soc. Nobel Française, Soc. An.
Bellomonte (G.) s. Caronna (G.).
Bellon (R.), Reinigen v. Diäthylessigsäure 6132* F.
Bellone (A. F. S.) s. Soc. des Usines Chimiques Rhône-Poulenc.
Belloni (F.) s. Bianco (M.).
Belloni (V. G.), Repertorio dei fitofarmaci e guida alla lotta antiparassitaria [5164].
Bellringer (F. J.) s. Distillers Co. Ltd.
Bellucci (A. J.) s. Dreyfus (C.).
Bellville jr. (G. R.) s. Texaco Development Corp.; Texas Co.
Bellwinkel (A.), Unterss. an Drehöfen (Ergänzz. d. Ofenverss.) 3462.
Beloff-Chain (A.), **Catanzaro (R.)**, **Chain (E. B.)**, **Agostino (O. D')**, **Masi (I.)**, **Pocchiari (F.)** u. **Rossi (Cesare)**, Schicksal d. gleichmäß. markierten Glucose im Zwerchfell n. u. durch Alloxan diabet. Ratten in Ggw. u. bei Abwesenh. v. Insulin 856.
Belopolski (A. P.) s. Ssaruchanjan (T. A.).
Beloserskaja (W. I.) u. **Sore (W. A.)**, Spektralanalyt. Best. v. Zn im Staub d. Luft 11260.
Beloserski (A. N.), **Snamenskaja (M. P.)**, **Rautenstein (J. I.)**, **Odinzowa (M. S.)**, **Pronjakowa (G. W.)** u. **Rodionowa (N. A.)**, Vergleichende biochem. Unters. d. gegenüber Actinophagen empfindl. u. widerstandsfäh. Formen v. Actinomyces globisporus streptomycini Kras 6777.
Belotelow (N. P.), Plastifizierter Zement d. Fabrik „Kommunar“ 3710.
Belotti (B. M.) s. Buffoni (L.).
Belouss (A. A.), Hypotensive Wrkg. v. Dibasol bei Kaninchen mit experimenteller Pituitrin-Hypertonie 8437.
Beloussow (M.), Ernähr. d. Baumwollpflanzen 6832. — Wurzelernähr. d. Baumwolle 8474.
— u. **Sdwishenskaja (S.)**, Methoden zur Best. d. Ernährungsbedingg. d. Baumwollpflanze 3173.
Beloussowa (A. K.), Änder. d. intracellulären Verteil. d. Nucleinsäuren u. Proteine während d. Malignisationsprozesses d. Leber 4124.
Below (J. S.) s. Lapkin (I. I.).
Below (P. S.) s. Issaguljanz (W. I.).
Below (W. N.), Arbeiten d. Mitgliedes d. Akademie W. M. Rodionow in d. Zeit v. *1948* bis *1953* 501. — s. Kagan (S. L.).
— u. **Schechtman (G. S.)**, Acylier. ungesätt. KW-stoffe. 2. Mitt. Acetylier. v. Phenylacetylen u. Heptin-(1) mit Essigsäureanhydrid in Ggw. v. $ZnCl_2$ 7896.
— u. **Skworzowa (N. I.)**, Duftstoffe 5673.
Belowa (B. M.) u. **Goldenberg (L. G.)**, Diopsid im Fensterglas 6593.
Belser (R. B.), Einfl. d. Aufstäubegeschwindigk. auf d. Widerstand u. d. „Altern“ aufgestäubter Ag-Filme 3085. — Löttechnik für dünne Metallfilme 3478. — Einfl. hoher Aufsprühgeschwindigkk. auf d. Widerstand aufgesprühter Au-Filme 7845. — s. Raudebaugh (R. J.); Wolff (W. E.).
— u. **Chester (M. C.)**, Beobacht. v. Diffusionseffekten, d. während d. künstl. Alter. v. doppelschicht. Bimetallfilmen auftreten 34. — Elektr. Widerstände v. Doppelschichten u. v. gleichzeit. aufgedampften Zweimetallfilmen vor u. nach künstl. Alter. 3325.
— u. **Hicklin (W. H.)**, Einfl. v. legierenden Aktionen v. doppelschicht. Bimetallelektroden auf d. Frequenzen v. piezoelektr. Quarzresonatoren 516.
Belshaw (P. L.) s. Imperial Chemical Industries Ltd.
Belski (A. F.) u. **Blum (A. I.)**, Gleichrichtereigg. d. Kontaktes Se–HgSe 2365.
Belski (B. B.) u. **Kulakowskaja (T. N.)**, Anwend. v. Düngemitteln bei Moorböden 9173.
Belski (N. W.), Einige Nebenerscheinn. bei intravenöser Behandl. mit Novocain 5842.
Belter (P. A.) s. United States of America.
—, **Brekke (O. L.)**, **Walther (G. F.)** u. **Smith (A. K.)**, Raschentfern. v. Lösungsmm. 6644.
Belthle (F. W.) s. Beckett (A. H.).
Beltrami (L.), Reaktionszeiten d. Digilanide 6562.
Beltrán Martínez (J.) u. **Rodríguez Ríos (B.)**, Peroxyvanadate. 1. Mitt. 7631; 2. Mitt. Konduktometr. Best. eines Alkalis in Ggw. eines Vanadats. Konst. d. Peroxysalze 7632.
Belugou (P.) s. Cheradame (R.).
Belusko (V. E.), Überwach. d. chem. Zus. v. Stahlguß durch Stahlwerksvorproben 7540.
Belz (L. H.) s. Andersen (H. C.).
Belz (W.) s. Zellstoff-Fabrik Waldhof.
Bemski (G.), **Nierenberg (W. A.)** u. **Silsbee (H. B.)**, Spin–Bahn-Wechselwrkg. in RbF u. CsF 7152.
Ben (M.) s. Swingle (W. W.).
Ben-Ishai (D.), Verwend. v. HBr in Essigsäure zur Entfern. v. Carbobenzoxygruppen u. über Benzylester v. Peptidderivv. 797.

Benacerraf (B.), Halpern (B. N.), Biozzi (G.) u. Benos (S. A.), Quantitative Unters. über d. granulopekt. Aktivität d. reticulo-endothelialen Syst. (RES). 3. Mitt. Wrkg. v. Cortison u. Stickstofflost auf d. regenerative Kapazität d. RES nach Sättig. mit Kohle 8422.
Benada (J.), Alternaria porri als Erreger d. Erkrank. v. Lallemantia 197.
Bénard (H.), Gajdos (A.) u. Gajdos-Török (M.), Wrkg. gleichzeit. Zuführ. v. Methionin u. Adenosintriphosphorsäure bei d. Ratte 9130.
Bénard (J.), In chem. Rkk. hervorgerufene Erscheinungen kristalliner Orientier. 5972.
— u. **Bardolle (J.),** Epitakt. Wachstum v. Eisen(II)-oxydkristallen bei vorsicht. Oxydat. d. Fe bei erhöhten Tempp. 4772.
— u. **Moreau (J.),** Auftreten eines bes. Typs v. Oberflächenmikrostruktur in einer Ni–Cr-Legier., d. selektiver Oxydat. unterworfen wurde 995.
Benard (L.), Gewinn. v. Lipoiden u. Phosphatiden aus Fischmilch 10091* F.
Bénard (P.) s. D e i b n e r (L.).
Benas (G.) u. Nepveu (P.), Bekämpf. d. Hirse-Noctuella (Sesamia cretica Led.) in d. Vaucluse 11078.
Benassi (G.), Introduzione allo studio dei gruppi sanguigni. Con particolare riguardo alle applicazioni giudiziarie [4633].
Benassi (P.), Wrkgg. d. Guanidinessigsäure auf d. Kreatinkörperstoffwechsel bei progressiver Muskeldystrophie 1558.
Benati (O.) s. E r s p a m e r (V.).
Benatti (G.) s. B e r t o l a n i (F.).
Benbow (J. J.), Dynam.-mechan. Eigg. v. organ. Gläsern 1012.
Benca (J.), Therapie tiefsitzender Trichophytien mit Podophyllin 3680.
Benca (M. F.) s. H e n i c k (A. S.).
Benchimol (A. S.), Rückgratsanästhesie unter Zugabe v. Vitamin B_1 6560.
Benckiser (J. A.) G. m. b. H. Chemische Fabrik = C h e m i s c h e F a b r i k J. A. B e n c k i s e r G. m. b. H.
Bencze (B.), Best. d. E-Vitamins (Tocopherols) in natürl. E-vitaminhalt. Stoffen 5111.
Bencze (E.) s. G ó t h (E.).
Bencze (W.) s. S c h m i d (H.) [Zürich].
Benda (H.), Emissionskonstanten v. Metall-Capillar-Kathoden 7612.
Benda (L.) u. Kraupp (O.), Pharmakol. Eigg. u. klin. Wrkg. d. Benzilsäuretropinesterhydrochlorids 8202.
Benda (R.), Kahn (M.), Lefèvre (J. P.) u. Morelec (R.), Behandl. d. Lungentuberkulose mit hohen Isoniaziddosen nach *100* Beobachtt. 2946.
—, **Morelec (R.) u. Guilbert (P. W.),** Höhe d. Konz. v. in Form d. intravenösen Injekt. verabfolgtem Isoniazid im Blut 2476.
Bendall (J. R.), Quellungseffekt v. Polyphosphaten auf mageres Fleisch 5446. — s. P a r t r i d g e (S. M.).
Bendandi (A.) s. B e r t o l a n i (F.).
Bender (A. E.), Unterss. über Eiweiß, bes. Peptidbiosynth. u. Nährwert 5354.
—, **Miller (D. S.), Tunnah (E. J.) u. Black (W. A. P.),** Biol. Wert v. Algenproteinen 2227.
— u. **Tunnah (E. J.),** Vitamin T: Wachstum d. Ratte u. Eiweißverwert. 2239.
Bender (H.) s. R i e d (W.).
Bender (H. L.) s. U n i o n C a r b i d e & C a r b o n C o r p.
Bender (I. B.), Pressman (R. S.) u. Tashman (S. G.), Ausscheid. v. Antibioticis im menschl. Speichel. 3. Mitt. Aureomycin 1320.
Bender (M. J.) s. D a n f o r t h (J. D.).
Bender (P.) s. P o t t e r j r. (A. E.).
Bender (R. C.) s. P a u l (H. E.).
Bender (R. S.) s. L e v i n e (S. H.).
—, **Reilley (E. M.), Allen (A. J.), Ely (R.), Arthur (J. S.) u. Hausman (H. J.),** Streuprojekt d. Universität v. Pittsburgh 1199.
Bendig (F.) s. R e i c h s w e r k e A k t. - G e s. f ü r B e r g - u n d H ü t t e n b e t r i e b e „H e r m a n n G ö r i n g".
Benditt (E. P.) s. F r e n c h (J. E.).
— u. **French (J. E.),** Histochemie d. Bindegewebes. 1. Mitt. Verwend. v. Enzymen als spezif. histochem. Reagentien 4176.
Bendix Aviation Corp., Howe (J. A.) u. Nevalonny (M. T.), Opt. Al-Spiegel 7295* Can.
—, **Ihrie (M. L.) u. Root (F. A.),** Vorbehandeln v. Al vor d. Galvanisieren 5647* F.
Bendure (R. J.), Verunreinig. d. HNO_3 als Fehlerquelle beim Huey-Test mit kochender HNO_3 4448.
Bene (A. A.) u. Agresst (M. M.), Berechn. d. endl. Schichtdicke einer Emuls. bei d. Unters. v. Kernprozessen mit Hilfe d. photograph. Meth. 8546.
Béné (G. J.), Mag. Zahlen u. magnet. Kernmomente 9245. — Dipolrelaxation. Grundlegender Formalismus 11337. — s. D e n i s (P.); M a n u s (C.); W i n t e r (J.).
—, **Denis (P.) u. Extermann (R. C.),** Unters. stat. magnet. Felder mit d. kernmagnet. Resonanz 985. — Best. v. starken elektr. Strömen durch magnet. Kernresonanz 2367.
— u. **Extermann (R. C.),** Paramagnet. Resonanz in kleinen Feldern 11340.
Bene (M. di) s. V a l b r a n c a (G. W.).
Benedek (G. B.) s. P a u l (W.).
Benedek (O.), Behandl. v. Faserpflanzen 254* E. — Chem. Rotten v. Flachs, Ramie oder Hanf 254* E. — Aufschließen v. Pflanzenfaserstoffen 958* E.
Benedek (V.) s. K e d v e s s y (G.).
Benedetti (A.) s. L o r e n z i n i (R.).
Benedetti (S. De) s. S t e a r n s (M.); S t e a r n s (M. B.).
— u. **Siegel (R. T.),** Drei-Quantenvernicht. v. Positronen u. Elektronen 7136.
Benedetti-Pichler (A. A.) s. M a (T. S.).
Benedetto (V.) s. B r e n a (S.).
Benedicks (C.) u. Ekelund-Kappeler (B.), Mess. v. durch Fll. beeinflußten Kohäsionskräften fester Körper 9399.
Benedict jr. (B. C.) s. P h i l l i p s P e t r o l e u m C o.
Benedict (F. D.) s. D a i t c h (P. B.).
Benedict (J. H.) s. M a t t s o n (F. H.).
Benedict (J. T.), Schumb (W. C.) u. Coryell (C. D.), Verteil. v. Zr u. Hf zwischen Kationenaustauschharz u. sauren Lsgg.; Säulentrenn. mit einer Misch. aus Salpetersäure u. Citronensäure 1453.
Benedict (W. S.), Bass (A. M.) u. Plyler (E. K.), Flammenemissionsspektr. v. Wasserdampf in d. *1,9* μ-Gebiet 1439.
—, **Gailar (N.) u. Plyler (E. K.),** ν_1-Bande v. D_2O im Infraroten 5478.
—, **Hopkins (J.) u. Silverman (Shirleigh),** Linienformen im Infrarot 4518.
Benedikt (K.), Intravenöse Barbitursäurenarkotica 638.

Benel (H.), Thermoelektr. EMK. eines aus einem dünnen Blech u. einem massiven Stück reinen Ag bestehenden einmetall. Thermoelements 1441.

Benenson (R. E.), Shurman (M. B.) u. **Haeberli (W.)**, Gasrückstoßspektrometer für schnelle Neutronen 6682.

Benensson (M. W.) u. **Gorlowski (S. I.)**, Lithograph. Decklacke zum Bedrucken v. Blech 5191.

Bener (C.), Veredl. v. Regeneratcellulose enthaltendem Textilgut 8766* A.

Benerito (R. R.), Singleton (W. S.) u. **Feuge (R. O.)**, Oberflächen- u. Grenzflächenspann. v. synthet. Glyceriden bekannter Zus. u. Konfigurat. 3340.

Benes jr. (J. J.) s. Continental Electric Co.

Beneš (V.), Unschädlichmachen u. Verwert. d. Schnitzelwässer d. Zuckerfabriken 7801. — s. Pytlik (R.).

Benesch (R.) s. Benesch (R. E.).

Benesch (R. A.), Herst. v. aktiver getrockneter Hefe 2554. — Nucleinsäure 8971* F.

Benesch (R. E.) u. **Benesch (R.)**, Enzymat. O_2-Entfern. für polarograph. u. ähnl. Methoden 7986.

Benesch (W.) s. Elder (T.).

Benešová (V.) s. Šorm (F.).

Benesovsky (F.), Neuentw. auf d. Gebiete d. Pulvermetallurgie 204. — Gesinterte Ni-Cu-Legierr. (Monel) 1364. — Neuentww. auf d. Gebiete d. hochschm. Metalle 8015. — Sinter- u. Diffusionsvorgänge im Syst. Ni-Mo-Fe 8101. — s. Kieffer (R.); Nowotny (H.).

Benesslawski (S. I.), Unvollständ. Auslaug. d. Gibbsit-Bauxite 9047.

Benezech (C.) s. Cristol (P.).

Benfey (O. T.), Hughes (E. D.) u. **Ingold (C. K.)**, Mechanismus d. Substitut. an einem gesätt. C-Atom. 33. Mitt. Kinet. Wrkg. v. gleichionigen u. v. nicht-gleichionigen Salzen auf d. Solvolyse v. Diphenylmethylhalogeniden in W. 5035; 34. Mitt. Kinet. Wrkgg. v. Hydroxyl- u. Alkoxylionen auf d. geschwindigkeitsbestimmenden u. produktbildenden Stufen d. unimol. Solvolyse v. tert.-Butyl- u. Diphenylmethylhalogeniden 5036.

Benforado (J. M.) s. Krayer (O.).

Bengen (M. F.), Harnstoffeinschlußverbb. 1473.

Benger (M.) u. **Brady (O. L.)**, Isomerisier. v. Oximen. 44. Mitt. Alkylzimtaldoxime, Aroylaldoxime u. d. Wrkg. v. K-Cyanid u. Na-Sulfit auf Aldoxime u. ihre O-Methyläther 6269.

Bengough (W. I.) u. **Norrish (R. G. W.)**, Mechanismus u. Kinetik d. heterogenen Polymerisat. v. Vinylmonomeren. 2. Mitt. Mit Benzoylperoxyd katalysierte Polymerisat. v. Vinylidenchlorid 2915; 3. Mitt. Mit Benzoylperoxyd katalysierte Copolymerisat. v. Vinyl- u. Vinylidenchlorid 2915.

Bengston (J.) s. Thaler (R. M.).

Bengtsson (E. B.), Reinigungsmeth. für aromat. Carbonsäuren, welche Nitroverbb. als Verunreinigg. enthalten 3121. — s. Aktiebolaget Bofors.

Bengtsson (K.), Geschmacksprobe als eine analyt. Meth., statist. Behandl. d. Daten 2555. — Geschmacksprobe als Analysenmeth. 6. Mitt. Anwend. d. χ^2-Analyse auf d. Dreiecksprobe 8757.

Benham (G. H.) s. Mittler (S.).

Benhamou (E.), Puglièse (J.), Amouch (P.) u. **Chiche (J.-C.)**, Phospholipidogramme in d. Papiermikroelektrophorese u. ihr Wert für Krankhh. mit Hyper-β-globulinämie 8191.

Benić (V.) s. Weisglass (H.).

Beniers (E.) s. Farbwerke Hoechst Akt.-Ges., vormals Meister Lucius & Brüning.

Benigni (R.), Wertbest. v. Mutterkornpräpp. 1. Mitt. Gebräuchl. Methoden 6568.

Benigno (P.) u. **Berti (B.)**, Quantitative Unterss. über d. antibakteriellen Wirkungsmechanismus oberflächenakt. Waschmittel 11601.

Benin (G. S.) u. **Schnaider (J. J.)**, Best. d. Geh. an Aminosäuren u. organ. N-freien Säuren in d. Prodd. d. Zuckerrübenindustrie 942.
— u. **Skorbilin (S. F.)**, Best. d. Zuckerverluste im Transport- u. Waschwasser 1157. — Nicht erfaßte Zuckerverluste 7105.

Benington (F.) s. Poirier (R. H.).
—, **Morin (R. D.)** u. **Clark jr. (L. C.)**, Mescalinanaloge. 1. Mitt. β-[2.4.6-Trialkoxyphenyl]-äthylamine 3608. — Synth. d. 4-Oxy- u. 4-Äthoxy-3.5-dimethoxy-β-phenyläthylamins 5288.

Benirschke (K.) s. Bloch (E.).

Benitez (D.) s. Pscheidt (G. R.).
—, **Pscheidt (G. R.)** u. **Stone (W. E.)**, Bldg. v. Ammoniumionen im Großhirn bei Vergift. mit Fluoracetat 629.

Benitez (F. B.) s. Mensalvas (F.).

Bénitte (A.) s. Delga (J.).

Benjamin (B. M.) s. Livingston (Ralph); Research Corp.
— u. **Collins (C. J.)**, Wagner-Umlagerung. 4. Mitt. Ster. Effekt einer o-Methylgruppe 8356.

Benjamin (D. G.) s. Corn Products Refining Co.

Benjamin (H. A.) s. Hemler (V. H.).

Benjamin (Z. H.) s. Rinzler (S. H.).

Benjaminsen (J.), Auswaschen v. Phosphorsäure u. K in verschied. Bodentypen 5156.

Benk (E.), Anisbrot 1161. — Best. u. Bedeut. d. Formolwertes bei Zubereitt. aus Citrusfrüchten 1164. — Zus. v. Orangenkonfitüren 1402. — Antioxydantien als Frischhaltungsmittel für Fette 5680. — Ampholyt-Seifen als neuart. Reinigungs- u. Desinfektionsmittel 7110. — Zus. v. Zahn- u. Mundpflegemitteln 7727. — Reinigungsmittel für Ernährungsbetriebe 8052. — Limonaden mit Vitaminzusätzen 9466. — Aminosäuren; ihre Bedeut. u. Verwend. 11474.

Benke (K.) = Piwowarsky (K.).

Benkendorff (G.) s. Ruhrchemie Akt.-Ges.

Benkeser (R. A.) s. Gilman (H.).
— u. **Brumfield (P. E.)**, Aminoaryltrialkylsilane 9315.
— u. **Foster (D. J.)**, Rk. v. Na mit Organosilanen bei höheren Tempp. 567.
—, **Goggin (D.)** u. **Schroll (G.)**, Monosubstituierte Ferrocen-Verbb. 799.
— u. **Krysiak (H. R.)**, Elektrophile Substitut. durch H bei d. Xylolen. Kinetik d. Säurespalt. d. Trimethylsilylxylole 9293.
— u. **Schroll (G.)**, Rk. v. Dihalogenanisolen mit Natriumamid in fl. NH_3 9547.

Benkö (A.), Einfl. d. Legierungsbestandteile auf d. mechan. Eigg. d. vergütbaren Al-Mg-Si-Leichtmetall-Legierr. 3477.

Benkö (F.), Chromatographie 6811. — s. Zajky (I.).

Benlloch Navarro (R.), Hormonbehandl. d. Prostatatumoren (Adenome u. Carcinome) 6771.

Benn (G.), Wo werden Asphaltüberzüge verwendet? 4221.
Benne (E. J.) s. Johnston (B. R.).
Bennema (J.), Humusformen in d. Niederlanden 4188.
Benner (F. C.) s. National Research Corp.
Bennetch (L. M.) s. Reconstruction Finance Corp.
Bennet-Clark (T. A.) u. **Kefford (N. P.)**, Bezieh. Streckungswachstum/Zeit für Avenakoleoptilenschnitte 10061.
Bennett (A.), Messungen d. Geschwindigkeitsverteil. in Kaliummolekularstrahlen 2131.
Bennett (A.) [Nutfield] u. **Hudson (J. R.)** [Nutfield], Best. d. Feuchtigk. in Getreiden: allg. verwendete Methoden 949. — Best. d. Feuchtigk. im Malz 1160.
Bennett (A. L.), Back-up-flux; neues Hilfsmittel beim Schweißen 11460.
Bennett (B. A.) s. Schweigert (B. S.).
Bennett (C. A.) u. **Franklin (N. L.)**, Statistical analysis in chemistry and the chemical industry [1894].
Bennett (C. E.) s. Elving (P. J.).
Bennett (Clarence E.) u. **Coffin (V. H.)**, Molekularrefrakt. v. CO_2 als Funkt. d. D. u. d. Alters v. Gasen 8548.
Bennett (D. G.), Porzellanart. Emaille u. keram. Überzüge als Schutz gegen d. Korros. v. Metallen 891.
Bennett (E.) u. **Archibald (J. G.)**, Einfacher Test für Heuqualität 1403.
Bennett (F. D.), Einfl. d. Größe u. d. spektralen Reinh. d. Lichtquelle auf d. Streifenmuster d. Mach-Zehnder-Interferometers 9863.
Bennett (F. W.), **Emeléus (H. J.)** u. **Haszeldine (R. N.)**, Organometall. u. organometalloide F-Verbb. 10. Mitt. Trifluormethylphosphonigsäure u. Trifluormethylphosphonsäure 2656; 11. Mitt. Hydrolyse v. Trifluormethylphosphorverbb. 3108.
— u. **Nelson (F. E.)**, Wrkg. verschied. virusabtötender Mittel auf Bakteriophagen v. Streptococcus lactis in fl. Milieu 5576. — Wrkg. v. Aerosolen verschied. virusabtötender Mittel auf Bakteriophagen v. Streptococcus lactis 5576.
Bennett (G. E.) s. Monsanto Chemical Co.
Bennett (G. M.), W. P. Wynne 3785. — S. Smiles 9945.
Bennett (G. S.) u. **Hall (D. A.)**, Akust. Doppelbrech. v. fl. Polystyrol 2443.
Bennett (G. W.), O. C. Johnson u. Redoxgleichungen 970.
Bennett (H. E.) s. Rank (D. H.).
Bennett (H. H.), Elements of soil conservation [10123].
Bennett jr. (I. L.), **Beeson (P. B.)** u. **Roberts (Elizabeth)**, Pathogenese d. Fiebers. 1. Mitt. Wrkg. d. Injekt. v. Extrakten u. Suspenss. nichtinfizierten Kaninchengewebes auf d. Körpertemp. n. Kaninchen 3175; 2. Mitt. Charakterisier. fiebererzeugender Substanzen v. polymorphnuclearen Leukocyten u. v. steriler Exsudat-Fl. 3175.
—, **Nation (T. C.)** u. **Olley (J. F.)**, Pankreatitis bei Methanolvergift. 407.
Bennett (J. E.) s. Ingram (D. J. E.).
Bennett (J. M.) s. Rank (D. H.).
Bennett (O. L.), **Longnecker (T. C.)** u. **Gray (C.)**, Vgl. d. Wirksamk. v. *18* Arten v. Phosphatdüngern auf Houston Black-Ton 8006.
Bennett (R.) u. **Coppock (J. B. M.)**, Messung d. physikal. Eigg. v. Mehl: Meth. zur Anwend. d. Chopin-Alveographen zur Best, d. Effektes v. Mehlverbesserungsmitteln 4232.
Bennett (Robert B.) s. Firestone Tire & Rubber Co.
Bennett (Rufus B.) s. Standard Oil Development Co.
Bennett (R. E.) s. Commercial Solvents Corp.
Bennett (R. W. H.), Emaillierte Kugelmühlen 3451.
Bennett (W.) s. Berstein (I. A.); Roberts (J. D.).
Bennett (W. C. M.), Vgl. v. Hochofenbetrieben mit u. ohne Koks aus pennsylvan. Kohle mit geringen Gehh. an flücht. Bestandteilen 2989.
Bennett (W. D.), Vakuum-Wärmebehandl. 11673.
Bennett (W. E.), Radioisotope bei d. Papierherst. 7346. — Splitterung v. Bi 7602. — s. Sugihara (T. T.).
—, **Roys (P. A.)** u. **Toppel (B. J.)**, Ausbeute v. (α, n)-Rkk. bei niedr. Energie 5470.
Bennett (William E.) s. Sanderson (R. T.).
Bennett (W. H.), Radiofrequenz-Massenspektrometer 740. — Modell solarer Protonenströme 4995.
— u. **Hulburt (E. O.)**, Magnet. Selbstfokussier. v. Auroraprotonen 4515.
Benneville (P. L. de) s. Exner (L. J.); Rohm & Haas Co.
Bennickson (K. R.) s. King (E. G.).
Benning (A.), Bedeut. d. Oxydat. mit HNO_3 für d. Konst.-Aufklär. d. Steinkohle 11481. — s. Bergwerksverband zur Verwertung von Schutzrechten der Kohlentechnik G. m. b. H.
Benning (A. F.) s. Du Pont de Nemours (E. I.) & Co.
Benninghoff (H.) u. **Werner (E.)**, p_H-Wert 9894.
Bennitt (J. H.) s. Bakelite Ltd.
Benoist-Gueutal (P.), Theoret. Unters. d. β-Radioaktivität u. d. Elektroneneinfangs. Beteilig. d. Elektronenhülle 5234. — Winkelbeziehungen zwischen einer Kernstrahl. u. einer Röntgenstrahl. in Koinzidenz 7139. — s. Falk-Vairant (P.).
—, **Falk-Vairant (P.)**, **Teillac (J.)** u. **Valladas (G.)**, α—γ-Winkelbeziehungen bei Io (^{230}Th) 7144.
—, **Teillac (J.)**, **Valladas (G.)** u. **Falk-Vairant (P.)**, α-γ-Winkelkorrelatt. in ^{230}Th(Io). 2. Mitt. Darst. d. Ergebnisse 976.
Benoit (H.), Einfluß d. Verzweig. u. Polydispersität auf d. Winkelverteil. d. Streulichtes v. Gaußschen Knäueln 5087. — Lichtstreuung durch Kettenmoll. 7227.
—, **Holtzer (A.)** u. **Doty (P.)**, Experimentelle Unters. d. Polydispersität durch Lichtzerstreuung 8172.
Benoit (J.) s. Mialhe-Voloss (C.).
—, **Assenmacher (I.)** u. **Walter (F. X.)**, Empfindlichkeitunterschiede d. Entenretina beim Pupillen- u. optosexuellen Reflex gegenüber farb. Licht 9605.
Benoit (Jean) u. **Naschke (E.)**, Komplexe magnet. Anfangspermeabilität d. Fe im Bereich *0—7000* MHz 5484. — Einfl. d. Dicke d. Elementarbereiche nach Weiss auf d. Permeabilität d. Fe zwischen *0* u. *7000* MHz 10197.
Benoki (M.) s. Matsui (S.).
Benos (S. A.) s. Benacerraf (B.).
Bens (F. P.) s. Climax Molybdenum Co.

Bensch (H.), Witte (H.) u. Wölfel (E.), Röntgenograph. Best. d. Elektronenverteil. im Al 5973.
Benskin (G. E.) u. Cheshire (A.), Sohlleder-Schnellgerbung 8769.
Bensley (R. D.), Mischkornemulss. 10179* A.
Bensmann (C. H. N.), Regenerieren v. gebrauchten mineral. u. vegetabil. Ölen 4497* E.
Benson (A. A.), Reaktionsfolge d. Bldg. v. Hexosen während d. Photosynth 8893. — s. N o r d a l (A.); Q u a y l e (J. R.).
Benson (E. H.), Aufbewahr. v. unter Druck stehenden Fll. 180* Schwz.
Benson (F. A.), Nachlassen u. Oberflächenrauh. v. elektroplattierten Waveguides 5388.
Benson (F. R.) s. H a r t z e l (L. W.).
—, Hartzel (L. W.) u. Otten (E. A.), Azidopyrimidine 9339.
—, Otten (E. A.) u. Schachat (R. E.), Oxydat. v. Formazanen zu Tetrazoliumchloriden mit tert.-Butylhypochlorit 349.
Benson (G. C.), Prüf. v. Mayers Theorie d. Ionenlsgg.; Berechn. d. relativen scheinbaren molalen Wärmeinhaltes u. d. scheinbaren molalen Vol. v. Natriumchlorid in wss. Lsgg. bei 25° 5727. — s. H o f f (B. M. E. v a n d e r).
Benson (H. E.) s. S c h l e s i n g e r (M. D.).
— u. Field (J. H.), Ausscheiden v. CO_2 u. H_2S aus Gasgemischen 9873* E.
—, Field (J. H.) u. Jimeson (R. M.), CO_2-Absorpt. mit heißen Kaliumcarbonatlsgg. 3706.
Benson (J. M.), Messungen d. physikal. Eigg. v. akt. N_2 744.
Benson (R. C.) u. Garetz (J. W.), Wrkg. eines neuen Östrogens, TACE, auf d. Scheidensekret 7016.
Benson (R. E.) s. D u P o n t d e N e m o u r s (E. I.) & C o.
Benson (S. R.) s. L u d w i g (T. E.).
Benson (S. W.), Temp.-Gradienten in reagierenden Systemen 537. — Induktionsperiode bei Ketten-Rkk. 6473. — s. F o g o (J. K.); P o r t e r (G. B.); S e e h o f (J. M.).
—, Allen (P. E. M.) u. Copeland (C. S.), Geradlin. Bezieh. d. Molenbrüche für Bereiche d. Koexistenz bin. Fl.–Dampf in d. Nähe d. krit. Punktes 1910.
—, Altman (R. L.), Richardson (R. L.) u. Seehof (J. M.), Wasserdampf bei d. stöchiometr. Rkk. fester Proteine mit polaren Gasen 604.
— u. Seehof (J. M.), Oberflächengröße d. Proteine. 6. Mitt. Gasphasentitratt. mit polaren Gasen 1063.
— u. Srinivasan (R.), Schwierigkeiten im Rk.-Syst. $H_2 + J_2 = 2\,HJ$ 11530.
Benson (W. E.), Früheocäner Kaolin in Nord-Dakota 1003.
Benstead (J. G.) s. R o b i n s o n (R. H. M.).
Bent (H. A.), Algebraische Meth., thermodynam. Beziehh. zu gewinnen 524.
Bent (L. N.) s. U n i t e d S t a t e s o f A m e r i c a.
Bent (R. B.) s. D o n n e l l y (R. P.).
Bent (R. D.), Bonner (R. W.) u. Sippel (R. F.), Energieniveaus in ^{14}C u. ^{14}N 3550.
Bentel (H.) u. Ginsberg (H.), Verwend. v. Arfonad zur Erzeug. kontrollierbarer Blutdrucksenkk. 3432.
Bentley (F. F.) u. Rappaport (G.), Halbquantitative Analyse v. Buna N–Phenolharz-Mischungen durch d. Infrarotspektren ihrer Pyrolysate 4717.
Bentley (H. R.), Cunningham (K. G.) u. Spring (F. S.), Cordycepin, ein Stoffwechselprod. aus Kulturen v. Cordyceps militaris (Linn.) Link. 2. Mitt. Struktur v. Cordycepin 1058.
—, Henry (J. A.), Irvine (D. S.) u. Spring (F. S.), Triterpenresinole u. verwandte Säuren. 28. Mitt. Verseifbare Frakt. v. Strychnos-nux-vomica-Samenfett. Struktur v. Cycloartenol 4112.
Bentley (J. A.) s. H o u s l e y (S.).
— u. Bickle (A. S.), Pflanzenwuchsstoffe. 2. Mitt. Biol. Eigg. v. 3-Indolylacetonitril 3173.
— u. Housley (S.), Pflanzenwuchsstoffe. 1. Mitt. Biol. Wirksamk. v. 3-Indolylacetaldehyd u. 3-Indolylacetonitril 3173.
Bentley (O. G.) s. H u n t (C. H.).
—, Moinuddin (M.), Hershberger (T. V.), Klosterman (E. W.) u. Moxon (A. L.), Wrkg. v. Spurenmineralien auf Wachstumsleist. u. Vitamin-B_{12}-Synth. junger Ochsen 7483.
Bentley (R.) s. A r n s t e i n (H. R. V.).
— u. Neuberger (A.), Mechanismus d. Uricase-wrkg. 4128.
— u. Rittenberg (D.), Enzymkatalysierter Austausch v. O-Atomen zwischen W. u. Carbonsäureionen 7939.
Bentley (W. B. A.), Vitamin K_1 bei Hämorrhagie nach versehentl. Einnahme v. Dicumarol 4158.
Bentley (W. C.) s. S t e w a r t (D. C.).
Benton (B. E.) s. P i e n t a j r. (J. J.).
Benton jr. (C. D.) u. Calhoun jr. (F. P.), Wrkgg. d. Methylalkoholvergift. auf d. Auge 7263.
Benton (D. A.) s. H a r p e r (A. E.).
Bentz (A.) u. Schott (W.), Bldg. v. Erdöllagerstätten in Deutschland 10893.
Bentz (A. P.) s. A m e r i c a n C y a n a m i d C o.
Benz (A.), Säurebeständ., allseits flüssigkeits- u. gasdurchläss. Baumaterialien 8004* D. B.
Benzecry (I.), Behandl. chron. Adnexitis durch Penicillin–Novocain-Infiltrationen 11624. — s. D o n z e l o t (E.).
Benzel (W.) s. S t a c k e l b e r g (M. v.).
Benzi (V.), Energiebilanz d. Höhenstrahl. in d. Nähe d. Äquators 5945.
Benzinger (J. R.) s. G a y l o r d (N. G.).
Béquignon (R.) u. Vialat (C.), Modifikat. d. Kaninchen-Virus fixe d. Tollwut (Stamm Pasteur) unter d. Wrkg. v. Hyaluronidase 2226.
Ber (A.), Auxinwrkg. 2. Mitt. Einfl. d. Thiouracils auf d. Pflanzenwachstum u. d. spezif. Antagonismus zwischen Thiouracil u. Uracil 3655; 3. Mitt. Mechanismus d. Auxinwrkg. 6546.
Berak (J.) s. T r z e b i a t o w s k i (W.).
Beraldo (W. T.) s. M o t a (I.).
Beránek (J.) s. S m r t (J.); Š o r m (F.).
Beránek (M.) s. Q u a d r a t (O.).
Berard (W. N.) s. H a m a l a i n e n (C.).
Berardinelli (F.) s. C e l a n e s e C o r p. o f A m e r i c a.
Berardinis (E. de), Histochem. u. biochem. Unterss. mit Triphenyltetrazol über d. Dehydrogenasen im Augengewebe 6048.
— u. Bonavolontà (G.), Stoffwechsel d. Augengewebe in vivo 4391.
Béraudiat (J.), Coillard (J.) u. Mentzer (C.), 2.5-Dimethoxybenzoylpropionsäure 1023.
Berbalk (H.) s. P r e y (V.); S t o l l (W.).
Berbe (F.) s. S o c. C a r b o c h i m i q u e.

Berberich (L. J.) s. Westinghouse Electric Corp.
Berbezier (J.) u. **Lallemant (C.)**, Vereinfachte γ-Radiosonden-Anordn. für d. Bergbau 9250.
Berchelmann (F.) s. Standard Gummiwerk Baumgarten & Co., K. G.
Berchin (J. B.), Methodik d. Kreatininbest. im Blut 2267. — Mechanismus d. antidiuret. Wrkg. d. Salsolins 6334.
Berchin (S. I.), Röntgenogramme v. Fe–Mg-Glimmern 1691.
Berck (B.) s. Fredeen (F. J. H.).
Berckhemer (H.) s. Richter (H.).
Berckholtz (J. G. W.) u. **Berckholtz (W.)**, M. zur Erzeug. v. farb. Rauch 3048' D. B.
Berckholtz (W.) s. Berckholtz (J. G. W.).
Bercovitz (Z. T.), Chloramphenicol bei chron. ulcerativer Colitis: klin. Ergebnisse u. Blutwerte nach einer 4½ Jahre langen Behandlungsperiode bei 67 Patienten u. Empfindlichkeitsunterss. v. d. in d. Stühlen vorherrschenden Organismen 3189.
Berczeller (A.), Norcholylamin 6082* A.
Berdesinski (W.), Möglichkk. d. Lüneburgit-Darst. 540.
Berdick (M.) s. Alfrey jr. (T.); General Electric Co.
Berdnikowa (N. G.) s. Schuikin (N. I.).
Berducou (J.), Mutat. v. Nectria galligena, d. mit Heteroauxin behandelt wurde 8881.
Berdyschew (A. P.) u. **Lebedewa (N. P.)**, Best. d. Ölgeh. einzelner Sonnenblumenkörner 5681.
Bereczky (E.), Schlacke als Baustoff 440.
Berenbaum (M. C.) u. **Birch (C. A.)**, Thoriumablagerungen in d. Leber. Nachw. am lebenden Patienten 5835.
Berenbom (M.), **Yokoyama (H. O.)** u. **Stowell (R. E.)**, Chem. u. enzymat. Veränderr. in Leber nach Gefriertrockn. u. Acetonfixier. 7002.
Berencz (F.), Berechn. d. Energie d. H_2-Mol. 11347.
Berencz (Ferenc) s. Pauncz (R.).
Berenson (G. S.), **Newman (J. K.)**, **Mathews (M. B.)** u. **Dorfman (A.)**, Isolier. u. Charakterisier. d. unspezif. Hyaluronidaseinhibitors im menschl. Blut 10304.
Berenstein (A. F.) u. **Issjanow (S. S.)**, Verwend. d. Melasseschlempe bei d. Viehmast 10158.
Berenstein (F. J.), N. I. Lunin. Begründer d. Lehre v. d. Vitaminen 7594.
Berent (I. J.) u. **Gilman (K. S.)**, Anwend. d. neuen einheim. Antibioticums Albomycin in d. Dermatovenerologie 3675.
Bereshkowski (D. I.) s. Unkssow (J. P.).
Bereshnoi (A. S.) u. **Gulko (N. W.)**, Syst. Al_2O_3–TiO_2–ZrO_2 9519.
Bereshnowa-Ssolowjewa (R. A.) s. Georgijewskaja (L. M.).
Beresin (B. I.) s. Malowa (T. N.).
Beresin (I. P.), Pharmakol. Wrkg. einer Kombinat. v. Novocain, Dicain u. Sowcain 6331.
Beresin (I. W.) u. **Denissow (J. T.)**, Hauptprodd. d. Oxydat. v. Cyclohexan in fl. Phase durch Luftsauerstoff u. ihre Rolle bei Prozessen d. Phasenbldg. 4084.
Beresina (J. K.) s. Jermoljewa (S. W.); Ssemitsch (A. I.).
Beresina (W. M.), Einfl. v. Hexachloran u. DDT auf d. Maikäfer 7764.
Beresnitzkaja (J. G.) s. Klimowa (W. A.).
Beresnjak (N. G.) s. Jesselsson (B. N.); Piness (B. J.).
Beresowskaja (N. N.), Aktivität d. Lecithinase C in Organen u. Geweben n. Meerschweinchen u. nach Einführ. v. α-Toxin v. Bact. perfringens 6051. — Best. v. Vitamin C in d. Kuhmilch 7340.
Beresowski (M. J.), Anwend. v. Herbiciden in d. Landwirtschaft 443. — Anwend. chem. Mittel zur Bekämpf. d. Vogelmiere in Gemüsekulturen 1126. — Erhöh. d. Wirksamk. d. Anwend. v. chem. Mitteln bei d. Bekämpf. v. Unkräutern 1593.
Beresowski (W. M.), Chemie d. Pterine 1981. — Rk. v. Formaldehyd mit Aminen d. Pyridinreihe 5542.
Beressnewitsch (W. W.), Vorr. zur beschleunigten Feuchtigkeitsbest. v. Torf 4739.
Beresstetzki (W. B.), Winkelverteil. d. durch polarisierte Nucleonen gebildeten π-Mesonen 4507. — Zerfall in 3 π-Mesonen u. d. Hypothese d. Isotopeninvarianz 4507.
Berestecki (J.) s. Heidt (L. J.).
Bereston (E. S.), Selensulfidshampoon bei seborrhoischer Dermatitis 11629.
— u. **Cohen (M. M.)**, Grüne Fluorescenz v. Kopfhaar nach Anwend. v. Chinacrinhydrochlorid 8669.
Beretervide (K. V.), Synapsenlähmende Wrkg. d. Dimethoxymethylfuranochromons (Khellin) 5123.
Beretta (E.) u. **Bianchi (Annamaria)**, Freisetz. v. sek. Elektronen durch mehratom. Ionen u. Alterungserscheinn. bei Geiger-Müller-Zählern mit spontaner Auslösch. 977.
Beretta (U.) u. **Jannelli (L.)**, Kinetik langsamer Rkk. 9042.
Beretvas (H. S.) s. Standard Oil Co.
Berg (C. van den) u. **Westerhof (J. J.)**, Unters. v. Böden u. Erträgen nach d. Überschwemmungen v. *1.* Februar *1953*. 1. Mitt. Salzige Böden u. landwirtschaftl. Erträge 5630.
Berg (C. H. O.) s. Union Oil Co. of California.
Berg (C. J.), Qualitätsgußstücke auf Grund v. Unterss. an Überzügen auf Probestücken 3742.
Berg (C. P.), Physiologie d. D-Aminosäuren 7717.
Berg (D.) u. **Patterson jr. (A.)**, Leitfähigk. v. Kupfersulfat in starken Feldern, bezogen auf Kaliumchlorid bei 25° 1445.
Berg (E. J. M.) s. Steel (E. W.).
Berg (E. W.) u. **Strassner (J. E.)**, Papierchromatographie v. Co(III)-, Cu(II)- u. Ni(II)-Acetylacetonaten 4897.
Berg (G.) s. Scheiffarth (F.).
Berg (G. J. van den) s. Itterbeek (A. van).
Berg (H.) s. Chemische Forschungsgesellschaft m. b. H.
Berg (H. W.), Stabilisierungsmaßnahmen in kaliforn. Weinkellereien 6639.
Berg (J. W.), Säurefestes Lipoid aus Spermatozoen 852.
Berg (L.) s. Phillips Petroleum Co.
— u. **Smith (L. K.)**, Destillieraufsatz mit konstantem Rücklaufverhältnis 6810.
Berg (L. J. C. v. d.) s. Gilfillan (A. E.).
Berg (L. R.) s. Saxena (H. C.).
Berg (M. van den) u. **Klinkenberg (P. F. A.)**, Opt. Spektr. v. Pu u. seine Hyperfeinstruktur 6213.

Berg (M. van den), Klinkenberg (P. F. A.) u. **Regnaut (P.)**, Kernspin. v. $^{239}_{94}$Pu 7.
Berg (N.) s. Idbohrn (H.).
— u. **Nordén (G.)**, Absorpt.- u. Fluorescenzspektren v. 3.4-Benzpyren im Sichtbaren 9985.
Berg (Olga) u. **Gorbman (A.)**, Aufnahme v. J in d. Schilddrüse d. Knochenfisches, Xiphophorus (Platypoecilus) maculatus 3661.
Berg (Otto) s. Asinger (F.); Chemische Verwertungsgesellschaft Oberhausen m. b. H.
Berg (R. T.) u. **McElroy (L. W.)**, Wrkg. v. 2.4-D auf d. Nitratgeh. v. Futterpflanzen u. Unkräutern 3714.
Berg (S.), Vitamin B_6 u. Alkohol 7954.
Berg (S. S.) s. May & Baker Ltd.; Soc. des Usines Chimiques Rhône-Poulenc.
— u. **Petrow (V.)**, Neue Synthesen v. heterocycl. Verbb. 18. Mitt. 2.10-Diazaphenanthrene durch Anwend. d. Stieglitz-Umlager. 1274.
Berg (T. G. O.), Dissoziat. d. HNO_3. 7. Mitt. Dissoziat. u. Lichtbrech. v. HNO_3 in wss. Lsg. 3314. — Flüssigkeitsstruktur wss. HNO_3-Lsgg. 4051.
Berg (W.) u. **Goehring (M.)**, Imide d. zweiwert. u. d. vierwert. S 539.
Berg (W. A.), Redoxpotential während d. Weintraubenreif. 8279.
Bergamini (A.) s. Bertolani (F.).
Bergamini (C.), Chromatograph. Nachw. d. Pantothensäure u. Trenn. v. Vitaminen d. B-Komplexes 7484.
— u. **Versorese (W.)**, Bezieh. zwischen Konz. u. totaler opt. D. bei anorgan. Ringpapierchromatographie 7736.
Bergbau-Akt.-Ges. Ewald-König Ludwig, Aufarbeit. v. Benzolwaschöl 5223* D. B.
Bergbau-Akt.-Ges. Lothringen u. **Hilgenstock (P.)**, Hartpech durch Dest. v. Teeren unter Durchleiten v. Abgasen 728* D. B.
Bergbau Akt.-Ges. Neue Hoffnung u. **Nashan (P.)**, Reaktionsöfen für d. Durchführ. v. Oxydations-Rkk. an d. niederen gasförm. Gliedern d. Paraffinreihe 9670* D. B.
Bergdoll (M. S.) s. Surgalla (M. J.).
Berge (A.) u. **Storms (J.)**, Verarbeit. v. Nebenprodd. in d. Tirlemonteser Raffinerie im Jahre *1953* 236.
Berge (G.) s. Aladdin Industries, Inc.; Mantle Lamp Co. of America.
Bergedorfer Eisenwerk Akt.-Ges. s. Vereinigte Glanzstoff-Fabriken Akt.-Ges.
Bergeim (F. H.) s. Mathieson Chemical Corp.
Bergeim (O.) s. Sheffner (A. L.).
Bergel (F.), Chem. Aspekte über n. Wachstum 2692. — Synth. v. 4-Amino-3-methoxystilben 7198.
— u. **Stock (J. A.)**, Cytoakt. Aminosäuren u. Peptidderivv. 1. Mitt. Substituierte Phenylalanine 339.
Bergelin (O. P.) s. Dukler (A. E.).
Bergelsson (L. D.) s. Nasarow (I. N.).
Bergemann (J.), Myroxylon balsamum (L.) Harms var. Pereirae (Royle) Baillon, d. Perubalsambaum. 1. Mitt. Stammpflanze: Heimat und Vork., Eingeborenennamen, Systematik 7725.
Bergen (F. H. Van), Buckley (J. J.), French (L. A.), Dobkin (A. B.) u. **Brown (I. A.)**, Physiol. Veränderr., d. mit d. Hypotens. durch Hexamethonium verbunden sind 3677.
Bergen (H. S.), Cowell (E. E.) u. **Waychoff (W.)**, Was man v. Weichmachern für Vinylharze wissen muß 6149.
Bergen jr. (R. L.) s. Long (F. A.).
Bergendahl (E.) s. Seneca (H.).
Bergendahl (N. G.), Sanforisier. 8997.
Bergenfelt (S.), Vork. v. Se in d. Sulfiderzen d. Skelleftefelds 1465.
Bergeon (R.), Allg. thermodynam. Theorie zur Zustandsgleichung 5727.
Berger (A.) s. Fabre (J.).
Berger (Arieh) s. Sela (M.).
Berger (C.) u. **Becher (O.)**, Umsetz. v. Hexachlorcyclopentadien mit Olefinen 9322.
Berger (Carl), Bewert. v. chem. Enteisungslsgg. 8226.
Berger (Colette) s. Bernard (R.).
Berger (E.) s. Jenaer Glaswerk Schott & Gen.; VEB Jenaer Glaswerk Schott & Gen.
Berger (F. M.), Hubbard (C. V.) u. **Ludwig (B. J.)**, Hämolyt. Wrkg. wasserlösl., d. Mephenesin verwandter Verbb. 7491.
Berger (G. P. v.) s. Longo (V. G.).
Berger (H.), Physiol. Grundlagen d. Aminosäurenstoffwechsels u. ihre Bedeut. für d. Therapie 11034.
Berger (Heinz) s. Haas (F. L.).
Berger (Heinz) [Herne] s. Bergwerksgesellschaft Hibernia Akt.-Ges., Stickstoffwerke.
Berger (I. I.) s. Epstein (J. A.).
Berger (J.), Psoriasis u. ihre Behandl. mit Thiosemicarbazon 6077.
Berger (Jacques) u. **Fringant (A. M.)**, Kontinuierl. Spektr. v. λ- Bootis 9727.
Berger (J.-A.) s. Blanquet (L.).
Berger (K.) s. VEB Farbenfabrik Wolfen.
Berger (K. C.) s. Dible (W. T.).
Berger (L.) s. Hoffmann-La Roche (F.) & Co. Akt.-Ges.
Berger (Lewis) & Sons Ltd., Kratzbeständ. Überzüge 8508* E.
—, Armitage (F.) u. **Fry (E. S. J.)**, Mischpolymerisate aus Acenaphthylen u. Estern mehrwert. Alkohole 7562* E.
—, Armitage (F.) u. **Hewitt (D. H.)**, Mischpolymerisate 1849* D. B.
—, Wakeford (L. E.), Armitage (F.) u. **Hammond (W. T. C.)**, Herst. v. Mischpolymerisaten aus Styrol mit Estern v. Polyalkoholen u. ungesätt. Fettsäuren 7098* F. — Mischpolymerisate aus Styrol u. fettsäuremodifizierten Alkydharzen 8980* E.
Berger (M.), Hässig (A.) u. **Zumstein (P.)**, Hepatitisübertrag. durch γ-Globulin 2928.
Berger (M.) [New Brunswick] s. Heukelekian (H.).
Berger (R.) s. Latarjet (R.).
Berger (S.) s. Jarrett (A. A.).
Berger (S. E.) s. United States Rubber Co.
Berger (S. V.), Kristallstruktur v. B_2O_3 2374.
Berger (U.), Sterilisat., Desinfekt. u. Hygiene in d. zahnärztl. Praxis [6576].
Berger (W.) s. Kalksandstein- und Leichtbeton-G. m. b. H.
Bergerard (J.) s. Tuchmann-Duplessis (H.).
Bergeret (B.) s. Chatagner (F.); Tabéchian (H.).
Bergeron (J.), Savons et détergents [955].

Bergeron (R. F.) s. Casey (E. J.).
Bergeson (G.-A.), Bourbeau (G.) u. **Lamarre (C.-J.),** Einfl. v. Ascorbinsäure, Cortison u. Adrenalektomie auf d. Hypertonus nach DCA 3659.
Berggårdh (C.) u. **Aspelund (H.),** Beständigk. d. isomeren Äthyl-1-methylbutyl- u. Äthylisoamylbarbitursäure gegenüber Alkali 8384.
Berggren (E. V. O.), Wasch- u. Reinigungsmittel für Motorenteile 1183* Schwed.
Bergh (H.), Zn als Pflanzennahrungsfaktor u. Pflanzengift 9594.
Bergh (N. P.), Rk. v. Patienten mit Myasthenia gravis auf verschied. neuromuskulär blokkierende Wirkstoffe 10076. — Rk. d. isolierten Zwerchfell-Nerv-Präp. verschied. Tierarten auf neuromuskulär blockierende Stoffe 10076.
Berghan (F. R.) s. Schlicke (C. P.).
Berghaus (E. O.) s. Bamag-Meguin Akt.-Ges.
Bergin (M. J.) s. Heyn (A. H. A.).
— u. **Butler (K. H.),** Mess. d. Teilchengrößenverteil. v. Phosphoren 6455.
— u. **Heyn (A. H. A.),** Elektrochem. Verh. v. Kationenaustauschermembranen in fl. NH_3 5005.
Bergische Stahl-Industrie, Indugas Industrie & Gasofen-Bauges. m. b. H., Schulte (Fritz) u. **Heiligenstaedt (W.),** Glühfrischen v. Temperrohguß 7309* D. B. — Glühfrischen v. Gußstücken im Gasstrom 8957* D. B.
Bergkvist (K. E.), Bergström (I.), Herrlander (C. J.), Hultberg (S.), Slätis (H.), Sokolowski (E.), Wapstra (A. H.) u. **Wiedling (T.),** Pb- u. Tl-Isotope mit Neutronenmangel. 2. Mitt. Massenzahlen *204, 202, 201* u. *200* 9493.
Berglund (C. D.), Anatom. Modelle, Schaufensterpuppen u. dgl. 9456* Schwed.
Berglund (O. W.) s. Chadeloid Corp.
Berglund (T.), Korngrößeskalen für ferrit. u. austenit. Strukturen 4923.
Berglund-Larsson (U.) u. **Melander (L.),** Isotopeneffekt v. H u. Mechanismus d. aromat. Sulfonier. 8587.
Bergman (A. G.) s. Akopow (J. K.); Jewssejewa (N. N.); Rassonskaja (I. S.); Sachartschenko (M. A.); Scholochowitsch (M. L.).
—, **Kisslowa (A. I.)** u. **Possypaiko (W. I.),** Austauschzers. in Abwesenh. eines Lösungsmittels. 1. Mitt. Quatern. reziprokes Syst. aus d. Chloriden, Sulfaten u. Wolframaten d. Li u. K 8105; 2. Mitt. Reziprokes Vierstoffsyst. aus d. Chloriden, Sulfaten u. Wolframaten d. Li u. K 8106.
Bergman (G.) u. **Waugh (J. L. T.),** Kristallstruktur d. intermetall. Verb. $Mg_6Si_7Cu_{16}$ 10456.
Bergman (H. C.) s. Elek (S. R.).
Bergman (I.) u. **James (J. C.),** Red. einiger Nitroverbb. an einer bewegten Hg-Oberfläche 8344.
Bergman (J. I.) s. Kay (J. H.).
Bergman (W. E.) s. Phillips Petroleum Co.
Bergmann (E. D.), Acetylenunterss. 5. Mitt. Diels-Alder-Rkk. mit Methylchloropren 786. — Dehydratisier. u. Isomerisier. v. Dimethyläthinylcarbinol 11368. — s. Hirshberg (Y.); Lavie (D.); Pullman (A.); Pullman (B.).
—, **Berthier (G.), Fischer (Ernst)** [Rehovoth], **Hirshberg (Y.), Lavie (D.), Loewenthal (E.)** u. **Pullman (B.),** Fulvene u. thermochrome Äthylene. 18. Mitt. Synth., UV-Spektren u. Dipolmomente substituierter Dibiphenylenäthylene 7643.
Bergmann (E. D.), Berthier (G.), Fischer (Ernst) [Rehovoth], **Hirshberg (Y.), Lavie (D.), Pullman (A.)** u. **Pullman (B.),** Fulvene u. thermochrome Äthylene. 12. Mitt. Derivv. d. Xanthens 7642.
—, **Berthier (G.), Ginsburg (D.), Hirshberg (Y.), Lavie (D.), Pinchas (S.), Pullman (B.)** u. **Pullman (A.),** Fulvene u. thermochrome Äthylene. 8. Mitt. Infrarotspektren, Struktur u. Reaktivität v. Fulvenketonen 7639.
—, **Berthier (G.), Hirshberg (Y.), Loewenthal (E.), Pullman (B.)** u. **Pullman (A.),** Fulvene u. thermochrome Äthylene. 9. Mitt. Einfl. v. Methylgruppen auf d. Spektren v. Benzo- u. Dibenzofulvenen 7640.
—, **Fischer (Ernst)** [Rehovoth], **Ginsburg (D.), Hirshberg (Y.), Lavie (D.), Mayot (M.), Pullman (A.)** u. **Pullman (B.),** Fulvene u. thermochrome Äthylene. 11. Mitt. Heptafulvene 7641.
—, **Gil-Av (E.)** u. **Pinchas (S.),** Struktur d. Kondensationsprodd. v. prim. β-Oxyaminen u. aliphat. Carbonylverbb. 5275.
—, **Ginsburg (D.), Hirshberg (Y.), Mayot (M.), Pullman (A.)** u. **Pullman (B.),** Fulvene u. thermochrome Äthylene. 13. Mitt. Heptafulvalene u. ihre Tetrabenzoderivv. 7642.
— u. **Loewenthal (E.),** Fulvene u. thermochrome Äthylene. 16. Mitt. Synth. substituierter Dianthrone 7663.
— u. **Pelchowicz (Z.),** Synth. v. 9.10-Diphenylphenanthren 803. — Synth. v. 3.4-Benzophenanthren 803.
— u. **Szmuszkovicz (J.),** Verss. in d. 4-Phenyl-2-cycloalkenonreihe. 1. Mitt. Synth. v. 2.9-Diketo-1.2.3.4.4a.9.10.10a-oktahydrophenanthren 10977.
Bergmann (Felix) s. Israelashvili (S.).
—, **Kalmus (A.)** u. **Vromen (S.),** ω-Fluoracetophenon. 2. Mitt. Substitutions-Rkk. in d. Fluormethylgruppe v. ω-Fluoracetophenon 8599.
Bergmann (Frida) s. Rabasa (S. L.).
Bergmann (Friedrich) s. Badische Anilin- & Soda-Fabrik Akt.-Ges.
Bergmann (G.) s. Luther (H.).
Bergmann (H.), Komplikatt. durch Noradrenalin-Dauerinfus. bei anox. Hirnschädig. 1544.
Bergmann (L.) u. **Schaefer (C.),** Lehrbuch d. Experimentalphysik [3786].
Bergmann (M.) u. **Großglauser (H.),** Ergebnisse einiger Geh.-Bestimmungen v. Stickoxydul 5368.
Bergmann (O.), Differentialgleich. für d. Phase bei d. Streuung Neutron-Proton 1662. — s. Baker (N.); Green (H. S.).
— u. **Baker (N.),** Corbens-Formulier. d. Dirac-Gleichung 1661.
Bergmann (W.) s. Michael (G.).
Bergmann (Werner) s. American Cyanamid Co.; Sax (K. J.); Stokes (W. M.).
— u. **Burke (D. F.),** Struktur einiger Schwammnucleoside 10760.
Bergmann (W. H.), Entladungen in magnet. Feldern. Righis magnet. Strahlen 8787.
Bergmann-Elektricitäts-Werke Akt.-Ges., Kabel u. Leitt. 1349* D. B. — Fernmeldekabel 1580* D. B.
Bergmann & Simons u. **Adam (Georg),** Steigerung d. Oberflächenaktivität v. Zinkoxyden 7522* D. B.

Bergmeister (E.) s. Wacker-Chemie G. m. b. H.
Bergner (A. D.) s. Harris (C.).
Bergner (R. P.), Herd (R. M.), Kline (K.), Lawrence (D.) u. Hutton (C. E.), N_2O, O_2 u. Trichloräthylen in d. zahnärztl. Anästhesie 9382.
Bergqvist (N.) s. Jensen (C. C.).
Bergren (W. R.) s. Itano (H. A.).
Bergson (G.) s. Schotte (L.).
Bergsteinsson (I.) s. Shell Development Co.
Bergstrand (C. G.) s. Winberg (J.).
Bergström (H. O. V.) u. Trobeck (K. G.), Behandl. v. bei d. Verbrenn. v. Ablaugen erhaltenen Gasen 3518* Finn. — Reinig. v. Gasen bei d. Verbrenn. v. Celluloseabfallslaugen 7057* N.
Bergström (I.) s. Andersson (G.); Bergkvist (K. E.); Passell (T. O.).
— **u. Hill (Robert D.),** Auger-Elektronen aus d. L-Schale d. Hg 10431.
—, **Hill (Robert D.) u. Pasquali (G. de),** Isotope d. Tl mit Neutronenmangel 4512.
—, **Thulin (S.), Wapstra (A. H.) u. Åström (B.),** K-Konversionskoeffizienten d. beim Zerfall v. ^{85m}Kr, ^{129m}Xe, ^{131m}Xe, ^{135}Xe u. ^{133m}Xe auftretenden γ-Übergänge 7367.
— **u. Wapstra (A. H.),** Pb- u. Tl-Isotope mit Neutronenmangel. 1. Mitt. Isomere v. Pb u. Tl 9493.
Bergström (J.) s. Andersson (O.).
Bergström (S. G.), Trockentemp., Trockenzeit u. Haltbark. d. Betons 2277.
Bergstrom (C. G.) s. Searle (G. D.) & Co.
Bergstrom (F. W.) u. Furst (A.), p-Dimethylaminophenylchinaldylcarbinol 9334.
Bergstrom (R. E.) s. West (P. H.).
— **u. Waters (H. K.),** Eindampfen v. Kraftschwarzlauge 2562.
Berguer (Y.) s. Mentzer (C.).
Bergvik & Ala Aktiebolag, vormals Bergvik & Ala Nya Aktiebolag, Monocycl. Terpene (Dipenten) 11104* E.
— **u. Ivermark (R. F.),** Überführ. v. Δ^3-Caren in Terpene 2780* Schwed.
Bergwein (K.), Parfümöle in Haushaltsseifen u. Seifenpulvern 714. — Parfümgrundstoffe für d. Geruchsverbesser. v. Textilien u. anwendungstechn. Hinweise 3520. — Parfümier. lösungsmittelhalt. Wachsprodd. 7574. — Geruchsverbesserungsmittel in d. Mineralölindustrie 8293. — Aerosol-Druckzerstäub. 9924. — Anwend. d. fettsauren Ester v. niedrigmol. Alkoholen in d. Kosmetik 10874.
Bergwerksgesellschaft Hibernia Akt.-Ges., Stickstoffwerk, Aufarbeit. v. Rückständen d. Erdölhydrier. 1418* Oe. — Alkylsubstituierte aromat. Hydroperoxyde 5423* Oe., 7084* Oe. — Organ. Hydroperoxyde 6135* F. — s. Koppers (H.) G. m. b. H.
—, **Groß (O.) u. Berger (Heinz) [Herne],** Blausäure 3002* D. B.
— **u. Rindtorff (E.),** Techn. reines Bzl. 5179* D. B.
—, **Rindtorff (E.) u. Schmitt (Karl) [Herne],** Gewinn. v. techn. reinem Bzl. 11687* D. B.
Bergwerksverband zur Verwertung von Schutzrechten der Kohlentechnik G. m. b. H., Ersatz für Holzkohle 964* F. — Schaumschwimmaufbereit. 5618* Oe.
—, **Benning (A.), Grosskinsky (O.) u. Jüttner (B.),** Trinitrophenol 4456* D. B.
Bergwerksverband zur Verwertung von Schutzrechten der Kohlentechnik G. m. b. H., Bracht (G.), Grosskinsky (O.), Jüttner (B.), Regel (O.) u. Schiwy A.), Aufschlußprodd. d. Kohle oder ähnl. Stoffe 11465* D. B.
—, **Ewers (J.), Grosskinsky (O.) u. Thürauf (W.),** Cycl. Polycarbonsäuren bzw. deren Gemische 6622* D. B.
—, **Grosskinsky (O.), Huck (G.) u. Klempt (W.),** Selektive Auswasch. v. H_2S 10663* D. B.
—, **Grosskinsky (O.) u. Jüttner (B.),** Pharmazeut. wertvolle Ester 7728* D. B.
—, **Grosskinsky (O.) u. Karweil (J.),** Oxydationsprodd. fossiler oder rezenter Brennstoffe 7586* D. B., 11129* D. B.
—, **Grosskinsky (O.) u. Thürauf (W.),** Monocycl. Carbonsäuren 10627* D. B.
—, **Grosskinsky (O.) u. Umbach (H.),** Ammonsulfat 7521* D. B. —Verarbeit. v. Ammoniakwasser 9167* D. B. — Verarbeit. v. H_2S enthaltendem NH_3-Wasser 11068* D. B.
— **u. Klempt (W.),** Oxydat. fester Brennstoffe 11464* D. B.
—, **Müschenborn (W.), Nötzold (E.) u. Reerink (W.),** Aschearme Erzeugnisse, wie Reinst- oder Edelkohle, aus belieb., vorzugsweise minderwert. Einsatzkohlen 2339* D. B.
Bergy (G. G.) s. Waddington (W. S.).
Beriger (E.) s. Heusser (H.).
Berim (N. G.), Besonderhh. d. physiol. Synergismus zwischen DDT u. F-Verbb. bei d. Wrkg. auf Insekten 3426.
Bering (B. P.) u. Ioilewa (K. A.), Adsorpt. v. Dämpfen an d. Oberfläche v. Hg. 1. Mitt. 11518.
— **u. Sserpinski (W. W.),** Adsorpt. v. Gasgemischen. 1. Mitt. Adsorpt. v. Äthylen u. CO_2 an akt. Kohle 6226; 3. Mitt. Statist. Behandl. d. Erscheinn. d. Adsorpt. v. Gasgemischen 9265. — Gleichzeit. Adsorpt. v. Äthylen u. Propylen an akt. Kohle. 2. Mitt. 7403.
Beringer (F. M.) u. Geering (E. J.), Aromatisier. u. Umlager. v. cycl. Ketonen. 3. Mitt. 2.3.5- u. 3.4.5-Trimethylphenol aus Isophoron 9308.
— **u. Ugelow (I.),** Aromatisier. u. Umlager. v. cycl. Ketonen. 4. Mitt. Substituierte Acetanilide aus Cyclohexenonoximen 9313.
Beringer (R.) u. Heald (M. A.), Magnet. Moment d. Elektronenspins in atomarem H 9245.
—, **Rawson (E. B.) u. Henry (A. F.),** Mikrowellenresonanz in NO: Lambda-Verdoppel. u. Hyperfeinstruktur 7375.
Berio (E.) s. Calligari (G.).
Berischwili (T. A.), PAS zur Behandl. d. Tuberkulose d. Atmungsorgane durch Inhalat. im Sanatorium in Liban 9380.
Berk (M. Z.) s. Engelberg (H.).
Berk (Z.) s. Guéron (I.).
Berkebile (J. M.), Prüf. auf Alkohol im Atem u. im Blut 8696.
Berkenblit (M.) s. Reisman (A.).
Berkengeim (T. I.) s. Bogdanow (G. A.).
Berker (A. F.), Mitrani (M.) u. Ulutin (O. N.), Artifizielle Kaliumkrankh. 5350.
Berkeš (I.) s. Karas (V.); Pinter (Tomislav).
Berkeš (S.) s. Fišer-Herman (M.).
Berkley (C.) s. Loeser (C. N.).
Berkman (A. S.), Einfl. d. Brenntemp. auf d. Weißgeh. u. d. Transparenz d. Porzellans 11271. — Weißgeh. u. Transparenz v. Porzellan, ihre gegenseit. Bezieh. u. ihre Abhängigk. v. d. Brenntemp. 11271.

Berkman (A. S.) u. **Melnikowa (I. G.)**, Poröse Platten für pneumat. Transportanlagen u. Silos in Zementfabriken 5871.
Berkman (F.) s. Harvey (W. P.).
Berkman (J. P.), **Schuter (L.)** u. **Rabinowitsch (M. J.)**, Neuer Gerbstoff für d. Herst. v. weißem Leder 1187.
Berko (S.) u. **Hereford (F. L.)**, Ablenk. energiereicher Elektronen in magnetisiertem Fe 2353.
Berkowitsch (B. I.) s. Jewlachowa (W. F.).
Berkowitz (A. E.) s. Franklin (A. D.).
—, **Jaumot jr. (F. E.)** u. **Nix (F. C.)**, Diffus. v. ^{60}Co in einigen Ni–Al-Legierr., d. überschüssige freie Gitterstellen enthalten 7390.
Berkoz (B.) u. **Daubert (B. F.)**, Synth. v. 2.2-Dichlorpropandiol-(1.3) 11368.
Berl (H.) s. Hauptmann (H.).
Berl (W. G.) u. **Feazel (C. E.)**, UV-Spektren v. Zuckern in alkal. Lsg. 6873.
Berlek (J.) s. Österreichische Magnesit Akt.-Ges.
Berlin (A. A.), Polymere O-halt. dreigliedr. Cyclen 10044.
Berlin (A. J.) s. Maimind (W. I.).
—, **Maimind (W. I.)** u. **Golombik (E. S.)**, Methylier. d. Diäthylacetals v. Formylhippursäureester 4572.
— u. **Ssytschewa (T. P.)**, Synth. v. 1-Methoxyphenanthridin 4098. — Synth. einiger Analoge d. Zingerons. 5. Mitt. Resorcinderivv. 5526.
Berlin (C.), Comedonenakne bei Kindern durch am Kopf appliziertes Paraffinöl 5594.
Berlin (J.) s. Syntex Soc. An.
Berlin (Louis) s. Kurtzke (J. F.).
Berlin (Ludwig) s. Farbwerke Hoechst Akt.-Ges. vormals Meister Lucius & Brüning.
Berlin (N. I.), **Tolbert (B. M.)** u. **Lotz (C.)**, $^{14}C_{(2)}$-Glykokollstoffwechsel beim Menschen. 2. Mitt. Verteil. in d. Geweben 7955.
Berlin (T. H.), **Witten (L.)** u. **Gersch (H. A.)**, Reales Gas 1679.
Berlincourt (T. G.), De Haas-van Alphen-Effekt in Cd 4522.
— u. **Steele (M. C.)**, De Haas-van Alphen-Effekt in Zn bei Tempp. d. fl. O 2604. — Temp.-Abhängigk. d. Parameter d. de Haas-van Alphen-Effektes in Zn 9258.
Berliner (E.) u. **Altschul (L. H.)**, Hydrolyse substituierter Benzoesäureanhydride 7408.
—, **Beckett (M. C.)**, **Blommers (E. A.)** u. **Newman (Bernice)**, Alkal. Hydrolyse v. p-Alkylbenzoesäureäthylestern 10958.
— u. **Berliner (F.)**, Relative Jodierungsgeschwindigkk. v. p-Alkylanilinen 3595.
Berliner (F.) s. Berliner (E.).
Berliner (M. D.), Meiosis u. gewisse Antibiotica bei Gymnosporangium 6769.
Berliner Kalksandsteinwerke R. Guthmann G. m. b. H., Frostbeständ. Leichtsteinkörper 8472* D.
Berlingozzi (S.) u. **Rapi (G.)**, Papierchromatographie mit mehrfacher Durchströmung 8693.
—, **Rapi (G.)** u. **Monti (L.)**, Verteilungschromatographie auf waagerechtem Streifen u. ihre Anwend. zur Best. v. Aminosäuren 8693.
Berlinguet (L.), Synth. v. 2-Aminoalkoholen 7188.
Berlman (I. B.), Best. d. Filmexposit. durch Aktivier. v. ^{109}Ag 11331.
Berlman (I. B.), **Lucas (H. F.)** u. **May (H. A.)**, Best. d. photograph. Filmexposit. durch Neutronenaktivier. v. ^{107}Ag 11331.
Berlowitsch (E. J.), Lichtstarkes Spektrometer v. Sektortyp mit verbesserter Fokussier. 10915.
Berly (E. M.), **First (M. W.)** u. **Silverman (Leslie)**, Wiedergewinn. v. gelösten Gasen u. Aerosolen aus Luftströmen 9163.
Berman (A.) u. **Kondic (V.)**, Zementit in Gußeisen. Zers. während d. Erstarr. 11456.
Berman (A. I.), Kernphoto-Rkk. 2355.
— u. **Brown (K. L.)**, Absol. Querschnitt als Funkt. d. Energie für d. Rkk. ^{63}Cu (γ, n) u. ^{63}Cu (γ, 2n) 11149.
Berman (A. S.) s. Lassettre (E. N.).
Berman (J.), Natur d. Kristallisat. v. metamikten Mineralien 3820.
Berman (N.), **Ruof (C. H.)** u. **Howard (H. C.)**, UV-Absorptionsspektren d. Benzolcarbonsäuren 7120.
Berman (R.), Stromempfindlichk. v. Kohlewiderstandsthermometern bei Tempp. d. fl. He 2132.
— u. **Simon (F. E.)**, Graphit–Diamant-Gleichgewicht 11344.
—, **Simon (F. E.)** u. **Ziman (J. M.)**, Therm. Leitfähigk. v. Diamant bei tiefen Tempp. 1213.
Berman (Ruth), **Wilson (I. B.)** u. **Nachmansohn (D.)**, Cholinacetylasespezifität in Bezieh. zur biol. Funkt. 1068.
Berman (S. S.) s. Cluett (M. L.).
Bermane (D.) s. Bysselberge (M. van).
Bermejo Martínez (F.), **Prieto Bouza (A.)** u. **Barrera Ramallo (A.)**, Volumetr. Best. d. Phosphidgeh. in Handelsprodd. 2496.
Bermudez Pareja (M.), Biochem. Kenntnis d. Erythrocytopoese. Beteilig. d. Vitamin-B_{12}-Gruppe 11612.
Berna (J.) s. Pallaud (R.).
Bernabe Pereyra (C.), Best. d. Jod-Tannin-Sirups d. „Farmacopea Nacional Argentina“ 8210.
Bernabei (M.), Sunti di chimica biologica [4612].
Bernadac (B.), Saftreinig. in einer Rübenzuckersiederei 5919.
Bernal (J. D.) u. **Carlisle (C. H.)**, Bedeut. d. Röntgenstrahlbeugungsmethoden für d. Beurteil. v. Größe u. Anordn. koll. Teilchen 4048.
Bernal (J. E.) s. Rodriguez (P. J.).
Bernal (M. J. M.), Analyt. Wellenfunktionen für Methan u. d. NH_4-Ion 8798.
— u. **Massey (H. S. W.)**, Metall. NH_4 8547.
Bernard (C. A.), Reinigungs- u. Netzmittel 2099* F.
Bernard (É.) u. **Kreis (B.)**, Resistenz v. Isoniazid 2701.
—, **Kreis (B.)**, **Lotte (A.)**, **Lejoubioux (E.)** u. **Jullien (J. L.)**, Behandlungsergebnisse d. Lungentuberkulose mit Isoniazid u. PAS bei kombinierter Anwend. während drei Monaten. (Vgl. d. Behandlungsergebnisse mit Isoniazid allein u. mit Isoniazid kombiniert mit Streptomycin u. PAS) 6796.
—, **Kreis (B.)**, **Lotte (A.)**, **Loubry (P.)** u. **Coby (J.)**, Behandl. v. Lungentuberkulose mit Streptomycin, PAS u. Isoniazid bei kombinierter Anwend. während drei Monaten 150.
—, **Kreis (B.)** u. **Lutier (H.)**, Bactericide Wrkg. antibakterieller Mittel. Klin. Verss. 7965.
Bernard (Jacqueline) s. Lambin (S.).

Bernard (Jean), Tödl. Thrombophlebitis mehrfacher Lokalisat. nach Urographie 10310.
— u. **Attal (C.),** Aplasie d. Markes u. d. Blutes, verursacht durch Chloramphenicol 9841.
— u. **Seligmann (M.),** Behandl. d. Leukosen mit 6-Mercaptopurin 6307. — *61* mit 6-Mercaptopurin behandelte Leukämien 10767.
Bernard (J. H.), Charakter d. gegenseit. Grenzen zwischen d. Mineralien (auf Grund d. bekannten Sukzess.) 1465.
Bernard (M.) u. **Jaffray (J.),** Elektr. Leitfähigk. u. Umwandll. d. Magnetits 1905. — Übergänge, d. bei d. K_2SO_4-Kristallen auftreten 9268.
Bernard (M. Y.), Analogien u. Unterschiede zwischen Glasoptik u. Elektronenoptik 4049. — Einfl. d. Änder. d. Amplitude d. Beschleunigerfeldes auf d. Beweg. d. Ionen in d. Linearbeschleunigern 7834. — Bewegungstheorie d. Ionen in d. Linearbeschleunigern 7834. — „Starke Fokussier." in Ionen-Linearbeschleunigern 7834. — s. Grivet (P.).
Bernard (P. D.), Mittel zum Füllen v. schwer zugängl. Höhlungen u. Kanälen 639* F.
Bernard (R.) u. **Berger (Colette),** Metallographie v. Legierr. auf d. Grundlage v. Co u. Metallcarbiden 2526.
— u. **Bernard (S.),** Abdruckverf. für elektronenmkr. Anwend. 294.
— u. **Rivière (R.),** Kontrolle d. Körn. eines Kristallpulvers durch Röntgenstrahlbeug. 1454.
Bernard (R. A.) s. Du Pont de Nemours (E. I.) & Co.
Bernard (S.) s. Bernard (R.).
Bernard (W. J.) s. Schumb (W. C.).
Bernard & Co. (Soc. en Commandite par Actions), Korrosionsschutzmittel 10620* F.
Bernardaud (L.) & Cie. u. **Beaudet (L.),** Brennen v. Porzellan 5155* Schwed.
Bernardini (A.) u. **Caltabiano (S.),** Wrkg. v. Röntgenstrahlen auf d. Ascorbinsäurestoffwechsel 8427.
Bernardini (G.) u. **Goldwasser (E. L.),** Photoerzeug. v. π^+-Mesonen aus H_2 nahe dem Schwellenwert 6443. — Photopion-S-Welle nahe d. Schwelle u. d. Pion–Nucleon-Kopplungskonstante 8302.
— u. **Segrè (E.),** Vers., d. künstl. Erzeug. v. V^0-Teilchen durch energiereiche Photonen nachzuweisen 1432.
Bernardini (Gilberto), Fisica sperimentale [4266].
Bernardy (G.), Stand d. Coloristik im Filmdruck 3741.
— u. **Hantsch (B.),** Druck mit Metallkomplexfarbstoffen auf tier. u. synthet. Fasern 7324.
Bernas (R.) u. **Beydon (J.),** Trenn. d. Isotope d. Tc u. Best. d. Massenzahl eines Isomerenübergangs v. *390* keV 7144. — s. Laberrigue-Frolow (J.); Rosenblum (Salomon); Valladas (G.).
—, **Kaluszyner (L.)** u. **Druaux (J.),** Neutralisat. d. Raumlad. v. positiven Ionenbündeln durch Elektronenhäuf.; Neutralisationszeit 982.
Bernasconi (E.) s. Ciba Akt.-Ges.
Bernassowski (W. J.), Natürl. Entwässer. v. Mirabilit 11537.
Bernatek (E.), Cycl. Verbb. aus Acetylbrenztraubensäureestern. 2. Mitt. 5530. — Rk. zwischen Acetylaceton u. p-Benzochinon. 2. Mitt. Derivv. v. Benzofuran 10015.
Bernauer (K.), Zusammenhänge zwischen Konst., ster. Verhältnissen u. UV-Spektren bei Derivv. d. Brevifolins 11539.
Berndt (F.), Bleisulfostannate Boliviens 6477.
Berndt (G.) s. Westfälische Union Akt.-Ges. für Eisen- und Drahtindustrie.
Berndt (K.), Kunstdruck- u. Chromopapiere 5210.
Berndt (W.), Gibt es einen $>C<^{O-}_{O-}$-Chromophor? Beitrag zur UV-Absorpt. d. Cellulose 119. — s. Treiber (E.).
Berndt (Walter) s. Farbwerke Hoechst Akt.-Ges. vormals Meister Lucius & Brüning.
Berndtsson (B.) u. **Turunen (L.),** Wrkg.* verschied. Zusätze auf ungesätt. Polyesterharze 1619.
Berneike (K.-H.), Medikamentöse Fettsuchtbehandl. 11629.
Bernelli-Zazzera (A.), Enzymat. Hemmungen antimitot. Substanzen. 1. Mitt. Wrkg. v. Cyanat u. Urethan auf alkal. Phosphatasen 7935; 2. Mitt. Wrkg. v. Cyanat u. Urethan auf Bernsteinsäuredehydrase 7936.
Berner (C.), Analyt. Betrachtungen über Genfer Weine u. Ergebnisse d. Anwend. önolog. Regeln 7337.
Berner (E.) s. Augestad (I.).
—, **Gramstad (T.)** u. **Vister (T.),** Unerwartete Bldg. v. 9.10-Dimethylanthracen 11572.
— u. **Landmark (L. H.),** Opt.-akt. $\alpha.\alpha'$-Diäthylglutarsäuren u. ihre Anhydride 5286.
— u. **Steffensen (O.),** Opt.-akt. Hexahydrohomophthalsäuren u. ihre Anhydride 3850.
Berneri (A.), Theorie — Analyse — Eigg. d. Rußes 6146. — Verf. zur Rußgewinn. 6147.
Bernert (T.), Verwend. v. Radioisotopen in Österreich 9956.
Bernett (T. W.), Rohrleitungssyst. für Email 4674.
Bernhard (E.), Colorimetr. Best. d. Ammoniakstickstoffes im Käse 6643.
Bernhard (H.) s. Gabro Akt.-Ges.
Bernhard (K.), Isotope als Indicatoren zur Erforsch. d. Lipidstoffwechsels 145. — Resorpt. aliphat. KW-stoffe, d. Carotine u. d. Vitamins A bei d. Ratte 2235.
—, **Brubacher (G.)** u. **Lutz (A.),** Verteil. u. Ausscheid. als Sedativa wirksamer Derivv. d. Hexa- u. Tetrahydropyridins mit ^{14}C-Signierr. 1786.
—, **Ritzel (G.)** u. **Steiner (K. U.),** Biol. Bedeut. d. Gallenfarbstoffe. Bilirubin u. Biliverdin als Antioxydantien für d. Vitamin A u. d. essentiellen Fettsäuren 2010.
— u. **Scheitlin (E.),** Resorpt. v. Mineralöl 3667.
Bernhard (P.), Silicone in d. Anstrichtechnik 462. — Phosphatier. 699. — Lacktrockn. mittels infraroter Strahlen 2083.
Bernhard (S. A.), Garfield (E.) u. **Hammett (L. P.),** Spezif. Wrkgg. bei d. Säurekatalyse durch Ionenaustauschharze. 3. Mitt. Wrkg. polyvalenter Kationen 63.
— u. **Hammett (L. P.),** Spezif. Wrkgg. bei d. Säurekatalyse durch Ionenaustauschharze. 2. Mitt. Hydrolyse v. Estern in wss. Lsg. 63.
Bernhard (W. G.) s. Robinson (H. J.).
Bernhardt (E. C.), Einfl. v. Ultraschall auf thermoplast. Schmelzen 5087.
Bernhart (F. W.) s. American Home Products Corp.; Hassinen (J. B.); Tomarelli (R. M.).

Bernhauer (K.) s. Aschaffenburger Zellstoffwerke Akt.-Ges.; Friedrich (Wilhelm).
Bernheim (F.), Wrkg. v. Phenolen auf d. adaptive Enzymbldg. bei einem Stamm v. Pseudomonas aeruginosa 7701. — Wrkg. v. Azid u. Cyanid auf d. Respirat. einer Mycobakterienart 7940. — Einfl. substituierter Benzoesäuren auf d. adaptive Enzymbldg. in einem Mycobacterium 8650.
— u. **Turk (W. E. De)**, Aerobe Cysteindesulfurase in einem Mycobakterium 11016.
Bernick (S.) s. Bavetta (L. A.).
Bernon (G.), Traubenschädlinge 8010.
Bernot (J.) u. **Ralevski (V.)**, Messungen d. Reaktivitäten in einem Reaktor 11329.
Bernot (L.) s. Soc. des Piles Wonder.
Bernotass (W. I.) s. Baschilow (A. A.).
Bernotti (R.), Trockenöfen für Gießereien mit u. ohne Luftumwälzung 8714.
Bernou (A.) u. **Tricoire (J.)**, Einfl. ausgedehnter, mit INH kombinierter Antibioticakuren auf d. Cavernennarben 9609.
Bernoulli (E.) u. **Lehmann (Heinrich)**, Übersicht d. gebräuchl. u. neueren Arzneimittel für Ärzte, Apotheker u. Zahnärzte [6346].
Bernsen (G.), Aschebest. in Arzneipflanzen 7497.
Bernskiöld (A.), Fixier. v. Nylon u. Terylene 5213.
Bernsohn (J.) s. Pollock (L. J.).
Bernstein (A.) s. Piller (M.).
Bernstein (Eleonore) s. Brodie (B. B.).
Bernstein (Eugene), Erzeug. v. Röntgenstrahlen aus d. L-Schale durch Protonen 5715.
Bernstein (H.), Kornverfeiner. bei Leichtmetallen 3240.
Bernstein (H. J.), Kp. v. Alkandiolen als eine additive Eig. 4071.
— u. **Powling (J.)**, Schwingungsspektren u. Struktur anorgan. Moll. 1. Mitt. Ultrarotspektr. v. F_2O v. *2,5—25* μ 281.
— u. **Pullin (A. D. E.)**, Schwingungsspektr. v. cis- u. trans-Monodeuterodichloräthylen 6709.
—, **Pullin (A. D. E.)**, **Rabinovitch (B. S.)** u. **Larson (N. R.)**, Rotationsisomerie u. d. Schwingungsspektr. d. symm.-Dideuterodibromäthans 1232.
Bernstein (I. B.) u. **Holstein (T.)**, Energieverteill. v. Elektronen in stationären Entladd. 4519.
Bernstein (I. M.), Lösungsmittelfraktionier. v. Standölen 4709.
Bernstein (J.) u. **Klein (Abraham)**, Austauschstromeffekte im Deuteron 2123.
Bernstein (Jeffrey), Weißkern. Temperguß 1363, 11084.
Bernstein (L.) u. **Pearson (G. A.)**, Einfl. d. integrierten Feuchtigkeitsspann., d. durch Veränder. d. osmot. Druckes v. Kulturlsgg. bewirkt wird, auf d. Wachstum v. Tomaten- u. Pfefferpflanzen 670.
Bernstein (L. M.) s. Pascale (L. R.).
—, **Pascale (L. R.)**, **Schoolman (H. M.)** u. **Foley (Edmund F.)**, Intravenöse Procainamidgabe als differentialdiagnost. Hilfe zur Unterscheid. d. Vorhofflatterns mit Schenkelblock v. d. paroxysmalen Tachycardie 4878.
Bernstein (M. M.), Einfl. hydrotherm. Einww. auf d. Festigk. v. Verklebb. 8300.
Bernstein (R. B.), Isotopeneffekt d. ^{13}C bei d. therm. Zers. v. Nickelcarbonyl 4992. — s. Adams (R. M.); Gordus (A. A.); Semeluk (G. P.).
Bernstein (R. B.) u. **Katz (J. J.)**, ^{18}F: Herst., Eigg., Anwendd. 4272.
Bernstein (R. E.), Flammenspektrophotometr. Analyse v. Na u. K in geringen Flüssigkeitsmengen v. Serum, heparinisiertem Plasma u. Cerebrospinalfl. 2267.
Bernstein (R. L.) s. Alrose Chemical Co.
Bernstein (S.) s. Roberts (L. D.); Stanford (C. P.); Wilkinson (M. K.).
—, **Roberts (L. D.)**, **Stanford (C. P.)**, **Dabbs (J. W. T.)** u. **Stephenson (T. E.)**, Wechselwrkg. polarisierter Neutronen mit polarisierten ^{55}Mn-Kernen 11492.
Bernstein (Seymour) s. American Cyanamid Co.; Sherwood (J. E.).
— u. **Lenhard (R. H.)**, Absorptionsspektren v. Steroiden in konz. H_2SO_4. 2. Mitt. Strukturelle Beziehh.; Analyse d. *220—300* mμ Bereichs 7922.
Bernstein (S. H.), **Feldman (H. A.)**, **Harper jr. (O. F.)** u. **Klingensmith (W. H.)**, Orale Penicillinmassenprophylaxe zur Kontrolle v. Streptokokkenkrankhh. 6559.
Bernstein (W.) s. Chase (R. L.); Markowitz (S. S.); Perlman (M. L.); Schardt (A. W.); Weiss (M. M.).
—, **Markowitz (S. S.)** u. **Katcoff (S.)**, Strahl. d. *13,9* Min.-^{146}Ce u. *24,4* Min.-^{146}Pr 9016.
—, **Weiss (J.)** u. **Kuper (J. B. H.)**, Oxydationsausbeute d. Ferrosulfat-Dosimeters durch Röntgenstrahlen 3793.
Bernstine (J. B.) u. **Meyer (A. E.)**, Übergang v. Stoffwechselprodd. d. Chloralhydrates in d. Amnion-Fl. 3909.
Beroza (M.), Alkaloide aus Tripterygium Wilfordii Hook. Struktur v. Wilforin, Wilfordin, Wilforgin u. Wilfortrin 593. — Mikrobest. v. Methylendioxy- oder gebundenen Formaldehydgruppen 7048.
Berquin (Y.) s. Soc. An. Potasse et Engrais Chimiques.
Berres (C.) s. Farbenfabriken Bayer Akt.-Ges.
Berridge (N. J.), Antibioticum Nisin u. seine Anwend. bei d. Herst. u. Verarbeit. v. Käse 3025. — s. Cheeseman (G. C.); Newton (G. G. F.).
— u. **Briggs (C. A. E.)**, Elektrophorese gruppenspezif. Streptokokkenextrakte 9823.
Berriman (J. A.) s. Shell Development Co.; „Shell" Refining & Marketing Co. Ltd.
Berrington (W. P.) u. **Goldin (S.)**, Modifizierte Leptazolkrampftherapie 10316.
Berruto (B.), Tauchlackier. 931. — Prüf. v. Prodd. d. Autolackiererei 5192. — Anstriche für Gebäude u. d. Bedeut. d. Farbe 9679.
Berry (A. J.), From classical to modern chemistry. Some historical sketches [2350].
Berry (B. E.) s. Simpson (A. G.).
Berry (C. E.) s. Washburn (H. W.).
Berry (C. R.) u. **Griffith (R. L.)**, Durch Elektronenbeschießung v. AgBr gebildetes Ag 3816.
Berry (D. A.) s. Diamond Alkali Co.
Berry (F. J.) u. **Holt (M.)**, Anfängl. Fortpflanz. d. sphär. Stoßes gewisser Sprengstoffe 9708.
Berry (H.), Glas u. Gummi in d. Pharmazie 7263.
Berry (J. M.) s. Case (S. L.).
Berry (K. L.) s. Du Pont de Nemours (E. I.) & Co.

Berry (L. G.) s. Murdoch (J.); Qurashi (M. M.).
Berry (M. G.) s. Linschitz (H.).
Berry (R. E.) s. Frank (R. L.).
Berry (R. L.) u. **Raynor (G. V.),** Kristallchemie d. Laves-Phasen 3571.
—, Waldron (M. B.) u. **Raynor (G. V.),** Äußere Brillouin-Zonen für d. flächenzentriert kub., raumzentriert kub. u. dichtgepackte hexagonale Struktur 299.
Berry (V. J.) s. Schlinger (W. G.).
Berry (W.) s. British Cellophane Ltd.
Berry (W. K.) u. **Burt (J. R.),** Best. v. Kohlenhydraten in d. Haut nach d. Meth. v. Kemp u. van Heijningen 10104.
—, Fellowes (K. P.), Fraser (P. J.), Rutland (J. P.) u. **Todrick (A.),** Schutz v. Cholinesterase gegen organ. P-Verbb. in vitro 8885.
Berryman (J. H.) s. Robinson (Harold).
Bersch (H.-W.) u. **Meyer (R.),** Bldg. v. Carbocyclen durch Hofmann-Abbau 9087.
Berschadskaja (N. A.), Untersuchungsmethodik v. keram. Rohstoffen 7755.
Bersin (T.), Kurzes Lehrbuch d. Enzymologie [4376]. — Pharmakol. Eigg. eines neuen Ca-Präp. 11416.
—, Müller (Arthur) u. **Schwarz (Heinrich),** Calciumäthylendiamintetraacetat 11417.
— u. **Schwarz (H.),** Ausscheid. d. calciumäthylendiamintetraessigsauren Na im Harn 11417.
Bersohn (R.), Doppelbindungscharakter d. C–Cl-Bind. 2143. — Doppelbindungscharakter v. konjugierten C–Cl-Bindd. 5503. — s. Gutowsky (H. S.).
— u. **Gutowsky (H. S.),** Protonenresonanz im NH_4Cl-Einkristall 8326.
Berson (J. A.), Struktur u. Stereochemie bicycl. Derivv. 5. Mitt. Pyrolyse v. endo-cis-3.6-Endomethylen-exo-cis-4.5-dibromhexahydrophthalsäure 8142; 6. Mitt. Infrarotspektren einiger tricycl. u. tetracycl. Lactone 8110; 7. Mitt. Bromier. bicycl. Olefine. Bromier. v. exo-cis-3.6-Endomethylen-Δ^4-tetrahydrophthalsäureanhydrid 8142.
— u. **Cohen (Theodore),** Einw. v. Acetanhydrid auf 4-Methylpyridin-N-oxyd 6027.
— u. **Swidler (R.),** Struktur u. Stereochemie bicycl. Derivv. 3. Mitt. Inerte bicycl., vicinale Dibromide. Solvolyse, Eliminierr. u. Umlagerr. 2165; 4. Mitt. Cis-Addit. bei d. Bromier. bicycl. Olefine. Struktur u. Stereochemie d. Dibromide v. exo-cis-3.6-Endoxo-Δ^4-tetrahydrophthalsäureanhydrid u. endo-cis-3.6-Endomethylen-Δ^4-tetrahydrophthalsäureanhydrid 2640.
Berson (S. A.) u. **Yalow (R. S.),** Verteil. v. menschl. Serumalbumin, d. mit ^{131}J markiert worden war, aus Ascitesfl.: Analyse d. Kinetik einer dreiphasigen Übertragungskette im Menschen u. Gedanken über d. möglichen Sitz d. Abbaus 3181.
Berstein (I. A.), Bennett (W.), Fields (M.) u. **Farmer (E. C.),** Darst. v. tritiiertem selbstluminescierendem Material 5721.
Bersworth (F. C.), Kühlmittel für d. Metallbearbeit. 1885* A. — Alkylenpolyaminopolycarbonsäuren 2075* E. — Polyalkylenpolyaminosäuren 7083* A. — Substituierte Monoaralkylalkylenpolyaminopolycarbonsäuren 9390* E., 10331* A. — Substituierte Alkylendiaminodiessigsäuren 9390* E. — Substituierte Aralkylalkylendiamindiessigsäuren 10330* A. — Monophenylpolyalkylenpolyaminopolycarbonsäuren 10330* A. — Oxyarylalkylendiamindiessigsäuren 10331* A. — Substituierte Polyaralkylalkylenpolyaminopolyessigsäurern 10331* A. — Substituierte Aralkylpolyalkylenpolyaminopolyessigsäuren 11099* E. — Alkylenpolyaminoverbb. 11117* E. — Dialkylsubstituierte Alkylenpolyaminoessigsäuren 10625* E. — s. Chaberek jr. (S.).
Bersworth (F. C.) u. **Frost (A. E.),** Polyoxyaminosäuren 6881* A.
— u. **Martell (A. M.),** Glykolsäure oder ihre Salze 8967* A.
Bert (M. H.) s. Mitchell (H. H.).
Bertalanffy (E.) Chemisch-pharmazeutische Fabrik, Haltbare wss. Injektionslsgg. v. Methyl-bis-(β-chloräthyl)-aminchlorhydrat 2487* Schwz.
Bertanza (L.) u. **Martelli (G.),** Schwankk. in d. Übergangskurven d. Höhenstrahlelektronen 11324.
Bertaut (E. F.), Tunneleffekt u. klass. Mechanik 8539.
— u. **Pepinsky (R.),** Grundannahmen u. d. Gültigk. d. Zachariasenschen Vorzeichenbeziehh. in d. Röntgenkristallanalyse 756.
Bertaut (F.), Struktur d. FeS 10935.
— u. **Delorme (C.),** Deformatt. einiger Cu-Spinelle 3012. — Syst. Co–Cu–O 5494.
Bertein (F.), Bahnen in Elektronenlinsen: Näherungsverf. 10692. — Berechn. v. Elektronenbahnen in d. Elektronenoptik. Verallgemeiner. auf lineare homogene Differentialgleichungen 10692.
Bertele (H. v.), Stromdichten bei frei bewegl. Kathodenflecken in Hg 10677.
Bertelli (G.), Aerosoltherapie d. chron. Bronchialerkrankk. mit Desoxyribonuclease 8200.
Berthelot (A.) s. Faraggi (H.).
—, Chaminade (Robert), Levi (C.) u. **Papineau (L.),** Doppelter K-Einfang in ^{64}Zn 11328.
Berthet (H.), Sammlerelektroden 8229* F.
Berthier (G.), Ausdehn. d. Meth. d. mol. self-consistent field auf d. Unters. d. Zustände unvollständ. besetzter Bahnen 32. — Berechn. d. Übergangswahrscheinlichkk. in d. Elektronenspektren ungesätt. KW-stoffe 4305. — Unvollständ. Elektronenkonfigurationen. 1. Mitt. Meth. d. self-consistent-Molekularfeldes u. d. Unters. d. Zustände mit unvollständig besetzten Bahnen 8797. — s. Bergmann (E. D.); Pullman (A.).
—, Pullman (B.) u. **Baudet (J.),** Theoret. Unterss. über d. Benzoheptalene 6247.
—, Pullman (B.) u. **Pontis (J.),** Kraftkonstanten u. Schwingungsfrequenzen d. Carbonylgruppe in konjugierten organ. Moll. 1007.
Berthier (R. M.), Korros. v. Bewehrung in Beton, bes. in Beton aus Schlackenzement, u. Schutzmaßnahmen 8471.
Berthmann (Adolf) s. Naoúm (P.).
Berthmann (August) s. Winnacker (K.).
Bertho (A.) u. **Bosch (H.),** Einw. v. Lithiumaluminiumhydrid u. v. Phenylmagnesiumbromid auf Brucin 1746.
— u. **Loebmann (K. H.),** Einw. metallorgan. Verbb. auf Strychnosbasen 1519.
Berthod (H.) s. Pullman (A.); Pullman (B.).
Berthold (H.), Schädig. v. Textilien durch Wärmestrahlen 8528.
Berthold (H. J.) s. Fehér (F.).
Berthoud (R.), Opt. Aufhellen v. Textilien 9474.

Berti (G.), Pyrolyse v. Sulfiten. 3. Mitt. Methylalkylsulfite. Darst. v. Olefinen 2870. — s. Price (C. C.).
Berti (L.), Grundlagen zur Berechn. doppelbrechender Filter 742.
Berti (T.) s. Benigno (P.); Cima (L.).
— u. **Cima (L.)**, Verteil. d. Phenothiazinaminoderivv. im tier. Organismus. 1. Mitt. Unterss. an d. Maus mit Chlorpromazin u. Diäthazin 7256. — Schnellverf. für d. papierchromatograph. Trenn. d. Tetracyclin-Antibiotica 10543.
Bertia (M.), Reines altes franz. Süßmandelöl 4472.
Bertin (C.), Amperometr. u. potentiometr. Verss. durch Elektrolyse 1338.
Bertin (D.) s. Allais (A.).
Bertini (S.) s. Treggi (G.).
Bertinotti (F.), **Giacomello (G.)** u. **Liquori (A. M.)**, Verfeinerungsmethoden in d. Bestimmung d. Molekülstruktur organ. Verbb. mittels d. Röntgenstrahlenstreuung 54.
— u. **Liquori (A. M.)**, Physikochem. Eigg. verschied. bei Cooley- u. Sichelzellanämien vorkommender Hämoglobintypen 8424.
Bertinuson (T. A.) s. Colby (W. G.).
Bertocci (U.) s. Piontelli (R.).
Bertoglio Riolo (C.), Einw. v. nascierender chloriger Säure auf d. Hydroxyde, Carbonate u. Bicarbonate d. Alkalimetalle u. d. Tl 8334. — Wrkg. v. Katalysatoren auf d. therm. Zers. d. Natriumchlorits 9276.
Bertolani (F.), Aminosäuren u. experimentelle Fe-Intoxikat. d. Leber 2243. — Phosphate u. experimentelle Fe-Intoxikat. 2243.
— u. **Benatti (G.)**, Verträglichk. d. experimentellen Fe-Intoxikat. nach Suprarenektomie u. bei Darreich. v. Desoxycorticosteron, adrenocorticotropem Hormon u. Thyroxin 2243.
—, **Benatti (G.)** u. **Bendandi (A.)**, Aneurin, Cocarboxylase u. Leberregenerat. 2. Mitt. Veränder. d. Aktivität d. alkal. β-Glycerophosphatase d. Gewichtszunahme u. d. Verfett. d. Leber nach partieller Hepatektomie im Verlaufe einer B_1-Hypovitaminose u. experimenteller CCl_4-Vergift. 2235.
— u. **Bendandi (A.)**, Aneurin, Cocarboxylase u. Leberregenerat. 1. Mitt. Veränder. d. Aktivität d. alkal. β-Glycerophosphatase, d. Gewichtszunahme u. d. Verfett. d. Leber nach partieller Hepatektomie im Verlaufe einer B_1-Hypovitaminose 2235. — Sulfhydrylgruppen d. Leber bei d. experimentellen Fe-Vergift. 2243.
—, **Bendandi (A.)**, **Bergamini (A.)** u. **Chierego (G.)**, Wrkgg. d. Methionins u. eines Eiweißhydrolysates auf d. Regenerat. d. Leber. Verh. d. alkal. Glycerinphosphatase u. d. Tributyrinesterase d. Leber nach teilweiser Hepatektomie 5095.
Bertolani (M.), Ggw. eines Amphibols v. Typ Pargasit in d. ultrabas. Gesteinen d. Val Sabbiola (Valsesia) 9280.
Bertolina (G.), Pigmentdruck u. Pigmentfärberei v. Geweben aus Reyon, Acetat u. synthet. Fasern 4218.
Bertolini (A. M.) u. **Barozzi (C. P.)**, Glucose-1-phosphat im Blut v. n. Personen u. Pankreasdiabetikern 8658.
— u. **Volta (A.)**, Wrkg. d. 5.5-Diäthyl-2-thiobarbitursäure auf d. Succinodehydrogenase 6048. — Verh. d. Arginaseaktivität d. Leber bei Tieren, d. mit Thyroxin u. mit 5.5'-Diäthyl-2-thiobarbitursäure behandelt wurden 6050.
Bertolini (G.), **Bisi (A.)**, **Lazzarini (E.)** u. **Zappa (L.)**, Verhältnis v. L- zu K-Einfang in ^{109}Cd 976.
Bertolino (G.) u. **Pescetti (D.)**, Höhenstrahlströme 8074.
Bertorelle (E.), Elektrolyt. Abscheid. v. Zn: Haften d. Ndd. an d. Kathode. Oscillograph. Meßmeth. 1. Mitt. 9029. — s. Cambi (L.).
—, **Canonica (L.)** u. **Colombo (A.)**, Best. d. Ge in Elektrolyten d. Zn-Gewinn. 7047.
— u. **Giuffrè (L.)**, Elektrometr. Unterss. über Hydrosulfite 3972.
Bertoya (O.), Verbesser. bei d. Präparier. v. Saatgut 6117* E.
Bertram (D. S.), **Roberts (E. W.)** u. **Edwards (H.)**, Schnellmeth. d. Probeentnahme für Damalinia (Bovicola) Bovis L. an Vieh u. ihre Verwend. im Vgl. der Wirksamk. v. „Gammexan" u. DDT gegen diese Parasiten 8948.
Bertrand (D.) s. Bertrand (G.).
—, **Guérin (H.)** u. **Lederer (E.)**, Mise au point de chimie analytique pure et appliquée et d'analyse bromatologique [10340].
Bertrand (G.), Konservieren v. gärungsfäh. Fll., wie Fruchtsäften, Most, Milch usw. 11302* F.
— u. **Bertrand (D.)**, Rb in Samen 8418, 9119.
— u. **Silberstein (L.)**, Mn-Geh. v. Samen 3171. — Einfl. d. Höhe auf d. Mn-Geh. d. Phanerogamen 10780.
Bertsch (H.) s. Klamann (D.).
Bertuzzi (A. F.) s. Davis (P. C.).
Berty (J.) u. **Pallai (I.)**, Organ. Grundstoffe aus ungesätt. KW-stoffen u. aus Synthesegasen 922.
Bertz (R. T.), Furfuroldiacetat 4343.
Berve (H.) s. Arbed Aciéries Réunies de Burbach-Eich-Dudelange S. A. Division Burbach.
Bervillé (P.), **Rousset (P.)** u. **Lavy (J.)**, Verss. d. Behandl. d. grauen Rebschildlaus 5159.
Besborodow (M. A.), Chem. Zus. u. technolog. Verff. bei d. Glasherst. im alten Rußland 9947.
— u. **Fechner (M. W.)**, Chem. Unters. russ. Gläser d. XI.—XIII. Jahrhunderts 3785.
— u. **Michalewitsch (P. F.)**, Spodumenporzellan 5871.
— u. **Shunina (L. A.)**, Auslaug. d. Glases bei d. Aufbewahr. 4672.
Beschidse (A.) s. Nogaideli (A. I.).
Besemann (F.) s. Farbwerke Hoechst Akt.-Ges., vormals Meister Lucius & Brüning; VEB Elektrochemisches Kombinat Bitterfeld.
Besème (E.) s. Ségard (N.).
Besinger (E. N.) s. Ssissakjan (N. M.).
Besobrasow (S. W.) u. **Ssamarin (A. M.)**, Löslichk. v. O_2 in Fe-, Cr- u. Ni-Schmelzen 9750.
Besora (C.), „Mentha", morpholog. u. physiol. Merkmale 7264.
Bessabotnow (M. M.) u. **Masslow (A. N.)**, Armierte plast. Holzschichtmasse „Arktilit" 10390.
Bessé (C.) s. Costantini (A.).
Besserre (D.) s. Rambaud (R.).
Besset (C.), **Horowitz (J.)**, **Messiah (A.)** u. **Winter (J.)**, Problem d. Resonanzen zwi-

schen mehreren Niveaus in einer Anhäuf. orientierter Atome 1907.
Besset (J.), Zellteilung in d. Hypocotylen v. Radieschen, d. mit Extrakten aus Stengeln d. wilden Weines u. aus Topinamburknollen behandelt worden waren 3161. — Freimach. v. Auxin im Innern d. Topinamburgewebes unter d. Einfl. verschied. Heteroauxine 6546.
Bessey (B. E.) u. **Lammiman (K. A.)**, Extensometer zur Prüf. v. Kitten u. ähnl. Materialien 8697.
Bessey (W. H.) u. **Weisbrod (H.)**, Wärmeleitfähigk. v. NaCl 4046.
Bessis (M.) s. P o l i c a r d (A.).
Bessman (S. P.) u. **Lipmann (F.)**, Enzymat. Transacetylier. zwischen aromat. Aminen 3404.
Besson (A.) s. S a v a r d (J.).
Besson (J.) u. **Grange (P.)**, F. u. allotrope Umwandll. d. $ZnCl_2$ 7856.
— u. **Hardt (H. D.)**, Darst. u. Eigg. v. Be-Formiaten 6704.
Bessonow (M. I.) s. K o t o n (M. M.).
Bessonow (S. W.) u. **Plakssin (I. N.)**, Einfl. d. O_2 auf d. Flotierbark. v. Galenit u. Chalkopyrit 3472.
Best (C. A.) s. T r a u b (K.).
Best (C. E.) s. F i r e s t o n e T i r e & R u b b e r C o.
Best (C. H.), Frühe Erfahrungen mit Cholin 8429. — s. S i r e k (O. V.).
Best (G.) s. M u e l l e r (D. W.).
Best (J. M. H.) s. P l e s s e y C o. L t d.
Best (L. L.), Faktoren, die d. Mess. d. Dehn. beeinflussen 9686.
Best (P.) s. P l e s s e y C o. L t d.
Best (R. J.) u. **Gallus (H. P. C.)**, Wrkgg. v. Mosaikvirus auf N- u. P-Stoffwechsel in Tabakpflanzen 8652.
Best (R. R.), **Rasmussen (J. A.)** u. **Wilson (C. E.)**, Behandl. zurückgebliebener Choledochussteine mit verschied. Lsgg. u. Gallenspülungen 2483.
Best Foods, Inc., **Gooding (C. M.)**, **Vahlteich (H. W.)** u. **Neal (R. H. E.)**, Konservieren v. Milchpulver 4481* A.
Best-Gordon (H. W.), Knitterechte Ausrüstungen v. gesponnenen Viscose-Reyon-Geweben 3765.
Beste (M. J. Den) s. R a y e t t e , I n c.
Bestian (H.) s. B a d i s c h e A n i l i n - & S o d a - F a b r i k A k t. - G e s.; F a r b w e r k e H o e c h s t A k t. - G e s. v o r m a l s M e i s t e r L u c i u s & B r ü n i n g.
Bestian (W.) s. F a r b w e r k e H o e c h s t A k t. - G e s. v o r m a l s M e i s t e r L u c i u s & B r ü n i n g.
Besty (D. M.) s. W a r d , B l e n k i n s o p & C o. L t d.
Besugly (P. A.) s. G a l k i n (A. A.).
Besugly (S. F.) u. **Schogam (S. M.)**, Physikal.-chem. Eigg. v. insekticiden Emulss. u. pulverförm. Präpp. (Stäubungsmittel) 5632.
Besugly (W. D.) s. I s m a i l o w (N. A.).
Beswerchowa (S. T.) s. S s o k o l s k i (D. W.).
Betaneli (A. I.), Härte v. Hartmetallegierr. u. mineral-keram. MM. in d. Wärme 678.
Betcherman (I. I.) u. **Pidgeon (L. M.)**, Dest. v. Ca u. Mg 5640.
Betechtin (A. G.), Lehrbuch d. Mineralogie [542]. — Diskuss. über d. sedimentären Ursprung v. Pb- u. Zn-Lagerstätten 10465.
Bethard (W. F.) s. F e i n s t e i n (A. R.).
Bethe (A.), R. Höber 3297.
Bethe (H. A.), Kernphysikal. Konstanten in d. Reaktoranlage 5716. — Mesonen u. Kernkräfte 7137. — s. B a r a n g e r (M.); C o l e (F. T.); D y s o n (F. J.); H o f f m a n n (F. d e); N e l k i n (M. S.).
— u. **Dyson (F. J.)**, Asymptot. Verh. u. Differentialgleichung d. Wellenfunkt. d. Mesons 5709.
— u. **Hoffmann (F. de)**, Phasenverschiebungsanalyse d. Meson–Proton–Streuung 11488.
Bethea (C. F.) s. P h i l l i p s P e t r o l e u m C o.
Betheil (J. J.) s. S c h l e g e l (J. U.).
Betheil (Joseph J.) s. K a t c h m a n (B.).
Bethell (F. H.) s. M e y e r s (M. C.); S w e n d s e i d (M. E.).
Bethge (J.) s. T s c h e s c h e (R.).
Bethge (P. O.), Volumetr. Best. v. H_2S u. lösl. Sulfiden 1804.
Bethlehem Steel Co., **Dougherty (R. S. A.)**, **Chamberlin (A. C.)** u. **Nieman (H. W.)**, Behandl. v. Stahlband 6383* A.
—, **Epstein (Samuel)** u. **Cutler (H. J.)**, Herst. u. Behandl. v. Stahlband 6383* A.
—, **Epstein (Samuel)** u. **Haupt (K. F.)**, Nietstahl 9661* A.
Bethoux (R.) s. P i g e a u d (H.).
Bethune (A. J. de), Elektrodenpotential 11511.
Bethune (A. Y.) s. W o o l f (W. G.).
Beton (J. L.) s. A m e s (T. R.).
Bétourné (C.) s. L h e r m i t t e (J.).
Bétrémieux (R.), Einfl. d. Gärung organ. Stoffe auf d. Dynamik d. mineral. Stoffe in einem Boden in natürl. Lagerung 7298. — s. C h o u b e r t (B.).
— u. **Turc (L.)**, Entw. u. Wander. d. organ. Substanz im Boden; ihr Einfl. auf d. Struktur 3944.
Bett (W. R.), Entdeckung d. Veronals 1095. — A. Baumé (*1728—1804*) 2349. — H. W. F. Wackenroder, Chemiker u. Pharmazeut, d. als erster Carotin kristallisiert darstellte. 5229. — Entdeck. d. Morphins 6673. — — M. J. Bonaventure Orfila 8538.
—, **Howells (L. H.)** u. **MacDonald (A. D.)**, Amphetamine in clinical medicine: actions and uses [4641].
Bettelheim (F. R.), Aminoendständ. Gruppe d. Chymotrypsinogens 8885. — s. B a i l e y (K.).
Betteridge (W.), Kriechverh. v. reinem Al bei niedrigen Torsionsbeanspruchungen 9656. — s. M o n d N i c k e l C o. L t d.
Bettex (M.) s. R o s s i (E.).
Bettini (S.) u. **Boccacci (M.)**, Lokalisier. u. Verbreit. d. Bernsteinsäuredehydrase in Insektenmuskeln 7938.
Bettini (T. M.), Elektr. Widerstand d. Angorawolle 7579.
Betts (D. D.) s. M a c D o n a l d (A. D.) [Halifax].
Betts (R. H.) u. **MacKenzie (A. N.)**, Bldg. u. Stabilität v. unterbromiger Säure in Lsgg. v. Br u. Bromationen in Perchlorsäure 7862.
Betz (E. H.) u. **Jehotte (J.)**, Einfl. d. Nebenniere auf d. N-Gleichgewicht d. Ratte nach letaler Röntgenbestrahl. 7958.
Betz (R. F.) s. F u r u t a n i (Y.).
Betzer (H.) s. P e t z o l d (A.).
Beu (E. R.), Fruchtsaftaromen u. -konzentrate 4481* A.
Beu (K. E.), Röntgenograph. Ermittl. v. Restaustenit 7307. — Verwend. v. Röntgenfilm zur quantitativen Mess. d. Intensitäten d. Interferenzen 9266.

Beu (K. E.) u. **Koistinen (D. P.)**, Einfl. d. Probenoberfläche u. d. geometr. Bedingungen d. Röntgenstrahlenbeugungs-Vorr. auf d. Ermittl. v. Restaustenit in gehärteten Stählen 7307. •

Beukenkamp (J.) Rieman III. (W.) u. **Lindenbaum (S.)**, Verh. v. kondensierten Phosphaten bei d. Anionenaustauschchromatographie 2034.

Beumer (J.) u. **Beumer-Jochmans (M.-P.)**, Ultraschall in d. Mikrobiologie 9358.

Beumer-Jochmans (M.-P.) s. Beumer (J.).

Beun (J. A.) s. Poppema (O. J.).

Beurey (J.) s. Lavergne (E. de).

Beurlet (F. G.), Wiedergewinn. v. arsen. Säure u. Reinig. nicht kondensierbarer Gase 2979* F.

Beuss (T. B.) s. Tjulin (W. A.).

Beutel (H.), Feste Verb. v. Hartmetall u. Stahl zu Verbundwerkzeugen 450.

Beutel (R. H.) s. Merck & Co., Inc.

Beutelspacher (H.), Wasserdampfadsorpt. an Bodenkolloiden u. ihre Bezieh. zu d. Hygroskopizität nach E. A. Mitscherlich 4433. — Elektronenmkr. Unterss. über d. Filtrationsmechanismus d. Membranfilter 11517. — s. Maier (K.-H.).

Beutler (E.) s. Arnold (J.).

Beutner (E. H.) s. Swanton (E. M.).

Bevan (A. R.), Optimale u. begrenzende Betriebsbedingg. für Abwärts-Diffusionsnebelkammern 11496.

Bevan (C. W. L.) u. **Bye (G. C.)**, Einfl. d. Nitrogruppe auf d. Reaktivität v. aromat. Halogenen. 2. Mitt. 7177.

— u. **Craig (D. P.)**, Intensität d. A_{1g}–E_{1u}-Überganges im Bzl. 311.

Bevenue (A.) s. Williams (K. T.).

Bever (M. B.) s. Michael (A. B.); Rocca (R.).

Bever (R. S.) s. Sproull (R. L.).

Beveridge (J. M. R.) s. Mayer (G. A.).

Bévillard (P.), Verwend. v. Isotopen zur Unters. d. Struktur u. d. Verlaufes v. Rkk. 10, 11495. — Darst. v. Aminobiphenyl u. Unters. einiger Derivv. 3357. — Rkk. zur Charakterisier. v. Metallen in Verb. mit typ. organ. Strukturen 6092. — Bkk. d. Ge 7165.

Bevington (J. C.), Thermodynamik v. Rkk. zwischen Radikalen 6945. — Zers. v. α.α'-Azoisobutyronitril in Lsg. 7181.

—, **Bradbury (J. H.)** u. **Burnett (G. M.)**, Neue Meth. zur Best. d. Initiationsgeschwindigk. bei Radikalpolymerisatt. 7457.

—, **Melville (H. W.)** u. **Taylor (R. P.)**, Abbruch-Rk. bei Radikalpolymerisatt. 1. Mitt. Polymerisat. v. Methylmethacrylat u. Styrol bei 25° 7225.

Bew (D. G.) u. **Clemo (G. R.)**, Darst. v. β-[p-Oxyphenyl]-α-mercaptopropionsäure u. verwandter Säuren, u. Einw. v. Tyrosinase auf die erstere 3605.

Bewley (T.) s. Distillers Co. Ltd.

Bewsuschenko (W. S.) s. Makejew (A. S.).

Beyderwellen (J.) u. **Klein (W. J.)**, Elektrostat. Best. v. Teer in Gas 1650.

Beydon (J.) s. Bernas (R.).

Beyen (W. J.) s. Mitchell (D. L.).

Beyer (A.), Endokrine Störr. unter d. Behandl. mit Isonicotinsäurehydrazid 2717.

Beyer (Elfriede) s. Grundmann (C.).

Beyer (Ernst), Chromatograph. Verff. 2495.

Beyer (E.-M.), Augentonicum Stulln 8673.

Beyer (H.), Chlorsulfonsäure 189* D. B. — Nebelsäure 4430* D. B.

Beyer (K. H.) s. McManus (E. C.); Tillson (E. K.).

Beyer (W.), Glasfaserverstärkte Kunststoffe 1852.

Beyer-Gallwitz (U.) u. **Lüttgau (H.-C.)**, Unterschwellige Erregbarkeitsänderr. isolierter markhalt. Nervenfasern nach Ca-Entzug 10556.

Beyerlein (F.) s. Siemens & Halske Akt.-Ges.

Beyerman (H. C.) s. N. V. Organon.

Beyler (R. E.) s. Merck & Co., Inc.

Beyreder (J.) s. Klima (R.).

Beyschlag (B.) Apparatebau (o. H. G.) u. **Beyschlag (Bernhard)**, Schichtwiderstände 9164* D. B.

Beyschlag (Bernhard) s. Beyschlag (B.), Apparatebau (o. H. G.).

Beythien (R.) s. Allgemeine Feuerlöscher Akt.-Ges. in Liqu.

Bez (W.) u. **Höcker (K.-H.)**, Theorie d. Anodenfalls 2600. — Beweg. v. Ladungsträgern in nichthomogenen Feldern 2601.

Bezděk (M.) s. Okáč (A.).

Bezier (D.) s. Charlot (G.).

Bezjak (V.), Differenzier. v. Corynebacterium diphtheriae v. Typ Mitis, d. bei Diphtherie u. Ozaena vorkommt. 2. Mitt. Geschwindigk. d. Glucoseabbaus durch C. diphtheriae Typ Mitis u. C. belfanti 10541.

Beznák (M.), Einfl. d. Hypophyse u. d. Wachstumshormons auf d. Fähigk. d. Herzens zur Hypertrophie 3416.

Bezzi (S.) u. **Lanza (P.)**, Synth. v. Alkylpolysulfiden 8127.

Bhandarkar (A. P.) s. Sohonie (K.).

Bhargava (B. P.) s. Saxena (R. S.).

Bhargava (P. M.) s. Zaheer (S. H.).

— u. **Heidelberger (C.)**, Verteilungschromatograph. Trenn. v. aromat. Säuren 9990.

— u. **Sen (A. B.)**, Unters. v. Insekticiden: Chem. Konst. u. insekticide Wirksamk. 11077.

Bhargava (P. N.), Synth. v. 2-Arylimino-3-aryl-4-ketotetrahydrothiazolen durch Kondensat. v. Diarylthioharnstoffen mit Monochloressigsäure 8153.

Bharucha (K. R.), **Cohen (H. L.)** u. **Wright (G. F.)**, Struktur d. Grignard-Reagens aus 6-Chlor-2.2.6.-trimethylcyclohexanon 3124.

— u. **Weedon (B. C. L.)**, Unterss. in d. Polyenreihe. 46. Mitt. Synth. d. o-Tolyl- u. Mesitylanalogen v. Vitamin-A-säure 109; 47. Mitt. Synth. zweier Vitamin A verwandter Pentaenester 111; 48. Mitt. Darst. u. Umlager. einiger Dialkenylmethanole 112.

Bhat (G.) s. Libsch (J. F.).

Bhat (G. N.), Saturat. mit Bariumsaccharatsuspenss. in Zuckerlsgg. 1629.

Bhat (J. V.) s. Bilimoria (M. H.); Khambata (S. R.).

Bhat (M. R.) s. Raman (C. V.).

Bhat (S. G.), **Kane (J. G.)** u. **Sreenivasan (A.)**, Raffinat. u. Hydrier. indischer nicht eßbarer fetter Öle 2098.

Bhatawdekar (M. G.), Molekulardurchmesser einer Fl. 3084.

Bhatia (A. B.), Minimum in d. elektr. Widerstand v. Metallen bei tiefen Tempp. 6219.

Bhatia (B. S.) s. Central Food Technological Research Institute; Siddappa (G. S.).

Bhatia (D. S.) s. Bains (G. S.); Rao (G. N. S.); Subrahmanyan (V.).

Bhatia (I. S.) s. Council of Scientific and Industrial Research; Srinivasan (M.).
— u. **Pingale (S. V.)**, Verwert. d. Polyfructosans aus Agave vera cruz durch d. Honigbiene 6790.
Bhatia (K.) s. Sadgopal.
Bhatnagar (A. S.) u. **Ghosh (P. C.)**, Verwend. d. Autoradiographie zur quantitativen Unters. v. U im Erz 5718.
Bhatnagar (H. L.) u. **Biswas (A. B.)**, Lichtstreuung v. Polymethylmethacrylatlsgg. 1525.
Bhatnagar (M. P.) s. Pande (C. S.).
Bhatnagar (P. L.), **Gross (E. P.)** u. **Krook (M.)**, Modell für Stoßprozesse in Gasen. 1. Mitt. Prozesse kleiner Amplitude in geladenen u. neutralen Ein-Komponenten-Systemen 4526.
Bhatnagar (S. S.) s. Shrivastava (G. C.).
Bhattacharya (A.), Abbau d. Kopsins, d. Alkaloids aus Kopsia fruticosa. 2. Mitt. 359. — Kopsin, ein Alkaloid v. Kopsia albiflora L. 6290.
Bhattacharya (A. K.) s. Chaturvedi (D. N.); Saxena (R. S.).
Bhattacharya (G.), Schutz gegen Alloxandiabetes durch Mannose u. Fructose 1311.
Bhattacharya (G. C.) u. **Sinha (P. C.)**, Chinolinkomplexe d. Kobalt- u. Nickelsulfats u. ihre Bildungswärmen 8332.
Bhattacharya (H.), Analysen v. gemischten Oxyden d. Elemente d. V. u. IV. Hauptgruppen. 1. Mitt. Darst. v. reinem Tantal- u. Niobphentoxyd aus ind. Columbit u. ihre analyt. Trenn. 4420.
Bhattacharya (K. L.), Wrkg. v. Schlangengiften auf Coenzym I 9585.
Bhattacharya (R. N.) s. Mukherjee (Sudhamoy).
— u. **Ganguly (A. K.)**, UV-spektrophotometr. Best. v. Alkaloiden. 2. Mitt. Chinin u. Strychnin 5848.
Bhattacharya (S. N.) s. Ghose (A.).
— u. **Ghose (A.)**, Spektrophotometr. Meth. zur Best. v. Ammoniumacetat mit aktiviertem Schiffschem Reagens 7742. — Spektrophotometr. Meth. zur Best. d. relativen Stärke organ. Säuren mit aktiviertem Schiffschem Reagens 7743.
Bhattacharya (S. P.) s. Banerjee (D. K.).
Bhattacharyya (B. K.) s. Turner (D. L.).
Bhattacharyya (N. K.), Synth. v. $\alpha.\alpha$-Dimethylhomoisophthalsäure 9553.
Bhattacharyya (S. C.) s. Chakravarti (K. K.); Razdan (R. K.).
Bhattacharyya (S. K.), Fließbettverf. („fluidised powder technique"). 1. Mitt. Verf. in d. chem. Technik 1809. — s. Ramachandran (V. S.).
Bhattacherjee (S. K.), **Waldman (B.)** u. **Miller (W. C.)**, Energiebest. d. K-Konversionselektronen v. ^{137}Cs 8544.
Bhide (B. V.) s. Ingle (T. R.).
Bhowmick (H. D.) u. **Raychaudhuri (S. P.)**, Relative Vorzüge v. organ. u. anorgan. Düngemitteln 8475.
Bhujang (K. S.), **Nanjundayya (C.)**, **Whitwell (J. C.)** u. **Schwenker jr. (R. F.)**, Abbau v. Baumwolle während d. Bearbeit. 9474.
Bhushan (B.) s. Zaheer (S. H.).
— u. **Gulati (K. C.)**, Unterss. über Ind. Terpentin. 9. Mitt. Hydroxylier. d. höher siedenden Fraktt. 11103.
Bhyssenne (G.) s. Industrie (L') de Pêche en Afrique.
Biaggini (G. C.), Stoffwechselaktivität d. ischämisierten Niere u. d. Mitochondrien, d. aus ischämisierten Nieren isoliert sind 3161. — s. Dianzani (M. U.).
Biagini (C.), **Castellani (A.)** u. **Severi (C.)**, Biometr. Unterss. über d. Cancerogenese d. Haut. 3. Mitt. Wrkg. d. Crotonöls auf d. mit weichen Röntgenstrahlen bestrahlte Haut 3400.
Biagiotti (E.) u. **Grungo (G.)**, Antologie der feuerfesten Steine. 1. Mitt. Quarzitsteine 9880; 2. Mitt. *1.* Teil. Silicasteine in d. Gewölben elektr. Öfen 11272.
Biale (J. B.) s. Young (R. E.).
Bialobłocki (B.), Best. d. Festigk. v. Papier in feuchtem Zustand als Kriterium für d. Beurteil. seiner Zerreißfestigk. auf d. Papiermaschine 5452. — Unters. d. Veränderr. d. Holzschliffes während seiner Lager. 5452. — Einfl. d. Holzfeuchtigk. auf d. Qualität d. Zeitungspapierholzschliffs 10886.
— u. **Borniński (J.)**, Holzschliff aus Pappelholz 9471.
Biancani (M.) s. Riccoboni (L.).
Biancheria (A.) u. **Kegeles (G.)**, Thermodynam. Messungen d. Rotortemp. bei d. Ultrazentrifuge 5136.
Bianchetti (G.) s. Galinovsky (F.).
Bianchetti (L.) s. Ciocatto (E.).
Bianchi (Angelo), Corso di mineralogia. Per allievi dei corsi di laurea in chimica e chimica industriale [4304]. — Corso di mineralogia con elementi di petrologia. Per allievi dei corsi di laurea in scienze naturali e scienze geologiche [5503].
Bianchi (Annamaria) s. Beretta (E.).
Bianchi (Gerolamo) s. Larizza (P.).
Bianchi (Giuseppe), Elektrochem. Verh. zweiphas. Elektroden. 1. Mitt. 986. — Eindringvermögen galvan. Bäder. 1. Mitt. 1207. — Unterss. mit d. Elektronenmikroskop über d. Struktur v. elektrolyt. aus Fluoboratlsgg. niedergeschlagenem Cu 6931. — Warmoxydat. u. anod. Oxydat. d. Cd; Unters. über d. Filmstruktur 6470. — s. Piontelli (R.).
— u. **Rivolta (B.)**, Elektrochem. Verh. d. Syst. O_2–H_2O_2–H_2O. Potentiometr. Messungen an d. Pt-Elektrode 4766.
Bianchi (H.) s. Vasseur (R.).
Bianchi-Cayama (L.), Meersalze in Venezuela. Anwend. bei d. Herst. v. jodiertem Salz 11112.
Bianchini (P.), Proteolyt. Enzym aus Hartmannella castellanii 6050, 6310.
— u. **Gilberti (A.)**, Rolle d. Sexualhormone bei d. Leberregenerat. v. Ratten 2932.
Bianco (I.) s. Silvestroni (E.).
Bianco (M.), **Belloni (F.)** u. **Verga (G.)**, Veränderr. d. Kohlensäureanhydrase in vivo nach Chlorpromazinstress 9585.
Bianco (P. Dal) u. **Hoffmann (R.)**, Therapie akuter Barbituratvergiftt. 9848.
Bianco (T.) u. **Voarino (E. L.)**, Isonicotinsäurehydrazid u. Hämorrhagien bei Tuberkulose 6069.
Bianculli (J. A.) s. Danti (A.); Goldfield (R.).
Biard (C. C.) s. Svetlik (J. F.).
Bias (C. D.) s. Higuchi (T.).
Biasi (W. di), Ärztl. Ansichten über d. Silicose 10080.

Biasiolo (A.), Mittel zur Pflege u. Imprägnier. v. Fußböden, Bodenbelägen u. Wandplatten 10161* Schwz.
Biasotto Mano (E.) s. Alves de Araujo (A.).
Bibby (B. G.) s. Nevin (T. A.).
Bibby (I.) & Sons Ltd. u. **A. P. V. Co. Ltd.,** Fraktionierte Dest. 9874* E.
Biber (C.), Huber (P.) u. **Müller (A.),** Arbeit pro Ionenpaar v. mehratom. Gasen für Po-α-Teilchen 18.
Biber (H. E.) s. Frederich (W. J.).
Biblaschwili (M. F.) s. Tschikowani (G. J.).
Bibile (S. W.), Unters. v. Corticosteroiden mit d. eosinophilen Mäusetest 7949.
— u. **Vogt (M.),** Parallele biol. Unterss. d. Cortisonäquivalente d. adrenalen Venenblutes v. Hunden 7949.
Bibiłło (A.), Kathod. Schutz metall. Rohrleitt. gegen Bodenkorros. 429. — Schutz im Boden verlegter Rohre gegen Korros. 3479.
Bice (C. W.) s. Wright (W. J.).
Bichara (M.) s. Chrétien (A.).
Bichel (J.) s. Hansen (P. B.).
Bichsel (H.) s. Mozley (R. F.).
— u. **Mozley (R. F.),** Reichweite d. Protonen in Al 4750; Dass. in Be, Al, Cu, Ag u. Au 9951.
Bichsel (H. F.), Chromierte Wolle [8530].
Bickel (A. F.), Kooyman (E. C.) u. **Roest (W.),** Einw. v. freien Radikalen auf Aromaten. 1. Mitt. Rk. v. Anthracen u. Pyren mit 2-Cyanpropyl-(2)-Radikalen 4817.
Bickel (E.) u. **Dieckhoff (J.),** Einfl. d. Rutin auf d. gefäßabdichtende Wrkg. d. „Dextran Dessau" 5593. — Behandl. d. Tetanus mit Periston-N 11031.
Bickel (E.) [Zürich], „Härtbarkeit" d. Stahles, Begriffserklär. 4683.
Bickel (F. W.) s. Keane (J. D.).
Bickel (H.), Giesbrecht (E.), Kebrle (J.), Schmid (H.) [Zürich] u. **Karrer (P.),** Curarealkaloide aus Calebassen. 10. Mitt. Fluorocurin 2208.
—, **Schmid (H.)** [Zürich] u. **Karrer (P.),** Curarealkaloide aus Calebassen. 15. Mitt. Fluorocurin u. Mavacurin 9343.
Bickel (Hans) s. Continental Gummi-Werke Akt.-Ges.
Bickell (L. K.) u. **Trethewey (G. D.),** Rückgewinnungsmeth. für Natriumsulfit-Ablauge 482.
Bickford (F. A.) s. Gale (A. J.).
Bickford jr. (L. R.), Pappis (J.) u. **Stull (J. L.),** Permeabilität u. Magnetostrikt. v. kationsubstituiertem Magnetit 5003.
Bickford (W. G.) s. United States of America.
—, **Pack (F. C.), Castillon (L. E.)** u. **Mack (C. H.),** Antioxydative u. antipolymerisierende Eigg. v. Gossypol, Dianilinogossypol u. verwandten Substanzen 4559.
Bickle (A. S.) s. Bentley (J. A.); Housley (S.).
Bickley (J. C.) s. Burton (D.).
Bickoff (E. M.) s. Stitt (F.); United States of America.
Bidard (R.) u. **Premillieu (G.),** Trennwand zum Isolieren d. Pb- u. Cd–Ni-Platten in Akkumulatoren 9876* F.
Bidaud (A. F.) s. Soc. des Usines Chimiques Rhône-Poulenc.
Bidault (P.) s. Standard Française des Pétroles (Soc. An.).
Biddulph (A.), Email als Überzug für Stahl 8235.
Biddulph (C.) s. Harris (L. E.); Stoddard (G. E.).
Biddulph (O.) s. Hanson (J. B.).
Bidelman (W. P.) u. **Ratcliffe (A. E.),** Umkehr. d. hellen Hα-Linie im Spektr. v. T Centauri 7835.
Bidló (G.), Prüf. d. Verwitter. v. zwei Andesiten 7167.
Bieber (C. G.) s. International Nickel Co., Inc.; Mond Nickel Co. Ltd.
Bieber (P.) s. Kirrmann (A.); Mignonac (G.).
Bieber (R.) s. Bieber (S.).
Bieber (S.), Bieber (R.) u. **Hitchings (G. H.),** Wrkgg. v. 6-Mercaptopurin u. verwandten Verbb. auf Embryonal- u. Regenerationsgewebe v. Rana pipiens 10050.
Bieber (T. I.), Mechanismus d. Proteinsynth. 10047.
Bieberdorf (F. W.), Ansprechen d. Wachstums einiger Fungi auf verschied. Konzz. v. Isonicotinsäurehydrazid 3411.
Biebl (R.), Wrkg. verschied. Stickstoffdünger auf d. Transpirat. einiger Kulturpflanzen 10840.
Biedenharn (L. C.) s. Blatt (J. M.); Major (J. K.).
— u. **Blatt (J. M.),** Variationsprinzip für Eigenfunktt. 5465.
—, **Blatt (J. M.)** u. **Rose (M. E.),** Eigg. d. Racah-u. verwandter Koeffizienten 4747.
—, **Gluckstern (R. L.)** u. **Hull jr. (M. H.),** Coulomb-Wellenfunktionen für große Werte d. Parameters n 2824.
Biedermann (W.) s. Lautsch (W.).
Biefeld (A.), Deutsche Ton- und Steinzeugwerke Akt.-Ges. u. **Biefeld (K.),** Brennstoffbatterie 184* D. B. — Elektrolytkondensator 10598* D. B.
Biefeld (K.) s. Biefeld (A.).
Biefeld (L. P.) s. Owens-Corning Fiberglas Corp.
Biefer (K. W.) s. Hadorn (H.).
Bieger (F.) s. Braunkohle-Benzin Akt.-Ges.
Biehl (J. P.) s. Hughes (H. B.); Vilter (R. W.).
— u. **Nimitz (H. J.),** Anwend. einer hohen Isoniaziddosis. 1. Mitt. Unterss. über d. Toxizität 1784.
— u. **Skavlem (J. H.),** Toxizität v. Isoniazid 3672.
— u. **Vilter (R. W.),** Wrkgg. d. Isonicotinsäurehydrazids auf d. Pyridoxinstoffwechsel 6070.
—, **Vilter (R. W.), Beall (F. C.)** u. **Kennedy (C. E.),** Wrkg. v. Isoniazid auf d. Vitamin-B_6-Stoffwechsel, seine Bedeut. für eine mögl. Isoniazid-Neuritis 631.
Biekert (E.) s. Butenandt (A.).
Biel (J. H.) s. Blicke (F. F.).
Biel (R. L.) = Lopez Biel (R.).
Bieler (G.), Neue Schamottearten 3462.
Bielfeldt (K.) u. **Gänssle (A.),** Hg-Geh. v. HCl d. Handels 11259.
Bielický (T.) u. **Jirsa (M.),** Anaphylaktoide Rkk. bei Quinckeschem Ödem u. Urticaria nach intravenöser Tropfinfus. v. adrenocorticotropem Hormon (ACTH) 3895.
— u. **Krauskopf (J.),** Mono- u. Dichloroxychinolin (Endiaron) in d. Lokaltherapie v. Pyodermien, Ekzemen u. a. Dermatosen 3432.

Bielig (H.-J.) u. **Bayer (E.)**, Angebl. cis-trans-Isomerie beim Eisen(II)-Komplex d. Chinaldinsäure 5033.
— u. **Loeser (A.)**, In 5-Stell. substituierte 6-Oxy-4-imino-2-thiohexahydropyrimidine 5134* D. B.
Bieling (H.) s. Bähr (G.).
Biella (A.) u. **Cigognini (P.)**, Hydrocortisonacetat in d. Behandl. d. Ischiassyndroms 1544.
Bielschowsky (F.) u. **Hall (W. H.)**, Carcinogenese bei parabiot. Ratten. Durch Acetylaminofluoren hervorgerufene Ovarialtumoren bei mit gonadektomierten Tieren d. gleichen Wurfs verbundenen n. Weibchen, u. Rk. ihrer Hypophysen gegen endogene Östrogene 11401.
Biemann (K.) s. Bretschneider (H.).
Bien (E.) s. Ziff (M.).
Bienaymé (A.), Palmöle u. ihr Carotinreichtum 6879.
Bienen (F.) s. Rössler (G.).
Bienengräber (A.) u. **Urbach (H.)**, Wirkungsweise d. TB I/698 (Conteben) auf d. Tuberkelbakterien. Beeinflußt d. Behandl. d. Lungentuberkulose mit TBI d. Morphologie u. Virulenz d. Tuberkelbakterien d. Auswurfs? 7964.
Biener (K.) s. Grunert (H. H.).
Bienert (B.) s. Farbenfabriken Bayer Akt.-Ges.
Bienfait (H.) s. Hartford National Bank & Trust Co.
Bienfait (J. L.) u. **Hof (T.)**, Feldverss. mit verschied. Holzschutzmitteln im Holzinstitut T. N. O. Delft (Niederlande) 3762.
Bienz (O.) u. **Schultheis (W. E.)**, Bier 1161* F. — Verbesser. d. Bierbereit. 8990* E.
Bier (A.) u. **Ketelaar (J. A. A.)**, Bezieh. zwischen Emissions- u. Absorptionsspektren v. Mol.-Verbb. v. symm. Trinitrobenzol 6479.
Bier (G.) s. Winnacker (K.).
Bier (K.) s. Becker (E. W.).
Bier (M.) s. Gibbs (R. J.).
— u. **Nord (F. F.)**, Kristallines Trypsin 1298.
Bieri (J. G.) s. Church (D. C.).
Bieri (R.) s. Mattauch (J.).
Bierich (J. R.) u. **Bierich (L.)**, Wrkg. v. Cortison bei anaphylakt. Vorgängen 4140.
Bierich (L.) s. Bierich (J. R.).
Bierl (R.) s. Landolt (H.).
Bierly (J. N.) s. Havens jr. (W. P.).
Bierly (L. A.) s. Diamond Alkali Co.; Presque Isle Laboratories & Mfg., Inc.
Bierman (A.), Radioakt. Quelle für Registrierzwecke 9495.
Bierman (Arthur), Einfl. d. Struktur auf d. Verh. v. Enzymsystemen 6047.
Bierman (H. R.) s. Lucia (S. P.).
— u. **Partridge (J. W.)**, Gegensätzl. Rkk. bei d. Test. Epinephrin-sekretierender Tumoren (Phäochromocytome) 5093.
Biermann (W. J.) u. **Weber (N.)**, Unters. v. Neutralisationswärmen bei hohen Säure-Basen-Konzz. 2. Mitt. Natriumhydroxyd-Bromwasserstoffsäure 1449.
— u. **Yamasaki (R. S.)**, Aktivitätskoeffizienten wss. bis zu 4 mol. HBr-Lsgg. 3803.
Bierre (M.) s. Golyscheff (J.).
Biesele (J. J.), Wrkgg. v. 6-Mercaptopurin auf Experimentaltumoren in Gewebekultur 11595.
Biethan (W.) s. Leo Werke G. m. b. H.
Biezunski (N.), **Shafrir (E.)**, **Vries (A. de)** u. **Katchalski (E.)**, Wrkg. v. Polylysin auf d. durch Koagulase-Thrombin bewirkte Umwandl. v. Fibrinogen in Fibrin 8899.
Bigeleisen (J.), Einfl. d. Substitut. v. Isotopen auf d. Entropie, Enthalpie u. Molwärme idealer Gase. 1. Mitt. Systeme im therm. Gleichgewicht; 2. Mitt. Chem. reagierende Systeme 26. — Einfl. d. Isotopensubstitut. auf d. Geschwindigkeiten chem. Rkk. 7405. — s. Friedman (Lewis); Leigh C. H.); Weston jr. (R. E.).
Bigelow (M. H.) s. Libbey-Owens-Ford Glass Co.
Bigeon (J.), Derivv. d. Propylenoxyds 9901.
Bigg (E. K.), „Gefrierpunkt" v. W. 1679.
Bigg (W. S.), Anlöten v. hartgezogenen Drähten an Anschlußklemmen 1364.
Biggers (J. D.) u. **Claringbold (P. J.)**, Kriterien d. vaginalen Verh. gegenüber Östrogenen 9122.
Biggs (A. I.), Spektrophotometr. Best. d. Dissoziationskonstante v. p-Nitrophenol u. Papaverin 316. — Spektrophotometr. Identifizier. u. Best. v. Parathion 9404.
—, **Panckhurst (M. H.)** u. **Parton (H. N.)**, Ionenassoziat. in $PbCl_2$-Lsgg. 9735.
Bigham jr. (R. S.) s. Manning (P. R.).
Bighi (C.) u. **Trabanelli (G.)**, Best. d. gesamten u. d. assimilierbaren Mn u. Cu in Böden 8244.
Bigley (M. G.) s. Koppers Co., Inc.
Biglino (G.), Best. d. N-Oxyde. 2. Mitt. 8460. — s. Pescetti (G.).
— u. **Borello (E.)**, Best. d. N-Oxyde. 3. Mitt. Infrarotabsorptionsspektren einiger Genalkaloide 9525.
Bignand (S.), Verbesser. d. Eigg. v. Substanzen 894* F.
Bigorgne (M.), Säureanhydridfunkt. d. ClO_2 11352.
Bigos (J.), Vorbereit. v. Stahloberflächen für d. Rostschutzanstrich 463.
Bigwood (E. J.) s. Adriaens (E. L.); Close (J.); Drère (A.); Dustin (J. P.); Schram (E.).
—, **Adriaens (E. L.)** u. **Médard (O.)**, Extrakt. d. N-Substanz d. Manioks 3271.
Bihaly (L.) s. Industrial Accountancy Partnership Ltd.
Bijl (A.) s. Keesom (W. H.).
Bijl (D.), Wärmestrahl. bei tiefen Tempp. 11513.
Bijloo (J. D.), Bekämpf. d. Cysten v. Heterodera rostochiensis zwischen d. Wurzeln v. Convallaria-Rhizomen 4437.
Bijlsma (U. G.), Elementaire en algemene geneesmiddelleer [418]. — Pharmakologie d. Antihistaminica 1554.
Bijvoet (J. M.), Struktur opt.-akt. Verbb. im festen Zustand 1687. — s. Trommel (J.).
—, **Boer-Veenendaal (P. C. den)**, **Pré (S. du)**, **Dijck (L. A. van)**, **Schoone-Strijk (B.)**, **Jellinek (F.)** u. **Trommel (J.)**, Anorgan. Verbb. 10934.
—, **Bommel (A. J. van)**, **Boer-Veenendaal (P. C. den)**, **Dijck (L. A. van)**, **Kruissink (C. A.)**, **Peerdeman (A. F.)**, **Pré (S. du)**, **Schoone-Strijk (B.)**, **Schoone (J. C.)**, **Sprenkels (A. J. J.)** u. **Trommel (J.)**, Anorgan. Verbb. 10934.
—, **Bommel (A. J. van)**, **Peerdeman (A. F.)**, **Dijck (L. A. van)**, **Schoone-Strijk (B.)**, **Kruissink (C.)**, **Trommel (J.)** u. **Boer-Veenendaal (P. C. den)**, Anorgan. Verbb. 10934.
Bilbo (A. J.) s. Hellmann (M.).

Bild (J.), Calendulasalbe zur Behandl. v. Verbrennungen 7728* Oe.
Bildsjukewitsch (I. A.), Golowtschiner (J. M.) u. **Kurdjumow (G. W.),** Veränder. d. Koerzitivkraft beim Anlassen v. gehärtetem C-armem Stahl 9502.
Bilek (H.) s. Sverak (L.).
Bilen (M.) s. Stary (Z.); Yenson (M.).
Biles (J. A.), Witt (N. F.) u. **Poe (C. F.),** Opt.-kristallograph. Eigg. d. Hydrolyseprodd. d. Nucleinsäuren. 1. Mitt. Eigg. einiger Purine, Pyrimidine u. verwandter Verbb. 3341.
Biletch (H.) s. Overberger (C. G.).
Bilewitschjuss (W.) u. **Danta (K.),** Bedeut. d. Spurenelemente für Tiere, d. Torffeldheu erhalten 8283.
Bilimoria (M. H.) u. **Bhat (J. V.),** Thermophilie. 2. Mitt. Isolier. u. Charakterisier. d. thermophilen Bacillen 9361.
Bilisoly (J.) s. Kinsell (L. W.).
Bilisoly (J. P.) s. Standard Oil Development Co.
Bilkenroth (G.) s. Rammler (E.).
— u. Rammler (E.), Herst. v. Braunkohlen-Hochtemperaturkoks u. seine Verwendungsmöglichkeiten 5694.
Bill (E.) u. **Sandell (E.),** Best. d. Haltbark. v. Ölen mittels d. Trockenschrankmeth. 1095.
Bill (J. C.) u. **Tarbell (D. S.),** o-Phthalaldehyd 6502.
Bille (H.) s. Badische Anilin- & Soda-Fabrik Akt.-Ges.
Bille (M.) u. **Plum (C. M.),** Hämatolog. Komplikatt. bei d. Lithiumbehandl. 9838.
Bille (R.), Unters. d. bei d. Hydrier. v. schwed. Schieferöl anfallenden Vorlauföles 492.
Bille (S.), Petroleumvergift. 6077.
Billeter (J. R.) s. Ciba Akt.-Ges.
Billett (F.), β-Glucuronidasegeh. d. röm. Schnecke (Helix pomatia) 7698.
Billig (E.), Therm. Instabilität v. Kontaktgleichrichtern: Einfl. d. Materialbestandteile auf d. Wirksamk. eines Gleichrichterkontaktes 1675.
— u. Ridout (M. S.), Durchtritt v. Elektronen u. Löchern durch eine Zwillingsgrenzfläche in Ge 1442.
Billig (K.) s. Farbwerke Hoechst Akt.-Ges., vormals Meister Lucius & Brüning.
Billig (R.) s. Deutsche Vacuum Oel Akt.-Ges.
Billigmann (J.) u. **Pomp (A.),** Einfl. d. Walzgeschwindigk. auf d. Walzdruck, d. Festigkeitseigg. u. d. Banddicke beim Kaltwalzen v. Bandstahl 3474.
Billimoria (J. D.) u. **Maclagan (N. F.),** Einfache Analoge d. Cortisons. 3. Mitt. Monocycl. Verbb. 8837.
Billing (B. H.), Quantitative Best. v. Gallenfarbstoffen im Serum mittels d. Phasenumkehr-Verteilungschromatographie 5616.
Billingham (R. E.), Orr (J. W.) u. **Woodhouse (D. L.),** Transplantat. v. Hautteilen während chem. Carcinogenese mit 20-Methylcholanthren 11401.
Billinghame (A. V.) s. Shell Development Co.
Billings (A.) s. Miller (A. J.).
Billings (D. E.) s. Pecker (C.).
Billings (F. T.) s. Furman (R. H.).
Billington (D. S.) s. Cleland (J. W.).
Billion (H.), Brix (J.), Freyschmidt (P.), Krempien (J.) u. **Mehl (H. G.),** Radiojodunterss. d. biol. Konz.-Abläufe in d. anorgan. Phase d. J-Cyclus 8423.
Billmeyer jr. (F. W.), Absorpt.-Extrapolat.-Streulichtmeth. 6693. — s. Roberts (R.); Webber (A. C.).
Bills (A. E.) u. **Lefker (R.),** Beschattungstechnik für d. Elektronenmikroskopie. Mögl. Ersatz für d. Hochvakuumbedampfungstechnik 4049.
Bills (J. L.) s. Union Oil Co. of California.
Bilonoshko (M. A.) s. Demidenko (T. T.).
Bilpuch (E. G.) s. Block (R. C.).
Bilsbury (M. M.), Martin (J. T.) [Manchester] u. **Standing (H. A.),** Absorpt. v. Chrysophenin G durch Baumwolle u. saure Oxycellulosen 7811.
Biltz (W.), Ausführ. qualitativer Analysen anorgan. Stoffe [9407].
Bilyk (N. A.) u. **Gontscharow (P. I.),** Nachw. v. Nitrat- u. Nitritionen mit Hilfe v. Phenylanthranilsäure 4418.
Binder (B.) s. Bodendorf (K.).
Binder (D.) u. **Sturm (W. J.),** Gleichwertigk. v. Röntgengitterparameter u. D.-Änderungen in mit Neutronen bestrahltem LiF 7389.
Binder (Hans) s. Fink (Heinrich).
Binder (Hertha) s. Binder (R.).
Binder (J. L.), Analyse v. Polybutadienen u. Butadien-Styrol-Copolymeren durch Infrarotspektroskopie 3880. — Mikrostruktur v. Polybutadienen u. Butadien-Styrol-Mischpolymerisaten 4607.
Binder (M.), Verwendungsgebiete d. Neutrogenfarbstoffe u. ihre Abgrenz. 10143. — s. Comp. Francaise des Matières Colorantes.
Binder (M. J.) s. Kalmanson (G. M.).
Binder (R.) u. **Binder (Hertha),** Einfl. v. Antikoagulantien auf d. Heil. v. Hornhautschnittwunden 9127.
Binder (W.), Bldg. einer antibiot. wirksamen Substanz bei Schimmelpilzen d. Camembert-, Gorgonzola- u. Roquefort-Types 4725.
Binder (W. O.) s. Electro Metallurgical Co.; Union Carbide & Carbon Corp.
— u. Spendelow jr. (H. R.), Einfl. v. Cr auf d. mechan. Eigg. v. reinen Cr-Stählen 7539.
Bindewald (K.), Qualitätsprüf. v. Bautenlackfarben 8505.
Binet (L.), Hundertjahrfeier d. Entdeck. d. glykogenbildenden Funkt. 3785.
— u. Dejours (P.), Morpholog. Entw. d. Niere u. Schädlichk. d. Harnstoffs bei Ratten 5589.
—, Tanret (P.) u. **Marquis (M.),** Verteil. d. Harnstoffes auf d. Körper-Fll. 2004.
Bing (F. C.), Konservierte Diätlebensmittel 2093.
Bing (G. F.), Theorie d. Photozertrümmer. v. ^{6}Li. 2. Mitt. 4990.
Bingel (W.), Definit. d. Bindungsordn. in d. Quantenchemie 8326.
Bingemann (M. E.) s. Deuel jr. (H. J.).
Binger (H. P.), Sullivan (J. T.) u. **Jensen (C. O.),** Isolier. u. Unters. v. Hemicellulosen aus Knaulgras 3277.
Binger (W. W.), Wagner (R. H.) u. **Brown (R. H.),** Beständigk. v. Al-Legierr. in durch Chemikalien verunreinigter Atmosphäre 7072.
Bingham (F. T.) s. Martin (J. P.).
—, McColloch (R. C.), Liebig (G. F.) u. **Vanselow (A. P.),** Fluorschäden bei Citrus 4621.

Bingham (H. G.) s. Roofe (P. G.).
Binion (J.) s. Tobian jr. (L.).
Binkhorst (D. J.), Mechan. Eigg. v. hochwert. Stahldraht 8954.
Binkley (C. H.) s. Lundgren (H. P.).
Binkley (S. B.) s. Bristol Laboratories, Inc.; Brown (J. W.); Cheney (L. C.); Wheatley (W. B.).
— u. **Monsen (M.)**, Empfindlichk. v. Escherichia coli-Mutanten gegenüber Penicillin 8415.
Binney & Smith Co., Vogel (M. R.), La Barre (G. D.) u. **Perry (W. M.)**, Künstler-Wasserfarben 464* A.
Binnie (W. P.) u. **Liebschutz (A. M.)**, Elast. Konstanten v. Si vor u. nach d. Neutronenbombardement auf Grund d. diffusen Streuung v. Röntgenstrahlen 5737.
Binns (F. W.) s. Virginia Smelting Co.
Binns (V.) s. Skipper (H. E.).
Binns (W.) s. Harris (L. E.).
Binon (F.) s. Dechamps (G.).
Biocca (E.), L'igiene del lavoro nell'industria del gas illuminante [4668].
Biochemie G. m. b. H., Brandl (E.) u. **Margreiter (H.)**, Stabile, bes. für d. Oraltherapie geeignete Penicilline 8215* Oe.
— u. **Brunner (R.)**, Krist. Penicillinsalze hohen Reinheitsgrades 3922* Oe.
— u. **Kropacsy (S.)**, Gewinn. v. Antibioticis auf biol. Wege 1333* Oe.
Biochimie (Laboratoire Immedex), Soc. à r. l., Gewinn. v. zum Injizieren beim Menschen geeignetem Blutplasma u. Blutserum 418* F.
Bion (F.), Verf. u. d. dazu notwend. Versuchsapp. zur Entwässer. v. Faulschlamm aus Kläranlagen für häusl. Abwässer 1583.
Bionda (G.), Identifizier. v. kleinen Mengen Aceton im Furfurol 3213. — s. Castiglioni (A.).
Biondi (C.) s. Liberti (A.).
Biondi (F. J.) s. Western Electric Co., Inc.
Biondi (M. A.), Diffusionskühl. v. Elektronen in ionisierten Gasen 1441. — Diffusions-, Entanregungs- u. Ionisierungsquerschnitte für metastabile Atome. 1. Mitt. 9499. — Opt. u. infrarote Absorpt. v. Cu bei 4,2° K 11155. — s. Chanin (L. M.).
— u. **Chanin (L. M.)**, Beweglichkk. v. Atom- u. Molekülionen in Edelgasen 3066.
Biot (M. A.), Zug–Spann.-Beziehh. bei d. anisotropen Viscoelastizität u. Relaxationserscheinn. 9274.
Biozzi (G.) s. Benacerraf (B.).
—, **Mené (G.)** u. **Ovary (Z.)**, Wrkg. v. Neoantergan u. Phenergan auf d. Capillarpermeabilität u. d. endotheliale Granulopoese 6560.
Birch (A. J.), Red. organ. Verbb. durch Metall-lsgg. in NH_3 4563. — Totalsynth. v. Steroiden 11219.
— u. **Donovan (F. W.)**, Unterss. in Bezieh. zur Biosynth. 1. Mitt. Einige mögl. Wege zu Derivv. d. Orcins u. Phloroglucins 4840; 3. Mitt. Konst. d. Eleutherinols 4840.
— u. **Elliott (P.)**, Unterss. in Bezieh. zur Biosynth. 2. Mitt. Konst. v. Macropon 4840.
—, **Massy-Westropp (R. A.), Wright (S. E.), Kubota (T.), Matsuura (T.)** u. **Sutherland (M. D.)**, Ipomeamaron u. Ngaion 7925.
Birch (C. A.) s. Berenbaum (M. C.).
Birch (R. E.) s. Harbison-Walker Refractories Co.; Pierce (J. A.)
Birch (S. F.) s. Anglo-Iranian Oil Co. Ltd.
—, **Dean (R. A.)** u. **Whitehead (E. V.)**, Darst. u. physikal. Eigg. v. S-Verbb., d. Verbb. zum Erdöl haben. 4. Mitt. cis- u. trans-2-Thiahydrindan u. -2-Thiadekalin 3377.
Birchenall (C. E.), Geschwindigk. chem. Prozesse. Diffus. u. Oxydat. fester Metalle 6234. — s. Batz (W.); Davies (M. H.); Derge (G.); McCabe (C. L.).
Bircher (L. J.) s. Scott (P. T.).
Bircks (W.), Behandl. d. Dysmenorrhoe mit d. Nicotinsäurederiv. „Adysmen“ 6800.
Bircumshaw (L. L.) u. **Newman (B. H.)**, Therm. Zers. v. Ammoniumperchlorat. 1. Mitt. Einführ., Experimentelles, Analyse d. gasförm. Prodd. u. Verss. zur therm. Zers. 7630.
Bird (C. L.), Färben v. Wolle in d. letzten 75 Jahren 7557.
Bird (F.) s. Aero-Research Ltd.
Bird (G. R.), Sättig. in d. Mikrowellenspektr. v. Methylchlorid 8112. — s. Blout (E. R.).
— u. **Townes (C. H.)**, Schwefelbindungen u. Quadrupolmomente v. O-, S- u. Se-Isotopen 4051.
Bird jr. (H. L.) u. **Pugh (C. T.)**, Trenn. v. Tetracyclin, Chlortetracyclin u. Oxytetracyclin durch Papierchromatographie 3410.
Bird (H. R.) s. Heywand (B. W.); Lillie (R. J.); Machlin (L. J.); Milligan (J. L.); Waibel (P. E.).
Bird (J. R.) s. Dyer (A. J.).
— u. **Hines (K. C.)**, Mehrfachstreuung v. Protonen in Kernemulss. 9950.
Bird (M. J.) u. **Fahmy (O. G.)**, Cytogenet. Analyse d. cancerogenen u. tumorhemmenden Wrkg. bei Drosophila melanogaster. 1. Mitt. 1.2;3.4-Diepoxybutan 607.
Bird (M. L.), Hughes (E. D.) u. **Ingold (C. K.)**, Mechanismus d. Substitut. an einem gesätt. C-Atom. 36. Mitt. Monomol. Menschutkin-Rkk. in Schwefeldioxydlsg.; Theorie d. Grenzmechanismen 5036.
Bird (O. D.) s. Jacowitz (H.); Thompson (R. Q.); Wittle (E. L.).
Bird (P. G.) s. National Aluminate Corp.
Bird (P. L.) s. Jenolite Ltd.
Bird (R.) s. Hopkins (R. H.).
— u. **Consden (R.)**, Nicht-Kollagen-Bestandteile v. Bindegewebe 10062.
— u. **Hopkins (R. H.)**, β-Amylolyse: Bind. v. Enzym u. Substrat 1763.
Bird (R. B.) s. Kranendonk (J. van).
Bird Machine Co. u. **Lyons (S. C.)**, Hochwert. Kaolin 5212* Can.
Birdsall (C. M.) s. Jenkins (A. C.).
Birgy (J.), Erzeug. v. Druck im Innern d. Tintenbehälter v. Schreibgeräten 5703* F.
Biribauer (A.) s. Standard Oil Development Co.
Birjusowa (W. I.) s. Ssissakjan (N. M.).
Birke (G.), Cortison u. ACTH bei Hepatitis u. Lebercirrhose. 17-Ketosteroidausscheid. bei Lebercirrhose 6785. — Wrkg. v. Reichsteins Verb. S auf d. Ausscheid. v. 17-Ketosteroiden 7476.
—, **Franksson (C.)** u. **Plantin (L.-O.)**, Östrogenbehandl. v. Patienten mit Prostatacarcinom 10287.

Birke (G.) u. **Plantin (L.-O.)**, Stoffwechselunters. bei adrenalektomierten Patienten nach Verabreich. v. Compound E u. F u. Reichsteins Verb. S 7476.
Birkel (M. R.) s. Rudakow (K. I.).
Birkett (L. S.), Best. d. Polarisationsprozente Rohrzucker. Für eine Zuckerzuteil. oder als Grundlage für d. Rohrzuckerbezahl. 943.
Birkhead (N. C.) s. Gifford jr. (R. W.).
— u. **Allen (E. V.)**, Vgl. d. Wirksamk. subcutaner Injektt. v. Hexamethonium u. Pentapyrrolidin bei Hypertens. 3911.
Birkhoff (R. D.) s. Blackstock (A. W.); Maerker (R. E.).
Birkofer (L.) u. **Storch (I.)**, β-Aminosäuren. 1. Mitt. β-Aminopimelinsäure 6499.
Birks (J. B.) u. **Brooks (F. D.)**, Scintillationsansprechen v. Anthracen gegenüber weichen Röntgenstrahlen 6911.
— u. **Little (W. A.)**, Kathodoluminescenz v. Luft, Quarzglas u. dünnen Metallschichten 7840.
Birks (L. S.), Röntgenbeugungsunters. v. Metallen unter kontrollierter Spann. bei erhöhten Tempp. 9034.
— u. **Brooks (E. J.)**, Gleichmäß. plast. Biegen v. Kristallen für fokussierende Röntgenstrahl. 757.
— u. **Wing (A. B.)**, Justieren v. Einkristallen für d. Röntgenbeugung 1454.
Birman (A.) s. Soc. d'Études Chimiques pour l'Industrie & l'Agriculture.
Birman (J.), Berechn. v. elektrostat. Gitterpotentialen, einschließl. d. Ionenüberlapp. 2132.
Birmingham (J. M.) s. Wilkinson (G.).
—, **Seyferth (D.)** u. **Wilkinson (G.)**, Darst. v. Bis-[cyclopentadienyl]-metallverbb. 1032.
Birmingham (M. K.), **Grad (B.)** u. **Putnam (M. L.)**, Peptidaseaktivität in d. Thymus v. n. u. leukäm. Mäuserassen bei Wachstum u. Altern 6307.
Birmingham Aluminium Carting (1903) Co. Ltd. u. **Fenn (A. P.)**, Angießen v. Al an eine Fe-Oberfläche 3480* E.
Birmingham Small Arms Co. Ltd., Gesinterte oder geschmolzene Hartmetallkarbide 3248* E. — Herst. metall. Gegenstände auf sinterkeram. Wege 4926* F.
— u. **Goldschmidt (Helmut J.)**, Metall. Gegenstände auf pulverkeram. Wege 6383* E.
— u. **Harris (G. T.)**, Legierter Stahl mit hoher Dauerstandfestigk. u. Zunderbeständigk. bei Tempp. im Gebiete v. 600° 2064* E.
— u. **Taylor (R.)**, Herst. einer Form für d. Metallguß nach d. Wachsausschmelzverf. 8022* E.
Birnbaum (G.), Dispers. v. Wasserdampf im Millimeterwellenlängengebiet 7147.
— u. **Chatterjee (S. K.)**, DK. v. Wasserdampf im Mikrowellengebiet 2362.
— u. **Maryott (A. A.)**, Mikrowellenabsorpt. in komprimierten Gasen 2361. — Temperaturabhängigk. d. Mikrowellenabsorpt. v. NH_3 6455.
—, **Maryott (A. A.)** u. **Wacker (P. F.)**, Mikrowellenabsorpt. durch d. nichtpolare Gas CO_2 9497.
Birnbaum (H.), Wrkg. moderner Brotemulsionsmittel 475.
Birnbaum (M.), Präzisionsbest. v. Photoneutronenschwellenwerten 5714.
Birnbaum (P. P.), **Linford (J. H.)** u. **Style (D. W. G.)**, Absorptionsspektren v. Azobenzol u. einigen Derivv. 544.
— u. **Style (D. W. G.)**, Photoisomerisier. einiger Azobenzolderivv. 3348.
Birnbaum (S. M.) s. Rao (K. R.).
Birnbaum (W.) s. Crandall (W. E.); Millburn (G. P.).
—, **Crandall (W. E.)**, **Millburn (G. P.)** u. **Pyle (R. V.)**, Anregungsfunkt. für ^{12}C (D; p, 2 n) ^{11}C, ^{12}C (^3He; 2 p, 2 n) ^{11}C u. ^{12}C (α; 2 p, 3 n) ^{11}C 3550.
Birnthaler (W.) s. Kabel- & Metallwerke Neumeyer Akt.-Ges.
Birot (P.), Zers. kristalliner Gesteine unter d. Einw. v. Salzen 2381.
Birr (E.-J.), Mechanismus d. Stabilisier. photograph. Emulss. 3. Mitt. Unterss. an Triazolen u. Tetrazolen 3541; 4. Mitt. Adsorpt. v. Azaindolizinen an Halogensilber 10177. — s. VEB Filmfabrik Agfa Wolfen.
— u. **Walther (W.)**, Konst. d. Triazaindolizine 10990.
Birstein (T. M.) u. **Ptitzyn (O. B.)**, Einfl. d. Asymmetrie d. Gruppen auf d. Kettenlänge linearer Polymeren 1060.
Birtalan (J.), **Henley jr. (R. G.)** u. **Christenson (A. L.)**, Therm. Wiederholbark. d. Stirnabschreckprüf. 5641.
Bisaz (S.), Avitaminosen in d. Schweiz, betrachtet v. Standpunkt eines Labor. für Vitaminbestimmungen 1316.
Bischoff (C. T.), Unters. d. kanad., glazialen Böden auf Cu u. Zn 310.
Bischoff (E.) Co., Inc. u. **Harvill (E. K.)**, Alkalimetallsalze d. Adenylsäure 7040* A.
Bischoff (F.), Mikromaßanalyt. Best. höherer Ti-Gehh., bes. in Ggw. v. Nb 7739.
Bischoff (Friedrich), Feinmahlung v. Glas in verschied. Mühlentypen 5872.
Bischoff (Fritz) u. **Stauffer (R. D.)**, Dispers. v. Testosteron in einer wss. Rinderserumalbuminlsg. 319.
Bischoff (G.) G. m. b. H. u. **Krebs (E.)**, Auswaschen v. Naphthalin aus Gasen 9703* D. B.
Bischoff (K.) s. Siemens-Reiniger-Werke Akt.-Ges.
Bisdom (C. A. W.) = Wijckerheld Bisdom (C. A.).
Biserte (G.) u. **Scriban (R.)**, Eiweißbestandteile d. Gerste 6544. — Proteine, Peptide u. Aminosäuren v. Malz, Würze u. Bier, ihre Herkunft, Entw. u. Nährwert 9215.
Bisgard (J. D.) s. Anderson (H. E.).
Bisgård (K. M.), Innere Konversionselektronen aus d. ^{235}U-Zerfall 1899.
Bisgrove (D. E.) s. Gabriel (C. E.).
Bishop (C. R.) s. Union Carbide & Carbon Corp.
Bishop (C. T.), Chromatographie v. Zuckern 6354.
Bishop (E.) s. Johnson (E.).
Bishop (F. W.), Plattierte Präparatsiebe für d. Elektronenmikroskop 295. — Äußere Kondensoraperturzentrier. u. Austauschvorr. für d. RCA-EMU-Elektronenmikroskop 3083. — Belichtungsschalter für ein Elektronenmikroskop 9971.
Bishop (G. R.) s. Marin (P.).
—, **Preston (G.)** u. **Westhead (J. M.)**, Rotierendes dünnes Eistarget 1900.
—, **Preston (G.)**, **Westhead (J. M.)** u. **Halban (H.)**, γ-Strahl-Detektor mit geringem Wirkungsgrad für schnelle Neutronen 11.

Bishop (H. F.) s. Pellini (W. S.).
Bishop (J.) s. Buston (H. W.).
Bishop (J. A.), Covalente Adsorpt. an basenaustauschenden Kunstharzen. 2. Mitt. Adsorpt. geradkettiger Säuren aus Pufferlsgg. 3829. — Löslichkeitsprod.: Proportionalitätskonstante 7134.
Bishop (J. F. W.), Theorie d. Zug- u. Drucktexturen v. flächenzentriert kub. Metallen 11175.
Bishop (J. W.) s. Tide Water Associated Oil Co.
Bishop (O. N.) s. Russell (R. S.).
Bishop (P. H. H.) s. National Research Development Corp.
Bishop (R. C.) s. Beierwaltes (W. H.).
Bishop (R. F.) u. **Atkinson (H. J.)**, Veränderr. im Geh. an organ. Substanz u. a. Bodenbestandteilen während *40*jähr. Bebauung unter Bewässer. 4190.
Bishop (S. M.), **Spretnak (J. W.)** u. **Fontana (M. G.)**, Mechan. Eigg. einschließl. d. Dauerfestigk. v. d. Ti-Legierr. RC-*130*-B u. Ti-*150*-A bei sehr niedrigen Tempp. 9179.
Bishop (T. H.), J. v. Liebig 8538.
Bishop (W. N.) s. Schweitzer (G. K.).
Bishop Mfg. Corp. u. **Selby (H. E.)**, Isoliermaterial 9410* A., Schwz.
Bishov (S. J.) u. **Mitchell jr. (J. H.)**, Best. d. Löslichkeitsindex v. Sprühtrockenei 8284.
Bisi (A.) s. Bertolini (G.).
— u. **Zappa (L.)**, Hüllelektroneneinfang in ^{195}Au 11494.
Biskind (M. S.) u. **Martin (W. C.)**, Citrusflavonoide bei Atemweginfektt. 1791.
Bisno (L.), Qualitätskontrolle bei d. Tortenherst. 6159.
Bissell (E. R.) s. Sheehan (J. C.).
Bisset (D. C.) u. **Iball (J.)**, Röntgenstrahlenbeug. an übereinandergelagerten, aus nur wenigen Monofilmen bestehenden Schichten 754. — Einfache Vakuumröntgenbeugungskamera zur Mess. großer Netzebenenabstände 1915.
Bisset (G. W.) u. **Walker (J. M.)**, Oxytocin im Blut 6784.
Bissett (O. W.), **Veldhuis (M. K.)** u. **Scott (W. C.)**, Limonensafthochkonzentrate 2323.
Bissinger (W. E.) s. Strain (F.).
Bister (F.) s. Wolff (J. H.).
— u. **Geks (F. J.)**, Pyrogene Wrkg. v. Reizstoffen 147.
— u. **Wolff (J. H.)**, Polarograph. Meth. zur Best. kleiner Mengen Mandelsäure 1111. — Best. v. Coffein neben Antipyrin 8934.
Bistline jr. (R. G.) s. Weil (J. K.).
Bistos (A.) s. Dufour (J.).
Biswas (A. B.) s. Bhatnagar (H. L.); Sinha (K. P.).
Biswas (S. N.), Höhere Bornsche Approximatt. bei d. Potentialstreuung schneller Elektronen durch Atomkerne in einem stat. Feld 5467. — Lsgg. d. Heitlerschen Integralgleich. nach d. Iterationsmeth. 10428. — Fredholmsche Theorie d. Heitlerschen Integralgleich. 11324.
Bitsianes (G.) s. Burlingame (R. D.).
— u. **Joseph (T. L.)**, Unters. d. festen Phase in teilweise red. Eisenerz 8249. — Wüstitphase in teilweise red. Hämatit 8249.
Bittel (H.) u. **Storm (L.)**, Stromrauschen v. Widerständen 10679.
Bitter (F.) s. Waymouth (J. F.).
Bitter (F.), **Davis (S. P.)**, **Richter (B.)** u. **Young (J. E. R.)**, Opt. Unterss. an radioakt. Hg 9728.
Bitterlich (W.) s. Salpeter (E. W.).
Bitterlin (O.) s. Geigy (J. R.) Akt.-Ges.
Bittker (D. A.) u. **Walters (W. D.)**, Therm. Zers. v. Trimethylenoxyd 9999.
Bittmann (C. A.) s. Carman (J. N.).
Bittmar (W.) s. Pustelnik (C.).
— u. **Gluchowska (A.)**, Best. v. α-Cellulose im Zellstoff 9934.
Bittner (J. W.), Erzeug. v. doppelt geladenen He-Ionen 9020.
Bitulac Ltd., **Hancock (W. G.)** u. **Harrison (F. H.)**, Verkleidd. für Wärmeisolier. u. Korrosionsschutz 1822* E.
Bituminous Coal Research, Inc. u. **Yellott (J. I.)**, Abscheiden fester u. fl. Teilchen aus heißen Gasen 4903* A.
Bixler (A. L. M.) s. Riegel Paper Corp.
Bizard (G.), **Vanlerenberghe (J.)**, **Cuingnet (E.)**, **Robelet (A.)** u. **Milbled (G.)**, Unterss. über d. gegen d. Herzflimmern gerichtete Aktivität v. einigen neueren Chinidinderivv. 1557.
Bizette (H.) u. **Tsai (B.)**, Magnet. Hauptsusceptibilitäten eines Kristalls aus Siderose u. Mn-Fluorid 746.
Bizzini (B.) s. Raynaud (M.).
Bjalobshesski (A. W.) s. Tomaschow (N. D.).
Bjellerup (L.) s. Smith (Lennart).
Bjerregaard (J. H.) s. Huus (T.).
Bjerrum (J.) s. Poulsen (K. G.).
—, **Ballhausen (C. J.)** u. **Jørgensen (C. K.)**, Absorptionsspektren. 1. Mitt. Ergebnisse d. Rechnungen über d. Spektren u. d. Konfigurat. v. Cu (II)-Ionen 7373.
Bjerrum (L.), Begriff d. Homogenität 6369.
Björklund (A. G.), Leder mit erhöhter Dehnungsfestigk. 1187* F.
Björkman (K. A. G.) s. Lumalampan Aktiebolag.
Björkqvist (K. J.) u. **Jörgensen (L.)**, Aus mittels fl. NH_3 gequollener Holocellulose d. Holzes extrahierte Hemicellulose 1756. — Identifizier. d. Galaktose u. Rhamnose in Birken- u. Pappelholz 8653.
Björling (C. O.), Alkaloide u. Ionenaustauscher 873.
Björling (G.), Nb, ein wicht. metallurg. „Gewürz" 2525.
Björling (K.), Durch Mg-Mangel bewirkte Vergilb. bei Rüben 9688.
Bjørnhaug (A.), **Ellefsen (Ø.)** u. **Tønnesen (B. A.)**, Deut. v. Röntgenogrammen unorientierter organ. polymerer Kettenmoll. 3. Mitt. Regenerierte Cellulose 1644. — Annäherungsverf. zur Lösung d. Strukturprobleme organ. Kettenpolymeren 1754.
Bjorkman (E. B.), Bauplatten 6368* E.
Bjorksten (J.), **Tovey (H.)** u. **Dollard (H. L.)**, Polyurethanharze 465.
— u. **Yaeger (L. L.)**, Vinylsilan-Leim für Glasgewebe 10390.
—, **Yaeger (L. L.)** u. **Henning (J. E.)**, Polyesterharz–Glasfaser-Schichtstoffe 5910.
Bjorksten Research Laboratories, Inc., Erhöh. d. Adhäs. hydrophiler fester Stoffe zu anderen Stoffen 11318* E.
Blaauw-Jansen (G.), Lichtinduzierte Umwandl. v. Chlorophyllid in eine wachstumshemmende Substanz 4616.
Blacet (F. E.) s. Jensen (K. K.); Pitts jr. (J. N.).

Blacet (F. E.) u. **Crane (R. A.)**, Photolyse d. aliphat. Aldehyde. 17. Mitt. Propionaldehyd, n-Butyraldehyd u. Isobutyraldehyd bei *2380* u. *1870* Å 5993.
Blachly (F. E.) s. Keith (F. W.).
Blachman (N. M.), Entropiegrenzen 525.
Black (A. J. D.), Metallurg. Entww. in Eisengießereien 6376.
Black (A. L.), **Kleiber (M.)**, **Smith (A. H.)** u. **Ralston (N. P.)**, Beweglichk. d. Skelettphosphors bei einer ausgewachsenen Milchkuh, bestimmt mit ^{32}P 10792.
Black (A. T. P.), Schweißen mit atomarem H in d. Kettenindustrie 4689.
Black (C. A.) s. Heslep (J. M.).
Black (D. M.), Verwend. v. Dioxydiphenylsulfonen beim Gerben 3050. — s. Monsanto Chemical Co.
Black (D. R.) s. McCready (R. M.).
Black (D. W.) s. International Standard Electric Corp.
Black (E. D.) u. **Vries (T. de)**, Polarographie mit Pt-Mikroelektroden in geschmolzenen Salzen 9261.
Black (E. P.), **Harvey (W. T.)** u. **Ferris (S. W.)**, Hochtemp.-Refraktometrie mit einem Instrument v. Abbe-Typ 5376.
Black (H. C.) s. Swift & Co.
Black (H. H.), Zukunft d. Behandl. industrieller Abwässer 899.
Black (H. K.), **Horn (D. H. S.)** u. **Weedon (B. C. L.)**, Unterss. mit Acetylenen. 1. Mitt. Rkk. v. Grignard-Reagentien mit Alkin-(1)-yl- u. Alken-(1)-yl-halogeniden 7414.
Black (J. F.) s. Standard Oil Development Co.
Black (L. D.) s. Pringle (R. W.).
Black (M. H.) s. Florence (J. M.).
Black (Martin M.) u. **Lyons (R. H.)**, Intraventriculäre Überleitungsstörr. als Folge großer Dosen v. Protoveratrin 1557.
Black (Maurice M.), **Preston (J. A.)**, **Speer (F. D.)** u. **Brenowitz (P.)**, Histochem. u. quantitative Unterss. d. in vitro-Dehydrogenaseaktivität d. Milz bei Hypersplenie 8408.
— u. **Speer (F. D.)**, In vitro-Bestimmungen d. Dehydrasenaktivität v. Nebennierenschnitten n. u. tumortragender Mäuse 840.
Black (P. J.) s. Robinson (K.).
Black (R. A.), **Rosen (A. A.)** u. **Adams (S. L.)**, Chromatograph. Trenn. d. Extraktionsprodd. d. Hartholzes, d. mit Phloroglucin Farb-Rkk. ergeben 5930.
Black (R. L.), Cortison bei Alkaptonurie 1310.
Black (W. A.), Ultraschallunters. einer schweren Kurbelwelle 2993.
Black (W. A. P.) s. Bender (A. E.); McNaught (M. L.).
— u. **Cornhill (W. J.)**, Best. v. Fucosterin in Meeresalgen 7994. — D-Galaktose 9824.
Black (W. W.) u. **Taylor (C. R.)**, Faktoren, die d. Erzeug. v. unberuhigtem Stahl im Elektroofen beeinflussen 5639.
Blackall (E. L.) s. Eastham (A. M.).
— u. **Eastham (A. M.)**, Elektrolytkatalyse. 2. Mitt. Mutarotat. v. Tetramethylglucose in Nitromethan 9298.
Blackard (E. C.), Strangpressen v. Folien u. großen Rohren aus Celluloseacetat 7563.
Blackburn (A.) u. **Kipling (J. J.)**, Adsorpt. v. bin. fl. Gemischen; Effekt d. Wasserstoffbind. zwischen d. Komponenten 6944.
Blackburn (C. M.), **McConahey (W. M.)**, **Keating jr. (F. R.)** u. **Albert (A.)**, Calor. Effekt einzelner intravenöser Dosen v. *l*-Trijodthyronin u. *l*-Thyroxin bei Myxödem 4386.
Blackburn (C. R. B.) s. Hensley (W. J.).
Blackburn (J.), Stahlerzeug. für d. Stahlgießerei 4683.
Blackburn (N. F.) s. Pennsylvania Salt Mfg. Co.
Blackburn (P. E.) s. Hoch (M.).
Blackburn (R.) s. British Insulated Callender's Cables Ltd.
Blackburn (W. C.) s. United States of America.
Blackett (P. M. S.), V-Teilchen u. d. Nebelkammer 7835. — s. Amaldi (E.).
Blackhall (A.) u. **Thomson (R. H.)**, Chinone. 2. Mitt. Anlager. v. Mercaptosäuren an Benzochinone u. 1.4-Naphthochinone 2191. — Aromat. Ketoenole. 3. Mitt. Heterocycl. Hydrochinone 8617.
Blackham (A. U.) s. Frank (C. E.).
Blackinton (R. J.), Verf. zur Mess. d. Verstreichbark., „Gardinenbldg." u. d. Fließvermögens v. Anstrichfarben 2309.
Blackith (R. E.), Stabilität v. Kontaktinsekticiden. 1. Mitt. UV-Photolyse v. Pyrethrinen 8009; 2. Mitt. Schutz d. Pyrethrine gegen UV-Photolyse 8010. — Biol. Prüfungssysteme für d. Pyrethrine. 4. Mitt. Stöchiometr. Verhältnisse mit Pyrethrumsynergisten 11454. — s. Page (A. B. P.).
Blackman (A. L.) s. Batterman (R. C.); Grossman (A. J.).
Blackman (F. F.), Analyctical studies in plant respiration [384].
Blackman (G. E.) s. Holly (K.).
—, **Holly (K.)** u. **Cox (E. G.)**, Selektive Unkrautbekämpf. 4. Mitt. Unkrautbekämpf. in Faserflachs 10842.
— u. **Robertson-Cuninghame (R. C.)**, Wechselwrkgg. in d. physiol. Effekten v. Wuchsstoffen auf d. Pflanzenentw. 6781.
Blackman (M.) u. **Khan (I. A.)**, Intensität v. Großwinkel-Kikuchi-Banden 3321.
Blackman (S. W.) s. Baltzly (R.).
Blackmore (R. L.), Chem. reine Substanzen in d. Parfümerie 10154.
Blackmore (W. R.) s. Abrahams (S. C.).
Blackstock (A. W.), **Birkhoff (R. D.)** u. **Slater (M.)**, Diskrete Elektronenenergieverluste in dünnen Folien 7598.
Blackwell (A. J.), Werkzeugstahl 678.
Blackwell (G. W.), Pasteurisieren v. Milch 243* E.
Blackwell (R. F.), Dicke v. Kautschukproben 3268.
Blackwood (O. H.), An outline of atomic physics [8782].
— u. **Kelly (William)**, General physics [9486].
Blädergroen (W.), Einführung in d. Energetik u. Kinetik biol. Vorgänge [5814].
Blades (A. T.), Kinetik d. Pyrolyse v. Äthyl- u. Isopropylformiaten u. -acetaten 60. — s. Blades (H.).
Blades (B.) s. McCune (William S.).
Blades (C. E.) u. **Schöniger (W.)**, Verbesserte Rekristallisationsröhre 6089.
Blades (H.), **Blades (A. T.)** u. **Steacie (E. W. R.)**, Kinetik d. Pyrolyse v. Toluol 3346.
Bladon (P.), **Clayton (R. B.)**, **Greenhalgh (C. W.)**, **Henbest (H. B.)**, **Jones (E. R. H.)**, **Lovell (B. J.)**, **Silverstone (G.)**, **Wood (G. W.)** u. **Woods (G. F.)**, Steroidgruppe. 56. Mitt. Red. v. Dehydroergosterinepidioxyd 826.
—, **Henbest (H. B.)**, **Jones (E. R. H.)**, **Wood (G. W.)** u. **Woods (G. F.)**, Steroidgruppe.

57. Mitt. Abbau d. Seitenkette v. 3β-Acetoxy-5α.8α-epidioxy-$\Delta^{9.22}$-ergostadien 827.
Bladon (P.), Henbest (H. B.), Wood (G. W.) u. **Greenhalgh (C. W.)**, Steroidgruppe. 55. Mitt. UV-Absorptionsspektren d. äthylen. Zentren 825.
Blagman (G. F.), Anwend. v. Synthomycin bei Cholangitiden 1087.
— u. **Dudkina (M. I.)**, Behandl. v. Pneumoniekranken mit Synthomycin 9840.
Blagossklonnaja (J. W.) s. Georgijewskaja (L. M.).
Blagow (I. S.), Kotkin (A. M.), Schpachler (A. G.) u. **Seldin (B. B.)**, Brikettier. v. Steinkohlengrus unter Verwend. v. Abfällen als Bindemittel 725.
Blagowa (T. A.) s. Iwanow (K. I.).
Blagoweschtschenski (A. W.) u. **Iwanowa (I. P.)**, N-Umsatz bei d. Stratifikat. v. Samen 10780.
— u. **Kamilowa (R.)**, Biochem. Kennzeichen d. Frühreife 2927.
Blaha (F.) Wachstumsfront v. Zn- u. Cd-Kristallen 1917. — Wachstumsstrukturen v. aus d. Schmelze erstarrten Metallkristallen 6931.
Blaha (J.), Zuckergeh. d. Weinbeeren zur Reifezeit 10402.
Blaich (M. C.) s. Schaeffer (B. B.).
Blaikie (K. G.) s. Georgieff (K. K.).
Blain (J.) s. Soc. de la Pile Leclanché.
Blainey (J. D.), Cooke (W. T.), Quinton (A.) u. **Scott (K. W.)**, Best. d. gesamten austauschbaren K beim Menschen; Patienten mit Steatorrhoe 1079.
Blair jr. (C. M.), Hemm. d. Korros. durch semipolare organ. Inhibitoren 179. — s. Petrolite Corp. Ltd.
Blair (D. C.) s. United States Steel Corp.
Blair (G. W. S.) s. Aschaffenburg (R.); Schofield (R. K.).
Blair (I. D.) u. **Copp (L. G.)**, Saaterbsendesinfekt.: Statist. Unters. 8947.
Blair (J. M.) s. Holmgren (H. D.).
Blair (J. S.), Theorie d. elast. Streuung v. α-Teilchen durch schwere Kerne 2123.
Blair (M. G.), 2-Oxyglykale 10752.
Blais (N. C.) s. Baker jr. (T. E.).
Blaise (J.), Chabbal (R.) u. **Jacquinot (P.)**, Hyperfeinstruktur einer infraroten Hg-Linie 8785.
—, **Chantrel (H.), Giacomo (P.)** [Bellevue] u. **Jackson (D. A.)**, Wahl d. Plattenabstandes beim Fabry-Pérot-Interferometer 883.
Blaizot (P.) s. Mellier (M.-T.).
— u. **Servant (M.)**, Absatzmöglichkeiten für Stearin- u. Ölsäure 4959.
Blake (B. B.) s. Anderson (Ernest).
Blake (C. O.), Niacinstoffwechsel im Maiskeimling: Biosynth. v. Trigonellin 9365.
Blake (E. S.) s. Monsanto Chemical Co.
Blake (G. R.) s. Corey (A. T.).
Blake (L. R.), Best. d. Textur v. Stahlblech aus Drehmomentkurven 1921.
Blake (R. W.) u. **Patterson jr. (M. K.)**, Bes. Absorptionszelle für photometr. Reihenbestimmungen mit d. Fisher-Elektrophotometer 9630.
Blakeley (P. E.) s. Jacobson (L. A.).
Blakely (R. M.) s. Cood (F. D.); MacGregor (H. I.).
Blakemore (J. S.), Industrielle Anwendd. v. Halbleitern. 3. Mitt. Se 1676. — Parameter v. teilweise entarteten Halbleitern 5961.

Blaker (R. H.) s. Du Pont de Nemours (E. I.) & Co.
— u. **Stricklin (T. W.)**, Du Pont-Jackson-Labor-Packfärbeapp. 3492.
Blakeslee (A. F.) s. Rietsema (J.).
Blakey (B. C.) u. **Lawrence (A. S. C.)**, Oberflächen- u. Grenzflächenviscosität v. adsorbierten Asphaltfilmen 8066.
Blakney (R. M.) u. **Dexter (D. L.)**, Wrkg. v. Versetz. auf d. opt. Absorptionskante in Nichtmetallen 6914.
Blalock (J. M.) s. Esterbrook Pen Co.
Blamont (J.-E.) u. **Brossel (J.)**, Stark-Effekt d. 6^3P_1-Niveaus d. Hg-Atoms 742.
Blanc (Å.) s. Lemoine (J.).
Blanc (D.), Einfl. d. begrenzten Proportionalitätsbereichs auf d. Schwellenwert v. Geiger-Zählern mit Glaszylinder u. Graphitmantel 4032. — Verh. d. Geiger-Müller-Zähler mit Graphitmantel bei erhöhter Ausschlagszahl 10674. — s. Maignan (P.).
— u. **Uebersfeld (J.)**, Rolle d. mehratom. Komponente in d. Zählern mit äußerer Kathode 3552.
Blanc (P.), Natriumcalciumphosphat. 1. Mitt. Darst. d. Natriumcalciumorthophosphats 4301; 2. Mitt. Unters. einiger Eigg. d. Natriumcalciumphosphats 4301.
— u. **Racine (J.)**, Trenn. u. Charakterisier. d. mit H_2S in saurem Milieu ausfallenden Kationen 8689.
Blanc (P. M.) s. Lyonnet (R.).
Blanc-Aicard (D.) s. Drouineau (G.).
Blanc-Lapierre u. **Perrot (M.)**, Experimentelle Ergebnisse über d. elektr. Leitfähigk. sehr dünner Silberfilme in höheren elektr. Feldern 10924.
Blance (R. B.) u. **Gibson (D. T.)**, Aktivier. v. Raney-Ni-Katalysatoren 62.
Blanchard (A. F.), Bruch v. Kautschuk-Füllstoff-Bindd. u. Energiezerstreuung in gedehntem Kautschuk 7102.
Blanchard (C. H.) s. Spencer (L. V.).
Blanchard (E. W.) s. Schieffelin & Co.
Blanchard (F. A.), Aureomycin-Chemotherapie v. Kronengallen bei Tomaten 7533.
—, **Diller (V. M.)** u. **Kersten (H.)**, Wrkg. weicher Röntgenstrahlen auf Aureomycin 3170.
Blanchard (J. P.) s. American Cyanamid Co.; Goering (H. L.).
Blanchet jr. (H. J.) s. Hodge (H. C.).
Blanchet (R.) s. Chaminade (Raymond).
Blanco (C.) s. Rosselli (J.).
Bland (D. E.) u. **Batterham (A.)**, Delignifizier. d. Holzes v. Eucalyptus Regnans F. Muell. mittels Natriumhydroxyd u. Natriumsulfid 1407.
Bland (D. R.), Mathemat. Theorie d. Strömens v. Gas in einem porösen Festkörper u. d. damit verbundenen Temp.-Verteill. 10688.
Bland (M. N.) s. Harris (L. J.).
Blander (M.) s. Harned (H. S.).
Blanderer (J.), Stand u. Entwicklungsmöglichkk. d. Lagermetallproblems 2762.
Blanderer (K.), Konservieren v. Lebensmitteln im Haushalt mit einem zähfl., gelee- oder pastenförm. Mittel 3028* D. B.
Blandin (J.) u. **Rérat (C.)**, Darst. v. Einkristallen d. Cer(III)-sulfatoctohydrats u. ihre röntgenstrukturelle Unters. 4293.
Blandin-Vial (J.) s. Rosenblum (Salomon).
Blanding (F. H.) s. Standard Oil Development Co.

Blaney (D. J.) s. Nobis (J. F.).
Blangey (L.), Nitrier. einiger 1.2-Diazoxynaphthalinsulfosäuren 8839.
Blank (F.) u. **Burke (R. C.)**, Chem. Zus. d. Zellwände v. Coccidioides immitis 6056.
Blank (H.) u. **Rake (G.)**, Viral and rickettsial diseases [7705].
Blank (Hubert) s. Seeger (A.).
Blank (I.) s. Mager (J.).
— u. **Mager (J.)**, Organ. F-Verbb. 2. Mitt. Ester d. Oxalfluoressigsäure 4806.
Blank (K.), **Geist (D.)** u. **Seiler (K.)**, Einfl. spezieller Gitterstörr. auf d. elektr. Eigg. v. Ge 4038.
Blank (M. G.) s. Wassenko (J. N.).
Blank (R. E.) s. Sherwin-Williams Co.
Blanke (A.), **Stüdemann (H.)** u. **Bunse (K.)**, Härten v. Rasierklingen, bei dem d. Stahl durch rasches Abschrecken v. hoher Temp. gehärtet u. dann auf Tempp. unter Raumtemp. unterkühlt wird 2768* D. B.
Blanke (F.) s. Putsch (H.) & Co.
Blankenburg (G.), Halbleitereigg. d. Kupferoxyduls. 10. Mitt. Beobachtungen d. elektr. Leitfähigk. bei Störung d. thermodynam. Gleichgewichtes zwischen *600* u. *1000°* innerhalb u. außerhalb d. Stabilitätsgebietes v. Cu_2O 7379; 11. Mitt. Verh. d. Kupferoxyduls im Stabilitätsgebiet d. Cu_2O 7379.
Blankowa (J. B.) s. Archarow (W. I.).
Blann (W. A.) s. American Cyanamid Co.; Barnstead Still and Sterilizer Co.
Blanquet (L.), **Cuvelier (R.)** u. **Berger (J.-A.)**, Aussalzen v. Blutserumproteiden mit Na-Sulfit 8403.
Blanton (L. M.) s. Roberts (W. M.).
Blanz jr. (E. J.) s. Dauben (W. G.).
Blardinelli (A. J.) s. Longley jr. (R. I.); Nobis (J. F.).
Blas (L.), Agenda del químico. Colección de tablas, constantes, datos químicos [1430].
Blasac (H. de) = Heim de Blasac.
Blasberg (F.), **Gebauer (K.)**, **Hansberg (R.-H.)** u. **Sommer (K.)**, Saugfäh. Cr-Überzüge an Zylinderbohrr. 7078* D. B.
Blaschko (H.), Enzymat. Oxydat. v. Aminen 9588.
Blasco López-Rubio (F.) = López-Rubio (F. B.).
Blase (E. W.) s. Pfizer (C.) & Co., Inc.
Blaser (B.) s. Henkel & Cie. G. m. b. H.
Blaser (J.), **Ashkin (J.)**, **Feiner (F.)**, **Gorman (J.)** u. **Stern (M. O.)**, Gesamtquerschnitte für d. Streuung positiver Pionen an H 3059.
Blasi (A. A.) s. Mazzini (M. A.).
Blasi (S. De), Wrkg. d. Fargans auf d. Blutzucker u. auf d. Blutzuckerkurve nach Belast. beim Menschen u. beim Hund 1786.
Blasius (E.) u. **Wachtel (U.)**, Vers. d. Nachw. eines polaren Jodpyridinkomplexes mittels Ionenaustauscher 9636. — Trenn. d. Pt-Metalle mit Hilfe stark bas. Anionenaustauscher 10823.
Blaskett (K. S.), Ausführ. d. Cyanidlaug. in Hannan s North, Sons of Gwalia u. New Coolgardie 5641.
Blaskó (S.), Zentrifugalguß 9655.
Blass (K.) s. Vereinigte Ölfabriken Hubbe & Farenholtz.
Blatt (F. J.), Thermomagnet. Eigg. dünner metall. Filme 5725. — Diffus. an d. Fermi-Oberfläche u. d. Leitfähigk. v. Metallen 10442.
Blatt (J. M.) s. Biedenharn (L. C.).
Blatt (J. M.) u. **Biedenharn (L. C.)**, Winkelverteil. v. Streuung u. Rk.-Querschnitten 2353.
— u. **Kalos (M.)**, Yukawa-Kräfte mit zusätzl. Anziehungskräften 4989.
Blatt (M. H. G.), **Wiesbader (H.)** u. **Kupperman (H. S.)**, Vitamin E u. d. klimakt. Syndrom 3667.
Blatt (N. H.) s. Spies (H. W.).
Blatz (H.) s. Barry (E. V.); Eisenbud (M.); McLaughlin (J. E.); Solon (L. R.).
Blatz (L. J.) s. Standard Oil Development Co.
Blau (C.), Färben v. Polyester-Faser-Gemischen in d. Kleiderfärberei 7557.
Blau jr. (H. H.), **Shaw (John H.)** u. **Williams (D.)**, Druckverbreiter. im nahen Infrarot 4275.
Blau (M.), **Caulton (M.)** u. **Smith (J. E.)**, Mesonenerzeug. durch negative *500* MeV-Pionen 270.
— u. **Salant (E. O.)**, „T-Bahnen" in Kernemulss. 2352.
Blau (N. F.), **Johnson (J. W.)** u. **Stuckwisch (C. G.)**, Synth. d. Dimethyl-[α-oxy-β-propiothetin]-hydrochlorids u. verwandter Verbb. 1503.
Blaud (R. G. N.), Feuerlöschmittel 1348* F.
Blauel (M.) s. Arbed Aciéries Réunies de Burbach-Eich-Dudelange S. A. Division Burbach.
Blaupunkt-Elektronik G. m. b. H. u. **Köhne (J.)**, Oxydkathode 11439* D. B.
Blaus (J.) s. Allmänna Svenska Elektriska Aktiebolaget.
Blaustein (A.), **Shnayerson (N.)** u. **Wallach (R.)**, Gebrauch eines Antikoagulans, Phenylindandion 7714.
Blaw-Knox Co., Ni-Fe-Legierr. 3958* E.
— u. **Harcourt (G. N.)**, Wiedergewinn. v. Lösungsmm. aus extrahiertem Gut 4180* A.
Blaxter (K. L.) u. **Rook (J. A. F.)**, Experimenteller Mg-Mangel bei Kälbern. 2. Mitt. Stoffwechsel v. Ca, Mg u. N u. d. Mg-Bedarf 3421.
—, **Rook (J. A. F.)** u. **MacDonald (A. M.)**, Experimenteller Mg-Mangel bei Kälbern. 1. Mitt. Klin. u. patholog. Beobachtt. 3421.
Blaylock (L. G.) s. Richardson (L. R.); Saxena (H. C.).
Blažek (J.) u. **Kundera (M.)**, Organ. Verbb. in d. VIII. Ausgabe d. sowjet. Arzneibuches. 1. Mitt. 11043.
Blažek (Z.) s. Vošahlík (B.).
—, **Böswart (J.)**, **Horák (P.)** u. **Kučera (M.)**, Einfl. d. Trockn.-Verf. auf d. Alkaloidgeh. d. Mutterkorns (Secale cornutum) 11043. — Schwankungen im Alkaloidgeh. d. Mutterkorn-Sklerotien innerhalb v. *24* Std. 11043.
— u. **Jirásek (V.)**, Terminologie u. wissenschaftl. Bezeichn. d. Drogen (Pharmakognost. Terminologie) 11043.
—, **Kučera (M.)** u. **Tobiášek (F.)**, Heilwert d. in d. Tschechoslowakei wildwachsenden Echten Kamille 5126.
Bleachers' Association Ltd. u. **Davis (F. V.)**, Mustern v. Cellulosegewebe 4941* E.
—, **Farrington (F.)**, **Stubbs (A. E.)** u. **Hall (E.)**, Mustern v. Cellulosestoffen 4969* D. B.
Bleakney (H. H.), Duktilität v. Metallen bei Kriechdehnungs-Bruch-Verss. 9180.
Bleaney (B.), **Bogle (G. S.)**, **Cooke (A. H.)**, **Duffus (R. J.)**, **O'Brien (M. C. M.)** u. **Stevens (K. W. H.)**, Paramagnetismus v. Caesiumtitanalaun 10681.

Bleaney (B.), Bowers (K. D.) u. **Ingram (D. J. E.)**, Paramagnet. Resonanz in verd. Cu-Salzen. 1. Mitt. Hyperfeinstruktur in verd. Cu-Tutton-Salzen 11163.

—, **Bowers (K. D.)** u. **Pryce (M. H. L.)**, Paramagnet. Resonanz in verd. Cu-Salzen. 3. Mitt. Theorie u. Ausrechn. d. elektr. Kernquadrupolmomente v. ^{63}Cu u. ^{65}Cu 11163.

—, **Bowers (K. D.)** u. **Trenam (R. S.)**, Paramagnet. Resonanz in verd. Cu-Salzen. 2. Mitt. Salze mit trigonaler Symmetrie 11163.

— u. **Ingram (D. J. E.)**, Paramagnet. Resonanz bei Kaliumcyanoferrat(III) 1445.

—, **Llewellyn (P. M.), Pryce (M. H. L.)** u. **Hall (G. R.)**, Paramagnet. Resonanz in Plutonylrubidiumnitrat u. d. Spin v. ^{239}Pu 4523. — Paramagnet. Resonanz in Neptunyl-Rubidiumnitrat 5249.

— u. **Low (W.)**, Kernspins u. Verhältnis d. magnet. Momente v. ^{151}Eu u. ^{153}Eu 10928.

Blears (J.) u. **Waldron (J. D.)**, Gemeinsame massenspektrometr. Analyse v. C_1—C_4-KW-stoff-Mischungen 6353.

Blease (R. A.) s. Tootal Broadhurst Lee Co. Ltd.

Bleckingh (J. J. A.) s. Unilever N. V.

Bleehen (N. M.) u. **Fisher (R. B.)**, Wrkg. v. Insulin im isolierten Rattenherzen 6061.

Bleicher (G.) s. François (M.-T.).

Bleicher (S.) s. Mislow (K.).

Bleicher (W.), Al als Werkstoff im neuzeitl. Brückenbau 203.

Bleidner (W. E.), Anwend. d. Chromatographie bei d. Best. v. Mikromengen v. 3-(p-Chlorphenyl)-1.1-dimethylharnstoff 6115.

Bleil (D. F.) u. **Butz (A. R.)**, Magnetostrikt. in d. Ni–Ferrit-Aluminaten u. Ni–Ferrit-Gallaten 5004.

Bleiwarenfabrik Gumpoldskirchen A. Herz K.-G., Lötmittel zum Löten v. Schwermetallen 11680* Oe.

Blendax-Werke G. m. b. H., Mund- u. Zahnpflegemittel 1103* Oe.

Blendax-Werke R. Schneider & Co. u. **Küspert (K.)**, Reinweißes Calciumcarbonat 5868* D. B.

Blet (G.), Neuer Typ d. Ermüd. v. Photozellen 284. — Änderr. d. spektralen Empfindlichkeitskurve eines Photoelementes unter d. Einfl. einer Strahlungsermüd. 2601. — Einfl. v. Röntgenstrahlen auf Photoelemente 2601.

Bletzinger (J. C.) s. International Cellucotton Products Co.

Bleuler (E.) s. Gailar (O.).

—, **Blue (J. W.), Chowdary (S. A.), Johnson (A. C.)** u. **Tendam (D. J.)**, Isomerie v. ^{116}In u. ^{112}In 7831.

— u. **Tendam (D. J.)**, (α, n)- u. (α, 2n)-Wirkungsquerschnitte mit ^{100}Ag 11150.

Bleuler (K.), Protonenstreuung an Kohlenstoff 272.

Bleuler (O.) s. Buerkli (O.).

Blevins (G.) s. Jache (A.).

Blevins (T. B.) s. Leonard (Fred).

Blewitt (T. H.), Deformat. v. Kupfereinkristallen bei *300°* K u. *78°* K 3327. — s. Jamison (R. E.).

—, **Coltman jr. (R. R.)** u. **Redman (J. K.)**, Strukturelle Defektstellen im Cu u. d. Minimum d. elektr. Widerstandes 4763.

Bley (J. A.), Techn. Fortschritte im Rahmendruck 459.

Bley (R. E.) s. Du Pont de Nemours (E. I.) & Co.

Bley (R. S.) s. North American Rayon Corp.

Bleyer (P.), Verf. zur Granulier. heißer Hochofenschlacken 10838.

Blicke (F. F.) s. Regents of the University of Michigan; Sterling Drug, Inc.; University of Michigan.

— u. **Anderson (Floyd E.)**, Antispasmodica. 10. Mitt. 1.3-Dioxolane u. 1.3-Dioxane 816.

—, **Azuara (J.), Doorenbos (N. J.)** u. **Hotelling (E. B)**, Darst. v. Cyclooctanon 4334.

— u. **Biel (J. H.)**, Antispasmodica. 18. Mitt. Diphenylacetate u. p-Aminobenzoate bas. Alkoxyalkanole 1263.

— u. **Faust (J. A.)**, Antispasmodica. 15. Mitt. β-Diäthylaminoäthylester v. $\beta.\beta$-Diphenylglycid-, $\beta.\beta$-Diphenylmilch- u. $\beta.\beta$-Diphenylglycerinsäuren 1260; 16. Mitt. β-Diäthylaminoäthylester substituierter Milch- u. Acrylsäuren 1261.

—, **Faust (J. A.)** u. **Raffelson (H.)**, Antispasmodica. 17. Mitt. β-Diäthylaminoäthylester substituierter Essig- u. Glycidsäuren 1262.

— u. **Gearien (J. E.)**, Derivv. d. Chinolincarbonsäure-(3) 2202. — Derivv. d. 5.6-Benzochinolins 10269.

— u. **Godt jr. (H. C.)**, Diuretica. 1. Mitt. 3-substituierte Paraxanthine 7447; 2. Mitt. 3.8-disubstituierte Paraxanthine 7447.

— u. **Hotelling (E. B.)**, Polycycl. quatern. Ammoniumsalze. 3. Mitt. 5301.

— u. **Leonard (F.)**, Antispasmodica. 12. Mitt. Sek. u. tert. Amine, d. eine ω-[Thienyl-(2)]-alkylgruppe enthalten 1041.

— u. **Lu (Chi-Jung)**, Formylier. v. Aminen mit Chloral u. Red. d. N-Formylderivv. mit $LiAlH_4$ 9305.

— u. **Norris (P. E.)**, Darst. v. Sarkosin u. α-Methylamino-β-[indolyl-(3)]-propionsäuremethylester 2668.

— u. **Raffelson (H.)**, Antispasmodica. 9. Mitt. β-Diäthylaminoäthylester substituierter α-Aryl-β-oxypropionsäuren 795.

— u. **Schumann (E. L.)**, Antispasmodica. 11. Mitt. Bas. 1.3-Dioxolane 817; 13. Mitt. Bas. 1.3-Dioxane 1046; 14. Mitt. Bas. 1.3-Dioxane 1047.

— u. **Toy (G. R.)**, Analoge d. Benadryls 1049.

Blickenstaff (R. T.) s. Purdue Research Foundation.

— u. **Callen (J. E.)**, Isolier. v. Pentachlornaphthalin aus Baumwollsaat-Futterpreßlingen 2801.

—, **Schaeffer (J. R.)** u. **Kathman (G. G.)**, Halbmikrobest. d. Hydroxylgruppe in langkett. Alkoholen 2736.

Blickwede (D. J.), Einfl. v. Ni u. Mo auf d. Stabilisier. d. Austenit-Martensit-Umwandl. 6606. — Kinetik beim schmelzfl. Verzinken 10368.

Blidin (W. P.), Unters. d. Löslichk. in d. Systemen $CaBr_2(BaBr_2)$–LiBr–H_2O 3577. — Heterogene Gleichgewichte v. LiCl mit Chloriden d. Metalle d. zweiten Gruppe 9979.

— u. **Gordijenko (W. I.)**, Löslichkeitsdiagramme d. tern. Systeme LiCl–$CuCl_2$–H_2O u. LiCl–$ZnCl_2$–H_2O 1697.

Blieux (A. de) s. Hamilton (L.).

Blin (H.), Gründünger u. Weizenertrag 10606.

Blin (J.) s. Walker (C. B.).

Blin-Stoyle (R. J.), Matrixelemente bei Strahlungsübergängen 2823. — Polarisierte Kern-Rkk. 6206.
— u. **Perks (M. A.)**, Abweichungen d. magnet. Kernmomente v. d. Schmidtschen Linien 8775.
Blincoe (C.), In vivo-Best. d. ^{131}J-Geh. d. Schilddrüse bei Milchkühen 6818.
Blink (W. P. van den) s. Hartford National Bank & Trust Co.
Blinka (J.) s. Procter & Gamble Co.
Blinkow (G. N.), Eiweißgeh. in verschied. Stämmen v. Azotobacter chroococcum aus Böden Sibiriens 4617. — Einfl. einer Bodenversalz. auf Azotobacter chroococcum u. Azotobacter galophilum 7299.
Blinn (R. C.) s. Gunther (F. A.).
Blinoff (V.) s. Soc. An. d'Innovations Chimiques „Sinnova" ou „Sadic".
Blinow (G. A.), Kresstnikow (J. S.) u. **Perschin (I. I.)**, Unters. d. Bahnen ionisierender Teilchen hoher Energie v. Beschleunigern mit Hilfe einer Propan-Blasenkammer 9957.
Blinow (M. W.) s. Baschilow (A. A.).
Blinow (W. A.) u. **Krjukowa (A. S.)**, Bewert. d. Egalisier. beim Färben v. Wolle in Ggw. v. Polyglykoläthern 5659. — Festig. v. Färbb. gegenüber Reib. 10866.
Blinowa (K. F.), Anatom. Bau v. Geum urbanum u. Geum rivale u. d. Lokalisat. d. darin enthaltenen Gerbstoffe 9615.
Blinowa (M. W.) s. Slobodin (J. M.).
Blisnjukow (W. I.), Absorptionsspektren u. Feinstruktur v. substituierten Chinolinen, d. als Ausgangsprodd. für Antimalariamittel dienen. 1. Mitt. Tautomerie bei 2- u. 4-Aminopyridin 8582. — Bezieh. zwischen d. Absorptionsspektren u. d. Struktur p-substituierter Chinoline 8582.
— u. **Resnikow (W. M.)**, Absorptionsspektren u. Struktur v. Chinolinderivv., d. als Ausgangsstoffe für d. Synth. v. Antimalariamitteln dienen. 2. Mitt. Tautomerie bei 2- u. 4-Methylpyridin 9991.
Bliss (C. I.) s. Morgan (M. E.).
—, **Greiner (T.)** u. **Gold (Harry)**, Dosier. herzwirksamer Glykoside beim Menschen 5843.
Bliss (E. L.), Nelson (D. H.) u. **Samuels (Leo T.)**, Wrkgg. v. intravenös verabreichtem ACTH auf d. Blutspiegel v. 17-Oxycorticosteroiden u. d. zirkulierenden Leukocyten 6785.
Bliss (H.) s. Eagleton (L. C.); Hagerty II (P. F.).
Bljuger (A. F.) s. Tscharny (S. D.).
Bljumberg (J. B.), Verdampfung d. Solen v. Kara-Bogas-Gol 5744.
Bljumenfeld (L. A.), Kinetik d. Rk. d. Transhämier. 856. — Chem. Bau d. Hämoglobins u. Reaktionsmechanismus d. reversiblen O-Bind. 857.
Bloch (A.) s. Ethicon, Inc.; Ethicon Suture Laboratories, Inc.
Bloch (A. L.) s. Schlegel (J. U.).
Bloch (A. M.), Vork. v. Galenit in d. Kalksteinen d. unteren Carbons bei Moskau 9521.
Bloch (C.), Theorie d. Kernniveaudichte 5712.
Bloch (E.), Benirschke (K.) u. **Dorfman (R. I.)**, Nachw. v. Δ^4-Androsten-3.17-dion in d. Nebenniere d. Menschen vor u. nach d. Geburt 11236.
Bloch (F.), Linienverengerung durch makroskop. Beweg. 8555.
Bloch (G. A.), Beweglichk. d. S-Atome während d. Kautschukvulkanisat. 9686.
—, **Demidionowa (W. J.), Mikluchin (G. P.), Kuchtenko (I. I.), Rekaschewa (A. F.), Nikulina (R. W.)** u. **Prshebylski (M. I.)**, Wander. u. gleichmäß. Verteil. v. S in Gummimischungen 9686.
—, **Kogan (M. S.), Bogdanowitsch (N. A.), Shitkowa (S. N.)** u. **Prochorowitsch (J. P.)**, Gummiarten für d. Röntgenschutz 6411.
Bloch (H.), Gsell (O.) u. **Langer (E.)**, Antibiotica et chemotherapia [11629].
Bloch (Henry S.) s. Mayurnik (G.).
Bloch (Herman S.) s. Universal Oil Products Co.
Bloch (I.) s. Hsieh (Yü-Chang).
— u. **Hsieh (Yü-Chang)**, Spin-Bahn-Wechselwrkgg. in d. Theorie d. Mehrkörperkernschalen 5469.
Bloch (J.-M.) u. **Charbonnelle (J.)**, Darst. u. Unters. v. Kupfermontmorilloniten 8096.
Bloch (K.) s. Langdon (R. G.).
Bloch (L.), Spektrophotometr. Best. v. Fluoriden in Schlacken, Flugstaub u. a. Stoffen 7061.
Bloch (S.), Percutane Wrkg. einiger Östrogene auf d. Lactation u. auf d. Genitalorgane d. gesäugten Jungen bei d. Maus 4383.
Bloch (W. E. H.), Magnesiumsilicatkörper 5873* E.
Bloch-Chaudé (O.), Spektrophotometr. Unters. d. Bldg. u. Hydrolyse Schiffscher Basen 6718.
—, **Rumpf (P.)** u. **Sadet (J.)**, Umlagerr. in d. Reihe d. Fischerschen Basen. 1. Mitt. Eigg. v. thermochromen Pyranospiranen 9529.
Bloch-Michel (H.), Henry (R.) u. **Thévenet (M.)**, Chromatographie d. 17-Ketosteroide in einem Falle v. hypophysärem Hypogonadismus 3418.
Blochin (M. A.), Unters. d. K-Röntgenabsorptionsspektr. d. Ti in Barium- u. Bleititanat 5957. — Einfl. v. Temp. u. Phasenumwandlungen auf d. K-Röntgenabsorptionsspektr. v. Ti in Barium- u. Bleititanat 5957.
Blochina (W. P.) s. Passynski (A. G.).
Block (F.) u. **Suntheimer (K.)**, Konservieren v. Fleisch durch Trockn. 714* D.
Block (J.) s. Hauffe (K.).
Block (M. A.) s. Flock (E. V.).
Block (M. M.) s. King (D. T.); Wada (W.).
— u. **King (D. T.)**, Durch Bremsstrahl. hoher Energie gebildete Paare. 2. Mitt. Theoret. Trennungsverteil. 2823. — Bremsstrahlungsumwandl. in Dreizack (Trident)-Versuchen 5710. — Kernabsorpt. eines schnellen geladenen Hyperons 11486.
—, **King (D. T.)** u. **Wada (W.)**, Direkte Erzeug. v. Elektronenpaaren durch Elektronen großer Energie. 3. Mitt. Innere Energieverteill. 5468.
—, **Passman (S.)** u. **Havens jr. (W. W.)**, Phänomenolog. Darst. d. π+-Mesonenerzeug. durch Protonen auf C 270.
Block (R. C.), Gibbons (J. H.), Bilpuch (E. G.) u. **Herring (D. F.)**, Totale Neutronenwirkungsquerschnitte im Kilovolt-Bereich: As, Zr, Nb, La, Ce, Pr u. Au 6678.
Block (R. J.) s. Borden Co.
—, **Durrum (E. L.)** u. **Zweig (G.)**, A Manual of Paper Chromatography and Paper Electrophoresis [6356]*.
Block (S.) s. Evans jr. (H. T.).

Block (W.), In vitro-Verss. zum Einbau v. ^{14}C-Mescalin u. ^{14}C-β-Phenyläthylamin in Proteine. 3. Mitt. 5097; 4. Mitt. Einbauverss. in Zellkerne, Mitochondrien, Mikrosomen u. Cytoplasma 7001.
Block (W. D.) s. Curtis (A. C.).
Blodgett (K. B.) s. Comp. Française Thomson-Houston.
Blodinger (J.) s. American Cyanamid Co.
Blöch (R.), Bldg. v. Oberflächenkristallen auf Alkalihalogeniden, Fluorit u. Calcit bei Bestrahl. mit Po 9516.
Bloecher jr. (F. W.) s. Gaudin (A. M.).
Bloem (H.) s. Hartford National Bank & Trust Co.
Bloembergen (N.), Kernmagnet. Relaxat. in Halbleitern 8556, 10196.
— u. **Pound (R. V.)**, Strahlungsdämpfung bei magnet. Resonanzverss. 5726.
Bloemen (F. H. H.), Umester. v. Fettstoffglycerinestern 2804* F.
Blömer (A.) s. Farbenfabriken Bayer Akt.-Ges.
Blohm s. Dürener Metallwerke Akt.-Ges.
Blohm (C.) = Loewe (C.).
Blohm (C. L.) s. Fluor Corp. Ltd.
Blok (C. J.), Zus. u. Herst. v. Infusions-Fll. 7035.
Blok (G.) s. Jensen (Kai A.).
Blok (J.) u. **Jonker (C. C.)**, Berechn. v. Korrekturen bei Mehrfach- u. Vielfachstreuung 6676. — Streuung v. therm. Neutronen durch gebundene Protonen u. Deuteronen 6676.
Blokhuis (E. W. M.) s. Kluyver (J. C.).
Blom (J.) u. **Schwarz (B.)**, Verschiedenh. d. durch Amylasen spaltbaren Bindd. d. Kartoffelstärke 120.
Blom (L.) s. Krevelen (D. W. van); Schuyer (J.).
Blom (P. S.), Unterss. mit radioakt. J bei thyroiden Leiden 3897.
—, **Terpstra (J.)** u. **Querido (A.)**, Störende Einfll. bei d. Schilddrüsendiagnose mit Hilfe v. radioakt. J 3897.
Blombäck (B.), **Blombäck (M.)**, **Corneliusson (E. V.)** u. **Jorpes (J. E.)**, Zuverlässigk. d. zur Heparinbest. verwendeten Methoden 7246.
Blombäck (M.) s. Blombäck (B.).
Blomberg (B.), **Kihlborg (L.)** u. **Magnéli (A.)**, Kristallstrukturen v. (Mo, W)$_{10}$O$_{29}$ u. (Mo, W)$_{11}$O$_{32}$ 6930.
Blomberg (R. N.) s. American Home Products Corp.
Blomgren (R. A.) s. Paine (S. H.); Rylander (E. W.); Vogel jr. (H. H.).
Blommaert (K. L. J.), Lichten v. Fruchtansätzen zur Blütezeit durch Hormonspritzz. 2755.
Blommers (E. A.) s. Berliner (E.).
Blomquist (A. T.) s. United States of America.
—, **Johnson (J. R.)**, **Diuguid (L. I.)**, **Shillington (J. K.)** u. **Spencer (R. D.)**, Synth. ungeradzahl. dibas. Ketosäuren u. d. entsprechenden gesätt. Säuren 9303.
— u. **Spencer (R. D.)**, Cycl. Mono- u. Diketone 1864* A.
— u. **Verdol (J. A.)**, Therm. Kondensat. v. Isobutylen mit Formaldehyd 3837. — 2-Vinylbutadien-(1.3) 3838.
Blomsjö (E.) u. **Dardel (G. F. v.)**, Vielseit. *150*kV-Neutronengenerator 9021.
Blomstrand (J.) s. Piccard (J.).
Blondeau (R.) s. N. V. de Bataafsche Petroleum Mij.; Overbeek (J. van).
Blondel (A.) u. **Brognet (P.)**, Ermittl. d. besten Aufnahmebedingg. bei d. Durchstrahl. v. Gußeisen mit ^{60}Co 679.
Blondin (M.) s. Gounelle (H.).
Blood (H. L.) u. **Proctor (W. G.)**, Elektr. Kernquadrupolwechselwrkgg. 5233.
Bloodgood (D. E.), Belebtschlammbehandl. 9. Mitt. 2273. — Gas aus Abwasserschlamm. 11. Mitt. 6823. — Organ. Feststoffe im Abwasser. 3. Mitt. 11066. — s. Heukelekian (H.).
Bloom (A.) u. **Chamberlain (O.)**, Streuung v. *190* MeV-Deuteronen an Protonen 6904.
— u. **Mansir (D.)**, Messungen d. Kerninduktionsrelaxationszeiten in schwachen magnet. Feldern 2134.
Bloom (B.) u. **Stetten jr. (DeW.)**, Rk.-Wege d. Glucoseabbaus 5336.
Bloom (C.) s. Gordon (F. H.).
— u. **Livesey (E. F.)**, Teilchengröße für Zusätze zu Futtermitteln 4479.
Bloom (D. S.) u. **Grant (N. J.)**, Syst. Cr–C 3326.
—, **Putman (J. W.)** u. **Grant (N. J.)**, F. u. Umwandl. v. reinem Cr 4046.
Bloom (F. K.) s. Armo Steel Corp.
Bloom (M.), Period. Modulationen d. Echoenveloppe („slow beats") bei Kernquadrupolindukt. 10430.
—, **Gutowsky (H. S.)**, **McCall (D. W.)** u. **Powles (J. G.)**, Einfl. d. mol. Beweg. auf d. Intensität v. reinen Quadrupolresonanzen 8549.
— u. **Norberg (R. E.)**, Kurzzeit. Kerninduktionssignale, d. mit reinen Quadrupolwechselwrkgg. verbunden sind 5233.
Bloom (R. E.) u. **Lorincz (A. L.)**, Behandl. v. Dermatitis repens mit Perubalsam 8675.
Bloom (W. L.) s. Sukumaran (M.); Tryon (P. F.).
—, **Hudgins (P. C.)** u. **Cummings (M. M.)**, Tuberkulostat. Substanzen aus Milzextrakten n. Ratten 9590.
Bloomfield (C.), Umlager. v. Fe bei d. Podsolbldg. 5157. — Podsolier. 1. Mitt. Mobilisier. v. Fe u. Al durch Kiefernnadeln (Scotspine) 8947; 2. Mitt. Mobilisier. v. Fe u. Al durch Blätter u. Rinde v. Agathis australis (Kaurifichte) 8947.
Bloomfield (G. F.), Kautschuk 8983.
Bloor (W. A.), Staubentfern. in Stahlgießereien 5404.
Bloor (W. R.) u. **Haven (F. L.)**, Gewicht u. Lipoidgeh. d. Darmes v. Ratten mit Walker-Carcinom *256* 10534.
Bloore & Piller Ltd., Cu-Legierr. 5171* E.
Blosser (T. H.) s. Soni (B. K.).
Blott (J. F. T.) s. Shell Development Co.
Blough (A. K.), Legierte Stähle in großen bas. Öfen 1597.
Blouin (F. A.) s. Reeves (R. E.).
Blount (E. A.), Durchführ. d. Trommelgalvanisier. im einzelnen 5642.
Blouri (B.), Unters. d. autotherm. Spalt. v. Gasöl hinsichtl. d. Gewinn. an äthylenKW-stoffen reicher Gasgemische 11127.
Blout (E. R.) s. Lenormant (H.).
— u. **Linsley (S. G.)**, Infrarotspektren u. Struktur v. Glycin- u. Leucinpeptiden 3585.
—, **Parrish jr. (M.)**, **Bird (G. R.)** u. **Abbate (M. J.)**, Infrarotmikrospektroskopie. 3. Mitt. Capillarzelle für Fll. 1571.

Blower (G.), Epidermale Drüsen bei Tausendfüßlern (Centipeden) 8421.
Bludman (S. A.), Darst. d. Rk. $p + d \rightarrow \pi^+ + t$ nach d. Modell d. harten Innenkerns 2592, 7362. — Klass. Strahl. aus sich bewegenden Ladd. 4989.
— u. **Daitch (P. B.)**, Gültigk. d. Born-Oppenheimer-Approximat. 8075.
Blue (J. W.) s. Bleuler (E.).
Blue (R. D.) s. Dow Chemical Co.
Blue (W. G.) s. Albrecht (W. A.).
— u. **Eno (C. F.)**, Verteil. u. Festhalt. v. wasserfreiem NH_3 in sand. Böden 7759.
Blue Channel Corp. u. **Fellers (C. R.)**, Erhalt. d. natürl. Farbe v. Lebensmitteln aus Crustaceen 4727* A.
Blüh (O.) u. **Ko (H.)**, Experimente über d. Gesetze d. Lichtabsorpt. 2822.
Blüher (B.), Arzneimittel. Ginstasan in der ärztl. Praxis 5366.
Blümcke (A.), Textilindustrie [491].
Bluestein (C.) s. Marvel (C. S.).
Bluestone (H.) s. N. V. de Bataafsche Petroleum Mij.
Blum (A. I.) s. Belski (A. F.).
Blum (C.) s. Romani (J. D.).
Blum (E.) s. Preussische Bergwerks- und Hütten-Akt.-Ges.
Blum (F.), Therapeut. Beeinflussung d. assimilator. Stoffwechsels 4401.
Blum (H.), Photometr. Best. d. Cu in unlegierten u. niedriglegierten Stählen mit o-Tolidin 5140.
Blum (H. A.) s. Moore (T. F.).
Blum (H. F.) u. **Matthews (M. R.)**, Durch Licht bedingte Erhol. v. d. Wrkgg. v. UV-Strahlen bei Salamanderlarven 5116.
Blum (Joseph), Problem bei d. Konstrukt. einer Präzisionsnocke 6227.
Blum (Juliette) s. Comp. Française des Matières Colorantes.
Blum (J. M.) s. Gauthé (B.).
Blum (O. A.) s. Kellogg (M. W.) Co.
Blum (P.) s. Pauthenet (R.).
— u. **Bozon (H.)**, Elektrolyt. Darst. u. kristallograph. Konstanten einiger O_2-Verbb. auf B-, V- oder Ti-Basis 4293.
Blum (P. H.), Kornschädigung 4955.
Blum (R.) u. **Miller (Gail L.)**, Neukonstrukt. eines Ultrafiltrationsapp. 11054.
Blum (W.), *50* Jahre Fortschritt für Prüf. u. Qualitätsfestsetz. v. galvan. Überzügen 9430.
Blumb (W.) s. Kleine (H. O.).
Blume (B.) s. Michael (G.).
Blume (M.) s. Treiman (S. B.).
Blume (R. C.) s. Du Pont de Nemours (E. I.) & Co.; Proffitt (J. R.).
Blumenfeld (J.) s. Kaczalski (E.).
Blumenthal (H.) s. Lamater (J. N. De).
—, **Michaelson (J. B.)** u. **Lamater (J. N. De)**, Unterss. zum Nährbedarf v. Entamoeba histolytica. 1. Mitt. Aminosäurepuffer 7705.
Blumenthal (H. T.), **Hsieh (Kuang-Mei)** u. **Wang (Tung-yue)**, Einfl. d. Wachstumshormons d. Hypophyse auf d. Tibia d. sich entwickelnden Hühnerembryos 2934.
Blumenthal (W. B.) s. National Lead Co.
Blumer (D. R.) s. Phillips Petroleum Co.
Blumer (O.) s. Perrier (A.).
Blumer (S.) u. **Harder (A.)**, Beizung v. Gemüsesamen 4916.
Blundell jr. (S. A.) s. Celanese Corp. of America.
Blunt (R. F.), **Frederikse (H. P. R.)** u. **Becker (J. H.)**, Opt. Absorpt. v. AlSb 8784.
Blustein (H.) s. Pollock (L. J.).
Blut (F.), Vitamin B_{12} (Cytobion) bei d. Behandl. v. Dermatosen, vornehml. seborrhoischer Genese 1315.
Bluwstein (M. N.), Experimentelle Unterss. d. Hitzebeständigk. v. Sperröhren durch ein Spezialverf. 2749. — s. Keler (E. K.).
Blythe (R.), Einstellbare opt. Interferenzfilter 5609.
Bô (G. M.) s. Pines (H.).
Bo (K.), Hochtemperaturfärb. 4460.
Boadway (J. D.), Kondensor–Apertur-Anordn. für Elektronenmikroskope 5011.
Boag (J.), Verteil. d. linearen Energieübertrag. oder „Ionendichte" für schnelle Neutronen in W. 9720.
— u. **Zendle (B.)**, Streustrahlungsbeitrag zu d. Tiefendosendaten für *35* u. *90* MeV-Synchrotron-Röntgenstrahlen 2127.
Boag (J. W.) s. Chapiro (A.).
Boake Roberts (A.) & Co. Ltd. u. **Carroll (M. F.)**, Alkoxycrotonsäureester 4932* E.
Board (J. A.) s. Forbes (J. C.).
Board of Commissioners of State Institutions of the State of Florida, **Butler (G. B.)** u. **Bunch (R. L.)**, Ungesätt., quatern. Ammoniumhalogenide 1854* A. — Ionenaustauschharze mit quatern. NH_4-Gruppen 8513* A.
Board of Trustees of Rhode Island State Colleges s. Bartlett (F. A.) Tree Expert Co.
Boarland (M. P. V.) s. Baker (W.).
Boas (E. P.), **Elster (S. K.)** u. **Adlersberg (D.)**, Verkalkte Aortenstenose: Unterss. d. Serumcholesterins. Beobachtungen über Verkalken d. Aortenstenose bei familiärer Xanthomatose u. Hypercholesterinämie 5350.
Boas (M.), Frühe Version v. Boyles „Skeptischem Chymiker" 5706.
Boatman (C. E.) s. Sisler (H. H.).
Boatman (S. G.) s. Crombie (W. M. L.).
Boato (C.), **Careri (G.)**, **Cimino (A.)**, **Molinari (E.)** u. **Volpi (G. G.)**, Störungsfaktor bei d. Kinetik d. homogenen H_2–D_2-Austausch-Rk. 10215.
Boawn (L. C.), **Viets jr. (F. G.)** u. **Crawford (C. L.)**, Wrkg. v. Phosphatdüngemitteln auf d. Zn-Ernähr. v. Ackerbohnen 4913.
Bobalek (E. G.), Verwend. organ. Schutzüberzüge gegen Korros. 2788. — Haftvermögen v. Anstrichen 8271. — Als Anstrichbindemittel verwendete Kondensationspolymeren 9451.
—, **Lebras (L. R.)**, **Powell (A. S.)** u. **Fischer (William v.)**, Mikrostruktur v. Farbfilmen 9237.
Bobarević (B.) s. Deželić (M.).
Bobb (M. L.), Fünfunddreißig Jahre oriental. Fruchtmotte 199. — Parathionrückstände an Pfirsichbaumrinde u. -laub 10843.
Bobb (R. V.) s. Aluminum Co. of America.
Bobenrieth (A.), **Millet (J.)** u. **Teszner (S.)**, Ni-Legierr. mit hohem Sekundäremissionsvermögen 6456.
Boberg (F.) s. Dornow (A.).
— u. **Schultze (G. R.)**, Umsetz. v. Malonester mit Nitroolefinen 5532.
Bobeth (E.), Reifen u. Fahrsicherh. 4717.

Bobeth (W.), Mkr. Quellungsunterss. an synthet. Faserstoffen u. deren Nutzanwend. 8529. — Synthet. Faserstoffe; Eigg. u. mkr. Erkennungs-Rkk. 11481. — Mkr. Unterss. sowie spezielle Erkennungs-Rkk. an synthet. Faserstoffen 11481.
Bobichou (L.) s. Soc. des Usines Chimiques Rhône-Poulenc.
Bobier (M. A.) u. **Lepigre (A. L.)**, Fermentieren v. Tabak 2326* F.
Bobingen Akt.-Ges. für Textil-Faser, Polymerisieren v. Acrylnitril 6151* F. — Lineare, faserbildende Polyamide 10638* E.
— u. **Börner (K.)**, Hochpolymere, eiweißähnl. u. unschmelzbare, aber in Eiweißlösungsmitteln lösl. Polymerisationsprodd. 3284* D.B.
— u. **Schlack (P.)**, Halogenalkylamine 688* D. B. — Poly- u. Polythioharnstoffe 1391* D. B. — OH- u. bzw. oder SH-Gruppen enthaltende lineare Polyurethane 2107* D. B. — Polythioacetale 4227* D. B. — Hochschm. Polykondensationsprodd. 5458* D. B. — Lineare Polyharnstoffe u./oder Polythioharnstoffe 5458* D. B. — N-halt. Polykondensationsprodd. 6152* D. B. — Polyoxamide 6655* D. B. — Mischpolyamide 7351* D. B. — Polyamide 7351* D. B. — Lineare Polyamide 7567* D. B. — Veredeln v. Kammzug, Filz, Garnsträngen oder Geweben aus Amidgruppen enthaltenden Hochpolymeren 8530* D. B. — Faden, Fasern oder Filme aus Methylolpolyamidverbb. 9700* D. B. — Veredeln v. Fäden u. Filmen aus linearen hochpolymeren Polyamiden 11125* D. B. — Veredeln v. Polyamidfäden oder -fasern 10166* D. B. — Hochmol. Polyester 11299* D. B.
—, **Schlack (P.)** u. **Hartmann (A.)**, Polyacrylnitrilverbb. 2315* D. B.
—, **Schlack (P.)**, **Herele (L.)**, **Jehle (K.)**, **Möller (Paul)** u. **Kunz (K.)**, Gekräuselte Stapelfasern aus Polyamiden 6656* E.
—, **Schlack (P.)** u. **Kunz (K.)**, Chem. Veränderr. v. mit CH_2O umgesetzten Polyamidverbb. 3983* D. B.
—, **Schlack (P.)** u. **Werniger (W.)**, Organ. Disulfohalogenide 686* D. B.
Bobkow (I. N.), Phosphobakterin, ein billiges u. wirksames Mittel zur Erhöh. d. Erträge 10841.
Bobkowa (W. I.), Verwend. v. Vitamin B_{12} zu Heilzwecken 8901.
Bobleter (O.) s. Patat (F.).
Bobowitsch (J. S.), Temperaturabhängigk. d. Intensität d. Stokesschen Linien d. Kombinationsstreuung (Raman-Streuung) erster Ordn. 10192. — s. Pentin (J. A.).
— u. **Piwowarow (W. M.)**, Bezieh. zwischen d. Temperaturgang d. Intensität d. Raman-Linien u. d. zwischenmol. Wechselwrkg. in kondensierter Phase 7637.
Bobrański (B.), Chemie d. Tropolonverbb. 3358.
Bobritzkaja (M. A.), Aschezus. v. Gräsern (Klee u. Timotheegras) im Zusammenhang mit d. Bodenbldg. in d. Zone d. Podsolböden unter d. Grasnarbe 11660.
Bobrowa (M. I.) u. **Matwejewa (A. N.)**, Polarograph. Red. v. Estern 6942.
Bobrownik (D. P.), Kristalliner Kalkstein aus d. Umgeb. d. Station Gniwani, Bezirk Winnitza 5743.
Bobtelsky (C.) u. **Kertes (S.)**, Metallkomplexe d. o-Nitrophenols; ihre Zus., Verh. u. Stabilität 1707.
Bobtelsky (M.), **Chasson (D.)** u. **Klein (S. F.)**, Photometr. Messungen an Eisenoxalaten 9157.
— u. **Graus (B.)**, Präzise heterometr. Mikrobest. v. Pb oder Citronensäure 1806. — Cer(III)-citratkomplexe, ihre Zus., ihre Struktur u. ihr Verh. 10700.
— u. **Kertes (S.)**, Spektrograph. Unters. v. p-Nitrophenol, 2.4-Dinitrophenol u. Pikrinsäure u. ihren Metallkomplexen 8340.
— u. **Welwart (Y.)**, Heterometr. Mikrobest. d. Mg mit Oxin in Ggw. v. Fremdmetallen 7509. — Heterometr. Mikrotitrat. v. Al mit Oxin 7509.
Boccacci (M.) s. Bettini (S.).
Boch (J.), Anwend. proteolyt. Fermente bei Nematodenbefall d. Pelztiere 5591. — Histolog. Unterss. d. Dünndarmschleimhaut nach Verabreich. v. Vermizym zur Wurmbekämpf. 6071.
Bochey (J. M.) s. McManus (E. C.).
Bochumer Verein für Gußstahlfabrikation Akt.-Ges., Desoxydat. v. Stahl u. Stahllegierr. 1366* F. — Verbesser. d. Stahlqualität 1831* E. — Stahl für Radreifen, bes. für Lokomotiven 3958* Schwz. — Blöcke aus hochwert. Stahl 7073* D. B., F. — s. Gußstahlwerk Bochumer Verein Akt.-Ges.
—, **Coupette (W.)** u. **Sickbert (A.)**, Gußstücke aus hochwert. Stahl 8023* Schwed.
Bock (Eleonore) s. Bock (Rudolf).
Bock (Eugen), Glasfaserhalt. Schichtstoffe mit ungesätt. Polyesterharzen 4467.
Bock (H.) s. Phrix-Werke Akt.-Ges.
Bock (J.), Quantitative Best. v. Pepsin in Magenfl. 8225.
Bock (J. A.) s. Steel (R. A.).
Bock (L. H.) s. Rayonier, Inc.; Rohm & Haas Co.
Bock (M.) s. Farbenfabriken Bayer Akt.-Ges.
Bock (R.), Bedeut. d. Pufferns u. Mischens bei Abwasserkläranlagen 5390.
Bock (Rudolf), Gewinn. v. Br aus Meerwasser 6361.
— u. **Bock (Eleonore)**, Verteilungs-Rk. d. W 8807.
Bock (W.) s. Badische Anilin- & Soda-Fabrik Akt.-Ges.
Bock (W. K.) s. Schwartz (H. A.).
Bockelman (C. K.) s. Jung (J.-J.).
— u. **Jung (J.-J.)**, Energien d. Anregungszustände v. ^{10}Be 9723.
Bockendahl (H.), Chromnachw. u. Chromgeh. gefärbter Kleiderstoffe. Bedeutung gefärbter Kleiderstoffe für d. Häufigk. d. Chromallergie 2932.
Bocklage (B. C.), **Doisy jr. (E. A.)**, **Elliott (W. H.)** u. **Doisy (E. A.)**, Resorpt. u. Stoffwechsel v. $^{14}C_{(4)}$-Cortisonacetat 8896.
Bockmühl (M.) s. Farbwerke Hoechst Akt.-Ges., vormals Meister Lucius & Brüning; I. G. Farbenindustrie Akt.-Ges.
Bockris (J. O'M.), Kinetik d. Wasserstoffelektrode 7153. — Entwicklungstendenzen d. Elektrodenkinetik 10928. — s. Kitchener (J. A.).
— u. **Parry-Jones (R.)**, Best. d. relativen Elektrodenpotentials eines ungeladenen Metalls in Lsg. 7848.
Bockstahler (T. E.) s. Feuer (S. S.).
—, **Forsyth (G. E.)**, **Gouza (J. J.)**, **Shirak (F. R.)** u. **Beavers (E. M.)**, Therm. Eigg. v. Polyesterharzen. Einfl. d. Vernetz. 5910.

Bocobo (F. C.) s. Curtis (A. C.); Harrell (E. R.).
Bocquillon (R.) s. Batteau (J.).
Boczor (E. I.), Fabrikat. v. Al–Cu–Mg-Blechen 8485.
Boda (F.), Metallograph. Unters. d. Fehler v. Temperguß 3238.
—, **Hegedüs (Z.)** u. **Bartha (E.)**, Einfl. d. Probenahme auf d. Best. d. Stahlqualität 9867.
Bodanský (D.), Sachs (A. M.) u. **Steinberger (J.)**, Differentielle Streuquerschnitte v. 58 MeV-π^+-Mesonen in H_2 504. — Phasenverschiebungsanalyse d. Streuung positiver Mesonen bei 58 MeV 504. — Streuung v. 65 MeV-Pionen in H_2 6903.
Bodansky (O.), Mess. d. Enzymaktivität bei belieb. Reaktionsstadium 1994.
Bodánszky (M.), Überführ. d. Mannosidostreptomycins in Streptomycin mittels enzymat. Hydrolyse 9823. — Antibiotica 10073. — Evericin, ein neues Antibioticum 10296. — Derivv. d. Streptomycins 11587.
— u. **Horváth (I.)**, Evericin, ein neues Antibioticum 2458.
Bode (D. E.) s. Mitchell (D. L.).
— u. **Levinstein (H.)**, Einfl. v. O_2 auf PbTe-Filme 6688.
Bode (E.), Rüther (H.) u. **Weidle (H.)**, Empfängnisverhütende Mittel 10330* D. B.
Bode (F.), Besondere Beleuchtungsmethoden in d. Mikrophotographie unter Verwend. d. Elektronenblitzlichtes 2964.
—, **Becker (G.)** u. **Böhle (E.)**, Peptide im menschl. Urin 3664.
— u. **Ludwig (U. M.)**, Best.-Meth. d. Harnstoffs im klin. Labor. 890.
Bode (H.) u. **Weiss (H.)**, Magnet. Eigg. d. Kobaltsulfoxylats 11509.
Boden (M.) s. Deutsche Solvay-Werke G. m. b. H.
Bodendorf (K.) s. Boehringer (C. F.) & Soehne G. m. b. H.; Winterfeld (K.).
— u. **Binder (B.)**, Eigg. v. Aminoxyden 6283.
— u. **Popelak (A.)**, Thioantipyrinsäuren 1504.
— u. **Raaf (H.)**, Eigg. v. Mannich-Basen d. Antipyrins mit aromat. Aminen 5304.
Bodenhausen (J. W. A.), Mineralparagenese einiger residualer monazit- u. xenotimreicher Zinnsteinlagerstätten v. Banka (Indonesien) 5743.
Bodenstein (D.), Endokrine Mechanismen im Leben d. Insekten 7016. — Wrkg. v. radiomimet. Substanzen auf d. embryonale Entw., bes. v. Stickstofflost 7462.
Bodenstein (G.), Beimischung v. Insekticiden, bes. Lindan, zu lagerndem Getreide 4436.
Bodey (A.), Korrosionsverschleiß in Verbrennungsmotoren 1178.
Bodforss (S.) u. **Ahrland (S.)**, Hydrolyse v. Triarylmethylsalzen 4798.
Bodin (V.), Ofenkontrolle in d. Ziegelindustrie 193.
Bodine (J. H.) u. **Carlson (L. D.)**, Reaktionsfäh. Sulfhydryl- u. Disulfidgruppen in d. Protyrosinase u. Tyrosinase 3889.
—, **Teppert (W. A.), West (W. L.)** u. **Pyle (Z. P.)**, Katalase während d. embryonalen Entw. 7935.
— u. **West (W. L.)**, Wrkg. v. Adenosintriphosphat auf d. endogene Sauerstoffaufnahme v. sich entwickelnden Heuschreckenembryonen 9834.
Bodiou (G.), Relatt. zwischen d. zweiten Quantelung. Wellenmechanik im Konfigurationsraum u. d. Probleme zweiter Ordn. bei d. Berechn. d. Wahrscheinlichkk. 3.
Bodman (G. B.) s. Hagin (J.).
Bodmann (O.) s. Schulz (G. V.).
Bodmer (A.) s. Rossi (E.).
Bodmer (A. R.), Spektroskop. Isotopieverschieb. u. Kerndeformatt. 11146.
Bodmer (M.), Lebacqz (J. V.) u. **Andrews (D. H.)**, Supraleitendes Niobnitrid bei Mikrowellenfrequenzen 8316.
Bodnar (L. E.) u. **Cleave (A. B. van)**, Rkk. v. Jodcyan 1476.
Bodo (R. C. de), Sinkoff (M. W.), Kiang (S. P.) u. **Den (H.)**, Verhinder. d. durch Wachstumshormon induzierten Diabetes hypophysektomierter Hunde durch Nebennierenrindensteroide 2230.
Bodor (E.) s. Erdey (L.).
Bodrero (B.), Konservieren v. Futtermitteln 1165* F.
Bodrogi (R.), Möglichk. d. industriellen Verarbeit. v. Süßwasserfischen 3991.
Bodur (H.) s. Stary (Z.).
Body (E. M.), Lipoidzus. während d. Aufbewahr. v. menschl. Mischplasma, d. bestrahlt u. getrocknet wurde 11044.
Boe (E. S.), Butterworth (C. E.) u. **West (J. R.)**, Mengenmess. v. fl. S 9413.
Boeckh (P.), Erfahrr. mit Netrin, einem neuen Spasmolyticum 2480.
Böckl (N.), Farb. gemusterte thermoplast. Kunststoffe aus Polyvinylchlorid 6154* D. B.
Böckman (O. C.), Maßstäbliche Modelle v. elektrotherm. Öfen 10826.
Boedecker (F.) s. Riedel-de-Haën Akt.-Ges.
Bödecker (H.) s. Ratschow (M.).
Boedeker (Hermann) s. Farbwerke Hoechst Akt.-Ges., vormals Meister Lucius & Brüning.
Böe (J.) u. **Gabrielsen (Z.)**, Antithyreoide Heilmittel plus Röntgenbestrahl. bei d. Behandl. d. Hyperthyreoidismus 7478.
Böer (K. W.), Gisolfsche Theorie d. Elektronenschwankungserscheinungen v. Halbleitern 5481.
—, **Borchardt (E.)** u. **Borchardt (W.)**, Langzeit. Änderr. d. elektr. Leitfähigk. v. CdS-Einkristallen bei höheren Tempp. u. zusätzl. opt. Anreg.; Beitrag zur Klär. d. Leitfähigkeitsmechanismus 6918.
— u. **Kümmel (U.)**, Natur d. Felddurchschlages 6917. — Elektr. Anreg. als Primäreffekt für d. Felddurchschlag 9500. — Rein elektr. Anreg. v. Glowkurven 10679.
Bögner (F.) s. Prinzler (H.).
Böhle (E.) s. Bode (F.).
Böhler (W.) s. Hayek (E.).
Böhler (Gebr.) & Co. Akt.-Ges., Ahle, Maschinennadeln u. dgl. 208* D. B. — Mantelelektrode 1114* Oe. — Harte Sinterlegierr. 2530* E. — Leicht verarbeitbare austenit. Legierr. mit hoher Dauerfestigk. 2996* F., 2997* F. — Vermeid. d. Versprödung bei d. Kaltverarbeit. rost- u. säurebeständ. Cr- u. Cr–Ni-Stähle 3246* D. B. — Hämmer aus unlegiertem oder legiertem Stahl 3726* F. — Rostbeständ. u. unmagnet. Bleche, Streifen oder Bänder für Flugzeugbespannungen aus austenit., N-halt. Cr–Mn-Stählen 3958* D. B. — Umhüllte Schweißelektroden 3959* F. — Gesinterte Hartmetallegierr.

5890* F. — Abkühl. v. Stangen aus Metallen mit hohem F., bes. Stahlstangen, außerhalb d. Gießkokille 6127* F. — Dauermagnete mit magnet. Vorzugsricht. durch Glühen in einem Magnetfeld 6384* D. B. — Formen für d. Präzisionsguß 6840* Schwz. — Umhüllte Schweißelektrode aus Stahl 6844* F. — Verwend. v. Hartmetallen zur Herst. v. Gesteinsbearbeitungswerkzeugen, bes. v. Tiefbohrwerkzeugen 8489* D. B. — Schweißelektrode 8723* F. — Stranggießverf. für Metalle 9182* E. — Gießen v. Metallbarren 9182* F. — Gußstücke 9182* Schwz. — Abdichten v. Kokillen beim Gießen v. Metallbarren 9183* F. — Gesteinsbohrwerkzeuge mit einem aus Hartmetall bestückten Stahlschaft 9185* Oe. — Unterwasserschneid- u. -schweißelektroden 9435* F. — Flüssigkeitsgekühlte Kokille zum Stranggießen hochschmelzender Metalle 10369* Oe. — Kornverfeiner. beim kontinuierl. oder diskontinuierl. Gießen v. hochschm. Metallen 11676* E., Oe.

Böhm (E.) s. Schenk (P. W.).

Böhm (Erich v.), Behandl. v. Ulcusleiden u. Gastritiden mit Ulcumel 7261.

Boehm (F.), Marmier (P. E.) u. **Mond (J. W. M. Du)**, γ-Übergänge in ^{182}W 7831.

Böhm (Franz) s. Duschek (R.).

Boehm (G.), Faessler (A.) u. **Rittmayer (G.)**, Röntgenspektroskop. Best. d. Wertigk. d. Co im Vitamin B_{12} 8636.

Böhm (Helene), Biologie u. Bekämpf. d. Roten Stachelbeermilbe (Bryobia praetiosa Koch) 9651.

Böhm (Helmut) u. **Salzmann (G.)**, Geophysikal. Unters. d. Arsenikalkieslagerstätte zu Reichenstein (Schlesien) 6937.

Böhm (Horst) s. Treibs (W.).

Böhm (K.-H.), Deutung d. Mitte–Rand-Variat. d. Fraunhofer-Linien 7836.

Böhm (O.) s. Badische Anilin- & Soda-Fabrik Akt.-Ges.

Böhm (P.) u. **Baumeister (L.)**, Isolier. v. Neuraminsäure als Spaltprod. d. Serumeiweißes 6062.

Boehm (R. M.) s. Masonite Corp.

Böhm-Baumann (A.), Nachw. v. Polyphosphaten bei Brühwürsten 8521.

Böhm-Vitense (E.), Spektr. v. β-Lyrae 9021.

Böhme (A. T.)-Chemie Fabrik u. **Böhme (E.)**, Gerbverf. zur Herst. eines Sämischledersatzes 6177* D.

Böhme (E.) s. Böhme (A. T.)-Chemie Fabrik; Deutsche Gold- & Silberscheideanstalt vormals Roessler.

Böhme (H.), C. Mannich *1877—1947* 8537.

— u. **Bolder (H.-J.)**, Maßanalyt. Meth. zur Best. d. Colchicins u. Wertbest. v. Semen Colchici 2252.

—, **Dietz (K.)** u. **Frank (Rudolf)**, Alkylmercaptomethyl- u. Alkylsulfonylmethylammoniumsalze 9094.

—, **Freimuth (F.)** u. **Mundlos (E.)**, Umsetz. v. Acetylschwefelchlorid mit Ketonen u. β-Dicarbonylverbb. 5047.

— u. **Kreutzkamp (N.)**, Quart. Ammoniumsalze d. Methylendiamin-Reihe 3860.

—, **Lohmeyer (H.-D.)** u. **Wickop (J.)**, Umsetzungsprodd. v. Chloralhalbmercaptalen 7888.

— u. **Mundlos (E.)**, Umsetz. v. β-Ketocarbonsäureestern u. β-Diketonen mit α-halogenierten Thioäthern 67.

Böhme (H.) u. **Schmidt (Wilhelm)**, Kondensationsprodd. v. Aldehyden u. Ketonen mit Thiosalicylsäureamid 3383. — Oxoverbb. d. Benzothiazinreihe 3384.

— u. **Schmitz (Rudolf)**, Umsetz. v. Carbonsäureanhydriden mit Cl 5763. — 1.2-Dichlorcyclohexane 5773.

— u. **Teitz (H.-P.)**, F.-Best. in einem neuen Arzneibuch 11423.

— u. **Winkler (O.)**, Photometr. Best. geringer Mengen Aceton, bes. in Blut u. Harn 1110. — Best. geringer Mengen Acetaldehyd 4175.

Böhme (K.) s. Müller (Walter).

Boehme (W. R.), 3-Methylcumaron 4343.

Böhme Fettchemie G. m. b. H., Gerbmittel 266* Finn. — Insekticide Begasungsmittel 2285* F. — Seifmittel für Textildrucke u. -färbb. 3493* F. — Kosmet. Erzeugnisse 3505* F. — Reinigungsmittel 3760* F. — Wasserdichtmachen v. Leder 6666* D. B. — Walken v. tier. Fasern oder diese enthaltenden Gemischen 8999* D. B.

—, **Helberger (J. H.), Manecke (Georg), Lantermann (H.)** u. **Fischer (H. M.)**, S-halt., organ. Verbb. 11292* D. B.

—, **Heyden (R.), Helberger (J. H.), Manecke (Georg)** u. **Grublewsky (W.)**, Sulfonate 3514* D. B.

—, **Kling (W.)** u. **Markert (H.)**, Beschichten v. Druckplatten für Kopierzwecke 7132* D. B.

—, **Markert (H.)** u. **Kling (W.)**, Tintenfestmachen v. Papier 8060* D. B.

—, **Markert (H.)** u. **Lietz (G.)**, Überführen v. Schädlingsbekämpfungsmitteln in wss. Dispersionen 6602* D. B.

— u. **Schmitt (F.)**, Pickeln v. Blößen u. Pelzfellen 9235* D. B.

—, **Schmitt (F.)** u. **Jeremias (A.)**, Gerben mit Formaldehyd 1656* D.

— u. **Schuckmann (G. v.)**, Höhermol. aliphat. ungesätt. Alkohole 2770* D. B.

— u. **Scott (N. D.)**, Diglycerinätherschwefelsäureester 3761* D.

Böhmler-Eicher (E.), Schrank- bzw. Einwickelpapier mit insekticider Wrkg. 9697* Schwz.

Böhne (C.) u. **Schulze (W.)**, Gezielte antibakterielle Therapie urolog. Infekte 6071.

Böhnke (M.) s. Schnitzenbaumer (J.).

Boehringer (A.) s. Boehringer (C. H.) Sohn.

Boehringer (C. F.) & Soehne G. m. b. H. u. **Bodendorf (K.)**, Anreichern d. Wirkstoffe v. Rauwolfia 4405* D. B.

—, **Dimroth (H.)** u. **Rabald (E.)**, 1-Phenyl-2.3-dialkyl-4-formyl-5-pyrazolone 1842* D. B.

—, **Johannessohn (F.), Rabald (E.)** u. **Kraus (J.)**, Cyclopentanophenanthrenlactone 3690* D. B.

— u. **Pechmann (E. v.)**, Blutplasmaersatz 418* D. B., 4413* D. B.

— u. **Staudinger (Hansjürgen)**, Hochwirksame Nebennierenrindenextrakte 167* D. B., 644* D. B., 4411* D. B.

—, **Voigt (H.), Stoeck (G.)** u. **Stein (Helmut)**, Trioxoverbb. 2303* D. B.

—, **Wallenfels (K.)** u. **Christian (W.)**, Reindarst. v. Cozymase 11052* D. B.

Boehringer (C. H.) Sohn, Scopolamin-n-brombutylat 165* E. — γ-Benzolhexachlorid 5635* Ind. — Synth. v. Coffein 5902* F. — Diaryloxyalkane oder α.α-Diaryloxyfettsäuren 10862* F.

—, **Boehringer (A.), Boehringer (E.), Liebrecht (I.)** u. **Liebrecht (J.)**, Imidazole 11100* E.

Boehringer (C. H.) Sohn, Konz (W.) u. **Sehring (R.)**, Herst. v. Diaryloxyalkanen bzw. $\alpha.\alpha$-Diaryloxyfettsäuren 10623* D. B.

—, **Konz (W.)** u. **Vogelbach (C.)**, Chlordicyclopentadiene 444* D. B. — Schädlingsbekämpfungsmittel 4681* D. B.

—, **Scheuing (G.), Walach (B.)** u. **Vogelbach (C.)**, Symm. 1.2.4.5-Tetrachlorbenzol aus δ-Heptachlorcyclohexan 2775* D. B.

—, **Walach (B.)** u. **Kudszus (H.)**, Reinig. d. bei d. Herst. v. Hexachlorcyclohexan verwendeten Bzl. v. mitgeführten Eisensalzen 6374* D. B.

—, **Weidlich (H.)** u. **Schulz (W.)**, Orthocarbonsäureester 7080* D. B.

—, **Wieland (H.)** u. **Bähr (Karl)**, Krist. Toxiferin I u. II 9145* D.

— u. **Wieland (T.)**, Peptide 3734* D. B. — Acylierte Mercaptane 7550* D. B.

—, **Wieland (T.)** u. **Bokelmann (E.)**, N-[$\alpha'.\gamma'$-Dioxy-$\beta'.\beta'$-dimethylbutyryl']-β-alanin-β''-mercaptoäthylamid 2559* D. B.

Boehringer (E.) s. Boehringer (C. H.) Sohn.

Böhringer (H.), Einfl. d. Verstreck. auf d. physikal. Eigg. v. Perlonseide 2104. — Textile Gebrauchswertprüf. 1. Mitt. 5935; 2. Mitt. Tragverss. 7349.

— u. **Bolland (F.)**, Textile Gebrauchswertprüf. 3. Mitt. Tragverss. mit Herrenoberhemden 7349.

Böhringer (K.), Hormontherapie v. Carcinomen 125.

Boekelheide (V.) s. Tarbell (D. S.).

— u. **Gall (W. G.)**, Überführ. v. Lilolinderivv. in Chinoliniumsalze unter Verwend. v. Bromcyan 1272. — Chinolizon-(4)-derivv. 1273. — Synth. v. Chinolizinium- u. Dehydrochinoliziniumderivv. 9336.

— u. **Godfrey (J. C.)**, Synthesen v. 7.8-Benzopyrrocolinderivv.; Rk. v. Reissert-Verbb. 10987.

—, **Langeland (W. E.)** u. **Liu (Chu-Tsin)**, Unters. d. Synth. u. einiger Eigg. v. Acepleiadien 10503.

Böker (R.) s. Farbwerke Hoechst Akt.-Ges., vormals Meister Lucius & Brüning.

Boekhoff (K.) s. Diemair (W.).

Bölcs (G.), Künstl. Kohle als korrosionsbeständ. Baustoff 429.

Boelhouwer (C.), Fortlaufende Polymerisat. v. Leinöl mit SO_2 als Katalysator 5191. — s. Klaveren (W. van).

—, **Steenis (J. van)** u. **Waterman (H. I.)**, Beziehh. zwischen Viscosität u. Struktur v. Mineralölen 1647.

—, **Tjoan (T. S.)** u. **Waterman (H. I.)**, Graph. Analyse v. styrolbehandelten Leinsamenölen 8524.

— u. **Waterman (H. I.)**, Viscosität als Hilfsmittel d. graph. statist. Analyse v. Mineralölen 2572.

Boelhouwer (M.) s. Aten jr. (A. H. W.).

Boell (E. J.) u. **Shen (S. C.)**, Verbesserte Ultramikro-Kjeldahl-Meth. 3930.

Böltz (G.) s. Nielsch (W.).

Bömeke (H.), Verhältnis d. oxydierten N zum reduzierten C beim Nitratbildner 1536.

Boemke (F.), Piroth (M.) u. **Schulte-Strake (F.-J.)**, Silikose u. Coronarsklerose [8440].

Böni (A.), Gübeli (O.), Lotmar (R.) u. **Wiesendanger (H. U.)**, Resorpt. v. radioakt. markiertem Sulfat ($^{35}SO_4$) durch d. menschl. Haut 4633.

Bönicke (R.) u. **Reif (W.)**, Instabilität d. Isonicotinsäurehydrazids in d. gebräuchl. Tb-Nährmedien 6053. — Enzymat. Inaktivier. v. Isonicotinsäurehydrazid im menschl. u. tier. Organismus 8907.

Boenisch (D.) s. Piwowarsky (E.).

Böök (L. H.) s. Holmberg (T. F.).

Boer (D. H. W. Den) u. **Borg (W. A. J.)**, Massenspektrometr. Best. v. D in organ. Verbb. 5861.

Boer (E. de) s. Hoijtink (G. J.).

Boer (F. de) u. **Niklas (W. F.)**, Anwend. v. Indicatoren auf Kathodengetterung u. Gasadsorptionsprobleme 10206.

Boer (F. E. De) u. **Selwood (P. W.)**, Aktivierungsenergie d. Festkörper-Rk. γ-$Fe_2O_3 \rightarrow \alpha$-$Fe_2O_3$ 40.

Boer (H.) s. Sixma (F. L. J.).

— u. **Sixma (F. L. J.)**, Kinet. Verss. über Ozonisierungs-Rkk. 1. Mitt. Apparatur 6947.

Boer (J. de), Einatom. Fll. 1679. — F. W. London 2349.

— u. **Cohen (E. G. D.)**, Viscosität v. gasförm. ^3He bei tiefen Tempp. 2842.

— u. **Gorter (C. J.)**, Thermodynamik d. Übergangs zwischen He I u. He II in ^3He-^4He-Gemischen 11513.

Boer (J. H. de) u. **Doorn (A. B. C. van)**, Graphitoxyd. 1. Mitt. Formel u. spezif. Volumina d. Hydrate 1000.

—, **Fortuin (J. M. H.)** u. **Steggerda (J. J.)**, Dehydratat. v. Aluminiumoxydhydraten. 2. Mitt. 7631.

Boer (T. J. de) u. **Backer (H. J.)**, p-Tolylsulfonylmethylnitrosamin 6503. — Cycloheptanon 6505.

Boer-Veenendaal (P. C. den) s. Bijvoet (J. M.).

Boerdijk (A. H.), Wert d. Konstanten im Wienschen Verschiebungsgesetz 6912.

Böres (W.) s. Lürmann (O. W.).

Boeri (E.), Ehrenberg (A.), Paul (K. G.) u. **Theorell (H.)**, Verbb. d. Ferricytochrom c in saurer Lsg. 6303.

Boeri (E.) [Napoli] s. Vacca (C.).

Boericke (C. C.), Häufig übersehene Indikatt. für Belladonna in d. allg. Praxis 4395.

Böringer (D.), Ertragsleist. u. Vorfruchtwert v. Feldweide, Rotklee u. Luzerne unter Dikopshofer Verhältnissen 2754.

Börner (G.), Kautschukfäden 4228* D. B.

Börner (K.) s. Bobingen Akt.-Ges. für Textil-Faser.

Börngen (S.), Gebler (K.) u. **Hauschild (F.)**, Pankreatin u. Pepsin im Nachtrag zum DAB 6 7725.

Börnstein (R.) s. Landolt (H.).

Boersch (H.), Gegenfeldfilter für Elektronenbeug. u. Elektronenmikroskopie 2372.

— u. **Hanszen (K.-J.)**, Abb. v. Verdampfungsquellen mit d. Lochkameraverf. 8793.

Börzsönyi (K.), Oberflächenporosität d. Stahlgusses 8250.

Boesch (R.) s. Lombard (R.).

Boeschoten (F.) s. Milatz (J. M. W.).

—, **Milatz (J. M. W.)** u. **Smit (C.)**, Anwend. v. (RCA 1 P 28)-Photomultiplierröhren zum Nachw. schwacher Lichtintensitäten 7045.

Boese jr. (A. B.) s. Union Carbide & Carbon Corp.

Bössner (F.) s. Marischka (C.).

Böswart (J.) s. Blažek (Z.).

Boettcher (A.) u. **Thun (R.)**, Kinemat. Strukturunterss. mit Elektronenstrahlen 1217.
—, **Thun (R.)** u. **Treupel (H.)**, Kontinuierl. registrierende Elektronenbeugungskamera für Unterss. v. Kristallstrukturumwandll. 6227.
Boettcher (Alfred), Glasoberflächen im Hochvakuum 5870.
Böttcher (B.), Therapeut. wertvolle organ. Verbb. 413* F. — S.-halt. organ. Verbb. 7085* Oe.
Böttcher (C. J. F.), Symposium über Dielektrika. Zeitnahe Fragen im Zusammenhang mit d. dielektr. Unters. d. Materie 11337.
Böttger (P.), Wirbelsichter 5618.
Böttiger (L. E.), Verteil. v. Chlortetracylin im Körper 11625.
Bog (R.) s. Voigt (G. E.).
Bog (S.), **Hassel (O.)** u. **Vihovde (E. H.)**, Mol.-Struktur v. Perhydroanthracen mit F. *90°* 3830.
Bogaardt (M.) u. **Bustraan (M.)**, Erzeug. v. Pu in U–D_2O-Reaktoren 5716.
— u. **Koudijs (B.)**, Anregungspotentiale v. Luft u. Al 9730.
Bogacz (J.), Magnamycin u. Itolycin. Ihre Wirksamk. gegenüber Toxoplasmen 6055.
Bogaert (B.) s. Plane (P.).
Bogárdi (E.), Herst. v. Aluminiumoxydhydrat im Tonerdebetrieb 902. — Technologie d. Verbesser. d. Absitzens v. Rotschlamm in d. Tonerdefabrikat. 5150. — Präzisionsbest. geringer CO_2-Mengen in Luft für d. Unters. d. Grades d. Sodabldg. bei d. Zers. d. Aluminatlsg. mit Luft 7507. — Analyse v. Aluminiumhydroxyd u. Aluminiumoxyd mit Hilfe eines Pulfrich-Photometers 9866. — s. Gerencsér (J.).
Bogart (D.), Dichten v. geschmolzenem NaOH u. RbOH 3075.
Bogart (H. N.) s. Ford Motor Co.
Bogart (M. J. P.) s. Lummus Co.
— u. **Dodd (R. H.)**, Entww. beim Wulff-Acetylen 5460.
Bogart (R.) s. Johnston (E. F.).
Bogash (R.) s. American Home Products Corp.
Bogatkow (P. I.) s. Archipow (A. S.).
Bogatschew (N. P.) s. Meschtscherjakow (M. G.).
— u. **Wsorow (I. K.)**, Elast. Proton–Proton-Streuung bei *660* MeV Energie 9950.
Bogatyrew (M. F.), Infus. v. Novocain–Penicillin in d. Bauchhöhle bei akuten diffusen Peritonitiden 7721.
Bogatzki (M.), ATP-Spalt. im denervierten atroph. Muskel 145. — ATP-Spalt. im Myocard 5097.
Bogdan (J. W.), Vers. zur Benutz. d. Isotops ^{32}P zur Charakterisier. d. Extraktionsmethoden für d. „bewegliche" Form d. Bodenphosphate 6833.
Bogdanove (E. M.) u. **Barker (S. B.)**, Einfl. v. Phlorrhizin auf d. Resorpt. v. Glucose, Galaktose, Fructose, Mannose u. Sorbose im Darm 6538.
Bogdanow (G. A.) u. **Berkengeim (T. I.)**, Theorie d. gleichzeitigen Wrkg. v. Katalysatoren in Lsg. 3. Mitt. Zwischenprod. bei d. H_2O_2-Katalyse durch Ca- u. Wolframsalze 10459.
— u. **Passtuchowa (A. I.)**, Theorie d. gleichzeit. Wrkg. v. Katalysatoren in Lsg. 4. Mitt. Kinetik d. H_2O_2-Katalyse in Ggw. $AgNO_3$ $+Na_2WO_4$ 10460.
Bogdanow (I. A.) s. Wukss (M. F.).
Bogdanow (I. L.), Wirksamk. frühzeit. Anwend. v. Penicillin bei Scharlach 4877.
— u. **Protzenko (W. A.)**, Verschiebb. im Hämogramm bei d. Behandl. v. Infektionskrankheiten mit Lävomycetinpräpp. 9841.
Bogdanow (K. A.), Synth. v. Anisaldehyd aus Phenol 3120.
— u. **Antonow (A. P.)**, Gewinn. v. Benzylacetat bester Sorte 5414.
Bogdanow (M. N.) s. Schilow (J. A.).
Bogdanow (N. I.), Gesamt-P u. organ. P in d. sibir. Schwarzerden 6111.
Bogdanow (S. W.) u. **Karawajew (B. I.)**, Naphthofuroxane. 1. Mitt. Bisulfitverb. d. Naphthofuroxans 7903.
— u. **Korolewa (I. N.)**, Naphthofuroxan. 2. Mitt. 2-Nitro-1-aminonaphthalinsulfonsäure-(4) u. 2-Nitronaphthol-(1)-sulfonsäure-(4) 7903.
— u. **Petrow (S. F.)**, Reihe d. Naphtho-[1'.2':3.4]-furazans. 2. Mitt. Nitrier. u. Chlorier. v. Naphtho-[1'.2':3.4]-furazan 2671; 3. Mitt. Bisulfitverb. d. Naphtho-[1'.2':3.4]-furazans u. 6'-Nitronaphtho-[1'.2':3.4]-furazans 3372.
Bogdanow (W.), Fl. Säurewecker für Butter 8283.
Bogdanowa (A. W.) s. Schosstakowski (M. F.).
Bogdanowa (I. W.) s. Neschtschadimova (N. M.).
Bogdanowa (N. I.) s. Zukerwanik (I. P.).
Bogdanowitsch (N. A.) s. Bloch (G. A.).
Bogdaschewskaja (O. W.), Physiol. Bedingg. d. Biosynth. d. Ricinins 9826.
Bogdaschitsch (J. W.), **Bugai (I. G.)**, **Grusin (W. G.)**, **Fikssen (N. W.)** u. **Schportenko (P. I.)**, Schnelltrocknende Gemische mit Verfestiger MF-*17* für Gußformenverstrebungen 8714.
Bogen (H. J.), Zellphysiologie u. Protoplasmatik 373.
Boger (W. P.), Antibiotica in d. Therapie 4877. — s. Merck & Co., Inc.; Wright (L. D.).
— u. **Strickland (S. C.)**, Probenecid (Benemid). Seine Anwend. u. Nebenwrkgg., beobachtet an *2502* Patienten 8433.
Boggiano-Pico (N.), Umwandl. v. Müll u. organ. Abfallstoffen in Düngemittel 1594* Schwz.
Boggs (F. W.) s. United States Rubber Co.
Boghen (J.) s. Hérenguel (J.).
Boghosian (V.) s. Jacoby (A.).
Bogle (G. S.) s. Bleaney (B.)
Bognár (J.) u. **Vereskōl (J.)**, Titrimetr. Best. d. Chlorions mit Eosin als Indicator 10822.
Bognár (R.), N enthaltende Derivv. d. Kohlenhydrate 1976.
— u. **Nánási (Pál)**, N-Glykoside. 1. Mitt. p-Aminobenzolsulfonsäureamidglykoside 589.
—, **Nánási (Pál)** u. **Nánási (Pálné)**, N-Glykoside. 2. Mitt. p-Aminosalicylsäureglykoside 590.
— u. **Szabó (V.)**, Synth. v. „Sophoricosid", einem d. Glykoside v. Sophora Japonica, L. 8389.
Bogner (W.), Phenothiazinvergift. durch Wurmschokolade im Kindesalter 407.
Bogoljubow (N. N.) u. **Schirkow (D. W.)**, Probleme d. Quantentheorie d. Feldes 7825.
Bogoljubow (W. J.) u. **Schamajew (J. M.)**, Elektrolyt. Trog mit halbleitenden Wänden 9503.

Bogomolow (A. I.), Prim. bituminöse Substanzen in d. Reihe d. Umwandll. organ. Reste in Erdöl 10893.
Bogomolow (B. G.), S-Verbb. beim Sulfataufschluß d. Cellulose 2562.
Bogomolow (J. G.) s. Sselektor (J. M.).
Bogomolow (K. S.) u. **Sharkow (W. N.)**, Solarisat. durch Elektronen 2819.
Bogomolow (S. G.), **Scheinker (J. N.)** u. **Posstowski (I. J.)**, Infrarot- u. UV-Absorptionsspektren einiger acetylierter 2-Aminothiazolderivv. 1232.
Bogomolowa (N. F.) s. Toptschijew (A. W.).
Bogoroditzki (N. P.) u. **Poljakowa (N. L.)**, Dielektr. Verluste v. Al_2O_3 5244.
Bogosslowski (B. M.), Dimethylier. prim. aromat. Amine mittels Formaldehyd. Gewinn. v. 4-Nitrodimethylanilin 3122. — Synth. v. N-Acylderivv. d. 4.4'-Diaminostilben-2.2'-disulfonsäure 3850.
— u. **Jakowenko (T. I.)**, Gewinn. v. Bromsubstitutionsprodd. d. Benzaldehyds 2879.
— u. **Kasakowa (S. S.)**, Gewinn. v. symm. gebauten Dibrom-, Dinitro- u. einigen Dioxyazonaphthalinen 8611.
Bogosslowski (S. G.), Anwend. einer hydrostat. Säule zur Filtrat. v. Pflanzenölen 4235.
Bogowski (P. A.), Wkrg. v. Brennschiefer-Kesselheizstoffen auf weiße Mäuse im chron. Vers. 4124.
Bogren (D. W.) s. Hamilton (M. A.).
Bogs (U.), Aschebest. d. Drogen. Vorschlag für d. DAB. VII 4882.
Bogsch (S.) s. Horn (Z.).
Bogue (R. H.), The chemistry of portland cement [5629].
Bogusch (P. K.), Extrakt. v. Neutralfett aus d. Soapstock 7807.
Boguslawski (E. v.), Zusammenwirken d. Wachstumsfaktoren bei d. Ertragsbldg. 4434.
Bogusławski (L.) u. **Kostrzewski (J.)**, Anwend. v. Ersatzprodd. in d. Zellstoff- u. Papierindustrie 8525.
Boguslowski (A.), Steiger. d. Qualität v. Asphaltbetondecken 2814.
Bohart (R. M.), Bekämpf. v. Hoplocampa cookei (Clarke) 3946.
Bohle (A.) u. **Hieronymi (G.)**, Wrkg. v. Desoxycorticosteronacetat auf d. Niere u. d. Gefäßsyst. d. Ratte bei Bestehen einer Masugi-Nephritis 6060.
Bohlig (H.) u. **Schettler (G.)**, Ist d. Hermannsche Gärungs-(Methylenblau-)Probe d. Blutes ein Krebstest? 11228.
Bohlin (N. J. G.) s. Paine (S. H.); Vogel jr. (H. H.).
Bohlmann (F.), Konst. u. Lichtabsorpt. 1. Mitt. Carbonylderivv. 9048; 2. Mitt. Diacetylenverbb. 9049.
—, **Ottawa (N.)** u. **Keller (Renate)**, Aufbau d. Tetrahydrochinolizons u. d. „Bispidins". Beiträge zur Synth. d. Cytisins 99.
Bohm (D.) s. Coleman (J. H.).
— u. **Vigier (J. P.)**, Modell der Kausaldarst. d. Quantentheorie in Termen einer Fl. mit unregelmäß. Schwankk. 9012.
Bohm (E.), Schnellverf. zur Auswahl überwässerter Würste für d. Best. d. Fremdwassergeh. 1164.
Bohm (H. V.) s. Dunlap jr. (W. C.).
Bohman (V. R.), **Hunter (J. E.)** u. **Walker (leG.)**, Antibiotica u. B-Vitamine für Lämmer 9372.
Bohman (V. R.), **Trimberger (G. W.)**, **Loosli (J. K.)** u. **Turk (K. L.)**, Ausnutz. v. Melasse u. Harnstoff im Futter für wachsendes Milchvieh 3183.
Bohmfalk (E. F.) s. Lacher (J. R.).
Bohn (C. R.), **Freeman (N. K.)**, **Gwinn (W. D.)**, **Hollenberg (J. L.)** u. **Pitzer (K. S.)**, Spektrometer für d. ferne Ultrarot u. d. Spektr. v. 1.2-Dichloräthan 776.
Bohn (R. T.), Best. v. reduzierenden Zuckern in Brot mit biol. Methoden 7806.
Bohne (A.) s. Farbenfabriken Bayer Akt.-Ges.; I. G. Farbenindustrie Akt.-Ges.
Bohne (H.), Organ. P im Boden 6597.
— u. **Greiffenberg (H.)**, Mineraldüng. u. Wurzelwachstum bei Sommergerste u. Hafer 5877.
Bohner (H.) s. VEB Elektrochemisches Kombinat Bitterfeld.
Bohnhoff (M.), **Drake (B. L.)** u. **Miller (C. Phillip)**, Wrkg. v. Streptomycin auf d. Empfindlichk. d. Darmkanals gegenüber experimenteller Salmonellainfekt. *(21030)* 4635.
Bohonos (N.) s. Pidacks (C.).
Bohr (A.) u. **Mottelson (B. R.)**, β-Zerfall u. d. Schalenmodell sowie d. Einfl. einer gemeinsamen Beweg. auf Kernübergänge 10186.
Bohren (B. B.) u. **Jordan (R.)**, Verf. zur Ermittl. geschmackl. Veränderr. bei gelagertem Trockenei 6642.
Bohstedt (G.) s. Richard (R. M.).
— u. **Grummer (R. H.)**, Salzvergift. bei Ferkeln 7494.
Boidin (J.), Technik für d. Prüf. d. Widerstandsfähigk. v. Leder gegen Schimmel 10176.
Boido (D.) s. Giers (S.).
Boig (F. S.), Festlegung d. erforderl. Substanzmengen bei d. Best. v. Absorptionsspektren 8454.
— u. **Howerton (P. W.)**, Geschichte u. Entw. d. chem. Zeitschriften auf d. Gebiete d. analyt. Chemie: *1877—1950* 9485.
Boiko (L. A.) s. Matuchin (G. R.).
Boinet (E.) s. Boinet (H.).
Boinet (H.) u. **Boinet (E.)**, Kautschukiertes Gewebe für Schläuche, Förderbänder oder dgl. 472* E.
Boinot (F.), Mangelernähr. d. Hefe bei d. Gär. v. Zuckersäften 1160. — s. Usines de Melle.
Bois (A. M. Du), Wrkgg. d. Alloxanintoxikat. auf d. Leber d. Meerschweinchens 9132.
Bois (A. S. du) s. Onyx Oil & Chemical Co.; West Disinfecting Co.
Bois (K. P. Du) u. **Cotter (G. J.)**, Toxizität u. Wirkungsmechanismus v. Dipterex 10311.
—, **Deroin (J.)** u. **Cochran (K. W.)**, Einfl. v. Stickstofflosten auf d. Citronensäuresynth. in vivo 7026.
Boisblanc (D. R. De) u. **McCollom (K. A.)**, MTR-Flugzeitausrüst. 6682.
Boischot (P.), Bodenanalysen 2520. — s. Barbier (G.); Demolon (A.); Sylvestre (G.).
Boisde (P.) s. Colonge (J.).
Boisseau (J.) s. Laborderie (F. de).
Boissier (J.) s. Tiffeneau (R.).
— u. **Dumont (C.)**, Studien über Acetylenalkohole. Vgl. d. Wrkg. d. Methylpentinols u. d. Brommethylpentinols 10560.
Boissonnas (C. G.), Red. v. Silberbromidmakrokristallen: Bldg. v. orientierenden Silberkörnern 1455. — s. Ehrbar (J. P.).

Boissonnas (R. A.) u. Preitner (G.), Abspalt. verschied., d. α-Aminofunkt. v. Aminosäuren schützender Gruppen 8833.
Boit (H.-G.) u. Egler (H.), Strychnos-Alkaloide. 9. Mitt. ar-Aminostrychnine 4598.
— **u. Paul (L.)**, Strychnos-Alkaloide. 8. Mitt. Red. d. N-Methylpseudostrychnins u. verwandter Verbb. mit Lithiumaluminiumhydrid 4351; 10. Mitt. Konst. d. Methylpseudostrychnin- u. Methylpseudobrucinmethosalze 8625.
Boiter (T. A.) s. Swell (L.).
Boiteux (H.) s. Malamond (C.).
Boitschenko (J. A.) u. Baranow (W. I.), Beteilig. organ. Fe-Verbb. an d. Photored. d. Kohlensäure durch isolierte Chloroplasten 4135.
Boitzun (W.) s. Panassenkow (N.).
Boivin (J. L.) s. Gagnon (P. E.).
Boivin (P. A.) s. Gagnon (P. E.).
Bojarska-Dahlig (H.), Röntgenkonstrastpräpp. für d. Diagnostik 147.
Bojesen (E.), Meth. zur Inulinbest. in Plasma u. Urin 6355.
Bokarew (K. S.) s. Melnikow (N. N.).
— **u. Melnikow (N. N.)**, Analyse v. Herbicidpräpp. 1824. — Synth. v. mit ^{131}J markierter Jodphenoxyessigsäure 1943.
Bokelmann (E.) s. Boehringer (C. H.) Sohn.
Boki (G. B.), Kristallchemie d. Übergangsreihe d. Ammoniakate d. vierwert. Pt 2375. — Struktur v. Lsgg. 5739.
— **u. Batzanow (S. S.)**, Quantitat. Charakteristik d. trans-Einfl. 2852. — Begriff „Molekül" 10933.
— **u. Pobedimskaja (J. A.)**, Kristallchemie d. Sulfide. 1. Mitt. Kristallchemie einfacher Sulfide (u. ihrer näheren Analogen) einwert. Elemente 1689.
Bokin (P. J.), Aufbau d. Oberflächenschicht v. geschliffenem Glas 8001.
Bokowa (J. N.), Oxydat. v. Äthan u. Propan durch Mycobakterienarten 612.
Bokutschawa (M. A.) u. Popow (W. R.), Bedeut. d. Aminosäuren bei d. Aromabldg. v. Tee bei ihrer Rk. mit Gerbstoffen unter d. Bedingg. einer erhöhten Temp. 6875.
—, **Popow (W. R.) u. Ssidorow (W. S.)**, Chromatograph. Trenn. d. freien Aminosäuren in frischen u. verwelkten Teeblättern 9930.
Bolam (S. E.), Nitrilkautschuke als Weichmacher für PVC-Harze 933, 11104.
Bolas (B. D.) s. Ruck (H. C.).
— **u. Ruck (H. C.)**, Wrkgg. d. Beigabe v. CO_2 zum Boden bei Topfkulturen v. Malling V-Apfelwurzelstöcken 195.
Bold (H. J. van den) s. Rietjens (L. H. T.).
Boldebuck (E. M.) s. Elliott (J. R.).
Bolder (H.-J.) s. Böhme (H.).
Boldizsár (I.) u. Kerényi (I.), Analytik d. 3-amino-4-oxyphenylarsen. Säure (Mapharsen). 2. Mitt. 1327. — Best. d. dreiwert. u. Gesamtarsens in einer Einwaage, bes. Wertbest. d. 3-Amino-4-oxyphenylarsenigen Säure (Mapharsen) 9852.
Bolduan (H.), Genet. Unters. d. Wolframitlagerstätte Pechtelsgrün/V., bes. d. Verteil. d. H/F-Koeff. u. d. Spurenelemente Nb u. Ta im Wolframit 6238.
Bolduc (R.) s. Anderson (T. T.).
Boldyrew (B. G.) u. Sachartschuk (A. T.), Synthesen u. Eigg. einiger Analoga d. Pseudoallicins 330.
Boldyrewa (A. M.), Antigener Analcim d. oberen Permsedimente im Tschkalow- u. Aktjubinsk-Gebiet 4546.
Bole (G. A.) s. Accountius (O. E.); Nicholson (C. M.).
Boley (F. I.), Kurzleb. isomere Zustände v. ^{110}Ag u. ^{116}In 11492.
Boley (J.) s. Reissmann (K. R.).
Bolgar (I.), Vereinheitlich. d. Methoden d. Milchbewert. 4481.
Bolgar (Ladislas), Bitumen aus Säureteer 7589* E.
Bolgár (László), Synthet. Gerbstoffe 1421* E.
Bolger (J. W.) s. Weisenborn (F. L.).
Bolgiani (A.), Färben bei hohen Tempp. 693.
Bolgiano (N. C.) s. Woods (G. F.).
Bolhofer (W. A.), Darst. v. Oxyphenylserinen aus Benzyloxybenzaldehyden u. Glycin 7195.
Bolhuis (G. G.), Giftigk. d. Cassavawurzel [Manihot utilissima (Pohl)] 6112.
Bolidens Gruvaktiebolag, Schmelzen v. S-Erzen, bes. v. Cu-Erzen 9661* F.
— **u. Häger (B. O.)**, Holzkonservierungsmittel 5931* Schwed.
—, **Herneryd (F. O.), Norrö (A. F.) u. Sundström (E. O. A.)**, Cu aus Cu-halt. Schlich 4206* Schwed.
Boling (L.) s. Kinsell (L. W.).
Bolis-Cannella (C.), Verh. einiger Schwermetallcyanamide gegenüber Wärme 9042.
Bolivar (J. I.) u. Rodriguez (G.), Skorpiongift. 2. Mitt. Elektrophoret. Analyse 870.
Boll (R. H.), Gumprecht (R. O.) u. Sliepcevich (C. M.), Theoret. Lichtstreuungs-Koeffizienten für relative Brechungsindices kleiner als Eins u. für totalreflektierende Kugeln 4034.
Bollaert (A. R.) s. Great Lakes Carbon Corp.
Bollag (W.) u. Essellier (A. F.), Erfahrr. mit Actinomycin C 6308.
— **u. Koszewski (B. J.)**, Experimentelle Nierenschädig. durch Methyltryptophane 394.
— **u. Meyer (C.)**, Heterologe Transplantat. v. Tumoren nach Vorbehandl. d. Wirtstiere mit radioakt. Isotopen 4370.
Bolland (F.) s. Böhringer (H.).
Bollard (E. G.), Mn-Mangelschäden bei Aprikosen 8008.
Bolle-Jones (E. W.), Einfl. d. Mineralzustands v. Hevea brasiliensis auf deren Kautschukgeh. 4470. — Ernähr. v. Hevea Brasiliensis. 1. Mitt. Experimentelle Methoden 9459; 2. Mitt. Einfl. d. Nährstoffmangels auf Wachstum, Chlorophyll-, Kautschuk- u. Mineralgeh. v. Tjirandji-1-Sämlingen 9460. — Vork. v. Indolylessigsäure in Blättern v. Hevea brasiliensis 10783.
Bollenback (C. H.) u. Cruickshank (G. A.), Prüf. kation-oberflächenakt. keimtötender Mittel für d. Gebrauch in industriellen Wassersystemen 4907.
Bollenrath (F.), Schweißführ. u. Gefügeausbldg. in Stumpfnähten beim Lichtbogenschmelzschweißen 450. — Entw. warmfester Werkstoffe 9176.
Boller (A.) s. Plattner (P. A.).
Boller (H.), Behandl. v. Pyogenes-Endometritiden beim Rind mit Streptomycin 3189.
Bolley (D. S.) s. McCormack (R. H.).
— **u. McCormack (R. H.)**, Abtrenn. v. Phytin aus proteinhalt. Ölsaatmehlen 10879.

Bolliger (A.), Durch Östrogen ind. Organumwandlungen bei einem ausgewachsenen Opossum (Trichosurus vulpecula) 9121.
Bolliger (Arthur), Entw. d. europäischen Textildruckes. Histor.-systemat. Unters. [1848]*.
Bolliger (O.) u. **Burkhalter (G.)**, Herst. v. Käse aus pasteurisierter Milch 8520.
Bollin Chemicals Ltd. s. Petrocarbon Ltd.
Bolling (J. M.) u. **Hall (J. L.)**, Spektrophotometr. Unters. d. Cu(II)–Triäthanolamin-Komplexes 6705.
Bollinger (H. M.) s. Weiss (L. C.).
Bollinger (K.) s. Didier Werke Akt.-Ges.
Bollinger (L. M.) s. Dahlberg (D. A.).
—, Harris (S. P.), Hibdon (C. T.) u. **Muehlhause (C. O.)**, Neutronenabsorpt. u. -streuung durch Hf 4748.
—, Palmer (R. R.) u. **Dahlberg (D. A.)**, Gesamtquerschnitte v. Bi u. Mn für Neutronen 3790.
Bollinger (R.) s. Farbwerke Hoechst Akt.-Ges., vormals Meister Lucius & Brüning.
Bollman (J. L.) s. Flock (E. V.).
Bollman (M.) s. Cryns (J.).
Bollmann (M.) s. Farbenfabriken Bayer Akt.-Ges.
Bollow (H.), Innertherapeut. Bekämpf. v. schädl. Gallmücken- u. Fliegenlarven im Getreide- u. Grassamenbau 11666.
Bologna (L.), Pulvermischungen für d. Strangpressen v. plastifiziertem Polyvinylchlorid 6862.
Bolognesi (G.), Hemm. d. Auflösung v. Metallen in Säuren. 5. Mitt. Einw. einiger Inhibitoren auf Metalle mit niedriger Überspann. 1209; 6. Mitt. Einw. einiger Inhibitoren auf Metalle mit mittlerer u. hoher Überspann. 1209. — s. Cavallaro (L.).
Bolotina (T. T.) u. **Petrowa (A. N.)**, Phosphoglucomutase d. Kartoffelknollen bei deren Reif. u. Lager. 4854.
Bolotow (K. D.), Erhöh. d. Ausnutz. v. Winterroggen als Grünfutter 8992.
Bolschakow (A.) u. **Ssokolow (A.)**, Salzen v. Schweineschinken mit heißer Salzlake 6875.
Bolschakowa (A. A.), Umsetz. v. Methyl-α-naphthylquecksilber u. Methylphenylquecksilber mit organ. Säuren 1487.
Bolschow (W. G.) u. **Dobretzow (L. N.)**, Glühelektronenemiss. d. Cu am F. 8553.
Bolsover (G. R.), Beständigk. gegen interkristalline Korros. v. geschweißten niedriggekohlten nichtrostenden Stählen 4684.
Bolsterli (M.) u. **Feenberg (E.)**, Supererlaubte Übergänge bei Kernen v. 4 n-Typ 2592. — Matrixelemente in übererlaubten Übergängen 9954.
Bolsunov (I.), Selekt. v. Tabaken, d. sehr nicotinarm u. nicotinreich sind 8519.
Bolt (J. A.) s. Standard Oil Co.
Bolt (J. E.), Entphosphor. v. Fe 8714.
Bolt (R. H.) s. Ballantine jr. (H. T.).
Bolt (W.), Schild (K. T.), Valentin (H.) u. **Venrath (H.)**, Frage d. intrapulmonalen Oxydat. u. d. Gültigk. d. Fickschen Prinzips 9837.
Bolton (E.), Biosynth. v. Nucleinsäure bei Escherichia coli 7461.
Bolton (E. K.) s. Du Pont de Nemours (E. I.) & Co.
Bolton (H. C.), Theoret. Werte d. Polarisierbarkeiten d. C–C-Bind. 3821. — Elektr. Polarisierbark. v. konjugierten Moll.: Anwend. v. Freie-Elektronen-Zuständen 3822. — s. Abbott (J. A.).
Bolton (M. J.) s. Dunn (C. G.); General Electric Co.
Bolton (P. S.), Grobpapiere 5209.
Bolton (R.) u. **Barrie (H.)**, Akuter Nierenschaden durch Phenylbutazone 10315.
Bolton (W.), Effekt v. Sexualhormonen auf d. Kammwachstum v. unreifen Hühnchen 853.
Boltz (D. F.) s. Elkind (A.).
Bolyschew (N. N.), Bodenbildungsprozeß 9419.
— u. **Mshelskaja (A. P.)**, Genese d. rotbraunen Takyrböden im westl. kasp. Gebiet 4676.
Bolz (G.), Kleinste Ultraschallsonden zur Schallfeldausmess. in Fll. 1214.
Bolz (K.) s. Byk-Gulden, Lomberg, Chemische Fabrik G. m. b. H.
Bolze (J.), Metallogenese in Nordafrika 5025.
Bombara (G.) u. **Gianni (F.)**, Verh. verschied. Inhibitoren bei galvan. Korros. 11266.
Bomberger (H. B.), Beck (F. H.) u. **Fontana (M. G.)**, Polarisationsunterss. an Cu, Ni, Ti u. Cu- u. Ni-Legierr. in 3%igem NaCl 7849.
—, Cambourelis (P. J.) u. **Hutchinson (G. E.)**, Korrosionseigg. v. Ti in mariner Umgeb. 11282.
Bommel (A. J. van) s. Bijvoet (J. M.).
Bommer (D.), Ernterückstände v. Feldfutterpflanzen in verschied. Höhenlagen 10359.
Bommer (H.) s. Badische Anilin- & Soda-Fabrik Akt.-Ges.
Bommer (S.), Ernährungsbehandl. v. Hautkrankheiten 11032.
Bon (W. F.), UV-spektrophotometr. Unters. d. Proteine d. Augenlinse 5824. — Unterschiede zwischen d. „α-Crystallin" aus d. äußeren u. d. aus d. inneren Lagen d. Rinderlinse 10784. — Nachw. v. Eiweiß in Papier bei d. Papierelektrophorese 11647.
Bona (L.), p_H; Wollfärb. mit schwach ionisierten sauren Farbstoffen (Nachteile d. neutralen u. alkal. Bäder) 3255.
Bonafide Mills, Inc., Rowe (W.) u. **Cohen (S. A.)**, Bindemittel für d. Herst. v. Fußboden- u. Wandbelag 1875* A.
Bonagura (A. G.), Meyers (M. B.), Storfer (S. J.) u. **Becker (E. I.)**, Rk. v. 1.2.3.4-Tetraphenylfulven mit Grignard-Reagentien 4084.
Bonanomi (L.), Bonomi (G.) u. **Piotti (L. E.)**, Behandl. v. Magen-Darmulcera mit Lakritzensaft 9846.
Bonatti (S.) u. **Gottardi (G.)**, Perrierit, ein neues im Sand v. Nettuno (Rom) gefundenes Mineral 5742.
Bonauguri (E.), Tern. Syst. Essigsäure–W.–Äthyläther. 1. Mitt. Brechungsindices–D.-Mischungskurve 5273.
— u. **Seniga (G.)**, Mechanismus d. Karl-Fischer-Titrat. u. neue Modifikat. dieser Meth. 11260.
Bonavolontà (G.) s. Berardinis (E. de).
Bonazzi (A.), Trop. Böden. Vork. v. in organ. Lösungsmm. lösl. Verbb. in d. Oberflächenböden d. venezolan. Ebene 6369.
Bond (A. C.) s. Schlesinger (H. I.).
Bond (A. E.) s. Imperial Chemical Industries Ltd.
Bond (B. D.) s. Spitzer (J. J.).
Bond (D. C.) s. Pure Oil Co.
Bond (F.) u. **Wright (M. L.)**, Herst. v. Filmen mittels einer mechan. Meth. 2030.

Bond (G. C.) u. **Turkevich (J.)**, Rk. v. Cyclopropan mit Deuterium über einem Pt-Katalysator 5281.
Bond (G. D.) s. British Cellophane Ltd.
Bond (H. W.) s. Greenberg (J.); Taylor (D. J.).
Bond (J.) s. Kerr (A. H.) & Co.
Bond (R. L.) u. **Murnaghan (A. R.)**, Oberflächendiffus. 7352.
Bond (R. W.) s. Corn Products Refining Co.
Bond (T. J.), Produkt. v. Folinsäure aus Folsäure durch Lactobacillus casei 1766.
Bond (W. L.), Lösung v. Aufdampfproblemen bei Nichtserienarbeiten 3444. — Technik d. Schneidens v. Ge-Drähten 8563.
Bondarenko (G. K.) s. Fedorow (M. W.).
Bondarenko (M. F.), Elektrophoret. Unters. d. Proteinfraktt. d. Muskeln. 1. Mitt. Methodik d. elektrophoret. Unters. d. Eiweißfraktt. d. Herzmuskels u. d. Skelettmuskels 6059; 2. Mitt. Einfl. v. Anoxie auf d. Protein-Zus. d. Herzmuskels 6059.
Bondarew (K. T.), Einfl. v. ZrO_2 auf d. chem. Widerstandsfähigk. v. Glas 5869. — Geschmolzener Quarz, ein neues feuerfestes Material für d. Glasindustrie 6364.
—, **Dubrowski (W. A.)**, **Poljak (W. W.)** u. **Schapiro (I. J.)**, Herst. v. Glas hoher Lichtdurchlässigk. in kontinuierl. arbeitenden Wannenöfen 1354.
Bondarewa (S.) s. Gorodetzkaja (R.).
Bonde (E. K.), Auxin u. Auxinvorstufen in sauren u. nichtsauren Fraktt. v. Pflanzenextrakten 1770. — s. Geissman (T. A.).
Bonde (R.), Verhinder. bakterieller Zers. durch Antibiotica 197.
Bondi (A. A.), Freie Volumina u. freie Rotat. in einfachen Fll. u. fl. gesätt. KW-stoffen 3339. — s. Shell Development Co.
Bondy (H. F.) s. Little (G. E.).
Bondy (P. K.), Akute Wrkgg. v. gereinigtem kristallinem Hypophysenwachstumshormon bei n. Menschen 2933.
Bone (A. D.) s. Weil-Malherbe (H.).
Bonebrake (MacD.) s. Sherman (A. I.).
Bonelli (M.) s. Kochakian (C. D.).
Boner (C. J.), Manufacture and application of lubrication greases [2819].
Bonessa (C.) s. Zanussi (C.).
Bonét-Maury (P.), Schutzwrkg. v. CO u. a. Gasen für totalbestrahlte Mäuse 8196. — s. Lormand (C.).
—, **Desbordes (J.)** u. **Deysine (A.)**, Markierung v. Mycobacterium tuberculosis mit radioakt. P (^{32}P) 8652.
— u. **Deysine (A.)**, Wrkgg. d. Meilerstrahl. auf W. u. borhalt. Lsgg. 1436.
Bonetti (A.) u. **Occhialini (G.)**, Kernemulsionstechnik 5716.
—, **Setti (R. L.)**, **Panetti (M.)**, **Scarsi (L.)** u. **Tomasini (G.)**, Mögl. Aussend. eines mesonenakt. Tritons bei einer Kernzertrümmer. 11487.
—, **Setti (R. L.)**, **Panetti (M.)** u. **Tomasini (G.)**, Langsame K-Teilchen, ihr Zerfall in Ruhe u. ihre Erzeug. in Höhenstrahlsternen 1194. — Zerfall in Ruhe eines schweren Teilchens 3787. — Existenz instabiler geladener Teilchen mit MM. über der d. Protons 11487.
Bonetzkaja (A. K.) s. Komandin (A. W.).
Bonewa (L. A.) s. March (A. T.).
Bonewitz (P. W.), **Fults (E. H.)** u. **Hockett (S. W.)**, Wasserbehandlungs- u. Reinigungsmittel 7998* A.
Boney jr. (W. A.) s. Grumbles (L. C.).
Bonfert (M.) s. Kordts (E.).
Bonfiglio (G.), Stabilisatoren für Polyvinylchlorid 6406.
Bonfiglioli (G.), **Ferro (A.)**, **Montalenti (G.)** u. **Rosa (G.)**, Verh. v. ferromagnet. Elementarbereichen unter Spann. 3070.
Bonfiglioli (H.), **Cetrángolo (A.)** u. **Acuña (C.)**, Best. d. Streptomycinresistenz v. Mycobacterium tuberculosis nach d. Technik v. Pryce 7943.
Bonfils (S.), **Hardouin (J. P.)** u. **Bourel (M.)**, Magengeschwür bei d. Ratte nach Phenylbutazonaufnahme 1089.
—, **Hardouin (J. P.)** u. **Delbarre (F.)**, Magengeschwürsbldg. bei d. weißen Ratte nach Verabreich. v. Phenylbutazon. Wirkungsmechanismus 4878.
Bongioanni (M.) u. **Canavese (T.)**, Experimentelle Hepatopathie, Barbituratnarkose u. lipotrope Substanzen 3910.
Bongiovanni (A. M.), **Eberlein (W. R.)** u. **Cara (J.)**, Stoffwechsel v. Nebennierensteroiden beim adrenogentialen Syndrom 5106.
Bonhoeffer (K. F.), Erkenntnisse auf d. Gebiete d. Elektrochemie 3314.
Bonhoff (G.) u. **Lewrenz (H.)**, Weckamine (Pervitin u. Benzedrin) [6335].
Bonifas (H.), Darst. d. dielektr. Verluste in einem festen Isolierstoff 5723.
Bonilla (C. F.) s. Carr (D. S.); Weisman (J.).
Bonino (J. J.) u. **Laing (K. M.)**, Lochkartenklassifizier. d. Kerne 7371.
Bonis (U. de) u. **Gaballo (S.)**, Lokalbehandl. d. Pityriasis versicolor mit Penicillin 866.
Bonn (K.-E.), Chem. u. mikrobiol. Verff. zur Prüf. v. Vitaminpräpp. 9144.
Bonnal (C.), Wasserbeschaffenh. u. Bewässer. 2042.
Bonnard (L.) s. Colonge (J.).
Bonnekessel (H.), Infektionstherapie mit Sulfonaterpen „Doenhardt" 7488.
Bonnemaison (L.) u. **Missonnier (J.)**, Maßnahmen gegen Chortophila brassicae 9651.
Bonnemay (M.), Vergift. einer platinierten Pt-Elektrode durch geringe Mengen v. elektrolyt. abgeschiedenen Cd 23. — Temperatureffekt d. Halbelements Zn/Zn^{2+} 288. — Einw. v. F auf d. H-Überspannungskurven platinierter Pt-Elektroden 3805. — Unters. d. Vergift. v. H_2-Elektroden 5486. — s. Audubert (R.).
— u. **Fairbank (J.)**, Von gewissen Lsgg. v. Cu-Salzen v. verschied. Tempp. hervorgerufenen Potentiale d. Verb. fl./fl. 522.
Bonnemayre (A.) s. Grund (A.).
Bonner (C. D.) s. Fishman (W. H.).
Bonner (D. M.) s. Rickenberg (H. V.).
Bonner (J.) s. McRae (D. H.); s. Millerd (A.).
Bonner (N. A.) s. Anderson (A.).
Bonner (O. D.), Selektivitätsskala einiger einwert. Kationen an Dowex *50* 1452.
—, **Easterling (G. D.)**, **West (D. L.)** u. **Holland (V. F.)**, Osmot. u. Aktivitätskoeffizienten v. p-Toluolsulfonsäure u. p-Äthylbenzolsulfonsäure u. ihr Verhältnis zu Ionenaustauschgleichgewichten 11346.
Bonner (R. W.) s. Bent (R. D.).

Bonner (T. G.) u. **Thorne (M.)**, Absorptiometr. Best. v. Acetylaceton mit 3-wert. Fe 3698. — u. **Williams (G.)**, Grad d. Ionisat. v. HNO_3 zu Nitroniumionen in H_2SO_4 9964.
Bonner (T. W.) s. Cook (C. F.); McCrary (J. H.); Marion (J. B.); Taylor (H. L.). — u. **Cook (C. F.)**, Neutronenschwellenwerte bei d. Rkk. $^7Li(d,n)^8Be$ u. $^9Be(d,n)^{10}B$ 7141. — Angeregte Zustände in ^{10}B u. ^8Be 11326.
Bonner (W. A.) s. Shell Development Co.; Skei (T.).
Bonner (William A.), Säurekatalysierte Anomerisier. v. D-Glucosepentaacetaten. Kinet., thermodynam. u. mechan. Unters. 1711. — s. Kreiter (V. P.). — u. **Collins (C. J.)**, Isotopeneffekt während d. Ozonisier. 5042.
Bonner jr. (W. D.), Aktivier. d. Bernsteinsäuredehydrogenase–Cytochrom-Syst. 10769.
Bonnet s. Matricon.
Bonnet (A.), Rolle d. Pyrogallols bei d. Entw. v. Kernemulsionen 11719.
Bonnet (D. D.) u. **Gross (Bertram)**, Empfindlichk. v. Rattus hawaiiensis Stone gegen Warfarin 6328.
Bonnet (H.) s. Soc. Rhodiaceta.
Bonnet (J. A.) u. **Lugo López (M. A.)**, Infiltrationsverlauf bei Lateritböden 2280.
Bonnet (P. M. J.), Konservieren v. Eiern 1403* F.
Bonnet-Maury (P.) s. Pierre-Bourgeois.
Bonnickson (K. R.), Wärmeinhalt v. Ca- u. Mg-Aluminaten bei hohen Tempp. 9262.
Bonnier (C.) u. **Hely (F. W.)**, Einfl. gewisser Kunstharze als Bodenverbesserer auf d. Funguspopulat. 2754.
Bonnier (J.) s. Canals (E.).
Bonnier (J.-M.) u. **Gaudemaris (G. de)**, Vereinfach. d. spektrophotometr. Analyse einer Misch. v. zwei Bestandteilen 9630.
Bonnot (É. J. C.), Künstl. Altern v. Wein 475* F.
Bonnstra (B.) s. Landolt (H.).
Bonnycastle (D. D.) s. Mirkin (B. L.); Tabachnick (I. I. A.). —, **Cook (L.)** u. **Ipsen (J.)**, Wrkg. einiger Analgetica auf n. u. chron. spinale Ratten 5841.
Bonomi (F.) s. Filla (E.).
Bonomi (G.) s. Bonanomi (L.).
Bonomo (E.) u. **Chirico (M.)**, Verh. d. Cholinesterase u. d. perchlorsäurelösl. Mucoproteine im Serum bei einigen Erkrankk. d. Leber u. d. Gallenwege 1065.
Bonomo (L.) s. Perrini (M.). —, **Perrini (M.)**, **Leonardi (M.)** u. **Ferrara (R.)**, Abbau d. Hydrocortisons u. seine Stoffwechselwrkg. bei Incubat. mit Leber v. n. u. unter Stress stehenden Ratten 4140.
Bonomolo (A.) s. Fidanza (A.); Giunchi (G.).
Bonpas (M.) s. Meunier (R.).
Bonsack (J. P.) s. Muraca (R. F.).
Bonsack (W.), Richtlinien für die Herst. v. Al-Gußlegierr. 10367.
Bonsnes (R. W.) s. Nickerson (K.).
Bonstedt-Kupletskaja (E. M.), Best. d. spezif. Gewichts v. Mineralien [657].
Bontron (P.), Ultraschall zur Prüf. 10851.
Bontsch-Brujewitsch (W. L.), Meth. zur Berechn. d. Elektronenniveaus v. an Kristalloberflächen adsorbierten Atomen 3319. — Chemische Adsorpt. v. Atomen an d. Oberfläche v. Kristallen mit defekter Struktur 7157. — Operatoren realer Teilchen u. verfeinerte Bestimm. d. T-Prod. 9487.
Bonvallet (M.) s. Hiebel (G.).
Bonvicino (A.) s. Cernia (E.).
Bonzagni (F. A.) s. Monsanto Chemical Co.
Boocock (D.), Bekämpf. v. Nygmia phaeorrhoea (Donov.) mit einem tragbaren Vernebelungsgerät 8477.
Boodberg (A.) u. **Cornet (I.)**, Ein bei atmosphär. Druck arbeitender App. zur Unters. d. Zündverzuges 2813.
Boogman (J.), Kristallsoda 2978.
Booij (H. L.), Kolloidchem. Beitrag zum Problem d. biol. Permeabilität 10784.
Booker (G. R.), Meth. zur elektronenmkr. Unters. ausgewählter Oberflächenbereiche durch Verwend. v. Abdrücken 10452.
Boomgaard (J. van den) s. Kröger (F. A.); N. V. Philips' Gloeilampenfabrieken.
Boon (E. F.) u. **Fleuren (A. J.)**, Entw. d. chem. Apparatewesens in d. letzten fünfzig Jahren 11265.
Boon (S. D.) s. Hartford National Bank & Trust Co.
Boon (W. R.) s. Imperial Chemical Industries Ltd. —, **Jones (W. G. M.)** u. **Imperial Chemical Industries Ltd.**, Pyrimidine bzw. 9.10-Dihydropteridine 6086* E.
Boone (I. U.), **Turney (F.)** u. **Woodward (K. T.)**, Papierchromatograph. Isolier. v. ^{14}C-markiertem DPN u. TPN aus Lactobacillus plantarum 7703. — u. **Woodward (K. T.)**, Bezieh. d. Pyridoxins u. seiner Derivv. zu d. Mechanismus d. Isoniazidwrkg. 1537.
Boor (L.) u. **Trucker (S. L.)**, Verbesserter Fadeometer 5185.
Boord (C. E.), Laboratory outlines and notebook for organic chemistry [11227]. — s. Ferrin (J. P.); Hoff (M. C.); Hoffman (J.); Rowlands (D. C.).
Boorse (H. A.) s. Smith (Bernard); Worley (R. D.).
Boos (E.), Feueranzünder 1651* F.
Boos (W.) s. Gewerkschaft Victor.
Booser (E. R.) u. **Fenske (M. R.)**, KW-stoff-Oxydat. in fl. Phase 4797.
Booss (H.-J.) s. Vetter (K. J.).
Booth (A.) s. Interchemical Corp.
Booth (A. H.), Berechn. d. Haftstellentiefe aus d. Thermoluminescenzmaxima 2599.
Booth (A. N.) s. Murray (C. W.).
Booth (C.) u. **Rowlinson (J. S.)**, Einfl. v. Gitterschwingungen auf d. Ordnungs–Unordnungs-Übergänge v. Legierr. 8330.
Booth (E.) u. **Strickland (J. D. H.)**, Die aus Nickel(II) u. Dimethylglyoxim durch alkal. Oxydat. gebildeten Verbb. 5979.
Booth (F.), Sedimentationspotential u. Geschwindigk. v. festen, kugelförm. Teilchen 7854. — Separatoren 9411* A. — s. Oldham & Son Ltd.
Booth (J. H. W.) s. Wilkins, Campbell Co. Ltd.
Booth (M. H.) s. Ayres (G. H.); Simonsen (S. H.).
Booth (N. H.) s. Belling jr. (T. H.); Bullock (K.).
Booth (R. B.), Flotation 6097. — s. American Cyanamid Co.

Boothe (J. H.) s. American Cyanamid Co.
—, **Wilkinson (R. G.), Kushner (S.)** u. **Williams (J. H.)**, Synth. v. Abbauprodd. d. Aureomycins. 2. Mitt. 81.
Bootman (H.), Rückgewinn. v. Weißmetall aus einem aus Geschützbronze, Phosphorbronze u. Weißmetall bestehenden Bohrspänegemisch 7309* E.
Bootman (P. H.), Raffinat. v. Altblei 11671.
Boots Pure Drug Co. Ltd., Phenanthridine 6085* Ind.
— u. **Brodrick (C. I.)**, Wasserlösl. 2.3-Dimercaptopropanolderivv. 8451* E.
— u. **Brook (M.)**, Fungicides Mittel zur Behandl. v. Saatkartoffeln 10845* E.
—, **Greenwood (D.), Stevenson (H. A.), Cranham (J. E.)** u. **Higgons (D. J.)**, S-halt. Verbb. 6603* E.
—, **Short (W. F.)** u. **Brodrick (C. I.)**, 3.4-Dihydroisochinoline 3687* E.
—, **Short (W. F.), Brodrick (C. I.)** u. **Donaldson (M. L.)**, Heterocycl. Verbb. 11050* E.
—, **Short (W. F.), Peak (Douglas A.)** u. **Watkins (T. I.)**, Phenanthridine 7037* A.
Booy (H.) s. Aldershoff (W. G.); Waterman (H. I.).
Boozan (C. W.) u. **Cohen (I. J.)**, Ophthaine, ein neues Lokalanästheticum für d. Auge 6073.
Boozer (C. E.) s. Lewis (E. S.).
— u. **Hammond (G. S.)**, Mol.-Komplexbldg. bei freien Radikal-Rkk. 551.
Bope (F. W.) s. Dines (A. I.).
Bopp (A.), Weiterentw. d. neuen Werkstoffs Igurit 6357. — s. Heyder (W.).
Bopp (Anton), Oxydationsketten 662* F.
Bopp (F.), Wellen u. Teilchen 1894. — Korpuskularstatist. Begründ. d. Quantenmechanik 3545.
Boquel (G.) s. Kauffmann (J.).
Boquien (Y.), Alliot (G.) u. **Sigogneau**, Ausscheid. v. intraperitoneal injiziertem Phenolsulfonphthalein als Test für Cirrhosen bei Alkoholikern mit Ascites 4633.
Bor (G.), V-Geh. d. Erdöls v. Nagylengyel 9941.
Borak (M.), Verss. mit erhöhtem Stahleiseneinsatz u. stark rost. Spänen 446.
Borasi (M.) s. Sala (G.).
Boratyńska (W.) s. Rothert (W.).
Borax Consolidated Ltd., Herst. v. peroxydiertes Natriumborat enthaltenden Stoffen 2562* Schwz.
—, **O'Brien (P. J.)** u. **Connell (G. A.)**, Amorphe Unkrautvernichtungsmittel 1825* E. — Unkrautbekämpfungsmittel 10845* A.
— u. **Taylor (D. S.)**, Getrenntes Auskristallisieren v. Borsäure u. K- oder Na-Sulfat 6363* A.
Borchardt (E.) s. Böer (K. W.).
Borchardt (L. F.) s. Brastad (W. A.).
Borchardt (W.) s. Böer (K. W.).
Borchers (C. E.) s. Duke (F. R.).
Borchers (E.), H_2SO_3-Rückgewinn. aus Sulfitablauge durch Entgas. mit Dampf 8995.
Borchers (I.) s. Brockmann (H.).
Borchers (R.), Ort d. N-Resorpt. bei Ratten, an die autoklaviertes oder rohes Sojabohnenmehl verfüttert wurde 6325.
Borchers (Gebr.) Akt.-Ges., Schützen v. Pflanzenkulturen gegen Frostschäden 5402* Schwz. — Diäthoxy-m-nitroanilidophosphoniumsulfid 6623* Schwz.
Borchert (H.), Outokumpu 9521.
Borczyk (J.), Einfl. chron. experimentell verursachter Hypoproteinämie auf d. hormonale Syst. bei Mäusen 2467.
Bordas (E.), Downs (W. G.) u. **Navarro (L.)**, Inaktivier. v. DDT-Ndd. auf Schlammoberflächen 8243.
Bordas (J.), Düngemittel auf d. Basis v. Cyanamid u. Harnstoff 5629.
Bordas (M.) s. Frèour (P.).
Bordás (S.), Berufsvergiftt. u. ihre Verhüt. 2504. — Giftwrkg. v. Trikresylphosphat u. Higosan 2504. — Berufsvergiftungswrkg. v. neuen Chemikalien 10593.
Borden (A. D.) s. Madsen (H. F.).
Borden Co., Gießereikerne 3957* E.
—, **Howard (H. W.), Block (R. J.)** u. **Sevall (H. E.)**, Gewinn. v. Milcheiweiß 3273* A.
— u. **Spahr (R. J.)**, Beständ. Kunstharzemuls. für Leime u. Imprägnierr. 4012* A.
—, **Stuart (G. H.), Howard (H.), Watson (J. T.), Clickner (F. H.)** u. **Sommer (W. A.)**, Caseinpräp. für Backzwecke 8761* A.
— u. **Vogelsang (G. K.)**, Resinoide Umsetzungsprodd. 8979* A.
Border (L. E.) s. N. V. de Bataafsche Petroleum Mij.
Borders (A. M.) s. Wingfoot Corp.
Bordet (P.), Verwend. d. Interferometers v. Nomarski zum Vgl. d. Indices v. Mineralien in Dünnschliffen 5137.
Bordner (C. A.) s. Du Pont de Nemours (E. I.) & Co.
Bordner (R. H.) s. Levine (Seymour).
Bordoni (P. G.), Elast. u. unelast. Verh. einiger Metalle bei sehr tiefer Temp. 3088. — Anwend. v. Ultraschallwellen als Mittel zur Strukturunters. 3318.
Bordwell (F. G.) s. Rondestvedt jr. (C. S.); Weinstock (J.); Texas Co.
—, **Colton (F. B.)** u. **Knell (M.)**, Sulfonier. v. Olefinen. 4. Mitt. δ-Sulton aus Styrol 327.
— u. **Kern (R. J.)**, Eliminierungs-Rkk. in cycl. Systemen. 1. Mitt. cis-Eliminierr. in d. Cyclohexan- u. Cyclopentanreihe 9997.
— u. **Peterson (M. L.)**, Sulfonier. v. Olefinen. 5. Mitt. Bldg. eines cycl. Sulfonat-Sulfat-Anhydrid-Zwischenprod. 327; 6. Mitt. Stereochemie d. Rk. mit Cyclopenten u. Cyclohexen 328. — Eliminierungs-Rkk. in cycl. Systemen. 2. Mitt. cis-Eliminier., begünstigt durch d. Sulfonatgruppe 9998.
—, **Peterson (M. L.)** u. **Rondestvedt jr. (C. S.)**, Sulfonier. v. Olefinen. 3. Mitt. Natur u. Rkk. d. Zwischenprod. aus Styrol 326.
— u. **Pitt (B. M.)**, Bldg. v. α-Chlorsulfiden aus Sulfiden u. aus Sulfoxyden 6721.
Bore (T.) s. Yxhults Stenhuggeri Aktiebolag.
Borel (J. P.) s. Manus (C.).
Borelius (G.), Larsson (L. E.) u. **Selberg (H.)**, Wärmeentw. während d. Umwandll. ungeordnet-geordnet in AuCu 9272.
Borello (E.) s. Biglino (G.).
— u. **Mussa (C.)**, Eine möglicherweise neue analyt. Bande für d. Methylgruppengeh. in Polyäthylen 1524.
Borensztajn (D.), Gleichzeit. Gewinn. v. Vitamin B_{12} u. Antibiotitis, bes. Streptomycin, durch Fermentat. 3169. — Best. v. Vitamin B_{12} in Fermentations-Fll. v. Streptomyces griseus u. Leberextrakten mit Hilfe eines Standardstammes v. Escherichia coli nach d. Objektglasmeth. u. durch Papierchromatographie 3185. — s. Kuryłowicz (W.).

Boresskow (G. K.), Katalyse bei d. Schwefelsäureherst. Russ. [5869].
—, **Dsissko (W. A.)** u. **Borissowa (M. S.)**, Einfl. d. Porenstruktur v. Katalysatoren auf d. Selektivität ihrer Wrkg. 4058.
—, **Illarionow (W. W.)**, **Oserow (R. P.)** u. **Kildischewa (J. W.)**, Chem. Umsetzz. in d. Systemen V_2O_5–K_2SO_4 u. V_2O_5–$K_2S_2O_7$ 2623.
— u. **Karnauchow (A. P.)**, Adsorptionsmeth. zur Messung. d. Größe d. Pt-Oberfläche in platinierten Silicagelen 8323.
— u. **Slinko (M. G.)**, Kinetik reversibler katalyt. Rkk. im Gebiete d. inneren Diffus. 6703.
Boretti (G.) s. Marco (A. Di).
Boréus (L.-O.) u. **Sandberg (F.)**, Analget. u. antipyret. Wrkg. einer Kombinat. v. Acetphenetidin u. Barbital 3430.
Borg (Å), Bekämpfungsverss. gegen Ackerschnecken auf Feldfrüchten 5159.
Borg (A. F.) s. Schendel (H. E.).
Borg (A. P. Ter), Cis- u. trans-Chinondichlorid 6007.
Borg (W. A. J.) s. Boer (D. H. W. Den).
Borg-Warner Corp., **Hannum (J. A.)** u. **Epel (J. N.)**, Treibstoff 11133* A.
Borgardt (A. A.), Polarisat. v. Dipol-Fll. u. -gasen im konstanten elektr. Feld. 2. Mitt. Orientierungspolarisat. v. komprimierten Dipolgasen u. Lsgg. v. Dipolsubstanzen in nichtpolaren Lösungsmm. 5250.
Borgel (C.) s. Quelet (R.).
Borges (W.) s. Alexander (B.).
Borghetty (H. C.), Ausrüsten v. Geweben 6426. — Oberflächenakt. Mittel in d. Textilindustrie 6884.
Borgin (K.) s. Nicolaysen (V. B.).
Borgioli (N.) s. Talenti (M.).
Borglin (J. N.) s. Hercules Powder Co.
Borgmann (A. R.) s. Kitselman (C. H.).
Borgo (A. Dal) s. Kerlux Soc. An.
Borgoni (N.), Esercitazioni di Biochimica [10534].
Borgström (B.), Wrkg. d. Taurocholsäure auf d. p_H-Aktivitätskurve d. pankreat. Lipase bei Ratten 4130.
Borgström (G.), Aktuelle Probleme d. Konservierungsforschung 7338. — Gaslager. v. Obst u. Beeren 8281.
Borgwardt (G.) s. Bräuniger (H.).
Borichina (M. G.) s. Gussewa (A. R.).
Borin (A. W.) s. Broun (S. L.).
—, **Gratzianskaja (S. I.)** u. **Podtschischtschalowa (R. A.)**, Einfl. d. Bromionen- u. d. Hydroxylkonz. auf d. photograph. Eigg. v. Emulss. 7127.
Borison (H. L.) s. Harris (T. D.).
Borissenkowa (R. W.), Toxizität v. Betriebsstaub aus Mn-Legierr. 2483. — Vergleichende Toxizität v. Mn-Verbb. u. Mn enthaltenden Legierr. 9606. — Vers. zur experimentellen Erforsch. d. Wrkg. v. Ferrosiliciumstaub auf den Organismus 10565.
Borissewitsch (N. A.) s. Neporent (B. S.).
—, **Selinski (W. W.)** u. **Neporent (B. S.)**, Fluorescenzausbeute v. Dämpfen u. Lsgg. substituierter Phthalimide 775.
Borissow (A. J.), Synth. v. Organoborverbb. d. Äthylenreihe u. Unters. ihrer Eigg. 11195.
—, **Wiltschewskaja (W. D.)** u. **Nessmejanow (A. N.)**, Anlager. v. Hg-Salzen an disubstituierte Acetylene 6500.
Borissow (K. I.) s. Katschalow (N. N.).
Borissow (M. D.), Lichtabsorpt. u. -reflex. in Anthracen- u. Naphthacenkristallen 1006.
Borissow (P. D.) s. Ssumarokow (W. P.).
Borissow (P. P.), **Salzman (B. L.)** u. **Romanowa (S. W.)**, Einfl. v. Harzen u. Asphaltenen auf d. Oxydat. v. Schmierölen 6430.
Borissow (W. M.), Einfl. d. elektrokinet. Eigg. d. Oberfläche v. Mineralien auf ihre Flotierbark. 7282. — Meth. zur physikal.-chem. Bewert. d. Rk. v. Reagentien mit d. Oberfläche v. Mineralkörnern bei d. Flotat. 7746.
Borissowa (M. S.) s. Boresskow (G. K.).
Borissowa (T. I.) u. **Wesselowski (W. I.)**, Oberflächenzustand v. Elektroden bei d. elektrochem. Abscheid. v. O u. bei d. anod. Oxydat. 11512.
Borkenstein (E.), Bedeut. histaminart. Stoffe beim focalinfektiösen Geschehen 7490.
Bořkovec (A.) s. Vingiello (F. A.).
Borkowetz (G.), Photoelektr. Meßgeräte in chem. Laborr. u. Betrieben 9863.
Borkowskaja (W. J.), Anwend. v. Phthivazid bei d. Behandl. v. Actinomykosekranken 7027.
Borkowski (B.) s. Krause (A.).
Borland (J. W.), **MacKenzie (A. J.)** u. **Hill (W. L.)**, Charakterisier. v. nicht in d. Orthophosphatform vorliegenden ^{32}P in mit Neutronen bestrahltem Kaliumdihydrogenphosphat 8104.
Bormuth (M.-L.) s. Naphtol-Chemie Offenbach.
Born (G. V. R.), Wrkg. v. Cu auf d. enzymat. Oxydat. d. Histamins u. aliphat. Diamine 9589.
Born (H.), **Pappo (R.)** u. **Szmuskovicz (J.)**, Synth. v. Cyclohexenonen 1495.
Born (M.) u. **Huang (K.)**, Dynamical theory of crystal lattices [2146].
Born (P. L.) s. Gas Machinery Co.
Born (W.), Fehlerquellen bei d. Beurteil. d. Red.-Vermögens menschl. Serums mittels photometr. Formazanbest. 5385.
Borneff (J.), Schnellschätzung „coliformer Bakterien“ 6417.
Bornhak (R.) s. VEB Elektrochemisches Kombinat Bitterfeld.
Borniński (J.) s. Białobłocki (B.).
Bornmann (G.), Zentralerregende Wrkg. v. Butazolidin 4398.
— u. **Wegener (H.)**, Zentralerregende Wrkg. v. Butazolidin 4398.
Bornstein (S.) u. **Eichen (S.)**, Einfl. d. Rauchens auf d. Urinausscheid. v. Pepsinogen 7719.
Bornstein (Simon) u. **Samberg (Y.)**, Fälle v. Vitamin-K-Mangel in Israel 5587.
Borodaschkina (W. W.) s. Schkolnikow (J. A.).
Borodin (L. S.), Eintritt v. W. in d. Kristallgitter v. Mineralien d. Perowskitgruppe 2627.
Borodina (G. A.) s. Saliopo (M. N.).
Borodina (G. M.), Synth. einiger β-Oxysäuren u. ihrer Ester 1716.
— u. **Tarassewitsch (J. S.)**, Synth. einiger Derivv. aliphat. β-Aminosäuren 7189.
Borodina (T. R.) s. Jakuschkin (I. W.).
Borodkin (W. F.), Solutionssalz u. dessen Anwend. 2781. — Disulfonsäuren d. Carbazols 5537.
Boros (Jánosné) s. Takáts (T.).
Borosdina (A. S.), Chem. Charakteristik v. Tabakwaren 7572.
— u. **Dorochow (P. K.)**, Einfl. d. Hygroskopizität d. Tabaks auf d. Anfeuchtungsgeschwindigk. 11301.
Boroughs (H.), Saure Phosphatasen grüner Blätter 4373.

Borovička (M.) u. **Protiva (M.)**, Die sympath. Ganglien blockierende Stoffe. 2. Mitt. Von 1.5-Diamino-3-thiapentan abgeleitete bisquart. Salze 7186.
—, **Šedivý (Z.)**, **Jílek (J. O.)** u. **Protiva (M.)**, Die sympath. Ganglien blockierende Stoffe. 3. Mitt. Von 2-[p-Aminophenyl]-äthylamin u. 2-[p-Aminophenyl]-propylamin abgeleitete quart. Salze 7192.
Borowik (J. S.), Anisotropie d. Hall-Effektes beim Zn 2133.
Borowik-Romanowa (T. F.), **Korolew (W. W.)** u. **Kutzenko (J. I.)**, Spektroskop. Best. v. Sr u. Li in natürl. Wässern 6102.
Borowitz (S.), Störungsrechn. elast. Austauschstreuung v. Elektronen durch H-Atome 3789. — Störungsrechn. d. elast. Streuung v. Elektronen durch H-Atome 9489. — s. Boyet (H.).
Borowski (I. B.), Anwend. d. Röntgenspektralanalyse 1571. — s. Kosstarew (A. I.).
Borrelli (J.) s. Zucker (M. B.).
Borrelli (V. M.) s. Calman (W. L.).
Borrie (P.), Medikamentöse Purpuraeruption durch Carbromal 10075.
Borries (B. v.) s. Scheffels (W.).
Borries (E.) s. Dietrich (L. S.).
Borrisenko (A. I.) s. Toropow (N. A.).
Borrows (E. T.) s. Glaxo Laboratories Ltd.
Borruso (D.), Holzschliff. Änderr. in d. Herst. u. neue Richtlinien für d. Beurteil. d. Qualität 6165.
— u. **Ceragioli (G.)**, Chemie d. Bleich. 1. Mitt. Allg. Teil 2100; 2. Mitt. Bleich. mit Hypochlorit 2100; 3. Mitt. Chlorier. 2100; 4. Mitt. Alkaliextrakt 3763.
Borsche (W.) u. **Wannagat (U.)**, Acylmalonsäurediäthylester 1489.
Borsellino (A.) s. Baroni (G.).
Borsi (J.) s. Herr (F.).
Borsiczky (V. H.) s. Máriássy (M.).
Borsodi I (L.) s. Góth (E.).
Borsodi II (L.), Anwend. v. Glas statt säurefesten Stahls u. Pb an chem. Korross. ausgesetzten Plätzen 429. — Kunststoffabrikat. in Ungarn 4946.
Borsoff (V. N.) u. **Sorem (S. S.)**, Einw. v. Schmiermitteln auf d. Getriebeleist. 9703.
Borsook (H.) s. California Institute Research Foundation.
Borsook (M. E.) s. California Institute Research Foundation.
Borssuk (P. A.) s. Krjanin (I. R.).
Borsy (J.) s. Nádor (K.).
Borth (R.), Ausscheid. v. Pregnandiol im Verlauf d. Schwangerschaft 2932. — s. Watteville (H. de).
—, **Gsell (M.)** u. **Watteville (H. de)**, Steroide d. Harns u. Vaginalsekret bei ovariektomierten Frauen, d. mit Choriongonadotropin behandelt wurden 1772.
Borthwick (H. A.), **Hendricks (S. B.)**, **Parker (M. W.)**, **Toole (E. H.)** u. **Toole (V. K.)**, Reversible, d. Samenkeim. kontrollierende Photo-Rk. 8184.
Bortner (T. E.) s. Melton (C. E.).
— u. **Hurst (G. S.)**, Ionisat. reiner Gase u. Gasgemische durch 5 MeV-α-Teilchen 1203, 9499. — Energie pro Ionenpaar für 5 MeV-α-Teilchen in He 2824.
Bortnick (N. M.) s. Rohm & Haas Co.
Bortoluzzi (E.) s. Roella (C.).
Borton (R. O.) s. United States Rubber Co.
Bortowoi (I. M.) s. Tronow (B. W.).
Bortree (A. L.) s. Trout (G. M.).
Borud (O. J.), Krøyer-Verf. zur kontinuierl. Stärkekonvers. 4473.
Boruff (C. S.) s. Buswell (A. M.).
Borum (O. H.) s. Wiley (R. H.).
Bory (J. M.) s. Douris (R. G.).
Borzeszkowski (E.) s. Krause (A.).
Bos (L. B.) s. Texas Co.
Bos (S. E.), **Keng (K. L.)**, **Velzeboer (C. M. J.)** u. **Vries (S. de)**, Maligne Hypertonie bei einem 12jährigen Mädchen, d. mit Hexamethoniumverbb. behandelt wurde 4399.
Bosch (A. Vanden), Strahlungen d. ^{142}La 5952.
Bosch (E.), Lichtabsorpt. v. festen NH_3-Schichten mit Alkalimetallzusatz 14.
Bosch (F. M.), **Rutgers (A. J.)**, **Vidts (J.)**, **Geens (G.)**, **Roels (R.)** u. **Poté (J.)**, Gewinn. v. reinem C für Kernreaktoren 6450.
Bosch (H.) s. Bertho (A.).
Bosch (R.) G. m. b. H., Pb-Akkumulatoren 184* E. — Filtrieren v. fl. Brennstoffen 3770* E. — Filtrieren v. Fll. 5942* Schwz. — Metallisierte dielektr. Stoffschichten 11653* D. — Elektrolytkondensator 11653* Schwz.
— u. **Dorn (Walter)**, Selbstheilender Kondensator 11653* D. B. — Wickelkondensator 11653* D. B.
— u. **Hüber (H.)**, Kontakte für hohe Unterbrechungszahlen 183* D. B.
— u. **Ilge (W.)**, Elektrolytkondensator 184* D. B., 11653* D. B. — Trockenelektrolytkondensator 11653* D. B.
— u. **Klingler (E.)**, Keram. Erzeugnisse 668* D. B.
— u. **Lindner (W.)**, Prüf. v. Ölen u. Fetten 10172* D. B.
— u. **Sträb (H.)**, Kondensator 898* D. B. — Selbstheilender Kondensator 1582* D. B.
Bosch (S. J.) s. Quirno (N.).
Bosch (W.) s. Danforth (M. A.).
Bosch Sala (A.), Elkosin in d. Behandl. bakterieller Infektt. 3426.
Boschann (H.-W.) u. **Geese (K. A.)**, Wirksamk. injizierbarer östrogener u. androgener Depothormone u. ihrer Mischungen beim klimakter. Syndrom 5582.
Boschi (E.), Wrkg. d. T-Vitamins-Goetsch auf d. Bldg. d. knöchernen Callus 3903. — Wrkg. v. Vitamin T auf d. Narbenbldg. v. Hautwunden 5830.
Boschi (S.) s. Lorenzini (R.).
Bosco (B.) u. **Regge (T.)**, Polarisat. energiereicher Nucleonen, d. durch ein Kernfeld gestreut worden sind 5945.
Boscott (R. J.) u. **Cooke (W. T.)**, Ascorbinsäurebedarf u. Urinexkret. v. p-Oxyphenylessigsäure bei Steatorrhoe u. makrocyt. Anämie 6789.
— u. **Krohn (P. L.)**, Neue Gruppe v. Verbb. mit Antihyaluronidaseaktivität 11016.
Bosdorf (P.) s. Hellmuth (J.).
Bose (A. K.), Konformat. v. Alkaloiden. 2. Mitt. Morphin 4351.
Bose (A. N.) u. **Basu (G.)**, Verwend. v. Schutzüberzügen zur Verlänger. d. Lagerfähigk. v. frischem Fajli Mango 8052.
— u. **Misra (J.)**, Viscositätsmessungen an d. Syst. W.–Natriumcaprylat mit verschied. Alkoholen. 1. Mitt. 1683; 2. Mitt. 1683.
Bose (M.), Rk. v. Chromat mit Diphenylcarbazid. 1. Mitt. 7163; 2. Mitt. 7164.
Bose (R. G.), Färb. v. Jute durch Fe 4490.
Bose (S. M.) u. **Subramanian (N.)**, Biol. Wert d. Proteine v. Tamarinden- u. Befrisamen 2096.

Bose (S. M.), Swaminathan (M.) u. Subrahmanyan (V.), Nährwert v. Tamarindensamen (Tamarindus Indicus) 2096.
Boselli (F.), Bekämpfung v. Ceratitis capitata (Wied.) in Sardinien, *1952* 11453.
Boseq de Beaumont (H. Du), Thermodynamique, principes et méthodes de thermodynamique rationelle en vue de l'application aux écoulements rapides des fluides compressibles et du tracé conforme des diffuseurs et tuyères propulsives. Fasc. I [1682].
Boser (O.) s. Chemische Fabrik von Heyden Akt.-Ges.
Boserup (E. A.), Frostbeständ. Formkörper 1357* D. B. — Kältefeste Baustoffe 5875* E.
Boskamp (A.) s. Pohl (G.), Chemisch-Pharmazeutische Fabrik.
Bosley (D. E.) s. Heidt (L. J.).
Bošnjaković (F.), Quersinn. gekoppelte Wärmeaustauscher 429.
Bosoni (A.), Oxydierbark. d. Polyäthylens 367.
Bossaller (O.), Oleum-Chenopodii-Vergift. 10079.
Bossard (W.) s. Geigy (J. R.) Akt.-Ges.
Bosse (W.) s. Kröger (E.).
Bosshard (W.) s. Ciba Akt.-Ges.
Bosshardt & Imhof Akt.-Ges., Extrahieren v. schleim. Substanzen aus ölhalt. Samen 2804* F.
Bosstandshjan (R. C.) s. Akopjan (A. J.).
Bosstrem (G. G.) s. Ssacharowa (M. S.).
Bost I (J.), Melaminpreßpulver 3017.
Bost II (J.) u. Hoden (C.), Wrkgg. einer vorhergehenden Cholesterininjekt. auf d. Nesdonalanästhesie beim Hund 7722.
Bost (R. W.) s. Winstead (M. B.).
Bosteels, Sublimationstrockn. d. biol. Stoffe 11249.
Bostick (W. H.) s. Levine (M. A.).
— u. **Levine (M. A.),** Direkte Beobacht. d. Anwesenh. magnet.-hydrodynam. Wellen in ionisiertem He 9254. — Verh. eines ionisierten Gases in einem magnet. Feld 9499.
Bostock (B. R.) s. Lever Brothers & Unilever Ltd.
Boström (H.) s. Jorpes (J. E.).
Bostwick (W. L.) u. Mackey (E. S.), Kopierfilter aus Celluloseacetat 11318.
Boswell (F. W. C.) s. Weld (H. M.).
Boswell (S. B.) s. Rodney (D. R.).
Boswell (T. L.) s. Elgin National Watch Co.
Boswijk (K. H.) s. Havinga (E. E.).
Botany Mills, Inc., Vaterrodt (P.) u. McNellis (J.), Cholesterin aus Lanolinalkoholen 7983* A.
Botella (R. N.) = Navarro Botella (R.).
Botha (J. P.) u. Hamburger (H.), Düng. v. Eragrostis curvula (Ermelotyp) 1823.
Botha (J. P.) [Cambridge] u. **Spalding (D. B.),** Laminare Flammengeschwindigk. v. Propan-Luft-Gemischen mit Wärmeabführ. v. d. Flamme 6224.
Botham (G. H.) s. A. P. V. Co. Ltd.
— u. **Bryson (W. R.),** Korros. v. Molkereigeräten aus Al durch W. 2765.
Bothe (W.) s. Daniel (H.).
Bothwell (J. W.), Prigmore (J. R.) u. Williams jr. (J. N.), Stickstoffwechsel lysinverarmter Ratten 10310.
Bothwell (M. R.) s. Peake (J. S.).
Bots (J. P. L.) s. Havinga (E.).
Botschkarew (O. A.) s. Ssergejewa-Alajewa (W. N.).
Botschkarew (W.), Keirim-Markuss (I.), Lwowa (M.) u. Prusslin (J.), Mess. d. Aktivität v. Quellen für β- u. γ-Strahlen. Russ. [4515].
Bott (E. C. B.) u. White (A. W.), Extrakt. v. Faktis mit Aceton 8752.
Bott (R.) s. Deutsche Gold- & Silber-scheideanstalt vormals Roessler.
Bott (R. W.) s. Bacon (R. G. R.).
Botteri (M.), Cere industriali naturali e sintetiche. Introduzione. Cere naturali: minerali, vegetali, animali. Cere artificiali. Sostance ausiliarie [4236]. — Cere industriali naturali e sintetiche [8059].
Bottero (A.) u. Vergani (F.), *361* Fälle v. pulmonaler u. extrapulmonaler Tuberkulose bei Behandl. mit *0,5* g Streptomycin tägl. 7966.
Bottini (A. H.) s. Noyce (D. S.).
Bottini (E.), Wie reagieren d. Böden auf Kalidüngung? 1357. — Die durch Kälte an Früchten hervorgerufenen Krankhh. u. deren wirtschaftl. Folgen 2094. — Mikronährstoffe italien. Böden. 1. Mitt. Boden u. Pflanze in Bezieh. zu d. wichtigsten Mikronährstoffen 11451.
— u. **Polesello (A.),** Mikronährstoffe italien. Böden. 2. Mitt. Geh. unserer Böden an aufnehmbaren u. nichtaufnehmbaren Mikronährstoffen 11451.
Bottom (V. E.), Hall-Effekt u. elektr. Widerstand v. Te 5724.
Bottorff (C. A.) s. Price (R. J.).
Bottreau (M.-M.) s. Gray (E.).
Bottum (G. T.) s. Jergens (A.) Co.
Botwinik (M. M.), Awajewa (S. M.) u. Misstrjukow (E. A.), Synth. v. Derivv. d. Serinpeptide 563.
Botwinkin (O. K.) u. Tarassow (B. W.), Techn. Schmelze v. zirkonhalt. Glas 4672. — Chem. Festigk. v. Glas 9169.
Botzan (M.), Tiefe unterird. Wasservorkk. im Bărăgan als Quelle für d. Bewässer. 9173.
Bouaziz (A.), Étude pharmacologique sur les cigarettes antiastmatiques de belladone, jusquiame et stramoine [5126].
Boucaud (P. de) u. Fournial (P.), Parkinsonismus im Verlauf d. Behandl. mit Chlorpromazin 7722. — Durch DMDTH hervorgerufene Zwischenfälle an d. Haut u. im Blut 8909.
Bouchard (J.), Selbstbrennende Elektroden für Elektrolyseöfen 919* F.
Bouchayer (H.), Halbchem. Papierstoff v. erhöhtem Weißgeh. 10161.
Bouchayer (R.), Schutz v. Druckrohrleitt. gegen Koross. 2037.
Boucher (M.) s. Cahn (J.).
Boucher (R. E.) u. Skau (E. L.), Phasenbeziehh., betreffend d. Lösungsmittel-„Winterization" v. rohem Erdnußöl mit Aceton-Hexan-Gemisch *85 : 15* 1405. — Phasenbeziehh. bei d. Entstearinisier. v. Baumwollsaatöl in Aceton-Hexan-Mischungen (*85/15*) bei red. Haltezeit 5926.
Boucher (R. M. G.), Zusammenballen d. Teilchen in Aerosolen 1579* F.
Boucher (R. V.) s. Atkinson (J. C.); Dymsza (H.); Wisman (E. L.).
Boucherle (A.) s. Chambon (M.).
Bouchez (R.), Verzweigungsverhältnis K-Einfang/β+-Emiss. 2356. — s. Michalowicz (A.).
— u. **Nataf (R.),** Nucleon-Leptonen-Wechselwrkg. in d. Theorie d. β-Zerfalls 4511.

Bouchez (R.), Robert (J.) u. **Tobailem (J.),** Wrkg. d. Kernstruktur auf d. statist. Gesetz d. Bindungsenergie 7598.
Boucot (A. J.), Alter d. Katahdingranits 310.
Boudart (M.), Heterogene Katalyse 1924. — s. Cimino (A.); Mikovsky (R. J.).
Boudene (C.) s. Truhaut (R.).
Bouffanais (A.) s. Buu-Hoï (N. P.).
Bougand (J. G. P.), Kunstdünger 1130* F.
Bougault (J.) u. **Cordier (P.),** Hydrier. d. Benzyliden- u. Anisylidenbrenztraubensäure durch K–Borhydrid. Darst. d. Benzyl- u. Anisylbrenztraubensäure 798. — Phenyl-α-oxycrotonamid [γ-Phenyl-α-oxycroton- oder Styrylglykolamid] 4809.
Bouillenne (R.) u. **Bouillenne-Walrand (M.),** Einfl. d. [H'] auf d. hemmende Wrkg. d. synthet. Pflanzenhormone beim Wachstum v. Trichophyton (div. sp.) 2228.
Bouillenne-Walrand (M.) s. Bouillenne (R.).
Bouillon (F.), Darst. v. Metalleinkristallen 10695.
Bouillot (J.), Direkte Best. tox. Dämpfe durch ihre Absorptionsspektren im UV 2735.
Bouissières (G.), Verh. d. Poloniumoxychlorids in verschied. organ. Lösungsmm. 1899. — s. Frilley (M.).
—, **Falk-Vairant (P.), Riou (M.), Teillac (J.)** u. **Victor (C.),** Unters. d. v. Io u. RdTh emittierten γ-Strahlen 6448.
— u. **Lederer (M.),** Anorgan. Verbb. u. radioakt. Elemente 421.
—, **Marty (N.)** u. **Teillac (J.),** Herst. v. UZ(^{234}Pa) u. Unters. seiner β-Strahl. 11152.
Bouk (K. R. de), Mikrobiol. Best. v. Lysin, Valin u. Phenylalanin in Licheniformin 3410.
Boulanger (C.), Einfl. d. Korngrenzen d. Metalle u. Legierr. auf gewisse mechan. Eigg. in d. Nähe d. F. 9273.
—, **Delbart (G.)** u. **Ravery (M.),** Bezieh. zwischen d. inneren Reib. u. d. Fließwiderstand eines Stahls in Abhängigk. v. d. Mikrostruktur 10213.
Boulanger (P.) s. Rice (C. E.).
Bould (C.), Anwend. v. Fe-Chelaten zur Verhinder. d. Kalkchlorose bei Früchten: Fortschrittsbericht *1* 3232.
— u. **Catlow (E.),** Düngungsverss. zu Obst. 1. Mitt. Wrkg. v. Düngungsverff. auf Bodenfruchtbark. u. Wachstum, Ertrag sowie Blatternährungszustand v. Erdbeeren, Var. Climax 7529.
—, **Nicholas (D. J. D.), Tolhurst (J. A. H.)** u. **Potter (J. M. S.),** Cu-Mangel an Obstbäumen in Großbritannien 10360. — Zn-Mangel an Obstbäumen in Großbritannien 10360.
— u. **Tolhurst (J. A. H.),** Bodenverbesserer. 1. Mitt. Wrkg. d. Natriumsalzes v. hydrolysiertem Polyacrylonitril (CRD *189*) u. CRD *186* auf d. Nährstoffausnutz. u. -aufnahme durch Pflanzen 10605.
—, **Tolhurst (J. A. H.)** u. **Jarrett (R. M.),** Deckpflanzen in Bezieh. zur Bodenfruchtbark. u. Obstbaumernähr.: Vers. mit Buschapfelbäumen 10606.
Boule (S. J.) s. Cherney (P. J.).
Boulet (M.) u. **Rose (D.),** Titrationskurven v. Molkenbestandteilen 1403.
Boulet (P.) u. **Mirouze (J.),** Hydroion. Verluste bei d. Vergift. mit Knollenblätterschwamm 156. — Cortison u. ACTH in d. Behandl. hypoglykäm. Zustände 4384.
—, **Serre (H.)** u. **Mirouze (J.),** Wachstumshormon in d. Behandl. hypoglykäm. Zustände 4384.
Boulger (F. W.) s. Loria (E. A.); Udy (M. C.).
Boulin (R.) u. **Nepveux (F.),** Zn-Insuline mit langsamer Wrkg. 1078.
Boulle (M.) s. Graciansky (P. de).
Boulle (S.) s. Graciansky (P. de).
Boullier (M.) s. Bourrillon (R.).
Boulloud (A.), Elektr. Durchschlag in komprimierten Gasen 8787.
Boulton (J.), Einheitstheorie d. Textilfärb. 5904.
Boulton Reed (H. W.) = Reed (H. W. B.).
Bouman (J.), Best. v. Fluoriden im Leitungswasser. Abwandl. d. Verf. v. Willard u. Horton 11442. — s. Wolff (P. M. de).
Bounameaux (Y.), Einfl. d. Cortisons auf d. Blutungszeit d. Kaninchens 1076. — s. Lecomte (J.).
Bourbeau (G.) s. Bergeson (G.-A.).
Bourbeau (G. A.) u. **Swanson (C. L. W.),** Morphologie, Mineralogie u. Genese v. *2* südl. Neu-England-Böden 5397.
Bourbon (R.) s. Guilhaudis (A.).
Bourcart (N.) s. Galliard (H.).
Bourdais (J.), Reaktionsfähigk. v. Acrylsäure bei d. Mischpolymerisat. 8400.
Bourdet (A.), Mandel (P.) u. **Guillemet (R.),** Anwend. d. Methoden zur Best. v. Ribonucleinsäure u. Desoxyribonucleinsäure in tier. Geweben auf Bäckerhefen 10539.
Bourdet (E.), Neuzeitl. Lippenrot 2553. — Fettsäureester d. Polyäthylenglykole 8755.
Bourdet (M.), Wichtigk. d. Proteolyse unter d. verschied. Entw.-Faktoren d. Teige zur Brotbereit. 5444.
Bourdon (D.), Anwend. v. bas. Bleiacetat zur Reinig. v. Pflanzenextrakten 9405.
Bourdon (J.) s. Dufraisse (C.).
Boureau (J.), Divinyläther in d. Anästhesie d. Erwachsenen 1788.
Bourel (M.) s. Bonfils (S.); Coste (F.); Morel (F.).
Bourgain (R.) s. Sheppard (E.).
Bourgeois (R. C.) s. Campaigne (E.).
Bourgeois-Gavardin (J.) s. Sidi (E.); Véran (P.).
Bourgeois-Gavardin (M.), Divinyläther in d. Anästhesie d. Kindes. Pharmakol. Studie. 1788.
Bourghardt (S.), Brattgård (S.-O.), Hydén (H.), Jiewertz (B.) u. **Larsson (S.),** Mikrophotometer für d. Mikroradiographie 422.
Bourgoyne (J. R.), Oral cancer [1066].
Bourguignon (P.), Mineralog. Vergesellschaft. in d. Schlämmen u. Tonen v. Hautes Fagnes 1003. — s. Usines de Melle.
Bourke (A. R.) s. Robbins (M. L.).
Bourlier (A. M.), Kopfwasser 3752* F.
Bourmer (H. R.), Curare u. „curarisierende" Substanzen in d. Chirurgie 7029.
Bourne (B. P.) s. Loening (E. E.).
Bourne (D. J.) s. Atwood (G. E.).
Bourne (E. J.), Entww. auf d. akadem. Gebiet d. Stärkechemie 372. — Organ. Chemie. Makromoll. 7930. — s. Barclay (K. S.); Barker (S. A.).
—, **Corbett (W. M.), Stacey (M.)** u. **Stephens (R.),** Einw. v. Bleitetraacetat auf Zuckermercaptale 2678.
—, **Stacey (M.), Tatlow (J. C.)** u. **Worrall (R.),** Trifluoressigsäure. 12. Mitt. Acyltrifluoracetate u. ihre Rkk. 561.
— u. **Stephens (R.),** Abbau d. Zuckerreihe über d. Ketosemercaptole 6521.

Bourne (G.), Collier (H. O. J.) u. **Somers (G. Fred)**, Succinylcholin (Succinoylcholin), ein kurzwirkendes Muskelrelaxans 403.
— u. **Hosford (J.)**, Methoniumverbb. bei Hypertonie 9614.
Bourne (P. G.) s. A l e x a n d e r (A. P.).
Bournique (R. A.), Best. d. Äthoxylgeh. in Alkyläthoxylsilanen 9158.
Bourns (A. N.), Embleton (H. W.) u. **Hansuld (M. K.)**, 1-Phenylpiperidin 6746.
Bourrillon (R.), Stoliaroff (M.) u. **Boullier (M.)**, Wrkg. v. Dextran im Verlauf v. Hämorrhagie u. experimenteller Austauschtransfus. 7021.
Boush (G. M.), Sterblichkeitsziffern v. Sphenarium purpurascens Charp. (Acrididae) in bezug auf d. Wirkungsdauer einiger Insekticide 10843.
Bousmanne (L.) s. B a t t a (G.).
Bousquet (P.), Opt. Unters. dünner Schichten v. Calciumfluorid in d. Zone d. Totalreflex. 5720.
Bousquet (R.), Curare in d. Augenchirurgie 152.
Bousquiere (J.), Anwend. d. Spektrographie bei d. Analyse v. Legierr. 3926.
Bousser (F.), Corte (M. Della) u. **Jauneau (L.)**, Unters. d. Schauer in empfindl. Emulss. 503.
Bousser (R. P. M.), Konservieren v. organ. Materialien 1636* F., 1637* F.
Bousset (R.), Physikal., mechan. u. chem. Eigg. v. Orlon 5691. — Asymm. Synth. 10706.
Boute (C.), Devienne (L.) u. **Pourbaix (M.)**, Enthärt. d. Speisewässer v. Destillationsanlagen 5149.
Boute (J.), Trenn. natürl. Östrogene durch Papierchromatographie 1307.
Bouteron (A.) s. D u f r a i s s e (C.).
Bouteville (A.) s. C h i m i e e t A t o m i s t i q u e.
Bouteville (Y.) s. S t o l l (S.).
Bouthillier (L. P.) u. **Goldner (M.)**, Stoffwechsel v. $^{14}C_{(\beta)}$-Histamin 5584.
Boutigny (R.), Zusammenstell. d. Behandll. in einer Gasatmosphäre 4203.
Boutillon (G.) u. **Prettre (M.)**, Gefüge u. Adsorptionseigg. v. Aluminiumoxyden für d. Chromatographie 11519.
Boutwell (R. K.) u. **Chiang (R.)**, Akute Wrkg. einer Cortisonbehandl. auf d. Nutzbarmachung v. Glucose bei d. Maus 2934.
Bouvet (P.) s. D u r l a c h (J.).
Bouvier (R.) s. G o u y e n (J.).
Bouwens (F.), Sterilisieren v. ärztl. u. chirurg. sowie in d. Bakteriologie gebräuchl. Gegenständen 10577* D. B.
Bouwkamp (C. J.), Beugungstheorie 3554.
Bouyard (P.) s. L o u b a t i è r e s (A.).
Bouyoucos (G. J.), Neuer Elektrodentyp für Feuchtigkeitsblöcke aus Gips 5881.
Bouyssou (P.) s. R e b o u l (J.).
Bouza (A. P.) = P r i e t o B o u z a (A.).
Bouzigues (H.) s. D e i b n e r (L.); D u p u y (P.).
Bovalini (E.) u. **Casini (A.)**, Dithizon als Indicator bei volumetr. Fällungstitratt.: Pb-Best. 4420.
Bovarnick (M. R.), Allen (E. G.) u. **Pagan (G.)**, Einfl. v. Diphosphorpyridinnucleotid auf d. Stabilität v. Typhus Rickettsiae 1302.
Bove (J. L.) s. H e i n e (H. W.).
Bovell (C.) s. T i t t l e r (I. A.).
Bovet (D.), Pharmakodynam. Bilder d. Ganglienblocker v. Typ tert. NH_4-Verbb. (Antihistamine, Spasmolytica u. Derivv. d. Phenothiazins), d. neuerdings in d. Klinik als Anästhesieadjuvantien eingeführt worden sind 1555. — s. B o v e t - N i t t i (F.); C h a g a s (C.); G a t t i (G. L.); L o n g o (V. G.); M a r i n i - B e t t ò l o (G. B.).
Bovet-Nitti (F.) u. **Bovet (D.)**, Synthet. Oxytocine: Derivv. d. Phenylglycinamids. 2. Mitt. 2463.
Bovey (D. M.), Reid (J. A.) u. **Turner (E. E.)**, Partielle asymm. Synth. mit Ketoestern. 3. Mitt. 8367.
— u. **Turner (E. E.)**, Partielle asymm. Synth. mit Ketoestern. 2. Mitt. 8366.
Bovey (F. A.), Kolthoff (I. M.), Medalla (A. I.) u. **Meehan (E. J.)**, Emulsion polymerization [7334].
— u. **Wands (R. C.)**, Eigg. v. Polyacetaldehyd-Kautschuk 8045.
Bovey (L. F. H.) u. **Garton (W. R. S.)**, Absorptionsspektr. v. Tm 2832.
Bovey (R.) s. L a m b (W. G. P.).
Bovo (G.) u. **Agnolo (B. D')**, Stickstoffsenfgastherapie d. tuberkulösen Lymphome 630.
Bovy (R.) u. **Duyckaerts (G.)**, Trenn. Ba^{2+}–Sr^{2+} an Ionenaustauscherkolonnen 11432.
Bowcott (J. E.) u. **Schulman (J. H.)**, Emulsionen. Kontrolle d. Tropfengröße u. Phasenkontinuität in mit Seife u. Alkohol stabilisierten transparenten Öl–W.-Dispersionen 9506.
Bowden (F. P.), Reibung nichtmetall. Feststoffe 3452.
— u. **Singh (K.)**, Wrkgg. d. Größe bei d. Initiier. u. d. Anwachsen einer Explos. 6895.
— u. **Thomas (P. H.)**, Oberflächentemp. v. gleitenden festen Stoffen 1914.
Bowden (J. S.) s. R e e v e (M. R.).
Bowden (K.), Biogenese d. Nicotins 11024.
— u. **Green (P. N.)**, Synthesen in d. Piperidinreihe. 2. Mitt. Darst. v. Piperidyläthern u. verwandten Verbb. 6283.
Bowden (S. T.), Korrigierte Guldbergsche Regel 7173.
— u. **Purnell (J. H.)**, Einfl. v. Uranyl- u. Th-Salzen auf d. Mischbark. v. Phenol u. W. 57.
Bowe (M. W.), Anwend. v. Aminoacrichin bei Trichomonaserkrankungen d. weibl. Geschlechtsorgane 8669.
Bowen (B. E. V.) s. D i s t i l l e r s C o. L t d.
Bowen (C. C.) u. **Wilson (G. B.)**, Vgl. d. Wrkgg. antimitot. Mittel 5092.
Bowen (C. E.), International Electrolytic Plant Co. Ltd. u. **Wood (W.)**, Elektrolyt. Zelle für d. alkal. Elektrode 1580* Dän.
Bowen (C. H.) s. K r u m i n (P. O.).
Bowen (D.), Ordnungs–Unordnungs-Theorie 298. — s. D i x o n (C. E.).
— u. **Rodeback (G. W.)**, Einfl. d. Kaltbearbeit. u. d. Strahlungsschädig. auf d. Schwingungsspektren v. Cu 7390.
Bowen (E. J.), Luminescenz organ. Stoffe 2361. — Fluorescenzlöschung in Lsg. u. im Dampfzustand 5744.
— u. **Brocklehurst (B.)**, Fluorescenzspektren v. Coronen u. 1.12-Benzoperylen bei niedrigen Tempp. 5504. — Energieübertrag. in KW-stoff-Lsgg. 8577.
Bowen (H. J. M.), Strukturen d. Trifluormethylhalogenide 4793. — Strukturen einiger Trifluormethylderivv. d. 5. Gruppe 4794; Dass. d. 6. Gruppe 4794. — Verb. v. Antimonpentachlorid mit NO 7863.
Bowen (H. N.), Unberuhigte Stähle 10848.
Bowen (J.) s. K n i g h t (S. B.).

Bowen (J. B.) u. Wilkinson (E. M.), Verschied. substituierte Benzaldehyde u. Benzaldehyd-dinitrophenylhydrazone 7654.
Bowen (T.), Ionisierungsenergieverlust v. Mesonen in einem Natriumjodid-Scintillationskristall 5232.
Bowen (V. E.) s. King (R. O.).
Bowen (V. T.) s. Poulsen (D. F.).
Bowen (W. J.) s. Laki (K.).
Bower (C. A.), Moodie (C. D.), Orth (P.) u. Gschwend (F. B.), Korrelat. d. Zuckerrübenerträge zu chem. Eigg. eines Salz-Alkali-Bodens 4473.
Bower (F. A.) s. Baumgarten (H. E.).
Bower (F. H.), Verbindungstransistoren 9256.
Bower (V. E.) s. Torgesen (J. L.).
Bowers (A.) s. Ames (T. R.).
—, Halsall (T. G.), Jones (E. R. H.) u. Lemin (A. J.), Chemie d. Triterpene u. verwandter Verbb. 18. Mitt. Aufklär. d. Struktur v. Polyporensäure-C 6756.
—, Halsall (T. G.) u. Sayer (G. C.), Chemie d. Triterpene u. verwandter Verbb. 25. Mitt. Polyporensäure-C betreffende stereochem. Probleme 10038.
Bowers jr. (G. N.) s. Giarman (N. J.).
Bowers (J. W.) s. Claborn (H. V.).
Bowers (K. D.) s. Bleaney (B.).
Bowers (R.), Dicke d. gesätt. He II-Films 5251.
Bowers (R. C.) s. Kolthoff (I. M.).
Bowers (W. A.), Anwend. d. Fermi-Thomas-Meth. auf Moll. 2374.
Bowes (D. R.), Umänder. d. Tillits durch Migmatisat. am Mount Fitton, Südaustralien 1466.
Bowes (J. H.) u. Moss (J. A.), Rk. v. Fluordinitrobenzol mit d. α- u. ε-Aminogruppen v. Kollagen 1986.
Bowes (P. C.), Faktoren, die d. allg. Anwend. d. Mackey-Testes für d. spontane Erhitz. u. Entzünd. beschränken 2104.
Bowlby (C.), Tucker (H.), Miller (B. S.) u. Johnson (J. A.), Vgl. v. Methoden zur Best. d. proteolyt. Aktivität 3404.
Bowler (C.) s. Royce (A.).
Bowles (A. V.) s. Putnam (R. C.).
Bowles (R. R.) s. O'Donnel (R. J.).
Bowles (V. O.) s. Lummus Co.; Socony-Vacuum Oil Co., Inc.
Bowman (F. W.) s. Kirshbaum (A.); Nunzio (J. C. de).
Bowman (G.), Betriebserfahrr. beim Gießen v. Blöcken für nahtlose Rohre 10610.
Bowman (G. B.) s. Rockwell Spring & Axle Co.
Bowman (J. R.) s. Cichelli (M. T.); Gulf Research & Development Co.
Bowman (N. J.) s. Standard Oil Co.
Bowman (N. S.) u. Rexford (D. R.), Synth. v. α-Äthoxymethylen- u. α-Chlormethylencarbonsäureestern 64.
Bowman (R. E.) s. Ames (D. E.).
— u. Fordham (W. D.), Synth. v. Carbonylverbb. 6. Mitt. Allgemeine Synth. v. Ketonen u. β-Ketosäureestern 5520.
— u. Tivey (D. J.), 1-Phthalimidopentandion-(2.4) 7435.
Bowman (R. S.) s. Gulf Research & Development Co.
Bowman (W. M.) u. Enterline (P. E.), Verzögerte Blutzuckerbestimmungen. Eignungsprüf. eines Blutpräservativs 1110.
Bowness (C.) u. Cusack (N.), Verwend. v. elektr. leitendem Glas bei d. Nebelkammerkonstrukt. 11496.
Bowoden (H.), Aneurin bei d. Regenerat. u. Degenerat. 1314.
Bowyer (F.), Permeabilität d. Erythrocytenmembran für Glucose u. Glycerin 4862.
Box jr. (E. O.) s. Phillips Petroleum Co.
Box (G. E. P.), Statist. Plan. beim Studium d. analyt. Methoden 6811.
—, Hobbs (M. T.) u. North (F.), Best. d. Färbekraft v. Pigmenten mit einer automat. arbeitenden Anreibvorr. 4465.
Box (H. C.) u. Klaiber (G. S.), γ-Spektr. v. ^{228}Ac 11494.
Boxall (H. L.) s. Aitken (P. B.).
Boyarsky (S.), Translumbale Aortographie mit nachfolgender Paraplegie 6556.
Boyce (H. R.) u. McKeen (C. D.), Gewächshauspflanzen. Fungicide u. Insekticide zu ihrer Gesunderhalt. 10608.
Boyce (W. H.), Garvey (F. K.) u. Norfleet jr. (C. M.), Proteine u. a. Biokolloide d. Urins bei Gesunden u. Kranken mit Harnsteinen. 1. Mitt. Elektrophoret. Unterss. bei p_H *4,5* u. *8,6* v. solchen Komponenten, d. in mol. Kochsalzlsg. lösl. sind 8186.
Boyce Thompson Institute for Plant Research, Inc. u. Denny (F. E.), Verzöger. d. Keimens v. Pflanzen, wie Kartoffeln 10845* A.
Boyd (C. A.) s. Curtiss (C. F.).
Boyd (C. E.) s. Boyd (E. M.).
Boyd (E. M.) s. Kelly (H. G.).
— u. Boyd (C. E.), Antihistaminica u. durch Apomorphin ausgelöstes Erbrechen 5841.
— u. Millar (I. E.), Fehlen einer Wrkg. v. Codeinphosphat u. Dihydrocodeinbitartrat auf d. Auswurfmenge, d. spezif. Gewicht, d. relative Viscosität u. d. Chloridgeh. d. Fl. d. Respirationstraktes 3192.
Boyd (E. S.) u. Neuman (W. F.), Chondroitinsulfatsynth. u. Atmung v. Kükenembryoknorpel 7699.
Boyd (G. A.), Autoradiography in biology and medicine [9819]. — s. Gallimore (J. C.).
Boyd (G. E.), Tc-Aktivitäten mit d. M. 97 8778. — s. Nelson (C. M.).
Boyd (J.) s. British Cellophane Ltd.
Boyd (J. C.), Bedeut. d. psychrophilen Bakterien für d. Haltbark. u. Qualität v. Milchprodd. 3755.
Boyd (L. J.) s. Glass (G. B. J.); Goldbloom (A. A.).
Boyd (R. B.) s. Lichstein (H. C.).
Boyd (R. L. F.), Erforsch. d. Stratosphäre mit Raketen 9281.
Boyd (T.) s. Monsanto Chemical Co.
Boyd (W. C.), Wrkg. v. Druck auf ein Pflanzenagglutinin 1768.
Boyd (W. J. M.) s. Johnson, Matthey & Co. Ltd.
Boyd (W. L.) u. Lichstein (H. C.), Wrkg. d. Ernähr. auf d. Asparaginsäuredesaminase-Syst. v. Bacterium cadaveris 2221. — Einfl. v. Kohlenhydraten auf d. Asparaginsäuredesaminaseaktivität v. Bakterien 9820.
Boyer (A. F.), Untersuchungsmethoden für Kohle, d. im Cerchar bei d. Forschungsarbeiten über d. Verkok. angewandt werden 6891. — Einfl. mechan. Behandl. auf d. Oberflächeneigg. v. Quarz 10209.
Boyer (A. J.) s. Laurent (P. A.).
Boyer (F.) s. Chedid (L.); Rist (N.).
Boyer (F. R.) s. Veer (J. B. Vander).
Boyer (H. E.), Härte u. Härtbark. 6604.
Boyer (J. H.) u. Canter (F. C.), Darst. v. Alkylpseudooxatriazolen 8379.

Boyer (J. H.) u. **Hamer (J.)**, Säurekatalysierte Rk. v. Alkylaziden mit Carbonylverbb. 9568.

Boyer (L. H.) s. Phillips Petroleum Co.

Boyer (M. R.) s. Du Pont de Nemours (E. I.) & Co.

Boyer (R. A.), Nahrungsmittel als Fleischersatz 6877* A.

Boyer (R. F.), Konzentrationsabhängigk. d. Diffus. v. Chlf. in Polystyrol 600. — s. Dow Chemical Co.; Streeter (D. J.).

— u. **Streeter (D. J.)**, Internationale gemeinsame Unters. d. Mol.-Gew. v. Polystyrol 3394.

Boyer (W. M.) s. Siegel (Samuel).

Boyer (W. P.) s. Virginia-Carolina Chemical Corp.

Boyes (T.) s. Sacks-Wilner (A.).

Boyet (H.) u. **Borowitz (S.)**, Variationsrechn. d. elast. Streuung v. Elektronen an H-Atomen 6676.

Boyland (E.), Mutagene 2448. — Mögl. Beziehh. zwischen d. Struktur u. d. biol. Aktivität cancerogener Substanzen 2449.

— u. **Sims (P.)**, Oxydat. einiger aromat. Amine mit Persulfat 2184.

Boyle (A. J. F.) s. Inall (E. K.).

Boyle (B. J.), **King (E. G.)** u. **Conway (K. C.)**, Bildungswärmen v. Ni- u. Co-Oxyden (NiO u. CoO) durch Verbrennungscalorimetrie 3077.

Boyle (C.) u. **Ryan (J. J.)**, Wrkg. später Stickstoffgaben auf d. Zus. u. d. Ertrag v. Gras 2280.

Boyle (J. M.) s. Standard Oil Development Co.

Boyle (P. E.) u. **Irving (J. T.)**, Veränderr. d. Skelettmuskel im Skorbut u. Mechanismus d. Befestig. d. Myofibrillen an d. Sehne 6554.

Boyle (W. S.) u. **Brown (James B.)**, Thermoregulator für ein Bad mit fl. He 9399.

Boyle-Midway, Inc., Insekticid enthaltender Schutzüberzug 1851* E.

Boyne (A. W.) s. Campbell (R. M.).

Boynton jr. (C. F.) u. **Taylor (H. A.)**, Photolyse v. Methylbromid in Ggw. v. Hg 9061.

Boynton (D.), **Krochmal (A.)** u. **Konecny (J.)**, Blatt- u. Bodenunters. auf Mn in bezug auf d. Blattchlorose bei sauren Kirschen, Birnen u. Äpfeln im Staate New York 8475.

Boynton (H. G.) s. Standard Oil Development Co.

Boys (S. F.), Elektron. Wellenfunktt. 9. Mitt. Berechnn. für d. drei tiefsten Zustände d. Be-Atoms 11347; 10. Mitt. Berechn. v. acht variablen „poly-detor"-Wellenfunktt. für B u. C 11347.

— u. **Price (V. E.)**, Elektron. Wellenfunktt. 11. Mitt. Berechn. d. acht Variationswellenfunktt. für Cl, Cl^-, S u. S^- 11348.

— u. **Sahni (R. C.)**, Elektron. Wellenfunktt. 12. Mitt. Ausrechn. d. allg. vektor-gekoppelten Koeffizienten durch automat. Berechn. 11348.

Bozel-Maletra Soc. Industrielle de Produits Chimiques, α-Naphthylessigsäure 2537* Schwz.

—, **Lehmann (R. L.)** u. **Lintner (J.)**, α-Naphthylessigsäure 1841* D. B.

Bozeman (F. M.), **Wisseman (C. L.)**, **Hopps (H. E.)** u. **Danauskas (J. X.)**, Wrkg. v. Chloramphenicol auf T1-Bakteriophagen. 1. Mitt. Hemm. d. intracellulären Vermehr. 2701.

Bozon (H.) s. Blum (P.).

Bozorth (R. M.), Magnetostrikt. u. Kristallanisotropie v. Einkristallen aus hexagonalem Co 9259. — s. McSkimin (H. J.); Nesbitt (E. A.).

— u. **Sherwood (R. C.)**, Magnetostrikt. v. Co 5003.

Božović (L.) u. **Milkovic (S.)**, ACTH u. Ascorbinsäure 8421.

Bozsai (I.), Argentometr. Best. v. Alkaloidhydrochloriden mit d. rotierenden Pt-Elektrode 11251.

Bozsin (M.) u. **McLaren (H. D.)**, Verunreinigg. d. W. u. ihre Wrkg. beim Emaillieren 5152.

Bozzola (R.), Herst. d. Monoglycerids d. Ricinolsäure 10565. — Emulsion v. Ricinusöl 10566.

Braae (B.), Erzeug. v. Transformatorenöl durch Hydrieren v. schwed. Schieferöl 493, 9478.

Braams (C. M.), (d, p)-Rkk. v. ^{42}Ca u. ^{44}Ca 2356. — Energieniveaus in ^{41}Ca aus d. Rk. ^{40}Ca(d, p)^{41}Ca 6680. — s. Ajzenberg (F.).

Braaten (W. C.) s. Vernsten (M.).

Brabant (J. M.) s. Caswell (R. S.).

Brabender (C. W.) u. **Pagenstedt (B.)**, Einfl. v. Getreide- u. Pilzamylasen auf d. Verkleisterungseigg. v. Weizenstärke 8987.

Braber (P.), Struktur u. Zus. v. Naturkautschuk 1061.

— u. **Raamsdonk (G. W. van)**, Gummiwaren aus Latex im Tauchverf. 6635, 7102. — Neues Koagulierungsmittel für d. Latextauchverf. 6635. — Koagulant-Gußverf. für d. Herst. v. Hohlkörpern aus Latex 8514.

Bracci (A.), **Facchini (U.)**, **Gatti (E.)**, **Germagnoli (E.)**, **Malvicini (A.)** u. **Perona (G.)**, Neutroneneinfang-γ-Strahlen v. D 272.

—, **Facchini (U.)** u. **Malvicini (A.)**, Spektr. d. bei d. Rk. $n+p \rightarrow d+\gamma$ emittierten γ-Strahl. 272.

Bracco (A. N.), **Piñero (C. A.)**, **Howard (Alfredo)**, **Valle (F. J. del)**, **Tamini (J.)** u. **Cetrángolo (R.)**, *350* Lungentuberkulöse nach Streptomycinbehandl. 11624.

— u. **Valle (F. J. del)**, Kollapstherapie u. Streptomycin 11624.

Brace (A. W.), Neue Fortschritte beim Nieten v. Al 203.

Brace (N. O.), Synth. v. Acetomorpholid u. Thioacetomorpholid aus Morpholin u. S 3864. — s. Du Pont de Nemours (E. I.) & Co.; Kovacic (P.).

Brace (P. H.) s. Okress (E. C.); Westinghouse Electric Corp.

Bracewell (R. N.), Maximum im Planckschen Energiespektr. 10917.

Bracey (P.), Harnstoff–Formaldehyd-Harz als Bindemittel für nicht ganz beständ. Schiffsbodenanstriche (anti-foulings) 3742. — s. National Research Development Corp.

Brachet (C. M. F.) s. Soc. Nationale des Chemins de Fer Français.

Brachet (J.), Zellkern u. d. enzymat. Aktivität d. Zelle 5333.

— u. **Szafarz (D.)**, Einbau radioakt. Orotsäure in kernhalt. u. kernlose Fragmente v. Acetabularia mediterranea 2692.

Brachetti (E. B.), Chem., thermodynam. u. kinet. Grundlagen d. Crack. v. Teer-KW-stoffen in Koks- u. Eisenerzheißfiltern 6890.

Brachman (B.) u. **Roy (A. K.)**, Orale Hyposensibilisier. durch Fettharzextrakte 7015.

Brachman (M. K.), Verallgemeinerte Fermi-Thomas-Theorie 1209. — s. Hellund (E. J.); Macdonald (J. R.).
— u. **Meyerott (R. E.)**, Elektronenverteill. für Opazitätsberechnn. 2129.
Brachmann (W.), Verzink. u. Anstrich 10633.
Bracht (G.) s. Bergwerksverband zur Verwertung von Schutzrechten der Kohlentechnik G. m. b. H.
Brack (A.) s. Stoll (A.).
Bracken (A.), The chemistry of microorganisms [7013].
Brackett (F. S.) s. Daniel (J. H.).
Bracq (G. E.), Verwend. v. Kälte in d. Weinindustrie 6874.
Bradacs (L. K.), Ladenbauer (I.-M.) u. **Hecht (F.)**, Best. d. Ge mit Hilfe eines radioakt. Ge-Isotops 6350.
Bradbury (E. J.), Ni- u. monelplattierter Stahl in d. chem.-techn. Industrie 8718.
Bradbury (F. R.) u. **Standen (H.)**, Colorimetr. Best. v. Benzolhexachlorid in Insektengeweben 2500.
Bradbury (J. H.), Erweiter. d. Theorie d. dead stop-Titrat. 6578. — s. Bevington (J. C.).
Bradbury (R. B.), Mikrobest. v. Glycerin 2803.
Bradbury (S.) s. Lyophile-Cryochem Corp.
Bradbury (T. F.), Al-Legierr. 4449* E.
Bradbury (W. C.) s. Carlton (J. K.).
Braddick (H. J. J.), The physics of experimental method [1430].
Braddock (L. I.), Garlow (K. Y.), Grim (L. L), Kirkpatrick (A. F.), Pease (S. W.), Pollard (A. J.), Price (E. F.), Reissmann (T. L.), Rose (H. A.) u. **Willard (M. L.)**, Bldg., Trenn. u. Identifizier. d. 2.4-Dinitrophenylhydrazone 7403.
Braden (A. W. H.), Eigg. d. Membranen v. Ratten- u. Kanincheneiern 5565. — Rkk. isolierter Mucopolysaccharide bei verschied. histochem. Testen 10765.
Braden (C. H.), Patronis jr. (E. T.) u. **Wyly (L. D.)**, Zerfall v. ^{195}Hg 2357.
Braden (M.), Fletcher (W. P.) u. **McSweeney (G. P.)**, Vulkanisat. v. Kautschuk durch organ. Peroxyde 9211.
Brader jr. (W. H.) s. Hine (J.).
Bradfield (A. E.), Flood (A. E.), Hulme (A. C.) u. **Williams (A. H.)**, Chlorogensäuren in Obstbäumen 7013.
Bradfield (G.) u. **Pursey (H.)**, Rolle bevorzugter Orientier. bei Elastizitätsunterss. 4056.
Bradfield (R.) s. York jr. (E. T.).
Bradford (A. P.) s. Hass (G.).
Bradford (B. W.) s. Imperial Chemical Industries Ltd.
Bradford (E. B.) s. Alfrey jr. (T.).
Bradford (R.), Clay (C.) u. **Strick (E.)**, Stationärer Ausgleichsvorgang bei d. Kernindukt. 6678.
Bradford Dyers' Association Ltd., Behandeln v. hydrophilen Polymeren 1879* F. — Wasserfestmachen v. Geweben aus Cellulose 3283* F. — Veredeln v. Cellulosefasern 6170* F.
—, **Cockett (S. R.), Evans (J. G.)** u. **Landells (G.)**, Wasserabweisendes Papier oder Textilien 5692* E.
—, **Evans (J. G.), Landells (G.), Screeton (B. E.), Holmes (J. M.)** u. **Rogers (G. C.)**, Wäschekragenversteif. 8999* E.
—, **Evans (J. G.), Leach (J. H.)** u. **Meals (W. S.)**, Fixier. v. organ., in W. lösl. Füllmitteln in Geweben 9937* E. — Behandl. v. Cellulosetextilien 9938* E.
Bradley (A.) u. **Hill (Marion E.)**, Esterspalt. in 100%iger H_2SO_4 6489.
Bradley (D. C.), Abd-el Halim (F. M.), Mehrotra (R. C.) u. **Wardlaw (W.)**, Rkk. v. Acetylchlorid mit Zr-Alkoxyden 6704.
—, **Mehrotra (R. C.)** u. **Wardlaw (W.)**, Hf-Alkoxyde 6704.
—, **Saad (M. A.)** u. **Wardlaw (W.)**, Tert. Alkoxyde d. Th 5022.
Bradley (D. E.), Kohlenstoffaufdampfabdrucktechnik zum Gebrauch mit d. Elektronenmikroskop u. seine Anwend. auf d. Unters. photograph. Körner 5490.
Bradley (D. F.) s. Goodman (M.).
Bradley (E. F.), Härteskala für Stahl 9429.
Bradley (F. W.), Methoden zur Best. d. Echtheitseigg. farbiger Textilien 1845.
Bradley (H.) s. Mitchell (R. E.).
Bradley (H. B.) s. Imperial Chemical Industries Ltd.
Bradley (J. E.) s. Oster (R. H.).
Bradley (J. E. S.), Holloway (R. C.) u. **McFarlane (A. S.)**, Best. v. ^{14}C in d. Gasphase als CO_2 1807.
Bradley (K.) u. **Eccles (J. C.)**, Strychnin als primär lähmendes Mittel 10562.
Bradley III (L. C.), Verwend. eines temperaturempfindl. Leuchtstoffs zur Mess. v. Oberflächentempp. in d. Aerodynamik 2130.
Bradley jr. (P. R.), Pacific-Extraktionsverf. 10113.
Bradley (R. C.), Zerstäuben v. Alkaliatomen durch Edelgasionen niederer Energie 515. — Vakuumzerstäub. v. metall. Na durch Edelgasionen 982.
Bradley (R. S.), Thermistor-McLeod-Manometer für einen Druckbereich v. $1-10^{-7}$ mm Quecksilbersäule 1569. — Protonenwellen 1896. — Keimbldg. bei Phasenumwandll. 3084. — Spezif. Wärme u. a. thermodynam. Funktt. v. rhomb. u. monoklinem S u. ihre Anwend. auf d. Kinetik u. Thermodynamik d. Phasenumwandl. 6692. — Symmetrie zwischen Elektronen- u. Protonenübergang 8102. — Quarzmikrowaage 9398. — Verdampfungsgeschwindigkk. 7. Mitt. Theorie d. Verdampfungsgeschwindigk. u. d. Dampfdruckes v. KCl 10446.
— u. **Volans (P.)**, Verdampfungsgeschwindigkk. 6. Mitt. Dampfdruck u. Verdampfungsgeschwindigk. d. KCl 10446.
Bradley (S. E.) s. Lathem (W.).
Bradley (S. G.) s. Sussman (M.).
Bradley (T. F.) s. American Cyanamid Co.; N. V. de Bataafsche Petroleum Mij.; Shell Development Co.
Bradley (W.), Direkte Hydroxylier. v. aromat. Verbb. 6252. — Farbengebende Substanzen 8972. — s. Backhouse (A. J.).
— u. **Easty (G. C.)**, Selektive Absorpt. v. opt. Antipoden durch Proteine. 2. Mitt. 2917.
— u. **Jeffrey (S.)**, Einw. v. Grignard-Reagentien u. Dialkylcadmium auf Alkylchinolinium- u. Alkylisochinoliniumsalze. Bezieh. zwischen d. Basizität d. Anionen u. ihrer Orientier. in Kernsubstitutions-Rkk. 1971.
— u. **Nursten (H. E.)**, Chemie d. Indanthrens. 8. Mitt. 3.3'-Dimethylderivv. v. Indanthren u. Flavanthren 1513.
— u. **Pexton (F. W.)**, Kernsubstitut. durch Anionen u. Selbstkondensat. in 1.8-Naph-

thalimid u. seinem N-Methylderiv. 4594. — Selbstkondensations-Rkk. u. Kernsubstitut. durch Anionen in einigen Ringhomologen d. Chinoxalins 4595.
Bradley (W.) u. **Thitchener (C. R.),** Bldg. v. 1.2;7.8-Diphthaloylcarbazol durch Dehydrier. v. Bis[anthrachinonyl-(1)]-amin 2894.
Bradley (W. B.) s. Bechtel (W. G.).
Bradley (W. W.) s. Burns (R. M.).
Bradlow (H. L.) u. **Vanderwerf (C. A.),** Oxydat. β-substituierter Pyridinalkojodide 9333.
Bradner (H.) u. **Donaldson (R.),** Suche nach Polarisat. bei d. Ladungsaustauschstreuung 4027. — Asymmetrie in d. Neutronenerzeug. bei Beschuß v. Targets mit polarisierten 285 MeV-Protonen 6445.
—, O'Connell (D. J.) u. **Rankin (B.),** Relative Erzeug. v. π+- u. π^--Mesonen durch Neutronen 7137.
Bradshaw (L. C.) s. International Bitumen Emulsions Ltd.
Bradshaw (S. E.), Erscheinn. beim Schmelzen u. Erstarren v. Ge 1680.
Bradshaw (S. N.) s. Courtaulds Ltd.
Bradshaw (T. E. T.) u. **Jessop (W. J. E.),** Ausscheid. v. Östrogenen u. Pregnandiol mit d. Harn am Ende d. Schwangerschaft, während d. Geburtswehen u. während d. frühen Puerperiums 7947.
Bradshaw (W.) s. Silverman (Louis).
Bradshaw (W. D.), Rohre u. Schläuche 8046.
Bradshaw (W. N.) s. Clarke (S. G.).
Bradsher (C. K.) u. **Jackson jr. (Winston J.),** Aromat. Cyclodehydratisier. 27. Mitt. Cyclisier. v. Aldehyden, Ketonen u. Ketonitrilen 7200.
Bradwick (K.) s. Lloyd (C. W.).
Brady (A. P.) s. El Dorado Oil Works.
—, Brown (A. G.) u. **Huff (H.),** Polymerisat. v. wss. Kaliumsilicatlsgg. 1450.
Brady (E. L.), Herst. u. Eigg. v. Bleitellurid 4279. — Chem. Natur d. durch Dampf transportierten SiO_2 9043.
Brady (E. W.) s. Turbodyne Corp.
Brady (L. J.) s. White (J. C.).
Brady jr. (L. W.) s. King (E. R.).
Brady (N. C.) s. Baker (A.).
Brady (O. L.) s. Benger (M.).
Brady (R. O.) s. Agranoff (B. W.).
Brady (T. G.) u. **Duggan (P. F.),** Auslösung d. endogenen Gär. in Bäckerhefe durch hohe Azidkonzz. 2456.
Braeckman (P.), Nichtionogene Emulgatoren u. ihre Anwend. in d. Arzneikunde. 2. Mitt. 1561.
Braendle (H. A.), Effekt d. Wärme bei d. Rußverstärk. v. Kautschuk. 2. Mitt. Rußverteil. u. Wärme bei d. Verarbeit. zu Prodd. mit optimaler Verstärk. 2795.
Brändström (A.), Alkali-Chelatverbb. bei organ. Rkk.; allg. Theorie über d. Alkylier. d. Metallderivv. tautomerer Substanzen 3831. — Kondensationen v. Estern mit Diäthyloxalat 6957. — Wichtigk. d. Alkalichelate bei d. Alkylier. d. β-Ketoester 11189.
Brännland (R.) s. Angel (G.).
Braesch (S.), Colorimetr. Best. v. Phenoloxydase 7701.
Bräuniger (H.), Papierchromatographie d. Alkaloide. Literaturübersicht. 1.—3. Mitt. 5130.
— u. Borgwardt (G.), Quantitative Best. v. Barbitursäurederivv. 3198. — Papierchromatograph. Best. v. Alkaloiden 10322.
Bräuniger (H.) u. **Raudonat (H.-W.),** Quantitative Best. d. Spaltprodd. d. β-Piperidinäthylpropoxphenylketons (Falicain) 2252.
— u. Spangenberg (K.), Analytik d. Thiofalicaine 2024.
Bräunlich (K.) s. Hofmann (Eduard).
Bräutigam (H. H.), Behandl. d. akuten experimentellen Quecksilbervergift. mit 1.2-Dimercaptopropanol 2249. — s. Röttger (H.).
— u. Schreyer (C. H.), Sublimatflockungs-Rk. beim Collumcarcinom 3400.
Braganca (B.) s. Kalckar (H. M.).
Bragdon (C. R.), Dem Bedarf angepaßte Glycerinalkydharze 4713.
Bragdon (D. E.), Lazo-Wasem (E. A.), Zarrow (M. X.) u. **Hisaw (F. L.),** Nachw. v. progesteronähnl. Wrkg. im Plasma v. aus Eiern lebendig gebärenden Schlangen 4623.
Bragdon (R. W.) s. Banus (M. D.); United States of America.
Bragg (C. J.) s. Komarewsky (V. I.).
Bragg (J. K.) s. Crowe (R. W.); Sharbaugh (A. H.).
Bragg (L.), Röntgenunterss. v. biol. Moll. 5809. — Röntgenstrahlenunters. d. Proteinstruktur 6533. — App. zur Berechn. v. Strukturfaktoren 8797.
— u. Howells (E. R.), Röntgenstrahlenbeug. durch Imidazolmethämoglobin 5809.
—, Howells (E. R.) u. **Perutz (M. F.),** Struktur v. Hämoglobin. 2. Mitt. 5090.
— u. Perutz (M. F.), Struktur v. Hämoglobin. 6. Mitt. Fourier-Projektt. auf d. (*010*)-Ebene 5092. — Äußere Form d. Hämoglobinmol. 1. Mitt. 838.
Bragin (S. M.) u. **Markossjan (M. M.),** Einfl. d. Feuchtigk. auf d. elektr. Kennzahlen v. Isolationsgummi 10594.
Bragin (W. T.), Einfl. v. CO auf d. Entwässer. v. Fe-Erzen 5883. — Einfl. d. Erzfeuchtigk. auf d. Reduktionsprozeß d. Fe-Oxyde 9655.
Brahde (L. B.) = Barricelli Brahde (L.).
Brahic (J.), Girault (Andrée), Girault (André) u. **Tamalet (J.),** Beeinfluss. d. Meerschweinchentuberkulose durch Beimisch. v. Hyaluronidase zum infizierenden Stamm 128.
Braibanti (A.) s. Nardelli (M.).
Braid (T. H.), Messungen v. Neutroneneinfang-γ-Strahlen mit einem Scintillationsspektrometer 5235. — s. Knight (J. C.).
Braidwood (W. W.), Entw. u. gegenwärt. Stand d. Gußeisens mit Kugelgraphit 7304.
Brailowa (N. W.) s. Kublanowskaja (G. M.).
Brailowskaja (A. J.) s. Mursajewa (A. M.).
Brain (D. K.) s. Castro (A. J.).
Brainerd (H.) u. **Scaparone (M.),** Wrkg. v. Cortison auf d. Bind. u. d. Neutralisat. d. Diphtherieantitoxins 10297.
Braithwaite (R. J.) s. Evans (Norman) & Rais Ltd.
Braitsch (O.), Inhomogenes Skapolithgefüge 3582.
Braive (C.), Mess. v. Pigmenten u. Farbstoffen 10388.
Brake (A. H.), Collings (G. R.) u. **Osborne (S. C.),** Verminder. d. schädl. Wrkgg. v. härtebildenden Salzen in Fll. 2043* Dän.
Brakke (M. K.), Zonentrennungen durch Dichte-Gradient-Zentrifugieren 4379. — s. Nickell (L. G.).
Brame (R. A.) s. Pulaski (E. J.).
Bramer (H. v.) s. Eastman Kodak Co.

Bramley (Albert) s. B. B. Chemical Co. Ltd.
Bramley (Arthur), Wellenlänge gestreuter Strahl. 4995. — s. Rosenthal (J. E.).
— u. **Rosenthal (J. E.)**, Kurzzeitspannungsindicator u. Anzeigetafel 8786.
Bramslev (E.), Grundlagen d. Reinig. d. Gases v. H_2S. 2. Mitt. Gleichzeit. Rk. v. Fe_2O_3 mit H_2S u. O_2 10166.
Bramson (H. J.) s. Seifert (A. M.).
Bramstedt (F.) s. Wulf (K.).
— u. **Kröger (G.)**, Rundfilterchromatograph. Unterss. zum Problem d. Substitutionstherapie mit tier. u. pflanzl. Fermenten 2477.
—, **Kröncke (A.)** u. **Naujoks (R.)**, Biochem. Unterss. zur F-Wrkg. im Speichel cariesanfälliger u. -resistenter Personen 8883.
Bramwyche (P. L.) s. Distillers Co. Ltd.
Branan (W. M.) s. Du Pont de Nemours (E. I.) & Co.
Branas (J.), Neue Mehltaubekämpfungsmittel 8009.
Branca (G.) s. Carrelli (A.).
Brancaccio (A.) s. Fornara (P.).
Brancaccio (G.) s. Gambardella (A.).
Branch (R. F.) s. Bellamy (L. J.).
Branch (S. J.) u. **Jones (Brynmor)**, Kinetik u. Mechanismus d. aromat. Halogenier. durch unterhalogen. Säuren. 1. Mitt. Bromier. v. aromat. Äthern durch unterbrom. Säure 5277.
Branche (A.) s. Gastard (J.).
Brancker (A. V.), Viscose Strömung 6586.
Brand (E.) s. Sachs (H.).
Brand (F. A.) s. Jacobs (H.).
— u. **Jacobs (H.)**, Energieverteill. v. feldabhäng. sek. Elektronen 9961.
—, **Jacobs (H.)** u. **LoCascio (C.)**, Verss. zur Entw. keram. Elektronenröhren 4187.
Brand (H.) s. Prooijen (W. van).
Brand (J. C. D.), Schwingungsanalyse d. Fluorescenzspektr. v. Formaldehyd 3098.
— u. **Cawthon (T. M.)**, Schwingungsspektr. v. Methylnitrat 5982.
Brand (R. A.) s. Reyerson (L. H.).
Brand (T. v.) s. Agosin (M.); Tobie (E. J.).
Brandão (F. A. G. A.), **Frota-Pessoa (E.)**, **Margem (N.)** u. **Perez (W.)**, Verwend. fl. Emuls. bei d. Titrier. v. U aus radioakt. Mineralien 5717.
Brandel (A. J.) s. California Research Corp.
Brandenburg (W.) u. **Froböse (H.)**, Neues Mikro-F.-Bestimmungsgerät 10817.
Brandenburg (Dr.) & Weyland G. m. b. H. s. Elektrochemische Fabrik.
Brander (G. C.) s. Fitzpatrick (R. J.).
Brandes (E. A.) s. Fulmer Research Institute Ltd.
Brandes (G.) s. Goubeau (J.).
Brandes (G. A.), Geschichte u. Entw. d. Äthylen-bis-dithiocarbamatfungicide 197.
Brandes (O. L.) s. Gulf Research & Development Co.
Brandi (H.), Entw. d. Thomas-Stahlerzeug. in Europa u. d. baul. Ausgestalt. d. Thomas-Werke 6837. — s. Thyssen (A.)-Hütte Akt.-Ges.
Brandimarte (E.), Mol.-Verbb. d. in rauchlosen Pulvern verwendeten Stabilisier- u. Gelatiniermittel 264. — Empfindlichk. d. Lécorché-Jovinet u. d. Indicatorpapiertestes auf mit Zentralit stabilisierten Pulvern 6896.
Brandl (A.) s. Phrix-Werke Akt.-Ges.
Brandl (E.) s. Biochemie G. m. b. H.
Brandmüller (J.), Rayleigh-Streuung u. Rotat.-Raman-Effekt v. Fll. 10192.
— u. **Hofmeister (E.)**, Polarisationsgrad gebräuchl. Polarisatoren 1337.
— u. **Moser (H.)**, Selbstregistrier. v. Raman-Spektren 1106.
Brandner (J. D.) s. Atlas Powder Co.
Brandon (R. C.) s. Standard Oil Development Co.
Brands (K. H.) u. **Montag (C.)**, Beeinflussung d. radioakt. Jodspeicher. d. Schilddrüse durch Keimdrüsenhormone 5825.
Brandschwede (S.), Nebenerscheinn. d. Isoniazids bei d. Behandl. Tuberkulosekranker 10313.
Brandstätter (M.), Mkr. Nachw. morphinähnl. wirkender Verbb.; Dolantin 1562. — Orientierte Verwachss. v. organ. Kristallen 5274. — Mol.-Gew.-Best. unter d. Mikroskop 7735.
Brandstätter (W.) s. Goldmann (E.).
Brandstetter (W.) s. Wohlzogen (F. X.).
Brandt (C. W.), **Taylor (W. I.)** u. **Thomas (B. R.)**, Bestandteil d. äther. Öls v. Myrtus bullata 1399.
Brandt (D. J. O.) u. **Everard (W. H.)**, Cr–Si-Legierr. für d. Herst. rostfreier Stähle. In Sheffield entwickeltes Verf. d. Schlacken-Red. 4923.
— u. **Glaisher (W. H.)**, Stahlerzeug. nach d. Bessemer-Verf. u. im elektr. Ofen 10848.
— u. **Williams (W. S.)**, Stahlerzeug. in kleinem Maßstab. Entww. in d. Anwend. d. O_2-Lauge für d. Gießerei 8015.
Brandt (E.), Schmuckmalereien auf Glasplatten mit Spiegelbelag 1122* Dän.
Brandt (F.) s. Chemische Fabrik Kalk G. m. b. H.
Brandt (H.), Calorimeter zur Mess. kleiner Mischwärmen an bin. fl. Systemen 10582.
Brandt (I.) u. **Winter (H.)**, Hochdruckbehandl. mit Hydergin 4155.
Brandt (J. L.) u. **Livingston (R. L.)**, Elektronenbeugungsunters. d. Mol.-Struktur v. Hexafluoräthan 778.
Brandt (R. E.) s. Cooke (S. R. B.).
Brandt (W.) s. Hagedorn (M.); VEB Filmfabrik Agfa Wolfen.
Brandt (W. R.) u. **Nunn (L. G.)**, Absorptionsmittel für UV finden Verwend. in Möbelklarlacken 10633.
Brandt (W. W.) s. Pflaum (R. T.); Miller (R. R.); Wise (W. M.).
—, **Dwyer (F. P.)** u. **Gyarfas (E. C.)**, Chelatkomplexe v. 1.10-Phenanthrolin u. verwandten Verbb. 9095.
— u. **Howsmon jr. (W. B.)**, Metall–Amin-Koordinationsverbb. 2. Mitt. Syst. Eisen-(III)–1.10-Phenanthrolin in Eisessig 10701.
—, **Vries (J. E. De)** u. **Gantz (E. S. C.)**, Red. v. Nitroguanidin durch Titan(III)-chlorid 8823.
Branin jr. (F. H.), Elektron. Zweirichtungszähler zur Verwend. in d. opt. Interferometrie 2031.
Brann jr. (J. L.) u. **Palm (C. E.)**, Kleinvolumenbesprüh. für Kulturpflanzen 10607.
Brannen (C. G.) s. Standard Oil Co.
Brannock (K. C.) s. Eastman Kodak Co.; Royals (E. E.).
Brans (P. H.), **Hoff (J. J.)** u. **Zuidersma (M. H. L.)**, Handleiding voor hat apothekersassistentsexamen. Waarin opgenomen de officiële lijsten van synoniemen en van plantaardige en dierlijke grondstoffen [7272].

Branscheid (F.) s. Jayme (G.).
Branscomb (L. M.) u. **Fite (W. L.)**, Photoabspalt. v. negativen Wasserstoffion 282.
Bransden (B. H.) u. **Dalgarno (A.)**, Anwend. v. Variationsmethoden auf d. Streuung durch Ionen. 1. Mitt. Elast. Streuung v. Elektronen an He-Ionen 505.
—, **Dalgarno (A.)** u. **King (N. M.)**, Anwend. v. Variationsmethoden auf d. Streuung durch Ionen. 2. Mitt. Störwellennäher. u. 1s–2s-Anreg. v. He-Ionen durch Elektronenstoß 9489.
Branyan (C. E.) s. Cork (J. M.).
Brar (S. S.) s. Clark (R. K.).
Brard (E.), Einfl. d. Thyroxins u. d. Testosterons auf d. Hühnerkamm 7712.
Bras (G. H. P.), Chemieingenieurmäßige Gesichtspunkte d. Nebelbldg. in Oberflächenkondensatoren 10341.
Bras (G. I.) u. **Kore (S. A.)**, 9-substituierte Derivv. d. Acridins 7673.
Bras (J.) s. Solms (E.).
Brasack (F.), Best. d. Temperatureinflusses auf d. Steifigk. v. Schraubenfedern mittels Wechselrichters 9892.
Brasch (A.) s. E. C. France Soc. à r. l.
Brasco Manufacturing Co., **Hess (C. B.)** u. **Richardson (H. M.)**, Nagelfäh. Material 5917* A.
Brasen (W. R.) u. **Hauser (C. R.)**, Hemellitol 6501. — o-Methylbenzylalkohol 6501. — 2-Methylbenzyldimethylamin 6503.
Brashnikowa (M. G.), **Lomakina (N. N.)** u. **Murawjewa (L. I.)**, Albomycin, seine Eigg. u. chem. Natur 8651.
Brass (C.) & Copper Co., Inc., Cu-Legierr. 5171* E.
Braß (H.), Gelatinekapsel, ihre Herst. u. pharmazeut. Bedeut. 1793.
Brass (P. D.) s. Roe (C. P.).
Brassel (J.) s. Ciba Akt.-Ges.; Gesellschaft für Chemische Industrie in Basel.
Brasseler (W.) s. Götze (K.).
Brasseur (H.), Unters. d. Tricalciumphosphathydrates u. d. auf feuchtem Wege dargestellten Hydroxylapatits 1220. — Best. d. Kristallstrukturen 9266.
Brassow (H. L.), Therapeut. Bedeut. v. Ca in Kombinat. mit Vitamin C 10554.
Brastad (W. A.) u. **Borchardt (L. F.)**, Elektr. Hygrometer v. kleinen Abmessungen 3446.
Brasted (R. C.), Comprehensive inorganic chemistry. V. 3. The halogens [45].
Brasunas (A. de S.) u. **Grant (N. J.)**, Verhüt. beschleunigter Oxydatt. zur Erhalt. v. Maschinen 3243. — Beschleunigte Oxydat. v. Metallen bei hohen Tempp. 7071.
Bratfisch (G.) s. Schering Akt.-Ges.
Brathge (K.-H.) s. Tschesche (R.).
Bratlie (O.), Unterss. d. Sekrets während d. Trächtigk. 9121.
Bratring (K.), Hohlkörper 3980* D. — Gießen v. Folien u. Platten 4966* D. B. — Kunststoffe mit hoher Splitterfestigk. 11300* D. B.
Brats (G.), Fette in d. Parfümerie 472.
Bratt (A. E.) s. Kramrisch (B.).
Brattain (W. H.), Cu-Oxydgleichrichter 7379.
— u. **Bardeen (J.)**, Oberflächeneigg. v. Ge 2836.
— u. **Garrett (C. G. B.)**, Elektr. Eigg. d. Grenzfläche zwischen einem Ge-Einkristall u. einem Elektrolyt 6217. — Oberflächeneigg. v. Ge u. Si 8789.
Brattain (W. H.) u. **Pearson (G. L.)**, Durch α-Teilchenbeschuß hervorgerufene Leitfähigkeitsänderr. v. Ge 7844.
Brattgård (S.-O.) s. Bourghardt (S.).
Bratton (F. H.) s. Allied Chemical & Dye Corp.; Hercules Powder Co.
Bratzlawskaja (K. I.), Charakter d. Veränder. d. Menge an Vitamin A im Blut nach Gaben v. Vitamin A an Kranke, d. Störungen d. Hornbildungsvermögens aufweisen 5828.
Bratzler (K.) s. Aktivkohle-Union-Verwaltungs-G. m. b. H.; Laboratorium für Adsorptionstechnik G. m. b. H.
— u. **Kleemann (H.)**, Best. v. ungesätt., gasförm. KW-stoffen durch anod. Halogenier. 10169.
Brauckhoff (H.), Neues Psychrometer für Feuchtigkeitsmessungen in hohen Tempp. 5858.
Brauckmeyer (R.) s. Anorgana G. m. b. H.
Braude (E. A.), **Brook (A. G.)** u. **Linstead (R. P.)**, Wasserstoffübertrag. 4. Mitt. Anwend. v. Chinonen hohen Potentials als Dehydrierungsreagentien 2394; 5. Mitt. Dehydrierungs-Rkk. mit Diphenylpikrylhydrazyl 2394.
—, **Coles (J. A.)** u. **Timmons (C. J.)**, Zugängl. Synth. v. Äthylenverbb. 6962.
— u. **Evans (Elliott A.)**, Alkenylier. mit Lithiumalkenylen. 8. Mitt. Alkadienylderivv. 2661.
— u. **Fawcett (J. S.)**, Kinetik d. anionotropen Umlager. 10. Mitt. Vgl. d. Effekte d. Phenyl-, Furyl- u. Thienylgruppe auf d. Reaktionsfähigk. 320. — 1.4-Naphthochinon 4338.
—, **Jackman (L. M.)** u. **Linstead (R. P.)**, Wasserstoffübertrag. 2. Mitt. Dehydrier. v. 1.4-Dihydronaphthalin durch Chinone. Kinetik u. Mechanismus 2393; 3. Mitt. Dehydrier. hydroaromat. KW-stoffe durch Chinone. Quantitativer Vgl. v. Donoren 2394.
— u. **Linstead (R. P.)**, Wasserstoffübertrag. 1. Mitt. Einführ. 2393.
—, **Linstead (R. P.)** u. **Mitchell (P. W. D.)**, 6. Mitt. Metallkatalysierte Übertragungshydrier. äthylen. Verbb. 2394.
—, **Linstead (R. P.)**, **Mitchell (P. W. D.)** u. **Wooldridge (K. R. H.)**, 8. Mitt. Metallkatalysierte Übertragungshydrier. verschiedenart. Acceptoren 2396.
—, **Linstead (R. P.)** u. **Wooldridge (K. R. H.)**, 7. Mitt. Metallkatalysierte Übertragungshydrier. v. Nitroverbb. 2395.
Braude (R.) s. Barber (R. S.).
Brauer (E.) u. **Staude (H.)**, Einfl. v. Rotlichtbestrahl. auf d. Adsorpt. d. Entwickleroxydationsprodd. an bindemittelfreies Silberbromid 6898.
Brauer (G.) s. Renner (H.).
— u. **Gradinger (H.)**, Heterotype Mischphasen bei Seltenerdoxyden. 1. Mitt. 4533; 2. Mitt. Oxydsysteme d. Ce u. d. Pr 4533.
— u. **Jander (J.)**, Nitride d. Nb 5022.
— u. **Renner (H.)**, GeO_2 mit geringem W.-Geh. 11535.
—, **Renner (H.)** u. **Wernet (J.)**, Carbide d. Nb 10219.
— u. **Zapp (K. H.)**, Kristallstruktur d. Tantalnitrids TaN 34.
Brauer (P.), Einbau v. Mn-Ionen in NaCl u. KCl 993.
Brauer (R. W.) s. Levin (R.) [New Orleans].

Brauer (W.) s. Hachenberg (O.).
Brauers (J.), Keramik-Werk u. Alsner (F.), Keram. M. 5396* D. B.
Braumann (F.) u. Krächter (H.), Aufstick. v. Rohren aus austenit. Cr–Ni–Mo-Stahl durch N_2 beim Innendruckvers. bei *700°* 3476.
Braun (A.), Galvanoplast. Nachbldgg. v. Gegenständen aus organ. Stoffen 9436* D. B. — Galvanoplast. Nachbldg. v. Gegenständen, wie Vogelfedern u. ähnlichem 9900* F.
Braun (A. A.) u. Prishiwoit (I. F.), Mechanismus d. Schutzwrkg. v. Novocain bei UV-Bestrahl. d. Haut 4392.
Braun (A. C.), Wiederherst. v. durch Wrkgg. d. tumorinduzierenden Prinzips in Kronengallen entstandenen Tumorzellen 10050.
Braun (A. D.), Best. d. Kreatins im Harn 9406.
Braun (A. E.) s. Low (W.).
Braun (Berna) s. Braun (O.).
Braun (Bernhard) s. Fa. C. Still.
Braun (D. C.), Industriehygiene 4667.
Braun (D. F.) s. Swain (A. P.).
Braun (E.) s. Badische Anilin- & Soda-Fabrik Akt.-Ges.
Braun (E. A.) s. Low (W.).
—, Many (A.) u. Simchen (A. E.), Farbzentren in Chromalaunkristallen 10919.
Braun (F.), Anwend. d. modernen Technik d. Colorimetrie bei d. Herst. u. d. Verwend. d. Farbstoffe 220. — Farbenmessung, Gegenüberstell. v. Farbtönen 9199. — Photocolorimeter Lv *2* 10820.
Braun (H.), Für d. Zahnarzt wicht. Stada-Präpp. (Standardpräpp. Deutscher Apotheker) 6802.
Braun (H.) [Strasbourg] s. Lonchamp (J. P.).
Braun (Hans), Bauelemente 7296* F.
Braun (Hans) [München], Mg-Geh. d. Nahrungsmittel 712.
Braun (J. v.), Organ. Chemie [6534].
Braun (K.) s. Zellstoff-Fabrik Waldhof.
Braun (M. P.), Grundeigg. v. gegossenem Cr–Si–Mn-Stahl bei Modifikat. durch verschied. Elemente 447.
Braun (O.), Wss. Lsgg. v. 4-Dimethylaminoantipyrin 6084* Oe. — s. Wintershall Akt.-Ges.
— u. Braun (Berna), Durchführ. v. Rkk. unter Beobacht. d. Reaktionsverlaufs 2270* E.
Braun (P.) s. Kisfaludy (S.).
Braun (P. B.), Kristallstruktur v. $BaFe_{18}O_{27}$ 11172.
Braun (W.) s. Badische Anilin- & Soda-Fabrik Akt.-Ges.
Braun-Falco (O.), Behandl. v. Hauttuberkulosen mit Isonicotinsäurehydrazid (Neoteben) 3189. — Bedeut. d. Hyaluronidase für d. Ekzem 6539. — Morpholog. u. pharmakol. Unterss. zur Frage d. Histaminabgabe durch Mastzellen 11029.
— u. Rathjens (B.), Histochem. Darst. d. Bernsteinsäuredehydrogenase in d. menschl. Haut 5095.
— u. Weber (G.), Abschwäch. d. antidiuret. Hypophysineffektes unter Vigantol 5104.
Braunbek (W.), Ortskorrelat. d. Elektronen im quantenmechan. Zweielektronenproblem 7597.
Braunbruck (W. B.) s. Strell (M.).
Braune (G.) s. Fischer (Werner).
Braune (H.) u. Möller (O.), Spezif. Wärme d. fl. S 9968.
Braune (J.-F.), Orientierende Unterss. mit einem Sterilitversuchsfilter zur Trinkwasserentkeim. 3. Mitt. 9166. — Auslösung v. Anaphylaxieerscheinn. bei Meerschweinchen durch präzipitierende Antikörper. 1. Mitt. Unterss. mit d. akt. Versuchsanordn. 11409; 2. Mitt. Auslösung v. Anaphylaxieerscheinn. mit in vitro bereiteten Antigen-Antikörpergemischen 11409; 3. Mitt. Differentialdiagnose zwischen Anaphylaxie u. Serotoxinwrkg. bei Meerschweinchen 11410.
Brauner (A. R.) s. Watts (H. V.).
Brauner (G.) s. Farbenfabriken Bayer Akt.-Ges.
Brauner (H.), Dentalpharmazeutica 11250.
Brauner (L.) u. Hasman (M.), Wirkungsmechanismus d. Heteroauxins bei d. W.-Aufnahme v. Pflanzenparenchymen 384.
Braunholtz (J. T.) s. Allison (J. A. C.).
— u. Mann (F. G.), Darst. v. Bis-[2-cyanäthyl]-derivv. aromat. prim. Amine u. ihre Umwandl. in 1.6-Diketojulolidine. 2. Mitt. 10748.
Braunkohle-Benzin Akt.-Ges., Verarbeiten v. Briketts 6431* D. B.
—, Bieger (F.) u. Arnolds (B.), Herst. v. Wassergas, bes. Synthesegas aus Braunkohlenbriketts 3042* D. B.
Brauns (E.) s. Mannesmann Akt.-Ges.
Brauns (O.), Danielsson (E.) u. Jordansson (L.), Dynam.-elektr. Kalibrier. d. Mullen-Manometers 5210.
— u. Peterson (Vincent), Glanz v. einseitigglattem Papier. 1. Mitt. 3278.
Braunschweiger Gesellschaft für angewandte Elektrizität m. b. H. u. Kühnhold (R.), Antibiot. Stoffe 6345* D. B.
—, Kühnhold (R.) u. Dahlke (W.), Gewinn. antibiot. Stoffe mittels Mikroorganismen 9149* D. B.
—, Popp (Ludwig), Dahlke (W.) u. Köhler (E.-G.), Feststell. d. Keimzahl in Nahrungsmitteln 9219* D. B.
Braunschweigische Maschinenbauanstalt Akt.-Ges., Reinigen v. Zuckersäften 1629* F. — Entfern. v. kolloidalen und/oder salzart. Stoffen aus Zuckersäften oder solche Stoffe enthaltenden Lsgg., Disperss. bzw. Suspenss. 4722* D. B.
— u. Linde (H. J. v. der), Aromat. Verbb., v. Naphthenen, v. Isoparaffinen u. n. Paraffinen aus Mineralölen 9232* D. B.
Braunstein (A. J.) u. Schemjakin (M. M.), Theorie d. durch Pyridoxalenzyme katalysierbaren Prozesse d. Aminosäurestoffwechsels 1534.
Braunstein (J.) s. Frost (A. A.).
Braunstein (M.) s. Sheffield Bronze Paint Corp.
Braunstein (R.) s. Trischka (J. W.).
Braunsteiner (H.), Fellinger (K.) u. Pakesch (F.), Elektronenmkr. Unterss. über Zellstruktur u. Zellfunkt. 8405.
Braus (H.) s. Ruchhoft (C. C.).
Brauß (F. W.), Desinfekt. d. Hände mit fließender Lsg. v. Tego *103* S 873. — Neuzeitl. Hautdesinfekt. 873. — Elektrolyt. Chlor. v. Wässern 10349.
Bravi (L.), Disinfezione dei libri e igiene bibliotecaria [8216].
Bravo Rey (A.) u. Carbo Jofra (L.), Einfl. d. Füllstoffe bei Kunststoffkörpern aus Polyvinylchlorid 10869.
Bray (H. G.), White (K.) u. Wood (P. B.), Hydrolyse v. n-Hexancarbonsäureamid durch Rattenleberextrakte 6540.

Bray (P. J.), Nachw. v. reinen Quadrupolresonanzen 3559. — Selbstlöschende superregenerative Radiofrequenzspektrometer 5857. — Br-Kernquadrupolresonanzen 7609. — Bromquadrupolspektren u. Hammetts σ-Werte 9052. — s. Barnes (R. G.).
— u. **Esteva (D.)**, Cl in reinen Quadrupolspektren d. SO_2Cl-Gruppe 1233.
Bray (R.) u. **Gossick (B. R.)**, Einfl. v. Übergangszeiten auf d. Gleichrichterverh. v. Ge 6218.
Bray (R. H.), Auffass. v. d. Nährstoffbeweglichk. bei d. Beziehungen v. Boden u. Pflanze 4913. — s. Cheng (K. L.).
Bray (R. W.) s. Kelly (R. F.).
Bray (U. B.), Gereinigte, öllösl. Mineralölsulfonate 2344* D. B.
Braybrook (A.) u. **Hadfield (D.)**, Gegossene permanente Magnete 2060.
Braybrooks (W. E.) u. **Mitton (R. G.)**, Eichenrindengerbung: Auswrkgg. v. Veränderr. im Versatz 11136.
Brazee (E. F.) s. Elektriska Svetsningsaktiebolaget.
Brčić (B. S.), Syst. $CaO+SiO_2$. 1. Mitt. 43; 2. Mitt. 43.
Break (R. A.) s. Jensen (F.).
Brealey (G. J.) u. **Uri (N.)**, Photochem. Oxydored. u. Photokatalyse. Photochem. Aktivität v. $FeCl_4^-$ in Alkohol als Oxydationsmittel u. als Katalysator 538.
Brearley (A. C.), Amerikan. Betriebserfahrr. mit d. sauern Elektrostahlofen 4199.
Breazeale (J. B.) s. Beams (J. W.).
Brebrick (R. F.) s. Scanlon (W. W.).
— u. **Scanlon (W. W.)**, Zwischenschichtdiffus. in PbS-Kristallen 6918.
Brechelt (B.) s. Wyszomirski (A.).
Brechman (I. I.) u. **Frujentow (N. K.)**, Einfl. v. Shen-Schen auf d. Reaktivität d. Organismus 9608.
Brecht (W.), Entwicklungsarbeiten auf d. Gebiete d. Halbstoff- u. Papierprüf. 1168.
— u. **Globig (C.)**, Unters. eines gebleichten Strohzellstoffes auf seine papiertechnolog. Eigg. 10162.
— u. **Jacobs (G.)**, Unterss. halbtechn. u. techn. Maßstabes über d. papiertechnolog. Eigg. eines gebleichten Strohzellstoffes 10162.
— u. **Kilpper (W.)**, Einfl. d. technolog. Arbeitsbedingg. bei d. Braunschliffverf. 5451.
— u. **Klemm (K. H.)**, Komponentengemisch in einem mechan. Holzschliff als Schlüssel zur Kenntnis seiner technolog. Eigg. 8995.
— u. **Körner (L.)**, Laboratoriumsunterss. über d. Eign. einiger Geräte zur Schnellmessung d. Papierfeuchtigkeitsgeh. 5210.
—, **Körner (L.)** u. **Liebert (E.)**, Genauigk. bei d. mkr. Ermittl. d. Holzschliffgeh. v. Zeitungsdruckpapieren 6882.
—, **Langer (H.)** u. **Beigang (F.)**, Best. d. Schmutzgeh. v. Zellstoffen 10162.
— u. **Schuster (Günther)**, Einfl. d. Holzfeuchtigk. auf d. Ergebnisse d. Schleifprozesses 7113.
— u. **Volk (W.)**, Kraft-Dehnungs-Messung an Papieren im Zustand initialer Nässe 5210.
Breckenridge (B.), Oxydat. v. CO durch Cytochromoxydase im Muskel 1529.
Breckenridge (C. G.) u. **Hoff (H. E.)**, Pharmakol. Analyse d. nervösen Steuer. d. Atmung durch *dl*-Dromoran 3430.
Breckenridge (J. G.) s. Knott (R. F.).
Breckenridge (R. C.) s. Scatchard (G.).
Breckheimer (W.) s. Ans (J. D').
Breckon (S. W.), **Henrikson (A.)**, **Martin (W. M.)** u. **Foster (J. S.)**, Radioaktive Isotope ^{24}Al, ^{28}P, ^{32}Cl 737.
Brede (H. D.), Cardiolipinsyphilistest mit Kurzinaktivier. u. Wärme-Kälte-Bind. 8417.
Bredereck (H.) s. Deutsche Gold- & Silberscheideanstalt vormals Roessler; Farbwerke Hoechst Akt.-Ges., vormals Meister Lucius & Brüning; Heraeus (W. C.) G. m. b. H.
—, **Bäder (E.)** u. **Wohnhas (A.)**, Polymerisationen u. Polymerisationskatalysatoren. 2. Mitt. α-Oxy-, α-Aminosulfone u. sulfinsaure Salze organ. Basen als Polymerisationskatalysatoren 8400.
—, **Dürr (H.)** u. **Ruck (K.)**, Chromatograph. Trennungen acetylierter Mono- u. Disaccharide 5383.
—, **Theilig (G.)** u. **Gompper (R.)**, α-Oxycarbonsäuren oder ihre Ester 5651* D. B.
Bredeson (O. A.) s. Du Pont de Nemours (E. I.) & Co.
Bredig (M. A.), **Johnson (J. W.)** u. **Smith jr. (W. T.)**, Mischbark. fl. Metalle mit Salzen. 1. Mitt. Natrium-Natriumhalogenid-Syst. 9041.
Brednow (W.), L. Oken 10426.
Breed (H. E.) u. **Greenberg (J. M.)**, Unterss. v. Intensitätsanomalien bei d. Elektronenbeug. an Kristallen 5011.
Breederveld (H.) u. **Waterman (H. I.)**, Darst. v. Tetra-tert.-butoxysilan 9307.
Breedlove (J. G.) s. Comeforo (J. E.).
Breen (A. V.) s. Fox (E. J.).
Breen (J. E.) u. **Lane (J. R.)**, Einfl. d. Korngröße auf d. Zeitstandfestigk. bei hoher Temp. 6121.
Breen (R. J.) u. **Weber (A. H.)**, Neutronenbeug. in Kieselsäureglas 531.
Breeze (D. J.), Berstscheibenanordnn. u. ihre Anwend. in d. chem. Industrie 7516.
Bregaglio (U.), Extrakt. durch „Isolysation" verschied. in d. Kosmetik gebrauchter aktiver Stoffe 1156.
Bregant (N.) s. Balenović (K.).
Bregar (G. W.) s. Great Lakes Carbon Corp.
Bregman (B.) s. Bamag Ltd.
Brehler (B.) u. **Winkler (H. G. F.)**, Struktur d. K_2MgF_4 7626.
Brehm (H.), Kreislaufwrkg. d. Glutaminsäure 1091.
Brehm (R. K.) u. **Fassel (V. A.)**, Neue Möglichk. für d. direkt anzeigende spektrochem. Anlayse 649.
Brehm (R.-L.), Erfahrr. in d. Behandl. d. Hard pad disease (Hartballenstaupe) mit d. Rhodanwasserstoffsäurepräpp. Otrhomin u. Rhodoforman 6068.
Brehm (W. J.) u. **Levenson (T.)**, Synth. d. β-[Carboxymethoxy]-propionsäuredimethylesters 1019. — Relativer acidifizierender Einfl. v. O- u. S-Atomen auf H-Atome in α-Stell. 3145.
Brehmer (T. E.), Chloressigsäure u. α-Mercaptoessigsäure 5033.
Breidenbach (A. W.) u. **Ray (F. E.)**, Magenascorbinsäure bei Meerschweinchen mit Gastritis 11239.
Breidenbach jr. (H. I.) s. Dewey (J. N.).
Breidenfeld (J.), Pyrophore Metallpulver u. Metallstaubexploss. 5148.

Breig (K.) s. Farbenfabriken Bayer Akt.-Ges.
Breiger (H.) s. Papa (D.).
Breigina (C. S.) u. **Bartaschewitsch (O. A.)**, Stabilisier. v. Injektionslsgg. d. Ascorbinsäure 6081.
Breil (G.) s. Schäfer (Harald).
Breinlich (J.), Mikrochem. Nachw. v. Cliradon u. Dromoran im Urin 2036.
Breit (G.) s. Daitch (P. B.); Thaler (R. M.).
— u. **Daitch (P. B.)**, Korrespondenz zwischen halbklass. u. Quantenbehandl. v. Coulomb-Anregungen 11143.
— u. **Ehrman (J. B.)**, Formel für d. Polarisat. bei Nucleon–Nucleon-Streuung 10183.
—, **Ehrman (J. B.)**, **Saperstein (A. M.)** u. **Hull jr. (M. H.)**, Phasenverschiebungen für Nucleon–Nucleon-Streuung bei *280* MeV 10183.
Breit (H.) s. Seel (F.).
Breit (K.) u. **Juza (R.)**, Magnet. u. opt. Unterss. an Co- u. Ni–Alkaliborat-Gläsern 7523.
Breit (L.) s. Barvir (A.).
Breitbach (F.) s. Fa. C. Still.
Breitenbach (J. W.), **Forster (E. L.)** u. **Renner (A. J.)**, Mol.-Gew.-Bestimmungen an Polyvinylchloriden 117.
— u. **Kastell (A.)**, Geschwindigk. d. therm. Zerfalls v. Anthracenperoxyd 4801.
Breitenberger (E.), Geometrie v. Winkelkorrelationsmessungen 3300. — Winkelkorrelat. zwischen K-Konversionselektronen 7143.
Breitenstein (J. S.) s. Cole (S. S.).
Breiter (M.) u. **Clamroth (R.)**, Wasserstoffüberspann. an Elektroden mit zwei hintereinander ablaufenden geschwindigkeitsbestimmenden Vorgängen 2607.
Breitler (O.), Zerstäub. v. Antilin mittels Diesel-Einspritzpumpe zur Verhüt. u. Auflösung v. Naphthalinansätzen im Rohrnetz 3285.
Breitling (G.) s. Richter (H.).
— u. **Glocker (R.)**, Best. d. Polarisationskorrekt. bei d. Bremsung schneller Elektronen v. *3—15* MeV 7597.
Breitman (A. J.) s. Ginetzinski (A. G.).
Breitman (L.) s. Onyszchuk (M.).
Breitman (W. M.), Kinet. Kriterien d. integralen Ähnlichk., d. sich aus d. Differentialgleichungen d. klass. chem. Kinetik bei variabler Temp. ergeben 2148. — Integralgleichungen d. chem. Kinetik 2149.
Breitung (H.), Drei Jahre Turmdiffus. in Elsdorf 5920.
Breivogel (P. J.) s. White Laboratories, Inc.
Brekke (J. E.) s. Neubert (A. M.).
Brekke (O. L.) s. Belter (P. A.).
Brellochs (W.) s. Aktiebolaget Robo.
Brem (J.) s. Kneller (L. A.).
Brem-Rupp (L.) s. Strell (M.).
Breman (R.) u. **Swenson (C. A.)**, Absol. Temperaturskala zwischen *4,2* u. *5,2*° K 5487.
Bremant (A.), Elektr. Isolator 10344* F.
Bremer (K. G.) s. Buckles (R. E.).
Bremer (O. L.) s. Løvens Kemiske Fabrik ved A. Kongsted.
Bremner (J. G. M.) s. Imperial Chemical Industries Ltd.
Bremner (R. W.) s. Caton jr. (R. D.).
Brémond (P.), Unters. d. gasförm. Permeabilität keram. Erzeugnisse in d. Kälte u. bei hoher Temp. 8470.
Brena (S.) u. **Benedetto (V.)**, Beeinflussung d. Druckes in d. rechten Herzkammer durch natürl. u. synthet. Curareverbb. 8437.
Brendel (R.) s. Martin (G. J.).
Brendel (W.) u. **L'Allemand (H.)**, Einfl. v. Megaphen auf d. Wärmeregulat. 9842.
Brendlein (H.) s. Deutsche Gold- & Silberscheideanstalt vormals Roessler.
Brendstrup (P.), Serumkupfer, Serumeisen u. Gesamteisenbindungskapazität d. Serums bei Patienten mit chron.-rheumat. Erkrankungen 3182. — Ungesätt. Cu-Bindungskapazität d. Blutserums 3420. — Serumkupfer, Serumeisen u. d. gesamte Eisenbindungskapazität d. Serums bei akuten u. chron. Infektionen 5828.
Brenes (E. J.) s. Schmehl (W. R.).
Brenes (L. R.) = Rivera Brenes (L.).
Brenet (J.), Kristallograph. Daten über d. Mangandioxyde 4774.
Brengelmann (H.) s. Lerch (H.).
Brenig (W.), Kräfte zwischen d. Atomen d. festen Körpers 10933. — s. Leibfried (G.).
— u. **Höhler (G.)**, Fragen d. gegenwärt. Quantentheorie elektron. Leiter 2836.
Brenkman (J. A.) s. Maesen (F. van der).
Brennan (E. W.) s. Pure Oil Co.
Brennan (J. B.), Elektroden für alkal. Akkumulatoren 895* A. — Elektroden für Akkumulatoren 6100* A.
Brennan (J. H.) s. Electric Furnace Products Co. Ltd.
Brennan (J. T.), **Harris (P. S.)**, **Carter (R. E.)** u. **Langham (W. H.)**, Biol. Wirksamk. therm. Neutronen bei Mäusen. 1. Mitt. 5834; 2. Mitt. 6792.
Brennan (R. O.) u. **Mulligan (J. F.)**, Heteronucleare Zweizentren-Hybrid-Coulomb-Austauschintegrale 7624.
Brennan (R. V.) s. Carroll (G.).
Brennecke (E.), Wachspulver 6422* E. — Pulverförm. Wachs 10650* Dän.
Brennecke (W.) s. Fettchemie & Fewa-Werk VEB.
Brennen (J. B.), Elektroden für Akkumulatoren 6589* A.
Brenner (A.) s. United States of America.
Brenner (B.), Glanzmess. u. Toleranz v. photograph. Papier 3295.
Brenner (F.) s. Pfälzische Gummiwerke G. m. b. H.
Brenner (G. M.), Zuckerfreies Getränk für Diätzwecke 11114* A.
Brenner (M. W.) u. **Owades (J. L.)**, Stabile Lsgg. v. koll. S 2843.
Brenner (N.) s. Morris (S. G.).
Brenner (P.) s. Vereinigte Leichtmetall-Werke G. m. b. H.
Brenner (S.), **Brown (G. E.)** u. **Elton (L. R. B.)**, Elast. Streuung v. *125* MeV-Elektronen an Hg 3789.
Brennstoff-Technik G. m. b. H. u. **Hansen (C. J.)**, Entphenolen v. Abwässern 10139* D. B.
—, **Kuhl (E.)** u. **Hansen (C. J.)**, Erzeug. v. Wassergas aus Schwelkoks 2816* D. B.
Brenowitz (P.) s. Black (Maurice M.).
Brent (J. T.) s. Behr (L. C.).
Brent (S.) s. Crispell (K. R.).
Brentano (J. C. M.), Quantitative Best. v. photograph. Röntgenbeugungsbildern mit Hilfe eines Umwandlers 10424.

Brentano (J. C. M.) u. **Davis (D. H.)**, Elektr. Eigg. v. Halbleitern mit makroskop. Diskontinuitäten 8553.
— u. **Goldberg (C.)**, Elektr. Leitfähigk. gepreßter Pulver, bes. v. ZnO 2132.
Breon (G. A.) & Co. u. **Goodson (L. H.)**, N-Methyl-1-(3-oxyphenyl)-2-phenyläthylamin 10569* A.
Breslauer (H.) s. Treibs (W.).
Breslow (D. S.) u. **Hulse (G. E.)**, Synth. u. Polymerisat. d. Äthylensulfonsäure 6765.
Bressand (R.) s. Noël (R.).
Bressani (R.), **Campos (A. A.)**, **Squibb (R. L.)** u. **Scrimshaw (N. S.)**, Nährwert v. zentralamerikan. Mais. 4. Mitt. Carotingeh. v. 32 Proben v. Guatemala-Mais 8281.
—, **Marcucci (E.)**, **Robles (C. E.)** u. **Scrimshaw (N. S.)**, Nährwert v. zentralamerikan. Bohnen. 1. Mitt. Veränderungen im Stickstoff-, Tryptophan- u. Niacingeh. v. zehn Guatemala-Schwarzbohnensorten 3024.
Bressler (S. J.), **Finogenow (P. A.)** u. **Frenkel (S. J.)**, Bau d. Makromol. d. Prokollagens 6534.
— u. **Ssamssonow (G. W.)**, Verschieb. d. chem. Gleichgewichtes in d. Oberflächenschicht 548.
— u. **Talmud (D. L.)**, Passynski u. Belitzer „Theorie d. Struktur v. Eiweißmoll." 372.
Bressler (W. L.) u. **Ciereszko (L. S.)**, p-arsensubstituierte Derivv. v. Phenylalanin 8139.
Bretey (J.) s. Institut Pasteur (Établissement Reconnu d'Utilité Publique).
Breton (A.) s. Lorrain (P.).
Breton (C.) s. Auclair (J.-M.).
Breton (D.) s. Ailloud (J.).
Bretscher (A.) s. Lehmann (F. E.).
Bretscher (H.), Hautreinigungsmittel 5199* Schwz.
Bretscher (M. M.) s. Shull (F. B.).
—, **Alderman (J. O.)**, **Elwyn (A.)** u. **Shull (F. B.)**, Winkelverteill. v. Protonen aus ^{23}Na(d, p)^{24}Na, ^{47}Ti(d, p)^{48}Ti u. ^{48}Ti(d, p)^{49}Ti 11327.
Bretschger (M. E.) s. Buffalo Electro-Chemical Co., Inc.
Bretschneider (H.), **Piekarski (G.)** u. **Biemann (K.)**, 2-Dichlormethyloxazolin u. seine Kondensat. mit 4-Nitrobenzaldehyd 10263.
Bretschneider (Horst) s. Farbwerke Hoechst Akt.-Ges., vormals Meister Lucius & Brüning.
Bretschneider (L. H.), Dünne Gewebsschnitte u. ihre Unters. mit d. Elektronenmikroskop 7744.
Bretschneider (O.) s. Deutsche Gold- & Silberscheideanstalt vormals Roessler.
Bretsznajder (S.), J. Zawadzki 8538.
Brett (C. H.) u. **Hodnett (E. M.)**, Unkrautbekämpfungsmittel 4680* A.
Brett (H. W. W.) u. **Jellinek (H. H. G.)**, Abbau v. langkettigen Moll. durch Ultraschallwellen. 5. Mitt. Kavitat. u. Einfl. v. gelösten Gasen 7455.
Brett (J. F.) s. Garrod (R. I.).
Brett (R.) s. Engelhard (H.).
Bretthauser (G.) s. Koch (J.).
Breuer (F. W.) s. Armstrong Cork Co.
Breuer (H.) s. Dirscherl (W.).
Breuers (W.), **Hild (W.)**, **Wolff (H.)**, **Burmeister (W.)** u. **Hoyer (H.)**, Torsionsmessungen an Mischungen v. Buna mit Polyvinylchlorid oder Polystyrol 9918.
Breukelen (I. L. L. van), Ziegeleipraxis 10356.
Breuning (E.) s. Ultrakust-Gerätebau Dr. Ing. O. Raudszus.
Breuning (R.), Schränken u. Härten v. Sägeblättern 9899* Schwed.
Breusch (F. L.), Lehrbuch d. gesamten Chemie [3].
Brevis (J. G.), Bodentypen d. Hochfeldgebietes 8005.
Brew (R. D.) & Co., Inc. u. **Brew (Richard D.)**, Verbinden keram. Körper 8472* A.
Brew (Richard D.) s. Brew (R. D.) & Co., Inc.
Brewer (A. W.) s. Houghton (J. T.).
— u. **Palmer (H. P.)**, Gefrieren v. unterkühltem W. 6692.
Brewer (C. R.) s. Sanders (T. H.).
Brewer (D. F.) u. **Mendelssohn (K.)**, Bldg. d. He-Films 6923. — Unstimmigkk. bei Adsorptionsverss. mit He II 6924.
Brewer (D. W.) s. McKibbin (J. M.).
Brewer (F. M.) s. Morris (D. F. C.).
Brewer (L.) u. **Kane (J. S.)**, Bedeut. komplexer Gasmoll. in Hochtemperatursystemen 10200.
Brewer (L. H.) s. Electric & Musical Industries Ltd.
Brewer (N. R.) s. Carlson (A. J.).
Brewer (P. A.) s. Mazia (D.).
Brewer (S. D.) s. Comp. Française Thomson-Houston.
Brewer (W. D.), **Cederquist (D. C.)**, **Williams (B.)**, **Beegle (R. M.)**, **Dunsing (D.)**, **Kelley (A. L.)** u. **Ohlson (M. A.)**, Gewichtsabnahme bei fett- u. kohlenhydratarmer Diät. 2. Mitt. Ausnutz. v. N u. Ca 9601.
Brewer (W. L.) u. **Williams (F. C.)**, Objektive Meth. zur Best. d. äquivalenten neutralen Dichten v. Farbfilmbildern. 1. Mitt. Definitt. u. grundlegende Annahmen 3294.
Brewster (J. H.), Mechanismus v. Redd. an Metalloberflächen. 1. Mitt. Allg. Arbeitshypothese 7182; 2. Mitt. Mechanismus für d. Clemmensen-Red. 7182.
—, **Patterson (J.)** u. **Fidler (D. A.)**, Redd. an Metalloberflächen. 3. Mitt. Clemmensen-Red. sterisch behinderter Ketone 7182.
Brey jr. (W. S.), Analyt. Daten für d. tern. Syst. Isopropylalkohol–Diisopropyläther–W. 3104.
Breyer (B.) u. **Gutmann (F.)**, Lösung d. Debye-Hückel-Gleich. für eine polarisierte Elektrode 3074.
—, **Gutmann (F.)** u. **Hacobian (S.)**, Polarographie mit Wechselströmen. 1. Mitt. Grundlagen d. Theorie, App. u. Meth. 3074; 2. Mitt. Wechselstrompolarographie v. Cd, Zn, Pb, Tl, In, Bi u. Sb 3074; 3. Mitt. Wechselstrompolarographie v. Cu, Bi, Sb u. Sn, bes. unter Ggw. v. Halogenionen 3074.
— u. **Hacobian (S.)**, Polarographie mit Wechselströmen. 4. Mitt. Wechselstrompolarographie v. U, Fe, Ni u. Mn 3074; 5. Mitt. Wechselstrompolarographie einiger gewöhnl. Anionen 3075.
— u. **McPhillips (J.)**, Indirekte polarograph. Best. v. Ca mit Chloranilsäure 3928.
Breyer (M. G.) u. **Mrost (M.)**, Relative Korrosionsbeständigk. v. unlegiertem u. vier schwach legierten Stählen 8956.
Brezin (M.) s. United States Steel Corp.
Brian (P. W.), Mikrobiologie. 2. Mitt. Natürl. Funktt. d. Mikroorganismen 7702.

Brian (P. W.), Curtis (P. J.), Howland (S. R.), Jefferys (E. G.) u. **Raudnitz (H.)**, Drei neue Antibiotica v. einer Gliocladiumart 6314.

Brian (W. P.) s. George (D. K.).

Brice (B. A.) s. Halwer (M.).

— u. **Halwer (M.)**, Best. d. diffusen Durchlässigk. v. Opalglas u. seine Verwend. als Standard für ein Nephelometer 5138.

Brice (C.) s. Lemieux (R. U.).

Brice (M. K.) s. Cork (J. M.).

Brice (R. M.) s. Rheimeck (A. E.).

Brice (T. J.) s. Minnesota Mining & Mfg. Co.

Brice (W. L.) s. Canadian Kodak Co. Ltd.

Brichetti (D.) s. Imbriano (A. E.).

Brick (R. M.) s. Vogel jr. (F. L.).

Bricker (C. E.) s. Sweetser (P. B.).

Bricker (N. S.), Patton (J. F.), Caldwell (R.), English (S.) u. **Gomez (D. C.)**, Cyst. Erkrank. d. Nieren. Dynamik u. chem. Zus. d. Cysten-Fl. 9600.

Brickman (G. L.) s. Coates jr. (E. O.).

Brickman (L.) s. Mallinckrodt Chemical Works Ltd.

Brickstock (A.) u. **Pople (J. A.)**, Resonanzenergien u. Ladungsverteill. v. ungesätt. KW-stoff-Radikalen u. Ionen 2383. — Räuml. Wechselbezieh. v. Elektronen in Atomen u. Moll. 2. Mitt. Zweielektronensysteme in angeregten Zuständen 8797.

Bricteux (J.) s. Huls (R.).

Brida Di Priò (S.) = Priò (S. B. Di).

Bridelle (R.) u. **Michel (A.)**, Hexagonales Eisencarbonitrid (Fe_3N-Typ) 762.

Bridge (H. S.) s. Annis (M.); Staebler jr. (H. C. De).

—, **Courant (H.), Dayton (B.), Staebler jr. (H. C. De), Rossi (B.), Safford (R.)** u. **Willard (D.)**, S-Teilchen 11324.

—, **Courant (H.), Dayton (B.), Staebler jr. (H. C. De), Rossi (B.)** u. **Willard (D.)**, S-Teilchen 4267.

—, **Courant (H.), Staebler jr. (H. C. De)** u. **Rossi (B.)**, Vernicht. eines schweren Teilchens 8076.

Bridges (J. E.), Best. v. Kerosin in Kerosin-Benzin-Gemischen 7353.

Bridges (J. H.), Hale (F.), Kunkel (H. O.) u. **Lyman (C. M.)**, Wrkg. v. Bacitracin, Penicillin u. Arsanilsäure auf Wachstumsgeschwindigk. u. Futterausnutz. beim Schwein 7482.

Bridges (R. G.) s. Winteringham (F. P. W.).

Bridges (W. H.), Smith (G. P.) u. **Cathcart (J. V.)**, Selbsttät. Einkristallofen 3692.

Bridgman (P. W.), Hochdruckphysik 7620. — Wrkgg. v. Druck auf sieben Metalle d. Seltenen Erden 8566.

Bridgwater (R. J.), Teilsynthet. Trioxykoprostansäure 11220.

Brieger (F.), Anlagen zur Erzeug. v. Schutzgas aus NH_3 6838.

Brieghel-Müller (A. V.), Reinig. v. Zuckersaft mit Kalk nach d. Vorscheideverf. 10874* A.

Briegleb (G.), Scholze (H.) u. **Strohmeier (W.)**, Ist Hydrazin im Gaszustand assoziiert? (Dampfdichte u. Adsorptionsmessungen.) 9261.

—, **Strohmeier (W.)** u. **Höhne (I.)**, Keto-Enol-Tautomerie im Gaszustand. 5. Mitt. Keto-Enol-Gleichgewichte alkylsubstituierter Acetessigester v. Typus $CH_3COCH[R]COOC_2H_5$ u. $CH_3COOCH_2COO[R]$ im Gaszustand im T-Intervall v. *0—200°* 4556.

Brière (M.) u. **Weill (J.)**, Detektor für radioakt. Verseuch. 3552.

Brierley (J. K.) s. Harley (J. L.).

Brierly (J. M.), Ellingboe (J. L.) u. **Diehl (H.)**, Katalyt. Verh. v. Vitamin B_{12a} bei d. Oxydat. v. Jodid durch Luft 3631.

—, **Sealock (R. R.)** u. **Diehl (H.)**, Geschwindigk. d. NH_3-Bldg. bei d. sauren Hydrolyse v. Vitamin B_{12} 11587.

Briese (W.), Best. d. Netzmittelgeh. in galvan. Bädern 6611. — Glanzbäder. Kombinierte Korrosionsschutzgalvanisier. mit u. ohne Zwischenpolitur 10852. — Ursachen d. Bldg. kreisrunder, halbkugel. Bläschen bei d. Verkupfer. v. Zinkspritzguß in heißen Bädern 11674.

Brieskorn (C. H.), Baktericide Wirksamk. d. Salbeiöls. 6. Mitt. Inhaltsstoffe v. Salvia officinalis L. 7237.

— u. **Briner (M.)**, Histochem. Nachw. v. Triterpenen in Pflanzen 9406.

Briessen (K. Van) s. VEB Filmfabrik Agfa Wolfen.

Brigando (J.), Stabilität einiger Co(III)-komplexe d. Hexammintyps 6705. — Vgl. d. Rkk. v. Arginin u. NH_3 mit Kobalt(II)-chlorid 7166. — Komplexe d. Co mit Arginin 11187. — s. Vialard-Goudou (A.).

Briggs (A. S.) s. Imperial Chemical Industries Ltd.

Briggs (B. T.) s. Rayonier, Inc.

Briggs (C. A. E.) s. Berridge (N. J.).

Briggs (C. W.) u. **Taylor (H. F.)**, Einfüllen v. Stahlguß bei Drücken über d. Atmosphärendruck 5638.

Briggs (D. R.) s. Pallansch (M. J.).

Briggs (Douglas R.) s. Satterfield (C. N.).

Briggs (G. E.), Bezieh. zwischen [H˙] u. d. Wrkg. schwacher Säuren oder Basen auf d. Stoffwechselaktivität 6780.

Briggs (G. H.), Energien natürl. α-Teilchen 10186.

Briggs (G. M.) s. Davis (R. L.); Spivey (M. R.).

Briggs (H. B.), Cummings (R. F.), Hrostowski (H. J.) u. **Tanenbaum (M.)**, Opt. Eigg. einiger III–V-Verbb. 5241.

— u. **Fletcher (R. C.)**, Absorpt. v. infrarotem Licht durch freie Träger in Ge 3308.

Briggs (J. B.) s. Dicker (G. H. L.).

Briggs (J. R.) s. Standard Oil Development Co.

Briggs (L. H.) u. **Nicholls (G. A.)**, Oxyanthrachinone u. Derivv. 347.

Briggs (R.) s. Knowles (G.); Scragg (L. J.).

Briggs (Southwick W.), Filterblock zum Filtrieren v. Schmieröl 5944* A.

Briggs (Stanford W.) s. Merck & Co., Inc.

Briggs (W. S.) s. Heinemann (H.).

Bright (N. F. H.) u. **Carson (T.)**, Best. d. Lösungswärme einiger Hypophosphite u. a. Stoffe in W. 6223.

Bright (W. M.) s. Kendall Co.

Brightman (R.), Z. Roussin 5229.

Brighton (C. A.), Herst. v. Vinylidenchloridcopolymeren 5666. — s. Distillers Co. Ltd.

Brihta (I.) s. Luetić (P.); Vrbaški (T.).

Briklja (M. F.) u. **Obuschinski (I. J.)**, Auskochen v. Eindampfungsrückständen ohne Anwend. v. Säure 3753.

Bril (A.) s. N. V. Philips' Gloeilampenfabrieken.
Bril (K.) u. **Krumholz (P.)**, Polarograph. Best. relativer Bildungskonstanten v. Metallkomplexen mit Äthylendiamintetraessigsäure 1207. — Polarograph. Red. v. Cu-Äthylendiamintetraacetat 9965.
Brill (R.), Kristallstrukturbestimmungen durch Neutronenbeug. 2845. — s. Barton jr. (H. M.).
Brillhart (W. O.) s. American Viscose Corp.
Brilli (L.) s. Bassi (Mario).
Brilliant (O. A.) s. Dorochow (A. K.).
Brillié (J.), Lichtbogenschweißen v. Leichtmetallrohren in Ar 7071.
Brilling (S.) s. Heinrich (H. C.).
Brilmayer (C.) s. Cramer (H.).
Brilmayer (H.) s. Gänsehirt (H.).
Brimelow (H. C.), Jones (R. L.) u. **Metcalfe (T. P.)**, Kernchlorier. v. Toluol: 2.3.4- u. 2.3.6-Trichlortoluol 11372.
Brimm (E. O.), Lynch jr. (M. A.) u. **Sesny (W. J.)**, Darst. u. Eigg. v. Mangancarbonyl 3819.
Brin (A.) u. **Merigoux (R.)**, Adsorpt. einer Wasserschicht an d. Oberfläche v. Ölsäure 6464.
Brin (G. P.) s. Krassnowski (A. A.).
Brindell (G. D.) s. Cristol (S. J.).
Brindle (H.), Chem. Beurteil. v. Antacida 158.
Brindle (J.), Polystyrollatices Lustrex (Monsanto) u. d. chlorierten Diphenyle Aroclor 699.
Brindley (G. W.), Strukturformel eines Antigorits v. Venezuela 4546.
Brindley (M.), Oberflächenmikroflora v. Stilton-Käse mit n. u. schmier. Rinde 2095.
Briner (E.) s. Kovaliv (B.).
Briner (Émile) u. **Chastonay (P. de)**, Autoxydat. d. Benzaldehyds; thermochem. Daten; Resultate neuer Verss. 551, 5508. — Autoxydat. v. Aldehyden mittels Infrarotabsorptionsspektrographie. Nachw. eines Zwischenprod. (Moloxyds) 1712.
Briner (M.) s. Brieskorn (C. H.).
Bring (A.), Theoret. Werte einiger physikal. u. chem. Konstanten d. Epoxydharze auf d. Grundlage v. 2.2-[p.p'-Dioxydiphenyl]-propan 4606.
Bringmann (G.), Wrkg. v. O_3 auf Organismen d. Trinkwassers 2042. — Wrkg. v. Cl auf Sporen u. vegetative Zellen v. B. subtilis 3407. — Biol. Abbau v. Phenolen im Belüftungsverf. durch Mikroorganismen d. Gatt. Nocardia 5391. — Elektronenmkr. Beobachtt. über d. Einfl. v. Streptomycin, PAS, Conteben u. Solvoteben auf d. Entw. v. Mycobacterium avium chester 5576. — Elektronenmkr. Beobachtungen d. Entsteh. filtrierbarer (L)-Formen v. B. proteus unter Penicillineinfl. 7011.
Brings (T.) u. **Vibar (J. S. A.)**, Erscheinn. beim Schmelzen u. Kristallisieren v. Natriumbromid 6223.
Brini (D.), Rimondi (O.) u. **Veronesi (P.)**, Abhängigk. d. Zerfallszeit v. Raumladd. v. d. stat. Kennlinie in diskontinuierl. Entladd. 6916. — Intermittierende Entladd. in Luft bei niedr. Druck 9498. — Ausbildungszeit d. kathod. Raumlad. 9729.
Brinigar (W. S.) s. Burckhalter (J. H.).
Brink jr. (F.), Rolle d. Calciumionen bei neuralen Vorgängen 5590. — s. Greengard (P.).
Brink (K. C. Ten) s. Texas Co.
Brink (R. J.), Wiedergewinn. v. Chromsäure durch Ionenaustausch 450.
Brinkema (R. J.) s. Koppers Co., Inc.
Brinkley (T. A.) s. Titterton (E. W.).
Brinkman (G. L.), Johns (C. J.), Donoso (H.), Riley (R. L.) u. **McNamara (B.)**, Abwandl. d. Meth. v. Riley, Proemmel u. Franke zur Best. d. O_2- u. CO_2 Tens. im Blut 9870.
Brinkman (H. C.), Näherungslsg. d. Thomas-Fermi-Gleich. für Atome u. Moll. 6.
Brinkman (J. A.), Durch Abschrecken erzeugte Leerstellen in AuCu u. $AuCu_3$ 1458. — s. Dixon (C. E.).
Brinkmann (F.) s. Lorenz (C.) Akt.-Ges.
Brinkmann (K.) u. **Luther (H.)**, Isolieröl 5699* Oe.
Brinkmann (W.), Konkrementbildungskrise u. ihre Beeinflußbark. durch Hyaluronidase im Tierexperiment 10074.
Brinkmann (Walter), Beheiz. v. metallurg. Öfen 8022* F.
Brinnick (F. E.) s. Warren (S. D.) Co.
Brinton (R. K.), Photolyse v. Acetaldazin 6951. — s. Volman (D. H.).
Brintzinger (H.) u. **Eggers (U.)**, Elektrochem. Gewinn. v. Aminotrimethylolmethan 3827.
— u. **Ellwanger (H.)**, Organ. Schwefelchloride. 7. Mitt. Synthesen mit α-Chloräthylschwefelchlorid 7926.
— u. **Langheck (M.)**, Organ. Schwefelchloride. 10. Mitt. Synthesen mit Alkylschwefelchloriden 7887.
—, **Langheck (M.)** u. **Ellwanger (H.)**, Organ. Schwefelchloride. 9. Mitt. Alkylendischwefelchloride 7887.
— u. **Schmahl (H.)**, Organ. Schwefelchloride. 8. Mitt. Rkk. mit Chlormethylschwefelchlorid 7886.
Brion (H.) s. Daudel (R.).
—, **Daudel (R.)** u. **Odiot (S.)**, Theorie d. Lokalisierbark. d. Teilchen. 2. Mitt. Elektronenniveaus d. Atome u. mit d. Zellen verbundene Energien 7598; 4. Mitt. Verwend. d. Zellenbegriffs in d. Unters. d. chem. Bindungen 8775.
Briot (M.) s. Halpern (B. N.).
Brisbane (A. D.) s. Beck (A. H.).
Brisbane (S. M.) u. **Segnit (E. R.)**, Wrkg. v. K_2O auf Chrommagnesitfutter in Zementöfen 1589.
Brisbout (F. A.) s. Parsons (R. W.).
Brischke (G. W. A.), Auswrkgg. v. Malzschroten aus Vier-, Fünf- u. Sechswalzenmühlen auf d. Treberschichtbldg. im Läuferbottich u. d. Verlauf d. Abläuterr. 943.
Briscoe (H. V. A.) s. Barnard (J. A.).
Briscoe (S.), Cholinesteraseaktivität d. linken u. rechten Vorhofs am Kaninchenherzen 6774.
— u. **Burn (J. H.)**, Bldg. einer Acetylcholinähnl. Substanz im Kaninchenherzen 5349.
Brisi (C.), Kristallstruktur d. Verbb. $KCdF_3$ u. $KCaF_3$ 3811. — Wärmetön. d. Hydratations-Rk. d. Bestandteile d. Portlandzementklinkers 4187. — Unterss. am tern. Syst. $CaO–Al_2O_3–Fe_2O_3$ 6936. — s. Cirilli (V.).
Brisou (J.), Nachw. mikrobieller Kollagenasen 10053.
— u. **Paquet (R.)**, Verss. zur Entschwefel. v. Bzn. durch Bakterien 4856.
Brissey (R. M.) s. Beattie jr. (H. J.).
— u. **Chase (G. A.)**, Röntgenstrahlenfluoreszenzspektroskopie analysiert Legierr. 2031.

Brissonneau (P.), Änderung d. Diffusionsnachwirkungsfeldes mit d. Indukt. 7380.
Bristol (J. E.) s. Du Pont de Nemours (E. I.) & Co.
Bristol Aeroplane Co. Ltd., **Archdale (R. W.)** u. **Powell (D.)**, Aufbringen v. festhaftenden Überzügen auf elektr. leitende Flächen 11680* E.
Bristol Laboratories, Inc., Herst. v. wss. stabilen Suspenss. v. Procainpenicillin G 2731* F.
— u. **Buckwalter (F. H.)**, Injizierbare Präpp. 645* F.
— u. **Cheney (L. C.)**, Substituierte Pyridiniumsalze 2026* A.
—, **Cheney (L. C.)** u. **Binkley (S. B.)**, Neue Äther 6082* Schwed.
—, **Cooper (D. E.)** u. **Cheney (L. C.)**, Antisept. u. baktericides Mittel 169* A.
—, **Hatch (A. B.)** u. **Muir (R. D.)**, Streptomycingewinn. 9150* A.
— u. **Speeter (M. E.)**, α.α-Diphenyl-γ-dimethylaminovaleriansäureamid 7036* A.
—, **Staab (F. W.)** u. **Kolbas (J. M.)**, Procain-Penicillin-Kristalle 2962* A.
— u. **Wheatley (W. B.)**, β-Chloräthylamine 9854* A.
Bristol & West Tar Distillers Ltd., Reinig. v. bei d. Teerdest. anfallenden krist. aromat. Verbb. 4936* Ind.
Bristow (G. M.) s. Dainton (F. S.).
Bristow (H. A. S.) s. Monroe (A. G.).
Bristow (N. W.), **Charlton (P. T.)**, **Peak (Douglas A.)** u. **Short (W. F.)**, Vom Pyridino-[1'.2':1.2]-glyoxalin abgeleitete mesoion. Verbb. 580.
Britikow (J. A.) u. **Petropawlowskaja (R. N.)**, Einfl. v. Fermenten, Vitaminen u. Stimulatoren v. Typ d. Auxins auf d. Erfolg d. Befrucht. d. Samen bei Inzucht d. Roggens 5821.
British Aluminium Co. Ltd., Filter für Mg- u. Zn-Dämpfe 2065* E. — Herst. v. Ti 2294* E. — Verbesserr. an elektrolyt. Reduktionszellen zur Al-Gewinn. 2997* Ind. — Elektrolyt. Zelle für d. Herst. v. Al-Metall 8024* N. — Kathode für d. Al-Elektrolyse im Schmelzfluß 9433* F. — Wärmebehandl. fester Körper 9433* F. — Elektrolyt. Behandl. v. dünnen Drähten u. Bänden im Durchzugverf. 9436* F. — Elektrolyt. Zelle zur Al-Gewinn. 10130* Schwz. — Al-Legierr. 11089* F.
British American Research Ltd. u. **Pirani (M.)**, Befestigen v. Auflagen auf Lackoberflächen 1387* E.
British Belting & Asbestos Ltd., **Fry (S.)**, **Murray (S. A.)** u. **Thornton (R. J.)**, Textilgewebe 2270* E.
British Bewoid Co. Ltd., Herst. v. Papier 2330* F.
British Cast Iron Research Association, Graues Gußeisen 1137* F., 2528* Dän.
— u. **Morrogh (H.)**, Übereutekt. Gußeisen mit Kugelgraphitausbldg. des freien C 9895* E.
British Celanese Ltd., Färben v. Textilien aus Celluloseestern 694* E. — Bedrucken v. Textilien aus Celluloseestern u. -äthern 3011* E. — Phthalsäuredimethylester 7787* E.
—, **Allan (J.)** u. **Thomas (E. B.)**, Gewebeverbund 8064* A.
—, **Allan (J.)**, **Wright (K. E.)** u. **Shaw (Bernard)**, Formbeständ. Spritzkörper aus Celluloseacetat 7567* E.
British Celanese Ltd., **Bate (S. C.)**, **Peach (F. G.)** u. **Rogerson (W. A.)**, Zellstoffgewinn. 1409* A. — Reinigen v. rohem, durch alkal. Aufschluß v. ligninhalt. Rohstoffen gewonnenem Zellstoff 8060* E.
—, **Bates (H.)**, **Sammons (C. W.)** u. **Fisher (J. W.)**, Herst. u. Verarbeit. v. Celluloseestern 2107* E.
—, **Downing (J.)** u. **Drewitt (J. G. N.)**, Herst. v. wasserlösl. Cellulosemischäthern 2101* A. — Vorbehandl. d. Cellulose vor d. chem. Weiterverarbeit. 2101* A. — Fadenziehendes Mischpolymerisat 2334* E.
—, **Downing (J.)**, **Hodge (A.)** u. **Drewitt (J. G. N.)**, Polyacrylnitrillsgg. 1174* F. — Lsgg. v. Acrylnitrilpolymeren 3038* E.
— u. **Ewing (H.)**, Beflockte Gewebe, bes. Schwedenledererersatz 11124* E.
—, **Finlayson (D.)**, **Alford (M. W.)**, **Cooke (A. W. M.)**, **Harcolinski (A.)** u. **Krzesinski (B.)**, Künstl. fadenförm. Prodd. aus pulvr., schmelzbaren Werkstoffen 724* D. B.
—, **Finlayson (D.)** u. **Johnson (E. B.)**, Celluloseacetatfasern 7118* E.
—, **Gentle (A. H.)** u. **Jackson (T.)**, Imprägnieren v. Faserstoffen mit Polyvinylchlorid 2106* A. — Vorbehandeln v. Gewebeeinlagen 3504* A.
—, **Hampson (N. A.)**, **Downing (J.)** u. **Drewitt (J. G. N.)**, Fäden aus Vinylidenchlorid-Acrylnitril-Mischpolymerisaten 5216* E. — Lsgg. v. Acrylpolymeren für Spinnzwecke 5937* A.
—, **Hodge (A.)**, **Downing (J.)** u. **Drewitt (J. G. N.)**, Fäden, Filme u. Formkörper aus Polyacrylnitril 4948* E.
—, **Kowolick (E. J.)**, **Downing (J.)** u. **Drewitt (J. G. N.)**, Spinnbare Lsgg. v. Polyacrylnitril 3038* E.
— u. **Lincoln (J.)**, Polyacrylnitrillsgg. 4735* E.
— u. **Lowe (W. G.)**, Stabile, halogenhalt. Weichmacher enthaltende Celluloseestermassen 5216* E.
—, **May (G. B.)**, **Wheatley (E. W.)** u. **Fisher (J. W.)**, Polythioäther- u. Polysulfonharze 3983* E.
—, **Olpin (H. C.)** u. **Jackson (T.)**, Färben v. Textilien aus Celluloseestern u. -äthern mit Azofarbstoffen 4940* E. — Färben u. Bedrucken v. Textilien aus Celluloseestern u. -äthern 4941* E. — Färben v. Textilien aus Celluloseacetat 8739* A.
—, **Olpin (H. C.)**, **Stanley (Edmund)** u. **McCarthy (A. E.)**, Verhindern d. Gasschwundes beim Färben v. Textilien 1381* E.
—, **Sowter (P. F. C.)** u. **Hill (F. B.)**, Fäden aus Celluloseestern 6655* E.
—, **Wheatley (E. W.)**, **Downing (J.)** u. **Fisher (J. W.)**, Flammenfeste Ausrüst. v. Cellulose enthaltendem Gut 10891* E.
—, **Wheatley (E. W.)** u. **Fisher (J. W.)**, Polyamide 3748* E., 9000* A.
—, **Whigham (G. H.)** u. **Miller (B. E. H.)**, Wasserdichter Überzug 3017* A.
British Cellophane Ltd., Feuchtigkeitsbeständ. Verpackungsmaterial 490* E. — In organ. Lösungsmm. lösl. Mischpolymerisate 11473* E.
—, **Berry (W.)**, **Oswin (C. R.)**, **Bond (G. D.)** u. **Samways (B.)**, Einseit. imprägnierter Cellulosehydratfilm 11124* E.
—, **Berry (W.)**, **Oswin (C. R.)** u. **Boyd (J.)**, Feuchtigkeitsbeständ. Verpackungsmaterial 2329* E.

British Cellophane Ltd., Berry (W.), Oswin (C. R.) u. Rose (R. A.), Feuchtigkeitsfeste Filme 256* E. — Filmbildende Mischpolymerisate 6407* E. — Heiß siegelfähiger feuchtigkeitsdichter Filmeinwickler 9240* E.
—, **Berry (W.), Oswin (C. R.) u. Sanderson (E. G.),** Cellulosehydratfilme v. hohem Gleitvermögen 255* E. — Folien aus nichtfaser. hygroskop. Material 1620* F.
—, **Berry (W.), Pritchard (F. W.) u. Fox (B. V.),** Verpackungsmaterial 1169* E.
— u. **King (A. E.),** Herst. v. Schichtmaterial 10394* F.
— u. **Oswin (C. R.),** Herst. v. feuchtigkeitsfesten Verpackungsfolien 11696* F.
British Chemicals & Biologicals Ltd., Diamidinsalze 6084* E.
British Copper Refiners Ltd. s. British Insulated Callender's Cables Ltd.
British Dielectric Research Ltd., Burger (F. J. P. J.) u. Margolis (D. S.), Dielektr. Folien u. Filme 7287* E.
—, **Vincent (R. S.) u. Burger (F. J. P. J.),** Verarbeit. v. Polytetrafluoräthylen 934* F. — Feinflock. Polytetrafluoräthylen 4947* E.
British Driver-Harris Co. Ltd., Oxydkathode 897* Oe. — Warmfeste u. bei hohen Tempp. zunderbeständ. Cr–Ni-Legier. 3958* Schwz. — Kathoden für Vakuumröhren aus Ni oder Co 6361* E. — Ni–Cr–Fe-Legierr. 7544* F. — Elektr. Widerstände 8721* F. — Elektr. Widerstandselement 8959* E.
— u. **Lohr (J. M.),** Cr–Ni-Legier. für elektr. Widerstände 7076* F.
— u. **Marsh (W. F.),** Legier. als Werkstoff für Widerstandsdraht in elektr. beheizten Öfen oder dgl. 7544* E.
British Drug Houses Ltd., threo-1-p-Nitrophenyl-2-dichloracetamidopropan-1.3-diole 1800* E. — Herst. v. Estern v. Benzylphenoxyessigsäuren 3006* E.
—, **Covley (G.), Ellis (B.) u. Petrow (V.),** Vitamin B_{12} 4649* E.
—, **Ockrent (C.) u. Simons (C.),** Mono-, Di- oder Trichlor-m-benzylphenole 7272* E. — m-Benzylphenol 10578* E.
—, **Patel (D.) u. Petrow (V.),** (D+L)-threo-1-p-Nitrophenyl-2-dichloracetamidopropan-1.3-diol 1800* E.
British Electro Metallurgical Co. Ltd., Powell (T.) u. Hughes (H. P.), Gußeisen 2995* E.
British Fibrak Separator Co. Ltd., Herst. v. Separatoren für Akkumulatoren 5622* E.
British Glues & Chemicals Ltd. u. Leadley (S.), Seifentabletten 9932* E.
British Hat & Allied Feltmakers Research Association, Barr (T.) u. Haigh (D.), Verhinder. d. Verfärb. v. Haaren v. Pelztieren 3036* E.
British Industrial Plastics Ltd., Ölmodifizierte Alkydharze 1616* E.
British Industrial Solvents Ltd., 2.2.4-Trimethylpentan-1.3-diol 1604* F. — Ungesätt. Lactone 10860* F. — Dest. v. unter Normalumständen festen organ. Substanzen 11288* F. — β-Butyrolacton 11686* E. — s. Distillers Co. Ltd.
— u. **Lacey (R. N.),** Thiouracile 2027* E. — Ungesätt. Ketone 2300* E. — Pyrrolinone 6083* E., 6852* A.
— u. **Pemberton (E. S.),** Acetarylamide 9446* A.
British Insulated Callender's Cables Ltd., Pb-Legier. 3247* E. — Hochspannungskabel 8465* Belg.
— u. **Blackburn (R.),** Kabelisolat. 9642* E.
British Insulated Callender's Cables Ltd. u. British Copper Refiners Ltd., Herst v. mit P desoxydiertem Cu aus Cu-Schwamm 5171* F.
—, **British Copper Refiners Ltd., Miller (H. J.), Hewitt (T.) u. Varley (J.),** Einstufenverf. zur Herst. v. mit P desoxydiertem Cu 4206* E.
— u. **Hoare (D. E.),** Elektr. leitender Kautschuk 1862* F.
— u. **King (A.),** Kabelisolat. 9642* E.
British Intercontinental Corp., Steiger. d. Widerstandsfähigk. u. Haltbark. v. Textilfasern u. d. aus ihnen hergestellten Gewebe 2544* F.
— u. **Nicolau (L. L.),** Verfestigen v. natürl. oder künstl. Textilfasern 5692* E.
British Iron & Steel Research Association u. Mayne (J. E. O.), Zementart. Anstrichmittel 2333* F.
British Non-Ferrous Metals, Research Association, Eborall (R. J. L.) u. Perryman (E. C. W), Al-β-Messing 5171* E. — Verbesser. d. Widerstandes v. Metallen u. Legierr. gegen interkristalline Auflösung u. interkristallinen Bruch 5171* F.
—, **Liddiard (E. A. C.) u. May (R.),** Legier. 7076* Can.
British Nylon Spinners Ltd., Hove (H. vom) u. Wringley (A. G.), Präparieren v. Polyamidfäden, bes. Polyamidnähgarn 4492* E.
— u. **Imperial Chemical Industries Ltd.,** Kunstfasern 6888* Schwz.
British Oxygen Co. Ltd., Brennschneiden v. Stahl 1138* F. — Klebstoffe 1889* F. — Harte u. festhaftende Überzüge auf Kunstharzbasis 2545* F. — Waschmittelkompositt. 3759* F. — Reinigungsmittel 3760* F. — 2-Aminothiazol 4701* Schwz.
—, **Bann (B.) u. Miller (S. A.),** Cyanidfreies Alkalicyanat 3733* E.
— u. **Ellinger (L. P.),** Reine Vinyläther 2297* A.
—, **Ellinger (L. P.), Haworth (J. W.) u. Miller (S. A.),** 2-Aminothiazol 1376* E.
— u. **Hardy (D. V. N.),** Cyclooctatetraen 1607* E.
—, **Kennett (A. C.), Kaufman (M.), Haworth (J. W.) u. Miller (S. A.),** Wasserunlösl. körn. Vinylharze 4225* E.
—, **Miller (S. A.) u. Kaufman (M.),** Gegen W. u. Lösungsmittel sowie mechan. beständ. Polyvinylacetate 467* E.
—, **Monroe (A. G.) u. Freud (A. W.),** Verdampf. verflüssigter Gase 9639* D. B.
—, **Nicol (D. L.), Kaufman (M.) u. Miller (S. A.),** Polymerisat. v. reinem N-Vinylcarbazol 8042* E.
— u. **Schuftan (P. M.),** Entfern. v. O_2 aus Stickstoff oder aus Edelgasen 9678* E.
—, **Schuftan (P. M.) u. Webster (T. J.),** Trocknen v. Gasen 2502* F.
— u. **Tebboth (J. A.),** Wärmerückgewinn. bei d. Herst. v. Formaldehyd durch direkte Oxydat. v. niedrig-mol. aliphat. KW-stoffen 8494* D. B., E.
—, **Tebboth (J. A.) u. Miller (S. A.),** Verwert. d. Wärme d. heißen Gase v. d. Acetylenherst. 684* E.
— u. **Webster (T. J.),** Reinig. v. Gasen 658* F.
—, **Weeks (G. A.) u. Grant (W. J.),** Vinyläther 2071* E.
—, **Williams (N. E.) u. Miller (S. A.),** 1-Alkine 2069* E.
British Resin Products Ltd. u. Turner (J. H. W.), Mit Methanol modifizierte Harnstoffharze für Lackzwecke 6861* E.

British Rolling Mills Ltd. u. **Morrison (G. B.)**, Wärmebehandl. v. legiertem Stahl 11284* E.
British Schering Research Laboratories Ltd., **Hey (D. H.)**, **Honeyman (J.)** u. **Peal (W. J.)**, 24-Ketocholesterin u. dessen Derivv. 8681* E.
British Sidac Ltd. u. **Cornwell (R. T. K.)**, Mit einer in d. Hitze erweichenden Schicht überzogenes Verpackungsmaterial 8977* E.
British Thomson-Houston Co. Ltd., Kunstharze u. Lacke 464* E. — Plast. M. 467* E. — Suspenss. v. Chlortrifluoräthylen 1617* E. — Dichtungsmaterial 1810* E. — Pigmentierte Anstrichmittel 1848* E. — Schmiermittel 1886* E., 11135* E. — Zn-Legierr. 2065* E., 2767* E. — Legierr. mit hoher Festigk., Kaltbildsamk. u. Korrosionsbeständigk. bei erhöhten Tempp. 2065* E. — Erzeugen v. getrübten Emails 2513* E. — Kristalline Natrium- oder Bariumsalze d. 2.4.6-Trimethylolphenols 4213* E. — Herst. u. Polymerisat. v. Phenyltrifluoräthylen 4467* E. — 3-Thia-7-sila-7.7.7-trialkoxyheptansäurealkylester 4501* E. — Kabelmäntel 5170* E. — Sinterkörper 5413* E. — Organopolysiloxane 6153* E. — Hartlöten v. Ti 6614* E. — Leuchtschirm für Kathodenstrahlröhren 7055* E., 9412* E. — Fl. Organopolysiloxane 7356* E. — Vorbehandl. v. Metallpulvern oder v. pulverförm. Metallcarbiden zum Strangpressen 7546* E. — Gasentladungsleuchtröhre 7750* E., 8939* E., 9877* E. — Thermoelemente 7750* E. — Verkleben v. härtbar. Siliconen 7800* E. — Organ. Siliconöle 7800* E. — Permanentmagnete aus Co–Pt-Legierr. 8024* E. — Hitzebeständ. Zementgegenstände 8236* E. — Verbesser. v. Paraffinwachsen 9172* E. — Chem. Glänzen v. Al 9186* E. — Organopolysiloxankautschuk 9214* E. — Klebstoff 9236* E. — Zinksulfidleuchtschirm für Kathodenstrahlröhren 9412* E. — Elektrolyt. Ätzen v. Ta 9435* E. — Leuchtstoff für Gasentladungsleuchtröhren oder Kathodenstrahlröhren 9877* E., 10108* E., 10109* E. — Trockenmittel 10343* E. — Leuchtschicht für Kathodenstrahlröhren u. Gasentladungsleuchtröhren 10830* E. — Überziehen v. Oberflächen mit einem Harz (Runzellacke) 10868* E. — Verformbare harzart. Gemische 11300* E. — Leuchtschichten für Gasentladungsleuchtröhren 11440* E. — s. Comp. Française Thomson-Houston; Comp. des Lampes; International General Electric Co., Inc.
— u. **General Electric Co.**, Leuchtschichten für Gasentladungsleuchtröhren 11652* E.
British Titan Products Co. Ltd., Misch-Titandioxydpigmente 1149* E.
—, **Coates (W. H.)** u. **Callow (A. E.)**, Herst. eines Gases mit einem hohen Geh. an SO_2 aus Pyrit u. Eisensulfat 8468* E.
British Tricolour Processes Ltd., **Coote (J. H.)**, **Hornsby (K. M.)** u. **Austin (A. S. J.)**, Photograph. Mehrfarbenbilder 5228* F.
British United Shoe Machinery Co. Ltd., **Brophy (J. J.)**, **Pineles (B. M.)** u. **Putnam (R. C.)**, Korrosionsschutz 1618* E.
— u. **United Shoe Machinery Corp.**, Kunstleder 8770* E.
Brito-Babapulle (L. A. P.), Gegengift bei DDT-Vergift. 2249.
Brittain (J. H.) u. **Lott (A. D.)**, Farbprobleme beim lithograph. Druck 1640.
Britton (E. C.) s. Dow Chemical Co.
Britton (S. B.) u. **Nobles (W. L.)**, Arylalkyldithiobiuretanaloge v. Tibion 3847.
Britton (S. C.), Vorbereit. v. Weißblech für Anstriche 1148.
— u. **Angles (R. M.)**, Korrosionswiderstand v. elektrolyt. erzeugten Sn–Ni-Legierungsüberzügen 4204.
Britwan (J. M.) u. **Kudin (A. G.)**, Veränderr. d. Elektrocardiogramms bei O_2-Hunger, d. durch Vergift. mit $NaNO_2$ hervorgerufen wurde 6327.
Brix (J.) s. Billion (H.).
Brix (P.), **Buttlar (H. v.)**, **Houtermans (F. G.)** u. **Kopfermann (H.)**, Isotopieverschieb. zwischen RaD u. d. stabilen Pb-Isotopen 1201.
—, **Eisinger (J. T.)**, **Lew (H.)** u. **Wessel (G.)**, Zeeman-Effekt beim Cr-Grundzustand 4751.
Briz de Negroni (C.), Fungistat. u. fungicide Wrkg. einiger Fettsäuren u. S-Verbb. in vitro 7014. — s. Negroni (P.).
Broadbent (H. S.) s. Gilman (H.).
Broadbent (P.), **Robertson (Alexander)** u. **Whalley (W. B.)**, Farbstoffe d. „Drachenblut"-Harzes. 4. Mitt. Oxydat. einiger Anhydro-7-oxybenzopyranole 8166.
Broadfield (K. H.), Emaillieren v. Hohlkörpern 2276.
Broadfoot (E. H.), Beifuttermittel 6162* E.
Broadhead (G. D.) u. **Pauson (P. L.)**, Ferrocenderivv. 2. Mitt. Arylier. 8145.
Broadhurst (T.) s. Beer (R. J. S.).
Broadwell (E.), Zentrifugieren. 1. Mitt. Zentrifugen für industrielle u. Laboratoriumszwecke u. deren Anwend. in d. Industrie d. Öle u. Fette, d. Seifen- u. Zuckerindustrie 8697; 2. Mitt. Anwend. in d. chem., Brau- u. Gärungs-, ferner Petroleum- u. a. Industrien, ferner als Hilfsapparate 11063.
Brobst (D. A.) s. Kuep (J. L.).
Brocard (J.), Schlackenbest. 2512.
Broch (O. J.), Basenbindungsvermögen d. Serumproteine u. ihre Funkt. als Osmoregulatoren in Körper-Fll. 3420.
Brochard (J. P. de) = Peruchon de Brochard (J.).
Broche (A.) u. **Gibert (R.)**, Kinetik d. Aldolisier. (Acetaldehyd) 9994.
Broche (H.) s. Gewerkschaft M. Stinnes.
Brocher (H.), Gebräuchlichste Fasern u. ihre spezif. Eigg. im Hinblick auf d. Ausrüst. 6425. — Nachw. d. heute gebräuchlichsten Textilfasern 8998.
Brochet (A.) s. Abramson (E.).
Brochhagen (F. K.), Erfahrr. bei d. Herst. v. Schaumstoffen auf Polyurethanbasis 4467.
Brochman (M.) s. Smaller (B.).
Brochmann-Hanssen (E.), Unterss. über d. Einfl. oberflächenaktiver Stoffe auf d. Extrakt. roher Drogen 2251. — s. Dean (S. J.).
—, **Jenkins (G. L.)** u. **Data (J. B.)**, Synth. v. mit Pilocarpin verwandten Aminen 564.
Brock (G. C.) s. California Research Corp.
Brockbank (W.), Ancient therapeutic arts [2350].
Brockelsby (C. F.), Absorpt. v. Ultraschallstrahl. in Seifen-Lsg. 10448.
Brockemeyer (E. W.) s. Peterson (Charles F.).
Brockett (C. P.), Atombau u. photoelektr. Effekt 1430.
Brockhouse (B. N.), Antiferromagnetismus in Kupfer(II)-oxyd 4281.

Brockhouse (B. N.), Corliss (L. M.) u. **Hastings (J. M.),** Diffuse magnet. Streuung v. Neutronen: Zink-Ferrit 6.
Brockie (W.), Abfallpapier als Faserrohstoff 9222.
Brocklehurst (B.) s. Bowen (E. J.).
Brockman jr. (J. A.). s. American Cyanamid Co.
Brockman jr. (K. W.), Proton-α-Streuung bei 17,5 MeV 6904.
Brockmann (H.), Antibioticaforschung 10059. — s. Farbenfabriken Bayer Akt.-Ges.
— u. **Borchers (I.),** Antibiotica aus Actinomyceten. 10. Mitt. Rhodomycin. 2. Mitt. 2683.
— u. **Budde (G.),** Despeptidoactinomycin 8880.
—, **Genth (H.)** u. **Strufe (R.),** Antibiotica aus Actinomyceten. 9. Mitt. Pikromycin. 2. Mitt. 1057.
— u. **Grothe (G.),** Actinomycetenfarbstoffe. 2. Mitt. Limocrocin, ein gelber Actinomycetenfarbstoff 8628.
— u. **Musso (H.),** Synth. v. Polypeptiden durch Kondensat. v. Aminosäure- u. Peptidestern. 1. Mitt. 11195.
— u. **Pampus (G.),** Isolier. d. Pseudohypericins 2910.
— u. **Patt (P.),** Ringpapierchromatographie mit Pufferlsgg. u. Lösungsvermittlern als stationäre Phase 10778.
—, **Weber (E.)** u. **Sander (E.),** Fagopyrin, ein photodynam. Farbstoff aus Buchweizen (Fagopyrum esculentum) 7450.
Brockmöller (F.), Formgeb. u. Konstrukt. bei glasfaserverstärkten Kunststoffen 1619. — Spinnbare Glasfasern als Verstärkungsmaterial für Kunststoffe 1852.
Brockway (L. O.) s. Bartell (L. S.).
— u. **Bartell (L. S.),** Elektronenbeugungsanlage für Gase mit hoher Genauigk. 6927.
Broda (E.) s. Reinharz (M.); Stockinger (L.); Sverak (L.).
Brode (R. B.), Höhenstrahl-Übergangserscheinn. durch Elektronen, Photonen u. Mesonen 7826.
Brode (W. R.), L. J. Briggs 969. — s. Gould (J. H.).
—, **Gould (J. H.), Whitney (J. E.)** u. **Wyman (G. M.),** Vergleichender Überblick über Spektralphotometer im Gebiet v. *210—760* mμ 421.
—, **Gould (J. H.)** u. **Wyman (G. M.),** Effekt einer He-Atmosphäre auf d. Beckman-Infrarotspektralphotometer 5378.
Broder (D. L.) s. Baschilow (A. A.).
Broder (J. D.) s. Wolff (G.).
Broderick (A. E.) s. Union Carbide & Carbon Corp.
Broderick (J. J.), Verhältnis v. Vanille-Harz zu Vanille-Farbe 1400. — Terpenfreie äther. Öle 9462.
Broderick (M. K.) s. Wright (S. S.).
Brodersen (Karl) s. VEB Farbenfabrik Wolfen.
Brodersen (Klaus) u. **Rüdorff (W.),** Struktur d. Hg_2NHBr_2 2144.
Brodersen (R.) s. Farbenfabriken Bayer Akt.-Ges.; Farbwerke Hoechst Akt.-Ges., vormals Meister Lucius & Brüning; Schneider (Wilhelm).
—, **Fröhlich (A.)** u. **Schneider (Wilhelm),** Photograph. Farbenentw. 7824* D. [DDR].
Brodersen (S.), Spaltbreiteneffekte 4892.
Brodey (R. S.), McGrath (J. T.) u. **Martin (J. E.),** Anwend. v. Cortison bei Hunden mit Mastzellensarkom 125.
Brodhacker (J. W.) s. Commercial Solvents Corp.
Brodhage (H.), Wachstum v. Tb-Bacillen in d. Dubosschen Nährmedium 9357. — s. Aufdermaur (M.); Wegmann (T.).
Brodie (A. F.) u. **Gots (J. S.),** Nitrofurane als Elektronenacceptoren einiger Atmungsenzyme 7003.
Brodie (B. B.) s. Appleton (H. D.); Axelrod (J.); Burns (J. J.); Cooper (J. R.); Weiner (M.).
—, **Mark (L. C.), Lief (P. A.), Bernstein (Eleonore)** u. **Papper (E. M.),** Akute Toleranz gegen Thiopental 6330.
Brodie (D. C.) s. Dean (S. J.).
Brodie (L. C.), Hall-Effekt in Bi bei tiefen Tempp. 20.
Brodie (W. D.), Linsenspektrometerunters. d. Zerfalls v. ^{233}Pa 2357.
Brodkorb (F.) s. Rheinelbe Bergbau Akt.-Ges.
Brodowsky (R.) u. **Huguenard (P.),** Potenzierte curarisierende Kombinat.: Brevatonal–Mediatonal 1789.
Brodrick (C. I.) s. Boots Pure Drug Co. Ltd.
—, **Nicholson (J. S.), Short (W. F.)** u. **Watkins (T. I.),** Heterocycl. Derivv. v. 1.2;5.6-Dibenzocycloheptatrien-(1.3.5). 2. Mitt. 5-Aryl-2.3;6.7-dibenzo-1-thia-4-azacycloheptatriene-(2.4.6) u. ihre 1.1-Dioxyde 4102.
Brodski (A. I.), Theorie d. Polythionate v. D. I. Mendelejew u. ihre Bestätig. 5706. — s. Gragerow (I. P.).
—, **Geller (B. A.)** u. **Scheinfain (R. J.),** Bildungsmechanismus v. sek. Aminen mittels schweren Stickstoffs 5755.
— u. **Gragerow (I. P.),** Höhe d. Potentialschwelle bei d. H-Bindd. im Benzochinhydron 6717.
— u. **Jeremenko (R. J.),** Rkk. v. Trithionaten mit Hilfe v. radioakt. S 4542.
— u. **Kuchtenko (I. I.),** Kinetik u. Mechanismus d. H-Umgruppier. d. Phenols 9297.
— u. **Ssulima (L. W.),** H-Austausch u. Tautomerie d. unterphosphorigen u. d. phosphorigen Säure 7628.
—, **Strashessko (D. N.)** u. **Tscherwjatzowa (L. L.),** Austausch d. Phosphorisotopen in d. Systemen H_3PO_2–H_3PO_3 u. KH_2PO_2–KH_2PO_3 u. Tautomerie d. unterphosphorigen Säure 1694.
—, **Tscherwjatzowa (L. L.)** u. **Mikluchin (G. P.),** H-Austausch-Rkk. v. Toluolderivv. 8346.
Brodski (A. J.) u. **Poljakow (K. M.),** Vgl. v. im elektr. Lichtbogen unter Ar-Schutz oder durch d. Sauerstoff–Acetylen-Flamme geschweißten Röhren aus Al–Mg-Legierr. 4444.
Brodski (A. M.) s. Lawrowski (K. P.).
Brodski (J. A.) u. **Sinkowa (S. M.),** Einfl. d. Grobfrakt. v. Schleifpulvern auf d. Glasschleifen 8002.
Brodthagen (H.), Behandl. v. Hautleiden mit Hydrocortisonsalben 9369. — Einfl. v. Hydrocortisonsalbe auf d. Tuberkulin-, Läppchen- u. Ritztest 9597.
Brody (F.) s. American Cyanamid Co.
Brody (G.), Wrkgg. v. Pteroylglutaminsäure- u. Vitamin-B_{12}-Mangel auf mit Ascaridia galli infizierte Küken 1315.

Brody (J. K.), Anwendd. v. Photomultiplierröhren in d. spektrograph. Analyse 1570.
Brody (T. M.), Wrkg. einiger Pflanzenwuchsstoffe auf d. oxydative Phosphorylier. in Rattenlebermitochondrien 2452.
Broeck (T. R. Ten) s. Wingfoot Corp.
Broecker (W. S.) s. Carr (D. R.); Eckelmann (W. R.); Kulp (J. L.).
Broeder (J. J.) s. Heukelom (W.).
Broek (J. C. H.) u. **Mom (C. P.),** Verseuch. v. Poldergewässer mit Salmonella paratyphi infolge Abwassereinführ. 899.
Broer (L. J. F.), Ausdehnungsvorgänge in Gasen. 1. Mitt. 5727.
Broersma (S.) s. Mulder (H.).'
Brötz (W.), Physikal.-chem. Grundlagen d. techn. Rk.-Führ. 9162. — s. Ruhrchemie Akt.-Ges.
Broeze (J. J.), Symposium über Verbrenn. 1. Mitt. Abriß d. Unters. über Verbrenn. 491.
Broge (E. C.) s. Du Pont de Nemours (E. I.) & Co.
Broglie (L. de), The revolution in physics; a non-mathematical survey of quanta [970]. Einführ. d. Führungswellenbegriffe u. d. Doppellösung in d. Theorie d. Dirac-Elektrons 1661.
Brognet (P.) s. Blondel (A.).
Brogren (G.), Reflex. u. Transmiss. v. Röntgenstrahlen nahe d. Bragg-Winkel in vollkommen absorbierenden Kristallen 32. — Reflex. u. Transmiss. v. Röntgenstrahlen in Quarz nahe d. Bragg-Winkel 8565. — Best. d. Avogadroschen Zahl 9509. — s. Adell (Ö.).
— u. **Adell (Ö.),** Transmiss. u. Absorpt. v. Röntgenstrahlen in Calcit nahe d. Bragg-Winkel 5014.
Broh-Kahn (R. H.) s. Pearson (S.).
Broich (F.) s. Chemische Werke Hüls.
Broida (H. P.) u. **Gaydon (A. G.),** Mechanismus d. Bldg. v. OH, CH u. HCO in Flammenspektren unter Verwend. v. D als Indicator 4995.
Brokaw (A. L.) s. Albritton jr. (C. C.).
Brokaw (G. Y.), Glyceride 8127.
Brokaw (R. S.) s. Jackson (Joseph L.).
Broken Hill Associated Smelters Proprietary Ltd., Raffinieren v. Metallen durch Dest., bes. Rückgewinn. v. Zn aus zinkhalt. Pb, d. zuvor durch Zusatz v. Zn entsilbert wurde 4690* E.
—, **Burrow (W. R.)** u. **Middlin (J.),** Kontinuierl. oxydierendes Rösten v. Pb-halt. sulfid. Erzen 11675* A.
Brokman (H.) u. **Dudek (B.),** Einfl. v. Streptomycin u. Dihydrostreptomycin auf d. Kohlenhydratstoffwechsel bei Kindern 3427.
Brolley jr. (J. E.) s. Northrop (J. A.).
— u. **Dickinson (W. C.),** Winkelverteil. d. Spaltprodd. bei neutroneninduzierter Spalt. 6449.
—, **Dickinson (W. C.)** u. **Henkel (R. L.),** Winkelverteil. v. ^{235}U-Spaltprodd. aus neutroneninduzierter Spalt. als eine Funkt. d. auftreffenden Neutronenenergie 8080.
Brombacher (P. J.) s. Rekker (R. F.).
Bromfield (S. M.), Red. v. Eisenoxyd durch Bakterien 1999.
Bromilow (J.) u. **Winsor (P. A.),** Struktur u. elektr. Leitfähigk. v. KW-stoff–Basen-Lsgg. d. Typs d. „lösl. Öle". Vergleichbares wss. Syst. 4288.
Bromley (G.), Calcinierte Soda für d. p_H-Kontrolle bei Mischsaft u. d. Behandl. d. Saftes zwecks Steiger. d. Haltbark. beim Wochenende 1158.
Bromley (LeR. A.), LeRoy (N. R.) u. **Robbers (J. A.),** Wärmeübergang bei erzwungenem Konvektions-Film-Sieden 8093.
Bron (W. A.), Rk. d. Al_2TiO_5-Bldg. in fester Phase 2854.
Bronds (M. F.) s. Poljanker (B. I.).
Bronfin (G. J.) s. Kessler (B. J.).
Bronkhorst (A. Van) s. Marton (L.).
Bronner (H. A.) s. Stein (G. A.).
Bronner & Heuss Nachf., Gewinn. v. Konzentraten aus Lsgg. 11303* Oe.
Bronsch (K.) s. Brüggemann (J.).
Bronsky (D.), Dubin (A.) u. **Kushner (D. S.),** Diuret. Wrkg. v. Benemid. Wrkgg. auf d. Na-, Chlorid-, K- u. Wasserausscheid. im Urin bei Ödematösen 9614.
Bronson (G. E.) s. National Lead Co.
Bronson (W. F.) s. Wilson & Co., Inc.
Bronstein (D. G.), Anwend. v. aktivierten „Carboraffin"-Kohlen in Zuckerraffinerien 2797.
Bronstein jr. (J. B.) s. Trojan Powder Co.
Broockmann (K.), Haftfestigk. v. Anstrichen auf Al. 1. Mitt. 2083, 4221.
Brook (A. G.) s. Braude (E. A.).
—, **Gilman (H.)** u. **Miller (L. S.),** Analoge d. Hexaphenyläthans. 2. Mitt. Triphenylmethyltriphenylsilan 4085.
— u. **Wright (G. F.),** Oxymercurier. v. Alkenen 9294.
Brook (D. W.) s. Barrer (R. M.).
Brook (M.), Stickstoffnachleuchten 7372.
Brook (M. J. Vander) s. Bass (W. B.); Visscher (F. E.).
Brook (P. J.), Bekämpf. v. Pfirsichbraunfäule [Sclerotinia fructicola (Wint) Rehm] 2282.
Brookbank (J. W.) u. **Whiteley (A. H.),** Urease in d. Eiern u. Embryonen d. Seeigels, Strongylocentrotus purpuratus 2925.
Brooke (B. I.) s. Imperial Chemical Industries Ltd.
Brooke (B. N.) s. Crawford (N.).
Brooke (J. M.) s. Phillips Petroleum Co.
Brooke (M.), Laboratoriumsklebemittel 8216. — Nachweisliste d. Korrosionsinhibitoren 11086.
Brooke (M. S.) s. Magasanik (B.).
Brooker (E. G.) s. Tarbell (D. S.).
Brooker (L. G. S.). s. Eastman Kodak Co.; Kodak-Pathé.
—, **Dent jr. (S. G.), Heseltine (D. W.)** u. **Lare (E. J. Van),** Bedeut. v. Basizität u. Acidität d. Kerne in cyaninart. Kondensatt. 1939.
— u. **Keyes (G. H.),** Farbe u. Konst. 12. Mitt. Absorpt. d. Phthalone 11546.
—, **Keyes (G. H.)** u. **Heseltine (D. W.),** Farbe u. Konst. 11. Mitt. Anhydroniumbasen v. p-Oxystyrylfarbstoffen als Lösungsmittelpolaritätsindicatoren 11545.
—, **Keyes (G. H.), Sprague (R. H.), Dyke (R. H. Van), Lare (E. J. Van), Zandt (G. Van), White (F. L.), Cressman (H. W. J.)** u. **Dent jr. (S. G.),** Farbe u. Konst. 10. Mitt. Absorpt. d. Merocyanine 11539.
—, **White (F. L.)** u. **Sprague (R. H.),** Farbe u. Konst. 9. Mitt. Absorpt. d. v. 3-Methylisochinolin abgeleiteten Cyanine; eine Basizität u. Absorpt. v. symm. Cyaninen verknüpfende Regel 11539.
Brookes (A.) s. National Research Development Corp.

Brooks (A. G.), Menon (P. S.) u. Ahuja (M. L.), Wrkg. gebräuchl. Insekticide auf Versuchstiere bei längerer Anwend. 8668.
Brooks (A. M.) s. Batterman (R. C.); Grossman (A. J.).
Brooks (B. T.) s. Glycerine Corp. of America, Inc.
Brooks (C. McC.) s. Woske (H.).
Brooks (D. E.), Schweißen v. Zn-Gußlegierr. 9894.
Brooks (E. J.) s. Birks (L. S.).
Brooks (F. D.) s. Birks (J. B.).
Brooks (G.) s. Garcia Paula (R. D. de).
Brooks (H.), Theorie d. Diffus. v. Ladungsträgern, d. in einen Halbleiter d. Mischleitungstyps eingebracht wurden 1905. — Theorie d. g-Faktors u. d. Spin–Gitter-Relaxationszeit bei Alkalimetallen 6690. — s. Paul (W.).
Brooks (J. A.) s. Standard Oil Co.
Brooks (J. W.) s. Socony-Vacuum Oil Co., Inc.
Brooks (L. A.) s. Vanderbilt (R. T.) Co., Inc.
Brooks (L. H.) s. Ward (A. F. H.).
Brooks (M.) s. Curtis (A. C.).
Brooks (M. C.) s. United States Rubber Co.
Brooks (P. K.) s. Eastman Kodak Co.
Brooks (R. A.) s. Du Pont de Nemours (E. I.) & Co.
Brooks (R. E.) s. Du Pont de Nemours (E. I.) & Co.
Brooks (R. F.) s. Chu (J. C.).
Brooks (R. H.) s. Reeve (R. C.).
Brooks (R. M.) s. Hercules Powder Co.
Brooks (S. H.), Hochfeuerfeste Gußformen 6118. — s. Voice (E. W.).
Brooks (W. J. D.) s. Cole (H. G.).
Brooks (W. L.), Greig (J. H.), Pine (C.), Zoellner (W. G.) u. Rohrbaugh (J. H.), Absorpt. v. Millimeterwellen in festen dielektr. Stoffen 1440.
Brooksbank (N. H.), Anämie bei Ferkeln in Verb. mit einem Cu-Defizit 622.
Brooksbank jr. (W. A.) s. Reynolds (S. A.); Wheler jr. (A. G.).
— u. Leddicotte (G. W.), Ionenaustauschtrenn. v. Spurenverunreinigg. 1802.
—, Leddicotte (G. W.) u. Mahlman (H. A.), Analyse für Verunreinigungsspuren durch Neutronenaktivier. 8778.
Broom (T.), Anisotropie d. elektr. Widerstandes v. kaltgewalzten kub. Metallen u. Legierr. 3312.
Brophy (J. E.) s. United States Navy.
Brophy (J. J.) s. British United Shoe Machinery Co. Ltd.; United Shoe Machinery Corp.
Broquist (H. P.), Kohler (A. R.), Hutchison (D. J.) u. Burchenal (J. H.), Enzymat. Bldg. d. Citrovorumfaktors durch Streptococcus faecalis 1766.
— u. Snell (E. E.), Biotin u. Bakterienwachstum. 2. Mitt. Avidin u. d. Verh. v. Lactobacillus arabinosus gegenüber Ölsäure 1998.
Broscheit (A.) s. Dold (H.).
Brose (W.) u. Schaefer (H.), Wrkg. v. Adrenalin u. Noradrenalin auf d. Coronardurchblut. 1774.
Broser (I.) u. Reuber (C.), Quantitative Messungen über d. Elementarprozeß d. Lichtanreg. v. Leuchtstoffen durch einzelne α-Teilchen. 2. Mitt. 5959.
Broser (W.), Cyclodextrineinschlußverbb. in Lsg. 9765. — s. Lautsch (W.).
— u. Lautsch (W.), Einschlußverbb. u. Verbb. mit Einschlußbezirken in Lsg. 9764.
Broser-Warminsky (R.) s. Arend (H.).
Brosheer (J. C.), Lenfesty (F. A.) u. Anderson jr. (J. F.), Löslichkk. im Syst. $AlPO_4$–H_3PO_4–H_2O 6935.
Brossel (J.), Opt. Methoden zum Nachw. d. magnet. Resonanz 9963. — s. Blamont (J.-E.).
—, Kastler (A.) u. Winter (J.), Opt. Erzeug. einer Ungleichh. d. Besetz. zwischen d. Zeemanschen Unterniveaus d. Fundamentalzustandes d. Atome 2131.
Brossi (A.) s. Schnider (O.).
Broster (W. H.) s. Bailey (G. L.).
Brostrup (J. O.), Herst. einer bestimmten Auflage v. Farbdrucken nach dem Dye transfer-Verfahren 10410.
Brot (C.), Dielektr. Verh. v. *6* prim. n-Alkoholen bei Wellenlängen v. *1,25* cm zwischen *—60°* u. *+60°* 9526.
Brother Simon Peter = Simon (Peter).
Brothers (R. N.), Glaukophanschiefer v. d. North Berkeley Hills, Californien 6478.
Brotherton & Co. Ltd. u. Hanny (R. J.), Färben v. Textilien 8740* E.
Brothman (A.), Durchführ. v. Polymerisatt. 1854* D. B. — Lactide v. α-Oxysäuren 3732* A.
Brouardel (J.) u. Fage (L.), Änder. d. im Meerwasser gelösten O_2 in unmittelbarer Nähe d. Sedimente 2382.
Broude (L. M.), Ssachatzkaja (T. S.) u. Sserebrennikowa (N. G.), Chem. Natur u. Eigg. v. Präpp. d. adrenocorticotropen Hormons aus Rinderhypophysen 11235.
Broude (W. L.), Phasenumwandll. bei verschied. Benzolhomologen u. Spektralunters. d. Modifikatt. 773.
Broudy (R.) u. Levinstein (H.), Hochfrequenzwiderstand dünner Filme 4280. — Hochfrequenzwiderstand photoleitender Filme 4280.
Brouet (G.), Marche (J.), Paley (P. Y.), Chrétien (J.), Joly (J.), Etienne, Ferran (J.), Fenouil, Vergne u. Gain (C.), Ergebnisse bei ausgedehnter antibiot. Behandl. d. gewöhnl. Lungentuberkulose 6796.
Broughton (G.), Best. d. Kettenlängenverteil. d. Cellulose 957. — Verh. v. Papier unter Spann. 10162. — s. Cunningham (G. E.).
Brouillard (R. E.) s. General Aniline & Film Corp.
— u. Mutaffis (T. D.), Kristallisat. v. Phthalocyaninblau 4709.
Brouillet (P.), Epelboin (I.) u. Froment (M.), Best. d. Wertigk. v. Metallionen beim elektrolyt. Polieren in Ggw. v. ClO_4^--Ionen 5005.
Brouillette (C. V.), Foley jr. (W. M.) u. McKennis jr. (H.), Anwend. d. Stenhouse-Rk. für d. Darst. gemischter Dianile v. 2-Oxyglutacondialdehyd 4804.
Broulík (D.) s. Menšík (P.).
Broun (S. L.) s. Kirillow (J. A.).
— u. Borin (A. W.), Abhängigk. d. photochem. Verstärk. d. latenten Bildes v. d. Dauer d. zweiten Reif. d. Emuls. 967.
Brounstein (B. I.), Berechn. v. Kolonnen bei d. therm. Regenerat. v. Chemosorbentlsgg. 1112.
Brous (J.), Fankuchen (I.) u. Banks (E.), Titanate v. Seltenen Erden mit einer Perowskitstruktur 1456.
Broussaud (G.) s. Simon (J.-C.).

Brousse (R.), Petrograph. u. chem. Charakter d. Trachyandesite d. Mont-Dore 1926.

Brouty (M. L.) u. **Chatelet (M.)**, Titrat. d. Phosphorsäure durch Calciumhydroxyd 2033.

Brouwer (R.), Transpirat. u. Anionenaufnahme 2930. — W. Freckmann 7133.

Brovetto (P.), Adsorpt. v. Gasen an Kristallgittern. Übergang v. fixierter zu bewegl. monomol. Schicht 1216.

— u. **Cini (G.)**, Hohe Polarisat. v. Kernen in paramagnet. Substanzen 3802. — Kernpolarisat. mittels Elektronenresonanzsättig. 10680.

— u. **Ferroni (S.)**, Hohe Kernpolarisatt. in paramagnet. Substanzen 7382.

Browder (J. G.) s. Standard Oil Development Co.

Browen (W. B. D.) s. Glacier Metal Co. Ltd.

Brower (F. M.) s. Barkenbus (C.).

Brower (T. E.) u. **Larsen (B. M.)**, Schwefelproblem bei d. verschied. Verff. im Stahlwerk 3720.

Brown (A. C.) s. Venesta Ltd.

Brown (Alfred E.) s. Gillette Co.

Brown (Arthur E.) s. Smith (Charles William).

Brown (A. F.) u. **Honeycombe (R. W. K.)**, Mikrogleitung in Metallkristallen 8331.

Brown (A. G.) s. Brady (A. P.); El Dorado Oil Works.

Brown (A. H.) s. Johnston (J. A.); Norman (R. W. Van).

Brown (A. H.) [Oxford] s. Bell (R. P.).

Brown (A. L.), Wrkg. verschied. Insekticide auf Ammonifikat. u. Nitrifikat. in 2 neutralen Alluvialböden 7762.

Brown (B. B.) s. Bailey (G. L.).

Brown (Barbara B.) u. **Acheson (G. H.)**. Wrkg. v. Procain u. verwandten Verbb. auf d. Hundeauricula u. d. A–V-Verbb. 7962.

—, **Werner (H. W.)** u. **Keyl (M. J.)**, Pharmakol. Unterss. an einem neuen zentralen Stimulans, α-[Piperidyl-(2)]-benzhydrolhydrochlorid (MRD–*108*) 7968.

Brown (Bernard B.) s. Smith (P. A. S.).

Brown (B. H.) s. Roche Products Ltd.

Brown (B. R.) u. **Todd (A. R.)**, Farbstoffe d. Aphiden. 9. Mitt. Rkk. v. „erweiterten" Chinonen 4107.

Brown (B. T.), **Ranger (D.)** u. **Wright (S. E.)**, Ausscheidungsprodd. v. Lanatosid C u. Digitoxin bei d. Ratte 11422.

— u. **Watson (T. R.)**, Extrakt. v. Herzglykosiden 2955.

Brown (C. A.) s. Feuer (S. S.).

Brown (Charles A.), **Muetterties (E. L.)** u. **Rochow (E. G.)**, B–N-Systeme. 3. Mitt. Bortrifluorid–Diamin-Additionsverbb. 7631.

Brown (C. B.) s. Lever Brothers & Unilever Ltd.

Brown (C. H.) s. Pinchin Johnson & Associates Ltd.

Brown (C. J.), lin-Poly-p-xylylen. 2. Mitt. Kristallstruktur d. Di-p-xylylens 9764. — s. Daubeny (R. de P.).

— u. **Corbridge (D. E. C.)**, Kristallstruktur v. Acetanilid 7876.

— u. **Farthing (A. C.)**, lin-Poly-p-xylylen. 3. Mitt. 9813.

Brown (C. L.) s. Doctor (V. M.).

Brown (C. O.) s. Felio (H. G.).

Brown (C. P.) u. **Mathieson (A. R.)**, Dimerisier. d. Chloressigsäuren in Lsg. 4557.

Brown (D.) u. **Hudson (R. F.)**, Mechanismus d. Hydrolyse v. Säurechloriden. 5. Mitt. Wrkg. v. Lösungsmm. u. Hydroxylionen auf d. Geschwindigk. d. Solvolyse substituierter Benzoylchloride 9058.

Brown (David) s. Shell Development Co.

Brown (D. A.), Kationenaustausch in Böden bei verschied. Feuchtigk. v. Welkepunkt bis zur Sättig. 4189.

Brown (D. E.) s. Hobbs (L. M.).

Brown (D. J.), Der Folsäure verwandte Pteridine. 1. Mitt. 2-Desaminoanaloge 6040. — s. Albert (Adrien).

—, **Hoerger (E.)** u. **Mason (S. F.)**, Einfache Pyrimidine. 2. Mitt. 1.2-Dihydro-1-methylpyrimidine u. Konfigurat. d. N-Methyluracile 9802.

Brown (D. S.), Anwend. v. starkem Kontrast bei d. Photographie v. Interferenzstreifen 8928.

Brown (D. W.) s. Wall (L. A.).

Brown (D. Warburton) = Warburton Brown (D.).

Brown (E.), **Coveney (R. D.)** u. **Islip (H. T.)**, Schwarzer Pfeffer aus Nigeria 10878.

— u. **Islip (H. T.)**, Destillierapparate für äther. Öle 3504.

Brown (Edmond), Elektron. Energiebanden in Kristallen 4771.

Brown (Ellen) s. Nomof (N.).

Brown (E. A.) s. Krimmel (C. P.).

Brown (Ethan A.), **Gorin (M. H.)** u. **Abramson (H. A.)**, Fl. Antiseptica 6575* E.

Brown (E. B.) u. **Seideman (T.)**, Effekt v. geringen Dosen Cortisonacetat, kombiniert mit einem Antihistaminicum, bei Ragweed-Pollinosis 2006.

Brown (E. C.) s. Swan (T.) & Co. Ltd.

Brown (E. G.), Komplexone in d. pharmazeut. Analyse 3197. — Anwend. d. Komplexone in d. metallurg. Analyse. 1. Mitt. 9157.

— u. **Hayes (T. J.)**, Gleichzeitige Best. v. Cd u. Mg mit Dinatriumäthylendiamintetraacetat 5611.

Brown (E. H. I.) s. Standaert (A. R.); West Norfolk Farmers' Manure & Chemical Co-operative Co. Ltd.

Brown (E. J.), Verschleißfeste Gußwerkstoffe 7304.

Brown (E. L.) s. Monsanto Chemical Co.; Weeks (L. E.).

Brown (E. V.) s. Cantwell (N. H.); Goncalves (R.); McCarthy (P. T.); Schildknecht (E. A.).

Brown (F.) s. Bartholomew (G. A.); Bartholomew (R. M.).

—, **Hanna (G. C.)** u. **Yaffe (L.)**, Radioakt. Zerfall v. ^{41}Ca 274.

Brown (Fielding) u. **Gravel (C. L.)**, Domänenrotat. in gesintertem Ni–Ferrit 2604. — Rotat. d. Elementarbereiche in Ni–Ferrit 10443.

Brown (Floyd), Vorgänge beim zweistuf. Tempern 676.

Brown (Fred), Best. v. Vitamin E. 1. Mitt. Papierchromatograph. Trenn. in Naturprodd. vorkommender Tocopherolgemische 2239. — Tocopherolgeh. v. Futtermitteln 4479.

Brown (F. B.) u. **Smith (Ernest Lester)**, Neue Purine in d. B_{12}-Vitaminen 4628.

Brown (F. C.), Temperaturabhängigk. d. Elektronenbeweglichk. in AgCl 3312.

Brown jr. (F. H.) u. Duwez (P.), Syst. ZrO_2–TiO_2 4062.
Brown (F. L.) s. Paine (S. H.).
Brown (F. R.) s. Dann (S.).
Brown (F. T.) s. Germann (F. E. E.).
Brown (G.), Bodenmorphologie u. Mineralogie. Qualitative Unters. v. vergleyten Böden v. Nordwest-England 2051. — Lepidocrocit-Vork. in einigen brit. Böden 11667.
Brown (G. B.), Biosynth. d. Nucleinsäuren als Grundlage für chemotherapeut. Entww. 10049. — s. Balis (M. E.); Roll (P. M.).
Brown (G. E.), Elektron–Elektron-Wechselwrkg. in schweren Atomen 10183. — s. Brenner (S.).
Brown (G. I.), Essentials of certificate chemistry [2350].
Brown (Gardner L.) s. Wingfoot Corp.
Brown (Geoffrey L.), Polarograph. Unters. d. Enzym–Substrat-Komplexe d. Katalase u. Peroxydase 1530. — Löslichkeitsanalyse v. kristalliner Ochsenleberkatalase 1530.
Brown (George L.) s. Greenwald (H. L.).
Brown (G. M.) s. Wittle (E. R.).
Brown jr. (G. W.), Chaikoff (I. L.) u. Chapman (D. D.), Demonstrat. d. β-Oxydat. u. Bldg. v. Acetylacetat in einem Mäusehepatom 1529.
Brown (H.) s. Lindsay (A. E.).
Brown (H.) [Blackburn] u. **Grundy (J.)**, Homolyt. Rk., d. eine β-Rk. einschließt 5035.
Brown (H.) [Washington] s. Patterson (C.).
Brown (Henry) s. Hama (G.); Udylite Corp.
— u. **Hoover (E. W.)**, Korrosionsbeständigk. v. verschied. mit Cr plattierten elektrolyt. Ndd. 2063.
Brown (Herman), Reingold (A. M.) u. Samson (M.), Best. v. proteingebundenem J durch Trockenveraschung 9406.
Brown (Hiram), Preßguß v. Nichteisenmetallen 1598. — Praxis d. Nichteisenmetallgießerei 4921.
Brown (H. A.) u. Luttinger (J. M.), Berechn. d. ferromagnet. u. antiferromagnet. Curie-Tempp. 2134.
Brown (Harvey A.) s. Krogh (L. C.).
Brown (H. C.) s. McDaniel (D. H.); Schlesinger (H. I.).
— u. **Hafliger (O.)**, Bequeme Technik zur Mikro-Zerewitinoff-Best. 2736.
—, **Johnson (Sidney) u. Podall (H.)**, Reinig. u. physikal. Eigg. v. 2.6-Lutidin u. 2.4.6-Kollidin 6282.
— u. **Kornblum (R. B.)**, Chem. Wrkgg. ster. Spannungen. 11. Mitt. Struktur d. Chloride aus 2.3.3-Trimethylpentanol-(3) u. 2.3.3-Trimethylpentanol-(2); ster. Effekte als Faktoren bei d. Umlagerr. hochverzweigter Carboniumionen 2390.
— u. **McGary jr. (C. W.)**, Leitende Effekte bei aromat. Substitut. 4. Mitt. Geschwindgkk. u. Isomerenverteil. bei d. Mercurier. v. Bzl. u. Toluol. Ausweit. d. quantitativen Bezieh., die d. Isomerenverteil. bei aromat. Substitut. angibt 10231; 5. Mitt. Einfl. v. Uberchlorsäure auf d. Reaktivitätsverhältnis u. d. Isomerenverteil. bei d. Mercurier. v. Bzl. u. Toluol. Änder. d. Aktivität u. Selektivität bei einem elektrophil substituierenden Agens 10231; 6. Mitt. Mercurierungsgeschwindigk. v. Monoalkyl- u. Polymethylbenzolen. Berechn. d. relativen Reaktivitäten d. Mercurierungs-Rk. 10232.
Brown (H. C.), Schlesinger (H. I.), Sheft (I.) u. Ritter (D. M.), Entww. in d. Chemie d. Diborans u. d. Borhydride. 3. Mitt. Additionsverbb. d. Alkalihydride. Natriumtrimethoxyborohydrid u. verwandte Verbb. 11531.
Brown (H. D.) s. Merck & Co., Inc.
Brown (H. M.), Langston (J. H.) u. Rainey jr. (W. T.), Einfl. kolloider Siliciumverbb. auf Baumwolle während d. Verarbeit. u. auf d. Garnqualität 9698. — s. Kirkwood jr. (C. E.).
Brown (H. N.) u. Becker (R. A.), Strahll. v. ^{164}Ho 10913.
—, **Smith (F. B.) u. Becker (R. A.)**, Strahll. v. ^{164}Ho 2594.
Brown (H. P.) s. Goodrich (B. F.) Co.
— u. **Duke (N. G.)**, Carboxylgruppen enthaltender Hycar-Latex. Ein neues, sehr zugfester Elastomer 937.
Brown (H. W.), Chan (Kam-Fai) u. Ferrell (B. D.), Wrkg. v. Chemotherapeuticis auf Infektt. mit Syphacea oblevata u. Aspicularis tetraptera 6076.
Brown (I.) s. Barker (J. A.).
Brown (I. A.), Chron. Hg-Vergift.; Amyotrophe Lateralsklerose 8675. — s. Bergen (F. H. Van).
Brown (J.) u. Holmes (C. W. H.), Grundtatsachen d. Kohlenflotat. 7352.
Brown (J. A.) s. Hine (J.).
Brown (J. B.), Henbest (H. B.) u. Jones (E. R. H.), Mit Auxin a u. Auxin b verwandte Verbb. 3. Mitt. Darst. u. Eigg. d. Cyclopentenylanalogen d. Auxin-b-lactons 6297.
Brown (J. B.) [Edinburgh] s. Klopper (A.).
Brown (James B.) s. Boyle (W. S.).
Brown (J. C.) u. Hendricks (S. B.), Enzymaktivität als Maß für Cu- u. Fe-Mangel bei Pflanzen 9353.
Brown (J. F.) u. Clark (D.), Verwend. d. dreistufigen Elektronenmikroskops in d. Kristallstrukturanalyse 3083.
—, **Clark (D.) u. Clark (W. D.)**, Stabilität d. sogenannten Delta-Ferrit-Phase in austenit. Stählen 4054.
Brown (J. F.) [Laramie] s. Cottingham (P. L.).
Brown jr. (John F.) s. Swain (C. G.).
Brown (J. G.) s. Smith (A. H.).
Brown (J. J.) u. Newbold (G. T.), Phthalaldehyde u. verwandte Verbb. 2. Mitt. Synth. v. Isogladiolsäure 10979; 3. Mitt. Synth. d. Desoxygladiolsäure u. Verss. zur Strukturaufklär. d. Dihydrogladiolsäure 10979.
Brown (John J.) s. Fiori (L. A.); Sands (J. E.).
Brown (J. K.) s. Kahler (H. L.).
Brown (J. K.) [Cambridge], Infrarotspektroskopie 649.
—, **Sheppard (N.) u. Simpson (D. M.)**, Deut. d. Infrarot- u. Raman-Spektren d. n-Paraffine 4068. — Deut. d. Schwingungsspektren d. n-Paraffine 5270.
Brown jr. (J. L.), Unters. an Abwässern d. Bleicherei u. Färberei 11066.
Brown (J. M.) s. Searle (G. D.) & Co.
Brown (J. R.), Moneypenny (H. K.) u. Wakelin (R. J.), Automat. gesteuertes Mikrophotometer für Röntgenbeugungsphotographien 11520.
Brown jr. (J. R. C.) s. Comp. Française Thomson-Houston.

Brown (J. T.) u. **Baldwin jr. (W. M.)**, Wasserstoffverspröd. v. Stählen 8250.
Brown (J. W.) u. **Binkley (S. B.)** [Chicago], Wachstumsbedingungen einer penicillinempfindl. Sarcina lutea 7236.
Brown (James W.) s. Standard Oil Development Co.
Brown (K. E.) s. Turco Products, Inc.
Brown (K. J.) u. **McGovern (J. N.)**, Kalte Natronzellstoffe mit hoher Ausbeute aus verschied. Hölzern u. Prodd. daraus 1168.
Brown (K. L.) s. Berman (A. I.).
— u. **Wilson (R.)**, Elektrozerfall v. ^{65}Cu, ^{64}Zn, ^{109}Ag u. ^{181}Ta 1435.
Brown (K. M.) s. Universal Oil Products Co.
Brown (K. P.) s. Lampitt (L. H.).
Brown (K. W. G.) u. **Rykert (H. E.)**, Heparin in d. Behandl. v. Angina pectoris 1776.
Brown (L. C.), **Rogosa (G. L.)** u. **Schwarz (Guenter)**, Winkelverschieb. d. durchgelassenen Röntgenstrahls nahe d. Bragg-Winkel 2845.
— u. **Williams (D.)**, Magnet. Resonanzspektren v. Beryllkristallen 5726.
Brown (Lamar C.) u. **Wilson (C. C.)**, Wrkgg. v. Zn auf Species v. Gossypium L. 6546.
Brown (L. H.) s. Quaker Oats Co.
Brown (L. J.) s. Lewandowski (T.).
Brown (L. M.) s. Duke (F. R.).
Brown (L. V.) s. Victor Chemical Works.
Brown (Mary) s. Winstein (S.).
Brown (Melvin) u. **Wilson (M. K.)**, Grundknickschwing. v. NO_2 4516.
Brown (Mona) s. Goldblatt (L. A.).
Brown (M. A. C. S.) s. Arthur (J. B.).
Brown (M. B.) s. Kaplan (H. S.).
Brown (N.), Quantitatives Maß d. Anlaßsprödigk. 8253.
Brown (N. J.), **Fountaine (E. R.)** u. **Payne (P. C. J.)**, Zwei Bodenprüfmethoden für Kultivierungsunterss. 2757.
Brown jr. (P. M.) s. Reheis Co., Inc.
Brown (R.) s. Robinson (E.).
Brown (Rachel) u. **Hazen (E. L.)**, Phalamycin, ein v. einer Streptomyces noursei-Variante gebildetes Antibioticum 615.
Brown (R. A.) s. Melpolder (F. W.).
Brown (Raymond A.), **Kritchevsky (D.)** u. **Davies (Maurice)**, Best. v. niedr. Mol.-Geww. mit d. Ultrazentrifuge nach einem Vorgehen v. Archibald 10689.
Brown (R. D.), Theoret. Unters. über einige nichtbenzolart. KW-stoffe. 2. Mitt. 2857.
Brown (R. D.) [London], Molekülzustände u. organ. Rkk. 4073.
Brown (R. F.) u. **Gulick (N. M. van)**, Darst. geminal substituierter 4-Brombutylamine. 1. Mitt. 4-Brombutylamin u. 4-Brom-1.1-dimethylbutylamin 6496; 2. Mitt. 4-Brom-2.2-dialkyl- u. -diarylbutylamine 6497; 3. Mitt. 4-Brom-3.3-dimethylbutylamin 6498. — Bldg. v. 3.3.5-Trimethylpyrrolidon-(2) durch Spalt. v. 5-Äthoxy-2.2-dimethylvalerophenon mit Natriumamid 6745.
—, **Gulick (N. M. van)** u. **Schmid (G. H.)**, Beckmann-Umlager. d. Oxime v. Alkylphenylketonen 6502.
Brown (R. H.) s. Binger (W. W.).
Brown (R. Hanbury) u. **Hazard (C.)**, Außergalakt. Radiofrequenzstrahl. 7145.
Brown (Russell H.) s. Standard Oil Co.
Brown (R. J.) s. Serro (R. F.).
Brown (R. J. S.) s. Famularo (K. F.).
—, **Famularo (K. F.)**, **Holmgren (H. D.)**, **Rankin (D.)** u. **Stratton (T. F.)**, Elast. Streuung v. Deuteronen an ^{3}He 9015.
Brown (R. L.), Mischen v. körn. Material 1344.
Brown (Robert L.) s. Du Pont de Nemours (E. I.) & Co.
Brown (R. R.) s. Christiansen (R. G.).
— u. **Price (J. M.)**, Synth. v. N^{α}-Acetyl-L-kynurenin 11376.
Brown (R. V.) s. Hilton (J. G.).
Brown (R. W.) s. Howland (L. H.); United States Rubber Co.
Brown (S.) u. **Meyer (A. J. P.)**, Gyromagnet. Verhältniszahlen d. ferromagnet. Legierr. aus d. Fe–Co–Ni-Gruppe u. experimentelle Ergebnisse v. S. J. Barnett 6920.
—, **Meyer (A. J. P.)** u. **Scott (G.-G.)**, Übereinstimm. d. Messungen d. gyromagnet. Verhältniszahl nach einer Korrektur eines systemat. Fehlers bei gewissen Verss. 3801.
Brown (S. C.) s. Allis (W. P.); Champion (K. S. W.); Goldey (J. M.); Gould (L.); Hsieh (Hsi-Teh); Looney (D. H.); Weinstein (R.).
Brown jr. (T. G.) u. **Luduena (F. P.)**, Penetrationsfähigk. v. Lokalanästheticis 3431.
Brown (W. B.) s. Hendee (C. F.).
Brown (W. Burns) u. **Heuser (S. G.)**, Verh. v. Begasungsmitteln während d. Vakuumbegas. 2. Mitt. Eindringen v. Methylbromid im eingesackten Weizen u. Verss. über ähnl. Verteilungsvorgänge 475.
Brown (Walter B.) s. Mark (H. J.).
Brown (W. C.) s. Goodman (Louis S.).
Brown (W. D.), Wrkgg. v. Heparin u. Protamin auf d. alimentäre Lipämie bei Ratten 1547.
Brown (W. E.) s. Fine (M. M.).
Brown (William E.) s. Perlman (D.).
Brown (William E.) [New Jersey] u. **Sosman (R. B.)**, Last-Test für feuerfeste Tonmaterialien 9881.
Brown (W. G.) s. Burr jr. (J. G.).
Brown (W. H.) s. McVeigh (I.).
Brown (W. L.) s. Fletcher (R. C.); Schulman (R. G.).
— u. **Fletcher (R. C.)**, Durch Elektronenbeschuß v. Ge bei niedriger Temp. erzeugte Haftstellen 5002.
— u. **Shockley (W.)**, N-Typ-Leitung an d. Oberfläche v. Ge v. p-Typ 1676.
Brown (W. M. C.) u. **Mahler (R. F.)**, Bezieh. zwischen Röntgendosis u. Körpergröße bei d. Strahlenübelk. 7718.
Brown (W. O.), Zus. u. Qualität nordirischer Silageprodd. 4479. — Wrkg. v. Desoxypentosenucleinsäure auf d. durch Östrogen hervorgerufene Eileiter-Rk. beim Folsäuremangelküken 5829.
Brown (W. R.), Warmrissigk. an Matrizen für Messingpreßguß 11670.
Brown (W. T.), **Quastel (J. H.)** u. **Scholefield (P. G.)**, Wrkg. v. Mercaptoverbb. auf d. Bodennitrifikat. 2755.
— u. **Scholefield (P. G.)**, Fettsäureoxydat. 1. Mitt. Oxydat. v. Alkylthiofettsäuren 7005.
Brown, Boveri & Cie. Akt.-Ges. = Akt.-Ges. Brown, Boveri & Cie.
Brown-Bridge Mills, Inc., Heißsiegelbare Klebbänder u. -folien 4260* E.
— u. **Holt jr. (F. W.)**, Thermoplast. Klebband 4982* A.
Brown-Forman Distillers Corp. u. **Scott (H. L.)**, Gärverf. 2555* A.

Browne (A. D. H.) u. **Mannion (P. L.)**, Anwend. v. Chlorpromazin in d. Geburtshilfe u. seine Wrkg. bei d. Wehen 8201.
Browne (C. I.), Hoffman (D. C.), Smith (H. L.) [Los Alamos], **Bunker (M. E.), Mize (J. P.), Starner (J. W.), Moore (Richard L.)** u. **Balagna (J. P.)**, Strahll. v. ^{232}Pa 5471.
Browne (C. P.), Energieniveaus v. ^{26}Al 11327. — s. Buechner (W. W.); Zimmerman jr. (S. F.).
—, **Craig (D. S.)** u. **Williamson (R. M.)**, Sphär. elektrostat. Analysator für d. Mess. v. Kernreaktionsenergien 740.
Browne (F. L.) u. **Laughnan (D. F.)**, Einfl. d. Schichtdicke v. Häuseranstrichen auf ihre Dauerhaftigk. unter verschied. Instandhaltungsbedingg. 2788.
Browne (J. S. L.) s. Carballeira (A.).
Browne jr. (T. E.), Elektr. Bogen als Schaltelement 9253.
Brownell (G. L.), Wechselwrkg. v. ^{32}P-β-Strahlen mit Materie 5469.
— u. **Sweet (W. H.)**, Lokalisier. v. Hirntumoren durch Positronenstrahler 5814.
Brownell (L. E.), Bestrahl. mittels Spaltprodd. zur Lebensmittelkonservier. 5202, 11110. s. Clauss (F. J.); Dombrowski (H. S.); Gomberg (H. J.); Meinke (W. W.); Nehemias (J. V.).
Brownell (W. B.) s. Abbott Laboratories; King (L. C.)
Browning (C. H.), Erinnerungen aus d. Jahren *1905—1907* 1893. — Chemotherapie d. Trypanosomeninfektionen 8669. — s. Dale (H.).
Browning (R. S.), Wiberley (S. E.) u. **Nachod (F. C.)**, Anwend. d. Infrarotspektrometrie auf d. quantitative Analyse in fester Phase 5144.
Broz (I.) u. **Weber (K.)**, Best. d. Körnigk. photograph. Schichten 6667.
Brú (L.), Cubero (M.) u. **Garrido (J.)**, Homometr. Beugungsgitter 11168.
—, **Pérez Rodríguez (M.)** u. **Gea (M. G.)**, Opt. Meth. zur „Reinigung" v. Kristallstrukturen 7157.
—, **Pérez Rodríguez (M.)** u. **Vega (R.)**, Analogien zwischen d. Lichtbeug. u. d. Beug. v. Elektronen an Gasmoll. 8796, 11168.
Brubacher (G.) s. Bernhard (K.).
Brubaker jr. (C. H.), Unters. v. Zinn(IV)-Lsgg. in H_2SO_4 8337.
Brubaker (M. M.) s. Du Pont de Nemours (E. I.) & Co.
Bruce (C. B.) u. **Mitchell (L.)**, Wrkgg. v. oberflächenakt. Substanzen auf d. Bacitracinaktivität 5342.
Bruce (C. F.), Interferometrie zur Präzisionsmess. 9629.
Bruce (R.) s. Upjohn Co.
Bruce (W. F.) s. American Home Products Corp.; Hanslick (R. S.); Wyeth, Inc.
Bruce (W. H.) u. **Whittet (T. D.)**, Cascaratrockenextrakte 2725.
Brucer (M.), Marmor als Strahlenschutz 9958. — s. Ferguson (J. H.); Mayr (G.).
Bruch (J.) s. Koch (Walter).
Bruch (R. Zum), Holzteeröl u. seine Verwend. in d. Lacktechnik 8038.
Bruchhausen (F. v.), Küssner (W.), Stein (H.), Wulzinger (K.) u. **Lingner (K.)**, Prüf. einiger Alkaloide u. Glykoside, d. für einen Nachtrag zum DAB 6 bzw. für ein DAB 7 in Frage kommen 6801, 8914.
Bruchmann (E.-E.), Nachw. v. Zymohexase, Carboxylase u. Glucosedehydrasen in d. fettbildenden Mikroorganismen Candida Reukaufii u. Endomyces vernalis 7468.
Bruchmann (I.), Erfahrr. mit Isonicotinsäurehydrazid am Krankengut einer Kinderheilstätte 2475.
Bruck (G. v.) s. Helferich (B.).
Bruck (G. v. der) s. VEB Elektrochemisches Kombinat Bitterfeld.
Bruck (H.), Verwend. v. Hyaluronidase in d. Unfallsheilkunde 4878.
Bruck (W.) s. I. G. Farbenindustrie Akt.-Ges.
Bruckart (W. L.) s. La Chance (M. H.).
— u. **Jaffee (R. I.)**, Ummantelung v. Mo zur Verwend. in Luft bei erhöhter Temp. 9181.
—, **La Chance (M. H.), Craighead (C. M.)** u. **Jaffee (R. I.)**, Eigg. v. in H_2 gesinterten bin. Mo-Legierr. 9428.
Bruckhard (C. A.) s. Comp. Française Thomson-Houston.
Bruckmayer-Berkenbusch (H.), Beeinfluss. d. Auxosporenbldg. v. Melosira nummuloides durch Außenfaktoren 4618.
Bruckner (C. J.) s. Houdry Process Corp.
Bruckner (V.) s. Kovács (J.).
—, **Kovács (J.)** u. **Kandel (I.)**, Strukturermittl. d. nativen D-Polyglutaminsäure 1755.
—, **Kovács (J.)** u. **Kovács (K.)**, Synth. d. α-D-Polyglutaminsäure 1755.
—, **Kovács (K.), Kovács (J.)** u. **Kotai (A.)**, Synth. opt. reiner α-Polyglutaminsäure d. L- u. D-Reihe 6043.
—, **Vajda (T.)** u. **Kovács (J.)**, Synth. d. β-Poly-DL-asparaginsäure 9582.
Bruckner (W. H.), Mikromechanismus d. Bruchvorganges beim Schlag-Zerreiß-Vers. 9975. — Mikromechanismus d. Bruches in Ferrit 9976.
Brucksch jr. (W. F.) s. Dominion Rubber Co. Ltd.; United States Rubber Co.
Bruckshaw (J. McG.), Gesteinsmagnetismus 6460.
— u. **Vincenz (S. A.)**, Permanenter Magnetismus d. Lava v. Mull 6460.
Brude (G.) s. I. G. Farbenindustrie Akt.-Ges.
Brudevold (F.) s. Thompson (F. C.).
—, **Little (M. F.)** u. **Rowley (J.)**, Säurereduzierende Wrkg. v. „Antienzymen" im Mund 7723.
— u. **Steadman (L. T.)**, Unters. d. Cu in menschl. Zahnschmelz 10062.
— u. **Thompson (F. C.)**, Auswert. d. Mikroantimonelektrode 9637.
Brüchner (H. J.) s. Ruch (E.).
Brück (H. A.) u. **Jackson (D. A.)**, Interferometr. Mess. d. Breite v. chromosphär. Linien bei d. totalen Sonnenfinsternis v. *25.* Februar *1952* 278.
Brückbauer (H.) s. Jancke (O.).
Brückbauer (T.) s. Geilmann (W.).
Brücke (F.), Einfl. v. Hormonen auf maligne Geschwülste 6537.
Brückner (B.), Chloronitrinbehandl. d. Virusgrippe 11604.
Brückner (G.), Schalenanteile im Mehl 4480. — Ermittl. d. Feuchtigk. v. Getreideprodd. verschied. Korngröße 11111.
—, **Nernst (C.)** u. **Rohrlich (M.)**, Milokorn 11110.

Brückner (G.) u. **Schulz (F.)**, Lagerverss. mit Teigwaren unter wechselnder Temp. u. Feuchtigk. d. Lagerraumes 11301.
Brückner (H.), Praxis d. Steinkohlengaserzeug. 9940. — s. Süddeutsche Kalkstickstoff-Werke Akt.-Ges.
Brückner (K.) s. Inhoffen (H. H.).
Brückner (W.), Korngröße u. Carbonatgeh. in klast. Sedimenten 8574.
Brüesch (J.) u. **Karrer (P.)**, Red. d. Apoyohimbins mittels $LiAlH_4$ 9342.
Brügel (H.) u. **Henne (H.)**, Khellin bei Angina pectoris u. Asthma bronchiale 404.
— u. **Pietzonka (H.)**, Mangelernähr. u. Fe_2-Ablager. in d. Leber 9834.
Brüggemann (J.), Antibiotica in d. Tierernährung 623, 6553.
—, **Bronsch (K.)**, **Drepper (K.)** u. **Schole (J.)**, Biochemie v. Sperma u. Eizelle. 1. Mitt. Chem. Zus. u. physikal. Konstanten d. Ejakulats, Samenblasensekrets u. Vaginalschleims v. Rindern 2467.
—, **Drepper (K.)**, **Kolb (E.)** u. **Schilpp (G.)**, Einfl. v. Östrogenen auf d. Geh. d. Blutes an Ca, Mg, P, Glucose u. Cholesterin bei Rindern 136.
—, **Drepper (K.)**, **Lang (R.)** u. **Stark (E.)**, Beeinfluss. verschied. Blut- u. Harnbestandteile durch d. Narkose bei Großtieren 1089.
Brüggemann (T.) s. Eisenkolb (F.).
Brül (E.) s. Nitulescu (I.).
Brüll (E.) s. Steinmetz (H.).
Brüne (F.), Fortschritte in d. Bewirtschaft. v. Hochmoor u. Heidesandböden 10841.
Brünger (K.), Einfl. v. Füllstoffen auf d. Gasdurchlässigk. v. Kautschuk 938.
Brüning (D.), Braunrostbefall beim Weizen (Puccinia triticina) u. Kalidüng. 1125.
Brüning (E.) s. Farbenfabriken Bayer Akt.-Ges.
Brüninghaus (P.), Siebung u. Schall 11063.
Brünner (F.), Einfl. d. Düngung u. d. Nährstoffe d. Bodens auf Ertrag u. Güte d. Wiesenheus 9650.
Brünner (H.) u. **Lange (E.)**, Chem. u. anod. Polieren 10852.
Brues (A. M.), Carcinogene Wrkg. v. Bestrahlungen 9817. — s. Cloudman (A. M.); Stroud (A. N.).
— u. **Patt (H. M.)**, Strahlenschutz v. Säugetieren 4392.
— u. **Stroud (A. N.)**, Verteil. nach kurzfrist. Einatmung v. $^{14}CO_2$ 10555.
Bruggen (J. T. van) s. Hutchens (T. T.).
Bruggen (M. G. van) s. N. V. Philips' Gloeilampenfabrieken.
Bruggencate (P. Ten) s. Landolt (H.).
Bruggenwirth (J. G. B.), Ziehen v. gewalztem Draht 1834* E.
Brugière (Y. S. de) = Soulet de Brugière (Y.).
Brugmann jr. (W. H.) s. Standard Oil Development Co.
Brugsch (J.), Störr. d. Hämsynth. als klin. Problem 2710.
Bruhn (G. A.) s. Guano-Werke Akt.-Ges., vormals Ohlendorff'sche und Merck'sche Werke.
Bruhn (H. H.) u. **Miller (E. H.)**, Kalibergbaumethoden 3706.
Bruhn (J.) s. Bak (B.).
Bruhns (W.), Petrographie [8812].
Bruijn (W. de), Tiefenwrkg. u. Abscheidungsfähigk. in galvan. Bädern 4204. — Inleiding tot de moderne galvanotechniek. Dl. 2: Galvanische apparaten. Galvanische baden [7546].
Bruin (F.), Ausführ. u. Eigg. v. Interferometern im Mikrowellengebiet 2262.
Bruin (P.), Organ. Substanz in niederländ. Böden 8473.
Bruining (H.) s. N. V. Philips' Gloeilampenfabrieken.
Bruins (A. W.), Vermeid. einer Verunreinig. d. Atmosphäre durch F-Verbb. in Emailschmelzbetrieben 8942.
Bruins (P. F.) s. Canapary (R. C.); Socony-Vacuum Oil Co., Inc.
Brulin (O.) u. **Hjalmars (S.)**, Wellengleichungen für Teilchen mit ganzem Spin in Gravitationsfeldern 2822.
Brumbaugh (C. C.) s. Diamond Alkali Co.
Brumbaugh (R. J.) u. **Fanus (W. E.)**, Best. v. Li in Spodumen durch Flammenphotometrie 4659.
Brumby (P. J.) s. Hancock (J.).
Brumfield (P. E.) s. Benkeser (R. A.).
Brummack (G.) s. Wolff & Co.
Brummel (E.), **Hallerston (I. D. K.)** u. **Reiss (M.)**, Einfl. d. Steroidhormone auf d. Energiehaushalt d. Nebennierenrinde in vitro 3895.
Brummer (P.), Glycyrrhizin als Therapeuticum 635. — Bedeut. v. intestinalen Abbauprodd. v. Cellulose für d. Wrkg. v. Celluloselaxantien 3679.
Brummond (D. O.) u. **Burris (R. H.)**, Rkk. d. Tricarbonsäurecyclus in grünen Blättern 7232.
Brun (E.), **Oeser (J.)**, **Staub (H. H.)** u. **Telschow (C. G.)**, Kernmagnet. Momente v. ^{129}Xe u. ^{131}Xe 9490.
Brun (J.), Schweres Wasser 11531.
Brun (K.), **Kacjan (M.)** u. **Križnar (M.)**, Ton v. Arandjelovac zur Herst. v. Elektroporzellan 1588.
Brun (M.) u. **Szczeniowski (J.)**, Ermittl. d. Koksverbrauches im Hochofen 1827.
Brun (R.) s. Press (J.).
— u. **Press (J.)**, Deriv. d. Colchicins: Tartrat d. Desacetylcolchicins 4876.
Brunaud (M.), **Brunaud (S.)** u. **Decourt (P.)**, Wrkg. d. Chloropromazins auf d. Nebennierenadrenalinsekret. 1084.
—, **Brunaud (S.)**, **Navarro (J.)** [Toulouse] u. **Decourt (P.)**, Wrkg. d. Chlorpromazins auf d. vasomotor. Phänomene 2952.
— u. **Navarro (J.)** [Toulouse], Veränderr. d. Vaguswrkg. auf d. Magen d. Hammels unter d. Einfl. d. ganglienblockierenden Substanzen 2951.
Brunaud (S.) s. Brunaud (M.).
Bruncke (R.), Probleme d. Gerber-Meth. 1165.
Brundage (R. P.) s. Steck (E. A.).
Brundin (N. H.) s. Ekstrand & Tholand, Inc.; Höganäs-Billesholms Aktiebolag.
Brune (H.) u. **Eger (W.)**, Einfl. v. Adsorbentien (Bolus alba) auf wachsende Ratten bei d. chron. Vitamin-D_3-Vergift.: Verh. d. Knochens u. innersekretor. Drüsen, bes. d. Epithelkörperchen, untersucht mittels chem.-analyt., histolog. u. röntgenolog. Methoden 8662.
Brunel (H.), Reinigungs-, Emulgierungs- u. Löslichmachungsmittel 1872* F. — Insektenvertilgungsmittel 2758* Schwz. — Gele aus Alginsäure 2974* F. — Verwend. v. Gelen v. Alginsäurederivv. 7112* F.

Brunello (F.), Vademecum del Chimico tessile analista [10415].
Bruner (F. H.) s. Texas Co.
Bruner (H. D.) s. Mayr (G.).
Bruner (W. M.) s. Du Pont de Nemours (E. I.) & Co.
Brunes (B.), Sulfitablauge 3277. — Ausnutz. v. Sulfitablauge 9221.
Brunger (R. G.) s. Aluminum Co. of America.
Bruni (A.) s. Santi (R.).
Bruni (Giordano), Methanol im krit. Zustand 10226.
Bruni (Giuseppe), Chimica generale e inorganica. P. II: Chimica inorganica [4303].
Brunish (R.) s. Irvine (S. R.).
Brunisholz (G.), Stabilisier. d. Murexid-Indicators für d. cerometr. Best. d. F 886. — s. Flatt (R.).
— u. **Michod (J.)**, Abtrenn. v. F durch Dest. nach Willard u. Winter 3927.
Brunjes (A. S.) s. Lummus Co.
Brunke (F.) s. Allgemeine Elektricitäts-Gesellschaft; Licentia Patent-Verwaltungs-G. m. b. H.
Brunkhorst (W.) s. Micheel (F.).
Brunner (H.) s. Imperial Chemical Industries Ltd.
— u. **Thomas (H. R.)**, Best. v. phenol. Hydroxylgruppen (Halbmikrometh.) 8222.
Brunner (H. E.), Spätschäden nach diagnost. Thorotrastanwend. 11241.
Brunner (J. R.) s. Demott (B. J.).
Brunner (M.), Aktuelle Probleme bei Verbrennungsmotorenölen 7352.
Brunner (M. J.), Durch Haushaltsreinigungsmittel hervorgerufene Dermatitis d. Hände 2722.
Brunner (M. R. De) s. Baumgarten (H. E.).
Brunner (O.) u. **Hanke (P.)**, Synthesen in d. Naphthalinreihe: Methoxylierte Tetralone u. Naphthole 7430.
Brunner (R.), Chloramphenicol 5599. — s. Biochemie G. m. b. H.; Stoll (A.).
— u. **Margreiter (H.)**, Korrekturfaktoren bei d. Best. d. Penicillingeh. in Basensalzen v. Penicillin 2254.
Brunner (R. C.) s. Wargo (J.).
Brunner (W.) s. Cassella Farbwerke Mainkur Akt.-Ges.
Brunner Verzinkerei Brüder Bablik, Auspitzer (O.) u. **Hackhofer (E.)**, Hochdisperses Zinkoxyd 2980* Oe.
Brunnschweiler (E.), r_H-Messungen in d. Textilindustrie 722.
Bruno (B.) u. **Depken (S.)**, Photozertrümmer. d. Deuterons bei hohen Energien 506.
Bruno (M. H.) s. Jorgensen (G. W.).
Bruns (B. P.) s. Schurmowskaja (N. A.).
Bruns (F.), Best. u. Eigg. d. Serumaldolase 3164. — Aldolase d. Erythrocyten 5335.
— u. **Kirschner (C.)**, Aldolaseaktivität v. Serum u. roten Blutzellen verschied. Species 10052.
Bruns (H.) u. **Lautz (G.)**, Neue Phasenumwandl. im Syst. Zn–Sb 4522.
Bruns (L.) s. Ziegler (K.).
Brunschwiler (P.) s. Keel (C.).
Brunson (A. M.) s. Lofland (H. B.).
Brunt (N. A.), Fundamentale Anstrichprüf. 10633.
Brunthaler (K. M.), Chemotherapeutica u. Antibiotica mit peroraler Anwend. 6330.
Brunton (J. C.) s. Allen (F. L.).
Brunton (J. C.) u. **Suschitzky (H.)**, Zers. v. gemischten Diazoniumfluoboraten 8598.
Brusca (J. N.) s. Haas (A. R. C.).
Bruscha (W.), Veränderr. d. Blutkörperchensenkungsgeschwindigk. u. d. Elektrophorese-Eiweißfraktt. bei Megaphen-behandelten Patienten 5122. — Veränderr. d. weißen Blutbildes u. d. Ca–K-Werte bei Megaphen-behandelten Patienten 5122.
Brush Development Co. u. **Kjellgren (B. R. F.)**, Wachsen v. Rochellesalzkristallen 2041* E.
Brushwell (W.), Polymerisat. trocknender Öle durch Hitze. 2. Mitt. 4464.
Bruson (H. A.) s. Industrial Rayon Corp.
Brussenzowa (W. N.) s. Pletnew (D. W.).
Brussett (H.) s. Laffitte (Paul).
— u. **Le Rat (B.)**, Micellarstruktur d. Kohlen 10892.
Brust (H. F.) s. Dow Chemical Co.
Brustad (T.) u. **Baarli (J.)**, Szilard-Chalmers-Rk. an CH_3J 1016.
Brustier (V.) u. **Garcia-Fernandez (H.)**, Studium d. Mechanismus: a) Rk. nach Lyon Playfair, b) v. elementarem, in Aceton gelöstem S bei Ggw. bestimmter alkal. Reagentien 11531.
Bruton (J. D.) s. Pearson (D. E.).
Bruun (H. H.), Unterss. über Monofilme v. Harzsäuren mit Hilfe d. Filmwaage 4313.
Bruun (T.), Triterpenoide in Flechten. 1. Mitt. Vork. v. Friedelin u. epi-Friedelinol 10759. — Isomere Friedelane 10759. — s. Barton (D. H. R.); Sörensen (J. S.).
Bruwer (A.), Donald jr. (T. C.), Higgins (G. M.), McDonald (John R.) u. **Leddy (E. T.)**, Experimentelle Hemm. v. Carcinom durch Lymphosarkom 4610.
Bruyn (H. de) s. Went (J. J.).
Bruyn (J.), Zwischenprod. bei d. Oxydier. v. Hexadecen-*1* durch Candida lipolytica 130.
Bruzs (B.) s. Fettchemie und Fewa-Werk VEB; VEB Chemiewerk Greiz-Dölau.
Bruzzone (S.) s. Iglesias (R.).
Bryan (C. C.) s. Monsanto Chemical Co.
Bryan (E. H.) u. **Rohlich (G. A.)**, Biol. Red. v. Natriumchlorat, angewandt bei d. BSB-Messung häusl. Abwassers 7290.
Bryan (J. M.), Korros. v. Al 3957. — Vorbehandl. v. Al u. seinen Legierr. vor d. Aufbringen v. Überzügen oder d. Löten 9665* F.
Bryan (W. R.), Maver (M. E.), Moloney (J. B.), Wood (M. T.) u. **White (C. L.)**, Vergleichende Unterss. zur Stabilität d. Küken-Tumor-I-Wirkstoffes in Citrat- u. Phosphatpufferlsg. bei 37° 2920.
Bryan (W. W.) s. Andrew (C. S.).
— u. **Andrew (C. S.)**, Weideunterss. im Küstentiefland d. subtrop. Queensland. 2. Mitt. Wechselbeziehungen zwischen Leguminosen, Rhizobium u. Ca 10119.
Bryant (B. E.) u. **Fernelius (W. C.)**, Bildungskonstanten v. Metallkomplexen v. Tropolon u. seinen Derivv. 2. Mitt. Alkyltropolone 2388.
—, **Pariaud (J.-C.)** u. **Fernelius (W. C.)**, Infrarotspektren v. Chelatverbb. 1. Mitt. Carbonylfrequenzen d. Wasserstoff- u. Metallchelate substituierter Cycloheptatrienone 9284.
Bryant (H. W.) s. Du Pont de Nemours (E. I.) & Co.

Bryant (K.), Martin (Constance), Schuhmacher (M. T.), Daum (K.) u. Tuttle (W. W.), Wrkg. d. Alterns u. verschied. Zuss. d. Frühstücks auf d. Blutzuckerspiegel 9370.
Bryant (M. O.) u. Jones (G. O.), Direkte Mess. d. spezif. Wärme bei konstantem Vol. v. Pentan u. Alkohol 1236.
Bryant (P. J.), Rhoads (H. U.) u. Weber (A. H.), Elektr. Leitvermögen u. Strukturunters. dünner, auf Glas aufgedampfter Bi-Filme 11523.
Bryant (W. C.) s. Swan-Finch Oil Corp.
Bryce (D. M.), Faktoren, die d. Aktivität v. Thrombinpräpp. beeinflussen 4142. — Wertbest. v. Thrombin 6803.
— u. **Savage (R. M.),** Chlorophyll als Desodorans 4403.
Bryce-Smith (D.), Organometallverbb. d. Alkalimetalle. 3. Mitt. Metallier. v. Alkylbenzolen mit Na- u. K-Alkylverbb.; Charakter aromat. Metallierungs-Rkk. 5990.
—, **Gold (V.) u. Satchell (D. P. N.),** Wasserstoffisotopeneffekt bei d. Metallier. v. Bzl. u. Toluol 3110.
Brycel Ltd. u. Simon (W. E. A.), Schutzanstrich für Fe 2085* E.
Brychta (M.) u. Štrobl (J.), H_2S-Best. in Gasen 9865.
Bryden (J. H.) s. Moore (D. W.).
Bryer (J. F.) u. Steele (R. E.), Gipsformen für keram. Zwecke 1123* A.
Bryer (M. S.) s. Genkins (G.).
Brygoo (E. R.) u. Seys (R.), Anwesenh. eines d. Wachstum v. Champignon levuriformis d. Art Candida begünstigenden Faktors in d. Kulturextrakten v. Mycobacterium tuberculosis 8651.
Bryk (P. B.) u. Ryselin (J. W.), Schmelzen sulfidhalt. Rohstoffe 1601* A.
Brylina (N. S.) s. Lewin (A. I.).
Bryner (M.), Bleichen synthet. Fasern mit NaCl 8998.
Brynge (P. G.) s. Aktiebolaget Enköpings Verkstäder.
Brysk (H.), β-Zerfallswechselwrkg. 7363. — s. Goldman (D. T.).
Bryson (A.) u. Lenzer-Lowy (S.), Trenn. d. Zn v. anderen Elementen mit Hilfe v. aktiviertem Cu 7739.
Bryson (H. C.), Die ältesten bekannten Farben 1430.
Bryson (V.) s. Rosenblum (E. D.); Szybalski (W.).
Bryson (W. R.) s. Botham (G. H.).
Bschor (F.), Funktionales Prinzip bei d. psychomotor. Leistungsminderung in d. verschied. Phasen d. akuten Alkoholintoxikat. 9606.
Bua (E.) s. Scatturin (V.).
—, **Cestari (A.) u. Fava (A.),** Verteil. im Organismus u. Ausscheid. v. einer Thiobarbitursäure mit ^{35}S 9136.
Buatois (C.) s. Soc. Rinis.
Bub (L.) s. Chemische Werke Hüls.
Bube (R. H.), Elektronenübergänge beim Leuchten v. Zinksulfidphosphoren 16. — s. Jenny (D. A.).
—, **Larach (S.) u. Shrader (R. E.),** Mechanismus d. Vergift. durch Verunreinigg. bei d. Luminescenz v. Zinksulfidphosphoren mit Manganaktivator 6215.
— u. **Shrader (R. E.),** Wichtigk. d. Wärmegleichgewichts bei Messungen an pulverförm. Isolatoren im Vakuum 10193.
Bubenheim (H.), Angina pectoris u. ihre Hormonbehandl. 11027.
Bublik (A. I.), Elektronograph. Unters. v. dünnen Silberfilmen 2849. — s. Piness (B. J.).
Bubsey (F. J.), Wrkg. v. Chromatfilmen auf d. Korrosionsbeständigk. v. verzinktem Stahl in Salzlsgg. 10129.
Bubuschjan (M.) s. Scheindlin (A.).
Buc (S. R.) s. General Aniline & Film Corp.
Buccar (M. de), Wirkt Chlorophyll desodorisierend? 11425.
Bucchi (R.) s. Santarelli (L.).
Bucei (F.) s. Fondazione E. Paterno.
Buch (F. E.) s. Mufulira Copper Ltd.
Buch Andersen (E.) u. Hansen (L.), Ferngelenkte Raketenaggregate: Geschosse, Raketenflug u. Satellitenprojekte 11316.
Buchanan (C.) u. Ritchie (A. C.), Synth. v. Perhydrophenanthrenderivv. 4576.
Buchanan (D. J.), Sigal jr. (M. V.), Robinson (C. S.), Pope (K.), Ferguson (M. E.) u. Thomison (J. B.), P-Vergift. 1. Mitt. Veränderr. d. Blutes, d. Harnes u. d. Gewebe bei mit P vergifteten Hunden 3187.
Buchanan (G. L.), Tropolone. 8. Mitt. Synth. u. Eigg. v. 7-Oxybenzocycloheptatrienon-(3) 8144.
Buchanan (H. W.) s. Metal & Thermit Corp.
Buchanan (J.) u. Hamann (S. D.), Chem. Wrkgg. v. Druck. 1. Mitt. 1693.
Buchanan (J. B.) s. Johnson (John R.).
Buchanan (J. R.) s. Aldrich (D. G.).
Buchanan (J. S.), Abgeschmolzener Metallproportionalzähler für Höhenstrahlungsunters. 2596. — s. Astbury (J. P.).
Buchanan (R. A.) s. Elliott (J. F.).
Buchanan (R. F.) s. Glendenin (L. E.).
Buchanan (T. J.), Dielektr. Eigg. v. langkettigen Fettsäuren u. ihren Methylestern im Mikrowellenbereich 4552.
—, **Walls (E. W.) u. Williams (E. S.),** Unterss. am Menschen über d. Clearance v. radioakt. Na bei intracutaner Injekt. 6556.
Bucharina (N. J.) u. Lessjuiss (A. A.), Bleichtone ukrain. Herkunft 11655.
Bucharow (P. S.), Tschelzowa (J. S.) u. Fertman (W. K.), Methodik d. Zuckerbest. in Champagnerweinen 474.
Buchau (H. v.), Legieren oder Reinigen v. geschmolzenen Metallen 5167* E.
Buchdahl (R.) s. Trementozzi (Q. A.).
— u. **Nielsen (L. E.),** Bezirke mehrfacher Dispers. in starren polymeren Systemen 4843, 7455.
Buchel (L.), Verschiedenhh. im Wirkungsmechanismus d. Hypnotica in vitro durch Änderr. d. Ca-Ionengeh. d. Nährmediums 1786. — Einfl. d. Sexualdrüsen auf d. Empfindlichk. weißer Ratten gegenüber einigen Narkoticis 5363. — Einfl. d. Sexualhormone auf d. Hexobarbitalwrkg. bei d. Ratte, Verweildauer dieses Narkoticums im Organismus d. Ratte 5363.
—, **Lévy (Jeanne) u. Lazard (C.),** Derivv. d. Brenzschleimsäure. 1. Mitt. Vasodilatator., sympathicolyt. u. parasympathicolyt. Eigg. 400; 2. Mitt. Gangliopleg. Eigg. 401.
—, **Lévy (Jeanne), Lazard (C.) u. Lauret (J.),** Experimentelle Gewöhn. an Schlafmittel 1787.
—, **Lévy (Jeanne) u. Michel (E.),** Festleg. einer pharmakodynam. Technik für d. biol. Best. d. Phosphorsäurederivv. d. Adenosins 8198.

Buchel (L.), Lévy (Jeanne) u. **Tchoubar (B.),** Beziehh. zwischen d. Mol.-Strukturen u. ihren spasmolyt. u. analget. Wrkgg. 2951.
Buchem (F. S. P. van), Antikoagulantien zur Therapie v. Myocardinfarkt 6561.
Bucher (H.), Mkr. Papierunters. 11119.
Bucher (K.), Spasmolytica 9383.
Bucher (L.), Harzschaumkörner 3980* F. — s. V i e l i (O. A.).
Bucher (O.), Wrkg. v. Butazolidin auf Bindegewebekulturen in vitro 11626.
Bucher (R.), Herz- u. Trockenfäule, Auswrkgg. u. ihre Bekämpf. 5919.
Buchert (A. R.) s. W e i l (L.).
Buchholz (A.) s. W e i n b e r g (B. J.).
Buchholz (A.) [Georgsmarienhütte], Lichtbogenschweißen v. Lastkettengliedern 7071.
Buchholz (E.) s. R i e n ä c k e r (G.).
Buchholz (H. U.), Ergebnisse fragilometr. Capillarunterss. u. Veränderr. d. Blutgerinn. nach intraperitonealer Instillat. v. Penicillin u. Marbadal 622. — Herabsetz. d. Gefäßdichte u. Hemmung d. Blutgerinnung nach intensiver kombinierter Penicillinsulfonamidbehandl. u. ihre Verhüt. 9610. — Tierexperimentelle Unterss. über d. Veränderr. d. Endstrombahn durch d. Blutersatzmittel Subsidal 11413.
Buchman (A. W.) u. **Ssokolski (D. W.),** Hydrier. v. Baumwollsamenöl über einem durch Pt u. Pd aktivierten Ni-Katalysator auf Silicagel 4727.
Buchmann (M. M.), Luftdruckmeth. zur Mess. v. Flüssigkeitsmengen in Vorratsbehältern 953.
Buchmann (F. J.) s. S t a n d a r d O i l D e v e l o p m e n t C o.
Buchmann (W.) s. V E B E l e k t r o c h e m i s c h e s K o m b i n a t B i t t e r f e l d.
Buchmann-Olsen (B.) s. T r o l l e (B.).
Buchmüller (K.), Frequenzabhängigk. bei d. Ausnutz. d. Ultraschalls für d. histolog. Technik 7229.
Buchner (A.) s. H u p p e r t (V.).
Buchs (S.), Extraktionsarten u. d. Stabilität d. Magenprotease 6774. — Duodenalpepsin u. d. Duodenalkathepsin d. Tiere 10774.
Buchta (E.), Diels-Adler-Rk. v. β-Acetylacrylsäure (4-Oxopenten-(2)-säure) 3840.
Buchtala (V.), Goes (M.) u. **Viehweger (G.),** Behandl. d. röntgenbestrahlten Haut mit Azulonpuder 6555.
Buchy s. A l i m e n t a t i o n É q u i l i b r é e.
Buck (C. C.) s. C r a f t s (A. S.).
Buck (C. E.) s. S o m m e r (L. H.).
Buck (F. A. M.), Adsorpt. v. SO_2 in d. Ölfilmzone d. Zylinders eines Dieselmotors 3285.
Buck (J. S.) s. S t e r l i n g D r u g , I n c.
Buck (R. P.), Singhadeja (S.) u. **Rogers (L. B.),** UV-Absorptionsspektren anorgan. Ionen in wss. Lsgg. 5476.
Buck jr. (T. C.), Keefer (C. E.) u. **Hatch (H.),** Bakteriolog. Unterss. über Schlammabbau. 1. Mitt. Fakultativ anaerobes Bakterium, isoliert aus abgebautem Schlamm 3705; 4. Mitt. Aus zersetztem Schlamm isolierte bewegungsfäh. Anaerobe 9413.
Buck (T. M.) s. T i t a n C o., I n c.
Buck (W. L.) s. S w a n k (R. K.).
Buckel (W.), Elektronenbeugungsaufnahmen v. dünnen Metallschichten bei tiefen Tempp. 7615.
— u. **Hilsch (R.),** Einfl. d. Kondensat. bei tiefen Tempp. auf d. elektr. Widerstand u. d. Supraleit. für verschied. Metalle 7615.
Buckeley (A.) s. D e u t s c h e G o l d - & S i l b e r s c h e i d e a n s t a l t v o r m a l s R o e s s l e r.
Buckenham (M. H.) u. **Rogers (J.),** Flotat. v. Quarz u. Feldspat mit Dodecylamin 5623.
Buckett (J.), Duffield (W. D.) u. **Milton (R. F.),** Best. v. Nitrat u. Nitrit im Boden 7300.
Buckeye Cotton Oil Co. u. **Rowe (S.),** Proteingewinn. 5454* A.
Buckingham (A. D.), Anwend. d. Onsagerschen Theorie auf kugelförm. Moll. 1932.
Buckland (B. O.), Fl. Kraftstoffe für Turbolader u. Turbinen. Korros. u. Ablager. in Gasturbinen 1177.
Buckles (R. E.) u. **Bellis (M. P.),** o-Nitrozimtaldehyd 4332.
— u. **Bremer (K. G.),** α-Phenylzimtsäure 4332. — Baseneinfl. auf d. UV-Absorptionsspektren v. Phenylessigsäuren 9985.
— u. **Mills (Jack F.),** Stabilität v. Tetrabutylammonium tetrachlorjodid 55. — Dissoziat. quatern. Ammoniumpolyhalogenide in Trifluoressigsäure 6707.
— u. **Wheeler (N. G.),** cis-Stilben 4335.
Buckley (A. P.) s. A p p l e w h i t e (R. W.).
Buckley (F.), Entww. im Stahlguß für schwere Krafterzeugungsanlagen 8017.
Buckley (G. D.) s. I m p e r i a l C h e m i c a l I n d u s t r i e s L t d.
Buckley (J. J.) s. B e r g e n (F. H. V a n).
Buckley (M. I.) s. M o e (O. A.).
Bucklin (A. G.) s. G r a n t (N. J.).
Bucklisch (K.) s. P a p i e r f a b r i k G. m. b. H. v o r m. B r ü d e r K ä m m e r e r.
Bucknall (E. H.) s. M o n d N i c k e l C o. L t d.
Bucknell (G. L.), Geach (G. A.) u. **Welsh (N. C.),** Durch Elektropolieren erzeugte regelmäß. Struktur auf einer Al-Fläche 3086.
Buckpitt (A. E.) s. F o y e (W. O.).
Buckthought (K.), Quantenstatist. Theorie v. fl. He 3316.
Buckup (H.), Ärztl. Maßnahmen zur Verhüt. berufl. Pb-Schädigungen 11248.
Buckwalter (F. H.), Rezeptier. d. Antibiotica 11250. — s. B r i s t o l L a b o r a t o r i e s, I n c.; R e i n (C. R.).
— u. **Duda (S.),** Stabilität v. Penicillinprodd. 6. Mitt. Procain-Penicillin u. gepuffertes kristallines Penicillin für wss. Injekt. 9617; 8. Mitt. Gepuffertes Kalium-Penicillin-G-Pulver mit drei Sulfonamiden für orale Anwend. 9617; 10. Mitt. Procain-Penicillin G u. gepuffertes Kalium-Penicillin G mit Dihydrostreptomycinsulfat 9618.
— u. **Holleran (R.),** Stabilität v. Penicillinprodd. 2. Mitt. Gepufferte Kalium-Penicillin-G-Tabletten 3197; 3. Mitt. Lösl. Kalium-Penicillin-G-Tabletten 3197; 4. Mitt. Kalium-Penicillin-G-Tabletten mit drei Sulfonamiden 3197; 5. Mitt. Procain-Penicillin G in Öl mit Aluminiummonostearat 9617; 9. Mitt. Procain-Penicillin-G-Salbe 9617.
— u. **Walsh (E. A.),** Stabilität v. Penicillinprodd. 7. Mitt. Gepuffertes Kaliumpenicillin-G-Pulver zur oralen Anwend. 9617; 11. Mitt. Prodd. zur Behandl. d. Rindermastitis 9618.
Buckwalter (H. M.) s. U n i t e d S t a t e s R u b b e r C o.
Buckwalter (N. P.) s. A m e r i c a n C y a n a m i d C o.
Buckwold (S. J.) s. R e i f e n b e r g (A.).
Bucy (L. L.), Garrigus (U. S.), Forbes (R. M.), Norton (H. W.) u. **James (M. F.),** Arsenzugabe zu Mastfutter für Lämmer 2712.

Budd (V.) s. Yegian (D.).
Budde (G.) s. Brockmann (H.).
Budde (H.), Wrkg. eines Sympathicolyticums (Regitin; C-7337) auf ein sympath. Ganglion 2018.
Budde (R.) s. Huber (P.).
Buddeberg (W.) s. Krauß-Maffei Akt.-Ges.
Buddecke (E.) s. Weitzel (G.).
Buddington (W. G.) s. Smith (F.).
Budeanu (C.) s. Gheorghiu (C. V.).
Buderus'sche Eisenwerke, Form zum Gießen v. Metallen, bes. Fe u. Stahl 8022* F.
Budilowa (J. W.) s. Kusin (A. M.).
Budini (P.), Energieverlust eines relativist. ionisierenden Teilchens in Materie u. d. Čerenkov-Strahlung 4277. — Ionisat. u. Energieverlust eines ionisierenden relativist. Teilchens in polarisierbarem Material 6456.
Budinszky (T.), Perspektive d. Stahlgußherst. 1362.
Budnick (R.), **Stoll (H. G.)** u. **Altvater (G.)**, Organspezif. Chemotherapie d. Prostatacarcinoms 8882.
Budnikow (P. P.), Ton–Kalkstein-Baumaterialien durch hydrothermale Behandl. u. Theorie ihrer Bldg. 6827.
— u. **Alentjew (A. A.)**, Natürl. Salzsolen als Rohstoffquelle zur Herst. v. Magnesiazement u. hochfeuerfesten Materialien 5394.
— u. **Alperowitsch (I. A.)**, Unterss. d. Vakuumbehandl. d. keram. Rohmaterials. 2. Mitt. Unters. d. Wärme- u. Temp.-Leitfähigk. v. vakuumbehandelten Tonen 10204; Unters. v. Evakuierungsprozessen bei keram. Rohstoffen. 3. Mitt. Grenzschubspann. u. innere Reib. v. vakuumbehandeltem Ton 10354.
— u. **Chramowa (W. I.)**, Feuerfeste Materialien auf Grundlage d. Rk. v. Kaolin mit Kohlenstoff. Feuerfeste Mullit–Carborund- u. Korund–Carborund-Steine 4187.
— u. **Ginstling (A. M.)**, Mechanismus u. Reaktionskinetik in Gemischen fester Substanzen 765.
— u. **Gorjainow (K. E.)**, Mineralwolle als Mittel zur Ersparnis v. Baumaterialien 906.
—, **Gulinowa (L. G.)** u. **Ipatjewa (W. A.)**, Ungebrannter Gipszement 906.
— u. **Tresswjatski (S. G.)**, Einfl. d. Gasumgeb. auf d. Sinterungsfähigk. v. Chromoxyd 1589.
—, **Tresswjatski (S. G.)** u. **Kuschakowski (W. I.)**, Verfeiner. d. Zustandsdiagrammes d. Syst. Al_2O_3–SiO_2 3330.
Budnitzkaja (J. W.), Biosynth. v. Carotin in Wurzelgemüsen 3653.
Budowski (P.) s. Jaffé (W. G.).
Budwig (J.) s. Kaufmann (H. P.).
Budziarek (R.), **Hamlet (J. C.)** u. **Spring (F. S.)**, Steroide. 7. Mitt. Rkk. v. 22.23-Dibrom-7ξ.11α-dioxy-Δ^8-ergosten-3β-ylacetat 3627.
—, **Johnson (Francis)** u. **Spring (F. S.)**, Steroide. 3. Mitt. Steroide mit O an $C_{(11)}$ aus 22.23-Dibrom-$\Delta^{7.9(11)}$-ergostadien-3β-ylacetat (Ergosteryl-D-acetat-22.23-dibromid) 3388; 6. Mitt. Red. v. Ergosteryl-D-acetat-22.23-dibromid 3626.
—, **Johnston (J. D.)**, **Manson (W.)** u. **Spring (F. S.)**, Triterpenresinole u. verwandte Säuren. 22. Mitt. Iso-β-amyrenonol u. Iso-β-amyradienonol 595.
—, **Manson (W.)** u. **Spring (F. S.)**, Triterpenresinole u. verwandte Säuren. 24. Mitt. 18-Iso-β-amyranol 597.

Budziarek (R.), **Newbold (G. T.)**, **Stevenson (R.)** u. **Spring (F. S.)**, Steroide. 1. Mitt. Steroide mit O an $C_{(11)}$ aus Ergosteryl-D-acetat 3386.
— u. **Spring (F. S.)**, Steroide. 8. Mitt. 22.23-Dibrom-9ξ.11α-dioxyergostan-3β-ylacetat u. verwandte Verbb. 3628.
Büch (O.) u. **Florange (W.)**, Tödl. Vergift. durch intranasale Applikat. eines esterasehemmenden Schädlingsbekämpfungsmittels (Systox?) 10803.
Bueche (F.), Einfl. d. Schergrades auf d. augenscheinl. Viscosität v. verd. Polymerlsgg. u. v. festen Polymeren 6530. — Einfl. v. Wechselwrkgg. in realen polymeren Ketten 8399. — Diffus. v. W. in Polymethylmethacrylat 8745.
Büchi (G.), **Inman (C. G.)** u. **Lipinsky (E. S.)**, Durch Licht katalysierte organ. Rkk. 1. Mitt. Rk. v. Carbonylverbb. mit 2-Methylbuten-(2) bei Bestrahl. mit UV-Licht 1713.
— u. **Pappas (J. J.)**, Terpene. 1. Mitt. Struktur u. Synth. d. bei d. Dehydrier. d. Agathendisäure erhaltenen KW-stoff $C_{17}H_{20}$ 7687.
Büchi (J.), Herst. u. Gewinn. d. Antibiotica 2023. — Inkraftsetz. d. Supplementum secundum d. Pharmacopoea Helvetica, Editio quinta 9141.
— u. **Furrer (F.)**, Verwend. neuer Austauschadsorbentien auf Harzbasis zur Best. u. Gewinn. v. Alkaloiden. 2. Mitt. 7033.
—, **Meyer (H. R.)**, **Hirt (R.)**, **Hunziker (F.)**, **Eichenberger (E.)** u. **Lieberherr (R.)**, Synth. u. pharmakol. Wrkg. einiger Pyrazolone u. Pyrazole 7667.
— u. **Perlia (X.)**, Nachw. therapeut. wicht. Barbiturate. 1. Mitt. 3198; 2. Mitt. 3198; 3. Mitt. 3198.
—, **Siegrist (H.)** u. **Lieberherr (R.)**, Synth. u. Antihistaminwrkg. v. chinolyl-substituierten Äthylendiaminen 7671.
— u. **Soliva (M.)**, Entmineralisiertes W. durch Ionenaustausch. 2. Mitt. 1094.
Büchi (W.) u. **Deuel (H.)**, Polysaccharid im Beerensaft v. Vitis vinifera L. 2689.
Büchler (A.) s. Lacher (J. R.).
Büchler (H.), Cortisonindikationen 11236.
Büchner (A.) s. Siemens & Halske Akt.-Ges.
Büchner (K.) s. Chemische Verwertungsgesellschaft Oberhausen m. b. H.; Metallgesellschaft Akt.-Ges.; Ruhrchemie Akt.-Ges.
Buechner (W. W.) s. Ajzenberg (F.); Jung (J.-J.).
—, **Browne (C. P.)**, **Enge (H.)**, **Mazari (M.)** u. **Buntschuh (C. D.)**, Magnet. Spektrograph für Kernzertrümmerungsunterss. 2830.
Büchs (L.) s. Griehl (W.).
Bücken (H.) s. Speith (Karl G.).
Büddicker-Löns (H. G.) s. Hansen (H.).
Bueding (E.) s. Mansour (T. E.).
— u. **Peters (Lawrence)**, In vitro- u. in vivo-Wrkg. v. Naphthochinonen auf Schistosoma mansoni 7970.
— u. **Yale (H. W.)**, Bldg. v. α-Methylbuttersäure durch bakterienfreien Ascaris lumbricoides 4146.
Büeler (R.), „Aloxyn-Salbe (HH *144*)“ in d. Behandl. d. Oxyuriasis 10318.
Buege (F. J.), Katalyt. Unterss. über d. Rkk. trocknender Vinyltoluol enthaltender Öle 6147.

Buehl (R. C.), Betriebserfahrr. mit einem Versuchshochofen v. *61* cm Gestelldurchmesser 9428. — s. Royer (M. B.).
— u. **Royer (M. B.)**, Betrieb eines Versuchshochofens 447. — Erzeug. v. Spiegeleisen aus Siemens-Martin-Schlacke in einem Versuchshochofen 6608.
Bühler (A.) s. Ciba Akt.-Ges.; Ciba Ltd.
Buehler (E.) s. Fuller (C. S.).
Bühler (F.) u. **Rheinheimer (O.)**, Hypertoniebehandl. mit verschied. blutdrucksenkenden Substanzen 4879.
Bühler (H.), Neuzeitl. Schachtöfen zur Wärmebehandl. v. Stahl 3718. — Kupferstähle; Anwendungsbereich 7305.
— u. **Schreiber (Walter)** [Saarbrücken], Lückenlose Best. eines Eigenspannungszustandes in metall. Vollzylindern 763.
Bühler (H. H.) s. Clusius (K.).
Bühler (Gebrüder), Gegenstände, d. mit fl. Leichtmetallegierr. in Berühr. kommen 11678* Schwz.
Bühlmann (A.) s. Rossi (E.); Schaub (F.).
Bührer (N. E.), Chem. Unters. d. brasilian. Vogelbeere (Couma guianensis Aub.) 10867.
Buehrer (T. F.) s. Duisberg (P. C.); McCaughey (W. F.).
Buel Metals Co. u. **Trask (H. V.)**, Auf elektrolyt. Wege hergestelltes Fe-Pulver 5173* A.
Buell (B. G.) s. Johnson (W. S.).
Buell (H. W.) s. Carborundum Co.
Buenaventura (M. L.), Wiederherst. des d. Fruchtbark. v. Äquatorböden beeinflussenden Milieus 2514.
Bünger (P.) s. Lass (A.).
Bünning (E.), **Dorn (I.)**, **Schneiderhöhn (G.)** u. **Thorning (I.)**, Funkt. v. Lactoflavin u. Carotin beim Phototropismus u. bei lichtbedingten Wachstumsbeeinflussungen 2002.
— u. **Ilg (H.)**, Polaritätsstörr. bei Pflanzenzellen durch Äthylen 6535.
Bueno García (A.) s. Pérez Alamá (J.).
Buensod (M.), **Favarger (P.)** u. **Collet (R. A.)**, Schicksal d. freien Glycerins u. d. Glycerinphosphates während d. Fettresorpt. 5830.
Buer (C. H.), Suppositorien oder Pomaden 2726* F.
Bueren (H.) s. Badische Anilin- & Soda-Fabrik Akt.-Ges.; Chemische Werke Hüls.
Bueren (H. G. van), Gitterfehler u. plast. Deformat. v. Metallen. 1. Mitt. Wesen u. Eigg. v. Gitterfehlern, bes. v. Versetzungen 36.
Bürger (M.), A. Schittenhelm 8537.
Buerger (M. J.), Überschneidungsfunkt. u. ihre Beziehh. zu d. Minimumfunkt. d. Röntgenkristallographie 2142. — Beziehungen für Kristalle mit Unterstrukturen 4052. — Derivv. v. SiO_2-Strukturen mit eingelagerten Atomen 6231.
Bürke (R.) s. Scharrer (K.).
Bürki (H.) s. Nowacki (W.).
Buerkli (O.), **Marko (A.)** u. **Kordesch (K.)**, Luftsauerstoffelement 11065* F.
Büsing (K.-H.), **Sonnenschein (W.)**, **Becker (E. W.)** u. **Dreiheller (H.)**, Tierexperimentelle Unterss. mit markiertem Schwefelkohlenstoff ($C^{35}S_2$) über d. Bind. v. Schwefelkohlenstoff in d. Organen 10557.
Buess (C. M.) u. **Bauer (Ludwig)**, Einw. v. Arylsulfochloriden auf Phthalhydroxamsäure, Succinhydroxamsäure u. „Phthalsäureanhydridoxim" 8159.
Buess (C. M.) u. **Jones (William M.)**, Addit. v. Nitroparaffinen an [N-Äthyl]-äthylensulfonanilid 3601.
Büssem (W.) s. Siemens-Schuckertwerke Akt.-Ges.
Bütikofer (E.) s. Münzel (K.).
— u. **Münzel (K.)**, Pharmazeut. Groß- u. Kleinapparaturen, Hilfsmittel u. Utensilien. 34. Mitt. Membranfilterschichten „Schleicher & Schüll" Typ CM *1121* zur Keimfiltrat. 8443.
Büttgens (W.) s. Chemische Fabrik Kalk G. m. b. H.
Büttner (B.), Rolle d. Glycyrrhinsäure bei d. Behandl. d. Ulcus pepticum mit Succus Liquiritiae 868.
Büttner (H.) s. Leupold (F.).
Büttner (M.), Opt. Aufhell. d. Papiers u. Pflanzengummi 8526.
Bufalo (L. Del), Nuovo formulario di chimica organica. Formule, reazioni caratteristiche e metodi di preparazione dei principali composti organici e numerosi chemi riassuntivi [8881].
Buff (F. P.), Kugelförm. Grenzfläche. 1. Mitt. Thermodynamik 6222.
Buffa (A.) u. **Ambanelli (G.)**, Best. d. Verderbsgrades v. frischen u. konservierten Fischen 9218.
Buffalo Electro-Chemical Co., Inc., H_2O_2 9167* E., 11655* E.
—, **Crewson (G. G.)** u. **Bretschger (M. E.)**, Wss. H_2O_2 v. hoher Reinh. u. hohem O_2-Geh. 11656* A.
— u. **Greenspan (F. P.)**, Stabilisieren v. wss. H_2O_2-Lsgg. 1815* A. — Mercuriacetat 5421* A.
—, **Greenspan (F. P.)** u. **Gall (R. J.)**, Epoxydier. v. Ölen u. Fetten 9453* A.
—, **McEwen (R. L.)** u. **Sheldon (F. R.)**, Chem. gewonnener Zellstoff 5211* Can.
— u. **Margulies (P. H.)**, Reifen v. Mehl 6643* A.
Buffington (F. S.), **Bakalar (I. D.)** u. **Cohen (M.)**, Selbstdiffus. in Fe 8101.
Buffleb (H.) s. Rütgerswerke Akt.-Ges.; Studien- und Verwertungs-Gesellschaft m. b. H.
Buffoni (L.) u. **Belotti (B. M.)**, Kombinat. v. Isonicotinsäurehydrazid mit Glutaminsäure 9610.
— u. **Priò (S. B. Di)**, Resorpt. d. Isonicotinsäurehydrazids durch d. Rectumschleimhaut 8199.
Buffum (D. C.) u. **Jaffe (L. D.)**, Einfl. d. Mikrogefüges auf d. Anlaßsprödigk. 10365. — Einfl. d. Beanspruchungsgeschwindigk. auf d. Zähigk. v. anlaßsprödem Stahl 10365.
Bugai (I. G.) s. Bogdaschitsch (J. W.).
Bugai (P. M.), Gewinn. v. p-Nitrotriphenylaminen 10489.
Bugai (S. M.), Bekämpfung d. Wipfelchlorose d. Machorka 7299.
Bugard (P.), **Souvras (H.)**, **Valade (P.)**, **Coste (E.)** u. **Sallé (J.)**, Tödl. Wrkg. v. intensivem Ultraschall niedr. Frequenz bei Ausbreit. in d. Luft 1083. — Endokrine Rkk. bei Tieren unter Einw. v. Geräuschen oder intensivem Ultraschall bei Ausbreit. in d. Luft 1083.
Bugarski (D.) s. Puschin (N. A.).
Bugas (I. T.) s. Reese (K. M.).
Bugeon (R.), Zusatz v. Latex zu Bitumenemulss. 1178.

Bugher (J. C.) s. Tamm (I.).
Bugnard (L.), Chevallier (F.) u. **Coursaget (J.),** Préparation, extraction et dosage de cholestérol marqué [123].
Bugorkowa (A. A.), Petrowa (L. N.) u. **Rodionow (W. M.),** Rhodanier. ungesätt. Verbb. 1. Mitt. Rhodanier. ungesätt. KW-stoffe u. v. Si-KW-stoffen 10239; 2. Mitt. Einfl. v. O-haltigen funktionellen Gruppen auf d. Rhodanierungsprozeß 10240; 3. Mitt. Rhodanier. d. Doppelbind. d. Seitenkette v. Methoxy- u. Methylendioxyverbb. d. aromat. Reihe 10241.
Bugosh (J.) s. Dietrick (H.).
Bugri (F. S.), Automat. Schweißen v. Chromnickellegierr. mit Flußmitteln 4445.
Buhl s. Flückiger.
Buhler (J.), Röntgenstrahlen helfen bei d. Herst. besseren Drahts durch neue Methoden d. Analyse d. Kristallstruktur d. Grundmetalle 9972.
Buhmann (A.) s. Farbwerke Hoechst Akt.-Ges., vormals Meister Lucius & Brüning.
Buhr (G.), Beeinflußbark. d. menschl. Lungenkreislaufs durch vasoakt. Substanzen 2020. — Verh. d. intracardialen Drucke u. d. herzdynam. Zeitwerte unter Digoxin bei insuffizienten menschl. Herzen 10317.
Buhrke (V. E.) s. Clark (G. L.).
Buhs (A.) u. **Lietz (J.),** Farbveränder. v. Zr 741.
Buhs (Albert), Mahlung u. Zerstäubung 5864.
Buiko (G. N.) s. Slonimski (G. L.).
Buinow (N. N.) u. **Kljuschin (W. W.),** Elektronenmkr. Unters. d. Struktur magnet. Legierr. 2. Mitt. Magnico-Legier. 1677.
— u. **Lerinman (P. M.),** Elektronenmkr. Unters. d. Struktur magnet. Legierr. 1. Mitt. Alni-Legier. 1677.
Buis (M.) s. Shell Development Co.
Buisman (J. A. K.) = Keverling Buisman (J. A.).
Buisseret (O.), Polyesterharze u. ihre Anwendd. 7329.
Buisson (P. J. C.) s. Soc. des Usines Chimiques Rhône-Poulenc.
Buist (J. M.), Alter. u. Wetterbeständigk. v. vulkanisiertem Kautschuk 5916. — Physik d. rohen u. vulkanisierten Naturkautschuks 6410. — s. Imperial Chemical Industries Ltd.
Bujadoux (R.) s. Soc. Rhodiaceta.
Bujakowa (T. G.) s. Waiss (S. I.).
Bujard (E.), Jadassohn (W.) u. **Musso (E.),** Cortison u. Mitosen im Bereich d. Epidermis 5565.
Bukatsch (F.), Mikrochem. Nachw. v. Vitamin C 6325. — Einfache Meth. zum Nachw. u. zur Trenn. kleinster Mengen v. Pflanzenfarbstoffen 7514.
Bukeichanowa (S. C.) s. Beklemischew (N. D.).
Buker (C. B.) u. **Speer (J. R.),** Prüfverf. für d. Ziehbark. 8486.
Bukhsh (M. N.) u. **Hume (D. N.),** Colorimetr. Best. v. Nb bei Ggw. v. Ta 5140.
Bukin (W. N.), Areschkina (L. J.) u. **Kutzewa (L. S.),** Mikro- u. Makromethodik zur Best. v. Vitamin B_{12} 11414.
— u. **Jerofejewa (N. N.),** Vgl. d. P-Vitaminaktivität d. Teecatechine, d. Gerbstoffe d. Weintraube u. d. Buchweizenrutins 7484.
Bukovics (E.) u. **Wohlzogen (F. X.),** Genauigk. d. gonadotropen Chorionhormonbestimmungen 11026.
Bukowiecki (A.), Korrosionsschutz v. Metallen durch Inhibitoren 4447.
Bula (R. J.) u. **Smith (Dale),** Kälteresistenz u. chem. Zus. v. überwinterter Luzerne, Rotklee u. Honigklee 4133.
Bulach (A. K.) s. Ljapusstin (A. K.).
Bulankin (I. M.) u. **Mamotjuk (J. M.),** Polarograph. Unters. v. Denaturierungsprozessen 11592.
Bulanowa (T. F.) s. Kasanski (B. A.).
Bulaschenko (H.) s. Zacco (M.).
Bulatzki (N. P.) s. Plissow (A. K.).
Bulbrook (R. D.) u. **Ottoway (J. H.),** Wrkgg. d. Wachstumshormons aus d. Hypophyse auf d. Glucoseverwert. durch d. Muskel 4138.
Bulgakow (N. I.), Chemie d. Bierbrauens. Russ. [10645].
Bulger (R. O.), Berberitzenausrottung 3466.
Bulgrin (V. C.) s. Duke (F. R.).
Bulkley (G. J.) s. Cooper (J. A. D.).
Bull (H. B.), Therm. u. elast. Eigg. v. α-Keratin 3641.
Bull (L. B.), Histolog. Nachw. einer Leberschädig. durch Pyrrolizidin-Alkaloide: Megalocytose d. Leberzellen u. kugelförm. Einschlüsse 10072.
Bull (W. C.) s. Commercial Solvents Corp.; Spencer Chemical Co.
Bullard (E. F.) s. N. V. de Bataafsche Petroleum Mij.
Bullard (J. C.) s. Sessions jr. (J. T.).
Bulle (G.), Neue Verhüttungsverff. in d. Eisenindustrie u. ihre Auswrkgg. auf d. Hüttenwerksbau 9426.
Bullen (M. A.), Ionisationskammeranordn. für klin. γ-Messungen 6910.
Bullerwell (R. A. F.) u. **Lawson (A.),** 2-Mercaptoglyoxaline. 5. Mitt. Darst. v. 4(5)-substituierten 2-Mercaptoglyoxalinen aus Aminosäuren 5064; 6. Mitt. Darst. v. mono- u. di-C-substituierten 2-Mercaptoglyoxalinen mit d. Dakin-West-Rk. 5065.
Bulliard (H.), Photomagnetoelektr. Effekt beim Ge 1443. — Photomagnetoelektr. Effekte in Ge u. Si 4762.
Bullis (D. E.) s. Fang (S. C.).
Bullitt jr. (O. H.) s. Du Pont de Nemours (E. I.) & Co.
— u. **Maynard (J. T.),** Synth. v. 1-[Pyridyl-(2)]-alkanolen 2673.
Bullock (A. L.) s. Schreiber (W. T.).
Bullock (F. N.), Techniques in clinical chemistry [2267].
Bullock (J. A.) s. Payne (R. W.).
Bullock (K.) u. **Booth (N. H.),** Überleben v. Bakterien in Systemen mit geringem Feuchtigkeitsgeh. 5. Mitt. Vgl. v. Untersuchungsmethoden über d. Sterilität v. Ölen 3170.
Bullock (M. W.) s. Iowa State College Foundation, Inc.
Bullough (R. K.) u. **Cruickshank (D. W. J.),** Wahrscheinlichkeitsverteill. für interatomare Vektoren u. Atomkoordinaten 6467.
Bulman (N.) u. **Campbell (Dan H.),** Einbau v. ^{14}C-Carboxyl-markiertem Leucin in d. Antikörperprotein 2928.
Bulman (R.) s. Leach (W.).
Buls (V. W.) s. Shell Development Co.

Bultas (Z.), Jindra (A.) u. **Zýka (J.)**, Elektrophotometr. Best. d. 8-Chinolinols u. einiger seiner pharmazeut. wichtigen Derivv. 10568.
Bultasová (H.) u. **Horáková (E.)**, Quantitative Best. v. Glucose im biol. Material mittels d. komplexometr. Meth. 11264.
Bulygin (I. P.) u. **Laschko (N. F.)**, Entfestig. v. Metallen im Prozeß d. plast. Verform. 1. Mitt. Entfestig. eines Monometalls (Al) 3573; 2. Mitt. Entfestig. v. alternden Al-Legierr. 3573.
Bulytschew (W. W.), Golowin (G. M.) u. **Surkow (P. E.)**, Abbau v. Eisenerzen im Ural im Tagebau. Russ. [5892].
Bumaschny (P.) s. Kaminsky (A.).
Bumiller (O. E.), Neuerr. in d. Antibioticatherapie. 2. Mitt. 1785.
Bumm (E.), Substituierte Propanolamine 5131* E. — 1-(3′.4′-Dioxyphenyl)-1-oxo-2-aralkylaminopropane 9397* E.
Bumm (H.) s. Siemens & Halske Akt.-Ges.
Bumma (C.), L'acido tannico e la vitamina „F" nella terapia delle ustioni [9849].
Bump (A. H.) s. Monsanto Chemical Co.
Bump (C. K.) s. Monsanto Chemical Co.
Bumps (E. S.), Kraftwirkungsfiguren an Kerbschlagproben aus unlegiertem weichem Stahl mit *0,20* % C 3953.
—, **Kessler (H. D.)** u. **Hansen (M.)**, Syst. Ti–Al 5973.
Bumpus (F. M.) s. Green (A. A.).
—, **Green (A. A.)** u. **Page (I. H.)**, Reinig. v. Angiotonin 4868.
Bunau-Varilla (É.-M.-P.) s. Marinesco (N.).
Bunba (V.), Baumaterial 5628* Ind.
Bunbury (D. S. P.), β-Zerfall v. ^{8}Li 3549. — (γ, n)-Rk. in Cu, Zn u. Ag 10672. — s. Devons (S.).
Bunce (S. C.) u. **Cloke (J. B.)**, Verh. v. Cyclopropylketonen in d. Schmidt-Rk. 6271.
Bunch (R. L.) s. Board of Commissioners of State Institutions of the State of Florida; Butler (G. B.); Lilly (E.) & Co.
Bunde (E.), Lang (D.), Pohlit (W.) u. **Sewkor (A.)**, Absol. Dosismess. im Gebiet d. weichen u. sehr weichen Röntgenstrahl. mit Hilfe einer totalabsorbierenden Ionisationskammer 6683.
— u. **Sewkor (A.)**, Prakt. Dosimetrie. 2. Mitt. 1900.
Bundel (A. A.) s. Kretowitsch (W. L.).
Bunding (I. M.) s. Armour & Co.
Bundy (F. P.), Strong (H. M.) u. **Gregg (A. B.)**, Geschwindigk.- u. Druckmess. v. Gasen in Raketenflammen durch spektroskop. Methoden 526.
Bunejewa (L. I.) s. Schapiro (I. J.).
Bungardt (K.), Kiessler (H.) u. **Kunze (E.)**, Härtbark. u. Festigk.-Eigg. legierter Baustähle 1597.
— u. **Sychrovsky (H.)**, Zusammenhang zwischen Gefüge u. Zeitstandverh. austenit. Cr–Mo–Ni-Stähle 8952.
Bungardt (W.) s. Goldschmidt (T.) Akt.-Ges.
Bunge (R. G.), Anwend. v. Tetrazoliumchlorid bei Carcinomen d. Urogenitalapp. 3884.
Bunge (W.) s. Wehner (G.).
Bunge (Wilhelm) s. Farbenfabriken Bayer Akt.-Ges.
Bungenberg de Jong (H. G.) u. **Recourt (A.)**, Bind. d. entgegengesetzt geladenen Salzionen an d. Seifenionen bei d. Bldg. elast. Systeme u. in Koazervaten. 1. Mitt. Verss. mit Cetyltrimethylammoniumbromid 3079; 2. Mitt. Verss. mit Cetyltrimethylammoniumbromid 3079. — Assoziat. zwischen Proteinen u. Lipoiden. 8. Mitt. Einfl. d. n. prim. Alkohole auf d. Koazervat. v. Cetyltrimethylammoniumbromid + Gelatine + KCNS 4368.
— u. **Weijzen (W. W. H.)**, Assoziat. zwischen Proteinen u. Lipoiden. 7. Mitt. Koazervat. v. Gelatine + Cetyltrimethylammoniumbromid + KCNS 4368.
Bunim (J. J.) s. Ziff (M.).
Bunin (K. P.), Sogenannter „direkter Zerfall" d. Zementits 11527.
— u. **Schpak (T. M.)**, Graphitisier. reiner Fe-C-Legierr. 4922.
— u. **Tschernowol (A. W.)**, Form d. Einschlüsse v. Temperkohlenstoff in Mg-halt. Gußeisen 8714.
Bunin (W. M.) s. Danilowa (T. A.).
— u. **Danilowa (T. A.)**, Einfl. v. B u. Wuchsstimulatoren auf d. Samenertrag v. Zuckerrüben 8049.
Bunk (W.), Lücke (K.) u. **Masing (G.)**, Anwend. d. Zählrohres für d. Texturbest. 205.
Bunker (H. J.), Mikrobiol. Brauprobleme 11109.
Bunker (M. E.) s. Browne (C. I.); King (L. D. P.); Mize (J. P.).
—, **Mize (J. P.)** u. **Starner (J. W.)**, Zerfall v. ^{91}Y 7365.
—, **Starner (J. W.)** u. **Mize (J. P.)**, Zerfall v. ^{72}Ga 2826.
Bunn (C. W.) s. Daubeny (R. de P.); Robertson (J. Monteath).
— u. **Daubeny (R. de P.)**, Polarisierbarkk. d. C–C-Bindd. 5505.
— u. **Howells (E. R.)**, Strukturen v. Moll. u. Kristallen d. Fluorkohlenstoffe 9054.
Bunn (P. A.) u. **Robinson (F. O.)**, Anwend. d. Kaninchenauges als Gewebe zur Unters. d. Tuberkulose. 4. Mitt. Therapeut. Wrkg. mit Streptomycin, Isoniazid u. Wachstumshormon (STH) auf d. Verlauf d. Infekt. 3672. — Wrkgg. abnehmender Corticotropindosen auf d. Ablauf d. Augentuberkulose beim Kaninchen 3673.
Bunnell (R. H.) s. Allied Chemical & Dye Corp.; Libbey-Owens-Ford Glass Co.
Bunnen (J. P. van) s. Lederer (J.).
Bunnett (J. F.), Moe (H.) u. **Knutson (D.)**, Aktivier. d. nucleophilen Substitut. v. Cl bei 4-substituierten 2-Nitrochlorbenzolen u. 4-substituierten 2.6-Dinitrochlorbenzolen durch Methoxylion 552.
—, **Rauhut (M. M.), Knutson (D.)** u. **Bussell (G. E.)**, Unterss. über d. Bedingg., d. Anwendungsbereich u. d. Mechanismus d. v. Richter-Rk. 3599.
Bunney (L. R.) s. Freiling (E. C.).
Bunse (K.) s. Blanke (A.).
Bunt (J. S.) u. **Rovira (A. D.)**, O-Aufnahme u. CO_2-Entw. v. durch Hitze sterilisiertem Boden 2753.
Buntenbach (F.) s. Dolomitwerke G. m. b. H.
Bunting (R. W.), Textbook of oral hygiene and preventive dentistry [1324].

Bunton (C. A.), Craig (D. P.) u. Halevi (E. A.), Kinetik isotoper Austausch-Rkk. 6702.
—, Greenstreet (C. H.), Hughes (E. D.) u. Ingold (C. K.), Mechanismus d. Substitut. an einem gesätt. C-Atom. 37. Mitt. Halogenionenaustausch mit einem einfachen Alkylhalogenid in Schwefeldioxydlsg. 5037; 38. Mitt. Menschutkin-Rkk. von einigen einfachen Alkylhalogeniden in Schwefeldioxydlsg. 5037.
— u. Llewellyn (D. R.), Tracerunterss. über d. Aquotisier. u. d. Hydrolyse v. Co-Komplexen 38.
Buntschuh (C. D.) s. B u e c h n e r (W. W.).
Buono (P. Del), Biol. Wrkgg. d. UV auf Enzyme 6775.
Buonsanto (A.) s. M a r i n a c c i o (G.).
Buonsanto (M.) s. A r m e n i o (G.).
Bur (G. E.) s. L a B a l z e (F. A. d e l a).
Buras jr. (E. M.), Cooper (A. S.), Keating (E. J.) u. Goldthwait (C. F.), Praxis d. partiellen Acetylier. v. Baumwolle 2103.
Burawoy (A.), Salem (A. G.) u. Thompson (A. R.), Natur d. inneren Wasserstoffbindung. 1. Mitt. Tautomerie bei 1-Arylazonaphthol-(2)-verbb. 1706.
— u. Spinner (E.), Geschwindigk. d. Ionisat. d. 1.1-Dimethylpropin-(2)-ylchlorids u. seiner 3-Alkylderivv. u. Wesen d. Baker-Nathan-Effekts 5753.
—, Turner (C.), Hyslop (W. I.) u. Raymakers (P.), o-Mercaptoazoverbb. 4. Mitt. Darst. u. Debenzylier. v. 1-[2-Benzylmercaptophenylazo]-2-naphthol u. 1-[1-Benzylmercaptonaphthyl-(2)-azo]-2-naphthol 5296.
— u. Vellins (C. E.), o-Mercaptoazoverbb. 5. Mitt. Darst. u. Debenzylier. v. 2-Benzylmercaptoazobenzol 5524.
Burbach-Kaliwerke Akt.-Ges. u. Spetling (F.), Lösen v. Kalirohsalzen 2980* D. B.
—, Spetling (F.), Schweiger (K.) u. Massenhausen (W. v.), Kaliumsulfat u. Magnesiumsulfat (Kalimagnesia) enthaltende Kalidüngemittel aus kieserithalt. Kalirohsalzen 2757* D. B.
Burbank (B.) s. C u t l e r (S. S.).
Burbank (J. B.) u. Simon (A. C.), Bezieh. d. anod. Korros. v. Pb u. Pb–Sb-Legierr. zu d. Mikrostruktur 5736.
Burbank (R. D.), Verwend. tiefer Tempp. in d. genauen Strukturanalyse 1916. — Kristallstruktur v. monoklinem β-Selen 3568.
Burch (D. E.), Howard (J. N.) u. Williams (D.), Einfl. d. Verbreiter. durch Fremdgase auf d. totale Absorpt. d. *6,3* μ-Bande v. Wasserdampf 7608.
Burch (D. S.), Irick (R. C.) u. Geballe (R.), Protonenerzeug. in unselbständ. Entladd. 9024.
Burch (J. E.) s. M c B e e (E. T.).
Burch (P. R. J.), Höhenstrahl.: Ionisationsintensität u. spezif. Ionisat. in Luft in Seehöhe 3057. — Statist. Fehler bei d. Untergrundintensitäten v. integrierenden Ionisationskammern 9726.
Burcham (J. N.), Ofen mit variabler Temp. u. variabler Feuchtigk. 1336.
Burcham (W. E.), In Au durch Beschuß mit Stickstoffionen induzierte α-Aktivität 7144.
—, Gibson (W. M.), Hossain (A.) u. Rotblat (J.), Streuung v. *9,5* MeV-Protonen an C u. O 6444.
Burchanow (A. I.), App. zur Gewinn. v. konz. HCl 3209.
Burchell (T.), Aluminotherm. Prozeß u. seine Varianten 5404.
Burchenal (J. H.), Behandl. d. Leukämie 2219. — s. B r o q u i s t (H. P.); F o u n t a i n (J. R.); M u r p h y (M. L.).
—, Ellison (R. R.), Murphy (M. L.), Karnofsky (D. A.), Sykes (M. P.), Tan (T. C.), Mermann (A. C.), Yuceoglu (M.), Myers (W. P. L.), Krakoff (I.) u. Alberstadt (N.), 6-Mercaptopurin 11595.
Burchfield (H. P.), Hilchey (J. D.) u. Storrs (E. E.), Objektive Meth. zur Prüf. v. Insekticiden im Biovers., basierend auf Lichtwander. v. Fliegenlarven 11668.
—, Redder (A. M.), Storrs (E. E.) u. Hilchey (J. D.), Larvenaufzucht v. Aedes aegypti (L.) zur Verwend. beim Biovers. mit Insekticiden 1128.
— u. Storrs (E. E.), Verteil. v. Insekticiden auf N.N-Dimethylformamid u. Hexan 8243.
Burcik (E. J.), Geschwindigk. d. Einstell. d. Oberflächenspannungsgleichgewichts u. mögl. Anwendd. auf d. Erdöltechnologie 4973.
Burckhalter (J. H.) s. P a r k e , D a v i s & C o.
—, Jackson (P. H.), Sam (J.) u. Meyer (H. R.), Verwandte d. Steroidhormone. 2. Mitt. Synth. v. 4-[m-Carboxyphenyl]-3-[p-oxyphenyl]-hexanon-(2) 7430.
—, Stephens (V. C.), Scarborough jr. (H. C.), Brinigar (W. S.) u. Edgerton (W. H.), Amöbicide Stoffe. 3. Mitt. Bas. Derivv. v. Chlorchinolinolen-(8) 6285.
Burckhardt (W.), Ekzem 9847.
Burden (E. H. W. J.) s. G r i n d l e y (D. N.).
—, Grindley (D. N.) u. Mansour (R.), Ermittl. v. Alkaloiden aus Lupinus termis in Eingeweiden 4424.
Burden (F. A.) s. N o r t h T h a m e s G a s B o a r d.
Burdese (A.), Syst. CaO–Fe–Fe_2O_3. 1. Mitt. 3094; 2. Mitt. 5501. — s. V e n t u r e l l o (G.).
— u. Gallo (S.), Unterss. über d. Entwässerungsprodd. d. Tricalciumferrithexahydrats 3819.
Burdet-Berthod s. S o c. A n. d'E x p l o i t a t i o n s P é t r o l i è r e s A n t a r.
Burdick (H. O.), Rouse (C. A.) u. Coats (M. J.), Vgl. d. Aktivität v. gonadotropen Stoffen 8896.
Burdick (J. N.) s. U n i o n C a r b i d e & C a r b o n e C o r p.
Burdin (J. C.) s. L a v e r g n e (E. d e).
Burditt (W. F.) s. M c M a h o n (A. J.).
Bureau Technique Gautrat, Soc. à r. l., Alkal. Stromsammler 7519* F. — Akkumulator 9876* E.
Buren (H. J. van), TiO_2 in Email 2048.
Burfoot (J. C.), Numerische Bahnberechn. in Elektronenlinsen 9266.
Burford (A. O.), Perkins (J. F.) u. Haynes (S. K.), Intensitäten d. Strahlungen v. ^{175}Hf 7602.
Burford (M. G.) s. M a s s e l l i (J. W.).
Burg (A. B.) u. Wagner (R. I.), Chemie d. S–B-Bind.: Polymere Thioborine, Methanthioboran u. verwandte Stoffe 9779.
Burg (C.) s. C h e v a l l i e r (A.).
Burg (E. v.), Dauerstandverss. an geknetetem Anticorodal B, Avional-*23* ausgehärtet u. Peraluman-*50* weich: bei *26*, *100* u. *130*° 2525.
Burg (F. A. W. van den) s. K r a m e r s (H. C.).
Burgard (A.) s. I. G. F a r b e n i n d u s t r i e A k t. - G e s.
Burgdorf (K.) s. F e t t c h e m i e u n d F e w a - W e r k V E B.

Burgdorf (K.), Grisebach (H.), Kracker (H.) u. **Weygand (F.)**, Bildungsweise v. 2-Oxynaphthoesäure-(3) mit Hilfe v. ^{14}C 781.
Burgemeister (B. B.) s. Zimmerman (F. T.).
Burgemeister-Guez (G.) s. Frommel (E.).
Burger (A.), Terpenfreie äther. Öle u. ihre Terpene 5918.
Burger (Alfred) s. Schmalz (A. C.); Smith (B. E.); Wilson (J. W.).
— u. **Clements (J. B.)**, Derivv. v. Phenothiazin 3382.
— u. **Fitchett (G. T.)**, Arylcycloalkylamine. 3. Mitt. 2-[3.4-Dimethoxyphenyl]-cyclopropylamin 1953.
Burger (A. M.), Wie entstehen in Pflanzen äther. Öle u. Duftstoffe? 8184.
Burger (F. J. P. J.) s. British Dielectric Research Ltd.
Burger (H.) s. Peters (Karl).
—, **Lehmann (J.)** u. **Mayer (U.)**, Anwend. d. Simultandosimetrie bei d. intravaginalen Röntgenbestrahl. d. Parametrien 3644.
— u. **Peters (Karl)**, Strahlenschutz durch Entfern. v. Zelltoxinen mit Kollidon (Polyvinylpyrrolidon) 9583.
Burger (I. J.) s. Goetzee (W. H. K.).
Burger (J.) s. British Dielectric Research Ltd.
Burgers (A.), Widerstandsmessungen an Kunststoffen 933.
Burgers (W. G.), Opt. Demonstrat. v. Elektronenbeugungseffekten infolge kleiner Teilchengröße 1915.
Burgess (B. H.) s. Standard Oil Development Co.
Burgess (C. O.), Verb. mit Gußeisen. Entw. neuer Verff. fördert d. Anwend. geschweißter Konstruktt. 3955.
Burgess (J. E.) s. Universal Oil Products Co.
Burgess (J. H.), Verstärk. d. magnet. Resonanz in einem Multiniveausyst. 2368.
Burgess (K. A.) s. Lyon (F.).
Burgess (R. E.), Thermistoren. Industrielle Anwendd. v. Halbleitern. 8. Mitt. 7614. — Schwankungen in d. Zahl d. Ladungsträger in einem Halbleiter 11159.
Burgess (S. G.), Chemie d. Wasseraufbereit. 2507.
Burgess Battery Co. u. **Kurlandsky (S.)**, Elektrolytfeste Leitschicht für prim. Plattenelemente 8702* A.
Burghardt (D.) u. **Keks (L.)**, Schädlingsbekämpfungsmittel 444* D. B.
Burghardt (M.) s. Sacks (J.).
Burghardt (O.), Aufbereit. v. Fe-Erzen nach d. Sink- u. Schwimmverf. C. Sink- u. Schwimmverf. bei d. Aufbereit. v. Spateisenstein in d. Anlage „Alte Hütte" bei Wissen 2522.
Burghartz (N.), Lysozymgeh. d. Blutes u. seine Beziehh. zum Ulcus pepticum 6050. — s. Venrath (H.).
— u. **Quenzer (K.)**, Lysozym u. Allergie 6050.
Burgison (R. M.) s. National Distillers Products Corp.
Burgman (A. W.), Einfl. einiger Vitamine auf d. Entw. d. chron. Hepatitis u. d. Lebercirrhose im Experiment 5829.
Burgo (C.), Sicherheitspapier für Schecks, Papiergeld usw. 3280* E.
Burgoyne (E. E.) s. Phillips Petroleum Co.
— u. **Condon (F. E.)**, Kondensat. v. 1-Alkanolen zu Dialkylcarbinolen 3837.
Burgoyne (J. H.) u. **Weinberg (F. J.)**, Best. d. Verteil. einiger Parameter quer zur Verbrennungszone einer flächenförm. Flamme 10203.
Burgstaller (F.) s. Korn (R.).
— u. **Krauss (R. A.)**, Eignungsbeurteil. v. Sackpapier 11305.
Burgstedt (H. J.), Anthelminth. Wrkg. v. Piperazincitrat bei Oxyuren u. Ascariden 9615.
Burgwald (G. M.) s. Reiffel (L.); Watts (H. V.).
— u. **Reiffel (L.)**, Verbessertes Strahlungsgerät mit großem Bereich 5474.
Burhans (A. S.) s. Beech-Nut Packing Co.
Burhop (E. H. S.), Verwend. d. Hochdrucknebelkammer bei Höhenstrahlunterss. 8082.
Burian (O.), Stabilisier. fl. Puder mit Bentonit tschechoslowak. Ursprungs 3916.
Burianec (Z.) s. Čůta (F.).
Buriánek (J.), Anwend. entionisierten W. im Zuckerfabriklabor. 4722.
Buritz (R. S.) s. Rogers (W. A.).
Burk (D.) s. Damaschke (K.); Wight (K.).
— u. **Hobby (G.)**, Prinzipien d. Hydraulik u. Hebelkraft zur Erhöh. d. Empfindlichk. d. Gasänder. in d. Manometrie mit freiem u. festem Vol. 11054.
Burk (F. C.), Test (L. J.) u. **Jackson (H. R.)**, Wie wirksam sind Kraftstoffzusätze? 5460.
Burk (R. E.) s. Standard Oil Co.
Burkardt (L. A.), App. zur Sublimation mit kleinen Temp.-Unterschieden 6089. — s. Moore (D. W.).
Burkart (W.), Siliconhalt. Edelmetallpolierpasten 11461.
Burkat (S. J.), Adsorptionseigg. v. Torf 4494.
Burke (C. P.) s. Barber (F. W.).
Burke (D. F.) s. Bergmann (Werner).
Burke (E.) s. Friedman (R.).
Burke (E. C.) s. Hibbard jr. (W. R.).
Burke (G. E.) s. Wright (I. S.).
Burke (J. C.) s. Mathieson Chemical Corp.
Burke (M. M.), Flanagan (T. L.), Young (R. L.), Bailey (S. D.) u. **Heming (A. E.)**, Khellin. 3. Mitt. Polarograph. Best. v. Khellin im Serum 3932.
Burke (R. C.) s. Blank (F.).
Burke jr. (W. H.) u. **Meinschein (W. G.)**, Methan-Proportionalzählermeth. für ^{14}C-Altersbestimmungen 11.
—, **Risser (J. R.)** u. **Phillips (G. C.)**, Winkelverteill. u. Anregungskurven für d. Rkk. $^{10}B(d, p)^{11}B$, $^{10}B(d, n)$ u. $^{11}B(d, n)$ unterhalb v. 2 MeV Beschußenergie 4990.
Burke (W. J.) u. **Hammer (G. N.)**, 2.3-Dihydro-1H-imidazo-[1.5:a]-pyrrole. Kondensat. v. Pyrrolen u. Formaldehyd u. prim. Aminen 3371.
— u. **Reynolds (R. J.)**, Kondensat. v. Naphthol-(2) mit Acetaldehydammoniak 104.
Burket (S. C.) s. Cannon (Joseph A.).
Burkhalter (G.) s. Bolliger (O.).
Burkhard (C. A.) s. Osthoff (R. C.).
— u. **Hurd (D. T.)**, Organosiliciumaldehyde 6263.
—, **Schmitz (J. V.)** u. **Burnett (R. E.)**, Darst. u. Kondensat. v. Polymethylolverbb. 9309.
Burkhard (R. K.), Setter (D. E.) u. **Grossman (R. M.)**, Darst. u. biol. Eigg. v. 4.4'-Bis-[p-dimethylaminophenylazo]-phenyldisulfid 2922.
Burkhardt (G.) s. Ditman (L. P.).

Burkhardt (J. L.), Dipol-Kernphoto-Rkk. u. Modell d. unabhäng. Teilchens 10185.
— u. **Winhold (E. J.)**, Wirkungsquerschnitt v. $^{115}In(\gamma, \gamma')$ ^{115m}In 2356.
Burkhardt (R.) s. H e n n i g (K.).
Burkhardt (V.), Inactin u. Trapanal in verschied. Narkoseanwendd. 633.
Burkhart (W.), Gleichmäßigkeitsprüf. v. Chemiefasern 10890.
Burkin (A. R.), Ionisationsgleichgewichte v. Metallkoordinationskomplexen in Bzl.-Lsg. 1. Mitt. 5497.
Burkitt (F. H.), **Coulson (C. A.)** u. **Longuet-Higgins (H. C.)**, Freie Valenz in ungesätt. KW-stoffen 311.
Burkl (W.), Fluorescenzmkr. Nachw. d. Sexualhormone im Rattenhoden 6783.
— u. **Kellner (G.)**, Entsteh. d. Zwischenzellen im Rattenovar u. ihre Bedeut. im Rahmen d. Östrogenprod. 6784.
Burkowskaja (O. S.) s. P a m f i l o w (A. W.).
Burksser (J. S.), Entsteh. u. Zerfall d. Atome chem. Elemente im Kosmos 9496.
—, **Kulskaja (O. A.)**, **Burksser (W. W.)**, **Polowko (I. K.)** u. **Saidiss (B. B.)**, Migrat. chem. Elemente in Verb. mit d. Problem d. Bewässer. d. südl. Gebiete d. Ukrain. SSR 9984.
Burksser (L. J.) s. F o k a (M. N.).
Burksser (W. W.) s. B u r k s s e r (J. S.).
Burlakowa (A. N.) s. F e d o r o w a (N. J.).
Burlant (W. J.) u. **Gould (E. S.)**, Metallier. v. Dibenzoselenophen 4587.
Burlingame (R. D.), **Bitsianes (G.)** u. **Joseph (T. L.)**, Herst. v. festem u. reduzierbarem Eisenerzsinter durch Zusätze 8248.
Burma (D. P.) s. C h a k r a b o r t t y (H. C.).
Burman (N. P.) s. T a y l o r (E. W.).
Burmeister (H.) s. N. V. d e B a t a a f s c h e P e t r o l e u m M i j.
Burmeister (H.) [Berlin], Milchsäure u. Flücht. Säure als Qualitätskriterium v. Süßmosten 950.
Burmeister (W.) s. B r e u e r s (W.).
Burmisstrow (S. I.) u. **Glaskow (W. I.)**, Chinonjodimide u. Chinondijoddiimide 1719. — Arylsulfidylchinonimine 6963.
Burn (D.) s. W e i s e n b o r n (F. L.).
Burn (J. H.), Acetylcholin u. Herzschlagfolge 11411. — s. B r i s c o e (S.).
— u. **Trendelenburg (U.)**, Überempfindlichk. d. denervierten Nickhaut gegenüber verschied. Substanzen 10067.
— u. **Walker (J. M.)**, Anticholinesterasen beim Herz–Lungen-Präp. 6310.
—, **Williams (E. M. V.)** u. **Walker (J. M.)**, Erzeug. v. Vorhofflimmern durch Acetylcholin im Herz–Lungen-Präp. bei elektr. Herzreizung 8658.
Burnam (C. W.) s. A u s p o s (L. A.).
Burnaschewa (S. A.), Kristallisierte Ester v. Vitamin A 3390.
Burndept Ltd., Herstellen v. Kunststoffdosen für galvan. Elemente 5622* E. — Trockenelement 6589* F.
— u. **Richardson (R. P.)**, Galvan. Batterien aus Flachzellen 11651* E.
Burneleit (W.) s. F a r b e n f a b r i k e n B a y e r A k t. - G e s.
Burnell (R. H.) u. **Taylor (W. I.)**, Basenkatalysierte Umlager. eines Brücken-α-diketons v. nicht-Benzilsäuretyp (Non-benzilic Acid Type) 2391. — Ringerweiterung. 1. Mitt. Dienon–Phenol-Umlager. v. Spiro-[5.5]-undecadien-(1.4)-on-(3) 3133.
Burness (D. M.) s. E a s t m a n K o d a k C o.
Burnet (F. M.), Principles of animal virology [9119].
Burnett (G. M.), Mechanism of polymer reactions [6534]. — s. B e v i n g t o n (J. C.).
— u. **Loan (L. D.)**, Teilnahme d. Lösungsm. an Radikalketten-Rkk. 1. Mitt. Kinet. Analyse 11590; 2. Mitt. Polymerisationsgeschwindigkk. in Bzl.-Lsg. 11590; 3. Mitt. Φ-Faktoren bei Polymerisat. in Lsg. 11590.
— u. **Melville (H. W.)**, Best. d. Konz. v. Zwischenprodd. u. d. Geschwindigkeitskonstanten bei Radikal-Rkk. 6487.
Burnett (G. W.) s. L o b e n e (R. R.).
Burnett (J. A.), **Allgood (H. Y.)** u. **Hall (J. R.)**, Stabilisier. eines Katalysators für d. NH_3-Synth. 6103.
Burnett (R. E.) s. B u r k h a r d (C. A.); C a s s (W. E.).
Burnett (R. Le G.) s. I m p e r i a l C h e m i c a l I n d u s t r i e s L t d.; M i n i s t r y o f S u p p l y.
Burnett (R. S.) s. S o y a D e r i v a t i v e s, I n c.
Burnett (W. E.) s. T y s o n (R. R.).
Burnette (L. W.) s. G e n e r a l A n i l i n e & F i l m C o r p.
Burney (D. E.) s. S t a n d a r d O i l D e v e l o p m e n t C o.
Burnham (H. D.) s. S k e i (T.).
Burnham jr. (J. B.) s. B a r t z (M. H.).
Burnie (J.), Spritzgießen v. Polystyrol 4947.
Burnóczky (L.), Änder. d. Normalpotentials d. Cu-Elektrode mit d. Temp. 6921.
Burns jr. (A. E.) s. H a r t & B u r n s, I n c.
Burns (D. F.) s. S t i e g (F. B.).
Burns (D. L.), Korros. an einer neuen Destillationsanlage für Rohöl mit niedr. S-Geh. 3527.
Burns (D. M.) u. **Iball (J.)**, Mol.-Struktur v. Fluoren 2387. — Kristall- u. Mol.-Struktur v. Fluoren 5752.
Burns (F. P.), Kinetik d. Prozesse d. Überganges in d. geordneten u. regellosen Zustand in Cu_3Au 4775.
Burns (H. W.) s. W h e e l e r j r. (C. M.).
Burns (J. A.), Glasurfehler wegen fehlerhaftem Porzellankörper 9880.
Burns (J. F.) s. A k e r s (W. W.).
Burns (J. H.) s. B e c k (C. W.).
Burns (J. J.) s. W e i n e r (M.).
—, **Rose (R. K.)**, **Goodwin (S.)**, **Reichenthal (J.)**, **Horning (E. C.)** u. **Brodie (B. B.)**, Schicksal v. Phenylbutazon (Butazolidin) im Stoffwechsel d. Menschen 11419.
Burns (J. R.) s. D o w C h e m i c a l C o.
Burns (J. W.) s. S m i t h (C h a r l e s S.).
Burns (R.), App. zur Best. d. Zerschlagfestigk. v. plast. Stoffen u. Isolationsmaterialien 5194.
Burns (R. M.) u. **Bradley (W. W.)**, Protective coatings for metals [8259].
Burnside (D. G.) s. R a d i o C o r p. o f A m e r i c a.
Buro (A.), Wrkg. v. Hitzebehandll. auf d. Pilzresistenz v. Kiefern- u. Buchenholz 3515. — Abbau v. Kiefern- u. Buchenholz durch holzzerstörende Pilze u. deren Einfl. auf einige physikal. Eigg. d. Holzes 4731. — Veränder. d. Pilzresistenz d. Holzes durch Tränk. mit Kunstharzlsgg. 11304.
Buron (H. A.) s. L i t t l e (A. D.), I n c.
Buron (P.) s. D e p a r d o n (L.).
Burr (A. A.) s. E b e l i n g (D. G.).

Burr (A. H.) u. **Huffines (T. R.)**, Behandl. d. Blastomykose d. Prostata mit miliarer Aussaat mit Stilbamidin 11629.
Burr (B. E.) s. Whrite (J.).
Burr jr. (J. G.), Rk. v. Formaldehyd mit Aldehyden mit α-ständ. H-Atom 5996. — App. zur feuchten Verbrenn. v. ^{14}C enthaltenden organ. Verbb. 8458. — Bezieh. zwischen d. Wander. v. Arylgruppen u. Rk.-Geschwindigkeiten 10955. — s. Collins (C. J.).
—, **Brown (W. G.)** u. **Heller (H. E.)**, Red. v. CO_2 zu Ameisensäure 6952.
—, **Holton (W. F.)** u. **Webb (C. N.)**, Verbb. für d. Krebs-Chemotherapie 1726.
Burr jr. (W. W.) s. Vanatta (J. C.).
Burrage (L. J.) s. Imperial Chemical Industries Ltd.
Burrage (W. S.), **Irwin (J. W.)**, **Gallemore (J. I.)**, **Wang (D. M. K.)**, **Gordon (Priscilla)** u. **Graham (M. J.)**, Wrkgg. v. Histamin u. Adrenalin auf d. kleinen pulmonalen Blutgefäße lebender Kaninchen 6788.
Burrell (P.) s. Taylor (J. H.).
Burri (M.), Tierexperimentelle Prüf. eines neuen Lebertotalextraktes 4150.
Burrichter (E.), Beurteil. v. Böden auf Grund fluorescenzmkr. Unters. ihrer Mikroflora 7761.
Burriel-Martí (F.) u. **Arribas Jimeno (S.)**, Fällungstitrationen v. Hg(I)-Salzen als $Hg_2(SCN)_2$ unter Benutz. v. Adsorpt.- u. Oxyadsorptionsindicatoren 9155.
—, **Lucena-Conde (F.)** u. **Arribas-Jimeno (S.)**, Hg(I)-Salze als neues Reduktionsmittel für Titrationen in alkal. Medium. 2. Mitt. Titrat. v. Cr(III)-Salzen, Arseniten, H_2O_2 u. Hydrazin 10821.
— u. **Gallego (R.)**, Colorimetr. Best. d. Co mit Nitroso-R-Salz. 3. Mitt. Vorgeschlagene Meth. u. ihre Anwendd. 2265.
—, **Ramírez-Muñoz (J.)** u. **Escobar-Godoy (R.)**, Analyt. Anwendd. d. Empfindlichkeitsdiagramme. 1. Mitt. 2964.
Burrill (A. M.) s. Wiberley (S. E.).
Burrill jr. (E. A.) s. High Voltage Engineering Corp.
Burrin (P. L.) s. Lilly (E.) & Co.
Burris (R. H.) s. Brummond (D. O.); Miller jr. (I. H.); Mozen (M. M.); Newton (J. W.); Noll jr. (C. R.); Wilson (D. G.).
Burroughs (L. F.) u. **May (Y. P.)**, Zus. d. Säfte einiger Apfelsorten 3271.
Burroughs (W.) s. Cheng (E.); Repp (W. W.).
Burroughs Wellcome & Co. (USA), Inc. s. Wellcome Foundation Ltd.
—, **Baltzly (R.)** u. **Castillo (J. C.)**, N′-Benzhydryl-N-methylpiperazine 9860* A.
— u. **Barrett (P. A.)**, Aminoketone 5604* A.
—, **Hitchings (G. H.)** u. **Elion (G. B.)**, 6-Mercaptopurine 7039* A. — 2-Amino-8-arylpurine 9395* A.
—, **Hitchings (G. H.)** u. **Falco (E. A.)**, 2.4-Diamino-5-benzylpyrimidine 5134* A.
—, **Hitchings (G. H.)** u. **Robins (R. K.)**, Pyrido-(3.2-d)-pyrimidine 4888* A., 5605* A.
—, **Hitchings (G. H.)** u. **Russell (P. B.)**, 2-Mercapto-4-aminopyrimidine 6085* A. — 2-Carboxymethylthio-4-aminopyrimidine 9147* A.
—, **Phillips (A. P.)** u. **Castillo (J. C.)**, Quatern. γ-Stilbazolinsalze 7036* A.
—, **Russell (P. B.)**, **Falco (E. A.)** u. **Hitchings (G. H.)**, 2.4-Diamino-5-phenoxypyrimidine 1099* A. — 5-Aryloxy-2.4-diaminopyrimidine 1565* A.
Burroughs Wellcome & Co. (USA), Inc., **Russell (P. B.)** u. **Whittaker (N.)**, α-Aryl-β-alkoxyacrylnitrile 7731* A.
— u. **Timmis (G. M.)**, Pyrimidopyrazinderivv. 7037* A.
—, **Walls (L. P.)** u. **Whittaker (N.)**, 2.7-Diamino-9-(aminophenyl)-phenanthridiniumsalze 7037* A.
Burrow (H.) s. Fitzpatrick (R. J.).
Burrow (W. R.) s. Broken Hill Associated Smelters Proprietary Ltd.
Burrows (C. F.), „Finish“ liefert korrosionsfesteres Al 9181.
Burrows (D. B.) s. Carr (N. L.).
Burrows (G.), Mol.-Dest. unter verschied. Gesichtspunkten 8463.
— u. **Preece (F. H.)**, Korrelat. d. Löslichk. v. Gasen in Fll. mit niedrigen Dampfdrucken mit Hilfe einer Verdampfungsanalogie 2138. — Prozeß d. Gasentw. in Fll. mit niedr. Dampfdruck bei Druckverminderung 9408.
Burrows (W.), Textbook of microbiology [133].
Burrows (W. H.), Direkte Konstrukt. v. Nomogrammen aus Tabellen 10104.
Burrus (C. A.) u. **Gordy (W.)**, Ein-bis-Zwei-Millimeter-Wellenspektroskopie. 3. Mitt. NO u. DJ 743.
—, **Jache (A.)** u. **Gordy (W.)**, Ein- bis Zwei-Millimeterwellenspektroskopie. 5. Mitt. PH_3 u. PD_3 7147.
Bursa (F.) s. Stary (Z.).
Burson (S. B.) s. Jordan (W. C.); LeBlanc (J. M.).
—, **Jordan (W. C.)** u. **LeBlanc (J. M.)**, Isomere Zustände in $^{75}_{32}Ge$ u. $^{77}_{32}Ge$ 2827. — Zerfall d. ^{160}Tb (*71* Tage) 6448.
Burstall (F. H.), **Forest (P. J.)**, **Kember (N. F.)** u. **Wells (R. A.)**, Rückgewinn. v. Au 3227* Ind.
Burstall (M. L.) s. Acheson (R. M.).
Burstein (C. L.), Fundamental considerations in anesthesia [9615].
Burstein (E.) s. Lax (M.); Oberly (J. J.).
—, **Davisson (J. W.)**, **Bell (E. E.)**, **Turner (W. J.)** u. **Lipson (H. G.)**, Durch neutrale Fremdstoffe bedingte infrarote Photoleitfähigk. in Ge 19.
—, **Davisson (J. W.)** u. **Sclar (N.)**, Dielektr. Verlustspitzen niedr. Frequenz in Störstellen zweiwert. Kationen enthaltendem KCl 5480.
—, **Henvis (B. W.)** u. **Sclar (N.)**, Infraroteigg. v. p-leitendem Ge 6218.
— u. **Oberly (J. J.)**, Natur u. Eigg. v. eingefangenen Löchern in d. Alkalihalogeniden 9026.
Burstlein (E. M.) u. **Soc. des Aciéries de Longwy**, Verkoken v. Kohlen mit hohem Anteil an flücht. Stoffen 6891* Ind.
Burström (H.), Orientierende Verss. über d. Düngewrkg. v. Sulfitzellstoffablauge 8239.
Bursztyn (I.), Wasserfestes Papier 11118.
Burt (C. C.), Antikoagulantien 622. — Klin. Anwend. antikoagulierender Mittel 10552.
Burt (F. M.), Cu-Au-Hartlöten unter Glas 5409.
Burt (J. R.) s. Berry (W. K.).
Burt (N. S.) s. Ramsay (A. G.).
Burt (R. B.) s. Tillotson (I. S.).
Burt (W. E.) s. Ethyl Corp.
Burte (H. M.), Eigg. v. Bekleidungswollen. 3. Mitt. Mechan. Verh. v. Kammzug u. Vorgespinst, gewonnen nach d. französ. Kammgarnverf. 3767; 6. Mitt. Altern v. nach d.

französ. Syst. hergestelltem Kammzug u. Streckenband 7348; 7. Mitt. Mechan. Verh. v. Streckenbändern 7349.
Burtle (J. G.) u. **Turek (W. N.)**, Darst. d. Neopentylester d. Acryl- u. Methacrylsäure 1944.
Burtner (R. R.) s. Searle (G. D.) & Co.
Burton (D.), Zahlenmäß. Bewert. d. Eigg. v. pflanzl. Gerbbrühen 10899.
— u. **Barat (S. K.)**, Vegetabil. Gerb. 8. Mitt. Eigg. v. Babul-Rinde (Acacia arabica) 3049.
— u. **Bickley (J. C.)**, Vegetabil. Gerb. 9. Mitt. Unters. über verschied. Methoden zur Best. d. natürl. Acidität in pflanzl. Gerbbrühen 3050.
—, **Danby (J. P.)** u. **Sykes (R. L.)**, Rk.-fäh. Gruppen d. Kollagens. 2. Mitt. Rkk. d. Carboxylgruppen 4257.
Burton jr. (F. J.) s. Harshaw Chemical Co.
Burton (H.), Rkk. organ. Kationen 6951.
— u. **Praill (P. F. G.)**, Durch starke Säuren katalysierte Acylierungs-Rkk. 2. Mitt. „Acetylperchlorat" als ein C-Acylierungsreagens 3345. — Analyse d. Friedel-Crafts-Rk. 1017. — Perchlorsäure u. ein organ. Perchlorate 10461.
Burton (H.) [Reading], Farbänderr. in erhitzter u. nicht erhitzter Milch. 1. Mitt. Bräun. v. Milch durch Erhitz. 1401.
Burton (J. A.), **Hull (G. W.)**, **Morin (F. J.)** u. **Severiens (J. C.)**, Einfl. v. Ni- u. Cu-Verunreinigg. auf d. Rekombinat. v. Löchern u. Elektronen in Ge 4521.
Burton (K.), Die mit d. Hydrolyse d. Thiolesterbind. v. Acetylcoenzym A verbundene Änderung d. freien Energie 8883.
— u. **Krebs (H. A.)**, Mit d. einzelnen Stufen d. Tricarbonsäurecyclus, d. Glykolyse u. d. alkoh. Gär. u. mit d. Hydrolyse d. Pyrophosphatgruppen d. Adenosintriphosphats verbundene Änder. d. freien Energie 7938.
— u. **Wilson (T. H.)**, Änder. d. freien Energie bei d. Red. v. Diphosphopyridinnucleotid u. d. Dehydrier. v. L-Malat u. L-Glycerin-1-phosphat 7938.
Burton (M.) s. Devins (J. C.); Patrick (W. N.).
— u. **Patrick (W. N.)**, Strahlungschemie v. Gemischen: Cyclohexan u. Benzol-d_6 1243.
Burton (S.) s. Robbins (E. D.).
Burton (T. H.) s. Koch (R. B.).
Burton (W. G.) u. **Mann (G.)**, Spätlager. v. Kartoffeln in England u. Wales 9466.
Burton (W. P.) s. Kellogg (M. W.) Co.
Burton-Bradley (B. G.), Mysoline in d. stationären Behandl. v. Epileptikern 10077.
Burts (E.) s. Anthon (E. W.).
Burtschenkow (W. G.), Silier. v. Futter in Mieten 7805.
Burtt (B. P.) s. Gordon (L.).
Burwell (A. L.) s. University of Oklahoma Research Institute.
Burwell (J. R.) s. Kim (Y. B.); Thompson (R. W.).
Burwell (J. T.) u. **Strang (C. O.)**, Nachw. v. Reib. u. Verschleiß v. Metallen mit radioakt. Tracern 9430.
Burwell jr. (R. L.), Mechanismus d. Pyrolyse d. Pinene 1243. — Spalt. v. Äthern 9298. — s. Maury (L. G.).
—, **Maury (L. G.)** u. **Scott (R. B.)** [Evanston], Einw. v. Halogensulfonsäuren auf (+)-3-Methylhexan 3836.
—, **Scott (R. B.)**, **Maury (L. G.)** u. **Hussey (A. S.)**, Einw. v. 96%iger H_2SO_4 auf Alkane bei 60° 3836.
Bus (W. C.) s. Coöperatieve Verkoopen Productievereniging van Aardappelmeel en Derivaten „Avebe" G. A.
Busby (A. D.) s. International Nickel Co., Inc.
Busby (C. C.) s. Sawyer (C. F.).
Busby (P. E.) s. Vajda (J.).
Busby (T. S.) s. General Electric Co. Ltd.
Busch (D. H.) u. **Bailar jr. (J. C.)**, Opt. Stabilität v. Be-Komplexen 5241.
Busch (G.) u. **Helfer (N.)**, Magnet. Susceptibilität d. Ge 5726.
—, **Hulliger (F.)** u. **Winkler (U.)**, Hochtemperaturdruckofen 5607. — Elektr. Eigg. d. intermetall. Verb. Mg_3Sb_2 5724.
— u. **Jaggi (R.)**, Mess. d. Hall-Effekts in zirkularen Magnetfeldern 1906.
— u. **Vogt (O.)**, Änderung d. elektr. u. magnet. Eigg. v. Sb u. InSb am F. 7382.
— u. **Wieland (J.)**, Mechanismus d. elektr. Leitfähigk. d. grauen Sn 2365.
Busch (Gisela) s. Rippel-Baldes (A.).
Busch (Harris) u. **Potter (V. R.)**, Lokalisier. d. enzymat. Blockier. in d. Nieren mit Fluoracetat behandelter Ratten 4125.
Busch (Heinz), Dünnste Aufdampfschichten auf Fl.-Oberflächen (Glycerin) 9743.
Busch (J.) s. Hoffmann's Stärkefabriken Akt.-Ges.
Busch (K.), Wrkg. d. Metakresolsulfonsäure auf Defekte u. Entzündungen d. Genitalschleimhäute 9608.
Busch (L. S.) s. Mallory (P. R.) & Co., Inc.; Mallory-Sharon Titanium Corp.
Busch jr. (O. B.) s. Crane (P. S.).
Buschbeck (H.), Quantitative Faktoren d. Östrogenwrkg. 8421.
Busche (R. M.) s. Batchelder (H. R.).
Buschinski (G. I.), Mineralogie u. Klassifikat. d. Phosphorite in Verb. mit ihrer Verwert. in d. Landwirtschaft 669.
Buschmakin (I. N.) u. **Lyslowa (R. W.)**, Berechn. d. Rektifikationsprozesse bin. Systeme in Kolonnen mit aufgeschütteten Einsätzen mit Hilfe d. Diagrammes Stufenzahl–Konz. 11266.
—, **Lyslowa (R. W.)** u. **Molodenko (P. J.)**, Best. d. Gleichgewichts Fl.–Dampf mit Hilfe d. Rektifikationskolonne. 5. Mitt. 5966.
—, **Molodenko (P. J.)** u. **Lyslowa (R. W.)**, Gleichgewichte Fl.–Dampf in d. Systemen Methanol–Aceton u. n-Heptan–Benzol. 6. Mitt. 5966.
Buschmakina (L.) s. Panassenkow (N.).
Buschmann (A. D.), Anstrich u. Dekorat. 9451.
Buschmann (P.), Entschlichten u. Bleichen 8061.
Buschtujewa (K. A.) s. Alexejewa (M. W.).
Buser (K.), Ist d. Wasserquellung v. Rostschutzfarben ein Maßstab zur Beurteil. ihrer Qualität? 5665.
Buser (K. R.) s. Truce (W. E.).
Buser (P.) s. Albe-Fessard (D.).
Buser (W.) s. Begemann (F.); Debeauvais (M.).
—, **Feitknecht (W.)** u. **Graf (P.)**, Ionenaustausch-Rkk. in anorgan. Festkörperverbb. 10691.
— u. **Graf (P.)**, Differenzier. v. Mn(II)-manganit u. δ-MnO_2 durch Oberflächenmess. nach Brunauer-Emmet-Teller 9970.
—, **Graf (P.)** u. **Feitknecht (W.)**, Mn(II)-manganite u. δ-MnO_2 5742.

Buser (W.), Graf (P.) u. **Grütter (W. F.)**, Physikal. Chemie d. Ionenaustausches 10206.
Busey (H. M.), Wasserkesselreaktor-Daten 11495.
Bush (G. H.), Schnellbest. v. Pb in Stahl 9156.
Bush (I. E.), Nachw. v. Steroid-17.20-diolen auf Chromatogrammen 11647. — s. Courcy (C. de); Simpson (S. A.).
Bush (J. H.), Stand d. Membranfilters in d. bakteriolog. W.-Unters. 10350.
Bush (V.), L. J. Briggs u. d. Kernenergie 969.
Bushby (S. R. M.), Gegenwärt. Stand d. chemotherapeut. Arzneimittel 157.
Bushnell (R. S.) s. Dixon (M. C.).
Bushuk (W.) s. Irvine (G. N.).
Businco (L.), Martini (C.) u. **Modica (V.)**, Vitamin F u. Benzpyrentumoren 2219.
Busk (A. G. De) u. **Wagner (R. P.)**, Funkt. d. p-Oxyphenylbrenztraubensäure in Neurospora crassa 8176.
Busk (B. G. De) s. Reed (L. J.).
Busk (R. E. De) s. Eastman Kodak Co.
Busk (R. S.) s. Dow Chemical Co.
— u. **Leontis (T. E.)**, Strangpress. v. gepulverten Mg-Legierr. 3953.
Buskirk (A. V.) s. Thompson (R. W.).
Busnel (R.-G.) s. Polonovski (M.).
— u. **Degrois (M.)**, Quantitative nichtlineare Veränderr. physikochem. Wrkgg., d. sich in einer Ultraschall ausgesetzten Fl. bei Ggw. v. Gas verschied. Drucke entwickeln 11166.
— u. **Obolensky (G.)**, Wrkg. v. Ultraschall auf Keimungsgeschwindigk. u. Wachstum d. Gerste 5101.
Busó (R.) s. Suárez sr. (R. M.).
Busse (C.-A.) u. **Sauter (F.)**, Theorie d. elektr. Widerstandes guter metall. Leiter 7380.
Busse (H.) s. Wagner (R.).
Busse (K. J.), Glaspapier als elektr. Isoliermittel 8288.
Busse (W.), Handl. u. hinreichend genaue colorimetr. Meth. für O_3-Messungen 173.
— u. **Lendle (L.)**, Beeinfluss. pharmakol. Brech-Rkk. durch Ganglienblocker, Spasmolytica, Novocain u. a. 1090. — Beeinfluss. reflektor.-tox. Digitaliswrkgg. (Bradycardie und Erbrechen) durch Novocain u. Ganglienblocker 1090. — Nicotingewöhn. u. Nebenwrkgg. d. Nicotins beim Rauchen 9839.
— u. **Loennecken (S. J.)**, Pharmakol. Beeinflußbark. reflektor.-tox. Digitaliswrkgg. (Bradycardie u. Erbrechen) über d. Herznerven 1090.
—, **Wolf (J.)** u. **Lendle (L.)**, Nervöser oder muskulärer Angriffspunkt v. darmwirksamen Pharmaca 1322.
Busse Grawitz (P.), Molekularpathologie 9351.
Bussell (G. E.) s. Bunnett (J. F.).
Busset (R.), Schicksal v. markiertem Cholin beim Hunde 2014.
Bussew (A. I.), Analyt. Chemie d. Bi. Russ. [1343], [6584].
Bussinello (E.) s. Bajocchi (E.).
Bussing (W. A. G.) s. N. V. Philips' Gloeilampenfabrieken.
Busskina (W. A.), Geh. an Phthivazid in d. physiol. Fll. d. Organismus bei d. Behandl. v. Tuberkulosekranken 4152.
Busso (R. H.) s. Audubert (R.).
—, **Chalvet (O.), Daudel (P.), Sandorfy (C.)** u. **Vroelant**, Anwend. d. Wellenmechanik auf d. Best. v. Struktur u. Eigg. v. Graphit 11348.
Bussolati (C.), Wrkg. d. Hyaluronidase auf d. Erythrocytensenkungsgeschwindigk. 5362. — Einfl. d. Cortisons auf d. Angehen v. Tumortransplantaten u. auf d. Tumorresistenz 8646.
Bussy (P.), Im Elektronenmikroskop auf d. Kristallflächen d. Al u. seiner Legierr. beobachtete Orientier. einer feinen Unterstruktur 299.
Bustamante (J.) s. Hesseltine (H. C.).
Bustinza (F.) u. **Calvo Santamaria (M. L.)**, Isonicotinsäurehydrazid in seiner Giftwrkg. auf Pflanzen 5823.
Buston (H. W.), Churchman (J.) u. **Bishop (J.)**, Synthet. α-Amino-β-oxyvaleriansäuren 2176.
Bustraan (M.) s. Bogaardt (M.).
Busvine (J. R.) u. **Nash (R.)**, Wirksamk. u. Haftfähigk. v. neuen synthet. Insekticiden 198.
Buswell (A. M.) u. **Boruff (C. S.)**, Biogene Behandl. v. Citrusfruchtrückständen 7338* A.
—, **Mueller (H. F.)** u. **Meter (I. van)**, Bakteriol. Erklär. d. Geschwindigk. d. O-Verbrauchs bei d. BSB-Best. 1815.
Busz (G.) u. **Finkelnburg (W.)**, Hochstrombogen sehr hoher Temp. u. extrem kleiner Brennspann. 9024.
Butcosk (R. A.) s. Socony-Vacuum Oil Co., Inc.
Butement (F. D. S.), Radioaktives Isomer v. ^{160}Ho 1664.
Butenandt (A.) s. Schering Akt.-Ges.
— u. **Dannenberg (Heinz)**, Krebserzeugende Wirksamk. d. Methylhomologen d. 1.2-Cyclopentenophenanthrens 5814.
— u. **Karlson (P.)**, Isolier. eines Metamorphosehormons d. Insekten in krist. Form 10787.
—, **Schiedt (U.), Biekert (E.)** u. **Kornmann (P.)**, Ommochrome. 1. Mitt. Isolier. v. Xanthommatin, Rhodommatin u. Ommatin C aus d. Schlupfsekreten v. Vanessa urticae 10786.
Butenuth (G.) s. Glemser (O.).
Butera (G.) s. Pirelli Soc. per Azioni.
Butery (G. L.), Best. d. Schwärzungscharakteristik einer photograph. Emuls. v. gegebenem Typ, die d. Wrkg. einer bekannten kontinuierl. Strahl. ausgesetzt u. unter bestimmten Bedingg. entwickelt wurde 7128.
Butkewitsch (W. W.), Anzuchtbedingg. v. Weizen u. dessen Proteingeh. 3230. — Überprüf. d. Grundsätze auf d. Gebiet d. Technologie v. Phosphordüngemitteln 4912.
Butler (A. F.) u. **Grunwald (E.)**, Salzeffekte bei Nichtelektrolyten in mit W. vermischten Lösungsmm. 10229.
Butler (C. C.), S-Teilchen u. geladene V-Teilchen 971. — s. Wilson (J. G.).
Butler (C. L.) s. Feinstein (R. N.).
Butler (E. B.) u. **Johnston (W. H.)**, Retent. v. Cr an Glas nach Behandl. mit Reinigungslsg. 11346.
Butler (E. Blanche) u. **McKnight (E.)**, Vitamin E in d. Behandl. d. prim. Dysmenorrhoe 10069.
Butler (E. E.), Durch UV-Bestrahl. erreichte chlorophyllfreie Mutanten v. Chlorella 5564.
Butler (G.) s. Laschinger (J. E.).
— u. **Thirsk (H. R.)**, Durch Elektronenbeug. erbrachter Beweis d. Existenz u. Feinstruktur einer Kryptomelanmodifikat. d. MnO_2, dargestellt in Abwesenh. v. K 9269.
Butler (G. B.) s. Board of Commissioners of State Institutions of the State of Florida; Research Corp.

Butler (G. B.) u. **Angelo (R. J.)**, Verlauf d. Rk. v. 1.4- u. 1.5-Dihalogen- u. -Bis-[arylsulfonoxy]-alkanen mit Diallylamin 8375.
—, **Bunch (R. L.)** u. **Ingley (F. L.)**, Darst. u. Polymerisat. v. ungesätt. quatern. Ammoniumverbb. 4. Mitt. Eigg. d. Polymerisate 2216.
— u. **Goette (R. L.)**, Darst. u. Polymerisat. v. ungesätt. quatern. Ammoniumverbb. 3. Mitt. Vinyloxyäthylderivv. 2215; 6. Mitt. Derivv. v. 1.4-Diaminobuten-(2) 6300.
— u. **Johnson (R. A.)**, Darst. u. Polymerisat. ungesätt. quatern. Ammoniumverbb. 5. Mitt. Propargylderivv. 6300.
Butler (J.) s. Fletcher (J. H.).
Butler (J. A. V.) s. Conway (B. E.); Davison (P. F.).
—, **Davison (P. F.)**, **James (D. W. F.)** u. **Shooter (K. V.)**, Charakterisier. v. Histonen aus Kalbsthymus-Nucleoprotein 124.
Butler (J. C.) s. California Research Corp.
Butler (J. M.) s. Monsanto Chemical Co.
Butler (J. R.), Spurenelementverteil. in einigen Lancashire-Böden 1124.
Butler (K.), **Lloyd (P. F.)** u. **Stacey (M.)**, 2.4-Di-O-methyl-L-rhamnose 2678.
Butler (K. H.) s. Bergin (M. J.); Sylvania Electric Products, Inc.
— u. **Waymouth (J. F.)**, Elektroluminescenz v. Zinksulfidphosphoren 11157.
Butler (L. C.) u. **Morgan (A. F.)**, Leukocyten- u. Thymusveränderr. bei jungen u. ausgewachsenen männl. Ratten unter Pyridoxinmangel 2712.
Butler (R. C.) s. Gard (L. N.).
Butler (R. M.) s. Plewes (A. C.).
Butler (S. T.) s. Austern (N.); Riddiford (L.).
Butler (T. C.), **Mahaffee (D.)** u. **Mahaffee (C.)**, Entmethylier. v. 3.5.5-Trimethyloxazolidindion-(2.4) (Trimethadion, Tridion) im Organismus 4154.
—, **Ruth (J. M.)** u. **Tucker jr. (G. F.)**, Zweite Ionisat. v. 5.5-disubstituierten Derivv. d. Barbitursäure 9988.
Butlerow (A. M.), Werke. Band I. Theoret. u. experimentelle Arbeiten über d. Chemie. Russ. [11323]; Band II. Einführ. zum vollständ. Studium d. organ. Chemie. Russ. [11323].
Butlin (D. G.), Stabilität v. Heizöl-Gasöl-Gemischen 8295.
Butra (A. P.), Elektr. Festigk. des Porzellans 10440.
Butschek (G.), Schlagfäh. Eiweißaustauschmittel aus Hefe u. hefeähnl. Pilzen 8522* D. B. — s. VEB Farbenfabrik Wolfen.
—, **Krause (G.)** u. **Rosskopp (W.)**, Vitamin-B_1-Geh. v. Hefen, seine Beeinflussung u. seine Best. mit d. Fermentmeth. 5829.
Butscher (H.) s. Gorbach (G.).
Butslow (M. M.) s. Sawoisski (J. K.).
Butt (A. J.), **Hauser (E. A.)**, **Seifter (J.)** u. **Perry (J. Q.)**, Renale Lithiasis: Ätiologie, Verhüt. u. Behandl. 5840.
Butt (D. K.), Wirksamk. d. Anthracen-Scintillationszählers für Elektronen niedr. Energie 3063.
Butt (E. M.), **Nusbaum (R. E.)**, **Gilmour (T. C.)** u. **Dio (S. L. Di)**, Verwend. eines Emissionsspektrographen zur Unters. anorgan. Elemente in menschl. Geweben 3933.
Butt (J. M.), Praktikum über d. Technologie d. Bindemittel [669].
— u. **Krut (K. G.)**, Petrograph. Unters. d. Korrosionsprozesse bei Zement 4911.
— u. **Rojak (G. S.)**, Beschleunig. d. Zementhärt. durch Zusatz v. Natriumsulfat 7755.
Butt (W. R.) u. **Crooke (A. C.)**, Chromatograph. Best. d. Gonadotropine im Harn während d. n. Cyclus 7948.
Butta (E.), Chimica fisica [4266]. — Guida ai calcoli di chimica fisica [11328]. — s. Baccaredda (M.).
Buttenschön (V.), Futtermittel 2559* Dän.
Butterworth (B.), Mit Staubkohlenasche hergestellte Ziegel 2049. — Ausblüherscheinungen. 8. Mitt. Theorie v. Camerman 4432.
Butterworth (C. E.) s. Boe (E. S.).
Buttiaux (R.) s. Le Minor (S.).
Buttlar (H. v.) s. Brix (P.).
Buttle (G. A. H.), Neuere Antibiotica 1095.
Buttler (J. M.) s. Monsanto Chemical Co.
Buttner (A.) s. Galliard (H.).
Buttner (F. H.), **Funk (E. R.)** u. **Udin (H.)**, Viscoses Kriechen v. Au-Drähten in d. Nähe d. F. 3952.
Button (K. J.), Kernwirkungsquerschnitt für positive 37 MeV-Pionen in Pb 3059. — s. Lax (B.).
Buttrey (D. N.), Verf. d. Sandkokillengusses 5883.
Butts (H. A.) s. Evans (R. J.).
Butts (J. S.) s. Fang (S. C.).
Butusow (W. P.) s. Gonikberg (M. G.).
— u. **Gonikberg (M. G.)**, Schmelztempp. v. Sn u. Pb bei Drucken bis zu 34 000 kg/cm^2 751.
—, **Gonikberg (M. G.)** u. **Smirnow (S. P.)**, Messung d. Schmelztemp. v. Metallen bei extrem hohen Drucken 8320.
— u. **Ikornikowa (N. J.)**, „Skulptur" d. Rhomboederflächen v. synthet. Quarz 4292.
Butz (A. R.) s. Bleil (D. F.).
Butzl jr. (F. F.) s. Zorn (R. A.).
Butzkuss (P. F.) s. Terentjew (A. P.).
Buu-Hoï (N. P.), Rkk. v. 6-Aminochrysen 1727. — s. Cheutin (A.); Daudel (P.); Dechamps (G.); Duval (C.); Xuong (N. D.).
— u. **Declercq (M.)**, Kondensat. monosubstituierter Malonester mit α-Aminopyridinen 1045.
—, **Eckert (B.)** u. **Royer (R.)**, Im Benzolkern hydroxylierte 3-Aryl- u. 3.4-Diarylcumarine 1042.
—, **Gley (P.)**, **Xuong (N. D.)** u. **Bouffanais (A.)**, Experimentelle Chemotherapie d. Influenza mittels N.N'-Diarylthioharnstoffen u. analoger S-Derivv. 10072.
— u. **Hoán (N.)**, Ein Aldehyd d. Phenothiazinreihe 4836. — Reaktivität d. Dibenzoselenophens 6277.
—, **Hoán (N.)** u. **Lavit (D.)**, Thiophenderivv. v. biol. Interesse. 3. Mitt. Chemie d. in 5-Stell. substituierten Thiophen-2-aldehyde 804.
—, **Hoán (N.)** u. **Xuong (N. D.)**, Cyclisier. v. Säurechloriden durch Friedel-Crafts-Rkk. 9334.
— u. **Jacquignon (P.)**, Die v. Tetrachlorphthalsäureanhydrid abgeleiteten Mol.-Verbb. 8584.
—, **Jacquignon (P.)**, **Xuong (N. D.)** u. **Lavit (D.)**, 2-Arylpyrrocoline u. 2-Arylpyrimidazole 353.

Buu-Hoï (N. P.) u. **Lavit (D.),** Bromier. v. o- u. p-Oxyarylketonen 9311.
—, **Lejeune (Guy)** u. **Sy (M.),** Gewinn. v. Polymethylhomologen d. Kresole 8834.
— u. **Miquel (J. F.),** Pfitzinger-Rk. mit p-Oxypropiophenon u. ähnl. phenol. Ketonen 5309.
—, **Royer (R.), Eckert (B.), Jacquignon (P.)** u. **Hubert-Habart (M.),** Carcinogene N-Verbb. 13. Mitt. Benzacridine, Benzocarbazole u. verwandte Verbb. mit Äthyl- u. Propylgruppen 2675.
—, **Royer (R.), Miquel (J. F.)** u. **Mabille (P.),** Synth. v. Anthrol-(2) 1037.
—, **Xuong (N. D.)** u. **Lavit (D.),** Halogenierte o- u. p-Oxyphenylketone 2879. — Fluorhalt. Diaryl- u. Triaryläthylene 6506.
Buurman (A.) u. **Maurice (M. J.),** Schwimmen v. Fasern während d. Maischverf. 6885.
Buus (O.) s. L u n d q u i s t (F.).
Bux' Saval (A.), Augensalbe 2726* Ind.
Buyle-Bodin (M.) s. A y a n t (Y.).
— u. **Dautreppe (D.),** Quadrupolresonanz v. ^{35}Cl u. ^{37}Cl in p-$C_6H_4Cl_2$ 315.
Buyske (D. A.), Handschumacher (R. E.), Schilling (E. D.) u. **Strong (F. M.),** Beständigk. v. Coenzym A 7231.
Buzágh (A.), Stabilität u. Thixotropie d. Montmorillonitsuspenss. 10204.
— u. **Buzágh (E.),** Peptisat. v. Mischgelen. 1. Mitt. 5729.
Buzágh (E.) s. B u z á g h (A.).
Buzas (A.) s. O r m a n c e y - P o t i e r (A.).
Buzzard (R. W.), Fickle (D. P.) u. **Park (J. J.),** Syst. Ag–U 1692.
Buzzell (M. E.) s. M i n n e s o t a M i n i n g & M f g. C o.
Buzzonetti (G. C.) s. C a c c i a b a v a (A. M.).
BV-Aral Akt.-Ges. u. **Weller (R.),** Vermeid. d. Zers. eines benzolhalt. oder aus Bzl. bestehenden, CS_2 enthaltenden, mit $Pb(C_2H_5)_4$ versetzten Kraftstoffes 262* D. B.
By-Products Processing Laboratories, Inc. u. **Winkler (J.),** Herst. d. Tetradecylaminsalzes v. o-Phenylphenol 10578* A.
Bye (G. C.) s. B e v a n (C. W. L.).
Byé (J.) s. J o l a s (F.).
— u. **Jolas (F.),** Best. d. Säuren–Basen-Stöchiometrie neutraler Salze. 2. Mitt. Versuchsanordnung. Meßtechnik u. Deut. d. Ergebnisse. Anwend. auf $ZnCl_2$ 6461.
Bye (T. S.) s. S o m m e r (L. H.).
Byer (A. J.) u. **Abrams (D.),** Vgl. d. triangularen u. d. 2-Muster-Geschmacksprüfmethoden 10400.
Byerrum (R. U.) s. D e c k e r (L. E.).
Byers (J. H.) s. J o n e s (I. R.).
—, **Jones (I. R.)** u. **Weswig (P. H.),** Sperma- u. Fertilitätsunterss. an Bullen bei unterschiedl. Carotinzufuhr 7715.
Byers (S. O.) s. R o s e n m a n (R. H.).
Byk-Gulden, Lomberg, Chemische Fabrik G. m. b. H., Stabile Xanthinlsgg. 4648* E.
—, **Bolz (K.), Keintzel (E.)** u. **Leb (A.),** Geformte Röntgenkontrastmittel 9862* D. B.
—, **Hansen (C. J.)** u. **Weißenburger (H.),** Wetterfeste Filme ergebende Lacke 4945* D. B. — Aufarbeit. v. Rohphenolen aus Schwelwässern 10625* D. B.
— u. **Hempel (Hermann),** Reinigen v. Schwelteeren v. W., Feststoffen, wie Staub oder dgl., u. Asphaltstoffen 1883* D. B.
—, **Leb (A.), Muntean (E.), Schauenstein (E.), Gager (R.)** u. **Lidl (H.),** Geformte Röntgenkontrastmittel 646* D. B.
Byk-Gulden, Lomberg, Chemische Fabrik G. m. b. H. u. **Marquardt (P.),** Verbessern d. Wasserlöslichk. v. Coffein 7271* D. B.
— u. **Weißenburger (H.),** Tyrothricin u. Streptomycin bzw. Dihydrostreptomycin enthaltende, wss. Lsgg. 1568* D. B.
Bykow (A. N.) u. **Pakschwer (A. B.),** Unters. d. Lsgg. v. Perchlorvinylharz 6631.
Bykow (G. W.), *90* Jahre Theorie d. chem. Struktur v. A. M. Butlerow 3785. — Entw. d. Theorie d. chem. Aufbaus in d. Arbeiten v. W. W. Markownikow 6201. — s. K a s a n s k i (B. A.).
Bykow (S. F.) s. O w t s c h a r e n k o (F. D.).
Bykow (W. T.), Natürl. Sorbenten d. fernen Ostens. 2. Mitt. Sorpt. v. Benzoldämpfen durch natürl. Sorbenten u. Struktur d. Sorbenten 11518.
Bykowski (N.), Imprägnieren v. Käseformen mit Paraffinmischung 10878.
Bykowski (W. N.), Best. d. Dauerfestigk. v. Holz auf d. Basis d. Unters. d. Nachwirkungsdeformat. 10885.
Byram (E. T.), Chubb (T. A.) u. **Friedman (H.),** Solare Emiss. v. Röntgenstrahlen 7146.
Byrd (B. E.) s. L e h m a n n (D. L.).
Byrd (C. H.) s. B a n k s (C. V.); M a r g e r u m (D. W.).
Byrd (W. M.) s. C h e n e y (L. C.).
Byrde (R. J. W.), Bekämpf. d. Braunfäule v. Äpfeln u. Pflaumen. 4. Mitt. Winterspritz. 5159. — s. C o b s (G. V.).
— u. **Fielding (A. H.),** Spritzverss. gegen Apfel- u. Birnenschorf in Long Ashton, *1952* 9422.
—, **Fielding (A. H.)** u. **Harper (C. W.),** Spritzverss. gegen Apfel- u. Birnenschorf in Long Ashton *1953* 3233.
— u. **Woodcock (D.),** Fungicide Wirksamk. u. chem. Konst. 2. Mitt. Mit 2.3-Dichlor-1.4-naphthochinon verwandte Verbb. 5823.
Byrn (E. E.) u. **Robertson (J. H.),** Best. v. Ni mit Dimethylglyoxim bei Ggw. v. Fe u. Co 11644.
Byrne (T. L.), Temperatureinfl. auf Dampfturbinenöl 9478.
Byrns (A. C.) s. K a i s e r A l u m i n u m & C h e m i c a l C o r p.; U n i o n O i l C o. o f C a l i f o r n i a.
Byron (E. S.) u. **Lambert (V. E.),** Diffus. v. Co in Mo 4535.
Byron (F. W.), Insulin–Zn-Suspenss. u. ihre Herst. 2486.
Byron (J. E.), Wood (W. A.) u. **Treadwell (C. R.),** Cholesterinesterasen. 5. Mitt. Cholesterinesterase d. Rattenleber 7700.
Bysow (A. L.) s. S m i r n o w (G. D.).
Byström (A. M.), Unters. v. Tonmineralien im Bentonitlager v. Kinnekulle 47. — „Mischschichten"-Minerale aus d. ordoviz. Bentonitlagern v. Kinnekulle, Schweden 1927. — s. S u n d i u s (N.).
Bytschenkowa (J. A.), Resultate d. Anwend. v. Tropacin in d. Klinik d. Nervenerkrankungen 7259. — s. K r y s c h o w a (N. A.).
Bywater (W. G.) s. F o p p i a n o (R.); S a l m o n (M. R.).

C-O-Two Fire Equipment Co., Allen (S. E.) u. **Levin (D.),** Freifließendes Löschpulver 661* A., E.
Cabannes (F.), Zünd. d. elektr. Entlad. ohne Elektroden in Ne u. Xe 17.

Cabaret (A.), Industrielle Verwert. d. Propans 5893.
Čabelka, Metallurg. Schweißbark. d. Baustähle 2287.
Cabell (C. A.) u. **Earle (I. P.)**, Proteinqualitätsverss.; Vgl. d. Mastmeth. mit Ratten mit anderen Methoden, um d. Nährwert d. Proteine in Baumwollsamenmehl zu untersuchen 3183.
Cabell (M. J.) s. Irving (H.).
Cabezas Fernández del Campo (J.), Best. v. Aminosäuren 1109.
Cabib (E.) s. Friess (S. L.).
Cable (J. W.), **Nyholm (R. S.)** u. **Sheline (R. K.)**, Spektren u. Struktur v. Dikobaltoktacarbonyl 741.
Cabo Torres (J.), Einfl. v. Ammonium- u. Kaliumsulfatdüng. u. d. Zeitpunkts d. Ernte auf d. Wirkstoffgeh. bei „Salvia officinalis" 157.
Cabona (A. E.), Zahnpasta 8986.
Cabot (G. L.), Inc., Amorphes Kieselsäurepulver 2749* F.
—, **Hall (A. L.)** u. **Stokes (C. A.)**, Wiedergewinn. v. feinverteilten Pigmenten 2542* F.
Cabrera (J. I.) s. Rivera Brenes (L.).
Cabrera (N.), Oberflächendiffus. beim Sintern v. Metallteilchen 5884.
Cabrini (R. L.) = Luis Cabrini (R.).
Caccavo (L.) s. Cuzzer (O.).
Cacciabava (A. M.) u. **Buzzonetti (G. C.)**, Herst. eines in Fetten lösl. Ca-Salzes 10566.
Cacciotti (J. J.) s. National Lead Co.
Cachera (R.), Leberkoma. Seine Pathophysiologie. Behandl. mit Glutaminsäure 9846.
Cachon (A.), Höhenstrahl. in d. Atmosphäre 7594.
Cacioppo (F.), **Coltorti (M.)** u. **Riccio (L.)**, Fermentaktivität bei B_1-Avitaminose d. Taube. 2. Mitt. Saure Phosphatase 8177.
— u. **Lo Cascio (S.)**, Möglichk. d. Synth. d. Aneurins seitens d. Tauben 1080.
—, **Pietra (G. Della)** u. **Coltorti (M.)**, Fermentaktivität bei B_1-Avitaminose d. Taube. 1. Mitt. Alkal. Phosphatase 8177.
Cădariu (I.), Bldg. v. Bzl.-KW-stoffen durch Polymerisat. v. Acetylen 7893.
Cadavieco (R. D.) = Diaz Cadavieco (R.).
Cadbury jr. (W. E.), Syst. Natriumsulfat–Natriummolybdat–W. 7632.
Cade (J. A.) u. **Gerrard (W.)**, Wechselwrkg. v. Carbonsäuren mit Phosphortrichlorid oder Butylphosphordichloridit oder Chloridit in Abwesenh. u. in Ggw. v. Pyridin 8350. — Einw. v. Thionylchlorid auf Carbonsäuren in Ggw. v. Pyridin 10479.
Cade (R.), Mechan. Wrkg. in Dielektrika 4278.
Cadenhead (C. P.) s. Little jr. (R. N.).
Cadic Compañia Americana de Desarrollo Industrial y Comercial (Cadic American Industrial & Commercial Development Cy. Inc.), Herst. eines akt. Phosphatdüngers unter gleichzeit. Bldg. einer Magnesiumbicarbonatlsg. 913* Schwz. — Filtrat. v. Fll. 8704* Schwz.
Cadiot (P.) s. Chodkiewicz (W.); Jaeger (R.).
Cadle (R. D.), **Wilder (A. G.)** u. **Schadt (C. F.)**, Sammel-, Herrichte- u. Trenntechnik v. in Luft suspendierten Teilchen 9632.
Cadoff (I.) u. **Nielsen (J. P.)**, Zustandsdiagramm Ti–C 5973.
Cadogan (J. I. G.), **Gold (V.)** u. **Satchell (D. P. N.)**, Rk.-Fähigk. v. p-Methylbenzylradikalen. Anwend. d. kinet. Isotopeneffekts 9295.
Cadus (A.) s. Huisgen (R.).
Cady (G. H.) s. Hara (R.).
Cady (R. T.) s. Merritt jr. (L. L.).
Caesar (K.), Vergleichende Unterss. an Winterzwischenfrüchten 7529.
Caesar (P. D.), 1.5-Naphthalindithiol 4338. — s. Socony-Vacuum Oil Co., Inc.
Caesar (R.) s. Freudenberg (G.).
Cagan (B. J.) s. Plastic & Diecast Products Corp.
Cagle jr. (F. W.) u. **Eyring (H.)**, Anwend. d. absol. Geschwindigkeitstheorie auf Phasenänderr. in Festkörpern 536.
Caglioti (V.) u. **Cimino (A.)**, Complementi di chimica generale e inorganica [7594].
Cagnet (M.), Interferometr. Methoden unter Verwend. v. Überlagerungsstreifen. 2. Mitt. Selbstkompensierende Interferometer 11056; 3. Mitt. Keilinterferometer 11056.
Cagniant (D.) s. Cagniant (P.); Cordier (P.).
Cagniant (P.) s. Cordier (P.); Laboratoires Français de Chimiothérapie.
— u. **Cagniant (D.)**, Phenalane, Homophenalane u. ihre Derivv. 1. Mitt. Synth. d. 1-Methylhomophenalans u. d. 1.8-Dimethylhomophenalans 8842. — Sauerstoffhalt Heterocyclen. 1. Mitt. Synth. v. 4.5-Benzo- u. 5.6-Benzocumaran 10504.
Cahill (W. F.) s. Mann (D. E.).
Cahn (J.), Hypotherm. Neuroplexie im Schock, unabhängig v. d. Anwend. d. Chloropromazins 402.
— u. **Boucher (M.)**, Einfl. v. Androstendiolderivv. auf d. Alloxandiabetes d. Kaninchens 1307.
— u. **Campan (L.)**, Künstl. Winterschlaf ohne Chlorpromazin (Megaphen); Hydergin in d. Neurochirurgie 3431.
Cahn (R. W.), Gleitung u. Poligonisat. v. Al 1691. — s. Williams (A. J.).
—, **Bear (I. J.)** u. **Bell (R. L.)**, Verform. v. Zn bei hohen Tempp. 4296.
Cahn (T.) u. **Houget (J.)**, Adrenalinwrkg. auf d. Calorienprodukt. v. 24 Std. beim Kaninchen 5107.
Cahnmann (H. J.) s. Warner (W. R.) & Co., Inc.
Cahoon (G. A.) u. **Crummett (D. O.)**, Mineralstoffernährung v. Matthiola incana 9886.
Cahoon (H. P.), Saponit aus d. Nähe v. Milford, Utah 4304.
Caianiello (E. R.), Quantenfeldtheorie. 2. Mitt. Nichtstörende Gleichungen u. Methoden 269. — Wechselwrkg. v. allg. Fermi-Typ 7135.
Caillère (S.) s. Institut National de la Recherche Agronomique.
— u. **Foëx (M.)**, Vers. d. Behandl. v. Serpentin, um ein Prod. mit einem hohen Geh. an Forsterit zu erhalten 2379.
—, **Hénin (S.)** u. **Esquevin (J.)**, Synth. v. Fe-halt. Phylliten bei tiefer Temp. 8809.
— u. **Kraut (F.)**, Überlagerungsstruktur u. konzentr. Struktur in d. Fe-führenden Format. Lothringens 5502. — Therm. Verhalten Mn-halt. Mineralien 10221.
Cailleux (A.), Alter d. Erde 6937.
— u. **Chavan (A.)**, Détermination pratique des roches [7634].
Cailleux (R.) s. Heim (R.).
Cain (C. K.) s. Research Corp.; Tar (De L. F. De); Taylor jr. (E. C.).
—, **Plampin (J. N.)** u. **Sam (J.)**, Dihydroergotverwandte; Chinolincarbonsäureamide u. -ester 10988.

Cain (D. G.) s. Stanolind Oil & Gas Co.
Cain (J. C.) s. Loftus (L. R.).
Caine (J. B.), Unters. d. therm. Stabilität v. Materialien beim Sintern v. Maschinenscheiben 10612.
Caines (G. W.) s. Masson (C. R.).
Cairns (R. C.) u. **Roper (G. H.)**, Wärme- u. Massenübergangszahlen in einer Rieselkolonne bei hohen Feuchtigkeitsgehh. 7516.
Cairns (R. E.) s. Monsanto Chemical Co.
Cairns (R. W.) s. United States of America.
Cairns (T. L.) u. **Sauer (J. C.)**, Synth. v. N-Vinylsulfonamiden 11197.
Caisse Nationale de la Recherche Scientifique, Explosive Ladd. 4256* F.
Caithaml (W.), Therapeut. Möglichkk. mit intravenös verabreichten Lokalanästheticis 7491.
Cajar (H.) s. Kast & Ehinger Ges. m. b. H.
Cajori (F. A.) s. Hamilton (M. A.).
Cajozzo (A.) s. Barbagallo-Sangiorgi (G.).
Cake (W. R.) s. Heyden Chemical Corp.
Cala (J. A.) s. Morton (M.).
Calabi (V.), Tier. Serum u. Plasma als Ersatz für menschl. Blutplasma 6567.
Calabrese (A. M.), Aktivität d. Lipase d. Ricinus communis unter bes. Versuchsbedingg. 1. Mitt. Best. d. Lipaseaktivität 10774.
Calabrese (L.), Behandl. d. Morbus Besnier-Boeck-Schaumann mit Chloramin 4150.
Calabrò (F.), Malattie causate da bromo e composti [4641].
Calaby (J. H.) s. Gilmour (D.).
Calamandrei (G.), **Ferratą (L.)** u. **Montanari (L.)**, Ormone corticotrope e cortisone in oftalmologia [4633].
Calamita (V.), **Marths (M. de)** u. **Messina (B.)**. Biochem. u. klin. Aspekte d. Stoffwechsels d. Nahrungsstoffe in d. Leber 4873.
Calandra (J. C.) s. Research Corp.
Calarco (F.) u. **Guerrero (A. H.)**, Verh. v. Pb-Salzen in Alkaliacetatlsgg. 9044.
Calaway (W. T.) s. Furman (T. de S.).
Calbeck (J. H.), **Maidens (W. T.)** u. **Hassel (O. J.)**, Calbeck-Verf. zur ZnO-Reinig. 6104.
Calcagno (L.) s. Istituto Sieroterapico Milanese Serafino Belfanti.
Calcamuggio (G. L.) s. Haller (W.).
Calcutt (G.) u. **Payne (S.)**, Intracelluläre Umwandl. d. 3.4-Benzpyrens: Oxydationsorte in d. Mäuseleber 11012. — Überstandfrakt. aus Mäuseleber 11012.
Caldarera (J. P.) s. Colgate-Palmolive-Peet Co.
Caldarola (L.) s. Anglesio (E.); Costantini (A.).
Caldas (L. R.) = Renato Caldas (L.).
Caldecott (R. S.) u. **Smith (Luther)**, Einfl. v. Wärmebehandlungen auf Strahlenschäden u. cytogene Wrkgg. v. Röntgenstrahlen bei Gerstenkörnern 5578.
Calderbank (A.), **Johnson (A. W.)** u. **Todd (A. R.)**, Farbstoffe d. Aphiden. 10. Mitt. Darst. u. Eigg. v. 4.9-Dioxyperylen-3.10-chinon 4108.
Calderwood (G. F. N.) u. **Mardles (E. W. J.)**, Eindringgeschwindigk. v. Fll. in Capillaren unter d. Wrkg. v. Oberflächenkräften 11711.
Calderwood (J. H.) u. **Cooper (R.)**, Änderung d. elektr. Durchschlagsfestigk. v. KCl- u. NaCl-Kristallen mit d. Temp. 8788.
—, **Cooper (R.)** u. **Wallace (A. A.)**, Elektr. Durchschlag v. Alkalihalogenidkristallen 3067.
Calderwood (R. C.) u. **Gunstone (F. D.)**, Struktur d. Kamlolensäure 10248.
Caldin (E. F.) u. **Long (G.)**, Gleichgewicht zwischen Äthylat- u. Hydroxylionen in Äthanol u. in Äthanol–Wasser-Mischungen 3826.
— u. **Trickett (J. C.)**, Kinetik d. Rk. zwischen Äthylation u. p.p'.p''-Trinitrotriphenylmethan v. —*80* bis —*20*° 8351.
Caldirola (P.), Bewegungsgleich. d. Elektrons in d. klass. Elektrodynamik 734. — Klass. Deut. d. anomalen magnet. Moments d. Elektrons 734.
— u. **Duimio (F.)**, Einführ. einer Fundamentallänge in d. klass. Theorie d. Elektrons 11144.
— u. **Gulmanelli (P.)**, Neue Wellengleich. für ein Teilchen mit Spin *1/2* 6441.
Caldwell (A. C.), **Hustrulid (A.)**, **Hammers (F. L.)** u. **MacGregor (J. M.)**, Aufnahme v. P aus radioakt. Phosphatdüngern, d. auf alten Wiesen angewandt wurden. Wrkg. v. Art, Höhe u. Zeit d. Düngergabe 7758.
Caldwell (C. G.) s. Johnson & Johnson; National Starch Products, Inc.
Caldwell (C. L.) s. Houdry Process Corp.
Caldwell (D. O.) u. **Richardson (J. R.)**, Mittlere Anregungspotentiale 6678.
Caldwell (E. F.) u. **McHenry (E. W.)**, Wrkg. d. Grunddiät auf d. Harnstoffbildung bei Vitamin-B_6-Mangel 7249.
Caldwell (J. A.), Korros. an sauren Ölquellen 3768. — s. Standard Oil Development Co.
— u. **Lytle (M. L.)**, Laboratoriumsmeth. zur Auswahl v. Inhibitoren für d. Ölquellenkorros. 5460.
Caldwell (J. R.) s. Eastman Kodak Co.
Caldwell (L. M.) s. Dague (H. F.).
Caldwell (M. L.) s. Kung (Jo-Fen T.).
Caldwell (P.) s. Cannac Research and Development Co.
Caldwell (P. C.), Trenn. v. Phosphatestern d. Muskeln durch Papierchromatographie 5831.
Caldwell (R.) s. Bricker (N. S.).
Caldwell (R. L.) u. **Turner (S. E.)**, Leistungsschwank. v. Photomultiplierröhren 8782.
Caldwell (W.), Behandl. v. Schwangerschaftsübelk. u. -erbrechen mit d-Amphetaminesulfat 5124.
Caldwell (W. A.) s. Imperial Chemical Industries Ltd.
— u. **Creasy (J. J.)**, Einfl. physikal. Eigg. d. Nitrocellulose auf d. Lackqualität 3015.
Caldwell (W. T.) s. Lilly (E.) & Co.; Sullivan (Hugh R.).
Calesnick (B.), **Harris (W. D.)** u. **Jones (R. S.)**, Antithyreoidale Wrkg. v. Antibioticis 1310.
Calet (C.) u. **Balivet (G.)**, Vitamin B_{12} u. Wachstum 1315.
—, **Rerat (A.)** u. **Jacquot (R.)**, Rolle d. Aureomycins als Wachstumsfaktor 2940.
Caley (E. R.) u. **Deebel (W. H.)**, Chem. Datier. v. Bronze-Münzplättchen v. d. athen. Agora 10906.
Calfee (J. D.) s. Allied Chemical & Dye Corp.; Standard Oil Development Co.

Calgon, Inc. u. **Roland (C. T.)**, Reinigen u. Sterilisieren v. Basen- oder Kationenaustauschern 3934* Can. — Stabilisieren v. Schokolade-Milch-Getränken 4481* A.

Calhoun (B. A.), Magnet. u. elektr. Eigg. v. Magnetit bei tiefen Tempp. 4040. — s. A b r a h a m s (S. C.).

— u. **Abrahams (S. C.)**, Tieftemperaturadapter für d. Norelco High Angle-Spektrometer 2142.

Calhoun jr. (F. P.) s. B e n t o n j r. (C. D.).

Calhoun (G. M.) s. D i s t i l l e r s C o. L t d.; H e r c u l e s P o w d e r C o.

Calhoun (J. A.), McLean (R.), Hudson (J. Cramer) u. **Aub (J. C.)**, Ausscheid. v. Ca, Pb u. radioakt. Pb bei Hunden 3187.

Calhoun jr. (J. C.) s. C a r o (R. A.); J o n e s - P a r r a (J.).

Calhoun (K. M.) s. L e a c h (B. E.).

Calhoun (W. A.) s. K e r s h n e r (K. K.).

Cali (G.) u. **Sciacca (A.)**, Bes. Form einer tox. experimentellen Nephropathie durch 2.4-Diaminotriazin 8198.

Calico Printers' Association Ltd., Polyazinpigmentfarbstoffe 2082* E. — Färben v. Polyestermaterialien 2539* E.

—, **Lantz (L. A.)** u. **Miller (William S.)**, Veredeln v. Textilgut aus Cellulose- oder Cellulosehydratfasern 4969* D. B.

—, **Lantz (L. A.)** u. **Schofield (A.)**, Organ. Pigmente u. Formpulver 4710* E.

—, **Lantz (L. A.), Schofield (A.)** u. **Spinner (E.)**, Gefärbte Formpulver aus Polyvinylbenzal 2543* A.

— u. **Miller (William S.)**, Färben v. Textilfasern aus Cellulose 694* A.

Caliezi (A.) u. **Schinz (H.)**, Sesquiterpene u. Azulene. 102. Mitt. α-, β- u. Allobicyclofarnesylsäure 6524.

Califano (L.), Abgabe v. Nucleinsäuren aus Bakterienzellen durch Wärmeeinw. 8881, 10532.

California Institute Research Foundation, Borsook (H.) u. **Borsook (M. E.)**, Arzneimittel 4653* E., 6810* F.

California Research Corp., Reinigungsmittel in Pulverform 480* E. — Oxydieren organ. Verbb. 922* E., 4935* E. — Carbonsaure Salze mehrwert. Metalle 2344* E. — Adsorptive Trenn. organ. Fll. im Kreislauf 2999* E. — Synthet. Schmiermittel 3537* E. — Polymerisieren v. Propan 5648* E. — Polymerisieren n. gasförm. Olefine 6616* E. — Anorgan. Oxydgelkatalysatoren 6662* E. — Polymere Kieselsäureester 6867* E. — Trennen v. Bzl.-KW-stoffen 7786* E. — Mischpolyäther 8749* E. — Schmieröl für Verbrennungskraftmaschinen 9005* E. — Dieselöl 9944* E. — Niedermol. Carbonsäuren, deren Ammoniumsalze u./oder Amide 11095* E.

— u. **Bailey (W. T.)**, Waschmittel in Pulverform 7575* A.

—, **Barusch (M. R.)** u. **Mixer (R. Y.)**, Verbesser. d. Cetanzahl v. Dieselölen 262* A.

— u. **Brandel (A. J.)**, Süßen v. Erdöl-KW-stoffen 10664* A.

—, **Butler (J. C.)** u. **McGowan (D. C.)**, Lineare Polyester 6888* A.

—, **Carlston (E. F.)** u. **Lum (F. G.)**, Trennung v. Iso- u. Terephthalsäuregemischen 11688* A.

— u. **Chittum (J. F.)**, Prüf. v. Öl-in-W.-Emulss., z. B. zur Ermittlung geeigneter Emulsionsbrechmittel 9942* A.

California Research Corp. u. **Claussen (W. H.)**, Trenn. v. KW-stoffen durch Adsorpt. 5222* A.

— u. **Condit (P. C.)**, Amine 1840* A.

—, **Darragh (J. L.)** u. **House (R.)**, Desinfektionsmittel 7272* A.

—, **Darragh (J. L.)** u. **Johnson (G. B.)**, Desinfektionsmittel 9862* A.

—, **Dension jr. (G. H.), Firey (J. C.)** u. **McLaughlin (E. J.)**, Brennstoff für Flugmotoren 6434* A.

—, **Eagle (S.)** u. **Scott (J. W.)**, Regenerieren fester Adsorbentien, d. bei d. Trenn. fl. organ. Mischungen bei d. Fischer-Tropsch-Synth. Verwend. fanden 2575* A.

— u. **Echols (R. E.)**, Mittel zum Chemischreinigen 9694* A.

—, **Egan (C. I.)** u. **Scott (J. W.)**, Trennen fl. KW-stoff-Mischungen oder fl. KW-stoffe enthaltender Mischungen 4497* A.

— u. **Elwell (W. E.)**, Neutrale Ester cycl. Polycarbonsäuren 2544* A. — Gesätt. u. ungesätt. Cyclohexadiendicarbonsäureester 7329* A.

— u. **Ferstandig (L. L.)**, Isophthalonitril bzw. m-Cyanbenzoesäure 8265* A.

—, **Halamka (C. J.)** u. **La Porte (L. R.)**, Paraffinwachsfreie Schmieröle 9944* A.

— u. **Harle (O. L.)**, Antioxydans für Schmieröle 9944* A.

— u. **Henning (L. L.)**, Fraktionieren v. KW-stoffen 4001* A.

—, **Hetzner (H. P.)** u. **Rutherford (J. T.)**, N-Alkylaniline 5182* A.

— u. **Hotten (B. W.)**, Schmierfett 1184* A.

—, **Hotten (B. W.)** u. **Houston (R. J.)**, Tieftemp.-Schmierfett 4977* A.

—, **Humphreys (R. L.), Brock (G. C.)** u. **Reynolds (C. K.)**, Abscheid. v. p-Xylol aus Gemischen v. Xylolisomeren 1143* A.

—, **Hunter (M. V.)** u. **Segesser (J. R.)**, Niedrigschmelzende Paraffinwachse 3538* A.

—, **Jensen (W. L.)** u. **Clayton (J. O.)**, Organophosphonylchloride 6852* A., 9673* A.

—, **Kather (W. S.)** u. **Wiener (T.)**, Schmierfett 3775* A., E.

— u. **Kemp (J. D.)**, 2-Stufen-Isomerisat. v. Heptan 4453* A.

—, **Kemp (J. D.)** u. **Stickland (A. E.)**, Katalyt. Isomerisier. v. Isoheptanen zu Triptan (2.2.3-Trimethylbutan) 1603* A.

— u. **Langlois (G. E.)**, Isomerisieren alkylierter aromat. KW-stoffe 1181* A.

— u. **Lewis (A. H.)**, Alkylarylsulfonate 3275* A.

—, **Lewis (A. H.)** u. **Stayner (R. D.)**, Quatern. Bis-alkylbenzylammoniumsalze 6852* A.

—, **Lindstrom (E. G.)** u. **Woodruff (R. L.)**, Schmierölkompositt. 3534* F.

— u. **Lowe (W.)**, Schmieröl 5700* A.

—, **Lowe (W.)** u. **Clayton (J. O.)**, Ag-Schutzmittel in S-halt. Schmiermitteln 11315* A.

— u. **Lum (F. G.)**, Halbtrocknende, ölmodifizierte Alkydharze 8506* A.

—, **Munk (P.)** u. **Ellis (J. R. B.)**, Polymerisat. v. Olefinen mittels Phosphorsäure 4977* F.

—, **Newnan (C. D.)** u. **Furby (N. W.)**, Transformatorenöl 6894* A.

— u. **Pino (M. A.)**, Trenn. v. Isophthal- u. Terephthalsäuredialkylestern 1606* A. — Trenn. v. Iso- u. Terephthalsäurediester durch Lösungsmittelextrakt. 10140* A.

—, **Rohrback (G. H.), McCloud (D. M.)** u. **Scott (W. R.)**, Korrosionsschutzmittel 8068* A., 9704* A.

California Research Corp. u. **Rutherford (J. T.)**, Dinonylphthalat 11464* A.
— u. **Schiffler (W. H.)**, Reinigungsmittel 1638* F.
— u. **Stayner (R. D.)**, Alkenphosphonigsäuren 6881* A. — Baktericide Verbb. 8948* A. — Quartern. NH_4-Salze 9146* A., 11640* A. — Desinfektionsmittel 10817* A. — Reinigungsmittel 11709* A.
—, **Stayner (R. D.)** u. **Stayner (R. A.)**, Heizölmischungen 3534* A.
—, **Stewart (W. T.)**, **Newman (C. D.)** u. **Furby (N. W.)**, Antioxydantien für Transformatorenöle 5943* A.
— u. **Talbot (J. L.)**, Zerleg. v. Gemischen aus Xylolisomeren 8735* D. B.
— u. **Toland jr. (W. G.)**, Trenn. v. Isophthalsäure u. Terephthalsäure 1374* A., 10140* A. — Carbonsäuren 3001* A. — Ungesätt. α-Ketone mit endständiger Methylengruppe 3249* A. — Funktionelle Gruppen enthaltende Polyphenylverbb. 3737* A., E. — Gemische aus Dibenzyl- u. Stilbendicarbonsäuren 7086* A. — Dicyanostilbene 8501* A. — Oxydat. v. nichtaromat. organ. Verbb. 10622* A. — Aromat. Dicarbonsäuren 11688* A.
— u. **Turner (C. R.)**, Dieselöle u. naphthensaure Salze 1183* A.
— u. **Wilkes (J. B.)**, 4-Chlorbutan-1-sulfonylchlorid 1838* A.
California Spray-Chemical Corp., Unkrautbekämpfungsmittel 9653* E.
— u. **Gardner (L. R.)**, Insekticides Mittel 1827* A.
— u. **Hansen (J. W.)**, Insekticides Mittel 9426* A.
Calingaert (G.), Entropieberechn. bei niedr. Temp. 8559. — s. E t h y l C o r p.
Calisti (V.) u. **Oliva (O.)**, Histochem. Unterss. über d. Lokalisat. d. Gonadotropins d. Placenta d. Equidae 7947.
Calkins (D. G.) s. D i o n (H. W.).
Calkins (M. E.) s. D o w C h e m i c a l C o.
Callahan (R. M.) u. **Murray (J. F.)**, Stets gleichförmiges Bariumtitanat 4904.
Callame (B.), Blasenbldg. bei Farbfilmen 7794.
Callaway (J.), Bewegungsgleichungen in d. neuen Einsteinschen einheitl. Feldtheorie 4985. — Machsches Prinzip u. einheitl. Feldtheorie 9241. — s. H e r m a n (F.).
Callaway (S. R.) s. G e n e r a l M o t o r s C o r p.
Callbeck (L. C.), Fungicide zum Schutze v. Kartoffeln 9422.
Calleja (J.), Unters. d. Erstarrens u. Erhärtens hydraul. Stoffe 5395. — s. W a t e r s (E. H.).
Callen (E.), Konfigurationswechselwrkg., angewandt auf d. H_2-Mol. 7388.
Callen (H. B.), Elektronenstruktur, Infrarotabsorpt. u. Hall-Effekt in Te 10679. — s. K r i e s s m a n (C. J.).
Callen (J. E.) s. B l i c k e n s t a f f (R. T.); M o r t o n (J. W.).
Callenbach (E. W.) s. A t k i n s o n (J. C.); D y m s z a (H.); W i s m a n (E. L.).
Callender (M. E.) s. M c C o w e n (M. C.).
Callender (S.), **Turnbull (A.)** u. **Wakisaka (G.)**, Intrinsic factor nach totaler Gastrektomie 4629.
Callendine jr. (G. W.) u. **Morton (J. L.)**, Anordn. zur Lad. v. ^{60}Co-Patronen in Hohlrohren für d. Krebstherapie 6771.
Calligari (G.) u. **Berio (E.)**, Prakt. Anwend. eines neuen Mittels mit curareähnl. Wrkg.: Glycerinäther d. Guajakols 153.
Callinan (E. E.), Brennstoff u. seine Verwend. 2761.
Callis (C. F.), **Nielsen (N. C.)** u. **Bailar jr. (J. C.)**, Metallderivv. v. Azo- u. Azomethinfarbstoffen 549.
Callisen (F.-I.) s. W i n n a c k e r (K.).
Callow (A. E.) s. B r i t i s h T i t a n P r o d u c t s C o. L t d.
Callow (H. J.), Acetylier. v. Cellulose u. Lignin in Jutefasern 8288.
Callow (R. J.), Abscheid. v. Fluoriden in glasart. Systemen 4186. — Trennfaktoren für fraktionierte Trennprozesse 5136.
— u. **Lawson (G.)**, Einfl. v. Schmelzzeit u. -temp. auf d. F-Geh. eines Opakglases 3939.
Callow (R. K.) u. **Work (T. S.)**, Antibiot. Peptide aus Bacillus licheniformis. Licheniformin A, B u. C 3408.
Calloway (D. H.) s. C r y n s (J.).
Calmels (H.) s. D e s p a r m e t (É.).
Calnan (E. A.) u. **Clews (C. J. B.)**, Vorhersage v. Deformationstexturen in U 9748.
— u. **Williams (B. E.)**, Spannungstextur v. Al 1922.
Calnan (W. L.) u. **Borrelli (V. M.)**, Mysolin zur Behandl. d. Epilepsie 6075.
Calo (A.), **Davidova (A.)**, **Marelli (O. M.)** u. **Marotta (U.)**, Verf. zur Prüf. d. „enteralen" Umhüll. v. pharmazeut. Präpp. 9143.
Caltabiano (S.) s. B e r n a r d i n i (A.).
Calvert (J.), Bekämpf. d. Wachstums v. Wurzelsprossen beim Tabak durch Wuchsstoffe u. Mineralöle 8242.
Calvert (J. G.), Ausnutz. d. Sonnenenergie für photochem. Rkk. 4757. — s. S i e g e r (R. A.).
— u. **Layne (G. S.)**, Photolyse v. Glyoxaldampf bei d. Wellenlänge *3130* Å 8590.
—, **Theurer (K.)**, **Rankin (G. T.)** u. **MacNevin (W. M.)**, Mechanismus d. photochem. Synth. v. Wasserstoffperoxyd an Zinkoxydoberflächen 40.
Calvert (L. D.) s. S u t o r (D. J.).
Calvet (J.), **Coll (J.)** u. **Malhiac (H.)**, Larynxnacherscheinungen u. Rezidive bei d. mit Streptomycin behandelten tuberkulösen Laryngitis 8907.
Calvet (Jean) s. C h a n g a r n i e r (C.).
Calvez (J.) s. C o p p e n e t (M.).
Calvin (M.) s. F r y (A.); G o o d m a n (M.); Q u a y l e (J. R.); R e g e n t s o f t h e U n i v e r s i t y o f C a l i f o r n i a; S c h a l l e n b e r g (E. E.).
Calvino (F.), Chromatographie u. Erzanalyse 2968.
Calvo Melendro (J.), Psychose durch Isoniazid 149.
Calvo Santamaria (M. L.) s. B u s t i n z a (F.).
Calzolari (C.), Determinazione spettrofotometrica del pK dell acetofenonossima e della benzofenonossima [11435].
— u. **Ciana (A.)**, Sulle possibilità di determinazione contemporanea di potassio e sodio [11435].
— u. **Donda (A.)**, Polarograph. Unterss. am α-Nitrosonaphthylhydroxylamin (Neocupferron) 9053. — Determinazione del *2—3* dimercaptopropanolo [11435].
— u. **Furlani (C.)**, Polarograph. Red. d. Carbonylgruppe aromat. u. arylaliphat. Ketone 8581.
Calzolari (G.) s. M a r s i l i i (G.).
— u. **Comuzzi (U.)**, Verwert. d. Ammoniakstickstoffs in d. Fettleber 4146.

Calzolari (M. L.), Dascola (G.), Gainotti (A.) u. Mora (S.), Erzeug. v. π-Mesonen in C u. Al 10910.
Cam (D.), Cr-Überzüge ohne Ni-Zwischenschichten 11461.
Cama (J. S.) u. Meara (M. L.), Säurekomponenten d. Milchfettes v. Finnwal 8760.
Camac (M.) s. McGuire (A. D.).
—, McGuire (A. D.), Platt (J. B.) u. Schulte (H. J.), Röntgenstrahlen aus Mesonen enthaltenden Atomen 3794.
Camagni (P.) u. Chiarotti (G.), Unters. d. F→Z_1-Umwandl. in KCl-Kristallen mit zweiwert. Verunreinigg. 979.
Camba (R.) u. Costa (E.), Einfl. d. Cholinesterase u. d. Diisopropylfluorphosphates auf d. Curarewrkg. d. Succinylcholins 11599.
—, Costa (E.) u. Murtas (L.), Bedeut. d. Leber u. Niere gegenüber d. krampferzeugenden Wrkg. d. Isonicotinylhydrazins 8670.
Cambar (R.), „Ausschlüpfungs"-Enzyme beim Wasserfrosch u. seine Anwendbark. in d. experimentellen Embryologie 611. — s. Devaux (H.).
Cambi (L.), Bertorelle (E.) u. Manzetti (L.), Einfl. v. F auf d. anod. Prozesse bei d. Zn-Elektrolyse 1207.
Cambourelis (P. J.) s. Bomberger (H. B.).
Camerer (W.), Keuchhustenmittel P *150* Mack in d. Praxis, Ätiologie d. Keuchhustens 4877.
Camerino (B.) s. Alberti (C. G.).
Cameron (A. E.), Dichtes Hochvakuumventil 7041.
Cameron (A. G. W.), Ursprung d. anomalen Häufigkk. v. Elementen in Riesensternen 12. — s. Hoffman (M. M.).
Cameron (C. B.), 17-Ketosteroidausscheid. bei chron. Lebererkrank. 10548.
Cameron (D. G.), Townsend (S. R.) u. English (A.), Perniciöse Anämie. 2. Mitt. Erhaltungstherapie mit kristallinem Vitamin B_{12} 143.
Cameron (E. N.), Rowe (R. B.) u. Weis (P. L.), Flüssigkeitseinschlüsse in Beryll u. Quarz aus d. Pegmatiten d. Middletown-Distrikts, Connecticut 3332.
Cameron (H. S.) u. Meyer (M. E.), Synth. v. Aminosäuren aus Harnstoff durch Genus Brucella 10057.
Cameron (J.), Geologie d. Hemerdon Wolfram-Mine, Devon 5743, 10224.
Cameron (J. W.) s. Teas (H. J.).
Cameron (M. D.), McElrath (E. N.), Heckle (W. A.), Withe (E. R.) u. Williams (C. E.), Identifizier. v. Alkoholen. 1. Mitt. Derivv. acycl. C_5- u. C_6-Alkohole 1715.
Cameron (W. G.) s. Courtaulds Ltd.
Camescasse (P.) s. Fonderie de Beaufort.
Camin (E. L. A.) s. International Kenmore Ltd.
Camnitz (H. G.) s. Noyes (H. P.).
Camolese (G.) s. Signora (M.).
Camoriano (A.) s. Antoniani (Carlo).
Camp (A. T.), Marans (N. S.), Elrick (D. E.) u. Preckel (R. F.), Synth. d. Pentaerythrittrinitrats 6493.
Camp (D. B.) s. Williams (G. E.).
Camp (P. R.), Widerstandsstreifungen in Ge-Kristallen 10196.
Camp (R. C.) s. Baum (Martin).
Camp (T. R.), Unters. d. Fähigk. eines Flusses zur Selbstreinig. 7289.
Campaigne (E.) u. Archer (W. L.), p-Dimethylaminobenzaldehyd 4331. — Verwend. v. Dimethylformamid als Formylierungsmittel 10737.
— u. Bourgeois (R. C.), 3-Substituierte Thiophene. 5. Mitt. Alkaminester d. Phenylthienyl-(3)-glykolsäure 2197; 6. Mitt. Substitutions-Rkk. v. 3-Thenoesäure 9793.
—, Bourgeois (R. C.) u. McCarthy (W. C.), 3-Thenaldehyd 4344.
— u. Leal (J. R.), Gleichzeitige vicinale Dichlorierung 6962.
— u. Le Suer (W. M.), 3-Thenoesäure 4344.
— u. Monroe (P. A.), 3-Substituierte Thiophene. 7. Mitt. Derivv. v. 3-Aminothiophen 9793.
—, Monroe (P. A.), Arnwine (B.) u. Archer (W. L.), Thiosemicarbazone v. Thiophenderivv. 10737.
— u. Moss (R. D.), Thiocarbonyle. 6. Mitt. Unterss. in d. Indanon- u. Tetralonreihe 5533.
— u. Tullar (B. F.), Thenyl-(3)-bromid 4344.
Campan (L.) s. Cahn (J.).
Campana (C.) u. Dotta (F.), Diabetogene Wrkg. organ. Reagentien auf Zn (Diphenylthiocarbazon, 8-Oxychinolin) bei d. weißen Ratte 8189.
Campanelli (B.) s. Matturro (F.).
Campani (M.) u. Martino (R.), Fibrinolyt. Enzyme in d. Prophylaxe postoperativer Thrombosen in d. Gefäßchirurgie 1087.
Campanile (S.), Einfl. d. Erhitzens auf d. Geh. assimilierbarer Phosphorsäure im Ackerboden 6111. — Vegetationsboden für Trifolium Thalii Vill. in Campo Imperatore (Abbruzzen) 11660.
Campanile (V. A.) u. Lantz (V.), Verbesserte Wasserstoffentladungslampe 8454.
Campbell (A. D.), Darst. v. polycycl. aromat. KW-stoffen aus Arylpropiolsäuren 3358.
Campbell (A. H.), Chem. Verfahrenstechnik u. antibiot. Fermentierr. 1326.
Campbell (B. K.) s. Campbell (K. N.).
Campbell (C. G.) u. Kyles (J.), Halbkreisförm. β-Spektrometer mit magnet. Fokussier. u. variablem Radius 510.
Campbell jr. (C. R.) s. Erickson (J. L. E.).
Campbell (D.) s. Campbell (R. C.).
Campbell (D. H.) s. McBee (E. T.).
Campbell (Dan H.) s. Bulman (N.); Singer (S. J.).
Campbell (E. C.) s. McGowan (F. K.).
Campbell (E. S.), Best. eines Einzelquadrupols für eine Ladungsverteil. 8086.
Campbell (F. W.) s. Wybar (K. C.).
— u. Rushton (W. A. H.), Messung d. Rhodopsins im menschl. Auge 8666.
Campbell (G. G.) u. Godin (J. B.), UV-Spektrophotometer für automat. Kontrolle 3750.
Campbell (G. R.) s. Imperial Chemical Industries Ltd.
Campbell (H.), Kane (P. O.) u. Ottewill (I. G.), Polyvinylpyrrolidon. 1. Mitt. Molekulargewichtsverteil.: Experimentelle Methoden u. Anwendd. 4365.
Campbell (H. N.), Absorpt. v. Röntgenstrahlen in Kristallen unter d. Braggschen Glanzwinkel 7387.
Campbell (H. S.), Grübchenkorros. in kupfernen Wasserleitungsrohren 3244.
Campbell (I. A.), Erzeugen v. Metallüberzügen auf chem. Wege 451.

Campbell (I. D.) u. **Prescott (J. R.)**, Struktur ausgedehnter Schauer 6442.
Campbell (I. E.) s. F a n s t e e l M e t a l l u r g i c a l C o r p.
Campbell (I. G. M.), Stereochemie 8578.
Campbell (James), Munroe (J. S.), Hausler (H. R.) u. **Davidson (I. W. F.)**, Wrkg. v. Wachstumshormonen bei diabet. Hunden 3177.
Campbell (Jerome), Färben v. Reyonmischgeweben 4461.
Campbell (J. A.) s. S t e i n e r (L. E.).
Campbell (J. A.) [Ottawa], Vitaminkontrolle u. -unters. in d. Lebensmitteluntersuchungsanstalten. 1. Mitt. 7484. — s. M c L a u g h l a n (J. M.).
—, McLaughlan (J. M.), Clark (Jean A.) u. **Dunnett (C. W.)**, 6-Probenmeth. bei d. mikrobiol. Best. v. Vitamin B_{12} nach d. U.S.P. 5600.
Campbell (J. Allan) s. S h e p h e r d (D. A.); U p j o h n C o.
Campbell (J. B.), Phenolharz–Glasfaser-Schichtstoffe für höhere Tempp. 11469.
Campbell (J. D.) s. J o n e s (C. R.).
Campbell (J. G.), Resonanzabsorpt. v. γ-Strahl. durch ^{16}O-Kerne 11491.
Campbell (J. J. R.), Stoffwechsel d. Mikroorganismen 7007.
Campbell (J. L.), Vorbehandl. häusl. Abwassers 2272.
Campbell (J. M.), Trenn. natürl. Flüssiggase. 1. u. 2. Mitt. 3527.
Campbell (J. R.) u. **Rumford (F.)**, Einfl. d. Eigg. d. festen Stoffes auf d. Wärmeübergang v. einem flüssigkeitsähnl. festen Medium 3933.
Campbell (J. T.) s. P l e s s e y C o. L t d.
Campbell (K. N.), 6.8-substituierte Lepidine 1099* E. — s. S m i t h , K l i n e & F r e n c h L a b o r a t o r i e s.
—, Cella (J. A.) u. **Campbell (B. K.)**, Chemotherapie d. Krebses. 3. Mitt. Synth. v. mit Podophyllotoxin verwandten Dioxytetrahydronaphthoesäuren 5061.
Campbell jr. (L. L.), Kristallisat. v. α-Amylase aus einem thermophilen Bakterium 3402.
Campbell (M. H.) s. S t a n d a r d O i l C o.
Campbell (N.), Henderson (A.) u. **Taylor (Duncan)**, Polymorphismus u. Bldg. fl. Kristalle einiger Azo- u. Azoxyverbb. 3104.
— u. **Kidd (D.)**, Synth. v. 2-Phenylnaphthalin 1035.
—, Leadill (W. K.) u. **Wilshire (J. F. K.)**, 4.11.12-Tribromfluoranthen 2195.
Campbell (P. G.) u. **Teague (P. C.)**, 1.2-Di-[pyridyl-(2)]-äthan 2672.
Campbell (P. N.), Stoffwechselunterss. mit 3-Methylglucose. 2. Mitt. In vitro-Unterss. 10055. — s. A s k o n a s (B. A.).
— u. **Work (T. S.)**, Chromatographie v. Peptiden 10102.
Campbell (R. B.) u. **Robertson (J. Monteath)**, Struktur v. Nutkatin. Röntgenograph. Best. 54. — s. F r a n k l i n (A. D.).
Campbell (R. C.) u. **Campbell (D.)**, Gewinnen u. Reinigen v. Zellstoffasern 1874* E.
Campbell (R. E.) u. **Prutt (F. W.)**, Vitamin B_{12} bei d. Behandl. viraler Hepatitis 1315.
Campbell (R. M.), Sharp (G.), Boyne (A. W.) u. **Cuthbertson (D. P.)**, Cortison u. d. Ansprechen d. Stoffwechsels auf Verletzungen 8188.
Campbell (T. N.) u. **Roberts jr. (F. H.)**, Heilpflanzen d. Choctaw-, Chickasaw- u. Creek-Indianer im frühen *19.* Jahrhundert 8539.
Campbell (T. W.) s. B a n h o l z e r (K.); U n i t e d S t a t e s o f A m e r i c a.
—, Ginsig (R.) u. **Schmid (H.)** [Zürich], Synth. d. 2′-Acetamido-2.3;6.7-dibenzotropilidens u. d. 2-Acetamido-9.9-dimethylfluorens 2891.
Campbell (W. A. B.), Methämoglobinämie durch Nitrate in Brunnenwasser 407.
Campbell (William John), Anod. Oxydat. v. Al u. seinen Legierr. 10374* E.
Campbell (William Joseph) u. **Carl (H. F.)**, Quantitative Analyse v. Nb u. Ta in Erzen durch Fluorescenz-Röntgenstrahlenspektroskopie 6093.
Campbell (W. M.) u. **Johnstone (H. F.)**, Rkk. v. H_2 u. CO in einem rohrförm. Reaktor mit Fe–Cu-Katalysator 555.
Campen (G.) s. S t e i n k o h l e n b e r g w e r k „R h e i n p r e u ß e n".
Campen (M. G. Van) s. A n d r e w s (E. R.); M e r r e l l (W. S.) C o.
Campenhout (E. van) u. **Cornelis (G.)**, Wrkgg. kleiner Dosen v. $CoCl_2$ auf d. endokrinen Inseln d. Pankreas v. Meerschweinchen 5117.
Campion (J. E.) s. R a p o p o r t (H.).
Campion (P. J.) u. **Davies (W. T.)**, Nachw. v. Elektronenpaaren in einer Nebelkammer mit inneren Zählern 11496. — Auflösungszeit einer Wilsonkammer, d. v. inneren Zählern ausgelöst wird 11496.
Campo (J. C. F. del) = F e r n á n d e z d e l C a m p o (J. C.).
Campo (J. M.) u. **Gramling (L. G.)**, Extrakt. v. Mutterkornalkaloiden mit Tetrahydrofuran u. seinen Gemischen 2022.
Camponovo (P. B.) s. N a s e l l o (J.).
Campos (A. A.) s. B r e s s a n i (R.).
Campos (A. C.) u. **Fronda (F. M.)**, Wrkg. d. Implantat. v. synthet. Östrogen auf d. Gewichtszunahme u. spätere reprodukt. Fähigk. v. jungen S. C. weißen Leghorn-Hähnchen 5825.
Campus (F.), Mess. v. elast. u. plast. Verformungen u. v. Schweißspannungen d. Stähle 9180.
Camurati (C.) u. **Tessarolo (G.)**, Veränderr. d. Metachromasie bei experimentellen Avitaminosen mit bes. Berücksichtig. d. Fehlens v. Vitamin B_1 2236.
Canac (A.) s. G r é s i l l o n (R.).
Canac (F.), Ausbreit., Interferenz, Reflex., Absorpt. u. Zerstreuung v. Schall- u. Ultraschallwellen, sichtbar gemacht durch d. Schlierenmeth. 5253.
Canada Packers Ltd., Baker (H. G.) u. **Creighton (S. M.)**, Reinig. v. Cholsäure 10630* A.
— u. **McKerns (K. W.)**, Isolieren u. Reinigen v. Pepsin 11052* A.
Canadian Breweries Ltd. u. **McFarlane (W. D.)**, Klären u. Stabilisieren v. Getränken aus pflanzl. Stoffen 6159* A.
— u. **Ziegler (J. A.)**, Raffinieren v. Öl als Miscella 4729* A.
Canadian Bronze Powder Works Ltd., Herst. eines gegen Trübwerden widerstandsfäh. Bronzepulvers auf Cu-Basis 2789* E.
Canadian Celanese Ltd. u. **Dreyfus (H.)**, Celluloseester 3518* Can. — Aliphat. Dinitrile 4697* Can.

Canadian General Electric Co. Ltd., Entfernen v. Lacküberzügen aus metall., elektr. leitenden Stoffen 11064* E.
— u. **Clark (F. M.)**, Dielektrikum 10829* Can.
— u. **Flowers (R. G.)**, 3-Vinylpyren 4215* Can.
— u. **Froelich (H. C.)**, Magnesiumphosphatleuchtstoffe 11440* Can.
— u. **Haber (Charles P.)**, Wasserabstoßende Überzüge 1851* Can.
— u. **Mathes (K. N.)**, Elektr. Cu-Leiter 9410* Can.
— u. **Meals (R. N.)**, Alkylierte Silane 1607* Can.
—, **Nordlander (B. W.)** u. **Loritsch (J. A.)**, Elektr. Leiter 8701* Can.
— u. **Schaefer (V. J.)**, Kristallbldg. u. Fäll. 1815* Can.
Canadian Industries Ltd., 4-Vinylcyclohexendioxyd 5183* E. — α-Glykoldiglycidyläther 9192* E.
—, **Aitken (R. G.)** u. **Streight (H. R. L.)**, Zers. v. Styphninsäure 5422* Can.
—, **Allenby (O. C. W.)** u. **Harris (G. J.)**, 4-Vinylcyclohexendioxyd 4214* Can.
—, **Ascah (R. G.)** u. **Dicks (W. G.)**, Erythrit 2771* Can.
— u. **Segall (G. H.)**, Diallylätherdichlorhydrine 3249* Can.
Canadian International Paper Co., **Charles (F. R.)** u. **Dixon (Julian A.)**, Vorbehandl. d. Cellulose für d. Viscoseprozeß 2107* A.
Canadian Kodak Co. Ltd. u. **Agett (A. H.)**, Herst. eines 1-Acyloxydien-(1.3) 10377* Can.
—, **Baines (H.)**, **Davey (E. P.)** u. **Teal (E. F.)**, Farbenphotograph. Material 4262* Can.
— u. **Brice (W. L.)**, Stabilisieren v. photograph. Emulss. 3055* Can.
— u. **Depaolis (P. P.)**, Opt. Gläser 2751* Can.
— u. **Fallesen (G. E.)**, Direktpositivbilder 3781* Can.
— u. **Hagemeyer jr. (H. J.)**, Herst. v. mit einer Cyclohexylgruppe in β-Stellung substituierten niedermol. aliphat. Carbonsäuren 5899* Can.
— u. **Hull (D. C.)**, Carbonsäureanhydride 3968* Can.
— u. **Nadeau (G. F.)**, Filme mit Lichthofschutzschichten 3055* Can.
— u. **Stauffer (R. E.)**, Direktpositivbilder mit größerer D. 2119* Can.
— u. **Sun (Kuan-Han)**, Opt. Borglas 2752* Can.
—, **Vittum (P. W.)** u. **Arnold (R. J.)**, Photograph. Farbkorrektur mittels gefärbter Farbstoffkuppler 3056* Can.
— u. **Young (R. V.)**, Farbkorrekturmasken bei photograph. Farbbildern 4504* Can.
Canadian Line Materials Ltd. u. **Zwelling (M. I.)**, Elektr. Isolier. 10829* Can.
Canadian National Carbon Co. Ltd., **Heise (G. W.)**, **Schumacher (E. A.)** u. **Wilson (H. R.)**, Behandl. verbrauchter Beizfl. 4927* Can.
— u. **Oliver (J. P.)**, Behandl. v. Beizlsgg. 8489* Can.
Canadian Refractories Ltd., Feuerfeste Körper 5872* E.
— u. **Craig (J. W.)**, Feuerfeste Körper 10356* A.
Canadian Westinghouse Co. Ltd. u. **Kaercher (E. B.)**, Festes Schmiermittel 3537* Can.
— u. **Penney (G. W.)**, Isotopentrenn. 2747* Can.
Canals (E.), N.-G. Massol 7133.
—, **Marignan (R.)** u. **Cordier (S.)**, Adsorpt. einiger Metallionen aus sehr verd. Lsgg. 2. Mitt. Adsorptionskoeffizienten; Zahl d. akt. Stellen 8795.
Canals (E.), **Marignan (R.)**, **Cordier (S.)** u. **Bonnier (J.)**, Adsorpt. einiger Metallionen aus sehr verd. Lsgg. 3. Mitt. Einfl. d. Temp. 8795.
Canals (F. C.) = Capella Canals (F.).
Canapary (R. C.) u. **Bruins (P. F.)**, Kontinuierl. Verester. d. Citronen- u. Aconitsäure 6729.
Canavese (T.) s. Bongioanni (M.).
Canazza (S.) s. Rio (G. R.).
Canbäck (T.), Infrarotspektren v. Barbitursäurederivv. 9616. — Morphin- u. Barbitursäureantagonisten 10320.
—, **Diding (N.)**, **Lundgren (P.)**, **Ekeblad (P.)**, **Alm (O.)**, **Erne (K.)** u. **Linde (S.)**, Tuberkulosemittel. 1. Mitt. N-Isonicotinoyl-N'-(salicyliden)-hydrazin 8198.
Cancio (C.), Herpes zoster u. Dihydroergotamin 2953.
Candela (J. B.) = Baguena Candela (J.).
Candela (J. L. R.), **Rovira (J.)** u. **Candela (R. R.)**, Schützende Wrkg. d. Pankreas in d. Zuckerkurve (Zuckerbelastungsprobe) 10304.
Candela (R. B.) = Baguena Candela (R.).
Candela (R. R.) s. Candela (J. L. R.).
Candeli (A.) u. **Mariotti (G.)**, Chem. Zus. v. Escherichia coli in ihren verschied. Entw.-Phasen. 1. Mitt. Best. d. Asche 10059.
— u. **Sforzolini (G. S.)**, Fixier. d. F 8185.
— u. **Tarozzi (G.)**, Respirator. Aktivität d. Phasen „S" u. „R" v. Escherichia coli 10056.
Candillon (R.) u. **Schuh (H. A. J.)**, Elektrolyt. Verzinken 11286* F.
Candole (C. A. de) u. **McPhail (M. K.)**, Pentamethonium als Adjuvans für Atropin bei d. Therapie d. Paraoxonvergift. 10072.
Caneghem (P. van) u. **Spier (H. W.)**, In vitro-Studien über d. Hemm. d. Stierhodenhyaluronidase durch Farbstoffe, Arzneimittel u. physiol. Substanzen 11404.
Canellas (J.) s. Cazaux (P.).
Canfield (H. M.) s. Carborundum Co.
Canfield (J. H.) s. Noyce (D. S.).
Canfield (J. J.), Dünne Ni-Schicht u. ihre geeignete Kontrolle 11444.
Canham (R. G.) s. Bates (R. G.).
Canić (V. D.), Potentiometr. Unters. d. amphoteren Charakters d. Nicotinsäure 3587. — Löslichk. d. Fe in stark verd. Perchlorsäure 7392.
Canivez (R.) s. Lederer (J.).
Cañizo (J. del), Wüstenheuschrecke auf d. Kanar. Inseln 6372.
Cannac Research and Development Co. u. **Caldwell (P.)**, Aufschluß v. Rohphosphaten 6116* A.
Cannamela (D.) s. Cliffton (E. E.).
Cannavà (A.), Pressor. Wrkg. d. Adrenalins bei d. Anoxämie durch Methämoglobinbildende Pharmaka (p-Aminopropiophenon) 1544.
Canne (G. delle), Wärmeleitfähigkeitskoeffizienten d. beim Bau v. Wärmeaustauschern verwendeten Materialien 5864.
Cannemeyer (W.), **Thompson (J. R.)** u. **Lichtenstein (M. R.)**, Schwere p-Aminosalicylsäure-Hypersensibilität. Blut- u. Lymphknotenunterss. 7965.
Canneri (G.) u. **Cozzi (D.)**, Best. seltener Metalle in Zinkblende mit d. spektrograph. u. polarograph. Meth. 5141.
— u. **Marconi (M.)**, Indirekte Nachweis-Rk. für veresterte Öle 6646.

Canning (W.) & Co. Ltd. u. **Pope (G. A.),** Filterbeutel 6098* E.
— u. **Weisberg (L.),** Elektrolyt. Vernickelungsbad 11091* E.
Canninga (P.) s. O v e r b e e k (G. A.).
Cannon (C. G.), Dipolwechselwrkg. u. H-Bind. 9990.
Cannon (G. W.), Grebber (K. K.) u. **Hsu (Yun-Kung),** Neue Nitril-Rk. N-Cyclopentyl- u. N-Cyclohexylamide aus Nitrilen u. Halogeniden 557.
Cannon (John A.) s. W o l f (M. J.).
Cannon (Joseph A.), Zilch (K. T.), Burket (S. C.) u. **Dutton (H. J.),** Analyse d. Fettsäureoxydationsprodd. durch Gegenstromverteilungsmethoden. 4. Mitt. Methyllinoleat 5927.
—, **Zilch (K. T.)** u. **Dutton (H. J.),** Gegenstromverteil. d. Methylester höherer Fettsäuren 9992.
Cannon (J. G.) u. **Webster (G. L.),** N-Phenylureide einiger Diarylamidine aliphat. Säuren 8130.
Cannon (J. H.) s. C l a r k (P. W.).
Cannon (J. R.) u. **Gilson (A. R.),** Einfacher App. u. eine einfache Technik für d. präparative Papierelektrophorese 5856.
Cannon (M. C.) s. J o n e s (C. W.).
Cannon (P. R.), Frazier (L. E.) u. **Hughes (Randolph H.),** Fettemulss. als calor. Ergänzz. bei parenteraler Ernähr., bes. d. Aminosäurenausnutz. 6064.
Canody (L. J.), Harris jr. (T.) u. **Woodruff (J. F.),** Einfl. wechselnder Gehh. an Elementen in Stahl u. Gußeisen auf d. spektrale Intensität 1107.
Canonica (L.), Appunti di chimica organica dalle lezioni. Vol. I. Nuova edizione interamente rifatta [9582]. — s. B e r t o r e l l e (E.).
—, **Cardani (C.)** u. **Trave (R.),** Knoevenagel-Kondensat.; wasserabspaltende Wrkg. d. Salze einiger organ. Basen 8120.
Canova (F.), Atebrinbehandl. d. Leishmaniose d. Haut 9133. — Dass. v. Taenien 9139. — Aureomycin bei Amoebiasis intestinalis 9139.
Cantarow (A.) s. E p s t e i n (D.); R u p p (J. J.); R u t m a n (R. J.).
— u. **Schepartz (B.),** Biochemistry [608].
— u. **Trumper (M.),** Clinical biochemistry [11229].
Cantelmo (P.) u. **Cavallo (G.),** Fadenbldg. bei E. coli nach Trypaflavin u. ihre Hemm. durch Digitalisglykoside 9591.
Canter (F. C.) s. B o y e r (J. H.).
Canter (R.) s. G e n e r a l M o t o r s C o r p.
Cantero (A.) s. L a m i r a n d e (G. d e).
Cantição (A. do L.) = L a r m o C a n t i ç ã o (A. d o).
Cantino (E. C.), Nachw. eines Co-Faktors, d. an d. Fructoseverwert. d. Wasserpilzes Pythiogeton beteiligt ist 9824.
Cantle (G. S.) u. **El Din Aref (M. N.),** Wrkg. keram. Abschlußoberflächen auf d. Absorpt. strahlender Wärme v. Batterien wassergekühlter Rohre 4425.
Canto (A.), Papier zum Verpacken v. verderbl. Nahrungsmitteln 484* F.
Cantone (A.), Klärende Wrkg. d. Natriumheparins u. d. mit N.N'-Di-[α-methylbenzyl]-äthylendiamin verzögerten Heparins 4142. — Antilipäm. Wrkg. d. Na-Heparins u. Depotheparins 9600.
Cantoni (A.) u. **Feldman (J.),** Dampf-Flüssigkeits-Gleichgewichte. Binäres Syst. Nitromethan–Nitroäthan bei unteratmosphär. Druck 9527.
Cantor (A.) s. S h e l a n s k i (H. A.).
Cantor (S. M.) s. A m e r i c a n S u g a r R e f i n i n g C o.
Cantow (H. J.) s. S c h u l z (G. V.).
Cantrell (T. L.) s. G u l f O i l C o r p.
Cantwell (N. H.) u. **Brown (E. V.),** Hammick-Rk. 1970.
Cantzler (A.) s. B a d i s c h e A n i l i n - & S o d a - F a b r i k A k t. - G e s.
Canzanelli (A.) s. R a p p o r t (D.).
Cap (F.), Koppl. eines Dirac-Feldes mit Bosonen v. Spin *1* 4987. — Spinorrechn. u. ihre Anwend. in d. Theorie d. Elementarteilchen 9488.
Cap (P.) s. R o h r e r (R. H.).
Caparrini (P.), Gasspeis. d. Motoren v. Zugmaschinen 2110.
Capdecomme (L.), A. Duffour 8537.
— u. **Pulou (R.),** Therm. Differentialanalyse 4654. — Radioaktivität d. Phosphate v. Thiès (Senegal) 10222.
Cape (A. T.) s. C o a s t E d e l s t a h l w e r k e A k t. - G e s.
Cape (R. D. T.), Carruthers (E. P.), Robinson (H. S.), Palmer (R. A.) u. **McIntosh (H. W.),** Ansprechen d. Eosinopenie auf ACTH, d. in verschied. Abständen intravenös verabreicht wurde 9123.
Cape Asbestos Co. Ltd. u. **Gaze (R.),** Asbestplatten 8513* E.
Capel (L. H.) s. M i t c h e l l (R o g e r S.).
Capell (R. G.) s. G u l f R e s e a r c h & D e v e l o p m e n t C o.; K a r r jr. (C.); R i d e n o u r (W. P.); T e m p l i n (P. P.).
Capella Canals (F.), Zusätze zu weißen Zementen 4911.
Capitani (C.) u. **Gambelli (G.),** Schnellmeth. zur potentiometr. Best. v. Cyanamid u. Dicyandiamid u. zur getrennten Best. v. Harnstoff, Thioharnstoff, Melamin u. Guanidin in wss. Extrakten u. festen Prodd., d. bei d. techn. Herst. v. Dicyandiamid aus Calciumcyanamid anfallen 9159.
— u. **Milani (E.),** Best. d. Feuchtigkeitsgeh. in Gasen mit d. Karl-Fischer-Reagens 11642.
Caplan (D.) u. **Sereda (P. J.),** Prüf. v. Rissen in verzinkten, im Haushalt verwendeten Warmwasserbehältern 1136.
Caplan (J. D.) s. R o u n d s (F. G.).
Caplan (P. S.) s. M a r g o l i s (H. M.).
Caplan (R.) s. V a n d e r l a a n (W. P.).
Caplan (S.) s. H a r v e l C o r p.
Capo (B. G.) s. S a m u e l s (G.).
Capobianco (A.), Colucci (C. F.) u. **Rambaldi (M.),** Verh. d. Blutzuckers, d. Milchsäure- u. Brenztraubensäurespiegels bei chron. Amöbenruhr vor, während u. nach d. Behandl. mit Emetin 7031.
—, **Franciscis (G. de)** u. **Martinelli (V.),** Änderr. d. osmot. Resistenz d. Erythrocyten in vitro. 2. Mitt. Wrkg. v. Adrenalin, Acetylcholin u. Histamin 8190.
—, **Franciscis (G. de), Negro (L.)** u. **Rambaldi (M.),** Änderr. d. osmot. Resistenz d. Erythrocyten in vitro. 3. Mitt. Wrkg. einiger Vitamine d. B-Komplexes 8194.
—, **Franciscis (G. de)** u. **Polosa (P.),** Änderr. d. osmot. Resistenz d. Erythrocyten in vitro. 1. Mitt. Wrkg. v. Vitamin C u. K_1 8193.
Caporale (A.) s. D a u r i (A.).

Cappa (V.) s. Spisni (D.).
Cappellato (M.) s. Polettini (B.).
— u. **Perissinotto (B.)**, Wrkgg. d. Alloxaninjekt. in d. Ductus Wirsungianus. 1. Mitt. Beim n. Kaninchen 7019; 2. Mitt. Beim Kaninchen mit Pankreassklerose 7019.
Cappelle (A. E. F. van) s. Kramers (H.).
Cappelli (V.), Einfl. v. Corticosteroiden auf d. Fettresorpt. im Darm bei nebennierenlosen Ratten 4140.
— u. **Tacconi (L.)**, Wrkg. d. Nebennierenrindenhormone u. d. Sexualhormone auf d. Wasserdiurese nebennierenloser Ratten 4140.
Capper (K. R.), B. P. C. *1954* u. N. F. *1955* 10803.
Capps (J. D.) s. Neely (T. A.).
Capps (R. C.) s. Crumpton (C. W.).
Capps (W.) s. Shartsis (L.).
Capra (C.), Flavonverbb.; Unterss. an Drogen, Tinkturen u. Extrakten 6803.
Capraro (V.), Best. d. beim Stoffwechsel v. Kleintieren verbrauchten O_2 4861.
Capron (M. V. F.) s. Julius (A.).
Capron (P. C.) u. **Crèvecœur (E.)**, Austritt langsamer Neutronen aus einer wasserstoffhalt. Substanz 3300.
— u. **Oshima (Y.)**, Radiochemie d. Kernisomeren d. ^{80}Br in Bromoform im fl. Zustand u. in Tetrabromkohlenstoff im festen Zustand 5716.
Capuano (L.), Mohler-Rk. 10879.
Capus (J. M.) u. **Cockcroft (M. G.)**, Unters. d. Oberflächenverform. bei Metallbearbeitungsprozessen 11672.
Caputo (A.), Elektrophoret. Verh. v. Hyaluronidase 6049. — Hemmende Wrkg. d. Stickstofflostes auf d. aerobe Glykolyse überlebender Schnitte v. Rous-Sarkom u. humanen Mesenchymtumoren 7934. — s. Caselli (P.).
Caputto (R.) s. Paladini (A. C.).
Cara (J.) s. Bongiovanni (A. M.).
Carabasse (J.) s. Établissement Public: Houillères du Bassin du Nord & du Pas-de-Calais.
Carare (N.) s. Dorogan (D.).
Carassiti (V.), Elektrophoret. Unterss. über anorgan. Komplexe in Lsg. 1. Mitt. Anwend. d. Meth. d. bewegl. Grenze zur Mess. d. Ionenbeweglichk. einiger Komplexionen d. dreiwert. Co 1913. — Diffusionsvermögen einer Penicillin–Pektin-Misch. in wss. Lsg. 11632.
— u. **Claudi (M.)**, Technik d. isolierten Herzens bei d. Unters. d. Aktivität d. Ca-Ions in Mineralwässern 10792.
— u. **Fabbri (G.)**, Bettibase (β-Naphtholbenzylamin) im infraroten Spektralbereich 9525.
Caravati (C. M.) s. Plummer (K.).
Carayon-Gentil (A.) u. **Thoai (N.-Van)**, Gewinn. v. gemischten Anhydriden zwischen Orthophosphorsäure u. Aminosäuren 1485.
Carballeira (A.), **Elrick (H.)**, **Mackenzie (K. R.)** u. **Browne (J. S. L.)**, Wrkgg. einer einzelnen intravenösen Injekt. v. Hypophysenwachstumshormon beim gesunden Erwachsenen 1542.
Carberry (P. C.) s. Foldes (F. F.).
Carbide & Carbon Chemicals Corp., Ester aliphat. Polyoxyalkylenglykolmonoäther 3536* E.
— u. **Johnston (F.)** di-veresterte Phosphonsäurederivv. aliphat. u. aromat. Monocarbonsäuren 7785* Schwed.
Carbide & Carbon Chemicals Corp., **Rugeley (E. W.)**, **Feild jr. (T. A.)** u. **Petrokubi (J. L.)**, Künstl. Textilfasern 2335* Schwed.
Carbo Jofra (L.) s. Bravo Rey (A.).
Carbon (J. A.) s. Fosdick (L. S.).
Carbon G. m. b. H. & Co. K. G., **Chemische Fabrik** u. **Leinisch (G.)**, Aufarbeit. xylosehalt. Mutterlaugen 5921* D. B.
Carbone (E.), Einfl. v. Futterpflanzen auf d. Käsebldg. 1402.
Carboni (P.), Avivageeffekt d. Seide in Abhängigk. v. d. Entbast. 1876. — Best. d. Wasserhärte 2978. — Metodi dell'analisi qualitativa per via secca. Materiali, reattivi, saggi generali: al tubicino, alla fiamma, alla perla, al carbone, fusioni [5617]. — I reattivi organici. Teoria impiego in analisi qualitativa [6356]. — Analisi quantitativa inorganica. Procedimenti ponderali, metodi volumetrici, applicazioni pratiche [8225].
Carboni (R. A.) s. Pfizer (C.) & Co., Inc.; Roberts (J. D.).
Carborundum Co., Schleifmittel 2051* E., 6596* E. — Feuerfeste Körper 6828* E.
— u. **Abbey (A.)**, Feuerfeste Isolierkörper 2983* E.
—, **Foss (C. W.)** u. **Buell (H. W.)**, Imprägnieren v. Papier für wasserbeständ. Sandpapier 2102* A.
— u. **Goepfert (G. J.)**, W.-festes Schleifpapier 9883* F.
—, **Goepfert (G. J.)** u. **Canfield (H. M.)**, Klebeband 7821* A.
—, **Goepfert (G. J.)** u. **Robie (N. P.)**, Schleifmasse 2752* Schwed.
— u. **Nicholson (K. C.)**, Feuerfeste Körper 6367* D. B., 8472* A.
— u. **Thomas jr. (James A.)**, Schleifscheibe 9883* Can.
—, **Wooddell (C. E.)**, **Nimwegen (G. van)** u. **Hager (E. T.)**, Schleifmittel 2752* A.
Carbouères (M.) s. André (É.).
Carcoran (A. C.) s. Taylor (R. D.).
Card (W. I.) s. Truelove (S. C.).
Cardani (C.), $\beta.\beta$-Dimethylvinylarylketone u. Derivv. davon. 1. Mitt. Spalt. mit $AlCl_3$ 9076. — s. Canonica (L.); Grünanger (P.); Quilico (A.).
Cardew (C. V.), Seifen aus Fettsäuren u. aus Neutralfetten 6879.
Cardeza (A. F.) s. Houssay (B. A.).
Cardillo (T. E.), **Mullin (E. W.)**, **Schiffer (L. M.)** u. **Lyons (R. H.)**, Anwend. eines Kohlensäureanhydrataseinhibitors als orales Diureticum 5843.
Cardini (C. E.) s. Paladini (A. C.).
Cardon (B. P.) s. Dohner (P. M.).
Cardon (S. Z.) s. Horizons Titanium Corp.
Cardona (S.) s. Rius (A.).
Cardona Fernández del Valle (S.) s. Marin Górriz (A.).
Cardone (M. J.) u. **Compton (J. W.)**, Bichromatoxydat. v. Diäthylenglykol 10099.
Cardoso do Vale (J.) s. Fernandes Costa (A.).
Cardox Corp., **Williamson (H. V.)** u. **Hampel (C. A.)**, Nichtexplosibles Chlordioxydhydrat 6363* A.
Cardwell (A. B.), Photoelektr. Unterss. an Fe 9255.
Cardwell (H. M. E.) u. **Smith (Sydney)**, Digitalisglykoside. 7. Mitt. Struktur d. Digitalisanhydrogenine u. Orientier. d. Oxygruppen im Digoxigenin u. Gitoxigenin 8393.

Cardwell (M. M.) s. Standard Oil Development Co.
Cardwell (P. H.), Feinstruktur u. Korrosionsneig. v. Stahl in HCl-Lsgg. mit Inhibitorzusatz 3478.
Careddu (P.) s. Chessa-Perle (E.).
Caren (R. P.) u. **Nielsen (C. E.)**, NH_3 u. W. verwendende Dampfexpansionskammer. 2. Mitt. 2358.
Careri (G.) s. Boato (C.); Mayer (J. E.).
—, **Paoletti (A.)** u. **Salvetti (F. L.)**, Selbstdiffus. in fl. In 35.
Caresani (R.), Beseitig. d. stat. Elektrizität aus Geweben 5454.
Caretto jr. (A. A.) u. **Wiig (E. O.)**, Kryptonisotop mit Neutronenmangel 5236.
Carey (C. H.) s. Atlas Powder Co.
Carey (P.) Mfg. Co., **Fasold (G. A.)** u. **Greider (H. W.)**, Bituminöse Misch. 4010* A.
— u. **Groskopf (E. O.)**, Schallisolierende Schichtstoffe 2279* A.
Carey (R. H.), Mechan. Eigg. v. Polyäthylen 1388.
Carey (W. G.), Abwasser, Flußverunreinig. u. industrielle Abwässer 9166.
Cargnelli (R.), Oxyuriasis, ihre alte u. neue Behandl. 10806.
Carington (C. M.) s. K. L. G. Sparkling Plugs Ltd.
Carini (S.) s. Hausmann (G.).
Cario (G.), **Euler (J.)** u. **Fricke (H.)**, Unters. d. opt. Eigg. farb. Kaliumchloratkristalle 11499.
— u. **Stille (U.)**, Anreg. u. zeitl. Verlauf d. „Nordlichtnachleuchtens" in N_2 1668. — Höhenbest. d. Na-Dämmerungsleuchtens 7146.
Carkeek (C. R.) s. Texaco Development Corp.; Texas Co.
Carl (E.) s. Marquardt (P.).
Carl (H. F.) s. Campbell (William Joseph).
—, **Jaffe (H. W.)** u. **Hockman (A.)**, Bewert. natürl. Korunderze 2988.
Carl (J.), Dämpf. d. Rohmaterials u. Maischeführ. in Brennereien 1160* D. B.
Carla Gewürz-Fabrik K. F. Baumann, Wursthülle 7341* F.
Carlander (O.) s. Hedvall (J. A.).
Carlen (C. A.) u. **Wigfors (N.)**, Poröse künstl. Bausteine 8236* Can.
Carles (J.) s. Lascombes (S.).
—, **Soubiès (L.)**, **Gadet (R.)** u. **Maury (P.)**, Saccharose u. Maishybriden 9824.
Carleton (R. H.), Physics for the new age [970]. — Chemistry for the new age [970]. — Chemistry activities [970].
Carli (F. De), Technolog. Betrachtt. über d. gegenwärt. Stand auf d. Gebiet d. feuerfesten Materialien 1120.
Carli (G.) s. Susplugas (J.).
Carli (L. de), Empfindlichkeitsbest. gegen Erythromycin u. seine Kombinat. mit anderen Antibioticis 10295.
Carlick (D. J.) s. Interchemical Corp.
Carlin (R. B.) u. **Heininger (S. A.)**, Benzidinumlager. 6. Mitt. Umlager. v. 3.3'.5.5'-Tetrafluorhydrazobenzol in 2 : 1-Schwefelsäure 8609.
— u. **Odioso (R.)**, Benzidinumlager. 4. Mitt. Kinetik d. Umlager. v. o-Hydrazotoluol 2634; 5. Mitt. Kinetik d. Umlager. v. m-Hydrazotoluol 2635.
— u. **Swakon (E. A.)**, Anomale Ullman-Rkk.; unsymm. Kuppl. d. 2.6-Dibrom-4-nitrojodbenzols 5530.
Carlisle (C. H.) s. Bernal (J. D.).
Carlisle (D. B.), Effekt lactogener Hormone v. Säugetieren auf niedere Chordaten 10549.
Carlo (F. J. Di), **Schultz (A. S.)** u. **Kent (A. M.)**, Mechanismus d. Allantoinkatabolismus bei Hefe 10775.
Carlo Erba S. p. A., d-threo-1-(p-Nitrophenyl)-2-dichloracetaminopropandiol-(1.3) 7086* Dän.
Carlone (R.), Prüff. über d. Wirksamk. einiger plast. Materialien zur Verringer. d. Gewichtsverlustes während d. Lager. v. Äpfeln 5677.
Carloni (L.) s. Rotini (O. T.).
Carlos Espector (J.), Best. d. synthet. Reinigungsmittel. Mechanismus u. Mess. d. Benetzungsvermögens 1638.
Carlos Radice (J.) s. Pierangeli (E.).
Carlos Rey (J.) u. **Rubinstein (P.)**, Behandl. d. Lungentuberkulose mit einem Salz aus Isonicotinoylbrenztraubensäurehydrazon u. Dihydrostreptomycin 3427.
—, **Rubinstein (P.)** u. **Cetrángolo (A.)**, Klin. u. bakteriolog. Unterss. mit d. Salz aus Isonicotinoylbrenztraubensäurehydrazon u. Dihydrostreptomycin 3427.
Carlozzi (M.) s. Wright (W. A.).
Carls (H.), Hormone im Moor 6067. — Gegenwärtiger Stand d. Huminsäureforsch. 7689.
Carlsen (H.) s. Precht (H.).
Carlsen (T.), Anforderungen an d. idealen lichtschützenden Behälter u. Möglichkeiten ihrer Erfüll. 6078. — Reproduzierbark. d. Gewichts eines Glasbehälters. 1. Mitt. Experimenteller Teil 11054.
Carlsmith (A.) s. Mosher (H. S.).
Carlson (A. E.), Anwendd. v. substituierten Harnstoffherbiciden 3465.
Carlson (A. J.) u. **Brewer (N. R.)**, Toxizität d. Hydrochinons 3425.
Carlson (B.) s. Ericson (L.-E.).
Carlson (B. C.), Period. Ellipse d. Gleich. für starke Fokussier. 1199. — s. Rohrlich (F.); Talmi (I.).
Carlson (C.) s. Gryder (R. M.).
Carlson (C. O.), **Norberg (R. W.)**, **Joseph (S. I.)** u. **Denson (J. S.)**, Klin. Auswert. v. Succinylcholin bei *1000* narkotisierten Patienten 3192.
Carlson (C. R.) s. Matheson (W. E.).
Carlson (C. S.) s. Standard Oil Development Co.
Carlson (C. W.) s. Wilcox (R. A.).
—, **Guenthner (E.)**, **Kohlmeyer (W.)** u. **Olson (O. E.)**, Wrkgg. v. Se, As-Verbb. u. Vitamin B_{12} auf d. Kükenwachstum 5352.
—, **Jones (D. G.)**, **Kohlmeyer (W.)** u. **Moxon (A. L.)**, Wrkgg. v. Vitamin B_{12} u. Aureomycin auf d. reproduktive Leist. v. Truthühnern 7483.
Carlson (E. C.) s. Lange (W. H.).
Carlson (E. J.) s. Gilbert (E. E.).
Carlson (E. R.) s. Gerstein (M.).
Carlson (E. T.), **Wells (L. S.)**, **Sullivan (Barbara)**, **Ugrinic (G. M.)**, **Newman (E. S.)** u. **Chaconas (T. J.)**, Hydrothermale Darst. einiger Sr-Silicate 9278.
Carlson (J. B.), Cytohistolog. Rkk. v. Pflanzenmeristemen auf Maleinsäurehydrazid 7461.
Carlson (J. C.) s. Spellman (M. W.).
Carlson (G. F.) s. Altshuler (S.).
Carlson (L. A.), Elektrophoret. Unterss. v. Serumlipoproteinen. 1. Mitt. Beschreib. v. App. u. Technik für ihre Trenn. im Stärkemedium 4177.

Carlson (L. D.) s. Bodine (J. H.).
Carlson (L. J.) s. Rayonier, Inc.; Wamzonek (S.).
Carlson (O. N.) s. United States Atomic Energy Commission.
Carlson (R. F.), Grigsby (B. H.) u. **Carolus (R. L.)**, Unkrautbekämpf. in Spargelkulturen mit CMU (3-[p-Chlorphenyl]-1.1-dimethylharnstoff) 2282.
Carlson (R. O.) s. Lee (C. A.).
Carlson (R. R.) s. Nelson (E. B.).
—, Geer (E. H.) u. **Nelson (E. B.)**, Scintillationszählerunters. v. γ-Strahlen aus d. Protoneneinfang in Na 10188.
— u. **Nelson (E. B.)**, Einfang-Strahlen aus d. 315 keV-Protonenbeschuß v. ⁹Be 2355.
Carlson (S.), Einfl. niederer Wechselströme auf d. enzymat. Tätigk. v. Sproßpilzen unter aeroben Kulturbedingungen 8650. — s. Thomsen (G.).
Carlson (W. W.) s. Holley (H. L.).
—, Rosano (C. L.) u. **Whiteside-Carlson (V.)**, Dextransaccharase v. Leuconostoc dextranicum 8884.
Carlsson (G.), Druckpapier im Lichte neuerer Forschungsarbeiten 249; 6166.
Carlsson (O.), Lebensdauer v. mit Bentonit gebundenen Formmassen 7068. — s. Lissell (E. O.).
Carlsson (S.) s. Aktiebolaget Recip.
Carlston (E. F.) s. California Research Corp.
Carlston (R. C.) s. Kraus (K. A.).
Carlström (C. G.), Techn. Fortschritte u. wirtschaftl. Gesichtspunkte bei d. Durchstrahl. mit Gamma-Strahlen 1364.
Carlström (D.), Mikrohärtemessungen an einzelnen Havers-Systemen im Knochen 4382.
Carlton (A. C.), Pt 3785.
Carlton (J. K.), Extraktionspipette für Tüpfelanalysen 10817. — s. Le Rosen (A. L.).
— u. **Bradbury (W. C.)**, Best. v. Bi mit Dithizon in geschmolzenem Naphthalin 6352. — Gemischte Adsorptionsmittel bei d. chromatograph. Trenn. v. organ. Verbb. 9053.
Carlton (S. S.) s. Horizons Titanium Corp.; Steinberg (M. A.).
Carlton Corp., Sattler (G.) u. **Sattler (B.)**, Injizierbare Lsg. organ. Ca-Verbb. 7270* A.
Carmack (M.) s. Fehnel (E. A.).
Carman (C. M.), Armiento (D. F.) u. **Markus (H.)**, Best. d. Härtbark. unter Warmbadhärtungsbedingungen 10125.
Carman (G. E.) s. Bartholomew (E. T.); Gunther (F. A.).
Carman (J. N.), Stello (P. E.) u. **Bittmann (C. A.)**, Nachwachsen v. Si durch eine niedrigschmelzende Zone d. Si–Au-Eutektikums 994.
Carman (P. C.) u. **Raal (F. A.)**, Kinetik d. Sorpt. durch poröse feste Stoffe 2371.
Carman (P. E.) s. Barr (F. S.).
Carmichael (E.) s. Allmark (M. G.).
Carmichael (E. S.), Schmierfette 11312.
Carmichael (L. T.), Sage (B. H.) u. **Lacey (W. N.)**, Phasengleichgewichte bei KW-stoff-Systemen. Volumetr. Verh. d. n-Nonans 547.
Carmina (R.), Al 2524.
Carminati (G. M.), Spezif. spermicide u. antiprotozoide Wrkg. v. einigen Antibioticis 2226.
Carminati (V.) u. **Chirico (M.)**, Wrkg. einiger im Gesteinsstaub enthaltenen Substanzen aus d. Bindegewebe bei allein. Anwend. u. in Verb. mit 3.4-Benzpyren. 1. Mitt. Kieselsäureanhydrid; 2. Mitt. Strontiumsulfat u. Calciumcarbonat 11594.
Carnahan (J. E.) s. Du Pont de Nemours (E. I.) & Co.
Carnahan (R. E.) s. Pfizer (C.) & Co., Inc.; Snyder (H. R.).
Carnaut (B.) s. Nedey (G.); Wexler (J.).
Carneiro (L. A. M.) = Moreira Carneiro (L. A.).
Carnell (P. H.) s. Phillips Petroleum Co.
Carneri (I. de) s. Ceriotti (G.).
Carnes (J. J.) s. American Cyanamid Co.
Carnevali (F.), Meteorit v. Vera; Meteorite 10945.
Carney (D. J.) s. Seabrook (J. B.).
—, Chipman (J.) u. **Grant (N. J.)**, Sn-Schmelzmeth. zur Best. d. H_2 im Stahl 7740.
— u. **Janulionis (A. D.)**, Abschreckkonstante H 7540.
Carney (R. G.), Nylon als Ursache v. Dermatitis bei einem Patienten mit vasospast. Krankh. 5595.
Carney (T. P.) s. Lilly (E.) & Co.
Carniglia (S. C.) u. **Cunningham (B. B.)**, Dampfdrucke v. Americiumtrifluorid u. Plutoniumtrifluorid, Sublimationswärmen u. freie Sublimationsenergien 11165.
Caro (L. G. de) s. Casella (C.).
Caro (R. A.), Calhoun jr. (J. C.) u. **Nielsen (R. F.)**, Verss. mit oberflächenakt. Stoffen zur Erhöh. d. Ölausbeute 5220.
Caro (S. di), Antisept. Wrkg. d. Na-Salzes d. Dehydracetsäure 11453. — s. Radoni (R.).
Carobbi (G.) u. **Cipriani (C.)**, Ralstonit u. Natriumhydrogensulfat (Matteuccit) in d. Prodd. d. Fumarolen d. Vesuvs 3821.
Carol (J.) s. Banes (D.).
— u. **Sterling (A. G.)**, Leicht zu reinigende Infrarotabsorptionszelle 7044.
Carolan (R. J.), Analyse v. Zuckerrüben u. dgl. mit d. Flammenphotometer nach Beckman 3753. — Beurteil. d. Erschöpf. v. Rübenmelassen 4473.
Carolus (R. L.) s. Carlson (R. F.).
Carome (E. F.), Theorie d. Photozertrümmer. v. ⁶Li. 1. Mitt. 4990.
Caron (J. B. R.) s. Shell Development Co.
Caron (M.) s. Cristol (P.); Fourcade (J.).
Caron (M. H.), Anwend. d. NH_3-Auslaugeverf. 1599.
Caronna (G.) u. **Bellomonte (G.)**, Darst. einiger Isonicotinsäurehydrazidderivv. 351.
— u. **Palazzo (S.)**, Rkk. mit Stickstoffwasserstoffsäure in schwefelsaurer Lsg. 13. Mitt. Verh. einiger Anthrachinonderivv. 3131. — Rkk. mit Formamid. 1. Mitt. Mechanismus d. Rk. mit o-Benzoylbenzoesäure u. deren Derivv. 3832.
Carosella (M. C.) s. Electric Furnace Products Co. Ltd.
Caroselli (N. E.) s. Bartlett (F. A.) Tree Expert Co.
Caroselli (R. F.), Ausrüsten, Färben u. Drucken v. Dekorationsgeweben aus Glas 7581.
Carothers (E. L.) s. Hahn (P. F.).
Carothers (W. H.) s. VEB Film- und Chemiefaserwerk Agfa Wolfen.
— u. **Peters (F. T.)**, Herst. v. mehrschicht., steifen Stoffen unter Verwend. v. faserbildenden linearen Polyamiden als Bindemittel 7117* D. [DDR].
Carozzi (L.), Malattie causate dai derivati alogenati, nitrici, solfonici degli idrocarburi benzenici e dei fenoli [4641]. — Malattie

causate da radio, raggi X e sostante radioattive [4641].
Carpéni (G.), Haladjian (J.) u. **Double (G.)**, Thermogravimetr. Unters. d. sauren Salzes 10952.
— u. **Michel (M.)**, Isohydr. Punkt u. Struktur d. wss. konz. Lsgg.: Phenylessigsäure 5272.
Carpenter (A. S.) s. Courtaulds Ltd.
Carpenter (A. W.), Fortschritt in d. Wirkwarenfärberei 6625.
Carpenter (C. Le R.) s. Colgate-Palmolive-Peet Co.
Carpenter (C. P.) s. Weil (C. S.).
—, **Weil (C. S.), Pozzani (U. C.)** u. **Smyth jr. (H. F.)**, Akute u. subakute Toxizität v. Cyclethrin 4150.
—, **Weil (C. S.)** u. **Smyth jr. (H. F.)**, Chron. orale Vergift. v. Ratten, Schweinen u. Hunden durch Bis-[2-äthylhexyl]-phthalat 7719.
Carpenter (D. K.) s. Krigbaum (W. R.).
Carpenter (D. L.), Entflammbark. v. Kohlenstaub 1176.
Carpenter (E.) s. Soffer (L. M.).
Carpenter (E. L.) s. American Cyanamid Co.
Carpenter (G.), Schall- u. wärmeisolierende M. 2514* E.
Carpenter (G. B.) s. Air Reduction Co., Inc.
Carpenter (J. E.) s. American Cyanamid Co.
Carpenter (K.) s. May & Baker Ltd.
Carpenter (K. J.) u. **Duckworth (J.)**, Wirtschaftlichk. bei d. Verwend. tier. Abfallprodd. im Geflügelfutter. 1. Mitt. Vitamin- u. Aminosäureversorg. für geschlüpfte u. wachsende Küken 3184.
Carpenter (L. G.), Eigg. v. Na u. K in d. Nähe ihrer FF. 6924.
Carpenter (L. L.) s. Union Carbide & Carbon Corp.
Carpenter (M. S.) u. **Easter (W. M.)**, Nitromoschusstoffe. 3. Mitt. Asymm. Moschusstoffe d. Dinitro-tert.-butyl-m-xylolreihe 3843; 4. Mitt. Verschied. Verss. 3844.
Carpenter (R. O'B.), Photoelast. Konstanten v. prim. Ammoniumphosphat u. prim. Kaliumphosphat 4759.
— u. **White (J. U.)**, Doppelstrahldensitometer u. Komparator 2734.
Carpenter (S.) s. Maienthal (M.).
Carpenter (W. J.) u. **Watson (D. P.)**, Wrkg. v. Maiskolbenmulchen u. eingearbeiteten Bodenmischungen auf d. physikal. u. chem. Eigg. d. Bodens 3464.
Carpenter Steel Co., Post (C. B.) u. **Schoffstall (D. G.)**, Ni-Legierr. 10854* E.
Carpentier (S.), Morpholog. u. cytolog. Unters. d. Wrkg. fungicider bzw. insekticider Substanzen auf d. Wachstum v. Arachispflänzchen 3893.
Carper (E. R.), Reinigungs- u. Poliermittel für harte Oberflächen 11709.
Carr (A. J.) s. Maienthal (M.).
Carr (A. L.), Härte u. Zugfestigk. v. sphärolith. Graugußeisen 7537.
Carr (C. I.) s. Ewart (R. H.).
Carr (C. W.), Bind. kleiner Ionen in Proteinlsgg. mittels Membranelektroden. 1. Mitt. Bind. d. Chloridions u. a. anorgan. Ionen in Lsgg. v. Serumalbumin 1291; 2. Mitt. Bind. v. Calciumionen in Lsgg. v. Rinderserumalbumin 1291.
Carr (D. R.), Harris (S. O.) u. **Broecker (W. S.)**, ^{14}C-Konz. in neuem C 8337.
Carr (D. S.) u. **Bonilla (C. F.)**, Thermogalvan. Potentiale. 2. Mitt. Ni in neutraler Sulfatlsg. 10198.
Carr (E. F.) u. **Spence (R. D.)**, Einfl. eines magnet. Feldes auf d. Mikrowellen-DK. eines fl. Kristalls 9972.
Carr (E. L.) s. Firestone Tire & Rubber Co.
Carr (E. M.) s. Meehan (E. J.).
Carr (E. P.) s. Semenow (D.).
Carr (G. F.), Neufundland-Flußspat 3820.
Carr (H. Y.) u. **Purcell (E. M.)**, Einfl. d. Diffus. auf d. freie Präzess. bei kernmagnet. Resonanzverss. 4282.
Carr (N. L.), Kobayashi (R.) u. **Burrows (D. B.)**, Viscosität v. KW-stoff-Gasen unter Druck 7353.
Carr (R. B.), Akute Psychose nach Inhalier. v. Methylamphetamin 9612.
Carr (T.) s. Grainger (H. S.).
Carr (W.), Dispersionsfragen neuzeitl. Lsgg. 5664. — Opt. Aufheller 8060. — Hilfsstoffe für d. Papierindustrie 10409.
Carrano (S. A.) s. Stocker (O. A.).
Carrante (V.), Strusi (A.) u. **Donno (S. De)**, Ölgewinnungsverss. Campagne *1951—52* 479.
Carranza jr. (F. A.) = Alberto Carranza jr. (F.).
Carrara (G.), Elektrolyt. Best. d. Ga in Al d. ersten u. zweiten Schmelzens 10823.
Carrara (Gino) s. Lepetit S. p. A.
—, **Chiancone (F. M.), D-Amato (V.), Ginoulhiac (E.), Martinuzzi (C.), Teotino (U. M.)** u. **Visconti (N.)**, Antituberkulöse Aktivität d. Hydrazide 3649.
Carrasco (A.) s. Soler (A.).
Carrelli (A.) u. **Branca (G.)**, Druckwelle in Fll. 6464.
— u. **Cennamo (F.)**, Vol.-Viscosität. 1. Mitt. 2844.
— u. **Porreca (F.)**, Zurückbleibende Ultraschallgitter nach d. Abstellen d. Ultraschallwellen. 2. Mitt. 7851; 3. Mitt. 7851.
Carrera (D.) s. Imbriano (A. E.).
Carrera (J. L.) = Luis Carrera (J.).
Carreras Matas (L.), Polymorphismus d. Atropinpikrats 6485.
Carrère (L.) u. **Roux (J.)**, Phosphataseaktivität v. Staphylokokken 3891.
Carretta (U.), Hyperthermale Wasser d. Euganeen 8812. — Analyse d. W. v. Plose (Brixen) 10703.
Carriche (A. M.) = Mendiguchía Carriche (A.).
Carrié (C.), Berufl. Schädig. durch ^{60}Co 3915.
— u. **Kalthoff (E.)**, Schutzpflaster zur Fernhalt. v. Röntgenstrahlen 3905.
Carrier (E. W.) s. Standard Oil Development Co.
Carrière (G.), Isocyanate 1603. — Na, C, N. NaCN — Na_2CN_2 — NaC_2N_3 — $Na_2C_3N_2$— NaC_4N_3 2068. — Methacrolein 2296. — Tetrahydrophthalsäureanhydrid 2296. — Arylbiguanide 2296. — Hydroxylamin 2978. — Acrylamid 6385.
Carrington (H. C.), Crowther (A. F.) u. **Stacey (G. J.)**, Synthet. Antimalariamittel. 49. Mitt. Struktur u. Synth. d. Dihydrotriazinstoffwechselprod. v. Proguanil 5781.
Carrington (W. E.), Auftreten v. Lamellen im Cr 9656. — s. Allen (N. P.).
Carritt (D. E.), Abtrenn. u. Konzentrier. v. Spurenmetallen aus natürl. Wässern. Verteilungschromatograph. Verf. 4907. — s. Goodgal (S.); Snodgrass (J. M.).

Carro-Cao (G.), Lezioni di tecnologie dei materiali metallici. Parte II: Proprietà caratteristiche dei materiali metallici e loro determinazioni [4452].
Carroll (B.) u. **Dyk (J. W. van)**, Durch Kongorot angezeigte Hydrolyse v. Stärke 3395.
Carroll (B. H.) s. Eastman Kodak Co.; Kodak Akt.-Ges.
Carroll (D. W.) s. Henze (H. R.).
Carroll (E. J.) u. **Hungate (R. E.)**, Größe d. durch Mikroben geleisteten Fermentat. im Rumen 1999.
Carroll (F.) s. Davenport (J. E.).
Carroll (G.) u. **Brennan (R. V.)**, Furadantin 1782.
Carroll (J. D.) s. Joiner (C. L.).
Carroll (J. W.) s. Pennsylvania Salt Mfg. Co.
Carroll (M. F.) s. Boake A. Roberts & Co. Ltd.
— u. **Bader (A. R.)**, Rk. v. Diketen mit Ketonen 1944, 4349.
Carroll (P. E.), Kontaktelektrisier. in einem Metall–Metall-Syst. 2. Mitt. Ergebnisse für Hg–Stahl 4999.
Carroll (P. K.) u. **Sayers (N. D.)**, Bandenspektr. v. N_2: Neue Unterss. an d. Triplettsystemen 2359.
Carroll (R. H.) s. Winthrop-Stearns, Inc.
Carroll-Porczynski (C. Z.), Best. v. Cellulosebestandteilen in Asbest u. Asbest–Glas-Textilien 8291.
Carruthers (C.) u. **Suntzeff (V.)**, Biochemie u. Physiologie d. Epidermis 7717.
Carruthers (E. P.) s. Cape (R. D. T.).
Carruthers (M. E.) s. Armco Steel Corp.
Carruthers (R. C.) s. Roberts (C. S.).
Carruthers (W.), Friedel-Crafts-Acetylier. d. Chrysens 6275.
— u. **Cook (J. W.)**, Bestandteile d. hochsd. Erdöldestillate. 1. Mitt. Einleitende Unterss. 8372.
Carson (C. M.) s. Wingfoot Corp.
Carson (J. F.) s. United States of America.
Carson (J. R.), **Eaton (R. D.)** u. **Luginbuhl (R. E.)**, Wrkg. v. Injektt. einer Ölsuspens. v. Terramycin auf Eiprodukt. u. Eiqualität bei Hennen mit chron. Respirationserkrankung 141.
Carson (O. A.), **O'Dette (J. H.)** u. **Smith (C. F.)**, Eigg. einiger Al-reicher Spritzgußlegierr. auf Zn-Basis 3239.
Carson (S. F.) s. Delwiche (E. A.).
Carson (T.) s. Bright (N. F. H.).
Carson (T. R.), Schwingungs- u. Rotationsanreg. v. mol. H_2 bei Elektronenstoß 6212.
Carson (W. D.) s. General Motors Corp.
Carson jr. (W. N.), **Michelson (C. E.)** u. **Koyama (K.)**, Salzbrücken aus porösem Glas u. Ionenaustauschermembranen 6811.
Carstens (E.) u. **Haack (E.)**, Antiepilept. wirkendes 3.5.5-Trialkyloxazolidin-2.4-dion 3439* D. [DDR].
Carstensen s. American Cyanamid Co.
Carstensen (G.), Phenolsulfonphthaleinausscheid. als Nierenfunktionsprüf. in d. Chirurgie 8902.
Carswell (T. S.) s. Monsanto Chemical Co.; Nason (H. K.).
Carte (A. E.), Wärmeströmung in d. Freistaaten Transvaal u. Oranje 7167.
Carter (A. B.), **Hebert (C. L.)**, **Wald (W. S. De)** u. **Talley (A. W.)**, Wiederholtes Erhitzen unter Druck v. Arzneimitteln für d. Spinalanästhesie 3917.
Carter (D. E.) u. **Givens (M. P.)**, Absorpt. weicher Röntgenstrahlen durch Fe u. Fe_2O_2 511.
Carter (G. F.) s. Templeton (D. H.).
Carter (H. D.), Metallcarbide, ihre Geschichte, Herst., Eigg. u. Anwendd. 3460.
Carter (H. E.) s. Celmer (W. D.); Proštenik (M.); Rivard (D. E.).
— u. **Shapiro (D.)**, Konfigurat. d. Dihydrosphingosins 8362.
Carter (J. C.) s. Schenck (N. C.).
Carter (J. E.) s. Mond Nickel Co. Ltd.
Carter (J. L.) u. **Krumhansl (J. A.)**, Bänderstruktur d. Graphits 5001.
Carter (J. M.) s. United States Atomic Energy Commission.
Carter (K. N.) s. Pearson (D. E.).
Carter (M.), Schwammkautschukherst. 10396* A.
Carter (M. K.) s. Greig (M. E.).
Carter (N. C.) s. Phillips Petroleum Co.
Carter (P. R.), Analyt. Anwendd. d. Hydrolysekinetik einiger organ. Phosphorsäureinsekticide 5401.
Carter (P. T.) s. Bell (H. B.).
Carter (R. E.) s. Brennan (J. T.).
Carter (R. H.) s. Ely (R. E.).
—, **Nelson (R. H.)** u. **Gersdorff (W. A.)**, Best. v. organ. gebundenem Cl als Maßstab für Insekticidrückstände in landwirtschaftl. Prodd. 11669.
Carter (R. J.) s. Imperial Chemical Industries Ltd.
Carter (R. S.) s. Palevsky (H.); Pilcher (V. E.).
— u. **Harvey (J. A.)**, Parameter v. Neutronenresonanzen in Cs, In, Sn u. Pr 3790.
—, **Harvey (J. A.)**, **Hughes (D. J.)** u. **Pilcher V. E.)**, Verhältnis $\overline{\Gamma_n^0}/\overline{D}$ für Resonanzen langsamer Neutronen 11325.
—, **Palevsky (H.)**, **Myers (V. W.)** u. **Hughes (D. J.)**, Absorptionsquerschnitte v. B u. Au für therm. Neutronen 1662.
Carter (S. F.), Amerikan. Erfahrr. mit bas. Kupolschmelzöfen 11669.
Carteret (Y.) s. Imelik (B.).
Cartier (R.) s. Jacob (P.).
Cartledge (G. H.), Bis-pentandiondiaquomangan(III)-Verbb. 5501.
Carton (C. A.) u. **Liebig (C. S.)**, Behandl. d. Cryptokokkeninfekt. d. zentralen Nervensyst. 4150.
Carton (E.) s. Conway (E. J.).
Carton (J.) s. Hirtz (G.).
Cartwright (D.), **Green (L. L.)** u. **Willmott (J. C.)**, Winkelverteilungen d. α-Teilchen aus d. Rk. $^{14}N(d, \alpha)$ bei niedrigen Beschußenergien 4753.
Cartwright (G. E.) s. Fessas (P.); Jensen (W. N.); Wintrobe (M. M.).
Cartwright (L. C.), **Snell (C. T.)** u. **Kelley (P. H.)**, Organolept. Juryprüfungen als Untersuchungsmeth. 10879.
Cartwright (W. F.) s. Oxley (C. L.).
Caruthers (N. M.) s. Stanolind Oil & Gas Co.
Carvajal (F.), Fluvomycin: Gegen pathogene Bakterien u. Pilze wirksames Antibioticum 615. — s. Farbenfabriken Bayer Akt.-Ges.

Carvalho (H. G. de), Totale Wirkungsquerschnitte v. *208* u. *315* MeV-Protonen, für leichte Elemente 11488. — Marshall (J.).
—, **Heiberg (E.), Marshall (J.)** u. **Marshall (L.),** Polarisat. durch Proton–Proton-Zusammenstoß bei *439* MeV 8076.
Carvalho (S. de), Bedeut. d. Kernhämoglobins auf Grund mikrophotometr. Messungen bei *4150* Å 1546.
Carvalho da Silva (A.) s. Fried (R.).
Carven (R. L.) s. Du Pont de Nemours (E. I.) & Co.
Carver jr. (C. E.) s. Ippen (A. T.).
Carver (D. S.) u. **Johnson (E. L.),** Nichtidentifizierte Kükenwachstumsfaktoren in ungesätt. Fetten 141.
Carver (J. A.) s. Standard Oil Development Co.
Carver (J. H.) u. **Kondaiah (E.),** Absol. Photoneutronenausbeute aus Cu für d. Li-γ-Strahlen 11328.
—, **Kondaiah (E.)** u. **McDaniel (B. D.),** Neutronen u. α-Teilchen aus d. Zertrümmer. v. ^{9}Be durch *6* MeV-γ-Strahlen 10187.
Carver (T. R.) s. Schumacher (R. T.).
— u. **Slichter (C. P.),** Polarisat. v. Kernspins in Metallen 8318.
Carwile (N. L.) s. Geil (G. W.).
Cary (S. K.) s. Zarafonetis (C. J. D.).
Casa (G.) s. Baroni (W.).
Casado (F. L.) s. Batuecas (T.).
Casapieri (P.) s. Heath (D. F.).
Casas (A.) s. Pascual (F.).
Casas Lucas (J. F.), Vitamin B_1 als aktivierender Faktor bei d. Weingär. 238. — Best. d. Milchsäure durch Oxydat. mit Cerium(IV)-Sulfat 5861.
Casassa (E. F.) u. **Katz (Sidney),** Thermostat für Lichtstreuungsmessungen 7737.
Cascio (S. L.) = Lo Cascio (S.).
Cascoleca (O.) s. Oesterreichisch-Alpine Montangesellschaft.
Case (E. N.) s. Sinclair Refining Co.
Case (J. D.) s. Frisch (A. W.).
Case (J. F.) s. Fraps (R. M.).
Case (J. M.) s. Minnesota Mining & Mfg. Co.
Case (K. M.), Foldy-Wouthuysen-Transformat. 6902, 9242. — Biquadrat. Spinoridentitäten 9952. — s. Mendlowitz (H.).
Case (R. A. M.) s. Robinson (R. H. M.).
Case (S. L.), Berry (J. M.) u. **Grover (H. J.),** Einfl. d. Oberflächenhärt. auf d. Dauerschwingfestigk. v. nach Gas- u. Induktionserhitz. oberflächengehärtetem Stahl 8017.
Casella (C.) u. **Caro (L. G. de),** Leitungsgeschwindigk. im Ischiasnerven bei nebennierenlosen Ratten unter Behandl. mit DOCA, Cortison, Salzlsg. oder Nebennierenrindenextrakt 8188. — Leitungsgeschwindigk. d. Aktionspotentials im Ischiasnerven d. Ratte nach Behandl. mit Neopyrithiamin 8192.
— u. **Marchetti (G.),** Wrkg.-Zeit-Kurve d. Herzmuskels u. d. Ischiasnerven beim Frosch nach Durchström. mit Procainamid u. Procain 4154.
Caselli (P.), UV-Spektr. einer hochinfektiösen Proteinfrakt., d. aus wss. Extrakten d. Rous-Sarkoms mit Ammoniumsulfat gefällt werden kann 2920.
— u. **Caputo (A.),** Verh. d. Erythrocytenkerns d. Huhnes bei d. Saponinhämolyse 11593.
Casey (A. E.) u. **Gunn (J.),** XYZ-Effekt bei einem Originalstamm EO 771 Carcinom bei C57 BL/6-Mäusen 1528.
Casey (E. J.) u. **Bergeron (R. E.),** Elektr. Polieren v. amphoteren Metallen 8319.
Casey (J. J.), Katz (Lewis) u. **Orr (W. C.),** Bldg. v. $Ce_2O_3 \cdot 2ZrO_2$ im Syst. $BaCl_2$–$CeCl_3$–$BaZrO_3$ 7864.
Casey (John J.) s. Dow Chemical Co.
Casey (R. J.), Füllstoffe u. Verschnitt 2563.
Casey (R. S.) s. Vodonik (J. L.).
Cashaw (J. L.) s. Edwards jr. (J. D.).
Cashman (R. J.) s. Jensen (H. C.).
Cashman (W. D.) s. Consolidated Car-Heating Co., Inc.
Cashmore (W. P.) u. **Thring (M. W.),** Flammenstrahl. in einem leeren Siemens-Martin-Ofen 2059.
Casida (J. E.), Toxizität aromat. Säuren für d. Larven d. Moskitos Aedes aegypti L. u. Gegenwrkg. v. Aminosäuren 6556. — s. Tsuyuki (H.).
— u. **Stahmann (M. A.),** System. Insekticide. Metabolismus u. Wirkungsmechanismus v. Schradan 844.
Casida jr. (L. E.) u. **Knight (S. G.),** Oxydat. v. Verbb. d. Tricarbonsäurecyclus durch Penicillium chrysogenum 5568.
Casimir (H. B. G.), Statist. Grundlagen d. Thermodynamik d. irreversiblen Vorgänge 4526.
Casimir (J.), Aminosäuren in konservierten Früchten 1633.
— u. **Huygens (R.),** Trenn. v. Polyalkoholen durch Papierchromatographie 7403.
Casimir (M.), Improvisierte Apparate 11429.
Casini (A.) s. Bovalini (E.).
Caskey (F. E.) u. **Drickamer (H. G.),** Thermodiffus. v. Isotopenmischungen im krit. Bereich 988.
Caskey (Frank E.), Festigkeitsentw. bei d. Stoffmahl. u. ihre Beeinfluss. durch d. Mahlbedingungen 9222.
Casolo (A.) s. Polosa (P.).
Cason (J.) s. Baker (R.); United States of America.
—, **Allinger (N. L.)** u. **Allen (C. Freeman),** Verzweigtkett. Fettsäuren. 26. Mitt. Synth. opt.-akt. Säuren, d. für d. Studium d. Struktur d. C_{27}-Phthiensäure v. Nutzen sind. Partielle therm. Racemisier. d. (—)-5-Methyltridecen-(2)-säure 333.
—, **Allinger (N. L.)** u. **Sumrell (G.),** Verzweigtkett. Fettsäuren. 25. Mitt. Synth. v. Alken-(2)-säuren 332.
—, **Allinger (N. L.)** u. **Williams (D. E.),** Verzweigtkett. Fettsäuren. 24. Mitt. Synth. v. 2-Methyldodecen-(2)-säure u. v. 2-Methylendodecansäure 331.
— u. **Gillies (G. A.),** Adsorpt. u. Chromatographie v. Fettsäuren an Tierkohle 9528.
—, **Kalm (M. J.)** u. **Mills (R. H.),** Rk. zwischen Silbersalzen v. Carbonsäuren u. Br 8352.
Cason (J. L.), Ruby (E. S.) u. **Stallcup (O. T.),** Einfl. d. Aschegeh. d. Panseningesta auf d. [H$^\cdot$] im Rinderpansen 7964.
Casoni (P. D. M.) = Monte Casoni (P. Dal).
Caspar (R.) s. Wendt (H. W.).
Caspary (E. A.) u. **Kekwick (R. A.),** Mol.-Gew. v. menschl. Fibrinogen 139.
Caspersson (T.), Ultramikrospektrophotometrie als Grundlage für quantitatives cytochem. Arbeiten 11258.

Cass (M.) u. **Wagner (J. G.)**, Vgl. d. Gentisinsäurebest. im Blut mittels d. Ferri-Ion-Gentisat-Komplexes mit u. ohne Ggw. v. Ferro-Ion 6583.

Cass (R.), **Head (K. W.)**, **Riley (James F.)**, **Stroud (S. W.)** u. **West (G. B.)**, Heparin u. Histamin in Mastzellentumoren 5566.

Cass (R. C.) s. Springall (H. D.).

Cass (R. S.), **Gregory (J. B.)** u. **Levens (E.)**, Verbessertes Verf. zur Dichtebest. zäher Fll. mit Hilfe v. Babcock-Flaschen 4891.

Cass (W. E.) s. General Electric Co.

— u. **Burnett (R. E.)**, Inhibier. ungesätt. Polyester 4607.

Cassaday (J. T.) s. American Cyanamid Co.

Cassanas (F.) u. **Barchewitz (P.)**, Gerät zur automat. Aufzeichn. v. Elektronenbahnen 11157.

Cassano (A.), **Solinas (L.)** u. **Sardo (S. L.)**, Antibiotica u. phagocytäre Aktivität bei in vitro Versuchen 5349.

Cassano (F.), ATP u. Gravidität. Stoffwechselunterss. 1. Mitt. Thorntest: Harnsäure-Kreatinin-Verhältnis 4145; 2. Mitt. Thorntest: Eosinophilenspiegel 4146.

Cassel (J. M.) u. **McKenna (E.)**, Quell. v. Kollagen u. modifiziertem Kollagen 3540.

Cassel (N. S.) s. Interchemical Corp.

Cassella Farbwerke Mainkur Akt.-Ges., Antihistaminsalze 165* E. — Lsgg. oder Pasten aus Nitrocellulose 702* D. B. — Verwend. v. Geweben, Filzen oder papierart., flächenförm. Gebilden aus hochpolymeren KW-stoffen als Dialysiermembran für alkal. Fll. 893* D. B. — Polyacrylsäureamid 1389* Schwz., 7331* Schwz. — Mischpolymerisate 1880* Schwz. — Blaue Farbstoffe 2786* F. — Schwefelfarbstoffe 4708* Schwz., 4943* Schwz., 5190* Schwz. — Dialysiermembranen 5147* D. B. — Härtungsmittel für Kunstharze 6866* F. — Peralkylierungsprod. 6886* Schwz. — Mischpolymerisate mit überwiegendem Anteil an Acrylsäureamid 7331* Schwz. — Formkörper 8981* D. B.

—, **Ferreau (B.)** u. **Schultis (C. T.)**, Therapeut. wertvolle Salze 9388* D. B.

— u. **Fleischhauer (R.)**, Cu-halt. Disazofarbstoffe 1611* D. B. — Derivv. d. 1-Amino-5-oxynaphthalin-7-sulfonsäure 1841* D. B. — Trisazofarbstoffe 7325* D. B., 11691* D. B.

—, **Fleischhauer (R.)** u. **Diebold (A.)**, Trisazofarbstoffe 9678* D. B.

—, **Hansen (O.)**, **Keller (K.)** u. **Zeidler (G.)**, Veredl. v. Fasermaterial 7578* D. B.

— u. **Heinrich (E.)**, Peralkylierte saure Farbstoffe d. Anthrachinonreihe 1383* D. B.

— u. **Kunze (W.)**, 2-Oxy-4-(aminomethyl)-benzoesäure 640* D. B.

—, **Ochwat (P.)** u. **Loewe (W.)**, Hochdisperse, in W. koll. lösl. Küpenfarbstoffpulver 2782* D. B.

—, **Pässler (W.)** u. **Toepffer (H.)**, Verbessern d. Beschaffenh. v. Färbb. 3256* Schwed.

— u. **Persch (W.)**, N-Aminoalkylphenothiazinsalze 643* D. B.

— u. **Rein (Hanns)**, Lichtfilter 4260* D. B.

— u. **Rein (Herbert)**, Verformen v. linearen Hochpolymeren 5195* D. B. — Fäden aus Filmen v. Kunststoffen 5693* D. B. — Verwend. v. Filmen u. Folien aus Polyacrylnitril 6407* F. — Regenerier. v. Polyacrylnitrillsgg. 7332* D. B.

Cassella Farbwerke Mainkur Akt.-Ges., **Rein (Herbert)** u. **Gehrke (H.)**, Verformen v. Hochpolymeren d. Acrylnitrils 6656* D. B. — Verformen v. Polymeren d. Acrylnitrils 10637* D. B.

— u. **Schlack (P.)**, Lineare, amidgruppenhalt. Polykondensationsprodd. 3525* D. B.

— u. **Schmidt II (Adolf)**, N-(Dialkylaminoalkyl)-phenothiazine 7499* D. B.

—, **Schütz (Karl)** u. **Toepffer (H.)**, Verhinder. d. Reißfestigkeitsabnahme 927* D. B.

—, **Schultis (C.-T.)**, **Zerweck (W.)** u. **Rein (Herbert)**, Verformen v. Celluloseestern u. -äthern 6649* D. B.

— u. **Schwamberger (E.)**, Lackharze 1150* D. B. — S-halt. Küpenfarbstoffe 1613* D. B. — S-halt. Verbb. d. Acedianthronreihe 2080* D. B. — Bromhalt. Abkömmlinge d. Dianthronäthylene 5907* D. B.

—, **Schwamberger (E.)** u. **Ritter (Heinrich)**, S-halt. Küpenfarbstoffe d. Acedianthronreihe 1612* D. B.

— u. **Trösken (O.)**, Sulfobernsteinsäureester 2072* D. B. — Heterocycl. fluorescierende Verbb. 7349* D. B. — Polyäther d. araliphat. Reihe 10649* D. B.

—, **Zerweck (W.)** u. **Brunner (W.)**, Lackharze 701* D. B.

—, **Zerweck (W.)** u. **Heinrich (E.)**, Küpenfarbstoffe 5662* D. B., E., 5663* D. B.

—, **Zerweck (W.)** u. **Honold (E.)**, Küpenfarbstoffe 4707* D. B.

—, **Zerweck (W.)** u. **Kunze (W.)**, Wasserlösl. Polyacrylsäureamide 5912* D. B. — Dihydrazinoverbb. 11253* D. B.

—, **Zerweck (W.)**, **Kunze (W.)** u. **Ritter (Heinrich)**, Monoazofarbstoffe 9676* D. B., 11690* D. B.

—, **Zerweck (W.)**, **Persch (W.)** u. **Stachel (A.)**, Tumoraffine Verbb. 3686* D. B.

—, **Zerweck (W.)**, **Schubert (M.)** u. **Fleischhauer (R.)**, Ersatz d. Diazogruppe durch Wasserstoff 1143* D. B.

—, **Zerweck (W.)** u. **Schütz (Karl)**, Negativ substituierte Kondensationsprodd. 5893* D. B.

—, **Zerweck (W.)** u. **Schultis (C.-T.)**, Lsg.- u. Plastifizierungsmittel für Celluloseester u. -äther 10163* D. B.

—, **Zerweck (W.)** u. **Trösken (O.)**, Kunstharze 1391* D. B.

Casselman (W. G. B.), Faktoren, die d. Bldg. v. Ceroid in d. Lebern v. Cholinmangelratten beeinflussen. 1. Mitt. Nahrungsfette 11614; 2. Mitt. Diätet. Autoxydantien 11614.

Cassen (B.) s. Curtis (L.).

Cassignol (C.) u. **Nief (G.)**, Ionenoptik d. Massenspektrometer mit einfacher magnet. Ablenk. 6682.

Cassman (H.) s. Electric & Musical Industries Ltd.

Casson (H.), γ-Strahlen aus Na, Mg u. Al bei Beschuß durch *200—420* keV-Protonen 11327. — s. Allison (S. K.).

—, **Goodman (Louis S.)** u. **Krohn (V. E.)**, Energieniveaus v. ^{48}Ti aus d. Zerfall v. ^{48}Sc u. ^{48}V 2826.

Casson (R. B. de) s. Soc. An. Standard Française des Pétroles.

Cassou (R. E. J.), Neues Konservierungsmittel für zur künstl. Befrucht. bestimmtes Sperma 7272* F.

Cast Optics Corp. u. **Beattie (J. O.)**, Opt. klare Polystyrolfolien 8042* A.

Castagna (E.) u. **Wewalka (F.)**, Papierelektrophoret. Unterss. d. Eiweißfraktt. bei Alkoholikern 6323.
Castagnoli (C.) s. A m a l d i (E.); B a r o n i (G.).
—, Gigli (A.) u. **Sciuti (S.)**, Begleitende durchdringende Teilchen unter d. Erde 9949.
Castaing (R.) u. **Descamps (J.)**, Verunreinig. d. Proben im Mikroanalysator mit Elektronensonde 515. — Tiefenverteil. d. Röntgenemiss. einer Antikathode 2596.
— u. Laborie (P.), Direkte Unters. v. Metallen im Elektronenmikroskop bei Transmiss. 294. — Eigentüml. Beobachtungen bei d. Unters. v. Metallen in Form dünner Blättchen 4054.
Castanié (H.), Co 678.
Castberg (C.) s. E m i l s s o n (B.).
Casteel (H. W.) u. **Wender (S. H.)**, Nachw. v. Verbb. d. Flavongruppe durch Papierchromatographie. Neue R_F-Werte u. Farbprüfungen 10339.
Castelfranchi (Gaetano), Fisica sperimentale e applicata secondo i più recenti indirizzi. Vol. I: Meccanica dei solidi, meccanica dei fluidi, termologia, acustica [4746].
Castelfranchi (Giorgio) s. M a l a t e s t a (P.).
Castellan (G. W.), Symmetrie u. Stabilität v. Diboran u. Borin 6695.
— u. Seitz (F.), Übergang v. isolierenden zum metall. Verh. v. halbleitendem Si 8789.
Castellani (A.) s. B i a g i n i (C.).
Castellani (A. G.), Hemmwrkg. v. Serin auf d. Wachstum v. lebensmittelverderbenden Staphylokokken 3509.
Castellari (R.) s. L y r y (R.).
Castelli (A.) s. P r i s t e r a (F.).
Castelliz (L.), **Sutter (W. De)** u. **Halla (F.)**, Zerfall d. Wüstitphase 5742.
Castex (M. R.), Na-Salz d. p-Aminosalicylsäure, ein wirksames Antiallergicum 7968.
Castiglioni (A.) u. **Bionda (G.)**, Analyse d. Cyclohexanons 655.
— u. Vietti (M.), Piperazinbest. 8. Mitt. 4175. — Papierchromatograph. Analyse d. Mischungen v. Coffein, Aspirin u. Phenacetin 10807.
Castillo (E. B. Del) u. **Argonz (J.)**, Östrogenbehandl. in Fällen v. rudimentären Ovariensyndromen 2706.
Castillo (J. del) u. **Katz (B.)**, Wrkg. u. spontane Freisetz. v. Acetylcholin an einer unerregbaren Nerv-Muskel-Verb. 8658.
Castillo (J. C.) s. B u r r o u g h s W e l l c o m e & C o. (U S A), I n c.
Castillo (M.) s. G u n c h e (F. F.).
Castillo (R.) s. M u n s e l l (H. E.).
Castillon (L. E.) s. B i c k f o r d (W. G.).
Castle (J. E.) s. D u P o n t d e N e m o u r s (E. I.) & C o.
Castle jr. (J. G.), Paramagnet. Resonanzabsorpt. in Kohlen 7382.
Castle (R.), Phenolharze. Struktur u. Rk. mit trocknenden Ölen 11296.
Castle (R. N.) s. D a u b (G. H.).
Castner (R. C.) s. S h e l l D e v e l o p m e n t C o.
Castner (S. V.) u. **Templeton (D. H.)**, Sr-Isotope mit Neutronenmangel 5236.
Castor (J. G. B.), Gärungsprodd. u. Geschmacksbldg. v. Hefen 7569.
Castor (L.) s. C h a n c e (B.).
Castro (A. J.), **Brain (D. K.)**, **Fisher (H. D.)** u. **Fuller (R. K.)**, Richt. d. Ringöffn. d. Epoxydringes bei d. Rk. zwischen Styroloxyd u. NH_3 1015.
Castro (A. L.) = L ó p e z C a s t r o (A.).
Castro (B. de), **Forattini (C.)**, **Petrin (G.)** u. **Selmi (W.)**, Einfl. d. Adrenalins auf d. Serumeisenspiegel beim Gesunden 11236.
Castro (G. M. de O.) = O l i v e i r a d e C a s t r o (G. M.).
Castro (V.) u. **Monaco (P.)**, Freie Aminosäuren in Walker-Tumoren u. Leber v. Ratten 9351.
Castro Estrada (S.) s. L a t a p i (F.).
Castro-Mendoza (H.) s. L i n a z a s o r o (J. M.).
—, Jiménez Díaz (C.) u. **Ortega Mata (R.)**, Wrkgg. d. Cholsäure auf d. Cholesterindepots, sowie d. Lipoide u. Lipoproteide im Blut 9599.
Castro Ramos (R. de) u. **Nosti Vega (M.)**, Silicagel u. seine industriellen Anwendd. 1. Mitt. Eigg. u. Methoden zur Herst. d. Silicagels 3460.
Castro Yañez (F.), Plast. Kunststoffe aus Cellulose 1873.
Casty (R.), Metallkomplexfarbstoffe 5659, 9200. — Cibalanfärberei 9200.
Caswell (R. S.), **Brabant (J. M.)** u. **Schwebel (A.)**, Zerfallsgeschwindigk. v. ^{14}C 10432.
—, Gabbard (R. F.), **Doering (W. F.)** u. **Padgett (D. W.)**, Bremsung v. *14,1* MeV-Neutronen in W. 7363.
Casy (A. F.) s. B e c k e t t (A. H.).
Catalá (J.) u. **Senent (F.)**, Winkelverteil. d. beim Beschuß v. ^{12}C mit Deuteronen erzeugten Protonen. 2. Mitt. 5950.
Catalano (E.) u. **Stout (J. W.)**, Wärmekapazität v. NiF_2 v. *12—300°* K; Thermodynam. Funktionen v. NiF_2. Die mit d. antiferromagnet. Ordn. verbundene therm. Anomalie 11515.
Catalin Ltd., **Pike (H.)**, **Apley (M.)** u. **Riesenfeld (F.)**, Anstrichfarben oder Lacke 1617* E.
Catanzaro (R.) s. B e l o f f - C h a i n (A.).
Catchpole (H. R.) s. E n g e l (M. B.).
Cate (W. E.) s. H u f f m a n (E. O.).
Cater (D. B.) u. **Stack-Dunne (M. P.)**, Wrkgg. v. Wachtstumshormon u. Corticotropin auf d. Gewicht d. Nebennieren u. adrenocorticale mitot. Aktivität d. hypophysektomierten Ratte 9829.
Cates (V. E.) s. S l a b a u g h (W. H.).
Cathala (J.) u. **Hennequet (A.)**, Rachitisprophylaxe mit vitaminisierter Milch 4629.
Cathala (M. E. J.), Hochkonz. u. gebleichte HNO_3 5624* D. B.
Cathcart (J. V.) s. B r i d g e s (W. H.).
Cathcart (W. H.), Backprobe 9692.
Cation (D.), Der Zeitpunkt ist wesentlich für erfolgreiche Apfelschorfsprays 7064.
Catlin (W. E.), Verbesser. d. Stoßfestigk. v. gestreckten Drähten u. Saiten aus synthet. linearen Polymerisaten 6153* D. [DDR]. — s. D u P o n t d e N e m o u r s (E. I.) & C o.
Catlow (E.) s. B o u l d (C.).
Catoggio (P. M.), Cortison u. rheumat. Arthritiden 11610.
Catolla-Cavalcanti (A.), Unterbind. d. Vena cava inferior bei akuter pulmonarer Congestion durch Chlorpikrin 4875.
Caton jr. (R. D.) u. **Bremner (R. W.)**, Störr. in d. Flammenphotometrie 2263.
Catotti (A. J.) s. G r a d (P. P.).
Catron (D. V.) s. A s h t o n (G. C.); B a r n h a r t (C. E.); J e n s e n (A. H.); M a d d o c k (H. M.); Q u i n n (L. Y.); R i c h a r d s o n (D.).

Catron (D. V.), Lane (M. D.), Quinn (L. Y.), Ashton (G. C.) u. Maddock (H. M.), Wirkungsweise v. Antibioticis bei d. Schweineernährung. 1. Mitt. Wrkg. d. Antibioticaverfütterung auf Blutglucose 3665.
Catschpole (W. M.) s. A n g l o - I r a n i a n O i l C o. L t d.
Catsiff (E.) u. Tobolsky (A. V.), Bezieh. zwischen Unterss. d. Spannungsrelaxat. u. d. dynam. Eigg. v. Polyisobutylen 2213.
Cattaneo (A. D.) s. C i o c a t t o (E.); F o g l a t i (A. E.).
Cattaneo (E.), Weißpigmente v. Standpunkt d. Verbrauchers 6629.
Cattaneo (P.) s. R o d r i g u e z (R. R.).
—, **Iacobacci (A.), Karman de Sutton (G.) u. Lynch (A. R.),** Chem. Zus. hinsichtl. d. Fettsäuren in einem Fuselöl 238.
—, **Suarez (V. L. G.) u. Karman de Sutton (G.),** Zus. d. Fettsäuren eines Fuselöles aus Mais- u. Roggensprit 10644.
— u. **Karman de Sutton (G.),** Chem. Zus. d. Öls d. Samen v. Rosa rubiginosa L. 4482.
Catterall (W. E.) s. S t a n d a r d O i l D e v e l o p m e n t C o.
Cattoir (F. R.) s. A n d e r s o n (C. T.).
Cauchois (Y.), Röntgenspektren u. chem. Bind. 2128. — Beobachtungstechnik d. K-Spektren d. Al 2596. — Vergleichende Unters. d. K-Absorptionsspektr. v. metall. Al 2597. — L-Spektren v. Ni u. Cu 3307. — Unters. d. Ni mittels Röntgenspektroskopie 4516. — Energieniveaus d. schweren Atome 7837. — Röntgenspektroskopie: Von d. Farbe d. Ag bis zur Elektronenkonfigurat. d. „Actiniden" 8783.
Cauer (E.) s. L u t t e r (C.).
Caugherty (B.) s. K o h (P. K.).
Caujolle (F.), Couturier (P.) u. Roux (G.), Toxizität d. Parachinone 2243.
—, **Lesbre (M.) u. Meynier (D.),** Toxizität v. Tetramethylzinn u. Tetraäthylzinn 7719.
— u. **Meynier (D.),** Wrkgg. v. Benz-, Anis- u. Veratrumaldehyd auf d. isolierten Ventrikel v. Helix aspersa 1551. — Vgl. d. Toxizitäten d. o-Vanillins u. Äthyl-o-vanillins 4875.
—, **Meynier (D.) u. Alary (P.),** Wrkgg. d. Vanilline u. Äthylvanilline auf d. isolierte Herzventrikel v. Helix aspersa 395.
— u. **Roux (G.),** Unmittelbare Toxizität d. Carvomenthons, Carvons, Piperitons u. Piperitenons 4394.
Caul (J. F.) u. Rockwood (E. L.), Geschmackskorrektur v. pharmazeut. Zubereitt. mit Mononatriumglutamat 408.
Caule (E. J.) u. Steacie (E. W. R.), Photolyse d. Quecksilberdipropyls 1480.
Cauley (S. P.) s. S o c o n y - V a c u u m O i l C o.
Caulfied (P. H.) u. Robinson (R. J.), Spektralphotometr. Best. v. o-Phenylphenol mit Titansulfat 8222.
Caulton (M.), Mess. d. Verzerr. in Kernemulss. 11330. — s. B l a u (M.).
Caunt (D.), Crow (W. D.) u. Haworth (R. D.), Purpurogallin. 5. Mitt. Verbesserr. d. Darstellungsmethoden 4582.
—, **Crow (W. D.), Haworth (R. D.) u. Vodoz (C. A.),** Purpurogallin. 3. Mitt. Synth. v. Purpurogallin u. einigen Analogen 4578.
Cauquil (G.), Barrera (H.) u. Barrera (R.), o-Aminothiophenol zur Identifizier. v. o-disubstituierten Cyclohexanderivv. 1023.
— u. **Rouzaud (J.),** Unters. d. Dehydratisier. v. 1-Oxycyclohexyldiphenylcarbinol. Isomerisier. v. 2.2-Diphenylcycloheptanon-(1) zu 1-Benzoyl-1-phenylcyclohexan 6967.
Cauquil (G.), Rouzaud (J.), Lyle (R. E.), Fielding (H. L.) u. Lyle (G. G.), Bas. Öffn. d. 2.2-Diphenylcycloheptanons-(1) 8147.
Causer (L. W.) s. N i s s a n (A. H.).
Causeret (J.), Vitamine in d. menschl. Ernähr. 9602. — Vitamin D als Regulationsfaktor d. physiol. Fixier. v. Ca 9603. — s. H u g o t (D.); R a n d o i n (L.)
Cauville (R.) s. S o c. l e C a r b o n e - L o r r a i n e.
Cauwenberg (W. J.) s. A m e r i c a n C y a n a m i d C o.
Cauwenberge (H. van) s. R o s k a m (J.); V i v a r i o (R.).
— u. **Lecomte (J.),** Corticotropes Hormon (ACTH), Nebennierenrindenhormone, Salicylate u. intradermale Diffus. unter d. Einfl. v. Hyaluronidase 1763.
Cauzé de Nazelle (B. C. H. M. du), Enteisen. v. Fll. 2555* F.
Cava (M. P.) s. W o o d w a r d (R. B.).
Cavadino (C. G. F.) s. G y p r o c P r o d u c t s L t d.
Cavalca (L.), Mikrophotometer für röntgenograph. Analyse v. Kristallen 11520. — s. F e r r a r i (A.); N a r d e l l i (M.).
— u. **Nardelli (M.),** Tern. Syst. Na_2SO_4–Li_2SO_4–H_2O bei 27,0° u. bei 45,6° 5740.
— u. **Vitali (T.),** Kristallstruktur d. β.β.β-Trichlor-α.α'-bis-[4-methylmercaptophenyl]-äthans u. seine Beziehungen zum DDT u. analogen Verbb. 9055.
Cavalcanti (M. da C. P. B.) = C o n c e i ç ã o P. B. C a v a l c a n t i (M. d a).
Cavalieri (L. F.) s. F o x (J. J.).
Cavalla (J. F.), Moll.-Verbb. v. Chinolinen mit zweiwert. Phenolen 6284. — s. P a r k e, D a v i s & C o.
Cavallaro (L.) u. Felloni (L.), Hemm. d. Auflösung v. Metallen in Säuren. 4. Mitt. Wrkg. einiger Inhibitoren auf d. Auflösung d. Syst. Fe–Fe_2O_3 in HCl 1209.
—, **Indelli (A.) u. Bolognesi (G.),** Hemm. d. Auflösung v. Metallen in Säuren. 1. Mitt. 1208.
Cavallero (C.), Malandra (B.) u. Galansino (G.), Diabetogene Wrkg. v. Pankreasglukagon 4141.
— u. **Mosca (L.),** Mitot. Aktivität d. Pankreasinseln d. Ratte nach Behandl. mit Wachstumshormon u. adrenocorticotropem Hormon 5827.
— u. **Sala (G.),** Cortison u. Infekt. 9597.
Cavalli-Sforza (L.) s. F o r n a r a (P.).
Cavallini (D.) s. R o s s i - F a n e l l i (A.).
—, **Marco (C. de), Mondovì (B.) u. Stirpe (F.),** Biol. Oxydat. v. Hypotaurin 3889.
— u. **Tentori (L.),** Metaboliten d. Tryptophans aus d. Rattenurin in papierchromatograph. Unters. 622; Metabolismus d. Tryptophans bei Ratten. 2. Mitt. 4631.
Cavallini (G.), Beziehh. zwischen chem. Konst. u. biol. Wrkg. 6555.
Cavallito (C. J.), Benzoylvinylquart. NH_4-Salze 11387. — s. G r a y (A. P.); S t e r l i n g D r u g, I n c.
—, **Schlieper (D. C.) u. O'Dell (T. B.),** Bis- u. Tris-amino- u. -ammoniumderivv. v. symm.-Triazin 3148.
Cavallo (G.) s. C a n t e l m o (P.).
— u. **Falcone (G.),** O_2 u. Lysis im Eisschrank 5576. — Peroxyde u. Bldg. v. Bakterienfäden 7007.

Cavanagh (J. B.), Thompson (R. H. S.) u. **Webster (G. R.)**, Lokalisier. d. Pseudocholinesteraseaktivität in Nervengewebe 606.
Cavanagh (P. E.), Herst. v. Stahl bestimmter Dichte in Öfen 3952. — Schwammeisenprozeß im Tunnelofen. 2. Mitt. 11083; 3. Mitt. 11083; 4. Mitt. 11083. — s. Ontario Research Foundation.
Cavanaugh (D. J.), Harris (J.) u. **Hearon (J. Z.)**, Enzymhemm. durch Komplexbldg. d. Substrate: Hemm. d. Tyrosinase durch Ti-Verbb. 11230.
Cavanna (D.) u. **Pirona (M.)**, Marrubium vulgare 11627.
Cavasse (A.) u. **Theil (P.-M.)**, Fruchtsaftmischungen 11707* F.
Cavazos (L. F.) u. **Melampy (R. M.)**, Cytolog. Wrkg. v. Testosteronpropionat auf d. Epithel d. Ratten-Vesicula seminalis 5105.
Cavazzuti (G. B.) s. Lorenzini (R.).
Cave (G. C. B.) u. **Hume (D. N.)**, Unters. d. Silber (I)-rhodanid-Ions mittels einer Löslichkeitsmeth. 3328.
Cavé (M. R.), Statist. Gütekontrolle 679. — Pulvermetallurgie 1134.
Cave (W. T.), Industrielle Anwendd. d. Schwingungsspektroskopie 7738. — s. Georgieff (K. K.).
— u. **Thompson (H. W.)**, UV-Absorptionsspektren v. fluorierten Toluolen 5269.
Cavegn (A.) s. Diesbach (H. de).
Cavers (S. D.), Hsu (N. T.), Schlinger (W. G.) u. **Sage (B. H.)**, Temperaturgradient in turbulenter Gasströmung. Zustand an u. in d. Übergangszone bei zweidimensionaler Strömung 3451.
Cavier (R.) s. Valette (G.).
— u. **Savel (J.)**, Ist d. Proteinstoffwechsel d. Schweineascaris (Ascaris lumbricoides L. *1758*) ammonio- oder ureotelisch? 4873. — Einfl. d. Parasitismus auf d. Abbau d. Nucleinsäuren d. Ascaris lumbricoides (Linne *1758*) 5113.
Cavigneaux (A.) s. Tara (S.).
Cavill (G. W. K.) u. **Ford (D. L.)**, Chemie d. Pflanzenwachstumsregulatoren. 1. Mitt. 2.4-Dichlor-6-oxyphenoxyessigsäure u. verwandte Verbb. 10251.
—, **Ralph (B. J.), Tetaz (J. R.)** u. **Werner (R. L.)**, Chemie d. Pilzstoffwechselprodd. 1. Mitt. Isolier. u. Charakterisier. eines roten Pigmentes v. Coriolus sanguineus 850.
Cawley (J. D.) s. Eastman Kodak Co.
Cawthon (T. M.) s. Brand (J. C. D.).
Cayré (R. M.) s. Viallier (J.).
Cazaux (P.) u. **Canellas (J.)**, Polarograph. Adsorptionsanalyse u. Mineralwässer 435.
Cazes (J.), Schnellherst. v. Proben für d. Verseifprobe 6420.
Cazort (A. G.) s. Johnston (T. G.).
Cazzaniga (U.), Färb. v. Nylon mit Pigmentfarbstoffen 3009.
C. D. Patents Ltd., Wärmeaustauscher 892* Finn. — Thermoplast. Harze 1856* D. B. — Behandl. v. Pech, Teer u. Asphalt zur Gewinn. v. C 4502* E. — Selbstschmierende Kupplungsringe oder Kupplungslager für Automobilkupplungen 11315* F.
—, **Chester (W. S. N.)** u. **Sawyer (C. H. V.)**, Wärmeaustauscher 8463* A.
—, **Jennings (R. J. S.)** u. **Williams (A. F.)**, Thermoplast. Harze aus Fluoren 1622* E.
—, **Kaufman (M.)** u. **Williams (A. F.)**, Anstrichfarben u. Lacke 1617* E.
Ceapoiu (N.), Struktur d. Fasermembranen d. Hanfes 8475.
Ceccaldi (M.) s. Dérobert (L.); Lecomte (Jean).
Ceccarelli (M.), Dallaporta (N.), Merlin (M.) Quareni (G.) u. **Zorn (G. T.)**, Ein bei einer energiereichen Kernzertrümmer. erzeugtes τ-Meson 1193.
—, **Quareni (G.)** u. **Rostagni (A.)**, Radioaktivität v. K 1435, 4991.
Cecco (N. A. De) u. **Meyer (H. M.)**, Füllmaterial zum Löten v. Ti 8254.
Cecconi (S.), Tonmineralien d. roten Erde d. Mittelmeergebiets 11536.
— u. **Polesello (A.)**, Reihenbest. d. Basenaustauschkapazität u. d. austauschbaren Basen in d. Bodenanalyse 2986. — Best. d. Kationenaustauschkapazität (C. S. C.) v. Böden 11080.
— u. **Tellini (M.)**, Verteil. v. Humin- u. Fulvinsäuren in verschied. Bodentypen 10605.
Ceccotti (S.) s. Martello (V.).
Cecil (F.), Ausbeute u. Zentrifugendüsen 1157.
Cecil (P. S.), Wetterbeständ. Porzellanemails mit matter Oberfläche 3462.
Cecil (R.), Ag–Thiol-Elektrode u. Ionenaustausch-Rkk. an d. Elektrodenoberfläche 8319.
— u. **McPhee (J. R.)**, Rk. v. Disulfiden mit Natriumsulfit 2165.
— u. **Ogston (A. G.)**, Sedimentat. u. Diffus. 7939.
Cecil (R. L.) u. **Loeb (R. F.)**, Textbook of medicine [9849].
Ceder (O.), Kinet. Unters. d. sauren Hydrolyse v. cycl. Acetalen 7178. — s. Euler (H. v.).
Cederquist (D. C.) s. Brewer (W. D.).
Cederquist (K. N.), Naßverbrenn. 10886.
Cedrangolo (F.), Gioia (A.) u. **Bagnulo (R.)**, Toxizitätsminder. d. Isonicotinsäurehydrazids in Verbindung mit Glutaminsäure. 1. Mitt. 7027; 2. Mitt 7027; 3. Mitt. 7027.
— u. **Pietra (G. Della)**, Antitox. Wrkg. d. Glutaminsäure gegen Isonicotinsäurehydrazid bei Hunden 2245.
Gefas Akt.-Ges. s. Etzkorn (R.).
Cegelski (W. M.), Goble (A. T.), Hemenway (C. L.), Reinitz (K.), Rojansky (V.) u. **Rushworth (F. A.)**, Suche nach Abweichungen d. Höhenstrahlen v. Poissonschen Gesetz bei niedr. Ausschlagszahlen. 2. Mitt. 4985.
Cei (C.) s. Drovanti (S.).
Cela (M.), Unmittelbare Anwendd. d. Chromatographie in d. Klinik 11265.
Ceithaml (J.) s. Kalan (E. B.).
Čeladník (M.) s. Palát (K.).
Celanese Corp. of America, Verspinnbare Polysulfamide 256* E. — Organ. Celluloseester 1169* E. — Filmgießunterlage 1423* E. — Farbstoffe d. Anthrachinonreihe 1613* E. — Holzzellstoffgewinn. 1641* E. — Morpholincellulose 1874* E. — Kontinuierl. Herst. v. Estern 2074* E. — Pentaerythrit 2297* E. — Färben v. Textilien aus Celluloseestern oder -äthern 2539* E. — Polyurethane 3266* E. — Färben v. Textilien aus Cellulosederivv. 3973* E. — n-Propylalkohol 4209* E. — Paraformaldehyd 4210* E. — 1.4-Butandiol 4695* E. — Bedrucken v. Textilien aus Cellulosederivv. 5427* E. — Carbonylverbb. 5650* E. — Gleitmittel 6169* E. — Disazofarbstoffe 6400* E. — Verbesser. v. Celluloseesterfolien 6424* E. — Reinig. v. Acrylnitril 7316* E. — Mischpolymerisate 8277* E. —

Oxydat. v. Paraffin-KW-stoffen 8732* E. — Schmelzspinnverf. 9000* E. — Oxydat. v. aliphat. KW-stoffen 9189* E., 10622* E. — Viscose 10165* E. — Fasermatten für Isolatt., Kleidereinlagen usw. 10891* E.
Celanese Corp. of America, Adams jr. (J. R.) u. **Salvin (V. S.)**, Anthrachinonfarbstoffe 1613* A.
— u. **Denyes (R. O.)**, Viskosekunstseide 10414* A.
— u. **Drewitt (J. G. N.)**, Lineare Polymerisate für Filme u. Fäden 3525* A.
— u. **Edwards (Walter R.)**, Sulfonamidodiphenylamine 461* A.
—, **Fisher (J. W.)** u. **Lincoln (J.)**, Lineare Polyester für Fäden u. Filme 1390* A.
—, **Fortess (F.)** u. **Hohing jr. (C.)**, Textilschmälze 6427* A.
—, **Haggerty jr. (W. T.)** u. **Ward (G. C.)**, Färben v. Textilien aus Celluloseestern 2077* A.
—, **Horback (W. B.)**, **Berardinelli (F.)** u. **Paist (W. D.)**, Monopropyldixylylphosphat 2313* A.
—, **Jones (Wilford D.)** u. **McFarlane (S. B.)**, Poly-N.N'-tetramethylenpentan-bis-1.5-sulfonamid 4737* A.
—, **King jr. (C. M.)** u. **Heinz (W. E.)**, Reinigen v. wss. Formaldehyd 4696* A., E.
— u. **Lomartire (J.)**, Herst. v. Aminophenylalkylcarbinolen 11099* A.
— u. **MacLean (A. F.)**, Katalyt. Dehydrieren v. Alkoholen zu Carbonylverbb. 5895* A.
—, **MacLean (A. F.)** u. **Pickart (D. E.)**, Kontinuierl. Herst. v. reinem Acrylnitril 4210* A., E.
—, **Martin (M. E.)**, **White (B. B.)**, **Plunguian (M.)** u. **Seymour (G. W.)**, Organ. Ester d. Cellulose 1874* E.
—, **Mitchell (Robert L.)** u. **Luke (O. V.)**, Oxydat. v. aliphat. KW-stoffen 3485* A.
—, **Mitchell (Robert L.)** u. **Walker (J. W.)**, Methylacetat 7551* A.
— u. **Morgan jr. (C. S.)**, Oxydat. niedermol. aliphat. KW-stoffe 9903* A.
— u. **Plunguian (M.)**, Organ. Ester d. Cellulose 2329* A., 2563* A.
— u. **Robertson (N. C.)**, n-Propylalkohol u. Allylalkohol 8261* A.
—, **Robeson (M. O.)** u. **Blundell jr. (S. A.)**, Pentaerythrit 2071* A.
—, **Robeson (M. O.)** u. **Springer (R. A.)**, Umlagern v. Alkylenoxyden in Aldehyde 6619* A
— u. **Salvin (V. S.)**, Färben v. Textilien aus Cellulosederivv. 9912* E.
—, **Salvin (V. S.)** u. **Adams jr. (J. R.)**, Azofarbstoffe 928* A. — Farbstoffe 8270* A. — 1-Amino-2.3-dicyan-4-oxyalkylaminoanthrachinone 9914* A., 11691* A.
—, **Salvin (V. S.)** u. **Landau (E. F.)**, Anthrachinonfarbstoffe 6628* A.
— u. **Schnizer (A. W.)**, N-Vinylpyrrolidon 3491* A.
—, **Skeist (I.)**, Mischpolymerisat. v. Celluloseestern 8277* A.
— u. **Smithson (J. H.)**, Paraformaldehyd 1605* Can.
—, **Speakman (J. B.)** u. **Crummett (A.)**, Filz 8766* A.
—, **Swerdloff (J.)** u. **McFarlane (S. B.)**, Kontinuierl. Herst. v. Polyurethanen 8276* A.
—, **Ward (G. C.)** u. **Haggerty jr. (W. T.)**, Färben v. Textilien aus Cellulosederivv. mit Küpenfarbstoffen 2078* A. — Färben v. Textilien aus Celluloseestern mit Küpenfarbstoffen 4219* A.
Celap (M. B.) s. Stefanović (D.).
Célice (J.), **Porcher (P.)**, **Plas (F.)**, **Hélie (J.)** u. **Peltier (A.)**, Wrkg. d. Chlorpromazins auf d. Gallenblase u. d. rechten Colon 10561.
Čeljuska (L.) s. Weisglass (H.).
Cella (J. A.) s. Campbell (K. N.).
Celli (L.), Kombinat. v. Cyclohexancarbonsäure-β-diäthylaminocyclohexylesterhydrochlorid u. Carboxymethylcellulose bei d. Behandl. v. Erscheinungen d. Darmfunktionsstörungen 3911. — Wrkg. d. Vitamins B_{12} bei perniciöser Anämie. Verh. d. Magenschleimhaut u. d. Knochenmarks 9602.
Cellin (F.), Polyvinylchloride 1848. — Kunststoffe als Klebmittel 7356.
Cellini (R. F.) = Fernández Cellini (R.).
Cellophane (La), Soc. An. u. **Vanet (P.)**, Haltbarmachen v. Dokumenten 3784* D. B.
Cellulose du Pin, Gewinn. v. Cellulose aus vegetabil. Rohstoffen 3032* F.
Celmer (W. D.) u. **Carter (H. E.)**, Chemie d. Phosphatide u. Cerebroside 6548.
Celsi (S. A.), Totalsynth. v. Morphin 7496.
— u. **Copello (M. A.)**, Anwend. d. Kaliumpermanganats zur Best. d. lösl. Jodide 3211.
Cember (H.), **Watson (J. A.)** u. **Grucci (T. B.)**, Verf. zur Digestion u. Strahlenprüf. v. tier. Geweben 11062.
Čeněk (J.), Verwend. einheim. Rohstoffe als Ersatz für eingeführten Braunstein 10837.
Cennamo (F.) s. Carrelli (A.).
Cenni (B.) s. Giannotti (D.).
Centazzo (A.) u. **Gerotto (D.)**, Sympathet., unsichtbare Tinte 267* F.
Center (E. J.) s. Mallett (M. W.).
Centola (G.), Unregelmäßigk. in d. Zus. d. Cellulose 836. — Rk.-Fähigk. u. Löslichk. d. Cellulose 3277. — Einfl. d. Röstens auf d. chem.-physikal. Eigg. d. Hanffaser 7812.
Central Adamas S. p. A., Kunstleder 6178* E.
Central Food Technological Research Institute, Siddappa (G. S.) u. **Bhatia (B. S.)**, Fruchtsaft in Trockenform 5205* Ind.
Centre National de la Recherche Scientifique, Absorptionsmaterial für kernphysikal. Strahlen 3222* F. — Reines metall. Fe, Co, Mn, Mg 9168* N.
—, **Dupont (G.)**, **Dulou (R.)** u. **Leon (V.)**, Ester d. Dehydroabietinsäure 2791* F.
—, **Dupont (G.)** u. **Guillemonat (A.)**, Gewinn. v. Estern v. aus Kork extrahierten Carbonsäuregemischen 10622* D. B.
— u. **Gault (H.)**, Metallorgan. Mg-Verbb. 8497* F.
— u. **Guillaud**, Sehr homogene Gemische v. festen Teilchen 11064* F.
— u. **Nisolle (L.)**, Gewinn. v. in Lsg. befindl. NaCl unter gleichzeit. Erzeug. v. dest. W. 2741* D. B.
—, **Prévot (A.)** u. **Magat**, Röntgenstrahlendosimeter 8939* F.
—, **Sosa** u. **Lecat**, Düngen v. Pflanzen 2055* F.
— u. **Tchoubar (B.)**, Dialkylmalonsäureester 2075* D. B.
Čepelák (J.), Aufsatz für d. Kryoskopie v. fl. u. hygroskop. Stoffen 7505.
Ceragioli (G.) s. Borruso (D.).
Cerar (D.) s. Balenović (K.).
Cerasoli (E.), Chem. Bind. 5012.
Cerato (C. C.), **Lauer (J. L.)** u. **Beachell (H. C.)**, Schwingungsspektren v. Hexamethyldisilan u. verwandten Verbb. 1232.
Cerecedo (L. R.) s. McCarthy (P. T.).

Cerecedo (L. R.) u. **Eusebi (A. J.)**, Darst. v. Oxythiamindiphosphat u. Oxythiaminmonophosphat 1752.
—, **Lombardo (M. E.)**, **Reddy (D. V. N.)** u. **Travers (J. J.)**, Nucleinsäuren u. ihre Komponenten bei tumortragenden Mäusen während d. Wachstums u. d. Rückgangs d. Tumoren 1528.
Cérède (J.) s. Allais (A.).
Ceresa (C.), **Grazioli (C.)** u. **Armandola (P.)**, BAL in d. Vergift. mit Chininbisulfat 870.
Cereser (M.) u. **Umidon (M.)**, Proteolysate u. Barbitursäurenarkose 5841.
Cereseto (A.) u. **Rio (Arturo)**, Puzzolanzemente 8001.
Cerf (R.), Wrkg. v. transversalen Ultraschallwellen auf Lsgg. mit Kettenmoll. 1450. — Strömungsdoppelbrech. v. makromol. Lsgg. 1523. — Dass.; Einfl. v. Schwankk. d. Form d. Mol. 1524. — Therm. Veränder. d. Maxwell-Effektes in Polystyrollsgg.; Deut. nach d. Theorie d. elast. Kugel 2443. — Maxwell-Effekt an Lsgg. v. deformierbaren Makromoll. 1. Mitt. Maxwell-Effekt d. Suspenss. v. elast. Kugeln 11397; 2. Mitt. Anwend. d. Theorie d. elast. Kugel auf d. Lsgg. v. makromol. Ketten 11397. — Maxwell-Effekt in d. Lsgg. v. Makromoll.: Verh. d. Extinktionswinkels bei sehr hohen Geschwindigkeitsgradienten 11398; Einfl. d. Permeabilität 11398. — Wrkg. v. transversalen Ultraschallwellen auf d. Lsgg. v. Hochpolymeren 11398.
Cerfontain (H.) s. Roberts (J. D.).
Cerimele (E.) s. Cervini (C.).
Ceriotti (G.), **Defranceschi (A.)**, **Carneri (I. de)** u. **Zamboni (V.)**, Stoffwechsel v. Isonicotinsäurehydrazid u. Isonicotinylhydrazinomethansulfonsäure in d. Ratte 2476.
Cerkovnikov (E.) s. Ivančević (I.).
—, **Fugaš (M.)**, **Rill (M.)** u. **Marijan-Janković (N.)**, Chem. Geschlechtsunterschiede. 1. Mitt. Rkk. v. Bernackij 4368.
—, **Rill (M.)** u. **Fugaš (M.)**, Chem. Geschlechtsunterschiede. 2. Mitt. Verbrennungsmeth. mit Pd-Asbest 4369.
Cerletti (A.) s. Fernandez (E.); Rothlin (E.).
Cerletti (P.) u. **Siliprandi (N.)**, Abtrenn. anorgan. Pyrophosphates (PP) von d. Phosphorsäureestern d. Adenosins 2738.
Čermák (V.), Beispiel einer katalysierten Depolarisat. in d. Polarographie 6246.
Cernes s. Lantuéjoul.
Cerness (J. F.) s. Cleveland Graphite Bronze Co.
Cernia (E.) u. **Bonvicino (A.)**, Lösungsm. für Polyvinylchlorid 8508.
Cernigoi (C.) u. **Poiani (G.)**, Spektr. d. Photonenkomponente in Seehöhe 733.
Černý (E.), Routinemäßige potentiometr. Messung d. p_H d. Haut 3657.
Černý (Jaroslav) s. Kučera (J.).
Cerny (Josephine) s. Morris (R. L.).
Černý (O.), Röhrenreaktionsgefäße mit kontinuierl. Betrieb 4666.
Cerquiglini (S.) s. Gigante (D.).
Cerrai (E.) u. **Roseo (L.)**, Druckverluste v. Wasserdampf-Wasserstoff-Gemischen über Schichten v. Katalysator auf Aktivkohleträger 11530.
Certain-Teed Products Corp. u. **Lindquist (J. R.)**, Erzeug. v. öl- u. wasserdichtem Papier 2102* A.
Cerulli (N. F.), Elektrolyse bei d. Schmuckemaillier. 7060.
Ceruti (A.), Chlorophyll u. seine Anwendd. in d. Industrie u. in d. Medizin 10781.
Cerutti (E.) u. **Martinet (Joseph)**, Farbe d. Chinone u. d. zugehörigen Küpen 6398. — Färb. d. Chinone 7398.
Cerutti (G.), Einfl. d. Konservier. auf d. Kennzahlen v. Butter 5924. — Rk. v. Tortelli-Jaffe bei d. Butterunters. 6162. — s. Antoniani (Carlo).
Červenková (J.) s. Jambor (J.).
Cerveny (W. J.) s. Standard Oil Development Co.
Cervigni (T.), Serumkatalase bei Krebsleiden 8645. — s. Tombesi (L.).
Cervini (C.), **Cerimele (E.)** u. **Lucà (S.)**, Cortison u. „Heparintoleranztest" 7018.
Cerwenka (E.) s. Schachner (H.).
Cerych (Z. J.) s. Arkel (E. A. van).
Césaire (G.) s. Rougieux (R.).
— u. **Rougieux (R.)**, App. zur Best. v. flücht. Säuren u. Alkohol in Wein 3988.
Cesare (S. J.) s. Wolf (B.).
Cesarotti (V.) s. Polverifici Giovanni Stacchini Soc. An.
Ceselli (C. A.), Quantitative Analyse v. α-, β-, γ-Picolin u. 2.6-Lutidin mittels Infrarotspektrographie 11264.
Československé Chemické Závody, Národní Podnik, Reinigen v. Rohphenolen 925* E.
Československé Pivovary, Lihováry A Konservarny u. **Saláč (V.)**, Hopfung v. Bierwürze 2555* Oe.
Cessac (M.) s. Thermes (R.).
Cessi (C.) u. **Turco (A.)**, Fixierungsgeschwindigk. d. koll. Teilchen seitens d. reticuloendothelialen Syst. d. Ratte. Unterss. mit ^{32}P 10063.
Cestari (A.) s. Bua (E.).
Cetrangolo (A.), Sensibilitätsbestimmungen bei Mycobacterium tuberculosis gegenüber Streptomycin 7011. — s. Bonfiglioli (H.); Carlos Rey (J.).
Cetrángolo (R.) s. Bracco (A. N.); Ljunggren (E.).
Cha (L. A.) s. Rutherford (P.).
Chabannes (J.) s. Barbier (G.).
Chabás López (D. J.), Fortschritte d. antimykot. Chemotherapie 7971.
Chabass (I. M.), **Elkin (S. B.)** u. **Steinberg (M. M.)**, Immunochem. Unters. v. Antigenkomplexen, d. aus Thyphusbakterien (*0–901*) auf d. Wege einer Trypsinverdauung u. Extrakt. mit Trichloressigsäure gewonnen wurden 7012.
Chabasse-Massonneau (J.) s. Janot (M.-M.).
Chabbal (R.) s. Blaise (J.).
Chabbert (Y.), Bakteriolog. Analyse der von *14* antibiot. Escherichia coli-Stämmen gebildeten Colicinkomplexe 9590.
Chaberek (S.) s. Martell (A. E.).
Chaberek jr. (S.) u. **Bersworth (F. C.)**, Chelatbildende Reagentien für dreiwert. Fe 8584.
Chabert (F.), Überzugsmittel für Bootsrümpfe 932* F.
Chablay (A.), Best. v. Veresterungskonstanten in Ggw. eines neutralen Lösungsm. 4798.
Chabot (J. D.), Schwachsaurer Kationenaustauscher in d. Glucoseindustrie 4473.
Chabrier (P.) s. Baudouin (M. A.); Hazard (R.); Laboratoires Dausse; Monssalli (A. J. M.); Najer (H.); Quevauviller (A.).

Chabrier (P.), Giudicelli (P. R. L.) u. **Genot (C. H.),** Morphinderivv. 4409* F.
— u. **Renard (S. H.),** Organ. S-Verbb. 5. Mitt. Sulfoniumderivv. d. Thiamide 4570.
Chackett (G. A.) u. **Chackett (K. F.),** Chem. Form v. ^{32}P, d. in Al durch Beschuß mit N erzeugt wurde 7145.
Chackett (K. F.) s. Chackett (G. A.).
— u. **Fremlin (J. H.),** Vorwärtsverschieb. d. N-Isotops d. M. *13*, d. durch Beschuß v. Al mit d. Isotop *14* hervorgerufen worden ist 4029.
Chackraburtty (D. M.) s. Mitra (G. B.).
Chaco (M. C.), Ventil zur Verhinder. v. Rücksaugen in ein Vakuum 7985.
Chaconas (T. J.) s. Carlson (E. T.).
Chadeloid Corp. u. **Berglund (O. W.),** Beizendes u. porenfüllendes Überzugsmittel für Holz 9935* A., 11305* A.
— u. **Deniston (G. L.),** Beizen u. Füllen v. Holz 720* E.
—, **Hamilton (R. D.), Conrad (G. A.)** u. **Waldie (W. A.),** Färber. Oberflächenbehandl. v. Holz 5211* F.
Chadwick (E.) s. Anglo-Iranian Oil Co. Ltd.
Chadwick (J.) s. Baddeley (G.).
Chadwick (L. C.) u. **Stacey (F. R.),** Ziegellehme v. Antigua, British Westindien 9521.
Chadwick (L. E.) s. Barnhart (C. S.).
—, **Lovell (J. B.)** u. **Egner (V. E.),** Wrkg. verschied. Suspensionsmittel auf d. Aktivität d. Fliegencholinesterase 3646.
Chadwick (R.) s. Imperial Chemical Industries Ltd.
—, **Muir (N. B.)** u. **Grainger (H. B.),** Wrkg. v. Fe-, Mn- u. Cr-Zusätzen auf d. Eigg. v. Blechen aus Al-Legierr. 9658.
Chadwick (R. C.) s. Chamberlain (A. C.).
Chafetz (H.) s. Deno (N. C.).
Chaffee (W. R.) s. Hampton (L. J.).
Chagas (C.), Bovet (D.) u. **Sollero (L.),** Muskuläre u. elektr. Curarisier. bei d. Fisch Electrophorus electricus L. 1089.
Chahvékilian (E.), Rolle d. Rückflußausbeute u. d. Menge d. zurückbehaltenen Stoffes bei diskontinuierl. Rektifikat. 10332.
Chaibullin (I. C.) s. Styrikowitsch (M. A.).
Chaigneau (M.) s. Lebeau (P.).
Chaiken (B.) s. Halstead (W. J.).
Chaikin (S. E.) s. Lebedew (S. W.).
Chaikina (B. I.), Gontscharowa (J. J.) u. **Michailowskaja (L. A.),** Polysaccharidumsatz im Gehirngewebe bei verschied. Charakter d. Erreg. d. Zentralnervensyst. 3903.
Chaikina (M. B.) s. Nowikow (A. S.).
Chaikoff (I. L.) s. Abraham (S.); Brown jr. (G. W.); Chen (R. W.); Hill (R.); Taurog (A.).
Chaimowa (M. A.) s. Temnikowa (T. I.).
Chain (E. B.), Mikrobiologie in d. Industrie. Zweck u. Zukunftsmöglichkk. 4666. — s. Beloff-Chain (A.).
Chaix (P.), Cronenberger (L.), Gaydon (M. C.) u. **Roncoli (G.),** Elektronenmikrographien in verschied. Weise zerstörter Hefezellen 6769.
— u. **Gautheron (D.),** Oxydat. d. Malein- u. Fumarsäure in Ggw. v. Adrenochrom 2708.
Chajess (S. I.), Änderr. im Geh. v. Zucker u. Glykogen im Blut nach Einführ. von Insulin u. Adrenalin gleichzeitig mit Nicotinsäure 9598. — Wirkungsmechanismus d. Nicotinsäure 11615.
Chajutin (W. M.) s. Kawerina (N. W.).
Chakrabarti (A. K.) s. Srivastava (R. S.).
Chakrabarti (J. K.) u. **Sen (N. K.),** Bitterstoffe d. Samen v. Corchorus olitorius L., „Corchorgenin", neues herzwirksames Aglykon 8874.
Chakrabarty (M. M.) s. Chakrabarty (S. R.).
Chakrabarty (S. R.) u. **Chakrabarty (M. M.),** Zus. v. ind. Teesaatölen 9469.
Chakrabortty (H. C.) u. **Burma (D. P.),** Rundfilterpapierchromatographie 11430.
Chakraburtty (A. K.) s. Xavier (J.).
—, **Sen (D.)** u. **Rây (P.),** Komplexbldg. v. Salicylamid mit Uranylion u. eine colorimetr. Bestimmungsmeth. für U 8806.
Chakravarti (A. S.) s. Khanna (K. L.).
Chakravarti (D.) s. Anet (F. A. L.).
Chakravarti (K. K.) u. **Bhattacharyya (S. C.),** Chem. Unters. indischen Krauseminzöls. 1. Mitt. Kennzeichn. d. verschied. Bestandteile 236. — Chem. Unters. d. Malabar-Lemongrasöls (Cymbopogon nardus Rendle). 1. Mitt. 5198.
Chakravarti (S. C.), Sitz d. Vernalisationsänderr. während d. Ontogenese v. Senf 8892.
Chakravarti (S. C.) [Calcutta], Raumgruppe v. Fluoranthen 3342.
Chakravarty (D. N.) s. Mitra (S. S.).
Chakravarty (K. P.), Best. v. Jod im Blut u. Plasmaeiweiß 2971.
Chakravarty (S. N.) s. Ghosh (B. N.).
Chakraverti (I. B.) s. Macmillan (W. G.).
Chakravorty (S. N.), Geh. ind. Böden an austauschbarem Mn 10840.
Chalabala (M.), Unverträglichk. v. Menthol u. Resorcin in Pillen mit gerein. Galle 1560.
Chalatnikow (I. M.) s. Landau (L. D.).
— u. **Sharkow (W. N.),** Streuung v. Neutronen mit Energien v. einigen Grad in fl. He II 4748.
Chaleroux (C.). Einw. v. Chlorwasserstoffgas auf Metalloxyde 3816.
Chaletzki (A. M.) u. **Janowitzkaja (A. M.),** Synth. u. Unters. v. 1-Methyl-1-cyclohexyl-2-brom-2-phenyläthylen 2405. — Rk. v. Br mit α.α-Bis-[p-dimethylaminophenyl]-β-phenyläthylen 9788.
Chalilow (A. C.), Abhängigk. d. Raman-Linienintensität v. d. Frequenz d. anregenden Lichtes u. d. Mol.-Struktur 7637.
Chalker (R.), Entwurf u. Konstrukt. d. Wasserkessel-Neutronenquelle 2829.
Chalkley (D. E.) u. **Williams (R. J. P.),** Natur d. anorgan. Chromatographie an Cellulosesäulen 1684.
Chalkley (L.), Photometr. Papiere, d. nur im kurzwell. UV empfindl. sind 1891. — Experimentelle photograph. Systeme auf d. Basis v. Phosphorwolframsäure 9276.
Chalklin (F. C.) s. Rogers (J. L.).
Challande (R.) s. Pauthenier (M.).
Challansonnet (J.) s. Debiesse (J.).
Challenger (F.) s. Dransfield (P. B.).
— u. **Fishwick (B.),** Isomere Thiophthene u. ihre Äthylhomologen. Orientier. d. Derivv. v. fl. Thiophthen (Thiopheno-[2'.3':2.3]-thiophen) 91.
Challenger (G. E.) u. **Masters (B. J.),** Durch Strahl. induzierter Ce(III)–Ce(IV)-Austausch in wss. HNO_3 u. H_2SO_4 11153.
Challik (O. G.), Schieferasche als Düngemittel 5878.

Challis (A. A. L.) s. Imperial Chemical Industries Ltd.
Challis (K. J.) s. Ilford Ltd.
Chalmers (B.) s. Tiller (W. A.).
— u. **Martius (U.),** Die sich selbst fortsetzende Stufe im Kristallwachstum aus d. Schmelze 8799.
Chalmers (J. G.), Hitze-Umsetzungs-Prodd. v. Baumwollsamenöl 3643.
Chalmers (J. N. M.), Dixon (M. F.) u. **Polack (W.),** Antagonist. Effekt v. oralem Vitamin K_1 auf d. Wrkg. v. Äthyl-bis-cumacetat u. Phenylindandion 4391.
Chalturin (A. I.), Unters. d. therm. Spalt. v. Kohle 6889.
Chalvet (O.), Konstrukt. v. Diagrammen, die d. Bindungsindices v. rein-konjugiert-ungesätt., alternierenden, linearen KW-stoffen angeben 1928. — Azobenzol u. einige Disubstitutionsprodd. 2857. — s. Busso (R. H.); Cheutin (A.); Daudel (R.).
— u. **Daudel (R.),** Berechn. d. Energie d. Grundzustandes u. d. Ionisationspotentials einiger Ionen, Radikale u. Moll. nach d. Meth. d. Konfigurationswechselwrkgg.; Best. d. Aktivierungswärmen bei einigen Rkk. dieser Stoffe 1937.
—, **Daudel (R.), Gouarné (R.)** u. **Roux (M.),** Additions-Rkk. 3107.
— u. **Odiot (S.),** Reaktivität v. Naphthalin bei Additions-Rkk. 1937.
Chalvignac (M.-A.) s. Pochon (J.).
Chamatow (A. C.) s. Nikitin (W. I.).
Chambard (P.), Salzungsverss. mit Kalbfellen 9484.
— u. **Lasserre (R.),** Kieselsäuregerb. 265.
Chambard (R.) s. Colonge (J.).
Chamberlain (A. C.), Abscheid. v. ^{131}J-Dampf auf Oberflächen aus einem Luftstrom 6226.
— u. **Chadwick (R. C.),** Nd. v. Radiojoddämpfen aus d. Luft 4757.
Chamberlain (E. A. C.), Klassifizier. d. Verh. schottischer Kohlen auf offenem Feuerrost 5695.
Chamberlain (G. C.), Verwend. v. Fungiciden bei Steinobst 9422.
Chamberlain (J.) s. Oldham & Son Ltd.
Chamberlain (J. W.), Anreg. v. H im Nordlicht 8783. — Erzeug. v. Nordlichtbögen durch einfallende Protonen 11333.
—, **Fan (C. Y.)** u. **Meinel (A. B.),** Neues O_2-Band im infraroten Nordlichtspektr. 11333.
Chamberlain (N. H.) s. Jordanides (G.); Wood (G. C.).
Chamberlain (O.) s. Bloom (A.); Clark (D. D.).
—, **Donaldson (R.), Segrè (E.), Tripp (R.), Wiegand (C.)** u. **Ypsilantis (T.),** Verss. über Nucleon-Nucleon-Streuung mit polarisierten *312* MeV-Protonen 7827.
— u. **Easley (J. W.),** Neutron-Proton-Kleinwinkelstreuung bei *90* MeV 973.
—, **Farwell (G. W.)** u. **Segrè (E.),** ^{240}Pu u. seine spontane Spalt. 6450.
— u. **Garrison (J. D.),** Proton-Proton-Streuverss. bei *170* u. *260* MeV 11488.
—, **Pettengill (G.), Segrè (E.)** u. **Wiegand (C.),** Querschnitte für p—p-Streuung bei *330* u. *225* MeV 5946.
—, **Segrè (E.), Tripp (R.), Wiegand (C.)** u. **Ypsilantis (T.),** Verss. mit energiereichen polarisierten Protonen 5946. — Polarisat. energiereicher Deuteronen 7828. — Mechanismus d. Protonenpolarisat. bei energiereichen Zusammenstößen 7828. — Polarisat. energiereicher Protonen bei elast. Streuung an He u. C 10668.
Chamberlin (A. C.) s. Bethlehem Steel Co.
Chamberlin (E. M.) s. Merck & Co., Inc.
— u. **Chemerda (J. M.),** Synthesen v. 5α-Pregnan-3β.17α.21-triol-11.20-dion (Reichsteins Substanz D) u. 5α-Pregnan-3β.11β.17α.21-tetrol-20-on (Reichsteins Substanz V) aus 5α-Pregnan-3β-ol-11.20-dion 6291.
Chamberlin (F. S.), Insekticide zur Bekämpf. v. Heliothis virescens (F.) bei im Schatten wachsendem Tabak 8948.
Chamberlin (N. S.), Verwend. v. Cl bei d. Behandl. v. textilen Abwässern 3459.
— u. **Griffin (A. E.),** Phenolabwasserfrage in USA u. ihre Behandl. 1139.
Chambers (D. H.) s. Creamer (R. M.); Reeve (W.).
Chambers (D. S.) s. Grobe (A. H.).
Chambers (E. H.) u. **Delwiche (E. A.),** Biotin u. Succinatdecarboxylier. 5336.
Chambers (E. L.) u. **White (W. E.),** Akkumulat. v. Phosphat durch befruchtete Seeigeleier 9834.
Chambers jr. (F. W.) s. Morgan (J. E.).
Chambers (G. F.) s. Jenkins (A. C.).
Chambers (J. M.) s. Stone & Webster Engineering Corp.
Chambers (J. O.), Potenziertes Salicylamid bei rheumat. Krankheiten 11042.
Chambers (L. A.) s. Levine (Seymour).
Chambers (R. G.), Kinet. Formulier. v. Leitungsproblemen 1205.
Chambers (V. S.) s. United States Rubber Co.
Chambon (L.) u. **Lajudie (P. de),** Unters. d. Stoffwechsels d. Bacillus v. Whitmore 3405.
Chambon (M.) u. **Boucherle (A.),** Imidazolinthione-(4 oder 5). 1. Mitt. Mono- oder 2.5(4)-dialkylierte Imidazolinthione-(4 oder 5) 9567.
—, **Girardet (L.)** u. **Boucherle (A.),** Dialkylaminomethyläther u. -thioäther 563.
Chambon (Y.) u. **Lefrein (H.),** Schädl. Wrkg. d. Antihistaminica auf d. Realisat. d. decidualen Rk. u. d. Erhalt. d. Eiimplantat. beim Kaninchen 3676. — Morphogene Effekte verschied. vasculär wirkender Mittel beim Einbringen in utero auf d. in künstlich progestativer Phase befindl. Endometrium d. Kaninchens 3678.
Chambraud s. Lantuéjoul.
Chamer (E. S.) s. Handy & Harman.
Chaminade (Raymond) u. **Blanchet (R.),** Einfl. v. Humus auf d. Mineralernähr. d. Pflanze im Boden 1126.
Chaminade (Robert) s. Berthelot (A.).
Champeix (J.) u. **Fourrier (P.),** Osteopathien durch chron. Fluorintoxikat. 9140.
Champetier (G.), Makromol. Chemie u. d. Elastomere 6041. — Cellulosechemie 11400. — s. Weber (A.).
— u. **Despas (J.),** Synth. einer Oxyaminosäure: 11-Amino-10-oxyundecansäure 10722. — Polykondensat. d. 11-Amino-10-oxyundecansäure 10722.
—, **Despas (J.)** u. **Khaladji (J.),** Darst. u. Polykondensat. d. 11-Aminoäthylmercapto-10-oxyundecansäure 10721.
— u. **Khaladji (J.),** Darst. v. S-halt. ω-Aminosäuren 5287.
—, **Neel (J.)** u. **Denis (A.),** Fixier. v. NaOH durch Cellulose II 6766.

Champetier (G.) u. Yovanovitch (O.), Alkalistärken 7930.
Champfleur Ellis (O. C. de) = Coligny de Champfleur Ellis (O.).
Champion (C. B.) s. Fussell (E. G.).
Champion (K. S. W.) u. Brown (S. C.), Erschein. d. Plasmaresonanz 2361.
Champion (W. M.) u. Halsey jr. (G. D.), Physikal. Adsorpt. an homogenen (uniform) Oberflächen 4048.
Champion (W. R.) s. Senftle (F. E.).
Champy (C.) u. Demay (M.), Durch Adrenalin hervorgerufene Follikulinwrkg. am Gefieder v. Hühnern 2708.
Chan (Kam-Fai), Chemotherapeut. Unterss. über d. Syphacia oblevata-Infekt. bei Mäusen 1092. — s. Brown (H. W.).
Chanas (P.) s. Dumon (G.).
Chance (B.), Rkk. v. Katalase in Ggw. d. Notatinsyst. 1530. — Regenerat. u. Rücklauf d. Reaktionsteilnehmer in d. „rapid-flow"-Apparatur. 1. Mitt. Konstruktionskennzeichen 9630.
— u. **Higgins (J.),** Peroxydasekinetik bei d. gekoppelten Oxydat.; eine experimentelle u. theoret. Unters. 10535.
— u. **Legallais (V.),** Regenerat. u. Rücklauf d. Reaktionsteilnehmer in d. „rapid-flow"-Apparatur. 2. Mitt. Konstruktionspraxis 3630.
—, **Smith (Lucile) u. Castor (L.),** Neue Methoden zur Unters. d. Kohlenmonoxydverbb. v. Atmungsfermenten 1294.
Chance (C. M.) s. Huffman (C. F.).
Chance (F. S.) s. Du Pont de Nemours (E. I.) & Co.
Chancel (P.) s. Kirrmann (A.).
Chand (G.), Chirurg. Verbandmaterial 3437* F.
Chand (K.) s. Ram (T.).
Chanda (R.) u. Owen (E. C.), P-Verteil. in Colostrum u. Milch d. Kühe in Bezieh. zur Phosphatase 2697.
Chandler (C. A.), Antibiot. Therapie 3676.
Chandler (R. E.) s. Pure Oil Co.
Chandler (W. H.) s. Shell Development Co.
Chandra (G.) s. Dhingra (D. R.).
Chandra (R.) s. Baijal (J. S.).
Chandra (S. G.) s. R. S. Colour Works Ltd.
Chandraratna (M. F.) u. Fernando (L. H.), Düngerwrkg. bei Reis. 1. Mitt. Direkte, Rest- u. kumulative Wrkg. verschied. Phosphatdünger 11661.
Chandrasekhar (G. R.) s. Ray (A. P.).
Chandross (L. G.) s. Lissak (L. I.).
Chandross (L. M.), Eisenhalt. Wässer als Quellen d. techn. Gewinn. v. Eisenhydroxyd 8271.
Chaney (A. L.) s. Standard Oil Development Co.
Chaney (D. W.) s. American Viscose Corp.; Chemstrand Corp.
Chang (Chia-Hua) u. Cook (C. S.), Relative Durchlässigk. v. β-Strahlen durch Geiger-Müller-Zählerfenster 2829.
— u. **Jacobsohn (B. A.),** Eliminat. d. Paar-Wechselwrkg. in d. pseudoskalaren Mesonentheorie 5712.
Chang (C. S.), Substituierte Stärke bei d. Aminflotat. v. Eisenerz 7302.
—, **Cooke (S. R. B.) u. Huch (R. O.),** Stärke u. Stärkeprodd. als drückendes Mittel bei d. Aminflotat. v. Eisenerzen 2522.
Chang (H. C.) u. Grant (N. J.), Kriechen d. Korngrenzen in hochreinem Al 4200. — Mechanismus d. Verform. v. hochreinem Al durch Kriechen bei hohen Tempp. 4200. — Ungleichmäßigk. bei d. Kriechverform. v. grobkörn. sehr reinem Al 8252. — Korngrenzengleiten u. -wandern u. interkristalliner Bruch beim Kriechen 9273.
Chang (H. Y.) s. Eichwald (E. J.).
Chang (J. C.) s. Hultgren (R.).
Chang (J. J.) s. Strehler (B. L.).
Chang (Lo-Ching), Umwandl. ohne Diffus. in Au–Cd-Einkristallen mit 47,5 Atomprozent Cd: Kennzeichen d. Einzelgrenzflächen (single-interface)-Umwandl. 9748.
Chang (N.) s. Fox (J. J.).
Chang (Peh-I) s. Fraenkel (G.).
— u. **Fraenkel (G.),** Histopatholog. Veränderr. infolge Mangels v. Vitamin B_T (Carnitin) bei Larven d. Mehlwurms, Tenebrio molitor L. 7954.
Chang (Tsu-Shen) u. Dennison (D. M.), Zentrifugale Distorsionseffekte in Methylchlorid 8341.
Chang (W. Y.), Brems. v. Mesonen in dünnen Pb- u. Al-Folien auf Seehöhe. 1. Mitt. Mögliche Emiss. geladener Kernteilchen u. verwandte Erscheinn. 11142; 2. Mitt. γ-Strahlen niedriger Energie (1—5 MeV) 11142. — Verss. über langsame, in dünnen Al-Folien gebremste μ-Mesonen 11485.
Chang (Wan-Yuin) s. Sauberlich (H. E.).
Chang (Yi-Chung) u. Moulton (R. W.), Quatern. Flüssigkeitssysteme mit zwei unmischbaren Flüssigkeitspaaren 56.
Chang (Y. T.) u. Smith (M. L.), Stoffwechselunterss. v. Mycobacterium 607. 3. Mitt. Wrkg. verschied. Stickstoffquellen auf Wachstum, Riboflavinerzeug. u. Synth. eines pharmakolog. akt. Stoffwechselprod. 8889.
Chang (Yu-Wei) s. Walling (C.).
Changarnier (C.) u. Calvet (Jean), Unters. d. „Lichtphänomens" bei Al-Legierr. 8330.
Change (C. M.) s. Huffman (C. F.).
Chanin (L. M.) s. Biondi (M. A.).
— u. **Biondi (M. A.),** Beweglichkeiten verschied. Ionen in Edelgasen 4999.
Chanin (M.) u. Barnes (F. H.), Chem. Meth. zur Best. d. Wirksamk. v. Entwicklerlsgg. 1191.
Chanley (J. D.) u. Gindler (E. M.), Mechanismus d. Hydrolyse v. organ. Phosphaten. 2. Mitt. o-Carboxynaphthylphosphate 3596.
Channa (O. N.) s. Handa (K. L.).
Channon (H. B.) s. Virginia Smelting Co.
Channon (S. L.) u. Walker (H. L.), Rekristallisat. u. Kornwachstum im α-Messing 6121.
Chanson (P.) s. Price (B. T.).
— u. **Magnan (C.),** Bildkontrast in d. Protonenmikroskopie infolge elast. u. unelast. Protonenstreuung in leichten Elementen 1686. — Neue Ursache d. Kontrastes v. mit einem Protonenmikroskop gewonnenen Bildern 1686.
Chantooni jr. (M. K.) s. Tanford (C.).
Chantrel (H.) s. Blaise (J.).
Chantrenne (H.), Bldg. d. Enzyme 1066. — Markierte Moll. bei d. Unters. biochem. Vorgänge 5811. — Anwend. v. N-Äthylmaleinimid in d. Papierchromatographie v. Aminosäuregemischen, d. Cystein enthalten 7639.

Chanutin (A.) s. Koch (Hans).
Chao (T. S.) s. McBee (E. T.).
Chapanzewa (L. A.) s. Scheikin (A. J.).
Chapel (C. F.) s. Hollis (L.).
Chapelle (J.) s. Barriol (J.); Lutz (A.).
Chapellier (A.) s. Poulat (C. A. É.).
Chapin (D. M.), Fuller (C. S.) u. **Pearson (G. L.)**, Neue Si-p-n-Kontaktphotozelle zur Umwandl. d. Sonnenstrahl. in elektr. Energie 6687.
Chapin (E. C.) s. Monsanto Chemical Co.; Spalding (D. P.).
Chapin (M. A.) u. **Frost (R. A.)**, Temporalarteriitis: Behandl. mit Cortison 9124.
Chapiro (A.), Relative radiochem. Wirksamk. d. gemischten Strahl. d. Reaktors u. d. γ-Strahlen 6209.
—, **Boag (J. W.), Ebert (M.)** u. **Gray (L. H.)**, Radiolyse v. verd. Lsgg. v. Diphenylpikrylhydrazyl (DPPH) in organ. Lösungsmm. 1. Mitt. Radiolyse v. Chlf. 2643.
—, **Cottin (M.), Haïssinsky (M.), Magat (M.)** u. **Vermeil (C.)**, Installat. einer *30* Curie-Radiokobaltquelle für radiochem. Unterss. 3063.
—, **Durup (J.)** u. **Grosmangin (J.)**, Rk. d. Diphenylpikrylhydrazylradikals (DPPH) mit Äthylenverbb. 3832.
Chapman (A. F.) s. Du Pont de Nemours (E. I.) & Co.
Chapman (C. C.) s. Phillips Petroleum Co.
Chapman (C. L. C.) s. Yardney International Corp.
Chapman (D.), Elektronegativität u. Stabilität v. Metallkomplexen 1687.
— u. **Taylor (R. J.)**, Infrarotzuordnungen d. ungesätt. Bindungen im Gebiet v. *900* bis *1000* cm^{-1} 2911.
Chapman (D. D.) s. Brown jr. (G. W.); Chen (R. W.).
Chapman (D. W.) s. Livesay (W. R.).
Chapman (E. R.), Strozier (W. E.) u. **Magee (R. A.)**, Apresoline bei Schwangerschaftstoxikosen 5123.
Chapman (G. S.) s. Pearl Mfg. Co. Ltd.
Chapman (G. W.) s. Chemara Plantations Ltd.
Chapman (J. A.), Pascoe (M. W.) u. **Tabor (D.)**, Reib. u. Verschleiß v. Fasern 8290.
Chapman (J. J.) s. Witt (R. K.).
—, **Frisco (L. J.)** u. **Smith (J. S.)**, Technik d. Durchschlags fester Dielektrika 5243.
Chapman (N. B.) u. **Russell-Hill (D. Q.)**, Kinetik d. Rkk. v. chlorierten Heterocyclen mit Piperidin u. Äthylationen in Äthanol 8826.
Chapman (P. R.) s. Pure Oil Co.
Chapman (R. A.) s. Larkin (D.); Mahon (J. H.).
Chapman (R. D.) u. **Jominy (W. E.)**, Dauerfestigk. v. anlaßsprödem Stahl 8016.
Chapman (R. W.) s. Hamilton (M. A.).
Chapman (S. M.), Chapman-Prüfgerät für d. Bedruckbarkeitsglätte. 1. Mitt. Entw. u. neuere Abänderr. 5931.
Chapman (T. G.) s. Crabtree jr. (E. H.).
Chapman (W. H.) s. Dunlop Rubber Co. Ltd.
Chapman (W. R.) u. **Jones (D. C. R.)**, Entfern. v. S aus Kohle 9701.
Chapman Forest Utilization, Inc. u. **Tower (G. E.)**, Herst. v. Faserplatten 2103* A.
Chapman Valve Mfg. Co., Herst. v. Ti-Cu-Legierr. mit *0,1—1,25* % Ti 2529* E.
Chapó (E.), Einfl. v. Cr u. B auf d. Eigg. d. Tempergusses 5406.
Chappel (C. F.), Sirny (R. J.), Whitehair (C. K.) u. **MacVicar (R.)**, Wrkg. v. Mineralzulagen auf d. Verdaulichk. v. Maiskolbenfutter bei Schafen 9374.
Chappell (W. E.) s. Gamble (S. J. R.).
Char (T. L. R.) s. Shivaraman (N. B.).
— u. **Sadagopachari (R.)**, Elektrolyt. Abscheid. v. Ag aus d. Jodidbad 3315.
— u. **Shivaraman (N. B.)**, Elektrolyt. Abscheiden v. Metallen u. Legierr. aus cyanidfreien Lsgg. 2. Mitt. Cu aus Äthanolaminlsgg. 8252.
Charalambous (G.) u. **Percival (E. E.)**, Prodd. d. alkal. u. reduktiven Spalt. d. Epoxydringes v. Methyl-3.4- u. -2.3-anhydro-6-desoxy-α-L-talosid u. seinen methylierten Derivv. 2678.
Charavanapavan (C.), Mehl u. Speisen aus Sorghum, Mais u. Kurakkan 3754.
Charbonnelle (J.) s. Bloch (J.-M.).
Charbonnier (A.) s. Deysson (G.).
Charbonnier (F. M.) s. Miller (Charles E.).
Charcharow (A. A.), Absorptionsspektren u. Mol.-Struktur. 1. Mitt. Analogie im Verh. d. Azo- u. Iminogruppe 1005; 2. Mitt. Spektralunterss. alkoh. Lsgg. v. Cl-Derivv. d. Anilins 9282. — Rkk. v. Verbb. mit akt. Methylgruppen mit Diazoverbb. 5543.
Charcharowa (G. M.) s. Salkind (J. S.).
Chardonnet (J.), La Sidérurgie française [1139].
Chareton (J.) s. Mouriquand (G.).
Chargaff (E.) s. Hawthorne (J. N.).
Chari (S. S.) s. Parthasarathy (S.).
Charitonow (N. P.) s. Dolgow (B. N.).
Charitonow (W. M.) s. Alichanjan (A. I.).
Charitonowa (O. P.) s. Medwedew (W. S.).
Charkow (I.), Rohstoff für Gelatine aus Walabfällen 8770.
Charles (F. R.), Beheb. d. Unzulänglichk. d. α-Cellulosebest. durch eine Celluloseausbeutebest. 10410. — s. Canadian International Paper Co.
Charles (G. W.), Hunt (D. J.), Pish (G.) u. **Timma (D. L.)**, Beschreib. u. Analyse d. Spektr. v. Po 5237.
Charles (J. E.) s. Armstrong Cork Co.
Charles (L. J.), Toxizität d. pflanzl. Insekticides Ryania speciosa gegenüber Culex pipiens fatigans Wied 1127. — Freilandvers. zur nachwirkenden Bekämpf. d. Adulten v. Culex fatigans in British Guayana 11667.
Charles (R. G.), Enthalpien u. Entropien d. Rk. v. Metallionen mit Äthylendiamintetraacetat 9505.
Charlesby (A.), Zustandsgleichungen für amorphe langkett. Polymere 2685. — Einfl. d. Mol.-Gew. auf d. Vernetz. v. Siloxanen durch energiereiche Bestrahl. 3394. — Elektronenströme in dünnen Oxydfilmen v. Al 4039. — Wrkg. hochintensiver Strahl. auf langkett. Polymere 8639. — Abbau v. Cellulose durch ionisierende Strahlen 10529.
— u. **Flint (O.)**, Konstrukt. u. Eichung eines *100* Curie-γ-Strahlers 5716.
— u. **Hancock (N. H.)**, Einfl. v. Vernetz. auf d. Elastizitätsmodul v. Polyäthylen 2914.
Charlet (E. M.) s. Standard Oil Development Co.
Charlett (S. M.), Mikrotechnik im Papierlabor. 8526. — Verwend. v. Alkohol in d. Histologie 10824.

Charlier (R.), Wrkg. d. Bicarnesins auf d. Kreislaufsyst. und Verdauungssekrete 2014. — Substituiertes Butylamin 11246.
— u. **Vandersmissen (L.),** Wrkg. eines substituierten Butylamins auf d. pharmakol. hervorgerufenen Extrasystolen 11247.
Charlot (G.), Polarisationskurven als Grundlage d. elektrochem. Analysenmethoden 5856. — Rapid detection of cations [8696].
— u. **Bezier (D.),** Analyse quantitative minérale [6356].
Carlston (E. F.) s. California Research Corp.
Charlton (H. E.) s. Petrocarbon Ltd.
Charlton (J. R.), Herst. v. Gußstücken für Dieselmotoren aus Grauguß 4922.
Charlton (M. G.), H_2-Red. v. W-Oxyden 6936.
Charlton (P. T.) s. Bristow (N. W.).
Charlton (W.) s. Imperial Chemical Industries Ltd.
Charmandarian (M. O.), Einw. v. Metallen auf Ammonium- u. Hydrazoniumnitrat u. Natriumsulfat. Spontane Explos. d. Ammoniumnitrates 5740.
Charney (J.) s. Machlowitz (R. A.).
—, **Fisher (W. P.), Curran (Charles), Machlowitz (R. A.)** u. **Tytell (A. A.),** Streptogramin, ein neues Antibioticum 848.
—, **Machlowitz (R. A.), Roberts (W. S.)** u. **Fisher (W. P.),** Rhodocidin, ein neues Antibioticum 615.
Charney (W.) s. Herzog (A. L.).
Charnley (A.), Isles (G. L.) u. **Rowlinson (J. S.),** App. zur Liefer. v. Dampf v. konstanter Zus. u. konstantem Druck 2261.
Charnley (T.) s. Gibson (M.).
Charonnat (R.) s. Chimie et Atomistique; Mouriquand (G.).
— u. **Fabiani (P.),** Best. d. Rotationsvermögens v. Aureomycinhydrochlorid u. a. Alkaloidsalzen 11047.
— u. **Lalezari (I.),** Sonderbare Eig. v. Thiolacetaten 3601.
— u. **Lechat (P.),** Substanzen, die d. Cornealanästhesie wiedererscheinen lassen 1555. — Mechanismus d. sek. Cornealanästhesie 1555.
Charpak (G.) s. Suzor (F.).
— u. **Chemla (M.),** Herst. gleichmäß. radioakt. Präpp. 7370.
— u. **Suzor (F.),** Emissionswahrscheinlichk. eines Teilchens, d. Elektronenlad. besitzt u. sich v. Elektron in d. positiven u. negativen β-Aktivität unterscheidet 271. — Rückwärtsstreuung v. Elektronen 271. — Absorpt. u. Rückwärtsstreuung v. Elektronen u. β-Strahl. 271.
Charpentier (P.) s. Soc. des Usines Chimiques Rhône-Poulenc.
Charpie (R. A.) s. Cohen (B. L.).
Charreire (A.), Pinsdez (R.), Althabegoity (J.) u. **Soulet de Brugière (Y.),** Ester v. höhermol. Fettsäuren mit Aminoalkoholen 8030* F.
Charreton (B.), Best. d. Existenzbereiches u. d. Löslichkeitsprod. d. dreibas. Bleipermanganates 6476.
Charrier (G.), Trattato di chimica farmaceutica inorganica [7984].
Charrier (J.) s. Tertian (R.).
Charrière (G.) s. Pigeaud (H.).
Charrin (V.), Fe-Glimmer 1384. — Co u. seine Verbb. 1384. — Pb- u. Zn-Erze Frankreichs 1466. — Pegmatit. Seine Lagerstätten in Frankreich 1466. — Französ. Rohstoffvorkk. für d. Pigmentindustrie 4944. — Mn 5624, 9047. — Grünerden 8504. — Schwarze, v. Schiefergesteinen stammende Pigmente 8504. — Tone. Verschied. Arten: Verwend. in d. chem. Industrie 9170. — Glaukonit- u. Serpentingrünerden 10145.
Charru (A.), Polarimetr. u. elektr. Unters. wss. Wein- u. Borsäure-Lsgg. 7046.
Chartrand (V. E.) u. **James (P. E.),** Abziehbilder 9236* A.
Charvát (V.), Kohlenflotat. 9701.
Charvet (F.) u. **La Selve (A.),** Methylergobasin (Methergin) u. seine Anwend. bei d. Entbind. 6561.
Chasanow (M. C.) u. **Marennikowa (S. S.),** Einfl. d. Grippeinfekt. auf d. Aktivität d. Nucleotidasen u. d. sauren Phosphatase d. Organe v. Mäusen 9355.
Chasanowa (N. J.) s. Kritschewski (I. R.).
Chase (A. M.) s. Osborne (A. W.).
Chase (D. M.) u. **Rohrlich (F.),** Elast. Streuung v. Protonen an Kernen. 10668.
Chase (E. S.) u. **Kahn (P.),** Belebtschlamm u. Tropfkörper zur Behandl. v. Gerbereiabwässern 10111.
Chase (F. E.) u. **Gray (P. H. H.),** Gebrauch d. Warburg-App. zur Best. d. mikrobiellen Aktivität in Böden 8245.
Chase (G. A.) s. Brissey (R. M.).
Chase (G. O.) s. Hoffmann-La Roche (F.) & Co. Akt.-Ges.
Chase (H.), Erhöhte Lebensdauer v. Schnellarbeitswerkzeugen durch eine Behandl. mit Dampf 7307.
Chase (R. L.) s. Schardt (A. W.).
—, **Bernstein (W.)** u. **Schardt (A. W.),** Vielseit. Koinzidenz - Graukeil - Impulshöhenanalysator 6211.
Chashinskaja (G. N.) s. Plakssin (I. N.).
Chasick (A. H.), Belebtbelüft. in d. Abwasseranlage v. Ward's Island 7289.
Chassina (M. B.) s. Poliwanow (K. M.).
Chasskin (I. G.), Anwendd. v. Deuterium u. schwerem Sauerstoff in d. Chemie d. Si 9274.
Chasskina (J. J.) s. Terentjew (A. P.).
Chasson (D.) s. Bobtelsky (M.).
Chasson (R. L.) s. MacKnight (M. L.).
Chasteen (J. W.) u. **Hilton (W. A.),** Mikrowellendemonstrationen 11156.
Chastel (R.), Unters. v. Photozertrümmerr. mit photograph. Emulss. 2. Mitt. Photozertrümmer. v. C in drei α-Teilchen 9246; 3. Mitt. (γ, p)-Rk. auf Cu 9246.
Chaston (J. C.) s. Johnson Matthey & Co. Ltd.
Chastonay (P. de) s. Briner (Emile).
Chatagner (F.) s. Tabéchian (H.).
— u. **Bergeret (B.),** Stoffwechsel d. S-halt. Aminosäuren bei höheren Tieren u. Mikroorganismen 9374.
Chatagnon (C.), Mortreuil (M.), Zalta (J. P.) u. **Chatagnon (P.),** Analyse v. Hirn-Lipoproteinen v. Mensch u. Rind 5103.
Chatagnon (P.) s. Chatagnon (C.).
Chataignon (P.) s. Rey (Maurice).
Chatain (C.), Silicatformkörper 668* F. — Fließen im Innern d. Spritzgußform 3979.
Chatain (H.) s. Alimentation Equilibrée.
Chateau (H.), Volumetr. Best. v. Bromid u. Jodid in einer Mischung d. drei Halo-

genide; Anwend. auf d. Ag-Halogenide 11319. — s. P o u r a d i e r (J.).
Chateau (H.) u. **Pouradier (J.)**, Umwandl. v. Thiosulfat in Sulfid bei Anwesenh. v. Bromsilber. 1. Mitt. 2116. — Ag-Thiosulfatkomplexe 9754.
Châtelain (A.), Formkörper 2050* Schwz.
Chatelain (F.), Eichenmooserzeugnisse 9924.
Chatelain (P.), Streuung d. Lichtes durch fl. Kristalle v. nemat. Typ 4517. — Fl. Kristalle 4532. — s. P e l l e t (O.).
Chatelet (M.) s. B r o u t y (M. L.).
Chatelus (C.), Erhöh. d. Widerstandsfähigk. v. Gewebe zum Polieren u. Glätten v. Metallen 5692* F.
Chatelus (G.), Moderne Methoden d. chem. Analyse 10417.
Chatfield (H. W.), Prüf. v. Elektroisolierlacken 2310. — Verträglichk. v. Harzen für Öllacke. 2. Mitt. 11693.
Chatschaturjan (W.) s. D i l a n j a (S.).
Chatschidse (O. T.) s. D u r m i s c h i d s e (S. W.).
Chattanooga Medicine Co., Le Maistre (J. W.) u. **Grote (I. W.)**, Al-Salze dibas. Aminocarbonsäuren 7035* A.
Chatterjea (J. N.), 1.3-Dimethyl-2-azafluorenon. Meyers Pyridinsynth. 4346.
Chatterjee (A.) u. **Majumdar (S. G.)**, Konst. u. Synth. d. Glycosins, d. neuen Alkaloids aus Glycosmis pentaphylla, Retz. DC 9344. — s. C h a t t e r j e e (R.).
Chatterjee (A. K.) u. **Mitra (R. D.)**, Resistenz d. Hausfliege Musca nebulo F. gegen Hexachlorcyclohexan 4917. — Dass. gegen d. Insekticid DDT 9378.
Chatterjee (B.), Ammoniumchlorid als Düngemittel 6597.
— u. **Das (P. P.)**, Wesen d. Katalysators bei d. CO-Zerfall in Ggw. v. Fe 5262.
Chatterjee (D. N.), Spiroverbb. 1. Mitt. Synth. v. 1.2.3.4-Tetrahydronaphthalin-2-spiro-[2'-n-propylcyclopentan] u. seine Umlager. bei katalyt. Dehydrier. 8148.
Chatterjee (R.), **Guha (M. P.)** u. **Chatterjee (A.)**, Pflanzenalkaloide. 3. Mitt. Thalictrum foliolosum, D. C. 10754.
Chatterjee (S.) s. B a n e r j e e (D. K.).
Chatterjee (S. D.) s. E n s e l l (G.).
—, **Ghosh (N. N.)** u. **Naha (A. M.)**, Absorpt. anorgan. Substanzen im nahen Infrarot 11500.
Chatterjee (S. K.) s. B i r n b a u m (G.).
—, **Bai (C. R.)** u. **Shenoy (P. R.)**, Mikrowelleninterferometer 11257.
—, **Shenoy (P. R.)** u. **Bai (C. R.)**, Mess. d. Leitfähigk. v. Metallen bei Mikrowellenfrequenzen 9026.
Chatterjee (Sunil K.), Ersatzbreccien u. Ersatzquarzite aus d. Nähe v. Barabhum im Distrikt Manbhum 8108.
Chatterji (A. C.) s. R a s t o g i (R. P.).
— u. **Rastogi (R. P.)**, Änder. d. Dampfdruckes übersätt. Lsgg. mit d. Temp. 1. Mitt. 2138. — Kristallwachstumsgeschwindigk. in übersätt. Lsgg. 1. Mitt. 2143. — Abhängigk. d. Aktivität d. Solvens in übersätt. wss. Elektrolytlsgg. v. d. Temp. 5004.
Chatterji (K.), Seifenherst. 4483.
Chattopadhaya (S. K.) s. S e n G u p t a (J. C.).
Chattopadhyaya (S. B.), Verhüt. d. Faulens v. Gemüsekeimpflanzen nach d. Aufgehen 11076.
Chaturvedi (D. N.) u. **Bhattacharya (A. K.)**, Leitfähigk. v. As_2S_3-Sol während d. langsamen Koagulat. durch Elektrolyte. 1. Mitt. 6225.
Chatzenko (M. S.) s. G e l p e r i n (N. I.).
Chauchard (P.), Glutaminsäure u. Gehirntätigk. 2714. — s. L e c o q (R.).
—, **Mazoué (H.)** u. **Lecoq (R.)**, Chronaximetr. Unterss. über d. Sexualhormone 1306.
Chaudé (O.) s. R u m p f (P.).
Chaudhari (M. B.) u. **Nargund (K. S.)**, 3-Halogenanthranilsäuren 10009. — Hofmannsche Rk. bei 3-Halogenphthalimid 10009.
Chaudhuri (A.) s. G r a n t (N. J.).
—, **Grant (N. J.)** u. **Norton (J. T.)**, Metallograph. Beobachtt. bei d. Verform. v. hochreinem Mg durch Kriechen bei *500° F* 8715.
Chaudhuri (N.) u. **Mukharji (P. C.)**, Steroidverbb. 4. Mitt. Synth. einer tricycl. Zwischenstufe, 1-Oxy-7-keto-8.11-dimethyl-$\Delta^{8,14}$-dodekahydrophenanthren 6019.
Chaudhuri (R. N.), Pyrimethamine (Daraprim) bei Malaria 11038.
—, **Ghosh (S. C.)**, **Gupta (S. K.)**, **Mukherjee (K. L.)**, **Sen (G. N.)** u. **Werner (G.)**, Neue, gegen Amöben wirksame Medikamente. 1. Mitt. Verss. mit Resotren 1092.
Chaudhuri (S. N.) s. M a r t i n (S. P.).
Chaudhury (N. K.) s. G a n g u l y (S. C.).
Chaudron (G.), Anwendungsbeispiele einer metallograph. Meth. auf einige kristallograph. Probleme: Anwend. d. Meth. d. dilatometr. Analyse 7623. — s. B e a u l i e u (C. d e); D u f l o t (J.); M o n t e l (G.); S o c. T r é f i l e r i e s e t L a m i n o i r s d u H a v r e.
Chaughuley (A. S. U.) u. **Amin (G. C.)**, Friessche Umlager. v. p-Acetoxynitrobenzol 11198.
Chaundy (C. J. F.), Anodenfall in einer Glimmentlad. 4519.
Chaussin (C.), Travaux pratiques de chimie analytique minérale [10104].
Chauveau (J.) s. J a c o b (P.).
Chauvelier (J.), **Dupuy (S.)** u. **Muttelet (Y.)**, α.α'-diacetylen. Ketone zur Identifizier. prim. u. sek. Amine 9537.
Chauvet (J.) s. A c h e r (R.).
Chauvet (M.) u. **Zumstein (P.)**, Kombinat. v. Cortison mit Antibioticis bei d. Tuberkulose 2946.
Chavan (A.) s. C a i l l e u x (A.).
Chavannes (M. A.), Selbsttragender ein- oder beidseit. gekräuselter Film 11472* Schwz.
Chave (K. E.), Biogeochemie v. Mg. 1. Mitt. Kalkige marine Organismen 1699.
Chaves (A. D.) s. P e i z e r (L. R.).
Chavkin (L.) s. G a n s (E. H.); K a n i g (J. L.); M i l l e r (B.).
Chavy (R.) s. B a l l a y (M.).
Chayen (J.) u. **Smith (R. H.)** [London], Assoziat. v. Insulin mit Reticulin v. Rattengeweben 1544.
Chayen (S.) s. M e t c a l f e (G.).
Chayes (F.), Prüf. d. verbesserten Bestimmungstabelle für Plagioklas 426.
Chazal (R. L. F.) s. S o c. d e s U s i n e s C h i m i q u e s R h ô n e - P o u l e n c.
Cheasley (T. C.), **Forrester (J. D.)** u. **Sarapuu (E.)**, Elektroverkok. unter Tage v. Kohle u. verwandten KW-stoffen 11310.
Checchi (S.) s. R i d i (M.).
Chechak (J. J.) s. E a s t m a n K o d a k C o.
Chedid (L.) u. **Boyer (F.)**, Antitox. Funkt. d. Cortisons 1309.
Cheecol Processes Ltd. u. **Keeble (H.)**, Zementformlinge hoher Festigk. 6110* E.

Cheek (D. B.), Fl.- u. Elektrolytgleichgewicht 9375.
Cheeseman (G. C.) u. Berridge (N. J.), Resistenz d. Nisins gegen Penicillinase 6052.
Cheeseman (G. W. H.), Rkk. v. organ. Nitraten 9556.
Cheetham (R. C.) u. Lindley (F. W.), Färben v. künstl. Proteinfasern 8268.
Chefurka (W.), Endwrkgg. v. Insekticiden bei Pflanzenkrankheiten 10361.
Cheifetz (W. L.) u. Krassikow (B. S.), Einfl. oberflächenakt. Stoffe auf d. Überspann. d. Wasserstoffabscheid. an Pt 10445.
Cheifez (M. A.), Elektiver Nährboden für d. Selekt. v. Colibakterien 6311.
Chein (J. A.) s. Glikman (L. A.).
Cheka (J. S.), Filmdosimeter für schnelle Neutronen 6452, 11330. — Instabilität v. Kernemulss. 11330.
Cheldelin (V. H.) s. King (T. E.).
— **u. Beinert (H.)**, Cyclophorasesyst. 25. Mitt. Fettsäureoxydat. im Kaninchenlebersyst. 4852.
Chelemski (M. S.) u. Fleischman (L. J.), Ausnutz. d. Wurzelspitzen u. Bruchstücke d. Zuckerrübe 7801.
Cheli (E.) s. Olivi (O.).
Cheli (R.) s. Salvidio (Emanuele).
Chemara Plantations Ltd. u. Chapman (G. W.), Mittel zur Stimulier. d. Pflanzenwachstums 4196* E.
Chemault (R. L.) s. United States Steel Corp.
Chemerda (J. M.) s. Chamberlin (E. M.).
Chemical Construction Corp., Pyrogene chem. Rkk. 4004* E. — Cu hoher Reinh. 5173* Schwz. — Wiedergewinn. v. Cu aus Abfällen 6382* A., F. — Trennen v. Co- u. Ni-Verbb. 10114* E.
— **u. Allen jr. (L. N.)**, O_2-Gewinn. aus Luft 9414* A.
—, **Allen jr. (L. N.), McGauley (P. J.) u. Roberts (E. S.)**, Gewinn. v. reinem Cu aus Cuhalt. Altmaterial 5170* A. — In ammoniakal. Fll. lösl. Nichteisenmetall 11677* A.
— **u. Cook (L. H.)**, Reinig. v. Harnstoff 8733* A.
— **u. McGauley (P. J.)**, Abtrenn. v. Nickelsulfid 4207* A. — Gewinn. v. Cu, Co u. Ammoniumsulfat aus Laugen 6381* A.
—, **McGauley (P. J.) u. Masur (P. J.)**, Cu-Gewinn. 11678* A.
—, **McGauley (P. J.) u. Schaufelberger (F. A.)**, Abtrenn. d. As aus Arsenosulfiderzen oder -konzentraten 10352* A.
—, **Strelzoff (S.) u. Roberts (E. S.)**, N-Düngemittel 10122* A.
Chemical Developments of Canada Ltd. u. Hopff (H.), Kondensationsprodd. 5655* Can.
—, **Manchen (F.) u. Schmidt (Willi)**, Ester v. Halogenalkoholen 8030* Can.
Chemical Foundation, Inc., Gerjovich (H. J.) u. Pijoan (M.), Chlor-N-äthylacetanilide 2987* A.
— **u. Miller (Ralph)**, Extraktionsverf. für fette Öle 8058* A. — Cl u. Metallnitrate 9878* A. — Zerlegen v. Fettgemischen 10159* A.
—, **Miller (Ralph) u. Hixson (A. W.)**, Raffinieren fetter Öle 4729* A.
Chemické Závody na Slovensku, Národny Podnik, 3.6-Dihydrooxazine 7039* E.
Chemicolloid Laboratories, Inc. u. Ball (C. O.), Fruchtsaft 9218* A.
Chemie Grünenthal G. m. b. H., Jansen (E.) u. Mückter (H.), Schwerlösl. Penicillinsalze 3690* D. B.
Chemiebau Dr. A. Zieren G. m. b. H. u. Furkert (H.), Soda oder Ätznatron u. Ammonsulfat aus Na_2SO_4, NH_3 u. CO_2 10601* D. B.
— **u. Zieren (A.)**, Kontaktschwefelsäure 6825* D. B. — Aufarbeit. v. Glaubersalz 8000* D. B.
—, **Zieren (A.) u. Rupp (J.)**, Wasserfreies Natriumsulfat aus Glaubersalz 9879* D. B.
Chemieprodukte G. m. b. H., Beständ. plast. bleibende M. 3499* E. — Schmiermittel 4006* Oe. — Plast. bleibende Korrosionsschutz- u. Abdichtungsmittel 4902* D. B. — Gegen Korros. schützende Umhüll. 6635* F.
— **u. Kirsch (Werner)**, Überzugsmittel 193* D. B. — Plast. bleibende Korrosionsschutz- u. Abdichtungsmittel 8698* D. B.
— **u. Orno-Ornfeldt (E.)**, Seifen–Mineralöl-M. 480* F.
Chemieprodukte K. G. u. Winter (F.), Schutzbinde für Kabel-, Gas- u. Wasserrohre oder dgl. Körper 4425* D. B. — Dauernd plast. bleibende M. 10827* D. B.
Chemiewerk Homburg Akt.-Ges. u. Pommer (H.), Bicyclo-[0.3.5]-2-oxodecan 4458* D. B.
Chemika G. m. b. H. u. Schrodt (A. F.), Feuerfest- u. Wasserfestmachen v. Textilien, Papier, Pappe, Holz 3524* F.
Chemisch-Technische Werke Akt.-Ges., Bitumendachpappe 6651* Schwz.
Chemische Fabriek L. van der Grinten, N. V., Entwickler für Diazotypien 3544* F. — Dass. für Diazotypie-Halbnaßentw. 9716* E. — Diazotypie 4264* F.
—, **Grinten (L. P. F. van der), Grinten (P. A. W. van der) u. Grinten (K. J. J. van der)**, Diazotypie 4984* F., 9240* E.
— **u. Kessels (F. A. H.)**, Entwickler für Diazotypien 4024* A. — Diazotypieentwickler mit erhöhtem Boratgeh. 7132* A.
Chemische Fabrik Badenia, P. Keilmann O. H. G. u. Croy (F.), Peche mit hohem Geh. an Gelharzen (C II-Harzen) 966* D. B. — Dass. mit einem verhältnismäßig hohen Geh. an Gelharzen (C II-Harzen) 1186* D. B.
Chemische Fabrik J. A. Benckiser G. m. b. H., Pillerfäh. Waschmittel 1167* Schwz. — Herst. eines in W. viscose Lsgg. ergebenden K–NH_4-Salzes einer hochpolymeren Metaphosphorsäure 4184* Schwz. — Dass. v. NH_4-Salz 9168* Schwz. — Gerben v. Häuten u. Fellen 5227* Schwz. — Blutgerinnunghemmende Mittel 5374* Oe. — Einsäuern von Grünfutter 7341* D. B. — s. Schulz (M. E.).
— **u. Korotkyj (B.)**, Erdalkalilactate 6389* D.
— **u. Lindner (K.)**, Gerben v. Häuten u. Fellen 9006* D. B.
— **u. Reinsch (O.)**, Vorbehandl. v. zur Malzherst. bestimmtem Getreide 4477* D. B.
—, **Rudy (H.) u. Volz (A.)**, Walken v. Wolle u. Haaren 8999* D. B.
— **u. Thompson (R. N.)**, Wasserbeständ. Überzüge bildende wss. Disperss. auf d. Basis v. Harnstoff–Formaldehyd-Kunstharzen u. Stärke 250* D. B.
— **u. Volz (P.)**, Verhinder. d. Blutgerinn. 10574* D. B., 11707* D. B.
— **u. Watzel (R.)**, Bldg. v. wasserlösl. Erdalkalikomplexsalzen befähigten Stickstoff–Phosphorsäure-Verbb. 10113* D.
—, **Watzel (R.), Rudy (H.) u. Volz (A.)**, Stickstoffphosphorsäureverbb. 7344* D.
Chemische Fabrik Budenheim Akt.-Ges., Saures Reinigungsmittel 4730* E. — Reini-

gungs- u. Entfettungsmittel für Haushaltsgerät u. Gegenstände aus Glas 11118* F.

Chemische Fabrik Badenheim Akt.-Ges. u. **Pfrengle (O.)**, Potentiometr. Titrat. 7748* D. B. — Erhöh. d. Backfähigk. v. Mehl 10881* D. B.

Chemische Fabrik Düren G. m. b. H., Alkylierte Arylsulfonsäuren 4487* F.

Chemische Fabrik Grünau Akt.-Ges., Oberflächenakt. Mittel 2327* F.

Chemische Fabrik Grünau Akt.-Ges., Zweigniederlassung Tepha-Illertissen, Oberflächenakt. wirksame, N-halt. Verbb. 717* D. B. — Wenig härteempfindl. Seifen 6165* D. B.

Chemische Fabrik von Heyden Akt.-Ges. u. **Boser (O.)**, Hochkonz., fl., koll. Lsgg. v. schwer lösl. Oxalaten d. Seltenen Erden 11270* D. B.

— u. **Haack (E.)**, Eine acylierte Benzylaminogruppe enthaltende quart. Ammoniumverbb. 3004* D.

Chemische Fabrik Kalk G. m. b. H., Herst. v. Baublöcken, Tragsteinen, Fliesen oder Kacheln aus magnesiazementart. Bindemittel 5874* F.

— u. **Brandt (F.)**, Lagerbeständ., frei rieselnde Ein- u. Mehrstoffdüngemittel 7066* D. B.

—, **Vorster (F.)**, **Schmidt (Martin)**, **Büttgens (W.)** u. **Ratajczak (H.)**, Mischdünger 8013* D. B.

Chemische Fabrik „Para" Akt.-Ges., Phenyläthylessigsäure-β-diäthylaminoäthylester 5131* Schwz.

Chemische Fabrik Pfersee G. m. b. H., Knitterfestmachen v. Kunstseide u. Zellwolle 6888* Schwz. — Dass. v. Textilgut 9699* Schwz.

— u. **Zörkendorfer (R.)**, Knitterfestmachen v. Textilgut 8999* D. B.

Chemische Fabrik Schönenwerd H. Erzinger Akt.-Ges., Zahnfüllungen u. Zahnkronen 1562* F. — Zahnersatz aus synthet. Harz 3200* F. — Katalyt. Beschleunig. d. Polymerisat. v. Methacrylsäuremethylester 3685* F.

Chemische Fabrik Schweizerhall, Rk.-Prodd. mit therapeut. Eigg. 8683* Schwz.

Chemische Forschungsgesellschaft m. b. H. u. **Berg (H.)**, Polymere Vinylalkohole 9208* D.

Chemische Laboratorien H. Kurth u. **Kurth (H.)**, Reinig. v. Pentaerythrit 6619* D. B.

Chemische Studien-Gesellschaft Uniwapo G. m. b. H., Meppen (B.) u. **Scheel (C.)**, Aufarbeit. d. bei d. Entschwefelung v. Roheisen mit Soda anfallenden Schlacke 7292* D.

Chemische Verwertungsgesellschaft Oberhausen m. b. H., Oxo-Synth.-Rk. 8029* E.

— u. **Büchner (K.)**, Metall- u. acetalfreie Aldehyde 11094* D. B.

— u. **Eilbracht (H.)**, O-halt. Verbb. 7315* D. B.

—, **Fritzsche (Helmut)** u. **Roelen (O.)**, Katalyt. Anlager. v. Wassergas an Olefine 6388* D. B.

— u. **Gemassmer (A.)**, O-halt. organ. Verbb. 213* D. B., 2771* D. B.

—, **Gemassmer (A.)** u. **Berg (Otto)**, O-halt. Verbb. 8494* D. B.

—, **Gemassmer (A.)**, **Elbel (A.)** u. **Wenzel (W.)**, O-halt. organ. Verbb. 455* D. B.

—, **Haussmann (H.)**, **Schuster (C.)**, **Fürhäuser (F.)** u. **Hartmann (A.)**, Alkalisalze v. Sulfonierungsprodd. v. Alkoholen 11709* D. B.

—, **Müller-Cunradi (M.)**, **Nienburg (H. J.)**, **Schwarte (G.)** u. **Conrad (Richard)**, n- u. Isobutyraldehyd oder entsprechende Alkohole 9442* D. B.

Chemische Verwertungsgesellschaft Oberhausen m. b. H., Nienburg (H. J.) u. **Gemassmer (A.)**, Verzweigte aliphat. O-halt. Verbb. 211* D. B.

—, **Nienburg (H. J.)**, **Helms (A.)** u. **Pistor (H. J.)**, O-halt. Verbb. 2299* D. B.

—, **Pistor (H. J.)**, **Kölsch (W.)** u. **Eckert (E.)**, O-halt. Verbb. 8494* D. B.

—, **Reppe (W.)** u. **Eilbracht (H.)**, O-halt. organ. Verbb. 7314* D. B.

— u. **Roelen (O.)**, Hochmol. Alkohole 7079* D. B.

—, **Roelen (O.)** u. **Landgraf (A.)**, Gewinn. reiner O-halt. Derivv. aliphat. KW-stoffe, vornehml. Aldehyde u. Ketone 3485* D. B.

—, **Schuster (C.)** u. **Eilbracht (H.)**, Wiedergewinn. d. mit d. Rk.-Prodd. d. Oxosynth. mitgeführten Metalle oder Metallverbb. 3730* D. B.

—, **Waldmann (H. J.)**, **Simon (W.)** u. **Plauth (E.)**, Durchführ. exothermer Rkk. 9640* D. B.

—, **Wenzel (W.)** u. **Gemassmer (A.)**, O-halt. Verbb. 2073* D. B.

Chemische Werke Albert, Granuliertes Superphosphat 444* F., 1129* F., 4194* E. — Lackzusatz 2311* F. — Wasserlösl. Volldünger 2757* Oe. — Verbesser. v. Harzen, Ölen usw. 3979* Oe., 8509* Oe. — Aufleimbare, furnierart. u. selbsttragende Folien aus warm härtbaren Kunstharzpreßmassen 3984* Oe. — Härtbare Kondensationsprodd. 4715* F. — Verbesser. d. Eigg. v. styrolisierten Fettsäureestern 5669* F. — Verbessern d. Härtungseigg. v. Phenolharzen 5913* F. — Styrolisieren v. dehydratisierten Ölen 5913* F. — Trimethylolpropan 6131* Oe. — Verbesser. u. Lenk. d. Fließeigg. v. Kunstharzpreßmassen 6154* Oe. — Stabilisieren v. durch Autoxydat. sich verändernden Ölen 6646* F. — Verfestigen v. Polyestern 6656* F. — Al-halt. Phenolharze 7797* Oe.

—, **Bartels (M.)** u. **Schmidt (Ottmar)**, Wasserlösl. Mn-Salze enthaltendes Superphosphat 5160* D. B.

— u. **Cserny (L.)**, Hochfeste wasserbeständ. Preßmasse 8982* D. B.

—, **Cserny (L.)** u. **Schmitz (J.)**, Luftdurchlässige u. feste, beliebig geformte Preßkörper 3021* D. B.

— u. **Eidebenz (E.)**, In β-Stell. zur Aminogruppe substituierte α-Aminoketone oder α-Aminoalkohole 2535* D. B.

—, **Greth (A.)** u. **Schlenker (F.)**, Fäden, Haare, Borsten, Bänder u. dgl. aus Polyestern 6656* D. B.

—, **Hultzsch (K.)** u. **Reese (J.)**, Herstellen v. Kautschukumwandlungsprodd. 2550* D. B.

— u. **Kokoschinski (A.)**, Gewinn. eines als Polier- u. Putzmittel geeigneten Rückstandes beim Aufschluß v. Flußspat mit H_2SO_4 6881* D. B.

— u. **Reppert (R. L. v.)**, Granuliertes Superphosphat 4194* D. B., 7066* D. B.

— u. **Ruzicka (G.)**, Anstrichmittel 1851* D. B.

— u. **Schlenker (F.)**, Bindemittel für Lacke, Anstrichmittel, Kitte, Klebstoffe u. plast. MM. auf d. Grundlage v. Ölen, Naturharzen oder Kunstharzen 932* D. [DDR], 2543* D. [DDR]. — Künstl. Harze 8274* D. B. — Stabilisieren autoxydabel veränderl. Öle 9932* D. B.

Chemische Werke Albert, Schlenker (F.) u. **Hultzsch (K.)**, Styrolisierte Fettsäurepolyester enthaltende Lacke 8976* D. B.

—, **Schlenker (F.)** u. **Starck (H.)**, Härt. v. Äthoxylinharzen 230* D. B.

— u. **Stumpp (K.)**, Behandl. v. Kesselspeisewässern 664* D. B.

Chemische Werke Bergkamen Akt.-Ges., KW-stoffe u. Alkohole 6845* E.

—, **Löpmann (B.)** u. **Schwenke (H.)**, Herst. v. KW-stoffen aus CO-halt. Gasen mit großem H_2-Überschuß 2111* D. B.

Chemische Werke Essener Steinkohle Akt.-Ges., Ausführ. d. Fischer-Tropsch-Synth. 4250* F.

Chemische Werke Hüls, Modifizierte Polyesterharze 705* E. — Vinylchlorid 1370* E. — Wärmestabiles Polystyrol 2548* F. — Herst. v. Mischpolymerisaten aus isomerisierbaren fetten Ölen u. Styrol 2548* F. — Gewinn. v. ungesätt. KW-stoffen 3000* F. — Esterherst. aus Anhydriden zweibas. Carbonsäuren u. Alkoholen 3004* Oe. — Kornpolymerisat. 4714* F. — Hydratat. v. Acetylenen zu Aldehyden u. Ketonen 4931* E. — Ester 5181* Oe. — Stabilisieren v. Polyvinylhalogeniden 5194* F. — Polymerisieren v. Acrylnitril 5195* F. — Hilfsmittel zum Verarbeiten v. Polyvinylchlorid 5436* F. — Linoxynart. Kondensationsprodd. 6865* F. — Polyacrylnitril 9209* E. — Stabilisierungsmittel für Mischpolymerisate aus asymm. Dichloräthylen u. Vinylchlorid 9455* E.

—, **Broich (F.)** u. **Steinlechner (E.)**, Acenaphthylen 5424* D. B.

—, **Bub (L.)** u. **Röhl (H.)**, N-halt. Kondensationsprodd. 5432* D. B.

— u. **Bueren (H.)**, Verbb. mit einer oder zwei Acylaminogruppen 7784* D. B.

—, **Bueren (H.)** u. **Franke (Walter)**, Ketimine d. Ketobutyraldehyds 5163* D. B.

—, **Coenen (A.)** u. **Broich (F.)**, Ester 4699* D. B.

—, **Dietrich (Wilhelm), Mertens (H.-J.)** u. **Wetter (F.)**, Schmiermittel 7588* D. B., 11315* D. B., 11315* D. B.

—, **Dietrich (Wilhelm), Weber (H.)** u. **Oschatz (F.)**, Lösungsm. bei d. Herst. v. Lacken 464* D. B.

—, **Dietrich (Wilhelm), Weber (H.), Willer (R.), Haag (W.), Stein (E.)** u. **Hamann (K.)**, Harze 2312* D. B.

—, **Dietrich (Wilhelm)** u. **Wetter (F.)**, Brems-Fll. 9874* D. B. — Diäthylenglykol 5649* D. B.

—, **Dietrich (Wilhelm), Wetter (F.)** u. **Mertens (H.-J.)**, Verwend. v. Polyalkylenglykolxanthogensäurederivv. 6435* D. B.

— u. **Fischer (Albert)**, Entgasen u./oder Vergasen v. staubförmigen o. körn. Brennstoffen 11130* D. B.

—, **Franke (Walter), Bueren (H.)** u. **Weißbach (K.)**, Acrylsäureester 5177* D. B.

—, **Franke (Walter)** u. **Kraft (R.)**, Acetale d. 3-Ketobutyraldehyds 2772* D. B.

—, **Gumlich (W.), Klein (W.)** u. **Hilpert (R.)**, Herst. v. Polymerisationsprodd. 10634* D. B.

— u. **Jahnentz (W.)**, Gewinn. v. Leichtölen aus Spaltgasen 4975* D. B.

—, **Jahnentz (W.), Weichert (K.)** u. **Reich (W.)**, Leichtöle aus Spaltgasen 4002* D. B.

—, **Meister (H.)** u. **Franke (Walter)**, Cyclohexanonoxim 3735* D. B.

— u. **Nitzschke (O.)**, Elektrochem. Prozesse 11441* D. B. — Elektrolyt. Prozesse 11441* D. B.

Chemische Werke Hüls, Reuter (W.), Dietrich (Wilhelm) u. **Neumann (W.)**, Verf. zum Waschen d. bei d. Oxydat. v. Cyclohexanen mit O_2-halt. Gasen in fl. Phase entstehenden Abgase 5656* D. B.

—, **Saurwein (K.), Hilpert (R.), Gumlich (W.)** u. **Tetzner (H.)**, Druckpasten 9223* D. B.

— u. **Schmidt (Alfred)**, Lagerbeständ., therm. schnellhärtende Furfurylalkoholharze 1625* D. B. — Kontinuierl. Eindampfen v. Lsgg. 3219* D. B.

— u. **Schneider (S.)**, Konzentrieren v. wss. Disperss. hochmol. organ. Stoffe 1155* D. B.

— u. **Senftleben (H.)**, Best. u. Kontrolle d. Zus. u. Reinh. v. Fll. 7996* D. B.

—, **Steinbrink (H.)** u. **Broich (F.)**, Verbb. aus Glyoxalhydraten 2299* D. B.

— u. **Ströbele (R.)**, Beseitig. d. Fluorescenz u. d. Chlorgeh. v. KW-stoffen 8498* D. B.

— u. **Weber (H.)**, S-halt. Verbb. 933* D. B.

—, **Weissbach (K.)** u. **Rosenberg (A.)**, Stabilisator für Polyvinylchlorid 228* D. B.

— u. **Wenning (H.)**, Polyacrylnitril 9684* D. B.

Chemische Werke Rombach G. m. b. H. u. **Behnen (G.)**, Granuliertes Superphosphat 674* F.

—, **Behnen (G.)** u. **Barzen (M.)**, Aufarbeit. v. Nitrierabfallsäure 5624* D. B.

Chemla (M.), Diffus. v. $^{42}K^+$, $^{86}Rb^+$ u. $^{110}Ag^+$ in NaCl-Kristallen 1218. — s. Charpak (G.).

Chemomedica Chemikalien und Arzneimittel Vertriebsgesellschaft Creutzberg & Co. u. **Mikschik (E.)**, Isopropylidenglycerin 6848* Oe.

Chemosan Akt.-Ges. u. **Mahal (A.)**, Luftbeständ. Fll. zum Ondulieren d. Haare 3506* F.

Chempatents, Inc., Oxydat. v. Olefinen 8501* E. — Regenerieren v. Ag-Katalysatoren 8971* E.

— u. **Egbert (R. B.)**, Katalyt. Oxydat. v. Olefinen 217* F. — Oxydat. v. Olefinen, bes. v. Äthylen 217* F., 458* E.

— u. **Landau (R.)**, Überzugsmasse für Gewebe 1413* A.

—, **Landau (R.)** u. **Egbert (R. B.)**, Chlorier. v. Äthylen in verd. Mischungen 3729* A. — Chlorier. v. Olefinen in verd. Mischungen 3729* A.

Chemstrand Corp., Polyacrylnitrilspinnlsg. 256* E. — Lsgg. v. Polyacrylnitril 1174* E., 3525* E. — Fäden u. Formkörper aus Polyacrylnitril 1880* E. — Färben v. Acrylnitrilfasermaterial 5427* E. — Polymergemisch 8292* Schwz. — Färbbares faserbildendes Polymerengemisch 9000* Schwz. — Lsgg. v. mindestens *80 %* Acrylnitril enthaltenden Polymeren 10166* Schwz. — Färbbare Fasern aus Acrylnitrilmischpolymerisaten 10166* Schwz. — Faserbildende Mischungen auf Polyacrylnitrilbasis 10657* Schwz.

— u. **Chaney (D. W.)**, Tern. Mischpolymerisate 5912* A. — Mischpolymerisate 9459* A.

— u. **Craig (A. B.)**, Polymerengemisch zur Herst. anfärbbarer Fäden oder Fasern 9000* D. B., Schwz.

—, **Craig (A. B.)** u. **Gluesenkamp (E. W.)**, Färbbare Fasern 3038* E.

—, **Gluesenkamp (E. W.)** u. **Ham (G. E.)**, Mischpolymerisate v. Acrylnitril u. Isopropenylpyridinen 6632* A.

— u. **Ham (G. E.)**, Fasern aus Polyacrylnitril 256* A. — Künstl. Fäden aus Polyacrylnitril 2568* A. — Färben v. Acrylnitrilfasern 4703* A. — Polymerisationskatalysatoren 9457* A.

— Anfärbbare Mischpolymerisate 10637* A. — Gut färbbare Fasern aus Acrylnitril-Mischpolymerisaten 11125* A. — Fäden 11309* F.
Chemstrand Corp., Ham (G. E.) u. **Craig (A. B.)**, Spinnfäh. Mischpolymerisate 2568* A. — Gut färbbare Mischpolymerisate 3284* A. — Mischpolymerisate aus Acrylnitril 4735* F. — Faserbildende Mischungen 10891* Belg., E.
— u. **Justice (J. L.)**, Verringern d. Viscosität v. Polyacrylnitril-Lsgg. 6632* A., F.
— u. **Larson (R. J.)**, Reinigen v. N-Dimethylacetamid 214* E. — Entfern. v. Dimethylamin aus Dimethylacetamid 2074* D. B., 4932* A.
— u. **Lawson (J. K.)**, Mischpolymerisate aus Acrylnitril u. 1-Vinylimidazol 4736* F.
— u. **Lytton (M. R.)**, Lsgg. v. wenigstens *80* % Acrylnitril enthaltenden Polymerisaten 468* A. — Quatern. Salze v. disubstituiertem 3-Oxy-4-aminobuten-(1) 7331* A.
— u. **Sommar (H. G.)**, Färben v. Acrylnitrilpolymeren 7324* F.
Chen (Chao-Tung) s. Yeh (Ping-Yuan).
Chen (F. F.) s. Shapiro (A. M.).
—, **Leavitt (C. P.)** u. **Shapiro (A. M.)**, Schwäch. von *870* MeV-Protonen durch verschied. Elemente 6445.
Chen (G.) s. Ensor (C. R.).
— u. **Parcell (R. F.)**, Wrkg. v. 1.1-Dimethyl-4-phenylpiperidinium- u. 1-Isopropyl-1-methyl-4-phenylpiperidiniumjodid auf autonome Ganglien 10798.
— u. **Portman (R.)**, Wrkg. v. 1.1-Dimethyl-4-phenylpiperaziniumjodid auf d. Peristaltikreflexe d. isolierten Meerschweinchenileums 9844.
Chen (J. M.), Wrkg. v. Insulin auf in vitro kultivierte embryonale Knochen 5349.
Chen (J. Y. P.), Pharmakol. Eigg. v. N-Äthylpiperidyl-(3)-benzilatmethobromid (IB-*323*), einem starken Spasmolyticum 10799.
Chen (K. K.) s. Herrmann (R. G.); Lee (Cheng-Chun); Swanson (E. E.); Welles (J. S.).
— u. **Henderson (F. G.)**, Pharmakologie v. *64* Herzglykosiden u. Aglykonen 2952.
Chen (Li-Chun) s. Shen (Chao-Wen).
Chen (N. K.) s. Maddin (R.).
— u. **Mathewson (C. H.)**, Rekristallisat. v. Al-Einkristallen nach Dehnung 8567.
Chen (R. W.), **Chapman (D. D.)** u. **Chaikoff (I. L.)**, Acetoacetatumwandl. zu Fettsäuren in d. Leber: Rolle d. Insulins u. d. Ernährungszustand d. Tieres 7700.
Chen (S. L.), Gleichzeit. Wanderung v. ^{32}P u. ^{14}C in entgegengesetzten Richtungen im Phloemgewebe 8893.
Ch'en (Shang-Yi) u. **Kohler (D. A.)**, Verbreiter. u. Verschieb. d. zweiten Dubletts d. Rubidiumabsorptionsserien unter verschied. Druck v. Ar u. He 1901.
— u. **Parker (W. J.)**, Verschieb. u. Verbreiter. d. durch Ar u. He erzeugten blauen Cs-Dubletts 1901.
Chen (W. K.) s. Fischer (Robert B.).
Chen (Y.) s. Said (K.).
Chen (Yao-Tso), Benzoylisothiocyanat als Reagens zur Identifizier. v. Alkoholen 8458.
Chêne (M.), Dosier. v. SO_2 in Bisulfitlaugen 8764.
Chenery (E. M.) s. Pereira (H. C.).
Cheney (H. A.) s. Shell Development Co.
Cheney (L. C.) s. Bristol Laboratories, Inc.; Wheatley (W. B.).
—, **Wheatley (W. B.)**, **Speeter (M. E.)**, **Byrd (W. M.)**, **Fitzgibbon (W. E.)**, **Minor (W. F.)** u. **Binkley (S. B.)**, Bas. Amide als antispasmod. Mittel. 1. Mitt. 8610.
Cheney (W. B.) u. **Hiatt (W. C.)**, Massenstufenabschreck. 5642.
Cheng (A. L. S.) s. Deuel jr. (H. J.).
Cheng (E.), **Yoder (L.)**, **Story (C. D.)** u. **Burroughs (W.)**, Östrogene Aktivität einiger Isoflavonderivv. 9828.
Cheng (E. W.) s. Repp (W. W.).
Cheng (Kwok-Kew), Intraarterielle Injekt. v. Methylenblau zur Nervenendenfärb. in gestreiften Muskeln 177.
Cheng (K. L.), Komplexometr. Titrat. v. Bi 8690.
—, **Bray (R. H.)** u. **Melsted (S. W.)**, Spektralphotometr. Best. v. Bi mit Natriumdiäthyldithiocarbamat 8458.
—, **Melsted (S. W.)** u. **Bray (R. H.)**, Beseitig. störender Metalle bei d. Best. v. Ca u. Mg mit Versenat 6580.
Cheng (Y. C.) u. **Taeng (T. H.)**, Anwend. v. Al in d. Bleichmittelindustrie 179.
Chenicek (A. G.) s. Interchemical Corp.
Chenicek (J. A.) s. Thompson (R. B.); Universal Oil Products Co.
Chenkin (M. L.) s. Kreschtschanowski (N. S.).
Chenkin (T.) s. Weiner (M.).
Chenoch (M. A.), Einw. v. Ultraschall auf Kohlenhydrate 4121.
Chenon (R.), Neue Darst. d. kovarianten Theorie d. Felder 3.
Cheo (P.) s. Loh (H. Y.).
Cheong (L.), **Perri (G. C.)** u. **Sharpe (L. M.)**, Best. v. Radioeisen u. Radiosilber in biol. Proben 891.
Chepil (W. S.), Wrkg. synthet. Bodenverbesserungsmittel auf Phasen d. Bodenstruktur u. Erodierbark. durch Wind 8005.
Cher (M.) u. **Davidson (N.)**, Kinetik d. Oxydier. v. Eisen (II) in Phosphorsäurelsg. 5498.
Cheradame (R.), **Saint Guilhem (P. L. R.)**, **Raineau (A.)** u. **Belugou (P.)**, Prüfverf. zur Aufbereit. v. Kohle 4972.
Cherbuliez (E.) s. Baudet (P.).
— u. **Wolf (B.)**, Unterss. über Casein. 7. Mitt. Identität d. γ-Caseine aus Casein u. Paracasein 2917.
Chermin (H. A. G.) s. Krevelen (D. W. van).
Cherney (P. J.), **Crafts (B.)**, **Hagermoser (H. H.)**, **Boule (S. J.)**, **Harbin (R.)** u. **Zak (B.)**, Best. d. Äthylendiamintetraessigsäure als Chromkomplex 8461.
Cherniavsky (A. J.) s. Shell Development Co.
Chernoff (B.) s. Meerbott (W. K.).
Cheronis (N. D.), Micro and semimicro methods [2972]. — Stabile Lsgg. partiell polymerisierter organ. Si-Verbb. 11473* A.
— u. **Vavoulis (A.)**, Mikrodarst. v. Derivv. zur Identifizier. organ. Verbb. 3448.
Cheroux (R.), Kaliumdefizit in d. Humanmedizin 9127.
Cherrey (G.) s. Choi (R. P.).
Cherry (A. H.) s. Meerbott (W. K.).
Cherubin (G.), Nitrier. v. Baumwoll-Linters 482.
Chervet (J.) u. **Pierrot (R.)**, Chromatograph. Kontaktmeth. 4891.

Chéry (R.), Automat. Zähl. einer statist. Verteil. v. Zeitintervallen (Anwend. auf d. α-Emiss. v. Po) 8545.
Cheshire (A.) s. Benskin (G. E.).
Chesnut (D.) s. Soldano (B.).
Chesnut (F. T.), Hoch- u. Niederfrequenz-induktionsschmelz-Verff. 1362.
Chessa-Perle (E.) u. **Careddu (P.)**, Aminosäurenstoffwechsel u. Wilsonsche Krankheit 7493.
Chessick (R. D.), Histochem. Spezifität d. Cholinesterasen 3165.
Chessin (H.) s. Pauley (J. L.); Wolfe (W. R.).
Chessin (M.) s. Pomeranze (J.).
Chessin (R. B.), Bldg. v. Amylase durch cytoplasmat. Granula aus d. Zellen d. Bauchspeicheldrüse 127. — Einbau markierter Aminosäuren in d. Serumalbumin d. Zellen d. Rattenleber 5812.
Chester (A. E.) s. Poor & Co.
Chester (G. V.), Quantenmechan. Verteilungsfunkt. 1193. — Theorie d. fl. He 8320.
Chester (K. S.), Bakterien als Düngemittel? 8947.
Chester (M. C.) s. Belser (R. B.).
Chester (P. F.) u. **Dugdale (J. S.)**, Schmelzkurven v. D_2 u. H_2 8320.
— u. **Jones (G. O.)**, Supraleit. bei sehr hohen Drucken 6920.
Chester (W. S. N.) s. C. D. Patents Ltd.
Chesterfield (A.), Prakt. Erfahrr. mit Glanzzinkbädern 3724.
Chesters (C. G. C.) u. **Rolinson (N. G.)**, Bedeut. v. Zn im Pflanzenstoffwechsel 9119.
Cheston (W.) s. Annis (M.).
Chetham-Strode jr. (A.) u. **Kinderman (E. M.)**, Halbwertszeit v. ^{90}Y 11492.
Cheutin (A.) s. Daudel (P.).
—, **Buu-Hoï (N. P.)**, **Chalvet (O.)**, **Daudel (R.)**, **Pages (M.)**, **Roux (M.)** u. **Royer (R.)**, UV-Absorptionsspektr. methylierter Derivv. d. angularen Benzacridine 11357.
Chevalier (A.), Hat J.-B. Dumas als erster *1871* d. Vitamine geahnt? 5705.
Chevalley (J.), **McGavack (T. H.)**, **Kenigsberg (S.)** u. **Pearson (S.)**, Behandl. d. Hyperthyreoidismus mit Methimazole 7478.
Chevallier (A.), **Burg (C.)** u. **Frühling (L.)**, Wrkg. v. Cr-Radiophosphat bei intramuskulären Injektt. auf d. Gewebe d. n. Ratte 4874.
Chevallier (F.) s. Bugnard (L.).
Chevallier (J.) s. Netter (A.).
Chevallier (L. M.), Mischdünger 913* F.
Chevallier (P.) s. Gorodetzky (S.).
Chevigny (R.) u. **Roy**, Gewinn. u. Verwend. v. Ge, reinem Si, Ta, Nb u. Zr 5640. — Ti u. seine Legierr. 7770.
— u. **Syre (R.)**, Warmfeste Al-Legierr. 8485.
Chèvremont (M.) u. **Chèvremont-Comhaire (S.)**, Zellwrkg. d. Trioxy-N-methyl-indols, bes. auf d. Chondriom 1292.
Chèvremont-Comhaire (S.) s. Chèvremont (M.).
Chew (G. F.), Nährungsmeth. für das Meson-Nucleon-Problem, wenn d. Wechselwrkg. fest u. ausgedehnt ist 10430. — Renormalisier. d. Mesonentheorie mit einer festen ausgedehnten Quelle 10430.
— u. **Moyer (B. J.)**, Energiereiche Teilchen-Beschleunigungsanlagen im Strahlungslabor. d. California Universität 2357.
Cheylan (E.) s. Bachelet (M.); Lebeau (P.).
Cheymol (J.) s. Hazard (R.); Zénon (M.).
—, **Desarménien (H.)** u. **Durey (J.-M.)**, Antagonismus zwischen Dihydrotachysterin u. Östrogenen 386.
—, **Gay (Y.)** u. **Lavedan (J.-P.)**, Wrkg. v. Hexanösterol auf d. Genitaltrakt d. n. u. d. kastrierten männl. Ratte 10548.
— u. **Levassort (C.)**, Chloropromazin u. Widerstandsfähigk. gegen Hypoxie 148.
Chezaud (J.) s. Soc. Rhodiacéta; Zuber (C.).
Chezeau (R.) s. Beley.
Chhapgar (A. F.) s. Parthasarathy (S.).
Chhetri (M. K.) s. Poddar (J.).
Chiancone (F. M.) s. Carrara (Gino).
Chiang (Li-Chin) u. **Gisvold (O.)**, Synth. wirksamer Antioxydantien 800.
Chiang (R.) s. Boutwell (R. K.).
Chiara (A. di), Verh. d. Lysozyms im Speichel u. Blutserum bei chron. Gastritis 3889.
Chiarioni (T.) u. **Fiaccadori (F.)**, Quantitativer Nachw. d. Dehydraseaktivität in Geweben mit Triphenyltetrazoliumchlorid 5567.
Chiarotti (G.) s. Camagni (P.).
—, **Christiani (G.)**, **Giulotto (L.)** u. **Lanzi (G.)**, Kerninduktor für Messungen d. therm. Relaxationszeiten in Fll. 8792.
Chiavarelli (S.) s. Adank (K.).
Chiaverini (P.), Wrkg. d. Ergotamins auf d. isolierte Froschherz 8203. — s. Simon (I.).
Chiba (H.), Unters. über d. Co-Nitritmeth. zur K-Best. 5400.
Chiba (Y.) s. Miyamoto (Shô).
Chibnall (A. C.), Chem. Konst. d. Proteine 6533. — Quantitative Best. d. Aminosäuren 10101. — Proteinstoffwechsel in bewurzelten Kriechbohnenblättern 10300.
—, **El Mangouri (H. A.)** u. **Piper (S. H.)**, Langkett. paraffin. Bestandteile d. Rosenblütenwachses 10060.
— u. **Wiltshire (G. H.)**, Unters. d. Proteinstoffwechsels in isolierten Kriechbohnenblättern mittels Isotopenstickstoff 10300.
Chiche (J.-C.) s. Benhamou (É.).
Chickner (F. H.) s. Borden Co.
Chicopee Mfg. Corp., Bleichen v. Baumwolle 2809* E.
— u. **Harmon (C.)**, Antistat. Textilausrüst. 6888* A.
Chiddix (M. E.) s. General Aniline & Film Corp.
Chidester (G. H.), Verf. zur Zellstoffherst. aus Harthölzern d. Nordostens 5685.
Chien (J. C. W.) u. **Willard (J. E.)**, Isomeren-, Neutronenenergie- u. Strahlendosierungseffekte auf d. Rkk., d. durch radiativen Neutroneneinfang in organ. Bromiden aktiviert werden 3112.
Chien (Jen-Yuan) u. **Li (Chen-Eu)**, Viscositätsmessungen an d. bin. Lsg. n-Butylalkohol–N-Äthylanilin 8113.
Chierego (G.) s. Bertolani (F.).
Chierici (L.) s. Bava (A. M. C.).
— u. **Passerini (R.)**, Abgewandelte Synth. d. Dibenzoselenophenoxyds 2893.
Chiesura (P.) s. Rubina (G. F.).
Chiga (M.) s. Greiff (D.).
Chighizola (R.) s. Mouriquand (G.).
Chih (C. Y.), Neutron–Proton-Streuung bei *90* MeV 4988.
Chihara (H.) s. Seki (S.).
Chihaya (T.), **Shiota (N.)** u. **Onozaki (C.)**, Grundlegende Unterss. über Se. 2. Mitt. 4060.
Chikuma (G.) s. Yamamoto (T.).

Chilcote (W. B.) s. Standard Oil Co.
Child (H. C.) s. Harris (G. T.); Jessop (W.) & Sons Ltd.
Child (R. G.) s. Tutwiler (F. B.).
Childe (L. B.), Reinig. v. Gußstücken 10851.
Children's Cancer Research Foundation, Inc., Dihydrotriazine 9397* E.
Childress (J. B.) s. Independent-Eastern Torpedo Co.
Childs (C. E.), Isotherme Destillationsmeth. zur Best. v. Mol.-Geww. 10095.
Childs (E. B.) u. **Kanehann (J. A.)**, Anwend. d. logarithm. Sektors für quantitative spektrograph. Analysen v. Petroleum-Ascherückständen 8294.
Childs (G. A.) u. **Cuthbertson (W. F. J.)**, Wrkg. d. Procain–Penicillins auf d. Wachstum abgesetzter Schweine 5352.
Childs (M.) s. Crosbie (G. W.).
Childs (W. J.) s. Cork (J. M.).
Chilean Nitrate Sales Corp. s. Fairweather (H. G. C.).
Chilow (K. L.) s. Beijer (W. A.).
Chilton (A. B.), Cooper (J. N.) u. **Harris (James C.)**, Bremsvermögen verschied. Elemente für Protonen mit Energien v. *400—1050* keV 1662, 11489.
Chilton (H. T. J.) u. **Gowenlock (B. G.)**, Pyrolyse v. Organometallverbb. 1. Mitt. Hg-Diisopropyl 6719. — Rk. v. Stickoxyd mit freien KW-stoff-Radikalen in d. Gasphase. 2. Mitt. Radikale, d. durch d. Pyrolyse v. Di-n-butylquecksilber erzeugt werden 6720.
Chilton (J. M.), Gleichzeit. colorimetr. Best. v. Cu, Co u. Ni als Diäthyldithiocarbamat 1574.
Chimie et Atomistique, Thenoylpiperidin 3920* F.
—, Charonnat (R.) u. **Horeau (M.)**, Ketonhalt. Derivv. hydroxylierter Gallensäuren 2729* D. B.
— u. Gauthier (B.), Reinig. v. 3.12-Dioxy-7-ketocholansäure 8681* A.
—, Libermann (D.) u. **Hengl (L.)**, Naphthylierte β-Ketoester 6394* F.
—, Libermann (D.) u. **Moyeux (M.)**, Heterocycl., symm. Sulfone 5901* F.
— u. Morel (A.), Antiparasitäre u. antifermentäre Hg-Verbb. 7731* F.
— u. Parrod (J.), $\alpha.\alpha'$-Diketo-$\beta.\beta'$-dithiodipropionsäure 7271* F.
— u. Perdigon (É.), Reine Proteinhydrolysate 7785* F.
—, Poulenc (P.), Kirchhoffer (G. M. E. A.) u. **Gauthier (B.)**, Reinig. v. Dehydrocholsäure 2729* A.
—, Redel (J.) u. **Bouteville (A.)**, Aminocholansäuren 2492* F.
Chimiotechnic (Union Chimique du Nord et du Rhône) Soc. An., Collonges (R. S. A.) u. **Duperray (J. N.)**, Reinigen v. Arylalkylsulfonaten 3249* F. — Wss. u. pastenart. Lsgg. v. Arylalkylsulfonaten 3762* F.
— u. Duperray (J. N.), Oberflächenspannungserniedrigende, kationakt., d. Entw. v. Bakterien hemmende Mittel 1406* F.
Chinard (F. P.), Definit. d. osmot. Drucks 2371.
Chini (R.) s. Lauth (R.-F.).
Chinn (H. I.) s. Handford (S. W.); Tomashefski (J. F.).
— u. Redmond (R. F.), Wrkg. v. Primaquine auf d. Hypoxietoleranz 3906.
— u. Sheldon (G. L.), Wrkg. v. Chlorpromazin auf d. Erbrechen nach Bestrahl. 4880.
Chinn (L. J.) s. Hunt (R. H.).
Chinnick (C. C. T.) u. **Lincoln (P. A.)**, Analyse v. Säurechloriden 3448.
Chinoin Gyógyszer és Vegyészeti Termékek Gyára R. T. (Dr. Kereszty és Dr. Wolf), 1-(p-Nitrophenyl)-2-aminopropan-1.3-diol 2776* E., 5854* F. — 1-Phenyl-2-dihalogenacetylamino-1.3-propandiole u. Derivv. 3002* E., 5373* F. — 1-Phenyl-2-dihalogenacetamido-1.3-propandiol 5372* Oe. — Am N-Atom acylierte 1-Phenyl-2-aminopropandiol-(1.3)-Verbb. 5854* F.
— u. Kollonitsch (J.), 1-Phenyl-2-amino-1.3-propandiole bzw. deren im Phenylrest substituierte Derivv. 5373* Oe.
—, Kollonitsch (J.), Kraüt (M.) u. **Hajós (A.)**, Säurehalogenide v. β-Phenyl-β-alkoxyalaninderivv. 3686* D. B.
Chinowsky (W.) s. Steinberger (J.).
— u. Steinberger (J.), Parität d. Pions 3547.
Chinsky (M.), Bewert. v. Methoden zur Best. d. Grundumsatzes für d. prakt. Gebrauch 3903.
Chiochetti (V. E. J.) u. **Henry (E. C.)**, Elektr. Leitfähigk. handelsübl. feuerfester Materialien im Temp.-Bereich *600—1500°* 10355.
Chion, Maßfehler v. Sandgußstücken 3719.
Chiorboli (P.) u. **Morisi (G.)**, Intermol. Assoziationen zwischen Pyrrol u. Pyridin 10471.
Chiotti (P.), Hochtemperaturkristallstruktur v. Th 1921.
Chipault (J. R.), Mizuno (G. R.), Hawkins (J. M.) u. **Lundberg (W. O.)**, Antioxydante Eigg. v. Naturgewürzen 1871.
Chipman (H. R.) s. United States Rubber Co.
Chipman (J.), Unters. über d. Nebenbestandteile d. Stahles 2761. — Gleichgewichtsverhältnisse d. S bei d. Roheisen- u. Stahlgewinn. 3473. — s. Carney (D. J.); Grant (N. J.); Larson (H.); St. Pierre (G.); Sherman (C. W.).
—, Gero (J. B.) u. **Winkler (T. B.)**, Mn-Gleichgewicht unter einfachen Oxydschlacken 677.
Chipman (R. D.) s. Johnston (R. D.).
Chippendale (F.), Chem. Unterss. v. Queensland-Tabak 2094.
Chippindale (P.) s. Astbury (J. P.).
Chipps (J. E.) u. **Zucker (E.)**, Procainhydrochloridallergie bei Lokalanästhesie 2719.
Chiquoine (A. D.), Verteil. d. alkal. Phosphomonoesterase im Zentralnervensyst. d. Mäuseembryo 1762. — Verteil. v. Glucose-6-phosphatase in Leber u. Niere d. Maus 11015.
Chirana národní podnik u. **Dvořák (A.)**, Unters. d. Kristallstruktur v. Stoffen 6127* A., E., Schwz.
Chirico (G.), Gewichtszunahme v. Meerschweinchen nach Behandl. v. Δ^5-Androsten-3.17-dioldipropionat 4863.
— u. Viola (S.), Einfl. v. p-Oxypropiophenon auf d. kompensator. Hypertrophie d. überlebenden Testikel nach Semikastrat. v. Albinoratten 5105.
Chirico (M.) s. Bonomo (E.); Carminati (V.).
Chirnside (R. C.), Extraktionsmetallurgie d. Ge 10125. — s. General Electric Co. Ltd.
Chisholm (D.) u. **MacEachern (C. R.)**, Zn für Kartoffeln in Neuschottland 7299.

Chisholm (D. A.), Hare (W. F. J.) u. Welsh (H. L.), Infrarotabsorpt. v. H_2 unter hohen Drucken 3796.
Chisholm (D. S.) s. D o w Chemical Co.
Chisholm (M. J.) s. H o p k i n s (C. Y.).
Chisholm (R. D.) s. M a s s e y (C. L.).
Chisolm jr. (J. J.), Harrison (H. C.), Eberlein (W. R.) u. Harrison (H. E.), Ausscheid. v. Aminosäuren im Harn, Phosphatarmut d. Blutserums u. Rachitis nach Bleivergift. 10318.
Chitani (T.), Meshitsuka (G.) u. Matsui (Y.), Molekulargewichtsverteilungskurve v. Polystyrol 2086.
Chitenkowa (L. P.) s. I w a n o w a (S. I.).
Chitil (W.) u. Klare (V.), UV-Bestrahl. u. ihr Einfl. auf d. Kalkgeh. d. Knochen 8903.
Chittum (J. F.) s. California Research Corp.
Chitun (G. M.) u. Kultschitzkaja (J. F.), Prakt. Anwend. v. Arbeitsnomogrammen d. Diffusionsbatterie 7568.
Chitwood (H. C.) s. Union Carbide & Carbon Corp.
Chiurdoglu (G.), Baudet (R.), Delsemme (A.) u. Tullen (P.), Synth. u. strukturelle Unters. einiger 1-Oxaspiroalkan-[2.4(5)]-2-carbonsäureäthylester u. einiger ihrer Derivv. 6024.
Chivers (E.) s. D a n i e l s o n (G. C.).
Chládek (M.), Rod (J.) u. Baňoch (Z.), Orientierungsmeth. zur Best. d. Geh. an äther. Ölen bei d. Zücht. v. Heil- u. Gewürzpflanzen 6337.
Chlopin (N. J.) s. A w r u t o w a (C. S.).
—, Litwinowa (N. S.) u. Priwalowa (K. P.), Polarograph. Zn-Best. in Nahrungsmitteln 7573.
Chlorator G. m. b. H. u. Kroke (R.), Unterchlor. Säure 5391* D. B.
Chloride Electrical Storage Co. Ltd. u. Barak (M.), Gitter für Bleiakkumulatoren 8702* E.
—, Walsh (S.) u. Barak (M.), Pb-Legierr. für d. Gitter v. Akkumulatorenplatten 8939* E.
Chlup (W.), Sinngemäße Schuhcremeerzeug. 1405.
Chmelnitzkaja (I. L.) u. Poddubnaja (S. A.), Eigg. eines salzspaltenden Anionits 6585.
Chmelnitzki (L. I.) s. J u r j e w (J. K.).
Chmiel (C. T.) s. B a d g e r (R. G.).
Cho (M. H.) s. J a q u e s (L. B.).
Chochlow (A. S.) s. L a r i o n o w (L. F.); S c h e m j a k i n (M. M.).
Chochlow (N. F.), Pressor. u. depressor. Wrkg. v. Novocain bei Einführ. in d. Innere d. Gefäße 3910.
Chochlowa (G. P.) s. G r a s c h t s c h e n k o w a (S. P.).
Chochlowa (S.) s. W e a s s o w (A.).
— u. Kowalj (W.), Schnelltrockn. v. Leim in Würfelform 8300.
— u. Mernenko (P.), Abtrennen v. hochviscosen Komponenten aus Leimlsgg. durch Fraktionier. 6437.
Chodak (L. P.) s. R e m p e l (S. I.).
Chodakow (A. L.) s. B e l j a j e w (I. N.).
Chodakowa (R. N.) s. M e s c h k o w (N. W.).
Chodanowa (R. N.), Erfahrr. bei d. lokalen Anwend. v. Furacilin in d. Oto-Laryngologie 6330.
Chodkiewicz (W.), Cadiot (P.) u. Willemart (A.), Darst. v. wahren Diacetylenalkoholen 1247.
Chodkowski (J.), Polarograph. Rk. v. Pb, Tl u. Mn(III) bei Ggw. v. O_2 im alkal. Medium 9737. — s. K e m u l a (W.).
Chodorowa (J. L.) s. B e l i t z e r (W. O.).
Chodot (W. W.), Abhängigk. d. Methangeh. v. Kohlen v. d. Temp. d. Gesteine 4494.
Chodroff (S.) s. Nopco Chemical Co.
Choi (R. P.), Koncus (A. F.), Cherrey (G.) u. Remaley (R. J.), Best. d. Proteinreduktionswertes v. Milch zum Nachw. d. Anwesenh. v. Trockenmagermilch 11113.
Cholak (J.) s. K i t z m i l l e r (K. V.).
—, Schafer (L. J.) u. Yeager (D.), Luftverunreinig. in d. Umgeb. einer Hochofenschlacke verarbeitenden Fabrik 4180.
Chollet (B. C.) u. Viaud (R. L.), Sojaextrakt 2097* F. — Labextrakt 3992* F.
Chollet (M. M.), Best. d. Raffinose in d. Zuckerrübe mit d. chromatograph. Meth. 2320.
Cholley (J.-M.) s. M o u t o n (M.-J.).
Cholnow (J. W.) s. D s h e l e p o w (B. S.).
Cholodny (S. D.) s. F r u m k i n (A. L.).
Choma (A. M.), Geh. an p-Aminosalicylsäure in d. kollabierten Lunge u. a. Organen bei d. experimentellen Tuberkulose 8670.
Chomenko (T. A.), Rolle d. Nährmediums für d. Best. d. Empfindlichk. d. Tuberkulosebakterien gegenüber Streptomycin 9360.
Chomjakow (K. G.), Geschichte d. Entdeckung d. Periodischen Gesetzes v. D. I. Mendelejew 7134.
Chomjakow (W. G.), Industrielle Anwend. d. Elektrochemie 3225.
—, Tomilow (A. P.) u. Fioschin (M. J.), Perspektiven d. industriellen Anwend. d. Elektrosynth. organ. Stoffe 5647.
Chomse (H.) u. Arend (I.), K-Best. im Blutserum nach d. Verf. v. Kramer u. Tisdall 5385.
Chomtschenko (G. P.) u. Wowtschenko (G. D.), Elektrochem. Entfernen v. Vergiftungsstoffen v. d. Oberfläche eines Katalysators 3329.
Chomutow (N. J.), N. N. Beketow 2821. — Kinetik d. elektrochem. Oxydat. v. Anilin in wss. Lsgg. 2. Mitt. 2864. — W. W. Petrow, hervorragender Physiko-Chemiker u. d. erste russ. Elektrochemiker 9009. — *150* Jahre Elektrochemie in Rußland. Elektrochem. Unterss. russ. Gelehrter in d. ersten Hälfte d. *19.* Jahrhunderts 10905.
Chomyszyn (M.), Carotinbest. in Futtermitteln 7340.
Chonard (P.) s. A n c e l (P.).
Chonez (A.) s. Entreprises A. Barbin & Co.
Chopard-dit-Jean (L. H.) s. S i m o n (W.).
— u. Heilbronner (E.), Sesquiterpene u. Azulene. 103. Mitt. Bas. Eigg. d. Azulene. 3. Mitt. 6525; 105. Mitt. Polarograph. Red. d. Azulene. 1. Mitt. 6526.
Choperija (M. D.), Subbentonitton v. Nachitschewan 6158.
Chopin (J.) s. R a o u l (Y.).
Choppin (G. R.) s. G h i o r s o (A.); H a r v e y (B. G.); T h o m p s o n (S. G.); W a t t (G. W.).
Chopra (I. C.) s. V i s h w a n a t h a n (R.).
Chopra (N. M.), Cocker (W.), Cross (B. E.), Edward (J. T.), Hayes (D. H.) u. Hutchison (H. P.), Konst. v. Pseudosantonin. 9. Mitt. Unterss. über d. Lage d. Doppelbind. 11000.
Choquette (P. J.), Fortschritte beim Färben d. neueren synthet. Fasern 6625.
Chorewa (O.), Chloren v. Milchbehältern durch Verstäub. einer Lsg. v. Chlorkalk 8053.

Chorosch (D. M.), Entw. eines Sekundärelektronenvervielfachers mit Al–Cs-Oxydstrahler 9730.

Choroschaja (J. S.), **Kowrigina (J. I.)**, **Awilow (A. A.)** u. **Medwedewa (R.)**, Schnellmeth. zur Best. d. Prozentgeh. an Bitumen, Kolophonium u. Kaolin in Bitumen–Kolophonium-Emulss. 1651.

Choroschew (I. I.), Einfl. einer isothermen Vorerhitz. auf d. Entsteh. v. Graphitisierungszentren beim Tempern v. schmiedbaren Gußeisen 201, 5405.

Chorunshi (P. M.), Bekämpf. d. Käferlarven durch tiefes Einbringen v. Hexachloran 5633.

Chosjainow (W. T.), Mesonenerzeug. bei peripheren Nucleonenstößen 9243. — Zusammenstoß v. Teilchen mit gegebenem Drehimpuls 9489.

Chosson (J.) u. **Inglesakis (A.)**, Wrkg. d. Methylergobasins (Methergin) auf d. Uterus abortivus 9137.

Chotinski (J. S.), Rk. v. M. I. Konowalow, wissenschaftl. u. prakt. Bedeut. 9946.

Chotkewitsch (W. I.), Struktur v. bei tiefen Tempp. plast. verformten Metallen 4295.

Chotko (A. J.), Wirksamk. v. granulierten Düngemitteln auf Schwarzerdeböden d. Südostens 4913.

Chotschinow (J. R.), Einfl. organ. Düngemittel im Gemisch mit Superphosphat auf d. Ernteertrag v. Hirse 11074.

Chotzialow (N. F.), Gewährleist. d. Wasserfestigk. hydrotechn. Betone 5154.

Chotzjanowa (T. L.) s. S t r u t s c h k o w (J. T.).

Chou (C. N.), Energiespektren v. Höhenstrahl-Photonen u. -Elektronen nach Messungen mit plast. Scintillationszählern 733. — Durchdring. u. Kaskadenschauer v. Höhenstrahlen mit Plastscintillatoren in einer Höhe v. *11 500* Fuß 5231.

Chou (Te-ch'in) u. **Marlatt (A. L.)**, Faktoren in d. chines. Kost, die d. Carotinausnütz. beeinflussen 3901.

Chouard (P.), Flüchtigk. v. 2.4-D-Estern 1592. — Erhalt. d. blütenbildenden Faktoren nach einjähr. Dunkelkultur 8893.

Choubert (B.), Bas. Eruptivgesteine in d. Gebirgen v. Kaw u. v. Roura (Französ. Guayana) 10703.

—, **Hénin (S.)** u. **Bétrémieux (R.)**, Vers. d. Reinig. v. stark Fe-haltige Bestandteile enthaltenden Bauxiten 10702.

Choudhri (R. S.) u. **Gaur (B. K.)**, Wrkg. einiger Phytohormone auf d. Zucker–Säure-Verhältnis in eßbaren Tomatenfrüchten 3173.

Choudhuri (H. C.), Spritzungen zur Bekämpf. v. Phytophthora infestans (Mont.) beim Kartoffelbau auf d. Hügeln Westbengaliens 4437.

Choudhury (A. K.) s. S i n h a (P. R.).

Choudhury (B. K.) s. G h o s h (B. N.).

Choudhury (P. K.) s. G u p t a (P. K.).

Choussy (H.) s. S o c. A n. d e s M a n u f a c t u r e s d e s G l a c e s e t P r o d u i t s C h i m i q u e s d e S a i n t - G o b a i n, C h a u n y & C i r e y.

Chouthoy (P. K.), **Udupa (H. V. K.)** u. **Mehta (P. C.)**, Lsg. v. Cellulose in Natriumzinkat mit einem Überschuß v. Natriumhydroxyd 11306.

Chovin (P.), La Recherche des structures des composés carbonyles [3642]. — s. M o u r e u (H.).

Chow (A. Y.) s. S i m p s o n (I. A.).

Chow (B. F.), Vitaminresorpt. u. Enzymaktivität im Alter 3666. — s. L i n g (C. T.).

Chow (C. Y.) s. D a s s a n a y a k e (W. L. P.).

Chow (R.) s. M o r r i s (R. E.).

Chow (Suei-Shien) s. H o (S h o w - a n).

Chowdary (S. A.) s. B l e u l e r (E.).

Chowdhury (D. K.) u. **Mukherji (B. K.)**, Äthanolyse v. Pflanzenölen mit NaOH als Katalysator. 1. Mitt. Einfl. d. Alkohol- u. Katalysatorkonz. u. Seifenbldg. 3512; 2. Mitt. Einfl. v. Temp. u. Feuchtigk. 3513; 3. Mitt. Zus. d. Rk.-Prod. in verschied. Stufen 3513.

Chowdhury (K. P. R.) u. **Singh (R.)**, Feuerfestes Sillimanitmaterial aus d. Sillimanitsand v. Travancore Strands. 1. Mitt. 11445.

Chowdhury (N. K.) s. G u j r a l (M. L.).

Choyke (W. J.) u. **Nielsen (C. E.)**, Kontinuierl. Niederdrucknebelkammer mit He 1668.

Chramowa (W. I.) s. B u d n i k o w (P. P.).

Chraplyvy (Z. V.), Zurückführ. relativist. Zweiteilchen-Wellengleichungen auf Näherungsformen. 2. Mitt. 2350.

Chrapowa (J. W.) s. K a r n a u c h o w (A. P.).

Chrapunow (G. S.) s. I c h l o w (U. A.).

Chrenow (K. K.) u. **Kuschnerew (D. M.)**, Keram., nichtgeschmolzene Flußmittel für d. automat. Schweißen 11674.

Chrenowa (G. S.), Best. d. antagonist. Kapazität v. Böden 8245.

Chrétien (A.), **Freundlich (W.)** u. **Bichara (M.)**, Oxydations-Rkk. d. Calciumsilicide 5021.

—, **Freundlich (W.)**, **Bichara (M.)** u. **Tourné (G.)**, Red. d. Aluminiumoxyds durch Calciumhydrid: Bldg. v. $CaAl_2$ 3818.

—, **Freundlich (W.)** u. **Josien (F.-A.)**, Direkte Herst. v. Wolframmonocarbid, WC, ausgehend v. W-Erz 6936.

— u. **Hagenmuller (P.)**, Komplexe Nitrine v. Pb(II) u. Cu(II) 1224.

Chrétien (J.) s. B r o u e t (G.).

Chrimjan (A. W.), Erzeug. v. durchdringenden Paaren durch d. neutrale Komponente d. Höhenstrahl. 2121. — Kernzertrümmerr. durch d. neutrale Komponente d. Höhenstrahl. 5231.

Chrisstewa (L. A.), **Piwowarow (L. R.)**, **Pschenitschny (A. J.)** u. **Jartschuk (I. I.)**, Zusammenhänge zwischen mineral. u. organ. Ernähr. höherer Pflanzen u. Ausnutz. d. Huminsäuren als Düngemittel 7014.

—, **Ponomarenko (W. A.)** u. **Kotljuba (W. G.)**, Einfl. d. Humussäuredüng. auf d. Lebenstätigk. v. Kiefern auf Sandboden 4913.

Chrisstoforow (B. S.), **Gwosdewa (L. N.)** u. **Archipowa (S. M.)**, Chemie d. Molybdänits 5498.

Christ (C. L.), Boratmineralien. 1. Mitt. Röntgenkristallographie v. Colemanit 3570. — Kristallchem. Unterss. v. Boratmineralien 9510. — s. K a s p e r (J. S.).

— u. **Clark (Joan R.)**, Kristallstruktur v. Murdochit 9511.

—, **Clark (Joan R.)** u. **Evans jr. (H. T.)**, Best. d. Struktur v. Colemanit, $CaB_3O_4(OH)_3 \cdot H_2O$, nach d. direkten Meth. v. Hauptman u. Karle 7388.

—, **Dwornik (E. J.)** u. **Tischler (M. S.)**, Kristalline Bezirke in metamikten Mineralien 1465.

Christ (R. E.) s. D u P o n t d e N e m o u r s (E. I.) & C o.

Christ (W.) s. F a r b e n f a b r i k e n B a y e r A k t. - G e s.

Christel (E.), Schneckenmischer für körn. u. pulverförm. Stoffe 5386.
Christensen (B. E.) s. Lange (E. F.); Robins (R. K.).
Christensen (C. M.) s. Prado (F. A. del).
Christensen (C. W.) s. Monsanto Chemical Co.
Christensen (E.) s. Sparrow (A. H.).
Christensen (Eleanor) s. Giese (A. C.).
— u. **Giese (A. C.),** Veränderr. in d. Absorptionsspektren v. Nucleinsäuren u. ihren Derivv. als Folge d. Einw. v. O_3 u. UV-Strahl. 4846.
Christensen (E. V.), Ribena u. Saft aus schwarzen Johannisbeeren 10081.
Christensen (H.), Nachweismeth. für Oberflächen-„Kanäle" an Halbleitern 5961. — s. Bell Telephone Laboratories, Inc.
Christensen (H. E.) s. Ambrose (A. M.).
Christensen (L. K.), Cerebralthrombose im Zusammenhang mit d. Alkohol-Antabus-Rk. 1324. — Denaturier. u. enzymat. Hydrolyse v. Lactoglobulin mit einigen Beobachtt. zur Hydrolyse v. Eialbumin 3158.
Christensen (L. M.), Alkoholgewinn. 239* A.
— u. **Norton (R. J.),** Entfärben v. Safloröl (Öl d. Färberdistel) 5448* A.
Christensen (M. T.), Einstellbarer Spalt für einen Vakuumspektrographen 421.
— u. **Thompson (H. W.),** Rotationskonstanten v. Stickstoffoxyd 8549.
Christensen (P. D.) u. **Lyerly (P. J.),** Wrkg. d. Anwend. v. H_2SO_4 im Irrigationswasser auf d. Erträge v. Baumwolle u. a. Früchten 8008.
Christensen (P. E.), Einordn. v. Pektinen auf Grund ihres Mol.-Gew. (Intrinsicviscosität) 11112.
Christensen (P. K.) u. **Sörensen (N. A.),** Natürl. vorkommende Acetylenverbb. 8. Mitt. Synth. des n-Decen-(2)-triin-(4.6.8)-säuremethylesters, eines Isomeren des natürl. vorkommenden Dehydromatricariaesters 10247; 10. Mitt. Synth. einiger hydrierter, mit d. Matricariaester verwandter Verbb. 10247.
Christensen (R. L.), Resonanzabsorptt. langsamer Neutronen in Ta 1662.
Christensen (S. Å. K.), Mittel zum Haltbarmachen v. Schnittblumen 3717* Dän. — s. Jensen (Kai A.).
Christensen (V. A.), Hejgaard (J. J.) u. **Jensen (K. A.),** Schleimbildende Stoffe. 1. Mitt. Alginate 10081.
Christensen (V. J.), Kleinberg (J.) u. **Davidson (A. W.),** Red. v. Kaliumhexacyanomanganat(III) durch K in verflüss. NH_3 1001.
Christensen (W. G. A.), Düngemittel 1594* F.
Christenson (A. L.) s. Birtalan (J.).
— u. **Rowland (E. S.),** Röntgenograph. Best. v. Restspannungen an Stählen mit hohem C-Geh. nach d. Härten 8483.
Christenson (C. W.) s. Nelson (D. J.); Reading (L. M.).
Christenson (G. L.) s. Merrell (W. S.) Co.
Christenson (R. M.) s. Pittsburgh Plate Glass Co.
Christian (A. B.), Harris (J. R.) u. **Barr (F. S.),** Kombinat. v. Neomycinsulfat u. Polymyxin-B-Sulfat zur Behandl. v. boviner Mastitis 5120.
Christian (C. G.) s. Rapoport (H.).
Christian (E. R.), Verh. v. Serumeisen bei verschied. Krankheiten d. Leber 5350.
Christian (J. E.) s. Peterson (C. F.); Wuggatzer (W. L.).
Christian (J. W.), Deformationspackungsfehler in hexagonal dichtest gepackten Gittern 6467.
Christian (R.) s. Lee (T. D.).
Christian (S. D.) s. Hansen (R. S.).
Christian (W.) s. Boehringer (C. F.) & Soehne G. m. b. H.
Christiani (G.) s. Chiarotti (G.).
Christiansen (C. B.) u. **Lathrop (J. B.),** Betriebsunters. d. Korrosion an d. Einricht. für d. alkal. Zellstoffherst. 5929.
Christiansen (E.), Behälter für dest. W. 2954.
Christiansen (J. A.), Chem. Kinetik u. Gleichgewicht. Gesetz d. ganzzahl. Potenzen in d. Kinetik 4778.
Christiansen (P.), Bedeut. d. milchwirtschaftl. Bakteriologie für d. Molkereipraktiker 1401.
Christiansen (R. G.), Brown (R. R.), Hay (A. S.), Nickon (A.) u. **Sandin (R. B.),** Einige 1.3-Diphenylpropylamine 5532.
Christianson (C. J.) s. Sherwin-Williams Co.
Christianson (G.) s. General Mills, Inc.
—, **Jenness (R.)** u. **Coulter (S. T.),** Best. v. Ca-Ionen u. Mg-Ionen in Milch 10403.
Christianson (J. F.) s. Reissmann (K. R.).
Christie (G. L.) s. Barnard (K. N.).
Christison (I. B.) s. Pope (H.).
— u. **Conant (N. F.),** Wirksamkeit einiger aromat. Diamidine gegen pathogene Pilze 9591.
Christman (D. L.) s. McBee (E. T.).
Christman (D. R.) s. Southwick (P. L.).
Christmann (F.) s. Badische Anilin- & Soda-Fabrik Akt.-Ges.
Christol (H.) s. Mousseron (M.).
Christoph (H.-J.), Thrombin AWD u. Gelatineschwamm AWD als lokale Hämostyptica beim Hund 8899.
Christopher (C. J.), Oxydat. u. ihre Bezieh. zur Stahlerzeug. 1. u. 2. Mitt. 6837.
Christopher (G. L. M.) s. American Cyanamid Co.
Christopher (P.) s. Simonsen (S. H.).
Christy (M. E.) s. Novello (F. C.).
Christy (R. F.), Rotationsniveaus in ^{183}W 4989. — Koppl. d. Drehimpulse bei Kern-Rkk. 6206. — Niedrige Anregungszustände v. ^{19}F. 4. Mitt. Winkelverteill. 10433. — s. Sherr (R.).
— u. **Fowler (W. A.),** Löcherkonfiguratt. in leichten Kernen 4989.
Christy (R. W.), Kriechen v. Silberbromid bei hoher Temp. 7162.
Chromart Film-Industries-Inc. s. Gevaert Photoproducten, N. V.
Chromogen, Inc., Azofarbstoffe für Farbenphotographie 5228* F.
Chromow (M. K.) s. Resnikowski (M. I.).
Chromow (N. W.) s. Remisow (A. L.).
— u. **Remisow (A. L.),** Synth. u. Umwandll. einiger Derivv. d. N.N-Bis-[β-oxyäthyl]-aminoessigsäure. 2. Mitt. Ester d. N.N-Dioxyäthylaminoessigsäure u. d. N-Oxyäthylmorpholons 6289.
Chromow-Borissow (N. W.), Jurisst (I. M.) u. **Judowskaja (B. D.),** Darst. v. Salzen d. Trimethylfurfurylammoniums 10978.
Chromtschenko (L. M.), Unters. d. Energieniveaus v. C-, O- u. Mg-Kernen mittels magnet. Analyse 735.
Chromzow (M. I.), Lufttrockn. v. Sägematerialien unter winterl. Bedingg. 2805.

Chrunowa (A. P.), Antibiotica Synthomycin u. Albomycin bei d. experimentellen Syphilis 3673.
Chruschtschow (M. M.) u. **Babitschew (M. A.)**, Diagramme d. Festigkeitseigg. v. Metallen 9273. — Abhängigk. zwischen d. Verschleißfestigk. v. Metallen bei Reib. an d. Schleiffläche u. ihrer Härte 9426.
—, **Babitschew (M. A.)** u. **Dubinin (G. N.)**, Verschleißfestigk. v. diffusionschromiertem C-Stahl bei d. Reib. in Ggw. fl. Medien 6379.
Chrusstalewa (W. P.) s. Ssolowjewa (J. I.)
Chrysler Corp., **Jominy (W. E.)** u. **Olson (J. H.)**, Flußmittel für das schmelzflüssige Aufbringen v. Al-Überzügen 9187* A.
Chu (E.) s. Forbes (M.).
Chu (J. C.), **Kalil (J.)** u. **Wetteroth (W. A.)**, Stoffübertrag. in einer Wirbelschicht 430.
—, **Kharbanda (O. P.)**, **Brooks (R. F.)** u. **Wang (S. L.)**, Dampf–Fl.-Gleichgewicht. m- u. p-Xylol in verschied. Lösungsmitteln 5750.
— u. **Staffel (E. J.)**, Beziehh. zwischen d. Gleichgewichtsverdampf. u. d. ASTM-Dest. v. KW-stoff-Gemischen 10893.
Chu (P. K.), **Keeler (J. H.)** u. **Davis (H. M.)**, Gase in Emails 9416.
—, **Magor (J. K.)** u. **Davis (H. M.)**, Wrkgg. d. C beim Emaillieren v. Stahl 5152.
Chu (T. L.) s. Li (N. C.).
—, **Li (N. C.)** u. **Fujii (C. T.)**, Unterss. über Fe(III)-thiocyanat in Dioxan 10440.
— u. **Weismann (T. J.)**, Spektrophotometr. Unters. d. homolyt. Dissoziat. v. Tetrafluorenylhydrazin 1473. — Assoziat. einiger Diarylthienyl-(2)-methyle 10951.
— u. **Weissman (S. I.)**, Symmetrieklassifikat. d. Energieniveaus einiger freier Triarylmethylradikale u. deren Kationen 1929.
— u. **Yu (S. C.)**, Magnet. Susceptibilitäten einiger aromat. KW-stoff-Anionen 6245.
Chu (Yun-Wen) s. Tar (DeL. F. De).
Chubb (M. F.) s. United States of America.
Chubb (T. A.) s. Byram (E. T.).
Chuchani (G.) s. MacKenzie (C. A.).
Chucharewa (I.) u. **Schalnikow (A.)**, Supraleitfähigk. v. dünnen Ta- u. Nb-Filmen 8555.
Chudjakow (G. N.), Das Temperaturfeld in u. d. Flamme über einer frei an d. Oberfläche brennenden Fl. 6924.
Chudjakow (J. P.), Bodenmikrobiologie 9422.
Chudowekow (W. D.), Komplexe Verarbeit. v. harzhalt. Holz 224.
— u. **Karzewa (M. W.)**, Erhöh. d. Ausbeute an Sulfatseife 4237.
Chughtai (I. D.) u. **Walker (T. K.)**, Mechanismus d. Bldg. organ. Säuren durch Schimmelpilze. 6. Mitt. Einfl. v. Cyanid auf Aspergillus niger 133.
Chung (D.) s. Levy (A. L.).
Chung (M. T-Sao) = T-Sao (C. M.).
Chung (N. Y.) s. Everson (G.).
Chung Min, T-Sao = T-Sao (C. M.).
Chuoke (R. L.), Elektronenwechselwrkgg. in Metallen 6689.
Chupka (W. A.) u. **Inghram (M. G.)**, Direkte Best. d. Sublimationswärme v. C 1212. — Direkte Best. d. Sublimationswärme v. C mit d. Massenspektrometer 10202.
Chupp (C.) s. Adams (J. A.).
Chupp (E. L.), Unterss. d. Neutronen- u. Ionisierungsintensitäten d. Höhenstrahl. über längere Zeit 4987.
Church (D. C.), **MacVicar (R.)**, **Bieri (J. G.)**, **Baker (F. H.)** u. **Pope (L. S.)**, Verwert. v. intravenös verabfolgtem Carotin durch Schafe u. Rinder 2712.
Church (D. H.-H.) s. American Cyanamid Co.
Church (E. L.) s. Hill (Robert D.).
— u. **Goldhaber (M.)**, Übergänge niedr. Energie in Gd u. benachbarten Aktivitäten d. Seltenen Erden 3791.
Church (J. M.) s. Metal & Thermit Corp.
Churchill (D. W.), **Gelfant (S.)**, **Lalich (J. J.)**, u. **Angevine (D. M.)**, Veränderr. d. Polysaccharide u. elast. Fasern in d. Aorten v. Ratten, d. mit d. tox. Lathyrusfaktor gefüttert wurden 7963.
Churchill (J. L. W.) s. Hunt (S. E.).
Churchill (J. R.) s. Frederickson jr. (L. D.).
Churchill (J. W.) s. Mathieson Chemical Corp.; Schaeffer (B. B.).
Churchill (M. A.), Unters. d. Fähigk. eines Flusses zur Selbstreinig. 4669.
Churchill (W. L.) u. **Gillieson (A. H. C. P.)**, Direkte spektrograph. Meth. zur Überwach. d. Luft auf kleinste Mengen v. Be u. Be-Verbb. 6348.
Churchill-Davidson (H. C.) s. Foster (C. A.).
Churchman (J.) s. Buston (H. W.); Clemetson (C. A. B.).
Churg (J.) s. Lehr (D.).
Chusid (J. G.) u. **Gutierrez-Mahoney (C. G. de)**, Lokale elektrocorticale Rkk., hervorgerufen durch umschriebene Applikat. v. Acetylcholinchlorid auf d. menschl. Großhirnrinde 1775.
Chussanow (C. C.), Resultate d. Behandl. einigen Dermatosen durch intermuskuläre Injekt. v. Nicotinsäure 7484.
Chwalow (M. L. E.), Elektronenmkr. Unterss. aliphat. Natriumseifen 8114.
Chwoles-Englert (A.), Zellenmeth. u. Theorie d. realen Gase 3805.
Chwosstow (I. W.), Oxydat. v. Mesityloxyd mittels Phthalsäurehydroperoxyds 3351.
Chyle (J. J.), Schweißung v. Cu nach d. Inertgas Metallichtbogenverf. 4924.
Chynoweth (A. G.), Einfl. v. O_2 auf d. Photoleitfähigk. v. Anthracen. 2. Mitt. 1234. — s. Schneider (W. G.).
— u. **Schneider (W. G.)**, Photoleitfähigk. v. Anthracen. 1. Mitt. 1234.
Ciaccio (G.) u. **Ercoli (N.)**, Experimentelle Unterss. über d. Infekt. mit d. Virus d. Maul- u. Klauenseuche 2227.
Ciacomo (V. Di), Parfümier. v. Aerosolen 11474.
Cialella (C.) s. Miller (W.).
Ciana (A.) s. Calzolari (C.).
Cianchi (A. L.), Leiterisolier. 5621* E. — s. Fraser (R. P.).
Ciapetta (F. G.) s. Connor jr. (J. E.).
Ciarrapico (A.), Beziehh. zwischen F u. Zahncaries 8186.
Ciasca (G.), ATP u. Gravidität. Stoffwechselunterss. 4. Mitt. Zucker- u. Brenztraubensäurespiegel 4146.
Ciba Akt.-Ges.,
Pharmazie. Desinfektion: Aminoarylpyridylalkanol 7981* Schwz. — Polyäthylenglykolderivv. 6340* Schwz. — p-Butylaminobenzoesäureester v. Polyäthylenglykolmonomethyläther 4885* Schwz. — 1-(β-Diäthylaminoäthyl)-1.2.3.4-tetrahydro-

fluoranthen 1796* Schwz. — 1-Methyl-4.7-phenanthrolin-5.6-chinon 9395* Schwz. — Salze d. 8-Oxychinolins 7036* E., 7981* Schwz. — Nitrochinoline 6343* F. — 1-Hydrazinophthalazin 5135* Schwz. — N.N.N'.N'-3-Pentamethyl-N.N'-diäthyl-3-azapentan-1.5-diammoniumdihydroxyd 5131* Schwz. — Quatern. Ammoniumverbb. 5131* Schwz. — Sek. 3-Azapentylen-(1.5)-ditrialkylammoniumverbb. 3918* Oe., 5600* Ind. — Neue Bis-(p-substituierte Phenyl)-thioharnstoffe 3919* Oe. — Ester u. Äther d. p-Oxybenzoesäure 2025* Schwz. — 6-[N-(β-Piperidinoäthyl)-N-alkylamino]-methylpyridine 11636* E. — Dioxopyrrolidine 6343* Ind. — Cyclohexanol 7733* Schwz. — Amine d. 1.2.3.4-Tetrahydrofluoranthenreihe 1796* Schwz. — 3-Phenyl-1.3-bis-(γ-piperidinopropyl)-2.5-dioxopyrrolidin-bis-chlormethylat 10572* Schwz. — Dioxopyrrolidin-Derivv. 5601* Ind. — 2-(N-Phenyläthyl-methylaminomethyl)-tetrahydrofuran 4164* Schwz. — Neue Hydrazinverbb. 3688* E. — Δ^4-3.20-Diketo-17α-oxy-21-acetoxypregnen 1332* Schwz. — Δ^4-Pregnen-3.20-dion-21-ol-21-trimethylacetat 166* Schwz., 416* Schwz. — Δ^4-Pregnen-3.11.20-trion-17α.21-diol-21-trimethylacetat 166* Schwz. — 17-Oxy-20-ketopregnene 4167* E. — Oxyketone d. Pregnanreihe 2259* E. — Trialkylessigsäureester v. 20-Keto-21-oxypregnanen 2259* E. — 12-Oxypregnan-3.20-dion (12β-Oxyprogesteron 8682* Schwz. — Progesteron 9148* Schwz. — Δ^7-3β.17β-Diacetoxyandrosten 1567* Schwz. — Gesätt. u. ungesätt. Androstanoxyketone 4166* D. B. — Trisnorlanostandionolsäure 414* Schwz. — Abbauprodd. tetracycl. Triterpene 1567* Schwz. — Hydrofluoren-2-carbonsäuren u. ihre Derivv. 7503* F. — Hydrophenanthryl-2-methanale u. Hydrophenanthryl-2-methanole 3207* E. — Alicycl. Oxyketone 11051* Oe. — Verbb. d. Steroidreihe mit O in 11-Stell. 9625* Oe. — Ester v. Steroidhormonen 3690* Schwz.

Analyse. Laboratorium:
Indicatoren für analyt. Zwecke 5864* Schwz.

Agrikulturchemie. Schädlingsbekämpfung:
Schädlingsbekämpfungsmittel 2758* Schwz., 11082* Schwz. — Phosphonsäureester 4919* Schwz. — Organ. P-Verb. 10363* Schwz. — Halogen u. P enthaltende Verb. 9425* Schwz., 10363* Schwz.

Metallurgie. Metallographie. Metallverarbeitung:
Färben v. anod. oxydiertem Al 11092* Ind.

Organische Industrie:
Acylierungsmittel 6386* E. — Acrylnitril 3731* E. — Reinig. v. Acrylnitril 214* Schwz. — Acrylsäurenitril 4454* Schwz., 5421* N. — Reinig. v. Acrylsäurenitril 6621* N. — α.β-ungesätt. Carbonsäureamide 8495* F. — Acetessigsäureamide 2773* F. — Chlorierte Isopropylarylverbb. 7084* E. — Kondensationsprodd. 6393* E. — Alicycl. Oxyketone 5656* Schwz. — 3-Oxy-2-methylcyclohexanon 10629* Schwz. — o-Oxyarylcarbonsäure-(β-naphthylamide) 1607* E. — Kondensationsprodd. v. Aldehyden mit Ketonen 457* F. — 4.7-Dimethyl-5-chlor-3-oxythionaphthen 4459* Schwz. — Alkylhydrazinsalze 5901* Schwz. — Neue Thioketopiperidinverbb. 1377* Oe. — 1-Hydrazinophthalazin 4701* Ind., 7322* E.

Färberei. Organische Farbstoffe:
Färbereihilfsmittel für synthet. Fasern 10630* Schwz. — Farbstoffpräpp. 4703* E. — Beständ. Farbstoffpräp. 7791* Schwz., 9201* Schwz. — Färben v. N-halt. Material 1610* E., 2782* F. — Trockene Farbstoffpräpp. 7089* Schwz. — 4-Nitro-2-amino-1-oxybenzol-6-sulfonsäurealkylamide 6399* Schwz. — 1-Chlor-6-fluoranthrachinon 6140* Schwz. — Färbepräpp. 2785* Schwz. — Azofarbstoff 928* Schwz., 3257* Schwz., 7325* Schwz., 7559* Schwz., 10144* Schwz., 10631* Schwz. — Azofarbstoffe u. Zwischenprodd. 2783* F. — Direktziehender Azofarbstoff 9912* Schwz. — Aminogruppenhalt. aromat. Sulfonsäureester 928* Schwz. — 4-Nitro-2-amino-1-oxybenzol-6-sulfonsäureamid. 2.4-Dinitro-1-chlorbenzol-6-sulfonsäurechlorid 928* Schwz. — 2-Aminobenzol-5-sulfonsäure-(4'-[1''.1''.3''.3''-tetramethylbutyl-(1'')]-phenylester-1-carbonsäure 2306* Schwz. — Pyrazolonverbb. 2784* F. — Monoazofarbstoff 222* Schwz., 1382* Schwz., 4942* Schwz., 6856* E. — Monoazofarbstoffe d. Pyrazolonreihe 4706* Schwz. — Metallhalt. Azofarbstoffe 1611* Schwz., 8037* N., 9677* N., 9677* Schwz., 9912* Schwz., 10631* Schwz., 10632* Schwz. — Metallhalt. Monoazofarbstoffe 1611 Schwz., 4706* Schwz. — Cr-halt. Azofarbstoffe 4462* Schwz., 4942* Schwz., 4705* Schzw., 4706* Schwz., 8269* Schwz. — Chromierte Azofarbstoffe 2306* Schwz. — Co-halt. Azofarbstoff 6141* Schwz., 8038* N., 9677* Schwz., 10385* N. — Cu-halt. Azofarbstoffe 3014* F. — Polyazofarbstoffe 3013* F. — Bis-azofarbstoffe 6628* Schwz. — Disazofarbstoffe 2540* Schwz., 9914* Schwz. — Trisazofarbstoff 2540* Schwz., 2541* Schwz., 5429* Schwz., 6628* Schwz., 8038* Schwz., 9678* Schwz. — 3.3'-Diamino-2.4.2'.4'-tetramethyldiphenylmethan 10632* Schwz. — Anthrachinonfarbstoffzwischenprodd. 4943* Schwz. — 1-Aminoanthrachinon-6-methylsulfon 2541* Schwz. — Küpenfarbstoffe d. Anthrachinonreihe 5430* E. — Küpenfarbstoff 5662* Schwz., 6860* Schwz., 8504* Schwz., 9202* Schwz., 10145* Schwz., 10387* Schwz., 11468* Schwz., 11469* Schwz. — 4.6-Dimethyl-5.7-dichlor-3-oxythionaphthen 11469* Schwz. — Metallfreies Phthalocyanin d. β-Modifikat. 5908* Belg., Schwz. — Metallfreie β-Phthalocyanine in dispergierbarer Form 2543* D. B., Schwz. — Metallhalt. β-Phthalocyanine in dispergierbarer Form 3496* Schwz. — Lithiumphthalocyanin 5664* Schwz. — Natriumphthalocyanin 2082* Schwz.

Farben. Anstriche. Lacke. Naturharze:
Oxydativ trocknende M. 5192* Oe., 8981* Schwz.

Plaste (Kunstharze. Plastische Massen):
Wss. Disperss. v. Mischpolymerisaten 5437* Schwz. — Emulsionsmischpolymerisat. 7331* F. — Gemisch v. verätherten Melamin-CH_2-Kondensationsprodd. 1392* Schwz. — Kationenakt. Harnstoff–Formaldehyd-Kondensationsprodd. 7333* F. — Stabiler, wss. Sirup eines hitzehärtbaren Melamin–Harnstoff–Formaldehyd-Kondensationsprod. 7798* Oe. — Salz eines neuen, härtbaren, bas. tern Kondensationsprod. 8043* Schwz. — Aminoplastpreß-MM. 3502* Oe.

Nahrungs-, Genuß- und Futtermittel:
Bleichen v. Kohlenhydraten 8761* F.

Fette. Seifen. Wasch- u. Reinigungsmittel. Wachse. Bohnermassen usw.:
Reinigungsmittel 3760* Schwz. — Waschmittel 6421* Schwz. — Polyalkylenäther 6647* Schwz. — Polyalkylenglykoläther 717* E. — Benzylimidodiessigsäurederivv. 3762* Schwz. — Mehrbas. Sulfidcarbonsäureteilester 10884* Schwz.

Textilfasern:
Gleitmittel für Wirkgarne 8999* Schwz. — Abkömmlinge d. 4.4'-Diaminostilben-2.2'-disulfonsäure 5935* F. — Feuerfestmachen v. Geweben 2567* F.; Dass. v. Textilien 2567* F. — Schutz v. cellulosehalt. Textilien gegen Mikroorganismen 2106* F. — Chloren v. Wolle 1879* F. — Filz- u. krumpffreie Wolle 3284* E. — Substanzen mit phenol. Hydroxylgruppen 11123* F.

Leim. Klebstoffe usw.:
Verkleben v. Werkstoffen 6437* Oe.

Photographie:
Verb. d. Methinreihe 1423* Schwz. — Methinfarbstoff-Sensibilisatoren 6669* Schwz. — Linsenrasterfilm 7132* Schwz.

Ciba Akt.-Ges. u. **Ackermann (F.)**, Opt. Aufhellungsmittel v. Amincharakter 1877* D. B.
— u. **Anderau (W.)**, Dis- u. Polyazofarbstoffe 696* D. B. — Bis-azofarbstoffe 6627* D. B.
— u. **Bernasconi (E.)**, Azofarbstoffe 2079* D. B.
—, **Billeter (J. R.)** u. **Miescher (K.)**, 17-Keto-10.13-dimethylcyclopentanopolhydrophenanthrene 4167* D. B.
— u. **Brassel (J.)**, Neue chromhalt. Monoazofarbstoffe 2784* Schwed. — Komplexe Cr-Verbb. v. Monoazofarbstoffen 5661* D. B.
— u. **Bühler (A.)**, Azofarbstoffe 4705* D. B.
—, **Bühler (A.)**, **Fasciati (A.)** u. **Zickendraht (C.)**, Cr-halt. Azofarbstoffe 6856* D. B.
—, **Bühler (A.)** u. **Moser (E.)**, Metallhalt. Azofarbstoffe 8741* E.
— u. **Druey (J.)**, Aroyläthylene 412* D. B.
—, **Fisch (W.)**, **Geiger (M.)** u. **Usteri (E.)**, Schädlingsbekämpfungsmittel 9175* D. B.
—, **Gams (A.)**, **Kraus (W.)**, **Widmer (G.)**, **Preiswerk (E.)** u. **Wieland (W.)**, Klebstoff 11317* A.
— u. **Geiger (M.)**, Divinylacetylenfreies reines Acrylsäurenitril 8733* D. B.
—, **Gretener (E.)** u. **Rossi (Carlo)**, Linsenrasterfilm 7824* D. B.
— u. **Großmann (P.)**, Anthrachinonabkömmlinge 5430* D. B.
— u. **Gunst (R.)**, Neue Trisazofarbstoffe 3974* Schwed. — Disazofarbstoffe 5906* D. B.
— u. **Hagenboecker (A.)**, Oxyarylcarbonsäure-β-naphthylamide 3007* A., Schwz.
— u. **Hanhart (W.)**, Azofarbstoffe 2540* D. B. — Trisazofarbstoffe 3974* D. B.
—, **Hanhart (W.)** u. **Riat (H.)**, Trisazofarbstoffe 6628* D. B.
—, **Hartmann (Max)** u. **Bosshard (W.)**, β-Phenoxyäthylammoniumverbb. 11428* D. B.
—, **Hartmann (Max)** u. **Panizzon (L.)**, Nitrile d. Pyridin- u. Piperidinreihe 1098* D. B.
—, **Hiestand (A.)** u. **Albrecht (Otto)** [Münchenstein], Aldehydkondensationsprodd. 221* D. B.
—, **Hoelzle (K.)** u. **Kambli (E.)**, Indigoide Farbstoffe 6145* D. B.

Ciba Akt.-Ges., **Hoffmann (K.)** u. **Spillmann (M.)**, Diphenyl($\Delta^{2.1}$-2-methylpropenyl)-essigsäuredialkylaminoalkylester 640* D. B.
—, **Hoffmann (K.)** u. **Tagmann (E.)**, Fluoranthenamine 3201* D. B.
—, **Jeger (O.)** u. **Ruzicka (L.)**, Trisnorlanostenu. Trisnorlanostansäuren u. ihre Derivv. 11254* D. B.
—, **Jenny (W.)** u. **Kern (Walter)** [Sissach], Anthrachinonküpenfarbstoffe 6858* D. B., Schwz. — Küpenfarbstoffe 6859* A.
—, **Kaegi (Hans)** u. **Miescher (K.)**, Piperidylketone 7733* D. B.
— u. **Kaiser (O.)**, Azofarbstoffe 3013* D. B.
— u. **Kern (Walter)** [Sissach], Küpenfarbstoffe 4220* D. B.
—, **Kern (Walter)** [Sissach] u. **Tobler (R.)**, N-halt. Farbstoffe 4708* D. B., A.
—, **Koch (Jacob)** u. **Kern (Walter)** [Sissach], Küpenfarbstoffe 6857* D. B.
— u. **Kraus (W.)**, Härtung v. Kondensationsprodd. aus Formaldehyd u. d. durch Erhitz. v. Cyanamid oder Dicyandiamid mit Phenolen erhaltenen Reaktionsgemischen 1856* D. B.
—, **Lanzilotti (A. E.)**, **Shabica (A. C.)** u. **Ziegler (J. B.)**, Spalt. v. Thioäthern 1608* D. B.
— u. **Liechti (H. W.)**, Bis-azofarbstoffe 6627* D. B.
—, **Liechti (H. W.)** u. **Gunst (R.)**, Asymm. Harnstoffderivv. v. Monoazofarbstoffen 6141* D. B.
—, **Liechti (H. W.)**, **Menzi (K.)** u. **Oesterlein (F.)**, Disazofarbstoffe 9914* Schwz.
—, **Lindenfelser (R.)** u. **Kilthau (M. K.)**, Preß- u. Überzugsmasse 8751* F.
—, **Mayer (Hans)** u. **Widmer (W.)**, Disazofarbstoffe 696* D. B.
—, **Miescher (K.)**, **Ehmann (L.)** u. **Wettstein (A.)**, Halogensteroide u. ihre Dehalogenierungsprodd. 1567* D. B.
—, **Miescher (K.)**, **Frey (H.)**, **Meystre (C.)** u. **Wettstein (A.)**, Abbau v. Steroiden 6344* D. B.
—, **Miescher (K.)** u. **Hoffmann (K.)**, Quatern. Salze bas. Ester 7732* D. B.
—, **Miescher (K.)** u. **Schmidlin (J.)**, Pregnenale 2259* D. B.
—, **Miescher (K.)**, **Wettstein (A.)** u. **Schmidlin (J.)**, Steroide mit semicycl. Doppelbind. u. deren Oxydationsprodd. 3921* D. B.
—, **Miescher (K.)** u. **Wieland (P.)**, Verbb. d. Androstanreihe 1332* D. B.
— u. **Mörgeli (E.)**, Küpenfarbstoffe 7560* D. B.
— u. **Reich (E.)**, Monoazofarbstoffe 6141* D. B.
— u. **Riat (H.)**, Cu-halt. Disazofarbstoffe 461* D. B. — Cu-halt. Azofarbstoffe 7090* D. B.
—, **Roll (L. v.) Akt.-Ges.**, **Theiler (C.)** u. **Ludin (W.)**, Verdampfen u. Destillieren 6358* D. B.
—, **Ruegg (Rudolf)**, **Bühler (A.)** u. **Moser (E.)**, Neue Monoazofarbstoffe u. deren Metallkomplexverbb. 460* D. B.
—, **Ruegg (Rudolf)** u. **Zollinger (H.)**, Monoazofarbstoffe 695* Schwed.
—, **Ruzicka (L.)**, **Heusser (H.)** u. **Jeger (O.)**, Steroide mit einem O-Atom in 11-Stell. 8682* D. B.
—, **Schmid (M.)** u. **Moser (E.)**, Azofarbstoffe 222* D. B., 3013* D. B. — Pyrazolone 3738* A. — Tetrakisazofarbstoffe 4942* D. B. — Monoazofarbstoffe 5428* A., F.
—, **Schmid (M.)**, **Moser (E.)**, **Danuser (J.)**, **Mory (E.)**, **Müller (Willy)** u. **Würgler (J.)**, Säureamidderivv. v. Azoverbb. 2784* Schwed., 6856* D. B.

Ciba Akt.-Ges., Schmidlin (J.), Miescher (K.) u. Heer (Jules), 17.20-Oxyketone d. Pregnane 6344* D. B.
—, Sutter (P.) u. Kern (Walter) [Sissach], Küpenfarbstoffe 6858* A.
—, Varela (A. A.) u. Schupp (R. J.), Aminotriazinformaldehydharzpreßmassen zwecks Verform. zu halbharten Gegenständen 3747*. Schwed.
—, Wegmann (J.) u. Menzi (K.), Färben v. Cellulosefasern mit direktfärbenden metallhalt. Azofarbstoffen 460* A., Belg.
—, Werner (L. H.) u. Scholz (C. R.), Neue quecksilberhalt. Diuretica 7267* D. B.
—, Wettstein (A.) u. Ruzicka (L.), Cyclopentanopolyhydrophenanthrenketone 415* D. B.
— u. Wettstein (W.), β-Kupferphthalocyanin 8270* D. B.
— u. Widmer (G.), Hochverätherte Aminotriazin-CH_2O-Kondensationsprodd. 935* D. B. — Klebstoff 9008* D. B.
—, Widmer (G.), Sutter (T.), Fisch (W.) u. Hochuli (E.), Öl-W.-Emulsionsfarben zum Bedrucken v. Textilstoffen oder Tapetenpapieren 2330* D. B.
—, Widmer (W.) u. Fasciati (A.), o.o'-Dioxyazofarbstoffe 2783* D. B. — Monoazofarbstoffe 4462* D. B.
—, Widmer (W.) u. Zickendraht (C.), Metallhalt., sulfonsäurefreie Azofarbstoffe 2783* D. B. — Färben v. N-halt. Material mit metallisierbaren Azofarbstoffen 4940* A.
—, Wieland (P.) u. Miescher (K.), Offenkettige Diketone oder cycl. β-Oxyketone oder $\alpha.\beta$-ungesätt. Ketone 2028* D. B.
— u. Wizinger (R.), Methine 6438* D. B.
— u. Zickendraht (C.), Monoazofarbstoffe 5661* Schwed.
—, Zickendraht (C.) u. Bühler (A.), Kobalthalt. Azofarbstoffe 7559* D. B.
—, Zollinger (H.) u. Ruegg (R.), Monoazofarbstoffe 2784* Schwed., 6140* D. B., 7325* A.
Ciba Ltd. = C i b a A k t. - G e s.
Ciba Pharmaceutical Products, Inc., Djerassi (C.) u. Scholz (C. R.), Therapeut. wirksame Thiazoline u. Oxazoline 2255* A.
—, Hoffmann (K.) u. Spillmann (M.), Diphenylessigsäure-β-(N-cycloheptylmethylamino)-äthylester 1796* A.
—, Hoffmann (K.) u. Tagmann (E.), Dioxopiperidine 4887* A.
—, Huebner (C. F.), Mizzoni (Renat H.), Mull (R. P.) u. Scholz (C. R.), Diphenylthioharnstoffe 2488* A.
—, Huebner (C. F.) u. Scholz (C. R.), Thioharnstoffe 3438* A. — Diphenylthioharnstoffe 4884* A., 9389* A.
—, Miescher (K.) u. Meystre (C.), Red. v. Verbb. d. Cyclopentanopolyhydrophenanthrenreihe 1799* A.
—, Miescher (K.) u. Wettstein (A.), Oxosteroide 4650* A. — Bromcholadiene 6088* A.
—, Miescher (K.) u. Wieland (P.), Pregnane 6344* A.
— u. Plattner (P.), Oxyverbb. 1798* A.
—, Sury (E.) u. Hoffmann (K.), 1.3-Bis-aminoalkyl-3-phenyl-2.5-diketopyrrolidine 9392* A.
Ciba Soc. An. = C i b a A k t. - G e s.
Cibes-Viadé (H. R.) s. H e r n á n d e z - M e d i n a (E.); L u g o - L ó p e z (M. A.).
Ciblis (E.) s. S c h w a r z (G.).
Ciborowski (S.), Laboratoriumstropftrichter 10331.
Cibula (A.), Kornverfeinernde Zusätze für Kupfergußlegierr. 5165. — s. B a k e r (W. A.).
Cicalese (J. J.) s. H o u d r y P r o c e s s C o r p.
Çiçekdağ (F.), Mineralstoffe in türk. Nahrungsmitteln 11703.
Cichelli (M. T.), Weatherford jr. (W. D.), Bowman (J. R.) u. Coull (J.), Blasendest. für bin. Gemische. Bezieh. zwischen Bodenanzahl, Rücklaufverhältnis u. Polhöhe 4902.
Cieleszky (V.), Grundlagen d. Polarographie 4657.
Cier (A.) u. Drevon (B.), Methämoglobinbildende Wrkg. u. Stoffwechsel v. Anilinderivv.; Unters. d. Aconitsäuredianilids 3899.
Cier (H. E.) s. S t a n d a r d O i l D e v e l o p m e n t C o.
Ciereszko (L. S.) s. B r e s s l e r (W. L.); C o l l i n s (C. J.).
— u. Hankes (L. V.), Zwischenprodd. bei d. Synth. v. $^{14}C_{(COOH)}$-markierter 3-Oxyanthranilsäure 786.
Cifonelli (J. A.) s. C i f o n e l l i (M.).
— u. Smith (F.), Nachw. v. Glucosiden u. a. Kohlenhydratverbb. auf Chromatogrammen 5862.
Cifonelli (M.), Cifonelli (J. A.), Montgomery (R.) u. Smith (F.), Chemie v. 2.5-Anhydro-L-arabinose 8161.
Cigognini (P.) s. B i e l l a (A.).
Čihalík (J.) s. P ř i b i l (R.).
—, Doležal (J.), Simon (V.) u. Zýka (J.), Best. v. Thiopental mit $AgNO_3$-Lsg. 10568.
Čihař (M.), Einw. v. Ferron auf d. Bernsteinsäuredehydrogenase 11014. — s. P i h a r (O.).
Cilag Akt.-Ges., Quatern. Salze 875* Schwz., 4409* Schwz. — Sulfanilguanidin 924* Oe. — Disubstituierte Nicotinsäureamide 1329* Schwz., 2256* Schwz., 2489* Schwz., 4408* Schwz. — Nicotinsäure-[N-(1.2-diphenyläthyl)-N-(2'-diäthylaminoäthyl)]-amid 1330* Schwz., 7981* Schwz. — 4-Amino-2-methylzimtsäure 1564* Schwz. — Thioäther 1328* F., 1795 Schwz., 7976* Schwz., 9389* Schwz. — 1-Phenoxy-2-(N-isopropylamino)-propan 2025* Schwz. — Aralkylierte Acylessigsäuredialkylamide 2988* E. — Schädlingsbekämpfungsmittel 2988* Oe., 3235* Schwz. — Röntgenkontrastmittel 4413* Oe., 9152* Schwz. — Naphthyridinderivv. 4414* Schwz. — Salpetersäureester d. N-[1-Phenoxypropyl-(2)]-aminoäthanols 4645* Schwz. — 4-Amino-4'-carboxymethylaminodiphenylsulfon 5132* Schwz. — Thioester u. Thioäther 6340* Schwz. — 1-Dimethylamino-3-phenyl-3-acetoxymethyl-5-methylmercaptopentan 6340* Schwz. — 1-(2'.5'-Dimethoxyphenoxy)-2-methylaminopropan 6341* Schwz. — Bas. Äther: 1-(4'-Oxyphenoxy)-2-aminopropan 6341* Schwz.; 1-(p-Methoxyphenoxy)-2-methylaminopropan 9196* Schwz.; 1-(2'.4'.6'-Trimethylphenoxy)-2-äthylaminopropan 9389* Schwz. — 2.4-Dioxyphenyl-(5)-sulfonsäureisobutylthioäther 7035* Schwz. — Aromat. Thioäther 7035* Schwz. — Aldehydderivv. 7272* Schwz. — Symm. Trihalogenphenoläther 7272* E. — Aralkylacylessigsäuredialkylamide 7535* Ind. — Pyridin-3.5-dicarbonsäurediamid 7732* Schwz. — Pyridin-3.5-dicarbonsäure-3-amid-5-diäthylamid 7733* Schwz. — Pyri-

din-3.5-dicarbonsäure-3-(2'-dimethylamino-äthyl)-ester-5-(1″.2″-diphenyläthyl)-amid 7733* Schwz. — Bas. Oxyphenoxyäther 7977* Schwz. — Aryloxyaminopropanäther 7977* Schwz. — 1-Dimethylamino-3-phenyl-3-nicotinyl-aminomethyl-5-methylthiopentan 7981* Schwz. — Methylalkylketoncyanhydrinthiocyanfettsäureester 8014* E. — Analget. wirksame Thioäther 9388* Schwz.

Cilag Akt.-Ges. u. **Habicht (E.)**, Thioäther 10379* E.

— u. **Martin (Henry)**, Bas. substituierte Fettsäure-2-halogen-6-methylanilide u. ihre Salze 3438* Oe., 5849* Oe.

— u. **Richter (C.)**, Neue Oxymethylharnstoffe 11634* D. B.

—, **Suter (H.)** u. **Kündig (W.)**, Nicotinsäureamidderivv. 6343* D. B.

— u. **Utzinger (G. E.)**, Amide alicycl. Carbonsäuren 3718* Oe., 9425* E., Schwz.

Cilag Ltd. = C i l a g A k t. - G e s.

Cilag (Soc. An.) = C i l a g A k t. - G e s.

Cilento (A.) s. L a G r u t t a (G.).

Cilento (G.), Feststell. d. Koordinationszahl in Choleinsäuren 4601.

— u. **Walter (W. F.)**, Ausweit. d. Schwefeloktetts 2155.

Cillie (G. G.) u. **Joubert (F. J.)**, Amylopektinvork. in d. Früchten v. Passiflora edulis 8183.

Cima (L.) s. B e r t i (T.) ; P o r r o (A.).

— u. **Berti (T.)**, Chem. Umwandl. u. antibakterielle Wrkg. d. Antibiotica d. Tetracyclinreihe 10058.

Cimerman (C.) u. **Ariel (M.)**, Mikrovolumetr. Best. v. Sn in Sn- u. Pb-Legierr. 1340.

Cimino (A.) s. B o a t o (C.).

—, **Boudart (M.)** u. **Taylor (Hugh)**, Äthanhydrierungsspalt. an Eisenkatalysatoren mit u. ohne Zusatz v. Alkali 1016.

Cimino (S.), Dehydroascorbinsäure u. Dehydrogenaseaktivität 10769. — Dehydroascorbinsäure u. Glucosestoffwechsel 10790.

Cina (B.), Einfl. einer Kaltverform. auf d. $\gamma \rightarrow \alpha$-Umwandl. in Fe-Ni-Cr-Legierr. 10940.

— u. **Lavender (J. D.)**, Härtungskennzeichen hochlegierter Stähle u. Fe—Cr-Legierr. bei 475° 4685.

Cinader (B.), Antigen–Antikörper-Rk. mit Enzymen als Antigen 6059.

Cincinnati Chemical Works, Inc. u. **Monnier (R. P.)**, Chromkomplexverbb. v. Azofarbstoffen 6399* A.

Cinecolor Corp., **Gundelfinger (A. M.)**, Zweifarbenblider durch Tonung 500* A.

Cinema-Television Ltd., Isolier. d. Elektroden in Fernsehröhren 10344* F.

—, **Denisoff (A. K.)** u. **Speirs (J. M. S.)**, Leuchtschirm für Kathodenstrahlröhren 11440* D. B.

Cines (M. R.) s. H a n s o n (G. H.); P h i l l i p s P e t r o l e u m C o.

Cingolani (E.) u. **Gaudiano (A.)**, Dissoziationskonstanten u. spektrophotometr. Eigg. d. Isonicotinsäurehydrazids 4550.

Cini (G.) s. B r o v e t t o (P.).

Cini (R.) s. S a c c o n i (L.).

— u. **Sacconi (L.)**, App. zur genauen Mess. d. magnet. Susceptibilität 1907.

Cino (T. J. De) s. O' D o n n e l l (A. E.).

Cinq-Mars (L.) u. **Coulson (J. G.)**, Wrkg. v. Fungiciden bei Nutzpflanzen 9422.

Cintan (M.), Resistenz gegen Streptomycin 11602.

Ciocatto (E.) s. F o g l i a t i (A. E.).

—, **Cattaneo (A. D.)** u. **Bianchetti (L.)**, Änder. d. peripheren Venendruckes unter d. Einfl. v. Ganglienblockern 8437.

—, **Fogliati (A. E.)**, **Cattaneo (A. D.)** u. **Giudice (P. A.)**, Leberfunkt. unter d. Bedingg. d. mit verschied. Mitteln erzeugten Ganglienblockade Experimentelle Unters. am Menschen 2480.

—, **Solerio (L.)**, **Cattaneo (A. D.)** u. **Fava (E.)**, Bedeut. d. Cytochroms c bei d. kontrollierten Hypothermie 2450.

—, **Solerio (L.)**, **Cattaneo (A. D.)** u. **Pallini (G.)**, Viscerographie d. Verdauungstraktes unter d. Wrkg. vegetativer Pharmaka mit bes. Berücksichtig. d. Ganglienblocker. Experimentelle Unters. am Menschen 2479.

Ciok (P.), **Danysz (M.)** u. **Gierula (J.)**, Verzögerter Zerfall schwerer Fragmente, d. aus Höhenstrahlsternen ausgesandt wurden 10908.

Ciotti (M. M.) s. K a p l a n (N. O.).

Cipriani (C.) s. C a r o b b i (G.).

Cipro (F.), Isolierkörper 5874* D. B.

Ciric (J.) s. S p i n n e r (I. H.).

Ćirić (Jovan) s. S t e f a n o v i ć (D.).

Cirilli (V.), Sintern v. Magnesia für d. Herst. feuerfester MM. 6365. — s. M a l q u o r i (G.).

— u. **Brisi (C.)**, Grenzen d. Zus. d. Wüstits 8573. — Syst. $CaO–Fe_2O_3$ 9045. — Einfl. d. Kalkmoduls auf d. Zus. d. Fe-Phase im Portlandzementklinker 11658.

Cirine-Werk VEB = V E B C i r i n e - W e r k.

Cirou (M.), Einfl. v. Pb u. Sn auf d. mechan. Eigg. eines Messings v. hoher Festigk. 9656.

Cislak (F. E.) s. R e i l l y T a r & C h e m i c a l C o r p.

Citi (S.) s. B a r d e l l i (S.).

Cities Service Oil Co., Reinigen niedrigmol. Aldehyde 5176* E.

— u. **Dermer (O. C.)**, Reinigen v. rohen Alkoholen 1140* Can.

— u. **Hughes (W. B.)**, Brechen v. Emulss. 6175* A.

—, **Walker (J. C.)** u. **Heston (B. O.)**, Reinigen v. Formaldehyd 9670* A.

Cities Service Research & Development Co. u. **Hughes (W. B.)**, Korrosionsschutz für Metalle 11680.

—, **Hughes (W. B.)** u. **Fisher (E. B.)**, Zerstör. v. Erdöl Wasser-in-Öl-Emulss. 4001* A.

— u. **Milson (D.)**, Stabilisier. v. Mineralölfraktt. 1884* A.

—, **Morgan (J. D.)** u. **Lowe (R. E)**, Schmiermittel für Uhren 3537* Can.

Ciusa (R.) u. **Gallo (N.)**, Strychnin u. Brucin. 10. Mitt. 1976.

Ciusa (W.) u. **Adamo (G.)**, Quecksilber(II)-ammoniumverbb. 9044.

Ciuti (A.) s. P r i n c i p e (U.).

Civera (M.) s. G i u a (M.).

Civilforsvarsstyrelsen, Ionisationskammer mit Zusatzkondensator 8230* E.

Cizek (E. P.) s. W i t t (R. K.).

CKD Dukla, Nationalunternehmen u. **Perlik (F)**, Aufbereit. v. W. 8704* D. [DDR].

Claassen (H. H.), Raman-Spektren d. gasförm. Chlorfluormethane 4788. — s. N i e l s e n (J. R.).

Claassen (V.) u. **Sluis (J. van der)**, Einfacher u. billiger Fraktionssammler 11429.

Clabaugh (W. J.) s. J o h n s o n (H. A.).

Claborn (H. V.), **Bowers (J. W.)**, **Wells (R. W.)**, **Radeleff (R. D.)** u. **Nickerson (W. J.)**, Fleisch-

verunreinig. durch Schädlingsbekämpfungsmittel 476.
Claes (A. I.) s. Delaruelle (A.).
Claeys (E.), Wärmefixieren v. Stückware aus vollsynthet. Faser 959.
Claff jr. (C. E.) u. **Morton (A. A.)**, Metallier. v. Toluol durch K u. Na 10972.
Claflin (A. A.), Textilgerüche u. Desodorierungsmittel 7811.
Clagett (C. O.) s. Klosterman (H. J.).
Claiborne (H. A.) s. Baker (J. P.).
Clair (H. W. S.) = St. Clair (H. W.).
Clampit (J.) s. Alfano (J. E.).
Clampitt (B. H.) s. Hansen (R. S.).
Clamroth (R.) s. Breiter (M.).
Clancy (R. F.) s. Faximile, Inc.
Clandinin (D. R.) s. Morrison (A. B.); Renner (R.).
Clapham (H. F.), Neue neutral ziehende metallisierte Wollfarbstoffe 2781.
Clapham (P. H.) s. Vulcan Chemical Co.
Clapp (J. W.) s. American Cyanamid Co.
Clapp (L. B.), Chemie d. kovalenten Verbb. mit einem einzelnen Zentralatom 970. — Chemie d. kovalenten Bind. 1430. — s. Grabiel (C. E.).
Clapper (T. W.) s. American Cyanamid Co.
Clapper (W. E.), **Downs (R. A.)** u. **Heatherman (M. E.)**, Bezieh. zwischen Cariesaktivität u. Anzahl u. Art d. Lactobacillen u. d. Fluorgeh. d. Trinkwassers. 2. Mitt. Untersuchungsergebnisse nach einer Beobachtungszeit v. einem Jahr 8204.
— u. **Wood (D. C.)**, Vgl. v. 3 Methoden zur Best. d. Koagulaseaktivität bei Staphylokokken 2455.
Clappison (J. W.), **Hummel (J. P.)**, **Paul (W. D.)** u. **Routh (J. I.)**, Synth. v. Acetyl-$^{14}C_{(1)}$-salicylsäure 5042.
Clar (C.) s. Ruhrchemie Akt.-Ges.
Clar (Eberhard), Über Parallel-, Schräg- u. Kreuzbänder. in Spaltlagerstätten 3333. — Herkunft d. ostalpinen Vererzung 5024.
Clar (Eric) s. Petrocarbon Ltd.; Petrochemicals Ltd.
— u. **Marschalk (C.)**, Additive u. peri-Effekt d. Halogenatome in d. Halogenderivv. aromat. KW-stoffe 4066.
Clar (K.) s. Ruhrchemie Akt.-Ges.
Clara (M.), Probleme d. histotopochem. *l*-Ascorbinsäurenachw. unter bes. Berücksichtig. menschl. Organe 625.
Clarebrough (L. M.) u. **Nicholas (J. F.)**, Überstruktur in d. α-Phase v. Ag–Mg-Legierr. 7626.
— u. **Perger (G. R.)**, Einfl. d. Vol.-Anteile d. Phasen auf d. Deformat. v. ($\alpha + \beta$)-Messing 10213.
Claren s. VEB Farbenfabrik Wolfen.
Claret (P. A.) s. Garside (J. E.).
Claridge (C. A.) u. **Werkman (C. H.)**, Beweis für wechselnde Abbauwege bei d. Oxydat. v. Glucose durch Pseudomonas aeruginosa 5336.
Claringbold (P. J.) s. Biggers (J. D.).
Clarite Battery, Inc. u. **Jolley (E. L.)**, Elektrolyt für Bleiakkumulatoren 6589* A.
Clark (A.) s. Heckelsberg (L. F.); Phillips Petroleum Co.
Clark (A. C.), Bindungsenergie d. α-Teilchen 9490.
Clark (A. F.) s. Kao (S. K.); Mann (L. A.).
Clark (A. M.), Industrielle Verwend. v. großtechn. erzeugtem O_2 6824, 9644.
—, **Din (F.)** u. **Robb (J.)**, Fl.–Dampf-Gleichgewicht d. bin. Syst. Ar–O_2 6924.
Clark (A. W. S.) s. Imperial Chemical Industries Ltd.
Clark (B. B.) s. Mitchell (R.).
Clark (B. F.) s. Du Pont de Nemours (E. I.) & Co.
Clark (B. L.) s. Minnesota Mining & Mfg. Co.
Clark (C.), **Vinegar (R.)** u. **Hardy (J. D.)**, Goniometr. Spektrometer zur Messung d. diffusen Reflex. u. Durchlässigk. d. Haut im infraroten Spektralgebiet 5609.
Clark (C. A.) u. **Sucksmith (W.)**, Spontane Magnetisier. v. Legierr. u. Verbb. 2. Mitt. Ferrite 10442.
Clark (C. B.) s. Kaisel (S. F.).
Clark (C. C.) s. Mathieson Chemical Corp.
Clark (C. H. D.), Voraussage d. Kernabstände v. diatom. Moll. 5241.
Clark (C. L.) s. Timken Roller Bearing Co.
Clark (C. T.), **Weissbach (H.)** u. **Udenfriend (S.)**, 5-Oxytryptophandecarboxylase: Darst. u. Eigg. 2454.
Clark (D.) s. Brown (J. F.).
Clark (D. D.) u. **Chamberlain (O.)**, Elast. Streuung v. *340* MeV-Protonen an Deuteronen 6444.
Clark (D. J.), **Hatt (H. H.)** u. **Troyahn (W. J.)**, Samenfett d. Okari-Nuß (Terminalia Kaernbachii) 7573.
Clark jr. (D. P.) s. Gulf Research & Development Co.
Clark (D. S.) s. Vreeland jr. (T.); Wood (D. S.).
Clark (E. L.) s. Pelipetz (M. G.).
— u. **Muilenburg (G. A.)**, Vorräte an Brauneisenerz in Missouri 47.
Clark (F.) s. Hanovia Chemical & Mfg. Co.
Clark (Frank E.), Ein Jahrzehnt d. Fortschritts in d. Wasserreinig. für Unterseeboote 2042.
Clark (Frederick E.) s. Taylor (Rolla H.); United States of America.
Clark (F. L.) s. Imperial Chemical Industries Ltd.
Clark (F. M.), Chemie u. Elektroingenieur 7285. — s. Canadian General Electric Co. Ltd.; Comp. Française Thomson-Houston.
Clark (G. L.), Applied X-rays [7860].
— u. **Buhrke (V. E.)**, Wrkg. v. S in d. Diät auf d. zugelast. Verh. (Hysterese) v. einzelnen Wollhaaren 8997.
— u. **Terford (H. C.)**, Quantitative röntgenograph. Best. d. amorphen Phase in Holzzellstoffen, bezogen auf physikal. u. chem. Eigg. 9348.
Clark (G. M.) s. Kramer (S.).
Clark (G. R.) s. Jones (J. H.).
Clark (George R.) s. Kodak-Pathé.
Clark (H.) s. Ross (S.).
Clark (H. A.) s. Dow Corning Corp.; Dow Corning Ltd.
Clark (H. C.), Behandl. d. natürl. erworbenen Malaria in einem Dorf mit Pyrimethamine (Daraprim) 7964.
Clark (H. M.) s. Kilcawley (E. J.).

Clark (H. T.) s. Webster (R. R.).
Clark (I.) u. **Umbreit (W. W.)**, Wrkg. v. Cortison u. a. Steroiden auf d. in vitro-Synth. v. Chondroitinsulfat 10786.
Clark (James d'A.), Ermittl. d. Verderbs bei verpackten Lebensmitteln 4234* A.
Clark (Jean A.) s. Campbell (J. A.) [Ottawa]; McLaughlan (J. M.).
Clark (J. B.), Mikrobiol. Korros. 179. — s. Stanolind Oil & Gas Co.
Clark (Joan R.) s. Christ (C. L.); Weiss (R. J.).
Clark (John R.) s. Maltbie Laboratories, Inc.
Clark (J. W.) s. Union Carbide & Carbon Corp.
Clark (K. A.), Ölsand v. Athabaska 2812.
Clark (K. C.) u. **Kanal (L.)**, Nachw. v. Quecksilberdampf durch Resonanzionisat. 5722.
Clark jr. (L. C.) s. Benington (F.).
— u. **Garn (S. M.)**, Bezieh. zwischen Ketosteroidausscheid. u. Grundumsatz bei Kindern 6786.
Clark (L. D.) s. Quarton (G. C.).
Clark (L. J.) s. Avery (S. B.).
Clark (L. V.) s. American Cyanamid Co.
Clark (M. C.) s. American Cyanamid Co.
Clark (P. F.), **Elvidge (J. A.)** u. **Linstead (R. P.)**, Heterocycl. Imine u. Amine. 2. Mitt. Derivv. v. Isoindolin u. Isoindolenin 3366.
Clark (P. G.), Vgl. v. Decalcifizierungsmethoden 5092.
Clark (P. W.), **Cannon (J. H.)** u. **White (J.)**, Unters. über d. Sintern v. Oxyden 191.
Clark (R. A.) [Columbus] u. **Kell (R. M.)**, Quellung u. Trockn. v. O-Ringen für fl. Brennstoffe 5916.
Clark (R. A.) [Los Alamos] s. Leary (J. A.).
Clark (R. E.) s. Shipley (R. A.).
Clark (R. G.) s. Winders (G. R.).
Clark (R. H.) [Edinburgh], Calcitverzwillig. in d. Strathavonmarmor in Banffshire 772.
Clark (R. H.) [Marson] s. Tomarelli (R. M.).
Clark (R. K.) u. **Brar (S. S.)**, Optimale Abmess. zylindr. Ionisationskammern 9495.
Clark jr. (Robert K.) s. Abbott Laboratories.
— u. **Schenck (J. R.)**, Actithiazsäure. 3. Mitt. Synth. v. DL-Actithiazsäure, Derivv. u. Homologen 1964.
Clark (R. M.) s. Gilman (H.).
Clark jr. (R. T.) s. Tomashefski (J. F.).
Clark (T. P.), Bldg. u. Verbrenn. v. Rauch in Bunsenbrennerflammen 8064.
Clark (William A.) u. **McBay (A. J.)**, Spektrophotometr. Best. v. Morphin u. Codein 2253.
Clark (William Arthur), Wrkg. v. Kohlenhydraten auf einige Myxobakterien 2699.
Clark (W. C.) s. Hulpieu (H. R.).
Clark (W. D.) s. Brown (J. F.).
Clark (W. G.) s. Howton (D. R.).
Clark (W. M.), **Jurow (S. S.)**, **Walford (R. L.)** u. **Warthen (R. O.)**, Ferrosulfatvergift. 3914.
Clark (W. R.) s. Kaslow (C. E.).
Clark (W. S.) s. Curtiss jr. (P. H.).
Clark-Lewis (J. W.) s. King (F. E.) [Nottingham].
Clarke (A. D.), Saumrisse bei Regenbekleid. aus Polyvinylchlorid 9205.
Clarke (D. A.) s. Hamilton (L.); Mihich (E.); Philips (F. S.).
Clarke (D. A.), **Philips (F. S.)**, **Sternberg (S. S.)** u. **Stock (C. C.)**, Wrkg. v. 6-Mercaptopurin u. Analogen auf experimentelle Tumoren 11012.
Clarke (Edith) s. Koshland jr. (D. E.).
— u. **Koshland jr. (D. E.)**, Mechanismus d. durch Hummermuskel katalysierten Hydrolyse d. Adenosintriphosphats 1296.
Clarke (Edwin), **Jones (N. C. H.)** u. **Logothetopoulos (J.)**, Wrkg. v. Tolazolinhydrochlorid auf d. cerebrale Blutdurchström. bei Hirnthrombosen 6799.
Clarke (E. M.), Ionisationswahrscheinlichkeitskurven unter Benutz. eines Elektronenfilters. Ergebnisse für N_2^+, N^+, Xe^{2+} 8551.
Clarke (E. N.), Durch O_2 induzierte Oberflächenleit. beim Ge 2364. — O_2 u. d. Struktur d. Oberflächenenergieniveaus v. Ge 6918. — Elektr. Leitfähigk. v. Ge-Oberflächen 8789.
— u. **Hopkins (R. L.)**, Elektr. Leitfähigk. v. mechan. gestörten Ge-Oberflächen 2603.
Clarke (E. W.) s. Atlantic Refining Co.
Clarke jr. (F. H.) s. Stork (G.).
Clarke (G. R.), **Denton (W. H.)** u. **Reynolds (P.)**, Best. d. absol. D-Konz. im Themsewasser 10703.
Clarke (H. J.) u. **Arnold (M. H. M.)**, Verf. u. Hilfsstoffe zur Verhinder. d. Hautbldg. in Anstrichfarben 9916.
Clarke (I. D.) u. **Flaharty (R. M.)**, Prüfgerät für Brandsohlenleder 8769.
Clarke (J. R.) s. Smith, Kline & French Laboratories.
Clarke (J. T.), **Marinsky (J. A.)**, **Juda (W.)**, **Rosenberg (N. W.)** u. **Alexander (S.)**, Elektrochem. Eigg. v. permionischen Anionmembranen 4769.
Clarke (K.), Synth. v. 1.2.4-Oxadiazolen 4094.
Clarke (L. N.) u. **Kingston (R. S. T.)**, Fehlerquellen einer dynam. Meth. zur Best. d. Wärmeleitfähigk. u. -ausbreit. bei Isolierstoffen 9163.
Clarke (P.), Struktur d. Humulens 9577.
— u. **Ramage (G. R.)**, Caryophyllene. 12. Mitt. Struktur einiger Humulenderivv. 6989.
Clarke (R. B. F. F.), Farbpigmentansatz für Elastomere 4952* E.
Clarke (R. L.) s. Paul (E. B.).
Clarke (S. G.) u. **Bradshaw (W. N.)**, Prüf. d. Schutzwerts v. metall. Überzügen unter geschützten Bedingg. (Meerklima) 2765.
Clarke (T. T.) s. Wallington Weston & Co.
Clarke (W.) s. Imperial Chemical Industries Ltd.
Clarke (W. B.) s. Paytash (P. L.).
Clarke jr. (W. C.) s. Arno Steel Corp.
Clasen (H.) s. Metallgesellschaft Akt.-Ges.
Class (C. M.) s. Cohen (L.) [Baltimore]; Cook (C. F.); Dudley (J. D.); Eisinger (J. T.); Hanna (S. S.).
—, **Cook (C. F.)** u. **Eisinger (J. T.)**, Coulomb-Anreg. v. schweren Kernen 7143.
Class (I.), Werkstofffragen bei Hochdruckapparaten d. chem. Industrie 10826.
Clastre (J.) s. Gay (R.).
— u. **Gay (R.)**, Vgl. d. Vorteile d. Retigraphen u. d. Weißenberg-Kamera für d. Unters. d. Beug. d. Röntgenstrahlen durch d. Kristalle 5256. — Best. v. Kristallstrukturen mit Hilfe d. Patterson-Diagrammes 7855.

Clatanoff (D. V.), Triggs (P. O.) u. **Meyer (O. O.)**, Klin. Erfahr. mit d. Cumarinantikoagulantien Warfarin u. Warfarin-Natrium 5585.
Clatot (A.), Lemoine (G.) u. **Segal (A. A.)**, Ziehen v. Stahldraht, bes. v. nichtrostenden Drähten 10133* F.
Claude (A.) s. Soc. An. pour les Applications de l'Électricité et des Gaz Rares, Établissements Claude-Paz & Silva.
Claude (G.), Ammonsulfat aus Gips 1129* F.
Claudi (M.) s. Carassiti (V.).
Claudon (M.-M.), Cornubert (R.), Lemoine (H.) u. **Malzieu (R.)**, gauche-Strukturen in d. Cyclohexanreihe 2384.
Claus (C. J.) s. Tarbell (D. S.).
Claus (E. P.), Wurzelsyst. v. Hemerocallis fulva L. 1. Mitt. Morphologie u. Histologie 9142.
Claus (G.), Feststell. d. Cellulosegehaltes v. faser. Grünalgen u. deren industrielle Verwert. 11710.
Claus (J.), Schaumgummifabrikat. aus Latex 9686. — Positiver Latex für Gewebe u. Garne 9923.
Claus (P.) u. **Thomas (F.)**, Kriminelle Vergift. durch eine blausäurehalt. Praline 7495.
Clausen (J.-F.), Verwend. v. Ebonit bei Einw. aggressiver Chemikalien 8936.
Clausen (P. D.), Fabrikat. v. Milchzucker im Nebenbetrieb einer Molkerei 8049.
Clauser (H. C.) s. Kilgore, Inc.
Clauser (H. R.), Warmfeste Werkstoffe 7068.
Clausnizer (R.) s. Wittig (G.).
Clauson-Kaas (N.), Nedenskov (P.), Bak (B.) u. **Andersen (J. R.)**, KBr-Scheibentechnik zur. Mess. v. Infrarotspektren 10581.
Clauss (A.) s. Forestier (H.).
Clauss (F. J.) u. **Brownell (L. E.)**, Auswrkg. d. Verhältnisses CaO: MgO auf d. Neutralisat. v. Beizwasser 10128.
Clauss (H.) s. Kahlert (M.).
Clauß (K.), Diphenylenphenyljod 10981. — s. Wittig (G.).
Claussen (W. H.) s. California Research Corp.
Claussnitzer (J.), Röntgenröhre 3457* D. [DDR].
Claustres (G.), Verschwinden v. blasenförm. Zellen bei Poa pratense nach Behandl. mit Phytohormonen 9366.
Claver jr. (G. C.) s. Monsanto Chemical Co.
Clavet (E. E.) u. **Montes (A. L.)**, Anwend. d. Chromatographie bei d. Unters. d. äther. Öle. 2. Mitt. Trenn. d. 3.5-Dinitrobenzoate v. Alkoholen u. Phenolen 10642.
Claxton (F.) s. Robinson (David W.).
Claxton (S. H.) s. Westberg (C. M.).
Clay (C.) s. Bradford (R.).
Clay (H. F.) s. Watson (V.).
Clay (J.), Ionen u. Kondensationskerne in d. Atmosphäre, Ionengleichgewicht u. Wert d. Höhenstrahl. auf Seehöhe 269. — s. Vries (L. J. De).
—, **Jongen (H. F.), Aarts (A. J. J.), Jongejans (B.)** u. **Strackee (J.)**, Energiereiche Teilchen bei Gewittern 5466.
— u. **Marle (H. Van)**, Ionengleichgewicht in d. Atmosphäre: Erzeug. u. Verschwinden v. Ionen 10436.
— u. **Strackee (J.)**, Breiteneffekt u. Asymmetrie d. Höhenstrahl. 5466.
Clay (J.), Wansdronk (C.) u. **Dekker (T. J.)**, Absorpt. d. γ-Strahl. in dicken Pb-Schichten u. d. zweite Maximum in d. Schauerkurve d. Höhenstrahl. 4507.
Clay (W. G.) s. Hendricks jr. (C. D.).
Clayman (C. B.) s. Arnold (J.).
Clayson (D. H. F.) u. **Beesley (J. A.)**, Ascorbinsäureoxydase d. Gurke 8412.
Clayton (A.) u. **Landells (G.)**, Ausrüsten v. Textilien anderer Art als Wolle 8764.
Clayton (B.), Entschleimen v. pflanzl. Rohölen 4485* A. — Aufarbeiten v. Schleimstoffen d. Rohölgewinn. 6164* E. — Entschleimen fetter Öle 6646* A.
Clayton (B. E.), Mills (I. H.) u. **Prunty (F. T. G.)**, Nebennierenrindenfunkt. bei Ascorbinsäuremangel 9124.
Clayton (J. C.) s. Glaxo Laboratories Ltd.
Clayton (J. O.) s. California Research Corp.
Clayton (R. A.) u. **Strong (F. M.)**, Lösungsmittelsyst. zur Trenn. v. Aminosäuren durch Papierchromatographie 654.
Clayton (R. B.) s. Bladon (P.).
— u. **Henbest (H. B.)**, 1.3-Epoxydbldg. in d. Cyclohexanreihe 11395.
Clayton (R. S.) s. Cloudman (A. M.); Farmer (T. W.).
Clayton (T.) s. Schering Corp.
Clayton (T. A.), Antioxydationsmittel für Kautschuk 2093* E.
Clayton Aniline Co. Ltd., Schedler (J. A.) u. **Whalley (R.)**, Cu-halt. Disazofarbstoffe 6400* D. B.
Clayton-Cave (J.) u. **Ineson (E.)**, Ermüdungseigg. v. Stählen 10851.
Cléare (B. E.) s. Herz (W.).
Clearman (H. E.), Bogenspektren v. B, In, Tl, Pb u. Bi 1902.
Cleary jr. (T. F.) s. Squibb (E. R.) & Sons.
Cleave (A. B. van) s. Bodnar (L. E.); Freeman (G. R.); Hummel (R. W.).
Cleaver (C. S.) u. **Pratt (B. C.)**, Synth. v. 2.2'-Bis-[4H-oxazolonen-(5)] 6511. — Polyamide aus 2.2'-Bis-[4H-oxazolonen-(5)] 10044.
Cleaver (F. T.) u. **Miller (H. J.)**, Ausführ. u. Zubehör d. Drahtzieherei 8954.
Cleef (P. van) s. Cleef (van) Bros., Inc.
Cleef (van) Bros., Inc., Hopkins (J. E. A.), Frick (C. E.) u. **Cleef (P. van)**, Klebband 267* E.
Cleek (G. W.) s. Shermer (H. F.).
Cleereman (K. J.), Karam (H. J.) u. **Williams (J. L.)**, Polystyrolfasern u. Borsten. Bezieh. zwischen d. Herstellungsbedingg. u. Eigg. 3499.
Clegg (A. B.) s. Wilkinson (D. H.).
— u. **Wilkinson (D. H.)**, Isotopenspinauswahlregeln. 3. Mitt. Strahll. v. ^{14}N 6679.
Clegg (J. A.), Almond (M.) u. **Stubbs (P. H. S.)**, Remanenter Magnetismus einiger Sedimentgesteine in England 6460.
Clegg (J. W.) s. Sense (K. A.).
Clegg (M. T.), Albaugh (R.), Lucas (Joseph) u. **Weir (W. C.)**, Vgl. d. Wrkg. v. Stilböstrol auf d. Wachstum v. Lämmern verschied. Alters u. Geschlechts 8187.
Clegg (P. L.) s. Avery (D. G.).
Clegg (R. E.) s. Sanford (P. E.).
— u. **Hein (R. E.)**, ^{32}P-Verteil. in d. Serumproteinen d. Küken 2936.
Cleland (J. E.) s. Union Starch & Refining Co.

Cleland (J. W.) s. Stevens (D. K.).
—, Billington (D. S.) u. Crawford jr. (J. H.), Bombardement v. Cu–Be–Legierr. mit schnellen Neutronen bei niedr. Tempp. 9975.
— u. Crawford jr. (J. H.), Strahlungseffekte bei Indiumantimonid 3312, 7845, 10196.
—, Lark-Horovitz (K.) u. Pigg (J. C.), Durch Umwandl. erzeugte Ge-Halbleiterlegierr. 7844.
Cleland (M. R.) u. Sanders (Robert G.), Übergang v. auf d. Oberfläche appliziertem ^{14}C-Natriumoxalat in d. Zähne 10301.
Cleland (W.) s. Lyle (R. E.).
Cleland (W. C.) s. Stiles (G. W.).
Cleland (W. W.) u. Johnson (M. J.), Tracer-Experimente zum Mechanismus d. Citronensäurebldg. durch Aspergillus niger 6056.
Clelland (D. W.), Cumming (W. M.) u. Ritchie (P. D.), Physiko-chem. Unterss. an Stauben. 1. Mitt. Hochlösl. Schicht auf Silicatstauboberflächen 3082.
— u. Ritchie (P. D.), Physiko-chem. Unterss. an Stauben. 2. Mitt. Natur u. Wiederherst. d. hochlösl. Schicht auf Silicatstauben 3083.
Clem (A. G.) s. American Colloid Co.; Sanders (C. A.).
Clemence (LeR. W.) s. Krueger (W. D.).
Clémençon (G.), Nachw. einer Thyroxin-Kristall-Suspens. im Gewebe mit Berücksichtig. d. histolog. Rk. 11028.
Clemens (M. L.) s. Eastman Kodak Co.
Clément (D.) s. Lichtwitz (A.).
Clément (Geneviève) s. Dupont (G.).
Clément (Guy), Clément (J.) u. LeBreton (É.), Lipidgeh. d. Gesamtleber u. d. Zellstrukturelemente bei Ratten nach Ernähr. auf Reisgrundlage mit u. ohne Cancerogene 2921.
Clément (J.) s. Clément (Guy).
Clement (J. R.), Einfl. d. Temperaturskalen auf calorimetr. Daten bei niedr. Temp. 2609. — s. Overton jr. (W. C.).
Clement (R.), Glukagon als hyperglykäm. u. glykogenolyt. Hormon d. Pankreas 10304.
Clementel (E.), Durchdringungsvermögen d. Elektronen 5. — Stoßquerschnitt für (d, p)- u. (p, d)-Rkk. 9722.
Clementi (A.), Bldg. v. Harnsäure aus Dialursäure usw. u. aus Uracil in d. isolierten, überlebenden Leber d. Taube (Columba Livia) 7955. — Harnstoffbldg. im Hühnerorganismus in Bezieh. zum Arginingeh. d. in d. Futterpflanzensamen enthaltenen Proteine 11618.
Clementi (R.) s. Grillot (G. F.).
Clements (J. B.) s. Burger (Alfred).
Clements (J. E.) u. Harrow (L. S.), Best. v. Diphenylamin in Ext.-D & C-Gelb Nr. *1* u. Ext.-D & C-Gelb Nr. *2* 4663.
— u. Newburger (S. H.), Best. v. Dichlorophen, Hexachlorophen u. 2.2'-Thio-bis-[4.6-dichlorphenol] in Seife u. kosmet. Präpp. 9688.
Clements (J. F.) u. Rigby (G. R.), Druckfestigk. feuerfester MM. beeinflussende Faktoren 9646.
Clements (L. B.) s. MacIntire (W. H.).
Clements (L. M.) s. McIntire (F. C.).
Clements (R.), Modern chemical discoveries [503].
Clemetson (C. A. B.) u. Churchman (J.), Placentare Durchlässigk. für Aminosäuren bei n. u. toxäm. Schwangerschaften 1075.
Clemmer (D. I.) s. Shaffer (M. F.).
Clemo (G. R.) s. Bew (D. G.).
— u. Felton (D. G. I.), Chemie d. Carbazole. 1.2.3.4-Tetrahydro-4-ketocarbazole 10739.
Clemo (G. R.), Groves (L. H.), Munday (L.) u. Swan (G. A.), Indenreihe. 1. Mitt. Synth. v. 1.2.3.8-Tetrahydro-1-ketocyclopent-[a]-inden 3127.
Clemow (P. R.) u. Lowry (J. W.), Routinebest. d. antaciden Wirksamk. v. Al-Hydroxydgelen 10321.
Clendenin (W. W.), Gyromagnet. Verhältnis in d. Hyperfeinstruktur d. Dublettzustände 4033.
Clendenning (K. A.), Macdonald (F. J.) u. Wright (D. E.), Einfl. d. Stellungsisomerie auf d. physikal. Eigg. v. Glykolen 7873.
Clerc (G.) s. Colonge (J.).
Clerc-Bory, Indole. 8. Mitt. Darst. v. 5- u. 7-Oxyindolyl-(3)-essigsäure 6745.
Clerck (J. De), Spezialisiertes Bier: Lambic. 1159.
Clercq (M. de), Synthesen auf d. Gebiet d. cancerogenen KW-stoffe. Rk. v. Elbs 8961.
Cless (F.), O_2-Frischen korrosionsbeständ. Stähle im Lichtbogenofen 11457.
Cleve (H.), Konditionier. v. Weizen nach d. Randzonenverf. 3989.
Cleveland (F. C.) s. Kerr (R. W.).
Cleveland (T. H.) s. Monsanto Chemical Co.
Cleveland Graphite Bronze Co., Schaefer (R. A.), Cerness (J. F.) u. Morrison (W. H.), Lager aus Bimetall 7775* A.
Clever (H.), Prüf- u. Kontrollmethoden in d. Fettindustrie mit Hilfe d. DK. 8523.
Cleverdon (D.) s. Distillers Co. Ltd.
— u. Millane (J. J.), Mol.-Gew. u. Eigg. v. Polymerisaten 117.
— u. Smith (P. G.), Lösungsmittelunabhäng. Parameter bei d. Viscosimetrie polymerer Lsgg. 10280.
Cleverdon (R. C.) s. Prince (H. N.); Scaletti (J. V.).
Clewes (H. W.), Betriebskontrolle bei d. Glasemaillier. 2511.
Clews (C. J. B.) s. Calnan (E. A.).
Clibbens (D. A.), Cellulosechemie u. d. Textilindustrie 2100.
Cliffe (J. O.) s. „Shell“ Refining & Marketing Co.
Clifford (A. M.) s. Wingfoot Corp.
Clifford (A. T.) s. Interchemical Corp.
Clifford (C.) & Son Ltd., Allcock (W.) u. Downing (S.), Phosphorbronze 5172* E.
Clifford (J. M.) u. Sawyer (R. B.), Analyse d. „forbes bar“-Meth. zur Mess. d. Wärmeleitfähigk. v. Metallen 2370.
Clifford (W. E.) s. Olson (A. R.).
Clifford (W. J.) s. Pyrene Co. Ltd.
Clifton (E. E.), Grossi (C. E.) u. Cannamela (D.), Thrombolyse durch menschl. Fibrinolysin v. Thromben, d. in d. Femoralvene v. Hunden durch Natriummorrhuat experimentell erzeugt wurden 9371.
Clift (A.) s. Stewarts & Lloyds Ltd.
Clifton (C. E.) s. Nakano (J. H.).
Clikey (W. H.) s. Kaiser Aluminum & Chemical Corp.
Climax Molybdenum Co., Metallüberzüge auf Mo u. dessen Legierr. 9187* E.
—, Ham (J. L.), Bens (F. P.), Herzig (A. J.) u. Timmons (G. A.), Warmverformbare Molybdängußlegier. 5888* A. — Mo-Legier. 3481* F. — Wärmebehandl. Be-halt. Mo-Legierr. 9662* F.
Cline (J. H.) s. Hunt (C. H.).
Cline (J. K.), Scholz McEniry (E.), Johnson (Robert B.) u. Webb (C. M.), Einfl. v. Ent-

kräft. auf d. Leberkatalaseaktivität d. Maus 7232.
Cline (M. G.), Größere Proflarten u. ihre Abarten in New York 3942.
Cline (W. D.) s. W a r f (J. C.).
Clinebell (B. J.), Techn. Entww. d. Kautschuks. Juli *1952* bis Juni *1953* 3749.
Clinefelter (J. C.), Mischverf. 5441* A.
Clingestein (H.) s. F a r b e n f a b r i k e n B a y e r A k t. - G e s.
Clinton (R. O.) s. S t e r l i n g D r u g , I n c.
Clippinger (E.) s. W i n s t e i n (S.).
Clogston (A. M.) u. **Heffner (H.)**, Bündel. eines Elektronenstrahls durch period. Felder 2373.
Cloke (J. B.) s. B u n c e (S. C.).
Cloos (E.), Texturunters. an einem Granodioritschieferkontakt, Bear Island, Maryland 8107.
Clopton (J. R.) s. G o d e f r o i (E. F.).
Close (G. C.), Durch Strangpress. hergestellte Al-Röhren mit kleinem Durchmesser u. geringer Wandstärke 2525. — Schweißen nach d. Uniweldverf. bei Menasco 11085.
Close (J.) Moore (S.) u. **Bigwood (E. J.)**, Aminosäurezus. eines krist. Papainpräp. 11016.
Close (W. J.), Antikonvulsiv. Drogen. 4. Mitt. 2-Oxazolidone 5067; 7. Mitt. Monosubstituierte Isocyanurate 5313. — s. A b b o t t L a b o r a t o r i e s ; D u n n i g a n (D. A.); S p i e l m a n (M. A.).
Closs (G.) s. W i t t i g (G.).
Closs (R. L.), Schnellmeth. zum Kalibrieren v. Bodenfeuchtigkeitselementen nach d. porösen Blocktypus 5881.
Clotfelter (B. E.) u. **Fowler (R. G.)**, Hall-Effekt in fließenden Ionenwolken 1672.
Clotten (R.) s. H e i l m e y e r (L.).
Cloud (W. F.), Zweitausbring. aus verdichteten Sandsteinen 1647.
Cloudman (A. M.), Hamilton (K. A.), Clayton (R. S.) u. **Brues (A. M.)**, Wrkg. v. kombinierter örtl. Behandl. mit radioakt. u. chem. Carcinogenen 10768.
Clough (F. B.) s. K r a u s (K. A.).
Clough (H.) s. I m p e r i a l C h e m i c a l I n d u s t r i e s L t d.
Clough (P. J.) s. N a t i o n a l R e s e a r c h C o r p.
Clower (E. H.) s. E a s t m a n K o d a k C o.
Cludius (G.), Reinig. v. Stadt- u. Molkereiabwässern in einer Fischteichanlage 8230.
Cluett (M. L.), Bermann (S. S.) u. **McBryde (W. A. E.)**, Trenn. v. Rh u. Ir durch Ionenaustausch 6094.
Cluett, Peabody & Co., Inc., Behandeln v. Textilstoffen aus vorwiegend regenerierter Cellulose 4734* Oe.
Clugston (H.) s. R u g h (R.).
Clusius (K.), Rkk. mit ^{15}N. 14. Mitt. Nachw. d. Gabelung vermeintl. einheitl. Reaktionswege mit Isotopen 4557.
— u. **Barsh (M.)**, Rkk. mit ^{15}N. 15. Mitt. Bldg. v. Phenylnaphthylcarbazolcarbonsäure aus 2.3-Oxynaphthoesäure u. Phenylhydrazin 4799.
—, **Barsh (M.)** u. **Schuhmacher (E.)**, Rkk. mit d. Stickstoff-Isotop ^{15}N 41.
— u. **Bühler (H. H.)**, Trennrohr. 13. Mitt. Reindarst. d. schweren Kohlenstoffisotops ^{13}C 10930.
— u. **Douglas (A. E.)**, $\lambda = 4050$ Å-Banden d. $^{13}C_3$-Mol. 3064.
Clusius (K.) u. **Huber (M.)**, Isolier. d. Neonisotops ^{20}Ne v. *99,95* % isotoper Reinh. im Trennrohr 8081.
Cluskey (J. E.) s. U n i t e d S t a t e s o f A m e r i c a.
Clyde (D. F.) u. **Shute (G. T.)**, Resistenz v. ostafrikan. Arten v. Plasmodium falciparum gegen Pyrimethamin 7471.
Čmelik (S.), Lipoide u. Virulenz bei Typhusbakterien 8183. — Bakterienlipoide. 3. Mitt. Unters. verschied. Lipoidfraktionen v. Salmonella paratyphi C. 9118.
Co (C. Dal), Bilirubinspiegel im peripheren Blut u. im Knochenmarksaft 11611.
Coakley (C. S.) s. A l b e r t (S. N.); S p e n c e r (C. H.).
Coalite & Chemical Products Ltd., Wiedergewinn. v. Phenolen aus wss. Fll. 7124* F.
Coanda (H.), Bodenverbesserungsmittel 7301* D. B.
Coast Metals, Inc. u. **Cape (A. T.)**, Schweißstab 7776* A.
Coates jr. (E. O.), Brickman (G. L.) u. **Meade (G. M.)**, Toxizität v. Isonicotinsäurehydraziden bei Lungentuberkulose 4396.
Coates (G. E.) u. **Glockling (F.)**, Di-tert.-butylberyllium u. Berylliumhydrid 308. — Diisopropylberyllium u. einige Berylliumhydride 1251.
Coates (H.) s. A l b r i g h t & W i l s o n L t d.; M i n i s t r y o f S u p p l y.
Coates (K. B.) s. I m p e r i a l C h e m i c a l I n d u s t r i e s L t d.
Coates (M. E.), Wirkungsweise v. Antibioticis in d. Tierernähr. 2233.
— u. **Ford (J. E.)**, Best. v. Vitamin B_{12} 11033.
Coates (W. A.) s. A r n d t (U. W.).
Coates (W. H.) s. B r i t i s h T i t a n P r o d u c t s C o. L t d.
Coates (W. M.), Natürl. u. synthet. Campher 10873.
Coatney (G. R.) s. A l v i n g (A. S.); C o o p e r (W. C.); H a n k e y (D. D.).
—, **Alving (A. S.), Jones jr. (Ralph), Hankey (D. D.), Robinson (D. H.), Garrison (P. L.), Coker (W. G.), Donovan (W. N.), Lorenzo (A. Di), Marx (R. L.)** u. **Simmons (I. H.)**, Koreanische Vivax-Malaria. 5. Mitt. Behandl. d. Infekt. mit Primaquine während d. Langzeitlatenz 6558.
Coats (M. J.) s. B u r d i c k (H. O.).
Coats (R. R.) s. I m p e r i a l C h e m i c a l I n d u s t r i e s L t d.
Cobb (R. M. K.) u. **Lowe (D. V.)**, Verbindende Rolle v. Alaun bei d. Papierleim. 5930.
Cobb (Sanford) s. L a n d m e s s e r (C. M.).
Cobb (Stanley) s. Q u a r t o n (G. C.).
Cobb (Strong) & Co., Inc. = S t r o n g C o b b & C o., I n c.
Cobbett (W. G.) u. **French (C. M.)**, Fäll. v. $BaSO_4$ aus wss. Lsgg. 9515.
Cobble (J. W.), Empir. Betrachtungen über d. Entropie. 1. Mitt. Entropien d. Oxyanionen u. verwandter Arten 9738; 2. Mitt. Entropien d. anorgan. Komplexionen 9738; 3. Mitt. Strukturbezogene Annäher. an d. Schätz. d. Entropie organ. Substanzen u. Komplexionen in wss. Lsgg. 9739.
— u. **Atteberry (R. W.)**, Präzisionsbest. einiger Halbwertszeiten 1435.
Cobine (J. D.) u. **Gallagher (C. J.)**, Elektroden zur Stabilisier. v. Schutzgaslichtbögen 8955.
Coble (R. L.) s. K i n g e r y (W. D.).

Coblenz (A.) u. **Owens (H. L.)**, Transistoren: Theorie u. Anwend. 2. Mitt. Energieniveaus in d. Transistorelektronik 284; 3. Mitt. Physikal. Eigg. v. Elektronen in festen Körpern 11505; 4. Mitt. Transistorvorgang in Ge u. Si 11506; 5. Mitt. Arbeitsweise v. Punktkontakttransistoren 10441; 6. Mitt. Arbeitsweise v. Verbindungstransistoren 10441.
Cobure (A.) s. Guzman Barron (E. S.).
Coburn (E. R.) s. Ross (S. D.).
Coburn (P.) s. Lansil Ltd.
Coburn (T. J.), Nielsen (H. H.) u. **Williams (D.)**, Vakuumspektrometer für d. nahe Infrarot 4417.
Coby (J.) s. Bernard (É.).
Cocconi (G.) s. Barrett (P. H.).
Cochardt (A. W.), Neue magneto-mechan. Torsionsverss. 5964.
Coche (A.) s. Haïssinsky (M.).
Cocherell (A. L.) s. Diamond Alkali Co.
Cocherell (P.) s. Diamond Alkali Co.
Cochet-Muchy (B.) u. **Gastellu (C.)**, Harzgerb. 495.
Cochran (C. N.), Bldg. v. Al_2O bei d. Rk. v. Al mit Al_2O_3 7864.
Cochran (D. G.), Grayson (J. M.) u. **Levitan (M.)**, Chromosomen- u. Cytoplasmafaktoren bei d. Vererb. d. DDT-Resistenz bei d. deutschen Schabe 11010.
Cochran (J. B.), Stoffwechselstimulierende Wrkg. v. Salicylat 155.
Cochran (J. H.), Organ. Phosphatzerstäubungsmittel zur Bekämpf. v. Conotrachelus nenuphar (Hbst.) 11078.
Cochran (K. W.) s. Bois (K. P. Du).
Cochran (L. W.) s. Stanford (C. P.); Stone (W. G.).
Cochran (W.), Kristallstruktur d. Salicylsäure 1012. — Einfl. einer anisotropen Wärmeschwing. auf d. Atomstreufaktor 4770. — Best. d. Vorzeichen v. Strukturfaktoren aus d. Intensitäten 10933.
— u. **Howells (E. R.)**, Röntgenstrahlenbeug. durch eine Schichtstruktur, welche regellose Verschiebb. enthält 5809.
— u. **Woolfson (M. M.)**, Haben Hauptman u. Karle d. Phasenproblem gelöst? 7387.
Cochran (W. C.) s. Aluminium Co. of America.
Cochrane (J.), Metalle d. Pt-Gruppe 9010.
Cochrane Corp. u. **Joos (C. E.)**, Entfern. v. Kieselsäure aus W. 4182* A.
Cocilovo (V.), Verh. d. Capillarpermeabilität nach Narkose bei Tieren, d. zuvor mit 2-Phenylbenzylaminoäthylimidazolin behandelt worden waren 7261.
Cockbain (E. G.), Adsorpt. v. Natriumdodecylsulfat an d. Grenzfläche Öl/W. u. d. Anwend. d. Gibbsschen Gleich. 992.
— u. **McRoberts (T. S.)**, Stabilität elementarer Emulsionströpfchen u. Emulss. 4528.
Cockburn (R. M.) s. Hutchens (T. T.).
Cockburn (W. F.), Halbmikrofiltrationsapp. 7984.
— u. **McKay (A. F.)**, Derivv. d. Bicyclo-[2.2.1]-heptan-1-thioniumbromids 2899. — 4-Azabicyclo-[2.2.2]-octan-1-thioniumhalide 8160.
Cockcroft (J.), Kernphysik 4270, 10186. — Entw. d. Strahlungschemie u. Radiochemie 9491.
Cockcroft (M. G.) s. Capus (J. M.).
Cocker (W.) s. Chopra (N. M.).
—, **Cross (B. E.), Duff (S. R.), Edward (J. T.)** u. **Holley (T. F.)**, Konst. v. Marrubiin. 1. Mitt. 5325.
Cocker (W.), Fateen (A. K.) u. **Lipman (C.)**, Einw. v. Methylbernsteinsäureanhydrid auf Xylenole u. Synth. einiger Trimethylnaphthole 11379.
Cockett (S. R.) s. Bradford Dyers' Association Ltd.
— u. **Hilton (K. A.)**, Basic chemistry of textile preparation [11309].
Cocking (E. C.) u. **Yemm (E. W.)**, Best. v. Aminosäuren mit Ninhydrin 2970.
Cocks (L. V.) s. Williams (P. N.).
Cocozza (G.), Angeborenes, mit Hyaluronidase u. ACTH behandeltes Lymphödem 2018.
Cocu (A.) = Coq (A.).
Cocubinsky (J.) s. Stukel (J. E.).
Codding (J. W.) s. Alter (H. W.).
Code (C. F.), Verdauungssyst. 625. — s. Mitchell (Ross G.).
Code (C. J.), Schäden im Schienennetz u. ihre Verhüt. 9893.
Codell (M.), Quantitative Best. v. W in Ti 5860. — s. Norwitz (G.).
Coderre (R. A.) s. Sheehan (J. C.).
Coderre (R. C.) s. Sheehan (J. C.).
Codignola (F.) s. Soc. per Azioni Clyon.
Codrington (R. S.), Olds (J. D.) u. **Torrey (H. C.)**, Paramagnet. Resonanz in organ. freien Radikalen bei niederfrequenten Feldern 1932.
Coduro (E.) s. Kiermeier (F.).
Coe (A. B.) s. Dusenbury (J. H.).
Coekelbergs (R.) s. Mund (W.).
Coelho (F. P.) = Pinto Coelho (F.).
Coene (J.) s. Lederer (J.).
Coenen (A.) s. Chemische Werke Hüls.
Coenen (F.), Therapeut. Verss. mit Khellidrin bei Asthma bronchiale 153.
Coenen (H.), Morphiumentdeck. Sertürners in Paderborn 2821.
Coenen (M.) s. Farbenfabriken Bayer Akt.-Ges.; Farbwerke Hoechst Akt.-Ges. vormals Meister Lucius & Brüning; Lech-Chemie Gersthofen.
Coensgen (F. H.), Compton-Effekt bei *250* MeV 7827.
Coes jr. (L.), Neues dichtes kristallines SiO_2 307.
Coester (F.), Einfl. v. Außenfeldern d. Kerns auf Winkelkorrelationen 5709. — Hyperquantisier. d. Feynman-Amplituden 8539.
Cofek (H. J.) s. Raybestos — Manhattan, Inc.
Coffeen (W. W.) s. Metal & Thermit Corp.
Coffey (C. A.) s. Sherwin-Williams Co.
Coffey (G. L.) s. Kohberger (D. L.).
—, **Hillegas (A. B.), Knudsen (M. P.), Koepsell (H. J.), Oyaas (J. E.)** u. **Ehrlich (J.)**, Azaserin: Mikrobiol. Unterss. 3400.
Coffey (S.) s. Robson (A. C.).
Coffin (E. M.) s. Tannenbaum (E.).
Coffin (K. P.) u. **Bauer (S. H.)**, Strukturen d. Phenylbordichlorids, B-Trichlorborazols u. N-Trimethylborazols, bestimmt durch Elektronenbeug. 6695.
Coffin (V. H.) s. Bennett (Clarence E.).
Coffman (D. D.) s. Du Pont de Nemours (E. I.) & Co.
—, **Hoehn (H. H.)** u. **Maynard (J. T.)**, Reduktive Aminier. v. Äthylen–CO-Polyketonen. Neue Klasse v. Polyaminen 7929.

Coffman (H. H.) s. Marathon Corp.
Cofrancesco (A. J.) s. General Aniline & Film Corp.
Coggeshall (N. D.) s. Saier (E. L.).
Coggiola (M.), Italien. Industrie: direkte Coffeingewinn. aus Rohkaffee 9930.
Coghi (L.) s. Ferrari (A.).
Cogliano (J. A.) s. Griffel (M.).
Cogni (G.) u. **Mihich (E.)**, Antagonist. Wrkg. einiger Pharmaka gegenüber d. krampferzeugenden Wrkg. d. Isonicotinoylhydrazids 7027.
Cohen (Aaron) s. Roche Products Ltd.
Cohen (Abram) u. **Donzanti (A.)**, Zwei Jahre lang durchgeführte Bekämpf. d. Caries mit einem hochkonz. Harnstoff- u. Ammoniumhalt. Zahnpflegemittel 406.
Cohen (A. I.), Glykolyse während d. frühen Entwicklungsstadien d. Rana pipiens-Embryos 2711.
Cohen (A. J.) s. Shomate (C. H.).
Cohen (A. M.) u. **Sulman (F. G.)**, Kontinuierl. intravenöse ACTH-Infus. mit kleinen Dosen als eine d. physiol. Verhältnissen angenäherte Behandl. 5105.
Cohen (A. V.) s. Thomson (D. M.).
Cohen (B. B.) s. Yalow (R. S.).
Cohen (B. D.), **Senf (R.)** u. **Huston (P. E.)**, Wrkg. v. Amobarbital (Amytal) u. Affekt auf d. begriffl. Denken bei Schizophrenie, Depress. u. Neurose 2951.
Cohen (B. L.), Statist. Theorie v. Kern-Rkk. 4511. — ^{41}K 6680. — s. Handley (T. H.); Newman (E.).
—, Charpie (R. A.), **Handley (T. H.)** u. **Olson (E. L.)**, ^{57}Mn 7601.
—, Coombe (D. J.) u. **Ferrell (B. L.)**, Winkelverteilungsmessungen d. Spaltprodd. 7603.
— u. **Handley (T. H.)**, Unterss. v. (p, t)-Rkk. 1434.
—, McCormick (C. H.), **Handley (T. H.)** u. **Newman (E.)**, (p, 2n)-, (p, 2p)-, (p, t)-, (p, ^{3}He)- u. (p, f)-Querschnitte u. Anregungsfunktt. 2125.
— u. **Neidigh (R. V.)**, Winkelverteill. v. an verschied. Elementen elast. gestreuten *22* MeV-Protonen 2591.
—, Neidigh (R. V.) u. **Newman (E.)**, Mess. d. Winkelverteill. v. Kern-Rk.-Prodd. 1664.
—, Newman (E.), **Charpie (R. A.)** u. **Handley (T. H.)**, (p, pn)- u. (p, αn)-Anregungsfunktionen 6680.
Cohen (B. S.) s. Harris (C.).
Cohen (C. A.) s. Standard Oil Development Co.
Cohen (David) s. Waddel (C.).
—, Moyer (B. J.), **Shaw (H.)** u. **Waddell (C.)**, Protonen-Bremsstrahl. u. energiereiche γ-Emiss. aus C 3548.
Cohen (Donald) s. Hindman (J. C.).
Cohen (E.) s. Fortey (J.); Ridgion (J. M.).
Cohen (E. G. D.) s. Boer (J. de).
Cohen (E. M.), **Groot (C. A. de)** u. **Weber (J. F.)**, Wrkg. v. Mersalyl nach intravenöser Injekt. auf d. Phosphatstoffwechsel in Nierenschnitten d. Ratte 10802.
— u. **Weber (J. F.)**, Diurese nach Quecksilber u. bei Alloxandiabetes 10563.
Cohen (E. R.) s. Mond (J. W. M. Du).
Cohen (G.) Sons & Co. Ltd. u. **Levy (F. L.)**, Gießform für Metalle 3479* E.
Cohen (G. N.) s. Szulmajster (J.).
— u. **Hirsch (M.-L.)**, Threoninsynthase. Enzymat. Syst., d. *l*-Threonin aus Homoserin synthetisiert 1069.
Cohen (H. L.) s. Bharucha (K. R.).
Cohen (I. J.) s. Boozan (C. W.).
Cohen (Jerome) s. Veis (A.).
Cohen (Jonathan) s. Maddock (C. L.).
Cohen (Julius), Halbleitende Sb-Filme 8089.
Cohen (J. A.) u. **Warringa (M. G. P. J.)**, Schicksal v. Diisopropylfluorphosphat, d. mit ^{32}P markiert war, im menschl. Körper u. seine Verwend. als markierte Substanz bei d. Unters. d. Umsatzes v. Blutplasma u. Erythrocyten 3180.
Cohen (L.) [Baltimore], **Hanna (S. S.)** u. **Class (C. M.)**, Winkelkorrelatt. bei d. Rkk. ^{9}Be(d, pγ)^{10}Be u. ^{9}Be(d, $\alpha\gamma$)^{7}Li 6206.
Cohen (L.) [Stockport] s. Luft (N. W.).
Cohen (Max) s. Matalon (R.).
Cohen (Morris) s. Averbach (B. L.); Balluffi (R. W.); Buffington (F. S.); Conrad II (G. P.); Kula (E.); Kulin (S. A.); Lement (B. S.); Roberts (C. S.); Seigle (L. L.).
Cohen (Murray) s. Katz (Leon).
Cohen (M. H.), Zerleg. d. skalaren Prod. zweier symm. Tensoren 8775. — Kernquadrupolspektren in festen Stoffen 8786.
— u. **Barrett (C. S.)**, Wechselwrkg. v. Elektronen mit Korngrenzen 8317.
— u. **Keffer (F.)**, Dipolarer Ferromagnetismus in kub. Gittern 5002.
Cohen (M. M.) s. Bereston (E. S.); Robinson jr. (H. M.).
Cohen (O. P.) s. Monsanto Chemical Co.
Cohen (P. P.) s. Grisolia (S.); Lowenstein (J. M.).
Cohen (R.), Leicht reproduzierbarer Standard für d. D. therm. Neutronen 6210. — s. Cotton (E.); Lévêque (A.); Thirion (J.).
—, Cotton (E.) u. **Lévêque (A.)**, Mess. d. Verhältnisses d. Spaltungsquerschnitte v. ^{239}Pu u. natürl. U für therm. Neutronen. 1. Mitt. 3305; 2. Mitt. 3305.
Cohen (S.), **Hayrabetain (B.)** u. **Sevringhaus (E. L.)**, Wrkg. v. Testosteron auf Patienten mit Lungentuberkulose 3658.
Cohen (S. A.) s. Bonafide Mills, Inc.
Cohen (S. G.) s. Jaffe (A. A.).
— u. **Jaffe (A. A.)**, Spektr. d. L-Röntgenstrahlen v. RaD u. Möglichk. v. $L_I \rightarrow L_{II}$N-Auger-Übergängen 8309.
— u. **Weinreb (A.)**, Energietransport v. Lösungsm. zum gelösten Stoff in fl. organ. Lsgg. bei UV-Anreg. 1702.
Cohen (Saul G.), **Haas (H. C.)** u. **Slotnick (H.)**, Unterss. an Oxyäthylpolyvinylalkohol 8876.
— u. **Sparrow (D. B.)**, Rk. d. Diisopropylperoxydicarbonats 4079.
— u. **Wang (C. H.)**, Azo-bis-diphenylmethan u. Zerfall aliphat. Azoverbb. 11364.
Cohen (Seymour S.) s. Barner (H. D.).
Cohen (Summer S.), **Johnsen (L.)**, **Lichtenstein (M. R.)** u. **Lynch (W. J.)**, Streptomycin u. Dihydrostreptomycin bei d. Lungentuberkulose 3673.
Cohen (Theodore) s. Berson (J. A.).
Cohen (Tullio), Synthet. Antihistaminica 8210.
Cohen (V. W.), **Corngold (N. R.)** u. **Ramsey (N. F.)**, Vers. zur Mess. d. magnet. Moments d. Neutrons 1195.
— u. **Gilbert (D. A.)**, Kernspin u. Hyperfeinstrukturwechselwrkg. d. *3,1* Std.-^{134}Cs-Isomers 9490.
Cohen-Adad (R.) s. Rollet (A.-P.).

Cohen-Bazire (G.) s. Monod (J.).
Coheur (P.), Thomas-Stahl mit niedr. N- u. niedr. P-Geh. 447. — Windfrischstahl 1831* F. — Herst. v. Stahl mit niedr. N-Geh. aus Roheisen im sauren oder bas. Konverter 1831* E. — s. Thyssen (H.).
—, Fouassin (M.) u. Frenay (E.), Internationaler Lütticher Niederschachtofen 2523.
— u. Kosmider (H.), Thomas-Verf. 8951.
Cohly (M. A.) s. Rao (R. R.).
Cohn (C.) s. Emschwiller (G.).
Cohn (D. V.) s. Hedgecock (L. W.).
Cohn (E. S.) u. Schuele (E. M.), Brechungsindexinkrement für Polymethylmethacrylat in Methyläthylketon 5559.
Cohn (H. O.) s. Kim (Y. B.); Thompson (R. W.).
—, Etter (L. R.) u. Thompson (R. W.), Best. d. spezif. Ionisier. in Nebelkammerbahnen aus d. Zahl d. Tröpfchenanhäuff. 503.
Cohn (Melvin), Kurze immunolog. Abhandl. über d. Biosynth. eines Proteins 3651.
Cohn (Mildred) s. Lipkin (D.).
Cohn (M. L.) s. Middlebrook (G.).
—, Kovitz (C.), Oda (U.) u. Middlebrook (G.), Unterss. mit Isoniazid u. Tuberkelbacillen. 2. Mitt. Wachstumserfordernisse, Katalaseaktivität u. pathogene Eigg. v. isoniazidresistenten Varianten 6775.
Cohn (S. H.) u. Gong (J. K.), Einfl. einer lokalen Röntgenbestrahl. v. *2000* r auf Stoffwechsel u. d. Aktivität d. alkal. Phosphatase d. Rattenknochens 5115. — Wrkg. chem. Stoffe auf d. Geh. d. Skeletts u. d. Ausscheid. v. injiziertem Sr 10793.
Cohn (W. E.) s. Khym (J. X.).
— u. Volkin (E.), Mononucleotide aus Ribonucleinsäure durch Phosphodiesteraseeinw.; Isolier. v. Pyrimidindiphosphaten 9583.
Cohrs (P.), Histopathologie d. durch A-Hypovitaminose verursachten Blindheit d. Rindes 7249.
Coïc (M. Y.), Wrkg. d. N-Düngung auf d. Anwachsen d. späteren N-Bedarfs v. Weizen 3230.
Coillard (J.) s. Béraudiat (J.); Molho (D.).
— u. Mentzer (C.), Synth. mögl. Steroidvorläufer 802.
Coker (W. G.) s. Alving (A. S.); Coatney (G. R.); Hankey (D. D.).
Colajacomo (A.) s. Ricci (C.).
Colange (G.) u. Dubrisay (R.), Opt. Unters. u. kontinuierl. Registrier. d. Silberkorros. durch Joddämpfe 5018.
Colarusso (R. J.) s. Wollish (E. G.).
Colas (J.) s. Ebel (J.-P.).
Colasit Akt.-Ges., Reinig. v. Luft v. sauren u. nitrosen Beimengungen 3219* Schwz.
Colbeck (E. W.), Anwend. d. Kernspalt. für Gießer u. Metallurgen 7540.
Colbertaldo (D. di), Kombinierte Mikrographie u. d. Dünnschliffe ohne Relief 5376.
Colbran (R. C.), Probleme in d. Baumpflanz.; Wurzelschädigende Nematode Pratylenchus-Coffeae (Zimmerman) als ein Wachstumshinderer bei umgepflanzten Bäumen in Apfelplantagen 8243.
Colby (W. G.), Light (M. A.) u. Bertinuson (T. A.), Bedeut. windsedimentierter Materialien für Böden in Massachusetts 2515.
Colcher (H.), Drachman (S. R.) u. Adlersberg (D.), Behandl. unheilbarer Sprue mit Cortison u. Adrenocorticotropin 4139.
Colclough (H.) s. Rolls Royce Ltd.
Colclough-Hoey (R. M.), Bedrucken v. Leder mit festhaftenden Farben 11137* E.
Cole (A. R. H.), Infrarotspektroskopie in d. medizin. Chemie 8112. — Leistungsfähigk. v. Merton-N.P.L.-Gittern in einem handelsübl. Infrarotspektrometer 8688. — s. Barnes (C. S.).
Cole (A. S.), Blutalaninkonz., Alaninresorptionsgeschwindigk. u. Magenentleer. 3903.
Cole (C. V.), Olsen (S. R.) u. Scott (C. O.), Natur d. Sorpt. v. Phosphat durch $CaCO_3$ 442.
Cole (D. F.), Wrkgg. v. Desoxycorticosteronacetat u. Cortison auf d. Ausscheid. v. hypoton. NaCl-Lsg. durch adrenalektomierte Ratten 9123. — Wrkg. d. Deoxycorticosteronacetats u. d. Na- u. K-Geh. d. Nahr. auf d. Skelettmuskelelektrolyt bei adrenalektomierten Ratten 11027.
Cole (D. G.) s. Gillam (E.).
Cole (E. J.), Behandl. v. Abwasser mit Hexachlorcyclopentadien 2042.
Cole (E. K.) Ltd. u. Evans (J. N. I.), Gasentladungsleuchtröhre 9643* E.
Cole (F. T.) u. Bethe (H. A.), Einfang v. μ-Mesonen in Materie 5.
Cole (G. H. A.) s. Eisenschitz (R.).
Cole (H.), Geeignete Glaszus. für verschied. Methoden d. mechan. Bearbeit.: Fensterglas 3709.
Cole (H. G.) u. Brooks (W. J. D.), Elektrolyt. Ätzverfahren für d. Korngrenzen v. Al-Legierr. 3478.
Cole (J. O.) s. Hively (R. A.).
Cole (L. W. L.) s. N. V. de Bataafsche Petroleum Mij.
Cole (M. M.) s. Eddy (G. W.); Smith (Carroll N.).
Cole (P. G.), Lathe (G. H.) u. Ruthven (C. R. J.), Anwend. d. Methoden d. Gegenstromverteil. zur Fraktionier. v. lipoidem Material aus Gehirn 178.
Cole (P. J.) s. Allied Chemical & Dye Corp.
Cole (R. F.) s. Newport Industries, Inc.
Cole (R. H.), DK. v. fl. HCN 7377. — s. Davidson (D. W.); Swenson (R. W.).
Cole (R. M.) s. Shell Development Co.
Cole (S. S.) s. National Lead Co.
— u. Breitenstein (J. S.), Gewinn. v. V aus titanhalt. Magnetit 4687.
Cole (V. V.), Hill (D. L.) u. Oikemus (A. H.), Therapie experimentell hervorgerufener Vergift. mit Hydrazin 1324. — Unters. v. Decaboran u. Behandlungsmöglichkeiten d. v. ihm hervorgerufenen Vergift. 4159.
— u. Oikemus (A. H.), Stimulierende Wrkgg. d. Na-Salze d. Glutaminsäure, Oxalessigsäure, Brenztraubensäure u. Äpfelsäure 9136.
Cole (W. E.) s. Pearson (D. E.).
Cole (W. F.) s. Kaan (G.).
Cole (W. M.) = Waller (W. M.).
Coleby (B.), Keller (Max) u. Weiss (J.), Chem. Wrkg. ionisierender Strahl. auf Lsgg. 12. Mitt. Wrkg. v. Röntgenstrahlen auf einige Steroide in organ. Lösungsmm. 5994.
Coleby (L. J. M.), Hadley (J.) 5706. — Mickleburgh (J.) 9946. — Watson (R.) 9946.
Coleman (C. B.) s. Dannley (R. L.).
Coleman (D.), Blockcopolymerisate: Copolymerisat. v. Äthylenterephthalat mit Polyoxyäthylenglykolen 8878.

Coleman (E. H.), Wrkg. v. Methyljodid u. Chlorbrommethan auf d. Zündgrenzen v. n-Hexan in Luft 3589.
Coleman (E. W.) s. Meinke (W. W.).
Coleman (G. A.) s. Allied Chemical & Dye Corp.
Coleman (G. H.) s. Batzel (R. E.).
Coleman (Gerald H.), Ammonolyse 7547. — s. Dow Chemical Co.
Coleman (H. J.) s. Thompson (C. J.).
Coleman (J. H.), Radioisotop. Hochspannung, Schwachstromquellen 4513.
— u. **Bohm (D.)**, Erhöh. d. elektr. Widerstandes v. Isolatoren unter ionisierender Bestrahl. 5960.
Coleman (N.) s. Eyles (D. E.).
Coleman (N. T.) s. Harward (M. E.).
— u. **Harward (M. E.)**, Neutralisationswärme v. sauren Tonen u. Kationenaustauschharzen 4530.
Coleman (P. D.), Sirkis (M. D.) u. **Kaufman (I.)**, Meßtechnik für Raumladungseffekte in Strahlen mittels gekreuzter Elektronenstrahlen 3067.
Coleman (R. A.), Newman (M. S.) u. **Garrett (A. B.)**, Saure Katalyse bei d. Zers. v. Benzazid 3346.
Coleman (R. J.) u. **Nord (F. F.)**, Bedeut. d. Zusatzes v. gemischten Substraten auf d. Bldg. v. Brenztraubensäure durch Fusarium lini Bolley. 56. Mitt. Mechanismus d. Enzymwrkg. 1768.
Coleman (T. R.) u. **Fowler (R. G.)**, Grenzflächen in Überschallströmm. in Gasentladd. 9254.
Coleman (V.) s. Jawetz (E.); Miles (C. P.).
—, **Gunnison (J. B.)** u. **Jawetz (E.)**, Teilnahme v. Erythromycin u. Carbomycin an kombinierter antibiot. Wrkg. in vitro 10778.
Coles (B. L.) u. **James (U.)**, Wrkg. v. Co- u. Fe-Salzen auf d. Anämie v. Frühgeborenen 3182.
Coles (D. K.) s. Gunther-Mohr (G. R.).
Coles (G.), Synthet., v. Rohm & Haas hergestellte Harze u. ihre Anwend. als Einbrennlacke 9451.
Coles (G. V.) u. **Byrde (R. J. W.)**, Fungicide Eigg. v. Teerdestillaten 3233.
Coles (J. A.) s. Braude (E. A.).
Coles (L. E.), Linnell (W. H.), Mathieson (D. W.) u. **Shoukri (A. S.)**, Perhydroindane. 4. Mitt. 1-substituierte Hexahydroindane 9788.
Coles (R. F.) s. General Aniline & Film Corp.
Coletti (O.) s. Sacco (A.).
Colgate-Palmolive-Peet Co., Lichtechte Schönheitsmittel 1865* F. — Wasch- u. Reinigungsmittel 2561* Belg., E. — Zahnputzmittel, Mundwässer, Kaugummi 2732* Ind. — Aliphat. Acylderivv. v. Aminocarbonsäuren 3002* E. — Bakterientötende Stoffe für Schönheitsmittel 3505* F. — Von organ. Salzen freie, wasserlösl. Salze organ. Sulfonate 3762* Schwz. — Reinigungsmittel 6881* Ind., 9932* E., 9933* E. — Haarwaschmittel 7344* E., 8048* E. — Antischweißmittel 8987* E.
— u. **Alsop (W. G.)**, Bleichen u. Stabilisieren v. Fettsäureestern 6880* A.
— u. **Anderson (A. F.)**, Shampoons 3506* F.
—, **Andrews (H. W.), Carpenter (C. Le R.)** u. **Houlton (H. G.)**, Reinig. v. organ. Sulfonsäuren u. Schwefelsäureestern 5649* A.
—, **Dreger (E. E.)** u. **Bell (A. C.)**, Reinigungsmittel in Stücken- u. Riegelform 3760* Can.
— u. **Fine (N.)**, Rasiercreme 236* F.
Colgate-Palmolive-Peet Co., Fox (A. L.) u. **Anderson (A. F.)**, Gefärbte, nicht ausbleichende Brillantine 6638* A.
—, **Fox (A. L.)** u. **Mehaffey (R. J.)**, Stabilisieren d. Farbe kosmet. Fll. 4230* A.
— u. **Gebhart (A. I.)**, Gewinn. v. Sterinen 2730* A.
—, **Gebhart (A. I.)** u. **Mitchell (J. E.)**, Neutralisat. leicht hydrolysierbarer sulfonierter Ester 2561* A.
—, **Gebhart (A. I.)** u. **Ross (J.)**, Höhermol. Glykole, Aldehyde u. Carbonsäuren 2772* A.
— u. **Heald (R. F.)**, Wasch- u. Reinigungsmittel in Flockenform 1872* Can.
— u. **Henkin (H.)**, Fl., opakes Haarwaschmittel 7344* A.
— u. **Hokanson (A. E.)**, Reinigungsmittel 3760* F.
— u. **Kirschenbauer (H. G.)**, Frei bewegl., nicht klumpendes, abschleifend wirkendes Reinigungsmittel 4730* D. B. — Palmitinsäure 7551* A. — Sterine 8923* A.
— u. **Krems (I. J.)**, Alkylarylsulfonamide u. ihre Metallsalze 2099* A. — Heterocycl. Dithiazinverbb. in Reinigungsmitteln 8525* A.
—, **Krems (I. J.)** u. **Gebhart (A. I.)**, Reinigungsmittel 9932* A.
— u. **Malkemus (J. D.)**, Monoester 6389* A.
— u. **Percy (J. H.)**, CO_2-Additionsverbb. v. Alkylenaminomonoamiden 7552* A.
—, **Reinish (M. D.)** u. **Caldarera (J. P.)**, Behandl. v. Fettsäuren 1871* A.
— u. **Ross (J.)**, Reinigungsmittel 5928* A.
—, **Ross (J.)** u. **Gebhart (A. I.)**, Alkanoläthrimide v. langkett. aliphat. Dicarbonsäuren 7112* A.
— u. **Schiraldi (R. S.)**, Chlorophyllhalt. Zahnputzmittel 4899* F.
—, **Sweet (W. W.)** u. **Jasper-Mead (W.)**, Seifenfreie Reinigungsmittel 8058* A.
— u. **Trusler (F. W.)**, Synthet. Waschmittel 480* E.
Collez (R.), Tubiana (M.), Dutreix (J.) u. **Guelfi (J.)**, Untersuchungsergebnisse an 85 Fällen v. Schilddrüsencarcinomen mit ^{131}J 9818.
Coligny (O.) de Champfleur Ellis, Schaumlöschmittel 661* E.
Coligny (S. de) s. Traynard (P.).
Colin & Cie. u. **Rivière (A.)**, Rückgewinn. v. Fe aus Beizbädern 3728* F.
Colin-Naar (C.) s. Bellemans (A.).
Colingsworth (D. R.) s. Purdue Research Foundation; Upjohn Co.
Coll (J.) s. Calvet (J.).
Colladay (G. S.), Energieparameter v. zweidimensionalem Graphit 5733.
Collado (J. G.) = Gil Collado (J.).
Collamer (D. O.) s. Rust (F. F.).
Collard (P.) s. Joiner (C. L.).
Collari (N.) u. **Paglialunga (L.)**, Betrachtt. u. Versuchsergebnisse über eine neue Leichtmetall-Lagerlegier. auf Al–Sn–Ti-Basis 2525.
Collat (J. W.) u. **Lingane (J. J.)**, Polarographie d. Nitrations 4044.
Collat (R.) s. Letsinger (R. L.).
College (A.), Bean (M.), Bean (X.), Henderson (Algo D.), Morgen (A. E.) u. **Beatty (W.)**, Gipsformen für d. Metallguß 3245.
Collens (W. S.), Banowitch (M. M.) u. **Colsky (J.)**, Lipoproteinunterss. bei Diabetikern mit Arteriosklerose 139.
Coller (F. A.) s. Hayes (M. A.).
Collet (A.) s. Jourdan (J.); Policard (A.).

Collet (R. A.) s. Buensod (M.).
Collet (V.), Strukturunters. d. Bleiviolurates 4314.
Collett (C. T.), Vereinfach. d. Rechnens bei routinemäß. D.- u. Vol.-Bestimmungen 2964. — DD. v. 5 ausgewählten opt. Gläsern 5395.
Collett (S.), Pyridinmittel. Chemie u. Chemotherapie 3197.
Collette (G.) s. Beaujard (L.).
Collette (R.) s. Sy (A. De).
Colli (L.), UV-Photonen beim Zerfall metastabiler Ar-Atome 9016.
Collier (A.), Ti u. Zr in d. durch Gymnodium brevis Davis verursachten Wasserblüte 11356.
Collier (D.), Nitrifikat. bei konstanter Temp. in einem Tonkalkboden u. einem schwach sauren Boden 11452.
Collier (D. W.) s. Sharples Corp.
Collier (H. B.), Verwend. eines Maskierungsmittels bei d. Oxyhämoglobinbest. 8460.
Collier (H. E.) s. Muraca (R. F.).
Collier jr. (H. E.) s. Fornoff (F. J.).
Collier (H. O. J.) s. Allen & Hanburys Ltd.; Bourne (G.).
— u. **Phillips (M.)**, 2.4-Diaminopteridine als Folinsäureantagonisten 5353. — Wrkg. v. 2.4-Diamino-6.7-dibenzylpteridin auf Antibiotica-resistente Staphylokokken 7943.
—, **Potter (M. D.)** u. **Taylor (E. P.)**, Antibakterielle Wirksamk. einiger Bis-isochinoliniumsalze 3407.
Collier (J. W.) s. Smith (R. M.).
Collier (R. E.), Extrakt. v. Phosphaten vor d. titrimetr. Best. v. Ca u. Mg mit Äthylendiamintetraessigsäure 8690.
— u. **Fricker (D. J.)**, Modifizierte dead-stop-Endpunktsschalt. für d. Titrat. v. Fe(II) mit Kaliumdichromat in etwa *1* n Lsgg. 6581.
Collier (W. A.) u. **Pijl (L. van der)**, Antibiot. Wirksamk. d. Blätter v. Pflanzen auf Java 6543.
Collignon (G.), M. Curie [9947].
Collin (B. W.) s. Aktiebolaget Statens Skogsindustrier.
Collin (F. J.) Akt.-Ges. zur Verwertung von Brennstoffen und Metallen, Entfern. v. in Gasen enthaltenen, in W. unlösl. Substanzen 2974* F. — Kondensieren eines SO_3-Wasserdampf-Gemisches zu H_2SO_4 4670* E.
—, **Bayerlein (K.)**, **Schade (H.)** u. **Springer (H.)**, Entsäuer. v. mit H_2S u. CO_2 angereichertem NH_3-W. 6660* D. B.
—, **Hofmeister (B.)** u. **Holthaus (P.)**, NH_3-Gewinn. aus Kohlendestillationsgasen 3288* D. B.
— u. **Schäfer (Josef)**, Mittelbare Gewinn. v. NH_3 u. NH_3-Verbb. aus Brennstoffgasen 6174* D. B.
— u. **Stoller (P.)**, Entschwefel. v. NH_3-W. 2978* D. B.
Collin (J.), Verh. einiger Typen stickstoffhalt. Moll. unter d. Einfl. d. Beschießung mit Elektronen 2860. — Ionisat. u. Dissoziat. d. Nitroparaffine durch Elektronenstoß 4790. — Massenspektrometrie v. Stickstoffderivv.; Dialkylnitrosamine u. Nitrosoderivv. 4791.
— u. **Or (L. D')**, Infrarotunters. d. Bzl.-Cl_2-Mol.-Komplexes 9283.
Collin (P. H.) s. Stora Kopparbergs Bergslags Aktiebolag.
Collin (R.) u. **Verain (M.)**, Hypoglykäm. Wrkg. d. Intermedin beim Kaninchen 2707.
Collin (R. L.), Kristallstruktur v. festem Cl 8800.
Collin-Asselineau (C.) u. **Lederer (E.)**, Synthesen in d. Ambreinolidreihe. Darst. eines wohlriechenden Lactons, $C_{16}H_{24}O_2$ 8871.
Collings (G. H.), Commercial fertilizers, their sources and use [5636].
Collings (G. R.) s. Brake (A. H.).
Collins (C. J.) s. Benjamin (B. M.); Bonner (W. A.).
—, **Ciereszko (L. S.)** u. **Burr jr. (J. G.)**, Wagner-Umlagerung. 5. Mitt. Beweis für einen ster. Effekt 8356.
—, **Hess (D. N.)**, **Mayor (R. H.)**, **Toffel (G. M.)** u. **Jones (A. Russell)**, Wagner-Umlagerung 3. Mitt. $^{14}C_{1(5,6)}$-Chrysen 8355.
Collins (E.) s. Swingle (W. W.).
Collins (F. C.) u. **Navidi (M. H.)**, Berechn. d. freien Vol. v. Fll. aus Messungen d. Schallgeschwindigk. 6691.
Collins (F. D.), Chemie d. Sehens 5114.
—, **Green (J. N.)** u. **Morton (R. A.)**, Rhodopsin. 7. Mitt. Regenerat. v. Rhodopsin durch zerriebene Rinderretina 6791.
Collins (G. A.) s. Scott (J.).
— u. **Swan (A. G.)**, Therm. Differentialanalyse 5608.
Collins (Geoffrey A.) s. Midland Tar Distillers Ltd.
Collins (J. F.) s. McKinsey (C. R.).
Collins (J. M.) s. Du Pont de Nemours (E. I.) & Co.
Collins (K.) s. Faloon (W. W.).
Collins (M. C.) s. Ellis (S.).
Collins (R. D.) u. **Lubanska (H.)**, Vertief. in Flüssigkeitsoberflächen durch Gasstrahlen 292.
Collins (R. F.), Kristallines 1-Benzoyl-1.2-dihydrochinolin 1043.
Collins (R. L.) u. **Nielsen (J. R.)**, Schwingungsspektren v. Methyltrifluorsilan 4760. — Schwingungsspektren, Kraftkonstanten u. berechnete thermodynam. Eigg. v. Methyltrifluorsilan 9283.
Collins (T. L.) s. Giese (C. F.); Quisenberry (K. S.).
—, **Johnson jr. (Walter H.)** u. **Nier (A. O.)**, Atom-MM. im Zwischenbereich 2355.
—, **Scolman (T. T.)** u. **Nier (A. O.)**, Doppeltfokussierendes Präzisionsmassenspektrometer 2596.
Collins jr. (T. T.) s. West (P. H.).
Collins (V. P.) s. Loeffler (R. K.).
Collins (W. B.) s. Dague (H. F.).
Collins (Z. L.), **Darby (L. G.)**, **Harris (G. A.)** u. **Howell (J. H.)**, Färben v. Dacrongeweben nach d. Carrier-Meth. 8503.
Collins & Sikman Corp. u. **Keen (W. R.)**, Kräuseln v. Polyamidfäden 10414* A.
Collins-Williams (C.) u. **Vincent (J. E.)**, Penicillinüberempfindlichk. 151.
Collinson (E.), **Dainton (F. S.)** u. **Ivin (K. J.)**, Chem. Umwandl. in homogenen Systemen 3814.
Collinson (J. A.) u. **Watson (W. W.)**, Spektroskop. Isotopenverschieb. in Hf I u. Hf II 2129.
Colloid Chemical Laboratories, Inc. u. **Armitage (C. F.)**, Behandl. v. Cashewnußschalenöl 9210* A.
Collomb (F.) s. Colonge (J.).
Collonges (R. S. A.) s. Chimiotechnic (Union Chimique du Nord et du Rhône Soc. An.).

Collura (G. B.) s. S e l l e r i o (A.).
Collura (P.), Methoden d. Kaolinabbaus u. eine neue, für Lagerstätten montmorillonit. Tone bes. geeignete Meth. 4183.
Collyer (E.), Wrkg. v. Spritzmitteln auf einige Raubinsekten 673. — Raubinsekten in Obstanlagen 11279.
Colman (B. W.) s. T o p - P o p P r o d u c t s C o.
Colmant (H.-J.), Inhalat. v. Insulin-Aerosolen 3180.
Colmer (A. R.) s. H o o v e r (M. E.).
Colmont (B. L. A. M. de), Imprägnieren v. Fasermassen mit Kunstharz 1172* F.
Colner (W. H.), **Feinleib (M.)** u. **Reding (J. N.)**, Galvan. Überzüge auf Ti 8255.
Colodzin (M.) s. A g r a n o f f (B. W.).
Colom (J.), **Primo (E.)** u. **Viguera (J. M.)**, Industrielle Verwert. v. Reisabfällen. 10. Mitt. Oxydationsverhindernde Wirkstoffe in Keimen u. Kleie 5926.
Colomb (P.), Analyse v. Casein 3027. — Ursprung d. Fehler, Flecken, Verluste bei Färberei, Druck u. Appretur 7088.
Colombani (A.) u. **Ranc (G.)**, Kristallisat. dünner Cu-Schichten 4774. — Einfl. d. Unterlage auf d. Kristallisat. sehr dünner Au-Schichten 5015.
Colombet (M.), Ablösbare Lacke auf Grundlage v. Vinylharzen 9203.
Colombet (R.), Anwend. v. Melaminharzen bei d. Fabrikat. v. Farben u. Lacken 3262.
Colombi (L.) s. T h e u s (V.).
— u. **Schinz (H.)**, Sesquiterpene u. Azulene. 101. Mitt. Synth. u. Cyclisat. v. „Sesquilavandulol" 4355.
Colombier (L.) u. **Hochmann (J.)**, Aciers inoxydables, aciers réfractaires [8026].
Colombini (M.) s. P e d e r z i n i (A.).
Colombino (P.), **Ferroni (S.)**, **Ghigo (G.)** u. **Wataghin (G.)**, Nucleon–Proton-Stoß mit Erzeug. v. Mesonen 11488.
—, **Ferroni (S.)** u. **Wataghin (G.)**, Erzeug. durchdringender Schauer in H u. C 9949.
Colombo (A.) s. B e r t o r e l l e (E.).
Colombo (L.), Anstriche für d. Straßenverkehr 9679.
Colomer (L. A.) = A b a d C o l o m e r (L.).
Colominas (A. L.) = L l i n á s C o l o m i n a s (A.).
Colonge (A.) s. C o u r r i e r (R.).
Colonge (J.), Anwend. d. bedeutenden französ. Verff. d. organ. Chemie in d. Parfümerieindustrie 5918. — Anwend. d. Oxycarbonylier. auf d. Synth. cycl. Ketone 9786.
— u. **Boisde (P.)**, Substituierte Isochromane 1968.
— u. **Bonnard (L.)**, Darst. v. Anthracen-KW-stoffen 11572.
— u. **Chambard (R.)**, Isomerisier. d. Phenylester v. α-Äthylensäuren 3375.
— u. **Clerc (G.)**, Kondensat. v. wahren α-acetylen. Alkoholen mit α-Oxyketonen; Übergang in 1.2.5-Triole 5518. — Triole-(1.2.5) 10244. — Dehydratat. v. Triolen-(1.2.5) 10262.
— u. **Collomb (F.)**, o-Allylcyclohexanon 8367.
—, **Dreux (J.)** u. **Delplace (H.)**, Kondensat. v. Cyclanonen mit Formaldehyd 8607.
—, **Dreux (J.)** u. **Kehlstadt (J.-P.)**, Kondensat. u. Cycloketolisat. v. Cyclohexanonen mit α-Äthylenketonen 6019.
— u. **Fichet (E.)**, Polyamidbldg. einiger p-Aminophenylalkansäuren 9785.
— u. **Gelin (R.)**, Verwend. d. Propargylchlorids in d. organ. Synth. 1. Mitt. Propargylacetylessigsäureester u. echte γ-Acetylenketone 6257; 2. Mitt. α-Alkylpropargylessigsäuren oder 2-Alkylpentinsäuren 6257; 3. Mitt. Herst. u. Eigg. d. echten γ-Acetylenalkohole 6258; 4. Mitt. Einw. auf Phenole u. Na-Verbb. d. Ketone 6258.
Colonge (J.) u. **Grimaud (E.)**, Synth. einiger Naphthalinderivv. 4087.
— u. **Poilane (G.)**, Verwend. d. 4-Chlorbutin-(2)-ols-(1) in d. organ. Synth. 6259.
— u. **Weinstein (G.)**, Gewinn. v. Inden-KW-stoffen durch Cyclodehydratat. v. β-Arylketonen 4086.
Coloni Pizá (J.) s. V i g u e r a L o b o (J. M.).
Colonial Sugar Refining Co. Ltd. u. **Howarth (P. F. W.)**, Wiederbeleb. v. kohlenstoffhalt. Adsorptionsmitteln, wie Tierkohle, z. B. bei d. Reinig. v. Zucker 6413* A.
Colonna (M.), Aromat. N-Oxyde: direkte nucleophile Rkk. 9292.
— u. **Risaliti (A.)**, Aromat. N-Oxyde. Einw. v. Organomagnesiumverbb. 11579.
Colorado Iris (R.) s. G o n z á l e z O c h o a (A.).
Colosi (G.), Corso di biologia e zoologia generale [8196].
Colovos (N. F.) s. T e e r i (A. E.).
Colowick (S. P.) s. G r e e n g a r d (P.).
— u. **Kaplan (N. O.)**, Methods in enzymology. V. *1*: Preparation and assay of enzymes [7940].
Colpé (G.) s. J a k o v l i v (G.).
Colsky (J.) s. C o l l e n s (W. S.).
Colson (R.), Schnellprüf. d. Schaumgüte v. Kopfwaschmitteln 3024.
Colson Guastalla (H.), Oxydat.-Red.-Potentiale 10197.
Colthup (N. B.) s. L a n c a s t e r (J. E.).
Coltman (J. W.), Scintillationsbegrenzz. d. Auflösungsvermögens bei Abbildungsanordnn. 6091.
Coltman jr. (R. R.) s. B l e w i t t (T. H.).
Colton (F. B.) s. B o r d w e l l (F. G.); S e a r l e (G. D.) & C o.
Coltorti (M.) s. C a c i o p p o (F.); R i t i s (F. d e).
— u. **Pietra (G. Della)**, Fermentaktivität bei B_1-Avitaminose d. Taube. 3. Mitt. Freisetz. d. anorgan. Phosphats durch ATP 8177.
Colucci (C. F.) s. C a p o b i a n c o (A.).
Colucci (G.) u. **Franco (G.)**, Einfl. d. Hyaluronidase in Verb. mit Ovarialhormonen auf d. Diastase d. Schambeinsymphyse. Experimentelle Unterss. 1763.
Columbia Ribbon & Carbon Mfg. Co., Inc. u. **Newman (D. A.)**, Flachdruckfolie 1875* A., Schwz.
Columbia-Southern Chemical Corp. u. **Bartlett (P. D.)**, Polyoxychlorphenole, bes. Pentachlorphenol 1372* A.
— u. **Dial (W. R.)**, Weichmacher für Kunstharze 5667* A.
— u. **Pechukas (A.)**, Organ. oder anorgan. Ester v. OH-halt. veresterbaren Verbb. 2298* A.
— u. **Rahn (H. W.)**, Natriumcarbonat 3939* A. — Bohr-Fl. 5940* A. — Zusatz zu Bohr-Fll. für Tiefbohrungen u. Herst. d. Zusatzes 11313* D. B.
—, **Stevens (H. C.)** u. **Kung (F. E.)**, 2.3-Epoxybuttersäureallylester u. dessen Polymerisate 6150* A.
— u. **Witman (E. D.)**, Unkrautvertilgungsmittel 9889* A.

Columbian Carbon Co., Einmischen v. Ruß in Kautschuk 6871* E. — Ofenruß 8975* E.
— u. **Ekholm (W. C.)**, Ruß 8039* E.
Coluzzi (A.) u. **Raffaele (G.)**, Dauerwrkg. v. DDT u. Chlordan auf Hausfliege u. Anophelen 11622.
Colville (K. I.) s. Norton (S.).
Colvin (J. R.), Adsorpt. v. Methylorgane durch Lysozym 10774. — s. Whitaker (D. R.).
—, **Cook (W. H.)** u. **Adams (G. A.)**, Elektrophoret. Homogenität v. Polysacchariden in mol. Alkali 6532.
—, **Smith (David B.)** u. **Cook (W. H.)**, Mikroheterogenität d. Proteine 4122.
Colwell (D. L.) u. **Tichy (O.)**, Genaue Kontrolle in d. Al-Erzeug. durch direkte spektrograph. Bestimmungen 8252.
Comar (C. L.), Radioisotopes in biology and agriculture, principles and practice [9352]. — s. Bélanger (L. F.); Hansard (S. L.); Hood (S. L.); Rust (J. H.); Talmage (R. V.); Whitney (I. B.).
Comas (A.) u. **Suqué (A.)**, P u. d. span. Industrie 2508.
Combe (A.) s. Niclause (M.).
Combe (J.) s. Cüer (P.).
Combé (W. C.) s. Olivier (S. C. J.).
Combé (W. P.) s. Hertog (H. J. Den).
Combee (B.) s. N. V. Philips' Gloeilampenfabrieken.
Comber (R.) s. Crombie (W. M. L.).
Combes (F. C.), Hoch- u. Tieftemperaturkohlenteere bei d. Behandl. v. Hautkrankhh. 11424. — s. Klauder (J. V.).
Combes (G.) s. Ledrut (J. H. T.).
Combes (L. S.) s. Ballard (S. S.).
Combescot (C.) u. **Rivière (M.)**, Wrkg. verschied. innersekretor. Eingriffe auf d. Morphologie d. Schilddrüse d. Affen 11411.
Combs (G. F.) s. Jones (H. L.); Menge (H.).
—, **Arscott (G. H.)** u. **Jones (H. L.)**, Noch nicht identifizierte Wachstumsfaktoren, d. für Küken u. Hühner erforderlich sind. 3. Mitt. Unterss. an Küken mit üblichen Typenfuttermitteln 7021.
Combs (R. L.) s. Smith (H. A.).
—, **Googin (J. M.)** u. **Smith (H. A.)**, Dampfdruckunterss. an Lsgg. in leichtem u. schwerem W. 2. Mitt. Dampfdruck v. schwerem W. u. d. Trennfaktor d. gemischten W. 2608.
Comeaux (R. V.), Rolle d. O_2 bei d. Korros. u. beim kathod. Schutz 2063. — s. Standard Oil Development Co.
Comeforo (J. E.) s. Hatch (R. A.).
—, **Breedlove (J. G.)** u. **Thurnauer (H.)**, Phosphatgebundenes Talkum: Austauschstoff für stück. Talk 7755.
— u. **Eitel (W.)**, „Röntgenbeugungsdiagramme v. Asbest" 9511.
— u. **Hursh (R. K.)**, Benetz. v. Al_2O_3–SiO_2-Unterlagen durch geschmolzenes Glas. 2. Mitt. Benetzungswrkg. bei Eindringen v. Glas in d. Unterlage 8235.
— u. **Kohn (J. A.)**, Forschungen an synthet. Asbest. 1. Mitt. Unters. an synthet. Fluortremolit 6231.
Comenetz (G.) s. Okress (E. C.).
Comer (J. J.) s. Hamm (F. A.).
Comesana Barros (H.), Neue Atomforschungen. Kernenergie berührt prakt. alle Zweige d. Naturwissenschaft u. d. Ingenieurwesens. Metallurg. u. elektr. Möglichkk. d. Atomenergie 276.
Comfort (A.), Best. v. Plasmacholesterinfraktt. mittels Elut. aus d. Papier 8225.
Comley (E. A.) s. Mayland (B. J.).
Commercial Solvents Corp. u. **Bennett (R. E.)**, APF-Konzentrat als Beifuttermittel 5448* A.
— u. **Brodhacker (J. W.)**, Vitaminhalt. Futtermittel 3029* A.
— u. **Bull (W. C.)**, Diisopropylamin 9445* A.
—, **Eldred (E. J.)** u. **Johnson (K.)**, Aminooxyverbb.; 2-Amino-2-methyl-1-propanol 6390* A.
— u. **Giachino (M. T.)**, N-substituierte Formamide 7316* A.
— u. **Goodale (C. D.)**, Nichthygroskop. Ammonnitrat für Sprengstoffmischungen 1887* A.
— u. **Harned (R. L.)**, Erzeug. d. Antibioticums Prodigiosin 3208* A.
— u. **Hickey (R. J.)**, Biosynth. v. Lactoflavin 4166* A.
— u. **Hines jr. (G. E.)**, Gewinn. v. Riboflavin aus d. Kulturfl. 2729* Can.
— u. **Hodge (E. B.)**, Substituierte Diphenylalkylamine 10569* A.
— u. **Johnson (A. N.)**, Nitroderivv. substituierter Benzoesäureester 3470* A.
— u. **Nager (U. F.)**, Neomycin 2963* A. — Wasserlösl. Salze d. Antibioticums Prodigiosin 2963* A. — Prodigiosin 9151* A.
— u. **Rudert (F. J.)**, Herst. v. Riboflavin auf biochem. Wege 2729* Can.
— u. **Schmitz (F. W.)**, Nichtkorrodierende Cholinchloridlsgg. 6644* A.
— u. **Schwartz (A. M.)**, Saure Ester v. aliphat. acylierten N-Alkylglucaminen 6421* A.
—, **Stengel (L. A.)** u. **Brodhacker (J. W.)**, Verhinder. d. physikal. Zers. v. Ammonnitrat 1360* A.
— u. **Tryon (P. F.)**, Reines γ-Hexachlorcyclohexan 6117* A.
— u. **Wehrmeister (H. L.)**, Reinigen v. Neomycin 9151* A.
Commissariat à l'Énergie Atomique, Le Bris (J.), Mouret (P.) u. **Siganos (E.)**, Gewinn. v. U aus seinen Erzen 10370* F.
Common (J. L.) s. General Foods Corp.
Common (R. H.) s. Phillips (W. E. J.).
Commonwealth Engineering Co. of Ohio, Enzymat. Dextranabbau 10576* E.
—, **Davis (O. F.)** u. **Belitz (H. G.)**, Kontinuierl. Herstellen v. Metallüberzügen auf unregelmäßig geformten Gegenständen 9186* E.
— u. **Stoycos (G. S.)**, Hydrolyt. Abbau v. Rohdextran 6575* A.
— u. **Toulmin jr. (H. A.)**, Plattieren v. Blechen 2786* A. — Platten für Separatoren-Batterien 3501* A.
—, **Toulmin jr. (H. A.)** u. **Stauffer (W. R.)**, Schaumkautschuk 6637* A.
Commonwealth Research Laboratories u. **Asaff (A. G.)**, Bituminöse Fußbodenbelagmasse 7757* A.
Commonwealth Scientific and Industrial Research Organisation, Gegenstromführ. v. Feststoffen u. Fll. 8464* E.
—, **Lipson (M.)** u. **Jackson (D. L. C.)**, Nichtfilzende u. abriebfeste Wollerzeugnisse 9939* A.
Communications Patents Ltd. u. **Bazin (R. E.)**, Induktives Erwärmen v. Metallteilen mit Oberflächenunregelmäßigkeiten 6384* E.
Comp. de Caotchouc Manufacturé „Dynamic", Sammlerseparator 1349* F.

Comp. Centrale des Émeris et tous Abrasifs, Soc. An., Schleifkörper 8710* F.

Comp. Électro-Chimique du Centre u. Vernadachi (S.), Aufarbeit. d. alkal. Zellstoffablaugen 2807* F.

Comp. pour la Fabrication des Comteurs et Matériel d'Usines à Gaz, Reinig. v. S 436* F., 10835* F. — Spritzbare, aus plast. Material bestehende M. für Teile v. W.- u. Flüssigkeitsmessern sowie für andere hydraul. Vorrichtungen 6358* Oe. — Reinigen oder Waschen v. teerhalt. Gas 6660* E. — Bildschirme für Fernsehröhren 10830* Schwz.

Comp. des Forges de Châtillon, Commentry & Neuves-Maisons, Oberflächenhärten v. Schienen 2296* F.

Comp. Française des Foyers Turbine, Gewinn. v. Fe u. seinen Oxyden aus Erzen 11676* F.

Comp. Française de Fumier Naturel „Cofuna" S. à r. l., Düngemittel 1130* F.

Comp. Française de Luminescence, Quarzglaslampe 5390* F.

Comp. Française des Matières Colorantes, Herst. v. Pigmentfarben 2789* F. — Diazoaminoverbb. u. wasserunlösl. Azofarbstoffe 6399* E.

—, **Baron (A.), Wallner (L.)** u. **Vinson (M.),** Färben v. Polyacrylnitrilfasern 4704* F.

— u. **Binder (M.),** Bedrucken v. Textilien 7791* E.

— u. **Ivanitzky (V.),** Pigmentemulss. zum Färben v. Fasern 5186* F.

—, **Jirou (M.)** u. **Gangneux (R.),** Cu-halt. Trisazofarbstoffe 5429* F.

— u. **Kienzle (P.),** Küpenfarbstoffe 3976* F.

—, **Lantz (R. L.)** u. **Blum (Juliette),** Polyazofarbstoffe 5188* F.

—, **Lantz (R. L.)** u. **Kremer (G.),** Erzeug. v. Oxydationsfarbstoffen 3973* F.

—, **Lantz (R. L.)** u. **Mingasson (G.),** Farbstoffe mit Disulfid- oder Thiophenolgruppen 5429* F. — Vulkanisationsaktivator 8754* F.

—, **Lantz (R. L.)** u. **Obellianne (P.),** Erzeug. v. Farbstoffen auf Fasern 2306* F.

— u. **Mallat (M.),** Drucken mit Küpenfarbstoffen 2539* F.

—, **Petitcolas (P.), Richard (A. P.), Roe (R. P. V.)** u. **Develotte (J.),** Diazoaminoverbb. 5427* A.

—, **Petitcolas (P.), Richard (A. P.), Sureau (R. F. M.), Roe (R. P. V.)** u. **Develotte (J.),** Isolier. v. Diazoaminoverbb. 7086* A.

—, **Petitcolas (P.)** u. **Sureau (R. F. M.),** Diazoaminoverbb. 4941* F.

— u. **Poulain (F.),** Ununterbrochene Gewinn. v. höhermol. Fettalkoholen aus d. entsprechenden Fettsäureestern 6848* F.

—, **Tassel (E.)** u. **Vallette (P.),** Feuerfestmachen v. Textilien, Papier, Birkenholzfurnieren 2333* F.

Comp. Française du Mono-Service (Soc. An.), Mittel zum Undurchlässigmachen v. Behältern aus Pappe 2103* F.

Comp. Française des Procédés Houdry u. **Houdry (E. J.),** Katalyt. Umsetz. v. schweren KW-stoffen 3045* F. — Umwandl. v. schweren KW-stoffen in leichte KW-stoffe 3045* F.

— u. **Milliken jr. (T. H.),** SiO_2, SiO_2—Al_2O_3-Katalysatoren 4426* F.

— u. **Shabaker (H. A.),** Katalysatoren 4426* F.

Comp. Française de Produits Chimiques et Industries du Sud-Est s. Manufactures de Produits Chimiques du Nord, Établissements Kuhlmann.

Comp. Française de Raffinage, Zerleg. v. KW-stoffgemischen in ihre Bestandteile 684* F. — Emulss. 1113* F. — Schmiermittel 7125* F. — Schmierverf. 7356* F. — Stabilisieren d. Viscosität v. Bitumen-in-W.-Emulss. 7820* F. — Alkohole 10375* E.

—, **Gislon (A.)** u. **Quiquerez (J.),** Reinig. v. Erdölprodd. 3044* A.

Comp. Française Thomson-Houston, Feinstverteilter graphit. Kohlenstoff 903* F. — Pb-Lot 1139* F. — Herst. v. Kügelchen aus Ge u. Verwend. für Gegenstände mit gleichgerichteter Leitfähigk. 5889* F. — Färben v. Textilien 5905* F. — Permanenter Magnet 6842* F. — Saure Polyester—Äthoxylin-Harze 8980* F. — Isoliermaterial 9875* E. — Heizleiterisolat. 9875* F. — Magnet. verformbares Material 10617* F.

— u. **Blodgett (K. B.),** Halbleiterschichten 7286* F.

— u. **Brewer (S. D.),** Phenyltrichlorsilan 5899* F.

— u. **British Thomson-Houston Co. Ltd.,** Verbessern v. Harzen 3745* F. — Leiterisolat. 5621* E., F. — Durchsicht. Leuchtschirm für Kathodenstrahlröhren 6301* E., F.

— u. **Brown jr. (J. R. C.),** Leucht-MM. 931* F.

—, **Bruckhard (C. A.)** u. **Hurd (D. T.),** Si enthaltende Aldehyde 7083* F.

— u. **Clark (F. M.),** Stabilisieren v. als Dielektrika für Kondensatoren verwendeten hologenierten KW-stoffen 7053* F.

— u. **Dunlap jr. (W. C.),** Herst. v. Ge-Plättchen mit hohem Hall-Koeff. u. geringem elektr. Widerstand 5889* F.

— u. **Fonda (G. R.),** Zinkphosphat enthaltende luminescierende Substanzen 1581* F.

—, **General Electric Co.** u. **Schultz (W. W.),** Strahlenempfindl. Zelle 9165* E., F.

— u. **Golibersuch (E. W.),** Gegenstände aus gefrittetem Carbidpulver 1817* F.

—, **Hurd (D. T.)** u. **Safford (M. M.),** Vulkanisieren v. Kunstkautschuk 7568* F.

—, **Lucas (G. R.)** u. **Martin (R. W.),** Methyldisiloxandiole 215* F.

—, **Martin (Donald L.)** u. **Geisler (A. H.),** Co—Pt-Dauermagnetlegierr. 10371* F.

—, **Morrison jr. (W. G.),** Wärmefestes Isoliermaterial 9875* F.

—, **Nelson (R. E.)** u. **Morrow (N. McK.),** Imprägnieren v. Faser- oder porösem Material mit synthet. Harzen 5937* F.

— u. **Patnode (W. I.),** Behandeln d. Oberfläche v. festem Material mit Alkylpolysiloxanlsgg. 6630* F.

— u. **Sauer (R. O.),** Dihalogenierte organ. Siloxane 6621* F. — Alkylhalogensilane 8497* F.

—, **S. E. M. Soc. d'Électricité et de Mécanique, Procédés Thomson-Houston, Van den Kerchove & Carels, Soc. An.** u. **Jacobs (J. E.),** Halbleiterzelle 8230* Belg.

—, **Studders (R. J.)** u. **Ebeling (D. G.),** Gesinterte Dauermagnetlegierr. 4692* F.

Comp. des Freins & Signaux Westinghouse, Kristallisat. 3935* E. — Metallurg. Behandl. v. Cu für Systeme mit asymm. Leitfähigk. 4206* F.

Comp. Générale des Conduites d'Eau, Thomas-Stahl 920* Schwz. — Feuerfeste Auskleidd. 1590* E. — Zum Verblasen geeignetes Roheisen 3725* E. — Stahlerzeug. 7773* Ind.

Comp. Générale des Conduites d'Eau u. Eisenwerke Mülheim/Meiderich Akt.-Ges., Gießereieisen 1136* F.
Comp. Générale d'Électricité Soc. An., Feuersichere Kabelisolier. 6820* F. — Chem. widerstandsfäh. Isolier. für Hochspannungs- u. Hochfrequenzkabel 10344* F. — Elektr. Isoliermittel 11438* F.
—, Thibaudeau (R. J.) u. Nicolas (H.), Elektr. Heizz. oder Kabel 661* D. B.
Comp. Générale d'Électro-Céramique, Elektr. leitende porige Körper 6367* E.
— u. Schuepp (P.), Selbstglasierende keram. M. 5396* A.
Comp. Générale de Télégraphie sans Fil, Vergolden v. Mo 210* F. — Gefrittete Gegenstände aus Metallen oder keram. Material 3749* F. — Heißleiter 5389* F. — Keram. Material 5627* Schwz. — Schweißmittel 5891* F.
— u. Lecuir (R.), Plast. keram. MM. 1123* D. B.
Comp. Industrial u. Abbey (A.), Geruchfreie Seifen aus minderwert. Fetten u. Ölen 480* E.
Comp. Industrielle de Crédit (Soc. à r. l.), Aktiver Füllstoff für Kautschukmischungen u. Vinylharze 4718* F.
Comp. Industrielle des Métaux Électroniques, W-Legierr. 9184* F.
Comp. Internationale de Biochimie (Soc. à r. l.) u. Reymond (A.), Stabilisieren v. vergärbaren Fll. u. Alterung v. Weinen 8518* F.
Comp. Internationale de Procédés Électrolytiques pour le Revêtement des Métaux (C. I. P. E. R. M.), Nachbehandl. v. galvan. Zn-Überzügen 5647* F.
Comp. des Lampes, Phosphorescierendes Ca-Silicat 1150* F. — Leuchtröhre 6590* F. — Quecksilberdampflampen 6821* F., 9643* F. — Vergrößer. d. Haftfestigk. v. Luminescenzmaterial an d. Wänden v. Leuchtröhren 7054* F. — Klein-Glühbirne 7750* F. — Fluorescierende Schicht 10345* F. — Quarzlampe 11440* F.
— u. British Thomson-Houston Co. Ltd., Fluorescenzverbb. 11653* F.
—, British Thomson-Houston Co. Ltd., Ruff (H. R.) u. Wells (R. S.), Leuchtschicht für Hg-Dampfleuchtröhren 9412* F.
— u. Fonda (G. R.), Leuchtstoffe für Fluorescenzlampen 11652* F. — Leuchtstoffe für Leuchtröhren 11652* F.
—, Froelich (H. C.) u. Margolis (J. M.), Stabilisierte Erdalkali-Phosphat-Leuchtstoffe 11653* F.
— u. Prener (J. S.), Elektroluminescierende Stoffe 9412* F.
— u. Reinker (G. E.), Gasentladungsleuchtröhre 7519* F.
— u. Wells (R. S.), Leuchtstoffe 2272* F., 11652* F.
Comp. des Métaux d'Overpelt Lommel et de Corphalle, Soc. An., Granulieren v. Sulfiderzen 8256* E., 9660* F.
Comp. des Mines de Roche-La-Molière et Ferminy u. Poncins (P. de), Bituminöses Bindemittel für Preßlinge, Kohlenbriketts usw. 4980* F.
Comp. Nationale de Matières Colorantes, Manufactures de Produits Chimiques du Nord Réunies (Établissements Kuhlmann) = Manufactures de Produits Chimiques du Nord, Établissements Kuhlmann.
Comp. Pan-Européenne d'Installations et d'Équipement Industriels (Soc. à r. l.), Gewinn. v. Metallen, bes. Zn, aus ihren Erzen 2293* F.
Comp. de Pont-à-Mousson, Gußeiserne Werkstücke 1366* F. — Gußeiserne Bremsteile für Fahrzeuge 3725* F. — Rohrverbindungsmasse 4666* F. — Schweißelement zum Schweißen v. Gußeisen mit Kugelgraphit 5891* F.
Comp. de Produits Chimiques „Boston" u. Seymour (M.), Klebfolie 8045* F.
Comp. de Produits Chimiques & Électrométallurgiques Alais, Froges et Camargue, Tonerdegels 1587* F. — Gewinn. v. Reinaluminium durch Dest. aus Al-Legierr. 2293* F. — Entschwefeln v. aus Gaserzeugern oder Destillationsöfen stammenden Gasen 3288* F. — Herst. v. Tonerde nach d. Bayer-Verf. 3461* F. — Pyrotechn. Artikel 5225* F. — Viscositätserhöhende Mittel für Anthracenöle 7125* F. — Monochloressigsäure 8030* F. — Polychlorierte Derivv. d. Acetaldehyds 9442* F. — Dielektr. Fl. 10106* F. — Be-halt. Messing 10130* F. — Einbrennen v. Siliconlacken 11438* F.
— u. Austerweil (G. V.), α-Glykole, Di- u. Polyglykole 5418* E.
Comp. des Produits Chimiques de Roche-La-Molière s. Houillères du Bassin d'Aquitaine.
Compagnon (G.), Formgeb. v. Plexiglasfolien. Entwicklungsricht. bei d. Warmverform. 3980.
Compra Plastics Ltd., Verzieren u. Bedrucken oder Überziehen v. Unterlagen mit Thermoplasten 10394* F.
Comptoir Industriel d'Étirage et Profilage de Métaux, Schmierverf. bei d. Warmverform. v. Metallen 9898* Oe.
Comptoir des Textiles Artificiels S. à r. l., Trockenspinnverf. für Viscose 255* Oe. — Polyvinylharzfilm als hochdurchlässige, starke Dialysiermembrane 5866* E. — Viscoseseide 10165* N.
Comptoir des Textiles Artificiels, Viscose Française et Givet-Izieux (Soc. en nom Collectif), Kräuselfäden aus Polyacrylnitril 9940* F.
Compton (C. C.), Insekticide in Lebensmitteln 10401.
Compton (E. D.) s. Monsanto Chemical Co.
Compton (J.) s. Institute of Textile Technology.
—, Cronyn (J. B.) u. Read (W. F.), Waschen v. Alehefen mit H_3PO_4 3988.
— u. Hart (W. J.), Theorie d. Bldg. v. Schmutz-Faser-Komplexen u. deren Beständigk. 8061.
— u. Hubbard (L. R.), Teerfleckenentfern. auf Baumwollgeweben während d. Veredlung 3280.
Compton (J. S.) s. National Cash Register Co.
Compton (J. W.) s. Cardone (M. J.).
Compton (W. D.) s. Fowler (R. G.).
Comstock (C. C.) s. Oberst (F. W.).
—, Fogleman (R. W.) u. Oberst (F. W.), Akute narkot. Wrkg. v. Monochlormonobrommethandampf bei Ratten 3188.
Comstock (G.), Elektrolyt. Schleifen. Vergleichsweise Vorteile. Gegenwärt. Stand. Zukünft. Anwend. 8255.

Comstock (G. F.), Titanium in iron and steel [7546]. — s. National Lead Co.
Comstock (R. L.) s. Morton Salt Co.
Comte (A.), Weichmachen v. Hölzern 10162* D. B.
Comte (H.) s. Martin (Henri).
Comte (J.), Zweckmäß. Prüf. d. Beschaffenhh. u. Wahl v. Schamottesteinen für Zementdrehöfen 7060.
Comuzzi (U.) s. Calzolari (G.).
Conalty (M. L.), Prakt. Ermittl. u. experimentelle Auswert. neuer antituberkulöser Mittel 7238. — s. Barry (V. C.).
Conant (F. S.) s. Hall (G. L.).
Conant (L. A.) s. Union Carbide & Carbon Corp.
Conant (N. F.) s. Christison (I. B.).
Conbere (J. P.) s. Merck & Co., Inc.; Pfister III (Karl).
Concannon (J. P.) s. Kramer (S.).
Conceição P. B. Cavalcanti (M. da) s. Descartes de Garcia Paula (R.).
Concepcion (I.) s. Intengan (C. L.).
Conchie (J.), β-Glucosidase aus Rumen-Fl. 11598.
Conci (G.), Rkk. d. Vanillins 7279.
Conciatori (A.) s. General Motors Corp.
Conciatori (A. B.) s. Salvin (V. S.).
Concordia Bergbau Akt.-Ges. u. **Trefny (F.)**, Therm. Behandl. d. Destillationsgase in d. Gassammelräumen v. Horizontalkammeröfen 2339* D. B.
Concordia Elektrizitäts-Akt.-Ges. u. **Friedrich (Wilhelm)** [Hagen], Verschäumbares Flüssigkeitsgemisch für Löschzwecke 7285* D. B.
—, **Graf (Rupprecht)** u. **Zachert (P.)**, Feuerlöschmittel 661* F.
— u. **Jaegert (M.)**, Entstauben v. Gas- u. Luftströmen 10827* D. B.
Condamin (J.) s. Ricard (R.).
Condette (P.) s. Barat (R.).
Condit (P. C.) s. California Research Corp.
Condit (R. I.) u. **Graves (J. D.)**, Lokalisier. vergrabener radioakt. Quellen 4273.
Condliffe (P.) s. Nickerson (K.).
Condo (F. E.) s. Shell Development Co.
Condon (F. E.), Aluminiumbromidisomerisier. d. 2.2.4-Trimethylpentans allein u. bei Anwesenh. v. Naphthenen. Mechanismus d. Verhinder. v. Neben-Rkk. durch Naphthene während d. Paraffinisomerisier. 5752. — s. Phillips Petroleum Co.
Condouris (G. A.) s. Giarman (N. J.).
Condylis (A.) s. Miquel (R.).
Cone (J. H.) s. Standard Oil Development Co.
Cone jr. (T. E.) s. Handford (S. W.).
Confalonieri (C.), Verwend. v. Bacitracin bei d. gewöhnl. Formen v. Vaginitis u. Cervicitis 7967.
Congdon (W. J.) s. Allied Chemical & Dye Corp.
Congoleum Nairn, Inc. u. **Petry (R. K.)**, Boden- u. Wandbelag 908* A., E.
Conia (J.), Vorteil d. Benutz. v. tert. Alkalialkoholaten als Mittel zur Kondensat. v. Carbonylverbindd. mit anderen kondensierbaren Verbb. 9771.
Coniff (F. E.), Exakte Bakterienzählungen 5204.
Conix (A.) u. **Smets (G.)**, Ringöffn. bei Lactampolymeren 10282.
Conjeaud (P.), Unters. d. Umwandll. d. in dünner Schicht vorliegenden Titanoxyds (TiO_2) unter d. Einfl. d. Temp. durch Elektronenbeug. 5258.
Conklin (D. B.), Feldprüf. v. quart. Ammoniumverbb. in wss. Lösungsm. mit einem einzelnen Reagens 2498.
Conley (C. L.) s. Hartmann (R. C.); Smith (E. W.).
Conlon (T. J.) s. Sibbitt (L. D.).
Conn (A. L.) s. Forrester (J. H.).
Conn (E. E.) s. Anderson (D. G.).
Conn (G. K. T.) u. **Daglish (H. N.)**, Einfacher elektr. Vakuummesser 882.
— u. **Eaton (G. K.)**, Systemat. Fehler bei d. Mess. d. opt. Konstanten 3065. — Verwend. eines rotierenden Polarisators zur Mess. opt. Konstanten im Infrarot 4417. — Polarisat. durch Transmiss., bes. Selenfilter im Infrarot 6914.
Conn jr. (H. L.), **Wilds (L.)**, **Helwig (J.)** u. **Ibach (P.)**, Nierenkrampf, Arbeitsweise u. Morphologie d. Tubuli, sowie Harnausscheid. u. -zus. an Hunden nach Hg-Vergift. oder Transfus. menschl. Blutes 1083.
Conn (J. W.), **Fajans (S. S.)**, **Louis (L. H.)**, **Seltzer (H. S.)** u. **Kaine (H. D.)**, Vgl. d. beim Menschen durch Stress u. ACTH hervorgerufenen Steroidausscheid. u. Stoffwechseleffekte 7242.
Conn (W. K.) u. **Schneider (Abraham)**, Bldg. v. Hydronaphthalinen aus Cyclopentylringen durch sauer katalysierte Rkk. 6946.
Conn (W. M.), Entwicklungen bei d. Flußmitteln für Schweißarbeiten 450. — Sonnenofen für Unterss. bei hohen Tempp. 6810.
Connally (R. E.) s. Lebœf (M. B.).
Connecticut Hard Rubber Co., **Humphrey (B. J.)** u. **Sobol (T. J.)**, Imprägnieren v. Stoffen oder Garnen mit Siliconkautschuklsg. 2106* F.
—, **Humphrey (B. J.)** u. **Wasserman (H. H.)**, Verflüssigen v. Siliconkautschuk 10872* A.
Connell (G. A.) s. Borax Consolidated Ltd.
Connell (J. J.), Proteine d. Fischskelettmuskels. 1. Mitt. Elektrophorese v. Extrakten aus jungem Kabeljau bei geringer Ionenstärke 1771; 2. Mitt. Elektrophorese v. Extrakten verschied. Fischspecies bei geringer Ionenstärke 1771; 3. Mitt. Myosin u. Actin v. Kabeljau 4136.
Connell (J. U.) s. Jones (G. D. G.).
Connell (W. F.) s. Mayer (G. A.).
Connelly (R. F.) s. Arshid (F. M.).
Conner (J. C.) s. Hercules Powder Co.
Connolly (G. C.) s. Standard Oil Development Co.
Connolly (R. J.) s. Hixon (R.).
Connor (J. C.) s. Schultz (M. A.).
—, **Durnal (R. G.)** u. **Shaw (V. G.)**, Logarithm. Meßgerät für Pegel u. Periode zur Reaktorkontrolle unter Benutz. eines Photomultipliers 5954.
Connor jr. (J. E.), **Ciapetta (F. G.)**, **Leum (L. N.)** u. **Fowle (M. J.)**, Bzl.-Herst. über einem Catforming-Katalysator 11311.
Connors (F. L.), Rissigwerden v. mechan. beanspruchtem Polythen durch Chemikalien 7328. — Polyäthylenfilm zur Verpack. 9452. — Nylon als Konstruktionsmaterial 10147.
Connors (W. M.) s. Baum (R. M. De).
Conover (L. H.), Terramycin. 9. Mitt. Synth. v. Indanonabbauprodd. v. Terramycin 4603.

Conrad (C. M.) s. Newman (S.); Segal (L.).
Conrad (G. A.) s. Chadeloid Corp.
Conrad II (G. P.), Averbach (B. L.) u. **Cohen (M.)**, Plast. Biegen v. Zn-Kristallen 8805.
Conrad (H. E.) s. Whistler (R. L.).
Conrad (L. I.), Zus. d. Lanolins 4960.
Conrad (L. J.) s. Kind & Knox Gelatin Co.
Conrad (Richard) s. Chemische Verwertungsgesellschaft Oberhausen m. b. H.
Conrad (Rudolf), Rasterpositive 2587* D. B.
Conrad (V.) s. Bastenic (P. A.).
Conrad (W. E.), Isolier. v. Oxamid u. Parabansäure aus d. Prodd. v. UV-bestrahltem Uracil 7882.
Conradi (C.), Färben v. Orlon u. Dacron 5933.
Conradty (C.) u. **Doetsch (E.)**, Geglühte keram. Körper, bes. Kohle- u. Graphitelektroden 1821* D. B.
—, **Held (R.)** u. **Leuchs (F.)**, Negative Bogenlampenhochleistungskohle 10596* D. B., D. [DDR], F.
— u. **Leuchs (F.)**, Positive Bogenlampen-Dochtkohle 3221* D. — Aktivier. v. Kohle u. Graphit 3456* D. [DDR]. — Hochleistungskohlen für Drehstrombogenlampen 10345* D. B., F. — Mantellose positive Bogenlampenhochleistungskohlen 10829* D. B., Belg., F. — Lichtbogenkohle mit Beck-Effekt 10830* D. B., D. [DDR], F.
Conroy (E. A.) s. American Cyanamid Co.
Conroy jr. (E. H.) s. Texas Gulf Sulphur Co.
Consden (R.), Papierchromatographie 10096. — s. Bird (R.).
Consolazio (G.) s. Sites (J. R.).
Consoli (G.) s. Ferrara (B.).
Consolidated Car-Heating Co., Inc., Griffiths (E. S.) u. **Cashman (W. D.)**, Legierr. für prothet. Zwecke 10854* A.
Consolidated Gas Electric Light and Power Co. of Baltimore u. **Lusby (O. W.)**, Erzeug. eines Ölnebels in einem Strom brennbaren Gases 10662* A.
Consolidated Mining & Smelting Co. of Canada Ltd., Abtrennen v. suspendierten Teilchen aus industriellen Gasen 2502* E. — Melamin 7322* E. — Guanidinsulfamat 9194* E.
—, **Mills (J. R.), Robinson (J. N.)** u. **Miller (F. J. L.)**, Guanidinsulfamat 11096* A.
Consolidated Water Power & Paper Co., Dickermann (G. K.) u. **Riley (R. W.)**, Mineral. Streichmassen 3033* F.
—, **Richmond (H. B.), Thiele (W. F.)** u. **Adrian (H. J.)**, Herst. v. mit glattem, füllstoffhalt. Überzug versehenem Papier in d. Papiermaschine 5689* D. B.
Consortium für elektrochemische Industrie G. m. b. H., Halbig (P.) u. **Reiter (E.)**, Acycl. Polymere d. Acetylens 8728* D. B.
—, **Halbig (P.), Reiter (E.)** u. **Stadler (F.)**, Acycl. Polymere d. Acetylens, bes. Monovinylacetylen 8728* D. B.
—, **Halbig (P.)** u. **Treibs (A.)**, Butadien-(1.3)-äther 1141* D. B.
—, **Jordan (H.), Reinecke (H.)** u. **Treibs (A.)**, Verbesser. v. Polyvinylchloriden 228* D. B.
—, **Reinecke (H.)** u. **Treibs (A.)**, Aldole 9192* D. B.
Constable (F. H.) u. **Göksel (A.)**, Korros. v. Fe-Rührern in J-Lsg. 9895.
Constable (F. H.) u. **İşnel (A. H.)**, Einfl. v. Elektrolyten auf d. Löslichk. v. Borsäure in W. 1460.
Constagle (B. J.) s. Harris (L. J.).
Constans (J. P.) s. Puech (J.).
Constant (A.), Mischdünger 6596.
Constant (André) s. Portevin (A.).
Constant (F. W.), Theoretical physics; mechanics of particles, rigid and elastic bodies, fluids, and heatflow [3786].
Constant (J.), Schlichten v. Baumwolle 4966.
Constant (M. A.) s. Phillips (P. H.).
—, **Sievert (H. W.), Phillips (P. H.)** u. **Elvehjem (C. A.)**, Zahncaries bei d. Baumwollratte. 14. Mitt. Cariesentsteh. durch natürl. Diäten, bes. d. Rolle v. mineral. Bestandteilen, Fett u. Getreidevermahlungsprodd. verschied. Grades 7247; 15. Mitt. Wrkg. d. Zahnentw. u. v. mineral. Stoffen auf d. durch halbsynthet. Diäten hervorgerufene Caries 7247.
Constantin (T.) u. **Latarjet (R.)**, Unterschiedl. Mutatt., hervorgerufen durch UV-Bestrahl. einer Hefe 123.
Constantinides (P.), Szasz (George) u. **Harder (F.)**, Verzöger. d. Atherombldg. u. d. Nebennierenvergrößer. beim Kaninchen durch Heparin 635.
Conté (M.), Plastizier. d. Kautschuks im Latex 2317.
Conte Marotta (R.) = Marotta (R.).
Conterno (G.) s. Poli (M.).
Continental Copper & Steel Industries, Inc., Nelson (John A.) u. **Schuck (C. W.)**, Bearbeitbare niedriggekohlte hochkobalthalt. Legier. für Spritzgußformen 1137* A.
Continental Electric Co. u. **Benes jr. (J. J.)**, Leuchtschicht für Gasentladungsleuchtröhren 9877* A.
Continental Gummi-Werke Akt.-Ges. u. **Bickel (Hans)**, Zell. Kautschukformkörper 10873* D. B.
Continental Oil Co., Organ. Thiophosphorhalogenide 4212* E.
— u. **Hersh (J. M.)**, Zusätze zu Schmierölen 3773* A. — Heterocycl. Organosiloxane 5701* A.
— u. **Jensen (W. L.)**, Aromat., P u. S enthaltende Verbb. 10381* A.
Continentale Parker, Reinigungsmittel für Metalloberflächen 3728* F.
Contopoulos (A. N.), Dyke (D. C. van), Simpson (M. E.), Ellis (S.), Garcia (J. F.), Huff (R. L.), Williams (B. S.) u. **Evans (H. M.)**, Hypophysenvorderlappensubstanz, welche d. Erythropoese anregt 3177.
Contreras (J. I.) = Ibarra Contreras (J.).
Contro (L.) s. Villa (L.).
Converse (J. G.) s. Landmesser (C. M.).
Conversi (M.) u. **Rothwell (P.)**, Winkelverteil. in Höhenstrahlsternen auf *3500* m 10428.
Conway (B. E.) s. Davison (P. F.).
— u. **Butler (J. A. V.)**, Einfl. v. Salzen auf d. Wechselwrkg. v. Nucleinsäureteilchen 7694.
— u. **James (D. W. F.)**, Salzähnl. Wechselwrkgg. in Lsgg. v. Nucleinsäuren 6044.
Conway (E. J.) u. **Hingerty (D.)**, Wrkgg. v. Cortison u. Desoxycorticosteron auf verschied. Bereiche d. organ. u. anorgan. Stoffwechsels 1308.
—, **Ryan (H.)** u. **Carton (E.)**, Akt. Ausscheid. v. Na-Ionen durch d. Hefezelle 9115.
Conway (H. S.) s. Oita (I. J.).

Conway (J. B.) u. **Norton (J. J.)**, Tern. Syst. Furfurol–Äthylenglykol–Wasser 6716.
Conway (J. G.), Ofenspektr. v. Pu 2598.
— u. **McLaughlin (R. D.)**, Kernspin v. ^{243}Am u. Isotopenverschieb. im Spektr. v. Am 6681. — Kernspin v. ^{239}Np 11490.
Conway (K. C.) s. Boyle (B. J.).
Conway (W.) s. Tarbell (D. S.).
Conwell (E. M.), Elektr. Eigg. v. n-Typ-Ge 19. — Durch hohe Felder bedingte Effekte im Ge 4039. — Beweglichk. in starken elektr. Feldern 9730. — s. Debye (P. P.).
Coobs (J. H.) u. **Koshuba (W. J.)**, Synth., Herst. u. Eigg. v. Berylliumcarbid 10612.
Cood (F. D.), Blakely (R. M.), MacGregor (H. I.) u. **Anderson (R. W.)**, Wrkg. v. Antibioticis auf d. Intestinalmikroflora d. Puterküken 614.
Coöperatief Aardappelmeel-Verkoopbureau der Vereenigde Boerenfabrieken, Fraktionier. v. Stärke 1630* F.
Coöperatieve Verkoopen Productievereenigung van Aardappelmeel en Derivaten „Avebe" G. A., Bus (W. C.), Muetgeert (J.) u. **Hiemstra (P.)**, Fraktionieren v. Stärke 8988* D. B., E.
Coogan (F. J.) u. **Paille (E. B.)**, Physikal. u. chem. Eigg. v. Abwässern 1814.
Cook (A. F.), Strahlungsgleichgewicht in einer H-Atmosphäre. 1. Mitt 11497.
Cook (A. H.) u. **Pollock (J. R. A.)**, Mälzen. 3. Mitt. Ggw. v. Essigsäure in Netzfl. u. Keimungsverhinderungskraft einfacher Carboxylsäuren 4476.
Cook (A. H.) [Teddington] u. **Stone (N. W. B.)**, Randwinkel d. Hg gegen einen bewegten W-Draht 6464.
Cook (Arthur H.) s. Heilbron (Ian M.).
Cook (A. M.) s. Warner (F. E.).
Cook (A. S.) u. **Sekhar (B. C.)**, Fraktt. v. bei *59 000* g zentrifugiertem Heveabrasiliensis-Latex 11106.
Cook (A. Stanley) s. Ayerst, McKenna & Harrison Ltd.
Cook (C. D.), Oxydat. v. ster. gehinderten Phenolen. 1. Mitt. Oxydat. v. u. Oxydationshemm. durch 2.6-Di-tert.-butyl-4-methylphenol 9531.
—, **Inskeep (R. G.), Rosenberg (A. S.)** u. **Curtis jr. (E. C.)**, 2.5-Di-tert.-butyl-4-methoxyphenol u. 2.6-Di-tert.-butyl-4-methoxyphenol 9780.
Cook (C. F.) s. Bonner (T. W.); Class (C. M.); Eisinger (J. T.); Marion (J. B.).
— u. **Bonner (T. W.)**, Streuung schneller Neutronen an leichten Kernen 7362.—Neutronenschwellen v. ^{65}Cu(p,n)^{65}Zn, ^{63}Cu(p,n)^{63}Zn u. ^{7}Li(p,n)^{7}Be 11328.
—, **Bonner (T. W.)** u. **Marion (J. B.)**, Neutronenschwellen aus (d, n)- u. (p, n)-Rkk. 3790.
—, **Class (C. M.)** u. **Eisinger (J. T.)**, Elektr. Anreg. v. ^{197}Au 9248.
Cook (C. H.) s. MacGregor (I. R.).
Cook (C. J.), „Zipper"-Streukammer 8780.
—, **Jones jr. (Emerson)** u. **Jorgensen jr. (T.)**, Reichweite-Energie-Beziehungen v. *10* bis *250* keV-Protonen u. He-Ionen in verschied. Gasen 4750.
Cook (C. S.), Experimentelle Verff. in d. β-Spektroskopie. 1. Mitt. 6681. — s. Chang (Chia-Hua); Kreger (W. E.); Porter (F. T.).
— u. **Kreger (W. E.)**, Dem Zerfall v. ^{144}Pr folgende γ-Strahl. 5236.
Cook (D. B.) u. **Danby (C. J.)**, Einfaches Membranmikromanometer 8927.
Cook (D. J.), Schiffsche Basen v. N-Methylcarbostyril-4-aldehyd 8155.
Cook (David L.) s. N. V. de Bataafsche Petroleum Mij.
Cook (Donald L.) s. Winbury (M. M.).
Cook (E. R.), Stitch (S. R.), Hall (A. E.) u. **Feldman (M. P.)**, Fraktionier. neutraler 17-Ketosteroide d. Harns durch Adsorptions- u. Verteilungschromatographie 6356.
Cook (E. S.), Kreke (C. W.), Barnes (E. B.) u. **Motzel (W.)**, Infrarot- u. UV-Absorptionsspektren v. Proteinen im festen Zustand 3396.
Cook (E. W.) s. American Cyanamid Co.
Cook (F. D.) s. Doughty (J. L.).
Cook (George S.), Anstrichindustrie *1952* 6403; Dass. *1953* 6404.
Cook (Gordon S.) u. **Fitch (J. C.)**, Mischen v. Neoprenlatex auf Grund v. Titratt. 8983.
Cook (H. F.), Physikal. Unters. zu Wärmeerzeug. in menschl. Geweben bei Behandl. mit Mikrowellen 5116.
Cook (H. J.) s. Kaufman (F.).
Cook (J. R.) u. **Mahmoud (K. A.)**, Luminescenzeigg. scintillierender Kristalle 8086.
Cook (J. W.) s. Carruthers (W.).
—, **Gentles (R. P.)** u. **Tucker (S. H.)**, Derivv. v. Tetrazaindolizinen 6288.
—, **Loudon (J. D.)** u. **Razdan (R. K.)**, Colchicin u. verwandte Verbb. 13. Mitt. 6275.
—, **Loudon (J. D.)** u. **Steel (D. K. V.)**, Tropolone. 7. Mitt. Orientier. in Tropolon 8143.
—, **Raphael (R. A.)** u. **Scott (A. I.)** [Glasgow], Tropolone. 6. Mitt. Weitere Rkk. v. Tropolon 1031.
Cook (L.) s. Bonnycastle (D. D.).
—, **Macko (E.)** u. **Fellows (E. J.)**, Einfl. v. salzsaurem β-Diäthylaminoäthyldiphenylpropylacetat auf d. Wrkg. einer Reihe v. Barbituraten u. Depressoren d. Zentralnervensyst. 10797.
Cook (L. G.), Kernphysik u. Metalle 9957. — s. Aitken (P. B.).
— u. **Shafer (K. D.)**, Darst. v. ^{22}Na durch eine (^{3}H, n)-Rk. in einem Kernreaktor 10912.
Cook (L. H.), Harnstoff. Vgl. d. neuen Chemico-Verf. mit sechs übl. älteren Verff. 4208. — s. Chemical Construction Corp.
Cook (M.), Ti 9178.
Cook (M. A.) s. French (R. O.).
—, **Daniels jr. (R. O.)** u. **Hamilton (J. H.)**, Einfl. d. Adsorpt. v. W. u. Chinolin auf d. Oberflächenleitfähigk. eines synthet. Aluminiumoxyd–Kieselsäure-Katalysators 4770.
— u. **Oblad (A. G.)**, Dynam. Mechanismus d. heterogenen Katalyse 9702.
Cook (P. M.), Schmieden. Verwend. v. Modellen aus Knetmasse 10851.
Cook (R. L.) s. Kyonka (J. C.).
Cook (R. R.) s. Monsanto Chemical Co.
Cook (T. H.) s. Gilman (H.).
Cook (W. B.) u. **Perkins (A. J.)**, Sicherh. in chem. Laborr. 2493.
Cook (W. H.) s. Colvin (J. R.); Whitaker (D. R.).
— u. **Smith (David B.)**, Mol.-Gew. u. hydrodynam. Eigg. v. Na-Alginat 6766.
Cooke (A. H.) s. Bleaney (B.).
— u. **Drain (L. E.)**, Magnet. Protonenresonanz u. Mol.-Beweg. in Festkörpern 1445.
— u. **Duffus (H. J.)**, Magnet. Susceptibilität v. Stickoxyd in einer Einschlußverb. 2838. —

Magnet. Susceptibilität v. Kaliummangan(III)-cyanid 10928.

Cooke (A. H.), Duffus (H. J.) u. **Wolf (W. P.),** Cermagnesiumnitrat. 1. Mitt. Magnet. Eigg. u. spezif. Wärme oberhalb *1°* K 5726.

Cooke (A. M.) s. Gunn (J. A.).

Cooke (A. R.), Wrkg. v. γ-Strahlen auf d. Ascorbinsäuregeh. grüner Pflanzen 7707.

Cooke (A. W. M.) s. British Celanese Ltd.

Cooke (B.), Pilze in verunreinigtem W. u. häusl. Abwasser. 2. Mitt. Isolierungstechnik 664; 3. Mitt. Pilze in kleinem verunrein. Fluß 2746.

Cooke (B. A.), Hawes (J.) u. **Mackenzie (H. A. E.),** Eigg. d. Borhalogenide. 4. Mitt. Trenn. d. Borisotope durch Thermodiffus. v. Bortrifluorid 7384.

Cooke (C. E.), Unters. elektrokinet. Beziehh. unter Verwend. v. sinusförm. Druck u. Spann. 5968.

Cooke (D. E.), Farbe durch Überdrucken 11305.

Cooke (E. I.) s. Telegraph Construction & Maintenance Co. Ltd.

Cooke (E. V.) s. Imperial Chemical Industries Ltd.

Cooke (G. P.), Küvette mit kontinuierl. Durchfluß für Absorptionsmessungen an ausbleichenden Lsgg. 6577.

Cooke (G. W.), Beziehh. zwischen d. Geh. d. Bodens an leichtlösl. P u. d. Ertragssteigerr. durch Phosphatdüng. 2754.

Cooke (N. J.) s. Hansen (R. P.).

Cooke (R. E.) s. Durham (J. R.).

Cooke (S. R. B.) s. Chang (C. S.).

— u. **Ban (T. E.),** Mikrostruktur v. Eisenerzpellets 7535.

— u. **Brandt (R. E.),** Festkörperbind. in Eisenerzpellets 3719.

Cooke (T. F.), Krumpfechtausrüst. für Cellulosegewebe 8289.

Cooke (W. D.) s. Streuli (C. A.).

Cooke (W. H.) s. Imperial Chemical Industries Ltd.

Cooke (W. R.), Verschied. Behandlungsarten bei Eklampsie 11620.

Cooke (W. T.) s. Blainey (J. D.); Boscott (R. J.); Singh (I. D.).

Cookson (M. A.) u. **Laney (D. H.),** Arbeitsmeth. für Gegenstromextraktionsanalysen 2733.

Cookson (R. C.), Stereochemie v. Alkaloiden 5783.

— u. **Dandegaonker (S. H.),** Absorptionsspektren v. Ketonen. 2. Mitt. Konfigurat. einiger Bromderivv. d. 6-Oxocholestanylacetats. Absorptionsspektren v. α-Ketolen 8813.

—, **Page (J. E.)** u. **Trevett (M. E.),** Veresternde Säuren d. Lycoctonin-Alkaloide 5081.

Cool (H. T.) s. White (J.).

Cooley (R. J.) s. Gabriel (H.).

Cooley (S. D.) u. **Anderson (Robbin C.),** Verbrennungsgeschwindigkk. in D_2–Br_2- u. H_2–Br_2-Gemischen 6224.

Cooley (W. C.) s. Horn (D. D. Van).

Coombe (D. J.) s. Cohen (B. L.).

Coomber (H. E.), Unterss. über koloniale, trop. Harthölzer als Rohmaterial für d. Papierherst. 9696.

Coombs (A. G. H.) s. Mohamed (A. K.).

Coombs (D. S.), Eisen(III)-halt. Orthoklas v. Madagaskar 9755.

Coombs (H.) s. Schneider (J. A.).

Coombs (M. M.) s. Arcus (C. L.); Wellcome Foundation Ltd.

Coomes (E. A.) s. Haas (G. A.); Kruse (P. W.).

Coon (F. B.), Richter (E. F.), Hein (L. W.) u. **Krieger (C. H.),** Rodenticide. Physikochem. Best. v. Warfarin 9423.

Coon (J. B.) u. **Ward (J. K.),** Anwend. d. Franck-Condon-Prinzips auf d. gebogene XY_2-Mol. 5478.

Coon (J. H.) u. **Davis (R. W.),** Elast. Streuung v. *14* MeV-Neutronen 6678.

Coon (M. J.) s. Levy (L.); Rose (W. C.).

Coon (W. W.) s. Gamble (J. R.).

Coonan (L.) s. Ingram (M.) [Rochester].

Cooney (P. M.) s. Evans (C. D.); United States of America.

Cooney (W. T.) u. **Parker (J. E.),** Holzzuckermelassen als Futtermittel für Legehennen 2802.

Coonradt (H. L.) s. Socony-Vacuum Oil Co., Inc.

Coons (A. H.), Markierte Antigene u. Antikörper 7012.

Cooper (A.), Schaumgummi 7334.

Cooper (A. S.) s. Buras jr. (E. M.).

Cooper (C.) s. Holmes (W. C.) & Co. Ltd.

Cooper (C. D.), Absorptionsspektr. v. p-Difluorbenzoldampf im nahen UV 3823. — s. Knipe (R. H.).

— u. **Noegel (F. W.),** Absorptionsspektren im nahen UV v. 1.4-Bis-[trifluormethyl]-benzol u. 1.3.5-Tris-[trifluormethyl]-benzol 4786.

Cooper (D. E.) s. Bristol Laboratories, Inc.

Cooper (D. H.), Oakley (D. C.) u. **Walker (R. L.),** *500* MeV-Paarspektrometer 6682.

Cooper (D. I.) s. Zimmerman (R. L.).

—, **Frisch (D. H.)** u. **Zimmerman (R. L.),** Proton–Proton-Streuung in d. Nähe d. Interferenzminimums 7827.

Cooper (D. Y.) s. Touchstone (J. C.).

Cooper (E. A.) u. **Goddard (A. E.),** Lösungsmitteleinfl. auf d. Desinfekt. 5599.

Cooper (F. C.) u. **Partridge (M. W.),** Cycl. Amidine. 1. Mitt. Derivv. d. Phenhomazins (Dibenzo-[b.f]-1.5-diazocins) 4105; 4. Mitt. 5.6.11.12-Tetrahydro-5.11-endomethylenphenhomazin u. Trögers Base 8863.

Cooper (F. D.) s. Allied Chemical & Dye Corp.

Cooper (F. S.) s. VEB VEM Transformatorenwerk „Karl Liebknecht".

Cooper (G. D.), Organosiliciummercaptane 793. — Organosiliciumverbb., d. eine an Si gebundene Thiocyanmethylgruppe enthalten 793. — Darst. u. Eigg. einiger Organosiliciumsulfide u. -sulfone 5050. — s. Kornblum (N.).

— u. **Prober (M.),** Einfl. v. benachbartem Si auf Verdrängungs-Rkk.: Kinetik d. Rk. v. Chlormethylsiliciumverbb. 1014.

Cooper (H. G.), Koehler (J. S.) u. **Marx (J. W.),** Widerstandsänderr. in Cu, Ag u. Au durch Deuteronenbestrahl. bei circa *10°* K 4280.

Cooper (H. R.) u. **Melville (H. W.),** Kinetik d. Autoxydat. d. n-Decanals. 1. Mitt. Mechanismus d. Rk. 1241; 2. Mitt. Geschwindigkeitskonstanten 1242.

Cooper (H. S.) s. Weil (W. M.).

Cooper (I. R.) s. B. B. Chemical Co. Ltd.

Cooper (J. A. D.) s. Rambach (W. A.).

—, **Bulkley (G. J.)** u. **O'Conor (V. J.),** Interprostat. Injekt. v. radioakt. Kolloiden. 1. Mitt.

Verteil. u. Exkret. nach Injekt. beim Hund 1780.
Cooper (J. N.) s. Chilton (A. B.); Green (D. W.); Russell (L. N.); Smith (J. A.); Taylor (Warren E.).
Cooper (J. R.), Axelrod (J.) u. **Brodie (B. B.),** Inhibitor. Wrkgg. v. β-Diäthylaminoäthyldiphenylpropylacetat auf d. in vitro-Stoffwechsel v. Medikamenten 11243.
Cooper (L. N.) u. **Rainwater (J.),** Coulomb-Mehrfachstreuung an ausgedehnten Kernen 11325.
— u. **Tobocman (W.),** Deuteronen-Abstreif-Rk. u. d. Problem d. Kernradien 9721.
Cooper (M. M.), Verwend. v. Mischvollfuttermitteln in d. brit. Viehzucht 4957.
Cooper (P.), Zwei anästhet. Derivv. d. Procains 3434. — Methylpentinol 3434. — Tetracyclin 3917. — Nalorphin 4882. — Pholcodine 5598.
Cooper (P. D.), Verbind. d. Penicillin-bindenden Komponente mit einer Lipoidfrakt. bei Staphylococcus aureus 8651.
— u. **Few (A. V.),** Aufnahme v. Kaliumtellurit durch einen empfindl. Stamm v. Escherichia coli 1536.
Cooper (R.) s. Calderwood (J. H.).
— u. **Grossart (D. T.),** Einfl. d. Kathodenmaterials auf d. elektr. Festigk. v. Kaliumbromidkristallen 7148.
Cooper (R. L.), Luftverunreinig. in Salford 4180. — Best. v. polycycl. KW-stoffen in d. Stadtluft 6579.
— u. **Lindsey (A. J.),** Ggw. v. 3.4-Benzpyren u. a. polycycl. KW-stoffen in d. Verbrennungsprodd. v. Zigarettenpapier 9929.
—, **Lindsey (A. J.)** u. **Walter (R. E.),** Vork. v. 3.4-Benzpyren im Zigarettenrauch 4612.
Cooper (R. S.) s. Diamond Alkali Co.
Cooper (S. S.) u. **Hibbits (J. O.),** Analyse v. Bleidithizonat durch d. Meth. laufender Konzentrationsänderr. 2151.
Cooper (W.), Darst. v. 1.2.3.4.6.7.8.9-Oktahydrodibenzothiophen 11205.
Cooper (W. C.), Myatt (A. V.), Hernandez (T.), Jeffery (G. M.) u. **Coatney (G. R.),** Humane Malaria. 31. Mitt. Vgl. v. Primaquine, Isopentaquine, SN-*3883* u. Pamaquine als curative Mittel gegen Chesson-Stamm-vivax-Malaria 396.
Cooperative De Fabriek Melkproducten Te Bedum, Impfmaterial 714* E.
Cooperrider (D. E.) u. **Hayes (F. A.),** Kristallines Hexylresorcin zur Behandl. d. Ascariasis u. Ankylostomiasis bei Hunden 10318.
Coops (J.), Adriaanse (N.) u. **Kamp (H. van),** Selbstreinigender Destillationskopf zur kontinuierl. Abnahme bei Atmosphärendruck u. red. Drucken 10332.
— u. **Hoijtink (G. J.),** Thermochem. Unterss. v. Aryläthenen 5986.
Coor (T.) s. Hornyak (W. F.).
Coote (H. E.) s. Fraunhofer (H. v.).
Coote (J. H.) s. British Tricolour Processes Ltd.
Coover jr. (H. W.) s. Eastman Kodak Co.
Coover (M. O.) s. Krause (R. F.).
Copaitich (T.) s. Ricci (G.).
Cope (A. C.) s. Merck & Co., Inc.
— u. **Anderson (B. C.),** Von cis-2.5-Bis-[oxymethyl]-tetrahydrofuran abgeleitete Diamine u. bicycl. Amine 6982.
— u. **Baxter (W. N.),** Aminoalkohole, die d. 8-Oxa-3-azabicyclo-[3.2.1]-octan-Ringsyst. enthalten, u. ihre Benzoate 8159.
Cope (A. C.), Cotter (R. J.) u. **Estes (L. L.),** Azelainsäuredinitril 6495.
—, **Cotter (R. J.)** u. **Roller (G. G.),** Naheffekte. 1. Mitt. 6-Aminocyclodecanol u. 11-Azabicyclo-[4.4.1]-undecen-(1) aus 6-Aminocyclodecanon 11568; 2. Mitt. 1.9- u. cis-1.2-Oktalin aus trans-Cyclodecen-(5)-yl-(1)-p-toluolsulfonat 11569.
— u. **Farkas (E.),** Spalt. v. C—S-Bindd. durch katalyt. Hydrier. 2643.
—, **Kinter (M. R.)** u. **Keller (R. T.),** Cycl. Polyolefine. 32. Mitt. cis- u. trans-1.3-Diphenylcyclooctan 1031.
— u. **Lyman (W. R.),** Struktur v. Dibenzhydrylmalonsäurediäthylester 10733.
—, **Nelson (N. A.)** u. **Smith (D. S.),** Cycl. Polyolefine. 31. Mitt. Cycloheptatrien- u. Bicyclo-[4.2.0]-octadien-(2.4)-derivv. aus Cyclooctatetraen u. Mercuriacetat 1029.
—, **Schaeren (S. F.)** u. **Trumbull (E. R.),** Cycl. Polyolefine. 30. Mitt. Rkk. v. Cyclooctatrienon; Äthoxycyclooctatetraen 1028.
—, **Smith (D. S.)** u. **Cotter (R. J.),** Diphenylacetylen 6507.
Cope (A. D.) u. **Rose (A.),** Röntgenstrahlenrauschen bei Verwend. einer Photoleitfähigkeitsaufnahmeröhre 1204.
Cope (O.) s. Sarnoff (S. J.).
Copeland (C. S.) s. Benson (S. W.); Fogo (J. K.).
Copeland (D. H.) s. Hove (E. L.).
Copeland (P. L.) s. Kouba (J. T.); Lany (B. P. De).
— u. **Eggenberger (D. N.),** Elektr. Feld an einer Thermionenkathode als Funkt. d. Raumladungsstromes 5000.
Copeland (R. A.) s. General Aniline & Film Corp.
Copello (M. A.) s. Celsi (S. A.).
Copeman (P. R. v. d. R.), Vergift. durch südafrikan. Pflanzen 396.
Copenhagen (W. J.), S als Faktor bei d. Korros. v. Fe u. Stahl in Meerwasser. 2. Mitt. Sulfide in d. Häfen d. Welt 6839.
Copenhaver jr. (J. H.) s. Lardy (H. A.).
Copenhaver (J. W.) s. General Aniline & Film Corp.
Copes (J. P.) s. General Aniline & Film Corp.
Copland (D. V.) s. Thomas (J. W.).
Coplans (M.), Sennespräp. 874* E.
Copp (F. C.), Mittel mit Curarewrkg. 7034. — Das autonome Ganglion blockierende Mittel 7034.
Copp (J. L.) u. **Everett (D. H.),** Thermodynamik bin., aminhalt. Mischungen 1911.
Copp (L. G.) s. Blair (I. D.).
Coppadoro (A.), Künstl. Radioaktivität u. neue chem. Elemente 5716.
Coppenet (M.), Ducet (G.), Calvez (J.) u. **Bats (J.),** Colorimetr. Mikrobest. v. Cu in Pflanzen mit 2.2′-Dichinolyl 8695.
Coppens (R.), Biochemie d. Aromafermente 2324.
Coppens (René), Anwend. d. photograph. Kernplatte zur Mess. d. Radioaktivität v. Fll. 11332.
Copper Research u. **Furness (W. H.),** Stabiles Cuprihydroxyd 4430* A.
Coppinger (G. M.), Darst. v. N.N-Dimethylamiden 2881. — Lewis (E. S.); United States of America.
Coppini (D.), Nachw. u. Best. d. Kynuren- u. Xanthurensäure im Blut 6817. — Best. v. Kynuren- u. Xanthurensäure im Harn 6817.

Coppoc (W. J.) s. Texas Co.
Coppock (J. B. M.) s. Bennett (R.).
Coppock (W. J.) s. Sun Oil Co.
Coppridge (W. M.) s. Hughes (J.).
Copsey (W. E.) s. Marconi's Wireless Telegraph Co. Ltd.
Copson (H. R.), Einfl. d. Korros. auf d. Reißen v. Druckkesseln 4901.
Copthorne (H. N.), Rostschutzmittel 2790* A.
Coq (A.), Wiedergewinn. v. Antimonialblei u. Weichblei aus gebrauchten Akkumulatorenplatten 3726* F.
Coquoin-Carnot (M.) s. Hanon (F.).
Corach (L.) s. Ljunggren (E.).
Coraducci (P.), Alkalibest. mit d. Flammenphotometer 9865.
Corak (W. S.), Goodman (B. B.), Satterthwaite (C. B.) u. **Wexler (A.)**, Exponentielle Temperaturabhängigk. d. elektron. spezif. Wärme v. supraleitendem V 9027.
— u. **Wexler (A.)**, Metall–Glas-Verschmelzz. für Apparate zu Unterss. bei Tempp. unterhalb d. λ-Punktes v. He 666.
Coraor (G. R.) s. Roberts (J. D.).
Corato (M. Di), Dilworth (C. C.) u. **Scarsi (L.)**, Beispiel für $\tau+$ u. $^{(\tau)}K^{+}_{\pi}$ 11486.
Corbellini (A.) s. Lanza (P.).
Corbellini (P.), Eigg. v. (schmiedbaren u. nichtschmiedbaren) Qualitätsgußeisensorten 3473.
Corben (H. C.), Neuformulier. d. Feldtheorie 6441. — Lamb-Verschieb. in Mesonatomen 6445.
Corbett (J. J.), Wrkgg. d. Ionenkonz. auf d. Bakterienwachstum 7468.
Corbett (P. F.) s. Barker (K.).
— u. **Flint (D.)**, Einfl. gewisser Rauche u. Staube auf d. SO_3-Geh. v. Heizrohrgasen in Kraftwerken 9163.
Corbett (R. B.), Succop (J. A.) u. **Feduska (A.)**, Ferrit. Molybdänwarmarbeitsstähle für Gesenke 6379.
Corbett (W. M.) s. Bourne (E. J.).
— u. **Kenner (J.)**, Abbau v. Kohlenhydraten durch Alkali. 2. Mitt. Lactose 5314; 5. Mitt. Lactulose, Maltose u. Maltulose 5553; 6. Mitt. Laminaribiose u. Turanose 6983; 8. Mitt. Melibiose 6985.
Corbière (P. C. É. J.) s. Soc. Rhodiaceta.
Corbridge (D. E. C.), Strukturelle Daten über Tetraphosphonitrilsäure u. einige Salze 1455. — s. Brown (C. J.).
Corcoran (A. C.) s. Masson (G. M. C.); Taylor (R. D.).
—, **Masson (G. M. C.), Greco (F. del)** u. **Page (I. H.)**, Fehlen einer spezif. renalen Wrkg. v. 5-Oxytryptamin oder Serotonin 2481.
Corcoran (G. B.) s. Hoerr (C. W.).
Corcoran (J. M.), Kruse (Howard W.) u. **Skolnik (S.)**, Therm. Analyse d. Systeme Hydrazin–Methanol u. Hydrazin–Äthanol 3092.
Corcoran (N.), Farbenphysik 5909. — Best. d. Teilchengröße. 1. Mitt. 10389; 2. Mitt. 10389.
Corcoran (W. H.) s. Lynn (S.); Reamer (H. H.).
—, **Reamer (H. H.)** u. **Sage (B. H.)**, Vol.- u. Phasenverh. d. HNO_3–NO_2-Syst. 8093.
Cordero (A. A.) s. Noussitou (F. M.).
— u. **Corti (R. N.)**, Artan in d. Behandl. d. Sklerodermie 8913.
—, **Corti (R. N.), Magnin (P. H.)** u. **Ursi (C. F.)**, Behandl. v. Hauttuberkulosen mit Isonicotinsäurehydrazid 2946.
Cordero (F.) s. Dibeler (V. H.).
Cordes (H. F.) s. Pierce (C.).
Cordes (H. F.) u. **Johnston (H. S.)**, Therm. Zers. v. Nitrylchlorid. 1. Mitt. Unters. unimol. Geschwindigkk. zweiter Ordn. 1461.
Cordes (J. F.) s. Schneider (A.) [Göttingen].
Cordes (R.) s. Lüttringhaus (A.).
Cordes (T.) s. Kern (Walther).
Cordier (D.) u. **Dessaux (G.)**, Einfl. akuten O-Mangels auf d. Glykogenspiegel d. Herzens bei verbrühten u. mit Histamin vergifteten Ratten 2013.
— u. **Pérès (G.)**, Veränderr. d. Darmresorpt. v. Glucose bei unter d. Einfl. verschied. Dosen Cortison stehenden Ratten 2006.
— u. **Piéry (Y.)**, Änderr. d. Darmresorpt. v. anorgan. Phosphat bei d. Ratte in Anoxie, Asphyxie u. Hypercarbie 6554.
— u. **Worbe (J. F.)**, Permeabilität d. Fische für Äthanol. 1. Mitt. Permeabilität d. in n. mit O_2 versorgtem W. lebenden Rotfeder (Leuciscus rutilus) 4382; 2. Mitt. Permeabilität d. in O_2-armem W. lebenden Rotfeder (Leuciscus rutilus) 4382.
Cordier (D. E.) s. Libbey-Owens-Ford Glass Co.
Cordier (M.), Önolog. Prüf. synthet. organ. Fungicide auf Basis d. Zinksalzes v. Äthylen-bis-diothiocarbaminsäure u. N-Trichlormethylthiotetrahydrophthalimid bei d. Rebenmehltaubekämpf. 2282.
Cordier (P.), Reaktivität v. α-Ketosäuren gegenüber Ketonen 9782. — s. Bougault (J.).
—, **Cagniant (D.), Kristensen (R.)** u. **Hakim (M.)**, Rk.- u. Kondensationsbedingg. v. Aldehyden u. Ketonen mit α-Ketosäuren 3115.
— u. **Cagniant (P.)**, Reaktivität d. Arylcyanbrenztraubensäureester gegenüber aromat. Aldehyden. Unters. d. Naphthyl-(1)- u. Naphthyl-(2)-cyanbrenztraubensäureesters 9782.
— u. **Kristensen (J.)**, Kondensat. v. Phenylbrenztraubensäure mit p-Methylacetophenon 11563.
Cordier (S.) s. Canals (E.).
Cordón Bonet (F.), Inmunidad y automultiplicación proteica [1073].
Cordonnier (R.) s. Nègre (E.).
Cordrey (D. J.) s. Keegan (H. J.).
Cords (H.), Stabiler Chloroformaddukt v. 11-Epi-17α-oxycorticosteron 6991. — s. Wieland (T.).
Cordy (D. R.), Experimentelle Erzeug. v. Steatitis (gelbe Fettkrankh.) bei jungen Katzen, d. mit handelsübl. Katzenfutterkonserven ernährt wurden, sowie deren Verhüt. durch Vitamin E 4872.
Coremans (J.) s. Hegnauer (R.).
Corenzwit (E.) s. Matthias (B. T.).
Coretti (K.), Bakteriolog. Gewürzunterss. 5922.
Corey (A. T.) u. **Blake (G. R.)**, Für verschied. Kulturpflanzen nutzbare Bodenfeuchtigk. einiger New-Jersey-Böden 2052.
Corey (E. J.) u. **Sneen (R. A.)**, Stereochemie d. 3-Carboxy-, 3-Carboxymethyl- u. 3-Acetylcholestane u. Δ^5-Cholestene 1520.
— u. **Wechter (W. J.)**, Stereochemie d. nichtradikal. Halogenaustausches zwischen akt. sek.-Octyljodid u. Cl 7177.
Corey (G.) s. Jordan (J. V.).
Corey (H.) u. **Oreskes (I.)**, Neue Elektrophoresezelle für zwei gleichzeit. Analysen 11256.

Corey (R. A.), Dorman (S. C.), Hall (W. E.) u. Glover (L. C.), Translokationsunterss. v. 2 neuen Phosphatinsekticiden 2283.
Corey (R. B.) s. Pasternak (R. A.).
Corfield (M. C.), Howitt (F. O.) u. Robson (A.), Bas. Aminosäuren d. Seidenfibroins 7460.
Cori (G. T.) s. Keller (P. J.).
Coriandoli (E. M.) = Mascitelli Coriandoli (E.).
Corin (C.) s. Lecrenier (A.).
Corinaldesi (E.), Ungewöhnl. Höhenstrahlungsereignis 6902. — Entw. d. Phasenverschiebungen zu hohen Energien 10183. — Aufbau v. Potentialen aus d. Phasenverschieb. u. d. Bindungsenergien relativist. Gleichungen 10911.
Coriou (H.), Dirian (J.) u. Huré (J.), Elektrolyt. Abscheid. v. Mn-Spuren an einer sich erneuernden Hg-Kathode 11435.
Cork (B.) u. Hartsough (W.), Proton–Proton-Streuung bei 9,7 MeV 7827. — Elast. Streuung v. 9,7 MeV-Protonen durch α-Teilchen 11146.
Cork (F.) s. Rolls Royce Ltd.
Cork (J. M.) s. Jordan (W. C.); LeBlanc (J. M.).
—, **Brice (M. K.), Hickman (G. D.) u. Schmid (L. C.),** Strahl. v. ^{122}Sb 5952.
—, **Brice (M. K.) u. Schmid (L. C.),** Energien d. Strahll. aus ^{144}Ce u. ^{144}Pr 10434.
—, **Brice (M. K.), Schmid (L. C.), Hickman (G. D.) u. Nine (H.),** Neutroneneinfang in d. getrennten Pt-Isotopen 7831.
—, **LeBlanc (J. M.), Brice (M. K.) u. Nester (W. H.),** Radioakt. Zerfall v. ^{47}Ca 5951.
—, **LeBlanc (J. M.), Stoddard (A. E.), Martin (D. W.), Branyan (C. E.) u. Childs (W. J.),** Radioaktivität v. ^{140}Ba 508.
—, **Nester (W. H.), LeBlanc (J. M.) u. Brice (M. K.),** Radioakt. Zerfall v. ^{181}W 3791.
—, **Stoddard (A. E.), LeBlanc (J. M.), Branyan (C. E.), Martin (D. W.) u. Childs (W. J.),** γ-Strahl. v. ^{140}La 508.
Corkill (N. L.) u. Kirk (R.), Vergift. durch d. sudanes. Mondviper Atractaspis microlepidota Günther 1559.
Corkum (R. W.), Isotopes künstl. Dielektrikum 11502.
Corley (R. C.) s. Dimmick (R. L.).
Corliss (L. M.) s. Brockhouse (B. N.); Weiss (R. J.).
—, **Hastings (J. M.) u. Goldman (J. E.),** Anisotropieübergang in α-Fe_2O_3 mit Neutronenbeug. 747.
Cormack (A. M.), Wärmeerzeug. auf d. Erde durch solare Neutrinos 7633. — Interferenz v. Rayleigh- u. Kern-Thomson-Streuung 11144.
Cormack (D. V.) s. Johns (H. E.).
—, **Hummel (R. W.), Johns (H. E.) u. Spinks (J. W. T.),** Bestrahl. v. Eisen(II)-ammoniumsulfat-Lsgg. 9726.
Corman (J.) s. United States of America, Secretary of Agriculture.
Cormier (C.) s. Ghose (S.-S.).
Cormier (M. J.) s. Strehler (B. L.).
— u. **Totter (J. R.),** Eine mit d. Cytochrom c-Red. gekoppelte Flavinmononucleotid-abhäng. Menadionreduktase in zellfreien Achromobacter fischeri-Extrakten 3401.
Corn Products Refining Co., Freifließende Trockenstärke 2322* E. — Gewinn. v. Glucuronsäure 4932* E.
— u. **Baldoni (B.),** Zein-Gewinnung 6643* A.
Corn Products Refining Co., Benjamin (D. G.) u. Kapranos (S. W.), Krist. Glucuronsäurelacton 3965* D. B.
—, **Déan (G. R.) u. Pyle (R. E.),** Methylglucosid 3508* F.
—, **Gapen (C. C.) u. Bond (R. W.),** Nährmedien zur Zücht. Antibiotica, bes. Penicillin, bildender Mikroorganismen 644* D. B.
—, **Kerr (R. W.) u. Katzbeck (W. J.),** Kaltwasserlösl. Stärke für Textilveredlung 3282* A.
— u. **Kite (F. E.),** β-Dextrose 3507* A.
— u. **Kooi (E. R.),** Dextrangewinn. 10576* A.
— u. **Newkirk (W. B.),** Dextroseherst. 4723* A.
— u. **Reiners (R. A.),** Uronsäuren u. ihre Derivv. 7977* F.
— u. **Segel (E.),** Decahydrodipyrrolo-(a, d)-pyrazin 4459* A.
Cornatzer (W. E.), Toxizität v. Cholin u. Dimethyläthanolamin bei Meerschweinchen u. Ratte 5835.
— u. **Davison (J. P.), Engelstad (O. D.) u. Simonson (C.),** Wrkg. d. Totalröntgenbestrahl. auf d. Lipoide in d. Leber, Niere u. Milz hungernder Ratten 7487.
Cornaz (J.-P.) u. Deuel (H.), Ionenaustauscher. 4. Mitt. Selektive Ionenaustauscher für Fe^{3+} 4529.
Cornbleet (T.), Behandl. v. Keloiden mit Hyaluronidase 2950.
Cornec (P.), Unterschiedl. Zus. d. Huminsäuren 2914.
Cornelis (G.) s. Campenhout (E. van).
Cornelissen (J.) s. Klaveren (W. van).
Cornelius (R. C.) s. Sargent (C. P.).
Corneliusson (E. V.) s. Blombäck (B.).
Cornell (D.) s. Kocatas (B. M.).
— u. **Katz (D. L.),** Gasström. durch feste, zusammenhängende poröse Stoffe 3934.
Cornely (K. W.) s. Tumerman (L.).
Corner (J. O.) s. Du Pont de Nemours (E. I.) & Co.
— u. **Martin (E. L.),** 3-Acylacetamidobenzaldehydäthylenglykolacetale 6298.
Cornet (I.) s. Boodberg (A.); Frederick (S. F.).
Cornfield (A. H.), Mineralisat. d. N in Böden während d. Bebrütens. Einfl. v. p_H, Gesamtstickstoff u. organ. Kohlenstoffgeh. 6597. — Böden 7062.
Cornfield (J.) s. Rosemberg (E.).
Cornforth (J. W.), Organ. Chemie. Steroide. 7922.
— u. **James (A. T.),** Chem. Eigg. eines natürlichen Dihydrostreptomycin-Antagonisten 11214.
— u. **Long (D. A.),** Einfl. organ. Phosphate auf d. Tuberkulinempfindlichk. BCG-infizierter Meerschweinchen. Bezieh. zur Cortisondesensibilisier. 849. — Einfl. d. Kohlenhydratstoffwechsels auf d. bakterielle Allergie. Seine Bezieh. zur Cortisondesensibilisier. 849.
Corngold (N. R.) s. Cohen (V. W.).
Cornhill (W. J.) s. Black (W. A. P.).
Corning Glass Works u. Armistead (W. H.), Durchsicht. opt. Glas 5626* Can. — Augenglas 5872* Can.
—, **McGregor (R. R.) u. Warrick (E. L.),** Isolier. v. cycl. Polymeren v. Dimethylsiloxan 5670* Schwed.
—, **Mochel (J. McK.) u. Guyer (E. M.),** Widerstand 1115* D. B.
— u. **Stookey (S. D.),** Lichtempfindl. Glas 6108* D. B., A., E. — Gemusterte Glasgegenstände 6366* D. B.

Cornish (F. H. J.) u. **MacDonald (D. K. C.)**, Einfl. d. Gitterschwingungsspektr. auf d. elektron. Wärmeleitfähigk. 5007.
Corns (W. G.) u. **Schwerdtfeger (Gilbert)**, Resistenz gegen tiefe Tempp. v. Zuckerrüben- u. Gartenrübensämlingen, d. mit Na-TCA u. Dalapon behandelt wurden 10842.
Cornthwaite (W. R.) s. Du Pont de Nemours (E. I.) & Co.
Cornubert (R.) s. Claudon (M.-M.).
—, **Lafont-Lemoine (M.)** u. **Nadjme-Abadi (K.)**, Genauere Angaben zur Chemie d. stereoisomeren α-Methylcyclohexanole 5510.
— u. **Peyrade (J.)**, Mechanismus d. Verzucker. v. Formaldehyd unter d. Einfl. v. Ca-Derivv. 552. — Unters. d. Kalkkatalysatoren bei d. Verzucker. d. Formaldehyds 4321.
— u. **Rio (André)**, Eliminier. v. Br-Atomen aus Polybromcyclohexanen 10949.
Cornwall (E. D.) s. Armour & Co.
Cornwell (C. D.) u. **Poynter (R. L.)**, Mikrowellenspektr. v. Vinyljodid 545.
Cornwell (R. T. K.) s. American Viscose Corp.; British Sidac Ltd.
Corradetti (A.), Bekämpf. d. Leishmaniosis durch Bekämpf. d. Phlebotomus in Italien 8477.
Corradini (P.) s. Natta (G.).
Corrado (A. G.) s. Love (F. M.).
Corral (R. A.) s. Orazi (O. O.).
Corrales Zarauza (J. A.), Berechn. d. Heizwertes span. Kohlen aus d. Daten d. Immediatanalyse 2572.
Corrao (A.), Entfärbende Wrkg. d. Natriumchlorits auf Öle aus Olivenschalen 3274.
Corrêa Freire (R.) s. Courrier (R.).
Correale (P.), Wrkg. d. Enteramins (5-Oxytryptamin) auf d. Blutdruck u. d. Hämostase bei d. Ratte 4626.
Correia Madeira (A.), Rk. v. p-Aminosalicylsäure auf d. acinösen Pankreaszellen bei d. Katze 631.
Correns (C. W.), Flüssigkeitseinschlüsse mit Gasblasen als geolog. Thermometer 4784.
Corrie (F. E.), Mn-Mangelkrankhh. v. Pflanzen. Auftreten, Erkenn. u. Bekämpf. 8008.
Corrigan (T. E.), Chem. Technik. Kinetik d. homogenen Rkk. 10105.
Corrin (M. L.), Adsorpt. v. Heptan an Fe_2O_3 bei niedr. Druck 9053.
Corrin (W. R.) s. Lange (W. H.).
Corrodi (H.) s. Goutarel (R.).
Corruccini (R. J.) u. **Shenker (H.)**, Geänderte Bezugstafeln v. *1913* für Eisen—Konstantan-Thermoelemente 516.
Corsano (S.) s. Panizzi (L.).
Corse (J.), Ein neues Isomeres der Chlorogensäure 11021. — s. Ingraham (L. L.); Winstein (S.).
— u. **Ingraham (L. L.)**, Enzymat. Bräun. v. Früchten. 2. Mitt. Dissoziationskonstanten v. substituierten Brenzcatechinen 5817.
Corso (J. V.) s. Drew (E. F.) & Co., Inc.
Corson (B. B.) s. Koppers Co., Inc.; Schwartzman (L. H.).
Corson (D. R.), Strahl. v. Elektronen auf großen Kreisbahnen 10182.
Corson (G. & W. H.), Inc., **Minnick (L. J.)** u. **Presgrave (C.)**, Alkali- u. Erdalkalimetalle 2275* E.
Corte (M. Della), Korndichte u. Prozeß d. Bahnspurbldg. in Kernemulss. 3. Mitt. Experimentelle Best. d. Wahrscheinlichk., daß ein Korn entwickelbar gemacht wird 11330. — s. Bousser (F.).
Corte (M. Della) u. **Giovannozzi (M.)**, Eine auf sich selbst beruhende räuml. Analyse v. Höhenstrahlsternen 7135.
Corteggiani (E.) s. Hazard (R.).
Cortellessa (G.), Füll. v. Neutronenzählern mit BF_3 6911.
Cortesi (R.), Einfl. d. Antibiotica auf d. Keim. 9365.
Corti (R. N.) s. Cordero (A. A.).
Cortini (G.) s. Amaldi (E.); Baroni (G.).
—, **Manfredini (A.)** u. **Segré (G.)**, Kernexploss. durch prim. Protonen in Emulss., d. in d. hohen Atmosphäre exponiert worden sind 5465.
Cortyl-Lacau (J.), Abbau v. Hochpolymeren. Spaltungs-Rkk. während d. Oxydat. v. GR—S-Lsgg. 2. Mitt. Theoret. Teil u. kinet. Unterss. 6042.
Corubolo (I.), Neue Antibiotica in d. Rezeptur 7266. — Zulässiger Gewichtsunterschied abgeteilter Pulver 9849. — Alkaloide; Nachw. u. Best. in galen. Präpp., bes. Methoden d. 2. jugoslav. Arzneibuches 10083.
Corval (M.) u. **Reinisch (L.)**, Darst. d. n-Octanol-1-d u. seine Eigg., bes. sein dielektr. Verh. 7172.
Corwin (A. H.) u. **Sydow (V. L.)**, Porphyrinunterss. 11. Mitt. Neue Methoden zur Porphyrinsynth. 1281.
Corwin (J. T.) u. **Owen (Gwilym E.)**, Leitfähigk. überkrit. Lsgg. v. NaCl u. W. 9964.
Corwin (L. M.) u. **Orten (J. M.)**, Abtrennen d. Porphyrine aus Urin durch Papierchromatographie 1577.
Corwin (R. W.) s. Lanter (R. J.).
Coryell (C. D.) s. Bazorgan (G. A.); Benedict (J. T.); Fairhall (A. W.); Richter (H. G.); Sugihara (T. T.).
Cosack (H.) u. **Strotmeyer (A.)**, Klinik u. Therapie d. E—*605*-Vergiftt. 8914.
Cosgrove (J. F.) s. Morrison (G. H.).
Cosimini (J.) s. Heinemann (B.).
Cosmo (I.), Anwend. rhizogener Substanzen bei d. Herricht. v. einfachen u. gepfropften Rebenstecklingen. 3. Mitt. 1823.
Cosmocord Plastics Ltd. u. **Sturm (R. H.)**, Schutzanstrich für Metalle 3016* A.
Cosper (H. R.) s. Olsen (S. R.).
Cosslett (V. E.), Intensitätsgrenzen in einer punktförm. Röntgenstrahlquelle 9034.
Costa (A.) u. **Ferraris (G. M.)**, Unterss. über Ionenaustausch zwischen Blut u. Transsudaten mit ^{131}J 10551.
—, **Ferraris (G. M.)**, **Marchis (E.)** u. **Marocco (F.)**, Behandl. d. Hyperthyreose mit ^{131}J 11237.
Costa (A. F.) = Fernandes Costa (A.).
Costa (E.) s. Camba (R.).
Costa (G.), Elektrochem. Red. d. Azo- u. Azoxyverbb. 9287. — Spektroskop. Unters. über d. 2-Aminobenzthiazol u. seine substituierten Derivv.; Mol.-Struktur, bes. ihr physikal.-chem. Verh. (Basizität, UV- u. Ultrarotabsorptionsspektren) 11358. — s. Adezati (L.).
Costa (H. C. da) s. Lamirande (G. de).
Costa (R. G. C. da) = Couceiro da Costa (R. G.).
Costa (V.), Kastrat. u. Hormontherapie mit Androgenen beim Mammacarcinom u. seinen Metastasen 8646.
Costa de Beauregard (O.), Einführ. d. Theorie d. Photons v. M. L. de Broglie in d. Quantenelektromagnetismus v. Schwinger 3057. —

Relativist. Kovarianz auf d. Grundlage d. Quantenmechanik 6901.
Costantini (A.) s. Anglesio (E.).
—, Poli (G. Dei), Caldarola (L.), Pironti (L.) u. **Bessé (C.)**, Verh. inerter Suspensionskolloide in vivo unter d. Einfl. v. Heparin 7950. — Dass. in vitro 7950.
Costantini (R. E.), Polyurethane auf d. Lackgebiet. 2. u. 3. Mitt. 5909.
Coste (E.) s. Bugard (P.).
Coste (F.), Bourel (M.) u. **Delbarre (F.)**, Verminder. d. Ascorbinsäure in d. Nebenniere unter d. Einfl. v. Na-Salicylat bei d. hypophysektomierten Ratte 618.
—, Bourel (M.) u. **Morel (F.)**, Messungen d. Austauschgeschwindigk. d. Synovial-Fl. durch ^{24}Na 3900.
Coste (P. Dalle) u. **Klinger (R.)**, Anwend. v. Vitamin B_{12} in hohen Dosen (tägl. *500—1000* mg intravenös) bei verschied. Komplikatt. d. Diabetes mellitus 10554.
Costelletos (E.) u. **Nassainas (A.)**, Toxizität u. Resorpt. v. Isoniazid 7965.
Costello (C. H.) s. Holt (W. L.).
Costello (M.), Serson (H.), Montalbetti (R.) u. **Petrie (W.)**, Vork. v. ionisierten Stickstoffbanden im Dämmerungsspektr. 6453.
Coster (L. R.) s. Food Machinery & Chemical Corp.
Costich (C. M.) s. Smith (N. O.).
Costin (A. B.) s. Hallsworth (E. G.).
Costolow (J. J.) s. Phillips Petroleum Co.
Cosulich (D. B.) s. American Cyanamid Co.; Starker (L. N.).
Cota Galán (R.) s. Ollero Gómez (A.).
Cotecchia (V.), Mechan. Analyse: Sedimentier. kleiner Teilchen 3463.
Cotel (E.), Eisenmetallurgie 446.
Coton (W. J.) s. Soc. d'Électro-Chimie, d'Électro-Métallurgie et des Aciéries Électriques d'Ugine.
Cotson (S.) s. La Mer (V. K.).
Cott-Bouvier (H. van) s. Ghose (S.-S.).
Cotten (M. DeV.), Goldberg (L. I.) u. **Walton (R. P.)**, Cassain u. Cassaidin: Quantitative Messungen d. Herzkontraktionskraft in situ 3913.
Cotter (G. J.) s. Bois (K. P. Du).
Cotter (L. H.), Behandl. v. Pb-Vergift. durch Chelation 4158.
Cotter (M. J.), Red. v. $KMnO_4$ in Ggw. v. Glas 6236.
Cotter (R. J.) s. Cope (A. C.).
Cotterill (O. J.) u. **Nordskog (A. W.)**, Einfl. v. NH_3 auf d. Qualität v. Eiklar 8282.
— u. **Winter (A. R.)**, Weißeilysozym. 1. Mitt. Relative Lysozymaktivität in frischen Eiern mit niedriger u. hoher innerer Qualität 476.
Cottet (J.) s. Redel (J.); Soc. Générale d'Applications Thérapeutiques „Théraplix".
Cottier (P.) s. Zuppinger.
—, Kunz (H. A.) u. **Zollinger (H. U.)**, Pb-Hypertonie 6794.
Cottin (H.) s. Riobé (O.).
Cottin (J. L. M.), Klebstoff 267* F.
Cottin (M.) s. Chapiro (A.); Vermeil (C.).
— u. **Haïssinsky (M.)**, Wrkgg. v. ionisierenden Strahlen auf wss. Phosphitlsgg. 9977.
Cottingham (P. L.), Tihen (S. S.), Brown (J. F.) [Laramie], **Kindschy jr. (E. O.), Kelley (R. E.), Schunter (W. E.)** u. **Murphey (W. K. R.)**, Gilsonit, eine Quelle für synthet. Kraftstoffe 11715.
Cottington (R. L.) s. Swindells (J. F.).
Cottle (D. L.) s. Standard Oil Development Co.
Cotton (E.) s. Cohen (R.); Lévêque (A.).
—, Lévêque (A.) u. **Cohen (R.)**, Zähl. d. α-Teilchen in 2π-Geometrie *(50%)* 8542.
Cotton (F. A.) s. Wilkinson (G.).
—, Whipple (R. O.) u. **Wilkinson (G.)**, Biscyclopentadienylverbb. d. Rhodiums(III) u. Iridiums(III) 8347.
Cotton (R. H.) s. Holly Sugar Corp.; Turner (J. H.).
Cotton (R. T.), Frankenfeld (J. C.) u. **Redlinger (L. M.)**, Begasung v. Getreide in Speichern 6601.
Cotton (W. J.) s. Mathieson Chemical Corp.
Cottrall (L. G.), Bezieh. d. Hemicellulosen in Holzzellstoffasern auf ihre Eigg. bei d. Papierherst. 3764.
Cottrell (A. H.), Bldg. unbewegl. Versetzungen während d. Gleitvorganges 8798. — Theoretical structural metallurgy [8806]. — Métallurgie structurale théorique [8806].
Cottrell (C. L. M.), Einfl. v. H_2 auf d. Umwandlungsschaubild bei kontinuierl. Abkühl. für einen Mn–Mo-Stahl 4686, 6119. — Beurteil. d. Schweißbark. durch Schnelldilatationsprüff. 10126.
Cottrell (F. G.) s. Wisconsin Alumni Research Foundation.
Cottrell (H. J.), Pain (D. L.) u. **Slack (R.)**, Tetrazoliumverbb. 4. Mitt. Am C heterocycl. substituierte Derivv. 1968.
Cottrell (T. L.), The strengths of chemical bonds [5261].
— u. **Graham (T. E.)**, Kinetik d. Oxydat. v. Propylen durch NO_2 9993. — Dass. v. Äthylen 11362.
Cotts (R. M.) u. **Knight (W. D.)**, Kernresonanz v. ^{93}Nb in $KNbO_3$ 3560, 9502.
Cotzias (G. C.) s. Dahl (L. K.).
Couble (E. H.) s. Johnson (N. P.).
Couceiro da Costa (R. G.), Spektrophotometr. Best. v. NH_3-Spuren mittels d. Nesslerschen Rk. 5858.
Couch (D. E.) s. United States of America.
Couch (D. H.) u. **Satterthwaite (A. L.)**, Mechan. Spaltsteuer. für d. Beckman IR-2-Spektrographen 2262.
Couch (J. R.) s. Atkinson (R. L.); Doctor (V. M.); Jacobs (R. L.); Reed (J. R.); Reid (B. L.).
Couchet (G.), Herst. fester Ionenquellen u. ihre Verwend. zur Unters. d. Sekundäremission beim Beschuß mit positiven Ionen 4994. — Unters. fester Ionenquellen. Anwend. auf d. Sekundärelektronenemiss. u. d. Emissions-Ionenmikroskopie 7855.
Coudenhove-Kalergi (J.), Anwend. d. Vakuum- u. d. Drucksackmeth. bei d. Herst. v. großfläch. Teilen aus glasfaserverstärkten Polyesterharzen 1619.
Coudun (R. G. H. de), Gelatine u. Leim 1188* F.
Coufalíková (N.) u. **Lenfeld (J.)**, Neue chem. Teste für alkal. Ampullenglas 1326.
Coughanour (L. W.), Roth (R. S.) u. **Prosse (V. A. De)**, Phasengleichgewichtsbeziehh. in d. Systemen $CaO–TiO_2$ u. $ZrO_2–TiO_2$ 44.
Coull (J.) s. Cichelli (M. T.).

Coulombre (A. J.), Beziehungen zwischen strukturellen u. biochem. Änderr. in d. in Entw. befindl. Netzhaut d. Huhns 8410.
Coulon (F.), Ultrarot in d. Mikroskopie 8217.
Coulon (M. A.), Desinfektionsmittel 2260* F.
Coulon (R.), **Oksengorn (B.)** u. **Vodar (B.)**, Stör. d. infraroten Fundamentalbande d. HF durch verschied. bis zu *1200* Atmosphären komprimierte Gase 9023.
Coulson (C. A.), Berechn. v. Resonanz- u. Lokalisierungsenergien in aromat. Moll. 2383. — Elektronenspektren. Einführungsvortrag. Bedeutsame Fortschritte u. gegenwärt. Probleme 6453. — Odiot-Daudel-Bezieh. zwischen d. Elektronendichte u. d. elektr. Potential um ein Atom 7137. — Anwendbark. d. Elektronengasnäherung auf Metalle 8317. — J. Lennard-Jones 9945. — s. Burkitt (F. H.).
—, **March (N. H.)** u. **Altmann (S.)**, π-Elektronen u. σ-Elektronen 4547.
— u. **Moser (C. M.)**, Mol.-Zustandsberechnn. für Clar's KW-stoff 1.13.12;6.16.7-Dibenzonaphthacen (Zethren). 1. Mitt. 6247.
—, **Moser (C. M.)** u. **Barnett (M. P.)**, Mol.-Zustandsberechnn. für Clar's KW-stoff 1.13.12;6.16.7-Dibenzonaphthacen (Zethren). 2. Mitt. Diels-Alder-Rk. 6247.
Coulson (C. B.), Proteine d. Meeralgen 617. — s. Kouloušek (J.).
Coulson (E. A.), Teer u. Teerprodd. 9001.
Coulson (J. G.) s. Cinq-Mars (L.).
Coulson (R. A.) s. Hernandez (T.).
Coulson (T.), Franklin-Institut v. *1825—1949* 6673.
Coulson (T. M.) s. Ward (E. R.).
Coulter (J. K.), Böden d. Niederlande. 1. Mitt. Moor- u. S-halt. Böden 1357.
Coulter (K. E.) s. Dow Chemical Co.
Coulter (S. T.) s. Cristianson (G.).
—, **Jenness (R.)** u. **Harland (H.)**, Magermilchpulver bei niedr. Tempp. 2324.
Coulter (W. G.), Auswahl v. Unterglasurfarben u. ihre Aufbereit. 2511.
Counce (S. J.) s. Selman (G. G.).
Council of Scientific and Industrial Research, Verarbeit. v. Mallotus phillipinensis Muell. Arg. (Kamala) 1167* E. — Gewinn. v. Berylliumoxyd 2980* F.
—, **Srinivasan (M.)** u. **Bhatia (I. S.)**, Fructosegewinn. 2798* Ind.
Counts (W. E.), **Roy (Rustum)** u. **Osborn (E. F.)**, Fluoridstrukturtypen. 2. Mitt. Bin. Systeme CaF_2–BeF_2, MgF_2–BeF_2, LiF–BeF_2 1353.
Coupe (R. R.), Trocknen v. Druckfarben, Einfl. d. Papiers 719, 11118.
— u. **Banks (W. H.)**, Adsorpt. v. Co-Naphthenat durch Cellulosefasern 2806.
Coupette (W.) s. Bochumer Verein für Gußstahlfabrikation Akt.-Ges.
Coupland (R. E.), Chromaffin-Rk. 4124.
Courant (E.), Überwach. d. Heizvermögens v. Gas 10660.
Courant (E. D.), Korrekturen d. Mehrfachstreuung an Kollimatorschlitzen 1662.
Courant (H.) s. Annis (M.); Bridge (H. S.); Staebler jr. (H. C. De).
Courcy (C. de), **Bush (I. E.)**, **Gray (C. H.)** u. **Lunnon (J. B.)**, Chromatograph. Unters. v. Δ^4-3-Ketosteroiden u. α-Ketolsteroiden im menschl. Harn 7948.
— u. **Gray (C. H.)**, Best. v. Corticosteroiden im Harn 10340.
Courmoulis (M.) u. **Gisinger (E.)**, Fe-Mangel u. Fettresorpt. 8663.
Cournot (J.) u. **Bary (J.)**, Chem. Behandl. bei d. Phosphatier. 3243.
Courrier (R.) u. **Corrêa Freire (R.)**, Einfl. v. Dimethyläthylallenolsäure u. Östradiol auf d. Schwangerschaft d. Maus 2005.
— u. **Jacques (J.)**, Chem. Struktur u. östrogene Wirksamk. bei d. Isomerengruppe d. $\alpha.\alpha$-Dimethyl-β-äthylallenolsäure 10260.
—, **Morel (F.)**, **Colonge (A.)** u. **André (S.)**, Mess. d. physiol. Aktivität d. Schilddrüse 2708.
Coursaget (J.) s. Bugnard (L.); Dubert (J.-M.).
Coursey (J. D. de), **Webster (A. P.)** u. **Leopold (R. S.)**, Wrkg. v. Insekticiden auf d. Eiablage v. Anopheles quadrimaculatus Say 673.
Coursier (J.), Anwend. v. Polarisationskurven in d. analyt. Chemie 10334.
Court-Payen (J. M. J.), Feuersichere Isolations-M. 7518* F.
Courtaulds Ltd., Dekorative Folien 936* F. — Cellulosetriacetat 1409* F. — Stabilisieren v. Fäden aus Kautschuk oder Butadienkautschuk 3525* F. — Spinnen v. Fäden aus Acetylcellulose 4735* F. — Cellulose 7577* N. — Stapelfasern aus Celluloseestern u. -äthern 7583* N.
—, **Bamford (C. H.)**, **Hanby (W. E.)** u. **Wilson (D. L.)**, Künstl. Fäden 4737* E.
—, **Bashford (L. A.)** u. **Doubleday (G.)**, Fäden aus Polyacrylnitril 256* A., 5693* D. B.
— u. **Bradshaw (S. N.)**, Färben v. Fasergemischen 1610* E.
—, **Cameron (W. G.)** u. **Mann (H. B.)**, Färben v. Textilien 9912* E.
—, **Carpenter (A. S.)**, **Hampson (H.)** u. **Wallsgrove (E. R.)**, Fäden 5217* D. B.
— u. **Hegan (H. J.)**, Gewinn. v. wasserfreiem Na_2SO_4 aus rohem, aus verbrauchten Viscosespinnbädern auskristallisiertem Glaubersalz 2334* D. B.
— u. **Lodge (R. M.)**, Spinnkuchen aus Viscosekunstseidefäden 255* D. B.
—, **Lowther (Alan G.)**, **Bashford (L. A.)** u. **Doubleday (G.)**, Künstl. Fäden aus Polyacrylnitril 4242* E.
—, **Macgregor (J. H.)** u. **Happy (F.)**, Nicht gewebte Textilflächen 2810* E.
—, **Paul (Harry)** u. **Willock (I.)**, Färben v. Textilien aus Celluloseacetat in verschied. Farben 11690* E.
— u. **Svenska Rayon A/B**, Ölen v. Kunstfäden aus Viscose 10656* F.
—, **Weigham (W. R.)**, **Field (W. J. C.)** u. **Smith (J. O.)**, Reifen v. Viscose vor d. Verarbeit. zu Fäden oder Filmen 10165* E.
— u. **Williams (H. M. G.)**, Herstellen v. Fäden 5458* E.
— u. **Wormell (R. L.)**, Künstl. Gebilde aus Lsgg. v. Casein 490* D. B.
Courtel (R.) s. Groff (J.).
Courtier (A. J.) s. Soc. An. des Manufactures des Glaces et Produits Chimiques de Saint-Gobain, Chauny & Cirey.
Courtney (G. W.) s. Geiger (E.).
Courtney (J. L.), Routinemäß. Zähl. v. Bakterien u. Coliformen 11705.
Courtney (W. G.), Kristallwachstum u. Koerzitivkräfte v. verschiedenart. bereiteten Ni-Pulvern 10209.
Courtney-Pratt (J. S.), Spaltflächenstufe auf Glimmer mit einer Höhe, welche ein halb-

ganzzahl. Vielfaches d. Kristallgitternetzebenenabstandes ist 5971.
Courtois (J. E.), Phosphorsäureester v. Inosit 11605.
—, Anagnostopoulos (C.) u. Petek (F.), Wrkg. d. α-Galaktosidase auf Stachyose. Isolier. v. Saccharose u. Raffinose 10772.
Courtright (J. H.) s. Richard (K. E.).
Courty (C.), Schnelles u. genaues Verf. zur Best. d. Sn v. Weißblech 3697.
Courvoisier (B.) s. Alloiteau (J. J.).
Cousen (A.), Prüftechnik 7755.
Cousin (B.) s. Lévy (R.).
Cousins (E.) s. Wingfoot Corp.
Cousins (E. R.) s. Feuge (R. O.).
Cousland (H. C.) J-Empfindlichk. 5116.
Coussens (R.) s. Aten jr. (A. H. W.); Peeters (G.).
Couston (T. A.), Mysoline in d. Behandl. v. idiopath. Epilepsie bei geistesgestörten Kranken 9137.
Coutant (J. G.), Betrieb v. Hochöfen 3246* F.
Coutu (C.) s. Thatcher (F. S.).
Couture-Mathieu (L.), Opt. Eigg. u. kristallograph. Struktur v. $KHCO_3$ 4053. — H-Schwingungsspektren im Kaliumhydrogencarbonat 9252. — s. Nikitine (S.).
Couturier (P.) s. Caujolle (F.).
Cova (P.), Lackkunstharze, Synth., Struktur u. Eigg. 699, 9679.
Covelli (A.), Schließen v. Löchern in Fahrzeugschläuchen 8047* E.
Covello (M.), Veränderr. d. amylolyt. Verh. d. Gerste während d. Keimens bezügl. d. Vork. v. Biokatalysatoren in Keimungswasser 4619.
Coveney (L. W.) s. Pinchin, Johnson & Associates Ltd.
Coveney (R. D.) s. Brown (E.).
Cover (S.) u. Smith jr. (W. H.), Veränder. im Thiamin- u. Niacingeh. d. rohen Lämmermuskels 7953.
Coviaux (C.), Ultraschallschweiß. v. Leichtmetallegierr. 10613.
Covley (G.) s. British Drug Houses Ltd.
Cowan (A.) s. Parkins (R. N.).
Cowan (A. E.) u. Lockenvitz (A. E.), Änder. d. Umwandlungsgeschwindigk. d. monoklinen Se in d. hexagonale 6930.
Cowan jr. (C. L.) s. Harrison (F. B.).
—, Reines (F.) u. Harrison (F. B.), Obere Grenze für d. magnet. Moment d. Neutrinos 10667.
Cowan (E. W.), V-Zerfall mit einem schweren negativen Sekundärteilchen u. Identifizier. d. sek. V-Zerfalls in einer Kaskade 2352.
Cowan (G. R.), Rotenberg (D.), Downie (A.), Crawford jr. (B.) u. Ogg jr. (R. A.), Rk. $NO—N_2O_5$ 9516.
—, Vincent (E.) u. Crawford jr. (B.), Anwend. eines schnell durchmusternden Infrarotspektrometers zu kinet. Unterss. in d. Gasphase 1337.
Cowan (J. A.), Zähl. langsamer Elektronen mit einem Multiplier 739.
Cowan (J. C.) s. United States of America.
Cowan (P. M.), Elementarkörperdimenss. u. Raumgruppen einfacher Peptide 4794.
Cowan (R. D.) s. Fickett (W.).
—, Herzberg (G.) u. Sinha (S. P.), Rotationsschwingungsspektren zweiatom. u. einfacher mehratom. Moll. bei langen Absorptionswegen. 4. Mitt. Spektr. v. Methylfluoroform (CH_3CF_3) v. *19* bis *0,7* μ 11335.
Coward (K. H.) u. Irwin (J. O.), Zweite internationale Einh. für Vitamin D: Kristallisiertes D_3 2713.
Coward (N. A.) u. Noyes jr. (W. A.), Fluorescenz v. Diacetyldampf bei *4358* Å 48.
Cowell (D. B.), Linnell (W. H.) u. Mathieson (D. W.), Ringspaltung v. 2-Cyan-1.2.3.4-tetrahydro-2-methyl-1-oxonaphthalin 8611.
Cowell (E. E.) s. Bergen (H. S.); Monsanto Chemical Co.
Cowen (F. M.) s. American Cyanamid Co.
Cowen (J.) s. Schultz jr. (E. H.).
Cowen (J. A.) u. Spence (R. D.), Ferromagnet. Resonanzrelaxationszeiten in Ni- u. Fe-Einkristallen 5484.
Cowgill (E.) s. Atherton (E.).
Cowie (A. T.) u. Flux (D. S.), Resorptionsgeschwindigk. v. Steroiden u. synthet. Östrogenen aus subcutan implantierten Tabletten 9122.
Cowie (C. T. Y.) s. Imperial Chemical Industries Ltd.
Cowie (P. A.) s. Streiff (A. J.).
Cowing (R. F.) s. Spalding (C. K.).
Cowles Chemical Co., Naßfestleimen v. Papierstoff 1409* E. — Alkylphenyl- oder Alkylbenzyltrichlorsilane 1840* E. — Ausrüst. v. Textilien u. Glasfäden oder -geweben 2809* E.
Cowley (J. M.), Intensitätsanomalien in Elektronenbeugungsbildern v. CuO 8098.
Cowley (W. R.) s. Gausman (H. W.).
Cowling (J. E.), King (P.) u. Alexander (A. L.), Temperaturmeßfarben 3702.
Cowper (G.), Schürfung aus d. Luft mit Scintillationszählern 6911.
Cox (B.), Komplexe Fluoride. 3. Mitt. Gitterkonstanten einiger komplexer Fluoride v. Li oder Na u. vierwert. Elementen 3810.
— u. Sharpe (A. G.), Komplexe Fluoride. 2. Mitt. Fluoroferrate u. Wasserstoffbind. in komplexen Fluoriden 766.
Cox (B. C.) s. McDowell (C. A.).
Cox (B. G.) s. McDowell (C. A.).
Cox (C. P.) s. Balmain (J. H.).
Cox (D. S.), Verwenden Sie Flammenphotometrie? Flammenphotometrie u. Spektrophotometrie kann eine größere Rolle bei d. analyt. Unters. v. Anstrichmitteln spielen 10146.
Cox (E. G.) s. Blackman (G. E.); Jeffrey (G. A.).
Cox (E. V.) s. Ross (G. I. M.).
Cox (F. W.) s. Wingfoot Corp.
Cox (G. C.), Elektrolyt. Erzeug. eines Schutzüberzuges auf Fe-Oberflächen 10857* A.
Cox (I. D.), Alkal. Chlorbehandl. cyanidhalt. Abwässer 3936.
Cox (J.) s. Walker (C. A.).
Cox (J. A. M.) u. Groot (S. R. de), Strahl. gerichteter Kerne 4989.
— u. Tolhoek (H. A.), Richtungsbezieh. zweier aufeinanderfolgender Strahlungen, d. v. gerichteten Kernen emittiert werden 7139.
Cox jr. (J. C.) s. Mosher (W. A.).
Cox (J. D.) s. Andon (R. J. L.).
Cox (J. E.) u. Andrews (A. I.), Unters. über d. Haarrißbldg. 440.
Cox (J. T.) s. Livingston (Ralph); Thomas (W. J. O.).
Cox (L. A.) s. Schwager (J. E.).

Cox (M. C.), Loef (J. J. van) u. **Lind (D. A.),** γ-Strahlen aus d. unelast. Streuung v. Protonen an Ne 5713.

Cox (N. L.) s. Du Pont de Nemours (E. I.) & Co.

Cox (R. A.), Filterphotometer zur Verwend. auf See 10582.

Cox (R. F. B.) s. Hercules Powder Co.

Cox (R. H.) u. **Spencer (E. Y.),** Best. einiger 17-alkylsubstituierter Steroide mit d. $ZnCl_2$–Acetylchlorid-Reagens (Tschugajew-Reagens) u. ein Vorschlag zum Reaktionsmechanismus 5144.

Cox (R. I.) u. **Marrian (G. F.),** Hydrolyse d. konjugierten Adrenocorticosteroide d. Urins durch β-Glucuronidasepräpp. 1543.

Cox (R. T.), Statist. Meth. v. Gibbs in d. Thermodynamik irreversibler Prozesse 2843.

Cox (S. A.) s. Goldburg (W. I.).

Cox (W. L.) s. Shelton (J. R.).

Coxon (R. V.) s. Banister (P.).

Coyle (T. D.) s. Das (M. N.).

Cozzari (L. V.), Wrkg. d. 2.5-Dinitrophenols, 2.6-Dinitrophenols, 2.4-Dinitro-1-naphthols u. d. 1.6-Dinitro-2-naphthols auf d. alkal. Phosphatase 8177. — Wrkg. d. 2.4-Dinitrophenols auf d. Aktivität d. Acetylphosphatase in d. Leber 8177.

— u. **Levi (F. A.),** Hemm. d. alkal. Phosphatase durch Ultraschall 8177.

Cozzi (D.) s. Canneri (G.).

Crabalona (L.) s. Naves (Y.-R.).

Crabbé (J.), Einfl. d. Cortisons auf d. phagocytäre Tätigk. bei Kaninchen 10550.

Crabtree jr. (E. H.), Winters (V. W.) u. **Chapman (T. G.),** Verwend. v. Aktivkohle in d. Cyanidlaugerei u. d. Desorpt. v. Au u. Ag v. d. Kohle 6610.

Crabtree (J. I.) s. Rasch (A. A.).

Crack (B. J.), Bedeut. d. Fe für d. Pflanzenernähr. 2052.

Craemer (K.) s. Badische Anilin- & Soda-Fabrik Akt.-Ges.

Crämer (L.) s. Menne (F.).

Crafton (R. W.) s. Garner (F. H.).

Crafts (A. S.) u. **Buck (C. C.),** Herbicide Eigg. v. As_2O_3 3465.

Crafts (B.) s. Cherney (P. J.).

Crafts (R. C.), Wert einer stark proteinhalt. Nahr. bei d. Verhüt. v. Anämie bei hypophysektomierten erwachsenen weibl. Ratten durch Thyroxin- u. Androgentherapie 3416.

Crafts (W.) s. Hilty (D. C.); Union Carbide & Carbon Corp.

— u. **Lamont (J. L.),** Carbide in langgetemperten Vanadinstählen 8715.

Cragg (L. H.), Sones (R. H.) u. **Dumitru (T. E.),** Wahl d. Lösungsm. für d. viscosimetr. Mol.-Gew.-Best. v. Hochpolymeren 832.

— u. **Switzer (D. F.),** Fraktionierte Fäll. v. GR–S. Einfl. d. Konz. d. Lsg. auf d. Wirksamk. d. Fraktionier. 8752.

Craggs (J. D.) s. Allen (J. E.); McCormick (N. R.); Marriott (J.); Reynolds (P.); Tsui-Fang; Warren (J. W.).

Crago (J. A.) s. Rundles (R. W.).

Cragoe jr. (E. J.) s. Merck & Co., Inc.

Crahen (F.), Wärmebehandl. v. Flugzeugteilen 1362.

Craig (A. B.) s. Chemstrand Corp.; Monsanto Chemical Co.

Craig (D.), Shipman (J. J.), Kiehl (J.), Widmer (F.), Fowler (R.) u. **Hawthorne (A.),** Diels-Alder-Rk. u. d. Umlager. v. Maleinsäureanhydrid-Addukten d. 6.6-Dimethylfulvens 3832.

Craig (D. J.) s. Czyzak (S. J.).

Craig (D. P.), Bahnschrumpf. in d. Theorie d. Metallkomplexe 4531. — Niedr. angeregte Zustände einfacher aromat. KW-stoffe 5268. — s. Bevan (C. W. L.); Bunton (C. A.).

—, **Hobbins (P. C.)** u. **Walsh (J. R.),** Zuordnung d. starken Acenabsorptionssysteme 4786.

— u. **Wadsley (A. D.),** Nichtäquivalente Zn-Bindd. in Chalkophanit 4294.

Craig (D. S.) s. Browne (C. P.).

—, **Cross (W. G.)** u. **Jarvis (R. G.),** γ-Strahlen aus (p, γ)-Rkk. in ^{11}B u. ^{24}Mg 4991.

Craig (H.), ^{13}C in Pflanzen u. Beziehh. zwischen ^{13}C- u. ^{14}C-Veränderr. in d. Natur 771. — Isotopengeochemie v. heißen Quellen 7633.

Craig (H. M.) s. Gagnon (P. E.).

Craig (J. W.) s. Canadian Refractories Ltd.

Craig (L. E.) s. General Aniline & Film Corp.; Larrabee (C. E.).

—, **Elofson (R. M.)** u. **Ressa (I. J.),** Achtgliedr. Carbocyclen. 4. Mitt. Red. v. Cyclooctatetraen 11377.

Craig (P. N.) s. Smith, Kline & French Laboratories.

Craig (R.) s. Lever Brothers & Unilever Ltd.

Craig (R. G.) s. Noll (H. D.).

Craig (R. P.) s. Hansen (R. S.).

Craig (W. C.) s. General Aniline & Film Corp.

Craig (W. E.) s. Rohm & Haas Co.; Ropp (G. A.).

Craig jr. (W. F.) s. Baeyertz (M.).

Craig (W. G.) s. Anglamol Ltd.; Higgins (W. A.); Lubrizol Corp.

Craig (W. J.) s. Sinclair (G. M.).

Craige jr. (A. H.) s. Allied Laboratories, Inc.

Craighead (C. M.) s. Battelle Development Corp.; Bruckart (W. L.); Goldhoff (R. M.); LaChance (M. H.); Lenning (G. A.).

—, **Simmons (O. W.)** u. **Eastwood (L. W.),** Bin. Ti-Legierr. 5640. — Tern. Ti-Legierr. 5640. — Quatern. Ti-Legierr. 5640.

Craine (E. M.) u. **Hansen (R. G.),** Apyraseaktivität d. Milchdrüse 2696. — Phosphokinaseaktivität d. Milchdrüse 2697.

Cram (D. J.) s. Hatch (M. J.); Merck & Co., Inc.

— u. **Allinger (J.),** Stereochemie. 23. Mitt. Darst. u. vollständ. Spalt. d. 1.2-Diphenyl-2-methylbutanol-(1)-Syst. 1931.

— u. **McCarty (J. E.),** Stereochemie. 24. Mitt. Darst. u. Best. d. Konfigurat. d. Isomeren v. 2-Amino-3-phenylbutan u. ster. Verlauf d. Aminoxydpyrolyse-Rk. in diesem Syst. 5747.

Cramer (A.-R. D. M.) = Staubitz (A.-R. D. M.).

Cramer (D. L.) s. Texaco Development Corp.

Cramer (E.), Keram. Wärmeisolierkörper 7757* D. B.

Cramer (F.), Papierchromatographie 2031, [5385]. — Einschluß-Verbb. [2448]. — s. Dietrich (Hans v.); Knoll Akt.-Ges. Chemische Fabriken.

— u. **Herbst (W.),** Lichtabsorpt. v. J-Kettenmoll. 7158.

Cramer (F. B.), 2-Desoxy-D-glucose 820.
Cramer (G.) s. Farbwerke Hoechst Akt.-Ges., vormals Meister Lucius & Brüning.
Cramer (H.), Bedeut. d. sauren u. alkal. Serumphosphatasen in d. Tumordiagnostik 8645. — Neurohormonale Wachstumssteuerung im Hinblick auf d. Tumorproblem 8646.
— u. **Brilmayer (C.)**, Verwendbark. v. Fluoresceinnatrium u. Atebrin in d. Tumordiagnostik 3884.
— u. **Eschbach (W.)**, Wachstumshemm. d. Walker-Carcinoms bei Ratten durch Placentaextrakt 4125.
Cramp (A. P.) s. Gulf Research & Development Co.
Cranberg (L.), Herst. dünner Natriumjodidkristalle mit einem Mikrotom 1900. — s. Henkel (R. L.).
Crandall (D. I.), Homogentisinsäureoxydase. 2. Mitt. Eigg. d. Rohenzyms in Rattenleber 8888.
— u. **Halikis (D. N.)**, Homogentisinsäureoxydase. 1. Mitt. Verteil. in tier. Geweben u. Bezieh. zum Tyrosinstoffwechsel in d. Rattenniere 6310.
Crandall (J. L.) s. Mochel (W. E.).
Crandall (L. A.), Symposium on sedative and hypnotic drugs [5126].
Crandall (W. B.) u. **Ging (J.)**, Therm. Schockanalyse v. kugelförm. Körpern 10602.
Crandall (W. E.) s. Birnbaum (W.); Millburn (G. P.); Schecter (L.).
—, **Birnbaum (W.)**, **Schecter (L.)** u. **Millburn (G. P.)**, Kernradien u. Durchlässigkk. aus unelast. Querschnittsmessungen. 2. Mitt. Deutung 2824.
— u. **Moyer (B. J.)**, Charakteristiken d. Erzeug. neutraler Mesonen beim Protonenbeschuß v. Kohlenstoffkernen 1434.
Crandell (W. B.) s. Mathieu (T. J.).
Crane (C. L.) s. Eastman Kodak Co.
Crane (F. L.), Durch Licht aktivierte Akkumulier. v. Niacin in Tomatenblattscheiben 4859.
— u. **Beinert (H.)**, Bindeglied zwischen Fettsäureacyl-CoA Dehydrogenase u. Cytochrom c: neues Flavinenzym 5094.
Crane (G.) s. Firestone Tire & Rubber Co.
Crane (H. R.), Meth. zur Eliminier. v. Kathodenaktivierungseffekten im Geiger-Müller-Zähler 11. — Auslösung d. Entlad. in einem CO_2-gefüllten Geiger-Müller-Zähler durch negative Ionen 7604. — s. Louisell (W. H.).
Crane (P. S.), **Bush jr. (O. B.)** u. **Won (P. C.)**, Behandl. d. Clonorchiasis mit Chloroquine u. Methiscol 8204.
Crane (R. A.) s. Blacet (F. E.).
Crane (R. K.) s. Sols (A.).
— u. **Sols (A.)**, Nichtkompetitive Hemm. v. Hirnhexokinase durch Glucose-6-phosphat u. verwandte Verbb. 10771.
Crane (W. A.), Histolog. u. arteriograph. Unterss. an pitressinbedingten Läsionen d. Kaninchenmagens 5106.
Crane (W. W. T.) s. Higgins (G. H.).
—, **Higgins (G. H.)** u. **Thompson (S. G.)**, Anzahl d. während d. spontanen Spalt. v. ^{252}Cf emittierten Neutronen 9725.
— u. **Iddings (G. M.)**, Neues Isotop ^{237}Pa 9248.
Crane Co., **Eckman (H. A.)** u. **Maack (H. W.)**, Weißer Temperrohguß 10616* E.
Crang (A.) u. **Sturdy (M.)**, Erhalt. d. Ascorbinsäure in konservierten Früchten. 2. Mitt. 4724.
Cranham (J. E.) s. Boots Pure Drug Co. Ltd.
Cranmer (J. M.) s. Socony-Vacuum Oil Co., Inc.
Craima (N. G.), Verhältnis d. Quadrupolmomente v. ^6Li u. ^7Li 273.
Cransberg (R.) s. N. V. Metallic Industry.
Cranston (R. W.), **Matthews (F. W. H.)** u. **Evans (N.)**, Sunbury-Röntgenstrahlenabsorptionsmeth. für d. Schnellbest. v. S in KW-stoffen 4973.
Cranz (K. L.) s. Richter (K.).
Crass (G.) s. Rigdon (R. H.).
Crater (W. de C.), Kautschuk–Harz-Mischungen. Mischungen aus Styrol–Acrylonitril-Harzen mit Kautschuk 3749, 6636. — Nitrierung 7546.
Crathorn (A. R.) s. Arndt (U. W.).
Crauwels (K.) u. **Smets (G.)**, Polymere d. Methacrylamids 2444.
Craven (E. C.) s. Distillers Co. Ltd.
Craven (J. D.) u. **Polak (A.)**, Cantharidinvergift. 5595.
Craver (B. N.) s. Wiland (J.).
Cravetz (H.) s. Ambrus (J. L.).
Cravioto (R. O.), Ernährungswert mexikan. Lebensmittel 2711. — s. Massieu (G.).
Crawford jr. (B.) s. Cowan (G. R.); Eberhardt (W. H.); Kirkwood (J. G.); Nightingale (R. E.).
—, **Nightingale (R. E.)**, **Rotenberg (D. L.)**, **Vincent (E. R.)** u. **White (H. F.)**, Bequeme Lichtquellenjustierungseinricht. für ein Spektrometer 7044.
Crawford (C. L.) s. Boawn (L. C.).
Crawford (D. B.) s. Elliott Co.
Crawford (H. D.), Zwei neue Linien in d. Mikrowellenspektr. v. Schwerem Wasser 513.
Crawford (H. M.), 2.7-Di-tert.-butylnaphthochinon-(1.4) u. verwandte Verbb. 10735.
Crawford (J. D.), **Gribetz (D.)**, **Talbot (N. B.)**, **Terry (M.)**, **MacLachlan (E. A.)**, **Loon (K. van)** u. **Morrill (M. F.)**, Mechanismus d. tubularen Nierenphosphatreabsorpt. u. seine Beeinfluss. durch Vitamin D bei vollständig parathyroidektomierten Ratten 11619.
— u. **Pinkham (B.)**, Physiologie d. Morphin-Antidiurese 11418.
Crawford jr. (J. H.) s. Cleland (J. W.); Stevens (D. K.).
— u. **Holmes (D. K.)**, Chem. Näher. zur Behandl. d. Elektronenspins in Halbleitern 284.
— u. **Lark-Horovitz (K.)**, Wrkgg. v. schnellem Neutronenbeschuß in Ge 8316.
— u. **Stevens (D. K.)**, Effektive M. u. Ladungsträgerentart. in Ge v. diamagnet. Verh. 10440.
Crawford (J. W. C.) s. Imperial Chemical Industries Ltd.
Crawford (M.) u. **Smyth (I. F. B.)**, Einfluß v. Gruppen in nicht blockierenden Stellungen auf d. Racemisierungsgeschwindigk. v. opt.-aktiven Diphenylen 1930. — Opt. Spalt. u. Racemisier. einiger Diisochinolyle 3584.
Crawford (M. A. D.), Aplast. Anämie infolge Vergiftung mit Trinitrotoluol 3433.

Crawford (M. F.), Welsh (H. L.) u. Harrold (J. H.), Rotationszweige v. Raman-Banden u. freie Rotat. in fl. O_2, N_2 u. Methan 1440.
Crawford (N.) u. Brooke (B. N.), p_H u. Pufferwrkg. d. menschl. Galle 9828.
Crawford (R. F.) s. Rohm & Haas Co.
Crawford (T. B. B.) s. Amin (A. H.).
— u. **Outschoorn (A. S.),** Quantitative Trenn. v. Adrenalin u. Noradrenalin in biol. Fll. u. Gewebeextrakten 4424.
Crawford (T. J.), Beschleunig. d. Herst. v. Leichtmetallröhren durch d. Induktionsschweißverf. 2763.
Crawford (V. A.) u. Steacie (E. W. R.), Therm. Zers. v. n-Butan 1479.
Creac'h (P.), Öle v. Fischen u. Walen. Herkunft, allg. Charakteristik, Trenn. d. Glyceride, Veränderr. u. Antioxydantien 8286.
Creamer (R. M.) u. Chambers (D. H.), Billige Vorr. für Leitfähigkeitsbestimmungen 5376.
Creasy (J. J.), Verwend. v. Nitrocelluloselacken u. -emulss. für Papierüberzüge 8996. — s. Caldwell (W. A.).
Crebert (T.) s. Vereinigte Glanzstoff-Fabriken Akt.-Ges.
Cree (C. B.) s. Jones (W. W.).
Creech (H. J.) s. Smith jr. (W. M.).
Creely (J. J.) s. Segal (L.).
Crego (F. T.) s. Air Reduction Co., Inc.
Creighton (J. A.), Siemens-Martin-Badtemperaturmess. u. -kontrolle 7540.
Creighton (S. M.) s. Canada Packers Ltd.
Creignou (S.) s. Abelès (F.).
Crema (A.), Acetylier. d. Sulfonamide bei Hypoxie 4876. — Mikrobiol. Best. d. Vitamins B_{12} in biol. Material 9602. — Quantitative Best. d. Wrkg. v. Pharmacis auf d. Funkt. d. Vestibulums. 1. Mitt. Neurotoxizität v. Arsacetin 10072.
Cremascoli (F.) s. Rolandi (G.).
Cremer (E.) s. Patat (F.).
— u. **Margreiter (H.),** Neue Form d. Draper-Bunsenschen Aktinometers 1225.
Cremer (H. D.), Caries u. F 9131. — s. Eichhoff (H. J.).
— u. **Voelker (W.),** Wrkg. gleichzeit. Gaben v. F- u. Kalksalzen 1314.
Cremer (M.), Behandl. v. Gefäßerkrankungen d. Augenhintergrundes mit Roßkastanienpräpp. 154, 5365.
Crennell (J. T.), Kathod. Schutz 6357. — Elektrochem. Verh. v. Anstrichfilmen in Seewasser: Erklär. d. Reaktionsmechanismus 7327.
Crépy (O.) s. Jayle (M.-F.).
—, **Garrone (G.) u. Jayle (M.-F.),** Bestimmungsmeth. für butylalkohollösl. sulfatgebundene Harnbestandteile 9597.
Crescitelli (F.), Dellenback (R. J.) u. Wirtschafter (S.), Veränderung d. Rk. mit Pharmaca behandelter Nervenfasern gegenüber Na 9131.
Creselius (S.), Verwend. v. Polyalkoholen bei d. Herst. v. Alkydharzen 2791.
Crespi (M. A.), Extrakt. Fl.-Fl., angewandt auf Systeme v. vier Komponenten. 2. Mitt. Darst. quatern. Systeme 5261; 3. Mitt. Extraktionsberechnn., d. auf d. experimentellen Best. d. quart. Systeme fußen 5261.
Crespo (S.) u. Prouty (W. W.), Schnellmeth. zur Best. v. Verunreinigg. in Sirup 710.
Cress Laboratories u. Heidmann (H. J.), Verbandmaterial 4883* Schwed.
Cressell (I. G. A.) s. Marconi's Wireless Telegraph Co. Ltd.
Cresset Research Corp. u. Baty (J. A.), Separatoren für Akkumulatoren 3221* A.
Cressman (H. W. J.) s. Brooker (L. G. S.).
Cresson (E. L.) s. Wright (L. D.).
Cresswell (A.) s. American Cyanamid Co.
Cresswell (R. A.) u. Cuthbertson (J. W.), Aufbau u. Ausscheidungshärtungseigg. v. Cureichen Cu–Sn–Be-Legierr. 8568.
Cresswell (W. T.), Leicester (J.) u. Vogel (A. I.), Bindungsrefraktt. für Verbb. v. Sn, Si, Pb, Hg u. Ge 1201.
Cresta (M.) s. Fidanza (A.).
Crestfield (A. M.) u. Allen (F. W.), Verbesserte App. zur Zonenelektrophorese 6811.
Creutz (E.), Löten v. Be, Al, Zr, U, W u. einer Al–Li-Legier. 2127.
Creutzfeldt (W.) u. Tecklenborg (E.), Synthalinhypoglykämie, A-Zellen u. Glucagon 8433.
Creuzé (P.), Malvezin (P. J.) u. Rignault (L.), Herst. v. Seifen u. Schmierölen aus verzuckerbaren Cellulosesubstanzen 4500* F.
Crèvecœur (E.) s. Capron (P. C.).
Crew (M. C.) s. Curtin (D. Y.).
Crewe (A. V.) s. Alston (M. H.); Ashmore (A.).
Crewson (G. G.) s. Buffalo Electro-Chemical Co., Inc.
Creyx (M.), Leng-Levy (J.) u. Laborie (G.), Zwischenfälle durch Antibiotica aus Pilzen 2018.
Creze (J.) u. Delaunay (A.), Veränderr. an d. Anti-A- u. -B-Agglutininen eines O-Serums v. Menschen durch d. Wrkg. v. Natriumsalicylat, Harnstoff u. Guanidinchlorhydrat 7709.
Crick (F. H. C.), Struktur d. synthet. α-Polypeptide 3641. — Struktur für Kollagen 3641. — Komplementärstruktur v. Desoxyribonucleinsäure 5812. — s. Robertson (J. Monteath); Watson (J. D.).
— u. **Watson (J. D.),** Struktur d. Desoxyribonucleinsäure 5811.
Criddle (E. S.), Rostentfern. v. Metalloberflächen 209* A.
Criegee (R.) u. Paulig (G.), Zwei einfache cycl. Peroxyde 10981.
Criest (A. J.), Moorhead (P. E.), Frost (P. D.) u. Jackson (J. H.), Oberflächenhärt. v. Ti durch Aufkohl. u. induktive Wärmebehandl. 8019.
Criner (C. B.) s. Aluminum Co. of America.
Cripag Akt.-Ges., Isoliermaterial 10117* Schwz.
Criscione (J. M.) s. Searcy (A. W.).
Criscuolo (E. L.) u. O'Connor (D. T.), Entw. einer Feinfokus-Röntgenblitzröhre 993.
Crisp (C. S.) s. Rac (R.).
Crisp (E. T.) s. Imperial Chemical Industries Ltd.
Crispell (E.) s. Stark (O. K.).
Crispell (K. R.), Parson (W.), Harden (G.) u. Brent (S.), Bezieh. zwischen Nahrungseiweißverbrauch u. ^{15}N-Ausscheid. bei n. Personen u. bei Cushing-Syndrom nach oraler oder intravenöser ^{15}N-Glykokollzufuhr 9129.
Crissey (L. W.) s. Du Pont de Nemours (E. I.) & Co.

Cristol (P.), Benezech (C.) u. **Craste de Paulet (A.)**, Saure u. alkal. Hydrolyse synthet. Oligopeptide 6251.
— u. **Caron (M.)**, Bedeutende Fehlerquelle in d. Mikrobest. v. K mit Kobaltnitrit 10103.
Cristol (S. J.), Insekticide Wirksamk. u. Dehydrochlorierungsgeschwindigkk. polychlorierter Insekticide 8010. — s. Rogers (M. T.).
—, **Barasch (W.)** u. **Tieman (C. H.)**, Mechanismen v. Eliminierungs-Rkk. 13. Mitt. 1.4-konjugierte Eliminierungen. 1. Mitt. Meso-Dihydroanthracenderivv. 8587.
—, **Begoon (A.), Norris (W. P.)** u. **Ramey (P. S.)**, Mechanismen v. Eliminierungs-Rkk. 12. Mitt. Rk. v. cis- u. trans-p-Nitro-β-bromstyrol mit äthanol. Alkali 8121.
— u. **Brindell (G. D.)**, Additionen an bicycl. Olefine. p-Thiokresol u. Norbornylen 4578.
— u. **Norris (W. P.)**, Mechanismen v. Eliminierungs-Rkk. 11. Mitt. Alkal. Dehydrobromier. v. Isomeren d. β-Bromstyrols u. d. p-Nitro-β-bromstyrols 2642.
— u. **Snell (R. L.)**, Synth. eines Nortetracyclen (Tetracycloheptan)-deriv. 2411.
Criswell (C. H.) s. Great Western Sugar Co.
Critchfield (F. E.) s. Hall (J. L.).
Critchlow (A.), Haworth (R. D.) u. **Pauson (P. L.)**, Purpurogallin. 6. Mitt. Mechanismus bei d. Oxydat. v. Pyrogallol 4584.
Crittenden jr. (E. C.) s. Dieckamp (H.); Hoffman (R. W.).
—, **Layer (E. H.)** u. **Hoffman (R. W.)**, Einfl. d. Dicke v. dünnen Metallfilmen auf d. mittlere freie Weglänge v. Leitungselektronen 518.
Crittenden (E. D.) s. Hecht jr. (W. J.).
Crittenden jr. (Eugene D.) u. **Hixson (A. N.)**, Extrakt v. HCl aus wss. Lsgg. 9167.
Crittenden (J. O.) s. Zacco (M.).
Critz (P. F.), Hitzebeständigk. v. Zusätzen (Additives) für bituminöse MM. 4000.
Crivelli I (E.), Gewinn. d. Cu durch Elektrolyse aus ammoniakal. Bad 5884.
Crivelli II (E.), Moderni metodi di produzione degli antiparassitari [8216].
Crocco (G.), Neues Nebennierenrindenhormon: Aldosteron oder Elektrocortin 7476.
Croce (L. J.) u. **Gettler (J. D.)**, Benzidinumlager.; Kinetik u. Temperaturkoeffizienten d. Umlagerr. v. Hydrazobenzol u. einigen substituierten Hydrazobenzolen 319.
Crocetta (A.), Lezioni di chimica biologica. Gli enzimi [4856].
Crocker (B. F.) s. Koppel (J. L.); Porter (C. J.).
Crocker (R. L.) s. Dickson (B. A.).
Crocoll (J.) s. Meerbott (W. K.).
Croes (R.), Studie der hemolyse op physicochemische grondslag [393].
— u. **Ruyssen (R.)**, Normier. v. Methoden zur Best. d. hämolyt. Aktivität 6338.
Croft (A. E. M.) s. Monsanto Chemical Co.
Croft (A. J.), Faulkner (E. A.), Hatton (J.) u. **Seymour (E. F. W.)**, Elektr. Widerstand v. Au bei sehr tiefen Tempp. 20.
—, **Olsen-Baer (J. L.)** u. **Powell (R. W.)**, Vers. zum Auffinden v. Anisotropie bei d. supraleitenden Eigg. v. Ga 20.
Croft (G. M.) u. **Bechtel (L. D.)**, Verbrenn. u. Feinmahl. mit d. Strahlmühle 8697.
Croft (G. T.), Love (W. F.) u. **Nix (F. C.)**, de Haas-van Alphen-Effekt in Sn u. Sn–Sb-Legierr. 9258.
Croft (H. P.), Ti, d. Metall v. morgen 2525.
Croft (N.), Betriebsmäßige Herst. v. Gußeisen mit Kugelgraphit 7303.
Croft (P. G.), Einsetzen d. Bewußtseins während d. Curarisier. 1555.
Croft-White (P. G.) s. „Shell" Refining & Marketing Co. Ltd.
Crofts (F. C.), Superphosphat u. Mo 910.
Crofts (H.) s. Imperial Chemical Industries Ltd.
Crofts (P. C.), Organ. P-Verbb. 8961.
Croisant (H. W.) s. Klain (P.).
Croissant (O.) s. Augier de Montgremier (H.); Lépine (P.).
Croker (B. H.), Wrkg. v. 2.4-Dichlorphenoxyessigsäure u. 2.4.5-Trichlorphenoxyessigsäure auf d. Mitose bei Allium cepa 10766.
Crombie (L.), Isolier. u. Struktur v. Neoherculin aus Zanthoxylum clava-herculis L. 1982. — Isolier. u. Struktur eines N-Isobutyldiendiinamids aus Bertramskraut (Anacyclus pyrethrum DC) 1982.
— u. **Tayler (J. L.)**, Lipide. 1. Mitt. Konst. u. Stereochemie d. Kamlolensäuren 10002.
Crombie (W. M. L.), Oxalsäurestoffwechsel bei Begonia semperflorens 6780.
—, **Comber (R.)** u. **Boatman (S. G.)**, Chromatograph. Best. v. Öl- u. Linolsäure in Ggw. v. geradkett. gesätt. Fettsäuren 6582. — Best. d. ungesätt. Fettsäuren mit Hilfe d. umgekehrten Verteilungschromatographie 8459.
Cromeans (J. S.) s. Phillips Petroleum Co.
Cromer (D. T.) u. **Klinge (R. J.)**, Kristallstruktur v. $[(CH_3)_4N]_2CeCl_6$ 2375.
Crompton (C. E.) u. **Woodruff (N. H.)**, Chem. Synth. radioisotopmarkierter Verbb. 1. Mitt. 6952.
Cromwell (N. H.) u. **Hassner (A.)**, β.γ-Dihalogenpropylamine. 1. Mitt. 1-Amino-2.3-dichlorpropane u. 1.4-Diamino-2.3-dichlorbutane 8360.
— u. **Hudson (G. V.)**, Ster. Erfordernisse zum Auftreten v. Dreiringcarbonylhyperkonjugat. 2860.
— u. **Setterquist (R. A.)**, Epoxyketone. 3. Mitt. Stereochemie v. cis- u. trans-o-Nitrobenzalacetophenonoxyd 8139.
Crone-Münzebrock (A.), Indikat. u. Dosier. d. Chemotherapeutica u. Antibiotica bei chirurg. Infektt. 2949.
Cronenberger (L.) s. Chaix (P.).
Cronin (L. J.), Feuerfeste „Cermets" 7285.
Cronk (G. A.) u. **Naumann (D. E.)**, Wrkg. v. wss. ZrO_2 auf d. Rhustoxicodendron-Dermatitis 11423.
—, **Naumann (D. E.), McDermott (K.), Menter (P.)** u. **Swift (M. B.)**, Kontrollierte Unters. d. Wrkg. v. oralem Penicillin G in d. Behandl. v. nicht spezif. Infektt. d. oberen Luftwege 3189.
Cronkite (E. P.) s. Jackson (D. P.).
Cronmeyer (D. C.) s. Rank (D. H.).
Cronshey (J. F. H.), Entww. für einen Ertragsschutz durch Chemikalien 7763.
Cronyn (J. B.) s. Compton (J.).
Cronyn (M. W.) s. Klemperer (W.).
— u. **Riesser (G. H.)**, Azabicycloalkane. 2. Mitt. 1.5-substituiertes Morphan 2901.
— u. **Zavarin (E.)**, Sulfone. 2. Mitt. Alkene, Diene, α.β-ungesätt. Sulfone u. Monosulfone aus β-Disulfonen 7184.

Crook (A. W.), Kaltverfestig. v. geglühtem niedriggekohltem Stahl bei stat. u. dynam. Beanspruch. 4688.
Crook (E. M.) s. Swoboda (P. A. T.).
—, Harris (H.), Hassan (F.) u. **Warren (F. L.)**, Kontinuierl. Direktphotometrie v. gefärbten Materialien in Filtrierpapier bes. Best. v. elektrophoret. getrennten Proteinen 890.
— u. Law (K.), Glyoxalase: Rolle d. Komponenten 6538.
Crooke (A. C.) s. Butt (W. R.).
Crooke (J. O.) s. Miller (R. N.).
Crooke jr. (L. F.) u. **Winkle (M. Van)**, Tern. Gleichgewichte fl.-fl. Äthylbenzol–Diacetonalkohol–W. u. Styrol–Diacetonalkohol–W. 6943.
Crooke (W. M.), Hunter (J. G.) u. **Vergnano (O.)**, Zusammenhang zwischen Nickeltoxizität u. Eisenaufnahme 2004.
Crooker (A. M.) s. Bedford (R. E.); Nodwell (R. A.).
— u. Dorling (E. B.), Abhängigk. d. Signal-zu-Rausch-Verhältnisses in photoleitenden PbSe-Schichten v. d. Temp. d. Schwarzen Körperquelle 5245.
Crookes Laboratories Ltd., Koll. Lsg. v. fettsaurem Ca 6809* E.
Crooks (D. D.) s. Beard (A. P.).
Crooks jr. (H. M.) s. Parke, Davis & Co.
Croonen (M. J. H.), Unters. d. Verlaufes d. Diazo-Rk. v. p-Aminosalicylsäure u. m-Aminophenol 2487.
Cropper (F. R.) u. **Heywood (A.)**, Verbesser. d. Dampfphasenchromatographie bei relativ hohen Tempp. 3445.
Cropper (W. H.), Spieth (F.) u. **Olson (A. R.)**, Spezif. Geschwindigk. d. Solvolyse v. tert.-Butylchlorid in wss. Methanol, wss. Aceton u. wss. Dioxan u. v. tert.-Butylbromid in wss. Aceton 8586.
Crosbie (G. W.), Hutchison (W. C.), McIndoe (W. M.), Childs (M.) u. **Davidson (J. N.)**, Proteingebundene Komponenten v. Leber u. Hirn 1771.
Crosby (E. S.), Rudolfs (W.) u. **Heukelekian (H.)**, Biol. Wachstum in Abwässern v. Erdölraffinerien 1814.
Crosby (H. J.) s. Johnston (H. S.).
Crosby (H. L.) s. Rayonier, Inc.
Crosby (R. M. N.), Behandl. d. post-pneumoencephalograph. Kopfschmerzes mit β-Pyridylcarbinoltartrat (Roniacoltartrat) 1788.
Crosca (A.) u. **Parrinello (G.)**, Sulfamide u. Antibiotica in d. Therapie d. durch Pneumokokken u. Pfeiffersche Bacillen verursachten Meningitis 2016.
Crosfield (J.) & Sons Ltd., Silicate organ. Basen 10628* E.
Crosley jr. (A. P.) s. Rowe (G. G.).
Crosnoe (T. F.) s. Phillips Petroleum Co.
Cross (B. A.), Hypothalamus u. Mechanismus d. sympathico-adrenalen Hemm. d. Milchabsonderung 9123. — s. Fitzpatrick (R. J.).
— u. Harris (G. W.), Neurohypophyse u. „Einschießen" d. Milch 3416.
Cross (B. E.), Gibberellsäure. 1. Mitt. 9100. — s. Chopra (N. M.); Cocker (W.); Curtis (P. J.).
Cross (B. S.) s. Minnesota Mining & Mfg. Co.
Cross (C. K.) u. **Wright (G. F.)**, Ersatz für PbO_2 in d. C–H-Mikrobest. 3698.
Cross (I.), Vakuummetallisieren u. Galvanisieren 1135.
Cross (J. M.) s. General Aniline & Film Corp.
Cross (L. H.), Richards (R. B.) u. **Willis (H. A.)**, Infrarotspektr. v. Äthylenpolymeren 5327.
Cross (M. F.) = Forbes Cross (M.).
Cross (M. J.) s. Lascelles (J.).
Cross (P. C.) s. Allen jr. (Harry C.); Bair (E. J.).
Cross (R.) s. Kansas City Testing Laboratory.
Cross (S. T.), Sorbit in Süßwaren. Amerikan. Verss. über d. Einarbeit. in verschied. Prodd. 5446. — s. Atlas Powder Co.
Cross (W. G.) s. Craig (D. S.).
— u. Eastwood (T. A.), γ-Strahl. aus d. Zerfall v. $UX_2(^{234}Pa)$ 2127.
Cross jr. (W. M.) s. Kansas City Testing Laboratory.
Crossland (J.) u. **Merrick (A. J.)**, Wrkg. d. Anästhesie auf d. Acetylcholingeh. d. Gehirns 5592.
Crossley (F. A.) u. **Kessler (H. D.)**, Eign. v. Ti-Legierr. als Werkstoff für hohe Betriebstempp. 8253.
— u. Mondolfo (L. F.), Vorgang d. Kornverfeiner. in Al-Legierr. 1363.
Crossley (F. S.) s. Engelhardt (E. L.); Sharp & Dohme, Inc.
Crossley (M. L.) s. American Cyanamid Co.
—, Allison (J. B.), Wainio (W. W.) u. **Muenzen (J. B.)**, Chemotherapie v. Tumoren bei Ratten. 1. Mitt. Behandl. d. Sarkoms *231* in d. King-A-Ratte mit 2.4.6-Triäthyleniminosymm.-triazin u. verwandten Prodd. 8882.
Crosswhite (H. M.) s. Dieke (G. H.); Steinhaus (D. W.).
Croston (C. B.) s. Gast (L. E.); United States of America.
Crotti (B.), Gelatineschaum, neues resorbierbares Hämostaticum 6566.
Crouch jr. (M. C.) s. Pipeline Protection Co.
Crouch (M. F.) s. Diller (D. E.); Foreman (C. E.).
Crouch (W. W.) s. Phillips Petroleum Co.
Crovetti (A. J.) s. Taylor (E. C.).
Crow (F. R.) s. Garton (J. E.).
Crow (W. D.) s. Caunt (D.).
— u. Haworth (R. D.), Purpurogallin. 7. Mitt. Konst. d. Purpurogallincarbonsäure 4585.
Crowe (J. B.) s. Diehl (F. L.).
Crowe (R. W.) s. Sharbaugh (A. H.).
—, Bragg (J. K.) u. **Sharbaugh (A. H.)**, Elektr. Durchbruchsfeldstärken v. aliphat. KW-stoffen 7637.
—, Bragg (J. K.) u. **Thomas (V. G.)**, Raumladungsbldg. u. d. Townsend-Mechanismus d. Funkenüberschlags in Gasen 6916.
Crowell (T. I.) u. **Jones jr. (G. L.)**, Dampfdrucke v. d- u. *dl*-Dimethyltartrat 5985.
— u. Peck (D. W.), Kinet. Beweis für Schiffsche Basen als Zwischenprod. bei d. Knoevenagel-Kondensat. 2639.
Crowley (D. J.) s. Socony-Vacuum Oil Co., Inc.
Crowley (G. P.) s. Imperial Chemical Industries Ltd.
Crowley (J. W.) s. Dufour (L.).
Crowley (W.) s. Waisbren (B. A.).

Crowley-Republic Steel Corp. u. **Beidler (E. A.)**, Tieftemp.-Red. v. $CoCl_2$ 6126* A.
Crown (R. M.) s. Rusoff (L. L.).
Crown Zellerbach Corp. u. **Linehan (J. W.)**, Schutzpapier gegen Unkrautwachstum 10887* A.
Crowther (A. F.) s. Carrington (H. C.).
Crowther (E. M.), Erzeug. u. Verbrauch v. Düngemitteln. Entwicklungsrichtungen u. Probleme 7757.
Crowther (J. P.), Analyse v. Phosphatmischungen durch Filterpapierchromatographie 886. — s. McGilvery (J. D.).
Crowther (S.), **Fulton (J. D.)** u. **Joyner (L. P.)**, Stoffwechsel v. Leishmania Donovani in d. Kultur 1301.
Croxall (W. J.) s. Lo (Chien-Pen); Rohm & Haas Co.
— u. **Fegley (M. F.)**, Michael-Kondensationen mit β-Äthoxyacrylsäureäthylester 6956.
— u. **Hook (J. O. Van)**, Darst. fl. ammoniakal. Lsgg. v. Na-Vinylacetylid 559. — Umätherungs-Rkk.; Darst. u. Umlager. v. β-Alloxyacrylsäureestern 6728.
—, **Hook (J. O. Van)** u. **Schneider (H. J.)**, Kondensat. v. Acetylenen mit Estern. 4. Mitt. 3-Dialkylaminopropine-(1) mit Alkylcarbonaten u. Alkylbenzoaten u. Phenylacetylene mit Oxalsäuremethylester 1949.
Croy (F.) s. Chemische Fabrik Badenia, P. Keilmann O. H. G.
Crozier (A.), Fraktionier. v. Fll. bei d. Analyse v. Erdölprodd. 1650.
Crozier (W. D.) s. Foulks Gourley (M.).
Crucible Steel Co. of America u. **Payson (P.)**, Stahllegier. für Bohrstange 5644* A.
Crucke (F.) s. Thomas (G.).
Cruellas (J.), Entw. d. techn. Chemie in Argentinien 10826.
Cruickshank (D. H.) s. Isherwood (F. A.).
Cruickshank (D. W. J.), Genauigk. v. Elektronendichtediagrammen in d. Röntgenanalyse 6927. — Beziehh. zwischen d. Fourier-Meth. u. d. Meth. d. kleinsten Quadrate bei d. Strukturbest. 8797. — s. Bullough (R. K.); Jeffrey (G. A.).
Cruickshank (G. A.) s. Bollenback (C. H.).
Cruickshank (J. H.) s. Imperial Chemical Industries Ltd.
Cruickshank (P. A.) s. Sheehan (J. C.).
Cruikshank (D. B.), Duplex-Elektroden für galvan. Plattenzellen 7750* A.
Crummett (A.) s. Celanese Corp. of America.
Crummett (D. O.) s. Cahoon (G. A.).
Crummett (W. B.) s. Dow Chemical Co.; MacNevin (W. M.).
Crumpton (C. W.) s. Rowe (G. G.); Tuchman (H.).
—, **Rowe (G. G.)**, **Capps (R. C.)**, **Whitmore (J. J.)** u. **Murphy jr. (Q. R.)**, Wrkg. v. Hexamethonium auf Gehirndurchblut. u. -stoffwechsel bei Kranken mit prämaligner u. maligner Hypertension 10562.
Cruse (K.) s. Huber (R.).
Crussard (C.), Rekristallisat. 3323. — s. Aubertin (F.).
Crussard (J.) s. Kaplon (M. F.); Noon (J. H.); Walker (W. D.).
—, **Kaplon (M. F.)**, **Klarmann (J.)** u. **Noon (J. H.)**, Schwere instabile Teilchen in Emulss. ohne Träger 8075.
—, **Lecourtois (A.)**, **Mabboux (C.)**, **Morellet (D.)** u. **Trembley (J.)**, Unters. eines κ-Mesonenzerfalls, d. in d. photograph. Emuls. beobachtet wird 5708.
Crussard (J.), **Leprince-Ringuet (L.)**, **Morellet (D.)**, **Orkin-Lecourtois (A.)** u. **Trembley (J.)**, κ-Mesonen 4025.
— u. **Morellet (D.)**, Wahrscheinl. Emiss. eines, ein V°-Teilchen enthaltenden Kernfragments 4.
—, **Walker (W. D.)** u. **Koshiba (M.)**, π^--Wechselwrkgg. bei *1,5* GeV. 2. Mitt. 3300. — π^--p-Wechselwrkgg. bei *1,5* GeV 6444.
Cruz (A. G.) = Gonzalez Cruz (A.).
Cruz (A. O.) u. **Valencia (S. R.)**, Bleicheigg. einiger Philippinentone 10834.
Cruz (E.) s. Ynalvez (L. A.).
Cruz (J. de), Mosaikplatten 6595* E.
Cruz (J. R.) = Ruis Cruz (J.).
Cruzado (H. J.) s. Muzik (T. J.).
Crymble (M. M.) s. Pines (K. L.).
Cryns (J.), **Calloway (D. H.)**, **Bollman (M.)** u. **Larsen (R. A.)**, Hitzestabilisiertes Weizengrundmehl 8991.
Csajághy (G.), Gegenwärt. Stand d. Silicatanalytik 5380. — s. Mauritz (B.).
Csákvári (B.) s. Lengyel (B.).
Csalay (L.) u. **Horváth (G.)**, Wrkg. v. ACTH, Cortison u. DOCA auf d. Detoxikat. d. Histamins 5347.
—, **Horváth (G.)**, **Kertai (P.)** u. **Iványi (K.)**, Wrkg. v. ACTH u. Cortison auf d. Histaminempfindlichk. 5347.
Csányi (L.) u. **Solymosi (F.)**, Cerimetr. Best. d. H_2O_2, d. Peroxymonoschwefelsäure (Carosche Säure) u. d. Peroxydischwefelsäure nebeneinander 10335.
Császár (J.) s. Kovács (J.).
Cseh (G.), **Hermann (V. S.)** u. **Zombori (J.)**, Lokalisier. u. Eigg. d. ATP-dephosphorylierenden Enzyme d. Gehirnes 1762.
Cseh (M.), Zwischenstufenvergüt. v. Gußeisen 7768. — Erzeug. v. Gußeisen mit Kugelgraphit 9177.
Csendes (E.) s. Russell (P. B.).
Csepi (K.) s. Kahán (Á.).
Cser (A.), Fabrikat. v. mit Sulfat chem. gebundenen Magnesitziegeln 5394.
Cserny (L.) s. Chemische Werke Albert.
Csiszár (M.), Fabrikat. v. Temperguß verschied. Gefüges 916.
Csokán (P.), Selektive Korros. d. Kohlenstoffstahles 7772.
Csókás (J.) u. **Ádám (A.)**, Untersuchungsverff. v. ungar. radioakt. Bohrkernen mit d. Geiger-Müller-β-Zähler 8307.
— u. **Méhes (K.)**, Radioaktivität d. Bauxits u. seiner Verarbeitungsprodd. 6450.
Csűrös (Z.), Autoxydationsvorgänge 9993. — s. Goldberger Sám, F. és Fiai Részvénytársaság.
Csurgay (K.) u. **Sólyom (Z. B.)**, Gewichtsänder. d. vulkanisierten Elastomere in Lösungsmm. 4951.
Cuatrecasas (J.), Therapeut. Wrkg. d. Ascorbinsäure bei rheumat. Leiden 11615.
Cube (H. L. v.) u. **Sauerbrunn (J.)**, Anwend. v. Difluormonochlormethan (F *22*) 7995.
Čubelić (M.), Qualitative Best. d. Ionen im W. aus Erdölbohrr. 2572.
Cubero (M.) s. Brú (L.).
Cubicciotti (D.), Lsgg. v. Metallen in geschmolzenen Salzen 8571. — s. Edwards (R. K.).

Cuboni (E.), Demonstrat. d. Wirksamk. antituberkulöser Mittel bei d. inoculierten Conjunctivaltuberkulose d. Kaninchen 631.

Cucci (M. W.), Benutz. v. ^{32}P zur Mess. d. Menge. Milchsteinablage an Gummi, Pyrexglas u. Tygonröhren 11478.

Cucinotta (U.), Unterss. über d. entzündungshemmende Wrkg. d. N-Losts 4158.

Cucullu (A. F.) s. Stansbury (M. F.).

Cuddington (K. S.) s. Anglo-Iranian Oil Co. Ltd.

Cudkowicz (G.), H_2O_2 in tier. Geweben. Verss. zur quantitativen Best. 10288. — Syst. Katalase–H_2O_2 in d. Rattenleber nach Verfütter. v. p-Dimethylaminoazobenzol 10768.

Cüer (P.) u. **Combe (J.)**, Durchquerung d. leichten u. schweren Kerne d. photograph. Emuls. durch *340* MeV-Protonen 4750. — Nachw. eines Unterschiedes zwischen leichten u. schweren Kernen beim Ladungsaustausch sehr schneller Nucleonen 4987.

—, **Gros (C. M.)** u. **Rechenmann (R.)**, Anwend. d. Meth. d. Teilchenphotographie auf d. Biologie d. Radioelemente 978.

— u. **Jung (J.-J.)**, Nachw. d. angeregten Zustandes v. ^{5}He bei d. Rk. ^{7}Li(d,α)^{5}He 2826.

—, **Jung (J.-J.)**, **Magnac-Valette (D.)** u. **Gorodetzky (S.)**, Energie–Reichweite-Bezieh. in d. Kernemulss. 4750.

— u. **Lonchamp (J. P.)**, Best. d. Reichweite–Energie-Kurve v. Li in Kernemulss. 4027.

— u. **Magnac-Valette (D.)**, Durch Tritonen in d. mit Li beladenen photograph. Platte hervorgerufene Rkk. 5950. — Durch Tritonen auf leichte Kerne hervorgerufene Rkk. 11148.

—, **Magnac-Valette (D.)** u. **Baumann (G.)**, Unters. d. Zertrümmerr. leichter Elemente durch Tritonen nach d. photograph. Meth. 9491.

Cueilleron (J.) u. **Pascaud (C.)**, Gewinn. v. Al–Ti-Legierr. durch Aluminothermie 1228.

Cuenat-Marquis (A.), Wandbekleidungsmasse 8004* Schwz.

Cuenot (M.-A.), Sterilisieren v. gärungsfäh. Fll. wie Wein, Bier, Milch usw. 11703* F.

Cürten (T.) s. Farbenfabriken Bayer Akt.-Ges.

Cuervo Garcia (C.), Neue Eig. d. Vitamins B_{12} 10308.

Cuervo Muñoz (C.), Herzextrakte bei Angina pectoris u. Myocardinfarkt 4880.

Cueto (C.) u. **Dale (W. E.)**, Colorimetr. Best. v. Pyrethrinen, Allethrin u. Furethrin 5401.

Cuff (P. W. W.) s. Maddock (H. M.).

Cuingnet (E.), Campherreihe. 1. Mitt. 7450; 2. Mitt. Der Campherstruktur verwandte Lactone 9575. — s. Bizard (G.).

Cuisinier (A.-H.), Ferraniacolor-Prozeß 7822.

Culbertson (C. C.) s. Barnhart (C. E.).

Culik (R.) s. Bacigalupo (F. A.).

Culka (P.), Anwend. einer Düse zum Mischen v. Fll. 4425.

Cullen (S. C.) s. Hamilton (W. K.).

Cullen (T.) s. Gerger (W. P.).

Cullen (W. G.) s. Gillies (Deirdre M.).

Culler (V.) s. Waniek (R. W.).

— u. **Waniek (R. W.)**, Gesamtquerschnitte für energiereiche Neutronen 7140.

Cullinane (N. M.) u. **Leyshon (D. M.)**, Titantetrachlorid als Katalysator in d. Friedel-Crafts-Rk. 3. Mitt. Alkylier. 1942.

—, **Lloyd (E. T.)** u. **Tudball (J. K.)**, Friessche Verschieb. 4321.

Cullis (C. F.), Rolle d. Aldehyde bei d. langsamen Oxydat. v. n-Hexan 2864. — Einfl. d. Molekülstruktur auf d. Leichtigk. d. Oxydat. v. organ. Verbb. 7879.

— u. **Priday (K.)**, Therm. Zers. v. aromat. Verbb. 1. Mitt. Chlorbenzol 5516; 2. Mitt. Dichlorbenzole 10474.

Cullumbine (H.), Durch Kampfstoffe verursachte physiol. u. biochem. Störungen 3914.

Culnane (C. H.) s. Texas Co.

Culp (R.) s. Hamermesh (B.).

— u. **Hamermesh (B.)**, Energiebest. v. Sb–Be-Photoneutronen 10668.

Cummerow (R. L.), Photo-Volta-Effekte in p–n-Verbb. 5001. — Verwend. v. Si-p-n-Übergängen zur Umwandl. v. Sonnenenergie in elektr. Energie 7150.

Cumming (L. W.), Beständigk. u. Stabilisier. v. Lackmuslsgg. 409.

Cumming (W. M.) s. Clelland (D. W.).

—, **Dempster (P. B.)** u. **Ritchie (P. D.)**, Physikal.-chem. Unterss. an Stauben. 4. Mitt. Genauigk. d. chem. Best. v. freier Kieselsäure in Gesteinen u. mineral. Stauben 7276.

—, **Massie (W. H. S.)** u. **Ritchie (P. D.)**, Physikal.-chem. Unterss. an Stauben. 3. Mitt. Faktoren, die d. Benetzbark. d. in d. Luft enthaltenen Kieselsäurestaubes durch Wassernebel beeinflussen 5254.

Cummings (G. A. McD.) u. **Ubbelohde (A. R.)**, Stoßdurchmesser bewegl. KW-stoffmoll. in d. Dampfphase: „Wasserstoffeffekt" 2158.

Cummings (I. J.) s. Dow Chemical Co.

Cummings (M. M.) s. Bloom (W. L.).

Cummings (R. F.) s. Briggs (H. B.).

Cummins (C. S.) u. **Harris (H.)**, Kohlenhydrat- u. Aminosäurebestandteile d. Zellwände v. Corynebacterium diphtheriae 124.

Cummins (E. W.) s. Bailey (W. J.).

Cummins (J. F.) u. **Friend (D. G.)**, Chloropromazine bei chron. Alkoholikern 1324.

Cundall (C. M.) s. Tsui-Fang.

Cunder (J.) s. Nopco Chemical Co.

Cunnah (J. E.), Indirekte Best. v. Feuchtigk. in Kohle 4973.

Cunneen (J. I.), Addit. v. Thioverbb. an Olefine. 3. Mitt. Rkk. v. Tri- u. Hexamethylendithiolen u. v. Bis-thioladipin- u. -sebacinsäure 2886.

Cunnell (F. A.) s. Saker (E. W.).

— u. **Schneider (E. E.)**, Ionenleitfähigk. u. Röntgenstrahlenverfärb. v. Alkalihalogeniden 2598.

Cunningham (B. B.) s. Carniglia (S. C.); Koch (C. W.); Lohr (H. R.).

Cunningham (G. E.), **Broughton (G.)** u. **Kraybill (R. R.)**, Ström. durch Textilfiltermedien 7747.

Cunningham (G. L.) s. Scientific Design Co., Inc.

— u. **Oey (T. S.)**, Syst. Natriumchlorit–Natriumchlorid–W. bei verschied. Tempp. 4542.

Cunningham (H. R.) s. Phillips Petroleum Co.

Cunningham (I. J.), Cu-Mangel beim Rind u. Schaf 9127.

Cunningham (J. A.), Vielkanal–Impulshöhen-Analysator mit Speicherröhre 1900.

Cunningham (K. G.) s. Bentley (H. R.).

—, **Hutchinson (S. A.)**, **Manson (W.)** u. **Spring (F. S.)**, Cordycepin, ein Stoffwechselprod. aus Kulturen v. Cordyceps militaris (Linn.) Link. 1. Mitt. Isolier. u. Charakterisier. 1058.

Cunningham (M. E.) s. Standard Oil Development Co.

Cunningham (O. D.) s. Union Oil Co. of California.
Cunningham (R. L.) s. Weld (H. M.).
Cunningham (R. M. W.), Zusätze v. Chemikalien zu Nahrungsmitteln als mögl. krankheitsverursachende Faktoren 8052.
Cunningham (R. W.) s. American Cyanamid Co.
Čupahin (I. O.) s. Ašperger (S.).
Cupery (H. E.) s. Du Pont de Nemours (E. I.) & Co.; Searle (N. E.).
Cupery (M. E.) s. Du Pont de Nemours (E. I.) & Co.
Cuppini (L.), Rovesti (P.) u. **Poggioli (A.),** Traubensaftzubereit. durch Ultrafiltrat. für Diätetik u. Kosmetik 4479.
Cupps (C. C.) s. Keller (F. R.).
Cupps (C. Q.), Espach (R. H.) u. **Fry (J.),** Wrkg. v. eingepreßtem Gas auf d. charakterist. Eigg. d. Öles im westl. Basal-Sundance-Becken u. d. Lance-Creek-Ölfeld, Niobrara County, Wyo. 10416.
C. U. R. A. Patents Ltd., Phenole 6135* E.
—, Dryden (J. G. C.) u. **McKee (J. H.),** Aus chem. akt. C bestehende Körper 1817* D. B.
— u. **McKee (J. H.),** Verbinden fester Teilchen mit Hilfe eines Binde- oder Haftmittels 2279* D. B.
Curatolo (D.) s. Ricci (G.).
Curd (F. H. S.) s. Imperial Chemical Industries Ltd.
Cure (J. W.) u. **Hurst (G. S.),** Streuung schneller Neutronen: Korrektur für d. Dosimetrie 7362. — Neutronenstreuung 9951.
Curgan (M. N.) s. Heyden Chemical Corp.
Curie (D.), Wasserstoffmodell d. Haftstellen (Bethe-Modell) 2599. — Breite d. Spektrallinien u. Hyperfeinstruktur bei Röntgenspektren 3794. — Kernpotential in einem Flüssigkeitstropfenmodell 6905. — Asymmetrie d. Spalt. u. d. „räumliche" Begriff d. Kernschalen 8303. — Einfache Vorst. v. Kernspaltungserscheinn. 2. Mitt. 11147. — s. Curie (G.).
Curie (E.), Madame Curie [2].
Curie (G.) u. **Curie (D.),** Helligkeitswellen bei d. Elektroluminiscenz u. bei d. Oberflächenleuchteffekten 2600.
Curie (I.), Best. d. Verhältnisses v. Mesothorium, Radium u. Radiothorium in einer handelsübl. Mesothoriumampulle 1198.
Curien (H.), Kristallograph. Gesichtspunkte d. modernen Physik 1454.
Curl (A. L.) u. **Bailey (G. F.),** Orangecarotinoide, Polyoxycarotinoide aus Valencia-Orangensaft 6779.
Curnow (C. E.) u. **Parry (L. G.),** Oxydationsänderr. bei natürl. Ilmenit 3094.
Curphey (E. G.), Isocyanatelastomere 6631. — Modifizierter Naturkautschuk. 1. u. 2. Mitt. 6635. — Industrielle Anwendd. v. quatern. Verbb. 11462.
Currah (J. E.), Fischel (A.), McBryde (W. A. E.) u. **Beamish (F. E.),** Colorimetr. Best. v. Ru mit p-Nitrosodimethylanilin 10823.
Curran (Charles) s. Charney (J.).
Curran (Columba) s. Reilly (E. L.).
Curran (G. P.) s. Goring (G. E.).
Curran (S. C.) s. Dixon (D.); Moljk (A.); Valentine (J. M.).
Currens (J. H.), McGinty (J. F.), Khambatta (R. B.) u. **Gordon (I.),** Wrkg. v. Protoveratrin intravenös auf Fingerpulsvolumen u. -hauttemp. bei Hypertonikern 10563.
Currie (C. C.) s. Dow Chemical Co.; Dow Corning Ltd.
— u. **Fransisco (D. M.),** Silicone, neue kosmet. Trägerstoffe 9214.
Currie (J. P.), Behandl. rheumat. Arthritis mit Butazolidin 9613.
Curry jr. (J. H.) s. Okita (G. T.).
Curry (J. W.) s. Hyde (J. F.).
Curry (W. J.) s. N. V. de Bataafsche Petroleum Mij.
Curta & Co., G. m. b. H. u. **Herrmann (P.),** Wasserlösl. Theophyllin 643* D. B.
Curti (R.) s. Levi (G. R.).
Curtin (D. Y.) s. Teich (S.).
— u. **Crew (M. C.),** Wanderungsverhältnisse bei d. Umlager. v. 2-Amino-1.1-diaryläthanolen 58. — Umlager. d. diastereoisomeren 1-p-Anisyl-1-phenyl-2-aminopropanole mit salpetriger Säure. Cis-Effekt d. Methyl- u. Phenylgruppen 6487.
— u. **Fletcher (M. J.),** Metallier. v. Dibenzhydryläther u. Carbonisier. mit Allylumlager. 1723.
— u. **Kellom (D. B.),** Eliminier.- u. Substitutions-Rkk. v. *dl*-erythro- u. *dl*-threo-2-Deutero-1.2-diphenyläthanol u. Derivv. 10714.
— u. **Meislich (E. K.),** Stereospezifität in Umlagerr. 4. Mitt. erythro- u. threo-1-p-Chlorphenyl-1.2-diphenyl-2-bromäthanol 2162.
— u. **Proops (W. R.),** Rk. v. Phenylbenzoyldiazomethan mit Benzoin 1738. — Spalt. u. Umlager. v. Äthern mit Basen. 3. Mitt. Äther v. Benzoin u. Mandelsäureäthylester 1954.
Curtin jr. (G. F.) s. Du Pont de Nemours (E. I.) & Co.
Curtis (A. C.) s. Harrell (E. R.).
—, Bocobo (F. C.), Harrell (E. R.) u. **Block (W. D.),** Wrkg. v. Stilbenen u. verwandten Verbb. auf Mykosen 1092.
—, Bocobo (F. C.), Harrell (E. R.), Block (W. D.) u. **Brooks (M.),** Fungicide Wrkgg. einiger Zimtsäurederivv. u. Nitrostyrene 11041.
Curtis (C. C.) s. Goodrich (B. F.) Co.
Curtis (C. H.), Aufbereit. u. Behandl. v. Sulfidkonzentraten als Separationsvorbereit. für Molybdänit bei d. Miami Copper Company 7302.
Curtis jr. (E. C.) s. Cook (C. D.).
Curtis (G. M.) s. Reiser (H. G.).
Curtis (G. W.) s. American Cyanamid Co.
Curtis (J. P.), Absorptionskoeffizienten v. Luft u. N_2 für d. extreme UV 4758.
Curtis (L.) u. **Cassen (B.),** Beschleunigte Aufnahme v. kontrastreichen Schilddrüsenscintigrammen 5357.
Curtis (M. L.) s. Hagee (G. R.).
Curtis (P. J.) s. Brian (P. W.).
— u. **Cross (B. E.),** Gibberellinsäure. Metabolit aus d. Kulturfiltraten v. Gibberella funjikuroi 10057.
Curtis (R. G.), Heilbron (I. M.), Jones (E. R. H.) u. **Woods (G. F.),** Chemie d. Triterpene. 13. Mitt. Weitere Charakterisier. d. Polyporensäure-A 6750.
Curtis (R. M.) s. Howell (P. A.); Parham (W. E.).
Curtis (W.) u. **Ordal (E. J.),** Hydrogenase u. H-Stoffwechsel v. Micrococcus aerogenes 7231.
Curtiss (C. D.) u. **Kosinski (A. A.),** Fe-Vergift. bei einem Kind 9140.

Curtiss (C. F.), Abtrenn. d. Rotationskoordinaten v. d. N-Teilchen-Schrödinger-Gleichung. 2. Mitt. 4268.
—, Boyd (C. A.) u. **Palmer (H. B.),** Thermodynam. Beziehh. am krit. Punkt 751.
Curtiss jr. (P. H.), Clark (W. S.) u. **Herndon (C. H.),** Wirbelbrüche bei längerer Cortison- u. Corticotropinbehandl. 4139.
Curto (G. M.), Verh. v. Nieren- u. Leberparenchym bei d. Behandl. mit Bi vergleichsweise zu d. mit Penicillin–Bi-Kombinationen 11039.
Curwen (M. D.), Ce-Trockner für Alkydharze 2787.
Curwen (M. P.) s. Durham (M. P.).
Cusack (N.), Streuung v. Positronen 3547. — s. Bowness (C.).
Cusano (D. A.) s. General Electric Co.
Cuscoleca (O.), Beschaffenh. v. Stahl, d. mit O erblasen worden ist. Eigg. u. Verwend. v. L–D-Stählen 3720. — Entw. d. Sauerstoffstahl-Verf. 8951. — s. Oesterreichisch-Alpine Montangesellschaft.
Cushing (I.) s. Vanatta (J. C.).
Cusic (J. W.) s. Searle (G. D.) & Co.
Cusick (G. E.) u. **Hearle (J. W. S.),** Elektr. Widerstand v. zwei Proteinfasern 10413.
Cusmano (S.) u. **Giambrone (S.),** Decarboxylier. d. γ-Isoxazolcarbonsäuren in Ggw. v. Benzaldehyd 4320.
Custers (J. F. H.), Künstl. Verfärb. v. Diamant 3553.
— u. **Simpson (H. R.),** Ätztrigone auf Diamanten 994.
Čůta (F.) u. **Burianec (Z.),** Gasgemische d. H mit Spuren H_2S für gasanalyt. Zwecke. Colorimetr. Best. v. Spuren H_2S 6091.
— u. **Rauscher (K.),** Spektrograph. Best. geringer Mengen v. Co in Ni(II)-Salzen 5140.
Cutforth (H. G.) s. Phillips Petroleum Co.
Cuthbert (C.), Vulkanisat.: Anwend. d. Theorie d. Wärmeleit. im veränderl. Zustand 2091.
Cuthbert (F. L.) u. **Dyer (T. M.),** Einfl. d. Unterschiede in d. Wasserzus. auf d. Eigg. v. Bentonit 2286.
Cuthbert (S. V.) s. Westinghouse Electric Corp.
Cuthbertson (D. P.) s. Campbell (R. M.).
Cuthbertson (J. W.), Verbesser. an Al–Sn-Legierr. für Gleitlager 1363. — Entw. bei d. elektrolyt. Abscheid. v. Sn u. seinen Legierr. 4204. — Metallurgie v. Sn u. seinen Legierr. 4686. — s. Cresswell (R. A.); Reeve (M. R.).
— u. **Ellwood (E. C.),** Verbesserte Al–Sn-Lagerlegierr. 4687.
Cuthbertson (W. F. J.) s. Childs (G. A.); Sharpe (H. M.).
— u. **Glasser (H.),** Anwend. v. Procain-Penicillin bei d. Aufzucht v. Tafelgeflügel unter prakt. Bedingg. im Vereinigten Königreich 3183.
— u. **Ireland (D. M.),** Nachw. u. Identifizier. v. Isonicotinsäurehydrazid u. a. tert. Pyridinderivv. 10338.
—, Ireland (D. M.), Wolff (W.) u. **Kuper (S. W. A.),** Isoniazidbest. in biol. Fll. 10825.
Cuthbertson (W. W.) s. May & Baker Ltd.; Read (John) [St. Andrews].
Cutkosky (R. E.), Innere Bremsstrahl. 8540. — Bethe-Salpeter-Gleich. 9242.
Cutler (H. J.) s. Bethlehem Steel Co.
Cutler (I. B.) s. French (R. O.).
Cutler (M.), Einfl. d. Oberflächenzustände in d. Theorie d. Diodengleichrichter 1905.
— u. **Bath (H. M.),** Oberflächenanzapfstrom in Gleichrichtern 9961.
Cutler (R. A.) s. Sterling Drug, Inc.; Surrey (A. R.).
Cutler (S. S.), Burbank (B.) u. **Marzullo (E. R.),** Hypokoagulierbark. bestrahlten Plasmas 7246.
Cutler-Hammer, Inc., Richardson (Linwood T.) u. **Swinehart (M. R.),** Elektr. Kontakte 10855* A.
Cutolo (E.) s. Munch-Petersen (A.).
Cutright (C. R.), Gegen DDT resistenter Apfelwicklerbestand 10843.
Cutter Laboratories u. **Hink jr. (J. H.),** Trocknen empfindl. Eiweißkörper 4653* A.
— u. **McQuarrie (È. B.),** Reinigen v. Eiweißhydrolysaten 11427* A.
—, Seeberg (V. P.) u. **Pilcher (K. S.),** Analgeticum 6810* A.
Cutting (A. B.) s. Beck (A. H.).
Cutting (C. L.), Gefrieren v. Fisch. Bedeut. d. Lager. bei —*20°* F 1401.
— u. **Jason (A. C.),** App. zur Kalibrier. v. Hygrometern 2033.
Cuvelier (B. V. J.), Graph. Unters. über Nahrungsbedarf u. Zus. v. Rohstoffen. 1. Mitt. Nährwert v. Gemüse 5677; 2. Mitt. Nährwert v. Obst 5677.
Cuvelier (R.) s. Blanquet (L.).
Cuvigny (T.), Unterss. über $\alpha.\beta$-ungesätt. α-alkoxylierte Nitrile 11194.
Cuvinex Co., Griffin (E.), Strom (V. A.), Evans (John Manderson), White (D. G.) u. **Fessler (J. H.),** Verhindern d. Trübewerdens v. Weinen u. ähnl. Fll. 8051* F.
Cuyer (W. R. F.) s. Standard Oil Development Co.
Cuykendall (T. R.) s. Sack (H. S.).
Cuzacq (R.), Un savant chalossais: le chimiste J. Darcet et sa famille [6674].
Cuzzer (O.), Pizzuto (C.) u. **Caccavo (L.),** Vorr. zur Best. d. Haftens v. Lacken am Untergrund 931.
Cvetanović (R. J.) u. **Pielou (D. P.),** Herst. v. Standardfilmen v. kristallinem p.p'-DDT für Laborunterss. durch Sublimat. 5510.
— u. **Whittle (E.),** Schwankungseffekte freier Radikalkonzz. bei d. Berechn. d. relativen Geschwindigkeitskonstanten 8807.
Cvjetićanin (D. N.) s. Savić (P.).
Cykler (J. F.) s. Young (H. Y.).
Cyphers (E. B.) s. Standard Oil Development Co.
Cyr (H. M.), Siller (C. W.) u. **Steele (T. F.),** Rösten metall. Sulfide im Wirbelschichtverf. 8949.
Cyriax (B.), Kunststoffentw. u. Lackindustrie 11469.
Cyrus (M.) s. Stadelman (W. J.).
Czajkowska (C.) s. Dustin (J. P.).
Czaloun (A.) s. Hayek (E.).
Czarnetzki (W.) u. **Stein (P.),** Behandl. v. ungebrannten u. gebrannten Düngekalken mit Torf 9424* D. B., 11081* D. B.
Czcija (O.) K. G., Schallplatten 3267* Oe.
Czechowska (Z.) s. Segał (P.).
Czégi (J.), Verbesserter Rotguß an Stelle v. Bronze 448.
Czerepak (F.) s. Ludwig (J.).
Czernin (W.), Vorausbest. d. Festigkk. v. Mörtel u. Beton 6827.
Czernotzky (A.), Acetylengewinn. 5893.

Czerny (M.), Integrat. d. Planckschen Strahlungsgesetzes 9487.
—, **Genzel (L.)** u. **Heilmann (G.)**, Strahlungsstrom im Inneren v. Glaswannen 11069.
Czerwiński (Z.) u. **Drabent (Z.)**, Abscheiden v. Kolloiden aus Zuckerrübensäften mittels Eisensalzen 5443.
— u. **Wawrzyniak (K.)**, Best. v. Kolloiden in Zuckersäften u. ihre Ausfäll. mit Al-Salzen 8755.
Czuha (M.), Luftdurchlässigk. v. Elastomeren aus Diffusionsmessungen 1396.
Czuha jr. (M.) s. Larchar sr. (T. B.); Pepe (J. J.).
Czulak (J.), Streptococcus diacetilactis in Startern für Cheddarkäse 11302.
Czygan (W.), ^{60}Co als billige radioakt. Strahlungsquelle 5237.
Czyzak (S. J.), Interpretier. d. variablen M. in Wessels Theorie d. Elektrons 2352.
—, **Craig (D. J.)**, **McCain (C. E.)** u. **Reynolds (D. C.)**, Synthet. CdS-Einkristalle 994.
—, **Reynolds (D. C.)**, **Allen (R. C.)** u. **Reynolds (C. C.)**, Eigg. v. kub. Zinksulfideinkristallen 8327.
Czyzewski (A.) s. Schering Akt.-Ges.

D-Amato (V.) s. Carrara (G.).
d-Con Co., Inc. u. **Link (K. P.)**, Rattenvertilgungsmittel 7067* A.
Daams (J.) s. Veen (R. van der).
Daane (A. H.) s. Spedding (F. H.).
—, **Rundle (R. E.)**, **Smith (H. G.)** u. **Spedding (F. H.)**, Kristallstruktur v. Sm 11524.
Daasch (L. W.), **Liang (C. Y.)** u. **Nielsen (J. R.)**, Schwingungsspektren u. berechnete thermodynam. Eigg. v. Äthylchlorid u. 1.1-Dichloräthan 2156.
Dabbs (J. W. T.) s. Bernstein (S.); Erickson (R. A.); Roberts (L. D.).
— u. **Roberts (L. D.)**, Thermodynam. Eigg. v. $Mn(ND_4)_2(SO_4)_2 \cdot 6D_2O$ unterhalb 1° K 525.
Dabby (R. E.) s. Balfe (M. P.).
Dabrowska (H.) s. Urbański (T.).
Dabrowski (J.), Winkelkorrelationen v. drei sukzessiven γ-Quanten 7139.
— u. **Sawicki (J.)**, Winkelverteil. v. Deuteronen aus ^{9}Be (p, d)^{8}Be 9954.
Dachà (U.), Lezioni di chimica biologica [4874].
Dack (G. M.) s. Surgalla (M. J.).
Dadaschjan (M. A.) s. Sacharowa (M. S.).
Dadlez (J.), **Kapczyńska (M.)** u. **Wójciak (Z.)**, Nachw. v. Strychnin 4665. — Schema d. qualitativen Analyse d. Alkaloide 8460. — Qualitative Alkaloidanalyse mit Farb-Rkk. 11047.
—, **Mazur (M.)** u. **Seyfried (H.)**, Pharmakodynam. Rk. d. Vater-Pacinischen Körper 3906.
Daeniker (H. U.) s. Woodward (R. B.).
Daeschlein (G.), Perorale Chloramphenicolbehandl. in d. Venerologie 9841.
Daeves (K.) s. Metall-Diffusions-Gesellschaft m. b. H.; Thyssen (A.)-Hütte Akt.-Ges.
Daft (F. S.) s. Silverman (Milton).
Dagajewa (L. N.), Unters. d. Eiweißstoffwechsels in d. harten Geweben d. Zahnes mit Hilfe v. radioakt. Indicatoren 7717.
Daggett (A. F.) u. **Meldrum (W. B.)**, Quantitative analysis [8462].
Daggett (E. H.) u. **Grove (G. R.)**, γ-Spektr. v. ^{209}Po 2127.
Daggett (W. F.), Lacke u. Verdünner mit hohem Flammpunkt 10145.
Daghetta (A.), Indirekter Nachw. d. veresterten Öle 3275.
Dagiss (I. K.), Anwend. v. Wirkstoffen u. Spurenelementen für d. Erhöh. d. Ernteerträge v. Kulturpflanzen 10360.
Dagley (S.), Dissimilat. v. Citrat durch Escherichia coli 9115.
— u. **Dawes (E. A.)**, Enzymat. Best. v. Citronensäure 2695. — Citronensäurestoffwechsel v. Aerobacter aerogenes 11018.
— u. **Rodgers (A.)**, Citronensäurecyclus u. d. bakterielle Oxydat. v. aromat. Säuren 6053.
Daglia (B.), Mikrobiol. Unterss. an Trinkwässern 4907.
Daglish (A. F.) s. Distillers Co. Ltd.
Daglish (C.), Synth. zweier isomerer α-Hydrojuglonglucoside 1745.
Daglish (H. N.) s. Conn (G. K. T.).
Dagneaux (E. L. K.) = Krugers Dagneaux (E. L.).
Dague (H. F.) s. Asphalt Specialties Co.
—, **Collins (W. B.)** u. **Caldwell (L. M.)**, Separatoren 7750* A.
Daguillon (J.) s. Lenouvel (F.).
Dahl (L. K.), **Stall III (B. G.)** u. **Cotzias (G. C.)**, Stoffwechseleffekte v. auffallender Natriumbeschränk. bei hypertensiven Patienten: Änderr. im gesamtaustauschbaren Na u. K 8195.
Dahl (O.) s. Allgemeine Elektricitäts-Gesellschaft.
— u. **Dreyer (K.-L.)**, Härtbark. d. Cu–Mn–Ni-Legierr. 1. Mitt. Härte- u. Gefügeunterss. 1829.
Dahl (S.), Einfl. d. Vorbereit. einer Lederprobe zur Best. seiner Hautsubstanz auf d. Analysenergebnis 3541.
Dahl (W.) u. **Lücke (K.)**, Ausscheid. d. C in α-Eisen während d. Auslagerung 8804.
Dahlberg (D. A.) s. Bollinger (L. M.).
— u. **Bollinger (L. M.)**, Analysen v. Neutronenresonanzen in d. Zn-Isotopen 3790.
Dahlbom (R.) u. **Willman (N.-E.)**, Derivv. v. β-Phenothiazyl-(10)-propionsäure 9339.
„Dahlia" Kibbutz Hashomer Hazair, Kvutzat Poalim le'Hityashvut Shitufit be'Eravon Mugbal u. **Davidsohn (A.)**, Wasserlösl. oberflächenakt. Mittel 480* F.
Dahlke (W.) s. Braunschweiger Gesellschaft für angewandte Elektrizität m. b. H.
Dahlstrom (R.) s. National Lead Co.
Dahn (H.), 1.2.3.8-Tetrahydrobenz-[a]-pentalenon-(1) 5777.
— u. **Solms (U.)**, Umlager. tert. Amine durch Lithiumaluminiumhydrid 10735.
Daibow (A. S.) s. Amirchanow (C. I.).
Daidone (P. C.), Halogen–Kobalt(II)-acetat–Essigsäure-Lsg. in d. organischen qualitativen Analyse 9868.
Dailey (B. P.) s. Amble (E.); Kraitchman (J.); Solimene (N.); Wagner (R. S.).
Dailey (M. C.) s. United States Gypsum Co.
Daimler (B. H.), Unterss. über Desoxyribonucleinsäure u. Clupein in d. Ultrazentrifuge unter Verwend. einer neuen Universalregistriermeth. 1. Mitt. Universalregistriermeth. 122.

Daimler (K.) s. Farbwerke Hoechst Akt.-Ges., vormals Meister Lucius & Brüning.

Daimler-Benz Akt.-Ges., Werkstoffprüf. mittels Ultraschalls 2295* D. B., F., Schwz.

— u. **Hartner-Seberich (R.)**, Erzeugen v. Generatorgas 965* D. B.

— u. **Rössler (E.)**, Messen d. Zus. bin. Gemische 9638* D. B.

Daimon (N.), Brechungsexponenten d. verschied. Arten synthet. Glimmer 512.

Dain (B. J.), Unterss. v. T. D. Grotthus zur Photochemie u. zur Farbentheorie 4265. — s. Dilung (I. I.).

Dain (J.) u. **Lewis (I. A. D.)**, Adiabat. Theorie einer Elektronenkanone für gekreuzte Feldanordnn. 2352.

Daïnow (I.), Vitamin E zur Behandl. gewisser allerg. Zustände 2941.

Dainton (A. D.) u. **Fowler (P. H.)**, δ-Strahlenzähl. als Hilfsmittel zur Unterscheid. zwischen einfach geladenen Teilchen verschied. M. 1193.

—, **Fowler (P. H.)** u. **Kent (D. W.)**, Meth. zur Best. d. Lad. u. Energie schwerer Kerne in d. Höhenstrahl. 3299.

Dainton (F. S.) s. Collinson (E.).

— u. **Bristow (G. M.)**, cis-trans-Isomerisat. u. d. Phänomen d. Gleichgewichtstemp. bei d. Polymerisat. 5087.

— u. **Ivin (K. J.)**, Pyrolyse v. Hexachloräthan 4800.

Daion (M. I.), Best. d. M. d. geladenen Teilchen aus d. Streuung u. Restreichweite in Platten innerhalb d. Wilson-Kammer 10910.

Daitch (P. B.) s. Bludman (S. A.); Breit (G.).

—, **Lazarus (J. P.)**, **Hull jr. (M. H.)**, **Benedict (F. D.)** u. **Breit (G.)**, Gültigk. d. halbklass. Behandl. d. Coulomb-Anreg. 11143.

Dakers (R. G.) s. Halpern (J.).

Dalalian (H. P.) s. American Cyanamid Co.; Kushner (S.).

Dalaya (H. M.) s. Trout (G. M.).

Dalberg (L. Y.) s. Galston (A. W.).

Dalby (F. W.), **Nielsen (H. H.)** u. **Dickey (F. P.)**, Absorptionsspektren v. Wasserdampf in d. 2,7 u. 6,0 μ-Bereichen 7374.

Dale (B.), **Foster (R.)** u. **Hammick (D. L.)**, Wechselwrkg. v. Polynitroverbb. mit aromat. KW-stoffen u. Basen. 13. Mitt. Wrkg. d. Änder. d. Nitroverb. 3591.

Dale (E. B.) s. Zimmerman (E. L.).

Dale (H.), P. Ehrlich 1893.

Dale (J.), Dehydrier. v. Squalen mit N-Bromsuccinimid 825.

Dale (J. J.), Gefüge galvan. Ndd. 4925.

Dale (R. A.) u. **Sanderson (P. H.)**, Reaktionsmechanismus d. Hg-Diuretica am Menschen 1092. — Art d. Hg-Diurese 2020.

Dale (W. E.) s. Cueto (C.).

Dale (W. J.) u. **Ise (C. M.)**, Meerwein-Rk. mit p-Nitrostyrol u. 2-Vinylpyridin 812.

— u. **Sisti (A. J.)**, Rk. v. 1.3-Dienen mit Chloral 1736.

— u. **Strobel (C. W.)**, Einfl. d. Kernsubstituenten auf d. Ionen-Rkk. substituierter Styrole. 1. Mitt. Rk. akt. Methylenverbb. mit o-, m- und p-Nitrostyrol 5513.

Dale (W. M.) s. Haïssinsky (M.).

Dalemont (E.), Il petrolio [10664].

Dalgaard (O. Z.), Dicumarolvergiftt., ihre Prophylaxe u. Therapie 3681.

Dalgarno (A.), Wirkungsquerschnitt v. Methan für Photoionisat. 5960. — Unelast. Stöße schwerer Teilchen bei Berücksichtig. d. Kreuz. d. Kurven potentieller Energie. 2. Mitt. Ladungsübertrag. v. H-Atomen auf Al^{3+}, B^{2+}, Li^{2+} u. Al^{2+} 9025. — s. Bransden (B. H.).

— u. **Poots (G.)**, Angenäherte Molekülbahnen. 1. Mitt. $1s\sigma_g$- u. $2p\sigma_u$-Zustände d. H_2^+ 1917.

Dalgliesh (C. E.) u. **Neuberger (A.)**, Mechanismus d. Umwandl. v. Harnsäure in Allantoin u. Glycin 2397.

Dalhamm (T.), u. **Friberg (L.)**, Wrkg. v. Cd auf Blutdruck u. Atmung u. Gebrauch v. Dimercaprol (BAL) als Gegenmittel 11416.

Dalheimer (K.) s. Dalheimer (Gebr.).

Dalheimer (Gebr.) u. **Dalheimer (K.)**, Zweiseit. überfangenes Glas 6108* D. B., 11448* D. B.

Dalin (D.), Dest. v. bituminösen Schiefern 2817* F. — Ölschieferdest. 4248* E.

Dalitz (R. H.), Zerfall d. τ-Mesons 3059. — Eigentümlichkeiten d. Deuteron-Abstreifprozesses 7140. — Das Sachssche Austauschmoment 8077.

Dallaporta (N.), Auftreten v. κ-Mesonen aus Sternen 1896. — Unters. schwerer instabiler Teilchen bei Benutz. abgezogener Emulss. 10665. — s. Ceccarelli (M.).

Dallemagne (G.) s. Batta (G.).

Dallemagne (M. J.) s. Philippot (E.); Zénon (M.).

Dallmeyer (G.), Konservier. v. Leichtmetall 1649.

Dalokay (H.) s. Emet (A. S.).

Dalseth (I.), Akute Porphyrie verursacht durch Barbiturate 11040.

Dalton (J. C.) u. **Thomson (S. J.)**, Eisenmeteorite. 5. Mitt. Erprobte Methoden für d. Trenn. v. U u. Th aus Meteoriten 47.

Dalton (J. N.) s. Pacific Mills.

Dalton (K.), Ähnlichk. d. Symptomatologie d. prämenstruellen Syndroms u. d. Schwangerschaftstoxikose u. ihre Beeinfluss. durch Progesteron 4383.

Dalton (L. K.), Harze v. sulfitbehandelten Tanninen als Holzleime 9007.

Dalton (M. R.) s. American Viscose Corp.

Daly (I.) s. Riordan (D. J.).

Daly (J. W.), Kombinat. v. Benzathine-Penicillin G u. drei Sulfonamiden zur oralen Therapie v. akuten Infektt. d. oberen Luftwege 2717. — Diuret. Wrkg. u. örtl. Verträglichk. einer neuen Art v. Hg-halt. Suppositorien 11247.

Daly (L. E.) s. United States Rubber Co.

Daly (M. M.) s. Mirsky (A. E.).

Daly jr. (R. T.) u. **Holloway (J. H.)**, Magnet. Kernoktupolmomente d. stabilen Galliumisotope 10927.

Dalziel (K.) u. **O'Brien (J. R. P.)**, Spektrophotometr. Unterss. über d. Rk. d. Methämoglobins mit Wasserstoffsuperoxyd. 1. Mitt. Bldg. v. Methämoglobin–Wasserstoffsuperoxyd 3397; 2. Mitt. Abbau d. Methämoglobins durch Wasserstoffsuperoxyd 3397.

Dam (H.) s. Geill (T.); Lund (Erling); Plum (P.).

—, **Geill (T.)**, **Lund (Erling)** u. **Søndergaard (E.)**, Wrkgg. v. Vitamin-K_1- u. Vitamin-K-Derivv. (Menadionpräpp.) bei Dicumarolvergift. 390.

Damain (P.), W. in d. Photographie 1189.

Damanski (A. F.) u. **Marić (T. K.),** Bldg. d. *l*-Ascorbinsäure in d. Kartoffelknolle 6317.
— u. **Radej (N.),** L(—)-Threonin in Weizen, gelbem u. weißem Mais, Bohnen u. Erbsen 5820.
— u. **Stanimirovic (S.),** Bezieh. zwischen Vitamin C u. Cellulose in d. Walnuß 7013, 8419.
Damaré (H. G.) s. O'Connor (R. T.).
Damaschke (K.), Tödt (F.), Burk (D.) u. **Warburg (O.),** Elektrochem. Demonstrat. d. Energiecyclus u. d. maximalen Quantenausbeute bei d. Photosynth. 618.
Damasio s. Hamon (J.).
Damaty (H. El) = El Damaty (H.).
Dame (F.) u. **Goossen (H.),** Erfolgreiche Maßnahmen gegen d. Vergilbungskrankh. d. Rüben durch Bekämpf. d. virusübertragenden Blattläuse mit „Systox" 709.
Dameno (E.) s. Mazzei (E. S.).
Dameshek (W.), Verwend. v. 6-Mercaptopurin bei akuter Leukämie 9818.
Damiano (V.) s. Dunkerley (F. J.).
Damiens (R.) s. Delaby (R.).
— u. **Delaby (R.),** Dinaphthopyrane. 1. Mitt. 14-Halogenmethyldinaphthopyrane u. Derivv. 8854.
Damm (C. C.) s. Smith (L. G.).
— u. **Smith (L. G.),** Dublettmessungen mit d. Massensynchrometer 736.
Damm (K.) s. Weiß (A.).
Damm (P.), Streifzug durch d. Vorgänge bei d. Koks- u. Teerbldg. aus Steinkohlen 6428.
Dammann (F.), Chirurg. Anwendungsmöglichkk. d. Impletols u. Depotimpletols 6331. — Antiphlogist. Percutantherapie mit Cholinstearat (Chomelan) 8911.
Dammer (A.) s. Gußstahlwerk Witten Akt.-Ges.
Dammers (H. F.) s. Kortland (C.).
Damodaran (M.) u. **Dhavalikar (R. S.),** Kohlenhydrate für d. Gärungsindustrien. 3. Mitt. Chem. Unters. u. Verzucker. v. Zuckerrohrbagasse 11701.
— u. **Rangachari (P. N.),** Kohlenhydratstoffwechsel bei d. Citronensäuregär. 1. Mitt. Einfl. v. Inhibitoren d. Glykolyse u. Atmung auf d. Citronensäurebldg. v. Aspergillus niger 2223.
— u. **Singh (Katar),** Kohlenhydrate für Gärungsindustrien. 2. Mitt. Verwend. v. Glucoseoxydase z. Glucosebest. in Gärungssubstraten 11701.
Damokos (T.) s. Proszt (J.).
Damon (P. E.) u. **Kuroda (P. K.),** Künstl. Radioaktivität d. Regenwassers 5026.
— u. **Winters (P. N.),** Auflösungsverluste in Zählern u. Gitterstromkreisen 6912.
Damon (R. W.) u. **Redington (R. W.),** Elektr. u. opt. Eigg. v. InSe 11161.
Damron (C. M.) u. **Dyer (H. M.),** Meth. für d. quantitative spektrophotometr. Best. v. 7-Oxy-2-acetylaminofluoren 6356.
Damschroder (R. E.) s. Eastman Kodak Co.
Dan River Mills, Inc. u. **Gagarine (D. M.),** Mittel zur krumpffreien Textilausrüst. 8529* A.
—, **Gagarine (D. M.)** u. **Repokis (H.),** W.-lösl. Acrolein-Formaldehyd-Kondensationsprodd. 9699* A.
—, **Spangler (M. J.)** u. **Wayland jr. (R. L.),** Knitterfreie gebleichte u. mercerisierte Baumwollgewebe 7813* A.
Danauskas (J. X.) s. Bozeman (F. M.).
Danbolt (N.) s. Knap (J.).
Danby (C. J.) s. Cook (D. B.).
—, **Spall (B. C.), Stubbs (F. J.)** u. **Hinshelwood (C.),** Formen d. Zers. v. n-Pentan. 1. Mitt. Druckänderr. u. massenspektrometr. Analyse 5515.
Danby (J. P.) s. Burton (D.); McCandlish (D.).
Danckwerts (P. V.), Atomkraft 7145.
Dancy (W. B.) s. International Minerals & Chemical Corp.
Dandegaonker (S. H.) s. Cookson (R. C.).
Dandliker (W. B.), Lichtzerstreuung v. isoion. Rinderalbumin 7460.
Dane (E.) s. Schering Akt.-Ges.
Daneš (V.) u. **Hajda (J.),** Adsorptionsmethoden zur Best. d. Oberflächengröße v. Katalysatoren 3452.
Danetzkaja (O. L.), Verwend. v. Hochfrequenzstrom u. a. Mitteln für d. Decancerogenier. v. Hochtemp.-Schieferharz 7284.
Danforth (J. D.) u. **Bender (M. J.),** Katalyt. Dehydrier. v. Naphthenen mit Hilfe v. SO_2 1480.
Danforth (M. A.), Larson (K. H. E.) u. **Bosch (W.),** Protektometer u. Bewert. v. antikorrosiven Grundiermitteln 463.
Danforth (W. E.), Ionenleit. in ThO_2 4039. — s. Goldwater (D. L.).
Dang-Van-Ho, Ausgangsbehandl. d. arteriellen Hypertonie mit d. Wurzelextrakt v. Morinda citrifolia (Cay-Nhau) 1091.
Dangerfield (W. G.) u. **Smith (E. B.),** Papierelektrophorese v. Lipoiden u. Lipoproteinen d. menschl. Serums 139.
Dangers (H. W.), Vorbehandeln v. Schutzpapier für lichtempfindl. photograph. Material 4024* D. [DDR].
Danhier (F.), Metallurgie d. O_2-Schneidbrennens im elektr. Lichtbogen 8955.
Danhof (I.) s. Vanatta (J. C.).
Daniel (F. L.) s. Karunakar (P. D.).
Daniel (H.) u. **Bothe (W.),** Konstrukt. eines magnet. Doppellinsen-β-Spektrometers u. d. Zerfall d. ^{27}Mg 10912.
Daniel (J. H.) u. **Brackett (F. S.),** Infrarotregistrier. v. opt. D. gegen lineare Frequenzskala 5609.
Daniel jr. (J. W.) u. **Johnson (M. J.),** Beziehh. d. Penicillin-bindenden Komponente v. Micrococcus pyogenes 5099.
Daniel (K. W. O.), Beifuttermittel 244* D. B.
Daniel (L. J.) s. Gray (L. E.).
Daniel (R. R.) u. **Perkins (D. H.),** Erzeug. schwerer Mesonen durch Protonen mit Energien zwischen 2 u. *3000* GeV 971.
Daniel (S. G.) s. Baldwin (R. R.).
Daniel (W.) u. **Rieser (H.),** Behandl. v. hypotonen Zustandsbildern mit Effortil in d. Geburtshilfe u. Gynäkologie 1557.
Daniel (Walter) s. Badische Anilin- & Soda-Fabrik Akt.-Ges.
Daniele (G.) s. Jannelli (L.).
Danielli (J. F.) s. Davies (H. G.); Lamb (W. G. P.).
Daniels (F.), Nutzeffekt d. biol. Photosynth. 7339. — s. Hendrickson (W. G.); Ockerman (J. B.); Wisconsin Alumni Research Foundation.
— u. **Alberty (R. A.),** Physical chemistry [8539].
Daniels (F. W.) s. Dunn (C. G.).
Daniels (G. H.) s. Du Pont de Nemours (E. I.) & Co.
Daniels (H. E.) s. Robinson (R. H. M.).
Daniels (J.), $CaCN_2$-Gewinn. 8245* A. — s. Koppers (H.) G. m. b. H.

Daniels (J. M.), Entwurf u. Konstrukt. eines wassergekühlten *1000* kW-Solenoids für Verss. über Kernausricht. u. adiabat. Kernentmagnetisier. 6690.
—, **Grace (M. A.), Halban (H.), Kurti (N.)** u. **Robinson (F. N. H.),** Ausricht. v. ^{60}Co 9490.
— u. **Kurti (N.),** Therm. u. magnet. Eigg. v. Chromkaliumalaun unterhalb *0,1°* K 5965.
— u. **Robinson (F. N. H.),** Cermagnesiumnitrat. 2. Mitt. Best. d. Bezieh. zwischen Entropie u. absol. Temp. unterhalb *1°* K 5726.
Daniels (M.), Scholes (G.) u. **Weiss (J.),** Nachwrkgg. in wss. Lsgg. v. Desoxyribonucleinsäure nach Bestrahl. mit Röntgenstrahlen 4847.
Daniels (R. C.) s. Wilson (R. F.).
Daniels (R. D.) s. Hoffman (R. W.).
— u. **Hoffman (R. W.),** Bldg. v. Versetzungsringen durch Leerstellenwander. 6698.
Daniels jr. (R. O.) s. Cook (M. A.).
Danielson (G. C.) s. Gardner (W. R.); Smith (J. F.).
— u. **Chivers (E.),** Opt. Eigg. v. Natriumwolframbronze 4759.
Danielson (R. E.), Freier (P. S.), Naugle (J. S.) u. **Ney (E. P.),** Fluß- u. azimutale Asymmetrie d. prim. Höhenstrahlkerne am Äquator 4985.
Danielson (R. R.), Trüben v. Glasuren u. Emails 3709. — Kräuselung v. Glasuren 4911.
Danielsson (B.), Farb-Rk. in d. Barbitursäurereihe 5370.
Danielsson (C.) s. Kalling (B.).
Danielsson (C. E.) s. Hagdahl (L.).
Danielsson (E.) s. Brauns (O.).
Danilenko (P. L.) s. Goldfarb (R. I.).
Danilović (M.), Alkal. J-Lsg., Stabilisier. u. Prüf. 9386.
Danilow (A. F.), Curareähnl. Wrkg. v. Ditylin (Diacetylcholin) auf d. Menschen (d. Möglichk. d. Erlang. vollständ. Bewegungslosigk. bei Erhalt. d. natürl. Atmung) 153.
Danilow (S. N.) u. **Plissko (J. A.),** Chitin. 1. Mitt. Einw. v. Säuren u. Alkalien auf Chitin 6043.
— u. **Tichomirowa-Ssidorowa (N. S.),** Rolle d. Oxydoreduktionseigg. v. α-Oxyketonen bei initiierter Polymerisat. 3. Mitt. Hydrolyt. u. solvatolyt. (intermol.) u. intramol. Oxydat.-Red. 7929.
Danilow (W. I.) u. **Malkin (W. I.),** Experimentelle Prüf. d. Theorie d. Kristallwachstums u. Bezieh. d. Gleichgewichtsform zu d. Wachstumsformen 7625.
Danilow (W. P.) s. Wainberg (B. I.).
Danilowa (A.), Utkin (L.) u. **Massagetow (P. S.),** Unters. d. Alkaloide v. Senecio macrophyllus 11217.
Danilowa (G.) u. **Masjukewitsch (I.),** Siedeprozeß einiger Kühl-Fll. 1112.
Danilowa (L. J.) s. Kowrishko (N. M.).
Danilowa (T.) s. Tischtschenko (D.).
Danilowa (T. A.) s. Bunin (W. M.).
— u. **Bunin (W. M.),** Spurenelemente u. Wuchsstoffe zur Erhöh. d. Ernteertrages v. Zuckerrübensamen 3507.
Danilowa (W. I.) s. Prileshajewa (N. A.).
Danilowa (W. N.) s. Pjatnitzki (I. W.).
Daniltschenko (J. P.) s. Repa (A. G.).
Danish (A. A.), Silverman (M.) u. **Tajima (Y. A.),** Dienophile Rkk. aromat. Doppelbindd. bei d. Synth. β-substituierter Naphthaline 10261.
Danish (A. D.) s. N. V. de Bataafsche Petroleum Mij.
Danison (R. C.) s. Diamond Alkali Co.
Dankow (P. D.), Oxydat. v. Legierr. 2622.
Danlos (P.), Mehrfarbenbilder auf Einschichtfilmen 6672* D. B.
Dann (G. E.), Apotheker als Entdecker v. Elementen 6673. — J. A. Häfligers Werk 11321.
Dann (O.), Deutsch (Martin) u. **Hausam (W.),** Vorschläge zur Prüf. v. Chlorkresol im Rahmen eines Nachtrages zum DAB *6* 6802.
— u. **Dimmling (W.),** 1.4-Diketone. 2. Mitt. N-substituierte 2.5-Dimethylpyrrole u. -pyrrolidine 1734. — Mehrkern. Thiophene. 4. Mitt. Thiopheno-[2′.3′:3.4]-thiophen, ein drittes Thiophthen 3363.
— u. **Distler (H.),** Mehrkern. Thiophene. 3. Mitt. 1.3-Dimethyl-4.5-benzisothionaphthen 3362.
—, **Gspahn (H.)** u. **Volz (G.),** Quantitative Bestimmungsmeth. v. Bourbonal neben Vanillin 7050.
— u. **Kokorudz (M.),** Mehrkern. Thiophene. 1. Mitt. Ringschluß v. Arylthioglykolsäuren zu 3-Oxythionaphthenen in HF 3361.
—, **Kokorudz (M.)** u. **Gropper (R.),** Mehrkern. Thiophene. 2. Mitt. Dien-Synth. v. Thiophenverbb. mit Maleinsäureanhydrid 3361.
Dann (S.), Graff (A. C. De), Brown (F. R.) u. **Kupperman (H. S.),** Cholintheophyllinat zur Behandl. v. Bronchialasthma u. prämenstruellen Beschwerden 1323.
Danneberg (P.) s. Druckrey (H.).
Dannenbaum (H.) s. Schering Akt.-Ges.
Dannenberg (E.), Rapidanalyse; Zeit u. Material sparende halbautomat. Verdünnungsmethoden 422. — Rapidanalyse-Glucosenachw. im Harn auf d. Objektträger 7282.
Dannenberg (E. M.) u. **Seltzer (K. P.),** Wss. Gasrußdisperss. 2140.
Dannenberg (Hans) s. N. V. de Bataafsche Petroleum Mij.; Shell Development Co.
Dannenberg (Heinz), Synth. d. „Steranthrens". 2. Mitt. 1037; 4. Mitt. 4-Phenyl-6.7-aceperinaphthan 1039. — s. Butenandt (A.); Schering Akt.-Ges.
— u. **Dannenberg-v. Dresler (D.),** Synth. d. 3.4′-Ace-1.2-benzfluorens 346. — Synth. d. „Steranthrens". 3. Mitt. 3.4-Aceperinaphthan u. 6.7-Aceperinaphthan 1037; 5. Mitt. Darst. isomerer Benzaceperinaphthane 1039.
Dannenberg-v. Dresler (D.) s. Dannenberg (Heinz).
Danner (H.) s. Shirane (G.).
Danner (J. M.) u. **Zerweck (W.),** Naßfestes Papier 958* F. — Schwefelhalt. Kondensationsprodd. 8270* F. — Papiererzeug. 9697* Schwz.
Danner (W. E.) s. Hollenbeck (C. M.).
Dannhauser (W.) u. **Vaughan (P. A.),** Kristallstruktur v. Kupfer(I)-chromit 7160.
Dannies (J. H.), Zustandsdiagramm d. Gemisches Zellstoff-W. 3994.
Dannley (R. L.) s. Jackson jr. (G. R.).
—, **Gregg jr. (Earl C.), Phelps (R. E.)** u. **Coleman (C. B.),** Aromat. Substitut. mit freien Radikalen. 2. Mitt. Relative Reaktionsfähigkk. v. Phenylhalogeniden beim Angriff v. Phenylradikalen 7410.
—, **Weschler (J. R.)** u. **Jackson jr. (G. R.),** Darst. v. Phenylperfluoralkylmethylbromiden 11561.

Dannöhl (W.) s. Deutsche Edelstahlwerke Akt.-Ges.; Siemens & Halske Akt.-Ges.
Dano Ingeniørforretning og Maskinfabrik, Ingeniør K. Petersen's Fond, Buddinge Vaerk, Methan 8758* N.
Danø (M.) s. Jensen (A. T.).
Danopoulos (E.), Angelopoulos (B.), Kottakis (G.) u. Zioudrou (C.), Resorpt. v. Aureomycin durch Magen u. Dünndarm u. dessen Ausscheid. durch d. Galle 6559.
—, Maratos (K.) u. Logothetopoulos (J.), Alkoholstoffwechsel bei Patienten mit atroph. Lebercirrhose 3905.
Danowski (T. S.) s. Greenman (L.).
Danquigny (J.) s. Rieffel (M.).
Dansgaard (W.), Häufigk. v. Sauerstoff-*18* in frischem W. 8108, 10703.
Dansk Gummi Industri v/A. D. Duckert, Kautschukgleitsohle für Schuhe 2796* Dän.
Danske Medicinal- & Kemikalie-Ko. Aktieselskab, Stoffe zum Heilen v. Knochenbrüchen 6339* Dän. — Disulfidverb. d. Tetraäthylthiurams in reiner krist. Form 11426* D. B., F., Finn.
Danta (K.) s. Bilewitschjuss (W.).
Danti (A.), Sager (R. W.) u. Bianculli (J. A.), Phytochem. Unters. d. Perikarps v. Pyrularia pubera 5597.
Danti (J.) s. Ferroni (E.).
Dantuma (R. S.), Hemmende Wrkg. verschied. Anstrichmittel auf d. Feuchtigkeitsaufnahme v. hölzernen Versuchsstücken 1614. — Unterscheid. v. Rutil- u. Anatas-TiO_2 2309.
Danulat (F.) s. Metallgesellschaft Akt.-Ges.
Danuser (J.) s. Ciba Akt.-Ges.
Danusso (F.), Mess. d. Veränder. d. inneren Energie mit Hilfe d. Ultraschalls 8094. — Ultraschallgeschwindigk. u. adiabat. Kompressibilität v. KW-stoff-Gemischen 11166. — s. Natta (G.).
Danysz (M.) s. Ciok (P.).
— u. Pniewski (J.), Verzögerter Zerfall eines schweren Kernfragments. 1. Mitt. 5707.
Danzig (L. E.) u. Gomez (A. C.), Langfristige intravenöse Anwend. v. Arfonad bei d. Behandl. d. Lungenödems 9138.
Danzin (A.), Bleigläser mit geringer therm. Ausdehn. 5870.
Daoust (H.) u. Rinfret (M.), Mikrocalorimetr. Unterss. an Polyvinylacetatlsgg. 8170.
Daoust (R. A.), Colorimetr. Best. v. Coffein in Tablettenmischungen 2253.
Darab (K.) s. Szabolcs (I.).
Darby (J. R.) s. Monsanto Chemical Co.
Darby (W. J.) s. Pearson (W. N.).
Darche (A. A. A.), Treibstoff für Flugzeuge 4499* F. — Klopffeste Kraftstoffe 6663* F. — Brennstoffe für Verbrennungsmotoren 6663* F.
— u. Delemotte (E.), Herst. v. Kraftstoffgemischen 4977* F. — Kraftstoffgemische für Explosionsmotoren 6893* F., 9480* F.
Darcissac (M.), Neue Behandlungsweise d. Maul- u. Klauenseuche 1085. — Mittel für d. Körperpflege 3505* F. — Desinfektionsmittel 7272* F.
Darcy (G. A.) s. Kodis (R. D.).
Dardel (G. F. v.), Wechselwrkg. v. Neutronen mit Materie, untersucht mit einer gepulsten Neutronenquelle 3300. — Wechselwrkg. v. Neutronen mit Bremssubstanzen 7363. — Zeitabhängigk. d. Absorptionskoeff. v. B für in W. bei Zimmertemp. gebremste Neutronen 9720. — s. Blomsjö (E.).
Dardel (G. F. v.) u. Persson (R.), Best. v. Neutronenresonanzparametern aus Messungen d. Absorptionsintegrals: Anwend. auf d. Hauptresonanz v. ^{238}U 10189.
Darden (E. T.) s. Du Pont de Nemours (E. I.) & Co.
Darden (S. E.) s. Nereson (N.).
—, Fields (R. E.) u. Adair (R. K.), Streuung v. polarisierten Neutronen an schweren Kernen 506.
—, Haeberli (W.) u. Walton (R. B.), Kleinwinkelstreuung v. *1* MeV-Neutronen an mittleren u. schweren Kernen 4988.
Dardenne (U.) s. Dirscherl (W.).
Darecchio (B.), Konzentrationsanlagen mit einfachem, doppeltem u. dreifachem Effekt 10645.
Darfeuille (C.) = Daudonnet (C.).
Dargaville (A. D.), Ingles (D. L.) u. Polya (J. B.), Wiedergewinn. d. organ. Substanz aus Kobalt-1-nitroso-2-naphtholat 9188.
Dargent (R.), Abdruckverf. d. Elektronenmikroskopie 9743.
Darget (R.), Mayer u. Ballanger (R.), Behandl. d. Prostatacarcinoms durch intratesticuläre Implantat. v. Östrogentabletten 3643.
Dark (F. A.) s. Strange (R. E.).
Darkis (F. R.) u. Hackney (E. J.), Zigarettentabake. Chem. Veränderr. während d. Verarbeit. 11477.
Darlaston (A. J. H.) s. General Electric Co.
Darlęy (E. C.) s. Groom (J. L.).
Darling (B. T.), Feldtheorie v. Gleichungen mit mehreren MM. 4985.
— u. Zilsel (P. R.), Theorie endl. Verschiebungsoperatoren u. Fundamentallänge 5465.
Darling (R. C.) s. Lota (M. J.).
Darling (R. T. S.) s. Bates (D. R.).
Darlington (C. D.) u. McLeish (J.), Wrkg. v. Maleinsäurehydrazid auf d. Zelle 9110.
Darmady (E. M.) u. Davenport (S. G. T.), Haematological Technique [6096].
Darmochwal (H.) s. Zschimmer & Schwarz vormals Chemnitz.
Darmois (E.) s. Sutra (G.).
Darmon (M.), Spaltungs- u. Isomerisierungs-Rkk. v. α-Epoxyalkoholen (Glycidspalt.) 786.
Darmon (S. E.) u. Rudall (K. M.), Infrarot- u. Röntgenunterss. v. Chitin 5808.
Darmont (G.), Hardy-Prozeß d. Kohlenstaubagglomerat. ohne Verwend. v. Bindern 9701.
Darnell (A. J.) s. Farber (M.).
Darnell (F. J.) s. Howling (D. H.).
Darner (C. L.), Unterdrück. v. Scherungswellen bei Bariumtitanat 10688.
Darner (F. M.) s. Republic Steel Corp.
Daroux (W. G.), Herst. v. Essigsäureanhydrid aus Aceton 8026.
Darpoux (H.) u. Faivre-Amiot (A.), Heilwrkg. antibiot. Stoffe u. einer organ. Hg-Verb. auf d. Sprenkel. d. Apfelbaums 2705.
Darragh (J. L.) s. California Research Corp.; House (R.).
Darrigol (J.) s. Gardenal (L.-J. G. de)
Darrow (K. K.), Elektroneneigg. im festen Zustand 9256.
Dart (J. C.) s. Standard Oil Development Co.
Dart (R. M.) s. Fishman (W. H.).

Dartnall (H. J. A.), Augenpigmente d. Klauenkröte 5581.
Darvis (G. A.) s. D e l i s l e (L.).
Darwent (B. de B.) u. **Phibbs (M. K.)**, Löschung v. Quecksilberresonanzstrahl. 3. Mitt. Wirkungsquerschnitte v. gesätt. Verbb. 5026.
Darzens (G.), Verff. zur Herst. v. Rose Konkret u. Absolut 10154.
— u. **Meyer (M.)**, Neue Deut. d. Mechanismus d. Allylumlager. 550. — Deut. d. Mechanismus d. Beckmannschen Umlager. 780.
Das (B. K.), **Mukherjee (N. C.)** u. **Sen (B.)**, Ottochloa nodosa dandy als Viehfutter 7805.
Das (B. M.) u. **Mitra (S. K.)**, Mikrophotograph. Unterss. an Leder 11137.
—, **Ramaswamy (D.)** u. **Nayudamma (Y.)**, Synthet. Lederöle u. -fette 8300.
Das (B. R.), **Kurup (P. A.)** u. **Rao (P. L. N.)**, Antibiot. Prinzip aus Moringa pterygosperma. Ausscheid. v. Benzylisothiocyanat 365.
Das (D. B.), Papierchromatographie in d. Faserforschung 9226.
Das (D. K.), **Rideout (S. P.)** u. **Beck (P. A.)**, Zwischenphasen in d. tern. Systemen Mo-Fe-Co, Mo-Fe-Ni u. Mo-Ni-Co 4055.
Das (D. P.), **Siddappa (G. S.)** u. **Lal (G.)**, Wrkg. d. Papain-Extrakt. auf d. Pektingeh. v. rohen Papayas 4955.
Das (M. N.), **Kern (F.)**, **Coyle (T. D.)** u. **Walters (W. D.)**, Therm. Zers. v. Cyclobutanon 9060.
Das (N. K.) s. K a u f m a n n (B. P.).
Das (N. R.) s. N a r a y a n a m u r t i (D.).
Das (P. C.) s. M a c m i l l a n (W. G.).
Das (P. K.) [Assam] s. S a i k i a (B.).
Das (P. K.) [Cuttack], Viscosität u. scheinbares Mol.-Vol. wss. Lsgg. v. Ammoniumchlorid u. Ammoniumbromid bei 35° 6225.
Das (P. P.) s. C h a t t e r j e e (B.).
Das (S. M.), Bezieh. zwischen Unterwasserhelligk. u. Phytoplankton 2705.
Dasch (J.) s. K l a g e s (F.).
Daschewski (M. M.) u. **Petrenko (G. P.)**, Struktur einiger Polybromderivv. d. Acenaphthens. 1. Mitt. 3611. — Polychlorderivv. d. Acenaphthens. 2. Mitt. 3612.
Daschkewitsch (A. W.) s. W o s s k o b o i n i k o w (I. M.).
Dascola (G.) s. C a l z o l a r i (M. L.).
Das Gupta (A. K.) u. **Nair (C. K. N.)**, Polarograph. Red. v. Ge 1339.
Dasgupta (P. C.) s. B a s u (S.).
— u. **Sarkar (P. B.)**, Natur d. Hemicellulosen d. Jutefaser. 2. Mitt. 6168.
Das Gupta (S. C.) u. **Lement (B. S.)**, Stabilisier. d. Austenit-Martensit-Rk. in einem Stahl mit hohem Cr-Geh. 6118.
Das Gupta (S. K.) s. B a n e r j e e (D. K.).
Dasgupta (S. R.), **Mukherjee (K. L.)** u. **Werner (G.)**, Wrkg. zentral depressiv wirkender Mittel auf decorticierte u. entdiencephalisierte Versuchstiere 2019.
Dash (J. G.), Superfluidität u. dissipative Prozesse in fl. He II 10200. — Superfluide Dynamik in fl. He II 10200. — s. S o m m e r s jr. (H. S.).
— u. **Sommers jr. (H. S.)**, Geschwindigkeitsselektor hoher Durchlässigk. für langsame Neutronen 6682.
Dash (R. M.) u. **Frith (M. L.)**, Einfl. verschied. Trocknungsmethoden auf d. Glykosidgeh. d. Blätter v. Digitalis lanata 3682.
Dash (W. C.), Oxydat. dünner Schichten v. Ge u. Si 5265. — Zusätzl. Färb. v. Bariumoxydeinkristallen 10453.
Dasler (W.), Isolier. tox. Kristalle aus Süßerbsen (Lathyrus odoratus) 7253.
Dasque (P.), Unkrautvernichtungsmittel 199* F.
Dassanayake (W. L. P.), Nachunters. v. *230* Fällen v. Bancroftia-Filariasis, d. an d. Filariasis-Klinik in Dehiwala, Ceylon, mit Hetrazan behandelt wurden 8912.
— u. **Chow (C. Y.)**, Bekämpf. v. Pistia stratiotes in Ceylon vermittels Herbiciden 4437.
Das Sarma (B.) u. **Bailar jr. (J. C.)**, Stereochemie v. Metallchelaten eines vielzähn. Liganden 998.
Dassetto (G.), Al in Schalt- u. Verteilanlagen 9658.
Dassjuk (N. W.), Mechanismus d. O_2-Wrkg. bei Einführ. durch Inhalat. in d. Organismus bei Nervenerkrankungen 4148.
Dassonville (B.-N.), Les Acides cétoniques du sang et de l'urine, identification, dosage et variations pathologiques [10070].
Dassow (J. A.) s. S e a g r a n (H. L.).
Dastugue (G.) s. B a s t i d e (P.).
Data (J. B.) s. B r o c h m a n n - H a n s s e n (E.); S u t t o n (B. M.).
Date (M.) s. O k a m u r a (T.).
Dateo (G. P.) s. H a s s e l s t r o m (T.).
Dati (T.), **Angelis (G. De)** u. **Luly (C.)**, Pregnandiolbest. im menschl. Harn. 2. Mitt. 11061.
Datow (J.) s. B a d i s c h e A n i l i n - & S o d a - F a b r i k A k t. - G e s.
Datta (M. N.), Scharfe Extrainterferenzen v. Phloroglucindihydratkristallen. 2. Mitt. Einfl. d. Temp. 1705. — Röntgenunters. an Tetraphenyläthylenkristallen 1706. — Diffuse Röntgenstrahlenreflex. durch einen Einkristall v. m-Aminophenol 3341.
Datta (N. P.) u. **Raj (H. G.)**, Wrkg. v. B- u. Mo-Düngemitteln auf Bersin (Trifolium alexandrinum) 8238.
Datta (S. K.), Genaue Best. d. Torsionskonstanten v. Quarzfäden, d. bei d. Mess. d. magnet. Anisotropie v. Kristallen benutzt werden 1693.
Datta (S. N.) s. K a r k u n (J. N.).
Datzko (W. G.), Dynamik d. Phosphate in d. oberen Schichten d. Schwarzen Meeres 11183.
Daub (G. H.) s. A d e l f a n g (J. L.).
— u. **Castle (R. N.)**, Synth. einiger substituierter Benzyljodide 1947.
—, **Evans (D. D.)** u. **Sorrell (N. C.)**, Dynam. Veranschaulich. d. Mechanismen organ. Rkk. 2.
— u. **Johnson (W. S.)**, Bernsteinsäurediphenylester 6495.
Daubach (E.), Geschwindigk. u. Geschwindigkeitskonstanten d. Zers. d. Siloxens durch alkal. Pufferlsgg. 8808.
Dauben (C. H.) s. T e m p l e t o n (D. H.).
Dauben jr. (H. J.) s. U n i t e d S t a t e s o f A m e r i c a.
—, **Ringold (H. J.)**, **Wade (R. H.)**, **Pearson (D. L.)** u. **Anderson jr. (A. G.)**, Cycloheptanon 6505.
Dauben (W. G.), Synthet. „Squalen" 4353.
— u. **Eastham (J. F.)**, Mechanismus d. Red. v. Steroidenolacetaten durch $LiAlH_4$ 6292.
—, **Hiskey (Claude F.)** u. **Markhart jr. (A. H.)**, Hydrier. v. Oxynaphthoesäuren 2192.

Dauben (W. G.) u. **Hoerger (E.)**, cis-Dekahydro-2-naphthoesäuren u. ihre Beziehh. zu d. cis-2-Dekalolen u. cis-2-Dekalylaminen 1497.
—, **Hoerger (E.)** u. **Petersen (J. W.)**, Verteil. d. Essigsäure-C-Atoms in höheren Fettsäuren, d. in d. intakten Maus aus Essigsäure gebildet worden sind 6790.
—, **Pimentel (G. C.)** u. **Vaughan jr. (C. W.)**, Infrarotintensität d. C–D-Valenzschwing. in Deuterobenzol, m-Deuteronitrobenzol u. m-Deuteroanilin 9525.
—, **Rogan (J. B.)** u. **Blanz jr. (E. J.)**, Stereochemie d. 9-Methyldekaline 4790.
— u. **Takemura (K. H.)**, Mechanismus d. Überführ. v. Essigsäure in Cholesterin über Squalen 1520.
— u. **Tweit (R. C.)**, Chlorier. v. trans-Dekalin 2411.
Daubenmerkl (W.), Endiole als Ausbreitungsfaktoren 4393.
Daubenspeck (J. M.) s. Titan Co., Inc.
Daubeny (R. de P.) s. Bunn (C. W.).
—, **Bunn (C. W.)** u. **Brown (C. J.)**, Kristallstruktur d. Polyäthylenterephthalats 5751.
Daubersy (J.), Herst. v. Stahl durch Windfrischen 920* E.
Daubert (B. F.) s. Berkoz (B.); Hollingsworth (C. A.).
Daubin (S. M.) s. Pipkin (F. M.).
Daudel (P.) s. Busso (R. H.); Mellet (R.).
—, **Cheutin (A.)**, **Flon (M.)**, **Buu-Hoï** u. **Muxart (R.)**, Mikrochem. Synth. v. im Kern mit ^{14}C markierten Benzacridinderivv. 5996.
Daudel (R.), Bedeut. d. Schalenbegriffs. Theoret. Begründ. d. quasi-atomaren Modells d. Kerns 2354. — Lokalisierbark. d. Teilchen in d. Kernen u. in d. Elektronenhüllen d. Atome u. Moll. 4750. — Theoret. Chemie v. geometr. Standpunkt aus 6944. — s. Brion (H.); Chalvet (O.); Cheutin (A.); Odiot (S.).
—, **Chalvet (O.)** u. **Roux (M.)**, Wahl d. Definitionskonstanten d. „freien Valenz" 1700.
—, **Odiot (S.)** u. **Brion (H.)**, Zellenbegriff (notion de loge) u. geometr. Bedeut. d. Schalenbegriffs in d. Elektronenhülle d. Atome 4751. — Theorie d. Lokalisierbark. d. Teilchen. 1. Mitt. Zellenbegriff u. geometr. Bedeut. d. Schalenbegriffs in d. Elektronenhülle d. Atome 4751.
Daudin (A.) u. **Daudin (J.)**, Atmosphär. Effekte auf d. Auger-Stöße 270. — Galakt. Variat. d. Höhenstrahlen 2589.
—, **Daudin (J.)** u. **Robley (R.)**, Beobacht. v. Kernschauern mittels Zählern 9718.
Daudin (J.) s. Daudin (A.).
Daudonnet (C.), Kräuseleffekt auf Kunstseiden 1413* F.
Daudt (W. H.) s. Dow Corning Corp.
— u. **Hyde (J. F.)**, Synth. v. Methylphenyldisiloxanen 9316.
Daughaday (W. H.), **Larner (J.)** u. **Hartnett (C.)**, Synth. v. Inosit in d. Jungratte u. im Hühnchenembryo 8663.
—, **Larner (J.)** u. **Houghton (E.)**, Ausscheid. v. Inosit durch d. Nieren bei n. u. Diabetesratten 3667.
Daugherty (J. W.), Synth. v. Aminostickstoff aus NH_3 beim Rattenbandwurm 11415.
Daujat (A.), Humus u. seine Beziehungen zu d. Düngemitteln 8946.
Daul (G. C.) s. United States of America.
Daul (G. C.), **Reinhardt (R. M.)** u. **Reid (J. D.)**, Rk. v. Baumwolle mit β-Propiolacton in Ggw. v. organ. Lösungsmitteln. 1. Mitt. Verss. mit gereinigter Baumwolle 5934; 2. Mitt. Verss. mit Rohbaumwolle 5934. — Rk. d. Baumwolle mit β-Propiolactam in Ggw. v. Alkali 11480.
Daum (K.) s. Bryant (K.).
—, **Tuttle (W. W.)**, **Weber (A.)**, **Schumacher (M. T.)** u. **Salzano (J.)**, Ca- u. P-Ausnutz. beim älteren Mann 7251.
Daumiller (G.) s. Badische Anilin- & Soda-Fabrik Akt.-Ges.
Dauncey (L. A.) s. General Electric Co. Ltd.
Daunt (J. G.) s. Gordon (W. L.); Horowitz (M.); Vries (G. de).
— u. **Smith (R. S.)**, Fl. He 7620.
Dauphinee (T. M.) s. Preston-Thomas (H.).
Dauri (A.) u. **Caporale (A.)**, Bis-[5-dimethylaminopentyl]-äther-bis-methochlorid als curareähnl. Mittel in d. Anästhesie 1089.
Daussat (R. L.) s. Standard Oil Development Co.
Dausset (J.), **Malinvaud (G.)** u. **Layani (F.)**, Akute Blutfleckenkrankh. durch Phenyldimethylisopropylpyrazolon. Beweisführ. über d. durch dieses Arzneimittel hervorgerufene Agglutinat. v. Blutplättchen im Serum 3191.
Dautow (R. A.), Einfl. eines magnet. Hochfrequenzfeldes auf d. elektr. Widerstand v. Ferromagnetika 5964.
Dautrebande (L.) s. Aerosol Corp. of America.
Dautreppe (D.) s. Buyle-Bodin (M.); Dreyfus (B.); Soutif (M.).
Dauvergne (J.), Herst. nahtloser Rohre aus gewöhnl. u. Sonderstählen 8952.
Dauvillier (A.), Ursprung d. chem. Elemente u. Entsteh. d. Universums 8782.
Dauzier (G.) s. Donzelot (E.).
Dauzier (L.), **Ortavant (R.)**, **Thibault (C.)** u. **Wintenberger (S.)**, Einfl. d. Progesterons auf d. sexuellen Cyclus v. Schaf u. Ziege 1307.
Dave (A. S.) s. Kilpady (S.).
Dave (B. T.) s. Lewis (R. A.).
Dave (J. S.) u. **Dewar (M. J. S.)**, Mischungen kristalliner Fll. 8582.
Davenport (A. N.) u. **Stevens (G. W. W.)**, Vgl. v. Radioaktivitäten mit Hilfe v. Röntgenfilmen 11333.
Davenport (F. E.) s. Minnesota Mining & Mfg. Co.
Davenport (J. E.), **Carroll (F.)** u. **Tarbutton (G.)**, Aufbereit. v. Florida-Aluminiumphosphaterz 4676.
Davenport (S. G. T.) s. Darmady (E. M.).
Davey (C. B.), Sägemehlkomposte: Ihre Bereit. u. Wrkg. auf d. Pflanzenwachstum 3942. — Zers. v. Hartahornsägespänen durch Behandl. mit wasserfreiem NH_3 u. Impfung mit Coprinus ephemerus 11072.
Davey (C. N.) s. Florida (C. D.).
Davey (E. P.) s. Canadian Kodak Co. Ltd.
Davey (G.) s. Alexander (G. I.).
Davey (R.) s. Miller (Charles O.).
Davey (T. R. A.), Entzinken v. entsilbertem Rohblei im Vakuum 8485.
Davey (W.) u. **Gwilt (J. R.)**, Darst. d. Mononitrozimtaldehyde 11199.

Davey (W. C.) u. **Jones (F. A.)**, Kautschuk 8983.
Davey (W. G.) u. **Moon (P. B.)**, Resonanzstreuung d. ^{198}Hg-γ-Strahlen 4027.
Davey (W. N.) s. Johnson (J. R.).
David (A.) s. Kirschbaum (E.).
David (Agoston), Feuchtwerden u. Zerfließen v. Pulvergemischen 408.
David (E.), Einfl. eines Durchsatzes auf d. Trenneffekt bei Clusius-Dickel-Trennrohren 939.
David (H.), Vorgänge bei d. Chlorung d. Rücknahmewassers 5868.
David (I.), Wrkg. v. Ouabain u. Methylviolett auf d. Tätigk. d. isolierten Froschherzens 11628.
David (J. J.) u. **Joslyn (M. A.)**, Acetaldehyd u. verwandte Substanzen in gefrorenen grünen Erbsen 1400.
David (L.), Be als Legierungselement 9429.
David (P. W.) s. White (J.).
David (R.) u. **Masquelier (J.)**, Lokalisat. d. Catechine mit Phloroglucinkomponente in d. vegetativen Organen v. Pinus maritimus 8653.
David (S.), Herst. v. $^{14}C_{(1)}$-D-Calciumarabonat 5042.
— u. **Monnier (J.)**, Analyt. Unters. eines Fettsäuregemisches 10780.
David (V. W.) s. Shell Development Co.
David (Werner) s. Shell Refining & Marketing Co. Ltd.
David (Wilhelm) s. Koenecke (C. F.) & Co.
David (W. A. L.) u. **Gardiner (B. O. C.)**, System. insekticide Wrkg. einiger Fl- u. P-Verbb. auf Phaedon cochleariae Fab. 2015. — Wrkg. d. system. Insekticides Systox auf Aphiden 9133. — Wrkg. d. system. Insekticides Systox auf Pieris brassicae (L.) u. Phaedon cochleariae (F.) 9133.
Davidon (W. C.), Nomogramm für d. Zählzeit 7371.
Davidova (A.) s. Calo (A.).
Davidovitch (S.) s. Olejnik (E.).
Davids (B.), Quantenmedizin. Stehen wir unter d. Einfl. d. neuen atomphysikal. Ergebnisse vor einer Umwälzung im ärztl. Denken? 5833.
Davidsen (H. G.) u. **Kjerulf-Jensen (K.)**, K-Aufnahme v. n. u. K-armen roten Blutzellen 11238.
Davidsohn (A.) s. „Dahlia" Kibbutz Hashomer Hazair, Koutzat Poalim le' Hityashout Shitufit be' Eravon Mugbal.
Davidson (A. W.) s. Christensen (V. J.); Wilson (G. E.).
Davidson (C. F.) u. **Ponsford (D. R. A.)**, Vork. v. U in Kohlen. Mit U angereicherte Kohlen bilden wertvolle Erze 6657.
Davidson (C. S.), Proteinstoffwechsel, bes. d. Altern 3424.
Davidson (D. D.) s. N. V. de Bataafsche Petroleum Mij.
Davidson (D. W.) u. **Cole (R. H.)**, Dielektr. Relaxat. in Glycerin 2384.
Davidson (E. A.) u. **Meyer (Karl)**, Strukturunterss. an Chondroitinschwefelsäure. 1. Mitt. Natur d. Chrondrosins 9807.
Davidson (G.), Grundlagen u. prakt. Anwend. v. Kontaktinsekticiden mit Dauerwrkg. zur Bekämpf. v. Vektor-Insekten 10844.
Davidson (G. F.), Dissoziationskonstante v. Chloriger Säure 1677.
Davidson (I. W. F.) s. Campbell (James).
Davidson (J.), Verf. zur Extrakt., Trenn. u. Best. d. wichtigsten fettlösl. Farbstoffe in Heu 5924.
Davidson (J. A.) s. Evans (R. J.).
Davidson (J. B.) s. Arnold (William).
Davidson (John B.) s. Allied Chemical & Dye Corp.
Davidson (J. N.), Auf Nucleinsäuren wirkende Enzyme 9822. — s. Crosbie (G. W.); Smellie (R. M. S.); White (J. C.).
Davidson (J. P.) u. **Feenberg (E.)**, Abweichungen v. d. LS-Koppl. beim Kernmodell mit nicht völlig kugelsymm. Innenkern 3548.
Davidson (N.) s. Cher (M.); Schlesinger (H. I.).
Davidson (P. B.), Mahlzusätze bei d. Papierherst. 8060.
Davidson (P. M.), Beweglichkeitsformel v. Elektronen, deren mittlere freie Weglänge v. d. Geschwindigk. abhängt 3556.
Davidson (R. A.) s. Hendricks jr. (C. D.).
Davidson (R. H.) s. Tattershall (J. T.).
Davidson (R. R.) s. Stauffacher (E. R.).
Davidson (S. H.) s. Imperial Chemical Industries Ltd.
Davie (E. W.) u. **Neurath (H.)**, Identifizier. eines Peptids, d. bei d. autokatalyt. Aktivier. d. Trypsinogens freigesetzt wird 8886.
Davies (A. G.), **Davies (Mansel)** u. **Stoll (M.)**, Kinetik einer einfachen Cyclisierungs-Rk. 8121.
—, **Foster (R. V.)** u. **White (A. M.)**, Organ. Peroxyde. 1. Mitt. Darst. v. Alkylhydroperoxyden aus Wasserstoffperoxyd 1247.
— u. **Hunter (K. J.)**, Organ. Peroxyde. 2. Mitt. Ester v. Monopercarbonsäuren 1248.
Davies (B. G.) u. **Evans (T.)** [Cardiff], Löslichk. v. H in Fe–Co-Legierr. 8101.
Davies (B. L.), Heut. Stand d. Ebonits 1154. — Hartgummi 8046.
Davies (C. B.) s. N. V. de Bataafsche Petroleum Mij.
Davies (C. N.), Strahlungsgefahren in d. Industrie 3794. — Dust is dangerous [11437].
Davies (C. W.), **Hughes (R. B.)** u. **Partridge (S. M.)**, Aminosäuretrennungen durch ein Austauschharz v. Typ einer starken Base 2655.
— u. **Nancollas (G. H.)**, Elektrochem. Unters. v. Salminsalzen 1234.
Davies (D. F.), **Wolfe (K. M.)** u. **Perry jr. (H. M.)**, Prim. Amine. 1. Mitt. Methoden 7743.
Davies (D. M.) u. **McCallion (H.)**, Einfl. d. Deformationsvorgeschichte auf d. dynam. Hystereseschleife v. Kautschuk unter Druckbeanspruchung 4366.
Davies (D. R.) s. Austin (L.).
Davies (David R.) u. **Walters (T. S.)**, Verdampf. v. kleinen gesätt. ebenen Flächen in eine turbulente Grenzschicht 2842.
Davies (D. V.) u. **Young (L.)**, Verteil. v. radioakt. S (^{35}S) in fibrösem Gewebe, Knorpeln u. Knochen nach Darreich. in Form anorgan. Sulfate 4147.
Davies (D. W.), Berücksichtig. d. Überlapp. in Molekülzustandsberechnn. bei heterocycl. Moll. 11357.
Davies (Elsie) s. Thomas (S. B.).
Davies (Ernest) s. Imperial Chemical Industries Ltd.
Davies (E. B.), Pech in feinster Verteil. für Gießereien 5404.
—, **Matthews (T. F. N.)** u. **Smart (G.)**, Gekörntes Gießereipech 5882.

Davies (E. S.), Daveat-Prozeß d. Hochhitzebehandl. v. Milch 5923.
Davies (G. E.) s. Imperial Chemical Industries Ltd.
—, **Francis (J.)**, **Martin (A. R.)**, **Rose (F. L.)** u. **Swain (G.)**, 1.6-Bis-[4'-chlor-phenyldiguanido]-hexan („Hibitan"). Laboratoriumsunterss. eines neuen antibakteriellen Mittels hoher Wirksamk. 3169.
Davies (H. G.), **Barter (R.)** u. **Danielli (J. F.)**, Quantitative Meth. in d. Enzymcytochemie, angewandt bei alkal. Phosphatase 9820.
Davies (H. M.) s. Auld (S. J. M.).
Davies (I. A.) s. Imperial Chemical Industries Ltd.
Davies (J. M.) s. Miller (R. F.).
Davies (J. T.), Oberflächenchemie u. ihre Anwend. bei Aufgaben d. Emulgierens u. d. Kosmetik 10641.
— u. **Rideal (E.)**, Eindringen v. Ionen in geladene Filme 2611.
— u. **Taylor (F. H.)**, Modellsyst. für d. Riechmembran 6066.
Davies (K. A.), Zementgewinn. in Uganda 10115.
Davies (K. N.) u. **Whetstone (J.)**, Anlagerungstendenzen saurer Wollfarben in wss. Salzlsgg. 692.
Davies (Mansel), Elektromagnet. Spektr. in d. Chemie 2361. — Mol. Dipolrotat. u. Assoziat. 5507. — Synthet. SiO_2-Prismen im Ultrarot 7738. — s. Davies (A. G.).
— u. **Griffiths (D. M. L.)**, Intramol. H-Bindd., Assoziat. u. Löslichkeiten v. substituierten Benzoesäuren 6486.
— u. **Jones (J. Ifor)**, Sublimationsdrucke u. -wärmen einiger Carbonsäuren 6943.
— u. **Price (A. H.)**, Dielektr. Absorpt. v. Aminen in Lsgg. zwischen 10^4 u. 10^8 Hz 1233.
Davies (Maurice) s. Brown (Raymond A.).
Davies (M. H.), Gebiet d. Nichtmischbark. im fl. Zustand im Syst. Al–Pb–Sn bei *650*, *730* u. *800°* 761.
—, **Simnad (M. T.)** u. **Birchenall (C. E.)**, Mechanismus u. Kinetik d. Zunderns v. Fe 9045.
Davies (N. R.) u. **Dwyer (F. P.)**, Kinetik d. Racemisier. opt.-akt. Komplexionen v. Elementen d. *8.* Gruppe. 2. Mitt. Das Tris-(1.10-phenanthrolin)- u. Tris-(2.2'-dipyridyl)-eisen(II)-Ion u. d. Tris-(2.2'dipyridyl)-nickel(II)-Ion 38.
Davies (P.) s. Imperial Chemical Industries Ltd.
Davies (P. B.) u. **Monk (C. B.)**, EMK.-Unterss. d. elektrolyt. Dissoziat. 5. Mitt. Glykolate in W. 1446; 6. Mitt. Lactate in W. 1446.
Davies (R. C.), Geschichte d. elektrolyt. Metall-Ndd. 680.
Davies (R. D.) s. Imperial Chemical Industries Ltd.
Davies (R. O.), fropfenübergang zwischen zwei Phasen bei konstantem Druck 2371. — Transformationseigg. d. Onsagerschen Beziehh. 3075. — Innerer Druck v. festen Körpern 5006.
— u. **Jones (G. O.)**, Irreversible Annäher. an d. Gleichgewichtszustand in Gläsern 5971.
Davies (R. R.) s. Imperial Chemical Industries Ltd.
Davies (S.) s. Baxter (S.).
Davies (T.), **Singer (S. S.)** u. **Staveley (L. A. K.)**, Bldg.-Wärmen v. Komplexionen, d. Äthylendiamin enthalten 11516.
Davies (W.) s. McBriar (E. M.).
Davies (W. D.) u. **Hammick (D. L.)**, Umlager. v. N-Acetylhydrazobenzol 2161.
Davies (W. T.) s. Campion (P. J.); Harries (G.).
Davin (J. C.) s. Taylor (J. D.).
Davis (A. C.) [Berkeley] u. **Levy (A. L.)**, Rk. v. α-Aminonitrilen mit Aldehyden u. Ketonen 6025.
Davis (A. C.) [Geneva] s. Howe (R. G.).
Davis (A. L.) s. National Distillers Products Corp.
Davis (B. D.), Autokatalyt. Wachstum einer Mutante infolge Speicher. einer instabilen Phenylalanin-Vorstufe 10540.
Davis (B. R.) s. Heiss (H. L.).
Davis (C. E. S.), Zement-Zuschlagstoff-Rkk. 18. Mitt. Einfl. d. Na-Geh. u. d. Kühlgeschwindigk. v. Portlandzementklinker auf seine Rk. mit Opal im Mörtel 7060.
Davis (C. F.) u. **Stephens (W. J.)**, Gärungsverlust 475.
Davis jr. (Charles F.) u. **Strandberg (M. W. P.)**, Paramagnet. Resonanzabsorpt. in Ammoniumchromalaun 2135.
Davis (C. M.), Unterss. über d. Anwend. elektr. Energie zur Erdölgewinn. 5939.
Davis (C. S.) s. Michelbacher (A. E.).
Davis (D. H.) s. Brentano (J. C. M.).
Davis (D. J.) s. McNeal (F. H.).
Davis (D. S.) s. Max (R. C.).
Davis (E. A.), Nitratred. durch Chlorella 851.
Davis (E. N.) u. **Nordstrand (R. A. Van)**, Best. v. Ba, Ca u. Zn in Schmierölen. Anwend. d. Röntgenfluorescenz-Spektroskopie 5461.
Davis (E. P.) s. Minnesota Mining & Mfg. Co.
Davis (F. C.) s. Norton (D. G.).
Davis (F. J.) s. Gabrysh (A. F.); Stead (F. W.).
—, **Harter (J. A.)**, **Reinhardt (P. W.)** u. **Harris (C. F.)**, Scintillationsdetektor für Fahr- u. Flugzeuge 6911.
Davis (F. O.) s. Reconstruction Finance Corp.
Davis (F. V.) s. Bleachers' Association Ltd.
Davis (G.), Doppelsterneffekt in d. Höhenstrahl. ausgesetzten Kernemulsionsplatten 10908. — s. Tidman (D. A.).
Davis (G. K.) s. Feaster (J. P.); Shirley (R. L.).
— u. **Loosli (J. K.)**, Mineralstoffwechsel (Tier) 3186.
Davis (G. L.) u. **Tuttle (O. F.)**, Zwei neue kristalline Phasen mit d. Anorthit-Zus. $CaO \cdot Al_2O_3 \cdot 2SiO_2$ 10935.
Davis (H.), Benthley's text—book of pharmaceutics [169].
Davis (H. A.) s. United States of America.
Davis (H. G.) s. Union Carbide & Carbon Corp.
Davis (H. I.) s. Kodak-Pathé.
Davis (H. L.) s. Musselman (M. M.).
Davis (Herbert L.) s. Ethicon Suture Laboratories, Inc.
Davis (H. M.) s. Chu (P. K.).
Davis (Helen M.), Geheimnis d. Elemente *99* u. *100* 4271.
Davis (Harold S.), Betonabschirmm., Herst. u. Verwend. 6683.
Davis (Harold S.) [Greenwich] s. American Cyanamid Co.
Davis (H. W.) s. Shuford jr. (C. H.).

Davis (J.), Polarographie 7274. — s. S c h a a p (W. B.).
Davis (John B.) u. **Squires (R. M.)**, Mikrobiol. erzeugte gasförm. KW-stoffe, d. kein Methan sind 5098.
— u. **Updegraff (D. M.)**, Mikrobiologie in d. Erdölindustrie 10658.
Davis (John B.) [Springfield], NH_3 u. „Ammoniumhydroxyd" 1462.
Davis (J. E.), **Hollings (H.)**, **Williams (N. H.)**, **King (J. G.)**, **Milner (G.)** u. **Grant (A. G.)**, Herst. v. Stadtgas durch d. katalyt. Vergas. v. Petroleumölen 5219.
Davis (J. F.) s. A m e r i c a n C y a n a m i d C o.
Davis (J. N.) s. S y l v a n i a E l e c t r i c P r o d u c t s, I n c.
Davis (J. P.), Innen- u. Außenanstriche mit Harzemulsionsfarben 8039.
Davis jr. (J. S.) s. S m i t h (C r a i g N.).
Davis jr. (L.), **Mars (G. A. de)**, **Rubin (L. G.)** u. **Straub (W. D.)**, Elektr. Eigg. verschied. Si–Ge-Legierr. 2133.
Davis jr. (Leverett), Sternzeitvariatt. d. Höhenstrahlintensitäten, hervorgerufen durch d. Fermischen Beschleunigungsmechanismus 4985. — Fermis Theorie über d. Ursprung d. Höhenstrahlen 8074.
Davis (Loyal), Physiol. Prinzipien, die d. Behandl. hoher diastol. essentieller Hypertonie mit Rhodanid u. durch Sympathektomie zugrunde liegen 8673.
Davis (L. E.) s. R i b l e (J. M.).
Davis (M.), Reichweitenmess. v. langsamen Elektronen 2122.
Davis (M. E.) u. **Plotz (E. J.)**, Wrkg. v. Cortisonacetat auf n. u. nebennierenlose Ratten während d. Schwangerschaft 2707.
—, **Test (C. E.)**, **Navori (C. A.)**, **Hryse (B.)**, **Pottinger (R.)** u. **Dunkle (F.)**, Wrkgg. v. adrenocorticotropem Hormon auf verschied. Unterfunktt. d. Ovars. 2. Mitt. Prim. Amenorrhoe, chirurg. Kastrat. u. Menopause 619.
Davis (M. I.) s. I m p e r i a l C h e m i c a l I n d u s t r i e s L t d.
Davis (M. J.) s. M u n o z (J.).
Davis (M. M.) u. **Hetzer (H. B.)**, Relative Basizitäten d. Tribenzylamins u. d. Tribenzylaminoxyds in Bzl. u. W. 11547.
Davis jr. (M. W.) s. U n i t e d S t a t e s o f A m e r i c a.
Davis (N.), Eisen für Glasformen 3939.
Davis (O. F.) s. C o m m o n w e a l t h E n g i n e e r i n g C o. o f O h i o.
Davis (O. L.) s. S h e l l D e v e l o p m e n t C o.
Davis (O. S.) s. A n d r e w s (F. N.).
Davis (P. C.), **Bertuzzi (A. F.)**, **Gore (T. L.)** u. **Kurata (F.)**, Phasen- u. volumetr. Verh. v. Naturgasen bei tiefen Tempp. u. hohen Drucken 7585.
Davis (P. N.) s. K r a t z e r (F. H.).
Davis jr. (R.), Nachw. v. Antineutronen aus einem Kernreaktor durch d. Rk. $^{37}Cl(\bar{\nu},e^-)^{37}Ar$ 9955.
Davis (R. A.) s. D o w C h e m i c a l C o.
Davis (R. B.) u. **Erman (W. F.)**, Pinakolinumlager. einiger $\alpha.\beta$-Acetylenglykole 2173.
Davis (R. C.) s. S h e l i n e (R. K.).
Davis (R. E.) u. **Goldberg (C.)**, Magnetowiderstand u. planare Hall-Effekte in Ge v. n-Typus 6219.
Davis (R. F.), **Williams (C.)** u. **Loosli (J. K.)**, S–N-Verhältnisse in Futtermitteln für Milchkühe 8426.
Davis (R. H.) s. D i v a t i a (A. S.).
— u. **Divatia (A. S.)**, Gestalt. u. Arbeitsweise v. Entdampfungs-Ionenpumpen 9152.
Davis (R. J.), Polyvinylacetat als Bindemittel für Anstrichfarben 1384.
Davis (R. J.) [London] u. **Armstrong (W. E.)**, Mehrfachfilmmethoden in d. Röntgenstrahlenpulverphotographie 5970.
Davis (R. L.), **Briggs (G. M.)** u. **Sloan (H. J.)**, Wrkg. v. Co in d. Nahr. d. Kükens 10790.
Davis (R. P.) s. W i l e y (R. H.).
Davis (R. W.) s. C o o n (J. H.).
Davis (S. B.) s. A m e r i c a n C y a n a m i d C o.
Davis (S. P.) s. B i t t e r (F.).
Davis (Sumner P.), Kernspins u. Bandenspektren d. Se-Isotope 279. — s. H a r r i s o n (G. R.).
Davis (T. W.) s. A b r a m s (A.); H a u s m a n (E. A.); L e v y (B.); M c N e s b y (J. R.).
Davis jr. (W.) s. R o s e n (F. D.).
Davis (Walter C.) s. S h a r p l e s C o r p.
Davis (William C.) s. S i n t o n (W. M.).
Davis (W. H.) s. S u n O i l C o.
Davis (W. J.), **Rogers (S. E.)** u. **Ubbelohde (A. R.)**, Schmelzen u. Kristallstruktur. Schmelzmechanismus d. Nitrate d. I. Gruppe 5729.
Davis (W. M.) s. M o n s a n t o C h e m i c a l C o.
Davis (W. P.), **Hazen (W. E.)** u. **Heineman (R. E.)**, Multiple Kernstruktur d. Luftschauer 10909.
Davis (W. R.) s. M i l l e r (C h a r l e s E.).
Davison (B.) u. **Mandl (M. E.)**, Neutronenspektr. für einen $v^{-\alpha}$-Absorptionsquerschnitt 10667.
Davison (C.) s. H o f m a n n (F. G.).
— u. **Hofmann (F. G.)**, Einfl. v. Sulfhydrylverbb. auf d. in vitro-Steroidprodukt. d. Nebenniere d. Ratte 5106.
Davison (J. P.) s. C o r n a t z e r (W. E.).
Davison (M. M.) s. L i o n e t t i (F.); W a l k e r (B. S.).
Davison (P. F.) s. B u t l e r (J. A. V.).
—, **Conway (B. E.)** u. **Butler (J. A. V.)**, Nucleoproteinkomplex d. Zellkerns u. dessen Rkk. 7229.
Davison (R. M.) s. N e w h o o k (F. J.).
Davison (S.) s. G o l d b l i t h (S. A.).
Davison (W. H. T.), Wasserstoffbind. in Malein- u. Phthalsäure 6941. — s. G o r d o n (M.).
Davison Chemical Corp., **Ahlberg (J. E.)**, **Baral (L. L.)** u. **Tongue (T. O.)**, SiO_2–MgO-Katalysatoren 8296* A.
—, **Baral (L. L.)** u. **Wilson (C. P.)**, Sulfatfreie Silica–Tonerde-Katalysatoren 9409* A.
—, **Tongue (T. O.)** u. **Baral (L. L.)**, Kieselsäure–Tonerdekatalysatoren 3046* F.
— u. **Young (L. O.)**, Nichtbackendes SiO_2-Mattierungsmittel 3460* A.
Davisson (C. M.) u. **Evans (R. D.)**, Messungen d. γ-Strahlenabsorptionskoeffizienten 1432. — Absorptionskoeffizienten für γ-Strahlen 5711.
Davisson (C. W.) s. F e i l d j r. (T. A.).
Davisson (J. W.), Elektr. Durchschlagsspuren in nichtpolaren Kristallen 4520. — s. B u r s t e i n (E.).
Davisson (Jacob W.) s. P f i z e r (C.) & C o., I n c.
Davoll (H.) u. **Kipping (F. B.)**, Synth. v. Pyridoxinanalogen 2674.
Davorin (P.) s. F i š e r - H e r m a n (M.).
Davson (H.), Hydrat. d. Cornea 6548.

Davy (G. S.) s. A m e s (T. R.).
—, **Jones (E. R. H.)** u. **Halsall (T. G.)**, Chemie d. Triterpene. 6. Mitt. Abbau v. Lupeolderivv. zu C_{27}-Ketonen 9810.
Davy (L. G.) s. E a s t m a n K o d a k C o.
Davy and United Engineering Co. Ltd., Behandl. v. Gußeisen- u. Stahlbädern 7073* F.
Daw (H.), Generalisierte Absorptionskoeffizienten v. Wasserdampf 8309.
Dawankow (A. B.), Selektive Adsorpt. v. Farbstoffen durch Kunstharze. 2. Mitt. 6405.
Dawbarn (M. C.) u. **Hine (D. C.)**, Best. d. Vitamin-B_{12}-Aktivität in d. Organen u. Exkreten d. Schafes. 1. Mitt. Mikrobiol. Bestimmungsmethoden 7250.
Dawes (E. A.) s. D a g l e y (S.).
Dawidow (R.), Fettgeh. d. Milch u. Verf. zu seiner Erhöh. 6876.
— u. **Arisstowa (W.)**, Einfl. d. Futterratt. v. Kühen auf d. Eigg. d. Milchfettes u. d. Qualität d. Butter 8283.
— u. **Gulko (L. J.)**, Faktoren, d. auf d. Geh. an Vitamin C in d. Milch einwirken 946.
— u. **Jermakowa (M.)**, Vitamin-A-Geh. d. Milch 10647.
Dawihl (W.), Verschleißfeste Werkstoffe 11449* D. B. — s. A k t. - G e s. f ü r U n t e r n e h m u n g e n d e r E i s e n - u n d S t a h l i n d u s t r i e.
Dawirs (R.) s. A b r e s c h (K.).
Dawson (B.), Struktur d. 9(18)-Heteropolyanions im Kalium-9(18)-Wolframophosphat, $K_6(P_2W_{18}O_{62}) \cdot 14H_2O$ 3811.
Dawson (D. W. O.) s. A. P. V. C o. L t d.
Dawson jr. (E. S.) s. A l l g e m e i n e E l e k t r i z i t ä t s - G e s e l l s c h a f t.
Dawson (F. L. M.), Progesteron bei funktioneller Unfruchtbark. v. Rindern 619.
Dawson (G.), Aschegeh. im Mehl 9466.
Dawson (I. W.) s. A n d e r s o n (N. G.) [Glasgow].
Dawson (J.) u. **Hullin (R. P.)**, Stoffwechsel d. Acetoins. 1. Mitt. Bldg. u. Verwert. v. Acetoin u. Butandiol-(2.3) in d. enthirnten Katze 144; 2. Mitt. Stoffwechsel-Umwandll. v. Acetoin, Pyruvat u. Acetat durch Kaninchennieren-Gewebsdisperss. 125.
—, **Hullin (R. P.)** u. **Pool (A.)**, Veränderr. im Blutgeh. an Acetoin u. Butandiol-(2.3) bei n. Personen u. Geisteskranken 6800.
Dawson (J. K.), Magnetochemie d. schwersten Elemente. 8. Mitt. Metall. Pu 3313.
—, **Eye (R. W. M. D')** u. **Truswell (A. E.)**, Hydratisierte Tetrafluoride v. U u. Pu 3331.
Dawson (J. M.) u. **Slawsky (Z. I.)**, Einfl. zwischenmol. Kräfte auf d. schnelle Ausdehn. eines Gases aus einem Anfangszustand sehr hoher D. u. Temp. 2137.
Dawson (J. V.) s. B a c h (B. B.).
Dawson (L. R.) s. S e a r s (P. G.); S m i s k o (J.).
—, **Hagstrom (R. A.)** u. **Sears (P. G.)**, Konduktometr. u. viscometr. Verh. v. LiBr in *50—50* Gewichtsprozent Methanol–Aceton bei Tempp. v. *20* bis *—50°* 9028.
— u. **Keely (W. M.)**, Leitfähigkk. v. Salzen in 1:2 Äthylendiamin–Methanol-Lsgg. im Temperaturbereich *—20* bis *20°* 3071.
—, **Sears (P. G.)**, **Dinga (G. P.)**, u. **Zimmerman jr. (H. K.)**, Leitfähigkk. u. DD. d. Syst. Ammoniumchlorid–Zinkchlorid–Methanol v. *—50* bis *+20°* 7382.
Dawson (M.) u. **Finn (G.)**, Kapazitätsmessungen an Punktkontaktgermaniumdioden 4521.
Dawson (M. C.), **Halsall (T. G.)**, **Jones (E. R. H.)**, u. **Robins (P. A.)**, Chemie d. Triterpene. 16. Mitt. Einw. v. HCl auf Butyrospermol 6754.
—, **Halsall (T. G.)** u. **Swayne (R. E. H.)**, Chemie d. Triterpene. 17. Mitt. Ausblicke auf d. Chemie tetracycl. Triterpene 6755.
Dawson (M. H.) s. A l e x a n d e r (B. H.) [Ipswich].
— u. **Alexander (B. H.)** [Ipswich], Metallograph. Unters. v. Ge-Punktkontaktgleichrichtern 8789.
Dawson (R. M. C.) s. N o r m a n (J. M.).
Dawson (T. L.) s. B a i r (E. J.).
Dawson (W. O.) s. W o l f (J.) & C o.
Dawtjan (N. A.) s. Ḑ j a k o w a (M. K.).
Dawton (D. I.) u. **Elliot (H.)**, Zeitl. Schwankk. d. weichen Komponente d. Höhenstrahl. 269. — Tag- u. Nachtmessungen d. Gesamtintensität d. Höhenstrahl. in Ballonhöhen 503.
Dawydoff (W. N.), Best. d. Mol.-Gew. v. Polyamiden, bes. v. Polykaproamiden [4950].
Dawydow (A. S.), Theorie d. Lichtabsorpt., -dispers. u. -streuung in Lsgg. 7607.
Dawydow (A. T.) u. **Lewitzki (I. J.)**, Austausch v. Fe- u. Al-Ionen an einem synthet. Adsorbens in Abhängigk. v. p_H d. Lsgg. d. verdrängenden Kationen 2977.
Dawydowa (N. I.) s. K u l b e r g (L. M.).
Dawydowa (S. J.), Geh. an Nucleinsäuren u. deren N-halt. Basen in d. Geweben v. Ratten während d. Entw. v. Impftumoren 9584. — s. K u s i n (A. M.).
Day (A. R.) s. H o o v e r (J. R. E.); S m i t h (G e o r g e W.).
Day (B. E.), Unkrautbekämpfungsversuche 3466.
Day (C. H.) s. U n i t e d S t a t e s R u b b e r C o.
Day (E. A.) s. J o h n s t o n (L. H.).
Day (F. T.), Wichtigk. d. Absorpt. v. Papier beim Drucken 956.
Day (H. G.) s. M u h l e r (J. C.).
Day (H. M.) u. **Patterson (D. G.)**, Polyesterharze, d. bei *500°* F haltbar sind 10147.
Day jr. (H. O.), **Gill (J. S.)**, **Jones (E. V.)** u. **Marshall (W. L.)**, Verwend. v. Kationenaustauscherharzen für Totalanionenanalysen v. wss. Lsgg., d. Uranylionen enthalten 11058.
Day (H. R.), Durch Bestrahl. induzierte Photoleitfähigk. in MgO 7613.
Day (J. F.), Korros. an vergrabenen Rohrleitungen u. d. kathod. Schutz 7516.
Day (K. H. V.), Sharples kontinuierl. Seifenherstellungsverf. 11115.
Day (P.) s. P r i m a t e (W.).
Day (P. L.) s. D i n n i n g (J. S.).
Day (P. R.) u. **Luthin (J. N.)**, Druckverteil. in geschichteten Böden während eines kontinuierl. Wasserstromes 3943.
Day jr. (R. A.), Polarograph. Red. v. Furfurol 1470.
— u. **Powers (R. M.)**, Extrakt. d. Uranylions aus einigen wss. Salzlsgg. mit Thenoyl-(2)-trifluoraceton 45. — Polarograph. Red. d. Nitrobenzaldehyde 53.
—, **Robinson jr. (A. E.)**, **Bellis (J. M.)** u. **Till (S. B.)**, Oxydationspotentiale u. UV-Absorptionsspektren einer Reihe v. Ketonen 10224.
Day (R. B.) s. W o o d b u r y (H. H.).
— u. **Henkel (R. L.)**, Gesamtwirkungsquerschnitte für Neutronen bei *20* MeV 275.
Day (R. O.), Kupolofenbetrieb mit an O angereichertem Gebläsewind 9654.

Day (T. G.) s. Union Carbide & Carbon Corp.
Daynes (G.), Behandl. nächtl. Enuresis mit darmlösl. Amphetamin 8912.
Dayton (B.) s. Bridge (H. S.).
Dayton (H. P.) s. Standard Oil Development Co.
Dayton (I. E.) u. **Gugelot (P. C.)**, Elast. Streuung v. *18,5* MeV-Protonen an Kernen 6444.
Dayton (J.) s. Hatch (F. T.).
Dayton (P. G.), Absorpt. einiger Isoxazole, Isoxazolone u. Pyrazolone im mittleren UV 313.
Dayton (S.), **Mosbach (E. H.)** u. **Kendall (F. E.)**, Art der radioakt. Verunreinigg. in biosynthet. ^{14}C-Cholesterin 1550.
Dayton Malleable Iron Co. u. **Crome (L. C.)**, Graues Gußeisen 2292* A.
Dayton Rubber Co. u. **Rockoff (J.)**, Streckwerkswalze für Spinnereimaschinen 10164* E.
— u. **West jr. (G. C.)**, Streckwerkswalze für Spinnereimaschinen 8765* E.
Dazzi (J.) s. Monsanto Chemical Co.
De (N. K.) u. **Kshirsagar (S. G.)**, Wrkg. d. Kochens auf d. Vitamin-A-Geh. v. vitaminisiertem Vanaspati u. Nahrungsmitteln tier. Ursprunges 8661.
De (N. N.) s. Pradhan (S. N.).
De (P. K.) s. Ghosh (B. N.).
De (S. S.) s. Sathe (V.).
De-Raef Corp., **Fear (E. D.)** u. **Harris (Lewis E.)**, Milchsäure enthaltendes Milchpulver 4235* A.
Deacon (B. D.) u. **Wamble (A. C.)**, Analyt. Verf. zur Vitamin-E-Best. in Baumwollsaat u. ihren Prodd. 3030.
Deal (A. S.), **Dickson (R. C.)** u. **Reynolds (H. T.)**, Therioaphis ononidis (Kalt.) in Californien 9887.
Deal (B. E.) u. **Svec (H. J.)**, Metall-Wasser-Rkk.; 2. Mitt. Kinetik d. Rk. zwischen Li u. Wasserdampf 305.
Deal jr. (C. H.) s. N. V. de Bataafsche Petroleum Mij.
Deal (S. B.), Flammenphotometr. Best. v. Na u. K in Zn–Cd–Sulfid-Phosphoren 4660. — Direkte Titriermeth. für d. Best. v. Ba 5139. — Polarograph. Best. v. Cd u. Zn in ZnS–CdS-Phosphoren 11433.
Deamer (W. C.) s. Petrakis (N. L.).
Deamicis (E.) s. Spalding (C. K.).
Dean (F.) s. Imperial Chemical Industries Ltd.
Dean (F. M.), **Roberts (J. C.)** u. **Robertson (Alexander)**, Chemie d. Pilze. 22. Mitt. Nidulin u. Nornidulin („Ustin"). Chlorenthaltende Stoffwechselprodd. v. Aspergillus nidulans 8637.
Dean (F. P.) u. **Newcomer (E. J.)**, Unterss. mit Gartenacariciden 11077.
Dean (J. G.), Ni-Verbb. als Katalysatorausgangsmaterial 5499.
Dean (J. N.) s. Telegraph Construction & Maintenance Co. Ltd.
Dean (K. C.) s. United States of America.
Dean (L. A.), Phosphorertragskurven 8006.
Dean (L. B.) s. United States Atomic Energy Commission.
Dean (R. A.) s. Anglo-Iranian Oil Co. Ltd.; Birch (S. F.).
Dean (R. B.), **Wiser (W. C.)**, **Martin (G. E.)** u. **Barnum (D. W.)**, Verbessertes Schutzkolloid bei Verwend. v. Dichlorfluorescein als Adsorptionsindiactor 884.
Dean (R. S.), Mn-Extrakt. durch Carbamatlsgg. u. d. Chemie neuer Mn–NH_3-Komplexe 2992. — s. Mallory (P. R.) & Co., Inc.
Dean (R. W.), Bewert. neuer Insekticide zur Bekämpfung d. Apfelmade Rhagoletis pomonella (Walsh) 3715.
Dean (R. Willard) s. Beisel (C. G.).
Dean (S. J.), **Brodie (D. C.)**, **Brochmann-Hanssen (E.)** u. **Riegelman (S.)**, Bereit. v. Belladonna- u. Stramoniumtinkturen unter Verwend. einer Kolloidmühle 10804.
Dean (W. A.) s. Aluminum Co. of America.
Dean (W. K.) s. Mallinckrodt Chemical Works.
Dean Guelbenzu (D. M.), Geschichte u. Begriff d. Spurenelemente 7594.
Deane (H. W.) = Wendler Deane (H.).
Deanesly (R. M.) s. Universal Oil Products Co.
Deans (D. R.) u. **Eaborn (C.)**, Rk. zwischen J u. trisubstituierten Silanen 765.
Deans (S. A. V.) s. Ayerst, McKenna & Harrison Ltd.
Dearborn (E. C.), **Fuoss (R. M.)**, **MacKenzie (A. K.)** u. **Shepherd (Ridgley G.)**, Epoxydharze v. Bis-, Tris- u. Tetrakisglycidyläthern 8508.
Dearborn (E. H.) s. White jr. (C. W.).
Dearborn (F. E.), Verbb. mit halogenierten Äthylensulfidgruppen 10609* A.
Dearborn Chemical Co. u. **Gunderson (L. O.)**, Mittel zum Verhindern d. Schäumens wss. Fll. 6129* A. — Behandl. v. W. 8705* Can.
Deardorff (D. L.) s. Arambulo (A. S.); Doerr (D. W.).
Deardurff (L. R.) s. Owens-Corning Fiberglas Corp.
Dearing (W. C.) s. Allied Chemical & Dye Corp.; Libbey-Owens-Ford Glass Co.
Dearnaley (G.), Elast. Streuung v. Protonen an F 10668.
Deasy (J. B.) s. Mann (B.).
Deatherage (F. E.) s. Weiser (H. H.).
Deb (A. R.), UV-Absorptionsspektren v. Phenetol u. n-Butylbenzoat in verschied. Aggregatzuständen 2155.
Deb (C.) s. Banerjee (Sachchidananda).
Debacher (D. E.) s. Gill (J. M.).
Debat (J.), Traitement de colibacillose urinaire par le sulfaméthylthiodiazol [7495].
Debeauvais (M.), **Houtermans (F. G.)**, **Jäger (E.)** u. **Buser (W.)**, Lokalisier. v. Bi in Gesteinen mit Kernemulsionsplatten 9156.
Debeer (G.) s. Simonart (P.).
Debenedetti (A.), **Garelli (C. M.)**, **Tallone (L.)** u. **Vigone (M.)**, V-Ereignis in Verbindung mit einem Stern, aus d. ein K-Meson emittiert wird 9949. — Instabiles Fragment u. ein positives τ-Meson, d. bei einer Kernzertrümmer. emittiert werden 9488. — Analyse v. drei in Sternen ausgelösten K-Mesonen 9949.
Debiais (L.), **Horstmann (Patricia)**, **Niclause (M.)** u. **Letort (M.)**, Indukt. d. Oxydat. d. fl. Dibenzyläthers durch freie Radikale 551.
—, **Niclause (M.)** u. **Letort (M.)**, Inhibit. d. Photooxydat. d. fl. Dibenzyläthers bei 15° durch Hydrochinon 4080.
Debiesse (J.), Taschen-Atommeiler 10.

Debiesse (J.), Challansonnet (J.) u. **Neyret (G.),** Verwend. v. Radioelementen zur Unters. v. Oxydkathoden 9633.
—, Neyret (G.), Challansonnet (J.) u. **Amoignon (J.),** Einfl. d. Radioaktivität auf d. Glühemiss. v. Kathoden 3311.
Deborin (G. A.), Elpiner (I. J.) u. **Schibanowa (O. M.),** Oberflächenfilme v. Eialbumin, das d. Einw. v. Ultraschallwellen ausgesetzt wurde 11592.
— u. Gorbatschewa (L. B.), Komplexe zwischen Proteinen u. Lipoiden- u. ihre Eigg.; Einfl. d. p_H u. v. Guanidin auf d. Stabilität d. Komplexes v. Eialbumin u. Ergosterin 1291.
— u. Schibanowa (O. M.), Komplexe d. Eiweißstoffe mit Lipoiden u. ihre Eigg.; Viscosität v. Lsgg. d. Eialbumins u. seines Komplexes mit Ergosterin. 5332.
Debot (R.), Körnigk. v. photograph. Emulss. in Abhängigk. v. d. Belichtungsbedingg. bei aktin. Licht 968. — Körnigkeitsmess. v. photograph. Platten: Vorschlag für ein halbautomat. Röhrengranulometer mit direkt. Ables. v. log σ 8071.
Debré (R.), Mozziconacci (P.) u. **Attal (C.),** Hormonale Behandl. d. Lipoidnephrose 6785.
—, Mozziconacci (P.), Job (J. C.) u. **Mouy (A.),** Zwischenfälle in Verbindung mit intralubalen Penicillin- u. Streptomycininjektt. 9610.
Debuch (H.) s. Stammler (A.).
Debye (P.) s. Barber (W. A.).
—, Debye (P. P.) u. **Eckstein (B. H.),** Dielektr. Hochfrequenzmeth. für Mol.-Gew.-Bestimmungen 3878.
—, Debye (P. P.), Eckstein (B. H.), Barber (W. A.) u. **Arquette (G. J.),** Unterss. an Lsgg. v. Hochpolymeren in inhomogenen elektr. Feldern 5086.
Debye (P. P.), Hall-Effekt u. Leitfähigk. v. Ge, das As oder Ga als Verunreinig. enthält 519. — s. Debye (P.).
— u. Conwell (E. M.), Elektr. Eigg. d. Ge v. n-Typ 10195.
— u. Kohane (T.), Hall-Beweglichk. d. Elektronen u. Leerstellen in Si 5723.
Decamp (M. H. D.), Knospentreiben v. Pflanzen, bes. Tabakpflanzen 445* F.
Deceli, Soc. An. Holding, Schaumzerstörer 4722* Oe.
Dechamps (G.), Buu-Hoï (N. P.), LeBihan (H.) u. **Binon (F.),** Darst. eines stabilen Carnitinderiv. 1250.
Decher (R.) u. **Kulenkampff (H.),** Ionisierungswrkg. schneller Elektronen 4277.
Decius (J. C.), Zusätzl. Intensitätsregeln für Isotopenmoll. 8785. — s. Teranishi (R.).
Deck (C. F.) s. Wahl (A. C.).
Deckel (E. B.), Was man v. Weichmachern für Vinylharze wissen muß 6149.
Deckenbrock (W.), Verwert. d. Alkohols im Organismus höherer Lebewesen 625. — Identitätsnachw. für Kornbranntwein durch d. Methanolprobe 5201.
— u. Sprick (M.), Verarbeit. v. Frischkartoffeln auf Spiritus unter Verwend. v. Pilzmalz 5674.
Decker (A.) s. Gregoire (R.).
Decker (B. F.) s. Barrett (C. S.); Keeler (J. H.).
— u. Asp (E. T.), Vorr. zum Anfertigen v. Atommodellen 11322.
Decker (B. M.) s. Hoffman (J. D.).
Decker (C. W.), Vanilleverarbeit., Klassifizier. u. Anwend. in Eiskrem 3755.
Decker (G. J.), Anwend. d. charakterist. Bodenfeuchtigkeitskurve 6115.
Decker (L. E.) u. **Byerrum (R. U.),** Bezieh. zwischen d. Riboflavingeh. d. Futters u. d. Geh. d. Gewebes an Riboflavin-halt. Enzymen u. Coenzymen 3644.
Decker (P.) s. Riffart (W.).
Decker (R.) & H. Holz, Polyalkoxy-, Polyaryloxy- u. Polyacyloxysiloxane 936* F. — Trimethylsilanol 4698* F.
—, Krug (A.) u. **Sixt (J.),** Essigsäureanhydrid 9193* D. B.
Decker (R. W.), Ventile, ganz aus Glas, zur Verwend. bei d. Erziel. v. ultrahohen Vakua 9153.
Deckers (W.) u. **Maier (J.),** Zwei neue Alkaloide aus Duboisia Leichardtii 1749.
Deckert (R.) s. Lüttringhaus (A.).
Deckwirth (E.), Behandl. d. Hyperthyreosen mit einem pflanzl. Thyreosedativum (Thyreogutt) 7244.
Declercq (M.) s. Buu-Hoï (N. P.).
Décombe (J.), Darstellungsmeth. v. Nitromethan aus Dimethylsulfat 9068.
— u. Prétot (M.), Kondensat. d. Acetoacetanilids mit Aldehyden 4082.
Decourt (J.) s. Jayle (M.-F.).
—, Jayle (C. F.), Michard (J.-P.) u. **Baulieu (E.),** Funktionsprüf. d. Nebennierenrinde durch Best. d. Harnsteroide vor u. nach intravenöser Perfus. mit ACTH 4624.
Decourt (P.), Vorsichtsmaßregeln, d. bei Verwend. v. Chloropromazin (*4500* R. P. oder Largactil) als narkobiot. Therapeuticum zu berücksichtigen sind 401. — Narkobiot. Wirksamk. v. Phenothiazinderivv. u. ihre therapeut. Bedeut. 1527. — s. Brunaud (M.).
— u. Grenat (R.), Narkobiot. Wrkg. u. alkoh. Gär. d. Glucose 1072.
Decroly (C.) s. Université Libre de Bruxelles.
Dedek (J.), Kristallisat. d. Zuckers 1629.
Dedieu (J.) s. Bastien (P.).
Dedman (M. L.), Farmer (T. H.) u. **Morris (C. J. O. R.),** Oxydat.-Red.-Eigg. d. adrenocorticotropen Hormons 7948.
Dedonatis (S.), Appunti di chimica fisica per il corso di chimici conciari]4746].
Dedonder (R.) s. Bell (D. J.); Kohanyi (G.); Péaud-Lenoël (C.).
— u. Noblesse, Beweis für d. Glucosegeh. d. Zwischenprodd. bei d. Synth. v. Lävan durch Bacillus subtilis 5819.
— u. Péaud-Lenoël (C.), Einfl. v. Glucose auf d. Synth. d. Lävans u. d. Lävansaccharase durch Bacillus subtilis-Kulturen 5098.
Dee (P. I.) u. **Richards (E. W. T.),** Durch α-Strahl. verursachte chem. Effekte in Fll. 9751.
Deebel (W. H.) s. Caley (E. R.).
Deeg (E.) s. Dietzel (A.).
Deeg (E. W.), Best. d. W.-Geh. mit d. Dekameter 4675.
Deeley (C. M.) u. **Richards (R. E.),** Kernmagnet. Resonanzspektren u. Struktur v. unschmelzbarem weißem Präcipitat 8319.
Deen (O. T.) u. **Hallock (H. C.),** Bekämpf. d. Rübenblattspringers auf zur Samengewinn. kultivierten Puffbohnen 10843.
Deenstra (H.) s. Vink (C. L. J.).
Deering (R. F.) s. Union Oil Co. of California.

Deering Milliken Research Trust u. **Janes (J. R.)**, Knitter- u. waschfeste, nicht einlaufende Textilien 9937* A.
— u. **Livak (J. E.)**, Färben v. Textilien aus Polyacrylnitril mit Küpenfarbstoffen 7324* A.
Deevey jr. (E. S.), **Gross (M. S.)**, **Hutchinson (G. E.)** u. **Kraybill (H. L.)**, Natürl. ^{14}C-Gehh. v. Stoffen aus Seen mit hartem W. 4303.
Defay (R.) s. Prigogine (I.).
Defay (Raymond), Oberflächenspann. einer kristallinen Fläche 6925.
Defendi (V.) s. Pearson (B.).
Deferrari (J. O.) s. Deulofeu (V.).
Defize (L. F.) s. Willingen (C. P. van der).
Deforge (J.), Hydraul. Kalke u. Mörtel 6594.
Defranceschi (A.) s. Ceriotti (G.).
Defromont (C.), Verlängerte tox. Wrkgg. bei Bienen durch Behandl. v. Raps mit Phosphorsäureestern 10608.
Degen (W.), Mikrochem. Nachw. v. Kalypnon 7744.
Degenhard (W.), Fokussierungseffekte bei d. Schrägbedampf. 10207.
Degenhart (J.) s. Siemens & Halske Akt.-Ges.
Degenkolbe (J.) u. **Sauerwald (F.)**, Innere Reib. v. schmelzfl. K-Amalgamen 8795.
Degens jr. (P. N.), **Zee (H. van der)** u. **Kommer (J. D.)**, Einfl. v. anion-oberflächenakt. Mitteln auf d. Schlammbelebungsverf. 8941.
Degeorges (M.) s. Soc. An. Progil.
Degering (E. F.) s. Galbraith (H. W.).
Degnen (W. J.) s. Kellog (M. W.) Co.
Degórski (H.) s. Myślińska (Z.).
Degrois (M.) s. Busnel (R.-G.).
Degtjarew (J. G.), **Shdanow (A. P.)** u. **Lukirski (P. I.)**, Kernspalt. durch schwere Mesonen 1897.
Degtjarew (O. M.) u. **Plotnikow (L. M.)**, Genesis d. Magnetits in Lagerstätten v. Typus d. ehemal. Nikolajew-Werkes 11183.
Deguchi (M.) u. **Kojima (G.)**, Mg-Stoffwechsel v. Kulturpflanzen. 1. Mitt. Wrkg. v. Mg-Mangel auf d. p_H lebender Pflanzen 11409.
Degueldre (L.), Bldg. v. Forsterit 1227. — s. Keyser (W. L. de).
Degussa = Deutsche Gold- & Silberscheideanstalt vormals Roessler.
Dehais (P.), Verwendd. v. Sn 4686.
Dehler (H.) s. Baermann (M.).
Dehlinger (U.), Entropie d. Elektronen in Metallgittern 7161. — s. Bader (F.).
Dehmel (A.), Rationelle Herst. v. Pralinen u. a. überzogenen Körpern 9466.
Dehmelt (H. G.) s. Fairbank (W. M.); Robinson (H. G.).
Dehn (S. G.) u. **Scherer (R. P.) Corp.**, Korrosionsbeständ. austenit. Fe-Legier. als Werkstoff für mit einem schwach sauren Mittel gefüllten Behälter 681* E.
Dehn (U. v.) s. Sandermann (W.).
Dehtochema, Národní Podnik, Oberflächen für Sportplätze 4011* Oe. — Verf. zur Herst. v. bitumenhalt. Erzeugnissen wie Platten 8710* Oe.
DEHYDAG Deutsche Hydrierwerke G. m. b. H., Kondensationsprodd. 231* D. B. — p-Aminobenzolsulfimide 412* D. B. — Lösungs- u. Weichmachungsmittel 467* D. B., 8288* D. B. — Harzart. Kondensationsprodd. 471* D. B. — Herst. v. Fasern, Fäden, Folien, Filmen usw. 1175* Schwz. — Polykondensationsprodd. 1392* D. B., 2107* D. B. — Überführ. v. unlösl. Salzen, bes. d. Härtebildner d. W., in wasserlösl. Form 2043* D. B. — Feinverteil. v. festen oder fl. Substanzen auf pulverförm. Substraten 5402* Schwz. — Alterungsschutzmittel 8509* D. B. — Plastifizierungsmittel 9461* D. B. — Sulfonieren u. Neutralisieren organ. Stoffe 9665* D. B. — Nitrosubstituierte Alkohole 11308* D. B. — vgl. auch Deutsche Hydrierwerke Akt.-Ges.
DEHYDAG Deutsche Hydrierwerke G. m. b. H. u. **Endres (R.)**, Lösungs-, Weichmachungs-, Gelatinierungs- u. Quellungsmittel für Aminoplaste 4468* D. B.
— u. **Engelbrecht (H.-J.)**, Kondensationsprodd. aus Diaminen 230* D. B. — Quatern. N-Verbb. 5214* D. B.
— u. **Götte (E.)**, Emulgiermittel 3777* D. B. — Wss., zur Schädlingsbekämpf. geeignete Disperss. 5402* D. B., 9175* D. B.
— u. **Grundmann (C.)**, Nitroparaffin-KW-stoffe 8963* D. B.
—, **Grundmann (C.)** u. **Stickdorn (K.)**, Beständ. wss. Emulss. 9484* D. B.
—, **Gündel (W.)** u. **Götte (E.)**, Schützen v. Waren gegen Schädlinge 4920* D. B.
—, **Hentrich (W.)** u. **Endres (R.)**, Lsg.- u. Weichmachungsmittel 7097* D. B.
—, **Hentrich (W.)**, **Endres (R.)** u. **Höllerer (H.)**, Quellungs-, Gelatinierungs- u. Weichmachungsmittel 227* D. B.
—, **Hentrich (W.)** u. **Engelbrecht (H.-J.)**, Sulfonamide 254* D. B. — Capillarakt. Verbb. 9470* D. B.
—, **Hentrich (W.)**, **Grundmann (C.)** u. **Endres (R.)**, Gelatinierungsmittel u. Weichmacher für Chlorkautschuk 9461* D. B.
—, **Hentrich (W.)** u. **Kraft (Horst)**, Als Netzmittel geeignete KW-stoff-Sulfonate 2560* D. B.
—, **Hentrich (W.)** u. **Schirm (E.)**, Kondensationsprodd. 6395* D. B.
—, **Hentrich (W.)** u. **Stickdorn (K.)**, Umlager. v. cycl. Ketoximen 4949* D. B.
— u. **Hueter (R.)**, Wss. Lsgg. v. in W. schwerlösl. Stoffen 639* D. B.
—, **Kaiser (W. J.)** u. **Grundmann (C.)**, Enthalogenieren v. Halogenaminopyrimidinen 692* D. B.
—, **Kirstahler (A.)** u. **Hentrich (W.)**, Superpolyamide 1175* D. B. — Superpolymere Verbb. 9227* D. B. — Herst. linearer Polyamide 10656* D. B.
— u. **Schirm (E.)**, Aromat. Sulfochloride 3491* D. B.
—, **Stickdorn (K.)** u. **Giloy (F.)**, W.-in-Öl-Emulss. aus höhermol. KW-stoffen 6872* D. B.
Deibner (L.), Oenometrie, gegenwärt. Stand, Bedeut. für d. Vorhersage oenolog. Erscheinn. 9689.
— u. **Bénard (P.)**, Best. d. Schwefelsäureions im Wein nach Abtrenn. d. Schwefligsäureanhydrids 10400.
— u. **Bouzigues (H.)**, Wrkg. in d. Oenologie benutzter Mittel zur Fe-Ausscheid. 9464.
Deigen (M. F.), Theorie d. magnet. Eigg. v. Metall–NH_3-Lsgg. 9964. — Opt. Eigg. u. elektr. Leitfähigk. v. Metall–NH_3-Lsgg. 9964.
Deile (O.), **Krämer (H.)** u. **Klaus (W.)**, Adsorptives Verh. d. Methylcellulose an Polystyrol aus d. Brechungsindex v. Polystyrolsol mit Zusatz v. Methylcellulose 8642.

Deinert & Co. Spezialbetriebe für Galvanotechnik u. Franz (A.), Herst. starker Cr-Überzüge auf Al u. Al-Legierr., bes. Mg-halt. Al-Legierr. 8025* D. B.
Deinet (J.) s. Du Pont de Nemours (E. I.) & Co.
Deinum (H. W.), Elementaranalyse v. Kohlen, insbes. d. direkte O-Best. 7353.
Deischer (C. K.) s. Rollins (O. W.).
Deissler (R. G.), Wärmeübergang u. Fl.-Reib. bei vollentwickelter turbulenter Ström. v. Luft u. suprakrit. W. mit verschied. Fl.-Eigg. 9407.
Deiterding (H.) s. Pomosin-Werke G. m. b. H.
Deitschmeissster (M. W.), Lewkojew (I. I.), Lifschitz (E. B.) u. Natansson (S. W.), Lage d. Empfindlichkeitsmaximums photograph., durch Polymethinmerocyanine sensibilisierter Emulss. 1190.
Deitz (G. A.) u. Halpern (J.), Rk. v. Ag mit d. wss. Lsgg. v. Cyaniden u. O_2 8573.
Deitz (V. R.) s. Liggett (R. W.).
Dejak (C.), Calcolo chimico numerico, grafico e statistico [9486]. Theorie d. konz. Lsgg. starker Elektrolyte. 16. Mitt. Rasche analyt. Meth. zur Berechn. d. Aktivitätskoeffizienten d. Lösungsm. 11510.
Dejoie (L.), Dest. Limetteöl aus Haiti 9687.
Dejours (P.) s. Binet (L.).
Dekanski (J.), Quantitat. Best. v. Angiotonin 2935.
Dékány (D.), Borstähle 6607.
Dekay (H. G.) s. Gagnon (L. P.).
Dekeyser (W.) s. Amelinckx (S.); Hoebeke (F.); Vorst (W. van der); Votava (E.).
— **u. Amelinckx (S.)**, Les Dislocations et la croissance des cristaux [8332].
Dekker (A. J.), Energie- u. Temperaturabhängigk. d. Sekundäremiss. v. MgO 4762.
Dekker (E.) u. Groen (J.), Klin. Wrkg. neuer Antikoagulantia: 2.2-Bis-[4-oxycumarinyl-(3)]-äthanoläther 2009.
Dekker (L. P. v. d. M.) = Mijill Dekker (L. P. v. d.).
Dekker (T. J.) s. Clay (J.).
Delaby (P. A. R.), Trocknen v. in Lsg. oder in Suspens. befindl. Substanzen 8464* F.
Delaby (R.) s. Damiens (R.); Warolin (C.).
—, **Damiens (R.) u. Seyden-Penne** [β-Cyanäthyl]-dithiocarbamate u. ihre Derivv. 69.
Delacroix (J.) s. Jacquet (J.).
Delahay (P.), New instrumental methods in electrochemistry [2841]. — Theorie d. irreversiblen Wellen in d. oscillograph. Polarographie 8092.
— **u. Mattax (C. C.)**, Einfl. v. Fremdelektrolyten u. Temp. auf d. elektrochem. Kinetik. Anwend. d. Polarographie u. Voltametrie bei konstantem Strom 10445.
Delain (C.), Elementarzelle u. Raumgruppe v. $MnCl_2 \cdot 4\,H_2O$ 2375.
Delambre (J.) u. Gronier (G. L.), Elektrolyt. Beizen v. Metallgegenständen 7310* F.
Delaney (C. J.) s. Socony-Vacuum Oil Co., Inc.
Delannoy (A.) u. Hugon (J.), Vers. d. Malariaprophylaxe mit Pyrimethamin (Daraprim) in ländl. Gegenden 5360.
Delannoy (N.) s. Lutz (A.).
Delaplaine (J. W.) s. Houndry Process Corp.
Delarozière (F.), Untergrundvergas. u. restlose Vergas. 3040.
Delaruelle (A.) u. Claes (A. I.), Beginelen der moderne chemie [503].
Delassus (M.) s. Établissement Public: Houillères du Bassin du Nord & du Pas-de-Calais.
Delattre (J.) s. Perrault (M.).
Delattre (M.) s. Morin (M.).
Delattre (R.), Techn. Übersicht über d. Arbeiten d. ISO/TC 45 5672.
Delaunay (A.) s. Bazin (S.); Creze (J.); Lacronique (F.).
— **u. Bardou (Y.)**, Wrkg. d. Desoxycorticosteronacetats, d. Progesterons, d. Dihydrofolliculinbenzoats oder eines Vitamin-C-Mangels auf d. Entsteh. u. Entw. v. durch Tetrachlorkohlenstoff erzeugter Hepatitis 7709.
Delaune (E. T.) s. Standard Oil Development Co.
Delaunois (A. L.), Abgeänderter manometr. Van Slyke-App. 8225. — s. Heymans (C.).
—, **Mauclet (R.) u. Rousseaux (J. P.)**, Durch Treibstoffe für Flugzeugmotoren mit Turbinenantrieb hervorgerufene Hautkrankheiten 4401.
Delavault (R.), Geh. d. Sexualkerne einer hermaphroditen Rhabditis an Desoxyribonucleinsäure 10285.
Delaveau (F.) s. Pallaud (R.).
Delaveau (P.) s. André (E.).
Delavier (H. J.) s. Dörfeldt (W.).
Delaville (M.) s. Lichtwitz (A.).
—, **Gaudin (O.) u. Bataille (J.)**, Auf d. Hypophysen-Nebennieren-Syst. wirksame Salicylsäurederivv. 8205.
Delay (J.), Deniker (P.) u. Tardieu (Y.), Hibernotherapie u. Heilschlaf in d. psychiatr. u. psychosomat. Therapie 8910.
—, **Pichot (P.), Thuillier (J.) u. Marquiset (J.-P.)**, Wrkg. v. Aminodipropionitril auf d. motor. Verh. d. weißen Maus 4149.
—, **Thuillier (J.) u. Volmat (R.)**, Gehirnstoffwechsel u. Vitamine d. B-Komplexes 6064.
Delbag Luftfilter G. m. b. H., Filterkassette zum Filtrieren v. Gasen 10105* Schwz.
Delbarre (F.) s. Bonfils (S.); Coste (F.); Lacronique (F.).
Delbart (G.), Borstähle 7538. — s. Boulanger (C.); Portevin (A.).
Delbecq (C. J.), Robinson (John E.) u. Yuster (P. H.), Absorpt. durch Jodidverunreinig. in Kalium- u. Natriumbromiden 512.
— **u. Yuster (P. H.)**, Photoneninduzierte Diffus. in dünnen Filmen u. Einkristallen v. KJ 3568.
Delcour (G.), Staphylokokken u. Antibiotica 5577.
Delcroix (J.-L.) s. Bayet (M.).
Delecour (M.) s. Marchand-Alphand (A.).
Delemotte (E.) s. Darche (A. A. A.).
Delépine (M.), Einige in d. Chemie angewandte Zeichen u. Ausdrücke 502. — Eigentüml. Wrkg. verschied. Substanzen mit alkoh. Funktionen auf d. Einführ. v. Pyridin in Natriumhexachlororhodinat(III) 6476. — Einw. v. Licht auf 1.2.6-Tripyridinotrichloroiridium in verschied. Lösungsmm. 8333.
Deléris (M.), Lichtbogenschweißung v. Cu 2994.
Delfel (N. E.) s. Weymouth (P. P.).

Delfino jr. (J.), Herst. v. Portlandzement nach d. Trockenverf. 5394.
Delfosse (J. M.), Am Mattauchschen Spektrographen d. Universität v. Louvain im Laufe d. verflossenen Jahres angebrachte Abänderr. 4994.
Delfosse (P.), Champagne-Kreide „OMYA" im Naturkautschuk 5916.
Delfs (D.) s. Farbenfabriken Bayer Akt.-Ges.
Delga (J.), Widerstandsfähigk. d. Ricins gegen verschied. chem. Wirkstoffe 5359. — s. Hazard (R.).
—, **Bénitte (A.)**, **Stupfel (M.)** u. **Richard (S.)**, Kaliämie nach Einw. verschied., zur Erzeug. künstl. Schlafes angewandter pharmakol. Substanzen 402.
Delgado (M. L. O.) = Ortega Delgado (M. L.).
Delibrias (G.), Best. v. Rn in Luft 7145.
Delimarski (J. K.), Elektrodenpotentiale v. Metallen in Salzschmelzen 11511. — s. Markow (B. F.).
—, **Koloti (A. A.)** u. **Lapa (W. A.)**, Zersetzungspotentiale d. Systeme NaF–ZrF_4 u. NaF–ZrF_4–ZrO_2 3072.
Delindati (G.) s. Zanzucchi (A.).
Delisle (L.), Elektronenmkr. Unters. über d. Wrkg. d. Kaltverarbeit. auf d. Unterkornstruktur v. Cu 9513.
— u. **Davis (G. A.)**, Elektronenmkr. Feinstrukturunterss. 8328.
Dell (P.) s. Hiebel (G.).
Dellenback (R. J.) s. Crescitelli (F.).
Delley (R.) s. Meyer (R.).
Dellian (K.), Entw. Anthrasolfarbstoffe 11467.
Delmar (G. S.), Bas. Al-Salze v. α-Aminosäuren 3200* A.
Delmari (F.), Verf. zum Beizen v. metall. Flachdruckplatten 10163* Schwz.
Delmas (G.) s. Pierre-Bourgeois.
Delmas (H. G.), Aprikosenmehltau (Oidium) in Roussillon 2516. — Chem. Bekämpf. v. Ceratitis capitala Wied. 10361. — s. Thermes (R.).
Delmotte (N.), Wrkg. v. Natriumlaurylsulfat u. Natriumlaurylsulfonat auf. d. mkr. Bild d. Colibacillus 2703.
Delmoussee (G. L. J.) s. Soc. Commerciale et Industrielle S. A. F.
Deloffre (G.), **Pierre (E.)** u. **Roig (J.)**, Photodianode 2835.
Deloffre (L.), **Pierre (E.)** u. **Roig (J.)**, Photodianode: Unters. d. Gesamtstromes u. d. differentiellen Stromes in einer unsymm. Anordn. 5961.
Delong (V.), Gargoylismus 11415.
Delong (W. A.) s. Schnitzer (M.).
Delor (J.) s. Gley (P.).
Delorme (C.) s. Bertaut (F.).
Delorme (G.) s. Reboul (J.).
Delost (P.), Einfl. d. Cortisons auf d. Samenleiter d. kastrierten u. surrenalektomierten Feldmaus (Microtus arvalis P.) 1076.
— u. **Terroine (T.)**, Einfl. d. Biotinmangels auf bestimmte endokrine Drüsen im Verlauf d. postnatalen Entw. d. Ratte 9835.
Delourme-Houdé (J. M. R. A.) u. **Fourneau (J. P.)**, Monoäther d. 5.8-Dioxy-2-methyl-4'.5':6.7-furanochromons 7980* D. B.
Delourmel (T.) u. **Herpin (A.)**, Magnetostrikt. in einem Drehfeld 8318.
Delp (M. H.) s. Reissmann (K. R.).
Delplace (H.) s. Colonge (J.).
Delplace (Y.) s. Mahon (R.); Tara (S.).
Delrieu (P.) s. Soc. An. pour les Applications de l'Électricité et des Gaz Rares, Établissements Claude-Paz & Silva.
Delsemme (A.) s. Chiurdoglu (G.).
Deltombre (J.), Best. d. ZnO in Salben 11046.
Deluzarche (A.), Refraktionsinkrement d. TiO_4-Gruppe in d. Orthotitansäurealkylestern 4068.
Delwaulle (M.-L.), Austausch d. Halogene zwischen Chloriden u. Bromiden d. vierten Spalte d. Period. Syst. 980.
Delwiche (E. A.) s. Chambers (E. H.).
—, **Carson (S. F.)** u. **Gwin (B. A.)**, Citronensäurecyclus in Propionibacterium pentosaceum 6312.
Demag Akt.-Ges., **Flesch (W.)** u. **Pistorius (O.)**, Aufbereit. d. Brennstoffbettes beim Vergasen im Abwärtsgang d. Vergasungsmittels 6430* D. B.
— u. **Pistorius (O.)**, Gaserzeug. aus feinkörn. Brennstoffen 3042* D. B.
—, **Pistorius (O.)**, **Johswich (F.)** u. **Neudeck (O. v.)**, Wassergas 6660* D. B.
Demag-Elektrometallurgie G. m. b. H. u. **Mitter (C. C.)**, Gewinn. reiner Metalle 8258* Ind.
—, **Mitter (C. C.)** u. **Schulz (O.)**, Trenn. v. Cu u. Ag vornehml. in Münzmetallen 11088* E.
Demagistri (A.) s. Signer (R.).
Demain (A. L.) s. Shifrine (M.).
Demange (G.) s. Golse (R.).
Demaree (K. D.) s. Weckel (K. G.).
Demarles (F.), Apparate für d. industrielle Kontrolle u. Korros. 657.
Demay (M.) s. Champy (C.).
Dembiczak (C. M.) s. Rousseau jr. (J. E.).
Demel (E.) s. Spanyár (P.).
Demerec (M.) u. **Hanson (J.)**, Mutagene Wrkg. v. $MnCl_2$ 7931.
Demers (P.), Asymmetrie d. Spalt. u. d. Tropfenmodell 2357. — Energieverlust hochgeladener Teilchen, d. durch Spalt. oder Höhenstrahlen erzeugt worden sind. 1. Mitt. Beobacht. d. Spaltprodd. 3304. — Bahnspuren mit minimaler Ionisier. in einer feinkörnigen, im Labor. hergestellten Emuls. 4273. — Höhenstrahlerscheinn. bei minimaler Ionisat. in einer neuen, im Labor. hergestellten feinkörn. Emuls. 9487. — Halten v. Aerostaten auf großer Höhe 9495. — s. Mathieu (R.); Thouvenin (J.).
—, **Lapalme (J.)** u. **Thouvenin (Jacques)**, Rückgang d. latenten Bildes v. geladenen Teilchen 3306.
Demeter, Mikrobiologie d. Käsereitechnik 7108.
Demeur (M.), Singuläre Lösungen d. Klein-Gordon- u. d. Dirac-Gleichungen unter Berücksichtig. eines äußeren elektr. Feldes 3545.
—, **Gribaumont (A.)** u. **Janssens (P.)**, Anwendd. d. Bremstheorie d. Neutronen 6.
Demey-Ponsart (E.), **Vivario (R.)** u. **Heusghem (C.)**, Polarograph. Best. v. Corticosteroiden 4624.
Demi (J. A.), Kopfwaschmittel gepuffert, überfettet u. erweichend sowie Shampootest 7335.
Demichelis (F.), Zerfallsschema v. ^{211}Po (ThC') 7832.
— u. **Malvano (R.)**, Winkelkorrelat. d. Kaskaden-γ-Strahlen aus d. Zerfall v. $^{214}_{84}Po$ 1435. — Zerfallsschema v. ^{214}Po 7832.

Demichelis (Francesca), Kathod. Metallzerstäub. u. Kristallstruktur 2616.
Demidenko (T. T.), Bilonoshko (M. A.), Jasstrembowitsch (N. I.) u. **Subetz (G. G.),** Einfl. d. Düngemittel auf d. Ertrag v. Sommerweizen 6369.
Demidionowa (W. J.) s. Bloch (G. A.).
Demidow (N. W.), Difluortetrachloräthan u. Filixan bei Fasciolose d. Schafe 8674.
Demin (W. I.) s. Belitzer (W. A.).
Deming (H. G.), Practical laboratory chemistry, a manual for beginners [11265].
Deming (P. H.) s. Shell Development Co.
Demirtschogljan (G. G.), Radioakt. Isotope u. ihre Verwend. in Biologie u. Medizin 3642.
Demjanowitsch (A. M.), Geh. an N-Formen in d. mehrjähr. Lupine 7109.
Demjantschuk (A. S.), Spektrograph. Best. v. C in Stählen, Gußeisen u. verschleißfesten Auftragungen 3212. — s. Kudelja (J. S.); Medowar (B. I.).
Demkina (L. I.), Vorstellungen über d. inneren Bau v. Silicatgläsern 3461.
Demkiw (L. P.) s. Dyban (A. P.).
Demkow (J. N.), Prinzip d. Mikrogleichgewichts in d. Quantenmechanik u. Identitäten für d. Streuamplituden in d. Stoßtheorie 5230.
Demling (L.), Proteinkomponente d. geschädigten Leber 2931. — s. Henning (N.).
— u. **Zach (J.),** Zelleiweißkörper d. n. u. patholog. Magenschleimhaut 10532.
Demoen (P.) u. **Janssen (P.),** Spektrophotometr. Unters. v. Strychnin u. Brucin 2958.
—, **Janssen (P.), Keere (B. van de)** u. **Zivkovic (D.),** Stoffwechsel v. Isoniazid (INH) u. sein N^2-D-Glucuronlactonderiv. (INHG) beim Menschen 7253.
Demole (V.), Nichtbestehen d. physiol. Antagonismus zwischen F u. Thyroxin 6321.
Demolin (A.), Beeinfluss. d. Düngerwrkg. durch d. Porosität d. Bodens 8473.
Demoll (R.), Viren, Hormone, Wuchsstoffe u. Antibiotica im Abwasser 1350.
Demolon (A.), Boischot (P.) u. **Lajon (J.),** Einfl. d. in Mischdüngern enthaltenen Salze auf d. P_2O_5-Konz. v. Bodenlsgg. 7759.
— u. **Muller (J.),** Kinet. Unters. d. Rkk. d. Monocalciumphosphats in Gelen 1682.
Demon (L.), Mess. d. Geschwindigk. langsamer Gasströme mittels einer ion. App. mit linearer Charakteristik. Möglichk., d. Gasvol. durch direkte Integrat. zu erhalten. Anwendung: d. Pneumotachograph 2030.
Demont (P.), Erweiter. d. Anwend. v. Neusal-Lsg. bei d. Fettbest. in gezuckerter Milch, Schokolade u. Kakao mit anderen Butyrometern als d. für Milch 6417.
Demorest (H. L.) s. Baskin (R.).
— u. **Baskin (R.),** Gasströmungszähler zur Skandier. v. Papierchromatogrammen u. Papierionogrammen 10333.
— u. **Erickson (J. H.),** Automat. Probenwechsler für Topf-Scintillationszähler 7606.
Demott (B. J.), Trout (G. M.) u. **Brunner (J. R.),** Faktoren bei d. Bldg. eines Fettringes bei homogenisierter Milch 10647.
Demoulin (C.), Öfen u. Generatoren zur Wiederaufkohlung, Zementat. u. Carbonitrier. mit Gasen 3718.
Demoulin (Camille), Herst. v. dekorativen, Glasgemälde imitierenden Scheiben 5396* F.
Dempsey (E.) u. **Haar (D. Ter),** Statistik für ein kub.-flächenzentriertes Ferromagnetikum 2604.
Dempsey (J.) s. Balas (W.).
Dempsey (M.), Furlong (J. R.) u. **Knew (E.),** Konservierungsverss. an sudanes. Schaffellen 2581.
—, **Innes (R. F.)** u. **Mitton (R. G.),** Vgl. d. Paraffin- u. Druckmeth. zur Entfettung. Einfl. auf d. Verteil. d. Restfettes u. d. Ledereigg. 3290.
Dempster (A. N.) s. National Lead Co.; Titan Co., Inc.
Dempster (C. J.), Hlynka (I.) u. **Anderson (J. A.),** Extensograph. Unterss. über d. strukturelle Lockerung in bromathaltigen u. -freien Teigen unter N_2 3271.
Dempster (J.) s. „Shell" Refining & Marketing Co. Ltd.
Dempster (J. R. H.), Berechnn. über μ-Mesoneneinfang in Kernen 4268.
Dempster (P. B.) s. Cumming (W. M.).
Dempster (W. J.) s. Bayliss (R. I. S.).
Demtschenko (L. G.) s. Dumanski (A. W.).
Demtschenko (N. S.) s. Drinberg (A. J.).
Demtschenko (P. A.) s. Dumanski (A. W.).
Demura (K.), Anwend. v. emulgierten Rinderhypophysenvorderlappen im Vgl. zum Transplantat bei Hauterkrankk. sowie Laboratoriumsbefunde 854.
Demurow (M.), Prim. Bearbeitung d. Milch 9691.
Demus (H.), Verwert. d. als Nebenprod. anfallenden Glaubersalzes bei d. Herst. v. Zellwolle nach d. Viscoseverf. 486. — s. Esselmann (P.).
Den (H.) s. Bodo (R. C. de).
Dénes (A. S.), Best. v. Mg mittels Titangelb in Lebensmitteln 3755.
Denesuk (S. A.) s. Johns (H. E.).
Denffer (D. v.), Behrens (M.) u. **Fischer (Adolf)** [Gießen], Papierelektrophoret. Trenn. v. Indolderivv. aus Pflanzenextrakten 1110.
Dengel (F.) s. Knoll Akt.-Ges. Chemische Fabriken.
Dengel (G.) s. Preh Elektrofeinmechanische Werke Inhaber J. Preh.
Dengler (H.) s. Sielaff (H. J.).
Denhoff (E.), Solomons (G.), Laufer (M.) u. **Tramonti (D.),** Irrtum bei d. Anwend. v. Harntests als Indicatoren für d. Toxizität v. antikonvulsiv. Medikamenten 4154.
Deniker (P.) s. Delay (J.).
Denis (A.) s. Champetier (G.).
Denis (P.) s. Béné (G. J.); Manus (C.); Winter (J.).
—, **Béné (G. J.)** u. **Extermann (R.-C.),** Stationäre Beobacht. einer Übergangserschein. bei d. Kernresonanz 8091.
Denis (R. A.), Ramie. 3. Mitt. Degummier. u. Spinnerei 4967; 4. Mitt. Wirtschaftl. Zukunftsaussichten 4967.
Denisoff (A. K.) s. Cinema Television Ltd.
Denison jr. (G. H.) s. California Research Corp.
Denison (I. A.) u. **Romanoff (M.),** Korros. v. mit Ni legiertem Gußeisen in Böden 1365. — Korros. v. verzinktem Stahl in Böden 9182. — Korros. v. niedriglegiertem Fe u. Stahl in Böden 9182.
Denison (W. A.) s. Union Carbide & Carbon Corp.
Denisse (J.-F.) s. Bayet (M.).
Denissow (A. M.) s. Gordon (B. J.).

Denissow (J. T.) s. Beresin (I. W.).
Denissowa (A. T.) s. Ogandshanowa (S. S.).
Denissowa (G. M.) s. Pudowik (A. N.).
Denissowa (S. O.) s. Menschikow (G. P.).
Deniston (G. L.) s. Chadeloid Corp.
Denivelle (L.) s. Stammreich (H.).
— u. **Fort (R.)**, Aromat. Ester d. unterchlor. Säure 1487. — Hexachlorcyclohexadien-(1.5)-on-(3) oder Pentachlorphenylpseudohypochlorit; chem. Rk.-Fähigk. u. Konst. 10010.
Denk (G.), Alkalimetr. Bestimmungsmeth. v. Ca, Sr, Ba u. Sulfat 4660. — Alkalimetr. Bestimmungsmeth. v. Cu, Hg u. Ni 4897.
— u. **Alt (J.)**, Alkalimetr. Bestimmungsmeth. v. Zn u. Pb 10337.
Denker (R.-B.), Falkenhagen (G.) u. Hofmann (Wilhelm), Stauchbark. v. gegossenem Zn in Abhängigk. v. d. Winkel zwischen Stauchricht. u. Hauptwachstumsricht. d. Kristalle 4777.
Denkewalter (R. G.) s. Merck & Co., Inc.
Denman (W. L.), Schäumen im Kessel 11066.
Dennen (W. H.) u. Fowler (W. C.), Quantitative spektrograph. Analyse v. Gesteinen unter Benutz. einer Meth. d. gegenseit. Standardisier. 7510.
Denney (D. B.), Unters. d. hypothet. Ionenpaarzwischenprodd. bei d. Umlager. v. 9-Dekalylhydroperoxydbenzoat durch Anwend. v. ^{18}O 10472.
Denney (J. M.), Energieschwelle d. Strahlungsschädig. in einer flächenzentriertkub. Legier. 997. — Nachw. für geschmolzene Bereiche in Metallkristallen, d. v. einer Teilchenbeschießung herrühren 5735.
Dennhardt (H.), Hiller (J.) u. Hirsch (W.), Problem d. Nachw. u. d. Verh. tuberkulotoxischer Substanzen aus dem Serum v. Tuberkulosekranken 9591.
Denninger (E.), Anwend. d. „Holzkohletechnik" auf Reduktionsglasuren u. keram. MM. 11070.
Dennis jr. (A. P.), Schmutzkontrolle. Symposium. 1. Mitt. Überwach. d. Abwässer einer Raffinerie 3285.
Dennis (D.) s. Goldin (A.).
Dennis (E.) s. Hughes (Warren); Moyer (J. H.).
Dennis (E. W.) s. Gamble (J. R.).
Dennis (R. L.), Plant (W. J.), Skinner (C. G.), Sutherland (G. L.) u. Shive (W.), Synth. v. Cyclopenten-(2)-yl-(1)-glycin als hemmendes Aminosäureanalogon 9088.
Dennis (W. H.), Metallurgy of the non-ferrous metals [2067]. — Entww. in d. Cu-Schmelz. 6120.
Dennison (A. C.) s. O'Neill (L. A.).
Dennison (D. M.), Energieniveaus d. ^{16}O-Kerns 11490. — s. Chang (Tsu-Shen).
Dennison (T.), Oberflächenfehler in Stahl u. ihre Bezieh. zu d. verschied. Stadien d. Herstellungsprozesses 7769.
Dennstedt (I.) s. Farbenfabriken Bayer Akt.-Ges.
Denny (F. E.) s. Boyce Thompson Institute for Plant Research, Inc.
Denny (V. E.) s. Preckshot (G. W.).
Deno (N. C.) u. Chafetz (H.), Alkylier. v. Hydrochinon u. seinen Derivv. 5056. — Synth. v. Hydrophenanthrenen 5062.
—, **Jaruzelski (J. J.) u. Schriesheim (A.)**, Carboniumionen. 1. Mitt. Eine v. Arylcarboniumionen-Gleichgewichten abgeleitete Säurefunkt. (C_0) 10228.
Deno (N. C.) u. Schriesheim (A.), Carboniumionen. 2. Mitt. Lineare Beziehh. d. freien Energien bei Arylcarboniumionen-Gleichgewichten 10228.
Denoy (I.) s. Hugues (P.).
Densham (A. B.) s. Herington (E. F. G.).
Denson (J. R.) s. Herbert (F. J.).
Denson (J. S.) s. Carlson (C. O.).
Denss (R.) s. Geigy (J. R.) Akt.-Ges.
Dent (C. E.) u. Fowler (D. I.), Papierchromatograph. Analyse v. Dakin's Proben d. „β-Oxyglutaminsäure" 6094.
— u. **Walshe (J. M.)**, Aminosäurenstoffwechsel 9603.
Dent jr. (E. DuB.), Wassell (A. R.) u. Svec (F. J.), Wrkg. v. Dextran auf d. Cl-Best. nach Volhard 5863.
Dent (J.) s. Polson (A.).
Dent jr. (S. G.) s. Brooker (L. G. S.).
Dent (Samuel G.) s. Eastman Kodak Co.
Dental Fillings Ltd., Polymerisieren v. Methacrylsäureestern 8748* F.
Dental Perfection Co. u. Lochridge (E. H.), Zahnärztl. Abdruckmassen 6569* A.
—, **Noyes (S. G.) u. Lochridge (E. H.)**, Zahnärztl. Abdruck-M. 5130* A., 10084* A. — Zahnärztl. Abdruckmaterial 6568* A.
Dentists' Supply Co., Künstl. Zähne 4947* E.
Denton (C. A.) s. Lillie (R. J.); Machlin (L. J.).
— u. **Kellogg (W. L.)**, Vitamin-B_{12}-Aktivität v. Eiern u. a. Material unter d. Einfl. einer Extrakt. in Ggw. v. Natriumcyanid oder Natriumbisulfit 10789.
Denton (E. P.), Rawson (H.) u. Stanworth (J. E.), Vanadatgläser 3322.
Denton (J. J.) s. American Cyanamid Co.
—, **Schedl (H. P.), Lawson (V. A.) u. Neier (W. B.)**, Antispasmodica. 7. Mitt. Morpholinyl- u. piperidylsubstituierte tert. Alkohole 349.
Denton (W. H.) s. Clarke (G. R.).
Denton (W. I.) s. Socony-Vacuum Oil Co., Inc.
Denyer (G. D.) s. Glacier Metal Co. Ltd.
Denyes (R. O.) s. Celanese Corp. of America.
Denz (F. A.), Histochemie d. myoneuralen Verb. 7699. — s. Barnes (J. M.).
Denzer (C. W.) s. Sears (G. R.).
Denzler (A.) s. Deuel (H.); Solms (J.).
Deodata de Azevedo (M.) s. Jacobsohn (K.).
Deomano (F. V.), Augenscheinl. Irrtum über d. Zuckerverteil. auf Grund d. Unters. d. Quetschsaftes allein ohne Berücksichtig. d. Zuckerrohrfaser in d. Pampanga-Zuckermühlen 2320.
Deotto (R.), Atmung u. Vermehr. v. Bakterien hemmenden Faktoren 2223.
Depaolis (P. P.) s. Canadian Kodak Co. Ltd.
Deparade (W.) s. Ziegler (K.).
Depardon (L.) u. Buron (P.), Landwirtschaftl. Kulturen auf früheren Rebenanlagen 10119.
Depeige (M.) u. Jacob II (Charles), Konservieren v. Rahm 2559* F.
Depeschko (I. T.) s. Waljaschko (N. A.).
Depierre (F.) s. Funke (A.).
Depken (S.) s. Bruno (B.).
Deprez (C.) s. Solvay & Cie.

Dequal (B.) s. Annis (M.).
Dequeker (R.), Augenwässer 637.
Der-Schwarz (G. W.), Einfl. einer Abweich. d. Rotationssymmetrie d. fokussierenden Feldes auf d. Auflös. magnet. Objektive v. Elektronenmikroskopen 4049.
Derache (R.) s. Trémolières (J.).
Deram (T.-M.) s. Glacet (C.).
Derbaremdiker (M. L.) s. Kulberg (L. M.).
Derby & Co. Ltd., Leuchtstoff für Gasentladungsleuchtröhren 7519* E.
Derbyshire (H. G.) s. General Aniline & Film Corp.
Dereich (J. E.) s. Diamond Alkali Co.
Deren (J.) u. **Haber (J.)**, Rkk. d. festen Körper 8564.
Derenne (P.), Anwend. d. 2.3.5-Triphenyltetrazoliumchloridtestes auf frostgeschäd. Getreidepflänzchen 5633.
Deresiewicz (H.) s. Mindlin (R. D.).
Derewjagina (W. P.) u. **Talmud (S. L.)**, Harzschwierigkk. in d. Cellulose–Papier-Industrie. 1. Mitt. Topographie d. „schädl." Harze 4732; 2. Mitt. Stabilität v. emulgierten Harzen in Systemen Harz–W. u. Harz–Sulfitlauge–W. 7576; 3. Mitt. Koagulat. v. emulgiertem Harz in d. Systemen: Harz–W., Harz–Sulfitlauge–W. u. Harz–Sulfitlauge–Fasern–W. 7577.
Derfer (J. M.) s. Ferrin (J. P.); Rowlands (D. C.).
Derge (G.) s. Simnad (M. T.).
— u. **Birchenall (C. E.)**, Austausch v. Fe zwischen fl. Metall u. Eisensilicatschlacken 8249.
Dergunow (J. P.), Komplexbldg. u. Austauschzers. im tern. reziproken Syst. aus d. Chloriden u. Sulfaten d. Li u. Cs 3577.
Derham (L. J.) s. National Smelting Co. Ltd.
Déri (M.), Keramiken mit Metallverb. 5153.
Déribéré (M.), Farbe 8742. — Schwarze Strahl. u. Luminescenzfarben 10388. — Farbe u. Licht in d. Kunst d. Parfümerie u. Kosmetik 11474.
Deringer (W. A.) u. **Nelson (F. W.)**, Großvers. eines kathod. Schutzes v. mit Glas ausgekleideten u. verzinkten Wassererhitzern 5149.
Deriu (M.), Biotit u. Augit v. Monte Columbargiu (Montiferro, westl. Mittelsardinien) 6239. — Mesolith v. Rio Cambone (Montiferro, westl. Mittelsardinien) 6477.
Dérivés Résiniques et Terpéniques, Schmieröle 5700* F.
Derjabina (J.), Einfl. d. bakteriellen Zus. d. Säureweckers für Butter auf d. Bldg. v. Diacetyl 4232.
Derjagin (B. W.), Elektr. Theorie d. Haftens v. Filmen 9740.
—, **Lewi (S. M.)** u. **Kolzow (W. S.)**, Einfl. v. oberflächenakt. Stoffen (Farbkomponenten) auf d. spezif. Viscosität v. Gelatinelsgg. u. photograph. Emulss. 8070.
— u. **Lewitsch (B. G.)**, Theorie d. abstoßenden Kräfte in Elektrolytfilmen zwischen verschied. geladenen Oberflächen 9503.
Derjagina (O. G.) s. Akimow (G. W.).
Derkatsch (W. G.) u. **Jewssiowitsch (S. G.)**, Anreicher. verunreinigter Erze im Gebiet v. Kriwoi Rog 8014.
Derkosch (J.) u. **Friedrich (G.)**, cis-trans-Isomerie d. Diäthylstilböstrols u. ähnl. Verbb. 5269.
Derkosch (J.), **Jansch (H.)**, **Leutner (R.)** u. **Mayer (F. X.)**, Nachw. d. Schädlingsbekämpfungsmittels E 605 4917.
Derlon (H.) u. **Rauh (C.)**, Prüf. v. Kernsandmischungen 4921.
Derman (H.), Reinh. käufl. Hypophysenhinterlappenpräpp. 5370.
Dermer (O. C.) s. Cities Service Oil Co.
— u. **Edmison (M. T.)**, Orientier. bei aromat. Substitut. durch d. Benzolsulfonimidoradikal 7410.
— u. **Newcombe (J.)**, Chlormethylier. v. Aceton 1943.
— u. **Yuk (J. P.)**, Glyoxalacetale 8860.
Dermine (E.) s. Lecrenier (A.).
Dermott (W.), Düngung v. Obstbäumen. 1. Mitt. Junge Bäume 4915; 2. Mitt. Ausgewachsene Bäume 4915. 3. Mitt. Beerenobst 4915.
Dern (R. J.) s. Arnold (J.).
Dérobert (L.), **Le Breton (É.)** u. **Martin (R.)**, Tödl. Intoxikat. durch Aufnahme v. ganglioпleg. Medikamenten 6801.
—, **Le Breton (É.)**, **Vacher** u. **Ceccaldi (M.)**, Prakt. Anwend. d. „Alcometers" 3217.
— u. **Michon (R.)**, Moment d. Erscheinens v. As in d. Haarschäften im Verlauf experimenteller Vergift. mit einer Verb. d. radioakt. As 6794.
Deroin (J.) s. Bois (K. P. Du).
Derra (R.) s. Treibs (A.).
Derra-Scherer (H.) s. Treibs (A.).
Derrien (Y.) s. Roche (J.).
Derschinsky (R.) s. Hoffmann-La Roche, Inc.
Derungs (R.) u. **Deuel (H.)**, Quantitative Trenn. v. Oligogalakturonsäuren an Ionenaustauschern 1019.
Dervichian (D. G.), Mechan. Eigg. monomol. Eiweißschichten 604. — s. Desnuelle (P.).
Derville (R. P.) s. Hee (A.).
Desai (B. R.), Viscosereyon. 2. Mitt. Angewandte Methoden u. entwickelte Prinzipien 486.
Desai (C. M.) s. Bangdiwala (B. P.); Kazi (H. J.).
Desai (D. D.), **Korgaokar (K. S.)** u. **Laud (B. B.)**, Übergangswahrscheinlichkeiten einiger Bandensysteme v. N_2 7372.
Desai (J. N.) s. Arshid (F. M.).
Desai (R. D.), Bayers Spannungstheorie u. ihre Nachfolge 7398.
Desai (R. M.) s. Airan (J. W.).
Desai (S. V.) u. **Sen (Abhiswar)**, Stickstoffhaushalt in einer Fruchtfolge ohne Düng. 10606.
Desai (T. K.) s. Patel (B. M.).
Desarménien (H.) s. Cheymol (J.).
Desassis (A.), Biochemie d. Carotinoide. 2. Mitt. 2002; 3. Mitt. Physiol. Rolle d. Carotinoide u. bes. d. α- u. β-Carotine für Pflanzen u. Tiere 10781.
Desbaumes (P.) s. Deshusses (J.).
Desbordes (J.), Kultur d. Säure–Alkohol-festen Bakterien 9357. — s. Bonét-Maury (P.); Lormand (C.).
Descamps (J.) s. Castaing (R.).
Descartes de Garcia Paula (R.) u. **Brooks (G.)**, Biochemie d. Mate. Gerbstoff d. Mate (Ilex paraguariensis St. Hil.). Isolier. u. Identifizier. 382.
— u. **Conceição P. B. Cavalcanti (M. da)**, Blattwerk d. Mandioca (Manihot sp.), eine sehr reiche Quelle für Nahrungsproteine 3990.
Desch (R.) s. Atlas Mineral Products Co. of Pennsylvania.

Deschamps (G.) s. Soc. Belge de l'Azote et des Produits Chimiques du Marly (Soc. An.).
Deschamps (J.), Paty (M.) u. Pineau (P.), Darst. v. α.β-ungesätt. Äthern aus Acetalen 1018. — Darst. u. physikal. Konstanten einiger unsymm. Acetale 5999.
Deschamps (P.) s. Geloso (M.).
Deschreider (A. R.), Bedeut. v. Aminosäuren u. Metallspuren bei d. Verfärb. v. erhitztem Glucosesirup 4474. — Kochen d. Nahrungsmittel in Küchengeräten aus Al 5202. — Einfl. UV-Strahlen auf d. Mehl. 6. Mitt. Bestrahl. v. Cystein 10401. — s. Maes (E.).
Desdoigts (J.), Eros. durch elektr. Funken führen zur Anwend. gefüllter Melaminharze 3455.
Deser (S.) s. Arnowitt (R.).
— u. **Martin (P. C.),** Kovariante Meson–Nucleon-Gleich. 5.
Desetti (G. E.) s. Du Pont de Nemours (E. I.) & Co.
Desgrez (F.) s. Jayle (M.-F.).
Deshapande (S. S.) s. Seth (U. S.).
Deshmukh (G. S.), Oxydimetr. Best. v. V(IV) mit alkal. Jodlsg. 8219. — Diphenylcarbazon als Reagens zur colorimetr. Best. v. Ge 9633.
— u. **Joshi (M. K.),** Jodometr. Best. v. U 1574. — Endpunktsanzeige durch Jodmonochlorid bei d. Oxydat. v. Rhodanid durch Kaliumpermanganat 4893.
— u. **Kumari (K.),** Jodometr. Best. v. Hydroxylamin mit arseniger Säure 2033.
— u. **Varkey (E. T.),** Studien über Metalltellurate: Best. v. Bi als Bi-Tellurat 4660.
Deshong jr. (J. A.) s. Harrer (J. M.).
Deshotels (W. J.) u. **Weber (A. H.),** Einfl. v. starken elektrostat. Feldern auf d. Widerstand v. W-Drähten im Hochvakuum 9962.
Deshusses (J.) u. **Desbaumes (P.),** Best. v. Lippenrot-Farbstoffen durch Papierchromatographie 1156.
Design & Research Centre for the Gold, Silver & Jewellery Industries u. **Gardam (G. E.),** Entfernen d. Anlaufschicht auf Ag 10857* E.
Desikachar (H. S. R.) s. Subrahmanyan (V.).
Désirant (J.) s. Pien (J.).
Desjardins (J. G.) s. Atkinson (H. J.).
Desmarquest (J. M.), Unters. wesentl. Eigg. v. Tonerde 3706.
Desnuelle (P.), Strukturunters. v. Proteinen 838. — Proteolyt. Enzyme 2454. — s. Naudet (M.).
—, **Molines (J.)** u. **Dervichian (D. G.),** Hydratat. v. in Glyceriden gelösten Phospholipoiden 5489.
Desoutter, Vers. zur Konservier. entrahmter Milch durch Ensilage 4479.
Desparmet (É.) u. **Calmels (H.),** Papierfaserstoff 4966* F.
Despas (J.) s. Champetier (G.).
Despons (J.), Behandl. d. korrodierenden Ösophagitis mit Cortison 3660.
Desprez (R.) s. Morand (M.).
Desprez-Rebaud (S.), Verhältnis d. Zahl d. Mesonen zur Zahl d. schweren Teilchen, d. in Kernemulsionen auf d. Puy-de-Dôme registriert wurden 9717. — s. Morand (M.).
Desrosier (N. W.) s. LaBaw (G. D.).
Dessau (F. I.) s. Jackson (B.).
Dessauer (F.), Bestrahlungs-Rkk. koll. Systeme 5356.
Dessaux (G.) s. Cordier (D.).
Desseigne (G.) s. État Français.
— u. **Tranchant (J.),** Einfl. gewisser Gruppen auf d. Gelatinierungsvermögen v. aromat. substituierten Urethanen u. Harnstoffen 8298.
Dessens (H.) u. **Fert (C.),** Gitterträger aus Spinnenfäden für d. Elektronenmikroskopie 5255.
Dessèvre (J.), Gewinn. v. reinem S aus Flotationskonzentraten 8705.
Dessi (P.) u. **Labò (G.),** Pharmakol. Wechselwrkg. zwischen Aneurin u. einigen Pharmacis d. neureovegetat. Syst. 11614.
Dessjatnikow (O. G.) s. Streletz (C. L.).
Dessow (A. J.), Strukturviscosität v. Zementbrei, Mörtel u. Betonen 5626.
Destable (A.), Butadien–Styrol–Latexfarben-Emulss. 8742.
Destefanis (E.) s. Pescetti (G.); Poli (M.).
Destouches (J.-L.), Physikal. Darst. d. Quantentheorien 5707.
Destouches-Février (P.), Voraussagen u. Dreiwellenmeth. 5709.
Destriau (G.), Helligkeitswellen u. Übergangsphänomene bei d. Luminescenzlösch. durch ein elektr. Wechselfeld 514. — Übergangserscheinn. beim elektr. Auslöscheffekt 4998.
Destriau (M.), Neuer Sensibilisationseffekt durch elektr. Felder bei röntgenstrahlerregten Luminescenzstoffen 5959.
Destunis (G.), Rationelle Therapie mit Glutaminsäure in d. Neurologie 11625.
Desvignes (A.) s. Quevauviller (A.).
Desvignes (F.), Strahl. verschied. ausgewählter Körper im nahen Infrarot 9252.
Detaille (H.), Unters. d. Plastizität 439.
Detcher (T. E.) u. **Jones (R. M.),** Papierzellstoffherst. mit Ammoniumbisulfit. Anwend. u. Zukunft im Sulfitzellstoffbetrieb 8995.
Deters (J. F.) s. Standard Oil Co.
Detert (F. L.) s. Eastman (R. H.).
Dethier (V. G.), Geruchs-Rkk. v. Schmeißfliegen auf aliphat. Aldehyde 1550.
Detlefsen (H. H.) u. **Löffler (A.),** Therapie d. habituellen Kopfschmerzes mit Vitamin B_{12} (Cytobion) 9835.
Detling (K. D.) s. Shell Development Co.
Detœuf (J.-F.) s. Maignan (P.).
—, **Moch (Raymond)** u. **Salmon (Jean),** Doppelte β-Radioaktivität, systemat. Suche nach günst. Fällen 6446.
Detrick (R. S.) s. Koppers Co., Inc.
Detrick (S. R.) s. Du Pont de Nemours (E. I.) & Co.
Detroit (W. J.) s. Hart (H.).
Dettman (J. W.) u. **Schild (A.),** Erhaltungstheoreme in d. modifizierten Elektrodynamik 8540.
Dettner (H. W.), Galvan. Zn-Überzüge u. deren Nachbehandl. 10128.
Dettweiler (C.), Konservier. v. Lebens- oder Futtermitteln 7807* E.
Dettwiler (E.) s. Lauener (H.).
Detty (W. E.), Heston (B. O.) u. **Wender (S. H.),** Amperometr. Titrationen einiger Flavonoidverbb. mittels Kupfer(II)sulfats 11264.
Detwiler (D. P.), Leitfähigk., Hall-Effekt u. Gleichricht. v. Galliumantimonid 5724.
— u. **Fairbank (H. A.),** Therm. Widerstand v. Supraleitern 5002.
Deubel (F.), Unterird. Abwasserversenk. in d. Kaliindustrie 5867.

Deubner (B.) u. **Hieber (F.)**, Vergleichende Messungen an Aufsicht- u. Durchsichtleuchtschirmen bei Elektronenanreg. 3555.
Deuel (H.), Störr. d. Spurenelementhaushaltes d. Pflanzen durch Welketoxine 135. — s. Büchi (W.); Cornaz (J.-P.); Derungs (R.); Solms (J.).
—, **Solms (J.)** u. **Denzler (A.)**, Klär. v. Fruchtsäften mit polymeren Basen 5677.
—, **Solms (J.)** u. **Neukom (H.)**, Carubin u. Guaran 4122.
Deuel jr. (H. J.), Fettstoffwechsel, bes. d. Altern 3419. — Thelipids; their chemistry and biochemistry. V. 2: Biochemistry; digestion, absorption, transport and storage [5833].
—, **Cheng (A. L. S.)**, **Kryder (G. D.)** u. **Bingemann (M. E.)**, Wrkg. d. Fettmenge d. Nahrung auf d. allg. Ernährungszustand. 10. Mitt. Schutzwrkg. v. Methyllinoleat gegenüber Röntgenstrahlen bei d. Ratte 9376.
Deuel (P.) s. Geissman (T. A.).
Deufel (J.), Mutterkornzücht. auf tetraploidem Roggen 2724.
Deulofeu (V.) u. **Deferrari (J. O.)**, Mechanismus d. Rk. v. Wohl, Bldg. v. Aldosediacetamiden in Gegenwart fremder Amide 10991. — Rk. v. NH_3 mit acetylierten u. benzoylierten Monosacchariden. 1. Mitt. D-Glucosederivv. u. eine Interpretat. 11216.
Deuschle (K.) s. Muschenheim (C.).
Deuse (P.) s. Ramaut (J.).
Deusen (W. P. van) s. Eastman Kodak Co.
Deutsch (A.), **Zuckerman (R.)** u. **Dunn (M. S.)**, Nucleinsäurederivv.; App., d. gleichzeitig trennt u. d. UV-Absorpt. registriert 6998. — Nucleinsäurederivv.; Trenn. u. quantitative Analyse durch UV-Spektrophotometrie 6999.
Deutsch (A. S.) s. Soloway (A. H.).
Deutsch (H.), **Schulze (H.)** u. **Preinreich (A.)**, Kautschukmischungen für Fahrzeugreifen 7568* Oe.
Deutsch (H. F.), Eigg. verschied. kristallisierter Pferdeerythrocytenkatalasepräpp. 2220. — s. Meyers (W. M.).
— u. **Ehrenberg (A.)**, Magnet. Eig. kristallisierter Pferdeerythrocytenkatalase u. einiger ihrer Derivv. 2220.
Deutsch (H. P.) s. Wolf (H. C.).
Deutsch (K.), **Hoff (E. A. W.)** u. **Reddish (W.)**, Bezieh. zwischen d. Struktur v. Polymeren u. deren dynam.-mechan. u. elektr. Eigg. 1. Mitt. α-substituierte Acrylsäureesterpolymere 7457.
Deutsch (M.), Verff. d. β- u. γ-Spektroskopie 3792. — s. Kendall (H. W.); Weinstein (R.).
Deutsch (Martin) s. Dann (O.); Schülke & Mayer G. m. b. H.
Deutsch (R. W.), Sekundärteilchen aus energiereichem Beschuß 509. — Ausbeute v. Protonen niedriger Energie u. α-Teilchen aus d. Beschuß v. Ag bei hoher Energie 4270.
Deutsch (S.) u. **Dodd (E. C.)**, Spezif. α-Radioaktivität v. Ilford-Platten für kernphysikal. Unterss. 3552.
Deutsch (T.), N-endständ. Aminosäuren d. Weizen- u. Roggengliadine 5344. — s. Szörényi (E.).
— u. **Szörényi (E.)**, Aminoendgruppen v. Gliadinen u. ihre Veränderr. unter d. Einfl. d. Hybridisat. 5344.
Deutsch (Z. G.) u. **Raible (F.)**, Massenspektrometer zum Auffinden v. Undichtigkk. 10436.
Deutsche Aktivkohle G. m. b. H., **Engelhardt (Alfred)** u. **Kuhne (O.)**, Hochwirksame akt. Kohle 1345* D.
Deutsche Bergin-Akt.-Ges., Anreichern v. Halogenwasserstoffsäuren u. Gewinn. v. Halogenwasserstoff 1118* Finn. — Krist. Traubenzucker durch Hydrolyse cellulosehalt. Materials 1158* F. — Entsäuer. u. Reinig. v. Zuckersäften mittels Ionenaustauschern 1629* F. — Ligninharze 2794* Finn. — Furfurol 4216* Schwz.
—, **Apel (A.)** u. **Rupp (N.)**, Ligninharze 231* D. B.
Deutsche Bundesbahn, vertreten durch das Bundesbahn-Zentralamt Minden u. **Beilfuss (S.)**, Messen d. Geh. an Legierungsbestandteilen in Metallschmelzen 11284* D. B.
— u. **Schmücker (B.)**, Schützen v. Baustoffoberflächen 6828* D. B.
Deutsche Dunlop Gummi Co. Akt.-Ges., Verbesserte Stoffhüllen v. Spiel- oder Tennisbällen 8767* D. B.
Deutsche Edelstahlwerke Akt.-Ges., Panzern v. Ventilkegeln 7776* E. — Hartmetall 9185* Schwz. — Aufbring. einer Metallschicht auf einem Ventilkörper aus Stahl 9187* E. — Herst. v. gesinterten Stahllegierr. hoher D. mit hoher Sättigungsindukt., niedr. Entmagnetisierungsverlusten u. hoher Gleichförmigk. d. Permeabilität 10371* E.
— u. **Ballhausen (C.)**, Pulvergemisch zum Aufbringen v. Hartmetall auf Trägerwerkstoffe 6614* F., Oe. — Zu Körpern geformte Schwer- u. Leichtmetalle, wie Ti, W, Mo, Ta, Nb, Fe, Zn, Al, Ca u./oder deren Carbide 6843* D. B. — Sintern v. metall. Pulvern oder Gemischen v. metall. oder nichtmetall. Pulvern 9184* Oe.
—, **Becker (Gottfried)** u. **Steinberg (F.)**, Metall. Schutzschichten auf Metallgegenständen 2768* A. — Stahllegier. für Chromier. durch Diffus. 7075* F.
— u. **Dannöhl (W.)**, Magnet, Vorzugsricht. in Dauermagneten 4690* F.
— u. **Frehn (F.)**, Verbesser. d. Güte v. gesinterten Gegenständen 10617* F. — Verbesser. gesinterter Dauermagnetlegierr. 10617* F.
— u. **Gesellschaft für Elektrometallurgie m. b. H.**, Carbide 5413* Oe.
— u. **Hougardy (H.)**, Chromstahle 9896* D. B.
—, **Kieffer (R.)**, **Meier (Karl)** u. **Rollfinke (F.)**, B-halt. Kontaktwerkstoff 10856* D. B.
—, **Schwarzkopf (H. H.)** u. **Kieffer (R.)**, Schweißelektroden u. Schalterkontakte 10373* D.
—, **Voss (H.)** u. **Treppschuh (H.)**, Vergüten v. Preßluftkolben für Bohr- u. Abbauhämmer 6384* D. B.
Deutsche Erdöl Akt.-Ges., Anbring. einer Schutzschicht auf Verpackungsmaterialien für klebende, unter Temperatureinfl. weich werdende MM. u. für Gießbehälter solcher MM. 7820* Oe. — s. Edeleanu G. m. b. H.
— u. **Edeleanu G. m. b. H.**, Paraffin u. paraffinfreie Öle aus Teeren u. deren Destillationsprodd. 4979* Schwz.
—, **Fischer (Karl)**, **Grodde (K.-H.)**, **Sydow (H.)** u. **Streckebach (E.)**, Verhindern oder Abbrechen v. Depolymerisationsvorgängen bei polymeren Kohlenhydraten 9003* D. B.
—, **Fischer (Karl)** u. **Sydow (R.)**, Sphärische oder linsenförmige abriebfeste Körper für katalyt. Zwecke 8938* D. B.

Deutsche Erdöl Akt.-Ges., Fischer (Karl), Sydow (H.) u. Streckebach (E.), Katalysatoren in Kugelform 6588* D. B.

Deutsche Gesellschaft für Schädlingsbekämpfung m. b. H. u. Peters (Gerhard), Schädlingsbekämpf. 675* D. B.

Deutsche Gold- & Silberscheideanstalt vormals Roessler, Feinteil. Kieselsäure 189* E. — Hexaoxybenzol 217* D. B. — Haltbarmachen v. Textilien u. a. Material 1413* F. — Wiedergewinn. verflücht. Pt v. Katalysatoren 1585* E., 2294* F. — Vernicht. tier. Parasiten 1827* F. — Plast. MM. für Beschichtungszwecke, Aufstriche, Imprägnierr. u. Bodenbeläge 2088* Schwz. — N-Alkylformamide 2302* F. — Hilfsmittel zur Erhöh. d. Reibungswiderstandes v. Textil- u. Glasfasern, Folien u. Kunstleder 2332* Schwz. — S-halt. Rußabkömmlinge 2509* F. — Chlorurethane 3965* Oe. — Füllstoff in Mischungen mit Kautschuk 3986* F. — Blausäure 4211* F. — Zusatzmittel für korrodierende Fll. zur Verhinder. d. Angriffs auf Metalle 4451* Schwz. — Filtrieren geschmolzener Metalle 5886* E. — Füllstoffe für Kautschuk, Kunstharze u. plast. MM. 6156* F. — Bleichen von nativer u. regenerierter Cellulose sowie daraus gefertigten Stoffen 6169* Ung. — Reinigen v. Acetylen 6386* F. — Pentaerythrit 6387* E. — Formstücke aus Elastomeren 6870* Schwz. — Hydrophobe, gelart. Schmiermittel 7125* F. — Reine, wasserfreie, kristalline Alkalibromide 8000* D. B. — Elektrochem. Prozesse unter Verwend. v. Diaphragmen 10110* Schwz. — Gegen starke oder konz. Säuren widerstandsfäh. Legierr. 10131* F. — s. Deutsche Shell Akt.-Ges.; Heraeus (W. C.) G. m. b. H.

— u. **Andrich (K.),** Verwend. v. Metallpulvern d. Eisengruppe zur Herst. v. Formkörpern durch Pressen bzw. Pressen u. Erhitzen 10372* D. B.

— u. **Asendorf (E.),** Verdampfen v. Fll. in Röhrenverdampfern 9672* D. B.

— u. **Baier (H.),** Herst. hydrophiler gebleichter Baumwollwaren 9700* D. B.

—, **Baier (H.), Hundt (W.) u. Vieweg (K.),** Bleichen v. Bastfasern 5937* D. B. — Bleichverf. 6427* D. B.

— u. **Brendlein (H.),** Olefine oder deren Derivv. 212* D. B.

—, **Brendlein (H.) u. Pohl (W.),** Aufarbeit. v. Pentaerythritlsgg. 3730* D. B.

— u. **Bretschneider (O.),** Alkalicyanide 3938* D. B.

— u. **Buckeley (A.),** Filtrieren v. Metallschmelzen 7308* D. B.

— u. **Fischer (Johannes),** Elektropolieren v. Au-Legierr. mit einem Feingeh. v. mindestens *333*, die unedlere Metalle als Au enthalten 9900* D. B.

— u. **Fischer (Johannes),** Galvan., bes. cyankal. Bad für d. Glanzabscheid. v. Metallen, wie Ni, Zn, Cd, Sn, Ag, Cu u. ihren Legierr. 9436* D. B.

— u. **Fröhlich (K. W.),** Salzsäurebeständ. Apparateteile 8024* D. R.

—, **Fuchs (Otto) u. Kloepfer (H.),** Blausäure 10861* D.

—, **Fuchs (Otto) u. Schulz (Hermann),** Trennen v. Cyanurchlorid u. sublimierbaren Fe-Verbb. 2780* Schwed.

—, **Gallagher (M.) u. Hasche (Rudolph Leonard),** Ungesätt. Aldehyde 9670* D. B.

Deutsche Gold- & Silberscheideanstalt vormals Roessler u. Gattermann (W.), Erzeug. v. Mustern auf thermoplast. Werkstoffen, bes. Folien oder Kunstleder 3292* D. B.

— u. **Hensinger (W.),** Gewinn. v. Dipentaerythrit aus pentaerythrithalt. Gemischen 2072* D. B.

—, **Heraeus (W. C.) G. m. b. H., Bredereck (H.) u. Bäder (E.),** Polymerisationsprodd. 5437* D. B., 9205* D. B.

— u. **Herr (O.),** Granulat. v. Ruß u. a. feinverteilten Feststoffen 1816* D. B.

— u. **Hoffmann (Ulrich),** Acrylsäurenitril 4210* D. B.

—, **Hoffmann (Ulrich) u. Böhme (E.),** Entkälkungsmittel für geäscherte tier. Hautblößen 9235* D. B.

— u. **Holzmann (H.),** Katalysator für d. Oxydat. v. NH_3 666* D. B. — Spinndüse für Kunstseide 10854* D.

—, **Hove (H. vom) u. Fuchs (Otto),** Hochschwefelhalt. Stoffe 2566* D. B.

— u. **Huemer (H.),** Dicyan 7552* D. B.

—, **Huemer (H.) u. Schulz (Hermann),** Abscheiden v. feinverteilten festen Stoffen aus d. Dampfphase 10364* D. B.

— u. **Hüter (L.),** Unterdrück. d. Selbstentzündlichk. v. Phosphiden d. Alkalien, Erdalkalien oder Erdmetalle u. v. aus diesen, bes. durch Hydrolyse an feuchter Luft, entwickeltem Phosphorwasserstoff 7058* D. B.

—, **Hundt (W.) u. Baier (H.),** Erhöh. d. Reibungswiderstandes d. Oberfläche v. Textilfasergut 9227* D. [DDR].

—, **Hupe (R.), Szeszich (L. v.) u. Brendlein (H.),** Druckhydrier. v. Kohlen, Teeren, Mineralölen oder ihren Destillations- oder Umwandlungsprodd. 10418* D. B.

—, **Kern (Werner) u. Asta (G. Dall'),** Kunstharzart. Polymerisationsprodd. 7330* D. B.

— u. **Kerstan (W.),** Feuerbeständ. Se-, Cd-Farbkörper 6109* D. [DDR]. — Schwarzgefärbte Emails 11273* D.

— u. **Kloepfer (H.),** Rußabkömmlinge 11269* D. B. — S-halt. Rußabkömmlinge 11269* D. B. — Herst. kolloidaler Lsgg. v. Oxyden v. Metallen u. Metalloiden 10591* D. B.

— u. **Köhler (Franz)** [Alsbach], Herst. v. Kondensationsprodd. aus Carbamidsäureestern u. Aldehyden 11105* D. B.

— u. **Koenig (Franz),** Carbonsäureanhydride 7081* D. B.

— u. **Kudszus (H.),** β-Alkoxypropionaldehydacetale 2300* D. B. — β-Alkoxyaldehyde 8029* D. B.

— u. **Meier-Ewert (H.),** Percarbonat 1118* D. B.

— u. **Menzel (Eberhard),** Aushärtbare Ag-Legierr. 453* D. B.

—, **Miedel (H.) u. Bott (R.),** Ledersatz 730* D.

— u. **Müller (Helmut),** Reinig. v. Acetylen 3730* A.

— u. **Müller (J.),** H_2O_2 4429* D. B., E. — Durchführ. elektrochem. Prozesse 7520* D. B.

— u. **Oxenius (H.),** Herst. v. Formkörpern durch Sintern u. Pressen v. Mischungen aus feinverteiltem Fe mit untergeordneten Mengen v. feinverteilten Metall–Sauerstoff-Verbb. 10372* D. B.

— u. **Querfurth (W.),** Höhermol. Alkohole 1140* D. B.

— u. **Schatz (J.),** Verwend. v. Ag–Pd–Au-Legierr. für hochsäurebeständ. Gegenstände 5412* D. B.

Deutsche Gold- & Silberscheideanstalt vormals Roessler u. Schmidt (Helmut), Cyanursäureabkömmlinge 6886* D. B.
— u. **Schulenburg (W.),** Schützen v. Holz, Textilien u. dergleichen gegen Pilzbefall, Bewuchs u. Schädlinge 3518* D. B. — Feuerschutzmittel 4668* D. B.
—, **Schulz (Hermann)** u. **Wagner (H.),** Methacrylaldehyd 213* D. B. — Acrolein 1141* D. B. — α-Chloracrolein 2299* D. B.
— u. **Schweitzer (O.),** Spannlack, z. B. für Flugzeuge 4946* D. B.
—, **Schweitzer (O.)** u. **Fuchs (Otto),** Starrschmiermittel 8536* D. B.
— u. **Wagner (H.),** Weichmacher 227* D. B. — Weichharze mit wertvollen mechan. Eigg. 1857* D. B.
— u. **Weihe (A.),** Aufheb. d. plast. Deformierbark. v. Polyisobutylen höheren Mol.-Gew. 5436* D. B. — Benzinlösl., farbpigmenthalt., zum Anfärben v. Lacken geeignete Walzmassen 6405* D. B.
—, **Weihe (A.)** u. **Hoffmann (Ulrich),** Cl-halt. Urethane 687* D. B., 6850* D. B.
— u. **Wendlandt (R.),** Katalyt. Herst. v. HCN u. H_2 6850* D. B.
—, **Wendlandt (R.)** u. **Kokert (E.),** Mit Katalysatorsubstanzen überzogene, zur HCN-Erzeug. geeignete Wandungen 7082* D. B.
Deutsche Hydrierwerke Akt.-Ges., In kaltem W. klar lösl., gegen Härtebildner d. W. beständ. Sulfonate 246* D. — Ersatzstoffe für Fettalkohole 1412* D. B. — Capillarakt. Mittel 3761* D. B. — Ein- oder mehrwert. prim. Alkohole 5176* D. B. — Seifenersatzstoffe 5207* D. B. — Erzeugen festhaftender u. glänzender galvan. Metallüberzüge 8489* E. — Lösungs- u. Weichmachungsmittel 11695* D. B.
— u. **Engelbrecht (H.-J.),** Quatern. Ammoniumverbb. 961* D. B.
— u. **Gündel (W.),** Alkylolgruppen enthaltende Aryloxycarbonsäuren 7554* D. B.
—, **Hentrich (W.)** u. **Engelbrecht (H.-J.),** 4.4'-Diaminostilbenderivv. 2778* D. B.
—, **Hentrich (W.)** u. **Kaiser (W. J.),** In 4-Stell. halogenierte 1-Oxy-5.6.7.8-tetraline 10330* D. B.
—, **Hentrich (W.)** u. **Kirstahler (A.),** Oberflächenakt. Stoffe 10159* D. B.
—, **Hentrich (W.)** u. **Schirm (E.),** p-Aminobenzolsulfimide 9853* D. B.
—, **Hueter (R.)** u. **Neu (R.),** Herst. wss. Lsgg. v. in W. schwerlösl. Phenolen, ihren Homologen u. Substitutionsprodd. unter Verwend. cycl. quatern. NH_4-Verbb. als Lösungsvermittler 11428* D.
— u. **Schirm (E.),** Hautschutzmittel 1157* D. B.
Deutsche Katadyn-G. m. b. H., Ehrmann (H.) u. **Vogt (H.),** Entseuchungsmittel für keimhalt. Fll. 10577* D. B.
Deutsche Kohlenbergbau-Leitung, Aufbereit. v. Kohle 4245* Belg., E., F.
Deutsche Magnesit Akt.-Ges. u. **Meier (Egon),** Wetterfeste Überzüge ergebende wss. Anstrichfarben 8507* D. B.
Deutsche Maizena Werke G. m. b. H. u. **Schlieter (K.),** Gewinn. eines prakt. stärkefreien, unverd. Fruchtwassers aus Kartoffeln 237* D. B.
Deutsche Norton-Ges. m. b. H., Ballard (A. H.) u. **Marshall (D. W.),** Gekörntes ZrO_2 v. geringem Raumgewicht 11659* D. B.
— u. **Ridgway (R. R.),** Carbide d. B, Si, Ti oder W 5413* D. B.
Deutsche Patent-Wärmeschutz Akt.-Ges. Halgerer Hütte, Isolierbaukörper aus wenigstens *30 %* Schlackenwolle u. Zementmörtel 9883* F.
Deutsche Shell Akt.-Ges., Deutsche Gold- & Silberscheideanstalt vormals Roessler, Zerbe (C.), Kloepfer (H.) u. **Schweitzer (O.),** Herst. konsistenter, transparenter Schmiermittel 4978* D. B.
—, **Metallgesellschaft Akt.-Ges., Zerbe (C.), Jaenicke (J.)** u. **Schweitzer (O.),** Verbesser. d. Verarbeitbark. v. Kunstkautschuk 2318* D. B. — Kunstkautschuk 8984* D. B.
—, **Wagener (K.)** u. **Markwert (E.),** Zylinderschutzöl 4499* D. B.
— u. **Zerbe (C.),** Erdölharze 2578* D. B.
Deutsche Solvay-Werke G. m. b. H., Holzschutzmittel 957* Finn.
—, **Boden (M.)** u. **Severin (H.),** Sodaformlinge 7293* D. B.
— u. **Dressel (W.),** Brikettieren v. in körn. Form u. in trockenem Zustand vorliegenden Salzen mittels einer Walzenpresse 11436* D. B.
—, **Rößler (R.)** u. **Scholles (W.),** Braunfärbendes, holzschützendes Anstrichmittel 2329* D. B.
Deutsche Spiegelglas Akt.-Ges., Ultrarotabsorbierendes Glas 2278* D. B.
Deutsche Ton- und Steinzeugwerke Akt.-Ges. s. Biefeld (A.).
Deutsche Vacuum Oel Akt.-Ges. u. **Billig (R.),** Geruchsverbesser. v. Bzn. 9232* D. B.
— u. **Kuchta (P.),** Verbesser. S-halt., leichter KW-stoffe 9232* D. B.
Deutscher (K.) u. **Kamke (D.),** Energiespektr. d. Kanalstrahlionen 515.
Deutsches Hydrierwerk Rodleben VEB, Oberflächenakt. Kondensationsprodd. 4486* D. [DDR].
— u. **Baumann (Helmut)** [Karl-Marx-Stadt], Geformte pharmazeut. oder kosmet. Zubereitungen 4405* D.
—, **Gellendien (W.)** u. **Lietz (G.),** Abschminkmittel 5674* D. [DDR].
— u. **Götte (E.),** Emulgiermittel für Öle u. Fette 1877* D. [DDR]. — Bedrucken v. Kunstseide 2783* D. [DDR].
— u. **Grundmann (C.),** Lichtschutzmittel 4721* D. [DDR]. — 2-Amino-4-oxytriazin-(1.3.5) 6853* D. [DDR]. — Herst. v. Ketonen gegebenenfalls im Gemisch mit Carbonsäuren 11464* D. [DDR].
—, **Hentrich (W.)** u. **Grundmann (C.),** Capillarhalt. Mittel 1872* D. [DDR]. — Herst. v. mehrbas. stickstoffhalt., heterocycl. Carbonsäuren bzw. deren funktionellen Derivv. 2779* D. [DDR].
—, **Hentrich (W.), Hueter (R.)** u. **Stickdorn (K.),** Wachsersatzstoffe 2100* D. [DDR].
—, **Hentrich (W.), John (F.)** u. **Engelbrecht (H. J.),** Aminosubstituierte Aryl- oder Diaryldisulfimide 4215* D. [DDR].
—, **Hentrich (W.), Kaiser (W. J.)** u. **Kirstahler (A.),** Sulfanilamidabkömmlinge 7976* D. [DDR].
—, **Hentrich (W.)** u. **Kirstahler (A.),** Capillarakt. Kondensationsprodd. 3032* D. [DDR].
—, **Hentrich (W.), Meyer (Gerhard)** u. **Endres (R.),** Lsg.-, Gelatinier.- u. Weichmachungsmittel bzw. Kunstharze 1619* D. B., D. [DDR].
—, **Hentrich (W.)** u. **Schirm (E.),** Gerbstoffe 1657* D. [DDR].

Deutsches Hydrierwerk Rodleben VEB u. **Kretzschmann (F.)**, Höhermol. Alkohole 6618* D. B.
— u. **Morgenstern (S.)**, Lösungsm. bzw. Lösungsvermittler für Salicylsäure 6338* D. [DDR].
— u. **Rittmeister (W.)**, Herst. v. Estern aus cycloaliphat. Alkoholen u. mehrbas. Carbonsäuren 2084* D. [DDR].
— u. **Schirm (E.)**, Sulfochloride 3967* D. [DDR]. — p-Nitroaryldisulfimide 7976 D. [DDR].
— u. **Stickdorn (K.)**, Bohner-MM., Putz- u. Poliermittel 2100* D. [DDR].
—, **Stickdorn (K.)** u. **Giloy (F.)**, Wasser-in-Öl-Emulss. 5849* D. [DDR].
Deutschman jr. (A. J.) s. Spencer Chemical Co.
Deutschmann (M.), Durchdringende Schauer aus Pb u. aus Kohle 4025.
Deutzmann (A.), Heizmittel 6893* D. B.
Dev (S.), Δ^1-Cyclopentennitril 6968. — s. Rao (G. S. K.).
Devadatta (S. C.) s. Appanna (T. C.).
Devanathan (M. A. V.), Elektr. Doppelschicht u. d. Deut. v. Differentialkapazitätskurven 2136.
Devaney (F. D.) s. Erie Mining Co.
Devaud (C.) s. Voltohm Processes Ltd.
Devaux (H.) u. **Cambar (R.)**, Experimentelle Entkalk. d. Kaulquappen v. Wasserfrosch 7481.
Develotte (J.) s. Comp. Française des Matières Colorantes; Petitcolas (P.).
Deventer (M.), Geschlitzter Kolbenring aus selbstschmierendem Werkstoff v. geringem Reibungswert, d. durch Drucksinter. u. Erkaltenlassen unter Druck in d. Preßform hergestellt ist 2530* D. B.
Dever (J. L.) s. Douglas (T. B.).
Deverall (G. V.), **Meissner (K. W.)** u. **Zissis (G. J.)**, Wahl optimaler Abstandsstücke in d. Pérot-Fabry-Interferometrie 648. — Präzisionswellenlängen- u. Isotopieverschiebungsmessungen v. Ge-Bogenlinien 7373.
Devereux (W. C.), Al im Metallbau 9658.
Devi (L. S.), Biol. Best. v. Schwermetallen durch Asperguillus niger. Best. d. Empfindlichk. eines neuen Stammes 4617.
Devi (S. G.) s. Giri (K. V.).
Dević-Mikac (D.) s. Karas (V.).
Devienne (F. M.), Kondensat. u. Adsorpt. d. Moll. an einer Oberfläche in verd. Atmosphäre 3319. — Kondensat. v. Mol-Strahlen unter Verwend. künstl. Radioelemente 9956.
Devienne (L.) s. Boute (C.).
Devilder (P.), Temperaturmess. v. fl. Stahl 3241.
Devillers (P.), Konservier. d. Blätter, Wurzelhälse u. Pulpen durch Einlager. in Silos 10874.
Devine (J. M.) s. Patterson (W. A.).
Devins (J. C.) u. **Burton (M.)**, Bldg. v. Hydrazin beim Zerfall v. NH_3 in d. elektr. Entlad. 305.
Devis (R.), Ausscheid. v. Corticoiden im Verlauf d. Schwangerschaft 2933. — s. Vanek (R.).
— u. **Vanek (R.)**, Best. d. 17-Oxycorticosteroide im Harn 9829.
Devoe & Raynolds Co., Inc. u. **Greenlee (S. O.)**, Epoxydharze 1153* A., 2793* A., 3019* A. — Herst. v. Tallölestern 7346* Can. — Epoxydharze 8749* A. — Hochschmelzende Epoxydharze 9920* A.
Devoe & Raynolds Co., Inc., Greenlee (S. O.) u. **Montague (L. G.)**, Trocknende Polyester 701* D. B.
— u. **Masters (J. E.)**, Rk.-Prodd. aus Epoxydharzen u. ungesätt. öligen Triglyceriden 8507* F.
Devons (S.) s. King (M. B.).
—, **Manning (G.)** u. **Bunbury (D. S. P.)**, Mess. d. Lebensdauern v. γ-Übergängen durch Rückstoßmethoden 9247.
Devonshire (L. N.) s. Rowley (H. H.).
Devor (A. W.), Darstellungsmeth. v. sulfoniertem 1-Naphthol für Kohlenhydratnachww. 2738. — Kohlenhydratreste in Milzcerebrosiden 4621.
Devore (A.) u. **Heinz (J. E.)**, Vereinfachter Entwurf eines viscosen Öl-Wärmeaustauschers 7746.
Dew (J. N.), **White (R. R.)** u. **Sliepcevich (C. M.)**, Hydrier. v. CO_2 über einem Ni-Kieselgur-Katalysator 11482.
Dew (R. M.) s. Imperial Chemical Industries Ltd.
Dewald (J. F.) u. **Lepoutre (G.)**, Thermoelektr. Eigg. v. Metall-Ammoniak-Lsgg. 1. Mitt. Thermokraft v. Na u. K bei —33° 1673.
Dewald (R.) s. Schoppe (H.) & Schultz.
Dewald (W.) u. **Schmidt (Heinz)**, Analyt. Best. d. verschied. Phosphate nebeneinander. 4. Mitt. Best. v. Trimetaphosphat neben anderen Phosphaten. Krit. Unterss. über d. Brauchbark. d. Trenn. mit Bariumchlorid 173. — Phosphatgläser u. ihre techn. Beurteil. 8522.
—, **Schmidt (Heinz)** u. **Neeb (K.-H.)**, Analyt. Best. d. verschied. Phosphate nebeneinander. 5. Mitt. Prüf. v. techn. $Na_5P_3O_{10}$ durch Best. d. Lösevermögens für Calciumoleat 2263.
Dewan (J. T.) s. Allen (K. W.).
Dewar (A. D.), Gesamtstoffwechsel d. Maus nach Pseudoparturitio u. Parturitio 11034.
Dewar (M. J. S.), Theoret. organ. Chemie 8339. — Tropolon 10224. — s. Dave (J. S.).
— u. **Pettit (R.)**, Molekülbahntheorie d. organ. Chemie. 7. Mitt. Additivität v. Bindungsenergien in unkonjugierten Systemen 9281.
Dewar (M. R.) u. **Parfitt (G. J.)**, Mucingeh. u. physikal. Eigg. d. Speichels u. d. Cariesaktivität 7240.
Dewdney (D. A. C.) s. Standard Oil Development Co.
Dewell (E. H.) s. Winders (G. R.).
Dewes (R. A.) s. Schultz (W. W.).
Dewey (D. H.), **Mitchell (A. E.)** u. **Lipsit (R. R.)**, Lagerungsqualität v. Jonathan- u. Deliciousäpfeln unter d. Einfl. v. Vorerntensprays mit Wachstumsreglern 11075.
Dewey (D. L.), **Hoare (D. S.)** u. **Work (E.)**, Diaminopimelinsäuredecarboxylase in Zellen sowie Extrakten v. Escherichia coli u. Aerobacter aerogenes 10291.
Dewey (J. N.), **Breidenbach jr. (H. I.)** u. **Gehring jr. (J. W.)**, Best. v. Detonationsdrucken aus Blitzradiogrammen 1887.
Dewey & Almy Chemical Co., Trägergewebe für Textildruckmaschinen 5427* E. — Auskleiden v. Behälterverschlußorganen 11470* Schwz.
— u. **Mark (J. G.)**, Mörtelgemische mit erhöhter Widerstandsfähigk. gegenüber Gefrieren u. Auftauen 2050* D. B.
— u. **Merrill (E. W.)**, Trennfolien für Akkumulatoren 6360* F.

Dewhurst (H. A.), Einfl. aliphat. Alkohole auf d. durch γ-Strahl. bewirkte Oxydat. belüfteter wss. Eisen(II)-sulfatlsgg. 5040.
Dewjatnin (W. A.), Anreicher. d. Kost mit Vitaminen im Rahmen d. Gemeinschaftsspeis. 240.
Dewjatow (B. N.), Übergangsbedingungen d. Betriebs kontinuierlich arbeitender Wärmeaustauscher 8463.
Dewjatowa (N. I.) s. Slobodin (J. M.).
Dews (J. W.), Konstrukt., Einricht. u. Betrieb eines wassergekühlten Kupolofens 5637.
Dewulf (G.), Infrarotdurchläss. Gläser 9400.
Dexter (D. L.), F-Zentrenwellenfunktt. in Alkalihalogeniden 512. — Röntgenstrahlverfärb. v. Alkalihalogeniden 2598. — Tunnelwander. v. Elektronen in Alkalihalogeniden 8088. — Gestalt v. Absorptions- u. Emissionslinien v. Verunreinigg. in festen Stoffen 9022. — s. Blakney (R. M.).
— u. **Schulman (James H.)**, Konzentrationslösch. in anorgan. Phosphoren 7839.
Dexter (R. N.) s. Lax (B.).
— u. **Lax (B.)**, Effektive M. d. positiven Löcher in Si 11160.
—, **Lax (B.)**, **Kip (A. F.)** u. **Dresselhaus (G.)**, Effektive Elektronenmassen in Si 11160.
—, **Zeiger (H. J.)**, **Lax (B.)** u. **Rosenblum (E. S.)**, Anisotropie d. Cyclotronresonanz in Ge. 2. Mitt. Experimente 4269.
Dexter (S. T.) s. Huffman (C. F.).
Dey (C.) s. VEB Elektrochemisches Kombinat Bitterfeld.
Deyrup (A. J.) s. Du Pont de Nemours (E. I.) & Co.
Deysine (A.) s. Bonét-Maury (P.); Lormand (C.).
Deysson (G.) s. Mascré (M.); Truhaut (R.).
— u. **Charbonnier (A.)**, Physiol. Antagonismus zwischen Bilirubin u. d. gallensauren Salzen. Schutzwrkg. v. Bilirubin gegen d. Natriumcholatvergift. v. Pflanzenzellen 5813.
— u. **Deysson (M.)**, Wrkg. d. Natriumcholats auf d. Spindelfunkt. bei Allium cepa L 8406.
— u. **Rollen (A.)**, Wrkg. d. Isonicotinsäurehydrazids (Isoniacid) auf d. Teil. pflanzl. Zellen 6306.
— u. **Truhaut (R.)**, Schutzwrkg. d. β-Mercaptoäthylamins gegen d. tox. Wrkg. eines Vertreters d. radiomimet. Gruppe: Tris-[β-chloräthyl]-amin 2920.
Deysson (M.), Durch Uracil u. Uradin bei Allium cepa L. bewirkte Chromosomenbruchstückbldg. 1988. — Wrkg. d. Pyrimidinkomponenten d. Nucleinsäuren auf d. pflanzl. Zellteil. 1989. — s. Deysson (G.).
Deželić (M.), **Grujić-Vasić (J.)** u. **Bobarević (B.)**, Polarograph. Unters. d. Autoxydat. d. Vitamins C u. d. Problem seiner Stabilisier. 10554.
Dhar (D. C.) u. **Pradhan (S. N.)**, Anämie. 1. Mitt. Experimentelle Pb-Anämie bei Ratten 7960.
Dhar (M. M.) s. Barker (G. R.).
Dhar (N. R.), Wert organ. u. anorgan. Düngemittel 8475. — Bedeut. organ. Substanzen für d. Bodenfruchtbark. 9649.
Dhavalikar (R. S.) s. Damodaran (M.).
Dhingra (D. R.) s. Dhingra (S. N.).
—, **Kapoor (S. N.)**, **Chandra (G.)** u. **Sharma (R. C.)**, Fettsäurekomponenten d. Körperfetts v. männl. u. weibl. Büffel 11234.
Dhingra (S. N.), **Dhingra (D. R.)** u. **Gupta (G. N.)**, Äther. Pandanusöl (Kewdaöl) 4720.
Dhungat (S. B.) u. **Sreenivasan (A.)**, Verwend. v. Pyrophosphatpuffer für d. manometr. Best. d. Xanthinoxydase 6051.
Diaguila (A. J.) s. Eckert (E. R. G.).
Dial (W. R.) s. Columbia-Southern Chemical Corp.; Strain (F.).
Diamalt Akt.-Ges., Verdickungsmittel 460* Schwz.
— u. **Maurenbrecher (R.)**, Cystin aus Gemischen verschied. Aminocarbonsäuren 689* D. B.
Diamant (H.), Katarakt beim Meerschweinchen infolge Anwend. v. Cholinesteraseinhibitoren 6794.
Diament (M.), Identifizier. v. Glycerylphosphorylcholin im Sperma 1775.
Diamond (G. le B.), Vergas. v. Rückstandöl 8293.
Diamond (Herbert) s. Fields (P. R.); Stevens (C. M.); Studier (M. H.).
—, **Fields (P. R.)**, **Mech (J. F.)**, **Inghram (M. G.)** u. **Hess (D. C.)**, Halbwertszeit v. ^{243}Am 4754.
—, **Magnusson (L. B.)**, **Mech (J. F.)**, **Stevens (C. M.)**, **Friedman (A. M.)**, **Studier (M. H.)**, **Fields (P. R.)** u. **Huizenga (J. R.)**, Identifizier. d. Cf-Isotope *249*, *250*, *251* u. *252* aus reaktorbestrahltem Pu 6908.
Diamond (Hyman) s. Shell Development Co.
Diamond (J.) s. American Home Products Corp.
Diamond (L. C.) s. Moore (A. E.).
Diamond (L. K.) s. Alexander (B.).
Diamond (R. M.), Neue Isotope v. Nb: ^{89}Nb u. ^{89m}Nb 9493. — s. Sharp (R. A.).
Diamond Alkali Co., Paste aus Polyvinylchlorid 7564* E.
— u. **Berry (D. A.)**, Azofarbstoffe 7791* A.
— u. **Bierly (L. A.)**, Unentflammbare hochpolymere Stoffe 8509* A.
— u. **Brumbaugh (C. C.)**, Herst. eines wasserfreien HCl 10835* A.
— u. **Cooper (R. S.)**, Flammenbeständ. MM. 1622* A. — Stabilisier. v. Tetrachloräthylen 7549* A.
— u. **Danison (R. C.)**, Stabilisieren v. chlorierten Paraffinwachsen 3777* A.
— u. **Dereich (J. E.)**, Siloxanharze 7100* A. — Modifizierte Äthylphenylsiloxanharze 7334* A. — Harzart. Siloxane 9685* A.
—, **Disberger (G. J.)**, **Cocherell (P.)** u. **Cocherell (A. L.)** u. **Kuntz (T. F.)**, Chlorier. v. Methan in d. Gasphase 5648* D. B.
— u. **Hill (A.)**, Polymerisat. v. Vinylverbb. 6407* A.
— u. **Koch (G. J.)**, Polymerisieren v. Vinylchlorid 7564* A., E.
— u. **Lander (J. G.)**, Überzug für Metallplatten 9204* A.
—, **Lukes (J. J.)** u. **Kuntz (T. F.)**, Äthylendichlorid 5416* D. B.
—, **Perloff (J. W.)** u. **Jacobson (L.)**, Füllstoff für Vinylharze 1854* A.
— u. **Perrin (T. S.)**, Ausfällen v. V aus Lsgg. als Hexametavanadat 4909* A.
— u. **Somermeyer (H. J.)**, $CaCO_3$ enthaltende Koagulate 9456* A.
Diamond Crystal Salt Co. u. **Miller (F. G.)**, Speisesalz 2559* A.
Diamond State Food Products, Inc., Essigersatz 2555* F.
Dianowa (J. W.) u. **Woroschilowa (A. A.)**, Meth. zum Nachweis v. pathogenen Bakterien durch biol. Antiseptica 10543.

Dianzani (M. U.), Einfl. d. 3.4-Benzpyrens u. d. 20-Methylcholanthrens auf bestimmte Fermentaktivitäten isolierter Mitochondrien 1761. — Hemm. d. oxydativen Phosphorylier. in Mitochondrien v. Fettlebern 1994. — Wrkg. v. Papain u. Trypsin auf d. Morphologie u. einige enzymat. Wrkgg. v. isolierten Mitochondrien 2222.
— u. **Biaggini (G. C.),** Verh. d. oxydativen Phosphorylier. bei kompensator. Nierenhypertrophie 9603 — Cytochem. Aspekte über d. kompensator. Nierenhypertrophie 10766.
Dias Tavares (A.), Quantitative Verss. zum Costa Ribeiro-Effekt 745.
Diaz (C. J.) = Jiménez Diaz (C.).
Díaz (J. P.) = Pou Díaz (J.).
Diaz (R.), Polarograph. Best. v. Sn in Sn-Plattierungslsgg. 8930.
Diaz Cadavieco (R.) s. Wael (J. de).
Diaz Rivera (R. S.) s. Torregrosa (M. V.).
Dibbern (H.), Verhüt. v. Kesselschäden durch d. Algor-Verf. 434.
Dibeler (V. H.) s. Mohler (F. L.).
— u. **Cordero (F.),** Mikromanometer v. Diaphragmentyp zum Gebrauch in einem Massenspektrometer 8083.
— u. **Mohler (F. L.),** Massenspektren d. Deuteroäthylene 6481.
—, **Mohler (F. L.)** u. **Hemptinne (M. de),** Massenspektren d. Deuteroäthylene 7871.
Dible (W. T.), Truog (E.) u. **Berger (K. C.),** B-Best. in Böden u. Pflanzen. Vereinfachtes Curcuminverf. 428.
Dicastro (G.) u. **San Marco (M.),** Kontinuierl. Papierelektrophorese 6347.
Dichter (E. R.) s. Schering Corp.
Dichtjar (P. P.) s. Gerassimowa (A. W.).
Dick (A. B.) Co., Druckformen für d. Schablonendruck 6884* E.
—, **Beatty (J. L.)** u. **Rosenberger (H. M.),** Herstellen v. Kopien mit Hilfe v. Wärme 3293* D. B.
— u. **Hoover (K. S.),** Vervielfältigungsschablonen 9236* F.
— u. **Roshkind (A. I.),** Herstellen v. Kopien einer Vorlage mit Hilfe v. Wärme 1421* D. B.
Dick (A. T.), Abhängigk. d. Cu-Speicher. in d. Leber v. Schafen durch anorgan. Sulfat u. Mo 11241.
Dick (D. R.), Herrmann (R. W.), Ferguson (C.) u. **Hebert (C. L.),** Anwend. eines kurzwirkenden Muskelrelaxans (Succinylcholinchlorid) in d. urograph. Diagnose 9137.
Dick (E. C.) s. Peterson (G. E.).
Dick (G. W. A.) u. **Haddow (A. J.),** Uganda-S-Virus. Ein noch unbeschriebenes Virus, isoliert aus Moskitos in Uganda. 1. Mitt. Isolier. u. pathogenes Verh. 1768.
Dick (J. B.), Beschreib. v. Einzelfällen d. Stromverunreinig. 1. Mitt. Abfluß eines Textilbetriebes in eine Abwasseranlage 1116.
Dick (J. L.) s. Sakai (M.).
— u. **Kurbatov (M. H.),** Trägerfreie Abtrenn. d. radioakt. Isotope ^{56}Co, ^{57}Co u. ^{58}Co v. einem Mn-Target 11153.
Dicke (R. H.) s. Wittke (J. P.).
Dickel (G. B.) s. Swern (D.).
Dickens (F.), Kohlenhydratoxydat. 9819.
Dickensheets (J.) s. Havens jr. (W. P.).
Dicker (G. H. L.) u. **Briggs (J. B.),** Bekämpf. d. Apfelsägefliege Hoplocampa testudinea (Klug). 1. Mitt. Einfl. d. Spritzzeit 673. — Yponomeuta padella malinella Zell. 9423.
Dickerman jr. (W. C.), Technik über d. Spalten v. Erdölfraktt. 1648.
Dickermann (G. K.) s. Consolidated Water Power & Paper Co.
Dickerson (B. W.) u. **Patrick (R.),** Wiedergesundung eines verunreinigten Flusses 10111.
Dickert jr. (J. J.) s. Socony-Vacuum Oil Co., Inc.
Dickey (F. P.) s. Dalby (F. W.); France (W. L.).
—, **Zumstein (R. V.)** u. **Williams (Dudley),** Atomspektren im Ultrarot u. eine elektrodenlose Entladungsquelle 15.
Dickey (J. B.) s. Eastman Kodak Co.; Kodak-Pathé.
Dickey (R. M.) s. Monsanto Chemical Co.
Dickhäuser (E.) s. Winnacker (K.).
Dickie (H. A.) s. Larson (F. C.).
Dickie (R. C.) s. Marchon Products Ltd.
Dickinson (B. C.) s. Moore (D. H.).
Dickinson (C. L.) s. Weyerhaeuser Timber Co.
Dickinson (D. G.) s. Wilson (J. L.).
Dickinson (E. J.) s. Lee (A. R.).
Dickinson (H. O.), Adsorpt. v. Carbocyaninen durch Gelatine 2117. — s. Ilford Ltd.
— u. **Fry (D. J.),** Photograph. Materialien u. Verff. 9236.
Dickinson (N. L.) s. Kellogg (M. W.) Co.
Dickinson (R.), Flammgesprühte Kunststoffüberzüge 224.
Dickinson (R. H.) s. Mallory-Sharon Titanium Corp.
Dickinson (R. W.) s. Schjeide (O. A.).
Dickinson (T.), Verwend. für Lederabfälle 10900.
Dickinson (T. A.), Neues Ultraschallprüfverf. 204. — Druckspritzguß v. Mg-Legierr. 3240. — Flammgespritzte keram. Überzüge 5152.
Dickinson (W. C.) s. Brolley jr. (J. E.).
Dickinson (W. E.), N-Best. in Nitraten nach Kjeldahl 2735.
Dickman (S. R.), Kropf (R. B.) u. **Proctor (C. M.),** Rkk. v. Xanthydrol. 2. Mitt. Insulin, Lysozym u. Ribonuclease 10741.
— u. **Speyer (J. F.),** Faktoren, die d. Aktivität d. Mitochondrien- u. d. lösl. Aconitase beeinflussen 5095.
— u. **Westcott (W. L.),** Rkk. v. Xanthydrol. 1. Mitt. Aminosäuren 10741.
Dickmann (H.), Einführ. d. Thomas-Verf. in Deutschland im Jahre *1879* 6837.
Dicks (W. G.) s. Canadian Industries Ltd.
Dickson (B. A.) u. **Crocker (R. L.),** Chronosequenz v. Böden u. Vegetat. in d. Nähe v. Mt. Shasta, Californien. 1. Mitt. Definit. d. untersuchten Oberflächensyst. u. d. Merkmale d. Pflanzenfolge 7528; 2. Mitt. Entw. d. Waldböden u. ihr C- u. N-Durchschnitt 7528; 3. Mitt. Eigg. d. Mineralböden 7528.
Dickson (G. T.) s. Glaxo Laboratories Ltd.
Dickson (H. M.) s. Fenton (P. F.).
Dickson (J. M.) u. **Salter (D. C.),** Suche nach Polarisat. energiereicher Neutronen 2823.
Dickson (R. C.) s. Deal (A. S.).
Dictaphone Corp., Rowe (R. G.) u. **Flower jr. (G.),** Antistatischmachen v. Vinylharzen 5668* F.
Diczfalusy (E.), Chrakterisier. d. Östrogene d. menschl. Samens 2706.
Didcock (K. A. H.) s. Robson (J. M.).

Didier-Kogag-Hinselmann Koksofenbau und Gasverwertung Akt.-Ges., Abtrennen v. Fll. aus Gasen, bes. v. Teer aus Kohledestillationsgasen 10663* E.
Didier-Werke Akt.-Ges., Feuerfeste Auskleid. für Roheisenmischer 11675* Oe.
—, Hock (J.) u. **Bollinger (K.)**, Herst. dauerhafter farbgemusterter, fugenloser Beläge 10636* Oe.
— u. Klasse (F.), Regenerieren v. gebrauchten Siliciumcarbidsteinen 11449* D. B.
Diding (N. Å.) s. Canbäck (T.).
— u. Sterner (N.), Haltbark. d. Tetracycline 6081.
Didtschenko (R.) u. **Rochow (E. G.)**, Elektrodenpotentiale in geschmolzenen Silicaten 22.
Diebold (A.) s. Cassella Farbwerke Mainkur Akt.-Ges.
Diebold (K.), Metallograph. Mikroaufnahmen auf Kleinfilmmaterial 11460.
Dieckamp (H.) u. **Crittenden jr. (E. C.)**, Schermodul v. bestrahltem Cu 5974.
Dieckhoff (J.) s. Bickel (E.).
Dieckhues (B.), Unterss. über d. Red. v. Farbstoffen durch S. typhi, S. paratyphi und E. coli 10544.
Dieckmann (F. A.), Kalkdüng. im Forst 8946.
Dieckmann (H.), Pharmakopöen in d. Welt 7032. — Geschichte u. Probleme d. Apothekerausbldg. in erster Linie in Frankreich u. Deutschland [8216]. — s. Urdang (G.).
Dieckmann (J. R.) s. Dow Chemical Co.
Dieckmann (S. F.) s. Hercules Powder Co.
Dieckmann (W.) s. Knop (W.).
Diederichs (W.), Seife 9470* F.
Diedrich (P.) s. Schering Akt.-Ges.; VEB Schering Adlershof.
Diedrichs (B. E. J.) s. Mo och Domsjö Aktiebolag.
Diefenbach (H.) s. Sandritter (W.).
Dieffenderfer (D. S.) s. Riegel Paper Corp.
Diehl (F. L.) u. **Crowe (J. B.)**, Reinigungsmess. an künstl. verschmutzten Geweben 6880.
Diehl (H.) s. Brierly (J. M.); Jaselskis (B.); Smith (G. Frederick).
— u. Ellingboe (J. L.), Best. v. Amid-N in d. Vitaminen B_{12} u. B_{12a} 3631.
Diehl (H. W.) s. Fletcher jr. (H. G.); Ness (R. K.).
Diehl (K.), Stand d. Chemotherapie d. Lungentuberkulose d. Erwachsenen 2017.
Diehlmann (W.), Papierchromatographie v. Pyrazolonderivv. 8223.
Dieke (G. H.) s. Steinhaus (D. W.).
— u. Crosswhite (H. M.), Reinig. v. Edelgasen mit aktiviertem U 1697.
Diels (A.) s. Poudreries Réunies de Belgique, Soc. An.
Diem (M.), Feuchtemess. mit Hilfe thermoelektr. Psychrometer 9631.
Diemair (W.) s. Acker (L.); Winnacker (K.).
— u. Boekhoff (K.), Künstl. Farbstoffe u. Ferment-Rkk. 5. Mitt. Einfl. auf. d. Katalase 3402.
— u. Heusser (D.), Bixa orellana (Annattosamen) 850.
Dieman (E. A.) s. Standard Oil Co.
Dien (L. T. H.), **Ravel (J. M.)** u. **Shive (W.)**, Einige inhibitor. Wechselwrkgg. zwischen Leucin, Isoleucin u. Valin 11019.

Dienel (H. F.) s. Bell Telephone Laboratories, Inc.
Dienemann (R.) s. Hofferber (O.).
Diener (H.), Drogenkunde [3924].
Dienes (G. J.), Einfl. v. Kernstrahll. auf d. mechan. Eigg. v. Feststoffen 763. — s. Ballentine (D. S.); Levy (P. W.); Rosenblatt (D. B.); Vineyard (G. H.).
Diepen (G. A. M.) u. **Scheffer (F. E. C.)**, Syst. Äthylen–W. 4792. — Löslichk. v. W. in Äthylen jenseits d. krit. Punktes 4792.
Diepschlag (E.) u. **Henkel (S.)**, Einfl. v. Tieftemperaturbehandll. auf Qualitätsveränderr. bei Stählen 4199.
Diepstraten (G. A. M.) s. Philips Electrical Ltd.
Dierchen (W.), Anforderr. d. Penicillinprodukt. an d. Maisquellwasser u. Möglichk. d. Verwert. techn. anfallender Quellwässer durch biol. Beeinfluss. 2251.
Dierichs (A.) s. Farbenfabriken Bayer Akt.-Ges.
Dierichs (H.) s. Badische Anilin- & Soda-Fabrik Akt.-Ges.
Dierichs (W.) s. Stetter (H.).
Dierkes (G.), Färben mit sauren Chromkomplexfarbstoffen. 1. Mitt. 219; 2. Mitt. 926. — Färben mit Dispersionsfarbstoffen 6854. — Farbstoffe zum Färben v. Fasermischungen. 1. Mitt. 6854; 2. Mitt. 9200. — Herst. u. Anwend. v. Metallkomplexfarbstoffen 8972. — Stranggarn-Färberei. 1. Mitt. 10865.
— u. Wansleben (W.), Vers. zur elektrolyt. Red. v. Küpenfarbstoffen 3740.
Diesbach (H. de), **Rhyner (P.)** u. **Cavegn (A.)**, S-Farbstoffe 9448.
Diestel (R.), Experimentelle u. theoret. Unterss. d. isothermen u. d. adiabat. Hall-Effektes an Se 2365.
Dietel (H.), Toxikodermie nach Isonicotinsäurehydrazid (INH) 2017.
Dietenberger (O.), Klin. Erfahrungen mit Cholin-Fettsäure-Verbb. bei lokaler Anwend. 4157.
Dieterle (J. M.) u. **Robeson (C. D.)**, Krist. Neoretinen b 10070.
Dietert (H. W.), „D"-Verf. für Präzisionsgußstücke 5404.
Dietloff (W.) s. Allgemeine Electricitäts-Gesellschaft.
Dietmann (K.), Moderne Thiobarbituratkurznarkose. Thiogenal. 4397. — s. Reifferscheid (M.).
Dietrich (E. V.), **Fisher (A. L.)**, **Long (J. P.)** u. **Featherstone (R. M.)**, Wrkg. einiger Bernsteinsäureanaloge auf d. Succinoxydase-Aktivität 3163.
Dietrich (H.) s. Wussow (W.).
Dietrich (Hans v.) u. **Cramer (F.)**, Einschlußverbb. 7. Mitt. Struktur d. J-Ketten in Kanaleinschlußverbb. 2161.
Dietrich (J. E.) u. **Kennedy (W. R.)**, Scintillationszählerschutz für ^{60}Co-Quelle 4273.
Dietrich (K. R.), Period. Rektifikat. v. unverdünntem Rohspiritus 5674. — Vermeid. v. Schwundverlusten an Alkohol bei d. Gärung 7336. — Wiedergewinn. flüchtiger Bukettstoffe während d. Gärung 7803. — Erzielen eines kontinuierl. Produktionsflusses in d. Brennereien 10875. — Wert d. Schlempe nach d. kontinuierl. Maischverf. 10875.
Dietrich (L.) s. Lapple (C. E.).
Dietrich (L. S.) u. **Borries (E.)**, Best. d. Xanthinoxydaseaktivität tier. Gewebe 610.

Dietrich (L. S.), Monson (W. J.) u. **Elvehjem (C. A.)**, Folsäure, Leucovorin, Vitamin B_{12} u. d. Exkret. v. N^1-Methylnicotinamid 860.
Dietrich (R. V.), Fish Creek-Phakolith, Nordwest-New York 6478.
Dietrich (W.) u. **Maier (W.)**, Niederfrequentes Raman-Spektr. eines Benzoesäurekristalls 3585.
Dietrich (Wilhelm) s. Badische Anilin- & Soda-Fabrik Akt.-Ges.; Chemische Werke Hüls.
—, Weber (Heinrich) u. **Leimüller (A.)**, Lösungs- u. Weichmachungsmittel 8730* D. B.
Dietrich (W. F.) u. **Waggaman (W. H.)**, Glimmerblättchenindustrie 10834.
Dietrichs (W.), Jebsen-Marwedel (H.), Löffler (J.) u. **Wefer (F.)**, Glasschmelzen mit Scherben 6106.
Dietrick (H.) s. Yeager (E.).
—, Yeager (E.), Bugosh (J.) u. **Hovorka (F.)**, Ultraschall u. Elektrochemie. 3. Mitt. Durch Ultraschall hervorgerufene elektrokinet. Effekte 1681; 4. Mitt. Entsteh. einer Wechselstromkomponente im Potential einer polarisierten Wasserstoffelektrode durch Ultraschall 1681.
Diettrich (O.) s. Klöckner-Humboldt-Deutz Akt.-Ges.
Dietz (A. G. H.) s. Sofer (G. A.).
Dietz (E.) s. Dirr (K.).
Dietz (K.) s. Böhme (H.).
Dietz (O.), Baludonspiegelbest. beim Schwein 1782.
Dietz (R.) u. **Novotny (A.)**, Alkalisier. v. Torf zu Düngezwecken 6373* Oe.
Dietz (V.), Flachdruckform 4264* D. B. — Kontakt-Druckverfahren für Flach- u. Tiefdruck 9697* D. B.
Dietz (W.) s. Fischer (Werner).
Dietz (Wolfgang) s. Wick (M.).
Dietzel (A.) u. **Deeg (E.)**, Temperaturabhängigk. v. innerer Dämpf., Schallgeschwindigk. u. Elastizitätsmodul v. Glas 9169.
— u. Kerstan (W.), Rkk. zwischen Scherben u. Glasur. Zusammenhang mit d. Haarrißproblem 7293.
— u. Poegel (H. J.), Strukturverschiedenhh. d. Schmelzen v. $AlPO_4$ u. SiO_2 297.
— u. Stegmaier (W.), Emailtechn. Prüfverf. 2. Mitt. 4674.
Dietzel (R.) u. **Loth (P.)**, Neugestalt. d. allgemeinen fachtechn. Erläuterr. u. Untersuchungsverff. d. DAB *6* für d. Nachtrag zum DAB *6* bzw. für ein DAB 7 1792.
Dieu (H. A.), Polyvinylalkohollsgg. 9579.
Diffenderfer (J. B.) s. Radio Corp. of America.
Diffusion Alloys Ltd., Diffus. v. Metallen in Fe u. Stahl 8722* F. — Diffusionsschichten auf Metallen 9434* F.
— u. Samuel (R. L.), Diffusionsschichten auf Fe, Stahl oder Ni 8722* E.
—, Samuel (R. L.) u. **Samuel (G. A.)**, Herst. v. Metallgegenständen auf d. Sinterwege 5173* E. — Chromdiffusionsschichten 8722* E. — Bindemittel für Sinterkörper 10855* E.
Digges (T. G.), Erhöh. d. Härtbark. d. Stahls durch B 7538.
Diggin (M. B.) s. Hanson-Van Winkle-Munning Co.
Dignadice (P. B.) u. **Orillo (F. T.)**, Gelbfleckigk. d. Zuckerrohrs 709.
Dignam (W.) s. Page (E. W.).
Dihlmann (W.), Kristallograph. u. papierchromatograph. Nachw. flücht. biogener Amine 10103. — s. Zorn (B.).
Dijck (L. A. van) s. Bijvoet (J. M.).
Dijew (N. P.) s. Pawlow (F. N.).
—, Kotschnew (M. I.), Padutschew (W. W.) u. **Ssioridse (G. J.)**, Sulfatisier. v. MnO_2 durch $FeSO_4$ u. Pyrit 4908.
—, Kotschnew (M. I.), Plotnikowa (A. F.) u. **Saidman (T. M.)**, Kinetik d. Hochtemperaturoxydat. v. Kupfertellurid 45.
— u. Padutschew (W. W.), Mechanismus u. Geschwindigk. d. Oxydat. v. Cu-Steinen in geschmolzenem Zustand 5409.
Dijk (C. P. van) s. N. V. de Bataafsche Petroleum Mij.; Shell Development Co.
Dijk (W. J. van) s. Aten jr. (A. H. W.).
Dijkema (J. H.) s. A/S Norduco.
Dijkstra (N. D.), Beiträge d. staatl. landwirtschaftl. Versuchsstat. in Hoorn zur Forsch. über d. Futterwert v. Rauhfutter 5924. — Nährwert v. grünem Roggen 11614. — Futterwert v. nasser, aus d. kontinuierl. Diffus. stammender Zuckerrübenpulpe 11614.
— u. Frens (A. M.), Verdaulichk. u. Nährwert d. Preßkuchen v. Boegroemakka-Kernen 3183.
Dijkstra (R.) s. Jonge (J. De).
— u. Backer (H. J.), Additions-Rkk. v. Imenen 8128.
Dikassowa (J. T.), Anwend. v. Chlorkalk bei d. Bekämpfung d. Muscardine d. Maulbeerbaumseidenspinners 7299.
Dikina (I. M.) s. Nassledow (W. N.).
Dikshit (P. K.) u. **Patwardhan (V. N.)**, Nährwert v. Enteneiklar. 2. Mitt. Vgl. d. Verdaulichk. u. d. wachstumsfördernden Fähigk. v. Hühner- u. Enteneier-Eiweiß 8659.
Dilanjan (S.) u. **Chatschaturjan (W.)**, Schweizerkäse aus pasteurisierter Milch 9467.
Dilke (M. H.), Eley (D. D.) u. **Sheppard (M. G.)**, Übersicht über Mischungswärmen organ. Substanzen mit $AlCl_3$ 4792.
Dilke (Max H.) s. Distillers Co. Ltd.
Dilla (M. A. Van), Schuch (R. L.) u. **Anderson (E. C.)**, K-9: Ein großer 4π-γ-Detektor 6910.
Dille (K. J.) s. Robins (R. K.).
Diller (D. E.) u. **Crouch (M. F.)**, Verzweigungsverhältnis d. Rk. $^{9}Be(\alpha,n)^{12}C$ 2593.
Diller (V. M.) s. Blanchard (F. A.).
Dillinger (J. R.) s. Knudsen (W. C.).
Dillon (B. E.), Akute Mutterkornvergift. bei Rindvieh 10319.
Dillon jr. (J. A.) s. Sheridan (W. F.).
— u. Farnsworth (H. E.), Verbesserte Radioisotopentechnik zur Unters. d. Adsorpt. v. Gasen an Metallen 528. — Unterdruckzählrohr zur Mess. d. Gasadsorpt. an festen Körpern 1914. — Adsorpt. v. CO_2 an Ni-Einkristallflächen unter Verwend. einer Radiotracertechnik 8795.
Dills (W. L.) s. Du Pont de Nemours (E. I.) & Co.
Dilman (W. W.) s. Akselrod (L. S.).
Dilnot (S.), Leichte Formlinge 5628* E.
Dilung (I. I.) u. **Dain (B. J.)**, Dunkel- u. photochem. Umsetzz. v. Triphenylmethanfarbstoffen mit O_2 u. Feuchtigk. 2170.
Dilworth (C. C.) s. Corato (M. Di).
— u. Goldsack (S. J.), Spektren u. Vorzeichenverteill. d. Teilchen aus Höhenstrahlsternen auf *2860* m 10908.

Dilworth (C. C.), Goldsack (S. J.), Goldschmidt-Clermont (Y.) u. **Levy (F.)**, Magnet. Abweich. schneller geladener Teilchen in d. photograph. Emuls. 4505.
Dilworth (J. P.) s. Texas Co.
Dilz (K.) s. Hertog (H. J. den).
Dimant (E.) s. Huennekens (F. M.).
Dimant (R. L.) s. Kokorin (A. I.).
Dimitroff (S. P.), Lewis (R. C.), Thorner (M. C.) u. **Field (J. B.)**, Orale Quecksilberdiuretica: Mercumatilin in d. Behandl. v. congestiven Herzfehlern 8204.
Dimitrow (C.) s. Kurtew (B.).
Dimmer (C. L.), Kunststoffe für Zahnprothesen 10084* A.
Dimmick (R. L.) u. **Corley (R. C.)**, Zur Unters. v. Stärke u. ihrer Hydrolysenprodd. abgeänderte Jodstärkemeth. 6766.
Dimmling (W.) s. Dann (O.).
Dimond (A. E.), Pflanzenchemotherapie 8477.
—, Stoddard (E. M.) u. **Rich (S.)**, Hemmwrkg. v. Farbstoffen auf d. Entw. v. Kronengallen 7763.
Dimond (H. L.) s. Southwick (P. L.).
Dimroth (H.) s. Boehringer (C. F.) & Söhne G. m. b. H.; Pfleger (R.).
Din (A. M. S. El) = El Din (A. M. S.).
Din (F.) s. Clark (A. M.).
Dina (M. A.) s. Moruzzi (G.); Rabbi (A.).
Dinaburg (M. S.) s. Porai-Koschitz (A. J.).
Dinerman (A. A.) u. **Ssemenowa (G. T.)**, Alimentäre Faktoren, d. eine Wiederherstellung d. durch Proteinmangel gestörten Chronaxie bewirken 8426.
Dinerstein (R. A.) s. Standard Oil Co.; Winters (J. C.).
Dines (A. I.) u. **Bope (F. W.)**, Extrakt. u. Perjodatspalt. d. Gerbstoffes aus Pinus caribaea, Morelet 10900.
Dinga (G. P.) s. Dawson (L. R.).
Dingemans (P.), Electrochemi [7154].
Dingemanse (E.) s. Kooij (R.).
Dinger (K.), Opt. Prüf. v. Tafelglas mit einem Schardin-Gerät. (Sonderausführ. d. farbigen Schlierenmeth.) 9647.
Dingle (R. B.), Magnet. Eigg. v. Metallen. 5. Mitt. Magnet. Verh. eines zylindr. Syst. v. Elektronen für alle Magnetfelder 1205; 6. Mitt. Oberflächenkorrekturen zum Landau-Diamagnetismus u. de Haas-van Alphen-Effekt 11339. — Geschwindigk. d. zweiten Schalls in verschied. Medien 6692.
Dingledy (D. P.) s. Hoch (M.); Owens-Corning Fiberglas Corp.
Dingley (A. G.) u. **Badenoch (A. W.)**, Einfl. v. Hyaluronidase auf d. renale Lithiasis 6071.
Dinkel (P.) s. Karrer (P.).
Dinkeliss (S. S.), Bedeut. d. chem. Zus. d. Erzstaubes für d. Beurteil. seines Schädlichkeitsgrades 10593.
Dinkloh (E.) s. Micheel (F.); Schmitt (A.).
Dinneen (G. U.), Schieferöl 5459.
Dinnin (J. I.), UV-spektrophotometr. Best. v. Ta mit Pyrogallol 2034.
Dinning (J. S.), Neatrour (R.) u. **Day (P. L.)**, Wrkg. d. Futters auf Rattenleber-Betaintransmethylase 1070. — Wrkg. d. Folsäuredefizites auf d. Cholinstoffwechsel d. Knochenmarkes bei Küken 2940.
Dino (S.) u. **Vittorio (C.)**, Geh. v. Blutplasma, Urin u. Kuhmilch an *l*-Ascorbinsäure nach intravenöser Gabe d. γ-Lactons d. Glucuronsäure 4145.
Dinsdale (A.), Einfl. d. Hitze auf Formgips 4432.
Dinsley (A.), Verbesserte Kulturmedien zur Gewinn. neuer chem. Komplexverbb. durch Züchten v. Mikroorganismen 2962* F.
Dinsmore (H. L.) s. Bailey (S. D.).
Dinsmore (R. P.), Wirtschaftl. u. physikal. Betrachtt. über GR–S-Arten 11698.
Dintzis (H. M.), Oncley (J. L.) u. **Fuoss (R. M.)**, Dielektr. Inkremente in wss. Lsgg. synthet. Polyelektrolyte 1525.
Dinwiddie (J. A.) s. Standard Oil Development Co.
Dio (S. L. Di) s. Butt (E. M.).
Diogenow (G. G.), Periodizität in d. Gruppe d. Alkalimetalle 2138. — Verbreit. d. Elemente in d. Natur u. d. Periodische System v. D. I. Mendelejew 9981. — s. Reschetnikow (N. A.).
Dioguardi (N.), Klin. u. pathogenet. Betrachtt. über d. Wrkg. d. Cytochroms c beim hepatocellulären Ikterus 9846. — s. Villa (L.).
Dion (H. W.), Calkins (D. G.) u. **Pfiffner (J. J.)**, 2-Methyladenin, ein Hydrolyseprod. v. Pseudovitamin B_{12d} 7224.
Dionissjew (D. J.) s. Rudenko (N. S.).
— u. **Dshelomanowa (S. K.)**, Wechselwrkg. v. 8-Oxychinolin mit organ. Säuren nach physikochem. Analysenmethoden 549. — Wechselwrkg. v. 8-Oxychinolin mit Anhydriden organ. Säuren mittels d. Methoden d. physikal.-chem. Analyse 8347.
Dippel (C. J.) s. N. V. Philip's Gloeilampenfabrieken.
Dippner (C. D.) s. Kellog (M. W.) Co.
Dippy (J. F. J.) u. **Hughes (S. R. C.)**, Konduktometr. Unterss. in ketonart. Lösungsmm. 1. Mitt. Aceton als Lösungsm. 1702.
—, Hughes (S. R. C.) u. **Laxton (J. W.)**, Chem. Konst. u. Dissoziationskonstanten v. Monocarbonsäuren. 13. Mitt. Alkylbenzoesäuren, d. ster. Effekte zeigen 8818.
Directie van de Staatsmijnen in Limburg, Anionenaustauscher 1151* E. — Abtrenn. v. Carbazol aus einem Gemisch v. Anthracen, Phenanthren u. Carbazol 1375* Schwz. — Kationenaustauscher 1584* E. — Reinigen v. Lactamen 3966* Oe. — Oxime 7788* F. — Stark bas. Anionenaustauscher 9209* Holl. — Herst. v. katalyt. MM. 10835* F. — Verhüt. v. Kohleniederschlägen 11129* F. — s. Niederländischer Staat.
— u. **Aken (J. S. A. J. M. van)**, NH_4NO_3 666* D. B.
— u. **Goedkoop (M. L.)**, Polycarbonsäuren durch Oxydat. v. Kohle mit HNO_3 in Ggw. v. H_2SO_4 690* Schwed. — Pyromellitsäure aus Koks durch Oxydat. mit HNO_3 691* Schwed.
— u. **Zeegers (R. N. G.)**, Reines Caprolactam 4217* A.
Dirian (J.) s. Coriou (H.).
Dirking (H.) s. Sudholt (H.).
Dirks (R. W.), Ergebnisse aus Langzeitverss. für d. Verwend. v. Inhibitoren für d. Korros. in Gaskondensatanlagen 258.
Dirkse (T. P.), Zus. d. Zn-halt. Anions in starken Laugen 7848.
—, Postmus jr. (C.) u. **Vandenbosch (R.)**, Unters. v. alkal. Lsgg. v. ZnO 10459.
Dirksen (H. J.) u. **Memelink (O. W.)**, Photoleitfähigk. in Cadmiumselenid 9025.
Dirnberger (P.) s. Witte (S.).
Dirr (K.) s. Wille (F.).

Dirr (K.) u. **Dietz (E.)**, Serumeiweiß-Rkk. im allgemeinen u. eine besondere für γ-Plasmacytomeiweiß. Angaben über den d. Rk. auslösenden Eiweißkörper 5334. — Verf. zur Erkenn. v. γ-Plasmacytomeiweiß 8935.

Dirscherl (W.) u. **Breuer (H.)**, Sexualhormone, Steroide u. Sterine. 39. Mitt. Wrkg. männl. u. weibl. Sexualhormone auf Atmung, aerobe u. anaerobe Glykolyse d. Uterus d. Maus 5815; 43. Mitt. Vorkommen männl. Hormone im menschl. Sperma 10303. — Verh. v. Steroiden bei d. H_2SO_4–W.- u. H_2SO_4–Alkohol-Farb-Rk. 6783.

— u. **Dardenne (U.)**, Sexualhormone, Steroide u. Sterine. 42. Mitt. Spalt. v. Steroidhormonestern durch menschl. u. tier. Organe 5816.

— u. **Otto (K.)**, Sexualhormone, Steroide u. Sterine. 41. Mitt. Wrkg. v. Steroidhormonen, bes. Desoxycorticosteron, auf d. anaerobe Glykolyse v. Muskelextrakten 5816. — Polarographie mit vibrierender Platinmikroelektrode 8455.

— u. **Veltin (A.)**, Sexualhormone, Steroide u. Sterine. 34. Mitt. Beeinflußbark. d. d-Aminosäureoxydase u. Transaminase durch Steroidhormone 7475; 35. Mitt. Einw. v. Steroidhormonsuspenss. auf d. Atmung v. Lebergewebe 7475.

—, **Weingarten (F. W.)** u. **Otto (K.)**, Synth. v. 1.4-Butansultam 560.

Disberger (G. J.) s. Diamond Alkali Co.

Dische (Z.), **Ehrlich (G.)**, **Munoz (C.)** u. **Sallmann (L. v.)**, Geh. d. Linsenkapsel an Glutathion u. Nucleotiden u. seine Beziehh. zur Linsenpermeabilität 6319.

Discher (F.) s. Akt.-Ges. Brown, Boveri & Cie. Akt.-Ges.

Discher (W. V.) s. Givens (M. P.).

Disdar (M.) s. Graber (C. D.).

Diserens (P.), Substantive, Cu aufnehmende Farbstoffe u. ihre Anwend. 4703.

Dissanaike (G. A.), Unters. d. Ladungsaustausches durch He-Ionen in Metallen 6917.

— u. **Newton (J. O.)**, Zerfall d. 2,4 MeV-Niveaus in ^{9}Be 1897.

Disselhof, Disperss. 5432.

Dissmann (E.), Unterschiede d. Wachstumsgeschwindigk. u. Wachstumseffekt subminimaler Hemmungsmengen v. Isoniacid (INH) bei INH-resistenten u. -sensiblen Tuberkelbakterienpopulatt. 5099.

Disstler (G. I.) s. Korschak (W. W.).

Distillation Products, Inc., Vakuumdest. 6587* N.

Distillers Co. Ltd., Phenol 925* Schwz., 10862* F. — Verbesserte Backhefe 1160* E. — Resorcin 1373* Schwz. — Harzart. Kondensationsprodd. aus Dialdehyden 1393* F. — — Nährlsg. zur Hefegewinn. 1632* E. — Ungesätt. Aldehyde 1839* F. — Glykole 3249* F., 6619* E. — Aldehyde 4931* F. — Phenole u. aliphat. Ketone 4934* E., Schwz. — Herst. v. Phenolen u. aliphat. Ketonen durch Zers. v. tert. oder di-tert. Hydroperoxyden 5180* Finn. — Mono- u. Dibutanolamine 5652* E. — 2.6-Dialkoxytetrahydropyrane 5902* F. — Ungesätt. Ketone 7080* Schwz. — Aufarbeiten v. Abfall-H_2SO_4 6826* Holl. — Cyanwasserstoff 8497* N. — Blausäure 8733* Schwz. — Plastifizieren v. Vinylidenchloridharzen 8746* F. — Dialdehyd–Alkylenoxyd- oder –Alkohol-Kondensationsprodd. 8750* F. — Acetessigsäureamide 10623* Schwz. — Ester u. Nitrile v. α-Halogenarylsäuren 10860* F. — Aromat. Oxy-oder Hydroperoxyverbb. 11098* E. — Reinig. v. Vitamin B_{12} 11637* E. — s. Anglo-Iranian Oil Co. Ltd.

Distillers Co. Ltd. u. **Abbott (L. S.)**, Vinyl- bzw. Äthylcyclohexan-3.4-diole 3005* E.

—, **Armstrong (G. P.)**, **Bewley (T.)** u. **Smith (Ronald H.)**, Zersetzen organ. Peroxyde 7319* E.

—, **Armstrong (G. P.)**, **Bewley (T.)** u. **Tuerck (K. H. W.)**, Abänder. d. Verf. zur Herst. v. Isopropylbenzolhydroperoxyd 3488* D. B.

—, **Armstrong (G. P.)**, **Hall (Reginald H.)**, **Quin (D. C.)** u. **Tuerck (K. H. W.)**, Isopropylbenzolhydroperoxyd 10379* Can.

—, **Barraclough (C. E.)**, **Bewley (T.)**, **Hall (Reginald H.)** u. **Stanley (H. M.)**, Hydrier. v. Oxoverbb. 7551* Can.

—, **Bellringer (F. J.)**, **Bewley (T.)** u. **Smith (Ronald H.)**, β-Alkoxyaldehyde 9671* D. B., E. F.

—, **Bewley (T.)**, **Bramwyche (P. L.)**, **Bowen (B. E. V.)** u. **Jackson (G. W.)**, Phenol 1606* E.

—, **Bewley (T.)** u. **Howe (B. K.)**, β-Methoxyisobutyraldehyd 686* E.

—, **Brighton (C. A.)** u. **Faulkner (D.)**, Stabilisieren v. Kunstharz 1621* A.

—, **British Industrial Solvents Ltd.**, **Craven (E. C.)**, **Harbard (E. H.)** u. **Tuerck (K. H. W.)**, Konzentrieren v. rohem Acetaldol 2300* Can.

—, **Calhoun (G. M.)** u. **Reese (J. E.)**, Tert. organ. Hydroperoxyde 8729* D. B.

—, **Cleverdon (D.)**, **Staudinger (J. J. P.)**, **Faulkner (D.)** u. **Milne (J. N.)**, Trialkylzinnmonoalkoxyde 1388* A.

—, **Daglish (A. F.)** u. **Faulkner (D.)**, Stabilisatoren für Vinylidenchlorid enthaltende Polymerisate 7330* A.

—, **Daglish (A. F.)**, **Faulkner (D.)**, **Lustigman (S.)**, Polymerisieren v. Vinylidenchlorid 4947* E.

—, **Dilke (Max H.)**, **Faulkner (D.)** u. **Lustigman (S.)**, Plast. M. aus Polyvinylidenchlorid 4947* E., 8274* E.

— u. **Filar (L. J.)**, Phenolverbb. 5654* D. B., E.

—, **Filar (L. J.)** u. **Taves (M. A.)**, Phenole u. Ketone 690* D. B.

—, **Gasson (E. J.)**, **Millidge (A. F.)**, **Robson (J. K. M.)** u. **Wild (A. M.)**, Prim. Alkohole 455* D. B.

— u. **Graham (A. R.)**, Verbesserte, germicide Mittel 10845* E.

—, **Graham (A. R.)** u. **Millidge (A. F.)**, Alkanolamine 689* D. B.

—, **Graven (E. C.)** u. **Gell (W. H.)**, Aldol u. Crotonaldehyd 6388* E.

—, **Hadley (D. J.)** u. **Heap (R.)**, Abscheid. v. Se u. v. Se-Verbb. aus Gasen 4184* E.

— u. **Hall (Reginald H.)**, Tetrahydropyrane 1608* E.

—, **Hall (Reginald H.)** u. **Howe (B. K.)**, Alkoxysubstituierte Pentane u. Tetrahydropyrane 9447* E.

—, **Hall (Reginald H.)**, **Jakobs (D. I. H.)** u. **Jacquet (M. V.)**, Schwimmaufbereit. v. Mineralien 6358* D. B.

—, **Hall (Reginald H.)** u. **Stern (E. S.)**, Oxypropene u. Acroleinderivv. 2073* E.

—, **Hawkins (E. G. E.)** u. **Long (D. J. G.)**, Pimelinsäure 2773* E.

—, **Hawkins (E. G. E.)** u. **Major (F. W.)**, Tetrahydrobenzoesäure 9198* E.

—, **Hawkins (E. G. E.)**, **Quin (D. C.)** u. **Salt (F. E.)**, Diisopropylbenzolhydroperoxyde 7319* E.

—, **Hawkins (E. G. E.)** u. **Stern (E. S.)**, Δ^3-Tetrahydrobenzoesäure, deren Salze, Δ^3-Tetra-

hydrobenzylalkohol u. Pimelinsäure 3969* E.
Distillers Co. Ltd., Hollis (C. E.), Faulkner (D.) u. Abbott (L. S.), Polyacetale 7577* E.
—, **Howe (B. K.) u. Bewley (T.),** Ungesätt. Nitrile 7316* Oe.
— u. **Howlett (J.),** Aus aktiviertem Al_2O_3 u. CuO bestehende Katalysatoren 4931* D. B.
—, **Howlett (J.) u. Archer (H. R.),** Eindampfen v. wss. Methacroleinlsg. 6132* E. — Konz. Methacrolein 8495* D. B.
—, **Howlett (J.) u. Lamburd (C. A.),** Konzentrieren v. Acrolein u. Methacrolein 4931* E.
— u. **Lacey (R. N.),** α-Aecetotetronsäuren 1797* D. B. — Furan-β-carbonsäuren 5424* D. B.
— u. **Long (D. J. G.),** Reinig. v. Pimelinsäure 10623* E.
—, **McCombie (J. T.), Mann (P. F. E.), Wild (A. M.) u. Tozer (H.),** Reinig. v. Procain 2962* E.
— u. **Twigg (G. H.),** Wasserfreie Alkohole u. Ketone 6620* A.
— u. **Vandenberg (E. J.),** Phenole 6622* E.
— u. **Vaughan (M. F.),** Härt. v. 2.4-Dimethylpolystyrol 6632* E.
— u. **Young (D. P.),** Glykole 2297* A.
Distler (H.) s. Dann (O.).
Ditchburn (R. W.), Jutsum (P. J.) u. Marr (G. V.), Kontinuierl. Absorpt. v. Licht in Alkalimetalldämpfen 512.
— u. **Orchard (G. A. J.),** Polarisat. d. totalreflektierten Lichtes 4759.
Diterichs (D. D.), Belüft. v. Werken d. chem. Grundindustrie [8228].
Ditlefsen (E.-M. L.), Chinidinkonz. im Blut nach Tabletten mit Überzug zur verzögerten Resorpt. 3912.
Ditman (J. G.) s. Foster, Wheeler Corp.
Ditman (L. P.), Burkhardt (G.) u. Todd (H. S.), Insekticide u. Spritzgerät zur Bekämpf. v. Bohnenschädlingen 198.
—, **Kramer (A.) u. Saulbury jr. (A. O.),** Bewähr. v. Malathion bei d. Bekämpf. d. Erbsenblattlaus 6371.
Ditschkowa (P. S.) s. Kulberg (L. M.).
Ditters (G.) s. Badische Anilin- & Soda-Fabrik Akt.-Ges.
Dittman (A. L.) s. Kellogg (M. W.) Co.; United States Atomic Energy Commission.
Dittmann (G.) s. Eichhoff (H. J.).
Dittmar (E.) s. Siemens & Halske Akt.-Ges.; Siemens-Schuckertwerke Akt.-Ges.
Dittmar (G.) s. Farbenfabriken Bayer Akt.-Ges.
Dittmer (A.), Methodik v. Trenn. u. Entw. d. Papierelektrophoresestreifen 7281.
Dittmer (D. C.) s. Swain (C. G.).
Dittmer (K.) s. Dunn (F. W.); Gershon (H.); Kelley (George G.).
Dittrich (S.) s. Ballio (A.).
Dittrich (W.) s. Auhagen (H.).
— u. **Uhlmann (G.),** Resistenzentw. maligner Tumoren gegen Röntgenstrahlen 5567.
Ditz (H.) s. Lackner (L.).
Ditzenberger (J. A.) s. Fuller (C. S.).
Diuguid (L. I.) s. Blomquist (A. T.).
Divatia (A. S.) s. Davis (R. H.).
—, **Davis (R. H.) u. Herb (R. G.),** Getter-Ionenpumpe 2030.
Diveley (W. R.) s. McBee (E. T.).
Diven (B. C.) s. Martin (H. C.).
Diverse (J.), Anwend. v. Kunstharzlagerschalen in Walzwerken 2062.
Diviš (L.) s. Hovorka (V.).
Diwag Chemische Fabriken Akt.-Ges. u. Pählicke (H.), Bas. Thymoldimethylaminoäthyläther 4644* D. B.
Diwag Chemische Fabriken G. m. b. H., Sonnenschutzsalbe 2553* E. — Salben 3505* F.
Dix (G.) s. Hölemann (P.).
Dixey (G. M.) s. Lesser (Maurice A.).
Dixon (C. E.) u. Bowen (D.), Strahlungsordn. durch Cyclotronteilchen 4296.
— u. **Meechan (C. J.),** Einfl. d. Abschrecktemp. u. d. Kaltbearbeit. auf d. Ordnungsgeschwindigkk. v. Cu_3Au u. CuAu 996. — Härteänderr. v. mit 1,25 MeV-Elektronen bestrahltem Cu 9041.
—, **Meechan (C. J.) u. Brinkman (J. A.),** Beschießung v. geordnetem Cu_3Au durch 1 MeV-Elektronen 3326.
Dixon (D.), Feuerfeste Steine im Dienste d. Industrie 1819.
Dixon (D.) [Glasgow] u. **McNair (A.),** Suche nach d. natürl. Radioaktivität in Ne, Re u. Os 11151.
—, **McNair (A.) u. Curran (S. C.),** Natürl. Radioaktivität beim Cp (Lu) 7365.
Dixon (E. O.) s. Mac Neille (S. M.).
Dixon (H. E.) u. Taylor (H. G.), Widerstandsschweißung. Neue Forschungsergebnisse d. British Welding Research Association 1600.
Dixon (H. M.) s. Beams (J. W.); Hildebrand (J. H.).
Dixon (Joseph A.) u. Schiessler (R. W.), Viscositäten v. Benzol-d_6 u. Cyclohexan-d_{12} 1009. — Synth. u. Eigg. v. Deuterokohlenstoffen 9773.
Dixon (Julian A.) s. Canadian International Paper Co.
Dixon (J. K.) s. American Cyanamid Co.; May (D. R.).
Dixon (K. C.), Cytochemie d. grauen Gehirnsubstanz 838.
Dixon (M.), Thermostatzellenhalter für d. Beckman-Spektrophotometer 1106.
— u. **Webb (E. C.),** Phosphatübertragende Enzyme 9586.
Dixon (M. C.) u. Bushnell (R. S.), „C"-Gießverf. 5638.
Dixon (M. F.) s. Chalmers (J. N. M.).
Dixon (S.) u. Wiggins (L. F.), β-Acetylacrylsäure [4-Oxopenten-(2)-säure] in d. Diels-Alder-Rk. 1. Mitt. Derivv. d. v. β-Acetylacrylsäure u. Butadien abgeleiteten Addukts 7213.
Dixon (T. W.) s. Standard Oil Development Co.
Dixon (W. R.), Verstärkungsfaktoren für d. Durchlässigk. v. ^{60}Co-γ-Strahlen durch Beton u. Pb 7136.
— u. **Trainor (L. E. H.),** Natur d. Positronenvernicht. in Fll. u. festen Körpern 10184.
Dizon (M.) s. Moyer (J. H.).
Djablowa (P. J.), Einfl. v. Histamin auf d. durch Proserin u. Physostigmin hervorgerufenen cholinerg. Rkk. 9598.
Djabri (S.), Süßholz oder Glycyrrhiza glabra 5590.
Djakonow (I. A.) u. Gussewa (O. W.), Rkk. aliphat. Diazoverbb. mit ungesätt. Verbb. 12. Mitt. Kondensations-Rkk. v. Diphenyldiazomethan u. Diazoessigester mit Allylacetat 9086; 15. Mitt. trans-2-[Halogenmethyl]-cyclopropancarbonsäuren-(1) u. ihre Ester 569.

Djakonow (I. A.) u. **Mysnikowa (W. F.),** Rkk. aliphat. Diazoverbb. mit ungesätt. Verbb. 16. Mitt. Rk. v. Diazoessigester mit Isopren u. über Cyclopropan- u. Dicyclopropanderivv. 569.
—, Ssomin (I. N.) u. **Komendantow (M. I.),** Rkk. aliphat. Diazoverbb. mit ungesätt. Verbb. 17. Mitt. Umsetz. v. Diazoessigester mit Estern ungesätt. Säuren u. Mesityloxyd in Ggw. v. Cu-Katalysatoren 570.
— u. Winogradowa (N. B.), Rkk. aliphat. Diazoverbb. mit ungesätt. Verbb. 11. Mitt. Rk. v. Diazoessigester mit Allylchlorid 9069.
Djakow (A. A.), Probleme d. Elektro-Red. v. Persulfat 523.
Djakowa (M. K.) u. **Dawtjan (N. A.),** Unters. d. chem. Zus. v. Bzn. aus d. therm. Auflösung v. estländ. Schiefer 6429.
Djang (S. S. T.), Ball (C. D.) u. **Lillevik (H. A.),** Isolier., Fraktionier. u. elektrophoret. Nachw. d. Globuline d. Mungbohne (Phaseolus aureus) 11021.
Djao (E. H.) u. **Youngken jr. (H. W.),** Aufnahme v. ^{14}C aus carboxylmarkiertem Natriumacetat durch Digitalis purpurea L. 157.
Djatlowa (W. N.) u. **Solotinzki (I. M.),** Korrosive u. chem. Beständigk. v. verschied. Materialien. Russ. [431].
Djatschenko (P.) u. **Shdanowa (J.),** Proteinzus. v. Rahmbutter 5679.
— u. Wlodawetz (I. N.), Aggregat. v. Caseinteilchen nach d. Meth. d. Lichtstreuung 10047.
Djatschenko (P. J.), Anwend. v. radioakt. Isotopen für d. Unters. d. Abnutz. v. Maschinenteilen 9430.
Djatschkow (P. N.) s. Mamykin (P. S.).
Djemal (A.) s. Larsen (F. P.).
Djerassi (C.) s. American Syntex, Inc.; Beereboom (J. J.); Ciba Pharmaceutical Products, Inc.; Mancera (O.); Rosenkranz (G.); Sandoval (A.); Syntex Soc. An.
—, Frick (W.), Rosenkranz (G.) u. **Sondheimer (F.),** Steroidsapogenine. 27. Mitt. Stereochemie d. katalyt. Hydrier. v. Δ^8-11-Ketosteroiden. Synth. v. 8-Iso- u. 14-Iso-11-ketosapogeninen 6037.
— u. Gorman (M.), Organ. S-Verbb. 6. Mitt. Cycl. Äthylen- u. Trimethylenhemithioketale 6527.
—, Lemin (A. J.), Martinez (H.), Rosenkranz (G.) u. **Sondheimer (F.),** Steroidsapogenine. 29. Mitt. Unterss. in d. Hecogeninreihe. 5. Mitt. 22a.5β-Spirostan-3α-ol-12-on 6992.
—, Miramontes (L.) u. **Rosenkranz (G.),** Steroide. 48. Mitt. 19-Norprogesteron, ein wirksames Hormon mit Progesteronwrkg. 5802.
— u. Nussbaum (A. L.), Organ. S-Verbb. 5. Mitt. Synth. v. 21-Thiolacetaten v. Nebennierenrindenhormonen 6526.
—, Wilfred (E.), Visco (L.) u. **Lemin (A. J.),** Terpenoide. 2. Mitt. Experimente in d. Cafestolreihe 2910.
Djiergjian (M.), Phenoplastmisch. 6152* F.
Djingheuzian (L. E.), Theorie u. Praxis beim Rösten v. Sulfidkonzentraten 3938.
Djokić (S. M.) s. Dvornik (D.).
Djorić (J.), Mineralwässer Serbiens. 2. Mitt. 1350.
Djubjuk (N. J.) s. Kogan (A. M.).
Djurle (E.) s. Ingelstam (E.).
Dlin (J. P.) s. Rasuwajew (G. A.).
Dmitrakowa (G.), Magnet. Eigg. v. Co–Zn– u. Mn–Zn-Ferriten 11508. — s. Galperin (F.).
Dmitrenko (J. W.), Antibiot. Eigg. d. Amnion- u. Allantoisfl. d. Hühnerembryos 1303.
Dmitrenko (P. A.) u. **Schturmowa (W. S.),** Einfl. d. Einwirkungszeit v. Superphosphat auf d. Boden u. auf d. Aufnehmbark. d. P durch d. Pflanzen 3712.
Dmitriev (M. M.) s. Jegorov (N. N.).
Dmitrijew (A. G.) u. **Sarubin (P. P.),** Strahl. v. ^{86}Rb 10672.
Dmitrijew (B. S.), Demonstrationsverss. zur Theorie d. elektrolyt. Dissoziat. 10427.
Dmitrijewa (A. N.) s. Poljakow (I. M.).
Dmitrijewa (J. W.), Verteil. d. Nucleinsäuren in d. Fasern d. Skelettmuskulatur bei d. Regenerat. 6535.
Dmochowski (L.), Milchfaktor bei d. Bldg. d. Mammatumoren bei d. Maus 1760.
Dmochowski (W. W.), Grundlagen d. rationellen Aufbaus v. Röntgenapparaten für industrielle Zwecke 2846.
Doadrio (A.) s. Fernández Marzol (J. M.).
Doak (G. O.) s. Jaffé (H. H.).
— u. Freedman (L. D.), 2-Oxy-4-aminobenzolphosphonsäure, ein Analoges v. p-Aminosalicylsäure 79. — Darst. v. Amiden d. Arylphosphonsäuren. 1. Mitt. Diamide v. prim. aromat. u. heterocycl. Aminen 10490.
Doak (K. W.) s. United States Rubber Co.
Doan (C. A.) s. Saslaw (S.).
Doan (F. J.), Genauigkeitsvgl. mit d. Dietert-Solfat-App. 1636.
Doane jr. (J. H.) s. Shuman (C. R.).
Dobbert (N. N.) s. Judajew (N. A.).
Dobbie (H.), Kermack (W. O.) u. **Lees (H.),** Verb. v. Peptiden mit Metallen. 1. Mitt. Cu-Ionen mit Glycylglycin u. Diglycylglycin 9992.
Dobbs (E. R.) s. Barker (J. R.).
Dobek (M.), Komczyński (L.), Rudnicka (M.), Suszko (K.), Trzebny (W.) u. **Wojciechowska (M.),** Einfl. v. Isonicotinsäurehydrazid bei experimenteller Tuberkulose v. Meerschweinchen 3907.
Dobie (N. D.), Young (R. A.), Rogers (J. B.) u. **Milbrath (J. A.),** Neue Meth. zur Verwend. v. Chlorpikrin zur Lagerhausbegasung 3468.
Dobin (N. B.) u. **Switzer (John L.),** Leberfunktions- u. a. blutchem. Teste bei multipler Sklerose 2013.
Dobinsky (E.) u. **Schmidt (G.),** Sterile Fritz-Butter als Dauerbutter 2325.
Dobischek (D.), Jacobs (H.) u. **Freely (J.),** Mechanismus einer selbständ. Elektronenemiss. bei MgO 283.
Dobislaw (E.), Schwächen u. Tücken d. Emulsionsliköre 7105.
Dobkin (A. B.) s. Bergen (F. H. Van); Tatlow (W. F. T.).
—, Lamoureux (L.), Letienne (R.) u. **Gilbert (R. G. B.),** Largactil 1791.
Dobos (D.), Elektron. Meßmethoden u. Apparate in d. Chemie 892. — s. Varga (J.).
Dobos (G.), Metallurg. Probleme d. Fabrikat. v. künstl. Korund 436. — Ungar. Ferrolegierungsprodukt. 4686.
Dobretzow (L. N.) s. Bolschow (W. G.).
Dobrjanski (A. F.), Thermokatalyt. Umwandll. v. KW-stoffen. 1. Mitt. Umwandll. v. Phenylcyclohexan 3598.
— u. Gawrilowa (E. K.), Thermokatalyt. Umwandll. v. KW-stoffen. 2. Mitt. Umwandll. v. tert.-Butylbenzol 3598.

Dobrjanski (A. F.) u. **Kolomitzew (P. N.)**, Thermokatalyt. Umwandll. v. KW-stoffen. 3. Mitt. Umwandll. v. Diphenylmethan 11193.
Dobroborskaja (A. I.) s. Grinberg (A. A.).
Dobrocvetov (E.), Titerstellung v. Kaliumpermanganatlsgg. mit metall. Ag 8455.
Dobroljubski (O. K.), Co(III)-cyanwasserstoffsäure 1001.
— u. **Slawwo (A. W.)**, Einfl. d. Wurzeldüng. mit d. Spurenelementen Zn u. Co auf d. Ernteertrag u. d. chem. Zus. d. Weintraube 10360.
Dobronrawow (F. N.) u. **Gerassimowa (A. M.)**, Best. v. Ca-Salzen nach d. komplexometr. Verf. 9926.
Dobrowen (A.), Plaste 2086.
Dobrowolska (H.), **Jungerman (D.)** u. **Pogonowska (J.)**, Unterss. über d. Veränderlichk. einiger Shigella-Stämme unter d. Einfl. v. Streptomycin 4616.
—, **Richter (I.)**, **Walentynowicz-Stańczyk (R.)**, Isolier. d. Gelbsuchtvirus 8891.
Dobrowolski (B. W.), Chem. Bekämpf. der d. Pflanzen im Boden schädigenden Insekten 9651.
Dobrowolski (O. W.), Ursachen d. Ionisat. v. Moll. in Kometen 4995.
Dobrzycki (J.), Entfärb. d. nicht gefilterten Säfte mit Aktivkohle 7569.
Dobson (A. G.) u. **Hatt (H. H.)**, Stearon 4325.
Dobson (A. M.), Glasfaserverstärkte Polyesterharze. 2. Mitt. Glasfasersorten 1852.
Dobson (N.), Chem. Spritzmittel u. Geflügel 10121.
Dobyns (B. M.) u. **Barry (S. R.)**, Isolier. jodierter Aminosäuren aus Schilddrüsengewebe durch Stärkesäulenchromatographie 2708.
— u. **Steelman (S. L.)**, Thyroidstimulierendes Hormon d. vorderen Hypophyse zum Unterschied v. d. Exophthalmie erzeugenden Substanz 3659.
Dobytschin (D. P.) u. **Andrejew (J. N.)**, Porenstruktur v. TiO_2-Filmen 6926.
Docherty (D. F.), Behandl. v. Tetanus mit Mephenesin 8201.
Dochikjan (A. A.) s. Mndshojan (A. L.).
Docksey (P.) s. Anglo-Iranian Oil Co. Ltd.
Doctor (V. M.), **Elam (J. F.)**, **Sparks (P.)**, **Lyman (C. M.)** u. **Couch (J. R.)**, Umwandl. v. Folsäure in d. Citrovorumfaktor durch Leberhomogenate v. Vögeln 1778.
—, **Welch (B. E.)**, **Perrett (R. W.)**, **Brown (C. L.)**, **Gabay (S.)** u. **Couch (J. R.)**, Metabolist. Zusammenhang zwischen Folsäure, Vitamin B_{12} u. Citrovorum-Faktor 1548.
Doczi (J.), **Fischman (A.)** u. **King (J. A.)**, Direkter Beweis d. Einfl. v. Sulfaminsäurebindd. auf d. Aktivität v. heparinähnl. Antikoagulantien 9582.
Dodd (A. J.), Ein- u. mehrfarb. lithograph. Reproduktt. auf Emailoberflächen 11657.
Dodd (C. G.) s. Pidgeon (F. D.).
Dodd (E. C.) s. Deutsch (S.).
Dodd (R. H.) s. Bogart (M. J. P.).
Dodd (S. R.) s. Oakite Products, Inc.
Dodds (B. L.) s. Romer (A.).
Dodds (C.) s. Horder (L.).
Dodds (E. M.) s. Standard Oil Development Co.
Dodé (M.) s. Assayag (P.).
Doden (W.), Lanthasol–Aerosol-Inhalationskuren bei chron.-entzündl. Augenerkrankk. 9847.
Dodge (B. F.) s. Walker (Charles A.).
— u. **Zabban (W.)**, Analyt. Verff. zur Best. v. Cyanaten in Plattierungsabläufen u. in Betriebsabwässern 8231.
Dodge & Olcott, Inc., **Schumm (F. R.)** u. **Johnstone (C.)**, Pfefferpräp. 5448* A.
Dodgson (D. P.) s. Monsanto Chemicals Ltd.
Dodonowa (N. J.), Infrarotemiss. v. Hochfrequenzentladd. in CO u. CO_2 10675.
Dodson (R. M.) s. Parham (W. E.).
—, **Sollman (P. B.)** u. **Riegel (B.)**, Darst. v. D-Homoprogesteron u. D-Homo-11-desoxycorticosteronacetat 6295.
Dodson (R. W.), Einfl. v. Salz u. Säure auf d. Austausch-Rk. zwischen Tl(I) u. Tl(III) 3089.
Dodson (V. H.) s. Kalousek (G. L.).
Dodsworth (T. L.), Grassilage für Rinder 4957. — Mastwert v. Grassilage u. Wrkg. d. Trokkensubstanzgeh. d. Futters auf d. Trockensubstanzaufnahme v. Wiederkäuern 4957.
Dodt (E.) s. Hanssen (E.).
Doe (W. B.) s. United States Atomic Energy Commission.
Doe & Ingalls, Inc., **Quimby (A. G.)** u. **Venedam (J. A.)**, Ablösen heißverklebter Etiketten 4259* A.
Döbereiner (E.), Herst. v. Abzieh- u. Schiebebildern im Tiefdruck 10653* D. B.
Döcke (W.), Photochem. Herst. v. Filmdruckschablonen mit Polyvinylalkohol 11102.
Doehlemann (E.), Analyt. Best. v. Melamin 6354. — s. Süddeutsche Kalkstickstoffwerke Akt.-Ges.
Doehler (H.) s. Korksteinfabrik C. & E. Mahla G. m. b. H.; Vereinigte Korkindustrie Akt.-Ges.
Doehler (O.) u. **Guilbaud (G.)**, Verstärk. elektromagnet. Wellen durch Ablenkung eines Elektronenstrahlbündels in einem v. gekreuzten elektr. u. magnet. Feldern erfüllten Raum zwischen zwei Platten endl. Leitfähigk. 1672.
Doeksen (J.), Rolle d. tier. Lebens bei d. Zers. d. organ. Stoffe im Boden 4191.
Doel (Van den) & **Fray (C. V.)**, Rostschutzanstrich 2311* F. — Herst. v. Polyäthylendisperss. in organ. Fll. 2792* F.
Dölger (F. W.), Impfverf. 7112.
Doell (B. C.), Einfl. von v. Algen befallenem W. auf d. Festigk. v. Beton 9170.
Doell (R. J.) s. Weymouth (P. P.).
Dölle (W.), Klin. Erfahrr. mit Oxyäthyltheophyllin (Cordalin) 1090.
Doelling (G. L.) s. Mississippi Valley Research Laboratories, Inc.
Dönges (E.) s. Farbwerke Hoechst Akt.-Ges., vormals Meister Lucius & Brüning.
Dönges (K. H.) s. Lehmann (H.).
Doenhoff (C. v.), Herst. v. mit Kautschuk gebundenen Schleifmitteln 7755.
Döpfner (W.) s. Jaques (R.).
Doepke (O.) s. Farbenfabriken Bayer Akt.-Ges.
Doepken (H. C.), Zugfestigk. v. geschmiedetem austenit. Mn-Stahl im Temperaturbereich v. + *100* bis — *196°* 1828.
Dörfeldt (W.) u. **Delavier (H. J.)**, Einfl. verschied. Faktoren d. Saftreinig. auf d. Filtrationseigg. d. *1.* Schlammsaftes. 1. Mitt. 941; 2. Mitt. 9463.

Döring (F.) s. Steinkohlenbergwerk Hannover-Hannibal Akt.-Ges.
Döring (H.) s. Michael (G.).
Doering (Helmut), Best. d. Durchschnittspolymerisationsgrades v. Zellstoffen in d. Betriebskontrolle 5210. — Titrimetr. Best. v. Ca u. Mg mit Komplexon bei Ggw. v. Cu-Spuren 6648.
Doering (P.), Koch (R.), Kühns (K.) u. **Schwab (M.),** Einfl. v. Hydrazinphthalazin auf d. intrarenale Hämodynamik bei essentieller Hypertonie 7969.
Doering (R. F.) s. Stang jr. (L. G.).
Doering (U.) s. Lautsch (W.).
Döring (W.), Zusammenhänge zwischen d. verschied. physikal. Begriffssystemen 7361. — Einführ. in d. theoret. Physik. Bd. 2: Elektromagnet. Feld [10200].
— u. **Zehler (V.),** Gruppentheoret. Unters. d. Elektronenbänder im Diamantgitter 3312.
Doering (W. v. E.) s. Research Corp.
— u. **Hoffmann (A. K.),** d-Bahnresonanz. 3. Mitt. Deuteriumaustausch bei Methyl-„Onium"-Salzen u. bei Bicyclo-[2.2.1]-heptan-1-sulfoniumjodid 9763.
— u. **Levy (L. K.),** d-Bahnresonanz. 1. Mitt. Acidität v. α-Wasserstoff am Brückenkopf in einem bicycl. Trisulfon 9761.
— u. **Puy (C. H. De),** Diazocyclopentadien 9323.
— u. **Rhoads (S. J.),** 2- u. 3-Vinylpyridine als Dienophile bei d. Diels-Alder-Rk. 3859.
— u. **Schreiber (K. C.),** d-Bahnresonanz. 2. Mitt. Vergleich der Reaktivität v. Vinyldimethylsulfonium- u. Vinyltrimethylammoniumion 9762.
Doering (W. P.) s. Caswell (R. S.).
Dörling (E.), Einsatz v. Sparbeizen in d. Profilzieherei 11674.
Doernbach (C.) s. Florsheim (W.).
Doernberg (S.), Hubacher (M.) u. **Lysyj (I.),** Best. v. Phenolphthalein in schokoladehalt. Präpp. durch Titrat. in nichtwss. Medium 158.
Dörner (E.), Beier (W.) u. **Lukas (O.),** Ultraschalleinw. auf dest. W. 8094.
Dörner (H.), Best. d. Wassergeh. in Glanzstärke mit Boraxzusatz 2322.
— u. **Teßmer (E.),** Dickungsmittel 5922. — Wrkg. alkal. u. saurer Zusätze bei d. Zwiebackherst. 6874. — Griffige u. glatte Mehle u. ihre Wrkg. auf d. Backqualität 10156.
Doerr (D. W.), Serles (E. R.) u. **Deardorff (D. L.),** Tablettenüberzüge: Hochpolymere Cellulosederivv. 156.
Dörr (G.) s. Altenburg (K.).
Dörr (J.) s. Walther (A.).
Dörr (R. E.) s. Phrix-Werke Akt.-Ges.
Doerr (R. L.) s. Mathieson Chemical Corp.
Dörr (W.), Anwendbark. d. Siemens-Tabakfeuchtenmessers für d. Fabrikationskontrolle v. geschnittenen Tabaken 4481.
Dörre (E.) s. Schubert (K.).
Dörrenberg (E.) Söhne, Korrosionsbeständ. Stahllegier. zur Herst. v. Gegenständen, d. einem Angriff v. Lsgg. ausgesetzt sind, in denen Salze d. Clorsäure, d. chlor. Säure, Chloride u. Chlordioxyd enthalten sind 3958* F.
Dörter (K.), Steighöhe d. W. in humusfreien Sanden in Abhängigk. v. d. Hygroskopizität 4433.
Dørum (O. W.), Modell- u. Formpuder 10395* N.
Dörzbach (E.) s. Junkmann (K.).
Doesburg (J. J.), Best. d. Reifezustandes v. Früchten 2094.
Doescher (R. N.) s. Zima (G. E.).
Döser (H.) s. Phrix-Werke Akt.-Ges.
Doetsch (E.) s. Conradty (C.).
Doetsch (R. N.) s. Sirotnak (F. M.).
Dogadkin (B. A.) s. Gul (W. J.); Petschkowskaja (K.); Resnikowski (M. M.).
— u. **Ssandomirski (D. M.),** Einfl. d. Temp. u. Dehnungsgeschwindigk. auf d. Festigk. v. Vulkanisaten 8752.
— u. **Ssobolewa (I. G.),** Photochem. Zerfall v. Kautschuk 6301.
Dogger (J. R.), Bekämpf. d. Larven d. Grünen Junikäfers in Kleegraswiesen 3946.
Dogliotti (G.) s. Picco (A.).
Dogliotti (M.) u. **Paoli (M. de),** Verb. Tyrothricin–Bacitracin–Neomycin–Kobalt in d. Behandl. einiger Hauterkrankungen 9611.
Dohan (F. C.) s. Zacco (M.).
—, **Rose (E.), Eiman (J. W.), Richardson (E. M.)** u. **Zintel (H.),** Vermehrte Östrogenausscheid. im Urin bei Nebennierentumoren: Bericht über 4 Fälle 1760.
Doherty (D. G.) s. Khym (J. X.); Popenoe (E. A.); Vaslow (F.).
—, **Popenoe (E. A.)** u. **Link (K. P.),** Aminosäurederivv. d. D-Glucosamins 11390.
Doherty (H. G.) s. Socony-Vacuum Oil Co., Inc.
Doherty (O. G.) s. Mergenthaler Linotype Co.
Doherty (W.) s. Melpolder (F. W.).
Dohner (P. M.) u. **Cardon (B. P.),** Anaerobe Fermentat. v. Lysin 2700.
Dohru (M.) s. Schering Akt.-Ges.; VEB Schering Adlershof.
Doi (Kenji), Abbrucheffekte bei d. Fourier-Analyse eines Kristalls 6228.
Doi (Kôzô) s. Nozoe (T.).
Doig (J. R.) s. Barrett (C. S.); Frost (P. D.).
Doig (R. K.) s. Grace (W. J.).
Doise (V.) s. Maricourt (H.).
Doisy (E. A.) s. Bocklage (B. C.); Hyde (P. M.).
Doisy jr. (E. A.) s. Hyde (P. M.).
Doittau (P.) s. Koechlin (E.).
Dokin (K. A.), Färben v. Stapelfasern mit Küpenfarbstoffen 3972.
Dokoupil (Z.), Taconis (K. W.), Wansink (D. H. N.) u. **Beenakker (J. J. M.),** Entfern. v. H_2 aus Edelgasen 9043.
Dokunichin (N. S.) u. **Gajewa (L. A.),** Organ. Isocyanate. 1. Mitt. Umwandl. v. Isocyanaten d. Benzolreihe bei d. Einw. v. $AlCl_3$ 10026.
— u. **Nowitzkaja (I. A.),** Einw. v. NH_3 auf 1-Oxyanthrachinon 2194.
— u. **Pletnewa (I. D.),** Organ. Isocyanate. 2. Mitt. Umwandl. v. Isocyanaten d. Naphthalinreihe bei d. Einw. v. $AlCl_3$ 10013.
Dolah (R. W. van) s. Teague (A. F.).
Dolan (W. W.) s. Dyke (W. P.).
— u. **Dyke (W. P.),** Therm. u. Feldelektronenemiss. v. Metallen 8087.
—, **Dyke (W. P.), Trolan (J. K.)** u. **Barbour (J. P.),** Temp.-Effekt bei d. Feldemiss. 983.
Dolazza (G.), Katalyt. Oxydat. d. NH_3 u. Folge-Rkk. d. Oxydat. u. Absorpt. d. N-Oxyde 8467.
Dolby (R. M.), Wrkg. v. Temperaturbehandl. d. Rahmes vor d. Butter. auf d. Konsistenz d. Butter 2095. — App. zur schnellen Verbutter. kleiner Rahmmengen 2095.

Dold (H.) u. **Broscheit (A.),** Brauchbark. d. Absitzverf. zur Feststell. d. Ausmaßes staubförm. Verunreinigungen in d. Umgeb. v. stauberzeugenden Betrieben 4180.
Dolde (A.) s. Süddeutsche Kalkstickstoff-Werke Akt.-Ges.
Doldi (S.), Elektrochem. Chlor. techn. Kühlwässer 9166.
Dole (F. H.) s. Soc. d'Électro-Chimie d'Électro-Métallurgie et des Aciéries Électriques d'Ugine (Soc. An.).
Dole (M.) s. Keeling (C. D.).
— u. **Lane (G. A.),** Fraktionier. v. Sauerstoffisotopen bei d. Bldg. v. Metalloxydfilmen 5009.
—, **Lane (G. A.), Rudd (D. P.)** u. **Zaukelies (D. A.),** Isotopenzus. v. atmosphär. O u. N 5948.
—, **Wethington jr. (J. A.), Larson (N.)** u. **Hettinger jr. (W. P.),** Techn. Methoden in d. Festkörpercalorimetrie 9155.
Dolecek (R. L.), Latente Übergangswärme v. supraleitendem Pb 6459. — Adiabat. Magnetisier. einer supraleitenden Kugel 11506.
Dolega (U.), Pfeifer (H.) u. **Lösche (A.),** Methode zur Ausmess. d. Verteil. v. Magnetfeldern 11508.
Dolejš (L.) s. Šorm (F.).
Doležal (J.) s. Číhalík (J.); Přibil (R.).
— u. **Adam (J.),** Anwend. d. 1.2-Dioxybenzol-3.5-disulfonsäure bei d. polarograph. Mn-Best. 5965.
— u. **Hofmann (Pavel),** Polarograph. Best. v. Cu, Fe, Cd u. Pb in Zn 5380.
Doležálek (J.), Bldg. v. Diacetyl in Sahne, Butter u. Käsen 476. — Anreicher. d. künstl. Fette mit Diacetyl durch adaptierte Bakterien d. Milchsäuregär. in d. Praxis 4483.
—, **Pech (Z.)** u. **Michalík (Š.),** Einfl. d. Tuberkuloseimpfung d. Kühe auf Milchertrag u. -zus. 8519.
Dolgalewa (A. A.), Kontrollmethoden in d. Sulsatcelluloseherst. Russ. [10412].
Dolgin (G. J.) s. Gordon (P. L.).
Dolginzewa (A. I.) s. Baschilow (A. A.).
Dolgopolow (K. P.) s. Baramboim (N. K.).
Dolgopolow (N. N.) s. Garlinskaja (E. I.).
Dolgow (B. N.) s. Woronkow (M. G.).
—, **Charitonow (N. P.)** u. **Woronkow (M. G.),** Rk. v. Triäthylsilan mit Ammoniak u. Aminen 3841. — Rk. v. Trialkylsilanen mit Monocarbonsäuren. Synth. v. Trialkylacyloxysilanen u. ihre physikal. Eigg. 11198.
Dolgow (S. I.) u. **Markowski (W. N.),** Best. d. Sulfatcelluloseherst. Russ. [10412].
Dolidse (S. W.) s. Kometiani (P. A.).
Dolinay (V.) s. Szegö (L.).
Doliński (J.), Verf. d. Entnahme v. Gasproben für d. Analyse 2494.
Dolinsky (M.) u. **Jones (J. H.),** Kohlenteerfarben. 9. Mitt. D & C yellow Nr. 7, D & C orange Nr. *5*, D & C red Nr. *21*, Tetrachlorofluorescein, D & C red Nr. *27* u. FD & C red Nr. *3* 6398.
Dolischnjuk (B. M.), Drabkin (G. M.), Orlow (W. I.) u. **Russinow (L. I.),** Kernisomerie v. ^{69}Zn, ^{95}Nb u. ^{137}Ba 4512.
Dolkart (F. S.) u. **Gulko (N. W.),** Änder. d. mineralog. Zus. v. Ti-Tonerdeschlacke beim Erhitzen 6827.
Doll (D. T.) s. Taub (J. M.).
Doll (H.) s. Schulz (G. V.).
Doll (R.) s. Truelove (S. C.).
Dollard (H. L.) s. Bjorksten (J.).
Dollé (P.) u. **Sarrot-Reynauld (J.),** Unters. einiger „Tonsteine" v. Nordfrankreich 10945.
Dollimore (D.) s. Long (L. H.).
— u. **Long (L. H.),** Chemie d. B. 3. Mitt. Halogenaustausch-Rkk. v. Halogenoborinen 307.
Dolliver (M. A.) s. Heuser (L. J.).
Dolmetsch (H.), Aufbau d. Cellulose in d. Zellwänden d. pflanzl. Faserzellen 5685. — Lockerstellen im fibrillären Gefüge d. nativen Cellulosefasern 8994. — Existenz individueller Fibrillen in nativen Fasercellulosen 11480.
Dolnick (A. A.) s. Publicker Industries, Inc.
Dolomitwerke G. m. b. H., Feuerfestes Bauelement 7062* E.
— u. **Buntenbach (F.),** Brennverf. 668* D. B.
— u. **Konopicky (K.),** Dolomitsteine 3230* D. B.
Domagala (R. F.), McPherson (D. J.) u. **Hansen (M.),** Syst. Zr–Cr 11526.
Domagalla (H.) u. **Ley (H.),** S-Stoffwechsel bei Malignomkranken 2449.
Domagk (G.), Sulfonamidtherapie 2716. — Fortschritte auf d. Gebiet d. experimentellen Krebsforschung [9819]. — s. Farbenfabriken Bayer Akt.-Ges.; Petersen (S.).
Domagk (G. F.) s. Hollmann (S.).
Domalsky (F.), Desoxydat. v. Metallschmelzen 1601* F.
Domange (L.), Analyse v. Arzneimitteln 5599.
— u. **Longuevalle (S.),** Abscheid. v. Vitamin B_1 in Ggw. v. d. Best. störenden fluorescierenden Stoffen. Mischungen v. Vitamin B_1 u. Natriumsalicylat. 10322.
— u. **Seguin (Laure),** Best. v. Kalomel in Zubereitungen, d. pflanzl. Drogen enthalten 2486.
Domański (J.) s. Gańczarczyk (J.).
Domanský (R.), Konduktometr. Best. v. Alkalisulfiden, -hydroxyden u. -carbonaten in ihren Gemischen 7508. — Kinetik d. Brenzcatechin–Formaldehyd-Kondensat. in Ggw. v. NaOH 9292.
Domart (A.), Comment traiter l'infection urinaire à colibacilles [5126].
Domask (W. G.) s. Kobe (K. A.).
Dombek (S. S.) s. Tager (A. A.).
Dombrowski (A. W.), Bromier. ungesätt. Verbb. 63. — s. Terentjew (A. P.).
Dombrowski (H. S.), Best. v. N_2 in Edelgasen. Absorpt. durch metall. Ti 1572.
— u. **Brownell (L. E.),** Rückstandssättigungsgleichgewicht poröser Materialien 3452.
Domenicali (C. A.), Irreversible Thermodynamik d. Thermoelektrizität 4037.
Doménico (A. D.) s. Rabasa (S. L.).
Domenjoz (R.), Auswert. hustenstillender Arzneimittel 5594. — Pharmakotherapeut. Weiterentw. d. Antipyretica–Analgetica 9842.
Domgörgen (H.) s. Goerdeler (J.).
Domin (B.), Verf. u. Vorr. zum Verstrecken u. Verformen v. Monofilen aus linearen Superpolymeren 3748* D. [DDR].
Domingo (J. P. S.), Wärmebehandl. v. geringgräd. Füllmasse (massecuite) in Talisay-Silay 2320.
Dominguez (X. A.), Gómez (B.), Slim (J.), Giesecke (D.) u. **Ureta B. (E.),** Acylier. v. Alkylaryläthern mit J als Katalysator 1253.
Dominicis (A. De) s. Petrosini (G.).
Dominion Breweries Ltd., Bier 8518* F.
Dominion Magnesium Ltd., Mg-Legierr. mit Zr u. Zn 7774* E., F.

Dominion Magnesium Ltd., Spence (N. S.) u. **Mortinson (M. W.),** Mg–Zn–Zr-Legierr. 5889* Can.
Dominion Rubber Co. Ltd. u. **Heiberger (C. A.),** Ungesätt. Alkydharz 1857* Can.
— u. **Horst (W. P. Ter),** Arachnicides Präp. 7978* Can.
—, **Howland (L. H.)** u. **Brucksch jr. (W. F.),** Umwandl. v. cis-α,β-ungesätt. Dicarbonsäuren 9443* Can. — Umwandl. v. Maleinsäure in Fumarsäure 9444* Can.
— u. **Kulka (M.),** 1.2.4-Tri-(chlormethyl)-benzol 3733* Can.
— u. **Richmond (H. H.),** Sulfamethazin 7976* Can.
— u. **Tawney (P. O.),** Styrolmischpolymerisat 1622* Can. — Butan-1.2.4-tricarbonsäure 3486* Can.
Domke (R.) s. Glanzstoff-Courtaulds G. m. b. H.
Domleo (A.), Fasern aus d. Cellulose. Herst. 8997.
Domm (L. V.) s. Leroy (Pierre).
Dommartin (J. L. M. Le P. de) = Le Paige de Dommartin (J. L. M.).
Dommelen (A. van), Fluoridaufnahme im Zusammenhang mit d. Entw. d. Gebisses 10553.
Domnin (N. A.) u. **Tscherkassowa (W. A.),** Ungesätt. cycl. KW-stoffe u. ihre Halogenderivv. 12. Mitt. Rk.-Mechanismus bei gekoppelter Halogenier. u. Dehalogenier. 10715.
—, **Tscherkassowa (W. A.)** u. **Andrejew (S. N.),** Ungesätt. cycl. KW-stoffe u. ihre Halogenderivv. 11. Mitt. Reaktionsmechanismus bei gekoppelter Halogenier. u. Dehalogenier. 10714.
Domonkos (J.) s. Huszák (I.).
—, **Tass (G.), Könyves-Kolonics (L.)** u. **Huszák (I.),** Wrkg. d. Ionenmilieus auf d. Serumantihyaluronidase 4855.
Domony (A.) u. **Várhelyi (R.),** Einfl. d. Gußrinde v. in W. gegossenen Al-Blöcken auf d. Eigg. d. daraus bereiteten Platten 9429.
— u. **Vassel (K. R.),** Wrkg. d. Zulegier. v. B auf d. elektr. Leitfähigk. v. raffiniertem u. Hütten-Al 678.
Domotor (P.) s. Fowler (C. M.).
Donadio (V.), Nebenerscheinungen u. Versagen d. Streptomycintherapie d. Lungentuberkulose 8433.
Donà dalle Rose (A.) u. **Monte Casoni (P. Dal),** Maleinsäurehydrazidbehandl. wachsender Zuckerrüben in Hinblick auf ihre spätere Lagerung in Haufen 3507.
Donadoni (S.) u. **Tombesi (L.),** Wrkg. verschied. Tempp. während d. letzten Trocknungsphase bei Tabak. var. Virginia bright 5678.
Donaghy (C. F.) u. **Goodman (C.),** Best. d. Dicke v. Li-Targets aus d. Lage d. geometr. Spitze 8307.
Donahey (J. W.), Petalit 10602.
Donahoe (F. J.) s. Steijn (R. P.).
— u. **Nix (F. C.),** Temp.- u. Feldabhängigk. d. de Haas-van Alphen-Effektes 9257.
Donahoe (H. B.) s. Greiff (D.).
Donahue (D. J.) u. **Bartell (F. E.),** Grenzflächenspann. an Grenzflächen W.-organ. Fll. 7174.
Donahue (E. T.) s. Radell (J.).
Donald (C. M.) u. **Spencer (D.),** Bekämpf. v. M-Mangel in Trifolium subterraneum durch Anfeuchten d. Saatgutes mit Na-Molybdatlsg. 8947.
Donald (E. M.) s. Mitchell (T. J.).
Donald jr. (T. C.) s. Bruwer (A.).
Donaldson (D. M.) u. **Robertson (J. Monteath),** Kristall- u. Mol.-Struktur v. Ovalen: quantitative Röntgenunters. 3342.
—, **Robertson (J. Monteath)** u. **White (J. G.),** Kristall- u. Mol.-Struktur v. Perylen 8820.
Donaldson (K. O.) s. Marshall (L. M.); Newman (L. H.).
Donaldson (M. L.) s. Boots Pure Drug Co. Ltd.
Donaldson (R.) s. Bradner (H.); Chamberlain (O.).
Donaruma (L. G.) s. Du Pont de Nemours (E. I.) & Co.
Donatelli (L.), Narcosi e narcotici barbiturici [5126].
Donáth (É.) s. Mezősi (J.).
Donath (Ernst) s. Badische Anilin- & Soda-Fabrik Akt.-Ges.; I. G. Farbenindustrie Akt.-Ges.
Donath (E. E.), Kraftstoffe u. Chemikalien aus d. Kohlehydrier. 1648.
Donati (E.) s. Montoro (V.).
Donati (G.), Penati (F.) u. **Sacco (A. M.),** Hämoglobingeh. d. Erythrocyten d. Säugetiere in Bezieh. zu dessen Vol. u. Oberfläche 11612.
Donato (A. R. Di) s. MacLeod (A. A.).
—, **Mac Leod (A. A.)** u. **Webber (A. C.),** Kriechen u. Relaxat. v. plast. MM. 7163.
Donau Chemie Akt.-Ges. u. **Fruhwirth (O.),** 1.2-Dichloräthylen 8728* D. B.
Donau-Pharmazie G. m. b. H. u. **Zellner (H.),** Neue Derivv. d. 2-Mercaptonaphthimidazols 7980* D. B.
Donavanik (T.) s. Beer (R. J. S.).
Donda (A.) s. Calzolari (C.).
Dondes (S.) s. Harteck (P.).
Dondon (M.-L.), Unterss. über d. Dissoziat. aliphat. n-Dicarbonsäuren in organ. Lösungsmm. 3827.
Done (J.) s. Fowden (L.).
Donegan (J. W.) s. Allied Chemical & Dye Corp.
Dongen (K. van), Wrkg. v. Cocain, Procain, Xylocain u. ihrer Kombinat. mit Adrenalin auf d. Blutdruck 1788. — Wrkg. v. Xylocain auf d. Herzflimmern 1789.
Dongeren (B. J. van) s. Gonsalves (V. E.).
Donia (R. A.) s. Shepherd (D. A.).
Donike (H.), Fehler beim Gattieren u. ihre Auswrkgg. auf d. Ausschuß 446.
Donike (W.), Gußspann. u. Rißbldgg. 446.
Donikian (M. A.) s. Hobby (G. L.).
Donini (P.) u. **Marchetti (E.),** Orale Therapie d. Anämie mittels Vitamin B_{12}, intrinsic factor, B-Komplex 1548. — Chem. Eigg. d. menschl. Hypophysen- u. Horiongonadotropins 8421.
Donker (J. D.), Koshi (J. H.) u. **Petersen (W. E.),** Einfl. d. durch Oxytocin induzierten Entleerung d. Euters auf d. Milch- u. Butterfettprodukt. während einer vollständigen Lactationsperiode 3177.
Donnay (G.) s. Donnay (J. D. H.).
— u. **Donnay (J. D. H.),** Diagramme für d. Auswert. v. Dreh- u. Weißenberg-Aufnahmen 1217.
Donnay (G. H.) s. Barrett (C. S.).
Donnay (J. D. H.) s. Barrett (C. S.); Donnay (G.).
— u. **Donnay (G.),** Syntakt. Verwachsungen in d. Andorit-Reihe 7160.
—, **Nowacki (W.)** u. **Donnay (G.),** Kristalldaten, Klassifizier. v. Substanzen nach Raumgrup-

pen u. ihre Identifizier. nach Zelldimensionen 11522.
Donneaud (M.-T.), Infrarotabsorptionsspektren einiger gesätt. aliphat. C-Verbb. (*350—700* cm^{-1}) 3099.
Donnell (C. K.) s. Sun Oil Co.
— u. **Kennedy (R. M.)**, Durch Alkylfluorid-Bortrifluorid induzierte Rkk. v. KW-stoffen. 4. Mitt. Stöchiometrie d. Selbstalkylier. v. Isobutan 11367.
Donnelly (L. C.) u. **Hecht (B. P.)**, Chem. Unters. v. Lungengewebe auf Mineralöl 428.
Donnelly (R. J.) s. Johns (M. W.).
Donnelly (R. P.) u. **Bent (R. B.)**, Koksbriketts aus lignit. Kohlen 5461* Ind.
Donner (S. B.) s. Ames (B. N.).
Donnert (H.), Geladene Elementarteilchen mit endl. Ruhmasse u. belieb. Spin im elektromagnet. Feld 2122.
Donnet (J. B.), Studium d. Dimenss. starrer Makromoll.; Vgl. d. elektronenmkr. Befunde u. d. hydrodynam. Gesetze. 3. Mitt. Experimentelle Ergebnisse an V_2O_5-Solen 5007; 4. Mitt. Experimentelle Befunde an einem Tabakmosaikvirussol 5008; 5. Mitt. Experimentelle Befunde an einem wss. Rußsol 5008. — Gültigk. d. Grundgesetze d. Brownschen Translat.- u. Rotationsdiffus., d. Viscosität u. d. Sedimentat. v. starren Teilchen kleiner Dimenss. in unendl. verd. Lsgg. 7622. — s. Marguier (P.).
— u. **Sadron (C.)**, Bestätig. d. Theorie d. Brownschen Beweg. mittels Diffusionsmessungen an einem Rußsol 3565.
Donnet (V.) u. **Garnier (L.)**, Wrkg. d. Sexualhormone auf d. intestinale Wasserresorpt. 2706.
Donney (J.) s. Husson (G.).
Donno (S. De) s. Carrante (V.).
Donohue (J.) s. Vaughan (P.).
Donoso (H.) s. Brinkman (G. L.).
Donoso (J. J.) s. Labbe (A. L.).
Donotti (S.), Entgas. beim Ziehen v. feuerfestem Material 6827.
Donovan (B.), Effekt d. magnet. Widerstandsänder. v. Metallen bei hohen Frequenzen 519. — Berechn. d. Kohäsionsenergie v. metall. Be 8331.
— u. **Reichenbaum (G.)**, Galvanomagnet. Effekte in Ge bei hohen Frequenzen 9962.
Donovan (F. W.) s. Birch (A. J.).
Donovan (R. J.), **Ohmart (L. M.)** u. **Stoklosa (M. J.)**, „Deltyl-Extra", ein Lösungs- u. Emulgiermittel 157.
Donovan (W. N.) s. Alving (A. S.); Coatney (G. R.); Hankey (D. D.).
Donovick (R.) s. Pansy (F. E.).
Dons (J. A.), Magmat. Gesteine d. Oslo-Gebietes. 11. Mitt. Zusammenhängende vulkan. Schlöte, magmat. Gänge u. Faltungszone in d. Ullern-Husebyasen-Bezirk, Oslo. Anhang: Vork. v. Oslo-Essexit auf d. Insel Gasoy 7168.
Donski (A. W.) s. Pawlow (L. P.).
Donskoi (A. W.) s. Stepanow (A. W.).
Dontas (A. S.) s. Kolk (K. Vander).
Donzanti (A.) s. Cohen (Abram).
Donzelot (E.), **Heim de Blasac** u. **Samuel**, Regelnde Wrkg. v. Spartein auf d. Erregungen d. Myocards 9614.
—, **Kaufmann (H.)** u. **Benzecry (I.)**, Behandl. v. Rheuma u. exsudativen Syndromen mit Heparin 7950.
Donzelot (E.), **Kaufmann (H.)** u. **Dauzier (G.)**, Biol. u. klin. Unterss. über eine synthet. Verb. mit Heparinwrkg.: Dextransulfat 10552.
Donzow (J. P.) s. Striganow (A. R.).
Donzowa (J. I.), Sauerstoffisotopenaustausch zwischen natürl. SiO_2 u. Kohlensäure 10214.
Dood (J. N.) s. Westcott (C. H.).
Dool (T. C. van den) s. Kuyvenhoven (W. A.).
Doolan (P. D.) s. Kyle (L. H.).
Dooley (H. H.) s. United States Radium Co.
Doolittle (A. K.), The technology of solvents and plasticicers [2795]. — Gleichung für d. Fl.-Zustand n. Paraffine 6482. — Unterss. über Newtonsches Fließen. 2. Mitt. Abhängigk. d. Viscosität v. Fll. v. freien Vol. 10450. — Stellungnahme zur Temperaturabhängigk. d. Viscosität v. Fll. 10450.
Doorenbos (N. J.) s. Blicke (F. F.).
Doorly (E.), Madame Curie, die d. Radium erfand [6202].
Doorn (A. B. C. van) s. Boer (J. H. de).
Doornum (G. A. W. van), Plötzl. Erhitzen v. Kohle 9228.
Doorselaer (M. Van), Coulometr. Analyse 2964.
Doose (O.) s. Schulz (A.).
— u. **Stephan (H.)**, Raumtemp. u. Luftfeuchtigk. während d. Stückgare 2093.
Dopson (L.), *200.* Jahrestag d. Entdeck. d. CO_2 („fixed air") durch J. Black 1893.
Dorabialska (A.), M. Skłodowska-Curie 5705.
— u. **Kisielow (W.)**, S. Pilat (*1881—1941*). E. Neyman-Pilatowa (*1909—1945*) 969.
Dorain (P. B.) s. Thacher jr. (H. C.).
Doraiswamy (T. R.) s. Subrahmanyan (V.).
Doran (W. J.) s. Lilly (E.) & Co.
Dorby (L. G.) s. Collins (Z. L.).
Dore (R. E.), Pulverschneidbrennverff. 1.—4. Mitt. 10613.
Doremus (R. H.) s. Wall (F. T.).
„Doresa" Akt.-Ges. u. **Gerneck (R.)**, Erzeug. v. künstl. Nebel 4196* D. B.
Dorey (S. F.), Metalle u. Schiffbau 4686.
Dorf (H.), Capillare zur Farbbeobacht. bei d. Titrat. v. Mikrogrammproben mit Farbindicatoren 10334.
Dorfan (M. I.), Samml. v. Dämpfen aus Elektroöfen 4920.
Dorfman (A.) s. Berenson (G. S.); Rubin (B. L.); Schiller (S.).
—, **Roseman (S.)**, **Moses (F. E.)**, **Ludowieg (J.)** u. **Mayeda (M.)**, Biosynth. v. Hyaluronsäure durch einen Streptococcus d. A-Gruppe. 3. Mitt. Herkunft d. N-Acetylglucosaminhälfte 11018.
Dorfman (E. G.) s. Morrison (G. H.).
Dorfman (J. G.), Diamagnet. Resonanz in elektron. Leitern 10196.
Dorfman (L. M.), Absorpt. d. β-Strahlen v. T in H u. a. Gasen 7827.
Dorfman (R. I.) s. Bloch (E.); Rosenfeld (G.); Rubin (B. L.); Ungar (F.).
Dorfman (S. I.) u. **Schipitzyn (S. A.)**, Quantitative Best. einiger Metalle im Gehirn d. Menschen 11607.
Dorfner (K.-R.) u. **Joos (G.)**, Luminescenz photograph. Halogensilbergelatineschichten bei tiefen Tempp. 9236.
Dorgans (M.) s. Gault (H.).
Dorin (W. A.) s. Nassledow (D. N.).
Dorland (R. M.) s. Bauer (T. W.).

Dorling (E. B.) s. Crooker (A. M.).
Dormael (A. van), Chemie d. modernen Dreifarbenphotographie. 1. Mitt. 1191; 2. Mitt. Opt. Sensibilisier. v. Emulsionen für d. Dreifarbenphotographie 10179. — s. Gevaert Photoproducten N. V.; Photo-Produits Gevaert Soc. An.
Dormal (S.) s. Tilemans (M.).
Dorman (L. I.), Temperatureffekt d. harten Komponente d. Höhenstrahlen 1894. — Einfl. meteorolog. Faktoren auf d. Breiteneffekt d. harten Komponente d. Höhenstrahlen u. Prozeß d. Mesonenerzeug. 9241.
—, Kusmin (A. I.), Tjanutowa (G. W.), Feinberg (J. L.) u. **Schafer (J. G.),** Änderr. d. Intensität d. Höhenstrahlen u. d. Rolle d. meteorolog. Faktoren 6675.
Dorman (S. C.) s. Corey (R. A.).
Dormer (A. E.) s. Bahne (H. W.).
Dorn (I.) s. Bünning (E.).
Dorn (J. E.), Grundlegende Verss. über Hochtemperaturkriechen 11175. — s. Riches (J. W.); Robinson (A. T.); Shaw (R. B.); Sherby (O. D.); Starr (C. D.).
Dorn (R.-K.) s. Metallgesellschaft Akt.-Ges.
Dorn (W.), Stationäre Behandl. vegetativer Syndrome mit Eusedon 1321. — Behandl. d. Ascaridiasis mit d. synthet. Ascaridolpräp. Ascarisin 4400.
Dorn (Walter) s. Bosch (R.) G. m. b. H.
Dornberger-Schiff (K.), Struktur d. Hämoglobins v. Sichelzellanämiepatienten 2710.
Dorner (H.), Wasseraufbereit. 7289.
Dorner (W.), Allgemeine u. milchwirtschaftl. Mikrobiologie mit einem Abriß d. bakteriol. Technik [6316].
Dornfeld (C. A.) s. Searle (G. D.) & Co.
Dornheim (O.) s. Badische Anilin- & Soda-Fabrik Akt.-Ges.
Dornick (E. M. van) s. Foster Wheeler Corp.
Dornow (A.) u. **Boberg (F.),** Aliphat. Nitroverbb. 1. Mitt. Anlagerungsverbb. v. Aminen an α-Nitrostilben 6722; 2. Mitt. Anlagerungsverbb. v. Substanzen mit akt. Methylgruppe an α-Nitrostilben 6723.
— u. **Eichholtz (H.),** Reduktive Spalt. d. Oxazolkernes 6281.
— u. **Frese (A.),** Aliphat. Nitroverbb. 4. Mitt. Anlager.- u. Kondensations-Rkk. d. Nitroessigsäureäthylesters 6725.
— u. **Theidel (H.),** Acylierr. mit α-Ketonitrilen 325.
— u. **Wedekind (G.),** Umsetzungen v. Carbonylverbb. u. d. Darst. einiger Sulfhydrazide d. Pyridinreihe. 2. Mitt. 97.
— u. **Wiehler (G.),** Aliphat. Nitroverbb. 3. Mitt. Umsetz. v. Aldehyden mit Nitroessigester 6724.
Dornte (R. W.) s. Allied Chemical & Dye Corp.
Dorochina (T. W.) s. Nowikow (A. S.).
Dorochow (A. K.), Mitzkewitsch (S. A.) u. **Brilliant (O. A.),** Verf. zum Versilbern v. Glas 5871.
Dorochow (P. K.), Berechn. d. optimalen Feuchtigk. d. Tabaks während d. Bearbeit. in d. Fabrik 7572. — s. Borosdina (A. S.).
Dorochowa (M. I.) s. Rubzow (M. W.).
Dorogan (D.) u. **Carare (N.),** Änderr. d. Erregbark. u. d. Struktur d. motor. Froschnervs unter d. Einw. d. Nicotinsäure u. d. Nicotins 4394.
Doronenkow (I. M.) u. **Kutzenok (B. I.),** Für Hg undurchläss. Überzüge auf Fußböden, Wänden u. Decken bei alkal. Beanspruch. 1347.
Doronin (F. N.), Behandl. eitrig-sept. Erkrankungen d. Gesichtes u. d. Kopfhaut durch Einführ. einer Penicillin-Novocain-Lsg. in d. Carotis 9135.
Doroschenko (A. K.) s. Beljajew (I. N.).
Dorough (G. D.) u. **Seaton (D. L.),** Meth. zur Extrakt. u. Best. v. Nucleinsäurebruchstücken in Geweben 124.
Dorp (D. A. van) s. Schering Akt.-Ges.
Dorph-Petersen (K.), Boden als Phosphorquelle für d. Pflanzen 8474.
Dorr Co., Reduzieren Ni-halt. Eisenerze 3727* F.
—, Behme (H. W.) u. **Thompson (Robert B.),** Calcinieren v. feingemahlenem $CaCO_3$ 8000* A.
—, Roberts (Elliott J.), Foley (R. M.) u. **Wells (D. F.),** Rösten v. Sulfiden 2274* A.
—, Wells (D. F.), Thompson (Robert B.) u. **Roberts (Elliott J.),** Verdampfen v. Sn aus sulfid. Sn-Erzen 7542* A.
Dorschner (O.), Thermodynam. u. Wärmeableitungsprobleme bei Synthese-Rkk., bes. d. KW-stoff-Synth. nach Fischer-Tropsch 1177. — s. Metallgesellschaft Akt.-Ges.
Dorset (B. C. M.), Viscosekoagulat. in Bezieh. zur Herst. gekräuselter Reyonfäden 486. — Verhinder. d. Verrott. v. Baumwollwaren. 1. Mitt. 721. — Fäulnisbeständ. Ausrüst. v. Baumwollwaren. 2. Mitt. 5455. — Aufklärung d. Zusammenhänge zwischen Faserstruktur u. Fasereigg. bei Wolle durch neue Forschungen 3034. — Harzausrüst. u. neuere Forsch. 9473. — Nichtfilzende u. nichtschrumpfende Wolle 11121.
Dorset (V. J.) s. Russek (H. I.).
Dorsey jr. (J. J.) s. Hester (A. S.).
Dorsey (N. E.), Spontanes Erstarren v. W. 291.
Dorsey (W. S.) s. Union Oil Co. of California.
Dorst (S. O.) s. Sprague Electric Co.
Dortmann (H. A.) s. Alder (Kurt).
Dortmund-Hörder Hüttenunion Akt.-Ges. s. Thyssen (A.)-Hütte Akt.-Ges.
— u. **Hüttenwerk Hörde Akt.-Ges.,** Thomas-Stahl mit niedr. N-Geh. 1137* F.
Dortmunder Paraffinwerke G. m. b. H. u. **Ohme (W.),** Katalyt. Umwandl. v. Aceton 11464* D. B.
—, Weittenhiller (H.) u. **Schuth (E.),** Kühl- u. Schleifmittel für Metalle 1184* D. B.
Doser (A.) s. Farbenfabriken Bayer Akt.-Ges.
Dosier (J. P.) s. Algemeene Kunstzijde Unie N. V.
Dosker (C. D.) s. Gamble Brothers, Inc.
Doskočil (J.), Landa (V.), Janda (V.), Novák (K.) u. **Skuhravý (V.),** Vers.-Bestäub. d. Maikäfer v. Flugzeug aus mit Dynocid (5% DDT) u. Bewert. seiner Wrkgg. 443.
Dosogne (C.), Chem. Widerstandsfähigk. v. Materialien auf Basis Phenol-Formaldehyd-Harz 9162.
Doss (J.) s. Eisler (S. L.).
Dosse (G.), Tenuipalpus orchidarum (Parfitt) nun auch in deutschen Gewächshäusern 6371.
Dossow (K.) s. Ans (J. D').

Dostal (L.), Labor.-Verss. zur Gewinn. v. Stärkesirup unmittelbar aus Mais-, Milo- u. Maniokmehl 2320.
Dostrovsky (I.) s. Anbar (M.).
—, Gillis (J.), Llewellyn (D. R.) u. **Vromen (B. H.)**, Isotopentrenn. durch fraktionierte Dest. 2. Mitt. Best. v. Parametern aus Produktionswerten. Wert d. Einstufentrennfaktors für d. Syst. $H_2{}^{16}O$–$H_2{}^{18}O$ 2595.
— u. Klein (F. S.), Austausch v. O zwischen Alkoholen u. W. 1. Mitt. Geschwindigkk. d. Carboniumionbldg. u. -zers. in sauren wss. Lsgg. v. tert.-Butanol 11364.
—, Llewellyn (D. R.) u. **Vromen (B. H.)**, Isotopentrenn. durch fraktionierte Dest. 1. Mitt. Fraktioniersäulen zur Anreicher. d. schweren Sauerstoffisotope in W. 2595.
— u. Samuel (D.), Solvolyse-Rkk. v. 2.2-Dimethyl-1-phenylpropylbromid 4076.
Dotta (F.) s. Campana (C.).
Dotti (L. B.) s. Kleiner (I. S.).
Dotti (L. M.) s. Sala (S. L.).
Doty (A. E.) s. Dow Chemical Co.
Doty (A. S.) s. Mallory (P. R.) & Co., Inc.
Doty (D. M.) s. Wang (H.).
Doty (P.) s. Benoit (H.); Ehrlich (Gert); Reichmann (M. E.).
— u. Geiduschek (E. P.), Opt. Eigg. v. Proteinen 8402.
—, Schneider (N. S.) u. **Holtzer (A.)**, Mol.-Dimenss. v. Cellulosederivv. 4844.
Dotzauer (G.) u. **Naeve (W.)**, Aktuelle [H˙] im Leichenblut 9605.
Dotzel (W.), Vierfarben-Offsetdruck mit hochkonz. Farben 719.
Doubek (F.) s. Pakesch (E.).
Double (G.) s. Carpéni (G.).
Doubleday (G.) s. Courtaulds Ltd.
Doucet (M.) s. Maréchal (J.).
Doucet (Y.), Les Aspects modernes de la cryométrie [5617].
— u. Guignard (J.-P.), Kryometr. bestimmte Aktivität v. Cu–Acetat in wss. Lsg. u. Einfl. v. Makromoll. 770. — Deut. d. Gesetzes über d. Abhängigk. d. Widerstandes v. „Thermistoren" v. d. Temp. 984.
— u. Marion (G. W.), Ionendissoziat. d. Cu-Acetats nach d. opt. Absorptionsmeth. 8091.
Doud (E.) s. Du Pont de Nemours (E. I.) & Co.
Doudoroff (M.) s. Weimberg (R.).
Dougall (H. W.), Düngungsverss. auf Weideland im Hochland v. Kenya 8474. — Zus. v. grünem Futter- u. Silohafer 9691.
Dougherty jr. (C. F.) s. Phillips Petroleum Co.
Dougherty (E. L.) s. Saxton (R. L.).
Dougherty (J. M.) u. **Lamberti (A. J.)**, Textbook of bacteriology [382].
Dougherty (P. F.) s. Sun Oil Co.
Dougherty (R. S. A.) s. Bethlehem Steel Co.
Dougherty (T. M.), Aufkohlen mit Salzbädern 6838.
Doughty (E. W.) s. Union Carbide & Carbon Corp.
Doughty (J. L.), Cook (F. D.) u. **Warder (F. G.)**, Wrkg. d. Kultivier. auf d. Geh. brauner Böden an organ. Substanz u. an N 10118.
Douglas (A. E.) s. Cusius (K.).
Douglas (A. S.) [Cambridge] u. **Woolfson (M. M.)**, Maximal wahrscheinl. Wert d. Zuverlässigkeitsindex für eine hyperzentr. Struktur 5012.
Douglas (A. S.) [Glasgow], Wirkungsmechanismus v. Cumarin u. ähnl. Medikamenten 10552.
Douglas (B. E.), Pt–Olefin-Verbb. 6472. — s. Gonick (E.).
Douglas (D. L.), Mewherter (A. C.) u. **Schuman (R. P.)**, Langleb. Aktivität in neutronenbeschossenem Nb 5951. — Langleb. Aktivität in stark bestrahltem Nb 10672.
Douglas (G. V.), Klassifikat. u. Entsteh. v. Gneisen u. damit verbundener Minerallagerstätten 1699.
Douglas (H. W.) s. Bawn (C. E. H.).
— u. Adair (D.), Elektrokinet. Verh. v. Mineralien in wss. Elektrolytlsgg. 2. Mitt. Flußspat 11167.
Douglas (R.) s. Galonsky (A.); Goldberg (E.); Jones (K. W.).
Douglas (R. G.) s. Nickerson (K.).
Douglas (T. B.) s. Ginnings (D. C.).
— u. Dever (J. L.), LiF: Wärmeinhalt v. *0* bis *900°*. F. u. Schmelzwärme 3077. — Wärmeinhalt v. Pb v. *0—900°* u. Schmelzwärme 4767. — Wasserfreies Natriumhydroxyd: Wärmeinhalt zwischen *0* u. *700°*, Umwandlungstemp. u. F. 9504.
Douglas Aircraft Co., Inc., Keilin (B.) u. **Moreton (D. H.)**, Tri-(trifluoralkylphenyl)-phosphate 10625* A.
— u. Moreton (D. H.), Mittel zum Übertragen v. Kraft in hydraul. Systemen 1114* Schwed. — Schmiermittel u. hydraul. Fll. 1886* D. B., Schwz.
Douglass (D. Z.) s. Morris (K. B.).
Douglass (I. B.) u. **Marascia (F. J.)**, Rkk. d. Methoxy- u. Äthoxydichlormethansulfenylchlorids 8358.
Douis (M.) s. Bachelet (M.).
Doumani (T. F.) s. Union Oil Co. of California.
Doumas (M.) u. **Laster (R.)**, Eigg. d. Flüssigkeitsfilms für Zentrifugalsprühdrüsen 1111.
Doumerc (J.) s. Faraggi (H.).
Dounce (A. L.) s. Kay (E. R. M.).
Doup (D.) s. Vervloet (C.).
Douriez (H.), Schwedischledererersatz 1657* F.
Douris (R. G.) u. **Bory (J. M.)**, Stabile Lsg. v. p-Aminosalicylaten 4890* A.
Dournaud (P. A. J.), Hydraul. Bindemittel 8003* Schwz.
Dousmanis (G. C.), Mikrowellenspektr. d. freien Radikals OD 4518.
—, Sanders jr. (T. M.), Townes (C. H.) u. **Zeiger (H. J.)**, Struktur d. HNCS aus Mikrowellenspektren 3796.
Douste-Blazy (L.), Polonovski (J.) u. **Valdiguie (P.)**, Fraktionieren v. Lipoiden durch Gegenstromverteil. auf Papier 5145.
Douthett (E. M.) s. Templeton (D. H.).
— u. Templeton (D. H.), Reichweiten d. Spaltprodd. aus d. energiereichen Spalt. v. U 6449.
Douthitt (M. H.) s. National Distillers Products Corp.
Dove (D. B.) s. Jaswon (M. A.).
Dove (L. P.) s. Porolith, Inc.
Dove (W. E.) s. Moore (D. H.).
Dovey (D. M.) s. General Electric Co. Ltd.
Dow Chemical Co., Thermoplast. feste Schaumartikel 229* F. — Parasiticides Mittel 914* E., 1596* E., 3469* E. — Polyalkanolamine 1142* E. — Maßbeständ. Filme aus Vinylidenchlorid–Vinylchlorid-Mischpolymerisaten

1151* E. — L-Isoleucin; D-α-Methylbutyraldehyd 2075* E. — Fraktionierte Kristallisat. 2502* E. — Mittel zur Bekämpf. d. Coccidiosis bei Federvieh u. dgl. 2520* E. — Magnesiumchlorid–Kupferchlorid-Katalysator für d. Chlorier. v. KW-stoffen mittels HCl u. O_2 (Luft) 2532* E. — Konservier. v. Holz 2806* E. — Chlormethylmethyläther 3962* E. — Emulsionspolymerisat. 3981* E. — Stranggepreßte Gegenstände aus einer Mg-Legier. 4207* E. — Zr- u. Mg-halt. Vorlegier. zur Herst. v. Zr-halt. Mg-Legierr. 4208* E. — Alkenylgruppen enthaltende aromat. Verbb. 4439* E. — Polymerisierverf. 5195* E. — Mittel zur Verhinder. d. Wurzelbldg. 5635* E. — Mg-Legierr. 5646* E., 5888* E. — Zerstäub. v. Mg u. Mg-Legierr. 7077* E. — Ester d. 2.4.5-Trichlorphenoxyessigsäure 7085* E. — Gemischte Glycerinäther 7314* E. — In Toluol auflösbare Harze 7330* Holl. — Stabilisieren v. Vinylidenchlorid–Vinylchlorid-Mischpolymerisaten 7564* F. — Stabilisieren v. Polyvinyl- oder -vinylidenchlorid 7564* F. — Kautschuk–Polystyrol-Mischungen 7567* F. — Futtermittelkompositt. 8055* F. — Halogenphenyldichlorpropene 8246* E. — 2-(4-Chlor-o-tolyloxy)-äthanol 8265* A., E. — Styrolpolymerisat. 8510* F. — Polystyrolmischung 8511* F. — Behandl. v. elektroplattierten Gußteilen aus Mg oder Mg-Legierr. 8724* E. — Vorgeschrumpfte Filme aus Vinylidenchlorid–Vinychlorid (8%)-Mischpolymerisaten 9456* E. — Elektrolyt. Überzüge v. Cu, Ag oder Au auf Mg u. seinen Legierr. 10373* F. — Trichloressigsäurepentachlorphenylester 10379* E. — s. Abbey (A.).

Dow Chemical Co. u. **Adams (J. J.)**, Emulsionspolymerisat. 934* F. — Polymere 4948* D. B.

—, **Alquist (F. N.)**, **Wasco (J. L.)** u. **Kauer (K. C.)**, Umwandl. v. Polychlorcyclohexanen in Polychlorbenzole 5180* E.

—, **Amos (J. L.)**, **McCurdy (J. L.)** u. **McIntire (O. R.)**, Styrol–Kautschuk-Mischpolymerisate 471* F. — Polymerisierverff. 1859* D. B.

—, **Amos (J. L.)** u. **Miller (C. T.)**, Mischpolymerisate v. Styrol u. α-Methylstyrol 8042* E.

—, **Amos (J. L.)** u. **Soderquist (F. J.)**, ar-Methylstyrole 8969* A.

— u. **Anderson (R. J.)**, Wasserbehandl. mit Calciumchloridfluorid 6103* A. — Wasserfreies Zirkoniumfluorid 7059* E. — F-halt. Körper 7999* A.

— u. **Bauman (W. C.)**, Herst. v. Alkalihydroxyden durch Ionenaustausch 1352* A. — Enthärt. u. Herabsetz. d. Salzgeh. v. W. 5391* A.

—, **Bauman (W. C.)** u. **McMaster (E. L.)**, Chlormethyläther 2070* D. B. — Chlormethylmethyläther 3000* Can., 9440* A.

— u. **Begin (L. E.)**, Ester d. 4-Chlor-o-tolyloxyessigsäure 5423* A.

—, **Britton (E. C.)** u. **Hansen (J. N.)**, Herst. quartern. Pyridin–Ammonium-Verbb. 10609* A.

—, **Britton (E. C.)** u. **Petrie (P. S.)**, Polymeres Gemisch v. Polyglykolen 8979* A.

—, **Britton (E. C.)** u. **Tree jr. (R. M.)**, Bromieren aromat. Verbb. 6391* A.

—, **Britton (E. C.)**, **Weele (J. C. Van der)** u. **Livak (J. E.)**, 3-Indolaldehyd 1841* Can.

— u. **Brust (H. F.)**, Halogenessigsäure-bis-propylenglykolester 9443* A.

Dow Chemical Co. u. **Burns (J. R.)**, Stranggepreßte Teile mit blasenfreier Oberfläche aus einer pulverförm. Mg-Legier. 5890* A.

—, **Calkins (M. E.)** u. **Greminger jr. (G. K.)**, Webkettenschlichte 10164* A.

—, **Casey (John J.)** u. **Leman (D. L.)**, Mg–Li–Zn-Legierr. 7774* Can.

—, **Chisholm (D. S.)** u. **Busk (R. S.)**, Geformte Gegenstände aus Mg-Legierr. 7775* Can.

—, **Coleman (Gerald H.)** u. **McCaskey (D. B.)**, N-Alkylcapronsäureanilide 10135* A.

—, **Coleman (Gerald H.)** u. **Rigterink (R. H.)**, Tert. Octyldiphenyle 10382* A.

— u. **Coulter (K. E.)**, Dest. hitzeempfindl. Verbb. 2269* A.

—, **Crummett (W. B.)** u. **Stenger (V. A.)**, Ferrihalogenide 5151* A.

— u. **Currie (C. C.)**, Antischaummittel 10593* A.

—, **Dieckmann (J. R.)**, **Muscott (L. W.)** u. **Roche (A. F.)**, Plast. MM. 6871* A.

—, **Doty (A. E.)**, **Johnson jr. (Julius E.)**, **Mussell (D. R.)** u. **Wolf (M. A.)**, Verh. v. Infektt. mit Coccidia bei Haustieren u. Geflügel 10579* A.

— u. **Drake (L. R.)**, Diäthylacetale v. Chlorphenoxyacetaldehyd 1130* F. — Amidothiophosphate 1826* E.

—, **Drake (L. R.)**, **Erbel (A.)** u. **Kenaga (E. E.)**, Amidothiophosphorsäureester 3470* D. B.

— u. **Dreisbach (R. R.)**, Fäden aus synthet. Kautschuk 5458* A.

—, **Dreisbach (R. R.)** u. **Sterling (G. B.)**, Von selbst auslöschende Styrolmassen oder -schäume 1622* A.

— u. **Edmunds (A. M.)**, Bei Raumtemp. härtende, poröse Filter-, Diffus.- u. Verteilerplatten 9210* A.

—, **Frevel (L. K.)** u. **Hedelund (J. W.)**, Bromieren v. Bzl.-KW-stoffen 5897* A. — Methylal 8967* A.

— u. **Griess (G. A.)**, Mischpolymerisate v. aromat. Vinylverbb. 9207* A.

— u. **Hammer (O. H.)**, Parasiticides Mittel 1596* A.

—, **Haney (J. K.)** u. **Paddok (R. K.)**, Veredl. v. Mg u. seinen Legierr. 5888* Can.

—, **Hanson (W. J.)** u. **Nex (R. W.)**, Korrosionsschutzmittel 4451* A., 11687* A.

—, **Harris (G. H.)** u. **Fischback (B. C.)**, Dialkylthionocarbamate 8719* A.

— u. **Heath (S. B.)**, Ca–Ni-Phosphat-Katalysator 6846* D. B.

—, **Heusted (G. B.)** u. **Bauman (W. C.)**, Ionenaustauschendes Kondensationsprod. 2974* Can.

—, **Horn (J. C. Van)**, **Ohlmann (E. O.)**, **Klinger (J. D.)** u. **Wright (J. H.)**, Hydraul. Fl. 6358* A.

—, **Horsley (L. H.)**, **Morello (V. S.)** u. **Poffenberger (N.)**, Abscheid. v. aromat. Verbb. 3533* F.

—, **Hummer (R. W.)** u. **Kenaga (E. E.)**, Mittel zur Bekämpf. v. Milbeneiern 1596* E.

— u. **Johnson jr. (Julius E.)**, Mittel gegen Coccidiose 2520* A.

—, **Johnson jr. (Julius E.)** u. **Mussell (D. R.)**, Mittel zur Bekämpf. v. Coccidiinfektt. bei Federvieh 4681* Schwed.

— u. **Jones (G. D.)**, Chlormethylier. v. Polystyrol u. Poly-α-methylstyrol sowie deren quatern. NH_4-Salze 8510* A.

—, **Kauer (K. C.)**, **Alquist (F. N.)** u. **Britton (E. C.)**, $C_6H_6Cl_6$ 9198* A.

— u. **Kelly (J. A.)**, Trichloressigsaure Aminsalze 9424* A.

Dow Chemical Co. u. **Klain (P.)**, Flußmittel zum Weichlöten v. Mg 7310* A.
— u. **Kohl jr. (C. F.)**, Substituierte Phenylsilane 11291* F.
—, **Lake (D. E.)** u. **Asadorian (A. A.)**, Organ. Bromide 3960* E.
— u. **Lang (J. L.)**, Polymerisierverf. 6869* A.
— u. **Leontis (T. E.)**, Mg-Legier. 7545* A. — Mg-Legierr. mit Seltenen Erdmetallen 7774* Can.
—, **Leontis (T. E.)** u. **Busk (R. S.)**, Mg-Legierr. mit hoher Festigk. durch Fließpressen 7077* A. — Gegenstände aus Mg-Legierr. 11090* A.
—, **Leontis (T. E.)** u. **Pashak (J. F.)**, Fasern aus Mg 7545* A.
—, **Long (C. E. De)** u. **Amos (J. L.)**, Zellkörper 4468* E.
— u. **Long (H. K. De)**, Schutzüberzug für Mg u. seine Legierr. 8490* Can.
—, **McCurdy (J. L.)** u. **Kin (L.)**, Nichtentflammbare Polystyrolzellkörper 9207* A.
—, **McDonald (D. L.)**, **Coulter (K. E.)** u. **McCurdy (J. L.)**, Thermoplast. Harze 229* D. B. — Polymerisat. aromat. Monovinylverbb. in d. M. 934* F.
—, **McIlhenny** u. **McConnell (V. O.)**, Kontinuierl. Konzentrieren v. Ionen in Lsgg. 6098* A.
— u. **Meuli (L. J.)**, Unterdrück. d. Pilzentw. bei Früchten u. Vegetabilien 3757* A.
— u. **Moll (H. W.)**, Aufbereiten v. wss. Polyvinylidenchloridemulss. 229* A.
—, **Monroe (E.)** u. **Hand (C.)**, Chlorbenzoesäurearylester 7302* A.
— u. **Mullison (W. R.)**, Unkrautbekämpfung 2987* A.
—, **Neipert (M. P.)**, **Blue (R. D.)** u. **Hunter (R. M.)**, Elektrolyse v. NaCl-Solen in Hg-Zellen 2979* Can.
—, **Ohlmann (E. O.)** u. **Thurber (W. S.)**, Stabilisier. v. Polyglykolen 3963* A.
— u. **Osmun (R. H.)**, Regenerieren v. Anionenaustauscherharzen 4182* A.
— u. **Peake (J. S.)**, Kornverfeiner. v. Mg-Legierr. 5888* Can.
—, **Petrie (P. S.)** u. **Britton (E. C.)**, Oxyaralkylenäther v. Oxyarylsulfonsäuren 11117* A.
—, **Price (R. M.)** u. **Roche (A. F.)**, Verformbare Polymere 7796* A.
— u. **Reilly (J. H.)**, Vinylidenmischpolymerisate 2088* E.
— u. **Roth (H. H.)**, Verdickungsmittel für mehrwert. aliphat. Alkohole 8747* A. — Sulfonate v. vinylaromat. Harzen 9457* A.
—, **Roth (H. H.)** u. **Smith (Hugh B.)**, Aromat. sulfonierte Alkenylharze 9457* A.
—, **Rubens (L. C.)** u. **Boyer (R. F.)**, Polymerisierbare Gemische 4715* A. — Gießharz 9206* E. — Kunstharz für elektr. Isolierr. 11471* A.
— u. **Ruh (R. P.)**, 1.1.3-Trichlor-3.3-difluorpropen 1361* E. — Herst. v. ungesätt. fluorhalt. alicycl. Äthern 2777* Can.
—, **Ruh (R. P.)** u. **Davis (R. A.)**, Dichlordifluormethan 5175* A. — Bromieren v. Polyhalogenmethanen 6846* A. — Chlorbromdifluormethan 7547* A. — Bromfluormethane 7548* A.
— u. **Saunders (W. P.)**, Thorhalt. Mg-Legier. 5410* A.
—, **Schwegler (C. C.)**, **Tennant (F. M.)** u. **Soderquist (F. J.)**, Dehydrierungskatalysatoren 8726* A.

Dow Chemical Co. u. **Scoles (G. W.)**, α.α-dichlorpropionsaures Diäthanolamin 10610* A.
— u. **Sexton (A. R.)**, Reinig. v. Aminoalkansulfonsäuren mit Ionenaustauschern 11687* A.
—, **Sexton (A. R.)** u. **Britton (E. C.)**, Monoarylacetaldehyde 4213* A.
— u. **Silvernail (L. H.)**, Plast. M. aus wasserlösl. Celluloseäthern 3267* E.
— u. **Slagh (H. R.)**, Monobrommononitromethan 5648* A.
—, **Smith (Cornelius P.)**, **Le Boeuf (E. W.)** u. **McIntire (O. R.)**, Folien u. Fasern 7796* F.
—, **Smith (Frank B.)**, **Hansen (J. N.)** u. **Coleman (Gerald H.)**, Fungicide u. insekticide Mittel 1826* Can.
—, **Smyers (W. H.)** u. **Young (D. W.)**, Styrol enthaltende Mischpolymerisate 3981* A.
—, **Sonnabend (L. F.)** u. **Edmunds (A. M.)**, Phenol–CH_2O-Harzkitte 658* A.
—, **Stanton (G. W.)**, **Henson (W. A.)** u. **Lowry (C. E.)**, Filmbildende Überzugs-MM. 1386* D. B., 1850* E.
—, **Stanton (G. W.)** u. **Lefferdink (T. B.)**, Entfern. v. Salzen aus Polyacrylnitril 1174* A.
—, **Stanton (G. W.)**, **Lefferdink (T. B.)** u. **Spence (T. C.)**, Salzlsgg. v. hochpolymerem Acrylnitril 1174* A.
—, **Stanton (G. W.)** u. **Spence (T. C.)**, Naßspinnen v. Polyacrylnitril 2107* A.
—, **Stilbert jr. (E. K.)**, **Cummings (I. J.)** u. **Guerrant (W. B.)**, Feuerschützende Überzugsmittel 8977* A.
— u. **Swezey (A. W.)**, Unkrautbekämpfung 2056* A. — Kontrolle u. Unterdrück. unerwünschten Wachstums 4196* A. — Unkrautvertilgungsmittel 9889* A.
— u. **Teot (A. S.)**, Öllösl. Phenolharze 1386* A.
— u. **Tolkmith (H.)**, Organ. Phosphorverbb. 4919* A. — O-(2.4.5-Trichlorphenyl)-methylphosphorylchlorid 7302* A.
— u. **Wheaton (R. M.)**, Wasserlösl. sulfonierte Mischpolymerisate 4715* A.
—, **Wheaton (R. M.)** u. **Harrington (D. F.)**, Anionenaustauschende Kunstharze 11299* A.
—, **Wiggins (G. C.)** u. **Johnson (W. E.)**, Reine Dehydracetsäure 8030* E.
— u. **Wolf (P. A.)**, Schutz v. Citrusfrüchten vor Pilzkrankheiten 3028* A.
—, **Wolf (P. A.)** u. **Moyle (C. L.)**, 3-Alkyl-2.2'-dioxy-3'.5.5'-trihalogendiphenylmethane 11428* A.
— u. **Young (D. C.)**, Stabilisieren u. Reinigen v. Phenylacetaldehyd 7320* A.
— u. **Youngson (C. R.)**, Begasungsmittel 5881* A.
— u. **Zemba (J. W.)**, 6-Chlor-o-kresol 926* A.
Dow Corning Corp., Organosiliciumverbb. 4699* E. — Niedermol., lösl. Alkylsesquisiloxane 7318* E. — Behandl. v. Tuchfasern u. Papier mit Organosiloxanen 11448* F.
— u. **Barry (A. J.)**, Plast. SiO_2–Siloxan-Kompositt. 5914* A. — Aromat. Halogensilane 7086* F.
—, **Barry (A. J.)** u. **Gilkey (J. W.)**, Methylchlorsilane 4933* A.
—, **Barry (A. J.)**, **Hook (D. E.)** u. **Pree (L. De)**, Mit Si modifizierter Kautschuk 1155* D. B. — Trihalogensilylderivv. 2318* D. B. — Pulverförm. Siloxane 9459* A.
— u. **Clark (H. A.)**, Polysiloxane 1153* E. — Gegebenenfalls durch Hitze härtbares Überzugsmittel für Gebrauchsgegenstände

2790* D. B. — Organosiliconharze mit Si–Si- u. Si–O–Si-Bindungen 3020* E. — Siloxanharze 5670* D. B.
Dow Corning Corp. u. **Currie (C. C.)**, Imprägnierungsmittel, bes. für Leder 6178* A.
— u. **Daudt (W. H.)**, Härten v. Organopolysiloxanharzen 7567* F. — Methyltrichlorsilan 8031* A.
—, **Daudt (W. H.)** u. **Hyde (J. F.)**, Siloxanmischpolymerisate 1395* D. B.
—, **Daudt (W. H.)** u. **Tyler (L. J.)**, Siloxanmischpolymere 231* F., 1394* D. B.
— u. **Goodwin jr. (J. T.)**, Si-halt. harzart. Mischpolymerisate 2085* D. B. — Plast. M. 4469* D. B. — Therm. stabile Alkydharze 7098* F. — Isoliermaterial 8277* A.
—, **Gordon (A. F.)** u. **Clark (H. A.)**, Organosiloxane 11105* A.
— u. **Hoffman (K. R.)**, Schaumförm. Polysiloxan 1395* A.
— u. **Hunter (M. J.)**, Öle für Hochvakuumdiffusionspumpen 6098* D. B.
—, **Hunter (M. J.)**, **Fletcher (H. J.)** u. **Currie (C. C.)**, Siloxanpolymere 1394* D. B.
—, **Hunter (M. J.)** u. **Smith (Eearle J.)**, Siloxanharze 1394* A.
— u. **Hyde (J. F.)**, Vulkanisierbare, zu elast. Körpern verformbare M. 8044* D. B.
—, **Hyde (J. F.)** u. **Johannson (O. K.)**, Hochmol. Polymerisate v. Organosiloxanen 706* D. B.
— u. **Kauppi (T. A.)**, Wasserfestmachen v. Leder 4259* A., 6178* F. — Insektenabwehrmittel 6117* A.
— u. **Kohl jr. (C. F.)**, Kunstharz für hohe Tempp. 1623* F. — Polyesterharze 8747* A.
— u. **Maneri (R. R.)**, Stabilisieren v. Siliconkautschuk 1863* A.
— u. **Rauner (L. A.)**, Lufttrocknende Organosiliciumfarben 3744* F.
—, **Ruh (R. P.)** u. **Gordon (A. F.)**, Halogenpentene 5943* A. — Fluorierte Pentene u. Diene 9234* A.
— u. **Sommer (L. H.)**, Ketone 1607* A. — $[(CH_3)_3Si(CH_2)_2]_2C{=}NOH$, F. 76—76,5° 1607* A. — Organosiliciumnitrile bzw. -carbonsäuren 6390* A. — Organosiliciumamide 7101* F. — Organosiliciumverbb. 9905* A.
— u. **Speier (J. L.)**, Si-halt. Phenolformaldehydharze 1395* D. B. — Siloxan–Silazan-Mischpolymerisate 7100* A.
— u. **Thayer (M. E.)**, Wasserabstoßendmachen d. Oberflächen v. beliebigen festen Stoffen oder Gegenständen 226* D. B.
— u. **Warrick (E. L.)**, Siloxanelastomere 706* D. B. — Füllstoff für polymere Organosiloxane 1628* F. — Vulkanisierbare M. 6636* D. B. — Polymerisieren v. vollständig kondensierten Diorganosiloxanen 6868* A. — Elastomere v. Siloxantyp 7567* F. — Vulkanisierbare M. für d. Herst. v. Siloxankautschuk 9214* D. B.
Dow Corning Ltd., Feinteilige, hydrophobe Kieselsäure 233* E. — Oxime 925* E. — Schmiermittel 3775* E. — Zahnpflegemittel 3924* E. — Organofluorsilane 5653* E. — Ein mit Siloxanen beladenes Kieselgel 8939* E. — Pulverförm. Organosiloxane oder SiO_2 8982* E. — Si-modifizierte Phenolaldehydharze 9920* E.
— u. **Goodwin jr. (J. T.)**, Modifizierte Organosiloxanharze 1154* E.
—, **Hommel (M. C.)** u. **Currie (C. C.)**, Trennmittel 10389* E.
Dow Corning Ltd., **Rossiter (W. T.)** u. **Currie (C. C.)**, Organosiliconkompositionen 9922* E.
— u. **Tyler (L. J.)**, Kieselsäurepulver 1119* E.
— u. **Warrick (E. L.)**, Wärmehärtbare Polysiloxane 1394* E.
Dowben (R. M.), Elektrometer für direkte Ablesung 4905.
— u. **Rose (Jerzy E.)**, Metallgefüllte Mikroelektrode 9863.
Dowd (J. J.), Opt. Eigg. v. Se 3307.
Dowd (L. R.) s. Glazier (L. R.).
Dowdall (J. F.) s. Minnesota Mining & Mfg. Co.
Dowden (D. A.), Katalyt. Aktivität v. Ni 5499. — s. Garner (W. E.).
Dowell jr. (A. M.) s. Hine (J.).
Dowling (B. B.) s. International Minerals & Chemical Corp.
Dowling (H. F.) s. Spies (H. W.); Wood (W. S.).
Dowling (J. H.) s. Levine (H. B.).
Dowling (M. T.) s. Simmonds (S.).
Downar (S. A.) s. Gubkin (S. I.).
Downer (R. J.) s. Pepkowitz (L. P.).
Downes (H. R.), The chemistry of living cells [5814].
Downey (P. M.) s. Monsanto Chemical Co.
Downie (A.) s. Cowan (G. R.).
Downie (A. R.) s. Nightingale (R. E.).
Downie (A. W.) s. Bedson (S. P.).
Downie (C. C.), Filtrier- u. Trocknungsverff. in nassen metallurg. Verff. 6376. — Instrumente in d. modernen Schmelzpraxis 10613. — Spezialmeth. zum Erschmelzen v. Pb-Erzen mit niedr. Pb-Gehh. 11458.
Downie (T. C.) s. Lloyd (D.).
Downing (A. L.) s. Truesdale (G. A.).
Downing (C.) s. Monsanto Chemical Co.
Downing (F. B.) s. Du Pont de Nemours (E. I.) & Co.
Downing (J.) s. British Celanese Ltd.
Downing (K. M.), Einfl. d. Konz. an gelöstem O_2 auf d. Toxizität v. KCN für d. Regenbogenforelle 1780.
Downing (R. C.) u. **Palmer (F. S.)**, Aerosolanstrichfarben 2308.
Downing (S.) s. Clifford (C.) & Son Ltd.
Downs (F. E.) s. Mudd (J. S.).
Downs (J.) u. **Johnson (Rowland E.)**, Ungleichwertigk. d. Chloratome im Phosphorpentachlorid 5497.
Downs (R. A.) s. Clapper (W. E.).
Downs (W.) s. Hodge (H. C.).
Downs (W. G.) s. Bordas (E.).
Downs (W. L.) s. Hodge (H. C.).
Dowrick (D. J.) s. Staveley (L. A. K.).
Dows (D. A.) s. Whittle (Eric).
Doyen (J.) s. Lagasse (A.).
Doyeux (M. G.) s. Horande (M.).
Doyle (A. E.) s. Smirk (F. H.).
— u. **Kilpatrick (J. A.)**, Methoniumverbb. bei Angina pectoris v. Hypertonikern 8202.
— u. **Smirk (F. H.)**, Blutdrucksenkende Wrkg. v. Reserpin 405.
Doyle (B.) s. Setlow (R. B.).
Doyle (C. D.) s. General Electric Co.
Doyle (F. P.) s. Ilford Ltd.
Doyle (J. O.), Hyaluronidase zur Behandl. v. Paraphimosefolgen 5362.
Doyle (P. C.) s. Standard Oil Co.
Doyle (W. M.) s. High Duty Alloys Ltd.

Doyle (W. T.) u. **Quinton (A. R.)**, Energieniveaus aus Rkk. v. (*α*, n)-Typ 6679.
Drábek (B.), Verwend. d. Gibbs'schen Reagens für Phenolabwässer 3937.
Drábek (J.) s. Kůta (J.).
Drabent (Z.) s. Czerwiński (Z.).
Drabic (I.) = Iaroşinschi-Drabic (I.).
Drabkin (B. S.), Wirkungsmechanismus d. Phytoncide v. Padus racemosa 8668.
Drabkin (G. M.) s. Dolischnjuk (B. M.).
— u. **Russinow (L. I.)**, Unters. d. Kernisomerie v. ^{81}Se* 4753.
Drabkin (M. L.) s. Texaco Development Corp.; Texas Co.
Drachman (R. J.) u. **Peaslee (D. C.)**, Isotopenspinfaktoren bei Kern-Rkk. 2355.
Drachman (S. R.) s. Colcher (H.).
Drachovská-Šimanová (M.), Anwend. v. B zur Verbesser. d. technolog. Qualität d. Zuckerrübe 9463.
Dracy (A. E.) s. Graham (E. F.); Shaffhausen (D. D.).
Dräger (O. H.), Ermittl. v. Verunreinigg. in Gasen, bes. Luft 2741* F.
Drägerwerk H. & B. Dräger, Absorptionsmittel 660* D. B. — Absorbieren v. Kohlensäure, bes. in Gasschutzgeräten 1347* D. B. — Dipyridylviolettsalze 6395* D. B. — Best. d. Zus. v. Fll. 7997* D. B.
Draganić (I.), Fluorimetr. U-Best. in Erzen 7990.
Dragesco (J.), Mikrophotographie mit Hilfe v. Elektronenblitzen 2964.
Dragge (O.) s. Kalling (B.).
Draghetti (A.), Tiefgründigk., Auflocker. u. Zerfall d. Böden. Chem. u. biochem. Aspekte 11275.
Drago (R. S.) s. Sisler (H. H.).
Dragone (F.), Mineralog.-granulometr. Unters. d. Au-halt. Sande d. Flusses Gomsa 9280.
Dragsted (P. J.) s. Hjorth (N.).
— u. **Hjorth (N.)**, Ca–Urin-Ausscheid. bei ACTH-Behandl. 6060.
Dragstedt (C. A.) s. Keyl (A. C.).
Dragunow (S. S.) u. **Wyssotzkaja (P. N.)**, Chem. Unters. d. Humusstoffe einiger Böden 7761.
Dragunow (W. I.) u. **Kattschenkow (S. M.)**, Cölestin u. Baryt aus neogenen Ablagerr. d. südl. Mangyschlak 309.
Dragunowa (A. F.), Löslichk. d. Huminsäuren 2914.
Drahowzal (F.), Reaktionsweise v. Grignard-Verbb. in Ggw. v. Pyridin 11577.
— u. **Klamann (D.)**, Sulfosäureester. 1. Mitt. Darst. v. p-Toluolsulfosäureestern 8132; 2. Mitt. Darst. v. p-Toluolsulfosäureestern mit Pyridin 8133; 3. Mitt. Alkylier. v. Phenolen mit p-Toluolsulfosäureestern 8134; 4. Mitt. Alkylier. v. Alkoholen, Mercaptanen u. Thiophenolen mit p-Toluolsulfosäureestern 8134; 5. Mitt. Umsetz. v. p-Toluolsulfosäureestern mit anorgan. Salzen 8135.
— u. **König (H.)** [Wien], Beeinflussung d. Grignardschen Alkylierungs-Rk. durch Pyridinbasen 4799.
Draht (G. F.) s. Österreichisch-Alpine Montangesellschaft.
Drain (D. J.) s. Herts Pharmaceuticals Ltd.
Drain (L. E.) s. Cooke (A. H.); Morrison (J. A.).
Drake (B.), Chromatographie, kombiniert mit d. automat. Aufzeichn. d. elektrolyt. Leitfähigk. 1. Mitt. Beschreib. einer App. u. Anwend. auf d. Analyse v. Aminosäuren u. Peptiden 654.
Drake (B.) u. **Gardell (S.)**, Chromatographie, kombiniert mit d. automat. Aufzeichn. d. elektrolyt. Leitfähigk. 2. Mitt. Analyse einer Misch. v. Glucosamin u. Galaktosamin 654.
Drake (B. L.) s. Bohnhoff (M.).
Drake (C. F.) s. Standard Telephones & Cables Ltd.
Drake (F. R.) u. **Kehoe (J. K.)**, Weideverss. auf d. Marloebene 7529. — Rk. v. Erbsen auf Mo 7530.
Drake (G.) s. Gever (G.).
Drake jr. (G. L.) s. Reeves (W. A.).
—, **Reeves (W. A.)** u. **Guthrie (J. D.)**, Mit Äthylenimin behandelte Baumwolle 8061.
Drake (J.) s. Barrer (R. M.).
Drake (K. W.) u. **Kirjutina (W. I.)**, Pharmakologie d. Amur-Berberitze 6328.
Drake (L. C.) s. Hansford (R. C.).
Drake (L. R.) s. Dow Chemical Co.
Drake (N. L.) u. **Kray (R. J.)**, N^{1}-[6'-Methoxychinolyl-(8')-aminoalkyl]-N^{5}-isopropyldiguanide u. verwandte Verbb. 9335.
— u. **Pratt (Y. T.)**, Chinolinchinone. 1. Mitt. Dem Pentachin verwandte Chinone u. Hydrochinone 5309.
Drake (W. W.) u. **Shaffer jr. (G. E.)**, Zuflußregel. bei d. Wasseraufbereit. 10598.
Drakin (L. A.) s. Dshaparidse (P. N.).
Drakin (S. I.) s. Kapusstinski (A. F.).
Drane (C. W.), Kesselwasserbehandl. bei mittlerem u. hohem Druck 6101.
Dranen (J. van), Krit. Punkt u. Phasenregel 5727. — Eigg. v. Substanzen am krit. Punkt 11343.
— u. **Ketelaar (J. A. A.)**, Theoret. Berechn. d. Resonanzenergien u. UV-Spektren v. Bzl. u. Naphthalin 7396.
Dranischnikow (G. L.), Autoxydat. v. Allocimen u. ihre Zwischenprodd. 6035.
Dranitzyna (W. B.) u. **Malinowski (W. S.)**, Schuldemonstrat. d. Einfl. d. Oberfläche auf d. Geschwindigk. d. Verlaufes heterogener chem. Rkk. 9011.
Dransfield (P. B.) u. **Challenger (F.)**, Bldg. v. Dimethylselenid durch Schimmelpilze in Ggw. v. D- u. L-Methionin oder Thetinen, d. alle eine $^{14}CH_3$-Gruppe enthalten 5100.
Drapal (O.) s. Farbenfabriken Bayer Akt.-Ges.
Draper (J. E.) u. **Baker (C. P.)**, Selbstanzeigemess. v. σ_{to} für d. 5,2 eV-Neutronenresonanz in Ag 3059.
Draper (J. W.), **Zufall (R.)**, **Rosenberg (L. T.)** u. **Knight (V.)**, Wrkg. v. Nitrofurantoin auf d. Bakteriengeh. im Harn bei Harnweginfektionen nach Prostataoperationen 9133.
Draper (M. D.) s. Klohs (M. W.).
Draper (W. L.) s. Walker (A. R. P.).
Draps (H.) s. Driessche (R. van den).
Drautz (W. G.) s. General Aniline & Film Corp.
Drawe (H.) u. **Wurziger (J.)**, Beurteil. v. Schweinespeck nach d. Kochsalzgeh. 3510.
Drawert (F.) s. Kuhn (R.).
Dray (F.) s. Aschkenasy (A.).
Drebinger (K.), An d. Licht gebundene Kernschädig. d. Kerngifte d. Trypaflavintyps 5093.
Drechsel (H.) s. Smeykal (K.).
Drechsler (M.) u. **Henkel (E.)**, Feldemiss.-Stromdichten u. Oberflächenfeldstärken bei Feldemissionsmikroskopen sowie Methoden zur Best. d. Spitzenradius, d. Spitzenform,

d. Vergrößerung u. d. Auflösungsvermögens 7612.
Drees (H.), Biologie u. Therapie d. Japankäfers (Popillia japonica New) 7065.
Drees (L. S.) u. **Zinszer (H. A.),** Fluorescenz v. Bohrkernmaterial im ultrivioletten Licht 11126.
Drefahl (G.) u. **Gross (Bertold),** Ester d. 2-Keto-*l*-gulonsäure, d. Lävulinsäure u. Schleimsäure 10003.
— u. **Hartmann (M.),** Stilbene. 1. Mitt. 4'-Methoxy- u. 4.4'-Dimethoxy-α-acetaminostilbene 801.
— u. **König (K.-H.),** Stickstofflostverbb.; 1. Mitt. β-Oxy- u. β-Chloräthylderivv. d. Nicotin- u. Isonicotinsäureamids 2420; 2. Mitt. Stickstofflostverbb. mit Antihistaminstruktur 2400.
Dreger (E. E.) s. Colgate-Palmolive-Peet Co.
Dreher (E.) s. Raschig (Dr. F.) G. m. b. H.
Drehfahl (G.) u. **Hartmann (Manfred),** Stilbene. 1. Mitt. 4'-Methoxy- u. 4.4'-Dimethoxy-α-acetaminostilbene 801.
Dreibelbis (F. R.), Einfl. v. Bodentyp u. Landnutz. auf d. Perkolat. v. Bodenwasser durch Monolithlysimeter 7758. — s. Harrold (L. L.).
Dreicer (H.) s. Strandberg (M. W. P.).
Dreiding (A. S.) s. Bachmann (W. E.).
— u. **Hartman (J. A.),** Red. einiger enolisierbarer β-Dicarbonylverbb. zu ungesätt. Alkoholen mit Lithiumaluminiumhydrid. 1. Mitt. Monocycl. β-Ketoester u. α-Oxymethylenketone 10492.
—, **Pummer (W. J.)** u. **Tomasewski (A. J.),** Dienon-Phenol-Umlagerung mit Mineralsäuren 7223.
— u. **Tomasewski (A. J.),** Synth. d. trans-10-Methyldekalons-(2) 4816. — Reformatski-Rk. mit 2-Oxymethylencyclohexanon. 5.6.7.8-Tetrahydrocumarin 4827. — Stereochemie einiger Derivv. d. Dekalins mit angularen Substituenten 9791. — Struktur v. Inhoffens phenol. Steroiden. 2. Mitt. Synth. v. 1-Äthyl-2.8-dimethyl-5-methoxyphenanthren u. 1-Äthyl-2.8-dimethylphenanthren 11221.
— u. **Voltman (A.),** Struktur v. Inhoffens phenol. Steroiden. 1. Mitt. Dehydrier. 11220.
Dreifus (L. S.) s. Frank (M. N.).
Dreiheller (H.) s. Büsing (K.-H.).
Dreikorn (R. E.) u. **O'Gorman (V.),** Wasserfreie Flußsäure als Lösungsm. für Kollagen 11227.
Dreiling (D. A.), Richman (A.) u. **Klein (Alice),** Bewert. d. zur Diagnose v. Pankreaserkrankk. angewendeten provokat. Blutenzymteste 5570.
Dreisbach (P. F.) s. American Cyanamid Co.
Dreisbach (R. R.) s. Dow Chemical Co.
Dreithaler (H.) s. Sika G. m. b. H. Chemische Fabrik.
Drell (S. D.), Rückstoßkorrektur zum Bremsstrahlungsquerschnitt 505. — s. Lawson (R. D.).
Drell (W.) s. Michelson (A. M.).
Drenan (J. W.) s. Wall (F. T.).
Drenan (James W.), Allg. Gleich. für annähernde Hydroniumionberechnn. 9035.
Drenick (E. J.) s. Kalmanson (G. M.).
Drennan (P. S.) s. Pan American Refining Corp.
Drenth (W.), Struktur v. α.ω-Diphenylpolyenen. 3. Mitt. Mol.-Zustandsberechnn. d. Glieder d. Reihe C_6H_5—$(CH=CH)_n$—C_6H_5 mit n=*0, 1, 2, 3, 4* u. *5* 4305.
— u. **Wiebenga (E. H.),** Struktur v. α.ω-Diphenylpolyenen. 2. Mitt. Kristallstruktur d. monoklinen u. rhomb. Modifikat. v. 1.10-Diphenyldekapentaen-(1.3.5.7.9) 1706.
Drepper (K.) s. Brüggemann (J.).
Drerup (E.) s. Farbwerke Hoechst Akt.-Ges., vormals Meister Lucius & Brüning.
Drescher (H.) s. Riemschneider (R.).
Drescher (Heinz), Spasmolyticum Avacan in d. Geburtshilfe 4878.
Drescher (J.), Isolier. d. follikelstimulierenden Verb. aus d. Choriongonadotropin 2706.
Dresden (M.), Verh. v. Positronen in Supraleitern 7151. — Best. d. Lebensdauer v. Positronen in Supraleitern 10680.
Dresel (E. I. B.), Instabilität v. Adeninnucleotiden v. Vogelleberpräpp. 6535.
— u. **Falk (J. E.),** Biosynth. v. Blutfarbstoffen. 1. Mitt. Hämsynth. in hämolysierten Hühnererythrocyten 621.
— u. **Tooth (B. E.),** Löslichk. v. Uroporphyrin I in Äthylacetat 6487.
Dresel (P. E.), Underwood (Elizabeth E.) u. **Richardson (A. P.),** Beziehh. zwischen Plasmaspiegel u. Wrkg. v. Mephenesin u. seinem Carbaminsäureester auf d. Zentralnervensyst. 4399.
Dresner (E.), Schädlingsbekämpfungsmittel 3235* Schwz.
Dresner (J.), Spektrale Energieverteil. v. *2* MeV-Röntgenstrahlen 5956.
Dressel (W.) s. Deutsche Solvay-Werke G. m. b. H.
Dresselhaus (G.) s. Dexter (R. N.); Kip (A. F.).
—, **Kip (A. F.)** u. **Kittel (C.),** Spin-Bahn-Wechselwrkg. u. d. effektiven MM. d. Löcher in Ge 5483.
Dresser (H. A.) s. Zonolite Co.
Dresser Operations, Inc. u. **Reeder (W. H.),** Oxydat. aromat. KW-stoffe zu Phenolen 1372* A.
Dressler (A.) s. „Vivadent“ Dental-Präparate A. Dressler.
Dressler (R. C.) s. Spearin (W. E.).
Dressler (S. H.) s. Oestreicher (R.).
Dreux (J.) s. Colonge (J.).
Drevon (B.), „Beweglichk.“ u. „Lage“ v. Proteinen im Verlauf d. Papierelektrophorese Graph. Interpretat. d. Elektrophoresediagramme 177. — Weiterentw. d. Papierelektrophorese v. Serumproteinen. Entfärb. d. Banden durch Extrakt. nach Kumagawa 9162. — s. Cier (A.).
Drew (C. M.) s. Ernsberger (F. M.).
Drew (E. F.) & Co., Inc., Weichmacher 2546* E. — Reinig. v. in W. unlösl., ketonhalt. Fettsäuren 4485* Oe. — Speisefett 8286* E. — Neutrale Glycerinester als Speisefette 10159* E. — Hartfett 10649* F., Schwed. — Raffinieren v. Fettsäureglycerin- o. -polyglykolestern 11117* E.
—, **Barsky (G.)** u. **Zinzalian (G.),** Triglyceride 6164* A. — Gehärtete Speisefette 7344* F.
—, **Corso (J. V.)** u. **Ulmer (R. E.),** p_H-Indicator 2267* A.
—, **Kamlet (J.)** u. **Valko (E. I.),** Antischaummittel 5392* A.

Drew (E. F.) & Co., Inc., Ulmer (R. C.) u. **Ulrich jr. (J. A.)**, Verhinder. v. Korros. u. Kesselstein 7291* A.
— u. **Valko (E. J.)**, Mürbungsmittel für Backzwecke 4234* A.
—, **Weil (L. L.)** u. **Tusa (P.)**, Reinig. v. Mischestern 11685* A.
Drew (R. D.) s. Payne (J. W.); Socony-Vacuum Oil Co., Inc.
Dreweny (R.), Durchstichfläschchen für Injektionslsgg. in d. Humanpraxis 2723. — Lokalanästhetica d. Zahnheilkunde, Herst. u. Wrkg. 11250.
Drewitt (J. G. N.) s. British Celanese Ltd.; Celanese Corp. of America.
Drews (B.), Just (F.) u. **Weinhold (G.)**, N-halt. Ausscheidungsprodd. wachsender Hefe 10056.
—, **Specht (H.)** u. **Olbrich (H.)**, Amyloglucosidase d. Schimmelpilzes Aspergillus oryzae 1532.
—, **Specht (H.)** u. **Rothenbach (E.)**, Amylolyt. Aktivität v. Aspergillus niger bei submerser Züchtung in verschied. Schlempen 7469.
Drews (E.), Nachw. v. organ. Säuren u. Konservierungsmitteln mit Hilfe d. Papierchromatographie 242. — Quantitative Bromat- u. Persulfatbest. in Mehlen 7109.
Drews (L.), Lokalantibioticum zur Behandl. dermatolog. Affektt. 6560.
Drexler (F.) s. Badische Anilin- & Soda-Fabrik Akt.-Ges.
Dreyer (K.-L.) s. Dahl (O.).
Dreyer (W. J.) u. **Neurath (H.)**, Aktivier. v. Chymotrypsinogen 7700.
Dreyfus (B.) u. **Dautreppe (D.)**, Veränder. v. Raman-Frequenzen mit d. Temp. u. Quadrupolresonanz 5983.
Dreyfus (C.), Finlayson (D.) u. **Hill (F. B.)**, Gestreckte Kunstgarne 2810* Can.
— u. **Fisher (J. W.)**, Cellulosederivv. 3279* Can.
—, **Hunter (W.)** u. **Smith (G. E.)**, Crotonsäureanhydrid 9443* Can.
— u. **McFarlane (S. B.)**, Niedermol. gesätt. aliphat. Säureanhydride 3731* Can.
—, **Olpin (H. C.), Miller (William B.)** u. **Wright (J.)**, Oleoylaminoazofarbstoffe 3974* Can.
—, **Seymour (G. W.), White (B. B.)** u. **Bellucci (A. J.)**, Stabile, gereifte organ. Celluloseester 3518* Can.
Dreyfus (H.) s. Canadian Celanese Ltd.
Dreyfus (J.-C.) s. Schapira (G.).
—, **Schapira (G.)** u. **Schapira (F.)**, Biochem. Unterss. an Muskeln v. Patienten mit progressiver Muskeldystrophie 5355.
Dreyfuss (P. D.) s. Gaspar (B.).
Drèze (A.), Moore (S.) u. **Bigwood (E. J.)**, Entsalz. v. Aminosäure-Lsgg. durch Ionenaustausch 10587.
Driak (F.) u. **Keresztesi (K.)**, Wrkg. v. Sulforicinoleaten auf d. Mundschleimhaut 2251.
Drickamer (H. G.) s. Caskey (F. E.); Emery jr. (A. H.); Koeller (R. C.); Liu (T.); Rutherford (W. M.); Saxton (R. L.).
—, **Timmerhaus (K. D.)** u. **Tung (L. H.)**, Scintillationszähler für laufende Analysen unter hohem Druck 5473.
Driessche (R. van den), Draps (H.), Schoysman (R.) u. **Riva (G.)**, Chlorpromazin in d. analget. Geburtshilfe; experimentelle u. klin. Unterss. 9136.
Driggers (J. C.) s. Shirley (R. L.).
Drijfhout (E.) s. Os (F. H. L. van).
Drijvers (L.), Färben v. Textilfasern bei hoher Temp. 1145. — Färben v. Textilfasern unter stat. Druck 3009. — Integrationsfärbemeth. bei hoher Temp. 4939. — Anwend. einer Integrationsmeth. in d. Cellulosefärberei mit hohen Tempp. 6625.
Drilhon (A.), Elektrophoret. Unterss. d. Proteine d. Hämolymphe v. Bombyx mori im Verlauf d. Entw. 4871.
— u. **Vago (C.)**, Veränderr. d. chromatograph. Bildes d. freien Aminosäuren u. fluorescierenden Substanzen in d. Hämolymphe v. Bombyx mori L. als Folge mikrobieller Paralyse 3182.
Drill (V. A.) s. McCormick (H. M.).
Drimus (R.) s. Valeanu (L.); Zahariadi (C.).
Drinberg (A. J.) u. **Demtschenko (N. S.)**, Umwandll. v. gesätt. Polymeren mit Kohlenstoffkette. 3. Mitt. Umwandl. v. Polymethylen in ein dreidimensionales Polymeres 6298.
— u. **Jakowlew (A. D.)**, Umwandll. v. gesätt. Polymeren mit Kohlenstoffketten. 5. Mitt. Umwandl. v. Polybutylmethacrylat in ein dreidimensionales Polymeres 8400.
— u. **Tscherwinskaja (N.)**, Isomere Umwandll. bei d. Polymerisat. v. Ölen u. ihre Unters. nach d. Meth. d. Spektralanalyse. 12. Mitt. Polymerisat. u. Trockn. v. Ölen u. Fettsäureestern 9931.
Drinkard (R. D.) s. Pfizer (C.) & Co., Inc.
Drinker (P.) u. **Hatch (T. F.)**, Industrial dust; hygienic significance measurement and control [4181].
Drion (E. F.) s. Mossel (D. A. A.).
Dripps (R. D.) s. Eckenhoff (J. E.).
Drisch (N.) s. Textile and Chemical Research Co. Ltd.
Driscoll (C. A.) s. Wright (L. D.).
Drisko (R. M.), Winkelabhängigk. d. Vernichtungsquanten aus d. magnet. Unterniveaus d. Triplett-Positroniums 4026.
Driver (C. M.) s. Allison (R. M.).
Driver (J. E.) u. **Sousa (J. B.)**, Triphenylmethanderivv. durch Kondensatt. v. Phenolen mit Oxybenzaldehyden 1954.
Driver (W. B.) Co. u. **Allen (V. O.)**, Widerstandsmaterial 7286* A.
Drndarski (K.), Resistenz v. Staphylococcus aureus gegen Antibiotica 5342.
Drögsler (K.), Nährpräpp. für d. Säuglings- u. Krankenernähr. 11302* Oe.
Drössler (H.-G.) s. Theilacker (W.).
Drommond (F. G.) u. **Kay (H. G. De)**, Frische Fruchtsirupe u. Elixiere als Vehikel 11630.
Dron (D. W.) s. Laval (De) Separator Co.
Dronfield (E.) s. Imperial Chemical Industries Ltd.
Dropkin (J. J.) s. Watson (W. R.).
— u. **Orgel (S.)**, Wechselstromphotoleitfähigk. in Phosphoren 2602.
Drosdoff (M.) s. Gilbert (S. G.); Nearpass (C.).
—, **Kilby (W. W.)** u. **Potter (G. F.)**, Rk. v. Tungbäumen auf P u. a. Elemente auf sehr feinem sand. Lehm v. Savannah 5877.
Drosdow (N.) u. **Januschkin (N.)**, Best. d. Feuchtigkeitsmenge, die d. Fleisch beim Kochen verliert 6417. — Einfl. d. Gefriertemp. auf d. Eigg. d. aufgetauten Fleisches 6875.
— u. **Shurawskaja (N.)**, Best. d. Milchsäuregeh. im Fleisch 8521.

Drosdow (N. A.) u. **Schtscherbakow (J. N.)**, Bearbeit. v. Flachssamen mit Kupfervitriol 11277.
Drosdowa (T. W.), Chromatograph. Unters. d. Fulvosäuren 9344.
Drosdowski (B. A.) s. Fridman (J. B.).
Drosin (N. N.), Berechn. d. Entropie anorgan. Verbb. 1212.
Drost-Hansen (W.) s. Workman (E. J.).
— u. **Workman (E. J.)**, Theorie d. Volumengleichricht. in Eis 8315.
Drougard (M. E.), **Funk (H. L.)** u. **Young (D. R.)**, DK. u. Verlustmessungen an Bariumtitanat-Einkristallen während d. Durchgangs durch d. Hysteresisschleife 7612.
— u. **Young (D. R.)**, Verh. d. DKK. v. Eindomäneneinkristallen v. Bariumtitanat in d. Nähe d. Curie-Punktes 5960.
Drouhet (E.), Behandl. mykot. Infektt. durch Candida albicans mit einem neuen fungiciden Antibioticum: Nystatin 9611.
Drouin (M.) s. Dumont (L.).
Drouineau (G.), **Lefevre (G.)** u. **Blanc-Aicard (D.)**, Verteil. v. Mineralstickstoff im Sommer bei mittelländ. Klima 11073.
— u. **Mazoyer (R.)**, Giftigk. d. Cu u. Bodenentw. unter d. Einfl. v. antiparasit. Mitteln 10360.
Drout jr. (W. M.) s. Standard Oil Development Co.
Drovanti (S.), **Cei (C.)** u. **Strada (C.)**, Diuret. Wrkg. d. Rauwolfia Serpentina 4879.
Druaux (J.) s. Bernas (R.).
Druce (S.), Best. v. Glycerinspuren in Ggw. v. Zuckern 888.
Drucker (C.), Gasreib. u. Adsorpt. 4529.
Drucker (D. C.) s. White jr. (G. N.).
Druckrey (H.), Möglichkk. u. Grenzen d. Therapie d. Krebses v. Standpunkt d. experimentellen Forsch. 5566.
—, **Danneberg (P.)** u. **Schmähl (D.)**, Mitosegiftwrkg. v. Östrogenen 839.
Drüke (O.) s. Grießmann.
Druey (J.) s. Ciba Akt.-Ges.; Eichenberger (K.); Meier (Kd.).
—, **Hüni (A.)**, **Meier (Kd.)**, **Ringier (B. H.)** u. **Staehelin (A.)**, Heilmittelchem. Studien in d. heterocycl. Reihe. 6. Mitt. Pyridazine. 3. Mitt. Derivv. d. cycl. Maleinsäure- u. Citraconsäurephenylhydrazids 101.
Drug Research, Inc., Abtrenn. v. Desoxycholsäure aus Gallensäuregemischen 2729* Schwz.
Drukalsky (A.) s. Kedesdy (H.).
Drumm (M. F.) s. Monsanto Chemical Co.
Drummond (A. Y.) u. **Waters (W. A.)**, Stufen bei Oxydatt. organ. Verbb. durch $KMnO_4$. 4. Mitt. Oxydat. v. Malonsäure u. ihrer Analogen 9290.
Drummond (G.) s. Barrow (R. F.).
Drummond (J. A.) s. Baxter (H.).
Drummond (R. M.), Verringer. v. Papier- u. Zellstoffabwässern durch Betriebsverbesserr. 482.
Drummond (W. E.) u. **Gardner (C. S.)**, Punktquellenzentralkern für Diffus. mit Kleinwinkelstreuung 7362.
Drury (D. R.) u. **Wick (A. N.)**, Stoffwechsel v. Mannose durch außerhalb d. Leber befindl. Gewebe 2714.
Drus (W. A.) s. Ssokolski (D. W.).
Drushinin (W. W.) u. **Januss (R. I.)**, Anisotropie d. Koerzitivkraft in Einkristallen einer Fe–Si-Legier. 5248.
Drustrup (T. G.) s. Pfizer (C.) & Co., Inc.
Druyvesteyn (M. J.) u. **Laer (K. J. B. van)**, Thermokraft v. kaltverformtem Cu bei tiefer Temp. 2601.
Dry (L. J.), **Koekemoer (M. J.)** u. **Warren (F. L.)**, Senecioalkaloide. 10. Mitt. Struktur v. Rosmarinecin u. Synth. aus Retronecin 6522.
— u. **Warren (F. L.)**, Synth. v. (±)-erythro-α-Oxy-β-methoxybuttersäure 562. — Senecioalkaloide. 12. Mitt. Synth. v. (±)-erythro-3-Oxy-2-methoxy-4-methylpentan-3-carbonsäure 6523.
Dryden (J. G. C.) s. C. U. R. A. Patents Ltd.
Dryden (J. S.), Dipolorientier. in Hydrochinon-Clathrat-Verbb. 51.
Dryden (M. R.) s. Snyder (C. F.).
Drysdale (J. J.) u. **Marvel (C. S.)**, Vernetzung bei d. Emulsionspolymerisat. v. Butadien 4366.
Dryselius (E.) s. Richtzenhain (H.).
Dsbanowskaja (I. E.), Neue Meth. zur schnellen Best. d. Schmelztemp. organ. Arzneimittel u. ihrer Mischungen 9851.
Dsbanowski (N. A.) s. Terentjew (A. P.).
—, **Marotschko (S. W.)** u. **Kosst (A. N.)**, Dimethylaminomethylier. v. β-Naphthol 2666.
Dsetzina (A. W.) s. Manson (W. D.).
Dshaparidse (P. N.) s. Tawadse (F. N.).
— u. **Drakin (L. A.)**, Fossile Harze aus Tkibulsk-Kohlen 224.
Dshawadjan (N. S.), Hämostat. Effekt v. Schmerzreiz u. Adrenalin 4870.
Dshelepow (B. S.), Ähnl. Zustände isobarer Kerne 3301. — Rolle d. Mehrfachstreuung d. Elektronen bei d. verschied. Methoden d. γ-Spektroskopie 10184. — Isobare Spins u. korrespondierende Zustände v. Atomkernen 10911. — s. Antonjewa (N. M.); Baschilow (A. A.).
—, **Nowossilzewa (N. D.)** u. **Tischkin (P. A.)**, Erzeug. v. ^{186}Re beim Beschuß v. W mit langsamen Neutronen 5471.
—, **Shukowski (N. N.)** u. **Cholnow (J. W.)**, Rhytron-γ-Spektrometer unter Ausnutz. d. Compton-Streuung 10915.
—, **Shukowski (N. N.)**, **Karamjan (A. S.)** u. **Schesstopalowa (S. A.)**, γ-Spektrometer mit verbesserter Fokussierung 3306.
—, **Shukowski (N. N.)**, **Prichodzewa (W. P.)** u. **Cholnow (J. W.)**, γ-Strahl. v. ^{64}Cu 3302.
Dshelepow (W. P.), **Golowin (B. M.)** u. **Ssatarow (W. I.)**, Elast. Streuung v. Neutronen durch Neutronen bei d. Energie v. 300 MeV 9952.
— u. **Kasarinow (J. M.)**, Elast. Streuung v. 380 MeV-Neutronen durch Protonen 9952.
Dshelomanowa (S. K.) s. Dionissjew (D. J.).
Dsissko (W. A.) s. Boresskow (G. K.).
— u. **Krassnopolskaja (W. N.)**, Einfl. d. chem. Natur d. Adsorbenten auf d. Adsorpt. v. Methylalkohol 9033.
Dsjuba (N. P.) s. Schkodin (A. M.).
Duane (M. D.) s. Titan Co., Inc.
Dube (G. P.) s. Jha (S.).
— u. **Singh (L. S.)**, Halbempir. Massenformel u. α-Zerfallsenergie im Bereich schwerer u. mittelschwerer Kerne 5949.
Dube (J. B.), Leichter Zuschlagstoff für Mörtelmischungen 1591* A.
Dubeau (A. L.) s. Soc. d'Électro-Chimie, d'Électro-Métallurgie et

de Aciéries Électriques d'Ugine.
Dubenskaja (J. A.) s. Nowosselowa (A. W.).
Dubert (J.-M.), Gros (P.), Coursaget (J.) u. **Machebœuf (M.)**, Verschied. Antikörperunterss. mit Kohlenstoffisotopen d. Atommasse *13* u. *14* 3652.
Dubiel jr. (S. V.) u. **Zuffanti (S.)**, Nitroderivv. d. Phloroglucins 338.
Dubien (M.) s. Soc. Centrale de Recherches et d'Applications Techniques, Soc. à r. l.
Dubilier (W.), Entw. d. Kaltdruckschweißens u. ihre erweiterte Anwend. 7772.
Dubilier Condenser Co. (1925) Ltd. s. Steatite & Porcelain Products Ltd.
Dubin (A.) s. Bronsky (D.).
Dubin (F. M.) s. Odessky (L.).
Dubinewitsch (B. N.), Buchweizenbeizung mit Granosan vor d. Aussaat 7764.
Dubinin (G. N.) s. Chruschtschow (M. M.).
Dubinin (G. W.) s. Anfinnikow (M. A.).
Dubinin (M. M.), Porenstruktur akt. Kohlen nach komplexen Methoden 11517. — Poröse Struktur d. Adsorbenten 11517.
— u. **Sawerina (J. D.)**, Sorpt. v. Wasserdämpfen durch akt. Kohlen 8323.
Dubinina (N. O.) s. Gerbgardt (O. G.).
Dubio (A. J.), Kupolofenschmelzen für Werkzeugmaschinengußstücke u. ihre Überwach. 7068.
Duboc (C. A.), Nichtlinearität in photoleitenden Phosphoren 11156.
Dubois (C.) s. Mischonsnikу (S.).
Dubois (Edith) s. Mastagli (P.).
Dubois (Ernest), Kompensations-Spiralfeder 7542* A.
Dubois (E. L.), Quinacrine (Atabrine) in d. Behandl. v. system. u. discoidem Lupus erythematodes 2475.
Dubois (J.), Ergebnisse d. Unters. d. Erschein. d. „Erdschattens". Anwend. auf d. Mengenverhältnis u. d. Best. d. vertikalen Verteil. d. atmosphär. O_3 978.
Dubois (J. E.), Mechanismus v. Oxycarbonylierungs-Rkk.; Rolle d. Kondensationsmittels u. Einfl. v. strukturellen Effekten 9769. — s. Ashworth (M. R. F.); Maroni (P.); Maroni-Barnaud (Y.).
— u. **Luft (Robert)**, Einfl. d. Konz. d. bas. Katalysators bei d. Kondensat. v. Ketonen mit Aldehyden zu gemischten Ketolen 5995. — Gemischte Kondensationen v. Acetaldehyd mit 4-Methylpentanon-(2) u. 4.4-Dimethylpentanon-(2) 9069. — Kondensat. v. Aldehyden u. Ketonen. 3. Mitt. Kondensat. v. 4-Methylpentanon-(2) mit Propanal u. Butanal durch bas. Katalyse 10245. — Mischkondensat. v. Aldehyden u. Ketonen. 4. Mitt. Kondensat. v. echten aliphat. Aldehyden mit Pentanon-(3) in bas. Milieu 10245.
Dubois (K. P.) s. Uyeki (E. M.).
Dubois (M.) u. **Foch (M. A.)**, Gasstrahlen, d. gegen Schall- u. Ultraschallwellen empfindlich sind 3078.
Dubois (P.) u. **Le Bris (C.)**, Heterogenität v. Kunststoffen gemäß d. D.-Best. nach d. Schwebemeth. 3018.
Dubois-Prévost (R. E. L.) s. Soc. An. C. Gervais.
— u. **Soc. An. C. Gervais**, In W. lösl. Milchpräp. 8284* Schwz.
Dubois-Verlière s. Pierre-Bourgeois.
Dubos (R. J.), Biochemical determinants of microbial diseases [382]. — Wrkg. v. Ketonkörpern u. a. Stoffwechselprodd. auf d. Überleben u. d. Vermehr. v. Staphylokokken u. Tuberkelbacillen 613. — Einfl. d. Zus. v. gasförm. u. wss. Umgeb. auf d. Überleben d. Tuberkelbacillus in vitro 7703.
Dubost (P.) u. **Pascal (S.)**, Best. d. Largactil in biol. Fll.; Unters. über d. Passage im tier. Organismus 1553.
Dubost (S.) s. Wolff (R.).
Duboucher (G.) s. Jourdan (J.).
Dubouloz (J.) u. **Dumas (J.)**, Histochem. Unters. d. durch Röntgenbestrahl. d. Haut gebildeten Lipoidperoxyde 4874.
Dubouloz (P.) u. **Marville (R.)**, Vork. Fettperoxyde zerstörender Substanzen in grünen Blättern 8411.
— u. **Rinaldi (R.)**, Opt. Unters. v. durch einen absorbierenden organ. Körper gebildeten monomol. Schichten 5808.
Dubowenko (L. I.) s. Babko (A. K.).
Dubowski (K. M.), Wiedergewinn. v. verschüttetem Hg 6346.
Dubravčić (M.), Best. v. J in Kochsalz durch katalyt. Red. v. Cer-Ionen 6579.
Dubrisay (M. R.), Physikal.-chem. Studien über d. Alter. v. Bitumen in Abdichtt. u. Dacheindeckungen 725.
Dubrisay (R.), Fraktionier. durch Zerschäumen v. Lsgg. 991. — s. Colange (G.).
Dubrow (B.), Kalibrier. d. nach d. Prinzip d. Luftpermeabilität arbeitenden Teilchengrößenbestimmungsapparate 1804.
Dubrowa (J. W.) s. Batujew (M. I.).
Dubrowo (S. K.) s. Katschalow (N. N.).
— u. **Schmidt (J. A.)**, Umsetzungen v. glasförm. Natriumsilicaten u. Natriumalumosilicaten mit wss. Lsgg. 1. Mitt. Umsetz. v. glasförm. Natriumsilicaten mit W. u. HCl-Lsgg. 3329. — Chem. Festigk. glasart. Silicate u. Aluminiumsilicate d. Na 8942.
Dubrowskaja (I. I.), Vergleichende chem. Unters. d. antigenen Brucellenkomplexe verschied. Typen 6777.
Dubrowski (S. M.) s. Wassenko (J. N.).
Dubrowski (W. A.) s. Bondarew (K. T.); Minakow (A. G.).
Dubský (J.), Doppelgas als Spitzenquelle in d. Gasindustrie 11310.
Dubuit (L.), Verzier. keram. Gegenstände nach d. Seidensiebdruckverf. 6107.
Duca (A.) s. Ripan (R.).
Ducas (L.), Waschen v. Rohwolle 5455.
Ducay (E. D.) s. MacDonnell (L. R.).
Ducet (G.) s. Coppenet (M.).
— u. **Rosenberg (A. J.)**, Atmungsaktivität d. höheren Pflanzen. 7. Mitt. Durch CO hervorgerufene aerobe Glykolyse 5095.
Duch (M.), Wolcrylon-Faser 10164.
Duchange (C. M.), Ungefärbter Lack 10869* F.
Duchange (G.), Schnelltrocknende Lacke 3497* F. — Bauelemente aus wasserabstoßend imprägnierten MM. 8945* F.
Duchanin (W. A.) s. Schirokow (A. G.).
Duchâteau (G.) u. **Florkin (M.)**, Freie u. Nichtprotein-gebundene Aminosäuren im Blutplasma u. gestreiften Muskel v. Kaninchen u. Hahn 384. — Zustand d. Nichtprotein-aminosäuren im Plasma d. Hämolymphe v. Schmetterlingspuppen 388.
Duchaufour (P.), Fraktionier. d. verschied. Huminkomplexe in d. Böden 2519.
Duchemin (M.) s. Barthe (R.).

Duchene (J. L.), Bronzelagerlegierr. 9656.
Ducher (S.) s. Rambaud (R.).
Duchesne (J.), Elektronenabsorptionsspektr. u. Mol.-Schwingungen d. Thiophosgens 4786. — Analyse u. Theorie d. Elektronenspektr. d. Thiophosgenmol. im Sichtbaren 5744. — s. Monfils (A.).
— u. **Monfils (A.)**, Reines Quadrupolspektr. v. festem Hexachlorbenzol u. seine Deutung 2859. — Kernquadrupolresonanz u. Struktur d. Moll. im festen Zustand 7609.
Duchesne (M.) s. Lallemand (A.).
Duchnjakowa (S. U.) s. Durdin (J. W.).
Duchowny (A. I.), Vorbereit. v. Weinbrandsprit für d. Analyse 3269. — Genaue Methoden zur Analyse v. Weinbrandprodd. 8517.
Ducksworth (W. E.) s. Forrester (P. G.).
Duckworth (A.) s. Sager (W. F.).
Duckworth (H. E.) s. Hogg (B. G.).
—, **Hogg (B. G.)** u. **Pennington (E. M.)**, Massenspektroskop. atomare Massendifferenzen 11146.
Duckworth (J.), Antibiotica in d. Schweinefütter. 2468. — Nährwert v. Cerealien beeinflussende Faktoren 7338. — s. Carpenter (K. J.).
Duckworth (W.) s. Ryshkewitch (E.).
Duckworth (W. H.) s. Baroody (E. M.).
Duclaux (J.), Gastheorie u. Zustandsgleichung. 9. Mitt. 7384. — Zustandsgleichungen v. van der Waals-Typ 9262.
Ducommon (M.) s. Frommel (E.).
Ducommum (P.) u. **Ducommum (S.)**, Hemmende Wrkg. v. hypophysärem Somatotrophin auf d. durch Cortisonüberdosier. begünstigten Infektt. 1308.
Ducommum (S.) s. Ducommum (P.).
Ductube Co. Ltd., Aufblasbare Rohrkerne aus Kautschukeinlage 1398* Dän.
Ducuing (L.), Gegenwärtiger Stand d. Frage d. Geruchsinns 4472.
Duda (H.) s. Kuntze (K.).
Duda (S.) s. Buckwalter (F. H.).
Dudal (R.), Morpholog. u. genet. Unters. einer Sequenz v. Böden im Lößlehmgebiet 9419.
Dudarew (J. I.) s. Markowa (S. S.).
Dudarew (K. N.), Präp. SK–9 407.
Duddy (J. C.) s. Electric Storage Battery Co.
Dudek (B.) s. Brokman (H.).
Dudenbostel jr. (B. F.) u. **Priestley jr. (W.)**, Automat. massenspektrometr. Analyse 10581.
Dudgeon (M. J.), **Thomas (R. S.)** u. **Woodward (F. N.)**, Darst. u. Eigg. anorgan. Alginatfasern 8528.
Dudkin (M. S.), Zersetzungskinetik v. Derivv. d. Acetylendicarbonsäure 6717.
Dudkina (M. I.) s. Blagman (G. F.).
Dudley (H. C.) s. Mulry (W. C.).
Dudley (H. R.), **Ritchie (A. C.)**, **Schilling (A.)** u. **Baker (W. H.)**, Patholog. Veränderr. im Zusammenhang mit d. Anwend. v. Natriumäthylendiamintetraacetat bei d. Behandl. v. Hypercalcämie 8440.
Dudley (J. D.) u. **Class (C. M.)**, Messung d. Wirkungsquerschnittes v. ^{14}N(n, 2n)^{13}N mit *14* MeV-Neutronen 7364.
Dudley (J. M.) s. Kenney (R. W.).
Dudley (J. R.) s. American Cyanamid Co.
Dudley (R. A.), Photograph. Nachw. u. Dosimetrie v. β-Strahlen 7370.
Dudley (W. E.), Red. v. Eisenerzen 3480* A.
Dudman (W. F.) s. Wilkinson (J. F.).
Dudziak (W. F.), Erzeug. geladener Pionen aus C durch Protonen 6443. — s. Sagane (R.).
— u. **Sagane (R.)**, Abhängigk. d. relativen Querschnitts für d. Erzeug. energiearmer $\pi\pm$ v. d. Ordnungs- u. Neutronenzahl 7826.
Dudzinski (N.), Elastizitätsmodul, Poissonsche Zahl u. Steifigkeitsmodul einiger Al-Legierr. 2377.
Dürener Metallwerke Akt.-Ges., Verbesser. d. Verformbark. v. Nieten aus aushärtbaren Al–Cu–Mg-Legierr. 453* D. B.
—, **Rajakovics (E. v.)** u. **Blohm**, Erhöh. d. Schlagbarkeitsdauer v. Nieten 452* D. B.
—, **Teubler (A.)** u. **Rajakovics (E. v.)**, Verbesser. d. Verformbark. v. Halbzeugen aus veredelbaren Al–Cu–Mg-Legierr. 453* D. B.
Duerig (W. H.), Geschwindigk. d. Entsteh. v. Farbzentren in KCl u. KBr infolge Röntgenstrahleinw. bei *78° K* 2832.
Dürkes (K.), Elektrochem. Oxydat. v. o-Toluolsulfamid zu Benzoesäuresulfimid 1870* D. B. — s. Farbwerke Hoechst Akt.-Ges., vormals Meister Lucius & Brüning.
Dürr (H.) s. Bredereck (H.).
Duerr (H. H.) s. General Aniline & Film Corp.
Dürr (H. J. R.), Argentin. Spinne Iridomyrmex humilis (Mayr) 1824. — Parathionspritzrückstand in Äpfeln u. konservierten Pfirsichen 3468.
Dürr (W.) s. Schoeller & Hoesch.
Dürrwächter (W.) s. Badische Anilin- & Soda-Fabrik Akt.-Ges.
Dürst (A.) s. Flügel (W.).
Duesberg (G.), Oberflächenveränder. keram. Formlinge 5155* D. B.
Duesel (B. F.) u. **Fand (T. I.)**, Cholintheophyllinat, ein neues, stabiles Theophyllinderiv. vergrößerter Löslichk. 1322.
Düsing (J.) s. Esselmann (P.).
Düssler (A.) s. Sauer (Heinrich).
Duewell (H.), Xanthorrhoea-Harze. 1. Mitt. Isolier. v. Chrysophansäure (1.8-Dioxy-3-methylanthrachinon) u. v. 2′.4-Dioxy-4′-methoxychalkon 10388.
Dufay (J.) u. **Tcheng (Mao-Lin)**, Höhe d. Emiss. d. grünen Strahl. d. Nachthimmels 9021.
Dufay (M.), Radioelektr. Emissionen galakt. oder außergalakt. Ursprungs 12.
Duff (B. S.), Wirtschaftlichk. d. NH$_3$-Herst. aus verschied. Rohmaterialien 11655.
Duff (D. J.) s. Arshid (F. M.).
Duff (G. L.) s. McMillan (G. C.).
Duff (I. F.) s. Gamble (J. R.).
Duff (J. I.) s. Barnes (J. M.).
Duff (S. R.) s. Cocker (W.).
Duffaut (N.), Contribution à l'étude de l'hydrolyse des corps gras, action catalytique de la silice hydratée [1407].
Duffield (F. L.), Umwandl. v. sulfid. Cu-Erzen zu Rohkupfer 2997* E.
Duffield (R. B.) s. Gindler (J.); Huizenga (J. R.); Sugarman (N.).
— u. **Sugarman (N.)**, Zertrümmer. schwerer Elemente durch *2,2* GeV-Protonen 11149.
Duffield (W. D.) s. Buckett (J.).
Duffin (G. F.) s. Ilford Ltd.
— u. **Kendall (J. D.)**, Rk. v. Diazoniumsalzen mit 1-Aryl-Δ^2-pyrazolinen 10017.
Duffus (H. J.) s. Cooke (A. H.).
Duffus (R. J.) s. Bleaney (B.).
Duffy jr. (B. J.), **Wheeler (T. E.)**, **Novak (P. J.)** u. **Edwards (H. N.)**, Vgl. v. Schilddrüsenfunktionstesten 1078.

Duflos (J.), Richtlinien u. Anregungen für d. Herst. v. Glasfaserschichtstoffen im Niederdruckverf. 7329.
Duflos (M.), Glasgewebe im Dienste d. Kunststoffe 10390.
Duflot (J.) u. **Chaudron (G.),** Einfl. d. Deformat. auf d. Fähigk. d. Belad. v. Fe mit kathod. H durch d. Piobertschen Linien 2377.
Dufour (J.) u. **Bistos (A.),** Raffinat. v. Nichteisenmetallen oder ihren Legierr. mittels wss. Lsgg. mit oder ohne Elektrolyse, bes. zum Entfernen v. Pb aus Cu-Legierr. 682* F. — Entfern. v. Pb u. a. Verunreinigg. aus d. Schmelze bereits vorher raffinierten Cu u. v. Bronze 4206* F. — Teilweise Entfern. v. Pb aus Cu oder Bronze während u. nach d. Schmelzen mittels nascierendem oder verteiltem CuO als Rk.-Mittel 4206* F.
Dufour (L.) [Madison], **Niedermeier (R. P.), Zehner (C. E.)** u. **Crowley (J. W.),** SO_2 als Präservierungsmittel für Hülsenfruchtsilage mit hohem Feuchtigkeitsgeh. 242.
Dufour (L.) [Uccle], Verdampfungswärme eines in d. Atmosphäre suspendierten Lösungströpfchens 2154.
Dufraisse (C.) u. **Bouteron (A.),** Derivv. v. Phenyläthinyloxanthron 3131.
— u. **Étienne (André),** Oxycarbonylier. u. Naphthacensynthesen 8843.
—, **Étienne (André)** u. **Bourdon (J.),** Synth. u. Eigg. v. Ketochloriderivv. d. Mesodiphenylanthracene 8615. — Polyphenole, Fuchsone u. o-Chinone in d. meso-Diphenylanthracenreihe 8841.
—, **Étienne (André)** u. **Pradenne (H. V. de),** peri-Diaminonaphthacen 3133.
—, **Étienne (André)** u. **Rütimeyer (B.),** meso-Aminonaphthacen, Konst. u. Derivv. 7902.
—, **Étienne (André)** u. **Salmon (Jean),** Mechanismus d. Verschieb. v. Chloratomen aus d. Mesostell. in d. Benzostell. bei Anthracenderivv. Verschieb. in *1* (Umlager. v. J. Robert), Verschieb. in *2* (Umlager. v. E. Bergmann) 781.
—, **Étienne (André)** u. **Vallette (P.),** Phenyl-bis-indenylidenderivv. 6743.
Duftschmid (F.) s. Badische Anilin- & Soda-Fabrik Akt.-Ges.
Dugal (L.-P.) u. **Thérien (M.),** Wrkg. v. Ascorbinsäure auf d. Gewicht d. Nebennieren v. n. u. hypophysektomierten Ratten 9373.
Dugan (J. J.), Antibiotica in d. Apotheke 11044.
Duganowa (A. F.) s. Ţilitschenko (M. N.).
Dugas (C.) s. Aigrain (P.).
Dugdale (J. S.) s. Chester (P. F.); Morrison (J. A.).
Dugdale (R. A.), Färb. v. Diamanten durch Beschuß mit Neutronen u. Elektronen 4996.
Duggan (H. G.) u. **Landry (J. W.),** Ferngesteuerte Entnahme fl. Proben: vollständ. automat. Luftumwälzsyst. 10580.
Duggan (P. F.) s. Brady (T. G.).
Dugger jr. (W. M.) s. Gauch (H. G.).
Dugleux (P.) u. **Fréling (E.),** Spontane Entzünd. v. Pentan 4312.
Duguid (J. P.) s. Smith (I. W.).
—, **Smith (I. W.)** u. **Wilkinson (J. F.),** Volutinbldg. bei Bacterium aerogenes als Folge d. Entw. einer sauren Rk. 2700.
Duhamel (G.) s. Marchal (G.).
Duhamel (J.) u. **Herpe (D.),** Wert u. Eliminier. d. Summationsbilder in d. Röntgenographie 1131.
Duhamel (M. J.) u. **Laurent (P. A.),** Berichtig. eines Fehlers im Falle d. geradlin. Darst. gewisser Entmischungsisothermen 1224.
Duhamet (L.) s. Paris (D.).
Duiker (J. A.), Kunstmassenherst. aus Holzzuckerlignin 10638* D. B.
Duimio (F.), Gleich. für d. endl. Differenzen für d. klass. Elektron 3788. — s. Caldirola (P.).
Duin (C. F. van), Handleiding tot de practische en theoretische receptuur [646].
Duin (H. van), Verteilungschromatographie homologer Reihen. 4. Mitt. Verh. v. Silicagel als Stützsubstanz für d. bewegl. Phase 11430. — s. Kramer (P. J. G.).
Duin (R. H. A. van) u. **Vries (D. A. de),** Gerät zur registrierenden Mess. d. therm. Leitfähigk. u. Ergebnisse bei seiner Anwend. im Boden 674.
Duisberg (H.), Schnellbestimmungs-Meth. zur Ermittl. d. Wassergeh. v. Bonbonzuckermassen 5679.
Duisberg (P. C.), Beziehh. zwischen Xerophytismus u. d. Harz-, Nordihydroguajaretsäure- u. Proteingeh. v. Larrea divaricata Cav. 6544.
— u. **Buehrer (T. F.),** Wrkg. v. NH_3 u. seinen Oxydationsprodd. auf Nitrifikationsgeschwindigk. u. Pflanzenwachstum 4914.
Duisburger Kupferhütte, Eisenglimmerfarbe 2310* F. — Elektrolyt. Metallgewinn. mit Hg 5886* F.
—, **Schackmann (H.), Kayser (K.)** u. **Albrecht (Horst),** Abscheiden d. Fe-, Co- u. Zn-Geh. d. Laugen chlorierend gerösteter Kiesabbrände 7310* D. B.
Duke (F. R.) u. **Borchers (C. E.),** Kinetik d. Cer(IV)-chlorid-Rk.; Rk. Cer(IV)-Thallium(I) in Ggw. v. Chlorid 305.
— u. **Brown (L. M.),** Kristallkernbldg. aus übersätt. wss. Lsg.; Tetraphenylarsoniumperchlorat u. Nickelnioxim 2160.
— u. **Bulgrin (V. C.),** Kinetik d. Perjodatoxydat. v. Äthylenglykol u. eine Reihe methylierter Äthylenglykole 1241.
— u. **Freeland (M. Q.),** Säurekatalysierte Kondensat. v. tert. Alkoholen mit Benzaldehyd 9794.
— u. **Laity (R.),** Überführungszahlen in reinen geschmolzenen Salzen 2135. — Mess. v. Überführungszahlen in reinen geschmolzenen Salzen 10197.
— u. **Quinney (P. R.),** Kinetik d. Red. d. Perchlorations durch Ti(III) in verd. Lsgg. 4299.
Duke (J.) s. Taft (W. K.).
Duke (J. R. C.) s. Ayerst (E. M.).
Duke (N. G.) s. Brown (H. P.).
Dukler (A. E.) u. **Bergelin (O. P.),** Strömungscharakteristiken in fallenden Flüssigkeitsfilmen 4169.
Dulbecco (R.), Erzeug. v. Plaques in Einschichtgewebekulturen durch einzelne Teilchen eines tier. Virus 5343.
Dulin (C. I.) u. **Elton (G. A. H.),** Best. d. elektrokinet. Lad. u. d. Potentials nach d. Sedimentationsmeth. 7. Mitt. Si in einigen Lsgg., die mehrwert. Anionen enthalten 4529.
Dulis (E. J.) s. Smith (G. V.).
— u. **Smith (G. V.),** Ferritbldg. in Verb. mit Carbidausscheid. in nichtrostendem austenit. Stahl mit *18* % Cr u. *8* % Ni 6119. — Einfl. v. Al u. N_2 auf d. Graphitbldg. 6119. — Bldg. v. Nitriden auf Proben v. Stahl mit

18 % Cr u. *8* % Ni bei Zeitstandverss. an d. Atmosphäre 6119. — Unters. v. „Einschlüssen" in austenit. Nb-halt. Stahl mit *18* % Cr u. *8* % Ni (Marke *347*) 6119.
Dulis, Smith (G. V.) u. **Houston (E. G.)**, Zeitstand- u. Bruchfestigk. v. rostsicheren austenit. Cr–Ni-Stählen 6119.
Dull (C. E.), Modern physics [9011].
Dullien (F.), Raman-Spektroskopie u. ihre Bedeut. in d. Forsch. d. Mol.-Struktur 513.
Dullin (J.), Betrachtt. über d. Einbau v. Glas- u. Basaltfasern in Sonderpapieren 3517.
Dulmage (W. J.), Elementarzelle u. vorläufige Struktur v. Cellulosetriacetat 8879.
— u. **Lipscomb (W. N.)**, Kristallstruktur v. Cyanwasserstoff, HCN 1219. — Kristall- u. Mol.-Struktur v. Pentaboran 1220.
Dulou (R.) s. Centre National de la Recherche Scientifique; Dupont (G.); Soc. Organico.
Dulowa (W. I.) s. Udowenko (W. W.).
Dulucq (T.) u. **Lascombes (S.)**, Wrkg. v. Thorium X auf meristemat. Zellen. Lokalisat. durch Autohistoradiogramme 10766.
Dumanski (A. W.), **Demtschenko (P. A.)** u. **Demtschenko (L. G.)**, Hygroskop. Eigg. d. Ölkuchens 11708.
Dumas (I. C.), **Perthel jr. (R.)** u. **Silverstein (R. M.)**, Kopf u. Fraktionenverteiler für eine kleindimensionierte, sich drehende Bandsäule 6089.
Dumas (J.) s. Duboulоz (J.).
Dumbauld (G. K.) s. Morgan (B. E.).
Dumbleton (M. J.) s. Garlick (G. F. J.).
Dumitru (T. E.) s. Cragg (L. H.).
Dumm (M. E.), **Laken (B.)**, **Leslie (S. H.)** u. **Ralli (E. P.)**, Fraktionier. d. biol. Aktivitäten v. Pitressin 2229.
Dummett (G. A.), Azeotrope u. extraktive Dest. 1. Mitt. Grundlagen 6357.
Dumon (G.), **Taranger (J.)** u. **Chanas (P.)**, Fortlaufende Anwend. v. Isoniazid- u. Hyaluronidaseaerosolen bei schwersten Lungentuberkulosen 6796.
Dumont (C.) s. Boissier (J.).
Dumont (L.) u. **Drouin (M.)**, Histochem. Lokalisier. d. Acetylcholinesterase im Herzmuskel 3398.
Dumont (M.), Biochem. Schwangerschaftstest v. Richardson 1773.
Dumoulin (E. L.) s. Philippot (E.).
Dumoulin (L. J.) s. Soc. des Usines Chimiques Rhône-Poulenc.
Dunbar (D. N. F.) s. Reynolds (H. K.).
—, **Pixley (R. E.)**, **Wenzel (W. A.)** u. **Whaling (W.)**, *7,68* MeV-Zustand in ^{12}C 4752.
—, **Reynolds (H. K.)**, **Wenzel (W. A.)** u. **Whaling (W.)**, Bremsquerschnitt v. Gasen für Protonen u. Deuteronen 11489.
Dunbar (J. C.) u. **Mitchell (T. J.)**, Elektrodialyt. Entfern. v. anorgan. Material aus organ. Meeresprodd. 10401.
Dunbar (R. E.), Generalchemistry [6202].
Dunbar (S. R.) s. Anderson (E. A.).
Duncan (A. B. F.) s. Neuberger (D.); Nostrand (E. D.).
— u. **Pople (J. A.)**, Struktur einfacher Moll. mit einsamen Elektronenpaaren 10208.
Duncan (C. W.) s. Huffman (C. F.); Johnston (B. R.); Lassiter (C. A.); Sarkar (B. C. R.).
Duncan (D. W.) u. **Eustis (P.)**, Elektrolyt. Gewinn. v. Zn-Staub 5647* A.
Duncan (F. R.) s. Baker (P. S.).
Duncan (G. M.) s. Forbes (J. C.).
Duncan (George M.), Bieranalysen u. Wichtigk. v. Wasseranalysen 8756.
Duncan (G. W.) s. Standard Oil Development Co.
Duncan (J. A. B.) s. Steuart (D. W.).
Duncan (J. E.) s. Pittsburgh Plate Glass Co.
Duncan (J. F.) u. **Warren (D. T.)**, Hochvakuumanwendd. v. Polythen 2261. — Drehkammern für Vakuum-Rkk. 3218.
Duncan (J. J.) s. Kosolapoff (G. M.).
Duncan (L. K.) s. Rowley (H. H.).
Duncan (R. E. B.) u. **Porteous (J. W.)**, Identifizier. u. Best. d. niederen, geradkett. Fettsäuren durch Papierteilungschromatographie 6582.
Duncan (R. F.) s. Ferro Corp.
Duncanson (L. A.), **Grove (J. F.)** u. **Zealley (J.)**, Gladiolsäure. 3. Mitt. Struktur v. Norisogladiolsäure, Dihydrogladiolsäure u. Cyclopolsäure 4116.
Duncombe (W. G.) u. **Glascock (R. F.)**, Oxydat. v. markierter Glucose u. Acetat durch Gewebsschnitte d. lactierenden Rattenmamma in vitro 126.
Dundee (J. W.), Einfl. v. Körpergewicht, Geschlecht u. Alter auf d. Dosier. v. Thiopenton 3910. — Beziehungen d. Dosier. v. d-Tubocurarinchloris u. Laudolissin zu Körpergewicht, Geschlecht u. Alter 3911. — Chlorpromazinhydrochlorid 4637. — Dosier. u. kumulative Wrkg. v. Thiopenton 7969.
— u. **Gray (T. C.)**, Resistenz gegenüber d-Tubocurarinchlorid bei Leberschaden 6332.
— u. **Richards (R. K.)**, Einfl. d. Azotämie auf d. intravenöse Barbituratnarkose 2246.
Duner (H.), Einfl. d. Insulinhypoglykämie auf d. Adrenalin- u. Noradrenalinsekret. d. Nebenniere d. Katze 6787.
Dungan (G. H.) s. Nevens (W. B.).
Dungler (J.), Behandeln v. Papier u. ähnl. Prodd. mit Gasströmen nach einer Feuchtbehandl. 1409* Schwz. — Chem. Behandl. v. Webmaterial 6886* N.
Dunham (Le R. S.) s. Edison (T. A.), Inc.
Dunham (R. S.) s. Wiese (A. F.).
Duniamadjan (M. S.), Aschebestandteile v. Blättern u. Fallaub d. wichtigsten Waldpflanzen d. Forstwirtschaft Dilishansk in d. armen. SSR 8239.
Dunitz (J. D.), Röntgenstrukturanalyse komplexer organ. Verbb. 3590.
Dunkel (W. L.), **Ford (F. P.)** u. **McAteer (J. H.)**, Petroleumöle als Weichmacher. Beziehh. zwischen ihren Eigg. im GR-S u. d. chromatograph. Analyse 4717.
Dunker (H. C. L.), Gashalt. Kautschukteile 2796* F. — Tennisball 5672* Schwed.
Dunkerley (F. J.), **Pledger (F.)**, **Damiano (V.)** u. **Fulton (J.)**, Kornwachstums- u. Rekristallisations-Kennwerte v. Zr 7161.
Dunkle (F.) s. Davis (M. E.).
Dunkley (G. T.), Anwend. u. Aufbring. v. zeitl. wirksamen Rostschutzmitteln 8226.
Dunkley (M. E.), Verhinder. d. Verderbnis v. Lebensmitteln u. a. organ. Prodd. durch Enzyme 8992* E. — Behandl. v. ölhalt. vegetabil. Gut zwecks Trockn. u. Lagerung 9694* E.
Dunkley (W. L.) s. Jennings (W. G.).
Dunlap (M. K.) s. Kodama (J. K.).
Dunlap jr. (W. C.), Acceptorzustände v. Au in Ge 285. — Elektr. Eigg. v. Au–Ge-Legierr.

285. — Ge-Doiden aus kugelförm. Teilchen 6217. — Diffus. v. Verunreinigungen in Ge 7150. — Ge-Photozellen 10923. — s. Comp. Française Thomson-Houston; Leifer (H. N.); Saby (J. S.).
Dunlap jr. (W. C.), Bohm (H. V.) u. **Mahon jr. (H. P.)**, Diffus. v. Störstellen in Si 6468.
— u. **Watters (R. L.)**, Direkte Mess. d. DK. v. Si u. Ge 18.
Dunlavey (D. C.) u. **Seaborg (G. T.)**, Mit Kernemulss. nachgewiesene α-Aktivität v. ^{146}Sm 4271.
Dunlop (A.), Verf. u. Möglichkk. d. Shaw-Processes, Herst. v. Präzisionsguß 11669. — s. Rolls Royce Ltd.
Dunlop (A. K.), F. v. CCl_4 11552.
Dunlop (A. P.) s. Quaker Oats Co.
Dunlop (P. J.) u. **Gosting (L. J.)**, Unters. über d. Diffus. v. Glykolamid in W. bei 25° mit Hilfe d. Gouyschen Interferenzverf. 29.
Dunlop (S. G.) s. Wang (When-Lan Lou).
Dunlop Rubber Co. Ltd., Bodenbelagmaterial 2330* E. — Mehrfarbendruck 3296* F. — Kautschukwaren aus Kautschukmilch 7103* F. — Polymerisieren v. Vinylestern 7798* F. — Polymerisationsbeschleunig. v. Vinylverbb. 9455* E. — Bossieren u. Färben v. Mischpolymerisaten 9456* Ind. — s. Soc. An. des Pneumatiques Dunlop.
— u. **Chapman (W. H.)**, Vulkanisieren einer verformten wss. Dispers. v. Kautschuk 6636* D. B.
— u. **Gray (T. E. H.)**, Mustererzeug. auf plüschähnlich beflockten Flächen 11308* E.
—, **Gray (T. E. H.), Hogg (W. H.)** u. **Evans (T. R.)**, Bedrucken v. Gegenständen aus Kautschuk 3268* D. B.
— u. **Hickson (R.)**, Lignim-Kautschuk-Mischung 8753* E.
E. — Huminsäure-Kautschuk-Mischung 8753* E.
—, **Hogg (W. H.)** u. **Evans (T. R.)**, Mit Kunstharzpaste bedruckte Textilien 4734* E.
—, **Hogg (W. H.)** u. **Gray (T. E. H.)**, Prägen u. Färben v. Polyvinylmaterial 6178* E.
— u. **Jenkins (H. F. L.)**, Heizbares Gehäuse für Akkumulatoren 9876* E.
—, **Jones (F. A.)** u. **Bailey (A. E. W.)**, Huminsäure als Kautschukzusatz 8753* E.
— u. **Kendall (C. E.)**, Weichmachen v. Rohkautschuk 6157* D. B.
—, **Kendall (C. E.)** u. **Landau (M.)**, Erweichen v. Rohkautschuk 9212* D. B.
—, **McKeand (D. J.)** u. **Moss (C.)**, Wss. Kautschukdisperss. 233* D. B., E.
— u. **Neale (A. E. T.)**, Stabilisieren natürl. Kautschukmilch 2317* D. B.
Dunn (A. S.), Stead (B. D.) u. **Melville (H. W.)**, Darst. v. Blockcopolymerisaten aus Styrol u. Methylmethacrylat 6299.
Dunn (C. G.) s. Sharp (M.).
—, **Daniels (F. W.)** u. **Bolton (M. J.)**, Mess. d. relativen Grenzflächenenergien in Zwillingskristallen 6696.
Dunn (Cecil G.), Behandl. v. W. u. Abwasser durch ionisierende Strahl. 663.
Dunn (C. L.) u. **Earle jr. (R. H.)**, Verwend. v. oberflächenakt. Stoffen beim Brechen v. bei Pflanzenextraktionen gebildeten Emulsionen 6642.
Dunn (Clarence L.) s. Shell Development Co.
Dunn (D. B.), Smith (J. D.), Zamenhof (S.) u. **Griboff (G.)**, Einbau halogenierter Pyrimidine in d. Desoxyribonucleinsäuren v. Bacterium coli u. dessen Bakteriophagen 8406.
Dunn (F. J.), Mosley (J. R.) u. **Potter (R. M.)**, Trenn. v. Gemischen v. T_2 u. H_2 mit Hilfe v. Hertz-Pumpen 9967.
Dunn (F. W.), Toxizität v. Thienylalaninpeptiden für Ratten 3905.
— u. **Dittmer (K.)**, Synth. u. mikrobiol. Eigg. einiger Peptidanalogen 2655.
Dunn (G. E.) s. Gilman (H.).
Dunn (H. E.) s. Vanadium Corp. of America.
Dunn (J. A.), Kolhan-Reihe u. d. gebänderte Hämatitquarzit 2153.
Dunn (J. H.) s. Ethyl Corp.
Dunn (J. R.) u. **Fisher (D. W.)**, Vork., Eigg. u. Paragenese v. Anthraxolit im Mohawk Valley 6477.
Dunn (J. T.) s. Union Carbide & Carbon Corp.
Dunn (M. S.), Best. v. Aminosäuren 7743. — s. Deutsch (A.); Levy (H. M.); Schieler (L.).
Dunn (R. W.), Methoden zur Darst. v. radioakt. Fe 11494.
Dunn (S. A.), Physikal. Eigg. v. p-Aminophenol 7402.
Dunn (T. M.) u. **Iredale (T.)**, Absorptionsspektren v. Substanzen mit einer C–J-Bindung. 2. Mitt. 7397.
Dunner (L.) u. **Hicks (M. S.)**, Bronchialcarcinom in staub. Berufen. Beobachtungen bei Kesselreinigern u. Getreidehafenarbeitern 10080.
Dunnett (C. W.) s. Campbell (J. A.) [Ottawa].
Dunnigan (D. A.) u. **Close (W. J.)**, Antikonvulsiv. Drogen. 6. Mitt. 1-substituierte Biurete 5286.
Dunning (E.) s. Jeffrey (R. E.).
Dunning (H. N.) u. **Johansen (R. T.)**, Kombinat. v. Thermostat u. einer sich hebenden Plattform für d. Oberflächenspannungswaage 4415.
—, **Moore (J. W.)** u. **Myers (A. T.)**, Eigg. d. Porphyrine im Erdöl 9002.
Dunning (J. W.), Geschichte u. neueste Entw. d. Bearbeit. v. Baumwollsamen mit Gegenläufer u. Schraubenpresse 245. — Verarbeit. d. Ricinussamen 3029.
Dunning (R. A.) s. Jones (F. G. W.).
Dunnington (F. G.), Hemenway (C. L.) u. **Rough (J. D.)**, h/e-Best. nach einer neuen Meth. 9959.
Dunphy (E. B.) u. **Selverstone (B.)**, Aufnahme radioakt. P durch n. u. neoplast. Augengewebe 6309.
Dunsing (D.) s. Brewer (W. D.).
Dunstädter (H.), Lichtabsorpt. u. elektr. Eigg. stark gestörter CdO-Schichten 8089.
Dunstan (S.) s. Hirst (E. L.).
Dunster (H. J.), Oberflächenverunreinig. durch radioakt. Substanzen. Ableit. maximal zuläss. Beträge 10190.
Dunton (M. L.) s. MacNevin (W. M.).
Dupaix-Lasseur (A.) s. Marchal (J.-G.).
Dupas (R.) s. Standard Française des Pétroles (Soc. An.).
Duperon (R.), Zucker d. Coniferensamen 8892.
Duperray (J. N.) s. Soc. An. Chimiotechnic (Union Chimique du Nord et du Rhône).

Dupeux (G.), Verbessern v. Teer 965* F.
Duplaix (S.), Mineralog. Unters. d. sand. Sedimente d. älteren alluvialen Schichten v. Gave de Pau u. v. Adour 1229.
Duplan (F. P. E. S.), Verarbeit. v. Fischrogen 7501* F.
Duplan (J.-F.) s. Lartigue (O.).
Dupler (P. E.) s. Westinghouse Electric Corp.
Dupont (É. X. C. M. A.), Erhöh. d. Haltbark. v. Textilien 1172* F.
Dupont (G.), Cours de chimie industrielle. T. 5. Industries organiques (suite) [2076]. — G. Vavon (*1884—1953*) 9009. — s. Centre National de la Recherche Scientifique; Grignard (V.); Pascal (P.); Soc. Organico.
—, Dulou (R.) u. **Clément (Geneviève),** Verbb. organ. Halogenderivv. mit Nopinen. 3. Mitt. 5082. — Anlagerungsprodd. einiger Chlorderivv. mit Camphen. 4. Mitt. 5083.
—, Dulou (R.), Clément (Geneviève) u. **Martinez (N. C.),** Unters. d. äther. Bayöls aus Porto-Rico 1399.
—, Dulou (R.) u. **Leon (V.),** Darst. v. 6-Methylaldehydroabietinsäuremethylester 8371.
—, Dulou (R.), Naffa (P.) u. **Ourisson (G.),** Longifolen; Allg. Isolier. u. physikal. Eigg. 8167.
— u. Kergomard (A.), Cl-Derivv. d. Pinens 4840.
Dupont (R.) s. Lesbre (M.).
Du Pont de Nemours (E. I.) & Co.,

Pharmazie. Desinfektion:
Methioninnitrilsulfat 5849* A. — 4-Methyl-5-(β-oxyäthyl)-thiazol 4649* A. — 7-Oxosterine 7500* A. — Thioformamid 8920* A.

Allgemeine chemische Technologie:
Dispergier. fester Stoffe in Fll. 1810* Can. — Nichtwss. Kohlenstoffdisperss. 3219* A. — Wolframite 11064* A. — CF_4 als Treibmittel enthaltende Löschmisch. 661* A.

Elektrotechnik:
Leiterisolat. 7997* A., E., 10344* F. — Abriebfestes Isoliermaterial 8938* A. — Elektr. Kabel 11438* Can.

Anorganische Industrie:
Herstellen v. Alkaliborhydriden 9878* A. — Wasserstoffperoxyd 902* D. B., A., 6362* D. B. — Entfernen v. Schwermetallverunreinigg. aus wss. H_2O_2-Lsgg. 11656* A. — Katalysator zur Oxydat. v. NH_3 9878* D. B. — H_2SO_4 in Gelform 6826* A. — Quarzkristalle 7058* A. — Silica-Sol 7292* A. — Stabile Kieselsäuresole 2045* A. — Erhöh. d. Teilchengröße v. Kieselsäuresolen u. -suspenss. 6105* A. — Feinstteilige Kieselsäure 2045* A. — Aufarbeiten v. Metalloxyden 7293* E. — Gewinn. v. Metalloxyden 1817* A. — Entfernen v. Metalloxydansätzen 3461* Can. — Reinigen v. Metallhalogeniden 2509* A. — $TiCl_4$ 11656* A. — Herabsetzen d. korrosiven Eigg. v. $TiCl_4$ 3227* E. — Gewinn. v. $TiCl_4$ aus einem Gasgemisch 6105* A.

Silicatchemie. Baustoffe:
Email für Leichtmetalle, wie Al 1821* E. — Emailfritte zur Erzeug. v. Emailüberzügen auf Leichtmetallen 1355* A. — Phosphatemailfritte 10116* E. — Wss. Asbestdispers. 8473* A.

Agrikulturchemie. Schädlingsbekämpfung:
Phosphacyclopentenoxyde 4681* A. — Phosphacyclopentensulfide 3471* A. — Organ. Derivv. d. P enthaltende insekticide Mittel 1596* E. — p-Nitrophenylbenzolphosphonsäurealkylester 7535* A. — Selektive Chlorier. v. 2.5-Dichlorphenol zu 2.4.5-Trichlorphenol 2056* A. — 2.2-Bis-(p-allyloxyphenyl)-propan 5163* A. — Carbamate 1595* A. — Cycloheptatrien-1-ol-2-on-monosulfonsäuren 9653* A. — N-Cyclohexylharnstoffe 11081* A. — Zinkäthylenbisdithiocarbamat 8712* A. — Imidhalogenide v. N-Acyl-β-halogenaminen bzw. deren Hydrolyseprodd. 2285* A. — Hochmol. Polyamide u. deren Zwischenprodd. 10845* A. — N-Halogenaryl-N'-oxyalkylharnstoffe 9175* A. —Thiophenderivv. 5161* A. — Schädlingsbekämpfungsmittel 8479* Can. — Trisubstituierte Harnstoffe 9424* E.

Metallurgie. Metallographie. Metallverarbeitung:
Elektrolyt. Polieren v. Stahl 10134* A. — Glänzende Weißmessing-Ndd. 8724* A. — Galvan. Erzeugen v. glänzenden Zn-Überzügen 6615 * A.

Organische Industrie:
Katalysator zur Oxydat. organ. Verbb. 8961* A. — Entwässern organ. Fll. 5648* A. — KW-Stoffe 9188* E. — Ungesätt. KW-stoffe 7777* A. — KW-stoff-Dest. 10858* E. — Hochmol. KW-stoffe 9666* D. B. — KW-stoffe mit hohem Mol.-Gew. 8492* D. B. — Organ. F-Verbb. 8727* D. B. — Fluorierte KW-stoffe 3248* Can. — Fluorierte organ. Verbb. 9666* A., 10134* A. — Fluorieren v. Trifluortrichlorpropen 10135* A. — Disproportionieren v. Chlorfluormethanen 10621* A. — Abtrennen v. HF aus Gemischen mit $CHClF_2$ 9439* A. — Vinyläther 4694* A. — Vinylfluorid 1837* Can., 11684* A. — Nitroolefine 8493* A. — Fluorolefine 7779* A. — Hydrierungsverf. 3248* A. — Dichlorbutene 5417* E. — Alkohole u./oder Glykoläther 3000* A. — Reinigen v. Alkoholen 7549* A. — Stark verzweigtes, prim. Tridecanol 1140* A. — Verzweigkett. prim. Heptadecanol 8965* A. — Mehrwert. Alkohole 1838* A. — Langkett., aliphat. Äther 2297* A. — Äthylenglykol 685* A. — 1.12-Dichlor-2.11-dialkoxy-4.8-dodecadiene 5418* A. — Polyacetale 7079* A. — Polyäthylenglykole 9668* A. — O-halt. organ. Verbb. 8029* E. — Paraformaldehyd 7080* A. — Konzentrieren v. Formaldehyd 9193* A. — Adipaldehyd 4696* E. — Herst. v. Aldehyden u. Ketonen durch katalyt. Oxydat. v. Alkoholen 9671* D. B. — Herst. v. Oxyaldehyden u. Oxyketonen aus Formaldehyd oder Formaldehyd liefernden Stoffen 213* D. B. — Herst. v. substituierten Essigsäuren außer Glykolsäure 3485* D. B. — Essigsäure-2-äthylhexanolester 11095* A. — Acrylsäure- u. Methacrylsäureamid 10136* A. —Amide aliphat. Carbonsäuren 5651* A., E. — Carbonylierr. 7782* E. — Difluorchloracetylchlorid 6621* A. — Aufarbeiten d. bei d. Umsetz. v. Propylen u. wss. NH_4-Polysulfid zu Propionamid anfallenden Rk.-Fl. 7782* A. — Propionsäureamid 9194* A. — Formamid 9671* D. B. — Organ. Nitrile 7316* Can. — Gesätt. $\alpha.\omega$-Dinitrile 7081* D. B. — 5.8-Dimethylendodecandinitril 7783* A. —

3-Methylenglutaronitril 9444* A. — Amorphes TiO_2 enthaltender Molybdänoxydkatalysator 1605* A. — α-Methylen-δ-methyladiponitril 4697* E. — Reinig. v. 1.4-Dicyan-2-buten 7783* E. — Polymerisierbare Ätherester 8496* A. — Acetale v. Oxycarbonsäuren 11289* A. — Harnstoff 2534* A., 11096* A. — Stabilisier. v. Dithiocarbaminsäurederivv. 215* A. — Dinatrium-Äthylenbisdithiocarbamat 8967* A. — Nitrile 8733* A., 10624* A. — Ungesätt. Nitrile 8968 A. — Monoquatern. Ammoniumcarbonate 4933* A. — Quatern. NH_4-Vinylverbb. 10861* A. — Hexamethylendiamin 11290* E. — Hexamethylendiaminverbb. 11097* E. — Äthylendinitramin 9445* A. — Herst. v. Säureamiden u. Lactamen 11097* A. — Äthanolamin u. Diäthanolamin 7083* A. — β-Aminocarbonsäure-N-carbonsäureanhydride 5652* A. — Alkansäureamide 1142* A., E. — Methionin 6621* A. — Regulier. d. Fließens v. $Pb(C_2H_5)_4$-Reaktionsmasse 7553* A. — Abscheid. v. Alkylbleisalzen 8031* A. — Stoffe mit veresterter Kieselsäureoberfläche 8263* A. — Hydrophobe Kieselsäurematerialien 10378* A. — Dialkylphosphite 8734* A. — Fluoralkylphosphorsäureverbb. 8734* A. — Carboxycyclopentadienyl-(cyclopentadienyl)-eisen 10861* A. — Organophospine u. Phosphoniumhalogenide 9904* A. — Polymere Zr-halt. Ester 10138* A. — Methylphenylmercaptane 9906* A. — Aromat. Aldehyde 2535* Can. — Herst. v. Amiden u. Nitrilen aromat. Carbonsäuren 10627* A. — Benzoylfluorid 11687* A. — Aromat. Carbonsäureamide 5898* A. — Aromat. Polycarbonsäurechloride 10140* A. — Cycl. Anhydride aromat. Dicarbonsäuren 10627* A. — Ungesätt. α.ω-Dicarbonsäureester 10379* A. — Carbonylier. v. Halogenbenzolen 10627* A. — Gewinn. v. Maleinsäure- oder Phthalsäureanhydrid 5423* E. — Maleinsäureanhydrid oder Phthalsäureanhydrid 8032* A. — N-(p-Chlorphenyl)-N',N'-dimethylharnstoff 3734* A. — Aromat. Isocyanate 3489* A., 8032* A. — Diisothiocyanate 3251* A. — Stabilisier. aromat. Amine 1607* A., 8265* A. — Stabilisieren aromat. Amine gegen Luftoxydat. 2535* A. — N-Alkylierte aromat. Amine 6851* A. — Hydrazobenzolderivv. 6622* A. — Stabilisatoren für aromat. Alkyloxyamine 11688* A. — p-Fluorsulfonyl-, p-Sulfonamido- u. p-Azidosulfonylphenyl-1-acylamino-2-propandiol-(1.3)-derivv. 9446* A. — Aromat. p-tert.-Aminoaldehyde 9908* A. — Aracylhydrazosubstituierte Nitrile 7787* A. — Quatern. Ammoniumphosphate 10380* A. — Arylbutine u. -butenine 10629* A. — Cycloalkane 8970* A. — Cycloalkene 11099* A. — Cyclohexen 9675* A. — Cyclooxtdiene u. deren Halogenderivv. 9908* A. — Hydroperoxyde 10382* E. — Halogenalkyl-, Halogenalkylhalogen- u. Halogenalkylalkylcycloheptatrien-1-ol-2-one 10142* A. — Mono- u. Bis-dithiocarbaminsäuren, deren Salze, Ester u. Sulfide v. Alkylen-bis-cyclohexylaminen 10142* A. — Alicycl. Diamine 8265* A. — Dialicycl. Diamine 9910* A. — Cycloalkylamine 9909* A. — Di-(p-aminocycloalkyl)-alkane 9910* A. — Dicyclopentadienyleisen 8970* A. — 2.2-Bis-(4-methoxyphenyl)-1.1.1-trichloräthan 7321* E. — Herst. u. Reinig. v. Bis-(alkoxybenzamido)-stilbendisulfonaten 9198* A. — Bis-(4-aminocyclohexyl)-methan 8970* A. — N-substituierte Aminophenole u. Aminophenyläther 5900* A. — Reinig. v. 2.2'-Dimethyl-1.1'-dianthrachinonyl 692* A. — Reaktivier. v. Palladiumkatalysatoren auf Tonerdeträgern 10383* A. — Diazoalkane 5900* A. — Dimere Verbb. aromat. Isocyanate 692* A. — Polymerisat. v. Isocyanaten 5656* A. — Furan 6852* D. B. — 2.3-Dihalogentetrahydro-2-methylfurane 5424* A. — 5-Nitro-2-thiophencarbonsäureamide 1841* A. — Phosphacyclopentanoxyde 5901* A. — Phosphacyclopentendihalogenverbb. 7556* A. — 5-(3'-Cyanopropyl)-hydantoin 5184* A. — Pyridinalkohole 8266* A. — Isocinchomeronsäure 2538* A. — Substituierte Thioäthylpyridine u. dgl. 9911* A. — Chinazolindione 2538* A.

Färberei.

Organische Farbstoffe: Kontinuierl. Färben hydrophober Textilfasern 5659* A. — Färben v. Polyacrylnitrilfasern 1610* A., 4940* A. — Färben v. Polyacrylnitril-Stapelfasern 1146* A. — Färben v. Celluloseacetat mit Küpenfarbstoffen 3972* A. — Mittel gegen Gasschwund 5427* A. — Färben v. Nylonfasern 6140* A. — Farbstoff 7559* A. — m-Nitro-p-toluidin 8037* A. — Cr-halt. Azofarbstoffe 2540* F. — Acetale v. ein- oder mehrwert. Alkoholen 8740* E. — Cu-Komplexe v. Monosulfonamidoformazylfarbstoffen 2539* A., 2540* A. — Halbchromierte Azofarbstoffe 1846* E. — Metallisierte Disazofarbstoffe 1846* A. — Küpenfarbstoffe d. Anthrachinonoxazol- oder -thiazolreihe 7091* A. — Rote Küpenfarbstoffe d. Anthrachinonoxdiazolreihe 697* A. — Hologenierte Aminoanthrachinonyloxdiazole 697* A. — Farbstoffe d. Dibenzanthronreihe 698* A. — Verbb. d. Chinophthalonreihe 930* A. — Azomethinfarbstoffe 3259* A. — 7-Anilino-9-brom-4.5-dimethyl-2-phenylperimidin-6-onderivv. 9450* A. — Indigopaste 9450* A. — Schwefelfarbstoff d. Indophenolreihe 10145* A. — Phthalocyaninfarbstoffe 1613* A. — Phthalocyaninküpenfarbstoffgemische 5908* A. — Leukometallphthalocyanine 9451* A. — Leuko-Calciumphthalocyanin 10145* A.

Farben. Anstriche. Lacke. Naturharze: Azopigmente 2084* A. — Unlösl. kastanienbraunes Pigment 1385* E. — Tetra-(2'-benzimidazolyl)-äthylenverbb. 6629* A. — Ammoniumsalzlsgg. v. Mischpolymeren 11103* A. — Polyäthylenüberzüge 2311* A. — Spritzbare Überzugsmittel 1850* E.

Plaste (Kunstharze. Plastische Massen): Organosilicium-Peroxyd-Verbb. 10870* A. — Stabilisieren v. chlorsulfonierten Polymeren 2087* A. — Polymere quatern. NH_4-Verbb. 7795* A. — Druckfarbe 6405* A. — Orientierte Polymere 2548* E. — Polymerisat. v. ungesätt. aliphat. Verbb. 8041* A., 8042* A. — Chlorsulfonieren v. Dienpolymerisaten 7330* A. — Polyäthylenfilme, Fäden, Überzüge u. dgl. v. verminderter elektrostat. Aufladung 9206* A. — Klebstoff für Polyäthylenfilme 1388* E. — Stabilisier. chlorierter Äthylenpolymerisate 5435* A. — Polymerisat. v. Vinylverbb. 3981* Can. — Makromol. Mischpolymerisate 468* A. — Mischpolymerisate 1621* D. B. — Herst. v. koll.

wss. Disperss. v. Polymeren 2087* Can. — Polymerisate 1620* A. — Koll. Polyfluoräthylendisperss. 7796* A. — Polymerisieren v. Vinylfluorid 9454* Can. — Polytetrafluoräthylenmischungen 7097* A. — Isopropenylfluorid 5435* A. — Epoxygruppen enthaltendes Mischpolymerisat 7565* A. — Ester d. 2.3-Epoxypropanols 468* E. — Polyvinylalkohol 3500* F. — Hochviscoser Polyvinylalkohol 2314* A. — Gesteuerte Hydrolyse v. Polyvinylestern 2088* A. — Emulsionspolymerisat. v. Vinylacetat 5436* A. — Nichtgelierende u. nicht unlösl. werdende Polymerisate 2089* A. — Polymethacrylsäure 7798* A. — Methylmethacrylat-Polymerisate mit verbesserter elektr. Leitfähigk. 3746* E. — Polymethacrylsäuremethylester mit elektr. Leitfähigk. 8042* A. — N-Carboanhydrid d. 2-Amino-4.6.6-trimethylheptansäure u. Polymere desselben 7799* A. — Umwandl. v. β-Propiolactonringe enthaltenden Mischpolymerisaten 2088* A. — 4-Vinylcyclohexenmonoepoxyd u. dessen Polymere 7565* A. — Polymerisat. v. Vinylacetat 7097* A. — Vernetz. v. Polymeren 2089* A. — Lösungsm. für Acrylnitrilpolymere 2547* A. — Lösen v. Polyacrylnitril 2088* A., F. — Acrylnitrilpolymerisat. 9456* A. — Lösl. Vinylidenchlorid-Acrylnitril-Mischpolymerisat 2792* Can. — Alkoxycyanazoverbb. 7564* A. — P-halt. Interpolymere 4467* A. — Orientierbare KW-stoff-Polymere 1390* D. B. — Polyester in Pulverform 2548* A. — Polymerisate v. Adipinsäurederivv. 8043* A. — Emulsionspolymerisat. 8979* F. — Hydrolyse v. in W. unlösl. Polyvinylalkoholestern 8979* A. — Kunstharze 1857* A. — Mischpolymerisate 10391* A. — Lineare Polyamide 470* A., 4469* A. — Lineare transparente Polyamide 8981* A. — Stabilisier. v. linearen Polyamiden 10638* E. — Vernetzte Polyamide 9921* A. — Stabilisat. v. makromol. linearen Polyamiden 5196* A. — Depolymerisieren u. Wiedergewinnen v. synthet. linearen Polymeren, bes. Polyamiden 705* D. B. — N-Methylolpolyamide 4949* Can. — Stabilisierungsmittel für Polyamide 3983* E. — Bis-(aminoaryl)-methanpolyamide 6866* A. — Polyamine 9921* E. — Mischpolymerisate 3982* A., 8043* A. — Opt.-inakt. (Misch-) Polymerisate aus Aminosäuren 3982* A. — Diaminmodifizierte Harnstoff-CH_2O-Harze 3982* A. — Polymere aus d. Reaktionsgemisch v. mehreren α-Aminosäure-N-anhydriden 9684* A. — Herst. u. Polykondensat. v. 4.4-Polymethylen-2.5-diketo-1.3-oxazolidin 9459* A. — Additionsprodd. v. Thiolen mit einer oder mehreren SH-Gruppen an Diketen 6634* A. — 1.4-Dicyan-2-buten 10393* A. — Kautschukart. MM. aus hochmol. Polyalkylenglykoläthern 8512* F. — Phosphorhalt. Interpolymere 5915* A., 6868* A. — Preßmassen aus Polytetrafluoräthylen 4950* A. — Polyamidpreßmasse 7801* A. — Schichtkörper 10639* A.

Kautschuk. Guttapercha. Balata:

Härten v. chlorsulfoniertem Polyäthylen 2550* A. — [β-(Acylthio)-äthyl]-pyridine u. deren Hydrolyseprodd. 9461* A. — Kautschukart. Mischpolymerisate 10872* A. — Plastifizieren v. Kautschuk 6157* A. — Erweichen v. Kautschuk 9212* A. — Tetramethylthiurammonosulfid 4228* A. — Vulkanisieren v. Polychlorbutadien 6157* A. — Vulkanisationsbeschleuniger 4952* A. — Verhinder. d. voreilenden Oberflächenvulkanisat. v. halogen-, bes. chlorsulfonierten Olefinpolymerisaten 8985* A.

Gärungsindustrie:

Reinigen v. wss. Alkohol 8051* A.

Nahrungs-, Genuß- und Futtermittel:

Futtermittel für Wiederkäuer 6878* A. — Stabilisiertes Milchprod. 1870* Can.

Fette. Seifen. Wasch- u. Reinigungsmittel. Wachse. Bohnermassen usw.:

Stabilisier. v. Seifen 3759* Can. — Reinigungsmittel 10160* A.

Holz, Cellulose. Zellstoff. Papier. Papierdruck. Celluloid. Linoleum:

Cellulosetrisalkylcarbaminsäureester 2563* A. — Herst. v. celluloseglykolsaurem Na 2563* A. — Bleichen v. Papierstoff 1642* A. — Bleichen v. Holzschliff-Sulfitzellstoff-Mischungen 7374* A. — Bleichen v. mechan. erzeugtem Zellstoff 7811* A. — Ätzschutzschicht für Druckplatten 6883* A. — Schichtkörper aus mehreren verklebten Zellstofflagen 10888* A.

Textilfasern:

Bleichmittel 5691* A. — Wasserabweisende u. knitterfeste Textilausrüst. 5456* A. — Nichtgewebte Textilflächen für Kunstleder u. Polsterzwecke 9226* A. — Opt. Bleichmittel 11712* A. — 3-p-Benzamidophenylcumarinderivate 11123* A. — Phosphorhalt. Polymere 4241* A. — Organ. P-Verbb. 9938* A. — Flammenfeste Textilien 1878* A. — Herst. v. Harnstoffhexamethylendiamin-Formaldehydharzen 11123* A. — Nicht einlaufende Wollerzeugnisse 4970* A. — Nichtfilzende Wolle 5457* A. — Bleichen v. Wolle 10655* A. — Viscosespinnverf. 4970* E. — Behandl. v. Spinnkuchen 255* A. — Bleichen v. Textilfasern oder Garnen 1646* A. — Leichtfl. u. verspinnbare Lsgg. v. Polyamiden 4971* A. — Behandl. v. Fäden aus linear orientierten gemischten Polyamiden 9476* A. — Modifizieren linearer Polyamide 1413* A. — Vergieß- oder verspinnbare Lsgg. v. Homopolyamiden 6428* A. — Formfestmachen v. Gebilden aus orientierten synthet. Linearpolymeren 10166* D. [DDR], A. — Filme u. Fäden bildende Polymerisate 1175* A. — Verspinnbare lineare Mischpolymerisate 5937* A. — Hochmol. Polyester 4242* A. — Lineare Mischpolyester 1414* D. B. — Elast. lineare Mischpolyester 3037* E. — Polyacrylnitrilspinnmasse 4493* E. — Anfärbbarmachen v. Fäden u. Filme bildenden Polyterephthalsäureäthylenglykolestern 4493* A. — Schlichte u. Mittel zum Wasserfestausrüsten v. Nylon-, Polyacrylnitril-, Polyäthylenterephthalatfasern 9940* A. — Gleichmäß. Nachdunkeln v. Polyacrylnitril 9940* A. — Verstrecken v. aus d. Schmelze gesponnenen Fäden v. Kunstharzen 8530* E. — Herst. v. wenig schrumpfenden Fäden großer Zähigk. 9228* F. — Plast., polymere Massen 10414* D. B. — Polyäthylenterephthalat für Fäden u. Filme 10892* A. — Lineare Polyesterpolyamide 11309* D. B. — Verbesserte Superpolyamide für Fäden u. Filme 10656* A.

Brennstoffe. Erdöl. Mineralöle: Dicyclopentadienylnickel 10171* A. — Bleitetraäthyl 6177* A. — In inerten organ. Fll. feinverteilte Alkalimetalle 2576* A. — Stabilisieren v. Heizölen 7355* F. — Schmieröl 1184* A., 7588* A. — Schmieröl u. Schmierfett 9233* A. — In Schmieröl lösl. Mischpolymerisate 3774* A. — Schmiermittelzusatz 4979* A.

Schieß- und Sprengstoffe. Zündmittel: Gelatinesprengstoff 7820* A. — Hochexplosiver Gelatinesprengstoff 7821* A. — Befördern v. fl. explosiven Nitroestern 7821* A. — Zündmisch. für Zündkapseln 1888* A.

Leder. Gerbstoffe: Wasserlösl. gerbend wirkende Ligninderivv. 7126* A. — Lederappretur 10177* A. — Imprägnieren v. Leder 6666* A.

Leim. Klebstoffe usw.: Verkleben v. Polyäthylenfilmen 4012* A. — Fl., klare u. lagerbeständ. Polymethylolphenole 6437* A.

Photographie: Photograph. Film 3543* F., 6668* Can. — Sensibilisatoren 8771* A., 8772* A., 9238* A. — Sensibilisier. v. Halogensilber mit Silanen 10179* A. — Poly-N-vinyllactame für d. Herst. v. Halogensilberschichten 6669* A. — Mattierungsmittel für Halogensilber-Gelatineschichten 1423* A. — Antistat. Schichten 7592* A. — Photograph. Entwickler 2347* Can. — N-Alkyl-N-(sulfophenylthioalkyl)-aminoaniline 6669* A. — Abziehbare Halogensilberschicht mit Pigmentfarbstoffen (für Reprozwecke) 7824* A. — Substituierte Carbalkoxyacetamidobenzaldehydacetale v. Polyvinylalkoholen 7131* A. — Maskenherst. in subtraktiven Mehrfarbenaufnahmen 1425* E. — Farbentwickler 1425* A. — Beizmittel für Farbstoffe in lichtempfindl. Schichten 1425* A. — Abziehverf. für Gelatinebildschichten 9716* A.

Alphabetische Liste der Mitarbeiter, Erfinder usw.

Adams (R. K.), 6622*.
Adelman (R. L.), 4694*, 7079*, 11289*.
Albisetti (C. J.), 8043*, 8968*.
Alles (F. P.), 6668*.
Armstrong (T. J.), 5691*.
Arnold (H. R.), 3248*, 8492*, 9671*, 11064*.
Arnold (R. G.), 6629*.
Arthur jr. (P.), 8733*, 10624*.
Auspos (L. A.), 2548*.
Austin (P. R.), 5435*.
Baevsky (M. M.), 8051*.
Baker & Co., Inc., 9878*.
Baldwin (R. H.), 7553*, 9439*.
Balon (W. J.), 5656*, 7126*.
Balthis (J. H.), 10138*.
Banigan (T. F.), 9206*.
Barbaras (G. D.), 8473*.
Barkdoll (A. E.), 9910*.
Barney (A. L.), 8043*, 10861*.
Barnhart (G.), 1613*.
Barrick (P. L.), 2285*.
Baum (A. A.), 11712*.
Bell (C. D.), 9910*.
Benning (A. F.), 3248*, 7779*, 8727*, 8734*.
Benson (R. E.), 8493*.
Bernard (R. A.), 9198*.
Berry (K. L.), 2087*, 7796*, 10870*.
Blaker (R. H.), 1610*.
Bley (R. E.), 7553*.
Blume (R. C.), 8979*.
Bolton (E. K.), 6669*.
Bordner (C. A.), 7779*.
Boyer (M. R.), 6883*.
Brace (N. O.), 9938*.
Branan (W. M.), 2563*.
Bredeson (O. A.), 9476*.
Bristol (J. E.), 3500*, 5436*, 8979*.
Broge (E. C.), 6105*, 7058*, 10378*.
Brooks (R. A.), 2539*, 10145*.
Brooks (R. E.), 2087*, 2550*.
Brown (Robert L.), 2547*.
Brubaker (M. M.), 1175*, 11309*.
Bruner (W. M.), 5457*, 9194*.
Bryant (H. W.), 2314*, 7097*.
Bulhitt jr. (O. H.), 8266*.
Burner (W. M.), 8965*.
Carnahan (J. E.), 3248*, 11064*.
Carven (R. L.), 7080*.
Castle (J. E.), 8970*.
Catlin (W. E.), 1184*. 3774*, 7355*, 7588*.
Chance (F. S.), 11438*.
Chapman (A. F.), 9206*.
Christ (R. E.), 11309*.
Clark (B. F.), 11103*.
Coffman (D. D.), 11309*.
Collins (J. H.), 10177*.
Corner (J. O.), 7131*.
Cornthwaite (W. R.), 2314*.
Cox (N. L.), 4970*.
Crissey (L. W.), 1850*.
Cupery (H. E.), 1595*.
Cupery (M. E.), 4970*.
Curtin jr. (G. F.), 1838*.
Daniels (G. H.), 9906*.
Darden (E. T.), 9194*.
Deinet (J.), 7091*.
Desetti (G. E.), 2563*.
Detrick (S. R.), 4970*.
Deyrup (A. J.), 1355*.
Dills (W. L.), 1878*.
Donaruma (L. G.), 11097*.
Downing (F. B.), 3248*, 8727*.
Eiseman jr. (B. J.), 661*.
Emig (F. J.), 8938*.
Engelhardt (V. A.), 8496*.
Ernsberger (M. L.), 8734*.
Farlow (M. W.), 1390*.
Fawcett (F. S.), 5900*.
Fennell (F. L.), 1642*, 7347*.
Firestine (J. C.), 8771*. 8772*.
Fisher (N. G.), 8968*.
Flenner (A. L.), 8031*.
Forbes jr. (H. L.), 2534*.
Foster (R. E.), 7565*, 9908*, 10140*.
Frazer (A. H.), 6826*.
Geister (C. H.), 10177*.
Gibson jr. (Joseph W.), 5659*, 6140*.
Gilbert (W. W.), 2538*.
Glogau (R. C.), 7820*, 7821*.
Gobeil (R. J.), 8967*.
Gottlieb (H. B.), 10135*.
Graef (E. R.), 9910*.
Graham (B.), 10656*.
Graham (P. J.), 11096*.
Gray (H. W.), 2088*.
Gray (R. H.), 10179*.
Green (L. Q.), 9940*.
Green (R. V.), 7549*.
Gregory (W. A.), 9446*.
Gresham (W. F.), 685*, 1140*, 1857*, 2535*, 3000*, 5849*, 7083*, 8029*, 9666*, 9668*.
Gribbins (M. F.), 3759*, 6878*.
Grigsby (W. E.), 10136*.
Haag (I. L.), 6666*.
Halliwell (R. H.), 10393*.
Hamilton jr. (J. M.), 1620*.
Hansley (V. L.), 2576*, 3219*.
Hardt (C. R.), 2792*.
Harmon (J.), 1837*.
Harrington (W. A.), 5436, 8979*.
Harris (C. R.), 902*.
Harting (M. J. P.), 7782*, 8032*, 8961*.
Hause (N. L.), 5424*.
Heller (G. W.), 4012*.
Hermann (E. G.), 5161*.
Herrick (E. C.), 1390*, 8492*.
Herring jr. (H. H.), 2538*.
Hill jr. (F. B.), 8512*.
Hill (J. R.), 7824*.
Hill (J. W.), 8734*.
Hilts (W. J. P.), 2576*.
Hobbs jr. (C. L.), 6177*.
Hochberg (S.), 1810*.
Hofrichter jr. (C. H.), 10892*.
Hogsed (M. J.), 7783*.
Howard jr. (E. G.), 7787*, 8041*, 8042*, 9456*, 9653*, 10142*.
Howk (B. W.), 8970*.
Huber (M. L.), 11097*.
Hurka (V. R.), 5427*, 6621*.
Hurwitz (M. J.), 7801*.
Iler (R. K.), 2045*, 5691*, 6105*, 7058*, 8263*, 9233*.
Irwin (C. F.), 3489*.
Izard (E. F.), 2548*.
Jackson (H. L.), 9921*.
Jelinek (A. G.), 1596*, 5163*, 7535*.
Jennings (A. B.), 1425*.
Jensen (E. P.), 7549*.
Johnson (John R.), 7564*.
Johnson (P. R.), 698*.
Johnson (R. S.), 215*.
Johnson (W. S.), 10134*.
Johnston (F. L.), 9454*.
Joyce (R. M.), 7783*, 10872*.
Kay (W. L.), 3227*.
Killian (D. B.), 2084*.

Kirby (J. E.), 8265*, 10845*.
Kirk jr. (William) [Wilmington], 10142*.
Koch (A. D.), 8037*.
Krantz (K. W.), 1605*, 2056*.
Kraus (P. B.), 3461*.
Krause (W. S.), 6622*.
Krchma (I. J.), 2509*, 6105*.
Kubico (M. A.), 1140*.
Kvalnes (D. E.), 9938*.
Kvalnes (H. M.), 6437*, 11123*.
Langerak (E. O.), 8512*.
Lee (D. D.), 9193*.
Lehr (J. C.), 5457*.
Leibu (H. J.), 10627*.
Linch (A. L.), 1607*, 2535*, 8265*, 11688*.
Lindsey jr. (R. V.), 10379*.
Little jr. (E. L.), 4979*.
Littler (C. A.), 8479*.
Livingston (Arthur), 10629*.
Llewellyn (W. E.), 4950*.
Londergan (T. E.), 4649*.
Lontz (J. F.), 7097*.
Lowe (C. E.), 4242*.
Lowell (J. H.), 1850*.
Luft (A. v. d.), 7821*.
Luginbuhl (C. B.), 8712*.
McAloy (A.), 11438*.
McCellan (W. R.), 3982*.
McCormack (W. B.), 3471*, 4241*, 4467*, 4681*, 5901*, 5908*, 5915*, 6868*, 7556*.
MacDonald (R. N.), 470*, 1175*, 3982*, 7799*, 9459*, 9684*.
McGouvern (J. J.), 10655*.
McGrew (F. C.), 468*, 9666*.
McHarness (R. C.), 8727*.
McKinney (R. M.), 11656*.
McLeod (H. G.), 10134*.
McQueen (D. M.), 2347*.
Magat (E. E.), 4469*.
Marks (B. M.), 8042*.
Martin (E. L.), 1425*, 3259*, 9238*.
Martone (J. D.), 9940*.
Marvel (C. S.), 2088*, 10872*.
Merner (R. R.), 6621*, 9198*.
Meuly (W. C.), 7500*.
Meunier (P. L.), 1146*.
Miegel (R. E.), 6428*.
Miles jr. (John B.), 10166*.
Miller (Henry C.), 2089*.
Millhiser (F. R.), 4970*.
Morgan (P. W.), 2089*.
Muth (M. J.), 8938*.
Nadler (M. L.), 4228*, 4952*.
Naylor jr. (M. A.), 5898*.
Nebel (R. W.), 2088*, 3972*.
Ness (A. B.), 10639*.
Nichols (G. M.), 8043*.
Nichols (J. B.), 4971*.
Nutting (R. D.), 1817*.
O'Leary (D. K.), 1870*.
Oppegard (A. L.), 9904*.
Pailthorp (J. R.), 10621*.
Park (J. D.), 3248*, 10135*.
Patten (S. H.), 7592*.
Patterson (G. H.), 7126*.
Pauson (P. L.), 8970*.
Pavlic (A. A.), 6405*.
Pease (D. C.), 8981*, 9454*.
Pedersen (C. J.), 9451*.
Pete (R. H.), 7811*.
Peterson (M. L.), 10379*.
Peterson (W. R.), 705*.
Piccard (J. A.), 9226*.
Pikl (J.), 2563*.
Pinkney (P. S.), 468*, 1621*, 3981*, 10629*.
Pratt (B. C.), 1621*, 8733*, 10624*.
Price (E. H.), 9666*, 10134*.
Prichard (W. W.), 6851*, 10627*, 11687*.
Prucino (L. J.), 8512*.
Pryde (E. H.), 9878*.
Raasch (M. S.), 3982*.
Railing (W. E.), 2311*.
Ray jr. (L. G.), 4940*.
Reidinger (A. D.), 2084*.
Remington (W. R.), 8512*.
Richards (L. M.), 7798*.
Richardson (C. L.), 8037*.
Rick (C. E.), 3227*.
Rivers (J. T.), 6826*.
Robb (L. E.), 7097*.
Robbins (G. B.), 7355*.
Robertson (J. A.), 7565*.
Robinson (I. M.), 11099*.
Rodman (E. A.), 5648*, 8985*.
Rogers (A. O.), 5184*, 7081*.
Ropp (H. W. de), 2534*.
Rothrock (H. S.), 2089*. 10391.
Salzberg (P. L.), 10140*.
Saner (W. R.), 6668*.
Sartori (M. F.), 7559*, 9450*, 11123*.
Schaumann (H. H.), 3461*, 7293*.
Schmitz (W. R.), 4649*, 8920*.
Schneider (A. K.), 1413*, 4949*.
Schofield (F. M.), 5456*.
Schreiber (R. S.), 3982*.
Schreyer (R. C.), 9444*, 11095*.
Schweitzer (C. E.), 5849*.
Searle (N. E.), 9175*, 11081*.
Sherwood jr. (L. T.), 10160*, 11123*.
Shivers jr. (J. C.), 4493*.
Sigler (G.), 1646*.
Skiles (B. F.), 10145*, 11684*.
Smook (M. A.), 2087*, 2550*.
Snyder (H. H.), 10888*.
Snyder (M. D.), 1414*, 5937*.
Spaeth (C. P.), 1888*, 9445*.
Sperati (C. A.), 6866*.
Sprauer (J. W.), 902*, 6362*, 10383*.
Stallmann (O.), 692*, 5656*.
Stamatoff (G. S.), 5196*, 5435*.
Stilmar (F. B.), 697*, 5908*.
Strain (D. E.), 7330*, 11438*.
Tabet (G. E.), 2535*, 5418*, 7316*, 10627*.
Tanner (W. B.), 3500*, 9671*.
Theobald (C. W.), 2088*, 6634*.
Thomas (J. C.), 10171*.
Thompson (W. W.), 3734*, 8032*.
Todd (Charles W.), 9175*.
Torrence (M. F.), 6157*.
Trepagnier (J. H.), 1846*.
Tullock (C. W.), 3982*.
Tully (J. N.), 1817*.
Turnbull (N.), 5436*, 8979*.
Ulich (L. H.), 692*.
Umberger (J. Q.), 9716*.
Verbanc (J. J.), 6157*, 9212*, 9906*.
Vinton (W. H.), 6669*, 8771*, 8772*, 9461*, 9911*.
Waldin (V. H.), 7821*.
Waldron (W. R.), 692*.
Walker (Joseph F.), 213*.
Walker (S. E.), 7821*.
Wayne (W. J.), 1621*.
Webb (I. D.), 2297*, 7316*.
Webb (M. Q.), 10414*.
Webers (V. J.), 7795*.
Webster (L. J.), 1423*.
Weinmayr (V.), 5900*, 10861*.
Wells (A. J.), 7777*.
Wernlund (C. J.), 6615*, 8724*, 10134*.
Werntz (J. H.), 4933*, 10380*.
White (C. F. A.), 7824*.
Whitman (G. M.), 6852*, 8970*, 9675*, 9909*, 9910*.
Wilkinson (W. K.), 10391*.
Williams (C. P.), 1888*.
Williamson (T. A.), 1841*.
Wilson (C. D.), 9908*.
Winberg (H. E.), 5652*.
Wirth (W. V.), 3251*.
Wolter (F. J.), 7292*.
Woodworth (P.), 10160*.
Wright (W. H.), 9450*.
Wrightsman (P. G.), 7821*.
Wygand jr. (W.), 1146*.
Young (E. G.), 7779*.
Young (J. H.), 11656*.
Youngquist (O. G.), 2550*.
Zwilgmeyer (F.), 930*.

Dupperay (J. N.) s. Chimiotechnic, Union Chimique du Nord et du Rhône (Soc. An.).
Dupré la Tour (F.) u. **Giraud-Costa (É.)**, Radioaktivität ist für d. Automatik bestimmter tier. Organe nicht notwend. 7956.
Dupuis (R.) s Giroud (A.).
Dupuy (G.), Radium, radioactivité, énergie nucléaire [12].
Dupuy (P.), Unters. d. Cu-Komplexe v. Glykokoll, β-Alanin u. Leucin 1707. — Faktoren d. Entw. d. Essigstiches im Wein 9464.
— u. **Bouzigues (H.)**, Verf. zur Eisenentfern. durch Weizenkleie 10644.
— u. **Flanzy (M.)**, Einfl. v. Thiamin auf d. Gär. v. Traubensaft 9465.
Dupuy (R.), Extrakt. v. Pflanzenölen mittels Furfurol 7344* F.
Dupuy (S.) s. Chauvelier (J.).
Duquénois (P.), Digitalisgewächse 157. — Identifizier. v. Haschisch u. Hanf mit Hilfe d.

Mikrochromatographie 8696. — s. Greib (E.); Paillot-Cressole (M.).
Duquénois (P.) u. Mathis (C.), Nachw. v. Chlorpromazin in d. Toxikologie 8696.
Duquesne (M.), Bedeut. d. unelast. β-e⁻-Streuung in d. radioakt. Quellen 6206. — Unters. der d. α-Strahl. v. ^{210}Po begleitenden Elektronenemiss. mittels d. α—e⁻-Koinzidenzmeth. 10673.
Duraiswami (P. K.), Experimentelle Teratome nach Behandl. mit Benzylalkohol 5334.
Duran-Reynals (F.), Mesenchymale Grundsubstanz. 1. Mitt. Theoret. u. klin. Gesichtspunkte 11593.
Durand (C.), Qualitative Angaben über d. Färbbark. u. d. Empfindlichk. d. Desoxyribonucleinsäure auf enzymat. Angriffe in vitro 6769.
Durand (É.), Lsg. d. Maxwellschen Gleichungen u. d. Dirac-Gleichungen für gegebene Anfangsbedingg. 9487. — Verteill. v. Dipolen 11159.
Durand (E. J.) s. King (R. O.).
Durand (M.) s. Meyer (Louis).
Durand (R.), γ-Methyl-α-ketoparaconsäureäthylester 1730.
Durand (René) s. Quelet (R.).
Durand & Huguenin Akt.-Ges., Leukoschwefelsäureestersalze v. Anthrachinonazofarbstoffen 3495* Schwz. — 1-Chlor-2-acetoacetylaminoanthrachinon 7791* Schwz. — Acetoacetylaminoverb. 9676* Schwz. — Acetoacetylverb. d. Carbazols 11468* Schwz.
—, Oppliger (W.), Glenz (K.) u. Schenkel (H.), Leukoschwefelsäureestersalze 6144* D. B.
— u. Peyer (E.), Wasserlösl. Leukoschwefelsäureestersalze aus schwer veresterbaren Küpenfarbstoffen d. Anthrachinonreihe 10386* D. B.
—, Schenkel (H.) u. Aeberli (M.), N-Acetoacetylderivv. v. Aminoverbb. 8266* D. B.
Durande-Ayme (R.), Best. d. Cr mit Perchlorsäure in Einbadchrombrühen u. in Restbrühen d. Einbadgerbung 1420.
Durandet (J.) u. Gladel (Y. L.), Einfl. d. Temp. auf die Flüssigkeit-Flüssigkeits-Gleichgewichte des Syst. Anilin–n-Heptan–Toluol 10471.
Durant (L. G.), Kontinuierl. Herst. v. gebleichtem neutralem halbchem. Sulfitzellstoff 8059.
Durant (W. W.) s. American Cyanamid Co.; Barnstead Still and Sterilizer Co.
Durasová (M.) s. Koula (V.).
Durastic Ltd. u. Redfarn (C. A.), Überzug für Mauern, Wände, Fußböden u. dgl. 2085* F. — Bituminöse Fußbodenbelagmasse 4980* A. — Mörtelmischung 9648* E.
Durbin (E. A.) s. Mallett (M. W.).
Durbin (F. M.), Introduction to physics [9947].
Durbin (G. T.) s. American Home Products Corp.; Hassinen (J. B.); Tomarelli (R. M.).
Durbin (P. W.), F-Stoffwechsel in d. Ratte, untersucht mit ^{18}F als Tracer 7485. — s. Hamilton (J. G.).
—, Hamilton (J. G.) u. Parrott (M. W.), Wrkg. einer Vorbehandl. mit Propylthiouracil auf d. Speicher. v. Astat durch d. Schilddrüse d. Ratte 3179.
Durdin (J. W.) u. Duchnjakowa (S. U.), Parallele Unters. d. Lösungsgeschwindigkk. u. d. Potentiale d. sich auflösenden Mg u. Mn 3575. — Lösungsgeschwindigk. v. rotierenden Mg- u. Mn-Scheiben in Säuren 3575.
Duré (P. R.), Überwach. v. Gasatmosphären auf d. Grundlage v. gecracktem NH_3 zur Wärmebehandl. in Öfen d. Hüttenwesens u. in d. mechan. u. Elektroindustrie 3701. — Verchrom. v. Stahl in einer Gasatmosphäre 4689.
Durey (J.-M.), Veränderr. im Ascorbinsäuregeh. d. Rattennebenniere während d. Schwangerschaft 1778. — s. Cheymol (J.).
Durgeat (M.) s. Frèrejacque (M.).
Durgin (A. G.), Grobpapiere, Säcke u. Pappe 2563.
Durham (F. P.), Thermodynamics [3078].
Durham (G. S.), Rock (E. J.) u. Frayn (J. S.), Feste Lsgg. d. Alkalihalogenide. 1. Mitt. Systeme KBr–KCl–H_2O, RbBr–RbCl–H_2O u. RbBr–KBr–H_2O bei 25° 307.
Durham (J. R.), Cooke (R. E.), Lancaster (J. W.) u. Man (E. B.), Butanol-extrahierbare Serumjodwerte v. Kindern unter *10* Jahren 2009.
Durham (M. P.), Shooter (R. A.) u. Curwen (M. P.), Versagen v. Sulfonamiden zur Verhinder. v. Harnwegsinfektt. nach Vaginaleingriff 2474.
Durić (D.) s. Valić (F.).
Durieux (J.) u. Kerguen (R.), Schwere medulläre Aplasie nach Chloramphenicolbehandl. 3908.
Duriez (M.), Hydraul. Betone u. KW-stoffgebundene Betone. 1. Mitt. Betracht. hydraul. Betone mit Bezug auf d. Art d. geplanten Bauwerke u. d. Wesen d. zu beachtenden Umwelteinflüsse 8236; 2. Mitt. Betracht. d. KW-stoffgebundenen Betone. Verschiedene Typen: Zus., Herst., Verarbeit. u. Qualitätskontrolle 8236.
Duriez (V.) u. Barboni (J.), Méthode d'analyse chimique des alliages réfractaires [8696].
Durif (S.) s. Alpern (B.).
Durisol Akt.-Ges. für Leichtbaustoffe, Bauelemente aus Leichtbeton 2752* D. B.
Durkee (A. B.) s. Hill (H.) [Ottawa].
Durkin (A. E.) u. Horner (A. H.), Silicon-Aluminium-Anstriche erhöhen d. Lebensdauer v. Stahl bei hohen Tempp. 4221.
Durlach (J.), Bouvet (P.) u. Levillain (R.), Einfl. d. Propylthiouracils auf d. Adrenalingeh. d. Meerschweinchennebenniere 1077, 4865.
Durmischidse (S. W.) u. Chatschidse (O. T.), Photometr. Meth. zur Best. d. roten Farbstoffe in d. Weintraube u. im Wein 8517.
— u. Nutzubidse (N. N.), Chromatograph. Unters. d. Gerbstoffe d. Weinrebe 4134.
Durnal (R. G.) s. Connor (J. C.).
Duro (F.), Elementi di analisi chimica quantitativa. Analisi ponderale e volumetrica. Esempi di analisi ponderale e problemi analitici di alcalimetria, acidimetria, ossidimetria, jodometria, argentimetria [5864].
Durow (S. A.), Bezieh. zwischen Oberflächensulfatwässern u. alkal. Tiefenwässern 2153.
— u. Gorbenko (F. P.), Fall v. starker Entmisch. (Stratifikat.) v. Mineralwasser in Schachtbrunnen 310.
—, Nemirowski (J. M.) u. Fessenko (N. G.), Beurteil. d. Durchblas. v. Kesseln als Meth. zur Bekämpf. d. Schäumens v. Kesselwasser 10832.
Durr (A. H. V.) s. Manufactures de Produits Chimiques du Nord, Établissements Kuhlmann.
Durr (G. V.) s. Mastagli (P.).

Durrer (R.), Verhütten v. Eisenerzen [454]. — s. Süddeutsche Kalkstickstoff-Werke Akt.-Ges.
Durrum (E. L.) s. Block (R. J.).
Durska-Zakrzewska (A.), Erprob. v. Streptomycin bei Sklerom 3907.
Durssunowa (S. M.), O bei d. Behandl. v. Trichocephalose 7493.
Durstein (R. C.) s. Hutchinson (G. E.).
Durup (J.) s. Chapiro (A.).
Duruşken (Ö. S.), Nachw. v. Morphinalkaloiden in d. Cerebrospinal-Fl. v. Heroinsüchtigen 6096.
Dury (K.) s. Kulm (R.).
Duschek (G.) s. Duschek (R.).
Duschek (I.) s. Duschek (R.).
Duschek (L.) s. Duschek (R.).
Duschek (R.), Duschek (L.), Duschek (I.), Duschek (G.) u. **Böhm (Franz)**, Mittel zur Verhinder. d. Kesselsteinbdlg. u. zur Entfern. v. Kesselstein 6103* Oe.
Duschinsky (R.) s. Hoffmann-La Roche, Inc.; Schmall (M.).
Dušek (K.) u. **Hudeček (S.)**, Colorimetr. Best. v. Formaldehyd 5142.
Dusenbury (J. H.) u. ***Coe (A. B.)**, Nachw. d. bilateralen Struktur v. Wolle durch unterschiedl. Färben: Neue Ergebnisse 10413.
Dušinský (G.), Colorimetr. Methoden u. ihre Verwend. in d. Pharmazie 1326. — Polarograph. Best. d. 4-Acetaminobenzaldehydthiosemicarbazons 9852. — Polarograph. Best. v. 2-Phenylchinolin-4-carbonsäure (Atophan) 11250. — Polarograph. Best. d. Percains 11425.
Duske (A.), Klin. Unterss. u. Ergebnisse bei d. Lokalbehandl. d. Juckreizes mit „Soventolgelee" 9842.
Duspiva (F.), Wirkungsmechanismus moderner synthet. Insekticide 10072.
Dussajew (N. M.) s. Kelman (W. M.).
Dussek Brothers & Co. Ltd., Imprägniermasse für Kabelisolierr. 9875* E.
Dustan (G. G.), Anwend. v. Insekticiden bei Fruchtgewächsen 9651.
Dustan (H. P.) s. Taylor (R. D.).
Dustin (J. P.) s. Schram (E.).
—, **Czajkowska (C.), Moore (S.)** u. **Bigwood (E. J.)**, Unters. d. chromatograph. Best. v. Aminosäuren in Ggw. v. großen Mengen Kohlenhydraten 6354.
Dustin jr. (P.) s. Eigsti (O. J.).
Dutch (P. H.) s. Johnson (R. M.).
Dutcher (H. A.) s. Phillips Petroleum Co.
Dutcher (J. D.), Hosansky (N.) u. **Sherman (J. H.)**, Chem. Nachw. für Neomycin 3437.
—, **Vandeputte (J.), Fox (S.)** u. **Heuser (L. J.)**, Gegen Rickettsien wirksames Antibioticum aus d. Streptomycesart M-4209. 2. Mitt. Chem. Eigg. 1767.
Dutcher (R. A.), Jensen (C. O.) u. **Alhtouse (P. M.)**, Fundamentos de Bioquímica Agrícola [1596].
Dutemps du Gric (J.), Netzmittelzusatz zu Pigmentfarben 1615* F.
Dutilleul (H.), Ermüdungsverss. an elektr. geschweißten Verbb. 10851.
Dutreix (J.) s. Coliez (R.).
Dutt (S.) s. Kathpalia (Y. P.).
Dutta (A. K.), Ultraschallabsorpt. u. Relaxationsmechanismus 8560.
Dutta (M.), Krit. Prüf. d. Meth. v. Falkenhagen u. Kelbg zur Ableit. einer Statistik für Teilchen endl. Größe 1910.
— u. **Sengupta (M.)**, Auf einer neuen Statistik beruhende Theorie starker Elektrolyte in Lsg.; Gleichgewichtsphänomene: Aktivitätskoeffizienten 7848.
Dutta (N. L.), Saponine aus Balanites Roxburghii Planch. 1. Mitt. Zuckeranteile 3434.
Dutta (P. K.) s. Saha (N. N.).
Dutta (R.), Kraftgas aus Abwasserschlamm 11067.
Dutta (S. K.) u. **Ghosh (B. N.)**, Verwendbark. v. Bleiamalgamelektroden bei d. Best. v. Pb^{2+}, SO_4^{2-} u. Ba^{2+} durch potentiometr. Titrat. 4173.
Dutton (B. D.) s. Stevens (K. M.).
Dutton (H. J.) s. Cannon (Joseph A.); Evans (C. D.).
Dutton (K. R.) s. Dutton & Reinisch Ltd.
Dutton & Reinisch Ltd., Reinisch (W. B.) u. **Dutton (K. R.)**, Waschverf. 954* E. — Wasch-, Reinig.- u. Emulgiermittel 6647* E.
Dutz (H.), Rossa (H. J.) u. **Voigt (K.)**, Beeinfluss. d. Verlaufes d. experimentellen Rattennephritis durch Phenyläthylbarbitursäure 5363.
Duuren (B. L. Van) s. Adams (R.).
Duval (C.), Automat. W.- u. Ascheschnellanalyse in Mehl 3756. — Thermolysekurven d. in d. Buch v. Hecht u. Donau beschriebenen Ndd. 7735. — Anwendd. d. Infrarotabsorptionsspektren an einem Tropfen wss. Lsg. 11431.
—, **Buu-Hoï (N. P.), Xuong (N. D.)** u. **Jacquinot (M.)**, Biochem. u. mikroanalyt. Unters. tuberkulostat. Hydrazide 9405.
— u. **Lecomte (Jean)**, Infrarotspektren v. Metallsalzen mit Ionengruppen v. XO_2-Typ 4276. — Rkk. im festen Zustande, untersucht mit Hilfe v. Infrarotabsorptionsspektren 7608.
Duval (G. A.) u. **Kalichevsky (V. A.)**, Benzinraffinat. nach d. Dualayer-Verf. 7815.
Duval (L.), Radierverf. zur Herst. photograph. Bilder 3778* F.
Duval (X.), Unters. d. Adsorpt. v. Sauerstoff an Kohle auf Grund ihrer thermoelektr. Emission 10932.
Duval Sulphur & Potash Co., Atwood (G. E.) u. **Johnston (D.)**, Schwimmaufbereit. v. Mineralien 4430* D. B.
Duvaux (M.), Meth. zur spektrophotometr. Best. d. 2-Methyl-4-chlorphenoxyessigsäure 5383.
Duve (G.) s. Stetter (H.).
Duveen (D. I.), A. L. Lavoisier u. d. franz. Revolut. 2349. — Ein unveröffentlichter Bericht v. Lavoisier u. Hassenfratz über ein Verf., Schuhleder wasserdicht zu machen 10427.
— u. **Klickstein (H. S.)**, Ein Brief v. Berthollet an Bladgen über d. Verss. zur Synth. größerer Wassermengen durch Lavoisier u. Meusnier *1785* 2. — A. L. Lavoisier (*1743* bis *1794*) u. C. Columbus (*1446?—1506*) 2. — Zwei Flugblätter, d. A. L. Lavoisiers „Der neuen Nomenklatur angepaßte chem. Zeichen" erläutern 9010.
Duverney (C. A.) s. Albert (S. N.).
Duwez (P.), Einfl. d. Abkühlungsgeschwindigk. auf d. α–β-Umwandl. in Ti u. Ti–Mo-Legierr. 4201. — s. Brown jr. (F. H.); Karman (T. v.); McCaldin (J. O.).

Duwez (P.) u. **Jordan (C. B.),** Kristallstruktur v. Ti_3Au u. Ti_3Pt 996. — Sintern v. Cu-Au-Legierr. 8329.
Dux (E. F. W.), Kaltwasserlösl. Stärken 942, 4474. — Quellstärke: Definition 7802.
Duyckaerts (G.) s. Bovy (R.); Posner (A. S.).
Duyn (D. van), Beginselen der kwantitatieve chemische analyse [891].
Duyne (F. O. van) s. Fisher (W. B.).
Duyne (H. Van) s. Fine (M. E.).
Duysens (L. N. M.), Reversible Photooxydat. eines Cytochrompigments in photosynthet. akt. Rhodospirillum rubrum 10056.
Dvoracsek (M.), Gewichtsbest. mittels Hydrometer u. d. Mechanisier. d. nassen Siebens in d. Strukturprüf. v. Böden 6115.
Dvořák (A.) s. Chirana národní podnik.
Dvořáková (B.) u. **Tomko (J.),** Ionenaustausch in d. Chemie d. Opiumalkaloide 8165.
Dvořáková (H.) s. Novák (B.).
Dvornik (D.) u. **Djokić (S. M.),** Darst. einiger Thiobarbitursäurederivv. 10750.
— u. **Hammes (P.),** Darst. v. Phenylmalonsäureäthylester 77.
Dvornikoff (M. N.) s. Monsanto Chemical Co.
Dvortsák (J.) s. Kotsis (E.).
Dwidar (I. M.) s. Gindy (M.).
Dwiggins (C. W.) s. Kruh (R.).
Dworetzkaja (R. M.), Einfl. d. selektiven Benetz. auf d. Prozeß d. Emulsionsbldg. 10689.
Dwork (K. G.), Medikament d. Wahl bei Amöbiasis 1791.
Dworkin (A. S.) u. **Artsdalen (E. R. Van),** Mol. Lösungswärmen v. n-Butylborsäure u. Tri-n-butylboroxyd 3588.
—, **Sasmor (D. J.)** u. **Artsdalen (E. R. Van),** Wärmekapazität u. Entropie v. Cadmiumjodid bei tiefen Tempp. 11515.
Dwornik (E. J.) s. Christ (C. L.).
Dwornikowa (P. D.) s. Guli (M. F.).
Dworschack (R. G.), Koepsell (H. J.) u. **Lagoda (A. A.),** Proteolyt. Enzyme v. Mikroorganismen. Best. d. durch Schimmelpilze d. Aspergillus flavus-oryzae-Gruppe in Submerskultur gebildeten Proteinasen 2926.
Dwyer (F. P.) s. Brandt (W. W.); Davies (N. R.).
— u. **Gibson (N. A.),** Chemie d. Os. 6. Mitt. Gebrauch v. Tris-o-phenanthrolinosmium(II)-perchlorat als innerer Redoxindicator 2625. — Mikrobest. v. Fe mit Triphenylarsoniumrhodanid 7740.
—, **Gibson (N. A.)** u. **Gyarfas (E. C.),** Chemie d. Os. 4. Mitt. Darst. u. Zerleg. d. Tris-o-phenanthrolinosmium(II)-Ions 2625; 5. Mitt. Redoxpotentiale d. Tris-2.2'-dipyridylosmium(II/III) u. Tris-o-phenanthrolinosmium(II/III)-Paare 2625.
—, **Gyarfas (E. C.)** u. **Mellor (D. P.),** Auflösung u. Racemisier. v. Kaliumäthylendiamintetraacetatocobaltat(III) 8569.
—, **Gyarfas (E. C.)** u. **O'Dwyer (M. F.),** Konfigurative Aktivität 512.
— u. **Hogarth (J. W.),** Chemie d. Os. 7. Mitt. Bromo- u. Chloropentamminosmium(III)-Reihe 2625; 8. Mitt. Darst. d. Ammoniumhexachloroosmat(IV) 2626; Darst. einiger Hexamminosmium(III)-salze 2626.
— u. **Sargeson (A.),** Darst. v. Trisacetylacetonrhodium(III) u. -iridium(III) 9279. — Osmium(III)-trisacetylacetonat 9981.
Dwyer (Frank P.) s. Basolo (F.).
Dwyer (P.) s. Gerschman (R.).
Dyal (R. S.) s. Pinck (L. A.).
Dyba (R. V.) s. Lane (C. T.).
Dyban (A. P.) u. **Demkiw (L. P.),** Über d. kropferzeugende Wrkg. v. Rhodanin 9832.
Dybing (F.), Dybing (O.) u. **Jensen (K. B.),** Nachw. v. Scillirosid in organ. Material 1808.
Dybing (O.), Toxizität u. Herzwrkg. d. Scillirosids 3425. — s. Dybing (F.).
Dyckerhoff (H.), Wörterbuch d. physiol. Chemie für Mediziner [6326].
Dyckerhoff (W.) u. **Seailles (J. C.),** Tonerdegewinn. 2046* D. — Gleichzeit. Herst. v. Fe u. Tonerde neben einem zur Erzeug. eines hydraul. Bindemittels geeigneten Rohstoffs, gegebenenfalls unter gleichzeit. Gewinn. v. wertvollen P- u. S-Verbb., unter Zusatz v. Kalk 3480* D.
Dyckerhoff & Widmann Komm.-Ges., Kugel. Tonformlinge für Leichtbeton 1821* D. B. — Verbesser. d. elektr. Leitwiderstandes v. Beton 1822* D. B. — s. Kretzschmar (A.).
Dye (D. W.), Pflanzenschutzmittel auf d. bakteriellen Krebs d. Tomaten [Corynebacterium michiganese (Erw. Smith) Jensen] u. auf d. Spätmehltau [Phytophthora infestans (Mont.) de Bary] 2282. — Bekämpf. v. Erwinia carotovora (Jones, Holland) in Karotten während d. Transportes u. d. Lager. 8052.
— u. **Dye (M. H.),** Wirksamk. v. Therapeuticis einschließl. d. Antibiotica zur Vermeid. d. Mehltauentw. bei Steinfrüchten (Pseudomonas syringae van Hall) 3412.
Dye (M. H.), In vitro-Unterss. über d. Effekt v. Antibioticis auf Pseudomonas syringae 3413. — s. Dye (D. W.).
Dye jr. (W. T.) s. Monsanto Chemical Co.
Dyekjaer (J. C. C.), Behandl. gefrorener Erzeugnisse mit einem geschmolzenen thermoplast. Stoff 2097* E. — Behandl. v. tiefgekühlten Lebensmitteln 3273* Schwed., 5925* N.
Dyer (A. J.) u. **Bird (J. R.),** Bei d. Zertrümmer. v. Be durch Deuteronen emittierte Neutronen 8776.
Dyer (C. A.) s. Minneapolis-Honeywell Regulator Co.
Dyer (H. M.) s. Damron (C. M.).
— u. **Ross (H. E.),** Ascorbinsäure, Dehydroascorbinsäure u. Diketogulonsäure in transplantablen Melanomen u. a. Tumoren d. Maus 2692.
Dyer (T. M.) s. Cuthbert (F. L.).
Dyggve (H.) s. Plum (P.).
Dyk (J. W. van) s. Carroll (B.).
Dyke (D. C. van) s. Contopoulos (A. N.); Simpson (M. E.).
Dyke (O. W. Van) s. Magnet Cove Barium Corp.
Dyke (R. H.), Modifizieren v. Al-Si-Legierr. 10367.
Dyke (R. H. Van) s. Brooker (L. G. S.).
Dyke (W. J. C.), Medizin. Erzeugnisse aus tier. Geweben 4642.
Dyke (W. P.) s. Dolan (W. W.).
—, **Trolan (J. K.), Dolan (W. W.)** u. **Grundhauser (F. J.),** Feldemissions-Stromdichteverteil. 3558.
Dykman (I. M.), Polarisierende Excitonen in Kristallen v. KCl-Typ 8035. — s. Glasman (J. M.).

Dykstra (F. J.) s. Ethyl Corp.
Dykstra (S. J.) s. Stevens (C. L.).
Dyman (W. K.), Eiweißernähr. als Faktor morpholog. Veränderr. d. Organismus 1313.
Dymling (E.), Giertz (H. W.) u. Rånby (B. G.), Fraktionierte Auflös. v. nitrierten Kohlenhydraten in nativen Fasern 4963.
Dymon (J. J.) u. King (A. J.), Strukturunterss. d. zwei Formen v. Natriumtripolyphosphat 1220.
Dymond (E. G.) s. Pullar (J. D.).
Dymsza (H.), Boucher (R. V.) u. Callenbach (E. W.), Einfl. d. Ergänz. durch Antibiotica auf bestimmte physikal. u. chem. Eigg. v. Putern 7482.
Dynamidon-Werk Engelhorn & Co. G. m. b. H. u. Baumhauer (F.), Hochfeuerfeste poröse Steine u. MM. 1123* D. B.
Dynamit Akt.-Ges. vorm. A. Nobel & Co., Desensibilisieren v. Sprengstoffen 494* F. — Wasserabweisendmachen v. faser. Material 1172* E. — Sicherheitssprengstoff für elektr. Zünd. 4503* F. — Sprengzünder 4503* F. — Material für Schallplatten 7097* F.
—, Eisenmann (K.) u. Niermann (Fritz), Verbesser. v. Spritzgußmassen auf Basis v. Celluloseestern 10653* D. B.
— u. Elsner (H.), Erhöh. d. Detonationsgeschwindigk. v. phlegmatisierten Sprengstoffen 1887* D. B., 2579* D. B. — Phlegmatisier. v. Sprengstoffen 2345* D. B.
—, Elsner (H.) u. Ratz (H.), Herst. v. Salzen d. Azidosulfonsäure bzw. deren Rk.-Prodd. mit Chlorsulfonsäure 11268* D. B.
—, Habbel (F.) u. Elsner (H.), Schlagwettersichere elektr. Zündpillen 2580* D. B.
—, Habbel (F.) u. Prior (J.), Schlagwettersichere, detonierende Zündschnur 3047* D. B.
— u. Kessler (H.), Kunstharze 1856* D. B.
— u. Kuhr (E.), Beschleunig. d. Umsetz. v. polyfunktionellen Isocyanaten oder ähnl. wirkenden Stoffen mit polyoxy- oder polycarboxygruppenhalt. Verbb. 3020* D. B. — Elast. Kunststoffe 3022* D. B.
— u. Menke (H.), Zünder 2579* D. B.
— u. Orth (Hans), Polyäthersiloxacycloacetale 6634* D. B. — Ungesätt. cycl. Acetale u. Ketale 8736* D. B. — Polymerisationsprodd. 9208* D. B. — Ungesätt. cycl. Acetale 11463* D. B. — Polyätheracetalurethane 11473* D. B.
—, Orth (Hans) u. Raichle (K.), Harze aus Phenolen u. Aldehyden 225* D. B.
— u. Pinten (P.), Beschleunig. d. Rk. v. polyfunktionellen Isocyanaten oder ähnl. wirkenden Stoffen mit polyoxy- oder polycarboxygruppenhalt. Verbb. 2090* D. B. — Kaltleim 8770* D. B.
— u. Prior (J.), Verzögerungselement 2345* D. B. — Schlagwettersichere Sprengkapseln 2580* D. B. — Zündsätze u. Initialsprengstoffe 6663* D. B.
—, Walter (P.) u. Hechler (G.), Stabilisieren v. Nitrocellulose 10174* D. B.
— u. Wienand (M.), Verf. zur fortlaufenden Herst. u. Behandl. v. vorzugsweise fläch. Werkstoff 703* D. B.
— u. Wippenhohn (H.), Sprengzündschnüre 4256* D. B.
Dyrkacz (W. W.) s. Allegheny Ludlum Steel Corp.
Dyson (F. J.), Schrödinger-Gleichung in d. Quantenelektrodynamik 1661. — Dynamik einer gestörten linearen Kette 2121. — Wellenfunkt. einer relativist. Syst. 4505. — s. Bethe (H. A.); Mitra (A. N.).
Dyson (F. J.), Ross (M.), Salpeter (E. E.), Schweber (S. S.), Sundaresan (M. K.), Visscher (W. M.) u. Bethe (H. A.), Meson-Nucleon-Streuung in d. Tamm-Dancoff-Näher. 10428.
Dyson (G. M.), Chem. Dokumentat. 3. Mitt. Mechanisierte Dokumentat. 4563. — Neuere Chemie d. F u. seiner Verbb. 5149. — Neue Meth. d. Darst. v. Arylisothiocyanaten 7200. — Enzyme 7496.
— u. Stephens (F. F.), Heterocycl. Verbb. 5657* F.
Dyson (J.), Interferometermikroskop für undurchsicht. Objekte 882. — Optik d. fokussierenden Röntgenstrahlenmikroskops 6576.
Dzienisiewicz (J.) u. Pryor (E. J.), Wrkg. d. Luft bei d. Schaumflotat. 8481.
Dziewiatkowski (D. D.), Sulfatschwefelstoffwechsel beim Rattenfötus mit d. Nachw. durch ^{35}S 8900. — Unters. über Vitamin A u. endochondrale Knochenbldg. bei d. Ratte mit ^{35}S u. ^{32}P 10553. — Unters. über Vitamin D u. endochondrale Knochenbldg. bei d. Ratte mit ^{35}S u. ^{32}P 10554.
Dziri (A.) s. Uzan (M.).
Dziuba (K.) s. Wolf (H. J.).
— u. Wolf (H. J.), Behandl. chron. eiternder Erkrankk. mit d. proteolyt. Ferment Trypsin 2246.
Dzurus (M.) s. Hough (W. V.).

E. C. France Soc. à r. l., Brasch (A.) u. Huber (Wolfgang), Konservieren v. Lebensmitteln durch Elektronenbombardement 3028* F.
Eaborn (C.), Organosiliciumverbb. 2. Mitt. „Umwandlungsreihe" für siliciumorgan. Halogenide, Pseudohalogenide u. Sulfide 4083; 6. Mitt. Kinetik d. säurekatalysierten Spalt. v. p-Methoxyphenyltrimethylsilan 5754; 7. Mitt. Mol.-Komplex zwischen J u. Tricyclohexyljodsilan 5752. — s. Deans (D. R.).
— u. Shaw (R. A.), UV-Absorptionsspektren v. 9-substituierten Fluorenen 1231.
Eade (T. C.), Wachshalt., halbfeste, kosmet. Präpp. 6638* E.
Eadie (I. M.) u. Robinson (B. D.), Bekämpf. v. „Ragwort" (Senecio Jacobaea) durch Unkrautvernichtungsmittel v. Hormontyp 5632.
Eager (R. L.) u. McCallum (K. J.), Mechanismus v. Persulfatoxydatt. 6934.
Eagle (H.), Arzneimittelresistenz 8652. — s. Oyama (V. I.).
Eagle (S.) s. California Research Corp.
Eaglesfield (P.), Kelly (B. K.) u. Short (J. F.), Wiedergewinn. v. Essigsäure aus verd. wss. Lsgg. durch Extrakt. mit Fll. 1. Mitt. 10374; 2. Mitt. 10374.
Eagleton (L. C.) u. Bliss (H.), Trocknen v. Luft in ruhenden Schichten 1112.
Eagleton (S. D.), Auswrkgg. d. Drucks auf d. Spritzgießen v. Polystyrol 1619. — Neuere Entww. bei Styrol u. Polystyrol. 1. u. 2. Mitt. 6636.
Eames (A. J.), Blattentw. u. Blattbehandlungen mit 2.4-D 8476.
Eareckson (W. M.) s. Reeve (W.).
Earhart (K. A.), Bestrebungen u. Umstände, welche d. Verwend. v. Fettsäuren bei d. Herst. v. Alkydharzen beeinflussen 4224. — Fettsäuren u. Derivv. in Alkyd- u. a. Polyesterharzen für Überzugsmassen 10867. — s. National Distillers Products Corp.

Earing (M. H.) s. Wyandotte Chemicals Corp.
Earl (A. E.) s. Schneider (J. A.).
Earl (C. J.), Moulton (M. J.) u. Selverstone (B.), Cu-Stoffwechsel bei Wilsonscher Krankh. u. bei n. Personen. Unterss. mit ^{64}Cu 9604.
Earland (C.) s. Precision Processes (Textiles) Ltd.; Wolsey Ltd.
— **u. Raven (D. J.),** Rk. v. Wolle mit N-Bromacetamid u. N-Bromsuccinimid 2564. — Chloren v. Wolle bei langen Flottenverhältnissen 7115.
Earle (C. E.) s. Linderman (G. B.).
Earle (D. B.) s. Linderman (G. B.).
Earle jr. (H. H.) s. Food Machinery & Chemical Corp.
Earle (I. P.) s. Cabell (C. A.).
Earle jr. (R. H.) s. Dunn (C. L.).
Earles (M. P.), Foster (G. E.), Hardstone (B. L.) u. Stewart (G. A.), Stabilität v. Succinylcholinchloridinjektionslsgg. 3684.
Earley (J. W.), Milne (I. H.) u. McVeagh (W. J.), Therm. Entwässerungs- u. röntgenograph. Unterss. an Montmorillonit 3097.
—, **Osthaus (B. B.) u. Milne (I. H.),** Reinig. u. Eigg. v. Montmorillonit 3096.
Earley (P. J.) u. Sanger (M. J.), Mechan. Eigg. v. Elastomeren mit hoher Mooney-Plastizität 232.
Early (J. D.) s. Allen (N.).
Easley (J. W.) s. Chamberlain (O.).
Easly (J. C.) s. Gulf Research & Development Co.
Eason (W. J.) s. United States Steel Corp.
Easson (A. P. T.) s. May & Baker Ltd.
Eastburg (P. H.) s. Harvey (P. A.).
Easter (W. M.) s. Carpenter (M. S.).
Easterday (H. T.), Radioaktivität v. ^{67}Cu 2826.
Easterling (G. D.) s. Bonner (O. D.).
Easterly (W. D.) u. LaRocca (J. P.), Darst. einiger Amide v. Dichloracetaldehyd 5763.
Eastern Clay Products, Inc. u. Barlow (T. E.), M. für Gießereikern 2765* A.
— **u. Keyser (N. H.),** Gießereiformsandmisch. 2765* A.
Eastern States Soilbuilders, Inc. u. Eyster (W. H.), Düngemittel 9888* A.
Eastes (J. W.) s. United States of America.
Eastham (A. M.) s. Blackall (E. L.).
—, **Blackall (E. L.) u. Latremouille (G. A.),** Elektrolytkatalyse. 1. Mitt. Mutarotat. v. Glucose in Pyridin 9297.
Eastham (J. F.) s. Dauben (W. G.).
Eastland (C. J.) s. Allen & Hanburys Ltd.
Eastman (Du B.) s. Texaco Development Corp.; Texas Co.
Eastman (R. H.) s. Kreiter (V. P.); Woodward (R. B.).
— **u. Detert (F. L.),** Rk. v. Menthofuran mit p-Toluoldiazoniumsulfat 11385.
Eastman Kodak Co., Fraktionierte Hochvakuumdest. 1346* Dän. — Herst. v. Überzügen durch Metallbedampfen 6128* E., 6384* F.
—, **Allen (C. F. H.) u. Allan (J. A. Van),** Substituierte Benzo-(f)-chinoline 2583* A.
—, **Allen (C. F. H.) u. Burness (D. M.),** Bispyridylalkoxysilane 3779* A.
—, **Allen (C. F. H.) u. Laakso (T. T. M.),** Polymere Pyrazolonkuppler 10632* A.
— **u. Battey (R. S.),** Filmkitt 7590* A.
Eastman Kodak Co. u. Baxter (E. L.), Rollfilmschutzpapier 4024* A., E.
—, **Bean (F. R.) u. Russell (H. D.),** Direktpositivbilder 8072* D. B.
—, **Bell (A.) u. Knowles (M. B.),** Stabilisieren v. Fetten u. Ölen 7344* A. — N-tert.-alkylierte aromat. sek. Diamine 11718* A.
—, **Bell (A.) u. Shields (Donald J.),** Stabilisieren v. Fetten u. Ölen 1167* A.
— **u. Brannock (K. C.),** Gemischte Phosphorsäureester 10625* A.
—, **Brooker (L. G. S.) u. Sprague (R. H.),** Polymethinfilterfarbstoffe 3781* A.
— **u. Caldwell (J. R.),** Fäden, Folien, Formkörper u. dgl. aus Polyacrylnitril 229* A. — Brechen v. Öl-in-W.-Emulss. 1417* A. — Leichtfärbbare u. verspinnbare Mischpolymerisate 1647* A. — Nach d. Verspinnen färbbare Kunstharze 1880* A. — Wiedergewinn. v. Dialkylamiden aus Spinnbädern d. Polyacrylnitrils 2334* A. — Polyester aus Bis-(4-β-oxyalkoxyphenyl)-ketonen 6630* A. — Bis-(4β-oxyalkoxyphenyl)-sulfone 6888* A. — Celluloseacetatfasern mit guten färber. Eigg. 11124* A. — Essigsäureester tert. aliphat. Alkohole 11685* A.
— **u. Carroll (B. H.),** Supersensibilisier. 9239* D. B.
—, **Cawley (J. D.) u. Robeson (C. D.),** Ungesätt. Dicarbonsäureanhydride u. entsprechende Dicarbonsäuren 4165* D. B.
—, **Cawley (J. D.) u. Stern (M. H.),** Wasserlösl. Tocopherolderivv. 4648* A.
—, **Chechak (J. J.) u. Allen (C. F. H.),** Sulfoniertes Kupferphthalocyanin 4018* A., E.
—, **Clemens (M. L.), Bramer (H. v.) u. Young (De W. S.),** Herst. v. Bis-glycidyläthern chlorierter Hydrochinone 8501* A.
—, **Clower (E. H.) u. Johnson (F. E.),** Monohalogenessigsäurealkylester 10135* A.
— **u. Coover jr. (H. W.),** Phosphorverbb. 456* A. — Organ. P-Verbb. 9199* A. — Polymere Amidophosphate 9921* A.
—, **Coover jr. (H. W.) u. Dickey (J. B.),** Polymerisat. v. Monomeren 6863* A. — Vinylformiat 8495* A. — Polymerisationsprodd. v. α-Sulfonyl- u. Sulfonamidomethylacrylnitrilen 10150* A. — α-Ureidomethylacrylnitrile 11298* A.
—, **Coover jr. (H. W.), Dickey (J. B.) u. Shearer (N. H.),** Polymerisate d. 3-Methylenphthalids 10392* A. — Mischpolymerisate auf 3-Methylenphthalidbasis 10392* A.
—, **Coover jr. (H. W.) u. McCall (M. A.),** Polymere Organophosphonate 7101* A.
— **u. Crane (C. L.),** Hochveresterte Celluloseacetate 3033* A.
— **u. Deusen (W. P. van),** Ätzschutzschicht 3782* A.
— **u. Dickey (J. B.),** 1-Oxy-4-β-cyanopropylaminoanthrachinon 2786* A. — Mischpolymerisate für Fäden, Filme, Formkörper, Tuben 9209* A. — α-Fluormethylacrylnitrile 11105* A.
—, **Dickey (J. B.) u. Coover jr. (H. W.),** α-Substituierte Acrylsäuren, deren Ester u. Polymerisationsprodd. 3500* A. — Harzart. Polyphosphonsäurediamide 6153* A. — Insekticides Mittel 10610* A.
—, **Dickey (J. B.) u. McNally (J. G.),** 4.6-Dioxypyrimidinmonoazofarbstoffe 694* A.
—, **Dickey (J. B.) u. Stanin (T. E.),** Alkyl-α-fluoracetoxyacrylate u. Polymerisate derselben 468* A.

Eastman Kodak Co., Dickey (J. B.) u. **Taylor (G. J.),** 2.4-Bis(methylsulfonyl)-benzolazo-N-oxyalkyl-N-β-cyanäthylaniline 5187* A. — Methinfarbstoffe 9449* A.
—, **Dickey (J. B.)** u. **Towne (E. B.),** Anthrachinonfarbstoffe 462* A. — Azofarbstoffe 5427* A.
—, **Fallesen (G. E.)** u. **Stauffer (R. E.),** Farb. Direktpositive 4018* A.
— u. **Folwell (J. H.),** Klebband 4012* A.
— u. **Gearhart (W. M.),** Hitzebeständ. MM. aus niedr. Fettsäureestern d. Cellulose 10652* A.
—, **Glass (D. B.), Vittum (P. W.)** u. **Weissberger (A.),** Gefärbte Farbbildner 2585* D. B. — Farbige Kuppler für d. Farbkorrekturverf. nach Hanson 11720* D. B.
— u. **Gray (G. G.),** Auftragen v. Halogensilberemulss. auf Papier 3053* A.
— u. **Griggs (William H.),** Durch Bichromat sensibilisiertes photograph. Material 3780* Can.
— u. **Hagemeyer jr. (H. J.),** Wasserfeste Proteine 3524* A. — Ungesätt. Aldehyde 5420* A.
—, **Hagemeyer jr. (H. J.)** u. **Busk (R. E. De),** Mischpolymerisat. 6864* A.
— u. **Harrington jr. (R. C.),** Polyacrylnitrillsgg. 10891* A.
—, **Henn (R. W.)** u. **Piper (D. E.),** Verhinder. v. Kalkschleier bei d. Entw. 10903* A.
— u. **Hertz (A. H.),** Ag-Disperss. 7130* A.
— u. **Heseltine (D. W.),** Quatern. Chinaldiniumsalze 7823* E.
—, **Heseltine (D. W.)** u. **Brooker (L. G. S.),** Quatern. Lepidiniumsalze 7360* A.
— u. **Hickman (K. C. D.),** Reinigen v. Vitamin-A-Konzentraten 414* Can. — Hindernisfreie Hochvakuumdest. 3703* D. B.
—, **Hickman (K. C. D.)** u. **Weisler (L.),** Vitamin-E-wirksame Stoffe 643* D. B.
—, **Hill (G. D.)** u. **Damschroder (R. E.),** Emulsionsherst. 6438* A.
— u. **Holman (B. H.),** Wiedergewinn. v. Ag aus Fixierbädern 1424* A.
— u. **Hood (G. M.),** Gewinn. v. $BaSO_4$ (Blanc fixe) 10634* A.
— u. **Hull (D. C.),** Oxydat. substituierter aromat. KW-stoffe 8969* A.
—, **Hull (D. C.)** u. **Hagemeyer jr. (H. J.),** Isomerisieren v. Alkylvinyläthern 5420* A.
—, **Hull (D. C.)** u. **Saunders (W. R.),** Trenn. v. Carbonsäureanhydrid-Gemischen 2301* A.
— u. **Humphlett (W. J.),** Alkohole mit Acetylenbind. 8729* E.
— u. **Hunter jr. (W. F.),** Opake, geschichtete Stoffe 9936* A.
—, **Knott (E. B.)** u. **Brooks (P. K.),** Bildtonverbesser. bei d. Hochglanzheißtrockn. 2588* A.
—, **Kridel (D. J.)** u. **Rogers (W. J.),** Pulverförm. Gemische v. Entwicklerchemikalien 9714* A.
— u. **Kuhrt (N. H.),** Monoglyceride 3485* A. — Stabilisieren v. Fetten 4961* A., E., 6421* A., 6646* A.
—, **Laakso (T. T. M.)** u. **Reynolds (D. D.),** Polyamide u. deren quatern. Salze 9716* A.
—, **Lare (E. J. van)** u. **Brooker (L. G. S.),** Quatern. Salze v. Oxycyclammoniumverbb. 3491* A.
—, **Léauté (J.)** u. **Vandamme (P. L.),** Kennzeichn. d. Filmrohstoffs 2588* A.
—, **Lowe (W. G.)** u. **Hamshire (M. E.),** Bildtonverbesser. bei d. Hochglanz-Heißtrockn. 1192* A.
Eastman Kodak Co., Malm (C. J.) u. **Crane (C. L.),** Schwefelsäureester d. Cellulose 4966* A.
—, **Malm (C. J.)** u. **Williams (R. F.),** Stabilisieren v. Celluloseestern 8527* A.
—, **Minsk (L. M.)** u. **Chechak (J. J.),** Harzart. Farbstoffe 4018* A.
—, **Minsk (L. M.), Deusen (W. P. van)** u. **Robertson (E. M.),** Kopierschicht für Cu–Cr-Bimetallflachdruckplatten 4023* A.
—, **Morey (D. R.)** u. **White (W. R.),** Antistat. Schichten für Filme 8071* A.
— u. **Murray (A.),** Thermographiedruck 500* A. — Druckverf. mit Hilfe v. strahlender Wärme 2808* A.
—, **Nadeau (G. F.)** u. **Starck (C. B.),** Material für d. Herst. v. Flachdruckplatten 4021* A.
—, **Nadeau (G. F.), Starck (C. B.)** u. **Smith (Carl F.),** Abziehbarer Film 1660* A.
— u. **Priest (W. J.),** Härten v. Polyvinylalkoholstreichmassen 9223* A.
—, **Reynolds (D. D.)** u. **Kenyon (W. O.),** Als Dispergiermittel verwendbare, wasserlösl. Polyvinylsulfonsäureester 7051* A. — α-Substituierte Acrylsäureester 7551* A.
—, **Richter (G. A.)** u. **MacClaren (H.),** Erzeug. v. Holzzellstoff mit hohem α-Cellulose- u. niedrigem Pentosangeh. 10411* A.
— u. **Sawdey (G. W.),** Pyrazolonfarbkuppler 4019* A.
—, **Shearer (N. H.), Dickey (J. B.)** u. **Coover jr. (H. W.),** Cyclohexenphosphonate 11291* A.
— u. **Spear (D. R.),** Hochnaßfestes Papier 11319* A.
—, **Spence (J.)** u. **Carroll (B. H.),** Kombinationen v. Farbkupplern mit Sensibilisatoren 7592* A.
— u. **Sprague (R. H.),** Leicht alkalilösl. Filterfarbstoffe 4504* A. — Lichthofschutz- u. Filterfarbstoffe 6440* A.
—, **Sprague (R. H.), Brooker (L. G. S.)** u. **Dent (Samuel G.),** Diffusionsfestmachen v. Cyaninfarbstoffen 7823* A.
— u. **Staehle (H. C.),** Tiefdruckplatten nach d. Sandstrahlverf. 4020* A. — Bichromatschichten für Umkehrverff. (Positive v. Positiven, Negative v. Negativen) 4023* A.
— u. **Straley (J. M.),** Dibenzanthronfarbstoffe 929* A.
—, **Straley (J. M.)** u. **Dickey (J. B.),** 1.8-Dioxy-5-nitro-4-methylolanilinoanthrachinonverbb. 930* A. — 1.8-Dioxy-5-nitro-4-oxyäthylphenylaminoanthrachinone 5662* A.
—, **Straley (J. M.)** u. **Harris (R. C.),** Thienylküpenfarbstoffe 698* A.
—, **Towne (E. B.)** u. **Dicky (J. B.),** 2-Amino-5-nitro-1.3.4-thiadiazol 11102* A.
— u. **Tucker (W. M.),** Druckflächen 5892* A.
— u. **Urbach (F.),** Photograph. Aufnahmen v. Wärmestrahlen 6438* A.
—, **Vittum (P. W.)** u. **Herdle (R. J. A.),** Halogensilberschicht zur Herst. v. farbberichtigten Farbteilbildern 8072* D. B.
— u. **Weisler (L.)** u. **Cawley (J. D.), Baxter (J. G.),** Vitamin A-wirksame Verbb. 9626* D. B.
— u. **Weissberger (A.),** (Alkylsulfonamido)-arylhydrazine 3489* A., 3543* D. B.
—, **Weissberger (A.)** u. **Glass (D. B.),** Sulfonamidsubstituierte p-Phenylendiaminfarbentwickler 4018* A.
—, **Weissberger (A.)** u. **Vittum (P. W.),** Aryliden-bis-pyrazolone 2119* A.

Eastman Kodak Co., Wiitala (E. S.) u. Kridel (D. J.), Pulverförm. Entwicklermischungen (für Handelspackungen) 6670* A.
—, Williams jr. (R. F.) u. Hiatt (G. D.), Stabilisierte niedr. Fettsäureester d. Cellulose 10634* A.
—, Young (De W. S.) u. Atkins (N. M.), Isodehydracetsäurealkylester aus Acetessigestern 4937* A.
—, Young (De W. S.) u. Davy (L. G.), Verdickung v. pflanzl. Ölen 7575* A.
— u. Yule (J. A. C.), Farbkorrektur-Verf. 4018* A.
Eastoe (B.) s. Eastoe (J. E.).
Eastoe (J. E.), Trenn. u. Best. v. Chitosamin u. Chondrosamin in Hydrolysatgemischen 657.
— u. Eastoe (B.), Organ. Bestandteile d. kompakten Säugetierknochens 135.
Easton (B. K.), Erfolgreiches Bleichen d. Nylons Typ *670*. Verf. unter Verwend. v. Peressigsäure zur Erziel. eines vorzügl. Weiß 959.
Easton (J. D.), Manson (W.) u. Spring (F. S.), Triterpenresinole u. verwandte Säuren. 26. Mitt. $\Delta^{11,13,18}$-Ursadienol 4109.
Easton (N. R.) u. Fish (V. B.), Synth. v. 5-Dimethylamino-4.4-diphenylpentanol-(2) 6970. — Zers. v. quatern. Salzen. 3. Mitt. Carbinole d. Methadoltypes 11379.
Eastwood (L. W.), Schmelzen v. Al- u. Mg-Legierr. 8253. — s. Craighead (C. M.); Grube (K.); Maddex (P. J.).
Eastwood (S. C.) s. Socony-Vacuum Oil Co., Inc.
Eastwood (T. A.) s. Cross (W. G.).
Eastwood (W. S.), ^{60}Co-Miniatur-γ-Strahler, „The little Hotspot" 9958.
Easty (D. M.) s. Baker (J. W.).
Easty (G. C.) s. Bradley (W.).
Eateen (A. K.) s. Cocker (W.).
Eatherly (W. P.) s. Rodeback (G. W.).
Eaton (C. D.), Evans (R. R.) u. Kominek (E. G.), Nutzbarmach. v. Raffinerieabwässern 2507.
Eaton (F. M.) u. Ergle (D. R.), Beziehungen zwischen d. jahreszeitl. Schwankungen im Kohlenhydrat- u. Stickstoffgeh. u. d. Wrkgg. d. Ringelung u. d. Besprühens mit Rohrzucker u. Harnstoff auf d. Abfallen d. Samenkapseln bei Baumwolle, v. ernährungsphysiol. Gesichtspunkt betrachtet 10358.
Eaton (G. K.) s. Conn (G. K. T.).
Eaton (G. L.) s. United Engineers & Constructors, Inc.
Eaton (H. D.) s. Hansen (H. M.); Rousseau jr. (J. E.).
Eaton (N. R.) u. Klein (H. P.), Oxydat. v. Glucose u. Acetat durch Saccharomyces cerevisiae 5339.
Eaton (P.), Gefrieren, Kühlen u. Kaltlager. v. Fleisch. 2. Mitt. Prakt. Anwend. 3755.
Eaton (R. D.) s. Carson (J. R.).
Eaton (R. S.) s. Giguère (P. A.).
Eaton (S. E.) s. Little (A. D.), Inc.
Eaton (S. L.) s. Procter & Gamble Co.
Eaton (W. W.) s. Olin Industries, Inc.
Eaton Laboratories, Inc. u. Gever (G.), 3-Amino-2-oxazolidone 9675* A.
—, Gever (G.) u. O'Keefe (C. J.), 2-Oxyäthylhydrazin 5422* A.
— u. Hayes (K. J.), Semicarbazonsalze v. Mannich-Basen aus 5-Nitrofuryl-(2)-alkylketonen 7979* A.
Eaton Laboratories, Inc. u. Ward (W. C.), 5-Nitroacylfuranacylhydrazone 7979* A.
Eaves (G.) s. Flewett (T. H.).
Ebel (A. A.) u. Goodman (C.), Unelast. Streuung v. Neutronen an ^{115}In u. ^{197}Au 5236.
Ebel (F.) s. Badische Anilin- & Soda-Fabrik Akt.-Ges.; I. G. Farbenindustrie Akt.-Ges.
Ebel (J.-P.), Anwend. d. Papierchromatographie zur Unters. v. einigen Meta- u. Polyphosphaten v. fragl. Existenz u. Konst. 1924. — Poly- u. Metaphosphate. 3. Mitt. Anwend. d. Papierchromatographie auf d. Unters. einiger Poly- u. Metaphosphate u. Diskuss. ihrer Existenz u. Konst. 1924; 4. Mitt. Unters. d. dem Grahamschen Salz entsprechenden Säure 1924.
— u. Colas (J.), Verbb. zwischen d. Poly- u. Metaphosphaten u. verschied. organ. Basen 4301.
Ebel (R. A.), Auslaugen 6097.
Ebel (R. H.) s. American Cyanamid Co.
Ebel (W. T.), Emailzuricht. 5152.
Ebeling (D. G.) s. Comp. Française Thomson-Houston.
— u. Burr (A. A.), Einfl. d. Makrostruktur auf d. Leistung v. Alnico-Dauermagneten 11508.
Eberhard, Maltosebest. mit einfachem Colorimeter 3991.
Eberhard (H.) s. Röszing (P.).
Eberhard (Leonore) = Rickmann (L.).
Eberhard (Lucien) s. Roudier (A.).
Eberhard (P.), Detektor für *0,5—6* MeV-Neutronen gleichmäßiger Empfindlichk. als Funkt. d. Energie 8780.
Eberhard (T. P.) s. Havens jr. (W. P.).
Eberhardt (E.) s. Badische Anilin- & Soda-Fabrik Akt.-Ges.
Eberhardt (G.) s. Weygand (F.).
Eberhardt (Georg) s. VEB Elektrochemisches Kombinat Bitterfeld.
Eberhardt (W. H.), Crawford jr. (B.) u. Lipscomb (W. N.), Bindungsstruktur d. Borwasserstoffe 3810.
Eberhart (D. R.) s. American Cyanamid Co.
Eberhartinger (C.) u. Reinhardt (F.), Unterss. über d. periphere Glucoseassimilat. unter Cortison 4384.
Eberius (E.), Wasserbest. mit Karl-Fischer-Lsg. [429]. — Best. funktioneller Gruppen mit d. Karl-Fischer-Reagens. 1. Mitt. Handhab. d. Reagenses 4662.
— u. Kowalski (W.), Direkte Best. d. gebundenen O in Metallen u. Metalloxyden. 1. Mitt. Best. d. ZnO im Zinkstaub u. in Zinkaschen 10822.
Eberl (J. J.) s. Johnson & Johnson.
Eberle (H.), Gerät zur automat. photometr. Auswert. v. Papierchromatogrammen u. Elektropherogrammen 8453.
Eberlein (W. R.) s. Bongiovanni (A. M.); Chisolm jr. (J. J.).
Eberly (K. C.) s. Firestone Tire & Rubber Co.
Eberman (J. W.) s. Shell Development Co.
Ebermann (H.), Fall v. Ticarda-Sucht 2249.
Ebersberger (J.) s. Farbenfabriken Bayer Akt.-Ges.
Eberson (L.), Synth. aliphat. Si-organ. Dicarbonsäuren 7419.

Ebert (H.) s. Winnacker (K.).
Ebert (J.) s. Goehring (M.).
Ebert (L.), Schmelzen bei hohen Drucken u. Existenz eines krit. Punktes Kristall/Schmelze 8092.
Ebert (M.) s. Chapiro (A.); Howard (Alma).
Ebert (R.) s. Schering Akt.-Ges.
Ebert (R. H.) s. Manthei (R. W.).
Ebert (T. E.) s. Angello (S. J.).
Ebetino (F.) s. Gever (G.); Hayes (K.).
Ebling (H. F.) u. **Scheil (M. A.)**, Korros. v. geschweißtem, niedriggekohltem, rostfreiem Stahl 3956.
Ebner (H.) s. Weinessigfabrik A. Enenkel.
Ebner (K.) s. Metallgesellschaft Akt.-Ges.; Meyer (R. O.).
Ebonestos Industries Ltd. u. **Lesser (J.)**, Verschließen v. Akkumulatorengehäusen aus Polyäthylen 8702* E.
Eborall (M. D.) s. Baker (W. A.).
Eborall (R. J. L.) s. British Non-Ferrous Metals, Research Associaton; McKeown (J.).
Ébrey (P.) s. Beck (M. T.).
Eby (F. S.), **Hill (Robert D.)** u. **Jentschke (W. K.)**, Winkelverteil. v. Protonen aus d. Rk. $^{68}Zn(d,p)^{69}Zn$ 5714.
Eby (L. T.) s. Standard Oil Development Co.
—, Rehner jr. (J.), **Kuschner (M.)** u. **Smith (William E.)**, Verminder. d. Carcinogenität hochsiedender Petroleumprodd. 3643.
Eccles (J. C.) s. Bradley (K.).
Eccleston (B. H.), **Morrison (Marilyn)** u. **Smith (H. M.)**, Elementarer S in Rohöl 4973.
Eccleston (J.), Von d. Beizereien zur Prüfabteil. 7524.
Échalier (P.), Nichtrostender Stahl als Werkstoff für Landfahrzeuge 4686.
Échard (J.) s. Badische Anilin- & Soda-Fabrik.
Echinard-Garin (P.) s. Jacob (J.).
Echolicht-Labor A. Bertram, Leuchtfarbenbilder 6668* F.
Echols (R. E.) s. California Research Corp.
Echterhoff (H.), Gerät zur Best. d. Erweichungsverh. v. Steinkohlen bei d. Verkok. 1650.
Eck (C. L. van P. van) = Panthaleon van Eck (C. L. van).
Eck (J. C.) s. Allied Chemical & Dye Corp.
Eck (J. R.) s. United States of America.
Eck (W. F. van) s. Lipsky (S. R.).
Eckardt (C.), Photoschablone für d. Diffusionsdruck 3296* F.
Eckardt (D.) s. Holleck (L.).
—, Hartinger (L.) u. **Holleck (L.)**, Komplexcolorimetrie d. Al 6813.
Eckardt (W. M. J.) s. Kleinol G. m. b. H.
Eckart (F.), Entw. v. Sekundärelektronenvervielfachern 983. — Sperrschicht-Trockengleichrichter 2506* D. B. — Leitfähigkeitsmessungen am Se 7843.
Eckart-Werke Standard Bronzepulver-Werke C. Eckart, Dispergieren v. festen Stoffen 6357* Schwz.
Ecke (G. G.) s. Williams (P. H.).
Eckel (J. C.) s. United States Steel Corp.
Eckel (R. E.), **Pope II (C. E.)** u. **Norris (J. E. C.)**, Lysin als Muskelkation bei Kaliummangel 4873.
Eckelman (W. R.) s. Kulp (J. L.).
—, Broecker (W. S.) u. **Kulp (J. L.)**, ^{210}Pb-Meth. d. Altersbest. 7395.
Eckelmann (A.) s. VEB Elektrochemisches Kombinat Bitterfeld.
Eckenfelder jr. (W. W.), Wasser- u. Abwasserbehandl. mit p_H-, Redoxpotential- u. Leitfähigkeitsmess. 2746. — Wirkungsgrad u. Plan. v. Belüftungseinrichtt. 1. Mitt. Mess. d. Wirkungsgrades d. O_2-Übertrag. 3223.
Eckenhoff (J. E.) u. **Dripps (R. D.)**, Norepinephrin bei d. verschiedensten Schockzuständen 9384.
Eckenrode (R. T.) u. **Kirshner (H. A.)**, Mess. v. Momentandrucken 2261.
Ecker (G.), Theorie d. positiven Säule 2600. — Berechn. d. „subnormalen" Charakteristik 3797.
— u. Emeléus (K. G.), Theorie d. Kathodenzerstäub. in d. Glimmentlad. 6456.
Ecker (R.), Stat. u. dynam. Verformungseigg. v. Kautschukvulkanisaten u. a. Hochpolymeren 5441. — s. Farbenfabriken Bayer Akt.-Ges.
Eckers (C. G.) s. Aktiebolaget Separator.
Eckert (B.) s. Buu-Hoï (N. P.).
Eckert (E.) s. Chemische Verwertungsgesellschaft Oberhausen m. b. H.
Eckert (E. A.) s. Green (Irving).
Eckert (E. R. G.), Wärmeübertrag. 10826.
— u. Diaguila (A. J.), Konvektiver Wärmeübergang für gemischte freie u. gelenkte Ström. durch Rohre 179.
Eckert (G.) u. **Griffiths (C. J.)**, Gemische emulgierender Mittel 2725.
Eckert (Georg), Opt. sensibilisierte Photolyse d. AgBr 9712.
Eckert (G. W.) s. Texas Co.
Eckert (J. E.), Sulfathiazol in Bezieh. zur amerikan. Faulbrutkrankh. d. Honigbienen 6833.
Eckert (L. W.) s. Armstrong Cork Co.
Eckert (O.) s. Albers-Schönberg (E.).
Eckert (P.) s. Thüringisches Kunstfaserwerk „Wilhelm Pieck" Schwarza VEB.
Eckert (W. J.) s. Texas Co.
Eckhardt (E.), **Honerjäger (R.)** u. **Schulz-Du Bois (E.)**, Messung v. Elektronendichten im Plasma einer verlöschenden Glimmentlad. 7611.
Eckhardt (Erick) s. Badische Anilin- & Soda-Fabrik Akt.-Ges.
Eckhardt (E. R.) s. Tomarelli (R. M.).
Eckhardt (O. S.) s. Leach Brothers, Inc.; United States of America, Secretary of Agriculture.
Eckhardt (W.) s. Genzel (L.).
Eckhart (E.) s. Zemplén (G.).
Eckhouse (J. G.), **Gerald (C. F.)** u. **Rosset (A. J. de)**, Veredelung v. Heizöldestillaten durch „Unifining" 9941.
Eckl (D. J.), In einer Niederdruckentladungsröhre mit Neon erzeugtes verzögertes Kathodenglimmlicht 3310.
Ecklund (O. F.) s. Hemler (V. H.).
Eckman (H. A.) s. Crane Co.
Eckoldt (H.) s. Badische Anilin- & Soda-Fabrik Akt.-Ges.

Eckstein (B. H.) s. Barber (W. A.); Debye (P.).
—, Scheraga (H. A.) u. **Artsdalen (E. R. Van),** Bromier. v. KW-stoffen. 7. Mitt. Bromier. v. Isobutan. Bindungsdissoziationsenergie aus d. Bromierungskinetik 5276.
Econometal Corp. u. **Ahrens (G. W.),** Galvan. Erzeug. v. Gegenständen aus Metallpulver oder Gemischen aus Metallpulver u. Diamantpulver 10618* A.
Economos (G.) u. **Kingery (W. D.),** Metallkeram. Wechselwrkgg. 2. Mitt. Metall/Oxyd-Grenzflächen-Rkk. bei hohen Tempp. 2750.
— u. Vinal (F. E.), Kettenförm. Hochtemp.-Laboratoriumsofen 1336.
Ecotecnic (Soc. An.), Autolyse v. Fischen u. Fischabfällen 8285* F.
Ecusta Paper Corp., Schur (M. O.) u. **Levy (R. M.),** Zigarettenpapier u. seine Herst. 11119* A.
Eddy (A. A.), Gene, Enzyme u. Vererb. 8175, 9110.
— u. Hinshelwood (C.), Galaktoseanpass. v. Hefestämmen 3167.
Eddy (C. R.) s. Knight (H. B.).
— u. Eisner (A.), Infrarotspektren v. Nicotin u. seinen Derivv. 1702.
Eddy (G. W.), Cole (M. M.) u. **Marulli (A. S.),** Synergisten für Läusepulver 6115.
Eddy (L. B.) s. Schaeffer (R.).
Eddy (W. H.) s. Sokoloff (B.).
Ede (M.) s. Welsh (A. L.).
Edel (L. P.), Kluwer's chemisch-technisch handboek. Raadgever voor laboratorium an bedrijf [2039].
Edel (V.) s. Mouriquand (G.).
Edeleanu (C.), Korrosionserscheinn. 987.
Edeleanu G. m. b. H., Entparaffinieren v. Mineralölen 1186* Schwz. — Abtrenn. v. Naphthensäuren 8500* E. — Filtrieren v. Fll. u. Abnehmen d. Filterkuchens 9705* Schwz.
— u. Deutsche Erdöl Akt.-Ges., Wiedergewinn. v. trockenen, aus Cl-KW-stoffen bestehenden Lösungsmm. 3539* D. B. — Entparaffinieren v. Erdölen, Teeren u. deren Destillaten 11132* D. B. — s. Deutsche Erdöl Akt.-Ges.
—, Fischer (Karl) u. **Sasse (E.),** Entparaffinier. v. KW-stoffen mit Cl-KW-stoffen 5702* D. B.
Edelhoch (H. E.) s. Hartman (R. S.).
Edelman (J.), Durch Saccharasepräpp. katalysierte Übertragungs-Rkk. 3645. — s. Bell (D. J.).
Edelmann (A.) s. Gordman (A.); Mateyko (G. M.).
Edelmann (K.), Schnellmeth. zur Polymerisationsgradbest. für Cellulose nach d. Nitratverf. 1641.
Edels (H.), Abhängigk. d. Überganges v. d. Glimm- zur Bogenentlad. v. Kathodenoberflächenbedingg. 2600. — s. Gambling (W. A.).
— u. Gambling (W. A.), Räuml. Änderungen d. spektralen Ansprechens v. Photomultiplierkathoden 2835.
Eden (A.) s. Thomas (G.).
Eden (R. J.), Quantenfeldtheorie gebundener Zustände. 4. Mitt. Relativist. Theorie d. angeregten Zustände v. H 974.
Eden (T. F.) s. Frederick (S. H.).
Eden (W. G.), Toxizität v. Dieldrin für Küken 8206.
Eder (F. X.), Mess. d. dynam. Festigk. plast. Werkstoffe 9515.
Eder (G.), Potential zwischen Nucleonen 3548.
Eder (L. J.) s. Eder (M. L.).
Eder (M. L.) u. **Eder (L. J.),** Bei hohen Tempp. verschleißfeste Auftragsstahllegier. 6380* A.
Edeson (J. F. B.), Behandl. d. akuten Malaria mit Azacrin 8905.
Edgar (A. C.) s. Wilson & Co., Inc.
Edgar (J. A.) s. Shell Development Co.
Edgar Brothers Co. u. **Leek (T. G.),** Mit Harz überzogener Füllstoff 6167* A.
Edgcombe (L. J.) u. **Gold (H. K.),** Best. v. As in Kohle 8067.
Edge (N. D.), Pharmakol. Unterscheid. d. Promethazinhydrochlorids (Phenergan) v. Isopromethazinhydrochlorid 7257.
Edge (R. F.) s. Hebden (D.).
Edge (S. R. H.), Zellstoff u. Papier 9471.
Edgerton (L. J.) s. Smock (R. M.).
Edgerton (W. H.) s. Burckhalter (J. H.).
Edgington (D. N.) s. Anderson (J. S.).
Edgren (R. A.), Hyla cinerea als Testobjekt für d. melanophorotrope Wrkg. d. ACTH 4139.
Ediger (W. v.) s. Technical Assets, Inc.
Edington (R. A.) u. **Percival (E. E.),** Synth. v. 2-O-Methyl- u. 3.4-Di-O-methyl-D-galakturonsäure 4838.
Edisbury (J. R.), Gillow (J.) u. **Taylor (R. J.),** Best. d. Gesamtgeh. an Tocopherol 6355.
Edison (T. A.), Inc. u. **Dunham (Le R. S.),** Prim. Luft-Sauerstoff-Füllelement 6589* A.
— u. Moulton (J. D.), Ni-Cd-Akkumulatoren für tiefe Tempp. 3221* A.
—, Moulton (J. D.) u. **Schweitzer (E. F.),** Negative Elektrode für Fe-Ni-Akkumulatoren 7750* A.
Edison Swan Electric Co. Ltd., Leuchtschirm für Kathodenstrahlröhren 7054* E.
—, General Electric Co., Pearl (M. L.) u. **Elliott (J. R.),** Leuchtschirm für Kathodenstrahlröhren 6821* A., E.
Edler (E.) s. Rheinpreußen Akt.-Ges. für Bergbau und Chemie.
Edler (H.) s. Siemens-Schuckertwerke Akt.-Ges.
Edlin (J. S.) s. Goldzieher (J. W.).
Edlitz-Pfeffermann (J.) s. Patai (S.).
Edlund (T.) u. **Lohi (A.),** Ist d. Ba-Ion am Rattenileum ein reines Muskelstimulans u. nicht am Ileum d. Meerschweinchens? Artspezif. Unterschiede in d. spasmolyt. Wirksamk. ganglienblockender Agentien 394.
Edmends (R. G.) s. Union Carbide & Carbon Corp.
Edmison (M. T.) s. Dermer (O. C); Harvey jr. (A. E.).
Edmiston (D. C.) s. Schwab (J. W.).
Edmonds (A. R.), Kernbindungsenergien u. d. jj-Kopplungsschalenmodell 2354.
Edmonds (L. O.) s. Phillips Petroleum Co.
Edmonds (R. C.) s. Atterton (D. V.).
Edmondson (A. N.) s. Lansil Ltd.
Edmunds (A. M.) s. Dow Chemical Co.
Edmunds (I. G.) s. Barrett (C. S.).
— u. Hinde (R. M.), Übergang in d. geordneten Zustand bei d. Legier. $AuCu_3$ 9272.
— u. Qurashi (M. M.), Struktur d. ζ-Phase im Syst. Ag-Zn 9974.
Edmunds (V.) s. Smith (K. S.).
Ednie (J. F.) s. American Metal Co. Ltd.
Eds (F. De) s. Murray (C. W.).
Edsall (J. T.), Größe, Gestalt u. Hydratisier. v. Proteinmoll. 8402.

Edsberg (R. L.), Polarographie v. Thioharnstoff 4175.
Edson (A. P.) s. United Aircraft Corp.
Edson (M. H.) s. Standard Oil Development Co.
Edstrand (M.) u. **Ingri (N.)**, Kristallstruktur d. Li–Sb(V)-doppeloxyds $LiSbO_3$ 4533.
Edström (G.), Thune (S.) u. **Truedsson (E.)**, Streptokinase–Streptodornase bei fibrinösen Gelenkveränderr. bei rheumat. Arthritis 632.
Edström (J. O.), Verlauf d. Red. v. Magnetit u. Hämatit 2380.
Edwal Laboratories, Inc. u. **Krueger (John)**, Symm. Trioxybenzolverbb. 1373* E., 3488* A. — Symm.-Triaminobenzolverbb. 11099* E.
Edward (J. T.) s. Chopra (N. M.); Cocker (W.).
— u. **Martlew (E. F.)**, Einw. v. Raney-Ni auf 2-Thiohydantoine 3371.
— u. **Nielsen (S.)**, Papierchromatographie v. Thiohydantoinen: Best. d. C-endständ. Aminosäure v. Rinderplasmaalbumin 2739.
Edwardes (V. P.), Chemikalienrückgewinn. u. Wasserverunreinig. bei d. halbchem. Zellstoffherst. 5686.
Edwards (A. G.) s. Einstein (P. A.).
Edwards (A. H.), Halbmikro-Kjeldahlmeth. zur Best. d. N in Kohle 2110.
Edwards (D.) u. **Stenlake (J. B.)**, Oxydat. v. Alkylsulfiden 9299.
Edwards (D. A.), Wolfe (B.), Silverman (A.) u. **Wire (J. W. De)**, Winkelverteill. v. Photodeuteronen 5235.
Edwards (E. A.) s. Friend (D. G.).
Edwards (E. H.), Washburn (J.) u. **Parker (E. R.)**, Kaltverfestig. v. Metallen 8569.
Edwards (G.), Techn. Verff., Werkstoffe u. Sicherheitsmaßnahmen 8697. — Ström. v. Fll., Wärmeübertrag. u. Massentransport 8936.
Edwards (G. E.) s. Imperial Chemical Industries Ltd.
Edwards (G. P.) s. Heukelekian (H.).
— u. **Ginn (M. E.)**, Best. synthet. Wasch- u. Reinigungsmittel im Abwasser 3224.
Edwards (H.) s. Bertram (D. S.).
Edwards (H. D.) s. Elliott & Sons Ltd.; Ilford Ltd.
Edwards (H. N.) s. Duffy jr. (B. J.).
Edwards (J.), Mechanismus d. elektrolyt. Polierens v. Cu in H_3PO_4-Lsgg. 1. Mitt. Der Einstell. d. Polierbedingg. vorausgehende Prozesse 6124.
Edwards (J. A.) s. Wiesner (K.).
Edwards jr. (J. D.) u. **Cashaw (J. L.)**, Naphthalinreihe. 1. Mitt. Oxydative Kupplung d. Naphthols-(1) 3129; 2. Mitt. Synth. d. 6.7-Dimethoxy-3-methylnaphthols-(1) 3130.
Edwards (Junius D.), Taylor (C. S.), Russell (A. S.) u. **Maranville (L. F.)**, Elektr. Leitfähigk. v. geschmolzenem Kryolith u. K-, Na- u. LiCl 7152.
— u. **Wray (R. I.)**, Aluminum paint and powder [8041].
Edwards (J. E.) s. Sauer (R. G.).
Edwards (J. O.) s. Bell (R. C.).
Edwards (John O.), Reaktionsgeschwindigkk. v. Substitutt. in O-halt. Anionen 2378.
Edwards (L. D.) s. Ferguson (H. C.).
Edwards (L. J.), Resorpt. v. Methionin durch d. Haut d. Meerschweinchens 136. — Salicylamid: Thermodynam. Dissoziationskonstante. Löslichk. u. quantitative Best. durch UV-Absorptionsspektralphotometrie 1703. — Hydrolyse d. Aspirins. 1. Mitt. Best. d. thermodynam. Dissoziationskonstanten u. eine Unters. d. Reaktionskinetik durch UV-Spektrophotometrie 2865. — Verwert. top. zugeführten Methionins durch d. Meerschweinchen 3904.
Edwards (M. H.) s. Atkins (K. R.).
Edwards (O. E.), Marion (L.) u. **McIvor (R. A.)**, Lycoctonin: Säurekatalysierte Umlagerr. 11392.
Edwards (R. E.), Auswrkg. d. Eisenqualität auf Bessemerblasprobleme 6377.
Edwards (R. K.) u. **Levesque (P.)**, Gleichgewichte fester Lsgg. im tern. Syst. Zr–O–H 7389.
—, **Levesque (P.)** u. **Cubicciotti (D.)**, Gleichgewichte fester Lsgg. im Syst. Zr–H 7389.
Edwàrds (R. R.) s. Kuroda (P. K.).
Edwards (S. F.), Divergenz d. Störungsmeth. in d. Feldtheorie 3786.
— u. **Peierls (R. E.)**, Feldgleichungen in funktionaler Form 3057.
Edwards (W. A.), Holzfäulnis u. ihre Verhüt. 10885.
Edwards (W. M.) s. Newman (M. S.).
Edwards jr. (W. R.) u. **Mitchell (M. J.)**, Furfurylester einiger Dicarbonsäuren 1268.
Edwards (Walter R.) s. Celanese Corp. of America.
Eeckelaers (R.), Les échangeurs d'ions et leur utilisation dans l'industrie [8465].
Eeckhout (J.) s. Gillis (J.).
Eeg-Larsen (N.) u. **Laland (S. G.)**, Wrkg. v. D-Glucoson auf d. Hexokinase d. Gehirns u. auf d. Glucosedehydrogenase d. Leber 1532.
— u. **Pihl (A.)**, A-Hypervitaminose u. Ascorbinsäure 7022.
Eeghem (J. van), Vidts (J.) u. **Sy (A. De)**, Isotherm. Umwandll. u. Wärmebehandll. v. mit Cu–Cr u. mit Ni–Cr legiertem Gußeisen 2060.
Eerdekens (H. P.) s. Gevaert Photoproducten N. V.
Eesilade Asphalt Mfg. Co. Ltd., Holland & Hannen & Cubitts Ltd. u. **Hines (J. T.)**, Bituminöser Baustoff zum Bedecken v. Dächern, Wegen 9708* E.
Efendijew (F. M.), Luminescenzunterss. d. Erdöls 2815.
Efremov (N.), Geikielith v. Mt. Jemorakly-Tube, Nordkaukasus, UdSSR 3581. — Rolle d. Hauptquantenzahl (n) bei d. Berechn. d. Radien v. Ionen mit niedr. Wertigk. (1+, 2+, 3+, 4+) 4531. — Dass. für d. Ionen mit hoher Wertigk. (4.5.6.7) 4531. — Meth. d. angenäherten Berechn. v. Atomradien 5732. — Chem. Konst. d. Palygorskite u. Pilolithe 7396.
Efross (L. D.) s. Kreimer (G. S.).
Efross (L. S.) s. Porai-Koschitz (B. A.).
—, **Porai-Koschitz (B. A.)** u. **Farbenstein (S. G.)**, Unters. auf d. Gebiet d. Imidazolderivv. 11. Mitt. Kondensat. v. Phthalsäureanhydrid mit Derivv. v. Benzimidazol 2669.
E. F. S. I. Soc. à responsabilité limitée u. **Lapoujade (P.)**, Lösen v. Furanharzen 5914* F. — Lösungsmittel für Polymerisate u. Vorpolymerisate v. Furanderivv. 6865* F.
Egami (F.) s. Taniguchi (S.).
—, **Itahashi (M.), Sato (Ryo)** u. **Mori (Takeshi)**, Cytochrom aus salztoleranten Bakterien 5814.
—, **Yamada (T.)** u. **Shiio (I.)**, Einfache Meth. zur Extrakt. v. Bakterienenzymen 608.

Egan (C. I.) s. California Research Corp.
Egashira (S.) s. Tanaka (Shozo).
Egawa (T.), Sato (A.) u. **Sekiya (K.),** Austauschbark. v. an Böden adsorbierten Phosphationen 10119.
Egbert (R. B.) s. Chempatents, Inc.
Ege (S. N.) u. **Sherk (K. W.),** Bldg. v. Aziden bei d. Rk. v. Stickstoffwasserstoffsäure mit Diaryläthylenen 4559.
Egelstaff (P. A.) u. **Pease (R. S.),** Entwurf v. Filtern für kalte Neutronen 3305.
Egema (Soc. à r. l.), Sulfonamidopropanole 9389* F.
Egemose (T.) s. Retbøll (G.).
Eger (E. C.) s. Hauck (C. F.).
Eger (L. W.) s. Permacel Tape Corp.
Eger (W.) s. Brune (H.).
— u. **Geller (H. F.),** Einfl. d. Nebenschilddrüsen auf d. Phosphatasen d. Nieren 3661.
— u. **Laup (H.),** Strontiumrachitis. Hormonale u. enzymat. Korrelatt. generalisierter Knochenerkrankungen 627.
Egerszegi (S.), Erhöh. d. Fruchtbark. v. Sandböden mittels „Tiefdüngung" 442.
Egerton (A.), Einfl. kleiner Mengen Fremdsubstanzen auf d. Verbrenn. 526.
— u. **Lefebvre (A. H.),** Flammenfortpflanz.: Einfl. v. Druckänderr. auf d. Verbrennungsgeschwindigkeiten 9968.
Egerton (G. S.), Chromatographie 3693. — Trocknen durch überhitzten Dampf. 1. Mitt. Theoretisches 4490; 2. Mitt. Erwägg. zur Praxis 4967.
Egerton (M. J.) u. **Malkin (T.),** Plasmalogene. 1. Mitt. Synth. v. β-Aminoäthyl-2.3-O-hexadecylidenglycerophosphat 2173.
Eggen (D. T.) u. **Kenworthy (H.),** NAA (North American Aviation)-Statitron zur Erleichter. d. Forsch. d. festen Zustandes 1200.
— u. **Laubenstein (M. J.),** Versetzungsenergie für Strahlungsschäden in Cu 9974.
Eggenberger (D. N.) s. Allen (R. R.); Copeland (P. L.).
Eggenberger (H.) s. Sandoz Akt.-Ges.
Egger (F.) s. Steinegger (E.).
Eggers (H.) s. Henkels (P.).
Eggers (J.), Posse (R.) u. **Scheibe (G.),** Oxydat. v. Aminooxybenzolen. 1. Mitt. Best. d. Dissoziationskonstanten u. d. Reihenfolge d. Protonenabspalt. v. Aminooxybenzolen aus ihren Absorptionsspektren 8112.
Eggers (K.) s. Thöne (H.).
Eggers (U.) s. Brintzinger (H.).
Eggers-Lura (H.), Zahnpasta v. biol. Gesichtspunkt. 1. Mitt. 5844; 2. Mitt. 5844. — O_2-Geh. d. Speichels 7475.
Eggersglüß (W.), Organ. Peroxyde 4662. — s. Schmidt (Ferdinand).
Eggert (J.), Photograph. Positive 731* F. — s. Arens (Hans).
— u. **Koch (B.),** Best. d. Korngröße unentwickelter photograph. Schichten mit Hilfe ihres Streuvermögens 10422.
Eggert (R. G.), Williams (H. H.), Sheffy (B. E.), Sprague (E. G.), Loosli (J. K.) u. **Maynard (L. A.),** Quantitativer Leucinbedarf d. Saugferkels 3665.
Eggler (C.) u. **Huddleston (C. M.),** Gasförm. Scintillationszähler 2358.
Eggleston (B. C.), Evans (D. F.) u. **Richards (R. E.),** Einfl. v. gelöstem O_2 auf diamagnet. Susceptibilitäten 287.
Eggleston (L. V.) u. **Williamson (D. H.),** Umwandlungsgeschwindigk. d. Phosphatgruppen v. Flavinadenindinucleotid u. Adenosintriphosphat während d. oxydativen Phosphorylier. 8649.
Eggleston (R. R.), Anlassen v. Strahlungsschadeneffekten in Cu 996. — s. Meechan (C. J.).
Eggleton (A. E. J.) u. **Puddington (I. E.),** Temperatureinfl. auf Glasperlensuspenss. in Toluol mit verschied. W.-Geh. 1683.
— u. **Tompkins (F. C.),** Therm. Akkomodationskoeff. v. Gasen u. ihre Adsorpt. an Fe 4289.
Eggleton (P.), T. H. Milroy, *1870—1950* 7133.
Eggman (L.), Singer (S. J.) u. **Wildman (S. G.),** Proteine grüner Blätter. 5. Mitt. Cytoplasmanucleoprotein 2704.
Eggstein (M.) u. **Hundeshagen (H.),** Papierelektrophorese 9871.
Egler (H.) s. Boit (H.-G.).
Egleson (G. C.), Simons (H. P.), Kane (L. J.) u. **Sands (A. E.),** Ein sich abwärts bewegendes Koksbett als Gasfilter zur Entfern. v. Staub 2268.
Egli (H.), Färben v. Polyacrylnitrilkunstfasern nach d. Sandocrylverf. 8973. — s. Flügel (W.).
— u. **Perrig (M.),** Chromatograph. Meth. zur Unters. d. färber. Eigg. saurer Wollfarbstoffe 6398.
Egli (P.), Kunstharzausrüst. v. Geweben 6884.
Eglinton (G.) s. Jones (E. R. H.).
—, **Nevenzel (J. C.), Newman (M. S.)** u. **Scott (A. I.)** [Columbus], Synth. v. cis- u. trans-11-Keto-17-desoxyequilenin 109.
— u. **Whiting (M. C.),** Acetylenverbb. 40. Mitt. Synth. einiger ω-Acetylensäuren 5763.
Eglitis (V.), Behandl. d. Saatgutes mit Hexachlor zur Erhöh. d. Ertrages v. Getreidekulturen 3234.
Egloff (G.), Platformingverfahren 11127.
Egner (V. E.) s. Chadwick (L. E.).
Eguchi (T.) s. Knipp (J. K.).
Egyesült Izzólámpa és Villamossági Részvénytársaság, Oxydkathode 2745* Oe., 6100* Oe. — Lichtzerstreuende Schicht in Glühlampen 5622* F. — Niederdruckquecksilberdampflampe 8229* Schwz. — Leuchtschichten für Gasentladungsleuchtröhren 9877* E. — Leuchtkörper 10831* E.
— u. **Winter (E.),** Oxydkathode 9411* Oe.
—, **Winter (E.)** u. **Szekely (M.),** Oxydkathode 3222* Oe.
Ehinger (H.) u. **Menzel-Kopp (C.),** Punktreichtum v. Elektronenbeugungsbildern 760.
Ehl (R. G.) u. **Ihde (A. J.),** Faradays elektrochem. Gesetze u. d. Best. v. Äquivalentgewichten 2349.
Ehlers (C.), Oxydat.- u. Aromazahl v. Röstkaffee, Kaffee-Extrakten u. Surrogaten 946.
Ehlers (G.) s. Farbwerke Hoechst Akt.-Ges., vormals Meister Lucius & Brüning.
Ehlers (M. H.), Flerchinger (F. H.) u. **Erb (R. E.),** Anfangsgeh. an Fructose u. Citronensäure in Bullensamen, bezogen auf d. Fruchtbark. 8425.
Ehlert (H.), PAS-Glucosid als Infusionslsg. in d. Behandl. d. cavernösen Lungentuberkulose u. Meningitis tuberculosa 1085.
Ehm (W.) s. Farbenfabriken Bayer Akt.-Ges.
Ehmann (L.) s. Ciba Akt.-Ges.
Ehmert (A.), Verh. d. kosm. Ultrastrahl. bei magnet. Stürmen 10665.

Ehrbar (J. P.) u. **Boissonnas (C. G.)**, Therm. Effekt d. Dehn. u. d. Spannungsentlast. d. Kautschuks 7930.
Ehrenberg (A.) s. Boeri (E.); Deutsch (H. F.).
Ehrenberg (L.), Gustafsson (Å.) u. **Nybom (N.)**, Biochem. Aspekte bei d. Schädig. v. Pflanzen durch ionisierende Strahlen 10060.
Ehrenberg (M.), Best. v. Fermenten in Ggw. v. Gerbstoffen. (Best. d. Phosphataseaktivität in Blättern d. Crassulacee Kalanchoë Blossfeldiana.) 2452. — Einfl. verschied. Licht–Dunkel-Wechsels auf d. Rhythmik d. Phosphataseaktivität in d. Blättern v. Kalanchoë Blossfeldiana 6539.
Ehrenberg (P.) s. Ruhr-Stickstoff Akt.-Ges.
Ehrenberg (W.) u. **Jennings (J. C. E.)**, Messungen d. elektronenopt. Eigg. v. Solenoidprismen 10932.
— u. **Lang (C. S.)**, Unters. v. Sperrschichten mit einem Elektronenstrahl 11338.
Ehrengut (W.) u. **Mössmer (A.)**, Pantothensäurewrkg. bei „interrenaler androgener Intoxikation" 3421.
Ehrenhaft (F.), Herzog (R. F. K.), Higatsberger (M. J.), Viehböck (F. P.) u. **Weinzierl (P. M.)**, Entladungen in magnet. Feldern 8312.
— u. **Reeger (E.)**, Photophorese u. eine d. Materie drehende Wrkg. d. Lichtes im Vakuum 1214.
Ehrenhardt (H.), Wirkungsdauer v. γ-Hexapräpp. gegen Engerlinge (Melolontha melolontha L.) in landwirtschaftl. genutzten Kulturböden 2756. — Bekämpf. v. Maikäfern u. Jungengerlingen durch Behandl. d. Kulturflächen mit Hexapräpp. vor d. Maikäferflug 6372.
Ehrensperger (H.) s. St. Lawrence Corp. Ltd.
Ehrenstein (E.) s. Silverman (M. J.).
Ehrenstein (M. R.), Umwandl. d. Strophanthidins in Analoge d. Steroidhormone 7922. — s. Trustees of the University of Pennsylvania.
Ehrensvärd (G.) s. Rafelson jr. (M. E.); Tatum (E. L.).
Ehret (W. F.), Laboratory studies in general chemistry [7134].
Ehrhardt (K.) s. Viscontini (M.).
Ehrhardt (L.) s. Ruhr-Stickstoff Akt.-Ges.
Ehrhart (G.) s. Farbwerke Hoechst Akt.-Ges., vormals Meister Lucius & Brüning; I. G. Farbenindustrie Akt.-Ges.; Winnakker (K.).
Ehrhart (H.), Inhalat. v. staubförm. u. unipolar elektr. aufgeladenen Medikamenten 3425.
Ehrich (W. E.), Histamin in Mastzellen 2231.
Ehrig (R. J.) s. Overberger (C. G.).
Ehringsfeld (A.) s. Petersen (I.).
Ehrlich (G.) s. Dische (Z.).
Ehrlich (Gert), Infrarotunterss. an Lsgg. polymerer Elektrolyte. 1. Mitt. Synthet. Polysäuren u. Polyampholyte 3156.
— u. **Doty (P.)**, Makroionen. 3. Mitt. Lösungsverh. eines polymeren Ampholyten 2686.
— u. **Sutherland (G. B. B. M.)**, Infrarotunterss. an Lsgg. polymerer Elektrolyte. 2. Mitt. Proteine 3158.
Ehrlich (H. L.) s. Kilcawley (E. J.).
Ehrlich (H. L.) u. **Knight (S. G.)**, Glucose u. Lysogenese bei Bacillus megatherium 9362.
Ehrlich (J.) s. Coffey (G. L.); Kohberger (D. L.); Parke, Davis & Co.
Ehrlich (M.) s. McLaughlin (W. L.).
Ehrlich (Paul) [Hannover] u. **Framm (E.)**, Therm. Verhalten v. Alkalihexachlorotitanaten (IV) 10218.
— u. **Gentsch (L.)**, Calciummonochlorid 1463, 6468.
Ehrlich (Paul) [Washington], Gleichstromübergänge im Polymethylmethacrylat u. Polystyrol 11006.
— u. **Lollis (N. J. De)**, Dielektr. Relaxat. in einem Styrol–Acrylonitril-Copolymeren während u. nach d. Polymerisat. 1288.
Ehrlich (R.) u. **Hurwitz jr. (H.)**, Mehrgruppenmethoden für Neutronendiffusionsprobleme 3300.
Ehrlich (S. D.) s. Atlas Powder Co.
Ehrman (J. B.) s. Breit (G.).
Ehrmann (H.), Aufgaben d. Katadynverf. im Zusammenhang mit d. Verhüt. d. Übertrag. epidem. Krankheiten durch Trinkwasser 3704. — s. Deutsche Katadyn-G. m. b. H.
Ehrmann (K.) s. Badische Anilin- & Soda-Fabrik Akt.-Ges.
Ehrmantraut (H. C.) u. **Weinstock (A.)**, Verwend. d. Beckman-Spektralphotometers zum Photometrieren v. Papierchromatogrammen 10820.
Eiber (H. B.) s. Goldbloom (A. A.).
Eichborn (J. L. v.), Abhängigk. d. Sinkgeschwindigk. d. oberen Grenze bei Rauch- u. Nebelsäulen v. d. Beleuchtungsstärke 6465.
Eichel (H. J.), Unterss. über d. Oxydat. v. Bernsteinsäure durch zellfreie Homogenate d. Tetrahymena pyriformis S u. W 5336.
— u. **Roth (J. S.)**, Wrkg. v. Röntgenstrahlen auf Nucleaseaktivität u. Atmung v. Tetrahymena geleii W. 3644.
Eichelmann jr. (G. H.) u. **Hull (F. C.)**, Einfl. d. Zus. auf d. Temp. d. spontanen Umwandl. v. Austenit in Martensit in einem *18—8*-nichtrostenden Stahl 8483.
Eichen (S.) s. Bornstein (S.).
Eichenauer (F.), Aufbereit. v. Glimmer 6596* Oe.
Eichenberger (E.) s. Büchi (J.); Ott (A.).
— u. **Hirt (R.)**, Wrkg. v. Brenzcatechinen u. Chinonen auf d. Capillaraktivität v. sek. Phosphorsäureestern u. d. Eiereiweißödem d. Ratte 3905.
Eichenberger (K.), Rometsch (R.) u. **Druey (J.)**, Heilmittelchem. Studien in d. heterocycl. Reihe. 9. Mitt. Pyridazine. 6. Mitt. Zusammenhänge zwischen Konst. u. UV-Absorpt. v. Pyridazinen, 6-Pyridazonen u. 3.6-Pyridazdionen 6707.
—, **Staehelin (A.)** u. **Druey (J.)**, Heilmittelchem. Studien in d. heterocycl. Reihe. 8. Mitt. Pyridazine. 5. Mitt. Alkylierr. u. Umlagerr. in d. Reihe d. cycl. Maleinsäurehydrazids 586.
Eichenlaub (P. W.) s. Walker (Charles A.).
Eichhoff (H. J.), Dittmann (G.) u. **Cremer (H. D.)**, Spektrochem. Best. v. Mg in Zähnen 8696.
Eichholtz (F.), Lehrbuch d. Pharmakologie [9141].
Eichholtz (H.) s. Dornow (A.).
Eichholz (G. G.), Aktivierungsprobe für Ta-Erze 6451.

Eichholz (G. G.), Hilborn (J. W.) u. McMahon (C.), Best. v. U u. Th in Erzen 9249.
Eichholz (W.) s. Thyssen (A.)-Hütte Akt.-Ges.
Eichhorn (G. L.) u. Trachtenberg (I. M.), King'sche Meth. zur Best. v. Geschwindigkeitskonstanten für Rkk. erster Ordnung, modifiziert für schnelle Rkk. 4778. — Katalyse d. Hydrolyse Schiffscher Basen durch Metallionen 5513.
Eichhorn (O.) s. Grinschgl (G.).
Eichler (J. A.) s. Vaughan jr. (J. R.).
Eichler (O.), Neuere Arzneimittel. Medikamente mit Wrkg. auf d. Herzkranzgefäße 9615.
— u. **Heinzel (J.),** Hydergin bei peripheren Durchblutungsstörr. 4155, 9138.
Eichwald (E. J.) u. Chang (H. Y.), Bedeut. d. Vorkammer bei Tumortransplantat. 2. Mitt. Art d. Tumorwachstums über d. Vorkammer 10287.
Eick (H.) s. Ans (J. D').
Eicke (J.) s. Eisenwerke Gelsenkirchen Akt.-Ges.
Eickhoff (K.) u. Vosskühler (H.), Zustandsbild d. Syst. Al–Mg 1222.
Eickworth (E.) u. Kootz (T.), Vom Thomas-Roheisen bis zum Stahlroheisen im bas. Konverter 7304.
Eid (C. H.) s. O'Brien (G. S.).
Eid (S. A.) s. Issa (I. M.).
Eide (E. H.), Sprengstoffe u. d. Zusammenhang ihrer Eigg. mit d. chem. Konst. 11316.
Eidebenz (E.) s. Chemische Werke Albert.
Eidelman (M. M.), Best. d. Ascorbinsäure-Aufnahmefähigk. d. Blutes als Untersuchungsmeth. für d. Sättig. d. menschl. Organismus an Vitamin C 11616.
Eidelstein (S. I.), Antibiotica zur Behandl. urolog. Krankhh. 1087.
Eidinoff (M. L.), Reilly (H. C.), Knoll (J. E.) u. Marrian (D. H.), Hydrolyseprodd. Tritium-markierter Nucleinsäuren. Darst. durch Biosynth. 2225.
—, **Rosenfeld (R. S.), Knoll (J. E.), Marano (B. J.) u. Hellman (L.),** Biosynth. d. Squalens aus Acetat beim Menschen 9130.
Eidinowa (M. B.), Anwend. v. Promedol bei Erkrankungen d. Nervensyst. 5841.
Eidt (S. H.) s. Gilman (H.).
Eiduks (J.) u. Matisons (H.), Keram. u. chem. Eigg. einiger Tone aus d. Vork. v. Zesis-Murlei 5871.
Eiduss (B. R.), Motorenöle aus Holzteer 2813.
Eiduss (J. T.) u. Pusitzki (K. W.), Katalyt. Polymerisat. v. Äthylen u. Propylen 10043.
Eiff (A. W. v.) u. Jesdinsky (H. J.), Berechn. d. Grundumsatzes bei Stoffwechselbestimmungen mit offenem Respirationssyst. 7250.
Eigen (H.), Herst. v. halbsaurem Dolomit mit akt. MgO im Drehofen 11658.
Eigen (M.), Theorie d. Wärmeleitfähigk. wss. Elektrolytlsgg. 11510. — s. Wicke (E.).
— u. **Wicke (E.),** Thermodynamik v. Elektrolyten bei höherer Konz. 2604.
Eigenberger (A.), Metallalkoholathalt. Anstrichmittel 2543* D. [DDR].
— u. **Eigenberger (E.),** Klebfreie Harze u. Filmbildner 932* D. [DDR].
Eigenberger (E.), Rostschützende Filmbildner 4946* D. B. — s. Eigenberger (A.).
Eigensson (A. S.) s. Adelsson (S. W.).
Eigentum des Volkes, Verbb. mit akt. substituierten Methylengruppen 1608* D. [DDR]. — Photographisches Material für Farbenphotographie 4261* D. [DDR]. — Raffinieren v. Fe u. Fe-Legierr. 8720* D. [DDR].
Eigess (J.), Änderr. d. technolog. Eigg. d. Baumwollfaser während ihres Entwicklungsprozesses 10412.
Eigsti (O. J.) u. Dustin jr. (P.), Colchicine in agriculture, medicine, biology and chemistry [6772].
Eijk (J. v. d.), Kosten (C. W.) u. Kok (W.), Schallabsorpt. durch poröse Materialien. 1. Mitt. 7385.
Eijk (J. L. van), Wirksamer Bestandteil v. Erodium cicutarium 6079.
Eijk van Voorthuysen (J. J. B. van) s. N. V. de Bataafsche Petroleum Mij.
Eijnsbergen (J. F. H. van), Zn-Staubverbb. („compounds") 2787.
Eiland (P. F.) s. McKinstry (H. A.); Pepinsky (R.).
Eilar (K. R.) s. General Mills, Inc.
Eilbracht (H.) s. Badische Anilin- & Soda-Fabrik Akt.-Ges.; Chemische Verwertungsgesellschaft Oberhausen m. b. H.
Eilender (W.) s. Stahl- und Walzwerke Rasselstein/Andernach Akt.-Ges.
— u. **Mintrop (R.),** Schmiedestähle u. ihre Behandl. 3720.
Eiman (J. W.) s. Dohan (F. C.).
Eimhjellen (K. E.) s. Larsen (Helge).
— u. **Larsen (Helge),** Itaconsäurebldg. bei Aspergillus terreus. 2. Mitt. Wrkg. v. Substrat u. Inhibitoren 9363.
Einarsson (A. W.) s. Weissler (G. L.).
Einbinder (H.), Anwendd. d. Jacobischen Satzes auf d. statist. Thermodynamik 4045.
Einbrodt (H. J.) u. Maier (K.-H.), Staubmikroskopie mit Membranfiltern 3218.
Einheber (A.) s. Munan (L. P.).
Einsele (T.), Relaxationserscheinn. d. irreversiblen Magnetisierungsvorgänge in hochpermeablen Ferriten 21.
Einstein (P. A.) u. Edwards (A. G.), Stromführende Deflektorplatten zur Dreh. eines Bündels geladener Teilchen 4993.
Eipeltauer (E.), Einfl. v. MgO in AlO-reichen Tonerdezementen 1819.
— u. **Jangg (G.),** B-Bestimmungen in Al–B-Legierr. 5610.
Eirich (F. R.) s. Gaylord (N. G.).
Eirich (W.) s. Eirich (Gebrüder).
Eirich (Gebrüder), Eirich (W.) u. Reich (Heinz), Aufbereit. keram. MM. 6109* D. B.
Eisberg (R. M.) s. Palevsky (H.).
— u. **Igo (G.),** Unelast. Streuung v. *31* MeV-Protonen aus schweren Elementen 5947.
—, **Palevsky (H.), Rickey (M. E.) u. Taylor (T. I.),** Gesamtwirkungsquerschnitte v. O_2 für kalte Neutronen 2824.
Eischeid (A. M.) u. Kochakian (C. D.), Wrkg. d. Cortisonacetats auf d. Asparaginglutamintransaminaseaktivität d. Mäusegewebes 4865.
Eisele (J.) u. Federkiel (W.), Färben v. „Terylene" bzw. „Dacron" 5904.
Eisele (J. A.) u. Keffer (F.), Einfl. d. Anisotropie auf d. thermodynam. Eigg. v. Antiferromagnetika 6920, 9258.

Eiseman jr. (B.) s. DuPont de Nemours (E. I.) & Co.
Eiseman jr. (F. B.), The why of chemistry problems [503].
Eisen (H. L.) s. Glamorene, Inc.
Eisen (J. B.) s. American Viscose Corp.; Schlatter (C.).
Eisen (V. D.) u. **Lewis (A. A. G.)**, Antidiuret. Aktivität v. menschl. Urin nach chirurg. Eingriffen 2232.
Eisen- und Hüttenwerke Akt.-Ges., Bandstahlwerk Andernach, Verzinntes Eisenband oder -blech zur Herst. v. nahtgeschweißten Konservendosen 7311* E.
Eisenberg (G. M.) s. Flippin (H. F.).
Eisenberg (Y.), Wechselwrkg. v. schweren Höhenstrahlungsprimärteilchen in Pb 2351. — s. Barrett (P. H.).
Eisenbrand (J.), Unterscheid. verschied. Essigarten mit Hilfe flammenphotometr. Messungen 6158. — Intensitätsvergleich v. Raman-Effekt u. Fluorescenzstrahl. 10919. — s. Werth (G.).
Eisenbud (L.), Formulier. d. quantenmechan. Stoßproblems 9013.
Eisenbud (M.) s. Albert (R.); Harris (W. B.).
—, Blatz (H.) u. **Barry (E. V.)**, Bedeut. d. Oberflächenverseuchung 5955.
Eisenhut (W.) s. Freudenberg (K.).
Eisenkolb (F.) u. **Brüggemann (T.)**, Einfl. d. Stahlherst. auf d. Tiefziehbark. v. Feinblechen 677.
Eisenlohr (E.) s. Friderich (H.).
Eisenlohr (H.) u. **Müller (G. L.)**, Dispers. v. Röntgenstrahlen im Gebiet d. K-Kante u. d. L-Kanten schwerer Atome 8783.
Eisenlohr (K.-H.), Mehrstufige Gegenstromextrakt. mit einem neuen Solventzentrifugalextraktor 4425. — s. Metallgesellschaft Akt.-Ges.
— u. Scharlau (A.), Gewinn. v. Penicillin mit Luwesta-Extraktoren 8916.
Eisenman (A. J.) s. Fraser (H. F.).
Eisenmann (E.) s. Behrens (Helmut).
Eisenmann (K.) s. Dynamit Akt.-Ges. vorm. A. Nobel & Co.
Eisenreich (H.), Löslichk. v. Ti in Mg 1222. — s. Baake (R.).
Eisenschitz (R.) u. **Cole (G. H. A.)**, Theorie d. Wrkg. eines elektr. Feldes auf d. Viscosität einer Fl. 1913.
Eisenstecken (F.), Rostschutz d. Rohrinnern v. Niederdruckluftleitt. 2500.
Eisenstein (A. S.), Röntgenstrahlerzeugte Luminescenz in MgO 5241. — s. Russell (P. N.).
Eisenstein (J.), Supraleitende Elemente 8555.
Eisenwerk-Gesellschaft Maximilians-Hütte m. b. H., Frischen v. Metallen, bes. v. Roheisen 6841* F. — Frischen v. Fe u. Fe-Legierr., bes. Roheisen 10369* E.
Eisenwerke Gelsenkirchen Akt.-Ges., Gelsenkirchener Bergwerks Akt.-Ges., Eicke (J.), Schulte-Bockholt (H.) u. **Schlumberger (H.)**, Füllstoff für bei n. Temp. zähfl. bis plastische Bitumina u. Peche 4980* D. B.
Eisenwerke Mülheim/Meiderich Akt.-Ges. s. Comp. Générale des Conduites d'Eau.
— u. Paschke (M.), Entphosphorungsmittel für Fe- u. Stahlschmelzen 10369* D. B.
— u. Timmerbeil (H.), Erzeug. eines Ausgangswerkstoffes für d. Fe-Pulverherst. 682* D. B.
Eisfelder (H. W.), Spurenelemente u. ihr Zusammenhang mit d. Homöopathie 3434.
Eisinger (J. T.) s. Brix (P.); Class (C. M.); Cook (C. F.); Gossett (C. R.).
—, Cook (C. F.) u. **Class (C. M.)**, Elektr. Anreg. v. Au 4512. — Dass. v. Ta 7366.
Eisleb (O.) s. I. G. Farbenindustrie Akt.-Ges.
Eisler (B.) u. **Wassermann (A.)**, Kinetik d. Anlager. v. Maleinsäureanhydrid an Butadien 9293.
Eisler (S. L.), Verdünnungsmeth. mit radioakt. Isotopen zur Best. d. Sulfatkonz. in galvan. Verchromungsbädern 2994. — s. Sass (R. L.).
— u. Doss (J.), Radiometr. Unters. d. Phosphatierungsverf. auf Fe 3243.
Eisman (P. C.), Jaconia (D.) u. **Mayer (R. L.)**, Konservier. v. parenteral verwendbaren Pflanzenölen mit chem. Stoffen 1561.
Eisner (A.) s. Eddy (C. R.); Radell (J.).
Eisner (M.) s. Becker (S.); Mitchell (R. W.).
Eißfeldt (W.), Farbkopierverf. 2584* D. B.
Eistert (B.), Tautomerie d. α-Oxycarbonylgruppierungen mit d. Endiolen 9990.
—, Merkel (E.) u. **Reiss (W.)**, Halochromie u. Basizität enolisierbarer β-Diketone 1230.
Eitel (K.), Velourfärben. 1. Mitt. 10866.
Eitel (W.) s. Comeforo (J. E.).
Eitelman (E. S.) s. Miller (Gail L.).
Eiter (K.) u. **Mrazek (E.)**, Konst. d. Calycanthins. 6. Mitt. β-[Chinolyl-(4)]-äthylamin u. seine Derivv. 4832.
Ekbom (L.), App. zum mechan. Polieren v. Mikroproben 7042.
Ekbote (R. B.) u. **Kalamkar (R. J.)**, Düng. zur Bodenverbesser. u. Pflanzenerzeug. 8476.
Ekco-Ensign Electric Ltd. u. **Evans (J. N. I.)**, Gasentladungsleuchtröhre 9877* E.
— u. Hewson (W. A.), Leuchtstoff für Gasentladungsröhren 10108* E.
Ekco Products Co., Russell (J. J.) u. **Headland (H. N.)**, Erzeugen einer wärmeabsorbierenden Zinnoxydschicht auf Gegenständen aus Sn 8960* A., E.
Ekeblad (P.), Quantitative Best. v. Diphenan u. Urethan 5129. — s. Canbäck (T.).
Ekelund-Kappeler (B.) s. Benedicks (C.).
Ekenstam (B. T. af) s. Aktiebolaget Bofors.
Eketorp (S.), Metallurg. Prozesse 2522.
Ekholm (W. C.) s. Columbian Carbon Co.
Ekman (J.) s. Sperber (I.).
Ekman (P.) s. Svanberg (O.).
Ekstam (T.), Mahlunters. mit verschied. Labor.-Mühlen zur Zellstoffbewert. 3764. — Vergleichsmahlungen eines Betriebsholländers mit einigen Labor.-Mahlgeräten 11305.
Ekstein (H.), Streuung durch gebundene Teilchen mit kurzreichweit. Wechselwrkg. 3547. — Unitarität des U-Operators 10430.
— u. Kelly (J.), Schnelle Remagnetisier. v. dünnen Mo-Permalloystreifen 5247.
Ekster (J.) u. **Ossiptschuk (W.)**, Chem. Zus. d. Traubenkerne 7471.
Ekstrand (T.) s. Aktiebolaget Astra, Apotekarnes Kemiska Fabriker.
Ekstrand & Tholand, Inc. u. **Brundin (N. H.)**, Gewinn. v. V- u./oder U-Konzentraten 4207* A.
Ekström (C.-L.), Neue Fasern u. ihre Färbemethoden 1844.

Ekström (K. G.) s. Aktiebolaget Ferrosan.
Ekwall (P.), Konzentrationsgrenzen in Lsgg. v. Assoziationskolloiden 2610. — s. Saxen (E).
Elad (D.) u. **Ginsburg (D.)**, Synth. v. 2-Phenylcycloheptatrienon aus 2-Phenylcyclohepten-(2)-on 5293.
Elam (D. W.) s. Shell Development Co.
Elam (J. F.) s. Doctor (V. M.); Jacobs (R. L.); Reid (B. L.).
Elandt (R.), Experimenteller Methodenfehler 5137.
El-Ansary (M. S.) s. Wahbi (A. K.).
Elarde (P. F.) s. Western Electric Co., Inc.
Elastomer Chemical Corp. u. **Schwencke (E. H.)**, Weichmacher für Polyvinylchlorid 228* A. — Zellkörper aus Polyvinylchloridacetat 9683* A.
Elastonwerk Bayern G. m. b. H., Ellinghausen (H.), Heinrich (Walter) [Waldkraiburg] u. **Schmidt (Gerhard)**, Aufschweißen v. Verstärkk. aus Kunststoff auf Kunststoffolien 5912* D. B.
El-Azm (Abd-El-M. A.) = Abou-El-Azm (Abd-El-M.).
Elbe (G. v.) s. Lewis (B.).
Elbek (B.), Nielsen (K. O.) u. **Nielsen (O. B.)**, Best. d. maximalen β-Energie beim Zerfall v. ^{33}P 7600.
Elbel (A.) s. Chemische Verwertungsgesellschaft Oberhausen m. b. H.
Elberg (S. S.) s. Waring (W. S.).
Elbert (O.) s. Stender (S.).
El-Bisi (H. M.) s. Kaufmann (O. W.).
Elbric Soc. An., Formierungsverf. v. Kleinakkumulatoren 6820* Schwz.
Elchlepp (H.) s. Gehlen (H.).
Elcoate (P. V.) s. Millar (J. M.).
Elcock (E. W.), Molekularfeldbehandl. v. Übergängen magnet. Ordnung 7151.
El Damaty (H.) u. **Axley (J. H.)**, Einfl. v. Monocalciumphosphat u. KCl auf d. aufnehmbaren P u. d. austauschbare K im Boden 3711.
Elder (A. T.), Pharmazeut. Nomenklatur 3681.
Elder (F. R.) s. Baldwin (G. C.).
Elder (S. A.), Kolb (J.) u. **Nyborg (W. L.)**, Physikal. Faktoren bei d. Beschall. v. Fll. 10448.
Elder (T.) u. **Benesch (W.)**, Absorptionsspektrumsortierer 4416.
Elderfield (R. C.) u. **King (T. P.)**, Kondensat. v. Acetophenon mit sich selbst in Ggw. v. Lewis-Säuren 3139. — Möglichk. einer Benzopyryliumsalzbldg. durch KW-stoff-Abspalt. aus Chromenen 3140.
— u. **Meyer (V. B.)**, Rk. v. 1-Methyl-2-[tert.-butyl]-benzimidazol mit Organolithiumverbb. 3371. — Rk. v. o-Phenylendiaminen mit Carbonylverbb. 3. Mitt. Benzophenone u. Dibenzylketone 6267; 4. Mitt. Primärprod. aus Benzophenon u. Dibenzylketon 6268.
— u. **Rubin (L. E.)**, Rk. v. 6-Methoxy-8-aminochinolin mit Alkylaminoalkylhalogeniden 2638.
— u. **Werble (E.)**, 6-Methoxy-8-(aminoalkylamino)-chinoline 2959* D. B., 5134* E.
— u. **Wythe (S. L.)**, Alstoniaalkaloide. 4. Mitt. Struktur v. Alstonilin 8626; 5. Mitt. Synth. eines Alstonilinanalogen mit einem offenen Ring 8627.
El Din (A. M. S.) s. El Wakkad (S. E. S.).
El Din Aref (M. N.) s. Cantle (G. S.).
El-Din Zayan (S.) s. El-Shamy (H. K.).
El Dorado Oil Works, Silverstein (R. M.), Brady (A. P.) u. **Brown (A. G.)**, Nichtschäumende, synthet. Kautschuk enthaltende Emulsionsfarbe 8976* A.
Eldred (E. J.) s. Commercial Solvents Corp.
Eldridge (J. E.) s. Miller (Meredith).
Electric Furnace Products Co. Ltd., Red. v. Cr_2O_3 durch C 1833* F. — Unlösl. Cr-Verbb. 5868* N.
— u. **Brennan (J. H.)**, Niedriggekohlter Cr-Stahl, bes. nichtrostender Cr-Stahl 5169* E.
—, **Carosella (M. C.)** u. **Mettler (J. D.)**, Elektrolyt. Abscheid. v. metall. Cr aus Fe–Cr-Legierr. 1833* D. B., E. — Elektroabscheid. v. metall. Cr mit Hilfe einer geteilten elektrolyt. Zelle 8025* D. B.
— u. **Hilty (D. C.)**, Exotherm. Gemisch zur Erleichter. d. Auflösung v. Legierungselementen im geschmolzenen Fe- oder Stahlbad 2996* E. — Exothermes Gemisch zur Einführ. v. Legierungselementen in ein Fe- oder Stahlbad 5169* E.
Electric & Musical Industries Ltd., Magnetisierbare Eisenoxyde für Tonbänder 1580* E. — Leuchtschirme in Kathodenröhren 3222* F. — Photokathode 11652* F.
—, **Brewer (L. H.), Stanley (V. A.)** u. **Puleston (R.)**, Leuchtschirmherst. 10110* A.
— u. **Cassman (H.)**, Entladungsröhren mit lichtempfindl. Schichten 8229* E.
—, **Holman (H. E.)** u. **White (L. J.)**, Metallsiebe 11286* E.
— u. **Lord (W. E.)**, Schallplatten 4225* E.
— u. **Sommer (A.)**, Photokathode 184* D. B. — Anoden für eine Sekundäremiss. v. Elektronen 7751* Schwed. — Mosaikschirm für Fernsehaufnahmeröhren 11440* A.
Electric Storage Battery Co., Mikroporöse Formkörper 5390* E. — Zellkörper 8041* E. — Herstell. v. Akkumulatorengittern 9876* E.
— u. **Duddy (J. C.)**, Akkumulator mit bipolaren Elektroden 9876* E. — Verbesser. d. Festigk. mikroporöser Thermoplasten gegen Chemikalien 10829* F.
— u. **Giacomo (H. L. di)**, Legierr. für Sammlerbatterien 8959* E.
— u. **Stoertz (H.)**, Pb-Legierr. für Gitter v. Akkumulatorenplatten 6100* A., E.
Electro Manganese Corp., Elektrolyt. Gewinn. v. Mn 3727* N.
Electro Metal Hardening Co. Soc. An. u. **Licharz (C. E.)**, Innenverchromen v. Gewehrläufen 8025* E.
Electro Metallurgical Co., Franks (R.) u. **Binder (W. O.)**, Ni–Cr-Legierr. 1833* E.
Electro Refractories & Alloys Corp. u. **Leitten (C. F.)**, Desoxydierungsmittel für Gießereizwecke 3246* A.
Elek (S. R.) u. **Bergman (H. C.)**, Geschwindigk. d. Papaverinstoffwechsels im Menschen 2247.
Elektrisk Metallhärdning Aktiebolag u. **Licharz (C. E.)**, Hartverchromen d. Innern v. Rohren, bes. Gewehrläufen 5892* Schwed. — Elektrolyt. Ausfällen v. Cr auf d. Innenseite v. Rohren 8025* Schwed. — Profile im Innern v. Rohren, bes. v. Zügen in Feuerwaffen 9898* Schwed.
Elektriska Aktiebolaget A. E. G. u. **Groth (B. S.)**, Löschaggregat für elektr. Stromschalter 10598* Schwed.

Elektriska Aktiebolaget A. E. G., Herrmann (Günther) u. **Kleen (W.)**, Hochvakuumdiode für Schaltungen für Mischröhren 2976* Schwed.
— u. **Wesch (L.)**, Auftragen v. feinen Pulvern auf leitende Träger 3457* Schwed.
Elektriska Svetsningsaktiebolaget u. **Brazee (E. F.)**, Gesinterte Metallgegenstände 10854* Schwed.
— u. **Miksits (R. P.)**, Überziehen einzelner Körner mit Metallen oder Metallverbb. 10618* Schwed.
Elektrochemische Fabrik Kempen-Rhein Dr. Brandenburg & Weyland G. m. b. H., Konservier. v. Häuten 3051* F.
— u. **Hess (Fritz)**, Wasch-, Walk- u. Emulgiermittel 4730* D. B.
Elektrokemisk A/S, Betreiben v. elektr. Gasgeneratoren 1882* Finn. — Verbesserungen beim Schmelzen v. Metallen 7772* Ind. — Anwend. v. kontinuierl. selbstbrennenden Dauerelektroden bei d. Schmelzelektrolyse 10110* N. — Elektrolytöfen 10348* N. — Kohlegranalien 11269* E. — Gasableiter in Elektrolytöfen 11654* N.
Elektrowerke Akt.-Ges. u. **Sprung (H.)**, M. für Dübelsteine 669* D. B.
Elema, Laboratories de Produits Chimiques (Soc. à r. l.), Erhöh. d. baktericiden Eigg. v. antisept. Lsgg. 7984* F.
Elemanar Ltd., Desinfektionsmittel 1569* E.
Element (N. I.) s. R o g i n s k i (S. S.).
Elementa Batteriebau G. m. b. H. u. **Schmid (Alfred)**, Unedle amalgamierte Metalle für Primärelemente 2041* D. B.
Eley (D. D.), Ideas and methods of biophysical chemistry [10051]. — s. D i l k e (M. H.).
— u. **Saunders (J.)**, Kinetik ion. Polymerisatt. 4. Mitt. Wrkg. v. Jodchlorid u. Jodbromid auf n-Butylvinyläther 1940; 5. Mitt. Inhibier. durch Pyridin u. 2-Jodpyridin d. durch J katalysierten Polymerisat. v. n-Butylvinyläther 1940; 6. Mitt. Copolymerisat. v. Isobutylvinyläther u. 2-Chloräthylvinyläther 1940.
— u. **Watts (H.)**, Aluminiumhalogenidkomplexe mit Pyridin, Trimethylamin u. Triäthylamin. 2. Mitt. 9519.
Elfving (L.), Adsorpt. v. NH_3 an Cellulose 4963.
Elgee (N. J.) u. **Williams (R. H.)**, Abbau v. ^{131}J-Insulin durch d. Leber u. Niere in vivo 9832.
Elgin (J. C.) s. U n i t e d S t a t e s R u b b e r R e c l a i m i n g C o., I n c.
Elgin National Watch Co., Widerstandsfäh., elast. Gegenstände, bes. für Uhrfedern 9183* Schwz.
— u. **Boswell (T. L.)**, Primärelement für Armbanduhren 10829* A.
—, **Harder (O. E.)** u. **Roberts (D. A.)**, Co–Cr–Ni-Legierr. 5410* E. — Co–Cr–Ni-Legier. mit hohem Elastizitätsmodul 7076* A.
Elhardt (A.) Söhne K. G. u. **Vogel (R. E.)**, Klebemittel 9419* D. B.
Elias (C. A.) = A n t o n i o E l i a s (C.).
Elias (D. G.), Mess. d. Mehlfarbe. Neuer Mehlfarbengradmesser 3756.
Elias (G. A.) s. E s t r a d a (A. A.).
Elias (H. G.) s. P a t a t (F.).
Elias (W.) s. A m e r i c a n H o m e P r o d u c t s C o r p.
Eliasson (G. O.), Verbundplatten 9663* Schwed.
Eliel (E. L.), Ferdinand (T. N.) u. **Herrmann (M. C.)**, Rkk. v. Estern mit tert. Aminen. 2. Mitt. Rk. v. substituierten Benzyldimethylaminen u. a. Aminen 8364.
Eliel (E. L.) u. **Freeman (J.)**, Atrolactinsäure 4330.
Elion (G. B.) s. B a l i s (M. E.); B u r r o u g h s W e l l c o m e & C o. (U S A), I n c.; H a m i l t o n (L.); H i t c h i n g s (G. H.).
— u. **Hitchings (G. H.)**, Unterss. über kondensierte Pyrimidinsysteme. 11. Mitt. 8-Alkylpteridone-(7) 4101. — Synth. v. $^{14}C_{(8)}$- u. v. ^{35}S-6-Mercaptopurin 4321. — Identifizier. v. „β-Dihydroxanthopterin" als 2.4-Diamino-6-oxy-p-oxazino-[2.3:d]-pyrimidin 5549.
Eliot (E. A.), Hicks (D.), Beghian (L. E.) u. **Halban (H.)**, Unelast. Streuung v. Neutronen 6445.
Eliot (T. Q.) s. S t a n o l i n d O i l & G a s C o.
Elischer (S.) s. S c h m e i ß e r (M.).
Elkenbard (A. G.) s. R y s s (I. G.).
Elkes (C.) s. E l k e s (J.).
Elkes (J.) u. **Elkes (C.)**, Wrkg. v. Chlorpromazin auf d. Verh. v. chron. überakt. psychot. Patienten 5592.
El-Kholy (I. El-Sayed) s. S o l i m a n (G.).
Elkik (E.) s. G a u l t (H.).
Elkin (E. M.) s. S c h l o e n (J. H.).
Elkin (H. F.) u. **Soden (W. E.)**, Schwerkraftscheid. v. Öl 4669.
Elkin (S. B.) s. C h a b a s s (I. M.).
Elkind (A.), Gayer (K. H.) u. **Boltz (D. F.)**, UV-Spektrophotometr. Best. v. Sb als Jodantimonsäure 1805.
Elkind (M. M.), Ionenoptik in langen Hochspannungsbeschleunigerröhren 5238. — Angeregte Zustände v. ^{11}B u. ^{12}B aus d. Rkk. ^{10}B (d, p) ^{11}B u. ^{11}B (d, p) ^{12}B 7830.
— u. **Sperduto (A.)**, Energieniveaus v. ^{11}B u. ^{12}B durch (d, p)-Rk. 7.
Elkind (V. T.) s. R o h m & H a a s C o.
Elkins (F. S.) s. U n i t e d S t a t e s R u b b e r C o.
El Komoss (S. G.) s. N i k i t i n e (S.).
Elle (D.), Anwend. d. Faraday-Effekts zur Herst. eines Kurzzeitverschlusses für Reihenbildvorderlichtaufnahmen u. für d. Röhrenblitzphotographie 1439.
Ellefsen (Ø.), Nitrier. als analyt. Hilfsmittel beim Studium v. Holzzellstoffen. 5. Mitt. Änderr. d. chem. u. mol. Eigg. eines Zellstoffs bei d. Mahl. 6166. — s. B j ø r n h a u g (A.).
Elleman (A. J.), Analysier. v. Kriechkurven 9814. — s. I m p e r i a l C h e m i c a l I n d u s t r i e s L t d.
— u. **May (W. D.)**, Mechan. Eigg. v. Anstrichfilmen in Bezieh. zur Bewitter. 10389.
Ellenbogen (B. K.) s. M i l l e r (C. M.).
Ellenburg (J. Y.) u. **Owen (L. E.)**, Spektrochem. Analyse v. Be im biol. Gewebe 1110.
Eller (E.) s. W a l t h e r (A.).
Eller (H. v.), Kristallstruktur d. Indigo 3590. — Stereochemie d. Indigos im kristallinen Zustand 10708.
Ellern (H.) s. U n i v e r s a l M a t c h C o r p.
Ellert (H.) u. **Grabowska (I.)**, Pharmakopöe-Methoden zur Best. v. Tropanalkaloiden in d. Rohblättern d. Solanaceen 7497.
Ellery (E.) s. I m p e r i a l C h e m i c a l I n d u s t r i e s L t d.
Ellfolk (N.), Aspartase. 2. Mitt. Chem. Natur d. Aspartase 3647; 3. Mitt. Spezifität v. Aspartase 844; 4. Mitt. Einfl. d. p_H auf Aspartase 845.
Elliker (P. R.), Kontrolle d. Kulturen auf Antibiotica, Bakteriophagen u. a. Hemmungs-

substanzen 6418. — Psychrophile Bakterien u. ihre Einw. auf Milch, Rahm u. Cottagekäse 7108. — s. MacGregor (D. R.).
Ellilä (A.), Ionisat. d. Essigsäure in wss. Alkalisalzlsgg. 4310.
Elling (H.) s. Spinnfaser Akt.-Ges.
Ellingboe (J. L.) s. Brierly (J. M.); Diehl (H.).
Ellinger (E.), Schutz v. Al gegen Korros. 5410.
Ellinger (F.), Endokrine Einfl. auf d. Röntgenstrahlenempfindlichk. 146. — Einfl. v. zellfreien wss. Extrakten n. u. bestrahlter Milzen auf d. röntgenstrahleninduzierte Mortalität v. Mäusen 7959.
Ellinger (F. H.) s. Aprey (L. B.).
— u. **Zachariasen (W. H.),** Kristallstruktur v. $KPuO_2CO_3$, $NH_4 \cdot PuO_2CO_3$ u. $RbAmO_2CO_3$ 3324.
Ellinger (K. G.), Dampfkochen. *1.* Teil. Garmachen v. Fleisch- u. Wurstwaren 712.
Ellinger (L. P.) s. British Oxygen Co. Ltd.
Ellingham (H. J. T.), Direkte Umwandl. v. chem. Energie in elektr. Energie 724.
Ellinghaus (C.), Dairin (Azorhodanid H) in d. Tuberkulosebehandl. 9134.
Ellinghausen (H.), Verf. zum Überziehen v. Geweben mit thermoplast. Kunststoffen 703* D. B. — s. Elastonwerk Bayern G. m. b. H.
Elliot (H.) s. Dawton (D. I.).
Elliot (J. O.), McGarry (W. I.) u. **Faust (W. R.),** Energiespektr. d. Neutronen aus Po–Be 6209.
Elliot (M.), Allethrin 2985.
Elliott (A.), Ultrarotspektren einiger opt.-akt. u. synthet. meso-Polypeptide 837. — Anwendd. d. Spektroskopie mit polarisierter Ultrarotstrahl. 5090.
— u. **Ambrose (E. J.),** Nachw. d. Kettenfalt. in Polypeptiden u. Proteinen 5331.
—, **Ambrose (E. J.)** u. **Robinson (C.),** Kettenkonfigurat. in naturiertem u. denaturiertem Insulin: Nachw. durch Ultrarotspektren 8405.
Elliott (A. G.), s. Plaster Products (Greenhithe) Ltd.
Elliott (C. G.) s. Armstrong Cork Co.
Elliott (D. C.), Best. v. Glykolsäure in etiolierten Gerstensprossen 7705.
Elliott (E.), Al u. seine Legierr. im Jahre *1953.* 2288.
Elliott (H.) s. Rapport (D.).
Elliott (H. W.), Tolbert (B. M.), Adler (T. K.) u. **Anderson (Hamilton H.),** Ausscheid. v. ^{14}C beim Menschen nach Zufuhr v. $^{14}C_{(CH_3)}$-Morphin 9844.
Elliott (J. F.), Buchanan (R. A.) u. **Wagstaff (J. B.),** Physikal. Bedingg. in d. Verbrennungs- u. Schmelzzone eines Hochofens 2989.
—, **Legvold (S.)** u. **Spedding (F. H.),** Magnet. Eigg. v. Dy-Metall 4041. — Magnet. Susceptibilität v. Nd-Metall 6460.
Elliott (J. P.), Hope (J.) u. **Jahn (H. A.),** Theoret. Unterss. in d. Kernstruktur. 4. Mitt. Wellenfunktt. für d. p-Schale d. Kerns. Teil B. Gebrochene Ursprungskoeffizienten $\langle p^n/p^{n-2}p^2 \rangle$ 6906.
Elliott (J. R.) s. Edison Swan Electric Co. Ltd.
—, **Boldebuck (E. M.)** u. **Roedel (G. F.),** Darst. v. Diboran aus Lithiumhydrid u. Bortrihalogenid–Äther-Komplexen 11533.
Elliott (J. S.) s. Wakefield (C. C.) & Co. Ltd.
Elliott (L. G.), Graham (R. L.), Walker (J.) [Birmingham] u. **Wolfson (J. L.),** Energieniveaus v. $^{208}Pb''$ 7139.
Elliot (L. G.), Preston (M. A.) u. **Wolfson (J. L.),** Zerfall v. ^{198}Au 738.
Elliott (N.) s. Epstein (C.).
Elliott (P.) s. Birch (A. J.).
Elliott (R. B.) u. **Livesey (D. J.),** Energiewerte für einige Deuteronen-Rkk. mit ^{10}B, ^{11}B u. ^{12}C 3060.
Elliott (R. J.), Widerstandsanomalien in Metallen d. Seltenen Erden 7151. — Spin–Umlauf-Koppl. in d. Bandtheorie 8554. — Einfl. d. Koppl. zwischen Spin u. Umlauf auf d. magnet. Resonanz in Halbleitern 8554.
Elliott (R. P.), Levinger (B. W.) u. **Rostoker (W.),** Syst. Ti–Mn–Mo 11525.
Elliott (W. B.) u. **Phillips jr. (A. H.),** Wrkg. v. Fluoracetat auf d. Glucosestoffwechsel in vivo 391.
Elliott (W. H.) s. Bocklage (B. C.); Hyde (P. M.); Jones (K. M.).
Elliott Brothers Ltd., Best. d. Geh. einer Substanz in einem Fluidum 3217* E.
Elliott Co. u. **Roberts (I.),** Reinigen v. Gasgemischen 3935* A. — Trennen v. Gasen 10592* A.
—, **Roberts (I.)** u. **Crawford (D. B.),** Abtrennen d. größeren Teiles eines leicht verflüssigbaren Bestandteils eines Gasgemisches 2044* A.
Elliott & Sons Ltd., Edwards (H. D.) u. **Mytum (E.),** Schutzschichten für lichtempfindl. Material 3055* E.
Ellis (A.), Korrosionsverss. mit Rohölleitt. aus Al 3040.
Ellis (B.) s. British Drug Houses Ltd.
Ellis (C. H.), Harreveld (A. van) u. **Wolfgram (F. J.),** Hämodynam. Wrkg. v. Histamin u. 1.10-Diaminodecan bei Katzen 2481.
Ellis (D. G.) s. Harshaw Chemical Co.
Ellis (F.) s. Lajtha (L. G.).
Ellis (G. B.) s. United States of America.
Ellis (J.) s. Root (M. A.).
Ellis (J. F.) s. Fishel (W. P.).
Ellis (J. H.) s. Pratt (L. E.).
Ellis (J. R. B.) s. California Research Corp.
Ellis (J. W.) s. Vanderberg (R. M.).
Ellis (N. R.) s. Miller (Charles O.).
Ellis (O. C. de C.) = Coligny de Champfleur Ellis (O.).
Ellis (O. W.) s. Kuhn (W. E.).
Ellis (R.) s. Vignec (A. J.).
Ellis jr. (R. A.), Gottlieb (M. B.) u. **Allen (J. A. Van)** [Iowa City], Spektralteil mit niedr. Impulsen d. schweren prim. Höhenstrahlen 10181.
Ellis jr. (R. C.), Ätzen v. Ge-Einkristallkugeln 9972.
Ellis (S.) s. Contopoulos (A. N.).
—, **Anderson jr. (H. L.)** u. **Collins (M. C.),** Pharmakol. Unterscheid. zwischen Epinephrin- u. HGF-Hyperglykämien. Anwend. bei d. Unters. v. Kobalt-Hyperglykämie 1545.
— u. **Rasmussen (H.),** Atropinfeste Stimulier. d. Kaninchendarmes u. d. Muscularis mucosae d. Hundedarmes 7967.
Ellis (W. C.) u. **Greiner (E. S.),** Wrkg. einer ersten Verform. bei niedrigen Tempp. 9890.
Ellis (W. E.) u. **Fleischmann (M.),** Ersatz v. Ni durch Mn in einer *16—25—6* Stahllegier. 8484.
Ellis-Foster Co. s. Montclair Research Corp.

Ellison (E. H.) s. Ashare (R.).
Ellison (J. H.), Hemm. d. Austreibens v. Kartoffeln durch 2.3.5.6-Tetrachlornitrobenzol u. d. Methylester d. α-Naphthylessigsäure 10877.
— u. Jacob (W. C.), Einfl. d. Bewässerung auf d. N-, P- u. Kalibedarf v. sechs Kartoffelsorten 2984.
Ellison (J. McK.), Fehler bei d. Teilchengrößenbest. an abgesetzten Suspenss. 1452.
Ellison (R. R.) s. Burchenal (J. H.); Murphy (M. L.).
Ellman (G. L.) u. Mitchell (H. K.), Nachw. d. Vorhandenseins v. 1-Amino-2-methylpropanol-(2) in d. Phospholipoiden v. Neurospora 2459.
Éllö (I.), Rhinolog. Präpp. 6080.
Ellrich (H.), Marmorähnl. Kunststein 5874* F.
Ellsworth (S. A.), Huffman (C. F.), Smith (C. K.) u. Ralston (N. P.), Wrkg. d. Fütter. v. Antibioticis bei Kälbern v. Milchkühen. 1. Mitt. Aureomycin u. Bacitracin als Futterergänz. 1777.
Ellwanger (H.) s. Brintzinger (H.).
Ellwood (E. C.) s. Cuthbertson (J. W.).
Elly (J.) s. Petrocarbon Ltd.; Styrene Products Ltd.
El Mangouri (H. A.) s. Chibnall (A. C.).
El-Mehairy (M. M.) u. Ghalioungui (P.), Fumagillin bei Amöbenerkrankung 9139.
Elmer (O. C.) s. Texas Co.
Elmer (R. P.) s. Gilcreas (F. W.).
Elming (N.), Vogel (C.), Jeger (O.) u. Prelog (V.), Veratrumalkaloide. 3. Mitt. Konst. d. Hexantetracarbonsäure aus Cevin u. Germin II 1976.
Elmore (G. V.) s. Huffman (E. O.).
Elmore (K. L.) s. Huffman (E. O.).
Elnesr (M.), Direkte Mess. d. Gradienten d. Brechungsindex d. Luft in d. tiefen Atmosphäre 1202.
Elöd (E.), Auswrkgg. d. Mikrostruktur d. Chemiefasern auf d. Veredlungsvorgänge 927. — Dicyandiamid-Harnstoff-CH_2O-Kondensationsprodd. 2549* A. — Haarhutstumpen 3284* D. B., 4970* D. B. — Einfl. d. textilchem. Entw. auf d. chem. Reinig. 5935.
—, Götze (K.) u. Rauch (H.), Wrkg. grenzflächenakt. Verbb. bei d. Herst. u. Verspinn. v. Viscose 10889.
—, Holz (H. M.) u. Graeser (W.), Einfl. d. Mikrostruktur auf d. Knittereigg. v. Cellulosehydratfasern 6885.
— u. Jörder (H.), Einfache Meth. zur Identifizier. v. Aminoplasten in knitterecht ausgerüsteten Geweben sowie bei anderen Anwendungen 3281, 11308.
— u. Wackher (K.), Mehrlag. Plättwäsche 9938* D.
Elödi (P.) s. Szörényi (E.).
Elofson (R. M.) s. Craig (L. E.).
Elowe (D. G.) s. Mahler (H. R.).
Elphimoff-Felkin (I.), Felkin (H.) u. Welvart (Z.), Beziehungen zwischen ster. Konfigurat. u. Bildungsmechanismus bei Derivv. d. β-Arylserine 7409. — „Transoxycarbonylier." in d. Reihe d. β-[p-Nitrophenyl]-serine 7409.
— u. Tchoubar (B.), Erweiter. d. Kohlenstoffrings durch Isomerisier. v. kernbenachbarten Ketolen. 2. Mitt. Unterschiedl. Verh. d. 1-Oxycyclopentylphenylketons gegenüber festem KOH u. alkoh. KOH 81.
Elpiner (I. J.) s. Deborin (G. A.); Oparin (A. I.).
Elpiner (I. J.) u. Katz (Z. B.), Einw. v. Ultraschallwellen auf Purin- u. Pyrimidinbasen 1009.
— u. Ssurowa (M. D.), Beschleunig. d. Zerfallsprozesse v. Proteinen im Ultraschallfeld 7227.
Elrick (D. E.) s. Camp (A. T.).
—, Gardner (W. H.), Marans (N. S.) u. Preckel (R. F.), Darst. v. Pentaerythrittrinitrathalogeniden 6955.
—, Marans (N. S.) u. Preckel (R. F.), Organ. Ester v. Mannitpentanitrat 6955.
Elrick (H.) s. Carballeira (A.).
El Ridi (M. S.) s. Abdine (F. H.).
Els (H.) s. Plattner (P. A.).
Els (H. E.) s. Snyder (H. R.).
El-Sabban (M. Z.) u. Nielsen (J. R.), Schwingungsspektren v. Cyclobutforen 4551.
El-Sadr (M. M.) s. Barakat (M. Z.).
Elsässer (H.), Lichtstreuung an einem Gemisch v. dielektr. Kugeln 5719.
El Sayed (J. A.) s. El Wakkad (S. E. S.).
Elschnig (H.), Neues lokales Chemotherapeuticum in d. Ophthalmologie 3426.
El-Shamy (H. K.) u. El-Din Zayan (S.), Potentiometr. Red. v. Uranylchloridlsgg. 4421.
Elsheimer (H. N.) s. Fischer (Robert B.).
El-Shishiny (E. D. H.), Resorpt. u. Assimilat. v. anorgan. N verschied. Herkunft durch Speichergewebe v. Wurzeln 9365.
Elsner (H.) s. Dynamit-Akt.-Ges. vorm. A. Nobel & Co.
Elson (R.) s. Sellers (P. A.).
—, Sellers (P. A.) u. John (E. R.), Einfangquerschnitte v. ^{231}Pa u. ^{232}Pa für therm. Neutronen 8305.
Elssner (R.) s. Vereinigte Glanzstoff-Fabriken Akt.-Ges.
Elster (S. K.) s. Boas (E. P.); Soffer (L. J.).
Elston (W. E.) s. Poldervaart (A.).
Elsworth (F. F.), Analyse, Testmethoden, Wert- u. Fehlerbest.; Chem. Testmethoden 8765.
El-Taraboulsi (M. A.) s. Wise (L. E.); Wolfrom (M. L.).
Eltinge (L.) s. Barnard (D. P.).
Elton (G. A. H.) s. Dulin (C. I.).
— u. Mitchell (J. W.), Best. d. elektrokinet. Lad. u. d. Potentials nach d. Sedimentationsmeth. 6. Mitt. Carborundum in wss. Lsgg. einiger ein-einwert. Elektrolyte 4528.
Elton (L. R. B.), Streuung schneller Elektronen durch Kerne 2123. — Elast. Streuung v. Elektronen 2353. — Wrkg. d. Kernstruktur auf d. elast. Streuung schneller Elektronen 7598. — s. Brenner (S.).
Elvehjem (C. A.) s. Constant (M. A.); Dietrich (L. S.); Harper (A. E.); Litwack (G.); McLaren (B. A.); Monson (W. J.); Taborda (A. R.); Tappan (D. V.).
Elvidge (D. A.) u. Garratt (D. C.), Bombentechnik zum Vorbereiten v. Proben zur Pb-Best. in Lebensmitteln 1163.
Elvidge (J. A.) s. Clark (P. F.).
— u. Linstead (R. P.), Heterocycl. Imine. 1. Mitt. Iminoderivv. v. Isoindolin u. ihre Rkk. mit prim. Basen 3364; 3. Mitt. Succinimidine 3367.
Elvidge (W. F.), Moderne physikal. Meth. in d. chem. Analyse 10580.
Elvin (E. J.) s. Newhall (W. F.).
Elving (P. J.), Titrimetr. Analysenverff. 4892. — Analysenprozeß in d. Chemie 11429.

Elving (P. J.) u. **Atta (R. E. Van),** Polarograph. Best. v. Citronensäure. Polarographie v. Pentabromaceton 427.
— u. **Bennett (C. E.),** Polarograph. Verh. d. Glyoxals 316. — Polarograph. Best. d. Chloracetaldehyde. Analyse v. Gemischen 10100.
El-Wahab (M. F. A.) = Abd El-Wahab (M. F.).
El Wakkad (S. E. S.) u. **El Din (A. M. S.),** Anod. Oxydat. v. Metallen bei sehr kleiner Stromdichte. 4. Mitt. Pd 4284; 5. Mitt. Au. 4284.
—, **El Din (A. M. S.)** u. **El Sayed (J. A.),** Anod. Oxydat. v. Metallen bei sehr kleiner Stromdichte. 6. Mitt. Sn 4284.
— u. **Emara (S. H.),** Anod. Oxydat. v. Metallen bei sehr kleiner Stromdichte. 2. Mitt. Ni 4283; 3. Mitt. Cu 4283.
— u. **Hickling (A.),** Anod. Verh. v. Metallen. 6. Mitt. Co 11342.
—, **Khalafalla (S. E.)** u. **El Din (A. M. S.),** Polarographie mit einer stationären Platinblechelektrode. 1. Mitt. Abbauzeit d. Diffusionsschicht 4525.
Elwell (W. E.) s. California Research Corp.
Elwert (G.), Bedeut. einer weichen Röntgenstrahl. d. Sonnencorona für d. Bldg. d. n. Ionosphär. E-Schicht 5718.
Elworthy (P. H.) s. Saunders (L.).
Elwyn (A.) s. Bretscher (M. M.).
Ely (B. E.), „Teflon", ein Tetrafluoräthylenharz als Draht- u. Kabelisolator 9452.
Ely (C. J.) u. **Torr (D.),** Koll. Prodd. aus Hautabfällen 10384* A.
Ely (J. O.), 2-Desoxy-D-glucose als Inhibitor d. Krebswachstums bei Tieren 5334. — s. Ross (M. H.).
— u. **Ross (M. H.),** Schnelle Aufheb. einiger Wrkgg. v. proteinfreier Diät 11239.
Ely (R.) s. Bender (R. S.).
Ely (R. E.), Moore (L. A.), Hubanks (P. E.), Carter (R. H.) u. **Poos (F. W.),** Verfütter. v. Aldrin an Milchkühe 3426.
Elyan (A. S.) s. Gabr (M. K.).
Elyan (M.) u. **Stretton (L. T.),** Vergiftungsunfälle bei Kindern während d. letzten 3 Jahre im Townsville General Hospital 4401.
Elyash (L. J.) s. Pollock (D. J.).
Elze (J.), Abscheidungsbedingg. u. Gefüge kompakter elektrolyt. Metall-Ndd. 1. Mitt. Elektrolyt. Cu-Ndd. im Bereich d. FT- u. UD-Typs 4765.
Emanuel (N. M.), Kinetik d. H_2S-Oxydat. 1224. — Makroskop. Stadien, d. bes. Rolle d. Anfangsperiode u. d. Mechanismus d. Wrkg. v. Inhibitoren u. positiven Katalysatoren bei Ketten-Rkk. 4299. — s. Knorre (D. G.); Krugljakowa (K. J.); Maisuss (S. K.).
Emanuel (W. A.) s. Anaconda Copper Mining Co.
Emanuele (F.), De conserven-industrie. Theorie en practijk van het conserveren van levensmiddelen [1637].
Emanuelsson (H.), Unters. über d. Zuckerrübenälchen Heterodera Schachtii (Schmidt) 2756.
Emara (S.) s. El Wakkad (S. E. S.).
Embden (H. J. M. van) = Meerkamp van Embden (H. J.).
Emblem (H. G.) s. Monsanto Chemical Co.; Monsanto Chemicals Ltd.; Whiften & Sons Ltd.
Embleton (H. W.) s. Bourns (A. N.).
Embleton (T. W.) s. Jones (W. W.).
Embs (M.), Anwend. v. Gas zur Trockn. v. Lebensmitteln 2799.
Emeis (C. C.) s. Lembke (A.).
Emeis (R.), Tiegelfreies Ziehen v. Si-Einkristallen 531.
Emeléus (H. J.), Organometall. Verbb. mit Fluorkohlenstoffgruppen 6499. — s. Ayscough (P. B.); Bennett (F. W.).
—, **Haszeldine (R. N.)** u. **Paul (R. C.),** Organometall. u. organometalloide F-Verbb. 12. Mitt. Bis-[trifluormethyl]-phosphinsäure u. verwandte Sauerstoffsäuren d. P 6959.
Emeléus (K. G.), Dissoziative Rekombinat. an Oberflächen 3067. — s. Ecker (G.); Sayers (N. D.).
Emerick (H. B.), Europäische Stahlherst. unter Verwend. v. O_2 8951.
Emerson (F. W.), Basic botany; an introduction to the science of botany [1305].
Emerson (O. H.), Bitterstoffe d. Citrusfrucht. 2. Mitt. Bezieh. zwischen Nomilin u. Obakunon 600.
Emerson (R.) s. Ingraham (J. L.).
Emerson (R. W.) u. **Morrow (M.),** Schweißung v. warmfesten Austenitstahlleitungen 4689.
Emerson (W. S.) s. Longley jr. (R. I.); Monsanto Chemical Co.
— u. **Longley jr. (R. I.),** γ-Oxopimelinsäurediäthylester 4325.
Emerson (W. W.), Best. d. Stabilität v. Bodenkrümeln 7065.
Emerton (H. W.) s. Watts (J.).
Emery jr. (A. H.), Tung (L. H.) u. **Drickamer (H. G.),** Einfl. d. Druckes auf d. Diffus. gelöster Polymeren 4365.
Emery (J. L.) u. **Finch (E.),** Fett- u. Wassergeh. d. linken u. rechten Leberlappens vor u. nach d. Geburt 2942.
Emery (W. B.) s. Glaxo Laboratories Ltd.
Emery Industries, Inc., Fettalkohole erhält man neben Natriumcyanat 3484* Schwz.
— u. **Goebel (C. G.),** Herst. polymerisierter Fettsäuren 2789* A.
Emet (A. S.) u. **Dalokay (H.),** Nachw. v. Heroin im Nasensekret v. Heroinsüchtigen 6096.
Emich (R.), Butazolidin bei neoplast. Prozessen 11595.
Emig (F. J.) s. Du Pont de Nemours (E. I.) & Co.
Emigh (C. R.), Schnellkompressionsnebelkammer mit Magnetfeld u. Hilfssteuerr. 8082.
— u. **Megill (L. R.),** Komponenten langer Nachleuchtdauer v. Thallium-aktiviertem Natriumjodid 4035.
Emiliani (C.), Tiefe d. Lebensraumes einiger Spezies pelag. Foraminiferen auf Grund d. Sauerstoffisotopenverhältnisses 310.
Emiliani (E.) u. **Vaccari (E.),** Erzeug. v. Rindenfasern 8765.
Emilius (M.) s. Schaeffer (G. W.).
Emilsson (B.) u. **Castberg (C.),** Bekämpf. v. Kartoffelblattläusen durch Spritzen mit Parathion u. d. Wrkg. auf d. Ausbreit. v. Virus Y 4438.
Emlet (L. B.), Radioisotope 1436.
Emley (E. F.) s. Magnesium Electron Ltd.
Emmenegger (H.) u. **Lüscher (E.),** Mechanismus d. Gerinnungshemm. einiger Antihistaminica 1786.
Emmens (J. A.), Bierbrauereigewerbe u. sein Hauptrohstoff: Gerste 2554.

Emmer (E. J.) u. **Bankoff (S. G.)**, Suspensionsmischpolymerisat. v. Vinylchlorid u. Vinylacetat 4364.
Emmerich (A.), Best. d. Dünnsafthärte mit Komplexon. 2. Mitt. Vgl. mit gravimetr. Analysen u. Unters. v. störenden Substanzen 2321. — Zuckertechn. Meß- u. Regelprobleme 5920. — s. Schneider (F.).
Emmerich (E.) s. Felten & Guilleaume Carlswerk Akt.-Ges.
Emmerich (W. S.) s. Auth (W. J.); Kiley (L. A.); Singer (S. E.).
—, **Auth (W. J.)**, **Kurbatov (J. D.)**, Kernspektren ^{144}Ce u. ^{144}Pr 1197.
—, **Singer (S. E.)** u. **Kurbatov (J. D.)**, Elektronenstrahlungseinfang v. ^{55}Fe, ^{37}Ar u. ^{59}Ni 1197.
Emmert (R. E.) u. **Pigford (R. L.)**, Grenzflächenwiderstände. Unters. v. Gasabsorpt. in fallenden Filmen 8937.
Emmett (J. R.) s. Ewbank & Partners Ltd.
Emmons (A. H.) s. Meinke (W. W.).
— u. **Lauderdale (R. A.)**, Meth. zur Schätz. geringer Mengen radioakt. Verseuchungen in W. 4756.
— u. **Norton (J. A.)**, Fensterloser Gas-Durchlaufzähler als ein kontinuierl. Durchlaufzähler 6911.
Emmons (C. W.) u. **Haberman (R. T.)**, Ascosin bei d. Behandl. experimenteller Mäusehistoplasmose 630.
Emmons (W. D.) s. Fuson (R. C.).
— u. **Lucas (G. B.)**, Peroxytrifluoressigsäure. 5. Mitt. Oxydat. v. Ketonen zu Estern 8596.
— u. **Pagano (A. S.)**, Peroxytrifluoressigsäure. 4. Mitt. Epoxydier. v. Olefinen 4342.
Emmons (W. H.), Geology; principles and processes [9522].
Emmott (R.), S-Verbb. in SO_2-Extrakten aus mittleren Destillaten 1650.
Emmrich (R.) u. **Petzold (Hans)**, Bluteiweißbild nach partieller Resekt. d. Rattenleber, seine Beeinfluss. durch Corhormon 10066.
— u. **Pferner (C.)**, Bluteiweißveränderr. bei experimentell erzeugter tox. Nephrose 9599.
Emöd (G.), Ni-freie hochfeste Al-Schmiedelegierr. 448. — Mg-Guß durch Pack. mit Fl. u. Gas (Imprägnier.) 2061. — Zuricht. v. Mg-Gußstücken 6610. — Wärmebehandl. v. Mg-Gußlegierr. 8716. — s. Jakóby (L.).
— u. **Németh (P.)**, Ungar. synthet. u. Natursande für Mg-Guß 7536. — Ausschüsse u. ihre Vermeid. bei Mg-Formguß 7769.
Emödi (G.), Vergleichende Beiträge zur Wrkg. d. Superphosphat-Kunstdüngers 941.
Emond (R. E.) s. Standard Oil Development Co.
Emrich (E.), Al als Heilmittel 8667.
Emrick (D. D.) s. Truce (W. E.).
Emschermann (H. H.), Messen d. in d. Autogentechnik u. beim Schweißen auftretenden Einflußgrößen 8955.
Emschwiller (G.), **Cohn (C.)** u. **Legros (J.)**, Anwend. d. Osmose auf wss. Lsgg. v. Pentacyanoaquoferraten (II) 8323.
Emslie (A. G.) s. King (G. W.).
Emulsol Corp. u. **Harris (B. R.)**, Bactericide Mittel 11428* A.
— u. **Joffe (M. H.)**, Mürbungsmittel für Backzwecke 10882* A.
Enatsu (H.), Massenspektr. v. Elementarteilchen. 1. Mitt. Eigenwertproblem in Raum-Zeit 3548.
Ence (E.) s. Margolin (H.).
— u. **Margolin (H.)**, Durch Kumulativätz. in Ti-Legierr. identifizierte Phasen 8254.
Encres A. F. M., Bindemittel für Anstriche 1385* F.
Ende (E. vom) s. Landolt (H.).
Ende (I. Am), Ernährungsphysiologie d. Pilzes d. Xanthoria parietina 9119.
Ende (U. J. C.) s. Pearson (J.).
Endell (J.), Lösungsverss. an Hüttenkalken 2751.
Endemann (W.), Anteil d. Trockensubstanz im wachsenden u. reifenden Tabakblatt 10157.
Ender (G.), Quantitative Best. v. Pyrophosphat in Wurstwaren 950.
Enderby (G. E. H.), Lagerungsischämie u. Anwend. d. Methoniumverbb. 1790. — Pentoliniumtartrat zur kontrollierten Drucksenkung 5593.
Endermann (F.) s. Kalle & Co. Akt.-Ges.
Enders (A.) s. Schmidt (U.).
— u. **Körner (F.)**, Beeinfluss. d. Leberschädig. bei chron. Thiopental- (Pentothal-) Vergift. durch Methionincholin (Hepsan) 5117.
Enders (J.), Behandl. venöser Stauungszustände mit d. Gesamtextrakt aus d. Roßkastanie 634.
Endo Products, Inc. u. **Kaye (I. A.)**, N-substituierte 2-Aminomethylchinoline 7268* A.
—, **Schlesinger (A.)**, **Weiner (N.)** u. **Gordon (S. M.)**, 4-(N-substituierte Aminoäthyl)-aminobenzoesäurediäthylaminoäthylester 3688* A. — 6-Nitrocumarin-3-carbonsäure 7981* A.
— u. **Weiss (U.)**, Mercaptoacetanilide 3919* A. — N-α-Mercaptoacetylaminoarylverbb. 11252* A.
Endres (G. F.) u. **Overberger (C. G.)**, Ionische Polymerisat. 5. Mitt. Abbruch-Rk. bei d. kationischen, durch Stannichlorid katalysierten Polymerisat. d. Styrols 10280.
Endres (H.) s. Grassmann (W.).
Endres (H. A.) s. Wingfoot Corp.
Endres (R.) s. DEHYDAG Deutsche Hydrierwerke G. m. b. H.; Deutsches Hydrierwerk Rodleben VEB.
Endröczi (E.), Best. v. Cortinähnl. Substanzen im Plasma 5348. — s. Tóth (K.).
—, **Lissák (K.)** u. **Szereday (Z.)**, Wrkg. d. Diphenylhydantoins auf d. Hypophyse-Nebennierenrinden-Syst. 3193.
Endt (P. M.) s. Han (K. K.); Jong (D. de); Jongerius (H. M.); Kluyver (J. C.); Paris (C. H.); Rietjens (L. H. T.).
—, **Kluyver (J. C.)** u. **Leun (C. van der)**, γ-Strahlen aus d. Rk. ^{29}Si(p, γ)^{30}P 7600.
Endter (F.), Struktur einiger Ruße 5257.
Enebo (L.) s. Sandegren (E.).
Ener (S.) s. Holman (R. T.).
Enfer (P.) s. Soc. Nationale d'Étude et de Construction de Moteurs d'Aviation.
Eng (S. T.) s. Krauss (E. v.).
Engbaek (L.), Behandl. v. Myasthenia gravis mit einem Prostigminhomologen: Mestinon 3678.
Enge (H. A.), Spins d. untersten Zustände d. ^{40}K-, ^{32}P- u. ^{28}Al-Kerne 9721. — s. Buechner (W. W.).
Engel (A. v.) s. Little (P. F.).
Engel (B. G.), **Würsch (J.)** u. **Zimmermann (Markus)**, Einfl. v. β-Ionen auf d. Bldg. v. β-Carotin durch Phykomyces blakesleanus 4379.

Engel (C.), „Unbekannter“ Vitamin-A-wirksamer Stoff aus Schweineschmalz **4144**.
Engel (E.) s. Harpener Bergbau Akt.-Ges.
Engel (F.), Mikroorganismen im Weinkeller **943**.
Engel (H.), **Krech (E.)** u. **Friederichsen (I.)**, Nitritoxydat. durch Nitrobacter winogradskyi **10294**.
Engel (Hans) s. Badische Anilin- & Soda-Fabrik Akt.-Ges.
Engel (M. B.) u. **Catchpole (H. R.)**, Ausscheid. v. Mucoprotein im Urin nach Anwend. v. Parathyreoidextrakt bei Ratten **1310**.
Engel (P.) u. **Fischl (S.)**, Wrkg. v. Zirbeldrüsenextrakten auf Benzpyrentumoren **6787**.
Engel (W.), Polyfibron-Salbengrundlagen **10566**.
Engel (W. F.) s. Shell Development Co.
Engelberg (H.) u. **Berk (M. Z.)**, Prolongierte antikoagulans u. Therapie mit subcutaner Anwend. v. wss., konz. Heparinlsgg. **4626**.
Engelbrecht (A.), Pyrosulfurylchlorofluorid **1462**. — s. Javan (A.); Lotspeich (J. F.).
Engelbrecht (F. M.), Pathogenese d. experimentellen Silicose **9141**.
Engelbrecht (H.) s. Wever (F.).
Engelbrecht (H.-J.) s. DEHYDAG Deutsche Hydrierwerke G. m. b. H.; Deutsche Hydrierwerke Akt.-Ges.; Hentrich (W.); Runge (F.); VEB Deutsches Hydrierwerk Rodleben.
Engelbrecht (L.), Allantoinsäure u. Allantoin. 3. Mitt. Rolle bei d. Keim. d. Ahorns **4620**. — s. Mothes (K.).
Engelbreth-Holm (J.) u. **Asboe-Hansen (G.)**, Wrkg. v. Cortison auf d. Hautcarcinogenese bei Mäusen **607**.
Engelhard (H.) s. Autweiler (H. J.).
—, Halter (K.) u. **Brett (R.)**, Lichtschutzsalbe **4162*** D. B.
Engelhardt (A.), **Greeff (K.)**, **Holtz (P.)** u. **Luecken (R. v.)**, Methylier. d. Noradrenalins im Organismus **1544**.
Engelhardt (Alfred) s. Aktivkohle-Union-Verwaltungs-G. m. b. H.; Deutsche Aktivkohle G. m. b. H.; Laboratorium für Adsorptionstechnik G. m. b. H.
Engelhardt (E. L.), **Crossley (F. S.)** u. **Sprague (J. M.)**, Reduktive Alkylier. v. Arylalkanolaminen **6737**.
Engelhardt (Felix), Phosphatdüngemittel **10362*** D. B.
Engelhardt (Friedrich) s. Rheinpreußen Akt.-Ges. für Bergbau und Chemie.
Engelhardt (G.) s. Siemens-Schukkertwerke Akt.-Ges.
Engelhardt (V. A.) s. Du Pont de Nemours (E. I.) & Co.
Engelhardt (W. v.), 25 Jahre mineralog. Forschung in d. Instituten v. Rostock u. Göttingen **7593**.
—, Füchtbauer (H.) u. **Goldschmidt (H.)**, Quantitative Phasenanalyse feinkörn. Gemische mit Röntgenstrahlen **8096**.
— u. **Goldschmidt (H.)**, Tonmineral d. Kaolinit-Halloysit-Gruppe v. Provins (Frankreich) **6706**.
— u. **Schindewolf (E.)**, Filtrat. v. Tonsuspenss. **1215**.
Engelhardt-Gölkel (A.) = Englhardt-Gölkel (A.).
Engelhart (W. A.) s. General Motors Corp.
Engelke (J. L.) u. **Strain (H. H.)**, Elektr. Beweglichk. v. Phosphationen bei Papierelektrochromatographie **8689**.
—, Strain (H. H.) u. **Wood (S. E.)**, Elektroosmose bei d. Papierelektrochromatographie mit Elektrodengefäßen **8561**.
Engelkemeir (D.) u. **Magnusson (L. B.)**, Existenz eines $3{,}7 \cdot 10^{-8}$ Sek. metastabilen Zustands in ^{233}Pa **11152**.
Engelking (E. H.) s. Atlantic Refining Co.
Engelking (G.), Mess. v. Lichtmengen mit Hilfe v. photoelektr. Elementen u. mit Differentialgalvanometern, für Weißwertsmessungen **9864**.
Engell (H.-J.), Kontaktkatalyse u. Gleichgewicht **41**. — s. Hauffe (K.).
—, Hauffe (K.) u. **Ilschner (B.)**, Kinetik d. Oxydat. v. Ni bei *400°* **2847**.
Engelländer (K.), Chemie für Galvaniseure unter besonderer Berücksichtig. d. Badkorrektur u. Badunters. [**6385**].
Engelmann (F.), Magnet. Unterss. zur Struktur d. Ccylopentadienverbb. d. Übergangsmetalle **7872**.
Engelmann (W.), Radiumemanationstherapie **7958**.
Engels (A.) u. **Liese (E.)**, Rauminhalationsunterss. mit ^{32}P-etikettiertem Wiesbadener Kochbrunnen beim Menschen **4393**.
Engelstad (O. D.) s. Cornatzer (W. E.).
Engelstätter (H.) s. Kuhn (Hans).
Engelund (A.), Anwend. v. Siliconen in d. Pharmazie u. Medizin **2485**. — Chlorpromazin **7034**. — Elektrocortin (Aldosteron), ein neues Nebennierenrindenhormon. 2. Mitt. **7035**. — Ampins, eine neue Verabreichungsform in d. Injektionsmedizin **9615**.
—, Gilg (E.) u. **Terp (P.)**, Unterss. über d. Vitamin-A-Resorpt. aus Fettpillen **9850**.
—, Koefoed (H.), **Terp (P.)** u. **Weis-Fogh (O.)**, Pyrogenunterss. in Arzneimitteln. 4. Mitt. Anwendbark. verschied. Reinigungsmethoden zur Erziel. sicher pyrogenfreier Utensilien **9144**.
— u. **Terp (P.)**, Pyrogenunterss. in Arzneimitteln. 3. Mitt. Unterss. über d. Ausführ. d. Probe auf pyrogene Stoffe in Calciumgluconat, Natriumcitrat oder Kaliumchlorid enthaltenden Lsgg. **9143**.
Engeset (A.), Therapeut. Anwend. v. Mepacrin bei Lupus erythematosus disseminatus, rheumatoider Arthritis u. Bronchialasthma **6797**.
— u. **Lygren (T.)**, Zuckerbestimmungen in Effuss.; diagnost. Wert bei tuberkulärer Pleuritis **622**.
Engfeldt (B.) s. Winberg (J.).
— u. **Hjertquist (S.-O.)**, Funktionsbezieh. zwischen Schilddrüse u. Nebenschilddrüse u. Wrkg. d. Schilddrüse auf d. Knochengewebe **6550**.
— u. **Zetterström (R.)**, Biophysikal. u. chem. Unters. v. Knochengewebe bei experimentellem Hyperparathyreoidmus **1310**.
Engis Equipment Co., Edelsteinschleifmittel **8004*** E.
Engisch (G. W.) s. Standard Oil Development Co.
England (D. C.) s. Arthur jr. (P.).

Engleman (E. P.), Krupp (M. A.), Johnson jr. (H. P.), Welsh (J. E.), Wrenn (H. T.) u. **King (Wilbert R.)**, Adrenocorticale Funkt. während langanhaltender Cortisontherapie 4385.
—, **Krupp (M. A.), Rinehart (J. F.), Jones (Robert C.)** u. **Gibson (J. R.)**, Hepatitis nach Zufuhr v. Phenylbutazon 4398.
Engler (A.) u. **Haber-Schaim (U.)**, Spektr. d. prim. Höhenstrahl. aus einer Analyse v. Strahlströmen 6675.
— u. **Hintenberger (H.)**, Best. d. Massendifferenzen v. $^{12}CH_2$—^{14}N, $^{12}CH_4$—^{16}O, $^{12}C_2H_4$—$^{14}N_2$ u. $^{12}C_3H_4$—^{40}Ar mit einer Elektronenstoßionenquelle an einem doppelfokussierenden Massenspektrographen 273.
Englert (G.) s. Soc. du Verre Triplex.
Englhardt-Gölkel (A.), Beeinfluss. d. Krampfwrkg. v. Novocain durch Glucose u. Fructose 4638. — s. Stuhlfauth (K.).
— u. **Prosiegel (R.)**, Moderne ACTH- u. Cortisontherapie u. ihre biochem. Grundlagen 8656.
Englin (B. A.) s. Lossikow (B. W.).
— u. **Rogatschewa (T. P.)**, Temp. d. Trübwerdens v. Flugzeugbenzinen 7815.
Englis (D. T.), Fisch (E. J.) u. **Bash (S. L.)**, Best. v. Diacetyl 7742.
— u. **Miles (J. W.)**, Spektrophotometr. Best. v. Theobromin u. Coffein in Kakaopulvern 1402.
— u. **Wollerman (L. A.)**, Spektralphotometr. Unters. v. Bichromat–Chrom(III)-Salzmischungen. Anwend. auf d. Best. v. Glycerin in Essig 1108.
English (A.) s. Cameron (D. G.).
English (A. R.), P'An (S. Y.), McBride (T. J.), Gardocki (J. F.), Halsema (G. van) u. **Wright (W. A.)**, Tetracycline — mikrobiol., pharmakol. u. klin. Bewert. 7254.
English jr. (J.) s. Lynn (J. W.); Zimmermann (H. E.).
English (J. C.), Fall v. durch Tl–Vergift. komplizierter Gravidität 870.
English (J. P.) s. American Cyanamid Co.
English (R. H.) s. Ornitz (M. N.).
English (S.) s. Bricker (N. S.); Hatch (F. T.).
English (W. D.) s. Sommer (L. H.).
English Electric Co. Ltd., Verbesserr. bei d. Druckdest. 3935* E.
—, **Weil (R. F. J.)** u. **Heap (H. R.)**, Elektr. Aufschweißen v. Al u. Al-Legierr. auf Metalle mit höherem F. 2067* E.
Englund (B.), 2-Chlor-1.1.2-trifluoräthyläthyläther 6493. — Chlorfluoressigsäureäthylester 6495.
Engst (R.) s. Pohloudek-Fabini (R.).
Engster (A.) s. Engster (Gebr.) K.-G.
Engster (L.) s. Engster (Gebr.) K.-G.
Engster (V.) s. Engster (Gebr.) K.-G.
Engster (Gebr.) K.-G., Engster (L.), Engster (V.) u. **Engster (A.)**, Heilmittel gegen Ischias, Rheumatismus u. Gicht 11427* D. B.
Engstler (H.), Neuzeitl. Schweißtechnik im Apparate- u. Behälterbau 5642.
Engström (A.), Röntgenmethoden in d. Histochemie 5812. — s. Finean (J. B.).
— u. **Finean (J. B.)**, Kleinwinkelröntgenbeug. an Knochen 8655.
Engström (C. B. A.) s. Aktiebolaget Iföverken.
Engstrom (R. W.), Stoudenheimer (R. G.) u. **Glover (A. M.)**, Produktionsprüf. v. Photomultiplierröhren 4032.
Engstrom (W. W.) u. **Markardt (B.)**, Einfl. v. Östrogen auf d. Thyreoidfunkt. 7477.
—, **Markardt (B.)** u. **Liebman (A.)**, Wrkg. v. Östrogenen auf d. präcipitierbare J d. Serums 1542.
Enigk (K.), Behandl. d. Lungenwurmbefalles d. Wiederkäuer durch Aerosole 2953.
Enke (H.), Haben d. Vitamine in d. Therapie d. Tuberkulose heute noch Daseinsberechtigg? 10554.
Enken (W. B.) u. **Wiktorow (P. I.)**, Kichererbse als wertvolles Eiweißfuttermittel 9217.
Enkoji (T.) s. Bardos (T. J.).
Enkvist (T.), Schwefelprobleme beim Sulfataufschluß 5685. — W. Wahl 10425.
—, **Alfredsson (B.), Merikallio (M.), Pääkkönen (P.)** u. **Järvela (O.)**, Bldg. v. Methylcyclopentenolen durch Behandl. v. Fichtenholz oder Galaktose mit Natriumhydroxydlsgg. bei *100°* 7576.
Ennis (M. E.) u. **Hemmendinger (A.)**, Querschnitt für kleine Winkel bei d. Streuung v. Protonen an Tritonen 8077.
Ennis jr. (W. B.), Zukunft d. Chemikalien bei d. Bekämpf. v. Baumwollunkräutern 3945.
Ennor (A. H.) u. **Rosenberg (H.)**, Eigg. d. Kreatinphosphokinase 5095. — Gekoppelte Rk. v. Kreatinphosphokinase u. Myosin 6774.
Ennos (A. E.), Quellen v. elektronenverursachter Verunreinig. in kinet. Vakuumsystemen 419.
Eno (C. F.) s. Blue (W. G.).
Eno jr. (H. F.) s. Teeri (A. E.).
Enrico (C.) s. Federico (P.).
Enrico (L.), Einfl. d. Verb. v. Sulfonamiden u. Desoxycorticosteron auf d. Prozesse d. Reparat. u. Narbenbldg. bei infizierten Wunden 5837.
Enright (D.) s. Talley (R. M.).
Ensch (L.), Technik d. mit brasilian. Holzkohle betriebenen Hochofens 2991.
Ensell (G.) u. **Chatterjee (S. D.)**, Ringförm. Geiger-Müller-Zähler 11495.
Enslin (O.) s. Metallgesellschaft Akt.-Ges.
Ensminger (S. W.) s. Pfizer (C.) & Co., Inc.
Enso-Gutzeit Osakeyhtiö u. **Halle (K. P.)**, Abscheiden v. feinverteilten faser., spanförm. oder körn. Teilchen aus Fll. 1408* Schwed.
Ensor (C. R.), Russell (D.) u. **Chen (G.)**, Pharmakol. Eigg. v. Diphenylhydramin u. chem. verwandten Verbb. 10796.
Ensslin (F.), Probenahme einiger blei- u. zinkhaltiger Materialien 4890.
Entel (J.), Ruof (C. H.) u. **Howard (H. C.)**, Mögl. Bedeut. v. Lactonen als Zwischenprodd. bei d. Oxydat. C-halt. Materialien 2811.
Enterline (P. E.) s. Bowman (W. M.).
Enthome, Inc., Springer (R.) u. **Meyer (W. R.)**, Ablösen v. Metallüberzügen 453* A.
Entner (N.) u. **Anderson (Hamilton H.)**, Milchsäure- u. Bernsteinsäurebldg. durch Endamoeba histolytica in vitro 1303.
Entreprises A. Barbin & Co. u. **Chonez (A.)**, Neuer Baustoff für wärmeisolierende Umkleidd., bes. für Großraum-Kraftstoffbehälter 9172* F.
Entrich (M.), Hormone u. Embryonen enthaltende Cremes 941.
Entwistle (K. M.), Änderr. d. Dämpfungskapazität bei abgeschreckten, gealterten aluminiumreichen Legierr. 9658.
Enzian (G. H.), Einfl. v. P u. N auf d. Eigg. niedr. C-halt. Stahls 3474.

Enzinger (J.), 17-Ketosteroidausscheid. bei Lebererkrankk. 7711.
Enzinger-Union Werke Akt.-Ges., Filtrieren v. Fll. 6358* Schwz.
Enzl (H.) s. Stockinger (L.).
Eötvös (R.), Gesammelte Arbeiten [970].
Eon (M.) s. Bargeton (D.).
Epel (J. N.) s. Borg-Warner Corp.
Epelbaum (C. I.) s. Gutzaljuk (W. G.).
Epelbaum (S. J.) u. **Kantor (L. F.)**, Einfl. einer Denervier. auf d. glykolyt. Prozesse in Muskeln 11618.
Epelboin (I.), W.-Gehalt elektrolyt. Polierlsgg. 10852. — s. Brouillet (P.).
Ephraims (F.), Inorganic chemistry [2152].
Ephrussi-Taylor (H.), Ein neues, d. Stoffwechsel v. Glucose u. Milchsäure bei Pneumokokken bestimmendes Umwandlungsmittel 3167.
Epik (P. A.) u. **Schub (N. S.)**, Frontaler Verlauf d. Oxydat.-Rk. v. Arsenit durch Jodat 9519.
Eppelsheimer (D. S.) s. Williams (D. N.).
— u. **Gould (D. S.)**, Koerzitivkraft. Mögl. Maß für d. Grad d. Schmiedbark. 9659.
Epple (R.) u. **Förster (T.)**, Lösch. u. Polarisationsgrad d. Fluorescenz in Lsg. 8110.
Eppler (K.), Ultraschallabsorpt. in Flüssigkeitsmischungen 8345.
Eppler (W. T.), Dickenmess. u. Kontrolle 227.
Eppley (M.) u. **Karoli (A. R.)**, Verwend. v. Wellenzahlen in Strahlungsformeln 5475.
Epprecht (W.), Gitterkonstanten d. Turmaline 1919. — s. Hamdi (H.).
Epps jr. (E. A.), Wrkg. v. 2.4-D auf Wachstum u. Ertrag v. Baumwolle 196.
Eppstein (S. H.) s. Upjohn Co.
Epstein (B. S.) s. Rabkin (I. I.); Toropow (N. A.).
Epstein (C.) u. **Elliott (N.)**, Magnet. Suszeptibilitäten v. K_3MoCl_6 u. $RuCl_3$ 4523.
Epstein (D.), **Cantarow (A.)**, **Friedler (G.)** u. **Paschkis (K. E.)**, Hemmung d. Schilddrüsenfunkt. durch Cortison u. ACTH bei hypophysektomierten Ratten 7244.
Epstein (D. A.) s. Michalewa (S. W.); Nikonowa (I. N.); Schapowalenko (S. G.).
—, **Grabetzki (A. A.)**, **Ossipow (A. A.)** u. **Schurchin (S. A.)**, Unterricht. d. Schüler über d. Herst. v. synthet. NH_3 u. HNO_3 9011.
— u. **Schurchin (S. A.)**, Lehrmodelle für industrielle chemische Anlagen [4427].
Epstein (G.) s. Rutzki (N.).
Epstein (George), Adhesive bonding of metals [1139]. — Metall-Metall-Bind. 6437.
Epstein (Grégoire), Keram. Isolierstoffe 9641* Schwz.
Epstein (H. A.) s. Hatch (F. T.).
Epstein (H. T.), Struktur v. Mono- u. Polyschichten polarer KW-stoff-Moll. auf festen Substraten 3080. — s. Taylor (Neil W.).
— u. **Tousimis (A. J.)**, Gefriertrockn. elektronenmkr. Proben 9971.
Epstein (J.) s. Tanford (C.).
Epstein (J. A.) u. **Alexandrowa (L. A.)** [Stalinabad], Mechanismus d. Ausscheid. bas. Farbstoffe durch d. Magenschleimhaut 5836.
— u. **Berger (I. I.)**, Einfl. v. Ferrocyankalium auf d. Sekret. v. HCl durch d. überlebende Magenschleimhaut 11026.
Epstein (L. F.) u. **Howland (W. H.)**, Bin. Mischungen v. UO_2 mit anderen Oxyden 3579.
— u. **Roe (G. M.)**, Zweiter Varialkoeff. bei niederen Tempp. für ein *6—12*-Potential 7620.
Epstein (L. I.), Entwurf für opt. Filter 6577.
Epstein (M. A.), Wrkg. v. Kälte u. v. Trockn. auf d. tumorerzeugende Aktivität d. Zellen u. d. Virus d. Rous Nr. *1* Hühnersarkom 3884.
Epstein (M. B.), **Ross (J.)** u. **Jakob (C. W.)**, Übergänge bei abfließendem Schaum 2140.
Epstein (P. S.), Plancksches Wirkungsquantum 2822.
Epstein (S.) s. Lowenstam (H. A.).
— u. **Mayeda (T.)**, Veränder. d. ^{18}O-Geh. v. W. aus natürl. Quellen 1466.
— u. **Winkler (C. A.)**, RDX u. verwandte Verbb. 6. Mitt. Homogene Hydrolyse v. Cyclotrimethylentrinitramin (RDX) u. Cyclotetramethylentetranitramin (HMX) in wss. Aceton u. ihre Anwend. bei d. Analyse d. HMX in RDX(B) 3348.
Epstein (Samuel) s. Bethlehem Steel Co.
Équipement Ménager et Industriel (E. M. I.), Poröse Kunstharze 935* F. — Zellkörper 9680* Holl.
Eränkö (O.) s. Ahlman (K. L.).
—, **Karvonen (M. J.)**, **Laamanen (A.)** u. **Pitkänen (M. E.)**, Antidiuret. Wrkg. v. Adrenalin u. Noradrenalin beim wasserbelasteten Hund 5826.
— u. **Kihlberg (J.)**, Quantitative methods in histology and microscopic histochemistry [6818].
— u. **Niemi (M.)**, Histochem. Nachw. v. Phosphatase in d. Niere hydronephrot. Ratten 5095.
Erb (K.) s. Winnacker (K.).
Erb (R. E.) s. Ehlers (M. H.).
Erba (C.) S. p. A. = Carlo Erba S. p. A.
Erbe (F.) s. Farbwerke Hoechst Akt.-Ges., vormals Meister Lucius & Brüning.
Erbel (A.) s. Dow Chemical Co.
Erbslöh (F.) u. **Rössel (W.)**, Zuckerabgabe d. Leber in Ruhe u. unter Belastung 144.
Erbslöh (J.), Verwend. v. Jodipinemulss. zur Hysterosalpingographie 3425.
Erchak (M.) s. Allied Chemical & Dye Corp.
Ercoli (A.), **Frisco (S. Di)** u. **Ruggieri (P. de)**, Steroide aus Nervengewebe. 1. Mitt. Cerebrostendiol, ein aus Pferdegehirn isoliertes Cholestendiol 3872.
— u. **Giuseppe (L. de)**, Nachw. u. Best. v. Steroidhormonen in pharmazeut. Zubereitt. 3. Mitt. Öl. Lsgg. v. Desoxycorticosteronacetat 6803.
Ercoli (N.) s. Ciaccio (G.); Guzzon (V.).
Ercoli (R.) s. Pino (P.).
Erdem (B.) u. **Erlenmeyer (H.)**, Verh. v. komplexen Ionen bei d. Papierchromatographie. 1. Mitt. 2612.
—, **Prijs (B.)** u. **Erlenmeyer (H.)**, Verh. v. komplexen Ionen bei d. Papierchromatographie. 2. Mitt. 7157.
Erdey (L.), Industrielle Bedeut. d. Ascorbinometrie 3446. — s. Fleps (V.).
— u. **Bányai (E.)**, Best. d. Fe-Verunreinig. in Edelmetallen 8458, 10099. — Jodat zur Best. d. Endpunktes bei mercurimetr. Titratt. 9864.
—, **Fleps (V.)** u. **Bodor (E.)**, Colorimetr. Phosphatbest. 10583.
— u. **Jankovits (L.)**, Best. kleiner Calciummengen mittels Pyrazolblaus 10585. — Bromanilsäure in d. analyt. Chemie 10586.
— u. **Mázor (L.)**, V-Best. mit oxydierenden Maßlsgg. 2. Mitt. 9867.

Erdey (L.) u. Paulik (F.), Zus. d. Bariumsulfatniederschlages 4171. — Best. d. S-Geh. v. Sulfaten durch pyrogene Zers. 7276.
—, Rády (G.) u. Bányai (É.), Best. kleiner Cu-Mengen in Pt mittels Dithizons 653.
—, Rády (G.) u. Fleps (V.), Colorimetr. Best. v. Ag mit Dithizon 8220.
—, Rády (G.) u. Káplár (L.), Best. v. Zn-Spuren in Anwesenh. v. Eiweißstoffen 1327.
—, Vigh (K. M.) u. Mázor (L.), Best. v. kleineren Vanadinmengen in Al u. Tonerde 8690, 10098.
Erdi (H.), Entöl. v. Kondenswässern mit Aktivkohle 6101.
Erdik (E.), Unters. d. α-Radioaktivität einer Laboratoriumsatmosphäre mit Kernemulss. 11332.
Erdman (K. L.) s. Warren (J. B.).
—, Warren (J. B.), James (D. B.) u. Alexander (T.), γ-Strahlen aus ^{6}Li + p 5235.
Erdman (L. A.) s. Kyle (L. H.).
Erdman (L. W.) u. Means (U. M.), Verwend. d. Gesamtertrages zur Vorhersage d. N-Geh. v. geimpften, in Sandkulturen gewachsenen Leguminosen 3947.
Erdmann (H.) s. Küntzel (A.).
Erdmann (K.), Langhof (H.), Markwardt (F.), Repke (K.), Urban (G.) u. Wels (P.), Red.- u. Oxydationsvorgänge bei d. medizin. Lichtwrkgg. 3883.
Erdmann (W.-D.) u. Henne (H. F.), Spasmolyt. Wrkgg. v. Gallensäuren auf glattmuskel. Organe 4875.
— u. Rohr (H.), Analyse d. Gallensäurewrkgg. auf d. Herzfrequenz (Ikterusbradycardie) 2716.
Erdmann (W. F.), Fixier., Färb. u. Konservier. v. Protozoen im Stuhl 2738. — Phytolaccarot (Caryophyllenrot) für d. Kollagenfärb. 4176.
Erdmann-Jesnitzer (F.), Werkstoffübergang beim Bündelschweißen v. Stahl 8955. — Diffus. bei Schweißprozessen 9659.
— u. Günther (F.), Einfl. d. O_2 auf d. Oberflächenverh. v. Cu 1829.
— u. Lorenz (W.), Best. d. Materialeigg. v. Schlackenwolle 11658.
— u. May (M.), Unters. d. Struktur v. Kupferfeinstdrähten im Bereich v. *0,15* bis *0,02* mm Durchmesser 1922. — Einfl. d. gegenseit. Kristallorientier. auf Verwachsungsvorgänge 10694.
— u. Neese (H.), Verschweißbark. v. Flachstabelektroden unter Pulver 11085.
—, Slowik (R.), Küntscher (W.) u. Steinheisser (K.), Nachbehandl. v. Stahl u. a. Metallen 6842* D. [DDR].
Erdmenger (R.) s. Rieß (K.).
Erdös (E. G.) s. Werle (E.).
Erdos (J.) u. Angel Morales (M.), Verteil. d. Cu im Organismus d. Kaninchens nach d. Injekt. zweier seiner Sulfonamidkomplexe 3426.
— u. Ramirez (R.), Herst. u. chem. Unters. v. Komplexsalzen d. Sulfonamide mit Zn 9529.
Erenburg (J. J.), Anwend. v. Kupolofen-Thermoanthrazit für d. Schmelzen v. Gußeisen 8481.
Eres (S. L.), Komplexe Behandl. v. Dysenteriekranken mit Synthomycin u. Sulfanilamidpräpp. 151.
Ergen (W. K.), Kinetik d. Kernreaktors mit zirkulierendem Füllmaterial 3551.
Ergener (L.) s. Arndt (F.).
Erginsoy (C.), Energiezustände v. sich überlappenden Störstellenladungsträgern in Halbleitern 3558.
Ergle (D. R.), Wrkg. geringer N- u. S-Versorg. auf deren Anreicher. in d. Baumwollpflanze 6598. — s. Eaton (F. M.); McIlrath (W. J.).
Ergün (S.), Periphere Glucoseverwert. beim Diabetiker 5348.
Ergun (S.), Ström. durch Festkörperschichten 8937.
Erhart (A. B.) s. Bell$_{e}$(T. D.).
Eri Gesellschaft Kübler & Cie., Farbstift für d. Behandl. rauher Leder 7126* Oe.
Erichomovitch (L.), γ-Halogenalkyl- u. γ-Oxyalkyl-α-ketoparaconsäureäthylester 1731.
Erichsen (L. v.) s. Kaemmerer (K.).
Ericks (W. P.) s. Upson Co.
Erickson (D. R.), Druckfarbe für d. Offsetdruck 3033* Can.
Erickson (F. B.) s. Monsanto Chemical Co.; Patrick jr. (T. M.).
Erickson (J. G.), Rkk. v. langkett. Aminen. 2. Mitt. Rkk. mit Harnstoff 6029; 3. Mitt. Darst. v. N.N-Dialkylthiamorpholiniumchloriden 6029.
— u. Keps (J. S.), Rkk. v. langkett. Aminen. 1. Mitt. Darst. v. 4-Alkylmorpholinen u. 4.4-Dialkylmorpholiniumchloriden 6029.
Erickson (J. H.) s. Demorest (H. L.).
Erickson (J. L. E.) u. Campbell jr. (C. R.), Laurinaldehyd. Halbacetalbldg. 1019.
Erickson (J. R.), McCormick (J. B.) u. Seed (Lindon), Verbesserte Meth. zur Best. d. Blutvol. unter Verwend. mit radioakt. J markierten menschl. Serumalbumins 3216.
Erickson (R. A.) u. Roberts (L. D.), Mess. u. Berechn. d. auf d. Dampfdruck über fl. He beruhenden Temp.-Skala v. *1—4,2°* K 6462.
—, Roberts (L. D.) u. Dabbs (J. W. T.), Gemeinsame Induktanzbrücke u. Kryostat für magnet. Tieftemperaturmessungen 9030.
Erickson (T. C.) u. Baaren (H. J. van), Meningeale Spät-Rk. auf Äthyljodphenylundecylat nach einer Myelographie. Ein Fall mit letalem Ausgang 864.
Ericson (L.-E.) u. Carlson (B.), Vork. v. Aminosäuren, Niacin u. Pantothensäure in Meeresalgen 4618.
— u. Nihlén (H.), Elektrophoret. Unterss. an Cobalaminen. 2. Mitt. 10278.
— u. Sjöström (A. G. M.), Aminosäuren in Meeresalgen 8653.
—, Widoff (E.) u. Bánhidi (Z. G.), In Seealgen vorkommende Wachstumsfaktoren für Streptococcus faecalis 10775.
Ericsson (E. A.) s. Telefonaktiebolaget L. M. Ericsson.
Ericsson (G.), Synthet. Natriumchloridkristalle; Brechungsindex u. Gitterkonstante 8099.
Erie Mining Co. u. Devaney (F. D.), Pelletisieren v. Feinerz, bes. v. Eisenoxydkonzentraten 8022* E.
Eriks (K.), Lipscomb (W. N.) u. Schaeffer (R.), Boranordn. in einem B_6-Hydrid 2848.
Eriksen (E.), Pauli-Prinzip u. Symmetrieeigg. v. Mehrelektronen-Wellenfunktt. 9950. — s. Foldy (L. L.).
Eriksen (K. R.) u. Hansen (D.), Extracelluläre Natur d. Staphylokokkenpenicillinase 2698.
—, Hansen (J. L.) u. Lund (F.), Postoperative Infektt. bei Lungenchirurgie. Prophylaxe durch Penicillintherapie mit hohen Blutspiegeln 398.

Eriksen (K. R.) u. **Therkelsen (F.)**, Behandl. v. Infektt., bes. durch penicillinresistente Staphylokokken, mit hohen Penicillindosen nach Lungenchirurgie 398.
Eriksen (L.), Spalt. d. Häm–Globin-Bind. im Hämoglobin mit Methanol 4868. — Bleiintoxikat. 1. Mitt. Wrkg. v. Pb auf d. in vitro-Biosynth. v. Häm u. freien Erythrocytenporphyrinen 10305.
Eriksen (N.) s. M a c k a y (I. R.).
Eriksen (V. O.) u. **Zaleski (C. P.)**, Vers. einer Anwend. d. γ-Strahlen aus d. (n, γ)-Rk. mit Reaktorneutronen 7141.
Eriksen (W. T.) s. H a w k i n s (J. E.).
Eriksson (B.), Filzfreibehandl. v. Wolle 6425.
Eriksson (C. O.), **Landqvist (N. O.)** u. **Mellbin (B. F.)**, „Pad-Roll"-Färbeverf. u. seine techn. u. ökonom. Verwert. 6854.
Eriksson (E.), Probleme d. differentialtherm. Analyse 6576.
Eriksson (E. B.), Mottenfestmachen v. Wolle durch Behandl. mit Siliciumfluoriden 1173* Schwed.
Eriksson (L. E.) s. T r e i b e r (E.).
Eriksson (S.) u. **Sjövall (J.)**, Quantitative Best. v. Gallensäuren durch Papierchromatographie 6583.
Erilane (A. F.) s. B a r d y s c h e w (I. I.).
Erker (A.), Widerstandsschweißung 1364.
Erkes (F.), Möglichk. d. Cariesprophylaxe mit Vitamin B_1 8427.
Erkut (H.), Cu–NH_3-Komplexe u. ihre katalyt. Wrkg. auf d. Zers. v. H_2O_2 4299.
Erlacher (P. R.), Hyaluronidasewrkg. auf d. Kniegelenk im Tiervers. 2924. — Bekämpf. orthopäd. Erkrankungen mit Solvapyrin 2953.
Erlandsson (G.), Mikrowellenspektr. v. Benzonitril 1008. — Dass. v. Chlorbenzol 8342.
Erlemann (G.) s. H ü n i g (S.).
Erlenbach (F. M.) u. **Tracy (E. T.)**, Cariesfluorunters. in New Britain. 1. Mitt. Zahnbefunde drei Jahre nach Beginn d. Trinkwasserfluorier. 11041.
Erlenbach (M.) u. **Sieglitz (A.)**, 1-(3′-Methoxyphenyl)-1-pyridyl-(2″)-3-dimethylaminopropan 1098* Schwz. — 1-Phenyl-1-pyridyl-(2′)-3-N-pyrrolidinopropan-p-aminosalicylat 2727* Schwz. — 1-Phenyl-1-pyridyl-(2′)-3-dimethylaminopropen 2727* Schwz. — Alkylenimine 3007* E. — 1-Phenyl-1-thiazolyl-(2′)-3-dimethylaminopropan 4887* Schwz. — p-Aminosalicylate v. Antihistaminbasen 6806* E. — N-(β-Phenyläthyl)-äthylenimin 7788* Schwz.
Erlenmeyer (H.) s. E r d e m (B.); L e h m a n n (F. E.); S o r k i n (E.); W e i l (T.).
Erlsbacher (O.) u. **Gaisberger (H.)**, Perorale Therapie d. Hypertonie mit Hexamethoniumverbb. 7260.
Ermala (P.) s. S e t ä l ä (K.).
Erman (W. F.) s. D a v i s (R. B.).
Ermo (F. D'), Gli antistaminici sintetici in oftalmologia [5126].
Erne (H.), O_2-Niederschachtofen u. seine Arbeitsweise 7302.
Erne (K.) s. C a n b ä c k (T.).
Ernotte (M.), Emulgierendes u. stabilisierendes Mittel für Bitumen- u. Teeremulss. 3777* F.
Ernsberger (F. M.) u. **Drew (C. M.)**, Entwurf u. Konstrukt. v. Quarzspiralenwaagen 9398.
Ernsberger (M. L.) s. D u P o n t d e N e m o u r s (E. I.) & C o.
Ernst (E. W.) u. **Foerster (H. v.)**, Elektronenpakete v. kurzer Zeitdauer 1903.
Ernst (G.) s. A c k e r (L.).
Ernst (J.), Faktoren, die d. Geschmack heller Biere beeinflussen 1159.
Ernst (K.) s. W e g m a n n (T.).
Ernst (Richard), Wörterbuch d. industriellen Technik. Einschließl. Hilfswissenschaften u. Bauwesen. Bd. 3: Deutsch-französisch [4903].
Ernst (Robert) s. T e x t i l a n a, I n c.
Ernst (W.), Gummielast. Textilien in d. Färberei 693.
Ernster (L.) s. L i n d b e r g (O.).
Ernsting (W.), Behandl. d. Parkinson-Syndroms mit Disipal (BS *5930*) 8908.
Erra (A.), Fließproben mit wechselnden Belastungen bei konstanter Temp. 10849.
Ershoff (B. H.), Schutzwrkgg. v. Leber bei mit tox. Dosen v. Thiouracil gefütterten jungen Ratten 4385.
Ersjutowa (J. I.) s. M e s c h t s c h e r j a k o w (A. P.).
Erskine (A. M.), Quatern. N-Alkylbenzyltrimethylammoniumnaphthenate 6342* A.
Erskine (J. W. B.), **Strouts (C. R. N.)**, **Walley (G.)** u. **Lazarus (W.)**, Einfache volumetr. Meth. zur Schnellbest. v. Glycerin 1108.
Erspamer (V.), Angebl. serotonin- (enteramin-) ähnl. Eigg. d. cerebral-pressor. Substanz v. Taylor, Page u. Corcoran 9126. — Umwandl. v. Indolalkylaminen im Organismus 11411.
— u. **Benati (O.)**, Identifizier. v. Murexin als β-[Imidazolyl-(4)]-acrylcholin 829.
Ertaud (A.) s. A i l l o u d (J.); M u r a o u r (H.).
— u. **Zaleski (P.)**, Mess. d. Neutronendichte durch Autoradiographie v. Detektoren 2127. — D.-Verteil. therm. Neutronen im Innern einer Zelle aus natürl. U u. Schwerem Wasser 7369.
Ertuganowa (S. A.), Kombinierte Wrkg. v. antibiot. u. Antihistaminpräpp. bei d. Pneumokokkeninfekt. 9380.
Ervin (F.) s. W i e d o r n (W. S.).
Ervine (W. D.) s. S t a n d a r d O i l D e v e l o p m e n t C o.
Erway (N. D.) u. **Seifert (R. L.)**, Dampfdruck v. BeO 3563.
Esaki (L.) s. A r i z u m i (T.).
Esau (A.) u. **Prösdorf (D.)**, Best. d. Materialkonstanten (ε, μ, σ, tg δ) bei festen, fl. u. gasförm. Substanzen, bes. bei kleinen Substanzmengen 5137.
Escalante (M. G.), In Argentinien angebaute Minzen 7972.
— u. **Liceaga (J. A. I.)**, Ersatzstoffe für Equisetum arvense L. in Argentinien 6802.
Escalera (E. M.) s. S a l c e d o (I. S.).
Escales (E.), Vakuumverform. thermoplast. Kunststoffe 4466. — Plast. MM. 5436* F. — s. B a d i s c h e A n i l i n- & S o d a-F a b r i k A k t.-G e s.
Escalona (E.) s. L a t a p i (F.).
Eschbach (W.) s. C r a m e r (H.).
Esche (R.), Unters. d. Schwingungskavitat. in Fll. 1912.
Eschenmoser (A.) s. G a m b o n i (G.); K a p p e l e r (H.).
Escher (B. G.), Algemene mineralogie en kristallografie [1230].
Eschweiler Bergwerksverein, Kohlebrikettierung 4245* F.
Escobar-Godoy (R.) s. B u r r i e l-M a r t í (F.).

Escobedo (R. M.) = María Escobedo (R.).
Escoffery (C. A.) s. Aktiebolaget Standard Radiofabrik.
Esdorn (I.), Folia Oleae, neue blutdrucksenkende Droge 157. — Unterss. über d. Biogenese d. äther. Öle 11700.
— u. **Schanze (R.)**, Schleim v. „Calluna vulgaris (L.) Hull" 5127.
Esenwein (P.), Thermoanalyt. Unterss. an frischen u. gelagerten Portlandzementen 11658.
Eser (G.), Wrkg. d. Teropterins auf Walker-Tumoren 11596. — s. Eser (S.).
Eser (S.), Hyperglykäm. u. glykogenolyt. Faktor d. Pankreas u. Nebennierenrinde 5348. — Funktionelle Zusammenhänge zwischen Hypophysenhinterlappen u. Nebennierenrinde 11609. — Einfl. d. PAS auf d. Kaliumgeh. d. Blutplasmas 11623.
— u. **Eser (G.)**, Therapeut. Wrkg. v. Acetylcholin bei Methylcholanthrentumoren 5094.
— u. **Sipahioğlu (Ü.)**, Wrkg. v. Hypophysenhinterlappenextrakten auf d. eosinophilen Zellen d. Blutes 5346.
— u. **Tüzünkam (P.)**, Pathogenese d. bei Nebenniereninsuffizienz auftretenden Störungen im W.- u. Salzhaushalt 5346.
Eshaya (A. M.), Wrkg. d. Druckabfalls auf d. Berechn. d. Destillationsböden 8226.
Eshelby (J. D.), Metallbartwachstum 1687. — Verzerr. eines Kristalls durch Punktfehlstellen 9972.
—, **Read (W. T.)** u. **Shockley (W.)**, Anisotrope Elastizität mit Anwendd. auf d. Theorie d. Versetzungen 4777.
Eshuis (J. J.), Zuckerrüben 2319.
Eskelund (V.) u. **Plum (C. M.)**, Heilung v. Frakturen. Einfl. v. Extrakten d. Thymusdrüse u. a. Gewebe 3180.
Eskola (P.), Lamprophyrgang in Helsinki u. Lamprophyrprobleme 8338.
Esmay (D. L.) s. Gilman (H.).
Esme (A.), Cyanit, ein interessantes Material 10602.
Esopo (N. D. D'), Lungentuberkulosebehandl. mit antibakteriellen Mitteln 8433.
Espach (R. H.) s. Cupps (C. Q.).
Espagnat (B. d'), Wirkungsquerschnitt d. Rk. p(π+, 2π+)n in d. Nähe d. Schwelle 734. — Mesonenerzeug. bei Meson–Nucleon-Zusammenstößen 3299.
Espe (W.), Neue Glaslote in d. Vakuumtechnik 5392. — s. Tesla.
Espe G. m. b. H., Zahnärztl. Abdruckmassen 6569* E.
Espen (J. van), Nachw. v. Adrenalin u. seinen Veränderr. in pharmazeut. Zubereitt.; Trenn. d. Gemisches Adrenalin–Novocain u. Adrenalin–Ephedrin 11425.
Espersen (G. A.) s. N. V. Philips' Gloeilampenfabrieken.
Espin (J.), Färb. v. Protozoen in Schnitten nach d. Meth. v. Gallego 6543.
Esplin (D. W.) u. **Marcus (S.)**, Wrkg. v. Antibioticis bei Mäusen auf Gewicht u. Thoriumdioxydaufnahme v. Milz u. Leber 4153.
Esposito (G. G.) s. Swann (M. H.).
Esquevin (J.) s. Caillère (S.).
Ess (P. R. van) s. N. V. de Bataafsche Petroleum Mij.
Essed (W. L.), Synthet. Filtergewebe. 1. Mitt. 2037; 2. Mitt. 3934; 3. Mitt. 5865.
Esselen jr. (W. B.) s. Litsky (W.).
— u. **Levine (A. S.)**, Bakteriolog. Unterss. an gefrorenem gefülltem Geflügel 7108.
Essellier (A. F.) s. Bollag (W.); Jeanneret (P.); Löffler (W.).
—, **Jeanneret (P.)**, **Kopp (E.)** u. **Morandi (L.)**, Beweis gegen d. Zerstör. d. Eosinophilen durch Glucocorticosteroide an Hand v. in vitro-Experimenten 2707.
— u. **Kopp (E.)**, Behandl. d. Polyradiculitis Guillain-Barré mit Corticotropin (ACTH) 5582.
Esselmann (P.), **Demus (H.)** u. **Schuh (K.-H.)**, Vorbereiten v. zum Einbetten in Gummimassen bestimmten Textilmaterialien 3215* D. [DDR].
— u. **Düsing (J.)**, Imprägnieren v. Textilstoffen auf Cellulosebasis 6654* D. [DDR].
Esser (F.), Plexidur T 4946. — Plexiglas. Eigg., Verarbeit. u. Verwend. 6862, 7328.
Essery (R. E.), Refraktionsindices, spezif. Gewichte u. Lösungsfaktoren v. Lsgg. v. Würzefestbestandteilen, Kaltwasserextrakt u. Bier 1160.
Essex (H.), Mechanismus strahlungschem. Rkk. in d. Gasphase 306.
Essig (F. C.) u. **Holmes (J. R.)**, Opt. Eigg. aufgedampfter Aluminiumfilme 980.
Essig (L. L.) s. Taylor (E. S.).
Esslinger (P.) s. Schubert (K.).
Essman (L. J.) s. Sherman (A. A.).
Essner (W.) s. Rohrlich (M.).
Esso Akt.-Ges., **Willig (E.)** u. **Stock (W.)**, Entparaffinieren v. Schmierölen mit Zentrifugen 3772* D. B.
Esso Standard (Soc. An. Française), Stabilisieren v. salzsauren Bitumenemulss. 1186* E. — Raffinat. v. Schmierölen 9005* E. — Dampfzylinderöl 9706* E.
— u. **Méténier (H. R.)**, Öle für d. Bearbeit. v. Metallen 7355* F.
Esstulin (I. W.) s. Antonowa (I. A.).
Estee (C. R.) s. Anderson (R. E.); Witt (D. J.).
Ester (V. C.) u. **Longfellow (M.)**, Abfallhaar zur Bewert. d. Kopfwaschmittel 3505.
Esterbrook Pen Co. u. **Blalock (J. M.)**, Ni–Cr-Legierr. 19854* E.
Esterer (A. K.) s. Weyerhaeuser Timber Co.
Estermann (I.) u. **Zimmerman (J. E.)**, Wärmeleit. v. Legierr. bei tiefen Tempp. 3564.
Estes (L. L.) s. Cope (A. C.).
Esteva (D.) s. Bray (P. J.).
Esteve (A.), Veränderr. d. Koagulations- u. Blutungszeit durch Aminonaphthalinmonooder -polysulfonsäuren 10305.
Esther (H.) s. Stoll (F.).
Estill (W. E.) s. Beaver (W. D.).
Estok (G. K.) u. **Stembridge (C. H.)**, Elektr. Momente aus extrapolierten Lösungsmittelgemischdaten 4036.
Estorff (W.) s. Siemens-Schuckertwerke Akt.-Ges.
Estrada (A. A.), **Elias (G. A.)** u. **Wiest (G. J.)**, Aufnahmefähigk. öffentl. Kanalisatt. für gewerbl. Abwässer 9166.
Estrada (R. E.) s. Levy (L. W.).
Estrada (S. C.) = Castro Estrada (S.).
Eswaranarayana (N.), Th, Best. u. Trenn. v. Ceriterden. Anwend. v. 7-Oxycumarin-4-essigsäure 4897.
Établissement Public: Houillères du Bassin du Nord & du Pas-de-Calais, **Carabasse (J.)**, **Delassus (M.)** u. **Mennessier (A.)**, Behandl. v. Kokereibenzol 5464* A.

Établissement Public: Houillères du Bassin du Nord & du Pas-de-Calais, Guignon (J.), Carabasse (J.), Salmon (Jacques), Matis (E.) u. Lagache (P.), Behandl. v. Formlingen aus Kohle u. Pech 10417* F.

Établissements Agache (Soc. An. de Pérenchies), Verbesser. d. Widerstandsfähigk. u. Wasserfestigk. v. Stoffen u. Garnen 1412* F.

Établissements Ballu, Wiedergewinn. v. Lösungsmm. aus der d. Trockenkammern v. chem. Reinigungsanlagen entweichenden Luft 659* F.

Établissements P. Barnier & Cie. u. **Bauer (E.),** Kondensationsprodd. 7318* F. — Höhermol. Fettsäureamide 9443* F.

Établissements Berjonneau-Jacqueau Soc. An., Polyvinylchloridplatten 9454* F.

Établissements Bignier, Schmid-Laurent, Benetzbarmachen v. plast. MM. 2087* F.

Établissements Bollore-Soehnée, Behandeln v. Gußstücken aus Mg u. dessen Legierr. 9183* F.

Établissements Collex, Entfernen v. Wasserstein aus Kesseln, Kühlern u. dgl. 9413* F.

Établissements Geosyl, Baktericide Misch. zum techn. Gebrauch 646* Schwz.

Établissements Kolb-Carriere, Soc. à r. l., Vorbehandl. v. Wachs für Pflegemittel auf Wasser- oder Lösungsmittelbasis 717* F.

Établissements Lambiotte Frères, 1-Methylcyclopentanon-(2) 3490* F.

Établissements G. Maubec, Anstrichfarben, Bronzen u. Farbdisperss. v. Pigmenten 3262* F. — Fettpolyalkohole 5419* F. — Polyole mit niedriger SZ. 7314* F.

Établissements Phillips & Pain, Enthärten v. W. 1117* F. — Anionenaustauscher 11697* F.

— u. **Permutit Co. Ltd.,** Ionenaustauscherharze 11298* F.

Établissements J. B. Soudée, Lasierte Pigmente 1848* F.

Établissements Tiscco u. **Procofieff (M.),** Herst. v. harten Wachsen 9694* F.

État Français, Pilieren v. Nitrocellulose 2345* F. — Lichtelektr. Widerstandszelle 5622* E.

— u. **Desseigne (G.),** Tetryl 494* A.

— u. **Jolibois (P.),** P 2749* F.

État Français représenté par le Ministre de la Défense Nationale (Direction Centrale des Poudres), Behandl. v. uranhalt. Nb–Ta–Ti-Erzen 4450* F.

— u. **Tavernier (P. V.),** Sprengstoffmisch. 264* D. B.

Etchegoyen (F. P.) s. Quirno (N.).

Etchells (D.), Geschmackskorrigentien (Aromastoffe). Anwend. in d. Rezeptur 10081.

Etchells (J. L.) s. Peterson (W. J.).

Etherington (L. D.) s. Standard Oil Development Co.

Ethicon Suture Laboratories, Inc., Davis (Herbert L.) u. **Bloch (A.),** Chirurg. Nahtmaterial 6339* A.

—, **Henderson (J.), Bloch (A.)** u. **Davis (Herbert L.),** Blutstillungsmittel 7267* A.

—, **Reissmann (T. L.)** u. **Bloch (A.),** Sterilitätskontrolle bei d. Aufbewahrung v. Catgut 4883* A.

Ethyl Corp., Halogenverbb. 2999* E. — Alkalihyposulfit 6104* E. — Rückgewinn. v. Alkalimetall aus seinem Gemisch mit Erdalkalimetallkristallen unterschiedl. Größe 10131* E. — Benzolhexachlorid 10863* F. — Tetraalkylblei-Verbb. 11657* F.

— u. **Baldwin (F. H.),** Äthanolamine 5182* A.

Ethyl Corp. u. **Calingaert (G.),** 1.4-Dibrom-2.2.3.3-tetrachlorbutan 2769* A.

—, **Dykstra (F. J.), Hall (C. A.)** u. **Shepherd (C. C.),** Reinigungsmittel zur Beseitig. d. Ndd. in Verbrennungsmotoren 10160* F.

—, **Furr (J. B.)** u. **Neher (C. M.),** Chlorieren v. Äthan 2769* A.

— u. **Glaser (Lucy),** Aromat. Polychlorverbb. 7554* F.

— u. **Governale (L. J.),** Natriumperoxyd 4669* A.

— u. **Hill (E. F.),** Befreien v. Natriumalkoholaten 9440* A. — Ester 9906* A.

—, **Hill (E. F.)** u. **Osip (M. L.),** Stabilisierungsmittel gegen Sauerstoffeinw. 1419* A.

—, **Hill (E. F.)** u. **Pree (D. O. De),** Aminophenylharnstoffe 3534* A. — Oxydationsschutzmittel 5464* A. — Alterungsschutzmittel für Kautschuk 8984* A., 9212* A.

—, **Hill (E. F.)** u. **Welp (M. L.),** Stabilisierungsmittel gegen Sauerstoffeinw. 1182* A.

— u. **Hodge (B. E.),** Aufarbeit. v. Schlamm aus d. Natriumelektrolyse 10370* A.

—, **Kolka (A. J.), Burt (W. E.)** u. **Hoftiezer (H. W.),** Herst. v. Pentachlorphenol 10626* A.

—, **Kolka (A. J.)** u. **Krohn (I. T.),** Tetraalkyl- bzw. -arylbleiverbb. 8536* E.

— u. **Lugg (R. R.),** Abscheid. v. Bleitetraäthyl 11133* F.

— u. **Madden (H. J.),** Tetraäthylblei 2774* F.

— u. **Mattson (G. W.),** Alkylchloride 1837* A.

— u. **Merritt (G.),** Polychloraromat. Verbb. 8964* D. B.

—, **Miller (L. A.), Dunn (J. H.)** u. **Neher (C. M.),** Hexachlorcyclohexan 3718* A.

—, **Orloff (H. D.)** u. **Napolitano (J. P.),** 2.4.6-Trichloranilin 4457* A.

—, **Shapiro (H.), Hnizda (V. F.)** u. **Calingaert (G.),** Diorganobleidicyanide 6604* A. — Bleicyanid 10352* A.

—, **Shapiro (H.)** u. **Krohn (I. T.),** Alkylbleiverbb. 6663* A.

— u. **Trotter (P. W.),** Äthylchlorid u. Vinylchlorid 9439* A.

Étienne s. Brouet (G.).

Étienne (Alfred) s. Soc. An. l'Air Liquide (Soc. An. pour l'Étude et l'Exploitation des Procédés G. Claude).

Étienne (André) s. Dufraisse (C.).

— u. **Arcos (J. C.),** meso-Aminodiphenylanthracendichinole. 1. Mitt. In p-Stell. d. Phenylgruppen aminierte meso-Diphenylanthracene 4818; 2. Mitt. Wander. d. Arylgruppen d. an d. Phenylgruppen bis-p-dialkylaminierten Dichinole 4820.

— u. **Salmon (Jean),** Mesodiphenylierte β-Anthrole u. β-Anthradiole. 1. Mitt. Derivv. v. Chinolen u. Fuchsonen 8612; 2. Mitt. α-Aminoderivv.; ihre Umwandl. in Mono- u. Bisorthochinone 8614.

— u. **Staehelin (Alexandre),** α-Azaanthracene u. Benzacridine 8155.

— u. **Uebersfeld (J.),** Paramagnet. Resonanz v. Kohlen 5249.

Etienne (H.), Best. d. Salze d. Alkarylsulfonsäuren u. d. Alkylschwefelsäuren 7742.

Étienne (M.) s. Roy (R. R.).

Étienne-Petitfils (J.), Cholinsubstanzen in Patella vulgata; jahreszeitl. Schwankungen 4862.

Etingof (R. N.) u. **Gerschanowitsch (W. N.),** Umgekehrter Pasteur-Effekt bei Ascites-krebszellen v. Mäusen 5813.

Etling (N.), Wrkg. v. Hypnoticis auf d. Kohlenhydratstoffwechsel d. Rückenmarks. 2. Mitt. Wrkg. v. Schlafmitteln auf verschied. Enzyme d. Zuckerabbaues 4127.
Etō (M.) s. Tsutsumi (S.).
Ettel (V.), Weichet (J.) u. **Spáčil (J.)**, Kuppl d. Aryloxyessigsäuren mit Diazoniumsalzen 566.
Etteldorf (J. N.), Smith (J. D.) [Memphis], **Tharp (C. P.)** u. **Tuttle (A. H.)**, Hydralazine bei nephrit. u. n. Kindern, mit Unterss. über d. Nierenhämodynamik 10077.
Ettelson (L. N.) s. Fuft (L.).
Etter (L. R.) s. Cohn (H. O.); Thompson (R. W.).
Ettinger (I. L.), Gasaufnahme v. Kohlen bei Atmosphärendruck 4243. — Neigung v. Kohle zum plötzl. Gasausbruch 8530.
— u. **Protodjakonow (M. M.)**, Änderr. d. Härte v. Steinkohlen bei ihrer Sättig. mit Methan 9476.
Ettinger (M. B.) s. Heukelekian (H.).
—, **Lishka (R. J.)** u. **Kroner (R. C.)**, Beständigk. v. Pyridinbasen in verunreinigtem W. 186.
Ettinger (R. H.) s. Smith jr. (L. H.).
Ettle (G. W.) s. Imperial Chemical Industries Ltd.
Ettlinger (M. G.), Enolisier. v. 9-Phenyl-2.3-benzofluorenchinon-(1.4) 10500.
Etzel (H. W.) s. Schulman (James H.).
— u. **Schulman (James H.)**, Silberaktivierte Alkalihalogenide 3795.
Etzkorn (R.) u. **Cefas Akt.-Ges.**, Kleidung u. Wäsche 6655* F.
Etzler (W.), Kontrastbildende Medikamente im Röntgenbild 5835.
Etzold (H.) s. Universum Film Akt.-Ges.
Eubank (H. P.), Peck jr. (R. A.) u. **Truell (R.)**, Arbeitscharakteristiken einer HF-Ionenquelle mit großer Ergiebigk. 7612.
Eucken (A.) s. Landolt (H.).
— u. **Suhrmann (R.)**, Physikal.-chem. Praktikumsaufgaben [4266].
Eudier (M. A. J.), Physik d. Frittung 5012. — s. Métallurgie des Poudres.
Eugène (F.), Meth., um Schneidöle zu klassifizieren u. um ihre Wirksamk. zu charakterisieren 3286.
Eugene Ltd. u. **Jackman (G. W. G.)**, Dauerwellen v. Haar 4721* E.
Eugster (C. H.) s. Garbers (C. F.); Green (A.); Karrer (P.).
Eugster (H. P.) s. Yoder (H. S.).
Euler (B. v.) s. Euler (H. v.).
Euler (H. v.) u. **Bella (S. Di)**, Bezieh. zwischen aliphat. u. aromat. Reduktonen u. einigen ihrer Derivv. 4074.
—, **Euler (B. v.)** u. **Hasselquist (H.)**, Yoshida-Ascitessarkom d. Ratte 7934.
— u. **Hasselquist (H.)**, Biochemie d. Arterenols (Noradrenalin) 4865.
—, **Hasselquist (H.)** u. **Ceder (O.)**, Struktur u. Stabilität Schiffscher Basen u. ihrer Vorstufen 3596.
—, **Hasselquist (H.)** u. **Hanshoff (G.)**, Vorstufen d. Redukton-Bldg. aus Hexosen 10516.
—, **Hasselquist (H.)** u. **Loeper (I.)**, Bldg. u. Spalt. v. Nitroverbb. 1. Mitt. 7647.
— u. **Stein (M. L.)**, Viscositätserniedrig. durch aci-Reduktone 8402.
Euler (J.), Ultraopt. Eigg. v. Metallen u. mittlere freie Weglänge d. Leitungselektronen 4034. — s. Cario (G.).
Euler (U. S. v.), Klin. Physiologie d. Noradrenalins 854.
—, **Lund (A.)**, **Olsson (A.)** u. **Sandblom (P.)**, Noradrenalin u. Adrenalin in Blut u. Urin bei einem Fall v. Phäochromcytom 7696.
— u. **Pernow (B.)**, Wrkgg. intraventriculärer Anwend. d. Substanz P 4868.
Eulner (H.-H.), Methanolvergift. bei äußerl. Anwend. 4640. — Chloratvergift. durch Ringerlösung. Resistenz gegenüber Chloraten 4880. — Medizinale Vergift. mit Oleum Chenopodii, kompliziert durch Chloralhydrat 7263.
Eulogio Gadea (R.), Wrkg. d. Dihydroergotamins auf d. Kontrakt. d. Uterus u. Dilatat. d. Gebärmutterhalses 9383.
Eurman (G. H.) s. Hatch (F. T.); Stunkard (A. J.).
Eusebi (A. J.) s. Cerecedo (L. R.).
Eustis (P.) s. Duncan (D. W.).
Eustis (W.) s. Kendall Co.
Eutectic Welding Alloys Co. Ltd., Schweißstab zum Schweißen v. Cu u. Cu-Legierr. 2067* E. — Schweißelektroden für Al 10372* E. — Dorn zum Anschweißen an Gegenstände aus Al 10373* E.
— u. **Wasserman (R. D.)**, Umhüllte Schweißelektrode 11462* E.
Euthymiou (P.) s. Alexopoulos (K.).
Euw (J. v.) s. Schnell (R.).
— u. **Reichstein (T.)**, Glykoside u. Aglykone. 100. Mitt. Sargenosid („Sarmentosid B") u. Derivv. d. Sarmentogenins 7912.
Evangelides (H. A.), Überzug für Mg-Legierr. 9182.
Evans (A.) u. **Keiller (C. Q.)**, App. zur Mess. d. Wasserdampfdurchlässigk. bituminöser Emulsionsfilme 9230.
Evans (B. A.), Herst. großer Mg-Räder bei Goodrich 1363.
Evans (C. D.) s. United States of America.
—, **Cooney (P. M.)**, **Scholfield (C. R.)** u. **Dutton (H. J.)**, Soja-„Lecithin" u. seine Fraktionen als metallinaktivierende Agentien 3030.
Evans (C. E.) s. Paschal (J. L.).
Evans (C. H.), Chlordioxyd 1118* D. B.
Evans jr. (C. T.) s. Universal-Cyclops Steel Corp.
Evans (D.) s. „Shell" Refining & Marketing Co.
— u. **Matthews (J. B.)**, Struktur d. Al-Stearatschmierfette 2813.
Evans (D. D.) s. Daub (G. H.).
Evans (D. E. M) u. **Tatlow (J. C.)**, Rkk. v. hochfluorierten organ. Verbb. 6. Mitt. Oktafluorcyclohexadien-(1.3) u. -(1.4) u. Difluormalonsäure 3356; 8. Mitt. Gaschromatograph. Trenn. im präparativen Maßstabe u. Umsetzungen v. 3H- u. 4H-Nonafluorcyclohexen 8606.
Evans (D. F.) s. Eggleston (B. C.).
Evans (D. P.), Einfl. d. Alkylgruppen auf d. Rk.-Geschwindigk. in Lsg. 7. Mitt. Bldg. v. Phenyltrialkylammoniumjodiden in Methylalkohol 2164.
— u. **Young (J. R.)**, Einfl. v. Alkylgruppen auf d. Rk.-Geschwindigk. in Lsg. 5. Mitt. Dissoziationskonstanten v. Ketoncyanhydrinen in wss. Alkohol 2167; 6. Mitt. Säurekatalysierte Prototropie v. Dialkylketonen 2164.
Evans jr. (E. A.), Bakterienviren, bes. ihre Bldg. 7012.

Evans (Elliott A.) s. Braude (E. A.); Wakefield (C. C.) & Co. Ltd.
Evans (E. C.), Agglomerieren v. Eisenerzen 3480* E. — s. National Research Development Corp.
Evans (E. E.) u. **Haines (R. F.)**, Agglutinat. v. mit Polysacchariden überzogenen Ionenaustauschharzteilchen 5342.
Evans (E. M.), Glasfaserverstärkte Polyesterharze. 1. Mitt. Harzarten 1852.
Evans (E. R.), Fehler an glas.-emaillierten Gußstücken 6107.
Evans (E. W.) s. Phillips Petroleum Co.
Evans (F. C.), Betrieb u. Konstrukt. v. Heißwind-Kupolöfen 2759.
Evans (F. J.) s. Newman (M. S.); Sommer (L. H.).
Evans (G. E.), Materialien u. Ausrüst. für Reaktoren. 1. Mitt. Materialien 4031. — s. Barnett (C. F.); Stier (P. M.).
— u. **Hoffman (T.)**, Infrarotspektr. u. Struktur v. Äthylenimin 2630.
Evans (G. G.) u. **Reith (W. S.)**, Folge v. Aminosäuren in Peptiden u. Proteinen. 3. Mitt. Synth. v. 3-[4'-Dimethylamino-3'.5'-dinitrophenyl]-hydantoinderivv. verschied. Aminosäuren u. ihre Anwend. zur Best. N-endständ. Aminosäuren 9107.
Evans (Gordon G.), **Gibb jr. (T. R. P.)**, **Kennedy (J. K.)** u. **Greco (F. P. Del)**, Lsgg. v. $AlCl_3$ in Äthern 6711.
Evans (G. L.), Nichteisenmetalle: Gewinn. u. Weiterbehandl. 6838.
Evans (H. D.) s. Kramer (S.).
Evans (H. J.), Diphosphopyridinnucleotid-Nitrat-Reduktase aus Sojabohnenknötchen 5572.
— u. **Nason (A.)**, Pyridinnucleotidnitratreduktase aus Exrakten höherer Pflanzen 3885.
Evans (H. M.) s. Contopoulos (A. N.); Fels (I. G.); Nelson (M. M.); Simpson (M. E.); Wooten (E.).
Evans jr. (H. T.), Verwend. eines Geiger-Zählers für d. Mess. v. Röntgenstrahlenintensitäten v. kleinen Einkristallen 9266. — s. Christ (C. L.).
— u. **Block (S.)**, Kristallstruktur v. KVO_3 9511.
— u. **Mrose (M. E.)**, Zers.-Prozesse im Montroseit 7395.
Evans (I. E.) u. **Robson (J. M.)**, Umkehr d. Östrogen-Aminopterin-Hemm. an d. Maus 9835.
Evans (J.), Kartoffellager. u. γ-Strahl. 4723.
Evans (J. E.), Randdiagramme d. Absorptionsquerschenitte therm. Neutronen 5946. — s. Joki (E. G.).
Evans (J. G.) s. Bradford Dyers'Association Ltd.
Evans (John M.) s. Massumi (R. A.).
Evans (John Manderson) s. Cuvinex Co.
Evans (J. N. I.) s. Cole (E. K.) Ltd.; Ekco-Ensign Electric Ltd.
Evans (J. W.), Technologie v. Zucker, Sirup u. Stärke aus Mais 2797.
Evans (L. F.), Wechselwrkg. zwischen eng benachbarten Oberflächen 11167.
Evans (L. P.) s. Socony-Vacuum Oil Co., Inc.
Evans (L. W.) s. Sylvania Electric Products, Inc.
Evans (M. G.) s. Baxendale (J. H.).
— u. **Heer (J. De)**, Bezieh. zwischen d. Redoxpotentialen v. Chinonen u. ihrer chem. Struktur 4556.
Evans (M. G.) u. **Nancollas (G. H.)**, Spektrophotometr. Unters. komplexer Co(III)-chloro-, -bromo-, -jodo- u. -azido-Ionenpaare 770.
—, **Warhurst (E.)** u. **Whittle (E.)**, Dissoziationsenergie d. F 7621.
Evans (N.) s. Cranston (R. W.).
Evans (Norman) & Rais Ltd., **Horwood (M.)** u. **Braithwaite (R. J.)**, Wollgewinn. v. Schaffellen 723* E.
Evans (R.) s. Milani (V.).
Evans (R. B.) s. Page's, Inc.
Evans (R. C.), Chimie et structure cristalline [37].
Evans (R. D.) s. Davisson (C. M.).
Evans (R. F.), **Herington (E. F. G.)** u. **Kynaston (W.)**, Best. d. Dissoziationskonstanten d. Pyridinmonocarbonsäuren mittels photoelektr. UV-Spektrophotometrie 7400.
Evans (R. J.) u. **Bandemer (S. L.)**, Best. v. As in biol. Material 2266.
—, **Butts (H. A.)** u. **Davidson (J. A.)**, Riboflavingeh. v. frischen u. gelagerten Schaleneiern 2800.
—, **Davidson (J. A.)** u. **Bauer (D. H.)**, Änderungen in d. Zus. v. Eiproteinpräpp. bei mehrjähriger Kaltlagerung 3025.
—, **Davidson (J. A.)** u. **Butts (H. A.)**, Geh. an Pantothensäure v. frischen u. gelagerten Schaleneiern 1634.
Evans (R. L.), **Murphy (J. G.)** u. **Mulvaney (J. F.)**, β.β'-Dithiodicarbonsäuren 11686* A.
Evans (R. M.) s. Barnden (R. L.).
Evans (R. R.) s. Eaton (C. D.).
Evans (S. W.) s. Markham (M. C.).
Evans (T.) [Bristol], **Hedges (J. M.)** u. **Mitchell (J. W.)**, Theorie d. photograph. Empfindlichk. 11719.
Evans (T.) [Cardiff] s. Davies (B. G.).
Evans (T. F.), Eigg. v. Bekleidungswollen. 5. Mitt. Abhängigk. d. physikal. Eigg. v. Einzelfasern v. Durchmesser u. Kräuselung 7348.
— u. **Montgomery (D. J.)**, Eigg. v. Bekleidungswollen. 4. Mitt. Physikal. Eigg. v. Einzelfasern 3767.
Evans (T. H.) s. United States Rubber Co.
Evans (T. R.) s. Dunlop Rubber Co. Ltd.
Evans (T. W.) s. N. V. de Bataafsche Petroleum Mij.; Shell Development Co.
Evans (U. R.), Inhibit. d. Korros. 657. — Korros. v. Fe u. ihre Verhinder. durch Überzüge v. Nichteisenmetallen 1830. — Kesselwasserbehandl. zur Korrosionsverhüt. 2042. — Trockene Oxydat. u. nasse Korros. 9261. — s. Shome (S. C.).
Evans (W.) s. Greenwood (A.).
Evans (W. C.) s. Simpson (J. R.).
— u. **Partridge (M. W.)**, Biogenese d. Alkaloide. 1. Mitt. Ort d. Alkaloidsynth. bei Datura 4380, 10298.
Evans (W. D.), Pneumokoniose bei Arbeitern in Kohlebergwerken 5148.
Evans (W. H.) s. Alston (M. H.).
Evans (W. P.) u. **Monk (C. B.)**, Leitfähigk.- u. Löslichkeitsunterss. einiger Glykokollate u. Lactate 52.
Evcim (N.) u. **Reber (L. A.)**, Fluorometr. Cd-Best. 11058.
Evdokimoff (V.), Redd. mit Ni-Al-Legierr., Synth. d. 1-Phenyl-2-aminopropandiols-(1.3). 2. Mitt. 2403.

Eveking (W.), Nitrocellulose für d. Herst. v. rauchlosem Pulver 494* D. B.

Even (R.), Pneumokoniose d. Fe-Erz-Bergleute 5126.

Evenhuis (N.), Diacetylbldg. in Butterungsrahmkulturen. 2. Mitt. 713. — Biochemie d. Aromafermente 2324. — O_2-Aufnahme v. Startern 4725. — Aromat. Butter. 2. Mitt. 11706; 3. Mitt. 11706.

Evenson (M.) s. Levine (H. B.).

Everard (W. H.) s. Brandt (D. J. O.).

Everdingen (W. A. G. van), **Linde (H. M. van der)** u. **Vink (L. P. H. J. de)**, Behandl. v. Carcinompatienten mit einem oral anzuwendenden Enzymkonzentrat u. durch Injekt. eines Präp. d. Faktoren d. Bernsteinsäureoxydasesyst. enthält 5566.

Everest (A. B.), Eigg. u. Anwendd. v. Gußeisen mit sphärolith. Graphit 2060. — Gußeiserne Kurbelwellen, bes. aus Gußeisen mit nadelförm. u. kugelförm. Graphit 6377.

— u. **Ball (F. A.)**, Reparatur v. Graugußstücken in Großbritannien 3723.

Everest (D. A.), Bromo- u. Jodohypophosphite d. zweiwert. Sn 6236.

— u. **Finch (G. W.)**, Polarograph. Red. v. dreiwertigem As in nicht Komplexe bildenden Medien 9736.

— u. **Salmon (J. E.)**, Chemie d. vierwert. Ge: Ionenaustauschunterss. an Germanatlsgg. 1452.

Everett (D. H.), Einführ. zur experimentellen Arbeit 1910. — s. Copp (J. L.).

— u. **Landsman (D. A.)**, Best. d. Dissoziationskonstante d. NH_4-Ions u. d. Basenstärke v. NH_3 in W. 11164.

— u. **Rasmussen (S. E.)**, Elektrochemie aceton. HCl-Lsgg.: Kette H_2 | HCl | Ag, AgCl 7153.

Everett (G.) s. Paul (H. E.).

Everett (J. W.) s. Sawyer (C. H.).

Everett (M. R.) s. Shetlar (M. R.).

Everhart (J. L.), Titanium and titanium alloys [683]. — Bearbeiten v. Maschinenteilen aus Metallpulver 1599. — Ti u. seine Legierr. 2525. — Rostbeständ. Chrommanganstähle 3238. — Vergütbare Metalle 8015. — Infiltrat. verbessert d. Eigg. v. Gegenständen aus Metallpulvern 8020. — Wie Kältebehandl. d. Leistungsfähigk. d. Materials steigert 11082. — s. American Smelting and Refining Co.

Evering (B. L.) s. Standard Oil Co.

Everist (S. L.) s. Bell (A. T.).

Evers (E. C.) s. United States Atomic Energy Commission.

Eversharp, Inc. u. **Moos (A. M.)**, Kugelschreibertinte 967* A.

Eversheim (P.) u. **Kleber (W.)**, Morphologie u. Struktur d. Reddingits, $P_2O_5 \cdot FeO \cdot 3H_2O$ 3569.

Eversole (W. G.) s. Union Carbide & Carbon Corp.

Everson (G.), **Northrop (L.)**, **Chung (N. Y.)**, **Getty (R.)** u. **Pudelkewicz (C.)**, Wrkg. d. Veränder. d. Einnahme v. Calciumpantothenat auf Ratten während d. Trächtigk.; 1. Mitt. Chem. Befunde bei d. Jungen bei d. Geburt 2237.

Everson (R. B.), Desinfekt. v. Abwasser mittels gasförm. Cl_2 901* E.

Evert (H. E.), Umkehrbark. d. Mercurichloridhemm. d. Urease bei verschied. Harnstoffanfangskonzz. 2925.

Evett (A. A.) s. Anderson (P. A.) [Washington].

Evode Ltd. u. **Meier (Egon)**, Korrosionsschützende Druckfarben 8527* E. — Anstrichfarben für feuchte Oberflächen 9452* E.

Evva (F.), Optik weißer Sole. 1. Mitt. Einfl. d. Polydispersität auf d. Trüb. weißer Sole mit kugelförm. Teilchen 9031.

— u. **Szimán (O.)**, Rolle d. labilen S-Verbb. unter d. physikal. Reif. d. photograph. Emulss. 1190.

Ewald (A. H.), Löslichk. v. Festkörpern in Gasen. 2. Mitt. 536.

Ewald (A. W.), Mit Ge stabilisiertes graues Sn 10924. — s. Gildart (L.).

— u. **Kohnke (E. E.)**, Messungen d. elektr. Leitfähigk. u. d. Widerstandsänder. im Magnetfeld v. Drähten aus grauem Sn 10924.

Ewald (H.) u. **Sauermann (G.)**, Hilfskondensatoren zur besseren Ausleucht. d. Massenspektrographenspaltes 8083.

Ewald (P. P.), P. Niggli (*1888—1953*) 9485.

Ewart (R. H.) s. United States Rubber Co.

— u. **Carr (C. I.)**, Verteil. d. Teilchengrößen im Polystyrollatex 8170.

Ewbank & Partners Ltd., **Emmett (J. R.)** u. **Matthews (H. A.)**, Ionenaustauschverf. 2043* E.

Ewell (R. B.) s. N. V. de Bataafsche Petroleum Mij.; Shell Development Co.

Ewentowa (M. S.) u. **Tschisstjakowa (M. W.)**, Oxydat. aromat. KW-stoffe mit O_2; Oxydat. v. 1.3-Diphenylpropan u. 1.4-Diphenylbutan 9556.

Ewers (J.), Olefin- u. Bzl.-Bldg. im Koksofen 9940. — s. Bergwerksverband zur Verwertung von Schutzrechten der Kohlentechnik G. m. b. H.

Ewing (G. W.), Instrumental methods of chemical analysis [4665].

Ewing (H.) s. British Celanese Ltd.

Ewing (R.) u. **Lee (J. C.)**, Magnet. Resonanz d. Protonen in Verbb., die mehrere fl. Kristallphasen besitzen 6482.

Ewles (J.), Luminescenz heute 6215.

Exer (B.) s. Leuthardt (F.).

Exley (K. A.), Dämpf. autonomer Ganglien durch Barbiturate 3910.

Exner (H.) s. Kurzweil (H.).

Exner (H. J.) s. Holleck (L.).

Exner (L. J.) s. Rohm & Haas Co.

— u. **Benneville (P. L. de)**, Substituierte α-[N-Alkylmelamino]-guanamine 10027.

—, **Hurwitz (M. J.)** u. **Benneville (P. L. de)**, Rk.-fäh. Nitrilgruppen. 1. Mitt. Rk. v. $\alpha.\omega$-Dinitrilen mit wss. Aminen 6261.

Exner (O.), Oximderivv. 1. Mitt. Synth. v. N-Methylketoximen 10973; 2. Mitt. Red. v. O- u. N-Alkyloximen mit Lithiumaluminiumhydrid 10974; 3. Mitt. Konst.-Best. d. Oximacylderivv. 10975. — s. Protiva (M.).

Expandet Rubber Co. Ltd., Poröse Bitumenmassen 8513* F.

Extermann (R. C.) s. Béné (G. J.); Denis (P.); Manus (C.); Winter (J.).

Eye (R. W. M. D') s. Bagnall (K. W.); Dawson (J. K.).

— u. **Sellman (P. G.)**, Syst. Th–Te 4534.

Eyer (K.) s. Badische Anilin- & Soda-Fabrik Akt.-Ges.

Eyk (B. J. van) s. Salomon (G.).

Eyles (D. E.) u. Coleman (N.), Antitoxoplasmot. Aktivität v. Puromycin 2718. — Synergist. Wrkg. v. Sulfadiazin u. Daraprim gegenüber experimenteller Toxoplasmose d. Maus 3671. — Behandl. d. akuten experimentellen Toxoplasmose d. Maus mit Chlortetracyclin u. Tetracyclin 4636.
Eymery (A.) s. Traynard (P.).
Eynon (L.), Verminder. d. Pb-Fehlers bei d. Polarisat. v. Rohzucker 4954.
Eyquem (A.) s. Marchal (G.).
Eyraud (C.), App. für d. differentielle Enthalpieanalyse 4169.
— u. **Goton (R.),** Prinzip d. Stabilisier. einer elektron. Thermowaage mit magnet. Gleichgewichtseinstell. 5136.
—, **Goton (R.) u. Prettre (M.),** Entwässer. d. Hydrargillits durch d. gleichzeit. Anwend. d. Thermogravimetrie unter reduziertem Druck u. d. differentiellen enthalp. Analyse 9278.
Eyraud (I.) s. Janin (J.).
Eyring (H.) s. Barker (R. S.); Cagle jr. (F. W.); Giddings (J. C.); Johnson (F. H.); Marcus (R. J.); Mueller (C. P.); Rosenstock (H. M.).
Eyring (Le R.) s. Ferguson (R. E.); Guth (E. D.); Simon (Wilbur); Westrum jr. (E. F.).
Eys (J. van) u. Pearson (W. N.), Wrkg. v. Mn u. a. Faktoren auf d. frühzeitige Autolyse v. Streptococcus faecalis-Kulturen 7249.
Eysenbach (H.) s. Schering Akt.-Ges.
Eyster (W. H.) s. Eastern States Soilbuilders, Inc.
Ezmirlian (F.) s. MacDonald (N. S.).
Ezoe (H.), Mess. d. relativen Ionenstromintensitäten im Massenspektrometer 2358. — Anord. eines Wechselstromverstärkers für ein Massenspektrometer 2596.

Fabaron (P. F.) u. Rochette (H. de la), Doppelcarbide u. -cyanamide mit hohem N-Geh. 11289* F.
Fabbri (G.) s. Carassiti (V.).
Fabelinski (I. L.), Spektralunters. d. klass. Lichtstreuung in Fll. 7838.
Faber, Fäkalnote in d. Parfümerie 940.
Faber (J.) u. Münzel (K.), Pharmazeut. Groß- u. Kleinapparaturen, Hilfsmittel u. Utensilien. 35. Mitt. Siliconemulss. als Schaumzerstörer 8676.
Faber (J. S.), Möglichk. einer komplexometr. Sulfatbest. in Heilmitteln 2024.
Faber (V.), Antistreptokokkenhyaluronidase. 4. Mitt. Vgl. v. Antistreptokokkenhyaluronidase u. Antistreptolysin-O in Seren v. Patienten mit rheumat. Fieber, Glomerulonephritis, Tonsillitis u. rheumatoider Arthritis 11403.
Fabia (J. P. A. G.), Verwend. v. S zum Schutz v. Anpflanzz. 2056* F.
Fabian (A.), Lokale Behandl. d. Pyodermien mit Antibioticis u. ihre Komplikationen 3675. — Unfälle u. Schädigungen bei Bergarbeiten durch Kohlenstaub 7285.
Fabian (F. W.) s. Gomutputra (C.).
— u. **Kragt (M. N.),** Ursache v. Trübb. in „pickle"-Laken 945.
— u. **Pivnick (H.),** Stärkesyrup als Süßungsmittel für Pickles 11111.
Fabian (R. W.) s. Little (A. D.), Inc.
Fabianek (J.), Vitamine P, experimenteller Skorbut u. d. Gefäßbrüchigk. 4. Mitt. Herst. künstl., für Meerschweinchen geeigneter Kost 10790; 5. Mitt. Künstl. Kost, die d. Meerschweinchen ein gutes Wachstum u. lange Lebensdauer gewährleistet 10790.
Fabiani (P.) s. Charonnat (R.).
Fabó (E.) u. Schön (G.), Gaszementat. 11460.
Fabra (J. L. G.) = Gómez Fabra (J. L.).
Fabre (C.) s. Hugel (G.).
Fabre (G.), Fließen v. Kunststoffen u. dessen Best. durch d. Rheographen, Modell C.E.M.P. 3018. — Vers. mit eingekerbten u. Charpy-Prüfkörpern auf d. neuen Dynstat-App. 3018. — Überzüge u. Filme aus plast. Material 11104.
Fabre (J.) u. Berger (A.), Vgl. d. Wrkg. v. Phenylbutazon (Butazolidin), einem Antihistaminpräp., u. Cortison auf d. experimentelle, seröse Myoxarditis. Elektrocardiograph. u. histolog. Studie 5841.
— u. **Sachs (J.),** Neues, per os anwendbares Quecksilberdiureticum 10317.
Fabre (R.), Arbeitsmedizin u. Pflanzenschutz 2484. — Toxikolog. Betrachtt., die d. Verwend. v. Phosphorsäureestern in d. Pflanzenpharmazie betreffen 7719. — s. Regnier (M.-T.).
— u. **Truhaut (R.),** Toxikolog. Analyse v. Industrieluft, d. mehrere Lösungsmm. enthält 3454. — Toxicologie des produits phytopharmaceutiques [11042].
—, **Truhaut (R.) u. Herbert (M.),** Schutzwrkg. v. Methionin gegen d. Giftwrkg. v. Pyridin 9607.
Fabri (E.), Phänomenolog. Behandl. d. τ-Mesonenzerfalls 10666.
— u. **Touschek (B. F.),** Mittlere Lebensdauer d. τ-Mesons 734.
Fabricand (B. P.) s. Lee (C. A.).
Fabrikken Extrusion v/Holger Baggesgaard og A. L. Galatius, Bahnenförm. Gegenstände aus Polyvinylchlorid 3746* Dän.
Fabrini (L.) s. Musante (C.).
Fabrique Suisse d'Isolants, Isolierüberzüge für elektr. Leiter 9165* Schwz.
Fabriques El-Banna d'Allumettes et de Contre-Plaguage, Kunstholz 9223* F.
Fabris (A.) u. Vitagliano (M.), Chromatograph. Nachw. v. hydriertem Delphinfett in Butter 6162.
Fabritius (H.), Pharmakodynam. Wrkg. v. Alkaloiden, d. in Belladonnapräpp. enthalten sind, auf d. Kaninchenpupille 5843.
Fabrycy (A.), Gewinn. v. chem. Zellstoff nach d. hydrotropen Verf. 5451.
Fabuss (B.) u. Kollár (G.), Einfl. v. gelöstem festem Stoff auf d. Dampf–Fl.-Gleichgewicht 3805.
Facchini (U.) s. Bracci (A.).
Fackert (W.), Biegefließgrenze, eine zusätzl. Kennzeichn. für dünne Bleche 449. — Säurebeize, ein geschlossener Kreislauf? 2290.
Fader (W. J.) u. Sperduto (A.), Energieniveaus aus d. Rk. $^{10}B(\alpha,p)^{13}C$ 10432.
Fadum (P.) u. Refsum (H. T.), Kontinuierl. Kochen v. Cellulose unter Druck 6882* N.
Faelens (P.), Mechanismus d. photograph. Druckeffektes u. seine Bezieh. zur Entsteh. d. latenten Bildes 1189.
Faelli (G.), Brennschneiden, Lochen u. Zerlegen v. harten Werkstoffen oder Metallen 1138* F.
Faerber (G.) s. Nitzschke (H.-J.).
Faessler (A.) s. Boehm (G.); Renner (H.).

Faessler (A.) u. **Goehring (M.)**, Röntgenspektr. u. Bindungszustand. Kα-Fluorescensstrahl. d. S 5956.
Faessler (J.), Nichtmetall. Druckformen 499* F.
Fafarman (A.) u. **Shamos (M. H.)**, Differentielles Reichweitespektr. niedriger Energie d. Höhenstrahl-μ-Mesonen 3058. — Einfl. einer Atomexplos. auf d. Zähler-Nulleffekt (Untergrund) 5955.
Fagan (C. P.), Polyvinylchloridpasten in d. Elektronenforsch. 933.
Fagan jr. (J. F.) s. Watters (H. J.).
Fagan (R.), Unwirksamk. v. Aureomycin u. Terramycin gegen Tollwutvirus (rabies street virus) bei Mäusen 2000.
Fage (L.) s. Brouardel (J.).
Fagen (E.), **Goff (J.)** u. **Pearlman (N.)**, Wärmeleitfähigk. u. thermoelektr. Kraft v. Ge bei tiefen Tempp. 6688.
Fagen (H. J.), **Sibbach (E.)** u. **Hussong (R. V.)**, Anwend. v. Anthron zur quantitativen Best. v. Lactose in Milchprodd. 243.
Fagerson (I. S.), Bezieh. zwischen Ionenart u. Geschmack v. Glutamat 4724.
Fagersta Bruks Aktiebolag, Gegossene Schnellarbeitsstahllegier. 1602* Schwz.
Fagertun Fabrikker A/S, Unlösl. Alginate mit Faserstruktur 6424* N.
Fagg (D. N.), Überblick über Faktoren, die d. Lebensdauer v. Verzinkungswannen beeinflussen 6125.
— u. **Rutherford (N. B.)**, Verss. zum Herabsetzen d. Zn-Verbrauchs beim schmelzfl. Verzinken 5166.
Fagg (L. W.) u. **Hanna (S. S.)**, Polarisat. d. γ-Strahlen bei d. Rk. ^{19}F(p, αγ)^{16}O 274. — Polarisat. d. ^{16}O-γ-Strahlen 736.
Fagioli (M.) s. Verona (O.).
Fagley (T. F.) s. Jonassen (H. B.).
— u. **Klein (Elias)**, Geschwindigk. d. Rk. v. Äthyllithium u. Anisol 9768.
Fagnani (L.), Darst. u. Verwend. v. Reinstblei 10611.
Fagot (W. C.) s. Simpson (J. A.).
Fahim (H. A.) u. **Fleifel (A. M.)**, Quatern. Ammoniumsalze. 2. Mitt. Bldg. u. Zers. v. Diäthylmethylaniliniumsalzen. Weg zu N-Äthyl-N-methylanilinen 7655.
Fahlberg (W. J.), Vgl. d. fungistat. Eigg. v. 3 aromat. Diamidinen 2703.
Fahlenbrach (H.), Grundprozeß d. Magnetisier. bei Alni- u. Alnico-Dauermagnetlegierr. 10926. — s. Akt.-Ges. für Unternehmungen der Eisen- und Stahlindustrie.
— u. **Heister (W.)**, Oxyd. Dauermagnete aus Ba-Oxyd u. Fe(III)-Oxyd 1907.
— u. **Houdremont (E.)**, Erhöhung d. Anfangspermeabilität v. niedriglegierten Fe–Si- u. Fe–Al-Legierr. durch oxydierendes Glühen bei niedrigen Tempp. 7380, 8791.
Fahmy (A. R.) u. **Walsh (E. O'F.)**, Nachw. d. Vork. v. Glucosedehydrogenase in Hefe 9587.
Fahmy (I. R.) s. Ahmed (Z. F.).
Fahmy (O. G.) s. Bird (M. J.).
Fahnoe (F.) s. General Aniline & Film Corp.
Fahr (E.) u. **Neumann (W. P.)**, Infrarotspektroskopie organ. Substanzen im Bereich 1–4 μ 9400.
Fahrenbach (M. J.) s. American Cyanamid Co.
Fahrenhorst (H.) s. Reichhold Chemie Akt.-Ges.
Fahrni (P.), **Haegele (W.)**, **Schmid (K.)** u. **Schmid (H.)** [Zürich], Claisen-Umlager. 5. Mitt. Verss. mit ^{14}C 7. Mitt. 10712.
Faillard (H.) s. Klenk (E.).
Fain (F. S.) s. Tatarskaja (R. I.).
Fain (J. M.) s. United States of America.
Fainberg (A. H.) s. Winstein (S.).
Fainer (P.) u. **Myers (J. L.)**, Best. v. Guanidin mit Ca-Pikrat 1342.
Fainerman (B. A.) s. Baljuk (S. T.).
Fainsilberg (A. A.) s. Lewina (R. J.).
Fainstat (T. D.) s. Fraser (F. C.).
Fair (G. M.) u. **Geyer (J. C.)**, Water supply and waste-water disposal [187].
Fairbairn (A. R.) s. Gaydon (A. G.).
Fairbairn (A. W.) s. Shell Development Co.
Fairbairn (D.), Stoffwechsel v. Heterakis gallinae. 2. Mitt. CO_2-Bind. 2713.
Fairbairn (H. W.), Stressempfindlichk. v. Quarz in Tektoniten 8337.
Fairbairn (N. J.), Abgeändertes Anthronreagens 8460.
Fairbairn (W. M.), D—D-Rk. 5950. — Deuteronenbeschuß v. O 9247.
Fairbank (H. A.) s. Detwiler (D. P.).
— u. **Wilks (J.)**, Wärmeleitfähigk. v. fl. He unterhalb 1,0° K 8321.
Fairbank (J.) s. Bonnemay (M.).
Fairbank (J. M.) s. Kahan (G. J.).
Fairbank (W. M.), **Ard (W. B.)**, **Dehmelt (H. G.)**, **Gordy (W.)** u. **Williams (S. R.)**, Temperaturabhängigk. d. Kernsusceptibilität v. ^{3}He zwischen 1,2° K u. 4,2° K 5252.
—, **Ard (W. B.)** u. **Walters (G. K.)**, Fermi-Dirac-Entart. in fl. ^{3}He unterhalb 1° K 5251.
Fairbrother (F.), **Frith (W. C.)** u. **Woolf (A. A.)**, Halogenide v. Nb u. Ta. 4. Mitt. Elektr. Leitfähigk. v. Niob- u. Tantalpentafluorid 1905.
— u. **Scott (N.)**, Leitfähigk. v. wasserfreiem $AlBr_3$ in Äthylbromidlsg. 9735.
Fairchild (W. R.) s. Akers (W. W.).
Faire (A. C.), **Fundingsland (O. T.)** u. **Aden (A. L.)**, Messung d. dissoziativen Rekombinat. in N_2 8313.
Fairfield (H. H.), **McConachie (J.)** u. **Graham (H. F.)**, Wiederbeleb. gebrauchten Formsands durch Luftbehandl. 9426.
Fairfull (A. E. S.) s. Brodrick (C. I.).
— u. **Peak (Douglas A.)**, Dithiobiurete. 1. Mitt. 1- u. 1.5-substituierte Derivv. 8602; 2. Mitt. Cycl. Derivv. 8622.
Fairhall (A. W.) u. **Coryell (C. D.)**, Relative Ausbeuten v. ^{80}Br-Isomeren bei Kern-Rkk. 10913.
Fairweather (H. G. C.), Amalgame 4451* E. — Urethanverbb. v. J-Säuren 7791* E. — s. General Aniline & Film Corp.
— u. **Chilean Nitrate Sales Corp.**, Gewinn. v. metall. Tl 3481* E.
Faith (H. E.) s. Allied Laboratories, Inc.
—, **Bahler (M. E.)** u. **Florestano (H. J.)**, Disubstituierte Dichlorbenzophenone, isomere Dichlorbenzhydrole u. verwandte Verbb. 10256.
Faivre-Aniot (A.) s. Darpoux (H.).
Fajans (K.) s. Beguin (G.).
Fajans (R. S.) s. Lewis (H. B.).
Fajans (S. S.) s. Conn (J. W.); O'Donnell (W. M.).
Fajer (A.) s. Levi (G.).

Fajerman (G. P.) u. Schischkina (N. N.), Elektronenmkr. Unters. d. entwickelten Körner photograph. Emulsionen 9237.
Fakidow (I. G.) s. Grashdankina (N. P.).
Fakstorp (J.) u. Pedersen (J. G. A.), Quantitat. Best. ganglienblockierender Substanzen 11625.
Falalejew (G. D.) s. Alexandrow (A. G.).
Falcão (J.) s. Merkel (H.).
Falco (E. A.) s. Burroughs Wellcome & Co (USA), Inc.; Wellcome Foundation Ltd.
Falcone (G.) s. Cavallo (G.).
Falconer jr. (J. I.), Strahlungsunregelmäßigkeiten längs d. positiven Säule eines Hg-Hochdruckbogens 9960.
Falconer (R. L.) s. Williams (S. E.).
Faldik (H.), Färben v. Hartfasern 4217.
Faldix (P.) s. Stage (H.).
Falitschewa (A. I.) s. Lewin (A. I.).
Falk (C. E.) u. Poss (H. L.), Flüssigkeitsscintillationszähler 1668.
Falk (G.), Struktur d. Größenbereiches v. klass. Mechanik u. Quantenmechanik 8773.
Falk (J. E.), Porphyrinausscheid. 10067. — s. Dresel (E. I. B.).
Falk (K.-H.) s. Zinner (H.).
Falk (W.), Beiträge zum Fructose-Stoffwechsel bei Kindern 10555.
Falk-Vairant (P.), Konversionselektronen v. $^{231}_{91}$Pa 3304. — Unters. d. Zerfallsschemata einiger α-Strahler 4754. — s. Benoist-Gueutal (P.); Bouissières (G.); Teillac (J.).
—, Teillac (J.), Valladas (G.) u. Benoist-Gueutal (P.), α–γ-Winkelkorrelatt. in ^{230}Th(Io). 1. Mitt. Experimentelle Ergebnisse 976.
—, Teillac (J.) u. Victor (C.), Unters. d. γ-Überganges v. *350* keV, der d. Emiss. AcC$\xrightarrow{\alpha}$AcC″ begleitet 8305. — Unters. d. β-Spektr. v. RaD nach d. Koinzidenzmeth. 10914.
Falkenburg (L. B.) s. United States of America.
Falkenhagen (G.) s. Denker (R.-B.).
Falkenhagen (H.) u. Kelbg (G.), Einfl. v. Ionengröße u. Besetzungszahlen auf d. Theorie starker Elektrolyte 3071. — Klass. Statistik unter Berücksichtig. d. Raumbedarfs d. Teilchen. 2. Mitt. 3802. — Spannungsabhängigk. d. elektr. Leitfähigk. starker, nichtassoziierender Elektrolyte unter Berücksichtig. d. Raumbedarfs d. Ionen 8319. — Statistik v. Lsgg. 11350. — Theorie konz. starker Elektrolyte 11510.
Falkenthal (E. E.), Sperrschichtphotozelle 7288* A.
Falkmer (S.) s. Nordfeldt (S.).
Falkner (R.), Hammerschmidt (M.) u. Neumayr (A.), Urinausscheid. antidiuret. Substanzen beim Menschen während d. Therapie d. Lebercirrhose mit einem Totalleberextrakt 10553.
Falkof (M. M.) s. United States of America, Secretary of War.
Falkoff (D. L.), Zufallsstöße u. Elektron-Spin-Linienbreite in Metallen 3069.
Falkowitsch (S. B.) s. Nepomnjaschtschaja (M. L.).
Falkowski (W. B.), Veränder. d. Konversionsgrades u. d. Temp. mit d. Länge d. Kontaktschicht. 1. Mitt. 2379; 2. Mitt. Irreversible u. reversible bimol. Rkk. 4779.
Falkum (E.) u. Glenn (R. A.), Unterss. über Kohlehydrierung. 3. Mitt. Einfl. d. Zeit auf eine eingeschränkte Hydrier. v. Spitzbergen-Kohle mit Adkins-Katalysatoren 10416.
Falla (L.), Abänder. d. photograph. Bildes unter d. Einw. v. Desensibilisatoren u. Halogenacceptoren bei d. Temp. d. fl. Luft 3294. — Entsteh. des latenten Oberflächenbildes u. des internen Bildes bei d. Temp. d. fl. Luft 10421.
Faller (I. L.) s. Klotz (I. M.).
Fallesen (G. E.) s. Canadian Kodak Co. Ltd.; Eastman Kodak Co.
Fallows (J.) s. Polyram Casting Co. Ltd.
Faloon (W. W.), Stickstoffwechsel u. Nahrungsaufnahme bei nichttuberkulösen Patienten, d. Isoniazid erhielten 3672.
—; Noll (J. W.) u. Collins (K.), Stoffwechsel- u. histolog. Unterss. bei Patienten mit u. ohne Leberkrankhh. bei Chloramphenicol- u. Oxytetracyclintherapie 2477.
Falta (H.) s. Thren (R.).
Faltin (H.), Entwicklungsmöglichkk. in d. Energieerzeug. 3452.
Falugiani (L.), Pyritröst. 6362.
Famularo (K. F.) s. Brown (R. J. S.); Simmons (B. E.); Stratton (T. F.).
—, Brown (R. J. S.), Holmgren (H. D.) u. Stratton (T. F.), Differentielle Wirkungsquerschnitte für d. elast. Streuung v. Protonen durch ^{3}He 1196.
Fan (C. Y.), Erreg. v. Luftglimmen durch Elektronenstoß 5956. — s. Chamberlain (J. W.); Kaiser (W.); Orman (C.); Taylor (W. E.).
— u. Schulte (D. H.), Variatt. im Nordlichtspektr. 11333.
Fan (H. Y.) s. Altroy (F. A. D').
—, Kaiser (W.), Klontz (E. E.), Lark-Horovitz (K.) u. Pepper (R.), Energiezustände u. Photoleitfähigk. in elektronenbestrahltem Ge 6458.
Fan-Jung (A. F.), Kolloidsyst. d. Frucht- u. Beerensäfte 3990. — s. Malski (A. N.).
Fanbulow (A. K.), Verbrenn. v. Brennstoffen im Kupolofen 7536.
Fand (T. I.) s. Duesel (B. F.); Nepera Chemical Co., Inc.
Fanderl (H.), Vorzüge d. neuen Ca-Präp. „Mosatil", Ca-Therapie u. Serum-Ca-Spiegel 3433.
Fanelli (R. V.) s. Norton (S.).
Faneuff (C. E.) s. Malich (C. W.).
Fang (J. Chen-Shang) s. American Cyanamid Co.
Fang (S. C.) s. Baldwin (R. E.).
—, Bullis (D. E.) u. Butts (J. S.), Unters. v. Barcelona- u. Du Chilly-Lambert-Nüssen. 3. Mitt. Aminosäure- u. Vitamingehh. v. ölfreien Lambert-Nußmehlen 10645.
Fanijew (G. G.) s. Tjutjunikow (B. N.).
Fankuchen (I.) s. Brous (J.); Post (B.); Steinfink (H.).
Fanning (R. J.) s. Phillips Petroleum Co.
Fano (E. Da) s. Pierce (J. B.) Foundation.
Fano (L.) s. Mann (D. E.).
Fano (U.), Unelast. Stöße u. Molièresche Theorie d. Mehrfachstreuung 1661. — Stokes-Parameter-Verf. für d. Polarisationsbehandl. in d. Quantenmechanik 1661. — γ-Strahlenschwäch. 1. Mitt. Grundlegende Prozesse 5233; 2. Mitt. Durchdringungsanalyse 5233. — Schwäch. u. Reichweitestreu-

ung energiereicher Strahl. 8076. — Quantentheorie irreversibler Prozesse 9717.
Fanselau (G.) u. **Frölich (F.)**, Ferrimagnetismus d. Erdkrustenfeldes 1206.
Fansteel Metallurgical Corp., Beidler (E. A.) u. **Campbell (I. E.)**, Hochhitzebeständ. Mo-Legierr. 5887* A.
—, Campell (I. E.), Gonser (B. W.) u. **Powell (Carrol F.)**, Hochhitzebeständ. Gegenstand 9662* A.
—, Olson (C. T.) u. **Hoffmann (R. W.)**, Tantaloxydpulver mit geringem Fe-Geh. 8233* Can.
— u. **Verdi (C.)**, Gesinterte W-Ni-Legierr. 10855* A.
Fanta (P. E.) u. **Stein (R. A.)**, Kondensat. v. Natriumnitromalonaldehyd mit Cyanacetamid 10742.
Fantes (K. H.) s. Glaxo Laboratories Ltd.
— u. **O'Callaghan (C. H.)**, Biosynth. eines neuen Vitamin-B_{12}-Analogen 2470.
Fanus (W. E.) s. Brumbaugh (R. J.).
Faraggi (H.) u. **Berthelot (A.)**, α-Radioaktivität d. natürl. Bi 9725.
—, Kohn (A.) u. **Doumerc (J.)**, Autoradiograph. Verf., durch Neutronenbestrahl. d. B-halt. Komponente in d. Borstählen nachzuweisen 8307.
Faraghan (W. G.) s. Kisieleski (W. E.).
Faragher (W. F.) s. Houdry Process Corp.
Faragó (P. S.), Gécs (M.) u. **Mertz (J.)**, Einfache magnet. Resonanzabsorptionsanordn. für quantitative Messungen 10680.
Farah (A.), Durch d. Hg-Diureticum Salyrgan bewirkte Nierengefäßveränderr. 5124. — s. Gardner (E. A.); Graham (G.).
—, Graham (G.) u. **Koda (F.)**, Renaler Transport v. p-Aminohippurat bei d. hypophysektomierten Ratte 9367.
Faraone (Giovanni), Best. kleiner Mengen U in Lsg. mittels d. photograph. Emuls. 977.
Faraone (Giuseppe), Malattie causate da acido cianidrio e composti del cianogeno [5366].
Farbak (J. E.) s. Swift & Co.
Farbenfabriken Bayer Akt.-Ges.,

Pharmazie. Desinfektion: Zahnprothesen u. Füllmaterial für Zähne 1795* F. — Ausfütter. v. Zahnprothesen 3685* F. — Gaumenplatten 1794* E. — Hydroxylgruppen enthaltende Naphthodianthronderivv. 4407* D. B. — Alkylenharnstoffe 640* D. B. — Hydrazone 1796* D. B. — Neue Hydrazone heterocycl. Aldehyde 6806* Oe. — Substituierte Semicarbazide 5131* D. B. — Semicarbazone d. symm. Triacetylbenzols 3200* D. B. — Monosemicarbazone d. Phthalaldehyde 7498* D. B. — Thiosemicarbazone 7977* D. B. — Thiosemicarbazon d. Benzaldehyd-4-carbonsäure 160* Schwz. — Thiosemicarbazone cycl. Aldehyde 4644* Schwz. — Sulfonamide 8210* D. B. — Diphenylsulfone 6804* D. B., 6805* D. B. — Derivv. v. Isonicotinsäureamid 4408* D. B. — Salze d. Äthylendiamintetraessigsäure mit Alkylimidazolinen 8214* D. B. — Neue Oxdiazolone 4647* D. B. — Xanthane oder Thioxanthane 2026* D. B. — Quatern. NH_4-Verbb. 3203* F., 5604* Schwz. — Therapeut. wertvolle Verbb. d. Chinolinreihe 2490* Schwz., 10572* Schwz. — Abkömmlinge d. Chinolinreihe 9859* D. B. — 1.2.3.4.5.6.7.8-Oktahydroisochinolin 2728* F. — 1-Benzyl-Bz-tetrahydroisochinolin 2727* F. — Furano- oder Thiophenochinaldine 163* E. — 3-N-Methyl-9-benzyltetrahydro-γ-carbolin 6807* Schwz. — β- u. γ-Carboline 9395* E. — Diarlyldialkyläthylene 7733* D. B. — Dipropargyläther d. 4.4'-Dioxy-a.β-diäthylstilbens 2731* Schwz. — d-Pantothensäure 1331* D. B. — Fraktionierte Abtrenn. v. Vitamin B_1 u. Vitaminen d. B_2-Gruppe 7500* D. B. — Stoffe mit d. Wrkg. d. Penicillinase 1799* D. B. — Leichtlösl., Kallikrein enthaltende Trockenpräpp. 6088* A. — Anreicher. v. Kallikrein aus Lsgg. 7504* Oe. — Trenn. d. Komponenten d. Actinomycins C 5373* D. B. — Antibioticum Aminomycin 9151* D. B. — Fluvomycin 645* D. B. — Gewinn. v. Geomycin 1568* D. B. — Reines Rhodomycin 645* D. B. — Anreicher. v. Rhodomycinen 5373* D. B. — In W. schwerlösl. Penicillinsalz 8215* D. B. — In W. schwer lösl. krist. Penicillinsalz 2731* D. B., 5371* D. B. — Gewinn. v. antibiot. Wirkstoffen 1568* D. B. — Polyharnstoffderivv. 4413* D. B. — Stabile Emulss. v. Phenothiazin 7271* F. — Aminoalkylsubstituierte 2-Nitro-4-aminotoluole u. 2-Cyan-4-aminotoluole 8685* D. B. — Verwend. v. 3.5-Dijod-4-diacetylaminohippursäure als Röntgenkontrastmittel 10576* D. B. — Desinfektionsmittel 169* D. B. — Desinfektions- u. Konservierungsmittel 10578* D. B.

Allgemeine Chemische Technologie: Brechen mäßig stabiler koll. Systeme 3452* D. B. — Herst. v. als Anionenaustauscher verwendbaren Kunstharzen 3219* Oe. — Carbonsäuregruppen tragende Kunstharzkationenaustauscher auf phenol. Grundlage 4180* D. B. — Aktivkohle 7747* D. B. — Geformte Aktivkohle 7052* D., 11267* D. — Kontinuierl., selbsttätige, registrierende Analyse v. Fll. 8698* D. B. — Hydraul. Fll. 5866* D. B. — Alkylsiloxane v. höherem Mol.-Gew. 5866* F. — Hochdisperse Kieselsäure-Metalloxyd-Gemische bzw. hochdisperse Silicate 8464* D. B.

Elektrotechnik: Magnetogrammträger 10107* F. — Kondensator 898* D. B. — Elektroden für elektrolyt. Zellen 10348* F.

Wasser. Abwasser: Entsalz. v. W. 6103* D. B. — Entfernen v. O_2 aus warmen u. heißen Wässern 6103* D. B. — Entfern. v. Ionen v. Salzen v. Mineralsäuren aus wss. Lsgg. 1584* Schwz. — Feststellen, Registrieren u. Lenken d. Verlaufes d. Enthärt. in Wasserenthärtungsfiltern 7998* D. B. — Herst. eines entsalzten u. entkieselten W. 4182* Schwz. — Aufbereit. carbonatreicher Wässer 3225* D. B. — Verhinder. v. Koross. in Dampfkesseln usw. 901* Schwz.

Anorganische Industrie: Reinig. v. zur Nitrier. organ. Verb. verwendeten Nitraten 9878* D. B. — Durchführ. v. Austauschvorgängen zwischen Fll. u. Gasen 6826* D. B. — Gewinn. v. prakt. *100%*igem SO_2 aus SO_2-halt. Gasen 1352* D. B. — Behandl. v. feinverteilten Feststoffen mit Gasen, bes. zur Herst. v. Aktivkohle 10113* D. B.

Silicatchemie. Baustoffe: Fußboden- oder Wandbeläge 2514* D. B. — Trübungskörper für Weißemail aus natürl. Rutil 2278* D. B.

Agrikulturchemie. Schädlingsbekämpfung:

Schädlingsbekämpfungsmittel 1130* D. B., 4197* D. B. 6603* D., 8247* D. B. — O.O-Dimethyl-O-(4-nitro-3-chlorphenyl)-thiophosphat 4681* D. B. — Thiophosphorsäureester 7766* D. B. — Neutrale Ester d. Selenolphosphorsäure 6375* D. [DDR]. — Phenoxyalkylquecksilberverbb. 444* D. B. — Hochkonz. Spritzmittel für d. Pflanzenschutz in pulvr. Form 10123* D. B. — N-disubstituierte Aminosulfonsäurearylester 8014* D. B. — Selenphosphorsäureester 3471* E. — Neutrale Diphosphorsäureester 4440* D. B.

Organische Industrie:

Chlorier. gesätt. u. ungesätt. KW-stoffe oder ihrer Derivv. 3000* Schwz. — F-halt. Olefine 3962* F. — Halogensubstitutionsprodd. ungesätt., organ. Verbb. 1837* D. B. — Fe- oder Al-Alkoholate 11463* E. — Pinakon 5418* D. B. — Bis-(β-oxyalkyl)-polysulfide 1371* D. B., 4695* D. B. — Entfern. d. Cl–S-Verbb. aus Perchlormethylmercaptan 685* D. B. — Diketen 4932* D. B. — N-Oxymethyl-N-methyl- u. Methylen-bis-methylformamid 9672* D. B. — Herst. eines Dimeren aus Malonsäuredinitril 6132* D. B. — α.α'-Dicyan-β-alkylglutarsäuren 7783* D. B. — Chlorameisensäureester 4211* D. B. — Acrylsäurenitril 8968* D. B. — β-Methylenglutarsäuredinitril 8734* D. B. — N-substituierte Sulfondiamide 10137* D. B. — Neutrale Thiophosphorsäureester 8968* D. B. — Dialkylthiophosphate 4698* D. B. — Neutrale Ester d. Phosphorsäure 8734* D. B. — Organohalogensilane 3733* F. — Halogenier. alkylsubstituierter, gesätt. oder ungesätt., cycl. KW-stoffe 216* D. B. — Gewinn. v. Phenolen aus Ölen 216* D. B., 7084* D. B. — Phenole aus phenolhalt. Ölen 1373* D. B. — — Abtrenn. v. Phenolen aus Ölen 4698* D. B. — Hydrieren olefin. Seitenketten in kernhalogenierten Phenolen u. Phenoläthern 2775* D. B. — α.α-Dimethylbenzylhydroperoxyd 3967* A. — Kondensationsprodd. 5423* D. B. — Thiosemicarbazone 4934* F. — Verbb. d. Thiosemicarbazonreihe 3003* F. — Thiosemicarbazone aromat. Oxoverbb. 11290* Schwz. — Herst. v. Monoestern v. aromat. Dicarbonsäuren 6393* F. — Cyanamine aromat. Oxycarbonsäuren 1143* D. B. — Für d. Eisfarbenherst. geeignete o-Oxycarbonsäurearylamide 3734* D. B. — p-Phenylendiisocyanat 7320* D. B. — Aufarbeit. d. bei d. Nitrier. v. Cyclohexan mit HNO_3 oder Nitraten anfallenden Rk.-Gemisches 8499* D. B. — Oxime 3969* F., 4699* Schwz. — Abtrennen d. S aus Oxim–S-Gemischen 4700* D. B. — 1.5-Dioxynaphthalin-3.7-disulfonsäure 3253* D. B. — γ-Oxycarbonsäureester 3007* D. B. — Cl.-halt. Verbb. 9447* D. B. — Chlorierte Isoindolenine 6137* E. — Monomere Alkoxyiminoisoindolenine oder deren Kernsubstitutionsprodukte 1375* D. B. — Additionsprodd. aus Carbonylverbb., Aminen u. SO_2 7322* D. B. — Piperidinverbb. 1377* D. B. — 1-Benzyl-bz-tetrahydroisochinolin 3970* Oe. — 1-Benzyl-1.2.3.4.5.6.7.8-oktahydroisochinolin 1378* Dän. — Heterocycl. Äthersulfone 6853* D. B. — Tetrasubstituierte Harnstoffe 5902* D. B. — Diiminoäther v. Lactimen 4459* D. B.

Färberei. Organische Farbstoffe:

Druckpaste für Textilien 2782* A. — Färben v. Kunststoffen 5659* D. B. — Färben v. Wolle 2077* F. — Verbesser. d. Echtheitseigg. v. Färbb. u. Drucken mit substantiven Farbstoffen auf Cellulosefasern 5660* D. B. — Ausrüsten v. Faserstoffen 3011* D. B. — KW-stoff-Emulss. 7325* D. B. — Färben oder Bedrucken v. Acrylnitrilpolymerisaten 4461* D. B. — Erzeug. wasserunlösl. Azofarbstoffe auf d. Faser durch Aufdrucken 10631* D. B. — Appreturen u. Druckpasten für Faserstoffe 4704* F. — Erzeug. v. Eisfarben beim Zeugdruck 7558* D. B. Pigmentdrucke bzw. -klotzungen auf Textilien 1845* D. B. — In W. lösl. Kondensate 1846* D. B. — Verbesser. d. Echtheitseigg. v. Färbb. u. Drucken 694* D. B. — Nachbehandl. v. mit bas. Farbstoffen hergestellten Gummidrucken 9201* D. B. — Azofarbstoffe 929* D. B., 2079* D. B., 6400* D. B. — Monoazofarbstoffe 5905* D. B. — Wasserunlösl. Monoazofarbstoffe 5428* D. B. — Stabile Diazoaminoverbb. 460* D. B. — Disazofarbstoffe 9913* D. B. — Trisazofarbstoffe 222* D. B. — Aminoazofarbstoffe 9913* D. B. — Polyazofarbstoffe 10144* D. B. — Triaminotriarylmethanfarbstoffe 6143* D. B. — Küpenfarbstoffe 2786* D. B., 7326* D. B. — Verf. zur Herst. v. Küpenfarbstoffen 2307* D. B. — Farbstoffe d. Anthrachinonreihe 10387* E. — Anthrachinon-1.3.5.7- bzw. -1.3.6.8.-tetrasulfonsäure u. 2-Chloranthrachinon-3.5.7- bzw. -3.6.8-trisulfonsäure 7092* D. B. — N.N'-Dihydroanthrachinonazin 2541* D. B., Belg., E. — Polymethinfarbstoffe 3260* D. B. — Thioindigoide Farbstoffe 223* D. B. — Cyaninfarbstoffe 9915* D. B. — Phtalocyaninfarbstoffe 2307* D. B. — Co-Verbb. 4943* Schwz. — Kobaltphthalocyanin 6146* D. B. — Herst. einer komplexen, zur Phthalocyaninbldg. befähigten Co-Verb. 5190* Schwz. — Zwischenprodd. für d. Herst. v. Phthalocyaninen 3260* Schwz. — Chromierbare Phthalocyaninderivv. 6403* D. B. — Leukoschwefelsäureester v. Phthalocyanin-N-anthrachinonyl-N-alkylsulfonamiden 5908* D. B. — Neue stabile, schwermetallhalt. Polyiminoisoindolenine 6402* D. B. — Kondensierte 1-Alkoxy-3-iminoisoindolimine oder deren Kernsubstitutionsprodd. 8504* D. B.

Farben. Anstriche. Lacke. Naturharze:

Sulfonsäuren d. Phthalocyaninreihe 7095* D. B. — Eisenoxydpigmente 224* D. B. — Braune Eisenoxydpigmente 463* D. B. — Schwarze Eisenoxydpigmente 225* D. B. — Kondensationsprodd. 6861* D. B. — Kondensationsprodd. v. Alkydharztyp 3262* D. B. — Lackrohstoffe 225* Schwz. — Schmelztauchmassen 8976* D. B. — Hochglänzend auftrocknende Nitrolacke mit hohem Geh. an aliphat. KW-stoffen. u. niederen Alkoholen 2312* D. B. — Unlösl. Anstriche 3262* D. B. — Überzüge, Filme, Imprägnierr. u. dgl. 5432* D. B. — Überzüge, Anstriche, Filme, Imprägnierr. u. dgl. 3262* D. B. — Überzüge, d. Korros. v. Fe verhüten 4945* D. B. — Überzüge u. Filme mit glatter Oberfläche 2545* D. B.

Plaste (Kunstharze. Plastische Massen):
Herst. braungelb gefärbter organ. Erzeugnisse bzw. Werkstoffe 11695* D. B. — Bis- u. Polycarbodiimide 5911* D. B. — Mischpolymerisate 9455* D. B. — Emulsionspolymerisat. 11104* D. B. — Bereits kalt erhärtende Mischpolymerisate 9455* D. B. — Hydroxylgruppenhalt. ungesätt. polymerisierbare Ester 9457* D. B. — Harzart. CH_2O-Kondensationsprodd. 2316* D. B. — Harzart. Kondensationsprodd. 3265* D. B. — O-halt. Kondensationsprodd. 704* D. B. — Mischpolymerisate 6152* F., 8747* D. B. — Kalthärtende Mischpolymerisate 5914* F. — Ionenaustauscherharze in Perlform 5913* D. B. — Kationenaustauschende Kunstharze 705* D. B. — Kationenaustauscher aus kondensationsfäh. organ. Verbb., welche eine schwach saure austauschakt. Atomgruppe enthalten 3981* D. B. — Polymerisationsprodd. aus Tetrahydrofuran 1391* D. B., 11297* D. B. — Abänder. d. Verf. zur Herst. v. Polymerisationsprodd. d. Tetrahydrofurans 11297* D. B. — Abbau v. Polymerisationsprodd. aus Tetrahydrofuran 11298* D. B. — Hochmol. Stoffe 10150* D. B. — Tragfäh. Leichtstoff-Verbund-Konstruktionen aus Kunststoffen 9922* D. B. — Gießfäh. Kunststoffe 7099 D. B. — Kationenaustauschharze 9209* E. — Verbesser. d. Eigg. v. Polyacrylnitril 7798* D. B. — Schallschluckstoffe auf Polyurethanbasis 5196* D. B. Härtbare Polyamide 6866* F. — Vernetzbare bzw. vernetzte Polyamide 1392* D. B. — Harzart. Sulfonamid–CH_2O-Mischkondensationsprodd. 3020* D. B. — S-halt. organ. Verbb. 11299* D. B. — Organosiloxane 231* D. B. — Si-halt. Polykondensationsprodd. 8044* E. — Schmelztauchmassen 1395* D. B. — Schlagfeste Kunstharzgegenstände 5915* F. — Formkörper 8045* D. B. — Preß-MM. aus thermoplast. Kunststoffen 4469* D. B. — Magnet. Tonbänder 9211* F.

Kautschuk. Guttapercha. Balata:
Kältebeständ. synthet. kautschukart. Prodd. 2318* D. B. — Molekülvergrößer. 2549* D. B. — Alterungsschutzmittel für Kautschuk 233* D. B. — Stabilisieren v. synthet. kautschukähnl. Polymerisaten 233* D. B. — Weichmacher 6411* D. B. — Kautschukumwandlungsprodd. 234* D. B. — Verbinden v. synthet. Kautschuksorten mit Werkstoffen belieb. Art 235* D. B. — Regenerieren v. vulkanisiertem Altkautschuk 939* D. B.

Ätherische Öle. Parfümerie. Kosmetik:
Riechstoff 10642* D. B.

Zucker. Kohlenhydrate. Stärke:
Entsalzen v. Zuckersäften 1629* D. B., Schwz.

Nahrungs-, Genuß- und Futtermittel:
Schwerlösl. Salze v. Vitamin B 2326* F. — Aufarbeit. v. Sauermolke 3274* Schwz.

Fette. Seifen. Wasch- und Reinigungsmittel. Wachse. Bohnermassen usw.:
Azomethine 6421* D. B. — Desodorieren farbloser Fettsäuren 6646* D. B. — Textilien mit erhöhtem Gebrauchswert 3515* D. B. — Polyglykoläther v. Phenolen 3759* E. — Oxyätheramide d. Polyacrylsäure 8058* D. B. — Dispersionsmittel 3762* F.

Holz. Cellulose. Zellstoff. Papier. Papierdruck. Celluloid. Linoleum:
Holzkonservierungsmittel 5687* Ind. — Verleim. u. Imprägnier. v. schichtförmigen Werkstoffen 10411* D. B. — Reaktionsprodd. aus hochmol. Verbb. u. Ti-Verbb. 7578* A.

Textilfasern:
Polsterfüllungen aus quellbaren künstl. Fäden 8291* D. B. — Unwirksammachen v. Textilhilfsmitteln, bes. v. Emulgatoren 1645* F. — Herst. v. Kondensationsprodd. 2809* D. B. — Aufhellungsmittel für organ. Stoffe 1171* D. B. — 4.4'-Bis-[2-athanolamino-4-amino-1.3.5-triazyl-(6)]-diaminostilben-2.2'-disulfonsäure 5692* E. — Schützen v. Pelzen, Federn, Haaren, fibrösen Materialien u. dgl. gegen Fraßschädlinge 8529* Schwz. — Wasserabstoßendmachen v. Faserstoffen 6887* D. B. — Waschbeständ. Textilausrüst. 723* D. B. — Schlichten v. Textilfasern 1646* D. B. — Weichmachungsmittel für (regenerierte) Cellulose 7117* D. B. — Fäden, Drähte, Bändchen u. dgl. aus hitzeempfindl. polymeren Vinylverbb. 6171* D. B. — Geformte Gebilde aus Acrylsäurenitrilpolymeren 8292* D. B. — Hochmol. Polyamidverbb. 7583* D. B. — Fortlaufende Herst. v. linearen, schmelzbaren Hochpolymeren, bes. Polyamiden 1414* D. B.

Brennstoffe. Erdöl, Mineralöle:
Färben v. KW-stoffen 7123* D. B. — Schmierstoffzusätze 4978* D. B. — Schmiermittelzusatz 10172* D. B.

Leder, Gerbstoffe:
Wasserlösl. Kondensationsprodd. 1657* D. B. — Synthet. Gerbstoffe 8769* D. B. — Leder 9235* D. B. — Verf. zum Gerben 6177* D. B. — Gewinn. v. Abbau- u. Umwandlungsprodd. v. Ligninstoffen 9006* D. B.

Leim, Klebstoffe:
Klebstoff 4260* D. B.

Tinte, Hektographenmassen u. a. Spezialpräparate:
Schreibstift 1422* D. B.

Photographie:
Benzimidazolneutrocyanine 6900* D. B. — Photograph. Aufzeichnn. auf Halogensilberschichten 3543* F. — Einbringen v. diffusionsfesten, wasserlösl., gefärbten oder ungefärbten organ. Verbb., bes. Säuren, in photograph. Schichten oder Filme 4983* F. — Direkte Herst. v. Positiven 3055* Oe., 3056* Oe. — Direkte Herst. v. positiven Bildern 3296* F. — Direkte Herst. v. Positiven 498* Oe. — Entw. positiver Photographien durch Diffus. d. Entwicklers in d. Ag-Salze, ohne d. Rückseite d. Photographien zu befeuchten 3543* F. — Abschwächer- u. Bleichfixierbäder zur Entfern. v. Ag aus farb. entwickelten Bildern 2584* D. B.

Farbenfabriken Bayer Akt.-Ges. s. Allgemeine Elektricitäts-Gesellschaft.

Alphabetische Liste der Mitarbeiter, Erfinder usw.

Adrian (J.), 463*.
Bähr (K.), 939*, 7123*.
Ballauf (A.), 1846*.
Bauer (K.), 2731*, 5371*, 5373*, 8215*.
Baumann (F.), 1375*, 2307*, 2541*, 6146*, 6402*, 6403*, 8504*, 9447*.
Bayer (O.), 234*, 898*, 1646*, 1845*, 2079*, 2307*, 2782*, 3262*, 4413*, 5902*, 6887*, 8734*, 9455*, 10150*, 11695*.
Becht (B.), 1845*, 2782*.
Becker (W.), 9457*.
Behnisch (R.), 6805*, 7977*.
Berres (C.), 6143*.
Bienert (B.), 1375*, 2307*, 6146*, 6402*, 6403*, 7095*, 8504*, 9447*.
Blömer (A.), 235*.
Bock (M.), 1568*.
Bohne (A.), 1568*, 5373*, 8215*.
Bollmann (M.), 10642*.
Brauner (G.), 2545*.
Breig (K.), 10631*.
Brockmann (H.), 645*, 1568*, 4407*, 5373*, 9151*.
Brodersen (R.), 2584*.
Brüning (E.), 3967*.
Bunge (Wilhelm), 898*, 2545*, 2549*, 3262*.
Burneleit (W.), 6403*.
Carvajal (F.), 645*.
Christ (W.), 723*.
Clingestein (H.), 9913*.
Coenen (M.), 4211*, 6132*, 9915*.
Cürten (T.), 3020*.
Delfs (D.), 3967*, 5913*, 11297*, 11298*.
Dennstedt (I.), 2318*.
Dierichs (A.), 1373*, 7084*.
Dittmar (G.), 6853*, 10144*.
Doepke (O.), 10113*.
Domagk (G.), 1796*, 4647*, 5131*.
Doser (A.), 6887*, 10150*.
Drapal (O.), 1846*.
Ebersberger (J.), 8058*.
Ecker (R.), 939*, 2318*, 6411*.
Ehm (W.), 7322*.
Fleischhauer (R.), 6400*.
Fragstein (P. v.), 1373*, 4698*, 7084*.
Friederich (A.), 1414*.
Friedrich-Liebenberg (A. v.), 898*.
Garten (V.), 1110*.
Gartner (E.), 235*.
Gauss (W.), 640*, 5902*.
Gemassmer (A.), 7320*.
Gensel (H.), 1646*, 5432*.
Gerber (H.), 4461*.
Gerber (L. P.), 1799*.
Gerres (C.), 3260*.
Giltges (A.), 4700*, 8499*.
Glietenberg (E.), 460*, 5428*, 7558*, 10631*.
Gönnert (R.), 8685*.
Gold (H.), 1171*.
Graulich (W.), 2318*, 3011*.
Greve (F.), 10123*.
Gund (F.), 694*.
Haagen (K.), 3981*.
Haberland (G.), 3007*.
Haberland (H.), 5418*, 9672*.
Hackmann (C.), 640*.
Hagenest (H.), 216*.
Hagge (W.), 3515*, 6646*.
Haltmeier (A.), 6826*.
Hamann (K.), 2809*, 3262*, 3969*, 4945*, 10137*, 10578*.
Hansen (K.), 5659*, 7095*, 8247*.
Haßmann (J.), 7558*, 10631*.
Hebermehl (R.), 2545*.
Hechelhammer (W.), 1392*, 4459*.
Heim (Friedrich), 1110*.
Hempel (Herbert), 10642*.
Henecka (H.), 1377*.
Hiltmann (R.), 2731*, 5371*.
Hintzmann (K.), 723*, 6887*, 8247*.
Höchtlen (A.), 4469*.
Holtz (D.-J.), 8291*.
Honold (E.), 5660*.
Hoppe (P.), 5196*, 9922*.
Jakoby (H.), 9201*.
Jonas (H.), 685*, 4698*, 5866*, 8734*.
Kass (W.), 7325*.
Kern (Werner) 1110*.
Kimpel (W.), 4211*, 10578*.
Kleiner (H.), 234*, 1845*, 2782*, 3011*, 4260*, 10150*.
Kleinschmidt (E.), 4945*.
Kluge (F.), 4407*.
Kneip (W.), 2809*.
Knop (H.), 6143*.
Kölling (H.), 8685*.
König (J.), 225*.
Koerner (J.), 5659*.
Korten (E.), 5905*.
Krey (W.), 1371*.
Kükenthal (H.), 4197*, 6603*, 8014*.
Kuhn (R.), 1331*.
Kuppe (K.), 7092*.
Kurtz (P.), 8734*, 8968*.
Kyri (H.), 10123*.
Lauth (H.), 3452*.
Lehmann (W.), 3011*, 8968*.
Leuchs (F.), 169*.
Lober (F.), 2316*, 3265*, 8210*.
Logemann (H.), 1110*.
Lorenz (W.), 4440*, 6375*, 7766*, 8968*.
Magdalinski (F.), 2514*.
Marsh (B. H.), 225*.
Martini (H.), 1352*.
Mauss (H.), 2026*, 8685*.
Mauthe (G.), 2545*, 5423*, 6177*, 9006*.
Meckbach (H.), 1395*, 2312*, 8976*.
Meerwein (H.), 1391*, 11297*.
Meier (Erhard), 1629*, 7500*.
Meister (M.), 1657*, 5423*, 6177*, 9006*, 9235*.
Merck (E.) Chemische Fabrik, 1837*.
Meyer (Friedrich) [Wuppertal], 8214*.
Meyer (Reinhard), 233*.
Mieg (W.), 2786*.
Mietzsch (F.), 3200*, 7977*.
Möller (F.), 7783*.
Morschel (H.), 1391*, 11297*, 11298*.
Moschel (W.), 10123*.
Mühlhausen (C.), 7099*.
Müller (E.), 1646*, 8747*, 9455*.
Müller (Werner), 3260*, 6143*, 6421*.
Müller (Wilhelm), 4978*.
Murke (H.), 233*.
Nischk (G.), 5911*, 8747*, 9455*.
Noerr (H.), 2545*, 9006*.
Noll (W.), 231*, 5866*.
Offe (H. A.), 1796*, 4408*, 4647*.
Passing (H.), 5913*.
Pauli (O.), 10578*.
Petersen (O.), 8698*.
Petersen (S.), 234*, 640*, 1143*, 1171*, 3262*, 4260*, 10150*.
Pfeffer (H.), 4469*.
Pieper (G.), 1422*, 4413*.
Podschus (E.), 8464*.
Pöhls (P.), 6804*, 6805*.
Povenz (F.), 216*, 6646*.
Pütter (R.), 2549*, 3734*, 6853*, 9913*.
Quaedvlieg (M.), 3515*, 6646*, 7117*.
Rahlfs (E.), 10113*.
Raichle (K.), 9455*.
Recklinghausen (H. v.), 6171*.
Rein (Herbert), 6171*.
Reinartz (K.), 3011*.
Reissinger (S.), 2318*.
Rempel (N.), 7052*, 7747*, 11267*.
Renneberg (K. H.), 1568*.
Riester (O.), 6900*.
Rinke (H.), 8292*.
Röhling (H.), 5432*.
Rösch (G.), 223*, 1375*, 2307*, 5908*, 6402*, 8504*.
Runte (A.), 2514*.
Salzer (W.), 7733*.
Sassmannshausen (K.), 1422*.
Schirmer (Hermann), 3262*.
Schlack (P.), 1414*, 7583*.
Schmidt (Fritz), 7578*, 11695*.
Schmidt (Hans), 3200*, 7498*, 7977*, 8214*.
Schmidt-Kastner (G.), 9151*.
Schmitz-Hillebrecht (E.), 10411*.
Schmitz-Josten (R.), 7325*.
Schnegg (R.), 4932*.
Schneider (Wilhelm), 2584*.
Schnell (Herrmann), 1352*, 8045*, 9457*.
Schönhöfer (F.), 10576*.
Schrader (G.), 1130*, 4197*, 4440*, 4681*, 6375*, 6603*, 8968*.
Schraufstätter (E.), 5131*.
Schrum (H.), 460*.
Schuckmann (G. v.), 2775*.
Schürmann (M.-O.), 8291*.
Schütz (L.), 1377*.
Schultheis (H.), 8769*.
Schultz (F.), 6088*.
Schumann (W.), 1837*.
Schwarz (Herbert), 8968*.
Schwechten (H.), 7326*.
Seibert (H.), 5659*, 11695*.
Seydel (R.), 4461*, 7798*.
Siefken (W.), 1796*, 4408*, 4647*.
Simons (P.), 231*, 5866*.
Singer (J.), 7326*.
Spielberger (G.), 1371*, 3967*, 4695*.
Spulak (F. v.), 4260*.
Stephan (Hans), 6421*, 10172*.
Stierwald (K.), 694*.
Stroebel (R.), 3253*.
Stroh (R.), 4978*, 8058*, 9672*, 11299*.
Stüsser (R.), 2079*.
Suckfüll (F.), 222*, 2549*, 6853*, 9913*, 10144*.
Sybertz (W.), 216*.

Taube (K.), 723*, 929*.
Technau (G.), 10411*.
Thielert (H.), 2541*.
Thilo (F.), 2809*, 4945*.
Thraun (W.), 8734*.
Tietz (H.), 7998*.
Tietze (E.), 1143*.
Urbschat (E.), 444*.
Vollmann (H.), 9447*.
Vonkennel (J.), 10576*.
Wagner (Helmut), 8291*.
Wassenegger (H.) 705*, 4180*.
Weese (H.), 4413*.
Wegler (R.), 704*, 1846*, 2316*, 3020*, 3265*, 5432*, 6411*, 6421*, 6861*, 8014*, 8210*.
Weigel (O.), 5432*.
Weinbrenner (E.), 5196*, 7099*, 9922*.
Welz (H.), 4700*, 8499*, 9878*.
Wesly (Walter), 6103*.
Wieland (T.), 1331*.
Willems (J.), 3969*.
Wirth (W.), 4413*.
Wolski (P.), 2278*.
Zervas (P.), 222*, 2549*.
Zerweck (W.), 5660*.
Ziegler (F.), 6088*.
Ziegler (K.), 1837*.
Zimmermann (Max), 4978*, 5866*, 7998*.

Farbenstein (S. G.) s. Efross (L. S.).

Farber (E.), Chem. Zerstör. v. Holz in Anwesenheit v. Fe 10407. — Vegetabile Nahr. aus Holz 11704. — s. Timber Engineering Co.

Farber (H. L.), Epoxygrundanstrich ist sehr alkalibeständig 3978.

Farber (M.) u. **Darnell (A. J.),** Disproportionier. u. Dampfdruck v. $TiCl_3$ 9739.

Farberow (M. I.), Tepenitzyna (J. P.) u. **Schemjakina (N. K.),** Synth. v. Oxytetrahydropyran u. seinen Umwandlungsprodd. 8379.

Farbwerke Hoechst Akt.-Ges., vormals Meister Lucius & Brüning,

Pharmazie. Desinfektion:
γ.γ-Diarylpropylamine 7978* D. B. — 1-Disubstituierte 3-Aminopropane 7980* D. B. — 3-Aminopropane 9393* E. — Aminosäuren d. Hydrophenanthrene 10089* D. B. — Quatern. Verbb. 2958* F. — Bas. Ketone 3687* D. B. — Phenylpyrazolonderivv. 1564* Schwz. — 1-Phenyl-2.3-dimethyl-4-isopropylamino-5-pyrazolon 9394* Schwz. — Polymerisationsprodd. 10574* D. B. — Blutstillend wirkende Verbb. 4647* E. — Indolylphenyläthylimidazoline 7499* D. B. — 5-Cycloalkylidenpseudothiohydantoine 9621* D. B. — Xanthin u. Alkylxanthinderivv. 7983* D. B. — Diuret. wirksame Hg-Verbb. 6805* D. B. — Hg-Verbb. d. p-Aminosalicylsäurereihe 161* D. B. — Thioharnstoffe 6340* D. B. — Stabilisier. v. reinem Phenothiazin für medizin. Zwecke, z. B. als Wurmmittel 2728* D. B. — Anreicher. v. Vitamin B_{12} 4166* D. B. — Cyclopentanopolyhydrophenanthrenoxoacylamine 2258* D. B. — Cyclopentanopolyhydrophenanthren-β-ketone 4167* D. B. — Chloramine d. Steroidreihe 5606* D. B., 11052* F. — Enolacetate v. 20-Ketosteroiden 5606* D. B., 11254* D. B. — 3-Acyloxy-bis-nor-5-cholensäure 3921* D. B. — Steroid-17-acetylaminoketone 7503* D. B. — 21-Acyloxysteroide 8925* D. B. — Steroidlactame 7503* D. B. — Penicillinderivv. 8215* D. B. — Penicillinsalze 168* E., F. — Herst. v. in W. schwerlösl. Penicillinsalzen 4652* Oe. — Penicillinalkalisalze 4889* D. B. — Aminopropandiole 416* D. B. — Herst. v. Phthalimidoacetaldehyd bzw. dessen Hydrat 10575* D. B. — Blutgerinn. verzögernde Mittel 3208* F. — Löslichmachen v. Arzneimitteln 9397* D. B.

Allgemeine chemische Technologie:
Säurefester Kitt 4179* D. B. — Adsorpt. v. Wertstoffen 9873* D. B.

Elektrotechnik:
Formkörper aus Kohle 7286* D. B. — Kohleelektroden u. Elektrodenmassen 1582* D. B.

Anorganische Industrie:
Eindampfen v. verd. Lsgg. hochsd. Säuren 7752* D. B., 10600* D. B. — Natriumchlorit 2508* Schwz. — Alkali- oder Erdalkalichlorite 9644* D. B. — Prakt. wasserfreie Alkali- oder Erdalkalisalze d. Amidosulfosäure 3707* D. B. — Pulverförm. bzw. fein verteiltes Ätzalkali 2979* D. B. — Zum Imprägnieren v. vorzugsweise in Chloralkalielektrolysezellen zu verwendenden Graphitteilen 2274* D. B. — Verf. zum Stabilisieren v. Hydriden d. Alkali- u. Erdalkalimetalle 10836* D. B.

Silicatchemie. Baustoffe:
Fußbodenunter- oder -zwischenbelagmassen 5873* D. B. — Schnelltrocknende Fußbodenbekleidd. 2051* F.

Agrikulturchemie. Schädlingsbekämpfung:
Kalkammonsalpeter 4195* D. B. — Fluorsubstituierte Chloranilderivv. 7765* D. B. — Schädlingsbekämpfung 7765* D. B. — Bekämpf. v. Pilzkrankheiten an oberird. Pflanzenteilen 3235* Schwz. — Insekticide 8480* F.

Metallurgie. Metallographie. Metallverarbeitung:
Erzeugen v. Oberflächenschichten auf Fe u. Stahl durch Verwend. v. stark chlorathalt. Lsgg. 10620* D. B.

Organische Industrie:
Fortlaufende Herst. v. Nitroform 2069* D. B. — F-halt. aliphat. u. cycloaliphat. ungesätt. KW-stoffe 3730* F. — Fluoräthylene 211* D. B. — Trifluor-A. 685* Schwz. — Aliphat. Dinitroalkohole 1140* D. B. — 2-Äthylhexanol-(1) 212* D. B. — 2-Äthylhexanal-(1) oder 2-Äthylhexanol-(1) 4930* D. B. — Cycl. Schwefligsäureester v. 1.2-Diolen 8028* D. B. — Sulfonsäuren 3001* D. B., 8965* D. B., 8966* D. B. — Von in β-Stell. chlorierte Äthansulfochloride oder -sulfofluoride 2298* D. B. — Urethan- bzw. Harnstoffsulfochloride 11094* D. B. — Nichtaromat. Sulfamide 3484* D. B. — Chloral 8262* D. B. — Butyraldehyd 8262* D. B. — 2-Äthylhexanal-(1) oder 2-Äthylhexanol-(1) 213* D. B., 2073* D. B. — Esterart. Kondensationsprodd. 6849* D. B. — Ester mehrwert. Alkohole 11464* D. B. — Vinylester aliphat. Carbonsäuren 7783* Schwz. — Teilweise Dehalogenier. halogenierter Essigsäuren 11095* Schwz. — Trichloressigsäureformlinge 7315* D. B. — Bas. Carbonate 10377* D. B. — Diäthylendiharnstoffe 2302* D. B. — Quatern. NH_4- u. Isothioroniumsalze 10861* D. B. — Stickstoffenthaltende chlorierte S-Verbb. 11687. — Umwandl. v. diazotierbaren aromat. Aminen 9196* D. B. — Alkaliverbb. aus rohem Pentachlorphenol 2775* D. B. — p-Nitrophenyläther 6392* D. B. — β-Chloräthylsulfone 5181* D. B. — β-Oxyäthylsulfongruppen enthaltende halogenierte aromat. Amine 3003* D. B. — Nitroarylvinylsulfone 2534* Schwz. — m-Nitrophenylvinylsulfon 5898* Schwz. — Mononitroarylvinylsulfone 3734* D. B. — o-Aminophenole 2777* D. B. — Nona- bzw. Dekachlordicyclopentadiendihydride 8500* Oe. — Sulfonsäuren 3735* D. B. — Ketoxime d. Cyclohexanreihe 2076* D. B. — Umwandl.

v. Diazoketonen in d. entsprechenden Carbonsäuren 3736* D. B. — Diaminodicyclohexylmethane 3737* D. B. — Diaminodicyclohexylmethane u. ihre Homologen 2536* D. B. — Harnstoffabkömmlinge 2537* D. B. — 1-Aryl-3-methylpyrazolone-(5) 6395* Schwz. — Thiazolylarylessigester 1376* D. B. — 3-Alkyl-5.5-diphenyl-2.4-dioxothiazolidine 8736* D. B. — N^2-Arylpseudothiohydantoine 8736* D. B. — Bas. Verbb. 8737* D. B. — Bas. Verbb. d. Diarylmethanreihe 9199* D. B.

Färberei. Organische Farbstoffe:

Antidiazotate 220* D. B. — Echte Färbb. u. Drucke 4940* D. B., 4941* D. B. — Fixieren wasserlösl. organ. Verbb. auf Faserstoffen 1845* Oe. — Färben mit sauren Farbstoffen 2305* D. B. — Verf. zum gleichzeit. Bleichen u. Färben 3010* D. B. — Färbb. auf Mischungen v. tier. Fasern mit Cellulosefasern 4939* D. B. — Färben v. Mischungen v. Gebilden aus synthet. höhermol. Polyamidverbb. u. Faserstoffen tier. Ursprungs oder animalisierten Faserstoffen mit sauren Wollfarbstoffen 2078* D. B. — Überfärbeechte Färbb. auf Acetylcellulose sowie linearen Polyamiden u. Polyurethanen 221* D. B., 927* D. B., 1146* D. B., 5186* D. B., 8037* D. B. — Überfärbeechte Färbb. auf Celluloseacetat 9201* E. — Dämpfechte Schwarzfärbb. auf Polyamidfasern 6855* D. B. — Befestigen v. Pigmenten auf Fasergut 928* D. B., 5660* D. B., 6140* D. B. — Drucke mit wasserunlösl. Monoazofarbstoffen auf Acetylcellulose- u. Polyamidfasern 9449* D. B. — Drucke auf Leder, Blech, Holz u. Textilgewebe 928* D. B. — Färben v. Leder mit Azofarbstoffen 4219* E. — Diazoniumverbb. 11468* E. — Azofarbstoffe 929* D. B., 6142* Schwz., 6856* D. B. — Wasserunlösl. Azofarbstoffe 1612* D. B., 6626* D. B., 6627* D. B., 7090* D. B. — Wasserunlösl. Monoazofarbstoffe 695* D. B., 6141* D. B., 7089* E., 9913* D. B. — Vinylsulfonfarbstoff 4942* Schwz., 8974* Schwz. — Aryliminosubstituierte Arylimidazole mit wasserlöslichmachenden Gruppen 2539* D. B. — Substantive 2.3-Oxynaphthoesäurearylide 2079* D. B. — Polyazofarbstoffe 461* D. B., 6857* D. B. — Triphenylmethanfarbstoffe 10632* D. B. — Unsymm. Triphenylmethanfarbstoffe 4463* D. B. — Asymm. Xantheniumverbb. 1147* D. B. — Chromhalt. Farbstoffe 2080* D. B. — Saure, grüne Farbstoffe d. Diphenylindolylmethanreihe 1612* D. B. — Graue, saure Farbstoffe d. Anthrachinonreihe 5429* D. B. — Vinylsulfonfarbstoff 10387* Schwz. — Küpenfarbstoffe 3976* D. B.

Farben. Anstriche. Lacke. Naturharze:

Weichkörn. Azofarbstoffpigmente 8271* Ind. — Weichwacher 9452* D. B.

Plaste (Kunstharze. Plastische Massen):

Formkörper aus selbsthärtenden Gießharzen 702* D. B. — Weichmacher 468* D. B. — Weichmachungsmittel 6864* D. B. — Kontaktharze 5194* F. — Färben v. Polyvinylverbb. 9455* D. B. — Stabilisieren v. hochmol. Substanzen 9682* F. — Polymerisat. oder Mischpolymerisate 9684* D. B. — Polymerisat. oder Mischpolymerisat. ungesätt. Verbb. 5912* D. B. — Beschleunig. d. Polymerisat. ungesätt. Verbb. 8042* D. B. — Polymerisieren u. Mischpolymerisieren v. Vinylchlorid 5436* F. — Emulsionspolymerisat. ungesätt. Verbb. 703* D. B. — N-halt. Polymerisationsprodd. 3266* D. B., 9209* D. B. — Hochmol. polymere Amide u. Esteramide 10871* D. B. — Höhermol. Kondensationsprod. 6409* Schwz. — Höhermol. Kondensationsverb. 6409* Schwz. — Harzart. Kondensationsprodd. 1858* D. B. — Polyurethane 230* D. B., 4716* D. B., 8043* D. B., 9922* D. B., 10638* D. B., 11125* D. B. — Industrielle Bauelemente 5671* F.

Kautschuk. Guttapercha. Balata:

Hydrochlorkautschuk 2795* D. B.

Ätherische Öle. Parfümerie. Kosmetik:

Formkörper 8981* D. B.

Nahrungs-, Genuß- u. Futtermittel:

Elektrochem. Oxydat. v. o-Toluolsulfamid zu Benzoesäuresulfimid 1637* D. B., 5205* D. B., 11114* D. B.

Fette. Seifen. Wasch- und Reinigungsmittel. Wachse. Bohnermassen usw.:

Capillarakt. Verbb. 4486* D. B. — Sulfonsäuren 5207* D. B. — Pastenförm. Waschmittel mit glatter Struktur 9932* D. B.

Holz. Cellulose. Zellstoff. Papier. Papierdruck. Celluloid. Linoleum:

Tiefimprägnier. v. Holz 7811* Oe. — Korrosionsverhütende Auskleid. v. Apparaten 10887* E.

Textilfasern:

Veredl. v. Faserstoffen 3035* D. B. — Alkylschwefelsaure Salze v. Iminoäthern 3282* D. B. — Helle geruchsfreie Kondensationsprodd. 10654* D. B. — Textilveredlungsverf. 8063* D. B. — Erhöh. d. Gebrauchswertes v. natürl. oder künstl. Fasern u. Seiden oder Garnen u. Geweben aus diesen Materialien 6169* D. B. — Appretieren v. Textilien 723* F. — Wss. Kunststoffdispersionen 10655* Schwz. — Fixieren v. wasserlösl. organ. Verbb. auf Faserstoffen 961* Finn. — Veredeln v. Fasergut 4734* D. B. — Veredeln v. Cellulosetextilgut 1413* D. B. — Veredelte Kräuselung v. Cellulose- oder Cellulosehydratfasern 8530* D. B. — Hochmol. Polyamide mit Polysulfidgruppen in d. Kette 11713. — Verspinnbare Polyester 10892* D. B.

Brennstoffe. Erdöl. Mineralöle:

Vorbehandl. v. Werkstücken 1655* D. B. — Metallbearbeitungsöle 727* D. B., 4501* D. B. — Schmierstoffprüf. 8297* D. B. — Bituminöse Disperss. 4503* D. B.

Leim. Klebstoffe:

Klebstoffe u. Farbbindemittel 11317* D. B.

Tinte. Hektographenmassen u. a. Spezialpräparate:

Polysulfonsäuren phenylierter Rosaniline 3292* D. B.

Photographie:

Sensibilisatoren 3054* D. B., 7591* D. B.

Alphabetische Liste
der Mitarbeiter, Erfinder usw.

Aumüller (Walter), 6340*.
Balle (G.), 727*, 3484*, 4501*.
Banthien (Hans), 4195*.
Bauer (F.), 7591*.
Beniers (E.), 1612*.
Berlin (Ludwig), 3054*.
Berndt (Walter), 212*, 213*, 2073*, 4930*.
Besemann (F.), 727*, 4501*.
Bestian (H.), 928*, 1147*, 1413*, 2537*, 3266*, 4463*, 5660*, 6140*, 8530*, 8981*, 9209*.
Bestian (W.), 1376*, 3687*, 8737*.
Billig (K.), 8042*, 10574*.
Bockmühl (M.), 4167*, 7978*, 9199*.
Boedecker (Hermann), 929*.
Böker (R.), 2728*.
Bollinger (R.), 10654*.
Bredereck (H.), 7983*.
Bretschneider (Horst), 6864*.
Brodersen (R.), 2728*, 2777*.
Buhmann (A.), 7286*.
Coenen (M.), 8043*, 10638*, 11125*.
Cramer (G.), 8965*.
Daimler (K.), 2775*, 3707*, 4503*, 9452*.
Dönges (E.), 11114*.
Drerup (E.) 3737*.
Dürkes (K.), 1637*, 5205*.
Ehlers (G.), 2537*.
Ehrhart (G.), 161*, 416*, 3687*, 4167*, 5606*, 6340*, 6805*, 7499*, 7980*, 8737*, 8925*, 9199*, 9397*, 11254*.
Erbe (F.), 9644*, 10600*.
Fischer (Ernst) [Offenbach] 220*, 221*, 695*, 927*, 3001*, 5186*, 5207*, 6141*, 8037*, 8215*, 9455*, 9913*.
Frank (K.), 4179*.
Fritsch (W.), 5606*, 7503*, 10089*, 11254*.
Fuchs (Andreas), 3010*.
Fuchs (H. G.), 3921*.
Fuchs (S.), 2305*.
Gangl (K.), 10836*.
Graf (Roderich), 8965*, 8966*, 11094*, 11687*.
Gruschke (H.), 3282*, 8028*, 8965*.
Günther (Heinrich), 7765*.
Haede (W.), 5606*, 11254*.
Hahn (Helmut), 7765*.
Happe (W.), 461*, 2305*.
Hartmann (A.), 3035*, 10861*.
Hausmann (E.), 7765*.
Haussmann (H.), 3035*, 10861*.
Heim (Friedrich), 703*.
Heimke (P.), 3054*.
Heisel (P.), 7315*.
Hennig (I.), 7983*.
Herbst (F.), 8063*.
Herrmann (Walter), 2777*.
Heyna (J.), 928*, 3003*, 3734*, 5181*, 5660*, 6140*.
Horn (O.), 468*, 8262*.
Horner (L.), 3736*, 6392*, 9196*.
Horst (K.), 4486*, 6849*, 10654*.
Hübenett (F.), 6392*.
Huss (R.), 461*, 929*, 4939*, 6857*.
Jacobs (T.), 702*, 5873*.
Jellinek (K.), 1146*.
Karrenbauer (K.), 3266*, 9209*.
Kaufmann (Waldemar), 7286*, 7752*, 10600*.
Keppler (H.), 4486*.
Kern (Werner), 703*, 5912*, 8042*.
Kiesskalt (S.), 8297*, 9873*.
Kimpel (W.), 8043*.
Kirst (W.), 4939*, 4940*, 4941*.
Koch (Heinrich), 1655*.
König (J.), 10836*.
Kolb (Hans), 7315*.
Kolbe (E.), 7752*.
Kracker (H.), 2539*, 4940*, 4941*, 6856*.
Kränzlein (G.), 3734*.
Krieger (A.), 703*, 8042*.
Krohs (W.), 9397*.
Kruta (E.), 9873*.
Kühn (Heinrich), 211*.
Kühn (K.), 4166*.
Langbein (G.), 1612*, 2079*, 6626*, 7090*.
Leditschke (H.), 161*, 7980*.
Lindner (F.), 4166*.
Linke (W.), 9932*.
Löhe (K.), 6855*, 9449*.
Löwenfeld (R.), 6855*, 9449*.
Lorenz (V.), 3707*.
Luce (W.), 2302*, 8981*.
Mahler (Emil), 8262*.
Mattausch (J.), 8042*.
Mehnert (K.), 468*.
Monheim (J.), 9684*.
Morgenstern (G.), 2274*.
Müller (C. E.), 2078*.
Muris (F.), 927*, 6141*, 8037*, 9913*.
Nelles (J.), 4486*.
Nestelberger (F.), 928*.
Nüsslein (J.), 2078*, 8063*.
Oeppinger (H.), 8215*.
Orthner (L.), 230*, 727*, 2302*, 2795*, 3035*, 4486*, 4501*, 8043*, 8965*, 10861*, 10892*.
Osswald (P.), 4195*.
Ott (Heinrich), 416*.
Overbeck (H.), 5912*.
Patat (Franz), 9873*.
Peter (O.), 1582*.
Petri (H.), 2298*, 8262*.
Platz (C.), 4486*.
Probst (O.), 4930*.
Quednau (H.), 9873*.
Quint (F.), 1147*, 4463*, 10632*.
Rath (J.), 928*, 5660*, 6140*.
Reinshagen (H.), 10377*.
Reuber (R.), 10377*, 10892*.
Reuter (M.), 3484*.
Rieber (M.), 2795*.
Riemenschneider (W.), 5181*.
Riester (O.), 7591*.
Rossteutscher (F.), 10620*.
Runne (E.), 3737*.
Ruschig (H.), 161*, 3921*, 5606*, 6340*, 6805*, 8925*, 11254*.
Schacke (B.), 3054*.
Schaefer (A.), 5873*.
Schäfer (Gustav), 1147*, 3292*, 4463*, 10632*.
Scherer (H.), 7765*.
Scherer (O.), 211*, 2298*.
Schild (H.), 3484*.
Schimmelschmidt (K.), 2069*, 3735*, 8965*, 9932*.
Schlack (P.), 230*, 2076*, 9922*, 10871*, 11125*, 11713*.
Schmidt-Thomé (J.), 2258*, 5606*, 7503*, 10089*, 11254*.
Schmitt (R.), 221*, 4940*, 4941*.
Schneiders (J.), 10861*.
Schörning (L.), 8215*.
Scholz (J.), 7315*.
Schubert (Heinz), 8736*, 9621*.
Schürmann (M.-O.), 1413*, 4734*.
Schulz (G.), 727*, 4501*.
Schumacher (W.), 3003*, 3734*.
Sedlmayr (R.), 5429*.
Seidenfaden (W.), 220*, 221*.
Sieber (Heinrich), 3976*.
Siebert (A.), 461*, 6857*.
Sieglitz (A.), 2536*, 3054*.
Sinn (F.), 3737*.
Spietschka (E.), 3736*.
Starck (W.), 8042*.
Stauf (F. W.), 2979*.
Stein (Leonhard), 7978*.
Stöhr (H.), 9196*.
Ther (L.), 9397*.
Thomae (H.), 220*.
Vogt (Adolf), 727*, 4501*.
Wagner (Ernst), 7752*.
Wagner (Georg), 230*, 4716*, 8043*, 10638*.
Wagner (Hermann), 3035*, 8043*, 8965*, 10861*.
Weber (Gerhard), 7983*.
Weihe (A.), 1858*.
Weissert (J.), 461*, 6857*.
Wolfram (A.), 5912*.
Wüstefeld (A.), 1655*.
Wulff (O.), 1140*, 11464*.
Zitscher (A.), 1146*.

Fardig (O. B.) s. K a p l a n (M. A.).
Farenhorst (E.) s. K o o y m a n (E. C.).
Farfaletti-Casali (P.) s. A n t o n i a n i (Claudio).
Fargher (R. G.), Auftreten u. Verhinder. d. biol. Angriffs auf Textilcellulosefasern 959.
Fargier (A.) s. S o c. P r o g i l (Soc. An.).
Farias (L. V. de) u. Magalhães Neto (B.), Best. d. Ascorbinsäure in d. Mangaiba-Früchten 9929.
Faris (F. E.), Green jr. (L.) u. Smith (C. A.), Temp.-Abhängigk. d. Elastizitätsmoduln v. polykristallinem Graphit 8806.
Faris (J. P.) s. P e p p a r d (D. F.).
Fark (H.), Nachw. v. β- u. γ-Strahl. mit Zählrohren 6911.
Farkas (E.) s. C o p e (A. C.); S t e v e n s (C. L.).
Farkas (G.), Toxische Wrkg. v. Zucker auf d. Wurzeln d. Pflanzen. Zuckerantagonismen 3413. — s. G i m e s i (N.).
Farkas (P.), Anwend. v. Autoklaven mit Öldruckstopfbüchsen 1336.
Farley (F. J. M.), Nomogramm zur Berechn. v. Kern-Rkk. 11153.

Farley (R. W.) u. **McCurdy (R. J.)**, Schrott, Verfügbark., Beschaffenh. u. Verunreinig. 8482.
Farley (T. A.) s. Senftle (F. E.).
Farley (W. J.), Oxytetracyclin in d. Kinderheilkunde 9381.
Farlow (M. W.) s. Du Pont de Nemours (E. I.) & Co.
Farmaceutici Italia Soc. An., Darst. v. threo-1-p-Nitrophenyl-2-acylamino-1.3-propandiolen 3207* Oe. — threo-1-p-Nitrophenyl-2-amino-1.3-propandiol 4457* E.
—, **Vercellone (A.)** u. **Alberti (C. G.)**, threo-1-p-Nitrophenyl-2-acylamino-1.3-propandiole 5371* D. B. — threo-1-Phenyl-1.3-diacycloxy-2-aminopropanhydrochloride 5372* D. B.
Farmer (D. J.) s. Kochendorfer (D. B.).
— u. **Streib (J. F.)**, Ein-Quanten-Vernicht. v. Positronen 6204.
Farmer (E. C.) s. Berstein (I. A.).
Farmer (E. H.), **Ford (J. F.)** u. **Lyons (J. A.)**, Wechselwrkg. v. S u. S-Verbb. mit olefin. Substanzen. 7. Mitt. Tieftemperatursulfurier. v. Trialkyläthylenen mit H_2S u. mit einem S–Zn–Dithiocarbamat-Syst. 11555.
Farmer (H. H.) s. Rabjohn (N.).
Farmer (J. B.) u. **McDowell (C. A.)**, Oxydat. v. Aldehyden in d. Gasphase. 5. Mitt. Verzöger. d. Oxydat. v. Acetaldehyd durch Alkohole 2864.
—, **Henderson (I. H. S.)**, **McDowell (C. A.)** u. **Lossing (F. P.)**, Bindungsdissoziationsenergie Benzyl–Wasserstoff 3586.
Farmer (T. H.) s. Dedman (M. L.).
Farmer (T. W.), **Lanz (H.)**, **McCall (M. S.)**, **Morgan (C.)**, **Nicholl (W.)** u. **Clayton (R.)**, Verwend. v. radioakt. jodiertem Menschenserumalbumin als Tracersubstanz bei d. Unters. v. Gehirnstörr. 9817.
Farnam (F. D.) Co. u. **Kao (J. Y. L.)**, Herst. v. überzogenem faser. Material 7811* A.
Farnell (G. C.), Lichtstreuung in photograph. Emulsionsschichten 1891. — Änder. d. Gammas mit d. Wellenlänge im sichtbaren Gebiet 10423.
Farney (G. K.) s. Givin (H. H.).
Farney (L.) s. Haas (H. C.).
Farnham (A. G.) s. Union Carbide & Carbon Corp.
Farnham (G. S.) s. Scott (D. A.).
Farnsworth (A. G.) s. Rolls-Royce Ltd.
Farnsworth (H. E.) s. Allen (R. B.); Dillon jr. (J. A.); Wallis (G.).
Farnsworth (M.) u. **Pekola (J.)**, Best. v. geringen Mengen Sn mit Dithiol 2736.
Farooq (M. O.) s. Varshney (I. P.).
—, **Ahmad (M. S.)** u. **Malik (M. A.)**, Chem. Unters. d. Samenöls v. Sesbania aegyptica 5681.
— u. **Siddiqui (S.)**, Fett aus d. Samenkörnern v. Albizzia odoratissima Benth 479.
— u. **Varshney (I. P.)**, Öl aus d. Samenkörnern v. Albizzia lebbek Benth 479.
Farquhar (R. M.), **Palmer (G. H.)** u. **Aitken (K. L.)**, Vgl. d. Analysentechnik v. Pb-Isotopen 4752.
Farr (J. A.) s. Atlas Powder Co.
Farr (L. E.), **Sweet (W. H.)**, **Robertson (J. S.)**, **Foster (C. G.)**, **Locksley (H. B.)**, **Sutherland (D. L.)**, **Mendelsohn (M. L.)** u. **Stickley (E. E.)**, Neutroneneinfangtherapie mit B bei d. Behandl. v. Glioblastoma multiformis 841.
Farran (J.), Haftvermögen zwischen Schlackenzementen oder übersulfatierten Zementen u. umschlossenen Stoffen 2048.
Farrar (D. A. T.), Polymyxin B zur Behandl. v. Erkrankk. d. äußeren Ohres 4636.
Farrar (M. W.) s. Barkley (L. B.).
Farrar (W. V.), 8-Amino-6-methoxychinolin u. Derivv. d. 5.5'-Dichinolyls 2422. — Oxydat. einiger Chinazolinderivv. 2677.
Farrell (A.), Messen d. Widerstandsfähigk. gegen Abnutzung 7581.
Farrell (G. L.) s. Hirschmann (H.).
— u. **Richards (J. B.)**, Isolier. einer akt. Na zurückhaltenden Substanz aus adrenalvenösem Blut v. Hunden 3662.
Farren (A. L.) s. Raffauf (R. F.).
Farrer (J. O.) s. Lummus Co.
Farrer (T. W.), Feststell. d. Porosität v. Überzügen auf Eisenmetallen 4446.
Farrington (F.) s. Bleachers Association Ltd.
Farris jr. (C.) s. Krupp (P. J.).
Farris (R. W.) s. Owens-Corning Fiberglas Corp.
Farrow (H. L.) s. Phillips Petroleum Co.
Farský (L.), Fluidationsrinne, neues Verf. d. Materialbeförder. in d. chem. Industrie 4424. — Wärmeverwert. bei d. Calciumcarbidherst. 4428.
Farthing (A. C.), lin-Poly-p-xylylen. 1. Mitt. Zwischenprodd. u. Polymere v. niedr. Mol.-Gew. 9812. — s. Brown (C. J.); Imperial Chemical Industries Ltd.
— u. **Reynolds (R. J. W.)**, Synth. u. Eigg. eines neuen Polyäthers: Poly-3.3-bis-[chlormethyl]-1-oxabuten 4119.
Farthouat (J.-M.) s. Rigaudy (J.).
Farvis (W. E. J.) s. Pringle (D. H.).
Farwell (G. W.) s. Chamberlain (O.).
—, **Roberts (J. E.)** u. **Wahl (A. C.)**, Halbwertszeiten v. ^{240}Pu u. ^{239}Pu 10673.
— u. **Wegner (H. E.)**, Elast. Streuung v. α-Teilchen durch schwere Kerne 2824.
Fasciati (A.) s. Ciba Akt.-Ges.
Fasold (G. A.) s. Carey (P.) Mfg. Co.
Fassbender (H.), Banddickenmess. während d. Fertigungsprozesses ohne Berühr. d. Walzgutes 2062. — s. Krebs (H.).
Fassbender (H. G.) u. **Pippert (H.-K.)**, Allerg.-hypererg. Entzünd. v. Haut u. Gelenken unter d. Einfl. v. Hyaluronidase u. Rutin 3888.
Fassel (V. A.) s. Brehm (R. K.); Kniseley (R. N.); Margoshes (M.).
Fassell jr. (W. M.) s. McKewan (W.).
—, **Gulbransen (L. B.)**, **Lewis (John R.)** u. **Hamilton (J. H.)**, Zündtempp. v. Mg u. Mg-Legierr. 9505.
Fassina (Laure) u. **Fassina (Louis)**, Reinigungsmasse für Stadtgas 11130* F.
— u. **Fassina (Z.)**, Pflanzenschutzmittel 2057* F.
Fassina (Louis) s. Fassina (Laure).
Fassina (Z.) s. Fassina (Laure).
Fassio (E.) s. Baumel (J.).
Fasstow (N. S.), Abfall d. Koerzitivkraft v. gehärtetem C-armem Stahl bei Anlassen auf geringe Tempp. 9502. — Berechn. d. Energie d. Gitterverzerrungen 3. Art in Abhängigk. v. d. Verformungsgröße 11350.
Fast (J. D.), H-arme Schweißelektroden 2062. — Verformungsalter. in Fe u. Stahl 2619.
—, **Luteijn (A. I.)** u. **Overbosch (E.)**, Bereiten u. Gießen v. Metallen u. Legierr. im Hochvakuum 676.

Fastie (W. G.), Kleiner Plangittermonochromator 2031.—Abbildungseigg. d. Ebert-Monochromators 2031.
— u. **Sinton (W. M.)**, Mehrfache Beugung in d. Gitterspektroskopie 4892.
Fastier (F. N.) s. W o s k e (H.).
Fatejeva (N. I.) s. J u n g (W. N.).
Fateley (W. G.) u. **Lippincott (E. R.)**, Schwingungsspektr. u. Struktur d. Tropyliumions 4788.
Fatkulina (L. G.) s. U d o w e n k o (W. W.).
Fattachow (K. S.) s. Z w e t k o w (W. N.).
—, **Zwetkow (W. N.)** u. **Kallisstow (O. W.)**, Unters. v. Lsgg. v. Kettenpolymeren mittels Lichtstreuung. 1. Mitt. Allg. Teil 8169.
Fatterpaker (P.) s. L i t w a c k (G.).
—, **Marfatia (U.)** u. **Sreenivasan (A.)**, Einschränkende Wrkg. v. Formiat oder Methanol auf d. Verschlechterung d. Kreatinbldg. bei Folsäuremangel 7024.
Fau (J.) s. S i m o n i n (R.).
Faucher (J. A.) u. **Thomas (Henry C.)**, Adsorptionsunterss. an Tonmineralien. 4. Mitt. Syst. Montmorillonit–Cs–K 7156.
Fauconnier (O. M. J.), Haarfärbemittel 3506* F.
Faul (H.) s. T i t t l e (C. W.).
Faulkner (D.) s. D i s t i l l e r s C o. L t d.
Faulkner (E. A.) s. C r o f t (A. J.).
Faulkner (M. B.), **Watts (B. M.)** u. **Humm (H. J.)**, Enzymat. Dunkelwerden v. Garnelen 3271.
Faure (C.) u. **Rouanet (C.)**, Beständ. Färbb. auf Handschuhledern 495.
Fauris (M.), Ursprung d. kontinuierl. Emissionsspektr. d. Acetons 11184.
Fausek (A. J.) u. **Fausek (I. F.)**, Zerlegen d. Luft in Sauerstoff u. Stickstoff 3453* A.
Fausek (I. F.) s. F a u s e k (A. J.).
Fauser (D. L.) s. B a t t e l l e D e v e l o p m e n t C o r p.
Fauser (E. E.) s. G o o d y e a r T i r e & R u b b e r C o.; W i n g f o o t C o r p.
Fauske (S. C.) s. P h i l l i p s P e t r o l e u m C o.
Faust (C. L.) s. S c h i c k n e r (W. C.).
Faust (J. A.) s. B l i c k e (F. F.).
Faust (O.), 70 Jahre Chemie-Faserstoffe aus Cellulose. Ihre Pioniere u. Pfadfinder 1170.
Faust (W.) s. B a d i s c h e A n i l i n- & S o d a - F a b r i k A k t. - G e s.
Faust (W. R.) s. B e a c h (L. A.); E l l i o t (J. O.); S c h e r r e r (V. E.).
Fautrier (S.), Undurchlässigmachen v. Papier u. ähnl. Erzeugnissen 2564* F.
Fauvarque (F.), Röntgenograph. Best. v. Tetranatriumpyrophosphat in Natriumtripolyphosphat 2264.
Fauve (M.), Durch Leinöl verursachte Anstrichfehler 2787.
Fauvert (R.) s. M a l l a r m é (J.).
— u. **Nicollo (S.)**, Behandl. v. Schilddrüsenüberfunkt. mit radioakt. Jod (^{131}J) 6787.
Fauvet (E.), Megaphen z. Behandl. d. vorzeit. Lsg. d. n. sitzenden Placenta 7481.
Fava (A.) s. B u a (E.).
— u. **Iliceto (A.)**, Isotopenaustausch-Rkk. zwischen Kaliumthiocyanat u. organ. Thiocyanaten u. Isothiocyanaten 10214.
— u. **Salsilli (L.)**, Isotopenaustausch zwischen S u. Schwefelmonochlorid 10942.
Fava (E.) s. C i o c a t t o (E.).
Favarger (P.) s. B u e n s o d (M.).
— u. **Gerlach (Juliette)**, Fettsynth. im Fettgewebe d. Ratte 1764.
Favini (G.) s. S i m o n e t t a (M.).
Favre (H.) s. T h e u s (V.).
Fawaz (G.) u. **Hawa (E. S.)**, Phosphorkreatingeh. d. Herzmuskels v. Säugetieren 392.
Fawcett (D. M.) u. **Kirkwood (S.)**, Tyrosinjodinase 846.
—, **Kirkwood (S.)** u. **Taylor (Anne)**, Synth. v. organ. gebundenem J durch zellfreie Präpp. aus Schilddrüsengewebe 1071.
Fawcett (E. W.) s. I m p e r i a l C h e m i c a l I n d u s t r i e s L t d.
Fawcett (F. S.) s. D u P o n t d e N e m o u r s (E. I.) & C o.
Fawcett (J. S.) s. B a r n e s (C. S.); B r a u d e (E. A.).
Fawcett (R. W.) u. **Harris (J. O.)**, Chemie d. Humulens. 4. Mitt. 9809; 5. Mitt. 9810.
Fawkes (F. S. E.) s. M i l l s (J o s e p h F.).
Fawns (H. T.) u. **Aldridge (A. G. V.)**, Methämoglobinämie infolge d. Anwesenh. v. Nitrat u. Nitrit im Trinkwasser 5595.
Faworskaja (I. A.) u. **Fedorowa (L. W.)**, Homologe d. Monovinylacetylens. 3. Mitt. Cycl. Dienäther 2186.
Faworskaja (N. A.) s. T e r e n t j e w (A. P.).
Faworskaja (T. A.) u. **Jakowlew (I. P.)**, Unters. auf d. Gebiet tert. Alkohole mit Cyclobutylradikal. 3. Mitt. Rk. v. Äthylphenylcyclobutylcarbinol mit HCl- u. H_2SO_4 3607; 4. Mitt. Rk. v. Isopropylphenylcyclobutylcarbinol mit HCl u. H_2SO_4 11567.
— u. **Remisowa (L. A.)**, Synth. v. substituierten Cysteinen. 2. Mitt. Anwend. substituierter Hydantoine zur Gewinn. v. β,β-Diphenylcystein 3357.
— u. **Schtscherbinskaja (N. W.)**, Umwandlungsmechanismus tert. Alkohole d. Cyclopropanreihe unter d. Einfl. v. Mineralsäuren u. organ. Säuren. 1. Mitt. Rk. v. Dimethylcyclopropylcarbinol mit Ameisensäure 9996.
—, **Schtscherbinskaja (N. W.)** u. **Golowatschewa (J. S.)**, Umwandlungsmechanismus tert. Alkohole d. Cyclopropanreihe unter d. Einfl. v. Mineralsäuren u. organ. Säuren. 3. Mitt. Rk. v. Dimethylcyclopropylcarbinol, Methyläthylcyclopropylcarbinol u. Methylisopropylcyclopropylcarbinol 9996.
Faximile, Inc. u. **Clancy (R. F.)**, Elektrolyt. Registrierpapier 10412* A.
Fay (C.), Verminder. v. Rissen u. Verformungen, d. Erhöh. d. Zähigk. u. d. Erzeug. v. gleichmäßig gehärteten, dünnen stählernen Maschinenteilen durch Warmbadhärt. 4688.
Fay (H.), **Gottstein (K.)** u. **Hain (K.)**, Numer. Tabellen v. bei Kernemulsionsarbeiten häufig gebrauchten Beziehungen 5717.
Fayaud (A.), „Piperita" (italien. Mitcham) Pfefferminzöl u. „Crispa" Krauseminzöl in d. Valpadana 11107.
Fayez (M. A.), **Ragheb (M.)** u. **Amin (N.)**, Anwend. v. Langes Goldsol-Rk. in d. Körperfl. 2939.
Fazan (R.) s. G e r m a n o (A.).
Fazekas (I. G.), Wrkg. d. Leberextraktes v. Kaninchen mit hyptertroph. Nebennieren auf d. Lebensdauer v. adrenalektomierten Mäusen 3178. — Plötzl. Tod infolge d. durch d. Harnröhrenperforatt. in d. Blutkreislauf gelangten Röntgenbreies 3681. — Parenterale Anwend. v. $CuSO_4$ mit tödl. Ausgang 9384.
— u. **Geréb (T.)**, Tatsachen über d. histolog. Gehirnveränderr. u. ihren Ursprung bei CO-Vergiftt. 5126.
— u. **Rengei (B.)**, Reduktionswrkg. d. Knoblauchs hinsichtl. d. Blutalkoholunters. 1808.

Fazekas (J. F.) s. Albert (S. N.); Kleh (J.); Rea (E. L.).
Fazio (A. N.), Apogi (E.), Ascione (J.) u. Reich (A.), Anwend. v. Succinylcholinchlorid in kontinuierl. intravenöser Infus. zur Herbeiführ. v. Muskelrelaxat. 5592.
Fazio (C. A. De) s. Purlee (E. L.).
Feagin (R. C.) s. Allgemeine Electricitäts-Gesellschaft.
Fear (E. D.) s. De-Raef Corp.
Fearing (R. B.) u. Fox (S. W.), Stark bas. Derivv. v. (+)- u. (—)-1-Oxy-2-aminobutan 69.
Fearn jr. (G. A.) u. Tessin (W.), Einfl. v. H_2SO_4 auf d. Taupunkt v. Verbrennungsgasen 2108.
Fearn (H. J.) u. Hodges (J. R.), Synergist. Wrkg. v. Amylobarbitan, Natrium u. Äthanol 2479.
Fearnside (K.), Applied atomic energy [3298]. — Radioakt. Isotope; Anwendd. in d. Metallindustrie 10851.
Feasley (C. F.) s. Socony-Vacuum Oil Co., Inc.
Feaster (J. P.) s. Shirley (R. L.).
—, Hansard (S. L.), McCall (J. T.), Skipper (F. H.) u. Davis (G. K.), Resorpt. u. Verteil. v. Radiozink in Geweben v. jungen Ochsen 7486.
Feather (N.), α-Aktivitäten d. beiden „langlebigen" Zustände v. ^{211}Po 10189. — Sargent-Diagramm für K-Elektroneneinfang 10435.
Featherstone (J.) s. Osborne (A. D.).
Featherstone (R. M.) s. Dietrich (E. V.); Levy (L.).
Feazel (C. E.) s. Berl (W. G.).
Fechner (M. W.) s. Besborodow (M. A.).
Fechner (P. U.) s. Muntau (E.).
Fechter (H. G.) s. Arvey Corp.
Feder (N.) s. Schneiderman (H. A.).
Federal-Mogul Corp., LeBrasse (G. J.) u. Francis (H. E.), Cu-Pb-Legierr. 5172* E.
Federal Telecommunication Laboratories, Inc. u. Warner (A. J.), Umhüllungs-M. für Hochfrequenzkabel 6820* A.
—, Warner (A. J.) u. Gobat (A. R.), Mg-Ag-Halogen-Primärbatterie 9643* A.
Federativna Narodna Republika Jugoslavija Savet za energetiku i ekstraktivnu industriju Vlade F. N. R. J., Gewinn. v. Koks aus an sich nicht verkokenden Kohlen 2339* Oe., 6173* D. B.
Federativna Narodna Republika Jugoslavija-Savet za gradjevinske poslove Vlade FNRJ, Leichtbauplatten 2514* D. B.
Federico (L.) s. Antoniani (Carlo); Antoniani (Claudio).
Federico (P.), Enrico (C.) u. Sergio (P.), Wrkg. d. N-Lostderivv. auf d. peripheren Leukocyten 8882.
Federighi (T.) s. Luft (G.).
Federkiel (W.) s. Badische Anilin- & Soda-Fabrik Akt.-Ges.; Eisele (J.).
Federlin (P.) s. Kirrmann (A.).
Fedjukin (D. L.) s. Gul (W. J.).
Fedock (M. P.), Schmelzverf. u. Haltbark. d. feuerfesten Ausmauerung bas. Lichtbogenöfen 4920.
Fedor (E. J.) s. Swingle (W. W.).
Fedora (P.) s. Wallace (J. R.).
Fedorenko (N. W.), Magnet. Analyse positiver *5—30* keV-Ionenbündel nach Durchgang durch verd. Gase 2362. — Zus. d. beim Durchgang eines Ionenstrahls durch ein Gas entstehenden langsamen Ionen 10676. — Energieverluste positiver Ionen bei einfacher Streuung in Gasen unter kleinen Winkeln 10676. — Ionisat. v. Gasatomen u. Umlad. einfach geladener Ionen bei Energien v. *5—30* keV 11501.
Fedorenko (T. P.) s. Karischin (A. P.).
Fedorischtschew (T.) s. Tischtschenko (D.).
Fedorow (J. A.), Verwend. v. nichtrostendem Stahl in d. Essigsäureindustrie 918. — Verwend. v. Rohren aus Vinylplasten in d. Essigsäureindustrie 3526.
Fedorow (M. W.), Chemismus d. Atmungsprozesse. 1. Mitt. 1070; 2. Mitt. Chemismus d. aeroben Atmung 4371. — Übergang v. Azotobacter in d. Ruhephase bei Dauerkultur auf Medien mit energieliefernden Stoffen 7469.
— u. Bondarenko (G. K.), Einfl. v. Nitraten u. Nitriten auf d. Gasbildungsaktivität v. Bact. coli u. d. Mengen anderer Gärungsprodd. 7805.
— u. Koslow (I. W.), Stickstoffbindungsaktivität d. Knöllchenbakterien in d. Knöllchen d. Soja während verschied. Entwicklungsphasen d. Pflanze 3172. — Bedeut. d. physiol. Zustandes d. Bohnenpflanze für d. Bldg. d. Knöllchen u. d. Aufnahme v. mol. N_2 durch d. Knöllchenbakterien 3893. — Einfl. v. Stickstoffverbb. auf d. stickstoffbindende Aktivität v. Knöllchenbakterien in d. Knöllchen v. Sojabohnen u. gewöhnl. Bohnen u. d. Beziehh. zwischen ihnen u. d. Leguminosen 8240.
— u. Nepomilujew (W. F.), Verbreit. u. stickstoffbindende Aktivität v. Azotobacter in podsolhalt. Böden unter mehrjähr. Gräsern u. nach Umbruch d. Narbe 7299.
— u. Smirnowa (W. I.), Mikrobiol. Aktivität d. illuvialen Horizontes 8241.
— u. Switytsch (K. A.), Spezifität d. Knöllchenbakterienrassen d. Lupine 6314.
— u. Usspenskaja (T. A.), Fixier. d. N d. Atmosphäre durch reine Kulturen d. Knöllchenbakterien v. Bohne, Soja u. Klee 10293.
Fedorow (N. A.) u. Lwowa (W. W.), Stickstoffumsatz beim Hund während d. langwährenden Eiweißhungers u. einer intravenösen Ernähr. mit Eiweißhydrolysat, d. Präp. 76 8429.
Fedorow (N. D.), Behandl. mit Phthivazid bei Streptomycinresistenten Formen d. Tuberkulose d. oberen Atmungswege 5591.
Fedorow (W.) s. Alichanjan (A. I.).
Fedorow (W. K.), Einfl. v. Coffein auf d. höhere Nerventätigk. bei Mäusen. 2. Mitt. Lang währende Anwend. mittlerer Dosen v. Coffein 10794.
Fedorow (W. L.) s. Malyschew (G. M.).
Fedorow (W. N.) s. Schulman (A. R.).
Fedorowa (A. D.) s. Kapitza (L. M.).
Fedorowa (I. N.), Unters. d. Intoxikat. d. Weizens durch Oktamethyl zum Schutz gegen Eurygaster integriceps Put 3656.
Fedorowa (J. N.) s. Awgusstinik (A. I.).
Fedorowa (L. I.) s. Nikolajew II (A. W.).
Fedorowa (L. W.) s. Faworskaja (I. A.).
Fedorowa (N. E.) = Fedorowa (N. J.).
Fedorowa (N. J.) u. Burlakowa (A. N.), Verdickungsmittel mit Kieselsäure-Gel 3765. — Verdickungen mit Kieselsäuregel 8738.
— u. Scheludjakowa (J. I.), Neutralisat. v. Diazolsgg. mit Kreide 2781, 7323. — Darst. stabiler Diazoniumverbb. 7791.

Fedorowa (O. N.) s. Arbusow (B. A.).
Fedorowa (O. S.), Best. v. Instabilitätskonstanten v. Metallkomplexverbb. mit Thioharnstoff nach d. polarograph. Meth. 1. Mitt. Pb u. Cd **8570**.
Fedorowa (W. N.) s. Balachowski (S. D.).
Fedorowskaja (N. P.) s. Titow (N. G.).
Fedossejew (P. N.) u. **Lagoschnaja (R. M.)**, Best. v. S in organ. Substanzen u. Brennstoffen in Ggw. eines Chromoxyd-Katalysators **4898**.
Fedossejewa (A. I.) s. Neiman (M. B.).
Fedossowa (W. M.) u. **Magidsson (O. J.)**, Alkaminester d. β-[4-Oxyphenyl]-α-phenylpropionsäure **82**.
Fedotow (N. A.), Best. d. Kapazität d. Hg-Kathode aus Potentialmessungen nach d. Ausschalten d. polarisierenden Stromes **1678**.
Fedotow (N. P.), Behandl. v. Wunden mit einer aromat. Emuls. d. äther. Corianderöls **7252**.
Fedotow (W. S.) s. Kriger (N. I.).
Fedotowa (J. I.) s. Rasuwajew (G. A.).
Fedotowa (O. J.) s. Lossew (I. P.).
Fedotowa (W. A.) s. Trapesnikow (A. A.).
Feduska (A.) s. Corbett (R. B.).
Feenberg (E.), Shell theory of the nucleus [9495]. — s. Bolsterli (M.); Davidson (J. P.).
Feeney (R. E.) s. MacDonnell (L. R.).
—, **Silva (R. B.)** u. **MacDonnell (L. R.)**, Chemismus d. Eizers. in d. Schale. Zers. getrennter Bestandteile **1867**.
Feeny (H.) s. Trambarulo (R.).
—, **Lackner (H.)**, **Moser (P.)** u. **Smith (W. V.)**, Druckverbreiter. v. linearen Moll. 1. Mitt. **980**.
Fees (E.) s. Rath (Hermann).
Fefer (A. S.) u. **Ssokolow (G. D.)**, Argillite, ein neuer Rohstoff zur Herst. v. Baumaterialien. Russ. [2753].
Fegeler (F.) u. **Beckmann (R.)**, Vitamin-E-Geh. im Serum bei verschiedenen Hautkrankheiten mit Bemerkk. über d. Wirkungsmechanismus u. d. klin. Anwend. d. Vitamins E **9836**.
Fegley (M. F.) s. Croxall (W. J.); Rohm & Haas Co.
Fegley (V. W.) s. Rohm & Haas Co.
Fehér (F.) u. **Baudler (M.)**, Chemie d. S. 11. Mitt. Höhere Schwefelchloride d. Zus. S_xCl_2 **4780**.
— u. **Berthold (H. J.)**, Chemie d. S. 10. Mitt. Langkett. Glieder d. Schwefelwasserstoffreihe H_2S_x **4779**; 13. Mitt. Titrimetr. Best. reiner Alkalipolysulfide **886**.
—, **Laue (W.)** u. **Kraemer (J.)**, Chemie d. S. 12. Mitt. Darst. v. Schwefelölen S_xH_2 u. S_xCl_2 mit wählbarer mittlerer Kettenlänge **6935**.
— u. **Weber (Helmut)**, Darst. höherer Pseudohalogensulfane **7393**.
Feher (G.) u. **Griswold (T. W.)**, Elektron-Spin-Resonanzabsorpt. in kompaktem u. dispersem Li u. Na **514**.
Fehér (I.) u. **Halmi (G.)**, Kunstleder **5226**.
Fehér (Ö.) s. Gerecs (Á.).
Fehmers (G. A.) s. Strengers (T.).
Fehnel (E. A.), Ster. Effekte in den UV-Absorptionsspektren d. 2.4.6-Trimethylbenzoesäure u. ihres Methylesters **10225**.
— u. **Carmack (M.)**, UV-Absorptionsspektren v. Organoschwefelverbb. 4. Mitt. Substituierte Phenylsulfone **10224**.
Fehnel (E. A.) u. **Oppenlander (G. C.)**, Thiapyranderivv. 4. Mitt. Symm. 2.6-disubstituierte Tetrahydrothiapyrane u. 1.1-Diaxyde **3142**.
Fehr (K.), Auswaschen v. prakt. wasserunlösl. Begleitstoffen aus Gasen, bes. Bzl. u. Naphthalin aus Destillationsgasen **6175*** D. B. — Baktericid u. fungicid wirkende Anstrich- u. Imprägnierungsmittel für Holz, Metalle, Faser- u. a. Baustoffe **7328*** D. B.
Fehr (K. L. A.) s. Robinson (F. A.).
Feichtinger (H.) s. Ruhrchemie Akt.-Ges.
Feick (G.), Dissoziationsdruck u. Freie Bildungsenergie v. Ammoniumnitrat **5728**.
— u. **Hainer (R. M.)**, Therm. Zers. v. Ammoniumnitrat. Rk.-Tempp. im Gleichgewichtszustand u. Rk.-Geschwindigkeiten **5728**.
Feierstein (H. E.), Heiße Zellen zur Radiumverarbeit. **10579**.
Feigelsson (J. M.), Absorptionseigg. v. W.-Dampf u. CO_2 in d. Atmosphäre **11334**.
Feigenbaum (S.), Warmwalzverf. v. durch Mangansulfid aufgeschwefelten Automatenstählen **1134**.
Feigl (F.), Spot tests. Vol II: organic applications [1111]. — Entw., Stand u. Aussichten d. organ. Tüpfelanalyse **9403**. — O. Baudisch **9945**.
— u. **Feigl (H. E.)**, Nachw. prim., sek. u. tert. Amine mit geschmolzenem KCNS **176**. — Selektive Nachweise v. Ephedin u. Adrenalin durch Tropfen-Rkk. **8223**.
— u. **Gentil (V.)**, Neue Anwendd. v. Rkk. mit Natriumrhodizonat in d. Tüpfelanalyse **9866**.
Feigl (H. E.) s. Feigl (F.).
Feijó (A. H. da S.) = Silveira Feijó (A. H. da).
Feild (A. L.), Chromitherde in Elektrostahlöfen **4921**. — s. Armco Steel Corp.; Barth (W. J.).
Feild (G. B.) s. Hercules Powder Co.
Feild jr. (T. A.) s. Carbide & Carbon Chemicals Corp.
—, **Setterstrom (C. A.)** u. **Davisson (C. W.)**, Dynel „Inner Structure" **8290**.
Feiler (P.) s. Badische Anilin- & Soda-Fabrik Akt.-Ges.
Fein (M. L.) s. United States of America.
Feinberg (H.) s. Baker (Nome).
Feinberg (J. L.), Zusammenstoß v. schnellen Nucleonen mit Kernen **11487**. — s. Dorman (L. I.); Pomerantschuk (I. J.).
— u. **Tschernawski (D. S.)**, Wirkungsquerschnitt ultraschneller Nucleonen **3547**.
Feinberg (S. M.) s. Rebhun (J.).
— u. **Malkiel (S.)**, Schutzwrkg. v. Cortison auf d. bei Meerschweinchen hervorgerufene Asthma **9368**.
Feinen (F. J.), Wrkg. v. Cytochrom c bei d. Narkose u. verschied. O-Mangelzuständen **8436**.
— u. **Keil (E.)** [Düsseldorf], Wrkg. d. Narkotica auf d. Glykolyse **3431**.
Feiner (F.) s. Blaser (J.).
Feingold (A.), Einfl. v. Disulfiram auf d. Blutdruckbeeinfluss. durch Sympathicomimetica, Histamin u. Acetylcholin **4394**.
Feingold (A. M.) s. Lyons (D. H.).
Feinleib (M.) s. Colner (W. H.).
Feinpapierfabrik F. Schoeller jr. G. m. b. H. u. **Mayer (H. T.)**, Flüssigkeitsdichtes Photopapier **497*** D. B.

Feinsilver (L.) u. **Oberst (F. W.)**, Mikrobest. v. Chlorpikrindampf in Luft 2263.
Feinstein (A. R.), Bethard (W. F.) u. **McCarthy (J. D.)**, Methode unter Verwend. v. Radioeisen zur Best. d. Eisenbindungskapazität v. menschl. Serum 2465.
Feinstein (B.) u. **Libet (B.)**, Nervenblockade mit Mephenesin 633.
Feinstein (L.), Neue Rk. u. neuer Farbtest für Allethrin u. Pyrethrine 912.
Feinstein (M.) s. Zerban (F. W.).
Feinstein (R. N.), Wrkg. v. Bestrahl. u. verschied. Reagentien auf d. Viscosität v. Nucleoproteidlsgg. 1986.
— u. **Butler (C. L.)**, Wrkg. einer Gesamtkörperröntgenbestrahl. auf d. Rattenintestinum u. intestinales Nucleoprotein 8666.
Feinstone (W. H.) s. Nepera Chemical Co., Inc.
Feischl (O.) s. Lihl (F.).
Feist (W.) s. Ruhrchemie Akt.-Ges.
Feitknecht (W.) s. Buser (W.).
— u. **Hugi-Carmes (L.)**, Hydroxychromate. 1. Mitt. Hydroxychromate d. Zn. 30. Mitt. Hydroxyde u. bas. Salze 5741; Hydroxychromate. 2. Mitt. Bau d. Zinkhydroxychromate 5741.
Fejes (P.), Gárdos (G.) u. **Kalló (D.)**, Synth. u. Prüf. d. Erstarrungspunkterniedriger 2337.
Fekete (J.) s. Aktiebolaget Ferrosan.
Fekete (L.) u. **Korpáczy (I.)**, Dynamismus d. Eiweißsynth. bei Serumregenerationsunterss. 8664.
Fekete (László), Neue Nomogramme zur Best. d. spezif. Widerstandes d. bei d. Cu-Elektrolyse angewandten Elektrolyte 2992.
Fekete (S.), Bedeut. d. Mucopolysaccharide in d. Pathogenese d. Schwangerschaftstoxämien 146.
Feklissow (G. I.), Anwend. v. Lithiumaluminiumhydrid für Mikrosynthesen mit markiertem C 8355. — s. Neiman (M. B.).
Felber (G. W.), N-Düng.; Einfl. d. zeitl. Anwend. auf Traubenertrag, Mostqualität u. Holzreife 195.
Felbert (H. v.) s. Winnacker (K.).
Feld (B. T.), Kernphysik hoher Energie 4270. — Von d. π-Mesonenerzeug. herrührende Nucleonenpolarisat. 9243.
Feldberg (W.) u. **Mongar (J. L.)**, Vgl. d. Histaminabspalt. durch Verb. *48/80* u. Octylamin in durchströmten Geweben 5118.
Feldkamp (R. F.), s. Sterling Drug, Inc.
— u. **Tullar (B. F.)**, 3-Methylthiophen 6509.
Feldman (A. W.) s. Bartlett (F. A.) Tree Expert Co.
Feldman (C.), Dünne Schichten v. $BaTiO_3$ 5000.
Feldman (David), Einschlüsse v. Lorentz-Invarianz für d. Streuung v. Teilchen mit d. Spin *1/2* 2122. — Invariante Formen d. Nucleon-Nucleon-Wechselwrkg. 5945.
Feldman (Donald) s. Koenig (Harold).
Feldman (G.), Antiprotonerzeug. 9244.
Feldman (H. A.) s. Bernstein (S. H.).
Feldman (I.) u. **Havill (J. R.)**, Spektrophotometr. Unterss. d. Uranyllactat-, Uranylmalat- u. Uranyltartratsysteme in saurer Lsg. 1438.
—, **Havill (J. R.)** u. **Neuman (W. F.)**, Zustand v. Be im Blutplasma 10788.
—, **Toribara (T. Y.), Havill (J. R.)** u. **Neuman (W. F.)**, Syst. Be-Citrat. 2. Mitt. Unterss. mit Ionenaustauschern 9751.
Feldman (I. C.) u. **Sitzer (A. I.)**, Synth. v. 1.1.1-Trichlor-p.p'-diaminodiphenyläthan u. seinen Derivv. 1723.
Feldman (I. C.) u. **Ssimeonow (A. A.)**, Thiosemicarbazone v. Aldehyden u. Ketonen. 3. Mitt. Thiosemicarbazone v. Methylketonen aus 3-Acetaminophenol 11375.
Feldman (J.) s. Cantoni (A.); Orchin (M.).
Feldman (L.), Schaefer (G. L.), Goldstein (S. E.) u. **Forman (I. M.)**, Bis-oxycumarin-(Dicumarol)-Therapie bei Myocardinfarkt 7031.
Feldman (M. P.) s. Cook (E. R.).
Feldman (R. I.), Einfl. plastifizierender Zusätze auf d. mechan. Eigg. v. Polyvinylchlorid 9453.
Feldmann (E. G.) s. Foye (W. O.).
Feldmann (K.) s. Goubeau (J.).
Feldmann (K. A.) s. Knapsack-Griesheim Akt.-Ges.
Feldmann (Wilhelm) s. Siemens-Schuckertwerke Akt.-Ges.
Feldmann (Willi) s. Vereinigte Leichtmetall-Werke G. m. b. H.
Feldmann (W. L.) s. Tanenbaum (M.).
Feldmühle Papier- & Zellstoff-Werke Akt.-Ges. u. **Schröter (G.-A.)**, Sicherheitspapier 250* D. B.
Feldon (M.) s. Laundrie (W. R.).
— u. **McCann (R. F.)**, Einfl. d. Anfangstemp. auf d. kontinuierl. Emulsionspolymerisat. 4366.
—, **McKennon (F. L.)** u. **Lawrence (R. V.)**, Maleopimarsäureäthylesterseife als Emulgator bei GRS-Polymerisatt. 833.
Feldstein (H. H.), Berechn. d. Leist. v. Diffuseuren in Zuckerfabriken 2320.
Feldt (A.) s. Schering Akt.-Ges.
Feldthusen (U.) u. **Lassen (N. A.)**, Serumeisen nach Coronarocclusion u. traumat. Schädigungen 5350.
Feldtkeller (R.), Formänder. d. Hystereseschleife v. Transformatorenblech beim magnet. Kriechen 1444.
— u. **Sorgen (G.)**, Jordan-Nachwrkg. in ferromagnet. Blechen 8090.
Felice (F. de), Bedeut. d. Beziehungen d. Vitamine untereinander. 1. Mitt. Geh. an L-Ascorbin- u. Dehydro-L-ascorbinsäure in einigen Organen v. Vitamin C-Mangelmäusen, d. mit Thiamin, Biotin oder p-Aminobenzoesäure behandelt wurden 11615.
Felio (H. G.) u. **Brown (C. O.)**, Verf. für Ammonnitrat 3459.
Felisati (D.) s. Scevola (M. E.).
— u. **Scevola (M. E.)**, Bronchopulmonale Veränderr. nach endotrachealer Verabfolg. v. Trypsin u. antitrypt. Aktivität d. Lunge 1535.
Felisstowitsch (G. I.) s. Beijer (W. A.).
Felix, Neue Methoden d. Fettraffinat. 6878.
Felix (F.) s. Gesellschaft für Chemische Industrie in Basel.
Felix (K.), Hormone d. Nebennierenrinde, ihre Bldg. u. ihr weiteres Schicksal 7243.
— u. **Krekels (A.)**, Trenn. v. Dinitrophenylaminosäuren in d. Papierchromatographie 889.
Felix (W.), Zerstörungsfreie Werkstoffprüf. mit Ultraschall 4923.
Felkin (H.), Darst. v. prim. verzweigten Alkylhalogeniden $RR'CHCH_2X$ durch Pyrolyse d. Hydrohalogenide v. Iminoäthern 10242. — s. Elphimoff-Felkin (I.).
Fell (C.), Ivanovic (N.), Johnson (S. A.) u. **Seegers (W. H.)**, Unterschiedl. Wrkgg. d. Plasmaantithrombins 1312.

Fell (E. T.) s. Stevensons (Dyers) Ltd.
Fell (G.) s. Flatt (R.).
Fell (H. B.) s. Allsopp (C. B.).
Fell (K. R.) s. Beckett (A. H.).
Fell (R. V.) u. **Stephenson (E. L.)**, Wrkg. v. injiziertem u. oral verfüttertem Penicillin u. Penicillamin auf d. Kükenwachstum 7481.
Feller (D. D.), Stoffwechsel v. Fettgewebe. 1. Mitt. Einbau v. Acetatkohlenstoff in d. Lipide durch Schnitte v. Fettgewebe 1764.
Feller (K.) s. Anders (E.).
Feller (K.) [Leipzig], Gasstoffwechselverss. mit einigen Phenothiazinkörpern 9842.
Fellers (C. R.) s. Blue Channel Corp; Lopez (A.).
Fellinger (K.), Mittel d. medikamentösen Behandl. d. Hochdrucks 8203. — s. Braunsteiner (H.).
Felloni (L.) s. Cavallaro (L.).
Fellowes (K. P.) s. Berry (W. K.).
Fellows (E. J.) s. Cook (L.).
Fellows (J. A.) s. Avery (H. S.).
Fellows Medical Co., Inc. u. **Meyer (A. E.)**, Gallensäurecholinsalze 7500* A.
Fels (I. G.), **Simpson (M. E.)** u. **Evans (H. M.)**, Wrkg. v. Mg-Ionen auf d. alkal. Phosphataseaktivität in d. Schilddrüse hypophysektomierter Ratten 7697.
Felsenfeld (G.), Verfeiner. d. Paulingschen Theorie d. Ferromagnetismus 9963.
Felsher (A. R.) s. Koch (R. B.).
Felten & Guilleaume Carlswerk Akt.-Ges., Magnetkern 6589* F.
— u. **Emmerich (E.)**, Kabelmäntel 11088* D. B.
—, **Leilich (K.)** u. **Leuchs (O.)**, Überzugs- oder Trennschicht 6820* D. B.
Feltham (R.) s. Willard (H. H.).
Felton (D. G. I.), Rkk. d. Cyanessigsäureäthylesters 9302. — s. Clemo (G. R.).
—, **Osdene (T. S.)** u. **Timmis (G. M.)**, Synth. v. Verbb. mit potentieller Antifolsäureaktivität. 2. Mitt. 5.7.9.10-Tetraaza-1.2-benzanthracen u. verwandte Verbb. 9804.
Felton (H. R.) s. Grillot (G. F.).
Felton (S.) s. Gutmann (N.).
Felts (J.) s. Beal (J. M.).
Feltzin (J.), **Restaino (A. J.)** u. **Mesrobian (R. B.)**, Kinetik d. katalyt. Zers. v. Diazo-KW-stoffen 6719.
Fenchel (W.), Sedimentpetrograph. Unterss. im Rotliegenden auf d. Südostflanke d. Pfälzer Sattels 9755.
Fendler (H.) u. **Fendler (H. G.)**, Füllstandmess. mit radioakt. Isotopen 510.
Fendler (H. G.) s. Fendler (H.).
—, **Husmann (W.)** u. **Stuart (H. A.)**, Temperaturabhängigk. d. mol. Streulichtes v. Lsgg. mit Fadenmoll. 9345.
Fenech (G.) u. **Tommasini (A.)**, Colorimetr. Meth. zur Harnstoff-Best. 178. — Synth. einiger Furfurolderivv. 8374.
Feng (P. Yen-hsiung) u. **Kennedy (J. W.)**, Elektr. u. chem. Wrkgg. d. β-Bestrahl. v. Polystyrol 7455.
Feng (Y. S. L.) s. Meites (J.).
Fenicio (H.), p-Aminosalicylsäure u. Tuberkulose 6559.
Fenn (A. P.), Geschichte d. Gußherst. v. Al-Legierr. 6122. — s. Birmingham Aluminium Carting (*1903*) Co. Ltd.
Fenn (J. E.) s. Oxy-Dry Sprayer Corp.
Fenn (W. O.) s. Gerschman (R.).
Fennell (F. L.) s. Du Pont de Nemours (E. I.) & Co.
Fennell (R. A.) u. **Marzke (F. O.)**, Beziehh. zwischen Vitaminen, anorgan. Salzen u. d. histochem. Charakteristik v. Tetrahymena geleii W. 3890.
Fenner (A. J.) s. Phillips (C. E.).
Fenninger (L. D.) u. **Mider (G. B.)**, Energie- u. Stickstoffstoffwechsel bei Krebs 1065.
Fenouil s. Brouet (G.).
Fenske (M. R.) s. Booser (E. R.); Standard Oil Development Co.
Fentiman (W. P.), **Lynam (E. R.)** u. **Imperial Chemical Industries Ltd.**, Cu-Legierr. 5171* E.
Fenton (A. H.), Löslichk. v. Campher in wss. Alkohol 3591. — s. Armstrong (J.).
Fenton (F.) s. Wu (C. H.).
Fenton (J. C. B.) s. Goldberg (A.).
Fenton (P. F.) u. **Dickson (H. M.)**, Veränderr. gastrointestinaler Funktt. nach Röntgenbestrahl. 9376.
Fenton (S. W.) s. Parham (W. E.).
—, **Wald (A. E. De)** u. **Arnold (R. T.)**, Ster. Effekt v. Methylengruppen. 7. Mitt. 11204.
Fényes (I.), Axiomat. Begründ. d. Thermodynamik. 1. Mitt. Axiomat. Deut. d. Begriffes „Intensitätsparameter“ 1447. — Divergenzproblem d. W.K.B.-Meth. 7134.
Feofilaktow (W. W.) u. **Alexejewa (L. D.)**, Charakteristik d. Geh. an Alkaloiden bei Delphinium elatum L. 1977.
Feofilow (P. P.), Anisotropie d. Emiss. v. Farbzentren in Kristallen d. kub. Syngonie 3795. — Anisotrope photochem. Umwandll. d. Farbzentren in Ionenkristallen 11334.
Ferber (J. A.), Bewegg. metall. Probekörper d. Größenordn. 10^{-4} bis 10^{-5} cm im homogenen magnet. Feld eines Permanentmagneten unter zeitweil. Lichtausschluß; magnet. Burst 9027.
Ferber (K. H.), Farbe 9911.
Ferdinand (T. N.) s. Eliel (E. L.).
Ferdman (D. L.), Entw. d. Biochemie in d. Ukraine 9485. — s. Netschiporenko (S. J.).
Ferenbach (H.) s. Hand (G.).
Ferenczy (M.), Best. d. Fe-Geh. v. künstl. Korund 5613.
Ferentz (M.), **Gell-Mann (M.)** u. **Pines (D.)**, Riesen-Kerndiprolresonanz 4269.
Fergus (I. F.), Bedeut. d. Mn für d. Pflanzenwachstum 2052.
Ferguson (A. J.) s. Gove (H. E.).
— u. **Montague (J. H.)**, Neutronenaktivier. v. ^{22}Ne u. ^{15}N u. ein Vers. zum Nachw. v. Dineutronen in einem Reaktor 10911.
Ferguson (A. L.) u. **Turner (D. R.)**, Depolarisationseffekte nach d. Umpolen an Ag-Anoden u. -Kathoden 9260.
Ferguson (A. T. G.) s. Lewis (G. M.).
— u. **Lewis (G. M.)**, Vernicht. v. Positronen in Festkörpern 1195.
Ferguson (C.) s. Dick (D. R.).
Ferguson (C. N.) s. Arvey Corp.
Ferguson (D. H.) s. Wood jr. (J. E.).
Ferguson jr. (E. A.), Salbe gegen Juckreiz 4162* A. — Nasentropfen 4653* A. — Mittel gegen Hungergefühl 9628* A.
Ferguson (G. A.), **Halpern (J.)** [Philadelphia], **Nathans (R.)** u. **Yergin (P. F.)**, Photoneutronenquerschnitte in He, N, O, F, Ne u. Ar 4270, 9491.
Ferguson (G. R.), u. **Alexander (C. C.)**, System. Insekticide. Heterocycl. Carbamate mit systeminsekticider Wrkg. 910.

Ferguson (H. C.) u. **Edwards (L. D.)**, Pharmakol. Unters. eines kristallinen Glykosids aus Caulophyllum thalictroides 5836.
Ferguson (H. R.) s. Reconstruction Finance Corp.
Ferguson (J.), **Iredale (T.)** u. **Taylor (J. A.)**, Phosphorescenzspektren v. Naphthalin u. einigen einfachen Derivv. 1231.
— u. **Werner (R. L.)**, Infrarotspektren d. Monohalogennaphthaline 3586.
Ferguson (J. A.), Techn. Tone d. Brisbane-Ipswich-Gebiets in Queensland, Geologie, Mineralogie u. Anwend. in d. Keramik u. a. Industrien 7294.
Ferguson (J. H.), **Andrews (G. A.)** u. **Brucer (M.)**, Blutgerinnungsunterss. an Hunden nach interner Bestrahl. mit Radiogold 8430.
Ferguson (J. H. L.), Alkoholinjektt. zur Behandl. d. Pruritus ani 10078.
Ferguson (J. K. W.) u. **Bell (R. G.)**, Alcodial, neues Gerät zur schnellen Ermittl. d. Blutalkoholkonz. 5617.
Ferguson (L. N.), Orientier. d. Substitut. am Benzolkern 5035. — Orientier. u. Mechanismus elektrophiler aromat. Substitut. 8587.
—, **Garner (A. Y.)** u. **Mack (J. L.)**, Bromier. v. Halogenbenzolen 60.
Ferguson (M. E.) s. Buchanan (D. J.).
Ferguson (R. C.), **Voter (R. C.)** u. **Banks (C. V.)**, 1.2-Cycloheptandiondioxim als ein mikrogravimetr. Reagens für Ni 9403.
Ferguson (R. E.) s. Matlack (G. M.).
—, **Guth (E. D.)** u. **Eyring (LeR.)**, Praseodymoxyde. 1. Mitt. Phasenunters. durch Messungen d. Dissoziationsdrucke 4062.
Ferguson (T. W.) s. Pursell (W. L.).
Ferguson (W. F. C.) s. Gottesman (J.); Hall jr. (J. F.).
Fergusson (G. J.), Anordn. zur Registrier. v. ^{14}C-Daten 9958.
Ferigle (S. M.) s. Malhiot (R. J.).
Ferin (J.), Wrkgg. v. Diäthylstilböstrolmonobenzylester bei d. ovarektomierten Frau. Wert bei d. Behandl. d. Amenorrhoe 4137. — Wrkg. verschied. gonadotroper Präpp. auf d. hypophysektomierte Frau 11027.
Feriozi (D.) s. Landing (B. H.).
Ferlauto (R. J.) s. Parmelee (E. T.); Rhodes (R. E.).
Ferles (M.) s. Lukeš (R.).
Ferlin (H. J.) s. Karabinos (J. V.).
— u. **Karabinos (J. V.)**, Verwert. v. Tryptophan durch Escherichia coli u. Proteus vulgaris u. ein modifizierter Indoltest 11603.
Fermazin (W.) s. Ott (W.).
Fermentata Akt.-Ges., Schmelzkäse 1404* Schwz.
Fermi (E.), Mehrfacherzeug. v. Pionen bei Pion–Nucleon-Stößen 7137.
—, **Glicksman (M.)**, **Martin (R.)** u. **Nagle (D.)**, Streuung negativer Pionen durch H 3788.
—, **Metropolis (N.)** u. **Alei (E. F.)**, Phasenverschiebungsanalyse d. Streuung d. negativen Pionen an H 8302.
Fern (A. S.) s. Barlow (A.); Imperial Chemical Industries Ltd.
Fernald (M. C.) s. Loeb (C. S.).
Fernandes (S. J. G.) s. Baxter (N.).
Fernandes Costa (A.) u. **Cardoso do Vale (J.)**, Portugies. äther. Öle. Wurzelöl v. Angelica sylvestris L. 1156.
Fernandez (E.), **Cerletti (A.)** u. **Taeschler (M.)**, Einfl. d. Ganglienblockier. auf d. blutdrucksenkende Wrkg. d. Protoveratrins 1789.
Fernández (O.), Bakteriostase u. ihre Konsequenzen 10058.
Fernández Alonso (J. I.) u. **Mira (J.)**, Moleküldiagramme v. Fulvalen u. Pyracylen 8576.
— u. **Santos Lucas (J. L.)**, Moleküldiagramm u. chem. Rk.-Fähigk. v. asymm. Indacen 8576.
Fernández-Bolaños (J.) u. **Ruiz Cruz (J.)**, 2-Mercaptourocaninsäure 3612.
Fernández del Campo (J.) = Cabezas Fernández del Campo (J.).
Fernández del Campo (J. L.), Formulario de Química [1894].
Fernández Cellini (R.) u. **Alvarez González (F.)**, Colorimetr. Best. d. B mit alizarinsulfonsaurem Na 651.
Fernández Marzol (J. M.) u. **Doadrio (A.)**, Neue Metallsalze, d. als Sikkative für Malerfarben verwendet werden können 1614.
Fernández-Morán (H.), Anwend. d. ultradünnen Gefrierschnittechnik auf d. Unters. v. Zellstrukturen mit d. Elektronenmikroskop 656.
Fernández del Valle (S.) = Cardona Fernández del Valle (S.).
Fernando (H. E.), **Weerawardena (G. V.)** u. **Manickavasagar (P.)**, Bekämpf. v. Reisschädlingen in Ceylon 11666.
Fernado (L. H.) s. Chandraratna (M. F.).
Fernando (Q.) u. **Phillips (J. P.)**, Papierchromatographie anorgan. Kationen mit 8-Oxychinolinderivv. 2033.
Fernelius (W. C.) s. Bryant (B. E.); Gonick (E.); Snavely (F. A.); Uitert (L. G. G. Van); United States of America.
Fernex (C.) s. Baud (C. A.).
Fernier (M.), Sonderlegierr. u. elektr. Widerstand 9409.
Fernlund (U.), **Zechner (S.)** u. **Andersson (T.)**, Best. v. P als Chinolinphosphormolybdat in schwed. Fe-Erzen 4895.
Ferno (O.) s. Hogberg (B.).
Ferns (J. F.), Flußverunreinig. u. Beseitig. v. industriellem Abwasser 8940.
Fernseh G. m. b. H., Leuchtschirm 9878* Oe.
— u. **Haß (W.)**, Carburierte Th-Filmkathode 1115* D. B., 10345* D. B.
Féron (M.), Bekämpfungsverss. v. Capnoder (Capnodis tenebrionis L.) durch Bodenbehandl. 9174.
Ferracuti (B.) s. Pino (A.).
Ferran (J.) s. Brouet (G.).
Ferrando (R.), Hormone, Antihormone u. Antibiotica in d. Ernähr. d. Geflügels 9601.
— u. **Mabboux (H.)**, Penicillin im Futter u. Stickstoffbilanz beim Hammel. 1. Mitt. 2468
Ferrant (W.) s. Metallgesellschaft Akt.-Ges.
Ferrante (M. C.), Elektrotherm. Schmelzen v. Cu-Konzentraten in Italien 11084.
Ferrante (N. di), Quantitative colorimetr. Best. v. sauren Mucopolysacchariden 10589.
Ferrara (B.), **Rosati (P.)** u. **Consoli (G.)**, Wrkg. d. Stilbene auf d. Hoden. Unterss. am Hammel 6060.
Ferrara (R.) s. Bonomo (L.); Perrini (M.).
Ferrari (A.), **Cavalca (L.)** u. **Coghi (L.)**, Struktur d. Natriumtetramminkupfer(II)-kupfer-(I)- u. -silberthiosulfats, $Na_4Cu(NH_3)_4 \cdot [Me^I(S_2O_3)_2]_2$. 1. Mitt. 5734. — Argentothiosulfate v. Na u. Nickelammin 7163.
—, **Cavalca (L.)** u. **Nardelli (M.)**, Struktur einiger Verbb. d. Formel $Me^I X \cdot Me^{I\prime} X \cdot 4$

$(Me^I)_2S_2O_3$ ($Me^I = NH_4$, K; $Me^{I'}$ = Cu, Ag; X = Cl, Br, J). 1. Mitt. 5734. — Kristallchemie 8327. — Seltene Erden als koordinierende Elemente in Metallhexanitriten 9510.
Ferrari (C.), Verh. d. Silicomolybdänsäure in wss. Lsg. 2624.
Ferrari (F.), Hydraul. Bindemittel; geschichtl. Abriß. 1. Mitt. 2982; 2. Mitt. 7524.
— u. **Villi (C.)**, Anregungsenergie eines schweren Kerns, d. durch ein reelles Fermi-Gas beschrieben wird 2825. — Ungleichförm. Ladungsverteil. u. μ-Mesoneneinfang 10911.
Ferrari (G.), Isolier. v. Podophyllotoxin aus Podophyllum Emodi 7032.
Ferrari (V.), Natürl. P-halt. Verbb. u. Leberregenerat. 8667.
— u. **Finardi (G.)**, Kranzgefäßerweiternde Wrkg. u. therapeut. Bedeut. eines synthet. Präp. mit khellinähnl. Wirksamk.: 2-Phenylchromon 10562.
— u. **Harkness (R. D.)**, Freie Aminosäuren in Leber u. Blut nach partieller Hepatektomie bei n. u. adrenalektomierten Ratten 3900.
Ferraris (G. M.) s. Costa (A.).
Ferraro (J. R.) s. Katzin (L. I.).
—, **Katzin (L. I.)** u. **Gibson (George)**, Rk. v. Thoriumnitrat-Tetrahydrat mit Stickstoffoxyden. Wasserfreies Thoriumnitrat 8105.
Ferrata (L.) s. Calamandrei (G.).
Ferreau (B.) s. Cassella Farbwerke Mainkur Akt.-Ges.
Ferreira (A. R.), Cashewnuß. Industrielle Gewinn. v. Kern u. Schalenöl 5206.
Ferreira Migliano (M.), Phenergan als antiglykolyt. Mittel 11250.
Ferrell (B. D.) s. Brown (H. W.).
Ferrell (B. L.) s. Cohen (B. L.).
Ferrell jr. (D. T.) u. **Vosburgh (W. C.)**, Vorgeschlagener Mechanismus für d. Entlad. d. MnO_2-Elektrode 3561.
Ferrer Flotats (J.), Bldg. v. Restaustenit in einem zementierten Ni–Cr–Mo-Stahl 4685.
Ferrero (P.), Kohlengas als Rohstoff d. chem. Industrie 3040. — s. Soc. Carbochimique.
—, **Flamme (L. R.)** u. **Fourez (M.)**, Propylenchlorhydrin, Propylenoxyd u. seine Derivv. 8491.
Ferret (M.) s. Hugues (P.).
Ferrett (D. J.) s. Irving (H.).
— u. **Phillips (C. S. G.)**, Polarograph. Unterss. 1. Mitt. Rotierende Pt-Elektrode 11343.
Ferretti (Angel) s. American Patents Corp.
Ferretti (Antonio), Veredl. v. Fäden oder Fasern aus Casein 1174* D. B. — Fäden oder Fasern aus Casein 11124* D. B.
Ferretti (B.), Renormalisierungsverf. in d. Quantenelektrodynamik 4505. — Feldmessungen u. Zustandsdefinit. in d. Quantenelektrodynamik 11323.
Ferrettite, Feuerfeste M. 5873* F.
Ferri (A. G.) s. Mota (I.).
Ferri (M. G.), Photoinaktivier. d. Pflanzenhormons Indolylessigsäure durch fluorescierende Substanzen 9595.
Ferrin (E. F.) s. Hanson (L. E.).
Ferrin (J. P.), **Tom (T. B.)**, **Koslin (N. L.)**, **Greenlee (K. W.)**, **Derfer (J. M.)** u. **Boord (C. E.)**, Alkylbenzole. 1. Mitt. Synthesen aus Isophoren 10724.
Ferriols (B. L.) = Lafuente Ferriols (B.).
Ferris (L. W.), Fruchtsäuren. Best. v. inakt. u. *l*-Äpfelsäure 5204. — Citronensäure in Obst u. Obstprodd. 10877.
Ferris (S. W.) s. Black (E. P.).
Ferro (A.), Alter. v. Eisen u. Stahl nach Kaltverform. 36. — s. Bonfiglioli (G.).
Ferro (R.), Se- u. Te-Verbb. d. U 1001. — Legierr. d. U mit Sb. 2. Mitt. 10938. — s. Iandelli (A.); Ruggiero (A.).
Ferro Corp. u. **Duncan (R. F.)**, Keram. Pigment 2310* A.
—, **Johnson (G. H.)** u. **Wuellner (J. H.)**, Farbstabile Emails 6109* A.
— u. **Moss (Le R. L.)**, Puderemail 6109* A.
— u. **Pelz (R. W.)**, Verhinder. d. Auftretens d. Sulfidfleckigk. bei Pb-halt. Glasemails 8003* A.
— u. **Sweo (B. J.)**, Emaillieren v. Stahlwerkstücken 1821* D. B.
Ferro Enamel Corp. u. **Arnold (J. C.)**, Trockenmittel für Farben u. dgl. 225* E.
Ferroni (E.) s. Piccardi (G.).
— u. **Danti (J.)**, Einfache Vorr. für d. Unters. monomol. Filme 7735.
Ferroni (S.) s. Brovetto (P.); Colombino (P.).
— u. **Fubini (S.)**, Streuung v. Elektronen hoher Energie an polarisierten Kernen 8773.
Ferrosan = Aktiebolaget Ferrosan.
Ferry jr. (F. F.) s. Abbott Laboratories.
Ferry (J. D.) s. Miller (Meredith); Williams (M. L.).
—, **Grandine jr. (L. D.)** u. **Fitzgerald (E. R.)**, Relaxationsverteilungsfunkt. v. Polyisobutylen beim Übergang v. gummiähnl. zum glasart. Verh. 4121.
—, **Grandine jr. (L. D.)** u. **Udy (D. C.)**, Viscositäten konz. Polymerisatlsgg. 3. Mitt. Polystyrol u. ein Styrol–Maleinsäure-Mischpolymerisat 118.
—, **Katz (Sidney)** u. **Tinoco jr. (I.)**, Polymerisat. v. Fibrinogen. 29. Mitt. Bldg. v. Fibrin u. Koagulat. d. Bluts 8643.
— u. **Williams (M. L.)**, Methoden zur zweiten Annäher. für d. Best. d. Spektr. d. Relaxationszeiten eines visco-elast. Stoffes 6298.
—, **Williams (M. L.)** u. **Stern (D. M.)**, Mechanismus d. Relaxat. in konz. Polymerlsgg. bei kleinen Relaxationszeiten 4843.
Ferry (J. J.), Fluorentsteh. während d. elektr. Schweißprozesses 5845.
— u. **Ginther (G. B.)**, Durch d. inerte Lichtbogenschweißen erzeugte Gase 450.
Ferstandig (L. L.) s. California Research Corp.
Ferstl (A.) u. **Lachnit (V.)**, Gefahren d. Dicumarintherapie während d. Lactat. 8899.
Ferstl (O.), Wrkg. organ. F-Präpp. auf entzündl. Veränderr. d. Mundschleimhaut 6563.
Fert (C.), Elektronenopt. Experimente 5490. — Achsennahe Elektronenbahnen in elektrostat. Linsen 10692. — s. Dessens (H.).
Fertman (G. I.), Technolog. Schemata d. Dest. in d. Weinbrandindustrie 7802.
Fertman (W. K.) s. Bucharow (P. S.).
Fertsch (G. R.) s. Luddy (F. E.).
Feshbach (H.), Relativist. Wellengleichungen 6674.
—, **Porter (C. E.)** u. **Weisskopf (V. F.)**, Modell für Kern-Rkk. mit Neutronen 9015.
Fessas (P.) s. Wintrobe (M. M.).
—, **Wintrobe (M. M.)**, **Thompson (R. B.)** u. **Cartwright (G. E.)**, Behandl. v. akuter

Leukämie mit Cortison u. Corticotropin 7002.
Fessenden (R. W.) u. **Stein (R. S.)**, Absol. Trüb. d. W. 8309.
Fessenko (N. G.) s. Durow (S. A.).
Fessenkow (W. G.), Leuchten d. Wasserstoffnebel unter d. Einw. vieler Sterne 4757.
Fessler (J. H.), Metallgeh. d. Weines 8051. — s. Cuvinex Co.
Fessler (W. A.) s. Allied Chemical & Dye Corp.
Festa (J. V.) s. Kinney (G. F.).
Fester (G. A.), Einheim. südamerikan. Färberei 2305. — Anwend. roter Farbstoffe in d. südamerikan. Färberei 5904. — Geschichte d. Gegenstromkühlers 11322.
— u. **Martinuzzi (E. A.)**, Äther. Öle aus argentin. Verbenaceen 940.
—, **Martinuzzi (E. A.)** u. **Ricciardi (A. I.)**, Spaltverss. im Lichtbogen. 1. Mitt. 11157.
— u. **Retamar (J. A.)**, Farbstoffe d. alten Peru 10906.
Festerling (W.), Färberei-Praxis. T. 1. Färben nativer Fasern. (Baumwolle, Flachs, Hanf, Jute, Kokos, Stroh) [462].
Fétizon (M.) s. Julia (M.).
Fettchemie & Fewa-Werk VEB, Brennecke (W.) u. **Huttenlocher (R.)**, Präparieren künstl. Spinnfasern 3036* D. [DDR].
— u. **Bruzs (B.)**, Sulfochlorier. v. KW-stoffen 5214* D. [DDR].
— u. **Burgdorf (K.)**, Oberflächenaktive N-halt. Verbb. 2327* D. [DDR]. — Kondensationsprodd. aus Hexamethylentetramin u. Estern einwert. anorgan. Säuren 2327* D. [DDR].
—, **Burgdorf (K.)** u. **Frotscher (H.)**, Neutralisat. v. Sulfonierungsprodd. 6387* D. [DDR].
—, **Burgdorf (K.)** u. **Püschel (F.)**, Hochviscose Stoffe 6633* D. [DDR].
—, **Burgdorf (K.), Püschel (F.)** u. **Frotscher (H.)**, Capillaraktive Sulfonierungserzeugnisse 2560* D. [DDR].
— u. **Föhr (Folkhard)**, Gerben mit synthet. Gerbstoffen 6177* D. [DDR].
—, **Huttenlocher (R.)** u. **Brennecke (W.)**, Präparieren v. Kunstspinnfasern 1879* D. [DDR].
—, **Huttenlocher (R.)** u. **Ofenheimer (E.)**, Synthet. Gerbstoffe 1421* D. [DDR].
— u. **Lietz (G.)**, Schädlingsbekämpfungsmittel 6373* D. [DDR], 6374* D. [DDR].
— u. **Machon (E.)**, Raupenleim 8479* D. [DDR].
— u. **Markert (H.)**, Hautreinigungsmittel 5682* D. [DDR].
—, **Markert (H.)** u. **Lietz (G.)**, Schädlingsbekämpfungsmittel 6374* D. [DDR].
—, **Müller (Max)** u. **Kaufmann (Heinrich)**, Walken v. Mischgeweben aus Wolle u. Cellulosehydratzellwolle 4240* D. [DDR].
—, **Püschel (F.), Frotscher (H.)** u. **Burgdorf (K.)**, Oberflächenaktive Sulfonierungsprodd. 2804* D. [DDR].
— u. **Schiedewitz (H.)**, Emulgatoren 4179* D. [DDR]. — Sulfonierende Kondensat. v. Fettsäuren 4486* D. [DDR]. — Sulfonierte Kondensationsprodd. 4487* D. [DDR].
—, **Schiedewitz (H.)** u. **Wolffersdorf (R. v.)**, Kationakt. Verbb. 2566* D. [DDR].
— u. **Schiffner (R.)**, Darst. v. Sulfinsäuren aus Sulfochloriden 1883* D. [DDR].
— u. **Schmitt (F.)**, Gerben mit pflanzl. u. synthet. Gerbstoffen 1421* D. [DDR]. — Färben v. Leder 2783* D. [DDR].
— u. **Stühmer (G.)**, Bedrucken v. Textilien mit Küpen- u. S-Farbstoffen 2078* D. [DDR].
Fettchemie & Fewa-Werk VEB u. **Weiß (Willy)**, Enzymat. trypt. Einweich- u. Reinigungsmittel 3031* D. [DDR].
—, **Weiß (Willy)** u. **Oettel (F.)**, Knitterfestmachen v. Textilgut aus Cellulosehydratfasern oder v. solche Fasern enthaltendem Mischgut 4969* D. [DDR].
Fetter (N.) s. Hunsberger (I. M.).
Fetterly (L. C.) s. N. V. de Bataafsche Petroleum Mij.; Shell Development Co.
Fetterolf (L. D.) s. Handwerk (E. C.); New Jersey Zinc Co.
Fettes (E. M.) s. Reconstruction Finance Corp.
—, **Jorczak (J. S.)** u. **Panek (J. R.)**, Vulkanisationsmechanismus d. Polysulfidkautschuke 4228.
Fetting (F.) s. Wicke (E.).
Feuche (É.), Wärme- u. schallisolierende Bauelemente 9419* F.
Feucht (H.) u. **Zörner (A.)**, Anwend. d. partiellen Fäll. u. d. ferromagnet. Sedimentat. auf d. Al-Best. 652.
Feuchter (H.), Bound rubber in experimentieller u. struktureller Darst. 4470.
Feuer (G.) u. **Wollemann (M.)**, Entsteh. v. Acetyl-CoA im Hirngewebe 1529.
Feuer (H.) s. Purdue Research Foundation.
—, **Bachmann (G. B.)** u. **May (W.)**, Mannich-Rk. gewisser Dinitroalkohole mit Glycin u. Äthanolamin 1508.
— u. **Gardner (W. H.)**, Rk. v. Ketendivinylacetal mit verschied. Nitroverbb. 68.
— u. **Leston (G.)**, 1.4-Dinitrobutan 6493.
— u. **Pier (S. M.)**, Itaconylchlorid 4325.
Feuer (P.) u. **James (H. M.)**, Wrkg. v. Oberflächenzuständen auf d. Fermi-Niveau v. Halbleitern 7843.
Feuer (S. S.), Bockstahler (T. E.), Brown (C. A.) u. **Rosenthal (I.)**, Maleinsäure–Fumarsäure-Isomerie in ungesätt. Polyestern 5559.
Feuersenger (M.) s. Schormüller (J.).
Feuerstein (W. J.) u. **Smith (W. K.)**, Erhöh. d. krit. Tempp. im Stahl durch hohe Erhitzungsgeschwindigkk. 7769.
Feuge (R. O.) s. Benerito (R. R.).
—, **Cousins (E. R.), Fore (S. P.), Pré (E. F. Du)** u. **O'Connor (R. T.)**, Veränder. v. pflanzl. Ölen. 15. Mitt. Bldg. v. Isomeren während d. Hydrier. v. Methyllinoleat 2098.
Feuillade (G.), Unters. d. Überspannung bei konstantem Strom im Fall einer indirekten Red. 5727.
Feuillen (Y. M.), Eisenstoffwechsel bei Kindern. 2. Mitt. Resorpt. v. Nahrungseisen 2239.
— u. **Lambrecht (A.)**, Eisenstoffwechsel bei Kindern. 3. Mitt. Einfl. v. Vitamin C auf d. Eisenresorpt. 2240.
Feurer (M.) s. Schwyzer (R.).
Feurt (S. D.) u. **Fox (L. E.)**, Wrkgg. v. oralen Spanisch-Moos-Gaben, Tillandsia usneoides L. 10308.
Feustel (I. C.) s. United States of America.
Feuvrais (L.) u. **Yuasa (Tosiko)**, Korrektur d. kontinuierl. β-Spektren wegen d. begrenzten Auflösungsvermögens d. Spektrographen 6206.
Few (A. V.) s. Cooper (P. D.).
— u. **Pethica (B. A.)**, Elektrometer mit Doppeltetrode zur Messung v. Oberflächenpotentialen 8452.

Fex (O. F.) s. Treiber (E.).
Fey (R.) s. Gesellschaft für Elektrometallurgie m. b. H.
Feyfer (G. D. de) s. Aten jr. (A. H. W.).
Feynman (R. P.), Atomare Theorie v. fl. He in d. Nähe d. absol. Nullpunkts 8320. — Atomare Theorie d. λ-Übergangs in He 8320. — Atomare Theorie d. Zwei-Fl.-Modells v. fl. He 8320. — s. Baranger (M.).
— u. **Speisman (G.),** Proton-Neutron-Massendifferenz 9719.
Feyten (J.) s. Mund (W.).
Fiaccadori (F.) s. Chiarioni (T.).
Fiad (H. K.), Falzfestigkeitsprüfung 5210.
Fiala (L.), Fructus Ammi visnaga 1560.
Fialko (G. M.) u. **Kosstromitin (L. A.),** Labor.-Konz.-Messer für H_2SO_4 u. Oleum 7042.
Fialkow (J. A.), Grundlegende Aufgaben d. wissenschaftl. Unterss. auf d. Gebiete d. Komplexverbb. 2378. — Amphotere Erscheinn. bei d. Bldg. v. Komplexverbb. 9976.
— u. **Kagan (F. J.),** Umsetz. v. Jodchlorid u. Jodtrichlorid mit unterphosphor. Säure 43.
— u. **Nasarenko (J. P.),** Rk. d. Jodisotopenaustausches in Systemen mit anorgan. Jodiden 3089. — Markierte Atome in d. Technik 4902.
— u. **Schewtschenko (F. D.),** Physikal.-chem. Unters. v. Jodlsgg. 8. Mitt. Systeme d. Tetraammoniakate v. Zink- u. Cadmiumjodid mit J 3574; 9. Mitt. Systeme aus d. Ammoniakaten v. Nickel-, Zink- u. Cadmiumjodid mit J in Nitrobenzollsgg. 3574.
Fibreglass Ltd., Wärmeisolierende Überzüge 10118* E. — s. Soc. An. des Manufactures des Glaces et Produits Chimiques de Saint-Gobain, Chauny & Cirey.
Fibrolastre, Faserplatten 937* F.
Fibrolithe, Formfeste Hartfaserplatten 1875* F.
Ficai (C.), Keram. interessante Bemerkungen über Unregelmäßigkeiten im Gitteraufbau u. über d. Diffus. v. Stoffen im festen Zustand 3940.
Fichet (É.) s. Colonge (J.).
Fick (E.), Polarisat. d. Lichtes durch asphär., ferromagnet. Teilchen in einem homogenen Magnetfeld. 1. Mitt. Unterss. an γ-Fe_2O_3-Rauch 8548.
Fick (H. F.) s. Rochester Button Co.
Ficker (V.), Goldton-Entwickler 4261* A.
Fickett (W.) u. **Cowan (R. D.),** Werte d. thermodynam. Funktt. bis *12 000°* K für mehrere Substanzen 11344.
Fickle (D. P.) s. Buzzard (R. W.).
Ficq (A.) s. Gavosto (F.).
Fidanza (A.) s. Giunchi (G.).
— u. **Bonomolo (A.),** Verh. d. Cholesterins in d. Nebennieren d. Ratte bei Verfütter. v. Antibioticis u. pantothensäurefreier Diät 8192.
— u. **Cresta (M.),** Oxydat. d. Brenztraubensäure in vitro beim diabet. Tier 8409.
—, **Giunchi (G.), Rutigliano (M. L.), Scuro (L. A.)** u. **Sorice (F.),** Einfl. verschied. Antibiotica auf d. Wachstum junger pantothensäurefrei ernährter Ratten 7022.
Fidanza (F.), Keys (A.) u. **Anderson (J. T.),** Dichte d. Fettgewebes beim Menschen u. bei anderen Säugern 4137.
Fidel Gonzalez-Barcena y Fondsdeviela, Gewinn. v. Helicidin 881* E.
Fidler (D. A.) s. Brewster (J. H.).
Fidler (F. A.) s. Anglo-Iranian Oil Co. Ltd.
Fidler (J.-C.), Oberflächen-„Scald“ v. Äpfeln 945.
Fiebelkorn (H.-J.), Reliefdarst. d. Dickdarmes mit „Unibaryt rektal“ 147.
Fiebig (F. W.), Wie kann d. Auftreten v. Fischschuppen u. Ausspritzern herabgemindert werden? 6593.
Fiebig (M.), Einw. v. Salben u. Salbengrundlagen auf d. Haut 8515.
Fiebiger (H.), Grundlagen d. Papierherst. 4. Mitt. Wrkg. d. Gautsche, d. Naßpressen, d. Züge sowie d. Trocknens auf d. Festigkeitseigg. d. Papierbahn 3995; 5. Mitt. Zusammenwirken physikal. Einfl. auf d. Blattbldg. u. Fertig. d. Papiers 3995. — Einführ. in d. Papier-, Zellstoff- u. Holzschliffprüf. [6425].
Fiebiger (K.) s. Magun (S.).
Fiedler (E. F.) s. Allgemeine Elektricitäts-Gesellschaft.
Fiedler (Heinz), Quantitative Best. v. TiO_2 im Papier 5687. — Sulfitzellstoff [6425].
Fiedler (Heinz) [Halle] s. Becherer (G.); Schwieger (H.).
Fiedler (H. J.), Bedeut. d. Ca für d. pflanzl. Zelle, dargestellt am Ioneneinfluß auf α-Amylase 9819.
Fiedler (H. P.), Desodorierungsproblem 1326.
— u. **Schirmer (I.),** Red.-Vermögen v. Salbengrundlagen u. a. pharmazeut. Rohstoffen 11250.
Fiedler (O. G. H.) s. Toit (R. du).
— u. **Toit (R. du),** Wrkg. v. Lindandampf auf Insekten in Lagerprodd. 8243. — Schutz v. Schafen gegen Schmeißfliegenbefall. 3. Mitt. Wrkg. verschied. γ-Benzolhexachloridrezepturen 11279.
—, **Toit (R. du)** u. **Kluge (E. B.),** Einfl. d. Tsetsefliegenausrottungskampagne auf d. Vermehrungsaktivität v. Glossinae u. deren Parasiten in Zululand 8011.
Fiedler (U.) u. **Hildebrand (G.),** Pharmakologie d. Gerbstoffe: Wrkg. v. pflanzl. Gerbstoffen am Masseter-Präparat 9839.
Fiedorek (F. T.) s. United States of America.
Fiegel (G.), Herabsetz. thyreotroper Impulse als Behandlungsprinzip bei Hyperthyreosen 855.
Fiekers (B. A.), Alternativmeth. für Berechnn. d. indirekten Gravimetrie 2494. — Gesetze d. bestimmten Zus. u. d. multiplen Proportt.; Graph. Einführ. 11322.
Field (D. C.) s. Standard Oil Development Co.
Field (E.) s. Standard Oil Co.
Field (E. A.) s. Imperial Chemical Industries Ltd.
Field jr. (H.) s. Swell (L.).
Field (H. L.), Herst. v. gebleichtem NSSC-Zellstoff im diskontinuierl. Verf. 8525. — s. West Virginia Pulp & Paper Co.
Field (J. B.) s. Dimitroff (S. P.).
Field (J. E.) s. Hively (R. A.).
Field (J. H.) s. Benson (H. E.).
Field (L.) u. **Holsten (J. R.),** Gewinn. v. 4-Chlorbutyl-p-toluolsulfonat aus Tetrahydrofuran u. p-Toluolsulfonylchlorid 6265.
Field (M.), Zlatin (N.) u. **Kahles (J. F.),** Mikrostrukturen v. Metallen 9974.
Field (W. E.), App. für d. Zerfallbarkeitsprüf. v. Tabletten nach d. B.P. 3198.
Field (W. J. C.) s. Courtaulds Ltd.
Fielding (A. H.) s. Byrde (R. J. W.).
Fielding (H. L.) s. Cauquil (G.).

Fields (E. F.) s. Hiester (N. K.).
Fields (E. K.), Synth. v. Estern substituierter Aminophosphorsäuren 8362.
Fields (J. E.) s. Monsanto Chemical Co.
Fields (M.) s. Berstein (I. A.); Weintraub (R. L.).
—, **Leaffer (M. A.)**, **Rothchild (S.)** u. **Rohan (J.)**, Synthesen v. Bzl., Toluol u. Benzoesäure mit ring-isotopem ^{14}C 7884.
Fields (P. R.) s. Diamond (Herbert); Friedman (A. M.); Stevens (C. M.); Studier (M. H.).
—, **Studier (M. H.)**, **Mech (J. F.)**, **Diamond (Herbert)**, **Friedman (A. M.)**, **Magnusson (L. B.)** u. **Huizenga (J. R.)**, Zusätzl. Eigg. d. Isotope d. Elemente *99* u. *100* 6909.
Fields (R. E.) s. Darden (S. E.).
—, **Becker (R. L.)** u. **Adair (R. K.)**, Mess. d. Neutron–Proton-Querschnitts bei *1,0* u. *2,5* MeV 6677.
Fields (T. H.) s. Kane (J. A.); Sutton (R. B.).
—, **Fox (J. G.)**, **Kane (J. A.)**, **Stallwood (R. A.)** u. **Sutton (R. B.)**, π+-Erzeug. in Wasserstoff durch *437* MeV-Protonen 3300.
Fields (T. L.) s. Stevens (F. J.).
Fieno (D.), **Schneider (Harold)** u. **Spooner (R. B.)**, Zusammengefaßte Reflektorparameter für Zweigruppen-Reaktorberechnn. 4514.
Fierens (P. J. C.), Ster. Effekt u. ebene Darst. 1933.
Fierke (S. S.) s. Kodak-Pathé.
Fiero (G. W.), Schmiermittel 3772* Can. — s. Nelson (F. C.).
Fieschi (R.), **Groot (S. R. de)** u. **Mazur (P.)**, Thermodynam. Theorie d. galvanomagnet. u. thermomagnet. Erscheinn. 3. Mitt. Explizite Ausdrücke für d. meßbaren Effekte in isotropen Metallen 4282.
—, **Groot (S. R. de)**, **Mazur (P.)** u. **Vlieger (J.)**, Thermodynam. Theorie d. galvanomagnet. u. thermomagnet. Erscheinn. 2. Mitt. Reziproke Beziehh. für sich bewegende anisotrope Mischungen 4282.
Fieser (L. F.), Aspekte über d. Chemie u. d. Biochemie d. Cholesterins 7461. — Experiments in organic chemistry [8644]. — s. Anagnostopoulos (C. E.); Beereboom (J. J.); Fieser (M.); Kupchan (S. M.); United States of America.
— u. **Huang (Wei-Yuan)**, Konfigurat. v. Steroidbromketonen 1750.
Fieser (M.) s. Kupchan (S. M.).
—, **Quilico (A.)**, **Nickon (A.)**, **Rosen (W. E.)**, **Tarlton (E. J.)** u. **Fieser (L. F.)**, Permanganatoxydat. v. Ergosterin 6294.
Fiess (H. A.) s. Klotz (I. M.).
Fiesser (B.), Vitamin C u. Hefewachstum 11017.
Figueredo (G.) s. Olarte (J.).
Figurowski (N. A.), Unbekannter Brief v. J. v. Liebig über A. A. Wosskressenski 969.
Fikenscher (L. H.) u. **Hegnauer (R.)**, Krauseminze (spearmint). 4. Mitt. Anatom. Unterss. v. Mentha rotundifolia, Mentha longifolia u. zwei Hybridenzwischenformen 1324.
Fikentscher (H.) s. Badische Anilin- & Soda-Fabrik Akt.-Ges.; I. G. Farbenindustrie Akt.-Ges.
Fikssen (N. W.) s. Bogdaschitsch (J. W.).
Filachione (E. M.) s. United States of America.
Filar (L. J.) s. Distillers Co. Ltd.
Filatow (B. S.), Best. d. rheolog. Eigg. v. Tonsuspenss. bei eingestellter Beweg. 10205.
Filatow (W. M.) s. Wernow (S. N.).
Filatowa (A. A.) s. Akowbjan (A. A.).
Filatowa (N. W.) s. Tschmutow (K. W.).
Filatowa (W. S.), Flüchtigk. v. Se u. Selensäureanhydrid 4907.
Filbert jr. (R. B.) s. Sense (K. A.).
Filbey (A. H.) s. Rondestvedt jr. (C. S.).
Fildes (J. E.), Analysen für d. Industrie 9400.
Fildes (Joyce E.), **Laurence (D. J. R.)** u. **Rees (V. H.)**, Fluorometr. Best. d. Farbstoffbindungskapazität v. menschl. Plasma u. ihre Bezieh. zur Best. d. Plasmaalbumins 1312.
Filimonow (S. I.) s. Alexejewski (N. J.).
Filip (A.), Verwend. d. Capillaranalyse bei d. Bewert. galen. Zubereitt. 11425.
Filipović (L.) s. Proštenik (M.).
Filipovich (D.), Dichteänderr. v. Mischmilch 712.
Filippi (J. de), Anwend. d. ^{60}Co zur Behandl. v. bösart. Geschwülsten 10533.
Filippow (B.) s. Orzew (A.).
Filippow (W.) u. **Iljina (M.)**, Biotingeh. in pflanzl. Material 7706.
Filippowa (S. W.), Neue Glasuren für keram. Verkleidd. 11657.
Filk (H.) u. **Loeser (A.)**, Gewöhn. bei Ratten nach oraler Megaphenzufuhr 6797.
—, **Ritter (K.)**, **Stürmer (E.)** u. **Loeser (A.)**, Stoffwechselwrkg. eines Phenothiazinabkömmlings („Megaphen") 4393.
Fill (M. A.) s. Stock (J. T.).
Filla (E.) u. **Bonomi (F.)**, Isonicotinsäurehydrazid u. Zuckerstoffwechsel 5361.
— u. **Meli (G.)**, Isonicotinsäurehydrazid bei tuberkulösen Diabetikern. Einfl. auf d. Zuckerstoffwechsel u. d. Ablauf d. Tuberkulose 1086.
Fillerup (D. L.) u. **Mead (J. F.)**, Chromatograph. Trenn. v. Plasmalipoiden 2499.
Filomeni (M.), Problem d. Atmungsanaleptica 2246.
Filosofo (I.), **Pohl (E.)** u. **Pohl-Rüling (J.)**, Überschuß an positiven Mesonen hoher Energie 11485.
Filterwerk Mann & Hummel G. m. b. H. u. **Wieland (Helmut)**, Aus Drahtgeweben bestehende Filterscheiben 7996* D. B.
Filtrol Corp. u. **Mickelson (G. A.)**, Tonbehandl. 8942* A.
Filtrox-Werk Akt.-Ges., Filtrieren v. Fll. mit Hilfe einer körn. Filtermasse 2501* Schwz.
Finály (L.), Qualität d. Schmutzwassers 8940.
Finardi (G.) s. Ferrari (V.).
Finch (C. A.), Synth. adrenocorticaler Hormone 158.
Finch (D. A.) s. Igelman (W. O.).
Finch (E.) s. Emery (J. L.).
Finch (G. I.), Struktur elektrolyt. Metall-Ndd.; kathod. Kristallwachstum 1219.
— u. **Layton (D. N.)**, Kristallstruktur v. elektrolyt. Metall-Ndd. 8802.
Finch (G. W.) s. Everest (D. A.).
Finch (H. de V.) s. N. V. de Bataafsche Petroleum Mij.; Shell Development Co.
—, **Furman (K. E.)** u. **Ballard (S. A.)**, Alkalispalt. d. Isophorons 7180.
Finch (J.), Abwasserunters. u. d. Geschichte d. Belebtschlammverf. 10599.
— u. **Ives (H.)**, Absitzen v. Belebtschlamm 187.
Finch (L. R.) u. **Underwood (E. J.)**, Einfl. v. Kleeanbau auf d. Thiamin- u. N-Geh. d. Weizens 9173.
— u. **White (D. E.)**, Struktur v. Tanninen. 1. Mitt. Red. d. Chalkons 7899.

Fincham (C. J. B.) u. **Richardson (F. D.),** Verh. v. S in Silicat- u. Aluminatschmelzen 999.
Finck (E.) s. Badische Anilin- & Soda-Fabrik Akt.-Ges.
Finck (J. L.), Thermodynamics, from the classic and generalized standpoints [9505].
Fincke (H.), Fettreifverhüt. oder Kakaobutterersetz.? 1162. — Lebensmittelchemie u. Lebensmittelüberwach. 4746.
Fincke (J. K.) s. Monsanto Chemical Co.
Fincke (K.), Theorie d. Nucleon–Nucleon-Streuung bei hohen Energien 2591.
Findeisen (D. G. R.), Aerosolinhalationsbehandl. infektiöser Asthma- u. Bronchitisformen mit Antibioticis u. Broncholyticis (Priatan, Par-Isalon) 2948.
Findlay (A.), Practical physical chemistry [503].
Findlay jr. (C. W.), Einfl. v. Vitamin B_{12} auf d. Wundheil. 7716.
Findlay (R. A.) s. Phillips Petroleum Co.
Findlay (S. P.), Stereoisomere quatern. Ammoniumderivv. d. Tropins mit einem pseudoasymm. Stickstoffatom 6710. — Dreidimensionale Struktur v. Cocain 11391.
Findlay (W. P. K.) u. **Savory (J. G.),** Moderfäule. Zers. v. Holz durch niedere Pilze 3276.
— u. **Vernon (J. W.),** Test. d. Toxizität flücht. Antiseptica für holzzerstörende Pilze 8288.
Fine (M. E.) s. Western Electric Co., Inc.
—, **Duyne (H. Van)** u. **Kenney (N. T.),** Innere Reib. u. Elastizitätseffekte in glas. Kieselsäure bei tiefer Temp. 1223.
— u. **Kenney (N. T.),** Elastizitätsmodul u. innere Reib. v. Magnetit, beeinflußt durch d. Tieftemp.-Umwandl. 5017.
Fine (M. M.), Brown (W. E.), Vahrenkamp (G. J.) u. **Knickerbocker (R. G.),** Anreicher. d. komplexen Cu–Pb–Co–Ni-Erze v. Südost-Missouri 4198.
Fine (N.) s. Colgate-Palmolive-Peet Co.
Fine III (R. de M.), Vork., Verh. u. Vermeid. v. elektrostat. Auflad. v. Textilien 3765. — s. Atlas Powder Co.
Fine Olivarius (B. de), Papierelektrophorese 7736.
Finean (J. B.), Unterss. an d. Hirnlipoid Strandin durch Röntgenstrahlbeug. u. im Elektronenmikroskop 9350. — s. Engström (A.).
— u. **Engström (A.),** Kleinwinkelreflex. in Röntgenbeugungsdiagrammen v. Knochengewebe 3414.
— u. **Millington (P. F.),** Kleinwinkel-Röntgenbeugungsunters. d. polymorphen Formen synthet. $\alpha.\beta$- u. $\alpha.\alpha'$-Kephaline u. $\alpha.\beta$-Lecithine 10952.
Finegold (H.), Streit zwischen Liebig u. Pasteur 9010.
Finestone (A. B.) s. Overberger (C. G.).
Finger (G. G.) s. Rogowin (S. A.).
Finholt (A. E.) s. Schlesinger (H. I.).
Finholt (P.), Haltbark. galen. Präpp. 872. — Ausarbeit. v. Vorschriften für galen. Präpp., bes. für Tabletten u. Injektions-Fll. 10080. — s. Müller (Carsten).
Finigan (C. M.), Fullerton (H. V.) u. **Taylor (G. W.),** Carbonylverbb. als Nebenprodd. bei d. techn. Dehydrier. v. Butylenen 11680.
Fink (D. A.), Wirksamk. d. Salicyltherapie beim akuten Rheumatismus 8439.
Fink (D. F.) s. Johnson (C. R.).
Fink (Heinrich) u. **Binder (Hans),** Erhöh. d. Leitfähigk. v. Kunststoffborsten aus organ. synthet. hochpolymeren Stoffen 7813* D. [DDR].
Fink (Hermann) s. Versuchs- und Lehranstalt für Brauerei.
—, **Schlie (I.)** u. **Ruge (U.),** Antinekrogene Wrkg. v. Bier bei d. alimentären Lebernekrose 5118.
Fink (R.) s. Hively (R. A.).
Fink (R. W.) u. **Wiig (E. O.),** Rkk. v. Cs mit *240* MeV-Protonen 7602. — Kurzleb. Cs-Isotop 7604. — Rkk. v. Cs mit Protonen bei *60, 80, 100, 150* u. *240* MeV 11493.
Finkbeiner (H.), Vork. u. Bedeut. d. larvierten Fe-Mangels in d. Gravidität 3180.
Finke (H.), Behandl. d. Parkinsonschen Syndroms mit hohen Dosen Vitamin B_6 7954.
Finke (H. L.) s. McCullough (J. P.); Scott (D. W.).
Finkel (S. B.), Mineralzugaben für Schweine 8055.
Finkelnburg (W.), Entwicklungsarbeiten am Becklichtbogen u. an Beckbogenlampen 4904. — Verh. d. Materie bei extrem hohen Tempp. 6691. — s. Busz (G.).
— u. **Latil (J. P.),** Vollautomat., kontinuierl. arbeitende Kohlebogenlampe mit sehr großer Intensität 4904.
Finkelstein (A.), Energieübertrag. zwischen akt. N_2 u. Hg, Cd u. Zn 278.
Finkelstein (B. A.) s. Geiger (H.).
Finkelstein (B. N.) s. Aptekar (I. L.).
Finkelstein (J.) s. Hoffmann-La Roche, Inc.
— u. **Linder (S. M.),** Unterss. in d. Phenanthridinchemie 4834.
Finkelstein (M.) s. Ross (S. D.).
Finkelstein (R. J.), Gasiorowicz (S. G.) u. **Kaus (P.),** Ein zusammengesetztes Teilchen in Termen einer funktionalen Potentialmulde 4025.
— u. **Moszkowski (S. A.),** Mesonenkorrektur für d. β-Zerfallskopplungskonstanten 8542.
Finkenauer (H.) s. Badische Anilin- & Soda-Fabrik Akt.-Ges.
Finkle (J. R.) s. Pollock (L. J.).
Finland (M.), Resistenz v. Staphylokokken gegen Antibiotica 2225. — Wechselnde Resistenzerscheinn. bei gewissen niederen, pathogenen Bakterien gegenüber mikrobenfeindlichen Stoffen 11602. — s. Love jr. (Ben Del); Wright (S. S.).
—, **Purcell (E. M.), Wright (S. S.), Love jr. (Ben Del), Mou (T. W.)** u. **Kass (E. H.),** Klin. u. Labor.-Beobachtt. an einem neuen Antibioticum; Tetracyclin 1554.
Finlay (A. C.) s. Nickell (L. G.).
Finlay (J. B.) s. Roe (A.).
Finlay (W. L.) s. Ogden (H. R.); Rem-Cru Titanium, Inc.
Finlayson (D.) s. British Celanese Ltd.; Dreyfus (C.).
Finlayson (D. G.) u. **Handford (R. H.),** Bekämpf. d. Zwiebelmade Hylemya Antiqua (Meig.) im Innern v. British Columbia 10121.
— u. **Neilson (C. L.),** Insekticide Bekämpf. v. Epitrix tuberis Gent. im Innern v. British Columbia 4193.
Finlayson (D. M.) s. Barkla (H. M.).
Finley (J. A.) s. Kroha (A. J.).
Finn (G.) s. Dawson (M.).
Finn (O. A.) s. Rogers (John).

Finn (S. R.), Polykondensationsprodd. 8977.
— u. **Musty (J. W. G.)**, Polykondensationsprodd. 8978.
Finn (W. J.) s. Texas Co.
Finnern (B.), Maßänder. v. Einsatzstählen beim Einsatzhärten 3721.
Finnerty jr. (F. A.), Vgl. d. drucksenkenden u. d. brecherregenden Dosis v. Cryptenamin u. a. Veratrumextrakten beim Menschen 2720. — Wert d. Rauwolfia serpentina beim Hypertoniekranken 7261. — Anwend. v. 1-Hydrazinophthalazin (Apresoline) in d. Behandl. d. Frühschwangerschaftshypertens. 9614.
Finniston (H. M.), Metallurg. Probleme bei Kernreaktoren 2127.
Finogenow (P. A.) s. Bressler (S. J.).
Finsterwalder (U.) s. Kretzschmar (A.).
Finsterwalder Isolations G. m. b. H., Elektrolyt. Oxydat. v. Al u. seinen Legierr. 10374* E.
Fintić (V.) s. Barković (D.); Vukčević-Kovačević (V.).
Finucane (T. P.) s. General Foods Corp.
Finzi (G.), Allerg. gesätt. Exotuberkulin 8183.
Fione (E.) s. Zanini (A.).
Fiorentini (H.) s. Mosinger (M.).
Fiori (L. A.) s. Sands (J. E.).
—, **Brown (John J.)** u. **Sands (J. E.)**, Wrkg. d. Einzelfaserfestigk. auf Garneigg. u. d. Verh. bei d. Verarbeit. bei Baumwolle 6884.
Fiorini (A.) s. Parodi (A. S.).
Fioschin (M. J.) s. Chomjakow (W. G.); Isgaryschew (N. A.).
—, **Iwanowa (L. N.)** u. **Isgaryschew (N. A.)**, Änder. d. Abscheidungspotentials v. Wasserstoff an d. Nickelkathode in Gegenwart einiger Zusätze 10929.
Fiquet (M.) u. **Armand (M.)**, Schnellanalysenmeth. für d. Bäder d. elektrolyt. Al-Herst. 10612.
Firch (G.) s. Holm (L. W.).
Fireman (M.) s. Wadleigh (C. H.).
Firestine (J. C.) s. Du Pont de Nemours (E. I.) & Co.
Firestone Tire & Rubber Co., Schaumkautschuk 4720* Oe. — Zwischenschichten 9212* E.
— u. **Albert (H. E.)**, Alterungsschutzmittel für natürl. u. synthet. Kautschuk 1860* A., 1861* A. — Regeneriermittel für synthet. Kautschuk u. Stabilisator für dessen Disperss. 1863* E. — Organ. Sn-Komplexverbb. 3023* A. — Alterungsschutzmittel für Kautschuk 8985* A., 9212* A.
— u. **Ballard (J. W.)**, Torsionsfeder 10873* A., E.
— u. **Carr (E. L.)**, Abbrechen u. Kontrollieren d. Emulsionspolymerisat. bei d. Herst. v. Kunstkautschuk 2795* Can.
—, **Crane (G.)** u. **Barnhart (W. S.)**, Difluorverbb. 9206* A.
—, **Eberly (K. C.)** u. **Best (C. E.)**, Methylstannonsäure 3487* A.
— u. **Foster (F. C.)**, Mischpolymerisate aus Styrol u. Chloropren 3268* A.
— u. **Hay (R. J.)**, Schaumgummi 4719* F., Oe. — Schaumkautschuk 6871* E., F.
— u. **Hensley (W. A.)**, Regenerieren v. Natur- u. Kunstkautschukvulkanisaten 8515* A.
—, **Hensley (W. A.)** u. **Albert (H. E.)**, Regenerieren v. Natur- u. Kunstkautschukvulkanisaten 10641* A.
—, **Humphrey (B. J.)** u. **Reid (R. J.)**, Biegsamer, selbsttragender Film 11695* Schwed.
Firestone Tire & Rubber Co. u. **Kuhn (L. B.)**, Klebzement 1890* E. — Orientierte Harze 2810* Can.
— u. **Smith jr. (G. E. P.)**, Regenerieren v. Butadien–Styrol-Kautschukvulkanisaten 8515* A.
—, **Smith jr. (G. E. P.)** u. **Albert (H. E.)**, Antioxydationsmittel für synthet. Kautschuk 1627* A.
—, **Smith jr. (G. E. P.)** u. **Bennett (Robert B.)**, Regenerieren v. Natur- oder Kunstkautschukvulkanisaten 8754* A.
—, **Smith jr. (G. E. P.)** u. **Carr (E. L.)**, Modifizierungsmittel bei d. Emulsionspolymerisat. v. Diolefinen 2092* Can.
— u. **Wiseman (P. A.)**, 1.2.2.3.3.4-Hexachlorbutan 3961* A.
Firey (J. C.) s. California Research Corp.
Firfarowa (K. F.) s. Orechowitsch (W. N.).
Firket (H.) u. **Michel (J.-P.)**, Unterdrück. d. Diffus. u. Adsorpt. an Kernen durch Anwend. d. Gefriertrockn. beim Nachw. v. alkal. Phosphatase 2697.
—, **Petrovitch (A.)**, **Marescaux (J.)** u. **Aron (M.)**, Beeinfluss. d. Meerschweinchenovariums durch verschieden große Mengen Hypophysenvorderlappenextrakt 7710.
Firma J. A. Braun, Bedachungs- u. Isolierstoffe 5933* D. B.
Fa. P. Garthe u. **Windgassen (E.)**, Herst. v. farbig gemusterten Schildern 10395* D. B.
Fa. C. Hartung, Baktericide Substanzen enthaltende Seifen 7111* F.
Fa. W. Koreska, Kohlepapier mit rückseit. Kunstharzauftrag 5703* D. B.
Fa. P. Lechler, Emuls. für Schutzüberzüge 1386* Schwz. — Überschichtungsmittel für wss. Fll. 5620* Schwz.
Fa. W. Linnhoff u. **Linnhoff (P.)**, Filtrieren v. Fll. aller Art 6819* D. B.
Fa. New York-Hamburger Gummi-Waaren Co., Plastifizieren v. Kautschuk oder Kunstkautschuk oder Kautschukabfällen 6156* F.
Fa. Dr. A. Oetker, Pektine 6162* N. — Kaltquellender Pudding 8761* Schwz.
Fa. H. Schubert, Schubert (Ernst) u. **Pierer (H.)**, Putzmittel für Metalle 8524* D.
Fa. H. Schwarzkopf, Vierstuf. Verf. zum Dauerwellen v. Haar 5674* Schwz.
Fa. C. Still u. **Braun (Bernhard)**, Kontinuierl. Abtrenn. v. Paraffin aus paraffinhalt. Ölen oder Paraffingatsch 263* D. B.
—, **Breitbach (F.)**, **Schmidt (Josef)** u. **Schneider (T.)**, Abscheid. u. Gewinn. v. Teer, Ammoniak u. Schwefelwasserstoff aus Gasen d. trockenen Dest. v. festen Brennstoffen 260* D. B.
— u. **Schmidt (Josef)**, Chem. inertes oder akt. Gas v. erhöhter Temp. 216* D. B. — Stabilisier. v. Bzn. 7123* D. B. — Auffrischung v. Waschöl 9231* D. B. — Austreiben d. flücht. absorbierten Bestandteile einer beladenen Absorptionslsg. 10827* D. B. — Auswasch. v. NH_3, Cyanverbb., CO_2, H_2S 11130* D. B. — Durchführ. v. therm. Gas-Rkk. unter Unterdruck 11289* D. B.
—, **Schmidt (Josef)** u. **Lambertz (G.)**, Niedrigsd., normalerweise gasförm. KW-stoffe aus Gasen durch Absorpt. 9188* D. B.
— u. **Schneider (T.)**, Scheiden u. Lagern v. Teer in Kokereianlagen 4247* D. B.

Firmenich & Co., Successeurs de la Soc. An. M. Naef & Cie., Stereoisomere d. Epoxyds v. (Tetramethyl-2.5.5.9-oxy-2-dekalyl-1)-äthanol 9462* Schwz.
— **u. Stoll (M.),** Cyclopolymethylenketone 4721* A.
Firor (J. W.), Zeitl. Änderr. d. Höhenstrahlintensität u. ihr Ursprung. 4. Mitt. Zunahmen in Verbind. mit Sonnenflecken 11323.
—, **Simpson (J. A.)** u. **Treiman (S. B.),** Erzeug. v. Höhenstrahl. in d. Sonne 10427.
Firsching (F. H.) s. Gordon (L.).
First (M. W.) s. Berly (E. M.).
First National Bank of Kansas City s. Kansas City Testing Laboratory.
Firth (D. A.) s. Shell Development Co.
Firth (T.) & J. Brown Ltd., Kirby (Henry W.), Sykes (C.) u. **Stokes (C.),** Verbesser. d. Dauerstandfestigk. bis zu *700°* v. ausscheidungshärtbaren Stahllegierr. 4206* F.
—, **Sykes (C.), Kirby (Henry W.)** u. **Stokes (C.),** Ferrit. Stahllegier. mit erhöhter Verzunderungsfestigk. bei hoher Dauerfestigk. 3247* F.
Fisbein (J.) s. Kaminsky (A.).
Fisch (A.), Atomgewicht 9245.
Fisch (E. J.) s. Englis (D. T.).
Fisch (W.) s. Ciba Akt.-Ges.
Fischbach (A.) s. United States of America.
Fischbach (E.), Grundriß d. Physiologie u. physiol. Chemie [3425].
Fischback (B. C.) s. Dow Chemical Co.
Fischbeck (G.) s. Aufhammer (G.).
Fischel (A.) s. Currah (J. E.).
Fischer s. Friedrich.
Fischer (A.) s. Schmidt (H.) [Freiburg].
Fischer (Adolf) s. Schüchtermann & Kremer-Baum Akt.-Ges. für Aufbereitung.
Fischer (Adolf) [Gießen] s. Deuffer (D. v.).
Fischer (Albert) s. Chemische Werke Hüls.
Fischer (Albrecht), Dünne Halbleiterschichten auf Glas 3455.
Fischer (Anton) s. Bardenheuer (P.).
Fischer (A. H.) s. Minerec Corp.
Fischer jr. (C. W.) u. **Keller (J. R.),** Vermeid. v. Schädigungen bei Gartenprodd. durch Verwend. bromierter Aktivkohle 11664.
Fischer (D.) s. Scholder (R.).
Fischer (David) u. **Goldhaber (G.),** Kleinwinkel-Proton-Proton-Streuung bei *330* MeV 11489.
Fischer (Dieter) s. Terres (E.).
Fischer (Edith), Störr. d. Domänenstruktur v. Seignettesalzkristallen durch mechan. Einfll. 3327.
Fischer (Emil), Trink-, Betriebs- u. Kesselspeisewasseraufbereit. 433. — Entölen u. Enthärten v. W. 6103* D. B.
Fischer (Erich), Dielektr. Relaxationszeit u. Assoziat. 3. Mitt. Verhältnis v. innermol. u. zwischenmol. H-Brückenbind. ortho-substituierter Phenole in Abhängigk. v. ihrer Konz. im unpolaren CCl_4 1233. — s. Loewe Opta Akt.-Ges.
Fischer (Ernst) u. **Schütz (G.),** Aufbring. v. therapeut. wirksamen Stoffen, bes. Vitaminen, auf Gebäck 6162* Oe.
Fischer (Ernst) [Berlin] s. Siemens & Halske Akt.-Ges.
Fischer (Ernst) [Offenbach] s. Farbwerke Hoechst Akt.-Ges., vormals Meister Lucius & Brüning.
Fischer (Ernst) [Rehovoth] s. Bergmann (E. D.); Hirshberg (Y.); Pullman (A.); Pullman (B.).
Fischer (E. F.) s. Aluminum Co. of America.
Fischer (E. H.) u. **Hilpert (H. M.),** Reinig. d. Kartoffelphosphorylase 6309.
Fischer (E. O.) s. Schwab (G.-M.); Weiss (E.).
— u. **Hafner (W.),** Cyclopentadienylvanadintetracarbonyl 10944.
— u. **Jira (R.),** Dicyclopentadienylnickel 7877. — Dicyclopentadienylkobalt(II) 7877.
Fischer (Finn) u. **Lund (Erling),** Blutgerinnungsmechanismus unter spezieller Berücksichtig. d. Prothrombin-Proconvertin-Geh. im Plasma bei langfrist. ACTH- oder Cortisontherapie 10305.
Fischer (Franz) s. Studien- und Verwertungs-G. m. b. H.
Fischer (Fred), Einfl. v. Gitterstörungen auf d. UV-Eigenabsorpt. v. KJ 8310.
Fischer (F. W.) s. Kroetz (C.).
Fischer (Gottwald) s. Mack (H.) Nachf.
Fischer (Guido), Biologie d. Pulpa d. menschl. Zahnes [9130]. — Örtl. Betäub. in d. Zahnheilkunde, bes. d. Schleimhaut- u. Leitungsanästhesie [10803].
Fischer (G. E.), Streuung v. *10* MeV-Protonen an Mg u. C 3059, 9718.
Fischer (G. W.), Fischer (Mechtild) u. **Primavesi (K. A.),** Einfl. v. Aureomycin auf Schwärmvermögen u. Wachstum v. Proteus vulgaris 2702.
Fischer (H.) s. Müller (Richard).
Fischer (H.) [Karlsruhe] s. Reiser (H. J.).
Fischer (Hans) s. Jerchel (D.).
Fischer (Hellmut) s. Siemens-Schuckertwerke Akt.-Ges.
Fischer (Hellmuth) s. Badische Anilin- & Soda-Fabrik Akt.-Ges.
Fischer (Herbert) u. **Kreuzer (L.),** Gallin 3657.
Fischer (Hugo), Indicatorpapier 9638* D. B.
Fischer (H. C.) s. Murray (J. A.).
Fischer (H. E.) s. Wieland (O.).
Fischer (H. H.), Färben v. Wolle u. Naturseide mit Anthrasolen 219.
Fischer (H. M.) s. Böhme Fettchemie G. m. b. H.
Fischer (H. O. L.) s. Ballou (C. E.).
Fischer (I. S.), Theorie d. Phasenübergänge 3806. — Stabilität d. homogenen Phase. 1. Mitt. Allg. Theorie 11512. — s. Starobinetz (G. L.).
Fischer (Jack) u. **Vogel (R. C.),** Phasengleichgewichte fest-flüssig in d. Syst. Brom-Uranhexafluorid 2369. — Phasengleichgewichte in d. kondensierten Systemen Uranhexafluorid-Bromtrifluorid u. Uranhexafluorid-Brompentafluorid 2369.
Fischer (Johannes) s. Deutsche Gold- & Silberscheideanstalt vormals Roessler; Riedel & Co.
Fischer (Karl) s. Deutsche Erdöl-Akt.-Ges.; Edeleanu G. m. b. H.
Fischer (Karl) [Erlangen], Einfaches Gerät zur Berechn. v. Strukturamplituden 31. — s. Andress (K. R.).
Fischer (K. A.) u. **Labour (J. F. P. E.),** Dichten u. Verfestigen v. Sanden, Böden u. verwitterten fels. Schichten beim Abteufen v. Bergwerksschächten u. Bohren auf Erdöl u. W. 2574* F.

Fischer (L.) s. Roth (William); Vincent (M. C.).
Fischer (Max), Kleiner Holzbohrer (Xyleborinus Saxeseni Ratz 4917.
Fischer (Mechtild) s. Fischer (G. W.).
Fischer (M. I.) s. Millar (J. M.).
Fischer (M. S.) s. Thévenot (L. C. E.).
—, Gaborit (P.) u. **Thévenot (L. C. E.),** Widerstandskörper 9410* F.
— u. Thévenot (L. C. E.), Elektr. Leiter 7518* F.
Fischer (P.) s. Lecomte (J.).
Fischer (P. A.) s. Magnesium Elektron Ltd.
Fischer (P. W.) s. Union Oil Co. of California.
Fischer (R.) u. **Kolmayr (F.),** Analyse v. Flüssigkeitsgemischen mit Hilfe d. krit. Mischungstemp.; Mikrobest. 8216.
— u. Langhammer (T.), Best. d. J-Geh. d. Luft 1572.
Fischer (Roland), Faktoren bei durch Arzneimittel bedingten Modellpsychosen 148. — Best. d. Toxizität v. oberflächenakt. Substanzen durch ihre baktericide Aktivität 2025. — s. Larose (P.).
Fischer (Rudolf) s. Sauerwald-Chemie G. m. b. H.
Fischer (R. B.) s. Roach (D. B.).
Fischer (Robert B.), Zers. anorgan. Objekte während d. Beobacht. im Elektronenmikroskop 4050. — s. Kramer (K. W.).
— u. Chen (W. K.), Verwend. v. Benzidindihydrochlorid für Sulfatbestimmungen. 2. Mitt. Direkte konduktometr. Titrationsmeth. 7988.
—, Elsheimer (H. N.) u. **Muhler (J. C.),** Wrkg. v. verschied. Fluoriden auf d. Struktur v. ganzen Zähnen 7474.
— u. Rhinehammer (T. B.), Zusätze („addition agents") bei analyt. Fällungen 884.
— u. Sprague (R. S.), Verwend. v. Benzidindihydrochlorid für Sulfatbestimmungen. 1. Mitt. Vollständigk. d. Rk. 7988.
Fischer (R. F.) s. Snyder (H. R.).
— u. Whetstone (R. R.), Zwei trifunktionelle Aminosäuren enthaltende Peptidderivv. 1. Mitt. 1485; 2. Mitt. 5524.
Fischer (V. K.) = Kistiakowsky Fischer (V.).
Fischer (Walther), Achatgenese 3580.
Fischer (Walther) [Berlin], Spritzrückstände v. DDT, HCH u. E *605* an Obst 5400.
Fischer (Werner) s. Umland (F.).
—, Braune (G.), Dietz (W.), Jübermann (O.), Krause (Gotthard), Niemann (K.-E.) u. **Siekemeier (G.),** Trenn. d. Seltenen Erden durch Verteilen zwischen zwei Lösungsmm. 3815.
Fischer (Willi) s. Titangesellschaft m. b. H.
Fischer (William v.) s. Bobalek (E. G.).
Fischer (W. A.) s. Heyes (J.); Wever (F.).
— u. Schäfer (Rudolf), Anordn. zur Mess. d. elektromotor. Kräfte zwischen Metalloxyden bei hohen Tempp. u. Unterss. im Syst. FeO–Al_2O_3 bei *1500°* 2136.
Fischer (W. F.) s. Standard Oil Development Co.
Fischer (W. L.) s. Standard Oil Development Co.
Fischer (Dr.) K. G. s. Vereinigte Wachswarenfabriken Hornung.
Fischer-Bobsien (C.-H.), Metallisierbare u. metallisierte Farbstoffe bereichern fortlaufend d. moderne Färbereitechnik. 1. Mitt. 8972; 2. Mitt. 8972; 3. Mitt. 8972.
Fischhof (G.), α-Keto-γ-butyrolacton-β-carbonsäureester (α-Ketoparaconsäureester) u. sein β-Oxymethylderiv. 1729.
Fischkow (J. L.), Therapeut. Verwend. d. Bienengiftpräp. KF 9379.
Fischl (S.) s. Engel (P.).
Fischler (F.) s. Bamann (E.); Souci (S. W.).
Fischman (A.) s. Doczi (J.).
Fischmeister (H.), Kristallbau d. Paraffin-Carbon-Choleinsäuren 318.
Fischmeister (O.) u. **Kojecky (O.),** Gefärbte Tauchwaren 7095* F. — Festhaftende Kautschuküberzüge 7096* F.
Fischnich (O.) s. Irion (W.).
—, Pätzold (C.) u. **Thielebein (M.),** Anwend. v. Maleinsäurehydrazid bei einigen Kulturpflanzen. Gegenwärt. Stand d. Forsch. auf diesem Gebiet 4678.
Fišer-Herman (M.) u. **Berkeš (S.),** Inhalt einer Cyste 9600.
— u. Davorin (P.), Best. d. alkal. Phosphatase im Serum 7004. — Papierelektrophorese d. Haematinalbumins 7246.
Fish (C. A.) s. Schwenk (E.).
Fish (F.) u. **Todd (J. P.),** Alterung v. Digitalistinkturen 3915.
Fish (V. B.) s. Easton (N. R.).
Fishbach (A. L.), Festes Kölnischwasser u. verwandte Erzeugnisse, ihre Zus., Herst. u. Unters. 4229.
Fishburn (A. G.), Brit. Veterinär-Codex 9615.
— u. Abbott (C. F.), Entw. d. Tierarzneimittelkunde. 1. bis 3. Mitt. 6673; 4. Mitt. 7497. — Development of veterinary pharmaceutics [7564].
Fishel (G. O.) s. Steward (H. R.).
Fishel (W. P.), Roe (W. P.) u. **Ellis (J. F.),** Entschwefelnde Wrkg. v. Ti in Stahl 2524.
Fisher (A. L.) s. Dietrich (E. V.).
Fisher (C. H.), Baumwolle mit neuen Eigg. durch chem. Forsch. 11711.
Fisher (Charles H.) s. United States of America.
Fisher (C. M.) s. Tatlow (W. F. T.).
Fisher (D. J.), Kegelachsenbeugungsdiagramme 529. — Röntgenstrahlenpräzessionstechniken 530. — Arrojadit ist ein Eisendickinsonit 6238.
Fisher (D. V.) u. **Porritt (S. W.),** Anwend. d. Triäthanolamin-Salzes v. 2.4.5-Trichlorphenoxypropionsäure (Color-set *1004*) als Verhütungsmittel gegen d. Abfallen v. Äpfeln 2516.
Fisher (D. W.) s. Dunn (J. R.).
Fisher (E. B.) s. Cities Service Research & Development Co.
Fisher (Earl E.) s. Gulf Oil Corp.
Fisher (Eileen E.) u. **Jenkins (P. T.),** Spritzverss. zur Bekämpf. einer Fleckenkrankh. bei Aprikosen 910.
Fisher (Elbert E.), Mn–Al–Silicatgemisch 6829* A.
Fisher (E. H.) s. Medler (J. T.).
Fisher (G. J.), MacLean (A. F.) u. **Schnizer (A. W.),** App. zur Darst. v. Keten durch Pyrolyse v. Essigsäureanhydrid 5045.
Fisher (H. A.), Redoxindicatoren 650.
Fisher (H. D.) s. Castro (A. J.).
Fisher (H. F.), Krasna (A. I.) u. **Rittenberg (D.),** Rkk. d. Hydrogenase mit O_2 2450.
Fisher (H. L.), Baustoffe u. Konstruktt. für d. chem. Industrie. Synthet. Kautschuk 2091. — Elastomere 7102.

Fisher (H. M.) s. Sun (S. C.).
Fisher (H. R.) s. Air Reduction Co., Inc.
Fisher (J. C.), Martensitbldg. in Fe–Ni-Legierr. 7860. — Kriterium für d. Bruch bei Gußeisen 8250.
—, Hollomon (J. H.) u. **Leschen (J. G.)**, Ausfäll. aus festen Lsgg. 1218.
Fisher (J. R.) s. Bell Telephone Laboratories, Inc.
Fisher (J. W.), Polyaminotriazole als faserbildende Substanzen 3997. — s. British Celanese Ltd.; Celanese Corp. of America; Dreyfus (C.); May (G. B.).
Fisher (L. H.) s. Lessin (I.); Mayer (Alex); Menes (M.); Kachickas (G. A.).
Fisher (L. R.), Kon (S. K.) u. **Thompson (S. Y.)**, Vitamin A u. Carotinoide einiger Invertebraten. 2. Mitt. Unterss. d. jahreszeitl. Veränderr. bei einigen Meerescrustaceen 4627; 3. Mitt. Euphausiacea 8426.
Fisher (M. W.), Verh. v. Mycobacterium tuberculosis nach langer Exposit. gegen Isoniazid 1999.
Fisher (N.), Lipidnomenklatur 4321.
Fisher (N. G.) s. Du Pont de Nemours (E. I.) & Co.
Fisher (P.), Auflösungsvermögen u. Dispers. eines Konkavgitterspektrometers mit Photovervielfacher als Empfänger 7507.
Fisher (P. A.) s. Ball (C. J. P.); Magnesium Elektron Ltd.
Fisher (R. B.), Protein metabolism [393]. — s. Bleehen (N. M.).
Fisher (R. W.) u. **Winders (G. R.)**, Laboratorium für Radiochemie u. metallurg. Unterss. 10579.
Fisher (S.), Todesfall nach Penicillininjekt. 2947.
Fisher (S. A.) u. **Meloche (V. W.)**, Trenn. d. Re v. Mo mit Hilfe v. Ionenaustausch 5861.
Fisher (W. B.) u. **Duyne (F. O. van)**, Einfl. verschiedenart. Blanchierens auf d. Qualität v. gefrorenem Rosenkohl, Brechbohnen u. Spinat 6159.
Fisher (W. G.), Zusatzmittel für Lacke u. Ölfarben 8743* A.
Fisher (W. P.) s. Charney (J.); Machlowitz (R. A.).
Fishman (A. P.) s. Becker (E. L.).
Fishman (J. K.) s. Tillson (E. K.).
Fishman (L. M.) u. **Harbottle (G.)**, Szilard-Chalmers-Rk. in wss. Lsgg. v. drei- u. sechswert. Cr 8779.
Fishman (M.), Flammenhemmende Zusätze zu Nylon 10890.
Fishman (W. H.) s. Sie (Hsien-Gieh).
—, Dart (R. M.), Bonner (C. D.), Leadbetter (W. F.), Lerner (F.) u. **Homburger (F.)**, Meth. für d. Best. d. sauren Prostataserumphosphatase u. ihre Anwend. zur klin. Erforsch. d. Prostatacarcinoms 10536.
Fishwick (B.) s. Challenger (F.).
Fishwick (E. A.), ZnO in Kosmeticis u. Toilettepräpp. 2553.
Fisk (C. B.) s. Salant (E. O.).
Fisk (C. F.) s. United States Rubber Co.
Fisk (N. R.), Bitumina u. Peche als Schutzüberzüge. 1. Mitt. 11103.
Fiske (M. D.), Einfl. v. elast. Dehnung u. Scherung auf d. Supraleitungsumwandl. v. Sn 7151. — Wrkg. v. hydrostat. Druck auf d. Übergang v. Sn u. Tl in d. supraleitenden Zustand 7615.
Fiskell (J. G. A.), Long (W. A. De) u. **Oliver (W. F.)**, Unters. d. Formen v. P in neutronenbestrahlten Phosphaten 4993; 3. Mitt. Superphosphat u. Ca-Sulfathemihydrat 4993.
Fitch (J. C.) s. Cook (Gordon S.).
Fitch (V.) s. Koslov (S.).
— u. Rainwater (J.), Röntgenstrahlen aus μ-Meson-Atomen 3058.
Fitchett (G. T.) s. Burger (Alfred).
Fite (W. L.) s. Branscomb (L. M.).
Fittipaldi (J. C.), Polarograph. Bestimmungen v. O_2 u. H_2O_2 11057. — s. Piazza (J.).
Fittkau (S.) s. Langenbeck (W.).
Fitzer (E.), Theorie u. Praxis d. Metallverzunder. 5410. — Techn. Emissionsspektralanalyse. 3. Mitt. Prakt. Anwend. 6578. — Elektrograph. Schnellerkenn. v. legierten Stählen u. Legierr. d. Eisenmetalle 8931.
Fitzgerald (D. M.), O'Sullivan (J. F.), Philbin (E. M.) u. **Wheeler (T. S.)**, Ringerweiter. v. 2-Benzylidencumaranonen-(3). Synth. v. Flavonen 9093.
Fitzgerald (E. R.) s. Ferry (J. D.); Miller (R. F.).
Fitzgerald (G. P.) u. **Skoog (F.)**, Unterdrück. v. Blaugrünalgenflor mit 2.3-Dichlornaphthochinon 6832.
Fitzgerald (W. P.) s. Standard Oil Development Co.
Fitzgibbon (W. E.) s. Cheney (L. C.); Wheatley (W. B.).
Fitzpatrick (J.), McGirr (J. L.) u. **Papworth (D. S.)**, Toxizität v. Rodenticiden. 2. Mitt. Rote Meerzwiebel u. Zinkphosphid 11037.
Fitzpatrick (J. T.) s. Union Carbide & Carbon Corp.
Fitzpatrick (K. W.) s. Aske (I. E.).
— u. Aske (I. E.), Thermoelement 8702* A.
Fitzpatrick (P. M.) s. Howard (R. A.).
—, Glazer (I.) u. **Howard (R. A.)**, Ungewöhnl. Höhenstrahlbahn 9242.
Fitzpatrick (R. J.), Ogilvie (D.), Brander (G. C.), Abrams (J. T.), Cross (B. A.), Hudson (J. R.) u. **Burrow (H.)**, Veterinärtherapeuticis 4633.
— u. Orr (L. M.), Tripelennaminhydrochlorid für lokale Harnröhrenanästhesie 11626.
Fitzpatrick (T. B.) s. Lerner (A. B.); Shitume (K.).
Fitzsimmons (R. C.), Bitumen aus Teersanden 3776* Can.
Fitzsimmons (W. M.) s. American Cyanamid Co.
Fitzwilliam (J. W.) s. Texaco Development Corp.; Texas Co.
Fivel (D. I.) u. **Plass (G. N.)**, Strahlungsfluß in einer planetar. Atmopshäre 5718.
Fivian (W.) u. **Manz (U.)**, Basenaustauscher u. Verdampferbeläge 5919.
Flach (A.), Voss (G.) u. **Wendl (H.-K.)**, Wrkg. d. Phenothiazinderivv. 3912.
Flach (J.), Blutbildende Leberextrakte mit hohem Geh. an antianäm. Wirkstoffen 2029* F.
Flachsenberg (P.), Techn. Probleme d. Kalkindustrie 4912.
Flack (F. C.), Rutherglen (J. G.) u. **Grant (P. J.)**, Strahll. aus d. Protonenbeschuß v. ^{23}Na 10912.
Flacke (W.), Petrides (P.) u. **Schild (W.)**, Cardiotox. Wrkg. d. Quecksilberdiuretica 7970.

Flagg (H. V.), Fluß u. Geschwindigkk. v. Luft u. Abgasen in Siemens-Martin-Öfen 8247.
Flagg (J. F.) u. **Gross (M. J.)**, Kernbrennstoffe zur Energieerzeug. 7833.
Flagler (E. A.) s. Johnson (F. H.).
Flaharty (R. M.) s. Clarke (I. D.).
Flaig (W.), **Scharrer (K.)** u. **Judel (G. K.)**, Methodik d. Best. d. Redoxpotentials im Boden 9652.
Flaigg (N. G.) u. **Reid (G. W.)**, Einfl. N-halt. Verbb. auf d. Strombeschaffenh. 7289.
Flamboe (G. E.) s. Herrmann (R. G.).
Flamm (P. F.), Produkt. u. Eigg. v. spinngefärbtem Acetat 6426.
Flamme (L. R.) s. Ferrero (P.); Soc. Carbochimique.
Flammersfeld (H.) s. Kali-Chemie Akt.-Ges.
Flanagan (R.) u. **Smoluchowski (R.)**, Korngrenzendiffus. v. Zn in Cu 4775.
Flanagan (T. L.) s. Burke (M. M.).
Flanagan (W. F.), **Flinn (P. A.)** u. **Averbach (B. L.)**, Kurzschluß- u. Feldkorrekturen in Hall-Messungen 6920.
Flander (S. J.), Best. kleiner Bi-Mengen in Pb u. Sb–Pb-Legierr. 9401.
Flanders (C. A.), Hemicellulosen u. Gesamtanalyse v. Timothecheu 11605. — Fraktionen v. Hemicellulosen aus Heu- u. Stroharten 11605.
Flanders (P.) s. Franklin (A. D.).
Flanzy (M.) s. Dupuy (P.); Hugot (D.).
Flaschka (H.), Maßanalyt. Best. d. Fe mit d. Mikro-R-Bürette 1806. — Mikrobest. d. Wasserhärte 3705. — Sulfidfällungen mittels Thioacetamids u. deren Beeinfluss. durch Äthylendiamintetraessigsäure (Komplexon) 4658. — Äthylendiamintetraessigsäure in d. Metallanalyse, bes. für d. Best. v. Zn u. Ni 9402. — Thioacetamid in d. analyt. Chemie 11642. — s. Holasek (A.); Mayr (F.).
— u. **Abdine (H.)**, Thioacetamid bei d. Trenn. u. komplexometr. Best. v. Mn 11434.
— u. **Amin (A. M.)**, Schnellbest. d. SiO_2 im Glas 1820.
—, **Amin (A. M.)** u. **Holasek (A.)**, Maßanalyt. Best. v. K nach Fäll. als Kaliumtetraphenylborat 2034.
— u. **Huditz (F.)**, Indirekte maßanalyt. Best. v. Ag- u. Halogenionen mit Äthylendiamintetraessigsäure 4661.
Flataker (L.) s. Winter (C. A.).
Flatt (R.), **Brunisholz (G.)** u. **Fell (G.)**, Quin. Syst. Ca^{2+}–NH_4^+–H^+–NO_3^-–PO_4^{3-}–H_2O. 13. Mitt. Quatern. Syst. Ca^{2+}–H^+–NO_3^-–PO_4^{3-}–H_2O bei *0°* 5977.
Flatter (E. R.), Fe für Glasformen u. Stand d. Glasformenherst. 4910.
Flavigny (R.) s. Standard Française des Pétroles Soc. An.
Flax (S.) s. Rein (C. R.).
Flechsig (J.), Mahlverss. mit deutschem u. nordamerikan. Weizen 3989. — Berechn. d. Mehlausbeute aus d. Ergebnissen d. Mahlvers. u. aus analyt. Daten 5921. — Beziehh. v. Getreideeigg. zur Mehlausbeute 9465.
Fleck (Franz), Gelbkörperhormon in d. Dermatologie 10549.
Fleck (Fritz) s. Sandoz Akt.-Ges.
Fleck (J.) s. Krebs International Engineering Corp.
Fleck jr. (J. A.), Kinetik umlaufender Reaktoren niedriger Energie 11495.
Fleck (R.), Erfahrr. mit d. kausal wirkenden Schlafmittel Avedorm 10560.
Fleck (R. G.) s. Webb (W. R.).
Fleckenstein (A.), K–Na-Austausch als Energieprinzip in Muskel u. Nerv. Grundriß d. allg. Elektropharmakologie [8430].
— u. **Jaeger (W.)** [Heidelberg], Blockier. d. Bienengift- u. Schlangengiftwrkg. durch Zn-Salze 5119.
— u. **Janke (J.)**, Papierchromatograph. Trenn. v. ATP, ADP u. a. P-Verbb. im kontrahierten u. erschlafften Froschmuskel 5831.
Flegel (H.), Fluorochromierte Mikrobenkulturen 2456. — Wrkg. d. Antihistaminpräparates AH 3 in d. Dermatologie 2478.
Flehr & Swain u. **Bachmann (J. A.)**, Wiedergewinnen v. Lösungsmm. u. flücht. Stoffen aus Rückständen 10876* A.
Fleifel (A. M.) s. Fahim (H. A.).
Fleischer (A.) s. United States of America.
— u. **Glasser (J.)**, Erzeug. v. Al aus Kalunite-Tonerde 2525.
Fleischer (M.), Chem. Mineralogie 3095. — s. Foote (H. W.).
Fleischhauer (H.) s. Metallgesellschaft Akt.-Ges.
Fleischhauer (R.) s. Cassella Farbwerke Mainkur Akt.-Ges.; Farbenfabriken Bayer Akt.-Ges.; I. G. Farbenindustrie Akt.-Ges.
Fleischman (L. J.) s. Chelemski (M. S.).
Fleischmann (F.) s. VEB Thüringisches Kunstfaserwerk „Wilhelm Pieck“.
Fleischmann (M.) s. Ellis (W. E.); Timken Roller Bearing Co.
Fleischmann (R.), Verf. zur opt. Isotopenanalyse gewisser Verbb. 6812. — Physikal. Begriffssyst. als mehrdimensionales Punktgitter 7361. — s. Hengevoss (J.).
Fleisher (G. A.) s. Research Corp.
Fleming (D.), Bezieh. zwischen d. Verbrenn. u. d. metallurg. Rkk. im Kupolofen 5638.
Fleming (F. A.) s. Gutsche (C. D.).
Fleming (G. A.) s. Walsh (T.).
Fleming (H. S.), Einfl. v. Methylcholanthren auf Transplantate v. Zahnkeimen 7462.
— u. **Greenfield (V. S.)**, Veränderr. in d. Zähnen u. Kiefern v. neugeborenen Webster-Mäusen nach Verfütter. v. NaF u. CaF_2 an das Muttertier während d. Trächtigk. 7252.
Fleming (H. W.) s. Phillips Petroleum Co.
—, **Keely (W. M.)** u. **Gutmann (W. R.)**, Entfern. v. Acetylen aus einem Gasstrom durch auswählende Hydrier.; bei diesem Verf. kann Acetylen aus Äthylen bis auf Spuren entfernt werden 5220.
Fleming (J. R.) s. Hourd (R. F.).
— u. **Lord (J. J.)**, Ionisationsverlust in Kernemulss. 6904.
Fleming (M. G.) s. Pryor (E. J.).
Fleming (R.) s. Saunders (L.).
Fleming (W. H.) u. **Thode (H. G.)**, ^{38}Ar in Pechblendeerzen u. Kernprozesse in d. Natur 2355.
—, **Tomlinson (R. H.)** u. **Thode (H. G.)**, Spaltausbeuten stabiler u. langlebiger Isotope v. Xe, Cs u. Kr bei d. Spalt. v. ^{233}U mit Neutronen 7603.
Fleminger (J. J.), Unterschiedl. Wrkg. v. Cortison u. ACTH auf d. Gemütsverfass. 10303.
Flemming (F.), Dextran u. Blutkonserven 10552.

Flemming (H.), Herst. v. Leimfilmen 1889* D. [DDR]. — Holz u. d. techn. erzeugten Faserbaustoffe, ihre Zukunftsaussichten u. deren wissenschaftl. Begründ. 5449.
Flenner (A. L.) s. Du Pont de Nemours (E. I.) & Co.
Fleps (V.) s. Erdey (L.).
—, Simó (B.) u. **Erdey (L.)**, P-Best. in Silicatgesteinen 8456.
Flerchinger (F. H.) s. Ehlers (M. H.).
Fleš (D.) s. Balenović (K.).
— u. Muić (N.), Arsenderivv. v. 4-Azo-5-oxy-2-methyl-3-carbäthoxypyrrol 347.
Flesch (P.), **Golomb (S.)** u. **Satanove (A.)**, Colorimetr. Best. v. Protein-gebundenen, wasserunlösl. Sulfhydrylgruppen mit d. Reagens nach Barnett-Seligman 8694.
Flesch (W.) s. Badische Anilin- & Soda-Fabrik Akt.-Ges.; Demag Akt.-Ges.
Fletcher (A. C.), Außenbeständigk. v. Polyvinylacetat-Emulsionsfarben. Ursache u. Behebung v. Schäden 8505.
Fletcher (C. M.), **Lowther (A. G.)** u. **Reith (W. S.)**, Folge v. Aminosäuren in Peptiden u. Proteinen. 2. Mitt. Trenn. d. Methylester d. N-2.4-Dinitrophenylderivv. v. Aminosäuren durch chromatograph. Adsorpt. u. d. freien Aminogruppen d. Insulins 9106.
Fletcher (F. M.) s. May & Baker Ltd.
Fletcher (G. C.), Berechn. d. ersten ferromagnet. Anisotropiekoeff. d. gyromagnet. Verhältnisses u. d. spektroskop. Aufspaltungsfaktors für Ni 5964.
Fletcher jr. (H. G.) s. Ness (R. K.).
—, Diehl (H. W.) u. **Ness (R. K.)**, Methyl-β-D-gulofaranosid u. einige andere Derivv. d. D-Gulose 1516.
— u. Ness (R. K.), Darst. u. Eigg. d. 2.3.4-Tri-O-benzoyl-β-D-ribose 2904.
Fletcher (H. J.) s. Dow Corning Corp.
Fletcher (J. H.) s. American Cyanamid Co.
— u. Butler (J.), Nomenklatur: Quatern. NH_4-Verbb. 4081.
Fletcher (L. T.) s. Steck (E. A.).
Fletcher (M. H.) s. White (C. E.).
Fletcher (M. J.) s. Curtin (D. Y.).
Fletcher (P.) s. Hardy (W. A.).
Fletcher (P. C.) s. Aamodt (L. C.).
Fletcher (R. C.) s. Briggs (H. B.); Brown (W. L.); Shuhnan (R. G.).
—, Brown (W. L.) u. **Wright (K. A.)**, Fehlen d. Beschußausheil. beim Elektronenbeschuß v. Ge 5002.
Fletcher (S. J.) s. Magnesium Elektron Ltd.
Fletcher (T. L.) s. Zech (R. K.).
Fletcher (W.) s. Waeco Ltd.
Fletcher (W. A.), Verwend. v. mit Diphenyl imprägnierten Papierhüllen zur Verhinder. d. Verderbens v. neuseeländ. Citronen 240.
Fletcher (W. P.) s. Braden (M.).
Fletscher (C. A.), 6-Nitroveratrumaldehyd 4329.
Flett (L.) u. **Hoyt (L. F.)**, Adsorpt. v. Waschmittel beim Färben 7088.
Fleureau (B.) u. **Sancelme (A.)**, Katalyt. Zers. v. CO an Elektrolyteisen bei niedr. Temp. 9042.
Fleuren (A. J.) s. Boon (E. F.).
Fleuret (L. F.) u. **Martin (René P.)**, Baukörper 9418* F.
Fleury (Paul), Wahl eines Reagens zur Klassifizier. d. landwirtschaftl. genutzten Naturphosphate in Abhängigk. ihrer Düngewrkg. 8244.
Fleury (Pierre), Anwendd. v. infrarotem Licht 9252. — s. Lemoine (J.).
Fleury (R. de), Verschleißverss. an auf Reib. beanspruchten Werkstoffen 449.
Fleury (S. M. M.) s. Fromont (W. A. G.).
Flewett (T. H.) u. **Eaves (G.)**, Hochaufgelöste elektronenmkr. Abbildungen v. dünnen Gewebeschnitten 656.
Fleysha (M. H.) s. Allied Chemical & Dye Corp.
Flick (D. F.) s. Swell (L.).
Flick (J. A.) u. **Jemski (J. V.)**, Identifizier. v. Clostridium perfringens-Lecithinase in d. Körper-Fl. 3405.
Flick (K.), Fluorhalt. Halogen-KW-stoffe 6078.
Flickinger (J. A.) s. United States Rubber Co.
Flickinger (R. A.), Verwert. v. $^{14}CO_2$ bei d. Entw. v. Amphibienembryos mit bes. Bezugnahme auf lokalisierte Inkorporat. in einzelne Embryonen 3182.
Flieg (O.) s. Badische Anilin- & Soda-Fabrik Akt.-Ges.
Flieger jr. (H. W.) s. Masi (J. F.).
Flines (J. De), Vork. eines Cholinschwefelsäureesters im Mycel eines Penicillium chrysogenum-Stammes 11232.
Flinn (P. A.) s. Flanagan (W. F.); Rudman (P. S.).
Flinn (R. A.) s. Kraft (R. W.).
Flint (C. F.), Faktis: Name, Beschaffenh. u. Zukunftsaussichten 1154. — Faktis in d. Industrie: Laboratoriumsbefunde 5671. — Weißer Faktis in Kautschuküberzügen 5671. — Eigg. u. Anwendd. v. Latex 6410. — s. Imperial Chemical Industries Ltd.
Flint (D.) s. Corbett (P. F.).
— u. Kear (R. W.), Korros. einer Stahloberfläche durch kondensierte H_2SO_4-Filme 9431.
Flint (G. W.) s. Standard Oil Co.
Flint (H. G.) s. Hauffe (K.).
Flint (H. T.) u. **Williamson (E. M.)**, Theorie d. Elektrons 271.
Flint (O.) s. Charlesby (A.).
Flintan (P.) u. **Keele (C. A.)**, Analget. u. a. Wrkgg. v. Dithienylbutylaminen am Menschen 2719.
Flintje (S. M.) s. Hennig (K.).
Flippin (H. F.) u. **Eisenberg (G. M.)**, Antimicrobial therapy in medical practice [10080].
Flitsch (W.) s. Micheel (F.).
Flock (B. J.) s. Universal Oil Products Co.
Flock (E. V.), **Block (M. A.)**, **Bollman (J. L.)** u. **Mann (F. C.)**, Alkal. Phosphatase u. Amylase d. Plasmas nach Hepatektomie 2220.
Flock (F. H.) s. Alder (Kurt).
Flockhart (B. D.) u. **Ubbelohde (A. R.)**, Elektr. Leitfähigk. einiger Paraffinkettensalze in Mischungen v. Propanol–W. u. Propionsäure–W. 4768.
Floden (N. I.) s. Svenska Cellulosa Aktiebolaget.
Flodin (P.) u. **Porath (J.)**, Zonenelektrophorese in Stärkesäulen 1570.
Flon (M.) s. Daudel (P.).
Flood (A. E.) s. Bradfield (A. E.).
Flood (E. A.) s. Heyding (R. D.).
Flood (H.), **Førland (T.)** u. **Grjotheim (K.)**, Zusammenhang zwischen Konzz. u. Aktivitäten in geschmolzenen Salzmischungen 7627.

Flood jr. (W. F.) s. Hrostowski (H. J.).
Flor (A.) & Sohn, Neon-Leuchtröhren-Fabrik, Elektrotechnische Werkstätten u. **Weber (Wilhelm),** Leuchtstoffschicht für Gasentladungsleuchtröhren oder Kathodenstrahlröhren 11440* D. B.
Florange (W.) s. Büch (O.); Presser (W.).
Florence (J. M.), Glaze (F. W.) u. **Black (M. H.),** Durchlässigk. bin. u. tern. Gläser für d. Energie d. nahen Infrarot 4430.
Florenskaja (N. K.) s. Jaitschnikow (I. S.).
Florent (R.), Gewebeextrakte 7801, 9924.
Florent (René) u. **Leach (S.),** Emissionsspektren v. NH_3 u. v. schwerem NH_3. Übergang $^1\Pi \rightarrow {}^1\Delta$ d. Radikale NH u. ND 1438.
Florentin (J. J.) s. Tebble (R. S.).
Flores (D. G.) s. Fronda (F. M.).
Flores (H.) s. Monsanto Chemical Co.
Florestano (H. J.) s. Faith (H. E.).
— u. **Bahler (M. E.),** Antibakterielle Aktivität einer Reihe v. Diphenylmethanen 3168.
Florey (E.), Hemmender u. erregender Faktor d. Zentralnervensyst. d. Säugetiere u. ihre Wrkg. auf ein einzelnes sensor. Neuron 6061.
Florey (H.), Mucin u. Körperschutz 8186.
Florey (K.), Hydroxylierr. v. Steroiden durch biol. Methoden 361.
Floria (V. D.) s. Mock (R. A.).
Florian (A.) u. **Urban (P.),** Matrixelemente u. Integrale für d. Schalenmodell d. leichten Kerne 5949.
—, **Urban (P.)** u. **Wildermuth (K.),** Höher angeregte Zustände leichter Kerne 11489.
Florián (E.) s. Nékám (L.).
Florida (C. D.) u. **Davey (C. N.),** Empfindl., moduliertes Licht verwendendes Photometer u. seine Anwend. in einem Uran-Fluorometer 2497.
Floridienne (La), J. Buttgenbach & Cie., Soc. An., Lamquet (C.) u. **Kusman (D.),** Hochdisperse Bleimennige 931* F. — Äußerst feinteil. Mennige 1587* Schwz.
Florin (R. E.), Wall (L. A.), Mohler (F. L.) u. **Quinn (E.),** Dimethylphosphinoborintrimere. Massenspektren u. therm. Zers. 1672.
Florinskaja (W. A.), Jakowlewa (A. W.), Petschenkina (R. S.) u. **Iwanowa (M. K.),** Absorptionsspektren v. Pb-Gläsern im UV-Gebiet 6454.
— u. **Petschenkina (R. S.),** Reflexions- u. Transmissionsspektren verschied. Kieselsäuremodifikatt. im Infrarot 9959.
Florinski (F. S.) s. Koton (M. M.).
Florkin (M.) s. Duchâteau (G.).
Florsheim (W.), Doernbach (C.) u. **Morton (M. E.),** Wrkg. v. Röntgenstrahlen auf d. Umwandl. v. radioakt. P u. d. O_2-Verbrauch v. Gehirn 9376.
Flory (P. J.) s. Goodyear Tire & Rubber Co.; Mandelkern (L.); Wingfoot Corp.
Flotats (J. F.) = Ferrer Flotats (J.).
Flounders (J. L.), Zweilinienpaarnomographie für nichtparallele Arbeitskurven bei d. spektrograph. Auswert. 11258.
Flower jr. (G.) s. Dictaphone Corp.
Flowers (B. H.), Magnet. Momente u. Quadrupolmomente v. Kernen mit ungerader M. in jj-Koppl. 6445.
Flowers (R. G.) s. Canadian General Electric Co. Ltd.
Floyd (D. E.) s. General Mills, Inc.
Floyd (D. E.), Herban (M. S.) u. **Mitchell (W. S.),** Entw. im 2-Kannen-Anstrichsyst.; Mischungen aus Polyamid- mit Epoxyharzen finden starke Beachtung 7794.
— u. **Miller (S. E.),** Cetylmalonsäurediäthylester 6495.
Floyd (J.) s. Swift & Co.
Floyd (J. D.) u. **Gross jr. (P. M.),** Löslichk. v. starken Elektrolyten im Syst. H_2O_2–W. 1. Mitt. Natriumchlorid, -fluorid u. -nitrat, Kaliumchlorid u. -nitrat u. Lithiumnitrat 9750.
Floyd (N. F.) u. **Lavine (T. F.),** Isolier. v. Methionin aus Proteinhydrolysaten als Methylsulfoniumsalz 2690.
Floyd (R. W.) s. Taylor (A.) [Cleveland].
Fluchaire (M. L. A.) s. Soc. des Usines Chimiques Rhône-Poulenc.
Flüchtbauer (H.) s. Engelhardt (W. v.).
Flückiger u. **Buhl,** Desinfekt. d. für d. Tiertransport bestimmten Eisenbahnwagen u. Straßenfahrzeuge 1095.
Flügel (A.) s. Witsch (H. v.).
Flügel (F.), Wrkg. d. Phenothiazinkörpers „Megaphen" auf psych. Krankheitsbilder 3194. — Neuropsychiatr. Erfahrr. über d. Wrkg. d. Rauwolfiaalkaloides Reserpin (Serpasil) 9846.
Flügel (W.), Dürst (A.) u. **Metzger (E.),** Drucken u. Foulardieren v. Polyacrylnitrilfasern nach dem Sandocryldruckverf. 11102.
—, **Peter (A.)** u. **Egli (H.),** Sandocrylverf. zum Färben v. Polyacrylnitrilfasern nach d. Cuproionen-Meth. 8268, 9200.
Flügge (J.), Präzises Arbeiten mit Kreispolarimetern 1803.
Flügge (R.), Gesamte Schutzbehandl. d. Bauholzes [4966].
Flugfunk-Forschungsinstitut Oberpfaffenhofen e. V. u. **Knecht (W.),** Metallbelag auf einem keram. Körper 11449* D. B.
Fluharty (R. G.), MTR-Schnellschopper 6682.
Fluhmann (C. F.), Einleit. einer vorzeit. Öffn. d. Vagina v. jugendlichen Ratten durch Neostigmin 1542.
Fluke (D. J.) u. **Setlow (R. B.),** UV-Monochromatoren mit Wasserprisma 4655.
Fluor Corp. Ltd., Kohl (A. L.) u. **Blohm (C. L.),** Gewinn. v. S a. H_2S u. KW-stoff enthaltenden Gasen 1816* A.
Flury (F.) u. **Münzel (K.),** Pharmazeut. Groß- u. Kleinapparaturen, Hilfsmittel u. Utensilien. 39. Mitt. Egro-Autoklav zu 32 Liter Inhalt 8915.
Flux (D. S.), Wrkg. v. Nebennierensteroiden auf d. Wachstum d. Brustdrüsen, d. Uteri, d. Thymusdrüsen u. Nebennieren v. n., ovarektomierten u. mit Östron behandelten ovarektomierten Mäusen 9368. — s. Cowie (A. T.).
Flynn (E. H.), Sigal jr. (M. V.), Wiley (P. F.) u. **Gerzon (K.),** Erythromycin. 1. Mitt. Eigg. u. Abbauunterss. 3875.
Flynn (J. H.) u. **Hulburt (H. M.),** Red. d. Äthylenplatinchlorids 11354. — Red. d. Äthylenplatinchlorids mit Deuterium. Massenspektren d. deuterierten Äthane 11355.
Flynn (J. P.) s. Spedding (F. H.).
Flynn (K. F.) s. Glendenin (L. E.).
Foà (P. P.) s. Galansino (G.).
—, **Magid (E. B.), Glassman (M. D.)** u. **Weinstein (H. R.),** Hypophysenvorderlappen-Wachstumshormon (STH) u. d. Pankreas-Glukagon (HGF)-Sekret. 1075.
Foch (M. A.) s. Dubois (M.).

Fochem (K.), Wrkg. d. Lävulose bei d. Strahlenkrankh. 11241.
— u. **Spurny (J.)**, Wrkg. d. Citracholins auf d. Leukocytenwerte während d. Röntgenbestrahl. mit Carcinomdosen 9817.
Focht (R. L.) s. S k o o g (D. A.).
Fodden (J. H.) u. **Stewart (R. D.)**, Phosphataseaktivität als Maß für d. Einfl. d. Säure beim pept. Mucosaschaden 7004.
Fodiman (N. M.) s. W o j u t z k i (S. S.).
Fodor (G.) s. K o v á c s (Ö.).
—, **Toth (J.)** u. **Vincze (I.)**, Stereochemie d. Tropanalkaloide. 5. Mitt. Best. d. Konfigurat. d. am Pyrrolidinring Sauerstoffunktt. enthaltenden Tropanalkaloide 6031.
Föhr (Folkhard), s. F e t t c h e m i e u n d F e w a - W e r k V E B.
Föhr (Fritz) s. V E B E l e k t r o c h e m i s c h e s K o m b i n a t B i t t e r f e l d.
Föhse (W.) s. W e r n e r (F. G.).
Földiák (G.), Berechn. d. Ausbeutewerte bei Extraktionsprozessen 2973.
Főldvári-Vogl (M.), Therm. Analyse v. Bauxitproben aus Nézsa u. Iszkaszentgyörgy (Ungarn) 3581. — Differentialtherm. Analyse 4655.
Föppl (L.), Spannungsoptik 956.
Föppl (O.), Fehler d. bisher. elastizitätstheoret. Betrachtt. 1459.
Förg (F. J.), Einfl. v. Vitamin K auf d. Haltbark. d. Milch 2557.
Førland (T.), Thermodynam. Behandl. v. Salzschmelzen u. Schlacken 6933. — s. F l o o d (H.).
—, **Grjotheim (K.)** u. **Krogh-Moe (J.)**, Anwend. v. Strukturmodellen bei Berechn. d. physikal.-chem. Eigg. konz. Säurelsgg. 758.
—, **Storegraven (H.)** u. **Urnes (S.)**, Struktur d. Kryolith-Soda-Schmelzmisch. 10612.
Foerster (H. v.) s. E r n s t (E. W.).
Förster (T.) s. E p p l e (R.).
Förster (W.) s. L ü l l m a n n (H.).
Försvarets Forskningsanstalt, U 10371* Schwed.
—, **Skärblom (K. I. E.)** u. **Trobeck (K. G.)**, Gewinn. v. Pentaerythrit aus kalkalkalischen Kondensationslsgg. 7780* Schwed.
Foëx (M.), Infrarotdurchlässigk. v. im Sonnenofen in verschied. Atmosphären dargestellten Kieselsäuregläsern 980. — Eigg. keram. Prodd. aus Aluminiumoxyd u. Vanadiumsesquioxyd 6365. — s. C a i l l è r e (S.); L e b e a u (P.); T r o m b e (F.).
— u. **Johannin-Gilles (A.)**, Durchlässigk. v. in verschied. Atmosphären im Sonnenofen geschmolzenem Quarz im fernen UV 980.
— u. **Loriers (J.)**, Höhere Oxyde d. Praseodyms 2623.
Fogel (K.-G.), Best. v. Eigenwerten u. Eigenphase für d. Yukawa-Potential 2591.
Fogelberg (B. C.) s. Å l a n d e r (P.).
Fogelberg (J. M.) s. W r i g h t (W. J.).
Foght-Nielsen (K.-E.), **Friis-Hansen (B.)** u. **Plum (P.)**, Folsäureantagonisten u. ACTH in d. Behandl. d. Leukämie bei Kindern 6308.
Foght-Nielsen (V.), Mit N-Allylnormorphin behandelte Morphinvergift. 4158.
Fogleman (R. W.) s. C o m s t o c k (C. C.).
Fogliati (A. E.) s. C i o c a t t o (E.).
—, **Ciocatto (E.)**, **Giudice (P. A.)** u. **Cattaneo (A. D.)**, Verh. d. Gallengangsdynamik unter d. Wrkg. verschied. vegetativ wirksamer Pharmaca. Unterss. am Hund 1088.
Fogo (J. K.), **Benson (S. W.)** u. **Copeland (C. S.)**, DK. v. überkrit. Dampf 5722. — Elektr. Leitfähigk. v. überkrit. Lsgg. v. NaCl u. W. 6920.
Fok (N. W.) u. **Nalbandjan (A. B.)**, Reaktionsmechanismus d. durch Hg sensibilisierten photochem. Propanoxydat. bei niedrigen Tempp. 320.
Foka (M. N.) u. **Burksser (L. J.)**, Beweglichk. d. S in Thiosäuren. Austausch-Rkk. zwischen elementarem S u. Kaliumäthylxanthogenat 8828.
Fokin (A. W.) s. K n u n j a n z (I. L.).
Fokina (J. A.) s. K r y l o w (O. W.).
Fokkens (J.) s. O v e r b e e k (G. A.).
Folberth (O. G.) u. **Kochendörfer (A.)**, Theorie d. Kriechens v. Einkristallen 1459.
— u. **Madelung (O.)**, Deut. v. Leitfähigkeitsmessungen an InSb 7845.
Foldes (F. F.), Succinylmonocholinjodid. Seine enzymat. Hydrolyse u. neuromuskuläre Wirksamk. 10561. — s. H u n t (R. D.).
—, **Machaj (T. S.)** u. **Carberry (P. C.)**, Anwend. v. Gallamintriäthyljodid (Flaxedil) in Verb. mit Pentothalnatrium-Lachgas-Sauerstoff-Narkose in d. Bauchchirurgie 3192.
Foldy (L. L.), Matrixelemente für d. Kernphotoeffekt 8075.
— u. **Eriksen (E.)**, Physikal. Folgerungen d. Vakuumpolarisat. 8773.
Folen (V. J.), **Nix (F. C.)** u. **Jaumot jr. (F. E.)**, Ferromagnet. Eigg. u. Ordn.-Unordn.-Übergänge in Fe-Pd-Legierr. 5248.
Foley (E.) s. M a g n e s i u m E l e k t r o n L t d.
Foley (Edmund F.) s. B e r n s t e i n (L. M.); P a s c a l e (L. R.).
Foley jr. (Edward F.), **Linford (H. B.)** u. **Meyer (W. R.)**, Fe-Ndd. aus einem alkal. Bad 206.
Foley (E. J.), Therapeut. Wrkg. v. Chlortetracyclin u. Ocytetracyclin in immunisierten, mit Cortison behandelten Mäusen 8434.
Foley (H. M.) s. S e s s l e r (A. M.); S t e r n h e i m e r (R. M.).
—, **Sternheimer (R. M.)** u. **Tycko (D.)**, Kernquadrupolkoppl. bei polaren Molekülen 10430.
Foley (K. W.) s. H e b d e n (D.).
Foley (R. M.) s. D o r r C o.
Foley (R. T.) s. G e n e r a l E l e c t r i c C o.
Foley jr. (W. M.) s. B r o u i l l e t t e (C. V.).
Folk (J. E.) s. S u l l i v a n (M. X.).
Folkers (K.) s. M e r c k & C o., I n c.; W a l t o n (E.); W r i g h t (L. D.).
Folkers (K. E.) s. M o n s a n t o C h e m i c a l C o.
Folkes (B. F.), Wechselseit. Aminosäurenumwandl. während d. Keimens v. Gerstenkörnern 11407. — s. Y e m m (E. W.).
—, **Grant (R. A.)** [Bristol] u. **Jones (J. K. N.)**, Froschlaichmucin 120.
Folkes (J. P.) s. G a l e (E. F.).
Folkins (H. O.) s. F o o d M a c h i n e r y & C h e m i c a l C o r p.
Folkson (A.) s. G a r m a n y (G.).
Follette (J. H.) s. H a r d i n (B.).
Folley (S. J.) s. B a l m a i n (J. H.).
Follin jr. (J. W.) s. A l p h e r (R. A.).
Folman (M.) s. G a r b a t s k i (U.).
Folomin (A. I.), Hochtemp.-Trockn. v. Holz in Petrolatum 8994.
Folsom (R. G.), Sichtbarmachen v. Strömung im Hochvakuum 4415.
Folt (V. L.) s. G o o d r i c h (B. F.) C o.
Folwell (J. H.) s. E a s t m a n K o d a k C o.

Folzenlogen (R. G.) s. Procter & Gamble Co.
Fomenko (M. W.) s. Alter (A. A.).
Fomin (J. I.), Verbesser. d. Anreicher. v. Mn-Erzen 8018.
Fon-Jung (I. J.) u. **Schkudowitsch (R. A.)**, Behandl. d. Lungentuberkulose mit Phthivazid 3671.
Fond (I. A.), Piromentherapie bei Asthma 3429.
Fonda (G. R.) s. Comp. Française Thomson-Houston; Comp. des Lampes.
Fondazione (E. Paterno) u. **Bucci (F.)**, Alkalicyanate 7784* A.
Fonderie de Beaufort, Camescasse (P.) u. **Mathieu (F.)**, Gewinn. v. Mg durch Red. bei hoher Temp. 7774* F.
Fondovila (M. E.) s. Orazi (O. O.).
Foner (S.), Meth. zur Mess. d. magnet. Eigg. ferromagnet. Stoffe mit Hilfe d. Hall-Effekts 2366.
Fones (W. S.), Abbau d. opt. Isomeren v. Isoleucin u. Alloisoleucin zu d- u. *l*-α-Methylbutyraldehyd 331. — Opt. Isomere d. Oxylysins u. Allooxylysins 3840. — Derivv. d. stereoisomeren β-Phenylserine. Umwandl. d. threo- in d. erythro-Form 10489.
Fong (J.) u. **Louie (R.)**, Immunisier. bei Cortison-behandelten Viruswirten 1073.
Fong (W.) s. United States of America, Secretary of Agriculture.
Fongaus (M. I.), Arbeitshygiene beim katalyt. Cracken v. Erdöl 1347.
Fonger (W. H.), Zeitl. Änderr. d. Höhenstrahl.-intensität u. deren Ursprung. 2. Mit. Energieabhängigk. d. 27-Tage-Schwankk. 269.
Fonken (G. S.) s. McCloskey (A. L.); Upjohn Co.
Fonnesu (A.), O_2-Aufnahme u. Oxydat. v. niederen Fettsäuren in d. Niere bei experimenteller trüber Schwellung 5354. — Photometr. Anpassung für d. Mikrobest. d. Essigsäure im Harn 5616.
— u. **Severi (C.)**, Durch 2.4-Dinitrophenol verursachte Anhäuf. v. Glykogen in d. Leber 7961. — Zellschädigg. nach chron. Vergift. mit 2.4-Dinitrophenol 10766.
Fonseca Redondo (S.) s. Landry (A. S.).
Fontaine (A.) s. Mousseron (M.).
Fontaine I (Maurice) s. Nedey (G.).
Fontaine II (Maurice) u. **Hatey (J.)**, 17-Oxycorticosteroidgeh. d. Plasmas d. Salmes (Salmo salar L.) 4865.
Fontaine (R.), Stoll (G.) u. **Frank (P.)**, Einfl. d. partiellen Adrenalektomie auf d. 17-Ketosteroidausscheid. im Harn beim Menschen 3896.
Fontan (A.), Verger (P.) u. **Vérin (M.)**, Hämolyt. Zwischenfälle durch PAS. Zwei Beobachtt., d. eine mit Todesfolge, nach Aufnahme v. trinkbarer Ascorbinsäure 4640.
Fontana (C. M.) s. Socony-Vacuum Oil Co., Inc.
Fontana (F. J.) s. Richfield Oil Corp.
Fontana (J. C.) s. Begeman (M. L.).
Fontana (M. G.) s. Bishop (S. M.); Bomberger (H. B.); McPherson (D. J.).
Fontana (P.) u. **Martelli (R.)**, Best. v. Salzen d. Äthylen-bis-dithiocarbaminsäure in Gegenwart v. Cu-Salzen 11080.
— u. **Pastorelli (L.)**, Best. d. Gleichmäßigk. d. Ndd. auf d. beschickten Gläsern bei d. App. für d. Best. d. antikryptogamen Aktivität im Labor. 10362.
Fontana (P.) u. **Zampighi (G.)**, Wirksamk. gegen Peronospora. Verbleib u. Wander. d. Zn-Äthylen-bis-dithiocarbamats auf d. Weinrebe 9650.
Fonte électrique Soc. An., Feste MM. zur Sterilisier. v. Fll. 646* Schwz.
Fontseré Ribas (E.), Ciencias Físicas y Naturales [5230].
Food Machinery & Chemical Corp. u. **Coster (L. R.)**, Herst. v. Chloralhydrat 1095* A.
—, **Folkins (H. O.), Miller (Elmer)** u. **Hennig (H.)**, CS_2 2303* A., 3250* A.
— u. **Pancoast (H. M.)**, Erhalt. d. natürl. frischen Zustandes v. Lebensmitteln 2097* Can.
—, **Pianfetti (J. A.), Melvin (R.)** u. **Earle jr. (H. H.)**, Räuchermittel 1360* A.
—, **Pianfetti (J. A.)** u. **Timmerman (R. W.)**, Halogenieren v. KW-stoffen 1836* A.
— u. **Plueddemann (E. P.)**, Höhermol. organ. Ester v. relativ starken Säuren 6848* A.
—, **Russo (V. J.)** u. **Les Veaux (J. F.)**, Fungicides Mittel 1360* A.
— u. **Wilbur (P. C.)**, Kühlen v. mit Lebensmitteln gefüllten Dosen im kontinuierl. Sterilisationsverf. 6162* A.
Food Technology, Inc. u. **Glabe (E. F.)**, Backhilfsmittel 4958* A. — Mürbungsmittel für Backzwecke 4958* A. — Konservier. v. Früchten 5205* A.
Foord (A. G.) s. Lewis (R. D.).
Foord (S. G.) s. Standard Telephones & Cables Ltd.
Foot (A. S.) s. Bailey (G. L.).
Foote jr. (H. L.) s. Sailor (V. L.).
—, **Landon (H. H.)** u. **Sailor (V. L.)**, Resonanzen für langsame Neutronen in Ho, Tm u. Cp (Lu) 1197.
Foote (H. W.) u. **Fleischer (M.)**, Anlager. v. J an Tetramethylammoniumjodid 5977.
Foote (J. B.) u. **Maclagan (N. F.)**, Vereinfachter radioaktiver Test für d. Schilddrüsenfunkt. 10551.
Foote (P. A.) s. Schaeffer (H. J.).
Foote Mineral Co., Umhüllte Schweißelektrode 6844* E.
Footner (H. B.) u. **Martin (M. R. A.)**, Schutzanstrichprobleme in d. Erdölindustrie 10415.
Foppiano (R.) s. Salmon (M. R.).
—, **Salmon (M. R.)** u. **Bywater (W. G.)**, Glykoside d. Samen v. Strophanthus schuchardti Pax 10781.
Forachemie u. **Klette (K. H. H.)**, Hormonpräpp. für Mast-, Lactations- u. Kastrationszwecke 11426* D. B.
— u. **Radde (E. M. H.)**, Dicyclohexyläthane 7983* D. B.
Forattini (C.) s. Castro (B. de).
Forbáth (R.), Trockenkörn. v. Hochofenschlacke 4675. — Anwend. d. Infrarotstrahlungsofens im metallurg. Labor. 11055.
Forberger (R.) s. Telefunken Gesellschaft für drahtlose Telegraphie m. b. H.
Forbes jr. (H. L.) s. Du Pont de Nemours (E. I.) & Co.
Forbes (J. A.), Behandl. v. persistierender Diphtherieinfekt. mit Erythromycin 4397.
Forbes (J. C.), Board (J. A.) u. **Duncan (G. M.)**, Nebennieren-Rk. v. Ratten auf Salicylamid u. Natriumsalicylat mit u. ohne p-Aminobenzoesäurezugabe 10075.
Forbes (M.), Shockman (G. D.), Chu (E.) u. **György (P.)**, Wrkg. v. Chlortetracyclin u.

Penicillin auf d. Intestinalflora v. Ratten, d. mit nekrogenem Futter ernährt wurden 3427.
Forbes (M. C.), Wasserfragen u. ihre Lsg. 1. Mitt. Wasserversorg. u. -güte 185.
Forbes (O. C.), Synthet. Spasmolytica 7496.
Forbes (R. M.), Einfl. v. Antibioticis u. Methionin auf d. N-Ausnutzung u. d. Grundumsatz d. wachsenden männlichen Albinoratte 3665. — s. Albert (W. W.); Bucy (L. L.).
Forbes Cross (M.) s. Kansas City Testing Laboratory.
Forchheimer (O. L.) u. Taube (H.), Tracer-Unterss. über d. Zerfall v. O_3 in W. 537.
Forchione (M.), Lackieren v. Filtern bei d. Fram Corporation 4221.
Forclaz (P.-H.), Überzug für bemaltes Papier 1642* Schwz.
Ford (D.) s. Ziff (M.).
Ford (D. L.) s. Cavill (G. W. K.).
Ford (D. S.), Kolloidmühlen zur Herst. v. Emuls.- u. Temperafarben 2542.
Ford (F. C.) u. Powell (W. M.), In einer Nebelkammer durch energiereiche Neutronen erzeugte π^--Mesonen 7596.
Ford (F. P.) s. Dunkel (W. L.).
Ford (H.) s. National Research Development Corp.
Ford (I. H.), Ein Mikroskoptisch u. ein integrierender Punktzähler für d. mikrometr. Analyse v. Gesteinen 2262.
Ford (J. E.) s. Coates (M. E.).
— u. Holdsworth (E. S.), Biosynthet. Verwandtschaften zwischen Vitamin-B_{12}-ähnl. Faktoren 2010.
—, Holdsworth (E. S.) u. Kon (S. K.), Biosynth. Vitamin-B_{12} ähnl. Verbb. 2471.
Ford (J. E.) [Manchester] u. Roff (W. J.), Nachw. v. Textil- u. verwandten Fasern 9474.
Ford (J. F.) s. Farmer (E. H.).
Ford (J. G.) s. Westinghouse Electric Corp.
Ford (J. J.) s. Fritz (J. J.).
Ford (K. W.), Kerndeformat. u. d. Trägheitsmoment d. Kernrotationszustände 8541. — s. Hill (D. L.) [Nashville]; Wilets (L.).
— u. Hill (D. L.) [Nashville], Ungleichmäßige Verteill. d. Kernlad. u. Messungen d. elektr. Kernradius 10186.
Ford (R. B.), Vork. u. Ursprung d. Graphitlagerstätten bei Dillon, Montana 1927.
Ford (R. M.), Isonicotinsäurehydrazid bei d. Lungentuberkulose 5838.
Ford (R. V.) s. Hughes (Warren); Moyer (J. H.); Spurr (C. L.).
Ford (S. K.), Sulfitierte Öle 2098.
Ford (W. T.) s. Morton (H. E.).
Ford Motor Co., Bogart (H. N.) u. Hart (D. C.), Hartlöten v. austenit. Fe-Legierr. 1602* A.
Ford Motor Co. Ltd., Richards (Alvin B.), Mickey (J. A.) u. O'Reilly (J. T.), Abziehbare Schutzfilme 1617* Can.
Fordemwalt (F.) s. American Cyanamid Co.
— u. Kourtz (R. E.), Färben v. cyanoäthylierter Baumwolle 11467.
Fordham (S.) s. Imperial Chemical Industries Ltd.
Fordham (W. D.) s. Bowman (R. E.).
Fordyce (R. G.) s. Monsanto Chemical Co.
Fore (S. P.) s. Feuge (R. O.).
Forell (M. M.) u. Koller I (F.), Beurteil. d. Leberfunkt. durch d. Best. v. Faktor V, Faktor VII u. Prothrombin. Wrkg. v. Synkavid u. Vitamin K_1 2473.
Foreman (C. E.) u. Crouch (M. F.), Neutronenbremszeit 4988.
Foreman (C. W.), Sauerstoff-Hämoglobin-Dissoziat. v. Säugetieren 9599.
Foreman (E. L.) s. Lakeside Laboratories, Inc.
Foreman (H.), Vier (M.) u. Magee (M.), Stoffwechsel v. ^{14}C-markierter Äthylendiamintetraessigsäure bei d. Ratte 10557.
Foresman (R. A.) u. Pantaleoni (R.), Geruchshaltbark. in Aerosolen 3750.
Forest (P. J.) s. Burstall (F. H.).
Forestal Land, Timber and Railways Co. Ltd., White (T.) u. Hastings (J. R. B.), Gerbmittel 266* D. B.
Foresti (M.) s. Allegri (A.).
Forestier (H.) u. Clauss (A.), Einfluß d. Adsorpt. v. Gasen auf d. mechan. Widerstand eines Metalldrahtes 301.
— u. Maurer (J.), Einfl. d. Gasadsorpt. auf d. Oberflächenhärt. v. Berylliumbronze, d. nach Abschrecken angelassen worden war 1223.
Forestier (J.) u. Thévenoz (F.), Koll. Goldsulfid in d. Behandl. d. evolutiven chron. Polyarthritis 1093.
Forgács (J.), Kovács (Ervin) u. Pásztor (János), Rolle d. Vitamins K in d. Prothrombinaktivität 5587.
Forgács (P.) u. Hajdu (L.), Hemmende Wrkg. d. Cortisons auf d. Mobilisier. d. adrenocorticotropen Hormons (ACTH) 137.
Forget (R.), Stabilisieren v. Pigment- u. Farblacksuspenss. 8506* F.
Forgue (S. V.) s. Radio Corp. of America.
Forist (A. A.) s. Speck jr. (J. C.).
Forland (T.), Aktivität v. $CaCO_3$ in Mischungen geschmolzener Salze 9735.
Forlin (J. E.) s. Imperial Chemical Industries Ltd.
Forman (I. M.) s. Feldman (L.).
Forman (L. E.) u. Sears (W. C.), Rkk. v. 3.4.6-Trialkylphenolen. 1. Mitt. Halogenderivv. v. 3-Methyl-4.6-bis-[tert.-butyl]-phenol 2180.
Forman (R.), Mess. u. theoret. Unters. d. Leitfähigk. u. d. Hall-Effekts in d. Oxydkathode 6919, 9732.
Forman (S. E.) s. National Distillers Products Corp.
Formanek (K.) u. Weis (W.), Pharmakologie d. 1-Nicotinylamino-1.2-diphenyläthan 11036.
Formanek (V.) s. Rey (Maurice).
Formijne (P.), Hemmungswrkg. v. Natriumsalicylat auf Agglutinat. u. Hämolyse v. Erythrocyten 11029.
Formo (M. W.) s. Shaw (J. N.).
Formosowa (L. N.) u. Janitzki (A. L.), Charakterist. Besonderheiten oolith. Eisensteine d. Flußfazies 9047.
Fornachon (J. C. M.), Anreicher. v. Acetaldehyd durch Hefesuspenss. 2698.
Fornander (S.), Kalling-Domnarfvet-Verf. auf d. Surahammar-Werken 1132. — In Schweden angewendete Fe- u. Stahlherstellungsverff. 4683. — Gewinn. v. Roheisen u. Gußstahl in Schweden 6376.
Fornara (P.), Tox. Manifestatt. d. Sulfonamide 5119.
—, Quattrin (N.), Brancaccio (A.), Cavalli-Sforza (L.), Jacono (G.), Schiavini (A.) u. Sella (F.), Moderne Gesichtspunkte d. Chemotherapie mit Sulfonamiden bei Infektionskrankhh. 5119.

Fornaroli (P.) u. **Koller (M.),** Aktivität d. Insulins im Gemisch mit Hyaluronidase 8424.
Fornefeld (E. J.) s. K o r n f e l d (E. C.).
Fornelli (D.), Knitterfestigkeitsproblem bei Baumwolle. 1. Mitt. 3034; 2. Mitt. Verwendete Kunstharze 5212.
Forneris (R.) s. S t a m m r e i c h (H.).
Forni (I.) s. A n d r e a t t a (C.).
Forni (M.) u. **Rosenholz (U.),** Wirkungssynergismus einer Vitamin-P-ähnl. Substanz u. d. Ascorbinsäure bei d. Oberflächenanästhesie 10554.
Fornoff (F. J.), Post (G. I.), Rhoda (R. N.) u. **Collier jr. (H. E.),** Tafel d. Period. Syst. für d. Hörsaal 502.
Foromycen Établissement, Herst. eines Desinfektionsmittels 10577* Schwz.
Forrai (G.) s. W e i ß (P.).
Forray (M.) s. M i n d l i n (R. D.).
Forrer (R.), Progressive Zwischenaktivier. in ferromagnet. Legierungsreihen 6459. — Vers. d. experimentellen Best. d. Abstandes zwischen zwei Elektronen in Wechselwrkg. 11506.
Forrest (H. S.) u. **Mitchell (H. K.),** Pteridine aus Drosophila. 1. Mitt. Isolier. eines gelben Pigments 9098; 2. Mitt. Struktur d. gelben Pigments 9098.
Forrest (I. S.) s. N e u b e r g (C.).
Forrest (W. J.) s. P i n c h i n J o h n s o n & A s s o c i a t e s L t d.
Forrester (J. D.) s. C h e a s l e y (T. C.).
Forrester (J. H.), Conn (A. L.) u. **Malloy (J. D.),** Ultraforming, ein neues Reformingverf. 8066.
Forrester (P. G.) s. G l a c i e r M e t a l C o. L t d.; L i d d i a r d (P. D.).
— u. **Ducksworth (W. E.),** Bewert. v. Lagermetallen 6838.
Forrez (G.) s. I t t e r b e e k (A. v a n).
Forro (M.), Best. d. maximalen Energie schwacher β-Strahler 2125. — Best. d. Endpunktenergie v. β-Strahlern 2125. — Isotopenbest. mit d. Au-Absorptionsmeth. 8306.
Fors (M.), Abfüll. v. Injektions-Fll. in Stickstoffatmosphäre 5366. — s. A r n b o r g e r (K.).
Forsander (O.) s. R ä i h ä (C.-E.).
Forsberg (G.), Geschwindigkeitskonstanten u. Rk.-Prodd. d. alkal. Hydrolyse v. Äthylen- u. Trimethylenchlorhydrinen mit Alkylsubstituenten 4561.
Forsberg (R.) s. S v e n s s o n (H.).
Forsblom (G. W.) u. **Maschowetz (W. P.),** Modelldarst. d. elektr. Feldes v. elektrolyt. Systemen 11342.
Forschter (C. K.) u. **Swinkina (N. W.),** Einfl. d. Sulfanilamide auf d. durch d. Dysenteriebacillus hervorgerufene entzündl. Rk. 3671.
Forschungsinstitut für Kraftfahrwesen und Fahrzeug-Motoren an der Technischen Hochschule Stuttgart u. **Widmaier (O.),** Best. d. Pb-Geh. v. bleitetraäthylhalt. Kraftstoffen 9006* D. — Quantitative Best. v. Pb in verbleitem Bzn. 11316* D.
Forsee jr. (W. T.), Bedingungen, welche d. Aufnehmbark. v. Boden- u. Düngermangan in d. organ. Böden d. Florida Everglades beeinflussen 7761. — s. K r e t s c h m e r j r. (A. E.).
Forsham (P. H.) s. L i d d l e (G. W.).
Forshufvud (S. G. B.), Wundheilungsmittel 10094* Schwz.
Forsling (W.), Erzeug. u. Unters. d. neuen Elemente *99* u. *100* 5237. — s. A t t e r l i n g (H.).
Forss (D. A.), Bezieh. d. äther. Öle v. Coronopus didymus zur Vergäll. d. Butter 6876.
Forss (H. M.) s. L e n n o x (F. G.).
Forssberg (A.) s. S h e r m a n (F. G.).
Forst (P. v. der) s. B a r d e n h e u e r (P.).
Forster (E. L.), Aufstell. v. Elektronenformeln 9972. — s. B r e i t e n b a c h (J. W.).
Forster (G.) s. L ö f f l e r (W.).
Forster (H. H.) s. S u n (H.).
Forster (H. K.) u. **Zuber (N.),** Wachstum einer Dampfblase in einer überhitzten Fl. 752.
Forster (L. S.), Lösungsmitteleinfl. auf d. sichtbare Absorptionsspektr. v. Biacetyl 8576.
Forster (R. E.), Fowler (W. S.) u. **Bates (D. V.),** Aufnahme v. CO durch d. Lungen 8667.
Forstner (J. L.) u. **Rogers (L. B.),** Reproduzierbark. v. Messungen, d. mit einem Cary-Spektrophotometer u. seiner log-Density-Einricht. durchgeführt wurden 2031.
Forsvarets Forskningsinstitut, Aufbereit. v. Mineralien 10852* N.
Forsyth (G. E.) s. B o c k s t a h l e r (T. E.).
Forsyth (P. F.), Weber (E. N.) u. **Schuler (R. H.),** Durch Strahl. induzierte Rk. zwischen J u. Heptan 4540.
Forsyth (T. L.), Teilchengröße, Mess. u. Bedeut. in d. chem. Industrie 2268.
Forsyth (W. G. C.), Coffein in Kakaobohnen 10545. — Comirin: Isolier. u. Eigg. 11603.
Forsyth (W. J.) s. B a r n e s (W. H.).
Forsythe (J. J.) s. B a i l e y (H. P.).
Forsythe (W. E.), Smithsonian physiacl tables [970].
Fort (R.) s. D e n i v e l l e (L.); S t a m m r e i c h (H.).
Forte (P. N.), Bekämpf. v. Pseudococcus maritimus (Ehr.) auf Weinstöcken in Westaustralien 2517.
Fortenbaugh (R. B.) s. A m e r i c a n C y a n a m i d C o.
Fortescue (J. A. C.), Ge u. a. Spurenelemente in einigen westkanad. Kohlen 4972.
Fortess (F.), Anwend. v. Siliconharzen auf Geweben 6169. — s. C e l a n e s e C o r p. o f A m e r i c a; S a l v i n (V. S.)
Fortey (J.). u. **Cohen (E.),** Kleiner justierbarer Röntgenkristallmonochromator 993.
Forti (D.), Parathiazinverbb. u. Potenzier. d. Anästhetica 2247. — Antihistaminica in d. Anästhesie 8435. — Verwend. v. Ganglienblockern in d. chirurg. Behandl. d. Lungentuberkulose 8437.
Fortini (S.), Katalasen in reifendem Getreide bei unterschiedl. Bewässerung 8407. — s. T o m b e s i (L.).
Fortuin (J. M. H.) s. B o e r (J. H. d e).
Fortunatow (S. P.), Unters. u. Ausnutz. heim. Heilmittelpflanzen im XVIII. Jahrhundert. 3. Mitt. 9947.
Fortuschny (W. A.), Biomycin u. Lävomycetin beim Paratyphus u. bei d. Colibacillose d. Kälber 7255. — s. G l a d e n k o (I. N.).
Forty (A. J.), Versetzungen in Kristallen 6696.
Forward (F. A.), Erzeug. u. Eigg. v. sehr reinem Ni-Pulver 4687. — s. N a t i o n a l R e s e a r c h C o u n c i l; S h e r r i t G o r d o n M i n e s L t d.
— u. **Halpern (J.),** Carbonatauslaug. v. Uranerzen. 1. Mitt. Druck-Auslauge-Verf. u. seine Anwend. auf Pechblende 5641; 3. Mitt.

Fäll. U aus d. Carbonatlsgg. durch Red. mit H 5641.
Forward (M. V.) u. **Smith (S. T.)**, Feuchtigkeitsaufnahme durch endloses Nylon 66-Garn 9225.
Forziati (F. H.) s. Rowen (J. W.).
— u. **Rowen (J. W.)**, Wrkg. v. Änderr. in d. Kristallstruktur auf d. Infrarotspektr. v. Cellulose 11591.
Fosberg (F. R.), Böden d. nördl. Marshallatolle, bes. d. Jemo-Serie 3711.
Fosdick (L. S.) u. **Carbon (J. A.)**, Neue 2.6-disubstituierte ω-Dialkylaminoacetanilide 566.
Foss (C. W.) s. Carborundum Co.
Foss (M. H.), Drehkondensator für Synchrocyclotronoscillator 5238.
Foss (N. E.) s. Bartilucci (A.).
Foss (O.), Stereochemie d. Disulfidverbb. 6944. — s. Aksnes (O.).
—, **Furberg (S.)** u. **Hadler Vihovde (E.)**, Kristallstruktur d. Methanthiosulfonate d. zweiwert. S, Se u. Te 531.
—, **Furberg (S.)** u. **Zachariasen (H.)**, Kristallstruktur v. Bariumtetrathionathydrat 9746.
— u. **Hadler Vihovde (E.)**, Kristallstruktur v. Tellurdimethanthiosulfonat 8800.
— u. **Larssen (P. A.)**, Kristallstruktur v. Ammoniumtellurpentathionat 8800.
— u. **Zachariasen (H.)**, Kristallstruktur v. Bariumpentathionatdihydrat 9747.
Foss (O. P.), Ausscheid. v. Glutamin u. Glutaminsäure im Urin bei Gesunden u. einer Gruppe v. Geisteskranken 3421.
Foss (R. H.), Lokale Anwend. v. Diamox. Wrkg. auf d. Augeninnendruck 10077.
Foss (W. L.) s. Lutzenko (I. F.).
Fossan (K. R.) s. Nitroglycerin Aktiebolaget.
Fossett (H.), Wrkg. freier Strahlen beim Mischen v. Fll. 2813.
Foster (A. B.), **Overend (W. G.)**, **Stacey (M.)** u. **Vaughan (G.)**, Desoxyzucker. 25. Mitt. Struktur und Reaktionsfähigk. v. Anhydrozuckern. 2. Mitt. Derivv. d. 3.6-Anhydro-ᴅ-mannose, 3.6-Anhydro-2-desoxy-ᴅ-galaktose u. 3.6-Anhydro-2-desoxy-ᴅ-glucose 10271.
— u. **Stacey (M.)**, Struktur v. (+)-Bornesit 5508.
Foster (B. P.), **Stanford (G. S.)** u. **Lee jr. (L. L.)**, γ-Strahlen aus ^{22}Ne 8777, 11326.
Foster (C. A.), **O'Mullane (E. J.)**, **Gaskell (P.)** u. **Churchill-Davidson (H. C.)**, Chlorpromazin. Wrkg. auf d. Zirkulat. beim Menschen 5122.
Foster (C. G.) s. Farr (L. E.).
Foster (D. J.) s. Benkeser (R. A.).
Foster (E. M.) s. Zorn (R. A.).
Foster (E. W.) u. **Richardson (O.)**, Feinstruktur d. $4d\,^3\Sigma$, $^3\Pi_{od}$, $^3\Delta_d \rightarrow 2p\,^3\Pi_{od}$-Übergänge d. H_2-Spektr. 511.
Foster (F. C.) s. Firestone Tire & Rubber Co.
Foster (G.) s. Baker (L. C. W.).
Foster (G. E.), Nachw. v. Mutterkorn u. seinen Zubereitt. 5848. — s. Earles (M. P.).
Foster (G. L.), Kinetik d. Phenol–Styrol-Rk. 3834.
Foster (J. F.) s. Yang (J. T.).
Foster (J. S.) s. Breckon (S. W.); Johnson (Frederick A.).
Foster (J. W.) u. **Pittillo (R. F.)**, Abnahme antibiot. Wirksamk. durch Wirkstoffe, bes. d. Abnahme d. Aureomycinwrkg. durch Riboflavin 10296.
Foster (R.) s. Dale (B.).
— u. **Hammick (D. L.)**, Wechselwrkg. v. Polynitroverbb. mit aromat. KW-stoffen u. Basen. 12. Mitt. Komplexe N-alkylierter Aniline mit symm.-Trinitrobenzol u. symm.-Trinitrotoluol 3106.
Foster (R. E.) s. Du Pont de Nemours (E. I.) & Co.
Foster (R. T.) s. Imperial Chemical Industries Ltd.
Foster (R. V.) s. Davies (A. G.).
Foster (S. H.) s. Monsanto Chemical Co.
Foster Wheeler Corp. u. **Ditman (J. G.)**, Entasphaltieren v. Rohölrückständen mit Propan 9707* A.
— u. **Dornick (E. M. van)**, Wiedergewinn. v. Katalysatormasse bei d. katalyt. Spalt. v. KW-stoffen nach d. Fließstromverf. 3046* Can.
Foster Wheeler Ltd., Reinig. v. KW-stoff-Ölen u. Erzeug. v. Heizgas 6431* E.
— u. **Bayard (J. H.)**, Herst. v. Süßwasser aus Meerwasser 1584* F.
Foter (M. J.), **Palmer (C. M.)** u. **Maloney (T. E.)**, Wrkg. verschied. Antibiotica auf Algen 4857.
Fouassin (A.), Chromatograph. Identifikat. v. Kupferchlorophyllen in gegrünten Gemüsen 3027.
Fouassin (M.) s. Coheur (P.).
Foucart (G.), Neuer Schädling d. arab. Kaffeestrauches in Kivu: Habrochila placida 1359. — Celerio nerii L. 10121.
Fougera (E.) & Co., Inc., Diätsalzherst. 6644* Schwz.
— u. **Halpern (A.)**, Diuret. wirkende Hg-Verbb. 1563* A.
Foulds (J. G.) s. Kreider (R. E.).
Foulger (F.) s. A. S. P. Chemical Co. Ltd.
Foulk (R.) s. Love (J.).
Foulkes (E. C.), Citratstoffwechsel u. Zellpermeabilität 10535. — s. Whitehouse (M. W.).
Foulkes (P.), Allgemeine thermodynam. Theorie d. Zustandsgleich. 3562.
Foulkes (R. H.) u. **Beher (W. T.)**, Vitalfärben mit zwei Disazotextilfarben 10102.
Foulks Gourley (M.) u. **Crozier (W. D.)**, Verdampf. submkr. Eiskristalle 11344.
Foulon (A.), Montanwachsleime in d. Papierindustrie 248. — Textilveredlung 251, 4238. — Rostschutzfragen in d. Spirituosenindustrie 2554. — Neuere Zellstoffverff. 3277. — Neuzeitl. Schutzlacke 5191. — Kunststoffe in d. Papierindustrie 5686. — Lackiertechnik 7327. — Oberflächenakt. Stoffe in d. Kosmetik 7335. — Farbenzinkoxyd in d. Anstrichtechnik 8742. — Oberflächenschutz in galvanotechn. u. ähnl. Anlagen 10614. — Textilfärberei 10865. — Kunststoffe in d. kosmet. Industrie 11108.
Foulon (J.), Mechan. Eigg. u. Zus. v. unlegiertem Grauguß 5405.
Fountain (J. R.), Behandl. v. Leukämie u. ähnl. Krankheiten mit 6-Mercaptopurin 9818.
—, **Waring (G. B.)**, **Hutchison (D. J.)** u. **Burchenal (J. H.)**, Verteil. v. Amethopterin in n. Mäusegeweben nach intravenöser Injekt. 4145.
Fountain (R. W.) u. **Libsch (J. F.)**, Entw. v. mechan. u. magnet. Härte in einer Co–Fe–V-Legier. mit 10% V 8018.
Fountaine (E. R.), Mechanismus d. Bodenadhäs. 7062. — s. Brown (N. J.).
Fountaine (F. C.) s. Bartley (E. E.).
Fourcade (J.) u. **Caron (M.)**, Eine Reihe durch Leitungswasser verursachte Bleivergiftt. mit dramat. Ausgang 9615.
Fourez (M.) s. Ferrero (P.).

Fourie (A. M.), Best. d. scheinbaren Viscosität v. Mineralpulversuspensionen 2268.
Fourman (P.), Durch Kunstharzaustauscher verursachte K-Verarmung beim Menschen 1084.
Fourneau (J. P.) s. Delourme-Houdé (J. M. R. A.).
Fourness (R. K.), Entw. d. Farbstoffe u. Färbemethoden für Celluloseacetatfasern 6854. — Anthrachinone, Phthalocyanine u. verschied. Farbstoffe 7558.
— u. **Stead (E.)**, Farbstoffzwischenprodd. u. Farbstoffe 7088.
Fournet (A.) s. Soc. des Usines Chimiques Rhône-Poulenc.
Fournet (G.), Umwandll. geordnet-regellos in bin. Legierr. 9271. — s. Antzenberger (P.).
Fournial (P.) s. Boucand (P. de).
Fournier (P.) s. Petit (J.).
— u. **Petit (J.)**, Trenn. d. Bestandteile d. Kongokopals 1385.
Fournier (Paul), Verwert. v. Alkohol durch d. Organismus 864. — Unterschied d. physiol. Wirksamk. bei d. isomeren Galaktoseformen 3424.
Fourrier (P.) s. Champeix (J.).
Fourt (L.) u. **Sookne (A. M.)**, Bessere Mercerisier. für erhöhten Glanz 11711.
Fowden (L.), Vgl. d. Zus. v. Proteinen einiger Algen 2460. — Enzymat. Decarboxylier. v. γ-Methylenglutaminsäure durch Pflanzenextrakte 3889. — Aminosäuren gewisser Algen 9364. — Zus. d. Hauptproteine v. Chlorella 11605. — s. Wailes (P.).
— u. **Done (J.)**, Isolier. v. Tyramin aus einer westafrikan. Crinum-Art 7706.
— u. **Webb (J. A.)**, γ-Methylen-α-ketoglutarsäure; ein Bestandteil d. Erdnutzpflanzen (Arachis hypogaea) 2001. — Beweis für d. Vork. v. γ-Methylen-α-oxoglutarsäure in Erdnußpflanzen (Arachis hypogaea) 8653.
Fowkes (F. M.) s. Shell Development Co.
Fowle (M. J.) s. Connor jr. (J. E.).
Fowle (P.) s. Hunter (M. S.); Mason (Ralph Bryant).
Fowler jr. (C. A.) u. **Fryer (E. M.)**, Nachw. magnet. Elementarbereiche mittels d. longitudinalen Kerr-Effektes 1907. — Beobacht. v. magnet. Bereichen durch d. longitudinalen Kerr-Effekt 6684. — Magnet. Bereiche in Co durch d. longitudinalen Kerr-Effekt 9258.
Fowler (C. M.) u. **Domotor (P.)**, Fokussier. in einem β-Spektrometer mit gekanteten Quellen 510.
—, **Kruse (H. W.)**, **Keshishian (V.)**, **Klotz (R. J.)** u. **Mellor (G. P.)**, Energieniveaus in ^{182}W 8078.
Fowler (D. L.) s. Dent (C. E.).
Fowler (E. B.) u. **Werkman (C. H.)**, Bakterielle Synth. v. Alanin u. Glutamat 2925.
Fowler (G. J.), Organ. contra anorgan. Dünger 8475.
Fowler (G. W.) s. Union Carbide & Carbon Corp.
Fowler (H. B.), Metall. Siebdruckformen 3544* A.
Fowler (H. D.) s. Hughes (L. C.).
Fowler (J.) s. Jacobs (R. L.).
Fowler (J. L.) s. Johnson (C. H.).
Fowler (J. M.) s. T. M. M. (Research) Ltd.
Fowler (P. B. S.) s. Smith (K. S.).
Fowler (P. H.) s. Dainton (A. D.).
Fowler (R.) s. Craig (D.).
Fowler (R. D.) s. United States of America.
Fowler (R. G.) s. Atkinson (W. R.); Clotfelter (B. E.); Coleman (T. R.).
—, **Atkinson (W. R.)**, **Compton (W. D.)** u. **Lee (R. J.)**, Druckwellen in Niederdruck-Funkenentladd. 10677.
Fowler (W. A.) s. Barnes (C. A.); Christy (R. F.); Mozer (F.); Peterson (R. W.); Webb (T. S.).
Fowler (W. B.), **Lea (R. M.)**, **Shephard (W. D.)**, **Shutt (R. P.)**, **Thorndike (A. M.)** u. **Whittemore (W. L.)**, π^+-p-Streuung nahe *260* MeV 4987.
—, **Shutt (R. P.)**, **Thorndike (A. M.)** u. **Whittemore (W. L.)**, Pionen u. Protonen beim Beschuß eines Targets mit *2,3* GeV-Protonen im Cosmotron 270. — Beobacht. v. im Cosmotron erzeugten V^0-Teilchen 4025.
Fowler (W. C.) s. Dennen (W. H.).
Fowler jr. (W. F.) s. Kodak Ltd.; Kodak-Pathé.
Fowler (W. S.) s. Forster (R. E.).
Fowles (G. R.), Isotopieverschiebb. im Infrarotspektr. v. Hg I 4033. — Interferenzmessungen im Hg-Spektr. 10437.
Fowst (G.) s. Periti (P.).
Fox (A. L.) s. Colgate-Palmolive-Peet Co.; General Aniline & Film Corp.
Fox (B. V.) s. British Cellophane Ltd.
Fox (C. E.), Apparate für d. chromatograph. u. elektrophoret. Analyse 2733.
Fox (D.), Erzeug. v. Antiprotonen bei (p–p)-Zusammenstößen 6444.
Fox (E. C.) u. **Marsland (E. A.)**, Fremdkörper-Rk. nach postoperativer Verwend. eines Chemotherapeuticums auf Paraffinbasis 407.
Fox (E. J.), **Batson jr. (H. E.)** u. **Breen (A. V.)**, Oberflächenakt. Stoffe für Düngemittel, Verwend. oberflächenakt. Stoffe beim sauren Phosphataufschluß 11659.
—, **Hardesty (J. O.)** u. **Kumagai (R.)**, Einfl. v. oberflächenakt. Mitteln bei d. Superphosphat–Mischdünger-Herst. 4676.
— u. **Jackson (W. A.)**, Sorpt. oberflächenakt. Stoffe aus wss. Lsg. durch Phosphatgestein 7526.
Fox (F. A.) s. Magnesium Elektron Ltd.
— u. **Hipperson (A. J.)**, *100* Jahre Fortschritt u. Entw. auf d. Gebiete d. Schweißens u. Lötens 2289.
Fox (G. L.), Kolbenvakuumventil mit großem Durchmesser 7041.
Fox (H.), Verss. mit Fruchtzusätzen zu Frühstücksgebäcken 2556.
Fox (H. H.) s. Hoffmann-La Roche (F.) & Co. (Soc. An.).
Fox (H. M.), Wrkg. v. O_2 auf d. Hämoglobinkonz. bei Wirbellosen 8190.
Fox (H. W.), **Solomon (E. M.)** u. **Zisman (W. A.)**, Rk. v. Polyorganosiloxanmonoschichten mit wss. Substraten 4072.
— u. **Zisman (W. A.)**, Spreit. v. Fll. auf Oberflächen niederer Energie. 3. Mitt. KW-stoff-Oberflächen 4793.
Fox (J. D.) s. Axel (P.).
Fox (J. G.) s. Fields (T. H.); Kane (J. A.); Sutton (R. B.).
Fox (J. J.), **Cavalieri (L. F.)** u. **Chang (N.)**, Identifizier. d. Cytidylsäuren a u. b durch spektrophotometr. Methoden 7925.

Fox (J. J.) u. **Shugar (D.)**, Absorptionsspektren u. Strukturen v. Barbitursäurederivv. als Funkt. d. p_H-Wertes 7397.
Fox (L. E.) s. Feurt (S. D.).
Fox (L. P.), Anwend. d. Plattier. auf d. Gebiet d. Fernsehens 10595.
Fox (M.), Materialien u. Ausrüst. für Reaktoren. 5. Mitt. Verwend. eines Reaktors für d. Forschung 4031. — s. Alexander (P.).
Fox (M. R.), Einfl. d. Temp. auf Küpenfarbstoffe 3740. — Färben 8738. — s. Imperial Chemical Industries Ltd.
Fox (R. C.) s. Leonard (N. J.).
Fox (R. E.) s. Hickam (W. M.).
—, **Hickam (W. M.)** u. **Kjeldaas jr. (T.)**, Experimentelle Unters. d. Ionisierungswahrscheinlichkeitskurven nahe d. Schwelle 8087.
Fox (S.) s. Dutcher (J. D.).
Fox (S. R.) s. Loewe (S.).
Fox (S. W.) s. Fearing (R. B.); Iowa State College Research Foundation, Inc.
— u. **Homeyer (P. G.)**, Statist. Bewert. d. Verwandtschaft v. Proteinmoll. 11226.
Fox (S. W.), **Winitz (M.)** u. **Pettinga (C. W.)**, Enzymat. Synth. v. Peptidverbb. 6. Mitt. Einfl. d. Resttyps aus papainkatalysierte Rkk. v. Benzoylaminosäuren mit Aminosäureaniliden 1946.
Fox (W. C.) s. Stamicarbon N. V.
Fox (W. M.) u. **Hazzard (G. W.)**, Geschwindigk. d. Ultraschallwellen v. einem Megahertz in Bzl.- u. Toluollsgg. v. Polystyrol 5327.
Foxon (G. H.) s. Imperial Chemical Industries Ltd.
Foxwell (G. E.), Beseitig. v. Rauch in d. Praxis 11437.
Foxworthy (D. L.) s. Mendell (H. E.).
Foy (C. D.), **Montenegro (G.)** u. **Barber (S. A.)**, Blattdüng. v. Mais mit Harnstoff 671.
Foy (H.) u. **Kondi (A.)**, Wrkg. d. Penicillins auf d. Blut bei d. megaloblast. Anämie u. seine Beziehh. zum B_{12}-Stoffwechsel u. zur Intestinalflora 10313.
Foye (W. O.) u. **Buckpitt (A. E.)**, Aminderivv. v. Cyanurchlorid 819.
—, **Hefferren (J. J.)** u. **Feldmann (E. G.)**, β-Nitrier. v. 2-Thenaldehyd 9328.
Foz (O. R.), **García de la Banda (J. F.)** u. **Masia (A. P.)**, Mol.-Assoziat. in Alkoholdämpfen 5986.
Fracchia (S. A.) s. Sarazin (J. L.).
Fradkin (A. M.) s. Kay (J. H.).
Fradkin (J. S.), Greensche Funkt. für d. Wechselwrkg. v. Nucleonen mit Mesonen 5467.
Fradkin (M. I.) s. Ginsburg (W. L.).
Fradkina (T. P.) s. Ginstling (A. M.).
Fraedrich (G.), Bekämpf. v. Nematodeninvass. bei Tieren mit einem keratinolyt. Ferment (Nematolyt) 2950.
Fraedrich (U.), Erfahrr. mit Streptomycin in d. Behandl. d. Keuchhustens 6797.
Fräenkel (G. K.) s. Gardner (D. M.).
Fränkel (B.) u. **Gruenfeld (G. E.)**, Laurinsaure Seife für übersehene Choledochussteine 10317.
Fraenkel (B. S.) s. Alexander (E.).
Fraenkel (G.) s. Chang (Peh-I.); Gray (Henry E.).
— u. **Chang (Peh-I.)**, Auftreten eines Vitamin-B_T (Carnitin-) -Mangels bei Larven d. Mehlwurms Tenebrio molitor L. 2233.
Fraenkel-Conrat (H.), Stufenweiser Abbau d. Proteine v. Aminoende 605.
Frage (K.), Chemie-Faserstoffe auf Cellulosebasis 1170.
Fragen (N.) s. Standard Oil Co.
Fragstein (C. v.), Opt. Schichtdickenbest. „dicker" Metallschichten 980. — Gültigk. d. Sommerfeld-Pfrangschen Reziprozitätstheorems in absorbierenden Medien 9960.
Fragstein (P. v.) s. Farbenfabriken Bayer Akt.-Ges.
Frahm (E. D. G.), Identifizier. v. Di- u. Polyaminen u. Aminooxyverbb. als Spaltprodd. v. Azofarbstoffen 10728.
Frahm (H.), **Lembke (A.)** u. **Rappard (G. v.)**, Verwendbark. polymerisierter Öle für d. menschl. Ernähr. 8426.
Frahm (M.) s. Soehring (K.).
Frahme (H. H.) s. Leva (M.).
Frahn (W. E.) s. Jordan (H. L.).
Fraijer (B.) s. Tjutjunnikow (B. N.).
Frain (J. B.) u. **Morris (Jeffrey E.)**, Phenylbutazone (Butazolidin) 8910.
Frajola (W. J.), **Greider (M. H.)** u. **Rabatin (J. G.)**, Elektronenmikroskopie v. Kalbsthymusnucleoproteinen. 1. Mitt. Wrkg. v. HCl u. Desoxyribonuclease 610.
Fram (H.) s. Barber (F. W.); Tumerman (L.).
Fram Corp., Filtrieren v. Fll. 5387* E.
— u. **Monsarrat (N.)**, Filtrieren v. leicht flüchtigen Fll., wie Bzn. 7587* E.
Frame (G. F.) s. Kodak-Pathé.
Framm (E.) s. Ehrlich (Paul) [Hannover].
Framm (H.) s. Ruhrchemie Akt.-Ges.
Frampton (O. D.) s. National Distillers Products Corp.
Frampton (V. L.), **Skinner jr. (W. A.)** u. **Bailey (P. S.)**, Bldg. v. Tocorot bei d. Oxydat. v. *dl*-α-Tocopherol mit Eisen(III)-chlorid 11223.
Franc (A.), Ggw. v. verteilter Thymonucleinsäure im Nucleoplasma d. Ovocyten gewisser Vorderkiemenschnecken 2448.
Franc (J.), Colorimetr. Best. v. m-Aminophenol in p-Aminosalicylsäure mit 4-Aminoantipyrin 9387.
France (E. C.) Soc. à r. l. = E. C. France Soc. à r. l.
France (W. L.) u. **Dickey (F. P.)**, 2.7 μ-Banden v. CO_2 7373.
France Rayonne Soc. An., Wiedergewinn. v. anhydr. Natriumsulfat durch Kristallisat. 2275* E.
Francel (R. J.) s. Stafford (R. W.).
Franceschi (A.), Photometr. Meth. zur Best. v. Kreatinin in Blut u. Harn 6584.
Franceschini (J.) s. Meli (A.).
Franceschini (M.), Pharmakodynam. Verh. v. Lungenextrakten nach Aerosolinhalat. v. Hypophysenhinterlappenhormon 7016.
Francesconi (F.) s. Morani (V.).
Franchi (G.), Neue volumetr. Best.-Meth. für d. Isonicotinsäurehydrazid 6568.
Francis (A. W.), Flüssigkeitsgleichgewichte d. Syst. W.–Methanol–Anilin–Bzl. 11350. — s. Johnson (G. C.); Socony-Vacuum Oil Co., Inc.
Francis (C.-B.), Gaserzeug. aus fl. oder zu verflüssigenden Brennstoffen, wie Steinkohlenteer, Rohpetroleum u. dgl. 1179* Schwz.
Francis (G. E.), Isotopic tracers; a theoretical and practical manual for biological students and research [1066].
Francis (H. E.) s. Federal-Mogul Corp.

Francis (J.), Behandl. d. Meerschweinchentuberkulose mit Streptomycin allein oder in Kombinat. mit Dapsone, Thiosemicarbazonen, PAS oder Natriumjodid 2476. — s. Davis (G. E.); Imperial Chemical Industries Ltd.

Francis (P. G.), McGlashan (M. L.), Hamann (S. D.) u. **McManamey (W. J.),** Zweiter Virialkoeff. v. Bzl. 1236.

Francis (W.), Rationale wissenschaftl. Klassifikat. d. Kohle 3039. — Coal; its formation and composition [3047].

Franciscis (G. de), Calciumdiphosphat als integrierender Bestandteil d. Ernähr. beim Tier 8192. — s. Capobianco (A.).

Franck (E. U.), Neubest. d. Brechzahl gasförm. F_2 2599. — Wärmeleit. in hochverdichteten Gasen 5488.

— u. **Spalthoff (W.),** Abnormes Wärmeleitvermögen gasförm. HF 9968.

Franck (H.-G.), Entw. u. Eigg. d. VT-Straßenteere 11312.

— u. **Wegener (O.),** Kurzverf. zur Messung d. Abbindegeschwindigk. v. Straßenteeren 4245.

Franck (H. H.) s. Bayerische Stickstoff-Werke Akt.-Ges.

Franck (M. L.) s. Pinson (W. H.).

Franck (U. F.), Stabilität v. Elektrodenzuständen 11512.

Francke (C.), Harders (C. L.), Mulken (J. M. van) u. **Robert (W. N.),** Fe-Stoffwechsel bei multiplem Myelom, untersucht mit Hilfe v. radioakt. Fe 6791.

Franckson (J. R. M.) s. Bastenie (P. A.).

Francl (J.) s. Kingery (W. D.).

— u. **Kingery (W. D.),** Therm. Leitfähigk. 4. Mitt. App. zur Best. d. therm. Leitfähigk. mittels einer Vergleichsmeth.; Zahlenwerte für Pb, Al_2O_3, BeO u. MgO 667; 9. Mitt. Experimentelle Unters. d. Einfl. d. Porosität auf d. Wärmeleitfähigk. 1354.

Franco (A.) s. Trincão (C.).

Franco (G.) s. Colucci (G.).

François (J.) u. **Bedier (R.)** Laboratoriumsunters. über d. Treiben d. Kohlen bei d. Verkok. 2109.

François (M.-T.), Oiticica-Pflanze u. ihr Öl 5191.

— u. **Bleicher (G.),** Schnellmeth. zur Best. d. Öles in Ölsamen 245.

Françon (M.), Neue Meth. zur Beobacht. durchsicht. Objekte 6347.

Françot (P.) u. **Geoffroy (P.),** Einfl. d. festen Bestandteile d. Lesegutes auf d. Methanolbldg. 8757.

Frandsen (M.), Darst. v. Vanadiummonoxyd 11535.

Frangialli (P.) s. Anciens Établissements Salvadori & Leperche.

Frangialli & Co., K. G. auf Aktien s. Anciens Établissements Salvadori & Leperche.

Franglen (G. T.) u. **Martin (N. H.),** Wechselwrkg. zwischen Farbstoffen u. Proteinen auf Papier, bes. d. Papierelektrophorese 2498.

Frank (C. E.) u. **Blackham (A. U.),** Spontane Entzünd. organ. Verbb. 6713.

Frank (E.), Dextrose- u. Lävulosediabetes. 1. Mitt. Dextrosediabetes 10304.

Frank (H.) s. Leupold (F.).

Frank (H.) [Zürich] s. Guyer (A.).

Frank (Herbert), Moderne Lokalanästhetica 4878.

Frank (H. E.) s. Koppers Co., Inc.

Frank (H. P.), Lactam-Aminosäure-Gleichgewicht für Äthylpyrrolidon u. Polyvinylpyrrolidon 3879.

— u. **Mark (H.),** Struktur d. Dextrane 3641.

Frank (H. S.) u. **Tsao (M.-S.),** Elektrolytlsgg. 10928.

Frank (J. D.) s. Hampson (J. L.).

Frank (K.) s. Farbwerke Hoechst Akt.-Ges., vormals Meister Lucius & Brüning.

Frank (L.), Hochfeste Gußeisensorten 3237.

Frank (L. V.) s. Pelipetz (M. G.).

Frank (M.), Automat. Auffanggerät für Fraktt. 10332.

Frank (M. N.), Dreifus (L. S.) u. **Bellet (S.),** Hormonale u. elektrolyt. Einfl. bei Herzinsuffizienz 10550.

Frank (O.) s. Lachnit (V.).

Frank (P.) s. Fontaine (R.).

Frank (Pavao) s. Körbler (J.).

Frank (P. J.) s. Gutowsky (H. S.).

Frank (R.) u. **Stow (R. L.),** An abgeschmolzenen Vakuumröhren angebrachte Sicherungsfenster aus Steinsalz 5856.

Frank (R.) [Tel-Aviv] u. **Stark (G. J.),** Einfl. d. Salbengrundlage auf d. antibakterielle Wrkg. wasserunlösl. Antiseptica 2956.

Frank (Rudolf) s. Böhme (H.).

Frank (R. L.) u. **Berry (R. E.),** Chemie v. Terpenen. 4. Mitt. Isomerisat. v. $\Delta^{8,9}$-p-Menthen 7686.

Frank (R. M.) u. **Gammel (Juanita L.),** Unelast. Streuung v. Protonen u. Neutronen an Deuteronen 8077, 11146.

***Frank (S.)** s. American Cyanamid Co.

Frank (W.) s. Kratz (L.).

Frank (W.) [Frankfurt], Induktives Hartlöten im Feinwerkbau 2289.

Frank (W. J.) s. Bandtel (K. C.); Godfrey (C.).

—, **Bandtel (K. C.), Madey (R.)** u. **Moyer (B. J.),** Nachw. für d. Prozeß $p + d \rightarrow t + \pi^+$ 5713. — Winkelverteil. d. Prozesses $p + d \rightarrow t + \pi^+$ 5713.

Frank-Kamenetzki (D. A.), H-Absorpt. u. d. Verhältnis M.-Leuchtkraft 4995. — H-He-Modell d. Sonne 11497.

Frank-Kamenetzki (W. A.), Komkow (A. I.) u. **Nardow (W. W.),** Röntgenometr. Daten über Flourencit u. Coivinit 2849.

— u. **Ssachow (W. B.),** Gogoberidse 10425.

Franke (E.), Beständigk. v. Neopreneerzeugnissen gegenüber Chemikalien u. ihren Lsgg. 1154.

Franke (E. A.), Prüfen v. Emailbezügen 3709. — Abriebfestigk. d. Deckemails emaillierter Gegenstände 10603.

Franke (G.) u. **Schollas (G.),** Entsteh. u. Unters. v. Grubenbrandgasen, bes. neuzeitl. Untersuchungsmethoden 3286.

Franke (H.) s. Runge (F.).

Franke (H. W.), Strömungsmodell d. Wellenmechanik 7134. — Altersbest. v. Calcitkonkretionen mit ^{14}C 7395. — Spektrograph. u. elektronenopt. Kenngrößen bei Richtungsdoppelfokussier. 8325.

Franke (I.), Große künstl. Quarzkristalle 7159. — s. Nacken (R.).

Franke (R.) s. Schulze (E.) [Gießen].

Franke (W.) s. Chemische Werke Hüls.

Franke (Wilhelm), H. v. Eulers *80*. Geburtstag 11321.

Franke (Wilhelm) u. **Frehse (H.),** Oxydationsfermente aus höheren Pflanzen. 2. Mitt. Lipoxydase u. „Lipodehydrase" u. ihre Bezieh. zueinander 5571.
— u. **Krieg (L.),** Purinoxydierende Fermente aus Schimmelpilzen. 2. Mitt. Kenntnis d. Aspergillus-Uricase 2926.
— u. **Schulz (I.),** Pflanzl. Glykolicodehydrase 8408.
— u. **Taha (E.-E. M.),** Purinoxydierende Fermente aus Schimmelpilzen. 3. Mitt. Kenntnis d. Alternaria-Uricasen 2927.
Frankel (J. J.), Südafrikan. Asbestfasern 5154.
Frankel (M. B.) s. Kaufmann (P.).
Frankel (S.) s. Goldberg (N.); Golden (R. K.).
Franken (A.), Hilfsmittel für d. neuzeitl. Filmdruck 219. — Astrasolverf. zur Herst. v. Filmdruckschablonen 6139.
Franken (B.) s. Itterbeek (A. van).
Franken (J. F.) u. **Stapert (F. P.),** Wiederherst. d. Pyruvatabbaues in durch Thiaminmangel gehemmten Taubenmuskelhomogenaten 7023.
Frankenberger jr. (W. M.) s. Union Carbide & Carbon Corp.
Frankenburger (W.) s. Badische Anilin- & Soda-Fabrik Akt.-Ges.
Frankenfeld (J. C.) s. Cotton (R. T.).
Frankenhoff (C. A.), Portlandzementmisch. 2278* A.
Frankiel (J.) s. Manufactures de Produits Chimiques du Nord, Établissements Kuhlmann.
Frankish (S. W.) s. Imperial Chemical Industries Ltd.
Franklin (A. D.), Berkowitz (A. E.) u. **Klokholm (E.),** Ferromagnetismus u. Ordn. bei Fe–Pt-Legierr. in d. Nähe v. Fe_3Pt 5248.
— u. **Campbell (R. B.),** Tieftemperaturred. v. Fe-Oxyden 9981.
—, **Muldawer (L.)** u. **Flanders (P.),** Natur d. „γ-FeO" 9045.
Franklin (A. E.), Quastel (J. H.) u. **Straten (S. F. van),** Papierchromatographie v. Proteingemischen u. Blutplasma 178.
Franklin (A. W.) s. Mond Nickel Co. Ltd.
Franklin (E. W.) u. **Thompson (N. R.),** Einfl. v. Maleinsäurehydrazid auf gelagerte Kartoffeln 11277.
Franklin (N. L.) s. Bennett (C. A.).
Franklin (P.) s. Hull (W. Q.).
Franklin (R. E.), Ultrafeinstruktur v. Kohlen u. Koks 8795.
— u. **Gosling (R. G.),** Analyse v. Röntgenfaserdiagrammen v. DNA u. d. Abhängigk. d. Struktur v. W.-Geh. 5810.
Franklin (R. G.) s. Imperial Chemical Industries Ltd.
Franks (R.) s. Electro Metallurgical Co.
Franksson (C.) s. Birke (G.); Gemzell (C. A.).
Fransisco (D. M.) s. Currie (C. C.).
Franssen (H.), Pulverwalzverf. u. seine wirtschaftl. Aussichten 678. — Herst. v. Cu-Bändern auf pulvermetallurg. Wege 8020.
Frantz (H. W.) s. Malm (L. E.).
Frantz jr. (I. D.), Schneider (H. S.) u. **Hinkelman (B. T.),** Hemm. d. Lebercholesterinsynth. bei d. Ratte durch Fütter. v. Cholesterin 11240.
Franz (A.) s. Deinert & Co. Spezialbetriebe für Galvanotechnik.
Franz (E.) s. Thüringisches Kunstfaserwerk „Wilhelm Pieck" Schwarza VEB.
Franz (J.) s. Wieland (T.).
Franz (R. A.) s. Lion Oil Co.
Franz (W.), Teorie d. rein elektr. Durchschlags fester Isolatoren 4999.
Franzen s. VEB Farbenfabrik Wolfen.
Franzen (E. P.) s. N. V. de Bataafsche Petroleum Mij.
Franzen (V.), Konst. d. aus Dibutylacetylen u. Peressigsäure erhaltenen Verb. $C_{10}H_{18}O$ 4804. — Mol. Umlager. bei d. Oxydat. v. Acetylen-KW-stoffen mit Peressigsäure. Neuer Weg zu α-verzweigten Carbonsäuren 5518. — Austausch v. Cl oder Br gegen J bei aliphat. u. aromat. Verbb. 7883.
Franzen (W.) s. Ajzenberg (F.).
Franzewitsch (I. N.) s. Franzewitsch-Sabludowskaja (T. F.).
— u. **Komsolowa (S. P.),** Alumocalciumprotektoren 8719.
Franzewitsch-Sabludowskaja (T. F.), Franzewitsch (I. N.) u. **Modylewskaja (K. D.),** Elektrolyt. Gewinn. d. tern. Legierr. d. Ni mit Fe u. Mo 2840.
Franzinetti (C.) s. Amaldi (E.); Baroni (G.).
Franzke (C.), Essentielle Fettsäuren 2234. — Buchweizenfett 2803. — Linol- u. Linolensäuregeh. d. Pferdefettes als analyt. Charakteristikum gegenüber Rinder- u. Schweinefett 9693.
— u. **Iwainsky (H.),** Antioxydative Wirksamk. d. Melanoidine. 1. Mitt. 7109.
Franzke (C. F.) s. Ross (J. G.).
Französische Staat (Der) = État Français.
Fraps (R. M.) u. **Case (J. F.),** Vorzeit. Ovulat. beim Haushuhn nach Anwend. bestimmter Barbiturate 10561.
Frary (F. C.) s. Aluminum Co. of America.
Frasch (J.), Bad zur Herst. einer korrosionsfesten Schutzschicht auf Mg u. seinen Legierr. 10620* D. — s. Soc. de Produits Chimiques des Terres Rares.
Fraser (A. M.) s. Scott (R. O.).
Fraser (D.), Automat. Fraktionssammler 5857.
Fraser (F. C.) s. Kalter (H.).
—, **Kalter (H.), Walker (B. E.)** u. **Fainstat (T. D.),** Erzeug. v. Gaumenspalte mit Cortison u. a. Hormonen 7477.
Fraser (H. F.), Isbell (H.), Eisenman (A. J.), Wikler (A.) u. **Pescor (F. T.),** Chron. Barbituratintoxikat. 2479.
—, **Nash (T. L.), Vanhorn (G. D.)** u. **Isbell (H.),** Anwend. d. miot. Wrkg. zur Bewert. v. Analgeticis beim Menschen 7258.
Fraser (I. M.) s. Habekost (R. C.).
Fraser (J. S.) s. Milton (J. C. D.).
— u. **Milton (J. C. D.),** Verteil. d. Wahrscheinlichk. unverzögerter Neutronenemiss. für d. Spaltprodd. v. ^{233}U 10. — Zerfallsgeschwindigkk. d. beobachteten Anisotropien bei d. α–γ-Winkelkorrelat. v. ^{241}Am u. bei d. γ–γ-Winkelkorrelat. v. ^{111}Cd 6908.
Fraser (L. H. D.) s. Owens-Illinois Glass Co.
Fraser (M. J.) s. Kaplan (J. G.).
Fraser (P. A.), Best. d. elektron. Übergangsmoments für zweiatomige Moll. 8084. —

Schwingungsübergangswahrscheinlichkk. v. zweiatom. Moll. 3. Mitt. 8547. — s. Nicholls (R. W.).
Fraser (P. E.) s. Meister (A.).
Fraser (P. J.) s. Berry (W. K.).
Fraser (R. D. B.), Infrarotspektren v. biol. wichtigen Moll. 8639.
—, **Lindley (H.)** u. **Rogers (G. E.)**, Chem. Heterogenität u. Segmentier. d. Spindelzellschicht in Wolle 485.
— u. **Rogers (G. E.)**, Ursprung d. Segmentier. d. Spindelzellschicht v. Wolle 486.
Fraser (R. P.) u. **Cianchi (A. L.)**, Pb- u. F-freies Email für Al u. seine Legierr. 1123* A.
Fraser (R. S.) u. **Argall (C. I.)**, Weiterleben v. E. coli im W. d. Großen Salzsees 7055.
Fraser (W. A.) s. American Optical Co.
Fratini (N.) u. **Turriziani (R.)**, Calciumsilicoaluminathydrat (Strätlingsche Verb.) 5494.
Frauenfelder (H.) s. Aeppli (H.) [Zürich]; Lawson jr. (J. S.).
—, **Lawson jr. (J. S.)** u. **Jentschke (W. K.)**, Magnet. Moment d. ersten angeregten Zustandes von ^{204}Pb 9722.
—, **Lawson jr. (J. S.)**, **Jentschke (W. K.)** u. **Pasquali (G. de)**, Kristallstruktur u. Kernrichtungswechselbezieh. 1. Mitt. ^{204}Pb 1433. — Richtungskorrelat. d. γ–γ-Kaskade v. ^{204} Pb 6907.
Fraunhofer (H. v.) s. Gevaert Photoproducten N. V.
— u. **Coote (H. E.)**, Mehrfarbenpositiv 4744* Schwz.
Frayn (J. S.) s. Durham (G. S.).
Frazão (J. V.) = Vasconcelos Frazão (J.).
Frazer (A. C.) s. Greenberg (S. M.).
Frazer (A. H.) s. Du Pont de Nemours (E. I.) & Co.
Frazer (B. C.) s. Pepinsky (R.).
—, **McKeown (Marilyn)** u. **Pepinsky (R.)**, Neutronenbeugungsunterss. an Einkristallen v. Rochellesalz 7159.
Frazer (J. F. D.), Wrkg. v. Insulin u. $MgCl_2$ auf d. Temp. d. Ratte 3180.
Frazer (M. J.) u. **Gerrard (W.)**, Darst. v. Thionylbromid 6235.
Frazier (D.) s. Standard Oil Co.
—, **Klingel (A. R.)** u. **Tupa (R. C.)**, Reib. u. Verbrauch v. Motorenölen. Wrkg. v. Verbesserern d. Viscositätsindex 10417.
Frazier (E. I.) u. **Stutts (A. L.)**, Ausscheid. v. Tryptophan mit d. Urin bei Menschen, deren kontrollierte Nahr. hinsichtl. Proteinmengen u. -quellen variierte 862.
Frazier (L. E.) s. Cannon (P. R.).
Frear (C. L.), Anschnitte u. Steiger bei Sn-Bronze 5404.
Frear (D. E. H.), Chemistry of the pesticides [7032].
Frear (G. L.) s. Allied Chemical & Dye Corp.
Frech (M. F.) s. Wise (H.).
Fred (M.) s. Gruen (D. M.).
—, **Tomkins (F. S.)** u. **Barnes (R. F.)**, Kernspin v. ^{210}Bi 6205.
Frede (L.) u. **Magers (W.)**, Physikal. Verss. zur Gieß- u. Anschnittechnik 915.
Fredeen (F. J. H.), **Arnason (A. P.)**, **Berck (B.)** u. **Rempel (J. G.)**, DDT zur Bekämpfung v. Simulium arcticum Mall. auf d. nördl. u. südl. Saskatchewanstrom 3715.
Fredenburgh (M. N.) s. Radio Corp. of America.
Fredenhagen (H.) s. Polyplast Ges. für Kautschukchemie m. b. H.
Frederic (J.) s. Robineaux (R.).
Frederich (E. R.) s. United States of America.
Frederick (J. E.) s. General Aniline & Film Corp.
Frederick (M. R.) s. Goodrich (B. F.) Co.
Frederick (R. H.) u. **Woosley (W. P.)**, Asphalt-Al-Dachanstrichfarben u. ihre Wrkg. auf d. Schichtbldg. 10146.
Frederick (S. F.) u. **Cornet (I.)**, Einfl. v. Co auf d. Oxydat. v. Ni bei hoher Temp. 9276.
Frederick (S. H.) u. **Eden (T. F.)**, Korros. in Gasturbinen durch V 207.
Frederick (W.) s. Hama (G.).
Frederick (W. J.), **White (J. A.)** u. **Biber (H. E.)**, Best. v. Ge in Kohle, Kohlenasche u. Flugstaub 10659.
Frederickson (A. F.), Meth. zur effektiven Erhöh. d. Auflösungsvermögens eines Mikroskops zur Kenntlichmachung unerwarteter Einzelheiten in Dünnschliffen 3210. — Kanäle in Dünnschliffen 4655.
Frederickson jr. (L. D.), Charakterisier. v. hydratisierten Tonerden durch Infrarotspektroskopie. Anwend. auf d. Unters. v. Bauxiterzen 10702. — s. Monsanto Chemical Co.
— u. **Churchill (J. R.)**, Spektralanalyse v. Al-Legierr. unter Verwend. geschmolzener Metallelektroden 3928.
Fredericq (E.), Titrationskurve d. Insulins u. seiner Fraktt. 5809. — Reversible Dissoziat. d. Insulins 8898.
Fredericq (H.), Wrkg. d. d-Tubocurarins auf d. parasympath. Ganglien d. Vagus. 1. Mitt. Lähmung d. Herzhemmungsnerven durch Curare 5842.
Fredericq (P.), Wrkg. v. Colicin E u. K auf d. Vermehr. verschied. Bakteriophagen 11406.
Frederiks (J. C.) s. Gerritsma (K. W.).
Frederikse (H. P. R.) s. Blunt (R. F.).
Frederiksen (E.) s. Løvens Kemiske Fabrik ved A. Kongsted.
Frederiksen (S.), Kristallines Trypsin, ein neues Arzneimittel 3684.
Fredga (A.), **Aejmelaeus (K.)** u. **Tollander (B.)**, Opt.-akt. Thiophenderivv. 3. Mitt. Verss. zur opt. Spalt. v. Phenyl-α-thienylglykolsäure u. Benzyl-α-thenylessigsäure 576.
Fredholm (L.) s. Wahlberg (T.).
Frediani (H. A.) s. Seagers (W. J.).
Free (G.) s. Badische Anilin- & Soda-Fabrik Akt.-Ges.
Freed (S.) u. **Sancier (K. M.)**, Photochem. Wirksamk. v. Uransalzen in Lsgg. bei d. Temp. d. fl. N 3091. — Verbindungsbldg. in Lsgg. bei tiefen Tempp.; Jod u. Olefine 11187.
Freed (S. C.) s. Rosenman (R. H.).
Freed (V. H.) s. Baldwin (R. E.); Sherburne (H. R.).
Freedlander (S. O.) s. Hyman (L. J.).
Freedman (H.) s. Thode (E. F.).
Freedman (H. H.) s. Medalia (A. I.).
Freedman (L. D.) s. Doak (G. O.); Jaffé (H. H.).
Freeland (M. Q.) s. Duke (F. R.); Fritz (J. S.).
Freeland (R. O.), Einfl. d. Blattalters auf d. Photosynthesegeschwindigk. bei Coniferen 6546. — Grünes Pigment u. Physiologie d. Schließzellen 8654.
Freely (J.) s. Dobischek (D.).

Freeman (A. F.) s. Magne (F. C.).
Freeman (F.), Gardner (K.) u. **Pound (D. W.),** Trenn. u. Best. v. Mischungen chlorierter o-Kresole **889.**
Freeman (G. R.), Cleave (A. B. van) u. **Spinks (J. W. T.),** Bestrahl. wss. Chloralhydratlsgg. mit ^{60}Co-γ-Strahlen: Durchschnittl. Lebensdauer d. freien Radikalketten **323.**
— u. **Winkler (C. A.),** Rk. v. akt. N mit NH_3 **8571.**
Freeman (J.) s. Eliel (E. L.); Fuson (R. C.).
Freeman (J. B.) u. **Serfass (Earl J.),** Analyt. Massenspektrometrie mit Hilfe relativer Häufigkeitsverhältnisse **10581.**
Freeman (J. M.) s. Rose (B.).
— u. **Seed (J.),** α-Teilchen aus d. Protonenbeschuß v. P **274.**
Freeman jr. (J. R.), Fortschritte bei Cu u. seinen Legierr. **4200.**
Freeman (J. W.) s. Frey (D. N.); Reynolds (E. E.).
Freeman (L.), Toxizitätsschwellenwerte einiger Natriumsulfonate für Daphnia magna Strauß **1583.**
Freeman (M.), Zuckergewinn. aus Zuckerrüben **11475.**
Freeman (M. D.) s. Barnard (R. D.).
Freeman (M. E.) s. Kyle (L. H.).
Freeman (M. W.), Abschrecken v. Stahl **5890*** A.
Freeman (N. K.), Infrarotspektren verzweigter langkett. Fettsäuren **3100.** — s. Bohn (C. R.); Rathjens jr. (G. W.); Shore (B.); Smith (L. M.).
Freeman (R. B.) s. Serfass (Earl J.).
Freeman (R. D.) s. Searcy (A. W.).
— u. **Searcy (A. W.),** Wrkg. v. Kanalöffnn. auf d. v. ausströmendem Dampf ausgeübte Kraft **2137.**
Freeman (R. F. J.) s. Bawn (C. E. H.).
Freeman (S. K.) s. Theimer (E. T.).
Freeman (W. S.), Vulkanisierverf. **10153*** E.
Freemantle (R. G.), Gibson (W. M.), Prowse (D. J.) u. **Rotblat (J.),** Wechselwrkg. v. *19* MeV-Deuteronen mit O **6904.**
—, **Prowse (D. J.), Hossain (A.)** u. **Rotblat (J.),** Streuung v. *9,5* MeV-Protonen durch Ne u. Ar **11146.**
—, **Prowse (D. J.)** u. **Rotblat (J.),** Streuung v. *9,5*- MeV-Protonen durch N **11146.**
Freerksen (E.), Wirkungsmöglichkk. tuberkulostat. Stoffe im Makroorganismus **2017.**
— u. **Meissner (J.),** Verteil. v. radioakt. Phosphat in gesunden u. tuberkulösen Tieren **626.**
Freese (C.), Hydrolyse v. Acetylcholinchlorid in vitro in Abhängigk. v. p_H **6322.**
Freese (E.), Wellengleichungen d. Quantenelektrodynamik **6674.**
— u. **Hain (K.),** Elast. Elektronenstreuung an ausgedehnten Atomkernen bei mittleren Energien **10183.**
Freese (F.), Polarographie v. organ. Verbb. **7172.**
Freeth (W. E.) u. **Raynor (C. V.),** Aufbau d. Syst. Ag–Li **8330;** Dass. v. Mg–Li sowie v. Mg–Li–Ag **8331.**
Frehm (F.) s. Deutsche Edelstahlwerke Akt.-Ges.
Frehse (H.) s. Franke (Wilhelm).
Frei (E.), Bodenwasser; Haftfestigk. u. Beweglichk. **7062.**
Frei (F.) s. Kubu (E. T.).
Frei (W.), Chem. Probleme d. Infektionskrankh. **4856.**
Freiberg (H.) u. **Freiberg (S.),** Verzier. v. Geweben **723*** E.
Freiberg (S.) s. Freiberg (H.).
Freidenfeld (E. S.) s. Toropow (N. A.).
Freidlin (L. C.) u. **Rudnewa (K. G.),** Nach d. Verdrängungsmeth. hergestellter Ni-Katalysator zur Tieftemp.-Hydrier. **11551.**
Freidlina (R. C.) s. Nessmejanow (A. N.).
Freier (G.) u. **Holmgren (H. D.),** Wechselwrkg. zwischen ^{2}D u. ^{3}He in d. Nähe d. *18,6* MeV-Niveaus v. ^{5}Li* **9491.**
Freier (H.-J.) s. Kortüm (G.).
Freier (P. S.) s. Anderson (G. W.) [Minneapolis]; Danielson (R. E.); Naugle (J. E.); Ney (E. P.).
—, **Anderson (G. W.)** [Minneapolis] u. **Naugle (J. E.),** Zerfall eines schweren Kernfragments **9949.**
Freier (R.) s. Tödt (F.).
— u. **Tödt (F.),** Best. oxydierender Stoffe sowie d. p_H-Wertes **6096*** D. B.
Freifelder (M.) s. Abbott Laboratories; Glenn (H. J.); Horrom (B. W.); Moore (M. B.).
Freiling (E. C.), Bunney (L. R.) u. **Ballou (N. E.),** Identifizier. v. Gd- u. Tb-Radioisotopen als Spaltprodd. v. ^{235}U **11329.**
Freiman (A. A.) s. Koslow (P. W.).
—, **Bartaschow (W. A.), Schagalowa (L. I.), Perfiljewa (N. L.)** u. **Kurtschenko (W. D.),** Stabilisier. v. Celluloseesterfilmen. 2. Mitt. Änder. d. Stabilisatormenge in Triacetatfilmen bei d. thermooxydativen Zerstör. **6422.**
Freiman (W. B.) s. Gorodilowa (W. W.).
Freimiller (L. R.) s. Rohm & Haas Co.
Freimuth (F.) s. Böhme (H.).
Freinkel (N.) s. Ingbar (S. H.).
Freire (R. C.) = Corrêa Freire (R.).
Freireich (E.) s. Arvey Corp.
Freis (E. D.), Rose (J. C.), Partenope (E. A.), Higgins (T. F.), Kelley (R. T.), Schnaper (H. W.) u. **Johnson (R. L.),** Hämodynam. Wrkgg. v. blutdrucksenkenden Mitteln beim Menschen. 3. Mitt. Hexamethonium **4879.**
Freiser (H.) s. Harkins (T. R.); Johnston (W. D.); Shorr (L. M.); Steinbach (J. F.).
Freistadt (H.), Klass. Feldtheorie im Hamilton-Jacobi-Formalismus **4985.**
Freitag (C.) s. Bayerische Stickstoff-Werke Akt.-Ges.
Freitag (R.), Blutalkoholbewert. **10824.**
Freiwald (H.) u. **Ude (H.),** Sphär. Explosionswellen in Luft–Acetylen-Gemischen **4046.** — Kugelförm. Ausbreit. d. Detonat. in Acetylen–Luft-Gemischen **9031.**
Fréjaques (J. L. M.) s. Pechiney Comp. de Produits Chimiques & Électrométallurgiques.
Fréling (E.) s. Dugleux (P.).
Fremlin (J. H.) s. Chackett (K. F.); Walker (D.).
— u. **Walters (M. C.),** Untergrundbahnspuren in elektronenempfindl. Kernemulss. **5717.**
Frenay (E.) s. Coheur (P.).
French (A. P.), Matrixelemente für Oktupol-Strahlungsübergänge **6453.** — s. Thomson (D. M.).
French (C. M.), Differenzen im Inkrement d. magnet. Susceptibilität bei Substitutt. mit geschlossenem Ring u. mit Seitenketten **9733.** — s. Cobbett (W. G.).

French (D.), Raffinosefamilie d. Oligosaccharide 10752.
—, **Levine (M. L.)**, **Norberg (E.)**, **Nordin (P.)**, **Pazur (J. H.)** u. **Wild (G. M.)**, Schardinger-Dextrine. 7. Mitt. Cosubstratspezifität bei Kupplungs-Rkk. v. Macerans-Amylase 1756.
French (F. L.), Methylbromidbegasung 3466. — Düngungsverss. in Tabaksaatbeeten 7760.
French (F. S.) s. St. George (S.).
French (H. E.) u. **Sears (K.)**, Rkk. v. 3-Pyridyllithium 9333.
French (J. D.) s. Porter (R. W.).
French (J. E.) s. Benditt (E. P.).
— u. **Benditt (E. P.)**, Histochemie d. Bindegewebes. 2. Mitt. Wrkg. v. Proteinen auf d. selektive Färben v. Mucopolysacchariden durch bas. Farbstoffe 4176.
French (L. A.) s. Bergen (F. H. Van).
French (R. J.) u. **Hinkley (P. L.)**, Haltbark. v. Feuerlöschschaum gegenüber Bzn. 10594.
French (R. O.), **Wadsworth (M. E.)**, **Cook (M. A.)** u. **Cutler (I. B.)**, Quantitative Anwend. d. Infrarotspektroskopie auf Unterss. über Oberflächenchemie 2129.
French (R. S.) u. **Hibbard jr. (W. R.)**, Wrkg. v. gelösten Elementen auf d. Dehnungsverform. v. Cu 3327.
French Oil Mill Machinery Co. u. **Barns (R. W.)**, Extrakt. v. fetten Ölen u. Fetten 11117* A.
Frenkel (A. W.) u. **Rieger (C.)**, Photored. in Algen 9120.
Frenkel (G.), Antibakterielle Lokaltherapie bei Infektt. d. Mundhöhle mit Hilfe v. Penifen-Dentalsalbe (Zylinderampulle) 6563.
Frenkel (G. M.), Wie läßt sich d. Aceton-Butanol-Produkt. vor d. Gefahr d. Einschlepp. eines spezif. Bakteriophagen schützen? 8026. — Eigg. d. Bakteriophagen v. Cl. acetobutylicum 9465.
Frenkel (M.), Ergebnisse d. Schilddrüsenforsch. 10551.
Frenkel (S. J.), Unters. linearer Polymeren mit Hilfe d. Ultrazentrifuge 6994. — s. Bressler (S. J.).
Frenkiel (J.) s. Manufactures de Produits Chimiques du Nord, Établissements Kuhlmann.
Frenklach (C. G.) s. Robiner (I. S.).
Frens (A. M.) s. Dijkstra (N. D.).
Frensch (H.) s. Winnacker (K.).
Frenz (G. S.) s. Tschishikow (D. M.).
Frenzel (K. H.), Dammschmutz mit Hyaluronidase 3908.
Fréon (P.), **Samné (S.)** u. **Tatibouët (F.)**, Rk. v. Organo-Mg-Verbb. mit Isonitroso-β-diketonen 68.
Fréour (P.) s. Piéchaud (F.).
—, **Serise (M.)** u. **Bordas (M.)**, Kommt ACTH u. Cortison bei d. Behandl. d. Tuberkulose eine Bedeut. zu? 5591.
Frèrejacque (M.), d-Thevetose, d. glucosid. Bestandteil d. Honghelins 3625.
— u. **Durgeat (M.)**, Digitalisgifte in Jutesamen 1304.
Frerich (R.) s. Thyssen (A.)-Hütte Akt.-Ges.
Frerichs (R.), Neue opt. Gläser mit guter Durchlässigk. für Infrarot 3461. — Dielektr. Veränderr. in Kristallphosphorkondensatoren während d. Röntgenbestrahl. 7376.
Frericks (B.) s. Schleyer (F.).
Fresco (J.) s. Albert (R.).
Frese (A.) s. Dornow (A.).
Frese (E.) s. Ruhröl G. m. b. H.
Fresenius (W.) u. **Jander (G.)**, Handbuch d. analyt. Chemie. T. 2. Qualitative Nachweis-Verff. Bd. 7. Elemente d. siebenten Gruppe. T. 3. Quantitative Bestimmungs- u. Trennungsmethoden. Bd. 6 *a*. Elemente d. sechsten Hauptgruppe. *1*. O (einschl. O_3 u. H_2O_2) [657].
Freshel (C.), Geräucherte Hefe 7803* A.
Freshwater (D. C.), Neuere Entw. in d. techn. Gestalt. d. Durchdring. zweier Phasen 6818. — Chem. Technologie. 6. Mitt. Dest. 9872; 7. Mitt. Absorpt. u. Trenn. 9872; 8. Mitt. Extrakt. v. Fll. 9872; 9. Mitt. Adsorpt. 9872; 10. Mitt. Filtrat. 9872; 11. Mitt. Instrumentier. 9940. — s. Garner (F. H.).
Freter (K.) s. Wieland (T.).
Fretter (W. B.) s. Amaldi (E.).
— u. **Friesen (E. W.)**, Kaskadenzerfall eines negativen Hyperons 4985.
Fretzdorff (A.-M.) s. Weitzel (G.).
Freud (A. W.) s. British Oxygen Co. Ltd.
Freud (H. M.) genannt **Frasch (J.)** = Frasch (J.).
Freudenberg (C.) K.-G. a. A., Gewebeart. Faserbahnen 3036* F. — Poröse Platten 9475* F.
— u. **Nottebohm (C. L.)**, Veredeln v. porösen Flächengebilden 3268* D. B. — Poröse faserhalt. Flächengebilde 8046* D. B.
Freudenberg (G.) u. **Caesar (R.)**, Arzneipflanzen [4890].
Freudenberg (K.) s. Knoll Akt.-Ges. Chemische Fabriken.
— u. **Eisenhut (W.)**, Synth. d. Guajacylglycerin-β-coniferyläthers u. weitere Verss. im Zusammenhang mit dem Lignin 11003.
— u. **Hohmann (Walter)**, Konfigurat. d. tert. C-Atoms. 5. Mitt. 3101.
— u. **Lwowski (W.)**, Konfigurat. d. tert. Kohlenstoffe. 6. Mitt. Konfigurat. d. Camphers 4354.
— u. **Schlüter (H.)**, Zwischenprodukte d. Ligninbldg. 11003.
— u. **Schuhmacher (G.)**, Synthesen dimerer Zimtsäuren u. Zimtalkohole 3357.
Freund (H.) s. Kanzelmeyer (J. H.).
Freund (M.), Ausbldg. v. Schmierölfilmen auf metall. Oberflächen 1648.
Freund (W.), 2-Styrylfurane 8971* D. B. — Rk. v. Diazoniumsalzen mit β-[Thienyl-(2)]-acrylsäure 10737.
Freundlich (W.), Schäume mit einem hohen Geh. an Ti 1925. — s. Chrétien (A.).
Freure (B. T.) s. Union Carbide & Carbon Corp.
Frevel (L. K.) s. Dow Chemical Co.
Frey (D. N.) u. **Freeman (J. W.)**, Einfl. v. Kaltbearbeit. auf d. Kriechen einer austenit. Fe-Legier. 5408.
Frey (E. K.) u. **Hartenbach (W.)**, Experimentelle Grundlagen d. Wrkg. v. Depotpadutin 404.
Frey (H.) s. Ciba Akt.-Ges.
Frey (J.), Stoffwechselwrkgg. v. α-Tocopherolen, bes. untersucht an d. Niere 1549. — Einfl. v. *dl*-α-Tocopherol auf d. fermentativen Phosphatstoffwechsel d. Tubuluszellen d. Rattenniere 1550.
— u. **Hoffmann (Günter)**, Unterss. am isolierten Warmblüterherzen über d. Wrkg. d. *dl*-α-Tocopherol 1550.
Frey (J. G.), Kombinationsbehandl. v. Röntgenspätschäden d. Haut mit Kurzwellen u. Vitamin E 4392.

Frey (K.), Verf. zur Behandl. v. Fll. oder Gasen mit Gasen 2270* D. B.
Frey (K. J.), Wrkg. d. Varietät u. d. Standortes auf d. Thiamin-, Pantothensäure-, Riboflavin- u. Niacingeh. v. Haferpflanzen 382.
Frey (M.), Schnellbest. v. Salpeter- u. Ammoniakstickstoff in Düngemitteln 8478.
Frey (R.), **Hügin (W.)** u. **Mayrhofer (O.)**, Lehrbuch d. Anästhesiologie [11629].
Frey (R. W.), Methylpurpur gegen Methylorange beim Titrieren d. Alkalinität 187.
Frey (S. E.) s. Fuson (R. C.).
Frey (Walter), Heizwerte u. Zus. fester, fl. u. gasförm. Brennstoffe [4981]. — s. Säurefabrik Schweizerhall.
Frey (Wolfgang) s. Sandoz Akt.-Ges.
Frey-Wyssling (A.), Feinstruktur d. Cellulosemikrofibrillen 1289.
Freyburger (W. A.) s. Gruhzit (C. C.).
Freyer (R. H.) s. Mallory-Sharon Titanium Corp.
Freyermuth (H. B.) s. General Aniline & Film Corp.
Freyhold (H. v.), Chem. Vorgänge beim Korrosionsschutz mit Silicaten 429.
Freymann (M.), **Langevin (S.)**, **Rolland-Bernard (M. T.)**, **Perio (P.)** u. **Kleinberger (R.)**, Hertzsches Spektr. u. Struktur v. festen Körpern. 3. Mitt. Nichtstöchiometr. Verbb.: Uranoxyde 1671.
— u. **Freymann (R.)**, Hertzsches Spektr. u. Struktur v. festen Körpern. 2. Mitt. Debye-Absorpt. v. freiem u. gebundenem W. 1671. — Unters. d. Gitterfehler in Festkörpern mit Hilfe d. Hertzschen Absorptionsbezieh. zu d. Infrarotabsorpt. 7374.
Freymann (R.) s. Freymann (M.).
Freyschmidt (P.) s. Billion (H.).
Freytag (H.), Vgl. einiger Nachww. v. Mercaptoverbb. 1807. — Quellen d. Haare 8755. — Variabilität d. Haare, ihre Ursachen u. d. Möglichkk. ihrer Erfass. 10642.
Freytag (H. E.), Huminstoffe in Abbau befindl. Pflanzenwurzeln. (Ein Vers. zur Deut. ihrer Absorptionscharakteristika) 10605.
Freytag (K.), Aufbau d. Cuticula v. Hirudo medicinalis L. 618. — Einfaches Verf. zur Heißextrakt. v. kleineren Objekten mit Lösungsmm. v. niedrigen Kp. 7513.
Friauf (R. J.), Polarisationseffekte bei d. Ionenleitfähigk. v. AgBr 6919.
Friberg (L.) s. Dalhamn (T.).
—, **Kylin (B.)** u. **Nyström (Å.)**, Toxizitäten v. Trichloräthylen u. Tetrachloräthylen u. Fujiwara's Pyridin–Alkali-Rk. 5835.
Friberg (U.) u. **Ringertz (N. R.)**, Aufnahme v. Radiosulfat u. Radiophosphat durch verschied. Gewebe n. u. skorbut. Meerschweinchen 392.
Frick (C. E.) s. Cleef (Van) Bros., Inc.
Frick (E. L.) s. Kirby (A. H. M.).
Frick (H.) s. Schnider (O.).
Frick jr. (J. G.) s. United States of America.
—, **Weaver (J. W.)** u. **Reid (J. D.)**, Flammfest ausgerüstete Baumwolle: Emulsionsbehandl. unter Verwend. eines polymeren P-Br-Prod. 11480.
Frick (K. E.) u. **Simkover (H. G.)**, Insekticide zum Töten v. Kirsch-Fruchtfliegenmaden in d. Frucht 11078.
Frick (O. F. V.), Grundstoffe für Bauten, bes. Überzugs- u. Dichtungsmittel 10634* D. B.
Frick (W.) s. Djerassi (C.).
Fricke (G.), Gewinn. v. γ-Hexachlorcyclohexan 1827* D. [DDR].
Fricke (H.) s. Cario (G.).
Fricke (Hans), Entfern. v. reifenden u. schleiernden Stoffen aus Photogelatine 5704* D. [DDR].
Fricke (Horst) s. Schubert (K.).
Fricke (Hugo), Komplexe Leitfähigk. einer Suspens v. geschichteten Teilchen sphär. oder zylindr. Form 9739.
Fricke (H. H.) s. Abbott Laboratories.
Fricke (K.), Schwermetallgeh. d. Mineralquellen 5025.
Fricke (R.), **Neugebauer (Walter)** u. **Schäfer (Harald)**, Anorgan. Chromatographie. 1. Mitt. Einw. wss. $CuCl_2$-Lsgg. auf γ-Al_2O_3 1684.
Fricker (D. J.) s. Collier (R. E.).
Frickhinger (H. W.), Innere Therapie im Pflanzenschutz 8009.
Friday (F.) s. Macdonald (W. B.).
Fridenson (A.) s. Alimentation Équilibrée.
Friderich (H.) u. **Eisenlohr (E.)**, Anwend. v. Teer in konz. Form bei Hautkrankheiten 3680.
— u. **Rasp (K. F.)**, Atebrinbehandl. d. Lupus erythematodes 3907.
Fridman (E. A.) s. Romanenko (N. N.).
Fridman (G. J.) s. Taitz (J. M.).
Fridman (J. B.) s. Ssoboljew (N. D.).
— u. **Drosdowski (B. A.)**, Schaden an Metallen bei lang dauernder Belast. bei höherer Temp. 8716.
Fridman (J. D.), Theorie d. Oxydat.-Red. 4539.
Fridman (S. G.), 4-Alkoxymethyl- u. 4-Aryloxymethyl-2-[p-aminophenyl]-thiazole 93. — 2-Alkoxymethyl- u. 2-Aryloxymethyl-4-[p-aminophenyl]-thiazole 94. — 2-Alkoxy- u. 2-Aryloxy-6-aminobenzothiazole 1505. — 2-Alkoxymethyl- u. 2-Aryloxymethyl-6-aminobenzothiazole 1506.
Fridovich (I.) s. Heimberg (M.).
Fridrichsberg (D. A.) u. **Gutman (K. M.)**, Elektrophorese durch Kollodiummembranen 10204.
Fried (B. D.) s. Riddell jr. (R. J.).
Fried (C.), Entzündungsbestrahl. u. Antibiotica 393.
Fried (G. H.) u. **Tipton (S. R.)**, Vgl. d. Titer respirator. Enzyme in Geweben v. Säugern verschied. Körpergröße 7232.
Fried (J.) s. Kupchan (S. M.); Squibb (E. R.) & Sons; Warner (W. R.) & Co., Inc.
— u. **Klingsberg (A.)**, Struktur d. Jervins. 3. Mitt. Abbau zu stickstofffreien Derivv. 10274.
— u. **Stavely (H. E.)**, Streptomycin. 10. Mitt. Konst. v. Mannosidostreptomycin 3391.
Fried (M.), Nutzbarmach. v. Phosphaten durch Pflanzen 442. — Quantitative Bewert. v. Industrie- u. Naturphosphaten 911.
Fried (R.) s. Werle (E.).
— u. **Carvalho da Silva (A.)**, Wrkgg. d. Nicotinamids, Diammoniumcitrats u. Harnstoffs als Zusätze zu proteinarmen Futter 7953. — Wrkgg. v. Nicotinamid- u. N-Zusätzen zu proteinarmem Futter, d. Sulfonamide enthält 7953.
Fried (S.) s. Aprey (L. B.); Sellers (P. A.).
Friedberg (F.), Stereochem. Spezifität biol. Systeme 4850.

Friedberg (S. A.), Spezifische Wärme v. $CuCl_2 \cdot 2H_2O$ zwischen *1,5* u. *20°* K 3563.
Friedel (G.), Briekäse 1868.
Friedel (J.), Beweg. eines Elektrons in einem gestörten period. Gitter 3309. — Anomalie d. Festigkeitsmoduls v. Cu-Legierr. für niedr. Konzz. 7860. — Anomalie d. $M_{IV,V}$-Absorpt. bei schweren Elementen 8309.
Friedel (R. A.) s. Orchin (M.); Sternberg (H. W.).
Friedell (M. T.) s. Venkataraman (P. R.).
Friedemann (T. E.) s. White (C. E.).
Frieden (E.), Hemm. d. Ascorbinsäureoxydase durch Cupriionen 7004.
Frieden (E. H.) u. **Velardo (J. T.),** Wrkg. v. Relaxin auf d. Verh. d. Decidua d. Ratte 9599.
Friedenwald (J. S.), Hemmung d. Carboanhydrase u. Kammerwasserfluß 10288. — s. Gryder (R. M.); Rosen (D. A.).
Friederich (A.) s. Farbenfabriken Bayer Akt.-Ges.
Friederich (E.) u. **Friederich (E. O. H.),** Körper für d. reflexionsfreie Absorpt. elektromagnet. Strahl. 6590* D. B.
Friederich (E. O. H.) s. Friederich (E.).
Friederich (H.) s. Badische Anilin- & Soda-Fabrik Akt.-Ges.
Friederich (H.-C.), Unerwünschte Nebenerscheinn. nach Gebrauch v. Lippenrot 870.
Friederichsen (I.) s. Engel (H.).
Frieders (F.), The effects of thyroid-inhibiting drugs on some tropical fish; a dissertation [2013].
Friedgood (H. B.) s. Nyc (J. F.).
Friedheim (E. A. H.), Bi-Verbb. 4884* F. — Organometallverbb. 6807* A.
Friedkin (M.), Enzymat. Synth. v. Azaguaninribosid u. Azaguanindesoxyribosid 3392.
Friedlaender (A. S.) s. Friedlaender (S.).
Friedlaender (S.) u. **Friedlaender (A. S.),** Örtl. Anwend. v. Hydrocortison- u. Neomycinsalben bei allerg. Dermatosen 4623.
Friedland (H.) s. Allgemeine Elektricitäts-Gesellschaft.
Friedland (S. S.) s. Katzenstein (H. S.); Lane (G. H.).
— u. **Katzenstein (H. S.),** Die d. Lebensdauer selbstlöschender Zähler beeinflussenden Faktoren 3552.
Friedland (W. C.) s. Richardson (D.).
Friedlander (G.) s. Hudis (J.); Miller (J. M.); Sugarman (N.); Welker (J. P.); Wolfgang (R. L.).
—, **Baker (E.), Hudis (J.), Miller (J. M.)** u. **Wolfgang (R. L.),** Radioakt. Prodd. aus d. Wechselwrkg. v. *2,2* GeV-Protonen mit Cu 11149.
Friedlander (M. W.), Harris (G. G.) u. **Menon (M. G. K.),** Suche nach durch langsame negative schwere Mesonen ausgelösten Kernzertrümmerungen 1663.
—, **Keefe (D.), Menon (M. G. K.)** u. **Merlin (M.),** M. d. Λ^0-Teilchens 3787.
Friedlander (S.) s. Stitt (F.).
Friedlander (W. S.) s. Fuson (R. C.).
Friedler (G.) s. Epstein (D.).
Friedli (J.), Unterwasser-Korrosionsverss. mit verzinkten Blechen 2527.
Friedman (A. M.) s. Diamond (H.); Fields (P. R.); Stevens (C. M.); Studier (M. H.).
—, **Harkness (A. L.), Fields (P. R.), Studier (M. H.)** u. **Huizenga (J. R.),** α-Halbwertszeiten v. ^{244}Cm, ^{245} Cm u. ^{246}Cm 11153.
Friedman (A. S.) s. Haar (L.).
— u. **Haar (L.),** Berechn. v. thermodynam. Funktionen v. idealen Gasen mit einer „High-speed"-Rechenmaschine. 1. Mitt. Isotop. W.-Moll. 6691.
Friedman (B. A.) s. Hyman (L. J.).
Friedman (B. I.) s. Vilter (R. W.).
Friedman (B. S.) s. Sanford (R. A.); Sinclair Oil & Gas Co.
Friedman (C. L.) s. Friedman (S. M.).
Friedman (E. R.) s. Kirshbaum (A.).
Friedman (G. M.), Relative Häufigk. einiger Spurenelemente in d. Nähe d. unteren u. oberen Kontaktes d. Palisades Sill. 6238.
Friedman (H.) s. Byram (E. T.).
— u. **Glover (C. P.),** Strahlungsempfindlichk. v. Alkalihalogenidkristallen 11156.
Friedman (Herbert), Geiger-Müller-Zählrohr 10347* A. — s. United States of America.
Friedman (H. L.), Löslichkk. v. Schwefelhexafluorid in W. u. d. Edelgase, v. Schwefelhexafluorid u. Osmiumtetroxyd in Nitromethan 39. — UV-Absorptionsspektren v. einfach negativen Ionen 8085. — s. Schug (K.).
— u. **Haugen (G. R.),** Verteil. v. Elektrolyten zwischen wss. u. organ. Phasen. 1. Mitt. Verteil. d. Alkali-Reineckate u. d. Alkaliperrhenate zwischen W. u. Nitromethan 536.
Friedman (I.), Deuteriumgeh. v. natürl. Wässern u. a. Substanzen 3582.
Friedman (I. H.) s. Wilkins (R. W.).
Friedman (J. S.) s. General Aniline & Film Corp.; Horwitz (L.).
— u. **Horwitz (L.),** Fluorescenz bei photograph. Emulsionen 10178.
Friedman (Leo) s. Shue (G. M.).
Friedman (Lewis) u. **Bigeleisen (J.),** Therm. Zers. v. N_2O 999.
— u. **Irsa (A. P.),** Häufigkk. v. Rutheniumisotopen 4028.
Friedman (M.) s. Robbins (E. D.); Rosenman (R. H.); St. George (S.).
Friedman (M. E.), Wood (W. A.) u. **Nelson (W. O.),** Einfl. v. verschied. Stoffen auf d. p-Aminobenzoesäure–Pantothensäure–Wechselwrkg. in Bacterium linens 6053.
Friedman (M. M.) s. Molander (D. W.).
Friedman (N. H.) s. Gottfried (S. P.).
Friedman (O. M.), Klass (D. L.) u. **Seligman (A. M.),** N-phosphorylierte Derivv. d. Diäthanolamins 3603.
— u. **Seligman (A. M.),** Darst. v. N-phosphorylierten Derivv. d. Bis-[β-chloräthyl]-amins 3117.
Friedman (R.) u. **Burke (E.),** Mess. d. Temperaturverteil. in ebenen Flammen bei niedr. Drucken 1680.
Friedman (S.), Einfl. v. Aminosäuren auf d. Verwendbark. v. Fructose auf d. Leuchtbacillus Achromobacter fischeri 2456.
Friedman (S. A.), Bei niedr. Temp. gebildeter authigener Magnetit 1927.
Friedman (S. M.), Nakashima (M.) u. **Friedman (C. L.),** Änderung v. hormonaler Hypertens. in d. Ratte durch Mangel an Wachstumshormon 5583.
Friedmann (C. A.) u. **Gladych (J. M. Z.),** Rk. zwischen Formaldehyd u. Äthyl-α-formylphenylacetat 2904.
Friedmann (H.), Deut. d. „diskreten Energieverluste" mittelschneller Elektronen im Festkörper 11145.

Friedmann (H. C.), Xanthinoxydase u. Uricase in Leber u. Niere bei einigen Amphibien 2927.
Friedolsheim (A. v.) s. Badische Anilin- u. Soda-Fabrik Akt.-Ges.
Friedrich u. **Fischer**, Fermentationsgrad-Best. nach Smirnow 950.
Friedrich (E.), Innenkörperanämie nach phenothiazinhalt. Wurmmitteln 868.
Friedrich (G.) s. Derkosch (J.).
Friedrich (G.) [Halle], Stoffwechselphysiologie d. Obstgehölze. Unterss. über Assimilat., Transpirat. u. Mineralstoffwechsel einiger Edelsorten (Apfel u. Birne) unter d. Einfl. verschied. Unterlagen bzw. Stammbildner 3653.
Friedrich (H.), Gerbstoff v. Bergeniaarten u. seine Beziehh. zum Arbutin. 2. Mitt. 2227.
Friedrich (Herbert) s. Badische Anilin- & Soda-Fabrik Akt.-Ges.
Friedrich (L.), Behandl. d. subchron. Pneumonie mit Hyaluronidase-Aerosol 10314.
— u. **Takács (F.)**, Behandl. d. Geschwürskrankh. mit Liquiritia 4400.
Friedrich (Liselotte), Prüf. d. Gültigk. d. Beerschen Gesetzes am Agfacolorfilm 3542.
Friedrich (W.) s. Stöckmann (K.).
Friedrich (Wilhelm) s. Aschaffenburger Zellstoffwerke Akt.-Ges.
— u. **Bernhauer (K.)**, Vitamin-B_{12}-Faktor 7024.
Friedrich (Wilhelm) [Hagen] s. Concordia Elektrizitäts-Akt.-Ges.
Friedrich-Liebenberg (A. v.) s. Farbenfabriken Bayer Akt.-Ges.
Friedrichs (F.), Glas im chem. Labor. [429]. — Bürette mit selbsttät. Nullpunkteinstell. 2261.
Friehoff (F. J.) u. **Löbermann (K. H.)**, Farbstofftherapie tox. Hämiglobinämien unter Berücksichtig. d. Patho-Physiologie dieser Vergiftt. 2231.
Friend (D. G.) s. Cummins (J. F.).
— u. **Edwards (E. A.)**, Anwend. v. „Dibenzylin" als Vasodilatator bei Patienten mit schwerer Ischämie d. Finger 153.
Friend (J.) u. **Goodwin (T. W.)**, Carotinogenese. 12. Mitt. Wrkg. v. Temp. u. Thiaminkonz. auf d. Carotinogenese bei Phycomyces blakesleeanus 6776.
Friend (R. B.) s. Swanson (C. L. W.).
Friend (W. Z.) u. **LaQue (F. L.)**, Korrosionsbeständ. Ni-Legierr. u. chem. Fortschritt 7305.
Frierson (W. J.), **Thomason (P. F.)** u. **Raaen (H. P.)**, Elutionschromatographie mit dickem Filterpapier 5857.
Fries (D.) s. Müller (Eugen).
Fries (M. G. De) s. Leonard (Fred).
Fries (N.), Rk. einiger Hymenomyceten auf Bestandteile v. Nucleinsäuren 4131.
Friese (H.), Buntfärben v. Natur- u. Preßbernstein 2312* D.
Friese (W.), Butterpilze u. ihre Verwert. 3754.
Friesen (E. W.) s. Fretter (W. B.).
Friesen (G.) u. **Olson (P. J.)**, Wrkg. v. 2.4-D auf d. Entwicklungsvorgänge bei Gerste u. Hafer 3714.
Friesen (S. v.) u. **Kristiansson (K.)**, Photoelektr. Best. d. Bahnspurendichte in Kernemulss. 978.
— u. **Leide (G.)**, Auslösemechanismus für Höhenstrahlballonunterss. 9495.
Frieser (H.), Unterschiede d. nach verschied. Methoden bestimmten Empfindlichkk. photograph. Materialien 1659. — Unterss. über d. Wiedergabe kleiner Details durch photograph. Schichten. 1. Mitt. 10421.
Frieser (H.), **Johann (L.)** u. **Klein (E.)**, Dünnschnitte durch Körper photograph. Emulss. 6897.
— u. **Klein (E.)**, Abhängigk. d. Empfindlichk. einer photograph. Emuls. v. d. Korngröße 3542.
Friess (E. T.), Wrkg. einer chelatbildenden Verb. auf Myosin–Adenosintriphosphatase 843.
Friess (S. L.), Hydrolysegeschwindigkk. v. Fructose-6-phosphorsäure 10992.
— u. **McCarville (W. J.)**, Bau d. Acetylcholinesteraseoberfläche. 2. Mitt. Ringeffekt in enzymat. Inhibitoren v. substituierten Äthylendiamintyp 610.
—, **Wilson (I. B.)** u. **Cabib (E.)**, Mg-Aktivier. d. Acetylcholinesterase 10053.
Frigyes (É. B.) s. Ször (P.).
Friis (T.), Proteingebundenes J im Serum bei Thyreotoxikose u. Myxödem 8657.
Friis-Hansen (B.) s. Foght-Nielsen (K.-E.).
Frik (W.), Eigg. u. Indikationsbereich neuer Gallenkontrastmittel 9376.
Frilley (M.), **Gokhale (B. G.)** u. **Valadares (M.)**, Einfl. d. kernmagnet. Moments auf d. Linienbreite in d. Röntgenstrahlenspektren 6683.
—, **Rosenblum (Salomon)**, **Valadares (M.)** u. **Bouissières (G.)**, Strahll. bei d. Umwandl. v. RdAc→AcX 1198.
Frimmer (M.) s. Pfleger (K.).
Frind (H.), Best. d. Grundviscosität v. Polyäthylenterephthalatlsgg. 2565.
Fringant (A.-M.) s. Berger (Jacques).
Frings (H.), Reinig. d. für d. Essigherst. erforderl. Luft 475* F.
Frinowskaja (W. A.) s. Arbusow (B. A.).
Frisch (A. W.), **Talman (E. L.)**, **Aldrich (R. A.)**, **Nevé (R. A.)** u. **Case (J. D.)**, Wrkg. v. Sedormid auf d. Entw. d. Hühnerembryos 402.
Frisch (D. H.) s. Cooper (D. I.); Pugh (G.); Storrs (C. L.); Zimmerman (R. L.).
Frisch (Franz) s. Sandoz Akt.-Ges.
Frisch (Frederick) u. **Leopold (I. H.)**, Bewert. d. Urethans d. β-Methylcholinchlorids beim chron. Glaukom 6333.
Frisch (H. L.), Stationäre Diffus. in eine umströmte Kugel bei kleiner Reynolds-Zahl 290.
— u. **Simha (R.)**, Adsorpt. flexibler Makromoll. 2. Mitt. 3636.
— u. **Stannett (V.)**, Therm. Abbau v. Polymerisaten während d. Verpress. 227, 1151. — Anfangszus. v. „Polyestern" 5329.
— u. **Willis (C.)**, Kinetik v. Phasenübergängen, bei denen Rkk. v. Dimeren vorkommen 9030.
Frisch (K. C.) s. General Electric Co.
Frisch (S. E.) u. **Sapessotschnyi (I. P.)**, Best. d. Anregungsfunktt. d. Energieniveaus aus d. opt. Anregungsfunktt. 3063.
Frisch-Niggemeyer (W.), Darst. hochviscoser Hyaluronsäure 1764.
Frischbier (E.) u. **Schäfer (W.)**, Kleben v. Metallen 7357.
Frische (J.), Vorbehandl. u. Färben v. Reißwollmaterial 11102.
Frisco (L. J.) s. Chapman (J. J.).
Frisco (S. Di) s. Ercoli (A.).

Frishman (D.) u. **Harris (M.)**, Art d. Veränderr. d. Wolle durch verschied. Chlorierungsverff. u. ihre Wrkg. auf d. Haltbark. v. schrumpfbeständ. Waren 1170.
Frison (E.), C. A. J. A. Oudemans 1893.
Frisone (G. J.), Best. v. Isopropylalkohol in Dextran u. Dextranlsgg. 11059.
Frisque (A.), **Meloche (V. W.)** u. **Shain (I.)**, Polarograph. Analyse bin. Mischungen bei kleinstem Fehler 2965.
Fritel (D.) s. Milliez (P.).
Frith (M. L.) s. Dash (R. M.).
Frith (P. H.), Ermüdungsprüff. an gewalzten legierten Stählen, d. in Elektro- u. Siemens-Martin-Öfen erschmolzen wurden 10849.
Frith (W. C.) s. Fairbrother (F.).
Fritsch (E.), Spurenstoffe im Getreide u. in d. cerealen Prodd. 5676. — s. Miag Mühlenbau und Industrie G. m. b. H.
Fritsch (K.), Reinig. v. Abwässern 8704.
Fritsch (W.) s. Farbwerke Hoechst Akt.-Ges., vormals Meister Lucius & Brüning.
Fritts (H. W.), Al-Legierr. 7305.
Fritz (E. G.), Gamma-Radiographie für d. zerstörungsfreie Prüfung 5884.
Fritz (F.), *250* Jahre Berliner Blau. Warum Pariser Blau an Stelle v. Berliner Blau? 502. — Trocknen v. chines. Holzöl im Bogenlicht 9451. — Best. d. Br-Zahl mittels Br-Dampfes 11646.
Fritz (G.), Neue H-Verbb. d. Si u. d. P; Silylphosphin, $SiH_3 \cdot PH_2$ 5264.
Fritz (Gustav), Neue ungar. Präpp. 1326.
Fritz (J. C.) s. Wharton jr. (F. D.).
Fritz (Joseph C.), Flammspritzen v. Stahl, Metallen u. Kunststoffen [8026].
Fritz (J. J.) u. **Ford (J. J.)**, Titrimetr. Th-Best. 4896.
Fritz (J. S.), Auswahl d. Mediums für eine besondere Titrat. 8455. — Titrat. v. Bi mit Äthylendiamintetraessigsäure 8690.
— u. **Freeland (M. Q.)**, Direkte titrimetr. Best. v. Sulfat 2967.
Fritz (R. J.) s. Standard Oil Development Co.
Fritzlen (T. L.) s. Reynolds Metals Co.
Fritzsche (C.), Unmittelbares Walzen v. fl. Metallen 1599. — Halbleitereigg. d. Kupferoxyduls 10924; Dass. 8. Mitt. Elektr. Leitfähigk. bei *0°* als Funkt. d. Ortes innerhalb d. Probe 7379.
Fritzsche (E.) s. Sundhoff (D.).
Fritzsche (H.), Erklär. d. doppelten Umkehr d. Hall-Effektes in Te 5724. — Hall-Effekt u. Widerstand v. Ge bei tiefen Tempp. 6219.
Fritzsche (Hans), Aussichtsreiche Pb–Zn-Erz-Lagerstätte wartet auf Aufschluß 3239.
Fritzsche (Helmut), Maßanalyt. Best. d. Co als Totpunkttitrat. 8219. — s. Chemische Verwertungsgesellschaft Oberhausen m. b. H.
Fritzsche (P.) u. **Wunderlich (H.)**, Formelsatz in Mathematik, Chemie u. Technik [4746].
Fritzsche (R.) s. Nolte (H.-W.).
Froböse (H.) s. Brandenburg (W.).
Froeb (H. F.) s. Hatch (F. T.).
Froeber (K.) s. Ludewig (H.).
Fröbrich (G.), „Tribolium-Imago-Faktor“ (TIF) durch Carnitin ersetzbar 8426.
Fröchling, Hackfruchtbau u. Humusfrage 6370.
Fröhlich (A.) s. Agfa Akt.-Ges. für Photofabrikation; Brodersen (R.).
Fröhlich (A.) u. **Köhler (Friedrich)**, Photograph. Farbbilder mittels Farbentw. 7824* D. [DDR].
— u. **Schneider (Wilhelm)**, Herst. subtraktiver Mehrfarbenbilder mittels Farbentw. 9239* D. [DDR].
Fröhlich (H.) s. Prinzler (H.).
Fröhlich (H.) [Liverpool], Elektronen in Gitterfeldern 5481. — Dielektr. Polarisat. in polaren Substanzen 8552.
Fröhlich (H. G.), Neuere Fasern, wie Orlon, Dacron, Terylen, Dynel u. Acrylan. 7. Mitt. Färber. Verh. reiner Polyacrylnitrilfasern 2305. — Färben v. Polyesterfasern: Grundlagen u. Praxis 3972. — Courlose, ein neues Textilhilfsmittel 3995. — Courlene, eine neue Faser d. Courtaulds Ltd. 5213. — „Ardil“-Proteinfaser: Darst., chem.-physikal. Eigg., Verwend. u. Ausrüst. 7349. — Vorgänge beim Färben v. Protein-, Zellulose-, Polyamid-, Polyacrylnitril- u. Polyesterfasern 11294.
Fröhlich (K. W.) s. Deutsche Gold- & Silberscheideanstalt vormals Roessler; Winnacker (K.).
Frölich (A.), Qualitätsbeurteil. v. Sojamehl mit Laboratoriumsmethoden u. durch Verss. mit Küken 3272. — Wirksamk. v. DL-Methionin hinsichtl. d. schädl. Wrkg. eines ungenügend erhitzten Sojabohnenölkuchens auf wachsende Küken 6558.
Froelich (E. J.) s. Sterling Drug, Inc.
Frölich (F.), Ausgewählte Probleme d. Theorie d. Ferro- u. Ferrimagnetismus [5487]. — s. Fanselau (G.).
Froelich (H. C.) s. Canadian General Electric Co. Ltd.; Comp. des Lampes; General Electric Co.
Fröman (P. O.), Einfl. v. Spin u. Isotopen in d. kinemat. Theorie d. Neutronenbeug. 506. — Numer. Vgl. d. Dichtematrix v. Rb+ in d. statist. u. in d. Hartreeschen Approximat. 4025.
Frömming (E.), Regenwurm als Versuchstier. 1. Mitt. Biol. Bemerkungen zu d. Abhandl. v. Sabalitschka u. Marx 4157.
Froescheis (J.) Lyra Bleistift-Fabrik, Kopierstifte 7590* Ung.
Frötschner, Langzeitentw. 3052.
Frohmader (S. H.) s. Research Products Corp.
Frohmberg (R. P.) s. Klingler (L. J.).
Frohmeyer (R.), Theorie u. Praxis d. Kreuzspulfärberei 10143.
Frohn (W.), Erhöh. d. magnet. Eigg. v. Fe-Erzen 4205* F.
Frohnmeyer (G.) s. Glocker (R.).
— u. **Glocker (R.)**, Genauigkeitsgrenzen d. Gitterkonstantenbest. aus Rückstrahlaufnahmen 1454.
—, **Glocker (R.)** u. **Messner (D.)**, Wellenlängenabhängigk. d. Leitfähigk. v. Cadmiumsulfidkristallen bei Bestrahl. mit Röntgenstrahlen u. γ-Strahlen 19, 4520.
Froitzheim (G.) u. **Polemann (G.)**, Behandl. d. Seborrhoe mit Selendisulfid 11248.
Froitzheim-Kühlborn (H.) s. Ziegler (K.).
Frolich (P. K.) s. Jasco, Inc.
Frolow (S. S.) s. Tuchlow (B. D.).
Frolow-Bagrejew (A. M.), Formen v. CO_2 im Champagner 8050.
Frolowa (A. A.) s. Rawitsch (G. B.).
Frolowa (M. M.) s. Pudowik (A. N.).
Frolowa (R. M.) s. Ssergejewa-Alajewa (W. N.).

From (F.) u. **O'Donnell (M. L.)**, Gleichzeit. Wrkg. v. p-Aminobenzoesäure u. Sulfanilamiden auf Lemma minor 6306.
Fromandi (G.), Ölbeständ. Kautschuk, bes. Nitrilkautschuk 938.
— u. **Oettner (K.)**, Reifenverss. auf d. Nürburgring 5671.
Froment (A. L.), Insekticide 200* F.
Froment (M.) s. B r o u i l l e t (P.).
Fromm (E.), Neue ^{14}C-Datierr. d. Allerödzeit 1926.
Fromm (H. J.) s. W i l l i a m s o n (M. B.).
Fromm (H. R.), Moderne Arzneimittel 5128, 8441.
Frommel (E.) s. R a d o u c o - T h o m a s (C.).
—, **Radouco-Thomas (C.)**, **Gold (P.)**, **Burgermeister-Guez (G.)** u. **Ducommon (M.)**, Periphere Wrkg. krampfhemmender Mittel (Phenobarbital, Phenyläthylacetylharnstoff oder S 46, Diphenylhydantoin). 2. Mitt. 10076.
Frommelt (E.), Hochdruckbehandl. mit Magnesiumoleat 4156.
Fromont (L. E. G. H.), Seife 7344* Belg., Schwz.
Fromont (S. M. M.) = F l e u r y (S. M. M.).
Fromont (W. A. G.) u. **Fleury (S. M. M.)**, Behälter für Stromsammler 9642* F.
Fronabarger (J. W.) s. R a b j o h n (N.).
Fronæus (S.), Neue Meth. zur Unters. v. Komplexgleichgewichten u. Best. v. Komplexkonstanten 4297. — Gleichgewicht zwischen Ni- u. Acetationen. Unters. mit Hilfe v. Ionenaustauschern u. potentiometr. Messungen 10691.
Fronda (F. M.) s. C a m p o s (A. C.).
— u. **Flores (D. G.)**, Jodhalt. Casein in einer Futtermischung für Legehennen 4480.
Froňková-Háze, Oleum hyoscyami foliorum coctum 1561.
Fronsacq-Collin (M.) s. U r i o n (E.).
Froquet (L.) s. S o c. N o r m a n d e d e P r o d u i t s C h i m i q u e s.
Frosst (A. W.) s. A l t s c h u d s h a n (A. A.); P e t r o w (A. A.).
—, **Akischin (P. A.)**, **Gurwitsch (L. W.)**, **Kurktschi (G. A.)** u. **Konstantinow (A. A.)**, Elektronograph. Unters. d. Baues d. Moll. 1. Mitt. 9972.
Frost (A. A.), Freie-Elektronen-Theorie, endliche Differenzen u. LCAO-Mol.-Zustände 9048. — s. H u r d (C. D.).
— u. **Braunstein (J.)**, Berechn. d. Energie d. H_2-Mol. durch in Wechselwrkg. stehende Mol.-Bahnen 530.
— u. **Kalkwarf (D. R.)**, Halbempir. Gleichung für d. Dampfdruck v. Fll. als eine Funkt. d. Temp. 7638.
— u. **Musulin (B.)**, Möglichk. d. Existenz einer reduzierten Potential-Energie-Funkt. für zweiatom. Moll. 530.
Frost (A. D.) s. M i n g i n s (C. R.).
Frost (A. E.) s. B e r s w o r t h (F. C.).
Frost (A. M.) u. **Langridge (D. F.)**, Hormonsprühh. u. Bienen 2516.
Frost (B. R. T.) u. **Maskrey (J. T.)**, Syst. U–Pb 9514.
Frost (E. E.) s. L o n g w e l l (J. P.).
Frost (E. L.) s. L y t l e (A. R.).
Frost (F. H.), Flachdruckplatte 7578* Dän. — s. W a r r e n (S. D.) C o.
Frost (L. W.) s. W e s t i n g h o u s e E l e c t r i c C o r p.
Frost (P. D.) s. C r i e s t (A. J.); P a r r i s (W. M.).
Frost (P. D.), **Parris (W. M.)**, **Hirsch (L. L.)**, **Doig (J. R.)** u. **Schwartz (C. M.)**, Isotherme Umwandl. v. Ti–Cr–Legierr. 9038.
Frost (R. A.) s. C h a p i n (M. A.).
Frota-Pessoa (E.) s. B r a n d ã o (F. A. G. A.).
Frotscher (H.), Chemie u. physikal. Chemie d. Textilhilfsmittel. Bd. *1* [8064]. — s. F e t t c h e m i e u n d F e w a - W e r k V E B.
Frotscher (I.) s. J e n t z s c h (D.).
Frouin (J.), Stickstoffdüng. v. Brauereigerste 10840.
Frowein (H. J.), Microsol, neuart. Nebelgerät zur Schädlingsbekämpf. 4437.
Frühbuss (H.) s. S t a c k e l b e r g (M. v.).
Frühling (L.) s. C h e v a l l i e r (A.).
Fruhstorfer (A.) s. T o r f f o r s c h u n g G. m. b. H.
Fruhstorfer (W.), Triterpenalkohole Taraxasterol u. Pseudotaraxasterol 3870.
Fruhwirth (O.) s. D o n a u C h e m i e A k t. - G e s.
Frujentow (N. K.), Erhöh. d. bedingt-reflektor. Ernährungsleukocytose unter d. Einw. v. Codein 152. — s. B r e c h m a n (I. I.).
Frumina (N. S.) s. K u l b e r g (L. M.).
Frumkin (A. A.) s. P a w l o w (L. P.).
Frumkin (A. L.) u. **Cholodny (S. D.)**, Temp.-Abhängigk. d. elektr. Widerstandes v. Ni–Zn-Ferriten 6457.
Frumkin (A. N.) s. M a i s l i s c h (R. S.); N e s s t e r o w a (W. I.); N i k o l a j e w a (N. W.).
—, **Iofa (S. A.)** u. **Bagotzki (W. S.)**, Adsorptionstheorie d. Überspann. v. N. I. Kobosew 8319.
Frunder (H.), Stoffwechsel u. DPN/DPNH-Konzz. d. verfetteten Leber 5113. — Rolle d. K-Ionen bei d. Atmung v. Leber- u. Zwerchfellschnitten 7461.
Frunse (T. M.) s. K o r s c h a k (W. W.).
Fruscella (R.), Hyaluronidasewrkg. auf d. Permeabilität d. Capillargefäße mit d. Fluoresceinmeth. 2221.
Frush (H. L.) s. I s b e l l (H. S.).
Fruteau de Laclos (C.), Wrkg. d. Thyroxins auf d. Entw. d. Körpergewichtes junger weißer Ratten im Zustand d. Alloxandiabetes 1078.
Fruton (J. S.) s. W i g g a n s (D. S.).
—, **Hearn (W. R.)**, **Ingram (V. M.)**, **Wiggans (D. S.)** u. **Winitz (M.)**, Synth. polymerer Peptide in Transamidierungs-Rkk., d. durch Proteinasen katalysiert werden 1299.
Fry (A.), **Tolbert (B. M.)** u. **Calvin (M.)**, Mechanismus d. Zers. v. Acetylperoxyd in 2-^{14}C-Essigsäure 6252.
Fry (B. A.), The nitrogen metabolism of microorganisms [5820]. — Glutaminsäuregär. bei Clostridium tetanomorphum 9358. — Glutaminsynth. durch Micrococcus pyogenes var. aureus 10053. — s. W i c k r e m a s i n g h e (R. L.).
Fry (C. E.) s. K r u g (R. C.).
Fry (D. J.) s. D i c k i n s o n (H. O.); I l f o r d L t d.
Fry (D. L.) u. **Schreiber (T. P.)**, Auswahl v. Linienpaaren für d. spektrograph. Analyse v. niedriglegiertem Stahl 4897.
Fry (D. W.), F. K. Goward 1.
Fry (E. S. J.) s. B e r g e r (L.) & S o n s L t d.
Fry (J.) s. C u p p s (C. Q.).
Fry (S.) s. B r i t i s h B e l t i n g & A s b e s t o s L t d.
Fry (W. F.), Unelast. Streuung v. *220* MeV-π^--Mesonen in Emulss. 5232. — Erzeug. positiver π-Mesonen durch negative π-Mesonen

5710. — s. Morinaga (H.); White (G. R.).
Fry (W. F.) u. **Schneps (J.)**, Best. d. M. eines π⁻-Mesons aus einem σ-Stern 8301.
— u. **White (G. R.)**, Nichtmeson. Zerfall eines gebundenen V_1^0-Teilchens 1895.
Fry (W. J.) s. Welkowitz (W.).
Frye (C. F.), **Kretschmer (C. B.)** u. **Wiebe (R.)**, Einfl. v. Alkoholen auf d. KW-stoff-Autoxydat. 2163.
Frye (C. G.) s. Stanolind Oil & Gas Co.
Frye jr. (G. M.), Geladene Teilchen aus d. Wechselwrkg. v. *14* MeV-Neutronen mit ^{6}Li u. ^{7}Li 2355.
Frye (R. M.) u. **Hodgdon (R. E.)**, Essentials of applied physics [3786].
Frye (W. W.), Oxytetracyclin bei d. Behandl. v. Tropenkrankheiten 9381.
Fryer (E. M.) s. Fowler jr. (C. A.).
Fryer (H. C.) s. Bartley (E. E.).
Fryklöf (L.-E.), Autoxydat. pharmazeut. angewandter äther. Öle 3915. — Galen. Zubereitt. v. Condurangorinde 9850; Dass. aus Baldrianwurzel 10081.
— u. **Sandell (E.)**, Suspensionssuppositorien, Dispersitätsgrad u. Herst. 10319.
Fryling (C. F.) s. Phillips Petroleum Co.
Fryxell (R. E.) s. Torrisi (A. F.).
Fu (H. S.) s. Arambulo (A. S.).
Fu (Shou-cheng J.), **Levintow (L.)**, **Price (V. E.)** u. **Greenstein (J. P.)**, Darst. u. Eigg. v. aliphat. α.α-Diacylaminosäuren 9306.
Fu (Y.) s. Bartell (F. E.).
— u. **Bartell (F. E.)**, Größe d. Oberflächen poröser Adsorbentien 1452.
Fubini (S.), Kovariante nichtadiabat. Gleich. für Nucleon-Pion-Streuung 3547. — Nichtadiabat. Behandl. d. Nucleon-Pion-Streuung 10429. — s. Ferroni (S.).
Fuchez (J.) s. Alvares Pereira (N.).
Fuchs (A.) s. Schuster (K.).
Fuchs (Andreas) s. Farbwerke Hoechst Akt.-Ges., vormals Meister Lucius & Brüning.
Fuchs (E.) s. Viscontini (M.).
Fuchs (Erik) s. Mester (I.).
Fuchs (F.), Was kann zu Schäden beim Kaltwellverf. führen u. welcher Art können diese sein? 870. — Neuentwickeltes Hautschutzmittel zur Verhüt. v. Berufsdermatosen, d. durch organ. Noxen bestimmt sind 11248.
Fuchs (Fritz) s. Trolle (D.).
— u. **Trolle (D.)**, Mutterkornalkaloide u. Grundlage ihrer Anwend. in d. Geburtshilfe 2951.
Fuchs (G.), Röntgentherapie u. Röntgenschädig. 10556.
Fuchs (G. H. v.), Rostschutzmittel 1885* E. — Wasserfestmachen v. Leder 2116* F. — Rosten verhindernde Mittel 3536* F. — s. N. V. de Bataafsche Petroleum Mij.
Fuchs (H.) s. Kuhn (O.).
Fuchs (H.) [Wien], Zeleny-Test 2558.
Fuchs (Herbert) s. Industrielackwerke G. m. b. H.
Fuchs (H. G.) s. Farbwerke Hoechst Akt.-Ges., vormals Meister Lucius & Brüning.
Fuchs (H. K.) u. **Haack (K.)**, Myxal 8432.
Fuchs (J.), Gleich. für d. Zahlenwert d. Sommerfeldschen Feinstrukturkonstanten 1438.
Fuchs (K.), Verhüt. d. Fadenzieherkrankh. in Bäckereien 5445. — Herst. v. Nafa-Brot 5677. — Backverss. im Mühlenlabor. 6877. — Backtechn. Erfahrungen mit d. Roggenmehltype R *1320* 10156. — Vereinfachte Brotherst. 10156.
Fuchs (L.), Standardisier. v. Secale cornutum u. Secalepräpp. 636. — Best. d. Furfurols bei d. Dest. v. Pentosen u. Uronsäuren mit Chlorwasserstoff- oder Bromwasserstoffsäure 7279. — s. Pöhm (M.).
Fuchs (L. H.) s. Primak (W.).
Fuchs (Oszkár) s. Gerecs (Á.).
Fuchs (Otto) s. Deutsche Gold- & Silberscheideanstalt vormals Roessler; Winnacker (K.).
Fuchs (S.) s. Farbwerke Hoechst Akt.-Ges., vormals Meister Lucius & Brüning.
Fuchs (W.), Anwend. d. Zementsand-Formverf. u. eine Sonderentw. in d. Praxis 1131.
Fuchs (Walter), Verbesser. d. Wasseraufbereit. u. Wasseranalyse: Schnellbewert. v. Ionenaustauschern [8231]. — Neue Beizmethoden u. Beizabwässer [8467].
Fuchs (Walter) [Aachen], Aachener Kreidekohlen u. verwandte Kohlenvorkk. 8292.
— u. **Jong (A. de)**, Chromatograph. Zerleg. v. Bienenwachs 7809.
— u. **Schmidt (Werner)**, Kältebeständ. Heizöle aus Steinkohlenteer 7588* D. B.
Fuchslocher (G.) u. **Funke (W.)**, Mess. d. Wärmeleitfähigk. v. pigmentierten u. nichtpigmentierten Anstrichen u. ihre Bedeut. 4710.
Fučik (K.) u. **Uhlířová (H.)**, Reinheitskontrolle d. N-Methyl-4-phenylpiperidin-4-carbonsäureäthylesterhydrochlorids mittels papierchromatograph. Trenn. 9387.
Füchtenbusch (F.) s. Schmitz-Dumont (O.).
Füg (E.), Bau v. Bleichholländern u. Stoffbütten sowie säure- u. alkalibeständ. Auskleid. dieser Aggregate in d. Zellstoffindustrie 955.
Fühler (W.), Wechselwrkg. zwischen Papier u. Druckfarbe 6649.
Fühler (W. F.) s. Strell (M.).
Führer (H.), Moderne Extraits-Parfümkompositt. 9462. — Sorbitan-trioleat u. Sorbitanmonostearat in d. Kosmetik 9687.
Fueki (K.) s. Yasumori (I.).
Fülling (W.) s. Siemens & Halske Akt.-Ges.
Füner (W. v.) s. Badische Anilin- & Soda-Fabrik Akt.-Ges.
Fuenzalida (F.) s. Iglesias (R.).
Fürhäuser (F.) s. Badische Anilin- & Soda-Fabrik Akt.-Ges.; Chemische Verwertungsgesellschaft Oberhausen G. m. b. H.
Fürst (A.) s. Günthard (H. H.); Plattner (P. A.); Riniker (B.).
— u. **Scotoni jr. (R.)**, Steroide u. Sexualhormone. 191. Mitt. Konfigurat. d. 4-Oxycholestane 5085; 192. Mitt. Überführ. v. 11.12α-Oxidosteroiden in 11-Ketoverbb. 5085.
Fürste (W.) s. Teller (H.).
Fürstenau (E.) s. Gad (G.).
Fürth (R.) u. **Williams (C. L.)**, Opalescenz u. Konz.-Schwankk. in bin. Fl.-Mischungen in d. Nähe d. krit. Mischungspunktes. 2. Mitt. Theorie 4996.

Füsser (H.), Verss. zur Überprüf. einiger Nährlsgg. zum Nachw. v. Bierschädlingen in d. Anstellhefe 5675.
Fuft (L.), Ettelson (L. N.) u. **Schwartz (Herbert),** Allergie gegen Nahrungsmittel, d. S-halt. Aminosäuren, bes. Methionin, enthalten 11409.
Fugaš (M.) s. Cerkovnikov (E.).
Fugate (W. O.) s. American Cyanamid Co.
Fuge (E. T. J.) s. Monsanto Chemicals Ltd.
Fugger (J.), Tien (J. M.) u. **Hunsberger (I. M.),** Darst. substituierter Hydrazine. 1. Mitt. Alkylhydrazine über Alkylsydnone 8361.
Fuglsang-Frederiksen (V.), Mesantoinbehandl. bei Epilepsie 11245.
Fuhlhage (D.) s. Wright (O. L.).
Fuhrmann (R.), Nichtglycerid. Bestandteile d. Öle d. Olivenfruchtfleisches 7110.
Fuhrmann (W.), Erholungsvermögen v. Haaren 3520. — Dehnungsmechanik v. Haaren. 2. Mitt. 4967.
Fuhry (G.) s. Bamann (E.).
Fujigaki (K.), Ein im Mais vorhandener ursächl. Faktor d. Pellagra u. d. Bezieh. zwischen Tryptophan u. Niacin 2470.
—, Okuwa (H.) u. **Yamawaki (H.),** Bezieh. zwischen d. Zuckerstoffwechsel, d. Vitamin-B-Komplex u. d. Leberfunkt. bei verschied. Hautkrankheiten 2470.
Fujihira (H.) s. Takaki (H.).
Fujii (C. T.) s. Chu (T. L.); Li (N. C.).
Fujii (M.), Biol. Wert v. Hülsenfruchtproteinen 1313.
Fujii (R.) s. Oota (Y.).
Fujii (S.) u. **Shida (S.),** Berechn. d. diamagnet. Anisotropie v. Bzl. nach d. antisymm. Mol.-Bahnen 9286.
Fujiki (Y.) u. **Suganuma (R.),** Strukturauflocker. v. aus d. Dampfphase niedergeschlagenen Metallfilmen 10937.
Fujimaki (M.) s. Sasaki (R.).
Fujimoto (F.) u. **Hirabayashi (Kiyoshi),** Acetylier. v. Polyvinylalkohol u. Desacetylier. v. Polyvinylacetat 2915.
Fujimoto (M.) s. Minami (E.).
Fujimoto (Y.) u. **Yamaguchi (Yoshio),** Prüf. d. Ladungsunabhängigk. durch d. Kern-Rkk. 10431.
Fujimura (Tadao) s. Yosiharu (T.).
Fujimura (Toshikazu), Acetylier. v. Holocellulose. 1. Mitt. Einfl. d. Acetylierungsbedingg. 3994; 2. Mitt. Wrkg. d. Reinig. mit kaltem Alkali u. Vgl. mit Linters u. Pentosan 3994.
Fujinaga (T.) s. Ishibashi (M.).
Fujinuma (I.) s. Nozaki I (H.).
Fujisawa (S.) s. Mizuki (E.).
Fujita (E.), Vakuumdest. in d. metallurg. Industrie 6376.
Fujita (F. E.), Geometrie d. Bldg. d. Versetzungsnetzwerkes durch d. Kondensat. v. Leerstellen 10694.
Fujita (H.), Diffus. mit einer scharfen, vorrückenden Grenzlinie 6225. — Bezieh. zwischen Riboflavin- u. Porphyrinstoffwechsel im Bereich d. Dermatologie 9128. — Exaktes Modell einer konzentrationsabhäng. Diffus. in einem halbunendl. Medium. 3. Mitt. 9265.
— u. Homma (T.), Nicht-Newtonsche Viscositäten in verd. wss. Lsgg. v. Natriumcarboxymethylcellulose 10530.
— u. Kishimoto (A.), Best. d. Konzentrationsabhängigk. d. Diffusionskonstanten 3393.
Fujita (Jun-ichi) s. Morita (M.).
—, Morita (M.) u. **Yamada (Masami),** β-γ-Winkelkorrelat. v. ^{170}Tm 3301.
— u. Yamada (Masami), Obere Grenze d. pseudoskalaren Kopplungskonstante beim β-Zerfall 9015.
Fujita (S.) s. Kawabe (H.).
Fujita (Y.) s. Kwan (T.).
Fujitake (N.) s. Omiya (T.).
Fujiwara (E.) s. Bailey (W. J.).
Fujiwara (K.) s. Sugasawa (S.).
Fujiwara (M.), Watanabe (H.) u. **Matsui (Kiyoo),** „Allithiamin", ein neu aufgefundenes Vitamin-B_1-Deriv. 1. Mitt. Auffind. d. Allithiamins 2236.
Fujiwara (S.), Absorpt. v. N_2 durch Zr u. Fe 8101.
— u. Hayashi (S.), Mechanismus d. Hochfrequenztitrat. 1106.
Fukami (H.) u. **Nakazima (M.),** Elektrolyse v. p.p'-DDT an d. Kathode bei konstantem Potential. 6. Mitt. Landwirtschaftl. Chemikalien nach d. polarograph. Meth. 8711.
Fukayama (G.) s. Kinsell (L. W.).
Fukinbara (T.) u. **Muramatsu (K.),** Wrkg. v. Schimmelamylase auf alkoh. Gärung. 1. Mitt. Saccharogenes Enzym v. Takadiastase u. alkoh. Gärung durch d. verzuckernden Stoffe bei variierenden Enzymverhältnissen 11109.
Fuklew (W. A.), Anwend. v. O_2 beim Schmelzen v. kohlenstoffarmen u. überhitzten Gußeisen 2991.
Fuks (M. J.), Röntgenograph. Unters. d. Restspannungen erster Ordn. beim Drehen v. Stahl 2618.
— u. Aronsson (E. W.), Röntgenograph. Unters. d. nitrierten Schicht v. C- u. legiertem Stahl 11526.
Fukuda (K.), Rückkopplungsresonanzverstärker für d. Infrarotspektroskopie. 1. Mitt. 2734; 2. Mitt. 2734. — s. Yosimura (H.).
Fukui (I.), Fähigk. zum Chitinabbau durch Cellulose-abbauende Bakterien 5574.
Fukui (Kenichi) s. Yonezawa (T.).
—, Nagata (C.) u. **Yonezawa (T.),** Theorie d. Lichtabsorpt. v. symm. Polymethinfarbstoffen 3822.
—, Yonezawa (T.), Nagata (C.) u. **Shingu (H.),** Mol.-Bahntheorie d. Orientier. in aromat., heteroaromat. u. a. konjugierten Moll. 549.
Fukui (Kiyoshi) s. Tomita (Kazuhisa).
Fukui (S.) u. **Itō (K.),** Tiefziehen v. Al-Leichtlegierr. 5640.
Fukumi (K.) s. Hirabayashi (K.).
Fukunaga (K.), Formgeb. v. landwirtschaftl. Chemikalien. 1. Mitt. Herst. emulgierbarer Konzentrate v. DDT 443.
Fukushima (S.) u. **Wada (T.),** Beitrag zur photograph. Chemie. 4. Mitt. Photochem. Veränder. v. Rose bengale in W. an d. Oberfläche v. dispergierten AgBr-Körnern 10901.
Fukushima (T.) s. Tajima (S.).
Fukushima (Y.), Stoffwechsel d. Gehirns v. Mäusen nach Infekt. mit japan. B. Encephalitis-Virus. 4. Mitt. Geh. d. Gehirns an Glutaminsäure 8652.
Fukuto (T. R.) s. Metcalf (R. L.).
— u. Metcalf (R. L.), Isomerisat. d. β-Äthylmercaptoäthyldiäthylthionophosphats (Sistox) 7405.
Fulbright (H. W.), Suche nach d. doppelten β-Zerfall v. ^{124}Sn u. ^{96}Zr 1898.
Fuld (M.) s. Paul (M. H.); Sarkar (N. K.).

Fuld (M.) u. Paul (M. H.), Cyclophorasesyst. 24. Mitt. Oxydat. v. Pyruvat zu Acetat in Kaninchenherzmuskel 4852.
Fuller (C. H. F.), Stärke 9926.
Fuller (C. S.) s. Chapin (D. M.); Severiens (J. C.).
—, Ditzenberger (J. A.), Hannay (N. B.) u. Buehler (E.), Widerstandsänderr. v. Si durch Wärmebehandl. 5246.
— u. Severiens (J. C.), Beweglichk. v. Verunreinigungsionen in Ge u. Si 6917.
—, Struthers (J. D.), Ditzenberger (J. A.) u. Wolfstirn (K. B.), Diffusionsvermögen u. Löslichk. v. Cu in Ge 4055.
Fuller (D. L.) s. General Aniline & Film Corp.
Fuller (E. G.) s. Hayward (E.).
— u. Hayward (E.), Elast. Streuung v. Photonen 9244.
Fuller (E. M.) s. Hampton (L. J.).
Fuller (G. H.) s. Unilever N. V.
Fuller (J. L.) u. Ginsburg (B. E.), Effekt d. Nebennierenexstirpat. auf d. antikonvulsiv. Wrkg. d. Glutaminsäure bei Mäusen 3188.
Fuller (R.) s. Lane (W.).
Fuller (R. C.) s. Quayle (J. R.).
Fuller (R. E.), Prüf. d. Schlamms u. d. Korros. in Brauerei-Pasteurisieranlagen 2798.
Fuller (R. K.) s. Castro (A. J.).
Fuller (W. H.) u. Rogers (R. N.), Nutz. v. P aus Gerstenrückständen 4189.
Fullerton (H. V.) s. Finigan (C. M.).
Fullman (R. L.), Messen v. angenähert zylindr. Teilchen in undurchsichtigen Proben 8254.
Fulmer (R. W.) s. Leonard (N. J.).
Fulmer Research Institute Ltd., Brandes (E. A.) u. Waterhouse (R. B.), Erzeugen v. Überzügen mit geringer Wärmeabstrahl. auf Metalloberflächen 5155* E.
— u. Hardy (H. K.), Al-Legierr. 2998* F. — Al-Cu-Cd-Legierr. 5889* E.
Fulton (G. P.) u. Maynard (F. L.), Wrkg. v. Cortison auf d. Mastzellen im Backentaschengewebe d. Hamster 1077.
Fulton (J.) s. Dunkerley (F. J.).
Fulton (J. D.) s. Crowther (S.).
Fulton (J. F.), Textbook of physiology [7002].
Fulton (L. M.), Hängenbleibende Hochöfen 8248.
Fulton (M. P.) u. Mogey (G. A.), Selektive Inhibitoren d. echten Cholinesterase 2924.
Fulton (N. D.), Lutton (E. S.) u. Wille (R. L.), Schnelle dilatometr. Meth. zur Kontrolle u. Unters. v. plast. Fetten 4484.
Fulton (R. A.) s. Smith (F. F.).
— u. Gelardo (R. P.), Meth. zur W.-Best. in insekticiden Aerosolen 6834.
Fulton (R. G.) s. Arshid (F. M.).
Fulton (T.) u. Karplus (R.), Durch gebundene Zustände bedingte Korrekturen in Zweikörpersystemen 8077.
— u. Martin (P. C.), Zweikörpersyst. in d. Quantenelektrodynamik. Energieniveaus v. Positronium 8078.
Fults (E. H.) s. Bonewitz (P. W.).
Fulwal Chemical Corp. u. Zeiss (H. H.), Fraktionierte Trenn. v. Harzsäuren 11293* A.
Fumetti (H. H. v.) s. Taylor (E. S.).
Fumi (F. G.) s. Bassani (F.).
Funasaka (W.), Kawane (M.) u. Itaya (K.), Schnellmeth. zur quantitativen Best. d. Restschwefels in Pyritabbränden 4419.
— u. Suga (S.), Bldg. bituminöser Stoffe 2813.
— u. Yokokawa (C.), Bldg. v. Kohle 3285.
Funatogawa (Z.), Magneto-thermoelektr. Kraft v. Eisenkristallen bei hoher Temp. 11507.
Funatsu (S.), Allerg. Rkk. am Auge 2478.
Funder (W.), Pigmentcysten nach Mintacolgebrauch 9849.
Funder-Fritzsche (E.) s. Müller (A.) [Wien].
Fundingsland (O. T.) s. Faire (A. C.).
Fung (Si-Chang) s. Turkevich (A.).
— u. Turkevich (A.), Erzeug. v. Cu-Radioaktivität bei d. Wechselwrkg. negativer Pionen u. μ-Mesonen mit Zn 737. — Radiochem. Beweis für d. Rk. ^{65}Cu(p, pπ+)^{65}Ni 7601.
Funikowa (A. N.) s. Jaitschnikow (I. S.).
Funk (A.) s. Shu (P.).
Funk (C. F.), Ätiolog. u. therapeut. Betrachtt. zum Boeckschen Sarkoid an Hand v. feingewebl. Unterss. u. direkten Kulturverss. 2471.
Funk (C. W.) s. Kershner (K. K.).
Funk jr. (E. H.) s. Veer (J. B. Vander).
Funk (E. R.) s. Buttner (F. H.).
Funk (G. L.) s. Hogsett (J. N.).
Funk (H.), Müller (Chr.) u. Tormyn (J.), Abtrenn. u. Reindarst. v. Metallverbb. durch Chlorier. v. Erzen u. techn. Rückständen 9644.
Funk (Herbert) s. Thilo (E.).
Funk (H. L.) s. Drougard (M. E.).
Funk (K.) s. Wussow (W.).
Funk (R.) s. Nowotny (H.).
Funke (A.) s. Soc. des Usines Chimiques Rhône-Poulenc.
—, Bagot (J.) u. Depierre (F.), Anticholinesterasen. 1. Mitt. Synth. v. Bis-phenoxyalkanen mit ein oder zwei freien Phenolgruppen 10290.
— u. Rissi (E.), Pyridylcyclohexanone 813.
Funke (W.) s. Fuchslocher (G.).
Funt (B. L.) s. Pringle (R. W.); Sutherland (T. H.).
Fuoss (R. M.), Elektr. Transport durch Polyelektrolyte 7617. — Nomenklaturvorschlag für d. Flory-Theorie 7689. — s. Dearborn (E. C.); Dintzis (H. M.); Goldberg (P.); Nichol (J. C.); Sadek (H.).
Fuqua (M. C.) s. Standard Oil Development Co.
Furberg (S.), Kristallstruktur d. Phosphorsäure 4052. — s. Foss (O.).
— u. Öyum (P.), Kristallstruktur v. Selendibenzolsulfinat 318.
Furby (N. W.) s. California Research Corp.
Furchgott (R. F.), Dibenaminblockade an Gewebsschnitten d. Kaninchenaorta u. ihre Anwend. zur Differenzier. v. Receptoren 9383.
Furgal (H. P.), Fortschritt in d. Fleischtrockn. 2800.
Furia (A.) s. Vasconcellos (J. C. E.).
Furkert (H.) s. Chemiebau Dr. A. Zieren G. m. b. H.
Furlani (C.) s. Calzolari (C.); Sartori (G.).
Furlenmeier (A.) s. Schlittler (E.).
Furlong (C. R.) s. Gane (R.).
Furlong (J. R.) s. Dempsey (M.).
— u. Knew (E.), Sudanes. Schaf- u. Ziegenfelle. Behandlungsverss. u. ihre Ergebnisse 3048.
Furlong (L. R.), Tieftemp.-Luminescenz v. CdS *7610.
Furman (D. E.), Therm. Ausdehnungsdaten rostfreier Stähle zwischen —*300* u. *1000*° F. 8792. — s. Atkinson (R. H.).

Furman (K. E.) s. F i n c h (H. d e V.).
Furman (M. I.), Litwinowa (R. J.) u. **Lawrinowitsch (J. W.)**, Gewinn. v. bei Frost erhärtendem Beton u. seine Eigg. 8708.
Furman (N. H.), Coulometrie, verwandte Erscheinn. bei d. Elektrolyse u. d. Stromkurvenpolarographie 4658. — s. N o r t o n (D. R.).
— u. **Norton (D. R.)**, Polarograph. Best. v. Phthalaldehyd 176.
Furman (R. H.), Ball (C. O. T.), Gale (R. G.), Billings (F. T.) u. **Meneely (G. R.)**, Bewert. d. Antikoagulationsbehandl. beim Herzinfarkt auf d. Basis prognost. Einteil. 6063.
Furman (S. C.) u. **Garner (C. S.)**, Kinetik d. V(III)-V(IV)-Austausch-Rk. in wss. perchlorsaurer Lsg. 765.
Furman (T. de S.), Calaway (W. T.) u. **Grantham (G. R.)**, Häufigere Beschick. intermittierender Sandfilter 11067.
Furmanow (S. I.) s. K r i t s c h e w s k i (A. M.).
Furneaux (B. S.), Böden d. East Malling-Versuchsstat. 11275.
Furness (W. H.) s. C o p p e r R e s e a r c h.
Furno (A. L.) s. R i c h m o n d (J. K.); Z a b e t a k i s (M. G.).
Furr (J. B.) s. E t h y l C o r p.
Furrer (F.) s. B ü c h i (J.).
Furschtatowa (W. J.) s. R u b z o w (M. W.).
Furst (A.) s. B e r g s t r o m (F. W.).
— u. **Shapiro (J. J.)**, Einricht. zur Mess. v. Änderr. d. opt. Durchlässigk. mit d. Temp. 4654.
Furth (J.) s. G a d s d e n (E. L.); W i s h (L.).
Furuhjelm (M.), Pregnandiolausscheid. bei Frauen 1772.
Furuichi (J.) s. M i t s u i (T.).
Furukawa (J.), Omae (K.), Ogawa (Kenjirō), Mori (N.) u. **Nakamura (Shōji)**, Wärmebehandl. d. Polyvinylalkoholfaser durch ein Bad eines fließenden Pulvers 2565.
Furukawa (K.) s. T a k a k i (H.).
Furusawa (A.) s. S a k u r a i (T o s h i o).
Furutani (Y.), Betz (R. F.) u. **Hedrick (R.)**, Vitaminbedürfnisse d. Hansenula-Hefen in Bezieh. auf ihre Phylogenese 11404.
Furuya (H.), Bezieh. zwischen d. Mikrostruktur v. Fasern u. d. Sorptionserscheinn. 2. Mitt. Geschwindigk. d. Sorpt. v. Wasserdampf 6168; 3. Mitt. Zustände d. absorbierten W. 6168; 4. Mitt. Analyse d. Sorptionsisotherme 1643.
Furuya (S.) s. K o b a y a s h i (A.).
Fuschillo (N.), Inhomogenitätsthermokräfte in thermoelektr. Thermometern 1904. — Thermoelektr. Effekte, bedingt durch stationäre u. veränderl. asymm. Temperaturgradienten in Hg 3068.
Fusco (E.), Einfl. d. Novocains auf d. diabet. Hyperglykämie 7949.
Fusco (F.) s. M a r m o n t (A.).
Fusco (M.) u. **Guarino (A.)**, Einfl. d. Pb auf d. Aktivität d. Bernsteinsäuredehydrase 2451.
Fusco (R.) s. M a n t e g a z z a (P.).
Fusco (V. C.) s. M a t h i e s o n C h e m i c a l C o r p.
Fusfeld (H. I.), Einfl. d. Kaltbearbeit. u. Temperung auf d. Widerstand v. α-Messing 2366.
Fusi (G.) u. **Tilli (R.)**, Histochem. Verh. d. Ketosteroide u. d. Ascorbinsäure in d. Nebennierenrinde bei Versuchsbestrahll. 8196.
Fuson (N.) s. J o s i e n (M.-L.).
— u. **Josien (M.-L.)**, Einfl. d. Lösungsm. auf d. NH-Frequenz d. Pyrrols. Vgl. mit d. Lösungsmitteleinfl. auf d. OH-Frequenz in Methanol u. Phenol 2631. — Struktur d. Valenzschwingungsbande v. assoziiertem OH in leichter u. schwerer Essig-, Trichloressig- u. Trifluoressigsäure 5745.
Fuson (R. C.) u. **Bannister (R. G.)**, Konjugierte Addit. v. HCN an β-Mesitylketone 3851. — β-Duroylphenylpropionsäuren 3852.
—, **Emmons (W. D.)** u. **Freeman (J. P.)**, Nucleophile Substitutions-Rkk. behinderter Ketiminjodmethylate 6273.
—, **Emmons (W. D.)** u. **Parshall (G. W.)**, Rkk. v. Grignard-Reagentien mit p-Duroylphenol 4815.
—, **Emmons (W. D.)** u. **Smith jr. (Shaler G.)**, Kondensat. v. tert.-Butylmagnesiumchlorid mit Duryl-o-isopropenylphenylketon 8608.
— u. **Frey (S. E.)**, 1.5-Disubstituierte Acenaphthene. 5-Mesitoylacenaphthen—1-essigsäure 1501.
—, **Friedlander (W. S.)** u. **Parshall (G. W.)**, Verdräng. v. Kernhalogenatomen in sterisch behinderten Arylketonen durch d. Einw. v. Grignard-Reagentien 3120.
—, **Gaertner (R.), Shealy (Y. F.)** u. **Hellmann (R. J.)**, Rk. v. Benzylmagnesiumchlorid mit Mesityl-[1-methylnaphthyl-(2)]-keton 11204.
— u. **Hammann (W. C.)**, Ringschluß mit stark behinderten Ketogruppen 3864.
— u. **Heitmiller (R. F.)**, Kondensat. v. 1.4-Diaroylbutanen mit Benzaldehyd 9557. — Neues Stilbendiolvinyloges 9557.
—, **House (H. O.)** u. **Melby (L. R.)**, Offenkett. Analoge v. Tropolon 6267.
— u. **Krimen (L. I.)**, Kondensat. v. tert.-Butylmagnesiumchlorid mit α.β.β-Triphenylacrylophenon 11200.
— u. **Mange (F. E.)**, Konjugierte Additions-Rkk. v. 5-Mesitoylacenaphthylen 1500.
— u. **Mumford (F. E.)**, Claisen-Umlager. eines Allyloxybenzophenons 2162.
— u. **Parshall (G. W.)**, Bimol. Red. v. p-Duroylphenolat durch Grignard-Reagentien 5532.
— u. **Speranza (G. P.)**, Carbocyclen mit p-Phenylenbaugruppen. 1. Mitt. Acyloine 3831.
— u. **Thomas (N.)**, Ausdehn. d. Reformatski-Rk. auf neue Verbindungstypen 8354.
— u. **Tullio (V.)**, Ersatz v. Methoxygruppen in d. β-Mesitoylnaphthalinreihe mit Hilfe v. Grignard-Reagentien 8369.
— u. **Veazey (T. M.)**, Hydrocarbostyrylderiv. mit einer 2-C-peri-Brücke 97.
Fuß (K.), Südbayer. Gersten d. Ernte *1954*. 12%, Eiweiß im Durchschnitt 711. — Nasse Gersten d. Ernte *1954* aus Südbayern 5675. — Hopfen d. Ernte *1954* 5675.
Fussell (E. G.), Champion (C. B.) u. **Fussell's Rubber Co. Ltd.**, Befestigen v. Kautschuk an Metallen, z. B. Metallstiften in Gummisohlen 1628* E., Schwz.
Fussell (G. E.), Nahrungsmittelherst. unter Elisabeth I 9216.
Fussell (J. M.) s. R u s o f f (L. L.).
Fussell's Rubber Co. Ltd. s. F u s s e l l (E. G.).
Fussenegger (J. M.) u. **Rhomberg (A.)**, Photogravurverf. für d. Textildruck 6399* Oe.
Fust (B.) s. W a t t e v i l l e (H. d e).
Fuster (J. M.), Ibarrola (E.) u. **Lobato (M. P.)**, Análisis químicos de rocas españolas publicados hasta *1952* [1466].

Futer (D. S.), Phtivazid u. Isonicotinsäurehydrazid bei d. Behandl. v. tuberkulöser Meningitis 397.
Futschik (J.) s. Aust (H); Jax (P.).
— u. **Sachslehner (L.),** Anwendungsmöglichkk. quatern. Ammoniumverbb. in d. milchwirtschaftl. Praxis 4724.
Futterman (W.), Osborne (E.) u. **Saxon (D. S.),** Numer. Lösung d. Schrödinger-Gleichung für d. Kontinuum 11143.
Fyfe (W. S.), Bedingungen für die Bldg. v. Wasserstoffbindungen 5733. — Überlappungsintegrale u. Bind. in Komplexionen 7163.
Fyles (T. W.) u. **Rose (Bram),** Anwend. v. oralem Compound F (17-Oxycorticosteron) bei Asthma 1774.
Fysh (D.), Klebstoffe: Tierische Leime 9007.

Gaak (O. J.) u. **Pschenitschny (I. P.),** Wirksamk. d. spezif. verschied. Arten v. Azotobacter 11075.
Gaar (H.), Vork. u. Gewinn. v. hochwert. natürl. Glasrohstoffen in d. DDR 2046.
Gaarenstroom (J. H.) s. Rümke (C. L.).
Gaase (A.), Bedeut. d. Resistenzbest. bei d. Behandl. d. Tuberkulose mit Chemotherapeuticis 2701.
Gaballo (S.) s. Bonis (U. de).
Gabay (S.) s. Doctor (V. M.).
Gabbard (R. F.) s. Caswell (R. S.).
Gabbrielli (A.), Beobachtt. über einige Moorerden d. Padule di Bientina (Pisa) 10839.
Gabe (M.), Anwendd. d. Fuchsinparaldehydfärbung 3216. — s. Arvy (L.).
Gabel (J. O.) u. **Schpeier (L. F.),** Struktur d. Oxydationsprodd. d. Diallylsulfids 4803.
Gabel (W.), Kakao- u. Schokoladengetränke 7107.
Gabellini (E. B.), Holzzucker. Industrialisier. d. Forstrückstände 482.
Gabillard (R.), Einfl. d. Phasengedächtnisses eines Spinsyst. auf d. Form v. Kernresonanzsignalen 2134.
Gable (C. M.) s. N. V. de Bataafsche Petroleum Mij.; Shell Development Co.
Gable (R. W.) s. Strobel (H. A.).
Gabler (F.), Phasenkontrastverf. u. seine Anwend. in d. Auflichtmikroskopie 5856.
Gábor (M.) u. **Kiss (L.),** Wrkg. eines neuen synthet. Chromonpräp. auf d. vergiftete Froschherz 5365.
Gaborit (P.) s. Fischer (M. S.).
Gabr (M. K.), Gohar (M. A.) u. **Elyan (A. S.),** Dosier. v. Streptomycin bei Säuglingen u. Kindern 9134.
Gabrawy (B.) u. **Kamal (I.),** Histidinausscheid. in normaler u. anomaler Schwangerschaft 11613.
Gabriel (G.), Labortechnik zur Betriebsüberwachung im Bergbau. Brennstoffunters., Wasserunters., Schmierstoffunters. [8536].
Gabriel (H.) u. **Cooley (R. J.),** Adsorpt. einer homologen Reihe v. aliphat. Säuren an einem nichtion. Adsorbenten 9760.
Gabriel (O.) s. Schwarz (O. F.).
—, **Schwarz (O. F.)** u. **Hoffmann-Ostenhof (O.),** Konz. d. Pyridinnucleotide in verschied. Organen d. gesunden Meerschweinchens 8175.
Gabriel (W. B.), Verwend. v. Bradosollsg. (*1* in *2000*) zu Wundverbänden in d. Rectalchirurgie 7723.
Gabrielli (I.) u. **Poiani (G.),** Ultraschallgeschwindigk. in Anilin u. Nitrobenzol enthaltenden bin. Fl.-Gemischen 9989.
Gabrielsen (Z.) s. Böe (J.).
Gabrielson I (C. O.) s. Mo och Domsjö Aktiebolag.
Gabrielson II (C. O.) s. Sillén (L. G.).
Gabrielson (Carl O.), Wärmeübergang v. Katalysatoroberflächen. 1. Mitt. Wärmeübergang während d. Äthylenhydrier. an einem Pt-Draht 1695.
Gabrielson (G.), Metalle in Phosphatierungslsgg.; Best. durch Ionenaustausch 2764. — Unters. d. Phosphatierungslsgg.; Schnellanalyse mit Hilfe eines Ionenaustauschers 4172. — Best. v. Borsäure in galvan. Ni- u. Zn-Bädern mittels Kationenaustauschern 4658. — Best. v. Na u. K in komplexen Cyanidlsgg. mittels Anionenaustauscherharzen 9865.
Gabro Akt.-Ges. u. **Bernhard (H.),** Zementgebundene Steine, Platten oder Pfähle 10357* F.
Gabryel (W.) s. Krause (A.).
Gabrysh (A. F.) u. **Davis (F. J.),** Rn-Freigabe aus Beton bei Erwärm. (Zentralheizung) 9958.
—, **Preece (E. F.), Yager (M. A.)** u. **McCutchen (M.),** Unterschiede v. Röntgenbeugungsdiagrammen v. Quarzpulver 2848.
Gachon (L.), Best. d. P_2O_5 als Ammoniumphosphomolybdat; krit. Prüf. einiger quantitativer Analysenmethoden 424.
Gad (G.) u. **Fürstenau (E.),** Betriebsmeth. zur Best. d. F im W. u. Ermittl. d. F-Spiegels im westdeutschen Raum 10600.
Gad (I. G.) s. Ayerst, McKenna & Harrison Ltd.
Gadd (G. O.) s. Gustafsson (C.).
— u. **Wartiovaara (V.),** Chem. Rk., d. in feuchtem Holzschliff u. im Holz Pilzverfärb. verursacht 9933.
Gaddum (J. H.), Entdeckungen auf d. Gebiete d. Therapie 970. — s. Amin (A. H.).
— u. **Hameed (K. A.),** 5-Oxytryptamin antagonisierende Pharmaca 2935.
— u. **Schroeder (W.),** Pharmakologie [8207].
Gaddum (L. W.) u. **Knowles (H. L.),** Our physical environment; a problem approach [503].
Gadea (R. E.) = Eulogio Gadea (R.).
Gadekar (S. M.) s. Hartung (W. H.).
Gaden jr. (E. L.), Petsiavas (D. N.) u. **Winoker (J.),** Ausnutz. v. Citrusabfallprodd.; Mikrobiol. Gewinn. v. Riboflavin u. Citronensäure aus Citrusmelasse 9118.
Gadet (R.) s. Carles (J.); Soubiès (L.).
Gadina (P. L.) s. Natta (G.).
Gadino (C. M.) = Mathews Gadino (C.).
Gadolla (E.), Pruscha (H.) u. **Witt (Rudolf),** Mischbriketts 3042* Oe.
Gadsden (E. L.) u. **Furth (J.),** Wrkg. d. Thyreoidhormons auf d. Wachstum v. Thyrotrophin sezernierenden Tumoren d. Hypophyse 3400.
Gadshijew (D. M.), Einfl. d. Dauben auf d. Eigg. v. Weinbrand 3269.
Gadshijew (R. G.), Wrkg. v. Streptomycin auf Gonokokken 3675.
Gaebel (E.) u. **Teschendorf (W.),** Röntgenolog. Darst. d. Gallenblase 9606.
Gaebler (O. H.), Meth. zur kontinuierl. Durchström. eines Infrarotspektralphotometers mit trockenem N_2 172. — s. Beher (W. T.).

Gaede (H.), W. Gaede [3298].
Gaede (K.), Holt (C. v.) u. **Voigt (K. D.)**, Gegenstromverteil. u. ihre Anwend. bei d. Analyse u. Darst. v. Hormonen 4416.
Gädeke (R.), Unterss. über d. Gehirnödem nach ACTH-Gabe, bes. d. therapeut. Effekte gefäßabdichtender u. blutdrucksenkender Substanzen 3895.
Gängel (G.) u. **Schwartz (W.)**, Erdölbakteriologie. 3. Mitt. Verh. v. Mikroorganismen in Erdölprodukten 10293.
Gänsehirt (H.) u. **Brilmayer (H.)**, Einfl. d. Präp. Megaphen (Largactil) auf d. O_2-Verbrauch v. Hirnschnitten u. Hirnhomogenaten 7256.
Gänshirt (H.), Aristolochiasäure enthaltende Drogen 408.
Gänssle (A.) s. Bielfeldt (K.); Geilmann (W.).
Gärtel (W.), Borschäden an Reben 4435. — s. Herschler (A.).
Gärtner (A.), Verform. v. Halbfabrikaten aus Polyvinylchlorid ohne Weichmacher 6149.
Gaertner (F. W.), Feuerfeste Magnesiumaluminatmassen 5872* E.
Gärtner (H.) s. Herberts (Dr. K.) & Co. vorm. O. L. Herberts.
Gaertner (R.), Reaktionsfähigk. v. carbonylaktivierten angularen u. „Vinyl"-Chlorsubstituenten bei Addukten aus Dienen u. Chlorchinonen. Synthesen v. Chlornaphthochinonen 10258. — s. Fuson (R. C.).
Gaertner (V.), Électrochimie pratique, principes et technologie [7520].
Gaertner (W.), Behandl. d. Sudeckschen Erkrank. mit Vasculat 1557.
Gaerttner (E. R.), Neutronenwechselwrkgg. mit Materie 1899. — s. Albert (R. D.).
Gaeta (F. S.) s. Imbò (G.).
Gaetani (E.), Fortschritte auf d. Gebiet d. Reinigungsmittel: Carboxymethylcellulose 245.
Gäumann (E.), Wrkg. d. Pyramidons auf pflanzl. Zellen 3161.
— u. **Naef-Roth (S.)**, Jahrescyclus bei d. Toxinempfindlichk. v. Tomaten 1305.
Gäumann (T.) u. **Günthard (H. H.)**, Dielektr. Messungen an polaren Gemischen. 2. Mitt. Elektr. Polarisat. v. Aminosäurelsgg. 315.
—, **Günthard (H. H.), Heilbronner (E.)** u. **Messikommer (B.)**, Algebraische Meth. zur Berechn. v. Destillierkolonnen für Mehrstoffgemische 2733.
Gaffee (D. I.) u. **Monroe (A. G.)**, Mess. kleiner Druckdifferenzen bei niedr. Absolutdrucken 1103.
Gaffey (C. T.) s. Mullins (L. J.).
Gaffney (C. E.) s. Winter (C. A.).
Gaffney (E. E.) s. Barry (V. C.).
Gaffney (F. M.) s. Trethewie (E. R.).
Gaffney (J.) u. **Overton jr. (W. C.)**, Änderr. d. elast. Konstanten v. Cu-Einkristallen mit d. Temp. v. *4,2—300°* K 2146.
Gagarine (D. M.) s. Dan River Mills, Inc.
Gage (D. G.) s. Truscott (B.).
Gage (F. W.) s. Wolf (R. F.).
Gage (I. L.) s. Richter (G. A.).
Gage (T. B.) s. Lorette (N. B.).
Gager (R.) s. Byk-Gulden, Lomberg, Chemische Fabrik G. m. b. H.
Gagliani (J.), Graff (A. C. De) u. **Kupperman (H. S.)**, Erhöhte Theophyllinblutspiegel nach Zuführ. v. Cholintheophyllinat im Vgl. zu Aminophyllin, mit oder ohne Al-Hydroxyd 1323.
Gagliardi (E.) s. Musil (A.).
— u. **Theis (M.)**, Qualitativer Nachw. v. Mg mittels einfacher Monoazofarbstoffe 1. Mitt. Benzol-azo-α-naphthol 11262; 2. Mitt. 11262.
Gagliardo (E.), Best. d. Benzils auf polarograph. Wege 8223.
Gaglio (M.), Beziehungen zwischen Arteriosklerose u. pulmonalem Hochdruck: Cholesterin u. Phospholipoide im Blut v. Jugendlichen mit kompensierten Mitralfehlern 4141.
—, **Mazzone (O.)** u. **Leonardi (O.)**, Wrkgg. v. Salicylsäure, Pyramidon u. Phenylbutazon auf d. Arthropathie nach Formalin u. auf d. Teste nach Sayers u. Thorn 8201.
Gagnaire (L.), Verbrenn. industrieller Gase 9001. — s. Heat & Industry, Inc.
Gagnebin (A. P.) s. International Nickel Co., Inc.; Mond Nickel Co. Ltd.
Gagnon (J.), Spektrophotometr. Best. v. Co in Erzen 6352.
Gagnon (L. P.), Dekay (H. G.) u. **Lee (C. O.)**, Probleme pharmazeut. Technik. Überzüge bei Granulis 10565.
Gagnon (P. E.), Boivin (P. A.) u. **Craig (H. M.)**, Synth. v. Aminosäuren aus substituierten Cyanessigestern 5055.
—, **Boivin (J. L.)** u. **Paquin (R. J.)**, Synthesen, potentiometr. Titratt. u. Spektren v. Pyrazolonen 3586.
Gahan (J. B.), Wilson (H. G.) u. **McDuffie (W. C.)**, Trockene Zuckerköder zur Bekämpfung v. Stubenfliegen 5880.
Gahm (J.) u. **Nacken (R.)**, Skelettkristallbldg. bei d. Alkalihalogeniden, bes. beim Steinsalz 3568.
Gaida (K.), Würzeklär. durch Zentrifugen 9689.
Gaidukow (M. G.) u. **Ssadowski (W. D.)**, Einfl. d. Austenitkorngröße auf d. Martensitumwandl. im Stahl 10848.
Gaier (H.), Theobromin-Magnesium-Oleat (ThMO) bei peripheren sklerot. Durchblutungsstörungen 8911.
Gaikhorst (G.), Klein (W. J.) u. **Vernout (J. A.)**, Katalyt. u. therm. Umsetzz. v. Gasen 11352.
Gailar (N.) s. Benedict (W. S.).
Gailar (O.), Seidlitz (L.), Bleuler (E.) u. **Tendam (D. J.)**, Reichweite-Energie-Beziehh. für α-Teilchen u. Deuteronen in d. Kodak NTB-Emuls. 3552.
Gailey (W. R.) s. Way (R. M.).
Gaillard (A.) s. Veran (P.).
Gaillard (H. de) & Cie., Feuerfester Isolierkörper 7062* F.
Gaille (R.) u. **Perrier (A.)**, Mess. d. Nernst-v.-Ettingshausen-Effekts im reduzierten entmagnetisierenden Feld u. ohne Rotat. d. therm. Gradienten 10925.
Gailliot (P.) s. Parke, Davis & Co.; Soc. des Usines Chimiques Rhône-Poulenc.
Gailloud (M.), Haenny (C.) u. **Weill (R.)**, Mess. d. Schrumpffaktors v. Kernemulss. 10916.
Gaimster (K.) s. May & Baker Ltd.
Gain (C.) s. Brouet (G.).
Gaind (V. S.) s. Paul (R. C.).
Gainer (G. C.) s. Westinghouse Electric Corp.
Gainer (H.) s. Schmall (M.).
Gaines jr. (A.) s. Reisman (A.).
Gaines jr. (G. L.) u. **Thomas (Henry C.)**, Adsorptionsunterss. an Tonmineralien. 2. Mitt.

Formulier. d. Thermodynamik d. Austauschadsorpt. 4049.
Gaines (J. M.) s. Linde Air Products Co.
Gainey (P. L.) u. **Lord (T. H.)**, Microbiology of water and sewage [10113].
Gainor (C.) u. **Weigle (W. O.)**, Aerogene u. anaerogene Varianten v. Salmonella schottmuellerie. 2. Mitt. Resistenz gegen Antibiotica u. Sulfadiazin 1999.
Gainotti (A.) s. Calzolari (M. L.).
Gairdner (D.), Tod infolge v. Chloramphenicol 4640. — s. Robertson (F.).
Gaisberger (H.) s. Erlsbacher (O.).
Gaiser (R. A.) s. Libbey-Owens-Ford Glass Co.
— u. **Watkins (G. B.)**, Kunstaugen oder Haftschalen aus Kunststoff 7976* A.
Gaissinskaja (O. M.), **Lwowa (W. W.)** u. **Usspenskaja (W. D.)**, Elektrophoret. Unters. d. Eiweißstoffe d. Blutserums v. Hunden 6062.
Gaithe (L. D.) s. Wisconsin Alumni Research Foundation.
Gajatto (S.) u. **Marras (G.)**, Aufheb. d. Giftwrkg. peroraler oder subcutaner Arseniksäureanhydridgaben beim Kaninchen durch subutane Injektt. v. 2.3-Dimercaptopropanol (BAL) 8205. — Pharmakol. Wrkg. d. 2.3-Dimercaptopropanols (BAL) auf d. isolierten Meerschweinchenuterus in verschied. physiol. Zuständen 8206.
Gajdos (A.) s. Bénard (H.).
Gajdos-Török (M.) s. Bénard (H.).
Gajewa (L. A.) s. Dokunichin (N. S.).
Gakenheimer (W. C.) s. Merck & Co., Inc.
Gal (E. M.), **Peters (R. A.)** u. **Wakelin (R. W.)**, Einfl. v. synthet. F-Verbb. auf d. Stoffwechsel v. Acetat u. Citrat 7486.
Gál (G.), **Tokár (G.)** u. **Simonyi (I.)**, Unters. d. Kondensationsprod. v. Phenol u. Chloral bei d. Herst. v. 4-Oxyphenylglyoxal 5287.
Gál (I.), Herst. antibiot. Prodd. aus d. Peptidfrakt. d. partiellen Hydrolysate d. Keratins 11231.
Gál (Z.), Physikal. u. chem. Faktoren d. Hartgusses 6604.
Galabutskaja (J. A.), Einfl. d. Strukturbldg. auf d. Eigg. d. Kaolins 4287.
Galán (R. C.) = Cota Galán (R.).
Galanin (A. D.), Zersetzungsparameter in d. pseudoskalaren Mesonentheorie mit pseudoskalarer Bind. 9243. — Unstimmigk. in d. Theorie d. pseudoskalaren Mesons mit pseudovektorieller Bind. 9243.
— u. **Ssolowjew (W. G.)**, Strahlungskorrektur zur Lebensdauer d. π^0-Mesons 4026.
Galanin (M. D.) u. **Tschishikowa (S. A.)**, Photoluminescenzausbeute organ. Kristalle 9285.
Galanin (N.) u. **Golowkin (N.)**, UV-Strahlen in d. Nahrungsmittelindustrie 8991.
Galanina (R. S.), Therm. Chlorier. v. n-Heptan 1242.
— u. **Nekrassow (A. S.)**, Aktivität d. verschied. gebundenen H-Atome bei d. Chlorier. v. n-Alkanen C_6 bis C_9 9774.
Galansino (G.) s. Cavallero (C.).
—, **Weinstein (H. R.)**, **Magill (A. M.)** u. **Foà (P. P.)**, Chron. mit Glukagon behandelte Ratten 11242.
Galaschina (M. L.) u. **Melnikow (N. N.)**, Organ. Insektofungicide. 16. Mitt. Synth. gemischter Ester d. Thiophosphorsäure, d. verschied. funktionelle Gruppen im aromat. Radikal enthalten 3355.
Galasiewicz (Z.), Einfl. d. inneren Druckes in Dielektrika auf d. Polarisat. v. reflektiertem Licht 5719.
Galbraith (H. J.), Thermodynam. Funktt. v. Borincarbonyl 1212.
Galbraith (H. W.), **Degering (E. F.)** u. **Hitch (E. F.)**, Alkal. Red. aromat. Nitroverbb. mit Glucose 9314.
Galbraith (W.), Höhenstrahlenphysik. Höhenstrahl. 1. Mitt. 3887; 2. Mitt. 5707. — s. Barclay (F. R.).
Galdi (G.) s. Astaldi (G.).
Gale (A. J.) u. **Bickford (F. A.)**, Strahlenresistente geschmolzene Quarzgläser 4431.
Gale (E. F.), Assimilat. v. Aminosäuren durch grampositive Bakterien u. ihre Beeinfluss. durch Antibiotica 6054. — Aminosäuredecarboxylasen 9588.
— u. **Folkes (J. P.)**, Assimilat. v. Aminosäuren durch Bakterien. 14. Mitt. Nucleinsäure- u. Eiweißsynth. bei Staphylococcus aureus 3406; 15. Mitt. Wrkgg. v. Antibioticis auf d. Nucleinsäure- u. Eiweißsynth. bei Staphylococcus aureus 3406.
Gale (R. G.) s. Furman (R. H.).
Gale (W. A.) s. Reburn (W. T.).
Gale (W. S.) s. McCord Corp.
Galecki (A.), Aus d. Vergangenh. d. Chemie in Polen 1429.
Galegar (W. C.) s. Albright (L. F.).
Galeone (A.) u. **Levi (E.)**, Milchsäure- u. Bernsteinsäuredehydrogenase d. Herzens bei Insuffizienzzuständen d. Myocards 8408.
Galesloot (T. E.), Bakteriologie pasteurisierter Milch. 3. Mitt. Einfl. d. Lager. v. Rohmilch bei verschied. Tempp. auf d. Geh. an hitzeresistenten Bakterien 6160; 4. Mitt. Verderb v. laboratoriumsmäß. pasteurisierter Milch 6160; 5. Mitt. Haltbark. v. handelsübl. pasteurisierter Milch 6160.
Galetzka (A.) s. Sachsenverlag, Druckerei- und Verlagsgesellschaft m. b. H.
Galetzka (W.) s. Sachsenverlag, Druckerei- und Verlagsgesellschaft m. b. H.
Galey (J.) u. **Leroy (P.)**, Hilfsmittel zur Abstellung d. bas. Bessemer-Konverters. Mess. d. wahren Temp. d. Konverterflamme 2991.
Galibina (A. I.) s. Woronowa (A. M.).
Galil-Ogly (F. A.) s. Nowikow (A. S.).
Galinovsky (F.), **Bianchetti (G.)** u. **Vogl (O.)**, Racemisier. d. Isopelletierins u. Methylisopelletierins 8865.
— u. **Weiser (R.)**, Einw. v. $LiAlH_4$ auf Lactame 8164.
Galitzenstein (E.) u. **Woolf (C.)**. Chlorier. v. α-Chloräthylbenzol. 1. Mitt. 565.
Galkin (A. A.) u. **Besugly (P. A.)**, Frequenzabhängigk. d. Isothermen d. Oberflächenwiderstandes v. Supraleitern 8555.
Galkin (W. I.), Behandl. v. Pulpitiden mit ASD 11629.
Galkowski (T. T.) s. Isbell (H. S.).
Gall (D. C.), Normalelement 8938* E.
Gall (L. S.) s. Horn jr. (L. H.); Huhtanen (C. N.); Rusoff (L. L.).
Gall (R. J.) s. Buffalo Electro-Chemical Co., Inc.; Greenspan (F. P.).
Gall (W. G.) s. Boekelheide (V.).
Gallaghar (R. G.) s. Hosey (A. D.).
Gallagher (A.), **Keefe (L. J.)**, **Mayer (S. A.)** u. **Hanlon (W. D.)**, Beseitig. pharmazeut. Abwässer 7056.

Gallagher (C. J.) s. Cobine (J. D.).
— u. Tweet (A. G.), Plast. Verform. v. Au-dotiertem Ge 7162.
Gallagher (J. A.) s. Nightingale (D. V.).
Gallagher (J. J.), Newbold (G. T.), Sharp (W.) u. Spring (F. S.), Pyrazinderivv. 14. Mitt., Aspergillsäure. 4. Mitt. 1275.
Gallagher (K. J.) s. Ubbelohde (A. R.).
—, Ubbelohde (A. R.) u. Woodward (I.), H-Bind. in Kristallen. 9. Mitt. Isotopeneffekt in Acetylendicarbonsäuredihydrat 6248.
Gallagher (K. M.), Hughes (A. C.), O'Donnell (M.), Philbin (E. M.) u. Wheeler (T. S.), Umlager. bei d. Entmethylier. v. 2'-Methoxyflavonen 1969.
Gallagher (M.) s. Deutsche Gold- & Silberscheideanstalt vormals Roessler.
Gallagher (T. F.) s. Soloway (A. H.).
Gallais (F.) s. Voigt (D.).
— u. Voigt (D.), Magnetoopt. Unters. (Faraday-Effekt) d. Alkylcyanide u. -isocyanide u. d. Cyanwasserstoffsäure 775.
Gallak (W. M.), Chem. Holzfärb. durch Oxyde d. Stickstoffes 4487.
Galland (J.), Lager. v. Saatkartoffeln bei niedr. Temp. 2799.
Galland (R.) s. Gastinel (P.); Grundland (I.).
Galland & Brochard Soc. à responsabilité limitée, Schablonen für Vervielfältigungsgeräte 1422* F.
Gallas (William) s. Markow (B.).
Gallas (Wojciech), Reinig. d. Stoffes bei höheren Konzz. 9696.
Gallay (W.) s. Lyne (L. M.).
Gallego (R.) s. Burriel (F.).
Gallemore (J. I.) s. Burrage (W. S.).
Galler (W.) s. American Cystoscope Makers, Inc.
Galletaud (C.) s. Paquot (C.).
Galletto (C.), Herst. großer Zahnräder aus Gußeisen mit sphäroidalem Graphit 7069.
Galli (G.) s. Bella (D. Della).
Galli (M.), Petrograph. Studien über d. Ophiolithformatt. d. Ligurischen Apennins. 1. Mitt. Diabase v. Sestri Ponente 6706.
Galliard (H.), Buttner (A.) u. Bourcart (N.), Wrkg. d. somatotropen Hormons auf eine tödl. Trypanosomiasis bei Rana esculenta L, verursacht durch Trypanosoma inopinatum Sergent *1904* (algerischer Stamm) 3658.
— u. Lapierre (J.), Neutralisierende Wrkgg. d. Hypophysensomatotrophins auf d. Infekt. mit Plasmodium berghei bei Mäusen 137.
Gallimore (J. C.), Bauer (E. C.) u. Boyd (G. A.), Auslaug. vermeidende Technik für d. Autoradiographie 3700.
Gallmann (A.) s. Gorodetzky (S.).
Gallo (D.) s. Gonzaga (L.).
Gallo (N.), Ketohexosen 10644. — s. Ciusa (R.).
Gallo (S.) s. Burdese (A.); Goria (C.).
Gallo (S. G.) s. Standard Oil Development Co.
Gallo (U.), Analyse nichtionisierter, oberflächenakt. Stoffe 11045.
Gallot (S.), Les Vitamines [7956].
Galloway (L. D.), Äther. Öle als dampfförm. Antiseptica gegen Schimmelpilze 9214.
Gallup (W. D.) s. Noble (R. L.).
Gallus (H. P. C.) s. Best (R. J.).
Galmiche (P.), Cr-Diffussionsverf. d. O.N.E.R.A. u. d. Wärmebehandl. d. chromierten Stähle 918. — Glanzverchromen, Onera-Verf. 918. — Chromieren. Einzelheiten über ein Verf. zur Bldg. chromreicher Schichten auf Stahl 4689. — Verb. einer Wärmebehandl. mit einem Chromdiffussionsverf. „Chromisation intégrée" 7771. — Metallurg. Technik: Glanzchromier. 7771. — s. Office National d'Études et de Recherches Aéronautiques (O. N. E. R. A.).
Galocsy (Z. de), Erhöhen d. Reduktionsgrades d. Wasserdampfes in Wassergaserzeugern 3288* F. — s. Thyssen'sche Gas- und Wasserwerke G. m. b. H.; Vogogas Soc. An.
Galonsky (A.), Douglas (R.), Haeberli (W.), McEllistrem (M. T.) u. Richards (H. T.), Elast. Streuung v. Deuteronen durch He 1196.
— u. McEllistrem (M. T.), Energieniveaus in ^{6}Li 4989.
Galonsky (A. I.) s. Goldberg (E.).
Galperin (F.), Dmitrakowa (G.) u. Molodzowa (L.), Paramagnetismus einiger Ferrite 6221.
—, Kuprijanow (I.) u. Panfilow (B.), Unters. d. g-Faktors einiger Ferromagnetika 3559.
Galpern (G. D.) s. Toptschijew (A. W.).
Galstaun (L. S.) s. Tide Water Associated Oil Co.
Galstjan (A. S.), Dehydrasen d. Baumwollpflanze 4125.
Galston (A. W.) s. Goldacre (P. L.).
— u. Dalberg (L. Y.), Adaptive Bldg. u. physiol. Bedeut. d. Indolessigsäureoxydase 3166.
Galt (J. K.) s. Herring (C.).
— u. Herring (C.), Elast. u. plast. Eigg. v. sehr kleinen Metallproben 4056.
—, Yager (W. A.) u. Merritt (F. R.), Temp.-Abhängigk. d. Linienbreite d. ferromagnet. Resonanz bei einem Ni-Fe-Ferrit: Ein neuer Verlustmechanismus 1444.
Galton (D. A. G.) u. Till (M.), Myleran bei d. Behandl. d. myeloiden Leukämie 8176.
Galula (M.), Jacrot (B.) u. Netter (F.), Messungen d. Spaltquerschnittes v. Pu für langsame Neutronen 2828.
Galunina (S. L.) u. Jurtschenkowa (A. G.), Wirksamk. d. Antibiotica bei d. Scharlachprophylaxe 399.
Galuschkin (I. P.) s. Lifschitz (M. S.).
Galvanic Products Corp., Stromsammler 1312* F.
Galzy (P.) s. Marteau (G.).
Gamard (H.), Entfern. d. Plastiziermittels aus Polyvinylchloridgegenständen 934* F.
Gamba (A.), Symmetriekorrelatt. bei Kern-Rkk. 9954. — Pionenerzeug. u. Ladungsunabhängigk. 10907.
Gambardella (A.), Pinto (V.) u. Brancaccio (G.), Verh. d. Typhusagglutinine bei geimpften u. mit Cortison behandelten Kaninchen 9597.
Gambarin (F.) s. Pavolini (T.).
Gambarjan (N. P.) s. Babajan (A. T.).
Gambelli (G.) s. Capitani (C.).
Gambhir (I. R.) u. Joshi (S. S.), Chem. Unters. d. Samen v. Abutilon indicum G. Don 2001.
Gamble (J. L.), Chemical anatomy, physiology and pathology of extracellular fluid; a lecture syllabus [3425].
Gamble (J. R.), Dennis (E. W.), Coon (W. W.), Hodgson (P.), Willis III (P. W.), MaCris (J. A.) u. Duff (I. F.), Klin. Vgl. v. Vitamin K_1 u. wasserlösl. Vitamin K 8428.

Gamble (S. J. R.), Mayhew (C. J.) u. **Chappell (W. E.),** Atmungsintensität u. Plattenzählungen zur Best. d. Wrkg. v. Herbiciden auf heterotrophe Bodenmikroorganismen 4680.
Gamble Brothers, Inc. u. **Dosker (C. D.),** Verarbeit. v. Holz 1873* A.
Gambling (W. A.) s. Edels (H.).
— u. **Edels (H.),** Hochdruckglimmentlad. in Luft 6686.
Gamboni (G.), Schinz (H.) u. **Eschenmoser (A.),** Ster. Verlauf d. säurekatalysierten Cyclisat. in d. Terpenreihe. Cyclisat. d. cis-7-Methyl-octadien-(2.6)-säure-(1) 2429.
—, Theus (V.), Schinz (H.) u. **Kissling (A.),** cis-trans-isomere 4-Phenylbuten-(3)-one-(2) u. 3-Phenylpropen-(2)-ale 5528.
Gambrill (R. G.) s. Kirby (A. H. M.).
Game (J. A.), Gebrauch v. Mysoline bei d. Epilepsie 10077.
Game (P. M.), Zoisit-Amphibolit mit Korund v. Tanganyika 9755.
Gamm (W.), Wiederverwend. d. Sulfitablauge beim Kochprozeß 9695.
Gammel (J. L.), Deuteronenzerfall durch 9,7 MeV-Protonen 8077. — Elast. Streuung v. Protonen u. Neutronen an Deuteronen bei hohen Energien 8077. — s. Frank (R. M.).
Gammel (John L.), Elast. Streuung v. π-Mesonen an Nucleonen u. Erzeug. v. π-Mesonen bei Nucleon-Nucleon-Zusammenstößen 8774.
Gammeltoft (A.), Johansen (S. H.) u. **Ruben (H.),** Pethidin in d. Cystoskopie 3910.
Gammon (J.) s. Akers (J. R.).
Gammon jr. (N.) s. Volk (G. M.).
Gamo (I.), Grundschwingungen d. Arsins 2833. — Grundschwingg. d. SbH_3 7856.
Gamp (A.) u. **Gros (H.),** Hydrocortison zur lokalen Behandl. rheumat. Erkrankungen 5583.
Gamrath (H. R.) s. Monsanto Chemical Co.
Gams (A.) s. Ciba Akt.-Ges.
Gamzemlidse (G. A.), Prüf. d. Landauschen Formel zur Best. d. Viscositätskoeff. v. Fll. nach d. Meth. d. schwingenden Drehscheibe 9969.
Gan (E. I.), Bekämpf. v. Larven d. Schafbremse 199.
Gan (F. Du) s. Whalley (W. B.).
Ganapathi (K.) u. **Kulkarni (K. D.),** Thiazole. 4. Mitt. Bromier. u. Nitrier. monosubstituierter Thiazole 9329; 5. Mitt. Feinstruktur u. Orientier. 9330; 6. Mitt. Chrysean u. seine Derivv. 9331.
Ganapathy (C. V.) s. National Ekco Radio & Engineering Co. Ltd.
Gańczarczyk (J.), Gewinn. v. Koagulantien aus Aschen einiger Kohlen 3458. — Bodenausflüsse beim Ablassen v. Sulfitablaugen auf Felder 3994. — Isolier. u. Fraktionier. d. Ligninsulfonsäuren aus Sulfitablaugen 9695.
— u. **Domański (J.),** Labor.-Verss. über d. chem. Unschädlichmach. v. Sulfitablaugen 3516. — Koagulat. d. Weißwassers v. d. Papierprodukt. in alkal. Milieu 3704.
Gander (J. E.) s. Viswanatha (T.).
Gane (R.), Furlong (C. R.), Robinson (J. E.) u. **Shepherd (H. J.),** Kaltgaslager. v. Gros-Michel-Bananen. Ergebnisse einer Versuchsanlage 1161.
Ganeval (L.), Weinsäure 4211* F.
Ganew (I. C.) s. Kikoin (I. K.).
Gangl (K.) s. Farbwerke Hoechst Akt.-Ges., vormals Meister Lucius & Brüning.
Gangneux (R.) s. Comp. Française des Matières Colorantes.
Ganguilhelm (J.) s. Soc. An. des Mines de Bitume et d'Asphalte du Centre.
Ganguin (K.-O.) s. Agfa Akt.-Ges. für Photofabrikation; Schneider (Wilhelm).
Ganguli (N. C.), Circularpapierchromatographie 3210.
Ganguly (A. K.) s. Bhattacharya (R. N.).
Ganguly (S. C.) u. **Chaudhury (N. K.),** Anisotropie d. Fluorescenz organ. Kristalle 11185.
Gann (W.) s. Schäfer (Harald).
Gans (E. H.) u. **Chavkin (L.),** Verwend. v. Polyäthylenglykol für Tablettenüberzüge 156.
Ganssen (R.), Problematik deutscher Mittelgebirgsböden, bes. d. Braunerde 5629.
Gansser (C.), Chemotherapie d. Tuberkulose 8433.
Gansser-Burckhardt (A.), Herst. d. Leders im Altertum u. dessen Konservier. 3540.
Gant (D. E.), Smith (Ernest Lester) u. **Parker (L. F. J.),** Entfernen d. Nucleotide aus d. B_{12}-Vitaminen 4628.
Gant (V. A.) s. Northwestern Research Co.
Gantmacher (A. R.), Medwedew (S. S.) u. **Lipatowa (T. E.),** Initiierungsmechanismus bei d. katalyt. Polymerisat. ungesätt. Verbb. 6530.
Gantz (E. S. C.) s. Brandt (W. W.); Pierson (R. H.); Whitnack (G. C.).
Gantz (H.) s. Lembke (A.).
Gantz (M. E.) s. Aluminum Co. of America.
Ganz (E.) s. Asselineau (J.).
Ganzhorn (G. H.) s. Barton (B. C.).
Ganzhorn (K.) s. Bader (F.).
Gaoni (Y.) s. Prévost (C.).
Gapen (C. C.) s. Corn Products Refining Co.
Gapon (J. N.), Iwanenko (D. D.) u. **Ratschinski (W. W.),** Anwend. d. radiochromatograph. Meth. zur Unters. d. Dynamik d. Austauschadsorpt. v. Phosphationen auf anorgan. Adsorbentien 2844.
Gaponenkow (T. K.), Veränderr. d. Pektinstoffe während d. Lager. d. Zuckerrüben 5443. — Spalt. v. Pektinstoffen d. Pflanzen durch Fermente v. Mikroorganismen 10773.
Garattini (S.) s. Trabucchi (E.).
Garavaglia (C.) s. Baglioni (T.).
Garaventa (A.) s. Reale (M.).
Garay (A.) s. Gimesi (N.).
Garay (K.) u. **Guba (F.),** Reversible Veränder. d. Adenosintriphosphats infolge v. Strahlungswrkgg. 2240.
Garb (S.), Venturi (V.) u. **Wacker (A.),** Unterschiedl. Wrkgg. v. K auf d. therapeut. u. tox. Effekt v. Ouabain 6332.
Garbato (C.), Italien. Industrie d. natürl. Schwefels 5623.
Garbatski (U.) u. **Folman (M.),** Mehrschichtenadsorpt. v. W. in d. Nähe d. Sättigungsdruckes an ebenen Glasoberflächen 6692.
Garbayo (C. F.), Saccharomycetina. Nuevo proceso para fabricar y utilizar el zumo de uva como vitaminoactivador de acció enérgica en la defense celular del organismo [7504].
Garbe (P.) s. Aktivkohle-Union Verwaltungs-G. m. b. H.

Garber (M.) u. **Mapother (D.E.)**, Einfl. v. Druck auf d. Supraleitfähigkeitsübergang v. Sn 4040. — Einfl. d. hydrostat. Druckes auf d. Supraleitungsübergang v. Sn 6219.

Garbers (C. F.), **Eugster (C. H.)** u. **Karrer (P.)**, Carotinoidsynthesen. 10. Mitt. Stereoisomere 1.18-Diphenyl-3.7.12.16-tetramethyl-octadecanonaene. L. Paulings Theorie d. ster. Hinder. bei cis-trans-isomeren Polyenen 4599.

—, **Schmid (H.)** [Zürich] u. **Karrer (P.)**, Modifikat. d. C-Methylbestimmungsmeth. bei Verwend. kleinster Substanzmengen 4898.

Garbo (P. W.) s. Hydrocarbon Research, Inc.

Garcet (S.) s. Quevauviller (A.).

García (A. B.) = Bueno García (A.).

García (A. V.) = Vasco García (A.).

García (C. C.) = Cuervo García (C.).

García (D. M.) = Martin García (D.).

García (F. G.) = González García (F.).

García (F. S.) = Segovia García (F.).

García (H. S.) = Sanz García (H.).

García (I.) s. Grangaud (R.); Roche (J.).

— u. **Grangaud (R.)**, Carotinoidpigmente v. Maja squinado 10784.

— u. **Miranda (F.)**, Guanidinderivv. bei Schwammgewächsen 7706.

García (J.) s. Loustalot (A. J.).

García (J. F.) s. Contopoulos (A. N.).

García (J. M. G.) = García García (J. M.).

García (J. O.) = Ocón García (J.).

García (L. A.) = Alberto García (L.).

García (S.) s. Mazzini (M. A.).

García del Amo (C.), Biochemie d. Proteine. 8. Mitt. Erhalt. d. Tryptophans in sauren Hydrolysaten 8880.

García de la Banda (J. F.) s. Foz (O. R.); Garner (W. E.).

García-Fernandez (H.) s. Brustier (V.).

García García (J. M.) s. Pérez Rodríguez (M.).

García-Gutiérrez (A. G.), Synth. u. Verwend. v. Tetraphenylharnstoff 9708.

García-Llauradó (J.) s. Pólit (I.).

García Paula (R. D. de) u. **Brooks (G.)**, Biochemie d. Mate. Gerbstoff d. Mate (Ilex paraguariensis St. Hil.). Isolier. u. Identifizier. 382.

García Sachis (C.), Asbest 7525.

García Santesmases (J.), **Rodríguez Vidal (M.)** u. **Sánchez Rodriguez (J. J.)**, Auslösestromkreis mit paralleler Ferroresonanz. 2. Mitt. Anwend. v. Ferriten 6221.

Garcóa (D. M.) = Martin Garcóa (D.).

Gard (D. I.) s. Becker (D. E.); Terrill (S. W.).

Gard (G. E.) s. Armstrong Cork Co.

Gard (L. N.) u. **Butler (R. C.)**, Best. v. Feuchtigk. in Natriumhydrogencarbonat. Karl-Fischer-Meth. 5138.

Garda (C.) u. **Raczyńska (Z.)**, Vergrößer. d. Sortiments v. heim. Papierfarbstoffen für Färb. in großem Maßstab 10161.

Gardam (G. E.), Mess. d. „Oberflächenrichtigk." u. d. Grades d. erforderl. Polierarbeit 11459. — s. Design & Research Centre for the Gold, Silver & Jewellery Industries.

Garde (G. M.), Herst. v. Mischpolymerisaten 10414* Ind.

Gardedien (J. L. R.) s. Manufactures de Produits Chimiques du Nord, Établissements Kuhlmann.

Gardell (S.) s. Drake (B.).

— u. **Rastgeldi (S. H.)**, Mucopolysaccharide d. Nucleus pulposus 2461.

Garden (L.) s. Simpson (T. H.).

Garderen (J. van), Bodenproben zur Analyse 3468.

— u. **Walt (C. F. J. van der)**, Radiophosphor im Feldvers. beim Mais 10841.

Gardin (A. I.), Temp.-Abhängigk. d. zwischenlamellaren Abstände in d. Prodd. d. isothermen Austenitzerfalls 8804.

Gardiner (B. O. C.) s. David (W. A. L.).

Gardiner (J. E.) u. **Whittaker (V. P.)**, Identifizier. v. Propionylcholin als Bestandteil d. Rindermilz 138.

Gardiner (L.) s. Rosenzweig (A.).

Gardiner (W. C.) s. Mathieson Chemical Corp.; Sanders (H. J.).

Gardini (G. F.) u. **Rizzente (S.)**, Klin. Erfahr. mit einem Alkaloid d. Herbstzeitlose 9352.

Gardner (Charles), Oberflächenakt. Stoffe in d. Technik d. Schutzüberzüge 3261. — Trockner u. Zusätze für d. Anstrichfarbenindustrie 8742.

Gardner (Cyril) s. Imperial Chemical Industries Ltd.

Gardner (C. S.) s. Drummond (W. E.).

Gardner (D.) u. **Grove (J. F.)**, Gladiolsäure. 4. Mitt. Synth. v. 5-Methoxy-6-methylphthalid 4118.

—, **Grove (J. F.)** u. **Ismay (D.)**, Gladiolsäure. 5. Mitt. Synthesen einiger Methoxybenzoltricarbonsäuren 10252.

Gardner (D. E.) s. Stokinger (H. E.).

Gardner (D. G.) s. Muraca (R. F.); Serfass (E. J.).

Gardner (D. M.) u. **Fraenkel (G. K.)**, Paramagnet. Resonanz in fl. S 7617.

Gardner (E. A.), **Wilson (M.)** u. **Farah (A.)**, Wrkg. v. Jodacetat auf d. isolierten Kaninchenherzvorhof 7960.

Gardner (H.), Maleinanhydrid-Addukte 2531.

Gardner (H. H.), Materialien. Fragen ihrer Anwend. im modernen Flugzeugbau 5404.

Gardner (H. J.) s. Marmion (B. P.).

Gardner (J. A. F.), Äthanolyse v. 3-Oxy-1-[4-oxy-3-methoxyphenyl]-propanon-(2) in Beziehung zur Ligninchemie 6963. — s. Barton (G. M.).

Gardner (J. W.), Wrkg. d. „knock-on"-Elektronen auf d. Ionisationsverlust 11145.

Gardner (K.) s. Freeman (F.).

Gardner (L. R.) s. California Spray Chemical Corp.

Gardner (P. D.), Phosphorsäuren in organ. Systemen. 1. Mitt. Intermol., v. Polyphosphorsäure katalysierte, Kondensatt. 4802.

Gardner (R. G.) u. **Mitchell (T. J.)**, Zirkulationstrockn. v. Seetang. 1. Mitt. Stiele v. Laminaria cloustoni 240; 2. Mitt. Wedel v. Laminaria cloustoni 240; 3. Mitt. Wedel u. Stiele v. Laminaria digitata; Wedel v. Laminaria saccharina 241.

Gardner (T. S.), **Wenis (E.)** u. **Lee (John)**, Synth. v. Verbb. zur Chemotherapie d. Tuberkulose. 4. Mitt. Amidfunktion 5070.

Gardner (W. E.) s. Hine (J.).

— u. **Kurti (N.)**, Therm. u. magnet. Eigg. v. Chrommethylaminalaun zwischen *0,01* u. 1° K 10682.

Gardner (W. H.) s. Elrick (D. E.); Feuer (H.).

Gardner (W. R.) u. **Danielson (G. C.),** Elektr. Widerstand u. Hall-Koeff. v. Natriumwolframbronze 3069.
Gardocki (J. F.) s. English (A. R.).
Gardom (J. W.), Gießereiverhältnisse in Großbritannien 4441.
Gardon (R.), Sonnenofen mit Spiegelsegmenten für hochintensive therm. Strahlungsunterss. 5856.
Gárdos (G.) s. Fejes (P.).
Garee (W. A.), Opt. Reflex. u. Durchlässigk. v. dünnen Al–Filmen 5241.
Garelli (C. M.) s. Debenedetti (A.).
Garello (A.), Pflanzen u. Toxine 9607.
Garestier (R.), Landwirtschaftl. Anwend. phytotox.Substanzen 672.
Garetz (J. W.) s. Benson (R. C.).
Garfield (E.) s. Bernhard (S. A.).
Garfinkel (E.) s. Barclay (R. K.).
Garfunkel (M. P.) u. **Wexler (A.),** Mess. hoher Vacua bei niedr. Tempp. 1577.
Gargill (S. L.) s. Sturnick (M. I.).
Garibjan (G. M.) u. **Goldman (I. I.),** Spektren v. π- u. μ-Mesonen in d. Höhenstrahl. 2590.
Garijo (R. R.) = Ramos Garijo (R.).
Garilli (D.), Appunti di chimica generale ed inorganica. Dalle lezioni di chimica per gli studenti in medicina tenute [4746].
Garin (P.), Léger (P.) u. **Prugne (P.),** Darst. v. dünnen Schichten auf einer Ta–Unterlage. Technik zur Herst. sehr anhaftender therm. Ndd. u. zur Verb. v. Ta auf Cu durch Hartlötung 1200.
— u. **Prugne (P.),** Oberflächenzustände u. Kondensat. v. Mol-Strahlen 10211.
Garine (P.) s. Yardney International Corp.
Garino-Canina (E.), Entw. d. italien. Önologie im letzten Jahrhundert 7336.
Garino-Canina (V.), Luminescenz v. Quarzglas in Abhängigk. v. d. Temp. 3228. — Absorptionsbande bei 2μ 72 d. Silicatglases 6214.
Garkuscha (G. A.), Darst., Eigg. u. Zus. v. Silbernatriumthiosulfaten 4544.
Garland (C. S.) s. Stream-Line Filters Ltd.
Garland (C. W.) u. **Jura (G.),** Frequenzspektr. u. spezif. Wärme eines flächenzentriert-kub. Gitters. 1. Mitt. 7155; 2. Mitt. Tieftemperaturgebiet 7156.
Garlick (G. F. J.), Anreg. v. Phosphoren durch Elektronen 11156. — s. Halperin (A.); Wright (G. T.).
— u. **Dumbleton (M. J.),** Infrarote Strahl. emittierende Phosphore 5959.
Garlick (W. G.), Prospektier. u. Erzgenese in Nordrhodesien 6477.
Garlind (T.) s. Adamson (C.-A.).
Garlington (L. N.) s. Hall (K. D.).
Garlinskaja (E. I.), Dolgopolow (N. N.), Matezki (A. I.) u. **Ruban (E. I.),** Wollwäsche unter Verwend. d. Ultraschallenergie 2103.
Garlow (K. Y.) s. Braddock (L. I.).
Garman (J. A.) s. George (D. K.); Moore (D. H.).
Garmany (G.), May (A. R.) u. **Folkson (A.),** Anwend. u. Wrkg. v. Chloropromazine bei Psychoneurosen 2021.
Garmasch (G. S.), Hydratisier. v. Sonnenblumenöl 7808.
Garmo (O. De) s. Monsanto Chemical Co.
Garmsen (W.), Glasurit-Konsistenzskala 5909.
Garn (S. M.) s. Clark jr. (L. C.).
Garn (W.), Adsorptionsanalyt. Trenn. einiger Androgene mit Silicagel 5825.
Garner (A. Y.) s. Ferguson (L. N.).
Garner (C. S.) s. Furman (S. C.); King jr. (William R.); Larson (L. L.); Winstein (S.).
Garner (F. H.), Chem. Energie in Verbrennungsrkk. 724. — Verbrennungsprozesse in Motoren 5940. — s. Thorp (N.).
— u. **Crafton (R. W.),** Mineralöle 8065.
— u. **Green (S. J.),** Mineralöle 8065.
— u. **Hammerton (D.),** Kreisbeweg. im Innern v. Gasblasen 180.
—, **Long (R.)** u. **Temple (R. G.),** Oxydat. v. KW-stoffen. 2. Mitt. Prodd. d. Dampfphasenoxydat. v. n-Heptan u. Methylcyclohexan 59.
—, **Long (R.)** u. **Thorley (B.),** Mess. d. Verbrennungsgeschwindigkk. v. KW-stoff–Luft-Gemischen unter Verwend. eines Düsenbrenners 10203.
—, **Ross (T. K.)** u. **Freshwater (D. C.),** Druckabfall in Glockenböden 7996.
Garner (P. J.) s. Shell Development Co.; „Shell" Refining & Marketing Co. Ltd.
Garner (W. E.), Dowden (D. A.) u. **García de la Banda (J. F.),** Bezieh. zwischen elektr. Leitfähigk. u. katalyt. Aktivität bei Katalysatorgemischen $ZnO–Cr_2O_3$ 4779.
— u. **Reeves (L. E.),** Therm. Zers. d. Erdalkaliazide 8335.
Garnett (J. L.) s. Anderson (J. R. A.).
Garnier (A. A. M.), Kautschukumwandlungsprod. 7103* F.
Garnier (L.) s. Donnet (V.).
Garnier (P. A.) s. Soc. des Usines Chimiques Rhône-Poulenc.
Garnjobst (L.) s. Tatum (E. L.).
Garofalo (F.), Malenock (P. R.) u. **Smith (G. V.),** Härte verschied. Stähle bei erhöhten Tempp. 5641.
Garofano (J.), Aufbringen v. Metallverzierr. auf Gegenstände aus Kunststoffen 3263* A.
Garosi (L.), Tritium 9245.
Garratt (D. C.), The quantitative analysis of drugs [11053]. — s. Elvidge (D. A.).
— u. **Phipers (R. F.),** Best. v. Ascaridol in einer Ricinusöllsg. 873.
Garreau (Y.) s. Soc. Générale d'Applications Thérapeutique „Théraplix".
Garrels (R. M.), Mineralarten als Funkt. v. p_H u. Redoxpotentialen, bes. d. Oxydationszone u. sek. Anreicherungszone v. Sulfiderzlagerstätten 46. — Thermodynam. Beziehungen zwischen d. Vanadiumoxyden u. Folgerungen in bezug auf d. U–V-Lagerstätten d. Colorado-Plateaus 8574.
Garren (A.), Phasenverschiebungsanalyse v. p–p-Streuverss. bei hohen Energien 7827.
Garren jr. (R. G.) s. Zielinski (Q. B.).
Garrett (A. B.) s. Coleman (R. A.); Heiks (J. R.); Welsh (J. Y.).
Garrett (B. R.) s. Grillot (G. F.).
Garrett (C.) u. **Whyte (G. N.),** Aufbaumessungen an ^{60}Co-γ-Strahl. in Fe u. Pb 8079.
Garrett (C. G. B.), Ordnungs–Unordnungs-Umwandlungskurve in Kobaltammoniumsulfat unterhalb $0{,}1°$ K 11164. — s. Brattain (W. H.).
Garrett (E. R.) s. Anderson (Hugh V.).
Garrett (R. A.) s. Armstrong Cork Co.

Garrett (W. J.), Wrkgg. v. Dihydroergotamin auf intakten menschl. Uterus. 1. Mitt. Sympathicolyt. Eigg. 11421.
Garrido (J.) s. B r ú (L.).
Garrido (Jules), Best. chem. Substanzen mittels ihrer kristallograph. Charaktere 9971.
Garrido (J. M.) u. **Walker (T.),** Fettprodukt. durch Mikroorganismen. Best. d. optimalen Konzz. v. Magnesiumsulfat, Natriumphosphat u. Kaliumphosphat für d. maximale Umwandl. v. Glucose in Fett bei Aspergillus nudulans Eidam, Penicillium javanicum u. Penicillium spinulosum 10780.
—, Woodbine (M.) u. **Walker (T.),** Fettprodukt. durch Mikroorganismen. Wrkg. verschied. Konzz. v. Mg, P u. K auf d. Fettbldg. bei Aspergillus nudulans Eidam, Penicillium javanicum V. Beyma u. Penicillium spinulosum 10779.
Garrigue (H.), In d. freien Atmosphäre enthaltene Verunreinigg. 3551. — Radioaktivität d. Luft 3551. — Schaff. eines fliegenden Labor. u. Vervollkommn. d. Unters.-Geräte zur Unters. schwacher Radioaktivitäten d. Atmosphäre 9495. — Radioaktivität d. Atmosphäre 9496.
Garrigues (A.) s. S o c. d u V e r r e T r i p l e x.
Garrigues (E.) s. N e u b a u e r (R. A.).
Garrigus (U. S.) s. A l b e r t (W. W.); B u c y (L. L.); H a t f i e l d (E. E.).
Garriott (F. E.), Schweißen mit Bronzeelektroden 9180.
Garrison (G. R.) s. M i l l e r (C h a r l e s E.).
Garrison (J. D.) s. C h a m b e r l a i n (O.).
Garrison (J. H.), O_2 bei der sauren Elektrostahlerzeug. 2761.
Garrison (P. L.) s. A l v i n g (A. S.); C o a t n e y (G. R.); H a n k e y (D. D.).
Garrison (W. M.) s. G i l e - M e l c h e r t (J. D.); H a y m o n d (H. R.).
—, Haymond (H. R.), Morrison (D. C.), Weeks (B. M.) u. **Gile-Melchert (J. D.),** Bestrahl. wss. Essigsäurelsgg. mit Heliumionen hoher Energie 2398.
Garrod (L. P.), Wrkgg. d. Antibiotica auf Körperfunktt. v. Mensch u. Tier 2477.
Garrod (R. I.), Benutz. eines Goldblattes als Bezugsmaterial bei d. Best. v. Gitterkonstanten mittels Elektronenbeug. 8328.
— u. **Auld (J. H.),** Einfl. v. Verstärkerschirmen auf d. Linienbreite v. Röntgenstrahlen 10207.
—, Brett (J. F.) u. **Macdonald (J. A.),** Röntgenlinienverbreiter. u. reine Beugungskonturen 4274.
Garrone (G.) s. C r é p y (O.).
Garsche (R.), Therapie d. Anfallsleiden d. Kindes 3909.
Garside (J. E.) u. **Claret (P. A.),** Experimental chemistry. P. *1* [7594].
Garson (E.) s. S p u r r (C. L.).
Garst (J. B.) s. N y c (J. F.).
Garstang (R. H.), Linienschärfen durch d. Zwischenkoppl. 8084.
Garstens (M. A.), Paramagnet. Resonanz in Gasen bei kleinen Feldern 520.
—, Singer (L. S.) u. **Ryan (A. H.),** Magnet. Resonanzabsorpt. v. Diphenyl-Pikryl-Hydrazyl bei kleinen Magnetfeldern 10681.
Garten (J. P.), Warme Ölwäsche 11311.
Garten (V.) s. F a r b e n f a b r i k e n B a y e r A k t. - G e s.
Garthe (E.) s. P f l e g e r (R.).
Garthe (P.) u. **Windgassen (E.),** Farbig gemusterte Gegenstände 706* D. B.
Gartland (J. J.) s. M a c A u s l a n d j r. (W. R.).
— u. **MacAusland jr. (W. R.),** Anwend. v. Hyaluronidase bei Weichteilverletzungen u. ihr Einfl. auf d. experimentelle Knochenheil. 7028.
Gartmann (H.), Kunststoffe in d. Raketentechnik 5433.
Gartner (E.) s. F a r b e n f a b r i k e n B a y e r A k t. - G e s.
Gartner (S.) u. **Rubner (K.),** Verkalkte sklerale Knötchen bei D-Hypervitaminose 10554.
Garton (G.) s. T u r k e v i c h (J.).
Garton (G. A.), Fettsäuren im Milchdrüsenfett v. Rindern 2005.
Garton (J. E.) u. **Crow (F. R.),** Best. d. Bodenfeuchtigk. 5401.
Garton (W. R. S.), Atomare u. mol. Absorptionsspektren. 3. Mitt. UV-Absorptionsspektren v. In-Dampf 7373. — Absorptionsspektr. v. In-Dampf im Schumann-Gebiet 7373. — s. B o v e y (L. F. H.).
Garvey (F. K.) s. B o y c e (W. H.).
Garvie (E. I.) u. **Rowlands (A.),** Bedeut. d. Mikroorganismen bei Farbstoffreduktions- u. Lagerungsqualitätstests. 1. Mitt. Änder. d. vorherrschenden Bakterienflora während Inkubat. bei *37,5* u. *22°* u. Bedeut. d. Staphylokokken u. d. Coli aerogenes-Gruppe 10881.
Garvin (S. J.) s. M u r e x L t d.
Garwood (R. D.) u. **Hopkins (A. D.),** Kinetik d. Eutektoidumwandl. in Zn–Al-Legierr. 761.
Garwood (W. E.) s. S o c o n y - V a c u u m O i l C o., I n c.
Gary (J. T.) u. **Pickett (L. W.),** Absorptionsspektren d. isomeren Butene im fernen UV 47.
Gary (N. D.) u. **Klausmeier (R. E.),** Colorimetr. Best. v. Ribose, Desoxyribose u. Nucleinsäure mit Anthron 4900.
Gary (R.) s. H a r n e d (H. S.).
Gary jr. (W. W.), Alkal. Leichtakkumulator 9877* A.
Gary-Bobo (J.) s. L a m a r q u e (P.).
Gary-Bone (O.) s. L i n d e n b e r g (A. B.).
Gas Machinery Co. u. **Born (P. L.),** CO-freies Brenngas v. etwa *1000* Bt-Einhh. pro Kubikfuß 6891* A.
Gas Research Board Ltd., Ein an KW-stoffen reiches Gas 6432* E.
Gaschler (A.), Traubenzuckerhalt. Extrakt aus Mais 1160* D. B.
Gascoigne (J. A.), Mechanismus d. Wagner-Meerwein-Umlager. 3592.
Gascoigne (R. M.) s. H o l k e r (J. S. E.).
—, Robertson (Alexander) u. **Simes (J. J. H.),** Chemie d. Pilze. 17. Mitt. Dehydroeburicosäure 2436.
Gasda (G.) s. S c h u l z e (B.).
Gash (V. W.) s. L e o n a r d (N. J.); M e r r e l l (W. S.) C o.
Gasiorowicz (S. G.), Erzeug. positiver Mesonen in schweren Kernen 5232. — s. A r n o w i t t (R.); F i n k e l s t e i n (R. J.).
Gaskell (P.) s. F o s t e r (C. A.).
Gaskill (M. S.), Kohleveredl. 491.
Gaskin (J. G. N.) u. **Hands (G. C.),** Fällungsfehler beim Polarisieren 8934.
Gaskins (W. W.) s. L a m a r (R. S.).
Gaspa (P.), Höhenstrahl.: Physio-patholog. Wrkgg. auf d. Menschen 7461.
Gaspar (B.) u. **Dreyfuss (P. D.),** Mehrfarbenbildererzeug. nach d. Ag-Farbbleichverf. 9715* A.

Gaspar (B.), Dreyfuss (P. D.) u. **Linden (G. B.)**, Material für Mehrfarbenphotographie 3543* F.
Gáspár (R.), Verh. d. statist. berechneten Elektronendichten in d. Nähe d. Atomkerne 10666. — Approximat. d. Hartree-Fockschen Potentials durch eine universelle Potentialfunkt. 10666.
Gasparič (J.) s. Večeřa (M.).
Gasparini (A.), Samec (M.) u. **Skledar (Š.)**, Aschenbest. in schwefelreichen Kohlen u. Koksen 4245.
Gasparini (G.) s. Zanussi (C.).
Gassenmeier (E.) s. Badische Anilin- & Soda-Fabrik Akt.-Ges.
Gasser (R. E.), Lot für Al u. Al-Legierr. 1834* F.
Gasser (W.) s. N. V. de Bataafsche Petroleum Mij.
Gasser (W. F.) s. Woods (G. F.).
Gassmann (L.) s. Schlubach (H.).
Gaßner (W.), Stahlschrottzusatz bei Graugußgattierungen 7069.
Gasson (E. J.) s. Distillers Co. Ltd.
—, Graham (A. R.), Millidge (A. F.), Robson (I. K. M.), Webster (W.), Wild (A. M.) u. **Young (D. P.)**, Oxydationsprodd. v. Diisobutylen. 2. Mitt. Isomerisier. v. 1.2-Epoxy-2.4.4-Trimethylpentan u. einige Prodd., d. sich v. 2.4.4-Trimethylpentanal ableiten 787.
—, Hawkins (E. G. E.), Millidge (A. F.) u. **Quin (D. C.)**, Rkk. organ. Peroxyde. 3. Mitt. Oxydat. v. Methylcyclopentan u. Methylcyclohexan 6966.
—, Millidge (A. F.), Primavesi (G. R.), Webster (W.) u. **Young (D. P.)**, Oxydationsprodd. v. Diisobutylen. 1. Mitt. Oxydat. v. Diisobutylen in fl. Phase: Bldg., Eigg. u. Analyse v. 1.2-Epoxy-2.4.4-trimethylpentan 787.
Gassparjan (O. J.) s. Mndshojan (A. L.).
Gast (L. E.) s. Teeter (H. M.).
—, Croston (C. B.), Schneider (W. J.) u. **Teeter (H. M.)**, Synthet. Schmieröle aus Polyoxystearinsäuren 3769.
—, Zilch (D. R.), Woods (L. C.) u. **Teeter (H. M.)**, Rkk. d. tertiären Butylhypochlorites mit pflanzl. Ölen u. ihren Derivaten. 6. Mitt. Cl-abspalt. aus Methylalkoxychlorostearaten mit Alkali 11692.
Gastambide (B.), Unters. stereochem. Phänomene. 1. Mitt. Chromatographie u. ster. Hinderung. Alkohole u. Ketone 6484.
Gastard (J.), Branche (A.) u. **Gastard jr. (Joseph)**, Manuel de pharmacie pratique, avec un guide pour l'examen de stage et pour les examens du C. A. P. et du B. P. des préparateurs [7272].
Gastard jr. (Joseph) s. Gastard (J.).
Gastel (A. J. P. W. -Van) = Wibut-Van Gastel (A. J. P.).
Gastellu (C.) s. Cochet-Muchy (B.).
Gastinel (P.), Galland (R.) u. **Maillet (J.)**, Verh. tuberkulöser Meerschweinchen bei Behandl. mit Isoniazid bezügl. d. Sensibilisier. u. d. Superinfekt. 4395.
Gastinger (E.), Gewinnungsmeth. v. Ga aus techn. Al-Legierr. 4202. — Niedere Chloride einiger Elemente d. III. Gruppe 4543. — Spektralphotometr. K-Best. mit Dipikrylamin 6349.
Gastler (G. F.) s. Wilcox (R. A.).
— u. **Halverson (A. W.)**, Riboflavin- u. Eiweißgeh. einiger Gersten aus Süd-Dakota 11110.
Gastmeier (W.) s. Neseni (R.).
Gaston (N. G.), Austenit. Cr–Ni-Stahl (Chrome alloy) in d. Orthodontie 4686.
Gatehouse (B. M.) s. Smythe (L. E.).
Gates (G. H.) s. Wingfoot Corp.
Gates (Halbert), Best. d. Verhältnisses d. photoelast. Konstanten d. Glases mit Hilfe v. Ultraschallwellen 3796.
Gates (Harry) s. Unilever Ltd.
Gates jr. (J. W.) s. Kodak-Pathé.
Gates (M.), Umwandl. v. Kodeinon in Kodein 9342.
— u. **Helg (R.)**, Umwandl. v. trans- in cis-Verknüpff. d. Ringe II u. III in d. Morphinreihe 1053.
Gates (O. R.), Best. v. Mikromengen P in hochgereinigtem Fe 2735.
Gates (R. L.) s. Sandstedt (R. M.).
Gates (W. E. F.) s. Imperial Chemical Industries Ltd.
Gatfield (E. N.) s. Jones (R.).
Gatha (K. M.) s. Mathur (A. L.).
Gatheron (J.-M.) s. Lynen (A.).
Gathings (J. G.), Behandl. v. Keloiden mit einer Kombinat. v. Hyaluronidase u. Kutapressin 2950.
Gáthy (E.) s. Barta (L.).
Gati (T.) s. Weiß (P.).
Gatos (H. C.), Korrosionsinhibitoren u. polarograph. Maxima 10684.
Gatowskaja (T. W.) s. Kargin (W. A.).
Gatschkowski (W. F.), Absorpt.- u. Fluorescenzspektren d. Chlorophylls u. Magnesiumphthalocyanins im adsorbierten Zustande 544.
Gatski (R. L.), Chlorpromazine in d. Behandl. v. Kindern mit Emotionsstörungen 11040.
Gatta (L. Della), Unterss. über apul. Roterden. 2. Mitt. Mn-Geh. 5634.
Gattani (M. L.), Agarplatten-Sporenkeimungsmeth. zur Prüf. v. Fungiciden 4917.
Gattefossé (H.-M.) s. Gattefossé (R.-M.).
Gattefossé (R.-M.) u. **Gattefossé (H.-M.)**, Dermatolog. Anwend. äther. Öle 7104.
Gattermann (L.), Praxis d. organ. Chemikers [3398].
Gattermann (W.) s. Deutsche Gold- & Silberscheideanstalt vormals Roessler.
Gattermayer (M.) s. Stehlík (B.).
Gatti (E.), *80* Kanal-Neutronengeschwindigkeitselektor 510. — s. Bracci (A.).
—, Germagnoli (E.) u. **Perona (G.)**, Messungen v. Gesamtquerschnitten für langsame Neutronen 10189.
Gatti (G. L.), Pharmakol. Eigg. d. Abkömmlinge d. o-Aminodiphenylsulfids, d. Strukturanalogien mit d. antihistamin. u. antiparkinsonist. Phenothiazinverbb. aufweisen 10796.
— u. **Bovet (D.)**, Sympathicolyt. Eigg. u. zentrale Effekte v. Glycinamiden u. Alaninamiden d. Reihe d. 2-Methyl-1.4-benzodioxans 2246.
Gattner (G.), Entsaften v. Zuckerrübenschnitzeln in Diffuseuren 4474* D. B.
Gattner (H.), App. zur fortlaufenden Registrier. für d. Papierchromatographie 7736.
Gatto (F.), Statist. Beziehh. stark streuender Zahlengruppen 1223. — Stat. Durchbieg. als Prüfmeth. für Leichtmetallgußlegierr. 2526. — Experimentelle u. theoret. Unterss. über *24* Liter fassende Al–Mg–Si-Flaschen für verflüss. Gase 5640. — Grundlagen d. Theorie d. Strangpressens 5884. — Einfl. d. Härt. u. d. Rekristallisat. auf d. elast. Konstanten d. Al 9273.

Gatto (R.), Streuung v. μ-Mesonen durch Kerne 3058. — Multiple Pionenerzeug. über isomere Zustände d. Nucleons. Aus d. Ladungsunabhängigk. folgende Theoreme 9013.
Gattorta (G.) s. M o r a n i (V.).
Gattow (G.) s. S c h n e i d e r (A.) [Göttingen].
— u. **Schneider (A.)** [Göttingen], Anorgan. Luminescenz-Rk. 8549. — Bildungswärmen d. Wismutchalkogenide 8559.
Gattringer (R.) s. K r a i n e r (H.).
Gaty (F.) s. T h y s s e n (H.).
Gatzura (W. W.), Heilwrkg. v. Gomphocarpin bei experimenteller Insuffizienz d. Herzgefäßsyst. durch künstl. Pneumothorax 3913.
Gau (H.) u. **Küntscher (W.)**, Warmbehandl. v. Stahlformguß 11084.
Gau (M.), Hitzebest. Materialien. Nichtbrennende Kabel 1348.
Gauch (H. G.) u. **Dugger jr. (W. M.)**, Rolle d. Bo beim Transport d. Rohrzuckers 383.
Gaucher (L. P.) s. T e x a c o D e v e l o p m e n t C o r p.
Gaudefroy (G.), Oxydierende Wrkg. d. fünfwert. V auf dreiwert. As 6475.
Gaudemar (M.) s. P i a u x (L.).
Gaudemaris (G. de) s. B o n n i e r (J.-M.); H e i l m a n n (R.).
Gaudenzi (A.) s. A k t. - G e s. B r o w n , B o v e r i e & C i e.
Gaudiano (A.), Thiaminbest. durch spektrophotometr. Messung d. Thiochroms 8427. — s. C i n g o l a n i (E.).
Gaudier (B.) s. T a c q u e t (A.).
Gaudin (A. M.) u. **Bloecher jr. (F. W.)**, Adsorpt. v. Dodecylamin an Quarz 6362.
— u. **Harris (D. L.)**, Mercaptanadsorpt. an Zn-Mineralien 9653.
Gaudin (G.) s. K u z e l l (W. C.).
Gaudin (O.) s. D e l a v i l l e (M.).
Gaudin (Olivier), Halogenierte Dithiol-(1.2)-thione-(3) 5131* A. — 5-Thion-1.2-dithiole 5850* A.
Gaugue jr. (C. L. E. de) s. J o h n s - M a n v i l l e C o r p.
Gauguin (R.), Neue Anwendungsmöglichkk. d. Coulometrie 2964.
Gauhe (A.) s. K u h n (R.).
—, **György (P.)**, **Hoover (J. R. E.)**, **Kuhn (R.)**, **Rose (C. S.)**, **Ruelius (H. W.)** u. **Zilliken (F.)**, Bifidusfaktor. 4. Mitt. Präpp., aus menschl. Milch hergestellt 131.
Gault (F.) s. G e r m a i n (J. E.).
Gault (H.), Substitutionsderivv. v. α-Keto-γ-butyrolacton, γ-Alkyl- u. γ-Aryl-α-keto-γ-butyrolacton-β-carbonsäureester 1729,1733. — Halogenierte Derivv. d. Ketobutyrolactoncarbonsäureester (Ketoparaconsäureester) 3732* F. — Anomalien bei d. Oxycarbonylierungs-Rkk. 9772. — s. C e n t r e N a t i o n a l d e l a R e c h e r c h e S c i e n t i f i q u e.
— u. **Dorgans (M.)**, Aldehydkondensatt. d. Homophthalsäurenitrils 2887.
— u. **Elkik (E.)**, Synth. d. Butendiol-(2.3)-disäureesters 792.
— u. **Viout (A.)**, Kondensations-Rk. v. Natriumbenzylat mit Chloressigester. 1. Mitt. 4330.
Gault (H. R.) s. W a r m k e s s e l (C. A.).
Gaume-Mahn (F.), Neue ferromagnet Verbb. aus d. Gruppe d. Seltenen Erden: Gd-Mg-Legierr. 286.
Gaumeton (A.) s. G l a c e t (C.).
Gauna (E. F.), Salzmangelsyndrom 8902.
Gaunt (J. G.), Wärmebehandl. v. magnesiumhalt. Al-Legierr. 2998* E.
Gaunt (J. W.) s. L a w l e y (W. & J.) L t d.
Gaunt (T. N.) s. S a t o n a L t d.; W a d d i n g t o n (J.) L t d.
Gaunt (W. E.) s. M a t h i e s o n C h e m i c a l C o r p.
Gaur (B. K.) s. C h o u d h r i (R. S.).
Gaur (H. C.) s. K h o s l a (B. D.).
Gaus (H.) u. **Schulten (R.)**, Zusammenhang d. Temp. u. d. Leist. eines Reaktors mit d. Reaktivität u. d. Kühl. 7604.
Gausman (H. W.), **Cowley (W. R.)** u. **Barton (J. H.)**, Rk. einiger Gräser auf künstl. Salzzufuhr 10842.
—, **Rhykerd (C. L.)**, **Hinderliter (H. R.)**, **Scott (E. S.)** u. **Audrieth (L. F.)**, Fungicide Eigg. einiger Carbonsäure- u. Thiocarbonsäurederivv. d. Hydrazins 10780.
Gauss (W.) s. F a r b e n f a b r i k e n B a y e r A k t. - G e s.
Gauthé (B.), Verwend. eines Elektronenmikroskops als elektrostat. Spektrograph 4291.
— u. **Blum (J. M.)**, Nachw. d. natürl. Radioaktivität v. Rhenium durch d. Kernemulsionsmeth. 11493.
Gautheret (R.), Unkrautvernichtungsmittel 2056* F. — Anwend. v. Cocosmilch zur Zücht. v. Pflanzengewebskulturen 8893. — L o n g c h a m p (R.); R i c h e z (M.).
— u. **Mentzer (C.)**, Konservieren v. Kartoffeln 2326* F.
Gautheron (D.) s. C h a i x (P.).
Gauthier (B.) s. C h i m i e e t A t o m i s t i q u e.
Gauthier (G.) s. V E B E l e k t r o c h e m i s c h e s K o m b i n a t B i t t e r f e l d.
Gauthier (J.), Augenscheinl. Ausnahme v. Additionsgesetz d. Magnetisierungskoeffizienten 1444. — s. B e l i n (L.).
Gautier (J.-A.), Mises au point de chimie analytique pure et appliquée et d'analyse bromatologique [657].
— u. **Renault (J.)**, Vom Pyridinkern abgeleitete Moll. mit langer KW-stoff-Kette; Pyridone u. Piperidone; Thiopyridone u. ihre „Oniumsalze" 3378.
Gautier (J.-C.), Typen v. Phenolplasten 4713.
Gautier (P.), Induktionsmeth. zur Unters. d. Feldverteil. längs d. Achse einer starken magnet. Elektronenlinse 6466.
Gautschi (E.), Formgeb. u. Legierungswahl bei Sand- u. Kokillenguß aus Leichtmetall 4199.
Gauzit (M.), Korpuskularmikroskopie mit Hilfe v. Li+-Ionen 7855.
Gavard (R.), Phosphorylierende Wrkg. eines Enzymextraktes aus Clostridium butyricum auf Glucose. 2. Mitt. Hexokinase, Aldolase, Triosephosphatisomerase u. Triosephosphatdehydrogenase 842. — Phosphorylierende Einw. eines Enzymextrakts aus Clostridium butyricum auf Glucose 7936.
Gavarret (J.) s. G o l s e (R.).
Gavelin (S.), Bezieh. zwischen Sulfidvererzung u. Granitbldg. im Skelleftefeld, Nordschweden 4784.
Gaver (K. M.) s. O h i o S t a t e U n i v e r s i t y R e s e a r c h F o u n d a t i o n.
Gavin (G. B.) s. S t e w a r t (H. B.).
Gavis (G.) s. N e w m a n (B e n j a m i n).
Gavoret (G.), Substitutions-Rkk. v. aktiven Halogenen durch Neutroneneinfang 7164. — Konkurrenzsubstitut. v. Bzl. u. seinen Derivv. 7645.

Gavosto (F.) u. Ficq (A.), Autoradiograph. Unterss. über d. Einbau v. Glycin-$^{14}C_{(1)}$ bei d. Antikörpersynth. 3170. — Radioautograph. Unters. d. Lokalisierr. v. Tabakmosaikvirusantigen 10779.
—, Magri (G.) u. Pileri (A.), Spätfolgen nach Verabreich. v. Th-Präpp.; Klin. u. autoradiograph. Unters. 7251.
— u. Rechenmann (R.), In vitro-Einbau v. $^{14}C_{(1)}$-Glycin in Reticulocyten 621.
Gavrilesco (E.), Barbu (E.) u. Macheboeuf (M.), Gelbldg. d. Proteine. 6. Mitt. Viscositätsänderr. v. Serumalbuminlsgg. in Abhängigk. v. p_H bei Proteinkonzz., d. zu schwach zur Gelbldg. sind 10047.
Gawehn (K.) s. Warburg (O.).
Gawienowski (A. M.), Mayer (D. T.) u. Lasley (J. F.), An Serumprotein gebundenes J als Maß d. Wachstumsvermögens v. Schweinen 9370.
Gawrilow (D. W.) u. Wiltschur (J. P.), Schnellverf. zur Best. kleiner Unterschiede in d. Brechungsindices d. Glases 9647.
Gawrilow (N. I.) s. Akimowa (L. N.); Ioanissiani (P. G.).
— u. Akimowa (L. N.), Bindungsformen u. Wege zur Synth. v. Modellen d. Eiweißmikrostruktur 4844.
Gawrilowa (A. J.) s. Gonikberg (M. G.).
—, Gonikberg (M. G.), Plate (A. F.) u. Kasanski (B. A.), Therm. Zerfall v. Methylcyclopentan bei hohen Wasserstoffdrucken 7648.
Gawrilowa (E. K.) s. Dobrjanski (A. F.).
Gawrilowa (K. I.), Ausnutz. d. Serumproteine durch d. Organe u. Gewebe v. Ratten mit malignen Neubldgg. 9351.
— u. Konikowa (A. S.), Umwandlungen d. in d. Organismus parenteral eingeführten Serumproteins d. Nieren u. d. Leber nach d. Meth. d. markierten Atome 8664.
Gawrilowa (N. I.) s. Akimowa (L. N.).
Gawrilowa (W. A.) s. Jewstignejew (W. B.).
Gawrych (S.), Bilanz d. Kolloide im Saftreinigungsvorgang 8755.
Gay (C. H.) u. Johnson (William H.), Neurotox. Symptome nach Aufnahme v. Asteroidihydrochlorid 3914.
Gay (F. E.), Filtrat. u. Waschen v. Schmutzbodensätzen auf d. Ewa-Zuckerrohrplantage 942.
Gay (J. A.), Gewinn. u. Anwendd. v. Ge 10125.
Gay (P.), Strukturen d. Plagioklasfeldspäte. 3. Mitt. Röntgenunters. v. Anorthiten u. Bytowniten 4784. — Struktur d. Plagioklasfeldspäte. 5. Mitt. Hochtemp.-Behandl. kalkreicher Plagioklase 9983.
— u. Honeycombe (R. W. K.), Röntgenasterismus v. deformierten Kristallen 2145.
— u. Kelly (A.), Röntgenograph. Unterss. polykristalliner Metalle, d. durch Walzen verformt sind. 1. Mitt. Unters. d. härteren Metalle Cu, Ni u. Fe 3570; 2. Mitt. Unters. d. weicheren Metalle Sn, Zn, Pb u. Cd. 3570.
— u. Taylor (W. H.), Struktur d. Plagioklasfeldspäte. 4. Mitt. Veränderungen in d. Anorthitstruktur 4785.
Gay (P. J.) s. Hangers Paints Ltd.
Gay (R.) s. Clastre (J.).
— u. Clastre (J.), Beschreib. eines Retigraphen (App., welcher d. direkte Photographie d. reziproken Gitters eines Kristalls gestattet) 5256.
Gay (R.) u. Reynaud (R.), Natürl. Orientier. d. Calcits in einer Chrysotilfaser 4532.
Gay (Y.) s. Cheymol (J.).
Gaydasch (A.) s. Universal Oil Products Co.
Gaydon (A. G.) s. Broida (H. P.).
— u. Fairbairn (A. R.), Druckverbreiter. im Spektr. v. NO u. seine Photodissoziat. 2831.
— u. Wolfhard (H. G.), Flames; their structure, radiation and temperature [28].
Gaydon (M. C.) s. Chaix (P.).
Gayer (K. H.) s. Elkind (A.).
— u. Leider (H.), Löslichk. v. Thoriumhydroxyd in Lsgg. v. Natriumhydroxyd u. Perchlorsäure bei 25° 5739.
Gayler (C. W.) s. American Viscose Corp.
Gaylor (P. J.), Elektrolyt. Regenerier. v. erschöpften Alkalilaugen 1818* E.
Gaylord (N. G.), Hydrogenolyse-Rkk. mit $LiAlH_4$ 5989.
— u. Becker (E. I.), Rk. zwischen Grignard-Verbb. u. cycl. Oxyden 3113.
— u. Benzinger (J. R.), Dioxolanone. 1. Mitt. Synth. v. Äthern v. α-Oxysäuren 4825.
— u. Eirich (F. R.), Peroxyd katalysierte Polymerisat. v. Isopropenylacetat 601.
Gaylord (W. M.), Kohle u. Graphit 7516.
Gaylord Container Corp., McManus (A. R.) u. Rother (R. J.), Wss. Überzugsmasse zur Verhinder. d. Eindringens v. fl. Asphalt, Bitumen usw. in Papierbehälter 5932* A.
Gayrand (A.), Prüf. d. Formsande 8714.
Gayther (D. B.), Zerfall eines stark ionisierenden τ-Mesons im Flug 7596. — Klassifikat. u. mittleren Lebensdauern v. θ^0- u. Λ^0-Teilchen 11143.
Gaz de France (Service National), Entfern. v. Phenolen aus Abwässern 2819* F.
— u. Bellet (E.), Abscheid. v. KW-stoffen, Phenolen u. Pyridinbasen aus Carbolölen 2113* F.
—, Guedj (D.) u. Wettstein (R.), Trenn. v. KW-stoffen u. v. phenol. Verbb. aus Ölgemischen 7555* F.
— u. Salvadori (A.), Entphenolieren v. Teerölen 3534* F.
— u. Vdovenko (B.), Elektrolyt. Reinig. v. Gasen 2111* F.
Gazagne (R.), Entschwefeln geschwefelter Fll. 2558* F.
Gaze (R.) s. Cape Asbestos Co. Ltd.
Gazzarrini (A.), Einfl. d. Äthernarkose u. d. Operationsschocks auf d. Tributyrinasespiegel in Leber u. Serum bei unreifen Ratten 1070.
Gazzera (G.) u. Passera (G.), Fisio-patologia della anestesia tiobarbiturica [5366].
Gazzi (V.), Quantitative spektralanalyt. Meth. mittels „Inkrementen" 4891.
Gazzola (B.), Citazin- u. Citazolfarbstoffe im Druck 4461.
Gea (M. G.) s. Brú (L.).
Geach (C. J.) s. Anglo-Iranian Oil Co. Ltd.
Geach (G. A.) s. Bucknell (G. L.).
— u. Summerssmith (D.), Konst. v. Au–Mo-Legierr. mit bes. Berücksichtig. d. Löslichk. v. Mo in Au 4296.
Geake (J. E.), Opt. Eintauchstab für fl. Luft 5855.
Geankoplis (C. J.) s. Vogt (H. J.).
Gearhart (W. M.) s. Eastman Kodak Co.
— u. Ball (F. M.), Zweieinhalb-Celluloseacetatbutyrat 8288.

Gearien (J. E.) s. Blicke (F. F.).
— u. Liska (K. J.), Synthet. Oxytocine. Derivv. d. N-[Naphthyl-(2)]-glycins u. N-[Naphthyl-(2)]-β-alanins 1726.
Geary (R. J.), Entw. organ. Phosphate als system. Insekticide 911.
Geballe (R.) s. Burch (D. S.); Reeves (M. L.).
— u. Reeves (M. L.), Beding. für d. Durchschlag elektronenaufnehmender Gase im homogenen Feld 5243.
Geballe (T. H.) s. Hull (G. W.); Matthias (B. T.).
— u. Hull (G. W.), Seebeck-Effekt bei Ge 2836. — Seebeck-Effekt in Siliciumeinkristallen 6219.
— u. Morin (F. J.), Ionisationsenergien v. Elementen d. Gruppen III u. V in Ge 6688.
Gebauer (H.), Histolog. Veränderr. v. Milz u. Leber v. Albinoratten nach Vitamin-B_{12}- u. Co-Gaben 624. — Narkose v. kleinen Versuchstieren mit Evipan–Na 6072. — Vitamin K als Cariesprophylakticum 8901. — Milz d. Albinoratte bei Vitamin-A-Mangel 9835. — Antirachit. Wrkg. v. F 11620.
Gebauer (K.) s. Blasberg (F.).
Gebauer (R.) s. VEB Chemische Fabrik von Heyden.
Gebauhr (W.) s. Geilmann (W.).
Gebbie (H. A.) u. Kiely (D. G.), DK. u. d. dielektr. Verlust v. amorphem Se bei einer Wellenlänge v. 3 cm 4278.
Gebert (E.) s. Katzin (L. I.).
Gebert (F.) s. Terres (E.).
Gebert (W. H.) s. Schering Corp.
Gebhard (R. R.) u. Karrer (P.), Methioninol 9071.
Gebhardt (E.), Unterss. im Dreistoffsyst. Al–Fe–Zn 1222.
— u. Obrowski (W.), Aufbau d. Syst. Cu–Pb–O 11181.
Gebhardt (W.) s. Scherer (E.).
Gebhart (A. I.) s. Colgate-Palmolive-Peet Co.
Gebhart jr. (H. J.) u. Adams (K. H.), Kinetik u. Mechanismus d. Pinakolinumlager. 1. Mitt. Durch Perchlorsäure katalysierte Umlager. v. Benzpinakon u. Tetraphenyläthylenoxyd in essigsaurer Lsg. 780.
Gebler (K.) s. Börngen (S.).
Gebura (J.) s. Bartoš (J.).
Gécs (M.) s. Faragó (P. S.).
Gedda (E.), Normalwerte für Hämoglobin v. Göteborgs Volksschulkindern nach d. gravimetr. Meth. 621.
Geddes (I. C.), Überblick über Lokalanästhetica 3909.
Geddes (W. F.) s. Gordon (Arthur L.); Koch (R. B.).
Gedeon (J.), Saponine u. Sapogenine d. Mackaybohne (Entada scandens Benth) 6565.
— u. Mayer (M.), Verteil. d. Oleanolsäureglykosids u. d. Bitterstoffs in d. Ringelblume („Calendula of." L.) 4641.
Gedeon (T.), Therm. Differentialanalyse d. Bauxits aus Nézsa (Ungarn) mit d. App. nach Habicht 2856. — Veränder. d. Kristallwassergeh. v. Bauxit 5500. — Violetter Bauxit 6938.
Gedewanischwili (L. D.) s. Tschikowani (G. J.).
Gedigk (P.) u. Strauß (G.), Histochemie d. Hämosiderins 2919.
Gediz (M. A. H.), Progesteron als Schwangerschaftsdiagnosticum 9122.
Gee (E. A.) u. Huff (W. J.), Stufenweiser Aufschluß 7766.
Gee (G.), Stern (Jan) u. Treloar (L. R. G.), Volumänder. beim Dehnen v. vulkanisiertem Naturkautschuk 7458.
Gee (K. H.) s. Osborn (E. F.).
Gee (L. L.) s. Jacobs (R. L.).
Gee (W. P.) s. Texaco Development Corp.
Geed, Inc., Schicks (G. C.) u. Klein (E. F.), Fl. Käsezubereit. 4958* A.
Geens (G.) s. Bosch (F. M.).
Geer (E. H.) s. Carlson (R. R.); Nelson (E. B.).
Geer (M. R.) s. Yancey (H. F.).
—, Olds (W. A.) u. Yancey (H. F.), Aufbereit. verschied. Kohlen auf einem Medium bestimmter D. in einer Trommelversuchsanlage 9701.
Geeraert (S. A.) & Matthys Frères, Bleichen v. pflanzl. Textilfasern 254* E.
Geerdes (J. D.), Lewis (B. A.), Montgomery (R.) u. Smith (F.), Chromatograph. Trenn. v. Zuckern mit Hydrocellulose 655.
Geering (E. J.) s. Berniger (F. M.).
Geerts (M. J.) s. Pure Oil Co.
Geese (K. A.) s. Boschann (H.-W.).
Geffcken (W.), Fortleit. d. Wärme in Glas bei hohen Tempp. 904. — s. Jenaer Glaswerk Schott & Gen.
Geffert s. Hiller (E.).
Geffriaud (M.) s. Véran (P.).
Geffroy (E.), Spektralphotometrie in d. analyt. Chemie 5857. — Schädl., anomale Kristallisatt. auf geschützten Metallen 7072.
Geffroy (J.) u. Lenoble (A.), U-Vork. v. Sägmühlen bei Sülzburg/Schwarzwald. Einordn. in d. europäischen U-Lagerstätten 772.
Gegusin (J. J.) u. Owtscharenko (N. N.), Oberflächenzustand v. Metallen bei hohen Tempp. 8566.
Gehant (J.), Korrosion 8936.
Gehatia (M.), Niedr. gerade Konfiguratt. d. Hf II 6446.
Gehauf (B.) s. United States of America, Secretary of War.
Géhéniau (J.), Singuläre Funktt. d. Klein-Gordon-Gleich. unter Berücksichtig. eines äußeren Magnetfelds 3545.
Gehl (H.) s. Kramer (K.).
Gehle (H.) s. Miag Mühlenbau und Industrie G. m. b. H.
Gehlen (H.), Mol.-Gew.-Bestimmungen durch Messung d. F.-Depress. u. d. ideale Verh. bin. Systeme organ. Verbb. 7402.
— u. Elchlepp (H.), N^{β}-Cyansäurehydrazide. 2. Mitt. Umsetz. v. N^{β}-Cyansäurehydraziden mit Hydrazin unter Bldg. v. 4.5-Diamino-1.2.4-triazolen 9093.
Gehlhoff (P. O.) s. Messer (A.) G. m. b. H.
Gehm (H. W.), Behandl. v. Preßplatten-Abwasser zur Rückgewinn. u. Wiederverwend. 10161.
Gehre (K.) s. Kirst (W.).
Gehring (H. T.) s. Sherwin-Williams Co.
Gehring jr. (J. W.) s. Dewey (J. N.).

Gehrke (C. W.), Affsprung (H. E.) u. **Lee (Y. C.),** Direkte Äthylendiamintetraacetat-Titrationsmeth. für Mg u. Ca 8930.

Gehrke (H.) s. Cassella Farbwerke Mainkur Akt.-Ges.

Gehrsitz (L. B.) s. Harris (J. E.).

Geideko (K. I.), Erfahrr. bei d. Anwend. v. Kalk u. Teichschlamm 6113.

Geiduschek (E. P.), Depolarisat. d. Lichtstreuung durch kugelförm. Proteine 1526. — s. Doty (P.).

Geiger (E.), Courtney (G. W.) u. **Geiger (L. E.),** Physiol. Verwertbark. in Zein u. in dessen saurem u. enzymat. Hydrolysat. vorhandenen essentiellen Aminosäuren 2939.

Geiger (G. F.), Wärmebeständ. Gußlegierr. in d. USA. Eigg. u. Anwendd. 4684.

Geiger (H.) u. **Finkelstein (B. A.),** Largactil in d. Behandl. d. Tuberkulose 6559.

Geiger (K. W.) u. **Rose (D. C.),** Multiplizität d. Neutronenerzeug. durch spontane Spalt. d. U 7603. — Neutronenmultiplizität aus d. spontanen Spalt. v. U 10189.

Geiger (L. E.) s. Geiger (E.).

Geiger (M.) s. Ciba Akt.-Ges.

—, **Usteri (E.)** u. **Gränacher (C.),** Verh. einfacher aliphat. Ketone bei d. vollständ. Chlorier. 10962.

Geigy (J. R.) Akt.-Ges., 1.10-Phenanthrolin 692* E. — Kupferbarer Polyazofarbstoff 695* Schwz. — Darst. v. Aminoalkyläthern v. Alkoholen d. aliphat. u. cycloaliphat. Reihe 874* Schwz. — Thiosemicarbazone heterocycl. Aldehyde 876* Schwz. — 3.5-Dioxopyrazolidinderivv. 877* E. — Aliphat. komplexbildende Diamino-N.N′-tetraessigsäuren 960* Schwz. — Quatern. Ammoniumverbb. v. Bis-(aminoalkoxy)-alkanen 1096* Schwz., 6804* Schwz. — Tetrasubstituierte Diaminoalkane 1096* E., 10570* Schwz. — 1.10-Bis-(γ-dimethylaminopropyloxy)-decan 1096* Schwz. — Derivv. d. Iminodibenzyls 1098* Schwz. — Bekämpf. v. Schädlingen, bes. v. Milben 1131* Oe. — o-Oxy-o′-carboxyazofarbstoff 1147* Schwz. — Opt. Aufhellungsmittel 1172* Schwz., 3282* E., 11123* Schwz. — Quatern. Ammoniumverb. 1173* Schwz., 5898* E., 6134* Schwz., 6393* Schwz. — Brauner, Cr-halt. Farbstoff 1382* Schwz. — N-(2-Dimethylaminopropyl)-di-o-tolylamin 1795* Schwz. — (Dodecanoyl-N′-äthylaminoäthyl)-(phenylcarbamylmethyl)-dimethylammoniumchlorid 1801* Schwz. — Heterocycl. Carbaminsäurederivv. 1843* Oe. — Cu-halt. Diazofarbstoffe 1846* Schwz. — 1-(γ-Dimethylaminopropyloxy)-4-(γ-dimethylaminopropylmercapto)-benzol-bis-jodmethylat 2025* Schwz. — Schädlingsbekämpfungsmittel 2057* Schwz., 2058* Schwz., 2988* Schwz. — Phosphorsäureester 2058* Schwz., 4455* E., 4919* Schwz., 7535* Schwz., 9653* Schwz. — Substituierte 4-Oxycumarine 2058* Schwz. — Diaminoverbb. 2726* D. B. — Monoäther eines araliphat. Glykols 2758* Schwz. — 1.2-Diphenyl-3.5-dioxo-4-(β-methylmercaptoäthyl)-pyrazolidin 2959* Schwz. — Thiophosphorsäure-[2-oxo-3-methyl-2.5-dihydrofuryl-(4)]-diäthylester 4198* Schwz. — Lactam einer α-(o-Aminoaryloxy)-fettsäure 4219* Schwz. — Kupferbare Polyazofarbstoffe 4220* Schwz. — Reservieren v. Polyamidfasern 4941* E. — Cr-halt. Azofarbstoffe 5187* Schwz. — Aufhellungsmittel für tier. oder pflanzl. Fasern 5214* Schwz. — Farbstoffe f. d. Ag-Farbbleichverf. 5227* Schwz. — Fluorescierende Mono-1.2.3-triazole 5692* E. — 1.10-Bis-(β-dimethylaminoäthoxy)-decan 5850* Schwz. — Filtrieren v. Fll. 5866* Schwz. — Schwefelfarbstoffe 5907* Schwz. — Fluorescierende Monotriazolverb. 5936* Schwz. — Fluorescierende Benztriazolverb. 6654* Schwz. — 4-Oxy-3-aminophenyl-1-chlormethylsulfon 7089* Schwz. — Chromierbare Monoazofarbstoffe 7089* Schwz. — Piperidylalkylketone 7498* Schwz. — Cr-halt. Azofarbstoff 7791* Schwz. — Chromierbare Monoazofarbstoffe 7791* Schwz. — 1.10-Bis-(β-diäthylaminoäthoxy)-decan 7976* Schwz. — Acetylencarbinole 8013* Schwz. — Heterocycl. Carbaminsäurederivv. 8014* Schwz. — Polyazofarbstoffe 8038* Schwz., 8504* Schwz. — Ditert. Diamine 8211* Schwz. — o-Oxy-o′-carboxyazofarbstoff 8504* Schwz. — Aufhellungsmittel 8765* Schwz., 9226* Schwz. — Diazofarbstoff 8974* Schwz. — 1.2-Bis-(2′-triäthylammoniumäthylmercapto)-äthandijodid 9145* Schwz. — 1.2-Diphenyl-3.5-dioxo-4-äthoxyäthylpyrazolidin 9146* Schwz. — Rodenticide Schmelzprodd. 9176* Schwz. — Sulfonsäurearylester v. Polyaryläthylenen 9197* E. — Diquart. Diammoniumsalze 9390* Schwz. — 3.5-Dioxopyrazolidine 9393* Schwz. — 1.10-Bis-(β-pyrrolidinoäthoxy)-decan 9393* Schwz. — Bis-aminoalkoxyalkan 9393* Schwz. — 1.1-Di-(p-chlorphenyl)-2-methoxyäthanol 9425* Schwz. — Halogenhalt. 2.2′-Dioxydiphenylmethanderivv. 9862* E. — o.o′-Dioxyazofarbstoffe 10143* Schwz. — Azofarbstoff 10385* Schwz. — Tetrasubstituierte Diaminoalkane 10570* Schwz. — Herst. v. N-(β-Pyrrolidinoäthyl)-di-o-tolylamin, *Kp.*$_{0,2}$ *154—156°* 10570* Schwz.

Geigy (J. R.) Akt.-Ges. u. **Bossard (W.),** Symm. kupferbare Disazofarbstoffe 2307* D. B.

—, **Bossard (W.)** u. **Bitterlin (O.),** Kupferbare Polyazofarbstoffe 5906* D. B.

—, **Bossard (W.)** u. **Keller (E.),** Kupferbare Polyazofarbstoffe 1382* D. B.

—, **Bossard (W.)** u. **Reding (M.),** Kupferbare Disazofarbstoffe 2306* D. B.

—, **Girod (E.)** u. **Häfliger (F.),** Diammoniumverbb. 9388* A.

— u. **Gysin (H.),** Dihydroresorcincarbaminsäureester 2057* A.

—, **Gysin (H.)** u. **Hagenbach (R. E.),** Quatern. Ammoniumverbb. 411* A.

—, **Gysin (H.)** u. **Margot (A.),** Phosphorsäureester bzw. Thiophosphorsäureester 5636* D. B.

—, **Gysin (H.), Margot (A.)** u. **Simon (Charles),** Pyronderivv. 8712* A.

— u. **Häfliger (F.),** Neue in 4-Stell. substituierte 1.2-Diaryl-3.5-dioxopyrazolidine 5602* D. B., A. — In 4-Stell. substituierte 3.5-Dioxopyrazolidine 5851* D. B.

—, **Häfliger (F.)** u. **Denss (R.),** Bas. Ester v. 1-Arylcyclopenten-(3)-1-carbonsäuren 2958* A.

—, **Häfliger (F.)** u. **Schindler (W.),** N-Acylderivv. v. Iminodibenzyl 8212* A.

— u. **Häusermann (H.),** Opt. Aufhellungsmittel 4968* D. B. — Unsymm. substituierte 4.4′-Diaminostilben-2.2′-disulfonsäuren 5215* D. B.

—, **Hindermann (P.)** u. **Jung (J. P.),** Monoazofarbstoffe 1381* D. B.

Geigy (J. R.) Akt.-Ges. u. Keller (E.), Cu-halt. Disazofarbstoffe 7560* D. B.
—, Krebser (A.), Bossard (W.) u. Kuster (W.), Monoazofarbstoff 1382* D. B.
— u. Kuster (W.), Metallisierbare Monoazofarbstoffe 3257* A. — Chromierbare Monoazofarbstoffe 7089* D. B.
—, Kuster (W.) u. Schetty (G.), Chromierte Monoazofarbstoffe 7090* D. B.
—, Martin (Henry) u. Häfliger (F.), Bas. Ester bzw. Amide v. 1-Arylcycloalkan-1-carbonsäuren 7978* D. B.
— u. Pugin (A.), Halogenierte Phthalocyanindisulfonsäuren 3977* A.
— u. Pulver (R.), Herst. v. Polyschwefelsäureestern v. Polygalakturonsäuremethylestern 10574* D. B.
— u. Schetty (G.), Chromierbare Monoazofarbstoffe 3257* A. — Chromhalt. Monoazofarbstoffe 5660* D. B. — Diazofarbstoffe 10144* D. B.
—, Schindler (W.) u. Häfliger (F.), Derivv. d. 3-(4′-Oxyphenyl)-3-(4″-oxy-3″-aminomethylphenyl)-oxindols 8214* D. B.
—, Stoll (Willy) u. Morel (C. J.), Bas. Stilbenderivv. 2730* A.
Geigy (J. R.) Soc. An., Rodenticide Mittel 1131* F. — Phosphorsäureester 3948* F. — Derivv. d. 1.2.4-Triazins 11292* F., 11293* F.
Geigy Co. Ltd., Balaban (I. E.) u. Wilde (B. E.), Substituierte Barbitur- u. Thiobarbitursäuren 2728* E.
—, Jones (Harry) u. Aiken (J. K.), Weichmachungsmittel 702* A.
Geil (G. W.) u. Carwile (N. L.), Einfl. v. Zugspannungen bei niedr. Tempp. auf d. Zwillingskristallbldg. in Weicheisen 9272.
Geilenkirchen (W. L. M.), Wrkg. v. Lithiumchlorid auf d. Eier v. Limnaea stagnalis bei verschied. O_2-Drucken 9601.
Geilikman (B. T.), Theorie d. Supraleitfähigk. 285.
Geiling (E. M. K.) s. A c h o r (L. B.); O k i t a (G. T.); U y e k i (E. M.).
Geiling (L.), Neues galvan. Verf. 2290.
Geill (T.) s. D a m (H.); L u n d (E r l i n g).
—, Lund (Erling), Dam (H.) u. Søndergaard (E.), Wirksamk. kleiner Dosen v. Vitamin K als Antidot für Antikoagulantien v. Typ d. Dicumarol 3423.
Geilmann (W.), Beim Zerkleinern v. Gläsern zur Analyse auftretende Fehler u. ihre Vermeid. 2512. — Durch „Schmelzfarbe" verzierter eisenzeitl. Scherben 3298.
— u. Brückbauer (T.), Alte Gläser. 2. Mitt. Mangangeh. alter Gläser 10906.
— u. Gänssle (A.), Silicataufschluß nach W. Pukall 9417. — Verhinder. v. Alkaliverlusten beim Aufschluß v. Gläsern 10116.
— u. Gebauhr (W.), Aufklär. vor- u. frühgeschichtl. Dekorationstechniken. 2. Mitt. Inkrustatt. jungsteinzeitl. Gefäße 9485.
— u. Neeb (R.), Abtrenn. geringer Zn-Mengen durch Verdampf. im H_2-Strom 3447. — Best. d. Zn-Geh. in Böden 6602.
Geils (R. H.) s. S t r e s e n - R e u t e r (F. A.), I n c.
Geiman (J. J.) u. Lewtowa (F. A.), Rolle d. Gewebestoffwechsels im Mechanismus d. Chemorecept. 6326.
Geimberg (W. G.) s. M i c h l i n (S. J.).
Geisbüsch (P.), Hochdruckbehandl. mit Asgoviscum forte 868.
Geisel (H.) s. S e u l e n (G.).
Geiseler (G.), Calorimetr. Messungen v. Benetzungswärmen organ. Fll., bes. aliphat. Alkohole, an Silicagel 1704. — Nitrier. gesätt. KW-stoffe mit NO_2 in fl. Phase 8350.
Geiser (N.) s. R u h r c h e m i e A k t. - G e s.
Geisler (A. H.), Kristallographie v. Phasenumwandlungen 4532. — Unechte Bereiche in Polfiguren 8797. — s. B a r r e t t (C. S.); C o m p. F r a n ç a i s e T h o m s o n - H o u s t o n; N e w k i r k (J. B.).
Geisler (H. F.) u. Hellwege (K. H.), Spektr. u. Leuchtprozeß v. kristallinem Terbiumbromat 279.
Geisler (W.), Abwasserfrage 6822.
Geiso (R. C. De), Rieman III (W.) u. Lindenbaum (S.), Analyse v. Halogenidgemischen durch Ionenaustauschchromatographie 11431.
Geiss (E.) s. K o c h (J.).
Geiß (W.), Filterschichten für d. Kellerwirtschaft 9465. — s. S e i t z - W e r k e G. m. b. H.
Geissberger (W.), Ca-Resorpt. u. Retent. beim Menschen nach intravenöser, oraler u. rectaler Ca-Verabreich. mit Bilanzen unter Anwend. v. radioakt. Ca 862.
Geissman (T. A.), Dimethoxyresorcin 4698* A. — „Visnagin" aus „Chellol" 6808* A.
—, Deuel (P.), Bonde (E. K.) u. Addicott (F. A.), Xanthinin: Eine d. Pflanzenwachstum regulierende Verb. aus Xanthium pennsylvanicum. 1. Mitt. 3635.
— u. Jurd (L.), Anthochlorfarbstoffe. 9. Mitt. Struktur d. Auronpigmentes d. Cosmos sulfureus-Sorten „Orange flare" u. „Yellow flare" 6290.
—, Wilson (B. D.) u. Medz (R. B.), Basenstärken d. cis- u. trans-1.2-Aminoalkohole 6942.
Geist (D.) s. B l a n k (K.).
Geist (G.), Gelatinekapseln als Anwendungsform v. Arzneimitteln 7972.
Geister (C. H.) s. D u P o n t d e N e m o u r s (E. I.) & C o.
Geistlich (E.) Söhne Akt.-Ges. für chemische Industrie, 2-(N^4-Phthalylsulfanilamido)-thiazol 1098* Schwz. — 2-(p-Phthalimidobenzolsulfonamido)-thiazol 6806* Schwz.
Geistlich (P.) s. S a u c y (G.); Z ü r c h e r (A.).
Geita (L. S.) s. W a n a g (G. J.).
Geith (K.) s. J a r e t z k y (R.).
Geks (F. J.) s. B i s t e r (F.).
Gelardo (R. P.) s. F u l t o n (R. A.).
Gelbstein (A. I.) u. Temkin (M. I.), Gleichgewicht d. Gas- u. fl. Phasen im System P_2O_5–H_2O 1909.
Geld (P. W.) s. S s e r e b r e n n i k o w (N. N.).
Geleji (A.) u. Schey (J.), Cu-Raffinat. im Drehtrommelofen 11084.
Gelernter (J. G.) s. L o e w e (S.).
Gelewitz (E. W.) u. Thomas (Henry C.), Adsorptionsunterss. an Tonmineralien. 3. Mitt. Torsionspendeladsorptionswaage 1914.
Gelfand (M. L.), Little (A. S.) u. Hoffman (K. F.), Behandl. d. subakuten nichteitr. Thyreoiditis mit Cortison 11610.
Gelfant (S.) s. C h u r c h i l l (D. W.).
Gelin (R.) s. C o l o n g e (J.).
Gell (W. H.) s. D i s t i l l e r s C o. L t d.
Gell-Mann (M.) s. F e r e n t z (M.).
—, Goldberger (M. L.) u. Thirring (W. E.), Verwend. d. Kausalitätsbedingungen in d. Quantentheorie 8539.
— u. Low (F. E.), Quantenelektrodynamik bei kleinen Entfernungen 8539.
— u. Telegdi (V. L.), Folgerr. d. Ladungsunabhängigk. für Kern-Rkk. mit Photonen 2124.

Gellatley (J. G.), Bekämpf. d. Kohlweißlings 443.
Gellay (V. P.) s. L a i n (A. E.).
Gellendien (W.), Moderne, hochwirksame u. faserschonende Textilhilfsmittel 9224. — s. D e u t s c h e s H y d r i e r w e r k R o d l e b e n V E B.
Geller (A. A.) s. T a l a j e w a (G. W.).
Geller (B. A.) s. B r o d s k i (A. I.).
Geller (D. M.) s. H a g e r (L. P.).
Geller (G. M.) s. S t e n b e r g (A. I.).
Geller (H. F.) s. E g e r (W.).
Geller (H. O.) = O d e n h e i m e r G e l l e r (H.).
Geller (I. A.), Kopfdüng. d. Zuckerrüben mit Azotobacterin 5442. — Wurzelausscheidd. d. Pflanzen 11606.
— u. **Jusspe (F. B.),** Einfl. v. Mineraldüngern auf d. mikrobiol. Prozesse d. Bodens 4677.
Geller (J.) s. R ü t g e r s w e r k e A k t. - G e s.
Geller (J. A.), Umwandll. beim Anlassen v. Schnelldrehstahl 5260.
Geller (K.), Halpern (J.) [Philadelphia] u. **Yergin (P. F.),** Winkelverteill. d. Photoneutronen 4270.
Geller (S.), Struktur v. Dimethylamin–Bortrifluorid 10469. — s. M a t t h i a s (B. T.).
—, **Hughes (R. E.)** u. **Hoard (J. L.),** Kristallstruktur v. Trimethylamin–Borin, $(CH_3)_3N$–BH_3 779.
—, **Matthias (B. T.)** u. **Goldstein (R.),** Neue intermetall. Verbb. mit d. „β-Wolfram"-Struktur 7162.
— u. **Milberg (M. E.),** Struktur v. Dimethylamin–Bortrifluorid 779.
— u. **Salmon (O. N.),** Kristallstrukturen d. Methylcyanid–Bortrihalogenide 779.
— u. **Wood (E. A.),** Kristallstruktur v. RhSi 5496.
Gellerstedt (N.) s. N o r d f e l d t (S.).
Gellert (H.-G.) s. Z i e g l e r (K.).
Gellert (S. A.) s. P e t r a k i s (N. L.).
Gelles (E.) s. P i t z e r (K. S.).
— u. **Pitzer (K. S.),** Magnet. Katalyse d. Decarboxylier. u. a. Rkk. 10699.
Gellespie (J. S.) s. L u t z (R. E.).
Gellhorn (A.) s. H y m a n (G. A.).
Gellin (G. A.) s. G l a s s (G. B. J.).
Gellings (P. J.), Ionenhydratationszahlen 7848.
Gellman (H.) s. M c M a n u s (H.).
Gellman (I.) s. H e u k e l e k i a n (H.).
— u. **Heukelekian (H.),** Biochem. Oxydat. durch direkte Methoden. 3. Mitt. Oxydat. u. Reinig. industrieller Abwässer durch Belebtschlamm 3459.
Gelly (H.) s. O f f i c e N a t i o n a l d'É t u d e s e t d e R e c h e r c h e s A é r o n a u t i q u e s (O. N. E. R. A.).
Gelman (B. L.), Klin. Bedeut. d. Anwend. v. Insulin bei d. Unters. d. Magensekret. 9833.
Geloso (M.) u. **Deschamps (P.),** Einführ. in d. Unters. d. unlösl. bas. Salze. 1. Mitt. Allg. über d. Definit. u. Unters. bas. Salze. Best. d. Basizitätsindex eines unlösl. Salzes 3927.
Gelperin (N. I.), Einfl. d. Aggregatzustandes d. Ausgangsgemische auf d. Arbeit kontinuierl. wirkender Rektifikationsapparate 11063.
— u. **Chatzenko (M. S.),** Unters. d. Rektifikationsvorgangs bin. Gemische im vertikalen Rotationsapp. 3924.
— u. **Nowikowa (K. J.),** Trenn. azeotroper bin. Gemische nach d. Meth. d. Stufenrektifikat. bei zwei verschied. Drucken 4527.
Gelsenberg Benzin Akt.-Ges. u. **Hofmann (Paul)** Entfernen v. Mercaptanen aus Bzn. durch Laugenwäsche 9005* D. B.
Gelsenkirchener Bergwerks-Akt.-Ges., Brikettieren v. Mischungen aus Brennstoffen u. Erzen 4205* Ind. — s. E i s e n w e r k e G e l s e n k i r c h e n A k t. - G e s.
— u. **Schlumberger (H.),** Kunststoffe aus zu fluxenden Steinkohlenteerpechen 10899* D. B.
—, **Schlumberger (H.)** u. **Holtmann (W.),** Kunststoffe aus zu fluxenden Steinkohlenteerpechen 3502* D. B.
—, **Schlumberger (H.), Kessler (Julius)** u. **Holtmann (W.),** Bituminöse MM. 3538* D. B.
Gelston (T.) s. S t e v e n s (F. A.).
Gély (J.), Elektr. Feuchtigkeitsmess. im Boden u. Bewässerungskontrolle 8478.
Gemant (A.), Ionenaustauscherharze in KW-stoffen 4738. — Red. v. Oxydationsionen in KW-stoffen 6948.
Gemassmer (A.) s. C h e m i s c h e V e r w e r t u n g s g e s e l l s c h a f t O b e r h a u s e n m. b. H.; F a r b e n f a b r i k e n B a y e r A k t. - G e s.
Gemmel (C.) s. I n t e r n a t i o n a l Y t o n g - S t a b a l i t e C o. L t d.
Gemmell (J.), D. C. M. X., ein chloriertes Xylenol mit vielseit. Verwend. 8443.
Gemzell (C. A.) u. **Franksson (C.),** Wrkg. v. ACTH auf d. Blutspiegel d. 17-Oxycorticosteroide u. zirkulierende Eosinophile d. Menschen 11027.
— u. **Sjöstrand (T.),** Einfl. v. Hypophysektomie, ACTH- u. Wachstumshormon auf d. Gesamthämoglobin u. d. Blutvol. bei männl. Ratten 4863.
Genas (M.) s. S o c. O r g a n i c o.
Genaud u. **Gros (C.),** Absorpt. v. CO_2 durch d. Haut 5117.
Genaux (C. T.), Kern (F.) u. **Walters (W. D.),** Therm. Zers. v. Cyclobutan 7411.
— u. **Walters (W. D.),** Therm. Zers. v. Cyclobutan 1243.
Gendenstein (E. I.) s. O n i t z e w (P. I.).
Genderen (H. van) s. T o l l e n a a r (F. D.).
Gendre (T.) u. **Lederer (E.),** Anwesenh. v. α, ε-Diaminopimelinsäure in verschied. Stämmen v. Mycobakterien. 10. Mitt. 615.
Genelly (R. E.) s. R u d d (R. L.).
General Aniline & Film Corp., Halogenierte Dibenzanthrone, Isodibenzanthrone u. Dibenzanthronyle 222* E. — Orthoameisensäureester 687* E. — Diazotypieschicht 2348* E. — Maskenbilder in Mehrschichtmaterial für Mehrfarbenentw. 2348* Schwz. — Farbstoffpulver 3015* E., 6148* Schwz. — Mischpolymerisate 3018* E. — Aminoacoylacetonitrile 3490* F. — Diazotypieschichten 3784* F.— Erhöh. d. Weißgeh. v. Photopapier 4024* E. — Kondensationsprodd. 4464* E. — Wasserunlösl. Küpenfarbstoffpulver 4465* E. — Bedrucken v. Textilien mit Schwefelsäureestern v. Küpenfarbstoffen 5427* E. — Polyaminodibenzanthrone u. -isodibenzanthrone 5430* E. — Lichtempfindl. Schicht v. Diazotyp mit Magnesiumsalzen 6672* N. — Phthalocyaninpigmente 8040* E. — Desaminierte Polyazofarbstoffe 9201* E. — Aminobenzyläther 10863* E.
— u. **Anish (A. W.),** Cyaninfarbstoffe 11319* Can.
—, **Anspon (H. D.)** u. **Pschorr (F. E.),** Polymerisat. v. α-Chloracrylaten 7097* A. —

Blockpolymerisat. v. α-Chloracrylsäureestern 9208* A.
General Aniline & Film Corp. u. **Armento (W. H.)**, Dis- oder Polyazofarbstoffe 9677* D. B.
— u. **Bates (J. E.)**, Entfern. v. Flecken bei Azinfarbstoffbildern 1427* F.
— u. **Beller (H.)**, Polymerisieren v. N-Vinyllactamen 3264* A. — Metallpulverteilchen 6382* A. — Fe-Pulver mit verbesserten magnet. Eigg. 8488* A.
— u. **Brouillard (R. E.)**, Metallhalt. Phthalocyanine 223* D. B. — Metallphthalocyanine 5664* D. B.
—, **Buc (S. R.)** u. **Randall (D. I.)**, Nitrobenzyläther 5906* D. B., A. — Aminobenzyläther 9197* D. B.
—, **Burnette (L. W.)** u. **Cross (J. M.)**, Polyglykoläther v. Alkylphenolsulfiden 717* A.
—, **Chiddix (M. E.)** u. **Williams (M. R.)**, Halogenierte o.o'-Dioxydiphenylmethanalkyläther 7067* A.
— u. **Cofrancesco (A. J.)**, Cyanurchlorid 9448* A.
— u. **Coles (R. F.)**, 6-Halogen-8-oxycinchoninsäuren 4014* A. — 7-Brom-5-chlorisatin 4701* A.
— u. **Copeland (R. A.)**, Farbstoffe für photograph. Filter- u. Lichthofschutzschichten 1423* F.
— u. **Copenhaver (J. W.)**, Cycl. Äther 7322* A. — Malonaldehyd-Bisulfit-Verbb. 11094* A.
—, **Copes (J. P.)**, **Fuller (D. L.)** u. **McKinley (C.)**, N-Phenylpyrrol 3970* A.
—, **Copes (J. P.)** u. **McKinley (C.)**, 1.4-Butandiol aus Tetrahydrofuran 8730* A.
—, **Craig (L. E.)** u. **Larrabee (C. E.)**, 1-Phenylbutadien-(1.3) 3490* A.
—, **Craig (L. E.)** u. **Ressa (I. J.)**, Cyclooctatrien 1607* A.
— u. **Craig (W. C.)**, Diffusionsfeste Farbbildner für Gelb 2585* D. B. — Farbbildner für Gelb 4014* A. — Farbstoffbildner für Blaubilder 4016* D. B., F.
— u. **Derbyshire (H. G.)**, Azathiazoloncyaninfarbstoffe 4983* A. — Substituierte Thioharnstoffe 6899* E.
— u. **Drautz (W. G.)**, Schwarze Hektographentinten 267* F.
— u. **Duerr (H. H.)**, Gewinn. v. Farbenauszügen aus Dreifarbennegativen 4262* A.
—, **Duerr (H. H.)**, **Morreall jr. (H. W.)** u. **Harsh (H. C.)**, Maskenherst. in Dreifarbenfilmen 4262* A.
— u. **Fahnoe (F.)**, Propargylaldehyddimethylacetal 1371* A.
— u. **Fairweather (H. G. C.)**, Acetale 7781* E.
—, **Fox (A. L.)**, **Sanders (H. L.)** u. **Olsen (R. T.)**, Polyarylbiguanidin-Formaldehyd-Harze 1625* E.
— u. **Freyermuth (H. B.)**, Spritlösl. metallhalt. Azofarbstoffe 3257* A.
— u. **Friedman (J. S.)**, Katalysatoren für Ag-Farbstoff-Bleichbäder 1427* A.
—, **Glahn (W. H. v.)** u. **Stanley (L. N.)**, Azokomponenten für Zwischenkopien 1192* A. — Azokomponenten für d. Diazotypie 4022* E. — Diazokomponenten für Zwischenkopien 4022* A.
— u. **Glickman (S. A.)**, Ester d. N-m-Chlorphenylformimidsäure 4457* A. — Ätheralkohole 7780* A.
—, **Grimmel (H. W.)**, **Richter (L.)** u. **Morgan (J. F.)**, Monoazofarbstoff 7325* Can.
General Aniline & Film Corp. u. **Gross (S. T.)**, Kristallstrukturanalyse mittels Elektronenbeugungsgerätes 5145* A.
— u. **Grosser (Frederick)**, Partiell hydrolysierte Maleinsäureanhydrid-Vinylisobutyläther-Mischpolymerisate 9684* A.
— u. **Gunther (R. C.)**, Verbesserte Farbentw. 4015* A.
— u. **Harriman (B. R.)**, Photograph. Film 3055* F.
— u. **Harsh (H. C.)**, Verbesser. d. Haltbark. v. Schwarz-Weiß-Bildern 2588* A. — Blauschwarzentw. 4504* A.
—, **Harsh (H. C.)** u. **Friedman (J. S.)**, Mehrfarbenbilder mit Masken 9239* A.
— u. **Heimbach (N.)**, Filterschichten für farbenphotograph. Mehrschichtmaterial 4014* D. B. — Oxy-aza-indolizinreste enthaltende Azoverbb. 9239* D. B.
—, **Heimbach (N.)** u. **Kelly jr. (Walter)**, Stabilisatoren für Halogensilber-Emulss. 730* D. B.
— u. **Hensley (L. C.)**, Merocyaninsensibilisatoren 6439* A. — 2.2'-Dimethyl-4.4'-bithiazolyl 7359* A. — Vierkern. Cyaninsensibilisatoren 10180* A.
— u. **Herrick jr. (C. E.)**, Kontrastverbesser. beim Reflexkopieren auf Diazotypieschichten 6672* A.
— u. **Hesse (S. H.)**, Acetopyridine 1376* A.
— u. **Hoch (P. E.)**, Herstell. v. 2.2'-Dioxy-4.4'-dialkoxybenzophenonen 11139* A.
—, **Hoch (P. E.)**, **Pedlow jr. (G. W.)** u. **Sundberg (R. L.)**, Verätherte Oxybenzoesäuren 10140* A.
—, **Hoefle (M. L.)** u. **Wynn (R. W.)**, Opt. Bleichmittel 3036* A.
— u. **Horsky (N. G.)**, Kennzeichn. v. Kinofilmen 4020* A.
— u. **Jones (G. D.)**, Oxyalkylamide d. Acrylsäurereihe 6849* Can.
—, **Jones (G. D.)** u. **Barnes (C. E.)**, Reinig. v. monomeren Vinylsulfonsäuren, α-Alkylvinylsulfonsäuren, α-Halogenvinylsulfonsäuren 8028* A.
— u. **Kaszuba (F. J.)**, Phenoxyalkylamine als Beschleuniger für photograph. Entwickler 4015* F.
— u. **Landow (B. E.)**, Photograph. Filme, welche eine gesteigerte Empfindlichk. gegenüber dem Hersoleffekt aufweisen 497* F.
— u. **Marnon (D. E.)**, Dispergierbare Farbstoffpräpp. 6139* A.
— u. **Marschall (F.)**, Nitrophenylendiamine 7085* A.
—, **Max (F.)** u. **Randall (D. I.)**, Anthrachinoncarbazolthioxanthone 7093* D. B.
—, **Max (F.)** u. **Schmidt-Nickels (W.)**, α-Polyaminobenzothiophenanthrachinone u. deren Acylderivv. 3014* A.
—, **Maxey (W. J.)** u. **Sanders (H. L.)**, Nichtkorrodierende Lösch-Fl. 660* A.
— u. **Mueller (F. W. H.)**, Antistat. Film 3055* A. — Lumazine u. Alloxazine als Katalysatoren für farbenphotograph. Bleichbäder 4015* F.
— u. **Nawiasky (P.)**, Küpenfarbstoffe 7561* A.
—, **Nawiasky (P.)** u. **Genta (G. R.)**, Halogenieren v. Dibenzanthronen u. Dibenzanthronylen 5907* F.
—, **Nawiasky (P.)**, **Schenck (L. M.)** u. **Stevenson (I. G.)**, Reinigen v. 1-Oxyaryl-2-carbonsäureamiden 731* D. B.
— u. **Neumann (F. W.)**, Azokomponenten für d. Diazotypie 4264* E.

General Aniline & Film Corp. u. Ney jr. (W. O.), α.β-Dichlorpropionsäureester 9443* A.
— u. Orkin (B. A.), Härtemittel für Halogensilber-Gelatine-Emulss. 7130* A.
— u. Randall (D. I.), Benzanthronküpenfarbstoffe 4707* A. — Jodanthanthronverbb. 4943* D. B. — Methyl- u. Chlormethylverbb. v. Pyrazolanthron-Benzanthronen 7094* D. B. — Farbstoffe 7792* A.
—, Randall (D. I.) u. Martin (T. A.), Chlormethylierte Küpenfarbstoffe 6400* A.
—, Randall (D. I.) u. Renfrew (E. E.), Chlormethylierte Arylaminoanthrachinone 697* A. — Wasserlösl. α-Arylaminoanthrachinon-Derivv. 3494* A. — Anthrachinonfarbstoffe 7092* D. B. — Kondensationsprodd. v. chlormethylierten Arylaminoanthrachinonen u. Phenolen 7793* A.
—, Randall (D. I.) u. Smith (C. M.), Lösl. Isothiuroniumsalze halogenmethylierter Thioindigoverbb. 5635* A.
—, Randall (D. I.) u. Solonen (N. W.), Bedrukken v. Textilien mit Estersalzen v. Leukoküpenfarbstoffen 4941* A.
— u. Richter (L.), Azofarbstoffe für Cellulosefasern 10143* A.
—, Rottschaefer (B. W.) u. Plue (A. F.), Opt. Bleichmittel 11308* A.
—, Rottschaefer (B. W.) u. Simon (Harold), Reinig. v. Cyanurchlorid 3008* A.
— u. Sanders (H. L.), Oberflächenakt., quatern. Dehydroabietinylammoniumverbb. 5683* A.
— u. Sargent (D. E.), Selektive Entw. v. Mehrschichtmaterial 3781* A.
—, Saunders (D. R.), Anspon (H. D.) u. Ney jr. (W. O.), α-Halogenacrylsäureester, -amide, -nitrile 8030* D. B., A.
— u. Schenck (L. M.), 5-Aminoisophthaloylacetonitril 2347* A.
— u. Schildknecht (C. E.), Polyvinylpyrrolidongel 3746* A.
— u. Siggia (S.), 1.2.4-Butantriol 7550* A.
— u. Slifkin (S. C.), Maßbeständ. Diazotypiefilm 4022* A. — Kupplungskomponenten für d. Diazotypie 4022* A. — Diazokomponenten für d. Diazotypie 4023* A. — Diazotypie 4023* F.
—, Solonen (N. W.) u. Randall (D. I.), Küpenfarbstoffe 697* A.
— u. Sprung (J. A.), Diffusionsfeste Farbstoffe für d. Ag-Farbstoffbleichverf. 1426* D. B. — Farbkorrektur bei photograph. Mehrfarbenbildern 2347* F. — Halogensilberemuls. für Mehrfarbenbilder 4015* F. — Photograph. Ausbleichmaterial 6668* Can. — Hochempfindl. Material für d. Ag-Farbbleichverf. 10903* A. — Lichthofschutz- u. Filterfarbstoffe 11139* A.
—, Sprung (J. A.) u. Schmidt (W. A.), Azinfarbstoffbilder 4016* D. B. — Bis-β-arylsulfonhydrazide 7131* A.
— u. Starke jr. (A. C.), Vitamin A 1330* A.
— u. Stevens (P. G.), Pyridoxin 7734* A.
— u. Streck (C.), Färben v. Polyamidfasern u. Acetatseide mit Eisfarben 460* D. B. — Druck- u. Färbeverff. mit Azofarbstoffen 1380* E.
—, Sulich jr. (J.) u. Frederick (J. E.), Diazotypiematerial 2120* A., E.
—, Sundberg (R. L.), Albus (C. P.) u. Cross (J. M.), Inhibitor 453* A.
— u. Thompson (T. R.), Infrarotsensibilisatoren 730* A.
General Aniline & Film Corp., Thompson (T. R.) u. Popeck (S. P.), Thiazoliniumverbb. 1842* A.
— u. Tulagin (V.), Oxybenzimidazole. 2-Methyl-o-oxybenzimidazol 221* A.
—, Tulagin (V.) u. Coles (F.), Direkte Herst. v. Phenazoniumfarbstoff-Bildern 4014* A.
— u. Wiesehahn (G. A.), Thiazole u. Selenazole 7359* E.
—, Wilkinson (J. M.) u. Barker (J. P.), Mischpolymerisate 3982* A.
—, Wilkinson (J. M.) u. Miller (E. S.), Herst. v. Vinylaryläthern 11098* A.
—, Williams (W. W.) u. Freyermuth (H. B.), Im UV-Licht fluorescierende Diaminostilbendisulfon- u. -dicarbonsäuren 2105* A. — 4-Methyl-7-[di-(β-oxäthyl)-amino]-cumarin 4734* A.
—, Williams (W. W.), Libby (W. H.) u. Freyermuth (H. B.), Opt. Bleichmittel 8291* A
—, Williams (W. W.) u. Strobel (A. F.), Dibenzylderivv. v. oxyalkylsubstituierten aliphat. Diaminen 2306* A. — N.N''-Dibenzyl-N.N'.N''-trialkyldialkylentriamine 5660* F. — N.N''-Dibenzyl-N.N'.N''-trialkyldialkylentriamine 6140* A.
—, Williams (W. W.), Wallace (William E.) u. Freyermuth (H. B.), Opt. Bleichmittel 3275* A.
— u. Witte (M.), 4.4'-Bis-(acylamido)-stilbensulfonsäuren bzw. -carbonsäuren 960* A. — Nitrier. v. Alkoxyanilinen 3004* A.
—, Wynn (R. W.) u. Hoch (P. E.), Herst. v. 2.2'.4.4'-Tetraoxybenzophenon 10626* A.
— u. Zappert (R. H.), Regenerier. v. verbrauchten photograph. Silber-Bleich-Lsgg. 4983* D. B.
— u. Zoss (A. O.), Kautschukähnl. Polymerisate 3986* A.
General Carbon Co. u. Vishwakarma (M. P.), Metall. Schulschreibtafeln 6615* Ind.
General Dry Batteries, Inc. u. MacFarland (A. M.), Herst. v. galvan. Elementen mit plattenförmigen Elektroden 9875* A.
— u. Rock (A. F.), Prim. Batterie aus ineinandergesteckten Flachzellen 7054* A.
General Dyestuff Corp. u. Luttringhaus (H.), Färben v. tier. Fasern mit Küpenfarbstoffen 8037* A.
—, Luttringhaus (H.) u. Arcus (A. A.), Färben v. Fasern aus Polyäthylenterephthalat 3972* A.
General Electric Co., Röntgenröhre 3221* E., 8703* E. — Überzüge aus Siliconkautschuk 5433* Schwz. — Durchsicht. Leuchtschirm für Kathodenstrahlröhren 7054* E. — Flußmittel zum Löten 7310* E. — Cadmiumselenid 8705* E. — Lötstab zum Löten v. Al, Be, Ta u. deren Legierr. 9899* E. — s. British Thomson-Houston Co. Ltd.; Comp. Française Thomson-Houston; Edison Swan Electric Co. Ltd.
— u. Adams (R. L.), Verbundkörper aus Cu u. W oder dgl. 2531* A.
— u. Agens (M. C.), Schmieröl 7588* A.
— u. Alelio (G. F. D'), Entfern. v. Kationen aus fl. Medien 180* D. B. — Polymere Sulfonierungsprodd. 1854* D. B.
— u. Bolton (M. J.), Legier. für Lote 11680* A.
— u. Cass (W. E.), Kunstharz für Preßmassen u. Überzüge 7796* A.
—, Cusano (D. A.) u. Studer (F. J.), Leuchtschirm für Kathodenstrahlröhren 3222* A. — Leuchtschirme 6590* A.

General Electric Co. u. Darlaston (A. J. H.), Leuchtschirm für Kathodenstrahlröhren 6821* A.
—, Doyle (C. D.) u. Nelson jr. (H. C.), Alkyd-Polysiloxan-Mischharze 4711* A.
—, Foley (R. T.) u. Omley (H. A.), Verschmelzen v. Glas mit Metall 8003* A.
—, Frisch (K. C.) u. Lyons (H.), Triorganosilylphenylenphosphorverbb. 7785* A.
—, Frisch (K. C.) u. Young (R. B.), Organ. Si-Verbb. 691* A.
— u. Froelich (H. C.), Leuchtschicht für Gasentladungsröhren u. Kathodenstrahlröhren 7751* A.
— u. Hager (J. A.), Oxydkathode 10345* D. B.
— u. Hall (C. I.), Wärmeempfindl. Widerstandselement 2977* A.
— u. Harrington (R. H.), Verbundkörper aus Cu u. W oder dgl. 2531* A.
— u. Irby (W.), CuO-Gleichrichter 898* D. B.
— u. Jones (S.), Fluorescierendes Überzugsmittel 8744* A., 8976* A.
—, Kennedy (D. W.) u. Weigand (F. G.), Wasserdichtmachen v. Beton 9648* A.
— u. Kern (E. A.), Vinyltetrahydronaphthaline 457* A.
—, Loritsch (J. A.) u. Berdick (M.), Thixotrope Gemische 2545* A.
— u. Lucas (G. R.), Katalyt. Härt. v. Polysiloxanharzen 1154* A.
— u. McKeag (A. H.), Leuchtstoff für Gasentladungsleuchtröhren oder Kathodenstrahlröhren 10108* A.
— u. McLean (S.), Reflexionsmindernder Überzug auf Hartglasgegenständen 8003* A.
— u. Martin (R. W.), Trimethylolphenole, deren Salze u. Derivv. 1373* A. — Bis-(oxyphenyl)-methan 4936* A. — Methylpolysiloxan-Borsäure-Verbb. 7747* A.
— u. Marvin (H. B.), Strahlungsdosimeter 11651* A.
—, Mathes (K. N.) u. Rasmussen (T. J.), Isoliermaterial 3220* A.
— u. Nolte (H. J.), Metallisieren keram. Gegenstände 6367* A. — Metallisierte keram. Körper 7295* A.
—, Nordlander (B. W.) u. Loritsch (J. A.), Polymerisierbare thixotrope Gemische für Überzüge u. als Füllmittel 9203* A.
— u. Pfeifer (C. W.), Verarbeit. v. Regeneraten aus Organopolysiloxan-Kautschuk 9924* A. — Siliconkautschuk mit verbesserter Hysterese 10872* A.
— u. Prener (J. S.), As_2O_3-aktivierter ZnS-Leuchtstoff 7795* A.
— u. Quinn (F. R.), Widerstandskörper 7518* A.
—, Ruscetta (R. A.) u. Jenny (A. L.), Elektrolyt. Ätzen v. Ta 9900* D. B.
— u. Sauer (R. O.), Lineare Polysiloxane 5701* A.
— u. Savage (Richard M.), Vulkanisierbares elast. Polysiloxan 9209* A.
—, Schwartz (D. L.) u. Perry (G. A.), Gesinterte poröse Carbidwerkzeuge 11679* A.
— u. Smith-Johannsen (R.), Überzüge aus Siliconkautschuk 4223* D. B.
— u. Studders (R. J.), Gesinterter Alnico-Magnet 10855* A.
— u. Walters (T. R.), Asbestpapier 8938* A.
—, Welsh (C. E.) u. Holdstock (N. G.), Organopolysiloxanharze 1153* A.
—, Wilcock (D. F.) u. Sprung (M. M.), Schmieröl 3772* A.
General Electric Co. u. Wolfe (J. K.), Fluorchlor-KW-stoffe 2069* A.
— u. Wormuth (W. J.), Siloxankautschuk 11699* A.
— u. Wright (D. A.), Glühkathode für Gasentladungsleuchtröhren 10830* A.
—, Young (G. W.) u. Hain (J. L.), Erzeugen einer flexiblen Oxydschicht auf Al 8960* A.
General Electric Co. Ltd., Herst. v. Si-Kristallen für Kristallgleichrichter 3223* Dän. — Leuchtschirme für Kathodenstrahlröhren 7054* E. — Leuchtschicht für Gasentladungsleuchtröhren u. Kathodenstrahlröhren 10108* E. — Halbleitendes Material für Kristallgleichrichter 10597* Dän. — Leuchtschirme für Kathodenstrahlröhren 11440* E.
—, Bell (James) u. Wright (D. A.), Gasentladungsleuchtröhre 11651* E.
—, Busby (T. S.), Manners (M.) u. Partridge (J. H.), Feuerfestes Erzeugnis 7061* A.
—, Busby (T. S.) u. Partridge (J. H.), Feuerfeste Stoffe 7061* A.
—, Dauncey (L. A.) u. Still (J. E.), Kristallisat. 1811* E.
—, Dovey (D. M.), Chirnside (R. C.) u. Rooksby (H. P.), γ-Eisen(3)-oxyd 10114* A.
—, Gooding (P. E.) u. McKeag (A. H.), Luminescierender Stoff 6361* F.
— u. Jackson (K.), Sinterlegier. aus einem oder mehreren Metallen mit hohem F. u. mindestens einem reaktionsfäh. u./oder flücht. Metall sowie mit gegebenenfalls noch einem geringen Geh. an einem hitzebeständ. Metalloxyd 8721* E. — Sinterlegier. aus mindestens zwei Metallen 8721* E.
—, Jones (D. J.) u. Leach (A.), Sehr dichte Legierr. u. ihre Herst. 10617* E.
— u. McKeag (A. H.), Künstl. Leuchtmasse 4945* F.
—, McKeag (A. H.) u. Ranby (P. W.), Kristalline luminescierende M. 3497* Schwed.
—, Miles (E. E.) u. Souter (L. S.), Leuchtstofflampen 3456* E.
— u. Pitkin (W. R.), Herst. einer vorwiegend aus W u./oder Mo u. zum geringeren Teil aus Ni bestehenden Sinterlegier. mit gegebenenfalls noch einem geringen Cu-Geh. 6613* E.
— u. Sanderson (R. W. W.), Galvan. Trockenelement 1115* E.
— u. Tombs (N. C.), Dielektrikum 7288* E. — Keram. Dielektrika 9641* E.
General Foods Corp., Stabilisieren v. Aromen 243* E. — Gelatine 9219* E.
—, Finucane (T. P.) u. Mitchell (W. A.), Stabilisieren v. Hühnereiweiß 3757* A.
—, Rusoff (I. I.) u. Common (J. L.), Stabilisieren v. Citrusöl u. dieses enthaltenden Zubereitungen 11301* A.
General Mills, Inc. u. Aelony (D.), Öllösl. Lackharz 4710* A.
—, Christianson (G.) u. Ramstad (P. E.), Hydrophile Kolloide 7996* A.
— u. Eilar (K. R.), Oberflächenakt. Mittel 5929* A. — Cycl. Imide d. Citronensäure 8524* A. — Herst. v. Mono-N-Fettsäurecitramiden 11117* A.
— u. Floyd (D. E.), Festmachen fl. Lösungsmm., Herst. v. Schmierfetten 7588* A. — Disproportionieren v. Harzsäuren u. Fettsäuren 11685* Can.
— u. Harrison (S. A.), Copolymere aus Styrol mit Fettalkoholacrylaten 1855* A.
— u. Moe (O. A.), Äther d. Pflanzengummen 6631* A.

General Mills, Inc., Moe (O. A.) u. **Warner (D. T.)**, Aldehyde 2299* Can. — β-Phenyl-γ-nitroaldehyde 9197* A.
— u. **Renfrew (M. M.)**, Phenolharzmischester 8975* A.
—, **Renfrew (M. M.)** u. **Warner (D. T.)**, Aliphat. Amine 10624* A.
—, **Roach (John R.)** u. **Nordgren (R.)**, Allyldextrine 7802* A.
—, **Roach (John R.)** u. **Wittcoff (H.)**, Halogenierte Oxyäther 3962* A. — Ungesätt. Äther mehrwert. Alkohole 10859* A.
—, **Warner (D. T.)** u. **Moe (O. A.)**, Cyantricarboxylatverbb. 7083* Can.
— u. **Wheeler (D. H.)**, Lackharze 4948* A.
— u. **Wittcoff (H.)**, Äther polymerisierter Epichlorhydrine 3497* A.
—, **Wittcoff (H.)** u. **Renfrew (M. M.)**, Stabilisier. v. Polyamiden 8981* A.
General Motors Corp., Poröses metall. Filtermaterial 6098* E. — Zn-Legierr. 8259* F.
—, **Callaway (S. R.)** u. **Webbere (F. J.)**, Ni-Legierr. 9183* E.
—, **Canter (R.)** u. **Geyer (H. D.)**, Überzugs-M. für Eisbehälter u. Eisroste 3263* D. B.
— u. **Engelhart (W. A.)**, Für Kupolofen oder andere Schmelzprozesse geeigneter Brennstoff 10662* A.
—, **Hindall (A. L.)** u. **Carson (W. D.)**, Platten für Bleiakkumulatoren 5622* A.
— u. **Koehring (R. P.)**, Imprägnier. v. por. Fe-Gegenständen mit Cu oder einer Cu-Legier. ohne Beschädig. infolge Auflösung v. Fe im Imprägniermittel 9435* A.
— u. **Luther jr. (W. A.)**, Aus mit einer Nichteisenmetallegier. überzogenen Eisenteilchen hergestellter Sintergegenstand, bes. Eisen- oder Stahlschrot 5890* A.
—, **McShurley (M. D.)** u. **Mahoney (D. G.)**, Akkumulatorengitter aus Blechen aus Pb 2505* D. B.
— u. **Pearsall (H. W.)**, Mittel zum Entfernen v. festhaftenden Ablagerr. aus Verbrennungskraftmaschinen 3770* A.
—, **Prance (S. R.)** u. **Reindl (H. J.)**, Schutzüberzug für Kühlschrankeinsätze aus Al 10374* A.
—, **Prance (S. R.)** u. **Waag (H. O.)**, Durchsicht. Überzugsmittel für Gegenstände aus Methylmethacrylharz 8744* A.
—, **Reynolds (W. B.)**, **Kraus (G.)** u. **Conciatori (A.)**, Verbinden v. Kautschuk mit Metall 9214* A.
—, **Schwyn (R. E.)** u. **Mitchel (R. H.)**, Stahllegier. für Temperaturausgleich in magnet. Meßgeräten 6380* A. — Kompensationselement für magnet. u. ähnl. Meßinstrumente 11461* E.
—, **Shipe (P. J.)** u. **Stosuy (A.)**, Gesinterte Gegenstände aus Fe mit hoher Festigk. u. D. 10855* E.
—, **Smith (R. W.)** u. **Schwartzwalder (K.)**, Keram. Widerstandskörper 7286* A.
— u. **Thomson (R. F.)**, Aus Sintereisen hergestellte poröse Lagerteile 11090* E.
— u. **Webbere (F. J.)**, Vorlegier. für d. Herst. v. verschleißfestem Gußeisen 11087* A. — Verschleißfestes Gußeisen für Zylinderlaufbuchsen 11677* A., E.
General Refractories Co. u. **Heuer (R. P.)**, Stabilisieren v. Chromerz 5627* A.
General Tire & Rubber Co., Klebstoff 1890* E. — Acylarylolefine 2075* E. — Härten v. Polymeren 5916* E. — Plastifizierte Vinyl- oder Vinylidenhalogenidmasse 6407* E.
General Tire & Rubber Co. u. **Baker (L.)**, Vulkanisieren v. „Butyl"-Kautschuk 9213* A.
— u. **Greene (C. E.)**, Plast. M. 703* A.
—, **Grotenhuis (T. A. Te)** u. **Swart (G. H.)**, Elast. Thioplaste 1393* A.
—, **Schaffel (G. S.)** u. **Swart (G. H.)**, Plast. MM. aus Polyvinylhalogeniden 228* A. — Plastifizierte polare Harze 8274* F.
— u. **Swart (G. H.)**, Vulkanisierverf. 9687* A.
—, **Swart (G. H.)** u. **Grotenhuis (T. A. Te)**, Mischpolymerisate 2316* A.
—, **Weinstock (K. V.)** u. **Schaffel (G. S.)**, Diolefin–Keton-Mischpolymerisate 3500* A.
— u. **Wunderly (H. L.)**, Blähmittel für Schwammkautschukherst. 9924* A.
Generaldirektion Kraftverkehr und Straßenwesen u. **Walther (H.)**, Herst. v. Straßenbaubindemitteln 10421* D. [DDR].
Genevès (L.), Wrkgg. d. Einfrierens auf d. Intercellulärräume in d. Wurzel v. Cichorium intybus L. (Varietät Endivie) 9364.
Genevois (L.), Synth. d. Carotinoide aus Isopren 2002.
Genfors (B.), Änderr. d. schwed. Arzneibuchs 1793, 4881. — Spektrophotometr. Best. v. Vitamin A 3199.
Gengou (O.), Hämolyse durch Alexine beim Meerschweinchen 3891.
Gengoux (P.) u. **Millard (H.)**, Best. d. cardioton. Wertes v. Digalène 5123.
Gengrinowitsch (A. I.), Jodzahl d. Fette 10649. — s. U m a n s k i (S. M.).
— u. **Judowitsch (E. A.)**, Best. d. Jodzahl v. Fetten in wss. Medium 2252.
Gengrinowitsch (B. I.), Calor. u. therm. Eigg. d. Naturkautschuks in geordnetem u. ungeordnetem Zustand 9106.
Génin (G.), H_2O_2 in d. Textilbleiche 484. — Verwert. d. Nebenprodd. d. Milchindustrie 5203. — Vom Hexachlorcyclohexan zum Lindan 7300. — Herst. v. Acetylen nach d. Wulff-Verf. 7311. — Verwend. v. Anstrichen bei d. Feuerbekämpfung 8743. — Einfl. v. Disperss. d. Caseins u. anderer Proteine auf d. Frostbeständigk. v. Latexemulsionen 11103.
Génin (J.) s. P h i l b e r t (G.).
Génin (P.) & Cie., Überziehen v. Glasfasern mit plast. Massen 10415* F.
Genkel (P. A.), Stärkeprobe als ein Verf. zur Diagnose d. Dürrefestigk. d. Pflanzen 134.
Genkin (A. D.), Verwitter. v. Quarz in sulfid. Erzen 9982.
Genkin (A. M.), Bldg. komplexer Verbb. zwischen Glykogenen u. Globulinen d. Leber in vitro 6325.
Genkin (E. I.), Rk. v. N. A. Preobrashenski u. W. W. Schokina 1942.
Genkin (N. M.) u. **Priporowa (G. P.)**, Unters. d. transversalen thermomagnet. Effektes 7847.
Genkina (L. S.) s. A g a s s j a n (P. K.).
Genkins (G.), **Uhr (J. W.)** u. **Bryer (M. S.)**, Bacitracinnephropathie 3908.
Gennep (W. V. van) s. V. G. (L o n d o n) L t d.
Genot (C. H.) s. C h a b r i e r (P.).
Gensel (H.) s. F a r b e n f a b r i k e n B a y e r A k t. - G e s.
Gensler (W. J.), **Samour (C. M.)** u. **Wang (S. Y.)**, Synth. eines dl-Stereoisomeren d. Podophyllinsäure 1059.

Gent (A. N.), Kristallisat. u. Spannungsrelaxat. in gestreckten Naturkautschukvulkanisaten 6042.
Gent (E. V.), Gedrückte u. gezogene Zinkteile haben viele Anwendd. 9177.
Gent (L. L.), Miller (C. P.) u. **Pomatti (R. C.)**, Spektrograph. Analysen v. Erdölprodd. u. verwandten Materialien 9941.
—, Pomatti (R. C.) u. **Levin (H.)**, Best. v. Furfurol in Öl bei Raffinerieverf. mittels Ultraviolettspektrophotometrie 3287.
Gent (W. L. G.), Dielektr. Eigg. wss. Lsgg. v. Aminosäuren, Polypeptiden u. Proteinen. 1. Mitt. Eigg. v. Glycinlsgg. bei *300* MHz 5984.
Genta (G. R.) s. General Aniline & Film Corp.
Genth (H.) s. Brockmann (H.).
Gentil (V.) s. Feigl (F.).
Gentile (F.) s. Witkus (E. R.).
Gentile (P. S.) s. Watt (G. W.).
Gentilini (L.) u. **Missier (G.)**, Al u. seine Legierr. in d. Önologie 8756.
Gentinetta (G.) s. Lüscher (E.).
Gentle (A. H.) s. British Celanese Ltd.
Gentles (R. P.) s. Cook (J. W.).
Gentner (W.) s. Backenstoss (G.).
— u. Trendelenburg (E. A.), Diffus. v. He in Steinsalzen u. Sylvinen 9280.
Gentsch (E.) s. Schairer.
Gentsch (L.) s. Ehrlich (Paul) [Hannover].
Gentz (L.), Apothekerprüff. v. C. W. Scheele bis *1837* 6673.
Genung (L. B.) s. Malm (C. J.).
Genzel (L.) s. Czerny (M.).
— u. Eckhardt (W.), Spektralunterss. im Gebiet um *1* mm Wellenlänge. 1. Mitt. Konstrukt. d. Spektrometers u. dessen Grundspektren 10676; 2. Mitt. Rotationsspektren v. HCN u. H_2S 10676.
— u. Müser (H.), Lichtelektr. u. opt. Eigg. einer besonderen Art v. PbS-Schichten 517.
Geoffrey (G.), Reibungskörper 5866* F.
Geoffroy (P.) s. Françot (P.).
Georgala (M. B.) u. **Heyns (A. J.)**, Werden neuere Materialien Schwefelkalk ersetzen? 4193.
Georgans (W. P.), Anwend. d. Polarographen in d. Farbenindustrie 2788.
George (D. K.) s. Moore (D. H.).
—, Moore (D. H.), Brian (W. P.) u. **Garman (J. A.)**, Carbaminsäureherbicide. Relative herbicide u. wachstumsverändernde Aktivität verschied. Ester d. N-Phenylcarbaminsäure 196.
George (E. P.) s. Tidman (D. A.).
— u. Jason (A. C.), Durchdringende Höhenstrahlschauer in großer Höhe, auf Seehöhe u. unter d. Erde 4506.
— u. Trent (P. T.), Durchdringende Stöße d. Höhenstrahl. 6442.
George (H. L. O.), Creme für dunkelfarb. Haut 2553* E.
George (J.), Mess. d. Abnahme beim Verhältnis ^{15}N zu ^{14}N als eine Funkt. d. Auspumpzeit für ein Isotopenverhältnis-Massenspektrometer v. Nierschen Typ 4994.
George (J. H. B.) s. Bell (R. P.); Woodward (L. A.).
George (P.), Entw. d. Chemie in England nach d. Papieren, d. v. *1664/1665* bis *1750* in d. Philosophical Transactions veröffentlicht wurden 5706. — Oxydat. v. Eisen(II)-perchlorat mit mol. O_2 6234. — Redox-Rkk. v. Katalasezwischenverbb. u. eine neue „peroxydat.“ Funkt. d. Katalase 9112. — s. Baxendale (J. H.).
George (P.) u. **Hanania (G. I. H.)**, p_H-Änderr. bei d. Bldg. v. Metmyoglobinkomplexen 1292. — Mechanismus d. Metmyoglobinkomplex-Bldg. 1292.
—, Hanania (G. I. H.) u. **Irvine (D. H.)**, Entropien v. Komplexionen in wss. Lsg. 8559.
— u. Irvine (D. H.), Rk. zwischen Metmyoglobin u. Alkylhydroperoxyden 2008. — Elektronenübertragungs-Rkk. zwischen Metallionen, Koordinationskomplexen u. Hämoglobin 3815. — Rk. v. Metmyoglobin mit stark oxydierenden Agentien 4123.
— u. Stratmann (C. J.), Oxydat. v. Myoglobin zu Metmyoglobin durch O_2. 3. Mitt. Kinet. Unterss. in Ggw. v. CO u. bei verschied. [H˙][H˙] unter Berücksichtig. d. Stabilität v. Oxymyoglobin 9350.
George (P. D.), Sommer (L. H.) u. **Whitmore (F. C.)**, Organosiliciumverbb. 46. Mitt. Wiederverteil. v. Tetraäthyl- u. Tetrapropylsilan 9073.
George (P. I.) s. Srinivasan (V.).
George (S. S.), Naegele (C. F.), French (F. S.), Rosenman (R. H.) u. **Friedman (M.)**, Quantitative Unters. d. Digitoxingeh. v. Ödem-Fll. 3193.
George (W.), Keimbldg. u. Wachstum v. Fließ- u. Bruchfehlstellen 1688. — s. McLean (E. A.).
George (W. L.) s. Johnson & Johnson.
Georgiade (N. G.), Stephen (C. R.), McFarland (W.), Nowill (W. K.) u. **Pickrell (K. L.)**, Trichloräthylenanalgesie in d. Zahnheilkunde 9136.
Georgian (V.) u. **Kundu (N.)**, D-Homoumlagerungsprodd. v. Cortison u. Reichsteins Substanz S 7452.
Georgieff (K. K.), Cave (W. T.) u. **Blaikie (K. G.)**, Acetylenpolymere: Darst., physikal. Eigg., Infrarot- u. UV-Spektren 3114.
Georgii (H.-W.), Größenverteil. v. Aerosolen bei Anwend. unterschiedl. Barthel-Küster-Düsen 2972.
Georgijewskaja (L. M.), Rubanowa (J. A.), Bereshnowa-Ssolowjewa (R. A.), Blagossklonnaja (J. W.) u. **Shukow (M. W.)**, Basen-Säure-Verhältnisse im Blutserum bei Lungenemphysen mit verschied. Atmungsinsuffizienzgrad 5349.
Georgijewskaja (T. W.) s. Shuchowitzki (A. A.).
Geraci (J.) s. American Cyanamid Co.
Geraci (J. E.), Martin (W. J.), Nichols (D. R.) u. **Larson (L. W.)**, Intravenöse Anwend. v. Erythromycin-Glucoheptonat 2948.
Gerald (C. F.) s. Eckhouse (J. G.); Universal Oil Products Co.
Gerarde (H. W.) s. Jones (Marion).
Gerardo (H.) s. Toms (M. E.).
Gerassenkowa (A. N.), Russow (M. T.) u. **Strelzow (O. A.)**, Kinetik d. NH_3-Synth. unter Bedingg. ohne Diffusionshemm. 5019. — Einfl. d. Red.-Bedingg. auf d. Aktivität d. glatten Oberfläche d. Fe-Katalysators 7862.
Gerassew (S. W.) s. Rykberg (K. W.).
Gerassimow (M. A.), Einfl. d. Reaktionsprodd. d. Aminosäuren mit Zuckern auf d. Blume d. Weines 7803.

Gerassimow (N. M.), Theorie d. fl. Zustandes 7155.
Gerassimowa (A. W.) s. Dobronrawow (F. N.).
— u. **Dichtjar (P. P.),** Dynamik d. Gehaltes einiger Komponenten d. Weintraube bei ihrer Reif. 11702.
Gerb (L.), „Reduzierte" Wässer, Beitrag zu einer Typologie bayr. Grundwässer 10598.
Gerbeaux (H.), Vgl. d. verschied. Verff. zum Schweißen v. Gußeisen 8955. — Schweißen v. Gußeisen 8955. — Schweißen v. Ölfernleitt. 10851.
Gerber (A.), Raab (A. P.) u. **Sobel (A. E.),** Vitamin A-Vergift. bei Erwachsenen mit Beschreib. eines Falles 1314.
Gerber (C. F.) s. Schieffelin & Co.
Gerber (E.), Gebrauch d. Hull-Zelle zur Prüf. u. Überwach. galvan. Bäder 10614.
Gerber (H.) s. Farbenfabriken Bayer Akt.-Ges.
Gerber (J. E.) s. Quarzhütte Silectra.
Gerber (L. P.) s. Farbenfabriken Bayer Akt.-Ges.
Gerber (M.) s. Krebs & Co. Akt.-Ges.
Gerber (M. I.) u. **Neiman (M. B.),** Entflammungsbedingg. v. Gasgemischen. 23. Mitt. Oxydat. v. Äthan 2386.
Gerber (N.), Manuale per l'analisi del latte e dei latticini [7341].
Gerbgardt (O. G.) u. **Dubinina (N. O.),** Einfl. v. granuliertem Superphosphat auf d. Bodenmikroflora 7762.
Gerchow (J.) u. **Pribilla (O.),** Tödl. Codeinvergift. bei einem zweijähr. Kind 7263. — Fahrläss. Töt. mit Kieselfluorwasserstoffsäure infolge unvorschriftsmäßiger Abgabe u. Aufbewahr. v. Fluat 10803.
Gerding (P. W.) u. **Sperandio (G. J.),** Faktoren, welche d. Auswahl v. Suspensionsvermittlern für pharmazeut. Präpp. beeinflussen 11424.
Gerdsen (W. D.) s. American Cyanamid Co.
Geréb (T.) s. Fazekas (I. G.).
Gerebtzoff (M. A.), Geruchssinn. Struktur d. Geruchsorgans u. Geruchsmechanismus 6065.
Gerecs (Á.), Fehér (Ö.) u. **Fuchs (Oszkár),** Darst. d. 2-Methyl-4-aminopyrimidin-5-aldehyds 10750.
Gerencsér (J.), 99,99%iges (superreines) Al ungar. Herst. 2061.
— u. **Bogárdi (E.),** Erfahrr. bei versuchsweiser Fabrikat. v. Ferrovanadium in Ungarn 917.
Geret (H.), Verh. v. Anstrichen mit verschied. Weißpigmenten an fünf klimat. verschied. Standorten 6404.
Gergely (J.), Gouvea (M. A.) u. **Karibian (D.),** Spalt. v. Myosin durch Chymotrypsin 8886.
Gerger (W. P.), Houseworth (J. H.), Sprague (E.) u. **Cullen (T.),** Auftreten einer Erythrophagocytosis u. einer Thrombocytopathie im Verlaufe eines durch Chinin hervorgerufenen Schönlein-Henoch-Syndromes 5360.
Gerhard (H.), Physiol. Bedeut. d. Aromenstoffe unserer frischen Nahrungsmittel 3188.
Gerhard (W.) s. Alder (K.).
Gerhardt (O.), Rostschutz 9916.
Gerhardt (P. E.), Mit Cortison u. ohne Hautübertrag. behandelte schwere Verbrenn. 6060.
Gerhart (H. L.) s. Pittsburgh Plate Glass Co.
Gerhart (J. B.), ^{14}O-Zerfall u. d. Fermi-Kopplungskonstante beim β-Zerfall 7599. — s. Naumann (R. A.).
Gerhart (K. R.) u. **Popovac (D. O.),** Sulfonier. mit SO_3 9220.
Gerhold (C. G.) s. Universal Oil Products Co.
Gerhold (M.) s. Neochema Chemisch-Pharmazeutische Fabrik Ing. J. Fischl G. m. b. H.
Gericke (S.) u. **Kurmies (B.),** Colorimetr. Best. d. Phosphorsäure mit Vanadat-Molybdat (VM-Meth.) 4172.
Gerin (F. J.), Carbostyrilderivv. 9395* F.
Gering (K.), Unterpulverauftragsschweißung 2289.
Gerischer (H.), Elektrodenpolarisat. bei Überlager. v. Wechselstrom u. Gleichstrom. 1. Mitt. Theorie 4765.
Gerjovich (H. J.) s. Chemical Foundation, Inc.
Gerjuoy (E.) s. Saxon (D. S.).
— u. **Saxon (D. S.),** Anwend. v. Variationsmethoden auf d. Streuung bei mittleren u. hohen Energien 6677.
Gerke (O.), Hochleistungsapp. zur C-Best. 8931.
Gerke (R. H.), Umwandlungstempp. zweiter Ordn. bei Butadienmischpolymerisaten 2445. — s. United States Rubber Co.
Gerken (J. M.) s. Nippes (E. F.).
Gerlach (A.) s. Röhm & Haas G. m. b. H.
Gerlach (Johannes) u. **Knacke (O.),** Kinetik d. Sinter. 2290.
Gerlach (Juliette) s. Favarger (P.).
Gerlach (K.), Mischindicator für komplexometr. Titratt. 6348.
Gerlich (H.) s. Badische Anilin- & Soda-Fabrik Akt.-Ges.
Gerlich (N.) s. Remy (R.).
Germagnoli (E.) s. Gatti (E.).
Germain (É. R.) s. Schaffner (D. M.).
Germain (J. E.), Katalyse. Beziehh. zwischen d. wahren Aktivierungsenergie u. d. empir. Aktivierungsenergie bei d. Chemisorpt. u. d. heterogenen Katalyse 5018. — s. Aigrain (P.).
— u. **Gault (F.),** Katalyt. Hydrogenolyse d. Isocamphans 5759.
Germain (L. M.) s. Shawinigan Chemicals Ltd.
German (A.) s. Vialard-Goudou (A.).
German (W. L.), Eigg. v. im Schnelldurchsatz in einigen Arten v. Tunnelöfen gebrannten Tonwaren 5393.
Germaney (R. W.), Bodenverbesserungsmittel 914* F.
Germann (E.) s. Badische Anilin- & Soda-Fabrik Akt.-Ges.
Germann (F. E. E.), Lee (G. L.), Brown (F. T.) u. **Guthrie (L. M.),** Herst. v. Platten aus Borsäureglas zur Verwend. bei Luminescenzunterss. 4656.
Germann (W.), Vitamin B_{12}, intrinsic factor, Folsäure u. Folinsäure sowie ihre Bedeut. für megaloblast. Anämien 10308.
Germano (A.), Fazan (R.) u. **Lossius (I.),** Best. d. γ-Isomeren v. Hexachlorcyclohexan durch Chromatographie an Aktivkohle 3931.
— u. **Séchaud (G.),** Additive Chlorier. v. Fluorbenzol 2179.
Germanogli (E.) s. Bracci (A.).
Germanow (A. I.), Mögl. Beteilig. v. Grundwässern bei d. hydrothermalen Erzbldg. 2152.

Germans (W.) s. Schirmer (R.).
Germer (W. D.), Präp. für d. antibiot. Therapie auf pflanzl. Grundlage 2477.
Gerneck (R.) s. „Doresa" Akt.-Ges.
Gernert (G.), Knochen als Rohstoff 11113.
Gernez-Rieux (C.) s. Tacquet (A.).
Gernow (A.) u. **Rørbye (E.)**, Poröse Isolierplatten 6368* Schwed.
Gero (A.), Voraussage v. Rkk. eines Resonanzhybriden aus „minderheitlichen" Grenzstrukturen 54. — Regelmäßigkeiten in d. Basizität tert. Äthylendiamine, Trimethylendiamine u. 2-Oxytrimethylendiamine 4791. — Ster. Betrachtt. zur chem. Konst. u. physiol. Aktivität v. Methadon u. verwandten Verbb. 10315. — Trenn. opt. Isomerer. Epinephrin 11052* A.
Gero (J. B.) s. Chipman (J.).
Gerok (W.), Quantitative papierchromatographische Best. d. Aminosäuren 9869.
Gerold (C.) s. Oliveto (E. P.); Schering Corp.
Gerona (S.), Krebs 10285.
Gerotto (D.) s. Centazzo (A.).
Gerowitsch (M. A.), Adsorpt. aromat. KW-stoffe mit kondensierten Ringen an d. Grenze Quecksilber-Lsg. 3341.
Gerrard (W.) s. Cade (J. A.); Frazer (M. J.).
—, **Green (W. J.)** u. **Nutkins (R. A.)**, Entalkylier. u. Hydrolyse v. Alkylphosphiten, -phosphaten u. -phosphonaten 6263.
—, **Green (W. J.)** u. **Phillips (R. J.)**, P enthaltende Derivv. d. 2.2.2-Trichloräthanols 6955.
— u. **Howe (B. K.)**, Verh. v. 1.1.1.3.3.3-Hexachlorpropanol-(2) gegen anorgan. Nichtmetallhalogenide 9774.
— u. **Jeacocke (G. J.)**, Beziehh. d. Rkk. v. Dialkylbromphosphaten zu d. Rkk. d. Phosphorbromids mit Alkoholen u. mit Trialkylphosphaten 6259.
—, **Machell (G.)** u. **Tolcher (P.)**, Neue Beobachtt. über d. Darst. u. Eigg. v. Alkylsulfiten u. Alkylchlorsulfinaten 6260.
— u. **Tolcher (P.)**, Darst. v. Neopentylchlorid 1018.
Gerres (C.) s. Farbenfabriken Bayer Akt.-Ges.
Gerretsen (F. C.), Pflanzen, Mikroben u. organ. Stoffe 4191.
— u. **Haagsma (N.)**, Vork. antifungieller Substanzen in Brassica rapa, Brassica oleracea u. Beta vulgaris 9361.
Gerrin (F. J.), Carbostyrilderivv. 5852* F.
Gerritsen (A. N.) s. Korringa (J.).
Gerritsen (D. J.), Salzgewinnungsverf. bei d. Königl. Niederländ. Salzindustrie 11477.
Gerritsma (K. W.), Quantitative Best. d. niederen Fettsäuren in Fäces mit Hilfe d. Verteilungschromatographie 2499.
— u. **Frederiks (J. C.)**, Best. v. F in anorgan. Phosphaten 424.
Gersch (H. A.) s. Berlin (T. H.).
Gerschanowitsch (W. N.) s. Etingof (R. N.).
Gerschenowitsch (S. S.) u. **Kritschewskaja (A. A.)**, Ammoniak u. Glutamin d. Gehirns bei erhöhtem O_2-Druck 3903.
Gerschman (R.), **Nye (S. W.)**, **Gilbert (D. L.)**, **Dwyer (P.)** u. **Fenn (W. O.)**, Unterss. über Sauerstoffvergift.: schützende Wrkg. v. β-Mercaptoäthylamin 9838.
Gersdorff (W. A.) s. Carter (R. H.); Mitlin (N.).
Gershenfeld (D. B.) u. **Savel (L. E.)**, Schmerzbekämpf. nach Episiotomie mit Efocain 9382.
Gershenfeld (L.), Petrolatumgaze 4160.
—, **Harrisson (J. W. E.)** u. **Greene (A. E.)**, Wrkg. v. Phenergan auf Tetanussporeninfekt. 5121.
Gershfeld (N. L.) s. Strauss (U. P.).
Gershon (H.), **Shapira (J.)**, **Meek (J. S.)** u. **Dittmer (K.)**, Synth. u. mikrobiol. Eigg. v. Acetylenaminosäuren. Propargylglycin u. 2-Amino-3-methylpentin-(4)-säure 334.
Gershon (S.) u. **Trautner (E. M.)**, Behandl. depressiver Psychose mit Na-Succinat 4157.
Gerstein (M.) s. Gibbons (L. C.); Jackson (Joseph L.).
—, **Carlson (E. R.)** u. **Hill (F. U.)**, Naturgas-Luft-Exploss. bei vermindertem Druck. Detonationsgeschwindigkeiten u. Drucke 11437.
Gerstein (N. A.) s. Schosstakowski (M. F.).
Gersten (J. W.), Änderr. im W.-Geh. v. Muskel u. Sehne nach Verabreich. v. Ultraschallenergie 7959.
Gerster (J. A.) s. Baumgarten (P. K.).
Gerstmann (W.), Oberflächenanästhesie in d. Zahnheilkunde, bes. d. Adhaecains 6331. — Klin. Erfahrr. mit Lidocaton 6331.
Gerstner (F.), Rückgewinn. d. Cu aus d. Spinnabwässern d. Cu-Seide u. -Zellwolle mittels Ionenaustauschern 487. — s. VEB Farbenfabrik Wolfen.
Gerstner (H.), Glycerinaustauschstoffe für Druckerei u. Färberei 649* D. B. — Glycerinersatzprod. für d. Färberei u. Druckerei 927* D. B.
Gerthsen (C.) s. Bechert (K.).
Gertler (S. I.) s. McCabe (E. T.).
Gertler (W.), Frage d. Spätschäden bei d. langdauernden Vitamin-D-Behandl. d. Hauttuberkulose 10554.
Gertner (A.) s. Iveković (H.).
— u. **Iveković (H.)**, Best. d. gesamten organ. C in wss. Lsgg. 7511.
Gertsman (S. L.), Wärmebehandl. v. Stahl 1829.
— u. **Murton (A. E.)**, Metalldurchdring. 6376.
Gervais (C.) Soc. An. = Soc. An. C. Gervais.
Gervais (H.) s. Legrand (C.).
Gervais (P.) s. Marchal (G.).
Gervay (V.) u. **Kelemen (Györgyné)**, Best. d. Borsäure u. Salicylsäure in Arzneigemischen 10568.
Gerven (L. van) s. Itterbeek (A. van).
— u. **Heremans (F.)**, Metingen over de supergeleidbaarheid van dunne columbiumlaagjes, loodlaagjes en tinlaagjes [5250].
Gerzon (K.) s. Flynn (E. H.).
Geschickter (C. F.) s. Thomas (R. O.).
— u. **Rice (L. M.)**, Neues Theophyllinsalz 8215* A.
Geschwind (S.), **Gunther-Mohr (G. R.)** u. **Townes (C. H.)**, Best. v. Atommassen durch Mikrowellenspektroskopie 10675.
Geschwind (Z.) u. **Jurkiewicz (J.)**, F in d. Wässern d. Bezirks Danzig 11538.
Gesell (W.), Verss. mit Strahlmitteln 8021.
Gesellschaft für Agricultur und Technik m. b. H., Nachw. unverseifbarer Anteile in Ölen u. Fetten 9694* D. B.
Gesellschaft für Chemische Industrie in Basel, Färben v. Cellulosefasern mit direkten

Baumwollfarbstoffen 220* D. — vgl. auch Ciba Akt.-Ges.

Gesellschaft für Chemische Industrie in Basel u. **Anderau (W.)**, Polyazofarbstoffe 10386* D.

—, **Felix (F.)** u. **Zürcher (W. F.)**, Wasserunlösl. Monoazofarbstoffe 3494* D.

— u. **Kaiser (O.)**, Trisazofarbstoffe 1147* D.

—, **Sallmann (R.)** u. **Albrecht (O.)** [Münchenstein], Wasserlösl., asymm. Kondensationsprodd. 11290* D.

—, **Straub (F.)**, **Brassel (J.)** u. **Pieth (P.)**, Disazofarbstoffe 2079* D.

—, **Straub (F.)** u. **Hanhert (W.)**, Trisazofarbstoffe 5662* D.

—, **Straub (F.)** u. **Widmer (W.)**, o-Oxyazofarbstoffe 7325* D.

—, **Widmer (G.)**, **Kraus (W.)** u. **Hochuli (E.)**, Alkyd–Aminotriazinaldehyd-Mischharze 705* D.

Gesellschaft für Elektrometallurgie m. b. H. s. Deutsche Edelstahlwerke Akt.-Ges.

— u. **Fey (R.)**, Chromoxydhalt. feuerfester Stoff 11449* D. B.

Gesellschaft für Holzimprägnierung und Holzverwertung m. b. H. u. **Prokopp (S.)**, Holzimprägniermittel 1408* Oe.

Gesellschaft für Hüttenwerksanlagen m. b. H. u. **Malzacher (H.)**, Stahl 8258* F.

Gesellschaft für Kohlentechnik m. b. H., **Klempt (W.)** u. **Umbach (H.)**, Entfern. v. H_2S aus rohen Destillationsgasen 1417* D. B.

Gesellschaft für Linde's Eismaschinen Akt.-Ges., Reinigen v. Rohacetylen 4694* Schwz. — Schneidpulver als Zusatz zum O-Strahl beim Schneiden v. hochlegierten Stählen, Gußeisen 11679* Oe.

— u. **Becker (R.)**, Treibgase 3533* D. B.

— u. **Kahle (H.)**, Reinig. bzw. Zerleg. v. Gasgemischen 1346* A.

— u. **Lurgi Gesellschaft für Wärmetechnik m. b. H.**, Trocknen u. Reinigen v. Natur- u. aus Crack- u. Hydrierungsanlagen abziehenden Gasen 2741* F. — Reinigen v. Synth.- u. Heizgasen 8534* F.

— u. **Perlick (A.)**, Pumpen verflüssigter Gase 2974* D. B. — Katalyt. Umsetz. u. gegebenenfalls Mess. v. in Gasgemischen in geringer Konz. enthaltenen Bestandteilen 3220* D. B.

— u. **Plötzl (K.)**, Schweißpulver für d. Elektroschweißung 9664* D. B.

— u. **Weber (Richard)**, Auswaschen v. Kohlensäure u. Schwefelwasserstoff aus Rohgasen 11313* D. B.

Gesellschaft der L. v. Roll'schen Eisenwerke Akt.-Ges., Auflegier. einer Metall- oder Metallegierungsschmelze mit mindestens einem Metall, dessen Kp. unter d. Temp. d. Schmelze liegt 10132* Schwz. — s. Soc. des Usines de Louis de Roll, Soc. An.

Gesellschaft für Teerstraßenbau m. b. H., **Lüer (H.)** u. **Lorenz (W.)**, Gußasphaltähnl. Straßenbaumassen 3777* D. B.

Gesellschaft für Teerverwertung m. b. H. u. **Kruber (O.)**, Gewinn. v. Basen mit bewegl. H-Atomen (Azaindolen) aus Steinkohlenteer 1377* D. B. — Reines Chinolin 1378* D. B.

— u. **Seidler (C.)**, Gewinn. v. Phenolen aus Teerölen 3771* D. B.

—, **Seidler (C.)** u. **Kaffer (H.)**, Cumaronharze 935* D. B.

—, **Seidler (C.)** u. **Wille (H.)**, Aufarbeit. v. bei d. Dest. v. Rohphenolen anfallenden, hochmol. Phenole enthaltenden Rückständen 1390* D. B.

Gesellschaft für Teerverwertung m. b. H., **Wille (H.)** u. **Beekmann (P.)**, Phenylacetylen bzw. dessen Derivv. 8499* D. B.

Gesin (W. A.), Pigmente v. Samen u. ihrer Hüllen als Ursache d. Verfärb. d. Nahrung 11476.

Geslin (R. C.), Künstl. Rötung v. Äpfeln 945.

Gesser (G. A.), Erhöh. d. oligodynam. Effekts mit Ag als Zwischenleiter 185.

Gessler (A. E.) s. Kumins (C. A.).

Gest (H.), Oxydat. u. Entw. v. mol. H_2 durch Mikroorganismen 380.

Gester jr. (G. C.), **Lee (R. D.)** u. **Hull (D. E.)**, Radioaktivität in Aufbereitungsanlagen. Tracer ermöglichen d. Unters. d. Stromes in Vakuumanlagen 1809.

Gestetner Ltd., Wiedergabe photograph. Bilder 3782* F.

Gettler (J. D.) s. Croce (L. J.).

Gettmann (H.) s. Landt (E.).

Getty (R.) s. Everson (G.).

Geurkink (N.) s. Kruse jr. (P. F.).

Gevaert Photoproducten N. V., Überzüge auf Gewebe oder Papier 266* E. — Steiger. d. Sensibilität v. Halogensilberemulss. 730* F. — Sensibilisier. u. Übersensibilisier. v. photograph. Emulss. 2583* F. — Photograph. Entwickler 2584* F. — Farbbilder 4262* F. — Farbkuppler für Gelb 7131* Schwz. — Mercaptovinylverbb. 7360* E. — Sensibilisieren v. photograph. Halogensilberemulss. 7360* F.

—, **Chromart Film-Industries-Inc.**, **Fraunhofer (H. v.)**, **Verkinderen (H.)** u. **Meeussen (L.)**, Herst. v. Dreifarbenpositiven aus Zweifarbennegativen 9715* A.

— u. **Dormael (A. van)**, Sensibilisatoren 3053* D. B. — Hemicyaninsensibilisatoren 6439* A.

—, **Dormael (A. van)** u. **Smet (P. F. F. de)**, Sensibilisatoren u. Supersensibilisatoren 4013* D. B.

—, **Jaeken (J.)** u. **Dormael (A. van)**, Photograph. Bilder 3056* F.

—, **Jennen (J. J.)** u. **Eerdekens (H. P.)**, Farbkuppler 9715* D. B.

—, **Jennen (J. J.)** u. **Vandenbroele (O. H.)**, Supersensibilisier. 10903* A.

—, **Koerber (W. K. A.)**, **Goethem (D. M. A. van)** u. **Dormael (A. van)**, Supersensibilisier. 1660* D. B.

— u. **Merckx (P. L. J. R.)**, Farbstoffkuppler 2586* F. — Farbstoffkuppler für d. Farbentw. 3783* F. — Farbkuppler 4744* E.

—, **Merckx (P. L. J. R.)**, **Dormael (A. van)** u. **Nys (J. M.)**, Farbgebende Entw. 4263* D. B.

Gever (G.) s. Eaton Laboratories, Inc.; Hayes (K.); Norwich Pharmacal Co.

—, **O'Keefe (C. J.)**, **Drake (G.)**, **Ebetino (F.)**, **Michels (J.)** u. **Hayes (K.)**, Chemotherapeut. Nitrofurane. 1. Mitt. Derivv. v. 3-Amino-oxazolidon-(2) 8150.

Gevers (R.), Beug. v. Röntgenstrahlen durch dichtgepackte Kristalle, welche sowohl „Wachstumspackungsfehler" als auch „Deformations- oder Umwandlungspackungsfehler" enthalten 3809. — Intensität d. an dichtest gepackten Kristallen mit „Pakkungsfehlern" gebeugten Röntgenstrahlen 6227. — Röntgenstrahlenbeug. durch dichtest gepackte Kristalle mit „Wachstumspackungsfehlern" unter d. Annahme eines „n-Schichteneinflusses" 6928. — Röntgenstrah-

lenbeug. durch dichtgepackte Kristalle mit „Wachstums"- u. „Deformations- oder Transformationspackungsfehlern" unter d. Annahme eines „n-Schichteneinflusses" 8097. — Röntgenstrahlenbeug. durch dicht gepackte Kristalle mit „Wachstumsstapelfehlern" unter d. Annahme s = *3* 10210. — Röntgenstrahlenbeug. durch dicht gepackte Kristalle mit h k k h k-Struktur (SiC *15* R-Typ) mit „Deformationsstapelfehlern" 10210.

Gewecke (H.), Herst. v. imprägnierten Holzmasten 7811* F.

Gewerkschaft Keramchemie u. **Heinrich (F.)**, Schichtweise aufgebaute flüssigkeitsdichte Gebilde, wie Behälter, Rohrleitungen, Fußböden 7756* D. B.

Gewerkschaft Michel, Verbesser. v. Braunkohlenbriketts durch Behandl. v. loser Trockenbraunkohle mit einem Dampf-Luft-Gemisch 5695* D. [DDR].

Gewerkschaft M. Stinnes, Broche (H.) u. **Hoffmann (H.)**, Bindemittelherst. für d. Steinkohlenbrikettier. 1882* D.

Gewerkschaft Victor, Karbe (K.) u. **Boos (W.)**, Verbesser. d. Trocknungseigg. feuchter nitrathalt. Salzmischungen unter gleichzeit. Verminder. d. Hygroskopizität 8246* D. B.

—, **Schmalfeldt (H.)** u. **Vollmer (Wilhelm)**, N-Düngemittel aus Kieserit 4195* D. B.

— u. **Vollmer (Wilhelm)**, Vollständ. Überführ. d. in Rohphosphaten enthaltenen Phosphorsäure in citratlösl. Dicalciumphosphat u. Isolier. desselben 7301* D. B. — Herst. v. Mehrstoffdüngemitteln 10609* D. B.

Geworkjan (C. S.) s. S s a p o n d s h j a n (S. O.).

Gey (F.) s. T h o m a s (K.).

Gey (W. A.) s. T e a g u e (A. F.).

Geyer (B. P.) s. S h e l l D e v e l o p m e n t C o.

Geyer (C. F.), Carieshemmende Wrkg. d. V im Tiervers. 7031.

Geyer (H. D.) s. G e n e r a l M o t o r s C o r p.

Geyer (J. C.) s. F a i r (G. M.).

Geyer (N.) s. M a y r (F.).

Geyer (R. P.) s. I t a l l i e (T. B. v a n); W a d d e l l (W. R.).

Geyer (S. V.) s. S o p p (T. E.).

Ghaffar (M. A.) = A b d e l G h a f f a r (M.).

Ghaffar (Y. A.) = A b d e l G h a f f a r (Y).

Ghaisas (V. V.), Rabindran (K.) u. **Tilak (B. D.)**, S-Isostere carcinogener KW-stoffe. 2. Mitt. 6.12-Dimethylbenzo-[1.2:b;5.4:b']-dithionaphthen u. Thionaphtheno-[4'.5':4.5]-thionaphthen 576.

— u. **Tilak (B. D.)**, Thiophene u. Thiapyrane. 12. Mitt. Synth. v. Thiophthenen 10016.

Ghalioungui (P.) s. A b d i n e (F. H.); E l - M e h a i r y (M. M.).

Ghanem (M. H.), Behandl. d. Ascariasis u. Ankylostomiasis mit Hetrazan (Diäthylcarbamazin) 10317.

Ghaswala (S. K.), Entww. bei Al u. seinen Legierr. 6202.

Ghatge (N. D.) s. A i r a n (J. W.).

Ghaznavi-Vadiie (O.), Auftreten d. ster. Effekts bei d. Absorpt. v. Phenanthrenderivv. 1. Mitt. 9-substituierte Derivv. 774; 2. Mitt. 3-substituierte Derivv. 774; 3. Mitt. 2-substituierte Derivv. 4549. — Oximierungsgeschwindigk. v. Acylphenanthrenen 4078.

Gheith (M. A.), Lipscombit, ein neuer synthet. „Eisenlazulith" 3094.

Gheluwe (J. van), Absorpt. u. Adsorpt. in d. Brauerei 943.

Gheorghiu (C. V.) u. **Budeanu (C.)**, Kondensat. d. Isothiocyanate mit d. Oximen. 7. Mitt. Umsetz. d. Benzoylisothiocyanats mit cycl. Ketoximen 4331.

—, **Stoicescu (L.)** u. **Alexa (M.)**, p-Aminosalicylsäure u. p-Amino-o-halogenbenzoesäure 4331.

Gheri (H.), 27^d-Variat. d. harten Komponente d. kosm. Strahl. u. Magnetfeld d. Erde zur Zeit eines Minimums d. Sonnenaktivität 5466.

Ghezzi (G.), Neues colorimetr. Bestimmungsverf. für d. Silicowolframsäure fällbaren Alkaloide. *1.* Methodik 7512, 10589.

Ghia (C.) s. B a l d u i n i (M.).

Ghia (G.) s. B a l d u i n i (M.).

Ghigo (G.) s. C o l o m b i n o (P.).

Ghione (M.) s. O r e s t a n o (G.); R e a l e (M.).

Ghiorso (A.) s. H a r v e y (B. G.); H u l e t (E. K.); T h o m p s o n (S. G.).

—, **Rossi (G. B.), Harvey (B. G.)** u. **Thompson (S. G.)**, Rkk. d. ^{238}U mit im Cyclotron erzeugten N-Ionen 6209.

—, **Thompson (S. G.), Choppin (G. R.)** u. **Harvey (B. G.)**, Neue Isotope v. Am, Bk u. Cf 6908.

Ghirardelli (R.) u. **Lucas (H. J.)**, Stereochemie d. Ringöffnung v. 2.3-Iminobutan durch Essigsäure 4568.

Ghiretti (F.) s. G u z m a n B a r r o n (E. S.).

— u. **Guzman Barron (E. S.)**, Mechanismus d. Glucoseoxydat. bei Corynebacterium creatinovorans 7937.

Ghiringhelli (L.) s. A n g e l e r i (C.).

Ghorain (R. van M. de) = M a l e d e G h o r a i n (R. v a n).

Ghormley (J. A.) u. **Hochanadel (C. J.)**, Ausbeuten an H_2 u. H_2O_2 bei d. Bestrahl. v. sauerstoffgesätt. W. mit Co-γ-Strahlen 4058.

Ghosal (S. C.) s. S e a l (S. C.).

Ghose (A.) s. B h a t t a c h a r y a (S. N.).

— u. **Bhattacharya (S. N.)**, Spektrophotometr. Unters. d. Dehydrier. d. Brenzcatechins mit Methylenblau 1475.

Ghose (S.-S.), Cott-Bouvier (H. van) u. **Cormier (C.)**, Keram. Unterss. mittels d. Fluorescenzprobe 440.

Ghosh (A.), Kastner (J.) u. **Whyte (G. N.)**, γ-Ausbeute v. Ra 4273.

Ghosh (A. K.), Reversible Hemm. v. β-Amylase durch Cyanid 7466.

Ghosh (A. M.) u. **Sinha (M. S.)**, Identifizier. v. π- u. μ-Mesonen nach d. Impulsverlustmeth. 4508.

Ghosh (A. R.), Horizontale u. vertikale Verff. in d. Papierionophorese 7985.

— u. **Mukherjee (S. N.)**, Absorpt. v. UV-Strahl. durch Lsgg. v. Hefenucleinsäure 1988.

Ghosh (B.) u. **Orning (A. A.)**, Einfl. v. physikal. Faktoren auf d. Entzünd. v. pulverisierter Kohle 11310.

Ghosh (B. N.), Fundamentallänge u. Mesonenmasse 1895. — s. D u t t a (S. K.); M i h á l y i (E.).

—, **Chakravarty (S. N.)** u. **Kundu (M. L.)**, Adsorpt. v. Ionen durch hydratisiertes Mangandioxyd in Bezieh. zu ihrer elektr. Lad. u. d. Konz. d. in Freiheit gesetzten H-Ionen 293.

—, **Choudhury (B. K.)** u. **De (P. K.)**, Berechn. d. wahren Zeta-Potentials d. ein Diaphragma bildenden Glaspartikel aus Messungen d. Strömungspotentials 4047.

— u. **Mihályi (E.)**, Bindung v. Ionen durch Myosin. 2. Mitt. Wrkg. v. Neutralsalzen auf d. Säure-Basen-Gleichgewicht d. Myosins 2942.

Ghosh (J. J.), Nährstoffbedarf der d. Reis befallenden Pilze 8991.
Ghosh (M. K.) s. Mazumdar (K. C.).
Ghosh (N. N.) s. Chatterjee (S. D.).
Ghosh (P. C.) s. Bhatnagar (A. S.).
Ghosh (S.) s. Krishna (B.).
Ghosh (S. C.) s. Chaudhuri (R. N.).
Ghosh (S. D.) s. Sadashivaiah (M. S.).
Ghosh (S. K.), Jones (G. M. D. B.) u. **Wilson (J. G.)**, Ionisat. durch relativist. μ-Mesonen in O_2 6903.
Ghoshal (S. N.), β-Aktivität v. ^{109}In 4511. — s. Sheridan (W. F.).
Giachetti (A.) s. Spadolini (I.).
Giachino (M. T.) s. Commercial Solvents Corp.
Giacobbe (J. B.), Aufkohl. v. nichtrostenden Stählen 7070.
Giacomasso (P. P.) u. **Ravizza (L.)**, Serumeisen u. Serumeiweißkörper nach peroralen Fe-Gaben u. nach Bluttransfusionen bei einigen Krankheiten 7246.
Giacomelli (L. V.) s. Pietro (S. di).
Giacomelli (V.), Wrkg. v. Pregnenolon auf d. Granulationsgewebe 853.
Giacomello (G.), Streuung d. Röntgenstrahlen in d. Unters. d. Feinstruktur organ. Moll. 9991. — s. Bertinotti (F.); Istituto Terapeutico Romano Soc. à r. l.
Giacometti (G.), Vorwärm. in d. Hitze härtender Preßpulver durch Radiofrequenz 5433.
Giacomini (G.) u. **Mascitelli Coriandoli (E.)**, Somministrazione dei farmaci per via rettale. Tecnica di preparazione delle forme farmaceutiche [8686].
Giacomo (A. Di) u. **Smyth (C. P.)**, Dipolmomente u. Mol.-Struktur einiger hochfluorierter KW-stoffe u. Äther 5507.
Giacomo (H. L. di) s. Electric Storage Battery Co.
Giacomo (P.) u. **Jacquinot (P.)**, Genaue Festleg. eines Maximums oder eines Minimums d. Durchlässigk. in Abhängigk. v. d. Wellenlänge. Anwend. auf d. Herst. dünner dielektr. Schichten 10676.
Giacomo (P.) [Bellevue] s. Blaise (J.).
Giaja (J.) u. **Marković (L.)**, Hypothermie u. Toxizität v. CO_2 1084.
Giambiagi (J. J.) u. **Tiomno (J.)**, Nichtrelativist. Gleichung für Teilchen mit Spin *1* 7135.
Giambiagi (N.) s. Tschapek (M.).
Giambrone (S.) s. Cusmano (S.).
Giammaria (J. J.) s. Socony-Vacuum Oil Co., Inc.
Giampaolo (R.) s. Ruffo (A.).
Gianascol (A. J.), Weickhardt (G. D.) u. **Neumann (M. A.)**, Penicillinbehandl. allg. Parese. Klin.-anatom. Unters. 399.
Giancola (D. J.) s. American Cyanamid Co.
Giang (P. A.), Parathion 8712. — s. Smith (F.).
Gianni (A.), Zamboni (A.), Torre (B. Della) u. **Novati (C. C.)**, Aus B. subtilis extrahierbares Polypeptid d. Glutaminsäure u. seine Beziehh. zur positiven Färbbark. nach Gram 615.
Gianni (E.), Strohstoffe u. Papier aus Stroh 6165.
Gianni (F.) s. Bombara (G.).
Giannone (A.), Verh. v. Faserzementrohren gegenüber d. Angriff v. Böden u. Wässern 4675. — Haltbarkeitsbest. feuerfester Ofenfutter bei definierten Bedingg. 9880.
Giannotti (D.) u. **Cenni (B.)**, Veränder. d. Gesamtaschengeh. v. Blut, Milch, Fäces u. Urin d. Ziege nach Fütter. mit einem bestimmten Salzgemisch u. Veränderr. d. Ca- u. P-Geh. in d. Asche. 1. Mitt. Ergebnisse d. biochem. Unterss. 11617.
Gianoli (A.) s. Imhof (P.); Schmid (A.).
Gianotti (F.), Wrkg. v. ACTH auf d. Histaminspiegel u. d. Eosinophilen bei Herpes gestationis 4623.
Giard (L.), Indirektes Lichtbogenschmelzen v. Grauguß 2989.
Giarman (N. J.), Bowers jr. (G. N.), Quie (P. G.) u. **Hampton (L. J.)**, Potenzier. einiger Barbiturate durch α-Tocopherolphosphat 6330.
— u. **Condouris (G. A.)**, Antidiuret. Wrkg. v. Morphin u. einigen analog gebauten Verbb. 8201.
Giarola (A.), Biochemical and morphological characters of human semen [8196].
Giauque (W. F.), Fraktionierumwandler zur Erzeug. v. Parawasserstoff 9629. — s. Hornung (E. W.); Kunzler (J. E.); Papadopoulos (M. N.).
Giavino (A.), Eich. d. Quantometers mit Stufenfilter 2734. — Spektrograph. Analyse d. Al in 75%igem Ferrosilicium 8219.
Gibb (J. W. G.) u. **MacMahon (J. F.)**, Unterbrochene geist. Entw. durch Pb-Vergift. 10318.
Gibb jr. (T. B.) s. Overberger (C. G.); Union Carbide & Carbon Corp.
Gibb jr. (T. R. P.) s. Evans (Gordon G.); Metal Hydrides, Inc.; United States of America.
Gibbens (J.) s. Unglaub (W. G.).
Gibbia (S. W.), Wood finishing and refinishing [1642].
Gibbons (D.), Analysen für d. Industrie 2496.
Gibbons (D. F.), Bildsame Verform. v. Fe bei tiefen Tempp. zwischen *300* u. *77,2°* K 8249.
Gibbons (F. R.) s. Hallsworth (E. G.).
Gibbons (G. C.) u. **Harland (W. G.)**, Chemie d. Cellulosetextilien 7115.
Gibbons (J. H.), App. zur Mess. v. Neutronenwirkungsquerschnitten bei hoher Auflösung 9020. — s. Block (R. C.); Newson (H. W.); Rohrer (R. H.).
— u. **Newson (H. W.)**, Gesamtquerschnitte für Neutronen im kV-Bereich: ^{203}Tl u. ^{205}Tl 3059.
Gibbons (J. P.) u. **Janke (R. A.)**, Trocknende Öle mit Methyl-α-D-glucosiden 6147.
Gibbons (L. C.), Barnett (H. C.) u. **Gerstein (M.)**, Fl. Kraftstoffe für Turbolader u. Turbinen. Wrkg. d. mol. Struktur auf d. Verbrennungsverh. 2571.
Gibbons (M. D.) s. Stout (V. L.).
Gibbons (R. A.) s. O'Dea (J. F.).
Gibbs (D. S.) u. **Svec (H. J.)**, Metall–Wasser-Rkk. 1. Mitt. Rk. zwischen Ca u. Wasserdampf 305.
Gibbs (F. S.), Zurückgewinn. v. Abfällen durch Flotat. mit geregeltem p_H 5386.
Gibbs (F. W.), W. Lewis (*1708—1781*) 9946. — Merkbuch v. W. Lewis u. A. Chisholm 11322.
Gibbs (J. H.), Valenzwinkel, Dipolmoment u. Basenstärke 1010. — Elektr. Polarisat. geladener Teilchen in Rechteckpotentialen 3309.
Gibbs (M.), Wrkg. d. Lichtintensität auf d. Verteil. v. ^{14}C in Stoffwechselprodd. d. Sonnenblumenblätter bei d. Photosynth. 1770. — s. Gunsalus (I. C.).

Gibbs (R. D.) s. Fowers (G. H. N.).
Gibbs (R. H.) s. Wiese (H. F.).
Gibbs (R. J.), Bier (M.) u. **Nord (F. F.),** Proteine u. Polymere. 7. Mitt. Denaturier. v. Eialbumin 1063.
Gibert (R.), Zellerregbarkeit. 2. Mitt. Intensitätsbezieh., Erregungsdauer u. Ausbreit. 2943. — Kinetik d. Hydratat. v. Acetaldehyd 7181. — s. Broche (A.).
Gibian (H.), Hyaluronsäure–Hyaluronidase-Syst. 9. Mitt. Hyaluronidasewrkg. v. Serum 9587. — s. Schering Akt.-Ges.
Gibson (A. F.) s. Arthur (J. B.).
Gibson jr. (B. R.), Kontrollmethoden beim Kraft-Rückgewinnungsverf. 5686.
Gibson (C. S.) s. Amalgamated Wireless (Australasia) Ltd.
Gibson (D. L.) s. Bell (J. M.).
Gibson (D. M.) s. Sanadi (D. R.).
Gibson (D. T.) s. Blance (R. B.).
Gibson (G.) u. **Stehle (P.),** Interferenzeffekte in d. Vernichtungsstrahlung 3301.
Gibson (G.) [Sheffield] s. Appleby (J. I.).
Gibson (George) s. Ferraro (J. R.).
Gibson (G. J.), Schweißung v. Al nach d. Verf. d. Lichtbogens mit Inertgasschutz 3955.
Gibson (G. L.) u. **Neubrech (D. A.),** Automat., photoelektr. Colorimeter zur direkten Ables. v. Munsell-Koordinaten 8688.
Gibson (J. A.) s. Bell (F.).
Gibson jr. (John A.) s. Hall (J. L.).
Gibson (J. R.) s. Engleman (E. P.).
Gibson (John W.) s. Shell Development Co.
Gibson jr. (Joseph W.) s. Du Pont de Nemours (E. I.) & Co.
Gibson (K. D.), Neuberger (A.) u. **Scott (J. J.),** Enzymat. Umwandl. v. δ-Aminolävulinsäure in Porphobilinogen 7466.
Gibson (M.), Charnley (T.) u. **Lord (S. J.),** Rotierender Reiniger für große Mengen Hg 10333.
Gibson (N. A.), Metallkomplexe in d. analyt. Chemie 4893. — s. Dwyer (F. P.).
Gibson (O.) s. Machlowitz (R. A.).
Gibson (Q. H.), Methämoglobin u. Sulfhämoglobin 138, 388.
Gibson (R. C.) s. Metallgesellschaft Akt.-Ges.; Parker Rust Proof Co.
Gibson (T.), Chromierverf. 450.
Gibson (T.) [Edinburgh] s. Abd-El-Malek (Y.).
Gibson (W. M.) s. Burcham (W. E.); Freemantle (R. G.).
Gibson Electric Co. u. **Hoyer (N. S.),** Elektr. Kontaktmaterial 6382* A.
Gicklhorn (J.) u. **Gicklhorn (R.),** G. J. Kamel (*1661—1706*) [9011].
Gicklhorn (R.) s. Gicklhorn (J.).
Giddey (A.) s. Goldstein (Henri).
Giddings (J. C.) u. **Eyring (H.),** Molekulardynam. Theorie d. Chromatographie 8561.
Giebisch (G.), Lauson (H. D.), Pitts (R. F.) u. **Zablow (E.),** Ausscheid. verschied. Dextrane durch d. Niere u. ihr Verteilungsvol. 4870.
— u. **Werner (G.),** Nebennierenrindenhormone 2230.
Giedroyć (M.) s. Matuszewska (Z.).
Giegerich (W.) u. **Oberlies (F.),** Formenwerkstoffe u. Vorgänge in Glasformen. 1. Mitt. Eigg. d. Werkstoffe u. Anforderr. im Betrieb 2047.
Giehne (H.) s. Badische Anilin- & Soda-Fabrik Akt.-Ges.
Giepen (W. A.) s. Goldschmidt (T.) Akt.-Ges.
Gier (J. de) s. Hartford National Bank & Trust Co.
—, **Kleisma (A. C.)** u. **Peper (J.),** Sekundärelektronenemiss. d. Schirmes einer Fernsehbildröhre 7612.
Gierer (A.), Ultrarotunterss. an d. Amidgruppe. 1. Mitt. N-Methylacetamid u. Vergleichsstoffe 776; 2. Mitt. Derivv. d. Acetamids 776.
— u. **Wirtz (K.),** Mol. Theorie d. Mikroreib. 1452. — Proton- u. Deuteronüberführ. über Wasserstoffbrücken als Ursache v. Leitfähigkeitseffekten 6921.
Gierke (G. v.), Energieniveaus v. ^{21}Ne 4991.
Giers (S.) u. **Boido (D.),** Laurylsulfate 3274.
Giersberg (H.) u. **Hanke (W.),** Rk. d. Schwimmhautcapillaren d. Frosches bei Bestrahl. mit UV-Licht 8903.
Giertz (H.) s. Hahn (F.).
—, **Hahn (F.)** u. **Lange (A.),** Toxikologie d. Phenothiazins 3680.
Giertz (H. W.), Vgl. zwischen Sulfit- u. Sulfatzellstoff 1640. — s. Dymling (E.).
Gierula (J.) s. Ciok (P.).
Giesbrecht (E.) s. Asmis (H.); Bickel (H.); Rheinboldt (H.).
—, **Meyer (H.), Bächli (E.), Schmid (H.)** [Zürich] u. **Karrer (P.),** Calebassenalkaloide. 12. Mitt. Curarealkaloide aus Calebassen 5554.
Giesche's Erben (G. v.) u. **Metallgesellschaft Akt.-Ges.,** Formgußstücke aus Al- u. Cu-halt. Zn-Legierr. durch Gießen bei Atmosphärendruck 4205* Schwz.
Giese (A. C.) s. Christensen (E.).
— u. **Christensen (E.),** Wrkg. v. O_3 auf Organismen 373.
Giese (C. F.) u. **Collins (T. L.),** Massendublettmessungen unter Benutz. eines modulierten magnet. Feldes 4989.
Giesecke (D.) s. Dominguez (X. A.).
Gieseke (E. W.) s. American Cyanamid Co.
Giesen (J.) s. Inventa Akt.-Ges. für Forschung und Patentverwertung.
Giesen (K.) u. **Kampa (P.),** Unterss. d. Alkaligeh. feuerfester Stoffe mit d. Flammenphotometer nach Riehm-Lange 907.
Giesen (W.), Kristallimplantationstherapie im klimakter. Alter 2463.
Gietz (F.), Ist d. Duften d. Riechstoffe durch infrarote Strahlen bedingt? 6792.
Gifford (A. P.) s. Walker (J. K.).
Gifford (H. P.) s. Shubrooks (G. E.).
Gifford (J. F.), Luftfilter für heiße Laboratorien aus Faserglas 10579. — s. Olson (O. L.).
Gifford jr. (R. W.), Allen (E. V.) u. **Birkhead (N. C.),** Pentapyrrolidinbitartrat (M. & B. *2050* A) in d. Behandl. d. Hypertens. 3912.
Gifkins (R. C.), Gefügeunterss. über d. Kriechen v. Pb 6120.
— u. **Kelly (J. W.),** Entsteh. u. Ausbldg. v. Zellen in polykristallinem Zn 9512.
Gigante (D.) u. **Cerquiglini (S.),** Physikochem. Eigg. d. Serums v. Trägern maligner Tumoren 7934.
—, **Teodori (S.)** u. **Zoppini (A.),** Bis-[methansulfonyl]-tetramethylenglykol u. seine Anwend. zur Behandl. chron. Myelosen 9584.
Giger (G.) s. Auxiliaire de l'Institut Française du Caoutchouc.
Giger (H.) s. Akt.-Ges. Brown, Boverie & Cie.

Gigli (A.) s. Amaldi (E.); Argan (P. E.); Castagnoli (C.).
Gignoux & Co., Soc. An., Derivv. d. Sulfathiazols (Aminophenylsulfonamidothiazols) 2959* F.
Giguère (P. A.), Secco (E. A.) u. **Eaton (R. S.)**, Herst. v. H_2O_2 u. D_2O_2 in elektrodenlosen Entladd. 10439.
— u. **Weingartshofer Olmos (A.)**, Spektroskop. Unters. über d. H-Bind. in d. Perameisen- u. Peressigsäure 8577.
Gijsman (H. M.) s. Wucher (J.).
—, **Karantassis (T.)** u. **Wucher (J.)**, Thermomagnet. Eigg. d. gemischten komplexen Acetats $[Cr_2Fe(CH_3COO)_6(OH)_2]Cl \cdot 6H_2O$ 10682.
Gil (Á. Y.) = Yagüe Gil (Á.)
Gil-Av (E.) s. Bergmann (E. D.).
Gil-Collado (J.), Zeckenbekämpf. in Elendsquartieren 11454. — s. Morales (A. L.).
Gilard (P.), Kontrolle d. Zus. u. d. Zustandes eines Glases durch Mess. d. Fließens unter Druck unterhalb d. Transformationstemp. 9879.
Gilberg (Y.), Gewinn. v. Öl u. Eiweiß aus Seefischen 7111* N.
Gilbert (B.), Zwischenfälle bei d. Behandl. mit Antibioticis 10559.
Gilbert (D. A.) s. Cohen (V. W.).
Gilbert (D. L.) s. Gerschman (R.).
Gilbert (E. E.) s. Allied Chemical & Dye Corp.
— u. **Jones (E. P.)**, Sulfonier. u. Sulfatier. 7311.
—, **Veldhuis (B.), Carlson (E. J.)** u. **Giolito (S. L.)**, Sulfonier. u. Sulfatier. mit Schwefeltrioxyd 4928.
Gilbert (F. C.), Reichweiteverteil. d. auf d. Zerfall v. ^8Li u. ^8Be folgenden α-Teilchen 4029.
Gilbert (G.) s. Adkins (H.).
Gilbert (G. A.) s. Baum (H. A.).
Gilbert (G. N. J.), Gußeisen bei tiefen Tempp. 7303.
Gilbert (H.) s. Goodrich (B. F.) Co.
Gilbert (H. L.) s. Stephens (W. W.); Werning (J. R.).
— u. **Johansen (H. A.)**, Bessere Legierr. durch Verwend. v. hochreinem Cr 203.
Gilbert (I. H.) s. Smith (Carroll N.).
Gilbert (J.), Struktur v. Arsen(III)-sulfidsolen 1451.
Gilbert (J. B.) s. Hearon (J. Z.).
Gilbert (M.) s. Jones jr. (Ralph).
Gilbert (N.), Hobbs (I. A.) u. **Sandberg (W. D.)**, HF-Absorpt. in einem mit Kalkstein beschickten Turm 3705.
Gilbert (P. T.), Schutz v. Stahl gegen atmosphär. Korros. durch metall. Überzüge 9660. — Einfl. d. Verunreinigg. d. Metalls auf d. Korrosionsgeschwindigk. v. Zn u. Feuerverzinkungen in d. Atmosphäre 10129.
— u. **LaQue (F. L.)**, Sprühprüfmeth. 11282.
Gilbert (R. G. B.) s. Dobkin (A. B.).
Gilbert (R. S.) s. Hicks (H. G.).
Gilbert (S. G.), Drosdoff (M.) u. **Sell (H. M.)**, Unterschiedl. Aufnahme v. Kali durch Tung-Keimpflanzen aus einigen seiner Salze 2280.
Gilbert (W. I.) s. Gulf Research & Development Co.
Gilbert (W. W.) s. Du Pont de Nemours (E. I.) & Co.
Gilberti (A.) s. Bianchini (P.).
Gilbey (J. A.), Mackenzieflußbecken 11450.
Gilbreath (J. R.) s. Schlesinger (H. I.).
Gilby (A. R.) u. **Heymann (E.)**, Ölsäuremonoschichten auf konz. Salzlsgg. 6483.
Gilchrist (A. R.), Coronarthrombose u. ihre Behandl. 9371.
Gilchrist (F. M. C.), Mikrobiol. Unterss. über d. Korros. v. Betonrohren durch H_2SO_4 erzeugende Bakterien 1820.
Gilchrist (J. D.) s. Taylor (James).
Gilchrist (R.) s. Johannesen (R. B.).
Gilchrist (W. S. L.) u. **Lynch (M. J. G.)**, Behandl. d. organ. Hyperinsulinismus mit Alloxan 8424.
Gilcreas (F. W.), Sanderson (W. W.) u. **Elmer (R. P.)**, 2 neue Methoden für d. Fettbest. in häusl. Abwasser 1116.
Gilcrease (J. R.) s. Standard Oil Development Co.
Gildart (L.) u. **Ewald (A. W.)**, Elektronenbeweglichkk. in leitenden Phosphoren 7840.
Gilde (W.) u. **Willing (G.)**, Cu u. S an d. Stahloberfläche 3238.
Gilder (C. F. van) s. Standard Oil Development Co.
Gildo (C. Dal) s. Paronetto (L.).
Gildstein (N. N.) u. **Lischkewitsch (M. I.)**, Ausarbeit. eines Standards für Sonnenblumensamen 10404.
Gile (J. D.) = Gile-Melchert (J. D.).
Gile-Melchert (J. D.) s. Garrison (W. M.).
—, **Garrison (W. M.)** u. **Hamilton (J. G.)**, Trägerfreie Radioisotope aus Cyclotrontargets. 20. Mitt. Darst. u. Isolier. v. $^{97.103}Ru$ aus Mo 9018; 21. Mitt. Darst. u. Isolier. v. $^{200.201.202}Tl$ aus Hg 9018; 23. Mitt. Darst. u. Isolier. v. $^{100.101.102.105}Rh$ aus Ru 9018; 25. Mitt. Darst. u. Isolier. v. $^{195.196.198.199}Au$ aus Pt 9019; 26. Mitt. Darst. u. Isolier. v. ^{181}W aus Ta 9019.
Giler (J. J.) s. Mamunja (A. U.).
Giles (C. H.) s. Arshid (F. M.).
— u. **Shaw (I. S.)**, Absorptionscolorimetrie im Textillabor. 3256.
Giles (G. R.) s. Atkinson (H. J.).
Giles (H. McC.), Moore (C. J.) u. **Still (B. M.)**, Behandl. einer Pb-Vergift. mit Ca-Dinatrium-Versenat 7262.
Giles (J. E.), Neal-Smith (C. A.) u. **Alexander (D. McE.)**, Lathyrus Ochrus (L.) D. C. als Gründüngungspflanze unter Bewässerung im Gebiet d. Murray Valley 6597.
Giles (P. C.) s. Heckman (H. H.).
Giles (R. N.), Verfügg. u. Anordnn. über Abwässer in d. Erdölindustrie 1813.
Gilewitsch (S. A.) s. Rosenbaum (E. J.).
Gilfert (W.) s. Studien- und Verwertungs-Gesellschaft m. b. H.
Gilfillan (A. E.), Arthur (J. A.) u. **Berg (L. J. C. v. d.)**, Wirbelstromreaktor als Quelle v. SO_2 für d. H_2SO_4-Herst. 8467.
Gilg (E.) s. Engelund (A.).
Gilgen (A.) s. Gruber (U.).
Giljarow (W. A.) s. Kabatschnik (M. I.).
Gilkeson (M. M.) s. Weaver (R. E.).
Gilkey (J. W.) s. Dow Corning Corp.
Gilkinson (R. W.), Best. schwebender Körper im Gas 6430.
Gill (B. S.) u. **Ray (H. N.)**, Phosphatasen u. ihre Bedeut. bei Eimeria tenella Railliet u. Lucet, *1891* 10289. — Vorkommen v. Mucopolysacchariden in Eimeria tenella Railliet und Lucet, *1891* 10297. — Glykogen u. seine wahrscheinl. Bedeut. für Eimeria tenella Railliet u. Lucet, *1891* 10297.

Gill (C. B.) s. Schlechten (A. W.); Straumanis (M. E.).
Gill (J. M.), Debacher (D. E.) u. **Sittig (M.),** Neueste Technik in d. Handhab. v. Na 1347.
Gill (J. P.), Plan eines Hochleistungsforschungsreaktors 7368.
Gill (J. S.) s. Day jr. (H. O.); Marshall (W. L.).
Gill (S. J.) s. Wall (F. T.).
Gillain (F.), β-Spektr. v. ^{35}S nach d. Kernemulsionsmeth. 5951.
Gillam (A. E.) u. **Stern (E. S.),** An introduction to electronic absorption spectroscopy in organic chemistry [179].
Gillam (E.) u. **Cole (D. G.),** Überwachen eines Geiger-Zähler-Spektrometerstrahles 8325.
Gillam (N. W.), Epoxydharze 11104.
Gille (F.), Magnesiatreiben v. Portlandzement 9170.
Gille (G.) s. Allgemeine Elektricitäts-Gesellschaft.
Gillemot (L.), Ti 7770.
Giller (S. A.) u. **Ssaldabols (N. O.),** UV-Absorptionsspektren v. Nitrofuranen 1004.
Gilles u. **Johannin,** Vakuumschiebeventil 1104.
Gilles (P. W.) s. Wise (E. N.).
— u. **Pollock (B. D.),** Syst. Mo–B 10695.
Gillesberger (W.), Pilzerkrankungen d. Haut u. ihre Behandl. mit einem neuart. Antimykoticum 8675.
Gillespie (H. W.), Verbesserte Produkt. in d. Bäckerei durch mit Silicon überzogene Backformen 5444.
Gillespie (J. M.), Enthaaren v. Schaffellen mit Enzymen 2581.
Gillespie (R. G.), Erfahr. mit Mg in d. Bäckereiausrüst. 11704.
Gillespie jr. (W. M.) s. Guyton (A. C.).
Gillespy (T. G.), Best. v. Sterilisierungswerten v. Verff. zum Eindosen v. Lebensmitteln. 2. Mitt. Erhitz. durch Wärmeleit.: Komplexe Herstellungsbedingg. u. Wert d. Anwärmzeit 10645.
Gillet (A.) u. **Urlings (J.),** Beziehh. zwischen Lignin u. Kohle: Beweisvers. durch d. Pyrolyse 3768.
Gillett (H. W.), Mechan. Eigg. d. Metalle 3949.
Gilette Co., Fixiermittel für Dauerwellen 1157* E. — Dauerwellmittel 2554* E. — Korrosionsschutz für verpackte oder umhüllte Fe-Gegenstände in einer säurehalt. Atmosphäre 8725* E.
— u. **Brown (Alfred E.),** Kompositt. zum Ondulieren d. Haare 3506* F.
— u. **Snitzler (M. J.),** Schützen v. Rasierklingen aus Stahl gegen Rosten 8725* A.
Gillhespy (R. O.) u. **Smith (S. G.),** Mit Neostigmin behandelte Porphyrie 3899.
Gilliam (A. S.) s. N. V. de Bataafsche Petroleum Mij.
Gilliar (E.), Cortisonbehandl. d. Morbus Boeck 5583.
Gillie (A.) u. **McNeill (D. L. M.),** Klin. Beobachtt. mit Suxethonium in d. Elektroschocktherapie 10316.
Gillies (Daniel M.) s. Union Carbide & Carbon Corp.
Gillies (Deirdre (M.), Cullen (W. G.) u. **Griffith (H. R.),** Succinylcholin als Relaxans in d. Bauchchirurgie 9137.
Gillies (G. A.) s. Cason (J.).
Gillieson (A. H. C. P.), Sicherheitsmessungen in d. Industrie. Kontrollmess. für tox. Staub u. Rauch 5148. — s. Churchill (W. L.).
Gilligan (W.) s. Reese (E. T.).
Gilliland (E. R.) s. Standard Oil Development Co.
— u. **Harriott (P.),** Reaktivität v. abgelagertem C 2037.
Gilliland (R. B.), Unters. einer wilden Hefe Saccharomyces diastaticus 4475.
Gillings (D. W.), Methan als Brennstoff für Siemens-Martin-Öfen 7303.
Gillis (J.), Absol. Empfindlichk. analyt. Rkk. 1570. — Bedeut. d. Empfindlichkeitsdiagramme für d. analyt. Chemie 2031. — Mikrochemie u. Ultramikrochemie 3692. — s. Hoste (J.).
— u. **Eeckhout (J.),** Best. geringer Mengen eines Elementes in einem Pulver ohne Eichproben 422.
Gillis (M. B.), Norris (L. C.) u. **Heuser (G. F.),** P-Stoffwechsel u. -bedarf v. Hühnern 2939.
Gillis (R. G.), Mechanismus d. Diazotier. 2638.
— u. **Nelson (P. F.),** Ungewöhnl. Darst. v. Mehrfachbindungen 7403.
Gillissen (G.), Synergist. Wrkg. v. Isonicotinsäurehydrazid (INH) u. Sulfonamid (in vitro-Verss.) 5341. — Kombinationsbehandl. d. experimentellen Tuberkulose mit Co u. Streptomycin 6796. — Verwend. antibiot. Stoffe an Stelle v. schwefliger Säure in d. Oenologie 9216.
Gillman (E. G.) s. Tarrant (P.).
Gillois (M.) s. Rumpf (P.).
— u. **Rumpf (P.),** Einfl. v. Substituenten auf d. Basizität d. p.p'-Tetramethyldiaminotriphenylcarbinols 4552.
Gillon (L.) u. **Hecq (Y.),** Thyratronkontrolle d. kontinuierl. Stromversorg. d. *100* kW-Verstärkers d. Cyclotrons 7833.
Gillow (J.) s. Edisbury (J. R.).
Gillson jr. (J. L.), Eigg. d. Elektronenhaftstellen in einem ZnS·Cu–P 6455.
Gillwald (W.) u. **Jonat (G.),** Imprägnieren v. Holz in Druckkesseln 6649* D. [DDR].
Gilly (P.) s. Sabetay (S.).
Gillyatt (B. T.) s. Riley (R. V.).
Gilman (A.) s. Goodman (Louis S.).
Gilman (A. B.) s. Starosskolski (A. A.).
Gilman (H.), Chimica organica superiore. Vol. *1* [8881] — s. Brook (A. G.); Johnson (R. G.); Leeper (R. W.); Merten (H.).
— u. **Avakian (S.),** Aromat. u. heterocycl. Dialkylarsine 813.
—, **Avakian (S.), Benkeser (R. A.), Broadbent (H. S.), Clark (R. M.), Karmas (G.), Marshall (F. J.), Massie (S. M.), Shirley (D. A.)** u. **Woods (L. A.),** Synth. v. N-Methyl-3-isopropyl-4-dimethylaminophenylcarbamat u. verwandter Derivv. 2658.
—, **Avakian (S.), Hogg (J. A.)** u. **Johnson (R. G.),** Darst. einiger substituierter Dibenzofuryl-(1)-propion- u. -buttersäuren 91.
—, **Cook (T. H.), Hogg (J. A.), Swiss (J.), Johnson (R. G.), Thirtle (J. R.)** u. **Yeoman (F. A.),** 1.2-, 2.3- u. 3.4-disubstituierte Dibenzofurane 4586.
—, **Dunn (G. E.), Hartzfeld (H.)** u. **Smith (Arthur G.),** Durch Piperidin katalysierte Rk. v. Triphenylsilan mit Oxydverbb. 10971.
— u. **Esmay (D. L.),** Derivv. d. Dibenzothiophens 4587. — Oxyderivv. v. Dibenzofuran, Phenoxathiin u. Thianthren 4594.
— u. **Gorsich (R. D.),** Darst. v. o-Fluorphenyllithium 11376.

Gilman (H.), Haubein (A. H.) u. Hartzfeld (H.), Spalt. einiger Äther durch Organolithiumverbb. 5754.
—, Ingham (R. K.) u. Smith (Arthur G.), Darst. einiger siliciumorgan. Verbb. u. Unterss. über deren Spalt. 1256.
—, Melvin (H. W.) u. Goodman (Jack J.), Rk. v. Trimethyl-[p-bromphenyl]-silan mit Lithiumdimethylamid 2403.
— u. Rosenberg (S. D.), Rk. v. Triphenylzinn-Lithium mit organ. Halogeniden 7896.
— u. Wu (T. C.), Rk. v. Triphenylsilylkalium mit Formaldehyd 798. — Addit. v. Triphenylsilylkalium an trans-Stilben 9314.
—, Wu (T. C.), Hartzfeld (H. A.), Guter (G. A.), Smith (Arthur G.), Goodman (J. J.) u. Eidt (S. H.), Darst. v. Organopolysilanen 9316.
Gilman (I. S.) s. Baranajew (M. K.).
Gilman (J. J.), Härt. d. hochchromhalt. Stähle durch Bldg. d. σ-Phase 8251. — Einfl. eines Vorabschreckens auf d. Martensitumwandl. in Werkzeugstahl 10848.
Gilman (K. S.) s. Berent (I. J.).
Gilman (S.) s. Westinghouse Electric Corp.
Gilmartin (R. P.) s. Gulf Research & Development Co.
Gilmer (T. E.) s. Patterson (J. R.).
Gilmont (R.), Alkoholometer-Eichkurven über *100%* für Wassergehaltsmesser 9631.
Gilmore (F. E.) s. Phillips Petroleum Co.
Gilmore (J. P.), Smythe (C. M.) u. Handford (S. W.), Wrkg. v. *l*-Norepinephrin auf d. Schlagvol. d. Herzens v. Hunden bei experimenteller Hämorrhagie 4385.
Gilmore (J. S.) s. Terrell (J.).
Gilmore (P.) s. Lorrain (P.).
Gilmore jr. (R. C.), Robbins (M. C.) u. Reid (A. F.), Mit ^{131}J markiertes Albumin v. Rind u. Mensch 6303.
Gilmour (A.), Nelson (S. M.) u. Pink (R. C.), Dipolmomente v. Metalloleaten 2631.
Gilmour (D.) u. Calaby (J. H.), Magnesium-aktivierte Apyrase d. Insektenmuskels 2923.
Gilmour (T. C.) s. Butt (E. M.).
Gilmour (W. A.), Einfl. d. Fasercharakteristik auf d. Herst. v. Stroh- u. Espartopapieren 10652.
Gilot (G. B.) s. Petrucci (D.).
— u. Petrucci (D.), Veränderr. d. ATP in vivo u. d. Elektrocardiogramms bei Arsenitbehandelten Ratten 1551.
Giloy (F.) s. DEHYDAG Deutsche Hydrierwerke G. m. b. H.; Deutsches Hydrierwerk Rodleben VEB.
Gilpin (J. R.) s. Bannard (R. A. B.).
Gilreath (E. S.), Qualitative analysis, using semimicro methods [1343].
Gilson (A. R.), Kurzweg-Vakuumkolonnen 419. — s. Cannon (J. R.).
Giltges (A.) s. Farbenfabriken Bayer Akt.-Ges.
Gilvarry (J. J.), Thermodynamik d. Thomas-Fermi-Atoms bei tiefer Temp. 10185. — Lösung d. temperaturgestörten Thomas-Fermi-Gleich. 10185.
Gilvey (J. P.), Abgeänderte Bleiröhrenvereinig. für Vakuumverbb. 419.
Gilwood (M. E.) s. Permutit Co.
Gimblett (F. G. R.) u. Monk (C. B.), Spektrophotometr. Unterss. d. elektrolyt. Dissoziat. 9735; 7. Mitt. Alkali- u. Erdalkalimetallhydroxyde in W. 6921.
Gimenez (C.) u. Labeyrie (J.), Abschätz. d. Flusses therm. Neutronen mit Li-imprägnierten photograph. Kernemulss. 11331.
Gimeno de Sande (A.), Insekticide im Gesundheitswesen 8478.
Gimesi (N.), Garay (A.), Pozsár (B.) u. Farkas (G.), Biologie d. Anthocyanbldg. 8654.
— u. Pozsár (B.), Unterss. v. überlebenden Chloroplasten im nekrot. Cytoplasma v. Helodea canadensis. Wrkg. v. Mn-Sulfat auf d. Stärkesynth. u. d. Mobilisier. d. Plastiden 6304.
Gimmi (F.) s. Albers-Schönberg (H.).
—, Heer (E.) u. Scherrer (P.), Winkelkorrelat. d. Konversionselektronen v. ^{111}Cd 7597.
Gindicelli (P. R. L.) s. Laboratoires Dausse.
Gindin (L. G.) s. Putilowa (I. N.).
— u. Kasakowa (W. A.), Elektr. Leitfähigk. v. Lsgg. gesätt. Fettsäuren in KW-stoffen 316.
Gindler (E. M.) s. Chanley (J. D.).
Gindler (J.) u. Duffield (R. B.), Photospaltquerschnitte 6681.
Gindler (J. E.) s. Huizenga (J. R.).
Gindy (M.) s. Helferich (B.).
— u. Dwidar (I. M.), 3.4-Benzoxanthene. 3. Mitt. Synth. u. Oxydat. v. 5-, 6-, 7- u. 8-Methyl-3.4-benzoxanthen 1507.
Ginell (R.), Assoziationserscheinn. 2. Mitt. Theorien d. Kettenmoll. u. ihrer Anwend. auf H-Bindung in gasförm. Fluorwasserstoff. Berichtig. 296.
Ginetti (Y.), H-bindd. beim p- u. m-Nitrophenol 9525.
Ginetzinski (A. G.), Breitman (A. J.) u. Iwanowa (L. N.), Hyaluronidaseaktivität d. menschl. Harns 6309.
Ging (J.) s. Crandall (W. B.).
Ginger (L. G.) s. Baxter Laboratories, Inc.
Gingold (K.) u. Rochow (E. G.), Additionsverbb. v. Siliciumtetrachlorid mit Amiden 56.
Gingras (B. A.) u. Waters (W. A.), Eigg. u. Rkk. freier Alkylradikale in Lsg. 7. Mitt. Rkk. mit Chinonimiden, Stickoxyd u. Nitrosoverbb. 322. — Therm. Zers. v. Octylnitrit in KW-stoff-Lösungsmm. 7648.
Gingrich (J. R.) u. Smith (F. W.), Ansprechen v. Weizen u. Hafer auf verschied. Anwendd. v. N, P u. K auf einigen Kansas-Böden 909.
Gingsberg (H.), Moderne Al-Elektrolyse 10367.
Ginkiewicz (M. C.) s. Smith.
Ginn (M. E.) s. Edwards (G. P.).
Ginnings (D. C.), Ball (A. F.) u. Vier (D. T.), Calorimetr. Best. d. Halbwertszeit v. Po 1197.
—, Douglas (T. B.) u. Ball (A. F.), Spezif. Wärme v. Be zwischen *0* u. *900°* 291.
Ginoulhiac (E.) s. Carrara (Gino).
Gins (H. A.), Pathogenese u. Bekämpf. d. infektiösen Parodontitis 6563.
Ginsberg (H.) s. Bentel (H.).
Ginsberg (Hans), Metallurg. Probleme d. Tonerdeerzeug. 9177. — Leichtmetallanalyse [10104]. — s. Hüttig (W.).
Ginsberg (H. F.) s. Papa (D.).
Ginsberg (H. H.) s. Pelipetz (M. G.).
Ginsburg (B. E.) s. Fuller (J. L.).
Ginsburg (D.), Unterss. in d. alicycl. Reihe. 1. Mitt. 1-Benzoylcycloalkene als Acceptoren in d. Michaelkondensat. 83. — Einw. v. tert.-Butylhypochlorit auf organ. Verbb.; 3. Mitt. Phenole 2180. — Colchicinstudien.

2. Mitt. Synth. v. 2-[2'.3'.4'-Trimethoxyphenyl]-cyclohepten-(2)-on 8616. — Amiel (Y.); Anbar (M.); Beereboom (J. J.); Bergmann (E. D.); Elad (D.); Pullman (A.); Rosenfelder (W. J.).
Ginsburg (D. S.) s. Jermolenko (N. F.).
Ginsburg (E. S.) s. Kreschtschanowski (N. S.).
Ginsburg (J. N.) s. Schteiert (N. P.).
Ginsburg (K. J.), Aufnahme v. P durch einige Tonmineralien in Abhängigk. v. d. Größe d. Teilchen u. d. Dauer d. Wechselwrkg. mit Phosphatlsg. 6111.
Ginsburg (L. J.) s. Wolarowitsch (M. P.).
Ginsburg (M.) u. **Grayson (J.)**, Faktoren zur Kontrolle d. Leberdurchblut. bei Ratten 1790.
Ginsburg (O. F.), Kondensationsprodd. v. Triphenylcarbinolen mit 1-Phenyl-3-methylpyrazolon-(5). 2. Mitt. 806. — Dissoziat. d. Triarylcarbinole 2158. — Rk. v. Aminotriarylcarbinolen mit Organomagnesiumverbb. 3126.
— u. **Porai-Koschitz (B. A.)**, Farbstoffe mit Antipyrinkernen. 2. Mitt. 3010.
Ginsburg (S.) s. Wilson (I. B.).
Ginsburg (W. A.) s. Jakubowitsch (A. J.).
Ginsburg (W. L.), Supernovae u. Novae als Quelle v. Höhen- u. Radiostrahl. 3546. — Ursprung d. kosm. Strahl. u. Radioastronomie 5707. — Gegenwärt. Stand d. Theorie d. Supraleitung. Mkr. Theorie 7151. — Ursprung d. Höhenstrahlen 9487. — Opt. Eigg. d. Metalle 9497.
— u. **Fradkin (M. I.)**, Elektronenkomponente u. Ursprung d. Höhenstrahlen 3545.
— u. **Ssilin (W. P.)**, Relativist. Wellengleichungen d. Massenspektren 4028.
Ginsburg (Z. G.), Zuläss. Geh. an Glimmer im Sand, d. für hydrotechn. Betone Verwend. findet 7060.
— u. **Lawrinowitsch (J. W.)**, Wrkg. d. Plastifikators Sulfitspritschlempe auf Beton aus Puzzolan–Portlandzement 6108.
Ginsig (R.) s. Campbell (T. W.).
Ginstling (A. M.), Reaktionskinetik in Gemischen fester Substanzen 3815. — s. Budnikow (P. P.); Posin (M. J.).
— u. **Fradkina (T. P.)**, Reaktionskinetik in Gemischen fester Substanzen. 1. Mitt. 7629; 2. Mitt. 7629.
Ginther (G. B.) s. Ferry (J. J.).
Ginther (R. J.), Sensibilisierte Luminescenz v. $CaF_2\cdot(Ce + Mn)$ 7840.
Ginzberg (E. G.) u. **Igonin (L. A.)**, Polarograph. Best. v. Styrol in Polystyrol 5194.
Ginze (L. A.) u. **Iwanow (W. I.)**, Biol. u. chem. Eigg. v. Vollantigenen, d. aus Kulturen d. Bauchtyphusmikroben gewonnen u. d. Entgift. unterzogen wurden 4857.
Ginzel (A.) s. VEB Farbenfabrik Wolfen.
Ginzel (K. H.), **Klupp (H.)**, **Kraupp (O.)** u. **Werner (G.)**, Zwei ganglienblockierende Stoffe aus d. Reihe d. Dicarbonsäureester quart. NH_4-Verbb. 1556.
Gioia (A.) s. Cedrangolo (F.).
Giolito (S. L.) s. Gilbert (E. E.).
Giordani (M.), Effortilbelast. als Diagnosticum d. Kreislauss v. operat. Eingriffen 11627.
Giovambattista (N.) u. **Rabassa (R.)**, 2-[Benzhydryloxy]-äthylbenzhydryldimethylammoniumbromid 1497.
Giovanelli (R. G.), Tragbares Photometer für d. Prüf. reflektierender Verkehrszeichen 7045. — s. Jefferies (J. T.).
Giovanni (H. J. Di), **Graveson (R. T.)** u. **Yoli (A. H.)**, Scintillationsgerät für d. Bohrlochort. 4032.
Giovannini (E.) s. Monzini (A.).
Giovannozzi (M.) s. Corte (M. Della).
Giovannozzi (Mario) u. **Verdura (R.)**, Physiologie u. Biochemie v. Nicotiana tabacum var. Virginia Bright. 3. Mitt. 2. Teil. Chem. Änderr. während künstl. Trockn. 8053.
Giovannozzi-Sermanni (G.), Fettbildner Debaryomyces nicotianae u. a. fetterzeugende Mikroorganismen 380.
Giraitis (A. P.) s. Standard Oil Development Co.
Giral (F.), Synth. v. Insekticiden d. Pyrethrumgruppe 2517.
— u. **Aguilar (M. D.)**, Vitamin-C-Geh. in pflanzl. Drogen. 2. Mitt. Rinde, Wurzel u. Wurzelstock 636.
Giral (J.) u. **Laguna (J.)**, Tryptophan u. Niacin in hybriden Maisarten v. Mexiko 9592.
Girard (A.) s. Laboratoires Français de Chimiothérapie; Lachima (Laboratoire Marocain d'Études et de Recherches Chimiques) [Soc. An. Chérifienne].
Girard (J. W.) s. Great Lakes Carbon Corp.
Girard (M.), Neue Reihe kristallisierter Wismuttartrate 2652.
Girard (M. M.) s. Ruelius (H. W.).
Girard (P. E.) s. Lorrain (P.).
Girardeau (M.) s. Rivière (J.).
Girardet (L.) s. Chambon (M.).
Giraud (P.) s. Mattei (C.).
Giraud-Costa (É.) s. Dupré la Tour (F.).
Girault (A.) s. Brahic (J.).
Girault-Vexlearschi (G.) s. Rumpf (P.).
Giri (K. V.), Rundfilterpapierchromatographie 1104. — s. Radhakrishnan (A. N.); Rao (T.).
—, **Gopalkrishnan (K. S.)**, **Radhakrishnan (A. N.)** u. **Vaidyanathan (C. S.)**, Prolin u. Oxyprolin in Blättern 11021.
— u. **Kalyankar (G. D.)**, Nichtenzymat. Umaminierungs-Rk. zwischen α-Aminosäuren u. Ketosäuren 7418.
— u. **Krishnaswamy (P. R.)**, Synth. v. Riboflavin durch eine Hefemutante v. Saccharomyces cerevisiae 5098.
—, **Murthy (D. V. K.)** u. **Rao (P. L. N.)**, Rundfilterpapierchromatographie. 4. Mitt. Trenn. organ. Säuren 10587.
— u. **Nigam (V. N.)**, Trenn. d. einfachen Saccharide u. Oligosaccharide durch Rundfilterpapierchromatographie 8224.
—, **Nigam (V. N.)** u. **Srinivasan (K. S.)**, Synth. v. Oligosacchariden bei d. enzymat. Hydrolyse v. Cellobiose durch Aspergillus flavus 843.
—, **Prasad (A. L. N.)**, **Devi (S. G.)** u. **Ram (J. S.)**, Technik zur papierchromatograph. Identifizier. u. Trenn. v. Enzymen 7002.
—, **Radhakrishnan (A. N.)** u. **Vaidyanathan (C. S.)**, Einfache papierchromatographische Meth. zur Unters. v. Transaminierungs-Rkk. 7699. — Rundfilterpapierchromatographie. 6. Mitt. Quantitative Best. d. Aminosäuren 11059.
Girmond (H.), Chem. Reinig. wollener Gewirke u. Gestricke 7343.

Girod (E.) s. G e i g y (J. R.) A k t. - G e s.
Giróns (R.) u. **Gispert (I. de)**, Myxödem nach antiepilept. Behandl. mit Dimethyldithiohydantoin 2481.
Giroud (A.) s. A n c e l (P.).
—, Lefebvres (J.) u. **Dupuis (R.)**, Auswrkgg. d. Folsäuremangels auf d. Embryo 11615.
Girvin (G. T.) u. **Stevenson (J. W.)**, Zellfreie „Cholinacetylase" aus Lactobacillus plantarum 10773.
Gish (C. W.) s. H o w e l l (C. L.).
Gisiger (L.) u. **Kohler (M.)**, Prüf. v. Hormothan als wachstums- u. ertragssteigerndem Mittel 2755.
—, Wenger (H.) u. **Kummer (M.)**, Abbau verschied. organ. Substanzen u. ihr Einfl. auf unbepflanzten Boden 2754.
Gisinger (E.), Cu-Stoffwechsel 10309. — s. C o u r m o u l i s (M.).
—, Grabner (G.) u. **Kaindl (F.)**, Wrkg. eines Adrianolderiv. auf d. Lungenkreislauf 10077.
Gisler (H. J.) s. T h o m (C.).
Gislon (A.) s. C o m p. F r a n ç a i s e d e R a f f i n a g e.
Gispert (I. de) s. G i r ó n s (R.).
Gispert (M.) s. R í u s (A.).
Gisske (W.), Keimfreie Gewürzpräpp. für d. Herst. v. Fleischgerichten u. Wurstwaren 712.
Gisvold (O.) s. C h i a n g (L i - C h i n).
Gitsch (E.), Adeninverbb. in d. Behandl. d. klimakter. Symptomenkomplexes, bes. d. Gonadotropinausscheid. 2005. — Direkt-indirekt-hormonale Therapie d. sek. Amenorrhoe 10549.
— u. Tulzer (H.), Wrkg. intrauterin applizierter Östrogene auf d. gonadotrope Funkt. d. Hypophysenvorderlappens 8895.
Gitschthaler (K.) s. Z i e g l e r (E.).
Gitterman (C. O.) u. **Knight (S. G.)**, CO_2-Fixier. in Aminosäuren bei Penicillium chrysogenum 11405.
Gittings (D. O.), Rowland (D. H.) u. **Mack (J. O.)**, Einfl. d. Badzus. auf Al-Überzüge auf Stahl 6124.
Gittleman (J.), Zwischenzustand eines hohlen, supraleitenden Zinnzylinders 5725. — s. S e r i n (B.).
Gittlin Bag Co. u. **Strickman (S. W.)**, Wasserundurchläss. geschichtete Gewebe für Schläuche, Säcke, Zelte u. dgl. 10165* A.
Gittner (F.), O. Keller *75* Jahre 11321.
Gittner (H.), F. Hofmann *85* Jahre 11321.
Gittos (M. W.) u. **Wilson (Walter)**, Intramol. Wechselwrkg. zwischen γ-tert.-Amino- u. Cyangruppen 11575.
Gittus (J.), Analyse d. Fließvorganges körn. Stoffe, wie Sand 8714.
Gitzen (W.) s. W a g n e r (G.).
Giua (M.) u. **Civera (M.)**, Einw. d. Carbylamine auf einige aromat. Nitroverbb. 338.
Giudice (P. A.) s. C i o c a t t o (E.); F o g l i a t i (A. E.).
—, Mairano (C.) u. **Tavano (C.)**, Wrkg. anticholinerg. Pharmaka auf d. Motilität v. Ösophagus u. Magen. Viscerograph. Unters. 6799.
Giudicelli (P. R. L.) s. C h a b r i e r (P.); N a j e r (H.).
Giudicelli (R.) s. H a z a r d (R.).
Giuffrè (L.) s. B e r t o r e l l e (E.).
Giuffria (R.) s. T r i p p (V. W.).
Giuffrida (G.) s. A l l e g r a (G.).
Giulimondi (G.) s. R o m a n o (E.).
Giulini (Gebr.) G. m. b. H. u. **Scheurlen (K.)**, Anorgan. Füllmittel für Kautschuk 233* D.B.
Giulotto (A.), Merkmale u. Normalbestimmungsverff. v. Pigmenten 700.
Giulotto (L.) s. C h i a r o t t i (G.).
Giunchi (G.) s. F i d a n z a (A.).
—, Fidanza (A.), Scuro (L. A.), Sorice (F.) u. **Bonomolo (A.)**, Toxizität d. Terramycins beim Meerschweinchen 8200.
Giuseppe (L. de) s. E r c o l i (A.).
Giussani (A. A.) s. M e r o n i (R. J.).
Giusti (G.), s. R i t i s (F. de).
Givaudan (L.) & Cie., Soc. An., Cyclisieren v. Geranylacetonen 1864* F. — Ringschluß v. Geranylacetonen 3254* E. — Trans-3-Methylcitral 3988* Schwz. — N-(β-Phenoxyäthyl)-N-benzyl-β-chloräthylamin 7728* Schwz.
— u. Barbier (A.), Mittel für Sonnenbrandöle u. -emulss. 3751* F.
— u. Naves (Y. R.), 2.5.5.9-Tetramethylhexahydrochromene 236* D. B.
— u. Utzinger (G. E.), Herst. v. Dialkylamiden v. aliphat. β-Ketocarbonsäuren 4454* F.
Givaudan Corp., Gump (W. S.) u. **Nikawitz (E. J.)**, Aromat. Halogenamine u. deren Salze 875* A. — Salze v. Dibenzyl-(2-halogenpropyl)-aminen 5132* A. — N-(β-Phenoxyäthyl)-halogenäthylamine 9854* A. — N-(β-Phenoxyäthyl)-äthanolamine 9855* A.
—, Kunz (E. C.), Weston (W. H.), Jennison (M. W.), Sweet (H. R.) u. **Kitchens (G. C.)**, Ligninkonzentrate aus Holz 6424* A.
— u. Wood (T. F.), 1-Cycloalkyl-2-nitropropen-(1)-derivv. 9908* A.
Given (R. J.) s. P h i l l i p s P e t r o l e u m C o.
Givens (D. B.) s. B e c k (C. W.).
Givens (M. P.), Dünne Folien v. metall. Se 8801. — s. C a r t e r (D. E.); W o o d r u f f (R. W.).
— u. Discher (W. V.), Optik doppelbrechender Kristalle 6214.
Givin (H. H.), Farney (G. K.), Hahn (T. M.) u. **Kern (B. D.)**, Winkelverteil. d. *12* u. *16* MeV-γ-Strahlen aus d. Protonenbeschuß v. B 2125. — Winkelverteil. d. *12* u. *16* MeV-γ-Strahlen aus d. Protonenbeschuß eines dünnen Bortargets 11490.
—, Farney (G. K.), Kern (B. D.) u. **Hahn (T. M.)**, Winkelverteil. d. *12* MeV-γ-Strahlen aus d. Rk. $^{11}B(p,\gamma)$ ^{12}C 7599.
Gizycki (F. v.), Quantitative Best. v. Äthylendiamin 7743. — s. H e e g e r (E. F.).
— u. Reppel (L.), Farb-Rkk. d. Substitutionsprodd. d. Harnstoffs 11263.
Gjaldbaek (J. C.), Löslichk. v. Gasen in Fll. 2378.
Gjems (O.) u. **Lydersen (D.)**, Entfern. v. Al bei d. flammenphotometr. Best. v. Ca 8011.
Gjerstad (G.), Gegenwärt. Stand d. Kultivier. v. Claviceps purpurea (Fries) Tulasne in künstl. Substraten 10565.
Gjertsen (P.), Kohlenhydratzus. v. Würze u. Bier 10399.
Gjørup (P. A.) u. **Gormsen (J.)**, Mit ACTH behandelte subakute Thyreoiditis 3661.
Gjurgjević (D.), Natürl. Hydrargillit als Adsorbens für die Entwässer. v. Naturgas 5220.
Glabau (C. A.), Anwend. v. Kakao bei d. Kuchenherst. 10645. — Ammoniumbicarbonat in d. Herst. v. Tortenboden 10877.
Glabe (E. F.) s. F o o d T e c h n o l o g y, I n c.
Glacet (C.), Additivität d. Dihydrofurane. α-Anilinotetrahydrofurane 3854.

Glacet (C.) u. **Deram (T.-M.),** Darst. u. Dehydratisier. v. Dialkylolaminen 11579.
— u. **Gaumeton (A.),** Herst. u. Eigg. v. α-Butylaminotetrahydropyran u. v. α-Diäthylaminotetrahydropyran 8853.
Glacier Metal Co. Ltd., Gleitmittel für Zapfenlager 4009* E. — Gleitlager 7311* F.
— u. **Browen (W. B. D.),** Weißmetall für Lagerzwecke 7542* E.
— u. **Forrester (P. G.),** Wärmebehandl. v. Verbundmetallen 3248* E. — Gleitlager 5168* E. — Wärmebehandl. einer Cu–Pb-Lagerlegier. 6382* E.
—, **Forrester (P. G.), Leathers (A.)** u. **Denyer (G. D.),** Bimetalle aus Al-Legierr. für Lager 9897* E.
—, **Forrester (P. G.)** u. **Tait (W. H.),** Lager 4927* E.
— u. **Love (P. P.),** Mehrfachmetalle 9663* E.
— u. **Tait (W. H.),** Lager 5412* E. — Lageroberflächen 6382* E.
Glaçon (J.), Beobachtt. über d. Lagerstätte v. Boukdema (Algier) 1002. — Pb–Zn-Vork. v. Boukdema (Algier) u. d. dort auftretende Talk 4784.
Gladel (Y. L.) s. Durandet (J.).
Gladenko (I. N.) u. **Fortuschny (W. A.),** Giftigk. v. Futtermitteln, d. aus mit Hexachloran behandelten Pflanzen gewonnen wurden 407.
Gladkich (S. G.), Unters. v. Präpp. zum Abweisen v. Überträgern menschl. Krankheiten 11079.
Gladrow (E. M.) s. Standard Oil Development Co.
Gladych (J. M. Z.) s. Friedmann (C. A.).
Gladyschew (W. A.) s. Wernow (S. N.).
Gladyschewskaja (W. A.) s. Schosstakowski (M. F.).
Gladyschewski (J. I.) s. Kripjakewitsch (P. I.).
Glaeser (A. L.) s. Hercules Powder Co.
Glaeser (J.), Therapie d. insuffizienten Altersherzens mit oralem Strophanthin 7493.
Glaeser (R.) s. Mering (J.).
Glättli (H.), Loepfe (E.) u. **Scherrer (P.),** Best. d. [8]Be-Niveaus 9954.
Glagolewa (A. S.) s. Kisber (A. I.).
Glahn (P. E.) s. Roche (J.); Thoai (N.-van).
Glahn (W. H. v.) s. General Aniline & Film Corp.
Glaisher (W. H.), Sandguß v. Cu hoher Leitfähigk. 3239. — s. Brandt (D. J. O.).
Glamorene, Inc. u. **Eisen (H. L.),** Reinig. v. Malerpinseln u. -bürsten 8506* A.
Glander (F.) s. Hartmann (A.).
Glang (R.) s. Hauffe (K.).
Glansdof (R.), Infrarottrockn. v. Textilien 4733.
Glansholm (D.) u. **Kleman (B.),** Verwend. v. Photomultipliern in d. Spektroskopie 7737.
Glanzstoff-Courtaulds G. m. b. H., Domke (R.) u. **Koblitz (W.),** Viscose 490* F.
Glarum (S. N.) u. **Penner (S. E.),** Verh. v. opt. Bleichmitteln bei Cellulose 11711.
Glas- und Spiegelmanufaktur N. Kinon G. m. b. H. u. **Kinon (H.),** Mehrschichtenglasscheibe 193* D. B.
Glasatschew (W.), Technologie d. Acidophilins 8282.
Glaschkina (T. P.) s. Nasirow (M. R.).
Glascock (R. F.), Isotopic gas analysis for biochemists [2972]. — s. Duncombe (W. G.).
Glaser (D. A.), Entw. v. Blasenkammern 8082.
Glaser (F. W.) s. Post (B.).
Glaser (H.), Thermodynamik d. Luftverflüssig. 8092.
Glaser (Heinrich) s. Rheinische Draht- & Kabelwerke G. m. b. H.
Glaser (Louis), Zn–V-Legierr. 9183* F. — Al–V-Legierr. 9897* F.
Glaser (Lucy) s. Ethyl Corp.
Glaser (W.) u. **Schiske (P.),** Strenge Durchrechn. einer typ. elektrostat. Einzellinse 6466.
Glaskow (W. I.) s. Burmisstrow (S. I.).
Glaskowski (W. A.), Geolog.-Mineralog. Grundlagen d. technolog. Bewert. v. Erzlagern verschied. Genesis. Russ. [6615].
Glasman (J. M.) u. **Dykman (I. M.),** Koagulat. v. lyophoben Solen bei d. Einw. v. Elektrolytgemischen 9032.
—, **Strashessko (D. N.)** u. **Tartakowskaja (B. E.),** Unters. d. Koagulat. lyophober Sole durch Elektrolyte nach d. Meth. d. markierten Atome. 1. Mitt. Adsorpt. v. gleichsinnig mit d. Kolloidteilchen geladenen Ionen 10690.
Glasman (M. G.) u. **Lepichowa (L. P.),** Ekmolin als Faktor, der d. Wrkg. v. Penicillin auf resistente Staphylokokkenkulturen erhöht 9360.
Glass (D. B.) s. Eastman Kodak Co.; Kodak-Pathé.
Glass (G. B. J.), Boyd (L. J.) u. **Gellin (G. A.),** Verfolg. v. parenteral verabreichtem Vitamin B_{12} an Menschen während d. Aufnahme durch Best. d. Radioaktivität an d. Körperoberfläche 8662.
Glass (H. D.), Unters. über Kohlenlagerstätten durch differentielle therm. Analyse 5217.
Glass (J. R.) s. Milner (O. I.).
Glass (J. V. S.) u. **Maclennan (W. H.),** Säuren, Basen u. Salze 7291.
Glass (R. A.), Anwend. v. Chelatbildnern auf d. Trenn. v. Am u. Cm durch Ionenaustausch 7144.
Glass Fibers, Inc., u. **Balz (E. H.),** Behandl. bzw. Reinig. v. Glasgewebe 4494* A. — Entfernen v. stärkehalt. hydrophilen Aviviermitteln aus Glasfasergeweben 10395* A.
Glasser (H.) s. Cuthbertson (W. F. J.).
Glasser (J.) s. Fleischer (A.); Kennekott Copper Corp.
Glasser (L. G.) u. **Troy (D. J.),** Neuer hochempfindl. Differentialcolorimeter 1803.
Glasser (R. G.), M.-Best. durch multiple Coulomb-Streuung an gebremsten Teilchen 4987. — s. Schein (M.); Sprague (A. D.).
Glasserman (A. B.) s. Nemirovsky (J.).
Glassey (C. Q.) s. Kodak-Pathé.
Glassgold (A. E.), Elast. Streuung v. Elektronen hoher Energie an Kernen 6677.
Glassman (I.) u. **Harris (B. L.),** Stoßdurchmesser einiger Gase als Funkt. d. Temp. 9737.
Glassman (J. M.) u. **Seifter (J.),** Einfl. v. Mephentermine auf d. hypodynam. u. arrhythm. isolierte Froschherz 10801.
Glassman (M. D.) s. Foà (P. P.).
Glassmire (W. F.) s. Texas Co.
Glasson (B.), Stoffwechsel schwefelhalt. Medikamente 2945.
Glastonbury (H. A.), App. für „Dead-stop"-Endpunktstitratt. mit akust. Anzeige d. Endpunktes 1106.
Glaswatte G. m. b. H. u. **Lauterborn (C.),** Faserhalt. Werkstoff 7525* D. B.
Glatt (M. M.), Methylpentinol 152.

Glauber (R. J.), Potentialstreuung bei hohen Energien 972. — Streuung durch Gitter deformierbarer Atome 9035. — s. Zemach (A. C.).

Glaubitz (E.), Asthmamedikament AM 49 8439.

Glauert (R. H.), Mann (F. G.) u. **Tetlow (A. J.)**, Darst. u. Eigg. einiger Diazadimethincyaninsalze 95.

— u. **Mann (F. G.)**, Merocyaninfarbstoffe 6179* E.

Glauque (W. F.) s. Sherman (R. H.).

Glausen (W.), α-Amylasegeh. in Roggenmehl u. d. Gärfähigk. d. Mehles 5924.

Glauser s. Zuppinger.

Glavind (J.) u. **Hartmann (S.)**, Chem. Natur d. Thiobarbitursäureesters zur Oxydat. ungesätt. Fettsäuren 9159.

Glaxo Laboratories Ltd., 2.6-Dijoddiphenyläther 3253* Schwz.

—, **Borrows (E. T.)** u. **Clayton (J. C.)**, 2.6-Dihalogendiphenyläther 1567* Schwed.

— u. **Dickson (G. T.)**, 2.6-Dijoddiphenyläther 3443* D. B.

—, **Smith (Ernest Lester), Ball (S.), Fantes (K. H.), Emery (W. B.), Anslow (W. K.)** u. **Walker (A. D.)**, Vitamin B_{12e} 2029* Can.

Glaze (F. W.), Derzeit. Tendenzen in d. Glasanalyse 9647. — s. Florence (J. M.).

Glazer (H.) u. **Reiss (H.)**, Thomas-Fermi-Berechn. d. C–H-Bindungsmoments in Methan 5031.

Glazer (H. S.), Mueller (J. F.), Jarrold (T.), Sakurai (K.), Will (J. J.) u. **Vilter (R. W.)**, Wrkg. v. Vitamin B_{12} u. Folsäure auf d. Zus. v. Nucleinsäure d. Knochenmarks v. Patienten mit megaloblast. Anämie 3422.

Glazer (I.) s. Fitzpatrick (P. M.).

Glazer (J.), Dilatometr. Mess. d. Geschwindigk. d. Vulkanisat. v. Kreppgummi mit Schwefelmonochlorid 11106.

— u. **Schulman (J. H.)**, Vulkanisat. v. Kautschukkrepp durch Schwefelmonochlorid. 1. Mitt. Geliermeth. 7102.

Glazer (L.) s. Touchstone (J. C.).

Glazier (E. M.) s. Gulf Research & Development Co.

Glazier (F.) s. Gofman (J. W.).

Glazier (L. R.), Dowd (L. R.) u. **Manke (A. H.)**, Kalte Separat. v. pasteurisierter Milch; ihre Wrkg. auf d. Rahm 3755.

Gleason (A. H.) s. Jasco, Inc.; Standard Oil Development Co.

Gleave (G.) s. Sadove (M. S.).

Gleave (W. W.) s. Imperial Chemical Industries Ltd.

Glebowskaja (J. A.) u. **Sacharow (A. A.)**, Unters. v. Bitumen nach d. Meth. d. Infrarotabsorptionsspektren 2814.

Gledhill (J. A.) u. **Malan (G. McP.)**, Löslichkk. schwerlösl. Salze in W. 2. Mitt. Löslichk. v. AgBr bei 25° 6933; 3. Mitt. Löslichkk. v. AgCl u. AgBr v. 5—55° 6933.

Gledhill (John Alan) u. **Patterson jr. (A.)**, Mess. d. Elektrolytfähigk. in starken elektr. Feldern (Wien-Effekt) 7617.

Gledhill (P. K.) s. Voice (E. W.).

Gleiche (G.), Potentiometr. p_H-Mess. im Apothekenlabor. mit d. Glaselektrode 409.

Gleichweit (E.), Einfl. d. Wirkstoffkomplexes T auf Wachstum u. Entw. d. Goldhamsters (Cricetus [Mesocricetus] auratus Waterhouse) 1778.

Gleim (C. E.) s. Wingfoot Corp.

Gleim (W. K. T.) s. Universal Oil Products Co.

Gleissner (O.), Behandl. d. Harnwegsinfekt. mit Solutrat 865.

Gleitz (K.) s. Wyszomirski (A.).

Glembotzki (I. I.) s. Jutziss (A. P.).

Glembotzki (W. A.), Haftzeit v. Luftbläschen an Mineralteilchen bei d. Flotat. u. ihre Mess. 891.

Glemser (O.) s. Hartert (E.); Ziegler (M.).

— u. **Butenuth (G.)**, Wechselwrkg. v. Elektronen mit festen Stoffen 1225.

— u. **Hartert (E.)**, Knickschwingungen d. OH-Gruppe im Gitter v. Hydroxyden 4275.

—, **Hauschild (U.)** u. **Trüpel (F.)**, Chromoxyde zwischen Cr_2O_3 u. CrO_3 10463.

— u. **Lutz (G.)**, Veränder. v. Molybdäntrioxyd im Elektronenmikroskop u. d. Auftreten niederer Mo-Oxyde 3083.

—, **Schröder (Hans)** [Göttingen] u. **Haeseler (H.)**, S–N–F-Verbb. 1. Mitt. Darst. u. Eigg. v. $S_4N_4F_4$, SN_2F_2 u. SNF 11178.

Glen (W. L.) s. Ayerst, McKenna & Harrison Ltd.

Glénat (R.) s. Heilmann (R.).

Glendenin (L. E.) s. Keller (R. N.); Steinberg (E. P.).

—, **Flynn (K. F.), Buchanan (R. F.)** u. **Steinberg (E. P.)**, Radiochem. Best. v. Cer in d. Spalt. 10435.

Glendening (M. B.) s. Page (E. W.).

Glendenning (E. B.) s. Shell Development Co.

Glenn (H. D.) s. United States Rubber Co.

Glenn (H. J.) s. Abbott Laboratories.

—, **Freifelder (M.), Stone (G.), Hertz (E.)** u. **Strong (J. S.)**, Darst. u. analget. Aktivität gewisser Cyanlactame. 1. Mitt. 9090.

Glenn (R. A.), Bezugselektrode für potentiometr. Titratt. in Eisessig 1338. — Kohlenhydrier. 4. Mitt. Wrkgg. d. Vorerhitz. bei d. eingeschränkten Hydrier. v. Pittsburgh-Flözkohle 11126. — s. Falkum (E.); Walt jr. (C. W. De).

Glenn (W. E.) u. **Prouty (C. C.)**, Bakteriolog. Unterss. an mit Bakterienkulturen hergestellter Buttermilch. 2. Mitt. Fortschreitende Änderr. in d. Zahl v. Leuconostoc citrovorum u. Streptococcus cremoris in Zusammenhang mit d. p_H-Wert u. d. Geh. an Acetylmethylcarbinol u. Diacetyl 5447.

Glenz (K.) s. Durand & Huguenin Akt.-Ges.

Gleria (J. di), Acidität u. Basizität d. Böden im Lichte d. neuesten Forschungsergebnisse 10358.

Gleser (I. I.), Einfl. v. Amytalnatrium auf d. Bestand an Mediatoren im peripheren Blut 152.

Glew (D. N.) u. **Moelwyn-Hughes (E. A.)**, Chem. Statik d. Methylhalogenide in W. 1910.

Gley (P.) s. Buu-Hoï (N. P.).

— u. **Delor (J.)**, Wrkg. v. Bromanautin auf d. Labyrinthreflexe u. d. Entsteh. d. Seekrankh. 7956.

Glick (D.) s. Nayyar (S. N.).

Glickman (S. A.) s. General Aniline & Film Corp.

Glicksman (M.), Streuung negativer 217 MeV-Pionen an H 10430. — s. Fermi (E.).

Glidden Co. s. Abbott Laboratories.

—, **Julian (P. L.), Iveson (H. T.)** u. **McClelland (M. L.)**, Phosphatide 246* A.

Glidden Co., Julian (P. L.) u. **Karpel (W. J.),** 16-Pregnen-20-one 4650* A. — 17-Brom-20-ketone d. Pregnanreihe 7502* A. — C_{19}-Steroide 9148* A.
—, Julian (P. L.) u. **Meyer (E. W.),** Ätiosteroidcarbonsäuren 7504* A.
—, Julian (P. L.), Meyer (E. W.) u. **Printy (H. C.),** 16-Alkylandrostene 2493* A.
—, Julian (P. L.), Meyer (E. W.) u. **Ryden (I.),** 3.20-Diketo-17α-oxysteroide 1100* A. — 17α-Oxysteroide 4411* A., 6808* A.
—, Julian (P. L.), Printy (H. C.) u. **Meyer (E. W.),** 20-Dimethylaminosteroide u. deren quatern. Ammoniumsalze 3689* A.
— u. **Klinker (L. G.),** Kupferlötpaste 8723* A.
— u. **O'Brien (J. J.),** Fe-freie Mischungen v. Se u. S 2748* Can.
— u. **Riegel (B.),** Steroide mit einem Cyclopropanring 4649* A.
— u. **Schwartzberg (H.),** Für Firnis geeignete Phenolharze 8743* A.
Gliemeroth (G.), Beinigk. u. Wurzelwachstum d. Zuckerrüben 7105.
Gliessman (J. R.) s. H u n g (C. S.).
Glietenberg (E.) s. F a r b e n f a b r i k e n B a y e r A k t. - G e s.
Gliki (N. W.), Besonderhh. d. inneren Struktur d. Kristalle v. SiC u. d. Spiralmikroreliefs ihrer Flächen 9268.
Glikman (L. A.) u. **Chein (J. A.),** Einfl. v. plast. Verform. u. Alterung auf d. Abklingen v. Schwingg. v. kohlenstoffarmem Stahl. 1. Mitt. 4296; Einfl. plast. Verform. u. Alterung auf d. Abklingen v. Schwingg. in Cu. 2. Mitt. 4296.
Glikman (S. A.), Jefremowa (O. G.) u. **Awerjanowa (W. M.),** Einfl. v. Metallionen auf d. Eigg. v. Äthylcellulose. 3. Mitt. Abhängigk. d. elast.-plast. Kennzahlen d. Äthylcellulosegele v. Geh. an Natriumionen 4122.
Glimm (P.), Verbesser. d. Behandlungsergebnisse mit Ameisensäure 6564.
Glinka (N.) s. A l e x a n d r o w a (A.).
Globe Envelopes Ltd. u. **Norman (D. P.),** Fl.-dichtes Papiergefäß u. seine Herst. 11119* A.
Globig (C.) s. B r e c h t (W.).
Globus-Werke F. Schulz jr. u. **Philipp (H. v.),** Schädlingsbekämpfungsmittel 1131* D. B.
—, Philipp (H. v.) u. **Hahn (A.),** Kombinierte Schädlingsbekämpfungsmittel 8480* D. B.
Glock (E.), Kinetik d. Kalkstickstoffbldg. aus CaC_2 u. N_2 8333.
Glock (G. E.) u. **McLean (P.),** Geh. an Enzymen d. direkten Oxydationsstufen d. Kohlenhydratstoffwechsels in Geweben u. Tumoren v. Säugetieren 11403.
Glocker (R.) s. F r o h n m e y e r (G.).
— u. **Frohnmeyer (G.),** In bezug auf d. Röntgeneinh. wellenlängenunabhängiges Zählrohr 1200.
Glockler (G.) s. M a t l a c k (G. M.); W a l z (A. E.).
Glocklin (V. C.), Propylenglykol u. Methämoglobinbldg. bei Ratten u. Meerschweinchen 394.
Glockling (F.) s. C o a t e s (G. E.).
Glockner (R.) s. B r e i t l i n g (G.).
Glöckner (E.), Kennzeichn. d. Härte d. Braunkohle im Hinblick auf ihre Auswrkg. bei d. Brikettierung 6657.
Gloess (M. P. P.), Versorg. d. Erdbodens mit Spurenelementen 1130* F. — Alginate 3273* F. — Spurenelemente enthaltende Prodd. 3512* F.
Glogau (R. C.) s. D u P o n t d e N e m o u r s (E. I.) & C o.
Glomset (J.) s. Å g r e n (G.).
Gloor (R.), Vollbadverzink. als Unterwasserrostschutz 2526.
Gloriosow (P. A.) s. S c h a p o w a l e n k o (S. G.).
Gloskey (C. R.) s. M e t a l & T h e r m i t C o r p.
Glover (A. M.) s. E n g s t r o m (R. W.).
Glover (C. A.) u. **Hill (C. P.),** Ebullioskop. Konstanten. Abhängigk. v. Mol.-Gew. d. gelösten Substanz u. d. Art d. Lösungsm. 8345.
Glover (C. P.) s. F r i e d m a n (H.).
Glover (K. M.) s. B a r c l a y (F. R.).
Glover (L. C.) s. C o r e y (R. A.).
Glover III, (R. E.), Gitterdehn. v. KCl-Einkristallen zwischen *20* u. *600°* 5006.
Glowatzki (M. T.), D. I. Mendelejew u. d. wissenschaftl.-techn. Gesellschaften d. Ukraine 9010.
Gloyer (S. W.) s. P i t t s b u r g h P l a t e G l a s s C o.
Gloyna (E. F.), Radioaktiv verschmutztes Wäschereiabwasser u. seine Behandl. 1. Mitt. Verss. mit Bakterien- u. Hefeaufschwemmungen 2508. — s. G o o d g a l (S.).
Gluchowska (A.) s. B i t t m a r (W.).
Gluchowskaja (Z. I.) s. W u r m a n (S. I.).
Gluckstern (R. L.) s. B i e d e n h a r n (L. C.).
Glueck (H. I.), Mess. kleiner Thrombinmengen mit Ninhydrin u. deren Anwend. zur Unters. d. Thrombinfunkt. 388.
Glücksmann (A.), Biol. Röntgenempfindlichk. v. somat. Zellen 6304. — s. P e l c (S. R.).
Gluesenkamp (E. W.) s. C h e m s t r a n d C o r p.; M o n s a n t o C h e m i c a l C o.
Gluschenkowa (A. I.) s. K a t z (B. A.).
Glusman (N. G.) s. S t r a s c h k e w i t s c h (A. M.).
Glycerine Corp. of America, Inc. u. **Brooks (B. T.),** Glycerin durch Gärung 6640* A.
Glyn (J.) s. W i l s o n (H i l d e g a r d).
Glynn (E. P.) s. H e b e n s t r e i t (C. O.).
Glynn (W.) s. N a t i o n a l R e s e a r c h D e v e l o p m e n t C o r p.
Gmachl (E.) u. **Hörtnagl (W.),** Behandl. d. Angina pectoris mit Laevadenyl u. Testoviron 4155.
Gmelin (R.) s. S c h u l t z (O.-E.).
Gmitter (G. T.) s. A r m o u r & C o.
Gnade (K.-H.) s. S i e m e n s - S c h u c k e r t w e r k e A k t. - G e s.
Gnant (J.), Bleichen v. organ. Prodd. 4965* Schwz.
Gnauck (B.) s. N e r d e l (F.).
Gneiße (G.), Schnellbestimmungen v. Lösungskonzz. mit d. Jelleyschen Mikrorefraktometer 11425.
Gnilitzkaja (J. W.) s. K u l i t s c h k o w (N. N.).
Gnip (P. I.), Eisenmetallurgie v. Polessje 9010.
Gnüchtel (A.) s. V E B F a r b e n f a b r i k W o l f e n.
Gobat (A. R.) s. F e d e r a l T e l e c o m m u n i c a t i o n L a b o r a t o r i e s, I n c.
Gobbato (F.) u. **Monarca (G.),** Klin.-statist. Beobachtt. bei *89* Fällen v. Bleianämie 4639.
Gobeil (R. J.) s. D u P o n t d e N e m o u r s (E. I.) & C o.
Gobet (J.) s. Z u b e r (C.).
Goble (A. T.) s. C e g e l s k i (W. M.).
Gobrecht (H.), Mosaikart. unterteilter Silberbelag 1821* D. B.

Gobrecht (H.) u. **Bartschat (A.)**, Opt. u. elektr. Eigg. v. Cadmiumsulfideinkristallen 5479.
—, **Hahn (D.)** u. **Gretzinger (B.)**, Temperaturabhängigk. d. Luminescenz d. Alkalipolysulfid- u. Uranylsalzphosphore 10439.
—, **Hahn (D.)** u. **Kösel (H.-J.)**, Einfl. d. Bestrahlungsintensität, Feldstärke u. Temp. auf d. Dunkel- u. Photostrom v. Phosphoren 17.
—, **Hahn (D.)** u. **Scheffler (K.)**, Leuchtmechanismus v. Zinkoxydphosphoren 10920.
— u. **Hamisch (H.)**, Frequenzabhängigk. d. elektr. Leitfähigk. d. polykristallinen Se 5481.
— u. **Speer (F.)**, Mess. d. Sekundärelektronenemiss. 10922.
— u. **Weiss (Werner)**, Luminescenzunterss. an uranaktivierten Erdalkaliwolframaten u. -molybdaten 11157.
Goche (O.) s. Vorst (W. van der).
Gochstein (J. P.), Diffus. v. Elektrolyten u. d. polarograph. Meth. d. Grenzstroms eines reduzierbaren Ions an d. Quecksilbertropfkathode 8929.
—, **Ssinjakowa (S. I.)** u. **Juchtanowa (W. D.)**, Anwend. d. oscillograph. Polarographie zur Best. d. Ti 6580.
— u. **Ssurkow (J. A.)**, Oscillograph. Polarographie 650.
Gocht (W.), Rectiole. Neue Applikationsart d. rectalen Therapie 5126, 5366.
Godbert (A. L.) s. Belcher (R.).
— u. **Would (L. O.)**, The inflammability of Mg, Al u. Mg-Al alloy dusts [10594].
Goddard (A. E.) s. Cooper (E. A.).
Goddard (D. A.) s. Mapson (L. W.).
Goddard (F. W.) u. **James (E. J. F.)**, Elements of physical chemistry [1894].
Goddard (H. O.), Regenerieren v. Sulfitablauge 6424* A.
Goddin jr. (C. S.) s. Stanolind Oil & Gas Co.
Goddu (R. F.) u. **Hume (D. N.)**, Photometr. Titrat. schwacher Säuren 3445.
Godeau (C.) s. Roy (R. R.).
Godefroi (E. F.), **Meek (J. S.)** u. **Clopton (J. R.)**, Derivv. d. 2-Amino-3-bromtetrahydropyrans 2419.
Godfrey (C.), **Bandtel (K. C.)**, **Frank (W. J.)** u. **Madey (R.)**, Erzeug. v. Tritonen bei Deuteron–Deuteron-Zusammenstößen 5713.
Godfrey (C. S.) s. Laporte Chemical Ltd.
Godfrey (J. C.) s. Boekelheide (V.).
Godfrey (K. L.) s. Monsanto Chemical Co.
Godfrey (T. N. K.), Einfang negativer μ-Mesonen in C 6906, 9015.
Godin (J. B.) s. Campbell (G. G.).
Godin (P.), Neues Sprühreagens für d. Papierchromatographie v. Polyolen u. Ketosen 177. — Unters. d. ersten Abbaustufen d. Glucose bei Penicillium brevi-compactum 10541. — Bldg. phenol. Substanzen auf Kosten v. verschied. 3-C-Verbb. durch Penicillium brevi-compactum 10779.
Godley (P.) s. National Research Corp.
Godman (G. C.) s. Levy (B. M.).
— u. **Murray (M. R.)**, Einfl. d. Colchicins auf d. Struktur d. Skelettmuskels in Gewebekulturen 2016.
Godnew (T. N.) u. **Schlyk (A. A.)**, Glucose als Ausgangsstoff für d. Synth. d. assimilierenden Pigmente d. Pflanzen 2003. — Teilnahme d. Glucose bei d. Bldg. d. Phorbin- u. Phytolteiles d. Chlorophyllmol. 5580.
Godowikow (N. N.) s. Lewina (R. J.).
Godrey (B. P.), Fettsäuren für d. Seifenherst. 6646.
Godridge (A. M.) u. **Thurlow (G. G.)**, Ein W. absonderndes Cyclon 6089.
Godsell (J. A.) s. Baker (W.).
Godsey (J. M.) s. Socony-Vacuum Oil Co., Inc.
Godt jr. (H. C.) s. Blicke (F. F.).
Godwey (C. W.), **Graham (A. R.)**, **Seguin (J. J.)** u. **Stavraky (G. W.)**, Pharmakol. Eigg. d. Insekticids Dieldrin 3425.
Godwin (J. T.) s. Shellabarger (C. J.).
Göbbels (P.) s. Thyssen (A.)-Hütte Akt.-Ges.
Goebel (C. G.) s. Emery Industries, Inc.
Göbel (E. F.), Berechn. d. Federkennlinien v. schräggestellten Scheiben-Gummifedern 7334.
Goebel (H. L.) s. United States Rubber Co.
Göbel (J.) s. Shell Development Co.
Goebel (R.) s. Metall-Diffusions-Gesellschaft m. b. H.
Göbelt (J.) s. Stüber (O.).
Goedecke (W.), Metallurg. Möglichkk. d. Induktionsschmelzofens im Vgl. zu anderen Ofensystemen 3949.
Goedkoop (M. L.) s. Directie van de Staatsmijnen in Limburg, handelend voor en namens den Staat der Nederlanden.
Göhre (K.) s. Metallgesellschaft Akt.-Ges.
Göhre (O.) s. Badische Anilin- & Soda-Fabrik Akt.-Ges.
Goehring (M.) s. Berg (W.); Faessler (A.).
—, **Heinke (J.)**, **Malz (H.)** u. **Roos (G.)**, Rk. zwischen Sulfurylchlorid u. NH_3 9277.
—, **Hohenschutz (H.)** u. **Appel (R.)**, Verbb. d. SO_3 10216.
—, **Hohenschutz (H.)** u. **Ebert (J.)**, Trischwefeldistickstoffpentoxyd 4060.
— u. **Messner (J.)**, Schwefelige Säure. 3. Mitt. Sulfinimid u. seine Isomeren 4779.
— u. **Zirker (G.)**, Lithiumtetraschwefeltetranitridoaluminat, $Li[Al(S_4N_4)]$ 11535.
Göksel (A.) s. Constable (F. H.).
Gölkel (A.) = Englhardt-Gölkel (A.).
Gönnert (R.) s. Farbenfabriken Bayer Akt.-Ges.
Goepfert (G. J.) s. Carborundum Co.
Göpfert (W.) u. **Huppertz (P.)**, Colorimetr. Best. v. Vitamin B_1 in Schokoladendragees mit d. Elko II 1164.
Göpp (K.) u. **Kunze (H.)**, Gersten aus Rheinland-Pfalz 5675. — Gersten aus Südwestdeutschland 6639.
Goeppert Mayer (M.) u. **Jensen (J. H. D.)**, Elementary theory of nuclear shell structure [9021].
Goerdeler (J.) u. **Domgörgen (H.)**, Nachw. v. O in organ. Verbb. 3213.
—, **Huppertz (A.)** u. **Wember (K.)**, 1.2.4-Thiodiazole. 2. Mitt. N-Methylderivv. d. Aminothiodiazole u. Iminothiodiazoline 4590.
— u. **Loevenich (D.)**, N-Halogenamidine. 4. Mitt. Sulfintriazine 4595.
— u. **Tegtmeyer (O.)**, 1.2.4-Thiodiazol 8852.

Goerdeler (J.), Wember (K.) u. **Worsch (G.),** N-Halogenamidine. 3. Mitt. 1.2.4-Thiodiazole. 1. Mitt. Darst. u. Eigg. d. 5-Amino-1.2.4-thiodiazole 4589.
Goerden (L.), Preßtechnik d. Polyesterharze, bes. nach d. Vorformverf. 1619.
Goergen (A.), Verhindern d. Auflösens d. Maschen bei Strümpfen u. Trikotagen 5457* F.
Görgényi-Göttche (O.), Sirály (F.) u. **Szathmáry (M.),** Behandl. d. Lungentuberkulose v. Erwachsenentypus im Pubertätsalter mit Isonicotinsäurehydrazid (INH) 149.
Goering (H. G.) s. Standard Oil Development Co.
Goering (Harlan L.) u. **Blanchard (J. P.),** Stereochemie v. Allylumlagerr. 1. Mitt. Synth., Konfigurationsbest. u. opt. Trenn. v. cis- u. trans-5-Methylcyclohexen-(2)-ol 3592.
—, **Blanchard (J. P.)** u. **Silversmith (E. F.),** Stereochemie v. Allylumlagerr. 2. Mitt. Kinetik u. Stereochemie d. Umlager. d. sauren Phthalsäureester v. cis- u. trans-5-Methylcyclohexen-(2)-ol 3593.
— u. **Silversmith (E. F.),** Stereochemie v. Allylumlagerr. 3. Mitt. Solvolyse d. sauren Phthalsäureester v. cis- u. trans-5-Methylcyclohexen-(2)-ol in wss. Aceton 8585.
Goering (Harvey L.), Rubin (T.) u. **Newman (M. S.),** Ster. Wrkgg. 3. Mitt. Alkal. Verseif. v. 4-X-2.6-Dimethylbenzoesäuremethylestern 3831.
Görisch (R.), Empfindlichk. v. Positivfilm 10424.
Goerke (J.) s. Robbins (E. D.).
Görnitz (K.) s. Schering Akt.-Ges.
Görög-Privitzer (K.) s. Josepovits (G.).
Goertz (R. C.), Mechan. Manipulator (Master-Slave) 10818.
— u. **Thompson (W. M.),** Elektron. gesteuerter Manipulator 10819.
Goertzel (G.) s. Spruch (L.).
— u. **Loeb (W. A.),** Ungleichförm. Füllmaterialverteill. in Kernreaktoren 7369.
Goes (M.) s. Buchtala (V.).
Goes (M.-L.) s. Roy (R. R.).
Gössl (T.) s. Krüger (R.) [Marl].
Goeters (W.), Behandl. d. Oxyuriasis im Kindesalter. Erfahrungen mit Uvilon 8439.
Goethals (C. A.) u. **Wibaut (J. P.),** Dipolmomente v. 2.2′-Dipyridyl u. v. 4.4′-Dipyridyl 51.
Goethart (G.), Auftreten v. freiem Thiaminpyrophosphat in d. lösl. Frakt. d. Rattenleberhomogenate 4628.
Goethel (H.) s. Ruhrchemie Akt.-Ges.
Goethem (D. M. A. van) s. Gevaert Photoproducten N. V.
Goetsch (W.), Vitamine u. Supravitamine 1316. — Steiger. d. Resistenz durch d. T-Komplex 6790.
Goett (E. J.) s. Pfizer (C.) & Co., Inc.
Goett (J. J.) s. Pfizer (C.) & Co., Inc.
Götte (A.), Gegenwärt. Steinkohlenaufbereit. in Westdeutschland. Stückkohle 3768. — Flotat. v. Kohlenschlämmen mit Xanthaten 7814.
Götte (E.), Ermittl. d. Waschvermögens v. Textilhilfsmitteln im Labor. 1. Mitt. Fremdstoffe auf Textilien 2098; 2. Mitt. Testanschmutzungen 5681. — s. DEHYDAG Deutsche Hydrierwerke G. m. b. H.; Deutsches Hydrierwerk Rodleben VEB; Hentrich (W.).
Götte (H.), Anwend. v. Radioisotopen 2829.
— u. **Pätze (D.),** Papierchromatograph. Identifizier. radioakt. Atomarten 3693.
Goette (R. L.) s. Butler (G. B.).
Göttmann (G.) s. Merck (E.) offene Handelsgesellschaft.
Göttner (G. H.), „Wirtschaftl. Verdünn." bei d. Filtrat. v. Mischungen 1112. — Dynam. oder kinemat. Viscosität? 1651. — Fll. mit temperaturunabhäng. Viscosität 10043.
Göttsche (H.), Struktur dünner Al-Ag-Schichten 3570. — Struktur dünner Ag-Schichten 11523.
Goetz (C. C.) u. **Goetz (P. C.),** Auffrisch. v. Gemälden 2791* A.
Götz (F.) s. Röhm & Haas G. m. b. H.
Götz (J.) s. Allgemeine Elektricitäts-Gesellschaft.
Goetz (O.), Erythromycin. Bakteriolog. u. klin. Unterss. 7028.
Goetz (P. C.) s. Goetz (C. C.).
Goetz (R.) s. Vermeulen (C. W.).
Götz (W.), Krit. Prüf. d. Normen für d. Kontrolle d. Formerden 8949. — Zylindr. Prüfkörper zum Bestimmen d. Formsandeigg. im verdichteten Zustand 10364.
Goetze (E.) s. Lindigkeit (R.).
Goetze (H.) s. Lüttringhaus (Arthur).
Götze (K.) s. Elöd (E.).
—, **Brasseler (W.)** u. **Hilger (F.),** Best. d. spezif. Widerstandes v. Textilfasern nach d. Feldzerfallmeth. 3997.
Goetzee (W. H. K.) u. **Burger (I. J.),** Nähr- u. Heilwert v. frischen Früchten u. Fruchtsäften 7107.
Goetzewerke F. Goetze Akt.-Ges. u. **Hummel (O. H.),** Kupplungswerkstoff 2529* D. B.
— u. **Voigt (Walter),** Umsetzungsprodd. aus Kautschukvulkanisaten 234* D. B.
Götzl (F.) s. Bablik (H.).
Goff (H. R.), Asept. Konservier. 2093.
Goff (J.) s. Fagen (E.).
Goff (W. H.) s. Texas Co.
Goffart (H.), D-D u. P 4 bei d. Bekämpf. v. Kartoffelnematoden (Heterodera rostochiensis Wr.) 5400. — Lebensweise u. Bekämpfung d. Rübennematoden (Heterodera schachtii) in Westdeutschland 7763.
Goffart (J. F.), Rationalisier. d. Sandaufbereit. 2990.
Goffinet (B.) s. Velluz (L.).
Gofman (I. A.) s. Tichomirow (W. I.).
Gofman (J. W.), Glazier (F.), Tamplin (A.), Strisower (B.) u. **Lalla (O. de),** Lipoproteine, Coronarerkrank. u. Atherosklerose 1776.
Gofman (S. I.), Best. d. mechan. Kennzahlen v. biegsamen elast. Proben 9153.
Goggin (D.) s. Benkeser (R. A.).
Gogiberidse (J. P.) s. Nogaideli (A. I.).
Goglia (G.), Wahl eines Hypotonicums 9613.
Goglia (M. J.) s. Sweigert (R. L.).
Gogoberidse (D. B.), Pioniere d. russ. Röntgenographie 1893.
Goguadse (W. P.), Steroidverbb. 3386.
Goguel (J.), Folgerr. d. physikal. Verh. v. W. bei d. Metamorphose 3332.
Gohar (M. A.) s. Gabr (M. K.).
—, **Makawi (M.)** u. **Monoufi (A.),** Behandl. v. Harnwegsinfektt. mit Tetracyclin (Achromycin) 2949.
Goidsenhoven (G. M.-T. van), Gray (O. V.), Price (A. V.) u. **Sanderson (P. H.),** Wrkg. lange Zeit gegebener hoher Dosen v. Natriumbicarbonat auf d. Menschen 6556.

Goigner (E.) s. VEB Filmfabrik Agfa Wolfen.
Goin (F. A.) s. Sosa (E. M. de).
Gokhale (B. G.), Unters. d. Linienbreite in Röntgenspektren 3794. — s. Frilley (M.).
Goksøyr (J.), Zellstrukturen u. Lebensfunktt. 1759.
Golard (P.) s. Mahaux (J.).
Golay (M. J. E.), Mehrspalt–Mehrweg-Spektrometer 883.
Golber (L. M.), Wyssotzki (R. J.), Krumin (E. N.) u. Saitzewa (J. I.), Wirkungsmechanismus d. neuen antituberkulösen Mittels Tubazid. 1. Mitt. Einfl. v. Tubazid auf d. morpholog. Indices d. peripheren Blutes 8906.
Golberg (L.) s. Schwarz (V.).
Golbetz (S. B.) s. Afanassjew (S. G.).
Gold (A. M.) s. Riniker (B.).
Gold (H.) s. Miller (A. J.).
Gold (Harry) s. Bliss (C. I.).
Gold (Heinrich) s. Farbenfabriken Bayer Akt.-Ges.
Gold (H. K.) s. Edgcombe (L. J.).
Gold (L.), Erzeug. v. Reaktorsubstanzen durch induzierte radioakt. Ketten 4515. — Verteil. d. Radioaktivität bei markierten Polymeren 7689. — Makroskop. Gesichtspunkte d. Neutronenwechselwrkg. in magnet. Stoffen 9720.
Gold (M. H.) s. Aerojet-General Corp.
Gold (P.) s. Frommel (E.).
Gold (R.) s. Koerts (L.); Lidofsky (L.).
Gold (V.), Formulier. d. Säurefunkt. J_0 11341. — s. Bryce-Smith (D.); Cadogan (J. I. G.).
—, Hawes (B. W. V.) u. Tye (F. L.), Basizität v. KW-stoffen. 1. Mitt. Kryoskopie konjugierter KW-stoffe u. Carbinole in H_2SO_4 5985.
— u. Hilton (J.), Hydrolyse v. Acetanhydrid. 4. Mitt. Katalyse durch Chlorwasserstoffsäure u. d. Hydrolyse v. Acetylchlorid 9995; 5. Mitt. Katalyse durch starke Säuren 9995.
—, Hilton (J.) u. Jefferson (E. G.), Vgl. d. Mechanismen d. solvolyt. Hydrolyse-Rkk. v. Essigsäureanhydrid u. Benzoylchlorid 6250.
— u. Tye (F. L.), Basizität v. KW-stoffen. 2. Mitt. UV-Absorptionsspektren konjugierter KW-stoffe in schwefelsaurer Lsg. 5982; 3. Mitt. Verteil. konjugierter KW-stoffe 5984; 4. Mitt. Theoret. Behandl. konjugierter KW-stoffe 5986.
Goldacre (P. L.) u. Galston (A. W.), Spezif. Hemm. d. Katalase durch substituierte Phenole 1530.
—, Galston (A. W.) u. Weintraub (R. L.), Wrkg. substituierter Phenole auf d. Aktivität d. Indolylessigsäureoxydase in Erbsen 8181.
Goldanski (W. I.) u. Podgoretzki (M. I.), Mögl. Anwend. v. Korrelationsfunktt. auf d. Unters. v. Kernumwandlungen 9954.
— u. Shdanow (G. B.), Čerenkov-Strahl. v. Höhenstrahlteilchen in d. Atmosphäre 9487.
Goldbeck (O. v.) s. Kubaschewski (O.).
Goldberg (A.), Rimington (C.) u. Fenton (J. C. B.), Experimentelle Porphyrie bei Tieren 8197.
Goldberg (A. A.) s. Ward, Blenkinsop & Co. Ltd.
— u. Shapero (M.), Wrkg. v. Octaverin, Perparin u. Papaverin auf d. Kreislauf u. d. Atmung 1781.
Goldberg (A. A.) u. Theobald (R. S.), Red. v. 4-Amino- u. 4-Acetamidosalicylsäure 3353.
—, Theobald (R. S.) u. Williamson (W.), Derivv. v. 2-Alkoxy-8-amino-1.5-naphthyridinen 3380.
— u. Walker (H. A.), 4-Aminosalicylaldehyd 4810.
Goldberg (A. E.) s. Mitchell (G. R.).
— u. Mitchell (G. R.), Vork. natürl. p–n-Übergänge in PbSe 7378.
Goldberg (A. S.) s. Nepera Chemical Co., Inc.
Goldberg (C.) s. Brentano (J. C. M.); Davis (R. E.).
Goldberg (D. O.) s. Awetikjan (S. M.).
Goldberg (E.), Haeberli (W.), Galonsky (A. I.) u. Douglas (R.), Elast. Streuung v. α-Teilchen an Ne 6.
Goldberg (Erwin) u. Nolf (L. O.), Bernsteinsäuredehydraseaktivität in d. Cestode Hymenolepis nana 1531.
Goldberg (E. D.), Marine Geochemie. 1. Mitt. Chem. Säuber. d. Meeres 1699.
Goldberg (E. M.) s. Steigmann (F.).
Goldberg (G. M.) s. Sommer (L. H.).
Goldberg (J. B.), Eigg. u. Gebrauchswert d. neueren synthet. Fasern 252.
Goldberg (L. I.) s. Cotten (M. DeV.).
Goldberg (M. B.), Erfahrr. mit langfrist. Cortisontherapie bei kongenitaler Nebennierenrindenhyperplasie 5107.
Goldberg (M. W.) s. Hoffmann-La Roche, Inc.
Goldberg (N.) u. Frankel (S.), Messungen d. Elektron-γ-Winkelkorrelat. d. K-Konvers. in ^{121}Te u. ^{123}Te 8544.
Goldberg (P.) u. Fuoss (R. M.), Nicht-Newtonsches Verh. d. Lsgg. v. Makromoll. 8172.
Goldberg (R. J.), Antikörper–Antigen-Rkk. 2. Mitt. Rkk. v. multivalentem Antigen mit multivalentem Antikörper 7471.
Goldberger (M. L.) s. Gell-Mann (M.).
— u. Adams II (E. N.), Konfigurationsverteilungsfunkt. in d. quantenstatist. Mechanik 290.
Goldberger Sám, F. és Fial Részvénytársaság, Csűrös (Z.) u. Grossmann (S.), Appretieren v. Cellulosetextilgut mit Cellulosehydrat 4491* D.
Goldblatt (H.) s. Haas (E.).
Goldblatt (L. A.) s. O'Connor (R. T.).
—, Yeadon (D. A.) u. Brown (Mona), Darst. u. Eigg. v. β-Lactyl-α.γ-dipalmitin 9070.
Goldblatt (M. W.), Physiol. Betrachtungen bezügl. d. Arbeiten in d. chem. Industrie 6565.
Goldblith (S. A.) s. Proctor (B. E.).
—, Proctor (B. E.), Davison (S.), Kan (B.), Bates (C. J.), Oberle (E. M.), Karel (M.) u. Lang (D. A.), Relative bakterizide Effekte v. drei Arten energiereicher ionisierender Strahlen 6313.
—, Proctor (B. E.), Davison (S.), Oberle (E. M.), Bates (C. J.), Kan (B.), Hammerle (O. A.) u. Kusmierek (B.), Einfl. d. Versuchsbedingg. auf d. Strahlenresistenz v. Mikroorganismen 7470.
Goldbloom (A. A.), Eiber (H. B.) u. Boyd (L. J.), Blut-Lipidstoffwechsel. 9. Mitt. Wrkg. lipotroper Agentien auf d. Serumlipidverteil. bei fünfzig Patienten mit generalisierter Atherosklerose. Dreijähr. Unters. 5585; 10. Mitt. Serum–Lipid-Verteil. in Stoffwechselkrankheiten 5585.
— u. Pomeranze (J.), Blut–Lipidstoffwechsel. 4. Mitt. Abnormer Lipidstoffwechsel u. Arteriosklerose 2008.

Goldblum (J.) s. Hestrin-Lerner (S.).
Goldblum (K. B.), Abgeleitete Beziehungen zwischen Viscosität u. Konz. d. Lösungsm. in Phenol–Formaldehyd-Reaktionsgemischen 7795.
Goldblum (R. W.) s. Piper (W. N.).
Goldburg (W. I.), Cox (S. A.) u. Williamson (R. M.), Coulomb-Anreg. v. Au 4512.
— u. Williamson (R. M.), Energieabhängigk. d. Coulomb-Anreg. v. Ta u. Au 7143.
Goldeck (H.), Initiale u. protrahierte Resorptionsleist. oraler Eisen(II)- u. (III)-Kombinat. 10789. — s. Remy (D.).
— u. Remy (D.), Einfl. d. adrenocorticotropen Hormons (ACTH) auf d. normale Blutbldg. u. d. Blutkrankhh. 2230. — Diaplacentarer Übertritt dreiwert. Fe-Komplexe 3420.
— u. Weiss (C.), Oraler B_{12}-Mucoproteineffekt, bes. Vitaminaktivität im Blut 2940.
Goldemberg (J.), Photonenmonochromator für Bremsstrahl. 977. — s. Katz (Leon); Spicer (B. M.).
— u. Katz (Leon), Photoneutronen-Wirkungsquerschnitte einiger Elemente 4271. — Auflösung d. Photon–Differenz-Meth. 5237.
— u. Leite Lopes (J.), Harmon. mittlere Energie für Photonenabsorpt. durch Kerne 8075.
Golden (A.) s. Schaefer (H. J.).
Golden (J. B.) s. Stephen (G. R.).
Golden (L. B.) s. Lane jr. (I. R.).
Golden (R.) s. Tochilin (E.).
Golden (R. K.) u. Frankel (S.), K-Konversionselektron-γ-Winkelkorrelat. in ^{117}Sn 2356.
Golden (R. L.) s. Mercer (E. H.).
Goldenberg (H.), Rektifikat. nichtlinearer Darstellungen d. Beerschen Gesetzes. Anwend. auf Alkalichromat- u. p-Nitrophenolatlsgg. 4656. — s. Sobel (A. E.).
Goldenberg (L. G.) s. Belowa (B. M.).
Goldenberg (S. A.), Vorgang d. turbulenten heterogenen Verbrenn. im Bereich hoher Tempp. 6925.
Goldenson (J.) s. Bell (J. V.); Ludke (W. O.).
Golder (R. H.) s. Miller (Gail L.).
Goldey (J. M.) s. Hsieh (Hsi-Teh).
— u. Brown (S. C.), Best. v. dielektr. Eigg. d. Ge bei Mikrowellen 1673.
Goldey (R. N.) s. Zook (H. D.).
Goldfarb (E. M.), Anwend. d. Quellenmeth. zur Lsg. d. Wärmeleitfähigkeitsgleich. 1213.
Goldfarb (J. L.), Mechanismus einiger Rkk. organ. Verbb. 3298. — s. Shukowa (K. A.).
— u. Korssakowa (I. S.), Kondensat. einiger Carbinole mit Thiophen in Ggw. v. $SnCl_4$ 3855. — Einw. v. tert.-Butylchlorid auf Thiophen u. 2-Bromthiophen 4092. — Synth. u. Eigg. v. Thiophenderivv., d. eine tert.-Butylgruppe enthalten 11573.
— u. Prjanischnikowa (M. A.), Einw. v. Äthylenoxyd auf α-Aminopyridin u. auf N-Alkyl-α-pyridonimine 5308.
Goldfarb (R. I.), Danilenko (P. L.) u. Naumenko (W. G.), Best. d. Saccharosegeh. in Rübenmelasse 8279.
Goldfeder (A.), Strahlenempfindlichk. d. analogen Mammatumoren dbr B u. C3H bei d. Maus 4848.
Goldfield (R.), Bianculli (J. A.) u. Sager (R. W.), Konstanten d. Öles aus d. Samen v. Pyrularia pubera 2724.
Goldfien (A.), Laidlaw (J. C.), Haydar (N. A.), Renold (A. E.) u. Thorn (G. W.), Fluorhydrocortison u. Chlorhydrocortison, hochwirksame Abkömmlinge d. Verb. F 9830.
Goldfinger (P.) s. Adam (Jean).
Goldhaber (G.) s. Arase (E.); Fischer (David).
Goldhaber (M.), Klassifikat. v. Kernisomeren 1896. — s. Church (E. L.); Mihelich (J. W.); Shalit (A. de).
Goldhaber (S.) s. Arase (E.).
Goldhahn (H.), Barbitursäuren. 1. Mitt. 1973. — Diäthylbarbitursäure 5135* D. [DDR].
— u. Haack (E.), Na-Salz d. N-Methyl-5-methyl-5-crotylbarbitursäure 2728* D. [DDR]. — Crotylier. monoalkylierter Barbitursäuren 6807* D. [DDR].
Goldhoff (R. M.), Shaw (H. L.), Craighead (C. M.) u. Jaffee (R. I.), Einfl. unlösl. Phasen auf d. Bearbeitbark. v. Ti 8019.
Goldin (A.) s. Kaplan (N. O.).
—, Venditti (J. M.), Humphreys (S. R.), Dennis (D.), Mantel (N.) u. Greenhouse (S. W.), Toxizität u. antileukäm. Wrkg. d. 6-Mercaptopurins bei Mäusen 10051.
Goldin (A. S.) s. Setter (L. R.).
Goldin (S.) s. Berrington (W. P.).
Goldina (S. M.) s. Maschtakow (S. M.).
Goldman (A.) s. Arvey Corp.
Goldman (D.), Behandl. psychot. Zustände mit Chlorpromazine 11040.
Goldman (D. T.) u. Brysk (H.), Räuml. Verteil. d. Energiestreuung durch ein Bremsstrahlungsspektr. 7597.
Goldman (I. I.) s. Garibjan (G. M.).
Goldman (J. E.), Theorie d. Widerstandsminimums in Metallen 285. — s. Azumi (K.); Corliss (L. M.); Urquhart (H. M. A.).
Goldman (K. M.) s. Philbrook (W. O.).
Goldman (L.) s. American Cyanamid Co.
— u. Williams (James H.), Derivv. d. Piperazin-1-carbonsäure als Sedativa 3147.
— u. Williams (R. P.), 3-Bromtropolonhydrobromid, ein durch Bromier. v. Cycloheptandion-(1.2) erhaltenes Prod. 4574.
Goldman (R. G.) s. Hubbard (D.).
Goldman (V.), Aids to anaesthesia [407].
Goldmann (E.) u. Brandstätter (W.), Formsteine 10357* D. B.
Goldmann (H.), Augentropfen u. Augensalben 3683.
Goldner (M.) s. Bouthillier (L. P.).
Goldner (M. G.) s. Hernandez Jauregui (R.).
— u. Hernandez Jauregui (R.), Hypoglykäm. Wrkg. eines Antihistaminicums 9381.
—, Volk (B. W.) u. Lazarus (S. S.), Einfl. d. Zerstör. d. α-Zellen auf Kaninchenpankreas 7479.
Goldowski (A. M.), Verbesser. d. Qualität d. Baumwollsamenöls 3274. — Gesetzmäßigkk. d. chem. Aufbaues u. d. Stoffbildungsprozesse in Pflanzen 7707.
Goldsack (S. J.) s. Dilworth (C. C.).
— u. Hirschberg (D.), Lochkartensyst. zur Registrier. v. Ereignissen beim Arbeiten mit Kernemulss. 8546.
Goldsbrough (L. N.) s. Shell Development Co.
Goldsby (A. R.) s. Texaco Development Corp.
Goldschmidt (H.) s. Engelhardt (W. v.).
Goldschmidt (H. J.), Stroboskop. Effekt in d. Röntgenanalyse kristalliner Aggregate 1218. — Präzisionsmess. v. Gitterkonstanten 1916.

Goldschmidt (Helmut J.) s. Birmingham Small Arms Co. Ltd.
Goldschmidt (J.), Neukonstrukt. eines Einfadenelektrometers 7286.
Goldschmidt (S.) u. **Minsinger (M.)**, Elektrolyse organ. Säuren u. Zerfall v. Diacylperoxyden. 3. Mitt. Elektrolyse v. wasserfreien Fettsäuren u. Zerfall v. Diacylperoxyden in Pyridin 4310.
Goldschmidt (T.) Akt.-Ges., Zündsteine für Feuerzeuge 2346* Schwz. — Klebfilme 3052* E. — Desinfizieren v. Oberflächen 5375* Schwz.
— u. **Ahlert (W.)**, Aluminotherm. Schweißmasse aus Al-Grieß u. Fe-Oxyd 11285* D. B.
— u. **Arens (Hugo)**, Imprägnieren u. Überziehen v. Gegenständen 1172* D. B.
— u. **Bungardt (W.)**, Zündsteine 3048* D. B. — Ce-Fe-Feuerstein-Legierr. in Stabform 4257* A. — Stranggepreßte Zündsteine 11317* D. B.
— u. **Giepen (W. A.)**, Herst. v. chem. u. mechan. widerstandsfäh. Oberflächen v. Bauelementen oder dgl. durch Aufpressen v. kunstharzgetränkten fläch. Trägern 907* D. B.
— u. **Linke (P.)**, Herst. eines für Anstrichzwecke bes. geeigneten Gemisches aus Mennige u. Bariumsulfat 4222* D. B.
— u. **Schmitz (Adolf)**, Aminosäuren mit keimtötender Wrkg. 10578* D. B.
— u. **Schoeller (H. W.)**, Reines Natriumsulfid 3708* D. B.
—, **Schrader (H.)** u. **Schmitz (Adolf)**, Therapeut. Mittel aus höhermol. Aminocarbonsäuren 2487* D. B. — Therapeut. Mittel aus höhermol. Aminosäuren 4644* D. B., 8211* D. B.
—, **Stamm (H.)** u. **Arens (H.)**, Siliconisieren v. Gegenständen aller Art 2790* D. B.
Goldschmidt-Clermont (Y.) s. Dilworth (C. C.); Osborne (L. S.).
Goldsmid (H. J.), Therm. u. elektr. Leitfähigk. v. Halbleitern 8316.
Goldsmith (B. J.) s. Hough (J. M.).
Goldsmith (G. A.), Menschl. Ernährungsbedarf u. empfehlenswerte Nährstoffmengen 7247. — s. Unglaub (W. G.).
Goldsmith (G. J.), Photoleitfähigk. v. Anthraceneinkristallen 2385. —s. Orman (C.).
Goldsmith (H. J.), Tod durch Hexamethonium-Ileus 8676.
Goldsmith (J. R.) u. **Laves (F.)**, Stabilitätsbeziehh. zwischen Mikroklin u. Sanidin 1457.
Goldspink (A. A.) s. Hunter (G.).
Goldstein (A. J.) s. Katunin (W. C.).
Goldstein (E. M.), Best. v. Ni in Co oder Co-Verbb. 9634.
Goldstein (Henri) u. **Giddey (A.)**, 2-Fluor-3.5-dinitrobenzoesäure 2183. — Energ. Nitrier. v. m- u. p-Fluorbenzoesäure 11562.
Goldstein (Herbert), Wilkins jr. (J. E.) u. **Spencer (L. V.)**, Systemat. Berechnn. d. Durchdring. v. γ-Strahlen 5233.
Goldstein (J. H.) s. Morgan (H. W.); Slayton (G. R.); Wilcox (W. S.).
Goldstein (L.) s. Anderson (J. M.).
— u. **Anderson (J. M.)**, Phänomene bei kleinen Temp.-Schwankungen um *300°* K im Elektronengas eines Entladungsplasmas. 2. Mitt. Dauer d. Nachleuchtens 8787.
—, **Lampert (M.)** u. **Heney (J.)**, Magnetooptik eines Elektronengases mit Mikrowellen in Hohlleitern 6454.
Goldstein (M. N.), Desoxyribonucleinsäure (DNA)-Geh. menschl. Monocyten u. deren Abkömmlinge während d. Bldg. v. Riesenzellen in vitro 5333.
Goldstein (M. S.) s. Petersky (H.); Wool (I. G.).
Goldstein (R.) s. Geller (S.).
Goldstein (Robert) s. Alexander (B.).
Goldstein (R. F.), Melamin u. Melaminharze 4467.
Goldstein (S. E.) s. Feldman (L.).
Goldsworthy (P. D.) s. MacKay (I. R.).
Goldsztaub (S.) u. **Michel (P.)**, Elektronenbeugungsunters. v. Ag–Mg-Legierr., d. durch Verdampfen d. reinen Komponenten im Vakuum erhalten wurden 3325.
Goldthwait (C. F.) s. Buras jr. (E. M.).
Goldtrap (W. A.) s. Phillips Petroleum Co.
Goldwasser (E. L.) s. Bernardini (G.).
—, **Koester jr. (L. J.)** u. **Mills (F. E.)**, Elast. Photoerzeug. v. π^0-Mesonen aus He 6443.
Goldwater (D. L.) u. **Danforth (W. E.)**, Elektrolyse v. gesintertem ThO_2 4765.
Goldwater (L. J.) s. Shils (M. E.).
Goldzieher (J. W.) u. **Edlin (J. S.)**, Wrkg. v. oral gegebener Ascorbinsäure u./oder *l*-Cystin auf d. Steroidausscheid. im Urin 853.
Golendberg (A. D.), Gemeinsamer Einfl. pharmakodynam. u. physikal. Mittel auf d. Coronardurchblut. beim experimentellen Myocardinfarkt 8911.
Golenhofen (K.) s. Hensel (H.).
Golgofskaja-Ztoss (G. W.) s. Nikonow (M. N.).
Golibersuch (E. W.) s. Comp. Française Thomson-Houston.
Golik (L. I.) u. **Spiwak (G. W.)**, Elektronenopt. Erscheinn. im sich bildenden u. im stationären Plasma v. Hg-Dämpfen 9729.
Golike (R. C.) s. Thomas (L. B.).
Golinewitsch (J. M.) s. Sdrodowski (P. F.).
Goll (G.), Katalyt. Behandl. v. KW-stoffen 9437* E.
Goll (K. H.), Panmyelophthisen nach Behandl. mit Tris-[β-chloräthyl-]-aminhydrochlorid (Trimitan) 2219.
Goller (G. N.) s. Armco Steel Corp.
Gollmar (H. A.) s. Koppers Co., Inc.
Gollmer (E.), Best. d. Kunstharzbindemittelgeh. in Spachtelmassen für Fußbodenbeläge auf Polyvinylacetatbasis 5665.
Gollmer (G.) s. Wanzlick (H.-W.).
Gollwitzer-Meier (K.) u. **Witzleb (E.)**, Wrkg. einiger Adrenolytica auf afferente Strukturen d. autonomen u. animalen Nervensystems 9611.
Golmow (W. P.), Selektive Malonestersynth. 1. Mitt. 5045.
— u. **Afanassjew (N. M.)**, Selektive Malonestersynth. 2. Mitt. Einw. v. Natriummalonester auf 4-Brom-3-brommethyl-2-methylbutan 5046.
Golomb (S.) s. Flesch (P.).
Golombik (E. S.) s. Berlin (A. J.).
— u. **Schtschukina (M. N.)**, Synth. einiger Derivv. d. p-Aminosalicylsäure 3353.
Golomedowa (T. I.), Gegenseit. Giftigk. v. wss. Pflanzenauszügen 10783.
Golowanow (N. W.) s. Pantschenkow (G. M.).
Golowatschewa (J. S.) s. Faworskaja (T. A.).
Golowatyi (R. N.), Best. d. Cu in Weinen 8517.
Golowin (B. M.) s. Dshelepow (W. P.).

Golowin (G. F.), Umwandl. v. Perlit in Austenit 5260.
Golowin (G. M.) s. Bulytschew (W. W.).
Golowin (P. W.), Theorie d. Diffus. 6412.
Golowkin (N.) s. Galanin (N.).
Golowner (B. M.) s. Scheinker (J. N.).
Golownja (R. W.) s. Nessmejanow (A. N.).
Golowtschiner (J. M.) s. Bildsjukewitsch (I. A.).
Golse (R.), **Gavarret (J.)** u. **Demange (G.)**, Synth. d. Vitamin-A-methyläthers 7453.
Goltz (A.), Betriebsergebnisse bei d. Aufbereit. v. Eisenerzen nach d. Sink- u. Schwimmverf.; A. Schwerflüssigkeitsaufbereit. in d. Naßaufbereit. Calbecht d. Erzbergbau Salzgitter Aktiengesellschaft 2522.
Goltz (H. L.) s. Mirand (E. A.).
Golub (A. M.), Potentiometr. Unters. v. Halogenidkomplexen d. Cd 6704.
Golubew (A. J.) s. Arinuschew (I. W.).
Golubew (N. W.) s. Nowikow (N. W.).
Golubewa (P. F.) s. Sujew (L. A.).
Golubović (N.) s. Mušici (D.).
Golubović (V. B.) u. **Andjelković (M. B.)**, Kondensationsprodd. v. Chinolinmonocarbonsäuren mit o-Phenylendiamin u. Naphthylendiamin-(1.2) 4834.
Golubzowa (R. B.), Best. v. W in hochlegierten Legierr. 9157.
Golumbic (C.), Trenn. u. Analyse v. Teerbasen durch Gegenstromverteil. 10894.
Golusch (B. M.), Beweglichk. v. Salzen in d. Pflanzen 3653.
Golyscheff (J.) u. **Bierre (M.)**, Sonnenschutzseife 3031* F.
Golz (G.), Behandlungsergebnisse d. chron. Rheumatismus mit Butazolidin 3680.
Golz (H. H.) s. Hamblin (D. O.).
Golzschmidt (W. A.) s. Petratschkow (F. A.).
Gombás (P.), Differenz zwischen d. D.-Verteil. v. Neutronen u. Protonen in Atomkernen 3549. — Erweiter. d. Hartree-Fockschen Gleichungen durch d. Korrelat. d. Elektronen 11325.
Gomberg (H. J.), **Gould (S. E.)**, **Nehemias (J. V.)** u. **Brownell (L. E.)**, ^{60}Co u. Spaltprodd. bei Fleischbestrahlungsverss. 6875. — Wirtschaftl. Gesichtspunkte für Schweinefleischbestrahl. 11705.
Gombert (M.) s. Leroy (P.).
Gomer (R.), Herst. u. Eigg. v. leitendem, transparentem Glas 7843. — s. Inghram (M. G.).
Gomes (F. P.) = Peres Gomes (F.).
Gomez (A. C.) s. Danzig (L. E.).
Gómez (A. O.) = Ollero Gómez (A.).
Gómez (B.) s. Dominquez (X. A.).
Gómez (C. G.) s. Thorne (C. B.).
Gomez (D. C.) s. Bricker (N. S.).
Gomez (R.) s. Pugh (G.).
Gomez (Rosario) s. Intengan (C. L.).
Gómez Fabra (J. L.) u. **Primo Yúfera (E.)**, Industrielle Verwert. v. Reisabfällen. 9. Mitt. Haltbarmachen d. Keime u. Kleie 5202.
Góméz Herrera (C.) u. **Guzmán (R.)**, Pufferwrkg. u. Emulgiervermögen bei Sulfonaten v. Oliventresterölen 3275. — Koll. Elektrolyte aus Oliventresterölen. 6. Mitt. Sulfonier. v. neutralisierten Ölen u. v. Fettsäuren 3759.
Gomez-Ibanez (J.) s. Scarlett (A. J.).
Gomez Llarena (J. de), Sedimentäre Entsteh. d. ostalpinen Magnesits „Typus Veitzh“ 1002.
Gomez Portugal (I.) s. Pérez Alamá (J.).
Gomm (A. S.) s. Imperial Chemical Industries Ltd.
Gomori (G.), Enzymat. Hydrolyse v. Acylnaphthylaminen 377. — Histochemie d. Mucopolysaccharide 1065.
Gomory (P. L.) s. Phillips Petroleum Co.
Gompf (T. E.) s. Reid (E. B.).
Gompper (R.) s. Bredereck (H.).
Gomutputra (C.) u. **Fabian (F. W.)**, Säuren u. Chloramphenicol als Desinfektionsmittel für Fleisch mit Lebensmittelvergiftungsbakterien 5203.
Goncalves (R.) u. **Brown (Ellis V.)**, Darst. v. Thiophanthrenchinonen. 3. Mitt. Thenoylnitrobenzoesäureester 8152.
Goncz (R. M.) s. Altschule (M. D.).
Gonda (D.) s. Holoplast Ltd.
Gondouin (H.) s. Jacquet (J.).
Gonet (B.) s. Krzysik (F.).
Gong (J. K.) s. Cohn (S. H.).
Goni (J.) u. **Guillemin (C.)**, Natürl. Selenite u. Selenate 5025.
Gonick (E.), **Fernelius (W. C.)** u. **Douglas (B. E.)**, Gleichgewichtskonstanten d. Bldg. v. Komplexen zwischen Metallionen u. schwefelhaltigen Aminen 6716. — Komplexe d. Silberions mit 2-Thenylamin u. 2-Furfurylamin 10464.
Gonikberg (M. G.) s. Butusow (W. P.); Gawrilowa (A. J.).
—, **Butusow (W. P.)** u. **Shulin (W. M.)**, Polymerisat. v. Tetramethyläthylen bei Drucken bis zu *27 500* at 4321.
— u. **Gawrilowa (A. J.)**, Chem. Rkk. bei extrem hohen Drucken. 1. Mitt. Rk. v. Benzol mit wasserfreiem $AlCl_3$ 10478; 2. Mitt. Rk. v. Benzol mit CO_2 10478.
—, **Gawrilowa (A. J.)** u. **Kasanski (B. A.)**, Therm. u. katalyt. Cracken v. Paraffin-KW-stoffen bei hohem Druck 8065.
— u. **Nikitenkow (W. J.)**, Destruktive Hydrier. v. Toluol unter hohem H_2-Druck 11188.
— u. **Wereschtschagin (L. F.)**, Einfl. d. Druckes auf d. Geschwindigk. d. therm. Polymerisat. 9346.
Gonin (J.) u. **Smet (G. de)**, Eign. d. Stähle zu Härtbarkeitsverss. 3720.
Gonnard (P.) s. Polonovski (M.).
Gonnert (F.) s. Metallgesellschaft Akt.-Ges.
Gonsalves (R. P.), **Kothare (A. N.)** u. **Nadkarny (V. V.)**, Arylaminoderivv. d. Alizarins 6744.
Gonsalves (V. E.) u. **Dongeren (B. J. van)**, Elektrostat. Auflad. v. Textilgarnen. 2. Mitt. 7811.
Gonschakowa (W. I.), Kontakteinw. v. Trappen auf d. Kalksteine d. unteren Kambriums 541.
Gonser (B. W.) s. Fansteel Metallurgical Corp.
Gonser (U.), Best. thermodynam. Aktivitäten mittels radioakt. Isotope 4045. — s. Seith (W.).
Gontarski (H.), Elektrophotometr. Halbmikrometh. zur quantitativen Diastasebest. im Bienenhonig 6416.
Gontscharow (G. S.) s. Rutowski (B. N.).
Gontscharow (P. I.) s. Bilyk (N. A.).
Gontscharow (W. W.) s. Koletschkowa (A. F.).
Gontscharowa (G. A.) s. Peschkowa (W. M.).
Gontscharowa (J. J.) s. Chaikina (B. I.).
Gonzaga (A. C.) u. **Simon (K. J.)**, Wrkg. v. Diäthylstilböstrol bei Hühnchen 853.

Gonzaga (L.), Lordello (E.) u. Gallo (D.), Bekämpf. d. wichtigsten Schädlinge d. brasilian. Landwirtschaft 7533.
Gonzales (T. A.), Legal medicine, pathology and toxicology [3434].
González (F. A.) = Alvarez González (F.).
Gonzalez Alvarez (J.) s. Poggio Mejorana (F. P.).
Gonzalez-Barcena (F.) y Fondsdeviela = Fidel Gonzalez-Barcena y Fondsdeviela.
Gonzalez Cruz (A.), Pyrazolonderivv. in d. Behandl. d. serofibrinösen tuberkulösen Pleuritis 400.
González García (F.), Einfl. d. therm. Behandl. auf d. Hydratationsvermögen v. Montmorillonit. 2. Mitt. 3809.
González Ochoa (A.), Hernández P. (E.) u. Colorado Iris (R.), Vanillinsäureäthylester bei zwei Fällen v. Coccidioidomycosis u. einem Fall v. Actinomycetom durch Nocardia brasiliensis 635.
González Sánchez (F.), Oxydat. d. Kohle zu wasserlösl. Prodd. in ihrer Bezieh. zur Konst. d. Kohle 4243.
Good jr. (C. H.), Gasreinig. bei Ferromanganöfen 4920.
Good (G. M.) s. N. V. de Bataafsche Petroleum Mij.; Shell Development Co.
Good (I. J.), Substantialisier. v. Vorzeichenfolgen 7158.
Good jr. (R. H.), Hamiltonsche Feldmechanik 2121. — Wrkg. d. Hüllenelektronenabschirmung auf d. Form verbotener β-Spektren 7140.
Good (W. D.) s. Scott (D. W.).
Good (W. E.) s. Gunther-Mohr (G. R.).
Good (W. M.) s. Kunz (W. E.); Moak (C. D.).
Goodale (C. D.) s. Commercial Solvents Corp.
Goodban (A. E.) s. Stark (J. B.); United States of America.
Goodchild (E. A.) s. Hoffman Mfg. Co. Ltd.
Goodcliff-Eecen Industries, Pty. Ltd. u. Goodman (H.), Chlorkautschuk-Schutzüberzug 10389* E.
Goode (J. E.), Bodenveränder. in Bezieh. zur Herkunft u. Bearbeit. d. Bodens 11275. — Wrkg. d. synthet. Bodenverbesserers CRD *189* auf d. Wasserverhältnisse eines feinen sand. Lehms 11275.
Goodemoot (K.) s. American Cyanamid Co.
Goodenough (J. B.) s. Loeb (A. L.).
Goodenough (John B.), Theorie d. Entsteh. d. Elementarbereiche u. d. Koerzitivkraft in polykristallinen Ferromagnetika 7380. — s. Menyuk (N.).
Gooderham (W. J.), Genaue Prüf. v. Rauchgas mit einem Seifenmembranapp. 10168.
Goodgal (S.), Gloyna (E. F.) u. Carritt (D. E.), Verminder. d. Radioaktivität d. W. 1437.
Goodhue (L. D.) s. Phillips Petroleum Co.
Gooding (C. M.) s. Best Foods, Inc.; Melnick (D.).
Gooding (P. E.) s. General Electric Co. Ltd.
Goodlet (B. L.), Kühl. v. Kernreaktoren 1899.
Goodloe (A. M.) s. Metal Textile Corp.
Goodman (B.), Langlebige Luminescenz u. Diffus. in MgO 5721.
Goodman (B. B.) s. Corak (W. S.).
Goodman (C.) s. Donaghy (C. F.); Ebel (A. A.); Guernsey (J. B.); Hansen (K. F.); Kiehn (R. M.); McClelland (C. L.); Mark (Hans).
— u. **Norton (G. A.),** Ineinandergreifende Beton- u. Pb-Klötze für Strahlenschutzwände 6451.
Goodman (C. H. L.), Halbleitende Verbb. u. d. Elektronegativitätsskala 7613.
Goodman (E. D.) s. Mathies (J. C.).
Goodman (H.) s. Goodcliff-Eecen Industries, Pty. Ltd.
Goodman (H. G.) s. Union Carbide & Carbon Corp.
Goodman (I.), Therm. Abbau v. Nylon *66* 1171. — Polymere Forschung 8639.
Goodman (J. J.) s. Rein (C. R.).
Goodman (Jack J.) s. Gilman (H.).
Goodman (J. W.), Wrkgg. v. 3-[o-Toloxy]-propandiol-(1.2) (Mephenesin) u. 3-[2-Methyl-6-chlorphenoxy]-propandiol-(1.2) (P *105*) auf d. α-Reizbarkeit d. Muskels 9844.
Goodman (K. V.), Brown-Forest-, polygenet. u. sonst. (congeliturbate) Profile v. Potter County, Pennsylvania 670.
Goodman (L. S.) u. Wexler (S.), Kernspin u. magnet. Moment d. *3,1* Std.-^{134m}Cs 9491.
Goodman (Louis S.) s. Casson (H.); Grewal (M. S.); Swinyard (E. A.); Weaver (L. C.).
— u. **Gilman (A.),** The pharmacological basis of therapeutics [7724].
—, **Swinyard (E. A.), Brown (W. C.) u. Schiffman (D. O.),** Anticonvulsive Eigg. v. 5.5-Diphenyltetrahydroglyoxalinon-(4) (SKF No. *2599*) 3192.
Goodman (M.), Bradley (D. F.) u. Calvin (M.), P u. Photosynth. 1. Mitt. Unterschiede in d. Hell- u. Dunkelaufnahme v. markiertem Phosphat 3412.
Goodman (N. R.), Geologie d. Neu-Schottland-Gipses 3821.
Goodman (S. N.) s. Taylor (E. S.).
Goodmann (E. P.) s. Standard Oil Co.
Goodrich (B. F.) Co., Trichloressigsäure-Chloraryloxyalkanol-Ester 1825* E. — Polymerisat. 3985* E. — Fl. Ölkomposit. 4458* E. — Mischpolymerisat. v. Vinylidencyanid u. einem aliphat., konjugierten Diolefin 4468* Finn. — β-Thiocarbonsäuren 5422* E. — Quatern. Salze v. N-Phenyl-3.5-diäthyl-2-propyldihydropyridin 6157* E. — Monomeres Vinylidencyanid (= 1.1-Dicyanäthylen) 6621* E. — Unkrautvernichtungsmittel 6834* E. — Blausäure 8733* E., 11290* E., 11686* E. — Bromierter „Butyl"-Kautschuk 9687* E. — Wiedergewinnen v. unverbrauchtem NH_3 10351* E. — Polymerisierverf. 10638* E. — Synthet. Kautschukvulkanisate 10641* E.
— u. **Antlfinger (G. J.),** Unterbrechen d. Polymerisat. 2318* D. B., A.
— u. **Arnold (L. F.),** Diacylcyanide 8031* A.
— u. **Baumgartner (L. L.),** Unkrautbekämpfungsmittel 5161* A.
— u. **Beber (A. J.),** Halogenessigsäuren 3485* E.
— u. **Beears (W. L.),** Polyester d. 3.5.5-Trimethylhexanols 2318* F.
— u. **Brown (H. P.),** Herstellen v. elast. Polymerisaten 2792* A. — Replastifizieren v. elast. Kondensationsprodd. 4718* A. — Vulkanisierverf. 10153* A. — Synthet. Kautschukvulkanisate 10396* A.

Goodrich (B. F.) Co. u. **Curtis (C. C.)**, Magnet. Kautschukmischungen 4953* F.
— u. **Frederick (M. R.)**, Cyanderivv. v. Amidocarbonsäuren 7766* A.
—, **Gilbert (H.)**, **Ardis (A. E.)** u. **Miller (F. F.)**, 1.1-Dicyanäthylen 2533* A.
—, **Gilbert (H.)**, **Miller (F. F.)**, **Ardis (A. E.)** u. **Folt (V. L.)**, Mischpolymerisat. v. Vinylidencyanid 2315* D. B.
— u. **Gregory (J. T.)**, 2-Imino-4-thiazoline 5917* A. — 2-Halogenimino-4-thiazoline 6853* A.
—, **Gregory (J. T.)** u. **Jansen (J. E.)**, Thiacarbonsäuren u. Thiapolycarbonsäuren 3731* A.
—, **Gresham (T. L.)** u. **Shaver (F. W.)**, Alkylester v. α.β-ungesätt. Carbonsäuren 10860* Can.
— u. **Gross (Malcolm E.)**, Kautschukhypohalogenid 10640* A.
— u. **Harper (T. C.)**, Entfernbare Schutzschichten für unvulkanisierte Kautschukmischungen 9687* A.
— u. **Harrison (S. A.)**, Pfropfpolymerisat. 10641* A.
— u. **Hoertz (J. B.)**, Stabilisieren 2792* A.
— u. **Jansen (J. E.)**, β-Thiocarbamylcarbonsäuren 8263* A.
— u. **Jennings (G. B.)**, Plast. M. 5668* E.
— u. **Kamlet (J.)**, Eiscreme 3512* A.
— u. **Kehe (H. J.)**, Alterungsschutzmittel für Kautschuk 10640* A.
—, **Kehe (H. J.)** u. **Jansen (J. E.)**, Aralkylierte Bis-phenole 3490* A.
— u. **Kreider (L. C.)**, Kunstkautschuk 10639* A.
— u. **McCool (J. C.)**, Na-Isopropylxanthat 2551* A. — Alkalimetallxanthate 5178* Can.
— u. **Mathes (R. A.)**, β-Dithiocarbazylcarbonsäureverbb. 5917* A.
—, **Mathes (R. A.)** u. **Stewart (F. D.)**, 2-Thionothiazin-3-monocarbonsäuren 3469* A. — Heterocycl. Sulfonsäuren 10629* A.
—, **Maxey (E. M.)** u. **Krupp (C. P.)**, Reißfeste u. verschweißbare Filme 5442* A.
— u. **Miller (F. F.)**, Stabilisieren v. monomerem 1.1-Dicyanäthylen 4697* F.
— u. **Miller (J. R.)**, Polymerisierverf. 9461* A.
— u. **Parks (C. E.)**, Polyvinylchlorid–Weichmacher-Mischungen 7330* F.
— u. **Roha (M. E.)**, Dialkyl-β-propiothetine 1826* A.
— u. **Sears (D. S.)**, Füllstoff für Kautschuk 1861* F. — Verstärkender Kautschukfüllstoff 9461* A.
—, **Sears (D. S.)** u. **Westfahl (J. C.)**, Dimere v. 2-Carbalkoxy-1.3-butadienen 8262* A.
— u. **Shaver (F. W.)**, Aralkylcarbonsäuren u. α.β-ungesätt. Ketone 2535* A.
— u. **Shelley (T. H.)**, N-(2-Carboxyalkyl)-succinimide 5421* A.
— u. **Steadman (T. R.)**, Arylsubstituierte prim. Alkohole 5655* E. — Ungesätt. prim. aromat. Alkohole 7321* A. — Hydrier. mit Raney-Nickel 11681* A.
— u. **Stewart (W. D.)**, Pflanzenwachstum regulierende Mittel 7534* A.
— u. **Tucker (Harold)**, Vinylchlorid–Styrol-Copolymerisate 2089* A.
—, **Westfahl (J. C.)** u. **Sears (D. S.)**, Dimerisierungsprodd. v. 2-Carbalkoxy-1.3-butadienen 9453* A.
— u. **Wolf (R. J.)**, Vinylchloridmischpolymere mit freien Carboxylgruppen in d. Seitenkette 1388* A. — Lichtbeständ. u. nichtklebende Mischpolymerisate 3265* A. — Thermoplast. Tripolymere 9456* A.
Goodrich (B. F.) Co., **Wolf (R. J.)** u. **Nicolay (A. A.)**, Mischpolymerisate v. Vinylchlorid, Alkylacrylat u. Styrol 1389* A.
—, **Wolf (R. J.)** u. **Schwaegerle (E. G.)**, Vinylchloridmischpolymerisate 7564* F.
Goodrich (C. B.) s. Mond Nickel Co. Ltd.
Goodrich (R. R.) s. Radio Corp. of America.
Goodson (L. H.) s. Breon (G. A.) & Co.
Goodwin (D. W.) u. **Macfadyen (K. A.)**, Elektr. Leitfähigk. u. Durchschlag in fl. Dielektrika 8788.
Goodwin (H. H.) s. Lovern (J. A.).
Goodwin (J.) u. **Schwardt (H. H.)**, Stubenfliegenbekämpf. in Molkereien im Staate New York 11079.
Goodwin jr. (J. T.) s. Dow Corning Ltd.
Goodwin (L. G.) u. **Standen (O. D.)**, Behandl. d. Rundwurminfekt. mit Piperazincitrat (Antepar) 9139.
Goodwin (M. E.) s. Beaton (J. R.).
Goodwin (R. D.), Eine einfache automat. Gasbürette 5858. — s. Socony-Vacuum Oil Co., Inc.
Goodwin (R. H.) s. Pollock (B. M.).
—, **Koski (V. M.)** u. **Owens (O. v. H.)**, Verteil. u. Eigg. eines Porphyrins aus d. Epidermis v. Vicia-Schößlingen 11232.
— u. **Pollock (B. M.)**, Unterss. an Wurzeln. 1. Mitt. Eigg. u. Verteil. v. fluorescierenden Bestandteilen in Avenawurzeln 9827.
Goodwin (S.) s. Burns (J. J.).
Goodwin (T. H.) s. Robertson (J. Monteath).
Goodwin (T. W.), Chem. Pathologie d. Carotins 142. — Patholog. Chemie d. Carotins 390. — Carotinoidsynth. durch d. Alge Chlorella vulgaris 6545. — s. Friend (J.); Nicola (M. de).
— u. **Jamikorn (M.)**, Carotinogenese. 11. Mitt. Carotinoidsynth. d. Alge Haematococcus pluvialis 4859.
— u. **Lijinsky (W.)**, Carotinoidbldg. 2. Mitt. Carotinbldg. durch Phykomyces blakesleeanus: Wrkg. verschied. Aminosäuren in Medien mit niedr. Glucosekonzz. 6313.
— u. **Osman (H. G.)**, Carotinogenese. 10. Mitt. Spirilloxanthinsynth. durch gewaschene Zellen v. Rhodospirillum rubrum 6776.
Goodwin (W. J.), Färben v. Polyäthylen 2086.
Goody (R. M.) u. **Walshaw (C. D.)**, Ursprung v. atmosphär. N_2O 10946.
Goodyear Tire & Rubber Co. u. **Flory (P. J.)**, Verlänger. v. Polyestern mit N-Acylpolylactamen 6409* A.
— u. **McVey (W. C.)**, Wasserfester Kautschukhydrochloridfilm 10873* A.
—, **Meherg (J. W.)** u. **Ripple (J. M.)**, Behandl. v. Reifencord 4952* A.
—, **Seeger (N. V.)** u. **Fauser (E. E.)**, Polyisocyanate u. deren Mischungen 8499* A.
—, **Seeger (N. V.)** u. **Mastin (T. G.)**, Isocyanataddukte 8043* Belg.
Googin (J. M.) s. Combs (R. L.); Smith (H. A.).
Goor (G. A. W. van de), Wert v. Leguminosen als Gründünger im Vgl. mit Crotolaria juncea 2052.
Goossen (H.) s. Dame (F.).
Goossens (M.), Technologie d. Hanfes 4239.
Goostray (S.) u. **Schwenck (J. R.)**, A textbook of chemistry [2822].

Gootman (E. A.) s. Moore (T. E.).
Gooy (H. J. A. de) s. N. V. Exploitatie Mij. „Quod Bonum".
Gopal (R.), Übersättigungsgrenzen v. Lsgg. 6. Mitt. Anomales Verh. v. K- u. NH_4-Perchlorat 7159. — Tendenz zur spontanen Kristallisat. in übersätt. Lsgg. u. unterkühlten Schmelzen 10209.
Gopalakrishnan (K.) s. Tomlinson (E. P.).
Gopalkrishnan (K. S.) s. Giri (K. V.).
Goppel (J. M.) s. N. V. de Bataafsche Petroleum Mij.
Gora (E. K.) u. **Hickey (F. C.)**, Selbstabsorptionskorrektur bei d. ^{14}C-Zähl. 8540.
Gorbach (G.) u. **Butscher (H.)**, Mikromethoden aus d. Lebensmittelgebiet. 7. Mitt. Best d. Rohfaser 4726.
— u. **Pohl (F.)**, Anreicher. u. spektralanalyt. Best. d. Spurenmetalle. 2. Mitt. Veraschung d. Probesubstanz u. Trenn. d. Spurenmetalle v. störenden Fe-Mengen 648. — Anreicher. u. spektralanalyt. Best. d. Spurenmetalle. 3. Mitt. 649.
— u. **Rohner (K.)**, Mikrometh. zur Best. v. flücht. Phenolen in Abwässern 10112.
— u. **Schäfer (P.)**, Mikromethoden auf d. Lebensmittelgebiet. 4. Mitt. Best. v. reduzierenden Zuckern mittels Fehlingscher Lsg.; 5. Mitt. Best. v. Mono- u. Disacchariden 4726.
— u. **Turjanskyj (J.)**, Mikromethoden auf d. Lebensmittelgebiet. 6. Mitt. Best. d. Stärke 4726.
Gorbanew (A. I.), Gewinn. v. Soda aus Natriumsulfat nach d. Meth. d. Gasred. 10834.
Gorbatow (O.), Anwend. v. Procainamid bei d. Behandl. d. Extrasystolie 634.
Gorbatschew (S. W.), Elektrolyse als Folge v. Einzelstadien 289. — Theorie d. sich selbst beschleunigenden Rkk. 2621. — Temp.-Einfl. auf d. Elektrolysegeschwindigk. 5486. — Gleichzeit. Auftreten v. Konz.- u. chem. Polarisat. 9966. — s. Mindowitsch (J. J.).
— u. **Wassenin (R. M.)**, Einfl. v. Kaliumionen auf d. Prozeß d. Elektrofäll. v. Cu 5005.
Gorbatschew (W. M.) s. Basskowa (K. A.).
Gorbatschewa (L. B.) s. Deborin (G. A.).
Gorbatschuk (G. A.) s. Wosdwishenski (G. S.).
Gorbenko (F. P.) s. Durow (S. A.).
Gorbman (A.), Bestimmende Faktoren bei d. Entw. v. Hypophysentumoren bei Mäusen nach Behandl. mit ^{131}J 8883. — s. Berg (Olga).
— u. **Edelmann (A.)**, Bedeut. ionisierender Strahl. für d. Erreg. v. Tumoren d. Hypophyse 8882.
Gorbunow (N. I.), Mineralien d. feinen Bodenfrakt., d. Gesetzmäßigkeiten ihrer Verbreit. u. ihre Unters.-Methoden 11274.
Gorbunowa (K. M.), Akademiemitglied W. A. Kisstjakowski 9485.
Gord (L.), Färb. u. Ausrüst. v. Polyvinylchloridfasern 219, 8036.
Gordan (G. S.), Year book of endocrinology [9838].
Gordejew (A. A.) s. Medwedew (W. M.); Wtorow (N. A.).
Gordejew (A. W.), Charakter u. Dynamik d. Harzflusses bei d. Krimkiefer 3978.
Gordejewa (A. F.), Ontogeneseform d. Zelle 123.
Gordijenko (A.) s. Griehl (W.).
Gordijenko (W. F.), Herst. u. Anwend. d. Farbe „Kesselsteintrenner" in Zuckerfabriken 7562.
Gordijenko (W. I.) s. Blidin (W. P.).
Gordin (M. N.) u. **Ssamarina (G. I.)**, Lokal anästhet. u. a. pharmakol. Eigg. d. Stereoisomeren v. 2.5-Dimethylpiperidyl-(4)-benzoat 9843.
Gordin (R.) s. Lamberg (B.-A.).
Gordon (A. F.) s. Dow Chemical Co.; Dow Corning Corp.
Gordon (Alan L.) s. Pazur (J. H.).
Gordon (Arthur L.), **Jenness (R.)** u. **Geddes (W. F.)**, Backvol. verringerndes Agens in Milchserumproteinen 8518.
—, **Jenness (R.)**, **Geddes (W. F.)** u. **Guy (E. J.)**, Ist d. hitzelabile, d. Brotvol. vermindernde Faktor d. Milch eine Protease oder ein Proteaseaktivator? 3270.
Gordon (A. N.) u. **Sondheimer (E. H.)**, Auswert. d. Oberflächenimpedanz in d. Theorie d. anomalen Skineffektes in Metallen 6689.
Gordon (A. R.) s. Muir (D. R.).
Gordon (Albert S.), Endokrine Beeinfluss. d. geformten Blutbestandteile u. d. blutbildenden Organe 7242.
Gordon (Alvin S.), Rk. zwischen Methan u. Wasserdampf im Temp.-Gebiet v. *1000* bis *1100°* 4800. — s. McNesby (J. R.); Smith (S. R.).
Gordon (B. J.) u. **Denissow (A. M.)**, Therm. Zers. v. durch Kristallisat. aus metastabilen u. labilen übersätt. Lsgg. erhaltenen Kristallhydraten 3331.
Gordon (C. F.) s. Morris (S. G.).
Gordon (C. H.), **Moore (L. A.)** u. **Hosterman (W. H.)**, Futterwert v. U.S.-Alfalfaheu Nr. *1* u. U.S.-Alfalfa-Timothy-Heumischung („alfalfa heavy timothy mixed hay") Nr. *2* 6160.
Gordon (C. L.) s. Johannesen (R. B.).
Gordon (D. M.), The clinical use of corticotropin, cortisone and hydrocortisone in eye disease [1550].
Gordon (F. H.), **Hyndman (L. A.)**, **Bloom (C.)**, **Anderson (H. D.)**, **Taylor (Harold L.)** u. **McCall (K. B.)**, Bereit. v. menschl. Serumalbumin aus Placentaextrakten u. dessen Eigg. 6062.
Gordon (G. D.), Theorie d. Dicken-Scher-Schwingg. piezoelektr. Resonatoren 5244.
Gordon (G. J.), Wss. Disperss. v. Polymeren aus Chlorvinyliden u. Chlorvinyl 7096.
Gordon (H. W. B.), Trocknen v. gefärbten Viscose-Reyon-Spinnkuchen 252.
Gordon (I.) s. Currens (J. H.).
Gordon (I. M.), Physikal. Natur d. Chromosphärenausbrüche 2830. — Supernovae u. Problem d. Entsteh. d. Elektronenkomponente d. Höhenstrahlen 4505. — Physikal. Natur d. Veränderlichk. d. Sterne u. d. Ursprung d. Höhenstrahlen 4747.
Gordon (J. B.), Diätet. Heilmittel 11427* A.
Gordon (J. P.) s. Artman (J. O.).
—, **Zeiger (H. J.)** u. **Townes (C. H.)**, Mol. Mikrowellenoscillator u. neue Hyperfeinstruktur in d. Mikrowellenspektr. v. NH_3 4518.
Gordon (K. F.), Verteilungskoeffizienten für d. Systeme 2-Methylpropanol-(1)-Wasser u. Pentanol-(1)-Wasser 2389.
Gordon (L.) s. Teicher (H.).
— u. **Firsching (F. H.)**, Fäll. v. Bariumchromat aus homogener Lsg. 174.
—, **Teicher (H.)** u. **Burtt (B. P.)**, Mitfäll. aus homogener Lsg. Mn(II)- mit bas. Sn(IV)-Sulfat 5381.

Gordon (L. E.), Miller (C. Phillip) u. Hahne (H. J.), Wrkg. v. somatotropem Hormon u. Streptomycin auf Mäuse nach Ganzkörperröntgenbestrahl. 5115.
Gordon (M.) u. Davison (W. H. T.), Theorie d. Resonanztopologie vollaromat. KW-stoffe. 1. Mitt. 2383.
Gordon (Manfred), Netzstrukturtheorie d. Gelpunktes u. d. Polymerisat. v. Diallylphthalat mit sich selbst („incestuous") 4365.
Gordon (Max) s. Torfforschung G. m. b. H.
Gordon (Maxwell), Purinstoffwechsel 4631.
Gordon (Myron) s. Rubin (A.).
Gordon (M. E.) s. Lipsky (S. R.).
Gordon (M. M.) u. Jones (J. G.), Verallgemeinerte Variationsgleichungen für d. Streuung v. Elektronen durch Wasserstoffatome 1194.
Gordon (M. W.) u. Nurnberger (J. I.), Akute, kältebedingte Änderr. d. Zellproteine u. d. Nucleinsäuren in Leber u. Gehirn v. Ratten. Beschreib. u. Besprech. biochem. u. cytochem. Unterss. 10049.
Gordon (Paul), Isothermes Mantelmikrocalorimeter für Wärmeeffekte langer Dauer 8929. — s. Barrett (C. S.).
Gordon (Priscilla) s. Burrage (W. S.).
Gordon (P. G.) s. Audrieth (L. F.).
— u. **Audrieth (L. F.),** Hydrazinderivv. v. Carbon- u. Thiocarbonsäuren. 6. Mitt. Synth. v. Urazol 10985.
Gordon (P. L.) u. Dolgin (G. J.), Surface coatings and finishes [8508].
— u. **Gordon (R.),** Paint and varnish manual, formulation and testing [7563].
Gordon (R.) s. Gordon (P. L.).
Gordon (R. B.), Kraft (S. C.) u. Jones (Richard J.), Wrkg. einer Gehirnfrakt. auf d. Cholesterin- u. Lipoidspiegel im Serum 3182.
Gordon (R. F.) u. Tucker (J.), Behandl. v. chron. Trägern v. Salmonella pullorum mit Furazolidon 8198.
Gordon (R. L.), Abänder. d. Unicam-9-cm-Röntgenpulverkamera 6694.
Gordon (Sheffield) s. Grossweiner (L. I.); Hart (E. J.).
Gordon (Sherritt) Mines Ltd. = Sherritt Gordon Mines Ltd.
Gordon (Spencer) u. Nardi (G. L.), Papierchromatographie v. freien Aminosäuren im Blutplasma 2971.
Gordon (S. M.) s. Endo Products, Inc.
Gordon jr. (W. E.) s. Silverman (M. J.).
Gordon (W. L.), Shaw (C. H.) u. Daunt (J. G.), Struktur v. fl. He aus Röntgenstrahlenstreuung 7850. — Röntgenbeugungsdiagramme v. fl. He 10693.
Gordon (W. O.) s. United States of America.
Gordon (W. S.) s. Taylor (J. H.).
— u. **Taylor (J. H.),** Wachstumsfördernde Wrkg. d. Antibiotica u. ihre mögl. Wirkungsweise 2468.
Gordonoff (T.), Handbuch d. Therapie. Therapie d. prakt. Arztes in Einzeldarstellungen [1324].
Gordus (A. A.) u. Bernstein (R. B.), Isotopeneffekt in kontinuierl. UV-Absorptionsspektren: Methylbromid-d_3 u. Chloroform-d 48.
Gordy (W.), Spektroskopie mit *1—5* mm Wellen 3309. — s. Burrus (C. A.); Fairbank (W. M.); Hill (Robert M.) [Durham]; Jache (A.); King (W. C.); Livingston (Ralph); Robinson (H. G.); Thomas (W. J. O.).
Gordy (W.) u. Sheridan (J.), Mikrowellenspektren u. Struktur v. Methylquecksilberchlorid u. -bromid 16.
Gore (D. N.) u. Adshead (J. M.), Beobachtt. an Papierverteilungschromatogrammen zum Nachw. v. Alkaloiden 638.
—, **Martin (B. K.) u. Taylor (M. P.),** Bewert. v. gepufferten Antacida, bes. v. Al-Präpp. 409.
Gore (P. H.), Vorhersage d. Reaktionsfähigk. v. penta- u. hexacycl. KW-stoffen 2863.
Gore (T. L.) s. Davis (P. C.).
Goreau (T. F.), Phosphomonoesterasen in riffbildenden Korallen 608.
Goreau (T. N.) s. Hercules Powder Co.
Gorelik (M. W.) s. Venus-Danilowa (E. D.).
Gorenbein (J. J.), Mol.-Verbb. v. $AlBr_3$ u. Nitrobenzol in Äthylenbromid als Lösungsm. 7864.
Gorges (R.) s. Spang (E.) G. m. b. H.
Gorham (A. B.), Berechn. u. Überprüf. d. Ausbeute an ungebleichtem Sulfitzellstoff 8288.
Gorham (E.), Böden u. Vegetat. westirischer Restwaldbestände 194. — Entw. d. Humusschicht in Waldgebieten d. engl. Lake-District 8473. — Basen–Säure-Status d. Hoch- u. Niederungsmoore 9420.
Goria (C.) u. Gallo (S.), Vers. zur Sulfatisier. d. festen Lsgg. $2\,CaO \cdot (Fe,Al)_2O_3$ 10221.
Gorin (E.) s. Goring (G. E.); Socony-Vacuum Oil Co., Inc.
Gorin (G.) s. Barnum (D. W.).
Gorin (J. A.) u. Kalinitschewa (N. A.), Unters. d. Neben-Rkk. bei d. Kontaktsynth. d. Divinyls aus Alkohol nach d. Verf. v. S. W. Lebedew. 2. Mitt. Bildungsschemata d. Verbb. mit ungerader Kohlenstoffatomzahl (C_1 u. C_3) 7412.
Gorin (L. F.) s. Jurjew (J. K.).
Gorin (M. H.) s. Brown (Ethan A.).
Gorin (P. A. J.), Hough (L.) u. Jones (J. K. N.), Synth. v. 4-Desoxyerythrohexulose 6520.
Goring (D. A. I.), Einfl. d. $[H^{\cdot}]$ auf d. Viscosität u. elektrophoret. Beweglichk. v. Natriumcarragheenatlsgg. 6767.
Goring (G. E.), Curran (G. P.), Zielke (C. W.) u. Gorin (E.), Kinetik d. Vergas. v. Kohle mit Hilfe v. Dampf. Mechanismus d. Wechselwrkg. v. Tieftemperaturkoks u. Dampf–Wasserstoff-Gemischen bei *1600°* F 1415.
Gorini (L.) u. Lanzavecchia (G.), Bildungsmechanismus einer bakteriellen Proteinase. 1. Mitt. Meth. zur Best. einer Proteinase durch Milchkoagulat. 9821.
Gorini (P.) s. Astaldi (G.).
Goris (J. E.), Photocolorimetrie in ihrer Anwend. bei d. Unters. v. Tinten 5703. — Farben u. ihre photocolorimetr. Prüf. 11103.
Gorisdra (T. J.) s. Uschenko (N. K.).
Goritzkaja (W. W.) s. Reingard (L. W.).
Gorjaga (G. I.) s. Schwidkowski (J. G.).
Gorjainow (K. E.) s. Budnikow (P. P.).
Gorjajew (M. I.) u. Pugatschew (M. G.), Unters. d. äther. Öls v. Artemisia transiliensis P. Pol. 11107.
—, **Pylajew (B. F.), Schabanow (I. M.) u. Gutzaljuk (T. G.),** Ein neues Flotationsmittel (Schaumbildner) aus äther. Ölen d. Wermutarten in Kasachstan 11700.
—, **Schabanow (I. M.) u. Ignatowa (L. A.),** Unters. d. äther. Öls v. Artemisia mogol-

tavica P. Pol. 4471. — Äther. Öl v. Artemisia Macrosciadia P. Pol. 8278.
Gorjajew (M. I.), Sserkebajewa (T. J.), Tschipiga (A. P.) u. Schabanow (I. M.), Vergleichende Charakteristik v. Rosenöl 4229.
— u. **Tichonowa (L. K.),** Unters. d. äther. Öles v. Artemisia porrecta Krasch 4229.
Garjatschewa (N. S.) s. Rushenzewa (A. K.).
Gorjatschich (J. F.) s. Tschalow (N. W.).
Gorjuchina (T. A.), Fermentative Umwandl. v. Imidazolmilchsäure im Organismus n. u. tumorbehafteter Kaninchen 6537.
Gorkin (J. N.), Einfl. v. Synthomycin auf d. Verlauf v. Masern 400.
Gorlitzer v. Mundy (V.), Schilddrüsenbehandl. mit Halogenen 8423.
Gorlowski (S. I.) s. Benensson (M. W.).
Gorman (J.) s. Blaser (J.).
Gorman (M.) s. Djerassi (C.).
Gorman (R.) s. Union Carbide & Carbon Corp.
Gormsen (J.) s. Gjørup (P. A.).
Gorn (L. E.), Photometr. Meth. d. quantitativen Best. v. Carboxyhämoglobin im Blut 11061. — Polarometr. Schnellmeth. zur Best. v. Pb im Harn 11265.
Gornall (A. G.) u. Kalant (H.), Einfache Umstell. d. „Beckman DU-Spektrophotometers" auf ein Spektrofluorometer 7738.
— u. **MacDonald (M. P.),** Quantitative Best. d. Steroidhormone mit 2.4-Dinitrophenylhydrazin 8934.
Gornetz (L. W.) s. Andrianow (K. A.).
Gornowski (E. J.) s. Standard Oil Development Co.; Tyson (C. W.).
Gorny (N. B.), Unelast. Reflex. v. Elektronen v. d. Oberfläche d. Kupfer(I)-oxyds 8314.
— u. **Rachowitsch (L. M.),** Elektr. Anordn. zur unmittelbaren Best. d. Energieverteilungsfunktt. v. Sekundärelektronen 6216.
Gornych (T. I.) u. Posdejewa (A. G.), Red. v. Anthracen, Phenanthren, Carbazol, Diphenylenoxyd u. Indol an d. Hg-Tropfelektrode 10468.
Gorochowski (J. N.) u. Pruss (P. C.), Auflösungsvermögen v. mehrschicht. farbenphotograph. Materialien 10424.
Gorodetzkaja (A. W.), Extraktionsmethoden zur Reinig. v. Antibioticis 7035.
Gorodetzkaja (R.), Best. d. Qualität d. rohen Schweinefettes 8524.
— u. **Kirjanowa (A. M.),** Schnellmeth. zur Best. d. Feuchtigk. v. Rohhäuten 4258.
—, **Scheremet (M.), Schachnasarowa (M.), Kasakow (A.), Mirsojewa (W.), Michailowa (J.), Wirnik (D.), Smirnowa (W.), Tjunina (J.), Bondarewa (S.) u. Jessakowa (R.),** Reserven d. Gelatineindustrie 9235.
Gorodetzki (A. A.) u. Tschebotarew (J. J.), Einfl. v. Röntgenstrahlen auf d. Geh. an radioakt. P im Carcinom Brown-Pierce beim Kaninchen 5567. — Verteil. v. radioakt. P bei n. Kaninchen u. bei Kaninchen mit überimpftem Carcinom 6308.
Gorodetzky (S.) s. Cüer (P.); Muller (T.).
—, **Armbruster (R.), Chevallier (P.) u. Gallmann (A.),** Winkelkorrelat. d. Elektronenpaare d. *3,09* MeV-γ-Strahl. v. ^{12}C. Messung d. Multipolarität dieser Strahl. 4029.
Gorodilowa (W. W.) u. Freiman (W. B.), Antigene d. Krebses d. Milchdrüsen bei Mensch u. Mäusen 840.
Gorodinski (S. M.) u. Parchomenko (G. M.), Prophylaxe bei Arbeiten mit radioakt. Isotopen 1347.
Gorodysski (W. I.) s. Schewtschenko (I. T.).
Goroschkin (A. G.), Anwend. v. organomineral. Gemischen nach d. Methode d. Akademiemitgliedes Lyssenko 5878.
Goroschkow (T.), Ungesüßte Kondensmilch 3991.
Goroshankina (L. A.), Geh. an Methionin bei verschiedenen Fleischarten 11704.
Gorra (G.), Alkaliphosphataseaktivität d. Serums bei mit erhöhten Dosen v. Fischlebertran behandelten Ratten 7936. — s. Jaffé (W. G.).
Górriz (A. M.) = Marín Górriz (A.).
Gorschalki (M.), Ni–Cr-Legierr. 10854* A.
Gorschkow (P. A.), Besonderhh. d. P-Ernähr. v. Hanf 9173.
Gorschkow (P. W.) s. Schicher (M. G.).
Gorsich (R. D.) s. Gilman (H.).
Gorski (R. A.) u. Miller (J. G.), Wechselwirkungskoeffizienten v. Gasmischungen 8558.
Gorstein (G. I.) u. Ssilantjewa (N. I.), Verteil. v. isomorphen u. isodimorphen Komponenten zwischen d. festen u. d. fl. Phase bei d. Kristallisat. aus wss. Lsgg. 2. Mitt. Gleichgewicht in einigen Systemen mit Komponenten aus d. Doppelsalzen v. Schönittypus 11522; 3. Mitt. Gleichgewicht im Syst. $CO(NO_3)_2$–$Ni(NO_3)_2$–H_2O bei *20°* 11522.
Gortatowski (M. J.) s. Searles (S.).
Gorter (A.), Nährwert v. Brot. 6. Mitt. Bedeut. v. Phytin für d. menschl. Ernähr. 8518.
Gorter (C. J.), Progress in low temperature physics [7385]. — Radiospektroskopie 7609. — Magnetismus bei sehr tiefen Tempp. 8090. — s. Boer (J. de); Kramers (H. C.); Peski-Tinbergen (T. Van); Poppema (O. J.).
—, **Poppema (O. J.), Steenland (M. J.) u. Beun (J. A.),** Ausricht. v. ^{60}Co-Kernen bei sehr tiefen Tempp. 5233.
Gorter (G. J. M. A.), Getreidebrand bei Kafferkorn 4192. — Kampf gegen Pflanzenkrankhh. 8242.
Gortinskaja (T. W.) s. Schtschukina (M. N.).
Gortner (W. A.) s. Young (H. Y.).
Gorton-Pew Fisheries Co. Ltd. u. Swaine (R. L.), Konservier. v. Fischen 6162* A.
Gortschakowa (J. W.) s. Ssumarokow (W. P.).
Gorzelak (Z.) s. Zabłocki (B.).
Gorzycki (L. J.) s. Ivy (E. E.).
Gorzynski (E. A.) u. Neter (E.), In vitro-Wrkg. v. Neomycin u. Streptomycin auf bestimmte serolog. Gruppen v. Escherichia coli, d. klin. Durchfallserkrankk. bei Kindern hervorrufen 614. — In vitro-Wirksamk. v. Erythromycin u. Carbomycin auf Pasteurella multocida 848.
Gosh (M. M.) s. Seal (S. C.).
Goshorn (R. H.) s. Sharples Chemicals, Inc.
Gosling (R. G.) s. Franklin (R. E.).
Goss (A. J.), Einfl. beigefügter metall. Verunreinigg. u. geschlossener Tiegel auf d. Wachstum v. Sn-Einkristallen aus d. Schmelze 6699.
—, **Weintroub (S.) u. Puttik (K. E.),** Wachstum v. Metalleinkristallen mit niedr. F. aus d. Schmelze 6698.

Goss (B. K.), Mikromethoden d. Zuckeranalyse 4722.
Goss (C. G.), Reaktoren für Industrie u. Forsch.; Reaktorkontrolle 6450.
Goss (F. R.) s. Audsley (A.).
Goss (H.) u. **Otagaki (K. K.)**, Verdauungsverss. mit Saflormehl 4480.
Goss (O. P. M.) s. Goss (W. C.).
Goss (W.), Gummi-Phenolharz-Preßmassen 11695.
Goss (W. C.), Aktivkohle 1586* Can.
— u. **Goss (O. P. M.)**, Aktivkohle 1586* Can.
Gosselain (P. A.) s. Adam (Jean).
Gossett (C. R.), **Phillips (G. C.)** u. **Eisinger (J. T.)**, Kernenergieniveaus aus d. absol. magnet. Analyse v. unelast. gestreuten Protonen 9718.
Gossick (B.) s. Pizzaro (R.).
Gossick (B. R.) s. Bray (R.).
Gossler (O.), Natürl. Wirkungsmechanismus d. Gewebshyaluronidase 11403.
Gossot (J.), Les Matières plastiques [2317].
Gosstew (M. I.) s. Schorygin (P. P.).
Gosstewa (O. K.) s. Petrow (K. D.).
Gostin (E. L.), Stromloses Überziehen erzeugt harte Ni-Überzüge 451.
Gosting (L. J.) s. Akeley (D. F.); Dunlop (P. J.).
Goswami (A.), Wrkgg. v. gleichgerichtetem Reiben auf anod. gebildetes CuO 9511.
Goswami (M.), Nichtglyceridanteile d. Öle u. Fette (Geruch u. Farbe) 11708.
Goswami (M. N.) s. Roy (M.).
Goszczyńska (K.) u. **Rożańska (M.)**, Best. pharmazeut. Präpp. mit Perchlorsäure in wasserfreiem Milieu 7727.
Gotaas (H. B.) s. Oswald (W. J.).
—, **Oswald (W. J.)** u. **Ludwig (H. F.)**, Photosynthet. Verwert. organ. Abfallprodd. 10111.
Góth (E.), **Bencze (E.)**, **Borsodi I (L.)**, u. **Lengyel (L.)**, Rolle d. Hypophysenvorderlappens im Eiweißstoffwechsel 6784.
Gotlib (A.), Perlpolymerisat. 5912* F.
Gotô (Hidehiro) u. **Hirayama (T.)**, Best. v. Metallen durch Oxinlsg. mit Hilfe d. Hochfrequenztitrat. 11642. — Hochfrequenztitrat. einiger Metalle mit KCl- u. KCN-Lsg. 11642.
Goto (Hiroshi) s. Kikuchi (T.); Shimizu (S.).
Goto (R.) u. **Hirai (N.)**, Entflammbarkeitsgrenzen u. Aktivierungsenergie 4071.
—, **Koizumi (N.)**, **Hayama (N.)** u. **Sugano (T.)**, Mol.-Gew. v. Polyoxyäthylenglykolen u. ihren Abkömmlingen. 1. Mitt. Kryoskop. Messungen u. Lösungsmittelwrkgg. 8640.
Goton (R.) s. Eyraud (C.).
Gots (J. S.) s. Brodie (A. F.).
— u. **Hunt jr. (G. R.)**, Aminosäureanforderr. für d. Reif. v. Bacteriophagen in lysogenen Escherichia coli 11020.
Gottardi (F.), Unters. u. Kontrolle d. Warmbearbeitungstempp. 10127.
Gottardi (G.) s. Bonatti (S.).
Gottardo (F.) u. **Palazzi (A.)**, Ausgrabzeiten d. Glühfrischkästen beeinflussende Faktoren 8481.
Gottesman (J.) u. **Ferguson (W. F. C.)**, Opt. Eigg. dünner CdS-Filme 6913.
Gottesman (L.) s. Sherry (S.).
Gottfeld (F. H.), Radiograph. Unters. v. Rohrschweißungen am Bauort 2993.
Gottfried (S. P.), **Pope (R. H.)**, **Friedman (N. H.)**, **Akerson (I. B.)** u. **Mauro (S. di)**, Lipoproteinunterss. bei atherosklerot. u. lipäm. Versuchspersonen mittels Papierelektrophorese 11412.
Gottlieb (Harry) s. Seven (M. J.).
Gottlieb (Howard), Prakt. Anwendd. v. radioaktiven Isotopen in Schutzüberzügen 1148.
Gottlieb (H. B.) s. Du Pont de Nemours (E. I.) & Co.
Gottlieb (M. B.) s. Ellis jr. (R. A.).
Gottlieb (Melvin B.) s. Hartzler (A. J.).
Gottlieb (O. R.), Analyt. Auswert. v. Austausch-Rkk. zwischen lösl. u. wenig lösl. Elektrolyten 423.
Gottsacker (E.), Färb. d. Tuberkelbakterien mit Carbolfuchsin „Bayer" 8691. — s. Farbenfabriken Bayer Akt.-Ges.
Gottschall (W.) s. Ruhrchemie Akt.-Ges.
Gottsegen (G.), **Romoda (T.)** u. **Bartók (I. A.)**, Wrkg. v. Morphium auf d. Atmung u. d. O_2-Verbrauch bei Herzkranken 10315.
Gottshall (R. Y.) s. State of Michigan.
Gottstein (K.), Aufspalt. schwerer Höhenstrahlkerne 10907. — s. Fay (H.).
— u. **Teucher (M.)**, Mesonenerzeug. beim Zusammenstoß energiereicher Nucleonen 4.
Gottstein (U.) u. **Hille (H.)**, Wkrg. v. Regitin auf d. Adrenalin- u. Noradrenalin-Rkk. in Haut- u. Muskelgefäßen 11040.
Gouarné (R.), Analyt. Ausdruck für d. Größen d. theoret. Chemie bei alternierenden linearen Ketten u. Ringen 1700. — Analyt. Ausdruck für d. Größen d. theoret. Chemie v. zwei Ketten, d. v. Polyenen abgeleitet sind 1700. — Unters. eines speziellen Typs v. Substitutionsprodd. 3097. — s. Chalvet (O.).
Goubeau (J.), H. v. Wartenberg 8537.
—, **Jahn (E. L.)**, **Kreutzberger (A.)** u. **Grundmann (C.)**, Triazine. 10. Mitt. Infrarot- u. Raman-Spektren d. 1.3.5-Triazins 7682.
—, **Luther (H.)**, **Feldmann (K.)** u. **Brandes (G.)**, Mol.-Schwingungsspektren d. Naphthalins u. seiner Derivv. 1. Mitt. Darst. deuterierter Naphthaline u. ihre Raman-Spektren 5774.
—, **Rahtz (M.)** u. **Becher (H. J.)**, Struktur halogensubstituierter Borazene 1202.
Goucher (C. R.) u. **Kocholaty (W.)**, Wrkg. verschied. Ionen auf d. Respirat. v. Azotobacter 7940.
—, **Woodside (E. E.)** u. **Kocholaty (W.)**, Bestrahlungsempfindlichk. v. Escherichia coli in bezug auf Atmung u. oxydative Assimilation 1766. — Einfl. v. 2.4-Dinitrophenol auf d. Oxydat. v. Acetat u. Succinat bei Escherichia coli 2457.
Goucher (F. S.), Quantenausbeute v. Elektron-Löcherpaaren in Ge 8089.
Gouck (H. K.) s. Smith (Carroll N.).
Goudemand (N.) s. Linquette (M.).
Goudot (A.), Donator-Acceptor-Wrkg. u. enzymat. Katalyse 6309. — Struktur u. Aktivität d. Komplexes Enzym-Substrat im Hinblick auf d. Bldg. hybrider Bindungen durch Ionenaktivatoren 8646.
Gouffier (N.) s. Imbriano (A. E.).
Gougerot, Entw. d. Syphilistherapie durch Penicillin: 3 Tendenzen in d. Behandl. d. frischen Syphilis. 1. Behandlungsergebnisse frischer Syphilis durch eine einzige Injekt. v. Depotpenicillin (Procain-Penicillin-Aluminiummonostearat) nach M. C. Rein (New York) 3674.
Gough (C. M.), Vgl. d. Viscositäten amerikan. Verschnittbitumen im Saybolt Furol-Vis-

cosimeter u. im Standard Teer-Viscosimeter 1651.
Gouin (L.), Rkk. d. 2-Alkyl-2-cyancyclopentanone 8606.
Goulart de Andrade (E.) s. S i l v e i r a F e i j ó (A. H. D a).
Gould (C. W.) s. H e r c u l e s P o w d e r C o.; N e u m a n n (F. W.).
Gould (D.) u. **Hershberg (E. B.)**, Glyoxylsteroide 10277.
—, Shapiro (E. L.) u. **Hershberg (E. B.)**, Synthet. cardioaktive Steroidamine 3153.
Gould (D. E.), Schnelltrocknende Tinten u. Kugelschreiber. 1. u. 2. Mitt. 5703.
Gould (D. H.) s. N o p c o C h e m i c a l C o.; S c h e r i n g C o r p.
Gould (D. S.) s. E p p e l s h e i m e r (D. S.).
Gould (E. S.), Inorganic reactions and structure [9279]. — s. B u r l a n t (W. J.); W i s e m a n (G. E.).
Gould (J. E.) u. **McCaig (M.)**, Anhysteret. Magnetisier. v. Alcomax III 5003.
Gould (J. H.) s. B r o d e (W. R.).
— u. Brode (W. R.), Verschluß- u. Beleuchtungseinricht. zur Unters. phototroper Farbstoffe 1802.
Gould (L.), Mikrowellenmess. d. Geschwindigkeitsabhängigk. d. Stoßquerschnitts v. langsamen Elektronen in He 18.
— u. Brown (S. C.), Mikrowellenbest. d. Wahrscheinlichk. v. Zusammenstößen v. Elektronen in He 7610.
Gould (R. G.) s. H a y e s (F. N.).
Gould (R. K.) s. T e x a s C o.
Gould (S. E.) s. G o m b e r g (H. J.).
Gould (W. J.) s. G u t n e r (L. B.).
Goulden (J. D. S.), Infrarotspektren quatern. Methojodide N.N-disubstituierter Thioamide 6709.
Goulette (J. C.) s. B a c h e l e t (M.).
Goument (V. O.), Sterilisieren u. Desodorieren v. Luft 6575* E.
Goumois (J. de) u. **Hanning (F.)**, Einfl. v. Trockenmolke u. verschied. Zuckern auf d. Güte v. *100%* Saccharose (Mehl : Zucker = *1 : 1*) enthaltenden Biskuitkuchen (yellow cakes) 7804.
Gounelle (H.), Marnay (C.) u. **Blondin (M.)**, Hypervitaminämieprobe bei gesunden Versuchspersonen Resorptionsunterschiede zwischen freiem α-Tocopherol u. Tocopherolacetat 10555.
Goupil (R.) s. M a n u f a c t u r e s d e P r o d u i t s C h i m i q u e s d u N o r d, É t a b l i s s e m e n t s K u h l m a n n.
— u. Herman (R.), Emissionsbeding. u. Ursprung d. Gruppe *4050* Å d. Kometenkerne 8783.
Gourary (B. S.) u. **Hart (R. W.)**, Sphär. Modell für ein Antiferromagnetikum 2604, 9963.
Gourévitch (A.), Lokalisat. d. Glykogens in d. Retina v. Fischen (histolog. Unterss.) 385.
Gourgues (A.), Wärmeerzeugende Misch. 9164* Dän.
Gourlay (J. S.), cis-trans-Isomerisat. v. Leinsaatöl 5680.
Gourley (D. R. H.) u. **Matschiner (J. T.)**, Austauschintensität v. Phosphationen im Blut v. Menschen, Kaninchen u. Küken 4141.
Gourley (M. F.) = F o u l k s G o u r l e y (M.).
Gourley (S.), Trocknende Pentaerythritöle als Lackbindemittel 5191. — s. I m p e r i a l C h e m i c a l I n d u s t r i e s L t d.
Gouscos (A.) s. L o u r o s (N. C.).
Goutam (C.) s. R â y (P.).
Goutard (L.) s. R i v i è r e (M.).
Goutarel (R.) s. J a n o t (M.-M); L e H i r (A.).
— u. Janot (M.-M.), Ibolutein, ein neues Alkaloid aus Iboga (Tabernanthe Iboga H. Bn., Apocynaceae) 6290.
—, Janot (M.-M.), Le Hir (A.), Corrodi (H.) u. **Prelog (V.)**, Konst. d. Aricins 7914.
—, Janot (M.-M.), Mathys (F.) u. **Prelog (V.)**, Struktur d. Ibogains 7215.
Goutier (R.) u. **Goutier-Pirotte (M.)**, Intracelluläre Verteil. d. Cholinesterasen d. Leber bei d. Albinoratte u. d. Meerschweinchen 5336.
Goutier-Pirotte (M.) s. G o u t i e r (R.).
Gouvea (M. A.) s. G e r g e l y (J.).
Gouveia (A. J. A. de), Coelho (F. P.) u. **Gouveia (A. P.)**, Komplexverbb. d. zweiwert. Co mit Harzsäuren. 1. Mitt. Zus. u. spektrophotometr. Unters. 6705.
Gouveia (A. P.) s. G o u v e i a (A. J. A. d e).
Gouyen (J.) u. **Bouvier (R.)**, Verss. mit einem Kombinationspräp. aus Vitamin B_{12} u. Penicillin 8427.
Gouza (J. J.) s. B o c k s t a h l e r (T. E.).
Govaert (F.) s. V e r z e l e (M.).
Govaerts (J.), Best. v. ^{45}Ca u. ^{32}P bei gleichzeit. Anwend. beider Isotope 6813. — s. L e c r e n i e r (A.).
Govaerts (P.), Verniory (A.) u. **Wittek (M.)**, Wrkg. d. corticotropen Hypophysenhormons (ACTH) u. d. Desoxycorticosteronacetats (DCA) auf d. experimentellen renalen Hochdruck d. Hundes 4384.
Govan (D.) s. B a k e r (R.).
Gove (H. E.) s. B a r t h o l o m e w (G. A.); L i t h e r l a n d (A. E.).
—, Bartholomew (G. A.), Paul (E. B.) u. **Litherland (A. E.)**, Rk. ^{14}C(p, γ)^{15}N oberhalb d. (p, n)-Schwelle 4990.
—, Ferguson (A. J.) u. **Sample (J. T.)**, Elast. Protonenstreuung durch N 973.
— u. Paul (E. B.), Ausbeute u. Winkelverteil. v. γ-Strahlen aus ^{11}B(p, γ)^{12}C 273. — Winkelverteil. d. γ-Strahlen aus d. Protoneneinfang in ^{11}B 10670.
—, Paul (E. B.), Bartholomew (G. A.) u. **Litherland (A. E.)**, Winkelverteil. d. γ-Strahlen aus ^{27}Al(p, γ)^{28}Si 9492.
—, Paul (E. B.), Litherland (A. E.) u. **Bartholomew (G. A.)**, Spinzuordnn. u. partielle Breitenmessungen v. Resonanzen in ^{32}S aus d. Rk. ^{31}P(p, γ)^{32}S 3060.
Governale (L. J.) s. E t h y l C o r p.
Government of Canada u. **McKay (A. F.)**, Nitroguanidine 10174* E.
Govett (T.) s. R e h e i s C o., I n c.
Govindachari (T. R.), Pai (B. R.) u. **Nagarajan (K.)**, Chem. Unterss. v. Tylophora asthmatica. 1. Mitt. 1519.
Govoroff (A.), Ausblühh. 6108.
Gow (J. D.) u. **Alvarez (L. W.)**, ^{18}Ne 6207.
Gowan (J. E.), Hayden (P. M.) u. **Wheeler (T. S.)**, Synth. v. Flavonolen 10021.
Gowans (J. L.), Wrkg. einiger Antibiotica auf Kokkeninfektt. bei Mäusen 7489.
Goward (F. K.) u. **Wilkins (J. J.)**, Nachw. v. ^{14}N(γ, d3α)- u. ^{14}N(γ, pn3α)-Rkk. in Kernemulss. 274.
Gowdey (C. W.) u. **Young (I. E.)**, Wrkgg. großer Dextraninfuss. auf Herz u. Nieren bei Hunden 4626.
Gowenlock (B. G.) s. C h i l t o n (H. T. J.).
—, Polanyi (J. C.) u. **Warhurst (E.)**, Best. d. Dissoziationsenergien v. Quecksilber–Koh-

lenstoff-Bindd. nach einer pyrolyt. Meth. 3345. — Natur d. Hg-C-Bindd. in Hg-Alkyl-Radikalen 6696.
Gower (C. H.), Verwend. v. Texturfarben 9916.
Gower (J. A.) s. Thompson (R. M.).
Gowing (D. P.) s. Sanford (W. G.).
Goworkow (W. M.) u. **Schabalin (K. N.)**, Einfl. v. Schwingungen auf d. Kristallisat. v. Metallen 7390.
Goworoff (A.), Gleichzeit. Trockn. u. Mahl. v. Ton. 7060.
Goworowa (R. P.) s. Karawajew (N. M.).
Goy (J. P.), Baustoff 440* F.
Goyco (J.) u. **Asenjo (C. F.)**, Wrkg. v. Methionin, Vitamin B_{12} u. α-Tocopherol auf d. wachstumsfördernde u. lebernekrogene Aktivität d. Puerto Rican. Torula-Hefe 7248.
Gozlow (F. J.) s. Atlantic Refining Co.
Graae (J.), Esteraseaktivität v. Subtilisin, einem proteoyt. Enzym aus Bacillus subtilis 4375.
Graaf (J. E. de) s. Kol (J.).
— u. **Veen (J. H. van der)**, Langsambiegekerbprobe als Sprödbruchprobe 449.
Graaff (W. de) s. Michels (A.).
Grab (W.) s. Junkmann (K.).
Grabar (P.), Was sind d. γ-Globuline? Physikal., chem. u. immunolog. Eigg. 621. — s. Augier de Montgremier (H.); Institut Pasteur (Établissement Reconnu d'Utilité Publique).
Graber (C. D.), **Ino (J.)** u. **Disdar (M.)**, Galaktinol, ein neues, zur Charakterisier. v. Enterokokken geeignetes Kohlenhydrat 381.
Graber (R. P.) s. Johnson (W. S.); Merck & Co., Inc.; Turner (D. L.).
Grabetzki (A. A.) s. Epstein (D. A.).
— u. **Ossipow (A. A.)**, Grundlagen d. chem. Industrie 9486.
Grabiel (C. E.), **Bisgrove (D. E.)** u. **Clapp (L. B.)**, Best. d. Zahl an Nitrogruppen in aliphat. Polynitroverbb. 8341.
Grabner (A.), Lichttechn. Charakteristika d. Photo-Glühlampen 10177.
Grabner (G.) s. Gisinger (E.).
Grabow (J.) s. Sheffner (A. L.).
Grabowska (I.) s. Ellert (H.).
Grabowski (Z. R.) s. Kemula (W.).
Grabowsky (O.) s. Badische Anilin- & Soda-Fabrik Akt.-Ges.
Grace (J. T.) s. Werning (J. R.).
Grace (M. A.) s. Daniels (J. M.).
— u. **Halban (H.)**, Kernausricht. in Kobaltisotopen 2124.
Grace (N. H.) s. Watson (R. W.); Zuckerman (A.).
Grace (N. S.) s. Tibenham (F. J.).
Grace (W. J.), **Doig (R. K.)**, **Wolff (H. G.)** u. **Wasserman Steinhouse (D.)**, Resorpt. v. Fe aus d. Magendarmkanal 9128.
Gracht (W. J. F. de R. v. d.) = Rijck v. d. Gracht (W. J. F. de).
Graciansky (P. de), **Boulle (S.)** u. **Boulle (M.)**, Klin. u. histolog. Berichte über d. Behandl. d. Lupus tuberculosis durch Isonicotinsäurehydrazid 5837.
Grad (B.) s. Birmingham (M. K.).
Grad (H.), Statist. Mechanik dynam. Systeme mit anderen als Energieintegralen 3805.
Grad (P. P.) u. **Catotti (A. J.)**, Chem. Best. v. Al auf metallbelegtem Papier 4732.
Grad (W.) s. Reifer (I.).
Gradinger (H.) s. Brauer (G.).
Gradiss (T. C.) s. Kusskow (W. K.)
Graebener (R.), Nahrungsmittelfabriken, Herst. v. Eiweißhydrolysaten 2802* D.
Graef (E. R.) s. Du Pont de Nemours (E. I.) & Co.
Graef (W.), Herst. v. Fliesen, Ziegeln oder anderen Formkörpern 9883* F.
Graefe (G.), Umlager. d. d-Glucose in ammoniakal. Lsg. 6872. — Stärke bei d. Süßwarenherst. 9466. — s. Heyns (K.).
Graefe (H. A.) s. Schales (O.).
Gräfe (H.-J.) s. Hofmann (H.).
Gräfe (H.-K.), Grundlagen u. Ergebnisse physiol. Ernährungsbilanzen 5830.
Gräfinger (G.) s. Badische Anilin- & Soda-Fabrik Akt.-Ges.
Gränacher (C.) s. Geiger (M.).
Gränicher (H.), Dielektr. Eigg. v. Substanzen d. Perowskittyps 2362. — Einführ. in d. Physik d. Ferroelektrizität 3068.
Gräser (F.), Ein fuldisches Arzneibuch 2. — Oxyurenmittel 1794. — Neues homöopath. Arzneibuch 7495. — Homöopath. Tinkturen 11424.
Graeser (W.), Best. eines synthet. Harzes in einer knitterfesten Appretur auf Viscosereyon 960. — Einw. v. Cl abspaltenden Waschmitteln auf knitterfest ausgerüstete Gewebe 11479. — s. Elöd (E.).
Graeve (P. de) s. Janot (M.-M.).
Graf (D. L.), Veränderr. an differentiellen therm. Kurven v. Dolomiten mit niedr. Fe-Geh. 5740.
Graf (E.) s. Guyer (A.).
Graf (Ernst), Erdgasspalt. 258.
Graf (F.) s. Heumann (L.) & Co., Chem.-pharm. Fabrik.
Graf (G. S.), Reinigungsmittel 6596* F.
Graf (J.), Edeldrucke. 2. Mitt. 2820.
Graf (K.) s. Rossi (E.).
Graf (L.), Bedeut. u. Bldg. v. Mineralölemulss. u. ihre Zerleg. mit Chemikalien bei höherer Temp. unter Druck 2337.
Graf (M. J.) s. Tye (R.).
Graf (P.) s. Buser (W.).
Graf (R.) & Co. Süddeutsche Catgutfabrik, Desinfektionsmittel 1103* Dän.
— u. **Krause (G. A.)**, Verf. u. Vorr. zur Behandl. v. Catgut u. a. Nähmaterial tier. Ursprungs 6804* D. [DDR].
Graf (René) u. **Guinier (A.)**, Einfl. d. Kaltbearbeit. nach Abschrecken auf d. Ausfällungserscheinn. in einer Al-Cu-Legier. mit 4% Cu 2376.
Graf (Roderich) s. Farbwerke Hoechst Akt.-Ges., vormals Meister Lucius & Brüning.
Graf (Rupprecht) s. Concordia Elektrizitäts Akt.-Ges.
Graff (A. C. De) s. Dann (S.); Gagliani (J.).
Graff (A. R.) s. Standard Oil Development Co.
Graff-Baker (C.) s. Imperial Chemical Industries Ltd.
Graffi (A.) u. **Schäfer (Peter)**, Beeinfluss. d. Cancerogenese durch d. Nervensystem 374.
Gragerow (I. P.), Unters. d. Beweglichk. d. Wasserstoffatome in d. H-Bindungen d. Phenazhydrins 6714. — s. Brodski (A. I.).
— u. **Brodski (A. I.)**, Best. d. Höhe d. Potentialschwelle bei d. Wasserstoffbindungen d. Benzochinhydrons 8351.
Gragnani (A.) s. Panseri (C.).

Graham (A. K.), Wert d. Vorbehandl. d. Oberfläche vor d. galvan. Überziehen 7541.
Graham (A. R.) s. Distillers Co. Ltd.; Gasson (E. J.); Godwey (C. W.).
—, Millidge (A. F.) u. Young (D. P.), Oxydationsprodd. v. Diisobutylen. 3. Mitt. Rk.-Prodd. d. Ringöffn. v. 1.2-Epoxy-2.4.4-trimethylpentan 789.
— u. Stavraky (G. W.), Verh. d. Speicheldrüsen nach Nervendurchtrenn. gegenüber Acetylcholin u. Adrenalin 3418.
Graham (B.) s. Du Pont de Nemours (E. I.) & Co.
Graham (B. W.), Trockene u. fl. Chemikalien für d. Wasserfluorier. 10599.
Graham (D.), Charakterisier. physikal. Adsorptionssysteme. 2. Mitt. Einfl. d. durch Anziehungskräfte hervorgerufenen Wechselwrkg. zwischen adsorbierten Moll. 3319.
Graham (D. P.) s. Lips (H. A.).
Graham (D. W.) s. Neubert (A. M.).
Graham (E. F.) u. Dracy (A. E.), Wrkg. v. Relaxin u. mechan. Dilatat. auf d. Rindercervix 854.
Graham (E. R.) u. Baker (W. L.), Ionensättig. d. Pflanzenwurzeln mit besonderem Bezug auf H 5156.
Graham (G.) s. Farah (A.).
—, Koda (F.) u. Farah (A.), Wrkg. v. Fluoracetat auf d. Aufnahme v. p-Aminohippursäure durch Nierenschnitte d. Hundes 3648.
Graham (H. F.) s. Fairfield (H. H.).
Graham (H. M.) s. Proffitt (J. R.).
Graham (J. E.) s. Aronoff (A.).
Graham (J. M.) s. Standard Oil Development Co.
Graham (J. R.) s. Muir (D. R.).
Graham (J. W.), Gesinterte Titancarbide eröffnen neue industrielle Möglichkk. für hohe Tempp. 204. — s. Kennametal, Inc.
Graham (L.) s. Lane (W.).
Graham (M. E.) s. Republic Steel Corp.
Graham (M. J.) s. Burrage (W. S.).
Graham (N. P. H.), Anwend. v. Dieldrin zur Bekämpf. v. Fliegenbefall bei Merinolämmern 2054.
Graham (O. W.) s. Instruments, Inc.
Graham (P. J.) s. Du Pont de Nemours (E. I.) & Co.
Graham (R.) s. Shell Development Co.; „Shell" Refining & Marketing Co. Ltd.
Graham (R. L.) s. Elliott (L. G.).
— u. Stewart (A. T.), Dreiquantenvernicht. v. Positronen in Festkörpern 11144.
— u. Walker (J.) [Birmingham], Zerfall v. ^{153}Sm 7142.
Graham (S. C.) s. Illinois Development Laboratories.
Graham (T. E.) s. Cottrell (T. L.).
Graham (V. E.) s. Bell (J. M.).
Graham (W. D.) s. Lu (F. C.).
Graham (W. J.) u. Ruhlig (A. J.), Berechnete Parameterwerte v. Edelgasentladungen 2834.
Graham (W. S.), Nichol (R. J.) u. Ubbelohde (A. R.), Thermochem. Best. v. Bindungsenergien in C-Verbb. 3. Mitt. Bindungsenergien aus d. Rkk.: $PhCH_2J+HJ \rightarrow PhCH_3+J_2$ u. $PhJ+HJ \rightarrow PhH+J_2$ 10951.
Grahame (D. C.) u. Soderberg (B. A.), Ion. Ladungskomponenten in elektr. Doppelschichten 2607.
Grahame (J. H.) s. Texas Co.
Grahl (E. R.), Thermodynam. Eigg. v. NH_3 bei hohen Tempp. u. Drucken 3705.
Grahlow (U.), Verhüt. schwerer Impf-Rkk. u. Impfschäden bei Verwend. Al-halt. Antigene 8417.
Grahn (M.) s. Augustinsson (K.-B.).
Graifer (J. S.) u. Ssalli (I. W.), Graphitbldg. auf d. Stahloberfläche bei Wärmebehandl. im Vakuum 5015.
Grail (G. F.) s. Nepera Chemical Co., Inc.
Grainger (H. B.) s. Chadwick (R.).
Grainger (H. S.), Carr (T.) u. Somers (G. Fred), Verarbeit. v. zwei Bisdiazofarbstoffen zur intravenösen Injekt. 4160.
Graizon (M.) s. Souchay (P.).
Grajewskaja (B. M.), Kononenko (A. M.) u. Manoilow (S. J.), Verteil. d. Ra im Organismus d. Ratte u. Geschwindigk. seiner Ausscheid. 8903.
Grajewski (E. J.), Biol. Wrkg. ionisierender Strahll. 123. — Temp.-Abhängigk. d. photodynam. Prozesses 6542.
Gramazio (V.) s. Baroni (V.).
Gramberg (L. S.) s. Spiro (N. S.).
Gramenitzki (L. M.) u. Podgoretzki (M. I.), Best. d. Regressionszeit u. d. Schrumpfungskoeff. v. dickschicht. Photoemulss. 10916.
Gramling (L. G.) s. Campo (J. M.).
Gramm (E.) s. Kalle & Co. Akt.-Ges.
Grammaticakis (P.), UV-Absorpt. d. Ammoniumsalze u. d. Betaine einiger Arylamine 1230. — Absorpt. einiger aromat. Nitroverbb. im mittleren UV u. sichtbaren Gebiet 1467. — Struktur d. Diphenylcarbazids u. seiner Oxydationsprodd. sowie auch d. ihrer schwefelisologen Derivv. nach ihrer Absorpt. im mittleren UV u. im Sichtbaren 3334. — Unters. d. Absorpt. d. isomeren Arylamine u. ihrer N-substituierten Derivv. im mittleren UV u. im Sichtbaren. 5. Mitt. 7867; 6. Mitt. 7867. — Spektren N-halt. Derivv. einiger aromatischer Aldehyde u. Ketone. 8. Mitt. N-Phenyloxime, Anile u. Phenylhydrazone v. Arylaldehyden 10225. — Absorpt. einiger $\alpha.\beta$-desubstituierter Hydrazine u. ihrer Oxydationsprodd. 2. Mitt. Symm. Diarylhydrazine, -azo- u. -azoxyverbb. 10467. — Absorpt. d. Aryl- u. Aroylhydrazone im mittleren UV u. im Sichtbaren. 4. Mitt. o-, m- u. p-Nitrobenzoylhydrazone 10704.
Grampa (G.), Aminopterin u. Geh. d. Nuclei an Desoxyribonucleinsäure: Photometr. Messungen am Eingeweide d. Maus 1293.
— u. Marinoni (F.), Anwend. d. radioakt. J in Biologie u. Medizin. 1. Mitt. Diagnost. u. therapeut. Verwend. 8430; 2. Mitt. Anwend. in d. vergleichenden Anatomie u. Physiologie 8430.
Gramsch (H.), Schlafmittel Valamin 3676.
Gramstad (T.) s. Berner (E.).
Grana (E.), Unmittelbare Wrkg. d. Vitamins B_1 u. d. Cocarboxylase auf d. respirator. Quotienten u. d. Calorienprodukt. bei Ratten im Zustand d. B_1-Avitaminose 8661.
Granata (L.) s. Bastiani (G. de).
Granatelli (L.) s. West (P. W.).
Granaturow (M. P.), Quantitative Best. v. Morphin in Opiumaufgüssen 6082.
Granchelli (F.) s. Lichtin (N. N.).
Grand (L.), Unters. d. Gußlegier. A-Z 5 G 7306.
Grandchamp-Chaudun (A. de), Mutarotat. d. Zucker 6290.

Grandchamp-Chaudun (A. de) u. Moreau (M. T.), Wrkg. einiger Inhibitoren auf d. Hydrolyse d. Saccharose durch verschied. Saccharasen 1998.
Granderath (H.), Wasserlösl. Theophyllinderivv. 8911.
Grandey (R. A.) s. Mann (L. A.).
Grandine jr. (L. D.) s. Ferry (J. D.).
Grandis (C.) s. Vitelli (A.).
Grandjean (H. H.) s. Rosenmund (K. W.).
Grandsire (G.), Kontinuierl. Spektr. d. H_2 9022.
Gråneanu (A.), Düngungseffekt auf natürl. Heugräser 9173.
Granet (I.), Physikal. Eigg. v. H_2 3459.
— u. **Kass (Philip)**, Viscosität, Wärmeleitfähigk. u. spezif. Wärme v. CO_2 bei erhöhten Drucken u. Tempp. 1117.
Grangaard (D. H.) s. Paper Patents Co.
Grangard (G.), Rohsäure-Herst. in d. Sulfitzellstoffindustrie 3517.
Grangaud (R.) s. Garcia (I.).
— u. **Garcia (I.)**, Papierchromatograph. Unters. d. Blütenfarbstoffe v. Tecoma radicans L. 9120. — Verteilungschromatographie d. Carotinoide. 1. Mitt. Trenn. v. Astaxanthin 10339.
Grange (J.) s. Mallemann (R. de).
Grange (P.) s. Besson (J.).
Grange (R. A.) u. **Mitchell (J. B.)**, Einfl. v. C u. B auf d. Härtbark. v. im Einsatz gehärtetem Stahl 8483.
Granger (G. W.), Wrkg. d. Ephedrins auf d. Nachtsehen 9612.
Granier-Mayence (J.), Spektrale Unters. d. Distickstoffoxyds u. d. Stickstoffoxyds 1201. — s. Romand (J.).
— u. **Groubert (E.)**, Verwend. v. Widerstandsmeßstreifen zur Mess. kleiner Deformationen 10828.
—, **Romand (J.)** u. **Robin (S.)**, Elektronenspektren v. Stickstoffoxydul u. Stickstoffoxyd unter verschied. Zuständen 3307.
Granjon (H.), Lichtbogenschweißung selbsthärtender Stähle. Verwend. austenit. Elektroden 205.
Granowskaja (W. S.) s. Kiperman (S. L.).
Granquist (W. T.) u. **Streich (H. J.)**, Entfärb. einer Schmierölfrakt. durch Adsorpt. an Fullererde 6658.
Grant (A. G.) s. Davis (J. E.).
Grant (D. G.) u. **Turner (H. S.)**, Durch markierten C angezeigte Formiat-Carbonat-Austausch-Rk. 2635.
Grant (D. M.) s. Hamm (R. E.).
Grant (D. W.) s. Vaughan (G. A.).
Grant (F. A.) u. **Krumbein (A. D.)**, Einfl. d. Temp. auf d. Lebensdauer d. metastabilen $^3P_2$-Zustandes v. Ne 3064.
Grant (F. S.), Geolog. Bedeut. v. Veränderr. d. Isotopenhäufigk. v. Si in Gesteinen 1002.
Grant jr. (F. W.) u. **Zeiss (H. H.)**, Struktur d. Cativinsäure 11571.
Grant (G. A.) s. American Home Products Corp.; Ayerst, McKenna & Harrison Ltd.; Katz (Morris).
Grant (H. L.) u. **Stewart (R. W.)**, Logarithm. Photometer 11258.
Grant (I. P.), Theorie d. (d, p)- u. (d, n)-Rkk. 1. Mitt. Allg. Theorie unter Vernachlässig. v. Coulomb-Effekten 9015.
Grant (J. N.) s. Orr (R. S.).
Grant (L. R.) s. Taylor (M. D.).
Grant (N. J.) s. Bloom (D. S.); Brasunas (A. de S.); Carney (D. J.); Chang (H. C.); Chaudhuri (A. R.); Hum (J. K. Y.); Lane (J. R.); Nordheim (R.); Seabrook (J. B.); Servi (I. S.); Wyatt (J. L.).
Grant (N. J.) u. **Bucklin (A. G.)**, Kriech-Zerreißfestigk. u. d. Rekristallisat. v. Monel-Metall bei Tempp. v. *700* bis *1700°* F 6122.
—, **Kalling (U.)** u. **Chipman (J.)**, Einfl. d. Mn u. seiner Oxyde auf d. Entschwefel. durch Hochofenschlacke 4441.
—, **Roberts (E. C.)** u. **Chipman (J.)**, Verteil. d. Cr zwischen geschmolzenem Fe u. geschmolzenen bas. Schlacken 7540.
—, **Servi (I. S.)** u. **Chaudhuri (A.)**, Gleit. u. durch d. Korngröße beeinflußtes Korngrenzengleiten 9975.
—, **Troili (O.)** u. **Chipman (J.)**, Einfl. d. Kieselsäurered. auf d. Entschwefelungswrkg. v. Hochofenschlacke 2760.
Grant (P. J.), Koppl. d. Drehimpulse bei d. Rk. $^{27}Al(p, \gamma)^{28}Si$ 9492. — s. Flack (F. C.); Hughes (I. S.); Richmond (R.).
Grant (R.), **Grossman (M. I.)**, **Wang (K. J.)** u. **Ivy (A. C.)**, Cytolyt. Wrkg. einiger gastrointestinaler Sekrete u. Enzyme auf d. Epithelzellen d. Magen- u. Duodenummucosa 4376.
Grant (R. A.) [Bristol] s. Folkes (B. F.).
Grant (R. A.) [London], Registrierende dielektrometr. Meth. für d. Säulenchromatographie neutraler Aminosäuren 8693.
Grant (R. T.), Beobachtt. bei schwerer Lungenfettembolie 3906.
Grant (W. J.) s. British Oxygen Co. Ltd.
Grantham (G. R.) s. Furman (T. de S.).
Granval (J. H.), Darst. d. Plastizität d. geschmolzenen Kohlen 2108.
Granville (J. W.), Herstellungsmeth. v. Silicium-Kontaktdioden 11505.
Graphitwerk Kropfmühl Akt.-Ges. u. **Ulrich (Helmut)**, Chem. Reinig. v. Naturgraphit 6364* D. B.
Graschtschenkowa (S. P.) u. **Chochlowa (G. P.)**, Anwend. v. Promedol zur Schmerzstill. bei Geburten 8672.
Grashdankina (N. P.) u. **Fakidow (I. G.)**, Elektr. u. galvanomagnet. Eigg. v. Chromsulfiden 2603.
Grashuis (J.), Verwend. v. Magermilch auf d. Bauernhof 1635.
Grasreiner (W.), Behandl. d. Gonorrhoe mit Chloronitrin 5362.
Grass (G.) s. Rigdon (R. H.).
Grass (Günther), Anwend. d. Drudeschen Theorie d. freien Elektronen auf d. opt. Verh. d. Metalle im Sichtbaren u. UV 8786.
Grass (P.), Betriebl. zerstörungsfreie Prüf. in d. Automobilindustrie 204.
Grasselly (G.), Elektrograph. Analyse v. Erztexturen 10337.
Grasser (R.), Neues Insekticid mit breitem Wirkungsspektr. 2517.
Grasser & Cie. Akt.-Ges., Druckschablone 3544* Schwz. — Reliefart. Druckeffekte 5186* F.
Grasset (A.), Antiepilepticum: Methylphenylsuccinimid 634.
Grasset (E.) s. Held (A. J.).
—, **Pongratz (E.)** u. **Mesmer (W.)**, Fungicide u. antibakterielle Eigg. d. p-Oxybenzoesäureester u. ihre verbessernde Rolle bei mykot. Komplikatt. im Zusammenhang mit antibiot. Therapie 2927.
— u. **Schwartz (D. E.)**, Hemmung d. koagulierenden Eigg. d. Schlangengifte durch

Dextransulfat, einem synthet., gerinnungshemmenden Mittel bakteriellen Ursprungs 8659.
Grasshof (H.), Chromatograph.-colorimetr. Meth. zur Best. kleinster Mengen Säuren 8453.
— u. **Lippold (U.),** Eigg. u. Best. d. Procainglucosids 1562.
Grassie (N.) u. **Vance (E.),** Anomale osmot. Verh. v. Polymethacrylonitril 4120.
Grassie (V. R.) s. Hercules Powder Co.
Grassmann (W.) u. **Hannig (K.),** Quantitatives Verf. zur Analyse d. Serumproteine durch Papierelektrophorese 5616. — Methodik d. papierelektrophoret. Serumanalyse 7281.
—, **Hörmann (H.)** u. **Endres (H.),** Verbesser. d. Best. v. Aminosäuren am Carboxylende v. Peptiden durch Red. d. Carboxylgruppe 793. — Anwendbark. d. Red.-Meth. zur Best. carboxylendständ. Aminosäuren in Peptiden u. Proteinen 6533.
— u. **Hübner (L.),** Chromatograph. u. elektrophoret. Prüf. v. Farbstoffgemischen 648.
— u. **Kusch (D.),** Bind. v. Ag- u. Pb-Ionen durch Kollagen 1064.
— u. **Mayer (K.),** Therapeut. Bedeut. v. Pilzenzymen u. ihre Kombinat. mit d. Fermenten d. Verdauungstraktes. 2. Mitt. Erweiter. d. eiweißspaltenden Wrkg. v. Luizym im sauren Gebiet 11625.
— u. **Zeschitz (E.),** Mechan.-elast. Verh. v. Leder bei verschied. Tempp., eine spezif. Werkstoffeig. d. Leders. 4. Mitt. Grundsätzl. Werkstoffeigg. d. Leders 2115.
Grasso (D. J. B.), Vorbehandl. v. zu schmelzendem, durch Gas red. Eisenerz 7542* F.
Grasso-Biondi (I.) u. **Sorrentino (G.),** Le malattie dell'apparato respiratorio nei lavoratori del solfo [7724].
Grat-Cabanac (M.), Colorimetr. Fe-Best. in Phosphorsäure u. Phosphate enthaltenden Lsgg. 8691.
Gratschewa (J. P.) s. Schosstakowski (M. F.).
Gratschewa (R. A.) s. Terentjew (A. P.).
Grattarola (R.), Nebennierenaktivität während d. Radiumtherapie d. Uteruscarcinoms. (Blutzuckersteigernde Wrkg. d. Insulins bei Nebenniereninsuffizienz) 1760. — Quantitative chromatograph. Unterss. während d. Radiumtherapie d. Uteruscarcinoms. Einfl. d. androgenen u. glucoaktiven Gruppen auf d. Zuckerstoffwechsel 1761. — Aktivität d. Nebenniere während d. Radiumtherapie: Dehydroandrosteronspiegel 1761. — Hormone in Schönheitsmitteln 5919.
Grattidge (W.), Skalenerweiter. für registrierendes Potentiometer 9409.
Gratzianskaja (S. I.) s. Borin (A. W.).
Grau (C. A.) u. **Valenciano (O. A.),** Ascorbinsäuregeh. als Kontrolle d. Herst. v. Konserven 8281.
Grau (C. R.) u. **Steele (R.),** Ausnutz. v. Phenylalanin u. Tyrosin durch n. junge Mäuse u. durch solche mit Phenylalanindefizit 862.
Grau (L.) s. Schäfer (Harald).
Graubner (W.) u. **Peters (Georg),** Lobelin u. Lobeliaalkaloide [3642].
Graue (A.), Winkelverteil. v. Neutronen aus d. Rk. $^{11}B(d, n)^{12}C$ bei *0,85* MeV Beschußenergie 10670. — s. Trumpy (B.).
Graue (G.) s. Oelsen (W.).
—, **Marotz (R.)** u. **Zöhler (A.),** Best. d. Mg im Fe 6349.

Graue (G.) u. **Zöhler (A.),** Mikrobest. d. S in Metallen, Schlacken, Chrombädern, organ. Stoffen u. Gasen 8456.
Grauer (A.), Rk. v. Kohlenhydraten u. Uronsäuren mit β-Methylindol 4900. — s. Mandl (I.).
— u. **Neuberg (C.),** Naphthoresorcin-Rk. v. Uronsäuren 4664.
Graul (E. H.) s. Rausch (L.).
Graulich (W.) s. Farbenfabriken Bayer Akt.-Ges.
Graumann (H.), Techn. Grundlagen d. Futtermittelfabrikat. 5924.
Graumann (W.), Histochem. Rk. d. Knorpelgrundsubstanz mit Perjodsäure u. Bleitetraacetat 3216.
Graupner (W.), Bedeut. d. Phosphate für d. Wäscherei 7342.
Graus (B.) s. Bobtelsky (M.).
Gravel (C. L.) s. Brown (Fielding).
Gravel (L.), Potvin (R.) u. **Piché (A.),** Korrosionsbeständ. Al-Legier. 9433* Can.
Graveleau (J.) s. Morin (M.).
—, **Leveau (J.)** u. **Morin (M.),** Diphenylhydantoinvergift., gek. durch diffuse neurolog. Erscheinn. u. besondere Veränderr. d. Cerebrospinalfl. 5363.
Graven (E. C.) s. Distillers Co. Ltd.
Graven (W. M.) u. **Long (F. J.),** Kinetik u. Mechanismus d. beiden gegenläuf. Rkk. d. Gleichgewichts $CO + H_2O \rightleftharpoons CO_2 + H_2$ 39.
Gravenor (C. P.), Mineral- u. Größenanalyse v. Verwitterungszonen in Illinois-Geschiebelehm in Indiana 46.
Graves (E. D.) u. **Thomas (H. C.),** Proportionalzähler für Auger-Elektronen 7604.
Graves (G. De W.), Verhinder. d. Verspröd. v. Polyamiden 5670* D. [DDR].
Graves (G. Y.) u. **Harris (H. S.),** Carcinom d. männl. Brust mit axillären Metastasen als Folge einer Stilböstroltherapie 8646.
Graves (H. A.), Ein Jahrzehnt Fortschritt im kanad. Bergbau. (*1945—1954*) 11082.
Graves (J. D.) s. Condit (R. I.).
Graves (R. H.) s. American Metal Co. Ltd.
Graveson (R. T.) s. Giovanni (H. J. Di).
Grawitz (P. B.) = Busse Grawitz (P.).
Gray (A. N.), Entw. v. elektrolyt. verkupfertem Stahldraht 3478. — s. Western Electric Co., Inc.
Gray (A. P.), Spinner (E. E.) u. **Cavallito (C. J.),** Bisammoniumsalze. Derivv. Carbolin- u. verwandter heterocycl. Basen 11387.
Gray (B. J.) u. **Young (F. G.),** Einfl. d. Wachstumshormons auf d. Proteinzus. d. Rattenmuskels 3895.
Gray (C.) s. Bennett (O. L.).
Gray (C. F.) s. Standard Oil Development Co.
Gray (C. H.), Halbquantitat. Best. d. Steroide d. Nebennierenrinde mittels Papierchromatographie 10303. — Ausscheid. d. Steroide d. Nebennierenrinde u. deren Stoffwechselprodd. unter patholog. Bedingg. 10303. — Chimica clinica e patologia [10565]. — s. Courcy (C. de); Smith (M. J. H.).
—, **Hellman (K.), Lunnon (J. B.)** u. **Weiner (J. S.),** Diätet. Herkunft v. X_6, d. vermutl. Δ^4-3-Ketosteroid im Urin 9830.
Gray (C. T.), Respirator. Stoffwechsel v. murinen Leprabacillen 5339.
Gray (Donald E.) s. Siemens & Halske Akt.-Ges.

Gray (Doris E.) u. **Luca (H. A. de)**, Wrkg. v. Vitamin E auf d. Kohlenhydratstoffwechsel d. Diaphragmas d. Ratte 3423.
Gray (E.) u. **Bottreau (M.-M.)**, Unters. d. Raman-Bande bei *1700* cm^{-1}, d. für d. Schwing. d. Carbonylgruppe in Ketonen charakteristisch ist 9758.
Gray (F. V.) s. Weller (R. A.).
Gray (G. G.) s. Eastman Kodak Co.
Gray (G. W.), Heizinstrument zur genauen Best. v. mesomorphen u. polymorphen Umwandlungstempp. 2031.
Gray (Grace W.) u. **Seevers (M. H.)**, Natur d. v. Atropin auf d. glatte Eingeweidemuskulatur in vivo ausgeübte Tachyphylaxie 11421.
Gray (H. E.), Insekticide bei der Bekämpf. v. Krankhh. v. Lagerprodd. 9887.
Gray (Henry E.) u. **Fraenkel (G.)**, Kohlenhydratkomponenten d. Honigtaus 3655.
Gray jr. (H. F.) s. N. V. de Bataafsche Petroleum Mij.
Gray (H. W.) s. Du Pont de Nemours (E. I.) & Co.
Gray (I.) s. Stevens (K. M.).
Gray (J.) s. Warren (G. H.).
Gray (J. H.), Werkkontrolle zur Verminder. d. Ausschusses beim Emaillieren 4910. — Entw. d. Emailliertechnik in Schweden, Dänemark u. Finnland 5393.
Gray (J. J.) s. Imperial Chemical Industries Ltd.
Gray (J. T.) u. **Pickett (L. W.)**, Absorptionsspektren ausgewählter isomerer Hexene im fernen UV 773.
Gray (K. R.) s. Rayonier, Inc.
Gray (L. F.) u. **Daniel (L. J.)**, Wrkgg. eines Übermaßes an Mo auf d. Ernähr. d. Ratte 859.
Gray (L. H.) s. Chapiro (A.); Haïssinsky (M.).
Gray (O. V.) s. Goidsenhoven (G. M.-T. van).
Gray (P.) u. **Lee (J. C.)**, Verbrenn. v. gasförm. Hydrazin 10203.
— u. **Rogers (G. T.)**, Explos. u. Zerfall v. Methylnitrat in d. Gasphase 4554.
— u. **Smith (P. L.)**, Thermodynam. Eigg. v. Methylnitrat 1703. — Calorimetrie bei niederen Tempp. u. thermodynam. Eigg. v. Äthylnitrat 4311.
Gray (P. F.) s. Walker (G. C.).
Gray (P. H. H.), Wrkgg. v. Benzolhexachlorid auf Bodenmikroorganismen. 1. Mitt. Verss. mit autotrophen Bakterien 8242; 2. Mitt. Verss. mit Harnstoff hydrolysierenden Bakterien 8242; 3. Mitt. Verss. mit heterotroph. Bakterien 8242. — s. Chase (F. E.).
Gray (P. M. J.), Reines Ce-Metall 10850.
Gray (P. P.) s. Wallerstein Co., Inc.
Gray (P. R.) s. Peppard (D. F.); United States Atomic Energy Commission.
Gray (R. H.) s. Du Pont de Nemours (E. I.) & Co.
Gray (T. C.) s. Dundee (J. W.).
Gray (T. E. H.) s. Dunlop Rubber Co. Ltd.
Gray (T. J.), Sinterung v. ZnO 10354.
Gray (V. R.) u. **Haward (R. N.)**, Polymerisationsprodd. 8977.
— u. **Whelan (P. F.)**, Schnellverf. zur Best. d. Feuchtigk. d. Kohle 11312.
Gray (W. H.) s. Wellcome Foundation Ltd.
Graydon (W. F.) s. Spinner (I. H.).
Graydon (W. F.) u. **Stewart (R. J.)**, Ionenaustauschermembrane. 1. Mitt. Membranpotentiale 4529.
Grayson (J.) s. Ginsburg (M.).
Grayson (J. M.) s. Cochran (D. G.).
Grayson-Smith (H.) u. **Sturrock (R. F.)**, Dielektr. Verh. bei d. Übergängen zweiter Ordn. in Cr-Sulfat, Cr-Nitrat u. Ni-Nitrat 6687.
Graziano (G.) u. **Stella (A.)**, Qualitative chromatograph. Analysen v. Magnetiten v. Ätna 10337.
Graziano (L.) s. Viviani (R.).
Grazioli (C.) s. Ceresa (C.).
Grdenić (D.), Berechn. d. Absorptionsfaktoren für Einkristalle mit großem Absorptionsvermögen 8326.
Greacen (E. L.) u. **Huon (A. N.)**, Mkr. Veränderr. in Bodenaggregaten während d. Permeabilitätsteste 10605.
— u. **Perkman (O.)**, Veränderr. d. Bodenstruktur bei einem mehrjähr. Citrusvers. 8476.
Great Lakes Carbon Corp., **Bollaert (A. R.)** u. **Neu (E. L.)**, Mineral. Filterhilfsmittel 3935* A.
— u. **Bregar (G. W.)**, Diatomeenerde als Filterhilfsmittel 10592* A.
—, **Kenney (J. W.)** u. **Girard (J. W.)**, Unkrautvernichtungsmittel 8479* A.
— u. **Leppla (P. W.)**, Unkrautvernichtungsmittel 8479* A.
—, **Miscall (J.)** u. **Rahr (C. E.)**, Isolierende Baupappe 5874* A.
Great Lakes Steel Corp., Legierter Einsatzstahl 682* E.
Great Western Sugar Co., **Oxnard (B. A.)**, **Criswell (C. H.)** u. **Thomas (Arnold J.)**, Nichthygroskop. Braunzucker 1159* A.
Greathouse (G. A.) s. Minor (F. W.).
Greaves (J. H.), Trocknende Öle, Sikkative u. Firnisse 9203. — Trocknende Öle, Sikkative u. Lacke 9203.
Grebber (K.) s. Cannon (G. W.).
— u. **Karabinos (J. V.)**, Unters. d. Diphenylaminprobe auf aliphat. Nitroverbb. 7991.
Grebe (J. J.), Warum arbeitet Dow-Detroit Edison an einem schnellen Breederreaktor für Atomkraft? 4756.
Grebe (S. F.), Thorotrastspätschädig.; myeloische Leukämie nach diagnost. Thorotrastapplikat. 7958.
Grebenkemper (C. J.), Supraleit. v. V bei *24 000* MHz 7846. — Verwend. eines nichtgeschmierten Kohlenstoffringkompressors an d. Collinsschen Heliumverflüssigungsapp. 8927.
Grebenkina (M. A.), Wrkg. d. neuen synthet. curareähnl. Präpp. bei d. experimentellen Myotonie 1089.
Grebennik (L. I.), Ausscheid. d. Promedols aus d. Organismus 11243.
Grebenschtschikowa (A. A.) s. Nikonow (M. N.).
Grebinski (S. O.), Entw. v. Merkmalen bei Tomatenhybriden unter d. Einfl. verschied. Düng. d. Eltern vor d. Kreuzung 4677.
Grech (I. F.), Eiterverhütende Wrkg. v. Sulfin 9379.
Greco (F. del) s. Corcoran (A. C.); Masson (G. M. C.).
Greco (F. P. Del) s. Evans (Gordon G.).
Greeff (K.) s. Engelhardt (A.).
Greeff (M. B.), Thermoelektr. Erzeug. v. Strom 10195.
Green (A.), **Eugster (C. H.)** u. **Karrer (P.)**, Inhaltsstoffe d. Wurzeln v. Aristolochia cymbifera Mart 2001.

Green (A. A.) s. Bumpus (F. M.).
— u. **Bumpus (F. M.)**, Reinig. v. Schweinereninsubstrat 4867.
Green (A. E. S.), Nuclear physics [7835].
Green (A. L.), Anwendd. d. Valenz-Bindungs-Theorie auf d. aromat. Substitut. 1937.
Green (B. K.) s. National Cash Register Co.
Green (C. L.), Histochem. Nachw. v. Cu in einem Fall v. hepatolenticulärer Degenerat. 11234.
Green (C. V.) s. Worrall (W. E.).
Green (D.) u. **Richardson (J. R.)**, Strahlungen aus einigen gerade-gerade-N=Z-Kernen 5950.
Green (D. E.), Fettsäureoxydat. in lösl. Systemen tier. Gewebe 5571. — s. Mackler (B.); Sarkar (N. K.); Shug (A. L.).
Green (D. W.), **Cooper (J. N.)** u. **Harris (James C.)**, Bremsvermögen v. Metallen für energiearme Protonen 3548. — Bremsvermögen verschied. Elemente für Protonen 9951.
—, **Harris (James C.)** u. **Cooper (J. N.)**, Halbwertszeiten v. ^{25}Al u. ^{26}Al 4991.
—, **Ingram (V. M.)** u. **Perutz (M. F.)**, Struktur v. Hämoglobin. 4. Mitt. Vorzeichenbest. durch d. Meth. d. isomorphen Ersatzes 5091.
Green (F. C.) s. Schroeder (W. A.).
Green (F. L.) u. **Martin (J. A.)**, Intensitätsstarkes Bündel v. Protonen niedr. Energie im ORNL-86 inch-Cyclotron 9020.
Green (G. H.) [Egham], Einfl. d. Streckens v. sonnengetrockneten Schaffellen auf d. Wasseraufnahme während d. Weichens 265.
Green (G. H.) [London] u. **Kenyon (J.)**, Opt. Spalt. d. p-Chlorbenzhydrols 7899.
Green (H.) u. **Anker (H. S.)**, Synth. d. Antikörperproteins 11232.
Green (H. D.), Pharmakologie d. drucksenkenden Pharmaca 1091. — s. Nichols (John).
Green (H. F.) u. **Mann (I.)**, Streupuder für Häute u. Felle 265.
Green (H. N.) s. King (J. D.).
Green (H. S.), Pränormalisierte Quantenelektrodynamik 2822. — Integralgleichungen in d. Theorie gequantelter Felder 7825.
— u. **Bergmann (O.)**, Kernstruktur in d. Schauern d. weichen Komponente 9718.
— u. **Messel (H.)**, Räuml. u. seitl. Ausdehn. d. Nucleonenkomponente d. Höhenstrahl. 9012.
Green (H. V.), Best. v. Holzfasern in gebleichten Flachs- u. Hanfzellstoffen 8526. — s. Strelis (I.).
Green (Irving), **Beard (D.)**, **Eckert (E. A.)** u. **Beard (J. W.)**, Quantitative Unterss. d. Mikrobest. v. Adenosintriphosphatase im Plasma v. Küken mit erythromyeloblast. Leukose 2036.
Green (Irving) [Bayonne] s. Kellogg (M. W.) Co.
Green (Jack), Geochem. Tafel d. Elemente für *1953* 1430.
— u. **Kerr (P. F.)**, Pseudomorpher Illit nach Biotit 4064.
Green (John) s. Menzines (A. J.).
Green (J. A.) s. Talmage (R. V.).
Green (J. H.), Chem. Auswirkungen d. Einfangs langsamer Neutronen 276.
Green (J. N.) s. Collins (F. D.).
Green (J. P.), **Riley (J. A.)** u. **White (Joseph M.)**, Suspensionsbad zur Unters. v. isolierten Geweben in Gegenwart v. oberflächenakt. Stoffen 9637.
Green (K. R.), Untkrautbekämpf. mit Chemikalien 9422.
Green jr. (L.) s. Faris (F. E.); Malmstrom (C.).
Green (L. C.), **Mulder (M. M.)**, **Lewis (M. N.)** u. **Woll jr. (J. W.)**, Diskuss. analyt. u. Hartree-Fock-Wellenfunktionen 9728.
—, **Mulder (M. M.)**, **Milner (P. C.)**, **Lewis (M. N.)**, **Woll jr. (J. W.)**, **Kolchin (E. K.)** u. **Mace (D.)**, Analysis d. Drei-Parameter-Wellenfunkt. v. Hylleraas für d. Grundzustand v. He I in Termen v. Zentralfeldwellenfunktionen 11154.
Green (L. L.) s. Alston (M. H.); Cartwright (D.).
Green (L. Q.) s. Du Pont de Nemours (E. I.) & Co.; Pratt (E. F.).
Green (M.) s. Keck (P. H.).
Green (Mino) u. **Kafalas (J. A.)**, Darst. u. Isolier. v. trägerfreiem ^{74}As aus Ge-Cyclotrontargets 5471. — Reinig. v. Ge: $GeCl_4$-$AsCl_3$-Syst. 11180.
— u. **Robinson (P. H.)**, Rasche interferometr. Analyse v. GeH_4-H_2-Mischungen 174.
Green (P. N.) s. Browden (K.).
Green (R.) s. Martin (S. P.).
Green (Richard) s. Grillot (G. F.).
Green (R. B.) Prüf. d. Hauptsätze d. Thermodynamik 987.
Green (R. V.) s. Du Pont de Nemours (E. I.) & Co.
Green (S.), **Wohl (M. G.)** u. **Waife (S. O.)**, Wrkg. v. Penicillin auf d. Bldg. v. Typhusantikörpern 7721.
Green (S. J.) s. Garner (F. H.).
Green (T.), **Harker (R. P.)** u. **Howitt (F. O.)**, Verwend. v. Adsorptionssäulen bei d. Analyse wss. Ölemulssionen 9154.
Green (T. A.), Elast. Streuung v. π-Mesonen durch Deuteronen 4508.
Green (W.) s. Waring (W. S.).
Green (W. H.) s. Infilco, Inc.
Green (W. J.) s. Gerrard (W.).
Greenawalt (J. E.), Wiedergewinn. v. Chemikalien aus Ablaugen 4965* A., E., F.
Greenaway (B. W.) s. McDonald (M. W.).
Greenbaum (A. L.), **Greenwood (F. C.)** u. **Harkness (R. D.)**, Glutamindehydrogenase u. Glutamin-Asparagin-Transaminase in regenerierter Rattenleber 10773.
Greenbaum (S. B.) u. **Holmes (W. L.)**, Uracil-6-sulfonsäure, ein Sulfonsäureanalogon d. Orotsäure 3622.
Greenberg (A. E.), **Klein (Gerhard)** u. **Kaufman (W. J.)**, Einfl. v. P auf d. Belebtschlammverf. 11067.
— u. **McGauhey (P. H.)**, Chem. Veränderr. in Abwässern während ihrer Nutz. durch Verregn. 10349.
— u. **Thomas (J. F.)**, Wiederverwend. v. Abflut häusl. Abwassers zum industriellen u. landwirtschaftl. Verbrauch 2042.
Greenberg (D. M.) s. Hendler (R. W.); Kinnory (D. S.); Kit (S.); Landon (E. J.); Mohamed (M. S.).
— u. **Sassenrath (E. N.)**, Keine Umwandl. v. Arabinose u. Ribose in Glycin 4630.
Greenberg (H.) s. Grillot (G. F.).
Greenberg (H. P.) s. Hunter (R. A.).
Greenberg (J.), Wrkg. v. Folsäureanalogen auf d. Aktivität v. Sulfadiazin gegen Plasmodium gallinaceum 7720. — s. Lewin (R.); Taylor (D. J.).
— u. **Bond (H. W.)**, Resistenz eines Pyrimethamin-resistenten Stammes v. Plas-

modium gallinaceum gegen gewisse 2.4-Diaminopyrimidine u. verwandte Verbb. 6558.
Greenberg (J. M.), Energiereiche Elektronenstreuung 3301. — Vgl. verschied. Approximationen an d. Streuung energiereicher Elektronen 7136. — s. B r e e d (H. E.).
Greenberg (L. A.) s. H a g g a r d (H. W.).
Greenberg (L. H.), Taylor (J. G. V.) u. **Haslam (R. N. H.),** Ausbeute v. α-Teilchen aus Kernphoto-Rkk. mit *23* MeV-Bremsstrahl. 8544.
Greenberg (S. A.), Calciumsilicathydrat(I) 1925.
— u. **Alfrey jr. (T.),** Seitenkettenkristallisat. v. Poly-n-alkylmethacrylaten u. -acrylaten 9347.
Greenberg (S. I.) s. H o l m a n (R. T.).
Greenberg (S. M.), Frazer (A. C.) u. **Roberts (B.),** Faktoren, d. Wachstum u. Entw. v. mit ranz. Fett gefütterten Ratten beeinflussen 4389.
Greenblatt (J.), Hyperthermie durch Überempfindlichk. gegenüber Methantheline-bromid (Banthine) 2482.
Greenblatt (J. H.), Seewasser-Dauertauchverss. mit Schutzüberzügen 3496. — s. B a r n a r d (K. N.).
Greenblatt (M. H.), Zeitverzug bei d. Sekundäremiss. 2363.
Greene (A. E.) s. G e r s h e n f e l d (L.).
Greene (A. M.) s. A n d e r s o n (H. E.).
Greene (C.) s. S t e m p e l j r. (G. H.).
Greene (C. E.) s. G e n e r a l T i r e & R u b b e r C o.
Greene (E.) s. O b e r s t (F. W.).
Greene (H. B.) s. B a k e r (P. S.).
Greene jr. (J. L.) u. **Hagemeyer jr. (H. J.),** S-halt. Pivalinsäurederivv. 1. Mitt. Sulfonyldipivalinsäure 11559.
Greene (L. C.), Stuart (E. G.) u. **Joralemon (J.),** Überlebensverss. an wärmegeschädigten Ratten, behandelt mit Pyromen 8675.
Greene (M.), Mischindicator für Sodatitrationen 10821.
Greene (R. C.) s. J a c o b s o n (S. M.).
Greene (R. W.) s. M a n d e l (M. J.).
Greene (S.) s. T o l l o c k (B. M.).
Greene (S. A.) s. P a c e (E. L.).
Greene-Kelly (R.), Identifizier. v. Montmorillonoiden in Tonen 8478.
Greenfield (H.) s. S t e r n b e r g (H. W.).
Greenfield (L. T.) s. I r e l a n d (J.).
Greenfield (M. A.) s. N o r m a n (A.).
Greenfield (P.) s. R a y n o r (G. V.).
Greenfield (R. E.) s. P r i c e (V. E.).
— u. **Price (V. E.),** Leberkatalase. 1. Mitt. Manometr. Best. d. Katalaseaktivität 1761.
Greenfield (V. S.) s. F l e m i n g (H. S.).
Greengard (P.), Brink jr. (F.) u. **Colowick (S. P.),** Beziehungen zwischen Aktionspotential, O_2-Verbrauch u. Coenzymgeh. in degenerierenden peripheren Axonen 9585.
Greenhalgh (C. W.) s. B l a d o n (P.).
—, **Henbest (H. B.)** u. **Jones (E. R. H.),** Steringruppe. 51. Mitt. Rkk. zwischen 17-Ketosteroiden u. metallorgan. Verbb. 599.
Greenhalgh (N.), Darst. v. 1.4- u. 2.4-Dichlor-9-oxyfluoren-9-carbonsäure 4090.
Greenhalgh (R. K.) s. I m p e r i a l C h e m i c a l I n d u s t r i e s L t d.
Greenham (D. W. P.) s. W a k i l (A.).
Greenhouse (H. M.), Stoops (R. F.) u. **Shevlin (T. S.),** Neuer metallkeram. Stoff (cermet) auf Carbidbasis, bestehend aus TiC, TiB_2 u. CoSi 3228.
Greenhouse (H. R.), Behandl. d. Postintoxikationsstadiums bei Alkoholikern mit Mephenesin u. a. Medikamenten 155.
Greenhouse (S. W.) s. G o l d i n (A.).
Greenidge (C. T.) s. J e l l i f f (C. O.) M f g. C o r p.
Greening (J. R.), Spektrale Verteil. d. Strahl. v. Röntgenröhren 10437.
Greenlee (K. W.) s. F e r r i n (J. P.); H o f f (M. C.); R o w l a n d s (D. C.).
Greenlee (R. B.) s. Q u i n (L. D.).
Greenlee (S. O.) s. D e v o e & R a y n o l d s C o., I n c.
Greenlees (G. W.), Niveaus v. ^{24}Mg durch d. Rk. ^{27}Al(p, α)^{24}Mg 10912.
Greenman (L.), Weigand (F. A.) u. **Danowski (T. S.),** Therapie mit Kationenaustauscherharzen bei mit Cortison oder ACTH behandelten Patienten 1792.
—, **Weigand (F. A.), Mateer (F. M.)** u. **Danowski (T. S.),** Cortisontherapie bei d. Anfangsfällen rheumat. Carditis. 1. Mitt. Klin. Daten 9832; 2. Mitt. Laboratoriumsbefunde 9832.
Greenough (A. P.), Deformat. v. Ag bei hoher Temp. 10940.
Greensfelder (B. S.) s. S h e l l D e v e l o p m e n t C o.
Greenshields (J. E. R.) u. **White (W. J.),** Wrkg. verwehter Besprühh. mit 2.4-D auf Kleepflanzen (Sweet Clover) im *2.* Wachstumsjahr 8948.
Greenshields (R. J.), „Benzinzusätze" 259.
Greenspan (E. M.), Klin. Bedeut. d. Serummucoproteinspiegels 6552.
Greenspan (F. P.) s. B u f f a l o E l e c t r o - C h e m i c a l C o., I n c.
— u. **Gall (R. J.),** Epoxyfettsäureester als Weichmacher 9205.
— u. **Woodburn (H. M.),** Wrkg. v. Ag-katalysiertem Persulfat auf 1.2-Glykole 7646.
Greenspan (J.) s. W a s e (A. W.).
Greenstein (J. P.), Biochemistry of cancer [841]. — s. F u (S h o u - c h e n g J.); R a o (K. R.); R e y n o l d s (O. E.).
Greenstreet (C. H.) s. B u n t o n (C. A.).
Greenwald (H. L.) u. **Brown (George L.),** Ungewöhnl. Viscosität wss. Lsgg. v. Alkylarylpolyoxyäthylenäthanolen 2444.
Greenwald (I.), Rk. einer alkal. Pikratlsg. mit einem Überschuß v. Methylkreatinin, Dimethylkreatinin u. 5-Benzylkreatinin 11360.
Greenwald (S.), Antiferromagnet. Strukturdeformatt. in CoO u. MnTe 9973.
Greenwalt (T. J.) s. T r i a n t a p h y l l o p o u l o s (D. C.).
Greenwood (A.) u. **Evans (W.),** Härte u. Feingefüge einer Alpha-Beta-Ti-Legier. nach d. Härten bei *600—1000°* 918.
Greenwood (Allan), Corona zwischen negativer Spitze u. Platte; eine Üb. zu d. auf Gasentladd. angewandten Ähnlichkeitsprinzip 5479. — Nichtpulsierende Entladd. in d. Corona mit negativer Spitze gegen Platte 9960.
Greenwood (C. T.), Physikal.-chem. Prüf. d. Kapselpolysaccharides eines amylolyt. Streptococcus aus einem Schafwiederkäuermagen 1537.
— u. **Robertson (J. S. M.),** Physikal.-chem. Unterss. über Stärken. 1. Mitt. Charakterisier. d. Stärke aus d. Samen d. Kautschukbaumes, Heveau brasiliensis 7227.

Greenwood (D.) s. Boots Pure Drug Co. Ltd.
Greenwood (D. A.) s. Harris (Lorin E.); Jones (C. W.); Stoddard (G. E.).
—, Wilcox (E. B.), Steffen (H.), Harris (Lorin E.) u. Shupe (LeG.), Futterergänzz. — Zucker. Einfl. d. Verfütter. v. Saccharose auf d. Tierkörper 6789.
Greenwood (F. C.) s. Greenbaum (A. L.).
Greenwood (G. W.) u. Quarrell (A. G.), Spaltbruch v. reinem vielkristallinem Zn beim Zug 8252.
Greenwood (H. H.), Molekülzustandstheorie d. chem. Reaktionsfähigk. bei aromat. Moll. 4074.
Greenwood (H. W.), Metallpulver u. Metallurgie d. Metallpulver 6123. — Verunreinigg. in Metallen. Einfl. zum Erzielen wicht. Eigg. 9426. — Zukunftsaussichten für d. Metallversorg. u. d. Pulvermetallurgie 10850.
Greenwood (J.) s. Standard Oil Development Co.
Greenwood (N. N.) u. Martin (R. L.), Bortrifluoridkoordinationsverbb. 5499.
Greenwood (R. S.) s. Tattersfield (C. P.).
Greer (A. E.), Mineral. Beifutter 6878* A.
Greer (C. M.) s. Pearson (D. E.).
Greer (E. N.), Pringle (W. J. S.) u. Kent (N. L.), Zus. v. in England gezogenem Winterweizen. 2. Mitt. Fe- u. Mn-Gehalt 8418.
Greer (F.) s. Pearson (D. E.).
Greey (P.), Hennessy (J.) u. Hogarth (J.), Blutkonz. u. klin. Resultate nach oraler Penicillinanwend. 5361.
Greger (H. H.), Keram. MM. 5154* A.
Gregg (A. B.) s. Bundy (F. P.).
Gregg (E. C.) s. Tucker (B. L.).
Gregg jr. (Earl C.) s. Dannley (R. L.).
Gregg (G. W.), Zirkonmetall als Trocknungskatalysator für Schutzanstriche 223. — s. Woodruff (H. C.).
Gregg (J. V.) s. Imperial Chemical Industries Ltd.
Gregg (R. A.) s. United States Rubber Co.
Gregg (S. J.) u. Packer (R. K.), Herst. akt. Festkörper durch therm. Zers. 4. Mitt. Vermiculit 5731; 6. Mitt. Calcinier. v. Magnesiumhydroxyd 8564.
—, Packer (R. K.) u. Wheatley (K. H.), Herst. akt. Festkörper durch therm. Zers. 5. Mitt. Sintern v. akt. MgO 8564.
Gregoire (R.) u. Decker (A.), Günstiger Einfl. d. C auf d. Haltbark. d. verkokten Teer-Dolomit-MM. 2276. — Thomaskonverter-Anlagen. Labor.-Unters. 7767.
Gregor (H. P.) s. Stein (A.).
—, Held (K. M.) u. Bellin (J.), Best. d. äußeren Volumens v. Ionenaustauschharzen 2141.
Gregor (M.), Kellner (A.) u. Maderic (J.), Regulier. d. Schwefelumlaufs bei d. Herst. v. Kunstfasern nach d. Viscoseverfahren 9698.
Gregor (R. R. Mc.) s. Corning Glass Works.
Gregory (B. P.) s. Tinlot (J. H.).
Gregory (C.), Konstrukt. v. Erhaltungsgleichungen für nichtlokale Feldtheorien 4747. — Erhalt. v. Quanten für nichtlokale Felder 4747. — Äquivalente M. u. a. Effekte eines nichtlokalen elektromagnet. Feldes bei Wechselwrkg. mit einem konstanten E, H-Feld 5479.
Gregory (E. D.) s. Westinghouse Electric Corp.
Gregory (F. G.), Entstehen d. chem. Energie 851.
Gregory (I.), Rolle v. Nicotinsäure (Niacin) bei geistig Normalen u. Geisteskranken 11032.
Gregory (J. B.) s. Cass (R. S.).
Gregory (J. T.) s. Goodrich (B. F.) Co.
Gregory (M. E.) u. Holdsworth (E. S.), Cyanocobalamin-Eiweiß-Komplex aus Schweinemilch u. entwässertem Schweinemagen 4872.
Gregory (N. W.) s. MacLaren (R. O.).
Grégory (P.) u. Le Breton (É.), Konservieren v. proteinreichen Lebensmitteln 4234* F.
Gregory (S. A.) s. A. P. V. Co. Ltd.
Gregory (S. E.) s. Johnson (B.).
Gregory (W.) & Co. Ltd. u. Jackson (McK.), Desinfizierendes Reinigungsmittel 10577* E.
Gregory (W. A.) s. Du Pont de Nemours (E. I.) & Co.
Greib (E.) u. Duquénois (P.), Antibiot. Wrkg. v. Pilosellenextrakt, v. 7-Oxycumarin u. seinen Derivaten auf „B. abortus"- u. „B. melitensis"-Kulturen 10295. — Behandl. v. Brucellosen mit Habichtskraut 10312.
Greider (H. W.) s. Carey (P.) Mfg. Co.
Greider (M. H.) s. Frajola (W. J.).
Greif (R. L.), Verteil. d. Bernsteinsäuredehydrogenase u. Hyaluronidase in d. Testes ausgewachsener Ratten 1994. — Extrakt. u. colorimetr. Best. v. Rattentesteshyaluronidase 8649.
Greif (S.), Kombinierte Au- u. Cortisonbehandl. bei rheumat. Erkrankk. 7494.
Greiff (D.), Donahoe (H. B.), Chiga (M.) u. Pinkerton (H.), Wrkg. v. p-Aminobenzoesäurederivv. auf d. Vermehr. d. Flecktyphusrickettsien 7238.
Greiffenberg (H.) s. Bohne (H.).
Greig (H. G.) s. Radio Corp. of America.
Greig (J. H.) s. Brooks (W. L.).
Greig (M. E.) s. Lamson (P. D.).
— u. Carter (M. K.), Nach Nebennierenentfern. verminderte Cholinesteraseaktivität u. ihre Reaktivier. durch gewisse Steroide in vitro 4855.
Greinacher (E.), Lüttke (W.) u. Mecke (R.), Infrarotspektroskop. Unterss. an W., gelöst in organ. Lösungsmm. 7374.
— u. Oswald (F.), Ultrarotspektroskop. Reinheitsprüf. v. CCl_4. 2. Mitt. 5613.
Greiner (E. S.) s. Bell Telephone Laboratories, Inc.; Ellis (W. C.).
Greiner (H.), Wurmfarnvergiftt. 8206.
Greiner (R. W.) s. Heine (H. W.).
Greiner (T.) s. Bliss (C. I.).
— u. Reilly (Joseph), Inotrope Wrkg. v. Acetylstrophanthidin, Strophanthidin u. Tryptamin-Strophanthidin 7031.
Greisen (K.) s. Barrett (P. H.).
Grekel (H.) s. Stanolind Oil & Gas Co.
Grekin (R. H.) u. O'Brien (J. F.), Anaphylakt. Rkk. durch Bicillin 151.
Grekow (A. P.) s. Litwinenko (L. M.).
Grell (A.) s. Alder (K.).
Gremillion (A. F.), Essigsäureanhydrid bei d. Titrat. im nichtwss. Medium. Best. v. Schwefelsäurekatalysator in Äthylalkoholveresterungsgemischen 10821.
Greminger jr. (G. K.) s. Dow Chemical Co.
Grenacher (M.), Arbeitsprinzip neuzeitl. Regler 658.

Grenan (M. M.) s. Smith (F.).
Grenat (R.) s. Decourt (P.).
Grenell (R. G.), Mendelson (J.) u. **McElroy (W. D.)**, Wrkgg. v. Chlorpromazin auf d. Stoffwechsel d. Zentralnervensyst. 11245.
Grenell (S. M.) s. Woods (G. F.).
Grenet (H.) u. **Lemoine (J.)**, Verlängerte Hypotens. nach Narkoseeinleit. mit Hexobarbital 9612.
Grenet (J. A.), Porenisolierkörper aus Zement oder Gips 669* F.
Grenier (C.), Anisotropie bei d. Wrkg. v. elast. Deformatt. auf d. Supraleitfähigk. v. Sn 6689.
—, **Spöndlin (R.)** u. **Squire (C.)**, Einfl. d. elast. Deformat. auf d. Supraleitfähigk. v. Sn 4522.
Grenier (J.), Bavay (J.), Roberti (A.) u. **Kahan-Lemaire (G.)**, Verss. zur Vorbeug. v. Gehirnhautadhäss. bei tuberkulösen Krankheitsfällen durch Silberdisulfonat 2949.
Grenier-Besson (M.-L.) u. **Amat (G.)**, Theoret. Unters. d. Schwingungsspektr. v. N_2O 3307.
Grenier de Gardenal (L.-J.), Tasei (L.), Moulinier (J.) u. **Darrigol (J.)**, Chron. Allylisopropylacetylcarbamid (Sedormid)-Vergift. 4158.
Grenischin (S. G.) u. **Minkow (I. M.)**, Innerer Photoeffekt in Silberbromidkristallen bei Zusatz v. Cadmiumbromid 5000.
Grenon (M.), Arbeitsweise v. Zählern mit äußerer Kathode. Einfl. d. Wärmebehandl. u. Bedeut. d. am Glas gebundenen W. 11496.
Grenville-Wells (H. J.), Graph. Meth. zur Berechn. trigonometr., in d. Krislallstrukturanalyse benutzter Funktt. 1. u. 2. Mitt. 1217. — Nachw. d. Textur v. zur Zähl. v. α-, β- u. γ-Teilchen benutzten Diamanten aus Aufnahmen mit divergenten Röntgenstrahlen 7605. — Nomogramm zur Berechn. d. Temperaturfaktors 8562. — Fourier-Analysator mit bewegl. Streifen 10207. — s. Abrahams (S. C.); Low (B. W.).
Gresham (H. E.) s. Rolls Royce Ltd.
Gresham (T. L.) s. Goodrich (B. F.) Co.
Gresham (W. F.) s. Du Pont de Nemours (E. I.) & Co.
Grésillon (R.), Canac (A.) u. **Rechner (P.)**, Mol.-Dest. 659* F.
Greslebin Suarez (V. L.) s. Cattaneo (P.).
Gressang (R. W.) s. West Virginia Pulp & Paper Co.
Gretener (E.) s. Ciba Akt.-Ges.
Greth (A.) s. Chemische Werke Albert.
Gretschuschnikow (A. I.) u. **Jakowlewa (N. N.)**, Eigg. v. Fett aus Krebswucherr. d. Kartoffelknollen 7708.
Gretzinger (B.) s. Gobrecht (H.).
Greuel (H.), Kobaltbehandl. d. Tuberkulose 866.
Greuell (E.) s. Aten jr. (A. H. W.).
Greulich (E.), Umwandlungsbestreben u. Härtbark. v. Stählen 202.
Greulich (R. C.) u. **Leblond (C. P.)**, Radioautograph. Sichtbarmach. d. Bldg. u. d. Verbleibs d. organ. Bestandteile d. Dentins 7485.
Greune (H.) s. VEB Farbenfabrik Wolfen.
Greup (D. H.), Wrkg. v. Fetten u. Emulgatoren in Brotteig 242.
Greve (F.) s. Farbenfabriken Bayer Akt.-Ges.
Greve (H.-C.), J-Wrkg. 9386.
Greve (L. de), Elektr. Widerstand eines industriellen Sn-Salzes bei Tempp. v. fl. He 6217. — s. Itterbeek (A. van).
Grew (K. E.), Johnson (Frank A.) u. **Neal (W. E. J.)**, Therm. Diffusionsfaktor u. Diffusionstemp. 3316.
Grewal (M. S.), Swinyard (E. A.), Jensen (H. V.) u. **Goodman (L. S.)**, Bezieh. zwischen antikonvulsiver Aktivität u. Plasmakonz. v. Bromid 10792.
Grewe (R.), N-Methyl-β-cyclohexen-1-yläthylamin 7788* D. B. — N-Methylmorphinan 11253* D. B.
Grey (T. F.) s. Ames (D. E.).
Gribaumont (A.) s. Demeur (M.).
Gribbins (M. F.) s. Du Pont de Nemours (E. I.) & Co.
Gribetz (D.) s. Crawford (J. D.).
Gribkow (W. I.) u. **Shewandrow (N. D.)**, Photoelektr. Unters. d. Polarisationscharakteristiken d. Luminescenz komplizierter organ. Moll. 9525.
Griboff (S. I.), Herrmann (J. B.), Smelin (A.) u. **Moss (J.)**, Sek. Hypercalcämie nach Knochenmetastasen bei Mammacarcinom 1. Mitt. Beziehh. zwischen Serum-Ca- u. alkal. Phosphatasewerten 5093.
Gribowa (J. A.) s. Peschkowa (W. M.).
Grice (H. C.) s. Snair (D. W.).
Gridnew (W. N.), Mechanismus u. Kinetik d. Umwandl. v. Perlit in Austenit bei hohen Erhitzungsgeschwindigkk. 3572.
Griebel (C.), Chlorogensäure, d. gerbsäureähnl. Inhaltsstoff d. Kaffeebohnen 1560. — Gewürze u. gewürzhalt. Gemenge [3274].
— u. **Schwarz (K.)** [Berlin], Vork. v. schwerlösl. Kristallen in Sprühmagermilchpulvern 948.
Griehl (W.) u. **Büchs (L.)**, Mattieren v. Formgebilden aus hochpolymeren Äthylenglykolterephthalat 4493* D. [DDR].
—, **Gordijenko (A.), Neue (S.)** u. **Sieber (Herbert)**, Molekulargewichtsverteil. bei Polykondensationsprodd. 10654.
— u. **Krieger (H.)**, Beschleunig. d. Bldg. v. hochpolymeren Estern sowie Verbesser. v. deren Eigg. 2090* D. [DDR].
— u. **Neue (S.)**, Ermittl. d. Molekulargewichts v. Polyäthylenterephthalat durch Endgruppenbest. 10413.
Griem (H.), Stark-Effektverbreiter. d. Balmer-Linien bei großen Elektronendichten 6684.
Griem (W.) s. Arend (I.).
Gries (G.) s. Oldershausen (H. F. v.).
Griesinger (W. K.) s. Atlantic Refining Co.
Griess (G. A.) s. Dow Chemical Co.
Griess jr. (J. C.), Quantitative elektrolyt. Abscheid. v. Radioruthenium 4525. — s. Lietzke (M. H.).
Griess (W.) s. Machemer (H.).
Griessbach (R.) s. VEB Farbenfabrik Wolfen.
Grießmann u. **Drüke (O.)**, Welche Hormone sollen bei d. Prostatahypertrophie verabfolgt werden? 6549.
Grieve (A.), Erweichung v. Eisenerz bei hohen Tempp. 2990.
Griffel (M.), Thermodynam. Funktt. v. K-Dampf 1449.
—, **Jessup (R. S.), Cogliano (J. A.)** u. **Park (R. P.)**, Scheinbares spezif. Vol. v. Polystyrol in Bzl., Toluol, Äthylbenzol u. Butanon-(2) 4605.
Griffen (J.), Rheolaveur-Syst. zur Reinig. v. Feinkohle 6657.
Griffin (A. C.), Biochemie d. Krebses 4370.

Griffin (A. E.), Zubereit. u. Gebrauch akt. Kieselsäure 433. — Chlor., ein Zehnjahresüberblick 434. — s. Chamberlin (N. S.).
Griffin (C. E.) s. Lutz (R. E.).
Griffin (C. W.), Inorganic quantitative analysis [1111].
Griffin (E.) s. Cuvinex Co.
Griffin (G. E.) s. Iacobellis (M.).
Griffin (J. D.), Abwasserbehandl. 902* E.
Griffin (K. P.) s. Kodak-Pathé.
Griffin (L. I.) s. Standard Oil Development Co.
Griffin (T. D.) s. Stevens (F. J.).
Griffin (W. C.) s. Atlas Powder Co.
Griffin (W. D.) s. Allied Chemical & Dye Corp.
Griffing (G. W.) u. **Stewart (A. L.),** Einfl. d. Horizontalausdehn. d. Nordlichts auf d. scheinbare Leuchtstärke-Höhen-Kurven 5718.
Griffing (M. E.) s. Kolka (A. J.).
Griffith (C. A.) s. Zech (R. K.).
Griffith (C. F.) s. Orrell (J.).
— u. **Price (W. B.),** Unters. v. hochfeuerfesten gegossenen Ofensteinen mit γ-Strahlen 3941.
Griffith (E. J.), Neue Natriumphosphate 5021. — s. Wazer (J. R. Van).
Griffith (G. L.), Abklingungs-γ-Strahlen aus unelast. Neutronenstreuung 4269.
Griffith (H. R.) s. Gillies (Deirdre M.).
Griffith (I.) s. Barr (M.).
Griffith (J. S.), Freie-Elektronen-Theorie konjugierter Moll. 1. Mitt. Polycycl. KW-stoffe 8339; 2. Mitt. Abgeleitetes algebraisches Schema 8339.
Griffith (L. W.) s. Jeffrey (R. E.).
Griffith (R.) s. National Oil Products Co.
Griffith (R. H.), Entfern. v. S aus gasförm. Brennstoffen durch Trockenverff. 11715.
Griffith (R. L.) s. Berry (C. R.).
Griffith (T.) u. **Johnson (J. A.),** Chromatograph. Analyse v. Zucker in Brot 7806.
Griffith (T. C.), Streuung v. *10* u. *14*MeV-Neutronen durch Deuteronen 4988.
Griffith (T. R.) s. Smith (H.) Paper Mills Ltd.
Griffith (W.), Schwingungsrelaxationszeiten in Gasen 1450.
Griffith Laboratories, Inc. u. **Hall (L. A.),** Fleischpökelsalz 2097* A., 3028* A. — Lecithincitrat 6164* A.
Griffiths (C. J.) s. Eckert (G.).
Griffiths (D. G.) s. Thomas (S. B.).
Griffiths (D. M. L.) s. Davies (M.).
Griffiths (E.) u. **Pallister (P. R.),** Spezifische Wärme v. Austenit u. Martensit 3563.
Griffiths (E. S.) s. Consolidated Car-Heating Co., Inc.
Griffiths (F. W.), Frost- u. Brandsalbe 9853* E.
Griffiths (J. M. M.) s. Irving (H.).
Griffiths (L. H.), Nichtmetall. Werkstoffe für d. Behandl. radioakt. Abwässer 4756.
Griffiths (P. J. F.), Kristallograph. Daten für gewisse Alkaloide. 1. Mitt. Chinchonalkaloide 1472.
Griffiths (T. W.), Silier. v. Zuckerrübenkraut u. Preßpulpe 478.
Griffiths (V. S.), Leitfähigk. v. Elektrolyten in nichtwss. u. gemischten Lösungsmm. 1. Mitt. 748.
Griffiths (W. T.) s. International Nickel Co. of Canada Ltd.
Grigg (J. L.), Best. d. aufnehmbaren Mo in Böden 8012.
Griggs (D. T.) s. Turner (F. J.).
Griggs (R. C.) s. Weisberger (A. S.).
Griggs (W. H.), Iwakiri (B. T.) u. **Tar (J. E. de),** Wrkg. v. während d. Blütezeit angewandter 2.4.5-Trichlorphenoxypropionsäure auf d. Fruchtansatz v. verschied. Birnensorten u. auf Gestalt, Größe, Stiellänge, Samengeh. u. Lagerfähigk. v. Bartlett-Birnen 11662.
Griggs (William H.) s. Eastman Kodak Co.; Kodak-Pathé.
Grignard (V.), Dupont (G.) u. **Loquin (R.),** Traité de chimie organique. T. XXIII: Cycles pyrimidiques condensés [8881].
Grigor (J.), MacInnes (D. M.), McLean (J.) u. **Hogg (A. J. P.),** Konjugierte Säuren aus Ricinusöl. Octadecadien-(9.11)-säure u. Octadecen-(11)-in-(9)-säure (Ximenyn- oder Santalbinsäure) 9302.
Grigorjan (M. S.), Verh. v. Histamin u. Aktivität d. Histaminase bei „Koliken“ d. Pferde u. bei Neuralgien d. Menschen 9598.
Grigorjan (W. A.) u. **Ssamarin (A. M.),** Nachw. d. Quellen d. Verunreinig. v. Kugellagerstahl durch nichtmetall. Einschlüsse mit Hilfe v. radioakt. Ca-Isotopen 5638.
Grigorjanz (N. N.), Chem. Zus. u. Nährwert d. Marktmilch v. Aschohabad 9691.
Grigorjew (G. S.) s. Litwinowa (J. I.).
Grigorjew (M. S.) u. **Anitschkow (M. N.),** Klin. Anwend. v. Diplacin in d. Chirurgie 6561.
Grigorjew (S. E.), Cancerogene Eigg. v. Teer aus d. Halbverkok. v. Tscheremchowo-Steinkohle 6307.
Grigorjew (S. M.), Bildungsprozesse u. Eigg. v. Brennstoffen. Russ. [7356].
Grigorjewa (K. S.) s. Jurshenko (T. I.).
— u. **Jurshenko (T. I.),** Synth. v. 1-Phenyl-1-[4′-tert.-butylphenyl]-äthylhydroperoxyd unter Anwend. d. chromatograph. Meth. zu seiner Abscheid. 2887.
Grigorjewa (T. G.), Bearb. d. Saatgutes mit Hexachloran 5633.
Grigorjewa (W. I.) s. Slobodin (J. M.).
Grigorjewa (W. M.) s. Prisselkow (M. M.).
Grigorow (N. L.), Mechanismus d. Zusammenstoßes v. Nucleonen hoher Energie mit leichten Kernen 2589.
—, **Rapoport (I. D.)** u. **Schipulo (G. P.),** Ionisationsspektr. v. Höhenstrahlungsteilchen in d. Stratosphäre 3546.
Grigorowitsch (J. A.) s. Rumjanzew (S. W.).
Grigsby (B. H.) s. Carlson (R. F.).
Grigsby (W. E.) s. Du Pont de Nemours (E. I.) & Co.
Grilichess (C. A.) u. **Gubarew (A. A.),** Galvanoplast. Verf. zur Herst. v. Matrizen für Großkegelgießmaschinen 4237.
Grill (F.), Gipsbinden 5370* Oe.
Grill (W.) s. Klages (F.).
Grilliat (J.) s. Ballay (M.).
Grillo (M. A.), Metabolismus v. Threonin durch Sacharomyces cerevisiae 11600.
Grillo-Abachie (P.) s. Ollivier (H.).
Grillot (E.), Herst. u. Aktivier. v. CdS in Einkristallen oder in Lamellen 981.
— u. **Bancie-Grillot (M.),** Verwendung radioakt. Isotope zur Erforsch. anorgan. Phosphore 11500.
— u. **Guintini (P.),** Vorhandensein v. zweierlei infrarot leuchtfäh. C—Zentren im CdS 7839.
Grillot (G.), Qualitative Auslese v. Getreiden in Marokko 9928.

Grillot (G. F.), Felton (H. R.), Garrett (B. R.), Greenberg (H.), Green (Richard), Clementi (R.) u. **Moskowitz (Mark),** Kondensat. v. Thiophenolen mit sek. Aminen u. Formaldehyd 565.
—, **Levin (P. M.), Green (Richard)** u. **Bashford (R. I.),** p-Nitrobenzoate einiger Thiophenole 565.
Grim (J. M.) s. Koppers Co., Inc.
Grim (L. I.) s. Braddock (L. I.).
Grima (M. V.), Wasserzersetzungsvorr. für Explosions- u. Verbrennungsmotoren 2112* F.
Grimaldi (A.), Isonicotinsäurehydrazid 6795.
Grimaldi (F. S.) s. Levine (H.).
Grimalski (W. I.) s. Rudnew (D. F.).
Grimaud (E.) s. Colonge (J.).
Grimaud (Édouard) s. Soc. d'Électro-Chimie, d'Électro-Metallurgie et des Aciéris Électriques d'Ugine, Soc. An.
Grimaud (G.), Kontinuierl. Olier-Diffus. in d. Rübenzuckerindustrie 1629.
Grimbleby (F. H.), Hitzeinduzierte Acidität in Milch 1401.
Grime (R.) s. Bacon (R. G. R.).
Grimeland (B.), Hellstrand (E.) u. **Netter (F.),** Mess. d. Wirkungsquerschnittes einiger Elemente für d. Absorpt. langsamer Neutronen durch Modulat. eines Reaktors 9720.
Grimes (D. M.) u. **Martin (D. W.),** Reversible Susceptibilitäten v. Ferromagnetika 9027.
Grimley (J.) u. **Holliday (A. K.),** Koordinationsverbb. v. Bortrihalogeniden. 2. Mitt. Bortrichlorid-cycl. Äther 9288; 3. Mitt. Verbb. v. BF_3 mit cycl. Äthern u. Dioxan 9289.
Grimley (T. B.), Mittlere Abmessungen v. kautschukart. Moll. 6531. — s. Bawn (C. E. H.).
Grimm (E.), Meth. u. Fortschritte d. elektr. Rauchgasanalyse 10591. — s. Ruppert (G.).
Grimm (M. R.) s. Kull (F. C.); Mayer (R. L.).
Grimm (O.), Nachbehandl. v. Unterleder 3050. — s. Röhm & Haas G. m. b. H.
Grimm (R.) u. **Krüger (A.),** Einfl. d. chem. Zus. u. d. Abschrecktemp. auf d. Steiger. d. Zugfestigk. v. wassergehärtetem Springfederndraht aus unberuhigtem Thomasstahl 1597.
Grimm (W.) s. Möller (H.).
Grimme (C.), Erhalt. d. Würzkraft v. Gewürzen bei d. Feinvermahl. 5446.
Grimme (W.) s. Rheinpreussen Akt.-Ges. für Bergbau und Chemie; Steinkohlenbergwerk „Rheinpreußen".
Grimmel (H. W.) s. General Aniline & Film Corp.
Grimmer (G.) s. Tschesche (R.).
Grimshaw (J.), Haworth (R. D.) u. **Pindred (H. K.),** Galloflavin. 2. Mitt. 10019.
Grinberg (A. A.), Dobroborskaja (A. I.) u. **Schagissultanowa (G. A.),** Isomerie d. Dinitrodibromoplatinate 9754.
— u. **Jatzimirski (K. B.),** Periodisches Gesetz v. D. I. Mendelejew u. d. Stabilität d. Komplexverbb. 3574.
—, **Karpenko (N. B.)** u. **Maximjuk (J. A.),** Potentiometr. Titrat. v. zweiwert. Fe, zweiwert. Pt u. dreiwert. Ir bei ihrer gleichzeit. Anwesenh. 887.
Grinberg (A. A.), Koslowa (L. I.), Nikolskaja (L. J.) u. **Schagissultanowa (G. A.),** Austausch in Pt-Komplexverbb. 11176.
— u. **Ssimonowa (L. K.),** Gewinn. v. Palladiumacetylacetonat 1001.
Grinberg (A. D.) s. Towbin (M. W.).
Grinberg (A. M.) s. Koljandr (L. J.).
Grinberg (A. P.) s. Alchasow (D. G.).
Grinberg (G. A.), Magnetfeld stationärer Ströme in Hohlräumen oder Kanälen im Innern v. Fe mit einer als unendlich anzusehenden Permeabilität 2367.
Grinblats (G.), Anwend. v. granulierten Düngemitteln u. Düngemittelgemischen 3230.
Grindley (D. N.) s. Burden (E. H. W. J.).
—, **Burden (E. H. W. J.)** u. **Akour (A. A.),** Samenöle v. Clitoria ternatea u. Entada phaseoloides 5579.
Grinenko (W. W.) s. Rakitin (J. W.).
Grinew (A. N.) s. Terentjew (A. P.).
Grinfeld (E. G.), Versorg. d. Pflanzen mit CO_2 durch d. Wurzel 6058.
Grinnan (E. L.) u. **Mosher (W. A.),** Hochpolymere Ribonucleinsäure: Darst. aus Leber u. Depolymerisat. 1293.
Grinschgl (G.), Behandl. v. Einschlafstörr. mit 3-Methylpentinol-(3) 2719. — s. Holzer (W.).
— u. **Eichhorn (O.),** Quantitative Best. d. Salicylsäure im Blut, Harn u. in d. Cerebrospinal-Fl. 10339.
Grinstead (K. H.) s. Record (B. R.).
Grinsted (E.) s. Hirsch (André).
Grinten (K. J. J. van der) s. Chemische Fabriek L. van der Grinten.
Grinten (L. van der), Diazotypie-Druckverf., Fortschritte seit *1945* 1891.
Grinten (L. P. F. van der) s. Chemische Fabriek L. van der Grinten.
Grinten (P. A. W. van der) s. Chemische Fabriek L. van der Grinten.
Grinyer (I.) s. McIlwain (H.).
Gripenberg (J.), Struktur einiger angebl. 3-Oxyflavanone 9565.
Gripp (K.), Entsteh. d. Kreidefeuersteine 6937.
Grischina (O. N.) s. Pudowik (A. N.).
Grischtschenko (J. D.), Rolle d. durch Adenosintriphosphat dehydratisierten Actomyosins als einer mögl. Quelle d. mechan. Arbeit d. Muskels 11416.
Grisdale (R. O.) s. Bell Telephone Laboratories, Inc.
Grisebach (H.) s. Burgdorf (K.).
Griset jr. (E. J.) s. Algemeene Kunstzijde Unie N. V.
Grisolia (S.) u. **Cohen (P. P.),** Katalyt. Rolle v. Glutamatderivv. bei d. Biosynth. d. Citrullins 4130. — Katalyt. Rolle v. Carbamylglutamat bei d. Biosynth. d. Citrullins 7005.
Grison (E.), Lokalisier. d. H-Atome in d. Kristallstrukturen 2615. — Recherche de la structure des composés organiques au moyen de l'analyse cristalline par les rayons X. [3398]. — Technik zur Best. v. Kristallstrukturen mit Hilfe v. Röntgenstrahlen 4530. — s. Abrahams (S. C.).
Grist (K. L.) s. Kruse jr. (P. F.).
Griswold (E.) s. Jones (M. M.); Taylor (W. L.).
Griswold (T. W.) s. Feher (G.).
Gritzai (M. K.) s. Jewlachowa (W. F.).
Gritzan (D. N.) u. **Schun (D. S.),** Period. Veränder. d. Kathodenpolarisat. bei d. elektr.

Metallabscheid. in Ggw. oberflächenakt. Stoffe 9965.
Grivet (P.), Mathemat. Modell einer Elektronenlinse 5732. — s. H u b e r t (P.).
— u. **Bernard (M. Y.),** Axiales Potential d. Linse mit drei Elektroden 2142.
Grivsky (E.) s. T i m m e r m a n s (J.).
Grjasnowa (J. A.) s. S c h i n k a r e n k o (A. L.).
Grjebine (T.) s. B a r l o u t a u d (R.).
— u. **Laurent (H.),** Inverser β-Zerfall 2827.
Grjotheim (K.), Deut. d. Vorgänge bei d. Al-Elektrolyse 10611. — s. F l o o d (H.); F ø r l a n d (T.).
— u. **Krogh-Moe (J.),** Elektrolyt. Polieren 3241. — Wasserstoffbind. u. Vol. v. W. 5733. — Bezieh. zwischen Struktur u. einigen Eigg. d. W. 7158.
Grlić (L.), Vitamingeh. in Jugoslawien verbreiteter eßbarer Wildpflanzen. 1. Mitt. Geh. eßbarer Wildkräuter an Ascorbinsäure u. Carotin. 2. Teil 5579.
Grob (C. A.), Entw. d. chem. Formelsprache 3. — s. P a y o t (P.).
— u. **Baumann (W.),** 1.4-Eliminier. unter Fragmentier. 9534.
— u. **Reber (F.),** Synthesen in d. Biotinreihe. 2. Mitt. Derivv. d. 7.8-Diamino-6-keto-9-oxynonansäure u. d. Oxybiotins 4362.
Grob (K.) s. M e t a l l g e s e l l s c h a f t A k t. - G e s.
Grob-Rossier (L.), Chloralkalielektrolyse 1818* Schwz.
Grobbelaar (N.), Zacharius (R. M.) u. **Steward (F. C.),** Isolier. d. Hauptmenge v. L(—)-Pipecolinsäure aus Phaseolus vulgaris u. ihre quantitative Best. 9364.
Grobben (N.) s. N i j g h (G. J.).
Grobe (A. H.) u. **Roberts (G. A.),** Einfl. d. C-Geh. in *18-4-1*-Schnellarbeitsstahl 8484.
—, **Roberts (G. A.)** u. **Chambers (D. S.),** Unstetiges Kornwachstum in Schnellarbeitsstählen 8484.
—, **Wells (C.)** u. **Mehl (R. F.),** Festigkeitswerte v. Querproben aus geschmiedetem Stahl SAE *1045* 7538.
Grobow (L. N.) s. R a s u w a j e w (G. A.).
Grobstein (S. S.), Biol. hämostat. Blutpräpp. in d. oto-larynogolog. Praxis 1312.
Grochalski (R.), Gegenwärt. Stand d. Entw. d. Formmaskenverf. in d. DDR 2759.
Grodde (K.-H.), Absolutrheometer v. Couette-Typ 10205. — s. D e u t s c h e E r d ö l - A k t. - G e s.
Groddeck (K. B.), Schutzmantel für Kernreaktoren 10345* A.
Grodsenski (D. E.) u. **Awakjan (A. A.),** Einbau v. P in d. P-halt. Verbb. d. Gehirns bei intracerebraler Zufuhr v. radioakt. P 6326.
Grodzinski (P.), Eindringhärte, ihre Abhängigk. v. d. Belast. u. Vorschlag einer neuen Definit. 763. — Mikrohärte v. Tafelglas u. vorgespanntem Glas 1590. — Edelsteine für feinmechan. Geräte u. Anwend. v. Diamant in d. feinmechan. Fertig. 2044. — Neue Härteprüfer für Kunststoffe 6863. — Mikroeindruckhärte 8954. — Diamant als Werkstoff 9167.
— u. **Leeds (R. E.),** Diamantpulver als industrielles Erzeugnis 8471.
Groebe (F.) s. A l l g e m e i n e E l e k t r i c i t ä t s - G e s e l l s c h a f t.
Groebe (J. L.) s. P h i l l i p s P e t r o l e u m C o.
Gröhn (H.), Herst. eines Imprägniermittels für Persenningtuch 9699* D. B.
Grömmer (S.) s. B á n h i d i (Z. G.).
Groen (J.) s. D e k k e r (E.).
Grönblom (B.) s. H o l m b e r g (T. F.).
Grönegress (H. W.), Einfl. d. Gefüges auf d. Brennhärtbark. v. Grauguß 8950.
Groenewald (J. W.) s. M y b u r g h (S. J.).
Grönwall (A.), Schicksal gewisser Kolloide im Organismus nach ihrer parenteralen Zufuhr. Aktuelles Problem im Zusammenhang mit d. Anwend. v. koll. Infusionslsgg. 622.
Groenweghe (L.), Meßmeth. bei d. colorimetr. Best. v. U mit H_2O_2 6093.
Gröppel (H.), Erhöh. d. Druckaufnahmefähigk. v. Ölen u. Fetten 9005* D. B.
Grofcsik (J.) u. **Toronyi (B.),** Mullit-Bldg. 11445.
Groff (F.) s. U n i o n C a r b i d e & C a r b o n C o r p.
Groff (J.), Courtel (R.) u. **Schilling (A.),** Motoröle in d. USA 11312.
Grogan (C. H.) s. R i c e (L. M.).
—, **Rice (L. M.)** u. **Reid (E. Emmet),** Dithiole u. Derivv. 6494.
Gróh (G.) u. **Nyilasi (J.),** Mikrobiol. Unters. d. Proteinracemisier. 1. Mitt. Mess. d. Racemisierungsgeschwindigk. d. einzelnen Aminosäuren 8880.
Grohmann (W.) u. **Kerrinnes (C.),** Klin. Erfahrr. mit d. intravenösen Kurznarkoticum Cyclobarbitalnatrium „Heyden" 2246. — Gefährl. Komplikationen bei Anwend. kurz wirkender Muskelrelaxantien 8436.
Grolla (K.), Prituntersuchungsmethoden im Wandel d. Zeiten 2799. — Period. Rektifikat. v. unverdünntem Rohspiritus 5674.
Grollman (S.) u. **Phillips (N. E.),** Mögl. Bezieh. d. Ketonkörper zur Nicht-Milchsäure-O-Bilanz 8901.
Grollmann (A.), Pharmacology and therapeutics [1559].
Gromakow (S. D.), Best. d. Oberflächenspann. v. Fll. in Volumina v. Millionstel Millimetern 10450.
Gromowa (M. I.) s. P e s c h k o w a (W. M.).
Grondal (B. L.) s. W e y e r h a e u s e r T i m b e r C o.
Gronen (W.), Neue Fortschritte auf d. Naphthol AS-Gebiet 6139.
Gronich (H. E.) s. A l l i e d C h e m i c a l & D y e C o r p.
Gronier (G. L.) s. D e l a m b r e (J.).
Gronow (H. E. v.), Verbesser. v. Zuschlagstoffen für Zementbeton 6110* D. B.
Groocock (J. M.) u. **Tompkins (F. C.),** Zers. fester Azide durch Elektronenbeschuß 6702.
Groom (J. L.) u. **Darley (E. C.),** Konservier. v. Luzerne als Heu u. Silage 949.
Groot (C. A. de) s. C o h e n (E. M.).
Groot (E. H.) u. **Obbink (H. J. K.),** Einfl. d. Erhitzung v. Lebertran verschied. Peroxydzahlen auf *230°* auf d. Wachstum junger Ratten 5829.
Groot (S. R. de), Theorie d. Soret-Effekts 1207. — Formalismus d. Thermodynamik d. irreversiblen Vorgänge 4526. — Theorien d. Winkelverteil. u. d. Korrelat. zwischen β- u. γ-Strahl. 10187. — s. C o x (J. A. M.); F i e s c h i (R.); M a z u r (P.); T o l h o e k (H. A.); V l i e g e r (J.).
— u. **Mazur (P.),** Erweiter. v. Onsagers Theorie d. reziproken Relationen. 1. Mitt. 6462.

Groote (M. De) s. Petrolite Corp. Ltd.
Gropp (A. H.) s. Letaw jr. (H.).
Gropper (R.) s. Dann (O.).
Gros (C.) s. Genaud.
—, **Mandel (P.)** u. **Rodesch (J.)**, Wrkg. einer einmal. Röntgenstrahlendosis auf anorgan., Phosphagen-, Adenosintriphosphorsäure- u. säurelösl. Gesamtphosphor d. Haut d. weißen Ratte 863.
Gros (C. M.) s. Cüer (P.).
Gros (F.) s. Gros-Doulcet (F.); Macheboeuf (M.).
Gros (H.), Tetracyn, ein neues Breitspektrumantibioticum aus d. Tetracyclingruppe 2718. — s. Gamp (A.).
— u. **Kirnberger (E.-J.)**, Einfl. v. Leberhydrolysaten auf d. Glutathiongehalt d. Blutes bei Lebercirrhose 9846.
Gros (P.) s. Dubert (J.-M.).
Gros-Doulcet (F.) u. **Gros (F.)**, Selektive Hemm. d. Biosynth. eines bakteriellen Enzyms durch Penicillin 8178.
Grosberger (M.) s. Rašajski (S.).
Grosch (D. S.) s. Sullivan (R. L.).
Grosch (E.) s. Noddack (W.).
Grosche (C. A.) s. Speck (M. L.).
Grosio (E.) s. Pirelli Soc. per Azioni.
Grosjean (C. C.) s. Amelinckx (S.).
Grosjean (E.), Füllen d. Filterglocke mit Hautpulver bei d. quantitativen Gerbstoffbest. nach d. Filtermeth. 3050.
Groskopf (E. O.) s. Carey (P.) Mfg. Co.
Grosmangin (J.) s. Chapiro (A.).
Grosof (G. M.) s. Weinreich (G.).
Gross (A.), Verringer. d. Explosionsgefahr v. Bzn. 4499* Schwed. — s. Horner (L.).
Gross (A. M.) s. Armour & Co.
Gross (B.), Fließen fester Stoffe 1754. — Theorie d. thermodielektr. Effekts 7842.
Gross (Bernardo), Maße u. Messungen d. Radioaktivität 1436.
Gross (Bertold) s. Drefahl (G.).
Gross (Bertram) s. Bonnet (D. D.).
Gross (B. A.) s. Klauder (J. V.).
Gross (D.) [Häxter] u. **Meuschke (J.)**, Behandl. d. Asthma bronchiale durch subcutane Dauertropfinfus. mit Megaphen 8911.
Gross (D.) [Keston] s. Albon (N.).
Gross (E. P.), Form v. stoßverbreiterten Spektrallinien 7372. — s. Bhatnagar (P. L.).
— u. **Krook (M.)**, Fortpflanz. v. Wellen in ionisierten Gasen 5243.
Gross (F.) [Basel] s. Meier (R.); Schär (B.).
—, **Tripod (J.)** u. **Meier (R.)**, Pharmakol. Charakterisier. d. Schlafmittels Doriden 10314.
Gross (F.) [Köln-Bayenthal] s. Oetjen (G. W.).
Groß (Felix) s. Oesterreichisch-Alpine Montangesellschaft.
Gross (G.) s. Wolff (G.).
Groß (H.), Bedeut. d. Aminosäurezufuhr bei Frühgeburten. Anwend. v. Bioprotin, einem Caseinhydrolysat 9601.
— u. **Hackl (H.)**, Wirksamk. d. β-Pyridylcarbinols auf d. cerebralen Gefäße 6562.
Gross (H. H.) s. Texaco Development Corp.
Gross (H. M.), Zinkbacitracin in pharmazeut. Zubereitungen 11632.
— u. **Becker (C. H.)**, Zäpfchengrundlagen. 1. Mitt. Literaturübersicht 11045; 2. Mitt. Colorimetr. Meth. zur Best. d. Arzneistoffabgabe aus Zäpfchengrundlagen 11045.
Gross (H.-W.) s. Metallgesellschaft Akt.-Ges.
Gross (I.) s. Jaksch (W.).
Gross (J.) u. **Pitt-Rivers (R.)**, Trijodthyronin u. Schilddrüsenphysiologie 7018.
—, **Pitt-Rivers (R.)** u. **Trotter (W. R.)**, Wrkg. d. 3.5.3'-L-Trijodthyronins bei Myxödem 8423.
Gross (J. H.) u. **Bauer (W. H.)**, Wasserdampfsorpt. durch Al-Seifen 3320.
Gross (L.) s. Hamilton (D. R.).
Gross (Malcolm (E.) s. Goodrich (B. F.) Co.
— u. **Lankelma (H. P.)**, Synth. v. 6-, 7- u. 8-Methyl-1.2-benzfluoren 10501.
Gross (Margaret E.) s. McCullough (J. P.); Scott (D. W.).
—, **Oliver (G. D.)** u. **Huffman (H. M.)**, Thermodynam. Daten einiger C_7H_{14}-Alkylcyclopentane bei niedr. Tempp. 4071.
Gross (M. J.) s. Flagg (J. F.).
Gross (M. S.) s. Deevey jr. (E. S.).
Groß (O.) s. Bergwerksgesellschaft Hibernia Akt.-Ges., Stickstoffwerk.
Gross (P.), **Hayman (C.)** u. **Levi (D. L.)**, Bildungswärme v. Metallhalogeniden. Aluminiumfluorid 3564.
Gross jr. (P. M.) s. Floyd (J. D.); Myers (R. H.).
Gross (P. R.), Veränderr. bei d. Proteinen v. Seeigeleierhomogenaten durch Behandl. mit Ca 9596.
Gross (S.), Absorptionsspektrophotometrie 421.
Gross (S. R.) s. Tatum (E. L.).
Gross (S. T.) s. General Aniline & Film Corp.
Gross (W.), Gewinn. v. komprimierten Gasen aus unter Druck stehenden Fll. 6586* D. [DDR].
Gross (W. F.) s. Petrolite Corp. Ltd.
Grossart (D. T.) s. Cooper (R.).
Grossbard (E.), Verbesser. d. antibiot. Aktivität v. Aspergillus clavatus nach Aufenthalt in nichtsterilem Erdreich 3170.
Grosse (A. V.) s. Kirshenbaum (A. D.).
—, **Johnston (W. M.)**, **Wolfgang (R. L.)** u. **Libby (W. F.)**, T in d. Natur 4990.
Grosse (Aristid V.) s. Research Institute of Temple University; United States of America; Universal Oil Products Co.
Grosse (D.) s. Wickrather Lederfabrik (vorm. Z. Spier) Akt.-Ges.
Grosse (V.) s. Allgemeine Elektricitäts-Gesellschaft.
Grosse-Weischede (E.), Aufbereit. d. Straßenbauschlacke auf d. August-Thyssen-Hütte 2982.
Grosser (F.), E. Diepschlag 4745.
Grosser (Frederick) s. General Aniline & Film Corp.
Grosser (H.) s. Schöffling (K.).
Grossetti (E.), Best. d. Absorptionskoeff. v. Fll. für Ultraschall mittels d. therm. Meth. 1912. — s. Lucas (R.).
Großglauser (H.) s. Bergmann (M.); Kühni (E.).
Grossi (C. E.) s. Cliffton (E. E.).
Grossi (F. X.) s. Reardon Co.
Grosskinsky (O.) s. Bergwerksverband zur Verwertung von Schutzrechten der Kohlentechnik G. m. b. H.
Grosskreutz (D. C.) s. Little jr. (D. M.).

Grossman (A. J.) s. Batterman (R. C.).
—, Brooks (A. M.), Blackman (A. L.), Schwimmer (J.) u. **Batterman (R. C.),** Wirkungsvolle prophylakt. Behandl. d. anginalen Syndroms mit Cholintheophyllinat 1323.
Grossman (C. M.), Winzler (R. J.) u. **Hauschildt (J. D.),** Umwandl. v. Glycin in Serin durch menschl. Lebergewebe 11230.
Grossman (J. S.) u. **Kosyr (J. K.),** Wrkg. d. Ascorbinsäure u. einiger Vitamine d. B-Komplexes am Kaninchen bei Zufuhr v. Medinal 8427.
Grossman (L.) u. **Visser (D. W.),** Einbau v. $^{14}C_{(4)}$-Cytidin in Rattenleberschnitte 839.
Grossman (M. I.) s. Grant (R.); Lin (T. M.).
— u. **Strub (I. H.),** Wrkg. v. Heparin an Ratten, denen vorher Fettemulss. intravenös verabreicht wurden 1079.
Grossman (N.) u. **Priceman (S.),** Kompressionseigg. v. U 11350.
Grossman (R. G.) s. Wang (S. C.).
Grossman (R. M.) s. Burkhard (R. K.).
Grossman (S.) s. Haslam (J.).
Grossmann (A.), Kunststeine für Bauzwecke 6596* Schwz.
Grossmann (F.), Einw. v. Gründüng. u. Vorfrucht auf Ophiobolus graminis 8239.
Grossmann (M.) s. Kämmerer (H.).
Großmann (P.) s. Ciba Akt.-Ges.
Grossmann (S.) s. Goldberger Sám, F. és Fiai Részvénytársaság.
Großmann (S. W.) s. Allied Chemical & Dye Corp.
Großstück (P.), Schlackensand 2751.
Grossweiner (L. I.) u. **Gordon (Sheffield),** Oxydat. u. Red. v. wss. Eisen(II)- u. Eisen(III)-sulfatlsgg., veranlaßt durch Absorpt. v. sichtbarem Licht durch Quecksilber(II)-sulfid 3815.
— u. **Matheson (M. S.),** Luminescenzzentren bei d. röntgenstrahlerregten Fluorescenz v. Eis 2833, 11336.
Groszos (S. J.) s. Reid (E. B.).
Grotdal (T.) s. Trumpy (B.).
Grote (B.), Alkoholbest. durch d. Chloroformprobe nach Winkler 409. — Nachdrücken mit W. bei d. Herst. v. Tinkturen u. Extrakten 8441.
Grote (H. W.) s. Universal Oil Products Co.
—, Watkins (C. H.), Poll (H. F.) u. **Hendricks (G. W.),** Unifining-Verf. 8066.
Grote (I. W.) s. Chattanooga Medicine Co.
Grotelüschen (K.), Abgekürzte Sauerführ. 10156.
Grotenhuis (P.) s. National Research Development Corp.
Grotenhuis (T. A. Te), Pigmenthalt. Siliconelastomere 1861* A. — s. General Tire & Rubber Co.
Groth (B. S.) s. Svenska Cellulosa Aktiebolaget.
Groth (P. v.), Wissenschaftl. Bedeut. F. Tamnaus 502.
Groth (W.), Photochem. Unterss. im Schumann-UV; Mechanismus d. durch d. Xenonresonanzlinien bewirkten photochem. Propanzerfalls. Kryptonlampe, eine neue Lichtquelle für d. äußerste UV (*1235* u. *1165* Å), u. d. durch Krypton sensibilisierte photochem. NH_3-Bldg. 9061.
Grothe (G.) s. Brockmann (H.).
Grothe (H.) s. Soc. An. pour l'Industrie de l' Aluminium; Winnacker (K.).
Grotheer (M. P.) s. Lambert (J. L.).
Grotjahn (H.), Kinetik d. Bldg. v. Cellulosexanthogenat 5088.
Groubert (E.) s. Granier-Mayence (J.).
Grove jr. (C. S.) s. Vodonik (J. L.).
Grove (E. L.) s. Hamme (H. W.).
Grove (G. R.) s. Daggett (E. H.); Hagee (G. R.).
Grove (J. F.), Infrarotspektroskopie u. Strukturchemie. 3. Mitt. Gladiolsäure 2157. — Gladiolsäure, ein Stoffwechselprod. v. Penicillium gladioli 1. Mitt. Struktur 3632; 2. Mitt. Struktur u. fungistat. Aktivität 4132. — Struktur v. Terrein 6528. — s. Duncanson (L. A.); Gardner (D.).
Grove-Rasmussen (K. V.), Vereinfach. d. Berechnungsmeth. bei d. Best. d. spezif. Gewichts mit Pyknometer 3209.
—, Pedersen-Bjergaard (K.) u. **Smidt (B. C.),** Physikal.-chem. Unterss. d. menschl. Tränen-Fl.; Best. d. Dampfdruckes, d. elektrolyt. Leitfähigk. u. d. p_H d. Tränen-Fl. v. *50* Personen im Alter v. *9—62* Jahren, ergänzt durch einige elektrometr. Bicarbonat-Titrationskurven d. Tränen-Fl. v. wenigen Personen 5824.
Grovenstein jr. (E.) s. Morton (A. A.).
Grover (H. J.) s. Case (S. L.).
Grover (H. N.) s. Medalia (A. I.).
Groves (G. A.) u. **Huston (M. J.),** Photofluorometr. Best. v. Östrogenen 11235.
Groves (J. R.) u. **Tew (R. P.),** Vorläuf. Verss. zur chem. Bekämpf. v. Adoxophyes orana (F. R.) 673.
Groves (L. H.) s. Clemo (G. R.).
— u. **Swan (G. A.),** Indenreihe. 2. Mitt. Synth. v. 1.2.3.8.9.10-Hexahydro-2-ketocyclopent-[a]-inden 3128; 3. Mitt. Cyclisier. v. 1-Benzylcyclopenten u. isomerer Verbb. 3129. — Synth. v. α-Amino-β-[indenyl-(3)]-propionsäure 4575.
Groves (M. L.) s. Hipp (N. J.); McMeekin (T. L.).
Groves (W.) s. Mallinckrodt Chemical Works.
Groves (W. O.), Hoch (M.) u. **Johnston (H. L.),** Dampf-Festkörper-Gleichgewichte im Syst. Ti–O 10201.
Grshiwo (W.), Nemetz (S.) u. **Walter (L.),** Vitamingeh. in Fleischkonserven 6875.
Grubb (W. T.) s. Kantor (S. W.); Osthoff (R. C.).
— u. **Osthoff (R. C.),** Physikal. Eigg. organ. Si-Verbb. 2. Mitt. Trimethylsilanol u. Triäthylsilanol 4070.
Grube (F.), Wie verhalten sich Zinkoxyd, Antimonoxyd u. Titanoxyd in einem Puderemail zueinander? 5871.
Grube (K.), Seltene Erden erhöhen Hochtemperatureigg. v. Mg 2524.
— u. **Eastwood (L. W.),** Warmverformbare Al-Legierr. mit 6 % Mg zur Verwend. bei hohen Tempp. 6122.
Grube (W. L.) u. **Rouze (S. R.),** Anwend. d. Zweistrahlinterferenzmikroskops auf d. Unters. v. Oberflächen 10452.
Grubel (R. O.) s. Mallory (P. R.) & Co., Inc.
Gruber (C. M.) u. **Metthews jr. (R. J.),** Wrkg. einiger sympathicomimet. Amine u. v. Cocainhydrochlorid auf d. intakten Darm d. nichtanästhesierten Hundes 10560.
Gruber jr. (C. M.), Lashichenko (Z.) u. **Lee (K. S.),** Wrkg. v. oral verabreichtem Antabus auf d. Narkosezeiten v. Mäusen, Ratten u.

Kaninchen, d. durch Injekt. Barbiturate, Äther, Chloroform, Urethan, Chloralhydrat, Alkohol oder Acetaldehyd erhalten hatten 5366.
Gruber (U.), Blutgeh. u. renale Ausscheid. d. Myoglobins bei saurem u. alkal. Urin nach intravenöser Myoglobininfus. 9834.
— u. **Gilgen (A.)**, Myoglobinstudien. Blutgeh. u. renale Ausscheid. d. Myoglobins bei saurem u. alkal. Urin nach intravenöser Myoglobininfus. Histopathologie d. Nierenschädig. nach intravenöser Myoglobinzufuhr bei saurem u. alkal. Urin [8430].
Grubhofer (N.) u. **Schleith (L.)**, Modifizierte Ionenaustauscher als spezif. Adsorbentien 5986.
Grubin (H.) s. Robinson (H. J.).
Grubitsch (H.), Oberflächenfilme auf Metallen 3086.
Grublewsky (W.) s. Böhme Fettchemie G. m. b. H.
Grucci (T. B.) s. Cember (H.).
Grudemo (Å.), Röntgenograph. Unters. d. Struktur v. Vermiculiten 4053.
Grudzin (N. P.) s. Smolinski (G. A.).
Grue (C.), Umwandl. v. Celluloseabfällen in Humus 1129* F.
Grübel (K.) s. Saalfeld & Dorfmüller.
Grüber (H. L. E.), Wirksamk. v. Vitamin B_6 bei Alkoholrausch 7249.
Grühn (F.), Klin. Erfahrr. mit Osadrin bei Erkrankk. d. rheumat. Formenkreises 2721.
Grümer (H.-D.) u. **Ruske (W.)**, N-Endgruppenbest. an einem Bence-Jones-Eiweißkörper 8659.
Grümm (H.), Zur chromat. Aberrat. v. Elektronenlinsen 31. — Geometr.-opt. Intensitätsverteil. im Brennfleck d. abgelenkten Elektronenstrahlbündels 3321.
Grün (A. E.), Gasdynam. u. spektroskop. Beobachtt. an angeregten Gasstrahlen 11498.
— u. **Schopper (E.)**, Unters. v. Energieaustausch- u. Löschprozessen in Gasen durch Anreg. mit schnellen Teilchen. (Ergebnisse in N_2 u. N_2-halt. Gasmischungen) 2601.
—, **Schopper (E.)** u. **Schumacher (B.)**, Anwend. intensiver Korpuskularbündel zur Anreg. v. Gasen 2361. — Elektronenschattenaufnahmen u. Nachleuchtbilder v. Gasstrahlen bei niedr. Druck 9034.
Gruen (D. M.), Valenzstabilisier. in Kristallen 297. — s. United States of America.
— u. **Fred (M.)**, Absorptionsspektren v. U (IV)-fluoriden 14.
Grün (L.), Luftdesinfekt., bes. physikal. u. chem. Verf. 9143.
— u. **Pothmann (F.-J.)**, Durchführ. d. Schlußdesinfekt. 3197.
Grünanger (P.) s. Mugnaine (E.).
— u. **Cardani (C.)**, Synth. v. disubstituierten Hydrochinonaldehyden 11562.
Grünberg (W.) s. Halama (A. K.).
Grünberger (D.) s. Šorm (F.).
Gründer (W.), Neues naßmechan. Verf. zur Erniedrig. d. Aschengeh. v. Rohfeinstkohle 3526. — Flotationsanlage Marevce/Novo Brdo im Kosmet 3949. — Aufbereit. d. Steinkohle 6428.
Gründig (K.) s. Schmid (L.).
Grüne (A.), Papierchromatographie, Eigg. d. Papieres 11055.
Grünefeld (H.-J.) s. Trautwein (H.).
Grüner (A.), **Hilden (T.)**, **Raaschou (F.)** u. **Vogelius (H.)**, Heparinbehandl. d. Angina pectoris 7492.
Grüner (J. M.), Ausscheid. v. Terramycin u. Tetracyn in d. Muttermilch 8908.
Grüner (O.), Photometr. Verf. zur Blutalkoholbest. 11647.
Grüner (S.) s. Spaich (W.).
— u. **Spaich (W.)**, Prüfungsmöglichkk. v. Tinkturen aus Arnica montana L. 2252.
Grünewald (H.) s. Wickmann-Werke Akt.-Ges.
Grünewald (J.) s. Aufhammer (G.).
Gruenfeld (G. E.) s. Fränkel (B.).
Grünfeld (O.) s. Behrendt (H.) & Co.
Grünhagen (H. v.), Penicillin in d. Ekzemtherapie 4153.
Grünler (S.) s. Badische Anilin- & Soda-Fabrik Akt.-Ges.
Gruenstein (M.) s. Schultz (J.).
Grünzweig & Hartmann Akt.-Ges., **Muthmann (F.)** u. **Winkler (H.)**, Glas- oder ähnl. Mineralschmelzen 2335* D. B.
Grüssner (A.) s. Hoffmann-La Roche (F.) & Co. Akt.-Ges.; Roche Products Ltd.
Grütter (W. F.) s. Buser (W.).
Grüttner (B.), Neutralisationenanaloge Rkk. in geschmolzenem Acetamid 5005.
Grütz (O.), Neoteben (Isonicotinsäurehydrazid) bei Hauttuberkulose 5837.
Gruetzmacher (J. J.), Beweg. v. Elektrizität 8086.
Grützner (R.) u. **Hintermaier (A.)**, Verbesserr. an Geräten zur Mikrokennzahlenbest. 1570.
Grützner (Rudolf) s. Schlack (P.).
Gruhl (U.) s. Gruhl (W.).
Gruhl (W.), Ausscheidungsverlauf v. Cu–Be bei hohen Tempp. 1223.
— u. **Gruhl (U.)**, Durch Kaltverform. hervorgerufene Rückbildungserscheinn. bei Cu–Be 3240.
— u. **Nickel (E.-G.)**, Röntgenograph. Unterss. an Graphiten aus Fe–C-Legierr. 9514.
Gruhzit (C. C.), **Freyburger (W. A.)** u. **Moe (G. K.)**, Natur d. reflektor. durch Epinephrin erzeugten Vasodilatat. 8657.
Grujić-Vasić (J.) s. Deželić (M.).
Grula (E. A.) u. **Hartsell (S. E.)**, Lysozymwrkg. u. deren Bezieh. zum Nakamura-Effekt 7235.
Grumbles (L. C.), **Wills (F. K.)** u. **Boney jr. (W. A.)**, Furazolidin zur Behandl. d. Geflügeltyphus bei Truthühnern 10312.
Grummer (R. H.) s. Bohstedt (G.).
Grummitt (O. J.) s. Sherwin-Williams Co.
Grunbaum (B. W.) u. **Kirk (P. L.)**, Best. d. J-Zahl v. Mikrogramm-Fettmengen 9931.
Grunberg (E.) u. **Schnitzer (R. J.)**, Antituberkulöse Eigg. eines neuen Isoniazidderiv. 149. — Antagonismus v. Isoniazid u. Streptomycin bei d. experimentellen Infekt. v. Mäusen mit M. tuberculosis $H_{37}Rv$ 3673.
Grunberg (L.), Viscosität regulärer Lsgg.; CCl_4, Bzl. u. Cyclohexan enthaltende Systeme 7875.
— u. **Wright (K. H. R.)**, Kristallfehler in frisch bearbeiteten Oberflächen 10678.
Grunberg-Manago (M.) s. Szulmajster (J.).
Grund (A.), Kristallstruktur d. Natriumdisilicates, β-$Na_2Si_2O_5$ 5014. — Kristallstrukturen d. wasserfreien Alkalisilicate 7626.

Grund (A.) u. **Bonnemayre (A.)**, Unters. d. Orientier. d. Kristallite in d. Fasern 5256.
Grund (G.) s. O l i v e t (J.).
Grundhauser (F. J.) s. D y k e (W. P.).
Grundland (I.), **Rumpf (P.)** u. **Galland (R.)**, Rationelle Chemotherapie d. Tuberkulose. Tuberkulostat. Wrkg. d. Bis-[2.3-dioxypropoxyäthyl]-amins u. dessen N-Laurylderiv. 7942.
Grundmann (C.) s. D E H Y D A G Deutsche Hydrierwerke G. m. b. H.; Deutsches Hydrierwerk Rodleben VEB; G o u b e a u (J.); Mathieson Chemical Corp.
— u. **Beyer (Elfriede)**, Triazine. 7. Mitt. Rk. d. Cyanurchlorids mit Lithiumaluminiumhydrid 7680.
— u. **Kreutzberger (A.)**, 1.3.5-Triazine. 6. Mitt. 7679; 9. Mitt. 1.3.5-Triazin u. seine Bldg. aus Cyanwasserstoffsäure 7681; 11. Mitt. Rkk. d. 1.3.5-Triazins 7683.
— u. **Schröder (Hansjürgen)**, Triazine. 8. Mitt. Verss. zur Darst. v. Nitrocyan u. Nitrotriazinen 7680.
—, **Schröder (Hansjürgen)** u. **Ruske (W.)**, Triazine. 12. Mitt. Bildungsweise d. 1.3.5-Triazins 7684.
—, **Schwennicke (L.)** u. **Beyer (E.)**, Triazine. 5. Mitt. Aminotriazine 7679.
Grundon (M. F.) u. **Perry (H. J. H.)**, Bis-benzylisochinoline. 1. Mitt. Synth. v. 4-[2-Aminoäthyl]-5′-carboxymethyl-2.2′-dimethoxydiphenyläther u. Phenoxyisochinolinen 2422.
Grundy (J.), Descartes u. Atomismus 969. — Nachw. d. Nitrophenole als ihre Aryloxyessigsäuren 6354. — s. B r o w n (H.) [Blackburn].
Grundy (W. E.) s. Abbott Laboratories; W a r r e n jr. (H. B.).
—, **Whitman (A. L.)**, **Rdzok (E. G.)**, **Rdzok (E. J.)**, **Hanes (M. E.)** u. **Sylvester (J. C.)**, Actithiazsäure. 1. Mitt. Mikrobiol. Unterss. 2000.
Grune (W. N.) u. **Sload (R. Q.)**, Einfl. d. Fluoridkonz. auf d. Schlammfaul. 9167.
Gruner (J. W.) s. R o s e n z w e i g (A.).
Grunert (H. H.) u. **Biener (K.)**, Behandl. d. Commotio cerebri mit Causat 8440.
Grunert (W.), Schaumgummi aus Naturlatex 707.
Grunewald (A.), Roto-Sieb in d. Kartoffelstärkeindustrie 4474.
Grunewald (Hans), Lackähnl. Prod. aus Braunkohlenteerölen 932* D. [DDR].
Grunewald (Horst) s. H a u f f e (K.).
Grunewald (K. H.) s. Aktiebolaget Berol-Produkter.
Grungo (G.) s. B i a g i o t t i (E.).
Gruntová (Z.), Potentiometr. Best. d. KJ in Solutio jodi spirituosa 1794. — Best. d. Salicylsäure in pharmazeut. Salben 2023.
Grunwald (E.), Differentielle potentiometr. Meth. zur Mess. v. Säure- u. Basendissoziationskonstanten 287. — Interpretat. v. Daten, erhalten aus nichtwss. Medien 3446. — s. B u t l e r (A. F.); M a r s h a l l (H. P.); S i e c k m a n n (E. F.); W i n s t e i n (S.).
Grunwald (E. R.) s. S p i t z e r (J. J.).
Grunwald (H.), Emulss. bzw. wss. Disperss. v. wasserunlösl. Celluloseestern u. -äthern 7095* E.
Grunze (H.) s. R o u x (H.).
— u. **Thilo (E.)**, Chemie d. kondensierten Phosphate u. Arsenate. 11. Mitt. Papierchromatographie d. kondensierten Phosphate 4659.
Grupinski (L.), Brandbekämpf., chem. gesehen 660.
Grupp (A.), „Perivar-Medikation" in d. Geburtshilfe u. Gynäkologie 154.
Gruschewoi (S. J.) u. **Popowa (A. A.)**, Einfl. d. Düng. auf d. Infizierbark. d. Machorka mit Wipfelchlorose 7529.
Gruschka (G.) s. L e r c h (H.).
Gruschke (H.) s. Farbwerke Hoechst Akt.-Ges., vormals Meister Lucius & Brüning.
Gruschwitzki (I. W.) u. **Gutnikowa (S. I.)**, Shen-Schen 6565.
Grusdew (P. F.), Charakterist. Frequenzen v. Alkenen 2630.
Grusdkowa (J. W.), Anwend. elast. Plaste bei d. Erneuerungschirurgie d. Gesichtes 1793.
Grusell (E. A.) s. Aktiebolaget Kontrollinstrument.
Grusin (P. L.) u. **Kusnetzow (J. W.)**, Einfl. v. C auf d. Selbstdiffus. d. Fe im Syst. Fe–Ni 35.
—, **Kusnetzow (J. W.)** u. **Kurdjumow (G. W.)**, Einfl. d. inneren Kornstruktur d. Austenits auf die Selbstdiffus. d. Fe 10939.
—, **Nosskow (B. M.)** u. **Schirokow (W. I.)**, Einfl. v. Mn auf d. Selbstdiffus. v. Fe 9748.
Grusin (W. G.) s. B o g d a s c h i t s c h (J. W.).
Grusz (É.) s. M á z o r (L.).
Grut (A.), Bedeut. d. Kohlenoxydhämoglobingeh. in d. Diagnose v. chron. Co-Vergiftt. 3195.
Gruttola (G. di) u. **Bellis (U. de)**, Behandl. d. Keuchhustens mit ACTH: Blutbildveränderr. 3896; Röntgenbild d. Lunge 9596.
Gry (O.), Keimgeh. in dest. W. 158. — Polarograph. Best. v. Cephaelin 8917.
Gryder (R. M.), **Friedenwald (J. S.)** u. **Carlson (C.)**, Die beiden alkal. Phosphatasen für Glycerophosphat d. Rattenniere 11597.
Grylls (N. E.), Behandl. v. Luzernesamenpflanzen mit DDT-Sprays v. niedrigem Vol. 4678.
Gryllus (V.), Best. v. Ca-Salzen mit Komplexon in Prodd. d. Zuckerfabriken 4953.
Gschwend (F. B.) s. B o w e r (C. A.).
Gsell (M.) s. B o r t h (R.).
Gsell (O.) s. B l o c h (H.).
— u. **Kalt (F.)**, Hochdosierte Ascorbinsäurebehandl. d. epidem. Poliomyelitis 861.
Gspahn (H.) s. D a n n (O.); R e i c h a r d (O.).
Gstirner (F.), Prüf. u. Verarbeit. v. Arzneidrogen. Bd. *1*: Chem. Prüf. Bd. *2*: Verarbeit. [10094].
Guala (J. R.) s. Gulf Oil Corp.
Gualandi (D.) u. **Paganelli (M.)**, Mess. d. Mikrohärte nach Knoop bei einigen Gefügeelementen d. Al-Legierr. 10126.
Gualandi (G.), Vorteile d. „Tukon"-Mikrohärtemessers in d. Metallographie 5641.
Gualtieri (R.), Entsteh. d. S in Italien 4545.
Guano-Werke Akt.-Ges., vormals Ohlendorff'sche und Merck'sche Werke u. **Bruhn (G. A.)**, Streufäh., wasserlösl. H_3PO_4 enthaltende N–H_3PO_4-Düngemittel 1129* D. B.
Guaranty Investment Corp. Ltd. u. **Udy (M. J.)**, Chromate 3227* D. B.
Guardascione (V.), Malattie causate da manganese [4881]. — Malattie causate da piombo tetraetile [5366].
Guardiola Aragones (J. J. F.) s. Voltohm Processes Ltd.
Guarino (A.) s. F u s c o (M.).
Guastalla (H. C.) = Colson Guastalla (H.).
Guba (F.) s. G a r a y (K.); K a s s z á n (B.).

Gubanow (A. I.), Kontakterscheinn. in Halbleitern 1675. — Diffus. u. Drift v. Photoelektronen in einem teilweise bestrahlten Halbleiter 3799.
Gubanow (G.), Physiol. Prozesse bei d. Reif. u. Öffn. d. Baumwollsamenkapseln 4135.
Gubar (A. S.) s. Stolnikow (W. W.).
Gubarew (A. A.) s. Grilichess (C. A.).
Gubarewa (M. A.) s. Rodionow (W. M.).
Gubelmann (H.), Schutz d. Trinkwasservorkk. gegenüber Abwassereinww. u. d. Aufbereit. v. Rohwasser zu Trinkwasser 5867.
Guber (W.), Temp.-Abhängigk. d. Streuquerschnittes gebundener Protonen für langsame Neutronen 10668.
Gubernijew (M. A.), **Kowyrew (I. G.)** u. **Uschakowa (M. D.)**, Änderr. d. Geh. an Nucleinsäuren in d. Speicheldrüsen bei bedingten u. nichtbedingten Reizen 3894.
Gubin (M. L.) s. Tacket (H. S.).
Gubitz (H.), Homöopath. Verreib. 8915.
Gubkin (S. I.) u. **Downar (S. A.)**, Best. d. Diffusionskoeffizienten bei plast. Verform. 10457.
—, **Mogutschi (L. N.)** u. **Satulowski (M. I.)**, Plast. Deformat. v. Magnesiumlegierr. Russ. [10621].
— u. **Perssijanzew (W. A.)**, Verformbark. v. Ni-Legierr. 4443.
Gude (H.), Eigg. d. Samenöle zweier Ödlandpflanzen (Sisymbrium sinapistrum Crantz u. Verbascum thapsus L.) 8285.
Gude (W. D.) u. **Odell jr. (T. T.)**, Vinisil als Verdünnungsmittel für Knochenmarkausstriche 9110.
Gudrinijetze (E. J.) s. Ijewinsch (A.).
— u. **Wanag (G. J.)**, Rk. einiger Alkohole mit 2-Nitroindandion-(1.3) 2888.
Gueant (A.) s. Soc. An. Manufactures de Produits Chimiques du Nord, Établissements Kuhlmann.
Gübeli (O.), Chemismus v. Thermalwässern 11538. — s. Böni (A.).
— u. **Jacob (A.)**, Colorimetr. Best. v. Zr mit Alizarin S 8690.
— u. **Störi (M.)**, Rn-Adsorpt. an Aktivkohle im offenen Syst. d. freien Gasdurchström. 6926.
Guében (G.), Best. d. Wirkungsquerschnitte für therm. Neutronen. 2. Mitt. 2123. — Best. d. Wirkungsquerschnitts v. U für therm. Neutronen 5953. — Absorpt. v. Mineralien für γ-Strahl. u. Neutronen 7363.
Guedeney (F.) s. Pannetier (G.).
Guedj (D.) s. Gaz de France (Service National).
Guédras (A.), Red. d. Fe-Erze d. Pyrenäen 5404.
Guédras (M.), Löslichk. d. C im Fe 1597. — Anwend. d. Bentonits 2523. — Bedingungen für d. Entschwefel. im Heißwindkupolofen 11281.
Guéguen (J.) s. Lacomme (M.); Paris (R.).
Guelfi (J.) s. Coliez (R.).
Gülsdorff (E. F.), Wrkg. eines neuen lokalen Chemotherapeuticums bei Wundinfektt. (Furacinsalbe) 148.
Gündel (W.) s. „DEHYDAG“ Deutsche Hydrierwerke G. m. b. H.; Deutsche Hydrierwerke Akt.-Ges.; Henkel & Cie. G. m. b. H.
Günder (I.), Nachw. u. Lokalisat. v. Pterinen u. Riboflavin in d. Haut v. Amphibien u. Reptilien 3175.
Guengant (L.) u. **Vodar (B.)**, Radiokristallograph. Unters. allotroper, durch Druck induzierter Umwandll. 10693.
Güntelberg (A. V.) u. **Ottesen (M.)**, Darst. v. Kristallen, die d. Plakalbumin bildende Ferment aus Bacillus subtilis enthalten 4375.
Günthard (H. H.) s. Gäumann (T.); Hediger (H. J.); Heilbronner (E.); Kováts (E.); Prelog (V.); Primas (H.); Zürcher (R. F.).
—, **Heusser (H.)** u. **Fürst (A.)**, Steroide u. Sexualhormone. 194. Mitt. Infrarotspektren stereoisomerer Steroidepoxyde 5320.
Günthart (J.) s. Sandoz Akt.-Ges.
Günther, Pappelanbau u. seine Bedeut. für d. Zellstoffindustrie 9471.
Günther (F.), Meßgenauigk. bei röntgenograph. Feinstrukturunterss. 11520. — s. Erdmann-Jesnitzer (F.).
Günther (G.), Orientierende Sulfatbest. nach Höll 664.
Günther (Gabriele) u. **Staude (Herbert)**, Redoxsyst. mit einem trimeren Chinon 5989.
Günther (G. G. J.) s. Lumalampan Aktiebolag.
—, **Anderson (G. G. B.)** u. **Lumalampan Aktiebolag**, Leuchtschirme für Kathodenstrahlröhren 10109* E.
Günther (Heinrich) s. Farbwerke Hoechst Akt.-Ges., vormals Meister Lucius & Brüning.
Günther (Helmut), Härten verzugsempfindl. Werkstücke u. Richtlinien zur Gestalt. v. Härtevorrichtungen 4688.
Günther (Marian), Relativist. Konfigurationsraumformulier. d. Mehrelektronenproblems. 2. Mitt. 7361.
Günther (Max) s. Badische Anilin- & Soda-Fabrik Akt.-Ges.
Günther (R.), Brennerunterss. 1. Mitt. Bauformen d. Generatorgasbrenner für Wannenöfen. 2. Mitt. Misch. u. Verbrenn. in Wannenofenbrennern 5151.
Guenther (W. B., **Whiteman (C.)** u. **Walters (W. D.)**, Acetonbldg. bei d. Pyrolyse v. Biacetyl 10959.
Guenthner (E.) s. Carlson (C. W.).
Günzel (C.) u. **Weiss (F.)**, Papierchromatograph. Trenn. v. Digitoxin u. Gitoxin 4404.
Guerci (C.) s. Piontelli (R.).
Gürich (W.), Chemotherapie d. Lungentuberkulose 5838.
Guérillot (C.-R.), Ionisationskonstanten v. Phthalimiden 8581.
Guérillot-Vinet (A.) s. Raoul (Y.).
Guérin (H.) s. Bertrand (D.).
— u. **Adam-Gironne (J.)**, Reaktionsfähigk. d. festen Brennstoffe gegenüber S. 1. Mitt. Unters. u. Vgl. d. verschied. Brennstoffarten u. d. Holzkohlen verschied. Ursprungs 962. — Absol. Best. d. Rk.-Fähigk. v. Brennstoffen. Best. d. „Thioreaktivität“ 9701.
— u. **Kozicki (H.)**, Mechanismus d. Einw. v. Phosphorsäure auf Kupferhydroxyd bei 60° 4302.
— u. **Moutach (M.)**, Hydroreaktivität d. Kokse 10415.
Guérin (P.), Realisier. u. Unters. einer Lumineszenzlampe als Sekundärstandard d. spektralen Verteil. 11056.
Guérineau (F.) s. Bayet (M.).
Guerlac (H.), Lavoisier 5706.
Guernsey (F. S.) s. Leopold (A. C.).
Guernsey (J. B.) u. **Goodman (C.)**, Unelast. Neutronenstreuung in Ta u. J 2591. — Beobacht. v. tiefliegenden Zuständen in Kernen aus (n, n' γ)-Wechselwrkgg. 11326.

Guernsey (R. L.) u. **Arfken (G. B.)**, Identität d. Vektoradditionskoeff. 1432.
Guéron (I.) u. **Berk (Z.)**, Beobachtt. über d. Pufferwrkg. bei Zuckerrüben 10644.
Guéron (J.), Beispiele für industrielle Anwendd. d. Radioaktivität 7368.
Guerra (G. Del), Chimica biologica [9352].
Guerrant (W. B.) s. Dow Chemical Co.
Guerrero (A. H.) s. Calarco (F.); Sambucetti (C. J.).
Guerreschi (L.), Wechselstrombehandl. d. Al u. seiner Legierr. im Chromsäurebad. Bldg. v. „Aluminiumschwarz" 5885.
Guerrieri (F.) s. Nebbia (L.).
Guerritore (A.) s. Baccari (V.).
Güssow (E.) s. Rosenmund (K. W.).
Guest (G. H.), Radioisotope als Hilfsmittel d. Metallurgie. 2. Mitt. 10127.
Guest (G. M.) s. Mackler (B.).
Guest, Keen & Nettlefolds Ltd. u. **Phipps (G. A.)**, Thermoelement für Schmelzöfen oder Feuerungsanlagen 9165* E.
Güterbock (H.) s. Badische Anilin- & Soda-Fabrik Akt.-Ges.
Güthner (T.), Modifikation d. opt. Meth. zur Unters. v. Phänomenen im vorkrit. u. krit. Gebiet v. Fll. 7385.
Gütter (H.), Anreicher. u. Nachw. v. Dimethylaminoazobenzol (Buttergelb) in Lebensmitteln, bes. neben Paprikafarbstoff 3511.
Güttler (A.), Materie d. interstellaren Körner 6452.
Gugelot (P. C.), Niveaudichten v. Kernen, ermittelt aus d. unelast. Streuung v. 18 MeV-Protonen 7829. — s. Dayton (I. E.).
Guggenheim (E. A.), Diffusionskoeff. v. Natriumchlorid 4288. — Elektronenspin in Halbleitern 6917. — Paradoxon bei bimol. Rkk. 10459. — Best. elektr. Dipolmomente 11502.
— u. **Prue (J. E.)**, Verdünnungswärme wss. Elektrolytlsgg. 3564. — Löslichk. v. Silberchlorid u. einige sich darauf beziehende thermodynam. Größen 6234.
— u. **Pryce (M. H. L.)**, Uran–Graphit-Gitter 4514.
Guggenheim (K.) u. **Halevy (S.)**, Wrkgg. v. Vitamin B_{12}-Organextrakten, Hefe u. Antibioticis auf d. Toxizität d. Emetins bei Ratten 860.
Guggenheim (M.), Entw. d. Arzneimittelforschung im Lichte d. Chemie u. Biochemie 7265.
Gugnoni (G.) s. Morani (V.).
Guha (A. K.), Analyt. Unterss. v. Fasern aus n. u. mutierten Jutepflanzen 4490.
Guha (M. P.), Bormangel u. dessen Bezieh. zum Aufspringen der Kartoffelknollen 11024. — s. Chatterjee (R.).
Guha (P. C.) s. Raman (K.); Rao (G. S. K.); Viswanathan (K. V.).
Guichard (G.-P.) s. Reboul (J.).
Guider (J. M.), **Halsall (T. G.)**, **Hodges (R.)** u. **Jones (E. R. H.)**, Chemie d. Triterpene u. verwandter Verbb. 26. Mitt. Natur d. Polyporensäure B 10040.
—, **Halsall (T. G.)** u. **Jones (E. R. H.)**, Chemie d. Triterpene u. verwandter Verbb. 20. Mitt. Stereochemie d. Ringes E v. Betulin u. verwandten Verbb. 6759; 27. Mitt. Pinicolsäure A 10041.
Guidetti (A.) s. Levi (A.).
Guignard (J.-P.) s. Doucet (Y.).
Guignon (J.) s. Houillères du Bassin du Nord et du Pas-De-Calais.
Guigoz (M.) s. Guillot (M.).
Guigues (F.) s. Soc. Thermidi Études et Réalisations d'Installations Thermiques.
Guihaumé (R.), Einfl. v. Verunreinigg. auf d. sek. Rekristallisat. v. weichem Fe 6932. — Einfl. d. Deformat. bei d. sek. Rekristallisat. v. weichem Fe 8803.
Guilbaud (G.) s. Doehler (O.).
Guilbert (E. M. A.), Erhöh. d. Widerstandsfähigk. v. Textilien 3524* F.
Guilbert (P. W.) s. Benda (R.).
— u. **Wolman (I. J.)**, Bedeut. d. Trypsins in Kindheit u. Jugend 3165.
Guild (R.) s. Rapport (D.).
Guilhaudis (A.), Verh. d. Leichtmetallegierr. beim Seewasserkorrosionsangriff 11085.
— u. **Bourbon (R.)**, Korrosionsschutz v. Al u. seinen Legierr. durch Anstriche. 2. Mitt. 11295.
Guilizzoni (G. G.), Elementi di analisi chimica qualitativa. Generalità, reazioni dei cationi e degli anioni. Analisi delle leghe metalliche [8936].
Guillamón Alcántara (A.), Wrkg. v. Thiosemicarbazon auf typhoides Fieber 4876.
Guillaume (A.), Hausholzbock u. seine Schäden. Bekämpfungsmittel 6165.
Guillaume (J.) s. Béerens (H.).
Guillaume (Jean), Kristalline Beug. d. Röntgenstrahlen durch elast. Wellen. Experimentelle Unters. an schwingendem Quarz 4761.
Guillaumet (L.), Klär. v. Zuckersäften 2322* F.
Guillaumin (J.-B.), Dauermagnete u. d. Ni 182.
Guillemain-Gouvernel (J.), Spektralunterss. des Einflusses eines Oxydans auf die Extrakt. einer Ligninsulfonsäure 9812.
Guillemet (R.) s. Bourdet (A.).
Guillemin (C.) s. Goni (J.).
Guillemin (R.) s. Horava (A.).
Guillemonat (A.) s. Centre National de la Recherche Scientifique.
Guillermin (M.), Entw. im Färbereimaterial 3255. — Entw. d. Konstrukt. v. Färbeapparaten 3971.
Guillermo (R. J.) s. Locsin (C. L.).
Guillet (L.) u. **Hocheid (B.)**, Unters. d. Anomalien d. inneren Reib. d. α-Fe auf Grund d. Ggw. v. C u. N_2 in Lsg. 2376.
Guillien (R.), Dielektr. Eigg. darstellende Diagramme 5243.
Guillot (L.), Wiedergabe v. Texten u. Zeichnn. in allen Farben auf Trägern aller Art 268* F.
Guillot (M.), **Raoul (M. Y.)**, **Perret (F.)**, **Renault (J.)**, **Guigoz (M.)** u. **Stoll (S.)**, Mises au point de chimie analytique pure et appliquée et d'analyse bromatologique [657].
Guimarães (J.), Industrielle Verarbeit. v. Steinkohle 8767.
Guimarães (L. R.) = Ribeiro Guimarães (L.).
Guinet (M.) s. Office National d'Études & de Recherches Aéronautiques (O. N. E. R. A.).
Guinier (A.), Mess. innerer Spannungen durch Röntgenstrahlen 5409. — Einfl. d. Gitterstör. auf d. Streuung d. Röntgenstrahlen durch eine feste Lsg. 5491. — Einfl. d. Stör. d. Kristallgitters auf d. Streuung d. Röntgenstrahlen durch einen Kristall einer festen Lsg. 6699. — s. Graf (René); Walker (C. B.).

Guinier (G.), Vorschlag für fl. He 892. — Massenwirkungsgesetz 9486.
Guinn (V. P.) s. Wagner (C. D.).
Guinot (H. M.), Hydrierungskatalysatoren 4454* F. — Kontinuierl. Herst. v. aliphat. Säureanhydriden 9672* Can. — Gewinn. v. in einem Gas gelösten u. durch Kälte bei einer solchen Temp. kondensierbaren Dämpfen 10827* D. B., F. — s. Usines de Melle.
Guintini (P.) s. Grillot (E.).
Guissani (A.) s. Montoro (V.).
Guissani (E.) s. Montoro (V.).
Guitard (G.), Vork. d. diorit. Gabbrostocks am Rande d. Migmatite d. Niederschlagsgebiets SW v. Canigou (Ostpyrenäen) 772.
Guiton (J. R.), Holzkonservierungsmittel 1408* F.
Guitton (M. J.), Zunahme d. Empfindlichk. d. Meßgeräte durch Resonanz 7833.
Guizonnier (R.), Heteroladd. u. Homoladd. in isolierenden Ölen unter Einfl. einer kontinuierl. Potentialdifferenz. Deut. d. Leitfähigk. dieser Öle 3769.
Gujral (M. L.), Chowdhury (N. K.) u. **Srivastava (R. S.)**, Einheim. Medikamente bei experimentellem Diabetes 1775.
Gul (W. J.), Fedjukin (D. L.) u. **Dogadkin (B. A.)**, Rolle d. zwischenmol. Kräfte beim Mechanismus d. hochelast. Deformatt. 7. Mitt. Einfl. d. mol. Wechselwrkg. auf d. Ermüdungsfestigk. Hochpolymerer mit entwickelter Raumstruktur 3639.
Gulanjan (W. M.) s. Awetissjan (A. A.).
Gulati (K. C.) s. Bhushan (B.).
Gulbransen (E. A.) u. **Andrew (K. F.)**, Kinetik d. Rkk. v. Be mit O_2 u. N_2 u. d. Einfl. v. Oxyd- u. Nitridfilmen auf seinen Dampfdruck 2621. — Rolle d. Oberflächenhäutchen auf d. Rk. v. Zr mit H_2 5739.
Gulbransen (L. B.) s. Fassell jr. (W. M.).
Guldner (W. G.) s. Wooten (L. A.).
Gulf Oil Corp. u. **Guala (J. R.)**, Fraktionierte Vakuumdest. 5866* A.
—, **Smith (Herschel G.), Cantrell (T. L.)** u. **Fisher (Earl E.)**, Metallüberzugsmittel 2085* A.
—, **Smith (Herschel G.), Cantrell (T. L.)** u. **Hill (M. L.)**, Modifizierte Phenolaldehydharze 2090* A.
—, **Smith (Herschel G.), Cantrell (T. L.)** u. **Peters (J. G.)**, Phthalamidatphosphorsäureester 1885* A. — Korrosionsschutzmittel 10172* A.
Gulf Research & Development Co., Unterdrück. d. Schaumbldg. bei KW-stofffölen 1417* Dän.
—, **Ambrose (H. A.)** u. **Brandes (O. L.)**, Schneidöl 4500* A.
— u. **Bowman (J. R.)**, Hochvakuumdestillationskolonne 4426* Can.
—, **Bowman (R. S.)** u. **Stevens (D. R.)**, Triisobutylen 1139* A. — Tert. Alkylaryläther 9906* A.
—, **Brandes (O. L.)** u. **Pattinson jr. (C. B.)**, Spülöl 4977* A.
— u. **Capell (R. G.)**, Asphalt- u. Teermassen 9708* A.
—, **Capell (R. G.), Ridenour (W. P.)** u. **Stewart (J. A.)**, Wachsmasse 9234* A.
— u. **Clark jr. (D. P.)**, Schneidöl 3772* A.
—, **Easly (J. C.)** u. **Kellner (H. L.)**, Anfahren v. Einheiten für d. KW-stoff-Synth. 11133* A.
—, **Gilbert (W. I.)** u. **Montgomery (C. W.)**, Fl. KW-stoff-Treibmittel aus Kohle 11315* A.
— u. **Glazier (E. M.)**, Flugbenzin 5463* A.
Gulf Research & Development Co. u. **McCarthy (P. R.)**, Thixotropes, gelart. Schmiermittel 3534* A. — Schmierfett auf Esterbasis 3536* A. — Schmierfett auf Mineralölbasis 3537* A.
—, **McKinly (J. B.)** u. **Starnes (W. C.)**, Destruktive Hydrier. minderwert. kohlenstoffhalt. Stoffe 5698* A.
—, **Mitchell (E.)** u. **Cramp (A. P.)**, Zusatzmittel für Heizöle 727* A.
—, **Mitchell (E.)** u. **Morse (W. B.)**, Detergent- u. Rostverhinderungszusätze zu Schmierölen 7818* A.
—, **Montgomery (C. W.)** u. **Horne (W. A.)**, CO-Hydrier. 1181* A. — Behandeln schwerer KW-stoffe mit H 11093* A.
—, **Neely (R. J.), Township (H.)** u. **Gilmartin (R. P.)**, Stabilisier. v. Heizöl 6894* A.
— u. **Offutt (W. C.)**, Alkylier. v. Phenolen u. bereits alkylierten Phenolen 8498* A.
—, **Patnode (H. W.)** u. **Wyllie (R. J.)**, Elektroden zum Messen d. Kationkonz. in Elektrolyten 2503* A.
— u. **Rocchini (A. G.)**, Korrosionsschutz in Mineralölen 3773* A.
— u. **Stevens (D. R.)**, Stabilisieren v. Mineralschmierölen 3774* Can. — Substituierte oxyaromat. Verbb. 7554* A.
—, **Whitaker (A. C.)** u. **Weinrich (W. W.)**, 4.6-Di-tert.-butyl-2-methylcyclohexanol 8265* A.
Guli (M. F.), Dwornikowa (P. D.), Kolomitschenko (M. A.) u. **Popadjuk (O. J.)**, Fraktionier. u. Kristallisat. W.-lösl. Muskelproteine 10784.
Gulick (N. M. van) s. Brown (R. F.).
Gulida (L. S.) s. Lifschitz (I. M.).
— u. **Lifschitz (I. M.)**, Entw. v. Keimen lokaler Schmelzen 2143.
Gulinowa (L. G.) s. Budnikow (P. P.).
Guljajew (A. P.) s. Alfimow (A. N.).
— u. **Salkin (W. M.)**, Einfl. d. Erhitzungsgeschwindigk. auf d. Lage d. Temperaturintervalls d. Umwandl. v. Perlit in Austenit 3087. — Analyse d. therm. Kurven bei schneller Erhitz. v. Stahl 3087.
— u. **Selbet (M. P.)**, Metallograph. Unters. d. Anlassens v. gehärtetem hochkohlenstoffhalt. Stahl 5639.
— u. **Tschaadajewa (M. S.)**, Stabilisier. v. Restaustenit bei einer Behandl. v. Stahl in d. Kälte 9180.
Guljajewa (L. A.), Geochem. Kennzahlen d. oxydierend-reduzierenden Verhältnisse d. Sedimentbldg. bei terrigenen Meeresablagerr. 9522.
Gulko (L. J.) s. Dawidow (R.).
Gulko (N. W.) s. Bereshnoi (A. S.); Dolkart (F. S.).
Gullberg (J. E.) s. Langlois (G. E.).
Gullekson (E. E.) s. O'Donnel (R. J.).
Guller (V.) s. Hillman (P.).
Gullino (P.), Veränder. d. Aktivität v. Enzymen in Lymphknoten bei entzündl. Prozessen 3886.
Gulmanelli (P.) s. Caldirola (P.).
Gumanow (L. L.) s. Schemjakin (F. M.).
Gumenski (B. M.), Wasserabgabe v. Tonen verschied. mineralog. Zus. im elektr. Feld 10700.
Gumlich (W.) s. Chemische Werke Hüls.
Gump (J. R.), Wagner (W. F.) u. **Schreyer (J. M.)**, Darst. u. Analyse v. Bariumferrat(VI) 8810.

Gump (W. S.) s. G i v a u d a n C o r p.
Gumprecht (R. O.) s. B o l l (R. H.).
Gumz (W.), Vergas. fester Brennstoffe. Stoffbilanz u. Gleichgewicht. Darst. prakt. Berechnungsverff. [8298].
— u. **Regul (R.)**, Kohle. Entsteh., Eigg., Gewinn. u. Verwend. [4981].
Gunar (W. I.) s. M a m a j e w (W. P.).
Gunche (F. F.), Castillo (M.) u. **Lapilover (S.)**, Wasser d. Kraterlagune d. Vulkans u. Schlamm d. Thermen v. Copahué bei d. Behandl. d. Psoriasis 11620.
Gund (F.) s. F a r b e n f a b r i k e n B a y e r A k t. - G e s.
Gund (K.), Bau u. Anwendungsmöglichkk. v. Betatrongeräten. Leichtbewegl. *15* MeV-Betatron 5238.
Gundavda (S. P.), Einfl. v. Hitze auf Fasern. Synthet. Fasern u. ihre Besonderhh. 3520.
Gundelfinger (A. M.) s. C i n e c o l o r C o r p.
Gunder (O. A.) s. U r a s o w s k i (S. S.).
Gundermann (E.) s. P a r a t e c t - G e s e l l s c h a f t M a r t i n & D r. K r o p f h a m m e r.
Gundermann (K.-D.), Umlagerr. einiger β-Chlorthioäther bei Substitut. d. Cl-Atoms 341.
Gundersen (K.), Chlorophyll in jungen Trieben d. europ. Buche (Fagus sylvatica) im Winter 4381.
Gunderson (H.) s. W a l k d e n (H. H.).
Gunderson (L. O.) s. D e a r b o r n C h e m i c a l C o.
Gundlach (K.) s. Z e i s s (C.).
Gunina (A. I.) u. **Tichonrawow (W. A.)**, H_2S-Geh. im menschl. Blut während d. Behandl. mit H_2S-Bädern 147.
Gunn (A.), Feuerfeste Stoffe für d. Gießerei 2990.
Gunn (E. L.), Best. v. Additivelementen in Schmierölen durch emissionsspektrograph. Methoden 11129. — s. K a r c h m e r (J. H.).
Gunn (J.) s. C a s e y (A. E.).
Gunn (J. A.) u. **Cooke (A. M.)**, Pilocarpin als ein Antagonist bei unerwünschten Nebenwrkgg. v. ganglionblockierendem Mittel in d. Behandl. d. Hypertens. 9613.
Gunn (J. B.), Theorie d. Gleichricht. u. Injekt. an einem Metall-Halbleiter-Kontakt 3800. — Mess. d. Oberflächeneigg. v. Ge 5246. — Widerstand v. Ge-Kontakten 11506.
Gunnersen (E. M.), Streuung schneller Elektronen u. Positronen an schweren Elementen 4509.
Gunnert (R.), Messung v. elast. u. plast. Formveränderungen u. v. Schweißspannungen 7306. — Tiefschweißung, ein neues Verf. d. Autogenschweißung 9430.
Gunness (R. C.), Verf. d. „fluidized solids" in d. Erdölindustrie 963.
Gunning (H. E.) s. B e c k (P. W.); M c D o n a l d (C. C.).
Gunnison (J. B.) s. C o l e m a n (V. R.); J a w e t z (E.); M i l e s (C. P.).
Gunsalus (C. F.) s. G u n s a l u s (I. C.); S t a n i e r (R. Y.).
Gunsalus (I. C.) s. H a g e r (L. P.); M o s s (R. D. D e); S m i t h (R o b e r t s A.); S t a n i e r (R. Y.).
— u. **Gibbs (M.)**, Heteromilchsäuregär. 2. Mitt. Stell. v. ^{14}C in d. Prodd. d. Glucosedissimilat. durch Leuconostoc mesenteroides 10540.
—, **Gunsalus (C. F.)** u. **Stanier (R. Y.)**, Enzymat. Umwandl. v. Mandelsäure zu Benzoesäure. 1. Mitt. Hauptfraktionier. d. Syst. in lösl. u. feste Bestandteile 6051.
Gunst (H. J.), Tobkes (M.) u. **Becker (E. I.)**, Kondensat. v. acycl. Aldehyden mit p-Nitrophenylessigsäure. 3. Mitt. Crotonaldehyd, Methacrylaldehyd u. Tiglinaldehyd 9781.
Gunst (J. C.) u. **Wijffels (J. C. H. M.)**, Vergiftt. beim Gebrauch organ. Phosphorsäureverbb. (Spritzmittel) 7495.
Gunst (R.) s. C i b a A k t. - G e s.
Gunstone (F. D.), Fettsäuren. 2. Mitt. Natur d. Oxysäuren im Samenöl v. Vernonia anthelmintica (Willd.) 10484. — s. C a l d e r w o o d (R. C.).
Gunten (H. R. v.) s. B e g e m a n n (F.).
Gunthardt (H.) s. A s h w o r t h (U. S.).
Gunther (E. P.) s. M a t t (J.).
Gunther (F. A.) u. **Blinn (R. C.)**, Verf. zur serienmäß. Best. v. Parathionrückständen 11081. — Rückstände v. Schädlingsbekämpfungsmitteln. Grundsätzliches zu ihrer quantitativen Best. 11081.
—, **Blinn (R. C.), Carman (G. E.)** u. **Metcalf (R. L.)**, Mechanismen d. insekticiden Wrkg. Theorie d. strukturellen Topographie u. DDT-ähnl. Verbb. 5880.
Gunther (J. K.) s. S o y a D e r i v a t i v e s, I n c.
Gunther (R. C.) s. G e n e r a l A n i l i n e & F i l m C o r p.
Gunther-Mohr (G. R.) s. G e s c h w i n d (S.).
—, **Townes (C. H.)** u. **Vleck (J. H. Van)**, Hyperfeinstruktur im Spektr. v. $^{14}NH_3$. 2. Mitt. Theoret. Diskuss. 4276.
—, **White (R. L.), Schawlow (A. L.), Good (W. E.)** u. **Coles (D. K.)**, Hyperfeinstruktur im Spektr. v. $^{14}NH_3$. 1. Mitt. Experimentelle Ergebnisse 4276.
Gunton (R. C.), Ollom (J. F.) u. **Rexroad (H. N.)**, Mikrowellenspektr. u. Mol.-Struktur v. $(CH_3)_3SiF$ 10706.
Gunz (J.) s. I n f i l c o, I n c.
Gunzert (K. T.) s. K n o l l A k t. - G e s. C h e m i s c h e F a b r i k e n.
Gupta (A. R.) s. M i t r a (R. P.).
Gupta (G. N.) s. D h i n g r a (S. N.).
Gupta (G. P. S.) = S e n G u p t a (G. P.).
Gupta (I. S.) s. K h o s l a (M. C.).
Gupta (J. C. S.) = S e n G u p t a (J. C.).
Gupta (K. C.) s. V i s w a n a t h a n (R.).
— u. **Viswanathan (R.)**, In vitro-Unters. gegen Tuberkeln wirksamer Substanzen v. Alliumarten. *1.* Teil. Allium schoenoprasum. *2.* Teil. Allium cepa 8414. — Kombinierte Wrkg. v. Streptomycin u. Chloramphenicol mit Pflanzenantibioticis gegenüber Tuberkelbacillen. *1.* Teil. Streptomycin mit Cepharanthin. *2.* Teil. Streptomycin u. Allicin 8414. — Gegen Tuberkeln wirksame Substanz aus Ocimum sanctum 8414.
Gupta (M. L. S.) = S e n G u p t a (M. L.).
Gupta (M. P.), Magnet. Hauptsusceptibilitäten d. Maleinsäuremol., HOOC·HC:CH·COOH 4791.
Gupta (N. N.), Opt. Grundlagen d. Kleinwinkelstreuung v. Röntgenstrahlen 5256.
Gupta (P. K.) u. **Choudhury (P. K.)**, Cellulosenitrat. 1. Mitt. Herst. v. Cellulosenitrat aus ind. Baumwolle u. Unters. ihres Polymerisationsgrades, N-Geh. u. ihrer Löslichk. 8642.
Gupta (S. C.), Gupta (S. S.) u. **Aggarwal (J. S.)**, Konstituierende Säuren v. Kamalaöl (Mallotus philippinensis, muell. arg.) 3029.
Gupta (S. K.) s. C h a u d h u r i (R. N.).

Gupta (S. N.), Elektromagnet. Wechselwrkg. v. Teilchen mit d. Spin 3/2 6204. — Stückelbergs Behandl. d. vektoriellen Mesonenfelds 6446. — Gravitat. u. Elektromagnetismus 9948. — Fierz-Pauli-Theorie d. Teilchen mit d. Spin 3/2 10182. — Multiple Photonenerzeug. bei d. Elektron-Positron-Vernicht. 10184.

Gupta (S. S.) s. Gupta (S. C.).

Gurd (F. R. N.) s. Oncley (J. L.).

Gurejew (A. A.) u. **Ssablina (S. A.)**, Geh. an Holzteerantioxydantien in Benzinen mit Hilfe eines photoelektr. Colorimeters 11128.

Gurewitsch (A. M.) u. **Westendorp (W. F.)**, Ionenpumpe 10194.

Gurewitsch (D. B.) s. Pentin (J. A.).

Gurewitsch (G. L.) s. Ssamarin (I. J.).

Gurewitsch (J. M.), Klassifikat. d. Pigmente nach ihrem Verh. in Suspenss. 7561.

Gurewitsch (M. A.), **Palejew (I. I.)** u. **Timoschin (J. A.)**, Prozeß d. Ausbrennens brennbarer Zusätze aus porösem Material 4186.

Gurewitsch (S. M.), Wrkg. chlorhalt. Düngemittel auf Schwarzerde 8240.

— u. **Rossoschinski (A. A.)**, Methodik d. Sichtbarmachung d. Austenitkornes in d. Nahtzone v. mittelgekohlten u. legierten Stählen 5884.

Gurin (J.), Elektrobogenschweißung v. Al 206.

Gurinow (B. P.), **Sore (W. A.)**, **Iljina (A. A.)** u. **Schabad (L. M.)**, Geh. an polycycl. aromat. KW-stoffen in d. Verunreinigg. d. atmosphär. Luft u. in d. Rauchgasen 7748.

Gurjanowa (J. N.), Kinetik d. Austausch-Rk. d. S zwischen 2-Mercaptobenzthiazol u. elementarem S 6718.

—, **Janowskaja (L. A.)** u. **Terentjew (A. P.)**, Dipolmomente v. Pyrrolderivv. 8112.

Gurland (J.) u. **Norton (J. T.)**, Rolle d. Hilfsmetalls in gesinterten Wolframcarbid-Kobaltlegierr. 204.

Gurmasa (A. M.), Einfl. d. Bodentemp. auf d. Geh. an Vitamin C in d. Kartoffelknollen 4381.

Gurnick (R. S.) s. Thompson Products, Inc.

Gurowitsch (J. I.), Einw. v. geschmolzenem Lithium-, Natrium- u. Kaliumchlorid auf Ni, Cu u. einige Stähle 2764.

Gurry (R. W.), Zus. inerter Atmosphären für erhitzten Kohlenstoffstahl 6118.

Gursky (H.) s. Arnold (W. H.).

Gurwitsch (L. W.) s. Frosst (A. W.).

Gusman (S.), Prüfverf. zur Wertbest. v. organ. Überzügen 5192.

Gusmer (F. E.), Trifluorchloräthylen-Polymerisat-Dispersionsfilme auf Metall 10633.

Guss (C. O.) u. **Rosenthal (R.)**, Bromhydrine aus Olefinen u. N-Bromsuccinimid in W. 8591.

Guss (D.), **Killion (L.)** u. **Porter (F. T.)**, β-Spektren v. ^{186}Re u. ^{188}Re 2126.

Gussakowa (G. S.) u. **Preobrashenski (N. A.)**, Synthet. Unterss. auf dem Yohimbingebiet 11582.

Gussakowa (M. W.) s. Bardyschew (I. I.).

Gusseinow (G. A.), Behandl. d. Ascaridiasis mit O_2 5593. — Wirksamk. d. Behandl. v. Ascaridose mit Santonin aus Artemisia transiliensis 7494.

Gussenhoven (G. A.), Behandl. d. Lepra mit Isonicotinsäurehydrazid 865.

Gussew (A. A.), Quantentheorie d. Magnetostrikt. ferromagnet. Einkristalle 9963.

Gussew (B. A.), Konservier. v. Fleisch mit Molke 10157.

Gussew (W. I.) u. **Tschistoswonow (D. B.)**, Bldg. v. W. bei d. Synth. d. Methanols aus CO u. H_2 9536.

Gussewa (A. R.), Abtrenn. v. Chlorogensäure aus d. Blättern d. Eukommia u. ihre Best. 10781.

— u. **Borichina (M. G.)**, Ansamml. v. Guttapercha u. Harzen in d. Blättern d. Eukommia im Verlaufe d. Vegetat. 1626. — Geh. an Guttapercha u. Carotinoiden in d. Blättern d. Eucommia im Zusammenhang mit ihrer Herbstfärb. 8184.

— u. **Nesstjuk (M. N.)**, Methodik d. Best. v. Flavonen in Pflanzen 428.

Gussewa (J. N.), Wrkg. d. Analgetica u. a. Stoffe bei experimentellen Verbrennungen 5592.

Gussewa (O. W.) s. Djakonow (I. A.).

Gussewa (W. S.) s. Ssergejewa-Alajewa (W. N.).

Gussjakow (W. P.) s. Jurshenko (A. I.).

— u. **Jurshenko (A. I.)**, Unters. d. Dispersität v. synthet. Latex in Monomeren 8514.

Gussmann (R.) s. Müller (Walter).

Gußstahlwerk Bochumer Verein Akt.-Ges., Hochwert. Stahl durch Feinen bzw. Desoxydieren mittels Schlacken 7074* F.

— u. **Ammareller (S.)**, Einwandfreie Walzerzeugnisse aus gegossenen Stahlsträngen 9665* D. B.

— u. **Bochumer Verein für Gußstahlfabrikation Akt.-Ges.**, Verbesser. d. Schmiedbark. v. Gußblöcken aus legierten Stählen oder aus Schwermetallegierr. 3724* F. — Hochwert., legierte u. unlegierte Stähle 7074* F.

Gußstahlwerk Witten Akt.-Ges., Hohlbohrgestänge 1601* Schwz. — Gegenstände aus Stahl mit hoher Schlagfestigk., einer Zerreißfestigk. v. über 120 kg/mm² u. großer Zähigk. 11461* F.

— u. **Dammer (A.)**, Ermittlung d. Versprödungsneigung v. Konstruktionsstählen bei tiefen Tempp. 9185* D. B.

—, **Dammer (A.)** u. **Theis (E.)**, Stahllegier. für Pilgerdorne mit hoher Lebensdauer u. Durchmessern v. etwa *50—200* mm 2528* D. B. — Stahl u. Wärmebehandl. v. Nadelbetten für Textilmaschinen 11283* D. B.

—, **Schröder (Hans)**, **Hülsbruch (W.)** u. **Theis (E.)**, Erhöh. d. Widerstandsfestigk. v. kaltverformten Stahlstäben gegen Biegebeanspruch. 10619* D. B.

Gustafson (F. G.), Riboflavin-, Thiamin-, Niacin- u. Ascorbinsäuregeh. v. Pflanzen Nordalaskas 5101. — Synth. v. B-Vitaminen durch abgeschnittene Teile v. Sämlingen d. Weißlupine, d. in sterilen Kulturen gewachsen waren 6545.

Gustafson (G. E.) u. **Koletsky (S.)**, Einfl. d. Dosis eines Antibioticums auf d. Letalität nach Röntgentotalbestrahl. 10310.

Gustafsson (Å.) s. Ehrenberg (L.).

Gustafsson (C.), Harzschwierigkk., verursacht durch Sulfitzellstoff 3278. — s. Nordman (L.); Saarnio (J.).

— u. **Gadd (G. O.)**, Formalin zur Verhüt. v. Fäulnis u. Schimmel in feuchtem Stoff 9222.

—, **Tammela (V.)** u. **Kahila (S.)**, Harzschwierigkeiten bei Bisulfitpapierzellstoff 10887.

—, **Tammela (V.)** u. **Lindh (T.)**, Harzschwierigkeiten durch Sulfitzellstoff. 2. Mitt. 9221.

Gustafsson (K.) s. Hultin (T.).

Gustavson (E. G.) s. Quaker Oats Co.
Gustavson (K. H.), Hydrotherm. Stabilität u. intermol. Struktur v. Kollagenen v. Säugetier- u. Teleostierhäuten. Oxyprolingeh. u. Maß d. Zwischenkettenbind. 2004. — Wechselwrkg. zwischen vegetabil. Gerbstoffen u. Polyamiden als Beweis für d. maßgebl. Funkt. d. Peptidbind. d. Kollagens bei d. Bind. v. Gerbstoffen 2115. — Physikal.-chem. Studien an extrem bas. $CrCl_3$-Lsgg. 10899.
Gustin (D. S.) s. Westinghouse Electric Corp.
Gustin (J. P.), Elektrolyt. Verzinnung 6611. — s. Hoare (W. E.).
Gustin-Bacon Mfg. Co. u. **Moore (L. D.),** Glas zur Herst. v. Fasern 11125* A.
Gustus (E. L.) s. Neuhauser (I.).
Gut (M.), 3α-Chlor-B-norkoprostan-6-on 6292. — Synth. v. radioakt. Progesteron 7183. — s. Rosenkrantz (H.).
Gutbier (H.), Massenspektrometr. Unterss. v. CH_2Br_2, CH_2Cl_2, CH_3Br u. CH_3Cl 4069.
— u. **Neuert (H.),** Negative Ionen bei Dissoziat. v. HCl u. HBr durch Elektronenstoß 4278.
Gutcho (S.) s. Schwarz Laboratories, Inc.
Gutehoffnungshütte Oberhausen Akt.-Ges., Umhüllte Schweißelektrode für Lichtbogenschweißung 5892* F.
— u. **Zechetmayr (O.),** Katalyt. Dehydrier. u. Aromatisier. v. Paraffin-KW-stoffen 454* D. B. — Vergasen schwachbackender Brennstoffe 965* D. B.
Guter (G. A.) s. Gilman (H.).
Guterman (H. S.) s. Roen (L. P.).
Guterman (M. S.) s. Stromberg (A. G.).
Gutfeld (W.) s. Russo (B.).
Gutfreund (H.) u. **Sturtevant (J. M.),** Reversible Rk. v. Rinderserumalbumin 8174.
Gutgesell (O.), Kochsalzfreies oder kochsalzarmes Brot? 5922.
Guth (E.) s. James (H. M.).
Guth (E. D.) s. Ferguson (R. E.).
— u. **Eyring (LeR.),** Terbiumoxyde. 1. Mitt. Messungen d. Dissoziationsdruckes: Röntgenstrahlungsunters. u. differentielle therm. Analyse 7394.
—, **Holden (J. R.), Baenziger (N. C.)** u. **Eyring (LeR.),** Praseodymoxyde. 2. Mitt. Röntgenstrahlenunters. u. differentielle therm. Analyse 7394.
Guth (E. P.) s. Mack (W. L.).
Guthmann (K.), Rauchgasentstaub. bei d. Verfeuer. ballastreicher Kohle 3934. — Temp.-Mess. bei Hochtemperaturöfen 5865.
— u. **Hoffmann (Erich),** Internationale Unterss. über d. Strahl. leuchtender Flammen 4768.
Guthneck (B. T.) s. Schweigert (B. S.).
Guthre (E. A.) s. Lowinger (V. A.).
Guthrie (D. B.) s. Monsanto Chemical Co.
Guthrie (J. D.) s. Drake jr. (G. L.); United States of America; Wilson.
Guthrie (L. M.) s. Germann (F. E. E.).
Gutiérrez (J. P.) = Pérez Gutiérrez (J.).
Gutierrez-Mahoney (C. G. de) s. Chusid (J. G.).
Gutina (M. A.), Rk. d. Gefäße d. Kaninchenohres auf Nicotinsäure beim „Schmerz"-Spasmus 8661.
Gutkin (N. G.), Jewstropjew (K. S.) u. **Kusnetzow (A. J.),** Oberflächenleitfähigk. v. Gläsern in feuchter Atmosphäre 4042.
Gutman (A. B.) s. Yu (T. F.).
Gutman (B. B.), Wasserfestes Papier 10409.
Gutman (K. M.) s. Fridrichsberg (D. A.).
Gutman (L. M.) u. **Belfor (M. G.),** Automat. Schweißen v. Schutzrohren mit Flußmitteln 5885.
Gutmann (F.) s. Breyer (B.).
— u. **Simmons (L. M.),** Wechselüberspannungen 6922. — Temperaturabhängigkeit d. Viscosität v. Fll. 10450.
Gutmann (H.) s. Schenk (H. R.).
Gutmann (N.), Felton (S.) u. **Huennekens (F. M.),** Wrkg. v. Isonicotinsäurehydraziden auf Enzymsysteme 4850.
Gutmann (V.), JCl als ionisierendes Lösungsm. 535. — Solvosyst. Sulfurylchlorid. 1. Mitt. Elektrolytlsgg. 2135; 2. Mitt. Ionen-Rkk. unter Bldg. v. Chlorkomplexen 2135. — Unterss. in $AsCl_3$. 3. Mitt. Dissoziationskonstante v. Elektrolyten in wasserfreiem $AsCl_3$ 3802. — Solvosyst. Phosphoroxydchlorid. 4. Mitt. Solvosäuren, Solvobasen u. Solvosalze, Solvoneutralisatt. u. Fällungs-Rkk. in wasserfreiem Phosphoroxychlorid 7165.
— u. **Lindqvist (I.),** Ionotropie als Fundamental-Rk. bei Säure-Basen-Vorgängen 7617.
Gutmann (W. R.) s. Fleming (H. W.).
Gutner (I. I.), Melaninablager. in d. Nervenzellen d. Gehirns bei Hunden 3904.
Gutner (L. B.), Gould (W. J.) u. **Batterman (R. C.),** Wrkgg. starker Analgetica auf d. Vestibularisfunkt. 402.
Gutnikowa (S. I.) s. Gruschwitzki (I. W.).
Gutowsky (H. S.) s. Bersohn (R.); Bloom (M.); Meyer (L. H.); Powles (J. G.); Williams (G. A.).
— u. **Frank (P. J.),** Spinresonanz d. Elektronen in Metallen bei tiefen Tempp. 3065.
—, **Pake (G. E.)** u. **Bersohn (R.),** Strukturunterss. mittels Kernmagnetismus. 3. Mitt. Ammoniumhalogenide 5485.
— u. **Saika (Y.),** Dissoziat., chem. Austausch u. d. magnet. Protonenresonanz in wss. Elektrolyten 747.
— u. **Stejskal (E. O.),** Infrarotspektr. d. Disilans 6214.
Gutsche (C. D.) u. **Fleming (F. A.),** Synth. d. Colchicins. Synth. d. 4b.5.6.7.8.8a.9.10-Oktahydro-2.3.4-trimethoxy-10-ketophenanthrens u. seiner B-Ring- u. C-Ring-Homologen 8867.
— u. **Johnson (H. E.),** Ringvergrößerungen. 2. Mitt. Verss. zur Ringvergrößer. v. Cyclohexanon mit N-Nitroso-N-[2.3.4-trimethoxybenzyl]-carbaminsäureäthylester 4571.
— u. **Seligman (K. L.),** Colchicinsynth.: Synth. d. B-Ringes 11381.
Gutschmidt (J.), Qualitätssortier. v. Erbsen mit Hilfe v. Separatoren (Salzgrädern) 950. — Best. d. Reifegrades grüner Erbsen mit Hilfe d. Texturemeters. 3. Mitt. Vergleichende Reifegradbestimmungen 3026.
— u. **Hesse (S.),** Eign. deutscher Buschbohnensorten zur Konservenherst. 2. Mitt. Eign. zum Gefrieren 9466.
Guttenberg (H. v.), Wachstum u. Beweg. 384. — Lehrbuch d. allg. Botanik [10062].
— u. **Meinl (G.),** Veränder. d. Wasserpermeabilität v. Kartoffelknollen während d. Lagerzeit u. durch Cumarin 6545.
Guttikar (M. N.) s. Sohonie (K.).
Guttman (L.) u. **Arnold (J. R.),** Nichtbeteilig. v. ^{3}He an d. Superfluidität v. ^{4}He 5251.

Gutzaljuk (T. G.) s. Gorjajew (M. I.).
Gutzaljuk (W. G.), Epelbaum (C. I.) u. **Rafikow (S. R.)**, Viscosität paraffinhalt. Erdöle bei niedr. Tempp. 7119.
Gutzeit (C. L.) s. Socony-Vacuum Oil Co., Inc.
Gutzwiller (E.) s. Sandoz Akt.-Ges.
Guy (E. J.) s. Gordon (Arthur L.).
Guy (H. G.), Mit Glasfaser verstärktes Polystyrol 3017.
Guy (J.) s. Tillieu (J.).
— u. **Harrand (M.)**, Definit. d. additiven, monoelektron. Polarisierbarkk. in d. Theorie d. Mol.-Zustände 2154. — Allgemeine Gleichungen zur Berechn. d. mol. Polarisierbark. 2154.
Guy (J. J.) s. National Enamels Ltd.
Guy (W. B.), Dermatolog. Probleme in d. Eisenbahnindustrie durch d. Umstell. auf Dieselantrieb 3454.
Guye (F.), Einfl. d. P auf d. Portlandzement 4432.
Guyer (A.), Graf (E.) u. **Guyer jr. (A.)**, Unterss. an Schütt- u. Wirbelschichten 8463.
—, **Guyer jr. (A.)** u. **Johnsen (B. K.)**, Einfl. v. Salzzusätzen auf d. Dampf–Fl.-Gleichgewicht wss. Ameisensäure 9287.
—, **Guyer (P.)** u. **Frank (H.)** [Zürich], Zündgrenzen v. Benzoldampf/Luft-Gemischen unter erhöhtem Druck 8345.
Guyer jr. (A.) s. Guyer (A.).
Guyer (E. M.) s. Corning Glass Works.
Guyer (G.) s. King (H.).
Guyer (J. W.) s. Union Carbide & Carbon Corp.
Guyer (P.) s. Guyer (A.).
Guyol (J. T.) s. Insinger (T. H.).
Guyot s. Véran (P.).
Guyot (F.), Anwend. d. Oxyarc-Verf. zum Auskreuzen d. Wurzeln v. Stumpfschweißungen 4445.
Guyot (L.) s. Becker (Y.).
Guyton (A. C.), Gillespie jr. (W. M.) u. **Armstrong (G. G.)**, Kontinuierl. Aufzeichn. d. zirkulierenden Haemoglobins 2499.
Guzmán (G. M.), Statistik d. Verteil. d. Molekülgröße beim Polymethylacrylat 4607. — s. Infiesta (J.).
Guzmán (M.) s. Squibb (R. L.).
Guzmán (R.) s. Gómez Herrera (C.).
Guzman Barron (E. S.) s. Bacila (M.); Ghiretti (F.); Rothschild (H. A.).
— u. **Ghiretti (F.)**, Mechanismus d. Acetatoxydat. 7698.
—, **Johnson (Phyllis)** u. **Cobure (A.)**, Wrkg. v. Röntgenbestrahl. auf d. Absorptionsspektr. v. Purinen u. Pyrimidinen 9999.
Guzzetta (G.), Mit gespritztem „Fertene" überzogene Metallflächen 3496.
Guzzon (V.) u. **Ercoli (N.)**, Lokale Wrkg. einiger Antibioticis u. Spezifität d. Wrkg. 2245.
Gvozdanovic (E.), Dalmatin. Rosmarinöl 3987.
Gwelessiani (K. I.), Vollständ. Verarbeiten d. Abgänge bei d. Weinbereit. 7803.
Gwerdziteli (I. M.) u. **Mikadse (S. G.)**, Anlager. v. H an Acetylenderivv., Unters. d. Hydrierungsgeschwindigk. v. Butindiol-(1.4) u. seines Acetats 11365.
Gwilt (J. R.), Volumetr. Best. v. Sulfaten 4419. — s. Davey (W.).
Gwin (B. A.) s. Delwiche (E. A.).
Gwinn (A. G.) s. Peterson (C. E.).
Gwinn (W. D.) s. Bohn (C. R.); Rathjens jr. (G. W.); Tannenbaum (E.).
Gwosdewa (L. N.) s. Chrisstoforow (B. S.).
Gyani (B. P.), Sorpt. v. W. u. Toluoldämpfen an Bentonit. Hysterese u. Wärme- u. Entropieänderr. 6226.
Gyarfas (E. C.) s. Brandt (W. W.); Dwyer (F. P.).
Gyenes (I.), Glucoalkaloide mit Sterangerüst. 1. Mitt. Best. v. Tomatin u. Tomatidin mit *0,005* n p-Toluolsulfonsäure. Wertbest. v. tomatinhalt. Drogen 410. — Best. v. Tomatin mit *0,005* n p-Toluolsulfonsäure 1328. — Best. v. 3.5-Dioxo-1.2-diphenyl-4-n-butylpyrazolidin 10807. — Kontrolle d. Trimethylamingeh. v. Cholinchlorid 10807.
Gyenes (M.), Spannungskorrosionsprüf. v. Al-Legierr. 680.
Gyermek (L.), Quart. Benzoyltropin- u. Benzoylpseudotropinderivv. mit anticholinerg. u. lokalanästhet. Eigg. 10560.
Gyllenberg (H. H. G.), Einfl. v. Phosphaten auf d. Änder. d. Elektrodenpotentiale in fl. Medien für Bakterien 2699.
Gyllensten (L.) u. **Ringertz (N. R.)**, Aufnahme v. ^{32}P in thyroidem u. lymphat. Gewebe v. Meerschweinchen nach subtotaler Thymektomie 5355.
György (L.) u. **Pórszász (J.)**, Adrenolyt. Wrkg. d. Parasympathicolytica 5362.
György (P.), Gesichtspunkte d. Proteinernähr. 2711. — Erfahrr. mit Riboflavin. Rückblick 4390. — Ernährungsfaktoren u. hepat. Störungen 9127. — s. American Home Products Corp.; Forbes (M.); Gauhe (A.).
—, **Hoover (J. R. E.), Kuhn (R.)** u. **Rose (C. S.)**, Bifidusfaktor. 3. Mitt. Geschwindigk. d. Dialyse 131.
—, **Kuhn (R.), Rose (C. S.)** u. **Zilliken (F.)**, Bifidusfaktor. 2. Mitt. Sein Vork. in Milch verschied. Arten u. in anderen Naturprodd. 131.
—, **Norris (R. F.)** u. **Rose (C. S.)**, Bifidusfaktor. 1. Mitt. Eine einen speziellen Wachstumsfaktor erfordernde Variante v. Lactobacillus bifidus 130.
Görki (J.), Staubbind. im Kohlenbergbau 8699. — Theorie d. Hydrocyclons u. d. Anwend. dessen in d. Praxis 11063.
Gyorgy (E. M.) u. **Harvey (G. G.)**, Spektroskopie d. festen Zustandes: Übergangselemente 10192.
Gyproc Products Ltd., Cavadino (C. G. F.) u. **Strable (F. E.)**, Feuchtigkeitsfestmachen v. Bauplatten 8472* F.
Gyro Process Co. u. **Holland (W. W.)**, Umwandl. höhersd. KW-stoffe 4976* A. — Verhinder. d. Gasentw. bei d. Dampfphasenspalt. v. KW-stoffen 6661* A. — Dampfphasenumwandl. v. KW-stoffen bei konstanten Tempp. 6661* A.
Gysin (H.), Insekticide 11277. — s. Geigy (J. R.) Akt.-Ges.; Hagenbach (R. E.).
Gysin (M.), Vinoflex MP *400* 5433.
Gzemski (F. C.) s. Atlantic Refining Co.

Haack (E.) s. Carstens (E.); Chemische Fabrik von Heyden Akt.-Ges.; Goldhahn (H.); Heerdt (R.); Höhn (H.); VEB Chemische Fabrik von Heyden.
—, **Stoeck (G.)** u. **Voigt (H.)**, 17-Methylöstradiol, ein oral hochwirksames Östrogen 9828.
Haack (J. E.), Abwasserreinig. für gewerbl. Verwert. 7520.

Haack (K.) s. F u c h s (H. K.).
Haack-Zimmermann, F-Geh. d. Trinkwassers im Rhein.-Westfäl. Industrieraum 4181.
Haacke (H.) u. **Hartmann (J.),** Refraktometer für hohe Brechungsindices 6578.
Haaf (F. E. L. Ten) s. N u s s b a u m (R. H.).
Haaf (O. E.) s. V o l l m e r (H.).
Haag s. K ö s s l i n g e r (K.).
Haag (H. B.) s. K a m p m e i e r (C.).
Haag (I. L.) s. D u P o n t d e N e m o u r s (E. I.) & C o.
Haag (J.) s. H a a g (M. A.).
Haag (L.), Platten für Offsetdruck 1410* F.
Haag (M. A.) u. **Haag (J.),** Umwandl. natürl. Phosphate in citronensäurelösl. Düngephosphate 4195* D. B.
Haag (W.) s. C h e m i s c h e W e r k e H ü l s.
Haagen (K.) s. F a r b e n f a b r i k e n B a y e r A k t. - G e s.
Haagsma (N.) s. G e r r e t s e n (F. C.).
Haahti (E.) s. N i k k i l ä (E. A.).
Haaker (L. W.) s. P a i n e (S. H.).
Haan (E. F. De), Sizoo (G. J.) u. **Kramer (P.),** β-γ-Koinzidenzen im UX-Spektr. 2595.
Haan (H. R. M. de) u. **Handowsky (H.),** Pharmacotherapie [5845].
Haan (I. de), Reifungsprozeß u. Entw. d. Wolligk. v. Pfirsichen 10645.
Haar (D. Ter), Atomist. Theorie v. fl. He 2137. — Gesetz d. übereinstimmenden Zustände 3075. — Phänomenolog. Theorie d. viscoselast. Verh. 3. Mitt. 8323. — s. D e m p s e y (E.); N e a v e s (A.); R o s s (A. W.).
Haar (H.) s. P e a r s o n (S.).
—, Pearson (S.) u. **McGavack (T. H.),** Quantitative Umkehr d. mittels Desoxycorticosteronacetat ausgelösten Antidiurese durch Cholintheophyllinat 1323.
Haar (L.) s. F r i e d m a n (A. S.).
— u. Friedman (A. S.), Allg. Meth. zur maschinellen Schnellberechn. d. therm. Eigg. idealer Gase. Zweiatomige freie Radikale isotoper Hydride 2368.
Haarbrücker (T.) s. H o f m e i s t e r (H.).
Haarer (E.) s. B a d i s c h e A n i l i n - & S o d a - F a b r i k A k t. - G e s.
Haarmann (R.), Bedeut. u. Anwend. d. Feuerverzink. 6125.
Haarmann & Reimer chemische Fabrik zu Holzminden G. m. b. H. u. **Schuler (Wilhelm)** [Hamburg], Piperidinabkömmlinge 1329* D. B. — Tert. Amine 4647* A.
Haas (A. R. C.), Mo-Mangelsymptome in Blättern bei Orangenkulturen 11276.
— u. Brusca (J. N.), Mit 2.4-D behandelte Avocadopflanzen 3944. — Biuret, eine tox. N-Form 5102. — Einfl. v. 2.4-D auf Citrussämlinge 5632. — Na-Einfl. auf Citrussämlinge 7530. — Behandl. v. Citrussamen mit 2.4-D 8008. — Na zu Citrussämlingen 10607.
Haas (E.), Lamfrom (H.) u. **Goldblatt (H.),** Extrakt. u. teilweise Reinig. v. Renin 4626.
Haas (E. C.) s. R e i s m a n (A.).
Haas (F.), Kontinuierl. Kunstharzausrüst. in d. Gewebeveredlung 3280.
Haas (F. L.), Wyss (Orville), Berger (Heinz) u. **Stone (W. S.),** Herbeiführ. v. antibioticaresistenten Mutationen bei Bakterien 11602.
Haas (G. A.) u. **Coomes (E. A.),** Effekt bei d. period. Schottky-Abweichungen, ausgehend v. einer auf reinem Mo niedergeschlagenen SrO-Schicht 2835. — Temperaturabhängigk. d. period. Abweichungen v. d. Schottky-Geraden 7842.
Haas (H.), Begleitelemente in rhomboedr. Carbonaten 772.
Haas (Hans), *150* Jahre Arzneimittelforschung. Drogen, Reinsubstanzen u. synthet. Arzneimittel 7133.
—, Hohagen (E.) u. **Kollmannsperger (G.),** Vgl. Unterss. mit Analgeticis 7029.
Haas (H. C.) s. C o h e n (S a u l G.).
—, Farney (L.) u. **Valle jr. (C.),** Eigg. v. Äthylcellulosefilmen 10283.
Haas (Johannes), Physiologie d. Zelle [11596].
Haas (Josef), Punktsyst. zur Bewert. d. Komposte auf mkr. u. chem. Grundlage 10358.
Haas (M. M. C.) u. **Mathieu (J. P.),** Infrarotspektr. u. Longitudinal- u. Transversalwellen in kub. Kristallen 6914.
Haas (P. H.) s. K o s t y s h y n (B.).
Haas (Richard), Wrkg. eiweißspaltender Fermente auf Rickettsien u. Viren d. Psittakose–Lymphogranuloma inguinale-Gruppe 7005.
Haas (Rudolf), Der Kocher. Erfahrr. u. Überlegg. aus letzter Zeit 6882.
Haase (F.), Therapeut. wertvolle Sulfhydrylgruppen enthaltende komplexe B-Verbb. 9625* D. B.
Haase (H.) s. O e l s e n (W.).
Haase (L.) u. **Hielscher (W.),** Wirkungsmechanismus aromat. Halogenverbb. u. Vorschläge zur Herst. v. Präpp. zur Verwend. in d. Zahnheilkunde 8439.
Haase (R.), Jost (W.) u. **Sieg (L.),** Auswert. v. Messungen v. Verdampfungsgleichgewichten 10446.
Haase (Rolf) u. **Lang (Hans),** Rektifikationslinien tern. Systeme 7620.
Haase (T.), Allg. Theorie d. Bildsamk. keram. MM. 3462.
Haayman (P. W.) s. N. V. P h i l i p s ' G l o e i l a m p e n f a b r i e k e n.
Habashi (G. M.) s. M a c h u (W.).
Habbel (F.) s. D y n a m i t A k t. - G e s. v o r m. A. N o b e l & C o.
Habekost (R. C.), Fraser (I. M.) u. **Halstead (B. W.),** Tox. Meeresalgen 11037.
Haber (A.) s. S u g a r m a n (N.).
Haber (C. P.) s. M a i e n t h a l (M.).
Haber (Charles P.) s. C a n a d i a n G e n e r a l E l e c t r i c C o. L t d.
Haber (F.) s. A m e r i c a n H o m e P r o d u c t s C o r p.
Haber (J.) s. D e r e n (J.).
Haber (K. K.) s. P e n i c k (S. B.) & C o., I n c.
Haber-Schaim (U.) s. E n g l e r (A.).
— u. Yekutieli (G.), Energiereiche Kernzusammenstöße in d. oberen Atmosphäre. 1. Mitt. Nucleon–Pion-Kaskade 7826; 2. Mitt. Myonenkomponente 11141.
Haberland (G.) s. S c h w i e g e r (H.).
Haberland (Gerhardt) s. F a r b e n f a b r i k e n B a y e r A k t. - G e s.
Haberland (H.) s. F a r b e n f a b r i k e n B a y e r A k t. - G e s.
Haberman (R. T.) s. E m m o n s (C. W.).
Habermann (E.), Pharmakol. Charakterisier. elektrophoret. Fraktt. d. Gifte v. Naja nigricollis u. Naja haje 2716. — Hemm. d. oxydativen Phosphorylier. durch tier. Gifte 10536. — s. N e u m a n n (W i l h e l m).
—, Müller (Wilhelm) u. **Schreglmann (A.),** Papierchromatograph. Charakterisier. v. Stoffen u. Stoffgemischen d. Digitalisgruppe 1327.

Habeshaw (J.) s. Anglo-Iranian Oil Co. Ltd.
Habgood (B. J.) s. Imperial Chemical Industries Ltd.
Habgood (H. W.) s. Schneider (W. G.).
Habib (M.) s. Jones (C. W.).
Habicht (E.) s. Cilag Ltd.
Hablützel (E.) s. Häusermann (J. L.).
Haböck (H.), Schnellanalysenmethoden zur Best. d. CaO, MgO 11659.
Habraken (L.), TTT-Kurven u. Wärmebehandl. 4688. — s. Thyssen (H.).
Habs (H.), Bakteriolog. Taschenbuch [1073].
Hac (L. R.) s. International Minerals & Chemical Corp.
Hach (V.), 6-Fluorthymol 4808. — Lokalanästhetica. 2. Mitt. Xylocainanaloga 7198. — Synth. v. Arzneimitteln *1953* 9385. — Lokalanästhetica v. Amidtypus 10805. — Bezieh. zwischen Konst. u. Wrkg. in d. Reihe d. Lokalanästhetica d. Alkylaminoacylanilido-Typs 11040. — s. Protiva (M.).
—, Horáková (Z.) u. **Protiva (M.)**, Lokalanästhetica. 4. Mitt. p-Aminobenzoate v. 4-Piperidinomethyl-1.2-benzcycloalkanolen-(3) 7199.
— u. Protiva (M.), Lokalanästhetica. 1. Mitt. Synth. einiger Xylocainanaloga 7202.
Hachenberg (O.) u. **Brauer (W.)**, Gegenwärt. Stand d. Theorie d. Sekundärelektronenemiss. 2602.
Hachet (L.), Trocknungsverf. in d. französ. Industrie für feuerfeste Materialien 7294. — Mulliterzeugnisse aus Cyanit 8235.
Hachida (E.) s. Miyazaki (S.).
Hachihama (Y.) s. Shōno (Toshiyuki).
— u. Hayashi (I.), Darst. v. Polyamiden mit heterocycl. Gruppen aus Furfurol u. Lävulinsäure 3638.
Hachiya (Ken-ichi) s. Komori (Saburo).
Hachmann, Hafer als Futtermittel 7109.
Hachmuth (K. H.) s. Phillips Petroleum Co.
Hack (C. W.) u. **Winkle (M. van)**, Dampf-Fl.-Gleichgewichte d. Syst. Diacetonalkohol–W. bei vermindertem Druck 6483.
Hack (M.), Absorptionsspektr. v. *243* Sternen d. Spektralklassen *06* bis *F8* für d. Erforsch. eines quantitat. Kriteriums d. zweidimensionalen Spektralklassifikat. 9496.
Hack (M. N.), Gebundene Zustände u. Formaltheorie d. Streuung 9488.
Hackenberg (U.), Enterale Resorpt. v. Lanatosid A, B u. C u. v. Gitoxin bei Katze u. Hund 2248.
Hackerman (N.) s. Makrides (A. C.); Powers (R. A.).
— u. Makrides (A. C.), Wirkungsweise polarer organ. Inhibitoren in sauren Lsgg. v. Metallen 1447.
— u. Roebuck (A. H.), Adsorpt. v. polaren organ. Verbb. an Stahl 2159.
— u. Stephens (S. J.), Adsorpt. v. Sulfationen aus wss. Lsgg. durch Fe-Oberflächen 3319.
Hackethal-Draht- u. Kabel-Werke Akt.-Ges., Herst. v. plast. MM. aus Teer u. Hochpolymeren 10899* Schwz.
Hackett (D. P.) u. **Simon (E. W.)**, Oxydative Aktivität v. Präpp. aus Spadix v. Arum maculatum 8419.
Hackforth (B.) s. Maschinenfabrik Hackforth & Co.
Hackhofer (E.) s. Brunner Verzinkerei Brüder Bablik.
Hackl (H.) s. Groß (H.).
Hackley (E. B.) s. Oberst (F. W.).
Hackley (S. D.) s. Kaiser Metal Products, Inc.
Hackman (R. H.) u. **Trikojus (V. M.)**, Zus. des v. austral. Cocciden des Genus Ceroplastes ausgeschiedenen Honigtaus 10547.
Hackmann (C.), Cancerogene Wrkg. d. β-Naphthylamins 10533. — s. Farbenfabriken Bayer Akt.-Ges.
Hackmann (J. T.) s. N. V. Koninklijke Veenendaalsche Sajet- en Vijfschachtfabriek voorheen Wed. D. S. van Schuppen & Zoon; Shell Development Co.
Hackney (E. J.) s. Darkis (F. R.).
Haco Gesellschaft Akt.-Ges., Polyäthylenglykolderivv. 2254* F. — Diäthylenglykolmethyläther-p-formylphenyläther 8211* Schwz.
Hacobian (S.) s. Breyer (B.).
Hacskaylo (M.), Vorbereit. v. Verbb. zur Infrarotspektrometrie 2262.
Hadáček (J.), **Michalský (J.)** u. **Macholán (L.)**, Synth. v. Mezcalin 7215.
Hadad (V. R.) s. Limongelli (M. J. C.).
Hadar, Rkk. v. Fetten u. Fettsäuren 952. — Physikal. Eigg. pilierter Seifen beeinflussende Faktoren 1166.
Hadaway (A. B.) s. Page (A. B. P.).
Hadden (N.) s. Hamner (W. F.).
Haddow (A. J.) s. Dick (G. W. A.).
Haddox (J. H.) s. Shay (D. E.).
Hadengue (A.) s. Launay (C.).
Hadert (H.), Lanolin u. Cholesterin in Emulgatoren u. Emulss. 6638. — Wss. farbige Holzschutzmittel 7345. — Gelatinekapsel-Herst., bes. Schrumpfkapseln u. Folien aus Acetylcellulose, Celluloid, Viscose u. Polyvinylalkohol sowie Kunstdärmen [7568]. — Farblose u. farb. neuart. Holzschutzmittel 10885.
Hadfield (D.) s. Braybrook (A.); Jessop (W.) & Sons Ltd.
Hadfield (H. R.) s. Imperial Chemical Industries Ltd.
Hadgraft (J. W.), Emulsionsbildende Eigg. v. Polyäthylenglykoläthern d. Cetostearylalkohols 3683. — National formulary, *1955* 9849.
Hadidian (Z.) s. Searle (G. D.) & Co.
Hadler Vihovde (E.) s. Bog (S.); Foss (O.); Hassel (O.).
Hadley (D. J.) s. Distillers Co. Ltd.
Hadnagy (Z.), Säurehydrolyse v. pflanzl. Abfällen 958* F. — Hydrolyse cellulosehalt. Pflanzenabfälle durch Anwend. extrem hohen Druckes 1874* F.
Hadni (A.), Best. u. Deut. d. niedrigen Frequenzen d. Infrarotabsorptionsspektr. v. Acetaldehyd 314. — Filter für d. ferne Infrarot u. Spektren d. Methylamine v. *30* bis *43* μ 3101. — Gitterspektrometer für d. ferne Infrarot 11056.
Hadorn (H.) u. **Jungkunz (R.)**, Best. d. Eigeh. in Eierteigwaren. 2. Mitt. Sind Lecithinphosphorsäure u. Cholin zur Ermittl. d. Eigeh. v. Eierteigwaren geeignet? 1164. — Einheim. Zwieback u. seine Analyse 5677. — Nachw. u. Best. d. Eigeh. in Backwaren 6161. — Best. d. Peroxydzahl 11116. — Nachw. u. annähernde Best. v. Cruciferenölen in Speiseölen nach dem Bleisalz-Verf. 11116.
—, Jungkunz (R.) u. **Biefer (K. W.)**, Überprüf. d. Erucasäurenachweises in Ölmischungen nach dem Oxydationsverfahren 11116.

Hadwiger (H.), Kinet. Radius nichtkugelförm. Moll. 9737.
Hadži (D.), Struktur d. Zwischenprodd. bei d. C-Bldg. aus organ. Verbb. u. deren Infrarot- u. UV-Spektren 10715.
—, Kavčič (R.) u. Samer (M.), Verkoken nichtbackender Kohlen 2569.
— u. Sheppard (N.), Infrarotabsorptionsspektren u. d. H-Bind. einiger chelatisierter Oxychinone 1930.
Hadži-Skerlev (I.) s. Vukčević-Kovačević (V.).
Häberle (M.) s. Staudinger (H.).
Häberlein (H. W.), Eigg. v. TiO_2- u. ZnO-Pigmenten in ihrer Bezieh. zum Abkreiden [4223].
Häberli (E.), Titrimetr. Best. d. Fe im Blut mit Hilfe v. Komplexon 2971.
Haeberli (W.) s. Benenson (R. E.); Darden (S. E.); Galonsky (A.); Goldberg (E.).
Haeberli (Willy) s. Baldinger (E.).
Häberlin (H. P.) u. Keller (Hans), Granal, neues Strahlmittel zur Oberflächenbehandl. v. Al-Teilen 10128.
Haede (W.) s. Farbwerke Hoechst Akt.-Ges., vormals Meister Lucius & Brüning.
Haefele (J. W.) s. Procter & Gamble Co.
Haefeli (T.) s. Sphinx-Film Akt.-Ges.
Haefer (R.), Dünne aus Methan in d. selbständ. elektr. Hochvakuumentlad. gebildete Schichten 7611.
Häfliger (E.), Einfl. d. Temp. auf d. Wrkg. v. DDT-Präpp. 673. — Wirkungsweise v. DDT-γ-HCH-Kombinationspräpp. 1824. — Ersatz d. Winterspritz. im Kirschenbau 3947.
Häfliger (F.) s. Geigy (J. R.) Akt.-Ges.
Hägele (K.) s. Lüttringhaus (A.).
Haegele (W.) s. Fahrni (P.); Schmid (K.).
Häger (B. O.) s. Bolidens Gruvaktiebolag.
Hägg (G.) u. Schönberg (N.), „β-Wolfram" als Wolframoxyd 4774.
Haeggblom (L.-E.) s. Adell (Ö.).
Hägglund (E.), Entw. d. Holzverzucker. nach d. Rheinau-Methode 10409. — s. Svenska Cellulosaföreningens Centrallaboratorium (Cellulosaindustriens Centrallaboratorium).
Haehl (A.), Vorteile d. Verwend. v. Kautschukregenerat 4471.
Hähnel (S.), Herst. synthet. Faserpolymeren 10889.
Haehnel (W.) s. Wacker-Chemie G. m. b. H.
Haemers (H.), Begrippen over metaalkunde voor de tandheelkundige. Deel I u. II [10331].
Hämmerli (U.) s. Neuweiler (W.).
Haempel (O.), Einfl. v. Hormonen auf d. Wachstum u. d. Geschlechtsreife bei Fischen 619.
Händel (M.) s. Weisz (K.).
Hänel (F.) u. Legatis (G.), Megaphenanwend. bei Lungentuberkulose 2950.
Haenel (H.), Auswert. d. Euglenatestes (Nachw. v. Vitamin B_{12}) mit Hilfe v. Ultraschall 10790.
Hänlein (W.) s. Siemens-Schuckertwerke Akt.-Ges.
Haenny (C.) s. Gailloud (M.).
Haenny (C.) u. Reymond (P.), Unters. d. elektrolyt. Abscheid. v. Zn in verd. u. sehr verd. Lsgg. 6921.
Hänsch (U.), Kenanoglu (A.) u. Knothe (H.), Wirksamk. peroral verabreichter Antibiotica bei gleichzeitiger Anwend. v. Adsorbentien bei Säuglingen 3428.
Hänsel (R.) s. Hörhammer (L.).
— u. Hörhammer (L.), Phytochem.-syst. Unsers. über d. Flavonglykoside einiger Polygonaceen 2250. — Flavonglykoside d. Betulaceen 6317.
Haensel (V.) s. Sterba (M. J.); s. Universal Oil Products Co.
Hänze (S.) u. Kleinschmidt (A.), Nierenschwelle für Zucker, Theorie u. prakt. Bedeut. 2013.
Häring (H.), Moderne Antischweiß- u. Desodorierungsmittel 3023. — Zusammengesetzte Salbengrundlagen 3916. — Suspensionsmittel 9850.
Haering (K.), Gewinn. d. organ. Bestandteile aus Ölschiefer, Ölkalk u. ähnl. ölführenden Gesteinen 10663* D. B.
Haering (P.), Bedeut. d. Viscosezellwolle in d. Färberei u. in d. modernen Ausrüst. 3972.
Härtel (J.) s. Schenck (Gerhard).
Härtel (O.), Wrkgg. v. Ionen auf d. Wasserdurchlässigk. d. prim. u. sek. Hautgewebes pflanzl. Organe 8419. — s. Wacek (A. v.).
Härtwig (M.), Honen u. Feinziehschleifen 7071.
Haeseler (G.), Moutwijn- u. Geneverbereit. in Schiedam 943. — Viscosität v. Spirituosen. 2. Mitt. 2798. — Unters. v. Brennwein u. Weinbrand 9215.
Haeseler (H.) s. Glemser (O.).
Hässig (A.) s. Berger (M.).
Häuber (H.) s. Badische Anilin- & Soda-Fabrik Akt.-Ges.; I. G. Farbenindustrie Akt.-Ges.
Häuser (E.) s. Siemens & Halske G. m. b. H.
Häusermann (H.) s. Geigy (J. R.) Akt.-Ges.
Häusermann (J. L.) u. Hablützel (E.), Turbinator in d. Textilausrüst. 8289.
Häusler (E.) u. Koch (B.) [Freiburg], Frequenzregelung v. Kurzwellenschwingstufen mittels einer elektrodenlosen Gasentladung 2834.
Häusler (H. P.), Neues Thyreostaticum Thyreocordon 9597.
—, Job (C.) u. Zellner (H.), Pharmakol. u. klin. Prüf. eines wasserlösl. Theobrominderiv. 4156.
Häusler (V.) s. Kesić (B.).
Haeussler (H.), Chem. Vorgänge bei d. Einw. v. S auf Oidium 4916.
Haevernick (T.-E.), Röm. Fensterscheiben 10906.
Hafer (H.), Zahnpasta v. biol. Gesichtspunkt 5844.
Hafez (E. S. E.) s. Kamal (M. A. M.).
Hafliger (O.) s. Brown (H. C.).
Hafner (E. M.), Verbesser. d. gleichförm. Modells 3059. — s. Roberts (A.).
Hafner (K.), Azulen-Synthesen 10014. — s. Ziegler (K.).
— u. Weldes (H.), Einführ. v. Substituenten in d. 7-Ring d. Azulens mit Hilfe metallorgan. Verbb. 10014.
Hafner (L. S.) s. Russell (C. R.).
Hafner (W.) s. Fischer (E. O.).
Hagan (S. N.) s. Scow (R. O.).

Hagbarth (O.), Polyäthylen als chemotechn. Baustoff 3217.

Hagberg (B.), Antikörperbldg. bei Kindern nach großen Einzeldosen v. Eisenoxydsaccharat 849.

Hagdahl (L.) u. **Danielson (C. E.),** Neue Papiersäule für d. präparative Chromatographie 3210.

Hage (F.) s. Piwowarsky (E.).

Hagedorn (F. B.) s. Webb (T. S.).

Hagedorn (H.) s. Piper (E.).

Hagedorn (M.) s. Schmitz-Hillebracht (E.); VEB Filmfabrik Agfa Wolfen.

— u. **Brandt (W.),** Geformte Gebilde aus synthet. linearen Polyamiden 7799* D. [DDR].

— u. **Reyle (B.),** Feuchtigkeitsunempfindl., wärmebeständ. Verklebb. v. Folien aus Cellulosetriacetat mit anorgan. u. organ. Gläsern 5154* D. [DDR].

Hagedorn (P.), Quantitative Best. v. Coffein mittels J oder Br 1794. — s. Kaufmann (H. P.).

Hagee (G. R.) s. Nader (J. S.).

—, **Curtis (M. L.)** u. **Grove (G. R.),** Halbwertszeitbest. v. ^{223}Ra u. ^{227}Th 4992.

Hagelstein (F.), Isotonie keimfreier Lsgg. für d. Blutbahn 2955. — Probleme d. Galenischen Pharmazie u. prakt. Beispiele v. Defekturen mit asept.-sterilen Vorfiltratt. für Injektionszwecke 2956.

Hageman (F.) u. **Katwijk (J. van),** Quantitative Unters. v. Gemischen v. Alkoholen u. v. Fettsäuren 5143.

Hageman (R. H.) u. **Arnon (D. I.),** Isolier. v. Triosephosphatdehydrogenase aus Erbsensamen 11597.

Hagemann (A.) s. Ruhrchemie Akt.-Ges.

Hagemann (G.) s. Baudet (P.); Pénau (H.).

Hagemeyer jr. (H. J.) s. Canadian Kodak Co. Ltd.; Eastman Kodak Co.; Greene jr. (J. L.).

Hagen (A.), Larsen (V.) u. **Lassen (N.),** Hämaglobingeh. bei n. Schwangeren nach Injekt. v. koll. Fe-Saccharat 138.

Hagen (C.) s. Bailitis (E.).

— u. **Pahl (G.),** Mess. d. Wärmeleitfähigk. v. Schaumgummi 5441.

Hagen (C. E.) u. **Jackson (P. C.),** Konkurrenz zwischen Ionen bei d. Kationenaktivier. v. Enzymen 608.

Hagen (G.), Kunststoff-Folien u. kunststoffbeschichtete Papiere zur Verpack. chem. Erzeugnisse 10635. — s. Badische Anilin- & Soda-Fabrik Akt.-Ges.

Hagen (G. B.), Konstrukt. v. Elektronenbahnen in Potentialfeldern 8781.

Hagen (T.) u. **Hunger (J. P.),** Geolog.-petrograph. Unterss. in Zentral-Nepal 1466.

Hagen (W.) s. Badische Anilin- & Soda-Fabrik Akt.-Ges.

Hagenbach (R. E.) s. Geigy (J. R.) Akt.-Ges.

—, **Hodel (E.)** u. **Gysin (H.),** Neue Derivv. d. 1.2.4-Triazins als Tuberkulostatica 3865.

Hagenboecker (A.) s. Ciba Ltd.

Hagenbuch (W.) s. Sandoz Akt.-Ges.

Hagenest (H.) s. Farbenfabriken Bayer Akt.-Ges.

Hagenmüller (K.) s. Kafo Kasein-Forschungs-Gesellschaft m. b. H.

Hagenmuller (P.) s. Chrétien (A.).

Hagenström (U.), Hypericinbest. im Oleum Hyperici 3435. — s. Neuwald (F.).

Hager (E. T.) s. Carborundum Co.

Hager (H.), Pharmazeut. Groß- u. Kleinapparaturen, Hilfsmittel u. Utensilien. 36. Mitt. Fontavapor, App. für d. Dest. v. Leitungs-W. 8914.

Hager (J. A.) s. General Electric Co.

Hager (K. F.) s. United States of America.

Hager (L. P.), Geller (D. M.) u. **Lipmann (F.),** Flavoproteinkatalysierte Pyruvatoxydat. bei Lactobacillus delbrueckii 10769.

— u. **Gunsalus (I. C.),** Liposäuredehydrase. Wirksamk. d. Frakt. B v. E. coli 10054.

Hager (W.), Curarewrkgg. auf d. Froschherz u. ihre Beeinfluss. durch Narkotica (Urethan) 1555.

Hagerman (G.), Verwend. v. Vitamin E in d. dermatolog. Praxis 10555.

Hagermoser (H. H.) s. Cherney (P. J.).

Hagerty II (P. F.) u. **Bliss (H.),** Kinetik d. Ionenaustauschs beim Calciumkreislauf 8481.

Haggard (H. W.) u. **Greenberg (L. A.),** Acidität d. Speichels nach Aufnahme kohlenhydratu. säurehalt. Substanzen 4622.

Hagge (W.) s. Farbenfabriken Bayer Akt.-Ges.; Winnacker (K.).

Haggerty jr. (W. T.) s. Celanese Corp. of America.

Haggis (G. A.) u. **Owen (L. N.),** Alicycl. Glykole. 8. Mitt. 1.2-Bis-[oxymethyl]-cyclohexan 9080; 9. Mitt. 1.3-Bis-[oxymethyl]-cyclohexan 9082; 10. Mitt. 1.4-Bis-[oxymethyl]-cyclohexan 9082; 11. Mitt. Chem. Beweis d. Konfigurat. d. 1.2-, 1.3- u. 1.4-Dimethylcyclohexane u. d. 2-, 3- u. 4-Methylcyclohexylmethanole 9083.

Hagihara (Hikoichi) s. Takeda Yakuhin Kogyo Kabushikikaisha.*

Hagihara (Hitosi), Oberflächenaufrauhung u. Oxydat. v. Bleiglanzspaltflächen in einem Vakuumofen unter begrenzter Luftzuführung 10695.

— u. **Uchikoshi (H.),** Nachw. d. Adsorpt. v. Alkylxanthat u. Dithiophosphat an eine Spaltfläche v. Bleiglanz durch Elektronenbeug. 10695.

Hagin (J.) u. **Bodman (G. B.),** Einfl. d. Polyelektrolyten CRD-*186* auf d. Krümelung u. a. physikal. Eigg. einiger Böden v. Californien u. Israel u. auf einige Tonmineralien 5876.

Hagins (W. A.), Lichtempfindlichk. d. Säugetierrhodopsins in situ 8666.

Hagsand (E.), Wrkg. v. Hormonderivv. auf Getreide u. Flachs nach Spritz. zu verschied. Zeitpunkten. 1. Mitt. Wintergetreide 672; Wrkg. v. Hormonderivv. auf Cerealien u. Flachs nach Besprühen zu verschied. Zeiten. 2. Mitt. Frühjahrscerealien 6370.

Hagstrom (R. A.) s. Dawson (L. R.).

Hahmann (K.) u. **Müller (H. W. K.),** Dauerwrkg. d. Kontaktinsekticide bei d. Kohlfliegenbekämpf. 2. Mitt. 2756.

Hahn (A.) s. Globus-Werke F. Schulz jr.

Hahn (B.) [Kiel] s. Lembke (A.).

Hahn (B.) [Neuchâtel] u. **Rossel (J.),** Scintillationen in CsJ u. γ-Spektrometrie 7610.

Hahn (B.) [Stanford] s. McIntyre (J. A.).

Hahn (D.) s. Gobrecht (H.).

Hahn (F.), Nützl. u. schädl. Wrkgg. d. Analeptica bei d. Schlafmittelvergift. 7257. — Phar-

makologie u. Toxikologie d. Cu, bes. Cupribis-[8-oxychinolin-5-diäthylaminosulfonat] 10071. — s. Giertz (H.).

Hahn (F.), Lange (A.) u. Giertz (H.), Anaphylaktoide Rkk. durch künstl. Blutersatzstoffe 858.

—, Plester (D.) u. Schunk (R.), Blutdruckwrkg. v. Cardiazol in Kombinat. mit Veritol oder anderen Sympathicomimeticis 6799.

Hahn (F. E.) s. Wisseman jr. (C. L.).

—, Wisseman jr. (C. L.) u. Hopps (H. E.), Wirkungsmechanismus v. Chloramphenicol. 2. Mitt. Hemm. d. bakteriellen D-Polypeptidbldg. durch ein L-Stereoisomeres v. Chloramphenicol 2702.

Hahn (F. J.) s. Monsanto Chemical Co.

Hahn (F. L.), Kennzeichn. d. Empfindlichk. analyt. Rkk. 1569. — Katalyt. Goldprobe u. Herst. gold- u. keimfreier Silberlsgg. 2265.

Hahn (Georg) s. VEB Fahlberg-List.

Hahn (George) s. Barkas (W. H.).

Hahn (H.) s. Lüdtke (M.); Schwanitz (F.).

Hahn (Helmut) s. Farbwerke Hoechst Akt.-Ges., vormals Meister Lucius & Brüning.

Hahn (H. H.) s. Silk (M. H.).

Hahn (H. T.) s. Watt (G. W.).

Hahn (Karl) s. Siemens-Schuckertwerke Akt.-Ges.

Hahn (Konrad) s. Koppers (H.) G. m. b. H.

Hahn (L. A.) s. Aktiebolaget Ferrosan.

Hahn (M.) s. Lenz (F.).

Hahn (O.), Zerspalt. d. U u. ihre Folgerr. 2828. — Entw. d. Kernchemie 3785.

Hahn (P. F.) s. Meneely (G. R.).

— u. Carothers (E. L.), Ag überzogene radioaktive metall. Goldkolloide u. ihre Verteil. in d. Lunge u. den Lymphknoten nach intrapulmonärer Applikat.: therapeut. Folgerr. für primäre Lungen- u. Bronchialtumoren 10287.

Hahn (R. B.) s. Welcher (F. J.).

—, Backer (C.) u. Backer (R.), Entfern. v. Phosphation durch Ionenaustausch 2033.

Hahn (T. M.) s. Givin (H. H.); Lafferty (D. L.); Rayburn (L. A.).

Hahn (W.), Einsatz d. Tiefeinbrandelektrode „So 86" im Schiffbau 4689.

Hahn (Walter), Makromol. Verbb. 389. Mitt. Bldg. v. spirocycl. Kieselsäureestern aus Siliciumtetrachlorid u. zweiwert. Alkoholen 10762; 390. Mitt. Bldg. v. Kieselsäureestern aus Siliciumtetrachlorid u. Cyanhydrinen 10763. — s. Staudinger (H.).

Hahn (W. A.) s. Vogel (J. C.).

Hahn-Weinheimer (P.), Spektrochem. Unterss. an röm. Fenstergläsern 10603.

Hahne (H. J.) s. Gordon (L. E.).

Hahne (K. H.) s. Osnabrücker Kupfer- und Drahtwerk.

Haidegger (E.) s. Szücs (M.).

Haigh (B.) s. Laschinger (J. E.).

Haigh (C.) u. McCulloch (R. K.), Bestimmungen d. Energieverteil. v. Elektronen in d. positiven Säulen v. Gasentladd. 6686.

Haigh (C. P.), γ-Scintillationszähler für schwach radioakt. Lsgg. 9250.

Haigh (D.) s. British Hat & Allied Feltmakers Research Association.

Haight jr. (G. P.), Polarograph. Analyse v. As u. Sb 1805. — Mechanismus d. W-katalysierten Red. v. Perchlorat durch Zinn(II)-chlorid 4058.

Haight (T. H.), Kahn (F. H.) u. Ziegra (S. R.), Wirksamk. v. Erythromycin bei d. Behandl. akuter Infektt. d. Atmungsorgane 6070.

Haimovici (H.) s. Kepes (E. R.).

Hain (G. M.) u. Zisman (W. A.), Schmierfett 11135* A.

Hain (H.) s. Rieger (W.).

Hain (J. L.) s. General Electric Co.

Hain (K.), Gebundene Zustände v. π-Mesonen 10910. — s. Fay (H.); Freese (E.).

Haine (M. E.) u. Mulvey (T.), Anwend. u. Grenzen d. Kantenbeugungstests für d. Astigmatismus im Elektronenmikroskop 5255.

Hainer (R. M.) s. Feick (G.).

Haines (A. L.) s. Seikel (M. K.).

Haines (B. M.), Fäulnis bei Kalbfellen 2580.

Haines (H. R.) s. Mott (B. W.); Woodrow (J.).

Haines jr. (H. W.) s. Texas Gulf Sulphur Co.

Haines (R. F.) s. Evans (E. E.).

Haines (W. J.) s. Rose (W. C.); Upjohn Co.

Haïssinsky (M.), Mit Kern-Rkk. verbundene chem. Wrkgg. 3061. — Elektronen- u. Lösungsm.-Übergang in wss. Cr(II)- u. Cr(III)-Lsgg.; Trenn. d. beiden Ionenarten durch Ionenaustausch 6920. — Physikal.-chem. Gesetze beim Vorliegen unendl. kleiner Größen 9042. — s. Chapiro (A.); Cottin (M.).

— u. Coche (A.), Anod. Redd. durch Funkenelektrolyse. 1. Mitt. Qualitative Beobachtungen 9965.

—, Gray (L. H.), Lefort (M.) u. Dale (W. M.), Actions chimiques et biologiques des radiations [10051].

Haizmann (R.), Kombinierte Chemotherapie bei chron. Lungentuberkulosen 10312. — s. Keller (N.).

— u. Heiss (F.), Klin. Erfahrr. mit einer Streptomycin–Penicillin–Rutin-Kombinat. 8199.

Hajda (J.) s. Daneš (V.).

Hajdu (L.) s. Forgács (P.).

— u. Kovács (Elemér), Variat. d. Form- u. Kernbindd. mit Wasserglas 8248.

Hajek (T.) u. Heilmeier (F.), Unterss. d. neuen Gerste 6873.

Hajós (A.) s. Chinoin Gyógyszer és Vegyészeti Termékek Gyára r. t. (Dr. Kereszty és Dr. Wolf).

Hajtó (N.), Wrkg. d. Warmbehandl. auf d. Festigkeitseigg. v. mit Mg behandeltem Gußeisen 3237. — Ohne Einfuhrmetalle hergestellte legierte Gußeisensorten 5883. — Lsg. v. Ferrit in Gußeisen durch Wärmebehandl. 7768. — Mn–Ti enthaltende einsatzhärtende Sparstähle 8017.

— u. Varga (F.), Cu-halt. Gußeisen 915.

Hakala (N. V.) s. Tongberg (C. O.).

Hakala (R. W.), Korrektur v. Kpp. für Schwankk. d. barometr. Drucks 290.

Hake (A.) s. Phrix-Werke Akt.-Ges.

Haken (Heinrich) s. Siemens-Schuckertwerke Akt.-Ges.

Haken (Hermann), Strahlungslose Übergänge 11334.

Hakim (M.) s. Cordier (P.).

Hakomori (Sen-itiroh) s. Masamune (H.).

Hála (E.) s. Holub (R.).

Halada (J.) u. **Zach (B.),** Konduktometr. Gerät für die Best. des W.-Geh. im Boden 9888.
Haladjian (J.) s. Carpéni (G.).
Halais (P.), Düng. v. Zuckerrohr auf d. Insel Mauritius 237.
Halama (A.), Spezifität d. Galli-Mainini-Testes 2005. — s. Wohlzogen (F. X.).
— u. **Grünberg (W.),** Carboanhydratase-Hemm. durch heterocycl. Sulfonamide 11628.
Halamka (C. J.) s. California Research Corp.
Halász (A.), Gewinn. v. Schwefelkies aus d. Andesiten d. Mátra-Gebirges 7057. — Schlämmen d. kaolingebundenen Quarzsandes v. Sarisap mittels Hydrocyclon 11271.
Halász (I.), Unters. d. Struktur v. Adsorptionsmitteln u. v. Katalysatoren nach d. Gasadsorptionsmeth. 5379.
Halbach (K.), Mess. v. Relaxationszeiten u. d. Spin. v. ^{53}Cr 11163.
Halban (H.) s. Bishop (G. R.); Daniels (J. M.); Eliot (E. A.); Grace (M. A.); Marin (P.); Mims (W.).
Halberkann (J.), Häutungsablauf d. Ringelnatter unter Methylthiouracil 4627.
Halberstadt (J.) s. Aten jr. (A. H. W.).
Halberstadt (Joseph) s. Malone Bronce Powder Works, Inc.
Halbert (M. L.) s. McGuire (A. D.).
Halbig (P.), Polymerisieren v. Acrylnitril 1152* F. — Polymerisat. u. Mischpolymerisat. v. Acrylnitril 1152* F. — Lsgg. v. Polyacrylnitril 5216* Schwz., 7798* F., 10870* F. — s. Consortium für elektrochemische Industrie G. m. b. H.
Halbrook (E. R.), Beeckler (A. F.) u. **Smith (E. P.),** Wert v. „fish solubles" u. einer Ergänz. mit Vitamin B_{12}-Antibiotica in Hühner- u. Putenmengfuttermitteln, d. *10%* Fleischabfälle enthielten 7952.
Hald (J.), Behandl. v. Knochen- u. Gelenktuberkulose mit Streptomycin u. PAS 7028.
Hald (J. G.) s. Ayerst, McKenna & Harrison Ltd.
Haldar (B. C.), Chem. Folgen d. (n, γ)-Rk. auf Platinkomplexe 10435.
Haldén (G. H.), Quasispaltbarer Quarz 10934.
Hale (A. H.) s. Nogare (S. D.).
Hale (C.) s. Swift & Co.
Hale (C. H.) s. Standard Oil Development Co.
Hale (C. W.) s. Abraham (E. P.).
—, **Miller (G. A.)** u. **Kelly (B. K.),** Hydrophile Penicilline aus Penicillium chrysogenum-Kulturen 848.
Hale (D. E.) s. Wasmuth (C. E.).
Hale (F.) s. Bridges (J. H.).
Hale (W. H.) s. Albert (W. W.); Repp (W. W.).
Hale (W. J.) s. Verdurin Co.
Hale (W. S.), Mohammad (A.) u. **Mecham (D. K.),** Zus. d. säurelösl. Pentosane d. Weizens: Beziehh. zur Mahlfähigk. 3270.
Hales (J. L.), Jones (J. Idris) u. **Lindsey (A. S.),** Mechanismus d. Kolbe-Schmitt-Rk. 1. Mitt. Infrarotunterss. 2166.
— u. **Kynaston (W.),** Preßlinge für d. Infrarotspektrometrie aus gereinigtem KCl, d. feste Stoffe enthält 5137.
Halevi (E. A.) s. Bunton (C. A.).
Halevy (S.) s. Guggenheim (K.).
Haley (T. J.), Andem (M. R.) u. **Liebig (C.),** Vgl. d. Gefäßwrkgg. v. Mutterkornalkaloiden bei örtl. Applikat. u. bei intravenöser Injekt. 3193.
Haley (T. J.) u. **Keenan (G. L.),** Mikrotoxikologie. 10. Mitt. Colorimetr. Rkk. u. opt.-kristallograph. Eigg. *5* synth. Antispasmodica 2252.
—, **Leitch (J. L.), McCormick (W. G.)** u. **McCulloh (E. F.),** Vergleichende Pharmakologie v. Pentamethyldiäthyl-3-azapentan-1.5-diammoniumdibromid (Pendiomid) u. Tris-[2-diäthylaminoäthyl]-amintrihydrochlorid (SU-*1194*) 9614.
— u. **McCormick (W. G.),** Pharmakol. Wrkgg. v. Tetrophan (3.4-Dihydro-1.2-benzacridin-5-carbonsäure) 11421.
— u. **Rhodes (B. M.),** Einfl. peripher cholinerg. blockierender Substanzen auf d. Überlebenszeit röntgenbestrahlter Mäuse 5835.
Halff (C.), Synthet. Entformungswachse bei hohen FF. 4466.
Haliday (W. B.) u. **Nall (J. R.),** Gießen eines sehr reinen MgO-Halters zur Verwend. in einer experimentellen Vakuumröhre 9153.
Halik (M.) s. Pristera (F.).
Halikis (D. N.) s. Crandall (D. I.).
Halikis (M. N.) s. Melchior (J. B.).
Hall (A. E.) s. Cook (E. R.).
Hall (A. J.), Mit Küpenfarben gefärbtes schrumpfechtes Reyon 2305. — Handbook of textile dyeing and printhing [7327]. — Färben v. Acetatreyon mit Azofarbstoffen. Meth., um reinere blaue Farbtöne zu erreichen 7790. — Cyanäthylierte Baumwolle 8061. — Bleichen, Färben u. Ausrüsten 11294.
Hall (A. L.) s. Cabot (G. L.), Inc.
Hall (A. M.), Nickel in iron and steel [2769].
Hall (A. N.) s. Arnold (B. H.).
—, **Russell (C.)** u. **Tiwari (K. S.),** Ansprechbark. verschied. Acetobacterspecies auf d. Lactonhälfte d. Pantothensäure 7236.
Hall (A. P.), Wheeler (P.), Thielen (A.) u. **Morgan (A. F.),** B-Vitaminunters. v. Walnüssen 3990.
Hall (C. A.) s. Ethyl Corp.
Hall (C. I.) s. General Electric Co.
Hall (C. L.) u. **Whelan (P. F.),** Aufbereit. v. Witherit aus d. nördl. Pennine-Gebirge durch Schaumflotat. 3948.
Hall (C. P.) Co. of Illinois u. **Logan (R. L.),** Oxydat. v. gesätt., substituierten oder ungesätt. Fettsäuren 10136* A.
Hall (D. A.) s. Bennett (G. S.).
Hall (D. C.) s. American Cyanamid Co.
Hall (D. M.) s. Beaven (G. H.)
—, **Ridgwell (S.)** u. **Turner (E. E.),** Opt. Aktivität in 1-Phenylnaphthalincarbonsäure-(2') u. verwandten Verbb. 5061.
Hall (D. W.) s. Rolls-Royce Ltd.
Hall (E.) s. Bleachers Association Ltd.
Hall (E. O.), Deformat. u. Alterung v. weichem Stahl. 2. Mitt. Charakteristiken d. Lüders-Deformat. 6471; 3. Mitt. Diskuss. d. Ergebnisse 6471. — s. Tipper (C. F.).
Hall (E. P.) u. **Nelson (William L.),** Zweipunktumwandler für Einpunktregistrierapparate 1801. — Kryostat 8216.
Hall (G. A.) s. Taylor (J. E.).
Hall (G. G.), Elektronenstruktur v. trans-Butadien, berechnet nach d. n. Anregungszustandsmeth. 2154. — Ionisationspotentiale einiger Paraffinmoll. 4552. — Elektron. Struktur v. Diamand 9035. — s. Lennard-Jones (J.).

Hall (G. L.), Conant (F. S.) u. Liska (J. W.), Langzeitalter. v. Elastomeren bei Dauerbeanspruch. auf Scherung 6410.
Hall (G. R.) s. Barclay (F. R.); Bleaney (B.).
— u. **Herniman (P. D.),** Trenn. u. Reinig. v. ^{241}Am u. Absorptionsspektren v. drei- u. fünfwert. Am-Lsgg. 1669.
Hall (H.) s. Stephen (C. R.); Tomlinson (T. G.).
Hall (H. E.) s. Masonite Corp.
Hall (H. H.), Analyse d. Proton–Proton-Streuung bei 9,7 MeV 7827.
Hall (H. T.), Neue Meth. zur Fassung v. Diamanten 9644.
Hall (H. W.) s. National Research Development Corp.
Hall (Jean F.), Britische obergärige Hefen. 1. Mitt. Einführ. 10155; 2. Mitt. Vorverss. 10155.
Hall jr. (Joseph F.) u. **Ferguson (W. F. C.),** Dispers. v. Zinksulfid- u. Magnesiumfluoridfilmen im sichtbaren Spektr. 11155.
Hall (J. L.) s. Bolling (J. M.); Watt (G. W.).
—, **Gibson jr. (John A.), Critchfield (F. E.), Philips (H. O.)** u. **Seibert (C. B.),** Analyse v. bin. Lösungsmittelgemischen v. leitenden Lsgg. mit Hilfe einer Radiofrequenzmeth. 3310.
Hall (J. P.), Ultraschall in d. Pharmazie u. verwandten Wissenszweigen 636.
Hall (J. R.) s. Burnett (J. A.).
Hall (K. D.), Garlington (L. N.), Nowill (W. K.) u. **Stephen (C. R.),** Interferometr. Analyse geringer Konzz. v. Trichloräthylendampf 9404.
Hall (L. A.) s. Griffith Laboratories, Inc.
Hall (L. A. R.) s. Auspos (L. A.).
Hall (L. D.), Analyt. Meth. zur Berechn. variabler Diffusionskoeffizienten 7390.
Hall (L. G.) s. Washburn (H. W.).
Hall (N.), Techn. Entww. d. Jahres *1952* 9180; Dass.: *1953* 9181; Dass.: *1954* 9181.
Hall (N. A.), Thermodynamics of fluid flow [8094].
Hall (N. F.) s. MacDiarmid (A. G.).
Hall (R. C.), Vermeid. v. Zellzerstör. führt zu besseren getrockneten Kartoffeln 945.
Hall (R. D.), Harris (G.) u. **MacWilliam (I. C.),** Unters. einer Probe v. Proctorgerste im Hinblick auf das Bierbrauen 10155.
— u. **Watson (G. A.),** S bei d. Nachbehandl. v. Hopfen. Einfl. auf d. Bitterkraft d. Hopfens. Anhang: Nachbehandl. u. Handbonitier. v. Hopfenversuchsmustern 8989.
Hall (Roy D.) s. Westinghouse Electric Corp.
Hall (R. H.) u. **Jacobs (D. I. H.),** *α.β*-Ungesättigte Aldehyde u. verwandte Verbb. 4. Mitt. Homolyt. Addit. v. CCl_4 an Acrolein u. seine Acetale 10482.
—, **Mitton (R. G.)** u. **Pankhurst (K. G. A.),** Einfl. d. Fettlickers auf d. Fleckenbldg. u. d. „run“ in Chromhandschuhleder. Wrkg. v. Veränderr. in d. Arbeits- u. Lagerungsbedingg. 495.
Hall (Reginald H.) s. Armstrong (G. P.); Distillers Co. Ltd.; Hercules Powder Co.
Hall (Robert H.) s. Stokinger (H. E.).
Hall (R. N.), Rekristallisationsreinig. v. Ge 8563. — Durch Variat. d. Wachstumsgeschwindigk. erzeugte p–n-Verbindungsstellen 10196.
Hall (S. A.) s. Barthel (W. F.); Leon (J.); McCabe (E. T.).
Hall (T. D.), Meredith (D.), Altona (R. E.) u. **Rose (C. J.),** Organ. u. anorgan. Stickstoff auf 2 Typen v. Grasland u. seine Nachwrkg. 10841.
Hall (T. J.) s. Tarbell (D. S.).
Hall (W. C.) s. Johnson (S. P.).
— u. **Lane (H. C.),** Veränderr. hinsichtl. Zus. u. Physiologie in Zusammenhang mit d. chem. Entblätter. d. Baumwollpflanze 6547.
Hall (W. E.) s. Corey (R. A.).
Hall (W. H.) s. Bielschowsky (F.).
Hall (W. K.), Halseysche neue Gleichung d. Mehrfachschichtenadsorpt. 4048.
Hall (W. T.) u. **Killeen (R. N. F.),** Diäthylstilböstrol bei Mumpsorchitis 2706.
Hall Laboratories, Inc. u. **Roland (C. T.),** Stabilisieren v. Disperss. 3757* A.
Halla (F.) s. Castelliz (L.).
Hallam (H. E.), App. für Studenten zur Mess. d. Überführungszahlen 6090.
Hallam (M. J.) u. **Bartholomew (W. V.),** Einfl. d. Menge v. zugegebenen Pflanzenrückständen auf d. Beschleunig. d. Zers. v. organ. Bodensubstanz 672.
Hallchurch (L. W.), Unkrautvertilgungsmittel 10363* Schwz.
Hallden (N.) s. Harley (J. H.).
Halle (K. P.) s. Enso-Gutzeit Osakeyhtiö.
Haller (J. F.) s. Mathieson Chemical Corp.
Haller (M. N.) s. Schwertz (F. A.).
Haller (R.), Colorist. Monographie d. Textilchemikers [5190].
Haller (W.) u. **Calcamuggio (G. L.),** Unterss. hoher Genauigk. v. Geschwindigkeitsprozessen 5608.
Haller (Wolfgang), Jura (G.) u. **Pimentel (G. C.),** Infrarotunterss. an Lsgg. v. Aromaten mit Halogenen 314.
Hallerston (I. D. K.) s. Brummel (E.).
Hallett (M. M.) s. Ronnie (E. J.).
Hallett (N. C.) s. Johnston (H. L.).
— u. **Johnston (H. L.),** Wärmekapazitäten anorgan. Festkörper bei tiefen Tempp. 13. Mitt. Wärmekapazität v. $LiBH_4$ 752.
Hallgren (B.), Hämoglobinbldg. u. Fe-Speicher. bei Eiweißmangel 3899.
Halliday (J. A.) u. **Ormsby (H. L.),** Carbomycin bei Augeninfektt. 10313.
Halliday (J. S.), Anod. Verh. v. Cu in wss. Natronlauge 3073.
—, **Rymer (T. B.)** u. **Wright (K. H. R.),** Elektronenbeugungsunters. dünner, durch Vakuumaufdampf. hergestellter Filme aus Lithiumfluorid u. Cu 10456.
Halliday (W. M.), Gußfehler 915. — Fehler bei Preßgußstücken 1131. — Wirksames, billiges Flußmittel zum Schweißen v. rostfreien Stählen 5885.
Halling (J.), Reflektometer für d. Prüf. d. Oberflächentextur 5857.
Hallinger (L. N.), Silber (R.) u. **Neumann (Gertrude),** Hemmwrkg. v. 5.6-Dimethylbenzimidazol u. 1.2-Dimethyl-4.5-diaminobenzol auf d. Wachstum v. Mycobacterium tuberculosis 1302.
Halliwell (G.), Wrkg. proteolyt. Enzyme auf Clostridium botulinum-Typ A-Toxin 11599.
Halliwell (R. H.) s. DuPont de Nemours (E. I.) & Co.
Hallman (F. A.) s. Lamater (J. N. De).

Hallock (H.) s. MacAusland (W. R.).
Hallock (H. C.) s. Deen (O. T.).
Hallock (L. L.) s. Sterling Drug, Inc.
Halls (E. E.), Nylon-Spritzgußverarbeit. 227. — Polyvinylchlorid-Spritzgußverarbeit.; Eigg., Anwendd. u. Prüfmethoden 465. — Galvan. Überziehen v. nichtrostenden Stählen 5643. — Selbstätzende Vorbehandlungsgrundanstriche 10146.
Hallsworth (E. G.), Nomenklatur v. Ionenaustauscherscheinn. 5009.
— u. **Costin (A. B.)**, Bodenklassifikat. 1357.
—, **Costin (A. B.)**, **Gibbons (F. R.)** u. **Robertson (Gwen K.)**, Bodenbldg. in Neu-Süd-Wales. 2. Mitt. „Schokoladen“-Böden 2515.
—, **Lemerle (T. H.)** u. **Rayner (H. V.)**, Bodenbldg. in Neu-Südwales. 1. Mitt. Einfl. d. Reiskultur auf d. grauen u. braunen „Gilgaiböden“ d. Murrmbidgesee-Bewässerungsgelände 2280.
Hallsworth (S.), Li als Zusatz zu Emails 5152.
Halm (L.), Feuerfeste Ausmauer. beim Stahlguß 9890.
Halmai (J.), **Király (I.)** u. **Kolos (E.)**, Anwend. d. Vitali-Rk. im Falle d. Identifizier. v. Tropeinbase enthaltenden Drogen 11251.
Halmi (G.) s. Fehér (I.).
Halmos (G.), Tiefziehfähigk. v. mit Mn legierten Al-Blechen v. hohem Fe-Gehalt 448. — Entw. d. Pulvermetallurgie d. Al 1599.
Halmos (L.) s. Bácskai (R.).
Halmshaw (R.), Verwend. u. Anwendungsbereich v. ^{192}Ir zur Radiographie v. Stahl 4923.
Haloid Co., Elektrophotograph. empfindl. Material 1422* D. B.
Halperin (A.), Bldg. v. Dreiecken auf Diamanten 4292.
— u. **Garlick (G. F. J.)**, Ausbleich. u. Regenerat. v. Farbzentren bei tiefer Temp. 10919.
Halperin (L.) s. Rugiero (H. R.).
Halperin (M.) s. Watkin (D. M.).
Halpern (A.) s. Fougera (E.) & Co., Inc.
Halpern (B.) s. Jackson (D. P.).
Halpern (B. N.) s. Benacerrah (B.).
— u. **Briot (M.)**, Histaminmechanismus d. Wrkg. d. Polyvinylpyrrolidons beim Hund 140.
Halpern (I.) s. Sugihara (T. T.).
Halpern (J.) s. Deitz (G. A.); Forward (F. A.); Peters (E.).
— u. **Dakers (R. G.)**, Homogene Aktivier. v. mol. H_2 durch Kupfer(II)-acetat 6934.
Halpern (J.) [Philadelphia] s. Ferguson (G. A.); Geller (K.); Nathans (R.); Weinstock (E. V.).
—, **Nathans (R.)** u. **Yergin (P. F.)**, Schwellenwert v. ^{40}Ar(γ, n) u. M. v. ^{39}Ar 11491.
Halpern (Jack) s. National Research Council.
Halpern (M. M.) u. **Ross (B.)**, Anaphylaktoide Rk. auf Penicillin 9135.
Halpin (A. T.) s. Watson (W. R.).
Hals (L. J.) s. Minnesota Mining & Mfg. Co.
Halsall (T. G.), Organ. Chemie. 6. Mitt. 7915. — Ames (T. R.); Bowers (A.); Davy (G. S.); Dawson (M. C.); Guider (J. M.).
— u. **Hodges (R.)**, Chemie d. Triterpene u. verwandter Verbb. 24. Mitt. Überführ. v. Polyporensäure A in ein Lanosterinderiv. 10036.
—, **Hodges (R.)** u. **Jones (E. R. H.)**, Chemie d. Triterpene u. verwandter Verbb. 19. Mitt. Weitere Tatsachen über d. Struktur v. Polyporensäure A 6758.
Halsall (T. G.), **Jones (E. R. H.)** u. **Lemin (A. J.)**, Chemie d. Triterpene. 15. Mitt. Umgeb. d. wenig reaktionsfäh. Doppelbind. v. Polyporensäure A 6752.
—, **Jones (E. R. H.)** u. **Meakins (G. D.)**, Chemie d. Triterpene. 11. Mitt. Umwandl. v. Lupeol in Germanicol (Isolupeol). Struktur v. Lupeolhydrochlorid 6036.
—, **Jones (E. R. H.)** u. **Swayne (R. E. H.)**, Chemie d. Triterpene u. verwandter Verbb. 22. Mitt. Überführ. v. Lupeol in Pseudotaraxasterol (Heterolupeol) 10033.
—, **Meakins (G. D.)** u. **Swayne (R. E. H.)**, Chemie d. Triterpene u. verwandter Verbb. 21. Mitt. Chemie d. Elemisäuren 6760.
Halse (N. J.), Verminder. d. vorzeit. Abfallens v. Washington-Navelorangen durch 2.4-D-Spritzmittel 2516. — Wrkg. v. 2.4-D als Mittel zur Verhinder. d. Abfallens v. Navelorangen vor d. Ernte 6371.
Halsema (G. van) s. English (A. R.).
Halsey jr. (G. D.), Mehrfachschichtenadsorpt. 4048. — Champion (W. M.); Steele (W. A.).
Halstead (B. W.) s. Habekost (R. C.); Ralls (R. J.).
Halstead (W. J.) u. **Chaiken (B.)**, Chem. Analyse u. Grundlagen d. Luftporenbildner für Beton 906.
Halsted (J. A.) s. Bachrach (W. H.).
Halsted (R. E.) u. **Koller (L. R.)**, Elektroluminescenz in ZnS · Mn-Filmen 4035.
Halter (K.) s. Engelhard (H.).
Haltmeier (A.) s. Farbenfabriken Bayer Akt.-Ges.; Lech-Chemie Gersthofen.
Haltmeier (O.), Diagrammverbesserr. durch Anwend. d. Siebanalyse 6416.
Halverson (A. W.) s. Gastler (G. F.).
Halverson (F.) s. Hirt (R. C.).
Halvorson (H. O.), Grundsätze d. Nahrungsmittelmikrobiologie 1161. — Wrkgg. v. Azaserin auf d. Hefestoffwechsel 7235. — s. Spiegelman (S.); Stern (A. M.).
Halwer (M.), Lichtstreuungsunters. über d. Wrkg. v. Elektrolyten auf α- u. β-Caseinlsgg. 8404. — Brice (B. A.).
—, **Nutting (G. C.)** u. **Brice (B. A.)**, Rayleigh-Verhältnis für Bzl. u. Problem d. absoluten Lichtstreuungsmess. 3396.
Ham (A. C.) u. **Jackson (L. C.)**, Ausbreitungsgeschwindigk. d. He-II-Films 5251. — Dicke d. gesättigten He-Films über u. unter d. λ-Punkt 11165.
Ham (G. E.), Rk.-Vermögen v. polaren Monomeren bei d. Mischpolymerisat. 3637. — Lösungsm. zum Spinnen v. Polyacrylnitril 6885. —Acrylnitril-Copolymere u. ihr färber. Verh. 11307. — s. Chemstrand Corp.; Monsanto Chemical Co.; Shell Development Co.
Ham (J. L.) s. Climax Molybdenum Co.
— u. **Veneklasen (R.)**, Gießen v. Ti 918.
Ham (J. S.) s. McConnell (H.).
Ham (M. P.) u. **Smith (M. D.)**, F-Gleichgewichtsunterss. bei drei Frauen 8902. — F-Gleichgewichtsunterss. bei vier Säuglingen 8902. — F-Unterss. in bezug auf d. menschl. Ernähr. 11413.
Hama (G.), **Fredrick (W.)**, **Millage (D.)** u. **Brown (Henry)**, Vollkommene Beherrschung

v. Chromsäurenebeln. Unters. einer neuen oberflächenakt. Substanz 4181.
Hamada (H.) s. N o z a k i I (H.).
Hamada (T.) s. M a t s u m o t o (T o k u j i).
Hamada (M.), Oiwa (T.) u. **Ohno (M.)**, Bezieh. zwischen chem. Konst. u. insekticider Aktivität halogenierter aromat.. Verbb. 5. Mitt. Unterss. über chlorierte Verbb. v. BHC 4333.
—, Okamoto (A.) u. **Ohno (M.)**, Synth. v. 1.1-Diphenylcyclopropanderivv. 6741.
Hamada (S.) s. K u r o y a (M a s a h i k o).
Hamaguchi (K.) s. I s e m u r a (T.).
Hamaguchi (T.) s. O f u j i (Y.).
Hamalainen (C.) s. U n i t e d S t a t e s o f A m e r i c a.
—, Reid (J. D.) u. **Berard (W. N.)**, Verwend. v. Octadecylisocyanat für d. Wasserabweisendausrüst. v. Baumwolle 11711.
Hamann (H.) s. R e k k e r (R. F.).
Hamann (K.), Kunststoffentw. u. Lackindustrie 11469. — s. C h e m i s c h e W e r k e H ü l s ; F a r b e n f a b r i k e n B a y e r A k t. - G e s.
Hamann (S. D.), Quanteneffekte v. komprimiertem fl. H 2137. — s. B u c h a n a n (J.); F r a n c i s (P. G.).
—, McManamey (W. J.) u. **Pearse (J. F.)**, Kräfte zwischen vielatom. Moll. 8793.
Hamann (V.), Coffeinhalt. Erfrischungsgetränke. 2. Mitt. Best. d. Coffeins u. d. Phosphorsäure 6416.
Hamard (P.) u. **Jacqué (L.)**, N-Geh. in d. durch Phenol-Formol-Hexamethylentetramin polykondensierten Harzen 7691.
Hamashima (Y.), Kanamori (H.) u. **Kunieda (Y.)**, Wrkg. v. Polysaccharid auf Zellen d. Yoshida-Sarkoms 606.
Hamblin (D. O.) u. **Golz (H. H.)**, Parathionvergift. 11042.
Hambling (P. G.), Gitterkonstanten u. Ausdehnungskoeffizienten einiger Halogenide 1455.
Hambourger (W. E.) s. S t u r t e v a n t (F. M.); W i n b u r y (M. M.).
Hamburger (C.), „Umgekehrter" Test nach Sayers. Paradoxe Effekte v. kleinen Mengen Corticotropin 1773.
Hamburger (H.) s. B o t h a (J. P.).
Hamburger (W. J.) s. P l a t t (M. M.).
Hamdi (H.) u. **Epprecht (W.)**, Einfl. d. chem. Verwitter. auf d. alluvialen Tone v. Ägypten 11072.
Hamdy (M. K.) s. S h e e t s (W. D.).
—, Sherrer (E. L.), Weiser (H. H.) u. **Sheets (W. D.)**, Mikrobiol. Faktoren bei d. Behandl. v. Abwässern aus d. Phenolherst. 2508.
Hameed (K. A.) s. G a d d u m (J. H.).
Hamel (E. E.) u. **Painter (E. P.)**, Mutarotat. d. cis-2-Phenyl-4-carboxy-5-oxymethyl-Δ^2-oxazoline 5306.
Hamelin (J.) u. **Schérer (M.)**, Koeffizient d. barometr. Änderungen d. engen Luftschauer 9717.
Hamelin (M.), Einkristalle v. $TiO_2 \cdot Al_2O_3$ 4293.
Hamence (J. H.), Analyse v. Materialien d. Acker- u. Gartenbaus 6834. — Best. d. relativen N-Ausnutz. in N-halt. Düngemitteln 11454.
Hamer (D.), Wrkg. v. Nucleinsäuren u. a. Verbb. auf d. Hitzekoagulat. d. Serumalbumins 2937. — Krebs in d. chem. Industrie 3885.
Hamer (F. M.), Cyaninfarbstoffe 2820.
Hamer (J.) s. B o y e r (J. H.).
Hamer (W. J.), Fünfzig Jahre elektrochem. Theorie 7152.
Hamerman (D. J.) s. S o f f e r (L. J.).
Hamermesh (B.) s. C u l p (R.); R e c k s i e d l e r (A.).
— u. **Culp (R.)**, Neutroneneinfang-γ-Strahlen aus H mit großem NaJ-Scintillationszähler 8542.
Hamermesh (C. L.) s. M i s l o w (K.).
Hamermesh (M.) u. **Monahan (J.)**, Nicht-Einfachstreuung v. Elektronen bei schrägem Einfall 2591.
Hamill (W. H.) s. R o y (J. C.); W i l l i a m s j r. (R. R.); Z u b l e r (E. G.).
—, Williams jr. (R. R.) u. **Schwarz (H. A.)**, Isotopenaustausch v. atomarem Br mit Allyl- u. Vinylhaliden 4561.
Hamilton (C. M.), N.N'-Dibenzyläthylendiamindipenicillin G beim Erysipel d. Puter 151.
Hamilton (C. S.) s. K e n n a r d (K. C.).
Hamilton (D. R.) s. A l f o r d (W. P.); P i p k i n (F. M.); W e n e s e r (J.).
—, Alford (W. P.) u. **Gross (L.)**, Obere Grenzen für d. Neutrinomasse aus d. β-Spektr. v. Tritium 6677.
—, Lemonick (A.) u. **Pipkin (F. M.)**, β-γ-Polarisationsbeziehh. 4509.
Hamilton (H. L.) s. K o n i n g (A. L.).
Hamilton (J.), Fredholm-Theorie d. S-Matrix 1894. — Statist. Gleichgewicht u. Strahlungsdämpfung 8547. — Funktionsanalyse u. Theorie d. starken Koppl. 11489.
Hamilton (J. B.), Androgene Aktivität pro Milligramm d. colorimetr. gemessenen Ketosteroide im Harn: Ein Maß d. jeweil. testikulären u. extratestikulären Herkunft 6783.
Hamilton (J. G.) s. D u r b i n (P. W.); G i l e - M e l o h e r t (J. D.); H a y m o n d (H. R.); R o s s i (G. B.).
—, Durbin (P. W.) u. **Parrott (M. W.)**, Speicher. v. Astat durch d. menschl. Schilddrüse 3179.
Hamilton (J. H.) s. C o o k (M. A.); F a s s e l l j r. (W. M.).
Hamilton (J. K.) u. **Smith (F.)**, Red. d. 5-Ketogluconsäure mit N-Borhydrid 2399.
Hamilton jr. (J. M.) s. D u P o n t d e N e m o u r s (E. I.) & C o.
Hamilton (K. A.) s. C l o u d m a n (A. M.).
Hamilton (L.) s. P h i l i p s (F. S.).
— u. **Elion (G. B.)**, Verbleib v. 6-Mercaptopurin im menschl. Organismus 10051.
—, Philips (F. S.), Sterhberg (S. S.), Clarke (D. A.), Hitchings (G. H.), Wheelock (B.) u. **Blieux (A. de)**, Hämatolog. Wrkgg. einiger 2.4-Diaminopyrimidine als Antagonisten d. Folsäurestoffwechsels 6795.
Hamilton (L. F.) u. **Simpson (S. G.)**, Calculations of analytical chemistry [1809].
Hamilton (L. H.) s. H o r v a t h (S. M.).
Hamilton (M.), Henley (K. S.) u. **Morrison (B.)**, Veränderr. im peripheren Kreislauf u. d. Körpertemp. nach Hexamethoniumbromid 4399.
Hamilton (M. A.), Knorr (M. S.), Cajori (F. A.), Bogren (D. W.) u. **Chapman (R. W.)**, Experimentelle Unterss. über ein aus Fusarium bostrycoides gewonnenes Antibioticum 1767.
Hamilton (P. B.), Volumensammler für chromatograph. Kolonnen 5857.
Hamilton (R. D.) s. C h a d e l o i d C o r p.
Hamilton (R. H.) s. S u t l i f f (F. P.).
Hamilton (T. R.) s. R o b i n s o n (D a v i d W.).
Hamilton (W. C.) s. W e s t (P. W.).

Hamilton (W. K.) u. **Cullen (S. C.)**, Wrkg. v. Levallorphantartrat auf d. durch Opiate hervorgerufene Atemdepress. 4154.
Hamilton Watch Co. u. **Martin jr. (J. S.)**, Schmiermittel 2578* A.
Hamisch (H.) s. Gobrecht (H.).
Hamjian (H. J.) u. **Lidman (W. G.)**, Verdicht. u. Kinetik d. Kornwachstums beim Sintern v. Chromcarbid 9270.
Hamke (H.), Behandl. bronchospast. Zustände mit Combaludrin 11245.
Hamlet (J. C.) s. Barnden (R. L.); Budziarek (R.).
Hamlin (A. G.), Best. v. kleinen Chrommengen in Textilien mit Diphenylcarbazid 9226. — Schnellmeth. für d. volumetr. Best. v. Sb, Cu oder Fe in Textilmaterialien 10654.
— u. **Bather (J. M.)**, Zwei verbesserte Kontrollsysteme für horizontale Mikrobüretten 10095.
Hamlin (D.) s. Merritt (J.).
Hamlin jr. (K. E.) s. Abbott Laboratories.
Hamm (F. A.) s. Miller (L. E.).
— u. **Comer (J. J.)**, Elektronenmikroskopie photograph. Körner. Objektpräparationsmethoden u. ihre Anwendd. 5255.
Hamm (P. C.) s. Monsanto Chemical Co.
Hamm (R.), Fleischfarbe u. Pökelprozeß 2800.
Hamm (R. E.), **Shull jr. (C. M.)** u. **Grant (D. M.)**, Citratkomplexe d. Eisen(II) u. Eisen(III) 8116.
Hammann (W. C.) s. Fuson (R. C.).
Hammarlund (E. R.), Verbesserte Sonnenschutzcreme 11631.
Hammarlund (L.), Prüf. v. Pflanzenschutzmitteln *1953* 5160.
Hammarsten (E.), Anwend. d. Markier. zur Verfolg. d. Wege d. Stoffwechsels 6790.
Hamme (H. W.), **Grove (E. L.)** u. **Kassner (J. L.)**, Erklär. gewisser, in d. Hochfrequenztechnik gefundener Kurventypen 11509.
Hammel (E. F.) s. Kilpatrick (J. E.).
Hammer (Ferenc), Beurteil. u. Bezeichn. d. Korngrößenverteil. d. Formsande 445.
Hammer (Fritz) s. Hammer (Dr.) & Co. G. m. b. H.
Hammer (G.), **Jakob (A.)**, **Hiller (J.)** u. **Strauß (E.)**, Therapie mit Radioisotopen 1992.
Hammer (G. N.) s. Burke (W. J.).
Hammer (H. J.) s. Schulte (T. L.).
Hammer (I. P.) s. Montclair Research Corp.
Hammer (O. H.) s. Dow Chemical Co.
Hammer (P. C.) s. Wainwright (W. W.).
Hammer (R. S.) s. Phillips Petroleum Co.
Hammer (Dr.) & Co. G. m. b. H. u. **Hammer (Fritz)**, Entseuchen u. Entkeimen v. organ. Gut 10577* D. B.
Hammerberg (P. E.) u. **Bastrup-Madsen (P.)**, Behandl. v. Mycosis fungoides mit Stickstofflost 10318.
Hammerle (O. A.) s. Goldblith (S. A.).
Hammers (F. L.) s. Caldwell (A. C.).
Hammerschmid (H.) s. Badische Anilin- & Soda-Fabrik Akt.-Ges.
Hammerschmidt (M.) s. Falkner (R.); Lachnit (V.).
Hammerton (D.) s. Garner (F. H.).
Hammes (P.) s. Dvornik (D.).
Hammett (L. P.) s. Bernhard (S. A.); Levy (J. B.); Riesz (P.).
Hammick (D. L.) s. Dale (B.); Davies (W. D.); Foster (R.).
—, **Roe (A. M.)** u. **Voaden (D. J.)**, Kondensierte Ringsydnone 10264.
Hammill (K. H.), Hydraul. betriebener fernbedienter Pipettierapp. 10817.
Hammon (H. G.) s. Wilson (Christopher L.).
Hammond (E. G.) u. **Lundberg (W. O.)**, Alkaliisomerisier. eines Methyldokosahexaenats u. spektrale Eigg. konjugierter Fettsäuren 246. — Molarrefrakt., Molarvol. u. Refraktionsindex v. Fettsäureestern u. verwandten Verbb. im fl. Zustand 7110.
Hammond (G. S.), Wechselbezieh. bei Rk.-Geschwindigkk. 11352. — s. Boozer (C. E.); Nevitt (T. D.); Parks (L. R.).
— u. **Bartlett (P. D.)**, Polymerisat. v. Allylverbb. 5. Mitt. Inhibier. durch Nitroverbb. 368.
— u. **Hogle (D. H.)**, Dissoziat. v. ster. gehinderten Säuren 7638.
— u. **Modic (F. J.)**, Aromat. Nitrier. 1. Mitt. UV-Spektren v. aromat. Nitroverbb. in H_2SO_4 8109.
—, **Modic (F. J.)** u. **Hedges (R. M.)**, Aromat. Nitrier. 2. Mitt. Einfl. d. Lösungsm. auf d. anomale Orientier. d. Nitrogruppe 8119.
— u. **Nevitt (T. D.)**, Stereochemie d. Addit. v. HBr an 1.2-Dimethylcyclohexen 2168.
— u. **Todd (R. W.)**, Geringe Rk.-Fähigk. v. Cyclopropanderivv. gegenüber freien Radikalen 553.
Hammond III (H. K.) u. **Nimeroff (I.)**, Herabsetz. d. Anomalien bei Reflexionsmessungen mit d. Beckman-Quarzspektralphotometer 1802.
Hammond (J. A. S.) s. National Distillers Products Corp.
Hammond (M. B.) s. Rockwell Spring & Axle Co.
Hammond (R. A. F.) s. Williams (C.).
Hammond (R. P.) s. King (L. D. P.); Leary (J. A.).
Hammond (V. J.), Einfacher, magnet. betätigter Quecksilberabschluß 5855.
— u. **Price (W. C.)**, Photoelektr. Spektralphotometer für d. Vakuumultraviolettbereich 171. — Eliminier. v. Streulichteffekten in Spektralphotometern 649.
—, **Price (W. C.)**, **Teegan (J. P.)** u. **Walsh (A. D.)**, Absorptionsspektren substituierter Benzole u. Naphthaline im Vakuum-UV 5269.
Hammond (W. T. C.) s. Berger (L.) & Sons Ltd.; Sherwin-Williams Co.
Hamner (C. L.) s. Asen (S.).
— u. **Tukey (H. B.)**, Chlorophyllhemm. u. herbicide Wrkg. v. 3-(α-Iminoäthyl)-5-methyltetronsäure 5158.
Hamner (G. P.) s. Standard Oil Development Co.
Hamner (K. C.) s. Jones (R. W.); Somers (G. Fred).
Hamner (W. F.), Hydratat. u. Hydrolyse 7547.
—, **Hadden (N.)** u. **Padgett II (W. M.)**, Verwend. einer geheizten Gasküvette von *50* cm bei d. Ultraviolettspektrophotometrie 9863.
Hamol Akt.-Ges., **Schäppi (G.)** u. **Somogyi (H.)**, N-Oxymethylmethionin 6390* Oe.
Hamon (B. V.) u. **Meakins (R. J.)**, Dielektr. Anisotropie in kristallinen langkett. Alkoholen 1705.
Hamon (J.), **Paraire**, **Velluz (J.)**, **Damasio** u. **Laurens**, Akute Methylbromid-Vergift.; Semiolog. Bemerkungen u. encephalograph. Unters. 8675.

Hamon (V.) s. Rist (N.).
Hampel (C. A.) s. Cardox Corp.; Kennekott Copper Corp.
Hampel (G.) s. Pelshenke (P. F.).
Hamprecht (G.) s. Badische Anilin- & Soda-Fabrik Akt.-Ges.
Hampson (H.) s. Courtaulds Ltd.
Hampson (J. L.), Rosenthal (David) u. **Frank (J. D.)**, Vergleichende Unters. über d. Wrkg. v. Mephenesin u. Leerpräpp. auf d. Symptomatologie einer gemischten Gruppe v. ambulanten psychiatr. Patienten 6333.
Hampson (N. A.) s. British Celanese Ltd.
Hampton (A.) s. Irving (H.).
Hampton jr. (J. K.) u. **Kahn jr. (J. B.)**, Aufnahme u. Speicher. v. radioakt. Fe durch d. Mäuseleber 5113.
Hampton (L. J.) s. Giarman (N. J.); Little jr. (D. M.).
—, Little jr. (D. M.) u. **Fuller (E. M.)**, Verwend. v. Succinylcholin zur Erleichter. d. endotrachealen Intubat. 633.
—, Little jr. (D. M.), Rodabaugh (G. S.) u. **Chaffee (W. R.)**, Verlänger. d. Wrkg. v. Succinylcholin 8672.
Hamshire (M. E.) s. Eastman Kodak Co.
Hamtil (C. N.), Äquivalenz d. Clausiusschen u. Kelvinschen Postulats 10906.
Hamy (A.) u. **Leroy (G.)**, Extrakt. d. Humus durch Salzlsgg. 8710.
Han (K. K.) u. **Endt (P. M.)**, Messungen d. Streuung v. Protonenreichweiten in Kernemulss. 4750.
Hana (F.), Hydraul. Bindemittel aus Flugaschen 6368* D. [DDR].
Hanahan (D. J.), Enzymat. Abbau v. Phosphatidylcholin in Diäthyläther 8181.
Hanai (T.) s. Naiki (T.).
Hanan (R.) s. Overman (J. R.).
Hanania (G. I. H.) s. George (P.).
Hanaoka (M.), Antibiot. Behandl. v. mit Borrelia duttoni infizierten Mäusen. 1. Mitt. Verteil. v. Borrelia duttoni im Körper v. gemischten u. Inzuchtmäusen 11039; 2. Mitt. Aureomycin- u. Terramycinbehandl. v. mit Borrelia duttoni infizierten Mäusen 11039.
Hanau (W. J.), Verträglichk. polymerer Körper 6629.
Hanby (W. E.) s. Courtaulds Ltd.
Hanč (O.), Hyperglykäm. Faktor d. Pankreas 9598. — Proteohormone 11026.
— u. Riedl-Tůmová (E.), Mikrobielle Umwandl. v. Steroiden 8182.
Hancher (C. W.) u. **Kammermeyer (K.)**, Halbautomat. Vorr. für Gastrennungen 10097.
Hanchey (R. B.), Zusatzmittel zum Elektrolyten v. Pb-Akkumulatoren 3456* A.
Hancock (H. M.) u. **Watt (J. J.)**, Best. d. Farbe v. Erdölprodukten 11128.
Hancock (J.), Brumby (P. J.) u. **Turner (C. W.)**, Hormonales Hervorrufen d. Lactat. bei ident. Milchviehzwillingen 3176.
Hancock (N. H.) s. Charlesby (A.).
Hancock (P. F.), Glühen v. Schmiedeeisen. Entw. in d. Praxis d. industriellen Wärmebehandl. 2991. — Temperguß. Neue Entww. in d. Technik d. Glühens 5164. — Fahrstuhlöfen in d. Gloucester-Gießerei für Schwarzkern-Temperguß 5637.
Hancock (W. G.) s. Bitulac Ltd.
Hancox (N. C.), Rk. zwischen Aceton u. NH_3. 3. Mitt. Reduzierte Pyridinderivv. 7671.
Hand (C.) s. Dow Chemical Co.
Hand (G.), Wunder (M.) u. **Ferenbach (H.)**, Crush-Syndrom durch Isoniazid (INH)-Vergift. 636.
Hand (J. E.), Zementunterlage für d. Heißdrahtmassenspektrometerquelle 10436.
Hand (R. A.), Schweißen mit magnetisierbarer Ummantelung 6611.
Hand (T.) u. **Baque (H. W.)**, Elektr. geschmolzener u. gegossener feuerfester Magnesit-Cr-Stein 10115.
Handa (B. K.) s. Narayanamurti (D.).
Handa (K. L.), Kapoor (L. D.) u. **Channa (O. N.)**, Äther. Öle enthaltende Pflanzen v. Kaschmir 1863.
Handelsbolaget under Firma A. Johnson & Co. u. **Lindblad (R. H.)**, Magnesiumchlorid 437* Schwed.
—, Lindblad (R. H.) u. **Pyk (S. C.)**, Zirkontetrahalogenide 4185* Schwed.
Handelsbolaget under Firma B. Söderberg u. **Jernell (R. A. A.)**, Al-Legier. 9433* Schwed.
Handelsbolaget, Firma 'Spanitbolaget, Torstensson & Co., Nilsson (H.) u. **Albinsson (Å.)**, Verarbeit. v. Holzabfällen 6649* Schwed.
Handford (R. H.) s. Finlayson (D. G.).
Handford (S. W.) s. Gilmore (J. P.).
—, Cone jr. (T. E.), Chinn (H. I.) u. **Smith (P. K.)**, Medikamente zur Verhinder. d. Seekrankheit 6562.
Handler (P.) s. Heimberg (M.); Mizuhara (S.).
Handley (C. A.) s. Moyer (J. H.).
Handley (L. R.), U-Röhrenmanometer für verzögerte Ables. 2261.
Handley (R.) s. Barber (C. R.).
Handley (T. H.) s. Cohen (B. L.); Jones (W. H.); Newman (E.).
— u. Cohen (B. L.), Neues Isotopen-Identifizierungsprogramm am *86* inch-Cyclotron v. Oak Ridge 6211.
— u. Olson (E. L.), Neue radioakt. Atomkerne d. Seltenen Erden 1435. — ^{163}Er u. ^{165}Tm 6208. — ^{167}Yb 8778.
Handley (W. S.), The genesis and prevention of cancer [8646].
Handowsky (H.) s. Haan (H. R. M. de).
Hands (G. C.) s. Gaskin (J. G. N.).
Hands (S.), Wiedergewinn. v. Cu u. Zn aus Abwässern u. Abgasen 6609.
Handschumacher (R. E.) s. Buyske (D. A.).
Handwerk (E. C.) s. New Jersey Zinc Co.
—, Mahler (G. T.) u. **Fetterolf (L. D.)**, Schmelzen v. Zinkerzen im Lichtbogenofen. Sterling-Prozeß 3476.
Handy & Harman u. **Chamer (E. S.)**, Flußmittel zum Hartlöten v. Ti mit Ag-Lot 11091* A.
Haneda (Y.) s. Harvey (E. N.).
Hanemann (H.), Härte u. Stempelfließgrenze 11672.
— u. Schrader (A.), Tern. Legierr. d. Al; Beispiel für d. Kristallisat. tern. Systeme [5261].
Hanes (C. S.), Bldg. v. Peptiden bei enzymat. Rkk. 9588.
Hanes (M. E.) s. Grundy (W. E.).
Haney (J. K.) s. Dow Chemical Co.
Haney (R. E. D.) s. Standard Oil Development Co.
Haney (S. C.) s. Sinclair Refining Co.
Haney (T. G.), Verhüt. v. Wurzelsproßwachstum bei Tabakpflanzen nach d. Entspitz. 2281.

Hanf (M.), Verschiedene Wuchsstoffmittel bei d. Unkrautbekämpfung 7299.
Hanf (U.), Heinrich (S.) u. **Legler (F.)**, Empfindlichk. d. Erregers d. Aktinomykose gegen Antibiotica (Penicillin, Streptomycin, Aureomycin, Chloromycetin, Terramycin) u. Methylenblau 615.
Hanford (W. E.), Veredeln v. Textilgut 4969* D. [DDR].
Hangard (E.) s. Jouis (E.).
Hanger (F. M.), Bedeut. d. Leberfunktionsprüfungen 5589.
Hangers Paints Ltd., Gay (P. J.) u. **Hedges (E. S.)**, Stabilisieren v. Chlorkautschuk 8743* D. B.
Hangyál (K.) u. **Hidasi (V.)**, Meth. d. Kolloidbest. nach Dumansky u. Umbau zur Schnellmeth. 1158.
Hanhart (W.) s. Ciba Akt.-Ges.
Hanic (F.), Darst. v. Aryltitanaten 10971.
Hanke (H.), Arbeiten Wackenroders im „Archiv d. Pharmazie" 5229.
Hanke (O.) s. Poetschke (G.).
Hanke (P.) s. Brunner (O.).
Hanke (W.) s. Giersberg (H.).
Hankes (L. V.) s. Ciereszko (L. S.).
— u. **Urivetsky (M.)**, Umwandl. v. $^{14}C_{(COOH)}$-3-Oxyanthranilsäure in $N_{(1)}$-Methylnicotinsäureamid beim Säugetier 7488.
Hankey (D. D.) s. Alving (A. S.); Coatney (G. R.).
—, **Jones jr. (Ralph), Coatney (G. R.), Alving (A. S.), Coker (W. G.), Garrison (P. L.)** u. **Donovan (W. N.)**, Korean. Vivax-Malaria. 1. Mitt. Naturgeschichte u. Ansprechen auf Chloroquine 6068.
Hankin (L.) s. Speck (M. L.).
Hankins (J. R.) u. **Yeager (G. H.)**, Neue, langwirkende Penicillinverbb. bei chirurg. Infektt. 1086.
Hankins (O. G.) s. Wang (H.).
Hankison (P. M.), Filtern v. komprimierter Luft 1577.
Hanks (J. H.) s. Hobby (G. L.).
Hanle (J. E.), Naßfarbenüberzüge 1640. — s. Interchemical Corp.
Hanle (W.), Erzeug. v. extrem kurzen Lichtimpulsen 2833.
— u. **Hinrichs (H.)**, Luminescenz v. silberaktiviertem Steinsalz 7609.
— u. **Rau (K. H.)**, Lichtausbeuten u. Zerstör. v. Leuchtstoffen bei Elektronen- u. Ionenstoß 981.
Hanlon (W. D.) s. Gallagher (A.); Rudolfs (W.).
Hanmer (H. R.) s. Rayburn (C. H.).
Hanmer (R. S.) s. Svetlik (J. F.).
Hann (R. M.) s. Karabinos (J. V.).
Hanna (A. D.), Heatherington (W.) u. **Judenko (E.)**, Bekämpf. v. Pseudococcus njalensis (Laing) u. Pseudococcus citri (Risso), d. „Swollen shoot Virus", durch ein system. Insekticid 6833.
— u. **Nicol (J.)**, Verwend. eines Systeminsekticids mittels Stammimplantat., um eine Mehlwanzenart als Überträger d. Kakaozweigschwellvirus zu bekämpfen 3466.
Hanna (D. L.) s. Allied Chemical & Dye Corp.; Machin (J. S.).
Hanna (G. C.) s. Brown (F.).
Hanna (R. M.) s. Swanson (C. L. W.).
Hanna (S. S.) s. Cohen (L.) [Baltimore]; Fagg (L. W.); Pruitt (J. S.); Shafroth (S. M.).
Hanna (S. S.), LaVier (E. C.) u. **Class (C. M.)**, $\beta+\alpha$-Korrelat. beim Zerfall v. ^{8}Li 8776.
Hannah (C. G.) s. Rolls Royce Ltd.
Hannahs (W. H.) s. Sylvania Electric Products, Inc.
Hannam (H. J.), Einfl. v. Struktur u. Arbeitsbedingungen d. Röhre auf d. Flicker-Rauschen 5961.
Hannan (M. C.) s. Markham (M. C.).
Hannan (R. S.) u. **Shepherd (H. J.)**, Nacheffekte in Fetten nach d. Bestrahl. mit energiereichen Elektronen u. Röntgenstrahl. 477.
Hannay (N. B.) s. Fuller (C. S.); Morin (F. J.).
— u. **Ahearn (A. J.)**, Massenspektrograph. Analyse fester Substanzen 6348.
—, **Haynes (J. R.)** u. **Shulman (R. G.)**, Wechselwrkg. v. Fehlstellen u. Wärmebehandl. in Si 5246.
Hannay (R. J.) s. Brotherton & Co. Ltd.
Hannay (R. S. E.) s. Standfast Dyers & Printers Ltd.
Hannegan (J. M.) s. Maglio (M. M.).
Hanneman (W. W.) s. Miller (Leonard E.).
Hannen (J.) s. Wade (P.).
Hannerz (K.), Industrielle Trenn. v. KW-stoffen durch Adsorpt. 2068.
Hannewijk (J.), Schmelzdiagramme v. Lipoiden 11707.
Hanngren (Å.), Best. d. antithyreoiden Wrkg. d. p-Aminosalicylsäure unter Benutz. radioakt. J 9125.
Hannibal (J.) s. Ahlmann-Ohlsen (J. U.).
Hannig (K.) s. Grassmann (W.).
Hanning (F.) s. Goumois (De J.); Siemers (L. L.).
Hannon (C. H.), Prakt. Bewert. v. metall. Überzügen als wirksamer Schutz gegen Spannungskorros. 451.
Hannoun (C.), Wrkg. gewisser enzymat. Hemmstoffe auf d. Vermehr. d. Grippevirus 1768. — Aktivität d. Thiosemicarbazons d. p-Acetamidobenzaldehyds auf im Hühnerembryo gezüchteten Grippevirus 10779.
Hannum (J. A.) s. Borg-Warner Corp.
Hanon (F.) u. **Coquoin-Carnot (M.)**, Physiol. Veränderr. d. intracellulären Lipide d. Uterus 6536.
—, **Coquoin-Carnot (M.)** u. **Pignard (P.)**, Le Liquide amniotique [7956].
Hanousek (F.) s. Květoń (R.).
Hanovia Chemical & Mfg. Co. u. **Anderson jr. (W. T.)**, Metalldampfentladungsröhre 10830* A.
—, **Anderson jr. (W. T.)** u. **Clark (F.)**, Hochdruckgasentladungsleuchtröhre 11652* E.
Hanrahan (G. E.) s. Lehmann (H. E.).
Hanrahan (V. M.) s. Kung (Jo-Fen T.).
Hans (H. S.) s. Snowdon (S. C.).
Hans (W.) u. **Sturm (F. v.)**, Polarograph. Unterss. in organ. Lösungsmm. 1. Mitt. Aufnahme einwandfreier Polarogramme 1703.
Hans-Heinrich-Hütte G. m. b. H., Wiberg (E.) u. **Schmidt (Max)**, Lithiumbromidhalt. äther. Lsgg. v. Lithiumaluminiumhydrid 904* D. B. — Herst. lithiumbromidhalt. Lsgg. v. Lithiumaluminiumhydrid 11656* D. B.
Hansard (S. L.) s. Feaster (J. P.).
— u. **Comar (C. L.)**, Unterss. mit Radioisotopen an Laboratoriumstieren 1318.
Hansberg (R.-H.) s. Blasberg (F.).
Hansch (C.), Dehydrocyclisierungs-Rk. 4079.

Hanschke (E.), Prinssche Rk. 1. Mitt. Umsetz. v. Butadien mit Formaldehyd 11209; 2. Mitt. Umsetz. v. Butylen mit Formaldehyd 11209; 3. Mitt. Rk. v. Allylcarbinol mit Aldehyden u. Ketonen 11210.
Hanse (J. M. L.), Gewinn. v. Zuckerstoffen aus Algen 11701* F.
Hansel (H.), Depilatorien 3987. — Haarwellpräpp. für d. UKW-Verf. 3987. — Haarverform. 5673. — Präpp. für Hühneraugen u. Schwielen 5919.
Hansel (W.) s. Vlahos (K.).
—, **Olafson (P.)** u. **McEntee (K.)**, Isolier. u. Identifizier. d. kausal wirksamen Anteils d. bovinen Hyperkeratose (X-Krankheit) aus einem bearbeiteten Weizenkonzentrat 8905.
Hansen (A. E.) s. Wiese (H. F.).
— u. **Wiese (H. F.)**, Essentielle Fettsäuren u. Ernähr. d. Menschen. 2. Mitt. Geh. d. Serums an ungesätt. Fettsäuren bei schlecht ernährten Säuglingen u. Kindern 8425.
Hansen (A. T.), Neue Anordn. zur Mess. d. osmot. Druckes v. Kolloiden 6346.
Hansen (C. J.) s. Brennstoff-Technik G. m. b. H.; Byk-Gulden, Lomberg, Chemische Fabrik G. m. b. H.; Otto (Dr. C.) & Co. G. m. b. H.
Hansen (D.) s. Eriksen (K. R.).
Hansen (E. J.) u. **Jerslev (B.)**, Identifizier. v. Barbitursäure-Derivv. durch Röntgenanalyse. 7. Mitt. Enphenemal u. seine bin. Gemische mit anderen Barbitursäure-Derivv. 159; 9. Mitt. Bin. Gemische v. Äthallymal u. a. Barbitursäurederivv. 5847.
Hansen (E. J. T.) s. King (R. O.).
Hansen (E. S.) u. **Zeiss (H. H.)**, Chromsäureabbau v. Dinitrodehydroabietinsäuremethylester 10042.
Hansen (F.) u. **Schütz (K.)**, Klin. u. serolog. Unterss. über d. Wrkg. verschied. Antibiotica bei Keuchhusten 4877.
Hansen (F. F.), Verbesser. d. Volumenbldg. beim Backen v. Hefeteig mit weniger als 1% Magermilchpulvergeh. 2558* A. — Oxydat. d. -S—H-Reste v. Sulfhydrilen zu neutralen -S—S-Resten in Magermilchpulver 2802* A.
Hansen (Gisela) s. Alder (K.).
Hansen (Gunnar), Magnesiumstearat als Gleitmittel 2485. — Prüfvorschrift für Sorbit 2487. — Prüfvorschriften für Anautin u. Medrylaminmaleat 2726.
Hansen (H.) u. **Büddicker-Löns (H. G.)**, Beeinfluss. d. Lichtechth. substantiver Färbb. durch Knitterechtappreturen 3492. — Lichtechth. v. Direktfärbungen, bes. Siriuslichtfarbstoffe 7558.
Hansen (Heinrich) s. Mantel (Walther).
Hansen (H. M.), **Porter (G. H.)**, **Johnson (R. E.)**, **Eaton (H. D.)**, **Beall (G.)** u. **Moore (L. A.)**, Einfl. d. Zubereit. v. Alfalfaheu auf Carotin- u. Vitamin-A-Geh. d. Milch v. Guernsey-Kühen, denen nur dieses als Rauhfutterquelle verabreicht wurde 3184.
Hansen (J.) s. Ruhrchemie Akt.-Ges.
Hansen (J. E.), Co u. Ni in d. Emailindustrie 5152.
Hansen (J. L.) s. Eriksen (K. R.).
Hansen (J. N.) s. Dow Chemical Co.
Hansen (J. W.) s. California Spray-Chemical Corp.
Hansen (K.) s. Farbenfabriken Bayer Akt.-Ges.

Hansen (K. F.), **Kiehn (R. M.)** u. **Goodman (C.)**, Totaler Neutronenquerschnitt v. P 5235.
Hansen (K. J.) s. Appel (W.).
Hansen (K. P.) s. Baggesgaard Rasmussen (H.).
Hansen (L.) s. Buch Andersen (E.).
Hansen (M.) s. Bumps (E. S.); Domagala (R. F.); Kessler (H. D.).
—, **Johnson (W. R.)** u. **Parks (J. M.)**, Zusammenhang zwischen d. elektr. Leitfähigk. u. d. Temperaturbeiwert d. elektr. Widerstandes bei festen Lsgg. 4763.
Hansen (M. F.), **Persaud (B. R. B.)** u. **Ackert (J. E.)**, Wrkgg. bestimmter Anthelmintica u. eines Antibioticums auf Lumen u. Gewebsbldg. d. Larven v. Ascaridiagalli (Schrank) 635.
Hansen (N.) s. Sturtevant (F. M.).
Hansen (O.) s. Cassella Farbwerke Mainkur Akt.-Ges.
Hansen (O. R.), Synthet. Mittel zur Tuberkulosebekämpfung 149.
Hansen (P. A.), Durch Mikrobakterien gebildeter Typ d. Milchsäure 2457.
Hansen (P. B.) u. **Bichel (J.)**, Therapie mit Triäthylenmelamin bei d. Hodgkinschen u. a. bösart. Krankheiten 10533.
Hansen (R. D.) s. Anderson (R. F.).
— u. **Hansen (R. S.)**, Adsorpt. beider Komponenten aus einer bin. Lsg. an porösen Adsorbentien 2141.
Hansen (R. G.) s. Craine (E. M.); Rutter (W. J.).
Hansen (R. P.), **Shorland (F. B.)** u. **Cooke (N. J.)**, Verzweigtkett. Fettsäuren d. Ochsenfettes. Isolier. einer C_{17}-verzweigtkett. gesätt. Fettsäure aus Ochsentalg 1542. — Isolier. v. n-Heptadecansäure aus hydriertem Hammelfett 2004. — Vork. v. n-Heptadecansäure (Margarinsäure) im hydrierten Hammeltalg 6419. — Vork. v. n-Pentadecansäure im hydrierten Hammeltalg 6419.
Hansen (R. S.) s. Hansen (R. D.).
— u. **Clampitt (B. H.)**, Scheinbare Adsorpt. v. einigen aliphat. Verbb. aus wss. Lsgg., wie sie aus Wasserstoffüberspannungsmessungen hervorgeht 3104.
— u. **Craig (R. P.)**, Adsorpt. aliphat. Alkohole u. Säuren aus wss. Lsg. durch nichtporöse Kohlen 1704.
— u. **Miller (Frederick A.)**, Best. d. Aktivitäten bin. Lsgg. flücht. Fll. 2146.
—, **Miller (Frederick A.)** u. **Christian (S. D.)**, Aktivitätskoeffizienten d. Komponenten in d. Systemen W.–Essigsäure, W.–Propionsäure u. W.–n-Buttersäure bei 25° 9760.
Hansen (S. A.), **Wood (F. W.)** u. **Thornton (H. R.)**, Phosphatase-Inaktivier. bei Kurzzeithocherhitz. v. Milch 4231. — Verminder. d. Aufrahm. bei Kurzzeithocherhitz. v. Milch 4231.
Hansen (S. C.), Medizin. Spezialitäten 6080, 8441.
Hansen (W. H.) s. Barrett (M. K.).
Hanser (K.) s. Osnabrücker Kupfer- und Drahtwerk.
Hansford (R. C.) s. Socony-Vacuum Oil Co., Inc.
—, **Waldo (P. G.)**, **Drake (L. C.)** u. **Honig (R. E.)**, Austausch v. H zwischen D_2O u. KW-stoffen an einem SiO_2–Al_2O_3 Katalysator 10460.
Hansgirg (F. J.) s. North Carolina Magnesium Development Corp.

Hanshoff (G.) s. Euler (H. v.).
Hansley (V. L.) s. Du Pont de Nemours (E. I.) & Co.
Hanslian (R.), H. E. Merck 9946.
Hanslick (R. S.), Bruce (W. F.) u. **Mascitti (A.),** o-Phenylencarbonat 4328.
Hansmann (H.) s. Neumann (K.); Oehlert (G.).
Hanson (A. O.) s. Allen jr. (L.); Schriever (B. D.); Scott (M. B.); Yamagata (T.).
Hanson (A. W.), Lipson (H.) u. **Taylor (C. A.),** Anwend. d. Grundsätze d. physikal. Optik auf d. Kristallstrukturbest. 756.
Hanson (G. H.) s. Phillips Petroleum Co.
—, **Hogan (R. J.), Nelson (W. T.)** u. **Cines (M. R.),** Syst. Propan–Propylen. Beziehh. für d. Dampf–Fl.-Gleichgewicht 5273.
Hanson (H.), In memoriam E. Abderhalden 9485.
— u. **Tannert (S.),** Intermediär. Schwefelstoffwechsel. 1. Mitt. Wechselwrkg. v. Bact. coli u. Cystin, zugleich ein Beitrag zur enzymat. Adaptat. 7940.
Hanson (H. G.), Auslösch. d. Natriumjodidfluorescenz durch verschied. Gase u. Dämpfe 5479.
Hanson (H. P.) u. **Knight (J. R.),** K-Absorptionskantenunterss. v. Verbb. 2129.
— u. **Schrader (H. W.),** Röntgenspektrometer mit linearer Beweg. 5970.
Hanson (J.) s. Demerec (M.).
Hanson (J. B.) u. **Biddulph (O.),** Tagesperiodizität in d. Leit. v. Mineralien durch Bohnenwurzeln 382.
Hanson (L. E.), Ferrin (E. F.), Anderson (P. A.) u. **Aunan (W. J.),** Wachstum u. Körperzus. v. Schweinen bei Fütter. mit Antibioticis während eines Abschnittes oder d. gesamten Wachstums–Mast-Periode 9372.
Hanson (N. W.), Neuere Entw. d. Analyse v. Anstrichfarben u. Anstrichmitteln 2788. — Analyt. Unters. v. trocknenden Ölen u. v. Harzen auftretende Probleme 11296.
Hanson (S. W. F.) s. Lovern (J. A.).
Hanson (T. K.) s. Standard Oil Development Co.
Hanson (W. B.) u. **Pellam (J. R.),** Dämpf. d. 2. Schalls in fl. He II 2137.
Hanson (W. J.) s. Dow Chemical Co.
Hanson jr. (W. T.) u. **Horton (C. A.),** Subtraktive Farbreprodukt.: Zwischenbildeffekte 1891.
Hanson-Van Winkle-Munning Co., Diggin (M. B.) u. **Kardos (O.),** Glanzzusatz für cyankal. galvan. Zn-Bäder 11287* A.
— u. **Kardos (O.),** Erzeugen glänzender galvan. Ag-Ndd. 8960* A.
Hanssen (E.), „Filth"-Test 3026.
— u. **Dodt (E.),** Technik d. Teig- u. Gebäckmikroskopie 1163.
Hansson (N.), Eberhard-Effekt bei verschied. Entwicklern unter bes. Berücksichtig. d. Einfl. v. KBr u. Natriumsulfit 1891.
Hansuld (M. K.) s. Bourns (A. N.).
Hanszen (K.-J.), Anwend. d. phänomenolog. Theorie d. irreversiblen Prozesse auf kontinuierl. Systeme im inhomogenen Magnetfeld 4769. — s. Boersch (H.).
Hantos (E.) s. Beck (M.).
Hantsch (B.), Bedrucken v. vollsynthet. Fasern 11690. — s. Bernardy (G.).
Hantschel (H.) s. Henseke (G.).
Hantschmann (L.), Behandl. d. Hochdruckkrankhh. I. Teil: Internist. Therapie; II. Teil: Radiolog. u. chirurg. Therapie 635.
Hanula (P.) s. Valentin (F.).
Hanus (W.) u. **Rayski (J.),** Vakuumpolarisat. in einer nichtlokalen Elektrodynamik 7376.
Hanusch (K.), Heilsalben 5130* Oe.
Hanway (J.), Stanford (G.) u. **Meldrum (H. R.),** Wrkg. u. Nutz. v. Phosphor- u. Kalidüngern bei Kopfdüng. auf Wiesen 442.
Hanze (A. R.) s. Upjohn Co.; Weisblat (D. I.).
Happ (G. P.), Massenspektrometer in d. organ. Chemie 3826.
Happe (W.), Heut. Stand d. Entw. d. Färbens v. Polyacrylnitrilfasern 219. — Bedeut. d. H-Brücke bei textilchem. Vorgängen 3520. — s. Farbwerke Hoechst Akt.-Ges., vormals Meister Lucius & Brüning.
Happé (W. R. J.) s. Happé Products Ltd.
Happé Products Ltd. u. **Happé (W. R. J.),** Gußfäh. Harnstoff–CH_2O-Kondensationsprod.-Präpp. 3020* A.
Happel (J.) s. Socony-Vacuum Oil Co., Inc.
Happich (W. F.) s. Beebe (C. W.).
Happy (F.) s. Courtaulds Ltd.
Hara (I.) s. Kagehira (I.).
Hara (M.) s. Harada (Togoro).
Hara (N.), Asano (S.) u. **Ikebe (M.),** Spaltkatalysatoren für Petroleum. 2. Mitt. Herst. v. Kieselsäure–Tonerde-Katalysatoren nach d. Mitfällungs-Verf. 3999.
— u. **Ikebe (M.),** Kieselsäure–Tonerde-Katalysatoren für d. Petroleumcrack. 6658.
—, **Ikebe (M.)** u. **Mita (K.),** Spaltkatalysatoren für Petroleum. 3. Mitt. Fraktionsanalysen kopräzipitierter Tonerde–Kieselsäure-Katalysatoren 7120; 4. Mitt. Spaltleist. v. gemischten Kieselsäure–Tonerde-Gelkatalysatoren 11126.
Hara (O.), Marumori (T.), Ohnuki (Y.) u. **Shimodaira (H.),** Universelle Fermi-Wechselwrkg. 4747, 9948. — Erhalt. schwerer Teilchen 7363.
— u. **Okonogi (H.),** Eichinvarianz in d. Elektrodynamik u. d. Selbstenergieproblem d. Photons 11325.
Hara (R.) u. **Cady (G. H.),** Löslichkk. v. Salzen in Trifluoressigsäure 765.
Hara (S.) u. **Kawamori (K.),** Funkt. d. Extrapyramidalsyst. 2. Mitt. Mechanismus d. Auftretens v. Tremor nach extrapyramidal angreifenden Giften 4394.
Harada (M.), Verwitter. tert. Sedimentgesteine. 1. Mitt. Von tert. Gesteinen sich ableitende Böden d. Tsuyama-Beckens 5397.
Harada (Togoro), Hashimoto (Hidenori) u. **Hara (M.),** Organo-mineral. Kolloidkomplexe v. Sumpfreisböden. 2. Mitt. Humusgeh. in G *1* v. degradiertem Reisboden 11276.
Harada (Toshinaga) s. Shoichiro (N.).
Harada (U.), Gießereipraxis für Graueisen mit glatter Oberfläche 3719.
Harang (B. A.), Anlagen für katalyt. Hydroformieren im Fließbettverf. 5940.
Harb (F. W.) s. Smith (C. A.).
Harban (A. A.) s. Standard Oil Co.
Harbard (E. H.) s. Distillers Co. Ltd.
Harbaugh (F. G.) s. Neeley (K. L.).
Harbaugh (W. E.) s. Radio Corp. of America.

Harbers (E.) s. Backmann (R.); Neumann (K.).
— u. **Neumann (K.)**, Autoradiographie als histochem. Methodik 6999.
Harbin (R.) s. Cherney (P. J.).
Harbison-Walker Refractories Co., Birch (R. E.) u. **Thompson (C. L.)**, Feuerfeste Cr–Magnesia-Erzeugnisse 9882* A.
Harborough Construction Co. Ltd. u. **Augstein (A.)**, Behandl. v. siliciumhalt. Al-Legierr. 4449* E.
—, **Augstein (A.)** u. **Augstein (J.)**, Formen u. Kerne für d. Metallgießerei 3957* E.
Harbottle (G.), Aktivier. v. Kernisomeren durch γ-Strahlen 5470. — Szilard-Chalmers-Rk. in kristallinen Chromoverbb. 8779. — s. Fishman (L. M.).
— u. **Maddock (A. G.)**, Darst. v. ^{51}Cr hoher spezif. Aktivität 10914.
Harburger Gummiwaren-Fabrik Phoenix Akt.-Ges., Schwer entflammbare Kautschukmischungen 4952* F.
Harcolinski (A.) s. British Celanese Ltd.
Harcourt (D. G.) s. Kasting (R.).
Harcourt (G. N.) s. Blaw-Knox Co.
Hard (M. McG.) u. **Ross (Edward)**, Wrkg. v. Malathion auf d. Geschmack einiger Früchte u. Gemüse 1127.
Hard Aluminium Surfaces Ltd., Elektrolyt. Erzeug. harter Oxydschichten auf Al u. seinen Legierr. 8960* F.
Hard Metal Tools Ltd. u. **Trent (E. M.)**, Turbinenschaufel 7775* E.
Hardebeck (K.) s. Keeser (E.).
— u. **Meyer (F.)**, App. zur Mess. d. Dehnbark. v. Arterien 2243.
Hardegg (W.), **Rieken (E.)** u. **Schmalz (H.)**, Kinetik d. Benzoylcholinspalt. durch d. Serum-Cholinesterase u. ihre Beeinfluss. durch Cholin 6540. — Beeinfluss. d. menschl. Blutcholinesterasen durch Atropin 8884.
Hardegger (E.) u. **Ott (H.)**, Derivv. d. Diäthanolamins u. d. N-Oxyäthylmorpholins 5549. — Konfigurat. d. Cocains u. Derivv. d. Ekgoninsäure 6032.
Harden (G.) s. Crispell (K. R.).
Harden (G. D.) s. N. V. de Bataafsche Petroleum Mij.
Hardenburg (R. E.), Vgl. v. Polyäthylen mit verschied. anderen *10* Pound-Verbraucherbeuteln für d. Kartoffelsorten Sebago, Katahdin u. Green Mountain 240.
Harder (A.) s. Blumer (S.).
Harder (August) s. VEB Elektrochemisches Kombinat Bitterfeld.
Harder (F.) s. Constantinides (P.).
Harder (H.), Probleme d. Oberflächenreinig. v. Glas 3228.
Harder (Hermann), Petrographie u. Genese d. Hämatiterze d. Lahn-Dill-Gebietes 8810.
Harder (O. E.) s. Elgin National Watch Co.
Harder (R.) u. **Koch (Wulf)**, Plastidenfarbstoffe v. Pedinomonas (Protochloridales) 10298.
— u. **Oppermann (A.)**, Antibiot. Stoffe bei d. Grünalgen Stichococcus bacillaris u. Protosiphon botryoides 1768.
Harders (C. L.) s. Francke (C.).
— u. **Mulken (J. M. van)**, Einfache Best. d. Pseudocholinesterasewirksamk. d. Blutserums 7233.
Harders-Steinhäuser (M.) s. Jayme (G.).
Hardesty (J. O.) s. Fox (E. J.); Kumagai (R.); Magness (R. M.).
Hårdh (J. E.), Taubährigk. bei Sommerweizen u. deren Ursachen in Finnland 3714.
Hardie (B. G.) s. Hardie (G.).
Hardie (G.) u. **Hardie (B. G.)**, Würste mit einem Ca-Alginatüberzug 1870* E.
Hardin (B.), **Valentine (W. N.)**, **Follette (J. H.)** u. **Lawrence (J. S.)**, Sulfhydrylgeh. menschl. Leukocyten u. Erythrocyten 8190.
Hardin (L. J.), F in Böden. Titrationsphase bei d. F-Best. 11455. — s. MacIntire (W. H.).
Harding (A. J. I.) s. Maifoss Ltd.
Harding (G. N.), Absol. Eich. v. Neutronenzählern mit Po–α-Be 9250.
Harding (H. G.), Methoden u. Materialien zur Reinig. v. milchwirtschaftl. Einrichtungen 10878.
Harding (J. B.), Ursprung d. Höhenstrahlsterne 7595.
Harding (J. R.) u. **Laird (R. T.)**, Betriebskontrolle lösl. Salze 2049.
Harding (P. L.), Wrkg. v. Ölemulsion- u. Parathionsprays auf d. Zus. v. Frühorangen 6371.
—, **Wiant (J. S.)**, **Hruschka (H. W.)**, **Sunday (M. B.)** u. **Kaufman (J.)**, Schadensbekämpf. bei eingelagerten Floridaorangen 8991.
Harding (R. B.), Austauschbare Kationen in d. Böden kaliforn. Orangenplantagen im Hinblick auf Ertrag, Fruchtgröße u. Blattzus. 4676. — Anhäufungen v. Nitraten u. a. lösl. Salzen an d. Oberfläche v. Orangenpflanzungen in Californien 7761.
Harding (T. T.) s. Wallwork (S. C.).
Hardison (W. A.) u. **Reid (J. T.)**, Anwend. v. Indicatoren bei d. Best. d. Aufnahme v. Trockensubstanz durch weidende Tiere 7715.
Hardman (D. A.) s. T. M. M. (Research) Ltd.
Hardman (R.) u. **Partridge (M. W.)**, Cycl. Amidine. 2. Mitt. Derivv. d. 2-Amino-4-oxychinolins 5070; 3. Mitt. 2-Acylamino-4-alkoxychinoline 8858.
Hardman & Holden Ltd., Färben v. Textilien aus Mischungen v. Cellulose- u. Celluloseesterfasern 3256* E. — Färbemittel für Nichtcellulosefasern 9676* Schwz.
— u. **Krug (P.)**, Färben v. Textilien aus Celluloseacetat mit Küpenfarbstoffen 6139* E. — Ätzdrucke 8740* E.
—, **Krug (P.)** u. **Scholefield (F.)**, Färben v. Textilien aus Celluloseacetat mit Küpenfarbstoffen 6139* E.
Hardouin (J. P.) s. Bonfils (S.).
Hardstone (B. L.) s. Earles (M. P.).
Hardt (C. R.) s. Du Pont de Nemours (E. I.) & Co.
Hardt (H. D.) s. Besson (J.).
Hardt (H. K.) s. Scheffer (F.).
Hardwick (D. C.), Altersveränderr. d. Histamingeh. d. Rattenhaut 10787.
Hardwick (R.) s. Imperial Chemical Industries Ltd.
Hardwick (T. J.), Oxydat. v. Eisen(II)-sulfatlsgg. durch γ-Strahlen. Einfl. d. Verhältnisses Oberfläche/Vol. v. Polystyrolzellen auf d. Ausbeute 1461.
Hardwicke (J. E.) s. Andrews (L. J.).
Hardy (A.) s. B. B. Chemical Co. Ltd.
Hardy (C. J.) s. Pollard (F. H.).
Hardy (D. R.) u. **Wroe (H.)**, Elektr. Durchschlag vorgespannter Luft bei Atmosphärendruck 9498.
Hardy (D. V. N.) s. British Oxygen Co. Ltd.
Hardy (E. E.) s. Heiss (H. L.); Monsanto Chemical Co.; Saunders (J. H.).

Hardy (E. G.), Morris jr. (G. C.) u. **Bakey (M. E. de),** Parenterale Trypsinwrkg. auf d. experimentelle Thrombose u. Entzünd. 7255.
Hardy (G. F.) u. **Hulm (J. K.),** Supraleitfähigk. v. Übergangsmetallverbb. 5483.
Hardy (H. K.), Doppelt-logarithm. Aufzeichn. d. Löslichkeitskurve in tern. metall. Systemen 761. — Alterungskurven v. bin. u. tern. Al–Cu-Legierr. bei *110°* 3721. — Einkristalle ohne Versetzz. 11348. — s. Fulmer Research Institute Ltd.; Lowinger (V. A.); Sully (A. H.).
Hardy (H. R.) s. Baxendale (J. H.).
Hardy (J. D.) s. Clark (C.).
Hardy (P. E.) s. Standard Oil Development Co.
Hardy (R. C.) s. Swindelles (J. F.).
Hardy (S.) s. Putnam (F. W.).
— u. **Putnam (F. W.),** Proteine bei multiplem Myelom. 4. Mitt. Wechselwrkgg. mit d. Stoffwechselstickstoff 10050.
Hardy (T. L.) s. Truelove (S. C.).
Hardy (W. A.), Fletcher (P.) u. **Suarez (V.),** Mikrowellenabsorptionszelle für reaktionsfäh. Moll. 9154.
Hardy (W. B.) s. American Cyanamid Co.
Hare (E. H.), Wrkg. v. Mephenesin auf neurot. Angstzustände 10315.
Hare (J. H.), Schwartz (D. P.) u. **Weese (S. J.),** Aminosäurezus. d. Fettkügelchenmembraneiweißes d. Milch 8759.
Hare (W. F. J.) s. Chisholm (D. A.).
Haresnape (J. N.) s. Anglo-Iranian Oil Co. Ltd.
Harfenist (E. J.), Aminosäureaufbau v. Insulinen aus Rinder-, Schweine- u. Schafdrüsen 3883.
Harfenist (M.) s. McLamore (W. M.).
—, **Bavley (A.)** u. **Lazier (W. A.),** Oxydat. v. Allyl- u. Benzylalkoholen zu d. Aldehyden 2873.
Harford (C. G.) s. Little (A. D.), Inc.
Hargrave (K. R.) s. Barnard (D.); Bateman (L.).
Hargreaves (A. B.), Wrkg. v. Sulfhydrylgiften auf d. „Äpfelsäure"-Enzymsyst. 11597.
— u. **Lobo (L. C. G.),** Verbesserte Stufe bei d. Meth. v. Rothenberg u. Nachmansohn zur Reinig. v. Acetylcholinesterase d. elektr. Gewebes 1299.
Hargreaves II (C. A.) s. Vickery (H. B.).
Hargreaves (L.), Erzeug. v. Gußstücken aus Al-Bronze D.T.D. *412* 6121.
Hargreaves (M. K.), Lösungswärmen u. opt. Rotationsdispers. v. 1.2-Diphenyläthanol 544.
Harhash (A. H. E.) s. Mustafa (A.).
Haring (O. M.) u. **Luisada (A. A.),** Unterss. mit intravenös gegebenem Gitalin. 2. Mitt. Ballistocardiograph. u. elektrokymograph. Beobachtt. 404.
Haring (W.) u. **Hennig (K.),** Isonicotinsäurehydrazid bei Tuberkulose 5838.
Harington (M.), Resorpt. u. Ausscheid. v. Hexamethoniumsalzen 867.
Harjola (P.) s. Viikari (S. J.).
Harker (A.), Petrology for students; an introduction to the study of rocks under the microscope [6239].
Harker (R. I.), Vork. v. Orthoklas u. Mikroklin im Granitgneis d. Carn-Chuinneag-Inchbae-Komplex, Ost Ross-Shire. 1003. — Petrologie d. pelit. Hornfelse d. Carn-Chuinneag-Inchbae-Gebiets, Ross-Sire, bes. d. Verh. v. Almandin 9521.
Harker (R. P.) s. Green (T.).
Harkins (H. N.) s. Zech (R. K.).
Harkins (T. R.) u. **Freiser (H.),** Thermodynamik d. Ionisier. v. 2.2′-Bipyridin u. Analogen in W. u. in *50*%igem wss. Dioxan 8344.
Harkness (A. L.) s. Friedman (A. M.).
Harkness (M. L. R.) u. **Harkness (R. D.),** Kollagengeh. im Vermehrungstraktus d. Ratte während Trächtigk. u. Lactation 5824. — Kollagen in d. regenerierenden Leber d. Ratte 5824.
—, **Harkness (R. D.)** u. **McDonald (D. A.),** Kollagen- u. Elastingeh. d. Arterienwand. 9827.
—, **Harkness (R. D.)** u. **Santler (J. E.),** Änderr. im Kollagengeh. d. Schilddrüse bei Ratten, d. mit Thiouracil behandelt wurden 5348.
— u. **Wassermann (A.),** Lichtstreuung durch sehr große Moll.: Anwend. d. Transmissionsmeth. auf Actomyosin 1987.
Harkness (R. D.) s. Ferrari (V.); Greenbaum (A. L.); Harkness (M. L. R.).
Harlan (J. L.) s. Standard Oil Development Co.
Harlan (W. R.) s. Rayburn (C. H.).
Harland (H.) s. Coulter (S. T.).
Harland (W. G.) s. Gibbons (G. C.).
Harle (O. L.) s. California Research Corp.
Harler (F. L.) s. Kitts (W. T.).
Harley (J. H.), Probengewinn. u. Mess. d. Nachfolgeprodd. v. Rn aus d. Luft 739. — s. Albert (R.); Alercio (J. S.).
— u. **Hallden (N.),** Graph. β-Absorptionsanalyse zur Strahleridentifizier. 10190.
Harley (J. L.) u. **McCready (C. C.),** Aufnahme v. Phosphat durch abgeschnittene, mit Mykorrhiza befallene Wurzeln d. Buche. 3. Mitt. Wrkg. d. pilzbefallenen Wurzelrinde auf d. Verfügbark. v. Phosphat für d. Wurzelmark 10299.
—, **McCready (C. C.)** u. **Brierley (J. K.),** Aufnahme v. Phosphat durch abgeschnittene, mit Mykorrhiza befallene Wurzeln d. Buche. 4. Mitt. Wrkg. d. Sauerstoffkonzz. auf Wirt u. Pilz 10299.
Harley-Mason (J.), Mechanismus d. Biosynth. u. d. Abbaus v. Tryptophan 6774.
Harlin (H. A.) s. Nehemias (J. V.).
Harlow (E. V.) s. Koppers Co., Inc.
Harman (C. G.) s. Quirk (J.).
— u. **Pickering (G. B.),** Isolier. v. Endfasern 10652.
Harman (C. S.), Schreibtinten 9236.
Harman (D.) s. Shell Development Co.
Harman (D. A.) s. Huggart (R. L.).
Harman (M. W.) s. Amico (J. J. D'); Monsanto Chemical Co.
Harman (T. C.) s. Willardson (R. K.).
—, **Willardson (R. K.)** u. **Beer (A. C.),** Vgl. d. Hall-Effekte u. magnet. Widerstandsänderr. in InSb u. Ge 2133. — Analyse d. Widerstandsänder. im Magnetfeld u. d. Hall-Koeff. in In–Sb u. Ge, beide v. p-Typ 5002. — Temperaturabhängigk. d. transversalen magnet. Widerstandseffektes in InSb 5481. — Hall-Koeff. im Ge 6688.
Harmer (D. E.) s. Lewis (J. G.); Nehemias (J. V.).
Harmon (C.) s. Chicopee Mfg. Corp.
Harmon (J.) s. Du Pont de Nemours (E. I.) & Co.
Harms (A. F.) s. N.V. Koninklijke Pharmaceutische Fabrieken v/h Brocades-Stheeman & Pharmacia.

Harms (D. L.), Was kann d. Infrarotspektroskopie für Sie tun? 2495.
Harms (F.) s. Schmidt (L.).
Harms (J.) s. Thüringisches Kunstfaserwerk „Wilhelm Pieck" Schwarza VEB.
Harms (John), FDA veröffentlicht Toleranzen u. Vorschriften für Pflanzenschutzmittel 11454.
Harnack (G.-A. v.), Behandlungsverss. bei interstitieller Pneumonie mit Megaphen, Cortison u. Antimykoticas 1319.
Harned (B. K.) s. American Cyanamid Co.
Harned (H. S.), Relative chem. Potentiale v. Elektrolyten u. d. Anwend. ihrer Gradienten 7152. — Diffusionskoeffizienten d. Alkalichloride u. d. KNO_3 u. $AgNO_3$ in verd. wss. Lsgg. bei 25° 7847.
—, **Blander (M.)** u. **Hildreth jr. (C. L.)**, Diffusionskoeff. v. CsCl in verd. wss. Lsg. bei 25° 1682.
— u. **Gary (R.)**, Aktivitätskoeff. v. HCl in konz. Lsgg. höherwert. Chloride bei 25°. 1. Mitt. Syst. HCl–$BaCl_2$ 6221.
— u. **Parker (H. W.)**, Diffusionskoeff. v. $CaCl_2$ in verd. u. mäßig verd. Lsgg. bei 25° 9740.
Harned (R. L.) s. Commercial Solvents Corp.
Harney (E. C.) s. Phillips Petroleum Co.
Harney (W. C.) s. Standard Oil Development Co.
Harnisch (H.), Nebenerscheinungen bei d. Behandl. mit Antibioticis 9611.
Harns (J. V.), **Sauter (E. A.)**, **McLaren (B. A.)** u. **Stadelman (W. J.)**, Bezieh. zwischen d. Eierqualität u. Auswrkg. d. Eiweißes in „Angel Food Cakes" 2094.
Harpener Bergbau Akt.-Ges., Reinig. d. Koksofengases u. ähnl. Gase v. H_2S u. NH_3 10663* E.
— u. **Engel (E.)**, Reinigen d. Kokerei- u. ähnl. Gase v. H_2S mit indirekter NH_3-Gewinn. 11483* D. B.
— u. **Kröger (M.)**, Aufbereit. v. Benzolvorlauf 1884* D. B.
Harper (A. E.) s. Monson (W. J.).
—, **Benton (D. A.)**, **Winje (M. E.)** u. **Elvehjem (C. A.)**, „Antilipotroper" Effekt d. Methionins bei Ratten mit einer Cholin-halt. Threoninmangeldiät 7021. — Lipotrope Wrkg. v. Proteinen 7022.
—, **Benton (D. A.)**, **Winje (M. E.)**, **Monson (W. J.)** u. **Elvehjem (C. A.)**, Wrkg. v. Threonin auf d. Fettablager. in d. Leber reifer Ratten 7022.
—, **Monson (W. J.)**, **Benton (D. A.)**, **Winje (M. E.)** u. **Elvehjem (C. A.)**, Faktoren, v. Cholin abgesehen, die d. Ablager. v. Leberfett beeinflussen 2011.
—, **Monson (W. J.)**, **Litwack (G.)**, **Benton (D. A.)**, **Williams jr. (J. N.)** u. **Elvehjem (C. A.)**, Wrkg. eines partiellen Defizites an Threonin auf d. Enzymaktivität u. Fettablager. in d. Leber 1070.
Harper (C. W.) s. Byrde (R. J. W.).
Harper (D. A.) s. Imperial Chemical Industries Ltd.
Harper (H. A.) s. Nielsen (C. B.); Page (E. W.).
Harper (J. I.) s. Sun Oil Co.
Harper jr. (O. F.) s. Bernstein (S. H.).
Harper jr. (R. C.) u. **Riseman (J.)**, Deut. d. plast. Viscosität mit Ausdrücken d. Newtonschen Viscosität 2141.
Harper (S. H.), Halbmikroapp. für d. organ. Chemie 419.
— u. **Reed (H. W. B.)**, Synth. v. Pyrethrinen. 9. Mitt. Addit. v. Diazoessigsäureäthylester an Sorbinsäureester 9322.
Harper (T. C.) s. Goodrich (B. F.) Co.
Harper (W. J.) u. **Armstrong (T. V.)**, Best. v. Buttersäure in Fett u. Nachw. v. Fremdfetten in Milchprodd. 1402.
Harpham (J. A.), **Simkins (R. J. J.)** u. **Wright (G. F.)**, Lineare sek. Polynitramide (Polynitramine) 6968.
Harpur (W. W.) u. **Ubbelohde (A. R.)**, Elektr. Leitfähigk. v. CsCl in d. Nähe d. therm. Umwandl. 983.
Harrand (M.) s. Guy (J.).
Harrell (D.) s. Israel (H. L.).
Harrell (E. R.) s. Curtis (A. C.).
—, **Bocobo (F. C.)** u. **Curtis (A. C.)**, Erfolgreich mit Stilbamidin behandelte Sporotrichose 2483.
Harrer (J. M.), Materialien u. Ausrüst. für Reaktoren. 3. Mitt. Reaktorbetrieb 4031.
— u. **Deshong jr. (J. A.)**, Diskontinuierl. Kontrollsyst. für Energiereaktoren 9495.
Harreveld (A. van) s. Ellis (C. H.).
Harrick (N. J.) s. Bagguley (D. M. S.).
Harries (E. S.) u. **Mehl (J. W.)**, Homogenisierapp. für kontinuierl. Homogenisier. 11054.
Harries (G.), Nebelkammerunters. d. intern gebildeten Paare aus $^{12}C^*$ 11326.
— u. **Davies (W. T.)**, 7 MeV-Niveau v. ^{12}C 2826.
Harriman (B. R.) s. General Aniline & Film Corp.
Harrington (B. J.) s. Peterson (R. F.).
Harrington (D. F.) s. Dow Chemical Co.; Wheaton (R. M.).
Harrington jr. (R. C.) s. Eastman Kodak Co.
Harrington (R. E.), Einfl. d. Farbtemp. auf d. scheinbare Helligk. 4656.
Harrington (R. H.) s. General Electric Co.
Harrington (R. V.) s. Keener (H. A.).
Harrington (W. A.) s. Du Pont de Nemours (E. I.) & Co.
Harrington (W. F.) s. Schachman (H. K.); Trautman (R.).
Harriott (P.) s. Gilliland (E. R.).
Harris (B. L.) s. Glassman (I.); United States of America.
Harris (B. R.) s. Emulsol Corp.
Harris (C.), Morphologie d. durch neurotox. Medikamente beeinflußten myoneuralen Bind. 5359.
—, **Cohen (B. S.)** u. **Bergner (A. D.)**, Beziehh. zwischen d. manometr. u. histochem. Technik d. Unters. d. Cholinesteraseaktivität 11016.
Harris (C. F.) s. Davis (F. J.).
Harris (C. M.) s. Armour & Co.
Harris (C. R.) s. Du Pont de Nemours (E. I.) & Co.
Harris (D. K.), Gesundheitl. Fragen bei d. Herst. u. Verarbeit. v. Kunststoffen 10080.
Harris (D. L.) s. Gaudin (A. M.).
Harris (D. R.) u. **Hodson (A. L.)**, V^0-Teilchenerzeug. in Cu 2122.
Harris (E. D.) u. **Lindsey (A. J.)**, Schwingelektroden bei amperometr. Titratt. 1. Mitt. Best. v. Thiosulfat, J u. dreiwert. As 6348;

2. Mitt. Bromometr. Bestimmungen v. Sb u. As 6348.
Harris (E. E.), Lignin–Kohlenhydrat-Bind. im Holz 955.
Harris (E. F.) s. United States Steel Corp.
Harris jr. (E. H.) s. United States of America.
Harris (E. P.) u. **Trotter (F. J.),** Rückgewinn. v. Metallen oder Legierr. 3245* Schwz.
Harris (F. E.) u. **Alder (B. J.),** Statist.-mechan. Ableit. d. Onsagerschen Bezieh. für d. dielektr. Polarisat. 4761. — Intermolekulare Potentiale aus d. dielektr. Polarisat. in Gasen 5243.
— u. **O'Konski (C. T.),** DK. d. fl. Trifluoressigsäure 546.
— u. **Rice (S. A.),** Statist. Kettenmodell für Polyelektrolyte 11224.
Harris (F. J. T.), Best. v. Coffein 4480.
Harris (F. W.) s. Wulff Process Co.
Harris (G.) s. Hall (R. D.).
Harris (G. A.) s. Collins (Z. L.).
Harris (G. B.), Quantitative Mess. d. Vorzugsorientier. in gewalzten U-Barren 9513.
Harris (G. C.) s. Hercules Powder Co.
Harris (G. G.) s. Friedlander (M. W.).
Harris (G. H.) s. Dow Chemical Co.
Harris (G. J.) s. Canadian Industries Ltd.
Harris (G. M.), Anwend. v. ^{14}C in d. Chemie 11495. — s. Stranks (D. R.).
—, **Willard (J. E.),** Photochem. Rkk. in d. Syst. Methyljodid–Jod–Methan 4561.
Harris (G. T.) s. Birmingham Small Arms Co. Ltd.; Jessop (W.) & Sons Ltd.
— u. **Child (H. C.),** Einfl. d. Zus. auf d. Verarbeitbark. v. austenit. Legierr. in d. Wärme 6606.
Harris (G. W.) s. Cross (B. A.).
Harris (H.), An introduction to human biochemical genetics [626]. — Crook (E. M.); Cummins (C. S.).
—, **Mittwoch (U.), Robson (E. B.)** u. **Warren (F. L.),** Aminosäureausscheid. durch Cystinuriker 144.
Harris (H. S.) s. Graves (G. Y.).
Harris (J.) s. Cavanaugh (D. J.).
Harris (James C.) s. Chilton (A. B.); Green (D. W.); Smith (J. A.).
Harris (Jay C.), Überblick über d. Verf. zur Prüf. d. Oberflächenreinh. v. Metallen 3954. — s. Monsanto Chemical Co.; Weeks (L. E.).
—, **Sullivan (M. R.)** u. **Weeks (L. E.),** Bewert. d. Waschmittelwrkg. 10405.
Harris (J. E.), Gehrsitz (L. B.) u. **Nordquist (L.),** Umkehr. d. Kationenverschieb. d. Linse, erzeugt durch Kälte oder Calciummangel in vitro 6319.
Harris (J. F.) s. Kunstmann (F. H.).
Harris (J. O.) s. Fawcett (R. W.); Hinz (C. F.); Peniston (F. L.).
Harris (J. R.) s. Barr (F. S.); Christian (A. B.); Harris (L. E.); Stoddard (G. E.).
Harris (L.), Herst. u. Infraroteigg. v. Al_2O_3-Filmen 9959.
Harris (L. C.), Biochem. Veränderr. u. Osteosklerosis nach Sulfamezathintherapie bei idiopath. Hypercalcämie bei Säuglingen 2945.
Harris (Lewis E.) s. De-Raef Corp.
Harris (Lorin E.) s. Bassett (C. F.); Greenwood (D. A.); Stoddard (G. E.).
—, **Harris (J. R.), Mangelson (F. L.), Greenwood (D. A.), Biddulph (C.), Binns (W.)** u. **Miner (M. L.),** Wrkg. d. Verfütter. v. DDT-behandeltem Alfalfaheu auf Schweine u. d. Verfütter. v. Fleisch derartiger Schweine auf Ratten 8519.
Harris (L. J.), Vitamins in theory and practice [8196]. — Unbekanntes über Vitamin C 10308.
—, **Bland (M. N.), Hughes (R. E.)** u. **Constagle (B. J.),** Wrkg. v. ACTH u. Cortison auf d. Vitamin-C-Stoffwechsel, d. Gewicht u. d. Zus. d. Leber v. Meerschweinchen u. a. Tierarten 11410.
Harris (M.) s. Frishman (D.); Minor (F. W.).
Harris (M. M.), Potter (W. G.) u. **Turner (E. E.),** Unbeständ. opt. Aktivität in d. Reihe d. N-Benzoyldiphenylamincarbonsäuren 8348.
Harris (N. C.) u. **Hemmerling (E. M.),** Introductory applied physics [9011].
Harris (P. G.), Verteil. v. Ge zwischen nebeneinander existierenden Phasen in teilweise glas. Gesteinen 46.
Harris (P. N.) s. McCormick (M. H.).
Harris (P. S.) s. Brennan (J. T.).
Harris (Raymond C.) s. Eastman Kodak Co.
Harris (Ruth C.) u. **Olmo (C.),** Glucose-6-phosphataseaktivität v. Leber u. Nieren bei Kindern mit n. u. erkrankten Organen 4612.
Harris (R. G.) s. Texaco Development Corp.
Harris (R. H.) s. Banasik (O. J.); Sibbitt (L. D.).
— u. **Scott (G. M.),** Verteil. d. Teilchengröße in auf Versuchsmühle ermahlenen Weizenmehlen aus Weizen verschied. Qualität 9929.
Harris (R. I.) s. Kowalski (H. J.).
Harris (R. J. C.), Eigg. d. Roussarkoms Nr. *1* 10049.
Harris (R. S.) s. Sebrell jr. (W. H.).
Harris (S. A.) s. Merck & Co., Inc.
Harris (S. O.) s. Carr (D. R.).
Harris (S. P.) s. Bollinger (L. M.).
Harris jr. (T.) s. Canody (L. J.).
Harris (T. A. B.), Gegenmittel für Barbiturate 7263.
Harris (T. D.) u. **Borison (H. L.),** Wrkg. v. Pentobarbital auf d. elektr. Erregbark. d. Atemzentrums d. Katze 2019.
Harris (W.) s. Albert (R.).
Harris (W. A.) s. Holly Sugar Corp.
Harris (W. B.) s. Allied Chemical & Dye Corp.
—, **LeVine (H. D.)** u. **Eisenbud (M.),** Transportables Gerät zum Sammeln u. zur Best. tox. u. radioakt. Verunreinigg. 1569.
Harris (W. D.) s. Calesnick (B.).
Harris (Walter D.) u. **Zukel (J. W.),** Chem. Struktur einer Reihe v. organ. Sulfiten u. ihre Toxizität für Tetranychus bimaculatus Harvey 1127.
Harris (W. F.) u. **Sweet (T. R.),** Best. v. Co in Co–Ni-Lsgg. 7047.
Harris jr. (W. J.) s. Bailey (E. F.); Rinebolt (J. A.).
Harris-Seybold Co. u. **Wood (W. H.),** Gummi arabicum für d. Flachdruck 6167* A.
—, **Wood (W. H.)** u. **Adams (D. N.),** Lichtempfindl. Schicht für Flachdruckplatten 8072* A.
Harrison (A.) s. Winteringham (F. P. W.).

Harrison (A. J.) s. Semenow (D.); Tannenbaum (E.).
Harrison (A. R.), Vork., Bergbau u. Gewinn. v. Diamanten 3460.
Harrison (C. V.) s. Mohanty (G. P.).
Harrison (E. R.), Angenäherte Elektrodenformen für einen zylindr. Elektronenstrahl 6915.
Harrison (F. B.), Scintillationszähl. heute. Langsame Komponente beim Zerfall v. Fll. 5473. — s. Cowan jr. (C. L.).
—, Cowan jr. (C. L.) u. **Reines (F.)**, Großräum. Flüssigkeitsscintillatoren: Ihre Anwendd. 6910.
Harrison (F. H.) s. Bitulac Ltd.
Harrison (G.), Arrhythmie während d. Anästhesie mit Kemithal 3677.
Harrison (G. B.) s. Ilford Ltd.
Harrison (G. R.), Davis (Sumner P.) u. **Robertson (H. J.)**, Präzisionsmess. v. Wellenlängen mit Echelle-Spektrographen 171.
Harrison (H. C.) s. Chisolm jr. (J. J.).
Harrison (H. E.), Vitamin D u. Calciumbedarf 10554. — s. Chisolm jr. (J. J.).
Harrison (J. H.), Leman (C.), Munson (P. L.) u. **Laidlaw (J. C.)**, Hormonausscheid. vor u. nach Kastrat. u. Adrenalektomie 9829.
Harrison (J. W. E.) s. Ambrus (J. L.); Gershenfeld (L.).
Harrison (L.) s. Metro-Cutanit Ltd.
Harrison (S. A.) s. General Mills, Inc.; Goodrich (B. F.) Co.
Harrison (S. E.), Leitfähigk. u. Hall-Effekt v. ZnO bei tiefen Tempp. 3069.
Harrison (T. B.) s. Reich (M. H.).
Harrison (V. G. W.) u. **Poulter (S. R. C.)**, Glanzmess. an Hochglanzpapieren 1408.
Harrison (W.) s. Siemens Electric Lamps & Supplies Ltd.
Harrison (W. N.) s. Moore (D. G.); Richmond (J. C.).
Harrold (J. H.) s. Crawford (M. F.).
Harrold (L. L.) u. **Dreibelbis (F. R.)**, Wasserverbrauch v. Feldfrüchten auf Grund gewichtsanalyt. Bestimmungen in monolith. Lysimetern 3943.
Harrow (B.), Laboratory manual of biochemistry [7696]. — C. Funk, pioneer in vitamins and hormones [8074]; Wagreich (H.).
— u. Mazur (A.), Textbook of biochemistry [1066].
Harrow (G. A.) s. Spice (J. E.).
Harrow (L. S.), Best. v. m-Diäthylaminophenol in D & C red Nr. *19* u. D & C red Nr. *37* 6398. — Best. v. β-Naphthylamin 7088. — Best. nichtkombinierter α- u. β-Naphthole in Teerkohlenfarben 7558. — s. Clements (J. E.); Jones (J. H.).
Harrower (J. R.) s. Mark (H. J.).
Harsell (W. B.) s. Smyth (H. T.).
Harsh (H. C.) s. General Aniline & Film Corp.
Harshaw Chemical Co., Glanznickelbad 3960* F.
— u. Ellis (D. G.), Glanzvernicklungsbad 454* A.
— u. Hay (J. O.), Reinig. v. Alkalimetallhalogen-Verbb. 903* A.
—, King (B. W.) u. **Tesar (A. O.)**, Keram. Pigmente 1615* A.
—, Rose (A. H. Du) u. **Willson (K. S.)**, Galvan. Erzeugen v. duktilen u. gut polierfäh. Ni-Überzügen 10373* A.
—, Swinehart (C. F.) u. **Burton jr. (F. J.)**, BF_3 7999* A.
Harshbarger (K. E.) s. Nevens (W. B.).
Harsløf (E.) u. **Sørensen (C. H. R.)**, Corticotropin u. Cortison bei malignem Exophthalmus 137.
Hart (A.) s. Bates (L. F.).
Hart (Arie't) s. Kuyvenhoven (W. A.).
Hart (A. J.) s. Wiley (R. H.).
Hart (C. A.) s. Moffett (R. B.).
Hart (D.), Brandsatz für Zündschnüre 10175* A.
Hart (D. C.) s. Ford Motor Co.
Hart (E. J.), Durch γ-Strahlen induzierte Oxydat. v. wss. Ameisensäure-Sauerstoff-Lsgg. Einfl. d. Sauerstoff- u. Ameisensäurekonz. 2169. — γ-Strahleninduzierte Oxydat. wss. Ameisensäure-O-Lsgg. Einfl. d. p_H 11177. — s. McDonell (W. R.).
— u. Gordon (Sheffield), Gasentw. für Dosimetrie starker γ- u. Neutronenströme 7369.
—, Gordon (S.) u. **Hutchison (D. A.)**, Durch freie Radikale induzierte $^{16}O^{18}O$–$H_2{}^{16}O$-Austauschrk. in wss. Lsgg. 1922.
— u. Walsh (P. D.), Dosimeter für d. bei ionisierenden Bestrahlungen gebildeten Moll. 9726.
Hart (E. W.), Elektronenenergie geordneter Legierr. 3069.
Hart (F.) s. Taub (A.).
Hart (F. D.) u. **Johnson (A. M.)**, Behandl. rheumat. Arthritis mit Butazolidin 9613.
Hart (H.), Ster. Kontrolle d. „asymmetr. Einführ." bei d. ortho-Claisen-Umlager. 2391.
— u. Detroit (W. J.), Dissoziat. v. 3.3′.5.5′-Tetranitro-4.4′-dioxydiphenyl in Methanol 10950.
Hart (H. E.) s. Lewin (R.).
Hart (H. M.) s. Standard Oil Co.
Hart (H. V.) u. **Heighton (A. M.)**, Abtrenn. v. Nagetierhaaren u. Insektenfragmenten v. Haferprodd. 2557.
Hart (J.), Einfaches elektromagnet. Mikroviscosimeter für halbdurchsicht. Fll. 1569. — Einfl. eines transversalen elektr. Gleichstromfeldes auf d. Viscosität polarer fl. Dielektrika 4769.
Hart (J. J. D.), Piepes (S. L.), Anderson (F. E.), Barkley (F. A.) u. **Mast (G. W.)**, In vitro-Aktivität v. p-Aminosalicylsäurehydrazid gegenüber Mycobacterium tuberculosis 3407.
—, Rutherford (G.), Anderson (F. E.), Barkley (F. A.) u. **Mast (G. W.)**, In vitro-Aktivität v. N-Isonicotinoyl-N′-[2.2-dimethyl-3-oxypropyliden]-hydrazin (Pivalizid) gegenüber Mycobacterium tuberculosis 3408. — In vitro-Aktivität v. N-Isonicotinoyl-N′-[salicyliden]-hydrazin (Salizid) gegenüber Mycobacterium tuberculosis 3408.
Hart (J. S.), Va-Purge Prozeß beim chem. Zellstoffaufschluß 5686.
—, Strapp (R. K.) u. **Ross (J. H.)**, Sulfitzellstoff in hoher Ausbeute mit einer löslichen Base 4731.
Hart (K. R.) s. Staveley (L. A. K.).
Hart (L. E.) s. May & Baker Ltd.
Hart (R. W.) s. Gourary (B. S.).
Hart (W. F.) s. Niederl (J. B.) & Associates, Inc.
Hart (W. J.) s. Compton (J.).
Hart & Burns, Inc. u. **Burns jr. (A. E.)**, Herstellen v. korrosionsfesten Überzügen auf Fe 10620* A.
Hart Products Corp. u. **Schwartz (B. R.)**, Polyoxyalkylenäther 9470* A.
Harteck (P.) u. **Dondes (S.)**, Oxydat. v. N_2 durch O_3 unter Bldg. v. N_2O 1695. — Zers. v. NO_2 durch Neutronenbestrahl. 2150. —

Zers. v. CO_2 durch ionisierende Strahl. 1. Mitt. 9977.
Hartel (J.) s. Ultée jr. (A. J.).
Harten (H.-U.), Sperrende Kontakte zwischen Ge u. aufgedampften Metallen 7844.
—, **Koch (Werner), Rath (H.-L.)** u. **Schultz (W.)**, Sperrschichtkapazität d. legierten Ge-In-Gleichrichters 9255.
Hartenauer (H.), Ovarialhämatom u. unstillbare Metrorrhagien bei aplast. Anämie 9372.
Hartenbach (W.) s. Frey (E. K.).
Harter (J. A.) s. Davis (F. J.).
Hartert (E.) s. Glemser (O.).
— u. **Glemser (O.)**, Lage d. Wasserstoffs im Gitter kristalliner Hydroxyde 1687.
Hartfiel (W.) s. Scharpenseel (H. W.).
Hartford National Bank & Trust Co., Bienfait (H.), Blink (W. P. van den) u. **Boon (S. D.)**, Ummantel. eines selbstzündenden Schweißstabes für Lichtbogenschweißung 3959* A.
—, **Bloem (H.)** u. **Stel (M.)**, Kontinuierl. Herst. v. Novolaken 3265* A.
—, **Gier (J. de)** u. **Peper (J.)**, Aufbringen v. glatten dünnen Überzügen auf unebene, poröse Oberflächen 3498* A.
—, **Jonker (G. H.)** u. **Santen (J. H. van)**, Mn-Verbb. 5389* A.
— u. **Keverling Buisman (J. A.)**, 7-Halogensterinester 2030* A.
— u. **Koopmans (M. J.)**, Verzögern v. vorzeitigem Keimen v. Saatkartoffeln 8712* A.
— u. **Mol (E. A. J.)**, Leiterisolation 9642* A.
— u. **Strating (J.)**, 7-Dehydrosterinrhodanide 6808* A.
—, **Teves (M. C.)** u. **Tol (T.)**, Röntgenbildwandlerröhre 8703* A.
Harthon (J. G. L.) u. **Mayer (R. W. U.)**, Best. v. p-Aminobenzoesäure bei Ggw. v. Procain durch papierchromatograph. Trenn. 5369.
Hartig (M. J. P.) s. Du Pont de Nemours (E. I.) & Co.
Hartig (P. A.) u. **Loferski (J. J.)**, Brechungsindex v. Te-Kristallen im Infrarot 4034.
Hartinger (L.) s. Eckardt (D.); Holleck (L.).
Hartkamp (H.) s. Specker (H.).
Hartl (H.), Wandlungen im klin. Verlauf d. diffusen Peritonitis genitalen Ursprungs 9610.
Hartl (W.), Reazide bei experimenteller Tuberkulose 7489. — Behandl. d. Lungentuberkulose mit p-Aminobenzoesäure 7965.
Hartle (R.) s. Szmant (H. H.).
Hartleib (J.) s. Wittekind (D.).
Hartley (A.), Stahlguß 11670.
Hartley (A. W.), Zweiteil. Filtertrichter 5607.
Hartley (C. B.) u. **Jezeski (J. J.)**, Mikroflora v. Blue-Käse-Schleim 3026.
Hartley (F.) u. **Petrow (V.)**, Vitamin B_{12} u. Folsäure 8677.
Hartley (F. D.), Lord (F. W.) u. **Morgan (L. B.)**, Vorgänge bei d. Kristallisat. v. Polymeren. 3. Mitt. Einfl. d. Schmelzbedingungen u. d. Kristallisationstemp. auf d. Verlauf d. Kristallisat. v. Polyäthylenterephthalat 8877.
Hartley (F. R.), Herst. v. wasserfreien Chloriden d. Lanthanide durch Hochtemperaturchlorier. v. Monazit 2622.
Hartley (G. S.), Organische P-Insekticide. Verh. v. Schraden in d. Pflanze 1541. — s. Pest Control Ltd.
Hartman (A. H.) u. **Schneider (M.)**, Hochvakuum-Metallisier. v. Metallen u. Kunststoffen 9181.
Hartman (B. J.), Behandl. v. Gerberei- u. häusl. Abwasser in Fond du Lac, Wis 899.
Hartman (E.), Al als Konstruktionsmaterial 11459.
Hartman (J. A.) s. Dreiding (A. S.).
Hartman (L.), Oxydat. v. Glycerin durch Perjodat in alkal. Lsg. 5512. — Best. v. Fettperoxyden in Ggw. v. Phospholipiden 5681.
—, **Shorland (F. B.)** u. **McDonald (I. R. C.)**, Vork. v. trans-Säuren in tier. Fetten 3413.
Hartman (P.), „Orientierte Olivineinschlüsse in Diamant“ 6237.
Hartman (P. L.) s. Tomboulian (D. H.).
— u. **Tomboulian (D. H.)**, Kurzwell. UV-Strahl. d. Cornell-Synchrotrons 9021.
Hartman (R. E.), Streifen gleichen Verhältnisses d. Reflexionskoeff. u. ihre Anwend. zur Best. v. Dicke u. Brechungsindex monomol. Filme. 1. Mitt. Theorie 4997.
—, **Hartman (R. S.), Larson (K.)** u. **Bateman (J. B.)**, Streifen gleichen Verhältnisses d. Reflexionskoeff. u. ihre Anwend. zur Best. v. Dicke u. Brechungsindex monomol. Filme. 2. Mitt. Best. d. Dicke u. d. Brechungsindex v. Ba-Stearatdoppelschichten 4997.
Hartman (R. J.) s. Prout (F. S.).
Hartman (R. S.) s. Hartman (R. E.).
—, **Bateman (J. B.)** u. **Edelhoch (H. E.)**, Unterschiedl. elektrophoret. Eigg. v. gelöstem u. adsorbiertem Trypsin 4368.
Hartmann (A.) s. Bobingen Akt.-Ges. für Textil-Faser; Chemische Verwertungsgesellschaft Oberhausen G. m. b. H.; Farbwerke Hoechst Akt.-Ges., vormals Meister Lucius & Brüning.
— u. **Glander (F.)**, Einw. v. O_3 auf Neoprenevulkanisate u. Einfl. v. Alterungsschutzmitteln u. Füllstoffen 6155.
Hartmann (C. H.), Auftragen v. gefärbten Mustern auf Leder, Faserplatten oder ähnl. Stoffen 1845* Dän.
Hartmann (Fritz) [Göttingen], Wirkungsweise d. Mesoinosits als lipotrope Substanz 4630.
Hartmann (Fritz) [Karlsruhe] s. Wasag-Chemie Akt.-Ges.; Westfälisch-Anhaltische Sprengstoff Akt.-Ges., Chemische Fabriken.
Hartmann (G.), Drogen in d. Spirituosen-Industrie [5202]. — Chem. Konservierungsmittel 9690.
Hartmann (H.) u. **Wegner (W.)**, Löschverh. v. Weißkalk in Abhängigk. v. Brenntemp. u. chem. Zus. 1121.
Hartmann (H.) [Budapest] s. Körös (Z.).
Hartmann (Hans) s. Badische Anilin- & Soda-Fabrik Akt.-Ges.
Hartmann (Helmut) s. Henkel & Cie. G. m. b. H.
Hartmann (Hermann), Chem. Bind. [9976].
Hartmann (I.), Howarth (H. C.) u. **Nagy (John)**, Explosionsfähigk. v. Kohlenstaub 10593.
Hartmann (J.) s. Haacke (H.).
Hartmann (K.) s. I. G. Farbenindustrie Akt.-Ges.
Hartmann (Karl), Hornhautschädig. durch Tränengas d. Schreckschußpistole. (Augenschäd. durch Reizgase) 3914.
Hartmann (Manfred) s. Drefahl (G.).
Hartmann (Max) s. Ciba Akt.-Ges.
Hartmann (Maximilian), Bauwürdigk. v. Pegmatitvork. auf Glimmer 3941.
Hartmann (R. C.), Conley (C. L.) u. **Poole (E. L.)**, Einleit. d. Blutkoagulat. 3. Mitt. Klum-

pungseigg. v. plättchenfreiem Hundeplasma 1078.
Hartmann (S.) s. Glavind (J.).
Hartner-Seberich (R.) s. Daimler-Benz Akt.-Ges.
Hartnett (C.) s. Daughaday (W. H.).
Hartnett (J. P.) s. Johnson (H. A.).
Hartog (G. T. den) s. Stansbury (M. F.).
Hartong (B. D.), Best. d. Farbe v. Würze u. Bier 238. — Hefeflock. in d. Brauerei 10644.
Hartough (H. B.) u. **Meisel (S. L.),** Compounds with condensed thiophene rings [838].
Hartough (H. D.) s. Socony-Vacuum Oil Co., Inc.
Hartree (E. F.) s. Keilin (D.).
Hartsell (S. E.) s. Grula (E. A.).
Hartshorn (L.), A. Campbell 8537.
— u. **Manning (F. A.),** Verh. v. Standardzellen unter Bedingg., die d. Erzeug. v. merkl. Strömen einschließen 522.
Hartsook (E. W.) u. **Johnson (B. C.),** Wrkgg. v. Terramycin u. Methioninergänz. im Futter auf d. Zunahme an Fett u. Protein bei entwöhnten Ratten 7953.
Hartsough (W.) s. Cork (B.).
Hartstra (L.) s. N. V. W. A. Scholten's Chemische Fabrieken.
Hartung (G.), Buchdecken aus PVC-Folie 6406.
Hartung (L.) u. **Jaquenoud (P.),** Anwend. v. C. *5473*, einer anticholinerg. Substanz, zur Narkoseprämedikat. 9611.
Hartung (W. H.) u. **Gadekar (S. M.),** Stereoisomere N-Methylgranatoline 8165.
Hartwell (J. L.) s. Koo (J.); Schrecker (A. W.).
— u. **Schrecker (A. W.),** Verwandtschaft v. Anthricin, Hernandion u. Cicutin mit Desoxypodophyllotoxin 10298.
Hartwick (E. F.) s. Aluminium Laboratories Ltd.
Hartwig (G.), Kohlensäureführ. d. Werra- u. Fulda-Kalisalzlager 2152.
Hartwright (G.) s. United States Gypsum Co.
Harty (W. E.) u. **Rollefson (G. K.),** Salzeffekte auf d. Geschwindigk. schneller Rkk. in wss. Lsg. 1937.
Hartzel (L. W.) s. Benson (F. R.).
— u. **Benson (F. R.),** vic.-Triazolo-[d]-pyrimidine. 2. Mitt. 2-Arylreihe 9095.
Hartzfeld (H. A.) s. Gilman (H.).
Hartzler (A. J.) s. Siegel (R. T.).
— u. **Gottlieb (Melvin B.),** Nebelkammerbeobachtt. v. Schauern in einer Höhe v. *11500* ft 11486.
— u. **Siegel (R. T.),** Neutron-Proton-Streuung bei *395* MeV. 1. Mitt. 973. — *400* MeV-Neutron-Proton-Streuung 9952.
Harukawa (T.) s. Abe (Yasuo).
Haruna (I.) s. Akabori (S.).
Haruna (M.), Zusammenzieh. d. Einzelmuskelfaser d. Sartorius beim Kaninchen durch Chinin 8904.
Harva (O.), Leitfähigk. v. Lsgg. hydrierter Harzsäureseife 2631.
Harvay (B. G.) s. Lord President of the Council.
Harvel Corp., Überzugs- u. Imprägnierungsmittel 1617* E.
— u. **Harvey (M. T.),** Filmbildende Verbb. 8043* A.
— u. **Wasserman (D.),** Polymere Glycidyläther 9458* A.
Harvel Corp., Wasserman (D.) u. **Caplan (S.),** Antioxydationsmittel für Mineralöle u. Bzn. 4252* A.
Harvel Research Corp. u. **Harvey (M. T.),** Furfurolkondensationsprodd. 1624* A. — Erhöh. d. Ozonbeständigk. v. Kautschukoberflächen 10640* A.
Harven (E. de), Mitoseaktivität eosinophiler Myelocyten bei d. mit Colchicin behandelten Ratte 1065.
Harvey jr. (A. E.), Edmison (M. T.), Jones (E. D.), Seybert (R. A.) u. **Catto (K. A.),** Kinetik d. isothermen Zers. v. Kaliumperchlorat 4298.
Harvey (B. G.) s. Ghiorso (A.); Imperial Chemical Industries Ltd.; Thompson (S. G.).
—, **Robinson (H. P.), Thompson (S. G.), Ghiorso (A.)** u. **Choppin (G. R.),** Querschnitte v. Isotopen d. Am, Bk, Cf u. d. Elements 99 für Reaktorneutronen 8081.
Harvey (D. G.), Toxizität v. Dinitrokresolen. 1. Mitt. 4.6-Dinitro-o-kresol u. einfache Derivv. 7719.
Harvey (E. N.), Leuchtende Lebewesen 373. — Strehler (B. L.).
— u. **Haneda (Y.),** Adenosintriphosphat u. Biolumineszenz verschied. Organismen 9114.
— u. **Tsuji (F. I.),** Luminescenz v. Cypridina-Luciferin ohne Luciferase. Formulier. d. Begriffs Luciferin 7467. — Erklär. d. scheinbaren Phosphorescenz v. Cypridina-Luciferin-Lsg. 10055.
Harvey (E. W.) s. Allied Chemical & Dye Corp.
Harvey (G. G.) s. Gyorgy (E. M.).
Harvey (G. J.), Neuer billiger Überzug gibt Flußstahl guten Korrosionswiderstand 206.
Harvey (H. G.), Geschmacksprüf. Grundlegende Betrachtt. zur Geschmacksprüf. 2557.
Harvey (H. W.), Synth. v. organ. N u. Chlorophyll durch Nitzschia closterium 1304. — Resorpt. v. organ. P-Verbb. durch Nitzschia closterium im Dunkeln 1304. — The chemistry and fertility of sea waters [11538].
Harvey (J. A.) s. Carter (R. S.).
—, **Porter (C. E.)** u. **Hughes (D. J.),** Änder. d. $\bar{\Gamma}_n^0/\bar{D}$-Verhältnisses mit d. Atomgewicht 2354.
Harvey (J. L.) s. Atlas Powder Co.
Harvey (M. C.), Nebergall (W. H.) u. **Peake (J. S.),** Darst. u. Infrarotspektren einiger Dialkylsilane 6240.
Harvey (M. M.) s. Trees (R. E.).
Harvey (M. P.) s. United States Rubber Co.
Harvey (M. T.) s. Harvel Research Corp.
Harvey (P. A.), Eastburg (P. H.) u. **Reidy (V. L.),** Antibakterielle Wrkg. v. Tetrahydropyrimidinderivv. 11406.
Harvey (P. G.) s. Imperial Chemical Industries Ltd.
Harvey (W. P.), Berkman (F.) u. **Leonard (J.),** Warnung gegen d. Verwend. v. Meperidinhydrochlorid (Isonipecain, Demerol) bei Kranken mit Herzkrankheiten, insbes. mit Vorhofflattern 10562.
Harvey (W. T.) s. Black (E. P.).
Harvie (F. H.) u. **Singer (R. B.),** Salicylsäurevergift. 10319.
Harvie (R. E.) s. Hathaway (C. W.).
Harvig (S.), Prakt. Meth. zum Nachw. v. Gallenfarbstoff in Urin 1111.

Harvig (S.) u. **Bang (H. O.),** Nachw. v. Gallenfarbstoff im Urin 7744.
Harvill (E. K.) s. Bischoff (E.) Co., Inc.
Harwalkar (V. R.), Achaya (K. T.) u. **Saletore (S. A.),** Einheim. Baumwollsaat. 1. Mitt. Angenäherte Analyse u. Öl-Zus. v. Hyderabad- u. Bombay-Arten 952.
Harward (M. E.) s. Coleman (N. F.).
— u. **Coleman (N. T.),** Eigg. v. H- u. Al-Tonen u. Austauschharzen 3465.
Harwart (A.) s. Langecker (H.).
Harwell (K. E.), Genaues elektron. Titrationsinstrument 4418.
— u. **Hatch (L. F.),** cis–trans-Isomerisier. v. 1-Brompropen-(1) u. verwandten Verbb. 11550.
Harwin (G. O.) s. Wyk (H. P. D. van).
Harwood (C. T.), Cholinesteraseaktivität u. Encephalogramme bei d. durch Diisopropylfluorphosphatinjekt. in d. Carotis ausgelösten Kreisbeweg. 2696.
Harwood (F. C.), Chemikalien für d. Wäscherei 7111.
— u. **Wagg (R. E.),** Chemikalien für d. Wäscherei 7111.
Harwood (H. J.) s. Hoerr (C. W.).
Harwood (J.) s. Armour & Co.
Harwood (J. H.), Technolog. Anwendd. v. aktiviertem Al_2O_3 7999.
Harwood (P. D.), Anthelminth. Eigg. d. Phenothiazins 2249.
Hasbrouck (R. B.) s. Abbott Laboratories.
Hasché (E.), Chem. Behandl. d. chirurg. Tuberkulose mit bes. Berücksichtig. d. Isonicotinsäurehydrazids (INH) 2475.
Hasche (Rudolph L.), Regenerativverf. zur Durchführ. kurzzeit. endothermer Gas-Rkk. 181* D. B. — Katalyt. Regenerativverf. für endotherme Gas-Rkk. mit abwechselnder Heiz- und Rk.-Stufe 9409* D. B. — Koppers Co., Inc.
Hasche (Rudolf Leonhard) s. Deutsche Gold- & Silberscheideanstalt vormals Roessler.
Hasche-Klünder (R.) s. Kröger (E.).
Haschen (R. J.), Quantitative Papierchromatographie v. Aminosäuren u. Peptiden mittels d. Ninhydrinfarbstoff–Cu-Komplexe 7743.
Hascoët (M.), Bestäubb. v. Flugzeug aus. 2. Mitt. Bekämpf. v. Meligethes auf Raps 1127.
Hasegawa (H.), Kondensationspolymere aromat. Acetoxycarbonsäuren 10282.
Hasegawa (K.) s. Nakabayasi (K.).
— u. **Azuma (S.),** π-Nucleonstreung u. d. Dämpfungseffekt 11488.
Hasek (R. H.), Oxo-Rk. als eine synthet. Meth. 10961.
Hasek (W. R.) s. Parham (W. E.).
Haseman (J. F.) s. Tennessee Valley Authority.
Hasen (H. B.) u. **Moore (T. D.),** Nitrofurantoin. Unterss. in vitro u. in vivo an hundert Fällen mit Harninfektt. 3906.
Hasenberg (A.), Überführen bituminöser Klebstoffe in eine lockere M. nichtklebender u. nichtzusammenbackender Körnchen 7820* D. B.
Hash (J. H.) u. **King (K. W.),** Nachw. eines Oligosaccharids als Zwischenprod. bei d. enzymat. Hydrolyse v. Cellulose 11403.
Hashi (T.) s. Takahashi (I.).
Hashimoto (Hatsujiro), Unters. dünner kristalliner Filme mit einem Universal-Elektronenbeugungsmikroskop 2144.
Hashimoto (Hidefumi) s. Ishibe (I.).
Hashimoto (Hidenori) s. Harada (Togoro).
Hashimoto (S.) s. Wolfe (T. A. De).
Hashimoto (S.) [Osaka] s. Imakita (T.).
Hashimoto (Takeshi), Mg-Ernähr. v. Getreidepflanzen. 1. Mitt. Stoffwechsel v. Mg in verschied. Formen im Blatt u. Stiel d. Sojabohnenpflanze 10120.
Hashimoto (Tetsutarō) s. Tsuchiya (T.).
Hashimoto (Yôhei), Mikrochem. Nachw. v. Triterpenoiden mittels d. papierelektrophoret. Meth. 8224.
Hashimoto (Yoshitaka), Wirkungsmechanismus d. Santonins 2482.
Hashizume (T.) s. Nozaki I (H.).
Hasino (T.) s. Huzinaga (S.).
Haskell (L. C.) s. Southern Cotton Oil Co.
Haskell (N. B.) s. Texas Co.
Haskin (D. M.) s. Schein (M.); Sprague (A. D.).
Haskin (H. H.) s. Pomeroy (L. R.).
Haskin (J. F.) s. Matlack (G. M.); Yarborough (V. A.).
Haskins (J. F.) u. **Weinstein (A. H.),** Derivv. d. Aminocellulose 8642.
Haskins (R. H.) s. Lemieux (R. U.).
Haslam (J.) u. **Grossman (S.),** App. zur Feststell. v. Weichmacher in Polymethacrylsäuremethylesterfolie 10147.
— u. **Newlands (G.),** Best. v. Acrylnitril in d. Luft 10097.
— u. **Squirrell (D. C. M.),** Beobachtt. an einem automat. Titriergerät 9631.
—, **Whettem (S. M. A.)** u. **Newlands (G.),** Best. d. Menge u. Zus. freier Phenole in Phenol–Formaldehyd- u. Kresol–Formaldehyd-Harzen u. -Preßpulvern 6583.
— u. **Wilkinson (N. T.),** Best. v. As nach d. B. S. Evansschen Meth. 2264.
Haslam (R. N. H.) s. Greenberg (L. H.); Horsley (R. J.); Katz (Leon); Taylor (J. G. V.).
—, **Roberts (W. N.)** u. **Robb (D. S.),** Wirkungsquerschnitt d. Rk. $^{27}Al(\gamma, n)^{26}Al$ 9955.
Hasler (M. F.), Relative Empfindlichkk. v. Ramanspektrometern 649.
Haslinger (R.) u. **Strunz (W.),** Colorimetr. Meth. zur Best. v. 4-Aminoantipyrin im Serum in Gegenwart v. Pyramidon 11648.
Hasman (M.) s. Brauner (L.).
Hass (G.), Hochohmwiderstände 183* D. B. — Wischfeste u. korrosionsbeständ. Oberflächenspiegel 8724* D. B.
— u. **Bradford (A. P.),** Anod. hergestellte Mehrfachoxydfilme zur Vergrößer. d. Reflexionsvermögens v. aufgedampftem Al 11641.
Hass (G. M.) s. Ashley (C. A.).
Hass (H. B.) s. Purdue Research Foundation.
Hass (H. C.). s. Cohen (S. G.).
Hass (P.) s. Hull (W. Q.).
Haß (W.) s. Fernseh G. m. b. H.
Hassan (F.) s. Crook (E. M.).
Hassan (H. H.) u. **McCollum (J. P.),** Factors affecting the content of ascorbic acid in tomatoes [135].
Hassan jr. (W. E.), Antibiotica in d. Krankenhausapotheke 11044.

Hassebrauk (K.), Einw. v. Sulfonamiden u. Sulfonen auf Getreideroste. 4. Mitt. Anatom. Unterss. über d. Infektionsverlauf bei mit Sulfonamid behandelten Getreidekeimpflanzen 3174.
Hassel (B.), Staubabscheider (Bauart Hassel) 10403.
Hassel (O.) s. B o g (S.).
— u. **Hvoslef (J.)**, Struktur v. Brom-1.4-Dioxanat 5510.
—, **Römmig (C.)** u. **Vihovde (E. H.)**, Kristall- u. Mol.-Struktur v. 1.1.4.4-Tetrachlorcyclohexan 6945.
— u. **Vihovde (E. H.)**, Kristallstruktur v. trans-1.4-Chlorbromcyclohexan 3105.
Hassel (O. J.) s. C a l b e c k (J. H.).
Hasselbach (W.) s. W e b e r (A n n e m a r i e).
Hasselmann (R.) s. H ö l e m a n n (P.).
Hasselquist (H.), Derivv. d. Dehydroascorbinsäure 6763. — s. E u l e r (H. v.).
Hasselstrom (T.), **Dateo (G. P.)**, **Levinson (H. S.)**, **Stahl (W. H.)**, **Hewitt (E. J.)** u. **Konigsbacher (K. S.)**, Antioxydative Wirksamk. u. Antagonismus v. Piperin, Isonicotinsäurehydrazid u. verwandten Verbb. gegenüber mikrobiellem Wachstum 8182.
Hassett (C. C.) u. **Jenkins (D. W.)**, Verwend. v. Spaltprodd. für Insektenkontrolle 4031.
—, **Summerson (W. H.)** u. **Solomon (F.)**, Biosynth. v. ^{14}C-markiertem Glykogen 6790.
Hassid (W. Z.) s. A b r a h a m (S.); P u t m a n (E. W.).
Hassinen (J. B.) s. A m e r i c a n H o m e P r o d u c t s C o r p.; T o m a r e l l i (R. M.).
—, **Durbin (G. T.)** u. **Bernhart (F. W.)**, Vitamin-B_6-Geh. v. Milchprodd. 8053.
Haßmann (J.) s. F a r b e n f a b r i k e n B a y e r A k t. - G e s.
Hassner (A.) s. C r o m w e l l (N. H.).
Hast (N.), Beobachtt. über widerstandsfäh. Oberflächenfilme v. Kristallen 10936.
Hasterlik (R. J.), Tragbares Thuliumröntgengerät, 3. Mitt. Klin. Radiographie mit einer ^{170}Tm-Quelle 7370.
Hastings (C. H.), Auswahl d. Einrichtungen für d. zerstörungsfreie Werkstoffprüf. 4923.
Hastings (J.) s. W e i s s (R. J.).
Hastings (J. M.) s. B r o c k h o u s e (B. N.); C o r l i s s (L. M.).
Hastings (J. R. B.) s. F o r e s t a l L a n d, T i m b e r a n d R a i l w a y s C o. L t d.
Hastrup (B.), Amylenhydrat u. d. Auffind. neutraler 17-Ketosteroide im Urin 138.
Haszeldine (R. N.), Umsetzungen v. Metallsalzen v. Säuren. 5. Mitt. Synth. v. Fluordienen aus Fluordicarbonsäuren 3115. — Spektroskop. Unterss. 7. Mitt. Spektroskop. Beweis für d. Bldg. v. Mol.-Verbb. mit Jodcyan 5263. — s. B e n n e t t (F. W.); E m e l é u s (H. J.); L e e d h a m (K.).
— u. **Kidd (J. M.)**, Perfluoralkylderivv. d. S. 1. Mitt. Trifluormethansulsonsäure 4324.
—, **Leedham (K.)** u. **Steele (B. R.)**, Anlager. freier Radikale an ungesätt. Systeme. 9. Mitt. Richt. d. Radikalanlager. an Allen u. Allylchlorid 558.
— u. **Steele (B. R.)**, Addit. v. freien Radikalen an ungesätt. Systeme 2640. — Anlager. freier Radikale an ungesätt. Systeme. 10. Mitt. Umsetz. v. HBr mit Tetrafluoräthylen u. Chlortrifluoräthylen 3113.
Hata (T.), **Ohki (N.)**, **Matsumae (A.)** u. **Koga (F.)**, Streptomyces. 3. Mitt. Bezieh. zwischen Klassifizier. nach d. Verwert. v. C-Verbb. u. nach d. antibakteriellen u. antistreptomyt. Spektren 9118.
Hatai (N.) u. **Kimura (N.)**, Wrkg. v. Insekticidstaubablagerr. auf d. Sterblichk. v. Adulten d. Spezies Callosobruchus chinensis L. im horizontalen Windtunnel 11453. — Skala zur Mess. d. Ablagerr. v. Insekticidstaub 11455.
Hatano (A.) s. S o b u e (H.).
Hatch (A. B.) s. B r i s t o l L a b o r a t o r i e s, I n c.
Hatch (F. T.), **Wertheim (A. R.)**, **Eurman (G. H.)**, **Watkin (D. M.)**, **Froeb (H. F.)**, **Epstein (H. A.)**, **McPhee (G.)**, **English (S.)** u. **Dayton (J.)**, Diätwrkg. bei essentieller Hypertonie. 3. Mitt. Änderr. d. Natriumchlorid-, Protein- u. Fettaufnahme 5352.
Hatch (G. B.) s. T e x a s C o.
Hatch (H.) s. B u c k j r. (T. C.).
Hatch (L. F.), Organic chemistry [6534]. — s. H a r w e l l (K. E.); N. V. d e B a t a a f s c h e P e t r o l e u m M i j.; W a t t (G. W.).
— u. **Perry jr. (R. H.)**, Allylchloride. 22. Mitt. 1.3-Dichlorbutene-(2) 8593.
Hatch (M. J.) u. **Cram (D. J.)**, Mechanismus u. Umfang d. Neberschen Umlager. 804.
Hatch (R. A.) u. **Comeforo (J. E.)**, Synthet. Glimmer 5151* A.
Hatch (T. F.) s. D r i n k e r (P.).
Hatcher (D. B.) s. A l l i e d C h e m i c a l & D y e C o r p.; L i b b e y - O w e n s - F o r d G l a s s C o.
Hatem (S.), Radioaktivität d. Zirkone v. d. Grenze v. Siam 10222.
Hatey (J.), Kontrollwrkg. d. Hypophyse über d. vordere Nebenniere eines Teleostiers, d. Aals (Anguilla anguilla L.). Änder. d. Ascorbinsäuregeh. d. vorderen Nebenniere nach Injekt. v. corticotropem Hormon 386. — Interrenalkörper u. Ascorbinsäure d. Knochenfische 7023. — s. F o n t a i n e I I (M a u r i c e).
Hatfield (E. E.), **Garrigus (U. S.)** u. **Norton (H. W.)**, Antibiotica-Ergänz. im Futter für wachsende Mastlämmer 7482.
Hatfield (M. R.) s. W a l l (F. T.).
Hatfield (R.) s. S t r o n g (E. R.).
Hathaway III (A. J.) s. N a t i o n a l L e a d C o.; T i t a n C o., I n c.
Hathaway (C. W.) u. **Harvie (R. E.)**, Behandl. v. Maschinenbau- u. Gießereiabwasser 7056.
Hathaway Mfg. Co., **Kahler (W. H.)**, **Balassa (L. L.)** u. **Ross (H. F.)**, Glanz- u. Griffausrüst. v. Cellulose-, bes. Baumwolltextilien 9939* A.
Hatherly (M.) s. S a m u e l s (L. E.).
Hatji-Emmanuel (E.) s. L o u r o s (N. C.).
Hatos (G.) s. H a t t y a s y (D.).
Hatt (H. H.) s. C l a r k (D. J.); D o b s o n (A. G.).
— u. **Szumer (A. Z.)**, Samenfett d. Kerguelen-Kohles (Pringlea antiscorbutica) 5925.
Hatt (J.-L.) s. R o c h e (J.).
Hatta (S.), **Yamazi (Y.)**, **Tanaka (Hiroko)** u. **Yamauchi (M.)**, Wrkg. v. Natriummalonat auf Salmonella enteritidis-Infekt. bei d. Maus 9608.
Hatterer (A.) s. H é r o l d (A.).
Hattingh (I. D.), Striga lutea (Lour.) 5880.
Hatton (J.) s. C r o f t (A. J.).
— u. **Rollin (B. V.)**, Kernquadrupolwechselwrkg. in Br- u. J-Verbb. 4035. — Elektr. Eigg. v. Indiumantimonid bei tiefen Tempp. 6458.

Hatton (R. E.) s. Monsanto Chemical Co.
Hattori (N.) s. Ono (T.).
Hattori (S.) u. **Shiroya (T.)**, Zucker in Samen u. Keimlingen v. Pinus Thunbergii 10297.
Hattyasy (D.), Ungewöhnl. hohe F-Werte im Speichel cariesfreier Personen 136.
— u. **Hatos (G.)**, N-Geh. d. menschl. Zahnschmelzes 135.
Haubein (A. B.) s. Gilman (H.).
Haubold (H.), Bedeut. d. unterschiedl. Geh. fettlösl. Vitamine in d. Mutter- u. Kuhmilch für d. menschl. Gesundh. 2239.
Hauck (C. F.) u. **Eger (E. C.)**, Wasserinstrumentarium d. Stahlindustrie 4181.
Hauduroy (P.), Problèmes actuels de virologie [1769].
Hauer (G. E.), Behandl. v. Molkereiabwasser durch Belüft. 3704.
Hauffe (K.), Anwend. d. Halbleitertheorie auf Probleme d. heterogenen Katalyse 6473. — Zundervorgänge an Metallegierr. 7161. — Mechanismus d. Oxydat. v. Fe u. legierten Stählen bei höheren Tempp. 9044. — Anorgan. u. allg. Chemie in Einzeldarstellungen. B. 2. Rkk. in u. an festen Stoffen [8106]. — s. Engell (H.-J.).
— u. **Block (J.)**, Fehlordnungsmodell eines Eigenstörstellen-Halbleiters am Beispiel d. Chromoxyds 7614.
— u. **Flint (H. G.)**, Elektr. Leitfähigk. v. CdSe 11160. — Elektr. Leitfähigk. u. Thermokraft v. NiS 11505.
—, **Glang (R.)** u. **Engell (H.-J.)**, Einfl. d. Elektronenfehlordn. oxyd. Katalysatoren auf d. Zerfallsgeschwindigk. d. Stickoxyduls 8104.
— u. **Grunewald (Horst)**, Fehlordnungserscheinn. u. Leitungsvorgänge in Eigenhalbleitern 7614.
— u. **Ilschner (B.)**, Fehlordnungszustände u. Transportvorgänge in Ionenkristallen 2847.
— u. **Pfeiffer (H.)**, Kinetik d. Wüstitbldg. bei d. Oxydat. v. Fe 1464.
— u. **Rahmel (A.)**, Mechanismus d. S. v. Fe, Ni u. Ni-Legierr. bei höheren Tempp. 2616.
—, **Tränckler (G.)**, CaO, ein amphoterer Halbleiter 517.
Haug (R.), Photochem. Ausbleich. v. Mischungen aus Preußischblau u. ZnO 9451.
Haugaard (E. S.) s. Haugaard (N.).
Haugaard (N.), **Vaughan (M.)**, **Haugaard (E. S.)** u. **Stadie (W. C.)**, Unterss. mit injiziertem radioaktivem Insulin 387.
Hauge (S. M.) s. Moody (E. G.); Needham (J. W.).
Haugen (G. R.). s. Friedman (H. L.).
Haugsnes (J.) s. Roberts (J. H.).
Hauk (V.), Röntgenograph. Gitterkonstantenmessungen an plast. verformten Stahlproben 762. — Ermittl. v. Eigenspannungen aus röntgenograph. Gitterkonstantenmessungen 2062.
Hauke (R.), p_H-Wert u. seine Mess. 7738.
Haul (R. A. W.), Trenn. v. Isotopen mittels Oberflächendiffus. in porösen Medien 4526. — s. Schoening (F. R. L.); Wet (J. F. de).
Haunschild (R. L.) s. Houston (E. C.).
Haupt (G. W.), Alkal. Lsg. v. Kaliumchromat als Standard für d. Durchlässigk. im UV 4170.
Haupt (K. F.) s. Bethlehem Steel Co.
Haupt (W.), Stoffl. Beeinfluss. d. Blütenbldg. bei Pisum sativum. 1. Mitt. Wrkg. d. Stickstoffernähr. 851.
Hauptman (H.) s. Karle (J.).
— u. **Karle (J.)**, Lsg. d. Phasenproblems für d. Raumgruppe P1 4050. — Multiplizität v. Lsgg. v. Kristallstrukturgleichungen 4530. — Lösung d. Phasenproblems 7388.
Hauptmann (H.) u. **Berl (H.)**, Synth. v. Cystin-β,β'-dicarbonsäure 5765.
Hauptmann (K. H.), Herst. v. Fruchtsäften, Apfelweinen u. Weinen mit Hilfe v. Enzympräpp. 9690.
Hauptschein (M.), **Stokes (C. S.)** u. **Saggiomo (A. J.)**, Umsetzungen d. Trifluormethylsalicylsäure 338.
Hauptverwaltung der Bergbau-Berufsgenossenschaft u. **Zrenner (F.)**, Messung d. Staubgeh. eines Gases 7517* D. B.
Haurowitz (F.), Biochemistry; an introductory textbook [9112].
Haury (V. E.) s. Norton (D. G.); Shell Development Co.
Hausam (W.) s. Dann (O.).
Hauschild (F.) u. **Wermann (H.)**, Wirksamk. tetraploider Formen v. Digitalis purpurea u. Digitalis lanata am Meerschweinchen 158.
Hauschild (U.) s. Glemser (O.).
Hauschild (W.), Leistung v. Dünnschichtverdampfern mit zwangsläuf. ausgebildeten Filmen 4665.
Hauschildt (J. D.) s. Grossman (C. M.).
Hause (C. D.) s. Smith (A. E.).
Hause (N. L.) s. Du Pont de Nemours (E. I.) & Co.
Hauseman (I. K.), Vorverkupfer. v. Zn-Spritzguß 3724.
Hausen (H.), Rektifikat. idealer Dreistoffgemische 3563. — Definit. d. Austauschgrades v. Rektifizierböden bei Zwei- u. Dreistoffgemischen 4665.
Hauser (A.), Lagerstätten lichtbrennender bzw. feuerfester Tone in d. Steiermark 8707. — s. Arquint (A.).
Hauser (C.) s. Kunz (A.).
Hauser (C. R.) s. Brasen (W. R.); Hill (D. G.); Man (E. H.); Murray (James G.); Stewart jr. (A. T.); Thompson (D. F.).
— u. **Lindsay (J. K.)**, Aldolkondensat. v. Äthylacetat mit Ketonen zu β-Oxyestern unter Einw. v. Lithiumamid 10717.
— u. **Murray (James G.)**, 4-Oxychinoline aus Anilin u. β-Ketonitrilen 9802. — Benzoylierr. v. 2-Methoxylepidin u. 4-Methoxychinaldin mit Kaliumamid 9801. — Synth. gewisser Benz-[a]-acridine 11580.
Hauser (E. A.), R. E. Liesegang 4265. — Kolloidwissenschaft d. natürl. Kautschuklatex 4470. — Morpholog. Unters. v. Silicongummi 5916. — Morpholog. Unterss. an regenerierten Elastomeren 8402. — s. Butt (A. J.); Sofer (G. A.).
— u. **Le Beau (D. S.)**, Struktur d. Lyogele. 5. Mitt. Unters. d. Polymerfraktt. v. Naturkautschuk, Standard GR-S, Tieftemp.-GR-S (X-435) u. Neoprene *10* 10045.
Hauser (E. W.) u. **Thompson (J.)**, Wrkgg. v. 3-Amino-1.2.4-triazol u. Derivv. auf Cyperus rotundus (L.) u. Sorghum halapense (L., Pers.) 6114.
Hauser (O.), Integrationsphotometerverf. zur Intensitätsbest. v. Röntgenreflexen 11520.

Hauser (R.), Cu u. seine Legierr. in d. Pulvermetallurgie 10368.
Hausermann (J.), Drucken mit unlösl. Azofarbstoffen u. geeignetste Verdickungsmittel für diese Farbstoffklasse 8268.
Hausler (H. R.) s. Campbell (James).
Hausman (E. A.) u. **Davis (T. W.)**, Radiolyse d. Ederschen Lsgg. 7630.
Hausman (H. J.) s. Bender (R. S.).
Hausmann (E.), Phenolsynth. durch Hochtemperaturdruckhydrolyse v. Chlorbenzol mit Natronlauge 1603. — Apparate für Wärmeaustausch bei höheren Tempp. 5385. — s. Farbwerke Hoechst Akt.-Ges., vormals Meister Lucius & Brüning.
Hausmann (F.), Hochveredl. v. Zellwoll-Kammgarnstoffen 7580.
Hausmann (H.) s. Badische Anilin- & Soda-Fabrik Akt.-Ges.
Hausmann (W.), App. zur fraktionierten Sublimat. bei n. oder reduzierten Drucken 4169.
Hausner (H.) s. Pfohe (H.); Rost (F.).
— u. **Rost (F.)**, Spektralanalyt. Eisenoxydbestimmungen in Glasschmelzsanden 10603.
Hausner (H. H.), Elektroplattieren v. pulvermetallurg. hergestellten Teilen 4925. — Materialfragen in Kernenergie-Reaktoren 7604. — s. Storchheim (S.).
—, **Kalish (H. S.)** u. **Angier (R. P.)**, Pulvermetallurgie v. Zr 3953.
— u. **Michaelson (H. B.)**, Pulvermetallurgie v. Zr u. Be 10612.
—, **Pinto (N. P.)**, Pulvermetallurgie v. Be 3953.
Hausschild (F.) s. Börngen (S.).
Haussmann (G.) u. **Carini (S.)**, Strukturanalyse d. Bodens. 1. Mitt. Methoden mit W. 11667.
Haussmann (H.) s. Badische Anilin- & Soda-Fabrik Akt.-Ges.; Chemische Verwertungsgesellschaft Oberhausen G. m. b. H.; Farbwerke Hoechst Akt.-Ges., vormals Meister Lucius & Brüning.
Hausweiler (A.) s. Alder (Kurt).
Haut (A.) s. Wintrobe (M. M.).
Hauter (R. L.) s. Martin (T. J.).
Hautot (A.), F-Zentren d. Bromsilbers u. Bildungsmechanismus d. latenten Bildes 6667.
— u. **Sauvenier (H.)**, Wirkungsweise d. Desensibilisatoren. 3. Mitt. Desensibilisierungsfaktoren beim latenten Oberflächenbild u. beim internen Gesamtbild 7357; 4. Mitt. Desensibilisierungsfaktor beim latenten Tiefenbild 7358.
Hauttmann (H.), Eigg. d. LD-Stähle im Konverter unter Benutz. v. reinem O gefrischter Stähle 3238. — Einbringen v. Zusätzen in geschmolzene Metalle 5167* F. — Vereinigte Österreichische Eisen- und Stahlwerke Akt.-Ges.
Havas (H. F.) u. **McGeady (A. P.)**, Wachstumsförder. u. Antisulfonamidaktivität d. Pteroylglutaminsäure u. verwandter Verbb. bei Escherichia coli u. Aerobacter aerogenes 6053.
Havas (L. J.) u. **Heusner (A.)**, Entw. v. experimentellem Pflanzenkrebs bei Pelargonium zonale unter d. Einw. v. Vitamin K. 6536.
Have (A. J. van der), Best. v. Ca u. Mg in Milch mit Komplexon 3 6417.
Have (R. v.) s. Siemens-Schuckertwerke Akt.-Ges.
Havemann (H.) s. I. G. Farbenindustrie Akt.-Ges.
Havemann (H. A.), **Rao (M. R. K.)**, **Natarajan (A.)** u. **Narasimhan (T. L.)**, Verwend. v. Alkoholkraftstoff in Verb. mit n. u. schweren Kraftstoffen in schnellaufenden Dieselmotoren 963.
Haven jr. (A. C.) s. Merck & Co., Inc.
Haven (F. L.) s. Bloor (W. R.).
Haven (Y.), Dielektr. Verluste v. Kristallen 11337.
Haven Household Mfg. Co. Ltd., Biegsames flächenförm. Erzeugnis zur Verwend. als Wasch- oder Reinigungslappen im Haushalt 5457* F.
Havens jr. (W. P.), **Dickensheets (J.)**, **Bierly (J. N.)** u. **Eberhard (T. P.)**, Halbwertszeit v. ^{131}J-markiertem n. menschl. γ-Globulin bei Patienten mit Lebercirrhose 5586.
Havens jr. (W. W.) s. Block (M. M.); Melkonian (E.); Seifert (A. M.); Tittman (J.).
Havermann (H.) u. **Scharpenseel (H. W.)**, Bilanz- u. Verteilungsstudien mit radioakt. markiertem ^{35}S-Äthylpiperidin-Penicillin beim Schwein u. Huhn. 1. Mitt. 6064.
Havill (J. R.) s. Feldman (I.).
Havinga (E.), Spontane Bldg. opt.-akt. Substanzen 6709. — s. Kraaijeveld (A.); Wessels (J. S. C.).
— u. **Bots (J. P. L.)**, Unterss. über Vitamin D. 1. Mitt. Synth. v. $^{14}C_{(3)}$-Vitamin D_3 10278.
Havinga (E. E.), **Boswijk (K. H.)** u. **Wiebenga (E. H.)**, Kristallstruktur d. Cs_2J_8 (CsJ_4) 9746.
Haw (V. A.), Cyanit in Canada 542.
Hawa (E. S.) s. Fawaz (G.).
Haward (R. N.) s. Gray (V. R.); Petrocarbon Ltd.; Styrene Products Ltd.
Hawdon (A. R.), **Hughes (E. D.)** u. **Ingold (C. K.)**, Mechanismus d. Substitut. an einem gesätt. C-Atom. 35. Mitt. Wrkg. d. Temp. auf d. Konkurrenz zwischen unimol. solvolyt. u. nichtsolvolyt. Substitutt. v. Di-p-tolylmethylchlorid. Aktivier. in d. schnellen Stufe d. unimol. nichtsolvolyt. Substitut. 5036.
Hawe (S. C.) s. Bates (D. R.).
Hawel (J.) u. **Myślińska (Z.)**, Verwend. v. „Nußbaumholzbeize" zur Färb. v. Papier 5452.
Hawes (B. W. V.) s. Gold (V.).
Hawes (J.) s. Cooke (B. A.).
Hawes (R. J.) s. Tide Water Associated Oil Co.
Hawes (W. B.) s. A. S. P. Chemical Co. Ltd.
Hawk (P. B.), Practical physiological chemistry [1529].
Hawk (W. H.) s. Aktiebolaget Standard Radiofabrik.
Hawkes (H. A.) s. Baines (S.).
Hawkes (M. F.) s. Lena (A. J.).
Hawkins (A.), Zeit u. Meth. sowie Einbring. v. Kunstdünger zur erfolgreichen Kartoffelerzeug. in Neu-England 194.
Hawkins (E. G. E.), Rkk. organ. Peroxyde. 4. Mitt. Rkk. v. Methylcyclopentyl- u. Methylcyclohexylhydroperoxyden 6967. — s. Distillers Co. Ltd.; Gasson (E. J.).
— u. **Nelson (W. E.)**, Rk. v. Isopropanol mit Alkali 6270.
— u. **Young (D. P.)**, Rkk. organ. Peroxyde. 5. Mitt. Rk. v. Eisen(II)-sulfat mit Methyl-

cyclopentyl- u. Methylcyclohexylhydroperoxyden 6967.
Hawkins (J.) u. Tucker (S. H.), Fluoranthensynthesen. 5. Mitt. 11-Methoxyfluoranthen 7432.
Hawkins (J. E.) s. Tucker jr. (W. C.).
— u. **Eriksen (W. T.)**, Physikal. u. thermodynam. Eigg. v. Terpenen. 2. Mitt. 1704.
Hawkins (J. G.) s. Ward (E. R.).
Hawkins (J. M.) s. Chipault (J. R.).
Hawkins (S. R.) s. American Cyanamid Co.
Hawley jr. (W. H.) s. Hibbard jr. (W. R.).
Hawliczek (F.), Stabilisierte Kaskadenhochspann. für d. Betrieb v. Geiger-Müller-Zählrohren 10674.
Haworth (J. B.) u. Hume-Rothery (W.), Wrkg. v. vier Übergangselementen auf d. α/β-Messing-Gleichgewichtstyp 3571.
Haworth (J. W.) s. British Oxygen Co. Ltd.
Haworth (R. D.) s. Bailey (B.); Caunt (D.); Critchlow (A.); Crow (W. D.); Grimshaw (J.).
— u. **Hobson (J. D.)**, Purpurogallin. 4. Mitt. Eigg. v. Tropolonen 4580.
— u. **Silva (L. B. de)**, Chebulinsäure. 1. Mitt. 7688.
Haworth (R. G.) s. Potash Co. of America.
Hawthorne (A.) s. Craig (D.).
Hawthorne (G. J.) s. Kansas City Testing Laboratory.
Hawthorne (J. N.), Äthanolunlösl. Phosphatide d. Säugerleber 6548.
— u. **Chargaff (E.)**, Inosit-halt. Lipide 10048.
Hawthorne (M. F.), Wasserstoffbrücken im Übergangszustand bei nucleophilen aromat. Substitutions-Rkk. 4798. — s. Parks (L. R.).
Haxby (R. O.) s. Matheson (W. E.); Murray (P. C.); Voss (J. R.).
Hay (A. S.) s. Christiansen (R. G.); Leonard (N. J.).
Hay (J. E.), Johnstone (N. M.), Tipper (C. F. H.) u. Williams (R. K.), Kinetik d. Zers. v. Tetralinhydroperoxyd in sauren u. alkal. Lösungsmm. 4800.
Hay (J. G.) u. Pridham (J. B.), Freie Xylose in Früchten 2703.
Hay (J. O.) s. Harshaw Chemical Co.
Hay (O. G.) s. Ross Ltd.
Hay (R.) s. Livey (D. T.).
Hay (R. J.) s. Firestone Tire & Rubber Co.
Hayaishi (O.) u. Kornberg (A.), Umsetz. d. Phospholipoide durch Bakterienenzyme 11599.
—, **Tabor (H.) u. Hayaishi (T.)**, Enzymat. Bldg. v. Formylasparaginsäure aus Imidazolylessigsäure 10291.
Hayaishi (T.) s. Hayaishi (O.).
Hayakawa (K.) s. Iwasaki (T.).
Hayakawa (S.), Musashino-Shi, Alkoh. Malzgetränk 6415* A.
Hayakawa (T.) u. Kambara (T.), Massenspektrometr. Unterss. in d. quantitativen Gasanalyse. 1. u. 2. Mitt. 4894.
Hayakawa (Y.) s. Ishizuka (Y.).
Hayama (N.) s. Goto (R.).
Hayao (S.) s. Hurd (C. D.).
Hayashi (C.), Zersetzungsgeschwindigk. v. Diffusionspumpenöl 3444.
Hayashi (I.) s. Kumagai (H.).
Hayashi (Izumi) s. Hachihama (Y.).
Hayashi (Jun-ichi) s. Takaki (H.).
Hayashi (K.) s. Yonezawa (T.).
Hayashi (M.) u. Miyoshi (Yasunori), Temperaturabhängigk. d. Zündspannungsschwankk. in einer Gasentladungsröhre 4519.
Hayashi (Shôichi) s. Fujiwara (S.).
Hayashi (Shûichi), Matsuura (Tamon) u. Masumoto (B.), Unterss. an Cineol. 2. Mitt. Pyrolyse v. Cineol an Porzellanstücken 2681.
Hayashi (Takeshi) u. Takijima (Y.), Ausnutzbark. v. organ. Bodenphosphor für Nutzpflanzen. 1. Mitt. Quantitat. Verf. zur Best. v. organ. P im Boden 10121.
Hayashi (Teru) u. Rosenbluth (R.), Mechanochem. Eigg. v. Fasern aus Actomyosinfilmen 626.
Hayashi (Toshiharu) s. Ishiguro (K.).
Hayashi (Y.) s. Morimoto (H.).
Haycock (E. W.) s. Alder (B. J.).
Haydak (M. H.), Änderr. d. Thiamingeh. v. ausgewachsenen Arbeiter-Honigbienen bei proteinfreier Nahrung 11614.
Haydar (N. A.) s. Goldfien (A.).
Hayden (P. M.) s. Gowan (J. E.).
Hayden (R. J.) s. Steinberg (E. P.); Wasserburg (G. J.).
Haydn (J.) s. Alder (Kurt).
Hayek (E.), Lechleitner (J.) u. Böhler (W.), Hydrothermalsynth. v. Hydroxylapatit 8809.
—, **Puschmann (J.) u. Czaloun (A.)**, Umsetz. v. Fluorsulfonsäure mit Chloriden 5263.
— u. **Schnell (E.)**, Hydroxyperchlorate zweiwert. Metalle u. ihre Lsgg. 4300.
— u. **Stadlmann (W.)**, Darst. v. reinem Hydroxylapatit für Adsorptionszwecke 8809.
Hayek (M.), Antistat. Ausrüstungen für Textilien 484.
Hayes (D. H.) s. Chopra (N. M.).
Hayes (F. A.) s. Cooperrider (D. E.).
Hayes (F. N.) s. Schuch (R. L.).
— u. **Gould (R. G.)**, Fl. Scintillationszähler für tritiummarkiertes W. u. organ. Verbb. 7605.
—, **Rogers (B. S.) u. Ott (D. G.)**, 2.5-Diaryloxazole u. 2.5-Diaryl-1.3.4-oxadiazole 6978.
—, **Rogers (B. S.) u. Sanders (P. C.)**, Bedeut. d. Lösungsm. in fl. Scintillatoren 10916.
—, **Williams (D. L.) u. Rogers (B.)**, Flüssigkeitsscintillationszähl. v. natürl. ^{14}C 7835.
Hayes (G. L.) s. N. V. de Bataafsche Petroleum Mij.
Hayes (J. C.) s. Basolo (F.).
Hayes (J. J.) s. Mathieson Chemical Corp.
Hayes (K.), Chemotherapeut. Nitrofurane. 3. Mitt. N-[5-Nitrofurfuryliden-(2)]-3-aminotetrahydro-1.3-oxazinon-(2) 8152. — s. Eaton Laboratories, Inc.; Gever (G.).
—, **Ebetino (F.) u. Gever (G.)**, Chemotherapeut. Nitrofurane. 2. Mitt. Bldg. u. Rkk. v. Derivv. v. 3-Amino-2-iminooxazolidin 8152.
— u. **O'Keefe (C. J.)**, Nitrier. d. Furyl-(2)-methylketons: Methyl-[5-nitrofuryl-(2)]-keton u. 3.4-Bis[furoyl-(2)]-furoxan 5063.
Hayes (M. A.), Einfl. einer längeren lokalen Behandl. mit Nebennierenrinden- u. Sexualhormonen auf d. intradermale Spreading-Wrkg. d. Hyaluronidase 3645. — Bedarf an wasserlösl. Vitaminen in d. chirurg. Rekonvalescenz 7484.
—, **Hodgson (P.) u. Coller (F. A.)**, Einsatz v. Testosteron zur Vermeid. postoperativer Leberdysfunkt. beim wenig gefährdeten Patienten 386.

Hayes (R.), Form zum Pressen plast. Scheiben 1801.
Hayes (R. A.), Polymere Kettenübertragungs-Rkk.; Polymerisat. einiger Vinylmonomerer in Ggw. v. Vinylpolymeren 118. — Neue Meth. zur Best. d. Verzweig. in Polymerisaten 4366.
Hayes (R. F.) s. Monsanto Chemical Co.
Hayes (T. J.) s. Brown (E. G.).
Hayes jr. (W. J.), DDT-Vergift. 11042.
Hayman (C.) s. Gross (P.).
Haymond (H. R.) s. Garrison (W. M.).
—, **Garrison (W. M.)** u. **Hamilton (J. G.)**, Trägerfreie Radioisotope aus Cyclotrontargets. 22. Mitt. Darst. u. Isolier. v. ^{203}Pb aus Tl 9018; 24. Mitt. Darst. u. Isolier. v. $^{188,\ 190,\ 192}$Ir aus Os 9019.
Haynes (B. G.) u. **Khan (K. B.)**, Wrkg. v. „Diamox" auf d. Ödeme Herzinsuffizienter 404.
Haynes (J. R.) s. Hannay (N. B.); Hornbeck (J. A.).
— u. **Hornbeck (J. A.)**, Abklingen bei d. Photoleitfähigk., verbunden mit Löcherhaftstellen in n-Typ-Si 5723.
Haynes (L.) s. Hill (C. M.).
Haynes (R.), Isotherm. Umwandl. v. untereutektoiden Al-Bronzen 4536.
Haynes (S. K.) s. Burford (A. O.); Perkins (J. F.).
Haynes (W.), American chemical industry. V 1, Background and beginnings, *1608—1910*. V 5, Decade of new products, *1930—1939* [2743].
Haynie (W. H.) u. **Nielsen (H. H.)**, Fundamentalabsorptionsbanden in d. infraroten Spektr. v. Stibin u. deuterisiertem Stibin 3554.
Hayrabetain (B.) s. Cohen (S.).
Hays (E. E.) u. **White (W. F.)**, Chemie d. Corticotrophine 7017.
Hays (N. E.), Überzüge auf Stählen zur Vermeid. d. Reißens beim Ziehen 2290.
Hays (R. L.) u. **Vandemark (N. L.)**, Einfl. d. Reizung d. Fortpflanzungsorgane d. Kuh auf d. Ausschütt. einer oxytocinähnl. Substanz 3659.
Hayslip (N. C.), **Kelsheimer (E. G.)**, **Thames jr. (W. H.)** u. **Wilson (J. W.)**, Unterss. über d. Maisährenwurm Heliothis armigera (Hbn.) in Florida 4678.
Hayward (C.) s. Pennsylvania Salt Mfg. Co.
Hayward (E.) s. Fuller (E. G.).
— u. **Fuller (E. G.)**, Elast. Streuung v. Photonen an Kernen 11489.
— u. **Hubbell (J.)**, Albedo verschied. Substanzen für *1* MeV-Photonen 5711.
Hayward (G.), Behandl. eines Spätrezidivs bei Prostatacarcinom mit Cortison 125.
Hayward (L. D.) u. **Purves (C. B.)**, Einw. v. Hydroxylamin auf Methyl-*α*- u. -*β*-D-glucopyranosidtetranitrat in Pyridin 7214.
Haywood (D.), Analysen für d. Industrie 5611.
Haywood (G.), Bleichen v. halbchem. neutralem Sulfitzellstoff 8059.
Hazard (C.) s. Brown (R. Hanbury).
Hazard (J.), Le Potassium en biologie et en thérapeutique [407]. — s. Justin-Besançon (L.).
Hazard (R.) s. Zénon (M.).
—, **Beauvallet (M.)**, **Corteggiani (E.)**, **Giudicelli (R.)** u. **Rénier-Cornec (A.)**, Yohimbinwrkg. auf d. Nebennierenmarksekret. 395.
Hazard (R.), **Beauvallet (M.)** u. **Giudicelli (R.)**, Umkehrmechanismus d. hypotensiven Wrkgg. d. Isoprenalins durch Ergotamin 1556. — Einfl. d. Veränderungen d. Lungenventilat. auf d. Umkehr. d. blutdrucksenkenden Wrkg. gewisser Aminoalkohole 9132.
—, **Beauvallet (M.)**, **Giudicelli (R.)**, **Chabrier (P.)** u. **Thuillier (G.)**, Methojodide d. stereoisomeren Amide der d. Procain verwandten Lokalanästhetica 1321.
—, **Cheymol (J.)** u. **Corteggiani (E.)**, Dissoziat. d. durch synthet. Curarepräpp. verursachten Anticholinesteraseeffekte u. d. sensibilisierenden Wrkgg. auf Acetylcholin 2019.
— u. **Delga (J.)**, Veränderr. d. Kaliämie im Verlauf d. Intoxikat. mit Diisopropylfluorphosphat 4394.
—, **Giudicelli (R.)**, **Beauvallet (M.)**, **Chabrier (P.)** u. **Thuillier (G.)**, Methojodide d. höheren Homologen d. stereoisomeren Amide der d. Procain verwandten Lokalanästhetica 1321.
—, **Nezamie (A. H.)**, **Corteggiani (E.)**, **Chabrier (P.)** u. **Larno (S.)**, p-Nitro- u. p-Aminobenzoesäureester (Chlorhydrate u. Jodmethylate) u. entsprechende Aminoalkohole 403.
— u. **Savini (E.)**, Verhinderung d. tox., konvulsiven u. vasomotor. Wrkgg. v. Nicotin bei d. Ratte durch verschied. Allgemein-Anästhetica 7258.
Hazel (F.) s. Stericker (W. M.).
Hazel (J. F.) s. Philadelphia Quartz Co.
Hazelwood (R. N.), Best. d. Ringgeh. aromat. Petroleumfraktt. 2339.
Hazen (E. L.) s. Brown (Rachel).
Hazen (W. E.) s. Davis (W. P.).
Hazleton (L. W.), **Tusing (T. W.)** u. **Holland (E. G.)**, Akute u. diuret. Toxizität v. Butazolidin 869.
Hazlett (B. E.), **Taylor (H. E.)** u. **Whitelaw (D. M.)**, Plötzl. Lebernekrose bei einem mit Urethan behandelten Patienten mit multiplem Myelom 8176.
Hazlett (F. P.) s. Jones & Laughlin Steel Corp.
Hazzard (B. J.) s. Unilever Ltd.; Unilever (N. V.).
Hazzard (G. W.) s. Fox (W. M.).
Heacock (R. A.) u. **Hey (D. H.)**, Zwischenkerncyclisier. 3. Mitt. Erweiterung d. Pschorrschen Phenanthrensynth. zur Synth. v. Phenanthridonen 6981; 6. Mitt. Synth. einiger Methyl-, Halogen- u. Carbomethoxy-N-methylphenanthridone 7674; 7. Mitt. Synth. einiger Nitro-N-methylphenanthridone 7675.
Head (A. J.) s. Barton (D. H. R.).
Head (F. S. H.), Additionsverb. v. Glyoxal u. Äthylenglykol 9339.
Head (K. W.) s. Cass (R.).
Head (M. A.) s. Schoental (R.).
Headland (H. N.) s. Ekco Products Co.
Heady (E. O.) s. Jensen (A. H.).
Heady (H. H.) s. Smith (H. N.).
Heagy (A. B.), 2.4-D Herbicide 11455.
Heal (H. G.), Chem. Wrkgg. ionisierender Strahl. in festen Körpern. 1. Mitt. 9249; 2. Mitt. 10189.
Heal (R. E.), **Nash (K. B.)** u. **Williams (M.)**, Insekticidresistenter Stamm d. Schabe Blatella germanica (*L.*) aus Corpus Christi, Texas 2517.
Heal (T. J.) s. Sully (A. H.).

Heald (M. A.) s. Beringer (R.).
Heald (P. J.), Schnelle Änderr. d. cerebralen Kreatinphosphates 5114.
Heald (R. F.) s. Colgate-Palmolive-Peet Co.
Healy (G. W.) s. Hilty (D. C.).
Healy (J. W.) s. Standard Oil Co.
Healy (R. W.) s. Reich (T.).
Healy (W. B.), Behandl. v. kalkbedingten Mn-Mangelerkrankk. bei Pfirsichbäumen 8008.
Heap (H. R.) s. English Electric Co. Ltd.
Heap (R.) s. Distillers Co. Ltd.
Heaps (C. W.), Elektr. Eigg. v. Molybdänit 6457.
Heaps (H. S.) u. **Herzberg (G.)**, Intensitätsverteil. im Rotations-Schwingungs-Spektr. d. OH-Mol. 1202.
Heard (H.) s. Turner (F. J.).
Heard jr. (J. R.) s. Wyandotte Chemicals Corp.
Heard (L.) s. Standard Oil Co.
Hearle (J. W. S.), Kapazität, DK. u. Feldstärkenfaktor v. Faserpackungen 6886. — s. Cusick (G. E.).
Hearn (W. R.) s. Fruton (J. S.).
Hearne (G. W.) s. Shell Development Co.
Hearon (J. Z.) s. Cavanaugh (D. J.).
— u. **Gilbert (J. B.)**, Berechn. v. Assoziationskonstanten v. Komplexionensystemen 11528.
— u. **Katzman (R.)**, Enzymkinetik: Aus d. Hypoth. d. nichtelast. Stoßes abgeleitete Hemmungsgleichungen 8883.
Hearon (W. M.), Fortschritte in d. Verwert. v. Sulfitablaugen 1168.
Heat & Industry, Inc. u. **Gagnaire (L.)**, Reinigen v. Generatorgas 6431* A.
Heath (D. F.) u. **Casapieri (P.)**, Hydrolyse v. Dimethylamiden v. Phosphorsäuren 538.
— u. **Linnett (J. W.)**, Innermol. Kräfte zwischen nichtverbundenen Atomen 7856.
Heath (D. P.) s. Albright (R. E.).
Heath (G. A.), **Thomas (L. F.)** u. **Sheridan (J.)**, Struktur v. Trifluorsilan aus Mikrowellenspektren 5721.
Heath (H. R.), Viscosität v. Gasgemischen 1448.
Heath (P.), Abgeänderter, handbetriebener Hochdruck-Schwefelwasserstoff-Generator 9152.
Heath (R. L.) s. Schenck (J.).
Heath (R. W.) s. Signal Oil & Gas Co.
Heath (S. B.) s. Dow Chemical Co.
Heath-Brown (B.) s. Roche Products Ltd.
Heatherington (W.) s. Hanna (A. D.).
Heatherman (M. E.) s. Clapper (W. E.).
Heaton (W. G.) s. Imperial Chemical Industries Ltd.
Heavens (O. S.), Völlig dielektr., hochreflektierende Schichten 5719. — Optical properties of thin solid films [9024]. — Anwendd. v. Einfachlagen- u. Mehrfachlagenfilmen 11256.
Hebbel (K.) s. Loleit (H.); VEB Filmfabrik Agfa Wolfen.
Hebberling (H.), Emulgierkraft d. Celluloseäther 483. — Schwerspathalt. Bleimennige 6147.
Hebden (D.), **Edge (R. F.)** u. **Foley (K. W.)**, Druckvergas. 11482.
Hebenstreit (C. O.) u. **Glynn (E. P.)**, Laboratoriumsgerät zur Unters. d. Eigg. v. Seifenkompositt. bei mechan. Bearbeit. 1167. — Laboratoriumsvorr. zur Unters. v. Seifen auf Grund d. Strangeigg. 6420.
Heber (G.), Ausdehn. d. Spinwellentheorie d. Ferromagnetika auf höhere Tempp. 1676. — Quantentheorie einer neuen Ursache v. Ferromagnetismus 4040. — Tomonagas Meth. d. Behandl. mittelstark gekoppelter Felder. Method. Studien. 1. u. 2. Mitt. 6441. — Quantentheorie d. Ferromagnetismus 7151. — Vers. einer stark idealisierten Theorie d. Hyperonen 11487.
Heberer (W.) s. Weil (V.).
Heberlein (M. F. W.), OFHC-Cu 1828.
Heberlein & Co. Akt.-Ges., Baumwollgewebe mit leinenähnl. Aussehen 488* F. — Erzeug. v. Effekten auf Geweben 1611* F. — Veredeln v. Baumwollgeweben 1646* F. — Verbessern v. Polyacrylnitrilfasern 2810* F. — Erzeug. gemusterter Webereieffekte zusammen mit permanenten mechan. Effekten 3257* Oe. — Kräuseleffekt auf Chintzgewebe 3283* E. — Erzeug. v. leinenart. u. ähnl. Veredlungseffekten auf Baumwollgeweben 5937* Oe.
Hebermehl (R.) s. Farbenfabriken Bayer Akt.-Ges.
Hebert (C. L.) s. Carter (A. B.); Dick (D. R.).
Hebert (J.) s. Joret (G.).
Hebert (S.) s. Verne (J.).
Hebký (J.) u. **Kejha (J.)**, Darst. v. 1.3-Dimethyl-4.5-diaminouracil 4836.
Hechelhammer (W.) s. Farbenfabriken Bayer Akt.-Ges.
Hechenbleikner (I.) s. American Cyanamid Co.
Hechler (G.) s. Dynamit Akt.-Ges. vormals A. Nobel & Co.
Hecht (B. P.) s. Donnelly (L. C.).
Hecht (F.) s. Bradacs (L. K.).
Hecht (G.) u. **Wingler (A.)**, Biol. Unters. u. d. geeignete chem. Aufbau einiger Azofarbstoffe zur Lebensmittelfärb. 9607.
Hecht (H.), Fällbark. d. Trimeta- u. Tetrametaphosphatanions mit Benzidinhydrochlorid 7739.
— u. **Müller (Gerhardt)**, Phototropie d. Kupfer(I)-chlorids u. d. Kupfer(I)-bromids 8103.
Hecht (M.) u. **Hecht (W.)**, Physiologie u. Chemie v. Leukosklerotien bei Mutterkorn 4642. — Geh. v. Mutterkorn auf verschied. Wirtspflanzen 6336.
Hecht (O.) s. Badische Anilin- & Soda-Fabrik Akt.-Ges.
Hecht (S.) u. **Rabinowitch (E.)**, Explaining the atom [511].
Hecht (W.) s. Hecht (M.).
Hecht jr. (W. J.), **Worthington (E. A.)**, **Crittenden (E. D.)** u. **Northrup (M. A.)**, Citratunlösl. Rückstand eines ammonisierten Superphosphats. Röntgenbeugungsunters. 5155.
Hechter (O.) s. Saba (N.); Searle (G. D.) & Co.
—, **Jacobsen (R. P.)**, **Schenker (V.)**, **Levy (H.)**, **Jeanloz (R. W.)**, **Marshall (C. W.)**, **Pincus (G.)**, **Scully (E.)**, **Johnson (Selma)**, **Washburn (I.)**, **Rodgers (O. G.)** u. **Maloney (P.)**, Chem. Umwandl. d. Steroide durch adrenale Perfusion. Perfusionsmethoden 3660.
Heck (C.) s. Süddeutsche Apparate-Fabrik G. m. b. H.
Heck (J. E.) s. Armco International Corp.
Heckel (H.) s. Ruhrchemie Akt.-Ges.
Heckel jr. (H. L.) s. Allied Chemical & Dye Corp.

Heckelsberg (L. F.), Bailey (G. C.) u. Clark (A.), Best. d. Leitfähigkeitstyps aus d. Einfl. v. H_2-Adsorpt. auf d. elektr. Leitfähigk. 7378.
Heckenbach (W.), Eupond bei Fettsucht 10564.
Heckenhahn (K.), Behandl. v. Glaukomkranken mit Pyridostigmin 8911.
Hecker (E.), Verteilungsverf. im Labor. [3451], 7984.
— u. **Allemann (K.),** Trenn. v. Substanzen durch Verteil. zwischen zwei fl. Phasen. Nomenklaturvorschläge 10818.
Heckert (L.), Brauchbark. d. Assmann-Thermometer für d. Temperatur- u. Feuchtemessungen auf Grund empir. Trägheitsbestimmungen 9632.
Heckle (W. A.) s. Cameron (M. D.).
Hecklinger (P.), Kombinierte Androgen-Östrogen-Therapie d. klimakter. Ausfallserscheinungen 11235.
Heckmaier (J.) s. Wacker-Chemie G. m. b. H.
Heckman (H. H.), Giles (P. C.) u. Barkas (W. H.), Unterss. energiereicher γ-Strahlen mit Kernbahnemulss. 5950.
Heckmann (W.) s. Maschinenbau-Akt.-Ges. Balcke.
Heckrotte (W.), Kernwirkungsquerschnitte u. d. Größe d. Kerns 2592.
— u. **Lepore (J. V.),** Polarisat. v. an Kernen elast. gestreuten Nucleonen 11487.
Hecq (Y.) s. Gillon (L.).
Heczko (T.), Schnellbest. kleiner Mengen C im Stahl nach d. Baryt-Schüttelverf. 8691.
Hedberg (A.), Gasol, ein neu hinzugekommenes Glied d. Brennstoffamilie 2569.
Hedberg (C. W. J.) s. Research Corp.
Hedberg (J. D.) s. Schwartz (H. A.).
Hedberg (K.) s. Luten jr. (D. B.).
—, **Jones (M. E.) u. Schomaker (V.),** Struktur d. stabilen Pentaborans 3085.
Hedden (W. A.) s. Austin (A. E.).
Hedegaard (J.) s. Thoai (N.-van).
Hedelund (J. W.) s. Dow Chemical Co.
Hedén (C.-G.) s. Rafelson jr. (M. E.).
Hedenberg (I.), Makroskop. u. mkr. Veränderr. u. Steinbldg. im Harntrakt bei experimentell hervorgerufenem Vitamin-A-Mangel u. einige Bemerkk. zur Wrkg. hoher Vitamin-A-Dosen auf d. Uterus-, Vaginal- u. Blasenepithel 2235.
Hedenburg (O. F.) s. Rex Research Corp.
Heder (M.), Schwierigkk. beim Schweißen mit d. Tig-Verf. 3722.
Hedgcock (F. T.) s. Misener (A. D.).
Hedgecock (L. W.) s. Hubble (R. H.).
— u. **Cohn (D. V.),** Wrkg. v. Diacetyl auf Mikroorganismen 4615.
Hedges (E. S.) s. Hangers Paints Ltd.
Hedges (J. M.) s. Evans (T.) [Bristol].
Hedges (R. M.) s. Hammond (G. S.).
Hedgran (A.) s. Mladjenović (M.).
— u. **Hultberg (S.),** Winkelverteil. d. Photoelektronen aus d. *0,4* u. *1,3* MeV-γ-Strahl. 6448.
Hediger (H. J.) u. Günthard (H. H.), Opt. Drehungsvermögen organ. Substanzen im infraroten Gebiet. 1. Mitt. 2858.
Hedin (C.), Farbe v. Tonprodd. nach d. Brennen 6593.
Hedin (L.), Lefebvre (J. M.) u. Philippart (M.), Futterkoppelwirtschaft u. wiesenwirtschaftl. Erzeug. in d. Normandie 11478.
Hedinger (C.) u. Langemann (H.), Nierenschädigg. mit Rindennekrosen bei Ratten unter Behandl. mit 5-Oxytryptamin. Endokrine Aktivität d. Carcinoide 11401.
Hedman (C. L.) u. Turner (J. R.), Einbringen wasserfreien Ammoniakdüngers 7298.
Hedman (E. A.) u. Miller (Arnold), Metallreinig. bei Elementen v. Präzisionsinstrumenten 918.
Hedrick (R.) s. Furutani (Y.).
Hedrick (R. M.), Wertbest. im Labor. v. Polyelektrolyten als Bodenverbesserer 8478. — s. Monsanto Chemical Co.
Hedvall (J. A.), Nichterzführende Gesteine u. Abfallmassen in aktueller techn. Anwend. 2989. — Regulier. d. Oberflächenaktivität u. ihre grundlegende Bedeut. für Pulvermetallurgie u. Pulverkeramik 5258.
— u. **Carlander (O.),** Kristallograph. Umwandl. u. Kristallaufspalt. 9973.
— u. **Lindner (R.),** Festkörperchemie [9274].
Hée (A.), Derville (R. P.) u. Jarovoy (M.), Best. d. Radioaktivität d. Quincy-Granits nach d. photograph. Meth. 10701.
— u. **Jarovoy (M.),** Autoradiographie d. β-Strahlen d. K 6207.
— u. **Keller (Paul),** Chem. u. physikal. Meßmeth., d. auf d. Verteil. radioakt. Zerfälle beruht 3551. — Anwend. d. Radioaktivität auf d. experimentelle Mechanik v. Fll. 8307.
—, **Wack (M.) u. Jarovoy (M.),** Unters. d. β-Strahl. d. Gesteine 4032.
Heedman (P. A.) s. Jacobson (B.).
Heeger (E. F.) u. Gizycki (F. v.), Vorschläge zum Drogenteil d. neuen Arzneibuches 11042.
Heeney (H. B.) s. Hill (H.) [Ottawa].
Heer (E.), Einfl. äußerer Felder auf d. Winkelkorrelat. 10189. — s. Albers-Schönberg (H.); Gimmi (F.).
Heer (J.) u. Wettstein (A.), Steroide. 116. Mitt. Abbau d. Gallensäurenseitenkette. 13. Mitt. Vereinfachte Darst. v. $\Delta^{20:22:23}$-21-Bromcholadienen 2210.
Heer (Josef de), Elektronenstruktur v. konjugierten S-Verbb. 1. Mitt. Thiophen u. Isothianaphthen 3822. — s. Evans (M. G.).
Heer (Jules) s. Ciba Akt.-Ges.
Heerden (C. van), Nobel (A. P. P.) u. Krevelen (D. W. van), Mechanismus d. Wärmeübertrag. im Fließbett 2972.
Heerdt (R.) u. Haack (E.), Tert. Amino-5-methylbarbitursäuren 6807* D. [DDR]. — Bas. disubstituierte Barbitursäuren 6807* D. [DDR].
Heerhaber (O.) s. Winnacker (K.).
Heering (H.) s. Siemens-Schuckertwerke Akt.-Ges.
Heertjes (P. M.), Holve (W. A.) u. Talsma (H.), Stoffübergangszahl zwischen Isobutanol u. W. in einer Sprühkolonne 8961.
—, **Horst (A. M. Ter) u. Persijn (J. M.),** Naphthodioxan (2.3-Dihydronaphtho-[2.3]-p-dioxin), einige Derivv. u. Azofarbstoffe. 1. Mitt. 6286.
—, **Knape (A. A.) u. Talsma (H.),** Derivv. v. Benzo-1.4-dioxan. 2. Mitt. V. 5.7-Dinitrobenzo-1.4-dioxan abgeleitete Verbb. 10270.
— u. **Revallier (L. J.),** Nitriersäuren, bestehend aus HNO_3 u. SO_3 6474.
Hees (Van) G. m. b. H., Fleisch enthaltende Erzeugnisse 7807* E.
Heesch (A.) s. Kaufmann (H. P.); Tscheschе (R.).
Hefe-Patent G. m. b. H., Gewinn. v. Mikroorganismen 1632* D. B.

Heffer (E. T.) s. Shackman (N. H.).
Hefferline (J. E.) s. Monsanto Chemical Co.
Heffernan (G. R.), Verwend. v. Mullitgewölben bei Elektrostahlöfen d. Vancouver Steel Co. Ltd. 5637.
Hefferren (J. J.) s. Foye (W. O.).
Heffner (H.) s. Clogston (A. M.).
Hefti (H.), Zerfall v. Natriumchlorit in Bleichlsgg. [9279].
Heftmann (E.) u. **Johnson (D. F.)**, Best. v. Nebennierenrindensteroiden in Gemischen 855.
Hegan (H. J.) s. Courtaulds Ltd.
Hegedüs (A.) s. Pungor (E.).
Hegedüs (B.), Neue Synth. d. DL-2-Thiolhistidins 5537. — s. Hoffmann-La Roche (F.) & Co. Akt.-Ges.
Hegedüs (L.) s. Kasszán (B.).
Hegedüs (M.) s. Mauritz (B.).
Hegedüs (Z.), Erzmkr. Unters. d. Futters eines Cu-Raffinierofens 11084. — s. Boda (F.); Széki (P.); Varga (J.).
Hegeman (J. T.), O_2 aus Pyrrhotit 4237.
Hegemann (F.) u. **Pfab (B.)**, Korrekturverff. für d. flammenphotometr. Na-Best. bei Gegenwart von Ca 10838. — Quantitative flammenphotometr. Best. v. Na u. K in Kalk-Natron-Glas 11447.
— u. **Sybel (C. v.)**, Spektrograph. Best. v. Al, Fe u. Ti in Quarzsanden mit d. Kohlelichtbogen 11447.
Hegenbarth (R.), Herst. d. H_2SO_4. Theorie, Technologie, Gegenwartsprobleme [5151].
Heger (H.) s. Ruhrchemie Akt.-Ges.
Heger (Hans), Klin. Erfahrr. bei d. Behandl. d. Tuberkulose bei Kindern u. Jugendl. mit Paratebin 9840.
Hegewald (K.) s. Spier (H. W.).
Hegnauer (R.), Einfl. d. Standortes auf d. Eigg. v. heilkräftigen Pflanzen 1094.
— u. **Coremans (J.)**, Theoret. Bedeut. d. chem.-ontogenet. u. chem.-systemat. Betracht. v. Arzneipflanzen. (Chem.-ontogenet. Unterss. bei einigen Solanaceen) 6079. — s. Fikenscher (L. H.).
Hegsted (D. M.), **Trulson (M. F.)** u. **Stare (F. J.)**, Bedeut. d. Weizens u. d. Weizenprodd. in d. menschl. Ernährung 9127.
Hegyi (E.) u. **Vonyiková (M.)**, Unters. v. Arbeitsschutzsalben 3918.
Heiberg (E.) s. Carvalho (H. G. de).
—, **Kruse (U.)**, **Marshall (J.)**, **Marshall (L.)** u. **Solmitz (F. T.)**, Verlangsam. polarisierter Protonen 9719.
Heiberg (S. A.), Rk. $^{11}B(n, \alpha)^8Li$ 4990. — s. James (D. B.).
Heiberger (C. A.) s. Dominion Rubber Co. Ltd.; Ohio-Apex, Inc.
Heiberger (P.), Arbeitsweisen unter Verwend. v. Isotopen u. d. Chromatographie. Ihre Anwend. in d. Technologie v. Schutzüberzügen 463. — Porzellanemaillen gegen organ. Überzüge 9880. — Rolle d. Petrochemikalien in d. Anstrichtechnik 9916.
Heichlinger (H.) und O. Perutz, Trockenplattenfabrik München G. m. b. H. u. **Heichlinger (Heinrich)**, Halogensilberkolloidschicht für Strich- u. Rasteraufnahmen 1427* D. B.
Heichlinger (Heinrich) s. Heichlinger (H.) und O. Perutz, Trockenplattenfabrik München G. m. b. H.
Heide (F.) u. **Kaeding (J.)**, Halogengeh. d. Saalewassers 7634.
Heide (K.), Abscheid. v. Verunreinigg. aus d. beim Spinnen v. Cellulosehydratfasern verwendeten Fällbädern 1879* D. [DDR].
Heidelberger (C.), Anwend. d. C-Isotope auf d. Unters. d. tier. Stoffwechsels 4632. — s. Bhargava (P. M.).
Heider (R. L.) s. Monsanto Chemical Co.
Heidmann (J.), Über d. Einfang v. μ-Mesonen durch Ca 10913.
Heidt (L. J.), Kinetik eines Photogleichgewichtes 9276.
— u. **Berestecki (J.)**, Opt. Unterss. an Cer(III)-Lsgg. 10437.
— u. **Bosley (D. E.)**, Prüf. v. zwei einfachen Methoden zur Eichung d. Skalen für Wellenlänge u. Absorpt. v. modernen Spektralphotometern 5610.
Heidtke (W. J.) s. Krimmel (C. P.); Searle (G. D.) & Co.
Heiffer (M. H.) s. Bacchus (H.).
Heighton (A. M.) s. Hart (H. V.).
Heights (J.) s. Advances Solvents & Chemical Corp.
Heijde (H. B. van der) u. **Aten jr. (A. H. W.)**, Adsorptionskurve einer Seltenen Erde in einer Ionenaustauschkolonne 1453.
Heijmann (D.) s. Ketelaar (J. A. A.).
Heijmer (G. B.), Zum Bohnern v. Möbeln verwendbare Lacke 1386* Schwz. — Oberflächenbehandlungsmittel 3498* Schwed. — Mattlacke 9452* D. B.
Heijningen (A. J. M. K. van) = Kits van Heijningen (A. J. M.).
Heiks (J. R.) u. **Garrett (A. B.)**, Syst. $MgBr_2$–$LiBr$–H_2O 1227.
Heil (F. G.) s. Nielsson (F. T.).
Heil (H.), Laufzeitprisma für Isotopentrenn. 4993.
Heilbron (I. M.) s. Curtis (R. G.).
— u. **Cook (Arthur H.)**, Zwischenprodd. für d. Herst. substituierter Cysteine u. Derivv. derselben 9150* E.
Heilbronner (E.) s. Chopard-dit-Jean (L. H.); Gäumann (T.); Plattner (P. A.); Simon (W.).
— u. **Günthard (H. H.)**, Molekeleigenfunktt. bestimmter Symmetrie: Linearkombinatt. v. P-Funktt. 1. Mitt. Problemstell., Definitt. u. Meth. 11347.
— u. **Simonetta (M.)**, Sesquiterpene u. Azulene. 100. Mitt. Bas. Eigg. d. Azulene. 2. Mitt. 4313.
Heilesen (B.), **Kristjansen (A.)** u. **Reymann (F.)**, Hydrocortison bei d. Therapie v. Hautkrankhh. 4623, 9369.
Heiligenstädt (W.) s. Bergische Stahl-Industrie.
Heilingötter (R.), Haarkosmetik 3024. — Konst. Farbkraft u. Giftigk. v. Haarfarben 3751. — Kaltwelle ohne „Thioglykolsäure“ 4472. — Zusammenhänge zwischen Konst., Färbekraft u. tox. Verh. bei Haarfarbstoffen 9925.
Heilmann (E.) u. **Mönch (R.)**, Signierfärben v. Perlon 7557.
Heilmann (G.) s. Czerny (M.).
Heilmann (M.), Derivv. d. symm. Triazins 5903* D. [DDR].
Heilmann (R.) u. **Arnaud (P.)**, Raman-Frequenz d. Carbonylbind. in aliphat. verzweigten Ketonen 3099.
—, **Gaudemaris (G. de)** u. **Arnaud (P.)**, Trenn. v. Stereoisomeren d. 3-Äthylpenten-(3)-

ons-(2) 9068. — Struktur d. Kondensationsprodd. aus Acetaldehyd mit Pentanon-(2) u. Butanon-(2) 9069.
Heilmann (R.), Gaudemaris (G. de) u. **Noack (K.),** Unterss. über ungesätt. Ketone. 1. Mitt. Studium ihrer Isomere 5044; 2. Mitt. Stellungsisomerie d. Doppelbind. 5044.
— u. **Glénat (R.),** Katalyse durch Ionenaustausch: Umlager. u. Hydratat. v. Äthinylverbb. 10483.
Heilmeier (F.), Gersten d. Ernte *1953* u. erste neue Malze 7336. — Gersten-Jahrgang *1954* u. d. ersten neuen Malze aus südwestdeutschem Gebiet 9215. — Moderne Malzanalyse als wichtige Aussage für Brauer u. Mälzer 10400. — s. H a j e k (T.).
Heilmeyer (L.), Resistenzproblem 2017.
—, **Clotten (R.), Sano (I.), Sturm jr. (A.)** u. **Lipp (A.),** Analyse d. Reststickstoffes mit Hilfe d. Hochspannungspherogramms. Neue analyt. Meth. 1. Mitt. 7514.
Heilpern (M. J.), Plast. Farbfilme, Diapositive u. dergleichen 1427* Oe.
Heilskov (N. C. S.) s. O l e s e n (K.).
Heim (E.), Probleme d. Fleischqualität 4231. — s. K o c h (W a l t e r) [München].
— u. **Vierling (R.),** Methodik d. colorimetr. Hyaluronsäurebest. 7514.
Heim (Friedrich) s. F a r b e n f a b r i k e n B a y e r A k t. - G e s.; F a r b w e r k e H o e c h s t A k t. - G e s., v o r m a l s M e i s t e r L u c i u s & B r ü n i n g.
Heim (Fritz) u. **Wagner (H.),** „Arterenerg." Natur durch Pendiomid Pentamethylazapentylendiäthyldiammoniumdibromid nichtblockierbarer sympath. Nerven 6075.
Heim (R.) u. **Cailleux (R.),** Anwend. v. Cocosmilch zur Züchtung v. Pflanzengewebskulturen 8894.
Heim de Blasac s. D o n z e l o t.
Heimbach (K.) s. A l d e r (K u r t).
Heimbach (N.) s. G e n e r a l A n i l i n e & F i l m C o r p.
Heimberg (M.), Fridovich (I.) u. **Handler (P.),** Enzymat. Oxydat. v. Sulfit 7701.
— u. **Velick (S. F.),** Synth. v. Aldolase u. Phosphorylase in Kaninchen 376.
Heimke (P.) s. F a r b w e r k e H o e c h s t A k t. - G e s., v o r m a l s M e i s t e r L u c i u s & B r ü n i n g.
Heimnets (F.), Lehmann (J. J.), Taylor (W. W.) u. **Kathan (R. H.),** Faktoren, die d. Stoffwechselreaktivier. v. mit UV inaktivierten Keimen v. Eschericha coli beeinflussen 2700.
Heimsch (R. A.) s. M o n s a n t o C h e m i c a l C o.
Hein (D. W.), Phenylmaleonitril u. Phenylfumaronitril. Neue, auf aktivierter Tonerde beobachtete Rk. 9781. — s. A m e r i c a n C y a n a m i d C o.
Hein (F.) u. **Bähr (G.),** Therm. Abbau d. Tetraphenylchromjodids im Hochvakuum 3347.
— u. **Pauling (H.),** Therm. Zers. v. Tetraarylchromhalogeniden 1464.
Hein (H.), Bakteriolog. Unterss. mit Neomycin u. Nebacetin 9823.
Hein (L. W.) s. C o o n (F. B.).
Hein (R. A.) s. S t e e l e (M. C.).
Hein (R. E.) s. C l e g g (R. E.).
Heinänen (P.), Tuderman (L.) u. **Rämö (L.),** Papierchromatographie d. Sulfonamide. 2. Mitt. Quantitative Best. 3436.
Heindl (R. A.) s. M a c k l e s (L.); M a s s e n g a l e (G. B.).
Heindl (R. A.) u. **Post (Z. A.),** Feuerfeste Gußmassen, 2. Mitt. Eigg. u. Wrkgg. v. Wärmebehandl. 5626.
Heine (C.) s. W a c h s (W.).
Heine (E. W.), App. v. Grote u. Krekeler zur Best. d. Gesamtgeh. einiger Elemente in verbrennl. Stoffen 1807.
Heine (H. W.) s. W i n d s t e a d (M. B.).
—, **Kapur (B. L.), Bove (J. L.), Greiner (R. W.), Klinger (K. H.)** u. **Mitch (C.),** Synth. einiger N-Aryläthylenimine 1728.
Heine (R. W.) u. **Barlow (T. E.),** Hochdruckformerei 8015.
Heine (T. H.) s. W e s t i n g h o u s e E l e c t r i c C o r p.
Heinecke (W.), Verbesser. d. Lesbark. v. gesetzten Drucktypen 8527* A. — Reinigen v. Matrizen 8289* A.
Heineman (R. E.) s. D a v i s (W. P.).
Heinemann (B.), Cosimini (J.), Jack (E. L.), Willingham (J. J.) u. **Zakariasen (B. M.),** Trockensubstanzbest. in Milch mit d. Lactometer 9468.
Heinemann (Bernard) s. K a p l a n (M. A.).
Heinemann (F.) u. **Heinemann (H.),** Physikal. Eigg. v. Adsorbentien u. Katalysatoren 9873.
Heinemann (G.), Intravasale „Causat"-Behandl. d. Commotio-Contusio-cerebri-Syndroms 1788.
Heinemann (H.), KW-stoffe aus cellulosehalt. Abfällen. 1. Mitt. 3768; 2. Mitt. Art d. synthet. Prodd. 5459. — s. B a r t (I. C.); H e i n e m a n n (F.); H o u d r y P r o c e s s C o r p.; P o r o c e l C o r p.
—, **Mills (G. A.), Shalit (H.)** u. **Briggs (W. S.),** Katalyt. Rkk. mittels eines bifunktionellen Katalysators 8768.
Heinen (W.) s. S c h m i d t (H.) [Köln].
Heinerth (E.) s. H e n k e l & C i e. G. m. b. H.
Heiningen (J. van) s. S h e l l D e v e l o p m e n t C o.
Heininger (S. A.) s. C a r l i n (R. B.).
Heinisch (K. F.), Verteil. v. Schmutz in indones. Kautschuk 9685.
Heinisch (O.), Hundertfünfzig Jahre Zuckerrübe 3785.
Heinke (E.), Antibiot. Therapie bei Dermatosen 6797.
Heinke (J.) s. G o e h r i n g (M.).
Heinkel (K.) s. W i t t e (S.).
Heinle (R.) s. K l a g e s (F.).
Heinmets (F.), Reaktivier. v. durch UV inaktivierte Escherichia coli durch Pyruvate 9590.
Heinonen (R.), Einfl. d. Bodens auf d. Stetigk. d. Ertrages v. Weideland 11451.
— u. **Pukkala (R.),** Jahreszeitl. Schwankk. d. Bodenstruktur 5401.
Heinrich (E.) s. C a s s e l l a F a r b w e r k e M a i n k u r A k t. - G e s.
Heinrich (E. W.), Camp Creek Korundlagerstätte bei Dillon, Beaverhead County, Montana 6706.
Heinrich (F.) s. G e w e r k s c h a f t K e r a m c h e m i e.
Heinrich (G.), Wrkg. d. Folsäure auf d. Fe-Resorptionsstör. nach Magenresekt. 1080. — Bedeut. d. Fe-Stoffwechsels für d. Magenchirurgie 4632.
— u. **Muth (W.),** Fe-Stoffwechsellage bei d. Lungentuberkulose 3668.
Heinrich (Gisela), Temperaturabhängigk. d. Säulenchromatographie v. Elektrolytlsgg. 756.

Heinrich (H. C.), Hill (H.) u. **Brilling (S.)**, Zur mikrobiol. Best. d. B_{12}-Vitamine geeignete weiße Mutante d. Grünalge „Euglena gracilis var. bacillaris". 2. Mitt. 1081.
— u. **Lahann (H.)**, Physiologie, Pathologie u. biochem. Wirkungsmechanismus d. B_{12}-Vitamine. 1. Mitt. Physiologie d. B_{12}-Vitamine 1080. — Mikrobiol. Best. d. B_{12}-Vitamine mit d. Grünalge „Euglena gracilis var. bacillaris". 3. Mitt. 1082.
—, **Schadach (W.)** u. **Wunnenberg (U.)**, Biochem. Grundlagen d. Diagnostik u. Therapie d. Vitamin-B_{12}-Mangelzustände (B_{12}-Hypo- u. Avitaminosen) d. Menschen u. d. Haustiere. 3. Mitt. Serum-Vitamin-B_{12}-Spiegel bei Haustieren 6553.
Heinrich (R.) s. Metallgesellschaft Akt.-Ges.
Heinrich (R. L.) s. Standard Oil Development Co.
Heinrich (S.) s. Hanf (U.).
Heinrich (Walter) s. Sachsenverlag, Druckerei- und Verlagsgesellschaft m. b. H.
Heinrich (Walter) [Waldkraiburg] s. Elastonwerk Bayern G. m. b. H.
Heinrich (Werner) s. Skita (A.).
Heinroth (H.), Verstärkungseinlage für nahtlos getauchte Gegenstände aus Kautschuk oder organ. Kunststoffen 11107* D. B.
Heinsen (H. A.), Therapeut. Möglichkk. d. Vitamin E. 2. Mitt. 390.
Heintz (E.), Best. d. Mol.-Gew. v. kettenförm. Hochpolymeren durch Spektroskopie u. Fluorescenz 4604.
Heintz (K.) s. Badische Anilin- & Soda-Fabrik Akt.-Ges.
Heintz (R.) u. **Losse (H.)**, Wirksamk. u. Wirkungsweise d. Alkaloide aus Rauwolfia serpentina bei chron., arterieller Hypertonie 5365.
Heintze (J.), Elektroneneinfang d. ^{40}K 8079.
Heintzeler (M.) s. Badische Anilin- & Soda-Fabrik Akt.-Ges.
Heintzenberg (F.), F. v. Hefner-Alteneck 7593.
Heinz (H. J.) Co., Stimpson (R. H.) u. **Anderson (J. B.)**, Sterilisieren gefüllter Konservendosen 2802* F.
Heinz (J. E.) s. Devore (A.).
Heinz (O.), Reichweite u. spezif. Ionisat. für Protonen hoher Energie in Kernemulss. 8541, 9951.
Heinz (W. E.) s. Celanese Corp. of America.
Heinze (E. A. D.), Heinze (P.), Heinze-Mansfeld (E. M.), Marder (J.), Marder (C. M.), Heinze (R.) u. **Marder (M.)**, Verf. zur Herst. v. Hochdruckölen 8536* D. B. — Herst. v. Schmierfetten 10421* D. B.
Heinze (G.), Pyridinkomplexe v. Cu(II)-polythionaten u. ihre analyt. Verwend. 6705.
Heinze (K.), Einfl. gefäßleitbarer Bekämpfungsmittel auf d. Übertrag. pflanzl. Viruskrankhh. durch Blattläuse 11666.
Heinze (P.) s. Heinze (E. A. D.).
Heinze (R.) s. Heinze (E. A. D.).
Heinze-Mansfeld (E. M.) s. Heinze (E. A. D.).
Heinzel (A.) s. Badische Anilin- & Soda-Fabrik Akt.-Ges.
Heinzel (J.) s. Eichler (O.).
Heinzelman (D. C.) u. **O'Connor (R. T.)**, Metallspuren in Baumwollsaatkörnern 1304.
Heinzelmann (R. V.) s. Upjohn Co.
Heiremans (A.) s. Hoste (J.).
Heise (F.), Raumbilder im Elektronenmikroskop 5490.
Heise (G. W.) s. Canadian National Carbon Co. Ltd.; Union Carbide & Carbon Corp.
Heisel (P.) s. Farbwerke Hoechst Akt.-Ges., vormals Meister Lucius & Brüning; Lech-Chemie Gersthofen.
Heisenberg (E.) s. Hubert (E.); Vereinigte Glanzstoff-Fabriken Akt.-Ges.
Heisenberg (W.), Quantentheorie nichtrenormierbarer Wellengleichungen 3. — I principi fisici della teoria dei quanti [4757]. — La Physique du noyau atomique [4995].
Heisig (T. C.) s. Texas Co.
Heising (L. F.), Industrie d. NH_3 in bezug auf North Dakota 8705.
Heisler (J.) s. Bell (J. V.).
Heisler (J. Y.), Verbesser. d. Kalkbadwirksamk. durch Rückführ. 11085.
Heiss (F.) s. Haizmann (R.).
Heiss (H. L.) s. Johnson (S. C.) & Son, Inc.
—, **Saunders (J. H.), Morris (M. R.), Davis (B. R.)** u. **Hardy (E. E.)**, Herst. v. Polymeren aus Diisocyanaten u. Polyalkoholen 4224.
Heiss (L.) s. Rath (Hermann).
Heiss (R.), Orientierende Verss. über Aromaverluste beim Konzentrieren v. Lsgg. 945. — Fortschritte in d. Technologie d. Konservierens v. Gemüse u. Obst [6418].
Heister (W.) s. Akt.-Ges. für Unternehmungen der Eisen- und Stahlindustrie; Fahlenbrach (H.).
Heitmann (K. A.) s. Jacobson (George).
Heitmiller (R. F.) s. Fuson (R. C.).
Heitz (M. P.) s. Winans (J. G.).
Heitzmann (F.) s. Süddeutsche Kabelwerke Zweigniederlassung der Vereinigte Deutsche Metallwerke Akt.-Ges.
Heiz (R.) u. **Karrer (P.)**, Red. v. Solanidintosylat zu 3.5-Cyclosolanidan (Isosolaniden) 1519.
Heiz (Rolf) u. **Jerslev (B.)**, Identifizier. v. Barbitursäurederivv. durch Röntgenanalyse. 8. Mitt. Äthallymal-Diallymal 410.
Hejgaard (J. J.) s. Christensen (V. A.).
Héjja (A.), Potentiometr. Titrationsverf. zur Best. v. Cr u. V nebeneinander in Bauxiten, Rotschlamm u. Aluminatlaugen 5612. — s. Magyarossy (I.).
— u. **Lovasi (J.)**, Best. v. Mg in Leichtmetalllegierr. 5859.
Hejno (K.) s. Arnold (Z.).
Hejtmanek (M.) s. Vavruch (I.).
Hekele (K.) s. Prosser (M.).
Helberger (J. H.), Salze d. 3-Oxypropan-1-sulfonsäure 686* D. B. — s. Böhme Fettchemie G. m. b. H.; Henkel & Cie. G. m. b. H.
—, **Heyden (J. R.)** u. **Winter (Heinz)**, Organ. Sulfonsäuren. 4. Mitt. Alkoholyse d. Sultone; Zus. d. auf d. Weg d. Sulfochlorier. v. 1-Chlorbutan dargestellten Butansultons 10480.
— u. **Lantermann (H.)**, Organ. Sulfonsäuren. 5. Mitt. Synthesen d. 1.4-Butansultons 10481.
Helbig (K.), Universalmedikamente in d. Zahnheilkunde 8204.
Helbig (P.) s. Menzel (K.-C.).

Helbig (W. A.), Bedeut. v. Prozessen in fl. Phase 10590.
Helbling (R.) s. S a u c y (G.).
Held (A.-J.), Wasserfluorierung 2021, 8913. — F zur Verhüt. v. Zahncaries 7723.
— u. **Grasset (E.)**, Vergift. durch F bei Meerschweinchen u. Kaninchen 6327.
— u. **Piguet (F.)**, Prophylaxe d. Zahncaries mit F-Verbb.; erste Ergebnisse 6335. — Möglichkeiten d. Cariesprophylaxe durch Verabreichung v. Knochenvollextrakten (Ossopan) 8913.
Held (F.), Terylene 4733. — Herst. u. Eigg. v. Terylene 7349.
Held (H.) u. **Hendus (H.)**, Druckschweißverss. mit Armco-Fe bei Tempp. zwischen *400* u. *800°* 4689.
Held (H. R.), F-Tablettenprophylaxe u. ihre Dosier. 6334.
Held (K. M.) s. G r e g o r (H. P.).
Held (L. J.) s. N e w J e r s e y Z i n c C o.
Held (R.) s. C o n r a d t y (C.).
Heldman (J. D.) s. M e e r b o t t (W. K.).
Heldmann (H. J.) s. C r e s s L a b o r a t o r i e s.
Heldt (L.) s. M o r i t z (O.).
Helf (S.) s. R o c h l i n (P.).
Helfenberger (H.) u. **Reichstein (T.)**, Glykoside u. Aglykone. 99. Mitt. Glykoside v. Tanghina venenifera Poir 7911.
Helfer (N.) s. B u s c h (G.).
Helferich (B.) u. **Bruck (G. v.)**, Kartoffelphosphatase. 4. Mitt. 9112.
— u. **Gindy (M.)**, Additionsprodd. v. Phenanthrenchinon an Glykale. 3. Mitt. 3867.
— u. **Porck (A.)**, Äthylidenverbb. v. Glucose u. Galaktose 1515.
— u. **Portz (W.)**, N-Glykoside. 2. Mitt. 6520.
— u. **Schulte-Hürmann (W.)**, Derivv. d. Fructofuranose 821.
— u. **Ziegler (H.)**, 6-Trityl-d-galaktose 821.
Helferich (E.) s. L e y d h e c k e r (W.).
Helfferich (F.), Ionenaustausch 4049. — Potential v. Austauschermembranen. 2. Mitt. Experimentelle Prüf. d. Gleichungen für d. Membranpotential, Zeitdauer bis zur Einstell. d. stationären Zustands in d. Membran 7853. — s. S c h l ö g l (R.).
Helfinstine (R. J.), Beziehh. zwischen d. Verbrenn. v. Kohle in Hausfeuerungen, Labor.-Verss. u. Kohlentypen. 4. Mitt. Verbrennungsverss. mit Illinois- u. a. Kohlen 11716.
Helg (R.) s. G a t e s (M.).
Hélias (M.) s. J o l i v e t (E.).
Hélie (J.) s. C é l i c e (J.).
Helkavaara (T.), Textilhilfsmittel 3519.
Hell (M.), Kombinationspräp. INHA–PAS in d. Behandl. d. Lungentuberkulose 9133.
Hell (R.), Zurichten gerasterter Klischees 9224* D. B.
Hella (A.) s. T o m m i l a (E.).
Hellawell (A.) u. **Hume-Rothery (W.)**, Gitterparameter verd. fester Lsgg. v. Zr, Nb, Mo, Rh u. Pd in Ru 9038.
Hellbaum (A. A.) s. P a y n e (R. W.).
Hellberg (A.) s. J a r l (F.).
Hellberg (H.), Identifizier. u. Trenn. v. Mutterkornalkaloiden durch systemat. Extrakt. u. Gegenstromverteil. 3. Mitt. 2254.
Hellbrügge (H.) s. S ü d d e u t s c h e K a l k s t i c k s t o f f - W e r k e A k t. - G e s.
Hellbrügge (T. F.), Rachitisprophylaxe durch Vigantolverabreich. in d. Neugeborenenperiode u. durch Vitamin-D-Zusatz in d. Säuglingsnahr. 11033.
Helle (K.) s. S i x m a (F. L. J.).
Helleberg (T.), Vorwärmen v. Luft u. Dampf mittels Abgasen bei d. Gaserzeug. 2816* Schwed.
Helleday (T.) s. J a r l (F.).
Hellefors Bruks Aktiebolag, Erzeug. v. Karton, Pappe, Papier usw. 4966* E.
Hellenberg (G. H.) s. N e d e r v e e n (G. v a n).
Hellens (R. L.) s. J e n n i n g s (B.).
Heller (A. N.) u. **Wenger (M. E.)**, Verfahrenstechnik u. Verminder. d. Flußverunreinig. 4209.
Heller jr. (C. A.) s. M c N e s b y (J. R.).
Heller (G. W.) s. D u P o n t d e N e m o u r s (E. I.) & C o.
Heller (H.) s. P a p e r P a t e n t s C o.
Heller (Hans) s. P f l e g e r (R.).
Heller (H. E.) s. B u r r j r. (J. G.).
Heller (J.) u. **Keller (H.)**, Direkte Integrat. d. Neutronentransportgleich. 505.
Heller (J. H.), Cortison u. Phagocytose 7243.
Heller (M. D.) s. A m e r i c a n C y a n a m i d C o.
Heller (P. A.), Fortschritte im Gießereiwesen im *2.* Halbjahr *1953* 2059.
Heller (R. B.), **McGannon (J.)** u. **Weber (A. H.)**, Präzisionsbest. d. Gitterkonstanten v. ZnO 298.
Heller (W.) s. P a n g o n i s (W. J.).
— u. **Pangonis (W. J.)**, Korrekt. d. Brechungsindex für d. aus Lichtstreuungsmessungen bestimmte Mol.-Gew. 8784.
Hellfritz (H.) s. S c h u l z (G. V.); S t a u d i n g e r (H.).
Helling (W.) u. **Neunzig (H.)**, Glanzeloxierte Reflectal-Geschirre 3243.
Hellman (E.) s. V a l t a s a a r i (L.).
Hellman (K.) s. G r a y (C. H.).
Hellman (L.) s. E i d i n o f f (M. L.).
Hellman (N. N.) s. U n i t e d S t a t e s o f A m e r i c a.
Hellmann (C. E.), Niederschachtofen in d. neuzeitl. Eisenindustrie 1597.
Hellmann (H.), C-Alkylier. mit tert. Aminen u. quart. Ammoniumsalzen 556.
— u. **Karlson (P.)**, Prinzip u. Bedeut. d. papierchromatograph. Meth. 3210.
— u. **Löschmann (I.)**, N-Mannich-Basen. 1. Mitt. Mannich-Basen v. cycl. Amiden u. Aminen 2413; 3. Mitt. Mannich-Rk. mit Malein- u. Phthalhydrazid 5077.
—, **Löschmann (I.)** u. **Lingens (F.)**, N-Mannich-Basen. 2. Mitt. Synthesen mit Dialkylaminomethylphthalimiden u. deren quart. Salzen 2413.
— u. **Teichmann (K.)**, N-Mannich-Basen. 4. Mitt. N-Substituierte Hydroxylamine als acide Komponente in d. Mannich-Rk. 5077.
Hellmann (M.) s. M a i e n t h a l (M.).
—, **Bilbo (A. J.)** u. **Pummer (W. J.)**, Synth. u. Eigg. v. fluorierten Polyphenylen 11378.
Hellmann (R. J.) s. F u s o n (R. C.).
Hellmig (E.), Farbverbesser. im Agfacolor-Negativ-Positiv-Verf. durch farb. Masken 10664.
Hellmuth (J.) u. **Bosdorf (P.)**, Lunkerfreies Gußeisen 2064* D. [DDR].
Hellner (E.), Neue intermetall. Verbb. 2145.
Hellstrand (E.), Schwed. D_2O-Reaktor. Zwei kinet. Verss. 9249. — s. G r i m e l a n d (B.).
Hellström (N.), Gesamt-Zus. v. Heu. 2. Mitt. Unters. über d. Best. v. Hemicellulose u. Cellulose 3991.

Hellström (V.), Vgl. biol. fluorimetr. u. mikrobiol. Unters. v. angereichertem Weizenmehl u. Vollweizen auf Geh. an Riboflavin 4232.
Hellund (E. J.) u. **Brachman (M. K.)**, Raum-Zeit-Darst. in d. Wellenmechanik 5230.
— u. **Jauch (J. M.)**, γ-Emissionsfolge bei Dreifachkorrelatt. 11326.
— u. **Tanaka (Katsumi)**, Quantisierte Raum-Zeit 10427.
Hellwege (A. M.) u. **Hellwege (K. H.)**, Kristallhyperfeinstruktur im Spektr. v. Praseodymsalzen 279. — Schwingungsstruktur v. Elektronenübergängen in Einkristallen v. Praseodym- u. Neodymsalzen 978. — Aufspalt. d. Pr^{3+}-Terme u. d. Symmetrie d. Kristallfeldes in trigonalen Einkristallen v. Praseodymsalzen 979.
Hellwege (K. H.) s. Geisler (H. F.); Hellwege (A. M.); Landolt (H.).
— u. **Johnsen (U.)**, Dielektr. Anomalie wasserhalt. Kristalle mit u. ohne Strukturumwandl. 10922.
— u. **Schröck-Victor (W.)**, Absorptionsspektr. u. Symmetrie v. Einkristallen v. EuZn-Nitrat 6684.
Hellyer (G. C.) s. Winteringham (F. P. W.).
Helm (R. V.) s. Thompson (C. J.).
Helm (W. H.), **May (J. R.)** u. **Livingstone (J. L.)**, Langdauernde Oxytetracyclin (Terramycin)-Therapie bei fortgeschrittenen chron. Infektt. d. Respirationstrakts 5120.
Helmboldt (C. F.) s. Rousseau jr. (J. E.).
Helmcke (J.-G.), Unregelmäß. Strukturen im Feinbau v. Membranfiltern 1221. — Elektronenmkr. Unterss. an Membranfiltern nach Filtratt. 1222. — Theorie u. Praxis d. elektronenmkr. Stereoaufnahmen 2373. — Aufbau v. Membranfiltern 5730. — Feinstruktur d. Kieselsäure u. ihre physiol. Bedeut. in Diatomeenschalen 11349.
Helmer (G.), Best. gröberer Schlackeeinschlüsse in Hartstahl 3950.
Helmer (N. E.) s. Sandvikens Jernverks Aktiebolag.
Helmers (C. J.) s. Phillips Petroleum Co.
Helmert (E.), Messung d. tuberkulostat. Wirksamk. chem. Verbb. 7009. — Gepufferte Nährböden für Tuberkelbakterien 10540.
Helmholtz (K.) s. Helmholtz (M.).
Helmholtz (M.) u. **Helmholtz (K.)**, Puzzolanzement 1822* D. B.
Helmholz (L.) s. Larson (A. C.).
Helms (A.) s. Chemische Verwertungsgesellschaft Oberhausen m. b. H.
Helmy (I. D.) u. **Nicol (T.)**, Wrkg. östrogener Hormone auf d. Mesothelialzellen d. Peritoneums 4611.
Heltzer (H.) s. Minnesota Mining & Mfg. Co.
Helvadjian (G.) s. Ollivier (H.).
Helvar (O.), Behandl. v. Tabak 7807* N.
Helvey (T. C.), Unters. einiger physikal. Eigg. v. Honig 5446. — Natürl. Konz. v. D im Honig 5446.
Helwig (B.), Chemotherapie d. Tuberkulose 5361.
Helwig (G.) u. **König (H.)**, Kathodenzerstäub., ein Hilfsmittel zur Unters. übermkr. Objekte 5256.
Helwig (J.) s. Conn jr. (H. L.).
Hely (F. W.) s. Bonnier (C.).
Helzel (M. M.) s. Philbrook (W. O.).
Hemardinquer (P.), Transistoreffekt u. seine Anwendd. 984.
Hembrough (G. R.), Darst. u. Eigg. v. Oleylalkohol 9188.
Hemenway (C. L.) s. Baker jr. (T. E.); Cegelski (W. M.); Dunnington (F. G.).
Heming (A. E.) s. Burke (M. M.).
— u. **Holtkamp (D. E.)**, Stoffwechsel- u. Antikropfwrkgg. v. L-Trijodthyronin u. L-Thyroxin an thyreoidektomierten u. intakten Ratten 11028.
Hemler (V. H.), **Alstrand (D. V.)**, **Ecklund (O. F.)** u. **Benjamin (H. A.)**, Verarbeit. u. Kühl. v. eingedosten Lebensmitteln 7106.
Hemmendinger (A.) s. Argo (H. V.); Ennis (M. E.).
Hemmer (L.) s. Standard Française des Pétroles (Soc. An.).
Hemmer (M. L.), **Novak (M. V.)** u. **Taylor (Welton I.)**, Wrkg. v. Antibioticis auf d. Phagocytose in vitro 632.
Hemmerling (E. M.) s. Harris (N. C.).
Hemmi (H. M.) s. Sandoz Ltd.
Hemmig (P. B.) u. **Steffen (R. M.)**, Zeitabhäng. Quadrupolwechselwrkg. bei Winkelkorrelat. d. Kernstrahl. 1. Mitt. 5234.
Hemming (R.) s. Baker (W.).
Hemminger (C. E.) s. Standard Oil Development Co.
Hempel (A. R.), Styrolisier. v. Alkydharzen 7563. — s. Monsanto Chemical Co.
Hempel (C. H.) s. Heresite & Chemical Co.
Hempel (Herbert) s. Farbenfabriken Bayer Akt.-Ges.
Hempel (Hermann) s. Byk-Gulden, Lomberg, Chemische Fabrik G. m. b. H.
Hempel (K.), Einfl. d. Qualität d. Zellstoffs auf d. Herst. d. Reyonfaser 8290.
Hempstead (C. F.) s. Parratt (L. G.).
Hemptinne (M. de) s. Dibeler (V. H.).
Hemptinne (Y. de) u. **Vergult (W.)**, Chromatograph. Verf. zur Best. v. Glutaminsäure 3449.
Hems (B. A.), Aminosäuren u. Polypeptide 7228. — s. Barnden (R. L.).
Hemstreet (H. W.) s. Reynolds (J. M.).
Henbest (H. B.) s. Bladon (P.); Brown (J. B.); Clayton (R. B.); Greenhalgh (C. W.).
— u. **Jones (E. R. H.)**, Mit Auxin a u. Auxin b verwandte Verbb. 2. Mitt. Darst. v. Analogen d. Auxin-b-lactons 9296.
—, **Jones (E. R. H.)**, **Wood (G. W.)** u. **Woods (G. F.)**, Steroidgruppe. 58. Mitt. Oxydat. v. 5α.8α-Epidioxy-$\Delta^{6.11}$-steroiden 828.
Hendee (C. F.) u. **Brown (W. B.)**, Zeitl. aufgelöste Spektroskopie v. N_2 u. H_2 13.
Hendel (F. J.) u. **Stewart (V. T.)**, Durchflußbehandl. v. Abwässern der Metallindustrie 9890.
Henderson (A.) s. Campbell (N.).
Henderson (Algo D.) s. College (A.).
Henderson (Angus D.) u. **Baffa (J. J.)**, Abwasserbeseitig. in einem Stahlwerk: Behandl. v. Gichtstaub enthaltenden Abwasser 3937.
Henderson (A. S.) s. Republic Steel Corp.
Henderson (A. W.) u. **Higbie (K. B.)**, Darst. hochreiner Zr- u. Hf-Oxyde 2623.
Henderson (C. F.) s. Keiser (I.).
Henderson (C. R.) s. Krukovsky (V. N.).

Henderson (D. R.) s. Bankiewicz (C.).
—, Stonner (F. W.), Valenta (Z.) u. **Wiesner (K.)**, Abbau v. Annotinin 5553.
Henderson (F. G.) s. Chen (K. K.).
Henderson (G. M.) s. Imperial Chemical Industries Ltd.
Henderson (I. H. S.) s. Farmer (J.B.); Lossing (F. P.).
Henderson (J.) s. Ethicon Suture Laboratories Inc.
Henderson (J. E.) s. Miller (Charles E.).
Henderson (J. W.), Bewegungsfähigk. durch Curare bei Staroperationen 6074.
Henderson (R. R.) s. Sachs (J. J.).
Henderson (S. M.), Wassergeh.-Best. 6349.
Henderson (S. T.) s. Ranby (P. W.).
Henderson (W. J.) s. Moos (W. S.).
Hendler (R. W.) u. **Greenberg (D. M.)**, Signifikanz d. γ-Glutamyltranspeptidier. bei d. Peptidbiosynth. 128.
Hendley (E. C.) u. **Neville (O. K.)**, Umlager. v. asymm. α-Diketonen mit ^{14}C-Tracer. 3. Mitt. p-Methoxybenzylidenacetophenonoxyd 5995.
Hendlin (D.), Ernähr. d. Mikroorganismen 7007.
Hendrick (C.), Klug (H. L.) u. **Olson (O. E.)**, Wrkg. v. 3-Nitro-4-oxyphenylarsonsäure u. v. Arsanilsäure auf d. Se-Vergift. bei Ratten 869.
Hendricks jr. (C. D.), Valkenburg (M. E. Van), Clay (W. G.) u. **Davidson (R. A.)**, Ionisat. durch ultraschnelle Kugeln 18.
Hendricks (G. W.) s. Grote (H. W.); Union Oil Co. of California.
Hendricks (J. O.) s. Minnesota Mining & Mfg. Co.
Hendricks (S. B.), Photosynth. 6545. — s. Borthwick (H. A.); Brown (J. C.).
Hendrickson (A. R.) s. Kuivila (H. G.).
Hendrickson (W. G.) s. Wisconsin Alumni Research Foundation.
— u. **Daniels (F.)**, Bind. d. Luftstickstoffs in einem gasbeheizten Ofen 4178.
Hendrie (J. M.), Dissoziationsenergie v. N_2 2139.
Hendriks (H.) s. Sixma (F. L. J.).
Hendrix (P. G.) s. Pro-Nyl Chemicals, Inc.
Hendry (J. A.), Tumorinhibitoren 6771.
Hendry (N. G. C.) s. Menzines (A. J.).
Hendus (H.), Brech. d. Röntgenstrahlen bei großen Beugungswinkeln 8097. — s. Held (H.).
— u. **Röhrig (H.)**, Erweiterte Auswert. v. Diagrammen d. Mikrozerreißmaschine nach Chévenard 679.
Henecka (H.) s. Farbenfabriken Bayer Akt.-Ges.
Henery-Logan (K. R.) s. Sheehan (J. C.).
Heney (J.) s. Goldstein (L.).
Hengen & Co. u. **Zirngibl (H.)**, Industrielle Zerleg. v. $FeSO_4$ 5151* D. B.
Hengevoss (J.) u. **Fleischmann (R.)**, Modellvers. zur kontinuierl. Isotopentrenn. 989.
Hengl (L.) s. Chimie et Atomistique; Libermann (D.).
Henglein (A.) s. Lorenz (Walter).
Henglein (Arnim), Auslös. u. Verlauf d. Polymerisat. d. Acrylamids unter d. Einfl. v. Ultraschallwellen 8401. — Bldg. v. Graftpolymeren aus Polyacrylamid u. Acrylonitril unter d. Einfl. v. Ultraschallwellen 8401. — Chem. Wrkgg. v. impulsmodulierten Ultraschallwellen 10930.
Henglein (F. A.), Chem. Technik im Hochschulunterricht 4746. — Grundriß d. chem. Technik. Lehrbuch f. Studierende d. Chemie u. d. Ingenieurfaches. Übersichtsbuch f. Chemiker u. Ingenieure im Beruf [4903].
Henglein (F. A.) u. **Krohe (W.)**, Gelbbldg. bei d. Rk. v. Methylsilanolen mit wassergelöster Monokieselsäure 6531.
Henick (A. S.), Benca (M. F.) u. **Mitchell jr. (J. H.)**, Best. d. Carbonylverbb. in ranz. Fetten u. Lebensmitteln 4960.
Henin (J.) s. Mattei (C.).
Hénin (S.) s. Caillère (S.); Choubert (B.); Institut National de la Recherche Agronomique.
— u. **Robichet (O.)**, Darst. v. Tonmineralien im Labor.; Synth. d. Antigorits 8809.
Henk (H. J.), Schweiß u. seine Bekämpfung 7801.
Henke (B.) u. **Mond (J. W. M. Du)**, Kleinwinkelbeug. mit langwelliger Röntgenstrahl. 7624.
Henke (H.) s. Phoenix Gummiwerke Akt.-Ges.
Henke (O.), Stoffwechsel vergilbungskranker Zuckerrüben 5442.
Henke (R. H.) s. Allegheny Ludlum Steel Corp.
Henkel (E.) s. Drechsler (M.).
Henkel (J. H.), Zustandsgleich. u. therm. Abhängigk. d. elast. Konstanten v. kristallinem Ar 2369.
Henkel (R. L.) s. Brolley jr. (J. E.); Day (R. B.).
—, Cranberg (L.), Jarvis (G. A.), Nobles (R.) u. **Perry jr. (J. E.)**, Totaler Neutronenquerschnitt für U v. *20* keV bis *20* MeV 6449.
Henkel (S.) s. Diepschlag (E.).
Henkel (W.-D.), Stark-Effektverbreiter. höherer Balmer-Linien 6684.
Henkel & Cie. G. m. b. H., Härtungsmittel für Pheno- oder Aminoplaste 1153* E. — Pulverförm. insekticides Mittel 1595* E. — Umwandl. v. Methylcellulose in fließfäh., in W. lösl. Pulver 1890* F. — Dauerwellmittel 5200* Schwz. — Dauerwellen 7801* Schwz. — Putz- u. Reinigungsmittel 9471* F.
—, Blaser (B.) u. **Mannes (L.)**, Netz-, Wasch- u. Reinigungsmittel 3760* D. B.
—, Blaser (B.) u. **Rogner (H.)**, Verwend. v. Metallbehandlungsfl. 7818* D. B.
—, Blaser (B.) u. **Rugenstein (M.)**, Wasserlösl. Schwefelsäureester d. Cellulose 7114* D. B.
—, Blaser (B.) u. **Tischbirek (G.)**, Saure Harnstoffverbb. 687* D. B.
— u. **Gündel (W.)**, N.N'-Diäthanolpiperazin 2780* D. B.
—, Hartmann (Helmut) u. **Stein (Werner)**, Trennen v. Fettsäuregemischen 7344* D. B.
— u. **Heinerth (E.)**, Phosphorsäure 6591* D. B. — Krist. Pyrophosphorsäure 8000* D. B.
—, Helberger (J. H.) u. **Machemer (H.)**, Kondensationsprodd. 11463* D. B.
—, Köhler (Rudolf) u. **Lobenstein (M.)**, Anstrichmittel für Innenräume auf wss. Grundlage 226* D.
— u. **Lange (H.)**, Hypochlorithalt. Reinigungs- u. Desinfektionsmittel 11639* D. B.
— u. **Mannes (L.)**, Dicarbonsaure Salze 1142* D. B.
—, Mannes (L.) u. **Scherff (W.)**, Aliphat. Dicarbonsäuren 5422* D. B.
—, Mannes (L.) u. **Schmitt (F.)**, Lederfettungsmittel 266* D. B.
—, Pack (W.) u **Wolter (E.)**, Höhermol. aliphat. Aldehyde u. bzw. oder Alkohole 2298* D. B.

Henkel & Cie. G. m. b. H. u. **Pernthaler (F.),** Kontinuierl. Sulfonier. v. Fettstoffen u. a. sulfonierbaren, organ. Verbb. u./oder Neutralisat. d. Sulfonierungsprodd. 2326* D. B.
— u. **Pietsch (H.),** Pentaerythritdichlorhydrinmonoschwefligsäureester 2298* D. B.
—, **Pietsch (H.)** u. **Nagel (H.),** Pentaerythritdibromhydrinmonoschwefligsäureester 8261* D. B.
— u. **Raecke (B.),** Wasch- u. Körperpflegemittel 5448* D. B.
—, **Raecke (B.), Köhler (Rudolf)** u. **Pietsch (H.),** Mehrschichtenglas 5626* D. B.
— u. **Schmidt (Heinrich),** H_2O_2 1815* D. B. — H_2O_2 u. Ammoniumpersulfat 4429* D. B.
— u. **Stein (Werner),** Sebacinsäure 5178* D. B.
—, **Wolter (E.)** u. **Mannes (L.),** Wertvolle, sauerstoffhalt. Verbb. 9902* D. B.
— u. **Zimmermann (A.),** Filme, Fäden, Bänder u. dgl. 490* D. B.
Henkel Kemiskt-Tekniskt Aktiebolag, Weichmacher u. Wasserenthärtungsmittel 9413* Schwed.
— u. **Heinerth (E.),** Weichmachen v. W. durch Zusetzen v. Alkalicarbonaten 1584* Schwed.
Henkels (H. W.) u. **Maczuk (J.),** Anisotrope Widerstände v. Se-Kristallen bei hohen Frequenzen 2602.
Henkels (P.) u. **Eggers (H.),** Kombinierte Penicillin-Omnadin-Therapie 8434.
Henkens (C. H.) s. Hertog (H. J. den).
Henkin (H.) s. Colgate-Palmolive-Peet Co.
Henley (E. J.), γ-Dosimetrie mit Cellophan-Farbstoff-Systemen 7370.
Henley (K. S.) s. Hamilton (M.).
Henley jr. (R. G.) s. Birtalan (J.).
Henley jr. (W. O.) s. Szmant (H. H.).
Henley's (W. T.) Telegraph Co. Ltd., Kabelisolieröl 11536.
Henn (A. C.) s. Standard Oil Development Co.
Henn (R. W.) s. Eastman Kodak Co.
— u. **King (J. R.),** Entwicklereigg. 6. Mitt. Beschleunig. v. langsam wirkenden Substanzen durch Kombinat. mit Phenylpyrazolidon 11138.
Henne (A. L.) s. Ohio State University Research Foundation; Tedder (J. M.).
— u. **Hinkamp (P. E.),** Trifluormethylierte Butadiene 2171.
— u. **Postelneck (W.),** Perfluoriertes Butadien 8594.
Henne (H.) s. Brügel (H.).
Henne (Hans) s. Wintershall Akt.-Ges.
Henne (H. F.) s. Erdmann (W.-D.).
Henne (M.) s. Sigwald (J.).
Hennebert (G.) s. Livens (P. J.).
Hennequet (A.) s. Cathala (J.).
Hennessy (F. L.) s. Willis (G. M.).
Hennessy (J.) s. Greey (P.).
Hennig (A.) s. Schenck (Gerhard).
Hennig (Arthur), Akt. Katalysatoren 10343* D. [DDR].
Hennig (B.) s. VEB Elektrochemisches Kombinat Bitterfeld.
Hennig (G. R.), Therm. Neutroneneinfangquerschnitt v. ^{13}C 7599. — s. Smaller (B.).
—, **Smaller (B.)** u. **Yasaitis (E. L.),** Paramagnet. Resonanzabsorpt. in Graphit 5485.
Hennig (H.) s. Food Machinery & Chemical Corp.
Hennig (I.) s. Farbwerke Hoechst Akt.-Ges., vormals Meister Lucius & Brüning.
Hennig (K.), Gärungsphysiologie. Weinbehandl. u. Weinchemie. 5. Mitt. 2554; 6. Mitt. 8050. — Rationelle Weinbehandl. 8516. — s. Haring (W.).
— u. **Burkhardt (R.),** Quantitative, polarograph. Best. v. Cu u. Zn in der Weinasche 7106.
— u. **Flintje (S. M.),** Papierchromatograph. Unters. d. Zucker, Zuckersäuren u. Aminosäuren d. Weines 9927.
Hennig (T.) s. Zschimmer & Schwarz vormals Chemnitz; Zschimmer & Schwarz, Chemische Fabrik und Gerbstoffwerk Oberlahnstein Akt.-Ges.
Henniker (J.), Konst. d. thiophen. Öle v. Ain 4739. — Verzöger. d. Fließens in engen Capillaren 5009.
Henning (J. E.) s. Bjorksten (J.).
Henning (K.) s. Zyma-Blaes Akt.-Ges.
Henning (L. L.) s. California Research Corp.
Henning (N.), Demling (L.) u. **Kinzlmeier (H.),** Elektrophoret. Aufspalt. v. Organproteinen 6782.
—, **Kinzlmeier (H.)** u. **Kimbel (K. H.),** [H'] im Magen während d. Verdauung 144.
Henning-Laokoon Chem. pharm. Werk G. m. b. H., Coffein 9396* D.
Henningson (R.), Vgl. d. Schain- u. Babcock-Tests zur quantitativen Milchfettbest. in Milch 951.
Hennion (G. F.), Price (C. C.) u. **McKeon jr. (T. F.),** Darst. v. Vinylacetylen 1247.
Henny (V. E.), Kleine Verbrennungskammer zur Mess. v. Flammentempp. bei red. Druck 1335.
Henri (V. P.) s. Bay (Z.).
Henri-Robert (P.), Anwend. d. Mess. dielektr. Verluste auf d. Unters. d. Alter. reiner Gummimischungen 708.
Henrickson (R. B.) u. **Sandell (E. B.),** Photometr. Best. v. Mo-Spuren nach d. Sulfidfäll. 3929.
Henrie (J. O.), Magneteisenerzbeton für Kernstrahlungsschutzwände 11272.
Henriksen (Erik) u. **Nyfos (L.),** Behandl. v. Gelenkerkrankk. mit Hydrocortison intraarticulär 3896.
Henriksen (Erle), Martins (S. M.), Wilson (J. W.) u. **Yeaman (A.),** Behandl. einer durch Candida hervorgerufenen Vaginitis (Moniliasis) mit einem Benzthiazolderiv. 6335.
Henrikson (A.) s. Breckon (S. W.).
Henríquez Incláu (E.) s. Pérez Alamá (J.).
Henrotte (J. G.), Mol.-Geww. eines kristallinen Muskelalbumins v. Karpfen 9596.
Henry (A. F.) s. Beringer (R.).
Henry (C. L.), Amspacher (W. H.) u. **Lichter (R. J.),** K-Verschieb. bei experimenteller Verbrenn. 4632.
Henry (E. C.) s. Chiochetti (V. E. J.).
Henry (G.) s. Union des Verreries Mécaniques Belges Soc. An.
Henry (I. G.) s. Peterson (Vincent).
Henry (J. A.) s. Bentley (H. R.).
Henry (J. L.) s. Neubert (A. M.).
Henry (J. P.) s. Wawzonek (S.).
Henry (K. M.) u. **Kon (S. K.),** Vitamin-D-Geh. v. indischer Butter 2095.

Henry (K. M.), Kosterlitz (H. W.) u. **Quenouille (M. H.)**, Meth. zur Best. d. Nährwertes eines Proteins durch seine Wrkg. auf d. Leberprotein 10553.
Henry (L.), Mess. d. Index v. amorphem Se zwischen *5* u. *15* μ 4517.
— u. **Ourisson (G.)**, Abschätz. d. Zahl d. C—CH_3-Gruppen durch d. Infrarotspektrometrie 5506.
Henry (R.) s. Bloch-Michel (H.); Jarrige (P.).
Henry (T. H.) s. Inskeep (G. C.).
Henry (W. C.) s. Marshall (H. B.).
Henry (W. E.), Tieftemperaturmagnetisier. v. zwei Cersalzen 2367. — Antiferromagnet. H–T-Grenzen u. scheinbare Mol.-Felder für $MnCl_2 \cdot 4H_2O$ u. $MnBr_2 \cdot 4H_2O$ 4041. — Momente in hohen Feldern für Kobaltsulfatheptahydrat, d. nicht d. Brilloun-Funkt. gehorchen 4765. — Magnetisier. v. $CuK_2(SO_4)_2 \cdot 6H_2O$ bei d. Temp. d. fl. He u. in starken Magnetfeldern 7152.
Henry (W. G.), Self-consistent-Feld v. Au^+ 6453.
Henry-Eveno (J.) s. Vaisman (A.).
Henschel (A. N.), Beschreib. v. Einzelfällen d. Stromverunreinig. 3. Mitt. Schilder. einer Anlage zur Behandl. v. Textilabwässern 2746.
Henschke (U. K.), James (A. G.) u. **Myers (W. G.)**, Radiogoldeinlagen in d. Strahlentherapie 8883.
Henseke (G.) u. **Hantschel (H.)**, Osonhydrazone. 2. Mitt. Konst. d. Fructosonmethylphenylhydrazons 1050.
Hensel (B.) s. Loewe Opta Akt.-Ges.
Hensel (H.), Ruef (J.) u. **Golenhofen (K.)**, Muskel- u. Hautdurchblut. d. Menschen bei Einw. vasoaktiver Substanzen 9845.
Hensel (Helmut), Diuret. Wrkg. d. Oxyäthyltheophyllins 154.
Hensel (H. R.), Verh. v. Diazomethanderivv. gegen Rhodan u. Bleitetraacetat 6504.
Hensel (O.), Red.-Oxydat.-Potentiale v. Küpenfarbstoffen 4702.
Hensel (R. P.), Verhüt. v. Schäumen bei d. Fischerschen Probeanalyse 8067.
Henseler (P.) u. **Strauß (W.)**, Leuchtschirmherst. 1813* D. B.
Henshall (T.) s. Spencer (D.).
Henshaw (D. G.) s. Jackson (L. C.).
—, **Hurst (D. G.)** u. **Pope (N. K.)**, Struktur v. fl. N_2, O_2 u. Ar aus Neutronenbeugungsaufnahmen 6467.
Hensill (J. S.), The biology of man [146].
Hensinger (W.) s. Deutsche Gold- & Silberscheideanstalt vormals Roessler.
Hensler (L.), Hypertonietherapie mit Heparin 7722.
Hensley (E. B.) u. **Affleck (J. H.)**, BaO auf d. Grenzfläche v. W-Kathoden 9501. — Zwischenschicht aus BaO auf einer W-Kathode 11504.
Hensley (J. W.), Radioakt. Tracer zur Feststell. d. Wirksamk. v. Metallreinigungsmitteln 7574.
Hensley (L. C.) s. General Aniline & Film Corp.
Hensley (W. A.) s. Firestone Tire & Rubber Co.
Hensley (W. J.) u. **Blackburn (C. R. B.)**, Elektrophoret. Identifizier. v. Serumhämochromogenen auf Filterpapier 3450.
Hensman (R.) s. Bell (D. G.).
Henson (J. N.) s. Mertz (E. T.).
—, **Beeson (W. M.)** u. **Perry (T. W.)**, Vitamin-, Aminosäuren- u. Antibiotica-Ergänz. v. Futter aus Mais u. Fleischabfällen für Schweine 7483.
Henson (W. A.), Latexanstriche 1148. — Vinyltoluol 3017, 5910. — s. Dow Chemical Co.
Hentrich (W.), Götte (E.) u. **Engelbrecht (H.-J.)**, Opt. Bleichmittel 5457* D. [DDR]. — s. DEHYDAG Deutsche Hydrierwerke G. m. b. H.; Deutsche Hydrierwerke Akt.-Ges.; Deutsches Hydrierwerk Rodleben VEB.
Hentschel (R.), Schall-, wärme- u. atomstrahlendämmernder Bleiasbestschutz 7525* D. B.
Hentz (R. R.), Mechanismus d. Wasserstoff-Bldg. bei d. Radiolyse v. Cyclohexan 10477.
Hentzschel jr. (K.), Bodenverbesserungsmittel für schwere, zähe Kulturböden 2757* D. B.
Hentzschel (W.), Aufbereit. tonhalt. Braunkohlen 8531.
Henvis (B. W.) s. Burstein (E.).
Henze (H. R.) s. Skinner (C. G.).
— u. **Carroll (D. W.)**, n-Alkylmethylketone in d. Pfitzinger-Rk. 98.
Henze (R. E.) s. Kuć (J.).
Henze (W.), Herst. u. Verwend. v. Unterglasurfarbkörpern, bes. Pinkfarben u. Pinkglasuren 2048. — Trockenfestigk. v. Kaolinen, Tonen u. keram. MM. 8943.
Heplar (J. Q.) u. **Tatum (E. L.)**, Faktoren, die d. CO_2-Stoffwechsel v. Neurospora crassa beeinflussen 1998.
Hepler (L. G.) u. **Hugus jr. (Z. Z.)**, Hydrolyse u. Halogenidkomplexbldg. v. In(III) 5497.
Hepp (H. J.) s. Phillips Petroleum Co.
Heppenstall Co. u. **Succop (J. A.)**, Ni–Mo–Fe-Legier. 3246* E.
Hepworth (M. A.), Robinson (P. L.) u. **Westland (G. J.)**, Komplexe Fluoride v. Ir u. Os 4783.
Hepworth (W.) s. Imperial Chemical Industries Ltd.
Heraeus (W. C.) G. m. b. H., Schreibkugel für Kugelschreiber aus Edelmetallegier. 5412* E. — Harte Ir-halt. Legierr. 10132* Schwz. — Ziehsteine aus Ta 10133* F. — s. Deutsche Gold- & Silberscheideanstalt vormals Roessler.
— u. **Deutsche Gold- & Silberscheideanstalt vormals Roessler**, Polymerisationsverf. 7797* F.
—, **Deutsche Gold- & Silberscheideanstalt vormals Roessler, Bredereck (H.)** u. **Bäder (E.)**, Polymerisationsprodd. 10870* D. B.
—, **Schäfer (Harald)** u. **Jori (M.)**, Trenn. oder Anreicher. v. Nb u. Ta 8706* D. B.
—, **Schäfer (Harald)** u. **Pietruck (C.)**, Anreicher. oder Trenn. d. Nb u. Ta 10352* D. B.
Heraeus-Vakuumschmelze Akt.-Ges., Isoliermittel 7750* F.
Herald (C. T.) s. Patton (S.).
Hérault (A.) s. Mauvillin (É.).
Herb (R. G.) s. Divatia (A. S.).
Herb (S. F.) u. **Riemenschneider (R. W.)**, Einfl. d. Alkalikonz. u. a. Faktoren auf d. Konjugier. v. natürlichen polyungesätt. Säuren, wie sie durch UV-absorptiometr. Messungen bestimmt werden 6420.
Herban (M. S.) s. Floyd (D. E.).

Herbeck (M.) s. Allgemeine Electricitäts-Gesellschaft.
Herber (R. H.), Isotopenaustausch 4057. — s. Backofen (E. W.); Sugihara (T. T.).
— u. **Norris (T. H.)**, Isotopenaustausch-Rkk. in Lsgg. aus Triäthylamin u. fl. SO_2 1922.
Herbert (D. W. M.), Best. d. Giftigk. v. Stoffen für Fische 4905.
Herbert (F. J.) u. **Denson (J. R.)**, Rotierende Pt-Elektrode für amperometr. Titrat. v. Sulfhydrylgruppen 172.
Herbert (J.) s. Overberger (C. G.).
Herbert (J. M.) s. Plessey Co. Ltd.
Herbert (M.) s. Fabre (R.).
Herbert (W.) s. Aktivkohle-Union-Verwaltungs-G. m. b. H.; Metallgesellschaft Akt.-Ges.
Herberts (Dr. K.) & Co. vorm. O. L. Herberts, Sogenannte Wachstücher 2564* Schwz. — Mischpolymerisate 9207* F.
— u. **Gärtner (H.)**, Wasserabstoßendmachen v. fertigen Textilerzeugnissen 723* D.
— u. **Hoffmann (Günter)** [Hamburg], Elektr. Punkt- oder Nahtschweißen v. Eisenblechen 5891* D. B.
—, **Lunkwitz (J.)**, **Rebs (H.)**, **Semmig (R.)** u. **Hoffmann (Günter)** [Hamburg], Anstrichemulss. aus Lackrohstoffen 4946* D. B.
— u. **Mohrhardt (E.)**, Filme u. Deckschichten 704* D. B.
— u. **Schwemer (R.)**, Phenolharze 1617* D. B. — Harze aus Phenolalkoholen u. Rk.-fäh. Carbonylverbb. 5433* D. B. — Veredel. v. Harzestern 9204* D. B.
Herbig (H.) s. Zinner (H.).
Herbig-Haarhaus Akt.-Ges. Lackfabrik Köln-Bickendorf, Ofenlacke 4711* F.
Herbolzheimer jr. (F.), Stoffbereit. 2329.
Herbout (P.) s. Michaux (P.).
Herbrand (W.), **Kühn (K.)** u. **Waldschmidt-Leitz (E.)**, Antikonzeptionsmittel 4653* D. B.
Herbrich (P.), Oxyarylaminomethylketone 7035* D. B.
Herbst (A.-M.) s. Just (F.).
Herbst (F.) s. Farbwerke Hoechst Akt.-Ges., vormals Meister Lucius & Brüning.
Herbst (F. S. M.) u. **Hurley (N. A.)**, Heparinwrkg. bei alimentärer Hyperlipämie. Elektrophoret. Unters. 4387.
Herbst (H.), Brennkraftmaschinenteile, bes. Kolben 10371* D. B.
Herbst (O.) s. Langenbeck (W.).
Herbst (W.) s. Cramer (F.).
Herbst (W. A.) s. Standard Oil Development Co.
Hercules Powder Co., Wasserreinig. 8704* E. — Verringerung d. ungesätt. Charakters v. Rosinylverbb. 9204* D. B.
—, **Aller (B. V.)**, **Hall (Reginald H.)**, **Quin (D. C.)** u. **Tuerck (K. H. W.)**, Phenole u. Ketone 3250* A.
—, **Armstrong (G. P.)**, **Hall (Reginald H.)**, **Quin (D. C.)** u. **Tuerck (K. H. W.)**, Isopropylbenzolhydroperoxyd 2534* A.
— u. **Baker & Co., Inc.**, Wiedergewinn. v. Edelmetallen bei d. Gaskatalyse 6892* N.
— u. **Borglin (J. N.)**, Mittel gegen d. Algenwachstum im W. 200* A.
—, **Bratton (F. H.)** u. **Dieckmann (S. F.)**, Kunstkautschuklsgg. 10640* A.
— u. **Brooks (R. M.)**, Nitrier. v. Cellulose 9710* A.
Hercules Powder Co., **Calhoun (G. M.)** u. **Reese (J. E.)**, Tert. organ. Hydroperoxyde 8499* A.
— u. **Conner (J. C.)**, Phenole 925* A. — Aryl-(dialkyl)-methylhydroperoxyde 5180* A.
— u. **Cox (R. F. B.)**, Pentaerythrit 3963* A.
— u. **Feild (G. B.)**, Elektr. Zünder 2346* A.
— u. **Glaeser (A. L.)**, Ketene 924* E. — Verf. u. Vorr. zur Hitzespalt. v. spaltbaren Verbb. 1141* D. B.
— u. **Gould (C. W.)**, Pentaerythrit 2071* A.
—, **Grassie (V. R.)**, **Lamborn (B. T.)** u. **Leonard (R. A.)**, Bleichen v. Celluloseestern 7346* F.
—, **Grassie (V. R.)** u. **Wallis (C. R.)**, Alkalicellulose zur Weiterverarbeit. auf Celluloseäther 5688* A.
— u. **Harris (G. C.)**, Alkal. Aufschluß unter Verwend. v. Sauerstoffgas zwecks Erzeug. einer fast ligninfreien Holocellulose 5687* A.
— u. **Hewson (W. B.)**, Unlöslichmachen v. Kohlenhydratderivv. 6883* A. — Celluloseacetatsorbate 6883* A.
— u. **Koch (William)**, Isolieren v. elektr. Leitern 7287* Can. — Leiterisolier. 10107* A.
— u. **Laughlin (K. C.)**, Alkalicellulose zur Weiterverarbeit. auf Celluloseäther 5688* A.
— u. **Lawrence (R. W.)**, Sprengpatrone 3047* A.
—, **Lorand (E. J.)** u. **Reese (J. E.)**, α.α-Dialkylarylcarbinole 5181* D. B. — α.α-Dialkyl-α-arylcarbinole 6392* A.
— u. **Matlack (A. S.)**, β-Alanin 5652* A.
—, **Neracher (O.)** u. **Goreau (T. N.)**, Tierarzneimittel 4890* A.
— u. **Preckel (R. F.)**, Desensibilisatoren für fl. Sprengstoffe 494* A.
—, **Robinson jr. (John C.)** u. **Ropp (W. S.)**, Vinylester stabilisierter Harzsäuren 2546* D. B.
— u. **Saunders (R. H.)**, Phenole 4456* A.
— u. **Segl (W. E.)**, Aufschließen v. cellulosehalt. Stoffen 5453* A.
— u. **Shapleigh (J. H.)**, Katalyt. Zers. v. KW-stoffen 7816* A.
— u. **Subluskey (L. A.)**, β.β'.β''-Nitrilotripropionsäureamid 8263* A.
— u. **Tiusley (J. J.)**, Versprühbare Äthylcelluloselacke 6405* A.
— u. **Vandenberg (E. J.)**, Mischpolymerisate 939* A. — Kautschukähnl. Polymerisate v. ungesätt. Verbb. 1155* A. — Homogenpolymerisat. v. Vinylverbb. 8273* A. — Tieftemperaturpolymerisat. 10639* A.
— u. **Weisgerber (C. A.)**, Acrylamid 3486* A.
Herczeg (M.-V.), Leichte Schall- u. Wärmeisolierkörper 5875* F.
Herd (R. M.) s. Bergner (R. P.).
Herda (J. J.) s. Kuck (J. F. R.).
Herdan (G.) s. Osborne (A. D.); Yoffey (J. M.).
Herder (M. J. Den) s. Standard Oil Co.
Herdle (L. E.) s. Richter (G. A.).
Herdle (R. J. A.) s. Eastman Kodak Co.
Hereford (F. L.), Vernicht. v. Positronen in fl. He 7136. — s. Berko (S.); McMaster (W. H.).
— u. **Keuper (J. P.)**, Azimutale Verteil. d. v. polarisierten *0,5* MeV-Photonen erzeugten Photoelektronen 4509.
Hereld (P. C.) s. Nepera Chemical Co., Inc.
Herele (L.) s. Bobingen Akt.-Ges. für Textil-Faser.
Heremans (F.) s. Gerven (L. van).

Hérenguel (J.), Verwend. v. Ätzfiguren für mikrograph. Unterss. v. handelsübl. reinem Al u. Al-Legierr. 2289. — Ni–Si–Al-Sondermessinge für Hochdruckrohre (U–Z *15* NS) 2992. — Einfl. d. Qualität d. Überzugs auf d. Korrosionsbeständigk. v. galvanisierten Stahldrähten 6612. — Grundsätzl. metallurg. Vorgänge, d. während d. Umwandl. d. Metalle u. Legierr. auftreten 11670. — s. Soc. Tréfileries et Laminoirs du Havre.

— u. **Boghen (J.),** Eigg. d. aus Aluminiumoxydsinterwerkstoffen erzeugten Halbfabrikate 448.

—, **Lacombe (P.)** u. **Lelong (P.),** Bldg. v. Verformungsbändern bei Einkristallen aus Al mit 3% Mg während d. Kaltwalzens 9657.

— u. **Lelong (P.),** Wachstumsbedingg. d. Oxydfilme bei d. anod. Oxydat. v. Al 3242. — Innere Desorientierungen im Verlauf d. plast. Deformat. eines Metalleinkristalls 10213.

— u. **Santini (F.),** Oberflächenaufrauh. nach plast. Verform. in Verb. mit Kaltverform. u. Glühen 10128.

— u. **Scheidecker (M.),** Einfl. v. Zr auf d. kristalline Textur stranggepreßter u. wärmebehandelter Halbzeuge aus Al-Legierr. 10367.

—, **Scheidecker (M.)** u. **Santini (F.),** Unters. v. Oberflächenfehlern gewalzter Halbzeuge aus Al; Haarrißbldg. 10367.

Heresite & Chemical Co. u. **Hempel (C. H.),** Krümelkoagulate 9924* A.

Herfeld (H.), Gewinn. u. Konservier. v. Kalbfellen 2114.

— u. **Bellmann (R.),** Unterss. zum Herstellungsprozeß v. Lederfaserwerkstoffen. 9. Mitt. Optimale Bedingg. d. Vulkanisat. v. Lederfaserwerkstoffen mit Igetex 1420.

—, **Schubert (R.)** u. **Bellmann (R.),** Unterss. zum Herstellungsprozeß v. Lederfaserwerkstoffen. 8. Mitt. Einsatz v. Igetex als Bindemittel für Lederfaserwerkstoffe 1419.

Herfeldt (H.), Bedeut. aggressiver Wässer u. ihre Aufbereit. 7751.

Herforth (L.) u. **Krumbiegel (J.),** Beobachtungen aus CdS-Kristallen nach Unterss. im Mikroskop u. Leitfähigkeitsmessungen 4052.

Hergert (H. L.) s. Kurth (E. F.).

— u. **Kurth (E. F.),** Isolier. u. Eigg. v. Catechin aus d. Weißtannenborke 9570.

Herin (V.) u. **Thienpont (D.),** Tox. Erscheinungen u. allg. Photosensibilisierr. nach Verabreich. trypanocider Substanzen in Ruanda-Urundi 5360.

Hering (H.) s. Schwarz (R.) [Wien].

Hering (M.), Spinnmilben u. DDT 1359.

Herington (E. F. G.), Qualitative u. quantitative Farb-Rkk. für d. niedrigen Homologen d. Pyridinreihe 3699. — Dampf–Fl.-Gewichte bei Extraktionsdestillationen 4168. — Anwend. d. Elektronenspektren v. Pyridinhomologen auf d. quantitative Analyse u. auf d. Mess. d. Dissoziationskonstanten 5505. — s. Andon (R. J. L.); Barber (C. R.); Evans (R. F.).

—, **Densham (A. B.)** u. **Malden (P. J.),** Darst. u. E. v. reinem Naphthalin 5533.

— u. **Murray (K. E.),** App. zur Best. d. chem. Reinheit durch d. Löslichkeitskriterium mit Differentialdampfdruckmessungen 647.

Hérisset (A.), Influence de l'acide ascorbique et de ses dérivés sur l'autooxydation des-lipides [5929]. — Einfl. d. Lichtes auf d. biol. Bind. d. N_2 durch Nostoc commune 9822.

Heritage (C. C.) s. Wood Conversion Co.

Heritsch (H.) u. **Paulitsch (P.),** Schriftgranit v. Radegund bei Graz 8108.

Herivel (J. W.), Thermodynamik d. Zwei-Flüssigkeiten-Modells v. fl. He II 11165.

Herken (H.) u. **Maibauer (D.),** Inosit im Stoffwechsel d. Gehirns 5830.

Herlant (M.), Einfl. d. Östrogene bei d. Winterschlaf haltenden Fledermaus (Myotis Myotis) 4622. — Beweise für d. Corticotropinsekret. d. acidophilen Zellen d. Hypophyse 4863.

Herlin (M. A.) s. Mayper jr. (V.).

Herling (F.) s. Jones (R. N.).

Herman (C. M.) s. Kilham (L.).

Herman (C. O.) s. Air Reduction Co., Inc.

Herman (D. F.) s. National Lead Co.; Titern Co., Inc.

— u. **Nelson (W. K.),** Organotitanverbb. 1. Mitt. Isolier. einer d. Ti–C-Bind. enthaltenden Verb. 5772; 2. Mitt. Stabilität d. Ti–C-Bind. 5773.

Herman (E.) u. **Wendler Deane (H.),** Vgl. d. Lokalisat. v. alkal. Glycerophosphatase, nachgewiesen mit d. Gomori-Takamatsu-Methode, in Gefrier- u. Paraffinschnitten 4123.

Herman (F.), Spekulationen über d. Energiebänderstruktur v. Ge–Si-Legierr. 8789.

—, **Callaway (J.)** u. **Acton (F. S.),** Vgl. v. verschied. angenäherten Austauschpotentialen 8308.

Herman (J. A.) s. Mund (W.).

Herman (L.) s. Herman (R.).

Herman (R.) s. Goupil (R.); Weniger (C.).

— u. **Herman (L.),** Mit d. Übergang ($A^2\Delta$—$X^2\Pi$) d. CH-Mol. verbundenes neues kontinuierl. Spektr. 1669.

Herman (R. C.) s. Alpher (R. A.); Mador (I. L.).

—, **Mador (I. L.), Wallis (R. F.)** u. **Williams (M. C.),** Erzeug. v. F-Zentren in NaCl u. LiF durch Röntgenstrahlen 2598.

— u. **Shuler (K. E.),** Intensitäten v. Schwingungs–Rotations-Banden 740. — Schwingungsintensitäten in zweiatom. infraroten Übergängen. Schwingungsmatrixelemente für CO 1439.

—, **Silverman (S.)** u. **Wallis (R. F.),** Intensitäten d. Schwingungsrotationslinien zweiatom. Moll. 4758.

Hermann (E. G.) s. Du Pont de Nemours (E. I.) & Co.

Hermann (F. J.), Kunstharze 5913* E. s. Reichhold Chemicals, Inc.; Reichhold Chemie Akt.-Ges.

Hermann (G.) s. Obé (G.).

Hermann (S.), Entgiften v. Cholin 10817* A.

Hermann (V. S.) s. Cseh (G.).

Hermanns (G.) s. Starck (H. C.) Akt.-Ges.

Hermans (J. J.) s. Horikx (M. M.); Trap (H. J. L.); Wiñd (G. de).

Hermans (P. H.), Cycl. Oligomere d. Caprolactams. Stereoisomerie bei höhergliedr. Ringen 820.

— u. **Kast (W.),** Streckvorgang bei künstl. Cellulosefasern 7116.

— u. **Weidinger (A.),** Kleinwinkelstreuung d. Cellulosefasern 5455. — Röntgen-Kleinwinkelstreuung gequollener Kunstseiden in Li-

thiumhydroxydlsgg. 6426. — Kleinwinkelstreuung v. Cellulosefasern u. ihre Deutung 6653.
Hermansen (A.), Neue Typen v. Interferenzfiltern mit größerer Fläche u. stärkerem Kontrast 7274.
Hermitte (É.), Getränk auf Basis v. Citronen oder Citronensäure u. Chinarindenalkaloid 11707* F.
Hermon (S. E.) s. Mills (E. C.).
Hernandez (R. A.) s. Neckers (J. W.).
Hernandez (T.) s. Cooper (W. C.).
— u. **Coulson (R. A.)**, Wrkg. d. Kohlensäureanhydratasehemm. auf d. Zus. d. Harns u. Plasmas d. Alligators 7697.
Hernandez-Gutierrez (F.), Salicylamid als Heilmittel 7034.
Hernandez Jauregui (R.) s. Goldner (M. G.).
— u. **Goldner (M. G.)**, Wrkg. v. Histamin, Epinephrin u. Antihistamin (Antistin) auf d. Glucoseumwandl. in d. isolierten Leber 1775.
Hernández-Medina (E.) s. Lugo-López (M. A.).
—, **Lugo-López (M. A.)** u. **Cibes-Viadé (H. R.)**, Günst. Wrkg. v. Filterpreßkuchen auf Ananaserträge unter Feldbedingg. 195.
Hernández Navarro (M. D.) s. Marquez (V. M.).
Hernández P. (E.) s. González Ochoa (A.).
Hernandez Ruiz (L.), Behandl. d. Ischias mit hohen Dosen Vitamin B_{12} mit epiduralen Injektt. 390.
Herndon (L. K.) s. Mathieson Chemical Corp.; Medin (A. L.).
Herndorn (C. H.) s. Curtiss jr. (P. H.).
Herneryd (F. O.) s. Bolidens Gruvaktiebolag.
Herniman (P. D.) s. Hall (G. R.).
Hérold (A.), Syst. Graphit–Brom 4301.
— u. **Hatterer (A.)**, Reaktionsprodd. v. K mit Mo- u. W-Oxyden 1001.
Herold (B.) s. Micheel (F.).
Herold (E. W.), Verbindungstransistor 984. — Halbleiter u. Transistor 11160.
Herold (H.) s. Badische Anilin- & Soda-Fabrik Akt.-Ges.
Herold (L.), Kombinierte Penicillin–Streptomycin-Therapie in d. Geburtshilfe 6071.
Heron (S.), **McWhirter (R. W. P.)** u. **Rhoderick (E. H.)**, Messungen d. Lebensdauer v. angeregten Atomzuständen mit d. Meth. d. verzögerten Koinzidenzen 11154.
Heros (M. E.) u. **Amy (L. M.)**, Spurenunters. v. Elementen, gleichzeit. Anwend. d. Spektrographie u. d. Papierchromatographie 6812.
Herout (V.) s. Šorm (F.).
Herpe (D.) s. Duhamel (J.).
Herpers (F.), Wrkg. v. Combaludrin bei Silicose 10565.
Herpich (C. M.) s. Staubitz (A.-R. D. M.).
Herpin (A.) s. Delourmel (T.).
— u. **Mercier (C.)**, Korrekturformel für d. Zähl. v. Bahnspuren in Kernemulss. 11330.
Herr (F.) s. Nádor (K.).
—, **Borsi (J.)** u. **Pataky (G.)**, Wrkg. d. Umwelttemp. auf d. Toxizität d. Analgetica 7258.
Herr (M. E.) s. Upjohn Co.
Herr (O.) s. Deutsche Gold- & Silberscheideanstalt vormals Roessler.
Herr (R. R.) s. Bardos (T. J.).
Herr (W.), Meth. zur chem. Trenn. v. Kernisomeren mit cycl. Komplexverbb. 10. — Natürl. Tc 7632. — s. Hintenberger (H.).
Herr (W.), **Hintenberger (H.)** u. **Voshage (H.)**, Halbwertszeit v. Re 9017.
Herraiz Ballestero (L.), Kombinat. v. ACTH u. N-Lost in d. Behandl. d. Asthmas u. d. chron. Polyarthritis 2953. — Behandl. d. Sklerose mit spezif. Desensibilisier.: Histamin, ACTH, Cortison 9832.
Herrán (J.), **Rosenkranz (G.)** u. **Sondheimer (F.)**, Steroidsapogenine. 31. Mitt. Partialsynth. v. Gitogenin 6993.
Herrbach (P.) s. Textile and Chemical Research Co. Ltd.
Herre (F.) s. Richter (H.).
Herrell (W. E.), Oxytetracyclin in d. allg. Medizin 9381.
Herrent (P.), Innere Struktur v. Cellulosegelen u. ihr mechan. Verh. 5208.
Herrera (C. G.) = Gómez Herrera (C.).
Herres (S. A.) s. Allegheny Ludlum Steel Corp.
Herrick (C. A.) s. Richard (R. M.).
Herrick jr. (C. E.) s. General Aniline & Film Corp.
Herrick (E. C.) s. Du Pont de Nemours (E. I.) & Co.
Herrick (J. F.), Anwendd. v. Ultraschall in d. experimentellen Medizin 5835.
Herring (C.), Rolle d. Phononen niedr. Energie bei d. Wärmeleit. 5488. — s. Galt (J. K.); Pearson (G. L.).
— u. **Galt (J. K.)**, Elast. u. plast. Eigg. v. sehr kleinen Metallproben 535.
Herring (D. F.) s. Block (R. C.).
Herring jr. (H. H.) s. Du Pont de Nemours (E. I.) & Co.
Herringshaw (J. F.), Elektrochem. u. elektrometallurg. Industrie 6839.
Herrington (A. C.), **Shaver (R. G.)** u. **Sorenson (C. W.)**, Kostenangabe für d. dauernde Beseitig. radioakt. Abfälle 4756.
Herrington (B. L.), Lipase in Milchprodd., bes. ihre Wrkg. auf d. Geschmack u. deren Verhinder. 1401. — Lipase: Übersicht 5097.
Herrlander (C. J.) s. Bergkvist (K. E.).
Herrle (K.) s. Badische Anilin- & Soda-Fabrik Akt.-Ges.
Herrlinger (F.) s. Thies (H.).
Herrlinger (R.), Tallöl 9696.
Herrmann (A.) u. **Loebell (G.)**, „WGH Solco" als Krebsbehandlungsmittel 10768.
Herrmann (E.), Variierung d. magnet. Eigg. d. γ-Fe_2O_3 5725.
— u. **Stipetić (J.)**, Abscheid. v. Tonerdehydrat auf d. Grundlage d. Bayer-Verf. 5150.
Herrmann (Erich), Substantive Farbstoffe zum Färben bei Tempp. über *100°*. 2. Mitt. 2077.
Herrmann (Erich) [Karlsruhe], Auflösungszeit eines Haufwerkes im kontinuierl. Betrieb. (Gleich- u. Gegenstrom, Kombinat. beider Verff.) 7282.
Herrmann (Erwin) s. Treibs (A.).
Herrmann jr. (E. C.) u. **Steers (E.)**, Unterss. über d. Mechanismus bei d. Verlust d. Resistenz gegen Chloramphenicol bei Escherichia coli 10296.
Herrmann (Gert) s. Nissen (K.).
Herrmann (Günter), Strontiumisotope in d. U-Spalt. 10913. — s. Ythier (C.).
Herrmann (Günther) s. Elektriska Aktiebolaget A. E. G.; Telefunken Ges. für drahtlose Telegraphie m. b. H.

Herrmann (H.), Lubchenco (L. O.) u. **Rothfels (U.),** Toxizität nichtion. Netzmittel für Hühnerembryonen 148.
—, Taylor (E. S.) u. **Neukom (R. J.),** Geh. an Proteinstickstoff u. Nucleinsäuren in d. Epithelien d. Ektocervix v. Frauen 3187.
Herrmann (J.), Cariesprophylaxe mit F 8439.
Herrmann (J. B.) s. Griboff (S. I.).
Herrmann (K.) Gerbstoff d. Bärentraubenblätter 871. — Pflanzl. Gerbstoffe u. ihre therapeut. Verwend. 6336. — Gerbstoff d. Melisseblätter 6336.
Herrmann (K.-H.) s. Schaaffs (W.).
— u. **Schaaffs (W.),** Effekt bei d. stoßweisen Verdampf. d. Wolframanode einer Röntgenblitzröhre 3310.
Herrmann (M. C.) s. Eliel (E. L.).
Herrmann (O.) s. Kalle & Co. Akt.-Ges.
Herrmann (P.) s. Curta & Co., G. m. b. H.
Herrmann (R.) s. Baumann (Rolf); Kafka (J.).
Herrmann (R. G.), Flamboe (G. E.) u. **Chen (K. K.),** Wrkg. v. *9* Herzsteroiden u. Adrenalin auf d. Atmung v. Herzmuskelstreifen 6334.
Herrmann (R. W.) s. Dick (D. R.).
Herrmann (U.) s. Aeppli (H.) [Bern].
Herrmann (Walter) s. Farbwerke Hoechst Akt.-Ges., vormals Meister Lucius & Brüning.
Herrmann (Werner) s. Siemens & Halske Akt.-Ges.
Herrmann (Werner) [Essen], Müssen Desinfektionsmittel aus d. gleichen Gründen wie Antibiotica v. Zeit zu Zeit gewechselt werden? 10082.
Herrmann (W. O.) s. Wacker-Chemie G. m. b. H.
Herrnfeld (F. P.) Integrierendes Farbdensitometer 4743.
Hers (H. G.), Rolle v. Mg u. K bei d. fructokinat. Rk. 7937. — Fructokinase d. Leber 7937.
Hersberger (W. D.) s. Hurd (F. K.).
Hersch (P.) s. International Nickel Co., Inc.
Herschler (A.), Mineral. Düngung 1357.
— u. **Gärtel (W.),** Borgeh. v. Mosten u. Weinen 238.
Hersey (D. F.) u. **Ajl (S. J.),** Auf d. Oxydat. v. Bernsteinsäure durch zellfreie Escherichia coli-Extrakte beruhende Phosphorylier. 4372.
Hersford (J.) s. Baxter (N.).
Hersh (J. M.) s. Continental Oil Co.
Hersh (S. P.) u. **Montgomery (D. J.),** Elektr. Auflad. v. Fäden: Abhängigk. d. übertragenen Lad. v. d. senkrecht wirkenden Kraft u. Geschwindigk. 3797. — Dass.: Prüftechnik u. Ergebnisse 11480.
—, Sharman (E. P.) u. **Montgomery (D. J.),** Stat. Auflad. v. Fasern 1876.
Hershberg (E. B.) s. Gould (D.); Herzog (H. L.); Oliveto (E. P.); Schering Corp.
Hershberger (T. V.) s. Bentley (O. G.); Hunt (C. H.).
Hershey (S. G.), Zweifach (B. W.) u. **Metz (D. B.),** Schutzwrkg. einiger d. autonomen Nerven blockierender Mittel bei peripherem Kreislaufstress 9613.
Hershkowitz (J.) s. Schneider (W. A.).
Hersping (A.), Mess. v. Materialkonstanten ferromagnet. Substanzen mittels Meßleit. (*80* bis *4000* MHz) 11508.
Herte (P.), Polyvinylchlorid 6149.
Herth (H.), Aufschließen v. Stärke 6413* D. [DDR].
Hertlein (W.) s. Husemann (E.).
Hertog (H. J. den) s. Kolder (C. R.).
—, Henkens (C. H.) u. **Dilz (K.),** Derivv. v. Pyridin-N-oxyd. 7. Mitt. Dirigierender Einfl. d. N-Oxydgruppe bei d. Nitrier. v. Derivv. d. Pyridin-N-oxyds. 2. Mitt. Nitrier. v. 3.5-Dibrom- u. 3.5-Diäthoxypyridin-N-oxyd 2900.
Herts Pharmaceuticals Ltd., Derivv. d. 2.5-Dioxy-4-aminobenzoesäure 640* E. — 4-Amino-2.6-dioxybenzoesäure 2025* E.
—, Martin (D. D.), Seymour (D. E.) u. **Spring (F. S.),** p-Aminosalicylsäure 4699* D. B.
—, Seymour (D. E.), Banerjea (P. R.) u. **Overton (K. H.),** 2-Oxy-4-aminobenzoesäurearylester 3200* E.
—, Seymour (D. E.), Drain (D. J.) u. **Suddaby (D.),** Monoacetyl- u. Tetraacetylderivv. 7787* E.
—, Seymour (D. E.) u. **Overton (K. H.),** 4-(2'-Oxy-4'-aminobenzoylamino)-salicylsäure 5601* E.
—, Seymour (D. E.), Suddaby (D.) u. **Sumpter (G.),** p-benzoylaminosalicylsaures Calcium 4645* E.
Hertwig (A.) s. Riedel-de-Haën Akt.-Ges.
Hertwig (H.) s. Hüttel (R.).
Hertwig (W. R.) s. Steel (R. A.).
Hertz (A. H.) s. Eastman Kodak Co.
Hertz (E.) s. Glenn (H. J.).
Hertz (Gerh.) u. **Nann (E.),** Isotopenverschieb. schwerer Gase in d. Gasultrazentrifuge 8306.
Hertz (Gustav) s. Siemens & Halske Akt.-Ges.
Hertzsch (W.) s. Heubner (W.).
Hervé, (A.) s. Bacq (Z. M.); Le Breton (R.).
Hervert (G. L.) s. Universal Oil Products Co.
Hervey (A.) s. Anchel (M.).
Hervey (L. R. B.) s. Polymer Corp.; Warner-Hudnut Co.
Hervey (R. J.) s. Smith (R. M.).
Herwig (L. O.) s. Miller (G. H.).
— u. **Miller (G. H.),** Ionisat. durch α-Teilchen in einer Gitterkammer 3556.
—, Miller (G. H.) u. **Utterback (N. G.),** Charakteristiken v. Ionisationskammern mit gitterförm. parallelen Platten 1437.
Herz (A.), Wrkg. v. Chinonen in wasserstoffübertragenden Fermentsystemen d. Kohlenhydratabbaues 3163.
Herz (A. J.) s. Tidman (D. A.).
Herz (E. v.), Schädlingsbekämpfungsmittel 8948* E.
Herz (R. H.), Sek. Strahlungseffekte bei d. photograph. Wrkg. v. α-Strahlen 4740.
Herz (W.), Umlager. bei d. Azulensynth. 2411. — Red. v. Benzalacetophenonoxyd 5293.
— u. **Cleare (B. E.),** Azulene 6. Mitt. Wander. d. Isopropylgruppe 9561.
Herzberg (G.) s. Cowan (R. D.); Heaps (H. S.).
— u. **Herzberg (L.),** Rotationsschwingungsspektren zweiatom. u. einfacher mehratom. Moll. bei langen Absorptionswegen. 6. Mitt. Spektr. v. N_2O unterhalb *1,2 μ* 11336.
Herzberg (L.) s. Herzberg (G.).
Herzfeld (K. F.) s. Schwartz (R. N.); Sponer (H.).

Herzig (A. J.) s. Climax Molybdenum Co.
Herzig (J.) u. **Mang (O.)**, Vgl. Brandvers. an ungetränkten u. mit Feuerschutzmittel getränkten Hölzern 7345.
Herzinger (R.) s. Springer (R.).
Herzka (A.), Best. v. Amylzimtaldehyd 236.
Herzmark (N.) u. **Leschot (A.)**, Thermoplast. M. 3746* F.
Herzog (A.) u. **McLachlan jr. (D.)**, Registrier. v. Röntgenbeugungsdiagrammen auf Kugeln 295.
Herzog (C.) s. Herzog (Johannes) & Co., Photochemische Fabrik.
Herzog (E.) s. Klima (R.).
Herzog (Eduard), Bruch v. Eisenmetallen durch Zusammenwirken v. Korros. u. mechan. Spannungen 7772. — s. Thyssen (A.)-Hütte Akt.-Ges.
Herzog (H.) u. **Pletscher (A.)**, Wrkg. v. industriellen Reizgasen auf d. Bronchialschleimhaut d. Menschen 11423.
Herzog (H. L.), Jevnik (M. A.), Tully (M. E.) u. **Hershberg (E. B.)**, Cycl. Ketale v. Δ^4-Androsten-3.17-dion 6039.
—, Nobile (A.), Tolksdorf (S.), Charney (W.), Hershberg (E. B.), Perlman (P. L.) u. **Pechet (M. M.)**, Neue antiarthrit. Steroide 4624.
—, Payne (C. C.) u. **Hershberg (E. B.)**, 11-Oxydierte Steroide. 9. Mitt. Eliminier. d. 11α-Hydroxylgruppe über d. Tosylat 7222.
—, Payne (C. C.), Tully (M. E.) u. **Hershberg (E. B.)**, 11-Oxydierte Steroide. 8. Mitt. Synth. v. 16.17-Oxido-Δ^4-pregnen-11α-ol-3.20-dionacetat 7222.
Herzog (J.) s. Badische Anilin- & Soda-Fabrik Akt.-Ges.
Herzog (Johannes) & Co., Photochemische Fabrik u. **Herzog (C.)**, Lichtempfindl. Material für d. Herst. v. Quellreliefs für Druckzwecke 5228* D. B.
Herzog (K.) s. Zimmer (P.).
Herzog (R. F. K.) s. Ehrenhaft (F.).
Hesch (F. H.) s. Kaiser Aluminum & Chemical Corp.
Heseltine (D. W.) s. Brooker (L. G. S.); Eastman Kodak Co.
Heske (F.) s. Ziegelmayer (A.).
Hesketh (R. V.) u. **Schneider (E. E.)**, Therm. Wiederherst. v. Farbzentren bei niedr. Temp. 2598. — Rückbldg. v. F- u. V_1-Zentren nach Tieftemperaturbleich. 10918.
Heslep (J. M.) u. **Black (C. A.)**, Diffus. v. Düngerphosphor im Boden 5876.
Heslin (E. P.) s. Walker (Charles A.).
Hess (C. B.) s. Brasco Manufacturing Co.
Hess (D. C.) s. Diamond (Herbert).
—, Wetherill (G. W.) u. **Inghram (M. G.)**, Unterdrück. unechter Ionen im Massenspektrometer 11158.
Hess (D. N.) s. Collins (C. J.).
Hess (Friedrich) u. **Meer (F. v.)**, Behandl. d. Molkereiabwässer 7289.
Hess (Fritz) s. Elektrochemische Fabrik Kempen-Rhein Dr. Brandenburg & Weyland G. m. b. H.
Hess (G. P.) s. Sheehan (J. C.).
Hess (H. V.) s. Texaco Development Corp.; Texas Co.
Hess (K.), Getreideverarbeit. zu Brot u. Gebäck 9929.
Hess (Kurt) u. **Philippoff (W.)**, Brems-, Druck-, Dämpfungs- u. Schmierfil. 9640* D. B.
Hess (Kurt) [Mosbach] u. **Mahl (H.)**, Elektronenopt. Nachw. großer Perioden bei Kunststoff u. Cellulosefasern 5691.
Hess (K. P.), Textile fibres and their use [257].
Hess (R. C.) s. Union Carbide & Carbon Corp.
Hess (R. E.) u. **Hill (D. L.)**, Anwend. d. „Ranger" auf d. Neutronenenergieverteil. 8780.
Hess (V. F.), Rn, Tn u. ihre Zerfallsprodd. in d. Atmosphäre 738. — Ionen- u. Kondensationskerne in d. Atmosphäre, Gleichgewicht v. Ionen u. d. Wert d. Höhenstrahl. in Seehöhe 6202. — Eddy-Diffus. bei d. Ionenverteil. in d. Atmosphäre in Bodennähe 8083.
Hess (W. C.) s. Roboz (E.).
— u. Shaffran (I. P.), Einfl. v. Cortison auf d. Verhältnis d. Resorpt. u. Bldg. v. Leberglykogen durch Alanin 9830.
Hess (W. N.) u. **Moyer (B. J.)**, Erzeug. v. Deuteronen bei energiereichem Kernbeschuß v. Kernen 5235.
Hesse (E.) s. Imhausen & Co. G. m. b. H.
Hesse (G.), Säulenchromatographie 4049.
— u. Krehbiel (G.), Nitrosier. einiger Chlorketone, ein neuer Weg zu Hydroxamsäurechloriden 4082.
Hesse (S.), Verh. vitaminisierter Obstsäfte bei d. Lager. 1634. — s. Gutschmidt (J.).
Hesse (S. H.) s. General Aniline & Film Corp.
Hesse (W. H.) s. Kennedy (W. K.).
Hesse (Dr.) & Cie., Kutzelnigg (A.) u. **Landwehrmann (G.)**, Vernickeln ohne Nickelanoden 10374* D. B.
— u. Stolz (K.), Verchromen mit Tetrachromat enthaltenden Bädern 10373* D. B.
Hessel (F. A.) s. Montclair Research Corp.
Hesselgesser (J. M.) s. Morey (G. W.).
Hesseltine (C. W.) s. Pidacks (C.).
Hesseltine (H. C.), Bustamante (J.) u. **Navori (C. A.)**, Begrenzter Einfl. v. Diäthylstilböstrol auf d. Lactat. 10302.
Hessen (R.) s. Nowack (A.) Akt.-Ges.; Süd-West-Chemie G. m. b. H.
Hessenberg (W. C. F.), Verarbeit. d. Metalle. Verform. beim Drahtziehen u. Walzen 9180.
Hessland (I.), Unterss. d. Senons d. Kristianstad-Distrikts, Südschweden. 2. Mitt. Sedimentologie u. Lithogenese d. Ahus-Serie 3333.
Hessler (L. E.) u. **Power (R. E.)**, Anwend. d. Jodadsorpt. als Maß für d. Kristallinität d. Cellulose 11120.
Hessler (W.), Best. v. SZ u. VZ bei Wachsen 11304.
— u. Meinhardt (G.), Best. d. unverzweigten KW-stoffe in Handelsparaffinen u. -ceresinen mit Hilfe d. Harnstoff-Einschlußverbb. 2. Mitt. 1882.
Hessling (H.) s. Stock (E.).
Hester (A. S.), Dorsey jr. (J. J.) u. **Kaufman (J. T.)**, Ammoniumnitrat nach d. Stengelverf. 902.
— u. Ladish (J. H.), Malzbereit. 6874.
— u. Ward (G. E.), Ergänz. d. Futters mit Vitamin B_{12} 7109.
Hester (J. B.), Bodenfaktoren, die d. Zus. v. Tomatenmark beeinflussen 10359.
Heston (B. O.), Grundlegende Elektrochemie d. Korros. 179. — s. Cities Service Oil Co.; Detty (W. E.).

Heston (W. E.), Carcinogene Wrkg. d. Senfgase 2692.
Heston (W. M.) s. Alexander (G. B.).
Hestrin-Lerner (S.) u. **Goldblum (J.)**, Laevanpolyase 8177.
— u. **Shapiro (B.)**, Glucoseresorpt. d. Darmes. 1. Mitt. In vitro-Unterss. 3667.
Hetchler (J. D.), Seetieröle, Gewinn., allg. Chemie u. Verwend. 10882.
Hetényl jr. (G.) s. Issekutz jr. (B.).
Hetherington (G.) s. Aynsley (E. E.).
— u. **Robinson (P. L.)**, Nitrylfluorid als nitrierendes Reagens 2644.
Hettche (O.), ClO_2 7292* D. B.
Hettinger jr. (W. P.) s. Dole (M.).
Hettner (G.), Emiss. eines Hochdruckplasmas im langwell. Ultrarot als Röntgenbremsspektr. 2360.
Hetzel (H.), Wirksamk. v. Gehirnhydrolysaten beim hypoglykäm. Koma 7028.
Hetzer (B.) s. Davis (M. M.).
Hetzig (R. A.), Pulvermetallurgie. Ti als mögl. Nachfolger d. Al 10612.
Hetzner (H. P.) s. California Research Corp.
Heubner (W.), S. W. Loewe 2349.
— u. **Hertzsch (W.)**, Br-Derivv. d. Pentaerythrits 9378.
— u. **Kramer (M.)**, Verss. zur Dursterzeug. durch Alkohole 7487.
— u. **Otto (Georg)**, Neue Spezialitäten 1793, 8209.
Heuchel (G.), Therapeut. Erfahrr. mit Digitoxin bei infarktbedingten Sinus- u. Kammertachycardien 8203.
Heuck (C.) s. Badische Anilin- & Soda-Fabrik Akt.-Ges.
Heuer (R. P.), Feuerfeste Ziegel 10117* Schwed. — s. General Refractories Co.
Heukelekian (H.), Biol. Abbau im Abwasser. 1. Mitt. Organismen 10599. — s. Crosby (E. S.); Gellman (I.); Parsons (W. A.); Rudolfs (W.).
— u. **Berger (M.)** [New Brunswick], Wert d. Zusatzes v. Kulturen u. Enzymen zur Förder. d. Faulung 1350.
—, **Bloodgood (D. E.), Edwards (G. P.), Ettinger (M. B.), Hoak (R. D.), Ingols (R. S.), Kabler (P. W.), Katz (M.), Kountz (R. R.), Langworthy (V. W.), Manganelli (R.), McGauhey (P. H.), Moggio (W. A.), Moore (W. A.), Orford (H. E.), Palange (R. C.), Rohlich (G. A.), Ruchhoft (C. C.), Sanborn (N. H.), Setter (L. R.), Smith (D. B.), Trebler (H. A.)** u. **Kleeck (L. W. van)**, Behandl. v. häusl. u. industriellem Abwasser u. Flußverunreinig. 1. Mitt. 6823. — Abwasser, Abfallverwert. u. Wasserverunreinig. 6823.
— u. **Gellman (I.)**, Biochem. Oxydatt. durch direkte Methoden. 4. Mitt. Einfl. gift. Metallionen auf d. Oxydat. 9412.
Heukelom (W.), Broeder (J. J.) u. **Reijen (L. L. Van)**, Struktur u. Textur v. Ni-Katalysatoren auf Kieselerde nach d. ferromagnet. Eigg. 7616.
Heumann (L.) & Co., Chem.-pharm. Fabrik, Graf (F.) u. **Bausch (S.)**, Fette oder öl. Heilpflanzenextrakte 160* D. B.
Heumann (T.), Zusammenhang zwischen d. partiellen u. d. gemeinsamen Diffusionskoeff. in metall. Mischkristallen 4055. — s. Masing (G.).
Heuner (W.) u. **Abée (H.)**, Behandl. d. Lungentuberkulose mit Isonicotinsäurehydrazid 6795.
Heupke (W.), Sauermilchprodd. u. ihre therapeut. Anwend. 3188.
Heus (J. G. de), Cholinstoffwechsel bei Aspergillus niger 383. — s. Man (T. J. de).
Heuse (O.) s. Rajewsky (B.).
Heuser (G. F.) s. Gillis (M. B.); Young (R. J.).
Heuser (L. J.) s. Dutcher (J. D.); Mathieson Chemical Corp.
—, **Dolliver (M. A.)** u. **Stiller (E. T.)**, Reinig. u. Kristallisat. v. Streptomycin 4603.
Heuser (S. G.) s. Brown (W. Burns).
Heusghem (C.) s. Demey-Ponsart (E.); Vivario (R.).
Heusler (K.) s. Woodward (R. B.).
—, **Heusser (H.)** u. **Anliker (R.)**, Steroide. 115. Mitt. Herst. u. Red. v. Δ^8-11-Ketosteroiden 2210.
— u. **Wettstein (A.)**, Steroide. 113. Mitt. 11-Keto-Derivv. aus im Ring C unsubstituierten Steroiden 1980.
Heusner (A.) s. Havas (L. J.).
Heuss (R.), Erste Untersuchungsergebnisse v. bayrischen Gersten d. Ernte *1954* 943. — Dänische Gersten d. Ernte *1953* u. daraus hergestellte Malze 6639.
Heusser (D.) s. Diemair (W.).
Heusser (H.) s. Ciba Akt.-Ges.; Günthard (H. H.); Heusler (K.); Kyburz (E.); Roth (M.); Saucy (G.); Zürcher (A.).
—, **Beriger (E.), Anliker (R.), Jeger (O.)** u. **Ruzicka (L.)**, Steroide u. Sexualhormone. 196. Mitt. Experimentelle Verknüpf. d. Steroide mit Di- u. Triterpenen. 1. Mitt. Abbau d. Ergosterins zur trans(+)-1-Methyl-1-carboxycyclohexyl-(2)-essigsäure 5322.
—, **Wahba (N.)** u. **Winternitz (F.)**, Steroide u. Sexualhormone. 201. Mitt. 17aα-Methyl-D-homotestosteron, ein hochakt. männl. Sexualhormon 5325.
Heusted (G. B.) s. Dow Chemical Co.
Hevelke (G.), Chem. Alternswandll. d. Arteria femoralis 10301.
Hevesy (G.), Radioakt. Isotopen als Indicatoren in d. Radiobiologie 8175.
Hevia Rodríguez (V.), Mkr. Unters. d. Kohle 3286.
Hewetson (F. N.), Neuere Herbicide zur Bekämpf. v. Rhus radicans L. in Äpfelgärten 11664.
Hewett (C. L.) s. Organon Laboratories Ltd.
Hewett (D. R.), Perkin (A. H.) u. **Wilson (J. C.)**, Spritzpistole für dest. W. 9152.
Hewitt (B.), Rkk. v. Weintrauben auf Natriumarsenitsprühungen zur Schwarzfinnenbekämpfung 3233.
Hewitt (C. H.) s. Baines (S.).
Hewitt (D. H.) s. Berger (Lewis) & Sons Ltd.; Sherwin-Williams Co.
Hewitt (E. J.) s. Agarwala (S. C.); Hasselstrom (T.).
— u. **McCready (C. C.)**, Mo-Bedarf v. Tomaten bei auf verschied. Weise gegebenem N in Sandkulturen 3232.
— u. **Miles (P.)**, Wrkg. v. Mangel u. Überschuß an einigen Mineralnährstoffen auf d. Wachstum v. Tulpen- u. Narzissenknollen in Sandkulturen 6831. — Wrkg. v. Saatrückständen auf d. Entsteh. v. Cu-, Zn- u. Mo-Mängel bei breitwürf. gesäten Leguminosenpflanzen 10606.

Hewitt (T.) s. British Insulated Callender's Cables Ltd.
Hewitt (W. C.) s. Phillips Petroleum Co.
Hewson (W. A.) s. Ekco-Ensign Electric Ltd.
Hewson (W. B.) s. Hercules Powder Co.
Hey (D. H.), Chemie d. Rkk. freier Radikale in Lsg. 6946. — s. Ashdown (A.); British Schering Research Laboratories Ltd.; Heacock (R. A.).
— u. **Mulley (R. D.)**, Zwischenkerncyclisier. 5. Mitt. Cyclisier. v. Derivv. v. Diphenylmethan, Benzophenon u. N-Methyldiphenylamin 6975.
— u. **Nagdy (K. A.)**, Intramol. Acylier. 3. Mitt. Herst. u. Ringschluß d. α-Methoxyphenylglutarsäuren 1498.
—, **Stuart-Webb (J.)** u. **Williams (G. H.)**, Umlager. u. Zers. v. Nitrosoacylarylaminen 781.
— u. **Williams (G. H.)**, Partialgeschwindigkeitsfaktoren für homolyt. aromat. Substitut. 1939.
Hey (G.), Phenylindandionbehandl. auf einer chirurg. Abteil. 4142.
Hey (J. W.) s. Wibaut (J. P.).
— u. **Wibaut (J. P.)**, Pyridinderivv.; 97. Mitt. Synthesen mit Hilfe v. γ-Picolyllithium. 2. Mitt. Darst. v. O_2-halt. Derivv. 2201.
Hey (M. H.), Neue Durchmuster. d. Chlorite 1697.
Heyd (J. W.) s. Rogers (A. J.).
Heyden (J. R.) s. Helberger (J. H.).
Heyden (R.) s. Böhme, Fettchemie G. m. b. H.
Heyden Chemical Corp. u. **Cake (W. R)**, Pentaerythrit in Kristallform 8493* A.
—, **Klein (D. X.)** u. **Curgan (M. N.)**, Pasten aus Polyvinylchlorid 2085* A. — Weichmachende flammenfeste Ausrüstung v. Cellulosetextilien u. Papier 8064* A.
—, **Snow (J. E.)** u. **Barth (R. H.)**, Oxyalkyläther d. p-Xylolglykols 6851* A.
Heyden Pharmacal Co. u. **Ledrut (J. H. T.)**, 1.2.3-substituierte Pyrazolonaldehydderivv. 3202* A.
Heydenburg (N. P.) u. **Temmer (G. M.)**, Coulomb-Anreg. u. Compoundkernbldg. in d. leichteren Elementen 3060. — γ-Strahlen aus ^{7}Li, ^{19}F, ^{22}Ne u. ^{23}Na durch Beschuß v. Li u. F mit α-Teilchen 8777.
Heyder (W.), *60* Jahre Chloralkalielektrolyse 8941.
— u. **Bopp (A.)**, „Igurit", d. neue Werkstoff d. chem. Industrie 6357.
Heyding (R. D.) u. **Flood (E. A.)**, Anwend. v. In für d. Aufzehr. v. Hg-Dampf in Vakuumsystemen 7386.
Heyes (J.), Rückgewinn. v. capillarakt. Stoffen 3761* D. B.
— u. **Fischer (W. A.)**, Elektrolyt. Polieren v. Metallen 9900* F.
Heying (T. L.) s. Woods (G. F.).
Heyl (F. W.) s. Upjohn Co.
Heyl (W.) s. Heyl & Co. Chemisch-Pharmazeutische Fabrik.
Heyl & Co., Chemisch-Pharmazeutische Fabrik, Komplexsalze v. Bortetraarylen 3933* F.
— u. **Heyl (W.)**, Alkaliborhydride 7057* E.
Heyl Hoffman (D.) s. Merck & Co., Inc.
Heyland (K.-U.), Qualitätsunterss. am Stroh v. deutschen Weizensorten 4436.
Heyman (A.) s. Stockholms Superfosfat Fabriks Aktiebolag.
Heymann (E.) s. Gilby (A. R.).
Heymann (H.), Abwasserbehandl. 901* E., Schwz.
Heymans (C.), **Delaunois (A. L.)** u. **Martini (L.)**, Hexamethonium u. d. Erregungsleit. u. Erregbark. d. Vaguszentrums 11246.
—, **Delaunois (A. L.)**, **Martini (L.)** u. **Janssen (P.)**, Wrkg. gewisser autonomer Pharmaka auf d. Chemoreceptoren im Glomus caroticum u. d. Druckreceptoren im Carotisssinus 7490.
Heymans (W.), Qualitätskontrolle v. Konservendosen v. Gesichtspunkt d. Konservendosenherstellers aus 7338.
Heymer (G.) s. Universum-Film Akt.-Ges.; VEB DEFA-Kopierwerke.
Heymes (P. R.) s. Soc. An. des Manufactures des Glaces et Produits Chimiques de Saint-Gobain, Chauny & Cirey.
Heymès (R.) s. Velluz (L.).
Heymons (A.) s. Riedel-de-Haën Akt.-Ges.
Heyn (A.) s. Vogel (Rudolf).
Heyn (A. H. A.) s. Bergin (M. J.).
— u. **Bergin (M. J.)**, Anwend. d. Glaselektrode in Systemen mit fl. NH_3 288.
Heyn (O.) s. Schering Akt.-Ges.
Heyna (J.) s. Farbwerke Hoechst Akt.-Ges., vormals Meister Lucius & Brüning.
Heyndrickx (A.), Unregelmäßigkk., beobachtet an d. rotierenden Pt-Mikroelektrode 23. — Toxikologie d. phytopharmazeut. Prodd. 6328. — Chromatographie v. Vitamin B_1 u. Cholin 5848. — Papierchromatographie v. Cholin u. d. Vitaminen B_1, B_2, Niacin u. Niacinamid. Herst. v. radioakt. Cholinacetat u. Unters. seiner Hydrolyse 5848. — Toxikolog. Unters. eines akuten Vergiftungsfalles mit einem thalliumhaltigen Rattengift 7494. — s. Stricks (W.).
Heyningen (E. M. van) s. Lilly (E.) & Co.
Heyns (A. J.) s. Georgala (M. B.).
Heyns (K.) s. Winnacker (K.).
— u. **Bebenburg (W. v.)**, Rkk. an d. Carbonamidgruppe. 2. Mitt. 6490.
— u. **Graefe (G.)**, Oxydative Umwandll. an Kohlenhydraten. 7. Mitt. Synth. v. d-Glucuronsäure über Carboxylstärke 3385.
— u. **Koch (Wolfgang)**, Oxydative Umwandll. an Kohlenhydraten. 6. Mitt. Katalyt. Oxydat. v. d-Glucosamin zu d-Glucosaminsäure 3384.
— u. **Paulsen (H.)**, Oxydative Umwandll. an Kohlenhydraten. 8. Mitt. Katalyt. Oxydat. v. meso-Inosit zu scyllo-meso-Inosose 3607; 9. Mitt. Synth. d. D-Glucosaminuronsäure (2-Amino-2-desoxy-D-glucuronsäure u. einige ihrer Derivv. 10516.
— u **Walter (Wolfgang)**, Proteine u. deren Abbauprodd. 10. Mitt. Vork. v. α-Aminobuttersäure in Proteinen. Transaminierr. in d. Schmelzen d. Hydrochloride v. Aminosäuren 2931. — Rk. v. Ketosäuren mit Aminosäuren u. Ammoniumsalzen 11194.
—, **Walter (Wolfgang)** u. **Stumme (W.)**, Neue Bildungsweisen d. Alanins 2175.
— u. **Wolff (Godehard)**, Proteine u. deren Abbauprodd. 11. Mitt. Unterss. über Auftrenn. u. Zus. eines partiellen Hydrolysats d. Gelatine mit Hilfe v. Ionenaustauschern 5615.
— u. **Woyrsch (O.-F.)**, Rkk. an d. Carbonamidgruppe. 1. Mitt. 6489.

Heys (R. C.), Abheben v. Papierblättern mit Hilfe des Vakuums 10410.
Heystek (H.) s. Merve (C. R. van der).
Heytler (P. G.) s. Renzo (E. C. De).
Heywand (B. W.) u. **Bird (H. R.)**, Wrkg. v. Alfalfa-Saponin auf Wachstum, Futterverzehr u. Futterausnutz. bei Küken 2234.
Heywang (G.) s. Lombard (R.).
Heywang (W.) s. Kniepkamp (H.).
— u. **Ziegler (Georg)**, Stabilität senkrechter Schmelzzonen 4292.
Heywood (A.) s. Cropper (F. R.).
Heywood (B. J.) s. May & Baker Ltd.; Parke, Davis & Co.
— u. **Odell (D. P.)**, Einfacher Trockenofen für d. organ. Untersuchungslabor. 1336.
Heyworth (R.) u. **Bacon (J. S. D.)**, Stickstoffhalt. Lactosederiv. aus d. lactierenden Brustdrüse d. Ratte 2462.
Hiatt (C. W.), Rotortemp. in d. Ultrazentrifuge 10826.
Hiatt (G. D.) s. Eastman Kodak Co.
Hiatt (H. H.) s. Horecker (B. L.); Marks (P. A.).
—, **Marks (P. A.)** u. **Shorr (E.)**, Wrkgg. v. Hemmungsstoffen auf d. Ca-Ablager. im Knorpel in vitro 10792.
Hiatt (W. C.) s. Cheney (W. B.).
Hibbard (B. B.) u. **Schmidt (F. C.)**, Physikal.-chem. Unterss. an Lsgg. in W.-freiem Äthylendiamin. 1. Mitt. Leitfähigkeitsmessungen an Lsgg. v. Na-, Ag- u. Tetra-n-butylammoniumnitrat u. -jodid 11341.
Hibbard (R. R.) s. Standard Oil Co.
Hibbard jr. (W. R.) s. French (R. S.); Keeler (J. H.); Liu (Y. C.); Margolin (H.); Nielsen (J. P.); Nisbet (J. D.).
—, **Kearney (A. L.)**, **Hawley jr. (W. H.)** u. **Burke (E. C.)**, Mischkristallegierr. v. Mg mit Li u. In 3240.
Hibbert (G. S.), 75 Jahre Walzendruck 6855. — Drucken 8739.
Hibbin (B. C.), **Hughes (E. D.)** u. **Ingold (C. K.)**, Konfigurative Beziehung zwischen Phenylglycin u. Mandelsäure 6941.
Hibbits (J. O.) s. Cooper (S. S.).
Hibdon (C. T.) s. Bollinger (L. M.).
Hibi (T.), Elektronenmkr. Beobachtt. d. Formänder. v. Oxydteilchen d. Oxydkathode im Verlauf d. Aktivier. 283.
— u. **Ishikawa (Kazuo)**, Spektrale Abhängigk. d. Glühemiss. v. (Ba–Sr)O-Kathoden v. d. Aktivier. im *0,6—3,5* eV-Gebiet 7842.
Hibshman (H. J.) s. Standard Oil Development Co.
Hiby (J. W.), **Müller (K. G.)** u. **Pahl (M.)**, Dichtemeßmeth. für d. Akkommodationskoeff. d. Translat. v. Gasmoll. 3805.
— u. **Pahl (M.)**, Kompensierte Ionisationsmanometer für Vakuummessungen hoher Relativgenauigk. 7735.
Hichtchings (G. H.) s. Burroughs Wellcome & Co. (USA), Inc.
Hickam (W. M.), Ionisationswahrscheinlichkeitskurven in d. Nähe d. Schwelle für Zn, Cd u. Hg 6216. — s. Fox (R. E.).
—, **Fox (R. E.)** u. **Kjeldaas jr. (T.)**, Wahrscheinlichkeitskurven nahe d. Schwelle zur Bldg. v. He+, $Ne^{2}+$, $Ar^{2}+$, $Kr^{2}+$ u. $Xe^{2}+$ durch Elektronenbeschuß 6917.
Hickey (F. C.), Probenwechsler mit positiver Entgas. bei Strömungszählern 11496. — s. Gora (E. K.).
Hickey (R. J.), Ernährungsvoraussetzungen für d. Biosynth. v. Riboflavin durch Eremothecium ashbyii 7941. — s. Commercial Solvents Corp.
Hickinbottom (W. J.), Verzweigtkett. KW-stoffe, ihre Synth. u. Rkk. 10961.
— u. **Hogg (D. R.)**, Rk. v. Epoxyden mit Carbonsäuren 7413.
—, **Hogg (D. R.)**, **Peters (D.)** u. **Wood (D. G. M.)**, Rkk. ungesätt. Verbb. 11. Mitt. Oxydat. v. 2.3-Dimethylbuten-(2) mittels Chromsäure 8593.
—, **Hyatt (A. A.)** u. **Sparke (M. B.)**, Synth. u. Rkk. v. verzweigten KW-stoffen. 3. Mitt. α-Oxyketone mit sek. u. tert. Alkylgruppen 5761; 4. Mitt. Synth. v. Ketonen mit quatern. C-Atomen 5762.
Hicklin (W. H.) s. Belser (R. B.).
Hickling (A.) s. Bawn (C. E. H.); El Wakkad (S. E. S.).
— u. **Linacre (J. K.)**, Glimmentladungselektrolyse. 2. Mitt. Anod. Oxydat. v. Fe(II)-sulfat 749.
— u. **Maxwell (J.)**, Anod. Auflösung v. Amalgamen an stationären Elektroden 7619.
Hickman (G. D.) s. Cork (J. M.).
Hickman (J.) s. Ashwell (G.).
Hickman (K. C. D.) s. Eastman Kodak Co.
Hickok (J. E.) s. Standard Oil Development Co.
Hicks (B. L.), Theorie d. Zünd., als eine therm. Rk. betrachtet 6223.
Hicks (D.) s. Eliot (E. A.).
Hicks (Donald), Probeentnahme u. Analyse v. Handelskohlen, Verff. u. Methoden, bei d. nationalen Kohlenbehörde angewandt 11483.
Hicks (G. C.) s. Yates (L. D.).
Hicks (H. G.) u. **Gilbert (R. S.)**, Neues Palladiumisotop, *1,5* Minuten-^{111}Pd 6207.
Hicks (J. A.) u. **Melville (H. W.)**, Synth. v. Blockcopolymerisaten in einem fließenden Syst. 7225.
Hicks (J. C.) s. Kaiser Aluminum & Chemical Corp.; Permanente Metals Corp.
Hicks (M. S.) s. Dunner (L.).
Hicks (S. P.), **O'Brien (R. C.)** u. **Williams (A. A.)**, Wrkg. ionisierender Bestrahl., einiger Hormone u. Verbb. auf d. Entw. d. Nervensyst. 7481.
Hickson (R.) s. Dunlop Rubber Co. Ltd.
Hicock (H. W.) u. **Olson (A. Richard)**, Toxizität v. Holzschutzmitteln u. ihren Lösungsmm. für Pflanzen 3993.
Hidasi (V.) s. Hangyál (K.).
Hides (E. A.) s. Sykes (R. L.).
Hideshima (T.) s. Sato (Koji).
Hidle (E.) s. Olsen (S.).
Hidnert (P.), Therm. Ausdehn. v. *5* ausgewählten opt. Gläsern 6826.
— u. **Krider (H. S.)**, Therm. Ausdehn. v. Al u. einig. Al-Legierr. 2607.
Hiebel (G.), **Bonvallet (M.)** u. **Dell (P.)**, Wrkg. d. Chloropromazins („Largactil", *4560* RP) auf d. Zentralnervensyst. 401.
Hieber (A.) s. Postel (E.).
Hieber (F.) s. Deubner (B.).
Hieber (W.) u. **Bartenstein (C.)**, Metallcarbonyle. 63. Mitt. Carbonylcyanokomplexe d. einwert. Co 7166; 64. Mitt. Cyano- u. Carbonylcyanokomplexe d. Co mit extrem

niederen Oxydationszahlen d. Metallatoms 7166.
Hieber (W.) u. **Sedlmeier (J.)**, Kobaltcarbonylwasserstoff 2855.
Hiebert (H. L.) s. Hoecker (F. E.).
Hiebert (R. D.) s. Schuch (R. L.).
— u. **Watts (R. J.)**, Koinzidenzkreis hoher Auflösung für ^{3}H- u. ^{14}C-Messungen 8781.
Hiebsch (J.) s. Treibs (W.).
Hiedemann (E. A.) s. Loeber (A. P.).
Hield (H. Z.) s. Stewart (W. S.).
Hielscher (W.) s. Haase (L.).
Hiemstra (P.) s. Coöperatieve Verkoopen Productievereniging van Aardappelmeel en Derivaten „Avebe" G. A.
Hieronymi (G.), Vork. u. Verteil. saurer Mucopolysaccharide in Geschwülsten 5813. — s. Bohle (A.).
Hießleitner (G.), Ostalpine Erzmineralisat. in Begleit. v. vor- u. zwischen-mineralisator. eingedrungenen Eruptivganggestein 9047.
Hiestand (A.) s. Ciba Akt.-Ges.
Hiestand (W. A.) s. Madden (R. F.).
Hiester (N. K.) s. Vermeulen (T.).
—, **Fields (E. F.)**, **Phillips (R. C.)** [Stanford] u. **Radding (S. B.)**, Kontinuierl. Gegenstrom-Ionenaustausch v. Spurenbestandteilen 756.
Hietala (S.) s. Tommila (E.).
Hietanen (A.), Cyanit, Andalusit u. Sillimanit in d. Schichten in Boehls Butte-Quadratbezirk, Idaho 4064.
Higashi (K.) s. Ito (Yosoji).
Higashi (O.), Peroxydase-Rk. d. Erythrons bei Anämien 3163. — Peroxydasebild d. Erythrocyten bei Anämien 3163. — Angeborene Abnormität d. Peroxydasegranula. Angeborene Übergröße der Peroxydasegranula 3163.
Higashi (T.) s. Aomine (S.).
Higata (A.) s. Kawada (K.).
Higatsberger (M. J.) s. Ehrenhaft (F.); Wagner (G.) [Wien].
Higazy (R. A.), Spurenelemente d. pluton. Komplexes v. Loch Doon (Südschottland) u. ihre petrogenet. Bedeut. 542. — Verteil. v. Spurenelementen in d. perthit. Pegmatiten d. Black Hills, Süd-Dakota 3096.
Higbee (H. B.) s. Atlantic Refining Co.
Higbie (K. B.) s. Henderson (A. W.); Werning (J. R.).
Higdon (R. J.), Wrkg. v. 2.4.5-Trichlorphenoxyessigsäure auf d. Entwickl. u. Reif. d. Früchte v. *18* Pfirsichsorten 11662.
Higginbotham (O.), Klären v. Fll., bes. Zuckerrohsäften 2798* Ind.
Higgins (E. B.) u. **Read (A. E.)**, Mittel zum Schutz v. Textilien gegen Pilze, Bakterien sowie Insektenfraß 2809* F.
Higgins (E. J.) s. Standard Oil Development Co.
Higgins (G. H.) s. Crane (W. W. T.).
— u. **Crane (W. W. T.)**, Spaltquerschnitt v. ^{242m}Am für therm. Neutronen 6908.
Higgins (G. M.) s. Bruwer (A.).
Higgins (H.) s. Lih (H.).
Higgins (J.) s. Chance (B.).
Higgins (T. F.) s. Freis (E. D.).
Higgins jr. (T. J.) s. American Viscose Corp.
Higgins (W. A.), **Vogel (P. W.)** u. **Craig (W. G.)**, Aromat. Phosphinsäuren u. Derivv. 1. Mitt. Diphenyldithiophosphinsäure u. ihre Derivv. 8367.
Higgins (W. F.) s. Hughes (F. A.) & Co. Ltd.; Magnesium Elektron Ltd.
Higginson (J.) u. **Pepler (W. J.)**, Fettaufnahme, Serum-Cholesterin-Konz. u. Atherosklerose bei d. südafrikan. Bantu. 2. Mitt. Atherosklerose u. Coronarsklerose 8191.
Higginson (W. C. E.) s. Wooding (N. S.).
Higgons (D. J.) s. Boots Pure Drug Co. Ltd.
Higgs (M. C.) s. United States Gypsum Co.
Higgs (P. W.), Durch Schwingg. hervorgerufene Veränderr. d. Elektronenverteil. in Molekülkristallen. 1. Mitt. Dichte in einem schwingenden Kohlenstoffatom 8097.
High Duty Alloys Ltd., Anod. Oxydat. v. Al u. seinen Legierr. 10374* F.
— u. **Doyle (W. M.)**, Mg-Zr-Legierr. 5646* E.
— u. **Rolls Royce Ltd.**, Al-Legierr. 2293* E.
—, **Rolls Royce Ltd.** u. **Wilson (C.)**, Wärmebehandl. v. Al-Legierr. 6126* E.
High Voltage Engineering Corp., **Robison (D. M.)** u. **Burrill jr. (E. A.)**, Sterilisieren v. Lebensmitteln u. Drogen mit Elektronenstrahlen 8760* E.
Highhouse (F.), **Mencken (C.)** u. **Moloney (J. B.)**, Automat. Vollgas-Wasserdestillationsapp. 8216.
Highman (B.) s. Pecora (L. J.).
Higley (W. S.) s. Standard Oil Co.
Higman (B.), Elektronenkonfigurat. in Komplexen mit achtfacher u. a. Koordinationen 6472.
Hignett (T. P.) s. McKnight (D.).
Higuchi (Kiyoshi) s. Sanders (T. H.).
Higuchi (Kôzô), Chem. Rohprodd. aus d. Oxydat. v. Steinkohle 2109.
Higuchi (T.) s. Swintosky (J. V.).
—, **Marcus (A. D.)** u. **Bias (C. D.)**, Vgl. einer mikrobiol. u. einer chromatograph. Best.-Meth. für Chloramphenicol 5130.
— u. **Rehm (C. R.)**, Konduktometr. Titrat. v. H_2SO_4 u. HCl u. ihrer Gemische in wasserfreier Essigsäure 10820.
Higuti (I.) u. **Iwagami (Y.)**, Calorimetr. Beweis für d. Capillarkondensationstheorie 5490.
Hiisi-Brummer (L.), Histolog. u. histochem. Veränderr. d. Nebennierenrinde d. Maus infolge Tocopherol-(Vitamin E-) Mangel 11033.
Hikime (S.) s. Uzumasa (Y.).
Hikita (T.) u. **Asaba (T.)**, Explosivität v. überchlorsäurehalt. Mischungen 5740.
Hilal (O. M.) u. **Saleh (F. A.)**, Magnet. Suszeptibilität v. La 3313.
Hilbck (H.) s. Kern (Walther).
Hilborn (J. W.) s. Eichholz (G. G.).
Hilchey (J. D.), Unterss. über d. qualitativen Bedarf d. Blattela germanica (L.) an Aminosäuren unter asept. Bedingg. 7715. — s. Burchfield (H. P.).
Hild (W.) s. Breuers (W.).
Hildahl (G. T.) s. Tamelen (E. E. van).
Hildebrand (G.), Method. Probleme d. Digitalis-Standardisier. 11633. — s. Fiedler (U.).
Hildebrand (J. H.) s. Alder (B. J.).
—, **Alder (B. J.)**, **Beams (J. W.)** u. **Dixon (H. M.)**, Wrkgg. v. hydrostat. Druck u. Zentrifugalfeldern auf krit. fl.–fl.-Grenzschichten 5489.
Hildebrand (K.) s. Wierlemann (W.).
Hildebrandt (A. F.), Elektromagnete mit engem Spalt für Kernresonanz-Spektrometrie hoher Auflösung 6690.

Hildebrandt (F.) u. **Reinartz (W.)**, Kumulat. d. Reinglykoside Digoxin, Digitoxin u. Boviea 6075.
Hildebrandt (H.), Abschrecken v. Wild u. Haustieren v. schutzbedürftigen Kulturflächen 8247* D. B.
Hilden (T.) s. Grüner (A.).
— u. **Munck (O.)**, Neuere Antikoagulantia 388. — Antagonist. Effekt d. Vitamins K gegenüber Antikoagulantien 391.
Hilderbrand (J. F.) s. Lyons (R. E.).
Hilditch (T. P.), **Patel (C. B.)** u. **Riley (J. P.)**, Spektrograph. Best. v. Linol- u. Linolensäure 3213.
Hildreth jr. (C. L.) s. Harned (H. S.).
Hileman (J. L.), Best. v. Nichtfettbestandteilen in Milch 7807.
Hilf (H. H.), R. Albert zum Gedächtnis 10425.
Hilfer (H.), Entw. d. Lippenstifte 473. — Haarlacke als Aerosole 473. — Reinigungscremes 1864. — Parfümierte Aerosole 2552. — Haarwaschwässer 3505. — Neuzeitl. Haarwaschmittel 3505. — Aerosol-Sonnenbrandschutzmittel 3751. — Aerosol-Rasiercremes 3751. — Erweichende u. geschmeidigmachende Cremes 4230. — Saure Cremes 4230. — Haarwellenfixative u. -lacke 8986. — Cold Cremes 9925.
Hilfsgemeinschaft zur Linderung der Not, 1-Phenyl-2.3-dimethyl-4-amino-5-pyrazolon-N-phosphorsäurediäthylester 1098* Schwz. — 1-Phenyl-2.3-dimethyl-4-amino-5-pyrazolon-N-phosphorsäuredialkyl-bzw.-diaralkylester 1564* Oe. — Deriv. d. 1-Phenyl-2.3-dimethyl-4-amino-5-pyrazolons 9621* Schwz.
Hilgendorff (H.-J.), Al als Werkstoff für Kabelmäntel 10367.
Hilgenstock (P.) s. Bergbau-Akt.-Ges. Lothringen.
Hilger (F.) s. Götze (K.).
Hilgetag (G.) s. VEB Farbenfabrik Wolfen.
Hill (A.) s. Diamond Alkali Co.
Hill (A. G.) s. American Cyanamid Co.
Hill (A. J.) s. Mandel (H. G.).
— u. **Johnston (J. V.)**, Von Äthylendiamin abgeleitete Amidine. 1. Mitt. Diamidine 1249; 2. Mitt. Imidazoline 1250.
— u. **Shepard (R. A.)**, Ester v. N-substituierten Piperidincarbonsäuren 2673.
Hill (B. N.) s. Standard Oil Development Co.
Hill (C. M.), **Haynes (L.)** u. **Hill (Mary E.)**, Katalyt. Hydrier. v. Alkylketendimeren 5760.
Hill (C. P.) s. Glover (C. A.).
Hill (D. C.) s. Slinger (S. J.).
Hill (D. G.), **Stewart (B.)**, **Kantor (S. W.)**, **Judge (W. A.)** u. **Hauser (C. R.)**, Mechanismus d. β-Eliminier. mit Alkylhalogeniden u. Basen unter Benutz. v. D. als Tracer 4078.
Hill (D. L.) s. Cole (V. V.).
Hill (D. L.) [Nashville], Coulomb-Anreg. v. Kernen durch schwere Teilchen 5948. — Eigg. d. Reichweitenmessers (Ranger) 8780. — s. Ford (K. W.); Hess (R. E.); Wilets (L.).
— u. **Ford (K. W.)**, Kernladungsverteill. 6446. — μ-Meson-Röntgenstrahl. u. Form d. Verteil. d. Kernlad. 10186.
Hill (E.) s. Siemens-Schuckertwerke Akt.-Ges.
Hill (E. D.), Walzenmasse für Druckwalzen 6650* A.
Hill (E. F.) s. Ethyl Corp.
—, **Wilson (G. R.)** u. **Steinle jr. (E. C.)**, Herst., Eigg. u. Verwend. d. Fettalkohole 10405.
Hill (F. B.) s. British Celanese Ltd.; Dreyfus (C.).
Hill jr. (Frederick B.) s. Du Pont de Nemours (E. I.) & Co.
Hill (F. U.) s. Gerstein (M.).
Hill (F. W.) s. Mellen (W. J.).
Hill (G. D.) s. Eastman Kodak Co.
Hill (H.) s. Heinrich (H. C.).
—, **Moch (R.)** u. **Schumann (G.)** [Hannover], Eiweißstoffwechsel d. Schweines. 1. Mitt. 2009.
— u. **Prinz (W.)**, Eiweißstoffwechsel d. Schweines. 2. Mitt. 4146.
Hill (H.) [Ottawa], **Durkee (A. B.)**, **Heeney (H. B.)** u. **Ward (G. M.)**, P-Geh. d. Kartoffelpflanzen in Bezieh. zum Ernteertrag u. zur Phosphorkonz. in Nährlsgg. 7759.
Hill (H. E.) u. **Belleville (R. E.)**, Wrkgg. d. chron. Barbituratvergift. auf Rk.-Geschwindigk. u. Muskelkoordinat. 8909.
Hill (I. G. W.), Behandl. v. Herzkrankheiten 3679.
Hill (J. E.) s. Westinghouse Electric Corp.
Hill (J. G.) s. Kelly (H. G.).
Hill (J. M.) s. Minnesota Mining & Mfg. Co.
Hill (J. R.) s. Du Pont de Nemours (E. I.) & Co.
Hill (J. V.) s. American Cyanamid Co.
Hill (J. W.) s. Du Pont de Nemours (E. I.) & Co.
Hill (L. R.) s. Kellogg (M. W.) Co.
Hill (Marion E.) s. Bradley (A.).
Hill (Mary E.) s. Hill (C. M.).
Hill (M. L.) s. Gulf Oil Corp.
Hill (N. E.), Dielektr. Relaxat. polarer Moll. in Lsg. 2362.
Hill (P.) s. Standard Oil Co.
Hill (R.) s. Baker (Nome).
—, **Baker (Nome)** u. **Chaikoff (I. L.)**, Veränderte Stoffwechseldiagramme, hervorgerufen durch Fütter. n. Ratten mit einer Nahrung, d. Fructose als einziges Kohlenhydrat enthält 2011.
—, **Jones (A. G.)** u. **Palin (D. E.)**, Best. v. γ-Isomerem in rohem Hexachlorcyclohexan durch eine Isotopenverdünnungsmeth. mit ^{14}C 6115.
— u. **Whittingham (C. P.)**, Photosynthesis [7473].
Hill (Rowland), Polyester u. d. Terylenfaser 8998. — Chem. u. physikal. Gesichtspunkte bei synthet. Fasern 11307.
Hill (R. D.), Hydratisier. v. durch Brennen entwässertem Ton u. verwandten Mineralien 4431.
Hill (Robert D.), Abhängigk. d. γ-Lebensdauern v. d. Nucleonenkonfigurat. 1196. — s. Bergström (I.); Eby (F. S.).
—, **Church (E. L.)** u. **Mihelich (J. W.)**, Best. v. γ-Strahlenenergien durch β-Spektroskopie u. Tabelle d. krit. Röntgenstrahlungsabsorptionsenergien 2830.
—, **Salant (E. O.)** u. **Widgoff (M.)**, K-Teilchenerzeug. durch Protonen v. *2,2* u. *3,0* GeV 7365. — Durch *3,0* GeV-Protonen erzeugtes τ-Meson 9244.
Hill (R. H.) s. Standard Oil Co.

Hill (Robert M.) [Denver] s. Holtkamp (D. E.).
— u. **Holtkamp (D. E.)**, Speicher. v. Futtermangan u. Thiamin in. d. Ratte 861.
Hill (Robert M.) [Durham] u. **Gordy (W.)**, Zeeman-Effekt u. Linienbreitenunterss. d. Mikrowellenlinien v. O_2 1671.
Hill (R. W.), Apparate für Tieftemperaturcalorimetrie 1339.
— u. **Ricketson (B. W. A.)**, λ-Anomalie d. spezif. Wärme v. festem H 9967.
— u. **Smith (P. L.)**, Spezif. Wärme v. Be bei niederen Tempp. 2608.
Hill (S.) u. **Wetmore (F. E. W.)**, Geschmolzene Salze. Komplexionenbldg. im Syst. Silberchlorid–Silbernitrat 6472.
Hill (T.) s. Bell (J.).
Hill (T. L.), Gibbssche Theorie d. Oberflächenspann. 527. — Virialexpans. d. osmot. Druckes im Donnan-Membrangleichgewicht 2371. — Adsorpt. an Proteinen u. Wechselwrkgg. zwischen Proteinmoll. in Lsg. 3396. — Wrkg. v. Wechselwrkgg. d. nächsten Substratnachbarn auf d. Geschwindigk. v. Enzym- u. katalyt. Rkk. 11352.
Hill (V. G.) s. Roy (R.).
Hill jr. (W. E.), Beziehh. zwischen Walzdrahtgüte u. Güte v. gezogenem Draht zur Güte v. Drähten für Kaltschlagverarbeit. 449.
Hill (W. H.) s. Koppers Co., Inc.
— u. **Svirbely (J. L.)**, Schutz gegen Dekaboran durch Gasmasken 3454.
Hill (W. L.) s. Borland (J. W.).
Hill (W. P.), Wie man Cu u. Al miteinander verbindet 4689.
Hillarp (N.-Å.) u. **Nilson (B.)**, Quantitative Analysen d. sympathicomimet. Amine enthaltenden Granula in d. Nebennierenmarkzellen 6770.
Hille (H.) s. Gottstein (U.).
Hillegas (A. B.) s. Coffey (G. L.); Kohberger (D. L.).
Hillemann (H. H.), Bezieh. zwischen Diät u. Krebs 1065.
Hiller (E.) u. **Vogel (Rudolf)**, Eiweißabbau im gesunden u. gangränösen Zahn. 2. Mitt. 6318.
—, **Zinnert (F.)** u. **Geffert**, Vork. hochmol. Eiweißabbaustufen im gangränösen Zahn. 1. Mitt. 6318.
Hiller (H. M.), Stahlwahl für Druckgußformen 11084.
Hiller (J.) s. Dennhardt (H.); Hammer (G.).
— u. **Strauß (E.)**, Wrkg. d. Methylmercaptoimidazols auf d. Jodidaufnahme d. Schilddrüse 5348.
Hiller jr. (L. A.) s. Wall (F. T.).
Hillert (M.) u. **Lindblom (Y.)**, Wachsen v. kugelförm. Graphit 7069, 10847.
Hilliard (J.) s. Marsh (James T.).
Hilliard (R. V.) s. Baroch (C. T.).
— u. **Baroch (C. T.)**, Gewinn. v. Metallen durch Laug. u. Elektrolyse 2065* A.
Hilliard (T. H.), Qualitätsüberwach. beim Färben u. Ausrüsten 459.
Hillis (W. E.), Best. funktioneller Gruppen in Gerbstoffen u. Ligninen. 1. Mitt. Best. v. Hydroxylgruppen 496; 2. Mitt. Methylierungsstudien 3050. — Chromatograph. Unters. d. in geringen Mengen vorkommenden Bestandteile v. verschied. Baumzonen 1073. — Chromat. Fraktionier. v. Gerbstoff in großem Maßstab 10175.
Hillman (P.), **Guller (V.)** u. **Ramsey (N. F.)**, Polarisat. bei d. energiereichen p–n–n-Doppelstreuung 7828.
—, **Stahl (R. H.)** u. **Ramsey (N. F.)**, Gesamtwirkungsquerschnitte verflüssigter Gase für energiereiche Neutronen 9017.
Hillmann (G.) s. Hillmann-Elies (A.).
Hillmann-Elies (A.) u. **Hillmann (G.)**, Synth. d. Subaphyllins 4841.
—, **Hillmann (G.)** u. **Schiedt (U.)**, 2-Jodöstron u. 2-Jodöstradiol 2682.
Hills (D. C.) u. **Holmes (C. R.)**, Feuchtigkeitsgeh. v. Koks verschied. Größe 3040.
Hills (G. F. S.), Verteil. d. Radioaktivität in d. Kontinenten in Abhängigk. v. d. Tiefe 6476.
Hills (G. J.), **Kitchener (J. A.)** u. **Ovenden (P. J.)**, Elektrochem. Eigg. v. Ionenaustauscherharzen. 1. Mitt. Membranpotentiale u. Leitfähigkk. vernetzter Polymethacrylsäuren 8325.
Hills (K. L.) u. **Rodwell (C. N.)**, Unterss. über d. Alkaloidgeh. verschied. Typen v. Duboisia myoporoides 2227.
Hills (P. R.) u. **McQuillin (F. J.)**, Synth. in d. Santoninreihe. 3. Mitt. Verwend. β-substituierter Vinylketone 9325.
Hillson (P. J.), Adsorpt. u. Wasserstoffüberspann. 750. — Rk.-Mechanismus bei einer Cu/Cu^{2+}-Elektrode 2839.
Hillyer (J. C.) s. Phillips Petroleum Co.
Hilmer (F. B.) s. Shell Development Co.
Hilmy (M. E.), Strukturelle kristallograph. Bezieh. zwischen Natrium- u. Kaliumsulfat u. a. synthet. Sulfatmineralien 1220.
Hilpert (H. M.) s. Fischer (E. H.).
Hilpert (R.) s. Chemische Werke Hüls.
Hilsch (R.), Kristallgittermodell 8563. — s. Buckel (W.).
Hilse (R. M.) s. Poulson (D. F.).
Hilsum (C.), Infrarotabsorpt. dünner Metallfilme 4997.
Hilt (G.), Chrom(VI)-Dermatitis im Rahmen d. durch Metallüberempfindlichk. hervorgerufenen Hautschäden 2250.
Hiltmann (R.) s. Farbenfabriken Bayer Akt.-Ges.; Schenley Industries, Inc.
Hiltner (P. P.), **Peters (Heinz)** u. **Metzner (H.)**, Behandl. v. Fischeiweiß 3028* D.
Hiltner (W. A.), Spektr. v. Nova Ophiuchus *1952* 11497.
Hilton (J.) s. Gold (V.).
Hilton (J. G.) u. **Brown (R. V.)**, Cardiovasculäre Rkk. v. Norepinephrin vor u. nach Denervier. d. Pressoreceptoren 9369.
Hilton (K. A.) s. Cockett (S. R.).
Hilton (L. S.) s. Raybestos-Manhattan, Inc.
Hilton (W. A.) s. Chasteen (J. W.).
Hilts (W. J. P.) s. Du Pont de Nemours (E. I.) & Co.
Hilty (D. C.) s. Electric Furnace Products Co. Ltd.
— u. **Crafts (W.)**, Liquidusgrenze im Zustandsschaubild Fe–S–O 9279.
—, **Healy (G. W.)** u. **Crafts (W.)**, Oxydat. d. Metalle in Cr-Stahlschmelzen 11281.
Hilzinger (W.) u. **Neef (K.)**, Lichtempfindl. Widerstände mit Sekundärelektronenemiss. 2506* D. B.
Himel (C. M.) s. Phillips Petroleum Co.; Richfield Oil Corp.

Himes (M. B.), Rizski (R.), Hoffman (J.), Pollister (A. W.) u. Post (J.), Zellplasmaribonucleinsäure in d. menschl. Leberzelle 9817.
Himmele (W.) s. Badische Anilin- & Soda-Fabrik Akt.-Ges.
Himmler (W.) s. Badische Anilin- & Soda-Fabrik Akt.-Ges.
Himpan (J.), Therm. Zustandsgleich. 1. Mitt. 7620; 2. Mitt. 7620; 3. Mitt. 11513.
Himsel (W.) s. Kahlhöfer (H.).
Himsworth (F. R.) s. Imperial Chemical Industries Ltd.
Himsworth (H. P.) s. Lindan (O.).
Himwich (H. E.) s. Aprison (M. H.).
Himwich (W. A.), Resorpt. v. 1-Glutaminsäure 9374.
Hinch jr. (R.) s. Krc jr. (J.).
Hinchcliffe (M. R.), Verlorene Köpfe 11456.
Hinckley (A. A.) s. Banus (M. D.).
Hincklieff (H. R.) s. Kantyka (T. A.).
Hincky (M.) s. Sidi (E.).
Hindall (A. L.) s. General Motors Corp.
Hinde (R. M.) s. Edmunds (I. G.).
Hinderliter (H. R.) s. Gausman (H. W.).
Hindermann (P.) s. Geigy (J. R.) Akt.-Ges.
Hindert (M.) s. Karabinos (J. V.).
Hindey (N. C.) s. Hoffmann-La Roche, Inc.
Hindle (W. H.), Färben v. Cellulose-synthet. Mischfasern 1145. — Färben v. Acrilan u. Acrilanfasermischungen 11294. — Färben v. Mischgeweben aus neuen synthet. Fasern mit Cellulosefasern 11690. — s. Standfast Dyers & Printers Ltd.
Hindman (J. C.) s. Sullivan (J. C.); Wehner (P.).
—, **Sullivan (J. C.) u. Cohen (Donald),** Kinetik v. Rkk. zwischen Np-Ionen. Rk. Np(IV)–Np(VI) in Perchloratlsg. 4298.
— u. **Wehner (P.),** Elektrolyt. Red. v. Perrhenat. 1. Mitt. Unterss. in Perchlorsäure, Äthansulfonsäure, Trifluoressigsäure u. Salzsäure 9260.
Hindmarsh (W. R.), Spektroskop. Isotopieverschiebungen u. Elektronenstreuung an Kernen 10183.
—, **Kuhn (H.)** [Oxford] u. **Ramsden (S. A.),** Isotopieverschiebb. in d. Atomspektr. v. Sn u. Cd 9728.
Hinds jr. (G. P.) s. Shell Development Co.
Hine (C. H.) s. Kodama (J. K.).
Hine (D. C.) s. Dawbarn (M. C.).
Hine (G. J.) u. McCall (R. C.), γ-Rückstreuung 5711.
Hine (J.) u. Brader jr. (W. H.), Wrkg. v. Halogenatomen auf d. Rk.-Fähigk. v. anderen Halogenatomen im gleichen Mol. 4. Mitt. Mechanismus d. Umwandl. vicinaler Dihalogenide in Olefine durch Rk. mit Jodidion 11364.
—, **Brown (J. A.), Zalkow (L. H.), Gardner (W. E.) u. Hine (M.),** Synth. v. Bicyclo-[2.2.2]-octadien-(2.5) 6273.
— u. **Dowell jr. (A. M.),** Kohlenstoffdihalogenide als Zwischenprodd. d. alkal. Hydrolyse v. Haloformen. 3. Mitt. Kombinat. v. Kohlenstoffdichlorid mit Halogenidionen 1475.
— u. **Thomas (C. H.),** Geschwindigk. d. Deuteriumaustausches zwischen Äthanol u. W.; Nachunters. 9528.
Hine (M.) s. Hine (J.).
Hine (M. G. N.) s. Adams (J. B.).
Hines jr. (G. E.) s. Commercial Solvents Corp.
Hines (H. M.) s. Imig (C. J.).
Hines (J. T.) s. Eesilade Asphalt Mfg. Co. Ltd.
Hines (K. C.) s. Bird (J. R.).
Hingerty (D.) s. Conway (E. J.).
Hinglais (H.) u. Hinglais (M.), Hemmwrkg. d. Östrogene auf d. Trophoblastom; neue Befunde für d. eventuelle medizin. Behandl. d. postmolaren Chorionepithelioms in seinem Anfangsstadium 1294. — Biol. Diagnostik d. Retent. abgestorbener Eier beim Menschen 4622. — Wrkg. d. Krötengifte auf d. beim Frosch auslösbare Spermienausschütt. 10311.
Hinglais (M.) s. Hinglais (H.).
Hink jr. (J. H.) s. Cutter Laboratories.
Hinkamp (P. E.) s. Henne (A. L.).
Hinkel jr. (E. T.) s. Sterling Drug, Inc.
Hinkel (R. D.) u. Raymond (R.), Direkte Halbmikrobest. v. O in organ. Substanzen. Verbesserte App. u. Ausführ. zur Verwend. bei d. Kohlenstoffreduktions-Kohlendioxydtitrations-Meth. 7740.
Hinkelman (B. T.) s. Frantz jr. (I. D.).
Hinkle (B. L.), Orr jr. (C.) u. Valle (J. M. Dalla), Verf. zur Mess. d. elektr. Auflad. v. Aerosolen 2142.
Hinkley (P. L.) s. French (R. J.).
Hinman (J. W.) s. Upjohn Co.
Hinnüber (J.), Hartmetalle höchster Verschleißfestigk. 449. — Hartmetalle mit bes. chem. u. physikal. Eigg. 5641. — Neues u. Nützl. zum Thema Hartmetall 5641. — s. Akt.-Ges. für Unternehmungen der Eisen- und Stahlindustrie.
Hino (J.) u. Stauss (H. E.), Schmelzen v. Si-Barren ohne Zuschläge 1599.
—, **Stevens (D. K.) u. Stauss (H. E.),** Vakuumkühlfalle 1569.
Hinrichs (E.), Keram. MM. 7061* D. [DDR].
Hinrichs (H.), Wrkg. energiereicher Strahl. auf Azofarbstoff-Ultramidfolien 11192. — s. Hanle (W.).
Hinrichs (K.) s. Poppe (H.).
—, **Poppe (H.) u. Steyer (H.),** Verteil., Resorpt. u. Ausscheid. v. etikettiertem Conteben. 1. Mitt. 1085; Verteil., Resorpt. u. Ausscheid. nach wiederholter oraler Gabe v. Conteben. 2. Mitt. 1086.
—, **Poppe (H.), Steyer (H.) u. Weidemann (H.),** Verteil. v. Thiosemicarbazid mit Hilfe eines ^{35}S-markierten Mol. 3. Mitt. 3427.
Hinsch (W.) s. N. V. de Bataafsche Petroleum Mij.
Hinsenkamp (M.), Phenole aus Ammoniakwasser u. a. in d. Industrie anfallenden Wässern 4005* F.
Hinshelwood (C.), Adaptive Enzyme 9819. — s. Danby (C. J.); Eddy (A. A.); Hughes (D. E. F.); Jach (J.); Large (N. R.); Mims (N. M.); Spall (B. C.); Wild (D. G.).
Hinsvark (O. N.) u. Stone (K. G.), Eisen(II)-perchlorat als Reduktionsmittel in Eisessig 10334.
Hintenberger (H.) s. Engler (A.); Herr (W.).
—, **Herr (W.) u. Voshage (H.),** Radiogenes Os aus Re-halt. Mo-Glanz 9017.

Hinteregger (G.) s. Lienert (E.).
Hinteregger (H.), Elektrophotometer mit Vakuumzelle u. Wechselstromverstärk. 2032.
Hintermaier (A.) s. Grützner (R.).
Hinterstoißer (F.), Migräne u. ihre Therapie nach d. gegenwärt. Stand d. Forschung 4160.
Hinton (C.), Kernreaktoren u. Energieerzeug. 3062.
Hinton (H. E.), Radioakt. Tracer bei entomolog. Unterss. 8894.
Hinton (J. J. C.), **Peers (F. G.)** u. **Shaw (B.)**, B-Vitamine im Weizen: einzellige Aleuronschicht 7472.
Hintze (C.), Handbuch d. Mineralogie. Bd. 2. Neue Mineralien u. neue Mineralnamen [5026].
Hintze (O. E.) s. Röhm & Haas G. m. b. H.
Hintzer (H. M. R.) u. **Miranda (H. de)**, Unterss. über d. Backfähigk. v. diploidem u. tetraploidem Roggen 5676.
Hintzmann (K.) s. Farbenfabriken Bayer Akt.-Ges.
Hinuma (Y.) s. Kuroya (Masahiko).
Hinz (C. F.) u. **Harris (J. O.)**, Wrkg. v. bestimmten Vitamin-K-Verbb. auf d. Atmung v. Saccharomyces cerevisiae 1998.
Hinz (J. E.) s. Pisciotta (A. V.).
Hinzpeter (A.), Schnell arbeitendes Osmometer für medizin. u. biol. Zwecke 2733.
Hipp (N. J.) s. McMeekin (T. L.).
—, Groves (M. L.) u. **McMeekin (T. L.)**, Mechan. Eigg. v. Borsten aus α- u. β-Casein 6426.
Hippel (A. R. v.), Dielectrics and waves [290].
Hipperson (A. J.) s. Fox (F. A.).
Hipple (J. A.) s. Langer (A.).
Hipsley (E. H.), Nährstoffzusätze zum Brot 2556.
Hirabayashi (Kihö) s. Ishikawa (S.).
Hirabayashi (Kiyoshi) s. Fujimoto (F.).
—, Mori (N.) u. **Fukumi (K.)**, Vinylonfasern mit verschied. Querschnittsformen 11712.
Hirabayashi (M.), Vorhandensein d. $CuAu_3$-Überstruktur 3326.
Hirada (M.) s. Ogasawara (K.).
Hirai (N.), Quantenmechan. Berechn. v. Bindungsmomenten. Einfl. polarer Substituenten auf d. Intensität v. Absorptionsspektren 3829. — Bezieh. zwischen chem. Struktur u. pharmazeut. Wrkg. 3905. — s. Goto (R.).
Hirakawa (H.) s. Yoshida (Toshitaka).
Hirakawa (Y.), Gewinn. v. S aus Petroleum 6658.
Hirano (F.) u. **Nishikawa (K.)**, Kochen v. hartem W. 1115.
Hirano (K.), Kataphorese v. Kristallkeimen 3564.
Hirata (H.) s. Masamune (H.).
Hirata (M.), Ammoniakalische Cu-Lsgg. 1. Mitt. Rk.-Ordn. d. Red. durch CO u. eine Korrektur für d. entweichende CO 1461.
Hirayama (K.), Chem. Konst. v. Strychnin. 14. Mitt. Oxydat. v. Strychnin-N-oxyd mit $KMnO_4$; 15. Mitt. Oxydat. v. Brucin-N-oxyd mit $KMnO_4$ 6748; 16. Mitt. Isomere d. Strychninolons 7448. — Absorptionsspektren u. chem. Struktur. 1. Mitt. Konjugierte Polyene u. p-Polyphenyle 6939; 2. Mitt. Lösungsm.-Einfl. 6939; 3. Mitt. Effekte d. Substituenten 6939; 4. Mitt. Ungesätt. Aldehyde, Ketone u. Carbonsäuren 6939.
Hirayama (T.) s. Gotô (Hidehiro).
Hird (D.) s. Lawson (D. I.).
Hirdler (L. C.) s. Mathieson Chemical Corp.
Hires (J.) u. **Tombácz (E.)**, Unterss. v. Pflanzenölen mit Hilfe d. UV-Absorptionsspektren 3978.
Hiron (F. P.), **Rudd (H. W.)** u. **Zonsveld (J. J.)**, Vgl. d. Härte v. Firnisüberzügen bei Anwend. verschied. Prüfverff. 2309.
Hirone (T.), **Maeda (Seijirō)** u. **Tsuya (N.)**, Λ-geformter Ferrimagnetismus v. $FeS_{1,10}$ 11162. — Ferrimagnetismus v. Eisenseleniden 11162.
Hirose (K.) s. Minesita (T.).
Hirota (I.) s. Matsuki (Y.).
Hirota (N.), Durch d. Jahreszeit bedingte Änderr. d. Eigg. d. Öls v. Ostcampherbaum 6637.
Hirs (C. H. W.) s. Stein (W. H.).
—, Stein (W. H.) u. **Moore (Stanford)**, Aminosäurenzus. v. Ribonuclease 7465.
Hirsbrunner (H. R.), Irgalan-Heißfärbeverf. Geigy 693, 9200.
Hirsch (A.) s. Lehmann (E.).
Hirsch (André) s. National Research Development Corp.; Wheater (D. M.).
— u. Grinsted (E.), Methoden für Zücht. u. Auszähl. v. anaeroben Sporenbildnern aus Käse mit Beobachtt. über d. Wrkg. v. Nisin 2095.
Hirsch (B. B.) s. Rinzler (S. H.).
Hirsch (H. H.) u. **Voit (E.)**, Verhinder. d. Harnsteinbldg. durch Schutzkolloidvermehr. im Harn 3657.
Hirsch (H. M.), Temperaturabhäng. Celluloseprodukt. durch Neurospora crassa u. deren ökolog. Zusammenhänge 377.
Hirsch (J.), Immunbiol. Effekt d. Chemotherapie bei d. experimentellen Mäusetuberkulose 9796.
Hirsch (J. G.), Resistenz d. Mycobacterium tuberculosis gegen d. baktericide Wrkg. d. Benzalkoniumchlorids (Zephiran) 2225.
Hirsch (L. L.) s. Frost (P. D.); Parris (W. M.).
Hirsch (M.-L.) s. Cohen (G.-N.).
Hirsch (P.), Verh. v. Membranen zwischen Elektrolytlsgg. 1. Mitt. Bezieh. zwischen d. p_H u. d. Membranpotential durch Cellophan 5253; 2. Mitt. Membranpotentiale an oxydiertem Cellophan 5253; 3. Mitt. Dissoziat. v. Carboxylgruppen in Cellulose 5253.
Hirsch (W.) s. Dennhardt (H.).
Hirsch (Walter), Titanlegierte Stähle für d. Dampfkesselbau 10366. — s. Baerlecken (E.).
„Hirsch" Kupfer- und Messingwerk G. m. b. H. u. **Wortmann (J.)**, Verwend. einer Al-Mehrstoff-Bronze 5172* D. B.
Hirschberg (D.) s. Goldsack (S. J.).
— u. Hirschberg (L.), Analyse v. zwei K-Ereignissen 5466.
Hirschberg (L.) s. Hirschberg (D.).
Hirschberg (R.) u. **Lange (E.)**, Voltaspannungen v. ZnO-Anlaufschichten verschied. Herstellungstempp. 2135. — Best. d. Elektronenaustrittsspannungen v. Cd, Cu, Sn, Zn auf Grund ihrer Voltaspannungen gegen Ag 10683.
Hirschberger (P.) s. Palladium.
Hirschboeck (J. S.) s. Pisciotta (A. V.).
Hirschfelder (J. O.), Molecular theory of gases and liquids [301]. — s. Rice (W. E.).
Hirschler (A. E.) s. King (R. W.); Sun Oil Co.
Hirschmann (F. B.) s. Hirschmann (H.).

Hirschmann (H.), Hirschmann (F. B.) u. **Farrell (G. L.)**, Partialsynth. v. 16α.21-Diacetoxyprogesteron 1751.
Hirschmann (R.) s. Hiskey (C. F.); Merck & Co., Inc.; Wendler (N. L.).
—, **Snoddy jr. (C. S.)** u. **Wendler (N. L.)**, Umwandl. v. Hecogenin in $\Delta^{7.9.11}$-22-Isoallospirostadien-3β-ol 3630.
Hirsekorn (F. S.) u. **Miller (Shelby A.)**, Rühren viscoser Suspenss. 7747.
Hirsh (D. H.) s. Union Carbide & Carbon Corp.
Hirshberg (Y.) s. Bergmann (E. D.); Pullman (B.).
— u. **Fischer (Ernst)** [Rehovoth], Photochromismus u. reversible mehrfache innere Umwandlungen in Spiropyranen bei tiefen Tempp. 2. Mitt. 4787.
—, **Loewenthal (E.), Bergmann (E. D.)** u. **Pullman (B.)**, Fulvene u. thermochrome Äthylene. 6. Mitt. Neues Phänomen v. Thermochromie 7635.
Hirsjärvi (P.), Infrarot-Absorptionsspektrometrie in d. Chemie 7608.
Hirsjärvi (V. P.), Hydroxylapatit 7297.
Hirst (A.) s. Laschinger (J. E.).
Hirst (E. L.) s. Aspinall (G. O.).
— u. **Dunstan (S.)**, Karayagummi (Cochlospermumgossypium) 11007.
— u. **Jones (J. K. N.)**, Chemie d. Pflanzengummis 10046.
— u. **Perlin (A. S.)**, Gummi v. Acacia pycnantha 2688.
Hirst (F.), Johnstone (I.) u. **Poole (M. J.)**, d-^{6}Li-Rkk. 10187.
Hirt (R.) s. Büchi (J.); Eichenberger (E.); Schmutz (J.).
Hirt (R. C.), Halverson (F.) u. **Schmitt (R. G.)**, symm.-Triazin. 2. Mitt. Absorptionsspektr. im nahen UV 6708.
— u. **King (F. T.)**, Verwend. v. Mikrometer-Baly-Zellen in Beckman- u. Cary-UV-Spektralphotometern 1337.
—, **Schmitt (R. G.)** u. **Stafford (R. W.)**, UV-spektrometr. Best. v. Styrol u. Phthalsäure- u. Fumarsäureestern in Polyesterharzen 8224.
Hirth (L.) u. **Stolkowski (J.)**, Biologie cellulaire [7934].
Hirth (L. J.) s. Kobe (K. A.).
Hirtz (G.) u. **Cartron (J.)**, Einfl. d. p-Oxypropiophenons auf d. Gewichtszunahme v. männl. u. weibl. Ratten 3901.
Hirtz (Georges), Negatives Klischee für Gewebedruck 6626* F.
Hirvonen (M.) u. **Räsänen (M. A.)**, Einfl. v. Cortison auf d. Rattenschilddrüse 3418.
Hisamichi (T.), Erschein. an d. Korngrenzen v. gehärtetem Kugellagerstahl 3475.
Hisar (R. S.), Mechanismus d. therm. Zers. v. Natriumjodid bei Einw. v. Natriummetaphosphat 6473. — Isolier. einer kristallisierten, stark blasenziehenden Substanz aus d. Wurzeln v. Babini 11022.
— u. **Wolff (R. E.)**, Identifizier. d. aus d. Babink-Wurzel extrahierten blasenziehenden Kristalle 8183.
Hisaw (F. L.) s. Bragdon (D. E.); Zarrow (M. X.).
Hiscox (E. R.) s. Zielinska (M.).
Hishikawa (M.) s. Kotake (Y.).
Hishmat (O. H.) s. Mustafa (A.).
Hiskey (Clarence F.) s. United States Atomic Energy Commission.
Hiskey (Claude F.) s. Dauben (W. G.).
—, **Hirschmann (R.)** u. **Wendler (N. L.)**, Umlager. d. C/D-Steroidringe. Synth. eines 11-Keto-$\Delta^{13,17}$-C-nor-D-homosteroids 6295.
Hissink (D. J.), H. W. B. Roozeboom 4745.
Hissink (L. A. G.), Eosinopenie u. a. hämatolog. Wrkgg. bei adrenalektomisierten Ratten u. Mäusen nach Injekt. eines Caseinhydrolysates (Amparon) 10072.
Hitch (E. F.) s. Galbraith (H. W.).
Hitch (R. A.) s. Pierce (J. B.) Foundation.
Hitchcock (A.), Spin u. magnet. Moment v. ^{50}V 1196. — Struktur v. ^{6}Li 7138. — Spins v. ungerade-ungerade Kernen im j-j-Kopplungsmodell. 1. Mitt. 9490; 2. Mitt. 9490.
Hitchcock (C. R.), Ausbleiben d. Wrkg. v. Galle als unterstützendes Agens für *20*-Methylcholanthren bei d. Entsteh. v. Magentumoren bei Mäusen 8406.
Hitchcock (N. E. F.) s. Wakefield (C. C.) & Co. Ltd.
Hitchings (G. H.) s. Balis (M. E.); Bieber (S.); Burroughs Wellcome & Co. (USA), Inc.; Elion (G. B.); Hamilton (L.); Wellcome Foundation Ltd.
— u. **Elion (G. B.)**, Chemie u. Biochemie v. Purinanalogen 7230.
Hitchner (L. S.), Chem. Schädlingsbekämpfungsmittel in d. Lebensmittelprodukt. 11667.
Hites (B. D.), Sandstedt (R. M.) u. **Schaumburg (L.)**, Proteolyt. Aktivität in Weizenmehlteigen u. Suspenss. 3. Mitt. Falsche Definit. d. Mehlproteasen als Papainasen 8281.
Hittmair (O.), Geometrie d. Winkelverteil. v. Kern-Rkk. 275. — Spektr. v. Kristallionen 1200. — Differentielle u. totale Wirkungsquerschnitte d. unelast. Streuung in d. Kontinuumtheorie 2353. — Interferenzeffekte in Winkelkorrelatt. 3300.
Hively (R. A.), Cole (J. O.), Parks (C. R.), Field (J. E.) u. **Fink (R.)**, Nachw. v. Antioxydantien in vulkanisiertem Gummimaterial 10396.
Hixon (R.), Connolly (R. J.) u. **Stewart (G. F.)**, Erkenn. gewaschener Eier durch Leitfähigkeitsmess. 1. Mitt. Versuchsmethodik 10878.
Hixson (A. N.) s. Crittenden jr. (Eugene D.).
Hixson (A. W.) s. Chemical Foundation, Inc.
Hizer (E. S.) s. Procter & Gamble Co.
Hjalmars (S.) s. Brulin (O.).
Hjelte (S. M.), Eindampfen v. Fll., d. feinverteilte Stoffe enthalten, z. B. Mineralien, Faserstoffe 2039* Finn. — Behandl. v. Materialien mit Anstrich- bzw. Tränkungsmitteln 2330* Schwz.
Hjermstad (E. T.) s. Penick & Ford Ltd., Inc.
Hjertquist (S.-O.) s. Engfeldt (B.).
Hjorth (N.), Lebensmittelvergift. durch senfgasverunrein. Dorschrogen 10564. — s. Dragsted (P. J.).
— u. **Dragsted (P. J.)**, Wrkg. einer kurzen ACTH-Behandl. auf d. Osteoporose 6785.
Hlavacek (R. J.) s. Swift & Co.
Hlevca (M.) s. Spacu (P.).
Hloch (A.) s. VEB Elektrochemisches Kombinat Bitterfeld.
Hlynka (I.) s. Dempster (C. J.).
Hnat (A.), Janke (R. G.) u. **Kappelmacher (E.)**, Stoffwechselstudien bei Psoriatikern. 2. Mitt.

Unterss. über d. Blut–Cholesterinesterase-Geh. 6540.
Hnizda (V. F.) s. Ethyl Corp.
Ho (J. Y. C.) s. Klotz (I. M.).
Ho (Show-an) u. **Chow (Suei-Shien),** Zwei Typen v. Unterwasserquarzübertragern 5253.
Ho (T. C.), Alkoholgärung in hochkonz. Melasse 5200.
Ho (Zah-Wei), Obere Grenzen für d. Spaltquerschnitte v. Bi, Pb, Au, Pt u. W für 21 MeV-Neutronen 2594.
Ho-Yen (B.), MacLeod (L. B.), Long (W. A. De) u. **Steppler (H. A.),** Einfl. v. Bodenbehandl. auf organ. Bestandteile, N- u. P-Geh. beim braunen Waldboden 11452.
Hoadley (J. W.), Geologie u. Minerallagerstätten d. Zeballos-Nimpkish-Gebiets, Vancouver Insel, Britisch Columbien 11537.
Hoagland (H.), Gehirnstoffwechsel u. elektr. Aktivität in Bezieh. zur Nebennierenrindenphysiologie 7243.
Hoagland (M. B.) u. **Novelli (G. D.),** Biosynth. v. Coenzym A aus Phosphopantethein u. v. Pantethein aus Pantothenat 1992.
Hoaglin (R. I.) s. Union Carbide & Carbon Corp.
Hoak (R. D.), Überwach. v. Wasserversorg. u. -verunreinig. 898. — s. Heukelekian (H.).
Hoán (N.) s. Buu-Hoï (N. P.).
Hoang (Tchang-Fong), Prim. schwere Kerne in d. Höhenstrahl. 971. — Mesonenstrahlen 11324.
—, Jauneau (L.), Kayas (G.), Leprince-Ringuet (L.), Morellet (D.), Orkin-Lecourtois (A.), Tariel (G.) u. **Trembley (J.),** τ-Mesonen 10666.
Hoar (T. P.), Wirkungsweise d. anod. wirksamen Inhibitoren 9431. — Eindringen v. Metall u. Einbrand v. Sand bei Stahlgußstücken; Ursachen u. Verhüt. 10610.
—, Atterton (D. V.) u. **Houseman (D. H.),** Einfl. d. Ausstampfens u. d. Sinterns auf d. Eindringen v. geschmolzenen Metallen in kompakte SiO_2-Sandgemische 8950.
— u. **Mowat (J. A. S.),** Elektrolyt. Polieren v. Ni in Schmelzen aus Harnstoff u. Ammoniumchlorid 10614.
— u. **Tucker (A. J. P.),** Bldg. v. Sulfidfilmen auf Cu 447.
Hoard (J. L.) s. Geller (S.).
Hoare (D. E.), Photochem. Oxydat. v. Aceton 7412. — s. British Insulated Callender's Cables Ltd.
Hoare (D. S.) s. Dewey (D. L.).
— u. **Kerly (M.),** Phosphorylier. v. Kohlenhydraten durch Netzhautextrakte 126.
Hoare (F. E.), Kouvelites (J. S.), Matthews (J. C.) u. **Preston (J.),** Temperaturabhängigk. d. Susceptibilität v. Ta 7847.
Hoare (J. P.) s. Laidler (K. J.).
— u. **Laidler (K. J.),** Molekularkinetik d. Harnstoff–Ureasesyst. 2. Mitt. Hemm. durch Rk.-Prodd. 1297.
Hoare (M. F.) u. **Linnett (J. W.),** Einfl. fester Oberflächen auf d. Flammenfortpflanzungsgeschwindigk. in Äthylen–Luft-Gemischen 8559.
Hoare (W. E.), Entw., Erzeug. u. Fabrikat. v. Weißblech auf elektrolyt. Wege 2763. — Theorie u. Praxis d. Tauchverzinn.; Anwend. in d. Drahtherst. 8255. — Prüfverf. für Lacküberzüge auf Weißblech 11469.
— u. **Gustin (J. P.),** Lötbrüchigk. bei Behältern aus Weißblech 6611.
Hoather (R. C.), Wasserreinigung 8703.
— u. **Miles (G.),** Wasserversorg. 7055.
Hoban (N.) s. Porter (W. L.).
Hobart (F. G.), Neuere Mittel in d. Tiermedizin. 2. Mitt. Trypanocide 2244.
Hobbiger (F.), Hemm. v. Cholinesterasen durch 3-(Diäthoxyphosphinyloxy)-N-methylchinoliniummethylsulfat u. dessen tert. Base 1996.
Hobbins (P. C.) s. Craig (D. P.).
Hobbs jr. (C. L.) s. Du Pont de Nemours (E. I.) & Co.
Hobbs (H. E.), Mit Cortison behandelte Skleromalacia perforans 387.
Hobbs (I. A.) s. Gilbert (N.).
Hobbs (J. A.), Wrkg. einer Frühjahrsdüng. mit N auf d. Ausbldg. pflanzl. Merkmale v. Winterweizen 2515.
Hobbs (K. C.) s. Kerr (R. W.).
Hobbs (L. M.), Brown (D. E.) u. **Pletcher (D. W.),** Wrkg. v. ^{60}Co-γ-Strahlen auf d. Bldg. u. Depolymerisier. v. Polymeren 4364.
Hobbs (M. A.) s. Aluminum Co. of America.
Hobbs (M. E.) s. Myers (R. H.).
— u. **Layton (F. L.),** Spektrophotometr. Modifizier. d. Cu(I)-oxyd-Meth. zur Best. v. Zuckern 11060.
Hobbs (M. T.) s. Box (G. E. P.).
Hobby (G.) s. Burk (D.).
Hobby (G. L.), Hanks (J. H.), Donikian (M. A.) u. **Backerman (T.),** Auswert. chemotherapeut. Mittel für d. Kontrolle d. experimentellen Infekt. durch Mycobacterium leprae murium 398.
— u. **Lenert (T. F.),** Bekämpf. d. experimentellen Mäusetuberkulose durch intermittierende Anwend. v. Streptomycin, Viomycin, Isoniazid u. Streptomycylidenisonicotinoylhydrazin 3673.
—, Lenert (T. F.), Rivoire (Z. C.), Donikian (M. A.) u. **Pikula (D.),** Aktivität v. Streptomycin u. Isoniazid einzeln u. kombiniert in vitro u. in vivo 2946.
Hobson (B. M.) s. Matthew (G. D.).
— u. **Landgrebe (F. W.),** Biol. Best. v. Hypophysen-, Serum- u. Choriongonadotropinen u. v. Adrenalin unter Verwend. v. Xenopus laevis-Männchen 5582.
Hobson (C.) s. Charlesworth (P. A.).
Hobson (G. D.), Some fundamentals of petroleum geology [5224].
Hobson (J. D.) s. Haworth (R. D.).
Hobson (J. P.), Hubbs (J. C.), Nierenberg (W. A.) u. **Silsbee (H. B.),** Spin, magnet. Moment u. Hyperfeinstruktur v. ^{81}Rb 9245.
Hobson (P. N.) s. Peat (S.).
— u. **MacPherson (M. J.),** Serolog. u. chem. Unterss. am extrahierten Material eines amylolyt. Streptococcus v. Wiederkäuermagen d. Schafes 1537.
— u. **Nasr (H.),** Polysaccharid v. Amylopektintyp aus Rohrzucker mittels Clostridium butyricum 11226.
—, Whelan (W. J.) u. **Peat (S.),** Enzymat. Synth. u. Abbau v. Stärke. 10. Mitt. Phosphorylase u. Q-Enzyme d. grünen Bohne 2923.
Hobstetter (J. N.) s. Becker (J. J.).
Hoby (T. J.), Mechan. Stahlgießverf. 4921.
Hocart (R.), Experimentieren in d. Mineralogie 7167. — s. Molé (R.); Monier (J.-C.); Weil (R.).
Hoch (J.) s. Quelet (R.); Ramart-Lucas (P.).

Hoch (M.) s. G r o v e s (W. O.).
—, Blackburn (P. E.), Dingledy (D. P.) u. **Johnston (H. L.),** Sublimationswärme v. C 10202.
—, Dingledy (D. P.) u. **Johnston (H. L.),** Verdampf. v. TiN u. ZrN 9738.
— u. **Johnston (H. L.),** Syst. Ge–O 994. — Bldg., Stabilität u. Kristallstruktur d. festen Aluminiumsuboxyde Al_2O u. AlO 994.
—, Lamantia (A. J.) u. **Johnston (H. L.),** Rk. zwischen BaO u. C u. BaO u. Si 5265.
—, Nakata (M.) u. **Johnston (H. L.),** Dampfdrucke anorgan. Substanzen. 12. Mitt. ZrO_2 27.
Hoch (P. E.) s. G e n e r a l A n i l i n e & F i l m C o r p.
Hoch-Ligeti (C.) u. **Hsü (Y. T.),** Heterotransplantat. menschl. Tumoren auf Cortisonbehandelte Ratten 374.
Hochanadel (C. J.) s. G h o r m l e y (J. A.).
Hochberg (F.) s. U n i t e d S t a t e s o f A m e r i c a.
Hochberg (S.) s. D u P o n t d e N e m o u r s (E. I.) & C o.
Hocheid (B.) s. G u i l l e t (L.).
Hochenadel (C.), Zers. v. geschmolzenem Natriumhydroxyd durch schnelle Elektronen 10699.
Hochenegger (M.) s. S c h a u e n s t e i n (E.).
Hochman (A.), Ratzkowski (E.) u. **Sulman (F. G.),** ACTH-Spiegel im Blut v. Tumorpatienten. Vergleichende Unters. über d. Spezifität d. chromatophorotropen Rk. v. Hyla u. Rana 2921.
Hochmann (J.) s. C o l o m b i e r (L.).
Hochstein (F. A.) u. **Murai (K.),** Magnamycin B, ein zweites Antibioticum aus Streptomyces halstedii 5558.
Hochster (R. M.) u. **Watson (R. W.),** Xyloseisomerase 1069.
Hochstetter (F.) s. V E B E l e k t r o c h e m i s c h e s K o m b i n a t B i t t e r f e l d.
Hochuli (E.) s. C i b a A k t. - G e s.; G e s e l l s c h a f t f ü r C h e m i s c h e I n d u s t r i e i n B a s e l.
Hochwalt (C. A.) u. **Powers (P. N.),** Doppelzweckreaktoren; Industrielle Atomkernenergieentw. 4515.
Hock (A. L.) s. M a g n e s i u m E l e k t r o n L t d.
Hock (I.) s. D i d i e r w e r k e A k t. - G e s.
Hock (R.), Bedeut. u. Mess. d. Wasseraufnahme durch Wasserdiffus. an Isolier- u. Baustoffen 3942.
Hockel (K. H. G.) s. V o g e l (R. E.).
Hockett (J. E.) u. **Seaborn (L. O.),** Beurteil. d. Kreisschweißprüf. 4444.
Hockett (S. W.) s. B o n e w i t z (P. W.).
Hockman (A.) s. C a r l (H. F.).
Hockwald (R. S.) s. A r n o l d (J.).
Hodel (E.) s. H a g e n b a c h (R. E.).
Hoden (C.) s. B o s t I I (J.).
Hodes (W.) s. K l e m m (L. H.).
Hodgden (H. W.) u. **Ingols (R. S.),** Direkte colorimetr. Meth. zur Best. v. ClO_2 in W. 5391.
Hodgdon (R. E.) s. F r y e (R. M.).
Hodge (A.) s. B r i t i s h C e l a n e s e L t d.
Hodge (A. A.) s. H o l o p l a s t L t d.
Hodge (B. E.) s. E t h y l C o r p.
Hodge (C. R.) s. A l l e n (N.).
Hodge (E. B.) s. C o m m e r c i a l S o l v e n t s C o r p.
Hodge (E. S.) s. L e l o n g (M. P.).
Hodge (H. C.), Maynard (E. A.), Downs (W. L.), Blanchet jr. (H. J.) u. **Jones (C. K.),** Akute u. Kurzzeittoxizitätstests mit Ferridimethyldithiocarbamat (Ferbam) u. Zinkdimethyldithiocarbamat (Ziram) 5117.
—, Maynard (E. A.), Hurwitz (L.), Stefano (V. di), Downs (W. L.), Jones (C. K.) u. **Blanchet jr. (H. J.),** Toxizitäts- u. enzymkinet. Unterss. an Äthyl-p-nitrophenylbenzolthionphosphonat 11243.
Hodge (H. M.) s. N a t i o n a l D i s t i l l e r s P r o d u c t s C o r p.
Hodge (J. E.) s. U n i t e d S t a t e s o f A m e r i c a.
Hodge (W.) u. **Smith (E. M.),** Seltene Erden in Al-Tauchbädern geben effektvolle Überzüge 8486.
Hodges (E. A.) s. K o s e r (S. A.).
Hodges (J. R.), Wrkg. d. Cortisonacetats auf d. Ausschütt. d. adrenocorticotropen Hormons durch d. Adenohypophyse 3896. — s. F e a r n (H. J.).
Hodges (M. E.), Behandl. v. Abwässern mit Geh. an Cr u. a. Plattiermetallen 2995.
Hodges (R.) s. G u i d e r (J. M.); H a l s a l l (T. G.).
Hodges (W. A.) s. S w i f t & C o.
Hodgetts (V. E.) s. T u r n e r (A. W.).
Hodgkin (D. C.) s. M e n d e l (H.).
Hodgkinson (C. P.) s. M a r g u l i s (R. R.).
Hodgson (A. S.) s. S o n i (B. K.).
Hodgson (C. W.), Zusatzmittel für Treib- u. Brennstoffe 1182* E.
Hodgson (G. F.), Mg-Spritzguß 918.
Hodgson (G. W.), V-, Ni- u. Fe-Spuren in Rohölen v. West-Canada 10416. — s. S c o t t (J.).
Hodgson (M. A. E.) s. I m p e r i a l C h e m i c a l I n d u s t r i e s L t d.
Hodgson (P.) s. G a m b l e (J. R.); H a y e s (M. A.).
Hodgson (P. E.), Durch *50—125* MeV-Protonen verursachte Kernzertrümmerr. 1. Mitt. 3060; 2. Mitt. 6906. — Energieverteil. d. bei Kernzertrümmerr. emittierten α-Teilchen 3299. — Eigg. d. durch Höhenstrahl. ausgelösten Kernzertrümmerr. 6901. — Zertrümmer. v. Pb-Kernen durch Höhenstrahlen 7595. — s. T i d m a n (D. A.).
Hodler (J. E.) s. B e c k e r (E. L.).
Hodnett (E. M.) s. B r e t t (C. H.).
Hodsman (G. F.), Wahl d. chem. Waage 3924.
Hodson (A. L.), Höhenvariat. d. durchdringenden Schauer 9012. — s. A r n o l d (W. H.); H a r r i s (D. R.); T r e i m a n (S. B.).
—, Loria (A.) u. **Ryder (N. V.),** Steuer. einer Wilsonschen Nebelkammer durch ein inneres Zählrohr 8082.
Hoebeke (F.) u. **Dekeyser (W.),** Therm. Verh. v. Glaukonit 2380.
Höcht (H.), Kombinationspräp. mit Rauwolfia u. seine Einflußnahme auf d. erhöhten Blutdruck 2248. — Preludin 10078.
Höchtlen (A.), Synthet. Makromoll. u. ihre Bedeut. für d. Textilveredl. 4239. — Chem. Vorgänge bei d. Kunststoffverarbeit. 4466. — s. F a r b e n f a b r i k e n B a y e r A k t. - G e s.
Hoecker (F. E.) u. **Hiebert (H. L.),** Schnellbest. d. ^{131}J-Ausscheidungskurven beim Menschen 5357.
—, Wilkinson (P. N.) u. **Kellison (J. E.),** Anpassungsfäh. Meth. zur Mikroautoradiographie 11332.
Höcker (K.-H.) s. B e z (W.).

Hoefer (J. A.) s. Miller (E. R.).
Höfer (P.), Entsäuer. kohlensäurehalt. Wässer mittels alkal. Filter-MM. 185.
Höfer (W.), Kleberreißprobe nach Dr. Galter 3511.
Hoefle (M. L.) s. General Aniline & Film Corp.
Höganäs-Billesholms Aktiebolag, Reine metallurg. Fe-Pulver für Sinterzwecke 683* F. — Red. v. Erzen ohne Schmelzen 3245* F. — Feindispergierte u. mikroporöse Metallverbb. 4909* N. — Sinterkörper aus Fe- u. Cu-Pulver 6382* E.
—, **Brundin (N. H.)** u. **Palmqvist (S. R.)**, Mikroporöses, pulverförmiges Aluminiumhydroxyd oder Aluminiumoxyd 3227* Schwed.
— u. **Lindblad (A. G.)**, Magnet. Erzanreicherung 7308* Schwed.
Högberg (E.), Berechnn. d. Calcit–Dolomit-Verhältnisses in Carbonatgesteinen 3582.
Hoegberg (E. I.) s. American Cyanamid Co.
Hoegen (K.) s. Becher (H.).
Högfeldt (E.) u. **Kierkegaard (P.)**, Naßveraschung, eine Ausweichmöglichk. für d. Elut. bei d. Analyse v. Ionenaustauscherharzen 6577.
Høgh (S.), Chem. Analyse weißer Pigmentmischungen 7794.
Högl (O.) s. Portner (C.); Sulser (H.); Wyler (O.).
Höhler (G.) s. Brenig (W.).
Höhn (H.) u. **Haack (E.)**, 7-Methylxanthine 7557* D. [DDR].
Hoehn (H. H.) s. Coffman (D. D.).
Hoehn (W. M.) s. Searle (G. D.) & Co.
Höhne (G.) s. Auhagen (H.).
— u. **Schubert (G.)**, Auslösung v. Chromosomenmutatt. bei Drosophila melanogaster durch schnelle Elektronen u. Röntgenstrahlen 5564.
Höhne (I.) s. Briegleb (G.).
Hoehne (K.), Neubldg. v. Quarz in Kohlenflözen 2627. — Ausbldg. u. Genese d. Kohlentonsteine im Ruhrkarbon 6476. — s. Hoffmann (H.).
Höhne (W.) s. Peter (H.).
Hök (B.), Unterss. über d. Extrakt. v. Metallkomplexen. 15. Mitt. Dissoziationskonstanten d. Salicylsäure, 3.5-Dinitrobenzoesäure u. Zimtsäure u. deren Verteil. zwischen Chloroform–W. u. Methylisobutylketon (Hexon)–W. 10458.
Hoekenga (M. T.), Terramycinbehandl. v. Balantidiencolitis in Honduras 866. — Behandl. d. akuten Malaria mit oralen Einzeldosen v. Amodiaquine, Chloroquine, Hydroxychloroquine u. Pyrimethamine 7964.
— u. **Batterton (D. L.)**, Prüf. v. Diallyldiäthylaminoäthylphenoldihydrochlorid (Camoform) bei menschl. Amoebiasis 8204.
Hökfelt (B.), Selektive Verminder. d. Adrenalingeh. d. Nebenniere durch Insulininjekt. bei Katzen 3178.
Hoekstra (H. R.) s. Schlesinger (H. I.).
Hoekstra (J.) s. Universal Oil Products Co.
Hoekstra (J. J.), **Ke (B.)** u. **Trivich (D.)**, Vorr. zur Herst. v. Einkristallkugeln 9509.
Hölemann (P.) s. Bamag-Meguin Akt.-Ges.
— u. **Hasselmann (R.)**, Acetongeh. d. Gasphase über gesätt. Acetylen–Aceton-Lsgg. 6246. — Unters. über d. Löslichk. v. Azetylen in verschied. organ. Lösungsmm. [7229]. — Unters. über Zers.-Wärme v. gasförm. u. in Aceton gelöstem Acetylen [10048].
Hölemann (P.), **Hasselmann (R.)** u. **Dix (G.)**, Unterss. über d. therm. Zünd. v. explosiblen Azetylenzerss. in Kapillaren [7229].
Hoelkeskamp (F.) s. Röhm & Haas G. m. b. H.
Höllemann (H.) s. VEB Elektrochemisches Kombinat Bitterfeld.
Höller (H.) u. **Schneider (W.)**, Medikamentöse Ulcustherapie 1557.
Höllerer (H.) s. DEHYDAG Deutsche Hydrierwerke G. m. b. H.
Hölscher (F.) s. Badische Anilin- & Soda-Fabrik Akt.-Ges.; I. G. Farbenindustrie Akt.-Ges.
Hölscher (H.), Qualitätsverbesser. v. Marmeladen durch S-ärmere Pulpen 3509.
Hoelscher (J. E.) s. McLean (E. O.).
Hölsö (V.-J.), Säurebeständige Baustoffe 9221.
Hoelzle (K.) s. Ciba Akt.-Ges.
Hönel (H.) u. **Manzano (H.)**, Verätherte Alkydharze 6861* A.
Hönig-Hönigsberg (F.), Entw. ölgefeuerter Siemens-Martin-Öfen in Österreich 8247.
Hönl (H.) u. **Wolff (W. T. E. v.)**, Quantitative Analyse d. Verbrennungsvorganges in einem Kohlerohr. 1. Mitt. 8093.
Höök (O.), **Lundgren (K.-D.)** u. **Swensson (Å.)**, Alkylquecksilbervergift. 2722.
Höpker (W.), Hirnveränderr. nach Glucosemangel 1082.
Höppler (F.), Stärkeverbb. hoher Quellfähigk. 4475* D. [DDR].
Hoeprich (P. D.) s. Ingbar (S. H.).
Hoerger (E.) s. Brown (D. J.); Dauben (W. G.).
Hoerger (F. D.) s. Truce (W. E.).
Hörhammer (L.) s. Hänsel (R.).
— u. **Hänsel (R.)**, Isolier. eines Rhamnazinesters aus Polygonum hydropiper L. 2485. — UV-Licht u. Stabilisier. 2. Mitt. 3684.
—, **Hänsel (R.)** u. **Strasser (F.)**, Halochrome Bor–Quercetin-Verb. 5752.
— u. **Müller (K.)** [München], Vork. v. Rutin in Rheumarten 6078.
— u. **Rao (S. B.)**, Isolier. v. Quercitrin aus Polygonum hydropiper L. 5845.
Hörlein (G.) s. Wieland (T.).
Hörlein (H.), Forsch. u. Produkt. auf pharmazeut. Gebiet 4641.
— u. **Panzer (G.)**, Anwendungsform u. Dosier. d. PAS bei d. Kombinationsbehandl. d. Lungentuberkulose 1783.
Hörler (A.), Gewässerschutz u. Abwasserreinig. 10349.
Hörler (T.), Herst. v. Augenrezepten 3683.
Hörlin (W.), **Linke (A.)** u. **Messmer (E.)**, Beeinfluss. d. Diurese durch Pyramidon, Butazolidin u. Irgapyrin 7969.
Hörmann (H.) s. Grassmann (W.).
Hoerni (J.) u. **Wooster (W. A.)**, Diffuse Röntgenreflexe v. Diamant 4052.
Hoerr (C. W.) s. Armour & Co.
—, **Reck (R. A.)**, **Corcoran (G. B.)** u. **Harwood (H. J.)**, Löslichkeitseigg. v. langkett. Methylalkylketonen in gebräuchl. organ. Lösungsmm. 11188.
Hörtnagl (W.) s. Gmachl (E.).
Hoertz (J. B.) s. Goodrich (B. F.) Co.
Hössinger (K.) s. Zinke (A.).
Hoesterey (D. C.), Protonengruppen aus d. Deuteronenbeschuß v. ^{59}Co u. ^{63}Cu 10671.

Hoet (J. J.) u. **Anderson (Harold C.)**, Bldg. v. C_x-Protein bei Kaninchen durch cytotox. Agentien 1312.
Hoet (P. L.) s. Moor (P. de).
Höveler & Dieckhaus, Verbundgußstücke 3480* D.
Hoeven (B. J. C. van der) s. Koppers Co., Inc.
Hoeven (H. W. van der), Genauigk. d. Schichtdickenmess. u. d. Best. einiger Dicken 4945.
Hof (T.) s. Bienfait (J. L.).
Hofbauer (G.), Steigerungen d. Wärmeschutzes v. Bauteilen 7296* Oe. — Smola (A.).
Hofe (H. v.) u. **Killing (H.)**, Autogenverff. 7071.
Hofer (H.), Winterspritz. *1953* im Fricktal 3947.
Hofer (K.) s. Sandoz Akt.-Ges.
Hofer (L. J. E.) s. Manes (M.).
Hoff (B. M. E. van der) u. **Benson (G. C.)**, Meth. für d. Auswert. v. Gittersummen, welche bei Berechnn. physikal. Eigg. v. Kristallen auftreten 31.
Hoff (E. A. W.) s. Deutsch (K.).
Hoff (H.) s. Winnacker (K.).
Hoff (H. C. De) s. Standard Oil Development Co.
Hoff (H. E.) s. Breckenridge (C. G.).
Hoff (J. J.) s. Brans (P. H.).
Hoff (M. C.), **Greenlee (K. W.)** u. **Boord (C. E.)**, Quantitative Umwandl. v. cis- u. trans-Alkenisomeren: Synth. v. n-cis-Alkenen 329.
Hoffer (A.), Wrkg. v. Atropin auf d. Blutdruck v. Patienten mit Geistes- u. Gemütserkrank. 4156. — Wrkg. v. Atropin auf d. Leukocytenzahl bei Patienten mit geistigen Krankheiten u. Depressionen 8669. — s. Agnew (N.).
Hoffer (O.) s. Soc. An. Potasse et Produits Chimiques.
Hofferber (O.) u. **Dienemann (R.)**, Geh. d. Blutserums klin. gesunder Ziegen an Ca, P u. Mg 3663.
Hoffert (F. D.) s. Hydrocarbon Research, Inc.
Hoffert (J. R.), Nachlassen d. Stromverschmutz. in d. Anthrazitkohlenfeldern 6101.
Hoffing (E. H.) u. **Lockhart (F. J.)**, Korrelat. d. Überreißgrenzen v. Füllkörpersäulen 9408.
Hoffman (A. E.) s. Universal Oil Products Co.
Hoffman (B.) u. **Mitura (H.)**, Nachw. v. Melamin–Formaldehyd- u. Harnstoff–Formaldehyd-Harzen in Papier 4489.
Hoffman (C. H.) s. Wilds (A. L.).
Hoffman (C. W.) s. Kirshenbaum (A. D.).
Hoffman (D. C.) s. Browne (C. I.).
— u. **Martin jr. (D. S.)**, Chemie heißer Atome. Darst. v. ^{58}Co u. ^{58m}Co durch Kernphoto-Rk. 3061.
Hoffman (D. H.) = Heyl Hoffman (D.).
Hoffman (E. E.) s. Vreeland (D. C.).
Hoffman (G. L.), Polyvinylfixativ für Würmer u. Protozoen 6547.
Hoffman (H. D.) s. Schlachter (F. A.).
Hoffman (H. E.) s. Howard (R. A.).
Hoffman (I.), **Schweitzer (J. E.)**, **Ryan (D. E.)** u. **Beamish (F. E.)**, Quantitative organ. Fällungsmittel für Os 6814.
Hoffman (J.) s. Himes (M. B.).
— u. **Boord (C. E.)**, Synth. d. Neopentylalkohols 9774.
Hoffman (J. D.) u. **Decker (B. F.)**, Phasenänderr. in langkett. Verbb. im festen Zustand 1010.
Hoffman (K. F.) s. Gelfand (M. L.).
Hoffman (K. R.) s. Dow Corning Corp.; Weyer (D. E.).
Hoffman (M. B.) s. Smock (R. M.).
Hoffman (M. M.) u. **Cameron (A. G. W.)**, Winkel- u. Energieverteill. v. Photoprotonen aus Al u. Ta 6208.
Hoffman (P. F.), Physiologie v. Endoconidiophora fagacearum Bretz. 1. Mitt. Wachstum u. Toxinbldg. beeinflussende Faktoren 7473.
Hoffman (R. A.) s. Lindquist (A. W.).
Hoffman (R. G.) s. Sanborn (E. C.).
Hoffman (R. W.) s. Crittenden jr. (E. C.); Daniels (R. D.).
—, **Daniels (R. D.)** u. **Crittenden jr. (E. C.)**, Ursache d. Spannungen in aufgedampften Metallfilmen 9749.
— u. **Rasor (N. S.)**, Anlaßkinetik v. Gitterunvollkommenhh. bei Verwend. v. aufgedampften Metallfilmen 3324.
Hoffman (T.) s. Evans (G. E.).
Hoffman (W. C.), The biochemistry of clinical medicine [1792].
Hoffman (W. H.) s. Nicholls (R. V. V.).
Hoffman jr. (Wade H.) u. **Arthur jr. (J. C.)**, Baumwollsamenmehl als ein Klebstoff für Reifencord–Kautschuk–(Bindd.) 10152.
Hoffman Mfg. Co. Ltd. u. **Goodchild (E. A.)**, Stahl für Lagerrollen u. Wälzlagerlaufringe, bes. zum Betrieb bei hohen Tempp. 5169* E.
Hoffmann (Arnold), Harzleim in d. Papierindustrie 8526.
Hoffmann (Arnulf) u. **Rose (Frank)**, Wirkungsweise v. CdSe-Zwischenschichten in Se-Gleichrichtern 746.
Hoffmann (A. K.) s. Doering (W. v. E.).
Hoffmann (C.) s. Laboratoires Français de Chimiothérapie.
Hoffmann (C. R.), Diphenylmetanilmethylsulfat in d. Behandl. d. pept. Geschwürs 406.
Hoffmann (Edwin), Aufbereit. v. Feinkohle in Hoch-, Mittel- u. Niederdruckcyclonen 4243.
Hoffmann (Erich), Kontinuierl. Zerlegen v. Paraffinen u. ähnl. Stoffen 3777* D. B. — s. Guthmann (K.).
Hoffmann (E. J.) s. Standard Oil Development Co.
Hoffmann (F. de) s. Bethe (H. A.).
—, **Metropolis (N.)**, **Alei (E. F.)** u. **Bethe (H. A.)**, Pion–Wasserstoff–Phasenverschiebungsanalyse zwischen *120* u. *217* MeV 8302.
Hoffmann (Fred), Einfl. v. Östradiolkristallen auf d. Funkt. d. weibl. Harnblase 2463. — Schmerzbekämpf. mit nicotinsäurehalt. Analgeticis 8201.
Hoffmann (G.) s. Hofmann (E.).
Hoffmann (Günter) s. Frey (J.); Rottino (A.).
— u. **Wienke (H.)**, Verschied. Empfindlichk. d. Ratten- u. Meerschweinchenherzens gegen Digitalis u. a. Kontrakturgifte (Ba, Ca) 10316.
Hoffmann (Günter) [Hamburg] s. Herberts (Dr. Kurt) & Co. vorm. Herberts (O. L.); Zinke (A.).
Hoffmann (H.) s. Gewerkschaft Stinnes (M.).
— u. **Hoehne (K.)**, Plast. Verh. v. Steinkohlen 11125.
Hoffmann (H. E.), Gesprühte Waschmittel 8057.

Hoffmann (H. J.), Trockn. v. Getreide mit Infrarotvorwärm. oder Radiatorenvorwärm.? 11110.

Hoffmann (Johann), Filtrieren v. anorgan. u. organ. Feststoff–Flüssigkeits-Gemischen 1113* Schwz.

Hoffmann (Josef), Pyrogene Stoffe u. Sterillsgg. 6078. — s. Severa (Z.).

Hoffmann (K.) s. Ciba Akt.-Ges.; Ciba Pharmaceutical Products, Inc.; Iselin (B.); Sury (E.); Tagmann (E.); Urech (E.).

Hoffmann (M.), Wachstumshemm. verschied. Mäuseimpftumoren durch Behandl. mit Überwärmungsbädern 8645.

Hoffmann (P.), Enthalpie, freie Energie u. Entropie d. Ionen-Rkk. 4312.

Hoffmann (Rudolf) s. Bianco (P. Dal).

Hoffmann (Richard) s. Schmidt (L. H.).

Hoffmann (R. W.) s. Fansteel Metallurgical Corp.

Hoffmann (T. A.), Unterss. auf d. Gebiet d. Festkörpertheorie. 5. Mitt. Adsorpt. Oberflächenzustände 5009.

Hoffmann (U.) s. Kleber (Willi).

Hoffmann (Ulrich) s. Deutsche Gold- & Silberscheideanstalt vormals Roessler.

Hoffmann's Stärkefabriken Akt.-Ges., Busch (J.), Krecke (R.) u. **Ritter (H.)**, Glanzstärke 254* D. B.

—, **Busch (J.)** u. **Ritter (H.)**, Gewinn. v. Roggenstärke 1630* D. B.

— u. **Ritter (Hans)**, Roggenstärke 8987* D. B. — Verarbeit. v. Roggen aus Stärke u. Kleber 8987* D. B.

Hoffmann-La Roche (F.) & Co. Akt.-Ges., Polyenaldehyd als Zwischenprod. für d. β-Carotinsynth. 165* Schwz. — Darst. v. Pyridoxal-5'-phosphorsäureester 1100* Schwz. — Elektrolyt. Red. v. Polyoxycarbonsäurelactonen 1159* Oe. — Chloramphenicol, D-(+)-threo-2-Methyl-4-carbäthoxy-5-phenyloxazolin 1335* Schwz. — Darst. v. Isocinchomeronsäure 1609* Schwz. — (—)-3-Methoxy-N-methylmorphinan 1798* Schwz. — Pyranderivv. 3202* Schwz. — Morphinane 3205* Schwz. — Lactoflavin-5'-phosphat 3921* Oe. — 4.6-Dibutylcumalinsäureäthylester 4162* Schwz. — 1-Azabicycloalkanolderivv. 4937* Schwz. — Blutgerinnungshemmendes Mittel 5374* F., Oe. — (—)-threo-β-Phenylserin. threo-N-Acetyl-DL-β-phenylserin 5899* Schwz. — Heterocycl. Verbb. 6085* Ind. — 1-Isonicotinyl-2-aldosylhydrazine 6806* Schwz. — 2-Acylderivv. d. 1-Isonicotinylhydrazins 6806* Ind. — 3-Methoxy-4-oxy-N-methylmorphinan 7039* Schwz. — Citrazinsäure 8035* Schwz. — [4-Methyl-6-{1'.1'.5'-trimethylcyclohexadien-(3'.5')-yl-6'}-hexatrien-(1.3.5)-yl]-methylketon 8920* Schwz. — Isonicotinsäuremethylester 9199* Schwz. — Substituierte Cumalinsäureester 9621* Schwz. — Pyridoxamin-5'-monophosphorsäureester 9627* Schwz. — Dichloracetoxypropanol-Salze 10330* Ind. — 4-Methyl-6-hexylcumalinsäureäthylester 11428* Schwz. — 3-Caprylyl-6-heptyl-2.3-dihydropyran-2.4-dion 11428* Schwz.

— u. **Chase (G. O.)**, 3-Pyridylcarbinol 2727* Schwed.

—, **Fox (H. H.)** u. **Wenner (W.)**, Derivv. d. Isonicotinsäure 3439* F.

Hoffmann-La Roche (F.) & Co. Akt.-Ges., Hegedüs (B.) u. **Grüssner (A.)**, Cumarinderivv. 7981* D. B., 11635* D. B.

— u. **Karrer (P.)**, {4-Methyl-6-[1'.1'.5'-trimethylcyclohexadien-(3'.5')-yl-(6')]-hexatrien-(1.3.5)-yl}-methylketon 2960* D. B.

—, **Lee (John)** u. **Berger (L.)**, Stoffe, welche d. Blutkoagulier. hemmen 5375* Schwed.

— u. **Roche Products Ltd.**, Quatern. Diaminodialkylsulfide 7728* F.

— u. **Steiger (N.)**, Bis-mercaptobenzothiazole u. deren Salze 9394* D. B.

Hoffmann-La Roche (F.) & Co., Soc. An. = Hoffmann-La Roche (F.) & Co. Akt.-Ges.

Hoffmann-La Roche, Inc., Aeschlimann (J. A.) u. **Stempel (A.)**, Heterocycl. Tuberkulosemittel 642* A.

— u. **Derschinsky (R.)**, Substituierte Carbaminsäureester 413* A. — Pyridindole 5605* A. — α-(2-Thienyl)-benzylharnstoffe u. deren Salze 6342* A.

—, **Finkelstein (J.)** u. **Lee (J.)**, 1-Alkyl-2 oder 4-[4-(N-alkyl-N-β-dialkylaminoalkyl)-aminophenäthyl]-piperidine u. ihre Salze 9146* A.

—, **Goldberg (M. W.)** u. **Jampolsky (L. M.)**, 1-alkylierte 4.4'-Polymethylenpiperidinverbb. 5603* A. — 2.2'-Polymethylenbipiperidinverbb. 5603* A. — 4.4'-Polymethylenbipiperidinderivv. 5603* A. — Bis-quatern. Ammoniumverbb. 8212* A. — Piperidinverbb. 5604* A. — Alkylen-bis-(oxyalkylenammonium)-verbb. 8212* A. — 4.4'-Bispiperidinderivv. u. ihre 1.1'-bisquatern. Salze 9146* A.

—, **Goldberg (M. W.)** u. **Lehr (H. H.)**, Imidazolone 4164* A.

—, **Goldberg (M. W.)** u. **Rachlin (A. I.)**, p-(β-Diäthylaminoäthoxy)-phenylphenäthylketon 1825* A. — 2.5-Diphenylfurane 5161* A.

—, **Goldberg (M. W.)** u. **Teitel (S.)**, Diarylessigsäureester 8213* A.

— u. **Huck jr. (J. L.)**, Gentisinsäureoxyalkylamide 4213* D. B.

—, **Isler (O.)**, **Hindley (N. C.)** u. **Zeller (P.)**, Vitamin-A-Acetale 8920* A.

—, **Keller (O.)** u. **Steiger (N.)**, Benzthiazole 7534* A.

— u. **Kimel (W.)**, Verzweigtkett. Octadecenon 2073* A. — 1.1.2-Trimethylpropen-2-yl-3-oxobutanoat 10860* A. — 2-Methylhepten-(2)-on-(6) 10861* A.

— u. **Lee (John)**, Thioisonicotinamid 413* A.

—, **Scott (William E.)** u. **Goldberg (M. W.)**, 1.4-Dioxo-5-(nitrophenyl)-1.4.4a.5.8.8a-hexahydronaphthaline 162* A. — 1-Methyl-2-vinyl-4-alkoxycyclohexene 8924* A.

— u. **Steiger (N.)**, Bibenzothiazole 8214* A. — Benzthiazole 10571* A.

—, **Steiger (N.)** u. **Keller (O.)**, 2-(1-Pyrrolidyl)-6-(β-diäthylaminoäthoxy)-benzothiazol 5162* A. — Alkylmercaptostibincarbonsäuren 8212* A.

—, **Surmatis (J. D.)** u. **Juliano (B. R.)**, Octadienole 9925* A.

— u. **Wenner (W.)**, Aminoderivv. v. 2-substituierten 4-tert.-Butylphenoläthern 8211* A.

Hoffmann-La Roche Ltd., Goldberg (M. W.) u. **Sternbach (L. H.)**, Biotin 2961* Can.

Hoffmann-Ostenhof (O.) s. Gabriel (O.); Keck (K.); Schwarz (O. F.).

— u. **Keck (K.)**, Pflanzl. Stoffwechselprodd. als Mitosegifte. 2. Mitt. Diallyldisulfid, ein Bestandteil d. Lauchöle, als mitosestörende Substanz 9110.

Hoffmann-Ostenhof (O.) u. **Weigert (W.)**, Mögl. Funktt. d. polymeren Metaphosphats als Speicher energiereichen Phosphats in d. Hefe 10056.
Hoffmann-Walbeck (H. P.) s. Schneider (F.).
Hoffmeister (W.) u. **Albrecht (H.)**, Vergleichende Unterss. d. Elektrolyte d. unprovozierten Speichels u. Magensaftes, ihre Abhängigk. v. hormonellen u. fermentativen Einfl. 2472.
Hoffrogge (C.) u. **Weyerer (H.)**, Abstandsmess. v. Röntgeninterferenzen. Neues Längenmeßgerät 8096.
Hofhansl (W.), Verss. über Abkürz. d. Geburtszeit durch Vitamin B_1 u. durch d. Kombinat. Vitamin B_1–Thymophysin 11239.
Hofman (W. J.) s. Kooij (R.).
Hofman-Bang (N.) u. **Holten (B.)**, Rk. zwischen CS_2 u. Azidionen. Kinet. Unterss. 5990.
Hofmann (A.), Wie lange kann Chlorat im Boden mit Sicherheit nachgewiesen werden? 7534.
Hofmann (Albert) s. Le Hir (A.); Sandoz Akt.-Ges.; Stoll (A.).
Hofmann (E.), Schnell- u. Langsamfiltrat. v. Bodenseewasser 433.
Hofmann (Eduard), Enzymgeh. u. Keim. bei unseren Braugersten 2798. — s. Amberger (A.).
— u. **Amberger (A.)**, Wrkg. weicherd. Rohphosphate in Freilandverss. 5631.
—, **Bräunlich (K.)** u. **Schmidt (W.)** [München], Wirkungswert v. Rhenaniaphosphat bei verschied. Pflanzen u. auf verschied. Böden 5157.
— u. **Hoffmann (G.)**, Herkunft, Best. u. Bedeut. d. Enzyme im Boden 11075.
— u. **Latzko (E.)**, Qualität d. Sauerkrautes in Abhängigk. v. d. Düng. d. Weißkrautes 5445. — Anwend. d. Radioautographie zum Studium d. Aufnahme u. d. Verteil. v. $H_2{}^{14}CN_2$ durch d. Pflanze 6598.
—, **Latzko (E.)** u. **Süß (A.)**, Aufnahme u. fermentativer Abbau v. Cyanamid durch höhere Pflanzen 6598.
— u. **Niggemann (J.)**, Proteinasewirksamk. in verschieden gedüngter Braugerste 8988. — Enzymsyst. unserer Kulturböden. 3. Mitt. Proteinase 10361.
Hofmann (F.), Butterfabrikat. in d. Käserei. Geschichtliches u. heutige Technik 3025.
Hofmann (F. G.) s. Davison (C.).
— u. **Davison (C.)**, Beobachtt. bei d. Synth. v. Nebennierensteroiden in vitro in d. Ratte 1309.
Hofmann (G.), Grundlagenforsch. auf d. Gebiete d. Kautschukdispersionen. 1. Mitt. Viscosimetr. Messungen 9923.
Hofmann (Gerhard) s. Badische Anilin- & Soda-Fabrik Akt.-Ges.
Hofmann (H.), Novocamidbehandl. d. echten ventriculären paroxysmalen Tachycardie, klin. Klassifikat. 7260.
—, **Gräfe (H.-J.)** u. **Opitz (K.)**, Pharmakol. Unterss. neuer Kombinationsanalgetica 5841.
— u. **Lerche (H.)**, Tierexperimentelle Studien zur Frage d. antipyret. Wrkg. einiger Barbitursäurederivv. 5840.
— u. **Streuer (W.)**, Pharmakol. u. klin. Unterss. d. 2-Chlorprocains 8435.
Hofmann (H. J.) u. **Andress (K. R.)**, Raman-Spektren v. Metaphosphaten 7374. — Raman-Spektren einiger S–N-Verbb. 7374.
Hofmann (H. T.) u. **Oettel (H.)**, Leberfunktionsprüf. mit d. Bromsulphthaleintest als einfache Mikrometh. 4632. — Toxizität v. Tetrahydrofuran 11243.
Hofmann (K.), **Jucker (O.)**, **Miller (W. R.)**, **Young jr. (A. C.)** u. **Tausig (F.)**, Struktur d. Lactobacillsäure 1522.
Hofmann (K. A.), **Hofmann (Ulrich)** u. **Rüdorff (W.)**, Anorgan. Chemie [8106].
Hofmann (O.), Schutzmittel gegen Einfrieren v. Ziegeln 11273.
Hofmann (Paul), Händedesinfektionsmittel 10320. — s. Gelsenberg Benzin Akt.-Ges.
Hofmann (Pavel) s. Doležal (J.).
Hofmann (U.), Neue Erkenntnisse auf d. Gebiete d. Thixotropie, bes. bei tonhalt. Gelen 754. — s. Kempcke (E.); Nemetschek (T.); Weiß (Armin).
— u. **Nemetschek (T.)**, Kleinwinkelstreuung an Tonmineralien 1691.
Hofmann (Ulrich) s. Hofmann (K. A.).
— u. **Rüdorff (W.)**, Anorgan. Chemie [4783]*.
Hofmann (Werner), Verarbeit. v. Sojabohnen 478* F. — Behandl. v. Sojabohnen 1165* F.
Hofmann (Wilhelm) s. Denker (R.-B.).
— u. **Kohlmeyer (J.)**, Syst. Cu–Pb–O 11181.
— u. **Ruge (J.)**, Stand d. Kaltpreßschweiß. u. Kaltpreßlöt. 2289. — Kaltpreßschweißung als neuart. Verbindungsverf. 8955.
Hofmann-Credner (D.), Quantitative Veränder. d. Serumeiweißfraktt. d. Menschen unter d. Einfl. jodhalt. Kurmittel 627. — Radioisotope. Klin. Anwend. 2943. — J-Aufnahme durch d. Haut u. Lunge beim Menschen 11242.
Hofmeier (H.) s. Allgemeine Elektricitäts-Gesellschaft; VEB Kabelwerk Oberspree.
Hofmeister (B.) s. Collin (F. J.) Akt.-Ges. zur Verwertung von Brennstoffen und Metallen.
Hofmeister (E.) s. Brandmüller (J.).
Hofmeister (H.) u. **Haarbrücker (T.)**, Neuzeitl. Siemens-Martin-Ofen d. Demag v. Maerz-Typ 2286.
Hofrichter jr. (C. H.) s. Du Pont de Nemours (E. I.) & Co.
Hofschlaeger (J.) s. Uters (M.).
Hofstadter (R.) s. Kantz (A.); McIntyre (J. A.).
—, **McAllister (R.)** u. **Wiener (E.)**, Elektronenstreuung in H u. He 5468.
Hofsteede (M. J. N.) s. Reith (J. F.).
Hofstetter (E.) u. **Smith (A. E. W.)**, Herst. u. physiol. Eigg. einiger Acetylenverbb. u. verwandter Stoffe. 1. Mitt. 1027; 2. Mitt. Umlager. v. 3.4-Di-p-anisylhexin-(1)-ol-(3) 1027.
Hofstetter (J. R.), Ca-Präp., Na-Salz d. Calciumäthylendiamintetraessigsäure 11416.
Hoftiezer (H. W.) s. Ethyl Corp.
Hoga (A.) s. Müller (Franz).
Hogan (A. G.) s. Wietlake (A. W.).
Hogan (B. W.) s. King (E. R.).
Hogan (C. L.) s. Uitert (L. G. Van).
Hogan (G. L.) s. Allison (R. K.).
Hogan (J. P.) s. Phillips Petroleum Co.
Hogan (R. J.) s. Hanson (G. H.); Phillips Petroleum Co.

Hogarth (C. A.), Transistorwrkg. u. verwandte Erscheinn. in PbS-Proben verschied. Herkunft 3800. — Kristalldioden- u. Kristalltriodenwrkg. bei Bleiselenid 11505.
Hogarth (D. D.) u. **Nuffield (E. W.)**, Unterss. v. radioakt. Verbb. 7. Mitt. Phosphoruranylit u. Dewindtit 4546.
Hogarth (J.) s. Greey (P.).
Hogarth (J. W.) s. Dwyer (F. P.).
Hogberg (B.) u. **Ferno (O.)**, Wasserlöslichmachen v. Progesteron 2961* Can.
Hoge (W. H.), Resistenz d. Douglastanne beim Sulfitaufschluß 10886.
Hogeboom (G. H.) s. Schneider (Walter C.).
—, **Schneider (Walter C.)** u. **Striebich (M. J.)**, Cytochem. Unterss. 5. Mitt. Isolier. u. biochem. Eigg. v. Leberzellennuclei 10767.
Hogen (T. Van), **Huisman (T. H. J.)** u. **Jonxis (J. H. P.)**, Ausscheid. v. Aminosäuren während d. Anwend. v. p-Aminosalicylsäure 8194.
Hogg (A. J. P.) s. Grigor (J.).
Hogg (B. G.) s. Duckworth (H. E.).
— u. **Duckworth (H. E.)**, Atommassen v. Ga, Ge, As, Se u. Br 3301. — Kernschalenstruktur im Bereich $28 \leqq N \leqq 50$ u. $28 \leqq Z \leqq 40$ 3301. — Unters. d. Kernschalenstruktur im Bereich v. $82 < N < 126$ an Hand v. Atommassen 3301. — Beweis für ein Gebiet bes. Kernstabilität zwischen d. Schalen mit *82* u. *126* Neutronen 4028.
Hogg (D. E.) u. **Waters (D. F.)**, Arbeitsparende Vorrichtungen für d. Bodenprüf. 2054.
Hogg (D. R.) s. Hickinbottom (W. J.).
Hogg (J. A.) s. Anderson (H. V.); Gilman (H.); Upjohn Co.
Hogg (J. E.), Massenspektr. v. Titantetrachlorid 10921.
Hogg (W. H.) s. Dunlop Rubber Co. Ltd.
Hoggan (G. D.) s. Key (C. W.).
Hogge (E. A.) u. **Kraichman (M. B.)**, Grenzstrom an einer rotierenden Scheibenelektrode in Kaliumjodid–Kaliumtrijodid-Lsgg. 24.
Hoglan (F. A.) s. International Minerals & Chemical Corp.
Hogle (D. H.) s. Hammond (G. S.).
Hoglund (G. O.), Schweißen v. Al-Legierr. 8718.
Hogness (D. S.) u. **Niemann (C.)**, Best. d. relativen Affinitäten einer Reihe v. spezif. Substraten aus deren relativen K_s- u. k_3-Werten 9516.
Hogness (J. R.), **Lee (N. D.)** u. **Williams (R. H.)**, Einfl. d. Amphenon „B“ auf Schilddrüsen- u. Nebennierenfunktt. 6328.
Hogness (T. R.) u. **Johnson (W. C.)**, Ionic equilibrium as applied to qualitative analysis [1577].
Hogreffe (G.) u. **Pedersen (E.)**, Urethanbehandl. v. Leukämie bei Mäusen 2219.
Hogsed (M. J.) s. Du Pont de Nemours (E. I.) & Co.
— u. **Lindsey (R. V.)**, Therm. Addit. v. β-Methylcrotononitril an Äthylen 9776.
Hogsett (J. N.) u. **Funk (G. L.)**, Best. v. an Erntegut zurückbleibendem Pflanzenschutzmittel „Crag Herbicide *1*“ u. seiner Hydrolysate 2986.
Hohagen (E.) s. Haas (Hans).
Hohenschutz (H.) s. Goehring (M.).
Hohensee (F.), Curareähnl. Wrkg. v. Invertseifen 11036.
Hohenstein (W. P.) s. Styrene Products Ltd.; Whitney Blake Co.
Hohing jr. (C.) s. Celanese Corp. of America.
Hohlbaum (G.) u. **Mohnke (W.)**, Enzymat. Ausräum. postoperativer Pneumolysenhämatome durch Trypsin 8434.
Hohlfeld (R. A.), Kombinierte Behandlungsart d. Gingivitiden mit Hilfe v. Aureomycin u. d. UV-Therapie 2021. — Todes- u. Vergiftungsfälle in praxi bei Lokalanästhesie mit Novocain 8206.
Hohmann (A.), Beseitig. v. Spannungszuständen in Graugußstücken 5164. — Schmelzen u. Gießen v. Rotguß 11458.
Hohmann (W.), Einfl. d. Beregn. auf d. Menge u. Güte v. Grünlanderträgen 10359.
Hohmann (Walter) s. Freudenberg (K.).
Hohmann (Wolfgang) s. Baganz (H.).
Hohn (H.) s. Spengler (G.).
Hohnstedt (L.) s. Schaeffer (R.).
Hoijtink (G. J.) s. Coops (J.).
— u. **Schooten (J. van)**, Polarograph. Red. konjugierter KW-stoffe. 3. Mitt. Vgl. verschied. MO-Näherungsberechnn. mit experimentell bestimmten Halbwellenpotentialen alternierender KW-stoffe 4310.
—, **Schooten (J. van)**, **Boer (E. de)** u. **Aalbersberg (W. I.)**, Polarograph. Red. konjugierter KW-stoffe. 4. Mitt. Reduktionsmechanismus verschied. alternierender u. nichtalternierender KW-stoffe 5750.
Hojas (I.), Vitamin-C-Geh. in medizin. Drogen 636.
Hok (O. P.) s. Stoker (P. H.).
— u. **Sizoo (G. J.)**, Elektronenspektr. v. ^{232}Pa, ^{233}Pa u. ^{230}Pa 2357. — Elektronenspektr. d. $^{234}_{91}$UZ 2595.
Hokanson (A. E.) s. Colgate-Palmolive-Peet Co.
Hokin (L. E.) s. Hokin (M. R.); Schucher (R.).
— u. **Hokin (M. R.)**, Ribonucleinsäuregeh. d. Bauchspeichel- u. Ohrspeicheldrüse während d. Enzymbldg. u. -sekret. in vitro 379.
Hokin (M. R.) s. Hokin (L. E.).
— u. **Hokin (L. E.)**, Enzymsekret. u. Einbau v. ^{32}P in Phospholipoide v. Pankreasschnitten 1071.
Hol (P. J.), Komplexometr. Best. v. SO_4^{2-} u. Ca^{2+} (gegebenenfalls Mg^{2+}) in Kochsalzlsgg. 3696.
Holaday (D. A.) s. Tsivoglou (E. C.).
Holasek (A.) s. Flaschka (H.); Mayr (F.).
— u. **Flaschka (H.)**, Best. v. Mg u. Ca im Blutserum 8695.
— u. **Sadek (F.)**, Über d. Brauchbark. d. Harnstoffäll. zur Isolier. u. Best. höherer Fettsäuren 11708.
Holbe (O.) s. Treibs (W.).
Holcomb (D. F.) u. **Norberg (R. E.)**, Einfl. v. Unvollkommenhh. u. v. Elektronenwechselwrkgg. auf d. magnet. Resonanz v. Alkalimetallen 520.
Holcomb (W. F.) s. Parke, Davis & Co.
Holde (K. E. Van) s. Wales (M.).
Holden (A. N.), Isotherme Umwandl. metastabiler β-Uraneinkristalle 5973. — s. Kunz (F. W.)
— u. **Kunz (F. W.)**, Spannungsalterung v. Fe-Einkristallen 8805.
Holden (F. R.) s. Skow (R. K.).

Holden (H. A.), Phosphatüberzüge als Hilfsmittel beim Strangpressen 1830. — Phosphatüberzüge als Hilfe beim Kaltstrangpressen 5885.
Holden (J.) s. Hooper (W. H. L.).
Holden (J. R.) s. Guth (E. D.).
Holden (R.), Feststell. freier Hydroxylradikale während d. Oxydat. v. Cellulose an d. Luft 3254.
Holden (W. R.) s. Atkinson (W. R.).
Holden (W. S.), Bronchographie mit Dionosil ölig bei Lungentuberkulose 7959.
Holder (M. A.) s. Reed (R. W.).
Holdstock (N. G.) s. General Electric Co.
Holdsworth (E. S.), App. zur kontinuierl. Elektrophorese auf Papier 11256. — s. Ford (J. E.); Gregory (M. E.).
Holdt (G.) u. **Schäfer (Harald)**, Fehlerverminder. bei spektrochem. Analysen durch Einführ. eines Gewichtes für d. Bezugselement 7273.
Holdt (M. M. v.) s. Ligthelm (S. P.).
Hole (E. S.), Mehrschichtkörper 937* A.
Hole (F. D.), Vorschläge zur Terminologie zur Beschreib. v. Böden als Dreidimensionalkörper 3942.
Hole (N.), Best. d. Zerfallskonstante eines radioakt. Präp. 1. Mitt. 11495; 2. Mitt. 11495; 3. Mitt. 11495.
Holer (R.), Plast., sehr langsam erhärtende Abdruckmassen aus Modellgips 6595* Oe.
Holetzko (H.) s. Jellinghaus (W.).
Holeyšovský (V.) u. **Šorm (F.)**, Aminosäuren u. Peptide. 15. Mitt. Präparative Isolier. einiger Aminosäuren aus einem Gelatinehydrolysat 7228.
Holford Processes Ltd., Abtrenn. v. W. aus Ölen 1345* E.
Holguera de la Lastra (F.), Kulturmedium zur Diagnose d. Tuberkulose 11600.
Holiday (E. R.) u. **Preedy (J. R. K.)**, Genauigk. eines direkt anzeigenden Flammenphotometers bei d. Best. v. Na u. K in biol. Fll. 4176.
Holik (L.) s. Nowotny (H.).
— u. **Nowotny (H.)**, Mkr. u. röntgenograph. Unterss. an Al-Folien 8802.
Holinger (E.), Kombinat. v. Abwasserreinig. mit Kehrichtbeseitig. 10599.
Holker (J. R.), Oxydat. einiger Endiole mit SeO_2 9772. — s. Petrocarbon Ltd.
Holker (J. S. E.), **Powell (A. D. G.)**, **Robertson (Alexander)**, **Simes (J. J. H.)** u. **Wright (R. S.)**, Chemie d. Pilze. 18. Mitt. Cycl. Syst. d. Eburicosäure 2437.
—, **Powell (A. D. G.)**, **Robertson (A.)**, **Simes (J. J. H.)**, **Wright (R. S.)** u. **Gascoigne (R. M.)**, Chemie d. Pilze. 19. Mitt. Struktur d. Eburicosäure 2439.
Hollaender (A.) u. **Stapleton (G. E.)**, Strahlenschutzwrkg. v. Standpunkt d. Mikrobiologie 4616.
Hollaender (H.), Oberflächenspiegel d. Schuhcreme 11304. — Cerchlorid in Hautsalben 11700.
Holland (B. H.) s. Towler (J. H.).
Holland (C. D.) s. Murdoch (P. G.).
Holland (D. O.) s. Beecham Research Laboratories Ltd.
Holland (E.), Porenbldg. u. Aufkochen beim Emaillieren v. dünnwand. Fe-Gußteilen 5393.
Holland (E. G.) s. Hazleton (L. W.).
Holland (F. H.), **Mickelson (R. S.)** u. **Powers (S. A.)**, Objektive Meth. zur Best. d. äquivalenten neutralen Dichten v. Farbfilmbildern. 3. Mitt. Kalibrier. v. Densitometern 6899.
Holland (H. C.) s. McClure (C.).
Holland (H. D.), **Verral (P.)** u. **Pierce jr. (R.)**, Rekristallisat. v. metamiktem Zr 7634.
Holland (Heinrich D.) s. Koehler (G. F.).
— u. **Kulp (J. L.)**, Transport u. Ablager. v. U, Io u. Ra in Flüssen 1003. — Mechanismus d. Entfern. v. Io u. Ra aus d. Ozeanen 1004.
Holland (J. F.), Beherrsch. d. Krebses mit chem. Mitteln 6771.
Holland (R. S.) u. **Smyth (C. P.)**, Dielektr. Eigg. u. Mol.-Struktur v. Hexamethyldisiloxan 8313.
Holland (V. F.) s. Bonner (O. D.).
Holland (W. W.) s. Gyro Process Co.
Holland & Hannen & Cubitts Ltd. s. Eesilade Asphalt Mfg. Co. Ltd.
Holland-Nell (U.) u. **Sauerwald (F.)**, Verh. v. Re zu Ag u. Cu 1692.
Hollander (D. H.) s. Turner (T. B.).
Hollander (J. L.), Hydrocortison intraarticulär bei d. Behandl. d. Arthritis 4140. — s. Zacco (M.).
Hollander (J. M.), Br-Isotope beim Beschuß v. Cu mit C-Ionen 5951. — s. Rossi (G. B.).
Hollander (W.) s. Wilkins (R. W.).
„Hollandia" Hollandsche Fabriek van Melkproducten en Voedingsmiddelen N. V., Butter aus Rahm mit d. für Butter erwünschten Fettgehalt v. 80% 5680* Holl.
Holle (F.), **Stahm (K. H.)** u. **Teufel (W.)**, Bedeut. d. Serum-Cholinesterase-Best. für Chirurgie u. Anästhesie. (D. Verh. d. Fermentes nach chirurg. Eingriffen) 6049.
Holleben (K. v.) u. **Schneider (Wilhelm)**, Farb. Laufbilder mit Tonspur 2587* D. [DDR].
Holleck (L.) s. Eckardt (D.).
— u. **Eckardt (D.)**, Termaufspalt. im Absorptionsspektr. v. Er u. Tu in Komplexen 3307. — Zusammenhang zwischen Struktur u. Aufspaltungsbild bei Seltene-Erden-Komplexen 10218.
— u. **Exner (H. J.)**, Red. aromat. Nitroverbb. an d. Hg-Tropfkathode. 2. Mitt. Unterss. an Dinitroverbb. 5985.
— u. **Hartinger (L.)**, Wrkg. v. Aminopolyessigsäuren u. Austauscherform auf d. Trenn. v. Ceriterden 294.
— u. **Marsen (H.)**, Substituenteneinfl. auf d. polarograph. Verh. v. Benzaldehyden 1236.
— u. **Melkonian (G. A.)**, Kinetik d. hydrolyt. Spalt. v. Acylderivv. d. Nitrophenols u. Nitranilins 5512. — Polarograph. Best. d. Hydrolysengeschwindigk. acylierter p-Nitroverbb. 7178.
Holleman (A. F.), Lehrbuch d. anorgan. Chemie [3579]. — Leerboek der organische chemie [6769].
Hollenbeck (C. M.), **Danner (W. E.)** u. **Mahoney (J. F.)**, Stabilität v. Procainpenicillin in Futtermitteln 6161.
Hollenbeck (H. H.) s. Roach (J. D.).
Hollenberg (J. L.) s. Bohn (C. R.); Pitzer (K. S.).
Holleran (E. M.), Temperaturabhängigk. d. Thermodiffusionsfaktors 3076.
— u. **Hulburt (H. M.)**, Bezieh. zwischen d. Wechselwirkungsintegralen d. kinet. Gastheorie u. neuen Beziehh. bezügl. d. Transporteigg. v. Gasen 3075.
Holleran (R.) s. Buckwalter (F. H.).
Holley (H. L.) s. Hussar (A. E.); Yielding (K. L.).

Holley (H. L.) u. **Carlson (W. W.)**, Potassium metabolism in health and disease [7486].
Holley (K. T.) s. Storherr (R. W.).
Holley (T. F.) s. Cocker (W.).
Hollibaugh (W. C.) s. Sun Oil Co.
Holliday (A. K.) s. Grimley (J.).
Holliday (P.), Entfern. v. Wasserdampf u. CO_2 aus einem Infrarotspektrometer 7045.
Holliman (F. G.) s. Anderson (E. L.).
— u. **Schickerling (H. A.)**, Cyaninfarbstoffe mit Pyrrocolinkern. 1. Mitt. 4096.
Hollings (H.) s. Davis (J. E.).
Hollingshead (E. E.) s. Wyman (G. J.).
Hollingshead (R. G. W.), Unterss. an Oxin u. seinen Derivv.: Derivv. d. 7-Allyloxins mit mögl. analyt. Verwend. 6284. — Selektivität v. 8-Oxy-2-methyl-5-nitrosochinolin (2-Methyl-5-nitrosooxin) gegenüber Metallen d. Gruppe IIIb 10744.
Hollingshead (R. M.) Corp., Rk.-Prodd. v. Tallöl mit Alkylenoxyden 7518* F.
—, **Howard (R. R.)** u. **Wilcox (H. M.)**, Überzugsmittel 5433* A.
Hollingsworth (C. A.), Gleichgewicht u. Geschwindigkeitsgesetze 5497.
— u. **Potter (R. L.)**, Vektordarst. d. chem. Affinitäten 4766.
—, **Taber (J. J.)** u. **Daubert (B. F.)**, Verwend. v. Dreikomponenten-Fl.-Systemen zur Gegenstromverteil. 5737.
Hollingsworth (P. M.), Kabel mit Aluminiummantel 1811.
Hollis (C. E.) s. Distillers Co. Ltd.
Hollis (J. P.), Streptomyces scabies. 2. Mitt. Stimulier. d. Melaninerzeug. durch Aminosäuren 3891.
Hollis (L.), **Chappel (C. F.)**, **MacVicar (R.)** u. **Whitehair (C. K.)**, Wrkg. d. Futters auf d. Vitaminsynth. im Rumen d. Schafes 7483.
Hollis (R. F.) s. Alton Box Board Co.
Hollis-Hallett (A. C.), Verss. mit einem Viscosimeter mit rotierendem Zylinder in fl. He II 11514.
Hollmann (H. E.), Innere Schwingg. u. Mikrowellen in Transistoren 4521. — Polarisationswiderstand u. Polaristoren 11159.
Hollmann (S.), Schicksal d. Glucuronsäure im tier. Organismus. 2. Mitt. Glucuronsäureresorpt. aus d. Darm 7954; 3. Mitt. Glucuronsäureabbau in verschied. Säugetiergeweben 7938.
— u. **Wille (E.)**, Schicksal d. Glucuronsäure im tier. Organismus. 1. Mitt. Glucuronsäureausscheid. unter n. Bedingg. u. nach Zufuhr v. Glucuronsäurelacton 7955.
— u. **Domagk (G. F.)**, Acetylier. aromat. Amine bei experimenteller Ketosis 1298.
Hollmann (W.), **Pots (M.)** u. **Miehlke (E.)**, Therapie d. Lungentuberkulose mit INH 149.
Hollò (J.) u. **Nyeste (L.)**, Einige Probleme bei d. Darst. d. Glutaminsäure 3482.
— u. **Puskás (A.)**, Milchsäureherst. aus Molke 3755.
— u. **Szilágyi (A.)**, Gewinn. v. Harnsäure, Coffein u. a. Purinderivv. aus Geflügelmist 2531.
Holló (M.) u. **Zlatarov (S.)**, Einfl. v. Röntgenstrahlen u. Tl auf d. Ca-Phosphatschicht auf d. Oberfläche d. Haarzwiebel. Ca-Schichten in d. Haut 135.
Hollomon (J. H.) s. Fisher (J. C.); Turnbull (D.).
— u. **Turnbull (D.)**, Erstarrung einer Pb-Sn-Legier. als Tropfen 4054.
Holloway (J. H.) s. Daly jr. (R. T.).
Holloway (R. C.) s. Bradley (J. E. S.).
Hollstein (U.) s. Sixma (F. L. J.).
Hollway (D. L.), Elektronenstrahl-Dezimalzählrohr 7835. — Dezimalzählerelektronenröhre 8781.
Holly (F. W.) s. Merck & Co., Inc.; Walton (E.).
Holly (K.) s. Blackman (G. E.).
— u. **Blackman (G. E.)**, Selektive Unkrautbekämpf. 5. Mitt. Unkrautbekämpf. in Leinsaat durch chlorierte Phenoxyessigsäuren 10842.
Holly Sugar Corp., **Cotton (R. H.)**, **Rorabaugh (G. O.)** u. **Harris (W. A.)**, Reinigen v. Rohzuckersaft 4954* A.
Hollyday jr. (W. C.) s. Standard Oil Development Co.
Holm (D. M.) s. Terrell (J.).
Holm (E.), Siliciumcarbidkontakt 11505. — s. Siemens-Schuckertwerke Akt.-Ges.
— u. **Holm (R.)**, Stoffwanderung in Abhebekontakten aus Ag u. Pt 8319.
Holm (L. W.), **Rhode (E. A.)**, **Wheat (J. D.)** u. **Firch (G.)**, Behandl. d. akuten Pb-Vergift. bei Kälbern mit Calciumdinatriumäthylendiamintetraacetat 6077.
Holm (Lennart W.), Kinetik d. Austauschvorgänge in Ionenaustauschern 3320. — Erzeug. d. Elements 100 6450. — s. Atterling (H.).
Holm (R.) s. Holm (E.).
Holm (R. T.) s. Ballard (S. A.); Shell Development Co.
Holm-Hansen (D.) s. American Cyanamid Co.
Holman (B. H.) s. Eastman Kodak Co.
Holman (H. E.) s. Electric & Musical Industries Ltd.
Holman (R. L.), Cholesterin in d. Pathogenese arterieller Schädigg. 385.
Holman (R. T.) s. Abu-Nasr (A. M.); Witten (P. W.).
— u. **Ener (S.)**, Anwend. v. Harnstoffeinschlußverbb., d. essentielle Fettsäure enthalten, in einem Experimentalfutter 2234.
— u. **Greenberg (S. I.)**, Stoffwechsel v. polyolefin. Fettsäuren. 7. Mitt. Wrkg. v. Präparaten oxydierter Linoleate 9375.
Holman (W. I. M.), Colorimetr. Meth. zur Best. d. hauptsächl. Stoffwechselprodd. v. Nicotinsäure im menschl. Harn 8695.
Holmberg (G. D.) s. Allgemeine Elektricitäts-Gesellschaft.
Holmberg (R. W.) s. Kraus (K. A.).
Holmberg (T. F.), Reinigen, Kühlen oder Trennen v. Gasen 5618* E. — Wiedergewinn. v. metall. Fe aus Zn-halt. Gut, wie Zn-Verbb. u. Ferrozink 8958* F. — s. Osakeyhtiö Vuoksenniska Aktiebolag.
— u. **Böök (L. H.)**, Magnesiumhydroxyd oder Magnesiumoxyd aus Dolomit 666* Schwed.
— u. **Grönblom (B.)**, Entfernen v. metall. Fe aus Hartzink 2767* Finn. — Entfern. v. Fe aus Zn enthaltenden Substanzen 8259* E.
Holmbergh (O.) u. **Hultin (E.)**, Fällung v. Malz-α-amylase mit Gerbsäure 7466.
Holme (D.) s. Baalsrud (K. S.); Sörensen (J. S.); Tronvold (G. M.).
— u. **Sörensen (N. A.)**, Natürl. vorkommende Acetylenverbb. 14. Mitt. Vork. v. Decadien-(2trans.8trans)-diin-(4.6)-ol-(1) = trans.trans-Matricarianol in d. Natur 10399.

Holmes (C. R.) s. Hills (D. C.).
Holmes (C. W. H.) s. Brown (J.).
Holmes (D. K.) s. Crawford jr. (J. H.); Rose (M. E.).
Holmes (D. R.), Anisotrope Temperaturfaktoren bei hkl-Strukturfaktorberechnungen 8562. — s. Robertson (J. Monteath).
Holmes (E.), Gleichgewicht zwischen Insektenpopulationen u. chem. Schädlingsbekämpfung 7533. — Sicherheitsmaßnahmen bei Verwend. gefährl. Chemikalien für die Ertragssteiger. 8228.
Holmes (E. L.) s. Adams (B. A.); Permutit Co.
Holmes (F. B.) s. Holmes (W. C.) & Co. Ltd.
Holmes (F. H.) s. Stein (R. S.).
Holmes (H. A.) s. Turner Brothers Asbestos Co. Ltd.
Holmes (H. L.) s. Weisenborn (F. L.).
Holmes (H. N.), Entw. d. Kolloidchemie in d. USA 7134.
Holmes (H. P.) s. Kroll (W. J.).
Holmes (J. C.) s. O'Keeffe (A. E.).
Holmes (J. M.) s. Bradford Dyers' Association Ltd.; Kington (G. L.).
Holmes (J. R.) s. Essig (F. C.); Schoen (R.).
— u. **Pape (L.)**, Druckverschieb. d. He-Linie *λ 5875* 2359. — Druckverschieb. in He *λ 5875* 4274.
Holmes (P.), Aminosäurezus. bestimmter Samenproteine 5820.
Holmes (R.) s. Porter (C. J.).
Holmes (R. L.) s. McKinney (R. S.).
— u. **Pack (F. C.)**, Wrkg. einer langfrist. Lager. auf d. Eigg. v. Tungöl 4728.
— u. **Pack (F. C.)**, **Minor (J. C.)** u. **McKinney (R. S.)**, Kennzeichen d. einheim. Tungöles 6645.
Holmes (Robert L.) s. Raybestos-Manhattan, Inc.
Holmes (R. R.) s. Sears (P. G.).
Holmes (W. C.) s. Tap & Drill Ez Corp.
Holmes (W. C.) & Co. Ltd., Trocknen v. Gasen 431* E. — s. Humphreys & Glasgow Ltd.
—, **Cooper (C.)** u. **Ingham (C.)**, Oxydat. v. Lsgg. u./oder Suspenss. v. oxydierbaren Stoffen durch O_2-halt. Gase 5392* E.
—, **Cooper (C.)** u. **Sykes (W.)**, Sicherheitsvorr. bei d. elektrostat. Reinig. v. Kohlendestillationsgasen 8068* E.
—, **Holmes (F. B.)**, **Sykes (W.)** u. **Pearson (C.)**, Abscheiden v. Teer aus Stadt- u. ähnl. Gasen auf elektrostat. Wege 11716.
Holmes (W. L.) s. Greenbaum (S. B.).
—, **Prusoff (W. H.)** u. **Welch (A. D.)**, Umwandl. v. $^{14}C_{(2)}$-Thymin durch d. Ratte 2012.
Holmes-Walker (W. A.) u. **Ubbelohde (A. R.)**, Elektronenübertrag. bei Alkalimetall-KW-stoff-Komplexen 764.
Holmgren (H. D.) s. Brown (R. J. S.); Famularo (K. F.); Freier (G.); Stratton (G. F.).
—, **Blair (J. M.)**, **Simmons (B. E.)** u. **Stuart (R. V.)**, Differentielle Querschnitte für d. Rk. $^{13}C(d, t)^{12}C$ 11148.
Holmquist (H. E.) s. Parham (W. E.).
Holmquist (S. D.), Reinig. techn. Lsgg. mit Ionenaustauschern 9464* Schwed.
Holmström (W.) s. Bachrach (W. H.).
Holmyard (E. J.), Outlines of organic chemistry [838].

Holness (H.), Inorganic qualitative analysis-semi-micro methods [2500]. — Halbmikroanalyse 6576.
Holness (N. J.) s. Barton (D. H. R.).
Holoplast Ltd., **Gonda (D.)** u. **Hodge (A. A.)**, Gewellte Schichten 6368* E.
Holowaychuk (N.) s. Pratt (P. F.).
Holowchak (J.), **Wear (G. E. C.)** u. **Baldeschwieler (E. L.)**, Anwend. d. N-Best.-Meth. v. ter Meulen auf Erdölfraktt. 10894.
Holst (J. E.) s. Retbøll (G.).
Holstead (C.) u. **Lamberton (A. H.)**, Nitramine u. Nitramide. 7. Mitt. Irreversible Zers. v. Nitroguanidin u. v. Nitroharnstoff durch H_2SO_4 7181.
Holstein (T.), Absorptionsvermögen v. Metallen für elektromagnet. Wellen bei tiefen Tempp. 4276. — s. Bernstein (I. B.).
Holsten (J. R.) s. Field (L.).
Holt (A. S.) s. Jacobs (E. E.).
Holt (C. v.) s. Gaede (K.).
Holt jr. (F. W.) s. Brown-Bridge Mills, Inc.
Holt (J. A. G.) s. Yoffey (J. M.).
Holt (J. P.), Bas. Kupolofenverf. 445.
Holt (M.) s. Berry (F. J.).
Holt (M. W.) u. **Warren (S.)**, Gefriergetrocknetes Gewebe für d. autoradiograph. Unters. 9816.
Holt (N. B.) s. Isbell (H. S.); Snyder (C. F.).
Holt (P. A.), Färben v. Reyongeweben. Fortschritt mit Direkt- u. Küpenfarbstoffen 3492. — Färberei v. Geweben aus Fibranne mit direkten Farbstoffen u. Küpenfarbstoffen 4703. — Fortschritte beim Färben v. Zellwollgeweben mit substantiven u. Küpenfarbstoffen 6625.
Holt (P. F.) u. **Hughes (B. P.)**, Rk. v. Phenyllithium mit Azobenzol 7191. — Stickstoffproben für massenspektrograph. Analysen 8220. — Photochem. Zers. v. Hydrazobenzol, untersucht unter Verwend. v. N-Isotopen 9771.
— u. **King (D. T.)** [Reading], Oberflächenchemie d. SiO_2 9976.
— u. **Yates (D. M.)**, Gewebesilicium. Alkohollösl. Frakt. unter Verwend. v. ^{31}Si 1319. — Natur d. Silicose: Polymerisat. v. Kieselsäuresolen in vivo 2483.
Holt (S.) s. Imperial Chemical Industries Ltd.
Holt (W. L.) u. **Costello (C. H.)**, Chem. Unters. v. Rauwolfia serpentina 9141.
Holtan jr. (H.), Theorie nichtisothermer Systeme 1210. — Thermoelektr. Phänomene in galvan. Zellen 8788.
Holtebekk (T.), **Isachsen (N.)** u. **Sörensen (S. O.)**, Massenbest. energiereicher He-Isotope, d. bei Kernexploss. emittiert werden 3299.
Holten (B.) s. Hofman-Bang (N.).
Holter (H.) u. **Linderstrøm-Lang (K.)**, Mikromethoden in d. Histo- u. Cytochemie 427.
Holtey (H.) s. Mitteldeutsche Stahlwerke G. m. b. H.
Holthaus (P.) s. Collin (F. J.) Akt.-Ges. zur Verwertung von Brennstoffen und Metallen.
Holtkamp (D. E.) s. Heming (A. E.); Hill (Robert M.) [Denver].
—, **Hill (Robert M.)** [Denver] u. **Rutledge (E. K.)**, Fehlen einer Bezieh. zwischen d. Mn-Geh. d. Nahr. u. d. Wachstumsgeschwindigk. experimenteller Fibrosarkome 10286.

Holtmann (W.) s. Gelsenkirchener Bergwerks-Akt.-Ges.; Thyssen (A.)-Hütte Akt.-Ges.
Holton (F. A.), Eine mit d. direkten Übertrag. einer Aminogruppe gekoppelte Oxydored. v. α-Oxoglutarat 377. — Slater (E. C.).
Holton (P. G.) s. Kharasch (M. S.).
Holton (W. F.) s. Burr jr. (J. G.).
Holtz (D. J.) s. Farbenfabriken Bayer Akt.-Ges.
Holtz (P.), Noradrenalin u. seine therapeut. Anwend. 9597. — s. Engelhardt (A.).
Holtz (W.) s. Siemens & Halske Akt.-Ges.
Holtzer (A.) s. Benoit (H.); Doty (P.).
Holtzhaussen (P.), Siliciumguß 1134.
Holtzman (H.) s. Ansbacher-Siegle Corp.
Holub (E. M.), Metallbearbeit. durch Brennputzen 8254.
Holub (K.), Gewinn. v. bes. d. Blutbldg. fördernden Zubereitt. 6339* Oe.
Holub (L.) s. VEB Elektrochemisches Kombinat Bitterfeld.
Holub (R.) u. **Hála (E.)**, Phasengleichgewicht im Syst. W.–Milchsäure–Äther bei *10, 15, 20* u. *25°* 4553.
Holve (W. A.) s. Heertjes (P. M.).
Holweg (E.) u. **Werz (W.)**, Herstellen v. hochwert. Stahl unter Durchleit. v. H_2 oder anderer red. Gase durch d. überhitzte Stahlbad 10370* D. B.
Holwerda (K.), Schwankk. d. Citronensäuregeh. v. Milch, d. an Molkereien in Friesland geliefert wird 1867.
Holyk (W.) u. **Ahrens (L. H.)**, K in ultramaf. Gesteinen 310.
Holysz jr. (R. P.), Darst. u. Dehydrohalogenier. v. 4-Halo-3-ketosteroiden 6039. — s. Shepherd (D. A.); Upjohn Co.
Holz (H. M.) s. Elöd (E.).
Holz (S.), Wrkgg. d. Ba-Ions auf d. rhythm. Aktivität d. Myocards 11620.
Holzach (K.) s. Winnacker (K.).
Holzbauer (M.) u. **Vogt (M.)**, Adrenalinkonz. im peripheren Blut während d. Insulinhypoglykämie 2007. — Adrenalinbest. bei Insulinhypoglykämie im peripheren Blut 10550.
Holzberger (J.), Löten, Schleifen u. Polieren bei d. Hartmetallverwend. 6124.
Holzel (A.) s. Schwarz (V.).
Holzer (F. J.), Fehlerquellen bei d. Blutentnahme zur Alkoholprobe 8696.
Holzer (H.), Tätigkeitsgebiet einer Milchregulierstelle, Möglichkk. d. Schottenverwert. 7108.
—, Waltner (H.) u. **Willomitzer (E.)**, Klin. Erprob. eines neuen Muskelrelaxans (Hexamethylen-bis-carbaminoylcholinbromid) 2019.
Holzer (K.) s. Schlubach (H. H.).
Holzer (L.) s. Wessely (F.).
Holzer (R. E.), Höhenstrahl. u. Aufrechterhalt. eines Potentialgradienten in d. Atmosphäre 10665.
Holzer (T.), Geleimtes Papier 484* F. — Formkörper 2795* Schwz.
Holzer (W.), **Grinschgl (G.)** u. **Richling (E.)**, Oberflächenakt. Wrkg. v. Moorschwebstoffen. Wirkungsmechanismus d. Peloidtherapie 5590.
Holzer (W. F.) s. Hull (W. Q.).
Holzman (G.) s. N. V. de Bataafsche Petroleum Mij.; Shell Development Co.
Holzmann (H.) s. Deutsche Gold- & Silberscheideanstalt vormals Roessler.
Holzmüller (W.), Therm. u. mechan. Verh. amorpher Festkörper als Folge mol. Platzwechsel 8798.
Holzweissig (W.), Steigerung d. Erträge v. Kulturpflanzen 7301* D. B.
Homann (W. F.), Best. d. Porosität v. homogenen Stoffen bes. v. Zigarettenpapieren 6423.
Homayr (J.) s. Jantsch (G.).
Homb (T.), Futtermittelanalyse 5204.
Homburger (F.) s. Fishman (W. H.).
Homer (A. H.) s. Durkin (A. E.).
Homer (H. H.) s. Sylvania Electric Products, Inc.; Thorn Electrical Industries Ltd.
Homes (M. V.), Mineralsalzernähr. d. Kakaobaumes 10606.
Homeyer (A. H.) s. Mallinckrodt Chemical Works.
Homeyer (P. G.) s. Fox (S. W.); Jensen (A. H.).
Homma (E.) s. Murata (Iwao).
Homma (T.) s. Fujita (H.).
Homme (V. E.) s. United States of America.
Hommel (M. C.) s. Dow Corning Ltd.
Honda (H.), Magnet. Eigg. v. Kohlen 6172.
Honda (K.) s. Kukuchi (S.).
Honerjäger (R.) s. Eckhardt (E.).
Honetz (N.) s. Klupp (H.).
Honeycombe (R. W. K.) s. Brown (A. F.); Gay (P.).
Honeyman (J.) s. British Schering Research Laboratories Ltd.
Hongo (T.) u. **Akira (U.)**, Hypotensiver Stoff im Kaninchenplasma 4141.
Honig (A.) u. **Kip (A. F.)**, Elektron-Spinresonanz eines Verunreinigungsniveaus in Si 8318.
—, Mandel (M.), Stitch (M. L.) u. **Townes (C. H.)**, Reine Rotationsspektren d. Alkalihalogenide 15. — Mikrowellenspektren d. Alkalihalogenide 8785.
Honig (C.), Pharmazeut. Anwendd. v. Äthylendiamintetraessigsäure 6802.
Honig (J.) s. Marvel (C. S.).
Honig (J. G.) u. **Singleterry (C. R.)**, Physikal.-chem. Verh. v. in Öl dispergierten Seifenlsgg. 1. Mitt. Natriumphenylstearat in Bzl. 4047.
Honig (J. M.), Elektronenhaftstellenverteill. in Phosphoren 1440.
Honig (R. E.), Massenspektrometr. Unters. d. mol. Sublimat. v. Graphit 526. — Sublimationswärme u. Verdampfungswärme v. Ge 2139. — s. Hansford (R. C.).
Honig's (A.) Kunsthars Industrie N. V., Mischpolymere 9457* Schwz.
—, Ludert (J. R. A.) u. **Zwiers (B. J.)**, Herst. v. styrolisierten Alkydharzen, d. mit trocknenden oder halbtrocknenden Ölen modifiziert sind 2548* Schwed.
Honing (W.) s. N. V. Philips' Gloeilampenfabrieken.
Honnen (L.) s. Schroeder (W. A.).
Honnold (V. R.), **McCaffrey (F.)** u. **Mrowca (B. A.)**, Mess. d. Kerninduktionsrelaxationszeiten in Polymeren 5327.
Honold (E.) s. Cassella Farbwerke Mainkur Akt.-Ges.; Farbenfabriken Bayer Akt.-Ges.

Honorary Advisory Council for Scientific and Industrial Research, Glutengewinn. 11302* E.
Hontoir (E. A.), Best. v. S in Pyriten 5380.
Hontoy (J.) s. I s t a s (J. R.).
Hoobler (S. W.) s. K o l k (K. V a n d e r).
Hood (B. J.) s. H u d m a n (D. B.).
Hood (D. W.) s. O r y (R. L.).
Hood (G.), Schätz. d. Entropie 525.
Hood (G. M.) s. E a s t m a n K o d a k C o.
Hood (H. P.) s. S a n d s (R. H.).
Hood (J. W.), Abwasserbehandl. mittels Tropfkörpern 665* A.
Hood (S. L.) u. **Comar (C. L.),** Stoffwechsel v. [137]Cs bei Ratten u. Farmtieren 5117.
Hood (W. L.) s. R o g e r s (A. J.).
Hooff (A. van den) u. **Smits (G.), Geh.** d. Blutserums an saurer u. alkal. Phosphatase u. d. Prostatacarcinom-Diagnose 9351.
Hoog (D. R.) s. H i c k i n b o t t o m (W. J.).
Hoog (H.), Bedeut. chem.-techn. Unterss. in Bezieh. zur Verfahrensentw. 5145.
Hoog (Han) s. N. V. d e B a t a a f s c h e P e t r o l e u m M i j.
Hooge (F. N.) s. K e t e l a a r (J. A. A.).
— u. **Aten jr. (A. H. W.),** Kurzleb. neutronenarme Isotop d. Se 2593.
Hoogendyk-van Dort (T. J. E.) s. L i n d e b o o m (G. A.).
Hoogenstraaten (W.) s. N. V. P h i l i p s' G l o e i l a m p e n f a b r i e k e n.
Hoogerwerf (S.), Einfl. v. Vasolastine auf künstl. sklerotisierte Ratten, auf Hunde u. Menschen mit arteriosklerot. Erscheinungen 7255.
Hooghwinkel (G. J. M.), Smits (G.) u. **Kroon (D. B.),** Thyroglobulingebundene Mucopolysaccharide; histochem. u. papierelektrophoret. Unters. 4625.
Hoogland (P. L.) s. T r u s c o t t (B.).
Hoogstra (M. J.) u. **Jongh (S. E. de),** Wrkg. v. Östradiolbenzoat auf d. Ausschütt. gonadotropen Hormons d. Hypophysenvorderlappens nach Hemikastrat. 10785.
Hook (D. E.) s. D o w C o r n i n g C o r p.
Hook (E. O.) s. A m e r i c a n C y a n a m i d C o.
Hook (G.), Behandl. juckender u. schmerzender Hautkrankheiten mit Pragman-Gelee 3676. — BAL 7488.
Hook (J. O. Van) s. C r o x a l l (W. J.); R o h m & H a a s C o.
Hooker (D. T.) s. K l i n g m a n (D. W.).
Hooker Electrochemical Co. u. **Kircher (M. S.),** Elektrolyse v. Alkalihalogeniden 437* F.
—, **Maude (A. H.)** u. **Rosenberg (D. S.),** Polychloralkylene 6632* A. — Hexachlorcyclopentadien 9198* A.
— u. **Rucker (J. T.),** 3-Chlorcumarin 8266* A. — Stabilisieren v. kernhalogenierten aromat. KW-stoffen 10625* A.
—, **Sonia (J. A.)** u. **Scremin (E. H.),** Gemische aus Trichloressigsäure, deren Anhydrid u. Trichloracetylchlorid 9672* A. — Trichloressigsäure-bis-ester mit zweiwert. aliphat. Alkoholen 9672* A.
—, **Spence (H. R.), Johnson (A. N.)** u. **Osborne (S. G.),** Entfernen v. dichten, festhaftenden Oxydschichten v. Metalloberflächen 9186* A.
— u. **Wojcik (B. H.),** Quatern. Ammoniumsalze mit Fluormethylgruppen 11640* A.
Hookway (H. T.), Rkk. d. p-Tolyltoluol-p-thiolsulfonats 7654.
Hoomissen (J. E. Van) s. N o y e s (J. C.).
Hooper (C. W.) s. W i l k i n s (M. H. F.).
Hooper (I. R.) s. K a p l a n (M. A.).
Hooper (J. E.), King (D. T.) u. **Morrish (A. H.),** Dreizackprozeß 8542.
Hooper (M. C.) s. S y k e s (G.).
Hooper (W. H. L.) u. **Holden (J.),** Verfahren zur Mess. d. Oberflächentopographie bei d. Markier. v. Reckspannungen auf Metallblechen 9893. — Mess. d. Oberflächentopographie v. Blechen mit Fließlinien 9893.
Hoot (W. F.) u. **Kobe (K. A.),** Dampfphasen-Luftoxydat. d. Cyclohexans 9437. — Oxydat. d. Cyclohexans zu Adipinsäure mit NO_2 9665.
Hoover (C. R.) u. **Turner (C. W.),** In vitro-Stoffwechsel d. Brustdrüsen v. Ratten: Respirat., aerobe Glykolyse u. CO_2-Produkt. 5112.
Hoover (E. W.) s. B r o w n (H e n r y).
Hoover (J. R. E.) s. G a u h e (A.); G y ö r g y (P.).
— u. **Day (A. R.),** Darst. v. 1-Alkyl-1.2-dihydro-3-oxybenzo-[g]-chinoxalindionen-(5.10) 6287.
Hoover (K. S.) s. D i c k (A. B.) C o.
Hoover (M. E.) u. **Colmer (A. R.),** Wrkg. v. 2.4-D, TCA u. Natriumchlorat auf d. Mikroflora v. Sharkey-Lehm 7532.
Hoover (S. R.), Jasewicz (L.) u. **Porges (N.),** Magnet. O_2-Analysator u. seine Verwend. zur Unters. d. O_2-Aufnahme 900. — Mess. v. Sauerstoffübertrag. 2263.
Hope (A. J. N.) u. **Mitchell (S.),** Photoisomerisat. einiger Chlornitrosoterpene 10716.
Hope (J.) s. E l l i o t t (J. P.).
Hope (V. V. L.) s. L i m m e r & T r i n i d a d L a k e A s p h a l t C o. L t d.
Hopf (H. S.), Wirkungsweise v. Insekticiden. 2. Mitt. Hemm. d. Acetylesterasen d. Heuschreckennervenstränge durch einige organ. Phosphorsäureester 1996.
Hopf (P. P.), Druckfarben für d. elektron. Industrie 9894.
Hopfengart (M.) s. A u f h a m m e r (G.).
Hopff (H.), Therm. Abbau makromolekularer Verbb. 11694. — s. B a d i s c h e A n i l i n- & S o d a - F a b r i k A k t. - G e s.; C h e m i c a l D e v e l o p m e n t s o f C a n a d a L t d.; I. G. F a r b e n i n d u s t r i e A k t. - G e s.
Hopkin (L. M. T.) u. **Thwaites (C. J.),** Wrkgg. konstitutioneller Faktoren auf d. Kriechverh. u. d. Ermüdungseigg. v. Pb u. Pb-Legierr. 9655.
Hopkins (A. D.), Einbetten dünner Bleche für d. metallograph. Unters. 10127. — s. G a r w o o d (R. D.).
Hopkins (A. R.) s. A l l e n (N.).
Hopkins (B. E.) s. A l l e n (N. P.); R e e s (W. P.).
— u. **Tipler (H. R.),** Einfl. d. Wärmebehandl. auf d. Sprödigk. v. sehr reinen Fe–N_2-Legierr. 5407.
Hopkins (C. Y.) u. **Chisholm (M. J.),** Fettsäuren v. Erdnuß-, Hickory- u. Eichelölen 7574.
Hopkins (D. P.), Düngemittel 7757.
Hopkins (D. W.), Physical chemistry and metal extraction [5647].
Hopkins (E. F.), Alfred (L.) u. **Loucks (K. W.),** Konservierungsmittel für Citrusfrüchte 3757* A.
Hopkins (H. S.) s. W e s t i n g h o u s e E l e c t r i c C o r p.
Hopkins (J.) s. B e n e d i c t (W. S.).
Hopkins (J. E. A.) s. C l e e f (v a n) B r o s.; I n c.

Hopkins (R. H.) s. Bird (R.).
— u. **Bird (R.)**, Z-Enzym bei d. Amylolyse 1069.
Hopkins (R. L.) s. Clarke (E. N.); McKinney (C. M.).
Hopkins (R. W.) u. **Manring (W. H.)**, Beurteil. d. Faktoren, die d. Farbe v. Gelbgläsern beeinflussen 9879.
Hopkins (S. J.), Barbiturate. Struktur, Wrkg. u. Anwend. 638. — Curarin u. verwandte Verbb. 7266.
Hoppe (G.) s. Siemens-Schuckertwerke Akt.-Ges.
Hoppe (J. C.) s. Royals (E. E.).
Hoppe (J. O.), Wirksamk. neuromuskulär blockierender Stoffe, bes. v. Succinylcholin 8672.
Hoppe (K.) s. Serke (U.).
Hoppe (P.) s. Farbenfabriken Bayer Akt.-Ges.
Hoppe (W.) s. Reindel (F.).
Hopper jr. (J.) s. Nomof (N.).
Hopper (J. H.) u. **Johnson (B. C.)**, Ausnutz. d. Pseudovitamins B_{12} beim Milchviehkalb 7954.
Hopper (T. H.) u. **Tallant (J. D.)**, Abweichungen bei d. Mess. physikal. Eigg. v. Baumwolle 487.
Hopper (T. R.), Epoxydharzüberzüge 1848.
Hopper (V. D.), Kernemulsionstechnik 8546. — s. Parsons (R. W.).
Hopps (H. E.) s. Bozeman (F. M.); Hahn (F. E.); Wisseman jr. (C. L.).
Hopson (J. E.) s. Nielsen (C. E.).
— u. **Nielsen (C. E.)**, Eine reines W. verwendende Dampfexpansionskammer. 1. Mitt. 2358.
Hopson (W. H.) s. McCants (J. F.).
Hopton (G. V.) s. North Thames Gas Board.
Horáčková (J.) s. Novák (B.).
Horák (P.) s. Blažek (Z.).
Horák (V.) s. Vereš (K.).
Horáková (E.) s. Bultasová (H.).
Horáková (Z.) s. Hach (V.); Vacek (J.).
Horan (F. E.), Weizenprodd. für industrielle Verwert. 9926.
Horande (M.) u. **Doyeux (M. G.)**, Verhinder. eines Ödems bei d. Ratte durch d. neue Antihistaminicum 1-[p-Chlorbenzhydryl]-4-[p-tert.-butylbenzyl]-diäthylendiamin. Dauer d. Wrkg. 7721.
Horatz (K.), Potenzierte Narkose mit d. Phenothiazinkörper P *391* 3430.
Horava (A.), In einem transplantierten malignen Tumor durch eine biol. Fl. hervorgerufene hämorrhag. Nekrose 1992.
—, **Guillemin (R.)** u. **Selye (H.)**, Einfl. d. Komponente L (nach Reichstein) auf d. Wrkgg., d. nach Verabreich. eines Hypophysenvorderlappenextraktes beobachtet werden 1308.
— u. **Selye (H.)**, Einfl. d. verabreichten Hydrocortisons u. d. somatotrophen Hormons 1308.
Horbach (I.) s. Spauszus (S.).
Horback (W. B.) s. Celanese Corp. of America.
Horclois (R. J.) s. Soc. des Usines Chimiques Rhône-Poulenc.
Horder (L.), **Dodds (C.)** u. **Moran (T.)**, Bread: the chemistry and nutrition of flour and bread with an introduction to their history and technology [244].
Horeau (A.), α.α.β-Trisubstituierte Butyrolactone; α.α-Dimethyl-β-[6-methoxynaphthyl-(2)]-butyrolacton 11380.
— u. **Jacques (J.)**, Steroide ohne C-Kern. 2. Mitt. Bisdehydroöstrolacton entsprechendes Lacton 10521.
Horeau (M.) s. Chimie et Atomistique.
Horecker (B. L.), Oxydat. v. Kohlenhydraten 7905.
—, **Smyrniotis (P. Z.)**, **Hiatt (H. H.)** u. **Marks (P. A.)**, Tetrosephosphat u. d. Bldg. v. Sedoheptulosediphosphat 8648.
Horeczy (J. T.) s. Standard Oil Development Co.
Hori (K.) s. Kitaoka (M.).
Hori (S.), Inverse Potenzentw. v. S_{vac} [η^*, η, J] u. d. Green-Funktt. 9012.
Horie (H.) s. Arima (A.).
Horie (S.) Raummodell d. Periodischen Systems d. Elemente 8541.
Horie (T.), **Kawabe (K.)** u. **Sawada (S.)**, Opt. Verh. v. $BaTiO_3$-Einkristallen mit Vieldomänenstruktur in Abhängigk. v. d. Temp. 11335.
— u. **Otsuka (M.)**, Gleichzeit. Anreg. u. Dissoziat. v. W.-Moll. durch H-Kanalstrahlen 1903.
Horii (S.) s. Nozaki I (H.).
Horikawa (K.), Anwendd. d. „Auste"-Anlaßverf. 3. Mitt. Schwere Sonderstähle 7771. — Herst. v. hochfesten Stahlblechen für Elektroschweißung 10124.
Horikx (M. M.) u. **Hermans (J. J.)**, Anwend. d. Meth. d. stationären Zustandes 5088.
Horizons Titanium Corp., TiO 4909* Schwz. — Elektrolyt. Gewinn. v. TiO_2 6105* Ind.
—, **Cardon (S. Z.)** u. **Wainer (E.)**, Alkalifluortitanate 7752* A.
—, **Sibert (M. E.)** u. **Carlton (S. S.)**, Titansesquioxyd u. Titanmonoxyd 5150* A. — Herst. v. Titansesquioxyd 6105* A.
— u. **Wainer (E.)**, Alkalititanfluoride 10114* A.
—, **Wainer (E.)** u. **Cardon (S. Z.)**, Herst. v. Alkalifluortitanaten 3227* A.
—, **Wainer (E.)**, **Steinberg (M. A.)** u. **Topinka (A. A.)**, TiO 6592* A.
Horlacher (H. F.) s. Baxter (S. S.).
Horlock (A. B.), **Isabell (R. D.)** u. **Jobin (R. S.)**, Behandl. d. Abwässer v. Papierfabriken 8940.
Horn (A. E.), Columbit in Nigeria 9755.
Horn (A. G. van) s. Thomas (J. W.).
Horn (D.), Analytik d. 2-[Naphthyl-(1')-methyl]-imidazolins u. d. Diphenylpiperidinopropans 1095. — s. Poethke (W.).
Horn (D. B.) s. Owen (J. A.).
Horn (D. D. Van) u. **Cooley (W. C.)**, Dimensionsänderr. v. α-Messing bei d. Entzink. u. in Cu durch Leerstellen erzeugte Gitterspann. 5974.
Horn (D. H. S.) s. Black (H. K.); Lighthelm (S. P.).
—, **Nunn (J. R.)** u. **Rivett (D. E. A.)**, Bestandteile d. Harzes v. Euryops floribundus N.E.BR. 3743.
Horn (F. H.) u. **Neubauer (R. L.)**, Wärmeübertragungsvorr. mit fl. Metall zum Schmelzen v. hochgereinigten Stoffen 3692.
Horn (F. L.), Verriegel. bei d. Beschick. eines Hochtemperaturdruckauflösers 11495.
Horn (H. A.) s. Schimpke (P.).
Horn (H. E.), Hartplattiertes Al 3956.
Horn (J. C. Van) s. Dow Chemical Co.

Horn jr. (L. H.), Snapp (R. R.) u. Gall (L. S.), Wrkg. v. Antibioticis auf d. Verdauung v. Futternährstoffen bei einjähr. Stieren: bakteriolog. Unterlagen 9374.

Horn (O.), Kunststoffe auf Fluorbasis 7795. — s. Farbwerke Hoechst Akt.-Ges., vormals Meister Lucius & Brüning.

Horn (P.), Leray (J.), Pouyet (J.) u. Sadron (C.), Opt. Unters. über d. Morphologie v. Natriumthymonucleatteilchen in Abhängigk. v. p_H u. in verdünnter Lsg. 3398.

Horn (W. Van) s. Keck (P. H.).

Horn (W. M. Van), Fortschritte in d. Flußverbesser. 2. Mitt. Fragen d. Sulfat-, halbchem. u. Strohaufschlusses u. d. Entfärbens 1873.

— u. **Balch (R.)**, Einfl. v. Schleimbekämpfungsmitteln auf d. Verunreinig. v. Gewässern 10409.

Horn (Z.), Bogsch (S.) u. Altmann (O.), Wrkg. d. E-Vitamins auf d. Kohlenhydratstoffwechsel 10309.

Hornbeck (J. A.) s. Haynes (J. R.).

— u. **Haynes (J. R.)**, Mit tiefen Elektronenfallen in Si v. P-Typ in Verb. stehender Abfall in d. Photoleitfähigk. 4520.

Hornbostel (J.) s. Salant (E. O.).

— u. **Salant (E. O.)**, Künstl. hergestellte negative schwere Mesonen 4.

Horne (R. Van) s. Kramer (L. B.).

Horne (V.) s. Overbeek (J. van).

Horne (W. A.) s. Gulf Research & Development Co.

Horne (W. L. van) s. Rohm & Haas Co.

Horner (E. C. A.) u. Style (D. W. G.), Oxydat. v. Formaldehyd. 1. Mitt. Photochem. Rk. u. d. Einfl. d. Oberfläche 3597.

—, **Style (D. W. G.) u. Summers (D.)**, Oxydat. v. Formaldehyd. 2. Mitt. Diskuss. u. Mechanismus d. Rk. 3597.

Horner (G. M.), Gaserzeuger 9477.

Horner (H. R.) s. Reilly Tar & Chemical Corp.

Horner (L.) s. Farbwerke Hoechst Akt.-Ges., vormals Meister Lucius & Brüning.

— u. **Gross (A.)**, Tert. Phosphine. 4. Mitt. Verwend. d. Phosphinimine zur Einführ. primärer Aminogruppen 10234.

— u. **Jurgeleit (W.)**, Tert. Phosphine. 6. Mitt. Red. organ. Peroxyde mit tertiären Phosphinen 10238.

—, **Jurgeleit (W.) u. Klüpfel (K.)**, Tert. Phosphine. 3. Mitt. Anionotrope Polymerisationsauslsg. bei Olefinen 10234.

— u. **Klüpfel (K.)**, Einfl. d. Substituenten auf d. chem. Reaktivität. 7. Mitt. Phosphororgan. Verbb. Nachweis d. polaren Charakters in Doppelbindungssystemen 10235.

— u. **Lingnau (E.)**, Einfl. v. Substituenten auf d. chem. Reaktivität. 6. Mitt. Anlagerung v. 9-Diazofluoren an Olefine 8589. — Tert. Phosphine. 5. Mitt. Phosphazine u. Phosphoniumylide 10258.

— u. **Naumann (W.)**, Azodiacylverbb. als Analoga d. elementaren O 2392. — Einfl. v. Substituenten auf d. chem. Reaktivität. 5. Mitt. Lichtzers. v. Azodiaroylen 5758.

— u. **Podschus (G.)**, Katalyse d. Bldg. v. Sulfurylchlorid aus Cl u. fl. SO_2 2622.

— u. **Schwahn (H.)**, Einfl. v. Substituenten auf d. chem. Reaktivität. 8. Mitt. Neue α-Aminosäuren durch Umsetz. v. Azlactonen mit Grignard-Verbb. 10237.

Hornig (A. W.), Jaynes (E. T.) u. Weaver (H. E.), Beobacht. d. paramagnet. Resonanzen in Bariumtitanat-Einkristallen 9964.

Hornig (D. F.) s. Osberg (W. E.); Reding (F. P.).

Hornig (J. F.), Levey (G.) u. Willard (J. E.), Rkk. d. Methans mit durch Neutroneneinfang aktiviertem J 8353.

— u. **Willard (J. E.)**, Einfl. d. Br-Konz. auf d. Rk.-Prodd. v. CCl_4 u. Br, d. durch Einfang eingestrahlter Neutronen u. isomeren Übergang aktiviert wurde 10960.

Horning (E. C.) s. Burns (J. J.).

— u. **Stromberg (V. L.)**, Beckmannsche Umlagerr.; Aldoxime 57, 4559.

—, **Stromberg (V. L.) u. Lloyd (H. A.)**, Beckmannsche Umlagerr.; Unters. v. bes. Fällen 58.

— u. **Walker (G. N.)**, Methoxyindan- u. Methoxytetralincarbonsäureester 11570.

Horning (V. J.), Messung d. Temp. v. Autoreifen bei d. Government-Reifenprüfkolonne 3022.

Hornsby (K. M.), Sensibilisierungsfarbstoffe 3293. — Farbfilmpatentübersicht 3294. — s. British Tricolour Processes Ltd.

Hornstein (I.) s. Martin (G. L.) Co.; Sullivan (W. N.).

Hornung (E. W.) u. Giauque (W. F.), Wasserdampfdruck über wss. H_2SO_4 bei $25°$ 10201.

Horny (C.) s. Office National d'Études & de Recherches Aéronautiques (O. N. E. R. A.).

Hornyak (W. F.) u. Coor (T.), Einfang-γ-Strahlen aus d. Protonenbeschuß v. Be 736.

Horoszewicz (J.), Einfl. v. Chloromycetin auf d. Änderung v. Escherichia coli, bes. d. L-Form 8890.

Horowitz (E.) u. Mandel (J.), Vgl. d. Schwefelsäure- u. Natriumhydroxydmethoden für d. Analyse v. Wolle in Mischungen mit Baumwolle u. Viscosereyon 7581.

Horowitz (I.), Glasschmelzen auf elektr. Wege. 3. Mitt. 4672.

Horowitz (J.), Berechn. d. thermodynam. Drucks in d. Quantenstatistik 1209. — Kernstrahl. zum kontinuierl. γ-Spektr., das d. β-Radioaktivität begleitet 6206. — s. Besset (C.); Raievski (V.).

— u. **Messiah (A. M. L.)**, (d, p)- u. (d, n)-Rkk. 8078. — Polarisat. bei d. (d, p)- u. (d, n)-Rkk. 8078. — Winkelkorrelatt. (dpγ) u. d. Abstreiftheorie 9723.

Horowitz (M.) u. Daunt (J. G.), Mess. d. spezif. Wärme v. reinen Metallen bei tiefen Tempp. 525.

—, **Silvidi (A. A.), Malaker (S. F.) u. Daunt (J. G.)**, Spezif. Wärme v. Pb im Temperaturintervall v. *1,0—75°* K 292.

Horowitz (N. H.) u. Leupold (U.), Unterss. zur Ein Gen–Ein Enzym-Hypothese 4610.

Horowitz (R. M.) s. Bailey (S. D.).

Horrigan (D. L.), Ausscheid. v. Nucleinsäurederivv. im Urin bei myeloischer Leukämie 4388.

Horrom (B. W.) s. Zaugg (H. E.).

—, **Freifelder (M.) u. Stone (G. R.)**, 1-Formylpiperazin u. verwandte Verbb. 5546.

Horsfall jr. (F. L.), Ergebnisse d. Spray-Lichtens in Virgina 1126. — s. Tamm (I.).

— u. **Moore (R. C.)**, Auslichten durch Sprays bei Obst 196.

Horsfall (J. G.) s. Rich (S.).
Horsky (N. G.) s. General Aniline & Film Corp.
Horsley (L. H.) s. Dow Chemical Co.
Horsley (R. A.) s. Jack (J.).
Horsley (R. J.), Johns (H. E.) u. **Haslam (R. N. H.)**, Energieabsorpt. v. ultraharten Röntgenstrahlen durch Kernprozesse im menschl. Gewebe 5356.
Horsmans (J.) s. Lontie (R.).
Horst (A. M. Ter) s. Heertjes (P. M.).
Horst (K.) s. Farbwerke Hoechst Akt.-Ges., vormals Meister Lucius & Brüning.
Horst (K. L. van der), Vorbehandl. v. Al vor galvan. Überziehen 4208* E. — s. Horst (Van der) Corp. of America.
Horst (U.), Mikrostratigraphie d. Kohlen 4243.
Horst (W. P. Ter) s. Dominion Rubber Co. Ltd.; Mathieson Chemical Corp.
Horst (Van der) Corp. of America, Horst (K. L. van der), Erzeugen galvan. Metallüberzüge auf Al 11286* F.
Horst-Meyer (H. zur), Verh. d. alkal. Serumphosphatase bei hypophysären u. myxödematösen Zwergen v. u. während d. Behandl. 4373.
Horstemeier (W.) s. Union Carbide & Carbon Corp.
Horstmann (D.), Einfl. eines Sb-Geh. in Fe-gesätt. Zn-Schmelzen auf ihren Angriff auf Fe 2063. — Verstärkter Angriff d. Zn auf Fe im Temperaturgebiet um *500°* 2063. — Angriff Fe-gesätt. Zn-Schmelzen auf Si-halt. Fe 9432. — s. Vogel (Rudolf); Wiester (H.-J.).
Horstmann (Patricia) s. Debiais (L.).
Horstmann (Paul), Beeinfluss. d. Adrenalineffektes auf d. O_2-Aufnahme bei Diabetes mellitus u. Hyperthyreose 1077.
Horstmannshoff (W.) s. Nissen (K.).
Horswill (E. C.) s. McCasland (G. E.).
Horton (A. W.) s. Tye (R.).
Horton (C. A.) s. Hanson jr. (W. T.).
Horton (G. K.) s. Sharp (R. T.).
— u. **Phibbs (E.)**, Wrkg. d. Kernlad. auf im Kern erzeugte Paare 3549. — Wrkg. d. Kernlad. auf durch innere Konvers. erzeugte Paare 9953.
Horton (J. H.) u. **Newsom (D. W.)**, Gasentwicklungsschnellmeth. zur Best. d. $CaCO_3$-Äquivalents in Kalkmaterialien 443.
Horton (J. P.), Messung d. O-Aufnahme durch d. Redoxpotential 7520.
Horton (L.), Brennstoff 9000.
— u. **Aubrey (K. V.)**, Verteil. d. in Glanzkohle in geringen Mengen vorkommenden Elemente: Drei Glanzkohlen d. Barnsley-Flözes 9700.
Horton (P. V.) s. Plax Corp.
Horton (R.) s. Mahady (S. C. F.).
Horton (W. S.) s. Johnston (H. L.).
Horváth (A.), Anwend. d. thermodynam. Funktt. in d. Metallurgie 5403.
Horvath (B.), Ovarialhormone u. Ionengleichgewicht d. Uterusmuskels 10064.
Horváth (Dénes) s. Nikolics (Károly).
Horváth (Dezsö), Coffein- u. Theobromintabletten aus d. Alkaloidbase 408.
Horvath (D. J.) u. **Noot (G. W. Vander)**, Wrkg. eines neuen Antibioticums, Tetracyclin, in einem Schweinefutter 7482.
Horváth (G.) s. Csalay (L.).
Horváth (I.) s. Bodánszky (M.).
Horváth (J.) s. Balogh (J.).
Horváth (J. I.), Asymptot. Meth. zur Berechn. v. Eigenfunktionen 7134. — Lösung d. Schrödinger-Gleichung mittels d. Variationsverf. 11143.
Horvath (S. M.) u. **Hamilton (L. H.)**, Ansprechen d. Blutzellenzahl auf eine Infus. v. polymerer Glucose 2938.
— u. **Knapp (D. W.)**, Hämodynam. Effekte v. Neosynephrin 9384.
Horváth (Z.) s. Körmendy (K.).
Horváth (Zoltán), Neueste Erkenntnisse über d. Schwefelstein 5165. — „Cu-Raffinat. im Drehtrommelofen“ 11084.
Horvitz (L.) s. Schlesinger (H. I.).
Horwitt (B. N.), Bakterielle β-Glucuronidase als Reagens zur Hydrolyse v. Cortisonsteroiden im Harn 8657.
Horwitz (J. P.) s. Patinkin (S. H.).
Horwitz (L.), Cis- u. trans-2-Styrylchinoliniumverbb. 11579. — s. Friedman (J. S.).
— u. **Friedman (J. S.)**, Desensibilisier. u. d. Struktur d. Desensibilisatoren 10178.
Horwood (M.) s. Evans (Norman) & Rais Ltd.
Hosansky (N.) s. Dutcher (J. D.).
Hosemann (R.), Analyse d. Kleinwinkelstreuung mittels Faltungsoperationen 9744. — s. Licentia Patent-Verwaltungs-G. m. b. H.
— u. **Bagchi (S. N.)**, homometr. Strukturen 10693.
— u. **Joerchel (D.)**, Notwend. Korrekt. am Babinetschen Theorem 11499.
—, **Motzkus (F.)** u. **Schoknecht (G.)**, Verwend. v. Faltungsoperationen zur eindeut. Röntgenstrukturanalyse 11168.
Hosey (A. D.), Jones (H. H.), Marsh (O. C.) u. **Gallaghar (R. G.)**, Automat. Probennehmer u. Schreiber 10674.
Hosford (J.) s. Bourne (G.).
Hoshii (H.) s. Morimoto (H.).
Hoshino (K.) u. **Watanabe (M.)**, Synthet. Polyamide. 18. Mitt. Hydrolyse v. Poly-ε-caprolactam 2216.
Hoshino (S.), Anomale Struktur v. α-AgJ 7858. — s. Shirane (G.).
Hoshino (T.), Yamagishi (K.) u. **Ichikawa (Yuzaburo)**, Photochem. Additions-Rk. v. Methylmercaptan mit Vinylacetat, Vinylchlorid u. Allylalkohol 3350.
Hoshiya (I.) s. Uritani (I.).
Hoskin (F. C. G.) s. Lee (C. C.).
—, **Krotkov (G.), Moiar (R. Y.)** u. **Reed (G. B.)**, Erzeug. v. Acetaten durch höhere Pflanzen, ermittelt durch d. Isotopenverdünnungstechnik 4381.
—, **Spinks (J. W. T.)** u. **Jaques (L. B.)**, Harnexkretionsprodd. d. Menadions (Vitamin K_3) 4872.
Hosking (K. F. G.), Lötrohranalyse auf Asbestpapier 9399.
Hosko jr. (M. J.) s. Platner (W. S.).
Hosler (C. L.) u. **Hosler (C. R.)**, Unters. über d. Gefrieren v. W. in Capillaren 10686.
Hosler (C. R.) s. Hosler (C. L.).
Hosoda (K.) u. **Takata (H.)**, Unterss. über Manganmangelböden (Sandböden) 10840.
Hosoi (Y.), Herst. d. „Kelmet-Lagers“ 4199.
Hosokawa (I.), Chem. Unterss. d. Bohrkernproben d. Flachseeablagerr. in d. Ariake-Bucht. 1. Mitt. Chem. Zus. d. Kolloidbestandteile in Bezieh. zur Tiefe 6938.

Hosokawa (M.) s. Takeda Pharmaceutical Industries Ltd.
Hosokawa (Y.) s. Iki (S.).
Hosoya (S.), Umwandlungstemp. d. Molekularrotat. in langkett. Verbb. mit d. diskontinuierl. Modell 9267. — Übergänge geordnet-regellos in tern. Legierr. A_2BC mit d. ebenen quadrat. oder raumzentriert kub. Gitter 9271.
Hospadaruk (V.) u. **Winkler (C. A.)**, Einfl. v. Chloriden bei d. Abscheid. v. Cu in Gegenwart v. As, Sb u. Bi 9894.
Hošpes (B.), Futterhefe 478.
Hospitel (J.), Analyt. Angaben, d. für d. Produkt. elektr. Energie in Dampfkraftwerken notwendig sind 1583.
Hoss (W.) s. Metallgesellschaft Akt.-Ges.
Hossain (A.) s. Burcham (W. E.); Freemantee (R. G.).
Hossain (M.) s. Islam (M. A.).
Hossenlopp (I. A.) s. McCullough (J. P.).
Hoste (J.), Heiremans (A.) u. **Gillis (J.)**, Colorimetr. Best. v. Cu mit Cuproin 8220.
Hosterman (W. H.) s. Gordon (C. H.).
Hostetler (D. E.) s. Murray (R. L.).
—, Menius jr. (A. C.) u. **Murray (R. L.)**, In welcher Weise d. Verteil. d. therm. Neutronenflusses d. Faktor d. unverzögerten Spalt. in U-Zylindern beeinflußt 5954.
Hostetler (P. B.) s. Koehler (G. F.).
Hotelling (E. B.) s. Blicke (F. F.).
Hoton (P.), Drucken mit Pigmentfarben 220. — Verwend. v. Bindern auf Kunstharz- oder Cellulosebasis beim Pigmentfarbendruck 6853.
Hotop (W.), Pulvermetallurg. Fertigungsverf. 11672.
Hotovy (R.), Synergist. Wrkg. v. Thiaminhydrochlorid (Betabion) u. Ergometrin am Kaninchenuterus 3193. — s. Zima (O.).
Hotta (H.) u. **Tatsukawa (I.)**, Hochleistungswerkzeugstähle. 15. Mitt. 10365.
Hotta (Y.) s. Sawamura (Hiroshi).
Hotten (B. W.) s. California Research Corp.
Hottenroth (B.) u. **Purr (A.)**, Furfurol aus Haferspelzen 3482.
Hottinger (A.), „Romilar", ein neues synthet. Hustenmittel 6076.
Hotz (M. C. B.) s. Pugh (W.).
Houbaut (J.) s. Ambrosino (G.).
Houben (K.), Synthet. Formsand u. seine Anwend. in d. Graugießerei 5637.
Houde (R. W.) u. **Wikler (A.)**, Hautzuckungs-Rk. bei Hunden u. deren Beeinfluss. durch Morphin, Thiopental u. Mephenesin 7722.
Houdremont (E.) s. Fahlenbrach (H.); Jellinghaus (W.); Krisement (O.).
— u. Rüdiger (O.), Nachw. metallkundl. Umwandlungsvorgänge mit d. Spitzenzähler 534.
— u. Wiester (H.-J.), Metallkundl. Betrachtt. zur Frage d. Trennbruches 8250.
Houdry (E. J.), Behandl. v. Auspuffgasen 10171* A. — Kontaktmassen 11314* A. — s. Comp. Française des Procédés Houdry; Houdry Process Corp.
Houdry Process Corp., Edelmetallkatalysator zum Reformieren u. Isomerisieren 11484* E.
—, Ardern (D. B.), Bruckner (C. J.), Cicalese (J. J.), Kollgaard (R.), Savage (R. T.) u. **Shirk (R. M.)**, KW-stoff-Umwandl. 3532* E.
— u. Caldwell (C. L.), KW-stoff-Umwandl. 7816* A.
Houdry Process Corp. u. **Faragher (W. F.)**, Elastomere Mischpolymerisate 11699* A.
— u. Heinemann (H.), Hydrierende Spalt. schwerer KW-stoffe in Ggw. v. HF u. einem Pt-Tierkohlekatalysator 8535* A.
— u. Houdry (E. J.), Katalyt. Oxydat. v. Verbrennungsgasen 1651* F. — KW-stoff-Umwandl. 6893* A.
—, Ivey jr. (E. H.) u. **Delaplaine (J. W.)**, Kreislaufführ. frei fließender, körn., fester Stoffe durch mehrere Behandlungszonen 8068* D. B.
— u. Milliken jr. (T. H.), Gelkatalysator 8698* A.
—, Oblad (A. G.) u. **Mills (G. A.)**, Herabsetz. d. Katalysatorabnutz. bei KW-stoff-Umwandl. 726* D. B.
— u. Shabaker (H. A.), Entfernen v. Fe aus Tonen 4426* A. — Pulverförmige Gele 6819* A.
— u. Strader (L. F.), Abtrenn. d. Katalysatorabriebs bei KW-stoff-Umwandll. 6892* A.
— u. Thayer (C. H.), Katalyt. Umwandl. v. KW-stoffen 6662* E.
—, Weinrich (W. W.) u. **Delaplaine (J. W.)**, Durchführ. chem. Rkk. im Kontakt körn., im Kreislauf geführter Stoffe mit Gasen oder Fll. 7748* D. B.
Houff (W. H.) s. Schuetz (R. D.).
Hougardy (H.) s. Deutsche Edelstahlwerke Akt.-Ges.
Hougen (F. W.), Polycycl. KW-stoffe in Wachs aus menschl. Haar 4136.
Hougen (O. A.), Chemical process principles. pt. *1*. Material and energy balances [4427].
—, Watson (K. M.) u. **Ragatz (R. A.)**, Chemical process principles [6819].
Houget (J.) s. Cahn (T.).
Hough (C. R.) s. Wold (A.).
Hough (J. M.) u. **Goldsmith (B. J.)**, Anwend. v. starkem Kontrast bei d. Photographie v. Interferenzstreifen 5609.
Hough (L.) s. Andrews (P.); Gorin (P. A. J.).
— u. Jones (J. K N.), Synth. d. 3.4-Dimethyl-D-xylose u. d. 4-Methyl-D-xylose 8387.
—, Jones (J. K. N.) u. **Richards (E. L.)**, Bräunungs-Rk. zwischen Glucose u. NH_4 3624.
Hough (W. V.), Schaeffer (G. W.), Dzurus (M.). u. **Stewart (A. C.)**, Darst., Identifizier. u. Charakterisier. v. N-Trialkylborazolen 6475.
Houghton (A. A.), Simmens (L.) u. **Mars Ltd.**, Eiaustauschmittel 11303* E.
Houghton (E.) s. Daughaday (W. H.).
Houghton (G.) u. **Winter (E. R. S.)**, Austausch-Rkk. fester Oxyde. 3. Mitt. MgO 1693.
Houghton (J. T.) u. **Brewer (A. W.)**, Neuer Strahlungsmesser 7273.
Houghton (L. E.), Walter (J. B.) u. **Jones (D. E. A.)**, Hemm. akuter Röntgenschädig. durch Cortison 9131.
Hougs (W.) u. **Andersen (E. W.)**, Wrkg. d. Atropins, d. Promethazins u. d. Chloropromazins auf lokalen Tetanus an Kaninchen 3431. — Wrkg. v. curarisierenden Drogen u. Barbituraten auf experimentellen lokalen Tetanus bei Kaninchen 11420.
Houillères du Bassin d'Aquitaine u. **Comp. des Produits Chimiques de Roche-La-Moliere**, Entgasen v. Waschwässern 2816* F.
Houillères du Bassin du Nord et du Pas-De-Calais = Établissement Public: Houillères du Bassin du Nord et du Pas-De-Calais.
Hoult (T. G.) s. Acheson (R. M.).

Houlton (H. G.) s. Colgate-Palmolive-Peet Co.
Hounie (E.) s. Mondolfo (H.).
Houran (G. A.), Entrahm. v. kalter Milch 948.
Hourd (R. F.) s. Lord (J. J.).
—, **Fleming (J. R.)** u. **Lord (J. J.)**, Fluß d. schweren Kerne d. prim. Höhenstrahlen am Äquator 2589. — Nachw. schwerer Kerne d. prim. Höhenstrahl. 4985.
Houriet (A.), Austauschphänomene auf große Entfern. 5017.
Hourigan (H. F.) u. **Robinson (J. W.)** [Birmingham], Polarograph. Best. v. Sb in Pb-Sb-Legierr. 5859.
House (H. O.), p.p'-Dinitrodibenzyl 6506. — s. Fuson (R. C.).
House (R.) s. California Research Corp.
— u. **Darragh (J. L.)**, Analyse v. synthet. anion. Netzmittelkompositionen 3031.
House (R. A.) s. Lerohl (J. K.).
Householder (R. G.), Nutbrennschneiden für d. Werkstatt 2994.
Houseman (D. H.) s. Hoar (T. P.).
Houser (A. F.) s. Socony-Vacuum Oil Co., Inc.
Houser (J. W.) s. Union Carbide & Carbon Corp.
Houseworth (J. H.) s. Gerger (W. P.).
Housewright (R. D.) s. Thorne (C. B.).
Housley (S.) s. Bentley (J. A.).
—, **Bentley (J. A.)** u. **Bickle (A. S.)**, Pflanzenwuchsstoffe. 3. Mitt. Anwend. d. Enzymreaktionskinetik auf d. Zellstreck. d. Avenakoleoptile 7473.
Houssay (B. A.) s. Rodriguez (R. R.).
—, **Rodriguez (R. R.)** u. **Cardeza (A. F.)**, Verhüt. v. experimenteller Diabetes mittels Nebennierensteroiden 1310.
Houssay (D. A.), Human physiology [7718].
Houston (E. C.), **Yates (L. D.)** u. **Haunschild (R. L.)**, Diammonphosphatdünger aus Naßverf.-Phosphorsäure 7527.
Houston (E. G.) s. Dulis (E. J.).
Houston (K. M.) s. Keefer (C. E.).
Houston (R. J.) s. California Research Corp.
Houten (H. van), Behandeln v. gedruckten Banknoten u. a. umlaufenden Papier 250* E. — Schutzschichten auf Papiergeld. Banknoten u. analogen Wertpapieren 484* F.
Houten (K. van), Verarbeit. v. Magermilch in d. Molkereien 1634.
Houtermans (F. G.) s. Begemann (F.); Brix (P.); Debeauvais (M.).
—, **Vincent (D. H.)** u. **Wagner (G.)** [Göttingen], Einbau v. S bei d. elektrolyt. Abscheid. v. Cu aus Cu-Sulfatlsg. u. Mess. d. Ionenradius bei d. Bldg. monomol. Oberflächenschichten 3804.
Houth (G. N.) s. Stein, Hall & Co., Inc.
Houtman (A. C.) s. Backer (H. J.).
Houtman (H. J.) s. N. V. Philips' Gloeilampenfabrieken.
Houtz (C. C.) s. Western Electric Co., Inc.
Houvouras (E. T.) s. Johnstone (H. F.).
Houwink (E. H.) s. Kluyver (A. J.).
Hove (E. L.), Toxizität d. o-Trikresylphosphats bei Ratten in Verbindung mit d. Caseingeh. d. Futters, Vitamin E u. Vitamin A 7961.
— u. **Copeland (D. H.)**, Progressive Muskeldystrophie bei Kaninchen als Folge eines chron. Cholinmangels 2234.
—, **Copeland (D. H.)** u. **Salmon (W. D.)**, Cholinmangel beim Kaninchen 2234.
Hove (H. vom), Dünne Filme für Röntgen- u. Ultrarotspektroskopie aus Polyamiden 4892. — s. British Nylon Spinners Ltd.; Deutsche Gold- & Silberscheideanstalt vormals Roessler.
Hove (J.) u. **Krumhansl (J. A.)**, Auswert. v. Gittersummen für kub. Kristalle 1454.
Hove (L. Van) s. Placzek (G.).
Hovestreijdt (J.), Strahlungseigg. v. Lacken u. Farbanstrichen im Infrarotgebiet 2788.
Hovi (V.), Alterung v. KCl–KBr-Mischkristallen 2847.
Hovingh (J. E.), Mechanismus d. Entfern. v. H_2S aus Gas mittels Eisenoxyden 4737.
Hovorka (F.) s. Dietrick (H.); Wolfe (W. R.); Yeager (E.).
Hovorka (Frant.), Tier. Eiweiß im Schweinefutter u. sein Ersatz durch pflanzl. Eiweiß 8992.
Hovorka (V.) u. **Diviš (L.)**, Mikrochem. Nachw. v. Hg, Cu u. Co mit Hilfe v. 2-Isatoxim 426.
Howahr (E.), Herstellen v. Blech 9659.
Howald (A. M.) s. Allied Chemical & Dye Corp.; Libbey-Owens-Ford Glass Co.
Howald (R. A.) u. **Willard (J. E.)**, Austausch-Rkk. v. $SnCl_4$ mit HCl u. organ. Chloriden 9768.
Howald (T. S.), Warum Heißwasserspeicher korrodieren 185.
Howard (Alfredo) s. Bracco (A. N.); Pinero (C. A.).
Howard (Alma) u. **Ebert (M.)**, Derzeit. Stand d. radiobiol. Forsch. 6066.
Howard (B. H.), Fermentativer Abbau v. Pentosan bei Wiederkäuern 11415.
Howard jr. (E. G.) s. Du Pont de Nemours (E. I.) & Co.
Howard (F. A.) s. Standard Oil Development Co.
Howard (F. D.) s. Yamaguchi (M.).
Howard (F. L.) s. Bartlett (F. A.) Tree Expert Co.
Howard (G. A.), Cohumulon u. sein Verh. beim Brauen 8988.
— u. **Tatchell (A. R.)**, Synth. v. DL-Cohumulon 9560. — Chemie d. Hopfenharze 9927. — Chemie d. Cohumulons 11000.
Howard (G. J.) u. **Jordan (D. O.)**, Sedimentat. u. Diffus. v. Na-Polymethacrylat u. Polymethacrylsäure 7691.
Howard (H. C.) s. Berman (N.); Entel (J.); Ruof (C. H.).
Howard (H. L.), Lösungsmittel 8975. — Celluloseester- u. -ätherlacke 8975.
Howard (H. W.) s. Borden Co.
Howard (J. C.), Induktives Schmelzen u. Erwärmen 2759. — Induktionsschmelz. u. -erhitz. 3455.
Howard (J. J.), Taconitverwert. 8950.
Howard (J. M.), Resorpt. u. Freiwerdung v. W. (Deuteriumoxyd) im Gastrointestinaltrakt nach Verletzungen 7250. — Resorpt. u. Stoffwechsel v. Glucose nach Verwundungen. Allg. Rk. auf Verwundd. 8663.
Howard (J. N.) s. Burch (D. E.).
Howard (K. L.) s. American Cyanamid Co.
Howard (L. L.), Plötzl. Änder. in d. Anordn. d. Kristallite in dünnen aufgedampften Bi-Filmen 5258.
Howard (N. J.) s. Wachs (H.).
Howard (R. A.) s. Fitzpatrick (P. M.).

Howard (R. A.), Fitzpatrick (P. M.), Hoffman (H. E.) u. **Urban (J. S.)**, Zerfall eines schweren neutralen Teilchens 3058.
Howard (R. E.) s. Monsanto Chemical Co.
Howard (R. R.) s. Hollingshead (R. M.) Corp.
Howard (W. B.), Schoch (E. P.) u. **Mayforth (F. R.)**, Dimethylformamid, ein Lösungsm. zur Gewinn. v. Acetylen 922.
Howard (W. L.) s. Stefanye (D.).
Howards of Ilford Ltd. s. Ward, Blenkinsop & Co. Ltd.
Howarth (H. C.) s. Hartmann (I.).
Howarth (P. F. W.) s. Colonial Sugar Refining Co. Ltd.
Howat (D. D.), Elektr. Stahlerzeug. 1. Mitt. S- u. H_2-Entfern. 916.
Howden (J. R.) s. Selas Corp. of America.
Howden (R. P.), Konservieren v. Heringen 6644* N.
Howe (B. K.) s. Distillers Co. Ltd.; Gerrard (W.).
Howe (E. E.) s. Merck & Co., Inc.
Howe (H. E.) u. **Smith jr. (A. A.)**, Eigg. u. Verwend. v. Tl 11459.
Howe (J. A.) s. Bendix Aviation Corp.
Howe (J. F.) s. Phillips Petroleum Co.
Howe (R. G.) u. **Davis (A. C.)** [Geneva], Bekämpf. d. Maiszünslers auf Long Island 10843.
Howell (C. L.), Gish (C. W.), Smiley (R. D.) u. **Muhler (J. C.)**, Wrkg. v. auf d. Zahnoberfläche appliziertem Zinnfluorid auf d. Entw. v. Caries bei Kindern 7723.
— u. **Muhler (J. C.)**, Wrkg. v. auf d. Oberfläche d. Zähne appliziertem Zinnchlorfluorid auf d. Entsteh. v. Zahncaries bei Kindern 7494.
Howell (G. A.), Beseitig. d. Abwässer d. Stahlerzeug. in d. Fairless-Werken 663. — Minder. d. Verschmutz. durch W.-Einspar. 1. Mitt. W.-Einspar. in Stahlwerken 11442.
Howell (H. C.) s. Barber Oil Corp.
Howell (J. H.) s. Collins (Z. L.).
Howell (K. M.), Van der Waalssche Energie v. zwei He-Atomen 5251.
Howell (L. N.) u. **Tripp (A. M.)**, Hydraul. Manipulator hoher Leist. 10819.
—, **Tripp (A. M.)** u. **Jones (D. T.)**, Auseinandernehmen v. Reaktorzirkulatt. 11329.
Howell (P. A.) s. Parham (W. E.).
—, **Curtis (R. M.)** u. **Lipscomb (W. N.)**, Kristall- u. Mol.-Struktur v. 1.4-Dithiadien 5032.
Howell (R. E.) s. United States Steel Corp.
Howell (R. P.), Potentialmessungen bei Anlagen für kathod. Schutz 452.
Howells (E. R.) s. Bragg (L.); Bunn (C. W.); Cochran (W.).
— u. **Perutz (M. F.)**, Struktur v. Hämoglobin. 5. Mitt. Imidazolmethämoglobin: eine weitere Kontrolle d. Vorzeichen 5091.
Howells (L. H.) s. Bett (W. R.).
Howerton (M. T.) s. University of Notre Dame du Lac.
Howerton (P. W.) s. Boig (F. S.).
Howes (D. A.) s. Anglo-Iranian Oil Co. Ltd.
Howes (F. N.), Vegetable tanning materials [1187].
Howieson (J. L.) u. **Roofe (P. G.)**, Einfl. d. Röntgenstrahlen auf d. Darmphosphatose d. Maus 1762.
Howitt (F. O.), Chemie d. Cellulosetextilien 7115. — s. Corfield (M. C.); Green (T.).
Howk (B. W.) s. Du Pont de Nemours (E. I.) & Co.
Howland jr. (J. J.) s. Rubinson (W.); Welker (J. P.).
Howland (L. H.) s. Dominion Rubber Co. Ltd.; United States Rubber Co.
—, **Reynolds (James A.)** u. **Brown (R. W.)**, Verdünnungsmittel d. wss. Phase bei d. Emulsionspolymerisat. v. synthet. Kautschuk 4227.
Howland (P. R.) u. **Kreger (W. E.)**, γ-Absorptionskoeffizienten für NaJ, Cu, Ta u. W 7597.
—, **Kreger (W. E.)** u. **Taylor (R. A.)**, γ-Absorptionsmessungen 7135.
Howland (S. R.) s. Brian (P. W.).
Howland (W. H.) s. Epstein (L. F.).
Howlett (J.) s. Distillers Co. Ltd.
Howlett jr. (K. S.) s. O'Connor (J. B.).
Howling (D. H.), Darnell (F. J.) u. **Mendoza (F.)**, Temperaturmess. unterhalb 1° K 6576.
Howorka (E.), Modellvers. über d. Dynamik d. Fibrins u. d. fibrinolyt. Ferments in Gewebekulturen in vitro 6775.
Howsmon jr. (W. B.) s. Brandt (W. W.).
Howson (A. V.) s. United Kingdom Chemicals Ltd.
Howson (H. O.), Erhalt. d. Blockwärme 1829. — Isolierte verlorene Köpfe für Block- u. Stahlguß 8715.
Howton (D. R.), Mead (J. F.) u. **Clark (W. G.)**, Synth. v. *dl*-Arterenol 9539.
Hoxie (H. M.) s. American Viscose Corp.
Hoyaux (M.), Theorie d. Ionenquellen mit oscillierenden Elektronen 1672.
Hoyer (D.), Braunschliff 1407.
Hoyer (H.) s. Breuers (W.).
Hoyer (H. L.), Dehydratisier. d. Camphenhydratcarbonsäure-(1) 4355.
Hoyer (N. S.) s. Gibson Electric Co.
Hoyer (W. A.), Kompressibilität v. fl. Cholesterinbenzoat bei d. Übergang isotrop–anisotrop 4554.
Hoyle (D. A.) u. **Mattingly (G. E. G.)**, Unterss. über aus Abfallstoffen bereitete Komposte. 1. Mitt. Zubereit., Stickstoffverluste u. Veränderr. im Geh. an „lösl. N" 2051.
Hoyle (F.), Kosm. Ursprung v. Strahl. bei Radiofrequenzen 4274. — Kern-Rkk. in sehr heißen Sternen. 1. Mitt. Synth. d. Elemente v. C Ni 9727.
Hoyt (F. W.) s. Kodak-Pathé.
Hoyt (L. F.) s. Flett (L.).
Hrabětová (E.) s. Koštíř (J.).
Hradec (J.) s. Raboch (J.).
Hromatka (O.), Submerse Essiggär. 1159. — Weinessigfabrik A. Enenkel.
— u. **Kirnig (I.)**, Synth. d. Mercapto-α-tocopherols 115.
— u. **Kraupp (O.)**, Triäthylendiamin (Bicyclo-[2.2.2]-1.4-diazaoctan). 3. Mitt. 1739.
— u. **Skopalik (C.)**, Triäthylendiamin (Bicyclo-[2.2.2]-1.4-diazaoctan). 4. Mitt. 1740.
Hrostowski (H. J.) s. Briggs (H. B.).
— u. **Myers (R. J.)**, Mikrowellenspektren, d. Struktur u. d. Dipolmoment v. stabilem Pentaboran 1440.

Hrostowski (H. J.) u. **Pimentel (G. C.)**, Thermodynam. Eigg. d. drei Monomethylcyclopentene u. v. neun Dimethylcyclopentenen 3340.
—, **Wheatley (G. H.)** u. **Flood jr. (W. F.)**, Anomales opt. Verh. v. InSb u. InAs 8784.
Hrubešová (M.) s. K e i l (B.); Š o r m (F.).
Hruschka (H. W.) s. H a r d i n g (P. L.).
Hrushovetz (S. B.), Wrkg. einer Infekt. mit Helminthosporium sativum auf d. Aminosäuregeh. v. Weizenwurzeln 5345.
Hruška (E.) s. K y z l i n k (V.).
Hruška (L.) s. J e r m o l j e v (E.).
Hryniewiecki (A.) s. V E B S p i n n s t o f f - w e r k O t t o B u c h w i t z.
Hrynyschyn (K.) s. S c h e r i n g A k t. - G e s.
Hryse (B.) s. D a v i s (M. E.).
Hrzek (B.) s. T e s l a.
Hsia (D. Yi-Yung) u. **Page (M.)**, Koproporphyrin bei Kindern. 1. Mitt. Koproporphyrinausscheid. im Harn v. gesunden Kindern 621; 2. Mitt. Koproporphyrin- u. Protoporphyringeh. v. Erythrocyten bei gesunden Säuglingen u. Kindern 7245.
Hsiao (C. A.) u. **Telegdi (V. L.)**, Mechanismus d. Rk. $^{16}O + h\nu \rightarrow 4\ ^{4}He$ 3550.
Hsiao (C. C.) s. S a u e r (J. A.).
— u. **Sauer (J. A.)**, Einfl. biaxialer Orientier. auf d. Grenzfestigk. u. Bruch linearer Polymeren 3155.
Hsieh (Hsi-Teh), **Goldey (J. M.)** u. **Brown (S. C.)**, Hohlraumresonanzunters. v. Halbleitern 7149.
Hsieh (H. C.), DDT-Intoxikat. in einer Familie in Süd-Formosa 10079.
Hsieh (Kuang-Mei) s. B l u m e n t h a l (H. T.).
Hsieh (Yü-Chang), Schwingungsspektr. u. spezif. Wärme v. Ge u. Si 10193. — s. B l o c h (I.).
— u. **Bloch (I.)**, Normale Koordinaten im Kernphotoeffekt 7597.
Hsu (C. G.) s. M c B e e (E. T.).
Hsu (K. J.), Opt. Eigg. u. petrolog. Bedeut. zonarer Sanidine 2855.
Hsu (N. T.) s. C a v e r s (S. D.).
Hsu (P. T.) s. S t e k o l (J. A.).
Hsu (S. S.), Beug. v. Röntgenstrahlen an einem verdrehten Kristallgitter 993. — Röntgenbeug. durch ein deformiertes Kristallgitter 3809.
Hsu (Yun-Kung) s. C a n n o n (G. W.).
Hsü (Y. T.) s. H o c h - L i g e t i (C.).
Hu (Jih-Heng) s. J o h n s t o n (H. L.); W h i t e (D a v i d).
— u. **Johnston (H. L.)**, Wärmekapazitäten anorgan. Festkörper bei tiefen Tempp. 12. Mitt. Wärmekapazität u. thermodynam. Eigg. v. Cu(I)-bromid v. *16* bis *300°* K 752; 16. Mitt. Wärmekapazität v. Cu(II)-oxyd zwischen *15* u. *300°* K 752.
Hu (N.), S-Matrix in d. Mesonentheorie 2592, 9953.
Hua (Li-Shu) = L i - S h u - H u a.
Huang (Chen-Jung) s. J o h n s o n (A. I.).
Huang (E. P.-Y.) s. P r o u t (F. S.).
Huang (Juei-lün) = H w a n g (S h u i - L u e n).
Huang (Kerson), Zitterbeweg. d. Dirac-Elektronen 271.
Huang (Kun) s. B o r n (M.).
— u. **Rhys (A.)**, Abweich. d. van der Waalsschen Wechselwrkg. v. additiven Beziehh. 3809.
Huang (Pao-Tung) s. O v e r b e r g e r (C. G.).
Huang (R. L.), Rk. v. 2-Chlorcyclohexanon mit Grignard-Reagentien u. d. Umlager. d. entstehenden Chlorhydrine 781. — Synth. v. 2.2″-Dimethoxy-o-terphenyl u. einigen verwandten Substanzen 3125.
Huang (R. L.) u. **Kum-Tatt (L.)**, Synthet. Östrogene. 2. Mitt. Synth. v. Tetraalkyldibenzylen u. substituierten Succinonitrilen durch Dimerisier. v. freien Radikalen 10254.
Huang (S. S.) s. S t r u v e (O.).
Huang (T. C.) s. S h o e m a k e r (D. P.).
—, **Marshak (R. R.)** u. **McCay (C. M.)**, Unterss. v. Nitrophenide u. a. anticocciden Mitteln bei Hunden 10312.
Huang (Tan-Ho), Serpentin-Schmelzphosphat, Äquivalentbasizität, Löslichk. u. Kalkwert 4676.
Huang (Tso-Yueh), Identifizier. v. Barbitursäurederivv. durch Röntgenanalyse. 6. Mitt. 159. — s. K o f o d (H.).
Huang (Wên-k'uei) = H w a n g (W e n - K u e i).
Huang (Wei-Yuan) s. F i e s e r (L. F.).
Huang-Minlon, **Tull (R.)** u. **Babcock (J.)**, Isomerisier. u. Verdrängungs-Rkk. in d. Cyanpregnenreihe. Synth. v. Cortison-21-methyläther 1752.
Hub (D. R.) u. **Robinson (P. L.)**, Oberflächenspannung v. Antimonpentafluorid 754.
Hubacher (M.) s. D o e r n b e r g (S.).
Hubanks (P. E.) s. E l y (R. E.).
Hubata (R.) s. K a i s e r (E.).
Hubbard (C. V.) s. B e r g e r (F. M.).
Hubbard (D.) s. S h e r m e r (H. F.).
— u. **Goldman (R. G.)**, Heterogene Gleichgewichte an d. Grenzfläche Glaselektrode-Lsg. 2839.
Hubbard (E. L.), **Ruby (L.)** u. **Stubbins (W. F.)**, Suche nach ^{13}B 7.
Hubbard (H. M.) u. **Reynolds (C. A.)**, Micellbldg. in wss. Lsgg. d. Natriumsalze v. im Ring durch Methyl substituierten Benzolsulfonsäuren 3589.
Hubbard (J. C.) s. S e t t e (D.).
Hubbard (J. K.) s. A u s p o s (L. A.).
Hubbard (L. R.) s. C o m p t o n (J.).
Hubbard II (R. A.) s. L e f f l e r (J. E.).
Hubbard (W. N.) s. M c C u l l o u g h (J. P.); S c o t t (D. W.).
Hubbell (J.) s. H a y w a r d (E.).
Hubble (D.), Glukagon u. d. Glykogenablagerungskrankh. d. Leber 3679.
Hubble (R. H.) u. **Hedgecock (L. W.)**, Antagonismus d. chemotherapeut. Aktivität v. p-Aminosalicylsäure bei experimenteller Tuberkulose u. p-Aminobenzoesäure 142.
Hubbs (J. C.) s. H o b s o n (J. P.).
Huber (A.), Grenzverlauf d. Aktivitätskoeffizienten bin. Gemische 5966.
Huber (Alfons), Chem. Formellehre leicht gemacht! Kurze Anleit. mit Beispielen in leicht verständl. Darst. zur raschen Erlern. d. Formelaufstell. für Anfänger d. Chemiestudiums, für Landwirte u. verwandte Berufe, insbes. zum Selbststudium [4746].
Huber (E. L.), Ausbreitungsgeschwindigk. v. Ionenlawinen in Luft im Falle koaxialer, zylindr. Geometrie 6686.
Huber (H.), Kartoffelbier 943.
Huber (J.) s. V e r e i n i g t e M a u t n e r M a r k h o f ' s c h e P r e ß h e f e F a b r i k e n.
Huber (Julius) s. J u n k m a n n (K.).
Huber (K.), Unters. d. Oberfläche v. Metallen mit d. Elektronenmikroskop u. mit d. Elektronenstrahlbeug. 6698.
Huber (M.) s. C l u s i u s (K.).

Huber (Michael) K. G., Lix (G.) u. Sonneborn (W.), Veredeln v. Ruß 4710* D. B.
Huber (M. L.) s. Du Pont de Nemours (E. I.) & Co.
Huber (Oskar), Neue Verff. zur Best. d. elektr. Materialkonstanten v. Fll. im Dezimeterwellenbereich 10095.
Huber (Otto) s. Strell (M.).
Huber (P.) s. Biber (C.).
— u. **Budde (R.)**, Analyse d. Streuphasen für elastische n-^{12}C-Streuung zwischen *1,9* u. *3,8* MeV 9720.
Huber (R.) u. Cruse (K.), Theorie eines Hochfrequenztitrimeters mit Frequenzanzeige 1571.
Huber (Walter) s. Kuhn (Hans).
Huber (Wolfgang) s. E. C. France Soc. à r. l.; Winthrop Chemical Co., Inc.
Huber (W. F.), Mono-α-aminoacyl- u. Mono-α-dipeptidtriglyceride 3603.
Hubert (E.) s. VEB Filmfabrik Agfa Wolfen.
— u. **Heisenberg (E.)**, Wasserabstoßendmachen v. natürl. oder künstl. Fäden u. Fasern 6654* D. [DDR].
Hubert (P.), Spektrometr. Unters. d. γ-Strahl. v. ^{198}Au 1665. — Möglichk. d. Korrektur d. bei d. β-Spektrometrie verwendeten Magnetlinsen 3793. — s. Auclair (J.-M.); Vendryes (G.).
—, **Grivet (P.) u. Seiden (J.)**, Ringkorrekt. einer magnet. Linse 3793.
Hubert-Habart (M.) s. Buu-Hoï (N. P.).
Hublet (G.), Kunststoffe, ihre Herkunft u. ihre Anwend. in d. Gießerei 5882.
Hublin (R.) s. Auxiliaire de l'Institut Français du Caoutchouc.
Hubmann (O.) s. Metallgesellschaft Akt.-Ges.
Hubmann (W.) s. Tunman (P.).
Huch (R. O.) s. Chang (C. S.).
Huchler (O.) s. Badische Anilin- & Soda-Fabrik Akt.-Ges.
Huck (G.), Reaktionswärme bei d. Zers. v. Öl 10658. — s. Bergwerksverband zur Verwertung von Schutzrechten der Kohlentechnik G. m. b. H.
Huck jr. (J. L.) s. Hoffmann-LaRoche, Inc.
Huckaba (C. E.) s. Keyes (F. G.).
Huckabee (W. E.) s. Wilkins (R. W.).
Hucke (T.) s. Röhm & Haas G. m. b. H.
Huckel (W.), Theoretical principles of organic chemistry. Vol. *1* [8644].
Huckett (H. C.), Verss. mit Ascariciden zur Bekämpf. v. Tetranychus bimaculatus (Harvey) an d. Limabohne auf Long Island 2053.
Huddleston (C. M.) s. Eggler (C.).
Hudeček (S.), Papierchromatographie v. Phenolalkoholen u. einwert. Phenolen 5383. — s. Dušek (K.).
Hudemann (H.), Chirurg. Nahtmaterial; Vorschläge zum DAB 7 5127.
Hudgins (A. P.), Vitamine P, C u. Niacin in d. Therapie d. Dysmenorrhöe 6554.
Hudgins (P. C.) s. Bloom (W. L.).
Hudis (J.) s. Friedlander (G.).
—, **Baker (E.) u. Friedlander (G.)**, Erzeug. v. ^{7}Be bei energiereichen Rkk. 2826.
—, **Wolfgang (R.), Sugarman (N.) u. Friedlander (G.)**, Rkk. v. Al mit *2,2* GeV-Protonen 11149.
Huditz (F.), Thermodynamik bin. azeotroper Gemische 4045. — s. Flaschka (H.).
Hudman (D. B.), Kunkel (H. O.) u. Hood (B. J.), Faktoren, die d. Proteinsynth. durch Mikroorganismen in vitro beeinflussen 7941.
Hudon (F.) s. Jacques (A.).
Hudson (B.), Einfl. v. 17-Oxycorticosteron (compound F) auf menschl. Eosinophile 7243.
Hudson jr. (B. E.) s. Standard Oil Development Co.
Hudson (B. J. F.) s. Lever Brothers & Unilever Ltd.; Lever Brothers & Unilever N. V.
Hudson (C. S.) s. Karabinos (J. V.); Pratt (J. W.).
Hudson (E. J.) s. Ault (R. G.).
Hudson (F.), Al-Gußlegierr. 10367.
Hudson (G. V.) s. Cromwell (N. H.).
Hudson (G. W.) s. Pearson (W. N.).
Hudson (J. C.), Schutzüberzüge für Schiffe u. mit Seewasser in Berührung kommende Einrichtungen 9203. — s. Sage (A. M.).
Hudson (J. Cramer) s. Calhoun (J. A.).
Hudson (J. H.) s. Imperial Chemical Industries Ltd.
Hudson (J. R.) s. Fitzpatrick (R. J.).
Hudson (J. R.) [Nutfield] s. Bennett (A.) [Nutfield].
Hudson (M. S.), Imprägnier. v. Holz 483* E.
Hudson (P. B.) s. Price (T. D.).
— u. **Lombardo (M. E.)**, Nachw. v. Steroiden in d. Nebenniere u. im Blut d. Nebennierenvene beim Menschen 11236.
Hudson (R. F.) s. Brown (D.).
Hudson (R. P.) s. Ambler (E.); Klerk (D. de).
— u. **McLane (C. K.)**, Dichtungs-Fl. für geschliffene Glasverbb. in fl. He II 3316. — Magnet. u. therm. Eigg. v. Chrommethylaminalaun unterhalb 1° K 10686.
Hudson (T. B.) s. Phillips Petroleum Co.
Hudson Engineering Corp, Baird (J. B.) u. Turner (N. C.), Trenn. v. KW-stoffen 7586* A.
Hudspeth (E. L.) s. Bickard (I. A.); Spearman (K. R.).
Hübener (H. J.), 11-Oxydat. in d. Leber 10055.
— u. **Amelung (D.)**, Enzymat. Umwandl. v. Steroiden. 1. Mitt. Vgl. d. Steroidumwandl. in Leber u. Nebenniere 10054; 2. Mitt. Geschlechtsunterschiede d. enzymat. Leberleistungen 10055.
— u. **Schmidt (J. G. H.)**, Verseifbark. verschied. Steroidhormonester durch Leber- u. Serumesterasen 1997.
Hübenett (F.) s. Farbwerke Hoechst Akt.-Ges., vormals Meister Lucius & Brüning.
Hüber (H.) s. Bosch (R.) G. m. b. H.
Hüber (W.) s. Badische Anilin- & Soda-Fabrik Akt.-Ges.
Huebner (C. F.) s. Ciba Pharmaceutical Products, Inc.
Huebner (D. W.) s. Imperial Chemical Industries Ltd.
Hübner (G.), Periodensyst. im Chemieunterricht. 2. Mitt. 2822.
Hübner (K. A.), Histolog. Unterss. über Kohlenhydrate in Endometrium u. Placenta 9595.
Hübner (L.) s. Grassmann (W.).
Hübner (O. H.), 5-Acylsulfanilamido-1.3.4-thiodiazole oder 5-Sulfanilamido-1.3.4-

thiodiazole 9389* Schwed. — s. Lundbeck Corp.

Hübner (W. W. G.), Ematal 3242.

Hübscher (M.), Ringschnittprobe u. D.-Mess. als Kontrollverf. in d. Glasprodukt. 2512. — Schaumglas. 1. Mitt. Eigg. u. Anwend. 8469.

Hückel (W.), Lehrbuch d. Chemie. T. *1*: Anorg. Chemie [8810], T. *2* [373]. — Vorlesungen über pharmazeut. Chemie u. Arzneimittelsynth. für Studierende u. Apotheker. Bd. *2*. Organ. Teil [3691]. — Chemie im Unterricht 4746. — Theoretical principles of organic chemistry. Vol. *1* [6769].

— u. **Sauerland (H. D.),** Alkoholyse v. Toluolsulfonsäureestern 6488.

— u. **Stelzer (G.),** Bildungsbedingg. d. stereoisomeren cis-β-Dekalole u. Dekalylamine 9759.

Hückstädt (J.), Gemüsesprühpulver 10157.

Hügel (R.) s. Rheinpreußen Akt.-Ges. für Bergbau und Chemie.

Hügi (T.) s. Huttenlocher (H.).

Hügin (W.) s. Frey (R.).

Huelin (F. E.), Anaerobe Zers. v. Ascorbinsäure 7453.

Hülsbruch (W.) s. Gußstahlwerk Witten Akt.-Ges.

Huemer (H.) s. Deutsche Gold- & Silberscheideanstalt vormals Roessler.

Hüni (A.) s. Druey (J.).

Hünig (S.) u. **Utermann (J.),** Farb-Rkk. auf ungesätt. Carbonylverbb. 1. Mitt. Azobenzolhydrazinsulfonsäure-(4) als Farbreagens 7511.

—, **Utermann (J.)** u. **Erlemann (G.),** Farb-Rkk. auf ungesätt. Carbonylverbb. 2. Mitt. p-Aminodimethylanilin als Farbreagens 8813.

Hünlich (H.-W.), Neue Glassand-Veredelungsmethoden im Ausland 2980.

Hünlich (R.), Kontinuierl. Färben in heißem Öl u. in geschmolzenem Metall 1145. — Knitterfestausrüst. v. Reyongeweben u. Mischgeweben aus Baumwolle u. Zellwolle 6885.

Huennekens (F. M.), Cyclophorasesyst. 15. Mitt. Äpfelsäureoxydase 2695. — s. Gutmann (N.).

—, **Mahler (H. R.)** u. **Nordmann (J.),** Cyclophorasesyst. 16. Mitt. Oxydat. d. Propionsäure 4851; 17. Mitt. Vork. u. Eigg. einer α-Oxysäureracemase 4851.

—, **Sanadi (D. R.), Dimant (E.)** u. **Schepartz (A. I.),** Vork. eines neuen Flavindinucleotids (FAD-X) 11223.

Hüppe (J.), Bedeut. d. 17-Ketosteroide d. neutralen Frakt. d. Urins in Physiologie u. Pathologie 854.

Hürny (T.), Möglichk. d. Wasserfluoridier. mit natürl. Flußspat (CaF_2) 8940.

Huerre (J. B. E. M. J.), Adhäsives Band zum Festlegen v. Wundverbänden 411* F.

Hüter (L.) s. Deutsche Gold- & Silberscheideanstalt vormals Roessler.

Hueter (R.) s. DEHYDAG Deutsche Hydrierwerke G. m. b. H.; Deutsche Hydrierwerke Akt.-Ges.; Deutsches Hydrierwerk Rodleben VEB.

Hueter (T. F.) s. Ballantine jr. (H. T.).

Hüttel (R.), Schneiderhan (T.), Hertwig (H.), Leuchs (A.), Reincke (V.) u. **Miller (J.),** Synth. einiger Äthylamine u. Alanine d. Pyrazol- u. 1.2.3-Triazol-Reihe 7204.

Hüttemann (P.) u. **Mintrop (R.),** Verwert. d. Hochofenschlacke in USA 2750.

„Hüttenbedarf" R. Ziegler G. m. b. H. u. **Ziegler (A.),** Behandl. v. Bentonit für Formsande u. -massen 11675* Oe.

Hüttenwerk Haspe Akt.-Ges., Vorbehandl. v. Thomas-Roheisen zwecks Herst. v. Thomas-Stahl 1137* F. — Thomas-Stahl hoher Güte 1138* F.

— u. **Kosmider (H.),** Stahl mit bestimmtem niedr. Stickstoffgeh. 4690* E. — Hochwert. Thomasstahl 11283* E. — Entschwefeln v. Roheisen mit bekannten Entschwefelungsmitteln 11676* D. B.

Hüttenwerk Hörde Akt.-Ges., Blöcke aus unberuhigtem Stahl 2996* F. — Verwert. d. Abgase v. Winderhitzern 3938* F. — s. Dortmund-Hörder Hüttenunion Akt.-Ges.

Hüttenwerk Oberhausen Akt.-Ges., Stickstoffarmer Siemens-Martin-Stahl 1137* E, 1831* E.

Hüttenwerk Rheinhausen Akt.-Ges., S-armes Roheisen 681* Schwz. — Stahldraht mit hoher Elastizitätsgrenze 8722* Dän. — Herst. v. schwefelarmem Roheisen 10616* Schwz.

—, **Jänicke (Walter), Reif (O.)** u. **Knudson (H. H. v.),** Härten v. Schienenköpfen 6613* D. B., F.

Hüttenwerk Ruhrort-Meiderich Akt.-Ges., Ferromangan im Hochofen 1602* E. — Entfernen v. V, Mn u. a. Elementen aus Roheisen 7542* F.

Hüttenwerke-Ilsede-Peine Akt.-Ges. s. Thyssen (A.)-Hütte Akt.-Ges.

Hüttenwerke Phoenix Akt.-Ges. s. Thyssen (A.)-Hütte Akt.-Ges.

—, **Ischebeck (P.), Möller (Alfred), Lückerath (W.), Willems (J.)** u. **Ziegler (Günther),** Ferromangan 6380* D. B.

Hütter (L.), Betrieb u. neuere Haltbarkeitsergebnisse bas. zugestellter Siemens-Martin-Öfen 1596. — Entw.-Linie d. Anwend. v. Magnesiterzeugnissen in Siemens-Martin-Öfen 1596. — Lauffähigk. v. Gußeisen u. ihre Prüf. 7069. — Lunkerbldg. bei Grauguß 9655.

Hüttig (E.), Kühnhanss (G.) u. **Saager (J.),** Neue Wege zur physikal.-chem. Unters. d. TTH-Abstreifers 10417.

Hüttig (G. F.), Reaktionstypus A starr + B gasförm. $\rightleftarrows$ AB starr. 1. u. 2. Mitt. 39. — Unklass. Chemie 1893.

—, **Theimer (O.)** u. **Mehlo (W.),** Adsorpt. 3. Mitt. Isothermen d. Syst. $BaSO_4/H_2O$ u. deren Auswert. 7622.

Hüttig (W.) u. **Ginsberg (Hans),** Kristallmorpholog. Beobachtt. bei d. Entwässer. v. Al_2O_3-Trihydrat 11353.

Huff (H.) s. Brady (A. P.).

Huff (R. L.) s. Contopoulos (A. N.).

Huff (W. J.) s. Gee (E. A.).

Huffer (J.) s. Baker (R.).

Huffines (T. R.) s. Burr (A. H.).

Huffman (C. F.) s. Ellsworth (S. A.); Lassiter (C. A.).

—, **Dexter (S. T.)** u. **Duncan (C. W.),** Noch nicht identifizierte Futterfaktoren bei d. Ernähr. v. Milchkühen. 3. Mitt. Nährwert v. unreifem Alfalfa oder Timotheeheu für d. Milchprodukt. 1313.

— u. **Duncan (C. W.),** Noch nicht identifizierte Futterfaktoren bei d. Ernähr. v. Milch-

kühen. 1. Mitt. Verdaulichk. v. Erdnußhülsen u. ihre Anwend. in „Ballast"versuchen mit Milch gebenden Kühen, d. kein Heu erhielten 1313.

Huffman (C. F.), Duncan (C. W.) u. **Change (C. M.),** Noch nicht identifizierte Futterfaktoren bei d. Ernähr. v. Milchkühen. 2. Mitt. Weiterer Beweis für noch nicht identifizierte Wachstumsfaktoren in Getreide, d. zum Ausgleich v. Rauhfutter für d. Milchprodukt. notwendig sind 1313.

—, Duncan (C. W.), Dexter (S. T.) u. **Chance (C. M.),** Futterwert v. als Heu oder Silage konserviertem Rotklee mit Bezug auf d. Milchleist. 7572.

Huffman (E. H.), Iddings (G. M.), Osborne (R. N.) u. **Shalimoff (G. V.),** Extrakt. v. Zr u. Hf mit verschied. fluorierten β-Diketonen 11176.

Huffman (E. O.), Tarbutton (G.), Elmore (K. L.), Cate (W. E.), Walters jr. (H. K.) u. **Elmore (G. V.),** Synth. v. Phosphornitriden 4780.

Huffman (H. M.) s. Gross (Margaret E.).

Huffman (J. R.), Materialprüfreaktor 7368.

Huffman (M. N.) s. Searle (G. D.) & Co.

Huffmann (H.), Mineralog. Unterss. an fünf Bodenprofilen über Basalt, Muschelkalk u. Buntsandstein 8811.

Huffstutler (M. C.), Rode (J. A.) u. **Anderson (Robbin C.),** Einfl. v. Verdünnungsmitteln auf d. Verbrennungsgeschwindigkeiten in H_2–Br-Gemischen 4768.

Hufnagel (C. A.) s. Barberio (J. R.).

Hug (O.) s. Pauly (H.).

Hugel (F.) s. Zeller & Gmelin.

Hugel (G.) s. Lefort (D.); Jenny (R.).

—, Lerer (M.) u. **Fabre (C.),** Charakterisier. v. polychlorierten Alkylbenzolen durch Bromier., Synth. v. Bromchlorbenzolen 3118.

Hugenholtz (N. M.), Variationsprinzip in d. Quantenmechanik 9241.

Huggart (R. L.), Harman (D. A.) u. **Moore (E. L.),** Ascorbinsäureretent. in gefrorenen konz. Citrussäften 1400.

Huggett (R. W.) s. Thompson (R. W.).

Huggill (H. P. W.) s. Imperial Chemical Industries Ltd.

Huggins (F. E.), Aufgaben d. Behandl. d. Umlaufwassers für Kühltürme 5867.

Huggins (M. L.), Wissenschaftl. Werk v. L. Pauling 3297. — Latentes photograph. Bild. 3. Mitt. Ausmaß d. Veränderr. im Silberbromid nach d. Belicht. 4740. — Struktur v. Kollagen 8643.

— u. Stevels (J. M.), Vgl. zweier Gleichungen zur Berechn. d. D. v. Gläsern aus ihrer Zus. 6107.

Huggins (R.) s. Moyer (J. H.).

Huggins (R. A.) s. Seibert (R. A.).

Huggins (R. E.) s. Servicised Products Corp.

Huggler (N. A.) s. Standard Oil Co.

Hughes (A. C.) s. Gallagher (K. M.).

Hughes (B. P.) s. Holt (P. F.).

Hughes (D. E. F.) u. **Hinshelwood (C.),** Resistenz v. Bacterium lactis aerogenes (Aerobacter aerogenes) gegenüber 8-Oxychinolin 10058.

Hughes (D. J.), Internationale Neutronenquelleneichungen 6451. — Statist. Faktoren bei Strahlungsbreiten v. Kernenergieniveaus 7138. — s. Carter (R. S.); Levin (J. S.); Palevsky (H.); Seidl (F. G. P.); Teem (J. M.).

Hughes (D. J.), Kato (W. Y.) u. **Levin (J. S.),** Energieniveaus in Th 8541.

— u. Palevsky (H.), Bldg. d. langleb. ^{210}Bi-Isomers 6208.

Hughes (D. L.) s. Aynsley (L. H.).

Hughes (E. C.) s. Standard Oil Co.

Hughes (E. D.), Alkal. Spalt. v. β-Aroyloxyäthyldimethylsulfoniumjodiden 3110. — s. Benfey (O. T.); Bird (M. L.); Bunton (C. A.); Hawdon (A. R.); Hibbin (B. C.).

— u. Ingold (C. K.), Aromat. Umlagerungen 4558.

Hughes (E. W.) s. Yakel jr. (H. L.).

Hughes (F. A.) & Co. Ltd. u. **Simcox (H. J.),** Anode für d. kathod. Schutz v. Metallen 4208* A.

—, Waite (W. G.) u. **Higgins (W. F.),** Metallanode 4208* Schwed.

Hughes (Harry) s. Imperial Chemical Industries Ltd.

Hughes (Hilda) s. Bateman (L.).

Hughes (H. B.) s. Schmidt (L. H.).

—, Biehl (J. P.), Jones (A. P.) u. **Schmidt (L. H.),** Abbau d. Isonicotinsäurehydrazids beim Menschen im Hinblick auf d. Beziehh. zum Auftreten einer peripheren Neuritis 2244.

Hughes (H. J.) u. **Philpott (N. W.),** Bewert. v. Nisentil als Analgeticum während d. Wehentätigk. 7028.

Hughes (H. P.) s. British Electro Metallurgical Co. Ltd.

Hughes (I. S.) u. **Grant (P. J.),** Polarisat. d. *10,4* MeV-γ-Strahls bei d. Rk. $^{27}Al(p, \gamma)^{28}Si$ 9724.

Hughes (J.), Coppridge (W. M.) u. **Roberts (L. C.),** Thiosulfil 9379.

Hughes (J. E.), Ti- u. Zr-Plattier. 4446.

Hughes (J. V.) u. **Armstrong (H. L.),** Dk. trokkener Luft 983.

Hughes (L. C.) u. **Fowler (H. D.),** Bezieh. zwischen Krankheitsresistenz u. d. Glucosegeh. d. Blätter 3655.

Hughes (M. L.) u. **Humphreys (R.),** Gewinn. v. Zn aus Galvanisierungsabfällen 3477.

Hughes (R. B.) s. Davies (C. W.).

Hughes (R. C.), Herst. v. Pb höchster Reinh. 1696. — Spektrochem. Analyse v. Pb hoher Reinh. 6351.

Hughes (R. E.), Verwend. v. Homocystein bei d. Best. d. Dehydroascorbinsäure 2471. — s. Geller (S.); Harris (L. J.).

Hughes (Randolph H.) s. Cannon (P. R.).

Hughes (Raymond H.), Isotopenverschieb. im Li I-Spektr. 2129.

Hughes (S.), Cu-Raffinationsanlage in Utah mit neuen Verbesserr. 1828.

Hughes (S. R. C.) s. Dippy (J. F. J.).

Hughes (V.) u. **Weinreich (G.),** Wrkg. d. Kernstruktur auf d. Hyperfeinstruktur v. ^{3}He 4751.

Hughes (V. L.) u. **Martell (A. E.),** Spektrophotometr. Best. d. Stabilitäten v. Äthylendiamintetraacetatchelaten 8584.

Hughes (V. W.) s. Marder (S.); Weinreich (G.).

Hughes (W.) u. **Smith (H.),** Schnelle quantitative Röntgenanalyse v. Kristallpulvern, bes. v. Titandioxydpigmenten 1917.

Hughes (Warren) s. Moyer (J. H.).

—, Dennis (E.), McConn (R.), Ford (R. V.) u. **Moyer (J. H.),** Reserpin (Serpasil) in d. Behandl. d. Hypertens. 404.

Hughes (William), Phenylbutazon 6073. — Entw. d. Veredelungsverf. v. künstl., synthet. u. natürl. Fasern 8739.
Hughes (W. B.) s. Cities Service Oil Co.; Cities Service Research & Development Co.
— u. **Kleene (R. D.),** Rk. v. Methylal mit einigen Säureanhydriden 1249.
Hughes jr. (W. L.) u. **Straessle (R.),** Plasmaproteine. 81. Mitt. Darst. u. Eigg. v. Serum- u. Plasmaproteinen; 24. Mitt. Jodier. v. menschl. Serumalbumin 6768.
Hughes (W. M.) s. Rogers (S. F.).
Hughey (G. B.) s. Merck & Co., Inc.
Hugi-Carmes (L.) s. Feitknecht (W.).
Huglin (P.) s. Sick (E.).
Hugo (T. J.) s. Naudé (S. M.).
Hugo (W. B.), Herst. zellfreier Enzyme aus Mikroorganismen 7935.
Hugon (J.) s. Delannoy (A.).
Hugot (D.), Causeret (J.) u. **Flanzy (M.),** Wrkg. d. A. auf d. intestinalen u. renalen Verlust an N bei N-Unterversorg. 3188.
Huguenard (P.) s. Brodowsky (R.).
Huguenin (E. L.), Vers. zur Elektronenmikroskopie mit Photoemiss. 4291.
Huguenin (J.-C.) s. Ritter (O.).
Huguenin (N. L.), Wandverputzmasse 5874* Schwz.
Huguenin (P. A.), Mittel zum Unschädlichmachen der d. Fadenziehen d. Brotes („pain filant“) verursachenden Keime 1165* F.
Hugues (P.), Denoy (I.) u. **Ferret (M.),** Entw. d. Flora u. Ernteänderr. unter d. Einfl. verschied. Mineraldünger 671.
Hugues (W.), Drucken mit Azofarbstoffen auf d. Faser in Ggw. entfärbbarer Sichtkontrollfarben 459.
Hugus jr. (Z. Z.) s. Hepler (L. G.).
Huhn (A.) s. Leupold (E.).
Huhn (J.), Bedeut. d. Hyaluronidase bei d. Befrucht. 3165.
Huhn (W.), Gedanken zu einem neuen Arzneibuch 7495. — DAB 7. 4. Mitt. Tinkturen u. Fluidextrakte im neuen Arzneibuch 7495; 5. Mitt. Pflanzl. u. tier. Drogen 7495.
Huhtanen (C. N.), Saunders (R. K.) u. **Gall (L. S.),** Rohfaserverdauung unter Verwend. eines künstl. Miniaturpansens 3185.
Hui (W. H.) s. Arthur (H. R.).
Huibregtse (E. J.) s. Hunter (L. P.).
Huis in't Veld (L. G.), Ausscheid. v. 17-Ketosteroiden im Verlauf d. Schwangerschaft 2933. — s. Kooij (R.); Lampe-Hintzen (D. A. V. M.).
Huisgen (R.) u. **Jakob (F.),** Additions-Rkk. d. NN-Doppelbind. 2. Mitt. Chemismus weiterer Rkk. d. Azodicarbonesters 5279.
—, **Jakob (F.), Siegel (W.)** u. **Cadus (A.),** Additions-Rkk. d. NN-Doppelbind. 1. Mitt. Anlager. d. aromat. Seitenkette an Azodicarbonester 5277.
— u. **Koch (Hans-Joachim),** Kupplung aromat. mit aliphat. Diazoverbb. 6948.
— u. **Nakaten (H.),** Radikalzerfall d. Phenylazotriphenylmethans 5516.
Huisman (T. H. J.), Aminosäureausscheid. u. Vitaminmangel 6065. — s. Hogen (T. Van); Jonxis (J. H. P.); Schaaf (P. C. van der).
— u. **Schaaf (P. C. van der),** Neue quantitative, chromatograph. Best. d. verschied. Aminosäuren in Eiweißhydrolysaten nach d. Grundzügen d. Gradienten-Elutions-Analyse 11647.
Huizenga (J. R.), Systematik d. spontanen Spalt. 6449. — s. Andre (C. G.); Diamond (Herbert); Fields (P. R.); Friedman (A. M.); Stevens (C. M.); Studier (M. H.).
—, **Gindler (J. E.)** u. **Duffield (R. B.),** Relative Photospaltausbeuten mehrerer spaltbarer Substanzen 11153.
Huizenga (K. A.) s. Loftus (L. R.).
Huizinga (T.) u. **Maring (M. J.),** Invertzuckerlsgg. für parenterale Verabreich. 6802.
Hukki (R. T.) u. **Runolinna (U.),** Abtrenn. wertvoller Metalle aus Anodenschlamm durch Flotat. 7766.
— u. **Vartiainen (O.),** Aufbereitende Wrkgg. v. Fettsäuren in Tallöl auf oxyd. Mineralien, bes. auf Ilmenit 2759.
Hulbert (C. C.) u. **Rippetoe jr. (J. A.),** Erniedrig. d. Korrosionskosten durch Anwend. organ. Inhibitoren. Verringer. d. Unkosten bei Überhitzern u. a. Kolonnenkopf 7815.
Hulburt (E. O.) s. Bennett (W. H.).
Hulburt (H. M.) s. Flynn (J. H.); Holleran (E. M.).
Huldt (L.), Best. d. Anregungsenergien v. Atomen mit Photomultiplier u. Oscillograph 8687.
— u. **Lagerqvist (A.),** Dissoziationsenergie d. gasförm. Nickeloxydes NiO 2598. — Dissoziationsenergien d. Erdalkalioxyde 10437.
Huleatt (W. P.) s. Barnett (P. R.).
Hulet (E. K.), Thompson (S. G.) u. **Ghiorso (A.),** Isotope v. Cm, Bk Cf 9249.
Hull (D.), Kennzeichen d. Martensitumwandl. 7626.
Hull (D. C.) s. Canadian Kodak Co. Ltd.; Eastman Kodak Co.
Hull (D. E.) s. Gester jr. (G. C.).
Hull (F. C.) s. Eichelmann jr. (G. H.).
Hull (G. W.) s. Burton (J. A.); Geballe (T. H.).
— u. **Geballe (T. H.),** Therm. Leitfähigk. v. einkristallinem Si 5488.
Hull (J. H.) s. Hull (W. Q.).
Hull jr. (M. H.) s. Biedenharn (L. C.); Breit (G.); Daitch (P. B.).
— u. **Saperstein (A. M.),** Formel für d. Polarisat. bei p-p-Streuung für P- u. F-Wellen 9950.
Hull (W. G.), Schneiden v. Nichteisenmetallen im Lichtbogen unter Schutzgas 1599.
Hull (W. Q.), Hass (P.) u. **Franklin (P.),** Moderne Portlandzementerzeug. 11070.
—, **Smith (B. C.), Hull (J. H.)** u. **Holzer (W. F.),** Herst. v. Sulfitzellstoff auf Basis NH_3 4488.
Hulleman (H.), Rolle d. Radikale bei d. oxydativen Trockn. 2083.
Hulley (F.) s. Marriott (R. H.).
Hulliger (F.) s. Busch (G.).
Hullin (R. P.) s. Dawson (J.).
Hulm (J. K.), Supraleitfähigk. v. reinem metall. Re 7615. — s. Hardy (G. F.).
Hulme (A. C.), Isolier. v. L-Citramalsäure aus d. Apfelschale 616. — Oxydat. v. Citramalsäure u. β-Oxyglutarsäure zu Acetessigsäure u. d. Bedeut. d. Citramalsäure im Pflanzenstoffwechsel 617. — N-Stoffwechsel in Äpfeln. Klimakter. Respirationsanstieg in Bezieh. zu d. Veränderr. d. Gleichgew. Proteinsynth.-Proteinabbau 6781. — Atmungsgeschwindigk. u. Proteingeh. d. Apfels. 2. Mitt. Verhältniswert unmittelbar

nach d. Pflücken u. während d. Atmungsklimaxstadiums für verschied. Apfelsorten 11024. — s. Bradfield (A. E.).
Hulme (A. C.) u. **Arthington (W.)**, Methylprolin in jungen Apfelfrüchten 5578.
Hulme (A. R.) s. Streiff (A. J.).
Hulot (G.) s. Soc. d'Études Chimiques pour l'Industrie & l'Agriculture.
Hulpieu (H. R.), **Clark (W. C.)** u. **Onyett (H. P.)**, Wrkg. v. durch Oxythiamin, Neopyrithiamin u. Diät hervorgerufenem Thiaminmangel auf d. Alkoholstoffwechsel 4144.
Huls (R.) s. Baudrenghien (J.).
— u. **Bricteux (J.)**, Darst. v. 4-n-Dodecylbenzaldehyd 10726.
Hulse (G. E.) s. Breslow (D. S.).
Hulse (R. E.) s. National Distillers Products Corp.
Hultberg (S.) s. Bergkvist (K. E.); Hedgran (A.).
Hultgren (A.), **Lindblom (Y.)** u. **Rudberg (E.)**, Eutekt. Kristallisat. in grauem, weißem u. halbiertem uneutekt. Gußeisen 11456.
—, **Nordin (K. O.)** u. **Rinman (B.)**, Primärstruktur u. Stahlqualität 10848.
— u. **Östberg (G.)**, Gefügeänderr. beim Glühen v. weißem Gußeisen mit hohem S : Mn-Verhältnis. Bldg. v. sphärolit. u. nichtsphärolith. Graphit u. Änderr. d. Sulfideinschlüsse 11456.
Hultgren (R.) u. **Chang (J. C.)**, Einfl. d. chem. Zus. auf d. Empfindlichk. v. Stählen zur Anlaßsprödigk. 8715.
Hultin (E.) s. Holmbergh (O.).
— u. **Nordström (L.)**, Depolymerisier. v. Dextran in nichtwss. Lsgg. 5561. — Glykoside aus Dextran 9628* D. B.
Hultin (M.) u. **Lagerqvist (A.)**, Infrarotes Bandensyst. v. Calciumoxyd 7609.
Hultin (T.), **Lindvall (S.)** u. **Gustafsson (K.)**, Vork. v. Picolinsäurebetain in Seeigelembryos 7240.
Hultquist (M. E.) s. American Cyanamid Co.
Hultzsch (K.) s. Chemische Werke Albert.
Hum (J. K. Y.) u. **Grant (N. J.)**, Austenitstabilität u. Kriech–Zerreiß-Eigg. v. austenit. nichtrostenden Stählen mit *18 %* Cr u. *8 %* Ni 7540.
Human (J. P. E.) u. **Speakman (J. B.)**, Kräusel. u. Heterogenität v. Keratinfasern 252.
Humber (L. G.) s. Ayer (W. A.).
— u. **Taylor (W. I.)**, Erythrophleumalkaloide. Cassainsäure 9098.
Humbert (R.), Elektrophoret. Serumunterss. bei d. Behandl. d. kindl. Tuberkulose mit hohen Isoniaziddosen 9133.
Hume (D. N.) s. Bukhsh (M. N.); Cave (G. C. B.); Goddu (R. F.); Lauw-Zecha (A. B. H.); Purdy (W. C.).
Hume-Rothery (W.), Electrons, atoms, metals and alloys [7825]. — Haworth (J. B.); Hellawell (A.); Pearson (W. B.).
— u. **Poole (D. M.)**, Best. d. Liquiduspunkte v. Ti-reichen Legierr. 5259.
Humenik jr. (M.) u. **Kingery (W. D.)**, Metallkeram. Wechselwrkgg. 3. Mitt. Oberflächenspann. u. Netzvermögen metallkeram. Systeme 2750.
Humfeld (H.) s. United States of America.
Humko Co. u. **Jenness (L. G.)**, Trennen v. Fettsäuregemischen 954* E.
Humm (H. J.) s. Faulkner (M. B.).
Hummel (A.), Schwinden zementgebundener MM., seine Mess. u. seine Auswrkgg. 2982. — Technologie d. hochfesten Betons 3463.
Hummel (Georg) s. Badische Anilin- & Soda-Fabrik Akt.-Ges.; I. G. Farbenindustrie Akt.-Ges.
Hummel (Gerhard) s. Licentia Patent-Verwaltungs-G. m. b. H.
Hummel (J. P.) s. Clappison (J. W.).
Hummel (L. E.) s. Lacher (J. R.).
Hummel (K.), Hochwert. Droge als naturwissenschaftl. Aufgabe: Wie entstehen Flores Chamomillae bester Qualität? 8915. — Sprühdesinfekt. in d. heut. Desinfektionspraxis 10082.
Hummel (O.) s. Zellstoff-Fabrik Waldhof.
Hummel (O. H.) s. Goetzewerke F. Goetze Akt.-Ges.
Hummel (R. W.) s. Cormack (D. V.).
—, **Cleave (A. B. van)** u. **Spinks (J. W. T.)**, Bestrahl. v. Chlf.–W.-Systemen mit ^{60}Co-γ-Strahlen u. Betatronröntgenstrahlen 6491.
Hummell (J. D.) s. Wiebe (R.).
Hummelt (K.), Medikamentöse Behandl. akuter arterieller Durchblutungsstörungen d. Netzhaut 8438.
Hummer (R. W.) s. Dow Chemical Co.
Hummitzsch (W.), Wrkg. d. N_2 in Lichtbogenschweißen 8254.
Humoller (F. L.) u. **Zimmerman (H. J.)**, Betainaldehydoxydase-Aktivität v. Rattenlebern beeinflussenden Faktoren 1993.
Humphlett (W. J.) s. Eastman Kodak Co.
Humphrey (B. J.) s. Connecticut Hard Rubber Co.; Firestone Tire & Rubber Co.
Humphrey (F. B.) s. Richter jr. (H. L.); Waugh (J. S.).
Humphrey (G. F.) s. Smellie (R. M. S.).
Humphrey (J. H.) s. Askonas (B. A.).
— u. **Lightbown (J. W.)**, Internationales Standardpräp. für Penicillin K 2702.
—, **Lightbown (J. W.)**, **Mussett (M. V.)** u. **Perry (W. L. M.)**, Internationaler Standard für Dihydrostreptomycin 2702.
— u. **McFarlane (A. S.)**, Geschwindigk. d. Ausscheid. homologer Globuline (einschließl. Antikörper) aus d. Zirkulat. 145. — Einbau v. ^{14}C-Aminosäuren in Antikörper u. a. Serumglobuline in vivo 10059.
Humphrey (N. B.) s. Robertson (W. W.).
Humphreys (A.) s. Unilever Ltd.
Humphreys (G. C.) s. Orr (R. S.).
Humphreys (G. H. W.), Pflanzl. Nachgerb. v. Chromledern 1187; Teste zeigen Gründe u. Methoden zum Nachgerben v. Chromleder 2582.
Humphreys (R.) s. Hughes (M. L.).
Humphreys (R. L.) s. California Research Corp.
Humphreys (S. R.) s. Goldin (A.); Kaplan (N. O.).
Humphreys & Glasgow Ltd. u. **Holmes (W. C.) & Co. Ltd.**, Entfern. v. Eisenoxyd- bzw. Reinigungsmasseteilchen am Boden eines Behälters, z. B. für d. Reinig. d. Leuchtgases oder dgl. v. H_2S 260* Schwz. — Entfern. v. H_2S aus Gasen 1883* Dän.
— u. **Phillipps (J. H.)**, Kontinuierl. Entfern. v. H_2S aus Gasen 6660*A.

Humphreys & Glasgow Ltd. u. **Williams (N.)**, Gaserzeug. aus Teer, KW-stoff-Ölen oder -Gasen 4246* E. — Synthesegasherst. aus Ölen, Teeren u. gasförm. KW-stoffen 4496* E. — Carburiertes Wassergas 8768* A.

Humphries (E. C.), Veränderr. d. absol. Geh. an Trockenmasse v. Kakao während d. Fermentier. 10878.

Hund (F.) u. **Mezger (R.)**, Fluoritphase im Syst. ThO_2–Y_2O_3. Fehlordn., elektrolyt. Leitfähigk. u. unregelmäßige Gitterstörung 8327.

Hundert (M. B.), Maleinisier. mit Maleinsäureanhydrid u. Fumarsäure 10145.

Hundeshagen (H.) s. Eggstein (M.).

Hundley (J. M.), Achromotrychie durch Cu-Mangel 11238.

Hundt (W.) s. Deutsche Gold- & Silberscheideanstalt vormals Roessler; Winnacker (K.).

Hundt & Weber G. m. b. H., Entölen u. Trocknen v. unter Druck stehenden Gasen, Dämpfen oder Luft 893* F.

Hung (Le van) s. Rathery (M.).

Hung (C. S.) u. **Gliessman (J. R.)**, Spezif. Widerstand u. Hall-Effekt v. Ge bei tiefen Tempp. 8790.

—, **Hunt (B.)** u. **Winkel (P.)**, Transporterscheinn. v. fl. He II in engen Schlitzen 11514.

Hungate (R. E.) s. Carroll (E. J.).

Hunger (A.) s. Rheiner (A.); Rittel (W.); Woodward (R. B.).

— u. **Reichstein (T.)**, Glykoside u. Aglykone. 91. Mitt. Frugosid, ein zweites krist. Glykosid aus d. Samen v. Gomphocarpus fructicosus (L.) 7907; 98. Mitt. Konst. v. Gofrusid u. Frugosid 7910.

Hunger (H.) u. **Schorr (R.)**, Schnellmeth. zur Feststell. d. Harnstoffspalt. 7012.

Hunger (J. P.) s. Hagen (T.).

Hungerford (G. F.), **Reinhardt (W. O.)** u. **Li (Choh Hao)**, Mangelnder Zusammenhang zwischen d. Wrkg. verschied. adrenocorticotroper Präpp. auf d. Eosinopenie u. d. Ascorbinsäureausscheid. durch d. Nebenniere 1543.

Hungerford (G. P.) s. American Machine & Foundry Co.

Hungerland (H.), **Quenzlein (I.)** u. **Weber (H.)**, Verh. d. Na- u. K-Konz. d. Speichels im Säuglings- u. Kindesalter 8420.

Hunn (J. H.) s. Sherwin-Williams Co.

Hunnikin (C.) s. A. P. V. Co. Ltd.

Hunsberger (I. M.) s. Fugger (J.).

—, **Osuch (C.)**, **Fetter (N.)** u. **Taussig (P.)**, Nitrier. v. Benzhydrol u. Diphenylbrommethan 10732.

Hunsicker (H. Y.) s. Aluminum Co. of America.

Hunsmann (W.), Erweiter. d. Gasanalyse im Orsat-App. 5858.

Hunt (A. H.) Ltd., Metallisierte dielektr. Platten für Wickelkondensatoren 7751* Dän.

Hunt (B.) s. Hung (C. S.).

Hunt (C. H.), **Bentley (O. G.)**, **Hershberger (T. V.)** u. **Cline (J. H.)**, Wrkg. v. Kohlenhydraten u. S auf d. Synth. d. B-Vitamine u. Harnstoffausnutz. durch Pansenmikroorganismen in vitro 1536.

Hunt (D. J.) s. Charles (G. W.).

Hunt (E. C.) s. Slinger (S. J.).

Hunt jr. (G. R.) s. Gots (J. S.).

Hunt (H.) s. Weck (H. I.).

Hunt jr. (H. R.) s. West (Robert).

Hunt (J. A.) s. Lyons (R. E.).

Hunt (L. B.), Industrielle Verwendd. v. Ag u. d. Pt-Metallen. Edelmetallindustrie 11085.

Hunt (M. L.) s. Lucia (S. P.).

Hunt (R. D.) u. **Foldes (F. F.)**, Lävo-Dromorantartrat (Levorphantartrat) zur Bekämpf. postoperativer Schmerzen 6331.

Hunt (R. H.), **Chinn (L. J.)** u. **Johnson (W. S.)**, β.β-Pentamethylenglycidsäureäthylester 6505.

Hunt (R. W. G.), Visuelles, d. C.I.E.-Reize X, Y, Z verwendendes Dreireiz-Photometer 9155.

Hunt (S. E.) u. **Jones (W. M.)**, Absolutbest. v. Resonanzenergien für d. Strahlungseinfang v. Protonen durch B, C, F, Mg u. Al im Energiebereich unterhalb 500 keV 8304.

—, **Jones (W. M.)** u. **Churchill (J. L. W.)**, Mess. d. Endpunktsenergie d. Positronen aus ^{25}Al 9724.

Hunt (W. A.), **Kline (R. M.)** u. **Zaffarano (D. J.)**, β-Endpunktenergien u. Halbwertszeiten für einige Spiegelübergänge 2125.

Hunter (A. S.) s. Larson (W. E.).

Hunter (B. A.) s. United States Rubber Co.

—, **Barnhart (R. R.)** u. **Provost (R. L.)**, Nichtverfärbende Stabilisatoren für GR–S 4228.

Hunter (C. S.) s. Kodak-Pathé.

Hunter (Daniel), **Lloyd (D.)**, **Marshall (D.)**, **Price (Diana)** u. **Rowe (Frederick)**, Dehydrier. v. 3.4-Cycloheptanopyrazolon-(5) 9329.

Hunter (Donald), Cd-Vergift. 10803.

Hunter (D. N.), Neue Schaumkunststoffe 465.

Hunter (E. A.) s. Standard Oil Development Co.

Hunter (G.), Best. v. Isonicotinsäurehydrazid in Blutserum u. Liquor 9162.

— u. **Goldspink (A. A.)**, Mikrobest. v. Bromid in Ggw. v. Chlorid 9865.

Hunter (G. J. E.), Säurebldg. in Kulturen v. Mycobacterium butyricum 1300. — Oxydat. v. Glycerin durch Mycobakterien 6051.

Hunter III (G. W.) s. Therrien (A. A.).

Hunter (J. A.) s. Miller (C. C.).

Hunter (J. E.) s. Bohman (V. R.).

Hunter (J. G.) s. Crooke (W. M.).

Hunter (J. H.) s. Upjohn Co.

Hunter (K. J.) s. Davies (A. G.).

Hunter (L. P.), Graph. Darst. d. Halbleiter-Hall-Effektes 6919.

—, **Huibregtse (E. J.)** u. **Anderson (R. L.)**, Ladungsträgerlebensdauern auf Grund v. Hall-Koeff.- u. Widerstandsmessungen 2603.

Hunter (L. R.) s. Ronk (S. O.).

— u. **Ronk (S. O.)**, Dauerwellenmittel 6639* Dän.

Hunter (M. J.) s. Dow Corning Corp.

Hunter (M. S.) s. Keller (F.).

— u. **Fowle (P.)**, Best. d. Dicke v. Sperrschichten bei anod. Oxydüberzügen 4766.

— u. **Robinson (D. L.)**, Feststell. v. Unterkornstruktur v. Al 8802.

Hunter (M. V.) s. California Research Corp.

Hunter (R. A.) u. **Greenberg (H. P.)**, Durch Barbituratsucht vorgetäuschter spontaner Hyperinsulinismus 5363.

Hunter (R. B.) u. **Shepherd (D. M.)**, Chemie d. Cumarinantikoagulantien 7950.

Hunter (R. H.) s. Atlas Powder Co.

Hunter (R. M.) s. Dow Chemical Co.

Hunter (S. F.), Einfl. v. ACTH-Gabe auf gewisse Enzymsysteme in Rattenleber 7242.

Hunter (T. G.) s. Souter (P.).
Hunter (W.) s. Dreyfus (C.).
Hunter jr. (W. F.) s. Eastman Kodak Co.
Hunter (W. H.) s. Ministry of Supply.
Huntington (C. W.) s. Kosak (A. I.).
Huntington (H. B.), Beweglichk. v. Zwischengitteratomen in einem flächenzentrierten Metall 534. — Fehlstellen durch Strahlungsschädig. 1688.
Huntoon (R. D.), Weiss (Albert) u. **Smith (W.)**, Elektron. Streifeninterpolator für ein opt. Interferometer 4656.
Huntsman (W. D.) s. Ipatieff (V. N.); Pines (H.).
Huntzicker (H. N.) s. United States Gypsum Co.
Hunziker (F.) s. Büchi (J.).
Hunziker (H.), Wrkg. v. Strophanthin u. Convallatoxin auf d. Atmung d. Herzmuskelschnittes v. Meerschweinchen. (Aufklär. v. Wirkungsweise u. Wirkort herzakt. Glykoside.) 405, [626].
Hunzinger (J.-J.), Interferenzen im komplexen Licht mit großem Gangunterschied. Kontrast v. Streifen aus zwei Wellen u. aus Vielfachreflexionen 11154.
Hunzinger (W. A.) u. **Ortelli (G. A.)**, Ca-Ausscheid. beim Menschen nach calciumäthylendiamintetraessigsaurem Na 10793.
Huon (A. N.) s. Greacen (E. L.).
Hupe (R.) s. Deutsche Gold- & Silberscheideanstalt vormals Roessler.
Hupka (E.), Ist d. Verfütter. v. Senecio (Kreuzkraut) als Ursache d. Leberverhärt. d. Pferdes anzusehen? 6564.
Huppert (P. A.), LiO in Gußeisenemails 9416. — Emaillierte Wandtafeln 10353.
Huppert (V.) u. **Buchner (A.)**, Wrkg. d. N-Formen, bes. d. Umweltverhältnisse 8006.
Huppertz (A.) s. Goerdeler (J.).
Huppertz (P.) s. Göpfert (W.).
Hurd (C. D.) u. **Anderson (H. J.)**, Allyläther in d. Thiophenreihe 9566.
— u. **Hayao (S.)**, Rk. v. Propiolacton mit Arylaminen u. Sulfonamiden 3606. — Carboxy-β-lactone 3606. — Chromanone, Thiochromanone u. 2.3-Dihydro-4(1H)-chinolone 3619. — Rk. v. Propiolacton mit heterocycl. Aminen 3622.
— u. **Juel (L. H.)**, Rk. aromat. Nitroverbb. mit mehrkern. KW-stoffen bei erhöhten Tempp. 9326.
—, **Thomas (G. R.)** u. **Frost (A. A.)**, Frontanalyse v. Äthern u. Sulfiden 8933.
Hurd (D. T.) s. Burkhard (C. A.); Comp. Française Thomson-Houston; Newkirk (A. E.).
Hurd (F. K.), Sachs (M.) u. **Hersberger (W. D.)**, Paramagnet. Resonanzabsorpt. v. Mn^{2+} in $CaCO_3$-Einkristallen 22.
Hurd (M.) s. Luck (J. M.).
Huré (J.) s. Basile (R.); Coriou (H.).
Hurel-Py (G.), Wrkg. v. Zucker auf d. Wachstum v. Farnprothallien 11607.
Hurka (V. R.) s. Du Pont de Nemours (E. I.) & Co.
Hurlaux (R.) s. Tempia-Caliera (P.).
Hurlburt (F. W. B.) u. **Robinson (C. E. G.)**, Langandauernde Cortisontherapie bei rheumat. Arthritis 1774.
Hurlbut (F. C.), Mol.-Strahlunters. d. Streuung v. Moll. v. Oberflächen 6216.
Hurley (F. R.) s. Sisler (H. H.).
Hurley (G. F.) s. Union Carbide & Carbon Corp.
Hurley (J. P.) u. **Jastram (P. S.)**, γ-Strahlenunterss. v. ^{186}Re 2594.
Hurley (L. S.) u. **Mackenzie (J. B.)**, Nebennierenfunkt. bei d. Ratte mit Pantothensäuredefizit. Leberklykogen, Blutglucose, Nebennierencholesterin u. Nebennierenascorbinsäure 7249.
Hurley (N. A.) s. Herbst (F. S. M.); Lever (W. F.).
Hurley (P. M.), Wärmeentw. in Basalten u. deren Entsteh. 3095.
Hurlock (B.) s. Vallance-Owen (J.).
Hurni (H.), Baktericide Wrkg. u. Oberflächenspann. quatern. Ammoniumsalze 7469. — s. Ott (A.).
Hursh (J. B.), Ra-Geh. d. Wässer städt. Wasserwerke 1583.
Hursh (R. K.) s. Comeforo (J. E.).
Hurst (D. G.) s. Henshaw (D. G.).
Hurst (F. B.) s. Metson (A. J.).
Hurst (G. S.) s. Barr (T. A.); Bortner (T. E.); Cure (J. W.); Melton (C. E.); Mills (W. A.).
Hurst (H.) u. **Pollet (R.)**, Nitrocelluloselacke 464* F.
Hurst (J.) u. **Russell Constructions Ltd.**, Filtrieren v. Fll. 4426* E.
Hurst (W. M.), Flüssigkeitsprüf. auf Radioaktivität 4757.
Hurtado Acera (L.), Begründ. d. Anomalien d. Period. Syst. 5469. — Radioaktivität, statist. Prozeß 5707.
Hurter (H.) s. Aluminium-Industrie Akt.-Ges.; Klöckner-Humboldt-Deutz Akt.-Ges.
Hurtig (H.), Entw. d. Flugzeugverwend. zur Anwend. v. Insekticiden u. Fungiciden 10361. — s. Rayner (A. C.).
Hurwicz (H.) u. **Tischer (R. G.)**, Hitzebehandl. v. Fleisch. 1. Mitt. Temp.-Verteil. mit d. Zeit u. im Raum während d. Behandl. 11704.
Hurwitz jr. (H.), Sicherheitsbetrachtt. für Atomkraftanlagen 5472. — s. Ehrlich (R.); Zweifel (P. F.).
Hurwitz (J. K.), Berechn. integrierter Intensitäten in d. spektrograph. Mikroanalyse 4169.
Hurwitz (L.) s. Hodge (H. C.); Rothstein (A.).
Hurwitz (M. J.) s. Du Pont de Nemours (E. I.) & Co.; Exner (L. J.).
Hurwitz (P.), Sulfadimetin (Elkosin) in d. Augenheilkunde 8433.
Hurxthal (L. M.), Practical endocrinology [7956].
Husemann (E.) u. **Lindemann (E.)**, Substratspezifität v. α-, β-, Maceransamylase u. Phosphorylase 4613.
—, **Lötterle (R.), Wiedersheim (M.)** u. **Hertlein (W.)**, Pharmakologie wasserlösl. Polysaccharide u. ihrer Derivv. in Abhängigk. v. Mol.-Größe, Mol.-Gestalt u. Art d. Substituenten 4870.
Hush (N. S.), Quantenmechan. Diskuss. d. Bldg. v. Chinondimethidmonomeren in d. Gasphase 3878.
— u. **Pople (J. A.)**, Ionisationspotentiale u. Elektronenaffinitäten v. konjugierten KW-stoff-Moll. u. -radikalen 11358.
Hushley (W. J.) s. Westinghouse Electric Corp.

Huskins (C. W.) u. **Swift (L. J.),** Veränderr. d. P-, N- u. Fettsäurebestandteile d. Lipide in eingedosten Florida-Valencia-Apfelsinensaft während d. Aufbewahr. 1400.
Husmann (W.) s. Fendler (H. G.).
Husqvarna Vapenfabriks Aktiebolág, Gegenstände aus Sinterstahl 9184* F.
Huss (A.), Kreislaufmittel Effortil 634.
Huss (E. H.), Korros. v. Pumpenteilen 8255. — Schnellelektrolyse v. Sn u. Sb in Pb- u. Lagermetallegierr. 8690.
Huss (R.) s. Farbwerke Hoechst Akt.-Ges., vormals Meister Lucius & Brüning.
Hussar (A. E.) u. **Holley (H. L.),** Antibiotics and antibiotic therapy: a clinical manual [6078].
Hussarek (M.) s. Schlander (E.).
Hussein (M. K.) s. Machu (W.).
Hussel (W.), Therapie mit d. neuen Antirheumaticum „Osadrin" (bisher „K *317*") 8440.
Hussey (A. S.) s. Burwell jr. (R. L.).
Husson (G.), O in d. Metallurgie 6375.
— u. **Donney (J.),** Verbrennungsverss. mit O an einem mit karburiertem Koksofengas beheizten Siemens-Martin-Ofen 5164.
Hussong (M.) s. Zschimmer & Schwarz, Chemische Fabrik und Gerbstoffwerke Oberlahnstein Akt.-Ges.; Zschimmer & Schwarz vormals Chemnitz.
Hussong (R. V.) s. Fagen (H. J.).
Husted (D. R.) s. Minnesota Mining & Mfg. Co.
— u. **Kohlhase (W. L.),** Chemie d. aliphat. Perfluorsäuren u. ihrer Abkömmlinge. 6. Mitt. Hofmannsche Rk. 2171.
Husted (R. F.) u. **Low (P. F.),** Ionendiffus. in Bentonit 908.
Huster (E.), β-Zerfall u. Bindungsenergie d. Elektronenhülle: Prim. β-Spektr. d. RaD 2828. — β-Spektr. v. RaD 8305.
—, **Lehr (G.)** u. **Walcher (W.),** Ein β-Spektrometer mit Weitwinkel-Doppelfokussier. 10915.
Huston (J. H.) s. Rowe (G. G.).
Huston (M. J.) s. Groves (G. A.); Teare (F. W.).
— u. **Martin (A. W.),** Atmungsgeschwindigk. v. Geweben im Kontakt mit O_2 6537.
Huston (P. E.) s. Cohen (B. D.).
Hustrulid (A.) s. Caldwell (A. C.).
Husum (C. W.) s. Owens-Illinois Glass Co.
Huszagh (D. W.), Kran u. Gabelaufzug mit Fernbedien. 11055.
Huszák (I.) s. Domonkos (J.).
—, **Könyves-Kolonics (L.), Domonkos (J.)** u. **Tass (G.),** Wirksame Gruppe d. Serumantihyaluronidase 4855.
Hutchens (T. T.), Bruggen (J. T. van), Cockburn (R. M.) u. **West (E. S.),** Wrkg. d. Fastens auf d. Lipogenese in intakten Ratten 1550.
Hutcheson (J. W.) s. Texas Co.
Hutcheson (R. M.) s. Touster (O.).
Hutchesson (B. N. P.) s. Salt (F. E.).
Hutchings (B. L.) s. Pidacks (C.); Ropp (R. S. de).
Hutchins (R. E.), 2.4-D-Herbicide bilden eine Gefahr für Baumwolle u. a. empfindl. Nutzpflanzen 7532.
Hutchinson (C. O.), Aufspritzen u. elektrostat. Zerstäub. ohne Luft in d. modernen Industrie 3497.
Hutchinson (E.) s. Laing McBain (M. E.).
Hutchinson (F.) s. McNulty jr. (W. P.).
— u. **Mosburg jr. (E. R.),** Deuteroneninaktivier. v. adsorbierten monomol. Rinderserumalbuminschichten 10068.
Hutchinson (G. E.) s. Bomberger (H. B.); Deevey jr. (E. S.).
—, **Kaufmann (D. W.)** u. **Durstein (R. C.),** Ti-Legier. 4202.
Hutchinson (G. M.), Mögl. Bezieh. d. galakt. Rauschens (Untergrund) zur Höhenstrahl. 6901.
Hutchinson (G. W.), Anwendd. v. „Kicksorter" (Impulshöhenanalysatoren) 8781. — Thomson (D. M.).
Hutchinson (J. B.) u. **Martin (H. F.),** Messung d. Lipaseaktivität in Haferprodd. 1635.
Hutchinson (J. T.) s. Phillips (R. M.).
Hutchinson (S. A.) s. Cunningham (K. G.).
Hutchinson (W. M.) s. Phillips Petroleum Co.
Hutchison (A. C.) s. Imperial Chemical Industries Ltd.
Hutchison (A. O.), Aussichten d. Gerstenernte *1953* 943.
Hutchison (C.) s. Imperial Chemical Industries Ltd.
Hutchison (D. A.), Isotopenaustausch v. O_2 in d. Systemen W.–SiO_2 u. O_2–SiO_2 4537. — s. Hart (E. J.).
Hutchison (D. J.) s. Broquist (H. P.); Fountain (J. R.).
Hutchison (H. P.) s. Chopra (N. M.).
Hutchison (T. S.), Best. d. Orientier. in rekristallierten Drähten d. kub. Syst. 757.
Hutchison (W. C.) s. Crosbie (G. W.).
Hutner (S. H.) s. Provasoli (L.).
Huttenlocher (H.), Vererzung d. Westalpen, ihre zeitl. u. räuml. Glieder. 5024.
—, **Hügi (T.)** u. **Nowacki (W.),** Röntgenograph. u. spektrograph. Unterss. am Bazzit v. Val Strem (Kt. Graubünden, Schweiz) 10945.
Huttenlocher (R.) s. Fettchemie und Fewa-Werk VEB; Zschimmer & Schwarz vormals Chemnitz.
Huttner (K.) s. I. G. Farbenindustrie Akt.-Ges.
Hutton (A. Q.) u. **Nolle (A. W.),** Experimentelle Unters. d. Effekte niedr. Frequenz auf d. dynam. Modul v. Buna-N-Kautschuk 1983.
Hutton (C. E.) s. Bergner (R. P.).
Hutton (J. F.) s. „Shell" Refining & Marketing Co.
Hutton (J. T.), Tragbares Gerät zur Feldbest. v. lösl. Salzen im Boden 5401.
Hutton (K.) u. **Swallow (A.),** Chemistry for general science [9947].
Huus (T.) s. Lauritsen (T.); Zupančič (Č.).
— u. **Bjerregaard (J. H.),** Innere Konversionselektronen aus Coulomb-angeregten Ta u. W 5236.
— u. **Lundén (A.),** Coulomb-Anreg. v. isomeren Zuständen in Ag 6678.
Huxford (W. S.) s. Olsen (H. N.).
Huxley (H. E.) s. Robertson (J. Monteath).
Huygens (R.) s. Casimir (J.).
Huygh (A.) s. Simonart (P.).
Huys (J. V.), Isolier. u. Kristallisat. eines Myoglobins aus Thunfisch 385.
Huyskens (P.) s. Mund (W.).

Huzimura (T.), Geschwindigk. einer Blochwandverschieb. bei einem großen Barkhausensprung in einem ferromagnet. Stoff 10925.
Huzinaga (S.) u. **Hasino (T.)**, Elast. Frequenzverteilungsfunkt. v. einfachen Kristallen 7391.
Hvoslef (J.) s. H a s s e l (O.).
Hvostoff (N.) u. **Rigault (R.)**, Desoxydat. v. kupferhalt. Schmelzen 4691* F.
Hwa (J. C. H.) s. R o h m & H a a s C o.
Hwang (Jenn-Lin), Spezif. Wärmen v. einfachen festen Körpern u. Momente d. elast. Frequenzspektren 2369.
Hwang (K.), Actithiazsäure. 4. Mitt. Pharmakol. Unterss. 2017.
Hwang (Shui-Luen) s. T u (Y u - C h i n g).
Hwang (Wen-Kuei), Red. mit Glucose oder Invertzucker in alkal. Lsg., Verf. zur Herst. einiger Aminophenole 8138.
Hyams (M.) s. P y r e n e C o. L t d.
Hyatt (A. A.) s. H i c k i n b o t t o m (W. J.).
Hyatt (J. M.) u. **Irvine (M. M.)**, Zerstäub. v. Al in Ar 5722.
Hybinette (S. E.) s. I n t e r n a t i o n a l K e n m o r e L t d.
Hyde (C. E.) s. R u s o f f (L. L.).
Hyde (E. H.), Abtrennen v. aus d. Koksöfen mitgerissenen festen Teilchen, wie Koksklein, aus d. Destillationsgasen 10662* A.
Hyde (E. K.), Halbwertszeit v. ^{88}Zr 7142. — Strahlungen d. AcK 11329. — s. M a t h u r (H. B.); S c h l e s i n g e r (H. I.).
Hyde (G.) s. A r m s t r o n g (J.).
Hyde (G. R.), Empfindl. registrierender Ausdehnungsmesser 6346.
Hyde (J. C.) s. S h e f f e r (H.).
Hyde (J. F.) s. D a u d t (W. H.); D o w C o r n i n g C o r p.
— u. **Curry (J. W.)**, Darst. v. Tetra-[tert.-butoxy]-silan u. Tri-[tert.-butoxy]-fluorsilan 9073.
Hyde (J. W.) s. A n g l o - I r a n i a n O i l C o. L t d.
Hyde (P. M.), **Elliott (W. H.)**, **Doisy jr. (E. A.)** u. **Doisy (Edward A.)**, Synth. d. 17-Methyl-^{14}C-testosterons u. Stoffwechselunterss. 1306.
Hydén (H.) s. B o u r g h a r d t (S.).
Hydén (S.) s. S p e r b e r (I.).
Hydra-Chemie Amman & Schneider, Verbundfolien aus Cellulosehydratschichten 5454* Oe.
Hydrocarbon Research, Inc., CO-Hydrier. 7078* E.
— u. **Arnold (J. H.)**, Katalyt. Synth. v. KW-stoffen 11682* A.
— u. **Garbo (P. W.)**, Herst. v. CO u. H_2 11656* A. — KW-stoffsynth. 11683* A.
— u. **Hoffert (F. D.)**, Katalyt. Umwandl. gasförm. Stoffe 9438* A.
— u. **Kwauk (M.)**, Vergas. oder Entgas. v. bei Erhitz. leicht backenden, C-halt. Stoffen 6659* A.
— u. **Layng (E. T.)**, Katalysator aus nichtrostendem Stahl für d. KW-stoff-Synth. 4498* A.
Hyler (J. E.), Meßinstrumente zur Prüf. organ. Überzüge 6629.
Hylton (V. M.) s. M e t e r (R. A. V a n).
Hyman (G. A.) s. L o e f f l e r (R. K.).
—, **Gellhorn (A.)** u. **Wolff (J. A.)**, Therapeut. Wirksamk. v. 6-Mercaptopurin bei verschied. neoplast. Erkrankungen d. Menschen 7463.
Hyman (H.) u. **Lang (M.)**, Kohleelektrode für galvan. Plattenelemente 7054* A.
Hyman (H. H.) s. K a t z (J. J.); S h e f t (I.).
Hyman (I.) s. Z i m d a h l (W. T.).
Hyman (J.) s. A r v e y C o r p.; N. V. d e B a t a a f s c h e P e t r o l e u m M i j.; S h e l l D e v e l o p m e n t C o.
Hyman (L. J.), **Friedman (B. A.)** u. **Freedlander (S. O.)**, Serumhemm. d. Hyaluronidase im Gefolge chirurg. Eingriffe bei Geschwülsten u. nichtbösart. Erkrankungen 9819.
Hymel (J. de), Keram. Dekorationsgegenstände 6367* A.
Hymo (L. A.) s. M a i e n t h a l (M.).
Hyndman (L. A.) s. G o r d o n (F. H.).
Hyndshaw (A. Y.), Verhinder. d. Durchschlagens v. Kohlepartikeln durch Sandfilter 6822. — Erziel. v. Höchstleistungen mit akt. Kohle 10110.
Hyslop (J. F.), Chem. Merkmale d. Cr-Magnesits 9416.
Hyslop (W. I.) s. B u r a w o y (A.).
Hytten (F. E.), Klin. u. chem. Unterss. d. menschl. Lactat. Zusammenhang v. Alter, Körperbau u. Ernährungszustand d. Mutter mit Menge u. Beschaffenh. ihrer Milch 4137.

Iachan (A.) s. P e r r o n e (J. C.); R o s a (J. S.).
Iacobacci (A.) s. C a t t a n e o (P.).
Iacobellis (M.), **Muntwyler (E.)** u. **Griffin (G. E.)**, Änderr. d. Enzymkonz. in d. Nieren v. Ratten mit Mangel an Protein u./oder K 4613.
Iacono (A.) s. V e s c i a (A.).
Iandelli (A.), Arsenide d. U. 1. Mitt. 11172.
— u. **Ferro (R.)**, Legierr. d. Cd mit La, Ce u. Pr 3812. — Intermetall. Verbb. d. U mit Elementen d. III. u. IV. Gruppe 5023.
Ianis (J. I.), Backfert. Mischung für Roggenvollkornbrot 6418* A.
Iannarone (J. J.), **Larson (O. S.)** u. **Thomas (R. J.)**, Faktoren d. Absorpt. v. Dispersionsfarbstoffen durch d. Dacron-Polyesterfaser aus wss. Flotten 10866.
Iaroşinschi-Drabic (I.) s. A l e x a (G.).
Ibach (P.) s. C o n n j r. (H. L.).
Iball (J.), Verwend. mehrfacher Filme zur Mess. d. Intensitäten v. Röntgeninterferenzen 2142. — Mehrfachfilmmethoden in d. Röntgenstrahlenpulverphotographie 5970. — s. B i s s e t (D. C.); B u r n s (D. M.); R o b e r t s o n (J. M o n t e a t h).
Ibamoto (H.) s. K i r i y a m a (R.); K u m a g a i (H.).
Ibarra Contreras (J.) s. S c h m i d t - H e b b e l (H.).
Ibarrola (E.) s. F u s t e r (J. M.).
Ibl (N.) u. **Trümpler (G.)**, Elektrolyt. Abscheid. v. Metallpulvern: Bedeut. d. Diffusionsvorgänge an d. Kathode 522.
Ibragimow (I. I.), Pharmakol. Charakteristik v. Solusurmin 4876.
Ibrahim (A. A. K.), Navier-Stokes-Gleichungen für nicht-Newtonsche Fll. 4047.
Ibrahim (I. A.), Wrkg. v. 2.4-D auf Schwarzrostbldg. bei Hafer 7532.
Ibrahim (M.) s. B a r c l a y (J. A.).
Ibsen (B.), **Pahle (H.)** u. **Villumsen (A. L.)**, Chlorpromazinhydrochlorid (Largactil) 10315.
Ibser (H. W.) s. R o e b u c k (J. R.).
Ice (C. H.) u. **Wender (S. H.)**, Synth. d. Isoquercitrins 8389. — Gewinn. v. reinem Quercitrin aus „Lemonflavin“ 11232.

Icel (M.) s. Kauko (Y.).
Ichihara (K.), Uchida (M.), Matsuda (K.), Kumagai (N.) u. **Kikuoka (H.),** Histidindesaminase, d. aus Histidin Urokaninsäure bildet 5096.
Ichikawa (N.) s. Kubota (T.).
Ichikawa (T.), Xanthinkonkremente d. Niere 10785.
Ichikawa (Yoshio) s. Katagiri (H.).
Ichikawa (Yuzaburo) s. Hoshino (T.).
Ichishima (I.) s. Mizushima (Sanichiro).
Ichlow (U. A.), Wassiljew (W. W.) u. **Chrapunow (G. S.),** Automat. Regelung d. Neutralisationsprozesses bei d. Gewinn. v. Ammonsalpeter 6591.
Ida (S.) s. Jo (H.).
Idbohrn (H.) u. **Berg (N.),** Verträglichk. d. Kaninchenniere gegen Kontrastmittel bei Nierenangiographie. Röntgenolog. u. histolog. Unters. 2241.
Iddings (G. M.) s. Crane (W. W. T.); Huffman (E. H.).
Ide (H.) s. Nagata (Saburo).
Ide (S.) s. Ota (A.).
Ide (W. S.) s. Baltzey (R.).
—, Lorz (E.) u. **Baltzly (R.),** Unsymm. N-substituierte Piperazine. 6. Mitt. Esterderivv. als Spasmolytica 1512.
Ideltschik (E. I.), Einfl. v. durch Luminal hervorgerufenem Schlaf auf d. Aufnahme v. Glucose durch d. Gewebe 9382.
Ideltschik (S. B.) s. Panssewitsch-Koljada (W. I.).
Ides (D.) s. Seneca (H.).
Idler (D. R.), Adipinsäure: Selektives Reagens für d. Best. v. Hg 3928.
Ido (B.), Herst. v. Eisenschwamm nach d. Wiberg-Söderfors-Verf. 10364.
Iffland (D. C.) u. **Yen (Teh-Fu),** Darst. v. Nitroverbb. aus Oximen. 3. Mitt. Synth. v. Nitroalkanen 8593.
Igarashi (M.), Struktur v. Äthylenoxyd durch Elektronenbeug. 4073.
Igarashi (Y.), Saito (Yoshio) u. **Aizawa (I.),** Mucopolysaccharide bei Hautkrankhh. 1. Mitt. Behandl. v. Urticaria pigmentosa mit Hyaluronidase 3190.
Igelman (W. O.) u. **Finch (D. A.),** Desoxydat. in d. Pfanne mit Carbortam 8482.
I. G. Farbenindustrie Akt.-Ges., Substituierte Carbonsäureamide 214* D. — Organ. Sulfamide 2072* D. — Gewinn. v. Heizölen 2342* F. — Brems- u. Kühlfil. 3935* F. — Monochlor-KW-stoffe 6616* Ung. — Überzugsmassen zum Aufbringen v. Pigmenten auf faser. Stoffen 8269* Ung. — Metallbearbeitungsöle 9706* Ung.
— u. **Asinger (F.),** Br-KW-stoffe 5416* D.
—, Bockmühl (M.), Ehrhart (G.), Eisleb (O.) u. **Stein (Leonhard),** Bas. Diarylmethane 2488* D.
— u. **Bohne (A.),** Pektolyt. wirkende Enzympräpp. 3989* D.
—, Burgard (A.), Fikentscher (H.), Hölscher (F.) u. **Krzikalla (H.),** Polyvinyläther 11472* D.
—, Ebel (F.), Pyzik (F.) u. **Alt (W.),** Maleinsäureanhydrid u. seine Chlorsubstitutionsprodd. 4932* D.
—, Fleischhauer (R.) u. **Müller (A.),** Azofarbstoffe 2078* D.
— u. **Häuber (H.),** Äthylen 210* D.
— u. **Havemann (H.),** Mehrwert. Phenole aus Rohphenolölen 1373* D.
I. G. Farbenindustrie Akt.-Ges., Hopff (H.), Rapp (Wilhelm) u. **Rinke (H.),** Kondensationsprodd. 2536* D.
—, Hopff (H.) u. **Ufer (H.),** Veredel. v. Superpolyamiden aus ω-Aminocarbonsäuren 1175* D.
— u. **Hummel (Georg),** Wachsart. Carbonsäureamide 2099* D.
— u. **Huttner (K.),** Dekahydronaphthole 2779* D.
—, Kaufmann (Hermann) u. **Hartmann (K.),** Katalyt. Gas-Rkk. 3532* D.
—, Krajewski (G. A.) u. **Brude (G.),** Salze organ. Sulfonsäuren 246* D.
—, Krzikalla (H.), Kirsch (A.) u. **Werniger (W.),** Organ. Sulfonsäuren 5207* D.
— u. **Laucht (F.),** Alicycl. Ketone 5899* D.
—, Luz (G.) u. **Schulze (Gerhard),** Hydroxylammoniumsulfat 7999* D.
—, Neresheimer (H.), u. **Bruck (W.),** Wasserlösl. Farbstoffe d. Dinaphthazinreihe 3976* D.
—, Pier (M.) u. **Krönig (W.),** Katalyt. Druckhydrier. v. hochsd. fl. oder schmelzbaren KW-stoff-Ölen, d. Asphalte u. bzw. oder Harze enthalten 9233* D.
—, Pier (M.), Simon (W.) u. **Donath (Ernst),** Klopffeste Bznn. durch zweistuf. Druckhydrier. wasserstoffarmer Mittelöle 4497* D.
—, Reppe (W.) u. **Kröper (H.),** Piperidone u. Piperidine 1609* D. — Carbonsäuren, deren Anhydride, Ester, Thioester oder Amide 9903* D.
—, Reppe (W.) u. **Pasedach (H.),** 1-Oxy-2-chlorpropen-(2) 2070* D.
—, Scheuermann (A.) u. **Marecek (E.),** Umsetz. v. CO mit H_2 zu KW-stoffen 8962* D.
—, Speer (W.) u. **Kemp (F.),** Adipinsäure 2075* D.
—, Vollmann (H.), Jockusch (H.) u. **Meisenburg (K.),** Cyclohexenketone 9909* D.
—, Wassenegger (H.) u. **Meier (Erhard),** Herabsetz. d. Quellbark. v. kationenaustauschenden, Sulfonsäuregruppen tragenden Phenolaldehydharzgelen 3265* D.
— u. **Wesly (Walter),** Verhüt. d. Angriffs v. Kondenswasser auf eiserne Werkstoffe 3225* D.
—, Wiest (G.) u. **Hopff (H.),** Lactam d. ε-Aminocapronsäure 689* D.
—, Wirth (G.), Sabel (F.) u. **Laudenklos (H.),** Katalyt. Umsetz. v. CO mit H zu KW-stoffen 7547* D.
—, Zerweck (W.) u. **Salkowski (H.),** Guanamine 8971* D.
I. G. Farbenindustrie Akt.-Ges., Werk Rheinfelden, Korinth (E.) u. **Wagner (H. M.),** Künstl. Nebel 10175* D. [DDR].
Iggo (B.) s. Owen (J. A.).
Iglauer (A.) s. Simon (D. L.).
Iglesias (L.), Struktur d. Spektr. v. Nb II im äußersten UV 6213.
Iglesias (R.) s. Mardones (E.).
—, Mardones (E.), Bruzzone (S.), Fuenzalida (F.) u. **Lipschutz (A.),** Steroide in d. Behandl. d. Geschwülste. Experimentelle Grundlagen 839.
Ignatenok (P. G.) s. Knunjanz (I. L.).
Ignatowa (L. A.) s. Gorjajew (M. I.).
Ignatowitsch (S. I.), Alkoholbest. in pharmazeut. Präpp. 11250.
Igo (G.) s. Eisberg (R. M.).
Igonin (L. A.) s. Ginzberg (E. G.).
Iguchi (K.), Schwingungskraftkonstanten v. $Si(CH_3)_4$ 3555.

Ihde (A. J.) s. E h l (R. G.).
Ihrie (M. L.) s. B e n d i x A v i a t i o n C o r p.
Iida (C.), Yokoi (M.) u. **Yamasaki (Kazuo),** Mol.-Struktur v. Äthyltrichlorsilan u. seinen Derivv. u. v. Hexachloridisilylmethylen 6484.
Iimori (S.) s. K a t o (K e n z o).
Iimura (F.) s. U r u s h i b a r a (Y.).
Iimura (Y.) s. M a r u o (B.).
Iinuma (Y.), Elektrophoret. Kautschukabscheid. für elektr. Isolier. 4. Mitt. Faktoren, welche d. elektrophoret. Kautschukablager. beeinflussen. Abhängigk. d. Menge an elektrophoret. abgeschiedenem Kautschuk v. d. Stromdichte u. d. Dauer d. Ausscheid. 8700.
Iitaka (I.), Nakayama (T.) u. **Sekiguchi (K.),** Hochtemp.-Oxydat. bei rostfreien Stählen (Elektronenbeug. u. quantitative Beobacht.) 9660.
Ijak (F.), Dehydratisiertes Ricinusöl mit angereicherten konjugierten Doppelbindd. als Ersatz für Holzöl 10388.
Ijerussalimskaja (M. F.), Salzmesser 9888.
Ijewinsch (A.) u. **Gudrinijetze (E. J.),** Best. d. K mit Natriumtetraphenylborat 11261.
Ijewinsch (A. F.) s. O s o l (J. K.).
Ijewlewa (J. A.) s. T u r a n o w (N. M.).
Ikawa (M.), Koepfli (J. B.), Mudd (S. G.) u. **Niemann (C.),** Hämorrhagie u. Regress. eines experimentellen Mäusetumors bewirkender Stoff aus E. coli. 2. Mitt. Monosaccharidkomponente 4370.
— u. **Niemann (C.),** Synth. v. 4.5-Diamino-n-eikosan u. 2-Methyl-3.4-diamino-n-nonadecan 11194.
Ikebe (M.) s. H a r a (N.).
Ikeda (K.) s. U r u s h i b a r a (Y.).
Ikeda (Koyo), Wrkgg. v. TB–S, Isonicotinsäurehydrazid u. Vitamin B_{12} auf d. Wachstum u. d. hämatopoet. Funkt. d. Hühnerembryos 2717.
Ikeda (M.), Fünfdimensionale Darst. d. Gleichungen d. elektromagnet. u. d. Elektronenfeldes in einer gekrümmten Raumzeit 9012.
Ikeda (Yōnosuke) s. A n d ō (T.).
Ikeda (Yuichi) s. S a i t ô (N.).
Ikegawa (T.) s. O k a d a (J.).
Ikenaka (T.) s. A k a b o r i (S.).
Ikeno (T.), Einfl. hoher Luftfeuchtigk. auf Bearbeit. v. Al-Blech 3721.
Iki (S.) u. **Hosokawa (Y.),** Eigg. d. Amakusa-Anthrazite 1880.
Ikkos (D.) s. L u f t (R.).
Iknayan (A. N.) s. U n i t e d S t a t e s R u b b e r C o.
Ikornikowa (N. J.) s. B u t u s o w (W. P.).
Ikuta (S.) s. A k a b o r i (S.).
Ilakovac (K.) u. **Moon (P. B.),** Resonanzstreuung rückstoßverbreiterter γ-Strahlen 5232.
Ilavsky (J.), Überprüf. antituberkulöser Mittel. Wrkg. chemotherapeut. Mittel auf intraperitoneal mit massiven Tuberkelbacillendosen infizierte Mäuse 397.
Iler (R. K.), The colloid chemistry of silica and silicates [7623]. — s. A l e x a n d e r (G. B.); D u P o n t d e N e m o u r s (E. I.) & C o.
Ilford Ltd., Opt. Aufhellungsmittel für Fasern, Fäden, Filme, Garne u. Gewebe 3522* Schwz. — Cyaninfarbstoffe 3779* E. — 11319* E. — Bleichen v. Textilien 4240* F. — Mesosubstituierte Cyaninfarbstoffe 6671* E. — Farbstoffzwischenprodd. 7359* E.
—, **Challis (K. J.)** u. **Lee (Edward W.),** Geschichtete Kunststoffilme 2583* E. — Auftragen v. gelatinehalt. Schichten auf Filme aus Mischpolymerisaten v. Vinylchlorid u. Vinylidenchlorid 6179* D. B.
Ilford Ltd., Edwards (H. D.) u. **Kendall (J. D.),** Methinfarbstoffe 1892* A. — β.β-Dicyanketendialkyl- oder -diaralkylmercaptole 4013* A.
— u. **Fry (D. J.),** Carbocyaninfarbstoffe 9713* E.
—, **Harrison (G. B.)** u. **Robinson (R. R.),** Maskenverf. 11320* A.
—, **Kendall (J. D.)** u. **Axford (A. J.),** Cumarinmethinfarbstoffe u. deren Zwischenprodd. 2118* E. — Hochkonz. Entwicklerlsg. 9714* D. B. — Reinigungsmittel 10160* E.
—, **Kendall (J. D.)** u. **Doyle (F. P.),** Merocyaninfarbstoffe 6671* A. — Dreikern. Polymethincyanine 7128* A.
—, **Kendall (J. D.)** u. **Duffin (G. F.),** Pyrazoline 458* A., E. — Pyrazolinderivv. 487* F. — 3-Aminopyrazoline 731* D. B. — 3-Pyrazolidone 2583* D. B. — Diarylpyrazoline 7117* E. — Opt. Bleichmittel 8063* E. — Photopapier mit verbesserten Weißen 10179* E.
—, **Kendall (J. D.), Duffin (G. F.)** u. **Axford (A. J.),** 3-Pyrazolidone 10180* E.
—, **Kendall (J. D.)** u. **Fry (D. J.),** Halogensilberemulss. für Braunschwarzentw. 4504* A. — Farbstoffe 7129* E. — Polymethinfarbstoffe 7130* E., 9238* E. — Sensibilisatoren 11139* D. B.
—, **Kendall (J. D.), Fry (D. J.)** u. **Morgan (A. J.),** Polymethinfarbstoffe 7129* E.
—, **Kendall (J. D.), Fry (D. J.)** u. **Suggate (H. G.),** Farbstoff-Zwischenprodd. 7359* E.
—, **Kendall (J. D.)** u. **Mayo (J. H.),** Polymethinfarbstoffe 7823* E.
—, **Kendall (J. D.)** u. **Suggate (H. G.),** Polymethinverbb. 9713* E.
—, **Kendall (J. D.), Suggate (H. G.)** u. **Mayo (J. H.),** Methinfarbstoffe 7822* D. B.
—, **Kendall (J. D.), Wood (H. W.)** u. **Welford (S. F. W.),** Direkt positiv arbeitende lichtempfindl. Schicht 6179* D. B.
—, **Waller (C.)** u. **Dickinson (H. O.),** Lichtfilterschicht für Mehrschichtmaterial 2586* A. — Mehrschichtmaterial für d. Farbenphotographie 2586* A.
Ilg (H.) s. B ü n n i n g (E.).
Ilge (W.) s. B o s c h (R.) G. m. b. H.
Ilic (V.) s. P e t k o v i ć (S.).
Iliceto (A.), Gleichgewichte zwischen Harnstoff u. Formaldehyd in wss. Lsg. 2633. — s. F a v a (A.).
— u. **Malatesta (A.),** Bisulfitkomplex d. Acetons 1238.
Iliescu (L. V.) s. T e o d o r e s c u (S. C.).
Ilin (V.) u. **Šulc (Z.),** Herst. v. trockenem Testserum 10082.
Iljiana (A. A.) s. G u r i n o w (B. P.).
Iljina (G. D.) s. S a c h a r o w a (A. I.).
Iljina (J. M.) s. R j a b i n i n (A. A.).
Iljina (M.) s. F i l i p p o w (W.).
Iljina (N. N.) u. **Laschko (N. F.),** Phasenumwandlungen in Stahl im Gebiet d. therm. Einfl. einer Schweißung 5885.
Iljina (W. A.), Kritzkaja (W. K.) u. **Kurdjumow (G. W.),** Ursachen d. Abschwäch. d. Intensität d. Röntgeninterferenzen d. Martensits 11350.
Iljinski (W. P.), Achumow (J. I.) u. **Lifschitz (A. A.),** Hygroskop. Punkte v. Kochsalz 2369.
Iljuchin (N. W.) u. **Nauritz (L. N.),** Unters. d. Temp.-Meßapp. v. Strömungstyp in einem Gasstrom hoher Geschwindigk. 3924.

Iljuschina (N. A.) s. Sserebrjanyi (S. B.).
Illari (G.) u. **Marenghi (I.)**, Charakterist. Rk. d. Terpinhydrates 7281.
Illarionow (W. W.) s. Boresskow (G. K.).
Illers (K.-H.) s. Jenckel (E.).
Illies (H.), Entsteh. d. Kreidefeuersteine 6937.
Illiminskaja (W. T.), Schnellmeth. zur Best. d. Aktivität v. Hochofenschlacke 4675.
Illingworth (J. E.) s. Zunick (M. J.).
Illingworth (J. W.), Fasern u. Gewebe 7102.
Illinois Clay Products Co., West (Howard F.) u. **Veale (J. H.)**, Feuerfeste Erzeugnisse 1590* A. — Ungebrannte feuerfeste Erzeugnisse 5396* A.
Illinois Development Laboratories u. **Graham (S. C.)**, Feingebäck mit hohem Fettgeh. 6877* A.
Illjuwijewa (W. P.) s. Kornilow (M. F.).
Illuminati (G.) u. **Illuminati (M. P.)**, Substitut. in Polymethylbenzolen. 2. Mitt. Verlauf d. Nitrier. v. Durol in H_2LO_4–Chlf.-Gemischen 9547.
Illuminati (M. P.) s. Illuminati (G.).
Iloff (A.), Entww. auf d. Polyvinylchlorid-(PVC)-Gebiet 9917.
Ilomäki (M. P. O.) s. Tommila (E.).
Ilschner (B.) s. Engell (H.-J.); Hauffe (K.).
Ilschner (M.) s. Schubert (K.).
Imaeda (K.) s. Arizumi (T.).
Imagawa (H.) s. Takino (Y.).
Imai (H.) u. **Suchiro (S.)**, Best. v. metall. Zn in Zn-Staub mit Kaliumdichromat. 1. Mitt. 7046.
Imai (K.) u. **Mayama (S.)**, Chem. Inhaltsstoffe d. Species Erigeron (Compositae). 1. Mitt. Erigeron annuus L. (1) 2001; 2. Mitt. Erigeron annuus L. (2) 2001.
Imai (N.) s. Asakura (S.).
Imai (T.), Einfl. eines Elektronenbeschusses auf aufgedampfte BaO-Filme 3798.
Imai (Y.), Verbesserte hochwarmfeste Legierr. u. Keramik. Stähle auf Cr- u. auf Co-Grundlage 8017.
Imakita (T.), **Kageyama (R.)**, **Imoto (S.)** u. **Hashimoto (S.)**, Bicillintherapie bei Syphilis 9135.
Imamura (M.) u. **Koizumi (M.)**, Wrkg. d. Lichts auf d. Adsorptionsgleichgewicht v. Farbstoffen. 2. Mitt. Adsorptionsisothermen v. Rhodamin 6 G. 6484.
Imamura (N.), Labile Methyldonatoren 8650.
Imamura (T.) s. Utiyama (R.).
Imbò (G.) u. **Gaeta (F. S.)**, Methoden v. Holmes u. v. Jeffreys zur Best. d. Alters d. Erdrinde 11536.
Imbriano (A. E.), Enzymat. Wrkg. d. Tetanustoxins 11604. — Experimentelle Best. d. mittleren letalen Dosis d. Tetanustoxins. Wichtigk. u. Veränderr. 11604.
—, **Alpa (E. U.)**, **Carrera (D.)**, **Brichetti (D.)**, **Gouffier (N.)** u. **Ravello (J. J.)**, Wrkg. d. Hexamethoniumchlorids auf d. Kreislauf d. Hundes 10316.
Imelik (B.) s. Merlin (A.); Trambouze (P.).
— u. **Carteret (Y.)**, Kieselsäuregelen 7621.
—, **Petitjean (M.)** u. **Prettre (M.)**, Entwässerung v. Bayerit 8335.
— u. **Trambouze (P.)**, Katalyse. Unters. d. Struktur d. für d. Synth. v. Methylchlorsilanen verwendeten Kupferkatalysatoren 999.
Imhauka Soc. An., Haltbare Emulss. v. Vitaminen 4165* Schwz.
Imhausen (A.) s. Märkische Seifen-Industrie.
Imhausen (K.-H.) s. Imhausen & Co. G. m. b. H.; Märkische Seifen-Industrie.
Imhausen & Co. G. m. b. H., Fl. Medikamente 416* F.
—, **Hesse (E.)** u. **Meißner (G.)**, Bakterienpräpp. mit antibiot. Wrkg. gegen Tuberkelbacillen 9149* D. B.
— u. **Imhausen (K.-H.)**, Überzugsmittel, wie Firnisse, lufttrocknende Lacke, Wasserlacke, Anstrichfarben- u. Emulsionsbindemittel 464* D. B.
—, **Imhausen (K.-H.)**, u. **Keunecke (E.)**, Unkrautbekämpfungsmittel 7534* D. B.
—, **Imhausen (K.-H.)** u. **Manneck (H.)**, Salzarme Alkylsulfonate 10406* D. B.
—, **Imhausen (K.-H.)**, **Prosch (W.)** u. **Jadamus (K.)**, Pillerte Seifen 5448* D. B.
—, **Imhausen (K.-H.)**, **Rudolph (Walter)**, **Renckhoff (G.)** u. **Hesse (E.)**, Anreicher. antibiot., bes. tuberkulostat. bzw. tuberkulocid wirksamer Stoffe 9149* D. B. — Gewinn. v. antibiot. Wirkstoffen 9862* D. B.
—, **Imhausen (K.-H.)**, **Sauter (Erwin)** u. **Schurrmann (S.)**, Kontinuierl. Verseif. v. KW-stoff-Sulfochloriden 2559* D. B.
—, **Imhausen (K.-H.)**, **Schmidt (K.)** u. **Allenbach (H.)**, Holzimprägnierungsmittel 9934* D. B.
Imhof (P.) u. **Gianoli (A.)**, Butazolidindosier. 868.
Imhoff (K.), Letzte Stufe d. Abwasserreinig. 4906.
Imich (G.), Innige Mischungen v. Metallen mit anorgan. Stoffen, außer Chloriden 10106* Schwz.
Imig (C. J.), **Randall (B. F.)** u. **Hines (H. M.)**, Wrkg. v. Pentobarbitalnatriumanästhesie auf Blutstromvol., arteriellen Blutdruck u. Herzfrequenz 7721.
Immendörfer (E.), Kondensationsgerb. 2115. — s. Badische Anilin- & Soda-Fabrik Akt.-Ges.
Immenkamp (A.), Örtl. Schmerzausschaltung in d. Zahn-, Mund- u. Kieferheilkunde unter Berücksichtig. d. zentralen Lachgasanalgesie [7972].
Immergut (E. H.) s. Oster (G.); Stabin (J. V.).
—, **Rollin (S.)**, **Salkind (A.)** u. **Mark (H.)**, Neue Arten v. Membranen für d. Messung d. osmot. Druckes 8452.
Immermann (L. L.) s. Bell (A. L. L.).
Imoto (M.) s. Ota (M.).
— u. **Otsu (T.)**, Polyvinylchlorid. 3. Mitt. Hitzezers. 11694.
Imoto (S.) s. Imakita (T.).
Imoto (T.) s. Nishimura (H.).
Impe (J. van) s. Université Libre de Bruxelles.
Imperato (C.), Beziehungen zwischen O-Antistreptolysin u. γ-Globulinen 8425.

Imperial Chemical Industries Ltd.,

Pharmazie. Desinfektion: Pyrimidinderivv. 3204* D. B., 10572* D. B. — 4.6-Diketohexahydropyrimidine 1565* A. — Mono- u. diquart. Salze v. Pyrimidylaminochinolinen 7982* D. B. — Biguanidderivv. 4406* Schwz., 4884* D. B. — Quatern. Chinoliniumsalze 11636* E. — Chinoxalin-N.N'-dioxyde 164* D. B. — Chinolinderivv. 9394* Schwz. — Procain-Penicillin-Granulate 1102* E.

Allgemeine chemische Technologie: Verhinder. d. Korrosionswrkg. v. Ameisensäure 7996* E. — Säure- u. alkalibeständ. Kitte 10342* E. — Kugelförm. Wärmeträger oder katalyt. Körper 10827* E. — Überführen v. festen Stoffen in feinste Zerteil. 2038* E. — In W. dispergierbare feste Stoffe 6097* Ind. — Ablös. fester Ablagerr. 7517* E. — Fraktionierte Dest. 5619* E. — Hydraul. Fl. 8698* E. — Durchführ. chem. Rkk. 3935* D. B. — Katalysatoren 2743* F., 11268* F. — Kugelförm. Katalysatoren 10105* E. — Katalysatoren für Isomerisier. 9874* E. — Reaktionskessel 2270* E. — Einführ. v. Gasen in Wirbelschichtbetten 9874* E.

Betriebsschutz. Feuerschutz: Feste, Gas abgebende M. 8700* A.

Elektrotechnik: Rauhe Verbundkörper 6359* E. — Tiefseekabel 7749* Schwz. — Leiterisolat. 9642* E.

Wasser. Abwasser: Schaumverhinderungsmittel 1584* Schwed. — Antischaummittel zum Konditionieren v. Kesselspeisewasser 901* E. — Verf. zur Schaumverhüt. beim Verdampfen v. wss. Fll. in Druckkesseln 10113* Dän.

Anorganische Industrie: Reinig. inerter Gase 9878* E. — H 8941* Can. — Prodd., d. im rhomb. Syst. stabilisiertes NH_4NO_3 u. KNO_3 enthalten 1352* D. B. — Ammonnitrat 188* D. B. — Herst. v. Cl_2 durch Schmelzflußelektrolyse trockener Chloride 2748* E. — Anoden für Schmelzflußelektrolyse 8941* Can. — SO_2 189* E. — Gewinn. v. S u. v. O_2 aus $CaSO_4$ 8468* E. — Gewinn. v. S aus Erdalkalisulfaten 8468* E. — SeF_6 3226* E. — Chloralkalielektrolyse 2748* E. — Reinigen v. Ätzalkalilsgg. 2979* Oe. — Reinig. v. Alkalihydroxydlsgg. 10113* E. — Stabilisiertes Natriumaluminat 7058* E. — Elektrolyt. Gewinn. v. Urantetrafluorid 6593* A. — UF_4 9415* A.

Silicatchemie. Baustoffe: Profilierte Platten für Dachbedeck. u. Wandverkleid. 5628* E. — Herst. v. Salzen d. Oxyglutaconaldehyddianilide 10604* D. B., F. — Dianilinsalze d. Oxyglutaconaldehyds 6368* F.

Agrikulturchemie. Schädlingsbekämpfung: Granulierte Düngemittel 9888* E. — Phosphatdüngemittel 1824* D. B. — Stickstoffdüngemittel 3716* E. — Düngemittel 4195* A. — Phosphatdüngemittel 199* E., 3716* F., 4195* A. — P-halt. Dünger 913* F. — Oxyglutaconaldehyddianilsalze 6117* N. — Schädlingsbekämpfungsmittel 6117* E. — Räuchermasse zur Schädlingsbekämpf. 1131* Oe. — Pesticide Begasungsmittel 2283* E. — Trenn. d. rohen Benzolhexachloridgemische 2758* Can. — Trenn. d. Isomerengemisches d. Benzolhexachlorids 2758* Can. — Organ. P-Verbb. 8713* F. — Insekticides Mittel 10845* Belg.

Metallurgie. Metallographie. Metallverarbeitung: Mg-Legierr. 11089* E. — Ti 1367* E., 1368* E. — Elektrolyt. Gewinn. v. Ti 6612* F. — Raffinat. v. Ti 921* E., 8024* E. — Salzbad für d. Wärmebehandl. v. Stahl oder Stahllegierr. 10619* F. — Lot 7310* E. — Lote für Al oder Al-Legierr. 11091* F. — Elektr. Widerstandsschweißen v. Metallen 11285* E.

Organische Industrie: Organ. halogenierte Verbb. 5415* D. B., E., F. — Oxydationshemmungsmittel 8726* D. B. — Stabilisieren organ. Verbb. gegen durch Peroxydbldg. bewirkte Oxydat. 454* E. — Herst. v. Polychlormethanen 11683* E. — Entwässern v. Fluorchlormethanen durch Dest. 3000* E. — 1.1.2.2-Tetrafluor-1.2-dichloräthan 210* E. — Auswaschen eines Gases 924* E. — Katalysatoren 455* D. B., 6618* F. — Zur Synth. v. Methanol u./oder NH_3 geeignete Gasgemische 9191* E. — Natriummethoxyd 9191* E. — A. 5418* E. — Äthylenoxyd 4695* E. — Nonylalkohole u. ihre Ester 2070* F. — Pentaerythrit 7550* E. — Isopropylnitrat 9441* E. — Dehydrieren v. Alkoholen 8261* E. — Aldehyde 8731* E. — Stabilisieren v. Aldehyden 1605* E., 5650* E., 7080* E. — Inhibitoren 7551* E. — Aufarbeiten v. Aldehyd enthaltenden Gemischen 213* E. — Stabilisieren fl. Aldehyde 11685* E. — Propionaldehyd u. Propanol 4696* F. — Nitrile 2074* E. — Isopropenylacetat 6389* F. — Herst. v. Isopropenylacetat mit Naphthalindisulfonsäure als Katalysator 8495* A. — Herst. v. möglichst farblosen Dicarbonsäureestern 11686* E. — Lineare polymere Biguanidine bzw. deren Salze 2303* D. B. — Amine 688* D. B. — Abtrenn. v. Monomethylamin aus Gemischen 924* Schwz. — Trenn. v. Dimethylamin 1371* Schwz. — Abtrenn. v. Dimethylamin aus Gemischen 925* Schwz. — Abtrenn. v. Trimethylamin 1371* Schwz. — Abtrenn. v. W. u. Propylalkohol aus Propylamingemischen 3965* E. — Herst. v. Derivaten d. α-Aminosäuren 11097* E. — Aromat. KW-stoffe 3002* D. B., 5653* E., 5654* E., 9445* E. — Entalkylieren aromat. KW-stoffe 8498* E. — Entalkylieren v. aromat. monocycl. KW-stoffen 5422* F. — Entalkylieren v. aromat. KW-stoffen 5422* F., 7786* F. — Entalkylieren u. Entschwefeln v. aromat. KW-stoffen 3488* F. — Abtrenn. v. Xylolen aus KW-stoff-Gemischen durch azeotrope Dest. 4212* A. — Xylole 9445* E. — Anreicher. v. Xylolen durch azeotrop. Dest. 216* E. — p-Xylol 9445* E. — Abtrenn. v. Phenolen 7786* F. — Substituierte Phenole 5898* F. — o-substituierte Phenole 1840* E. — Antioxydationsmittel 6135* D. B. — Alkylierte Phenole 1372* F. — 2.6-Xylenol 7320* E. — Trennen v. 2.4-Dimethylphenol u. 2.5-Dimethylphenol 1372* E. — Abtrennen v. 4-Methyl-2.6-di-tert.-butylphenol 5180* E. — 3-Methyl-4.6-di-tert.-butylphenol u. 4-Methyl-2.6-di-tert.-butylphenol 1373* E. — Aromat. o-Dioxyverbb. 3967* E. — Katalysatorwiedergewinn. bei d. Herst. v. Toluylaldehyd 11099* E. — Ester 10862* F. — Terephthalsäure 217* E., 3733* E., 3968* F. — Äthylenglykolester d. Terephthalsäure 11688* D. B. — Aromat. alkylierte Amine 3968* E. — N-Alkylierte aromat. Amine 9907* E. — Stabilisieren v. KW-stoffen, Aldehyden u. Äthern 3251* F. — Stabilisier. alkylierter Phenylendiamine 9908* E. — Herst. v. p-tert.-Octylphenoxyphosphordichlorid 2777* E. — 2.2′-Dioxy-5.5′-dimethyldiphenylmethanderivv. 8501* E. — Gesätt. cycl. organ. N-Verbb. 4701* D. B. — Polyguanamine 11466* E. — Entfern. v. Gasen aus Fll. 3738* Schwz.

Färberei.

Organische Farbstoffe:

Textilfärbungen 4219* E. — Färben v. Cellulosetextilien in festgepackter Form 1380* E. — Färben v. Nylon-Textilien mit Azofarbstoffen 4461* E. — Färben v. Textilien aus linearen Polyamiden mit Säurefarbstoffen 5660* E. — Färben v. Textilien aus Polyestern 2539* E. — Färben v. Polyestermaterialien 5427* E. — Färben v. Polyesterfasern 927* E. — Färben v. Polyesterfasern, -filmen 3256* E. — Färben v. Kunstfasern aus Polyestern 4940* E. — Färben v. Textilien aus Polyäthylenterephthalat 6399* E. — Nichtstaubende wasserunlösl. Farbstoffpräpp. 4461* E. — Färben mit Säurefarbstoffen 9912* E. — In W. dispergierbare feste Mischungen 9912* E. — Bedrucken v. Fasermaterialien aus Polyestern 4219* E. — Bedrucken v. Textilien 2783* E., 3493* F. — Bedrucken v. Textilien mit Beizenfarbstoffen 4704* E. — Sek. Amine 1381* E. — Oxyindazole 10385* E. — Azofarbstoff 9449* E. — Disazofarbstoffe 7792* E. — Küpenfarbstoffe 2786* E., 11691* E. — Küpenfarbstoffe d. Anthrachinonreihe 3014* E., 6145* E. — Leukoschwefelsäureestersalze 4220* A. — Arylaminoacedianthronisothiuroniumsalze 5663* A. — Aminosubstituierte Dianthrachinonyloxdiazole 11692* E. — Saure Wollfarbstoffe 5431* A. — Oxyindazole 1384* A. — Wasserlösl. Farbstoffe 3260* F. — Isothiuroniumsalzhalt. wasserlösl. Farbstoffe 7561* E. — Substituierte Phthalocyanine 2542* A., F. — Phthalocyaninderivv. 2787* F., 11469* E. — Farbstoff d. Phthalocyaninreihe 2541* Schwz., 10387* E. — Farbstoffzwischenprodd. 8741* E. — Wasserlösl. Farbstoffe 5663* E. — Pigment aus d. Tetraazaporphinreihe 5431* Schwz.

Farben. Anstriche. Lacke. Naturharze:

Eisenoxydpigmente 1848* F. — Pigmente d. Tetraazaporphinreihe 9203* Schwz. — In trocknenden Ölen lösl. Styrolpolymerisate 1849* E. — Fl., Nitrocellulose enthaltende Anstrichmittel 1387* E. — Anstrichmittel zur Herst. eines elektr. leitenden Farb- oder Lacküberzuges 702* D. B. — Überzüge auf Geweben 1850* F. — Härten v. Überzügen 464* Schwz. — Mattierungsmittel 465* A. — Kunstharz 9204* Schwz. — Ölmodifiziertes Alkydharz 3016* E.

Plaste (Kunstharze. Plastische Massen):

Stabilisierungsmittel für Kunstharze 1853* A., F. — Kunststoffe mit verminderter elektrostat. Auflad. 9681* E. — Antistatischmachen v. Filmen oder Folien 9681* F. — Hochmol. verzweigtkett. KW-stoffe 10148* E. — Äthylenpolymere 1620* D. B. — Polymerisat. v. Äthylen 934* F. — Äthylenpolymere u. -mischpolymere 7796* F. — Mischpolymere 467* D. B. — Äthylen-Vinylcarbazol-Mischpolymerisate 2089* E., F. — Kornpolymerisat. v. Vinylchlorid 6863* F. — Emulsionspolymerisat. v. Vinylchlorid 3018* E. — Fluorierte KW-stoffe 9206* D. B. — Fluorpolyäthylen 9453* E. — Nitropolystyrol 11471* A. — Polymere u. Mischpolymere aus Acryl- oder Methacrylsäureestern 5437* F. — Gefärbtes Polyalkylmethacrylat 4226* E. — Lösungsm. für Polyacrylnitril 6408* F. — Ölmodifizierte Alkydharze 2548* E. — Ölmodifizierte trübungsfreie Alkydharze 8748* E. — Reinig. niedrigmol. Alkylester d. α-Chloracrylsäure 11297* D. B. — Verformen v. Polyamiden 3748* E. — Behandeln v. isocyanatmodifizierten Polyestern oder Polyesteramiden 3748* F. — Verwend. v. Polyesteramiden als Bindemittel 4949* F. — Härtung v. mit organ. Polyisocyanaten modifizierten Polyesteramiden 3266* Schwed. — Hochpolymere Thiolcarbamate 5439* Can., E. — P-halt. thermoplast. MM. 3021* A. — Preßbare Polyester 7800* F.

Kautschuk. Guttapercha. Balata:

Alterungsschutzmittel für Kautschuk 1860* F., 10153* E. — Peptisiermittel für Naturkautschuk 1860* E. — Alkylcycloalkylsubstituierte Dimethylphenole 10640* E. — Verbinden v. Kautschukplatten 1398* F. — Kautschukartikel mit Textileinlage 9687* E.

Gärungsindustrie:

Reinigen u. Sterilisieren v. Kellereigeräten, Bierleitungsröhren, Behältern u. Gläsern 239* E. — Gewinn. v. Glycerin u. 2.3-Butandiol aus vergorenen Fll. 6640* E. — Gewinn. v. Glycerin aus Gär-Fll. 8051* F.

Nahrungs-, Genuß- und Futtermittel:

Sterilisieren v. Geräten d. Nahrungsmittelindustrie 4234* E. — Proteingewinn. 4234* E. — Aufarbeiten v. Rückständen d. Proteingewinn. 11114* E.

Fette. Seifen. Wasch- und Reinigungsmittel. Wachse. Bohnermassen usw.:

Stabilisieren v. Aldehyden, Äthern, fetten Ölen u. Erdöl-KW-stoffen gegen Sauerstoffeinw. 954* E. — Pulverförm. Waschmittel 246* E. — Herst. v. Reinigungsmitteln in Form v. Pulvern 2562* F. — Herst. v. neuen Estern d. Arylphosphorsäure u. deren Salzen 2560* Oe. — Reinigungsmittel 5684* Can. — Baktericides Reinigungsmittel 1639* E. —

Holz. Cellulose. Zellstoff. Papier. Papierdruck. Celluloid. Linoleum:

Überführ. v. Celluloseäthern in eine feinpulvr. Form 2329* E. — Verfilzen pflanzl. Fasern 10412* E. — Imprägnierte Faserschichten 1642* E. — Druckfarbe 10887* E.

Textilfasern:

Schlichten oder Ölen v. Garnen 3282* E. — Stilbenderiv. zum Bleichen v. Textilien 961* F. — Knitterfeste u. wasserabweisende Textilien 1645* E. — Gegen Röntgenstrahlen undurchläss. Kleiderstoffe 723* E. — Schrumpffestmachen v. Wolle 6654* F. — Krumpffreie Wolle 8766* E. — Wollschmälze 961* E. — Polycarbamate 9475* Schwed. — Herstellen v. Spinndüsen aus synthet. Harzen 11308* D. B. — Künstl., nicht verklebte Proteinfäden 9939* Schwz. — Gerben v. künstl. Proteinfäden 9227* A. — Unlösl., nicht miteinander verklebte Proteinfäden 9939* D. B. — Befestigen d. Verzwirn. v. Garnen 3524* Oe. — Kunstfäden aus Polyäthylen 7118* D. B. — Wärmebehandl. v. orientierten Polyamidfäden oder -fasern 7813* E. — Überzogene Nylongewebe oder Textilien 1647* Schwed. — Filter für geschmolzene Spinn-Fll. 10165* E.

Brennstoffe. Erdöl. Mineralöle: Wärmeaustausch bei d. Verkok. u./oder Vergas. 5461* A. —Vergas. fester Brennstoffe im Fluidzustand 4246* E. — Therm. Zersetzen bzw. Konvertieren v. KW-stoffen 11314* E. — Herst. v. H u. CO enthaltendem Synthesegas 11133* E. — Neue Arylphosphorsäuren 4500* Oe. — Fluorieren organ. Stoffe 4009* E. — Erhöh. d. Haftfestigk. v. Bitumen u. Straßenteer 10173* E.

Schieß- und Sprengstoffe. Zündmittel: Sprengstoffe 1887* F., 3047* Can. — Sicherheitssprengstoff 4256* N. — Gelatinöse Sprengstoffe 2345* F. — Ammonnitratsprengstoff 264* D. B., 5224* D. B., 9709* D. B. — Ammonnitrat-Wettersprengstoff 4256* D. B. — Ammoniumnitratfreier Sicherheitssprengstoff 9709* A. — Sprengkapsel 5224* Schwz. — Sprenggelatine mit befriedigender Detonationsfähigk. 9710* A. — Verbesser. d. Plastizität v. Sprengstoffen 3047* Can. — Zünder 1888* A. — Zünder für Sprengpatronen 1888* F. — Elektr. Zünder 1888* Schwz. — Elektr. Zeitzünder 264* Oe. — Elektr. Zünder mit Verzöger. 495* F. — Sicherheitszündschnur 11316* Can. — Bas. Bleisalze d. 4.6-Dinitroresorcins 1888* Can. — Herst. v. neutralem Pb-2.4-Dinitroresorcinat 5224* Can. — Treibender Sprengstoff mit geringer Glimmneig. 2346* Dän. — Gaserzeugende Misch. 2580* A. — Gasentwickelnde Lad. 495* D. B. — Gaserzeugende Lad. 3048* D. B., 6436* D. B. — Gasentwickelnde Ladd. zum Antreiben v. Startermaschinen 265* D. B. — Feuerwerksmasse 11317* Can.

Leder. Gerbstoffe: Imprägnieren u. Füllen v. Leder 9711* E.

Photographie: 1.2.5.7-Tetraazaindene 5227* E. — Farbenphotograph. Verf. 1425* F. — Photograph. Material für d. Farbenphotographie 1426* F. — Lichtfilterschicht für Farbphotographie 11140* F.

Imperial Chemical Industries Ltd. s. Aktiebolaget Separator; Boon (W. R.); British Nylon Spinners Ltd.; Fentiman (W. P.); Jacob (B.); Mitchell (R. E.).

Alphabetische Liste der Mitarbeiter, Erfinder usw.

Adams (D. A. W.), 1384*, 4219*, 10385*.
Ainley (A. D.), 4884*, 7982*.
Allan (W. G.), 9441*.
Arkless (K.), 3716*.
Arnold (M. H. M.), 8941*.
Bainbridge (E. G.), 4219*.
Baird (W.), 5684*, 9475*, 11097*.
Banks (A. A.), 3226*.
Barr (T.), 9475*.
Batty (J. W.), 5439*.
Bell (N. A. R.), 188*.
Belshaw (P. L.), 11692*.
Bond (A. E.), 3018*.
Boon (W. R.), 1565*, 10572*.
Bradford (B. W.), 10105*.
Bradley (H. B.), 1380*, 4219*.
Bremner (J. G. M.), 4701*.
Briggs (A. S.), 1372*.
Broad (D. W.), 7996*.
Brooke (B. I.), 8766*.
Brunner (H.), 1849*.
Buckley (G. D.), 1620*.
Buist (J. M.), 9642*.
Burnett (R. Le G.), 4009*, 5415*.
Burrage (L. J.), 2758*.
Caldwell (W. A.), 2329*, 7550*.
Campbell (G. R.), 7550*.
Carter (R. J.), 3016*.
Chadwick (R.), 7310*, 11089*, 11317*.
Challis (A. A. L.), 3965*.
Charlton (W.), 1647*.
Clark (A. W. S.), 11308*.
Clark (F. L.), 11133*.
Clarke (W.), 2783*.
Clough (H.), 8498*.
Coates (K. B.), 7058*.
Coats (R. R.), 7517*.
Cooke (E. V.), 5619*.
Cooke (W. H.), 2758*.
Cowie (C. T. Y.), 1373*, 6135*, 8726*, 11685*.
Crawford (J. W. C.), 11297*.
Crisp (E. T.), 4695*.
Crofts (H.), 10887*.
Crowley (G. P.), 5684*.
Cruickshank (J. H.), 246*.
Curd (F. H. S.), 3204*, 4884*, 7982*.
Davidson (S. H.), 264*, 5224*, 9709*.
Davies (Ernest), 3000*.
Davies (G. E.), 1639*.
Davies (I. A.), 9908*.
Davies (P.), 688*.
Davies (R. R.), 1384*, 4219*, 10385*.
Davis (M. I.), 3204*.
Dean (F.), 8261*.
Dew (R. M.), 5628*.
Dronfield (E.), 2783*.
Edwards (G. E.), 2748*.
Elleman (A. J.), 702*, 11285*.
Ellery (E.), 3748*, 8698*.
Ettle (G. W.), 3716*.
Farthing (A. C.), 11688*.
Fawcett (E. W.), 467*.
Fern (A. S.), 2783*.
Field (E. A.), 961*.
Flint (C. F.), 1860*.
Fordham (S.), 3047*, 10412*.
Forlin (J. E.), 11316*.
Foster (R. G.), 11683*.
Fox (M. R.), 9912*.
Foxon (G. H.), 4212*.
Frankish (S. W.), 11683*.
Franklin (R. G.), 8468*.
Gardner (Cyril) 3733*.
Gates (W. E. F.), 9681*.
Gleave (W. W.), 2748*, 8941*.
Gomm (A. S.), 4461*.
Gourley (S.), 2548*, 8748*.
Graff-Baker (C.), 11099*.
Gray (J. J.), 189*.
Greenhalgh (R. K.), 5418*.
Gregg (J. V.), 9710*.
Habgood (B. J.), 3748*.
Hadfield (H. R.), 4461*.
Hardwick (R.), 3256*, 4940*, 5427*.
Harper (D. A.), 3266*.
Harvey (B. G.), 9415*.
Harvey (P. G.), 8731*.
Heaton (W. G.), 7310*.
Henderson (G. M.), 3733*.
Hepworth (W.), 11636*.
Himsworth (F. R.), 10342*.
Hodgson (M. A. E.), 3968*.
Holt (S.), 723*.
Hudson (J. H.), 199*, 1824*, 4195*, 9888*.
Huebner (D. W.), 3935*.
Huggill (H. P. W.), 5439*.
Hughes (Harry), 10342*.
Hutchison (A. C.), 495*, 2580*, 3047*, 3048*, 6436*, 8700*.
Irving (F.), 2783*, 11691*.
Jackson (J. R. F.), 961*, 1645*.
Jameson (H. R.), 6117*.
Johnson (Eric L.), 7792*.
Johnson (L. V.), 9874*.
Jolles (Z. E.), 7561*.
Jones (David G.), 454*, 954*, 3002*, 3251*, 5650*, 5653*, 5654*, 7080*, 7551*, 8726, 9445*.
Jones (D. S.), 1605*.
Jones (David T.), 1888*.
Jones (K. H.), 1584*.
Jones (Maldwyn) 5628*.
Jones (W. O.), 2542*.
Kay (J. F. E.), 246*, 1639*, 10173*.
King (Ralph W.), 5619*.
Kirckbride (F. W.), 2074*.
Kunz (W.), 1840*, 5180*, 7320*.
Lamb (S. A.), 3968*, 9907*.
Lambert (Arthur), 8501*, 10153*, 10640*.
Landquist (J. K.), 164*.
Levy (N.), 4695*.
Leyland (B. N.), 10153*.
Lilley (H. S.), 465*.
Lilly (C. H.), 2283*.
Liquorice (W. F.), 2783*, 4219*.
Livingston (Alistair), 11691*.
Loasby (G.), 7118*.
Lodge (F.), 5663*.
Lofthouse (E.), 6593*.
London (E.), 1565*.
Lovell (J. K.), 465*.
Lowe (A.), 9475*, 9912*.
Mackay (J. D. McC.), 11308*.
McLean (A.), 3021*, 11471*.
Maltby (C.), 10113*.

Manning (J.), 199*.
Marke (D. J. B.), 2283*.
Marrian (S. F.), 1387*.
Mawer (F. C.), 8495*.
Medlycott (L. S.), 10165*.
Melhuish (R. R.), 8766*.
Mendoza (M.), 9449*.
Michie (A. G. H.), 3256*, 4219*, 4940*, 6399*.
Milne (A. R.), 5628*.
Moilliet (J. L.), 3047*.
Mooney (R. B.), 1367*, 1368*, 8024*, 9878*.
Morley (R. J.), 4246*, 5461*, 9191*, 11133*.
Morris (G.), 1888*.
Morris (G. A.), 3000*.
Moyse (J. A.), 9912*.
Mudford (H. D.), 4461*.
Murray (R.), 3282*.
New (R. G. A.), 11099*.
Noble (M. L.), 3002*, 5653*, 5654*, 9445*.
Noble (P. G.), 1642*.
O'Neill (T. G.), 2074*.
Owen (Edmund C.), 3204*, 3733*.
Owens (D. J.), 11316*.
Pace (G. H.), 8468*.
Parry (E. G.), 11097*.
Paton (J. G.), 467*.
Payn (G. H.), 2270*.
Payne (N.), 3282*.
Pearce (R. J. P.), 11133*.
Pearce (T. J. P.), 9874*.
Percy (N.), 1824*, 4195*.
Perrin (M. W.), 467*.
Phipps (J. W.), 10165*.
Pinnington (E.), 189*.
Pittwell (L. R.), 455*.
Plant (D. A.), 9711*.
Platou (E.), 5224*.
Pollok (F. J.), 4704*, 10412*.
Preston (C.), 9912*.
Purvis (J. E. B.), 8748*.
Quin (J. P.), 921*, 8024*.
Ray (N. H.), 10148*.
Rayner (J. W. R.), 199*.
Reed (H. W. B.), 9445*.
Reynolds (P. W.), 688*, 2270*, 9874*, 10105*, 10827*.
Reynolds (R. J. W.), 3748*, 9642*.
Rigby (C. H.), 264*.
Rigby (H. A.), 9681*.
Roberts (R. H.), 1645*.
Robertson (Alan), 1605*, 3251*, 5650*, 7551*.
Robinson (Stanley), 11097*.
Robson (A. C.), 4220*, 11692*.
Rogers (L. R.), 10887*.
Rose (F. L.), 1639*, 2303*, 3204*, 4884*.
Rowell (S. W.), 11317*.
Rubenstein (L.), 1888*, 5224*.
Rudge (A. J.), 2748*, 8941*, 9206*, 9453*.
Russell (F. P.), 9711*.
Rutter (E. G.), 1647*.
Sawyer (E. W.), 8498*.
Schick (P. E.), 954*.
Secker (J. S.), 11297*.
Seed (Leslie), 1620*, 10604*.
Seltzer (I.), 9912*.
Sever (W.), 10165*.
Sillitto (G. P.), 9709*.
Simms (E.), 4226*.
Simpson (G. G.), 7792*.
Slinger (F. H.), 4220*.
Smart (J. C.), 2758*.
Smith (Samuel S.), 11317*.
Smith (W. F.), 3266*.
Stacey (G. J.), 164*.
Starkey (F.), 4701*.
Suckling (C. W.), 6117*.
Sumner (K. G.), 11089*.
Swain (G.), 1639*, 2303*.
Swaine (J.), 4461*.
Talbot (F.), 9191*.
Taylor (A. W. C.), 213*, 688*, 3002*, 5653*, 5654*, 7517*, 8731*, 9445*, 9908*.
Taylor (Harold), 1860*.
Taylor (James), 1352*, 2580*, 3047*, 3048*, 4256*, 6436*, 9710*.
Thomas (G. D.), 9888*.
Thompson (Harold), 11691*.
Thompson (W. H.), 1387*.
Thomson (I.), 265*.
Thomson (R. C.), 5418*.
Thomson (R. H. K.), 9227*, 9939*.
Thomson (T.), 265*.
Thornton (Raymond), 2783*.
Tobin (T. J.), 9441*.
Todd (W.), 9912*.
Tuey (G. A. P.), 3204*.
Vasey (C. H.), 1565*, 10572*.
Wakefield (H.), 1380*.
Walters (E.), 5427*.
Ward (S.), 3968*, 9907*, 9908*.
Wardleworth (J.), 5431*, 5663*, 7561*.
Wareing (R. J.), 6359*.
Wark (R.), 265*.
Watts (J. T.), 9687*.
Wereide (T.), 5224*.
Whetstone (J.), 188*, 1352*.
Whinfield (J. R.), 9687*.
Whittaker (D.), 1584*.
Whitworth (E.), 265*.
Wild (A. S.), 3256*, 4940*, 6399*.
Williams (E. G.), 467*, 5628*.
Williams (Gwyn E.), 10640*.
Wilson (R. H.), 1384*, 10385*.
Wilson (W. J.), 8698*, 10173*.
Wood (C.), 5663*, 7561*, 10387*, 11469*.
Wright (R. B.), 3967*.
Young (Richard John), 11314*.
Zaba (J. B. J.), 2038*.
Zenftman (H.), 2777*,

Imperial Paper & Color Corp. u. **Jones (G. F.)**, Lagerbeständ., in W. lösl. kationaktive Kunstharze 1858* A.
—, **Wirt (A. E. Van)** u. **Jones (G. F.)**, Pigmentpaste zum Überziehen v. Textilien, Papier, Leder 2086* A.
Imperial Trust for the Encouragement of Scientific and Industrial Research, Anreicher. v. ^{235}U 1587* E.
Imre (L.), Heterogene Reaktionskinetik. 2. Mitt. Kinetik d. isotherm. Umkristallisat. in heterodispersen Systemen 7628.
Imschenetzki (A. A.), Geschwindigk. d. Vermehr. d. falt. Rasse v. Saccharomyces cerevisiae 5573.
— u. **Kassatkina (I. D.)**, Aktivität d. hydrolyt. Fermente u. d. Veränderlichk. v. Bac. mesentericus 6774.
— u. **Ruban (J. L.)**, Chemismus d. Nitrifizier. 6312. — Abtrenn. reiner Kulturen v. nitrifizierenden Bakterien 11663.
Inaba (T.), Polarographie v. Bi 2968.
Inada (T.) s. Kotake jr. (Y.).
Inagaki (M.), Seltene Elemente in japan. Kohlen. 1. Mitt. Ge-Geh. 7583.
Inall (E. K.), Winkelkorrelat. zwischen γ-Strahlen u. α-Teilchen aus $^{7}Li(p, \gamma)^{8}Be(\alpha)^{4}He$ 10187.
— u. **Boyle (A. J. F.)**, Linien geringer Intensität im Spektr. d. γ-Strahlen v. $^{7}Li(p,\gamma)$ ^{8}Be (α) ^{4}He 2592.
Inamine (E.) s. Stevens (Carl M.).
Inatomi (K.), Wrkgg. gewisser auf d. autonomen Nerven wirkenden Arzneimittel auf d. Vitamin B_1 im lebenden Körper u. auf Sawadas Harnprobe. 1. Mitt. 8661; 2. Mitt. 8661.
Incandescent Heat Co. Ltd., Johnson (F. W.) u. **Swain (J. A.)**, Erzeug. einer Ofenatmosphäre zum Blankglühen oder Aufkohlen 3728* E.
Incefy (G. E.) s. Baker (Nome).
Inclán (E. H.) = Henríquez Inclán (E.).
Inconex Handelsges. m. b. H. für industrielle Produkte-Konstruktionen-Export, Verzinnen v. Gegenständen aus Fe, Stahl, Cu oder Cu-Legierr. 7311* Oe.
Indelli (A.), Hemm. d. Auflösung v. Metallen in Säuren. 3. Mitt. Wrkg. einiger Inhibitoren unter verschied. Oxydationsbedingg. 1208. — Kryoskop. Messungen an wss. Lsgg. v. Natriumtrimetaphosphat 9043. — s. Cavallaro (L.); Travagli (G.).
— u. **Pancaldi (G.)**, Hemm. d. Auflösung v. Metallen in Säuren. 2. Mitt. Einfl. einiger Inhibitoren auf d. polarograph. Maxima 1208.
Indenbom (W. L.), Theorie d. Glashärt. 6364.
Independent-Eastern Torpedo Co., Kingston (B. M.) u. **Childress (J. B.)**, Bohrlochbehandlungsfl. 2574* A.
Inderbitzin (T.), Antilipäm. Wrkg. v. Heparin 6063.
Indest (H.) s. Vereinigte Glanzstoff-Fabriken Akt.-Ges.
Indestructible Paint Co. Ltd., Isoliermaterial 10344* F.
Indian Oxygen and Acetylene Co. Ltd., Herst. u. Speicher. eines Gases 4903* Ind.
Indiana Steel Products Co. u. **MacMaster (R. C.)**, Auslaugen v. Fe–Al-Legierr. 6359* A.

Indugas Industrie & Gasofen-Bauges. m. b. H. s. Bergische Stahl-Industrie.

Industrial Accountancy Partnership Ltd. u. **Bihaly (L.),** Versteifungsgewebe für Bekleidungseinlagen 9938* E.

Industrial Metal Protectives, Inc., Schutzüberzug für metall. Oberflächen 1618* E.

Industrial Rayon Corp. u. **Alelio (G. F. D'),** Mischpolymerisate 10891* A.

— u. **Bruson (H. A.),** Polyacrylnitril-Spinnlsg. 1174* A. — Fäden, Filme oder dgl. aus Polyacrylnitril 5216* A.

—, **Bruson (H. A.)** u. **Riener (T. W.),** Glycidalkohol 5894* A.

— u. **McFarren (G. A.),** Aufarbeit. v. verbrauchten Fällbädern 10657* D. B.

Industrial Research, Inc., Katalyt. Vereinig. d. im Akkumulator entstehenden Gase 9876* E.

Industrial Tape Corp., Klebband 267* E. — Leimen v. Papierstoff 9936* E.

Industrie (L') de Pêche en Afrique u. **Bhyssenne (G.),** Trocknen v. Fleisch, bes. v. Fischen 3757* F.

Industrielackwerke G. m. b. H., Formsandmisch. für Gießereizwecke 6829* F.

—, **Agethen (K.-H.)** u. **Fuchs (Herbert),** Plast. MM. 8976* D. B.

— u. **Fuchs (Herbert),** Kondensationsprodd. 6862* D. B.

Ineson (E.) s. Clayton-Cave (J.); Leak (G. M.).

Ineson (W. A.), Erzeug. u. Anwend. v. Koks 11310. — Gaskoks, d. rauchlose Brennstoff 11482.

Infiesta (J. L.) = Ynfiesta (J. L.).

Infilco, Inc. u. **Green (W. H.),** Klären v. Fll. mit darin suspendierten festen Teilchen 5392* Schwed.

— u. **Kalinske (A. A.),** Behandl. v. verunreinigten Fll. 7291* A.

—, **Kalinske (A. A.)** u. **Scott (LeR. H.),** Reinig. v. W. mit suspendierten Verunreinigg., d. als Flocken zum Aufschwimmen neigen 665* A.

—, **Paulette (C. H.)** u. **Gunz (J.),** Zweistuf. aerobe biol. Abwasserbehandl. 1584* A.

Ingbar (S. H.), Einfl. einzelner Dosen v. Propylthiouracil auf d. kinet. Vorgänge bei d. Speicherung v. J durch d. Schilddrüsen Gesunder u. Kranker 11236.

—, **Freinkel (N.), Hoeprich (P. D.)** u. **Athens (J. W.),** Konz. u. Signifikanz d. mit Butanol extrahierbaren ^{131}J im Serum v. Patienten mit verschied. Funktionszuständen d. Schilddrüse 3179.

Ingber (N.) s. Zall (D. M.).

Ingebrigtson (D. N.) u. **Smith (A. Lee),** Infrarotanalyse v. Festkörpern mittels d. Technik d. Kaliumbromidpreßlinge 3694.

Ingelfinger (F. J.) s. Sessions jr. (J. T.).

Ingelstam (E.) u. **Djurle (E.),** Phasenkontrastmessungen d. Gitterlinienstruktur opt. Gitter. 1. Mitt. 2495; 2. Mitt. 4892.

—, **Djurle (E.)** u. **Johannsson (L.),** Präzisionskonzentrationsanalyse v. $D_2O|H_2O$ mittels Phasenkontrastrefraktometrie 3554.

Ingenieur-Bureau Sonderegger & Fischer, Entkalken v. gebrauchtem, ein zementhalt. Bindemittel enthaltendem Form- u. Kernsand in d. Eisengießerei 11675* Schwz.

Ingersoll (L. R.) u. **James (W. L.),** Faraday-Effekt in D u. gewissen anderen Gasen 1439.

— u. **Liebenberg (D. H.),** Faraday-Effekt in Gasen 7147.

Ingerson (E.), Geochem. Arbeiten d. Abteil. für Geochemie u. Petrologie d. US Geological Survey 3579.

— u. **Ramisch (J. L.),** Unverfestigte Sedimente. 1. Mitt. Quarzgefüge bei Strömungs- u. Windrippelmarken 8107.

Ingham (C.) s. Holmes (W. C.) & Co. Ltd.

Ingham (R. K.) s. Gilman (H.).

Inghram (M. G.), Tracerbest. mit d. Massenspektrometer 4513. — s. Chupka (W. A.); Diamond (Herbert); Hess (D. C.); Patterson (C.); Steinberg (E. P.); Tilton (G. R.).

— u. **Gomer (R.),** Massenspektrometr. Analyse v. Ionen aus d. Feldemissionsmikroskop 6687.

Ingle (D. J.), Beary (D. F.) u. **Purmalis (A.),** Wrkg. einer fortlaufenden Glukagoninjektion auf d. Glykosurie v. Ratten mit Partialpankreatektomie 620. — Steroiddiabetes bei d. Ratte 6550. — Wrkg. v. Äthylendiamin auf d. Glucosurie d. partiell pankreatektomierten Ratte 7949.

—, **Meeks (R. C.)** u. **Beary (D. F.),** Leberglykogenspiegel bei Ratten mit Steroiddiabetes 4865.

—, **Nezamis (J. E.)** u. **Morley (E. H.),** Wrkg. v. Nebennierenextrakten, Cortison u. Hydrocortison auf d. Leistung v. nebennierenlosen Ratten 3178.

Ingle (T. R.) u. **Bhide (B. V.),** Chem. Erforsch. d. Harzes v. Moringa Pterospermum 4221.

Ingles (D. L.) s. Dargaville (A. D.).

Ingles (O. G.), Wassergaskonvertierungs-Rk. in Brennstoffsystemen. 2. Mitt. Rk. an Braunkohlenkoksen u. deren Aschen 962.

Inglesakis (A.) s. Chosson (J.).

Ingley (F. L.) s. Butler (G. B.).

Inglis (D. R.), Teilchenableit. v. mit einer Oberflächenwelle verbundenen Kernrotationseigg. 9953. — Dynamik d. Kerndeformat. 11325. — s. Malm (R.).

Ingold (C. K.), Kennzeichen eines neuen Weges für Reaktionsmechanismus u. Stereochemie 2863. — s. Benfey (O. T.); Bird (M. L.); Bunton (C. A.); Hawdon (A. R.); Hibbin (B. C.); Hughes (E. D.).

Ingold (K. U.) s. Lossing (F. P.).

Ingold (W.), Kontinuierl. Kontrolle d. p_H-Wertes 9409* Schwz.

Ingols (R. S.), Arten d. Giftigk. 8890. — Feste Pt-Elektroden bei d. Best. d. gelösten O_2. 2. Mitt. Unterss. d. Georgia Instituts für Technik 10350. — s. Heukelekian (H.); Hodgden (H. W.).

Ingraham (J. L.) u. **Emerson (R.),** Ernähr. u. Stoffwechsel bei Allomyces 6777.

Ingraham (J. S.), Künstl. radioakt. Antigene. 1. Mitt. Herst. u. Auswert. v. ^{35}S-Sulfanilsäure-Azo-Rinder-γ-Globulin 7704; 2. Mitt. Umsatz d. ^{35}S-Sulfanilsäure-Azo-Rinder-γ-Globulins bei d. n. u. immunen Maus 7704; 3. Mitt. ^{35}Sulfanilazomarkierte Erythrocytenstromata v. Hammel: ihre Herst. u. grobe Verteil. bei n. Kaninchen u. Mäusen 10544; 4. Mitt. Verbleib. v. ^{35}S-Sulfanilazomarkierten Hammelerythrocytenstromata bei röntgenbestrahlten, splenelektromierten u. immunisierten Kaninchen 10544.

Ingraham (L. L.), Reaktionsinaktivier. d. Polyphenyloxydase: Temperaturabhängigk. 376. — s. Corse (J.).

— u. **Corse (J.),** Enzymat. Bräun. v. Früchten. 1. Mitt. Autoxydat. d. Chloroginsäure 5817.

Ingraham (L. L.), Corse (J.) u. **Makower (B.)**, Enzymat. Bräun. v. Früchten. 3. Mitt. Kinetik d. Rk.-Inaktivier. v. Polyphenoloxydasen 5817.
— u. **Makower (B.)**, Änder. d. Michaelis-Konstanten mit d. Konzz. d. Rk.-Teilnehmer in einem Enzym-katalysierten Syst. 4849.
Ingraham (R. L.), Konforme Geometrie u. Elementarteilchen 9241. — Verh. endl. Teilchen in d. Theorie d. gleichförm.-kovarianten schwachen Feldes 11485.
Ingraham (T. R.) u. **Winkler (C. A.)**, Bldg. v. Hexamethylentetramin 2639.
Ingraito (F.) s. Soc. Elektrochemica del Toce.
Ingram (D. J. E.) s. Bleaney (B.).
— u. **Bennett (J. E.)**, Paramagnet. Resonanz in aktiviertem C 6460. — Paramagnet. Resonanz in Phthalocyanin-, Chlorophyll- u. Hämoglobinderivv. 6941.
— u. **Tapley (J. G.)**, Paramagnet. Resonanz bei Hochfrequenz v. bei niedr. Tempp. behandelten Kohlearten 9028. — Elektronenresonanz in Gasentladd. 9498.
Ingram (G.), Absorptionseigg. v. MnO_2 4422.
Ingram (G. C.) s. Jewell (P. S.).
Ingram (J. R.) s. Monsanto Chemical Co.
Ingram (M.), An introduction to the biology of yeasts [4615]. — s. Robinson (R. H. M.).
Ingram (M.) [Rochester], **Adams (M.), Coonan (L.), Jespersen (J.), Nielsen (G.), Piatt (D.)** u. **Yettewich (G.)**, Auftreten v. Lymphocyten mit zweilapp. Kernen bei d. Cyclotron-Personal 6792.
Ingram (V. M.), Anwend. d. Edmanschen Meth. d. Peptidabbaues auf Pferdemyoglobin u. -hämoglobin 10067. — s. Fruton (J. S.); Green (D. W.).
Ingrassia (A. P.) s. Masonite Corp.
Ingri (N.) s. Edstrand (M.).
Ingvaldsen (B.), Trockendest. v. Holz 10169* N.
Ingvorsen (H.) s. Jensen (Kai A.).
Inhoffen (H. H.) s. Lettré (H.); Schering Akt.-Ges.; VEB Schering Adlershof.
—, **Kath (J. F.)** u. **Brückner (K.)**, Partialsynth. einer „trans"-Vitamin-D_2-Verb. mit Hilfe d. Rk. v. Wittig 7453.
Iñiguez Almech (J.), Matemáticas para químicos [1894].
Injuschin (A. I.) s. Neporent (B. S.).
Inland Steel Co. u. **Tenenbaum (M.)**, Herst. v. Stahl mit niedr. P- u. N_2-Geh. aus Roheisen mit stark schwankenden P-Gehh. 6842* A.
Inman (C. G.) s. Büchi (G.).
Inn (E. C. Y.) s. Watanabe (K.) [Cambridge].
Innes (J.) u. **Rider (W. D.)**, Multiple Myelomatose u. ihre Behandl. mit Urethan in Kombinat. mit oral gegebenem Stickstofflost 9352.
Innes (K. K.), Analyse d. Absorptionsspektr. v. Acetylen im nahen UV 48. — s. Albright (L. F.).
Innes (R. F.) s. Dempsey (M.).
Ino (J.) s. Graber (C. D.).
Inoki (M.), Yasaki (T.) u. **Matsukawa (Y.)**, Massenbestimmungen an langsamen Höhenstrahlmesonen 11141.
Inoue (I.) s. Ōyama (Y.).
Inoue (N.) s. Shimomura (K.).
Inoue (P.) s. Kawai (Taiji).
Inoue (T.), Siliciumreiches Gußeisen als säurebeständ. Material 3950.
Inoue (Takechiyo) u. **Takahashi (Takehito)**, Unelast. Zusammenstöße zwischen zwei Moll. 272.
Inouye (K.), Struktur d. Huminsäuren. Unterss. d. Röntgenstrahlenbeug. 2685.
— u. **Abiko (M.)**, Carbonisier. mittels Röntgenbeug. 7119.
—, **Tani (H.)** u. **Abiko (M.)**, Untersuchungsergebnisse nach d. Röntgenbeugungsmeth. an japan. Kohlen 2335.
Inouye (Y.) u. **Kawamura (A.)**, Analyse v. Chromgerbbrühen mittels Ionenaustauscher. 1. Mitt. Rk. zwischen Oxalatochromiaten u. Anionenaustauschern 7126.
— u. **Noda (Manjiro)**, Trenn. u. Identifizier. v. Fettsäuren. 16. Mitt. Papierchromatographie ungesätt. höherer Fettsäuren 9159.
Insalata (N. F.), Störende Algen in W. für Getränke 476. — CO_2 gegen Getränkebakterien 946.
Insinger (T. H.) s. Koppers Co., Inc.
—, **Guyol (J. T.)** u. **McGovern (J. J.)**, Farbe in Polystyrol u. dessen Mischungen 2086.
Inskeep (G. C.) u. **Henry (T. H.)**, HNO_3 in Großbritannien 7999.
— u. **Mussard (A.)**, Französ. synthet. Waschmittel aus Erdöl 11304.
Inskeep (H. V.), Flammenhärt. als anpassungsfäh. Verf. zur Oberflächenbehandl. 7307.
Inskeep (R. G.) s. Cook (C. D.).
Institut International Financier, Wiedergewinn. d. beim Aufschließen cellulosehalt. Rohstoffe anfallenden Ablauge 3033* F.
Institut National de la Recherche Agronomique, Vernicht. v. pflanzl. u. tier. Schädlingen 200* F.
—, **Caillère (S.)** u. **Henin (S.)**, Absorpt.- u. Bleicherden 1587* F.
Institut Pasteur (Établissement Reconnu d'Utilité Publique), Herst. u. Reinig. v. Tuberkulin 5374* E.
—, **Bretey (J.), Grabar (P.)** u. **Lamensans (A.)**, Gereinigtes Tuberkulin 10817* D. B.
— u. **Lamensans (A.)**, Gewinn. v. Enzymen 9628* F.
Institut Photographique de Belgique, Photograph. Film 3295* F.
Institut Technique d'Études et de Recherches des Corps Gras u. **Anglaret (P.)**, Reduzieren v. Estern, Glyceriden usw. 10375* F.
Institute of Paper Chemistry u. **Pearl (I. A.)**, Salze v. Vanillinsäureestern 2727* A.
—, **Wolfe (D. L.)** u. **Ruddy (E. A.)**, Selbsttragender Film 7347* A.
Institute of Textile Technology, Compton (J.) u. **Jones (C. P.)**, Erhöh. d. Widerstandsfähigk. v. Cellulosefäden u. Geweben gegen Hitze u. Schimmelbildung 6654* F.
Instruments, Inc., u. **Graham (O. W.)**, Prüf. d. Aktivität v. Fließbettkatalysatoren 10828* A.
Intemann (K.) u. **Stöckmann (F.)**, Messungen d. Hall-Effektes am ZnO 7614.
Intengan (C. L.), Concepcion (I.), Salud (R. D.), Manalo (J.), Rosario (I. del), Gomez (Rosario), Arzaga (V.) u. **Alejo (L. G.)**, Zus. philippin. Nahrungsmittel. 2. Mitt. 8184.
Interchemical Corp., Ultramarin 1149* E. — Abtrenn. einer opt.-akt. Aminocarbonsäure aus Racematen 7789* Schwz.
— u. **Booth (A.)**, W.-in-Öl-Emuls. zum Bedrucken v. Textilien 8037* A.
— u. **Carlick (D. J.)**, Mischpolymerisat. zur Gewinn. modifizierter trocknender Öle 3016* A.
— u. **Cassel (N. S.)**, Bedrucken v. Textilgeweben 4461* D. B.

Interchemical Corp., Cassel (N. S.) u. Clifford (A. T.), Färben v. Stoffen 3010* Can.
— u. **Jenett (H.),** Farbig bedruckte Gewebe 5186* D. B.
— u. **Jones (W. L.),** Bitumen-M. für Intaglio-Druckfarben 2808* Can.
—, **Kass (Peter)** u. **Wicks (Z. W.),** Trocknende öl. Alkydharze für Lackgrundlagen 1386* A.
—, **Koberlein (L. F.)** u. **Poltersdorf (O.),** Wasserlösl. Additionsverbb. wasserunlösl. Azofarbstoffe 3258* A.
—, **Lee (E. D.)** u. **Schefbauer jr. (R. J.),** Kunstharz für Lacke u. Farben 7565* A.
— u. **Nichols (Joseph),** 12-Ketoölsäure u. 12-Ketoelaidinsäure u. deren Ester 687* A. — Härtbare Harze aus cycl. Addukten eines konjugierten Diens u. einem $\beta.\gamma$-ungesätt. Alkohol 7563* A.
—, **Rolle (C. J.)** u. **Kirk (William Van),** Überzugsmasse für Aufzeichnungsträger 6650* A.
—, **Rowland (C. S.)** u. **Chenicek (A. G.),** Kunstharze 7565* A.
— u. **Weber (Ira),** Überzugsmittel 3017* A.
—, **Whyzmuzis (P. J.)** u. **Kaupp (W. O.),** Entwickler für Ätzreserven auf Bimetalldruckschichten 4024* A.
—, **Yuska (H.)** u. **Hanle (J. E.),** Mischpolymerisate v. Methacrylsäureestern u. ungesätt. Polyestern 6630* A.
Intérêts Miniers et Industriels, Roheisenherst. 3725* F.
International Bitumen Emulsions Ltd. u. **Bradshaw (L. C.),** Bodenbelag für Ballspielplätze 3540* E.
International Cellucotton Products Co., Utermohlen jr. (W. P.) u. **Bletzinger (J. C.),** Plast. Kunststoffbänder 2314* E.
International Electrolytic Plant Co. Ltd. s. Bowen (C. E.).
International General Electric Co., Inc., Fl., beständ., homogene, filmbildende Suspens. 226* Schwz. — Elektr. Leiter 3455* Dän. — Permanentmagnet 10132* Schwz. — Gewinn. v. Ge 11656* It.
— u. **Agens (M. C.),** Fl. Schmiermittel aus Organosiloxanen 3776* Schwed.
— u. **British Thomson-Houston Co Ltd.,** Gasentladungsleuchtröhre 9877* E., Schwz.
International Hormones, Inc. u. **Barsel (N.),** Wasserlösl. Steroidkomplex 10816* A.
International Kenmore Ltd., Camin (E. L. A.), Hybinette (S. E.) u. **Taylor (H. B.),** Elektrolyt. Vernickel. v. Metallen 1835* E.
International Latex Processes Ltd. u. **Ogilby (S. R.),** Schwammkautschuk 7103* D. B.
—, **Ward (A. N.)** u. **Purkis (F. T.),** Schwammkautschukwaren 472* D. B.
International Minerals & Chemical Corp., Gewinn. v. K_2SO_4 aus Langbeinit 1119* F. — Herst. v. Fe-Pulver 2529* E.
— u. **Atwood (G. E.),** Kaliumchlorid 8469* F.
— u. **Dancy (W. B.),** Behandl. v. Rohsalzen, d. Chlorkalium u. Magnesiumsulfat enthalten 10352* A.
—, **Dancy (W. B.)** u. **MacDonald (R. A.),** Wiedergewinn. v. K u. Mg aus Kaliumsulfatmutterlaugen 437* F.
— u. **Dowling (B. B.),** Tyrosin 4699* A.
— u. **Hac (L. R.),** Decarboxylase 11053* A.
— u. **Hoglan (F. A.),** Glutaminsäure 7083* A.
— u. **Weidman (S. H.),** Monokline *l*-Glutaminsäurekristalle 7785* A.
International Nickel Co. of Canada Ltd., Verarb. v. Ni u. Cu enthaltenden sulfid. Erzen 3727* F.
— u. **Griffiths (W. T.),** Ni-Fe-Legierr. für hohe Tempp. 5169* Can.
— u. **Renzoni (L. S.),** Elektrolytnickel mit geringen Mengen S u. Fe 4926* Can.
— u. **Roehl (E. J.),** Galvan. Vernickelung 4928* Can.
International Nickel Co., Inc., Bieber (C. G.) u. **Sumpter (W. F.),** Ventile für Verbrennungskraftmaschinen 5645* A.
— u. **Busby (A. D.),** Zusatzlegier. zum Einbringen v. Mg in geschmolzenes Gußeisen 8258* A.
— u. **Hersch (P.),** Alkal. Akkumulatoren mit vermindertet Selbstentlad. 8702* A.
—, **Millis (K. D.), Gagnebin (A. P.)** u. **Pilling (N. B.),** Stahlähnl. Legier. mit Kugelgraphit 2528* A. — Herst. v. Gußeisen mit Kugelgraphit 7074* A. — Herst. v. grauem Gußeisen mit erhöhten Festigkeitseigenschaften u. Kugelgraphitausbldg. 11088* A.
International Polaroid Corp., Silbersalz-Diffusionsverf. 4743* N. — Photograph. Verf. 7592* F.
—, **Rogers (H. G.)** u. **McCune jr. (W. J.),** Schnellphotographie 6668* F.
International Smelting and Refining Co., Skowronski (S.) u. **Mosher (M. A.),** Elektrolyt. Raffinieren v. Cu 2528* A.
International Standard Electric Corp., Se-Gleichrichter 8939* Oe. — Se-Zelle 10831* F.
— u. **Black (D. W.),** Se-Gleichrichter 10346* D. B.
— u. **New (A. A.),** Isoliermaterial für Hochfrequenzleiter 2975* D. B.
— u. **Scott (T. R.),** Kabel 11114* D. B.
—, **Warner (A. J.)** u. **New (A. A.),** Weichmachen v. polymerisiertem Styrol für Isolationszwecke 9165* D. B.
—, **Warner (A. J.)** u. **Standard Telephones & Cables Ltd.,** Kernchlorier. v. 1.3.3-Trimethyl-1-phenylinden 4936* D. B., E.
International Ytong-Stabalite Co. Ltd., Gemmel (C.) u. **Sebardt (W.),** Verform. v. feinverteilten hydraul. Stoffen 5627* Schwed.
Internationella Siporex Aktiebolaget, Kunststeine aus Leichtbeton 2983* Schwz.
— u. **Linse (H.),** Dampfgehärtete Leichtsteine unter Zusatz v. Faserstoffen 5629* Schwed.
Intraest International Industrial Trading Co. Establishment, Hitzebeständiges Isoliermaterial 3230* E.
Introzzi (P.) u. **Mainoli (S.),** Kombinat. Cortison-Chloramphenicol in d. Behandl. d. Typhus 9610.
Inuishi (Y.) u. **Suita (T.),** Durchbruch bei verfärbtem KCl 6216.
Inuzuka (H.) u. **Sugaike (S.),** In_2Te_3, seine Darst. u. Gitterkonstante 3323.
Inventa Akt.-Ges. für Forschung und Patentverwertung, Biuretarmer Harnstoff 687* Schwz. — Hexamethylentetramin 1379* Schwz. — Oxime 4210* Oe. — Entfernen v. Caprolactam aus Polyamiden 8512* F.
— u. **Giesen (J.),** Aufschluß v. Lignin u. ligninhalt. Material 6136* D. B.
— u. **Kümmel (P.),** Schmelzspinnverf. für Polyamide 11124* A.
Inzigneri (M.) u. **Peco (G.),** Beobachtungen an d. Grenzschicht Scherben-Glasur u. ihre Einfl. auf d. Fertigungszeugnis 11271.
Ioakimiss (K. D.), Behandl. v. Mastitiskranken mit Penicillin 11243.

Ioanissiani (P. G.) u. **Gawrilow (N. I.)**, Formoltitrat. unter Anwend. einer Glaselektrode 9636.
Iofa (S. A.) s. Frumkin (A. N.); Kapzan (O. L.); Nikolajewa (N. W.).
Ioffe (A. F.) s. Ioffe (A. W.).
Ioffe (A. W.) u. **Ioffe (A. F.)**, Mess. d. Wärmeleitfähigk. 3925. — Gesetzmäßigkk. bei d. Größe d. Wärmeleitfähigk. v. Halbleitern 8094. — Einfl. v. Zusätzen auf d. Wärmeleitfähigk. v. Halbleitern 9968.
Ioffe (B. L.), Kovariante Gleichungssysteme in d. Theorie d. Quantenfelder 7594.
Ioffe (B. S.) s. Nessmejanow (N.).
Ioffe (B. W.), Positiv-negative Isothermen d. Brechungsindices 7839.
— u. **Lilitsch (L. S.)**, Unters. d. Syst. Tetranitromethan–Bzl. nach verschied. physikochem. Analysenverff. 548.
Ioffe (E. S.) s. Owtschinnikowa (T. M.); Rotinjan (A. L.).
Ioffe (I. I.), Mechanismus d. unvollständigen Oxydat. d. Benzols 10229. — s. Woroshzow sr. (N. N.).
Ioffe (I. S.) u. **Belenki (B. G.)**, Unters. auf d. Gebiet d. Oxyfuchsonfarbstoffe. 16. Mitt. 2-Oxyfuchson 10257.
Ioffe (K. G.), Bau d. Tyrosin enthaltenden Teiles d. Peptidkette d. Seidenfibroins 9816.
— u. **Jermakowa (J. A.)**, Verwandtschaft d. Proteine v. Phaseolus aureus Piper mit d. Proteinen v. Soja 6317.
— u. **Ssorokin (W. M.)**, Hydrolyse d. Elastins durch verdünntes Alkali mit bas. Kupfersulfat 11026.
Ioffe (S. T.), Beitrag d. russ. Chemiker zur Entw. d. magnesium-organ. Synth. 3599.
Ioilewa (K. A.) s. Bering (B. P.).
Ionics, Inc. u. **Juda (W.)**, Reinig. v. W. 901* A. — Wasserreinig. durch Ionenaustausch 3224* A.
—, **Juda (W.)** u. **McRae (W. A.)**, Herst. v. ionenaustauschenden Membranen u. Diaphragmen 11697.
Ionowa (K. I.) s. Nalimow (W. W.).
Iordan (J. F.) s. Pawlow (F. N.).
Iorio (A. D') s. Pellerin (J.).
Iossewitsch (A. I.), **Kukolew (G. W.)** u. **Petrow (G. W.)**, Anwend. v. Torfauszügen mit Wasserglas als Peptisator für Schlicker 10602.
Iowa State College Research Foundation, Inc., **Fox (S. W.)** u. **Bullock (M. W.)**, Indolyl-3-essigsäuren 10845* A.
Ipach (E.) s. Wickert (K.).
Ipatieff (V. N.) s. Pines (H.); Universal Oil Products Co.
—, **Huntsman (W. D.)** u. **Pines (H.)**, Studien in d. Terpenreihe. 17. Mitt. Therm. Isomerisier. v. Pinan bei hohen Drucken 8392.
—, **Pavlik (F. J.)** u. **Pines (H.)**, Studien in d. Terpenreihe. 16. Mitt. Hydrogenolyse v. Pinan in einer Strömungsapp. bei Ggw. v. Hydrierungskatalysatoren 8391.
Ipatjew (W. W.) s. Tichomirow (W. I.).
— u. **Tichomirow (W. I.)**, Oxydat. v. Fe an d. Luft bei hohen Tempp. 1228.
Ipatjewa (W. A.) s. Budnikow (P. P.).
Ippen (A. T.) u. **Carver jr. (C. E.)**, Grundlagen d. O_2-Übertrag. in Belüftungssystemen 4668. — Messung v. gelöstem O_2 5858.
Ipsen (J.) s. Bonnycastle (D. D.).
Irazu (J.) s. Balze (F. A. de la).
Irby (W.) s. General Electric Co.
Irby (W. R.) s. Toone jr. (E. C.).
Irchin (J. P.) s. Kowner (M. A.).
Iredale (T.) s. Dunn (T. M.); Ferguson (J.).
Ireland (D. M.) s. Basil (B.); Cuthbertson (W. F. J.).
Ireland (J.), Organozinnhalogenide 4212* E. — Elektrolyt. Abscheid. v. Sn–Ni-Legierr. 10373* E. — s. Stanolind Oil & Gas Co.
— u. **Greenfield (L. T.)**, Sn-Legierr. 9183* E.
Ireland (J. R.), Magnetostrikt. v. Alnico V 2524.
Irick (R. C.) s. Burch (D. S.).
Irion (W.) u. **Fischnich (O.)**, Stoffl. Umwandll. in „Rindite" behandelten Kartoffelknollen in d. einzelnen Phasen d. Keimung 11476.
Irion (Wilhelm) s. Phrix-Werke Akt.-Ges.
— u. **Moosmüller (E.)**, Papierchromatographie zur Beurteil. d. Reaktionsverlaufs bei Hydrierr. 1014.
Iris (R. C.) = Colorado Iris (R.).
Irish (G. E.) u. **Karbum (A. C.)**, Prinzipien d. Elutionschromatographie, wie sie bei d. Trenn. v. Schmierölkomponenten angewendet wird 2338.
Irmer (R. O.), Steinkohlenvergas. ohne Koksanfall u. Gasspeicher. unter Tage 725. — Flotat. im Kalibergbau. Kaliaufbereit. neben Füllort, *600* Meter unter Tage 4669.
Irmler (H.) s. Arend (H.).
Irokowa (H.) s. Satoh (Shun-ichi).
Irreverre (F.) u. **Martin (W.)**, Anpassungsfäh. Technik d. Papierchromatographie 420.
Irrgang (K.), Laboratoriumserfahrr. mit Streptococcus Aronson bei d. Best. chemotherapeut. Wrkgg. an d. weißen Maus 1302.
Irsa (A. P.) s. Friedman (Lewis).
Irvine (D. H.) s. George (P.).
Irvine (D. S.) s. Bentley (H. R.).
Irvine (G. N.) u. **Anderson (J. A.)**, Lipoxydaseaktivität verschied. nordamerikan. Weizen 8411. — Kinet. Unterss. über d. Lipoxydasesyst. d. Weizens 8411.
—, **Bushuk (W.)** u. **Anderson (J. A.)**, Kinet. Unterss. über d. Katalasesyst. d. Weizens 8407. — Katalaseaktivität nordamerikan. Weizen 8408.
Irvine jr. (J. W.) s. Bazorgan (G. A.).
Irvine (M. M.) s. Hyatt (J. M.).
Irvine (S. R.), **Brunish (R.)** u. **Rowen (J. W.)**, Unterss. d. Glaskörper-Fl.; Beobachtt. v. Sequelae u. Behandl. v. Glaskörpervorfällen: Eigg. d. Glaskörpers in Abhängigkeit v. d. Geh. an Hyaluronsäure 10301.
Irving (F.) s. Imperial Chemical Industries Ltd.
Irving (H.) u. **Bell (C. F.)**, Dithizon. 5. Mitt. Vgl. d. Synthesewege für ^{35}S-Dithizone 8828.
—, **Cabell (M. J.)** u. **Mellor (D. H.)**, Ster. Hinder. in d. analyt. Chemie. 2. Mitt. Rkk. d. Eisen(II)-salze mit 2-substituierten 1.10-Phenanthrolinen 2388.
— u. **Griffiths (J. M. M.)**, Stabilität v. Komplexen aus zweiwert. Übergangsmetallen mit N-alkylsubstituierten Äthylendiaminen 6486.
— u. **Hampton (A.)**, Ster. Hinder. in d. analyt. Chemie. 3. Mitt. 1-Pyridyl-(2')-isochinolin u. d. Ferroin-Rk. 11214.
— u. **Pinnington (A. R.)**, 8-Oxychinaldinsäure 2901.
—, **Williams (R. J. P.)**, **Ferrett (D. J.)** u. **Williams (A. E.)**, Einfl. d. Ringgröße auf d. Stabilität v. Metallchelaten 9529.

Irving (J.), Nichtphysikal. Lsgg. in d. klass. endlichen Elektronentheorie 4509. — Einfl. d. Tensorkraft auf d. Bindungsenergie d. α-Teilchens 6905.
Irving (J. D.) s. Smith (M. J. H.).
Irving (J. T.) s. Boyle (P. E.).
Irving (R. J.), Prüfungen auf Verunreinigg. in d. Atmosphäre v. Leeds 11183.
Irwin (C. F.) s. Du Pont de Nemours (E. I.) & Co.
Irwin (J. O.) s. Coward (K. H.).
Irwin (J. T.), Wrkg. u. Schutz v. Depolarisatoren beim Reinigen v. Stäben u. Drähten 9181. — Verbessern d. Oberflächenbeschaffenh. beim Beizen v. Metallen 9186* E. — s. Poor & Co.
Irwin (J. W.) s. Burrage (W. S.).
Irwin (O. R.) s. Marvel (C. S.).
Irwin, Neisler & Co. u. Marty (B. A.), Arzneimittel, bestehend aus Theophyllin 4890* A.
Isaacs (B.) s. Wishart (M.).
— u. **Macarthur (J. G.)**, Einfl. v. Chlorpromazin u. Promethazin auf Erbrechen nach Apomorphin beim Menschen 3677.
Isaacs (J.) s. Ballard (C. W.).
Isaakidis (K. A.), Arbeiten, d. *1946* in Griechenland zwecks Einführ. v. DDT zur Schädlingsbekämpf. ausgeführt wurden 11666. — Bekämpf. v. Dacus oleae (Rossi) durch DDT 11667.
Isabell (R. D.) s. Horlock (A. B.).
Isachsen (N.) s. Holtebekk (T.).
Isaksson (B.), Spektrophotometr. Best. v. Chenodesoxycholsäure in d. Galle 5864.
Isamat Vila (J.), Galen. Zubereitt. d. Chinarinde u. darin enthaltene Alkaloide 8441.
Isay (W.-H.), Leitfähigkeitstheorie d. Halbleiter 11338.
Isbekow (W. A.), Elektrolyse geschmolzener Salze mit fl. Kathoden. 2. Mitt. Elektrolyse v. Lsgg. v. Metallbromiden in fl. $ZnBr_2$ mit fl. Sn– u. Bi-Kathoden 2606.
Isbell (H.) s. Fraser (H. F.).
Isbell (H. S.) s. Snyder (C. F.); United States of America.
— u. **Frush (H. L.)**, Wrkg. d. p_H-Wertes auf d. Mutarotat. u. Hydrolyse v. Glykosylaminen 2866.
— u. **Karabinos (J. V.)**, Darst. v. $^{14}C_{(1)}$-D-Mannit u. seine Verwandl. in $^{14}C_{(1)}$-(und $^{14}C_{(6)}$-)D-Fructose durch Acetobacter suboxydans 8126.
—, **Karabinos (J. V.), Frush (H. L.), Holt (N. B.), Schwebel (A.)** u. **Galkowski (T. T.)**, Synth. v. $^{14}C_{(1)}$-D-Glucose u. $^{14}C_{(1)}$-D-Mannose 8123.
Ischebeck (P.) s. Hüttenwerke Phoenix Akt.-Ges.
Ischer (H.) s. Sandoz Akt.-Ges.
Ischimowa (L. M.), Rolle d. Adenosintriphosphorsäure im Mechanismus d. Erreg. v. Chemoreceptoren durch Antigene 9366.
Ischlinski (A. J.), Fokussier. v. elektr. geladenen Teilchen 2373.
Ischtschenko (I. I.), Einfl. d. plast. Dehn. auf d. Dauerfestigk. v. Stahl im W. 8719.
Ischtschenko (S. G.) s. Koslowa (A. W.).
Ise (C. M.) s. Dale (W. J.).
Ise (J.) s. Schecter (L.).
Iselin (B.) s. Schwyzer (R.).
— u. **Hoffmann (K.)**, Alkyleniminderivv. 5. Mitt. Synth. einiger 3-Aryl-3-oxypiperidine 810; 7. Mitt. Synth. v. 2.7-Naphthyridinderivv. 812.
Iselin (E.) s. Sandoz Akt.-Ges.
Isemura (T.) u. **Hamaguchi (K.)**, Oberflächenchemie v. synthet. Proteinanalogen. 1. Mitt. Oberflächenspann.; Flächenbezieh. v. synthet. Polypeptiden als Proteinmodellen 9582.
Isenberg (H. D.) s. Schatz (A.).
—, **Schatz (A.), Angrist (A. A.), Schatz (V.)** u. **Trelawny (G. S.)**, Mikrobieller Stoffwechsel v. Carbamaten. 2. Mitt. Nitrifizier. v. Urethan durch Streptomyces nitrificans 5340.
Isenberg (I.), Virialtheorem u. Variationsprinzip 1193.
Isensee (R. W.) s. Sandera (G.).
Isermeyer (H.) s. Schachtschabel (P.).
Isgaryschew (N. A.) s. Fioschin (M. J.).
— u. **Fioschin (M. J.)**, Elektrosynth. d. Aminobenzoesäuren 6739. — Adsorpt. organ. Stoffe an d. Kathode u. ihre Reduktionspotentiale 9527.
— u. **Kruglikow (S. S.)**, Elektrosynth. v. p-Aminodiäthylanilinsulfat 339.
Ishaque (M.), Gleichgewichte „fl.-fest" in d. quatern. Syst. NaCl–KCl–$CaCl_2$–NaF–KF–CaF_2 (d. drei korrespondierenden reziproken tern. Systeme, d. tern. Syst. d. drei Fluoride, d. bin. Syst. KF–CaF_2) 5500.
Isherwood (F. A.), Trenn. v. Kohlenhydraten u. Phosphorsäureestern auf Papierchromatogrammen 10339.
— u. **Cruickshank (D. H.)**, Neue Meth. zur colorimetr. Best. v. Aminosäuren auf Papierchromatogrammen 176. — Chromatograph. Trenn. u. Analyse v. Brenztrauben-, Oxalessig- u. α-Ketoglutarsäuregemische 889.
Ishibashi (M.), Fujinaga (T.) u. **Kawamura (K.)**, Analyt. Chemie mittels organ. Verbb. 17. Mitt. Polarograph. Analyse. 17. Mitt. Elektrolyt. Red. d. Cyclohexandiondioxims u. deren Anwend. auf amperometr. Titrationen 8688.
—, **Kimura (K.), Shimizu (S.)** u. **Kusaka (Y.)**, Chem. Unterss. an radioakt. Indicatoren. 13. Mitt. Radioakt. Phosphor (^{32}P) u. Brom (^{80}Br; ^{82}Br) 8081.
Ishibe (I.), Nose (M.) u. **Hashimoto (Hidefumi)**, Modellverss. über Verbrennungsfragen beim Martin-Ofen 2523.
Ishida (K.), Gastr. Säuregrad bei verschied. Hautkrankheiten 8655.
Ishida (N.), Myazaki (J.), Ōkamoto (Saburō) u. **Omachi (K.)**, Antibiot. Substanzen aus Actinomyces. 22. Mitt. Unterscheid. v. Streptomycinen, Streptothricinen u. Neomycinen durch papierchromatograph. Methoden 8415.
Ishida (T.) s. Shimizu (S.).
Ishidzu (T.) u. **Obi (Shin-ya)**, Niedrige Energieniveaus v. ^6Li 7363. — Energieniveaus d. Konfigurat. d^4p, d^5p u. d^6p 8084. — Struktur d. f^n-Elektronenkonfigurationen. 1. Mitt. Koeffizienten d. fraktionierten Ableit. v. f^3 8084; 2. Mitt. Spin–Elektronenbahn-Wechselwrkg. d. Konfigurat. f^3 8084.
Ishiguro (E.) u. **Koide (S.)**, Magnet. Eigg. v. H_2–Moll. 2604.
Ishiguro (K.) u. **Hayashi (Toshiharu)**, Änder. d. Brechungsindex einiger Ge-Filme bei intensiver Bestrahlung 3795.
Ishii (D.) s. Ishimaru (S.).
Ishii (S.), Wrkg. v. F auf d. Organismus 9131.
Ishii (T.) s. Saito (F.); Yano (S.).
Ishii (Y.), Absorptionsspektren v. Farbstoffen. 1. Mitt. Adsorptionsspektren v. mit Direktfarbstoffen gefärbten Cellophanfilmen 5185.

Ishikawa (H.) s. A b e (Y.).
Ishikawa (Kazuo) s. H i b i (T.).
Ishikawa (Kinzo), Mechan. Verh. nicht gezogener Amilanfäden. 1. Mitt. Belastungs-Dehnungs-Kurven nichtgestreckter Amilanfäden in W. 1876. — Mechan. Eigg. v. Acetatreyon. 1. Mitt. Verh. bei Wasserbenetz. 2565.
Ishikawa (S.) u. **Hirabayashi (Kihö),** Natürlicher Graphit. 2. Mitt. Herstellungsverf. für koll. Graphit 2843.
— u. **Matsuo (M.),** Unterss. über d. Perkinsche Rk. 6. Mitt. Rk. zwischen Benzaldehyd u. Essigsäureanhydrid 2639; 7. Mitt. Rk. zwischen Anisaldehyd u. Essigsäureanhydrid 2639.
Ishikawa (T.), Ideales Mischungsgesetz für d. Viscosität 3807.
Ishimaru (S.) u. **Ishii (D.),** Einfl. verd. Überchlorsäure auf Oxydoreduktions-Rkk. 1. Mitt. 4421.
Ishimori (T.), Radiometr. Best. kleiner Tl-Mengen 6580. — Geh. an Mo in japan. vulkan. Gesteinen 9281.
Ishino (K.), Elektrodenausrüst., Verfärb. u. Entgas. beim elektr. Glasschmelzen 1588. — Schmelzen v. Borsilicatglas in einer kleinen elektr. Schmelzwanne 2276.
Ishiwari (R.) s. K i m u r a (K.).
Ishiyama (T.), Anwend. d. „Pulspolarisators" macht rasche Fortschritte 3724.
Ishizawa (S.), Unterss. über d. Wurzelknöllchenbakterien v. Leguminosen. 1. Mitt. Charakteristica in künstl. Medien. Teil 2: Charakteristica d. Kulturen 11663.
Ishizuka (Y.) u. **Hayakawa (Y.),** Kennzeichen v. Mt. Matsu stammender vulkan. Aschenböden, welche d. Kushiro- u. Nemurodistrikte im östl. Hokkaido bedecken, u. d. Aufrechterhalt. ihrer Fruchtbark. 1. Mitt. 10838.
— u. **Tanaka (A.),** Biochem. Unterss. d. Lebensphasen d. Reispflanze. 3. Mitt. Synth. u. Verlager. d. verschied. Fraktionen d. N-Verbb. u. Kohlenhydrate 5821.
Ishmael (W. K.) s. P a y n e (R. W.).
Isidor (P.), Histolog. u. histochem. Charakterisier. v. Heparin. Vers. d. Identifizier. d. Mastocytenkörnchen mit histiocytären Einschlüssen d. mit Heparin behandelten Wunden v. Meerschweinchen 6552.
Isings (J.) s. N e d e r v e m (G. van).
Isitt (J. S.) s. A n g l o - I r a n i a n O i l C o. L t d.
Isken (H.), Oberflächenbeschaffenh. v. Glas nach Langzeitglühen 7523.
Islam (M. A.) u. **Hossain (M.),** Aggregatbldg. v. ostbengal. Böden in Bezieh. zu ihrer chem. Zus. 9884.
Island (D.) s. L i d d l e (G. W.).
Isler (F.), 1-phenyl-2.3-dimethyl-5-pyrazolon-4-methylaminomethansulfonsaures Na 7498* Schwz.
Isler (O.) s. H o f f m a n n - L a R o c h e, Inc.
Isles (G. L.) s. C h a r n l e y (A.).
Islip (H. T.) s. B r o w n (E.).
— u. **Matthews (W. S. A.),** Einfl. d. Lager. auf süßes Orangenöl 235.
Ismailow (A. W.), Streufähigk. v. Elektrolyten 5250.
Ismailow (N. A.), Berechn. d. Rk.-Ausbeute auf Grund d. physikal.-chem. Analyse nach kryoskop. Daten in Lsgg. 10214. — s. S c h k o d i n (A. M.).
Ismailow (N. A.) u. **Besugly (W. D.),** Best. organ. Säuren, Citronen-, Oxal- u. Gluconsäure bei deren gleichzeitiger Anwesenh. 10587.
— u. **Kutzyna (L. M.),** Einfl. v. Lösungsmm. auf d. Raman-Spektren v. Carbonsäuren u. Phenolen 1007.
— u. **Schosstenko (J. W.),** Adsorptionsmeth. zur Isolier. v. Stoffen aus verd. Lsgg. 3. Mitt. Desorpt. mol. adsorbierter Stoffe durch einen Lösungsmittelstrom 1471.
Ismailski (W. A.) u. **Ssolodkow (P. A.),** Absorptionsspektren d. Mol.-Komplexe aromat. Amine mit Chinolinsalzen, Unters. d. Absorptionsspektr. d. Mol.-Komplexes 4-[p-Dimethylaminostyryl]-chinolin + 1-Äthyl-2-styrylchinoliniumjodid 10947.
Ismay (D.) s. G a r d n e r (D.).
İşnel (A. H.) s. C o n s t a b l e (F. H.).
Isomex Akt.-Ges., Geschichteter u. gepreßter Isolierkörper 3221* Schwz.
Ison (H. C. K.) s. W o r m w e l l (F.).
Isoniemi (M.) s. S t å h l b e r g (K.).
Isono (M.), Oxydativer Phenylessigsäurestoffwechsel v. Penicillium chrysogenum *Q-176*. 1. Mitt. Manometr. Best. v. Phenylessigsäure in Penicillinkulturbouillon 1301; 2. Mitt. Verschwinden v. Phenylessigsäure in Penicillinkulturmedium u. manometr. Best. d. Phenylessigsäureoxydat. 1301.
Isoshima (T.), Rkk. v. Keten mit Acetessigester in Ggw. v. Pyridin 8359. — s. N o d z u (R.).
Israel (H. L.) s. K r o s n i c k (A.); S e v e n (M. J.).
—, **Sones (M.)** u. **Harrell (D.),** Cortisonbehandl. v. Sarkomatose 4140.
Israelashvili (S.) u. **Bergmann (Felix),** Rk. v. 1.4-Diphenyl- u. 1.1.4-Triphenylbutan mit N-Bromsuccinimid 81.
Israilewitsch (J. A.) s. S c h a t e n s t e i n (A. I.).
Israilski (W. P.) u. **Minjajewa (O. M.),** Gleichzeit. Bearbeit. v. Kleesamen vor d. Aussaat mit Granosan u. Nitragin 199.
Issa (I. M.) u. **Awad (S. A.),** Amphotere Eigg. v. TeO_2 3071.
—, **Eid (S. A.)** u. **Issa (R. M.),** Ameisensäure als Reagens für alkal. Permanganat. 2. Mitt. Potentiometr. Best. v. Se^{4+} 9401.
— u. **Issa (R. M.),** Potentiometr. Meth. für d. Makro- u. Mikrobest. v. Tl durch Oxydat. mit $KMnO_4$ in alkal. Lsgg. 3447. — Ameisensäure als Reagens für alkal. Permanganatlsg. 1. Mitt. Potentiometr. Best. v. Formiat 7278.
Issa (R. M.) s. I s s a (I. M.).
Issaguljanz (G. B.) s. K e i e r (N. P.).
Issaguljanz (G. W.), Andrejew (J. A.) u. **Kossolapowa (N. A.),** Gewinn. v. Capronsäure mit ^{14}C markiertem Carbonyl 9065.
Issaguljanz (W. I.) u. **Below (P. S.),** Umwandl. v. Propylen über d. Katalysator $AlCl_3 \cdot NaCl$ 8066.
Issaikin (A. M.) s. S b a r s k i (N. S.).
Issajew (J. B.), Besonderheiten im Verh. d. Ni-Katalysators bei d. Hydrier. v. Furfurylalkohol in d. Dampfphase 10717.
Issajewa (S. G.) s. A r b u s o w (B. A.).
Issakow (P. M.), Qualitative Analyse v. Erzen u. Mineralien nach d. Pulvermeth. Russ. [2500]. — Qualitative Analyse nach d. Pulvermeth. 10427.
Issakowitsch (M. A.) s. A g e j e w a (N. S.).
Issaly (A. S.) s. M i r a v e t d e I s s a l y (I. S.).

Issaly (A. S.) u. **Miravet de Issaly (I. S.)**, Ureaseaktivität d. Pasteurellen 9588.
Issaly (I. S. M. de) = Miravet de Issaly (I. S.).
Issatschenko (W. B.), Einfl. v. antipyret. Stoffen auf d. Darmsekret. in d. Norm u. bei experimentellem Fieber 5592. — Antagonismus d. Farbstoffes Kongorot zu Curare u. neuen curareähnl. Präpp. 10798.
Issekutz jr. (B.), **Hetényi jr. (G.)** u. **Winter (M.)**, Wirkungsweise d. Insulins 5583.
Issekutz sr. (B.), **Pórszász (J.)**, **Issekutz-Küttel (L.)** u. **Nádor (K.)**, Pharmakol. Unters. d. Aminoketone. 1. Mitt. Antinicotinwirksame Aminoketone 7968.
Issekutz-Küttel (L.) s. Issekutz sr. (B.); Nádor (K.).
Issiki (S.) u. **Kimura (H.)**, Änder. d. D. v. Cu-Einkristallen durch Kaltbearbeit. 7860.
Issitschenko (N. A.) s. Tutajew (G. W.).
Issjanow (S. S.) s. Berenstein (A. F.).
Isskoldski (I. I.), Geschichte d. chem. Symbole u. Formeln in Rußland 9010.
Isslamow (I. I.), Elektrophoret. Unters. d. Proteine d. Blutes u. d. Ödemfl. beim experimentellen Lungenödem d. Hundes 5349.
Issupow (W. A.) s. Smolenski (G. A.).
Istas (J. R.), Bedeut. d. Biometrie für d. Unters. d. Rohstoffe einer Zellstoffindustrie d. Kongogebietes 8996. — s. Raekelboom (E. L.).
— u. **Hontoy (J.)**, Gerbstoffgeh. d. Holzes u. d. Rinde v. Holzarten aus d. Kongogebiet 495.
Isthmian Metals, Inc., Aus mehreren mit Cu-Lot miteinander verbundenen Teilen bestehendes Werkstück 9435* F.
Istituto Sieroterapico Milanese Serafino Belfanti u. **Calcagno (L.)**, Poröse Eiweißkörper 9145* Schwz.
Istituto Terapeutico Romano Soc. à r. l. u. **Giacomello (G.)**, Wss. Disperss. u. Gele v. Oxyverbb. d. Sterine u. Terpene 415* D. B.
Istock (J. T.) s. Morgan (J. E.).
Itabashi (H.), **Koide (F.)** u. **Shimura (K.)**, Unters. über d. Eiweißsynth. 4. Mitt. Alkal. Phosphatase im Blut u. d. Seidendrüsen (Spinndrüsen) d. Seidenraupe 7005.
Itahashi (M.) s. Egami (F.).
Itai (I.) s. Matsuki (Y.).
Itallie (T. B. van), **Moore (F. D.)**, **Geyer (R. P.)** u. **Stare (F. J.)**, Einfl. v. intravenösen Gaben v. Fettemulss. auf d. Proteinsynth. 4627.
Itano (H. A.), Menschl. Hämoglobin 3419.
—, **Bergren (W. R.)** u. **Sturgeon (P.)**, Identifizier. eines 4. anomalen Humanhämoglobins 4868.
Itaya (K.) s. Funasaka (W.).
Itkina (D. J.) s. Malin (K. M.).
—, **Malin (K. M.)** u. **Passtuchowa (M. G.)**, Kinetik d. Säurebldg. 2. Mitt. Theorie d. Nitroseprozesses d. H_2SO_4-Gewinn. 7629.
Itō (H.) s. Suzuki (S.).
Itō (K.), Unterss. über d. Fließen polymerer Substanzen mit d. Extrusionsrheometer. 2. Mitt. Formgebungseffekte d. Arbeitsgeräte, Änderr. d. Abmessungen d. ausgepreßten MM. u. Auspressungscharakteristica v. Lucit 10761. — s. Fukui (S.).
Itô (M.) s. Tanaka (Shô).
Itô (Shô) s. Nozoe (T.).
Ito (Shuyo) s. Yamamoto (H.).
—, **Teraoka (I.)** u. **Yoshihama (S.)**, Bei niedr. Druck calcinierter Gips 11273.
Ito (Takashi) s. Yoshizumi (H.).
—, **Ohno (Kimio)** u. **Yoshizumi (H.)**, Nichtempir. Berechn. d. diamagnet. Anisotropie v. Bzl. 4309, 11547.
—, **Tanabe (Y.)** u. **Mizushima (M.)**, Linienbreite d. Rotationsspektren symm. Spitzenmoll. in Abhängigk. v. d. Kernquadrupolmomenten 1900.
Ito (Tei-ichi), **Minato (H.)** u. **Sakurai (Kin'ichi)**, Parasymplesit, ein neues Mineral polymorph mit Symplesit 5981.
— u. **Mori (H.)**, Kristallstruktur v. Datolith 1691.
Ito (Toshio), Integument d. Seidenraupe Bombyx mori. 5. Mitt. Phenoloxydase d. Integuments 4372.
Ito (Yosoji) u. **Higashi (K.)**, Lactogene Faktoren in d. Placenta 7020.
Ito (Yukio) s. Uchida (S.).
Itoh (J.) s. Kanda (T.).
— u. **Kusaka (R.)**, Kernquadrupolwechselwrkg. in Natriumchlorat u. Natriumbromat 7382.
—, **Kusaka (R.)** u. **Yamagata (Y.)**, Elektr. Quadrupolaufspalt. d. Linien d. magnet. Kernresonanz d. Na in einem Einkristall aus $Na_2S_2O_3 \cdot 5\,H_2O$ 1907.
Itoh (Takashi) = Ito (Takashi).
Itsuno (Y.) s. Sebe (E.).
Itterbeek (A. van) s. Troyer (A. de).
— u. **Berg (G. J. van den)**, Charakterist. elektr. u. magnet. Eigg. dünner Metallschichten 5494.
— u. **Forrez (G.)**, Messungen d. ersten Schalls in fl. He 4285.
—, **Greve (L. de)**, **Gerven (L. van)** u. **Sabbe (K.)**, Mess. d. elektr. Widerstandes v. dünnen Ni-Filmen bei sehr tiefen Tempp. 20.
—, **Lambeir (R.)**, **Franken (B.)**, **Berg (G. J. van den)** u. **Lockhorst (D. A.)**, Mess. d. Stromeinfl. auf d. elektr. Widerstand v. kondensierten Fe-Filmen bei tiefen Tempp. 984.
Ittner III (W. B.) u. **Ter-Pogossian (M.)**, Scintillationsprobe zur Best. relativer β-Intensitäten 7370.
Ivančević (I.), **Cerkovnikov (E.)**, **Tomić (D.)** u. **Muačević (G.)**, Äußerl. Anwend. v. Hopfendrüsen (Glandulae Lupuli) 4401.
Ivanitzky (V.) s. Comp. Française des Matières Colorantes.
Ivanoff (M.), Substitutions-Rkk. d. durch Neutronenfang aktivierten Br. 2. Mitt. Bldg. v. Br-Derivv. d. Nitrobenzols u. d. Methyl- u. Äthylbenzoats 9533.
Ivanovic (N.) s. Fell (C.).
—, **Johnson (J. Frederic)**, **Olwin (J. H.)** u. **Seegers (W. H.)**, Dicumarol u. Plasma-antithrombinaktivität 9834.
Ivánovics (G.) u. **Alföldi (L.)**, Neues antibakterielles Prinzip: Megacin 9823.
Ivanovszky (L.), Wrkg. u. Bewert. d. Wachse in d. kosmet. Industrie 2553. — Retentionslehre. 1. Mitt. 7343; 2. Mitt. 7343.
Iványi (K.) s. Csalay (L.).
Ivars (J.), „Non-fluid-oil" als Gleitmittel in d. Textilindustrie 1876.
Iveković (H.) s. Gertner (A.).
— u. **Gertner (A.)**, Bedeutung u. Best. d. organ. Substanz in W. 5868.
Ivens (K.) s. Meier (K. E.).
Ivens (V.) s. Levine (N. D.).
Ivermark (R. F.) s. Bergvik & Ala Aktiebolag, vormals Bergvik & Ala Nya Aktiebolag.
Iversen (H.-G.) s. Westengaar (E.).

Iversen (K.), Kontrollverss. mit Phosphorsäure u. Kali *1935—1950*. 3. Mitt. 5157.
Iversen (S.) u. Lam (J.), Farbstoff in Annatto-Butterfarben 2557.
Iverson (R. L.) s. Koppers Co., Inc.
Ives (D. A. J.) s. Barton (D. H. R.).
Ives (H.) s. Finch (J.).
Ives (P. T.), Mutationsgrade durch Strahl. bei Drosophila u. Mäusen 9350. — s. Young (W. J.).
Ives (R. L.), Tragbare Geiger-Zähler 10674.
Ives (R. S.) s. Sylvania Electric Products, Inc.
Iveson (H. T.) s. Glidden Co.
Ivester (M. E.) s. Moseley (V.).
Ivey (D. G.) u. Kwei (A.), Spann.-Temp.-Zeit-Unterss. im Gebiet d. Einfriertemp. 4843.
Ivey jr. (E. H.) s. Houdry Process Corp.
Ivin (K. J.) s. Collinson (E.); Dainton (F. S.).
—, Wijnen (M. H. J.) u. Steacie (E. W. R.), Rkk. v. Äthylradikalen 784.
Ivinson (M. G.) s. Baddeley (G.).
Ivler (D.) s. Wolfe (J. B.).
Ivy (A. C.) s. Grant (R.); Magee (D. F.); Vaichulis (J. A.).
Ivy (E. E.), Rainwater (C. F.), Scales (A. L.) u. Gorzycki (L. J.), Vgl. d. Wirksamkk. d. Äthyl- u. Methylhomologen v. neun Phosphorverbb. gegenüber vier Baumwollschädlingen 3467.
Iwagami (Y.) s. Higuti (I.).
Iwainsky (H.), Papierchromatographie als Arbeitsweise zur Trenn. u. Best. v. Aminosäuren u. Proteinen 654. — s. Franzke (C.).
Iwakiri (B. T.) s. Griggs (W. H.).
Iwanenko (D.) u. Kolessnikow (N.), Hypothese v. neuen Teilchen: Elektrino 9720.
—, Kolessnikow (N.) u. Larin (S. I.), Kernmodell 11489.
Iwanenko (D. D.) s. Gapon (J. N.).
— u. Kurdgelaidse (D. F.), Grundgleichungen d. Mesonendynamik 2121.
Iwanitzkaja (J. F.) s. Strogonow (B. P.).
Iwanow (A.), Anwend. d. Sulfanilamide in d. Veterinärpraxis 9840.
Iwanow (A. I.), Zustandsdiagramm d. Systeme $MgCl_2$–$CaCl_2$ u. $MgCl_2$–KCl 11534.
Iwanow (A. P.), Luminescenzintensität v. Luminophorenpulvern 7609.
Iwanow (C.) s. Iwanow (D.).
Iwanow (D.) u. Iwanow (C.), Analyse v. Harzterpentin d. Kiefer P. nigricans, Holzterpentin u. Kolophonium bulgar. Herkunft 10633. — Hydrogenolyse organ. S-Verbb. an Raney-Ni 10725.
—, Iwanow (T.) u. Iwanowa (B. S.), Indone. 3. Mitt. 2.3-Diphenylindontrisulfonsäure 9088.
— u. Marekow (N.), Synthesen mit Hilfe d. Na-Salzes d. α-Chlormagnesiumphenylessigsäure u. Chloriden aliphat. Dicarbonsäuren. Meth. zur Darst. v. Benzyldiketonen 9087.
Iwanow (D. P.), Natur v. lamellarem Graphit 4923.
Iwanow (I. I.), Unters. v. Lackgewebe 7590. — Best. d. Wasseraufnahmefähigk. geschichteter plast. MM. 8978.
Iwanow (J.), Chem. Meth. zum Schutz d. aufgehenden Baumwollsaat gegen nagende Schädlinge 8010. — Prophylakt. Frühjahrs- u. Sommermaßnahmen bei d. Schädlingsbekämpf. bei Baumwolle u. Luzerne 11078.
Iwanow (K. I.) u. Blagowa (T. A.), Herstellungsmeth. v. Dialkylperoxyden. Tetralyläthylperoxyd u. Phenylisopropyläthylperoxyd 9308.
—, Ssawinowa (W. K.) u. Shachowskaja (W. P.), n-Butylbenzolhydroperoxyd 9308.
Iwanow (N.) s. Meybeck (L.).
Iwanow (N. M.) s. Pawlow (W. A.).
Iwanow (P. A.) Tiefenfärb. v. Buchenfournieren 2805.
Iwanow (S. S.), Aus d. Vergangenh. d. heim. Zuckerindustrie 2350. — Verwend. v. Anionenaustauschern für d. Regulier. d. p_H in d. Zuckerraffinadeindustrie 7105.
Iwanow (T.), Kondensat. aromat. Aldehyde mit α.β-ungesätt. β-Methylketonen 9087. — Einw. v. konz. H_2SO_4 auf triarylsubstituierte 3-Oxypropansäuren 9790. — s. Iwanow (D.).
— u. Mladenowa-Orlinowa (L.), Dehydratat. arylsubstituierter 3-Oxybutansäuren mit konz. H_2SO_4 10498.
Iwanow (W. I.) s. Ginze (L. A.); Kawersnewa (J. D.).
—, Kawersnewa (J. D.) u. Kusnetzowa (S. I.), Chem. Umwandll. d. Makromol. d. Cellulose bei d. Oxydat. 8. Mitt. Chem. Umwandll. d. Cellulose bei Oxydat. mit H_2O_2 1062.
— u. Lobanowa (A. W.), Hexokinase v. Bact. perfringens u. einige ihrer Eigg. 6049.
— u. Rosenberg (P. A.), Einfl. d. Glutaminsäure auf d. Geh. d. Gehirns an P-Verbb. 9374.
Iwanowa (A. A.), Gewinn. v. Firnis aus Baumwollsamenöl 3742.
Iwanowa (B. S.) s. Iwanowa (D.).
Iwanowa (I. P.) s. Blagoweschtschenski (A. W.).
Iwanowa (L. N.) s. Fioschin (M. J.); Ginetzinski (A. G.).
Iwanowa (M. K.) s. Florinskaja (W. A.).
Iwanowa (S. I.) u. Chitenkowa (L. P.), Behandl. v. Monieziose d. Schafe mit Aminoacrichin 3913, 5844.
Iwanowa (S. W.), Best. v. Thiophos 11280.
Iwanowa (T. N.) u. Prawdina (N. I.), Bestimmungsmethoden d. Regenerationsgeschwindigk. d. Nucleinsäuren in d. Geweben d. Gehirns 3186.
Iwanowa (W. S.), Natur d. Verform. beim Fließbeginn d. Metalle 36. — s. Oding (I. A.).
Iwanowa (W. W.), Anwend. v. Penicillin bei reichlichem Fruchtwasser 9134.
Iwantschewa (J. G.) s. Pamfilow (A. W.).
Iwasa (Y.) s. Kamoshita (Y.).
Iwasaki (S.) s. Tokita (K.).
Iwasaki (T.), Nomura (S.), Hayakawa (K.) u. Uchino (M.), Unters. über d. plast. Eigg. japan. Kohle mit d. Gasströmungs- u. d. K. B. S.-Verf. 7584.
—, Nomura (Seiichi) u. Kon (Y.), Fließfähigk. v. Kohle 7584.
—, Nomura (Seiichi), Kon (Y.) u. Nemoto (K.), Unters. über d. Bezieh. zwischen Verkokungsbedingg. u. d. Treibdruck japan. Kohle 5459. — Mess. d. Treibdrucks v. Kohle mit einem Ofen mit bewegl. Wand 6889.
Iwase (E.) u. Takenaka (K.), Geochem. Unterss. an Be 6706.
Iwayanagi (S.) s. Sato (Koji).
Iwin (S.) s. Wlassow (A.).
Iwtschenko (N. P.), Änderr. d. Gehaltes an Mono- u. Diaminosäuren in d. vegetativen

Masse d. Antikomplexes v. Klee u. Luzerne im Zusammenhang mit d. Art d. Trocknens u. d. Vegetationsphasen 11706.
Iya (V. K.), Gewinn. v. reinem Sc 5978.
Iyengar (B. R. Y.), Stationäre Temp.-Differenz bei d. Hill-Baldes-Technik 9968.
Iyer (B. H.) s. Kasturi (T. R.).
Iyer (C. R. H.), **Rajagopalan (R.)** u. **Pillai (S. C.)**, Beeinfluss. d. Bodenbedingg. durch Abwässer v. Gerbereien 11275.
Izák (J.), Einfl. d. Holzbeschaffenh. auf d. Beschaffenh. v. Cellulose u. Papier 9471.
Izard (E. F.) s. Du Pont de Nemours (E. I.) & Co.
Izumi (T.) s. Sakurai (Takakage).
Izumi (Y.) s. Akabori (S.).
— u. **Konisni (S.)**, Prakt. Herstellungsverf. d. Acetaminomalonsäurediäthylesters 7418.

Jablokowa (I. J.) s. Bagotzki (W. S.).
Jabłoński (A.), Magnet. Dreh. d. Polarisationsebene v. verbreiterten Resonanzlinien 985.
Jablonski (C. F.), Farbstoffe in Lebensmitteln 10880.
Jablonsky (B.), Elast. Zellkörper 11297* E.
Jaburek (F.) s. VEB Elektrochemisches Kombinat Bitterfeld.
Jaccard (C.), **Känzig (W.)** u. **Peter (M.)**, Verh. v. kolloidalen Seignetteelektrica. 1. Mitt. Kaliumphosphat KH_2PO_4 3310.
Jaccarino (V.) u. **King (John G.)**, Verhältnis d. kernmagnet. u. -elektr. Quadrupolwechselwrkgg. für ^{35}Cl- u. ^{37}Cl-Atome 9497.
Jacey (M. J.), Kirschvergift. 7031.
Jach (J.), **Stubbs (F. J.)** u. **Hinshelwood (C.)**, Einfl. verschied. Inhibitoren auf d. therm. Zers. v. Paraffinen 4079.
Jache (A.) s. Burrus (C. A.).
—, **Blevins (G.)** u. **Gordy (W.)**, Millimeterwellenspektr. v. Arsin 514.
Jacherts (D.) s. Knapp (W.).
Jack (E. L.) s. Heinemann (B.); Smith (L. M.).
Jack (J.) u. **Horsley (R. A.)**, Herst. u. Eigg. v. „Saran"-Monofils 2565.
Jack (James), **Watkins (J. C.)** u. **White (D. H.)**, Struktur v. Tanninen. 2. Mitt. Reduktionsprodukte v. 2′-Oxy- u. 2′-Methoxychalkon u. v. Flavanon 10257.
Jack (S. E.) s. Aluminium Laboratories Ltd.
Jackel (S. S.), **Schaeder (W. E.)** u. **Schultz (A. S.)**, Veränderr. d. lösl. Bestandteile u. Kohlenhydrate d. Brotkrume während d. Alter. v. n. u. mit Bakterien-α-Amylase hergestelltem Weißbrot 3509. — Hydrolysierbark. durch β-Amylase d. lösl. u. unlösl. Anteile d. Krume v. gewöhnl. u. v. mit α-Amylase bakterieller Herkunft ergänztem Weißbrot 4955.
—, **Schultz (A. S.)** u. **Schaeder (W. E.)**, „in vitro"-Verdaulichk. v. frischem u. altbackenem Brot 4723.
Jacklyn (R. M.), Barometerkoeff. u. Luftmasseneinww. auf Höhenstrahlen auf Macquarie-Island 4747.
Jackman (G. W. G.) s. Eugene Ltd.
Jackman (L. M.) s. Braude (E. A.).
— u. **Macbeth (K.)**, Redd. mit Aluminiumalkoxyden. 3. Mitt. Kinetik d. Racemisier. opt.-akt. Alkoxyde durch ihre entsprechenden Ketone 7406.
Jackman (W. H. F.) s. Balfe (M. P.).
Jacks (G. V.), Multilingual vocabulary of soil science [9426].
Jacks (H.), Auswahlprüfungen v. Fungiciden zur Bekämpf. v. Saubohnenrost 10120. — s. Lamb (K. P.).
Jackson (A. F. McK.) s. Gregory (W.) & Co. Ltd.
Jackson (B.) u. **Dessau (F. I.)**, Streptokokken-Desoxyribonuclease zum Beseitigen v. nach Feulgen anfärbbaren Teilen 9351.
Jackson (C. E.) s. Turco Products, Inc.
Jackson (D. A.) s. Blaise (J.); Brück (H. A.).
Jackson (D. F.) u. **McFadden (J.)**, Phytoplanktonphotosynth. im Sanctuarysee, Pymatuning Reservoir 2705.
Jackson (D. L. C.), Veränder. v. Wolle durch Anwend. linearer synthet. Polyamide. 4. Mitt. Anwend. aus wss. Medium 6425. — s. Commonwealth Scientific & Industrial Research Organization.
Jackson (D. P.), **Cronkite (E. P.)**, **Leroy (G. V.)** u. **Halpern (B.)**, Natur d. hämorrhag. Zustandes im Zustand d. Strahlenschädig. 863.
Jackson (D. R.) s. Wyandotte Chemicals Corp.
Jackson (D. S.), Stabilisierende Bindungen in Sehnen 2932.
— u. **Ball (J.)**, Lösl. Form wiedergebildeten Kollagens 3159.
— u. **Schiff (H. I.)**, Massenspektroskop. Unters. v. „akt." Stickstoff 1441.
Jackson (E. F.) s. Monsanto Chemical Co.
Jackson (E. G.) u. **Strauss (U. P.)**, Polyseifen. 2. Mitt. Wrkg. v. zugesetztem KW-stoff auf d. red. Viscosität eines n- Dodecylbromidadditionsprod. v. Poly-2-vinylpyridin 8640.
Jackson (F. L.) s. Procter & Gamble Co.
Jackson (G.) s. Distillers Co. Ltd.
Jackson (G. G.) s. Wood (W. S.).
Jackson jr. (G. R.) s. Dannley (R. L.).
—, **Weschler (J. R.)** u. **Dannley (R. L.)**, UV-Absorptionsspektren v. Hydrolyseprodd. d. Diäthylbarbitursäure 3099.
Jackson (H.) s. Wittwer (S. H.).
Jackson (H. D.), **Mertz (E. T.)** u. **Beeson (W. M.)**, Quantitative Valinversorg. d. entwöhnten Ferkels 7715.
Jackson (H. L.) s. Du Pont de Nemours (E. I.) & Co.
Jackson (H. R.) s. Burk (F. C.).
Jackson (J.), Metallelektroden für d. p_H-Messung. 1. Mitt. Allgemeines 10820; 2. Mitt. Prakt. Hinweise 10820.
Jackson (Jasper) s. Mueller (D. W.).
Jackson (J. D.) Elektroneneinfang durch langsame, einfach geladene He-Ionen in He 1203. — Schemat. Berechn. v. (p, xn)-Querschnitten schwerer Elemente 3790.
Jackson (J. H.) s. Griest (A. J.); Jelliff (C. O.) Mfg. Corp.; Mathieson Chemical Corp.; Parris (W. M.); Roach (D. B.).
— u. **LaChance (M. H.)**, Beständigk. v. gegossenen Fe–Ni–Cr-Legierr. gegen d. Korros. in neutralen Wärmebehandl.-Salzbädern 8719.
Jackson (J. L.) u. **Yovits (M. C.)**, Eigg. d. quantenstatist. Impedanz 10907.
Jackson (Joseph L.), **Brokaw (R. S.)**, **Weast (R. C.)** u. **Gerstein (M.)**, Strömungsapp. zur Best. d. spontanen Zündverzuges 11483.

Jackson (J. M.) s. Behring (W. E.).
Jackson (J. R. F.) s. Imperial Chemical Industries Ltd.
Jackson (K.) s. General Electric Co. Ltd.
Jackson (K. A.) s. Tiller (W. A.).
Jackson (L. C.) s. Ham (A. C.).
— u. **Henshaw (D. G.)**, Beobachtt. am He II-Film nach opt. Meth. 9030.
Jackson (L. S.) s. Jones jr. (Ralph).
Jackson (M. L.) s. Aguilera (N. H.); Tamura (T.).
Jackson (P. C.) s. Hagen (C. E.).
Jackson (P. H.) s. Burckhalter (J. H.).
Jackson (P. J.), Komplexometr. Best. v. Bariumsulfat. Verbesserte Filtrationstechnik u. Indicatorlösung 6092.
Jackson (S. L. O.), Akute perifokale Rk. durch PAS bei Tuberkulose 1085.
Jackson (T.) s. British Celanese Ltd.
Jackson (T. A. S.), Trenn. v. Winkelvariablen für He 4989.
Jackson (W.), Einfl. v. neuen Werkstoffen auf d. techn. Forschritt 5864.
Jackson (W. A.) s. Fox (E. J.).
Jackson (W. B.), Entw. d. Waldmaus (Peromyscus leucopus) nach Behandl. mit DDT u. Parathion 11079.
Jackson (W. G.) s. Leach (B. E.).
Jackson (W. H.), Schutzventil für Sn-Bestimmungen durch jodometr. Verf. 2265.
Jackson (W. J.), Theorie u. Praxis v. Schutzgas-Lichtbogenschweißungen 3723.
Jackson jr. (Winston J.) s. Bradsher (C. K.).
Jackson (W. M.) s. Schweitzer (G. K.).
Jacob (A.) s. Gübeli (O.).
Jacob (Arlette), Aufteil. eines höhere Fettsäuren dehydrierenden Enzymsyst. in seine Bestandteile 1299. — Verteil. d. dehydrierenden Syst. höherer Fettsäuren in d. Leberzellstrukturen d. n Ratte 5333.
Jacob (Arthur), Düng. d. wichtigsten trop. Kulturpflanzen [200]. — Wie weit ist die zunehmende Bevorzug. v. Volldüngern berechtigt? 6598.
Jacob (B.) u. **Imperial Chemical Industries Ltd.**, Leiterisolat. 5389* E.
Jacob I (Charles), Nekrolog über A. Michel-Lévy (*1877—1955*), Mitglied d. Geolog. Sekt. 9945.
Jacob II (Charles) s. Depeige (M.).
Jacob (E.) s. Ruhrchemie Akt.-Ges.
Jacob (F.), Auslösung d. Lyse u. Bldg. v. Bakteriophagen bei lysogenem Pseudomonas pyocyaena-Stamm 9359.
Jacob (G.), Verbesser. d. Röntgendarst. d. Gallenblase mit Bilitrast 6556.
Jacob (H.), Photoelektr. Best. d. Belichtungszeit in d. Mikrophotographie 4260. — Braunkohlen-Luminescenz-Mikroskopie 4496. — Fusitproblem 6657.
Jacob (J.) u. **Echinard-Garin (P.)**, Einfl. d. Veränderr. d. NaCl- u. Glucosekonz. d. Durchströmungsfl. auf d. Toxizität einer synthet. Verb., d. Kammerflimmern hervorruft, d. *2489* F, am isolierten Kaninchenherz 10558.
Jacob (M.) s. Kühni (E.).
Jacob (P.), **Chauveau (J.)**, **Cartier (R.)** u. **Viveret (J.)**, Auftreten v. riesigen u. regressiven Aufhellungen im Verlauf d. Reinig. diffuser tuberkulöser Lungenschädigg. durch Antibiotica, bes. durch Isoniazid 631.
Jacob (R. M.) s. Parke, Davis & Co.; Soc. des Usines Chimiques Rhône-Poulenc.
Jacob (W.) u. **Neuhaus (J.)**, Aktivität d. Serumaldolase bei d. progressiven Muskeldystrophie (Erb) 11403.
Jacob (W. C.) s. Ellison (J. H.).
Jacobi (H.) u. **Pfleger (K.)**, Broncholyse durch wasserlösl. Theophyllinderivv. 8438.
Jacobi (H. R.), Einfl. d. Mol.-Gew. auf d. Eigg. v. Polystyrol 2915. — Polyamide. Eigg., Verarbeit. u. Anwendd. 7692.
Jacobs (A.) s. Krupp (P. J.).
Jacobs (C. W. F.) u. **Baldwin (W. J.)**, Wrkg. v. Trübungsmitteln v. Zirkontyp auf Glasuren 2276.
Jacobs (D. I. H.) s. Distillers Co. Ltd.; Hall (R. H.).
Jacobs (E. C.) s. Wyandotte Chemical Corp.
Jacobs (E. E.) u. **Holt (A. S.)**, Absorptionsspektr. v. Chlorophyll a-Kristallen 1929.
—, **Holt (A. S.)** u. **Rabinowitch (E.)**, Absorptionsspektren monomol. Schichten v. Chlorophyll a u. Äthylchlorophyllid a 1930.
—, **Vatter (A. E.)** u. **Holt (A. S.)**, Kristallines Chlorophyll u. Bakteriochlorophyll 4599.
Jacobs (E. S.) s. Muraca (R. F.).
Jacobs (G.) s. Brecht (W.).
Jacobs (H.) s. Brand (F. A.); Dobischek (D.).
—, **Brand (F. A.)** u. **Matthei (W.)**, Herst. v. Si-Punktkontakttransistoren 984.
—, **Brand (F. A.)**, **Matthei (W.)** u. **Ramsa (A. P.)**, Formier. v. Punktkontakt-Si-Transistoren 8554.
Jacobs (H. I.) s. Tubis (M.).
Jacobs (H. S.) u. **Jordan (J. V.)**, Wrkg. d. Aufnahme v. ^{45}Ca 8474. — Labor.-Darst. v. $^{45}CaCO_3$ u. $^{45}CaSO_4 \cdot 2\,H_2O$ 9278.
Jacobs (I.) u. **Akeley (E. S.)**, Querbeweg. eines Elektrons in einem Bereich konstanter Wellengeschwindigk. eines Linearbeschleunigers 1900.
Jacobs (I. S.), Wrkg. d. Drucks auf d. F-Zentrenabsorpt. in Alkalihalogeniden 2598.
Jacobs (J. E.), Photoleitzelle 4762. — s. Comp. Française Thomson-Houston.
Jacobs (M. B.), Cinnamate als Aromabestandteile 8047. — Ahorn-Aromakonzentrat 9687. — Gepulverte Fruchtsäfte 11476. — s. Othmer (Donald F.).
Jacobs (R. B.) u. **Lewis (L. G.)**, Schnelle u. genaue Wasserstoffbest. 8294.
Jacobs (R. L.), **Elam (J. F.)**, **Anderson (G. W.)**, **Gee (L. L.)**, **Fowler (J.)** u. **Couch (J. R.)**, Mögl. Mechanismus, der d. wachstumsfördernden Wrkgg. d. Antibiotica regelt 7952.
Jacobs (T.) s. Farbwerke Hoechst Akt.-Ges., vormals Meister Lucius & Brüning.
Jacobs (T. L.) s. Weisenborn (F. L.).
— u. **Singer (S.)**, Umlager. v. arylsubstituierten Propinen in Allene 10498.
Jacobs (W.), Aufbereit. v. Fe-Erzen nach d. Sink- u. Schwimmverf.; B. Bisher. Ergebnisse mit d. Sink- u. Schwimmverf. bei d. Aufbereit. d. Salzgittererze in d. Aufbereit. Morgenstern 2522.
Jacobsberg (B.), Papierchromatographie in d. Fettindustrie 1638.
Jacobsen (A. C. B.), Chemie d. Insekticide 8477.
Jacobsen (A. E.) s. National Lead Co.
Jacobsen (I.) s. Schambye (P.).

Jacobsen (R. P.) s. Hechter (O.); Searle (G. D.) & Co.
Jacobsmeyer (V. P.) s. Badar (L. J.).
Jacobsohn (B. A.), Kernrotationsniveaus u. d. μ-Meson-Atom 2592. — Kernfeinstruktur im μ-Meson-Atom 10185. — s. Chang (Chia-Hua).
Jacobsohn (K.) u. **Azevedo (M. D. de)**, Wrkg. v. Antibioticis auf eine Peptidase u. auf Urease 609.
Jacobson (A.) s. Spencer (A. R.).
Jacobson (B.) u. **Heedman (P. A.)**, Intermol. freie Länge im fl. Zustand. 4. Mitt. Temperaturabhängigk. 7383.
Jacobson (C. R.) u. **Amstutz (E. D.)**, Tetrazolchemie. 2. Mitt. Synth. u. Rkk. d. 1-Phenyl-5-acetyltetrazols 4591.
—, Kerr jr. (A. B.) u. **Amstutz (E. D.)**, Tetrazolchemie. 3. Mitt. Rkk. v. 1-Phenyl-5-chlormethyltetrazol 7206.
Jacobson (G.), Unkrautbekämpf. in Öllein. Vorläufige Ergebnisse d. v. Statens Jordbruksförsök in Zusammenarbeit mit Sveriges Oljeväxtodlares Centralförening durchgeführten Unkrautbekämpfungsverss. in Ölllein *1948—1952*. 8009.
Jacobson (George) u. **Heitmann (K. A.)**, Cholangiographie mit einem viscosen, wasserlösl. Kontrastmittel (Diodrast in Methylcellulose) 2242.
Jacobson (H. G. M.) s. Lunt (H. A.).
Jacobson (H. W.) u. **Smith (Grant W.)**, Katalyt. Zers. v. H_2O_2-Lsgg. durch an Silicagel adsorbierte komplexe Metallammine 4299.
Jacobson jr. (I. A.) s. Meter (R. A. Van).
Jacobson (L.) s. Diamond Alkali Co.
Jacobson (L. A.), McDonald (H.), Lindsay (I. S.) u. **Blakeley (P. E.)**, Chem. Bekämpf. v. Agrotis orthogonia Morr. (Lepidoptera: Phalanidae) 8948.
Jacobson (M.), Scharfes insekticides Grundbestandteil in d. Wurzeln v. Echinecea angustifolia 9887.
Jacobson (N. L.) s. Olson (R. H.).
—, Zaletel (J. H.) u. **Allen (R. S.)**, Wrkg. verschied. Nahrungslipide auf d. Blutplasmalipide v. Milchkälbern 859.
Jacobson (S. M.) u. **Greene (R. C.)**, Morphologie ausgeheilter tuberkulöser Meningitis nach Streptomycintherapie 866.
Jacobson (W.), Gelbes Pigment d. argentaffinen Zellen im Gastrointestinaltrakt d. Säugetiere 5565.
Jacobson (Winifred) s. Stock (C. C.).
Jacobson (W. C.) s. Thomas (J. W.).
Jacobsson (K.), Trypsin- u. Plasmininhibitoren im menschl. Blutserum 11612.
Jacobsson (L.) u. **Paulsen (L.)**, Spektrophotometr. Best. v. Kreatinin in alkoh. Lsg. 11264.
Jacoby (A.), Pollock (J.) u. **Boghosian (V.)**, Orale Gonorrhoebehandl. mit Penicillin mit u. ohne Benemid 3674.
Jacoby (A. L.) s. National Aluminate Corp.
Jacoby (R. W.), Echter Farbdruck 8268.
Jaconia (D.) s. Eisman (P. C.).
Jacono (Filippo L.), Blutzuckerkurve nach oraler Traubenzuckerbelast. bei Säuglingen mit perniciosiformer Anämie 9599.
Jacono (Franco L.), Wrkg. d. Diphenhydramins auf d. postoperative Erbrechen 8439.
Jacono (G.) s. Fornara (P.).
Jacotot (H.), Vallée (A.) u. **Virat (B.)**, Behandl. d. Kaninchenmyxomatose mit Antibioticis 3908.
Jacox (R. F.), Quantitat. Fraktionier. d. Proteine d. menschl. Serums mit kation. Reinigungsmitteln 11612.
Jacqué (H.) s. Badische Anilin- & Soda-Fabrik Akt.-Ges.
Jacqué (L.) s. Beaujard (L.); Hamard (P.).
Jacques (A.) u. **Hudon (F.)**, Klin. Anwend. v. Hexylcain (Cyclaine) 9136.
Jacques (J.), Doktoratsthese v. A. Laurent u. Theorie organ. Verbb. (*1836*) 4265. — s. Courrier (R.); Horeau (A.).
— u. Vincendon (D.), Mol.-Struktur u. östrogene Aktivität. 14. Mitt. $\alpha.\alpha$-Dimethyl-β-[6-methylmercaptonaphthyl-(2)-valeriansäure 8839.
Jacquest (J. A. T.) s. Barrow (R. F.).
Jacquet (J.), Delacroix (J.), Lenoir (J.) u. **Gondouin (H.)**, Verteil. v. Trockensubstanz u. Fett im Innern v. Weichkäsen d. Typs Camembert 11113.
Jacquet (M. V.) s. Distillers Co. Ltd.
Jacquet (P.-A.), Entw. d. Mikrostruktur einer festen Cu–Zn-Lsg. v. leicht deformierten zum polygonisierten Zustand 300. — Ggw. v. privilegierten Ätzmikrobereichen in einer polykristallinen festen, durch Zug schwach deformierten Cu–Zn-Lsg. 1921. — Mikrograph. Bestätig. d. Umkehrbark. d. Umwandl. zur Anlaßbrüchigk. v. Stählen mit niedr. Gehh. an Ni u. Cr 4202.
Jacquet-Francillon (M. L.) s. Roux (H.).
Jacquier (P. A. C.), Positive Elektroden für Alkaliakkumulatoren 432* F. — Alkal. Stromsammler 11439* F.
Jacquier (R.) s. Mousseron (M.).
Jacquier (R. L.), Oxoniumverbb. 10858* E.
Jacquignon (P.) s. Buu-Hoï (N. P.).
Jacquinot (M.) s. Duval (C.).
Jacquinot (P.), Schwache Linien in opt. Spektren 8548. — Vgl. d. Lichtstärke v. Prismen- u. Gitterspektrometern 11056. — Lichtstärke v. Spektrometern mit Prismen, Gittern oder Fabry-Perot-Etalons 11257. — s. Blaise (J.); Giacomo (P.).
Jacquot (R.) s. Calet (C.).
— u. Adrian (Jean), Zus., Ernährungswert u. Schlupffähigk. d. Eies in Bezieh. zur Lebensweise d. Henne 9601.
Jacrot (B.) s. Galula (M.).
—, Netter (F.) u. **Raievski (V.)**, Unters. d. Multiplikationsfaktors d. Reaktors v. Saclay 2595.
—, Netter (F.) u. **Tyrode (F.)**, Schätzung d. Neutronenabsorptionsgröße bei Verlangsamung für eine ebene Probe 3300.
Jadamus (K.) s. Imhausen & Co. G. m. b. H.
Jadassohn (W.) s. Bujard (E.).
Jadot (J.) s. Baudrenghien (J.).
Jaeckel (R.) s. Jawtusch (W.).
Jäde (H.) u. **Keil (K.)**, Abdichten u. Verfestigen v. Sand, Kies, Fels, Beton, Mauerwerk 9418* D. [DDR].
Jäger (A.), Radioakt. ^{32}P-O.O-Diäthyl-O-p-nitrophenylmonothiophosphat am Goldhamster (Mesocricetus auratus WATERH) 865.
Jäger (E.) s. Debeauvais (M.).
Jäger (Ernst), Ersatzstoff für trocknende Öle 464* D. B.
Jaeger (F. C.), Wasch-, koch-, säure- u. alkalibeständ. Veredlungseffekte aus cellulosehalt. Fasergut 2334* D. B.

Jaeger (H.) u. Koenig (R.), *18* Fälle v. tuberkulösem Lupus, d. mit Isonicotinsäurehydrazid behandelt wurden 3189.
Jaeger (Hans), Aerosole 5403* Schwz.
Jäger (Herbert), Antihistaminproblem 10729.
Jaeger (K.), Konservieren v. Fll. 5205* Schwz.
Jäger (R.) s. VEB Silikonchemie.
Jäger (Roland), Cadiot (P.) u. Willemart (A.), Rubren-Rk. d. Phenyl-p-nitrophenyl-[phenyläthinyl]-methylchlorids 4341.
Jaeger (R. H.) u. Smith (Herchel), Synthesen mit Monoketalen d. Cyclohexandions-(1.2). 1. Mitt. 2-Oxocyclohexan-spiro-[1;2′]-dioxolan-(1′.3′) u. d. entsprechende Oxathiolan u. Dithiolan 6016; 2. Mitt. 2-Äthinyl-2-oxycyclohexanspiro-[1:2′]-dioxolan-(1′.3′), d. entsprechende Oxathiolan u. Dithiolan u. einige Umwandlungsprodd. davon 8140.
Jäger (W.), Enzymat. Eiweißstabilisier. im Wein 8050.
Jaeger (W.) [Heidelberg] s. Fleckenstein (A.).
Jaegert (M.) s. Concordia Elektrizitäts-Akt.-Ges.
Jaehner (B.), Poröses Kunstleder 6178* D. B.
Jaeken (J.) s. Gevaert Photoproducten N. V.
Jäniche (W.) u. Puzicha (W.), Zugverss. an sehr langen Proben 8953.
Jaenicke (J.) s. Deutsche Shell Akt.-Ges.
Jänicke (Walter) s. Hüttenwerk Rheinhausen Akt.-Ges.
Jaenicke (Walther), Zusammenhang zwischen Potential u. Auflösungsgeschwindigk. v. Salzen 3090. — Potentialmessungen als Untersuchungsmeth. v. Auflösungs- u. Anlaufvorgängen schwer lösl. Salze 6702.
Jänner (R.) s. Siemens-Schuckertwerke Akt.-Ges.
Jännes (J.), Gegenseit. Bezieh. zwischen Vitamin B_{12} u. Panthotensäure im Stoffwechsel v. Escherichia coli-Wildstämmen 1537. — Beobachtungen, die d. Absorpt. v. Vitamin B_{12} durch Zellen v. Escherichia coli betreffen 5818.
Jäppelt (A.), Erzeug. v. Hochtemperaturkoks aus Braunkohle unter Zusatz v. Steinkohle 4495.
Järnecke (H.), Silicon in d. Prophylaxe u. Therapie d. Gewebedermatosen 10564.
Järnefors (B.), Präparatherst. aus Mineralkörnern für statist. mkr. Unters. 2965.
Järvela (O.) s. Enkvist (T.).
Jaeschke (H.), Dijodacetylen 10001.
Jaeth (K.), Topostasin, wirksames Lokalhämostypticum 11412.
Jaffe (A. A.) s. Cohen (S. G.).
— u. Cohen (S. G.), β-Spektr. v. RaD 1197.
Jaffe (B.), Roth (R. S.) u. Marzullo (S.), Piezoelektr. Eigg. v. Bleizirkonat–Bleititanat-Keramik in fester Lsg. 4037.
Jaffe (Bernard), New world of chemistry [8074].
Jaffé (F.) s. Vuagnat (M.).
Jaffé (G.), Drei große Laborr. 8073.
Jaffé (H. H.), Hammett-Gleichung. 5. Mitt. Elektr. Effekt d. N-Oxydgruppe in Pyridin-1-oxyd 57; 6. Mitt. Molekülzustandsbehandl. d. Multiplizität v. Substituentenkonstanten 3592; 7. Mitt. Trenn. v. induktiven u. mesomeren Effekten durch d. Molekülzustandstheorie 8109. — Konjugat. v. verschied. Phenylradadikalen, d. an ein einfaches Zentralatom gebunden sind 312. — Anwend. d. Hammettschen Gleich. auf kondensierte Ringsysteme 2390.
Jaffé (H. H.) u. Doak (G. O.), Stabilität v. metallorgan. Verbb. 9528.
—, Freedman (L. D.) u. Doak (G. O.), Säuredissoziationskonstanten aromat. Phosphonsäuren. 2. Mitt. Verbb. mit o-Substituenten 3827.
Jaffe (H. W.) s. Carl (H. F.).
Jaffe (J. H.), Kohlebogen als Infrarotlichtquelle 421. — Verwend. d. Fabry-Perot-Interferometers zur Wellenzahlmessung im Infrarot 5609.
Jaffe (L. D.), Phasenverteil. in Zwei-Phasen-Festkörpersystemen 9029. — s. Buffum (D. C.).
Jaffé (W. G.), Toxizität roher Bohnen bei Kaninchen 6557. — Durch Leguminosensamen hervorgerufene Wachstumshemm. bei Ratten 6558.
— u. Budowski (P.), Einfl. d. Diät auf d. Glutathiongeh. v. Ratten 10301.
—, Budowski (P.) u. Gorra (G.), Vitamingeh. venezolan. Maissorten 11703. — Vitamingeh. venezolan. Leguminosen 11704.
Jaffee (O. C.), Transport v. Phenolrot im Pronephros u. Mesonephros bei sich entwickelndem Frosch (Rana pipiens) 9605.
Jaffee (R. I.) s. Bruckart (W. L.); Goldhoff (R. M.); LaChance (M. H.); Lenning (G. A.); Maykuth (D. J.); Ogden (H. R.); Rem-Cru Titanium, Inc.
Jaffray (J.) s. Bernard (M.).
Jaffray (S. E.) s. Snair (D. W.).
Jager (H.), Abbauprodd. d. Caseins in Emmentalerkäsen 4725. — s. Stüber (O.).
Jager (J.) s. Slotta (K. H.).
Jager (W. G. R. de), Cu u. Cu-Legierr. 8. Mitt. Mechan. Eigg. v. raffiniertem Cu 10125; 9. Mitt. Sondermessing zur Herst. v. Hochdruckrohrleitungen 10125; 10. Mitt. Berylliumkupfer 10125; 11. Mitt. Phosphorbronzeknetlegierr. 10125.
Jaggi (R.) s. Busch (G.).
Jagn (J. I.) u. Smotrin (N. T.), Hypothese d. Festigk. v. „Viniplast“ 8272.
Jago (G. R.), Faktoren, die d. Milchsäure produzierenden Eigg. v. Streptokokken beeinflussen, d. bei d. Herst. v. Cheddarkäse verwendet werden. 1. Mitt. Inhibitor. u. stimulierende Phänomene 2095.
Jagodzinski (H.), Fehlordnungserscheinn. u. ihr Zusammenhang mit d. Polytypie d. SiC 33. — Wachstums- bzw. Umwandlungspolytypie beim SiC u. ZnS 6696.
— u. Kunze (G.), Röllchenstruktur d. Chrysotils. 2. Mitt. Weitwinkelinterferenzen 10454; 3. Mitt. Versetzungswachstum d. Röllchen 10454.
Jagupolski (L. M.) u. Marenetz (M. S.), Phenyltrifluormethylsulfide u. Phenyltrifluormethylsulfone mit Substituenten in Parastell. 10724.
Jagushinskaja (L. W.), Wirkungsmechanismus v. DDT u. Hexachloran auf Zecken d. Gattung Alectorobius 8904.
Jahn (E. C.), Laufende Unterss. in Holzchemie u. chem. Holztechnologie 7345.
— u. Stannett (V.), Plastpapierzuss. 3278.
Jahn (E. L.) s. Goubeau (J.).
Jahn (F. W. de) s. Mann (A. N.).
Jahn (G.) s. Weinig (E.).
Jahn (H.), Epoxydharze in d. Technik 2313. — Aufbau, Eigg. u. Anwend. d. Epoxydharze 10390.

Jahn (Harald), Einfl. v. Roßkastanienextrakt auf d. Verlauf tierexperimenteller Lungenembolien 8673. — Antirheumaticum Gentochin 9140. — Kombinierte Anwend. v. Dihydrazinophthalazin u. Rauwolfia serpentina-Ipharon bei Hochdruckkranken 11247.
Jahn (H. A.), Angabe d. fraktionellen Ursprungskoeffizienten unter Verwend. v. Young-Operatoren 9721. — s. Elliott (J. P.).
Jahn (O.) u. **Pietsch (W.)**, Beobachtt. bei Lungentuberkulose mit d. Kombinationspräp. INHA–PAS 397.
Jahn (W.), Silicatmodelle. 5. Mitt. $NaLi[BeF_4]$, eine Modellsubstanz zu Monticellit, $CaMg-[SiO_4]$ 5264.
Jahn-Held (W.) s. Wintershall Akt.-Ges.
Jahncke (E.), Wärmewirtschaftl. Unterss. u. Betriebserfahrr. beim Cu-Raffinieren in bas. zugestellten 70 t-Flammöfen 1598.
Jahnentz (W.) s. Chemische Werke Hüls.
Jahnig (C. E.) s. Standard Oil Development Co.
Jahns (R. H.), Verteil. v. seltenen Elementen in Graniten u. granit. Pegmatiten 7633.
Jahrstorfer (M.) s. Badische Anilin- & Soda-Fabrik Akt.-Ges.
Jain (D. V. S.) s. Mitra (R. P.).
Jain (N. L.) u. **Lal (G.)**, Herst. v. Amla-Sirup 4955.
Jain (P. L.), **Moses (H. A.)**, **Lee (J. C.)** u. **Spence (R. D.)**, Protonenmagnet. Resonanz in fl. Kristallen 315.
Jain (S. K.) s. Arshid (F. M.).
Jaitschnikow (I. S.) u. **Florenskaja (N. K.)**, Abscheid. u. Hydrolyse v. Protein aus kombinierten Futtermitteln 4479.
—, **Florenskaja (N. K.)** u. **Funikowa (A. N.)**, Best. d. Hauptaminosäuren in Futtermitteln 4234.
Jakabein (J. J.) s. Silverstein (M. S.).
Jakadin (A. I.), Einfl. d. Einschlagzeit u. d. Lager. v. Eichenholz auf d. Eigg. d. Gerbextrakte 3290.
Jakimow (P. A.), **Kurschakowa (G. W.)** u. **Wlassowa (A. G.)**, Kultur v. Polygonum coriarium grig. unter nördl. Bedingungen 6664.
Jakimowitsch (G. F.) s. Kreschkow (A. P.).
Jakó (F.), Butterprodukt. in d. Sowjetunion 3755.
Jakob (A.) s. Hammer (G.).
Jakob (C. W.) s. Epstein (M. B.).
Jakob (F.) s. Huisgen (R.).
Jakob (G.), Reifebeschleunig. v. Bier durch wandernde Lager. 711. — Einfaches Hilfsgerät bei Abläuterschwierigkk. 943. — Abläutern v. Bierwürze bei getrennter Mehl- u. Grobschrotvermaisch. 3989* D. B.
Jakob (H.), Wrkg. d. Colchicins auf gewisse Süßwasseralgen u. Vgl. mit d. Wrkg. v. Stoffwechselsubstanzen v. Algen 10049.
Jakob (L.) s. Badische Anilin- & Soda-Fabrik Akt.-Ges.
Jakob (R. H.) s. Shell Development Co.
Jakobson (M.) s. Schmidt (F. H.).
— u. **Manley (J. H.)**, Phaseneigg. d. abgelenkten Ionenbündels aus einem Cyclotron fester Frequenz 2596.
— u. **Schmidt (F. H.)**, Charakteristiken eines vorgeschlagenen Doppelmoduscyclotrons 739.
Jakobson (T.), Tallöl oder fl. Harz 4963.
Jakoby (H.) s. Farbenfabriken Bayer Akt.-Ges.
Jakóby (L.), Verarbeit. v. Legierungsresten durch Seigern 5165.
— u. **Emöd (G.)**, Walzen d. Mg u. seiner Legierr. 4443.
Jakovliv (G.), Chromatograph. Nachw. v. Früchten in zuckerhalt. Lebensmitteln u. in Getränken 950.
— u. **Colpé (G.)**, Säulenchromatograph. Meth. zur Auffind. u. Identifizier. v. Farbstoffzusatz in Nahrungsmitteln 3756.
Jakowenko (T. I.) s. Bogosslowski (B. M.).
Jakowlew (A. D.) s. Drinberg (A. J.).
Jakowlew (B. I.) u. **Winogradowa (N. W.)**, Synth. u. Polymerisat. v. ungesättigten siliciumorgan. Verbb. 2. Mitt. Synth. v. Triallyläthylsilan 10486.
Jakowlew (D. I.), Mängel bei d. Kohleanalyse 5460.
Jakowlew (I. P.) s. Faworskaja (T. A.).
Jakowlew (W. F.), **Koschkin (N. I.)** u. **Nosdrew (W. F.)**, Anwend. d. Impulsmeth. zur Unters. d. Ultraschallabsorpt. in Bzl. u. einigen seiner Halogenderivv. in d. Nähe d. Erstarrungstemp. 3104.
Jakowlew (W. O.) s. Krjanin (I. R.).
Jakowlewa (A. P.) s. Prosskurnina (N. F.).
Jakowlewa (A. W.) s. Florinskaja (W. A.).
Jakowlewa (M. J.) s. Nossowa (S. A.).
Jakowlewa (N. N.) s. Gretschuschnikow (A. I.).
Jakowlewa (T. W.) s. Nikitin (W. N.) [Leningrad].
Jakowlewa (W. W.) s. Jegorow (A. S.).
Jaksch (W.), **Lunzer (J.)**, **Rabl (F. R.)**, **Strömer (F.)** u. **Gross (I.)**, Penicillin-Blutserumspiegelbestimmungen nach peroralen Gaben v. Phenoxymethylpenicillin bei Pferd, Schwein, Hund u. Huhn 4634.
Jakubec (F.), Isolat. für elektr. Leitt. 9410* Oe.
Jakubec (I.) s. Melichar (B.).
Jakubenko (S. K.), Best. v. Cu, Cr, Al u. Fe in durchtränkten Geweben 3522.
Jakubovič (A.) s. Šlechta (L.).
— u. **Šlechta (L.)**, Viren. 6. Mitt. Einw. v. 2.4-Dinitrophenol auf d. Biosynth. d. Tabakmosaikvirus 11021.
Jakubowitsch (A. J.) u. **Ginsburg (W. A.)**, Synth. metallorgan. Verbb. d. aliphat. Reihe nach d. Diazomethode. 6. Mitt. Synth. v. Verbb. d. Elemente d. 5. Gruppe. Organophosphorverbb.; Trichlormethylphosphonsäure u. ihre Derivv. 6004.
— u. **Motzarew (G. W.)**, Synth. v. Organometallverbb. d. aromat. Reihe durch Umsetz. v. Arylsilanen mit Aluminiumchlorid u. Halogeniden verschied. Elemente. 1. Mitt. Organophosphorverbb. 1256. — Bldg. v. Organoaluminiumverbb. bei d. Umsetz. v. Phenylchlorsilanen mit $AlCl_3$ 1256. — Bldg. metallorgan. Verbb. bei d. Rk. aromat. Silane mit Metallchloriden. 2. Mitt. Bldg. eisenorganischer Verbb. bei d. Rk. v. Phenylchlorsilanen mit Eisenchlorid 1257. — Einfl. v. Metallhalogeniden auf d. orientierenden Effekt d. Chlorsilylgruppe u. Mechanismus d. desarytierenden Wrkg. d. Metallhalogenide 9533.
Jakuschewski (B. M.) s. Kapusstinski (A. F.).

Jakuschkin (I. W.) u. **Borodina (T. R.),** Kopfdüng. d. Zuckerrübe 3507.
Jakuschkina (S. J.) s. Kabatschnik (M. I.).
Jalaber s. Véran (P.).
Jalander (Y. W.), Pharmazeut. Nomenklatur 5845, 6565, 10565.
Jalavisto (E.), Wrkg. v. Ephynal auf d. posthämorrhag. Reticulocytosis u. Neubldg. v. Blut beim Kaninchen 6325.
Jámbor (B.), Polarograph. Unters. v. Triphenyltetrazoliumchlorid 6482. — Katalyt. polarograph. Wellen 11258.
Jambor (J.), Porenbeton 11272.
— u. **Červenková (J.),** Einfl. v. Pyriten in Böden auf Beton 11070.
Jambrešić (J.) s. Balenović (K.).
James (A. E.) s. Lockwood (A. R.).
James (A. G.) s. Henschke (U. K.).
James (A. T.) s. Cornforth (J. W.).
— u. **Martin (A. J. P.),** Gas-Flüssigkeitsverteilungschromatographie: Analyse u. Identifizier. flücht. Stoffe 10096.
James (D. B.) s. Erdman (K. L.); Warren (J. B.).
—, **Kubelka (W.)** u. **Heiberg (S. A.),** Impulsamplitudenverteil. in einem mit *4,87* MeV-Neutronen bestrahlten BF_3-Zähler 6211.
James (D. H.) u. **Phillips (C. S. G.),** Einfacher Druckkontrollapp. 1801.
James (D. W. F.) s. Butler (J. A. V.); Conway (B. E.).
James (E. J. F.) s. Goddard (F. W.).
James (F. O.) s. Unilever Ltd.
James (G. D.) s. Astbury (J. P.).
James (H. M.) s. Feuer (P.); Krieger (T. J.).
— u. **Guth (E.),** Statist. Thermodynamik v. Gummielastizität 119.
— u. **Lehman (G. W.),** Spannungsschwankungen in homogenen Halbleitern 8788.
James (J. A.) u. **Stanworth (J. E.),** Infrarotdurchlässigk. v. schwarzen Telluritgläsern 8707.
James (J. C.) s. Bergman (I.).
— u. **Monk (C. B.),** Leitfähigk. v. Kalium- u. Lanthankobalt(III)- u. -eisen(III)-cyanid 7617.
James (M. F.) s. Bucy (L. L.).
James (P. E.) s. Chartrand (V. E.).
James (R. A.), Anregungsfunktt. protoneninduzierter Rkk. d. ^{93}Nb 2594.
James (R. R.) s. Morris (R. E.).
James (T. H.), Abhängigk. d. Entwicklungsgeschwindigk. d. latenten Oberflächenbildes v. d. Temp. u. v. Entwickler 10902.
— u. **Vanselow (W.),** Kinetik d. Rk. zwischen Silberbromid u. einer adsorbierten Schicht v. Allylthioharnstoff 2641. — Cooperative u. competitive Adsorpt. beim photograph. Prozeß. 6898. — Kinetik d. Entw. mit 1-Phenyl-3-pyrazolidon 10901.
James (U.) s. Coles (B. L.).
James (W. G.), Induktionsströmungsmesser für radioakt. Fll. 977.
James (W. L.) s. Ingersoll (L. R.).
James (W. O.), Endoxydasen in d. Respirat. d. Embryonen u. junger Wurzeln d. Gerste 5815. — An introduction to plant physiology [7240].
James (W. R.) s. Monsanto Chemical Co.
Jameson (H. R.) s. Imperial Chemical Industries Ltd.
Jameson (R. F.) u. **Salmon (J. E.),** Aluminiumphosphate: Phasendiagramm u. Ionenaustauschunterss. d. Syst. Aluminiumoxyd–Phosphorpentoxyd–W. bei *25°* 4543. — Chromphosphate: Phasendiagramm u. vorläufige Ionenaustauschunterss. d. Syst.: Chrom(III)-oxyd–Phosphorpentoxyd–W. bei *0* u. *40°* 9980.
Jamet (A.), Chromatographie auf Scheiben u. ihre Anwend. auf d. qualitative Unters. v. Gerbstoffen 729. — Anwend. d. Antiseptica in der Behandl. v. Buchbinderleder zum Schutz gegen Schimmel 11137.
Jamieson (A.), Mess. d. plast. Fließens in Formsanden 7068.
Jamikorn (M.) s. Goodwin (T. W.).
Jaminet (F.), Analyt. Prüf. d. 3.3-Diäthyl-2.4-diketotetrahydropyridin 11046.
Jaminet (L. v.), Äther. Öle u. Technik 3023. — Verh. äther. Öle, Riechstoffe u. Riechdrogen 3987.
Jamison (H.), Sulpenin als eine Ursache v. Harnleiterblockade 6559.
Jamison (M. M.) = Harris (M. M.).
Jamison (R. E.) u. **Blewitt (T. H.),** Verformungscharakteristiken v. im Reaktor bestrahlten Cu-Einkristallen bei *78* u. *300°* K 9748.
Jamison (V. C.), Wrkg. v. Bodenverbesserungsmitteln auf Zerreibbark. u. Festigk. v. Böden 8005.
Jamison (W.) s. Schultz (J.).
Jamm (W.) s. Mannesmannröhren-Werke; Westdeutsche Mannesmannröhren Akt.-Ges.
Jamotte (P.) s. Piraux (E.).
Jampolsky (L. M.) s. Hoffmann-La Roche, Inc.
— u. **Solodar (W. E.),** Synth. d. 4a(H)-Dodekahydrobenzo-[c]-chinolizins 9337.
Jan (E. v.) u. **Lindner (A. F.),** Metall. Fe in Schokolade 3754.
Jan (J.-P.) u. **Koehler (J. S.),** Kleinwinkelröntgenbeug. an kaltverformten Al–Ag- u. Al–Zn-Legierr. 2376.
Janák (J.) s. Šimánek (V.).
— u. **Rusek (M.),** Chromatograph. Semimikroanalyse d. Gase. 11. Mitt. Direkte Best. v. einzelnen Olefinen in Gasen 7507.
Jancel (R.) u. **Kahan (T.),** Maxwellsche Näher. d. allg. magnetoion. Plasmatheorie unter Einfl. eines äußeren elektr. u. magnet. Feldes 6686. — Nicht-Maxwellsche Theorie d. homogenen u. anisotropen Plasmas 8086.
Jančić (M.), Colorimetr. Mikrometh. zur Best. d. Harnstoffs 5614.
Jancke (O.) u. **Brückbauer (H.),** Sommerbekämpf. d. Blattreblaus 1593.
Jancovici (B.), Coulomb-Energie u. Kernradius 2824.
Janczura (E.) u. **Piasecka (J.),** Charakterist. Gesamt- u. Aminostickstoffgehh. v. bakteriolog. Substraten 4615.
Janda (V.) s. Doskočil (J.).
Jander (A.), Kurzer Grundriß d. organ. Chemie [605].
Jander (G.) s. Fresenius (W.); Maass (G.).
— u. **Klaus (H.),** Rolle d. W. in d. Chemie d. wasserfreien Essigsäure 10941.
— u. **Wendt (H.),** Einführ. in d. anorgan.-chem. Praktikum (einschließl. d. quantitativen Analyse) [5266]. — Lehrbuch d. analyt. u. präparativen anorgan. Chemie. (Mit Ausnahme d. quantitativen Analyse) [5266].

Jander (J.) s. B r a u e r (G.).
Janecke (H.), Vork. v. Faktoren, die d. Oxydat. v. *l*-Ascorbinsäure hemmen. 1. Mitt. Hafer 6779.
Janensch (I.), Trubwürzesterilisat. 9927. — Raffinade, die d. Pasteurisieren v. Malzbier erübrigen soll 11702.
Janert (H.), Erfass. d. Nährstoffleist. d. Bodens 4439.
Janert (H.) [Garz], **Mohnike (G.)** u. **Worm (M.),** Verschlechter. d. Retinopathie bei weibl. Zuckerkranken, d. mit Sexualhormon behandelt wurden 2229.
Janes (J. R.) s. D e e r i n g M i l l i k e n R e s e a r c h T r u s t.
Janes (R. G.) u. **Winnick (T.),** Verteil. v. ^{14}C-markiertem Alloxan in d. Geweben d. Ratte u. d. Art seiner Ausscheid. 7019.
Jang (R.) s. J a n s e n (E. F.).
Jangg (G.) s. E i p e l t a u e r (E.).
Janik (J. A.), Unters. d. Mol.-Struktur v. Methylalkohole durch d. Streuung v. therm. Neutronen 548. — Streuung langsamer Neutronen durch Fll. 1. Mitt. Verss. mit CH_3OH u. CH_3J 5945.
Janin (J.) u. **Eyraud (I.),** Unters. d. v. cm-Wellen angeregten Nachleuchtens bei He 278.
Janina (A. D.) s. R u b z o w (M. W.).
Janistyn (H.), Herst. reiner Azulenkonzentrate 2553* Schwz. — Stand d. Riechstoffindustrie u. d. Parfümerie 3987. — Hautverträgl., azulenhalt. kosmet. u. pharmazeut. Präpp. 6871* E. — Resinoide u. ihre Verwend. 8047. — Ambranote 9687. — s. R u h r c h e m i e A k t. - G e s.
Janiszewska-Geldner s. S e g a ł (P.).
Janitzki (A. L.) s. F o r m o s o w a (L. N.).
Janitzki (I. W.) u. **Walantschunass (I. N.),** Unterss. auf d. Gebiete d. Polythionsäuren. 1. Mitt. Einw. v. Reduktionsmitteln auf freie Thioschwefelsäure 4541.
Janjić (T.) s. S t e f a n o v i ć (D.).
Janka (R.) s. A c k e r m a n n (D.).
Janke (J.) s. F l e c k e n s t e i n (A.).
Janke (R. A.) s. G i b b o n s (J. P.).
Janke (R. G.) s. H n a t (A.).
Janković (S.) s. M i l i ć e v i ć (B.).
Jankovits (L.) s. E r d e y (L.).
Jankowskaja (G. F.), Piontkowskaja (M. A.) u. **Neimark (I. J.),** Anwend. d. markierten Atome zur Klär. d. Rolle d. Wasch-Fl. bei d. Strukturbldg. v. Silicagelen 9969.
Jannelli (L.), Reaktionskinetik d. Umlager. v. Ammoniumcyanat in Harnstoff in wss. Lsgg. 9534. — s. B e r e t t a (U.).
—, Orsinini (P. G.) u. **Daniele (G.),** Elektr. Moment d. p-Aminosalicylsäure 9759.
Janner (J.), Behandl. d. chron. Alkoholismus mit Disulfiram 10078.
Jánosfy (K.) u. **Vukov (K.),** Labor.-Best. d. Filtrationsgeschwindigk. 6873.
Jánossy (K.) s. V a r g a (F.).
Jánossy (L.), Kaskadentheorie. 1. Mitt. 5231, 11325; 2. Mitt. 6902. — Seitl. Ausdehn. ausgedehnter Luftschauer 5231. — Raggi cosmici e Fisica nucleare [8782].
— u. Kiss (D.), Messung d. Wirksamk. v. Geiger-Müller-Zählern 7604.
— u. Messel (H.), Schwankk. d. Elektron-Photon-Kaskadenmomente d. Verteil. 4509.
Janot (M.-M.) s. G o u t a r e l (R.); L a b o r a t o i r e s F r a n ç a i s d e C h i m i o t h é r a p i e; L e H i r (A.).
—, Chabasse-Massonneau (J.), Graeve (P. de) u. **Goutarel (R.),** Chem. Konst. d. Digitoluteins, d. gelben Pigments d. Digitalis 10031.
Janot (M.-M.), Goutarel (R.), Le Hir (A.), Tsatsas (G.) u. **Prelog (V.),** Konfigurat. d. C-Atoms 3 v. Dihydrocorynanthean, Corynantheidan, Yohimban u. Alloyohimban 9574.
—, Goutarel (R.) u. **Perezamador y Barron (M. C.),** Chem. Unters. v. Gelsemium elegans Benth. (Loganiaceen): Isolier. v. Sempervirin 2484.
— u. Le Men (J.), Identität d. Homoyobyrins u. d. N-Methylyobyrins 2909.
— u. Rouss (L.), Herst. injizierbarer öliger Lsgg. u. deren Sterilitätskontrolle. 2. Mitt. 3917.
Janowitz (H. C.), Moderne Haarkosmetik, bes. neue deutsche Präpp. 3024.
Janowitzkaja (A. M.), Synth. u. Unters. v. 2-Phenylpentanol-(2)-on-(3) 8599. — s. C h a l e t z k i (A. M.).
Janowskaja (L. A.), Feuerfeste Polymerisationsprodd. 8509. — s. G u r j a n o w a (J. N.); T e r e n t j e w (A. P.).
Janowski (W. W.), Malewskaja (S. S.), Jewtropjewa (J. I.) u. **Awrunina (B. M.),** Gewinn. v. Holzcellulose mit Hilfe organ. Lösungsmm. 2. Mitt. 1168.
Jansch (H.) s. D e r k o s c h (J.).
— u. Wölkart (N.), Tödl. Pyramidonvergift. beim Kleinkind. Chem. Nachw. an d. faulen Leiche 8201.
Jansen (A. B. A.) s. B a r n d e n (R. L.).
Jansen (B. C. P.), Vitamine u. Antivitamine 10069.
Jansen (E.) s. C h e m i e G r ü n e n t h a l G. m. b. H.
Jansen (E. F.) s. U n i t e d S t a t e s o f A m e r i c a.
— u. Jang (R.), Cystein u. Glutathion in Orangensaft 9466.
Jansen (H.), Brennschneiden im Schiffbau 9659.
Jansen (Helmut) s. S c h e r i n g A k t. - G e s.
Jansen (J. D.) u. **Thysse (G. J. E.),** Mikrobiol. Thiaminbest. in Blut mit Hilfe einer E. coli-Mutante 7023.
Jansen (J. E.) s. G o o d r i c h (B. F.) C o.
Jansen (L.) u. **Slawsky (Z. I.),** Abweichungen v. d. Additivität d. intermol. Feldes bei hohe DD. 2846.
Jansen (Lambert), Mineralwolle 6829* D.
Jansen (M. J.) s. N. V. P h i l i p s' G l o e i l a m p e n f a b r i e k e n.
Jánský (A.), Bezeichn. d. Chlorwasserstoffsäure, anderer Chloride u. ähnl. Verbb. in d. 2. Ausgabe d. tschechoslovak. Pharmakopöe 11042.
Janssen (P.), Antispasmodica. 1. Mitt. α-Amino-α-phenylacetamide 3122. — s. D e m o e n (P.); H e y m a n s (C.).
Janssens (P.) s. D e m e u r (M.).
Jansson (O. A.), Formierungsverf. für Platten v. Bleiakkumulatoren 10595* A.
Jantsch (G.), Homayr (J.) u. **Zemek (F.),** Niederwert. Th-Verbb. 4782.
— u. Zemek (F.), Abscheid. v. chem. reinem V aus d. Gasphase 5979.
—, Zemek (F.) u. **Zemek (O.),** Best. v. S in Kohlen 494.
Jantschenko (L. N.) s. R j u c h i n (N. W.).
Jantzen (E.) u. **Wieckhorst (O.),** Ringspaltsäulen für hochwirksame Dest. bei niedrigen Drucken 4425.
Janulionis (A. D.) s. C a r n e y (D. J.).
Januschkin (N.) s. D r o s d o w (N.).
Januss (R. I.) s. D r u s h i n i n (W. W.).

Janz (G. J.), Thermodynamik d. Hydrier. v. Bzl. 54. — Temperaturabhängigk. d. Wärmekapazität 10447.
—, **McCulloch (W. J. G.)** u. **Timpane (E. F.)**, Prüf. v. Katalysatoren für die Synth. v. Phenylpyridin aus Butadien u. Benzonitril 10238.
— u. **Stevens (E. H.)**, Ganz aus Glas bestehender verstellbarer Fl.-Behälter für Fließkontrolle 7985.
Jaoul (B.), Meth. zur Unters. d. Abnutz. mit Hilfe v. radioakt. Tracern 10.
— u. **Lacombe (P.)**, Nachw. d. Anlaßbrüchigk. v. Stählen 4202.
Jaquemain (Y.), Dünger 1594* F.
Jaquenoud (P.), Intravenös injizierbares ultrakurzwirkendes Barbiturat J. L. *1179* ter 8671. — s. H a r t u n g (L.).
— u. **Mercier (Y.)**, Verhinder. v. postoperativem Erbrechen durch drei Depotantihistaminica 5363.
Jaques (L. B.) s. H o s k i n (F. C. G.); L e e (C. C.).
— u. **Cho (M. H.)**, Darst. v. Heparinase 2456.
—, **Millar (G. I.)** u. **Spinks (J. W. T.)**, Stoffwechsel d. K-Vitamine 4629.
Jaques (R.), Entsteh. v. Magenulcera unter d. Einfl. v. Cholinesterasegiften 1781.
— u. **Döpfner (W.)**, Spasmolyt. Wrkgg. v. Phenolen 1789.
Jaques (W. E.), Verwandtschaft d. Strahlenkörper mit d. Lipoiden 606.
Jaray (F. F.), Geschichtetes Polyvinylchlorid 1151.
Jarczynski (R.) u. **Kiermeier (F.)**, Nachw. v. Konservierungsmitteln im Schmelzkäse mit Hilfe d. Papierchromatographie. 1. Mitt. Nachw. v. Benzoesäure, Parachlorbenzoesäure, Paraoxybenzoesäure sowie deren Salzen u. Estern 9930.
Jardine (D. A.) s. P l e w e s (A. C.).
Jaretzky (R.), Diuret. Effekt v. Hydrocorin 9846.
— u. **Geith (K.)**, Deutsche Heilpflanzen in Bild u. Wort [3443].
Jargeaix (É.), Erzeug. v. Nebeln zur Bekämpf. 675* F.
Jarina (L. N.), Lantosid 10801. — Antabus 10803.
Jarl (F.) u. **Hellberg (A.)**, Silageverss. mit sauren Na-Salzen d. H_3PO_4 u. H_2SO_4 477.
— u. **Helleday (T.)**, Veränderr. d. chem. Zus., d. Verdaulichk. u. d. Nährwerts bei wachsenden Wiesenbeständen 8760.
Jarmain (W. R.) s. N i c h o l l s (R. W.).
Jarmuchametowa (D. C.) s. P u d o w i k (A. N.).
Jarnum (S.), Cinchophen u. Acetylsalicylsäure während d. Behandl. mit Antikoagulantien 2466.
Jarolím (V.) s. Š o r m (F.).
Jarosch (P. J.), Einzelhh. d. inneren Struktur d. Pyritkörner aus d. sulfid. Lagerstätten d. Urals 5502.
Jaroschenko (W. A.), Bildungsdynamik d. Toxins durch Kulturen v. Cl. welchii (Bac. perfringens). 2. Mitt. Bldg. einzelner Komponenten d. Toxins im Zusammenhang mit d. Vermehrungsintensität d. Mikroben 8891.
Jaroschewitsch (I. W.) s. K u d s i n (J. K.).
Jarosslawskaja (N. N.) s. W i s s t e l i u s (A. B.).
Jarosslawzew (J. K.), Örtl. Anwend. v. Streptomycinlsgg. bei d. Behandl. chron. eitr. Mittelohrentzündd. 4152.
Jarovoy (M.) s. H é e (A.).
Jarowitzin (W. I.), Regenerieren v. Schmieröl 6890.
Jarowoi (A. A.) s. K a t s c h a n o w (W. R.).
Jarowski (C. I.) s. P f i z e r (C.) & C o., I n c.
Jarrett (A. A.) s. K o o n t z (R. L.).
— u. **Berger (S.)**, Radioisotopenerzeug. in Reaktoren sehr kleiner Leist. 9956.
Jarrett (R. M.) s. B o u l d (C.).
Jarrige (P.) u. **Henry (R.)**, Unters. d. Glucuronidaseaktivität d. Verdauungssaftes v. Helix pomatia (L.) u. v. dessen Phenolsulfatase 2452.
Jarrold (T.) s. G l a z e r (H. S.).
Jarry (G. R.), Farb- u. Lackabbeizmittel 3979* F.
Jarry (J.-J.) u. **Mondanel (L.)**, La Lutte contre les poussières dans les houilleres: a) le Problème medical, b) le Problème technique [8700].
Jartschuk (I. I.) s. C h r i s s t e w a (L. A.).
Jaruschka (H.), Pulverförm., vor Gebrauch mit W. anzurührender Spachtelkitt zum Glätten u. Überziehen v. Holzflächen 700* D. B.
Jarussowa (N. S.), Vitaminisier. d. Nahrung im Rahmen d. Gemeinschaftsspeisung 239.
Jaruzelski (J. J.) s. D e n o (N. C.).
Jarvis (G. A.) s. H e n k e l (R. L.).
Jarvis (R. G.) s. C r a i g (D. S.).
Jarvis (R. K.) s. A a r t s (W. H.).
Jarzewa (A. M.), Behandl. v. Brucellosekranken mit Biomycin 5839.
Jaschek (W.) s. M a s c h k a (A.).
Jaschtschenko (T. N.), Phthivazid in d. Therapie d. experimentellen Tuberkulose 4152.
Jaschtschenko (W. D.), Reinig. v. Nickelsulfatlsgg. 4235.
Jaschunskaja (F. I.), Kautschuk unserer Tage 6869.
Jaschunski (W. G.) s. K o s s t (A. N.).
—, **Kosst (A. N.)** u. **Terentjew (A. P.)**, Synthesen mit Hilfe v. Acrylsäurenitril. 19. Mitt. Red. v. Acrylonitril nach d. Meth. v. Wyschnegradski 10004.
Jasco, Inc., **Sparks (W. J.)**, **Gleason (A. H.)** u. **Frolich (P. K.)**, Polymerisatgemisch 9461* A.
—, **Sparks (W. J.)** u. **Thomas (R. M.)**, Vulkanisierbare, gegen Oxydat. beständige Mischpolymerisate 4718* A.
Jaselskis (B.) u. **Diehl (H.)**, Polarographie d. Vitamine B_{12r} u. B_{12a} 3588.
Jasewicz (L.) s. H o o v e r (S. R.).
Jasielski (S.) s. M i n c (S.).
Jasienko (S.) s. P a m p u c h (R.).
Jasiński (B.) s. S t i e f e l (G. E.).
— u. **Stiefel (G. E.)**, Schicksal u. Verwert. intravenös verabreichten koll. Fe 4632.
Jasion (L. Z.) s. S t a n d a r d O i l D e v e l o p m e n t C o.
Jaskoski (B. J.), Äthomidwrkgg. auf d. Entw. v. Ascaris suum 8668.
Jaskowsky (J.), Schnellbest. v. Bromid in konz. Chloridlsgg. 3446.
Jasmin (G.), **Selye (H.)** u. **Steelman (S. L.)**, Anaphylaktoide entzündl. Rkk. auf Präpp., d. duodenalen intrinsic factor u. Magenmucin enthalten 5837.
Jasmund (K.), Silicat. Tonminerale [3463].
Jason (A. C.) s. C u t t i n g (C. L.); G e o r g e (E. P.).
Jaspart (M.) s. S o c. N a t i o n a l e d' É t u d e e t d e C o n s t r u c t i o n d e M o t e u r s d' A v i a t i o n.

Jasper (J. J.) u. **Kerr (E. R.)**, Orthobare Oberflächenspannungen u. thermodynam. Eigg. d. Flüssigkeitsoberflächen einer Reihe v. 1-Alkenen, C_6 bis C_{16}, u. v. n-Decylcyclopentan, n-Decylcyclohexan u. n-Decylbenzol 54.
— u. **Wood (T. D.)**, Unters. d. Temp.-Abhängigk. d. Grenzflächenspann. einiger Halogenbenzole gegen W. 11547.
Jasper-Mead (W.) s. Golgate-Palmolive-Peet Co.
Jaspers (A. M. J.) s. N. V. Philips' Gloeilampenfabrieken.
Jassinskene (E. I.) s. Jatzimirski (K. B.).
Jasskina (J. J.) s. Kudrjaschow (B. A.).
Jassnikow (A. A.) s. Schilow (J. A.).
Jasson, Korngrößenanalyse u. Gasdurchlässigk. d. Formsande 2523.
Jasstrebow (N.), Anlage für d. Herst. gezuckerter evaporierter Milch 8520.
Jasstrembowitsch (N. I.) s. Demidenko (T. T.).
Jastram (P. S.) s. Hurley (J. P.).
Jaswon (M. A.), The theory of cohesion [4530].
— u. **Dove (D. B.)**, Geometrie v. Gitterebenen. 1. Mitt. 10693.
Jatczak (C. F.) u. **Rowland (E. S.)**, Einfl. v. B auf d. Einsatzhärtbark. in legierten Einsatzstählen 7539.
Jatkar (S. K. K.) u. **Mainkar (V. B.)**, Potentiometr. Unterss. an Chromoxyden 3093.
Jatolit Akt.-Ges., Reinig. v. W. 664* Schwz.
Jatschina (T. W.) s. Temkina (R. S.).
Jatzenko (R. D.) s. Jurjew (J. K.).
Jatzimirski (K. B.), Die Stabilität einiger Gruppen v. Komplexverbb. in wss. Lsgg. bestimmenden Faktoren 7391. — Energet. Charakteristik u. analyt. Klassifikat. d. Ionen 8455. — s. Grinberg (A. A.).
— u. **Jassinskene (E. I.)**, Kinetik d. Hydratat. v. Harnstoffkomplexen d. Cr 38.
Jatzkewitz (H.), Überprüf. u. Anwend. eines klin. Verf. zur Best. v. Suchtmitteln im Harn 9406.
Jatzuk (L.) s. Patkul (G.).
Jaubert (G. F.), Verwend. v. durch Hitze regenerierbaren Entwässerungsmitteln 659* F.
Jaubert (J. L.) s. Rivière (M.).
Jauch (J. M.), Quantel. v. Spinorfeldern 6. — s. Hellund (E. J.).
Jauho (P.), Anzahl d. künstl. Kern.-Rkk. als eine beliebige Variable 2825.
Jaulmes (M.) s. Paycha (F.).
Jaumann (J.) u. **Kessler (R.)**, Anteil d. freien Ladungsträger in Ge an d. Absorpt. im kurzwell. Ultrarot 5001.
Jaumot jr. (F. E.) s. Berkowitz (A. E.); Folen (V. J.); Nix (F. C.); Sutcliffe (C. H.).
— u. **Nix (F. C.)**, Ermittl. d. Absorptionskoeffizienten v. Metallen u. Legierr. für komplexe radioakt. Spektren 8774.
— u. **Sawatzky (A.)**, Geordnet–regellose- u. Kaltbearbeitungserscheinungen in Cu–Pd-Legierr. 4776.
Jauneau (L.) s. Bousser (F.); Hoang (T. F.).
Jaunin (R.) u. **Séchaud (G.)**, Einw. v. Na auf Phenyliminoäther. 1. Mitt. Kondensat. v. Benzoesäurephenyliminoäthern 9787.
Jauregui (R. H.) = Hernandez Jauregui (R.).
Jaus (A.), Erfahrr. mit Verpackungspapieren 1633.
Javan (A.) s. Lotspeich (J. F.).
— u. **Engelbrecht (A.)**, Mikrowellenabsorptionsspektren v. MnO_3F u. ReO_3Cl 8785.
Javes (A. R.) u. **Liddell (C.)**, Schnellmeth. für d. Best. d. Verkohlungswertes v. Schwerbzn. 8294.
Javicoli (I.) u. **Lippi (C.)**, Eventuelle tox. Wrkg. d. Chloramphenicols auf d. Blut 7028.
Javier Mariñas (F.), Bronzen. 1. Mitt. Al-Bronze (Syst. Cu–Al) 1598; 2. Mitt. 1598.
Javillier (M.), A. Demolon 1429. — G. Denigés 10905.
Jawelberg (G. I.), Vorr. für d. Massenunters. v. Rohmilch auf Fettgeh. 6642.
Jawetz (E.), Review of medical microbiology [3411]. — s. Coleman (V. R.); Miles (C. P.).
—, **Coleman (V. R.)** u. **Gunnison (J. B.)**, Beteilig. v. Polymycin B in d. kombinierten Antibioticawrkg. 1785.
— u. **Merrill (E. R.)**, Einfl. d. Cortisons auf d. therapeut. Wirksamk. v. Antibioticis bei experimentellen Infektt. 2718.
Jawlinski (M. D.) s. Tjutjunnikow (B. N.).
Jawoisski (W. I.) s. Lakomski (W. I.).
Jawor (S. J.) s. Kelman (W. M.).
Jaworski (B. M.) s. Wainstein (L. A.).
Jawtusch (W.), **Jaeckel (R.)** u. **Schuster (G.)**, Große Wirkungsquerschnitte für Ablenkk. unter kleinen Winkeln bei Stößen zwischen neutralen Atomen 3556.
Jax (P.) u. **Futschik (J.)**, Brauchbark. eines photoelektr. Schmutzbild-Auswertgerätes für d. Praxis 6643.
— u. **Nöbl (E.)**, C-Geh. u. elektr. Leitfähigk. d. Milch gealpter Kühe 4724.
—, **Zeilinger (A.)** u. **Futschik (J.)**, Reinigungs- u. Desinfektionsmittel im Hinblick auf d. neuere Entw. 5678.
Jay (R. R.) s. Siegel (Samuel).
Jayaraman (A.), Struktur u. opt. Verh. v. Chalcedon 11155. — s. Raman (C. V.).
Jayaraman (J.) s. Mohanty (S. R.).
Jayasuriya (G. C. N.), Citratanreicher. aus Glykolat durch einen oxalatabbauenden Organismus 1300.
Jayle (M.-F.) s. Crépy (O.); Decourt (J.).
— u. **Crépy (O.)**, Ausscheid. v. neutralen u. phenol. Steroiden im Verlauf d. Schwangerschaft 2932. — Best. v. Pregnandiolglucuronid (P.G.) u. butanollösl. Glucuroniden (G.B.S.) 7016.
—, **Decourt (J.)**, **Michard (J. P.)**, **Baulieu (E.)**, **Judas (O.)** u. **Serpicelli (J.)**, Intravenöse ACTH-Perfus. zur biochem. Unters. d. Nebennierenrinde 5106.
—, **Desgrez (P.)**, **Serpicelli (J.)**, **Rozeg (J.)**, **Judas (O.)** u. **Laudat (A.)**, Best. d. Harncorticosteroide nach biol. Hydrolyse 3660.
Jayles (P.), La Fluidisation, opération fondamentale du génie chimique [4180].
Jayme (G.) u. **Arledter (H.)**, Theorie u. Praxis d. Harzleim. d. Papiers. 1. Mitt. Einfl. d. Härte d. Fabrikationswassers 6166.
— u. **Branscheid (F.)**, Identifizier. v. mit Aminoplasten naßfest gemachten Papieren mittels einer einfachen Farb-Rk. 6649.
— u. **Harders-Steinhäuser (M.)**, Opt. Erfass. d. Ungleichmäßigkk. beim Sulfitaufschluß 6882.
— u. **Licht (W.)**, Kinetik u. Systematik d. alkal. Aufschlusses v. Buchenholz 10885.
— u. **Neuschäffer (K.)**, Best. d. Carboxylgruppengeh. v. Zellstoffen 11305.

Jayme (G.) u. **Rothamel (L.)**, Dreistufenbleiche v. Sulfitzellstoffen mit alkal. Zwischenbehandl. 248.
— u. **Verburg (W.)**, Neues alkal. Lösungsm. für Cellulose. Syst. Cellulose–Eisen(III)-hydroxyd–Weinsäure–Natriumhydroxyd 248.
Jayne jr. (D. W.) s. American Cyanamid Co.
Jaynes (E. T.) s. Hornig (A. W.).
Jeacocke (G. J.) s. Gerrard (W.).
Jean (L. H.) = Chopard-dit-Jean (L. H.).
Jean (M.), Colorimetr. Best. v. Sb mit Methylviolett 6580. — Colorimetr. Best. v. Cu mit Diäthyldithiocarbamat (in natronalkal. Mittel) 6581.
Jean (Maurice), Möglichk. kovarianter Generalisier. d. Theorie d. intermediären Koppl. 1. Mitt. 4510; 2. Mitt. 4510. — Unters. d. Methoden d. zweiten Quantel. u. d. Konfigurationsraumes in d. relativist. Theorie d. Teilchensysteme: Anwend. auf d. Ableit. relativist. Gleichungen für d. Deuteron 4510. — Pseudoskalare Mesonentheorie u. intermediäre Koppl. 9953.
— u. **Prentki (J.)**, Elektromagnet. Anreg. d. Kerne durch geladene Teilchen 2124. — Meth. v. Feynman für geladene Mesonen v. Spin *1* 5709. — Streuung v. π-Mesonen durch d. Nucleonen 10429.
— u. **Ratier (J.)**, Dreikörperpotential 1895.
Jeanes (A.) s. Rankin (J. C.); Secretary of Agriculture.
—, **Wilham (C. A.)**, **Jones (Robert W.)**, **Tschuchiya (H. M.)** u. **Rist (C. E.)**, Isomaltose u. Isomaltotriose aus enzymat. Hydrolysaten d. Dextrans 837.
Jeanloz (R. W.), Synthesen v. 4-O-Methyl-β-D-galaktopyranose u. 2.4-Di-O-methyl-α-D-galaktopyranose 5551. — Struktur d. Chitins u. d. Hyaluronsäure u. d. Oxydat. v. Zuckeraminen durch d. Perjodation 8174. — s. Hechter (O.); Searle (G. D.) & Co.
— u. **Stoffyn (P. J.)**, Unterss. über Hyaluronsäuren u. verwandte Substanzen. 13. Mitt. 4-O-Methyl-D-galaktosaminhydrochlorid (2-Amino-2-desoxy-4-O-methyl-D-galaktosehydrochlorid) 5550.
Jeanneret (P.) s. Essellier (A. F.).
—, **Rosenmund (H.)** u. **Essellier (A. F.)**, Wasser- u. Elektrolythaushalt. Tabellen medizin. wicht. Zahlenwerte 2715.
Jeanprost (C.) s. Pisanté (J.).
Jeans (J. H.), The dynamical theory of gases [9505].
Jebsen-Marwedel (H.), Schlieren- u. spannungsopt. Verh. method. inhomogener Glasschmelzen 4673. — Entmischung d. Glases durch Kristallisat.; Paragenese 5870. — Verbesser. d. mikrophotograph. Darst. durch Verwend. gemischter Beleucht. (Beispiele aus d. Glas- u. keram. Technik). 2. Mitt. 8944. — s. Dietrichs (W.).
Jech (Č.), Veränderr. d. Oberflächeneigg. durch α-Bestrahl. 5008. — Radioakt. Aerosole 11333.
Jech (J.) s. Spojené Ocelárny Národni Podnik.
Jechinowitsch (J. M.) s. Warawitzki (I. M.).
Jedigarjan (A. A.) u. **Nadeshdin (D. S.)**, Thermodynam. Theorie d. Aktivität 10200.
Jedlicka (H.), Galvan. Element 11651* D. B.
Jee (W. S. S.) s. Arnold (James S.).
Jeener (R.) u. **Rosseels (J.)**, Einlager. v. ^{35}S-2-Thiouracil in d. Ribonucleinsäure d. Tabakmosaikvirus 10779.
Jefferies (J. T.), Strahlungsemiss. v. Modell-Wasserstoffchromosphären. 1. Mitt. 278.
— u. **Giovanelli (R. G.)**, Strahlungsemiss. v. Modell-Wasserstoffchromosphären. 2. Mitt. 9958.
Jefferies (P. R.), Friedelin u. Epifriedelin aus Ceratopetalum apelatum D. Don 361.
Jefferson (E. G.) s. Gold (V.).
Jefferson (G. D.) s. Atlas Powder Co.; Schlatter (C.).
Jefferson (H.) s. Schiller (S.).
Jefferson (T.), Welding encyclopedia [9665].
Jefferson Chemical Co., Inc. u. **Reese (R. R.)**, Olefindichloride 684* A.
— u. **Sacken (D. K.)**, Poröse hochakt. Silberkatalysatoren 8266* A. — Aktivierter Silberkatalysator 8501* A.
Jeffery (G. H.), **Leicester (J.)** u. **Vogel (A. I.)**, Bindungsrefraktt. u. Bindungsparachor d. C=N-Bind. 313.
Jeffery (G. M.) s. Arnold (J.); Cooper (W. C.).
Jefferys (E. G.) s. Brian (P. W.).
Jeffes (J. H. E.), Industrielle Entw. d. Silicone 4467.
Jefford (C. W.) s. Acheson (R. M.).
Jeffree (G. M.), Aktivier. d. sauren Phosphatase d. Prostata 7465.
Jeffrey (G. A.) s. Robertson (J. Monteath).
—, **Cruickshank (D. W. J.)** u. **Cox (E. G.)**, Best. d. Mol.-Struktur durch Röntgenkristallanalyse: Moderne Methoden u. ihre Genauigk. 296.
— u. **Parry (G. S.)**, Kristallstruktur d. Natriumoxalat 2375. — Kristallstruktur v. Aluminiumnitrid 6697.
Jeffrey (R. E.), **Griffith (L. W.)**, **Dunning (E.)** u. **Baldwin (B. S.)**, Kraftstoffverbesser. mit phosphorhalt. Additives 5460.
Jeffrey (S.) s. Bradley (W.).
Jeffreys (J. A. D.), Synth. d. Tetrahydroworenins 5784.
Jeffreys (R. A.), Rkk. v. 5-Oxothiazoliniummerocyaninfarbstoffen 10507.
Jeffries (C. D.), Spin u. magnet. Moment v. ^{47}Ti u. ^{49}Ti u. magnet. Moment v. ^{73}Ge 6205. — Spin u. magnet. Moment v. ^{47}Ti u. ^{49}Ti 7598. — s. Sogo (P. B.).
—, **Rolfe (B. N.)** u. **Kunze (G. W.)**, Verwitterungsfolge d. Glimmers in Highfield- u. Chester-Bodenprofilen 1124.
Jeffries (E. B.) s. Mercer (E. H.).
Jeffries (F. A.) s. Wingfoot Corp.
Jefimotschkina (J. F.), Natur d. schnellen Anpassungsveränderr. d. Aktivität d. Tryptophan–Peroxydase-Syst. in d. Leber v. Tieren 5337.
Jefimow (A. L.), Handbuch über d. Anwend. v. Giftstoffen zur Bekämpfung v. Pflanzenschädlingen u. Pflanzenkrankheiten. Russ. [4440].
— u. **Muschnikowa (K. N.)**, Neues aussichtsreiches Präp. zur Beiz. v. Baumwollsamen gegen Gommose 6833.
—, **Orschanskaja (W.)** u. **Ssokolowa (N.)**, Labor.-Prüf. d. Präp. Nr. *1*. 1. Mitt. 197.
Jefimow (F.), **Torgownikowa (I.)** u. **Kossowa (O.)**, Silier. d. Maiskolben 4726.

Jefimowa (A.) u. **Kirowa (S. M.)**, Schnellmeth. zur Best. d. Feuchtigk. v. Fleischprodd. 3272.
Jefischew (I. I.), **Prochorow (A. W.)** u. **Matjuschkina (A. P.)**, Industrielle Reinig. v. Sulfatterpentin 9679.
Jefremenko (A. A.), Unterss. d. russ. Wissenschaftler über d. Baktericität v. Fll. d. Organismus 6673.
Jefremow (A. I.) s. Toropow (N. A.).
Jefremow (I. F.), Gelatinier. v. frisch erhaltenen V_2O_5-Solen 10449.
Jefremow (J. W.), Einfl. d. Temp. auf d. Konstanten d. Gleich. d. Kinetik einer Rk. mit Selbstbeschleunig. 5262.
Jefremow (W. W.), Unters. d. Bedarfs d. Menschen an Vitaminen 11614.
—, Makarytschew (A. I.) u. **Tichomirowa (A. N.)**, Einfl. einer PP-Avitaminose auf d. bedingt-reflektor. Tätigk. d. Hundes 9602.
Jefremowa (O. G.) s. Glikman (S. A.).
Jegaden (G.) s. Rocquet (P.).
Jeger (O.) s. Arigoni (D.); Ciba Akt.-Ges.; Riniker (B.); Roth (M.); Schenk (H. R.); Zürcher (A.).
Jeghers (H.) s. Kyle (L. H.).
Jegorkin (N. I.) u. **Mamedow (M. A.)**, Gewinn. v. weißem Leder aus Schweinehaut nach d. Meth. d. Formaldehydgerb. 8300.
Jegorov (N. N.), **Dmitriev (M. M.)** u. **Sikov (D. D.)**, Desolforazione dei gas di cokeria del gas naturale e di altri gas combustibili [4503].
Jegorow (A. D.), Wicke als wertvolle Vitaminpflanze 4134.
Jegorow (A. S.) u. **Jakowlewa (W. W.)**, Best. d. p_H u. d. Puffer. verschied. Fll. d. menschl. Organismus mit Hilfe eines Ionometers mit Wismutelektroden 2267.
Jegorow (I. A.), Lignin junger Teetriebe 8053.
Jegorow (J. P.) s. Petrow (A. D.); Plate (A. F.).
Jegorowa (A. J.) s. Sbarski (N. S.).
Jegorowa (L. I.), Anwend. d. adrenocorticotropen Hormons d. Hypophyse (ACTH) u. v. Cortison in d. Klinik innerer Krankhh. 6550.
Jegorowa (M. J.) u. **Abramowa (M. A.)**, Voll- u. Halbester v. Äthylenglykol mit β-[Furyl-(2)]-acrylsäure 4092.
Jegorowa (M. N.), Kohlenhydratumsatz bei Ulcus 9836.
Jegorowa (N. L.) s. Kirssanow (A. W.).
Jehle (H.) s. Bade (W. L.).
Jehle (K.) s. Bobingen Akt.-Ges. für Textil-Faser.
Jehotte (J.), N-Gleichgewicht bei d. Ratte nach Totalbestrahl. 7958. — s. Betz (E. H.).
Jekel (O. C.), Gerbstoffe 1187* E. — Gerbstoff-Borsäure-Verbb. 1420* D. B.
Jelfimow (W. I.) s. Wukss (M. F.).
Jelinek (A. G.) s. Du Pont de Nemours (E. I.) & Co.
Jelissejewa (W. I.), Theoret. Grundlagen u. prakt. Methoden d. Färb. u. Lackier. v. Leder. Russ. [7590].
— u. Kobylkin (A. F.), Neues in d. Technologie u. Gütekontrolle v. Lackleder 1656, 3291.
Jeljaschewitsch (M.), Spektren d. Seltenen Erden. Russ. [2855]. — Radiospektroskopie 8085.
Jeljutin (W. P.) s. Ssokolow (L. N.).
Jelkina (T. A.), Temperaturabhängigk. d. Magnetisier. v. Co in schwachen magnet. Feldern 10926.
Jelliff (C. O.) Mfg. Corp., Jackson (J. H.) u. **Greenidge (C. T.)**, Elektr. Widerstände 10854* A.
Jellinek (F.) s. Bijvoet (J. M.).
Jellinek (H. H. G.), Grenzbedingg. für umkehrbare Polymerisationsvorgänge 3878. — Degradation of vinyl polymers [6769]. — s. Brett (H. W. W.).
— u. Roberts (M. H.), Verseif. v. α-Monostearin in monomol. Schicht 1938.
— u. Turner (K. J.), Therm. Abbau v. Vinylpolymeren in Lsg. 1. Mitt. Abbau v. Polystyrol in Naphthalinlsg. 5088.
— u. Urwin (J. R.), Polarographie v. Picolin- u. Isonicotinsäure u. deren Amiden 3102. — UV-Absorptionsspektren u. Dissoziationskonstanten v. Picolin- u. Isonicotinsäure u. ihren Amiden 6482.
Jellinek (K.) s. Farbwerke Hoechst Akt.-Ges., vormals Meister Lucius & Brüning.
Jellinek (P.), The practice of modern perfumery [236].
Jellinek (P. H.), Papierchromatographie v. Östrogenen 8421.
Jelling (M.), Bituminöses Bindemittel für Straßenbauzwecke 9708* A.
Jellinghaus (W.) u. **Houdremont (E.)**, Grundsätzl. Betrachtt. zu d. Umwandll. d. Austenits in d. Perlit- u. Zwischenstufe 2617.
—, Rose (Adolf) u. **Holetzko (H.)**, Austenitzerfall d. übereutektoid. Mn-Stähle 2618.
Jelowskich (M. P.) s. Wallander (S. W.).
Jem (A. P.) s. Rosstowzew (S. T.).
Jemeljanow (D. S.), Erniedrig. d. S-Geh. in durch Flotat. erhaltenen Kohlenkonzentraten 9701.
Jemski (J. V.) s. Flick (J. A.).
Jemzew (W.) s. Nosskowa (G.).
Jen (C. K.), Klass. Modell für durch Rotat. hervorgerufene magnet. Momente in Moll. 11163. — s. Massey (J. T.).
Jenaer Glaswerk Schott & Gen. vgl. auch VEB Jenaer Glaswerk Schott & Gen.
—, Berger (E.), Geffcken (W.) u. **Schäfer (Harald)**, Herst. kratzerfreier Oberflächenschichten auf Glas 11273* D. B.
—, Berger (E.) u. **Schäfer (Harald)**, Änder. d. Oberflächeneigg. v. Gegenständen aus silicat. Stoffen 6108* D. B.
— u. Geffcken (W.), Änder. d. Reflexionsvermögens durchsicht. Gegenstände, bes. opt. Gläser 11273* D. B.
—, Geffcken (W.) u. **Rehs (G.)**, Opt. Glas 6366* A.
—, Geffken (W.) u. **Schröder (Hubert)**, Dünne Überzüge 4223* D. B.
— u. Kratz (L.), Bezugsfl., die bestimmt ist, in Verb. mit einer Glaselektrode zur Ermittl. d. [H˙] v. Lsgg. verwendet zu werden 9872* D.
Jenčič (S.), Bitumen d. Kohle v. Raša 4494.
Jenckel (E.), Kristallisationserscheinn. in Kunststoffen 465. — Schwingungsdämpf. an Hochpolymeren 7926. — Für Schwermetalle selektiver Ionenaustauscher [9640].
— u. Illers (K.-H.), Temperaturabhängigk. d. inneren Dämpf. v. weichgemachtem Polymethacrylsäuremethylester 2444.
Jenett (H.) s. Interchemical Corp.
Jeney (E.) u. **Uri (J.)**, Pharmakol. Wrkgg. v. Flavonfarbstoffen 6328.
Jeník (J.) s. Jureček (M.).
Jenitschek (P.) s. Lihl (F.).

Jenkins (A.) s. Westinghouse Brake & Signal Co. Ltd.
Jenkins (A. C.) u. **Birdsall (C. M.)**, Flüssigkeitssyst. O_3–O_2 8321.
— u. **Chambers (G. F.)**, Dampfdrucke v. Si-Verbb. 6482.
— u. **Reid (A. J.)**, Wärmeleitfähigk. v. fl. Siliconverbb. 3589.
Jenkins (A. D.) s. Bamford (C. H.).
Jenkins (C. F. H.), Rotbeinige Erdmilbe [Halotydaeus destructor (Tucker)] 2516.
Jenkins (D. P.) s. Bell (D. G.).
— u. **Pincherle (L.)**, Variationsprinzip für elektron. Wellenfunktt. in Kristallen 9267.
Jenkins (D. W.) s. Hassett (C. C.).
Jenkins (E. F.) s. Pines (H.).
Jenkins (G. F.) s. Minneapolis-Honeywell Regulator Co.
Jenkins (G. L.) s. Brochmann-Hanssen (E.).
Jenkins (H. A. H.) s. Pyrene Co. Ltd.
Jenkins (H. F. L.) s. Dunlop Rubber Co. Ltd.
Jenkins (H. S.), Textilfasern aus Proteinen 9225.
Jenkins (I. L.) u. **McKay (H. A. C.)**, Verteil. v. Uranylnitrat zwischen W. u. organ. Lösungsmm. 6. Mitt. Aussalzen durch ein zweites Nitrat 2147.
Jenkins (P. T.), Bekämpf. v. Sommerflecken v. Birnen 7532. — s. Fisher (Eileen E.).
Jenkins (P. W.) s. Robertson (H. H.) Co.
Jenkins (R.), Kupolofen u. Hartgußeisen 7537.
Jenkins (R. E.) s. Monsanto Chemical Co.
Jenkins (R. G. C.), Fixieren v. Dauerwellen 2554* E.
Jenkins (R. W.) s. Robertson Thain Ltd.
Jenkins (S. H.) s. Baines (S.).
Jenkins (V. N.) s. Union Oil Co. of California.
Jenkinson (J. R.) s. Rylands (J. R.).
Jenkinson (R.) s. Nelson (R. C.).
Jenkner (A.) s. Mannesmann Akt.-Ges.
Jenkner (H.) s. Kali-Chemie Akt.-Ges.
Jenkow (J. W.) s. Obolenzew (R. D.).
Jennen (J. J.) s. Gevaert Photoproducten N. V.
Jenness (L. G.) s. Humco Co.
Jenness (R.), Titrat. v. Ca u. Mg mit Äthylendiamintetraacetat in Milch u. Milchfraktionen 3027. — Wrkgg. v. Milch auf Brot 5445. — s. Christianson (G.); Coulter (S. T.); Gordon (Arthur L.).
Jennings (A. B.) s. Du Pont de Nemours (E. I.) & Co.
Jennings (A. S.) s. Alter (H. W.).
Jennings (B.), **Weddell (J. B.)** u. **Hellens (R. L.)**, Unelast. Streuung v. 4,3 MeV-Neutronen an ^{56}Fe 3789.
Jennings (F. C.), Typen v. Zellkautschuk u. verwandten Materialien u. ihre Nomenklatur 8752.
Jennings (G. B.) s. Goodrich (B. F.) Co.
Jennings (H. Y.), Knitterfreie Ausrüst. v. Baumwolle 11711.
Jennings (J. C. E.), Virtuelle Optik d. Mittelebene axialsymm. magnet. Prismen 11167. — s. Ehrenberg (W.).
Jennings (L. H.) s. Socony-Vacuum Oil Co., Inc.
Jennings (P. A.) s. Armco Steel Corp.
Jennings (R. J. S.) s. C. D. Patents Ltd.
Jennings (W. G.) u. **Dunkley (W. L.)**, Nachw. v. Oxydationsgeschmack 3756.
Jennison (M. W.) s. Givaudan Corp.
Jenny (A. L.) s. General Electric Co.
Jenny (D. A.) u. **Bube (R. H.)**, Halbleitendes CdTe 11161.
Jenny (H.), Aromaerhalt. v. Röstkaffee 4726* Belg., Schwz.
Jenny (J.) s. Sauter (H.).
Jenny (R.) u. **Hugel (G.)**, Unters. d. organ. Inhibitoren d. Säurekorros. d. Fe. 1. Mitt. Zers. d. Mercaptane 207.
Jenny (W.) s. Ciba Ltd.
Jenolite Ltd. u. **Bird (P. L.)**, Erzeugen v. Schutzschichten auf Fe 8743* E.
Jense (W. F.) s. N. V. de Bataafsche Petroleum Mij.
Jensen (A. H.) s. Ashton (G. C.); Quinn (L. Y.).
—, **Acker (D. C.)**, **Maddock (H. M.)**, **Ashton (G. C.)**, **Homeyer (P. G.)**, **Heady (E. O.)** u. **Catron (D. V.)**, Verschied. Proteingehh. mit u. ohne Zulagen v. Antibioticis für wachsende Mastschweine: Wrkg. auf Wachstumsgeschwindigk. u. Futterverwert. 9372.
Jensen (A. T.) u. **Andersen (E. K.)**, In Sanden aus dän. Böden u. Untergrundböden enthaltenen Mineralien. 1. Mitt. 9649.
— u. **Danø (M.)**, Kristallographie v. Zahnstein u. d. Bldg. einiger Ca-Phosphate 7474.
Jensen (C. C.) u. **Bergqvist (N.)**, Einfl. einer Testosteronbehandl. auf d. 17-Ketosteroidfrakt. d. Harns nach zweistuf. Hydrolyse 2933.
Jensen (C. E.), Darst. v. Hyaluronsäure u. Best. ihrer Viscosität u. opt. Dreh. 2. Mitt. 6532.
— u. **Vilstrup (T.)**, Proteinunterss. über d. Endo- u. Perilymphe d. Innenohres 389. — Best. einiger anorgan. Substanzen in d. Labyrinth-Fl. 6096.
Jensen (C. O.), Zigarrentabake. Chem. Veränderr. während d. Trockn. 11477. — s. Binger (H. P.); Dutcher (R. A.).
Jensen (C. W.), Schmelzdrehöfen 7767.
Jensen (E.), Mineralog. Zus. d. feinkörn. Fraktt. einiger typ. dän. landwirtschaftl. Böden. 1. Mitt. Quarz 9649.
Jensen (E. B.), Abbau u. Verarbeit. d. goldführenden tonigen Erze v. Golden Ridges, Neu-Guinea 9658.
Jensen (E. H.), A study on sodium borohydride. With special reference to its analytical application in organic chemistry [2152].
Jensen (E. N.) s. Laslett (L. J.); Pohm (A. V.).
Jensen (E. P.) s. Du Pont de Nemours (E. I.) & Co.
Jensen (E. V.) s. Kharasch (M. S.); Nakanishi (S.).
Jensen (F.), **Stafford (E. M.)** u. **Break (R. A.)**, Weinschmierlaus 3946.
Jensen (F. B.), Nachw. v. Monobromessigsäure u. ihren Estern in Lebensmitteln 4958.
Jensen (F. L.) s. Stafford (E. M.).
Jensen (F. R.) s. Morris (R. J.).
Jensen (F. W.) u. **Anderson (Kermit)**, Temp.-Verteil. in Rußbrennerflammen 1449.
Jensen (H.), Solutio castellani 4402.
Jensen (H. C.) u. **Cashman (R. J.)**, Haftstellenverteil. im CdSe 11505.
Jensen (H. C. H.) s. Standard Oil Development Co.

Jensen (H. L.), Mg-Bedarf v. Azotobacter u. Beijerinckia u. ergänzende Bemerkk. über d. letztgenannte Gattung 1072.
— Entfern. u. Anwend. v. Silagesaft 5156.
Jensen (H. V.) s. Grewal (M. S.).
Jensen (J.), Möller (W.) u. **Thofern (E.)**, Biol. Penicillininaktivier. ohne Penicillinase? 10292.
— u. **Thofern (E.)**, Chlorhämin (Ferriporphyrinchlorid) als Bakterienwuchsstoff. 1. Mitt. 2694; 2. Mitt. Synth. d. Hämatinfermente 2694.
Jensen (Jens), Textilfibrene. Fremstilling og karakteristike egenskaber [1414]. — Viscosimetr. Beurteil. v. Baumwolle-, Leinen- u. Reyonstoffen 3998.
Jensen (J. B.), Quantitative Best. fester Stoffe durch Ultrarotspektroskopie. Best. v. Benzylpenicillin in kristallisierten Na-Salzen 2254.
Jensen (J. E.), Selbstschmierende Packungen für Stoffbüchsen 2796* Dän.
Jensen (J. H. D.), Kernbau u. Kernumwandl. 3549. — s. Goeppert Mayer (M.).
Jensen (J. L.), Unguentum hydrocortisoni 1% K.H. 7033.
Jensen (J. P.), Zusatzmittel für d. Herst. v. Casein 3512* Finn. — Mittel zur Verbesser. d. Konsistenz u. Verhinder. v. unerwünschten Gärungen im Käse 9219* Dän.
Jensen (K. A.) s. Christensen (V. A.).
Jensen (Kai A.) u. **Blok (G.)**, Tuberkulostat. Derivv. d. p-Aminobenzoesäure. 6. Mitt. Darst. v. Amiden d. p-Aminosalicylsäure (PAS) mittels 2-Acetoxy-4-acetamidobenzoylchlorid 6740.
— u. **Christensen (S. Å. K.)**, Tuberkulostat. Derivv. d. 4-Aminobenzoesäure. 4. Mitt. Heterocycl. Derivv. d. 4-Aminosalicylsäure (PAS) 6740. — Tuberkulostat. Derivv. d. p-Aminobenzoesäure. 5. Mitt. 4-Aminosalicoylderivv. d. Sulfanilamids u. verwandte Verbb. 6740.
— u. **Ingvorsen (H.)**, Tuberkulostat. Derivv. d. p-Aminobenzoesäure. 3. Mitt. Heterocycl. Derivv. d. 4-Aminosalicylsäure 6739.
Jensen (K. B.), Fluorometr. Best. v. Digitoxigenin 1794. — s. Dybing (F.).
Jensen (K. K.), Bell (W. E.) u. **Blacet (F. E.)**, Registriersyst. für Massenspektrometer 1900.
Jensen (L. B.) s. Swift & Co.
Jensen (L. H.), Kristallstruktur v. Isonicotinsäurehydrazid 6485.
— u. **Lingafelter (E. C.)**, Kristallstrukturen d. n-aliphat. Säurehydrazide 7644.
Jensen (L. S.) s. Stadelman (W. J.).
— u. **Stadelman (W. J.)**, Unters. d. Eierqualität auf ihren Absatzwegen 1634.
Jensen (P. B.), Bldg. d. Gallen v. Mikiola Fagi 5102.
Jensen (R.), Anwend. eines Integrators zur Berechn. v. Diffusionskoeffizienten aus aufgezeichneten Diffusionskurven: Theorie u. Praxis, einschließl. einer Abschätz. d. Genauigk. d. Meth. erläutert auch durch Berechn. einer Folge v. Gaußschen Kurven 7854.
Jensen (T.), Behandl. nichtgonorrhoischer Urethritis mit Aureomycin 150.
Jensen (W. L.) s. California Research Corp.; Continental Oil Co.
Jensen (W. N.), Ashenbrucker (H.), Cartwright (G. E.) u. **Wintrobe (M. M.)**, Aufnahme in vitro v. radioaktivem Fe durch Vogelerythrocyten 2465.
Jensen-Salsberg Laboratories, Inc., Sanders (E. F.) u. **Mundell (E. L.)**, Schweinecoleravaccine 7270* A.
Jenšovský (L.), Ta- u. Nb-Elektrode 986.
Jenss (H.) s. Siemens & Halske Akt.-Ges.
Jentoft (R. E.) u. **Robinson (R. J.)**, Feststell. d. Zus. d. Misch. v. organ. Lösungsmittel u. W. bei analyt. Fällungen 11640.
Jentschke (W. K.) s. Eby (F. S.); Frauenfelder (H.); Kreger (W. E.); Lawson jr. (J. S.); Maxon (D. R.); Robinson (W. H.).
—, **Juveland (A. C.)** u. **Kinsey (G. H.)**, α-strahlendes Isomer ^{211}Po 11329.
Jentzer (A.), Nachw. d. Wrkg. v. F auf d. Bezieh. zwischen Schilddrüse u. Hypophyse mit ^{131}J 6320. — Behandl. d. Prostatakrebses mittels natürl. Hormone 11596.
Jentzsch (D.), Verbesserte Hg-Tropfelektrode 10820.
— u. **Frotscher (I.)**, Ionenaustauscher in d. analyt. Chemie. 1. Mitt. Trenn. v. Li-, Na- u. K-Ionen 11432.
—, **Frotscher (I.), Schwerdtfeger (G.)** u. **Sarfert (G.)**, Quantitative Analyse auf In 11433.
Jentzsch (K.), Einfache qualitative Rk. zur Unterscheid. d. Drogenpulver u. d. äther. Öle v. Curcuma longa L. u. Curcuma xanthorrhiza Roxb. 6081.
Jenuleson (A. M. A.) s. Aluminum Co. of America.
Jepifanow (G. I.) s. Schreiner (L. A.).
—, **Pletenewa (N. A.)** u. **Rehbinder (P. A.)**, Mechanismus d. Wrkg. akt. Medien beim Metallschneiden 4203.
Jepifanowa (O. I.), Einfl. d. gestörten Schilddrüsenfunkt. auf d. Wachstum d. übertragbaren Geschwülste. 1. Mitt. Einfl. d. gestörten Schilddrüsenfunkt. auf d. Wachstum d. übertragbaren Geschwülste bei d. Homoplantat. 7001; 2. Mitt. Einfl. d. gestörten Schilddrüsenfunkt. auf d. Wachstum d. übertragbaren Geschwülste bei Heteroplantat. 7002.
Jeppesen (O. G.), Mess. d. Hall-Koeff. v. α- u. β-Messing 10682.
Jeppson (M. R.) s. Andrew (A.).
Jéquier (L.) s. Ammonia Casale (Soc. An.).
Jequier (R.) s. Bellet (P.).
Jerchel (D.) s. Schmeiser (K.).
—, **Becker (Herbert)** u. **Schmeiser (K.)**, Resorpt. v. 2-Phenylbenzimidazol mit Hilfe v. Radiokohlenstoff 2015.
— u. **Fischer (Hans)**, 2.3-Diphenylentetrazoliumsalze u. daraus entstehende Radikale 3373.
—, **Kracht (M.)** u. **Krucker (K.)**, Benzimidazole 3857.
— u. **Oberheiden (H.)**, Halogenierte Bis-salicylsäureamide u. -salicylidenverbb. 4570.
— u. **Scheurer (H.)**, Papierelektrophoret. Unterss. zur Einw. v. Invertseifen auf Eiweißkörper 2690.
— u. **Staab-Müller (R.)**, Analyt. Kennzeichen u. Wuchsstoffwrkg. v. Homologen u. Peptiden d. Indolyl-3-essigsäure 10783.
Jerdenbajewa (M. I.) s. Ponomarew (W. D.).
Jeremenko (R. J.) s. Brodski (A. I.).
Jeremias (A.) s. Böhme Fettchemie G. m. b. H.
Jeremina (L. I.) s. Wassiljew (L. I.).

Jérémine (E.), Meteoritenfall in Kamerun 2382.
Jeremitzkaja (J. D.) s. M a l i n o w s k i (M. S.).
Jereschtschenko (G. W.), Verbesser. d. Sulfitier. 8278.
Jergens (A.) Co., Adams (P. D.), Presnell (A. K.) u. **Bottum (G. T.)**, Zahnpflegemittel 8686* E.
Jermakow (A. I.) u. **Lukownikowa (G. A.)**, Best. d. „Rohproteins" in Kartoffelknollen 5384.
Jermakow (N. W.), Prinzipien d. Rkk. lebender Systeme auf Erregungsstoffe 5332.
— u. **Medwedewa (N. B.)**, Einfl. verschied. Faktoren auf d. rhythm. Tätigk. d. Skelettmuskels in Lsgg. v. Bariumchlorid 4147.
Jermakowa (J. A.) s. I o f f e (K. G.).
Jermakowa (M.) s. D a w i d o w (R.).
Jermolajew (W.) s. A u e r g e s e l l s c h a f t A k t. - G e s.
Jermolajewa (J. W.), Zähigk. einiger dreikomponent. Schmelzen, d. sich in feuerfesten Aluminiumsilicatmassen beim Brennen bilden 4674.
Jermolenko (I. N.), Masel (M. I.) u. **Jermolenko (N. F.)**, Bedeut. d. polaren Komponente v. gemischten Medien bei d. Quellung v. Vulkanisaten 7334.
Jermolenko (N. F.) s. J e r m o l e n k o (I. N.); N o w i k o w a (J. N.).
— u. **Ginsburg (D. S.)**, Denaturat. v. pflanzl. Proteinen durch Detergentien u. Alkalilaugen 10530.
Jermoljev (E.) u. **Hruška (L.)**, Best. d. Pflanzenviren durch d. serolog. Komplementbindungs-Rk. 4858.
Jermoljewa (S. W.), Awtzyn (A. P.), Ssemitsch (A. I.) u. **Beresina (J. K.)**, Chemotherapeut. Eigg. v. Biomycin bei d. experimentellen Typhusinfekt. 2949.
Jermstad (A.) s. S v e n d s e n (A. B.).
Jermyn (M. A.), Helferich-Rk. 5078. — Pilzcellulasen. 1. Mitt. Allg. Eigg. ungereinigter Enzympräparate aus Aspergillus oryzae 10537; 2. Mitt. Vielfält. Zus. d. Enzyme aus Aspergillus oryzae, d. β-glucosidische Bindd. spalten u. ihre teilweise Trenn. 10537; 3. Mitt. Stachybotrys atra: Wachstum u. Enzymprodukt. auf nichtcellulosehalt. Substraten 10537.
Jernakoff (G.) s. M o r g a n (W. A.).
Jernell (R. A. A.) s. H a n d e l s b o l a g e t u n d e r F i r m a B r ö d e r n a S ö d e r b e r g.
Jernstedt (G. W.) s. W e s t i n g h o u s e E l e c t r i c C o r p.; W e s t i n g h o u s e E l e c t r i c I n t e r n a t i o n a l C o.
Jerofejewa (N. N.) s. B u k i n (W. N.).
Jerome (C. W.) s. S y l v a n i a E l e c t r i c P r o d u c t s, I n c.
Jerrard (H. G.), Ein Viertel-Wellenkompensator mit einer empfindl. Halbschatteneinricht. 4656. — Durchgang v. Licht durch doppelbrechende u. opt.-akt. Medien: Poincaré-Kugel 8548. — s. B a r t o n (D. H. R.); C i b a A k t. - G e s.; E l m i n g (N.); H e u s s e r (H.); K y b u r z (E.).
Jerschowa (N. M.), Unters. d. Vergasungsprozesses v. Kohle durch W.-Dampf 10658.
Jershanow (A. I.) s. S s o k o l s k i (D. W.).
Jerslev (B.), Adsorbierende Kompresse, Patienten mit künstl. Darmöffn. 6080. — s. H a n s e n (E. J.); H e i z (R o l f).
Jeschal (E.), Fe-Diasporaltherapie mit Co bei sek. Anämien verschied. Genese 1312.
Jesdinsky (H. J.) s. E i f f (A. W. v.).
Jeshkin (N. N.), Plast. Acrylmasse bei d. Behandl. tiefer Zahncaries 9616.
Jeshow (I. S.) s. N o w o t e l n o w (N. W.).
Jesper (H.) s. M a s i n g (G.).
Jespersen (J.) s. I n g r a m (M.) [Rochester].
Jessakowa (R.) s. G o r o d e t z k a j a (R.).
Jesselsson (B. N.) u. **Beresnjak (N. G.)**, Oberflächenspann. d. leichten He-Isotops 9262. — Taupunkt d. Isotopengemische d. He 11513.
Jesserer (H.), Wirkungsunterschiede verschied. Lsgg. v. Vitamin D_2 u. D_3 bei peroraler, intravenöser u. intramuskulärer Zufuhr 6554. — Laboratoriumsbefunde u. ihre Wert. bei Störr. d. Ca-P-Stoffwechsels 8195. — Ergebnisse u. Probleme d. therapeut. Anwend. v. Vitamin D in hohen Dosen 11240.
Jessin (O. A.), Verteil. v. S zwischen Metall u. Schlacke v. Standpunkt d. Ionentheorie 7391. — s. S c h u r y g i n (P. M.); S r y w a l i n (I. T.).
— u. **Watolin (N. A.)**, Eigg. fl. Fe-Cr-Legierr. mittels d. Meth. d. EMKK. 23.
Jesskowa (J. M.) u. **Kasakowa (M. J.)**, Schtscherbakowit, ein neues Mineral 9521.
Jessop (W.) & Sons Ltd., Austenit. Stahllegier. mit hoher Dauerstandsfestigk. 1601* E. — Austenit. Cr-Ni-Co-Legier. 2767* E. — Austenit. Stahl mit hoher Festigk. u. Korrosionsbeständigk. bei höheren Tempp. 4206* F. — Co-Legierr. hoher Kriechfestigk. 9183* Schwz.
— u. **Hadfield (D.)**, Verbesser. d. dauermagnet. Eigg. eines Magnetstahls 2767* E.
—, **Harris (G. T.)** u. **Child (H. C.)**, Kobaltlegier. mit hoher Festigk., Dauerstandsfestigk. bei erhöhten Tempp. u. hoher Oxydationsbeständigk. 11089* E.
—, **Oliver (D. A.)** u. **Harris (G. T.)**, Austenit. Cr-Ni-Stahl mit hoher Dauerstandfestigk. u. großer Verformbark. bei hoher Temp. 2064* E.
Jessop (W. J. E.) s. B r a d s h a w (T. E. T.).
Jessup (A. C.) s. B a l l (C. J. P.); M a g n e s i u m E l e k t r o n L t d.
Jessup (R. S.) s. G r i f f e l (M.).
—, **McCoskey (R. E.)** u. **Nelson (R. A.)**, Bildungswärme v. Tetrafluormethan 4312.
Jeter (W. S.) s. S e e b o h m (P. M.).
Jetter (A.) s. A k t. - G e s. K ü h n l e, K o p p & K a u s c h; S c h m i d (G.).
Jetz (A. G.) u. **Scharina (S. A.)**, Ambulante Anwend. v. Phytonciden bei eitrigen Erkrankungen 148.
Jeuniaux (C.), Chitinase u. bakterielle Darmflora d. Gastropoden (Mollusken) 2452.
Jevnik (M. A.) s. H e r z o g (H. L.); S o f f e r (M. D.).
Jewdokimow (W. B.), Oseretzkowski (I. N.) u. **Kobosew (N. I.)**, Paramagnet. Zustand katalyt.-akt. Fe-Schichten 9964.
Jewdokimowa (I. A.) s. T i l i t s c h e n k o (M. N.).
Jewdokimowa (T. I.), Rolle d. Wurzelsyst. d. Eiche bei d. Ansamml. v. N u. d. Elementen d. mineral. Ernähr. in grauen Waldböden 6830.
Jewel (P. W.), Mascaras-Creme, Augenbrauen-Pinsel, Augenschatten 11474.
Jewell (J. B.) s. A y e r s t, M c K e n n a & H a r r i s o n L t d.
Jewell (J. S.) s. M a r g u l i s (R. R.).
Jewell (J. W.) s. K e l l o g g (M. W.) C o.
Jewell (P. S.), Elementary principles of chemistry [2350].

Jewell (P. S.), King (J. G. T.) u. Ingram (G. C.), Herst. eines Glutenprod. für Nahrungsmittelzwecke 7807* N., 9218* N.
Jewell (R. C.) s. Sheffield Smelting Co. Ltd.
— **u. Thessco Industrial Research Ltd.,** Lot zum Auflöten v. Hartmetallen auf Stahl 5174* E.
Jewesh Hospital of Brooklyn Research Foundation, Inc., Natelson (S.), Kramer (Benjamin) u. Tekel (R.), Jodierte Oxyphenylcycloalkylcarbonsäuren 1335* A.
Jewett (C. L.) s. Minnesota Mining & Mfg. Co.
Jewgrafowa (N. P.) s. Kameras (A. J.).
Jewitt (T. N.), Tiefenverteil. v. organ. Substanz in trop. jahreszeitl. überfluteten Böden 2515.
Jewko (A. W.), Best. d. Veränder. in d. chem. Zus. d. Betons hydrotechn. Anlagen unter d. Einfl. v. W. 4912.
Jewlachowa (W. F.), Gritzai (M. K.), Lawrenko (J. M.) u. Berkowitsch (B. I.), Wirksamk. d. Anwend. v. DDT u. Hexachloran bei d. Bekämpf. v. Papatacifieber im Bezirk Ismail 8244.
Jewssejew (A. M.) u. Lebedew (W. P.), Assoziat. polarer Moll. in Lsgg. 10697.
Jewssejewa (N. N.) u. Bergman (A. G.), Austauschzers. in Abwesenh. eines Lösungsm. 70. Mitt. Irreversibel-reziprokes Syst. aus d. Chloriden u. Sulfaten v. Li u. Zn 6935.
Jewssiowitsch (S. G.) s. Derkatsch (W. G.).
Jewstafjew (N. T.), Behandl. d. Skleroms d. Atemwege mit Embichin 2953.
Jewstignejew (W. B.) s. Kortschemkin (F. I.).
— **u. Gawrilowa (W. A.),** Primärstadium d. Photored. v. Chlorophyll 5316. — Photored. d. Phäophytine a u. b 6750.
Jewstropjew (K. S.), Geschichte d. Entw. d. Hypothese über d. kristallinen Aufbau d. Glases 6826. — s. Gutkin (N. G.); Katschalow (N. N.).
Jewtropjewa (J. I.) s. Janowski (W. W.).
Jewtuschenko (W. A.), Verbb. v. Alginsäure mit Mg 1062. — Chem. Natur d. Alginsäuren. 1. Mitt. Abscheid. freier Alginsäure 11476.
Ježek (S.) s. Pohl (J.).
Jezeski (J. J.), Mikrobiologie d. Molkereiprodd. 8520. — s. Hartley (C. B.); Kuramoto (S.); Morris (H. A.).
Ježo (I.) u. Rybár (A.), Synth. einiger Abkömmlinge d. Alkaloide. 3. Mitt. 8165.
Jeżowska-Trzebiatowska (B.) u. Wajda (S.), Verh. u. Konst. akt. Re(IV)-Komplexe 8572.
Jha (S.) u. Dube (G. P.), Berechn. v. α-Zerfallsenergien 1897. — α-Instabilität d. Kerne d. Seltenen Erden 6208.
Jiewertz (B.) s. Bourghardt (S.).
Jihočeské papírny, národní podnik, Hydrophobe bitumenähnl. Stoffe aus Abfällen d. Zellstofferzeug. 2807* D. B.
Jílek (A.) u. Nedorost (M.), Modifizierte maßanalyt. Meth. zur Best. v. As u. Sb in Gemischen, Weißmetall u. Schwefelantimonerzen 7988.
— **u. Vřešťál (J.),** Colorimetr. Best. v. vierwert. Te neben sechswert. sowie d. gesamten Te 7988.
Jílek (J. O.) s. Borovička (M.); Protiva (M.).
— **u. Protiva (M.),** Synthet. Verss. in d. Gruppe östrogener Hormone. 7. Mitt. Kristalliner Methylester d. 2-Methyl-2-carbomethoxy-5-[4'-methoxyphenyl]-cyclohexanon-6-essigsäure u. Verss. mit d. Cyclisier. stereoisomerer 2-Methyl-5-[4'-methoxyphenyl]-cyclohexanon-6-essigsäuren 4813.
Jillson (D. C.) s. Anderson (E. A.).
Jiménez Díaz (C.) s. Castro-Mendoza (H.); Linazasoro (J. M.); Villasante (J. G.).
—, **Aguirre (M.) u. Arjona (E.),** Glucosamingeh. im Plasma u. seine patholog. Änderr. 3899.
Jimeno (E.) u. López Ruiz (A.), Berechn. v. Zeolithsäulen 8940.
Jimeno (S. A.) = Arribas Jimeno (S.).
Jimeno Cernuda (R.), Sicherh. u. Hygiene bei d. Arbeit 3454.
Jimeson (R. M.) s. Benson (H. E.).
Jindra (A.) s. Bultas (Z.); Koštíř (J.).
—, **Jungr (V.) u. Zýka (J.),** Polarograph. Best. v. Cephaelin 8917.
—, **Kalvoda (R.) u. Zýka (J.),** Polarograph. Best. einiger pharmazeut. wicht. Stoffe mit p-Diazobenzolsulfonsäure 3199.
— **u. Motl (O.),** Ionenaustauscher bei d. Kontrolle d. Geh. v. Tabletten u. Dragees 11045.
Jinks (R.) s. Mirsky (J. A.).
Jinno (H.) s. Sawai (I.).
Jira (R.) s. Fischer (E. O.).
Jirásek (V.) s. Blažek (Z.).
Jirawongse (V.) s. Witt (J. A.).
Jirgensons (B.), Opt. Dreh. u. Viscosität v. nativen u. denaturierten Proteinen. 3. Mitt. Bence-Jones-Protein u. menschl. γ-Globulin 2690.
—, **Landua (A. J.) u. Awapara (J.),** Physikochem. u. chem. Eigg. v. Bence-Jones-Eiweiß aus multiplem Myelom 6046.
— **u. Sirotzky (S.),** Opt. Dreh. v. menschl. Serumalbumin u. γ-Globulin 2920.
— **u. Straumanis (M. E.),** Short textbook of colloid chemistry [2142].
Jirou (M.) s. Comp. Française des Matières Colorantes.
Jirsa (M.) s. Bielický (T.).
Jo (H.), Ida (S.) u. Yukiura (H.), Reaktionsfähigk. v. Koks 2109.
Joachim (B.), Fortschritte in d. Verwend. v. Aluminiumsilicaten für Druckfarben 1408.
Joachimovits (R.), Uteruskontrahierende Wrkg. einiger brasilian. Pflanzen sowie d. brasilian. Form v. Spartium junceum L. 1. Mitt. 1085.
Joag (G. G.) s. Lewis (R. A.).
Job (C.) s. Häusler (H. P.).
— **u. Zellner (H.),** Prüf. eines Bidestillators zur Gewinn. v. reinstem, pyrogenfreiem W. 11632.
Job (J. C.) s. Debré (R.).
Jobbins (W. F.), Inc., Al-Legierr. 9896* F.
— **u. Willmore (C. B.),** Al-Mg-Legierr. 11089* A.
Jobin (R. S.) s. Horlock (A. B.).
Jochmann (F.), F-Galle—F im Opakglas 2981. — F-Trübung in Gläsern. Praxis u. Schmelzverss. 7523.
Jochum (F.), W.-Haushalt bei durch Diäthyl-p-nitrophenylthiophosphat (E *605*) erkrankten Insekten 6067.
Jochum (K.) s. Schaumann (O.).
Jockers (K.) s. Badische Anilin- & Soda-Fabrik Akt.-Ges.
Jöchle (W.), Wrkg. v. p-Oxypropiophenon auf Amphibien. Medikamentöse Hypophysenbeeinflussung 3670.
Joedecke (F. W.), Arzneimittel d. DDR. Arzneifertigwaren [7984].

Joël (C. A.) u. Kwiat (S.), Einfl. verschied. Farbstoffe auf d. Beweglichk. bzw. „Vitalität" d. menschl. Spermien 10553.
Joel (C. D.) s. S m i t h (R. N.).
Jönsson (A. V.), Verbesserte, gerasterte Farbtrennungspositive oder Schwarzpositive für d. Mehrfarbendruck 499* Schwed.
Joerchel (D.) s. H o s e m a n n (R.).
Jörder (H.), Anwend. d. Düsentrockn. bei d. Ausrüst. v. Geweben mit Kunstharzen 1170. — s. E l ö d (E.).
— u. **Walter (W.),** Knitterechtausrüst. v. Geweben 3996.
Jörg (L.), Milchreif. in d. Emmentaler Käserei 10158.
Joerg (M.), Sympathicomimeticum Effortil 6330.
Jörgensen (A. O.) s. T e l e f o n a k t i e b o l a g e t L. M. E r i c s s o n.
Jørgensen (C. K.), Aquo-Ion-Bldg. 2. Mitt. Elemente d. ersten Übergangsgruppe in Äthanol 3089. — s. B j e r r u m (J.).
Jörgensen (G.), Antikoagulantientherapie mit Marcumar 8899.
Jörgensen (H.) s. A k t i e s e l s k a b e t D a n s k G a e r i n g s - I n d u s t r i.
Jørgensen (H. M.), Nagellackentferner 2554* Dän.
Jørgensen (J. B.) u. Ringsted (J.), Beimpf. cortisonbehandelter Meerschweinchen mit Tuberkelbacillen. Vers. d. Routinediagnose auf Tuberkulose zu verbessern 620.
Jörgensen (L.) s. B j ö r k q v i s t (K. J.).
Jørgensen (M. M.) = M ø l l e r J ø r g e n s e n (M.).
Joerges-Heyden (M.), Markgraf (H.-G.), Nikuradse (A.) u. Ulbrich (R.), Physikal. Eigg. v. Methylsiloxanen 10227.
—, **Nikuradse (A.) u. Ulbrich (R.),** Dipolmomente u. Korrelationsparameter in bin. Gemischen organ. Substanzen 1469.
Joerren (E. A.) s. S t a n d a r d O i l D e v e l o p m e n t C o.
Jötten (R.), Magnetfelder in d. großen Al-Elektrolyseöfen u. ihre Wrkg. 10367.
Joffe (A.) s. R o t t i n o (A.).
Joffe (J. D.) s. A l l i e d C h e m i c a l & D y e C o r p.
Joffe (M. H.) s. E m u l s o l C o r p.
Jofra (L. C.) = C a r b o J o f r a (L.).
Johann (I.) s. F r i e s e r (H.).
Johannesen (B.), Probleme im Zusammenhang mit d. Aufarbeit. v. pflanzl. Material 1560.
Johannesen (R. B.), Gordon (C. L.), Stewart (J. E.) u. Gilchrist (R.), Infrarotspektroskopie zur Best. v. Verunreinigg. in $TiCl_4$ 11335.
— u. **Lindberg (A. R.),** Temperaturunabhäng. Paramagnetismus v. Ammoniumhexabromoosmat(IV) 7847.
Johannessohn (F.) s. B o e h r i n g e r (C. F.) & S ö h n e G. m. b. H.
Johannin s. G i l l e s.
Johannin-Gilles (A.), Neue Absorptionsbande d. mit Röntgenstrahlen bestrahlten Li F 3064. — s. F o ë x (M.).
Johannsen (F.), Krupp-Renn-Verf., ein unmittelbares Verf. für siliciumhalt. Eisenerze 2990.
Johannson (O. K.) s. D o w C o r n i n g C o r p.
Johannsson (L.) s. I n g e l s t a m (E.).
Johannsson (O. S.) s. S t i f t e l s e n W a l l b o a r d i n d u s t r i e n s F o r s k n i n g s i n s t i t u t.
Johansen (H. A.) s. G i l b e r t (H. L.).
— u. **Asia (G.),** Bei Zimmertemp. duktiles Cr 8485.
— u. **May (S.),** Verbesserter Graphitwiderstandsofen 8686.
Johansen (O. I.) u. Reimers (F.), Ichthammol. Kommentar zur Monographie in Pharmacopoea Danica *1948* Addendum 10804.
Johansen (R. J.) s. A k t i e b o l a g e t K a m y r.
Johansen (R. T.) s. D u n n i n g (H. N.); J o h n s o n (I.).
Johansen (S. H.) s. G a m m e l t o f t (A.).
Johanson (R.), Chem. Unters. d. „Trashy"-Blattphänomen in fermentiertem austral. Tabak 1305.
Johansson (A. J.), Reinig. d. Wärmeaustauscher für Sulfitcellulosekocher 10652* Schwed.
Johansson (B.), Kristallisat. v. β-Lactoglobulin aus menschl. Milchmolke 8420.
Johansson (C. H.) s. N i t r o g l y c e r i n A k t i e b o l a g e t.
Johansson (E.), Bollnäskrankheit 9651.
Johansson (F.) s. K a l l i n g (B.).
Johansson (G.), Trenn. d. NP v. U u. Spaltprodd. auf einem Ionenaustauschharz 7833.
Johansson (G.-A.), Bezieh. zwischen Hyperlipämie–Hyperproteinämie u. Amyloidose–Arteriosklerose 10068.
Johansson (K. R.) s. P e t e r s o n (G. E.).
Johansson (N. O.), Antibiotica u. Pflanzenschutz 11076.
Johansson (S. C.), Korrosionsverhütungsmittel gegen d. Angriff v. W. auf Metalle 1835* F.
Johar (D. S.) s. S i d d a p p a (G. S.); S u b r a h m a n y a n (V.).
John (A.), Barnett (G.) u. Miller (T. B.), Best. d. Proteinverdaulichk. v. Silofutter 3992.
John (C. V. S.) s. T e p e (J. B.).
John (D. H. O.) s. M a y & B a k e r L t d.
John (E. R.) s. E l s o n (R.).
John (F.) s. V E B D e u t s c h e s H y d r i e r w e r k R o d l e b e n.
John (R. M. S.) = S t. J o h n (R. M.).
John (T. U.) u. Paulo (K. L.), Vork. v. Columbit in d. jüngeren Graniten d. Jos-Plateaus, Nigeria 2856.
John (W. L. S.) = S t. J o h n (W. L.).
Johne (H. O.), Behandl. d. Herpes zoster mit hohen Dosen v. Vitamin B_{12} 6789.
— u. **Kroher (A.),** Behandl. d. Lymphogranulomatosis maligna (Hodgkin-Sternberg) mit Actinomycin C 4611.
Johne (W.) s. R o s e n t h a l I s o l a t o r e n G. m. b. H.
Johns (C. J.) s. B r i n k m a n (G. L.).
Johns (H. E.) s. C o r m a c k (D. V.); H o r s l e y (R. J.); M a u c h e l (G. A.).
—, **Cormack (D. V.), Denesuk (S. A.) u. Whitmore (G. F.),** Anfängl. Verteil. v. Compton-Elektronen 271.
—, **Till (J. E.) u. Cormack (D. V.),** Energieverteilungen d. durch γ-Strahlen erzeugten Elektronen 5711.
Johns jr. (I. B.) s. M o n s a n t o C h e m i c a l C o.; N i e l s e n (M. L.).
Johns (M. W.), McMullen (C. C.), Donnelly (R. J.) u. Nablo (S. V.), Koinzidenzunterss. d. Zerfalls v. ^{114}In 737.
— u. **Sargent (B. W.),** Photoneutronen in einem Schweres-W.-Kernreaktor 739.
Johns (R. B.) u. Johnson (A. W.), Synth. v. β-Oxytropon 3125.

Johns (R. B.), Johnson (A. W.) u. **Murray (J.),** Synthet. Verss. in d. Cycloheptatrienonreihe. 3. Mitt. Synthesen v. Puberulsäure u. Isostipitatsäure 6017.
Johns (W. D.) u. **Jonas (E. C.),** Bezieh. zwischen Isomorphie u. Eigg. v. Tonen 542.
Johns-Manville Corp. u. **Gaugue jr. (C. L. E. de),** Misch. für Bremsblöcke für Last- u. Eisenbahnwagen 1114* E.
— u. **Powell (E. R.),** Wärmeisolierendes Material 2514* A.
— u. **Stafford (W. L.),** Feuerfeste Isoliersteine 9648* A.
— u. **Stewart (M. M.),** Kugelförm. SiO_2-Katalysatoren für Fließbettverfahren 9874* A.
Johnsen (B. K.) s. Guyer (A.).
Johnsen (L.) s. Cohen (Summer S.).
Johnsen (S. E. J.) s. Oliver (G. D.).
Johnsen (U.) s. Hellwege (K. H.).
Johnson (A.) & Co. s. Pokorny (E. A.).
— u. **Lindhe (J. H. O.),** Behandl. Öl enthaltender Apparate 2743* A. — Verhinder. v. Trübungen in gereinigten Schmierölen 6434* D. B.
Johnson (A. C.) s. Bleuler (E.).
Johnson (A. I.) s. Sakiadis (B. C.).
— u. **Barry (T. W.),** Verf. zur Best. d. Zus. konjugierter Phasen in Dreikomponentensystemen 5975.
— u. **Huang (Chen-Jung),** Wärmeleitfähigkeitsmonogramm für Gase 8560.
—, **Huang (Chen-Jung)** u. **Kwei (Ti-Kang),** Wechselseit. Bezieh. v. Löslichkeitsdaten 3343.
Johnson (A. M.) s. Hart (F. D.).
Johnson (A. N.) s. Commercial Solvents Corp.; Hooker Electrochemical Co.
Johnson (A. W.), Organ. Chemie 3599. — Heterocycl. Verbb. 10504. — s. Bartels-Keith (J. R.); Calderbank (A.); Johns (R. B.).
Johnson (B.) u. **Gregory (S. E.),** Cu-Spritzgußlegierr. werden in größerem Umfang verwendet 9428.
Johnson (B. A.) s. Shepherd (D. A.); Upjohn Co.
Johnson (Balbina A.) s. Meleney (F. L.).
Johnson (B. C.) s. Hartsook (E. W.); Hopper (J. H.); Schendel (H. E.).
Johnson (B. McD.) u. **Larkin (I. M.),** Phenylbutazon u. Nierenfunktt. 4398.
Johnson (B. P.) s. Wingfoot Corp.
Johnson (C. A.) s. Stevens (Carl M.).
Johnson (C. B.) s. Perlman (P. L.).
Johnson (Carl Edwin) s. Standard Oil Co.
Johnson (Carl Erick) s. National Aluminate Corp.
Johnson (C. H.) s. Trail (C. C.).
— u. **Fowler (J. L.),** Differentieller Querschnitt für d. elast. Streuung v. Neutronen aus N_2 2591.
— u. **Trail (C. C.),** Ausbeuten nahe d. Schwelle für (p, n)-Rkk. in mittleren Kernen 5714.
Johnson (C. M.) s. Kennedy (W. K.).
— u. **Arkley (T. H.),** Best. v. Mo in Pflanzenmaterial 4177.
Johnson (C. M. P.) s. Jones (G. A.).
Johnson (C. R.), Vulkanisierverf. 10153* A.
—, **Fink (D. F.)** u. **Nixon (A. C.),** Fl. Kraftstoffe für Turbolader u. Turbinen. Stabilität v. Flugzeugturbinenkraftstoffen 1648.
Johnson (Clyde R.), Löslichk. v. Ag-Salzen in wss. NH_3 3575.
Johnson (D. A.), Rk. v. Styroloxyd mit Sulfonamiden 9548. — s. Sheehan (J. C.).
Johnson (D. E.) s. Heftmann (E.).
Johnson (D. G.) s. Loewe (S.).
Johnson (D. H.), Robertson (Alexander) u. **Whalley (W. B.),** Chemie d. Pilze. 20. Mitt. Stoffwechselprodd. v. Chaetomium indicum Corda 2441.
Johnson (D. M.) s. Wiley (R. H.).
Johnson (E.) u. **Bishop (E.),** Stähle für Kaltfließpreßwerkzeuge 447.
Johnson (E. A.) u. **Toogood (M. J.),** Best. v. Spuren B mit Chinalizarin 9865.
Johnson (Everett A.) s. Standard Oil Co.
Johnson (E. B.) s. British Celanese Ltd.
Johnson (E. F.), Mol. Transporteigg. v. Fll. 4047.
Johnson (E. J.) u. **Spitzer (W. G.),** Opt. Eigg. v. Ge im fernen Infrarot 7608.
Johnson (Elton L.), Vitamin-B_{12}-Versorg. v. Hennen unter gleichzeit. Anwend. v. Cholin u. Penicillin 624. — s. Balloun (S. L.); Carver (D. S.).
Johnson (Eric L.), Azofarbstoffe 7088. — s. Imperial Chemical Industries Ltd.
Johnson (E. R.) u. **Amick (J. A.),** Einkristalline Si-Fasern 5491.
— u. **Walters (W. D.),** Therm. Zers. v. Cyclopentanon 9295.
— u. **Weiss (Jerome),** Radikalpaarausbeute ionisierender Strahl. in schwefelsaurer Lsg. 766.
Johnson (E. V.) u. **Skilling (G. T. W.),** Herst. v. Tabak enthaltendem Kaugummi 6644* E.
Johnson (E. W.) s. Metal & Thermit Corp.
Johnson (Folke) s. Miller (V. L.).
Johnson (Francis) s. Budziarek (R.).
Johnson (Floyd A.), Säurefreier Elektrolyt für Pb-Akkumulatoren 7054* A.
Johnson (Frank A.) s. Grew (K. E.).
Johnson (Frederick A.) u. **Foster (J. S.),** Auger-Übergänge in Ag 7837.
Johnson (F. B.) u. **Pease (R. S.),** Pilebestrahl. v. Schwingquarzen 5723.
Johnson (F. D.), Schutzanstriche. 1. Mitt. Überblick über Epoxyanstriche 2308; 2. Mitt. Übersicht über Latexfarben 2308. — Filmdickenmess. 11693.
Johnson (F. E.) s. Eastman Kodak Co.
Johnson (F. H.), Eyring (H.) u. **Polissar (M. J.),** The kinetic basis of molecular biology [1761].
—, **Flagler (E. A.), Simpson (R.)** u. **McGeer (K.),** Hemm. d. bakteriellen Luminescenz durch eine homologe Reihe v. Carbamaten 3891.
Johnson (F. O.) s. Roberts (J. D.).
Johnson (F. S.), Purcell (J. D.) u. **Tousey (R.),** Ausdehn. d. extremen UV-Sonnenspektr. 2359.
Johnson (F. W.) s. Incandescent Heat Co. Ltd.
Johnson (G. A.), Arsinproblem. Bemerkk. aus d. Technik 5845.
Johnson (G. B.) s. California Research Corp.
Johnson (G. C.) s. Socony-Vacuum Oil Co., Inc.
— u. **Francis (A. W.),** Tern. Flüssigkeitssyst.: Bzl.–Heptan–Diäthylenglykol 492.
Johnson (G. D.), α-Tetralon 4338.
Johnson (G. H.) s. Ferro Corp.

Johnson (G. R. A.) u. **Scholes (G.)**, Mikrobest. v. Acetaldehyd als sein 2.4-Dinitrophenylhydrazin 11646.
Johnson (G. W.) s. Wyman (C.).
Johnson (H. A.), Hartnett (J. P.) u. **Clabaugh (W. J.)**, Wärmeübergang an Pb–Bi u. Hg in Rohren mit laminarer u. Übergangsström. 179.
Johnson (H. B.) s. Andrews (A. C.).
Johnson (H. E.) s. Gutsche (C. D.).
Johnson (H. L.) s. Sun Oil Co.
Johnson jr. (H. P.) s. Engleman (E. P.)
Johnson (I.) u. **Johansen (R. T.)**, Hydrolyse v. Lithiumbromid bei hohen Tempp. 11534.
Johnson (J. A.) s. Bowlby (C.); Griffith (T.); Research Corp.
— u. **Miller (B. S.)**, Beziehh. zwischen Teigkonsistenz u. proteolyt. Aktivität 3270.
Johnson (J. B.), Sekundärelektronenemiss. v. Diamanten 3557.
— u. **McKay (K. G.)**, Sekundärelektronenemiss. v. Ge 1673.
Johnson (J. D. A.) u. **Talbot (A.)**, Trenn. v. Mischungen gelöster Substanzen durch d. Verteil. zwischen Lösungsmm. 1. Mitt. Trenn. d. Komponenten einer festgelegten Menge Misch. durch einen kontinuierl. Gegenstrom-Extraktionsprozeß 3814.
Johnson (James E.) s. Scherer (P. C.).
Johnson jr. (Julius E.) s. Dow Chemical Co.
Johnson (J. F.) s. Axelson (J. W.).
Johnson (J. Frederic) s. Ivanovic (N.).
Johnson (Julian F.), Phasenumwandl. v. handelsübl. Paraffinen 10416. — s. Shaw (C. M.).
Johnson (J. H.) s. Swift & Co.
Johnson (J. L.) u. **Jones (H. M.)**, Kernquerschnitte bei niedrigen Energien 8543.
Johnson (J. M.) s. Swan (T.) & Co. Ltd.
Johnson (J. R.) u. **Davey (W. N.)**, Cortison, Corticotropin u. antibakterielle Tuberkulosetherapie bei Tieren u. Menschen 6796.
Johnson (John R.) s. Blomquist (A. T.); Du Pont de Nemours (E. I.) & Co.; United States of America.
— u. **Buchanan (J. B.)**, Gliotoxin. 10. Mitt. Dethiogliotoxin u. verwandte Verbb. 2433.
—, **Kidwai (A. R.)** u. **Warner (J. S.)**, Gliotoxin. 11. Mitt. Verwandtes Antibiotikum aus Penicillium terlikowski: Gliotoxinmonoacetat 2435.
Johnson (J. S.) s. Kraus (K. A.).
Johnson (J. W.) s. Blau (N. F.); Bredig (M. A.).
Johnson (K.) s. Commercial Solvents Corp.
Johnson (K. A.), Nucleon–Antinucleon-Streuung u. Vakuumpolarisat. 10428.
Johnson (K. C.) s. Pigman (W.); Rosen (Lawrence).
Johnson (K. G.) s. Precision Processes (Textiles) Ltd.
Johnson (K. L.), Maschinenteile aus Gummi 6869.
Johnson (L.) s. Weisenborn (F. L.).
Johnson (L. A.), Stahlblechemails für Hauswaschmaschinen 4673.
Johnson (L. H.) s. Baker (Graeme L.).
Johnson (LeR. E.) s. Leach (B. E.).
Johnson (L. V.) s. Imperial Chemical Industries Ltd.
Johnson (M. F. L.) u. **Mayland (H. C.)**, Verbrennungsgeschwindigk. v. C auf Spaltkatalysatoren im Wirbelzustand 11311.
Johnson (M. H.) s. Teller (E.).
— u. **Teller (E.)**, Klass. Theorie schwerer Kerne. 2. Mitt. 7829.
Johnson (M. J.) s. Cleland (W. W.); Daniel jr. (J. W.).
Johnson (M. P.) s. Rothstein (E.) .
Johnson (N. P.) u. **Couble (E. H.)**, Clopanhydrochlorid 1790.
Johnson (N. R.) s. Sheline (R. K.).
Johnson (O. H.), Ge u. seine anorgan. Verbb. 10461.
— u. **Krause (H. H.)**, Chromatograph. Nachw. v. Sc 11433.
Johnson (P.) & Associates Ltd., Brown (C. H.) u. **Forrest (W. J.)**, Filtrieren v. Fll. u. Gasen 7517* D. B.
Johnson (Phyllis) s. Guzman Barron (E. S.).
Johnson (P. D.), Opt. Eigg. d. MgO im Vakuumultraviolett 4274.
— u. **Williams (F. E.)**, Einfl. d. Druckes auf d. opt. Absorpt. d. Aktivators in einem lumineszierenden Festkörper 2832.
Johnson (P. H.) s. Phillips Petroleum Co.
Johnson (P. R.) s. Du Pont de Nemours (E. I.) & Co.
Johnson (R.) s. Battye (T.).
Johnson (Robert) s. Koppers Co., Inc.
Johnson (R. A.) s. Butler (G. B.).
Johnson (Robert B.) s. Cline (J. K.).
Johnson (Robert Bradley) s. West Norfolk Farmers' Manure & Chemical Co-operative Co. Ltd.
Johnson (R. D.) s. Tannenbaum (E.).
Johnson (R. E.) s. Hansen (H. M.).
Johnson (Rowland E.) s. Downs (J.).
Johnson (R. G.) s. Gilman (H.).
—, **Willis (H. B.)** u. **Gilman (H.)**, Benzoylier. v. Dibenzofuran 4344.
Johnson (R. K.), Schnellnachw. v. Insektenbefall mit Röntgenstrahlen 1163.
Johnson (R. L.) s. Freis (E. D.).
Johnson (R. M.) u. **Dutch (P. H.)**, Zus. d. Lipide ruhender u. schwangerschaftsstimulierter Mammae u. Mammacarcinome 1528.
Johnson (R. R.) u. **Whitehead (E. I.)**, Wachstum u. Selengeh. v. Weizenpflanzen in Abhängigk. v. Selenit–Selen-Geh. d. Bodens 3892.
Johnson (Rayner S.) s. Du Pont de Nemours (E. I.) & Co.
Johnson (Richard S.) u. **Vosburgh (W. C.)**, Elektroden aus gemischtem MnO_2 u. MnOOH 4283.
Johnson (Selma) s. Hechter (O.).
Johnson (Sidney) s. Brown (H. C.).
Johnson (Sidney) [Beverly] s. Sullivan (E. A.).
Johnson (S. A.) s. Fell (C.); Murray (Marvin).
Johnson (S. C.) & Son, Inc. u. **Heiss (H. L.)**, Erhöh. d. Viscosität v. Lsgg. v. celluloseglykolsaurem Na 7112* A.
— u. **Mailander (N. G.)**, Wasserabweisende Textilausrüst. 9700* A.
—, **Whyte (D. E.)** u. **Wilder (E. A.)**, Modifizieren v. Zuckerrohrwachs 8987* A.
—, **Wilder (E. A.)** u. **Spurgat (E.)**, Modifizieren v. Zuckerrohrwachs 8287* A.
Johnson (S. H.) u. **Marshall jr. (M.)**, Therapie v. Harnwegsinfektt. bei Kindern mit Nitrofurantoin 10312.
Johnson (S. J.) s. Rogers (T. F.); Spaeth (D. A.).

Johnson (S. J.) u. **Rogers (T. F.)**, Magnet. induzierte Ultraschallgeschwindigk.-Änderr. bei polykristallinem Ni 9264.
Johnson (S. P.) u. **Hall (W. C.)**, Einfl. hoher Tempp. u. hoher Lichtintensität auf vegetative Entw. u. Fruchtertragsverhältnisse v. Tomaten 4190.
Johnson (S. R.), „Transergan", ein neues Antispasmodicum 8202.
Johnson (T. A.) s. Wingfoot Corp.
Johnson (V. C.) s. Standard Oil Development Co.
Johnson (V. L.) s. Klavano (P. A.).
Johnson (W.) s. Pliske (E. C.).
Johnson (W. A.), Neue Metalle in d. Kernenergie 3062.
Johnson (W. B.) s. Kellogg (M. W.) Co.
Johnson (W. C.) s. Hogness (T. R.).
Johnson (W. E.) s. Dow Chemical Co.
Johnson jr. (Walter H.) s. Collins (T. L.).
Johnson (William H.) s. Gay (C. H.).
Johnson (W. J.) u. **Schrenk (W. G.)**, Wrkg. v. Düngerbehandl. auf d. Zus. v. Weizen in verschied. Stadien d. Wachstums im südöstl. Kansas 11073.
Johnson (Willard J.), Hemm. d. Acetylier. d. Isoniazids in Leberextrakten v. Meerschweinchen 6795.
Johnson (W. R.) s. Hansen (M.).
Johnson (W. S.), Sek. 4-Chinolylamine 6806* A. — s. Daub (G. H.); Du Pont de Nemours (E. I.) & Co.; Hunt (R. H.); McCloskey (A. L.); Sterling Drug, Inc.; Turner (D. L.); Wisconsin Alumni Research Foundation.
— u. **Buell (B. G.)**, Synth. d. Chloroquines (Resochin) 8380.
— u. **Graber (R. P.)**, Herst. v. β-Carboxy-γ-(6-methoxy-2-naphthyl)-capronsäure 10629* A.
—, **Lemaire (H.)** u. **Pappo (R.)**, 18-Nor-D-homoandrostan-3.17α-dion 1751.
—, **Pappo (R.)** u. **Kemp (A. D.)**, Totalsynth. eines Steroids mit O_2 an $C_{(11)}$ 2432.
Johnson (W. T. M.) u. **Krieger (K. A.)**, Mechanismus d. Acetylenoxydat. mittels Silbernitrat auf Trägersubstanz 3113.
Johnson & Johnson, Verbandstoff 11425* E.
— u. **Ashton (W. H.)**, Fäden zur Zahnreinig. 4413* A.
—, **Eberl (J. J.)** u. **George (W. L.)**, Blutstillender Verband 5600* A.
—, **Masci (Joseph N.)** u. **Poirier (N. A.)**, Reinig. v. Alkylolamiden 10624* A.
— u. **Morgan (B. D.)**, Verschließen v. dampfdurchläss., aber für Mikroorganismen undurchläss. Umhüllungen v. Verbandmaterial 6568* A.
—, **National Starch Products, Inc., Caldwell (C. G.)**, **White (T. A.)**, **George (W. L.)** u. **Eberl (J. J.)**, Puder für medizin. Zwecke 10569* A.
Johnson & Johnson Ltd., **Weyer (E. R.)** u. **Stonehill (A. A.)**, Imprägnierte Gaze für medizin. Zwecke 2958* Can.
Johnson, Matthey & Co. Ltd., Au-Cu-Legierr. 6382* E. — Edelmetallüberzüge auf Metallen 8960* F.
— u. **Boyd (W. J. M.)**, Au-Legierr. 2294* E.
— u. **Chaston (J. C.)**, Schweiß- oder Lötlegier. 1139* E. — Lot zum Verlöten hitzebeständ. Gegenstände 9435* E.
— u. **Kerridge (F. E.)**, Lichtfilter für d. Optik 3230* Can.
Johnson-Marsh Corp. u. **Kleinicke (W. E.)**, Netzmittel 5449* Can.
Johnson Tobie (E.), Wrkg. v. Puromycin auf sechs Arten v. Trypanosomen bei Mäusen 7966.
— u. **Brand (T. v.)**, Unterss. über d. Widerstandsfähigk. v. Trypanosoma gambiense gegen As 2929.
Johnston (B. R.), **Duncan (C. W.)**, **Lawton (K.)** u. **Benne (E. J.)**, Best. v. K in pflanzl. Material mit einem Flammenphotometer 4177.
Johnston (C. J. R.), Insektenplagen d. Citrone 673.
Johnston (C. M.) s. Olmstead (F. R.).
Johnston (C. R. S.) s. Truelove (S. C.).
Johnston (D.) s. Dural Sulphur & Potash Co.
Johnston (D. F.), Hall-Konstante v. Graphit 6920.
Johnston (E. F.), **Bogart (R.)** u. **Lindquist (A. W.)**, Widerstandsfähigk. v. Stubenfliegen gegen DDT. Genet. u. Umweltfaktoren 2015.
Johnston (F.) s. Carbide & Carbon Chemicals Corp.; Union Carbide & Carbon Corp.
Johnston (F. A.), Fe-Bedarf bei Kindern 10068.
Johnston (F. L.) s. Du Pont de Nemours (E. I.) & Co.
Johnston (H. L.) s. Adams jr. (G. B.); Bauer (T. W.); Groves (W. O.); Hallett (N. C.); Hoch (M.); Hu (Jih-Heng); Kothen (C. W.); Powers (R. W.); Rubin (T.); Smith (A. Lee); White (David).
— u. **Hallett (N. C.)**, Wärmekapazitäten anorgan. Festkörper bei tiefen Tempp. 14. Mitt. Wärmekapazität v. $NaBH_4$ v. *15 bis 300°* K 752.
—, **Hu (Jih-Heng)** u. **Horton (W. S.)**, Wärmekapazitäten anorgan. Festkörper bei tiefen Tempp. 18. Mitt. Wärmekapazität v. Ammoniumchromalaun 753.
Johnston (H. S.) s. Cordes (H. F.).
— u. **Crosby (H. J.)**, Kinetik d. schnell verlaufenden Gasphasen-Rk. zwischen O_3 u. NO 40.
— u. **White (J. R.)**, Statist. Deut. unimol. Rk.-Geschwindigkeiten 9976.
Johnston (H. W.) s. Union Carbide & Carbon Corp.
Johnston (J. A.) u. **Brown (A. H.)**, Wrkg. v. Licht auf d. Sauerstoffwechsel d. Photosynth. bei Bacterium rodospirillum rubrum 5574.
Johnston (J. D.) s. Allan (G. G.); Beaton (J. M.); Budziarek (R.).
— u. **Spring (F. S.)**, Triterpenresinole u. verwandte Säuren. 30. Mitt. Oxydat. v. 12-Oxo-$\Delta^{9.11.14}$-isooleanadienylacetat 4115.
Johnston (J. H. S.), Beendig. d. Hauptgärung. 2. Mitt. Steigen d. Hefe in d. Obergärung 5201.
Johnston (J. P.), Sedimentationsverh. v. Gemischen v. Hyaluronsäure u. Albumin in d. Ultrazentrifuge 11413. — Vgl. d. Eigg. v. Hyaluronsäure aus n. u. patholog. menschl. Gelenk-Fll. 11413.
—, **Ogston (A. G.)** u. **Stanier (J. E.)**, Modifikat. d. Meth. v. Elson u. Morgan zur Glucosaminbest. 3215.
Johnston (J. V.) s. Hill (A. J.).
Johnston (L. H.), **Day (E. A.)** u. **Williams (J. H.)**, Konstruktionsvorschlag eines *50* MeV-Protonen-Linearbeschleunigers 2127.

Johnston (McC.), Ambulante Behandl. v. Alkoholikern mit Nebennierenrindenhormonen u. Vitamin B_1 4401.
Johnston (M. N.) s. Jones jr. (Ralph).
Johnston (P. M.), Lokalisat. v. ^{32}P im Duodenum v. Ratten 6793. — s. Lotz (W. E.).
Johnston (R. A.), Vork. v. Nitraten in ländl. Brunnenwässern Ontarios 8703.
Johnston (R. D.), Chipman (R. D.) u. **Knapp (W. J.)**, Vorgespannte Keramik als Baumaterial 1820.
Johnston (R. G.) s. Stair (R.).
Johnston (R. L.) s. Bacigalupo (F. A.); Miller (E. R.).
Johnston (R. W.) u. **Tomboulian (D. H.)**, Absorptionsspektr. v. Be in d. Umgeb. d. K-Kante 8308.
Johnston (R. W. B.) s. Martin jr. (J. M.).
Johnston (T. G.) u. **Cazort (A. G.)**, Oxytetracyclin (Terramycin) in d. Behandl. d. chron. Urticaria v. erythematösen multiformen Typ 2718. — Schwere Rk. auf Terramycin mit Serumkrankh. u. Cyanose 3428.
Johnston (W. B.), Autoradiographie v. Bodenschnitten u. ihre Anwendd. 7533.
Johnston (W. D.) u. **Freiser (H.)**, Struktur u. Verh. organ. analyt. Reagentien. 3. Mitt. Stabilität v. Chelaten d. 8-Oxychinolins u. analoger Verbb. 8347.
Johnston (W. H.) s. Butler (E. B.).
— u. **Anstett (R. M.)**, Homomol. Austausch v. N_2 in einer Glimmentlad. 282.
— u. **O'Shea (C. J.)**, Homomol. Austausch v. O_2 5262.
Johnston (W. M.) s. Grosse (A. V.).
Johnstone (C.) s. Dodge & Olcott, Inc.
Johnstone (C. W.), Neue Impulsanalysatoranordn. 6211.
Johnstone (H. F.) s. Campbell (W. M.); Texas Gulf Sulphur Co.
—, **Houvouras (E. T.)** u. **Schowalter (W. R.)**, Katalyt. Tieftemperaturoxydat. v. NH_3 3225.
Johnstone (I.) s. Hirst (F.).
Johnstone (I. L.) u. **Southcott (W. H.)**, Verwend. v. Dibutylphthalat in einem Lamm-Markierungsmittel 2054.
Johnstone (L. H.) s. Phillips Petroleum Co.
Johnstone (M.), Relaxantien u. d. menschl. Herz-Kreislauf-Syst. 7969.
Johnstone (N. B.) s. Morrison (T. J.).
Johnstone (N. M.) s. Hay (J. E.).
Johswich (F.) s. Demag Akt.-Ges.
Joiner (C. L.) u. **Kauntze (R.)**, Behandl. d. arteriellen Hypertens. mit Rauwolfia serpentina u. Veratrum viride 405.
—, **MacLean (K. S.), Carroll (J. D.), Marsh (K.), Collard (P.)** u. **Knox (R.)**, Isoniazid u. PAS bei chron. Lungentuberkulose 2476.
Joki (E. G.) u. **Evans (J. E.)**, Messungen d. Gesamtquerschnitts v. Hf u. Zr 5946.
Jokinen (E. J.), Serumtest bei rheumat. Erkrankungen 3450.
Jokipii (S. G.) u. **Turpeinen (O.)**, Kinetik d. Eliminat. v. Glucose aus d. Blut während u. nach einer kontinuierl. intravenösen Injekt. 3180.
Joklik (A.), Neue Rohstoffe u. neue Verff. zur Stadtgaserzeug. u. Spitzendeckung im Gaswerksbetrieb 8532. — s. Otto (Dr. C.) & Co. G. m. b. H.; Pilz (Karl); Wiener Stadtwerke.
Joksimović-Tjapkin (S.) s. Končar-Djurdjević (S.).
Jokusch (H.) s. I. G. Farbenindustrie Akt.-Ges.
Jolas (F.) s. Byé (J.).
Jolas (F.) u. **Byé (J.)**, Best. d. Säuren-Basen-Stöchiometrie neutraler Salze. 3. Mitt. Anwend. d. Meth. auf eine echte Verunreinig.; Chloridion in Natriumsulfat 6461.
Jolibois (P.) s. État Français.
Joliet (H.) s. Laboratories Zundel, Joliet & Cie.
Jolivet (E.) u. **Helias (M.)**, Mineralisat. d. organ. N in einem Boden v. Finistere bei niedr. Temp. 1823. — Mineralisat. in vitro des organ. N breton. Böden 11275.
Jolles (Z. E.), Oxydative Öffnung d. Benzolrings in 5.6-Dioxyindol u. ähnl. Verbb. u. d. Biogenese d. Melanine 361. — s. Imperial Chemical Industries Ltd.
Jolley (E. L.) s. Clarite Battery, Inc.
Jolliffe (G. O.) u. **Morton (C.)**, Polarograph mit Handbedienung 4418.
Jolly (D. W.), Akute Toxizität v. Dieldrin für Schafe 2483.
Jolly (W. L.), Abschätz. thermodynam. Größen v. Teilchen in fl. NH_3 753. — Wärmen, Freie Energien u. Entropien in fl. NH_3 2609.
Joly (J.) s. Brouet (G.).
Joly (M. M. S.), Knitter- u. Formfestmachen v. Gewebe aus Polyvinylchloridfäden 6171* F.
Joly (P. C.) s. Soc. Rhodiacéta.
Joly (R.) s. Laboratoires Français de Chimiothérapie; Velluz (L.).
Joly (René) s. Auclair (J.-M.).
Jomain (B.), Anwend. unlösl. Azofarbstoffe im Textildruck 3740, 8973.
Jominy (W. E.) s. Chapman (R. D.); Chrysler Corp.
Jona (F.), Shirane (G.) u. **Pepinsky (R.)**, Messungen d. ferroelektr. Übergangs an Einkristallen aus $Cd_2Nb_2O_7$ 7377.
Jonas (E. C.) s. Johns (W. D.).
Jonas (G.-Z.), Vermeid. d. Austretens v. Steinkohlenteeröl aus imprägnierten Leitungsmasten 3276. — s. Sandermann (W.).
Jonas (H.) s. Farbenfabriken Bayer Akt.-Ges.
Jonas (J.) s. Alimentation Équilibrée; Schoeller (W.); Tonutti (E.).
Jonassen (H. B.), Fagley (T. F.), Rolland (C. C.) u. **Yates (P. C.)**, Silber-Äthylamin-Komplexe in alkoh. Lsgg. 8106.
— u. **Monsabert (W. R. De)**, Anorgan. Komlexverbb. mit mehrwert. Gruppen. 10. Mitt. Zr(IV)-Komplexe 7165.
Jonat (G.) s. Gillwald (W.).
Jones (A.) s. Wachs (H.).
Jones (A. A.) s. Monsanto Chemicals Ltd.
Jones (A. G.) s. Hill (R.).
Jones (A. L.) u. **Milberger (E. C.)**, Trenn. v. Gemischen organ. Fll. durch Thermodiffus. 7402.
Jones (A. P.) s. Hughes (H. B.).
Jones (A. Russell) s. Collins (C. J.).
Jones (Allen R.) s. Jones (M. C. K.); Standard Oil Development Co.
Jones (A. S.) u. **Letham (D. S.)**, Best. d. Nucleotidfolge in Desoxypentosenucleinsäuren 5563.
Jones (A. V.) s. Sutherland (G. B. B. M.).
Jones (B.) u. **Owen-Barnett (R. A.)**, Spannungsalter. v. niedriggekohltem Stahl. Unters. d. Alter. v. niedriggekohltem Stahlband nach einem oberflächl. Walzen mit geringem Druck 916.
Jones (Brynmor) s. Branch (S. J.).

Jones (C. K.) s. Hodge (H. C.).
Jones (C. P.) s. Institute of Textile Technology.
Jones (C. R.) u. Campbell (J. D.), Mikrobest. d. Endospermdichte als Mittel zur Ermittl. d. Feuchtigkeitsverteil. in Weizenkörnern 6416.
Jones (C. W.), Pittman (D. W.), Weiman (R.), Habib (M.), Asplund (O.), Cannon (M. C.) u. Greenwood (D. A.), Düngerwrkgg. auf Ertrag u. Zus. v. Alfalfa-Heu 3713.
Jones (D. C. R.) s. Chapman (W. R.).
Jones (D. E. A.) s. Houghton (L. E.).
Jones (D. G.) s. Carlson (C. W.).
Jones (David G.) s. Imperial Chemical Industries Ltd.
— u. Taylor (A. W. C.), Furan- u. Pyranchemie 2419.
Jones (D. H.) s. Lancaster (N. P.).
Jones (D. J.) s. General Electric Co. Ltd.
Jones (D. L.), Fadenziehende Milch. 1. Mitt. Biologie d. Fadenbldg. 11478; 2. Mitt. Physikal.-chem. Einfl. auf d. Bldg. d. Fadensubstanz 11478; 3. Mitt. Chem. Unters. d. Schleimsubstanz 11478.
Jones (D. M.) s. Owen (E. A.).
Jones (D. R.), Neutronenerzeug. durch negative, in verschied. Absorbern gebremste μ-Mesonen 3059.
Jones (D. T.) s. Howell (L. N.).
Jones (David T.) s. Imperial Chemical Industries Ltd.
Jones (Earle), Verkittete piezoelektr. Accelerometer 4654.
Jones (Elwyn), Unterdrück. d. Zünd. durch Gasblasen bei fl. Sprengstoffen 263. — Unterdrück. d. Flamme in explosiven Systemen 2370.
Jones jr. (Emerson) s. Cook (C. J.).
Jones (E. A.) s. Lovell (R. J.).
Jones (E. D.) s. Harvey jr. (A. E.).
Jones (E. L.) s. Simon (A. C.).
Jones (E. Lloyd), Spannungskorros. v. Al–Mg-Legierr. 1. Mitt. Einw. d. Zugbeanspruch. auf d. Korros. v. Legierr. aus Al mit 7% Mg u. Al mit 5% Mg 7769; 2. Mitt. Verf. zur Wiedergabe d. Anfälligk. für Spannungskorrosionen auf einer Vergleichsgrundlage 7770.
Jones (Edward L.) s. Phillips Petroleum Co.
Jones (E. M.) s. Parke, Davis & Co.
Jones (E. P.) s. Gilbert (E. E.).
Jones (E. R. H.) s. Ames (T. R.); Bladon (P.); Bowers (A.); Brown (J. B.); Curtis (R. G.); Davy (G. S.); Dawson (M. C.); Greenhalgh (C. W.); Guider (J. M.); Halsall (T. G.); Henbest (H. B.).
—, Eglinton (G.) u. Whiting (M. C.), Pentin-(4)-ol-(1) 4322.
—, Eglinton (G.), Whiting (M. C.) u. Shaw (B. L.), Äthoxyacetylen 6493.
—, Thompson (J. M.) u. Whiting (M. C.), Synth. v. Dodecadien-(1.11)-tetrain-(3.5.7.9) 9298.
— u. Whiting (M. C.), Eigg. v. Pentadiin-(1.3) 8594.
— u. Woods (G. F.), Chemie d. Triterpene. 14. Mitt. Ungesätt. Zentren v. Polyporensäure-A 6751.
Jones (E. V.) s. Day jr. (H. O.).
Jones (E. W.), Kartoffelpflanz. mit Laubdeformationserscheinn. u. Knollennekrose ähnl. solcher auf sauren Böden 8007.
Jones (F. A.), Bedeut. organ. Chemikalien bei d. Kautschukverarbeit. 2092. — s. Davey (W. C.); Dunlop Rubber Co. Ltd.
Jones (F. Avery) s. Truelove (S. C.).
Jones (F. G. W.) u. Dunning (R. A.), Wrkg. v. DDT u. a. chlorierten KW-stoffen auf d. Mangoldfliege [Pegomyia betae Curtis] 3467.
Jones (F. L.), Schokoladenähnl. Kuvertüren 3271.
Jones (Florence L.) s. Mandel (E. E.).
Jones (F. T.) s. Young (F. E.).
Jones (G.) s. Albi Mfg. Co.
Jones (G. A.) s. Wilkinson (D. H.).
—, Phillips (W. R.), Johnson (C. M. P.) u. Wilkinson (D. H.), Eigg. v. Kernen d. Masse 19 9016.
— u. Wilkinson (D. H.), Rk. $^{13}C(\alpha, n)^{16}O$ 507. — Coulomb-Anreg. v. Niveaus in ^{19}F durch α-Teilchen 736. — Rk. $^{7}Li(\alpha, \gamma)^{11}B$ u. d. Zustände v. ^{11}B 975. — Strahlungseinfang v. Protonen in F 5950. — Isotopenspinauswahlregeln. 5. Mitt. Strahll. v. ^{10}B 10431. — Reinh. v. Isotopenspin- u. Ladungsparitätszuständen 11147.
Jones (G. D.) s. Dow Chemical Co.; General Aniline & Film Corp.
Jones (G. D. G.) u. Connell (J. U.), Toxizität einiger zum Pflanzenschutz verwendeter Chemikalien für Arbeitsbienen (Apis mellifera L.) 2015.
Jones (G. F.) s. Imperial Paper & Color Corp.
Jones jr. (G. L.) s. Crowell (T. I.); Kerker (M.).
Jones (G. M. D. B.) s. Ghosh (S. K.).
Jones (G. O.) s. Barker (J. R.); Bryant (M. O.); Chester (P. F.); Davies (R. O.).
Jones (G. W.) s. Zabetakis (M. G.).
—, Zabetakis (M. G.) u. Scott (G. S.), Vermeid. v. Explosionen v. Äthylmercaptan-Luft-Gemischen in Geruchswarnungssystemen 10594.
Jones (H.), Emissionsbanden weicher Röntgenstrahlen v. Metallen 8308. — Berechn. d. Scherelastizitätskonstanten v. β-Messing 9040.
Jones (Harry) s. Geigy Co. Ltd.
Jones (H. B.) u. Baum (H.), Best. v. Chlorid durch automat. Titrat. 5141.
Jones (H. H.) s. Hosey (A. D.).
Jones (H. L.) s. Combs (G. F.).
—, Combs (G. F.) u. Romoser (G. L.), Vorhandensein eines nicht identifizierten Wachstumsfaktors für Küken in Trockenmolke, d. mit einem Minimum an Bakterienfermentationsmasse präpariert wurde 8191.
Jones (H. M.) s. Johnson (J. L.).
Jones (H. W.) s. Winstein (S.).
Jones (Harrison W.) s. United States of America.
Jones (I. R.) s. Byers (J. H.).
—, Byers (J. H.), Schubert (John) u. Magill (B. F.), Vgl. v. Verdaulichk. u. Futterwert v. mit getrockneter Melasserübenpulpe u. mit SO_2 konservierter Wicken- u. Hafersilage 4957.
Jones (James D.), Neues feuerfestes Isoliermaterial aus vegetabilen Stoffen 2277.
Jones (John D.) s. Parham (W. E.).
Jones (J. G.) s. Gordon (M. M.).
Jones (J. H.) s. Dolinsky (M.); McCants (J. F.).
—, Clark (G. R.) u. Harrow (L. S.), Veränderl. Vergleichstechnik für d. Analyse durch Ab-

sorptionsspektrophotometrie. 1. Mitt. Theorie u. Diskuss. 7737; 2. Mitt. Prakt. Anwendd. 7737.

Jones (J. H.) u. **Trickett (J. C.)**, Prüf. v. Gasen, d. bei Explos. in Bergwerken entstehen 8767.

Jones (J. I.), Polymere u. Mischpolymere d. Acenaphthylens 11590. — s. H a l e s (J. L.).

Jones (J. Ifor) s. D a v i e s (M a n s e l).

Jones (J. K. N.), ε-Galaktan d. Lärche. 2. Mitt. Isolier. v. 3-β-L-Arabopyranosyl-L-arabinose 2687. — s. A n d r e w s (P.); F o l k e s (B. F.); G o r i n (P. A. J.); H i r s t (E. L.); H o u g h (L.).

— u. **Reid (W. W.)**, Struktur d. durch enzymat. Abbau v. Pektinsäure entstehenden Oligosaccharide 1756.

— u. **Wise (L. E.)**, Hemicellulosen im Espenholz (Populus tremoloides). 1. Mitt. 9580; 2. Mitt. 9581.

Jones (J. P.) s. P h i l l i p s P e t r o l e u m C o.

Jones (J. R.) s. S t a n d a r d O i l D e v e l o p m e n t C o.

Jones (J. S.), Intravenös gegebenes PAS in Bezieh. zur Lungentuberkulosetherapie, *1145* Infusionen 11039.

Jones (K. H.) s. I m p e r i a l C h e m i c a l I n d u s t r i e s L t d.

Jones (K. M.) u. **Elliott (W. H.)**, Synth. v. Nicotinursäure durch Rattennieren-Mitochondrien 1765.

Jones (K. W.), **Douglas (R.)**, **McEllistrem (M. T.)** u. **Richards (H. T.)**, Vergleich d. Kern- u. γ-Strahlenenergieskalen 9722.

Jones jr. (L. C.) u. **Taylor (L. W.)**, Absorptionsspektren im fernen UV v. ungesätt. u. aromat. KW-stoffen 7634.

Jones (L. E.) s. U n i o n C a r b i d e & C a r b o n C o r p.

Jones (L. G.) s. A n d e r s o n (L. D.).

Jones (L. H.), Infrarotspektren u. Struktur v. LiOH, $LiOH \cdot H_2O$ u. ihren D-Verbb.; Fundamentalfrequenz d. OH^- 6914.

— u. **McLaren (E.)**, Infrarotspektren v. CH_3COONa u. CD_3COONa u. Zuordnn. v. Schwingungsfrequenzen 4308.

— u. **Penneman (R. A.)**, Infrarote Absorptionsspektren v. wss. HF_2^-, DF_2^- u. HF 3554.

Jones (L. S.) s. M a c I n t i r e (W. H.).

Jones (L. W.) u. **Terwilliger (K. M.)**, Elektromechan. Analogon zur Unters. stark fokussierender Bahnen 9726.

Jones (Maldwyn) s. I m p e r i a l C h e m i c a l I n d u s t r i e s L t d.

Jones (Marion) u. **Gerarde (H. W.)**, Sulfatbind. durch Lungen v. Hühnerembryonen in Gewebekulturen 1071.

Jones (M. C. K.) s. R e t a i l l i a u (E. R.).

—, **Jones (Allen R.)** u. **Strickland (B. R.)**, 2.6-Di-tert.-butyl-4-methylphenol als Treibstoffantioxydans 7585.

Jones (M. E.) s. H e d b e r g (K.).

Jones (M. M.) Zustand v. Mo(VI) in sauren Lsgg. 2147.

— u. **Griswold (E.)**, Leitfähigk. einiger Salze u. Ionenpaargleichgewichte in Essigsäure bei *30°* 2838.

Jones (N. C. H.) s. C l a r k e (E d w i n).

Jones (N. R.) Enzymat. Spalt. v. Anserin im Skelettmuskel d. jungen Kabeljaus (Gadus callarias) 129. — Taurin in frischen u. in Eis gelagerten Skelettmuskeln d. Kabeljau (Gadus callarias) 5923. — Bräunungs-Rk. in gefriergetrockneten Extrakten aus Muskelfleisch d. Kabeljaus (Gadus callarias) 7804. — Faktoren, die d. Zus. d. freien Aminosäuren bei frischen u. eingefrorenen Skelettmuskeln junger Nordsee-Kabeljaus (Gadus callarias) bestimmen 8185.

Jones (O. C.) s. M o n s a n t o C h e m i c a l C o.

Jones (P. N.) s. M a n n i n g (P. R.).

Jones (P. W.) s. S h e l l D e v e l o p m e n t C o.

Jones (R.) u. **Gatfield (E. N.)**, Betonprüf. durch Ultraschallimpulsverf. 11447.

Jones jr. (Ralph) s. A l v i n g (A. S.); C o a t n e y (G. R.); H a n k e y (D. D.); L o r e n z o (A. D.).

—, **Jackson (L. S.)**, **Lorenzo (A. D)**, **Marx (R. L.)**, **Levy (B. L.)**, **Kenny (E. C.)**, **Gilbert (M.)**, **Johnston (M. N.)** u. **Alving (A. S.)**, Korean. Vivax-Malaria. 3. Mitt. Kurative Wrkg. u. Toxizität v. Primaquine in tägl. Dosen v. *10—30* mg 6069.

Jones (R. C.), Durch photograph. Negative feststellbare Minimalenergie 10422.

Jones (Robert C.) s. E n g l e m a n (E. P.).

Jones (R. E.) s. T u l l (R.).

Jones (R. G.) s. A i n s w o r t h (C.); K o r n f e l d (E. C.); L i l l y (E.) & C o.

— u. **Ainsworth (C.)**, 1.2.4-Triazol-3-alanin 6515.

Jones (R. H.) s. S t a u f f e r C h e m i c a l C o.

Jones (Richard J.) s. G o r d o n (R. B.).

Jones (Royce J.) s. L i v i n g s t o n (R. S.).

— u. **Zucker (A.)**, Zwei Ionenquellen zur Erzeug. mehrfach geladener Stickstoffionen 7148.

Jones (R. L.) s. B r i m e l o w (H. C.).

—, **Metcalfe (T. P.)** u. **Sexton (W. A.)**, Bezieh. zwischen Konst. chem. Verbb. u. ihrer Wrkg. auf d. Pflanzenwachstum. 3. Mitt. Chlorierte Benzaldehyde u. Benzoesäuren 9595.

Jones (R. M.) s. D e t c h e r (T. E.).

Jones (R. N.) s. S i n c l a i r (R. G.).

—, **Herling (F.)** u. **Katzenellenbogen (E.)**, Infrarotspektren v. Ketosteroiden unter *1350* cm^{-1}. 21. Mitt. Unterss. über d. Steroidstoffwechsel 6990.

—, **McKay (A. F.)** u. **Sinclair (R. G.)**, Bandenfolgen in d. Infrarotspektren v. Fettsäuren u. verwandten Verbb. 3336.

—, **Sandorfy (C.)** u. **Trucker (D. E.)**, Mol.-Strukturen d. Tetracyclons 4551.

Jones (R. O.) u. **Owen (E. A.)**, Röntgenograph. Best. d. α-Phasengrenze d. Cu–In-Legierungssyst. 4295.

Jones (R. S.) s. C a l e s n i c k (B.).

Jones (R. V.) u. **Richards (J. C. S.)**, Strahlungsdruck in einem brechenden Medium 5478. — Polarisat. v. Licht durch enge Spalte 6214.

Jones (Rufus V.) s. P h i l l i p s P e t r o l e u m C o.

Jones (R. W.) u. **Hamner (K. C.)**, Intercelluläre Verteil. v. Ascorbinsäure in Rübenblättern 3892.

Jones (Robert W.) s. J e a n e s (A.); L e a d e r m a n (H.).

Jones (S.) s. G e n e r a l E l e c t r i c C o.

Jones (S. L.) s. T r e n n e r (N. R.).

Jones (S. S.), Einfl. v. Bestrahl. auf wichtige Materialien 5712.

Jones (T. G.) s. S t a n d a r d O i l D e v e l o p m e n t C o.

Jones (T. S.) s. O r i a n i (R. A.).

Jones (W. B.) s. R o s s i (G. B.).

Jones (W. D.), Pulvermetallurgie, bes. hochwarmfeste u. harte Metallegierr. 7306. — Herst. v. Blech aus Metallpulver 8020.
Jones (Wilford D.) s. Celanese Corp. of America.
Jones (W. G. M.) s. Boon (W. R.).
Jones (W. H.), Paehler (J. H.), Handley (T. H.) u. **Timnick (A.)**, Ausbeuteverteil. bei d. Protonenspalt. v. U 509.
Jones (William H.) s. Standard Oil Development Co.
Jones (W. I.), Oberflächenkennzeichen u. Aufbereit. d. Kohle 7584. — Forsch. auf d. Gebiete d. Kohlenindustrie 9700.
Jones (W. L.) s. Interchemical Corp.
Jones (W. M.) s. Hunt (S. E.).
Jones (William M.) s. Buess (C. M.).
Jones jr. (W. N.), General chemistry [2350].
Jones (W. O.), Cyclooctatetraenderivv. 3. Mitt. Cyclooctylphenole 4573; 4. Mitt. Red. v. Cyclooctatetraen durch Na u. Alkohole 6014. — s. Imperial Chemical Industries Ltd.
Jones (W. W.) u. **Cree (C. B.)**, S im Düngungsplan 4435.
— u. **Embleton (T. W.)**, Harnstoffsprays für Orangen 3465.
— u. **Parker (E. R.)**, Jahreszeitl. Schwankungen d. Mineralstoffe in d. Blättern d. Valencia-Orangen 8418.
Jones & Laughlin Steel Corp. u. **Hazlett (F. P.)**, Reinig. v. aromat. KW-stoffen 11313* A.
Jones-Parra (J.) u. **Calhoun jr. (J. C.)**, Capillardrücke v. Öl u. Gas in Ggw. v. W. 725.
Jong (A. de), CO_2-Erstarrungsvorgang für Formen u. Kerne 7068. — s. Fuchs (Walter) [Aachen].
Jong (D. de), Endt (P. M.) u. **Simons (L. J. G.)**, Winkelabhängigk. u. Ausbeute d. Rkk. $^{9}Be(d, p)\,^{10}Be$ u. $^{9}Be(d, t)\,^{8}Be$ 11326.
Jong (E. B. M. de), Verwend. v. Meßgeräten 11429.
Jong (H. G. B. de) = Bungenberg de Jong (H. G.).
Jong (J. De) s. Lindeboom (G. A.).
Jong (J. C. de), Spül-Fll. für peritoneale Dialyse 7035.
Jong (J. D. De) s. Mitchell (H. S.).
Jong (J. I. De) u. **Jonge (J. De)**, Kinetik d. Bldg. v. Methylenbindd. in Lsgg. v. Harnstoff u. Formaldehyd 4799. — Hydrolyse v. Methylendiharnstoff 7880. — Kinetik d. Rk. zwischen Monomethylolharnstoff u. Methylendiharnstoff 7881. — Rk. v. Methylendiharnstoff mit Formaldehyd 7881.
Jonge (J. De) s. Jong (J. I. De); Ugelstad (J.).
— u. **Dijkstra (R.)**, Kinetik d. Rk. zwischen Phenol u. Formaldehyd 9770.
Jongejans (B.) s. Clay (J.).
Jongejans (C.) s. Wapstra (A. H.).
Jongen (H. F.) s. Clay (J.).
Jongerius (H. M.), Valckx (F. P. G.) u. **Endt (P. M.)**, Winkelverteill. u. Ausbeute d. Rk. $^{14}N(d, p)\,^{15}N$ 8.
Jongh (D. K. de) s. Proosdij-Hartzema (E. G. van).
— u. **Kok (K.)**, Antikoagulationswrkg. einer Reihe v. 2.2-Bis-[4-oxycumarinyl-(3)-äthanoläthern 10552.
— u. **Proosdij-Hartzema (E. G. van)**, Synthet. Oxytocica. 2. Mitt. Pharmakologie v. 3-[Piperidyl-(N)-methyl]-indolen u. verwandten Verbb. 628. — Fehlen einer Antimalariawrkg. v. β-Resorcylsäure gegen Plasmodium vivax bei Küken u. Plasmodium berghei bei Mäusen 8670.
Jongh (S. E. de), Allg. pharmakol. Folgen nach chron. Nicotingebrauch 3906. — s. Hoogstra (M. J.).
Jonker (C. C.) s. Blok (J.).
Jonker (G. H.) s. Hartford National Bank & Trust Co.
— u. **Kruyt (H. R.)**, Flockung u. Rekristallisat. in frisch hergestellten AgBr-Solen 9264.
Jonker (H.) s. N. V. Philips's Gloeilampenfabrieken.
Jonkers (C. O.) s. Köhler (J. W. L.).
Jonsen (J.) s. Thjøtta (T.).
Jonxis (J. H. P.) s. Hogen (T. Van).
— u. **Huisman (T. H. J.)**, Ausscheid. v. Aminosäuren in freier u. gebundener Form während d. intravenösen Anwend. v. Eiweißhydrolysat 3904.
Joó (I.) s. Tarnóczy (T.).
Joos (C. E.) s. Cochrane Corp.
Joos (G.), 2 Physiker-Jubiläen. C. Ramsauer 75 Jahre, H. Busch 70 Jahre 1. — Lehrbuch d. theoret. Physik [1430]. — R. Pohl 7593. — s. Dorfner (K.-R.).
— u. **Klopfer (A.)**, Temp.-Abhängigk. d. opt. Konstanten v. Cu, Ag u. Au bis herab zu 20° K 9252.
Joralemon (J.) s. Greene (L. C.).
Jorba (J. P. y) = Perez y Jorba (J.).
Jorczak (J. S.) s. Fettes (E. M.).
— u. **Belisle (J. A.)**, Mit Epoxydharzen kombinierte fl. Polymere 5440.
Jordan jr. (A. D.) s. Royals (E. E.).
Jordan (C.), Van der Waalssche Zustandsgleich. 4045.
Jordan (C. B.), Schnellbest. v. Glykolen in Alkydharzen 11469. — s. Duwez (P.).
Jordan (D. O.) s. Howard (G. I.).
— u. **Porter (M. R.)**, Viscosität verd. Lsgg. v. Natriumdesoxyribonucleat u. d. Deformierbark. d. Ions 6044.
Jordan jr. (E. F.) s. United States of America.
Jordan (H.) s. Consortium für elektrochemische Industrie G. m. b. H.
Jordan (H. L.) u. **Frahn (W. E.)**, Nichtlokale Feldtheorie auf d. Grundlage d. Salpeter-Bethe-Gleich. 2. Mitt. Wechselwrkg. mit lokalisiertem Teilchen 3786.
Jordan (J.) s. Patai (S.).
Jordan (J. E.), Behandl. d. Hundepeitschenwürmer (Trichuris vulpis) mit Whipcide 8204.
Jordan (J. F.), Schmelzen v. Ti 1368* A. — Reine Metallhalogenide 3939* A.
Jordan (J. V.) s. Jacobs (H. S.).
—, **Simkins (C.), Corey (G.), Knight (R.)** u. **Baker (G. O.)**, Aufnahme u. Wander. v. P-Düngemittel 9172.
Jordan (J. W.) u. **Robinson (K. L.)**, Best. v. Ca u. Mg. in Kalksteinen nach d. Äthylendiamintetraacetatmeth. 11071.
Jordan (L. A.), Farbe, Überzug u. Gestalt 5431.
Jordan (P.), Atomkraft. Drohung u. Versprechen [278]. — Sternentstehung 7372.
Jordan (R.) s. Bohren (B. B.).
Jordan (R. M.), Thyroprotein für lactierende Mutterschafe u. seine Wrkg. auf d. Gew. v. Lämmern 2464. — s. Shaffhausen (D. D.).
— u. **Bell (T. D.)**, Wrkg. v. Aureomycinzusätzen auf Sauglämmer 2469.

Jordan (T. E.), Vapor pressure of organic compounds [1065].
Jordan (W. C.) s. Burson (S. B.); LeBlanc (J. M.).
—, Cork (J. M.) u. **Burson (S. B.),** Strahlungen d. $^{159}_{64}$Gd (*18* Std.) u. $^{161}_{64}$Gd (*3,7* Min.) 5715. — Zerfall v. $^{165m}_{66}$Dy (*1,2* Min.) u. $^{165}_{66}$Dy (*2,3* Std.) 6208.
Jordan (W. J.), Klin. Verss. mit ACTH 137.
Jordanides (G.) u. **Chamberlain (N. H.),** Automat. Best. v. Teilchengrößen durch sukzessives Zählen 6576.
Jordansson (L.) s. Brauns (O.).
Jorde (R.), Lang dauernde antikoagulierende Behandl. mit Phenylindandion 11030.
Jores (H.), Fußbodenlacke 931.
Joret (G.) u. **Hebert (J.),** Best. d. Phosphorsäurebedarfs d. Böden 10121.
Jorgensen (G. W.) u. **Bruno (M. H.),** The sensitivity of bichromated coatings used in lithography [1410].
Jorgensen (H. E.) s. Oliveto (E. P.).
Jorgensen jr. (T.), Vgl. d. Protonenenergieverlustes durch Integral- u. Differentialverss. 5947. — s. Cook (C. J.).
Jorgović (J.) s. Živadinović (R. D.).
Jori (H.) s. Kaiser (H.).
Jori (M.) s. Heraeus (W. C.) G. m. b. H.
Jorio (M.), Guida al laboratorio di chimica analitica tossicologica [4424].
Joris (G. G.) s. Allied Chemical & Dye Corp.; United States of America.
Jorissen (A.) s. Leclerc (E.).
Jorissen (W. P.), W. E. Ringer 1. — H. P. C. Geerligs 1429.
Jorpes (J. E.) s. Blombäck (B.).
—, Boström (H.) u. **Mansson (B.),** Bind. d. Aminogruppe im Heparin 8658.
José Biro (L.), Desodorisierungsmittel 11301* F.
Josefsson (Å.), Perlitfreier Thomasstahl. Herst. u. Eigg. 4199. — Übergangstempp. perlitfreier Stähle nach Wärmebehandl. im α-Gebiet 8951.
— u. Nelson (B.), Umschlagtempp. u. Alterungseigg. bei titanstabilisierten Weichstählen 4684.
Joseph (A. A.) s. Loughlin (E. H.).
Joseph (C. F.), Verwend. v. perlit. schmiedbarem Fe 8015.
Joseph (L.) s. Sandera (G.); Wick (A. N.).
Joseph (N. M.) s. Soc. des Usines Chimiques Rhône-Poulenc.
Joseph (O.), [H˙] [H˙] v. Lsgg. v. Aluminiumhydroxyd in Natriumhydroxyd 3818.
Joseph (R. T.) s. Allied Chemical & Dye Corp.
Joseph (S.) s. Barer (R.).
Joseph (S. I.) s. Carlson (C. O.).
Joseph (T. L.), Kohlensäurespalt. u. Reduktionswrkg. v. Hochofengas 3236. — s. Bitsianes (G.); Burlingame (R. D.).
Josepovits (G.), Veränderte Anwend. d. auf d. Löslichk. beruhenden Analyse bei d. Best. d. DDT 10845. — s. Szöke (S.).
— u. Görög-Privitzer (K.), Polarograph. Best. v. Parathion (p-Nitrophenyldiäthylthiophosphat) 4194.
Josepovits (Gyulané) s. Szöke (S.).
Joshi (C. G.) s. Shah (R. C.).
Joshi (G. C.), Sehvermögen u. Sehpigmente 4633.
Joshi (M. K.) s. Deshmukh (G. S.).
Joshi (R. M.) s. Kapur (S. L.).
Joshi (R. M.) [Ahmedabad] s. Naik (Y. G.).
Joshi (S. S.) s. Gambhir (I. R.).
Josien (F.-A.) s. Chrétien (A.).
Josien (M.-L.) s. Fuson (N.).
— u. Fuson (N.), Infrarotstudium d. Bande d. C=O-Valenz in polycycl. Verbb. 4788.
Joslyn (M. A.), Wrkg. v. Enzymen in konz. Lsg. u. im getrockneten Zustand 2693. — s. David (J. J.); Tressler (D. K.).
— u. Lukton (A.), Verhüt. v. Cu- u. Fe-Trübungen im Wein 7106.
Josse-Goichot (J.) s. Wahl (R.).
Jossem (E. L.) u. **Parratt (L. G.),** Elektronenenergieniveaus in Ionenkristallen 6217.
Jost (D.-L.), Herabsetz. d. Hyproskopizität v. Extractum Belladonnae 3683.
Jost (J.), Farbretusche 2588* D. B.
Jost (K.-H.), Lage d. Zwillingsebenen in hexagonalen CdS-Kristallen 4052.
Jost (R.) s. Païs (A.).
Jost (W.), Beobachtt. am Bunsenbrenner 990. — s. Haase (R.).
— u. Weiss (K.), Elektronen-Überführungszahlen v. regulärem u. hexagenalem AgJ 8554.
Jost (Walter), Düng. v. landwirtschaftl. Kulturböden mit Spurenelementdüngemitteln v. zeitl. verschied. Wirkungsdauer auf d. Pflanzenwachstum 10362* D. B.
Jost (W.-D.), Best. v. Methanol in techn. Formaldehyd u. Einfl. d. Methanols auf d. Kondensat. v. Kresol-Formaldehyd-Harzen 9918.
Josten (F.) s. Rheinpreußen Akt.-Ges. für Bergbau und Chemie.
Josué (R.) s. Petitcolas (P.).
Jouandet (C.) s. Standard Française des Pétroles (Soc. An.).
Jouanneteau (J.) s. Meunier (P.).
Joubert (C. J.), Graphognathus leucoloma 4193. — Erdflöhe u. schwarze Sandmilben 6600.
Joubert (F. J.) s. Cillie (G. G.).
Jouis (E.) u. **Hangard (E.),** Jauchearten („Purins") d. Gebietes d. Seine-Maritime 9883.
Joumier (E.) u. **Millereux (L.),** Mechan. registrierendes Dilatometer für physikal.-therm. Kohlenunterss. 1881.
Jouravski (G.), Entdeckung v. Molybdänit bei Bou-Azzer, Südmarokko 4784.
Jourdan (C.) s. Randoin (L.).
Jourdan (F.), Collet (A.) u. **Duboucher (G.),** Adrenalingeh. d. Nebenniere im Ruhe- u. Aktivitätszustand 2464.
Jourlait (G. H.) s. Schaffner (D. M.).
Journiac (G.), L'Équilibre carbonique dans les eaux minérales [6478].
Joussot-Dubien (J.) s. Pacault (A.).
Jouvet (B.), Klass. Theorie d. Punktladung 2361.
Jouvin (J.), Abschätz. d. M. geladener Teilchen, d. in einer photograph. Emuls. enden 12. — Abschätz. d. Formparameters d. Energiespektr. d. Zerfallselektronen d. μ-Mesonen 4268.
Jovanović (M. A.), Differentielle therm. Analyse d. Tone v. Arandjelovac 2512.
Jovanović (S. L.) u. **Jovanović (V. S.),** Therm. Dissoziat. d. HJ bei höheren Tempp. 3329.
Jovanović (V. S.) s. Jovanović (S. L.).
Joy (A. H.), Spektroskop. Beobachtt. v. AE Aquarii 11333.
Joy (R. T.) s. Thompson Products, Inc.

Joyal (M.) s. Lamirand (J.-B.).
Joyce (A. W.) s. American Cyanamid Co.
Joyce (R. M.) s. Du Pont Nemours (E. I.) & Co.
Joyce (W. I.) s. Marskell (W. G.).
Joyner (L. P.), Wrkg. d. 2-Amino-5-nitrothiazols auf d. Wachstumsrate v. Truthühnern bei d. Behandl. d. Histomoniasis 390. — s. Crowther (S.).
— u. **Kendall (S. B.)**, Gebrauch v. 2-Amino-5-nitrothiazol bei Histomoniasis 8205.
Joyner (W. T.), (p, γ)-Koinzidenzmessungen unter Verwend. d. Protonenflugzeit 9020.
Joynson (R. E.), Elast. Spektr. d. Zn aus d. Temperaturstreuung v. Röntgenstrahlen 3306.
Juan (M. O. S.) = San Juan (M. O.).
Juan-Tschen-je s. Schtschukina (M. N.).
Juchniewicz (R.), Diskuss. d. sowjet. Wissenschaften über d. Potentiale d. Metalle in Lsg. 2368.
Juchnowski (G. L.) s. Lutzki (A. J.).
Juchtanowa (W. D.) s. Gochstein (J. P.).
Jucker (C.) s. Mazzei (D.).
Jucker (H.) u. **Treadwell (W. D.)**, Mitfäll. v. Ra mit $BaSo_4$ 2620.
Jucker (O.) s. Hofmann (K.).
Jud (A.) u. **Spillmann-Zuppinger (J.)**, Farbe zur Herst. eines in zwei Farbtönen bemusterten Anstriches 8040* Schwz.
Juda (W.) s. Albi Mfg. Co.; Clarke (J. T.); Ionics, Inc.
Judajew (N. A.), **Smirnow (M. I.)**, **Rasina (P. G.)** u. **Dobbert (N. N.)**, Biochem. Veränder. in d. Muskeln nach ihrer Denervat. u. Tendoektomie u. bei d. Regenerat. v. Nervenfasern 5832.
Judas (O.) s. Jayle (M.-F.).
Juday (R. E.), Synthet. Östrogene. 1. Mitt. Derivv. v. 1-Phenylphenanthren 3872; 2. Mitt. Derivv. v. 2-Phenylphenanthren u. 1-Äthyl-2-benzylnaphtalin 3874.
Judd (G. F.) s. McBee (E. T.).
Judd (J. S.) s. Lyon, Inc.
Judd (W. C.) s. Pepkowitz (L. P.).
Judel (G. K.) s. Flaig (W.).
Judenko (E.) s. Hanna (A. D.).
Judge (K.) u. **Luckey (G. W.)**, Abgeändertes Bodenstein-Ventil zur Verwend. mit korrodierenden Gasen 3209.
Judge (W. A.) s. Hill (D. G.).
Judinzew (S. D.), Einfl. d. medikamentösen Schlafes auf d. Zirkulat. d. Antibiotica im tier. Organismus 9135.
Juditzkaja (A. I.) u. **Koltschew (W. W.)**, Chemismus d. Gewinn. eines Eiweißpräp. v. Stör 8280.
Judkina (L. N.), Anwend. v. Sanddornöl bei Hauterkrankungen 4144.
Judowitsch (E. A.) s. Gengrinowitsch (A. I.).
Judowskaja (B. D.) s. Chromow-Borissow (N. W.).
Judson (S.) u. **Osmond (J. K.)**, Radioaktivität in Grund- u. Oberflächenwasser 11356.
Judson (W.) s. Universal Oil Products Co.
Judson (W. E.) s. Wilkins (R. W.).
Jübermann (O.) s. Fischer (Werner).
Juel (L. H.) s. Hurd (C. D.).
Jülicher (W.), Aufgabe d. Verdickungsmittels beim Küpendruck 11689.
Jüngling (O.), Ekalan, ein Kombinationspräp. zur Einleit.- u. Basisnarkose 1089.
Jürgens (G.), Mess. d. Oscillatorenstärke einiger O I-Linien im wasserstabilisierten Lichtbogen 9022.
Jürgens (R.) s. Watteville (H. de).
Jürges (W.) s. Rheinische Schmirgelwerke Beuel-Bonn G. m. b. H.
Jüttner (B.) s. Bergwerksverband zur Verwertung von Schutzrechten der Kohlentechnik G. m. b. H.
— u. **Lange (Wilfried)**, Wasserlösl. aromat. Carbonsäuren 2304* D. B.
Juganowa (S. A.) s. Tilitschejew (M. D.).
Juhász (A.), Komplexe Verarbeit. v. Bauxit 9429.
Juhasz (G.) s. Stadler (Rosa).
Juhász (Z.) s. Barna (J.).
Juhren (G.), **Pole (R.)** u. **O'Keefe (J.)**, Umwandl. v. Gestrüpp zu Grasland in einem abgebrannten Chaparral Gebiet 11077.
Jukeliss (I. I.) s. Agapkin (I. N.).
Jukes (T. H.) s. Stokstad (E. L. R.).
— u. **Stokstad (E. L. R.)**, Rolle d. Vitamins B_{12} bei Stoffwechselprozessen 4391.
Jukna (A. D.) u. **Tiltinsch (K. K.)**, Physikal.-mechan. Eigg. d. Eschenholzes *1.* Bonität d. Lettischen SSR 7810.
Julesz (M.) u. **Winkler (E.)**, Wrkg. v. Aneurin auf d. Hypophyse geschlechtsreifer weibl. Kaninchen 136.
Julg (A.), Elektronenstruktur d. Azulens: Unters. nach d. sels-consistent-field-Meth. 4065. — Elektronenstruktur d. Methylcyclopropens. Meth. d. mol. „self-consistent"-Feldes 8339.
Julia (M.) s. Julia (S.).
— u. **Baillargé (M.)**, Pflanzenwachstumsfaktoren. 6. Mitt. Aryloxybernsteinsäuren u. verwandte Verbb. 6733.
— u. **Fétizon (M.)**, Von d. 4-Chlorpenten-(3)-säure abgeleitete Ketone 10002.
— u. **Tchernoff (G.)**, 7-Amino-4-oxycumarin u. verwandte Verbb. 3141. — Pflanzenwachstumsfaktoren. 7. Mitt. Ester d. γ-Aryloxycrotonsäuren u. d. γ-Aryloxyvinylessigsäuren 6734. — Synth. v. in 3- u. 6-Stellung disubstituierten Xanthonen 8853.
Julia (S.) u. **Julia (M.)**, Darstellungsmeth. bicycl. Dienone 7900.
Julian (P. L.) s. Glidden Co.
Juliano (B. R.) s. Hoffmann-La Roche, Inc.
Julius (A.) u. **Capron (M. V. F.)**, Stabilisier. v. Eisenpentacarbonyl 3534* F.
Jullander (I.), Wasserlösl. Celluloseäther 8764.
Jullien (A.), **Jullien (A.-P.)** u. **Ripplinger (J.)**, Wrkg. intradermaler Injektt. v. Dibenzanthracen bei Octopoden 10286.
Jullien (A.-P.) s. Jullien (A.).
Jullien (J. L.) s. Bernard (E.).
Jung (A.), Al-Lött. mit Ultraschall 2526.
Jung (F.), Therapie d. Urogenitaltuberkulose 7027. — s. Matthies (H.).
Jung (G.) s. Winnacker (K.).
Jung (H.), Staub- u. Silicoseforsch. v. Standpunkt d. Mineralogen 8228.
Jung (Hans) s. Siemens-Schuckertwerke Akt.-Ges.
Jung (J.-J.) s. Bockelman (C. K.); Cüer (P.).
—, **Bockelman (C. K.)** u. **Buechner (W. W.)**, Best. neuer Energieniveaus in ^{10}Be 7141.

Jung (J. P.) s. Geigy (J. R.) Akt.-Ges.
Jung (L. A.), Bakterielle Düngemittel AMB als wicht. Mittel zur Steiger. d. Ernteerträge 5632. — Wirksamk. v. Phosphobakterin auf Rasenpodsolböden d. Kirow-Gebietes 6370.
Jung (R. C.), Hexylresorcintabletten zur Einlaufbehandl. bei d. Peitschenwurminfekt. 8204.
Jung (T.), Einfl. d. Knochensalzpräp. „Vivipatine-M" auf d. Heilung v. Knochenwunden 6564.
Jung (W. N.), Zemente für hydrotechn. Großbauten 5394.
— u. **Fatejeva (N. I.)**, Abhängigk. d. Geschwindigk. d. Klinkerbldg. u. d. Eigg. d. Klinker v. d. Brennbedingungen 7294. — Geschwindigk. d. Klinkerbldg. u. Eigg. d. Klinker als Funkt. d. Brennverhältnisse 11445.
Junge (C.) s. VEB Elektrochemisches Kombinat Bitterfeld.
Jungerman (D.) s. Dobrowolska (H.).
Jungerman (J.) u. **Steiner (H.)**, Durch 335 MeV-Bremsstrahl. ausgelöste Photospalt. 5715.
Junghans (R.), Maßnahmen in kohlensäuregefährdeter Kaligruben zur Verhinder. großer Sachschäden unter Tage bei CO_2-Ausbrüchen 660.
Junghans (S.), Gußstränge oder Blöcke aus Metallen 2291* D., D. B. — Künstl. Alter. v. Al-Legierr. 7077* F.
— u. **Schaaber (O.)**, Anod. Oxydat. v. Al 9187* A.
Jungherr (E. L.) s. Rousseau jr. (J. E.).
Jungkunz (R.) s. Hadorn (H.); Pritzker (J.).
Jungner (G.), Mg-Geh. verschied. Nucleinsäureverbb. 4610.
Jungnickel (A. T. A.) u. **Klages (W.)**, Gewinn. v. Goldschlägerhaut v. Rinderdärmen 10900* D. B.
Jungnickel (H.), Verschied. neue Anwendd. v. Vinidur 10147.
— u. **Wippenhohn (H.)**, Kunststoffe Vinidur u. Igelit. Herst., Eigg., Verarbeit. u. Anwend. [3503].
Jungr (V.) s. Jindra (A.).
Junker (H.), Behandl. d. Keratoconjunctivitis epidemica mit Acetylcholin 8898.
Junkers Flugzeug- und Motorenwerke Akt.-Ges. u. **Klumpf (H.)**, Prüf. v. Werkstücken auf mit d. Oberfläche in Verb. stehende Fehlstellen 6097* D. B.
Junkmann (K.), Protrahiert wirksame Gestagene 6320. — s. Langecker (H.); Schering Akt.-Ges.
—, **Merz (K. W.)**, **Dörzbach (E.)**, **Grab (W.)**, **Huber (Julius)**, **Kraft (L.)**, **Linz (Armin)**, **Trumpelt (W.)**, **Voss (H. E.)** u. **Lehmann (H.)**, Prüfungsvorschriften für d. Nachtrag zum DAB 6 6801.
Junnemann (J. de), Zeitgemäße Angaben über unentflammbare u. feuerbeständ. Anstriche 5665.
Junqueira (L. C. M.) s. Mota (I.).
Junussow (S. J.) s. Abubakirow (N. K.).
—, **Ssitschkowa (J. W.)** u. **Potemkin (G. F.)**, Alkaloide v. Aconitum talassicum M. Pop. 10030.
Jupp (W. B.), Symposium über d. Verhinder. d. inneren Korros. v. Tankern. 1. Mitt. Art d. Korros. u. ihre Verhinder. 3244.
— u. **Lamb (C. J.)**, Schutz d. Inneren v. Tankern vor Korros. 1809.
Jura (G.) s. Garland (C. W.); Haller (Wolfgang).
Juraschewski (N. K.), Unters. d. Kondensationsprodd. v. N-Methyltryptamin mit Formaldehyd 2904.
Jurd (L.) s. Geissman (T. A.).
Jureček (M.) s. Štěpán (J.).
— u. **Jeník (J.)**, Colorimetr. Best. v. As-Spuren in organ. u. anorgan. Verbb. durch Mg-Aufschluß 7508.
Juretzek (G.), **Slowik (R.)**, **Küntscher (W.)** u. **Steinheisser (K.)**, Entschwefeln im Siemens-Martin-Ofen 8958* D. [DDR].
Jurgeleit (W.) s. Horner (L.).
Jurgensen jr. (D. F.) s. American Machine & Foundry Co.
Jurić (M. K.), Elast. Streuung v. Po-α-Teilchen an H_2 2824. — Direkte Mess. d. Teilchenbahnlänge in Kernemulss. 4273.
— u. **Smokovic (Z. A.)**, Direkte Mess. d. Teilchenbahnlänge in Kernemulss. 4272.
Jurik (M. J.) s. Tscharny (S. D.).
Jurikow (W. G.), Klärung v. Obst- u. Beerenweinen durch Bentonite 7106.
Jurisst (I. M.) s. Chromow-Borissow (N. W.).
Jurist (A. E.) s. Mathieson Chemical Corp.
Jurjew (J. K.) u. **Chmelnitzki (L. I.)**, Darst. v. Thiophen u. seinen Homologen aus Alkoholen 8354. — Katalyt. Gewinn. v. Selenophen u. seinen Homologen aus KW-stoffen u. SeO_2 10479.
— u. **Gorin (L. F.)**, Dehydratat. v. N-[β-Oxyäthyl]-arylaminen in Ggw. v. Alumosilicaten 7446.
—, **Gorin (L. F.)** u. **Wyssokossow (A. N.)**, Gewinn. einiger 3-Aryloxazolidine 6511.
— u. **Kondratjewa (G. J.)**, Umwandl. d. 3.4-Dimethylfuranidins in 3.4-Dimethylthiophan u. 3.4-Dimethylpyrrolidin. 42. Mitt. 10736.
—, **Kondratjewa (G. J.)** u. **Akischin (P. A.)** [Moskau], Katalyt. Umwandl. v. 2.2-Dimethylfuranidin in 2.2-Dimethylthiophan u. in KW-stoffe. 41. Mitt. 2197.
— u. **Lukina (J. M.)**, Gewinn. v. β-n-Amyl- u. β-Phenylthiophan durch katalyt. Umwandl. d. entsprechenden Furanidine 7203.
—, **Lukina (J. M.)** u. **Korobitzyna (I. K.)**, β-Furanidon bei d. Synth. v. β-Alkyl- u. β-Arylfuranidinen 10504.
—, **Nowitzki (K. J.)**, **Liberow (L. G.)** u. **Jatzenko (R. D.)**, Umsetz. v. Äthylenoxyd mit aromat. u. heterocycl. Aminen. 2. Mitt. 1041.
Jurkewitsch (A. M.) s. Kosst (A. N.); Terentjew (A. P.).
Jurkewitsch (I. A.), Verteil. d. organ. Materials in d. Kambriumschicht im Gebiet v. Irkutsk 2856. — Litholog.-geochem. Charakteristik v. Carbonatgesteinen nach d. CO_2-Geh. u. d. unlösl. Rückstand 5025.
Jurkiewicz (J.) s. Geschwind (Z.).
Jurney (E. T.), Versagen u. Zerleg. d. Schnellreaktors v. Los Alamos 5954.
Jurow (S. S.) s. Clark (W. M.).
Jurshenko (A. I.) s. Gussjakow (W. P.).
— u. **Gussjakow (W. P.)**, Einfl. d. Elektrolyte d. wss. Phase einer Styrolemuls. auf d. Dispersität d. sich bildenden Latices 8272.
Jurshenko (T. I.) s. Grigorjewa (K. S.).
—, **Putschin (W. A.)** u. **Grigorjewa (K. S.)**, Besonderh. d. initiierenden Wrkg. v. tert. Hydroperoxyden bei d. Emulsionspolymerisat. 601.
Jurtschenko (G. K.) s. Ssadow (F. I.).

Jurtschenkowa (A. G.) s. Galunina (S. I.).
Jusbaschjan (I. R.), Kopfdüng. d. Tomate während d. Zeit d. Fruchtbldg. 10360.
Juschkewitsch (P. M.), Natur d. Anlaßvorgänge im Schnelldrehstahl 8805.
Jusefowitsch (J. K.) u. Tschernjuk (W. P.), Geh. d. Cerebrospinal-Fl. an bisulfitbindenden Stoffen bei mit Streptomycin behandelten Patienten mit tuberkulöser Meningitis 9380.
Jusspe (F. B.) s. Geller (I. A.).
Just (F.), Physiologie d. Alkoholgenusses 10793. — s. Drews (B.); Versuchs- und Lehranstalt für Brauerei.
— u. Herbst (A.-M.), Vitamingeh. n. deutscher Biere 6874.
Justi (E.) u. Kohler (Max), Hall-Effekt u. Elektronenkonfigurat. d. Edelmetalle 8317.
—, Kohler (Max) u. Lautz (G.), Weglängenprobleme d. Elektronen in Metallen u. Halbleitern 8317.
— u. Thuy (H. J.), Galvanomagnet. Niederfrequenzverstärker 2604.
Justice (J. L.) s. Chemstrand Corp.
Justin-Besançon (L.), Rubens-Duval (A.) u. Villiaumey (J.), Lokalwrkg. d. Desoxycorticosterons u. d. Testosterons auf d. Bindegewebe 3896.
—, Rubens-Duval (A.), Villiaumey (J.), Hazard (J.) u. Pignard (P.), Unters. d. Gewebekaliums im Verlauf d. durch Desoxycorticosteron erzeugten experimentellen Myocarditis 3896.
Justin-Mueller (E.), C. Koechlin 4265. — Unters. d. Aminosäuren in tier. Fasern u. in synthet. Polyamiden 6169.
Justoni (R.) s. Vismara (F.) Soc. per Azioni.
— u. Pessina (R.), Substanzen mit möglicher Antituberkulosewrkg. 1. Mitt. O-Acylierte PAS-Derivv. 9783.
—, Pessina (R.) u. Pirola (C.), Substanzen mit möglicher Antituberkulosewrkg. 2. Mitt. Thiosemicarbazone v. p-Aminosalicylaldehyd u. einigen seiner Derivv. 9783.
—, Piozzi (F.) u. Terruzzi (M.), Substanzen mit möglicher Antituberkulosewrkg. 4. Mitt. Salicylsäurederivv. mit verschied. N-halt. Substituenten in p-Stell. 9784.
—, Terruzzi (M.) u. Piozzi (F.), Substanzen mit möglicher Antituberkulosewrkg. 3. Mitt. 6-Aminosalicylsäure 9783.
Justus (W.), Färben bei Tempp. über *100°* 4460.
Jutisz (M.), Chromatographie des acides aminés, peptides, protéines et constituants azotés des nucléoprotéines [5385].
Jutsum (P. J.) s. Ditchburn (R. W.).
Jutziss (A. P.), Kibartass (W. W.) u. Glembotzki (I. I.), Lösung v. vereinfachten Fockschen Gleichungen in zweikonfigurativer Näherung für Atome v. Berylliumtypus 10185.
Juve (A. E.) u. Schoch jr. (M. G.), Einfl. d. Temp. auf d. Alterung v. Kautschukvulkanisaten durch Luft 5197.
Juveland (A. C.) s. Jentschke (W.).
Juvet jr. (R. S.) s. Pecsok (R. L.).
Jux (U.), Geologie d. Kreidegebietes v. Abu Roasch bei Kairo 8338.
Juza (R.) s. Breit (K.).
—, Weber (H. H.) u. Meyer-Simon (E.), Metallamide u. -nitride. 26. Mitt. Tern. Nitride u. Oxonitride v. Elementen d. 4. Gruppe 8336.
Kaae (S.) s. Videbaek (A. A.).
Kaan (G.) u. Cole (W. F.), Messung u. Korrektur d. Intensitäten v. Einkristallröntgendiagrammen 8563.
Kabak (J. M.), Ssimon (I. B.) u. Konikowa (A. S.), Unters. neuer „antithyreoider" Verbb. mit Hilfe v. radioaktivem J 1774.
Kabanow (B. N.) s. Wanjukowa (L. W.).
Kabanowa (J. W.) u. Klejenkina (L. G.), Vorbereit. v. Geweben für d. Färben 2781.
Kabar (Z.), Der Frostwrkg. ausgesetzte Torfe 491.
Kabat (E. A.), Konfigurationserfordernisse u. -stellen bei einem Antikörper gegen ein natürl. vorkommendes Antigen 4622.
Kabatschnik (M. I.), Einfl. d. Lösungsm. auf d. Tautomeriegleichgewicht u. Acidität d. tautomeren Formen 8583. — s. Ryshkow (W. L.).
— u. Giljarow (W. A.), Theorie d. Tautomeriegleichgewichts. Konst. u. Eigg. v. Dialkylanilidophosphiten 8821.
—, Jakuschkina (S. J.) u. Kissljakowa (N. W.), Theorie d. Tautomeriegleichgewichtes. Einfl. d. Druckes auf d. Tautomeriegleichgewicht v. Acetessigester 3342.
— u. Masstrjukowa (T. A.), Tautomeriegleichgewicht. 3. Mitt. Pseudomeriefrage. Struktur u. Eigg. v. Dialkylthiophosphiten 4795.
— u. Medwed (T. J.), Derivv. v. Aminoalkylphosphonsäuren. Rk. v. Aminoalkylphosphon- u. -thiophosphonsäureestern mit Arylisocyanaten 6960. — Derivv. d. Aminomethylphosphonsäure 10249.
—, Medwed (T. J.) u. Masstrjukowa (T. A.), Synth. v. α-Aminoalkylthiophosphonsäureestern 6961.
Kabel- & Metallwerke Neumeyer Akt.-Ges. u. Birnthaler (W.), Geschichtetes Isoliermaterial 9410* D. B.
Kabele (C.), Transistoren 284.
Kabelík (J.), Fungicide 3652.
Kabler (P. W.) s. Heukelekian (H.); Levine (Seymour).
Kachana (M. M.) s. Wainstein (E. J.).
Kachickas (G. A.) u. Fisher (L. H.), Verzögerungszeiten beim Durchschlag im gleichförm. Feld in N_2 8312.
Kachkaroff (P.), Intensiv-Stickoxyd-Verf. zur Herst. v. H_2SO_4 5624* A.
Kachniaschwili (A. I.) s. Nasarow (I. N.).
Kachowski (N. I.) s. Kassatkin (B. S.).
Kacjan (M.) s. Brun (K.).
Kacker (I. K.) s. Zaheer (S. H.).
Kacza (E. A.) s. Merck & Co., Inc.
Kaczalski (E.) u. Blumenfeld (J.), Lineare Polyamidmischharze 9458* A.
Kadaba (P. K.), Mikrowellenabsorpt. in d. Gemisch Phenylisothiocyanat + Diäthylamin 6481.
Kadatsch (M. W.) s. Kotkowski (A. P.).
Kadatski (G. M.) s. Terentjew (A. P.).
Kadavy (J. L.) s. Surgalla (M. J.).
Kaden (R.), Allerg. Haut-Rkk. durch neuzeitl. mod. u. kosmet. Stoffe 636.
Kadenatzi (B. M.) s. Shabrowa (G. M.).
Kadesch (R. G.), Zweibas. Säuren 9692.
Kadkol (S. B.) s. Muthu (M.).
—, Sreenivasamurthy (V.) u. Swaminathan (M.), Nährwert d. Samen v. Panicum miliare (Kleinhirse) 4478.
Kadmer (E. H.), Reib., Schmier. u. Kühl. bei Vorgängen d. Metallverform. 2571. — Umlaufextrakt. nach K. H. Lüers in d. Analystik

d. Mineralöle 2815. — Abgeänderte Ölprüf. auf d. Vierkugelapp. 4974. — Viscosität u. Konst. v. Mineralölen 10417.
Kaeding (J.) s. Heide (F.).
Kägi (H.), Belastungs-Dehnungs-Kurve bei Werkstoffen mit Faserstruktur: Textilien, Leder, Papier 2332.
Kaegi (Hans) s. Ciba Akt.-Ges.; Schwyzer (R.).
Kähne (F.) s. Badische Anilin- & Soda-Fabrik Akt.-Ges.; Schött (H.) Akt.-Ges.
Källén (G.), Kopplungskonstante in d. Feldtheorie 4746.
Källner (G. F.) s. Phrix-Werke Akt.-Ges.; UPHA Chem. Pharm. Präparate G. m. b. H.
Kämmerer (H.) u. **Grossmann (M.)**, Darst. v. Oxymethylphenolen durch hydrierende Dehalogenier. kernhalogenierter Oxymethylphenole 1488.
Kaemmerer (K.) u. **Erichsen (L. v.)**, Anwend. v. Präpp. auf d. Basis pflanzl. Fermente 1320.
Kaemmerlen (C. J.) s. Meerbott (W. K.).
Kämmerling (H.), Erfahrr. in d. Praxis mit pflanzl. Wirkstoffen bei d. Hyperthyreose u. d. vegetativen Dystonie 387.
Kämpf (R.), Bodengare bei Lößlehmböden 9649.
— u. **Wagner (M.)**, Einfl. v. Pflanzenschutzmitteln auf d. Bodenkrümel. 2281.
Kämpf (W.), Akute tödl. Aconitinvergift. 8206.
Kaempfe (F.), Hydratat. d. Calciumsulfats 11446.
Kaempffer (F. A.), Feldquantel. 733. — Quantenhydrodynamik u. übl. Quantenfeldtheorie 4505. — Elektromagnet. Vakuum 9487.
Känel (F. v.) s. Rickenbach (E.).
Känzig (W.) s. Jaccard (C.); Ueta (M.).
Kaercher (E. B.) s. Canadian Westinghouse Co. Ltd.
Kärcher (K.-H.), Penicillinallergie als ernstzunehmender Therapieschaden 3189. — Therapie v. Hautkrankheiten mit Magnesiumverbb. 9847.
Kaerger (C.), Unterss. am Hammel über d. Beeinfluss. d. Verdaulichk. amidreicher Rationen durch Beifütter. v. Spurenelementen, Vitamin A u. Thioaminosäuren sowie über d. Resorpt. v. ^{15}N-markiertem Ammoniumchlorid 5587.
Kaericher (K. C.) s. Avery (C. J.).
Kärnbach (K.), Malzunterss. im *1.* Quartal *1954* 7802.
Kaesberg (P.) u. **Shurman (M. M.)**, Period. Struktur im Kollagen 1986.
Käsemann (E.), Verkleben v. Glas mit Kunstharzfolien 5396* F.
Kaess (F.) s. Süddeutsche Kalkstickstoff-Werke Akt.-Ges.
Käss (W.), Chem. Unterss. im nordwürttemberg. Löß 2753.
Kafalas (J. A.) s. Green (M.).
Kaffer (H.) s. Ges. für Teerverwertung m. b. H.
Kafka (J.) u. **Herrmann (R.)**, Beeinfluss. d. Konzz. v. Na, K u. Ca im Serum durch „Zentramin" 394.
Kafo Kasein-Forschungs-Gesellschaft m. b. H. u. **Hagenmüller (K.)**, Nichtfärbende Caseinleime 8070* D. B.
Kagan (F. J.) s. Fialkow (J. A.).
Kagan (J. B.), **Krjukow (J. B.)**, **Kamsolkina (J. W.)** u. **Baschkirow (A. N.)**, Rolle d. O_2-Verbb. bei d. KW-stoff-Synth. aus CO u. H_2 6951.
Kagan (J. M.) u. **Perel (W. I.)**, Kugelsonde im Plasma 5242. — Beweg. positiver Ionen im Eigengas 9730. — Ionenstrom an d. Sonde bei niedr. Drucken 11336.
Kagan (S. L.), **Poljakowa (K. S.)** u. **Below (W. N.)**, Gewinn. v. Undecylenaldehyd 8047.
Kagan (S. S.) s. Ljubimow (W. I.).
Kaganow (M. I.) s. Asbel (M. J.).
— u. **Asbel (M. J.)**, Leitfähigk. v. dünnen metall. Filmen 7845.
Kaganowa (I. L.) u. **Orechowitsch (W. N.)**, Synth. v. Peptiden mit Chymotrypsin 3849. — Geh. an Transpeptidasen in verschied. Organen d. Säugetiere 9356.
Kagansky (N.), Betitel. kinematograph. Filme 9240* F. — Anbringen v. Titeln auf Kinofilmen 9716* F.
Kagarise (R. E.), Spektroskop. Unterss. d. Seifen v. Phenylstearinsäure. 1. Mitt. Infrarotabsorptionsspektren u. Hydrolyse v. Seifenfilmen 9031. — Bezieh. zwischen d. Elektronegativitäten benachbarter Substituenten u. d. Valenzfrequenz d. Carbonylgruppe 9051.
Kagawa (C. M.) s. McShan (W. H.).
Kagawa (I.) u. **Kobayashi (Haruo)**, Reifungs-Rkk. d. Viscose 6169.
Kagehira (I.) u. **Hara (I.)**, Schmieröle v. niedr. Gelierpunkt 9230.
Kageyama (I.), **Yasaumura (J.)** u. **Sato (Masanori)**, Extrakt. v. Rotenon 2058* E.
Kageyama (R.) s. Imakita (T.).
Kagi (W. W.) s. Western Electric Co., Inc.
Kagramanow (A. I.), Wirksamk. v. Phthivazid bei d. experimentellen Tuberkulose 9379.
Kahán (Á.), **Török (É.)** u. **Csepi (K.)**, Endokrine Beziehh. d. Vitamin-A-Stoffwechsels u. d. Netzhautfunktt. 6059.
Kahan (G. J.), **Macchia (W. W.)** u. **Fairbank (J. M.)**, Einfl. d. Oberflächenbehandl. v. Nichteisenmetallen auf d. Schutzwert d. darauf aufgebrachten Plattierschichten 4445.
Kahan (T.) s. Jancel (R.).
— u. **Rideau (G.)**, Ableit. verschied. Variationsprinzipien d. Theorie d. Zusammenstöße nach einem einheitl. Prinzip 8540.
Kahan-Lemaire (G.) s. Grenier (J.).
Kahane (E.), Verwend. d. Perchlorsäure in d. analyt. Chemie 5138. — Thiele-Rohr mit Hg-Füll. für d. F.-Best. u. d. Kryoskopie 7734.
— u. **Kahane (M.)**, Konst. d. Heteropolysäuren, d. Phosphormolybdate u. d. Phosphormolybdänsäureanhydrids 3578.
Kahane (M.) s. Kahane (E.).
Kahila (S.) s. Gustafsson (C.).
Kahle (H.) s. Gesellschaft für Linde's Eismaschinen Akt.-Ges.
Kahler (F. v.) s. Oesterreichisch-Amerikanische Magnesit Akt.-Ges.; VEB Elektrochemisches Kombinat Bitterfeld.
Kahler (F. H.) s. Reents (A. C.).
Kahler (H. L.) u. **Brown (J. K.)**, Verss. mit filmbildenden Aminen zur Verhinder. d. Korros. durch Kondensate 2037.
Kahler (W. H.) s. Hathaway Mfg. Co.
Kahlert (M.) s. VEB Chemische Fabrik von Heyden.
— u. **Clauss (H.)**, Hexamethyldisiloxan 6851* D. [DDR].

Kahles (J. F.) s. Field (M.).
Kahlhöfer (H.), Send (A.) u. **Himsel (W.)**, Zerstörungserscheinn. an d. feuerfesten Zustell. eines ausgeblasenen Hochofens 8247.
Kahn (A.) s. McDonald (C. C.).
Kahn (Allan) u. **Lewis (D. R.)**, Größe v. Na-Montmorillonit-Teilchen in Suspenss. aus Unterss. d. elektro-opt. Doppelbrech. 3318.
Kahn (A. H.) s. Tessman (J. R.).
Kahn (B.) s. Lacy (W. J.).
Kahn (D.), Energieverlust v. Protonen in Metallfolien u. Glimmer 8302.
Kahn (F. H.) s. Haight (T. H.).
Kahn jr. (J. B.) s. Hampton jr. (J. K.).
Kahn (M.) s. Benda (R.).
Kahn (Milton) s. Keneshea jr. (F. J.); Robinson (J. D.).
Kahn (N. A.) s. Ames (B. N.); Armstrong (T. N.).
Kahn (P.) s. Chase (E. S.).
Kahnt (F. W.), Meystre (C.), Neher (R.), Vischer (E.) u. **Wettstein (A.)**, Steroide. 111. Mitt. Biol. Hydroxylierr. v. Steroiden 1978.
Kahovec (L.) u. **Ruck (H.)** [Graz], Zählrohrdifferenzmeth. zur Ermittl. d. diffusen Röntgenkleinwinkelstreuung v. Präpp. 5970.
— u. **Treiber (Erich)**, Spannungskonstanthalt. v. Colorimeter- u. Photometerlichtquellen 1338.
Kaichi (S.) s. Toyama (Y.).
Kaila (Anjahl), Abfallholzprobleme u. d. neueste Hartfaserplatten-Industrie in USA 9471.
Kaila (Armi), Mikrobiol. Festleg. u. Mineralisier. d. P bei d. Zers. organ. Stoffe 5877. — Fe als störender Faktor bei d. Best. v. Phosphat nach d. Mo-Blaumeth. 7738.
Kaila (E.) s. Sihtola (H.).
Kaimowitz (I.) s. Ma (T. S.).
Kaindl (F.) s. Gisinger (E.).
— u. **Stumpf (C.)**, Intraarterielle Dauerinfus. mit Acetylcholin 2935.
Kaindl (K.), Techn.-wirtschaftl. Anwend. radioakt. Isotope 4514. — s. Linser (H.).
Kaine (H. D.) s. Conn (J. W.).
Kainer (F.), Tonerdegel–Metalloxyd-Kontakte 1695.
Kainer (H.) s. Kuhn (R.); Otting (W.).
Kainowa (A. S.) s. Stepanenko (B. N.).
—, **Stepanenko (B. N.)** u. **Petrowa (A. N.)**, Gewinn. synthet. Glykogene 3396.
Kainz (G.), Neue Ausführungsformen d. gravimetr. Mikrobest. v. C u. H 426. — Mikroanalyt. Filtrationstechnik 3209.
Kaipainen (W. J.) u. **Wallen (S.)**, Geh. d. Fischbandwurms an Vitamin B_{12} 624.
—, **Wallen (S.)** u. **Tøtterman (G.)**, Geh. v. Vitamin B_{12} in d. Faeces 624.
Kaipowa (S. N.), Proteine u. Proteinfraktt. im Blutserum v. Welpen verschied. Altersgruppen 9833.
Kairjukschtiss (I.), Neobenzinol in d. Therapie v. Bronchialasthma 8673.
Kaisel (S. F.) s. Shrader (R. E.).
— u. **Clark (C. B.)**, Leuchtschirm für sehr langsame Elektronen 182.
Kaiser (D. W.) s. Adams (P.); American Cyanamid Co.
— u. **Peters (G. A.)**, Chemie d. Dicyandiamids. 3. Mitt. Rk. v. Acyldicyandiamiden mit Hydrazin 9569.
Kaiser (E.), La tirotricina e il suo impiego in terapia [7724].
Kaiser (E.) [Wien] s. Keck (K.).
Kaiser (Emil) s. Armour & Co.
—, **Maxwell (L. C.), Landmann (W. A.)** u. **Hubata (R.)**, Biol. wirksame Thiocarbamylderivv. d. Insulins 5108.
Kaiser (F.) s. Becker (K.).
Kaiser (H.), H. E. Merck 8538.
— u. **Jori (H.)**, Toxikolog. Nachw. v. Dromoran „Roche", Morphin, Dilaudid, Cardiazol, Coramin u. Atropin mit Hilfe d. Papierchromatographie 2739.
— u. **Lang (Walter)**, Analytisches über Cyclopal u. Medomin 2267.
Kaiser (H. F.), Maximale Teilchenenergie beim Microtron 6204.
Kaiser (K.) s. Appelhans (M.).
Kaiser (L. A.), Portlandzemente für Wasserbauten 3941.
Kaiser (O.) s. Ciba Akt.-Ges.; Ges. für Chemische Industrie in Basel.
Kaiser (Rolf), Östrogene u. Progesteronstoffwechsel 8655. — Die Pregnandiolausscheid. im Harn vor d. Geburt 10548.
Kaiser (Rudolf) [Düsseldorf] s. Langbein-Pfanhauser Werke Akt.-Ges.
Kaiser (Rudolf) [Erlangen], Neue Absorptionsbanden bei Alkalihalogeniden mit Schwermetallzusätzen 14. — s. Tamm (K.).
Kaiser (W.) s. Fan (H. Y.).
— u. **Fan (H. Y.)**, Infraroteigg. v. Indiumantimonid 8548.
Kaiser (Wolfram) s. Morgenstern (A.).
— u. **Morgenstern (A.)**, Berufsallergie bei d. Herst. v. Hypophysenpräpp. 11249.
Kaiser (W. F.) s. Winnacker (K.).
Kaiser (W. J.) s. DEHYDAG Deutsche Hydrierwerke G. m. b. H.; Deutsches Hydrierwerk Rodleben VEB; Deutsche Hydrierwerke Akt.-Ges.
Kaiser Aluminum & Chemical Corp., Feuerfeste MM. 1821* E., 6367* E. — Lsg. zum chem. Glänzen v. Al u. seinen Legierr. 9665* F.
—, **Austin (L. W.)** u. **Rick (C. A.)**, Gleichmäß. krist. Periklas 9167* E.
— u. **Byrns (A. C.)**, Natriumsesquicarbonat aus Sodalaugen 1353* A.
— u. **Clikey (W. H.)**, Entfernen d. C aus d. schmelzfl. Elektrolyt d. Al-Elektrolyse 921* F.
— u. **Hesch (F. H.)**, Anod. Glänzen v. Al-Oberflächen 9900* A.
—, **Hicks (J. C.)** u. **Austin (L. W.)**, Kristall. Magnesia hoher D. 9168* E.
— u. **Porter (J. L.)**, Al_2O_3-Gewinn. 4671* A.
Kaiser-Frazer Corp., Oven (G. E.) u. **Suter (W.)**, Behandeln v. Lötstellen auf Metalloberflächen 2790* A.
Kaiser Gypsum Co., Inc., Riddell (W. C.) u. **Kirk (G. B.)**, Bindemittelmisch. 2279* A.
Kaiser Metal Products, Inc. u. **Hackley (S. D.)**, Überziehen v. mit Löchern versehenen Blechen oder Sieben mit Emailschichten 10117* A.
Kaishio (Y.) s. Nozaki I (H.).
—, **Abe (G.), Kameoka (C.), Tsuruta (S.), Sasaki (T.), Moriya (N.), Yoshihara (K.)** u. **Watanabe (K.)**, Durch Gebläseluft getrocknetes Heu 949.
Kaitaro (S.), Terminologie d. Migmatite 8108.
Kaitmasow (S. D.) s. Kotscharjan (N. M.).
Kaizerman (S.) s. Morton (M.).
Kajalowa (S. S.) s. Appen (A. A.).

Kajanne (P.), Chem. Zus., Isomerisatt. u. Autoxydat. d. Fettsäuren v. Kiefernholz u. Tallöl 9222.
Kaji (J.) s. T a m a r i (K.).
Kajola (N.) u. **Toivonen (N. J.)**, Trismethon, ein Oxydationsprod. d. Methons 9085.
Kakabadse (W. M.) u. **Tschatschanidse (G. D.)**, Silicatmeth. zur Gewinn. v. Bariumhydroxyd 187. — Mögl. Rkk. im Syst. Bariumcarbonat–Kieselsäure 4062.
Kakáč (B.) s. V e j d ě l e k (Z. J.).
Kakei (M.), Resorpt. u. Ausscheid. v. TB I u. PAS 10073.
Kakihana (H.) s. M i n a m i (E.).
Kakinoki (J.) u. **Komura (Y.)**, Intensität d. Röntgenstrahlbeug. an einem eindimensional fehlgeordneten Kristall. 1. Mitt. Allgemeine Ableit. in d. Fällen d. Reichweite S = *0* u. *1* 10933.
Kakiuti (Y.), Berechn. d. Normalschwingungen einiger Siliciumtetrahalogenide durch d. Urey-Bradley-Feld 7403.
Kalafati (D. D.), Gebiet d. W. u. d. Schmelzens v. Eis im s–T-Diagramm 6223.
Kalamkar (R. J.) s. E k b o t e (R. B.).
Kalamkarjan (A. A.), Synthomycinausschläge 3908. — Wirksamk. d. Synthomycinemuls. bei d. Behandl. d. gewöhnl. Bartflechte 8434.
Kalan (E. B.) u. **Ceithaml (J.)**, Methioninbiosynth. bei Escherichia coli 7469.
Kalandija (A. A.), Berechn. d. Molvolumina anorgan. Verbb. v. Typus $A_n B_m O_s$ 531.
Kalant (H.) s. G o r n a l l (A. G.).
Kalant (N.), Wrkg. d. hyperglykäm. Faktors aus d. Pankreas auf d. Stoffwechsel 3898.
Kalaschnikow (S. G.) u. **Pokrowski (J. J.)**, Einfl. d. Oberfläche auf d. Typus d. elektr. Leitfähigk. eines Halbleiters 1675.
Kalaschnikow (W. P.), Staatl. Pharmakopöe d. UdSSR 6078.
Kalauch (C.), p_H-Messung 3695, 4418.
Kalbag (S. S.) u. **Kane (J. G.)**, Elektrolyt. Oxydat. v. Seifen 6164.
Kalbe (H.), Papierchromatographie aliphat. Dicarbonsäuren 5031. — s. T h o m a s (K.).
Kalbergenow (G. K.), Bekämpf. d. Schädlinge in Gewächshäusern 8243.
Kalckar (H. M.) s. M u n c h - P e t e r s e n (A.).
—, **Braganca (B.)** u. **Munch-Petersen (A.)**, Uridyltransferasen u. Bldg. v. Uridindiphosphogalaktose 4126.
— u. **Klenow (H.)**, Nichtoxydative u. nichtproteolyt. Enzyme. Biosynth. u. Stoffwechsel d. P-Verbb. 3401.
Kalco Co. u. **Steiner (A. B.)**, Erhöh. d. Schaumbeständigk. bei Malzgetränken 474* A.
Kaldova (R.) u. **Zýka (J.)**, Colorimetr. Best. d. Formaldehyds u. Vanillins 2266.
Kale (L. S.) s. S i r s i (M.).
Kalech (P.) Co. u. **Lerner (L. L.)**, Dosierbare Desinfektionsmittelvorratsform 9862* A.
Kaleita (E.) s. R e n z o (E. C. D e).
Kalen (J.) s. W e s t e r m a n (B. D.).
Kaleoğlu (Ö.) s. S t a r y (Z.).
Kalganowa (I. I.) s. K o s s z o w a (A. G.).
Kali-Chemie Akt.-Ges., Wiedergewinn. v. NH_3 aus Mutterlaugen d. Sodafabrikat. 436* F.
— u. **Flammersfeld (H.)**, Wss. Khellinlsgg. 2260* D. B.
— u. **Oesterlin (M.)**, Reinig. v. Folsäure 9627* D. B.
Kali-Chemie Akt.-Ges. u. **Rüsberg (E.)**, Schaumschwimmaufbereit. v. Sylvin enthaltenden Kalirohsalzen 3226* D. B.
— u. **Rüsberg (F.)**, Gut krist. Natriumcarbonatperhydrat 7522* D.
— u. **Scheel (K.)**, Angereichertes bzw. reines γ-Hexachlorcyclohexan 4682* D. B. — Herst. v. Phosphatdüngemitteln durch therm. Aufschluß v. Rohphosphaten unter Zusatz v. Magnesiumsulfat 7300* D. B.
—, **Scheel (K.)** u. **Siekemeier (G.)**, Herst. v. $MgSO_4$ u. SO_2 190* D. B.
—, **Schmeißer (M.)** u. **Jenkner (H.)**, Ester anorgan. Säuren 700* D. B. — Siliciumfluorchloride oder Silicium fluorbromide oder Siliciumfluorjodide 2045* D. B.
— u. **Schmidt (Hans Werner)**, H_2O_2 4429* D. B., 7521* D.B.
—, **Schmidt (Hans Werner)** u. **Mumbrauer (R.)**, Gewinn. v. Ba-freiem $SrCl_2$ 2046* D.
—, **Schmidt (Hans Werner)** u. **Scheel (K.)**, Herst. v. Phosphatdüngemitteln aus kieserithalt. Kalirohsalzen (Hartsalzen) u. Rohphosphaten 8012* D. B.
—, **Schmidt (Hans Werner), Scheel (K.)** u. **Siekemeier (G.)**, Alkalisulfate aus Alkalichloriden 6105* D. B.
—, **Schmidt (Hans Werner)** u. **Schenk (Peter W.)**, Kontinuierl. elektrolyt. Herst. v. Perschwefelsäure u./oder deren Salzen 6363* D. B.
Kalichevsky (V. A.) s. D u v a l (G. A.).
— u. **Kobe (K. A.)**, Aufarbeiten mit Adsorbentien. 1. Mitt. 2037; 2. Mitt. Wrkg. d. Adsorbentien muß bestimmt werden. Entfärbende u. entschwefelnde Eigg. sind wichtig für d. Trenn. v. Verbb. 2037; 5. Mitt. 2812.
— u. **Peters (E. H.)**, Stand d. Entschwefelungstechnik 5939.
Kalil (J.) s. C h u (J. C.).
Kalinatschenko (W. R.), Warschawski (J. M.) u. **Schatenstein (A. I.)**, Rk.-Fähigk. aromat. Verbb. nach d. Meth. d. Isotopenaustausches mit Deuteriumbromid 2637.
Kalinenko (W. O.), Organ. Ernähr. bei Nitrosomonas europea 1072.
Kalinich (G.) s. B a m a n n (E.).
Kalinina (L. S.) s. P e t r o w (G. S.).
Kalinitschenko (I. I.), Spanlose Best. v. Fe in Cu-Legierr. mit Hilfe v. Dimethylglyoxim in saurem Medium 8931.
Kalinitschenko (W. O.), Best. d. Backeigg. v. Weizen in d. ersten Phasen d. Selektionsprozesses 11476.
Kalinitschewa (N. A.) s. G o r i n (J. A.).
Kalinkewitsch (A. F.), Formen d. Stickstoffdünger bei Kopfdüng. d. Pflanzen 4677. — Besonderheiten d. Ernähr. d. frühreifenden u. spätreifenden Sorten v. Winterweizen 4860.
— u. **Udowenko (G. W.)**, Anwend. v. Düngemitteln bei Kartoffeln auf Neuland 11073.
Kalinkin (S. F.) s. L j u b o m i l o w (W. I.).
Kalinow (S. R.), Pianinopolitur 463.
Kalinowski (M. L.) s. S t a n d a r d O i l C o.
Kalinske (A. A.), Aufschwemm. u. Absetzen. Vgl. d. Brauchbark. dieser Verff. zur Entfern. v. Schwebestoffen 663. — s. I n f i l c o, I n c.
Kalinsky (J. L.) u. **Weinstein (Allan)**, Synth. v. $^{14}C_{(1)}$-2-Äthylhexanol u. Estern 10480.
— u. **Werkenthin (T. A.)**, Anwend. radiometr. Verff. zur Auswert. v. Rissen an d. Oberfläche v. Elastomeren 6863.

Kalis (K. P.) s. N. V. Mij. tot Exploiteren van Octrooien en Ligenties „Matepa“.
Kalisch (H.) s. Klemenc (A.).
Kalischek (A.), Zus. u. Kennzahlen v. Himbeermuttersäften d. Ernte *1953* aus d. Bayr. Wald 7804.
Kalischewskaja (T. M.) s. Kudrjaschow (B. A.).
Kalish (H. S.) s. Hausner (H. H.).
Kalitwjanski (W. I.), Gesetzmäßigkk. d. Wärmealter. polymerer Dielektrika 10595.
Kalitzki (M.), Veränderr. in d. Zus. d. äther. Öles v. Mentha piperita L. u. Anethum graveolens L., bes. d. Welkevorgang. 1. Mitt. 3682; 2. Mitt. 7725.
Kaljanowa (K. A.) s. Wojutzki (S. S.).
Kaljushnyi (W. A.) s. Kudrin (L. N.)
Kalkoff (W.), Megaphenwrkg. u. pressorreceptor. Reflexe in ihrem Erfolg am Blutdruck u. d. Aktionspotentialen 9842.
Kalksandstein- und Leichtbeton-G. m. b. H., Riedel (Walter) [Hamburg] u. **Berger (W.)**, Baustoffe 8709* D. B.
Kalkschmid (W.), Klin. Erfahrr. mit Follikelhormonen als Wehenmittel 853.
Kalkwarf (D. R.) s. Frost (A. A.).
Kallab (F.), Wasser- u. gasdichte Verbundstoffe aus Polyamiden 6654* D. [DDR].
Kallauner (O.), Prüf. d. Widerstandsfähigk. v. Kacheln gegen plötzl. Temperaturänderr. 11659.
— u. **Stopka (V.)**, Eigg. v. Sorelzementen 11272.
Kállay (F.), Erzeug. u. Anwend. v. Glyoxal 3960.
Kalle & Co. Akt.-Ges., Herst. v. Druckformen mittels Diazoverbb. 1428* Oe., 4022* Oe., 10904* Oe. — Lichtempfindl. Material für d. photomechan. Reprodukt. 4021* Oe. — Photograph. Diazotypieschichten 4264* F. — Rohpapier für Diazotypien 8071* Schwz.
—, **Barthenheier (J.)** u. **Neuroth (H.)**, Hochkonsistente Prodd. aus Celluloseäthern 6650* D. B. — Erhöh. d. Viscosität wss. Lsgg. v. wasserlösl. Celluloseäthern 7114* D. B.
— u. **Herrmann (O.)**, Behandl. v. Superpolyamiden 1392* D. B.
—, **Herrmann (O.)** u. **Wunderer (A.)**, Appreturmittel 4969* D. B.
—, **Neugebauer (Wilhelm)** u. **Barthenheier (J.)**, Flachdruckfolien 2587* D. B.
—, **Neugebauer (Wilhelm), Rebenstock (A.)** u. **Barthenheier (J.)**, Papierdruckfolien für d. Flach- u. Offsetdruck 3784* D. B.
—, **Neugebauer (Wilhelm), Rebenstock (A.), Süs (O.)** u. **Barthenheier (J.)**, Herst. v. Flachdruckformen mit Hilfe v. Diazoverbb. 4020* D. B.
—, **Neugebauer (Wilhelm), Süs (O.)** u. **Endermann (F.)**, Lichtempfindl. Material für d. photomechan. Reprodukt. 3784* D. B.
—, **Neugebauer (Wilhelm), Tomanek (M.)** u. **Scherer (T.)**, Lichtempfindl. Schichten für d. Herst. v. Kopien u. Druckformen 732* D. B., 4983* D. B.
—, **Neuroth (H.)** u. **Barthenheier (J.)**, Veredl. roher Celluloseäther 10162* D. B.
—, **Neuroth (H.)** u. **Gramm (E.)**, Herst. eines Calciumhydroxyd enthaltenden Anstrichmittels unter Verwend. v. Celluloseäthern als Bindemittel 8507* D. B.
—, **Poser (G. v.)** u. **Schmidt (M. P.)**, Empfindlichkeitssteiger. v. Diazotypieschichten 4023* D. B.

Kalle & Co. Akt.-Ges., Schmidt (M. P.), Neugebauer (Wilhelm) u. **Rebenstock (A.)**, Diazotypieschichten 7132* D. B.
—, **Schmidt (M. P.)** u. **Zahn (R.)**, Steiger. d. Lichtempfindlichk. v. aromat. Azidoverbb. 8071* D. B.
— u. **Süs (O.)**, Herst. v. Druckformen mit Hilfe v. lichtempfindl. Diazoverbb. 11140* D. B.
—, **Tomanek (M.)** u. **Neugebauer (Wilhelm)**, Lichtempfindl. Schichten für d. Herst. v. Druckformen 732* D. B.
— u. **Voß (J.)**, Anionenaustausch 180* D. B. — Kohlenhydratäther 6650* D. B.
— u. **Werner (Georg)**, Lichtempfindl. Schichten 1660* D. B.
— u. **Zahn (R.)**, Lichtempfindl. Schichten zur Herst. v. Gerbbildern 497* D.
Kallee (E.) s. Lohss (F.).
Kallenbach (R.) s. Metallgesellschaft Akt.-Ges.; Winnacker (K.).
Kalliga (G. P.) s. Polubojarinow (D. N.).
Kallin (G.) s. Pischel (J.).
Kalling (B.) s. Stora Kopparbergs Bergslags Aktiebolag.
—, **Danielsson (C.)** u. **Dragge (O.)**, Entschwefel. v. Roheisen mit Kalkstaub 1131.
— u. **Johansson (F.)**, Red. v. Fe-Erz ohne Schmelzen im Drehrohrofen 915, 5405.
Kalling (U.) s. Grant (N. J.).
Kallinich (G.) s. Thies (H.).
Kallio (R. E.) s. Larson (A. D.).
Kallischnigg (R.) s. Knoll Akt.-Ges. Chemische Fabriken.
Kallistow (O. W.) s. Fattachow (K. S.); Zwetkow (W. N.).
Kallmann (H.) s. Schneider (W. A.).
Kalló (D.) s. Fejes (P.).
Kallweit (H.) s. Telefunken Gesellschaft für drahtlose Telegraphie m. b. H.
Kalm (M. J.) s. Cason (J.).
Kalman Laboratories, Inc., Baktericide zementhalt. Baustoffe 6368* E.
Kalmanson (G. M.), Drenick (E. J.), Binder (M. J.) u. **Rosove (L.)**, Pentaerythrittetranitrat in d. Behandl. d. Angina pectoris 10562.
Kalmus (A.) s. Bergmann (F.).
Kalnajs (J.) s. Smakula (A.).
Kalnin (P. F.), Bldg. d. natürl. Lignins 7454.
Kalnitsky (G.), Nichtenzymat. Oxydat. v. α-Ketoglutarat. 1. Mitt. Wrkg. v. Manganoionen u. Aminosäuren 562.
Kalojanoff (A.) s. Strell (M.).
Kalopissis (G.), Peri-Effekt v. Alkylgruppen im Mol. einiger polynuclearer KW-stoffe 4548.
Kalos (M.) s. Blatt (J. M.); Tobocman (W.).
Kalous (V.), Natur d. polarograph. akt. Eiweißkomponenten in d. Filtraten v. Blutseren nach Sulfosalicylsäurebehandl. 7714.
Kalousek (G. L.), Vgl. d. Sorptionscharakteristika einiger Mineralien mit Schichtstruktur 10451. — s. Owens-Illinois Glass Co.
—, **Logiudice (J. S.)** u. **Dodson (V. H.)**, Kalkreiche kristalline feste Phasen im Syst. Kalk–Kieselsäure–W. 4431.
— u. **Mui (D.)**, Bldg. u. Rekristallisat. v. Reaktionszwischenprodd. im Syst. Magnesiumoxyd–Kieselsäure–W. 1818.
Kalow (W.), Einfl. d. p_H-Wertes auf d. Ionisat. u. biol. Aktivität v. d-Tubocurarin 3192.
Kalpers (H.), Stabilisierungsmittel für chlorkautschukhalt. Emails 7794. — Kunststoffe

in d. amerikan. Erdöl- u. chem. Industrie 7795.
Kalsing (H.), Einschmelzgläser. 1. Mitt. Mo-Einschmelzgläser 2981; 2. Mitt. Einschmelzgläser für Fe-Legierr. 11444. — Spannungsprüf. in d. Hüttenpraxis 8003.
Kalt (F.) s. Gsell (O.).
Kaltenbach (J.), Leimungsvorgang im Stoff u. auf d. Papiermaschine 5209. — p_H-Mess. d. Siebwassers als Kontrolle d. Leimungsvorganges u. d. Holländerarbeit 11305.
Kaltenbach (R.), Kristallisieren v. Salzen 2742* F.
Kalter (H.) s. Fraser (F. C.).
— u. **Fraser (F. C.)**, Veränder. d. mißbildenden Wrkg. v. Cortison durch Gebären 6786.
Kalthoff (E.) s. Carrié (C.).
Kalthoff (F.) s. Bamann (E.).
Kaltofen (E.) s. Rammler (E.).
Kalushenina (K. F.) s. Nowikow (A. S.).
Kalushinowa (N. W.) s. Piness (B. J.).
Kalusstowa (N.) s. Babak (S. F.).
Kaluszyner (L.) s. Bernas (R.).
Kaluza (E.) s. Leyensetter (W.).
Kaluza (F.) u. **Perold (G. W.)**, 3-Nitrocumaron 7667.
Kalvoda (J.) s. Riniker (B.).
Kalvoda (R.) s. Jindra (A.).
— u. **Zýka (J.)**, Neue polarometr. Titrationen 422. — Polarimetr. Titrationen in d. pharmazeut. Analyse u. Arzneimittelkontrolle 8443. — Polarograph. Reinheitsbest. d. p-Aminosalicylsäure 9387. — Polarimetr. Best. v. Hypnoticis mit Hg-Salzen 9618. — Polarograph. Best. d. Barbiturate in Heilmittelgemischen 11633.
Kalyanasundaram (A.) s. Saraswat (H. C.).
Kalyankar (G. D.) s. Giri (K. V.).
Kamack (H. J.), Einfache Luftdurchlässigkeitsmeth. zur Mess. d. Oberfläche feiner Pulver 3692.
Kamado (T.) s. Yano (S.).
Kamai (G.) u. **Kuchtin (W. A.)**, Gewinn. u. Polymerisat. ungesätt. Ester v. Phosphonsäuren 4572. — Polymerisat. ungesätt. Ester d. Phosphoncarbonsäuren 6995. — Rk. v. neutralen u. sauren Estern d. phosphor. Säure mit Estern halogensubstituierter Fettsäuren 11196.
— u. **Starschow (I. M.)**, Atomrefrakt. v. As in einigen organ. As-Verbb. 8813.
— u. **Tschadajewa (N. A.)**, Einw. v. Acetylchlorid u. Essigsäureanhydrid auf d. Alkylester d. α-methoxypropylenglykolarsenigen Säure 349.
Kamakin (N. M.) s. Kisselew (A. W.).
Kamal (A. S.) s. Rockstein (M.).
Kamal (I.) s. Gabrawy (B.).
Kamal (M. A. M.) u. **Hafez (E. S. E.)**, Biochem. Charakteristica d. Büffelurins 6063.
Kamaletdinowa (S. I.) u. **Manssurow (G. J.)**, Best. kleiner Mengen v. gasförm. schwefl. Säure in d. Luft 11260.
Kamaliddin (A. R.) s. Bawn (C. E. H.).
Kamaljan (G. W.), Colamin als Antagonist v. Atropin 8436.
Kamaljan (W.), Übergangseffekt bei in Pb durch d. neutrale Komponente d. Höhenstrahl. erzeugten π-Mesonen 4747.
— u. **Alichanjan (A. I.)**, π-Mesonenspektr. in *3200* m Höhe 4748.
Kamata (K.) s. Nishimura (J.).
Kamata (T.) s. Miyazaki (J.).
Kamath (N. R.), **Kane (J. G.)** u. **Sreenivasan (B.)**, Best. v. Dioxystearinsäure in Ricinusöl 10883.
Kamath (P. M.) s. Overberger (C. G.).
Kambara (T.), Dissoziat. u. Ionisat. v. Aceton- u. Essigsäuremoll. durch Elektronenstöße 6244. — s. Hayakawa (T.).
Kambayashi (K.), Borstahlherst. 3721.
Kambe (K.), Dynam. Theorie d. gleichzeit. Reflex. durch zwei Gitterebenen. 3. Mitt. Experimentelle Bestätig. 7855. — s. Abragam (A.); Miyake (S.).
— u. **Miyake (S.)**, Dynam. Theorie d. gleichzeit. Reflex. durch zwei Gitterebenen. 1. Mitt. Einfache Darst. d. Dispersionsoberfläche 31.
— u. **Vleck (J. H. Van)**, g-Faktoren d. ²P-Terme v. atomarem O 5476.
Kambe (S.), Bezieh. zwischen Mitosegiften u. Wundheil. 1. Mitt. Einfl. mitosehemmender Stoffe (Acridinfarbstoffdrogen) auf d. Wundheil. bei Kaninchen 605.
—, **Nagai (R.)** u. **Yamagishi (M.)**, Bezieh. zwischen Mitosegiften u. Wundheil. 4. Mitt. Bedeut. v. lokal anzuwendenden Wundheilmitteln 606.
Kambli (E.) s. Ciba Akt.-Ges.
Kamecki (J.), Elektronenstruktur d. Metalle u. Legierr. 3086.
— u. **Zembura (Z.)**, Elektrolyt. Polieren 5410. — Anod. Polieren v. Zn in Kalilauge 7618. — Strompotentiale u. Stromdichten v. Zinkanoden in 7 n KOH in Abhängigk. v. d. Zeit 7618.
Kamei (K.) s. Nishimura (H.).
Kamei (S.) u. **Toei (R.)**, Neue Verss. an Trockenapparaten 6818.
Kamei (T.), Mechan. Barkhausen-Effekt 2366. — s. Murakawa (K.).
Kamel (M.), Kapselentw. u. Ölbldg. bei d. Samenbldg. bei ägypt. Baumwollvarietäten 10781.
Kamel (R.), Mess. d. Aktivierungswärme für Na-Ionendiffus. in Glas 531.
Kamel (S. H.), Umweltwrkg. auf Mäuse, d. mit Dinitro-o-kresol behandelt wurden 7252. — s. Mahmoud (A. H.).
Kamen (M. D.) u. **Vernon (L. P.)**, Vork. v. Häm-Verbb. in einem photosynthet. obligaten Anaerobier 2450.
Kamenetzkaja (D. S.) u. **Piletzkaja (I. B.)**, Überhitzung eines festen Körpers im Vakuum 1211. — Größe d. sek. Austenitkornes in Stahl mit Al-Zusätzen 7859.
Kameoka (C.) s. Kaishio (Y.).
Kameoka (K.) u. **Morimoto (H.)**, Verwert. einfacher N-Verbb. 1. Mitt. Stoffwechsel v. Nitrat bei Ziegen u. Kaninchen 11034.
—, **Morimoto (H.)**, **Takahashi (S.)** u. **Kubota (D.)**, Verdauung bei Wiederkäuern. 1. Mitt. Änderung d. N-Verteil. u. p_H im Pansen-inhalt 9603.
Kamer (J. H. van de), Quantitative Best. d. gesätt. u. ungesätt. höheren Fettsäuren im Fäkalfett 8461.
Kameras (A. J.) u. **Jewgrafowa (N. P.)**, Selekt. v. Futterkartoffeln mit erhöhtem Rohproteingeh. in d. Knollen 6416.
Kamide (I.), DOPA-Befunde in n. Haut, in Pigmentzellennaevus bei Malpighi-Proliferation mit Hyperpigmentier. u. Recklinghausen-Flecken 8655.
Kamieński (B.) u. **Pomianowski (A.)**, Einfl. d. H-Ionen auf d. Potential einer Erzelektrode während d. Flotat. 5882. — Die Flotat. beglei-

tende elektr. Vorgänge 5882. — Elektr. Beeinflussung einer Flotat. durch eine drückende Substanz 6604.
Kamijo (K.), Morpholog. Unters. über d. Wrkg. v. Antibioticis auf d. Bakterienzelle. 1. Mitt. Morpholog. Veränderr. v. Staphylokokken durch Penicillin u. d. Bezieh. zwischen anomalen Formen u. Penicillinresistenz 2458; 2. Mitt. Cytologie d. durch Penicillin hervorgerufenen Diplococcus-ähnl. Zelle v. Staphylokokken 2458. — s. Akiba (T.).
Kamilowa (R.) s. Blagoweschtschenski (A. W.).
Kamiński (A.), Biol. Titrat. d. Baldrianwurzel 3917.
Kaminski (D. L.) s. Kelman (W. M.).
Kaminski (N. A.), Nickelformiatsalz 6644.
Kaminski (W. S.) s. Lossew (I. P.).
Kaminsky (A.), **Bumaschny (P.)** u. **Fisbein (J.)**, Conteben (Tb I/*698*)-Behandl. d. Psoriasis 9840.
Kamke (D.), Lsgg. d. Gibbs-Duhem-Margulesschen Gleich. bei bin. Gemischen 2607. — s. Deutscher (K.).
Kamlet (J.), Herstellen v. Natriumfluorid mit geringem Geh. an SiO_2 11656* A. — s. Drew (E. F.) & Co., Inc.; Goodrich (B. F.) Co.; Mathieson Chemical Corp.
Kamm (W. O.) s. Ballard (A. E.).
Kammer (H.) s. Steinmann (B.).
Kammerl (E.) s. Schmidt (Erich).
Kammermeyer (K.) s. Hancher (C. W.).
Kamoshita (Y.) u. **Iwasa (Y.)**, Wrkg. d. Erhitz. d. Bodens auf d. Farbstoffabsorpt. v. Böden. 2. Mitt. 10605.
—, **Kojima (M.)** u. **Yamada (Y.)**, Bodentypen v. bebaubarem Land. 1. Mitt. Präfektur Kanagawa 670.
— u. **Okada (Hisae)**, Best. v. leichtlösl. Mg in Böden 5401.
— u. **Yamada (Y.)**, Stündl. Änder. d. Lichtdurchlässigk. v. Tonaufschlämmungen 10839.
Kamp (H. van) s. Coops (J.).
Kampa (P.) s. Giesen (K.).
Kampen (E. J. van) u. **Klouwen (H.)**, Spektrophotometr. Best. v. Kohlenoxydhämoglobin (Hb.CO) (mit d. Beckman DU-Spektrophotometer) 10103.
—, **Volger (H. C.)** u. **Zijlstra (W. G.)**, Best. d. Hämoglobingeh. im Blut 6095.
Kampen (N. G. van), Symmetriebezieh. d. S-Matrix in d. komplexen Ebene 2351. — S-Matrix u. Kausalitätsbeding. 1. Mitt. Maxwell-Feld 3786; 2. Mitt. Nichtrelativist. Teilchen 3786. — Quantenstatistik irreversibler Prozesse 6674.
Kampmeier (C.) u. **Haag (H. B.)**, Toxikolog. Betrachtt. zur Verwend. v. Dithiocarbamaten 672.
Kampschmidt (L. W. F.) u. **Wibaut (J. P.)**, Ozonisat. u. Ozonolyse v. Naphthalin, 2.3-Dimethylnaphthalin u. 1.4-Dimethylnaphthalin in Bezieh. zur Rk.-Fähigk. d. Ringsyst. 10012.
Kampschulte (Dr. W.) & Cie. u. **Springer (R.)**, Elektrolyt. Abscheid. glänzender Metall-Ndd. aus galvan. Bädern 9436* D. B.
Kamrin (B. B.), Lokale u. system. cariogene Wrkgg. einer an ein Tier in Parabiose verabreichten Lsg. v. gereinigter Dextrose 7474.
Kamsolkina (J. W.) s. Kagan (J. B.).
Kamstra (L. D.) s. Wahlstrom (R. C.).
Kamyschan (M. A.), Schmelzen v. Walfett im Trockenverf. 11708.
Kan (B.) s. Goldblith (S. A.).
Kan (G. A.) u. **Babotschkin (P. N.)**, Neues Holzschichtmaterial 10870.
Kanagami (H.), Elektrophoret. Analyse d. Serumproteine bei Lungentuberkulose. 2. Mitt. Bezieh. zwischen d. qualitativen Klassifizier. d. Lungentuberkulose u. d. Serumproteinkomponenten 3900.
Kanagy (J. R.), Benetzungswärme v. Kollagen, Leder u. a. organ. Fasermaterial 6665.
Kanai (T.) s. Shiho (Den-itsu).
Kanai (Y.), Temp.-Abhängigk. d. Oberflächenrekombinationsgeschwindigk. in Ge 4039. — Künstl. Herst. v. Si-Einkristallen 7856. — Elektr. Eigg. v. Si-Einkristallen. 1. Mitt. 9256. — Wechselstromcharakteristiken v. Silicium-p,n-Verbindungs-Legierungsdioden 10441.
Kanal (L.) s. Clark (K. C.).
Kanamaru (K.), **Kaneko (R.)**, **Nagata (M.)** u. **Koyano (Y.)**, Nachbehandl. v. Textilfasern. 1. Mitt. Weichmachende Wrkg. oberflächenakt. Stoffe 7347; 2. Mitt. Mechan. Eigg. v. mit Harnstoff u. PVAc-Harzen behandeltem Reyon 7812.
Kanamori (H.) s. Hamashima (Y.).
Kanarskaja (J. N.) s. Skuratow (S. M.).
Kanaschenok (P. S.), Änderungen d. Kreatingeh. in d. Wadenmuskeln d. Kaninchens bei Beschädigg. d. Nervensyst. 4147. — Einfl. d. Denervat. einer Extremität auf d. Geh. an Phosphorverbb. in d. Skelettmuskeln v. Ratten 5588.
Kanawetz (I. F.), Erhärtungsmechanismus bei thermoreakt. plast. Stoffen (Preßmassen) 5666.
—, **Peschechonow (A. A.)** u. **Schelion (A. W.)**, Einfl. d. Witter. auf d. physikal.-mechan. Eigg. d. Phenoplaste 4713.
Kanazawa (H.), Strahlungswechselwrkg. d. Phononfeldes mit Elektronen 10184.
Kanazawa (K.) u. **Tsuchiya (S.)**, Flotiereigg. v. Cu-halt. Pyrit mit gewöhnl. Terpenalkohole oder Campher enthaltenden Schaumbildnern 4198.
Kanazawa (T.) s. Nagai (S.).
Kanceljak (F.), Produkt. v. Cellulose 4731.
Kanda (E.) s. Sugawara (Tadashi).
Kanda (T.) s. Masuda (Y.); Sugawara (Tadashi).
—, **Masuda (Y.)**, **Kusaka (R.)**, **Yamagata (Y.)** u. **Itoh (J.)**, Gyromagnet. Verhältnisse v. ^{7}Li, ^{23}Na, ^{27}Al u. ^{31}P 5965.
Kandaswamy (M.) u. **Subramanian (C. L.)**, Behandl. d. Saatgutes gegen Xanthomonas malvacearum (Smith) Dowson bei Baumwolle 2283.
Kandel (I.) s. Bruckner (V.).
Kandel (R. J.), Ionisier. u. Dissoziat. v. Nitromethan durch Elektronenstoß 1233. — Appearancepotentialunterss. 1. Mitt. Best. d. überschüss. kinet. Energie 2131.
Kandelhardt (R.), Müllverwert., ihre Möglichkeiten u. Grenzen 6597.
Kandiah (K.), Einfacher Impulshöhenanalysator für kleine Zählgeschwindigkk. 6211.
Kandiah (S.) u. **Rodrigo (D. M.)**, Düngeverss. mit Kartoffeln in Rahangala 11662.
Kane (E.), Austauschbare Ultrafilter 7747.
Kane (E. O.), Therm. Elektronenemiss. u. Halbleitfähigk. in Einkristallen v. BaO 5244.

Kane (J. A.) s. Fields (T. H.); Sutton (R. B.).
—, **Stallwood (R. A.), Sutton (R. B.), Fields (T. H.)** u. **Fox (J. G.),** Äußeres Protonenbündel d. Carnegie-Synchrocyclotrons 5947. — Polarisat. bei d. p-p-Streuung bei *415* MeV 8302.
Kane (J. G.) s. Bhat (S. G.); Kalbag (S. S.); Kamath (N. R.).
Kane (J. H.) s. Pfizer (C.) & Co., Inc.
Kane (J. S.) s. Brewer (L.).
Kane (L. J.) s. Egleson (G. C.).
Kane (P. O.) s. Campbell (H.).
Kane (R. P.) s. Sarabhai (V.).
Kane (V. H.) s. Texaco Development Corp.; Texas Co.
Kanehann (J. A.) s. Childs (E. B.).
Kaneko (R.) s. Kanamaru (K.).
Kaneko (Shin-ichi), Kubozoe (T.) u. **Takahata (M.),** Häufigk. langsamer μ-Mesonen d. Höhenstrahl. in *23* Meter Wasseräquivalent unter d. Erde 1895.
Kaneko (T.) s. Satake (K.).
Kanewskaja (S. I.) u. **Malinina (S. I.),** Heterocycl. Verbb. 3. Mitt. Synth. v. 7.8-Dimethoxyisocumarincarbonsäure-(3) 11212.
— u. **Melentjewa (G. A.),** Heterocycl. Verbb. 2. Mitt. Durchführ. d. Skraupschen Rk. 4830.
Kangro (C.) s. Suhrmann (R.).
Kangro (W.), Speicher. v. elektr. Energie 433* D. B.
— u. **Weingärtner (F.),** Elektrochemie d. In 2606.
—, **Weingärtner (F.)** u. **Kolbus (A.),** Chlorier. u. selektive Verbrenn. v. Schwermetalle enthaltendem Material 7068.
— u. **Wiebke (G.),** Präzisionsbest. v. Fe u. v. Fe-Oxyden nebeneinander 4661.
Kaniak (E. G.) s. Wiemers (K.).
Kanics (M.), Rektifizierkolonne mit Selbstregelung 9926.
Kanig (G.) s. Ueberreiter (K.).
Kanig (J. L.), Chavkin (L.) u. **Lerea (L.),** Auswahl v. Polyäthylenglykolestern 4402.
Kaniyoshi (Kan-Ichi) u. **Miyamoto (T.),** Dielektr. Anomalie v. Ammoniumsulfat bei seiner Umwandlungstemp. 8313.
Kannen (E. v.), Fortschrittl. induktives Schmelzen. Konstruktionsmerkmale u. Arbeitsweise d. Netzfrequenzöfen 5637.
Kanngiesser (W.), Meth. d. Differenzier. makromol. Stoffe durch anod.-polarograph. Aufnahme in halogenwasserstoffhalt. Lsgg. 4766.
Kanninen (L. W.) s. Minnesota Mining & Mfg. Co.
Kannisto (M.), Aqua destillata 11424.
Kanno (Ichirō), Nagai (M.) u. **Arimura (S.),** Bodenkundl. Unters. d. japan. vulkan. Aschenböden. 3. Mitt. Brauner Typ, wie er auf Musashino-Terrassenland, nahe Koganei (Tokyo) entwickelt ist 11274.
Kanno (Iwao) s. Ueno (Y.).
Kano (K.), Wrkg. v. Vitamin B_{12} auf d. Eigg. d. Blutes v. Kaninchen mit Blockade d. reticuloendothelialen Syst. 2470. — Einfl. v. Vitamin B_{12} u. Folsäure auf d. Blutbestandteile splenektomierter Kaninchen 8901.
Kano (S.) s. Yamamoto (G.).
Kanō (T.) s. Komoto (Y.).
Kansas City Testing Laboratory, Cross (R.), Forbes Cross (M.) u. **First National Bank of Kansas City,** Bürsten u. Kunstborsten mit antisept. Eigg. 10890* A.
Kansas City Testing Laboratory u. **Cross jr. (W. M.),** Gewinn. v. KCl aus unterird. Lagerstätten 3708* A.
—, **Cross jr. (W. M.), Forbes Cross (M.)** u. **Hawthorne (J. G.),** Asphalt. Überzugsmittel 8744* A.
Kantebeen (L. J.) s. N. V. Centrale Suiker Mij.
Kantin (A. W.) s. Larionow (L. F.).
Kantor (D. I.), Wirksamk. v. Ultraschallwellen als Desinfektionsmittel 4162.
Kantor (L. F.) s. Epelbaum (S. J.).
Kantor (N.) s. Runyan jr. (J. W.).
Kantor (S. W.) s. Hill (D. G.).
—, **Grubb (W. T.)** u. **Osthoff (R. C.),** Mechanismus d. säure- u. basenkatalysierten Gleichgewichtseinstell. v. Siloxanen 2867.
Kantor (T.) s. Ziff (M.).
Kantorowicz (A.), Epidemiologie d. Caries in Deutschland u. ihre Bezieh. zur Fluorprophylaxe 8913.
Kantorowitsch (B. W.), Fragen d. Theorie d. heterogenen Verbrenn. u. Vergas. im Brennstoffstrom 10657.
Kantschuch (A. A.), Lipide d. Chloroformextraktes d. Diphtheriemikroben. 1. Mitt. 6314.
Kantyka (T. A.) u. **Hincklieff (H. R.),** Adiabat. Absorpt. v. HCl 11655.
Kantz (A.) u. **Hofstadter (R.),** Große Scintillatoren, Čerenkov-Zähler für hohe Energien 6910.
Kantzer (M.), Schwingg. als Untersuchungsmittel v. keram. u. Glaserzeugnissen 8003.
Kanzaki (H.), Gitterfehler d. Silberhalogenide 968.
Kanzelmeyer (J. H.) u. **Freund (H.),** UV-spektrophotometr. Best. v. Nb in HCl 2034.
Kanzler (W.) s. Wildbolz (E.).
Kao (C.-Y.), Herst. vorgefüllter Mikroelektroden 6090.
Kao (J. Y. L.) s. Farnam (F. D.) Co.
Kao (L. P.) u. **Katz (E.),** Magnet. Widerstandsänder. 5963.
Kao (Siao-hia), Halbmikrogravimetr. Best. d. Cl 650.
— u. **Woodland (W. C.),** Gleichgewichtszustände u. d. Theorie d. Verbrenn. bei d. Meth. v. Dumas zur N-Best. 6814.
Kao (S. K.) u. **Clark (A. F.),** p-p-Streuung in Kernemulss. 3547.
Kao (Sheau-Shya) = Kao (Siao-hia).
Kao (Y. S.) s. Tchou (T. K.).
Kapadia (V. H.) u. **Magar (N. G.),** Antioxydantien während d. Bratens mit Fett 11114.
Kapczyńska (M.) s. Dadlez (J.).
—, **Mazur (M.)** u. **Ryglewicz (K.),** Mikrometh. zur Best. v. Äther im Blut 7744.
Kapel (M.), Analysen für d. Industrie 885.
Kapeljuschnikow (M. A.), Shuse (T. P.) u. **Sakss (S. L.),** Physikal. Zustand d. Erdöls, d. Gases u. d. W. in d. Erdölschicht 1415.
Kapella (G. E.) s. Karabinos (J. V.).
Kapetanović (S.) s. Kurt (H.).
Kapfer (L.), Wärmedämmende Bauplatte 8004* D. B.
Kapff (J.) s. Puig (P.).
Kapitza (L. M.) u. **Fedorowa (A. D.),** Einfl. d. radioakt. Isotope d. P auf d. Konsolidier. d. Knochenbrüche 6327.
Kapkowa (J. A.), Resultate d. Anwend. phosphororgan. Präpp. bei d. Bekämpf. v. Weizenschädlingen 10607.

Kaplan (B. M.), Zitman (I. H.), Solarz (S. D.), Miller (G.), Mehlman (J. S.) u. **Kaplan (L. G.),** Klin. Ergebnisse mit einem neuen, oral verabfolgbaren Quecksilberdiureticum, 3-Chlormercuri-2-methoxypropylharnstoff (*1347* EX) 5843.
Kaplan (E. H.), Still (J. L.) u. **Mahler (H. R.),** Cyclophorasesyst. 18. Mitt. Oxydo-Red. d. Glykolyse 4851.
Kaplan (G.) s. R o s w i t (B.).
Kaplan (H. S.) s. W e y m o u t h (P. P.).
— u. **Brown (M. B.),** Einfl. peripherer Abschirm. auf d. Rk. v. Lymphgeweben auf Bestrahll. bei C 57-Mäusen 6792.
—, **Nagareda (C. S.)** u. **Brown (M. B.),** Endokrine Faktoren u. durch Bestrahl. ausgelöste lymphoide Tumoren v. Mäusen 7462.
Kaplan (I.), Nuclear physics [7372].
Kaplan (J. G.), Veränderr. d. intracellulären Enzyme. 1. Mitt. Hefekatalase u. Euler-Effekt 10055.
— u. **Fraser (M. J.),** Ausbreit. monomol. Ovalbuminfilme 7693.
Kaplan (J. I.), Magnet. Dipolwechselwrkg. in MnO u. in Ferriten 9259. — Gleichrichter-induzierte Übergänge v. Kernspins bei d. Resonanzfrequenz des Elektrons 10431.
Kaplan (J. P.) s. P e t r o w (A. D.).
Kaplan (Lloyd) s. K w a r t (H.).
Kaplan (Louis), Wasserstoffisotopeneffekt bei d. Bromoxydat. v. Alkohol 2392. — Infrarotspektren v. Tripropylsilan, Triphenylsilan u. Triphenyldeuterosilan 5745.
— u. **Wilzbach (K. E.),** Austausch v. H zwischen Ammoniumsalzen u. Alkoholen 3595. — H-Isotopieeffekt bei d. Hydrolyse v. Triphenylsilan 9994.
Kaplan (L. G.) s. K a p l a n (B. M.).
Kaplan (L. I.) s. O s s e r m a n (K. E.).
Kaplan (M.) s. M i l l e r (A. J.).
Kaplan (M. A.), Fardig (O. B.) u. **Hooper (I. R.),** Red. v. Streptomycin mit Natriumborhydrid 5558.
—, **Hooper (I. R.)** u. **Heinemann (Bernard),** Produkt. eines Antibioticums durch Aspergillus terreus 3408.
Kaplan (N. O.) s. C o l o w i c k (S. P.); N a s o n (A.).
—, **Ciotti (M. M.), Stolzenbach (F. E.)** u. **Bachur (N. R.),** Isolier. eines Nicotinamidribosid in α-Verknüpf. enthaltenden DPN-Isomeren 6535.
—, **Goldin (A.), Humphreys (S. R.), Ciotti (M. M.)** u. **Venditti (J. M.),** Bedeut. enzymat. katalysierter Austausch-Rkk. in d. Chemotherapie 8178.
Kaplan (R. W.), Beeinfluss. d. durch Röntgenstrahlen induzierten mutativen Fleckenmosaiks auf d. Blättern d. Sojabohne durch Zusatzbehandl. 5332.
Kaplan (W. A.) s. N i k i t i n (W. N.).
Kaplanski (S. J.), Oseretzkowskaja (N. J.) u. **Schirwindt (B. G.),** Anwend. v. Methionin zur Wiederherst. d. bei Hypotrophie gestörten Stickstoffumsatzes bei Kleinkindern 4871.
Káplár (L.) s. E r d e y (L.).
Kaplon (M. F.) s. C r u s s a r d (J.); K o s h i b a (M.); N o o n (J. H.).
—, **Crussard (J.), Klarmann (J.)** u. **Noon (J. H.),** Beobachtt. instabiler Teilchen in photograph. Emuls. 3299.
—, **Klose (J. Z.), Ritson (D. M.)** u. **Walker (W. D.),** Mittlere freie Absorptionsweglänge d. energiereichen Nucleonenkomponente d. Höhenstrahl. 4506.
Kaplon (M. F.), Ritson (D. M.) u. **Walker (W. D.),** Kernwechselwrkgg. hoher Energie in Pb u. leichten Elementen 270.
Kaplunowa (L. S.) u. **Melnikowa (T. S.),** Einfl. d. Düng. auf d. botan. Bestand mehrjähr. Gräser 9420.
Kapoor (L. D.) s. H a n d a (K. L.).
Kapoor (S. N.) s. D h i n g r a (D. R.).
Kapp (R.) s. N o p c o C h e m i c a l C o.
Kappeler (H.), Stauffacher (D.), Eschenmoser (A.) u. **Schinz (H.),** Synth. u. Cyclisat. d. 3.7-Dimethyloctadien-(2.7)-säure-(1) u. über eine neue Herstellungsart d. 5-Methylhexen-(5)-säure-(1) 2430.
Kappeler (M.) s. S a n d o z A k t. - G e s.
Kappeller (K.), Milch u. Milcherzeugnisse 9691.
Kappelmacher (E.) s. H n a t (A.).
Kappelmeier (C. P. A.), Ölakt. Phenolharze 9680.
Kappler (E.) u. **Reimer (L.),** Vgl. röntgenograph. u. magnet. ermittelter Eigenspannungen in Ni 6700.
Kappler (K.), Ziegelsteine 908* D.
Kapranos (S. W.), s. C o r n P r o d u c t s R e f i n i n g C o.
Kapschtal (W. N.) s. K o w n e r (M. A.).
Kapteyn (P.) s. L o e w e O p t a A k t. - G e s.
Kapur (B. L.) s. H e i n e (H. W.).
Kapur (N. S.) s. S i n g h (K. K.).
Kapur (S. L.) u. **Joshi (R. M.),** Runzellacke aus Tabaksamenölalkyden 2309.
Kapusstin (A. P.), Kristallisat. organ. Substanzen unter d. Einw. v. Ultraschall 1688.
Kapusstinski (A. F.) s. S s e l i w a n o w a (N. M.); W o l f k o w i t s c h (S. I.).
—, **Drakin (S. I.)** u. **Jakuschewski (B. M.),** Entropien, Hydratationswärmen u. Volumina v. Ionen in wss. Lsgg. in Bezieh. zu ihrer elektrostat. Charakteristik 4286.
— u. **Ssamoilow (O. J.),** Thermochemie u. Struktur d. Atome. 6. Mitt. Thermochemie d. Bors; Anwend. d. Regel d. thermochem. Logarithmik auf d. Elemente d. dritten Gruppe d. Mendelejewschen Syst. 5967.
Kapzan (O. L.) u. **Iofa (S. A.),** Zers. v. Amalgamen u. H-Überspann. an Hg in alkal. Lsgg. 288. — Zers. v. Amalgamen durch Elektrolytlsgg. 288.
Kar (A. B.) s. K a r k u n (J. N.); R o y (A. C.).
—, **Karkun (J. N.)** u. **Roy (S. K.),** Wrkg. v. adrenocorticotropem Hormon auf d. Geschlechtsorgane junger weibl. Ratten 6549.
Kar (K. C.) u. **Kundu (S. K.),** α-Zerfall 9246.
— u. **Mukherjee (H.),** Generalisiertes Wechselwirkungspotential zwischen Nucleonen 10182.
Kara (R.), Mathieu (J.-P.) u. **Poulet (H.),** Piezoopt. u. elektroopt. Eigg. v. Zn-Blende 280.
Karabinos (J. V.), Anod. Oxydat. v. Zuckern 3338. — F e r l i n (H. J.); G r e b b l e r (K.); I s b e l l (H. S.); K u c k (J. F. R.).
— u. **Ballun (A. T.),** Dehydratisier. v. 1.2-Diäthylcyclohexanol über Al_2O_3 4573. — Tallölunterss. 2. Mitt. Entfärben v. Polyglykoltallaten mit O_3 u. H_2O_2 8995.
—, **Bartels (G. E.)** u. **Kapella (G. E.),** Vgl. d. Reinigungswrkg. dargestellter Polyäthenoxyäther 7111.
— u. **Ferlin (H. J.),** Baktericide Aktivität ozonisierter Olefine 11406.
—, **Hann (R. M.)** u. **Hudson (C. S.),** Darst. v. Zuckern mit höherem C-Geh. aus D-Mannose mit Einschluß d. kristallinen D-manno-L-manno-Octose 358.
— u. **Hindert (M.),** Carboxymethylcellulose 10765.

Karabinos (J. V.) u. **Hudson (C. S.)**, Zweckmäß. Synth. d. D-manno-L-manno Octose 106.
—, Kapella (G. E.) u. **Bartels (G. E.)**, Einordn. v. Waschmitteln 3031.
Karaila (E.), Anwendungsmöglichk. v. oberflächenakt. Substanzen beim Färben v. Tuberkelbacillen 7471.
Karajerow (P. G.), Silier. d. Stoppeln v. Mais u. Sorghum 4726.
Karam (H. J.) s. Cleereman (K. J.).
Karamjan (A. S.) s. Dshelepow (B. S.).
Karan (C.), Phasendiagramm $BaTiO_3$–KF 5022.
— u. Skinner (B. J.), Phasendiagramm $BaTiO_3$–KF 5022.
Karandikar (R. V.), Mess. d. atmosphär. O_3 u. seiner vertikalen Verteil. in Kodaikanal (*10° 14'* nördl. Breite) 1699.
Karanjan (P. G.) s. Minassjan (S. M.).
Karantassis (T.) s. Gijsman (H. M.); Wucher (J.).
Karapetjan (K. A.) s. Babajan (A. A.).
Karapetjanz (M.), Chem. Thermodynamik. Russ. [2843]. — Verdampfungswärme v. Fll. 4767. — Näherungsmeth. zur Berechn. d. isobaren Potentiale u. Bildungswärmen verschied. Substanzen 5006. — Näherungsmeth. zur Berechn. einiger Eigg. verschied. Substanzen 11528.
Karas (S.), Für Kosmeticis erforderl. Eigg. 940, 2553.
Karas (V.), Dević-Mikac (D.) u. **Berkeš (I.)**, Innere Sekrete: Transsudaten u. Exsudaten 10306.
Karassew (R. A.) s. Ssamarin (A. M.).
Karassewa (W. T.), Elektronenmikroskop. Nachw. v. Veränderr. d. Tuberkulosestäbchen unter d. Einfl. v. Phthivazid 2928.
Karassik (M. A.), Gesetzmäßigkk. d. sulfid. Mineralisat. in kontaktmetasomat. Magnetitlagerstätten 7865.
Karassik (W. M.) u. **Koslowa (N. A.)**, Durch Veratrin hervorgerufene rhythm. Tätigk. beim Blutegelmuskel 6333.
Karatscharow (T. S.) s. Woronzowa (J. I.).
Karaulnik (M.) s. Kaude (J.).
Karaulowa (J. N.) u. **Nekrassow (A. S.)**, Umsetz. v. Dibenzylsulfid mit Zinnchlorid 7654.
Karawajew (B. I.) s. Bogdanow (S. W.).
Karawajew (N. M.), Kusnetzow (W. I.) u. **Goworowa (R. P.)**, Komplexe Ausnutz. v. Braunkohlen d. Ukrain. SSR. 7. Mitt. Unters. d. Zus. d. Teerfraktt. d. Halbverkok. d. Braunkohle 5459.
—, Sykow (D. D.) u. **Kondukow (N. B.)**, Nichtausgenutzte Möglichkk. d. period. Rektifikat. v. zusammengesetzten Gemischen 10590.
Karbe (K.) s. Gewerkschaft Victor.
Karbum (A. C.) s. Irish (G. E.).
Karchanin (J. I.) u. **Laschkarew (W. J.)**, Natur d. Luminescenz v. Kupfer(I)-oxyd 8549.
Karchmer (J. H.) s. Standard Oil Development Co.
— u. Gunn (E. L.), Best. v. Metallspuren in Erdölfraktt. 7121.
— u. Walker (M. T.), Polarographie organ. Polysulfide 175. — Verwend. empir. ermittelter Korrektionsfaktoren. Polarograph. Best. v. freiem Cyanid in Ggw. v. Sulfiden 11643.
Karczmar (A. G.) u. **Koppanyi (T.)**, Zentralwrkgg. v. Diisopropylfluorphosphat (DFP) auf Urodellarven 6067.
Kard (P. G.), Massenspektren v. Elementarteilchen 5467.
Kardo-Ssyssojewa (J. K.) u. **Utenkowa-Ranzan (W. A.)**, Alkoholausbeute bei d. Hefegär. 1. Mitt. Berechn. d. tatsächl. Ausbeute an Alkohol bei d. Vergär. v. Holzhydrolysaten 3988.
Kardos (O.) s. Hanson-Van-Winkle-Munning Co.
Karel (M.) s. Goldblith (S. A.).
Karelin (A. L) s. Lewin (A. I.).
Karetnikow (J. P.), Unters. d. Wärmeabgabe an d. Film einer sd. Fl. 8794.
Kargin (W. A.) s. Klimenkow (W. S.); Rylow (J. J.); Slonimski (G. L.); Subow (P. I.); Wojutzki (S. S.).
— u. Gatowskaja (T. W.), Einfl. d. Kristallisat. auf d. Sorption v. KW-stoffen durch natürl. Kautschuk u. durch Guttapercha 8983.
—, Malinski (J. M.) u. **Medwedew (S. S.)**, Monomol. Polyacrylatfilme 3157.
— u. Ssogolowa (T. I.), Unters. d. mechan. Eigg. kristalliner Polymere. 1. Mitt. Polyamide 10527.
Karibian (D.) s. Gergely (J.); Magasanik (B.).
Karim (A.), Mineralog. Unters. d. Kolloidfraktt. einiger großer Bodengruppen mit bes. Beton. d. Illite 2051.
Karim (S. M.), Viscositätskoeff. v. Fll. 3318.
Karischin (A. P.) u. **Fedorenko (T. P.)**, Kondensat. v. Dihalogenacenaphthenchinonen mit 3-Oxythionaphthen u. seinen Derivv. 11574.
Karjakin (A. W.) s. Terenin (A. N.).
— u. Terenin (A. N.), Einfl. d. O_2-Adsorpt. auf d. Fluorescenz u. d. Absorptionsspektr. v. Anthrachinonderivv. im adsorbierten Zustand 4549.
Kark (R. M.) s. Vorhaus (L. J.).
Karkhanavala (M. D.) u. **Shankar (J.)**, Röntgenunters. d. natürl. Monazits. 1. Mitt. 10935.
Karkun (J. N.) s. Kar (A. B.).
—, Kar (A. B.) u. **Datta (S. N.)**, Einfl. d. Melanophorenhormons auf d. Nebennieren d. hypophysenlosen Ratte 4864.
Karl (A.) s. Koppers (H.) G. m. b. H.
Karl (H. L.) s. Kuemmel (D. F.).
Karl (J.) s. Bauer (J.).
Karlaschow (A. W.) s. Karpenko (G. W.).
Karle (I.) s. Barrett (C. S.).
Karle (I. L.) s. Swick (D. A.).
— u. Karle (J.), Struktur d. monomeren Ameisensäure 1237. — Eichung photograph. Emulss. für Elektronenbeugungsunterss. 11138.
Karle (J.) s. Ainsworth (J.); Barrett (C. S.); Hauptman (H.); Karle (I. L.); Swick (D. A.).
— u. Hauptman (H.), Wahrscheinlichkeitsverteill. für Atomkoordinaten 3322.
Karll (R. E.) s. Standard Oil Co.
Karlowa (A. N.), Behandl. v. Kranken mit tox. Dyspepsie mit Streptomycin 5361.
Karlson (P.) s. Butenandt (A.); Hellmann (H.).
Karlson (R. H.) s. Lever Brothers Co.
Karma (H.), Biol. Untersuchungsverf. für Drogen 4162.
Karman (T. v.) u. **Duwez (P.)**, Fortpflanz. v. plast. Deformat. in festen Körpern 9515.
Karman de Sutton (G.) s. Cattaneo (P.).
Karmas (G.) s. Gilman (H.).
Karmaus (H. J.), Emailtechnik 8001. — Neuerungen in d. Emailindustrie 11271.

Karmen (A.), Wróblewski (F.) u. La Due (J. S.), Transaminoaseaktivität im menschl. Blut. Spektrometr. Best. d. Glutaminsäure-Oxalessigsäure-Transaminase in menschl. Blutserum 8180.
Karmyschetschkin (W. P.) s. Orlow (N. I.).
Karnauchow (A. P.) s. Boresskow (G. K.).
—, Kisselew (A. W.) u. Chrapowa (J. W.), Adsorpt. v. N_2-Dämpfen an Ruß 528. — Adsorpt. v. N_2-Dämpfen an Quarz u. Silicagelen 7854.
Karnauchow (A. S.) s. Urazow (G. G.).
Karnofsky (D. A.) s. Burchenal (J. H.); Murphy (M. L.); Sullivan (R. D.).
Karoli (A. R.) s. Eppley (M.).
Karp (G. A.) s. Abramow (W. S.).
Karp (M.) s. Peal (L.).
Karpel (W. J.) s. Abbott Laboratories; Glidden Co.
Karpenko (G. B.) s. Woronkow (M. G.).
Karpenko (G. W.), Einfl. oberflächenakt. Substanzen auf d. Dekrement d. Abklingens v. Schwingg. im Stahl 4688. — Einfl. d. Lastwechselzahl auf d. Dauerfestigk. v. Stahl in oberflächenakt. u. korrosionsakt. Medien 8719. — s. Lichtman (W. I.).
— u. Karlaschow (A. W.), Einfl. d. absol. Abmessungen d. Proben auf d. Absorptions- u. Korrosionsermüd. v. Stahl 8487.
Karpenko (M. K.), Unters. d. Dynamik d. P beim Prozeß d. Aceton-Butanol-Gär. 5572.
Karpenko (N. B.) s. Grinberg (A. A.).
Karpitskaja (W. J.) s. Aschkinasi (M. S.).
Karplus (R.) s. Fulton (T.).
—, Kivelson (M.) u. Martin (P. C.), Meson-Nucleon-Streuung 4.
— u. Luttinger (J. M.), Hall-Effekt bei ferromagnet. Stoffen 7846.
Karpow (A. N.) s. Schemjakin (F. M.).
Karpow (M. S.) u. Machmudow (C. C.), Chem. Zus. d. Wiesengräser d. Wüste Ssary-Ischik-Otrau 4726.
Karpow (W. L.) s. Rylow (J. J.).
Karpowa (A. L.) s. Moschkowski (J. S.).
Karpowa (I. P.) s. Petrowa (J. N.).
Karr jr. (C.), Wheaterford jr. (W. D.), Kendrick III (T. R.) u. Capell (R. G.), Chromatograph. Trenn. v. absol. rohem Schieferöl 6172.
Karrenbauer (K.) s. Farbwerke Hoechst Akt.-Ges., vormals Meister Lucius & Brüning.
Karrer (F. W. J.) s. Aktiebolaget Pluria.
Karrer (P.), Synthet. Squalen 4353. — s. Asmis (H.); Bickel (H.); Brüesch (J.); Garbers (C. F.); Gebhard (R. R.); Giesbrecht (E.); Green (A.); Heiz (R.); Hoffmann-La Roche (F.) & Co. Akt.-Ges.; Mitra (A. K.); Philipsborn (W. v.); Pictet (G.); Viscontini (M.).
— u. Asmis (H.), Red. v. Ergosteryl- u. 7-Dehydrocholesteryltosylat mit Lithiumaluminiumhydrid 7923.
— u. Dinkel (P.), Konfigurationsbeweis für L(+)-Valin u. Konfigurationsermittl. v. opt. akt. 2-Amino-4-methylpentan u. 2-Amino-3-methylbutan 9071.
— u. Eugster (C. H.), Fuerstiachinon. 1. Mitt. 1055.
Karsay (I.), Herstellungsbedingg. v. Gußeisen mit Kugelgraphit 2991.
Karsch (H.) s. Merck (E.) offene Handelsgesellschaft.
Karsten (O.), Umsetzz. d. am Kristallisat haftenden $MgCl_2$-halt. Mutterlauge beim Trocknen v. Kalisalz 2747. — Kinet. Ermittl. v. Lösungsgleichgewichten 8570. — Lösungsgeschwindigk. v. Natriumchlorid, Kaliumchlorid u. Kieserit in W. u. in wss. Lsgg. 8570.
Karšulin (M.) u. Stubičan (V.), Struktur u. Eigg. synthet. Montmorillonite. 1. Mitt. Austauschvermögen u. therm. Verh. v. synthet. Mg- u. Na-Montmorilloniten 1464. — Struktur d. Halloysite u. Vers. d. Synth. 7167.
Kartaschewa (W. W.), Liquorveränderungen bei d. Poliomyelitis 2938.
Kartaschow (A. K.) u. Sserdjuk (W. A.), Chromatograph. Meth. zur Best. d. Raffinose in Futtermelasse 7340.
Kartha (G.), Tafeln zur direkten Ables. d. geometr. Korrekturen v. Anti-äqui-inklinations-Diagrammen 757. — Elementarzelle u. Raumgruppe v. Bariumchloratmonohydrat 3810. — Dass. v. Morellin 4073. — s. Ramachandran (G. N.).
Karthaus (H.), Physikal. Gasanalyse [11649].
Kartin (B. L.) s. Meigs (J. W.).
Kartschewski (A. I.) s. Kikoin (I. K.).
Kartushanski (A. L.), Nichterfüll. d. photochem. Reziprozitätsgesetzes für photograph. Schichten 9237. — Mechanismus d. photograph. Wrkg. ionisierender Teilchen 9712.
— u. Meikljar (P. W.), Eigg. d. photograph. Schicht bei verschieden langer kontinuierl. Belicht. 6667.
Karunakar (P. D.) u. Daniel (F. L.), Vorstudien über d. p_H-Schwankk. in Reisböden während d. Wachstums d. Reispflanzen 11660.
Karunina (L.) u. Schilowitsch (M.), Überprüf. d. Schnellmethoden zur Best. d. Eiweißmenge in d. Milch 6643.
Karush (F.), Wechselwrkg. opt.-isomerer Farbstoffe mit menschl. Serumalbumin 4609.
Karvonen (M. J.) s. Ahlman (K. L.); Eränkö (O.).
Karweil (J.) s. Bergwerksverband zur Verwertung von Schutzrechten der Kohlentechnik G. m. b. H.
Kary (R. M.) s. American Smelting and Refining Co.
Karzew (A. A.), Tabassaranski (S. A.), Ssubbota (M. I.) u. Mogilewski (G. A.), Geochem. Methoden zur Auffind. u. Unters. v. Erdöl u. Erdgaslagerstätt. Russ. [2857].
Karzewa (M. W.) s. Chudowekow (W. D.).
Karzmark (C. J.) s. Kim (Y. B.); Thompson (R. W.).
Kasagi (M.), Anwend. d. Sequenzrechn. auf d. organ. Elementaranalyse. 1. Mitt. 4422.
Kasai (G. J.), Wachstums-Rkk. v. Mikroorganismen auf Vitamine bei verschied. Tempp. 9590.
Kasakewitsch (M. A.) s. Tribuch (S. L.).
Kasakow (A.) s. Gorodetzkaja (R.).
—, Krawtschenko (N.), Mirsojewa (W.) u. Markow (G.), Regenerat. d. Salzlauge für d. Häutebearb. 3290.
Kasakow (J. I.) s. Klimow (B. K.).
Kasakow (N. F.), Unters. d. Verschleißfestigk. v. Schneiden nach d. Meth. d. radioakt. Isotopen u. d. Emiss. 3722.
Kasakowa (G. N.) s. Murin (A. N.).
Kasakowa (M. J.) s. Jesskowa (J. M.); Kusmenko (M. W.).
Kasakowa (S. S.) s. Bogosslowski (B. M.).
Kasakowa (W. A.) s. Gindin (L. G.).

Kasakowa (W. W.), Einfl. v. Novocain auf d. Sekret. d. Magensaftes bei d. Ulcuskrankh. u. bei hyperaciden Gastritiden 7257.
Kasanskaja (M. J.) s. Belenki (L. I.).
Kasanski (B. A.) s. Bashulin (P. A.); Gawrilowa (A. J.); Gonikberg (M. G.); Liberman (A. L.); Raik (S. J.).
— u. **Bykow (G. W.),** Theorie d. chem. Struktur in d. organ. Chemie 8345.
—, **Landsberg (G. S.), Plate (A. F.), Liberman (A. L.), Michailowa (J. A.), Bashulin (P. A.), Batujew (M. I.), Ucholin (S. A.), Bulanowa (T. F.)** u. **Tarassowa (G. A.),** Best. d. individuellen KW-stoff-Zus. v. Bznn. nach einer kombinierten Meth. 3. Mitt. Surachan-Bznn. 10895.
— u. **Lukina (M. J.),** Synth. v. 1-Methyl-3-propylcyclobutan 8837.
—, **Plate (A. F.), Michailowa (J. A.), Liberman (A. L.), Batujew (M. I.), Bulanowa (T. F.)** u. **Tarassowa (G. A.),** Best. d. individuellen KW-stoff-Zus. v. Bznn. nach einer kombinierten Meth. 2. Mitt. Zwei Bznn. aus d. Erdölen d. Kasanbulaklagerstätte 10895.
Kasanski (M.), Theorie d. Butterbldg.; Wesen u. Mechanik d. Prozesses 7340.
Kasarinow (J. M.) s. Dshelepow (W. P.).
Kasarjan (W. O.) u. **Awundshjan (E. S.),** Änderr. d. Nährstoffgefälles in d. Stengeln v. Pflanzen im Zusammenhang mit ihrer Entw. 5344. — Beweg. d. Chlorophylls in d.' Pflanzen 10298.
Kasarnowski (I. A.) s. Neiding (A. B.).
Kasarnowski (L. S.), Berechnung d. magnet. Eigg. v. makroheterogenen, magnet.-harten Systemen 4522.
Kaschirzew (A. S.) s. Wasserberg (W. E.).
Kascht (M.) s. Kowalski (H. J.).
Kaschtschewskaja (L. A.), Einfl. einer starken Schallerreg. auf d. Ascorbinsäuregeh. in d. Geweben u. im Harn weißer Ratten 5829.
Kasehagen (L.) s. Atlas Powder Co.
Kasha (M.), Charakterisier. v. Elektronenübergängen in komplexen Moll. 5268.
Kashiwagi (H.) u. **Yokoi (H.),** Koll.-chem. Unters. v. Ackerböden. 2. Mitt. Böden v. Nobeyama u. a. 5398; 3. Mitt. 10118. — Unters. über d. Struktur d. Bodenkolloids. 1. Mitt. 10118; 2. Mitt. 10119.
Kasitzyna (L. A.) s. Nessmejanow (A. N.).
Kaskarelis (D.) s. Louros (N. C.).
Kaslow (C. E.) u. **Aronoff (E.),** Substituierte Chinoline 3379.
— u. **Clark (W. R.),** Chinolincarbinole 9801.
— u. **Nix (S. J.),** Substituierte Chinolinessigsäuren 4831.
— u. **Summers (R. M.),** m-Nitrobiphenyl 4335.
— u. **Williams (H. D.),** Substituierte Benzylchinoline 7444.
Kasmina (T. I.), Autigene Minerale d. terrigenen Schichtreihe im Devon d. Wolga-Ural-Gebietes 7866.
Kasparek (H.) s. Pfleger (R.).
Kasper (J. S.) s. Barrett (C. S.).
— u. **Christ (C. L.),** Neuer Strukturtyp für Metalloxyde d. Formel A_6BO_8 33.
Kasperlik (H.) s. Witsch (H. v.).
Kass (E. H.) s. Finland (M.); Wright (S. S.).
Kass (Peter) s. Atlas Powder Co.; Interchemical Corp.
Kass (Philip) s. Granet (I.).
Kass (W.) s. Farbenfabriken Bayer Akt.-Ges.
Kassabjan (S. S.), Glykogengeh. im Blut u. in d. Leukocyten bei Krebsneubldgg. 1990. — Histochemie d. Glykogens n. Hirnhäute, d. Schwannschen Scheide u. d. Plexus chorioideus 8420.
Kassatkin (B. S.) u. **Kachowski (N. I.),** Bessemerstahl u. Besonderheiten seiner Schweißung 7541.
Kassatkina (I. D.) s. Imschenetzki (A. A.).
Kassatotschkin (W. I.) u. **Lukin (B. W.),** Röntgenograph. Meth. zur Best. d. mol. Ordn. in amorphen Polymeren 1061.
—, **Schljapnikow (W. F.)** u. **Nepomnjaschtschi (L. B.),** Submkr. Struktur v. Steinkohlen 2810.
—, **Solotarewskaja (E. J.)** u. **Lukin (B. W.),** Elektronograph. Unters. d. Komponenten d. Steinkohle u. d. Anthrazite 1415.
Kassel (L. S.) s. Universal Oil Products Co.
Kassenaar (A.) s. Bekkum (D. W. van).
—, **Molenaar (A.)** u. **Nijland (J.),** Best. v. 17-Oxycorticosteroiden in menschl. Peripheralblut 8189.
—, **Molenaar (A.), Nijland (J.)** u. **Querido (A.),** Best. v. 17-Oxycorticoiden im peripheren menschl. Blut 2464.
Kassenbeck (P.), Faserstudien mit d. Elektronenmikroskop 3522, 11122.
Kassimir (S.) s. Taub (A.).
Kassirski (I. A.), Waissberg (G. J.) u. **Kikwadse (S. A.),** Biomycin in d. Klinik d. inneren Krankhh. 1087.
Kassner (J. L.) s. Hamme (H. W.).
Kassterina (T. N.) u. **Barulina (M. W.),** Schnellmeth. zur Best. v. Hexamethylentetramin in Harzen u. Preßpulvern 1619.
Kasstron (J. A.) s. Martynow (W. F.).
Kasszán (B.), Hegedüs (L.), Guba (F.), Bárány (Mihályné) u. **Tömörkény (E.),** Heterodispersität u. Mol.-Struktur v. plasmaersetzendem Dextran 11044.
Kast (W.) s. Hermans (P. H.).
Kast & Ehinger Ges. m. b. H. u. **Cajar (H.),** Pariser Blau mit hoher Alkalibeständigk. 2310* Oe.
Kastelic (J.) s. Ashton (G. C.).
Kastell (A.) s. Breitenbach (J. W.).
Kastens (M. L.) u. **Barroclough (R.),** Gewinn. v. Cyaniden aus Koksofengas 4737.
Kastha (G. S.), Absorpt. v. ultrahochfrequenten Wellen in Lsgg v. Kresol in Bzl. 2859.
Kasting (R.) u. **Harcourt (D. G.),** Parathionrückstände auf Blumenkohlköpfen nach d. Spritzen 9174.
Kastler (A.) s. Brossel (J.).
Kastler (D.), Virialtheorem bezüglich zweiatomiger Moll. 7158.
Kastli (P.), Qualitätskontrolle d. Konsummilch 1869.
Kastner (J.) s. Ghosh (A.).
Kastner (M.) s. Paquet (Maxime).
Kasturi (T. R.), Murty (N. L. N.) u. **Iyer (B. H.),** Raffinat. v. Nahor-Samenöl 9469.
Kasura (S.), Phasenumwandl. 6463.
Kaszuba (F. J.) s. General Aniline & Film Corp.
Kaszyński (A.) u. **Palenik (K.),** Best. d. Wasserdurchlässigk. wasserfester Papiere 5453. — Emulss. aus Steinkohlenteerpech u. ihre Verwend. in d. Papierindustrie 6423.
Katagiri (H.) u. **Ichikawa (Y.),** Propionibacterium. 4. Mitt. 6052.

Katagiri (M.), Bakterielle Synth. v. aromat. Stoffwechselprodd. 1. Mitt. Synth. einer labilen Vorstufe v. Phenylalanin durch ruhende Zellen v. auxotrophem E. coli 8889.
Katajew (J. G.) s. Arbusow (B. A.).
— u. **Matwejewa (P. S.)**, Umsetz. v. Piperylen u. Hexadien-(2.4) mit ungesätt. Nitroverbb. 6509.
Katajewa (N. S.) s. Lewina (R. J.).
Katayama (M.), Resonanzenergie u. Hinderungspotentialschwelle d. C–C-Achse v. Glyoxal 9054.
Katayama (S.) s. Yamaguchi (J.).
Katayama (T.), Techn. Unters. d. „Öligkeit". 1. Mitt. 5460.
Katchalski (E.) s. Biezunski (N.); Patchornik (A.).
Katchalsky (A.), Physikal. Chemie d. Polyelektrolyte 9104. — s. Kedem (O.).
—, **Lifson (S.)** u. **Mazur (J.)**, Elektrostat. freie Energie v. Polyelektrolytlsgg. 1. Mitt. Statist. geknäuelte Makromoll. 5086.
— u. **Michaeli (I.)**, Polyelektrolytgele in Salzlsgg. 10281.
— u. **Miller (I. R.)**, Polyampholyte 6765.
— u. **Sharon (N.)**, Rk.-Kinetik d. Aldose-Aminosäure-Wechselwrkg. 3835.
Katchman (B.), **Betheil (Joseph J.)**, **Schepartz (A. I.)** u. **Sanadi (D. R.)**, Cyclophorasesyst. 19. Mitt. Wechselseit. Umwandll. v. Pyridinnucleotiden 4851.
Katcoff (S.) s. Bernstein (W.); McKeown (Michael); Markowitz (S. S.).
Kates (L. W.), Re, Eigg. u. Zukunft 4202.
Kath (J. F.) s. Inhoffen (H. H.).
Kathan (R. H.) s. Heimnets (F.).
Kathen (H.), Neuzeitl. Ernährungsformen, bes. Bedeut. v. Nahrungsmitteln pflanzl. Herkunft für d. Ernähr. 9690.
Kather (W. S.) s. California Research Corp.
Kathman (G. G.) s. Blickenstaff (R. T.).
Kathol (J.) s. Schering Akt.-Ges.; VEB Schering Adlershof.
Kathpalia (Y. P.) u. **Dutt (S.)**, Chem. Unters. eines kristallinen Lactons aus d. Holz v. Dalbergia Sissoo Roxb. 1287.
Kato (K.) s. Ono (T.).
Kato (Kenzo) u. **Iimori (S.)**, Porzellanphosphore 8943.
Kato (Shunro), Vorbereit. v. Fruchtpulpe zur späteren Gefrierbehandl. 2097* F.
Kato (Susumu) s. Shinoda (G.).
Kato (W. Y.) s. Hughes (D. J.); Levin (J. S.); Seidl (F. G. P.).
Katō (Y.), **Yamanaka (S.)** u. **Shinoda (G.)**, Feinfokusröntgenröhre für Schattenmikroskopie 1915.
Katona (G.), Röntgenunterss. in d. Metallurgie 6610. — Materialprüf. mit radioakt. Isotopen 11460.
Katritzky (A. R.) u. **Robinson (R.)**, Rk. v. Indolylmagnesiumjodid mit Enollactonen v. γ-Ketosäuren 11576.
Katschalow (N. N.), **Jewstropjew (K. S.)**, **Dubrowo (S. K.)**, **Lipkin (W. M.)** u. **Borissow (K. I.)**, Glas für chem. Laboratoriumsgeräte 6364.
— u. **Wargin (W. W.)**, Alte russ. Gläser 4673, 8001.
Katschanow (W. R.) u. **Jarowoi (A. A.)**, Verf. zur Anwend. lichtempfindl. Emulss. 7358.
Katschanowa (S. G.), Einfl. d. Bind. d. Sulfhydrylgruppen auf d. Entw. d. Malignität d. Gewebe 10285.
Katsuki (F.) s. Tanaka (Shozo).
Katsura (S.), Theorie d. kooperativen Erscheinungen 11161.
Katsura (T.) s. Mori (G.).
Katsurai (T.), Mittels Phasenmikroskop beobachtbares charakterist. Verh. d. Teilchen v. capillaraktiven Substanzen 991.
— u. **Mikawa (H.)**, Phasenmikroskop. Studien über d. Verh. v. auf einer Fl.-Oberfläche schwimmenden Teilchen 10689.
Kattschenkow (S. M.) s. Dragunow (W. I.).
Katunin (W. C.) u. **Goldstein (A. J.)**, Einspar. v. Hilfschemikalien bei d. Gewinn. v. Essigsäureestern u. Methanol 8259.
Katwijk (J. van) s. Hageman (F.).
Katyschkina (W. W.) s. Kraft (M. J.).
Katz (B.) s. Castillo (J. del).
Katz (B. A.), **Gluschenkowa (A. I.)**, **Magdamow (A. S.)** u. **Mischina (W. N.)**, Aufhell. v. Baumwollsamenöl durch Tone aus Dshabel u. Askomar 4235.
— u. **Wlassowa (M. A.)**, Baumwollsamenöl für d. Gewinn. filmbildender Stoffe u. d. Seifensiederei 2803.
Katz (C.) s. McCullough (J. P.); Scott (D. W.).
Katz (D. I.) s. Shukow (K. S.).
Katz (D. L.) s. Cornell (D.); Robinson (D. B.); Williams (R. B.).
—, **Schatz (R. H.)** u. **Williams (R. B.)**, Extrakt. v. KW-stoffen. 1. Mitt. Genaue thermodynam. Zahlen helfen d. Planer, größere Ausbeuten an Äthan u. Propan zu erzielen 2570; 2. Mitt. Thermodynam. Zahlen, d. für d. gründl. Gewinn. d. KW-stoffe benötigt werden 3041.
Katz (E.), Theorie d. photograph. Intermittenzeffektes bei kleinen Lichtintensitäten 2116. — s. Kao (L. P.); Schamp jr. (H. W.).
Katz (H.), Metall-Capillar-Kathoden 983. — s. Siemens & Halske Akt.-Ges.
Katz (J.), **Abraham (S.)** u. **Baker (Nome)**, Verwend. eines kombinierten Verbrenn.-Diffus.-Gefäßes bei analyt. Verf.; verbesserte Meth. zur Verbrenn. organ. Verbb. in wss. Lsg. 11059.
—, **Lieberman (I.)** u. **Barker (H. A.)**, Bldg. v. Propionyl-, Butyryl- u. a. Acylglycinen durch Enzyme d. Clostridium kluyveri 3404.
Katz (J. J.), Wasserfreie Fluorwasserstoffsäure als Lösungsm. für Proteine 2448. — s. Adams (R. M.); Bernstein (R. B.); Schlesinger (H. I.); Sheft (I.); United States of America.
— u. **Hyman (H. H.)**, Absorptionszellen zur Benutz. mit Flußsäure u. Halogenfluoridlsgg. 5378.
Katz (J. L.) s. Ladell (J.).
Katz (J. R.) u. **Katz (M. A.)**, Speiseeispulver 4481* A.
Katz (Leon), Antituberkulare Verbb. 3. Mitt. Benzothiazol- u. Benzoxazolderivv. 11208. — s. Goldemberg (J.); McPherson (D.); Schroeder (William).
—, **Haslam (R. N. H.)**, **Goldemberg (J.)** u. **Taylor (J. G. V.)**, Photoneutronen- u. Photoprotonenquerschnitte v. Si u. Mg 9724.
— u. **Schroeder (William)**, Neue Methoden zur Darst. v. Benzisothiazolonen. 2-Benzalaminobenzisothiazolone 578.
—, **Schroeder (William)** u. **Cohen (Murray)**, Hydrazinderivv. 2. Mitt. o-Mercaptopyridincarbohydrazide 3859.

Katz (Lewis) s. Casey (J. J.); Looby (J. T.); Pasternak (R. A.).
— u. **Lipscomb (W. N.)**, Kristall- u. Mol.-Struktur d. Diketens 5031.
Katz (L. N.) s. Miller (A. J.).
Katz (M.) s. Heukelekian (H.).
Katz (Morris), Riberdy (R.) u. **Grant (G. A.)**, Oxydat. v. CO durch feste Silberpermanganatreagentien. 5. Mitt. 10583.
—, **Wilson (L. G.)** u. **Riberdy (R.)**, Oxydat. v. CO durch feste Silberpermanganatreagentien. 4. Mitt. Chem. Zus. in Bezieh. zur Aktivität 3816.
Katz (Murray) s. Schenley Industries, Inc.
Katz (M. A.) s. Katz (J. R.).
Katz (M. J.), Explizite Funkt. für spezif. Oberflächen-Flächeninhalte 1914.
Katz (M. L.) s. Andrianow (A. S.).
Katz (R.), Paarungseffekt in Kernen u. Isomerie 3549. — s. Lee (M. R.).
Katz (Sam) u. **Klotz (M.)**, Beziehh. zwischen Ca u. Serumalbumin 8191.
Katz (Sidney) s. Casassa (E. F.); Ferry (J. D.).
Katz (Sol) u. **McCormick (G. F.)**, Cholintheophyllinat in d. Behandl. d. Bronchospasmus 1323.
Katz (W.), Struktur v. Zn-Überzügen auf Grund elektrochem. Ablös. 3478.
— u. **Kempf (T.)**, Elektrochem. Methoden in d. Korrosionsforsch.; Angriff v. Fluoriden auf Stahl 207.
— u. **Sonntag (J.)**, Korros. durch Bzn. u. chlorierte KW-stoffe 207.
Katz (W. J.) s. Lea (W. L.).
Katz (W. M.), Best. d. Feuchtigk. v. Raffinadebrei 4474. — Ursachen d. Saftschäumens während d. Defäkat. 6413.
Katz (Z. B.) s. Elpiner (I. J.).
Katzbeck (W. J.) s. Corn Products Refining Co.; Kerr (R. W.).
Katzenellenbogen (E.) s. Jones (R. N.).
Katzenstein (H. S.) s. Friedland (S. S.); Lane (G. H.).
— u. **Friedland (S. S.)**, Flugzeitmassenspektrometer 10435.
Katzin (L. I.), Absorptionsspektr. v. Cs_2CoCl_4 bei d. Tempp. d. fl. N_2 1439. — s. Ferraro (J. R.).
— u. **Ferraro (J. R.)**, Systeme Kobaltnitrat–W.–Aceton u. Kobaltnitrat–W.–tert.-Butylalkohol bei 25° 3095.
— u. **Gebert (E.)**, Einfl. d. Lösungsm. im Komplexgleichgewicht Jodid–Jod–Trijodid 1459.
Katzman (M.) s. Process Chemicals Co.
Katzman (R.) s. Hearon (J. Z.).
Katznelson (H.) u. **Tanenbaum (S. W.)**, Oxydat. v. Maltose durch Acetobacter melanogenum 7468.
—, **Tanenbaum (S. W.)** u. **Tatum (E. L.)**, Glucose-, Gluconat- u. 2-Ketogluconatoxydation bei Acetobacter melanogenum 10775.
Katzprshak (J. F.) s. Stenberg (A. I.).
Kauchowa (L. A.) s. Arbusow (S. J.).
Kauck (E. A.) s. Minnesota Mining & Mfg. Co.
Kauczor (H.-W.) s. Rost (F.).
Kaude (J.), Wins (G.) u. **Karaulnik (M.)**, Prophylakt. u. therapeut. Bedeut. d. γ-Globuline 2928.
Kauder (O.) s. Baltzly (R.).
Kauer (K. C.) s. Dow Chemical Co.
Kauffman (R.), Natürl. Farbcarbrodrucke v. Kodacolornegativen 11318.
Kauffmann (J.) u. **Boquel (G.)**, Wrkg. v. P auf d. Aktivität v. nitrifizierenden u. denitrifizierenden Bakterien im Boden 7531.
Kaufman (A. N.), Theorie d. festen Koppl. bei Mesonenstreuung 5467.
Kaufman (C. J.) s. Wildman (W. C.).
Kaufman (F.), Ossofsky (E.) u. **Cook (H. J.)**, Gerät für Red. oder Oxydat. mit elektron. Potentialkontrolle 1802.
Kaufman (I.) s. Coleman (P. D.).
Kaufman (J.) s. Harding (P. L.).
Kaufman (J. J.) s. Templin (P. P.).
Kaufman (J. T.) s. Hester (A. S.).
Kaufman (K.), Serumcholinesteraseaktivität bei Gesunden u. Leberkranken 4128.
Kaufman (M.) s. British Oxygen Co. Ltd.; C. D. Patents Ltd.
— u. **Williams (A. Fowler)**, Absorptiometr. Best. v. Acenaphthylen 3449.
Kaufman (Seymour), Synth. v. Succinylmonophosphat. Synth. v. Acylphosphaten 10723.
Kaufman (Sheldon) u. **Libby (W. F.)**, Natürl. Verteil. v. T 8337.
Kaufman (W. J.) s. Greenberg (A. E.).
Kaufmann (B. P.), Cytochem. Unterss. d. Trypsinwrkg. 3. Mitt. Verlauf d. Deformier. v. Speicheldrüsenchromosomen 3399. — s. McDonald (M. R.).
— u. **Das (N. K.)**, Bedeut. d. Ribonucleotide in d. Bldg. anomaler Mitosen 9583.
—, **Pennoyer (J. M.)** u. **Rowan (M. E.)**, Cytochem. Unterss. d. Trypsinwrkg. 2. Mitt. Unters. d. Quellens v. Speicheldrüsenzellen 3399.
Kaufmann (C.), Westphal (U.) u. **Zander (J.)**, Unterss. über d. biolog. Bedeut. d. Ausscheidungsprodd. d. Gelbkörperhormons 10549.
Kaufmann (D. W.) s. Hutchinson (G. E.); Luster (D. R.).
Kaufmann (H.) s. Donzelot (E.).
Kaufmann (Heinrich) s. Fettchemie & Fewa-Werk VEB.
Kaufmann (Hermann) s. I. G. Farbenindustrie Akt.-Ges.
Kaufmann (H. P.), Arzneimittel-Synth. [646]. — Antipyrincarbonsäure-(4) 4825. — Formamid als Grundlage für kosmet. Zubereitungen 5674* D. — Biologie d. Fette. 4. Mitt. Essentielle Fettsäuren 8194. — Verfahren zur Molekülvergrößer. ungesätt. organ. Verbb. 10634* D. B.
— u. **Arends (W.)**, Bromometrie arzneil. wichtiger Verbb. 9144.
— u. **Baltes (J.)**, Polarograph. Unterss. auf d. Fettgebiet. 1. Mitt. Grundlagen d. Polarographie u. ihre Anwendungsmöglichkk. bei d. Analyse v. Fetten u. verwandten Stoffen 8763.
— u. **Budwig (J.)**, Biologie d. Fette. 5. Mitt. Papierchromatographie d. Blutlipoide, Geschwulstproblem u. Fettforsch. 8190.
— u. **Heesch (A.)**, F-Geh. d. Trinkwässer im Lande Nordrhein-Westfalen 10350.
—, **Seher (A.)** u. **Hagedorn (P.)**, Synth. v. spiroheterocycl. Verbb. 4099. — 4.5-Benzo-1.3-dioxandion-(2.6) u. 4.5-Benzo-1.3-thioxandion-(2.6) 4099.
— u. **Strüber (K.)**, Verf. zur Mol.-Vergrößer. trocknender Öle 9917* D. B.
Kaufmann (O.) s. Badische Anilin- & Soda-Fabrik Akt.-Ges.

Kaufmann (O. W.), Ordal (Z. J.) u. **El-Bisi (H. M.)**, Einfl. verschied. Antibiotica auf gewisse sporenbildende Organismen, d. beim Verderben v. Lebensmitteln beteiligt sind 11301.
Kaufmann (P.), Frankel (M. B.) u. **Mosher (H. S.)**, 1.1-Diphenyl-1-[β-diäthylaminoäthoxy]-butanon-(2) 7428.
Kaufmann (S.) s. Sondheimer (F.); Syntex Soc. An.
Kaufmann (W.) [Graz] s. Ziegler (E.).
Kaufmann (W.) [Kiel] s. Lembke (A.).
Kaufmann (Waldemar) s. Farbwerke Hoechst Akt.-Ges., vormals Meister Lucius & Brüning.
Kauko (Y.) u. **Icel (M.)**, Meth. zur Ermittl. d. CO in d. Luft 3927.
Kaulbach (W.), Schwere allerg. Herxheimer Rk. auf Chloramphenicol bei einer Lebercirrhose nach Bang-Infekt. 4397.
Kaulla (K. N. v.) u. **Shettles (L. B.)**, Proteolyt. Fermentsyst. im menschl. Spermaplasma, Mucus cervicalis, Tubarschleimhaut u. Liquor folliculi 2697.
— u. **Wander (Dr. A.) G. m. b. H.**, Schwefelsäureester v. teilweise abgebautem Xylan 8215* Schwz.
Kaunitz (H.), Biol. Antagonismus v. K u. Na 10309.
Kauntze (R.) s. Joiner (C. L.).
Kaupin (W. B.) s. Pacific Mills.
Kaupmann (W.) s. Skita (A.).
Kaupp (W. O.) s. Interchemical Corp.
Kauppi (T. A.) s. Dow Corning Corp.
Kaur (R.) s. Ranjan (S.).
Kaurkowski (W. I.), Stufennatur d. Prozesses d. therm. Dissoziat. v. Sideriten 5979.
Kaus (P.) s. Finkelstein (R. J.).
Kautsky (H.) u. **Kautsky jr. (H.)**, Anwend. d. Svedbergschen Kolloidzerstäubungsmeth. zur chem. Synth. 991. — Durchführ. chem. Rkk., bes. zwischen Si u. organ. Verbb., mittels elektr. Entladungen 10351* D. B.
— u. **Weßlau (H.)**, Darst. v. Ionenaustauschern durch Oberflächenumladungen an Silicagel 7623.
Kautsky jr. (H.) s. Kautsky (H.).
Kautter (C. T.) s. Röhm & Haas G. m. b. H.
— u. **Leitenberger (W.)**, Großtechn. Herst. v. Cyanwasserstoff nach Andrussow 1139.
Kautzsch (E.) u. **Raßler (A. v.)**, Behandl. mit Kationenaustauschern 7261.
Kauzmann (W.) s. Bacher (J. E.); Tanenbaum (M.).
Kavanagh (F.) s. White (C. E.).
Kavanagh (K. E.) s. Texas Co.
Kavanagh (K. R.) u. **Pepper (J. M.)**, Rkk. d. Syringaaldehyds einschließl. Halogenier. 5051.
Kavanau (J. L.), Aminosäurestoffwechsel sich entwickelnder Seeigelembryonen 389.
Kavčič (R.) s. Hadži (D.).
Kawabe (H.), Fujita (S.) u. **Yanagita (M.)**, Unterss. über Synth. u. Verwert. v. Ionenaustauschharzen. 2. Mitt. Synth. v. Phenoxyessigsäure-Formaldehyd-Kationenaustauschharz 10635.
Kawabe (K.) s. Horie (T.).
Kawada (K.), Higata (A.) u. **Shioiri (J.)**, Verbesserte hochwarmfeste Legierr. u. Keramik 9892.
Kawahara (M.) s. Ono (T.).
Kawai (H.) s. Tokita (N.).
— u. **Tokita (N.)**, Young-Module u. d. innere Reib. v. Papieren 4964.
Kawai (S.), Konstrukt. u. Anwend. d. Elektronenmikroskops 6927.
Kawai (Taiji), Inoue (R.) u. **Ogawa (K.)**, Mit B behandelte legierte Baustähle. 1. Mitt. 10366; 2. Mitt. 10366.
Kawai (Toshio) s. Shimizu (Makoto).
Kawai (Y.) s. Shimizu (S.).
Kawakami (Y.), Wechselwrkg. zwischen Antibiocitis u. a. chem. Verbb. 6. Mitt. 9117.
Kawamatsu (S.), Dielektr. Eigg. v. Polykieselsäurebutylestern 6711.
Kawamori (K.) s. Hara (S.).
Kawamura (A.) s. Inouye (Y.).
Kawamura (H.) s. Ryu (I.).
Kawamura (K.) s. Ishibashi (M.).
Kawamura (T.) s. Tsutzumi (S.).
Kawanabe (S.) s. Yoshihara (K.).
Kawane (M.) s. Funasaka (W.).
Kawata (K.), Spannungs-Gefrier-Meth. 1. Mitt. Mechan. Eigg. d. Phenolits (Phenolgußharz) bei erhöhter Temp. 118.
Kawerin (S. W.) s. Pinsker (S. G.).
Kawerina (N. W.) u. **Chajutin (W. M.)**, Direkter Einfl. v. Novocain auf d. Zentralnervensyst. bei Einführ. in d. Blutstrom. 1. Mitt. Analyse d. Unterdrück. d. spinalen Reflexe durch Novocain 6072; 2. Mitt. Unterschiede in d. Widerstandsfähigk. d. motor. Reflexe gegenüber Novocain 6072.
Kawersnewa (J. D.), Chem. Umwandlungen d. Cellulose bei Einw. v. Oxydationsmitteln 10046. — s. Iwanow (W. I.).
—, **Iwanow (W. I.)** u. **Ssalowa (A. S.)**, Chem. Umwandll. d. Cellulosemakromol. unter d. Einfl. v. Oxydationsmitteln. 7. Mitt. Chem. Umwandll. d. Cellulose bei d. Oxydat. mit NaOCl 9348.
Kawetzki (R. J.) u. **Umanski (J. A.)**, Anwend. d. künstl. radioakt. Isotope in d. Medizin 5833.
Kawin (B.) s. Lawton (K.).
Kay (E.) s. Imperial Chemical Industries Ltd.
Kay (E. R. M.) s. Smellie (R. M. S.).
— u. **Dounce (A. L.)**, Darst. v. Na-Ribonucleat unter Verwend. v. Na-Dodecylsulfat 11227.
Kay (H. E. M.), Wert d. Papierelektrophorese v. Serumproteinen für d. Ascitesdiagnose 5350.
Kay (H. G. De) s. Drommond (F. G.); Lesshafft jr. (C. T.).
Kay (J. H.), Bergman (J. I.), Fradkin (A. M.) u. **Amico (J. S. D')**, Regenerat. eines Kationenaustauschers hoher Kapazität mit H_2SO_4 11063.
Kay (J. L.), Fußbekleid. 6869.
Kay (K.), Analyt. Methoden zur Unters. d. Verunreinigg. d. Luft 885.
Kay (L. M.) s. Schroeder (W. A.).
Kay (R. H.), Interpretat. d. Radiosondendaten in Bezieh. zur Änder. d. Höhenstrahlintensität 5945. — s. Banister (P.).
Kay (S.) u. **Royster (H. P.)**, Cortison in d. Behandl. d. Sarkoidosis d. Milz vor Splenektomie 4624.
Kay (W. B.) s. Stern (S. A.).
Kay (W. L.) s. Du Pont de Nemours (E. I.) & Co.
Kayamori (H.) s. Tsutsumi (S.).
Kayas (G.), Trenn. u. Identifizier. v. Kernisomeren. 1. Mitt. 8775. — Identifizier. geladener Höhenstrahlteilchen, d. in elektronenempfindl. photograph. Emulss. enden. 1. Mitt. Einfach geladene Teilchen 11331. — s. Hoang (T. F.).

Kaye (I. A.) s. Endo Products, Inc.
— u. **Kogon (I. C.)**, N-Monosubstituierte 2-Aminopyridine, 2-Aminopyrimidine u. 2-Aminolepidine 4835.
Kaye (M. A. G.) u. **Kent (P. W.)**, Ester- u. Lactonbindd. in sauren Polysacchariden. 1. Mitt. 1062.
Kaye (S.), Handbook of emergency toxicology; a guide für the identification, diagnosis and treatment of poisoning [3681].
Kaye (W. I.) s. Patton (H. W.); Peck (V.).
Kaysan & Wagner u. **Korten (E.)**, Bekämpf. v. Nagetieren 10123* D. B.
Kayser, Optimale Therapie schlechtheilender Unterschenkelgeschwüre 2245.
Kayser (C.), Darmverdauung 6554.
Kayser (H.-G.) s. Metallgesellschaft Akt.-Ges.
Kayser (H.-W.), Permeabilität d. Placenta für ^{32}P; Blutdurchström. d. intervillösen Raumes 4622.
Kayser (K.) s. Duisburger Kupferhütte.
Kayser (O.), **Knacke (O.)** u. **Stranski (I. N.)**, Sinter. d. Cu 204.
Kayser (R. F.), Analogie zwischen Wärme, Masse u. Übergangsmoment. Demonstriert durch beschreibende Dimensionsanalyse 8092.
Kazeniac (S. J.) s. Whistler (R. L.).
Kazenko (A.) s. Secretary of Agriculture.
Kazi (H. J.) u. **Desai (C. M.)**, Veränder. d. Salzkonzz. u. Komplexbldg. 9041.
Kazinczy (F. de), Wasserstoffverspröd. 9514.
Kaziro (K.), **Kikuchi (G.)**, **Ogawa (T.)** u. **Yamada (Masataro)**, Vorgang d. Choleglobinbldg. 2465.
Kázmér (N.) s. Kós (R.).
Ke (B.) s. Hoekstra (J. J.).
Keane (J. D.) u. **Bickel (F. W.)**, Anwendd. d. Stacomicer-Presse in verschied. Stadien d. Kautschukverarbeit. 10152.
Keane (J. J.) u. **Stein (R. S.)**, Thermostat. Kammer zur Mess. d. Lichtstreuung v. festen Körpern bei erhöhten Tempp. 9154.
Kear (R. W.), Einfl. v. Ruß auf d. Korros. v. Metalloberflächen in Heizgasen mit SO_3 9432. — s. Flint (D.).
Kearby (K. K.) s. Standard Oil Development Co.
Kearny (A. L.) s. Hibbard jr. (W. R.).
Kearney (T. J.), Anwend. v. Ultraschall bei Entfettungsverff. 11282.
Kearns (C. W.) s. Sternburg (J.).
Kearns (H. G.) u. **Morgan (N. G.)**, Bekämpf. v. Brachycaudus helichrysi (Kltb.) durch DDT-Emuls. 4438.
Keasling (H. H.) s. Schueler (F. W.).
Keates (P. G.), Klin. Verss. mit Natriumacetrizoat als neuem pyelograph. Mittel 2241.
Keating (D. T.), Beugungsunterss. eines möglichen Überganges in d. geordneten Zustand im α-Messing 4775.
— u. **Warren (B. E.)**, Einfl. eines niedr. Absorptionskoeff. auf Röntgenspektrometermessungen 1686.
Keating (E. J.) s. Buras jr. (E. M.).
Keating jr. (F. R.) s. Blackburn (C. M.).
Kebler (R. W.), **McCormick (W. W.)** u. **Sawyer (R. A.)**, Emissionscharakteristika v. Vakuumfunkenentladd. 2. Mitt. Al-Spektren im extremen UV 4758.
Kebra (P. D.) s. Rao (C. V. N.).
Kebrich (L. M.) s. National Lead Co.
Kebrle (J.) s. Asmis (H.); Bickel (H.).
Kececioglu (Y.), Follikelhormonwrkg. auf d. Uterusschleimhaut u. d. Scheidenepithel d. kastrierten weißen Ratte in Abhängigk. v. saurer oder alkal. Ernähr. 6549.
Keck (E.) s. Wieland (T.).
Keck (J. C.) s. Bacher (R. F.); Tollestrup (A. V.).
—, **Littauer (R. M.)**, **O'Neill (G. K.)**, **Perry (A. M.)** u. **Woodward (W. M.)**, Photozertrümmer. d. Deuterons durch γ-Strahlen v. *180* MeV u. *260* MeV 974.
—, **Tollestrup (A. V.)** u. **Smythe II (W. R.)**, Energiereiche Photozertrümmer. d. Deuterons. 2. Mitt. Ergebnisse 5235.
Keck (K.) s. Hoffmann-Ostenhof (O.).
— u. **Hoffmann-Ostenhof (O.)**, Pflanzl. Stoffwechselprodd. als Mitosegifte. 1. Mitt. Mitosehemmende u. -störende Substanzen in wss. Auszügen aus Allium cepa (Speisezwiebel) 9110.
— u. **Kaiser (E.)**, c-mitot. Wirksamk. v. Demecolcin im Allium cepa-Test 10532.
Keck (P. H.), Löslichk. v. Si in Ga u. In 761. — s. Wolff (G.).
—, **Green (M.)** u. **Polk (M. L.)**, Formen v. zwischen festen Stäben schwimmenden fl. Zonen 5488.
—, **Horn (W. Van)**, **Soled (J.)** u. **MacDonald (A.)** [Fort Mommouth], Fließzonenkristallisat. v. Si 10209.
Keck (R.) s. Otto (Dr. C.) & Co. G. m. b. H.; Wiener Stadtwerke.
Kecker (E.) s. Siemens-Schuckertwerke Akt.-Ges.
Kedem (O.) u. **Katchalsky (A.)**, Diffus. v. Polyelektrolyten in salzfreien Lsgg. 11224.
Kedesdy (H.) s. Malinofsky (W. W.).
— u. **Drukalsky (A.)**, Röntgenbeugungsunterss. d. Festkörper-Rk. im Syst. NiO–ZnO 3324.
Kedrow (A. A.) u. **Naumenko (A. I.)**, Wrkg. einiger pharmakol. Agentien auf d. intracraniellen Blutkreislauf 2952.
Kedrow-Sichman (O. K.), Kalk. d. Rasenpodsolböden 4189.
— u. **Bajewa (A. I.)**, Kalk. d. Podsolböden unter d. Grasnarbe als Faktor zur Erhöh. d. Wirksamk. v. Stalldünger 11661.
Kedvessy (G.) u. **Benedek (V.)**, Trockenm. v. Fe-halt. Siruparten 410.
— u. **Szepesy (A.)**, Sterilisier. d. Glucoselsg. 11632.
Keeble (H.) s. Cheecol Processes Ltd.
Keeble (H. W.), Zusammenbau v. Al-Teilchen durch Schweißen 1365.
Keech (M. K.), Wrkg. v. Kollagenase u. Trypsin auf Kollagen. Unterss. mit d. Elektronenmikroskop 4130.
Keefe (D.) s. Friedlander (M. W.).
Keefe (L. J.) s. Gallagher (A.).
Keefer (C. E.) s. Buck jr. (T. C.).
— u. **Houston (K. M.)**, Korrosionsunterss. u. d. Verwend. rostfreien Stahls bei d. Black-River-Abwasserreinigungsanlagen Baltimore, Maryland 3936.
Keefer (R. M.) s. Andrews (L. J.).
Keegan (H. J.), **Belknap (M. A.)** u. **Cordrey (D. J.)**, Spektrale Durchlässigk. v. 5 ausgewählten opt. Gläsern 5152.
Keel (C.), Acetylen, Sauerstoff u. Calciumcarbid. Erzeug. u. Anwend., Unfallerfahr. u. -verhüt. 6099.

Keel (C.) u. Brunschwiller (P.), Neue Stoffe für d. Herst. v. Dichtungskörpern an O_2-Armaturen 4425.
Keele (C. A.) s. F l i n t a n (P.).
Keeler (J. H.) s. C h u (P. K.).
—, Hibbard jr. (W. R.) u. Decker (B. F.), Texturen v. gewalztem u. wärmebehandeltem, aus Jodid dargestelltem Zr 9270.
Keeler (R. A.) s. A n d e r s o n (C. J.).
—, Anderson (C. J.) u. Satriana (D.), Analyse v. Mischungen v. weißem P, Phosphoroxychlorid u. Phosphortrichlorid 1574.
Keeling (C. D.) u. Dole (M.), Viscosimeter für Lsgg. Hochpolymerer 5136.
Keeling (P. S.), Geologie feuerfester Tone 3941. — Cornish Stone: Quantitative Mineralanalyse 8932.
Keeling (W. O.) s. K o p p e r s C o., I n c.
Keely (W. M.), Hydrier. u. Spalthydrier. 7546.— s. D a w s o n (L. R.); F l e m i n g (H. W.).
Keen (R.) s. M a l m s t r o m (C.).
Keen (W. R.) s. C o l l i n s & S i k m a n Corp.
Keenan (C. W.) u. McDowell (W. J.), NH_3-Lsgg., große chem. Unterschiede 10941.
Keenan (G. L.) s. H a l e y (T. J.).
Keenan (P. C.), Klassifikat. d. Sterne v. S-Typ 11497.
Keenan (T. K.) s. N i g o n (J. P.).
Keenan (V. J.) s. A t l a n t i c R e f i n i n g C o.
Keene (A. G.) s. S c h a i r e r (J. F.).
Keene (W. L.), Einführ. in d. Begriff d. „Clad"-Metalle 11085.
Keener (H. A.), Teeri (A. E.), Harrington (R. V.) u. Baldwin (R. R.) [Durham], Verbleib v. ^{35}S im Stoffwechsel d. lactierenden Kuh bei Fütter. mit durch $^{35}SO_2$ konserviertem Gärfutter 1317.
Keeney (E. L.), Weiss (H. A.) u. Mohr (C. F.), Gebrauch v. Cortison oder ACTH während schneller Desensibilisier. v. Allergikern 7948.
Keeney (M.), Best. v. Fremdfetten 6418.
Keeney (P. G.) s. P a t t o n (S.).
Keepin (G. R.) s. K o o n t z (P. G.).
— u. Lovberg (R. H.), Zähl. schneller Neutronen mit H-reichen fl. Phosphoren 5473.
Keere (B. van de) s. D e m o e n (P.).
Keeser (E.), Hardebeck (K.) u. Augustiny (U.), Beeinfluss. d. reversiblen Dehnbark. v. Arterien 2243.
Keesom (P. H.) s. P e a r l m a n (N.).
Keesom (W. H.), Bijl (A.) u. Monté (L. A. J.), log T-S-Diagramm v. He 9030.
Kefalas (J. C.) s. A r s h i d (F. M.).
Kefaucer (M.) s. A l l i s o n (F. E.).
Keffer (F.), Anisotropie in d. antiferromagnet. MnF_2 747. — s. C o h e n (M. H.); E i s e l e (J. A.).
Kefford (N. P.) s. B e n n e t - C l a r k (T. A.).
Kefford (R. O.) s. S k e n e (J. K. M.).
Kegel (G.), Elektromechan. Analogien 3556.
Kegel (M.), Gegenwärt. Stand d. UP-Schweißung 11674.
Kegeles (G.) s. B i a n c h e r i a (A.).
Kegler (W.), Herst. v. p-Äthoxyphenylharnstoff. Dulcin-Süßstoff 8053.
Kehar (N. D.), Wrkg. d. Verfütter. v. alkalibehandeltem Getreidestroh auf d. Wachstum v. Jungrind 10307.
Kehe (H. J.) s. G o o d r i c h (B. F.) C o.
Kehlstadt (J.-P.) s. C o l o n g e (J.).
Kehn (D. M.) s. A k e r s (W. W.).
Kehoe (J. K.) s. D r a k e (F. R.).
Kehoe (R. A.) s. K i t z m i l l e r (K. V.).
Kehoe (R. B.), Newman (R. C.) u. Pashley (D. W.), Objektkammer für Elektronenbeug. mit vakuumdichtem Objektverschluß 10932.
Kehren (M.), Wollschädig. u. ihre Verhüt. 219. — Best. d. Selbstentzündlichk. v. textilen Schmälzmitteln 7579. — Schmälzproblem in d. Textilindustrie 8527. — s. L i n d n e r (K.).
— u. Thewis (J.), Eisenung farbstoffhalt. Abwässer. 1. Mitt. 3458; 2. Mitt. 7055.
Kehrer (F.) s. S a n d o z A k t. - G e s.
Kehrer jr. (V. J.) u. Leidheiser jr. (H.), Katalyt. Zers. v. CO an großen metall. Einkristallen 6235.
Keiderling (W.) u. Wöhler (F.), Physiologie u. Pathologie d. Speichereisens. 1. Mitt. Meth. zur quantitativen Best. d. Ferritins 384.
Keier (N. P.), Klimenok (B. W.) u. Issaguljanz (G. B.), Darst. v. mit ^{14}C markiertem Acetylen u. Äthan 6492.
Keigler (N. M.) u. Smith (Andrew G.), Cytolog. Beobachtt. d. Wrkg. v. Enzymen auf säurebehandelte Bacillus cereus-Sporen 1989.
Keii (T.), Bildungsgeschwindigkk. verschied. Deuteroäthylene u. Deuteroäthane bei d. Rk. v. Äthylen u. D 3833. — Statist. Ableit. d. B.E.T.-Gleichung 8323.
Keil (A.), Legierr. mit extrem niedr. FF.; bin., tern. u. quatern. Legierr. aus Bi, Cd, Pb u. Sn-In-halt. Weichlote 5165.
— u. Meyer (C.-L.), Anisotropie d. elektr. Leitfähigk. v. gesinterten Kontaktwerkstoffen 3953. — Feinwander. an Kontakten aus Legierr. mit Überstruktur 5016.
Keil (B.) s. M e l o u n (B.); Š o r m (F.).
— u. Hrubešová (M.), Peptid. Beimeng. d. pankreat. Ribonucleinsäure 7229.
Keil (C.) u. Kohler (K.), Vergleichende Intensitätsmessungen bei Debye-Scherrer-Aufnahmen an Pulverpräpp. 6927.
Keil (E.) s. W e l l i n g e r (K.).
Keil (E.) [Düsseldorf] s. F e i n e n (F. J.).
Keil (G.) s. P r e s t i n g (W.).
Keil (H. L.) s. A r m o u r & C o.
Keil (K.), Dicht. u. kurzfrist. plast. Dicht. (Versteif.) v. Bodenarten 11448* D. B. — s. J ä d e (H.).
Keil (R.) u. Schabinski-Stepan (M.), Technik d. Resistenzbest. des Tuberkelbakteriums mittels d. Objektträgerkultur 10542.
Keil (W.), F. Eichholtz 501.
Keilen jr. (J. J.) s. W e s t V i r g i n i a P u l p & P a p e r C o.
Keilholtz (G. W.) s. S y l v a n i a E l e c t r i c P r o d u c t s, I n c.
Keilin (B.) s. D o u g l a s A i r c r a f t C o., I n c.; S e e h o f (J. M.); S h a p i r o (I.).
Keilin (D.) u. Hartree (E. F.), Rkk. v. Methämoglobin u. Katalase mit Peroxyden u. Wasserstoffdonatoren 1295.
Keilin (J.), Rkk. freier Hämatine u. Hämoproteine mit NO u. bestimmten anderen Stoffen 10284.
Keiller (C. Q.) s. E v a n s (A.).
Keillor (F. B.), Regenerieren v. S-halt. Eisenoxyd 8068* E.
Keim (K.), Geschichtl. Entw. d. Papierherst. u. d. Rohstoffe [6651].
Keintzel (E.) s. B y k - G u l d e n, L o m b e r g, C h e m i s c h e F a b r i k G. m. b. H.
Keirim-Markuss (I.) s. B o t s c h k a r e w (W.).
Keiser (B.) s. P e t r o l i t e C o r p. L t d.

Keiser (I.) u. **Henderson (C. F.)**, Best. v. Insekticidrückständen je Einheit Blattoberfläche 1129.
Keissewitsch (E. J.) s. N o w o f a s s t o w s k i (D. D.).
Keister (G. L.), Innere Konversionskoeffizienten beim Zerfall v. ^{52}Mn, ^{60}Co u. ^{46}Sc 5236. — s. S c h m i d t (F. H.).
— u. **Schmidt (F. H.)**, β-Spektren zweiten Verbotsgrades v. ^{60}Co u. ^{46}Sc 4991.
Keistler (J. R.) u. **Winkle (M. van)**, Dampf–Fl.-Gleichgewichte bei Unterdruck. Syst. Dodecan-Hexadecen 3103.
Keitel (F.-G.), Herst. v. Bakterienpräparaten, bes. Milchsäurebakterien 1170* Schwed.
Keitel (H.) s. W i n t e r s h a l l A k t. - G e s.
Keith (C. D.) s. S i n c l a i r R e f i n i n g C o.
Keith (F. W.), **Blachly (F. E.)** u. **Sadler (F. S.)**, Verunreinigungen im Soapstock bei d. Raffinat. pflanzl. Öles 3030.
Keith (M. L.) s. W a r s h a w (I.).
— u. **Roy (Rustum)**, Strukturelle Beziehungen zwischen Doppeloxyden dreiwert. Elemente 4053.
— u. **Tuttle (O. F.)**, Bedeut. d. Variat. beim Übergang Hoch–Tiefquarz 10454.
Keith (R. M.) = M a c K e i t h (R.).
Keithler (W. R.), Kosmet. Aerosole 473.
Keitt (G. W.) s. L e b e n (C.); L o c k w o o d (J. L.); W i s c o n s i n A l u m n i R e s e a r c h F o u n d a t i o n.
Kejha (J.) s. H e b k ý (J.).
Keks (L.) s. B u r g h a r d t (D.).
Kekwick (R. A.) s. C a s p a r y (E. A.).
— u. **Mackay (M. E.)**, Trenn. d. Eiweißfraktionen d. menschl. Plasmas mit Äther 5586.
Kelbg (G.) s. F a l k e n h a g e n (H.).
Kelco Co., Alginsäurealkylenglykolester 11303* E.
— u. **McNeely (W. H.)**, Mittel zur Erhöh. d. Viscosität v. Alkoholen 8272* A.
Kelecsenyi-Dumesnil (E.), Katalyt. Hydrier. in d. Reihe d. Oxybenzaldehyde mit Raney-Ni 11198.
Kelemen (Györgyné) s. G e r v a y (V.).
Kelényi (G.), Wrkg. v. cytotox. Mitteln auf Mastzellen 6771.
Keler (E. K.) u. **Bluwstein (M. N.)**, Mechan. Eigg. v. Koksdinas 11070.
Kelite Products, Inc. u. **McDonald (L.)**, Mittel zur Herst. v. glänzenden Überzügen auf Al-Flächen v. Flugzeugen 6148* A.
Kell (R. M.) s. C l a r k (R. A.) [Columbus].
Kelleher (J. S.) s. A l l e n (W. R.).
Kelleher (W. J.) s. K i l c a w l e y (E. J.).
Keller (A.) [Manchester], Kristallmorphologie synthet. Polymere 833. — Orientierungsprozesse in synthet. kristallinen Polymeren auf morpholog. Grundlage 7455. — Deut. v. ungewöhnl. Orientierungserscheinn. in Polyäthylen auf morpholog. Grundlage 7690. — Senkrechte Orientierr. in Polyäthylen 10761.
—, **Lester (G. R.)** u. **Morgan (L. B.)**, Vorgänge bei d. Kristallisat. v. Polymeren. 1. Mitt. Kristallisationscharakteristik v. Polyäthylenterephthalat 8877.
— u. **Sandeman (I.)**, Deut. d. Ultrarotabsorptionsbande bei 725 cm^{-1} im Polyäthylen u. deren Konsequenzen 7224. — Unters. d. ungewöhnl. Orientier. in Polyäthylen durch Infrarotspektroskopie 7690.
Keller (A.) [Zürich], Metallurgie d. Fe-Werkstoffe 5404, 10124. — s. S t a u f f e r (W.).
Keller (C.), Klin. Chemie d. Pleurahöhlenergüsse. 2. Mitt. Elektrolyte, Glucose, Bilirubin 6553.
Keller (E.) s. G e i g y (J. R.) A k t. - G e s.
Keller (Elizabeth) s. M c L a r e n (B.).
Keller (E. A.) s. V e e r (J. B. V a n d e r).
Keller (E. B.), **Zamecnik (P. C.)** u. **Loftfield (R. B.)**, Rolle d. Mikrosomen bei d. Einlager. v. Aminosäuren in Proteine 11228.
Keller (F.), **Hunter (M. S.)** u. **Robinson (D. L.)**, Strukturelle Eigg. v. Oxydschichten auf Al 11523.
Keller (F.) [Los Angeles] s. K l o h s (M. W.).
Keller (Franz) s. S ü d d e u t s c h e T e l e f o n - A p p a r a t e -, K a b e l - u n d D r a h t w e r k e A k t. - G e s. T E K A D E.
Keller (F. R.), **Cupps (C. C.)** u. **Shaw (R. E.)**, Rückgewinn. d. Chromsäure beim Verchromungsverf. 451.
Keller (G. J.) s. R i c e (R. G.).
Keller (H.) s. H e l l e r (J.).
Keller (H.) [Gießen] u. **Meyer (E.)** [Gießen], Bakterielle Aromatisier. d. Rohwurst. 2. Mitt. 3510.
Keller (Hans) s. H ä b e r l i n (H. P.).
Keller (Herbert), Einw. d. α-, β- u. γ-Isomeren d. Hexachlorcyclohexans (HCH) auf esterspaltende Fermente 6049.
Keller (J. M.) u. **Koenigsberg (E.)**, Quadrupol–Quadrupol-Wechselwrkgg. v. Elektronen in metallischem Cer 3312.
—, **Koenigsberg (E.)** u. **Paskin (A.)**, Ringförm. Brennpunkt in einem β-Strahlspektrometer mit einer dünnen magnet. Linse 510.
Keller (J. R.) s. F i s c h e r j r. (C. W.).
Keller (K.) s. C a s s e l l a F a r b w e r k e M a i n k u r A k t. - G e s.
Keller (K. R.) u. **Magee (R. A.)**, Düngewrkg. v. N, P u. K auf einige chem. Bestandteile zweier Hopfensorten 3944. — Beziehungen zwischen d. Gesamtharzgeh., d. prozentualen Anteil d. α-Säure, β-Frakt. u. d. Zapfenertrag v. Hopfen 4476.
Keller (Manfred) s. Z e i s s I k o n A k t. - G e s.
Keller (Max) s. C o l e b y (B.); W e i s s (J.).
Keller (M. R.) s. M u r r a y (R. L.).
Keller (N.) s. S c h u l z e (E.) [Gießen].
— u. **Haizmann (R.)**, 17-Ketosteroid- u. Vitamin-C-Ausscheid. bei Lungentuberkulose 4865.
Keller (O.) s. H o f f m a n - L a R o c h e, I n c.
Keller (Paul) s. H é e (A.).
Keller (Philipp), Erythrodermie nach Neoteben 7964.
Keller (P. J.) u. **Cori (G. T.)**, Enzymat. Umwandl. v. Phosphorylase a in Phosphorylase b 126.
Keller (R.), Heparinbehandl. d. Arteriosklerose 6561.
Keller (Renate) s. B o h l m a n n (F.).
Keller (Rudolph), **Luisada-Opper (A. V.)** u. **Sobotka (H.)**, Na–K-Verhältnis in d. Hypophyse 11027.
Keller (R. N.), **Steinberg (E. P.)** u. **Glendenin (L. E.)**, Spaltausbeuten bei Bestrahl. v. ^{238}U mit Spaltspektr.-Neutronen 6907.
Keller (R. T.) s. C o p e (A. C.).
Keller (W.) s. P l a t t n e r (P. A.).
Keller (Walter) s. B a d i s c h e A n i l i n - & S o d a - F a b r i k A k t. - G e s.
Keller (W. E.) s. K i l p a t r i c k (J. E.); S o m m e r s j r. (H. S.).

Kellermayr (J.) s. Zechner (L.).
Kelley (A. E.) s. Kornblum (N.).
Kelley (A. L.) s. Brewer (W. D.).
Kelley (G. G.), Impulsamplitudenanalysatoren für d. Spektrometrie 6211.
Kelley (George G.) u. **Dittmer (K.)**, Säuerung v. Milch, Wrkg. v. 2-Methyl-1.4-naphthochinon auf d. Ausmaß d. Säuerung v. Milch 3272.
Kelley (J. P.) s. Trout (E. D.).
Kelley (M. J.) s. Nopco Chemical Co.
Kelley (O. J.), Bodenwasserbedarf u. -nutzbark. 8237.
Kelley (P. H.) s. Cartwright (L. C.).
Kelley (R. E.) s. Akers (W. W.); Cottingham (P. L.).
Kelley (R. T.) s. Freis (E. D.).
Kelley jr. (S. G.), Magnetflußverf. zur beschleunigten Prüf. v. eisernen Maschinenteilen 2762.
Kelliher (M. G.) s. Bareford (C. F.).
Kellison (J. E.) s. Hoecker (F. E.).
Kellner (A.) s. Gregor (M.).
Kellner (A.) [Wiesbaden] s. Schirmer (R.).
Kellner (Aaron) u. **Robertson (T.)**, Erzeug. v. Herzmuskelnekrosen durch kristalline Streptokokken-Proteinase bei Tieren 846.
Kellner (Ägnes), Eigg. d. Co-Phenylhydrazin-Komplexes 5510.
Kellner (B.) s. Wacker-Chemie G. m. b. H.
Kellner (G.) s. Burkl (W.).
Kellner (H. L.) s. Gulf Research & Development Co.
Kellner (W.) u. **Kober (W.)**, Äther. Öle zur Raumdesinfekt. 1. Mitt. Wrkg. gebräuchl. äther. Öle auf Testkeime 9143.
— u. **Martin (H.)**, Papierchromatograph. Unterss. an E. coli aus verschied. Nährsubstraten 6776.
Kellö (V.) u. **Tkáč (A.)**, Infrarotspektrograph. Unters. d. Reaktionskinetik d. Alter. v. Naturkautschuk. 1. Mitt. Experimentaltechnik 9348.
Kellogg (H. H.) s. Baes jr. (C. F.).
Kellogg (L. D.) s. United States Steel Corp.
Kellogg (M. W.) Co., Umwandl. v. KW-stoffen 5698* E.
—, **Burton (W. P.)** u. **Solomon (E.)**, Trenn. v. organ. Verbb. 7354* A.
—, **Degnen (W. J.)** u. **Johnson (W. B.)**, Kontinuierl. Verf. u. Vorr. zur Umwandl. v. KW-stoffen in d. Dampfphase 8296* D. B.
— u. **Dickinson (N. L.)**, Oxydat. v. Paraffin-KW-stoffen 9903* A.
—, **Dickinson (N. L.)**, **Hill (L. R.)** u. **Williams (T. S.)**, Synthesegas 7586* A.
— u. **Dipner (C. D.)**, Dispersionen 8507* A.
—, **Dittman (A. L.)**, **Blum (O. A.)** u. **Wrightson (J. M.)**, Kontinuierl. Polymerisat. v. Trifluorchloräthylen 9919* A.
—, **Dittman (A. L.)**, **Passino (H. J.)** u. **Wrightson (J. M.)**, Polymerisieren v. Fluoräthylen 8746* F. — Polymerisat. v. F-halt. Monomeren in wss. Redoxsyst. 9681* A.
— u. **Green (Irving)** [Bayonne], Wss. Dispersionen v. Fluorkohlenstoffpolymeren 9206* A.
— u. **Jewell (J. W.)**, Katalyt. Umwandl. v. KW-stoffen 11717* A.
— u. **Lobo (W. E.)**, Verbesserr. beim Trennen v. Gasgemischen 11650* A.
—, **Lobo (W. E.)** u. **Skaperdas (G. T.)**, Entwässern aliphat. Alkohole 1838* A.
— u. **Loughran (R. T.)**, Behandl. v. Paraffinen 2114* A.
Kellogg (M. W.) Co. u. **McGrath (H. G.)**, Alkohole 7079* A. — Kohlenoxydhydrier. 11683* A.
—, **McGrath (H. G.)**, **Passino (H. J.)** u. **Rubin (L. C.)**, Trennen v. CO-Hydrierungsprodd. 6847* A.
—, **McGrath (H. G.)** u. **Rubin (L. C.)**, Kontinuierl. CO-Hydrier. 9438* A. — Red. v. Metalloxyden 10593* A.
— u. **Mantell (R. M.)**, Selektive Halogenabspalt. aus Fluorhalogenkohlenstoffen 11094* A.
—, **Mantell (R. M.)** u. **Passino (H. J.)**, Hydrazin 7521* A.
— u. **Marshall jr. (W. H.)**, Nitrier. 3482* A. — Nitrier. organ. Verbb. 8260* A.
—, **Moorman (J. W.)** u. **Kelly (L. J.)**, Katalyt. KW-stoffumwandl. 6892* A.
— u. **Morfit (O.)**, Wiedergewinn. v. Phenolen aus Extrakten 925* A.
— u. **Owens (R. M.)**, Verf. u. Vorr. zum Abtrennen verbrauchter fluidisierter Katalysatoren 8296* D. B.
— u. **Passino (H. J.)**, Stabilisieren v. Sojaöl 2559* A. — Hydrazin 2747* A.
—, **Passino (H. J.)** u. **Rubin (L. C.)**, Perfluoralkylhalogensilane 10151* A.
—, **Passino (H. J.)**, **Teeters (W. O.)** u. **Mantell (R. M.)**, Fluorhalogenkohlenstoffe 11093* A.
— u. **Pratt (R. S.)**, Hydrazin 4908* A.
— u. **Pyzel (R.)**, CO-Hydrier. 2575* A.
— u. **Rearick (J. S.)**, Polymerisat. v. Perhalogenolefinen 4714* E. — Mischpolymerisate v. Trifluoräthylen mit halogenierten Olefinen 6150* A.
—, **Riblett (E. W.)**, **Burton (W. P.)** u. **Lefrancois (P. A.)**, Pt- u. Pd-Katalysatoren 10419* A.
— u. **Teeters (W. O.)**, Disperss. aus Polytrifluorchloräthylen 10146* A.
Kellogg (W. L.) s. Denton (C. A.); Lillie (R. J.).
Kellom (D. B.) s. Curtin (D. Y.).
Kelly (A.) s. Gay (P.).
Kelly (B. K.) s. Eaglesfield (P.); Hale (C. W.); National Research Development Corp.
Kelly (C. M.) s. Kelly (J. J.).
Kelly (F. M.), Θ-Werte in Metallen. 2. Mitt. 20. — Magnet. Kernmoment v. ^{197}Au 1663.
—, **Kuhn (H.)** [Oxford] u. **Pery (A.)**, Hyperfeinstruktur im Atomspektrum v. Ca 1902.
Kelly (H. G.), **Hill (J. G.)** u. **Boyd (E. M.)**, Wirkungslosigk. v. Cortisonbehandl. auf d. Plasma-Lipidwerte bei Patienten mit rheumat. Arthritis 1774.
Kelly (H. J.) s. Macy (I. G.).
Kelly (J.) s. Ekstein (H.).
—, **Ray (J. D.)** u. **Ogg jr. (R. A.)**, Kernmagnet. Resonanzspektren v. Boranen u. Derivv. 6690.
Kelly (J. A.) s. Dow Chemical Co.
Kelly (J. C. R.) s. Okress (E. C.); Westinghouse Electric Corp.
Kelly (J. J.), **Smith (Edward R.)**, **Morgan (C. F.)** u. **Kelly (C. M.)**, Behandeln v. Zahnpulpen 6569* A.
Kelly (J. W.) s. Gifkins (R. C.).
Kelly (K. O.), **Naismith (W. E. F.)** u. **Thomson (R. H. K.)**, Unterss. an d. mittels Ammoniumsulfat erhaltenen Erdnußeiweißfraktionen 11227.
Kelly (L.) s. Witkus (E. R.).
Kelly (L. J.) s. Kellogg (M. W.) Co.
Kelly (M.), Phenylbutazon („Butazolidin"): gut oder schlecht? Antirheumaticum oder Analgeticum? 4398.

Kelly (P.) s. S w a n (G. A.).
Kelly (P. D.) s. A n d r e w (R.).
Kelly (R. B.), Taylor (W. I.) u. **Wiesner (K.),** Synth. v. 1-Äthyl-9.10-dihydro-10-methyl-6.7-methylendioxyphenanthridin 1043.
Kelly (R. E.) u. **Laurence (D. R.),** Behandl. progressiver myoklon. Epilepsie mit Mephenesin 7259.
Kelly (R. F.), Bray (R. W.) u. **Phillips (P. H.),** Einfl. d. Vitamin-B_{12}- u. Aureomycinergänz. im Futter auf d. Vitamin-B_{12}-Aktivität d. Schweinemuskels 2469.
Kelly (R. L.) u. **Rice (P. J.),** Vakuumverdampf. v. Al 9262.
Kelly jr. (Walter) s. G e n e r a l A n i l i n e & F i l m C o r p.
Kelly (William) s. B l a c k w o o d (O. H.).
Kelly (W. C.) s. S o m e r s (G. F r e d).
Kelly (W. H.) s. L u (D. C.).
Kelman (W. M.), Dussajew (N. M.), Malkiel (G. S.) u. **Newodnitschi (N. N.),** β-Spektrometer mit magnet. Prisma u. einer magnet. Linse 510.
—, Kaminski (D. L.) u. **Jawor (S. J.),** Zylindr. magnet. Elektronenlinsen 8325.
—, Kaminski (D. L.) u. **Romanow (W. A.),** β-Spektrometer mit großem Auflösungsvermögen 3792. — Großes Prismen-β-Spektrometer mit zwei magnet. Linsen 6681.
— u. **Ljubimow (K. W.),** Ähnl. Bahnen geladener Teilchen in Magnetfeldern 4760.
Kelmers (D.) s. S i s l e r (H. H.).
Kelner (A.), Wachstum, Atmung u. Nucleinsäuresynth. bei UV-bestrahlten u. photoreaktivierten Escherichia coli 11400.
Kelsall (D. F.) s. N a t i o n a l R e s e a r c h D e v e l o p m e n t C o r p.
Kelsheimer (E. G.) s. H a y s l i p (N. C.).
Kelso (J. R. M.) s. M i t c h e l l (T. J.).
Kelton jr. (S. C.), Färbetechnik v. Acrylharzen 2086.
Keltz (F. O.) s. M c F e e l y B r i c k C o.
Kelus (J.), Problem d. Entfern. v. Phenolen aus industriellen Abwässern 5390.
Kemball (C.), Austausch-Rk. zwischen Neopentan u. Deuterium an aufgedampften Metallfilmen 5281. — Adsorpt. v. Dämpfen an Hg. 4. Mitt. Oberflächenpotentiale u. chem. Sorpt. 6926.
Kember (N. F.) s. B u r s t a l l (F. H.).
Kemble (A. R.) u. **Macpherson (H. T.),** Freisetz. v. Aminosäuren im perennierenden Raygras während d. Welke 5101. — Geh. an Monoaminomonocarbonsäuren in Zubereitt. v. Gräserprotein 5101. — Best. v. Monoaminomonocarbonsäuren durch quantitative Papierchromatographie 5143.
Kembō (H.) s. O z a w a (Y.).
Kemchadse (W. S.) u. **Balesin (S. A.),** Inhibitorwrkg. v. Aldehyden 10369.
Kemeny (M.), Abschminke 1865* F.
Keminger (K.), Blutfäden- (Hämatexodien-) Nachweise im Blute v. Hepatitiskranken u. ihre Zusammenhänge mit d. Angriffspunkt d. spezf. Virus. 1. Mitt. 3216.
Kemisk Vaerk Køge A/S, In 5--Stell. substituierte 2-Oxo-2.5-dihydrofurane 1375* E. — 2.5-Diacyloxy-2.5-dihydrofurane 3970* Dän. — Halogenier. v. Aryloxyessigsäuren oder deren Derivv. 5634* Dän. — Phthalocyanin-Pigmente für Anstrichfarben, Lacke, Drucktinten 8271* E., 8977* E. — Beständ. Phthalocyaninpigmentpräp. 10387* Schwz.
Kemp (A.) s. K i t s v a n H e i j n i n g e n (A. J. M.).
Kemp (A. D.) s. J o h n s o n (W. S.).
Kemp (C. R.), Schweißen v. Mg für Bauzwecke mit einer Misch. v. gleichen Teilen He u. Ar 1364. — Mg-Schlagstrangpress. 6838.
Kemp (F.) s. I. G. F a r b e n i n d u s t r i e A k t. - G e s.
Kemp (J. D.) s. C a l i f o r n i a R e s e a r c h C o r p.
Kemp jr. (L. G.) s. T e x a s C o.
Kemp (P. H.), Thermodynamik irreversibler elektrochem. Prozesse 3803.
Kemp (R. E.), Herst. v. Schweißen an 24 ST 3-Al unter Überwachung d. Schweißtemperaturkurve 4924.
Kemp (W. R. G.), Klemens (P. G.), Sreedhar (A. K.) u. **White (G. K.),** Gitterwärmeleitfähigk. v. Ag–Pd-Legierr. bei tiefen Tempp. 5729.
Kemp & Lauritzen, Thermoelektr. Wärmemesser für strömende Fl. 2975* Dän.
Kempcke (E.), Vermeid. nadelstich., eierschal. u. krätz. Porzellanglasuren 2981.
—, Priehäußer (M.) u. **Hofmann (U.),** Amberger Kaolin 5871.
Kempe (C. H.) s. M e i k l e j o h n (G.).
Kempen (G. J. van) u. **Kreutzer (H. H.),** Handleiding voor het analystexamen. Dl. 3 [9407].
Kempf (H.), Aristasept in d. gynäkolog. Praxis 10073.
Kempf (T.) s. K a t z (W.).
Kempf (W.) u. **Lindemann (E.),** Erfahrr. mit einer neuen verbesserten Hefeabbaumeth. zur Analysier. einer Misch. v. Glucose, Maltose u. vergärbaren Oligosacchariden nach S. C. Pan, L. W. Nicholson u. P. Kolachov 6873.
Kempster (H. L.) s. W i e t l a k e (A. W.).
Kemsley (D.), Radioakt. Isotopen u. ihre Verwend. in d. Metallurgie 4923.
Kemula (W.), Anwend. d. Polarographie in analyt. Betriebslaboratorien 10334.
— u. **Behr (B.),** Bewegg. d. Hg-Tropfelektrode u. d. Elektrolyten bei oscillopolarograph. Messungen 8557.
— u. **Chodkowski (J.),** Wasserstoffwelle in Acetatpufferlsgg. 4285.
— u. **Grabowski (Z. R.),** Bedingg. d. experimentellen Nachw. d. Red. v. O_2 zu Hydroxylionen 3804.
— u. **Siekierski (S.),** Polarometr. (amperometr.) Best. v. O_2 3927.
Kenaga (E. E.) s. D o w C h e m i c a l C o.
Kenanoglu (A.) s. H ä n s c h (U.).
Kench (J. E.), Gallenfarbstoffbldg. in vitro aus Hämatin u. Hämderivv. 6551.
Kenda (W.), Entfern. v. festen Schwebestoffen aus Mischsäften 1158.
Kendall (A. C.), Tödlich verlaufene Encephalitis nach Einnahme v. Phenolphthalein 6077.
Kendall (C. E.) s. D u n l o p R u b b e r C o. L t d.
Kendall (E. C.), Hormone d. Nebennierenrinde 1773. — A. Nobel 9946. — s. R e s e a r c h C o r p.
Kendall (F. E.) s. D a y t o n (S.); M o s b a c h (E. H.).
Kendall (H. W.) u. **Deutsch (M.),** Vernicht. v. Positronen im Flug 1195.
Kendall (J. D.) s. D u f f i n (G. F.); I l f o r d L t d.
Kendall (J. T.), Elektronenleit. in SiC 2364.
Kendall (M. T.) s. T e x a s C o.
Kendall (S. B.) s. J o y n e r (L. P.).
Kendall (V. V.), Veränderr. in mit Beschleunig. arbeitenden Korrosionsprüfkammern 8957.

Kendall Co. u. **Bright (W. M.),** Polyäthylenfilm 11296* A.
— u. **Eustis (W.),** Lager. v. selbstpolymerisierenden Klebstoffen u. Klebbändern auf Vinylbasis 4260* A.
Kendrew (J. C.), Kristalline Proteine: Neuere röntgenograph. Unterss. u. Strukturhypothesen 10530. — s. Robertson (J. Monteath).
—, **Parrish (R. G.), Marrack (J. R.)** u. **Orlans (E. S.),** Artspezifität v. Myoglobin 9816.
— u. **Trotter (I. F.),** Pseudorhomb. Kristallform d. Pferdemyoglobins 3159.
Kendrick (E.) s. Schnurmann (R.).
— u. **Schnurmann (R.),** Verf. zur Justier. eines Infrarotmonochromators mit seitl. versetztem Hohlspiegelkollimator 4417.
Kendrick (J. W.), Tucker (J.) u. **Peoples (S. A.),** Nitratvergift. v. Rindvieh durch Aufnahme v. Streifendistel, Silybum marianum 8205.
Kendrick (N. S.) s. Kirkwood jr. (C. E.).
Kendrick III (T. R.) s. Karr jr. (C.).
Keneaster (K. K.) s. Roberts (R. L.).
Keneshea jr. (F. J.) u. **Kahn (Milton),** Art d. chem. Bind. v. ^{131}J, d. durch Neutronenbestrahl. v. Te in organ. Fll. gebildet wird 4513.
— u. **Saul (A. M.),** Beitrag d. chem. Elemente zur β-Aktivität d. Spaltprodd. 4513.
Keng (K. L.) s. Bos (S. E.).
Kenigsberg (S.) s. Chevalley (J.).
Kennametal, Inc., Korrosionsbeständ. gesinterte Hartlegier. 8488* E. — Korrosionsfestes Hartmetall 11090* E.
— u. **Graham (J. W.),** Sinterkörper 10856* A.
Kennard (K. C.) s. Looker (J. H.).
— u. **Hamilton (C. S.),** Synth. v. gewissen, d. Trichlormethylgruppe enthaltenden Organophosphorverbb. 6264.
Kennard (W. C.), Tukey (L. D.) u. **White (D. G.),** Verzöger. d. Blühens bei Obstarten durch Maleinsäurehydrazid 11452.
Kennaway (A.), Granulier. v. Polyäthylen 9917.
Kennaway (E.), A. Kossel 5705.
Kennaway (T.) s. Barritt (D. T.).
Kennedy (A. M.), Al_2O_3-Gewinn. 7058* A.
Kennedy (C. E.) s. Biehl (J. P.).
Kennedy (D. W.) s. General Electric Co.
Kennedy (E. P.) u. **Smith (Sylvia W.),** Isolier. v. radioakt. Phosphoserin aus „Phosphoprotein" d. Ehrlichschen Ascitestumor 5093.
— u. **Weiss (S. B.),** Cytidindiphosphatcholin: Neue Zwischenstufe d. Lecithinbiosynth. 6541.
Kennedy (G. C.), Druck-, Volumen-, Temp.-Beziehh. v. CO_2 bei erhöhten Tempp. u. Drucken 1447. — Hydrothermalsynth. v. Einkristallen v. Silicaten u. a. gesteinsbildenden Mineralen 6235.
Kennedy (H. E.), Anwend. d. Autogenverf. zur Spannungsverminderung 8718.
Kennedy (J.) s. Schayer (R. W.).
Kennedy (J. K.) s. Evans (G. G.).
Kennedy (J. M.) u. **Sharp (W. T.),** γ-Strahl. aus durch polarisierte Teilchen induzierten Rkk. 10431.
Kennedy (J. P.) u. **Plant Protection Ltd.,** Unkrautvertilgungsmittel 4196* E.
Kennedy (J. W.) s. Feng (P. Yen-hsiung).
Kennedy (M. T.) s. Scott (F. L.).
Kennedy (R. A.), Insekticides Poliermittel 9204* A.

Kennedy (R. J.) s. Kirn (F. S.).
Kennedy (R. M.) s. Donnell (C. K.); Sun Oil Co.
Kennedy (T. J.) s. Phillips Petroleum Co.
Kennedy (W. K.) s. Schenk (R. U.).
—, **Hesse (W. H.)** u. **Johnson (C. M.),** Einfl. v. Herbiciden auf d. Trocknungsgeschwindigk. v. Heuernten 1163.
Kennedy (W. L.), Anomale Absorpt. v. Höhenstrahlen in Pb 2351.
Kennedy (W. R.) s. Dietrich (J. E.).
Kennekott Copper Corp., Glasser (J.) u. **Hampel (C. A.),** Ti-Herst. 5411* Can.
Kenner (G. W.) u. **Williams (N. R.),** Red. v. Phenolen zu aromat. KW-stoffen 11366.
Kenner (J.) s. Corbett (W. M.).
— u. **Richards (G. N.),** Abbau v. Kohlenhydraten durch Alkali. 3. Mitt. 3-O-Methylderivv. v. Glucose u. Fructose 5314; 4. Mitt. 1-O-Methylfructose, Glucose u. Fructose 5552; 7. Mitt. 5-O-Benzyl- u. 3.5-O-Benzyliden-2-desoxy-D-ribose 6984. — Alkal. Abbau v. Amylose 11400.
Kennett (A. C.) s. British Oxygen Co.
Kennett (B. H.), Best. v. Äthylendibromid Äthylenchlorbromid in Luft 5881.
Kenney (J. W.) s. Great Lakes Carbon Corp.
Kenney (M. E.) u. **Laubengayer (A. W.),** Polymeres Dimethylgalliumhydroxyd u. seine Kondensat. 2386.
Kenney (N. T.) s. Fine (M. E.).
Kenney (R. W.) s. McDonald jr. (C. A.).
—, **Dudley (J. M.)** u. **McDonald jr. (C. A.),** Absol. Photonenbremsquerschnitt für Nichtpaarprozesse in Be bei 300 MeV 6204.
Kennidy (E. R.) s. Barbaro (J. F.).
Kenny (E. C.) s. Jones jr. (Ralph).
Kenny (F.) u. **Kurtz (R. B.),** Siloxan als Chemoluminescenzindicator bei d. Chromattitrat. zur Best. v. Pb 1806. — Luminol als Chemiluminescenzindicator bei d. photometr. Titrat. v. stark undurchsicht. Lsgg. 2032.
Kenny (G. C.) s. Alexander (G. I.).
Kenny (G. S.) s. Barnett (S. J.).
Kensler (C. J.), Rudden (M.), Shapiro (E.) [New York] u. **Langemann (H.),** Cholinoxydaseaktivität bei jungen Ratten 4373.
Kent (A. M.) s. Carlo (F. J. Di).
Kent (B.) s. Moyer (J. H.).
Kent (D. W.) s. Dainton (A. D.); Snowden (S. C.).
Kent (H.) u. **Kent (P.),** Ce-Legierr. 9897* A.
Kent (N. L.) s. Greer (E. N.).
Kent (P.) s. Kent (H.).
Kent (P. J. C.), Verschmelzz. zwischen Gläsern u. feuerfesten Stoffen 2048.
Kent (P. W.) s. Kaye (M. A. G.); Taylor (N. F.); Ward (P. F. V.); Whitehouse (M. W.).
— u. **Ward (P. F. V.),** Synth. v. 4-Desoxy-L-ribose aus D-Lyxose 1973.
— u. **Whitehouse (M. W.),** Biochemistry of the aminosugars [8196].
Kent (R. P.), Dauerstand- u. Bruchverss. an Schweißmetallpolstern u. Schweißen, d. an Cr–Mo-Stahlrohren mit Mo enthaltenden Elektroden ausgeführt worden sind 8253.
Kenty (C.), Neue Meth. zur Anreg. v. metall. Spektren durch akt. N_2 13. — Nachleuchtspektren in Glühlampen 9022.
Kenworthy (A. L.) s. McManus jr. (G. A.).
Kenworthy (H.) s. Eggen (D. T.).

Kenworthy (J. W.), Mahlen v. Zellstoff in d. Laboratoriumsmühle 3518.
Kenworthy (L.) s. Slater (I. G.).
Kenyon (J.) s. Anderson (I. G.); Balfe (M. P.); Green (G. H.).
Kenyon (W. O.) s. Eastman Kodak Co.
Kenzie (W. R.) u. **Wilson (A. M.)**, Herst. u. gerbende Eigg. v. Phenolderivv. v. Ligninsulfosäure. 2. Mitt. Anwend. d. Kresolderivv. bei d. Nachgerb. v. Chromleder 11136.
Keogh (D. J.) s. Price's Patent Candle Co. Ltd.
Keough (A. H.) s. Kuivila (H. G.).
Keown (R. W.) s. Shoemaker (G. L.).
Kepes (A.), Potentiometr. u. polarograph. Unters. d. Bind. d. Cd-Ions an Serumalbumin 3396.
Kepes (E. R.), **Haimovici (H.)** u. **Simon (B.)**, Hautnekrose nach intravenöser Anwend. v. Norepinephrin 4625.
Képinov (L.), Unters. d. glykogenolyt. Wrkg. in d. Rattenleber nach Insulininjekt. 11237.
Kepp (R. K.), Schmerzlinder. beim inkurablen Genitalcarcinom mit chem. Mitteln 4398.
Keppler (H.) s. Farbwerke Hoechst Akt.-Ges., vormals Meister Lucius & Brüning.
Keppler (R.), Stand d. Wasserabweisendausrüstung in neuerer Zeit. 1. Mitt. 251; 2. Mitt. 4238. — Prüf. auf Filzfreih. 3766. — Wasserabweisendes Ausrüsten v. Perlon 8063. — Opt. Aufheller in d. Wollbleiche 8528, 9936. — Gegenwärtiger Stand d. waschbeständ., wasserabweisenden Appretur 10888.
Keps (J. S.) s. Erickson (J. G.).
Kerber (H.) s. Wille (F.).
Kerby (G. P.), Ausscheid. v. Glucuronsäure u. sauren Mucopolysacchariden mit d. n. menschl. Urin 3664. — Auf Freisetz. eines lysozymähnl. Enzyms beruhende Meth. zum Nachw. einer Leukocytenschädig. 7020.
Kerchove (Van den) & Carels, Soc. An. s. Comp. Française Thomson-Houston.
Kerényi (E.) u. **Kováts (G.)**, Unters. v. KW-stoff-Proben aus ungar. Mineralöl mit physikal.-chem. Methoden. 3. Mitt. 4739.
—, Szepesy (L.) u. **Kováts (G.)**, Unters. v. KW-stoff-Proben aus ungar. Mineralöl mit physikal.-chem. Methoden. 4. Mitt. Schnellmeth. zur Best. d. Zus. v. Toluol–Xylol-Mischungen 4739.
Kerényi (I.), Alkaliabgabe d. Ampullengläser 409. — Best. d. Folsäure (Pteroylglutaminsäure) in Arzneizubereitungen 4162. — s. Boldizsár (I.).
Kerényi (N.) u. **Róna (G.)**, Wrkg. d. Urethans auf d. Glomeruli u. d. Capillarsyst. verschied. Versuchstiere 10314.
Keresztény (B.), Veränderr. im Phosphorsäuregeh. v. Böden unter anaeroben Bedingg. 441. — s. Várallyay (G.).
Keresztesi (K.) s. Driak (F.).
Kergomard (A.) s. Dupont (G.).
Kerguen (R.) s. Durieux (J.).
Kerhor (A. de), **Lagarrigue (R.)** u. **Schmucki (J.)**, Lichtdruckformen 9240* F.
Kerimow (B. K.) s. Ssokolow (A. A.).
Kerimow (G.), Milch d. Büffelkuh u. Prodd. ihrer Verarbeit. 7108.
Kerk (G. J. M. van der) s. Nederlandse Centrale Organisatie voor Toegepast-Natuurwetenschappelijk Onderzoek.
Kerk (G. J. M. van der) u. **Luijten (J. G. A.)**, Organozinnverbb. 1. Mitt. Darst. v. Butylzinnverbb. durch eine Wurtz-Rk. 9307; 2. Mitt. Darst. v. Äthylzinnverbb. aus einer Sn–Mg-Legier. 9307; 3. Mitt. Biocide Eigg. d. Organozinnverbb. 9307.
Kerker (M.), **Jones jr. (G. L.)**, **Reed (J. B.)**, **Yang (C. N. P.)** u. **Schoenberg (M. D.)**, Absorpt. u. Lichtstreuung v. Vanadiumpentoxydhydrosolen 11166.
Kerkhof (F.), Analyse d. spröden Zugbruches v. Gläsern mittels Ultraschall 2146.
Kerkkonen (H. K.) s. Kreula (M.).
Kerlie (W. L.) s. Stewards and Lloyds Ltd.
Kerlux Soc. An., Borgo (A. Dal) u. **Korach (M.)**, Keram. Schichtkörper 1356* D. B.
Kerly (M.) s. Hoare (D. S.).
Kermack (W. O.) s. Dobbie (H.).
Kerman (A. K.), Kernoberflächenoscillationen 1196.
Kermarrec (F.) u. **Weissmann (J.)**, Elektronenapparate zur Unters. v. Kraftstoffen während d. Fahrt 1178.
Kern (A.), Schafmilch in Israel 4956, 8282.
Kern (B. D.) s. Givin (H. H.).
Kern (D. M. H.), Polarograph. Oxydationspotential d. Ascorbinsäure 547. — Polarographie u. Normalpotential d. Syst. O_2–H_2O_2 4044. — Analyse v. irreversiblen polarograph. Stufen 4044.
Kern (E. A.) s. General Electric Co.
Kern (F.) s. Das (M. N.); Genaux (C. T.).
Kern (H.) s. Schulz (G. V.).
Kern (J. G.), Färbbark. d. modernen synthet. Fasern 3009, 8268, 8503.
Kern (Raymond), Unters. d. Form einiger Ionenkristalle mit einfacher Struktur. 2. Mitt. Einfl. d. Kristallisationspartner auf d. Form d. Kristalle 5013.
Kern (Rudolf) s. Rhein-Chemie G. m. b. H.; VEB Cirine-Werk.
Kern (R. J.), S-Verbb. als Polymerisationsaktivatoren 8641. — s. Bordwell (F. G.).
Kern (S. F.), Röntgenograph. Prüf. u. Forsch. an pharmazeut. Stoffen 409.
Kern (Walter) s. Ciba Akt.-Ges.
Kern (Walther), Therapeut. Einsatz d. Mutterkorns, bes. d. augenblickl. Stand d. Mutterkornforsch. 1793. — Pharmazeut. Betracht. aus d. Fettgebiet, bes. d. Erfordernisse d. Salben- u. Suppositorienherst. 2250.
—, Cordes (T.), Hilbck (H.) u. **Lennartz (H. J.)**, Ergänzungsvorschläge zum DAB. 5. Mitt. Brauchbark. d. Thermomikromethoden zur Identifizier. u. Prüf. organ. Stoffe als Arzneibuchbestimmungen 8208.
—, Rath (Hubert) u. **Salzer (F.)**, Ergänzungsvorschläge zum DAB. 4. Mitt. 636.
— u. **Salzmann (O.)**, Gestalt. d. allg. Abschnittes Unguenta — Salben im DAB 8207, 11630.
—, Salzmann (O.) u. **Scheller (H.)**, Prüf. einiger Salbengrundlagen, d. für einen Nachtrag zum DAB 6 bzw. für das DAB 7 in Frage kommen. *1.* Teil. Glycerinmonostearat u. Polyäthylenglykol–Sorbitan-Monooleat 8207.
— u. **Schenk (G.)**, Ergänzungsvorschläge zum DAB. 6. Mitt. Bewert. v. Fructus Capsici u. Tinctura Capsici. 2. Teil 8208.
Kern (Werner) s. Deutsche Gold- & Silberscheideanstalt vormals Roessler; Farbenfabriken Bayer Akt.-Ges.; Farbwerke

Höchst Akt.-Ges., vormals Meister Lucius & Brüning; Röhm & Haas G. m. b. H.; Wieland (T.).
Kern (Werner) u. **Schulz (R.)** [Mainz], Wirksamk. verschied. Peroxyde auf d. mit Hilfe v. Redoxsystemen beschleunigte Lösungspolymerisat. v. Styrol 3636.
Kernahan (J. L.) s. Torrisi (A. F.).
Kerner (E. H.), Expans. eines spaltbaren Gases als Energiequelle 8545.
Kernkamp (M. F.), Samenbehandl. v. kleinsam. Leguminosen 6833.
Kerone (E. B. W.) s. Olin Industries, Inc.
Kerowa (N. I.) s. Tchepinoga (O. P.).
Kerppola (W.), Anstieg d. Brenztraubensäurespiegels im Blut während d. Behandl. mit Cortison u. beim Cushing-Syndrom 9831.
Kerr jr. (A. B.) s. Jacobson (C. R.).
Kerr (A. H.) & Co., Sachs (C. C.) u. **Bond (J.)**, Katalysatoren für Photopolymerisatt. 11470* A.
Kerr (D. J. A.), Forensic medicine; a textbook for students and a guide for the practitioner [2021].
Kerr (E. C.), Orthobare DD. v. ^{3}He zwischen *1,3°* K u. *3,2* K 11513.
Kerr (E. R.) s. Jasper (J. J.).
Kerr (J. H.) s. Pecora (W. T.).
Kerr (J. S. S.), Schaffner (J. S.) u. **Suran (J. J.)**, Einfl. eines transversalen elektr. Feldes auf d. Trägerdiffus. in d. Grundflächengebiet eines Transistors 9026.
Kerr (K. B.) s. Salsbury's (Dr.) Laboratories.
Kerr (P. F.) s. Green (J.).
Kerr (R. J.) s. Protective Coatings Corp.
Kerr (R. W.) s. Corn Products Refining Co.
—, Cleveland (F. C.) u. **Katzbeck (W. J.)**, Wrkg. v. Amyloglucosidase auf Amylose u. Amylopektin 3881.
— u. Hobbs (K. C.), Substituierte Silylderivv. d. Stärke 8879.
Kerridge (D. H.) s. Addison (C. C.).
Kerridge (F. E.) s. Johnson, Matthey & Co. Ltd.
Kerrinnes (C.) s. Grohmann (W.).
Kerschner (F.), Thorotrastschäden d. Niere 2473.
Kershaw (M. A.), Verf. d. Abwasserbehandl. Beseitig. häusl. Abwassers in kleineren Gemeinden ländl. Bezirke 6823.
Kershner (K. K.), Funk (C. W.) u. **Calhoun (W. A.)**, Minderwert. Bauxite u. Tone als Al-Rohstoffquellen 9429.
Kerst (D. W.) s. Scott (M. B.).
Kerstan (W.), Beeinfluss. d. Säurebeständigk. u. Bleilässigk. v. Aufglasurfarben durch Steingutglasuren 3228. — s. Deutsche Gold- & Silberscheideanstalt vormals Roessler; Dietzel (A.).
Kersten (H.) s. Blanchard (F. A.).
Kersten (H. E.), Antiformin zum direkten mkr. u. kulturellen Nachw. v. Tuberkelbakterien u. a. säurefesten Keimen 10059.
Kertai (P.) s. Csalay (L.).
Kertes (S.) s. Bobtelsky (C.).
Kertess (A. F.), Entw. chem. Mittel für Textilien 6651.
Kertesz (Z. I.) u. **McColloch (R. J.)**, Pektinsubstanzen reifer John Baer-Tomaten 10645.
Kerwin (J. F.) s. Smith, Kline & French Laboratories.
Kerwin (L.), Massenspektrometr. Daten bei P 11146.
Kerz (S. P.), Kjeldahlmeth. 11059.
Keschan (A.) u. **Wimba (S.)**, Dodekaborate v. K–Co u. NH_4–Co 2152.
Keschischjan (T. N.) s. Kitaigorodski (I. I.).
Kesel (R. G.) s. University Illinois Foundation.
Keshishian (V.) s. Fowler (C. M.).
Kesić (B.) u. **Häusler (V.)**, Hämatolog. Unterss. an Arbeitern, d. Manganstaub ausgesetzt waren 10080.
Kesler (C. C.) s. Penick & Ford Ltd., Inc.
Kessar (S. V.) s. Vig (O. P.).
Kessel (J. F.), Thooris (G. C.) u. **Bambridge (B.)**, Diäthylcarbamazin (Hetrazan oder Notezine)-Gebrauch in Tahiti als eine Hilfe in d. Kontrolle d. Filariasis 6800.
Kessel (P. v.), Umkehrverf. 10903* D. B.
Kessel (W. G.), Grubenwasserproblem 8940.
Kesselring (C.) s. Siemens & Halske Akt.-Ges.
Kesselring (F.) s. Siemens-Schuckertwerke Akt.-Ges.
Kessels (F. A. H.) s. Chemische Fabriek L. van der Grinten, N. V.
Kessler (A.) s. Siemens-Schuckertwerke Akt.-Ges.
Kessler (B. J.), Liebler (J. B.), Bronfin (G. J.) u. **Sass (M.)**, Blutstrom d. Leber u. innerer Sauerstoffverbrauch in d. Fettleber v. Alkoholikern 8197.
Kessler (D.) u. **Maze (R.)**, Durchdringende Sekundärkomponente d. μ-Mesonen 4266.
Kessler (E.), Mechanismus d. Nitratred. v. Grünalgen. 2. Mitt. Vergleichend-physiol. Unterss. 4381. — Nitritbldg. u. Atmung bei d. Nitratred. v. Grünalgen 10782.
Kessler (H.) s. Dynamit Akt.-Ges. vormals A. Nobel & Co.
Kessler (H. D.) s. Bumps (E. S.); Crossley (F. A.).
— u. Hansen (M.), Umwandlungskinetik u. mechan. Eigg. v. Ti–Al–Mo-Legierr. 6123. — Dass. v. Ti–Al–Cr-Legierr. 6123.
Kessler (H. K.) u. **Sutherland (G. B. B. M.)**, Nicht ebene Deformationsfrequenz d. NH-Gruppe in Peptidbindd. 6767.
Kessler (Johann), Prüf. auf Abwesenh. pyrogener Substanzen 7497.
Kessler (Julius) s. Gelsenkirchener Bergwerks-Akt.-Ges.
Kessler (J. O.) u. **Lederman (L. M.)**, Wechselwrkgg. negativer π-Mesonen in C u. Pb 9013.
Kessler (K. G.), Meggers (W. F.) u. **Moore (C. E.)**, Erweiterung d. Bogenspektren v. Pd u. Pt (*6500—12 000* Å) 11155.
— u. Trees (R. E.), Kernmomente v. ^{99}Tc 5233.
Kessler (R.) s. Jaumann (J.).
Kessler Chemical Co., Inc. u. **Logan (R. L.)**, Polyoxyfettsäureester 10136* A.
Keste (S.) s. Koch (L.).
Kester (E. B.) s. Roberts (R. L.).
Kestigian (M.) u. **Ward (R.)**, Darst. v. Lanthan-Titanoxyd $LaTiO_3$ 3331.
Keston (A. S.), Vork. v. Mutarotase im tier. Organismus: Vermutl. Bezieh. zum Transport u. zur Resorpt. v. Zuckern u. Insulin 9354.
Ketchen (E. E.) u. **Wallace (W. E.)**, Rk.-Wärmen v. Na- u. K mit W. u. d. Standardbildungswärmen v. wss. Na- u. K-Hydroxyd bei *25°* 5252.

Ketel (W. G. van), Terpentinekzem 8431.
Ketelaar (J. A. A.), Direkte Elektrizitätserzeugung mit Hilfe von Brennstoffelementen 1348. — Spektrophotoelektr. Colorimetrie 4657. — Nobelpreisträger für Chemie *1954* L. Pauling 8537. — s. Bier (A.); Dranen (J. van); Salomon (G.).
— u. **Heijmann (D.)**, Unterss. d. radioakt. Austauschs bei d. Umwandl. d. $CaSO_4$-Hydrate 6473.
—, **Rundervoort (H. J.)**, **Lobatto (J. L.)** u. **Hooge (F. N.)**, Nichtexistenz v. Sesquiammoniumphosphat 9519.
Ketiladse (K. J.) s. Kipiani (S. P.).
Ketley (A. D.) s. Mare (P. B. D. de la).
Kettenbach (A.), Herst. desinfizierender Schmiermittel 11640* D. B.
Ketterer (B.) u. **Kirk (R. L.)**, Melanophores Ausbreitungshormon d. Hypophyse u. seine Bezieh. zu ACTH. 3. Mitt. Papierelektrophorese v. 4 Hormonextrakten 7017.
— u. **Remilton (E.)**, Melanophores Ausbreitungshormon d. Hypophyse u. seine Beziehungen zu ACTH. 1. Mitt. Bestimmungsmeth. d. melanophoren Ausbreitungshormons 7016; 2. Mitt. Einfl. d. Hitze auf 3 Hormonauszüge in alkal. Milieu 7017.
Ketterer (C. C.) s. Wiley (R. H.).
Kettunen (K.), Beobachtt. bei d. Behandl. v. Krebskrankhh. mit Röntgenstrahlen in d. USA v. *1953—1954* 3401.
Ketzlach (N.), Erzeug. v. Ammonsulfat u. Manganoxyden 7057.
Keuffel (J. W.) s. Meyer (A. J.).
Keukens (H. P.) s. N. V. Philips' Gloeilampenfabrieken.
Keunecke (E.) s. Badische Anilin- & Soda-Fabrik Akt.-Ges.; Imhausen & Co. G. m. b. H.
Keunecke (F.) s. Putsch (H.) & Co.
Keup (W.), Chromatograph. Methoden 10820.
Keuper (J. P.) s. Hereford (F. L.).
Keverian (J.), **Taylor (H. F.)** u. **Wulff (John)**, Kugelgraphitbldg. in Gußeisen 3949.
Keverling Buisman (J. A.) s. Hartford National Bank & Trust Co.
Kewitz (H.), Bedeut. d. Acetylcholins als Überträgersubstanz sympath. Ganglien 1554.
— u. **Reinert (H.)**, Wrkg. verschied. Sympathicomimetica auf d. chem. u. elektr. ausgelöste Erreg. d. oberen Halsganglions 1321. — Vgl. pharmakol. Unterss. d. Muskelrelaxantien My *301* u. Myocain 7030.
—, **Reinert (H.)**, **Schaeffer (G.)** u. **Massberg (F.)**, Nachw. v. Funktionsänderr. im Zentralnervensyst. durch elektr. u. chem. induzierte Krämpfe 5117.
Key (C. W.) u. **Hoggan (G. D.)**, Spektrograph. Meth. zur Analyse v. Schmierfetten 10895.
Keyes (E. A.) s. Thomas (J. W.).
Keyes (F. G.) u. **Huckaba (C. E.)**, Irrtum in d. durchschnittl. Koeffizienten d. Änder. d. spezif. Vol. zwischen *0* u. *20°* in wss. Lsgg. v. H_2O_2 524.
Keyes (G. H.) s. Brooker (L. G. S.).
Keyes (J. J.) s. Westinghouse Electric Corp.
Keyes (P. H.), Zahncaries beim Syrischen Hamster. 6. Mitt. Cariesaktivität v. mit wahrscheinl. cariogener Diät gefütterten Tieren 7248.
Keyes (R. J.) s. Stevenson (D. T.).
Keyes (R. J.) u. **Maple (T. G.)**, Änder. d. Rekombinationsgeschwindigk. v. Ge-Oberflächen durch umgebende Gase 6458.
Keyes (R. W.), Diffus. v. Gitterstörr. in einem Temp.-Gradienten 5013.
Keyishian (A.), Zementhalt. Baustoffmischungen 8004* A.
Keyl (A. C.) s. Stresen-Reuter (F. A.), Inc.
— u. **Dragstedt (C. A.)**, Einfl. v. Insulin auf d. Wrkg. v. Herzglykosiden am intakten embryonalen Hühnerherz 8674.
Keyl (M. J.) s. Brown (Barbara B.).
Keys (A.) s. Fidanza (F.).
Keyser (N. H.) s. Eastern Clay Products, Inc.
Keyser (W. L. de), Rkk. im festen Zustand in d. tern. Syst. SiO_2–CaO–Al_2O_3 43.
— u. **Degueldre (L.)**, Quantitative Bedeut. d. radiokristallograph. Analyse feuerfester Materialien 10356.
Keysselitz (B.), Neue Al–Sn–Lagerlegierr. 2061.
Keysser (C. H.), Colorimetr. u. spektralphotometr. Konzentrationsbest. 1337.
Keysser (H. S. de) = Schumacher de Keysser (H.).
Keyssler (H.), **Parhofer (R.)** u. **Schedel (F.)**, Kreislaufwrkg. v. Vitamin P 4873.
Keywell (F.), Zerstäub. im Hochvakuum u. ihre Bezieh. zu d. v. Seitz beschriebenen Strahlungsschädig. 4519.
Khaladji (J.) s. Champetier (G.).
Khalafalla (S. E.) s. El Wakkad (S. E. S.).
Khalil (H. H.), Bedeut. d. Ascorbinsäure in d. Nebennierenrinde 3902.
Khalique (M. A.) u. **Ahmed (M.-D.)**, Corchsularin, ein neuer Bitterstoff aus Jutesamen. 1. Mitt. Seine Isolier. u. d. Konst. d. Corchsularose 6764.
Khambata (S. R.) u. **Bhat (J. V.)**, Neues, Oxalat abbauendes Bacterium, Pseudomonas oxalaticus 7941. — Abbau v. Oxalaten durch Streptomycesarten 8183.
Khambatta (R. B.) s. Currens (J. H.).
Khan (I. A.) s. Blackman (M.).
Khan (K. B.) s. Haynes (B. G.).
Khan (M. M.) s. Marshall (L. M.).
Khan (N. A.), Infrarotunterss. über d. Einleit. d. Autoxydat. einiger Fettsäureester mit u. ohne lichtsensibilisiertes Chlorophyll 9531.
Khandwala (R. M.) u. **Tendolkar (G. S.)**, Red. v. pulverisiertem Hämatit. 1. Mitt. Diskontinuierl. Red. 7771; 2. Mitt. 7771.
Khanna (K. L.) u. **Chakravarti (A. S.)**, Chemie v. Rohrzuckersaft in bezug auf Klärbark. in d. Gurherst. 709.
Kharasch (M. S.), **Holton (P. G.)** u. **Nudenberg (W.)**, Entdeck. freier Radikale in Lsg. 2. Mitt. Rk. v. Alkyl- u. Arylhalogeniden mit Mg in Ggw. v. Isopren 9293.
—, **Kuderna (J.)** u. **Nudenberg (W.)**, Rkk. v. Atomen u. freien Radikalen in Lsg. 33. Mitt. Photochem. u. peroxydinduzierte Addit. v. Cyclohexanon an Octen-(1) 6256.
—, **Mulley (R. D.)** u. **Nudenberg (W.)**, Entdeck. freier Radikale in Lsg. 1. Mitt. Rk. v. Phenoxyäthylbromid mit Isopropylmagnesiumbromid (oder mit Mg) in Ggw. v. Isopren u. Kobalt(II)-halogeniden 1015.
—, **Nudenberg (W.)** u. **Meltzer (T. H.)**, Rkk. v. Atomen u. freien Radikalen in Lsg. 34. Mitt. Photochem. Dissoziat. v. Disulfiden in Mercaptylradikale 6256.

Kharasch (M. S.) u. **Reinmuth (O.)**, Grignard reactions of nonmetallic substances [6999].
—, **Schwartz (D.)** u. **Nudenberg (W.)**, Rkk. v. Atomen u. freien Radikalen in Lsg. 30. Mitt. Dimerisat. v. freien Radikalen aus Olefinen 6254.
—, **Schwartz (D.)**, **Zimmermann (Markus)** u. **Nudenberg (W.)**, Rkk. v. Atomen u. freien Radikalen in Lsg. 32. Mitt. Rk. v. freien Benzoylradikalen mit Pyridin in Ggw. v. Benzaldehyd 6255.
—, **Simon (Eric)** u. **Nudenberg (W.)**, Rkk. v. Atomen u. freien Radikalen in Lsg. 29. Mitt. Relative Rk.-Fähigk. v. Olefinen gegenüber d. freien Trichlormethylradikal 6254.
—, **Weinhouse (S.)** u. **Jensen (E. V.)**, Darst. u. Eigg. v. 2-Chlor-2'-fluordiäthylsulfid 9068.
—, **Zimmermann (Markus)**, **Zimmt (W.)** u. **Nudenberg (W.)**, Rkk. v. Atomen u. freien Radikalen in Lsg. 31. Mitt. Rkk. v. freien Benzoylradikalen mit Azoverbb. 6255.
Kharasch (N.) u. **Swidler (R.)**, Derivv. d. Sulfensäuren. 15. Mitt. Neue Synth. v. Thiophenolen 9075.
Kharbanda (O. P.) s. Chu (J. C.).
Khastgir (S. R.) u. **Setty (P. S. V.)**, Positiver u. negativer Joshi-Effekt in „stillen" Wechselstromentladd. in J-Dampf 8550. — Negativer Joshi-Effekt in stillen Wechselstromentladd. in Abhängigk. v. d. angelegten Spann. 10193.
— u. **Srivastava (C. M.)**, Ursprung v. HF-Schwingg. in einer stillen Wechselstromentlad. 5242. — Streamer-Mechanismus in stillen Wechselstromentladd. 6215.
Khatri (L. D.) u. **Samuels (R. D.)**, Klin. Vers. mit Pyrimethamine (Daraprim) u. Amodiaquine (Camoquine) bei d. Malariaaußenstation Thirmalapur, Nizamabad District 11038.
Khenissi (M. R.) s. Buu-Hoï (N. P.).
Khorana (H. G.), Stufenweiser Abbau v. Peptiden 7892.
Khosla (B. D.), u. **Gaur (H. C.)**, Polarograph. Unters. d. Co–Ferricyanid-Komplexes 1678. — Amperometr. Titrationen mit Kaliumferrocyanid. 1. Mitt. Best. v. Zn 4896. — Amperometr. Titrat. v. Pb mit Kaliumferrocyanid 7278.
Khosla (M. C.), **Vig (O. P.)**, **Gupta (I. S.)** u. **Narang (K. S.)**, Synth. v. Thiazolidinochinazolonderivv. 1. Mitt. 6748.
Khouvine (Y.) u. **Mortreuil (M.)**, Kinetik d. Einbaues v. ^{32}P in d. Desoxyribonucleinsäuren d. Leber u. d. atyp. Epithelioms d. Ratte 10286.
Khundkar (M. H.), Entschwefl. v. Stibnit 4428. — s. Ahmad (T.).
Khym (J. X.) u. **Cohn (W. E.)**, Ionenaustauschtrenn. d. 5'-Ribonucleotide u. -Desoxyribonucleotide 4363.
—, **Doherty (D. G.)** u. **Cohn (W. E.)**, Ribosephosphatasen: Bldg. aus Nucleotiden, Ionenaustauschtrenn. u. Charakterisier. 10771.
Kiang (S. P.) s. Bodo (R. C. de).
Kibalenko (A. P.) s. Wlassjuk (P. A.).
Kibartass (W. W.) s. Jutziss (A. P.).
Kibe (M. M.), Reisanbau auf verschied. Böden im Staate Bombay v. *1948—1952* 909.
Kibjakow (A. W.) s. Sefirow (L. N.).
Kice (J. L.), Inhibier. d. Polymerisat. 1. Mitt. Methylmethacrylat 6995.
Kichenassamy (S.), Breite d. $K\alpha_1$-Linien 11497.
Kick (H.), Pflanzenertrag u. Nährstoffaufnahme bei Düng. mit wuchsstoffart. Stoffen 5632. — Flammenphotometr. Best. v. Ca, Mg u. Mn in Pflanzenaschen u. Bodenauszügen 6601.
Kidd (D.) s. Campbell (N.).
Kidd (D. A. A.) s. King (F. E.) [Nottingham].
— u. **Walker (James)**, Einw. v. Na in fl. NH_3 auf Phäanthin, O.O'-Dimethylcurin u. O.O'-Dimethylisochondrodendrin 5081.
Kidd (J. M.) s. Haszeldine (R. N.).
Kidd (R. M.) s. Pringle (D. H.).
Kido (I.) u. **Suzuki (Kimihiro)**, Dampfphasenacetylier. v. Cellulose. 2. Mitt. Vgl. v. $ZnCl_2$- u. H_2SO_4-Katalyse 2100.
Kidwai (A. R.) s. Johnson (John R.).
Kiedaisch (W.) s. Müller (Eugen).
Kiefer (C.), Beständigk. u. Einteil. d. phyllit. Mineralien. Anwend. auf d. Tone d. Zementindustrie 8943.
Kiefer (E.), Moderne Technik in d. Textilveredel. 252.
Kiefer (G. C.) s. Lula (R. A.).
Kiefer jr. (J. M.) s. United States Steel Corp.
Kieferle (F.), **Seuß (A.)** u. **Schraudy (E.)**, Geh. d. Kuhmilch an Tocopherol (Vitamin E) im Verlauf d. Lactat. 8053.
— u. **Wildbrett (G.)**, Korros. v. Edelstahl durch chloridhalt. HNO_3 4447.
Kieffer (F.), Vgl. d. Basizität gesätt., α- oder β-phenylsubstituierter Amine 4069.
— u. **Rumpf (P.)**, Rückwrkgg. d. Mills-Nixon-Effekts auf d. Basizität v. Aminen u. d. Acidität v. Phenolen 778. — Herstellungsverf. für mit ^{82}Br markierte aromat. Br-Derivv. 4802. — Dissoziationskonstanten u. Struktur: Potentiometr. u. spektrophotometr. Unters. d. Acidität einiger Phenole 5749. — Best. d. Dissoziationskonstanten d. Oxybiphenyle durch Spektrophotometrie im UV 7400.
Kieffer (J.) s. Trebuchon (G.).
Kieffer (R.), Sintern v. Carbiden 3953. — s. Deutsche Edelstahlwerke Akt.-Ges.; Nowotny (H.).
— u. **Benesovsky (F.)**, Wärme- u. oxydationsbeständ. gesinterte Materialien 10847.
—, **Benesovsky (F.)** u. **Schroth (H.)**, Beitrag zum System Cr–Si u. über einige Silicidmischsysteme 10457.
Kieffer (W. F.), Chem. Probleme, d. mit d. Entw. d. Kernreaktoren verknüpft sind. 10190.
Kiehl (J.) s. Craig (D.).
Kiehn (H. J.) s. Union Rheinische Braunkohlen Kraftstoff Akt.-Ges.
Kiehn (R. M.) s. Hansen (K. F.).
— u. **Goodman (C.)**, Unelast. Neutronenstreuung 2591.
Kiekeberg (F.) s. Stahlwerke Röchling-Buderus Akt.-Ges.
Kielhöfer (E.), Eiweißtrüb. d. Weines. 5. Mitt. Beobachtungen u. Verss. bei *1953*er Jungweinen 7570. — Wrkg. antibiot. Stoffe auf d. Weingär. 9215. — Verminder. d. schwefligen Säure im Wein 9465.
Kielley (W. W.) s. Anfinsen (C. B.); Miles (H. T.).
Kiely (D. G.) s. Gebbie (H. A.).
Kienast (G.) s. Thiele (H.).
Kienitz (H.), Reinig. organ. Substanzen durch fraktionierendes Kristallisieren 9288.

Kienle (R. H.) s. American Cyanamid Co.
— u. **Maresh (C.)**, Beobachtt. an opt. Eigg. pigmentierter Filme 3742.
Kientzler (C. F.) s. Arons (A. B.).
Kienzle (K.), Thermodynamik d. Verdunst. v. Fll. 4178.
Kienzle (O.), Gesenkschmieden 11282.
— u. **Victor (H.)**, Zerspanbark. v. Stählen in Abhängigk. v. ihrer Wärmebehandl.; Einfl. d. Wärmebehandl. v. Stählen auf d. Hauptschnittkraft beim Drehen 1133.
Kienzle (P.) s. Comp. Française des Matières Colorantes; Soc. An. de Matières Colorantes et Produits Chimiques Francolor.
Kiepenheuer (K. O.), Höhenstrahlen als Quelle allgemeiner galakt. Radiowellenemiss. 7134.
Kierkegaard (P.) s. Högfeldt (E.).
Kiermeier (F.), Enzymaktivität in gefrorenen Pflanzengeweben 2693. — s. Jarczynski (R.).
— u. **Coduro (E.)**, Vork. v. Enzymen in Brot 2799.
Kierstedt jr. (W.) s. Texaco Development Corp.
Kies (J. A.) s. Smith (H. L.).
— u. **Smith (H. L.)**, Best. d. Energie für Bruchfortpflanz. in Platten 5737.
Kiesel (K.-L.) s. Küntscher (W.).
Kieselbach (R.), Fortlaufende Best. d. Konz. organ. Substanz in Abwasser 4669.
Kieser (M. E.), Pollard (A.), Timberlake (C. F.) u. **Moseley (M. R.)**, Faktoren, die d. Qualität u. Stabilität konz. Fruchtsäfte beeinflussen. 1. Mitt. Konzentrate aus Schwarzen Johannisbeeren u. aus Äpfeln 3509.
—, **Pollard (A.)** u. **Williams (A. H.)**, Vork. v. Leukoanthocyaninen in Mostbirnen 9215.
Kiess (N. H.) u. **Bass (A. M.)**, $\lambda = 4050$ Å-Gruppe d. Kometenspektren in d. C_2H_2-O_2-Flamme 1901.
Kiessel (W. R.) u. **Sinnot (M. J.)**, Kriechverh. v. handelsübl. Ti 7770.
Kiessewetter (F.), Lösbark. v. akt. MgO in Lsgg. v. Magnesiumsulfat 8332.
Kiesskalt (S.) s. Farbwerke Hoechst Akt.-Ges., vormals Meister Lucius & Brüning.
Kiessler (H.), Verarbeit. v. Hartzink in d. Zn-Dest.-Anlage 4686. — s. Bungardt (K.).
— u. **Kunze (E.)**, Einfl. d. Abmess. u. Härtetemp. auf Härte u. Zähigk. v. Einsatzstählen 4685.
Kiessling (R.), Hartmetall, ein wicht. pulvermetallurg. Prod. 5409.
Kietzmann (I.), Antibioticawrkg. auf Pseudomonasstämme 10543.
Kiewiet (J. A.), Spritzgußverf. 8015.
Kiga (M.), Hypothese zur biol. Wrkg. einer Bestrahl. 6792.
Kihara (T.), Virialkoeffizienten u. Mol.-Modelle v. Gasen 989. — Mathemat. Theorie elektr. Gasentladungen. 2. Mitt. Geschwindigkeitsverteil. positiver Ionen im stat. Feld 7148.
Kihlberg (J.) s. Eränkö (O.).
Kihlborg (L.) s. Blomberg (B.).
Kihlgren (G.), Oberflächenbehandl. v. Gußblöcken u. Halbzeug mit Sauerstoff 4924.
Kihlgren (T. E.) s. Mond Nickel Co. Ltd.
Kihlman (B.), Wrkg d. O_2 auf d. v. 8-Äthoxycoffein hervorgerufenen Chromosomenbruch 10048.
Kihlstedt (P. G.), Eisenerzanreicher. in Schweden 4921, 8713.
Kihn (L.), O_2-Diffus. durch d. Haut 2229.
Kikegawa (E.), Behandl. bacillärer Dysenterie mit Kalomel, voluminöser Nahrung u. heißen Kompressen 2474.
Kikina (G. G.), Ssyrkin (J. K.) u. **Schott-Lwowa (J. A.)**, Mol.-Refrakt. v. Moll. mit konjugierten Bindd. bei verschied. Wellenlängen 9283.
Kikoin (I. K.), Photomagnet. Effekt in Halbleitern im inhomogenen Magnetfeld 2134.
—, **Ganew (I. C.)** u. **Kartschewski (A. I.)**, Ursache d. Entsteh. einer EMK. bei Bestrahl. v. Halbleitern in einem inhomogenen Magnetfeld 11339.
Kikuchi (G.) s. Kaziro (K.).
Kikuchi (Kimiaki) s. Sawai (Y.).
Kikuchi (Kiyokazu) s. Tsujino (I.).
Kikuchi (M.) u. **Onishi (T.)**, Photonachwirkungseffekt v. Ge-Kristallgleichrichtern 9255.
Kikuchi (Sei-shi) s. Komori (Saburo).
Kikuchi (Shin-ichi), Ogawa (H.), Nakano (Y.), Ōshima (M.) u. **Ariga (Ken-Ichi)**, Kontinuierl. Verf. zur Herst. photograph. Emulss. 2. Mitt. Durchschnittl. Reifungsdauer 4740, 7127.
Kikuchi (T.), Akagi (H.), Goto (Hiroshi) u. **Wakisaka (G.)**, Radiograph. Unterss. d. auf d. Boot Fukuryu Maru *Nr. 5* gesammelten radioakt. Asche 10191.
—, **Wakisaka (G.), Akagi (H.)** u. **Goto (Hiroshi)**, Eigg. u. Größe d. radioakt. Asche, d. auf d. Boot Fukurya Maru *Nr. 5* gesammelt worden ist 10191.
Kikuoka (H.) s. Ichihara (K.).
Kikuth (W.) u. **Klein (P.)**, Chemotherapeut. Arzneimittelkombinat. 6797.
— u. **Schlipköter (H. W.)**, Quarz u. Blutserum. Elektronenopt. Unterss. 627.
Kikwadse (S. A.) s. Kassirski (I. A.).
Kilby (W.) s. Standfast Dyers & Printers Ltd.
Kilby (W. W.) s. Drosdoff (M.).
Kilcawley (E. J.), Clark (H. M.), Ehrlich (H. L.), Kelleher (W. J.), Schultz (H. E.) u. **Krascella (N. L.)**, Mess. radioakt. Ndd. in (Fluß-) Einzugsgebieten 6102.
Kildischewa (J. W.) s. Boresskow (G. K.).
Kildischewa (O. W.) s. Knunjanz (I. L.).
Kile (R. L.), Mineralbestandteile d. Fingernägel 7473.
Kiley (L. A.), Emmerich (W. S.), Nogami (Y.) u. **Kurbatov (J. D.)**, Konstrukt. u. Teilchenbahnen für ein magnet. Linsenkernspektrometer 11.
Kilgore (C. H.) s. Akers (W. W.).
Kilgore, Inc., Clauser (H. C.) u. **Long (R. S.)**, Plastifizier. v. Mischungen für Signalraketenfüllungen 6664* A. — Leuchtmasse für Fackeln 6664* A.
Kilgour (R.) s. Abbott (D. A.).
Kilham (L.) u. **Herman (C. M.)**, Isolier. eines Agens, d. bei Waschbären Bilirubinämie u. Gelbsucht hervorruft 616.
Kilian (W.), Verstählerr., Sandstellen u. Schülpen bei Stahlformguß 1827.
Kiljunen (A.) s. Teir (H.).
Kilkki (W. J.) s. Akim (L. J.).
Killander (A.) u. **Vahlquist (B.)**, Konz. v. Vitamin B_{12} im Serum v. ausgetragenen u. frühgeborenen Kindern 8901.
Killeen (R. N. F.) s. Hall (W. T.).

Killeffer (D. H.), Verwend. v. Molybdatpigmenten als korrosionshemmende Substanzen 5665.
Killer (M.), Analyse v. Bohrwässern 6659. — Gruppenanalyse v. Bzn.-Fraktt. d. Erdöls v. Mramorbrdo 6659.
Killian (D. B.) s. Du Pont de Nemours (E. I.) & Co.
Killian (S. T.), Berichtigtes CO/CO_2-Verhältnis für Hochöfen 915.
Killing (H.) s. Hofe (H. v.).
Killion (L.) s. Guss (D.).
Killough (J. H.) s. Magill (G. B.).
Kilmer (V. J.) u. **Mullins (J. F.)**, Verbesserter Rühr- u. Pipettierapp. für mechan. Bodenanalysen 3716.
Kilmister (C. W.) u. **Stephenson (G.)**, Axiomat. Kritik einheitl. Feldtheorien. 1. Mitt. 4266; 2. Mitt. 4266.
Kilp (W.), Melasse als Rohstoff für Getreide- u. Kartoffelbrennereien 1159.
Kilpady (S.) u. **Dave (A. S.)**, Manganführende Glimmer aus Madhya Pradesh, Indien 4304.
Kilpatrick (G. S.) u. **Oldham (P. D.)**, Prophylakt. Behandl. d. chron. Bronchitis 2474. — Vgl. v. Calciumchlorid u. Adrenalin als Bronchialdilatatoren durch „sequential analysis" 5835.
Kilpatrick (J. A.) s. Doyle (A. E.).
Kilpatrick (J. E.), **Keller (W. E.)**, **Hammel (E. F.)** u. **Metropolis (N.)**, Zweite Varialkoeffizienten v. ^{3}He u. ^{4}He 7620.
Kilpatrick (M.) u. **Luborsky (F. E.)**, Leitfähigk. u. Dampfdruck v. BF_3 in wasserfreier Flußsäure 3329. — Dissoziat. d. Fluoroborations in wasserfreier Flußsäure 3329.
— u. **Pokras (L.)**, Säuredissoziat. d. Aquoscandiumions. 2. Mitt. Einfl. d. Temp. u. d. Ionenstärke 4524.
Kilpatrick (M. O.) s. Phillips Petroleum Co.
Kilpi (S.), Differentielle potentiometr. Meth. zur Mess. v. Säure- u. Basendissoziationskonstanten 650. — Acetat-Phosphat-Puffersyst. mit konstanter Ionenstärke 2966.
Kilpper (W.) s. Brecht (W.).
Kilthau (M. K.) s. American Cyanamid Co.; Ciba Soc. An.
Kim (K. S.) s. Magee (D. F.).
Kim (Y. B.), **Burwell (J. R.)**, **Cohn (H. O.)**, **Karzmark (C. J.)** u. **Thompson (R. W.)**, Magnet. Nebelkammerbeobachtt. v. V-Teilchen. 1. Mitt. Geladene V-Teilchen 2122.
Kim (Yonk-Hyun) s. Mizunoe (K.).
Kimball (A. L.), A. L. Kimball's College textbook of physics [1894].
Kimball (A. P.) s. Livesay (W. R.).
Kimball (L. O.) s. Loewe (S.).
Kimball (R. W.) s. Anderson (C. T.).
Kimball Chemical Products Corp. u. **Richlin (M.)**, Gewebebausch zum Reinigen v. Metallen 10407* A.
Kimbel (K. H.), Proteinnachw. auf Elektrophoresestreifen durch UV-Absorpt. 8694. — s. Henning (N.).
Kimbell (N.), Intramuskuläre Gabe v. Ergometrin u. Hyaluronidase zur Verhinder. v. Hämorrhagien nach d. Niederkunft. Verwend. durch Hebammen in *2002* Fällen 3190.
Kimberlin jr. (C. N.) s. Standard Oil Development Co.
Kimel (W.) s. Hoffmann-La Roche, Inc.
Kimino (T.) u. **Tsuzuki (T.)**, Bacterium tuberculosis-Resistenz gegen antituberkulose Verbb. 2. Mitt. Bldg. d. Resistenz gegen Antibiotica 6055.
—, **Tsuzuki (T.)** u. **Nomura (Y.)**, Bacterium tuberculosis-Resistenz gegen antituberkulose Verbb. 1. Mitt. Wrkg. äußerer Faktoren auf d. Stabilität d. Streptomycinresistenz 6055.
Kimmel (H.), Abbildungstreue v. Lackabdrucken 3321.
Kimpel (W.) s. Farbenfabriken Bayer Akt.-Ges.; Farbwerke Hoechst Akt.-Ges., vormals Meister Lucius & Brüning.
Kimura (E. T.) s. Schachter (R. J.).
Kimura (H.) s. Issiki (S.).
Kimura (Hirozo) s. Nishimura (H.).
Kimura (K.) s. Ishibashi (M.).
—, **Ishiwari (R.)**, **Yuasa (K.)**, **Yamashita (S.)**, **Miyake (K.)** u. **Kimura (Sadao)**, Kern-Rk. v. ^{14}N mit Neutronen niedriger Energie. 2. Mitt. 8079.
—, **Saji (Y.)**, **Sakisaka (M.)** u. **Miyake (K.)**, Absol. β-Strahlenzähl. 2. Mitt. Analyse d. spezif. Aktivitäten 4031.
Kimura (M.) u. **Kubo (M.)**, Elektronenbeugungsunters. an Tropolon 9054.
Kimura (N.) s. Hatai (N.).
Kimura (Sadao) s. Kimura (K.).
Kimura (Sakujiro) s. Komatsu (S.).
Kimura (S. J.), **Thygeson (P.)** u. **Odenheimer Geller (H.)**, Wrkg. v. Nebennierensteroiden auf Kuhpockenvirus. 1. Mitt. Wrkg. v. Cortison bei experimenteller Vaccine-Virus-Keratokonjunktivitis d. Kaninchens 8417.
Kimura (Y.) s. Tajima (S.).
Kin (L.) s. Dow Chemical Co.
Kin (Z.), Darst. v. Kationenaustauschern aus Ligninsulfonsäuren 4425.
Kincaid (J. F.) s. Sunderman (F. W.).
Kincannon (C. B.) u. **Manning jr. (E.)**, Reinig. v. Normal-Paraffinen 11482.
Kincl (F. A.), Trenn. einiger Steroidsapogenine auf chromatograph. Wege 159.
Kind (L. S.), Antagonismus v. Cortison auf d. körpertemperatursenkende Wrkg. v. Histamin 5347.
Kind (W. W.), Experimentelle Bewert. d. Korrosionsbeständigk. v. Zementmörteln u. Betonen 9882.
— u. **Okorokow (S. D.)**, Beschleunigte Betonhärt. bei Schlackenportlandzement bei Arbeiten im Winter 6365.
Kind & Knox Gelatin Co., **Conrad (L. J.)** u. **Stiles (H. S.)**, Verbesser. d. Schlagfähigk. v. Gelatine 8284* A.
Kinderman (E. M.) s. Chetham-Strode jr. (A.); Miller (L. F.).
Kindschy jr. (E. O.) s. Cottingham (P. L.).
King (A.) s. British Insulated Callender's Cables Ltd.
King (A. E.) s. British Cellophane Ltd.
King (A. J.) s. Dymon (J. J.); Sheldon (E. A.).
King (B. D.), **Sokoloff (L.)** u. **Wechsler (R. L.)**, Wrkgg. v. *l*-Epinephrin u. *l*-Norepinephrin auf Hirndurchblut. u. -stoffwechsel beim Menschen 403.
King (B. W.) s. Harshaw Chemical Co.
King (C. F. L.), Fl. Treibstoff für Verbrennungskraftmaschinen 1182* E.
King I (C. G.) [New York] s. Barr (N. F.).

King II (C. G.) [New York] u. **Sipple (H. L.)**, Bedeut. d. Nahrungsinhaltsstoffe 2233.
King jr. (C. M.) s. Celanese Corp. of America.
King (C. V.) s. Lang (R. E.).
— u. **Kulka (P.)**, Basenkatalyse beim Zerfall v. Diazomalonsäure 5515.
King (D. T.) s. Block (M. M.); Hooper (J. E.); Wada (W.).
— u. **Block (M. M.)**, Durch Bremsstrahl. hoher Energie gebildete Paare. 1. Mitt. Experimentelles 2823.
—, **Seeman (N.)** u. **Shapiro (M. M.)**, Geladene Teilchen mit zwischen Proton u. Deuteron liegender M. 4509.
—, **Wada (W.)** u. **Block (M. M.)**, Direkte Erzeug. v. Elektronenpaaren durch Elektronen großer Energie. 1. Mitt. Experimentelle Beobachtt. 5468.
King (D. T.) [Reading] s. Holt (P. F.).
King (E. E.) u. **Unna (K. R.)**, Wrkg. v. Mephenesin u. a. interneural dämpfenden Stoffen auf d. Hirnstamm 9137.
King (E. G.), Spezif. Wärmen bei tiefen Tempp. u. Entropien bei *298,16°* K v. Mn_2O_3 u. Nb_2O_5 27. — Wärmekapazitäten bei tiefen Tempp. u. Entropien bei *298,16°* K v. Ca- u. Mg-Ferriten 5728. — Dass. v. kristallinen Ca- u. Mg-Aluminaten 9262. — Spezif. Wärme bei niedr. Tempp. u. Entropie bei *298,16°* K v. Analcim 10202. — s. Boyle (B. J.).
—, **Orr (R. L.)** u. **Bonnickson (K. R.)**, Spezif. Wärme bei tiefer Temp., Entropie bei *298,16°* K u. Wärmeinhalt bei hoher Temp. v. Sphen ($CaTiSiO_5$) 2842.
King (E. J.), Alkal. Plasmaphosphatase bei Erkrankungen 9586. — s. Mohanty (G. P.); Stacy (B. D.); Wootton (I. D. P.).
—, **Abul-Fadl (M. A. M.)** u. **Walker (P. G.)**, Best. d. Phosphataseeinhh. (King-Armstrong) durch Ermittl. d. in Freih. gesetzten Phosphats 1533.
— u. **Weedon (W.)**, Best. v. Lipoidphosphat durch Trichloressigsäurefällung 3450.
King (E. L.), Berechn. d. Konzz. verschied., in kompliziert zusammengesetzten Puffern anwesender Teilchenarten 4266.
King (E. P.) s. Pure Oil Co.
King (E. R.), **Brady jr. (L. W.)**, **Sparks jr. (H. A.)**, **Mason (M. W.)** u. **Hogan (B. W.)**, Behandl. d. Hyperthyreose mit ^{131}J 8897.
King (F. E.), Dünne, dehnbare Carbidüberzüge durch neue Meth. möglich 11675.
King (F. E.) [Nottingham], **Clark-Lewis (J. W.)**, **Kidd (D. A. A.)** u. **Smith (G. R.)**, Synthesen aus Phthalimidosäuren. 4. Mitt. p-Glycylaminobenzoesäure u. Derivv. 5766.
—, **Clark-Lewis (J. W.)** u. **Smith (G. R.)**, Synthesen aus Phthalimidosäuren. 5. Mitt. Amide v. Glycin, DL-Alanin u. Glutaminsäure mit Amphetamin, Benzocain u. Procain 5767; 6. Mitt. Prodd. aus Phthalyl-DL-asparaginsäureanhydrid u. d. Darst. v. Phthalylglycyl-DL-asparagin u. -DL-serin 5768.
King (F. T.) s. Hirt (R. C.).
King (G.) s. Beck (A. H.).
King (G. J.), Typ. Vorschriften für Öl-in-Wasser-Emulss. auf Mineralölgrundlage 3750. — Auswahl v. Emulgatoren für Kosmetica v. Stearinsäuretyp 9924.
King (G. S. D.) s. Wright (W. B.) [London].
King (G. W.) u. **Emslie (A. G.)**, Spektroskopie v. Gesichtspunkt d. Kommunikationstheorie. 3. Mitt. Linienformen 2965.
King (H.), **Guyer (G.)** u. **Ralston (N. P.)**, Fliegenbekämpf. in Molkereiwirtschaften 2517.
King (H. K.) s. Sewell (C. E.).
King (J.), Verbesser. d. Wirksamk. v. Exsiccatoren 5607.
King (J. A.) s. Doczi (J.); Swidinsky (J.).
King (J. D.), **Mellanby (M.)**, **Stones (H. H.)** u. **Green (H. N.)**, Wrkg. v. Zuckergaben auf d. Zahncaries bei Kindern 7715.
King (J. G.), S-Entfern. u. -gewinn. aus Brenn- u. Kraftstoffen 8767. — s. Davis (J. E.).
King (John G.) s. Jaccarino (V.).
King (J. G. T.) s. Jewell (P. S.).
King (J. R.) s. Henn (R. W.).
King (K. W.) s. Hash (J. H.); Wilson (D. G.).
King (L. A.), Positive Säule v. Hoch- u. Niederstrombögen 9960.
King (L. C.) u. **Brownell (W. B.)**, Darst. quatern. Salze 2-substituierter Vinylverbb. 6746.
— u. **Ozog (F. J.)**, Rkk. v. Pyrylium- u. Pyridiniumsalzen mit Aminen 10986.
—, **Ozog (F. J.)** u. **Moffat (J.)**, Darst. v. substituierten Mercaptopyryliumsalzen 8379.
King (L. D. P.), **Hammond (R. P.)**, **Leary (J. A.)**, **Bunker (M. E.)** u. **Wykoff (W. R.)**, Gasrekombinationssyst. für einen homogenen Reaktor 4514.
King (M. B.) u. **Devons (S.)**, Verwend. weicher Röntgenstrahlen zur Stabilisier. elektrostat. Generatoren 10828.
King (M. V.), Montier. feuchter Proteinkristalle für Röntgenstrahlenunterss. 6043.
King (N. M.) s. Bransden (B. H.).
King (P.) s. Cowling (J. E.).
King (R.) s. Chalmers (B.).
King (R. C.), Wrkg. v. Hefe auf d. P-Aufnahme durch Drosophila 6789. — Von d. Drosophila melanogaster aufgenommene Dosis bei Behandl. mit therm. Neutronen 6793.
King (R. G.) s. King Organic Chemicals, Inc.
King (R. M.) s. Larson (T. E.).
King (R. O.) u. **Allan (A. B.)**, Oxydat., Zers., Zünd. u. Detonat. v. Treibstoffdämpfen u. -gasen. 20. Mitt. Schäd. Einfl. durch d. endotherme, zur Kernzünd. notwend. Rk. auf d. therm. Wirkungsgrad, gezeigt an Verss. in Motoren mit Methanol, Acetaldehyd u. Diäthyläther als Treibstoff 963.
—, **Durand (E. J.)**, **Allan (A. B.)** u. **Hansen (E. J. T.)**, Oxydat., Zers., Zünd. u. Detonat. v. Treibstoffdämpfen u. -gasen. 19. Mitt. Best. d. für Kompress. oder Funkenzünd. günstigsten Zeitpunktes durch Veränder. d. Kompressionsverhältnisses; Acetaldehyd u. Diäthyläther als Motortreibstoff 963.
—, **Durand (E. J.)**, **Allan (A. B.)**, **Hansen (E. J. T.)** u. **Bowen (V. E.)**, Oxydat., Zers., Zünd. u. Detonat. v. Treibstoffdämpfen u. -gasen. 21. Mitt. Kernzünd., erläutert durch d. bei Kompress. u. Funkenzünd. auftretenden charakterist. Erscheinn.; Pentan, Hexan u. Heptan als Motortreibstoffe 964.
King (R. W.) u. **Hirschler (A. E.)**, Verbesserte Wasserstoffentladungslampe zum Gebrauch in d. Refraktometrie 8453.
— u. **Peaslee (D. C.)**, Spin v. RaE 6446.
King (Ralph W.) s. Imperial Chemical Industries Ltd.
King (T. E.) u. **Cheldelin (V. H.)**, Brenztraubensäurecarboxylase v. Acetobacter suboxy-

dans 375. — Energiequellen u. Dinitrophenoleffekt beim Wachstum v. Acetobacter suboxydans 7940. — s. L i h (H.).
King (T. J.), Organ. Chemie. Natürl. vorkommende Sauerstoffringverbb. 7902.
King (T. P.) s. E l d e r f i e l d (R. C.).
King (W.) s. S c h a e f e r (R. A.).
King (W. C.) u. **Gordy (W.)**, Ein-bis-zwei-Millimeter-Wellenspektroskopie. 4. Mitt. Experimentelle Methoden u. Ergebnisse für OCS, CH_3F u. H_2O 1008.
King jr. (W. H.), UV-Doppelstrahlspektralphotometer mit Verhältnisregistrier. 171.
King (Wilbert R.) s. E n g l e m a n (E. P.).
King jr. (William R.) u. **Garner (C. S.)**, Isotopenaustausch-Rkk. bei Chrom(III)-komplexen 7392.
King Organic Chemicals, Inc. u. **King (R. G.)**, Plastizier- u. Regeneriermittel für Kautschuk 10397* A.
Kingcome (J. C.), Anwuchsverhindernde Anstrichfarben für Al-Legierr. im Schiffsbau 7794.
Kingery (W. D.), Therm. Leitfähigk. 6. Mitt. Best. d. Leitfähigk. v. Al_2O_3 nach d. Hohlkugel- u. Zylindermeth. 905. — Wechselwrkgg. zwischen metall. u. keram. Stoffen. 1. Mitt. Einfl. auf d. Herst. v. „Cermets" 2750; Metallkeram. Wechselwrkgg. 4. Mitt. Absolute Mess. metallkeram. Grenzflächenenergie u. Grenzflächen-Adsorpt. v. Si durch Fe-Si-Legierr. 2750. — Faktoren, die d. therm. Druckwiderstand keram. Materialien beeinflussen 10115. — s. E c o n o m o s (G.); F r a n c l (J.); H u m e n i k jr. (M.); V a s i l o s (T.).
—, **Francl (J.)**, **Coble (R. L.)** u. **Vasilos (T.)**, Therm. Leitfähigk. 10. Mitt. Auf völl. Porenfreih. korrigierte Zahlenwerte für einige reine Oxyd-MM. 1354.
— u. **McQuarrie (M. C.)**, Therm. Leitfähigk. 1. Mitt. Möglichkk. ihrer Mess. u. Einfl., welche d. therm. Leitfähigk. keram. Stoffe bedingen 438.
Kingsbury (B. C.) s. Y o u n g (H. E.).
Kingsbury (R. M.), Photometr. Best. d. Löslichk. v. Zellstoff in Natriumhydroxydlsgg. 5687.
Kingsley (C. S.), Blutgerinn.: Wahrscheinlichk. eines Faktor-VI-Antagonisten im menschl. Blutserum 388.
Kingsley (G. R.) u. **Schaffert (R. R.)**, Mikroflammenphotometr. Best. v. Na, K u. Ca im Serum mit organ. Lösungsmm. 428.
Kingsley (N.) u. **Pianka (E.)**, Härtungsmittel für Aminoplaste 1393* E.
Kingsley (R. B.) s. R a o (K. R.).
Kingston (B. M.) s. I n d e p e n d e n t - E a s t e r n T o r p e d o C o.
Kingston (R.), Bewert. v. Eisenerzen für die Verhütt. im Hochofen 4683.
Kingston (R. H.), „Kanäle" in n-p-n-Bindungstransistoren 5483.
Kingston (R. S. T.) s. C l a r k e (L. N.).
Kington (G. L.) u. **Holmes (J. M.)**, Adsorpt. durch aufgedampfte Cu-Filme bei 78° K. 1. Mitt. Kr u. H_2 9740; 2. Mitt. Kr u. O_2 9741.
— u. **Laing (W.)**, Kristallstruktur d. Chabasits u. seine Sorptionseigg. 10451.
Kington (J. D.) s. W i l l a r d (H. B.).
Kinkel (K.) s. S c h e n c k (G. O.).
Kinman (M. L.) u. **Stark jr. (S. M.)**, Ertrag u. chem. Zus. v. Sesam, Sesamum indicum L., in Abhängigk. v. Varietät u. Standort 4482.
Kinna (W.) u. **Rüdiger (O.)**, Oxydationsvorgang bei Titancarbid-Kobalt-Hartmetallen 449.
Kinnander (L.-G.), Gleichzeit. Best. v. Acetylsalicylsäure u. MgO in Magnecyltabletten 2957.
Kinney (G. F.) u. **Festa (J. V.)**, Stromdichteverteil. in galvan. Bädern mit Hilfe v. Modellen 1600.
Kinney jr. (I. W.), **Smith (J. R.)** u. **Ball (J. S.)**, Thiophene im Naphtha aus Schieferöl 4738.
Kinney (S. P.) u. **Osborne (F.)**, Vorteilhafte Verwend. d. Schaumschlacke aus d. Hochofen für Leichtbaustoffe 11446.
Kinnory (D. S.), **Takeda (Y.)** u. **Greenberg (D. M.)**, Chromatographie v. Carbonsäuren an einer Silicagelsäule mit einem Bzl.-Äther-Lösungsmittelsyst. 8692. — Isotopenunterss. über d. Valinstoffwechsel 8887.
Kinnunen (J.), Elektroanalyse v. Cu 3448.
— u. **Merikanto (B.)**, Volumetr. Best. v. C u. CO_2 4419. — Analyse v. $NiSO_4$: Nachtrag 6352. — Best. v. As in metall. Prodd. 8456. — EDTA-Titrat. v. Pd u. Au bei Ggw. v. Pt 11645.
—, **Merikanto (B.)** u. **Wennerstrand (B.)**, Best. v. Co in metallurg. Prodd. 3929.
Kinon (H.) s. G l a s - u n d S p i e g e l m a n u f a k t u r N. K i n o n G. m. b. H.
Kinoshita (M.), Wrkg. v. Theophyllin-Äthylendiamin-Zäpfchen auf d. Anfall v. Bronchialasthma 5844.
Kinoshita (T.), Familien v. Spinorfeldern 9013. — Wrkg. d. Coulomb-Schwelle auf d. Mesonenerzeug. bei Zusammenstößen v. Nucleonen mit Kernen 10909.
Kinosita (K.), Numer. Berechn. d. Intensitätskurve eines Vielfachstrahl-Fizeau-Streifens 742.
Kinsell (L. W.), Wrkgg. v. fettreichen Diäten auf d. Serumlipoide. Tier- u. Pflanzenfettantagonismus 5110. — s. W i n d (L. T. D e).
—, **Balch (H. E.)**, **Michaels (G. D.)**, **Bilisoly (J.)**, **Fukayama (G.)**, **Kipp (E.)**, **Olson (F.)** u. **Smyrl (S.)**, Verstärk. v. menschl. Diabetes durch Hypophysenwachstumshormon 3662.
—, **Michaels (G. D.)**, **Margen (S.)**, **Partridge (J. W.)**, **Boling (L.)** u. **Balch (H. E.)**, Durch Corticosteroidhormone beschleunigte Neoglucogenese aus Fett bei Diabetikern 7476.
Kinsey (B. B.) s. B a r t h o l o m e w (G. A.).
— u. **Bartholomew (G. A.)**, Stärke d. elektr. Dipolstrahl. 10431. — Neutroneneinfang-γ-Strahlen v. Ti, Cr, Fe, Ni u. Zn 10671.
Kinsey (G. H.) s. J e n t s c h k e (W.).
Kinsey (H. V.), Warmfeste Legierr. für Gasturbinen 6119. — s. K u h n (W. E.); R y l s k i (O. Z.).
Kinsmen (J. W.), Niederschlagen v. Kohlenstaub in durch Staubexplos. gefährdeten Bergwerken 2815* F.
Kinstler (R. C.) s. A m e r i c a n C y a n a m i d C o.
Kint (L. van der) s. B e i j e r s (H. G.).
Kinter (E. B.) s. W i n t e r m y e r (A. M.).
Kinter (M. R.) s. C o p e (A. C.).
Kinttof (W.), Chemie in Verss. für Volksschulen [4266]. — Chemie in Verss. an Landwirtschaftsschulen [4266].
Kinukawa (B.), Zweckmäßigster Gebrauch korrosionsbeständ. Materialien 3721.
Kinuyama (T.) s. K w a n (T.).
Kinzel (A. B.), Chromcarbid in nichtrostendem Stahl 2288.

Kinzel (H.), p_H-Werte alkal. Phosphatpufferlsgg. 3695. — Ionenspeicher. bas. Vitalfarbstoffe in leeren Zellsäften 7694.
Kinzlmeier (H.) s. Henning (N.).
Kioroglian (S.), Modernes Ausrüstungsverf. auf d. Textilgebiet 3280.
Kip (A. F.) s. Dexter (R. N.); Dresselhaus (G.); Honig (A.).
—, **Dresselhaus (G.)** u. **Kittel (C.)**, Cyclotronresonanz in Kristallen v. Ge 19.
Kip (W. S.) s. Beebe (C. W.).
Kiperman (S. L.), Kinetik d. NH_3-Synth. in Ggw. v. O_2 oder Wasserdampf 7861.
— u. **Granowskaja (W. S.)**, Änder. d. Reaktionsordn. bei d. NH_3-Synth. 1. Mitt. Reaktionskinetik am Os-Katalysator 3577.
Kipfer (R.) u. **Schmid (Erich)** [Bern], Tuberkulostaticum INHA–PAS 149.
Kipiani (S. P.) u. **Ketiladse (K. J.)**, Frage d. Giftigk. v. PbS 10565.
Kipling (J. J.) s. Blackburn (A.).
Kipnis (G. P.) s. Wood (W. S.).
Kipniss (S. C.) u. **Rogelberg (I. L.)**, Notwend. Anzeichen d. Richtigk. d. Löslichkeitsgrenzen in bin. metall. Systemen 761.
Kipp (E.) s. Kinsell (L. W.).
Kipp (E. M.) s. Sargent jr. (L. B.).
Kippe (O.), Magnesiagewinn. 2046* D. B.
Kipping (F. B.) s. Davoll (H.).
Kipping (H.), Brenztraubensäure im intermediären Stoffwechsel. Brenztraubensäure nach Zuckerbelastungen 391. — Ungesätt. Fettsäuren (Sekretalkapseln) in Klinik u. Therapie d. Leberkrankhh. 10564.
Kippur (P. S.) s. Audrieth (L. F.).
Kiprianow (A. I.) s. Tschernetzki (W. P.).
—, **Potschinok (W. J.)** u. **Tolmatschew (A. I.)**, Azacyanine. 2. Mitt. 8153.
— u. **Shmurowa (I. N.)**, Coplanarität d. Dimethylaminogruppe mit d. Benzolring u. ihre auxochrome Wrkg. 1. Mitt. 11576.
— u. **Stetzenko (A. W.)**, Cyaninfarbstoffe aus 2-Methylnaphthochinonothiazol 2897. — Cyaninfarbstoffe aus 2-Methylanthrachinonothiazol 2898. — Rk. v. Methylenbasen N-halt. Heterocyclen mit Chinonen 6281.
Király (I.) s. Halmai (J.).
Kirby (A. F.) s. Ramirez (F.).
Kirby (A. H. M.) u. **Frick (E. L.)**, Modifikatt. d. Glasplatten-Sporenkeim.-Probe für Fungicidunterss. 674.
—, **Tew (R. P.)** u. **Gambrill (R. G.)**, Obstbaumschädling Rote Spinne, Metatetranychus ulmi (Koch): Feldverss. mit gegen d. Wintereier wirksamen neuen Oviciden 11279.
Kirby (H. W.), Best. v. Tracern in Ggw. ihrer radioakt. Tochtersubstanzen 1199. — Zerfalls- u. Wachstumstabellen für d. natürl. vorkommenden radioakt. Reihen 5237. — s. Salutsky (M. L.).
— u. **Salutsky (M. L.)**, Halbwertszeit v. ^{140}La 5952.
Kirby (Henry W.) s. Firth (T.) & J. Brown Ltd.; Sykes (C.).
—, **Sykes (C.)** u. **Stokes (C.)**, Mo-freier ferrit. Stahl mit hoher Dauerstandfestigk. 11283* E.
Kirby (J. E.) s. Du Pont de Nemours (E. I.) & Co.
Kirby (J. H.) s. Aumko Co.
Kirby (K. S.), **Knowles (E.)** u. **White (T.)**, Gerbstoffe. 5. Mitt. Fraktionier. v. Quebrachoextrakt 3048.
Kirby (K. S.) u. **White (T.)**, Gerbstoffe. 6. Mitt. Fraktt. aus Quebrachoextrakt 3049.
Kirby (P. L.), Messung d. elektr. Leitfähigk. d. Glases mit Hilfe v. Gleichstrom 3940. — Innere Reibung im Glas. 1. Mitt. Theoret. Übersicht 4186; 2. Mitt. Biegungs- u. Torsionsschwingungen 8942.
Kirby (R. A.), Schnellverkok. v. Kohle 1176.
Kirby (R. H.), Vegetabile Langfasernprodukt. 8765.
Kirby (W. M. M.) s. Maple (F. M.); Waddington (W. S.).
—, **Maple (F. M.)** u. **O'Leary (B.)**, Erythromycin-Serumkonzz. nach Verabreich. in säurebeständigen Tabletten 3428.
Kirch (E.) s. VEB Kabelwerk Oberspree (KWO).
Kirchberg (H.), Aufbereitungsverff. als Grundlage einer gesteigerten Metallversorg. 2989.
Kirchberg (W.), Mittels Schmelzeinsatz wirkende Signalvorr. zum Anzeigen brennbarer Gase 7285* D. [DDR].
Kirchdorfer (A. M.) s. Nolte (H.).
Kirchenstein (A. M.), Probleme d. Mikrobiologie u. Immunologie. Russ. [9364].
Kircher (M. S.) s. Hooker Electrochemical Co.
Kircher (W.), Behandl. v. schlaffen Paresen u. Muskelatonien im Kindesalter mit Vitamin B_6 (Pyridoxin) 8427. — Blut-Redox-Rk. u. Verh. d. Serumcalciumspiegels im Vgl. zum Blutzuckerspiegel 8899.
Kirchheimer (F.), Vork. v. U im Schwarzwald [1004].
Kirchheimer (W. F.) u. **Whittaker (C. K.)**, Mycobakterien-Asparaginase 8179.
Kirchhof (F.), Techn. Ruße u. ihre Anwend. in d. Kautschukindustrie 6869. — s. Rhein-Chemie G. m. b. H.
Kirchhof (W.) s. Treibs (W.).
Kirchhoff (H. W.) s. Koecher (P. H.).
Kirchhoffer (G. M. E. A.) s. Chimie et Atomistique.
Kirchmeyer (F. J.) s. Abbott Laboratories.
Kirchner (A.) s. Seifen- und Glycerinfabrik C. Hartung.
Kirchner (C.) s. Seifen- und Glycerinfabrik C. Hartung.
Kirchner (H.), Feuchtigkeitsgeh. v. Textilien. Prüff. mit d. Universal-Schnell-Elektro-Feuchtigkeitsmesser Syst. F 8 W/K v. Weiß u. d. Konditioniergerät Syst. Hahn 8998.
Kirchner (H.-A.), Schützt eine sofort. Trockenbeiz. extrem feucht geerntetes Saatgetreide vor Verderb? 11665.
Kirchner (J. G.) s. Miller (John M.).
Kirchner (J. P.) s. Milner (O. I.).
Kirchner (K.) s. Umland (F.).
Kirckbride (F. W.) s. Imperial Chemical Industries Ltd.
Kirejew (W. A.), Chem. Rk.-Fähigk. u. thermodynam. Eigg. einiger KW-stoffe. Isomerisier. u. therm. Zers. 8826.
Kirillow (J. A.), Feinstruktur d. Absorptionsspektr. v. photochem. gefärbten Silberhalogeniden. Russ. [4519].
—, **Broun (S. L.)** u. **Tschibissow (K. W.)**, Unters. d. chem. Sensibilisier. photograph. Emulss.; Wrkg. v. Reduktionsmitteln 6668.
Kirillow (W. G.) u. **Schachowa (M. F.)**, Vitaminpräpp. aus Früchten d. schwarzen Johannisbeere 3916.

Kirillow-Ugrjumow (W.) s. Alichanjan (A. I.).
Kirillowa (M. G.) s. Tumanow (S. G.).
Kiriyama (R.) u. **Ibamoto (H.)**, Dielektr. Verh. v. hydratisierten Kristallen. 1. Mitt. Strontiumformiatdihydrat, Kaliumkupferchloriddihydrat u. Ammoniumkupferchloriddihydrat 4036.
—, **Ibamoto (H.)** u. **Matsuo (K.)**, Kristallstruktur v. Kupfer(II)-formiattetrahydrat, $Cu(HCO_2)_2 \cdot 4\ H_2O$ 4555.
Kirjakka (P.) u. **Tammela (V.)**, Rolle d. oxydierten Verbb. bei d. Best. d. Säure- u. Verseifungszahlen v. Tallöl 9934.
Kirjakow (G. S.), Oberflächenaktivität v. Phenolen u. Aminen an Elektroden aus Zn u. Pb 1678.
Kirjalow (N. P.), Struktur v. Ledol 5316. — Struktur v. Palustrol 5318.
Kirjanowa (A. M.) s. Gorodetzkaja (R. W.).
Kirjutina (W. I.) s. Drake (K. W.).
Kirk jr. (D. C.) s. Tanford (C.).
Kirk (G. B.) s. Kaiser Gypsum Co., Inc.
Kirk (G. E.) s. Perdue (G. R.).
Kirk (J. E.), Blut- u. Harnvitaminspiegel im Alter 3667.
Kirk (P. L.) s. Grunbaum (B. W.); Rosenberg (S.).
Kirk (R.) s. Corkill (N. L.).
Kirk (R. D.), Schwefel bei d. Luminescenz u. Verfärb. einiger Aluminiumsilicate 8086.
Kirk (R. L.) s. Ketterer (B.).
Kirk (William Van) s. Interchemical Corp.
Kirk jr. (William) [Wilmington] s. Auspos (L. A.); Du Pont de Nemours (E. I.) & Co.
Kirkaldy (J. F.), General principles of geology [1928].
Kirkaldy (J. S.), Totzeitverluste in Mehrkanalkoinzidenzsystemen 8307.
Kirkby (W. A.), **Lakey (J. R. A.)** u. **Sarjant (R. J.)**, Unters. über Kohleextrakte mit Hilfe d. Infrarotspektroskopie 8067.
Kirkeby (K.), Polyarthritis bei Morbus Addison nach Behandl. mit Desoxycorticosteron 3897. — Agranulocytose nach Behandl. mit Phenylindandion 4640.
Kirkegaard (G.) s. Krazinski (L. C.).
Kirkham (A.), Alaun u. Na-Aluminat bei d. Papierherst. 2563.
Kirko (I. M.), Ähnlichk. d. Magnetisier. ferromagnet. Körper in konstanten Feldern 9258. — s. Witol (W. G.).
Kirkpatrick (A. F.) s. Braddock (L. I.).
Kirkpatrick (C. M.) s. Baldini (J. T.).
Kirkpatrick (H. B.) s. Richmond (J. C.).
Kirkpatrick (H. F. W.), Jodbest. in Blutserum 11648.
Kirkpatrick (P.) s. Saunders (F. A.).
Kirkpatrick (W. H.) s. Visco Products Co.
Kirkpatrick (W. J.) s. Mond Nickel Co. Ltd.
Kirkwood jr. (C. E.), **Bellamy (O. H.)**, **Kendrick (N. S.)** u. **Brown (H. M.)**, Mess. d. triboelektr. Daten v. Rohbaumwollen 10889.
—, **Kendrick (N. S.)** u. **Brown (H. M.)**, Mess. d. DK. u. Zerstreuungsfaktors v. Rohbaumwollen 10889.
Kirkwood (J. G.), Theorie d. irreversiblen Vorgänge in Lsgg. v. Makromoll. 7690.
Kirkwood (J. G.) u. **Crawford jr. (B.)**, Makroskop. Transportgleichungen 5966.
— u. **Poirier (J. C.)**, Statist.-mechan. Grundlage d. Debye-Hückel-Theorie d. starken Elektrolyte 6461.
Kirkwood (M. W.) u. **Wright (G. F.)**, Struktur v. Nitroguanidin u. seinen Derivv. 2653. — Hydratat. v. 2-Nitriminoimidazolidin 3613.
Kirkwood (R. L.), Physikal. Grundlage d. Gravitat. 4985. — Feldgleichungen d. Gravitat. 7825.
Kirkwood (S.) s. Fawcett (D. M.).
Kirmeier (S.) s. Wight (C. F.).
Kirn (F. S.) u. **Kennedy (R. J.)**, Betatron-Röntgenstrahlen: Wieviel Beton zur Abschirm.? 6683.
Kirnberger (E.-J.) s. Gros (H.).
Kirnig (I.) s. Hromatka (O.).
Kirowa (S. M.) s. Jefimowa (A.).
Kirrmann (A.), Chimie organique [10284].
— u. **Chancel (P.)**, Raman- u. Infrarotspektren einiger Vinyl- u. Allyläther 3099.
—, **Federlin (P.)** u. **Bieber (P.)**, Raman-Effekt. C = C- u. C = O-Doppelbindungsfrequenz 3584.
—, **Martinet (J.)** u. **Oddo (B.)**, Traité de chimie organique. T. *19*. Pyrrole et composés pyrroliques, pigments tétrapyrroliques, noyaux pyrroliques complexes indigo et colorants indigoïdes [605].
— u. **Muths (R.)**, Halogenierte Aldehyde. Wrkg. v. Aminen 6003.
Kirsch (A.) s. Badische Anilin- & Soda-Fabrik Akt.-Ges.; I. G. Farbenindustrie Akt.-Ges.
Kirsch (F.) s. Launay (C.); Perrault (M.).
Kirsch (F. W.) u. **Krieger (K. A.)**, Sorpt. v. Acetylen durch Silbernitrat 5009.
Kirsch (Walter) s. Siemens & Halske Akt.-Ges.
Kirsch (Werner) s. Chemieprodukte G. m. b. H.
Kirschbaum (E.), Mantelbeanspruch. v. ausgekleideten Behältern am Beispiel d. Zellstoffkochers 3516. — Einfl. d. Rücklaufverhältnisses auf Wrkg. u. Belastbark. v. Rektifizierböden 8697.
— u. **David (A.)**, Unterss. über d. Rektifikat. verschied. Gemische in Füllkörpersäulen bei Atmosphärendruck u. Unterdrucken 4179.
— u. **Schmidt (Herbert)** [Karlsruhe], Feinzerkleiner. spröder organ. Naturstoffe z. B. Röstkaffee 6875.
Kirschenbauer (H. G.) s. Colgate-Palmolive-Peet Co.
Kirschenlohr (W.) s. Kuhn (R.).
Kirschner (C.) s. Bruns (F.).
Kirschner (L. B.) s. Pscheidt (G. R.).
Kirschner (M.), Ausschalt. v. Brotfehlern durch geeigneten Einsatz v. Backhilfsmitteln 1866.
Kirschninck (H.), Experimente an dargestellten Präpp. aus pflanzl. Rohstoffen d. Ostsee. 2. Mitt. Vergleichsunterss. v. Agar u. Gelar 7702. — Tangmehl, bes. Tangjod 7806.
Kirsebom (G. N.) u. **Sjöstrand (E. E.)**, Herst. u. Entkohl. v. nichtrostenden Stählen 1137* F.
Kirshbaum (A.) s. Nunzio (J. C. de).
—, **Bowman (F. W.)**, **Wintermere (D. M.)** u. **Friedman (E. R.)**, Zylinder-Plattenmeth. zur Best. v. Erythromycinkonzz. im Serum u. a. Körper-Fll. 3410.

Kirshenbaum (A. D.) s. Standard Oil Development Co.
—, **Hoffman (C. W.)** u. **Grosse (A. V.)**, Autoradiograph. Verf. unter Verwend. v. ^{14}C in Gummi 5197.
Kirshenbaum (I.) s. Standard Oil Development Co.
Kirshner (H. A.) s. Eckenrode (R. T.).
Kirshner (N.) u. **Pritham (G. H.)**, Spezifität v. Kathepsin III 7466.
Kirshnitz (D. A.), Meson–Nucleon-Wechselwrkgg. 4267.
Kirsner (J. B.) s. Marshall (H. C.).
— u. **Palmer (W. L.)**, Ulcerative Colitis: therapeut. Wrkgg. v. Corticotropin (ACTH) u. Cortison bei *120* Patienten 4383.
Kirson (B.), Amminkomplex d. Cu u. sein katalyt. Einfl. auf d. Zers. v. H_2O_2 6474.
Kirsop (B. H.), Sporenbldg. bei Hefe. 1. Mitt. Umstände die d. Sporenbldg. beeinflussen 8756.
Kirssanow (A. W.), Darst. v. Trichlorphosphazosulfonarylen 4812. — Chemie d. Schwefelsäureamide u. d. Trichlorphosphazosulfonaryle 7191.
— u. **Jegorowa (N. L.)**, Phenylamidier. zweibas. Carbonsäuren mit Diphenylsulfamid 5765.
— u. **Solotow (J. M.)**, Hydrolyse d. Methylimino-bis-[sulfonamids] u. Monomethylsulfondiamids 1242.
—, **Solotow (J. M.)** u. **Jegorowa (N. L.)**, Gewinn. v. Sulfamid 4300.
Kirst (G.) u. **Stauder (F.)**, Auftreten u. Bekämpf. d. Ennomos quercinaria (Hfn.) in d. Forstämtern Fischbach (Saar) u. Saarbrükken (*1952* bis *1954*) 8243.
Kirst (W.), Anwendungstechnik d. Naphthol AS-Farbstoffe 5904. — s. Farbwerke Hoechst Akt.-Ges., vormals Meister Lucius & Brüning.
— u. **Gehre (K.)**, Neue Entw. bei Naphthol AS-Färbb. auf Zellwolle im Zug u. loser Zellwolle sowie Cellulosekunstseiden 3971.
— u. **Neumann (W.)**, Naphthol AS-Farbstoffe 8737.
Kirstahler (A.) s. DEHYDAG Deutsche Hydrierwerke G. m. b. H.; Deutsche Hydrierwerke Akt.-Ges.; Deutsches Hydrierwerk Rodleben VEB.
Kirsten (W.), Absorptionsanordn. zur C- u. H-Best. 4422. — Verbrenn. in einem abgeschmolzenen Rohr zur Best. v. C, H u. N 4898.
Kisber (A. I.), Bldg. v. Carbonsäuren d. Diphenylamins 10490.
— u. **Glagolewa (A. S.)**, Synth. aromat. Aminocarbonsäuren 10253.
Kischinewski (M. C.), Absorptionsprozesse, d. v. Rkk. zweiter Ordn. begleitet sind 5498.
Kisfaludy (L.) s. Zemplén (G.).
Kisfaludy (S.) u. **Braun (P.)**, Quantitative Best. d. Aminosäuren durch Papierchromatographie 3931.
Kishimoto (A.), Relaxat. nach Spann. bei Amilanfäden. 1. Mitt. Einfl. v. Temp. u. Streck. auf d. Relaxationsvorgang v. gestrecktem Amilan 2332. — s. Fujita (H.).
Kishita (A.) s. Misono (S.).
Kisieleski (W. E.), **Faraghan (W. G.)**, **Norris (W. P.)** u. **Arnold (James S.)**, ^{233}U-Stoffwechsel bei Mäusen 6794.
Kisielow (W.), Additionsprodd. d. KW-stoffe mit Harnstoff u. Thioharnstoff. Kristallisationsextrakt., neues Verf. zur Trenn. v. KW-stoffen 9529. — s. Dorabialska (A.).
Kisliuk (P.), Dipolmomente, Kernquadrupolkoppl. u. d. Bindungsbahnen in d. Halogeniden d. Gruppe V 3066.
Kiss (A. I.), Lichtabsorpt. d. Chinolinderivv. 11357.
Kiss (D.) s. Jánossy (L.).
Kiss (L.) s. Gábor (M.).
Kissel (J. W.) s. Newton (N.).
Kisselew (A. J.) s. Scherman (S. I.).
Kisselew (A. W.), Struktur einiger Xerogele, Poren u. Teilchen 7622. — s. Karnauchow (A. P.).
— u. **Kamakin (N. M.)**, Absol. Adsorptionsisothermen v. Dämpfen an Silicagelen u. Aluminiumoxydsilicagelen verschied. Struktur 2862.
—, **Krassilnikow (K. G.)** u. **Ssobolewa (L. N.)**, Einfl. d. Dehydratat. d. Oberfläche v. Silicagel auf seine Adsorptionseigg. 528.
— u. **Kulitschenko (W. W.)**, Adsorpt. v. Triäthylamin aus Dämpfen u. aus Lsgg. an Silicagelen verschied. Struktur 30.
Kisselew (G. I.), Abnutzungsverschleiß v. Metallen bei verschied. Tempp. u. Geschwindigkeiten 2990.
Kisselew (G. P.), Verleim. d. Nitrilkautschuks mit verschied. Materialien 1626.
Kisselew (P. N.), Biol. Wrkg. d. ^{32}P 11035.
Kisselew (W. W.), Gewinn. v. N-Methylcolchamin aus Colchicin u. Identität v. Colchamin u. Alkaloid F 825.
— u. **Menschikow (G. P.)**, Chem. Eigg. v. Colchamin 824.
Kisselewa (K. I.) s. Basanowa (S. W.).
Kisselewa (N. A.) s. Zysskowski (W. K.).
Kisselewa (T. M.) s. Koton (M. M.).
Kisser (J.) s. Tschamler (H.).
Kissin (B.) u. **Kreeger (N.)**, Serumcitronensäure bei Paget'scher Krankh. 8899.
Kisslik (G. N.) s. Pauschkin (J. M.).
Kissling (A.) s. Gamboni (G.).
Kisslitzyna (L. P.) s. Tschernow (W. A.).
Kissljakowa (N. W.) s. Kabatschnik (M. I.).
Kissljakowa (T. J.). s. Basslawskaja (S. S.).
Kisslowa (A. I.) s. Bergman (A. G.).
Kissmeyer-Nielsen (F.) s. Schou (M.).
Kistemaker (J.), Massenspektrometr. Möglichkeiten im Bereich großer MM. bei organ. Moll. 6481.
Kistiakowsky (G. B.) u. **Sternberg (J. C.)**, Photochem. Primärprozeß in Br 1461, 10215.
Kistiakowsky Fischer (V.), Zerfall v. ^{150}Pm 2126.
Kistler (P.) s. Nitschmann (H.).
Kistler (S. S.) s. Norton Co.
Kiszel (M.) s. Spanyár (P.).
Kit (S.) u. **Awapara (J.)**, Relative Konstanz d. freien Aminosäuren v. lymphat. Geweben 3894.
— u. **Greenberg (D. M.)**, Tracer-Unterss. über d. Stoffwechsel d. Gardner-Lymphosarkoms. 4. Mitt. Umwandl. v. $^{14}C_{(2)}$-Lactat in Alanin, Glutaminat u. Asparaginat durch Tumor-u. Milzzellen 6046.
Kita (D. A.) s. Pfizer (C.) & Co., Inc.
Kitagawa (F.), Einfl. v. Vitamin B_{12} auf d. v. Röntgenstrahlen herrührende Änder. im Blutbild. 1. Mitt. 2470; 2. Mitt. 2470.
Kitahara (T.) s. Takeyama (H.).
Kitahara (Y.) s. Nozoe (T.).

Kitaigorodski (A. I.), Analyse d. Ergebnisse v. Kristallstrukturunterss. 3321. — Kernenergetik 9495. — s. Klimenkow (W. S.); Strutschkow (J. T.).
— u. **Strutschkow (J. T.)**, Best. d. chem. Formel nach d. Meth. d. Röntgenstrukturanalyse 2373.
Kitaigorodski (I. I.), Sowjet. Glasfabrikat. u. ihre nächsten Aufgaben 4430. — Mikrolith 8338.
—, **Keschischjan (T. N.)** u. **Warschal (B. G.)**, Abhängigk. d. Kristallisationseigg. d. Fensterglases v. d. Größe d. Al–Mg-Koeff. 10353.
— u. **Pawluschkin (N. M.)**, Mikrolith, ein künstl. hochfester Stein 8941.
Kitajew (G. A.) s. Mokruschin (S. G.).
Kitajew (J. P.) s. Pudowik (A. N.).
Kitamura (Y.) u. **Minakawa (O.)**, Absol. Intensität d. Höhenstrahl. bei 25° N geomagnet. Breite 11323.
Kitano (I.) s. Miyoshi (I.).
Kitaoka (M.), **Hori (K.)**, **Ogata (Takayuki)** u. **Miura (T.)**, Glutaymlcholin- u. Vitamin-B_1-Behandl. v. experimenteller Affenpoliomyelitis 8652.
Kitawin (G. S.), Vergärung v. Sulfitlaugen durch Hefen 4475.
Kitchel (R. I.) s. Beisel (C. G.).
Kitchen (H. B.) u. **Waksman (S. A.)**, Streptomycintherapie bei nichttuberkulösen Krankheiten 5838.
Kitchener (J. A.) s. Hills (G. J.).
—, **Bockris (J. O'M.)** u. **Spratt (D. A.)**, Lsgg. in fl. Fe. 2. Mitt. Einfl. v. S auf d. Löslichk. u. d. Aktivitätskoeffizient v. C 1922.
Kitchens (G. C.) s. Givaudan Corp.
Kite (F. E.) s. Corn Products Refining Co.
Kits van Heijningen (A. J. M.) u. **Kemp (A.)**, Freies u. gebundenes Glykogen im Rattenmuskel 8665.
Kitselman (C. H.), Langfrist. Unterss. an mit subletalen Gaben v. Aldrin u. Dieldrin gefütterten Hunden; histopatholog. Befunde u. d. Nachbldgg. 6794.
— u. **Borgmann (A. R.)**, Rk. v. Hunden als einer empfindl. Tierart auf subletale Gaben v. Aldrin u. Dieldrin 6794.
Kittel (C.) s. Dresselhaus (G.); Kip (A. F.); Ruderman (M. A.).
— u. **Mitchell (A. H.)**, Theorie d. Donator- u. Acceptorzustände in Si u. Ge 10924.
Kittel (H.), Färben u. Bleichen in d. Flocke oder im Kardenband 5904. — Celluloselacke [6405].
Kittel (W.), Durchführ. v. Gaswaschprozessen 8937* Schwz.
Kittelberger (P.) u. **Zell (A.)**, Spannungsfreier, wasserfester Magnesia–Puzzolan-Beton 2514* D. B.
Kittl (E.), Bezieh. zwischen d. Alter v. Tiefengesteinen u. d. pleochroit. Aureolen bei ihren Biotiten 10944. — Argentin. Ni-Erze 10945.
Kittleson (A. R.) s. Standard Oil Development Co.
Kitts (W. D.) u. **Underkofler (L. A.)**, Verdauung durch Pansenmikroorganismen. Hydrolyt. Prodd. d. Cellulose u. d. cellulolyt. Enzyme 844.
Kitts (W. T.) u. **Harler (F. L.)**, Niveauanzeiger für fl. Helium in Metall-Dewargefäßen 9629.
Kittsley (S. L.), Physical chemistry [7134].
Kitzmiller (K. V.), **Cholak (J.)** u. **Kehoe (R. A.)**, Behandl. v. organ. Pb (Bleitetraäthyl)-Vergiftt. mit Edathamil–Calcium–Dinatrium (Calcium–Dinatrium-Versenat) 10079.
Kiuchi (T.) s. Mitsui (S.).
Kivalo (P.), Oscilloskopie zur Best. polarograph. Halbwellenpotentiale 10335.
Kivelson (D.), Formel (K+2)-ter Ordn. für Asymmetriedubletts in Rotationsspektren 3553. — Best. d. Potentialkonstanten v. SO_2 aus zentrifugalen Störungseffekten 7609.
Kivelson (M.) s. Karplus (R.).
Kivinen (E.), P. V. Tuorila 10425.
Kivisaari (S.) s. Leimu (R.).
Kiwkutzan (F. R.) s. Ssissakjan (N. M.).
Kiwman (G. J.), Einfl. d. Antibiotica auf d. Wachstum v. Tieren u. Pflanzen 5352. — Einfl. d. Antibiotica auf d. Geh. an Vitaminen im Organismus d. Menschen u. d. Tiere 7255. — Einfl. d. Antibiotica auf d. Leber v. Menschen u. Tieren 7255.
Kiyama (R.) u. **Minomura (S.)**, Herst. v. LiF-Einkristallen 1687. — Wrkg. d. hydrostat. Druckes auf d. F-Banden in Alkalihalogeniden 10919.
Kjaer (A.), Cyclodehydratisier. v. acylierten α-Aminosäureamiden. 1. Mitt. Gesätt. Amide 7668; 2. Mitt. Ungesätt. Amide 7669. — Thioacylaminosäureamide u. ihre Rkk. mit Mercuriacetat 10004.
Kjaer (N.), Reagettvorschriften 4424.
Kjeldaas jr. (T.) s. Fox (R. E.); Hickam (W. M.).
Kjeldgaard (K.), Substanzen mit Wrkg. gegen neoplast. Krankheiten (maligne Tumoren) 3916. — Tuberkuloseheilmittel 3916.
Kjellgren (B. R. F.) s. Brush Development Co.
Kjellström (A. E. P.), Formkörper aus drei oder mehr verleimten Furnierschichten 937* Finn.
Kjerulf-Jensen (K.) s. Davidsen (H. G.).
Klabunowski (J. I.) u. **Patrikejew (W. W.)**, Unsymmetrie im Aufbau d. Eiweißkörper 4608.
Klabusay (L.) s. Talaš (M.).
— u. **Kroutil (M.)**, Wrkg. d. Derivv. d. Mekonsäure auf d. Gefäße 1790.
Klärding (J.) s. Neunkircher Eisenwerk Akt.-Ges. vormals Gebrüder Stumm.
Klager (K.), Alkalisalze v. 4.4-Dinitrobuttersäure-Estern 2074* A.
Klages (A.) s. Much (Prof. Dr. med.) Akt.-Ges.
Klages (F.) u. **Dasch (J.)**, Einw. v. Distickstofftrioxyd auf Methylamin 5521.
— u. **Heinle (R.)**, Derivv. d. Nickelbicarbonates 304.
— u. **Mesch (W.)**, Verh. v. Triazenen bei Anlagerungs-Rkk.; Reaktivität d. N=N-Doppelbind. 5527.
— u. **Meuresch (H.)**, Oxoniumsalze. 2. Mitt. Darstellungs-Rk. für Trialkyloxoniumsalze 6953.
— u. **Mönkemeyer (K.)**, Isonitrilkomplexe. 2. Mitt. Darst. u. Eigg. einiger Isonitrilkomplexe d. Ni, Cu, Ag u. Hg 302; 3. Mitt. Isonitrile u. Friedel-Crafts-Katalysatoren 304.
—, **Mönkemeyer (K.)** u. **Grill (W.)**, Isonitrilkomplexe. 4. Mitt. p-Toluisonitril u. Schwefeltrioxyd 304.
— u. **Rapp (Walter)**, Struktur d. Stibiobenzols 5527.
— u. **Träger (Heinrich)**, Oxoniumsalze. 3. Mitt. Austausch v. Pyridin–Stickstoff gegen Oxoniumsauerstoff 6954.

Klages (G.), Rotator. Beweglichk. d. Methoxygruppe 5272. — Dielektr. Verluste bei polaren Moll. mit mehreren inneren Rotationsachsen 11502.
— u. **Steppuhn (A.)**, Kerr-Effekt u. Rotationsfreiheitsgrade d. n. aliphat. Chloride in d. Fl. 49.
Klages (W.) s. Jungnickel (A. T. A.).
Klahn (J.), Thromboembolieprophylaxe im Wochenbett mit Venostasin 139.
Klaiber (G. S.) s. Box (H. C.).
Klain (P.), Lichtbogenschweißung v. Mg mit abbrennendem Schweißdraht 7307. — s. Dow Chemical Co.
— u. **Croisant (H. W.)**, Widerstandsschweißung v. Fremdmetallen an Mg für elektr. Anschlüsse 205.
Klamann (D.) s. Drahowzal (F.).
— u. **Bertsch (H.)**, Darst. u. Eigg. v. β-Oxyäthyl- u. β-Chloräthylverbb. 4808.
— u. **Schaffer (E.)**, Entalkylier. am N. 1. Mitt. Alkylabspalt. bei N-Alkylcarbonsäureamiden u. -aniliden 324.
Klami (P.), Katheterpyelographie mit H_2O_2 im Kontrastmittel 2242.
Klangfilm G. m. b. H., Grundgeräuscharme Tonfilme 3783* D. B.
— u. **Narath (A.)**, Grundgeräuscharme Tonfilmkopien 4263* D.
Klare (H.), Technologie u. Chemie d. synthet. Fasern aus Polyamiden [8064]. — s. Ludewig (H.).
Klare (V.) s. Chitil (W.).
Klarmann (J.) s. Crussard (J.); Kaplon (M. F.).
Klas (S. I.) s. Kowarskaja (B. M.).
Klasens (H. A.) s. N. V. Philips' Gloeilampenfabrieken; Philips Electrical Ltd.
Klass (D. L.) s. Friedman (O. M.).
Klass (S. I.), Behandl. mit Phthivazid bei Kranken mit Lupus d. Mundschleimhaut 7027.
Klasse (F.) s. Didier-Werke Akt.-Ges.
Klassen (W. I.) u. **Plakssin (I. N.)**, Wirkungsmechanismus apolarer Stoffe bei d. Flotat. v. Kohlen 5938. — Mechanismus d. Wrkg. einiger Reagentien u. d. Aerat. d. Pulpe bei d. Flotat. v. Steinkohlen 6889.
— u. **Ratobylskaja (L. D.)**, Flotat. großer Körner v. Hydroborazit 2989.
Klassen-Nekljudowa (M. W.), Plast. Verform. v. Metallen bei stat. Belast. u. n. Temp. 8569.
Klatt (O. A.) u. **Taylor (Alfred)**, Wrkg. d. Tumorwachstums auf d. Leberkatalase-Konz. 6046.
Klatzo (I.) s. McMillan (G. C.).
Klauder (J. V.) u. **Combes (F. C.)**, Berufsdermatosen, bes. Behandl. u. Chromatdermatitis 11248.
— u. **Gross (B. A.)**, Penicillin-, Cortison- u. penicillinlose Behandl. d. syphilit. opt. Atrophie 399.
Klaus (H.) s. Jander (G.).
Klaus (W.) s. Deile (O.).
Klauser (H. P.), Modifikat. d. Schwärzungskurve v. Halogensilberschichten 3295* Schwz.
Klausmeier (R. E.) s. Gary (N. D.).
— u. **Bard (R. C.)**, NH_4-Dehydrogenase 5337.
Klavano (P. A.) u. **Johnson (V. L.)**, Nalorphinhydrochlorid als Narcoticumantagonist bei Hunden 10798.
Klaveren (W. van), **Cornelissen (J.)**, **Boelhouwer (C.)** u. **Waterman (H. I.)**, Unters. eines Öles aus d. mittleren Osten 9002.
Klaybor (L. V.) s. Allegheny Ludlum Steel Corp.
Klebanowa (A. A.), Wrkg. v. Phthivazid auf d. Tuberkuloseerreger 9380.
Kleber (W.), Kritik d. morpholog. Raumgruppenbest. 309. — s. Eversheim (P.).
Kleber (Willy), Anwend. v. hörbarem Schall beim Hopfenkochen 6158. — Versuchssude mit Hopfenextrakt 6158. — s. Ultrakust-Gerätebau Dr.-Ing. O. Raudszus.
— u. **Hoffmann (U.)**, Enzymat. Temperaturadaptat. als Ursache für d. Nachlassen d. Hefe 711. — Meth. zur Prüf. u. Steuer. d. biol. Filtrationseffektes v. Kieselgurfiltern 944.
— u. **Seidl (P.)**, Anstellhefe u. ihre Beurteil. 7105.
Klebstoffwerke „Collodin" Dr. Schultz & Nauth K. G. u. **Schultz (L.)**, Schnellbinder auf Dextringrundlage 1889* D.
Kleckner (L. J.) u. **Osol (A.)**, Potentiometr. Titrationsmethoden für Antihistaminbasen u. ihre Salze 11633.
Kleeck (L. W. van) s. Heukelekian (H.).
Kleeman (F. S.), Einfl. einer Desoxydat. im Kupolofen auf d. Zerspanbark. v. Grauguß 4922, 11281.
Kleemann (H.) s. Bratzler (K.).
Kleemann (M.) s. Süddeutsche Kalkstickstoff-Werke Akt.-Ges.
Kleen (W.) s. Elektriska Aktiebolaget A. E. G.
Kleene (R. D.) s. Hughes (W. B.).
Kleermaeker (K. J. B. de), Kunstdüngerentw. 11072.
Kleffner (J.) s. Siemens & Halske Akt.-Ges.
Kléh (G.) u. **Szűcs (L.)**, Bodenverhältnisse d. Nyírség (Ungarn) 6829.
Kleh (J.) u. **Fazekas (J. F.)**, Cerebralhämodynam. Unterss. an hypertensiv-atherosklerot. Personen unter Hexamethoniumtherapie 11246.
Kleibacker (W. M.) s. United Shoe Machinery Corp.
Kleibel (F.), Venostasin als Vasoregulans bei Durchblutungsstörungen 7260. — Chem. Struktur d. Sulfonamide u. ihre Wrkg. auf d. Peristaltik 8905.
Kleiber (M.) s. Black (A. L.).
Kleiman (M.) s. Arvey Corp.
Klein (Abraham), Unterdrück. v. Paareffekten in d. Kernkräften 3549. — Tamm-Dancoff-Formalismus u. symm. pseudoskalare Theorie d. Kernkräfte 4269. — Lamb-Verschieb. für spinfreie Elektronen 5467. — Einzeit-Formalismus aus kovarianten Gleichungen 6902. — Tamm-Dancoff-Formalismus 10185. — Konfigurationsraummethoden zur Konstrukt. v. Potentialen 10427. — s. Bernstein (J.).
Klein (Alice) s. Dreiling (D. A.).
Klein (D. X.) s. Heyden Chemical Corp.
Klein (E.) s. Frieser (H.).
Klein (Elemer), Schutz v. aufgespeichertem Weizen oder anderem Korn 5882* A.
Klein (Elias) s. Fagley (T. F.).
Klein (Erich), Einfl. v. Thyreotropin, Adrenalin u. Adenosintriphosphorsäure auf d. Regulat. d. J-Haushaltes 1774. — J-Stoffwechsel in Abhängigk. v. Lebensalter 6061. — Verschied. Zustandsformen d. Schilddrüsenhormone im Blut 8189.

Klein (E. F.) s. Geed, Inc.
Klein (F. S.) s. Dostrovsky (I.).
Klein (G.) [Basel] u. **Prijs (B.)**, 2-Thiazolon 2417.
Klein (G.) [Marienheide] u. **Quarz (W.)**, Anwend. ganglienblockierender Mittel in d. postoperativen Phase d. extrapleuralen Pneumolyse 2952.
Klein (Gerhard) s. Greenberg (A. E.).
Klein (Günther), Behandl. d. Strahlenkaters mit Phenothiazinderivv. 7487.
Klein (G. E.) s. Robinson (M. T.).
Klein (G. M.) s. Strong Cobb & Co., Inc.
Klein (Hanna) s. Mauer (H.).
Klein (Hans) s. Badische Anilin- & Soda-Fabrik Akt.-Ges.
Klein (H. C.) s. Nopco Chemical Co.
Klein (H. P.), Verwert. v. Rohrzucker durch Pseudomonas putrefaciens 6053. — Eigg. d. Hexokinase v. Pseudomonas putrefaciens 7936. — s. Eaton (N. R.); Starr (T. J.).
Klein (J.), Spektrale Unters. d. Triazene 3823.
Klein (J. A.) u. **Nethercot jr. (A. H.)**, Mikrowellenspektr. v. DJ bei *1,5* mm Wellenlänge 3555.
Klein (K. D.), Blutdrucksenkende Wrkg. d. Vitamin K bei d. Hochdruckkrankh. 3185.
Klein (M. J.), Lsg. d. Boltzmann-Gleich. nach Wild 9737. — s. Barrett (C. S.).
Klein (O.) [Buenos Aires], Pharmakodynam. Entnervung u. ihre Bedeut. für d. Therapie 2950.
Klein (O.) [Stockholm], Emission v. Schallwellen v. einem Elektron in einem Metall u. Theorie d. Supraleit. 4039, 11506.
Klein (P.) s. Kikuth (W.).
Klein (Ralph), Oberflächenwander. v. C auf W 5245.
Klein (Robert) s. Maschinenbau-Akt.-Ges. Balcke.
Klein (Rudolf) s. Spinnfaser Akt.-Ges.
Klein (R. M.), Verhältnis v. Gasaustausch u. Tyrosinaseaktivität zur Höhe d. Pflanzenernähr. mit B 9113.
Klein (S.) s. Peizer (L. R.).
Klein (S. F.) s. Bobtelsky (M.).
Klein (T.) s. Mathes (W.).
Klein (W.) s. Chemische Werke Hüls.
Klein (W. C.) s. American Smelting and Refining Co.
Klein (W. G.) s. Platt (M. M.).
Klein (W. J.), Propanluft 6890. — s. Beyderwellen (J.); Gaikhorst (G.).
Klein Soc. à r. l., Wandbekleid. 3263* Schwz.
Kleinberg (J.) s. Christensen (V. J.); Rausch (M. D.); Taylor (W. L.).
Kleinberger (R.) s. Freymann (M.).
Kleindl (K.), Erfahrr. mit d. Thyreostaticum Favistan 10551.
Kleine (H. O.), Cardiazol-Spartein als Wehenmittel [8440].
—, **Blumb (W.)** u. **Baur (H.)**, Vitamin-C-Therapie bei persistierendem Chloasma uterinum 10308.
Kleine (J.) s. Vereinigte Glanzstoff-Fabriken Akt.-Ges.
Kleine-Natrop (H. E.), Salben u. Salbenanwendungsformen in d. plast. Chirurgie 1793.
Kleiner (E.), Flammfestausrüst. v. Textilien 721.
Kleiner (H.) s. Farbenfabriken Bayer Akt.-Ges.
Kleiner (I. S.) u. **Dotti (L. B.)**, Laboratory instructions in biochemistry [1294]. — Human biochemistry [1318].
Kleinert (H.), Beeinfluss. patholog. Augendrucksteigerr. mit Diamox, einem neuart. Diureticum 3679.
Kleinert (J.), Rheolog. Messungen an Zuckerlsgg., Kakaobutter, Speisefetten u. Couvertüren 950. — Best. d. Milchsäure in biol. Material 9405.
Kleinert (R.) s. Unterharzer Berg- und Hüttenwerke G. m. b. H.
Kleinert (T. N.), Kennzeichn. v. Reyonzellstoffen durch d. Laugenlöslichk. 3995. — Kalkfäll. v. Sulfitablaugen bei hohen Tempp. 8525. — Heterogener Abbau d. Cellulose. 5. Mitt. Qualitätsverbesser. v. Viscosezellstoff durch Hydrolyse 8525. — s. Treiber (Erich).
— u. **Mössmer (V.)**, Abfall d. Viscositäten u. Polymerisationsgrade bei d. Celluloseverarbeit. im Viscoseprozeß 1411.
—, **Sieber (F.)** u. **Apuchtin (A.)**, Best. v. Sulfidschwefel u. reduzierbarem S in Viscosefasermaterialien 3998.
— u. **Wincor (W.)**, Abwasserreinig. in d. Viscosefaserindustrie 4427.
Kleinfeld (M.) u. **Tabershaw (I. R.)**, Toxizität v. Trichloräthylen 4159.
Kleinholz (M. P.) s. Sinclair Refining Co.
Kleinicke (W. E.) s. Johnson-Marsh Corp.
Kleinn (W.), Energiespektren v. *35* kV-Elektronen, d. an Festkörperoberflächen reflektiert wurden 8562.
Kleinol G. m. b. H. u. **Eckardt (W. M. J.)**, Tinkturen zum Färben v. Menschenhaar u. Wolle 3493* F.
—, **Eckardt (W. M. J.)** u. **Preisinger (S. R.)**, Haarfärbemittel 473* F.
Kleinschmidt (A.) s. Hänze (S.).
Kleinschmidt (E.) s. Farbenfabriken Bayer Akt.-Ges.
Kleinschmidt (H.), *100.* Geburtstag v. E. v. Behring 9945.
Kleinsorg (H.) u. **Krüskemper (H.-L.)**, Behandl. d. Hyperthyreosen mit Kaliumperchlorat 7244. — Einfl. v. Thyroxin u. antithyreoidalen Substanzen auf d. Serumeiweißbild 9124. — Antithyreoidale Wrkg. v. Kaliumperchlorat 11611.
Kleinsorge (H.), **Morigerowski (E.)** u. **Rösner (Klaus)**, Pb-Anämie u. Vitamin B_{12} 9128.
— u. **Rösner (K.)**, Tetraäthylammoniumbromid (TEAB) u. Blutbild 5843.
Kleinzeller (A.), Mechanismus biol. Oxydatt. 11013.
Kleis (R. W.) u. **Wiant (D. E.)**, Wirksamk. eines handelsübl. Pflanzenkonservierungsmittels für Heu 11302.
Kleisma (A. C.) s. Gier (J. de).
Klejenkina (L. G.) s. Kabanowa (J. W.).
Klema (E. D.) u. **McGowan (F. K.)**, γ-γ-Winkelkorrelat. in ^{106}Pd 4754.
Klema (F.), Epikoteharze 4464.
Kleman (B.) s. Glansholm (D.).
—, **Lagercrantz (Å.)** u. **Uhler (U.)**, Vermuteter $^1\Sigma^-$-Term in AlH 8309.
Klemantaski (S.), Vereinfachte Aufstell. v. Wärmebilanzen für d. Hochofenprozeß 4922.
Klemenc (A.) s. Wirth (H.).
—, **Kalisch (H.)** u. **Wirth (H.)**, Glimmlichtelektrolyse. 28. Mitt. Verh. v. $NaHCO_3$ 3804.

Klemenc (A.) u. **Svetlik (E.)**, Orthosalze v. Sauerstoffsäuren. 3. Mitt. Syst. Na–H_2–NaOH–Na_2O 8105.
Klemens (P. G.), Θ-Werte bei d. Widerstand v. Metallen 518. — Spezif. Wärme u. therm. Leitfähigk. v. Graphit 5007. — Elektron. therm. Leit. in Supraleitern 9026. — s. K e m p (W. R. G.).
Klement (F. D.) u. **Malyschewa (A. F.)**, Sublimatphosphore auf d. Basis v. Halogeniden d. Metalle d. 2. Gruppe 2130.
Klement (R.), Chem. Übungen für Mediziner [5707].
Klementjew (F. W.) s. B a s a n o w a (S. W.).
Klementschitz (W.) s. Z i e g l e r (E.).
Klemin (N. G.), **Moryganow (P. W.)** u. **Ssolowjew (A. A.)**, Meth. zur quantitativen Best. d. Küpenfarbstoffe auf d. Wollfaser 4939.
Klemm (A.), Isotopentrenn. durch elektrolyt. Ionenwander. 276. — Verf. zur Anreicherung v. Isotopen 8706* D. B.
Klemm (H.), Ätzabdruckverf. auf P u. zur Unterscheid. v. grau u. weiß erstarrten Zonen in melierten Gußeisen nach d. Gefügeentw. mit Natriumthiosulfat 1134.
Klemm (H. F.) s. R e e d (M. C.).
Klemm (K. H.), Faserrückgewinn. u. W.-Haushalt in Papierfabriken [9473]. — s. B r e c h t (W.).
Klemm (L. H.), **Hodes (W.)** u. **Schaap (W. B.)**, Chem. Reaktionsfähigkk. v. Arylcycloalkenen. 2. Mitt. Polarograph. Red. u. Diels-Alder-Kondensat. v. Naphthyl-(1)-cyclopentenen u. Naphthyl-(1)-cyclohexenen 7172.
Klemm (R.) s. B a d i s c h e A n i l i n - & S o d a - F a b r i k A k t. - G e s.
Klemm (W.), Metallate mit O u. F als Liganden. 2. Teil 769. — s. R i e n ä c k e r (G.).
— u. **Struck (M.)**, Verbb. zwischen Li u. Si 10456.
Klemperer (W.) s. P i m e n t e l (G. C.).
—, **Cronyn (M. W.)**, **Maki (A. H.)** u. **Pimentel (G. C.)**, Infrarotunterss. d. Assoziat. sek. Amide in verschied. Lösungsmm. 5271.
Klempt (W.) s. B e r g w e r k s v e r b a n d z u r V e r w e r t u n g v o n S c h u t z r e c h t e n d e r K o h l e n t e c h n i k G. m. b. H.; G e s e l l s c h a f t f ü r K o h l e n t e c h n i k m. b. H.
Klenert (G.), Schnellbest. d. Sn in antimonarmen Pb–Sn-Legierr. 5611.
Klenk (E.) u. **Faillard (H.)**, Vork. v. Neuraminsäure im Lebereiweiß bei amyloider Degenerat. 9366.
Klenk (Ernst), Biol. Säureabbau beim *1954*er Wein 7803. — Kunst d. Verschneidens v. Wein 8051.
Klenk (H.), Einfache mkr. Untersuchungsmethoden 7581.
Klenkova (N. I.) = K l e n k o w a (N. I.).
Klenkowa (N. I.), Einfrieren v. Cellulosefasern 3996. — Gefrieren v. Holz 10650.
— u. **Nikitin (N.)**, Menge v. nicht gefrierendem W. in Cellulosefasern nach d. Quellen 3996, 11479.
Klenow (H.), Eigg. d. Phosphoribomutase-Rk. 1994. — s. K a l c k a r (H. M.).
Kleppa (O. J.), Thermochem. Unterss. v. Legierr. 6464. — Hochtemperatur-Reaktionscalorimeter 9864.
Klerk (D. de), Adiabat. Entmagnetisier. u. d. Temp.-Skala unterhalb *1°* K 524.
— u. **Hudson (R. P.)**, Verss. über adiabat. Entmagnetisier. am National Bureau of Standards 9030.
Klerk (D. de), **Hudson (R. P.)** u. **Pellam (J. R.)**, Messungen d. Geschwindigk. d. zweiten Schalls unterhalb *1°* K 1909. — Ausbreit. d. zweiten Schalls unterhalb *1°* K 1909. — Konz. d. n. Komponente in fl. He II unterhalb *1°* K 1909.
Klerk (J. N. de), Art u. Verteil. d. Cholinesterasen in d. ableitenden Harnwegen d. Hundes: Ihre Bezieh. zur Ureterenperistaltik u. ihre mögliche Rolle bei kongenitalen Anomalien 4614.
Klesse (K.) s. S i e m e n s & H a l s k e A k t. - G e s.
Kletschkowski (W. M.), Isotopenmeth. u. ihre Anwend. in d. Agrochemie 443. — Bezieh. zwischen Z u. d. Zahl d. s-, p-, d- u. f-Elektronen im Atom 2124. — Theorie über d. Zahl d. Elemente in einer Periode d. Mendelejewschen Syst. 4028.
Klette (K. H. H.) s. „F o r a c h e m i e" G e s. f ü r p h a r m a z e u t i s c h e u n d c h e m i s c h - t e c h n i s c h e P r o d u k t e m. b. H.
Klevin (P.) s. A l b e r t (R.).
Klick (C. C.), Unters. d. Luminescenz v. F-Zentren 5721, 8086.
Klickstein (H. S.) s. D u v e e n (D.); L e i c e s t e r (H. M.).
Kliebisch (W.) s. S i e m e n s & H a l s k e A k t. - G e s.
Klier (E. P.) s. L a r s o n (H.).
Kliewe (H.) u. **Neidl (G.)**, Gewinn. v. antibiot. Substanzen 4889* F.
Klima (H.), Therapie v. Gallenwegserkrankungen mit Bilamid 8912.
Klima (J.) s. Š i m e k (B. G.).
Klima (R.), **Beyreder (J.)** u. **Herzog (E.)**, Wrkg. d. kontinuierl. bzw. hochdosierten Stoßtherapie mit Penicillin 7254.
Klimek (J. W.) u. **Bailey (J. H.)**, Desinfizierende Wrkg. quatern. NH_4-Basen 2023.
Klimenko (W. G.), Formen d. N, d. Samens u. d. Eiweißstoffe einiger Erbsensorten 4724.
Klimenkow (W. S.) s. M i c h a i l o w (N. W.).
—, **Kargin (W. A.)** u. **Kitaigorodski (A. I.)**, Packungsdichten hochpolymerer Verbb. 11589.
Klimenok (B. W.) s. A n d r e j e w (J. A.); K e i e r (N. P.).
Klimes-Szmik (A.), W.-Geh. v. tiefgedüngten Böden 6829. — s. P a t a k i (B.).
Klimešová (E.) s. L u k a s i e w i c z (M.).
Klimke (R.) s. T r e i b s (W.).
Klimmer (O. R.), Toxikologie v. Unkrautsamen im Getreide 5444.
Klimontowitsch (J. L.), Zweite Quantel. im Phasenraum 2121. — Relativist. Gleich. d. Quantenverteilungsfunkt. 9717.
Klimow (B. K.), **Kasakow (J. I.)**, **Tjashelowa (A. A.)** u. **Wichanskaja (A. S.)**, Ausarbeit. einer Meth. zur Gewinn. v. Straßenteeren aus Wolga-Brennschiefer 1178.
Klimow (K. N.) s. W i n o g r a d o w (G. W.).
Klimowa (W. A.) s. K o r s c h u n (M. O.).
—, **Korschun (M. O.)** u. **Beresnitzkaja (J. G.)**, Schnellmethoden d. Mikroelementaranalyse: Gleichzeit. Best. v. C, H u. P in Organophosphorverbb. 2265; Gleichzeit. Best. v. C, H u. Si durch Verbrenn. in Ggw. eines Katalysators 2265.
Klimowitzka (S. M.) s. W l a s s j u k (P. A.).
Klinck (C.) s. A r b e d A c i é r i e s R é u n i e s d e B u r b a c h - E i c h - D u d e l a n g e S. A. D i v i s i o n B u r b a c h.

Kline (C. H.), Spurenelemente. Nutzbarmachung v. acres durch Unzen 5879.
Kline (E. A.) s. Ashton (G. C.).
Kline (G. B.) s. Kornfeld (E. C.).
Kline (G. M.), Rückblick auf d. Jahr *1954* 4946.
Kline (K.) s. Bergner (R. P.).
Kline (R. M.) s. Hunt (W. A.).
— u. **Zaffarano (D. J.)**, Zerfallscharakteristiken kurzleb. Kerne niedr. Ordnungszahl 10671.
Kline & French Laboratories s. Smith.
Kling (G.), Allg. Gesetzmäßigk. über d. Flüssigkeitsfilmkoeff. beim Stoffaustausch in Türmen mit berieselten Ringfüllungen 4179.
Kling (W.), Wasserlösl. grenzflächenakt. Stoffe. Wasch-, Netz- u. Emulgiermittel 7574. — Theorie d. Waschens 9506. — s. Böhme Fettchemie G. m. b. H.; Stackelberg (M. v.).
— u. **Mahl (H.)**, Waschvorgang IX. Elektronenmkr. Unterss. über Anschmutzungen auf Baumwolle u. Wolle 4733.
Klinga (I.) s. Aktiebolaget Celleco.
Klingberg (Å.), Farbmess. an Bierflaschen. Verss. zur Farbstandardisier. d. olivgrünen Flasche 3229.
Klinge (R. J.) s. Cromer (D. T.).
Klingel (A. R.) s. Frazier (D.).
Klingelhöffer (H.), Technologie d. Ritzens v. Pappe 10652.
Klingenberg (J. J.), **Vlannes (P. N.)** u. **Mendel (M. G.)**, Benzilsäure als Reagens bei d. gravimetr. Best. v. Zr 425.
Klingensmith (W. H.) s. Bernstein (S. H.).
Klinger (F.), Frischdrüsenhormonsalbenbehandl. nach Zajicek als Ergänz. physikal. Therapie 5837.
Klinger (J. D.) s. Dow Chemical Co.
Klinger (K. H.) s. Heine (H. W.).
Klinger (R.) s. Coste (P. Dalle).
Klinger (Y.) u. **Saker (E. W.)**, DK. v. amorphem Se bei Wellenlängen von *1* u. *3* cm 1203.
Klingholz (R.), Zus., Herst. u. Anwend. v. Harnstoff-Schaumstoff 4467.
Klingler (E.) s. Bosch (R.) G. m. b. H.
Klingler (L. J.), **Barnett (W. J.)**, **Frohmberg (R. P.)** u. **Troiano (A. R.)**, Verspröd. v. legiertem Stahl bei hohen Festigkeitswerten 5164.
Klingman (D. W.) s. Banks (C. V.).
—, **Hooker (D. T.)** u. **Banks (C. V.)**, Anordn. zur photometr. Titrat. am Beckman-Spektrophotometer Modell DU 8688.
Klingmüller (V.), Physiologie d. adrenocorticotropen Hormons 2230.
Klingsberg (A.) s. Fried (J.).
Klingsberg (E.) s. Papa (D.).
Klingspor (C.), Schleifmittel 1591* D. B. — Schleifkornauflagen 2752* D. B. — Verzieren u. Veredeln v. Oberflächen belieb. Stoffe 2791* D. B.
Klington (J. D.) s. Willard (H. B.).
Klinke (F.), Al-Platten für d. Offsetdruck 251* F.
Klinkenberg (A.), Analyse d. Prinzipien diskontinuierl. u. kontinuierl. Verff. 11435.
Klinkenberg (G. A. van), Extrem hohe alkal. Phosphataseaktivität in d. Vaginalschleimhaut d. Kuh 1068.
Klinkenberg (P. F. A.), Tabellen zur Kernschalenstruktur 5469. — s. Berg (M. van den).
Klinker (L. G.) s. Glidden Co.
Klinkhamer (J.) s. Smit (W. M.).
Klinkowski (M.), Apfelmehltau u. seine Bekämpf. durch Antibiotica 9422.
Klinow (I. J.), Korros. v. chem. Apparaten u. korrosionsbeständ. Materialien [10593]. — Anwend. einer Asbestvinylmasse in d. Cellulose–Papier-Industrie 10636.
Klinskaja (K. S.), Ausscheid. d. Urethans durch d. Nieren 9605.
Klioze (O.) s. Pfizer (C.) & Co., Inc.
Klitzing (K. H. v.) u. **Wesselhöft (E.)**, Umwandlungsvorgänge u. Seigerungserscheinn. in Ni-Stählen mit Magnetitsuspens. 11457.
Klivényi (F.) s. Vinkler (E.).
Kljatschina (K. N.), Blutgeh. an bas. Phosphatase bei Kindern in d. Norm 5816.
Kljunkow (W. W.), **Rogowskaja (Z. I.)** u. **Schnejersson (L. I.)**, Phenolentzug bei Abwässern d. kokereichem. Betriebe durch d. Verwend. v. Reinkulturen phenolzerstörender Mikroben 6823.
Kljuschin (S. M.), Anwend. v. Magnesit im Glasschmelzofen 4672.
Kljuschin (W. W.) s. Buinow (N. N.); Komar (A. P.).
Kljutschewitsch (A. S.), M. J. Kittary 2349, 9485.
Kljutschnikow (N. G.), Asymmetrie in d. Leitfähigk. einiger Selenide 2365. — Handbuch zur anorgan. Synth. Russ. [5980].
Klobusitzky (D. v.), Gerinnungsfördernde u. gerinnungshemmende Bestandteile d. Schlangengifte 396.
Klöckner-Humboldt-Deutz Akt.-Ges., Verarbeit. v. Cu-halt. Mergel 682* F. — Flotat. v. Flußspat 3939* F. — Verhütt. v. Erzen, bes. v. Fe-Erzen 4205* F. — Rösten v. Erzen, Hüttenprodd. u. dgl., bes. v. Zn-Blende unter gleichzeit. Gewinn. v. Pb u. a. flücht. Metallanteilen 8022* F. — Pb u. Zn 8958* F. — Al-Legierr. 10130* F.
— u. **Diettrich (O.)**, Gewinn. v. Tonerde 2046* D. B. — Verhütten v. Erzen 2766* D. B., 6840* D. B.
— u. **Hurter (H.)**, Aufsteigende Vergas. bituminöser Brennstoffe 4001* D. B.
Kloepfer (H.) s. Deutsche Gold- & Silberscheideanstalt vormals Roessler; Deutsche Shell Akt.-Ges.
Kloepper (R. P.), Entfern. feiner Kohle durch Flotat. u. Waschen 8531.
Kloft (W.), Lebensweise u. Schadauftreten d. zottigen Blütenkäfers Tropinota hirta (Poda) sowie seine Bekämpf. mit Toxaphen 6372.
Klohs (M. W.), **Draper (M. D.)**, **Keller (F.)** [Los Angeles], **Koster (S.)**, **Malesh (W.)** u. **Petracek (F. J.)**, Alkaloide v. Veratrum fimbriatum Gray 10273.
—, **Draper (M. D.)**, **Keller (F.)** [Los Angeles], **Malesh (W.)** u. **Petracek (F. J.)**, Isolier. v. Desacetylneoprotoveratrin aus Veratrum Viride Ait 9342.
Kloke (A.), Anwend. v. Pflanzenschutzmitteln u. biol. Gleichgewicht im Boden 7762.
Klokholm (E.) s. Franklin (A. D.).
Klokowa (E. F.) s. Ainbinder (S. B.).
Klompsma (F. H.) s. Os (F. H. L. van).
Klontz (E. E.) s. Fan (H. Y.); Pepper (R.).
Kloos (G. R.), Polymere Weichmacher 1852.
Klooster (H. S. van), H. J. Backer 1. — B. Roozeboom u. d. Phasenregel 10905.
Kloosterziel (H.), Darst. v. 4-Nitro-2.6-xylidin 5526.
Kloot (N. H.), Mechan. Eigg. v. Faserbauplatten 4432.
Klopfer s. VEB Farbenfabrik Wolfen.

Klopfer (A.) s. J o o s (G.).
Klopp (C. T.) s. S e d w i t z (J.).
Klopper (A.), Michie (E. A.) u. **Brown (J. B.)** [Edinburgh], Bestimmungsmeth. v. Pregnandiol im Urin 9829.
Klos (K.) s. T w e n t s e T e x t i e l V e r v e r i j N. V.
Klosa (J.), Kondensationsprod. zwischen 4-Oxycumarin u. Thionylchlorid 579. — Therapie mit Glutaminsäure (Bioglutan) 1324. — Synth. v. spasmolyt. wirkenden α-Piperidino-α-phenylessigsäureestern u. α-Amino-α-phenylessigsäureestern. 1. Mitt. 1737; 2. Mitt. 8835. — 4-Oxycumarin 2199. — Antibiotica in Flechten 2226. — Neue Zentralanalgetica als Derivv. d. $\alpha.\alpha$-Diphenyl-α-oxyessigsäure 2725. — Vergiftungserscheinn. bei d. Darst. v. 4-Oxycumarin im Labor 4159. — Therapeut. Effekt eines Spasmolyticums 8204. — Synth. tuberkulostat. Körper. 2. Mitt. Derivv. d. Disalicylosulfons, d. Bis-[3-carboxy-4-oxyphenyl]-sulfons 8598; 3. Mitt. Kondensationsprodd. d. Thiosemicarbazids u. v. Thiosemicarbazonen 8622; 4. Mitt. Synth. einiger Hydrazone d. Cyanessigsäurehydrazids 8596. — Konst. d. Physodalsäure (Derivv. d. Protocetrarsäure) 8638. — Wirkungsmechanismus d. kosmet. Wertes v. vegetabil. Preßsäften 9924. — Umwandlungsmöglichkk. d. 2-Phenylindandions-(1.3) 10734. — Synth. v. Substanzen mit spezif. Wrkg. bei Schnupfen 11425. — s. V E B S c h e r i n g A d l e r s h o f.
Klose (J. Z.) s. K a p l o n (M. F.).
Klose (R.), Verniciatura a spruzzo. Procedimenti, materiali ed impianti [4223].
Klosse (E.), Löten d. Leichtmetalle 1600.
Klosterkötter (W.), Gefäßwrkg. koll. u. mol. gelöster Kieselsäure 627.
Klosterman (E. W.) s. B e n t l e y (O. G.).
Klosterman (H. J.), Smith (F.) u. **Clagett (C. O.),** Konst. v. Linocinnamarin 9807.
Klostermann (G. F.), Einfl. v. Rutin auf d. Verh. d. As-Werte im Blutplasma nach As-Zufuhr. Tierexperimentelle Unterss. mit radioakt. ^{76}As 8203.
Klotschkow (W. P.) s. N e p o r e n t (B. S.).
Klotz (I. M.), Faller (I. L.) u. **Urquhart (J. M.),** Spektren v. Cu-Komplexen mit einigen Proteinen, Aminosäuren u. verwandten Verbb. 1238.
—, Fiess (H. A.), Ho (J. Y. C.) u. **Mellody (M.),** Stell. d. Protons in substituierten Azobenzolmoll. 3338.
— u. Ming (W.-C. L.), Stabilitätskonstanten einiger Metallchelate d. Pyridin-2-azo-p-dimethylanilins 1936.
Klotz (J.) s. S c h u l t z (O.-E.).
Klotz (L. J.) s. W o l f e (T. A. D e).
Klotz (M.) s. Katz (S a m).
Klotz (R. J.) s. F o w l e r (C. M.).
Klotzsche (C.), Hyperplasie d. Nebennierenrinde durch thioglykolsäurehalt. Dauerwellmittel 4633.
Klouwen (H.) s. K a m p e n (E. J. v a n).
Kloz (G.), Reagenzpapier mit Vergleichsfarbenskala 9872* D. B.
Klucker (P.) s. S i e m e n s - S c h u c k e r t - w e r k e A k t. - G e s.
Kluckow (P.), Praxis d. Gummichemikers. Laboratoriumsbuch f. Kautschuk, Kunstkautschuk u. weichgummiähnl. Kunststoffe [4953].
Kludas (K.-H.) s. Z i m m e r m a n n (G.).
Kludas (M.) u. **Stöss (B.),** Wirkungssteiger. v. Penicillin u. Penicillin-Streptomycin durch Temperaturerhöhh. 4396.
Klüber (H. v.), W. G r o t r i a n 7593.
Klüken (N.), Nebenwrkgg. d. Isonicotinsäurehydrazid u. ihre Beziehungen zum peripheren Kreislauf 8907.
Kluender (A. F.) s. M o r - F i l m C o.
Klüpfel (K.) s. H o r n e r (L.).
Klüpfel (W.), Stadien d. tekton.-magmat. Einheitscyclus im westdeutschen Perm u. ihre method. Auswert. zur Analyse eines Gebirges 5266.
Klug (H. L.) s. H e n d r i c k (C.).
Klug (H. P.), Elementarzelle, Pulverdiagramm u. Raumgruppe v. Phenylcarbonat 10227.
— u. Alexander (L.), X-ray diffraction procedures, for polycrystalline and amorphous materials [535].
Kluge (A.) s. R i e m s c h n e i d e r (R.).
Kluge (E. B.) s. F i e d l e r (O. G. H.).
Kluge (F.) s. F a r b e n f a b r i k e n B a y e r A k t. - G e s.
Kluge (K. H.) s. P l a t z (K.) & C o.
Kluge (M.) s. S c h u b e r t (K.).
Kluge (W.), Gegenseitige Abgrenz. d. unselbständ. u. d. selbständ. Stromleit. in Gasen 1203.
— u. Schulz (Arno), Reversible Ermüdungserschein. d. Sekundäremiss. an Glimmkathoden mit halbleitenden Schichtenkomponenten 4278. — Verh. gasgefüllter Photozellen im Gebiet d. selbständ. Entlad. 8314.
Klugerman (M. R.), Einfache u. schnelle Berechn. d. nach Barker bestimmten bluteiweißgebundenen J 3700.
Kluiber (R. W.) s. M c C l o s k e y (A. L.).
Kluijtmans (C.), Schwarzkernguß 3725* F.
Klumpf (H.) s. J u n k e r s F l u g z e u g - u n d M o t o r e n w e r k e A k t. - G e s.
Klupp (H.), Pharmakologie d. Hg-Diuretica 9615. — s. G i n z e l (K. H.); K r a u p p (O.).
—, Kraupp (O.), Honetz (N.), Kobinger (W.) u. **Loudon (M.),** Freisetz. v. K aus d. Muskulatur unter d. Einw. einiger Muskelrelaxantien 6074.
— u. Stumpf (C.), Unterschiede in d. enzymat. Spalt. v. Dicarbonsäure-bis-cholinestern durch Menschen-, Pferde- u. Hundeserum 1066.
Klupt (S. J.) u. **Makarow (W. W.),** Schnelle fermentative Bearbeit. v. Flachsstroh 4490.
Klute (A.) s. R u s s e l l (M. B.).
Klutke (W.) u. **Schöldgen (K. H.),** Capillare Veränderr. unter INH 10313.
Kluyskens (P.), Schutzwrkg. v. Cysteinamin gegen d. Toxizität v. Dihydrostreptomycin 8907.
Kluyver (A. J.) u. **Houwink (E. H.),** Unters., ob Gewinn. eines Kautschuks v. einheitl. Vulkanisat. durch Behandl. d. Latex mit Bakterien möglich ist 707.
Kluyver (J. C.) s. E n d t (P. M.).
— u. Blokhuis (E. W. M.), Infrarotisotopenanalysator. 2. Mitt. 6090.
—, Leun (C. van der) u. **Endt (P. M.),** Grundzustand v. ^{26}Al 7365.
— u. Milatz (J. M. W.), Infrarotisotopenanalysator 2734.
— u. Verploegh (G.), γ-Strahlen aus d. Protoneneinfang in ^{26}Mg 3790.
Klyne (W.), Mol.-Rotationen polycycl. Verbb. 2. Mitt. Diterpenoide u. Sesquiterpenoide 775. — Mol.-Rotationen polycycl. Verbb.;

Bezieh. zwischen d. Stereochemie d. Steroide u. d. Triterpenoide 3337. — Struktur d. Urandiols 5084.
Klyne (W.) u. **Stokes (W. M.)**, Mol.-Rotationen polycycl. Verbb. 3. Mitt. Polycycl. Alkohole u. ihre Derivv. 9050. — Mol.-Rotationen v. Triterpenalkoholen u. ihren Derivv. 11184.
Kmetko (E. A.), Elektr. Eigg. v. Kohlen u. ihrer Bisulfat-Einlagerungsverbb. 7149. — s. McMichael (B. D.).
Kmito (J. I.) s. Temnikowa (T. I.).
Knabeschuh (L. H.) s. Wiley (R. H.).
Knacke (O.) s. Gerlach (Johannes); Kayser (O.).
—, Stranski (I. N.) u. **Wolff (G.)**, Verdampf. 2608.
Knaff (P.), Reinigungsmittel 4731* F.
Knafo (G.), **Reutenauer (G.)** u. **Rosano (L.)**, Netzvermögen v. physikal.-chem. Gesichtspunkt 4728.
Knaggs (E. A.) s. Komarewsky (V. I.); Sanders (H. L.).
Knap (J.) u. **Danbolt (N.)**, Ausscheid. v. gonadotropen, östrogenen u. androgenen Substanzen im Urin v. Patienten mit Erythema induratum Bazin 10549.
Knape (A. A.) s. Heertjes (P. M.).
Knapp (B. B.) s. Wesley (W. A.).
Knapp (D. W.) s. Horvath (S. M.).
Knapp (H.), Mechanismus d. Austenit-Martensit-Umwandl. 1921.
Knapp (I. E.) s. Leach Brothers, Inc.
Knapp (O.), Zusammenhang v. Viscosität u. Temp. bei Silicatgläsern 11270.
Knapp (R.) s. Nopco Chemical Co.
Knapp (R. L.) s. United States Rubber Co.
Knapp (W.) u. **Jacherts (D.)**, Synergist. bzw. antagonist. Wrkg. kombinierter Antibiotica-Sulfonamid-Präpp. 6543.
Knapp (W. J.), Anwend. d. Werte d. freien Energie für d. Aufstell. v. Phasendiagrammen 4186. — s. Johnston (R. D.).
Knappe (J. C.), Unterss. über d. Wasserdampfdurchlässigk. v. Pappe 10652.
Knappstein (H.), Zumess. v. Chemikalienlsgg. nach d. Verdrängungsprinzip d. Wasseraufbereitungstechnik 10599.
Knappwost (A.), Deutung antiferromagnet. Zustände in d. Cumuli bei d. Ausscheid. im Syst. Cu–Fe 4281. — Antirachit. Wrkg. v. F 11620.
— u. Restle (H.), Best. d. D. v. Schmelzen u. Klassifizier. d. Festkörper in raumschwache u. raumstarke bei hohen Tempp. 1210.
Knapsack-Griesheim Akt.-Ges., Schwere Fl. zum Trennen v. Erzen u. Gangart 2291* F. — Lagerungssicheres Acetylen 3249* Oe. — Füllkörper für Rk.- u. Waschtürme sowie Dest.-Kolonnen 7517* F.
— u. Lückerath (F.), Ca-Cyanamid 924* D. B.
—, Sennewald (K.) u. **Feldmann (K. A.)**, Kontinuierl. Herst. v. Ameisensäureestern 11095* D. B.
—, Sennewald (K.) u. **Wolfram (A.)**, Dehalogenier. v. Halogenessigsäuren 4696* A.
—, Waibel (A.) u. **Zorn (H.)**, Höhermol. ungesätt. Aldehyde 9442* D. B.
Knauer (K. C.) s. Dow Chemical Co.
Knauff (H.-G.) s. Schmid (Eberhard).
Knauff (K. G.) s. Wannag (U.).
Kňažko (L.) s. Krasnec (L'.).
Knecht (A.), Sternförm. als Rohr gestalteter Papierfilterkörper 11064* D. B.
Knecht (O.) s. Sandoz Akt.-Ges.
Knecht (W.) s. Flugfunk-Forschungsinstitut Oberpfaffenhofen e. V.
Knechtel (J.) u. **Pramhas (A.)**, Heizwiderstand 894* Oe.
Knechtges (R. G.), Kontinuierl. Herst. v. ungebleichtem halbchem. neutralem Sulfitzellstoff 8059.
Kneip (P.), Sind d. Früchte d. Convallaria majalis giftig? 4633.
Kneip (W.) s. Farbenfabriken Bayer Akt.-Ges.
Knell (M.) s. Bordwell (F. G.).
Kneller (L. A.), **Uhl (H. S. M.)** u. **Brem (J.)**, Behandl. v. Pb-Vergift. bei einem Kind mit Calciumdinatriumäthylendiamintetraacetat 8440.
Knesbach (S. L.) s. Ladisch (R. K.).
Knevel (A.) u. **Miller (C. E.)**, Nitroalkyläthylcarbonate 3840.
Knew (E.) s. Dempsey (M.); Furlong (J. K.).
Knibbs (F. H.), Legierte Flußmittel für Auftragschweißungen 1600.
Knick (B.), **Severin (G.)** u. **Tilling (W.)**, Insulintherapie d. allerg. Status asthmaticus 10066.
Knickerbocker (R. G.) s. Fine (M. M.).
Knie (J. G.), Chemie u. Quantentheorie 11323.
Kniebes (D. V.) s. Beck (P. W.).
Kniel (I.) s. Pepe (J. J.).
Kniepen (P.) s. Telefunken Gesellschaft für drahtlose Telegraphie m. b. H.
Kniepkamp (H.) s. Siemens & Halske Akt.-Ges.
— u. Heywang (W.), Depolarisationseffekte in polykristallinem $BaTiO_3$ 11337.
Kniga (M. I.), Verbesser. d. Milcheigg. durch Füttern d. lactierenden Kühe mit zuckerhalt. Futtermitteln 7805. — Veränderr. in d. Zus. d. Kuhmilch im Verlaufe v. 24 Std. 8520.
Knight (B. H.), Einfl. d. Füllstoffe auf d. Stabilität v. Asphaltgemischen 2571.
Knight (C. A.), Hydrolyse v. Proteinen in Kunststoffgefäßen 9637.
Knight (F. J.), Duplexverf. in Gießereien durch Verwend. eines Kupolofens in Verb. mit einem Elektroofen 200.
Knight (H. B.), **Eddy (C. R.)** u. **Swern (D.)**, Rkk. v. Fetten mit O_2. 8. Mitt. cis–trans-Isomerisat. während d. Autoxydat. v. Methyloleat 6878.
— u. Swern (D.), Tetralinhydroperoxyd (1.2.3.4-Tetrahydronaphthyl-(1)-hydroperoxyd) 6507.
Knight (H. S.) s. Shell Development Co.
Knight (J.) s. Schlesinger (H. I.).
Knight (J. A.) s. Zook (H. D.).
Knight (J. C.), **Braid (T. H.)** u. **Richardson (H. O. W.)**, β-Strahlen v. ^{204}Tl 9017.
Knight (J. R.) s. Hanson (H. P.).
Knight (R.) s. Jordan (J. V.).
Knight (R. W.) s. Moyer (J. H.).
Knight (S. B.), **Wallick (R. H.)** u. **Bowen (J.)**, UV-Absorptionsspektren u. Dissoziationskonstanten d. Monobromchinoline 1701.
Knight (S. G.) s. Casida jr. (L. E.); Ehrlich (H. L.); Gitterman (C. O.).
Knight (V.) s. Draper (J. W.).
Knight (W. D.), Temperaturabhängigk. d. Kernresonanz in Metallen 5484. — Kernresonanz-Linienverbreiter. u. Quadrupolaufspalt. in metall. Be 7598. — s. Abell (D. F.); Cotts (R. M.); Teeters (D. R.).

Knill (R. B.) s. Wingfoot Corp.
Knipe (R. H.), Sponer (H.) u. **Cooper (C. D.),** Temperaturabhängigk. d. Naphthalinbanden bei *3200—2900* Å 2384.
Knipling (E. F.), Insekticidresistenzproblem 3467.
Knipp (J. K.), Eguchi (T.), Ohta (M.) u. **Nagata (Shozo),** Ionisat. v. Gas durch Elektronen 4761.
Knipping (H. W.), Kontrolle d. Energiehaushaltes u. d. Kreislaufes bei d. Fettsucht, bes. Erfordernisse d. Diät u. d. Terrainkur 2939.
Kniseley (R. M.) s. Root (S. W.).
Kniseley (R. N.) u. **Fassel (V. A.),** Einfl. v. Streulicht in Prismen- u. Gitterspektrographen auf d. Emulsionseichkurven u. seine Bedeut. bei d. spektrograph. Analyse 7043.
Knjasjatowa (J. L) s. Ratschinski (W. W.).
Knobil (E.) u. **Parker (L. W.),** Wrkgg. d. Hypophysektomie, ACTH, Cortison u. Östradiol auf d. β-Glucuronidaseaktivität d. Nebenniere bei d. Ratte 6309.
Knobloch (E.), Best. v. α-, β-, γ-Picolinen, 2.6-Lutidin u. 2-Äthylpyridin in d. β-Picolin-Frakt. d. Pyridinbasen 10589.
— u. **Svátek (E.),** Polarographie d. Chloramphenicols u. verwandter Substanzen 5029.
Knobloch jr. (W. H.) s. Shetlar (M. R.).
Knochel (W. J.) s. Westinghouse Electric Corp.
Knodel (L. R.) s. Newhall (W. F.).
Knodt (C. B.), Antibiotica beim Wachstum v. Wiederkäuern 859.
Knoefel (J.), Feste Stoffe in Pulverform 1889* D. [DDR].
— u. **Richter (Rudolf),** Erhöh. d. Wasserfestigk. v. Papieren, Geweben oder dergleichen 4013* D. [DDR].
Knörr (K.), Begünstigt d. intraperitoneale Marbadalanwend. d. Auftreten v. Thrombosen? 2945.
Knoerzer (G.), Auflad. v. Isolatorflächen durch Elektronen im Vakuum 17.
Knösel (D.) u. **Schwartz (W.),** Unterss. zur Erdölbakteriologie. 2. Mitt. Vork. u. Verh. v. Mikroorganismen in Erdöl 2110.
Knoevenagel (K.) s. Perkow (W.).
Knol (H. W.), Gravimetr. Best. v. Cholesterin in Wollwachs 7808. — s. N. V. Koninklijke Veenendaalsche Sajeten Vijfschachtfabriek voorheen Wed. D. S. van Schuppen & Zoon.
Knoll (A. F.), Metall. Schuppenpigmente 11102.
Knoll (J. E.) s. Eidinoff (M. L.),
Knoll (K.) s. Siemens-Schuckertwerke Akt.-Ges.
Knoll Akt.-Ges. Chemische Fabriken, Stabilisieren v. Pflanzenextrakten 1096* Schwz. — Zahnpaste mit aktivem F 2260* F. — Brom- u. gegebenenfalls chlorsubstituierte Salicylsäurearylamide 3920* Oe. — Trocknende Öle 8506* Ung.
— u. **Albers (Henry),** Chinolinabkömmlinge 2256* D. B.
—, **Albers (Henry)** u. **Gunzert (K. T.),** Harzart. Kondensationsprodd. 5669* D. B.
— u. **Dengel (F.),** Im Kern alkoxysubstituierte fettaromat. Nitrile 2304* D. B. — 3.4-Dialkoxy- bzw. 3-Alkoxy-4-benzyloxybenzylchloride 2534* D. B. — Nitrile fettaromat. KW-stoffe 5177* D. B.
Knoll Akt.-Ges. Chemische Fabriken, Freudenberg (K.), Plieninger (H.) u. **Cramer (F.),** Einschlußverbb. physiol. wirksamer organ. Verbb. 10817* D. B.
— u. **Kallischnigg (R.),** 4-(N-Phenyl-N-benzylamino)-1-alkylpiperidine u. ihre in d. aromat. Resten substituierten Derivv. 3687* D. B.
—, **Kraft (Helmut)** u. **Kraft (K.),** 3-(2'-Oxyphenyl)-pyrazol u. dessen Substitutionsprodd. 11640* D. B.
— u. **Plieninger (H.),** 6-Alkoxy-1.2.3.4-tetrahydro-2-naphthylamine u. deren sek. oder tert. N-Alkylderivv. 9620* D. B.
— u. **Riedl (W.),** Kernalkylierte 2.4.6-Trioxyacylophenone 8444* D. B. — Kernalkylierte 2.4.6-Trioxybenzoesäureester 10628* D. B.
— u. **Schöberl (A.),** 2-Amino-Δ^2-thiazoline bzw. Thiazolidon-(2)-imide u. deren Salze 2256* D. B.
— u. **Schuler (L.),** Salicylsäurearylamide 7731* D. B.
Knoop (E.), Zündvorgang, Entladungsverlauf u. Entionisier. in Gastrioden 9024.
Knop (H.) s. Farbenfabriken Bayer Akt.-Ges.
Knop (L.) s. Riedel-de-Haën Akt.-Ges.
Knop (W.), Betriebssicherh. neuzeitl. Lösungsmittelwiedergewinnungsanlagen 10341.
— u. **Dieckmann (W.),** Gesundheitsschutz beim Umgang mit offenen radioakt. Stoffen (Isotopen) in nichtmedizin. Betrieben 11248.
— u. **Schürmann (D.),** Späte Erkenn. einer tödl. Schwefelwasserstoffvergift.; Erwiderung auf d. Veröffentlich.: Tödl. Vergift. bei d. Anwend. v. HCl in engem Raum (Brunnen) 3194.
Knopf (T.) s. Agfa Akt.-Ges. für Photofabrikation.
Knorr (F.), Vitaminbestimmungen mit Hilfe v. Mikroorganismen 1081. — Vitamine in d. Brauerei u. Mälzerei 1159. — Ernährungsprobleme im Lichte moderner Erkenntnisse 2467. — Physiol. Wirkstoffe d. Hopfens 7239. — Eiweißstabilität u. Haltbarkeitsvorausbest. d. Bieres 9928.
Knorr (M. S.) s. Hamilton (M. A.).
Knorr (R.), Behandl. d. Amoebiasis mit Resotren 2721.
Knorr (W.) s. Köster (W.).
Knorre (D. G.) u. **Emanuel (N. M.),** Einfl. d. innermol. H-Bind. auf d. Rk.-Fähigk. v. Salicylaldehyd 9292. — Erscheinungsform d. H-Bind. in Hydroperoxyden aliphat. Acyle 10957.
Knoth jr. (F.) s. Standard Oil Development Co.
Knoth (W.), Unterss. mit d. Red.-Indicator Triphenyltetrazoliumchlorid (TTC) an Organen d. erwachsenen Meerschweinchens bes. d. alloxangeschädigten Pankreas 6048.
Knothe (H.) s. Hänsch (U.).
— u. **Witt (G.),** Einw. v. Antibioticis auf d. Atmung v. Salmonella typhi 10543.
Knott (E. B.), Elektrophile Reaktivität v. Alkoxyalkylidenderivv. v. heterocycl. Ketomethylenverbb. 806. — Nucleophile Rk.-Fähigk. v. Alkylidenderivv. cycl. Ketomethylenverbb. 7436. — s. Eastman Kodak Co.; Kodak-Pathé.
Knott (R. F.) u. **Breckenridge (J. G.),** Analoge d. 2.2'Bipyridyls mit Isochinolin- u. Thiazolringen. 1. Mitt. 10269.

Knowlden (N. F.), „Sammel"-Kurve im Prüfverf. für Antibiotica 4643.
Knowles (E.) s. Kirby (K. S.).
Knowles (E. C.) s. Texas Co.
Knowles (G.) s. Scragg (L. J.); Spencer (E. A.).
—, Briggs (R.) u. **Scragg (L. J.),** Blinkapp. zur kontinuierl. Anzeige d. Leitfähigk. 2262.
Knowles (H. L.) s. Gaddum (L. W.).
Knowles (J. W.), Mess. kurzer γ-Lebensdauern 9020.
Knowles (M. B.) s. Eastman Kodak Co.
Knowles (P. F.) u. **Lange (W. H.),** Sonnenblumenmotte 3946.
Knowles (W. S.) s. Barkley (L. B.); Monsanto Chemical Co.
Knowlson (R. F.) s. Penrice (T. W.).
Knowlton (H. B.), Anwend. v. Borstahl u. a. niedriglegierten Stahlarten in Amerika 4443.
Knox (J. F.) u. **Beattie (J.),** Verteil. v. Mineralpartikeln u. Fasern in d. Lungen nach d. Einw. v. Asbeststaub 1792. — Mineralgeh. d. Lungen nach d. Einw. v. Asbeststaub 1792.
Knox (J. H.) s. Bailey (H. C.).
— u. Norrish (R. G. W.), Oxydat. bei niedr. Temp. u. kalte Flammen d. Propans 2861.
Knox (J. H.) [New Mexiko] s. Watkins (W. E.).
Knox (K. W.), Mucolyt. Speichelenzyme 5816. — Wrkg. mucolyt. Enzyme auf Speichelmucoid 5817.
— u. Still (J. L.), Speichelmucoide 5824.
Knox (L. H.) s. Research Corp.
Knox (R.) s. Joiner (C. L.).
Knox (W. E.), Rk. v. Peroxydasen mit enzymat. erzeugtem Peroxyd in Ggw. v. Katalase 2694.
Knox jr. (W. T.) s. Standard Oil Development Co.
Knudsen (M. P.) s. Coffey (G. L.); Parke, Davis & Co.
Knudsen (W. C.) u. **Dillinger (J. R.),** Struktur im HeII-Film 8321.
Knudson jr. (A. G.) u. **Rothman (P. E.),** A-Hypervitaminose 3184.
Knudson (G. E.) s. Popov (A. I.).
Knudson (H. H. v.) s. Hüttenwerk Rheinhausen Akt.-Ges.
Knülle (K.), Handwaschpaste 10406* D. B.
Knüppel (H.) u. **Mayer (K. E.),** Fehleranfälligk. unberuhigter Thomas-Automatenstähle 8251.
Knüsli (E.), Synth. v. Derivv. d. p-Aminodiphenylsulfons mit cardioton. Wrkg. 11627.
Knunjanz (I. L.) u. **Fokin (A. W.),** Anlager. v. H_2S u. Mercaptanen an Olefine 8122.
—, Kildischewa (O. W.) u. **Linkowa (M. G.),** Umwandll. d. Mercaptoaminosäuren. 3. Mitt. Acylier. u. Alkylier. v. Dimethylcystein 9301.
— u. Linkowa (M. G.), Umwandll. d. Mercaptoaminosäuren. 2. Mitt. Acylier. u. Alkylier. v. Dimethylcystein 9300.
—, Linkowa (M. G.) u. **Ignatenok (P. G.),** Umwandll. d. Mercaptoaminosäuren. 1. Mitt. Isodimethylcystein u. seine Derivv. 9299.
Knuth (C.) s. Pfizer (C.) & Co., Inc.
—, Bavley (A.) u. **Lazier (W. A.),** Rkk. v. Thiolen mit ungesätt. Verbb. 3350.
Knuth-Winterfeldt (E.), Korrosionsursachen u. Schadentypen. 1. Mitt. 4425. — Theorie d. elektrolyt. Polierens 6124.
Knutson (D.) s. Bunnett (J. F.).
Knutsson-Hall (F. K.) s. Aktiebolaget Invex.
Ko (H.) s. Blüh (O.).
Ko (T.), Bldg. v. Bainit in einem En-*21*-Stahl 3087.
Koark (H. J.), Diagonalgeschichteter Chromitdunit 8107.
Kobal jr. (J.), Ricinusöl u. seine zunehmende industrielle Anwend. 8057.
Kobayashi (A.) u. **Furuya (S.),** Rkk. eines Ba-Films mit O_2. 1. Mitt. 537.
Kobayashi (Haruo) s. Kagawa (I.).
Kobayashi (Hisanobu), Bezieh. zwischen d. Länge d. Glashülse u. d. Nullwerten v. Geiger-Müller-Zählern 2596.
Kobayashi (R.) s. Carr (N. L.).
Kobayashi (T.) u. **Yamanouchi (K.),** Grenzdextrinaseaktivität v. Schimmelpilzen. Unterss. über enzymat. Bldg. u. Abbau v. Stärke. 18. Mitt. 1068.
Kobayashi (Yasuji) s. Okajima (S.).
Kobayashi (Yoshiyuki), Unters. d. radioaktiven Zerfalls v. RaD mit Hilfe eines Spektrometers mit sphär. Kondensator 738.
Kobayasi (K.), Verbrenn. eines einzelnen Kraftstofftropfens 9001.
Kobe (K. A.), Wertvolles Zwischenprod.: Keten 5414. — s. Hoot (W. F.); Kalichevsky (V. A.); Leland jr. (T. W.); McCutchan (R. T.).
— u. Domask (W. G.), Extraktive Kristallisat., ein neues Trennverf. 1. Mitt. Theoret. Grundlage 11311.
— u. Hirth (L. J.), Kontinuierl. Verf. zur Herst. v. Mesitylen aus Aceton 4452.
— u. Lynn jr. (R. E.), Krit. Eigg. v. Elementen u. Verbb. 8112.
— u. Motsch (W. L.), Löslichkk. v. $Ca(NO_3)_2$ u. $Sr(NO_3)_2$ in Monoalkyläthern d. Äthylenglykols 39.
— u. Pritchett (P. W.), Mononitrier. v. o-Xylol 4569.
—, Skinner (C. G.) u. **Prindle (H. B.),** Mononitrier. d. o- u. p-Nitrotoluols 7312.
— u. Wilkinson (J. A.), Wrkg. v. S-Verbb. auf d. Kaustifizierungsgleichgewicht 3460.
Kobel (H.) s. Stoll (A.).
Kober (B.), Veredelung v. Tabak 4234* Schwz.
Kober (E.) s. Siemens-Schuckertwerke Akt.-Ges.
Kober (W.) s. Kellner (W.).
Koberlein (L. F.) s. Interchemical Corp.
Koberstein (E.), Elektronenmkr. Darst. d. Oberflächen kleiner Teilchen 10933.
Kobinger (W.) s. Klupp (H.).
Kobjak (A. N.) s. Starkow (N. P.).
Kobjakowa (A. M.) s. Ssissakjan (N. M.).
Koblencz (V.) u. **Nemecz (E.),** Huntit v. d. Dorog-Mine, Dorog, Ungarn 6938.
Koblic (J.), Weintrester als Notfuttermittel 478. — Diabase, ihre Zus. u. Verwitterungsprodd. mit Rücksicht auf d. Diabastuffe 5875.
Koblitz (W.), Gitterzustand, Lösungsmechanismus u. Lsg. bei Cellulosexanthogenaten 11307. — s. Glanzstoff-Courtaulds G. m. b. H.
Kobljanski (A. G.), Umsetz. v. schwerlösl. Salzen mit Kationiten 992.
Kōbō (K.) u. **Takai (Y.),** Mikrobiol. Unterss. über d. Humifizierungsvorgang. 1. Mitt. Wrkg. v. Mikroben auf d. Umwandl. d. Bodenhumus 8711.
Kobosew (N. I.), A. W. Frosst 2821. — s. Jewdokimow (W. B.).

Kobylkin (A. F.) s. Jelissejewa (W. I.).
Kocatas (B. M.) u. **Cornell (D.)**, Zurückhalt. u. Restsaturat. v. Hexan bei Sojaflockenchargen mit Abfluß durch eigene Schwere 4728.
Kocazik (A. P.) s. Socony-Vacuum Oil Co., Inc.
Koch (A.), Symbionten als Vitaminquellen d. Insekten 5352.
Koch (A. D.) s. Du Pont de Nemours (E. I.) & Co.
Koch (B.) s. Eggert (J.).
Koch (B.) [Freiburg] s. Häusler (E.).
Koch (C. W.) u. **Cunningham (B. B.)**, Dampfphasenhydrolyse v. Actinidenhalogeniden. 1. Mitt. Wärme u. Freie Energie d. Rk. $AmCl_3$ (fest) + H_2O (gasförm.) = AmOCl (fest) + 2HCl (gasförm.) 28. — Dampfphasenhydrolyse d. Halogenide Seltener Erden. 3. Mitt. Wärme u. Freie Energie d. Rkk. $PrCl_3$ (fest) + H_2O (gasförm.) = PrOCl(fest) + 2HCl (gasförm.) u. $NdCl_3$ (fest) + H_2O (gasförm.) = NdOCl (fest) + 2HCl (gasförm.) 28.
Koch (Eberhard), Penicillin- u. Terramycin-Intoxikat. 7490.
Koch (Ernst) s. Metallgesellschaft Akt.-Ges.
Koch (F. E.) u. **Uebel (H.)**, Lokale Beeinfluss. d. Gewebsresistenz gegen Streptokokkeninfekt. durch Cortison u. Echinacin 9832.
Koch (G.) s. Weiß (Armin).
Koch (G. L.) s. Diamond Alkali Co.
Koch (H.) u. **Zirkler (J.)**, Arzneimittel in d. DDR 7495.
Koch (Hans) u. **Chanutin (A.)**, Elektrophoret. Unters. v. bei Zimmertemp. gelagertem menschl. Plasma 5827.
Koch (Heinrich) s. Farbwerke Hoechst Akt.-Ges., vormals Meister Lucius & Brüning.
Koch (Herbert) s. Studien- u. Verwertungs-Gesellschaft m. b. H.
Koch (Hugo) s. Phrix-Werke Akt.-Ges.
Koch (H. J.), Rolle d. Cholinesterase bei d. Absorpt. u. d. akt. Transport mineral. Substanzen durch d. Branchien d. Krabbe „Eriocheir sinensis M. E." 5336.
Koch (Hans-Joachim) s. Huisgen (R.).
Koch (H. P.), Absorptionsspektren u. Struktur organ. S-Verbb. 7. Mitt. Sulfoxyde 5744.
Koch (J.), Herst. v. Apfel- u. Traubensaft nach neuzeitl. Erkenntnissen 241.
— u. **Bretthauer (G.)**, Best. d. Wirksamk. v. Filtrationsenzymen 3756.
— u. **Geiss (E.)**, Einfl. verschied. kellertechn. Maßnahmen auf d. Ausbau d. Weißweine. 1. Mitt. Unterkühl. d. Weine 8516.
Koch (Jakob) s. Ciba Akt.-Ges.
Koch (Julius) s. Winnacker (K.).
Koch (J. E.), Erfind. d. holzschützenden U-Salze 9933.
Koch (Konrad), Kolloidale Plasmaersatzmittel. 1. Mitt. 638.
Koch (Kurt) s. VEB Farbenfabrik Wolfen.
Koch (L.) u. **Keste (S.)**, Oberflächenabtrag. beim chem. u. anod. Polieren v. Reflektal u. Rein-Al 11674.
Koch (L. W.), Fungicide zur Bekämpf. v. Wurzelfäule 9423.
Koch (P.), Örtl. Veränderungsbestreben d. Lösungsdruckes v. Metallen bei geringen Belastungen 4448.
Koch (P. A.), Chemiefaser-Merkblätter. 1. Mitt. Verf. zur Kennzeichn. u. Unterscheid. d. Chemiefasern 1171; 2. Mitt. (Calcium-) Alginatfäden 5213; 3. Mitt. Caseinfasern: Fibrolane, Merinova, Caslen 2808; 4. Mitt. Zeinfasern: Vicara, Zycon 2808. — Vorgeschichte d. Chemie-Faserstoffe 1170. — Chem. Faserstoffe, ihre Vielfältigk. u. Eigg. 3521. — Mannigfaltigk. u. ihre Eigg. 4239. — Albuminfaser d. Erdnuß: Ardil 7116. — Polyvinylchloridfaserstoffe 11307.
— u. **Wagner (Erich)**, Textile Prüff. [491].
Koch (R.), Toxikologie verschied. Theophyllinverbb. u. -derivv. sowie einiger Lösungsvermittler 9845.
Koch (R.) [Freiburg], Einfl. d. Pantothensäure auf d. adrenalektomierte Ratte 1549.
Koch (Rosemarie) s. Doering (P.).
Koch (R. B.), **Felsher (A. R.)**, **Burton (T. H.)** u. **Larsen (R. A.)**, Schnellmeth. zur Best. v. Getreide-Lipase-Aktivität 6541.
—, **Smith (F.)** u. **Geddes (W. F.)**, Schicksal v. Zuckern in Brotteigen u. synthet. Nährlsgg. bei d. Vergärung mit Bäckerhefe 6641.
Koch (Walter) s. Wever (F.).
— u. **Bruch (J.)**, Analyse d. Gefügebestandteile in Roh- u. Gußeisen 8804.
—, **Ramsauer (I.)** u. **Stackelberg (M. v.)**, Elektrochem. Vorgänge bei d. elektrolyt. Isolier. v. Gefügebestandteilen d. Stähle mit Wechselstrom 1678.
Koch (Walter) [München] u. **Heim (E.)**, Einfl. östrogener Hormone auf d. Schafmast u. d. Qualität d. Schaffleisches 8187.
Koch (Werner) s. Allgemeine Elektricitäts-Gesellschaft; Haiten (H.-U.); Licentia Patent-Verwaltungs-G. m. b. H.
Koch (Wilhelm) u. **Möller (P.)**, Steinart. Formkörper 8473* D. B.
Koch (William) s. Hercules Powder Co.
Koch (Wolfgang) s. Heyns (K.).
Koch (Wulf) s. Harder (R.).
Kochakian (C. D.) s. Eischeid (A. M.).
—, **Reed (B. A.)**, **Bonelli (M.)** u. **Sala (G.)**, Nebenschilddrüsenextrakt u. d. Aktivität alkal. Phosphatase 10551.
Kochanek (H.), Färben u. Ausrüsten v. Decken 1145. — Färben v. Kammgarnstückwaren 3492.
Kochendörfer (A.), Grundgesetze d. Fließens d. amorphen u. d. kristallinen Stoffe 2146. — Beziehh. zwischen d. Leerstellenenergie, d. Oberflächenenergiekonstanten u. d. elast. Konstanten v. Kristallen 3568. — s. Folberth (O. G.).
Kochendorfer (D. B.) u. **Farmer (D. J.)**, Zerfall v. ^{102}Rh 5236.
Kocher (C.), **Roth (W.)** u. **Treboux (J.)**, Bekämpf. resistenter Stubenfliegen (Musca domestica L.) mit Diazinon 7065.
Kocher (V.) s. Sorkin (E.).
Kochloefl (K.), **Bažant (V.)** u. **Šorm (F.)**, Synthesen d. Methylcyclopentene u. deren Konstitutionsbeweis 11376.
Kocholaty (W.) s. Goucher (C. R.).
Kockläuner (R.) s. Zahn (H.).
Kocková-Kratochvílová (A.) u. **Nečásek (J.)**, Best. d. Hefearten nach ihrer Zellengröße 1159.
Kocks (F.), Herst. v. Fe u. Stahl unmittelbar aus Erzen unter Verwend. v. fl. hochkohlenstoffhalt. Fe als Reduktionsmittel 7542* F.

Kockum (S.), Schutz v. Maiskolben bei d. Lager. 5400. — s. Le Pelley (R.).
Koda (F.) s. Farah (A.); Graham (G.).
Kodak Akt.-Ges., Leermakers (J. A.) u. **Carroll (B. H.)**, Übersensibilisier. 4982* D. B.
Kodak Aktieselskab, Farbkorrekturen bei lichtempfindl. Ag-Halogenidemulss. 4016* Dän. — Photograph. Silberhalogenidemuls. 7128* Dän.
Kodak Ltd., Herst. v. Celluloseestern zweibas. Säuren 10653* E. — s. Kodak-Pathé.
— u. **Clark (G. R.)**, Barytier. v. photograph. Rohpapier 1423* E.
— u. **Fowler jr. (W. F.)**, Barytage für Photopapier 3779* E.
—, **Morey (D. R.)** u. **White (W. R.)**, Antistat. Film 1423* E.
— u. **Reed (K. J.)**, Methincyanine 6440* E.
— u. **Richardson (Winfield S.)**, Antistat. Schichten 1892* E.
—, **Salminen (I. F.)** u. **Allen (C. F. H.)**, Schutzschicht für mehrfarb. entwickelte Bilder 1423* E.
— u. **Smith (E. A.)**, Farbentw. v. Mehrschichtmaterial 9240* E.
— u. **Stott (J. G.)**, Entwicklerregenerier. 8772* E.
Kodak-Pathé, Rasterdruckplatten für photomechan. Reprodukt. 732* F. — Lichtdruckplatten 3544* F. — Photograph. Halogensilberemuls. 3778* F. — Photograph. Entw. 4013* F. — Farbfilterschichten mit Dianilinfarbstoffen 8071* F. — Farbstoffe für photograph. Filterschichten 9714* F.
—, **Brooker (L. G. S.)** u. **Sprague (R. H.)**, Organ. Basen sür photograph. Zwecke 3054* F.
— u. **Clark (George R.)**, Kompositt. zum Beschichten v. Papier 3053* F.
— u. **Davis (H. I.)**, Kenntlichmach. d. Beschrift. v. photograph. Material 1428* F.
—, **Dickey (J. B.)** u. **McNally (J. G.)**, Derivv. v. Arylendiaminen 4017* F.
—, **Gates jr. (J. W.)** u. **Lowe (W. G.)**, Proteinderivv. bes. für lichtempfindl. Emulsionen 7822* F.
— u. **Glassey (C. Q.)**, Korrektur photograph. Kopien mittels Masken 9715* F.
—, **Griggs (William H.)** u. **Fowler jr. (W. F.)**, Photograph. lichtempfindl. Schichten zur Herst. v. positiven Reliefs 1891* F.
—, **Hunter (C. S.)**, **Hoyt (F. W.)** u. **Nadeau (G. F.)**, Gefärbte Schichten für photograph. Zwecke 4018* F.
— u. **Knott (E. B.)**, Photosensibles Material 3780* F.
—, **Kodak Ltd.** u. **Reed (K. J.)**, Filme aus Gelatine 7800* F.
—, **Lowe (W. G.)**, **Griffin (K. P.)** u. **Frame (G. F.)**, Photograph. Emulss. in einem Schutzkolloid 2347* F.
— u. **Moon (N. S.)**, 2-Chlorbenzthiazol 4459* F.
—, **Peterson (W. D.)** u. **Weissberger (A.)**, Photograph. Mehrfarbenbilder unter Verwend. v. Farbkupplern 4017* F.
—, **Potts (H. E.)**, **Leemakers (J. A.)** u. **Fierke (S. S.)**, Verbesser. d. farbenphotograph. Prozesse 1191* F.
— u. **Talbot (R. H.)**, Kenntlichmach. d. Beschrift. v. photograph. Material 1427* F.
— u. **Vittum (P. W.)**, Gerben v. Gelatinehalogensilberemulsionsschichten unter Vermeid. v. Verschleierr. bei d. Herst. v. Farbenphotographien 4016* F.
Kodak-Pathé, Vittum (P. W.), **Weissberger (A.)** u. **Thirtle (J. R.)**, Photograph. Mehrfarbenbilder 4017* F.
—, **Weissberger (A.)**, **Glass (D. B.)** u. **Vittum (P. W.)**, Photograph. Rapidentwickler 498* F.
Kodak Soc. An., Farbkuppler für Blaugrün 5704* Schwz.
Kodama (J. K.), **Morse (M. S.)**, **Anderson (Hamilton H.)**, **Dunlap (M. K.)** u. **Hine (C. H.)**, Vergleichende Toxizitätsunterss. v. zwei Vinyl-substituierten Phosphaten 1558.
Kodenko (A. N.), Einfl. d. Düng. v. Weingärten auf d. Weinqualität 11275. — Einfl. d. Düngemittel auf frostgeschäd. Reben 11662.
Kodis (R. D.) u. **Darcy (G. A.)**, Unters. d. Magnetfeldes an einem Riß in einer magnetisierten Stahlplatte 4444.
Kodoma (S. P.) s. Royer (G. L.).
Koe (B. K.) s. Shimkin (M. B.).
Köb (H.), Unbekannter Verfestigungseffekt bei Viscosereyon 8765.
Koebel (N. K.), Wärmebehandl. in Ofenatmosphären. Anwend. v. Gleichgewichtsdiagrammen 8482.
Koebner (A.) s. Lankro Chemicals Ltd.
Köchel (F.), Raum- u. Luftdesinfekt. sowie ihre Nutzanwend. bei d. Herst. steriler Arzneimittel 872. — Bedeut. u. Einfl. v. Applikationsart u. Applikationszeit bei d. Anwend. v. Medikamenten 2013. — Bedeut. d. Arzneiformen u. Applikationsarten für d. Therapie, bes. „Rectiole" (Rectal-Phiole) 5366. — Luftdesinfekt. bei d. Herst. steriler Arzneimittel 6802. — Arzneimittelprüff. mittels Luminescenzanalyse 10806.
Koecher (P. H.) u. **Kirchhoff (H. W.)**, Klin. Diagnostik für d. Kinderarzt. Gebräuchl. Funktionsprüff. u. Labormethoden 8902.
Koechlin (É.), **Doittau (P.)** u. **Valentin (É.)**, Verhüt. d. Feuerfangens v. Bzn. 2576* F., 3290* F.
Koefoed (H.) s. Engelund (A.).
Koefoed (J.), Verallgemeiner. d. Brønsted-Prinzips d. kongruenten Mischungen 1911. — Wirklichk. u. Beschreib. 10665.
Koefoed-Johnsen (H. O.) s. Koefoed-Johnsen & Co., A/S.
Koefoed-Johnsen & Co., A/S u. **Koefoed-Johnsen (H. O.)**, Cu-halt. Pflanzenspritzmittel 4680* Schwed.
Kögl (F.) u. **Ultée jr. (A. J.)**, Pflanzl. Wachstumsstoffe. 41. Mitt. Synthesen auf d. Auxingebiet. 3. Mitt. Einfaches Strukturanalogon v. Auxin a 7656.
Kögler (H.) s. Treibs (W.).
Köhle (H.), Unterss. über d. Eign. v. Asbest für Isolierr. 10604.
Köhle (Herbert), ABC d. Chemielaboranten [9011].
Köhle (K.) s. Specker (H.).
Köhler (A.) u. **Wieden (P.)**, Chem. Gesteinsanalysen 8220.
Köhler (E.), Viren. a) Pflanzenpathogene Viren 2459.
Köhler (E.-G.) s. Braunschweiger Gesellschaft für angewandte Elektrizität m. b. H.
Köhler (Franz) [Alsbach], Stickstoffhalt., wasserlösl. Kondensationsprodd. 11105* D. B. — s. Deutsche Gold- & Silber-scheideanstalt vormals Roessler; Laboratorium für angewandte Chemie Dr. F. Köhler; Röhm & Haas G. m. b. H.

Köhler (Franz) [Wien], Verhinder. d. Oxydat. v. Amalgamen 666* E. — Hochwert. Bewehrungseinlagen für Beton 6367* Oe.
— u. **Wassmuth (H.)**, Verhinder. d. Oxydbldg. an Amalgamen unedler Metalle bei ihrer Herst. auf elektrolyt. Wege 4451* D. B.
Köhler (Friedrich) s. Fröhlich (A.).
Koehler (G. F.), Hostetler (P. B.) u. **Holland (Heinrich D.)**, Geochem. Schurfarbeiten auf Co, Ontario 8810.
Köhler (H.), Hyperkeratose, Problem d. Vitamin-A-Stoffwechsels 8660.
Köhler (Hans), Vorschlag zur Verbesser. d. Verfahrenstechnik beim Extrahieren v. Drogen 2485.
Koehler (J. S.), Pauli-Prinzipstreuung u. d. Minimum d. Widerstandes 5963. — s. Cooper (H. G.); Jan (J.-P.).
Köhler (J. W. L.) s. N. V. Philips' Gloeilampenfabrieken.
— u. **Jonkers (C. O.)**, Grundlagen d. Gaskältemaschine 3702. — Konstrukt. einer Gaskältemaschine 3702.
Köhler (O.), Paul v. Nährich zum Gedächtnis 10420.
Köhler (R.), Rostschutz durch elektrolyt. Verzink. 10852.
Köhler (Rudolf) s. Henkel & Cie. G. m. b. H.
Köhler (V.), Loll (H.) u. **Schröter (H.)**, Antagonist. Wrkg. d. k-Strophanthins u. d. 2.4-Dinitrophenols auf d. Arbeitsleist. d. Kaltblütermuskels 1084.
Koehler (W. C.) u. **Wollan (E. O.)**, Neutronenmagnet. Beugungsunterss. an Lanthan-Calciummanganiten 4291. — Paramagnet. Streuung v. Neutronen durch Oxyde d. Seltenen Erden 5004. — Suche nach Antiferromagnetismus in d. Siliciden V_3Si, Cr_3Si, Mo_3Si 7616.
Koehn (G. W.) s. Armstrong Cork Co.
Köhne (J.) s. Blaupunkt-Elektronik G. m. b. H.
Koehne Presnell (A.), Mineralölmull 9630. — s. Jergens (A.) Co.
Köhnlein (J.) u. **Vetter (H.)**, Stalldüngerrotte bei steigender Stroheinstreu 8004.
Koehring (R. P.) s. General Motors Corp.
Koekemoer (M. J.) s. Dry (L. J.).
— u. **Warren (F. L.)**, Senecioalkaloide. 11. Mitt. Überführ. v. Rosmarinin in Senecionin u. d. allgemeine Struktur d. Senecio-Alkaloide 6523.
Kölbel (Herbert) s. Koppers (H.) G. m. b. H.; Rheinpreußen Akt.-Ges. für Bergbau und Chemie; Steinkohlenbergwerk „Rheinpreußen".
— u. **Ruschenburg (E.)**, Rk.-Mechanismus d. Fischer-Tropsch-Synthese. 7. Mitt. Aufbau d. KW-stoffe 3769.
Kölbel (Hermann), Lichtfilter im Fluorescenzmikroskop zur Darst. d. Mycobacterium tuberculosis 5863. — Mycobacterium tuberculosis. 1. Mitt. Säurefestigk., Vermehr. u. Granulat. 8416.
Kölbl (F.) s. Aktiengesellschaft für Unternehmungen der Eisen- und Stahlindustrie.
Koelle (G. B.), Histochem. Lokalisat. d. Cholinesterase im Zentralnervensyst. d. Ratte 1764. — s. Angenent (W. J.); Kramer (L. B.).
Koelle (G. B.) u. **Valk jr. (A. de T.)**, Physiol. Folgerr. aus d. histochem. Verteil. d. Monoaminooxydase 7699.
Koeller (R. C.) u. **Drickamer (H. G.)**, Einfl. d. Druckes auf d. Selbstdiffus. in Schwefelkohlenstoff 755.
Koelliker (E.) s. Zeerleder (A. v.).
Kölling (H.) s. Farbenfabriken Bayer Akt.-Ges.
Köllner (R.), Behandl. d. floriden Ulcus ventriculi u. Ulcus duodeni mit Methylthiouracil als kausale Therapie d. Ulcuskrankheit 4400.
Kölsch (W.) s. Badische Anilin- & Soda-Fabrik Akt.-Ges.; Chemische Verwertungsgesellschaft Oberhausen m. b. H.
Koen (N.) s. Severočeské tukové Závody, národni podnik.
Koenecke (C. F.) & Co u. **David (Wilhelm)**, Rostfleckenentfernungsmittel 955* D. B.
Koenen (K.) s. Mohr (W.).
König (E.), Therapeut. Wirksamk. v. 2.2-Bis-[oxymethyl]-propaniol-(1.3)-tetranitrat' bei Angina pectoris 4155.
Koenig (Franz) s. Deutsche Gold- & Silberscheideanstalt vormals Roessler.
König (Friedrich), Futterwert d. Grünlandkräuter 7109.
König (G.) u. **Rieder (W.)**, Erfahrr. mit einem neuen Lokalantibioticum bei Hals-, Nasen- u. Ohrenerkrankk. 2477.
Koenig (Günter) s. Wittig (G.).
König (H.), Präparative Methoden d. Elektronenmikroskopie u. ihre Ergebnisse 5011. — s. Helwig (G.).
König (H.) [Wien] s. Drahowzal (F.).
Koenig (Harold) u. **Feldman (Donald)**, Cytoplasmat. Nucleoproteine v. in vitro gezüchteten lebenden Nervenzellen 11228.
König (J.) s. Farbenfabriken Bayer Akt.-Ges.; Farbwerke Hoechst Akt.-Ges., vormals Meister Lucius & Brüning; Phrix-Werke Akt.-Ges.
König (K.-H.) s. Drefahl (G.).
König (M.) s. Wolff & Co. K. G. auf Aktien.
König (M. P.), Wrkg. v. Dinitrilen auf d. Nervenregenerat. 394.
Koenig (P.), Weißausblühh., Salzausscheidd. oder -ausschwitzungen an getrockneten u. fermentierten Tabaken 6875.
Koenig (R.) s. Jaeger (H.).
Königer (A.), Verh. techn. Fe-Sorten in verschied. Säuren 7072.
Koenigsberg (E.) s. Keller (J. M.).
Könyves (J.) s. Kovács (J.).
Könyves-Kolonics (L.) s. Domonkos (J.); Huszák (I.).
Köpf (H.) s. Lüers (T.).
Koepfli (J. B.) s. Ikawa (M.).
Koeppe (R. E.) u. **Wood (J. L.)**, Antithyreoide Wrkg. v. Thiocyanimidazolen 855.
Köppen (N.) u. **Oberlies (F.)**, Tonüberzüge, ein Veredlungsverf. für Keramiken 7294.
Köppen (R.), Schlickbldg. in Küstengewässern 10946.
Koepsell (H. J.) s. Coffey (G. L.); Dworschack (R. G.); United States of America, Secretary of Agriculture.
Körber (K.) & Co., K. G., Körber (Kurt) u. **Koper (E.)**, Volumenvergrößer. v. Tabak 8055* E.

Körber (Kurt) s. Körber (K.) & Co., K. G.
Koerber (W. K. A.) s. Gevaert Photo-producten (N. V.).
Koerber (W. L.) s. Pansy (F. E.).
Körbler (J.) u. **Frank (Pavao),** Cancerogene Wrkg. d. Leins 4612.
Körmendy (K.) u. **Horváth (Z.),** Vereinfachte Synthesen d. Spermins 10003.
Körner (E.) s. VEB Chemische Fabrik von Heyden.
Körner (F.) s. Enders (A.).
Körner (I.) = Sommer (I.).
Koerner (J.) s. Farbenfabriken Bayer Akt.-Ges.
Koerner (J. F.) s. Sinsheimer (R. L.).
Körner (K. F.), Ausführ. d. Cronheim-Wareschen Rk. 11062. — s. Naeve (W.).
Körner (L.) s. Brecht (W.).
Körös (B.), Verss. im Jahre *1952* zur Gewinn. v. Hartgußwalzen mit kugelgraphit. Gußgefüge 2060. — Hundert Jahre Stahlguß 3228.
Körös (E.), Best. d. Ca u. Mg nebeneinander mit Komplexon III 1805. — s. Schulek (E.).
Körös (Z.) u. **Hartmann (H.)** [Budapest], Unterss. über d. alkal. Hydrolyse v. Gelatine 11227.
Körösy (F.), Weigert-Effekt 4517. — Modifiziertes Differentialrefraktometer 5138.
— u. **Székely (G.),** Wanderungsgeschwindigk. v. Elektrolytionen als Funkt. d. Dissoziationsgrades. Chemie d. Fluoresceins 521.
Körösy (G.) s. Mosonyi (J.).
Körting (J.) u. **Reith (H.),** Austauschbark. v. Gasen 3527.
Koerts (L.), Grundzustand v. ^{186}Re 8080.
—, **Schwarzschild (A.), Gold (R.)** u. **Wu (C. S.),** β-Spektr. v. ^{42}K 2593.
Kösel (H.-J.) s. Gobrecht (H.).
Köser (A.), Tuberkulose u. Abwasserhygiene 1814.
Kösslinger (K.) u. **Haag,** Quellfestausrüstung v. Fasern aus Cellulosehydrat 6653* D. [DDR].
Köster (H.), Kontinuierl. arbeitende Patentier- u. Phosphatierungsanlagen 205.
Köster (Heinrich) s. Schering Akt.-Ges.
Koester (H. F.), Best. d. Widerstandes v. isolierenden Verbb. u. Rohrleitungsüberzügen 5145.
Koester (L.), Bestimm. d. Zerfallsenergie einiger leichter Elemente mit Zählrohr-Absorptionsmethoden 8.
Koester jr. (L. J.) s. Goldwasser (E. L.).
Köster (R.) s. Ziegler (K.).
Köster (W.) u. **Bangert (L.),** Teilchengröße d. Eisennitrids bei d. Ausscheid. aus einem an C u. N übersätt. α-Fe 4776.
— u. **Knorr (W.),** Eigenschaftsänderr. während d. Aushärt. einer Cu-Cr-Legier. 1829.
— u. **Stolte (E.),** Erhol. d. inneren Reib. v. Messing unmittelbar nach d. Verform. 9655.
Köszegi (D.), Aufschluß heim. Einjahrespflanzen mit HNO_3 zur Herst. v. Zellstoff 11710.
— u. **Morvay (J.),** Best. v. Jodid, Bromid u. Chlorid nebeneinander nach einer maßanalyt. Meth. 5379.
— u. **Salgó (E.),** Best. v. Alkalicarbonaten u. Alkalihydrogencarbonaten nebeneinander 4173. — Best. v. Alkalicarbonaten u. Bicarbonaten nebeneinander 10336. — Best. v. Chinolin 10339.
Köszegi (D.) u. **Simonyi (J.),** Jodometr. Best. v. Acetat u. d. Acetylgruppe 7512. — Best. d. Acetats u. d. Acetylgruppe auf jodometr. Wege 10100.
Köszegi (F.), Herst. u. Eigg. v. mit Cu plattierten Al-Platten 9181.
Koetschau (W.), Gefahren bei d. Herst. u. Verarbeit. d. Al 4181.
Koetsveld (E. E. van), Cu-Stoffwechsel 863.
Kövesi (P.) s. Bartha (Z.).
Koevoet (A. L.) s. Verloop (A.).
Kofes (A.) s. Pezold (F. A.).
Koffler (H.) s. Sokolski (W. T.).
Kofler (A.), Schmelzdiagramme gesätt. Fettsäuren 6246.
Kofler (E.) u. **Palmrich (A. H.),** Einfl. d. Follikelhormons auf Entsteh. u. Wachstum d. Corpuscarcinoms 8176.
Kofler (L.), Mkr. Methoden in d. Mikrochemie 7735. — Mikromethoden zur Kennzeichn. organ. Stoffgemische 7990.
Kofler (W.), Skiwachs 4962* Oe.
Kofman (H.) s. Meer (S. van der).
Kofod (H.), Quell. v. Polymethylenen in niedermol. Paraffindämpfen 9578. — Von d. Naturstoffchemie d. Renaissance zur Renaissance d. Naturstoffchemie 9947.
— u. **Huang (Tso-Yueh),** Isomerie v. Hydroxylharnstoff. 3. Mitt. Physikal. Eigg. d. Isomeren 1933; 4. Mitt. Säure-Base-Eigg. d. Isomeren 1933.
Kofoed-Hansen (O.), Theoret. Winkelkorrelationen in erlaubten β-Übergängen 2825. — Mögliche $0 \rightarrow 0$ (verbotene)-β-Übergänge in $(4n+2)$-Kernen 7138. — Neutrinorückstoßspektrometer. Unters v. ^{37}Ar 10188.
Kofrányi (E.), Quantitative Papierchromatographie v. Aminosäuren in Proteinhydrolysaten 9869.
Koft jr. (E.) s. Socony-Vacuum Oil Co., Inc.
Koga (F.) s. Hata (T.).
Kogan (A. M.) u. **Djubjuk (N. J.),** Normen für d. hygien. Bewert. v. Kindernährmitteln 7804.
Kogan (I. B.) u. **Machower (S. L.),** Polarograph. Best. v. Mn in d. Luft 10583.
Kogan (L. I.) u. **Entin (R. I.),** Einfl. d. schwerlösl. Carbide bildenden Elemente auf d. Austenitzerfall 10939.
Kogan (L. M.), Industrielle Synth. oberflächenakt. Stoffe 7110. — s. Baranajew (M. K.).
Kogan (M. S.) s. Bloch (G. A.).
Kogan (R. P.) s. Asstapenko (M. G.).
Koganass (L. S.), Therapie mit Streptomycin bei tuberkulösen Schäden an Tracheen u. Hauptbronchien 5591.
Koganowski (A. M.) u. **Petrenko (W. G.),** Verh. einer zweikomponentigen Schwebeschicht 4288.
Koger (L. M.), Fliegensprühmittelvergift. 10319.
Kogerman (P. K.), Kinetik d. therm. Copolymerisat. v. 2.3-Dimethylbutadien mit seinem Dimeren u. mit Limonen 4121.
Koglin (W.), Handbuch d. Chemie. Eigg. d. Elemente u. Verbb. [5230].
Kogon (I. C.) s. Kaye (I. A.).
Koh (P. K.), Auftreten d. χ-Phase in Mo-halt. nichtrostenden Stählen 9272.
— u. **Caugherty (B.),** Metallurg. Anwendd. d. Röntgenstrahlenfluorescenzanalyse 9634.
Kohan (S.) u. **Orrego Matte (H.),** ACTH u. Cortison in d. Gastroenterologie 11610.
Kohane (T.) s. Debye (P. P.).

Kohanyi (G.) u. Dedonder (R.), Zwischenprodd. bei d. Synth. v. Lävanen durch d. Enzymextrakte v. Bacillus subtilis 7466.

Kohberger (D. L.), Reilly (H. C.), Coffey (G. L.), Hillegas (A. B.) u. Ehrlich (J.), Azaserinbest. mit Kloeckera brevis 11603.

Kohl (A. L.) s. Fluor Corp. Ltd.

Kohl jr. (C. F.) s. Dow Corning Corp.

Kohl (H.), Antianäm. Wrkg. d. *dl*-Asparaginsäure in Verb. mit Ferrogluconat 7714.

Kohl (W.), Anwend. u. Wirkungsweise d. Puder auf d. Haut 2553. — Medizin. Seifen u. ihre richt. Verwend. 7342. — Gesundheitsgefahren beim Verchromen u. ihre Verhüt. 11437.

Kohler (A. R.) s. Broquist (H. P.).

Kohler (D.), Einfl. d. Verabreichungsart d. Adrenalins auf d. Acetylcholin-Rk. d. isolierten Darmes 2708. — s. Bariéty (M.).

— **u. Barbe (M.),** Potenzierte Wrkg. d. Atropins u. v. J. L. *1078* auf d. Erweiter. d. Lungengefäße u. d. durch ein Schlafmittel hervorgerufene Betäub. 402. — Bedeut. v. Histamin für d. Lipodiärese d. Lungen 7479.

— **u. Pictet (L.),** Schützende Rolle d. Atropins in starken Dosen auf d. durch Adrenalin ausgelöste akute Lungenödem d. Kaninchens 1084.

Kohler (D. A.) s. Ch'en (Shang-Yi).

Kohler (F.) s. Tschamler (H.).

— **u. Rott (E.),** Thermodynamik bin. Mischungen v. Komponenten gleichen Molvol. 1. Mitt. Volumänderr. beim Mischen v. 1.2.4-Trichlorbenzol–n-Hexan, Triäthylamin–Mesitylen, Brombenzol–Cyclohexan 5507.

Kohler (K.) s. Keil (C.).

Kohler (M.), Best. v. K u. NH_4 mit Tetraphenylbornatrium $[(Ph)_4 BNa]$ in mineralsaurer Lsg. u. Best. beider Ionen in einem Arbeitsgang 4896. — s. Gisiger (L.); Schwaibold (J.).

Kohler (Max), Verh. d. thermoelektr. Effekte in tiefsten Tempp. 8314. — s. Justi (E.).

Kohlgrüber (J.), Leutbecher (J.) u. Türk (T.), Ausgewählte Beheizungsarten v. Verzinkungskesseln 2290.

Kohlhase (W. L.) s. Husted (D. R.).

Kohlmeyer (E. J.) s. Vereinigte Aluminium-Werke Akt.-Ges.

Kohlmeyer (J.) s. Hofmann (W.).

Kohlmeyer (W.) s. Carlson (C. W.); Wilcox (R. A.).

Kohlrausch (A.), Arbeiten mit d. Helmholtz-Königschen Spektralfarbenmischapp. 4657.

Kohlrausch (F.), Prakt. Physik zum Gebrauch für Unterricht, Forsch. u. Technik. Bd. *1* [6674].

Kohlwey (J. F.), Polyamidverarbeit. auf d. Strangpresse 227.

Kohman (T. P.), Geochronolog. Bedeut. v. ausgelöschter, natürl. Radioaktivität 5980. — s. Simanton (J. R.); Waldron (E. C.).

Kohn (A.), Möglichk. d. quantitativen Autoradiographie mit Hilfe mikrophotometr. Messungen 205. — Une méthode radioactive de dosage du tantale dans les ferroniobiums et les minerais de niobium [1343]. — Homogenisier. dendrit. Ausscheidd. v. P u. As in C-Stählen 3474. — s. Faraggi (H.).

Kohn (E. J.) u. Venezky (D. L.), Elektrochem. Registrierpapier 7347* A.

Kohn (J. A.) s. Comeforo (J. E.); Ramsdell (L. S.).

Kohn (M.), Löslichk. v. Silberpyrophosphat in Alkalipyrophosphaten 1460. — Färb. geschmolzener Polyphosphate durch Co, Ni u. Cu u. eine Erläuter. d. Rkk. in d. mikrokosm. Salzperle 1924. — Ursprung quantitativer organ. Analysenmethoden v. funktionellen Gruppen 6673.

Kohn (S.) s. Office National d'Études et de Recherches Aéronautiques (O. N. E. R. A.).

Kohn (W.), Konvergenz v. Bornschen Expansionen 7135. — Schäden in Ge-Kristallen, d. schnellen Elektronen ausgesetzt sind 7844. — Wechselwrkg. zwischen Leitungselektronen u. magnet. Kernmomenten in metall. Li 8792. — s. Lakin (W.).

— **u. Luttinger (J. M.),** Quantentheorie d. Cyclotronenresonanz in Halbleitern 7843.

— **u. Rostoker (N.),** Lsg. d. Schrödingerschen Gleichung in period. Gittern mit einer Anwend. auf metall. Li 7151.

Kohnke (E. E.) s. Ewald (A. W.).

Kohnke (H.) s. Korty (B. L.).

Kohnle (H.), Schnellmeth. u. Gerät zur Analyse v. Emulss. 1651. — Schnellmeth. u. Apparate zur Analyse v. techn. Emulss. 2339.

Kohra (K.), Simultane Reflex. bei Elektronenbeug. als eine Ursache d. Versagens d. Gesetzes v. Friedel 11168.

Kohrt (H.-U.) s. Metallgesellschaft Akt.-Ges.

Koide (F.) s. Itabashi (H.).

Koide (S.) s. Ishiguro (E.); Yokota (M.).

Koike (H.) s. Takemoto (T.).

Koistinen (D. P.) s. Beu (K. E.).

Koivisto (A.), Gleichgewicht zwischen Äthoxyl- u. Hydroxylionen in wasserhalt. Äthanol 10707.

Koizumi (M.) s. Imamura (M.).

— **u. Mataga (N.),** Metachromat. Verh. v. Pyronin G unter Einw. v. Polyvinylsulfat 313. — Wechselwrkgg. zwischen organ. Farbstoffen u. Polymeren. 2. Mitt. Einfl. v. Kaliumpolyvinylsulfat auf d. Absorptionsspektr. u. d. Fluorescenz v. wss. Rhodamin 6 G–Lsg.; Quantitative Behandl. 6530.

Koizumi (N.), DK. v. Fll. im Gebiet d. Mikrowellen. 1. Mitt. Experimentelle Anordn. für 3 cm-Wellenlänge 4520. — s. Goto (R.).

Kojecky (O.) s. Fischmeister (O.).

Kojima (G.) s. Deguchi (M.).

Kojima (M.) s. Kamoshita (Y.).

Kojima (Masuo), Best. einer kleinen Menge Pb in einer Zinksulfatlsg. u. in einer Cadmiumsulfatlsg. 9156.

Kojima (Morio) s. Shimomura (Y.).

Kojima (S.), Takayama (K.) u. Shimauchi (A.), Rauschen eines Gasentladungsplasmas 8551.

—, **Tsukada (K.), Ogawa (Shizuko) u. Shimauchi (A.),** Absorptionslinien v. Kristallen im Ultrakurzwellengebiet 7375.

—, **Tsukada (K.), Ogawa (Shizuko), Shimauchi (A.) u. Abe (Yoshihito),** Kernquadrupol-Resonanzen in Arsentribromid u. Arsentrijodid 9729.

Kojima (Yoshihisa) s. Ohdake (R.).

Kojima (Yuzo) s. Torizuka (Y.).

Kok (B.), Empfindl. u. registrierende Volumeter 9862.

Kok (J.), Heilmittel gegen Hypertens. 5598.

Kok (K.), Gerinn. u. gerinnungshemmende Mittel 1312. — s. Jongh (D. K. de).

Kok (W.) s. Eijk (J. v. d.).

Koka (T. G.) u. **Tschernaja (A. W.)**, Mangel an Vitamin B_1 bei an Scharlach erkrankten Kindern 7484.
Kokatnur (H. G.) s. Kokatnur (V. R.).
Kokatnur (V. R.) u. **Kokatnur (H. G.)**, Trenn. v. Seifengemischen v. Fett- u. hydroaromat. Säuren 954* A.
Kokert (E.) s. Deutsche Gold- & Silberscheideanstalt vormals Roessler.
Kokes (R. J.) s. Long (F. A.).
Kokkinakis (K.) s. Solinareos (E.).
Kokorin (A. I.), Heterotrisäuren. 1. Mitt. Phosphormolybdänvanadin- u. Phosphorwolframvanadinsäure 4302.
— u. **Dimant (R. L.)**, Heterotrisäuren. 2. Mitt. Siliciummolybdänvanadinsäure 4302.
— u. **Polotebnowa (N. A.)**, Heterotrisäuren. 3. Mitt. Si–W–Vanadinsäure 9980; 4. Mitt. Synth. u. Analyse v. Germaniumwolframvanadinsäure 10701.
Kokorudz (M.) s. Dann (O.).
Kokoschinski (A.) s. Chemische Werke Albert.
Kokoschko (S. J.) s. Puschkarew (S. W.).
Kokotschaschwili (W. I.), Besonderhh. d. Theorie d. Wärmeexplos. bei einer Rk. mit unverzweigten Ketten 2378. — s. Kometiani (P. A.).
Koks (H. L. T.) s. Zwietering (P.).
Kokurin (A. D.) u. **Krylow (O. A.)**, Halbverkok. v. Braunkohlen unter Druck 962.
Kokussew (I. K.), CCl_4 bei d. Fasciolose d. Schafe 7262.
Kol (J.) u. **Graaf (J. E. de)**, Erzeug. v. Gußeisen mit Kugelgraphit 1132.
Kolačny (J.), **Štimac (N.)**, **Sajko (B.)**, **Balenović (B.)** u. **Urbas (B.)**, Thiosemicarbazone u. 2-Thiono-4-[phthalimidoalkyliden]-thiazolidone-(5) aus N-Phthaloylaminoaldehyden. Darst. u. antibakterielle Wrkg. 10740.
Kolarić (J.), Gewinn. v. Cu aus verd. Lsgg. mit Kationenaustauschern aus Abfallsulfitlsg. 2274.
Kolarow (N.), Kristallisationsgeschwindigk. übersätt. Lsgg. v. Bariumsulfat 11522.
Kolb (A.), Reinig. d. Abwassers 2273.
Kolb (A. C.) u. **Streed (E. R.)**, Intensität v. in unhomogenen Flammen erzeugten Spektrallinien 3553.
Kolb (E.) s. Brüggemann (J.).
Kolb jr. (F. J.) u. **Urbach (F.)**, Temperaturempfindl. Phosphore zur Bewert. d. Luftdüsen bei d. Kühl. v. Kinofilmen 10903.
Kolb (H.), „Augentonicum Stulln" 11040.
Kolb (Hans) s. Badische Anilin- & Soda-Fabrik Akt.-Ges.; Farbwerke Hoechst Akt.-Ges., vormals Meister Lucius & Brüning.
Kolb (J.) s. Elder (S. A.).
— u. **Loeber (A. P.)**, Unters. eines Schallfeldes mittels opt. Brechungseffekte 10688.
Kolb (J. J.), Fl. für Trockeneisbäder 3925.
Kolbach (P.), Zeigt d. 45°-Maische nach Hartong d. proteolyt. Kraft d. Malzes an? 4476. — Schrot, Maischverf., Sudhausausbeute 4476.
— u. **Schilfarth (H.)**, Methodik d. Schaummessung 7571.
Kolbas (J. M.) s. Bristol Laboratories, Inc.
Kolbe (C. L.), Schmieden in Schutzatmosphäre 8486.
Kolbe (E.) s. Farbwerke Hoechst Akt.-Ges., vormals Meister Lucius & Brüning.
Kolbin (M. F.) u. **Pimburgskaja (M. I.)**, Analcim in d. Sedimentgesteinen d. Berges Großer Bogdo 11182.
Kolbus (A.) s. Kangro (W.).
Kolchin (E. K.) s. Green (L. C.).
Kolder (C. R.) u. **Hertog (H. J. den)**, Wander. v. Halogenatomen bei Halogenderivv. v. 2.4-Dioxypyridin. 2. Mitt. 1970.
Kolder (H.), Wachstumshormon 4623.
Koldobskaja (F. D.) s. Tscherkassowa (L. S.).
Kolekar (B. N.), Serienverss. mit Pyrimethamine (Daraprim) in Arone (Madhya Bharat) 11038.
Kolessnikow (D. G.) s. Makssjutina (N. P.).
Kolessnikow (G. N.) s. Archarow (W. I.).
Kolessnikow (G. S.) u. **Korschak (W. W.)**, Hochmol. Verbb. 42. Mitt. Rk. d. Umarylier. v. Diarylalkanen 604.
Kolessnikow (N.), Berechn. d. Bindungsenergie leichter Kerne aus d. mol. Kernmodell 4989. — s. Iwanenko (D.); Larin (S. I.).
Kolessnikow (P. A.), Glykolsäureoxydase in grünen Pflanzen 5335. — Bldg. v. Glykokoll aus Glyoxalsäure in Extrakten v. grünen Blättern 5345.
Kolessnikowa (R. W.) s. Awramenko (L. I.).
Kolessow (A. P.) u. **Ssalnikow (W. W.)**, Abscheid. v. Bzl. bei hohem Geh. im Gas 7352.
Kolessowa (W. A.), Interpretat. d. Schwingungsspektren v. Silicaten u. Silicatgläsern 513.
Koletschkowa (A. F.) u. **Gontscharow (W. W.)**, Wärmeleitfähigk. bas. feuerfester Materialien 11071.
Koletsky (S.) s. Gustafson (G. E.).
Kolewatowa (W. S.) s. Lewin (A. I.).
Kolfenbach (J. I.) s. Standard Oil Development Co.
Kolhörster (J.), Best. kleinster α-Aktivitäten mit Hilfe d. photograph. Bahnspurdarst. 8083.
Kolier (I.) u. **Ribaudo (C.)**, Best. v. Sn, Fe u. Mo in Ti mit Hilfe d. Papierchromatographie 11058.
Kolin (A.), Trenn. u. Konzentrier. v. Proteinen in einem mit einem elektr. Feld kombinierten p_H-Feld 6767.
Kolínksý (J.), Serotonin, Naturstoff mit gefäßverengender Wrkg. 9386. — s. Protiva (M.).
Koljandr (L. J.), **Grinberg (A. M.)**, **Koltun (R. M.)** u. **Sasslawskaja (T. I.)**, Best. d. Konstanten v. reinem o-Xylol u. Ausarbeit. v. Kennzahlen zur Charakteristik d. techn. Prod. 11463.
Koljo (B.), Einfl. d. Tränkverf. auf d. Tränkstoffaufnahme in d. Holzimprägnier. 247.
Kolk (G. van de) s. Hertog (H. J. Den).
Kolk (K. Vander), **Dontas (A. S.)** u. **Hoobler (S. W.)**, Renale u. blutdrucksenkende Wrkg. d. akuten u. chron. oralen Behandl. d. Hypertens. mit 1-Hydrazinophthalazin (Apresolin) 4879.
Kolka (A. J.) s. Ethyl Corp.; Orloff (H. D.).
—, **Orloff (H. D.)** u. **Griffing (M. E.)**, Zwei neue Isomere v. Benzolhexachlorid 1493.
Kollár (G.) s. Fabuss (B.).

Kollath (R.) s. Ramsauer (C.).
Koller (A.) s. Zeerleder (A. v.).
Koller (E.), Mess. u. Ableit. elektrostat. Aufladungen bei Textilien 485. — Du Pont Kontinue-Bleichverf. mit Peroxyd 1170. — Meth. zur Unterscheid. v. „Orlon"-Acrylfaser Typ *41* u. Typ *42* 3522. — Färben v. Polyesterfasern mit „Latyl"-Farbstoffen 7323.
Koller I (F.) s. Forell (M. M.).
Koller II (F.) s. Plattner (P. A.).
Koller (J. E.) u. **Washburn (E. R.)**, Diffus. d. Phenylessigsäure in W., gemessen auf Grund v. Änder. d. Oberflächenspann. 29.
Koller (K.) s. Thyssen'sche Gas- und Wasserwerke G. m. b. H.
Koller (L. R.) s. Halsted (R. E.).
Koller (M.), Wrkg. einer Serumgonadotropin–Hyaluronidase-Kombinat. auf d. Gewicht v. Uterus u. Ovar unreifer Ratten 8421. — s. Fornaroli (P.).
Kollert (G.) s. Siedek (H.).
Kollgaard (R.) s. Houdry Process Corp.
Kolli (J. A.), Einfl. v. d. zentrale Nervensyst. erregenden pharmakol. Stoffen auf d. Aufnahme v. ^{131}J u. auf d. Synth. v. Thyroxin durch d. Schilddrüsen 6321.
Kolli (J. N.) s. Poliwanow (K. M.).
Kolligs (H.) s. Siemens & Halske Akt.-Ges.
Kolling (H.) s. Ruhrchemie Akt.-Ges.
Kollmann (A.), Vitaminisierte Milch in d. Fürsorgepraxis 2239.
Kollmann (F.), Technologie d. Holzes u. d. Holzwerkstoffe. Bd. *2*. Holzschutz, Oberflächenbehandl., Trockn. u. Dämpfen, Veredelung, Holzwerkstoffe, spanabhebende u. spanlose Holzbearbeit., Holzverbindungen [9224].
— u. **Narayanamurti (D.)**, Plastifizier. v. Holz. 1. Mitt. Verh. ind. Holzarten im feuchten Zustand im hochfrequenten Wechselfeld 9220.
Kollmannsperger (G.) s. Haas (Hans).
Kollonitsch (J.) s. Chinoin Gyógyszer és Vegyészeti Termékek Gyára r. t. (Dr. Kereszty és Dr. Wolf).
Kollsman (P.), Elektrodialyse mittels selekt. Membranen in Mehrzellenapparaten 10598* Schwz.
Kolmar (D.) s. Krautwald (A.).
Kolmayr (F.) s. Fischer (R.).
Kolmer (J. A.), Chemotherapie d. Spirochäteninfektionen 8670.
Kolmeschate (G. J. van), Analysen für d. Gießereiindustrie 4422.
Kolobielski (M.) u. **Wiemann (J.)**, Red. v. Mesityloxyd. cis–trans-Isomerie v. 1.3.3.4.4-Pentamethyl-2-acetylcyclopentanol-(1) 5054.
Kolobolotski (G.), Best. d. Frischheitsgrades v. Fleisch durch Formoltitration mit Mischindicatoren 478.
Kołodziejczyk (S.), Wärme u. Feuchtigk. 3463.
Kołodziejski (J.), Normen d. geschnittenen Rinde v. Rhamnus Frangula L. (Cortex Frangulae concisum) poln. Produkt. 11043.
Kolomitschenko (M. A.) s. Guli (M. F.).
Kolomitzew (P. N.) s. Dobrjanski (A. F.).
Kolonzowa (J. W.), Unters. plast. deformierter Kristalle mit Hilfe eines schmalen Röntgenstrahlenbündels 2145. — s. Bagarjatzki (J. A.).
Kolos (E.) s. Halmai (J.); Simon (S.).
Kolossow (I. I.) s. Ratner (J.).
Koloti (A. A.) s. Delimarski (J. K.).
Kolotilowa (W. G.) s. Adirowitsch (E. I.).
Kolotyrkin (J. M.) u. **Medwedewa (L. A.)**, Elektrochem. Verh. v. Cd unter Bedingg. d. Selbstauflösung in wss. Elektrolytlsgg. 1. Mitt. Einfl. d. Säurekonz. u. d. p_H-Wertes d. Lsg. bei konstanter allg. Elektrolytkonz. 1208.
Koloušek (J.), Aminosäuren in Galega officinalis L. 6057.
— u. **Coulson (C. B.)**, Biochem. Unters. u. Beurteil. d. Heues einiger Futtergräser nach d. Ergebnissen v. Gesamtanalysen u. unter d. Gesichtspunkt d. Qualität d. Aminosäuren 5204.
—, **Lautner (V.)** u. **Müller (Z.)**, Chem. Zus. u. physiol. Eigg. d. großen Brennessel (Urtica dioica) unter d. Gesichtspunkte d. Fütter. d. landwirtschaftl. Haustiere 9691.
Kolowca (J.), Verwert. v. Brennereirückständen 10403.
Kolowrat (F.), Verwend. d. Guajacolglycerinäthers als Muskelrelaxans in d. operativen Gynäkologie 11040.
Kolpakowa (W. W.) s. Seligsson (N. E.).
Kolsky (H.), Bei d. Detonat. v. Sprengstoffen ausgesandte elektromagnet. Wellen 263.
Kolterman (D. W.) u. **Truog (E.)**, Best. d. gebundenen K im Boden 912.
Kolthoff (I. M.), Altern v. kristallinen Ndd. 6696. — s. Bovey (F. A.); Leussing (D. L.); Meehan (E. J.); Stricks (W.).
— u. **Bowers (R. C.)**, Altern v. Ndd. u. Mitfällung. 44. Mitt. Alter. v. Silberbromid im koll. Zustand 3079; 45. Mitt. Irreversible Ausflock. v. koll. Silberbromid u. Alter. im geflockten Zustand 3079.
—, **Stricks (W.)** u. **Morren (L.)**, Amperometr. Titrat. v. Spuren NH_3 mit Hypobromit an d. rotierenden Pt-Draht-Elektrode 6814.
— u. **Tanaka (N.)**, Rotierende u. stationäre Pt-Draht-Elektroden. Reststromspannungskurven u. Lösungsstufen in Leitelektrolyten 2841.
Koltschew (W. W.) s. Juditzkaja (A. I.).
Koltun (R. M.) s. Koljandr (L. J.).
Koltzenburg (G.) s. Schenck (G. O.).
Kolzow (W. S.) s. Derjagin (B. W.).
Komandin (A. W.) u. **Bonetzkaja (A. K.)**, Dipolmomente substituierter Salicylsäurederivv. 7871.
Komar (A. P.) u. **Kljuschin (W. W.)**, Goldhammer-Thomson-Effekt in Ferriten 6220. — Abhängigk. d. elektr. Widerstandes v. Ferriten v. d. Temp. 6457.
—, **Reinow (N. M.)** u. **Schalyt (S. S.)**, Photomagnet. Effekt in Kupfer(I)-oxyd bei tiefen Tempp. 2133. — Unters. d. Temp.-Abhängigk. d. spontanen Magnetisier. einiger Ferrite bei tiefen Tempp. 6220.
— u. **Sselitzki (J. A.)**, Verss. mit d. Ionenprojektor 7377.
Komar (N. P.), Rationelles, v. P. Einbrodt vorgeschlagenes Verf. zur Prüf. d. Zus. einer Verb. nach d. Analysendaten 2350.
Komarewsky (V. I.), **Knaggs (E. A.)** u. **Bragg (C. J.)**, Entschwefel. v. Bzn. mit Wasserstoff über Vanadiumoxyd 259.
Komáromi (O.) s. Waltner (K.).
Komarow (A. I.) u. **Ssoljuss (N. G.)**, Einführ. eines sehr weitgehenden Ablassens d. Lauge 5451.
Komarow (F. P.), Morpholog. Struktur d. Fasern 5450.

Komarow (S. N.) u. **Wolper (I. N.)**, Vitaminisier. v. Kindernährmehl mit d. Vitaminen A u. D 3990.
Komarow (W. S.) s. Starobinetz (G. L.).
Komarowa (L. I.), Diffus. bei d. Milchsäuregärung unter verschied. Bedingungen 7337.
Komarowa (O. I.), Einfl. d. Röntgenstrahlen auf d. morpholog. Zus. d. Blutes v. Kaninchen nach Blutverlust 5356.
Komatsu (K.) s. Nagamiya (T.).
Komatsu (S.), Mitsui (K.) u. **Kimura (Sakujiro)**, Zus. v. Erdöl. 2. u. 3. Mitt. Leichtölbestandteile d. rohen Sachalin-Erdöls. I. Ungesättigte KW-stoffe. II. Gesättigte KW-stoffe 3041.
Komatsu (T.) s. Tanaka (Yasuo).
Komatsubara (T.) s. Baba (Tatsumi).
Komczyński (L.) s. Dobek (M.).
Komendantow (M. I.) s. Djakonow (I. A.).
Komers (M.) s. Westfälische Union Akt.-Ges. für Eisen- und Drahtindustrie.
Kometiani (P. A.), Kokotschaschwili (W. I.) u. **Dolidse (S. W.)**, Unters. d. Umsatzes d. P-Verbb. d. Eidotters während d. Embryoentw. nach d. Meth. d. radioakt. Indikat. 11413.
Kominek (E. G.) s. Eaton (C. D.).
Kominz (D. R.) s. Laki (K.).
Komiya (A.) s. Shibata (K.).
Komját (I.), Angyal (G.) u. **Asbóth (Károlyné)**, Retent. v. Thiamin u. Riboflavin in Fleischsorten während d. Kochprozesses 3510.
— u. **Asbóth (Károlyné)**, Vitamin-C-Versorg. bei Massenverpfleg. 3. Mitt. 2800.
Komjáthy (S.) s. Mika (J.).
Komkow (A. I.) s. Frank-Kamenetzki (W. A.).
Komlew (A. I.) u. **Zimbalissta (L. I.)**, Anwend. d. Fällungschromatographie in d. qualitativen Halbmikroanalyse 421.
Komm (E.), Nährmittelherst. 4958* D. B. — Bierähnl. Gärungsgetränke 6415* D. B.
Kommer (J. D.) s. Degens jr. (P. N.).
Komodromos (N. M.) s. Makrides (A. C.).
Komori (S.) s. Matsumoto (Y.).
—, **Kikuchi (Sei-shi), Hachiya (Ken-ichi), Shinsugi (A.)** u. **Agawa (T.)**, Halbtechn. Mol.-Dest. v. Ölen u. Fetten. 1. Mitt. Konz. v. Vitamin A aus Haifischleberöl 6567.
— u. **Kotani (Y.)**, Herst. ungesätt. Alkohole durch katalyt. Red. 11. Mitt. Höhere Alkohole durch Druckhydrier. v. Metallseifen 11681.
— u. **Shigeno (Y.)**, Herst. ungesätt. höherer Alkohole durch katalyt. Red. 12. Mitt. Mischungen v. Pb u. Sn-Seifen 11681.
—, **Shigeno (Y.)** u. **Tsujimura (T.)**, Herst. ungesätt. höherer Alkohole durch katalyt. Red. 13. Mitt. Höhere Alkohole durch Druckred. v. Bleisalzen 11681.
—, **Shinsugi (A.)** u. **Ōkawa (Shō-ichi)**, Halbtechn. Molekulardest. v. Fetten u. Ölen. 3. Mitt. Molekulardest. v. Leinöl 8993.
Komoto (Y.), Yagami (K.) u. **Kanō (T.)**, Verteil. d. Mol.-Gew. d. Cellulose. 1. Mitt. Änder. d. Mol.-Gew.-Verteil. in d. verschied. Stufen d. Viscoseherst. 7116.
Kompart (W. W.) s. National Steel Corp.
Komrower (G. M.) s. Schwarz (V.).
Komschilow (N. F.), Letonmjaki (M. N.) u. **Spirkowa (L. I.)**, Zus. d. Harze aus alten Kiefernstubben 3743.
— u. **Spirkowa (L. I.)**, Best. d. Gewichtes v. harzhalt. Holzkloben 719.
Komsolowa (S. P.) s. Franzewitsch (I. N.).
Komura (Y.) s. Kakinoki (J.).
Komzak (A. A.) s. Atkinson (M. R.).
Kon (I. I.), Anwend. v. Streptomycin zur Behandl. d. Knochengelenkstuberkulose 1086.
Kon (S. K.), Funkt. d. Antibiotica bei d. Ernähr. v. Tieren 2468. — Vitaminisier. d. Sterilmilch 7340. — Mit Vitamin B_{12} verwandte Faktoren 11033. — s. Fisher (L. R.); Ford (J. E.); Henry (K. M.).
Kon (Y.) s. Iwasaki (T.).
Konar (W.) s. Müller (A.) [Wien].
Konarew (W. G.), Einfl. d. Jarowisat. auf d. Verh. d. Nucleoproteide u. Nucleinsäuren in Getreidekeimen 6316.
— u. **Sleptschenko (N. W.)**, Rolle d. Lichtes bei d. Bldg. v. Nucleoproteiden in höheren Pflanzen 3654.
Končar-Djurdjević (S.) u. **Belić-Andrić (N. S.)**, Trockn. d. Tons v. Arandjelovac. 1. Mitt. Trockn. d. Tone v. Arandjelovac durch warme Luft 1354.
— u. **Joksimović-Tjapkin (S.)**, Photoelektr. Colorimeter zum Colorimetrieren kleiner Flächen 8454.
— u. **Nikoliš (N. K.)**, Trockn. d. Tons v. Arandjelovac. 2. Mitt. Trockn. d. Arandjelovactone durch Infrarotstrahlen 1354.
— u. **Stevanović (M.)**, Trockn. d. Tons v. Arandjelovac. 3. Mitt. Dielektr. Trockn. d. Arandjelovactone 1355.
Koncus (A. F.) s. Choi (R. P.).
Koncz (I.), Systeme d. industriellen Staubabwehr u. ihre Einrichtt. 5148.
Kondaiah (E.) s. Carver (J. H.).
Kondakowa (M. S.) s. Shukowa (K. A.).
Kondi (A.) s. Foy (H.).
Kondic (O.) s. Shaw (G. J.).
Kondic (V.), Einfl. d. Eigg. v. fl. Metallen auf d. Gußfließbark. v. Legierr. 2993. — Anwend. d. Thermodynamik auf d. hüttenmänn. Veredl. 5403. — s. Berman (A.).
Kondo (M.), Anwendd. d. „Auste“-Anlaßverf. 2. Mitt. Achsenlagerstähle 7771.
Kondo (Michio) s. Kurita (Y.).
Kondo (Sei-ichi) u. **Nozaki (Kiyoshi)**, Phasenumwandll. d. festen Cyclohexanols 7875.
— u. **Oda (T.)**, Phasenumwandll. v. Bariumdicalcium-n-butyrat 5032.
Kondo (T.) s. Nakao (C.).
Kondo (Yoshio) s. Nishihara (K.).
Kondō (Yoshito) s. Kuriyama (S.).
Kondoh (A.), Wechselwrkg. zwischen Spinwellen u. Leitungselektronen 6204.
Kondorski (J. I.), Magnet. Eigg. v. Gesteinen u. Pulvern 9046.
Kondraschew (J. D.) u. **Twerdowski (I. P.)**, Röntgenstrukturunters. disperser Ndd. Ag–Pd u. Cu–Pd, die durch Elektrolyse erhalten wurden 9749.
Kondraschow (I. A.) s. Babak (S. F.).
Kondraschowa (L. J.) s. Litwinow (N. D.).
Kondraschowa (M. N.), Biochem. Charakterisier. d. parabiot. Prozesses 1318.
Kondratenko (M. L.) s. Anfinnikow (M. A.).
Kondratjewa (G. J.) s. Jurjew (J. K.).
Kondratjewa (J. N.), Physiologie d. schwefelhalt. u. schwefelfreien Purpurbakterien 7703.
Kondratjewa (W. W.) s. Reutow (O. A.).
Kondratjuk (J. M.) s. Pidoplitschko (I. G.).
Kondukow (N. B.) s. Karawajew (N. M.).
Konecny (J.) s. Boynton (D.).

Konecny (J. O.), Hydroxylier. v. Bzl. in einer Lsg. v. H_2O_2 u. $CuSO_4$ 3605.

Konemura (K.) s. Takagi (K.).

Konenkow (K. S.) s. Bartenew (G. M.).

Kongsfoss Fabrikker A/S, Filterplatte 1345* Dän.

Konig (H. J.) s. Norddeutsche Seekabelwerke.

Konig (O.) s. Titan Co., Inc.

Konigsbacher (K. S.) s. Hasselstrom (T.).

Konigsberg (I. R.), Einfl. v. frühzeit. Hypophysektomie durch „Decapitation" auf d. Kohlenhydratstoffwechsel d. Hühnerembryos 5346.

Konik (B.) s. Ssafra (R.).

Konikowa (A. S.) s. Gawrilowa (K. I.); Kabak (J. M.).

Koning (A. L.) u. **Hamilton (H. L.)**, Lokalisier. v. Enzymsystemen, Nucleinsäuren u. Polysacchariden während d. Morphogenese in d. Flaumfedern v. Küken 4850.

Koningsberger (C.), Chlorier. v. Naturkautschuk 10872.

Koninklijke Industrieele Mij. voorheen Noury & van der Lande N. V., Therapeut. Chromone enthaltende Präpp. 6571* F. — Mannit 10859* F.

— u. **Stedehouder (P. L.)**, Reduktinsäure 1637* D. B.

Konisni (S.) s. Izumi (Y.).

Koniuszy (F. R.) s. Merck & Co., Inc.

Konjukow (M. W.) u. **Terletzki (J. P.)**, Elektroakust. Wellen im Gasentladungsplasma 7841.

Konkin (A. A.) s. Rogowin (S. A.).

Konkowa (W. A.), Herst. v. [3.4-Dimethylphenyl]-d-ribamin nach d. Umlagerungsmeth. 11581.

Konnik (B.) u. **Ssafra (R.)**, Bekämpfung d. Ambrosienkrautes mit chem. Methoden 9174.

Konno (K.) s. Yoneyma (M.).

Kōno (K.) s. Miyachi (N.).

Konobejewski (S. T.), Unters. d. Struktur d. Atome in Kristallen nach d. Probenmeth. 6928.

Konokotina (N. I.), Prüf. v. Milcherzeugnissen auf Pasteurisier. nach d. Phosphatasemeth. 3757.

Kononenko (A. M.) s. Grajewskaja (B. M.).

Kononowa (M. M.), Humus in d. neueren Literatur 5156.

Konopicky (K.), Wander. v. Schlackenbestandteilen in feuerfesten Steinen 668. — Herst. eines Füllstoffes für Gußbeton 2050* D. B. — Veränderr. in Schamottewannensteinen im Betrieb 6826. — Verh. v. Silikasteinen im Siemens-Martin-Ofengewölbe 8247. — s. Dolomitwerke G. m. b. H.

— u. **Woelk (Hubert)**, Benetz. feuerfesten Materials durch geschmolzenes Glas 9415.

Konopik (N.), L. Ebert 8537.

Konopinski (E. J.), Mögl. Bezieh. zwischen pseudoskalarer β-Koppl. u. d. Kern-Spin-Bahn-Koppl. 10911.

— u. **Mahmoud (H. M.)**, Universelle Fermi-Wechselwrkg. 3058.

Konopkina (S. I.) s. Tarassenkow (D. N.).

Konoplewa (J.), Beseitig. d. Käsefehlers „bitterer Geschmack" 4232.

Konosenko (I. D.), Physik dünner metall. u. Halbleiterschichten. Struktur u. elektr. Eigg. v. Metallen u. Halbleitern in dünnen Schichten 8328.

Konowalenko (B. M.) s. Rywkin (S. M.).

Konowalow (P. F.) s. Toropow (N. A.).

Konowalow (S. A.), Hefevermehr. bei kontinuierl. Vergär. v. Stärkeansätzen 8049.

Konrad (E.) s. Winnacker (K.).

Konrad (W. A.) s. Standard Oil Development Co.

Konstantinow (A. A.) s. Frosst (A. W.).

Konstantinowa (M. M.), Gewinnungsmeth. v. cadmiumfreien Ferritinpräpp. 6319.

Konstantinowa-Schlesinger (M.), **Wassiljewa (J. G.)** u. **Repuchowa (S. N.)**, Mg-Li-Wolframat-Kristallphosphor mit Mn-Aktivator 10439.

Konstantinowski (M. M.), Jodolipol in d. Diagnose u. Behandl. v. otogenen Gehirnabszessen 7724.

Kontorowa (T. A.), Temperaturabhängigk. d. thermoelektromotor. Kraft v. Halbleitern mit Beimengg. 10679.

Kontorowitsch (W. M.) s. Palatnik (L. S.).

Konz (W.) s. Boehringer (C. H.) Sohn.

Konzett (H.), Pharmakologie d. Narcotins 11418.

Konzok (H.), Dämpf. d. Karosseriebleche durch Antidröhnmittel 11296.

Koo (C. H.) s. Nitta (I.).

Koo (J.) u. **Hartwell (J. L.)**, Synth. v. 2.3.4-Trimethoxybenzosuberen- u. 2.3.4-Trimethoxybenzosuberancarbonsäure u. Estern 9561.

Kooi (C.), Hall-Effekt bei ferromagnet. Stoffen 7846.

Kooi (E. R.) s. Corn Products Refining Co.

Kooi (J.) s. Aten jr. (A. H. W.).

Kooij (R.), **Dingemanse (E.)**, **Huis in 'T Veld (L. G.)**, **Verbeek (A. M. J. A.)** u. **Hofman (W. J.)**, Hormonbest. im Urin v. Akne-Kranken 2229.

Kooiman (P.), Enzymat. Hydrolyse d. Alginsäure 7939.

Kooistra (M.) s. Sluyterman (L. A. A.).

Kool (C. M. H.) s. N. V. W. A. Scholten's Chemische Fabrieken.

Koome (J.) s. N. V. de Bataafsche Petroleum Mij.; Shell Development Co.

Koonce (S. E.) u. **Arnold (S. M.)**, Metallbärte 7159.

Koontz (J. D.) s. Standard Oil Development Co.

Koontz (P. G.), **Keepin (G. R.)** u. **Ashley (J. E.)**, ZnS(Ag)-Mischphosphore zum Neutronennachw. 5472.

Koontz (R. L.) u. **Jarrett (A. A.)**, Schätzung d. Radioaktivität v. bestrahltem U 5954.

Kooperativa Förbundet Förening u. p. a., Sterilisier. v. in Behältern verpackten Lebensmitteln wie Früchten, Gemüse, Beeren, Fleisch u. Fisch 1636* E. — Sterilisieren v. Lebensmitteln, wie Erbsen 1869* Schwz.

Koopmans (M. J.) s. Hartford National Bank and Trust Co.

Koot (W.), Qualitative u. quantitative Meth. zum Nachw. u. zur Best. anion- oder kationakt. Stoffe 8221.

Kootz (T.) s. Eickworth (E.); Thyssen (A.)-Hütte Akt.-Ges.

—, **Michel (Alfred)** u. **Bellermeyer (H.)**, Metallurgie d. Hochofens 3236.

Kooy (J.) u. **Nierstrasz (C. A.)**, Vraagstukken over chemische analyse [1809].

Kooyman (E. C.) s. Bickel (A. F.).

— u. **Farenhorst (E.)**, Durch Benzoylperoxyd initiierte Addit. v. CCl_4 an Olefine 7180.

Fortsetzung s. umstehend

Kolibri 360 GmbH
Ferdinand-Jühlke-Straße 7
99095 Erfurt, Deutschland
produktsicherheit@kolibri360.de